Busch, Ebner

# Lindner Physik für das Ingenieurstudium

Marco Busch, Walther Ebner

# Lindner Physik für das Ingenieurstudium

20., vollständig überarbeitete und erweiterte Auflage

HANSER

**Begründer des Werks:**
Helmut Lindner †

**Die Autoren:**
Priv.-Doz. Dr. rer. nat. habil. Marco Busch, Karlsruher Institut für Technologie (KIT)
Professor Dr. rer. nat. Walther Ebner, Hochschule Niederrhein, Krefeld

MIX
Papier aus verantwortungsvollen Quellen
FSC
www.fsc.org
FSC® C083411



Bibliografische Information der Deutschen Nationalbibliothek:
Die Deutsche Nationalbibliothek verzeichnet diese Publikation in der Deutschen Nationalbibliografie; detaillierte bibliografische Daten sind im Internet unter http://dnb.d-nb.de abrufbar.


www.hanser-fachbuch.de

Lektorat: Dipl.-Ing. Natalia Silakova-Herzberg
Herstellung: Frauke Schafft
Coverkonzept: Marc Müller-Bremer, www.rebranding.de, München
Titelmotiv: © Fermilab
Covergestaltung: Max Kostopoulos
Satz: Manuela Treindl, Fürth
Druck und Bindung: CPI books GmbH, Leck
Printed in Germany

Print-ISBN: 978-3-446-45882-6
E-Book-ISBN: 978-3-446-46180-2

# Inhalt

# Vorwort

Die Physik ist integraler Bestandteil aller ingenieurwissenschaftlichen Studiengänge an den Universitäten und Hochschulen für Angewandte Wissenschaften. Das hat gute Gründe. Alle technischen Disziplinen entstanden aus der Physik heraus. Daher bildet eine fundierte Kenntnis physikalischer Grundlagen die Basis für das Verständnis technischer Zusammenhänge und damit für die Entwicklung innovativer Technologien und Lösungen. Darüber hinaus ermöglicht das Studium der Physik die Entwicklung des methodischen Denkens und Vorgehens, die bei der Bearbeitung technisch komplexer Fragestellungen unabdingbar sind. Dabei ist es nicht entscheidend, sämtliche Details in den einzelnen physikalischen Teildisziplinen zu kennen. Wichtiger sind vielmehr ein umfassender Überblick und ein grundsätzliches Verständnis der physikalischen Zusammenhänge. Bei speziellen technischen Fragestellungen wird damit der physikalische Hintergrund sichtbar, auf den dann bei Bedarf näher eingegangen werden kann.

Dieses Ziel verfolgt seit der ersten Auflage aus dem Jahre 1953 das Lehrbuch „Lindner - Physik für Ingenieure", das aufgrund seiner großen Verbreitung inzwischen als Klassiker unter den einführenden Physik-Lehrbüchern gilt. Allerdings erfordert die fortschreitende Entwicklung in Forschung, Technik und auch in der Lehre die kontinuierliche, teilweise grundlegende Anpassung von Inhalt und Darstellung. Um dem Wandel zum aktuellen Stand in Wissenschaft und Technik gerecht zu werden, wurde das Werk für diese 20. Auflage daher völlig neu bearbeitet und strukturiert.

Die Gliederung der vorliegenden 20., vollständig überarbeiteten und erweiterten Auflage folgt den klassischen Bereichen der Physik, angefangen bei der Mechanik über die Thermodynamik und Elektrodynamik bis hin zur Quantenphysik und Festkörperphysik. Diese Struktur ermöglicht es den Leserinnen und Lesern, sich systematisch durch die verschiedenen physikalischen Disziplinen zu bewegen und gleichzeitig die Verbindungen zwischen ihnen zu erkennen. Ein Ziel des vorliegenden Buches ist es, dass die Physik als grundlegende Naturwissenschaft in ihren Zusammenhängen verstanden und nicht als bloße Aneinanderreihung spezieller physikalischer Gesetze fehlinterpretiert wird. Zahlreiche Rechenbeispiele helfen, das physikalische Verständnis zu vertiefen. An mathematischen Kenntnissen werden die Differential- und Integralrechnung sowie die Grundlagen der Vektorrechnung vorausgesetzt. Das vorliegende Buch wurde so konzipiert, dass es sowohl als Lehrbuch im Studium als auch als Nachschlagewerk in der beruflichen Praxis dienen kann. Sachliche Kritik und Verbesserungsvorschläge nehmen wir Autoren und der Hanser-Verlag dankend entgegen.

Wir als Autoren möchten uns bei den Mitarbeiterinnen und Mitarbeitern des Hanser-Verlags, insbesondere bei unserer Lektorin Frau Natalia Silakova-Herzberg für ihre Geduld und Unterstützung bei der Fertigstellung des Buches, gerade auch unter den schwierigen Bedingungen der letzten Jahre, herzlich bedanken. Ein großer Dank gilt darüber hinaus unseren Familien für die uns entgegengebrachte große Unterstützung und das Verständnis für das Buchprojekt.

Karlsruhe · Krefeld<br>Januar 2024

Marco Busch · Walther Ebner

# 1 Einführung

## 1.1 Physikalische Größen und Gleichungen

In der Physik werden aus Beobachtungen der Natur mithilfe von Experimenten (unter Umständen allerdings unter Einsatz aufwendiger Technik) Gesetze abgeleitet, die das Geschehen beschreiben. Die Formulierung dieser Gesetze wie auch ihre gegenseitige Verknüpfung geschieht mithilfe mathematischer Gleichungen. In diesen Gleichungen erscheinen die physikalischen Begriffe in der Form *physikalischer Größen*. Das sind messbare Merkmale von Objekten wie Gegenstände, Vorgänge oder Zustände.

Die in den einzelnen Teilgebieten der Physik verwendeten Größen sind recht zahlreich, hängen aber wegen ihrer gegenseitigen, in den Naturgesetzen gegebenen Beziehungen eng miteinander zusammen. Daher ist es möglich, sie auf nur wenige einfache *Basisgrößen* zurückzuführen und mit ihrer Hilfe alle übrigen als *abgeleitete* Größen darzustellen. So ist z. B. die Geschwindigkeit eine abgeleitete Größe, die als Quotient der beiden Basisgrößen Länge $l$ und Zeit $t$ definiert ist.

### Werte von Größen

Die physikalischen Größen haben nicht die Bedeutung einfacher Zahlenwerte, sondern beinhalten außerdem eine zweckmäßig gewählte Einheit. Der Wert einer Größe gibt an, wie oft die Einheit in der gemessenen oder berechneten Größe enthalten ist.

> **Merke**
>
> Der Wert einer physikalischen Größe ist das Produkt aus einem Zahlenwert und einer Einheit.

Dies kommt in entsprechenden Gleichungen, wie $t = 50$ s oder $\varrho = 2$ g/cm$^3$ zum Ausdruck, in denen die darin enthaltenen Einheiten ausdrücklich mitgeschrieben werden müssen.

Soll nur der Zahlenwert einer Größe bezeichnet werden, so wird ihr Formelzeichen in geschweiften Klammern gesetzt: $\{l\} = 50$. Will man nur die Einheit angeben, schreibt man das Formelzeichen in eckige Klammern: $[t] = \text{s}$. Der obige Merksatz kann also allgemein für eine Größe $G$ durch die Gleichung $G = \{G\}\,[G]$ ausgedrückt werden.

## Vektorielle und skalare Größen

In vielen Fällen reichen Zahlenwert und Einheit nicht aus, um eine physikalische Größe vollständig zu charakterisieren, zusätzlich ist noch die Angabe einer Richtung erforderlich. Dann handelt es sich um *vektorielle Größen*. Hierzu gehören Geschwindigkeit $\vec{v}$, Beschleunigung $\vec{a}$, Kraft $\vec{F}$ usw. Vektorielle Größen werden durch einen Pfeil über dem Symbol (Formelzeichen) der Größe hervorgehoben. Fehlt der Pfeil, so ist mit dem Symbol, wie $v$, $a$, $F$ usw., der *Betrag* der vektoriellen Größe gemeint. Die mathematische Behandlung vektorieller Größen erfolgt nach den Regeln der Vektorrechnung. Deren Kenntnis wird hier nicht vorausgesetzt, sondern an den entsprechenden Stellen des Buches wird anhand der konkreten Beispiele näher darauf eingegangen.

Werden Vorgänge nur in einer Dimension betrachtet, kann die Richtung durch ein Vorzeichen vor dem Betrag angegeben werden, auf den Vektorpfeil kann dann verzichtet werden. So ist z. B. die Geschwindigkeit $-v$ entgegengesetzt zur Geschwindigkeit $v$.

Als *skalare Größen* werden dagegen die Größen bezeichnet, denen kein Richtungssinn zugeordnet werden kann, wie z. B. die Zeit $t$, die Masse $m$ oder die Temperatur $T$ eines Körpers.

## Physikalische Größengleichungen

Die zur Formulierung der Naturgesetze aufgestellten Gleichungen werden mit physikalischen Größen gebildet. Sie werden daher als *Größengleichungen* bezeichnet, in denen die Größen durch ihre Symbole repräsentiert werden. Sie sind unabhängig von Zahlenwert und Einheit der Größen.

In der Praxis wird bei der Bearbeitung einer Aufgabenstellung zunächst mit Größengleichungen eine allgemeine Lösungsgleichung erarbeitet. Erst dann werden konkrete Werte für die Größen eingesetzt und damit eine spezielle Lösung berechnet, wie das folgende Beispiel zeigt.

**Beispiel**

Aufgabenstellung: Wie groß ist die Masse $m$ von $l = 300$ m Kupferdraht mit dem Querschnitt $A = 0{,}785 \cdot 10^{-6}$ m²? Die Dichte von Kupfer beträgt $\varrho = 8{,}93 \cdot 10^3$ kg/m³.

Allgemeine Lösung: Die Definition der Dichte lautet $\varrho = \frac{m}{V}$. Daraus ergibt sich für die Masse $m = \varrho \cdot V$. Mit dem Volumen $V = l \cdot A$ erhält man als allgemeine Lösung

$$m = \varrho \cdot l \cdot A$$

Spezielle Lösung: Durch Einsetzen der Werte folgt schließlich

$$m = 8{,}93 \cdot 10^3\ \frac{\text{kg}}{\text{m}^3} \cdot 300\ \text{m} \cdot 0{,}785 \cdot 10^{-6}\ \text{m}^2 = 2{,}103\ \text{kg}$$

Hieraus ist zu ersehen, dass die Einheiten wie Faktoren behandelt werden und z. B. auch gegenseitig gekürzt werden können.

Mitunter sind *zugeschnittene Größengleichungen* in Gebrauch mit „Größensymbolen“, die nur für Größenangaben in bestimmten Einheiten gelten sollen. Im Unterschied zu den Größengleichungen stellen diese Symbole dann keine Größen, sondern nur Zahlenwerte dar. Solche sehr speziellen Gleichungen haben nur in eng begrenzten Bereichen eine Berechtigung, sollten nur mit großer Vorsicht verwendet werden und tauchen in diesem Buch nicht auf.

### Einheitengleichungen und Dimensionen

Oftmals kommt es darauf an, lediglich über die in einer Gleichung vorkommenden Einheiten Klarheit zu gewinnen. In einer solchen *Einheitengleichung* werden die Größen in eckige Klammern gesetzt, womit zum Ausdruck gebracht wird, dass nur die Einheiten gemeint sind. Beispielsweise folgt aus der Definition der Dichte $\varrho = \frac{m}{V}$ die Einheitengleichung $[\varrho] = \frac{[m]}{[V]} = \frac{\mathrm{kg}}{\mathrm{m}^3}$.

Mit der *Dimension* einer Größe wird dargestellt, wie diese Größe im Prinzip mit den Basisgrößen zusammenhängt. Als Dimensionssymbole werden Großbuchstaben verwendet. Die in der Mechanik verwendeten Basisgrößen haben die Dimensionen Länge L, Zeit T und Masse M. Zum Beispiel ergibt sich das Volumen $V$ aus dem Produkt dreier Längen und hat daher die Dimension $\mathrm{L}^3$. Die Dichte $\varrho$ ist demzufolge von der Dimension $\mathrm{M} \cdot \mathrm{L}^{-3}$. Physikalische Größen, bei deren Bildung sich die Einheiten herauskürzen, besitzen die Dimension 1. Dies ist z. B. beim Bogenmaß des ebenen Winkels der Fall, das durch das Verhältnis $\frac{\text{Bogenlänge}}{\text{Radius}}$ bestimmt wird. Da die Dimensionen nicht an spezielle Einheiten gebunden sind, kann ihr Gebrauch häufig den Überblick über komplizierte Zusammenhänge erleichtern.

## 1.2 Internationales Einheitensystem

### 1.2.1 Basisgrößen und Basiseinheiten des SI

Bei der Aufstellung der Naturgesetze mithilfe von Experimenten ist das Bestreben, dafür eine möglichst allgemeine Form zu finden, sodass sie sich also nicht nur auf den konkreten Fall beziehen, sondern sich als Theorie auch auf andere Umstände anwenden lassen. Dabei müssen letzten Endes aber wieder Experimente darüber entscheiden, ob die Theorie auf diese Umstände tatsächlich angewendet werden kann.

Die Ergebnisse von Experimenten, die also die Basis der Physik darstellen, können aber nur als gültig und aussagekräftig angesehen werden, wenn die Experimente reproduzierbar sind, d. h. unabhängig von Ort oder Zeitpunkt mit denselben Ergebnissen wiederholt werden können. Um nun die Ergebnisse der Experimente vergleichen zu können, müssen diese mit allgemein gültigen, möglichst präzise festgelegten und unveränderlichen Einheiten angegeben werden.

Außerdem ist neben diesem eher prinzipiellen Motiv ein allgemein gültiges Einheitensystem in einer hochtechnisierten Welt für den globalen Austausch in Technik und Wissenschaft unerlässlich.

Die ersten Schritte zur Errichtung eines solchen Einheitensystems wurden 1790 im Anschluss an die Französische Revolution mit der Definition der *Sekunde* als Bruchteil des Sonnentages, des *Meter*s als Bruchteil des Erdumfangs und des *Gramm*s als Masse eines bestimmten Volumens Wasser gemacht. 1875 wurde das *Bureau International des Poids et Mesures* (BIPM, Internationales Büro für Gewichte und Maße) gegründet, das fortan die Arbeiten zur Vereinheitlichung koordinierte. 1889 fand die 1. *Conférence générale des poids et mesures* (CGPM, Generalkonferenz für Gewichte und Maße) statt, auf der unter anderem ein Körper aus einer Platin-Iridium-Legierung, gelagert beim BIPM, als das „Urkilogramm“ anerkannt wurde.

Mit dem weiteren wissenschaftlichen Fortschritt und der Weiterentwicklung der Messverfahren zu immer höherer Genauigkeit ist man heute so weit, einen Vorschlag von Max Planck aus dem Jahr 1900 zu realisieren, nämlich die Basiseinheiten des Einheitensystems auf der Grundlage von Naturkonstanten zu definieren. Die Präzision, mit der bestimmte Naturkonstanten inzwischen gemessen werden können, ist so hoch, dass die Festlegung der Einheiten auf ihrer Grundlage die Genauigkeit der herkömmlichen Festlegung übertrifft. Die Werte der Naturkonstanten können in diesem Zuge als exakte Werte so definiert werden, dass die neu festgelegten Einheiten mit den alten im Rahmen der Messgenauigkeit übereinstimmen. Für das *Système international d'unités* (SI, Internationales Einheitensystem), das 1960 von den meisten Ländern der Erde auf der 11. CGPM vereinbart worden war, wurde auf der 26. CGPM beschlossen, dass ab 2019 alle Basiseinheiten durch ausgewählte Naturkonstanten definiert werden.

Die Basisgrößen des SI mit ihren Basiseinheiten sind in Tabelle 1.1 aufgeführt, Tabelle 1.2 zeigt die im SI als exakt definierten Naturkonstanten. Die Definition der Basiseinheiten und ihre Rückführung auf die Naturkonstanten sowie vorgeschlagene Messverfahren werden im Folgenden kurz dargestellt.

**Tabelle 1.1** Basisgrößen und Basiseinheiten des SI

| Basisgröße | | Basiseinheit | | abgeleitet von | |
|---|---|---|---|---|---|
| Bezeichnung | Symbol | Bezeichnung | Symbol | Konstante | Einheiten |
| Zeit | $t$ | Sekunde | s | $\Delta f_{Cs}$ | |
| Länge | $l$ | Meter | m | $c$ | s |
| Masse | $m$ | Kilogramm | kg | $h$ | s, m |
| Stromstärke | $I$ | Ampere | A | $e$ | s |
| Temperatur | $T$ | Kelvin | K | $k$ | s, m, kg |
| Stoffmenge | $n$ | Mol | mol | $N_A$ | |
| Lichtstärke | $I_v$ | Candela | cd | $K_{cd}$ | s, m, kg |

**Tabelle 1.2** Im SI exakt definierte Konstanten

| Bezeichnung | Symbol und Wert |
|---|---|
| Frequenz des Hyperfeinstruktur-Übergangs in $^{133}$Cs | $\Delta f_{Cs} = 9\,912\,631\,770\,\frac{1}{s}$ |
| Vakuum-Lichtgeschwindigkeit | $c = 299\,792\,458\,\frac{m}{s}$ |
| Planck'sches Wirkungsquantum | $h = 6{,}626\,070\,15 \cdot 10^{-34}\,\frac{kg\,m^2}{s}$ |
| Elementarladung | $e = 1{,}602\,176\,634 \cdot 10^{-19}\,A\,s$ |
| Boltzmann-Konstante | $k = 1{,}380\,649 \cdot 10^{-23}\,\frac{kg\,m^2}{s^2\,K}$ |
| Avogadro-Konstante | $N_A = 6{,}022\,140\,76 \cdot 10^{23}\,\frac{1}{mol}$ |
| Photometrisches Strahlungsäquivalent | $K_{cd} = 683\,\frac{cd\,sr\,s^3}{kg\,m^2}$ |

### Sekunde

Eine Sekunde ist festgelegt durch die Frequenz $\Delta f_{\mathrm{Cs}}$ der Strahlung eines bestimmten Übergangs im $^{133}$Cs-Atom (Genaueres dazu in Abschnitt 8.2.6).

Eine Sekunde entspricht 9 912 631 770 Perioden dieser Strahlung. Der exakte Wert ist also

$$1\,\mathrm{s} = \frac{1}{\Delta f_{\mathrm{Cs}}} \cdot 9\,912\,631\,770\,.$$

Die Messung von Frequenzen mit Mikrowellen-Resonanz an Atomwolken oder Einzel-Atom-Spektroskopie gehört zu den Messungen, bei denen die höchste relative Genauigkeit erreicht werden kann (Abschnitt 8.2.6). Die Sekunde wurde daher als Grundlage für die Definition der weiteren Basiseinheiten gewählt.

### Meter

Grundlagen sind der festgelegte Wert der Geschwindigkeit des Lichtes im Vakuum $c$ sowie die Definition der Sekunde.

Ein Meter ist die Strecke, die das Licht im Zeitraum $\frac{1}{299\,792\,458}$ s zurücklegt.

Auf die Konstanten zurückgeführt gilt exakt: $1\,\mathrm{m} = \frac{1}{299\,792\,458} \cdot c \cdot \mathrm{s} = \frac{9\,912\,631\,770}{299\,792\,458} \cdot \frac{c}{\Delta f_{\mathrm{Cs}}}$.

Zur Messung macht man sich den Zusammenhang $\lambda = \frac{c}{f}$ (Gl. (4.98)) zwischen der Wellenlänge des Lichtes $\lambda$, seiner Geschwindigkeit $c$ und Frequenz $f$ zunutze. Mit einem Interferometer (siehe Abschnitt 7.3.3) kann damit über die Wellenlänge die Länge eines Längenmaßstabs mit der Frequenz des Lichtes in Beziehung gesetzt werden. Um die erforderliche Genauigkeit zu erreichen, werden unter anderem frequenzstabilisierte Laser als Lichtquelle verwendet.

### Kilogramm

Grundlagen sind der festgelegte Wert des Planck'schen Wirkungsquantums $h$ sowie die Definitionen von Sekunde und Meter.

Damit gilt: $1\,\mathrm{kg} = \left(\frac{h}{6{,}626\,070\,15 \cdot 10^{-34}}\right) \mathrm{m}^{-2}\,\mathrm{s}$.

Die Masse eines Referenz-Kilogramms kann mit einer *Watt-* oder *Kibble-Waage* (B. Kibble, 1938–2016) gemessen werden. Darin wird in einem ersten Schritt die Gewichtskraft auf die Masse $m \cdot g$ durch die magnetische Lorentz-Kraft auf eine stromführende Spule kompensiert, im zweiten Schritt die in der mit der Geschwindigkeit $v$ bewegten Spule induzierte Spannung gemessen. Spannung und Strom werden mithilfe des Josephson-Effektes (Abschnitt 9.2.6) und des Quanten-Hall-Effektes (Abschnitt 9.2.4) mit dem Planck'schen Wirkungsquantum in Beziehung gesetzt (und mit der Elementarladung, die aber in der Rechnung wegfällt). Für die Masse (in kg) erhält man daraus eine Beziehung zu $g$ (in $\frac{\mathrm{m}}{\mathrm{s}^2}$), $v$ (in $\frac{\mathrm{m}}{\mathrm{s}}$) und $h$.

Abweichungen im Mikrogramm-Bereich zwischen der Masse des Urkilogramms von 1889 und der von Vergleichskörpern, die sich im Laufe der letzten Jahrzehnte zeigten und nicht eindeutig einem der Körper zugeordnet werden konnten, waren ein wichtiges Motiv für die Neufassung des SI im Jahre 2019.

### Ampere

Grundlagen sind der festgelegte Wert der Elementarladung $e$ sowie die Definition der Sekunde.

Ein Stromstärke von 1 A entspricht einem Fluss von $\frac{1}{1{,}602\,176\,634 \cdot 10^{-19}} \approx 6{,}2 \cdot 10^{18}$ Elementarladungen pro Sekunde.

Für die messtechnische Realisierung kann das Ohm'sche Gesetz $I = \frac{U}{R}$ (Gl. (6.95)) genutzt werden. Die zurzeit höchste Präzision bei der Messung von Spannung und Widerstand erreicht man wieder unter Nutzung des Quanten-Hall- und des Josephson-Effektes.

Eine sehr direkte Methode, nämlich das Zählen einzelner Elektronen mit einer mikroelektronischen sogenannten Ein-Elektron-Pumpe, ist in der Entwicklung. Ihre Genauigkeit leidet aber zurzeit noch an der begrenzten reproduzierbaren Zählrate von etwa $10^9$ Elektronen pro Sekunde entsprechend einem Strom von ca. 100 pA.

### Kelvin

Grundlagen sind der festgelegte Wert der Boltzmann-Konstanten $k$ sowie die Definitionen von Sekunde, Meter und Kilogramm.

Das Kelvin als Einheit der absoluten Temperaturskala ist damit gegeben durch $1\,\mathrm{K} = \frac{1{,}380\,694 \cdot 10^{-23}}{k}\,\mathrm{kg\,m^2\,s^{-2}}$.

Der bisherige Fixpunkt der Temperaturskala, die Temperatur des Tripelpunktes von Wasser $T = 273{,}16\,\mathrm{K} = 0{,}01\,°\mathrm{C}$ (siehe Abschnitt 5.1) bleibt dabei erhalten, und auch die Celsius-Skala ist weiterhin gültig.

Eine sehr präzise Methode zur Messung der absoluten Temperatur und zur messtechnischen Realisierung der Einheit Kelvin beruht auf der Temperaturabhängigkeit der Schallgeschwindigkeit eines idealen, monoatomaren Gases (sehr gut angenähert durch z. B. Helium unter Normalbedingungen) $c = \sqrt{\frac{5}{3}\frac{k}{m}T}$ (Gl. (4.117)) mit $\kappa = \frac{5}{3}$, $R_i = \frac{k}{m}$ ($m$: mittlere Masse der Atome des Gases, $R_i$: spezifische Gaskonstante, $\kappa$: Isentropenkoefizient). Zur Messung der Temperatur wird die Frequenz $f$ einer stehenden Welle in einem gasgefüllten Hohlraum gemessen, dessen Abmessungen die Wellenlänge $\lambda$ vorgeben (siehe Abschnitt 4.4.1). Mit $c = \lambda f$ (Gl. (4.98)) kann die Schallgeschwindigkeit und damit die Temperatur bestimmt werden.

### Mol

Grundlage ist der festgelegte Wert der Avogadro-Konstanten $N_\mathrm{A}$.

Die Einheit mol dient zur Angabe der Stoffmenge, d. h. zur Angabe der Anzahl der Teilchen eines Stoffes, z. B. der Atome, Moleküle, Ionen usw.

Ein Mol entspricht einer Stoffmenge von exakt $6{,}022\,140\,76 \cdot 10^{23}$ Teilchen.

Mit dieser neuen Festlegung orientiert man sich an der bisherigen Definition, nämlich, dass ein Mol der Anzahl der $^{12}$C-Atome in 0,012 kg, der molaren Masse von $^{12}$C entspricht. Da das aber nur im Rahmen der Messgenauigkeit gilt, ist nun die Anzahl der $^{12}$C-Atome eine Messgröße.

Die bisher genaueste Bestimmung der Avogadro-Konstanten wurde mit einer $^{28}$Si (Silicium)-Kugel durchgeführt, die bei einem Durchmesser von 93,7 mm nur um maximal 30 nm von der

Kugelgestalt abweicht, sodass das Kugelvolumen sehr genau berechnet werden kann. Mit der Kenntnis der Kristallstruktur von Silicium und des Atomabstands, die mit Röntgenstrukturanalysen bestimmt werden (siehe Abschnitt 9.1.2), kann man daraus die Anzahl $N$ der Atome in der Kugel berechnen. Aus der Masse der Kugel und der molaren Masse von 0,028 kg von $^{28}$Si ergibt sich die Stoffmenge $n$ in mol und damit die Avogadro-Konstante nach $N_A = \frac{N}{n}$.

### Candela

Die Einheit Candela bezieht sich als einzige der SI-Basiseinheiten direkt auf die Physiologie des Menschen. Sie dient als Maß für die Lichtstärke, wobei hier Licht im engeren Sinne als der mit dem menschlichen Auge und seiner spektralen Empfindlichkeit sichtbare Teil der elektromagnetischen Strahlung gemeint ist. Die Lichtstärke ist bei einer bestimmten Frequenz proportional zur Strahlstärke, d. h. der Strahlungsleistung pro Raumwinkeleinheit in eine bestimmte Richtung mit der Einheit $\frac{\text{W}}{\text{sr}}$ (Watt pro Steradian): $1\,\text{cd} = K_{\text{cd}} \cdot 1\,\frac{\text{W}}{\text{sr}} = K_{\text{cd}} \cdot 1\,\frac{\text{kg m}^2\,\text{s}^{-3}}{\text{sr}}$.

Die Proportionalitätskonstante ist auf den Wert $K_{\text{cd}} = 683\,\frac{\text{cd} \cdot \text{sr}}{\text{W}}$ bei der Frequenz $5{,}40 \cdot 10^{14}$ Hz (grünes Licht) festgelegt. Dieser Wert wurde so gewählt, damit der Anschluss an frühere Definitionen der Einheit Candela gegeben ist.

Die Messung der Lichtstärke wird damit zurückgeführt auf die Messung der Strahlstärke. Will man die Lichtstärke einer Lichtquelle mit einem breiten Spektrum aus der Strahlstärke berechnen, muss man allerdings die spektrale Empfindlichkeitskurve des Auges einbeziehen (siehe Abschnitt 7.4.2).

## 1.2.2 Arbeiten mit Einheiten

Alle in den Naturwissenschaften und der Technik auftretenden Größen können als Produkte von Potenzen der SI-Basiseinheiten ausgedrückt werden. Diese Kombinationen werden als abgeleitete kohärente SI-Einheiten bezeichnet, wenn keine zusätzlichen Zahlenfaktoren darin vorkommen, ansonsten als abgeleitete, nicht kohärente. So ist die abgeleitete kohärente SI-Einheit für die Geschwindigkeit $\frac{\text{m}}{\text{s}} = \text{m} \cdot \text{s}^{-1}$, nicht kohärent ist dagegen für die Massendichte $\frac{\text{g}}{\text{cm}^3} = 10^{-3}\,\text{kg} \cdot \left(10^{-2}\,\text{m}\right)^{-3}$.

Viele abgeleitete Einheiten haben aus praktischen Gründen eigene Bezeichnungen erhalten. Zum Beispiel wird die Kraft in der Einheit Newton mit $\text{N} = \text{kg} \cdot \text{m} \cdot \text{s}^{-2}$ angegeben, die elektrische Spannung in der Einheit Volt mit $\text{V} = \text{kg} \cdot \text{m}^2 \cdot \text{A}^{-1} \cdot \text{s}^{-3}$.

Zu den abgeleiteten Einheiten zählen auch die Winkeleinheiten:

Radiant ($\text{rad} = \text{m} \cdot \text{m}^{-1} = 1$) für den ebenen Winkel $\alpha = \frac{\text{Bogenlänge}}{\text{Radius}}\,\text{rad}$.

Steradiant ($\text{sr} = \text{m}^2 \cdot \text{m}^{-2} = 1$) für den Raumwinkel $\alpha = \frac{\text{Fläche der Kugelkappe}}{\text{Radius}^2}\,\text{sr}$.

Da sie dimensionslos sind, brauchen sie eigentlich nicht mitgeschrieben zu werden. Sie dienen aber zur Kennzeichnung einer Zahl als Winkel.

Es gibt darüber hinaus viele Einheiten, die zwar keine SI-Einheiten sind, aber wegen der häufigen Verwendung vom SI zugelassen sind. Dazu gehören Minute (min), Stunde (h), Tag (d), Liter (l), Tonne (t), Elektronvolt (eV) usw.

Schließlich stößt man auch häufig noch auf Nicht-SI-Einheiten, die aber in einigen Ländern gesetzlich zugelassen sind, wie Bar (bar), Kilowattstunde (kWh), Zoll (″) usw.

Oft kommt es vor, dass Einheiten für den praktischen Umgang zu groß oder zu klein sind. Das SI erlaubt dafür die Verwendung von Vorsätzen (Präfixen), die dezimale Teile oder Vielfache einer Einheit kennzeichnen. Tabelle 1.3 führt die gebräuchlichsten Präfixe auf.

**Tabelle 1.3** SI-Präfixe

| Symbol | Name | Faktor | Symbol | Name | Faktor |
|---|---|---|---|---|---|
| da | Deka | $10^1$ | d | Dezi | $10^{-1}$ |
| h | Hekto | $10^2$ | c | Zenti | $10^{-2}$ |
| k | kilo | $10^3$ | m | Milli | $10^{-3}$ |
| M | Mega | $10^6$ | µ | Mikro | $10^{-6}$ |
| G | Giga | $10^9$ | n | Nano | $10^{-9}$ |
| T | Tera | $10^{12}$ | p | Piko | $10^{-12}$ |
| P | Peta | $10^{15}$ | f | Femto | $10^{-15}$ |
| E | Exa | $10^{18}$ | a | Atto | $10^{-18}$ |

Einer Einheit dürfen nicht mehrere Präfixe vorangestellt werden. Insbesondere muss man sich beim Kilogramm dabei an der eigentlich abgeleiteten SI-Einheit Gramm oder an der zugelassenen Einheit Tonne orientieren, z. B.: 50 000 kg = 50 Mg = 50 t.

Häufig sind die Eingangswerte bei Berechnungen nicht als SI-Einheiten gegeben. Hier empfiehlt es sich, die Werte vor der Berechnung in SI-Einheiten umzurechnen. Das Ergebnis erhält man dann ebenfalls in SI-Einheiten, die dann bei Bedarf wieder in eventuell praktischere Einheiten umgerechnet werden können.

**Beispiel**

Welche Zeit braucht ein Schiff bei einer Geschwindigkeit von 15 kn, um die Strecke von 4 000 km zurückzulegen?

Gerechnet wird nach der Gleichung $t = \frac{l}{v}$

$$\text{mit } v = 15\,\text{kn} = 15\left(1\,852\,\frac{\text{m}}{\text{h}}\right) = 15\left(1\,852\,\frac{\text{m}}{3\,600\,\text{s}}\right) = 7{,}72\,\frac{\text{m}}{\text{s}}$$

und $l = 4\,000\ \text{km} = 4\,000 \cdot 10^3\ \text{m}$. Damit ergibt sich

$$t = \frac{4 \cdot 10^6\ \text{m}}{7{,}72\,\frac{\text{m}}{\text{s}}} = 5{,}18 \cdot 10^5\ \text{s} = 6{,}00\ \text{d}$$

Grundsätzlich gilt also:

> **Merke**
> Werden in einer Größengleichung die gegebenen Größen in SI-Einheiten eingesetzt, so ergibt sich die zu berechnende Größe auch in ihrer SI-Einheit.

## 1.3 Messgrößen und Messfehler

Die Physik ist eine empirische Wissenschaft, d. h. ihre Aussagen beruhen, wie schon mehrfach erwähnt, auf Experimenten, also der Beobachtung von Vorgängen unter natürlichen oder auch künstlich hergestellten Bedingungen. Erst die durch Messungen gewonnenen Daten ermöglichen die Aufstellung und Überprüfung von Theorien oder die technische Umsetzung physikalischer Erkenntnisse. Ein großer Teil der Alltagsarbeit in der Physik (wie auch in anderen Naturwissenschaften) besteht in der Auswertung von Messdaten, insbesondere auch in Bezug auf ihre Gültigkeit und Zuverlässigkeit hin. Das mathematische Handwerkszeug dazu ist sehr umfangreich. Im Folgenden können daher nur einige Grundzüge der Vorgehensweise bei der Auswertung von Messdaten erläutert werden.

### 1.3.1 Messunsicherheiten

Jede Messung ist mit Unsicherheiten behaftet. Mit erhöhtem Aufwand kann man die Unsicherheit zwar verringern, man kann sie aber grundsätzlich nicht beseitigen. Ein Messergebnis ist daher immer nur ein Schätzwert für den *Erwartungswert*, den „wahren“ Wert der jeweiligen Messgröße. Zur vollständigen Angabe eines Messergebnisses gehört deshalb auch die Angabe der Messunsicherheit, mit deren Wert sich ein Intervall um den Schätzwert, der sogenannte *Vertrauensbereich*, festlegen lässt.

Zur Messunsicherheit tragen systematische und zufällige Ursachen bei. Als *systematische Unsicherheiten* werden Messabweichungen bezeichnet, die durch Unvollkommenheiten des Mess- und Auswertungsverfahrens, der Messgeräte, durch nicht erfasste Umwelteinflüsse (z. B. die Temperaturabhängigkeit eines Messwiderstandes bei der Strommessung) und auch durch persönliche Fehler des Beobachters verursacht werden. Sie können zeitlich sowohl konstant als auch veränderlich sein und sind allein durch Wiederholung der Messung nicht zu erfassen. Sind die Werte der systematischen Abweichungen bekannt, lassen sie sich durch rechnerische Korrektur der Messwerte berücksichtigen. Bei Messgeräten werden mögliche systematische Fehler in der Regel als Toleranz (z. B. wie „1,5 % vom Endwert“) angegeben, bei digitalen Anzeigen entspricht der minimale systematische Fehler dem Wert der letzten angezeigten Stelle. In vielen Fällen können sie nur abgeschätzt werden.

Mit statistischen Methoden kann man dagegen die *zufälligen, statistischen Unsicherheiten* erfassen, die sich in einer Streuung von Messwerten bei der Wiederholung von Messungen unter sonst unveränderten Bedingungen äußern. Ihre Ursachen reichen vom begrenzten Auflösungsvermögen des Auges beim Ablesen eines Längenmaßstabs bis zur mikroskopisch ungeordneten Bewegung von Elektronen bei einer Spannungsmessung. Der Umgang mit Unsicherheiten dieser Art soll im Folgenden erläutert werden.

### 1.3.2 Messreihen

Zur verlässlichen Bestimmung des „wahren" Wertes einer Größe $x$ (z. B. eine Geschwindigkeit, Spannung, Zeit usw.) reicht eine einzelne Messung wegen der oben erwähnten Unsicherheiten nicht aus. Es muss eine *Messreihe* mit mehrfachen Messungen unter möglichst konstanten Bedingungen durchgeführt werden. Trägt man die Häufigkeit, mit der eine Messung im Rahmen der Messreihe einen Wert innerhalb eines bestimmten Intervalls ergibt, gegen den Gesamtbereich der Werte auf, ergibt sich in der Regel ein Bild ähnlich wie in Bild 1.1.

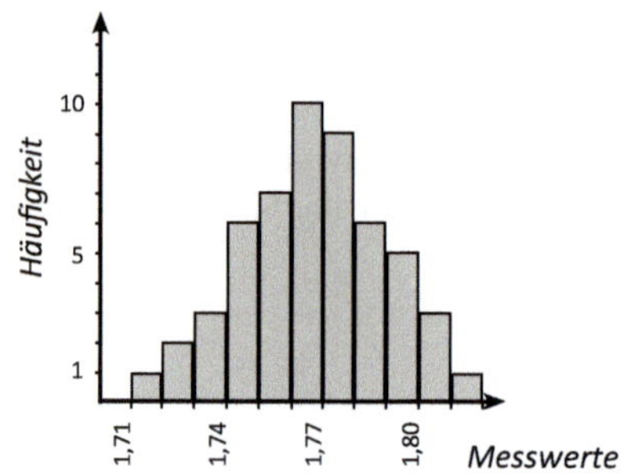


**Bild 1.1**
Häufigkeitsverteilung bei einer Messreihe

Viele der Messwerte liegen in der Nähe eines „mittleren" Wertes, mit zunehmendem Abstand davon nimmt ihre Häufigkeit ab. Anders ausgedrückt: Die Wahrscheinlichkeit, dass ein Messwert in der Nähe dieses mittleren Wertes liegt, ist hoch und nimmt mit zunehmendem Abstand davon ab. Mathematisch wird dies durch die Wahrscheinlichkeitsdichte $f(x)$ ausgedrückt, die angibt, mit welcher Wahrscheinlichkeit ein Messwert in ein Intervall $x \pm \mathrm{d}x$ fällt. Ein bei Messungen in der Praxis häufig auftretender Fall ist die *Gauß-Verteilung* (C. F. Gauß, 1777–1855), die deshalb auch als *Normalverteilung* bezeichnet wird. Die Funktion der Wahrscheinlichkeitsdichte bei der Gauß-Verteilung lautet

$$f(x) = \frac{1}{\sigma\sqrt{2\pi}}\, \mathrm{e}^{-\frac{1}{2}\left(\frac{x-\mu}{\sigma}\right)^2} \tag{1.1}$$

$$-\infty < x < +\infty$$

Ihre Kurve, die wegen ihrer Gestalt auch als Gauß'sche Glockenkurve bezeichnet wird, zeigt Bild 1.2.

Der Parameter $\mu$ ist der Erwartungswert der Verteilung. Er gibt die Position des Maximums der Kurve an, d. h. den Messwert, der mit der höchsten Wahrscheinlichkeit auftritt. Die *Standardabweichung* $\sigma$ bestimmt die Breite der Verteilung der Messwerte um den Erwartungswert.

Die Gesamtfläche unter der Kurve ist 1, entsprechend der (trivialen) Aussage, dass ein Messwert mit der Wahrscheinlichkeit 100 % irgendwo im Definitionsintervall von $x$ liegt. Zwischen den Grenzen $x = \mu - \sigma$ und $x = \mu + \sigma$ liegen ca. 68,3 % der Fläche. Eine Messung ergibt also mit einer Wahrscheinlichkeit von 68,3 % einen Messwert innerhalb dieser Grenzen. Für die Grenzen $\mu \pm 2\sigma$ liegt der Wert bei 95,4 %.

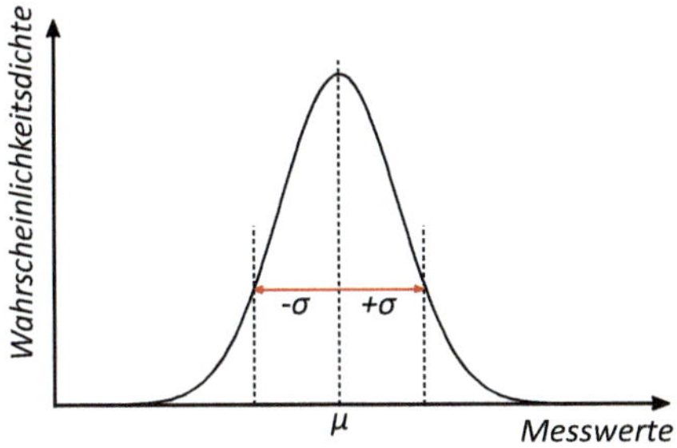


**Bild 1.2**
Wahrscheinlichkeitsdichte der Normalverteilung

Allerdings wird die Verteilung der Messwerte nur für den theoretischen Fall unendlich vieler Messwerte exakt durch Gl. (1.1) und Bild 1.2 beschrieben. Bei einer Messreihe mit nur endlich vielen Messwerten muss man sich daher mit Näherungen bzw. Schätzwerten für den Erwartungswert $\mu$ und die Standardabweichung $\sigma$ begnügen. Für normalverteilte Messwerte $x_1, x_2, \ldots, x_n$ ist der der beste Schätzwert für $\mu$ der

Mittelwert der Messreihe[1]

$$\overline{x} = \frac{1}{2} \sum_{i=1}^{n} x_i \tag{1.2}$$

Als Schätzwert für $\sigma$ gilt die

Standardabweichung der Messreihe

$$s_x = \sqrt{\frac{1}{n-1} \sum_{i=1}^{n} \left(x_i - \overline{x}\right)^2} \tag{1.3}$$

Eine Messung ist im Sinne der Statistik eine *Stichprobe*. Die Anzahl der Messungen $n$ wird daher auch als Umfang der Stichprobe bezeichnet.

Je größer die Anzahl der Messwerte ist, desto genauer gibt der Mittelwert den Erwartungswert der gemessenen Größe wieder, als desto schmaler kann deshalb auch der Vertrauensbereich angegeben werden. Allerdings kann bei einer realen Messreihe mit endlich vielen Messwerten nur mit einer gewissen Wahrscheinlichkeit, dem *Vertrauensniveau*, davon ausgegangen werden, dass der Erwartungswert tatsächlich innerhalb des Vertrauensbereiches liegt. Beides drückt sich aus in der Berechnung der

Messunsicherheit des Mittelwertes

$$u_p = \frac{t_p}{\sqrt{n}} s_x \tag{1.4}$$

[1] Zu den meist recht „aufwendigen“ Gleichungen zur Berechnung der statistischen Kennwerte sei angemerkt, dass sie in entsprechender Anwendungssoftware oft vorprogrammiert enthalten sind.

Wie man unmittelbar sieht, wird die Messunsicherheit $u$ mit zunehmendem $n$ kleiner. Der Student'sche t-Faktor $t_p$ (W. S. Gosset, Pseudonym „Student", 1876–1937) berücksichtigt außerdem neben dem Stichprobenumfang $n$ das Vertrauensniveau $p$. Der t-Faktor folgt aus der Theorie der Fehlerrechnung, einige Werte für zwei häufig benutzte Vertrauensniveaus sind in Tabelle 1.4 angeführt.

**Tabelle 1.4** Student'scher t-Faktor

| $n$ | | 2 | 3 | 4 | 6 | 8 | 10 | 20 | 50 | 100 |
|---|---|---|---|---|---|---|---|---|---|---|
| $t_p$ | $p = 68{,}3\,\%$ | 1,84 | 1,32 | 1,20 | 1,11 | 1,08 | 1,06 | 1,03 | 1,01 | 1,01 |
| | $p = 95{,}4\,\%$ | 13,8 | 4,50 | 3,29 | 2,64 | 2,42 | 2,31 | 2,14 | 2,05 | 2,02 |

Für die Begrenzung des Vertrauensbereichs ergibt sich damit

$$\Delta x_p = u_p + w \tag{1.5}$$

Dabei steht $w$ für den systematischer Fehler, der, wie oben erwähnt, eventuell abgeschätzt werden muss. Streng genommen gilt Gl. (1.5) unter der Bedingung, dass $w$ deutlich kleiner ist als $u_p$.

Das aus der Messreihe folgende Messergebnis wird damit so angegeben

$$x = \overline{x} \pm \Delta x_p \tag{1.6}$$

mit dem Vertrauensniveau $p$.

Das Resultat einer Messreihe ist nur zusammen mit der Nennung des Vertrauensbereiches und des Vertrauensniveaus sinnvoll.

Der Wert von $\Delta x_p$ ist unabhängig vom Wert von $\overline{x}$ und wird deshalb als *absolute Unsicherheit* bezeichnet. Oft gibt eine Angabe der *relativen Unsicherheit* einer Größe einen besseren Eindruck von der Qualität einer Messreihe. Dabei wird die absolute Unsicherheit auf den Mittelwert bezogen, d. h. die relative Unsicherheit ist $\frac{\Delta x_p}{\overline{x}}$. Damit lautet das Resultat einer Messreihe

$$x = \overline{x}, \quad \text{rel. Unsicherheit } \frac{\Delta x_p}{\overline{x}} \tag{1.7}$$

mit dem Vertrauensniveau $p$.

Bei der praktischen Berechnung wird die Anzahl der signifikanten Stellen der Zahlenwerte des Mittelwertes und der Unsicherheit häufig nur durch das dafür verwendete Rechengerät (Computer) bestimmt. Dabei werden als signifikante Stellen einer Zahl die Stellen ohne führende Nullen bis zur Rundungsstelle bezeichnet. Deutlich wird dies bei der Notierung als Fließkommazahl. Die Zahl $1\,234 = 1{,}234 \cdot 10^3$ hat vier signifikante Stellen, die Zahl $0{,}001\,2 = 1{,}2 \cdot 10^{-3}$ nur zwei. Auch eine folgende Null kann signifikant sein: 0,129 6 ist gerundet $0{,}130 = 1{,}30 \cdot 10^{-1}$ mit drei signifikanten Stellen.

Für die Angabe von $\Delta x_p$ ist nur eine Stelle real signifikant, also physikalisch sinnvoll. Die real signifikanten Stellen von $\overline{x}$ ergeben sich aus dem Wert von $\Delta x_p$. Nur die Stellen, die sich im Bereich $\overline{x} \pm \Delta x_p$ um weniger als 10 Werte ändern, können als real signifikant gelten. Als Ergebnis der Messreihe dürfen nur diese real signifikanten Stellen angegeben werden.

**Beispiel**

Die Schwingungsperiode eines Pendels soll bestimmt werden. Dazu werden fünf Messungen der Periodendauer durchgeführt. Die Auflösung bzw. die Messunsicherheit der Stoppuhr beträgt $w = 0{,}01$ s. Die Messwerte sind

| $i$ | 1 | 2 | 3 | 4 | 5 | 6 |
|---|---|---|---|---|---|---|
| $T_i/\mathrm{s}$ | 1,92 | 1,95 | 1,91 | 1,89 | 1,93 | 1,88 |

Es ergibt sich

nach Gl. (1.2) für den Mittelwert: $\overline{T} = 1{,}9167$ s,

nach Gl. (1.3) für die Standardabweichung: $s_T = 0{,}0320$ s.

(jeweils auf die 4. Nachkommastelle gerundet)

Bei einem Vertrauensniveau von 95,4 % und einem Stichprobenumfang von 6 ist der t-Faktor $t_{95} = 2{,}64$. Für die Messunsicherheit des Mittelwertes erhält man damit nach Gl. (1.4): $u_{95} = 0{,}0345$.

Die Begrenzung des Vertrauensbereichs beträgt damit nach Gl. (1.5) rechnerisch: $\Delta x_{95} = 0{,}0445$ bzw. mit real signifikanten Stellen $\Delta x_{95} = 0{,}04$. Mit diesem Wert ist die zweite Nachkommastelle des Mittelwerts noch real signifikant. Das Resultat der Messreihe lautet daher nach Gl. (1.6):

$T = \left(1{,}92 \pm 0{,}04\right)$ s, Vertrauensniveau $p = 95{,}4$ %

bzw. mit der relativen Unsicherheit nach Gl. (1.7):

$T = 1{,}92$ s, rel. Unsicherheit 0,021 oder 2,1 %, $p = 95{,}4$ %.

## 1.3.3 Fehlerfortpflanzung

Oft kann man eine gesuchte physikalische Größe $y$ nicht direkt messen, sondern muss ihren Wert mithilfe einer physikalischen Gleichung aus anderen Größen $x_1, x_2, x_3, \ldots$ bestimmen, die ihrerseits direkt gemessen werden können. Es besteht also der Zusammenhang $y = y\left(x_1, x_2, x_3, \ldots\right)$. In diesem Fall geht man folgendermaßen vor.

Den Schätzwert $\overline{y}$ der Zielgröße $y$ berechnet man mit den Mittelwerten der gemessenen Größen $\overline{x}_1, \overline{x}_2, \overline{x}_3, \ldots$:

$$\overline{y} = y\left(\overline{x}_1, \overline{x}_2, \overline{x}_3, \ldots\right) \tag{1.8}$$

Für die Unsicherheit in $y$ gilt das

Gauß'sche Gesetz der Fehlerfortpflanzung

$$\Delta y = \sqrt{\sum_i \left(\frac{\partial y}{\partial x_i}\Big|\overline{x}_1, \overline{x}_2, \overline{x}_3, \ldots \Delta x_i\right)^2} \tag{1.9}$$

(mit derselben Einschränkung wie für Gl. (1.5), dass nämlich die systematischen Fehler der $x_i$ deutlich kleiner sind als die statistischen Unsicherheiten)

Der Ausdruck $\frac{\partial y}{\partial x_i}$ bezeichnet eine partielle Ableitung. Beispielweise wird für den ersten Summanden $\frac{\partial y}{\partial x_i}|\overline{x}_1, \overline{x}_2, \overline{x}_3, \ldots$ zunächst $y$ nach $x_1$ abgeleitet, wobei die anderen $x_i$ als Konstanten betrachtet werden. Anschließend werden in diese Ableitung die Mittelwerte $\overline{x}_1, \overline{x}_2, \overline{x}_3, \ldots$ eingesetzt und so der Wert berechnet.

In der Praxis braucht man in vielen Fällen nicht von der allgemeinen Grundform (Gl. (1.9)) auszugehen, da die Zusammenhänge $y = y(x_1, x_2, x_3, \ldots)$ speziellen Sonderformen entsprechen. Ist die Zielgröße $y$ linear abhängig von den Messgrößen, so ergibt sich für die Unsicherheit in $y$:

Fehlerfortpflanzung für $y = a_0 + a_1\, x_1 + a_2\, x_2 + \ldots$

$$\Delta y = \sqrt{(a_1\, \Delta x_1)^2 + (a_2\, \Delta x_2)^2 + \ldots} \tag{1.10}$$

Ist die Zielgröße $y$ ein Produkt von Potenzen der Messgrößen, so erhält man für die Unsicherheit in $y$:

Fehlerfortpflanzung für $y = a \cdot x_1^{n_1} \cdot x_2^{n_2} \cdot \ldots$

$$\Delta y = \overline{y} \sqrt{\left(n_1 \frac{\Delta x_1}{\overline{x}_1}\right)^2 + \left(n_2 \frac{\Delta x_2}{\overline{x}_2}\right)^2 + \ldots} \tag{1.11}$$

**Beispiel**

Durch eine Serienschaltung von zwei Widerständen $R_1 = (3{,}9 \pm 0{,}2)\,\Omega$ und $R_2 = (7{,}1 \pm 0{,}1)\,\Omega$ fließt ein Strom von $I = (45 \pm 0{,}5)\,\text{A}$. (Diese Werte wurden in vorherigen Messreihen ermittelt.)

Wie groß ist der Gesamtwiderstand $R = R_1 + R_2$?

Als Mittelwert ergibt sich $\overline{R} = \overline{R}_1 + \overline{R}_2 = 11{,}0\,\Omega$, als Unsicherheit nach Gl. (1.10) $\Delta R = \sqrt{(0{,}2\,\Omega)^2 + (0{,}1\,\Omega)^2} = 0{,}224\,\Omega$. Der Gesamtwiderstand ist also $R = (11{,}0 \pm 0{,}2)\,\Omega$.

Welche Leistung $P = I^2\, R$ wird umgesetzt?

Als Mittelwert ergibt sich $\overline{P} = \overline{I}^2\, \overline{R} = 22{,}28 \cdot 10^3\,\text{W}$, als Unsicherheit nach Gl. (1.11) $\Delta P = 22{,}28 \cdot 10^3\,\text{W} \cdot \sqrt{\left(2 \frac{0{,}5\,\text{A}}{45\,\text{A}}\right)^2 + \left(\frac{0{,}2\,\Omega}{11\Omega}\right)^2} = 0{,}639 \cdot 10^3\,\text{W}$. Die Leistung ist also $P = (22 \pm 0{,}6) \cdot 10^3\,\text{W}$.

### 1.3.4 Regression

Oft kommt es vor, dass zwischen zwei Messgrößen ein funktionaler Zusammenhang vorliegt oder zumindest vermutet wird, z. B. zwischen Ort $x$ und Zeit $t$: $x(t) = x_0 + vt$ oder zwischen Spannung $U$ und Widerstand $R$: $U(R) = I\,R$. Mit Messungen soll dann ein solcher

Zusammenhang bestätigt werden, oder Parameter der Funktion sollen bestimmt werden, wie oben z. B. $x_0$ und $v$. Wegen der Messunsicherheiten bilden die Messwerte im Allgemeinen allerdings den Funktionsverlauf nicht exakt ab, wie Bild 1.3 zeigt. *Regression* heißt dann, die Parameter so zu wählen, dass die Funktionswerte die Messwerte möglichst genau wiedergeben. Ein mathematisches Verfahren dazu beruht auf der Methode der Minimierung der Fehlerquadratsumme

$$\sum_{i=1}^{n}\left(y_i - y(x_i)\right)^2 \quad \text{minimal} \tag{1.12}$$

$(x_i, y_i)$ sind dabei die $n$ Paare der Messwerte, $y(x_i)$ ist der dem funktionalen Zusammenhang entsprechende Wert von $y$ zum Wert $x_i$.

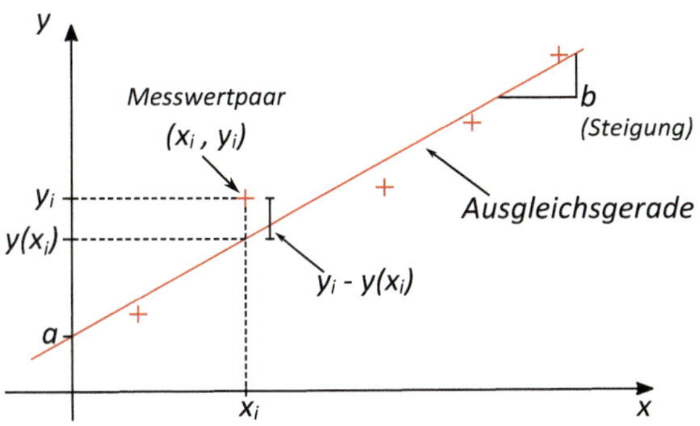


**Bild 1.3**
Messwertpaare (+) und Ausgleichsgerade bei einem angenommenen linearen Zusammenhang $y(x) = a + b\,x$

Speziell für den Fall eines linearen Zusammenhangs $y = a + b\,x$ lässt sich die dann sogenannte *lineare Regression* relativ einfach durchführen.

Oft werden deshalb andere funktionale Zusammenhänge zunächst mathematisch in eine lineare Form gebracht, um dann die lineare Regression anwenden zu können. Beispielsweise wird aus dem Zusammenhang zwischen der Länge $l$ und der Schwingungsperiode $T$ eines Pendels $T = 2\pi\sqrt{\frac{l}{g}}$ (siehe Abschnitt 4.2.1) durch Quadrieren der in $l$ lineare Ausdruck $T^2 = \frac{(2\pi)^2}{g}\,l$. Exponentielle Zusammenhänge können durch Logarithmieren linearisiert werden, wie z. B. beim radioaktiven Zerfallsgesetz: Aus $N(t) = N_0\,\mathrm{e}^{-\lambda t}$ wird der in $t$ lineare Ausdruck $\ln N(t) = \ln N_0 - \lambda t$.

Bei der linearen Regression gilt für die

Steigung der Ausgleichsgeraden

$$b = r\,\frac{s_y}{s_x} \tag{1.13}$$

Der Faktor $r$ ist der

Korrelationskoeffizient

$$r = \frac{1}{(n-1)\,s_x\,s_y}\sum_{i=1}^{n}(x_i - \overline{x})(y_i - \overline{y}) \tag{1.14}$$

$s_x$ und $s_y$ werden wie die Standardabweichungen der Messwerte $x_i$ und $y_i$ nach Gl. (1.3) berechnet. (Es handelt sich hierbei aber nicht um statistisch sinnvolle Standardabweichungen, da sie nicht eine zufällige Streuung der Messwerte wiedergeben.) $\overline{x}$ und $\overline{y}$ sind die Mittelwerte der Messwerte $\overline{x}$ und $\overline{y}$ nach Gl. (1.2).

Der Korrelationskoeffizient ist ein Maß dafür, wie gut die Messwerte durch eine lineare Funktion wiedergegeben werden. Es gilt $-1 \le r \le +1$, positive bzw. negative Werte bei positiver bzw. negativer Steigung der Ausgleichsgeraden. Je dichter $|r|$ am Wert 1 liegt, desto kleiner ist die Summe der Fehlerquadrate und desto „besser" wird der Zusammenhang zwischen $x$ und $y$ durch eine lineare Funktion repräsentiert.

Aus der Steigung $b$ und den Mittelwerten ergibt sich mit Gl. (1.15) der

Achsenabschnitt der Ausgleichsgeraden

$$a = \overline{y} - b\overline{x} \tag{1.15}$$

Auch für die Parameter der Ausgleichsgeraden müssen im Resultat der Messung Vertrauensbereiche angegeben werden. Unter der Voraussetzung normalverteilter Messwerte gilt:

Messunsicherheit der Steigung

$$u_p(b) = \tilde{t}_p \frac{s_y}{s_x} \sqrt{\frac{1-r^2}{n-2}} \tag{1.16}$$

Messunsicherheit des Achsenabschnitts

$$u_p(a) = u_p(b) \sqrt{\frac{n-1}{n} s_x^2 + \overline{x}^2} \tag{1.17}$$

Der t-Faktor $\tilde{t}_p$ berücksichtigt, wie in Abschnitt 1.3.2, den Einfluss des Vertrauensniveaus und des Stichprobenumfangs. Dabei gilt $\tilde{t}_p(n) = t_p(n-1)$.

**Beispiel**

Um die Homogenität in Material und Abmessungen zu überprüfen, soll der längenspezifische Widerstand $r_L$ eines Drahtes bestimmt werden. Der Widerstand sollte idealerweise in der Form $R = R_0 + r_L L$ linear von der Länge abhängen. Um dies zu bestätigen, wird der Widerstand $R_i$ verschieden langer Stücke der Länge $L_i$ gemessen. Die Messungen ergeben diese Werte:

| $L$/m | 0,273 | 0,473 | 0,655 | 0,872 | 1,076 |
|---|---|---|---|---|---|
| $R/\Omega$ | 3,800 | 5,198 | 6,101 | 6,930 | 8,237 |

Aus diesen Daten errechnen sich die für die Bestimmung der Regressionsparameter benötigten Mittelwerte nach Gl. (1.2) und Standardabweichungen nach Gl. (1.3) zu

| $\overline{L}$/m | $\overline{R}/\Omega$ | $s_L$/m | $s_R/\Omega$ |
|---|---|---|---|
| 0,317 | 1,684 | 0,670 | 6,053 |

Damit erhält man für den Korrelationskoeffizienten $r$ (Gl. (1.14)) und für den Achsenabschnitt $R_0$ (Gl. (1.15)) und die Steigung $r_L$ (Gl. (1.13)) der Ausgleichgeraden.

| $r$ | $R_0/\Omega$ | $r_L/(\Omega/\text{m})$ |
|---|---|---|
| 0,995 | 2,514 | 5,285 |

Der Korrelationskoeffizient liegt ausreichend nahe am Wert 1, sodass man davon ausgehen kann, dass der Zusammenhang zwischen Drahtlänge und Widerstand tatsächlich linear ist. Allerdings liegt auch bei der Drahtlänge 0 ein Restwiderstand $R_0$ vor. Dies lässt sich z. B. auf Widerstände in den Messleitungen oder Kontaktwiderstände zurückführen. Der Wert des längenspezifischen Widerstands $r_L$ wird dadurch aber nicht beeinflusst, da er sich nur aus der Steigung ergibt.

Für das Vertrauensniveau 95,4 % bei 5 Messungen liest man den Wert des t-Faktors aus Tabelle 1.4 ab: $\tilde{t}_{95}(5) = t_{95}(4) = 3{,}29$. Damit ergibt sich für die Unsicherheit in der Steigung (Gl. (1.16)) $u_{95}(r_L) = 0{,}449\,\Omega/\text{m}$ und im Achsenabschnitt (Gl. (1.17)) $u_{95}(R_0) = 0{,}327\,\Omega$.

Das Resultat der Messung lautet also $R_0 = (2{,}5 \pm 0{,}3)\,\Omega$, $r_L = (5{,}3 \pm 0{,}4)\,\Omega/\text{m}$ bei dem Vertrauensniveau 95,4 %, grafisch dargestellt in Bild 1.4.

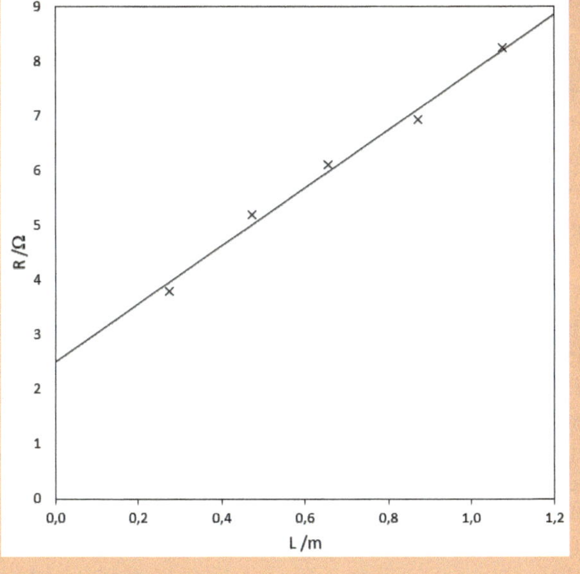


**Bild 1.4** Messwertpaare und der Ausgleichsgerade $R = R_0 + r_L L$ zum obigen Beispiel

# 2 Mechanik

Die Mechanik ist das historisch älteste Teilgebiet der Physik und ist die Lehre von der Bewegung und Verformung von materiellen Systemen sowie den dabei wirkenden Kräften. Solche Systeme können einzelne Massepunkte, ausgedehnte Körper, eine Flüssigkeit oder beispielsweise auch ein Netzwerk bestehend aus festen Komponenten, z. B. ein Fachwerk, sein. Sich mit den Ursachen der Kräfte auseinanderzusetzen, ist jedoch nicht Gegenstand der Mechanik, sondern anderer Teilgebiete der Physik, die ebenfalls in dem vorliegenden Buch behandelt werden (Elektrodynamik in Kapitel 6, Quantenphysik in Kapitel 8 und Festkörperphysik in Kapitel 9). Innerhalb der Physik sind die Begriffe Mechanik und klassische Mechanik synonym. Die relativistische Mechanik ist Teil der Relativitätstheorie (Kapitel 10), die ein Teilgebiet der Physik darstellt. Das für die Ingenieurwissenschaften wichtige Gebiet der Technischen Mechanik ist ein Teil der Mechanik. Sie wendet die physikalischen Grundlagen auf technische Systeme an. Grundsätzlich lässt sich die Mechanik in die beiden Teilgebiete *Kinematik* und *Dynamik* untergliedern. Während die Kinematik geeignete physikalische Größen zur räumlichen und zeitlichen Beschreibung der Bewegung von Massepunkten und ausgedehnten Körpern ohne Berücksichtigung der Kräfte bereitstellt, behandelt die Dynamik den Einfluss der Kräfte auf die Bewegungsabläufe. Innerhalb der Dynamik gibt es noch die Aufteilung in *Kinetik* und *Statik*, je nachdem ob es sich um Bewegungen von Körpern bzw. Ungleichgewichte oder um unbewegte Körper bzw. Gleichgewichte handelt.

Das Bewegungsverhalten von Körpern, soweit sie unserer unmittelbaren Anschauung und Beobachtung zugänglich sind, gehört zu unserer alltäglichen Erfahrung. Begriffe wie beispielsweise Wegstrecke, Geschwindigkeit und Beschleunigung werden auch im Alltagsleben verwendet. Die Beobachtung von Himmelsobjekten wie die Sonne, der Mond, die Planeten unseres Sonnensystems sowie anderer Sterne und insbesondere die Deutung der Bewegungen der Himmelsobjekte führten zur Astronomie, die eine der ältesten Wissenschaften ist. Die Bewegungen der Planeten um die Sonne wurden jedoch erst Anfang des 17. Jahrhunderts durch J. Kepler (1571–1630) mit den nach ihm benannten drei *Kepler'schen Gesetzen* mit fundamentalen Gesetzmäßigkeiten beschrieben. Grundlage dafür waren das *heliozentrische Weltbild*, das auf die griechischen Astronomen A. von Samos (310 v. Chr.–230 v. Chr) und S. von Seleukia (190 v. Chr.–150 v. Chr.) zurückgeht aber erst im 16. Jahrhundert von N. Kopernikus (1473–1543) detailliert ausgearbeitet wurde, sowie die jahrzehntelangen Präzisionsbeobachtungen von T. Brahe (1546–1601).

Alle Bewegungen lassen sich auf zwei Grundtypen zurückführen. Erfahren alle Punkte eines Systems die gleichen räumlichen Verschiebungen, so spricht man von einer *Translation*. Im Gegensatz dazu bewegen sich die Punkte bei einer Drehbewegung oder *Rotation* auf konzentrischen Kreisen um eine gemeinsame Drehachse, die auch außerhalb des betrachteten Systems liegen kann. Sehr oft liegt jedoch eine Kombination aus beiden Bewegungsarten vor: So führen die Punkte eines rollenden Rades eine Rotation um die Radnabe durch und erfahren zugleich eine Translation mit der bewegten Radnabe (Bild 2.1).

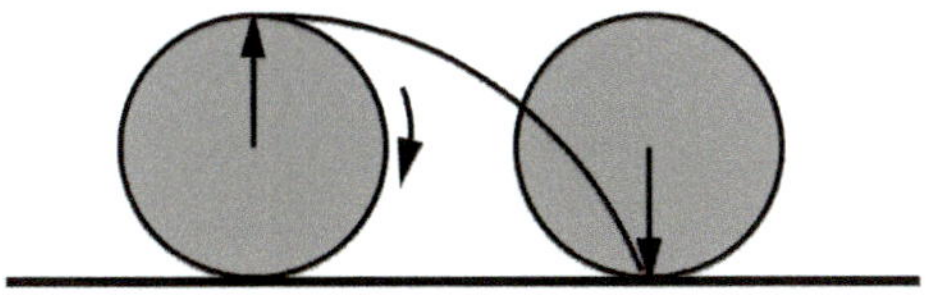

**Bild 2.1**
Zusammengesetzte Bewegung bei einem rollenden Rad: Die Punkte auf dem Umfang führen sowohl eine Rotation als auch eine Translation aus

# 2.1 Kinematik des Massepunktes

Bei der Behandlung mechanischer Probleme wird häufig die innere Struktur der betrachteten Systeme vereinfacht. So ist es oft zweckmäßig und auch ausreichend, einen Körper nur als einen *Massepunkt* zu betrachten. Das Konzept des Massepunktes ist nicht nur für die Mechanik, sondern für die gesamte Physik von fundamentaler Bedeutung. Dabei wird die räumliche Ausdehnung, die Form und die Gestalt des Körpers vollständig vernachlässigt und seine Masse idealisiert in einem Punkt, also einem Objekt ohne geometrische Struktur, konzentriert. Ebenfalls eine Idealisierung stellt der *starre Körper* (Abschnitt 2.4) dar, bei dem die reale verformbare Struktur von Körpern durch eine vollkommen starre und nicht verformbare Struktur ersetzt wird. Details wie die chemische Zusammensetzung und daraus folgende spezifische Bindungen werden dabei bewusst ignoriert. Bei der zu behandelnden Aufgabe ist jedoch jeweils zu prüfen, ob das zugrunde gelegte physikalische Modell die Wirklichkeit ausreichend beschreibt.

Die Kinematik ist durch zwei physikalische Grundgrößen gekennzeichnet: die Geschwindigkeit und die Beschleunigung. In beiden Fällen handelt es sich um Begriffe, deren Inhalte sich wie bei vielen anderen physikalischen Größen im Laufe der Zeit verändert haben. Dabei ist es unvermeidlich, dass es Verständnisprobleme beim Umgang, vor allem mit in der Alltagswelt verankerten Begriffen, geben kann.

## 2.1.1 Bezugssysteme

Ausgangspunkt der Kinematik ist die genaue raumzeitliche Darstellung der Bewegung von Massepunkten und Körpern ohne Berücksichtigung der Kräfte. Dies setzt zunächst die Festlegung eines dafür geeigneten *Bezugssystems* bzw. *Koordinatensystems* voraus. Bei der Auswahl eines solchen Bezugssystems hat man grundsätzlich freie Wahl, jedoch können Nebenbedingungen bestehen, die sich aus der konkreten Problemstellung ergeben. Insbesondere ist zu beachten, dass bei der Gegenüberstellung von Messergebnissen, die in verschiedenen Bezugssystemen erhalten wurden, die Gleichwertigkeit nicht automatisch vorhanden ist. So liefert beispielsweise die Beobachtung von Bewegungsabläufen aus einem anfahrenden Fahrzeug andere Ergebnisse als die aus einem ruhenden Fahrzeug. Eine Besonderheit besitzen dabei die sogenannten *Inertialsysteme*. Darunter versteht man Bezugssysteme, in denen die Gesetze der Mechanik überall die gleiche mathematische Form aufweisen (siehe Abschnitt 2.2.1). Die mathematische Darstellung eines Bezugssystems erfolgt im Allgemeinen mithilfe dreier senkrecht aufeinander stehender Achsen mit einem gemeinsamen Koordinatenursprung (Bild 2.2).

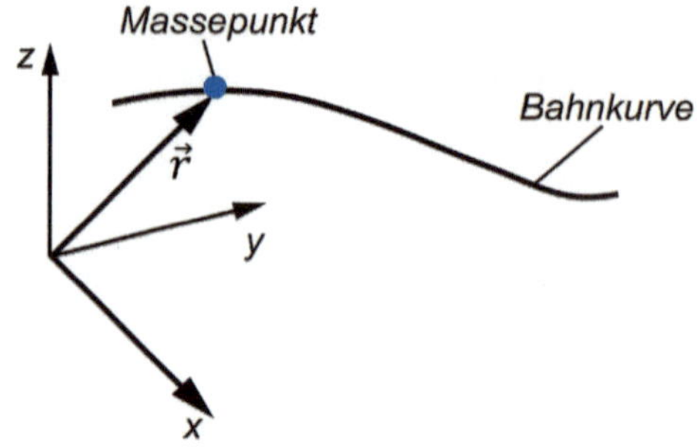


**Bild 2.2**
Rechtwinkliges Koordinatensystem mit Ortsvektor

Ein solch rechtwinkliges Bezugssystem wird auch *kartesisch* genannt. Die momentane Position eines Massepunktes relativ zum Koordinatenursprung (oft abkürzend auch als Nullpunkt bezeichnet) des Bezugssystems wird durch drei Längenangaben, die Koordinaten dieses Punktes, beschrieben. Der zeitliche Ablauf der Bewegung wird dann vollständig durch das Zeitverhalten der einzelnen Koordinaten erfasst. Bei der Benennung der *Koordinatenachsen*, hier $x$, $y$ und $z$, ist zu beachten, dass die Reihenfolge zwei unterschiedliche Anordnungen zulässt. Um Fehler bei Koordinatenangaben zu vermeiden, muss das gewählte System eindeutig sein. Üblich ist die Wahl des sogenannten *Rechtssystems*: Überführt man die positive $x$-Achse durch eine Drehung um einen Winkel von 90° in die positive $y$-Achse (entgegen dem Uhrzeigersinn, d. h. im mathematisch positiven Drehsinn), so zeigt die positive $z$-Achse in Richtung der Bewegung einer *Rechtsschraube*. Dementsprechend wird beim Linkssystem die positive $x$-Achse durch eine Drehung um einen Winkel von −90° in die positive $y$-Achse (im Uhrzeigersinn, d. h. im mathematisch negativen Drehsinn) überführt und die positive $z$-Achse zeigt in Richtung der Bewegung einer *Linksschraube*. Die kartesischen Koordinaten selbst entsprechen den senkrechten Abständen des Punktes von den drei Ebenen ($xy$-, $xz$- und $yz$-Ebene), die aus jeweils zwei Achsen gebildet werden können. Die drei Koordinaten können auch als die Bestimmungsgrößen eines Vektors $\vec{r}$ aufgefasst werden, der vom Koordinatenursprung des Bezugssystems zum Massepunkt zeigt. Die Länge bzw. der Betrag dieses als *Ortsvektor* bezeichneten Richtungspfeils entspricht dabei dem Abstand des Punktes vom Koordinatenursprung. Er ergibt sich aus den Koordinaten mithilfe des Satzes des Pythagoras:

$$|\vec{r}| = r = \sqrt{x^2 + y^2 + z^2} \tag{2.1}$$

Die SI-Einheit des Betrages des Ortsvektors ist Meter: $[r] = \mathrm{m}$. Die Pfeilspitzen des zeitabhängigen Ortsvektors bestimmen die Bahnkurve des Massepunktes, deren Länge dem Weg $s$ des Massepunktes für einen bestimmten Beobachtungszeitraum $t$ entspricht.

Der Ortsvektor ist ein sogenannter *gebundener Vektor*, d. h. er wird durch einen festgelegten Ausgangspunkt, den Koordinatenursprung, definiert. Andere Vektoren, wie z. B. Geschwindigkeit und Beschleunigung, sind freie Vektoren: sie können beliebig im Raum verschoben werden, sind also nicht an einen bestimmten Ausgangspunkt gebunden.

Projiziert man den Ortsvektor senkrecht auf die einzelnen Koordinatenachsen, so erhält man seine Komponenten bezüglich der Koordinatenachsen (Bild 2.3a). Bei den Komponenten handelt es sich ebenfalls um Vektoren, deren Beträge mit den Absolutwerten der Koordinaten übereinstimmen und deren Richtungen denen der Koordinatenachsen entsprechen. Mathematisch werden diese Komponenten als Produkte aus den Koordinaten und den sogenannten *orthonormierten Basisvektoren* mit der Länge 1 (ohne Einheit), die senkrecht (orthogonal) aufeinander stehen, dargestellt. Die drei *kartesischen Basisvektoren* $\vec{e}_x = \begin{pmatrix} 1 \\ 0 \\ 0 \end{pmatrix}$, $\vec{e}_y = \begin{pmatrix} 0 \\ 1 \\ 0 \end{pmatrix}$ und $\vec{e}_z = \begin{pmatrix} 0 \\ 0 \\ 1 \end{pmatrix}$ sind jeweils in Richtung der positiven $x$-, $y$- bzw. $z$-Koordinatenachse orientiert und bilden eine sogenannte vollständige Orthonormalbasis (VONB), da jeder Ortsvektor im dreidimensionalen Raum durch eine Superposition von $\vec{e}_x$, $\vec{e}_y$ und $\vec{e}_z$ dargestellt werden kann und des Weiteren gilt: $\vec{e}_x \perp \vec{e}_y \perp \vec{e}_z$ sowie $|\vec{e}_x| = |\vec{e}_y| = |\vec{e}_z| = 1$. Der Koordinatenwert bestimmt den Betrag und den Richtungssinn (positiv oder negativ) der entsprechenden Komponente, der Basisvektor die Koordinatenachse.

Durch Aneinandersetzen der drei Komponenten nach entsprechender Parallelverschiebung, sodass jeweils zwei Pfeilspitzen mit dem Ausgangspunkt einer anderen Komponente verbunden sind, entsteht ein gebrochener Linienzug, dessen direkte Verbindung zwischen Ausgangs- und Endpunkt genau den Ortsvektor als resultierenden Vektor ergibt. Die Reihenfolge, in der die Vektoren zusammengefügt werden, ist nicht relevant. Man nennt diese Verknüpfung von Vektoren auch Vektoraddition. Sie ist für alle Vektoren, nicht nur für Ortsvektoren, definiert und wird formal für zwei beliebige Vektoren $\vec{a}$ und $\vec{b}$ als Summengleichung geschrieben:

$$\vec{c} = \vec{a} + \vec{b} \tag{2.2}$$

Dabei ist $\vec{c}$ der Summenvektor, d. h. die Resultierende aus den beiden Vektoren $\vec{a}$ und $\vec{b}$ (Bild 2.3b). Sind mehr als zwei Vektoren zu addieren, so können auch jeweils zwei Vektoren zunächst zu einem resultierenden Vektor zusammengefasst werden. Die Vektoraddition wird mathematisch zwar wie die Summenbildung von gewöhnlichen Zahlen geschrieben. Eine Übereinstimmung zwischen der Vektorsumme und der Summe der Beträge liegt aber nur dann vor, wenn beide Vektoren die gleiche Richtung aufweisen.

Analog zur Addition von zwei Vektoren lässt sich auch eine Vektorsubtraktion definieren. Hierzu wird der Subtrahend zunächst invertiert, d. h. um 180° gedreht, und dann eine Addition durchgeführt (Bild 2.3c):

$$\vec{c} = \vec{a} - \vec{b} = \vec{a} + \left(-\vec{b}\right) \tag{2.3}$$

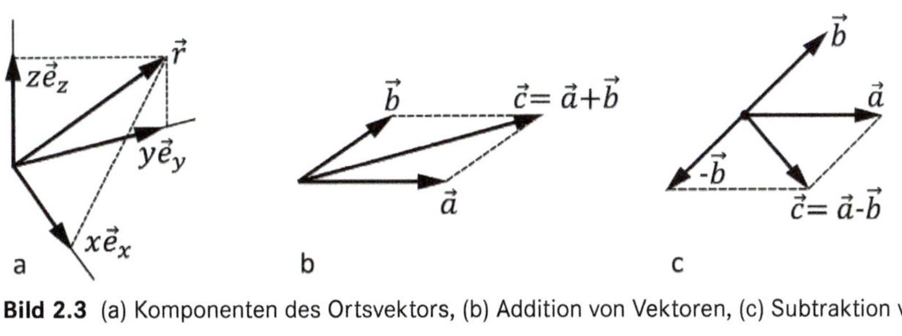


**Bild 2.3** (a) Komponenten des Ortsvektors, (b) Addition von Vektoren, (c) Subtraktion von Vektoren

Wendet man die Summationsschreibweise aus Gl. (2.2) auf die Komponenten des Ortsvektors an, so erhält man folgende Summe:

$$\vec{r} = x\vec{e}_x + y\vec{e}_y + z\vec{e}_z \tag{2.4}$$

Üblicherweise wird diese Komponentendarstellung in einer Kurzform geschrieben, indem die drei Koordinaten als *Zahlentripel* entweder in Reihe als *Zeilenvektor* oder untereinander als *Spaltenvektor* in runden Klammern gesetzt werden:

$$\vec{r} = (x, y, z) \quad \text{und} \quad \vec{r} = \begin{pmatrix} x \\ y \\ z \end{pmatrix} \tag{2.5}$$

**Beispiel**

Ein Massepunkt auf einer Bahnkurve erreicht zu einem bestimmten Zeitpunkt den Ort mit den Koordinaten $x = 25$ m, $y = 27{,}1$ m und $z = -5{,}3$ m. Wie lautet die Darstellung des Ortsvektors als Zeilenvektor und wie groß ist der Abstand des Massepunktes zum Ursprung des Koordinatensystems?

Der Ortsvektor als Zeilenvektor:

$$\vec{r} = (25 / 27{,}1 / -5{,}3)\,\text{m}$$

und der Abstand vom Ursprung ist der Betrag des Ortsvektors:

$$|\vec{r}| = r = \sqrt{(25^2 + 27{,}1^2 + 5{,}3^2)\,\text{m}^2} = 37{,}3\,\text{m}$$

## 2.1.2 Kinematische Größen

In der Alltagswelt ist der Begriff der Geschwindigkeit mit der Schnelligkeit oder dem Tempo eines bewegten Körpers verknüpft. Im einfachsten Fall wird sie bei einer Bewegung in nur einer Dimension als *mittlere skalare Geschwindigkeit* $v_\text{m}$ als Verhältnis aus zurückgelegter Wegstrecke $s$ und der dafür benötigten Zeit $t$ angegeben:

$$v_\text{m} = \frac{s}{t} \tag{2.6}$$

Die SI-Einheit der Geschwindigkeit ist m/s und die im Alltag gebräuchliche SI-fremde Einheit ist 1 km/h = $3{,}6^{-1}$ m/s (Stunde ist eine SI-fremde Einheit).

Diese so definierte mittlere skalare Geschwindigkeit ist abgesehen vom eher seltenen Fall der *gleichförmigen Bewegung* (Bild 2.4a) ungeeignet, um den zeitlichen Ablauf einer *ungleichförmigen Bewegung* zu kennzeichnen, wie er beispielhaft in Bild 2.4b in Form eines Weg-Zeit-Diagramms skizziert ist.

Bei Betrachtung eines Zeitintervalls $\Delta t$ und der zugehörigen Wegstrecke $\Delta s$ ergibt sich die mittlere skalare Geschwindigkeit aus: $v_\text{m} = \Delta s / \Delta t$. Wird das Zeitintervall $\Delta t$ immer kleiner gewählt, erhält man als Ergebnis einen Geschwindigkeitswert, der dem momentanen Bewegungszustand immer besser entspricht. Unter der Voraussetzung, dass die Abhängigkeit der Wegstrecke $s$ von der Zeit $t$ mit einer stetigen Funktion $s(t)$ beschrieben werden kann,

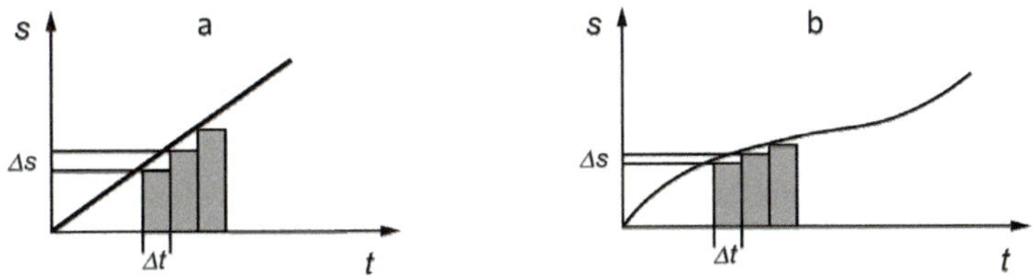


**Bild 2.4** a) Weg-Zeit-Diagramm einer gleichförmigen Bewegung, b) Weg-Zeit-Diagramm einer ungleichförmigen Bewegung

führt der Grenzübergang $\Delta t \to 0$ zu einem Grenzwert, der als *Differentialquotient* bezeichnet wird und gleich der momentanen skalaren Geschwindigkeit ist:

$$v = \lim_{\Delta t \to 0}\left(\frac{\Delta s}{\Delta t}\right) = \frac{\mathrm{d}s}{\mathrm{d}t} = \dot{s} \tag{2.7}$$

Mathematisch entspricht diese Definition der momentanen Geschwindigkeit der ersten Ableitung der Funktion $s(t)$ nach der Zeit $t$. Sie wird in Symbolschreibweise mithilfe des Differentialoperators $\mathrm{d}/\mathrm{d}t$ oder als Punkt über dem $s$ dargestellt.

Gemessen werden allerdings stets *Differenzenquotienten*, da der geforderte Grenzübergang $\Delta t \to 0$ messtechnisch nicht vollzogen werden kann. Selbst noch so präzise Messvorrichtungen ermöglichen nur endlich große Zeitintervalle $\Delta t > 0$ und endlich große Wegstrecken, sodass der Differentialquotient nur angenähert, wenn auch in einer für die Praxis im allgemeinen ausreichenden Genauigkeit, bestimmt werden kann.

Ein besonders einfacher Fall einer Bewegung ist die bereits erwähnte gleichförmige Bewegung. Sie zeichnet sich dadurch aus, dass in gleichen Zeitabschnitten gleiche Wegstrecken zurückgelegt werden, d. h. $\mathrm{d}s/\mathrm{d}t = v = \text{konstant}$. Dabei spielt es keine Rolle, ob die Bewegung geradlinig (entlang einer Gerade) oder krummlinig (entlang einer Kurve) erfolgt. Das zugehörige *Weg-Zeit-Gesetz* ist linear:

$$s = vt \tag{2.8}$$

Nur für diesen sehr einfachen Fall sind die mittlere und die momentane Geschwindigkeit identisch. Im Geschwindigkeit-Zeit-Diagramm (Bild 2.5) einer gleichförmigen Bewegung entspricht die Fläche des sich ergebenden Rechtecks dem zurückgelegten Weg $s$.

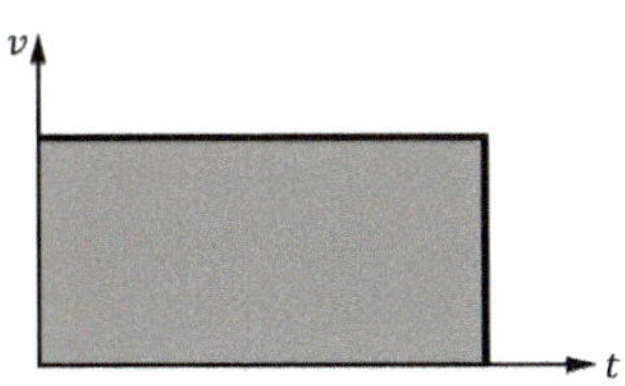


**Bild 2.5**
Geschwindigkeit-Zeit-Diagramm einer gleichförmigen Bewegung

Während für einige praktische Anwendungen die bisherige Definition der Geschwindigkeit als skalare Größe ausreicht, ist im Allgemeinen jedoch der Begriff Geschwindigkeit durch Einbeziehung des Richtungscharakters der Bewegung zu erweitern. Der Grund hierfür liegt darin, dass durch Wechselwirkungen zwischen Körpern nicht nur Änderungen in der Maßzahl der Geschwindigkeit, sondern auch Richtungsänderungen in der Bewegung hervorgerufen werden. So kann z. B. die Bewegung eines Körpers gleichförmig, d. h. mit konstantem Geschwindigkeitsbetrag $v$, erfolgen, trotzdem aber eine Kraftwirkung auf den Körper vorhanden sein, die in diesem Fall aber nur eine Richtungsänderung zur Folge hat (Bewegung eines Körpers auf einer stabilen Kreisbahn). Mathematisch geschieht die Erweiterung der Größe Geschwindigkeit durch Festlegung als vektorielle Größe. Dabei nutzt man den Umstand, dass die Bewegung beispielsweise eines Massepunktes als das Zusammenwirken dreier unabhängiger geradliniger Bewegungen entlang der Koordinatenachsen aufgefasst werden kann. So sind die einzelnen Raumkoordinaten ebenfalls Weg-Zeit-Funktionen $x(t)$, $y(t)$ und $z(t)$, bei denen aber anders als bei dem zurückgelegten Gesamtweg $s(t)$, der stets nur positive Werte annimmt, auch negative Werte auftreten können.

**Beispiele**

1. Welche Strecke legt ein Kraftwagen mit der Geschwindigkeit von $v = 80$ km/h in 15 s zurück? Mit der Formel für die gleichförmige Bewegung gilt:

$$s = v\,t = \frac{80\ \text{m} \cdot 15\ \text{s}}{3{,}6\ \text{s}} = 333\ \text{m}$$

2. Welche mittlere Geschwindigkeit hat ein Zug, der 30 min lang mit einer Geschwindigkeit von 40 km/h und 90 min mit 60 km/h fährt? Die gesamte Wegstrecke s ergibt sich aus $s = s_1 + s_2$, wobei für die beiden Teilstrecken gilt: $s_1 = v_1\,t_1$ und $s_2 = v_2\,t_2$. Analog folgt für die gesamte Zeitdauer $t = t_1 + t_2$. Für die mittlere Geschwindigkeit $v_m$ gilt dann:

$$v_m = \frac{s}{t} = \frac{v_1 t_1 + v_2 t_2}{t_1 + t_2} = \frac{40\ \text{km/h} \cdot 0{,}5\ \text{h} + 60\ \text{km/h} \cdot 1{,}5\ \text{h}}{0{,}5\ \text{h} + 1{,}5\ \text{h}} = 55\ \text{km/h}$$

3. Ein Fahrzeug wird aus dem Stand so beschleunigt, dass die Wegstrecke mit der dritten Potenz der Zeit wächst. Wie groß ist die momentane Geschwindigkeit nach 20 s, wenn der zurückgelegte Weg 400 m beträgt? Das Weg-Zeit-Gesetz für diese Bewegung ist $s = \text{Konstante} \cdot t^3$. Für die Konstante gilt:

$$\frac{s}{t^3} = \frac{400\ \text{m}}{20^3\ \text{s}^3} = 50 \cdot 10^{-3}\ \frac{\text{m}}{\text{s}^3}$$

Für die momentane Geschwindigkeit folgt daraus:

$$v = \frac{\text{d}s}{\text{d}t} = 3t^2 \cdot \text{Konstante} = 3 \cdot 50 \cdot 10^{-3}\ \frac{\text{m}}{\text{s}^3} \cdot 400\ \text{s}^2 = 60\ \text{m/s}$$

Anmerkung: In diesen drei Beispielen ist der Weg-Zeit-Verlauf vorgegeben und die Geschwindigkeit als Funktion der Zeit die gesuchte Größe. Häufig aber liegt eine Dokumentation des $v(t)$-Verlaufs vor, und die Aufgabe besteht darin, die entsprechende $s(t)$-Funktion zu rekonstruieren. Mathematisch handelt es sich dabei um die Umkehrung der Differentiation, also die Integration. Ohne auf Details einzugehen, sei erwähnt, dass die Integration der $v(t)$-Funktion geometrisch einer Flächenbestimmung entspricht. Besonders einfach lässt sich dies bei der gleichförmigen Bewegung erkennen. Betrachtet man den zugehörigen $v(t)$-Verlauf, so lässt sich daraus direkt ablesen, dass die Fläche des Rechtecks, das aus $v$ und $t$ gebildet wird, dem zurückgelegten Weg $s = v\,t$ entspricht. ■

Entsprechend der zuvor beschriebenen Vorgehensweise bei der eindimensionalen Bewegung lassen sich im dreidimensionalen Fall für die drei Teilbewegungen momentane Geschwindigkeiten definieren, die die Komponenten des Geschwindigkeitsvektors darstellen:

$$v_x = \frac{dx}{dt}, \quad v_y = \frac{dy}{dt}, \quad v_z = \frac{dz}{dt} \tag{2.9}$$

Multipliziert man diese Geschwindigkeiten mit den drei kartesischen Basisvektoren $\vec{e}_x$, $\vec{e}_y$ und $\vec{e}_z$ ergibt sich folgender Vektor für die momentane vektorielle Geschwindigkeit:

$$\vec{v} = v_x \vec{e}_x + v_y \vec{e}_y + v_z \vec{e}_z \tag{2.10}$$

Der Betrag des Geschwindigkeitsvektors $\vec{v}$ ergibt sich wie der Betrag des Ortsvektors (Gl. (2.1)) mit dem Satz der Pythagoras:

$$|\vec{v}| = v = \sqrt{v_x^2 + v_y^2 + v_z^2} \tag{2.11}$$

Der Betrag und die Richtung des Geschwindigkeitsvektors haben eine anschauliche Bedeutung: Der Betrag stimmt mit der Definition der momentanen skalaren Geschwindigkeit (Gl. (2.7)) überein, die Richtung von $\vec{v}$ entspricht der Bewegungsrichtung des Massepunktes bzw. des Körpers am momentanen Aufenthaltsort, d. h. der Richtung der Tangente an die Bahnkurve. Dies ist in Bild 2.6 veranschaulicht. Die Differenz der beiden Ortsvektoren $\vec{r}_2$ und $\vec{r}_1$ ergibt einen Abstandsvektor $\Delta\vec{r} = \vec{r}_2 - \vec{r}_1$ zwischen den beiden Positionen, dessen Betrag $\Delta r$ näherungsweise dem Streckenabschnitt $\Delta s$ auf der Bahnkurve entspricht: $\Delta r \approx \Delta s$. Die Richtung von $\Delta\vec{r}$ folgt, ebenfalls näherungsweise, der Krümmung der Bahnkurve. Beide Aussagen werden umso präziser, je kleiner das Zeitintervall $\Delta t$ gewählt wird. Die Koordinaten des Vektors $\Delta\vec{r}$ sind $\Delta x$, $\Delta y$ und $\Delta z$, d. h. die durch Projektion auf die Koordinatenachsen erhaltenen Achsenabschnitte. Bildet man die Differenzenquotienten $\Delta x/\Delta t$, $\Delta y/\Delta t$ und $\Delta z/\Delta t$ und führt den Grenzübergang $\Delta t \to 0$ durch, so erhält man wieder die Geschwindigkeiten $v_x$, $v_y$ und $v_z$ als Komponenten des Geschwindigkeitsvektors $\vec{v}$.

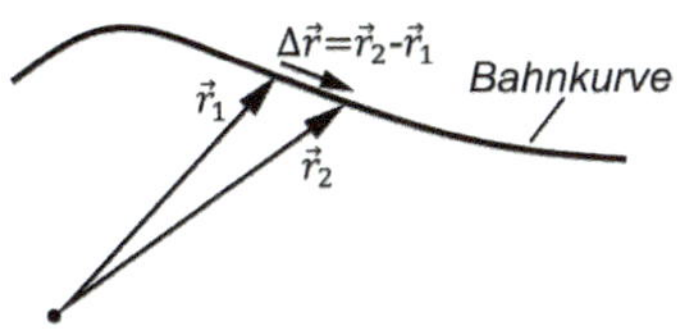


**Bild 2.6**
Abstandsvektor für zwei Positionen auf einer Bahnkurve

Der Vektorcharakter von $\vec{v}$ ermöglicht auch eine vereinfachte mathematische Behandlung von Bewegungen, die sich in voneinander unabhängige Teilbewegungen zerlegen lassen, z. B. die Bewegung eines schwimmenden Körpers in einem strömenden Gewässer. Sei $\vec{v}_1$ die Geschwindigkeit eines Körpers in einem Fluss, d. h. seine Eigengeschwindigkeit relativ zur Strömung, und $\vec{v}_2$ die Geschwindigkeit des strömenden Wassers relativ zu einem ruhenden Beobachter am Ufer, so ist die resultierende Geschwindigkeit des Körpers für den Beobachter am Ufer gleich der Vektorsumme aus beiden Anteilen (Bild 2.7).

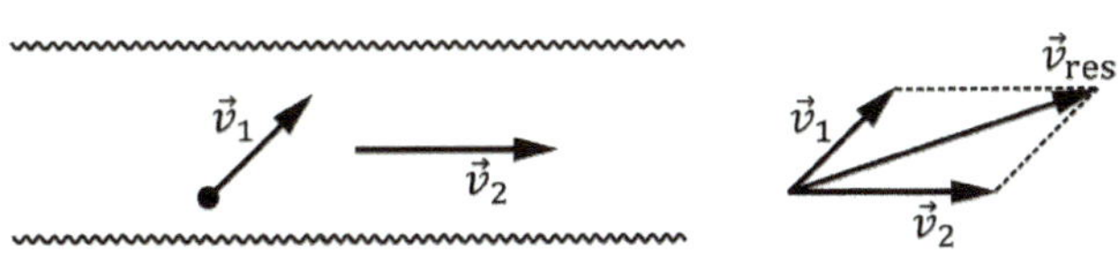


**Bild 2.7**
Addition von Geschwindigkeiten in einer Strömung

Im Rahmen der klassischen Mechanik gibt es bei der Addition von Geschwindigkeiten keine obere Geschwindigkeitsgrenze (*Galilei-Transformation*, G. Galilei, 1564–1642). In dem berühmten Michelson-Morley-Experiment von 1881 bzw. 1887 (A. A. Michelson, 1852–1931, Nobelpreis 1907; E. W. Morley, 1838–1923) und in einer Reihe von folgenden Experimenten wurde jedoch nachgewiesen, dass die Lichtgeschwindigkeit die größte Geschwindigkeit darstellt. Dies ist die Aussage der *Speziellen Relativitätstheorie* von Einstein und wird darin durch die *Lorentz-Transformationen* (H. A. Lorentz, 1853–1928) für die Geschwindigkeitskoordinaten berücksichtigt (Kapitel 10). Solange die Teilgeschwindigkeiten sehr viel kleiner als die Lichtgeschwindigkeit sind, genügen die Betrachtungen und Rechenregeln der Galilei-Transformation.

**Beispiele**

1. Ein Pkw überholt mit der Geschwindigkeit $v_1 = 72$ km/h einen zweiten, dessen Geschwindigkeit $v_2 = 54$ km/h beträgt. Der Abstand zwischen beiden Fahrzeugen nach dem Überholvorgang beträgt 120 m. Welche Strecke hat der überholende Pkw während des Vorgangs zurückgelegt?

   Der überholende Pkw legt den Abstand von 120 m mit der Relativgeschwindigkeit $v_{rel} = v_1 - v_2 = 18\,\text{km/h} = 5\,\text{m/s}$ zurück und benötigt dazu die Zeit $t = s_{rel}/v_{rel} = 120\,\text{m}/(5\,\text{m/s}) = 24\,\text{s}$. In dieser Zeit wird von ihm die Strecke $s = v_1 t = 20\,\text{m/s} \cdot 24\,\text{s} = 480\,\text{m}$ durchfahren.
2. Eine Motorfähre überquert mit der Eigengeschwindigkeit 3 m/s einen Fluss senkrecht zur Strömungsrichtung. Die Strömungsgeschwindigkeit des Flusses beträgt 3,8 m/s. Unter welchem Winkel $\alpha$ zum Ufer wird die Fähre abgetrieben und wie groß ist ihre resultierende Geschwindigkeit $v_{res}$?

   Die Geschwindigkeitskomponenten $v_1$ und $v_2$ stehen senkrecht aufeinander.

   Es gilt daher: $\tan(\alpha) = \frac{v_2}{v_1} = \frac{3{,}8\,\text{m/s}}{3\,\text{m/s}} \approx 1{,}27$ und $\alpha = \arctan(1{,}27) \approx 51{,}7°$ und $v_{res} = \sqrt{v_1^2 + v_2^2} = 4{,}8\,\text{m/s}$.

Zur Charakterisierung der Spurtfreudigkeit von Fahrzeugen wird häufig die Zeit genannt, die das Fahrzeug bis zum Erreichen einer bestimmten Endgeschwindigkeit aus dem Stand heraus benötigt. Anstelle dieser Zeitangabe, die zu Vergleichszwecken natürlich nur dann sinnvoll ist, wenn immer dieselbe Endgeschwindigkeit vorausgesetzt wird, lässt sich auch der Quotient aus der Geschwindigkeitsänderung $\Delta v$ und dem dafür benötigten Zeitintervall $\Delta t$ bilden:

$$a_m = \frac{\Delta v}{\Delta t} \tag{2.12}$$

Aus dieser mittleren (skalaren) Beschleunigung mit der SI-Einheit $m/s^2$ können jedoch keine Rückschlüsse auf den tatsächlichen Verlauf der Geschwindigkeitsänderung gezogen werden. Sie könnte z. B. auch zu Null werden, wenn die Messdauer des Vorgangs sowohl den Beschleunigungs- als auch den Abbremsvorgang umfassen würde.

Soll zu einem beliebigen Zeitpunkt des Beschleunigungsvorgangs die Geschwindigkeitsänderung quantifiziert werden, so ist analog zur Definition der momentanen Geschwindigkeit bei dem Differenzenquotienten in Gl. (2.12) eine Grenzwertbetrachtung durchzuführen:

$$a = \lim_{\Delta t \to 0}\left(\frac{\Delta v}{\Delta t}\right) = \frac{\mathrm{d}v}{\mathrm{d}t} = \dot{v} \tag{2.13}$$

Ändert sich beispielsweise der Betrag der Geschwindigkeit linear mit der Zeit, so ist der Wert von $a$ konstant, mittlere und momentane Beschleunigung sind dann identisch. Findet die Bewegung außerdem auf einer geraden Bahn statt, so wird dies als eine *gleichmäßig beschleunigte Bewegung* bezeichnet. Die mittlere und die momentane Beschleunigung $a_m$ bzw. $a$ sind vorzeichenbehaftet: Bei Zunahme der Geschwindigkeit mit der Zeit ist $a$ positiv, bei Abnahme dagegen negativ. Letzteren Fall nennt man auch eine verzögerte Bewegung bzw. umgangssprachlich Abbremsung und dementsprechend die Größe $a$ auch Verzögerung bzw. Bremsbeschleunigung.

Das Geschwindigkeits-Zeit-Gesetz der gleichmäßig beschleunigten Bewegung lässt sich aufgrund der linearen Abhängigkeit von der Zeit als Geradengleichung darstellen:

$$v = v_0 + at \tag{2.14}$$

Der Achsenabschnitt entspricht einer zum Zeitpunkt $t = 0$ vorhandenen Anfangsgeschwindigkeit $v_0$ (auch als Startgeschwindigkeit bezeichnet). Die Steigung entspricht der Beschleunigung $a$, wobei das Vorzeichen von der Art der Beschleunigung abhängig ist: Es ist positiv bei beschleunigter und negativ bei verzögerter (abgebremster) Bewegung.

Das entsprechende Weg-Zeit-Gesetz erhält man wieder durch eine Integration der $v$-$t$-Kurve, d. h. durch eine Flächenberechnung. Die Fläche im Diagramm hat die Gestalt eines Trapezes und lässt sich in ein Rechteck mit der Fläche $v_0\,t$ und ein darüberliegendes Dreieck mit der Fläche $(v - v_0)t/2$ zerlegen (Bild 2.8). Damit lautet das Weg-Zeit-Gesetz der gleichmäßig beschleunigten Bewegung (Bild 2.9):

$$s = v_0 t + \frac{1}{2}at^2 \tag{2.15}$$

Auch hier gilt wieder das negative Vorzeichen bei verzögerter (abgebremster) Bewegung, wobei in diesem Fall die Gleichung nur gültig für $v \geq 0$ ist, d. h. bis zum Stillstand des Körpers.

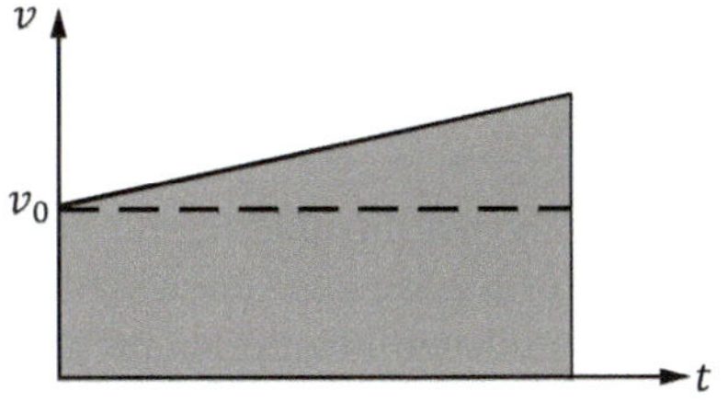


**Bild 2.8**
Geschwindigkeits-Zeit-Diagramm einer gleichmäßig beschleunigten Bewegung

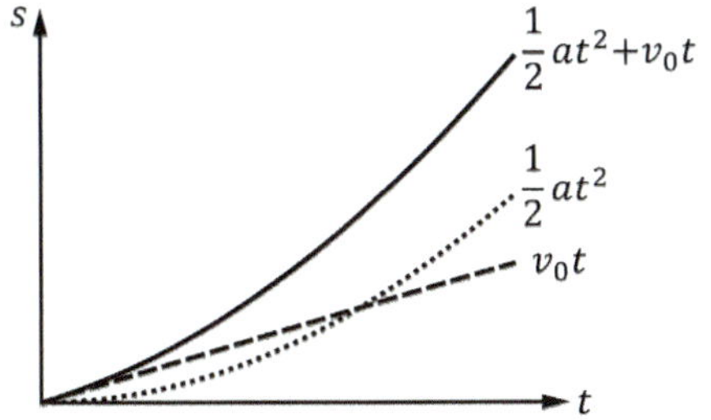


**Bild 2.9**
Weg-Zeit-Diagramm einer gleichmäßig beschleunigten Bewegung mit Anfangsgeschwindigkeit $v_0$

Sowohl für das Weg-Zeit- als auch das Geschwindigkeits-Zeit-Gesetz sind Umformungen möglich, die je nach Problemstellung einfacher anzuwenden sind. Löst man Gl. (2.14) nach der Beschleunigung $a$ auf, so erhält man $a = (v - v_0)/t$. Eingesetzt in Gl. (2.15) ergibt dies:

$$s = \frac{1}{2}(v + v_0)\,t \tag{2.16}$$

**Beispiele**

1. Ein Fahrzeug benötigt 10 s, um aus der Ruhelage auf eine Endgeschwindigkeit von 100 km/h zu beschleunigen. Wie groß ist die mittlere Beschleunigung $a_m$?

   Die Geschwindigkeitsänderung beträgt:

   $$\Delta v = 27{,}8\,\text{m/s} \quad \Rightarrow \quad a_m = \frac{27{,}8\,\text{m/s}}{10\,\text{s}} = 2{,}8\,\text{m/s}^2$$

2. Beim Abbremsen eines Fahrzeugs mit einer Verzögerung von $-2{,}5\ \text{m/s}^2$ wird die ursprüngliche Geschwindigkeit auf 27 km/h verringert. Der Bremsweg beträgt 80 m. Wie groß ist die Anfangsgeschwindigkeit?

   Es gilt $s = \frac{1}{2}\frac{(v^2 - v_0^2)}{a}$ und damit

   $$v_0 = \sqrt{v^2 - 2sa} = \sqrt{\frac{27^2\,\text{m}^2}{3{,}6^2\,\text{s}^2} + \frac{400\,\text{m}^2}{\text{s}^2}} = 21{,}5\,\text{m/s}$$

Die bisherige, ausschließlich skalare Formulierung der Beschleunigung ist jedoch für viele Probleme und Sachverhalte ungenügend und muss durch die vektorielle Betrachtungsweise ersetzt werden. Dementsprechend beschreibt die Beschleunigung die Änderung der Geschwindigkeit eines Körpers nach Betrag und/oder Richtung.

**Merke**

Die Bewegung eines Körpers heißt beschleunigt, wenn sich seine Geschwindigkeit nach Betrag und/oder Richtung ändert.

Die Vorgehensweise bei der erweiterten Definition der Messgröße Beschleunigung für eine beliebige Bewegung ist analog der Vorgehensweise bei der Festlegung des Geschwindigkeitsvektors. Ansatzpunkt ist wieder die Rückführung der räumlichen Bewegung auf drei unabhängige geradlinige Bewegungen. So wie die Koordinaten $v_x$, $v_y$ und $v_z$ als Ableitungen der entsprechenden Weg-Zeit-Funktionen $x(t)$, $y(t)$ und $z(t)$ eingeführt wurden, so ergeben sich die Komponenten des Beschleunigungsvektors $\vec{a}$ als Ableitungen der Komponenten des Geschwindigkeitsvektors $\vec{v}$:

$$\vec{a} = (a_x, a_y, a_z) = \left(\frac{\mathrm{d}v_x}{\mathrm{d}t}, \frac{\mathrm{d}v_y}{\mathrm{d}t}, \frac{\mathrm{d}v_z}{\mathrm{d}t}\right) \tag{2.17}$$

Für den Betrag von $\vec{a}$ gilt in kartesischen Koordinaten analog zu $\vec{r}$ und $\vec{v}$:

$$|\vec{a}| = \sqrt{a_x^2 + a_y^2 + a_z^2} \tag{2.18}$$

In Bild 2.10 ist schematisch die Wirkung der Beschleunigung auf die Geschwindigkeit eines Massepunktes zwischen zwei benachbarten Positionen auf der Bahnkurve wiedergegeben. $\Delta\vec{v}$ ist die Differenz zwischen den beiden Geschwindigkeitsvektoren $\vec{v}_2$ und $\vec{v}_1$. Aus der Darstellung geht hervor, dass die Länge von $\Delta\vec{v}$ sowohl von der Betrags- als auch von der Richtungsänderung der Geschwindigkeit abhängig ist. Die Projektion von $\Delta\vec{v}$ auf die Koordinatenachsen liefert die Abschnitte $\Delta v_x$, $\Delta v_y$ und $\Delta v_z$. Bildet man die Differenzenquotienten $\frac{\Delta v_x}{\Delta t}$, $\frac{\Delta v_y}{\Delta t}$ und $\frac{\Delta v_z}{\Delta t}$ und führt anschließend den Grenzübergang $\Delta t \to 0$ durch, so erhält man die kartesischen Beschleunigungskomponenten $a_x$, $a_y$ und $a_z$. Anstelle der Zerlegung in diese drei Beschleunigungskomponenten wählt man häufig eine Komponentendarstellung für $\vec{a}$ mit dem Geschwindigkeitsvektor $\vec{v}$ als Bezugsrichtung (Bild 2.11):

$$\vec{a} = \vec{a}_\mathrm{t} + \vec{a}_\mathrm{n} \tag{2.19}$$

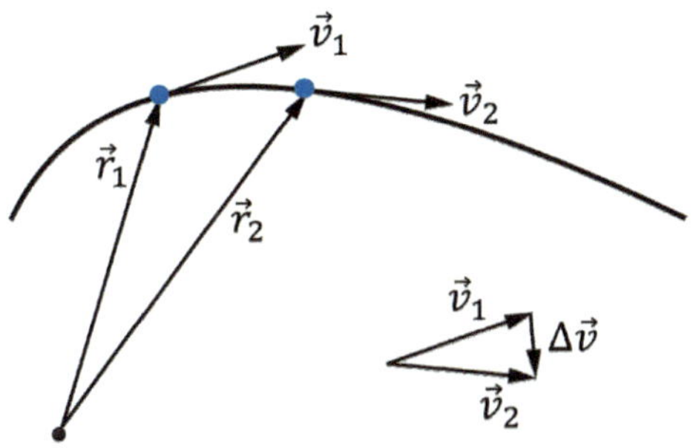


**Bild 2.10**
Geschwindigkeitsänderung bei der Bewegung auf einer Bahnkurve

**Bild 2.11**
Zerlegung der Beschleunigung in eine Tangential- und eine Normalkomponente

Die beiden Komponenten werden als *Tangentialbeschleunigung* $\vec{a}_\mathrm{t}$ und *Normalbeschleunigung* $\vec{a}_\mathrm{n}$ bezeichnet. Die Tangentialbeschleunigung ist parallel zur Richtung von $\vec{v}$, die Normalbeschleunigung senkrecht dazu orientiert. Der Vorteil dieser Darstellung besteht darin, dass die Tangentialbeschleunigung nur von der Betragsänderung und die Normalbeschleunigung nur von der Richtungsänderung der Geschwindigkeit abhängig ist. Für den Betrag von $\vec{a}_\mathrm{t}$ gilt damit:

$$|\vec{a}_\mathrm{t}| = a_\mathrm{t} = \left|\frac{\mathrm{d}v}{\mathrm{d}t}\right| \tag{2.20}$$

Zur Begründung betrachte man wieder das Vektordreieck in Bild 2.10 aus $\vec{v}_1$, $\vec{v}_2$ und $\Delta\vec{v}$. Die Projektion von $\Delta v_x$ in die Richtung von $\vec{v}_1$ bestimmt die Tangentialkomponente $\vec{a}_\mathrm{t}$. Ihre Länge entspricht der Betragsdifferenz $|\vec{v}_2 - \vec{v}_1|$ unter der Voraussetzung, dass die beiden Punkte wirklich benachbart sind. Die senkrechte Komponente, die für $\vec{a}_\mathrm{n}$ maßgeblich ist, wird ausschließlich durch den Richtungsunterschied zwischen den beiden Geschwindigkeitsvektoren, d. h. durch die Krümmung der Bahnkurve bestimmt. Die Berechnung von $\vec{a}_\mathrm{n}$ ist eine Aufgabe der Differentialgeometrie. Für den speziellen Fall einer Kreisbewegung wird dies in Abschnitt 2.1.6 durchgeführt.

Bei geradliniger Bahn verschwindet die Normalbeschleunigung $\vec{a}_n$. In diesem Fall ist die Gesamtbeschleunigung durch $\vec{a}_t$ gegeben. Wenn außerdem die Ableitung $dv/dt$ positiv, d. h. die Geschwindigkeit zunimmt, so sind $\vec{v}$ und $\vec{a}_t$ gleichgerichtet (parallel zueinander). Bei negativer Ableitung, entsprechend einer Abnahme der Geschwindigkeit, sind $\vec{a}_t$ und $\vec{v}$ entgegengesetzt gerichtet (antiparallel zueinander). Dieser Bewegungstyp entspricht der bereits oben erwähnten Verzögerung/Abbremsung.

Wie sich leicht erkennen lässt, stimmt die in Gl. (2.13) definierte momentane skalare Beschleunigung, abgesehen von dem negativen Vorzeichen bei verzögerter Bewegung, mit dem Betrag der Tangentialbeschleunigung $\vec{a}_t$ überein. Das Vorzeichen ergibt sich aus der Richtung von $\vec{a}_t$, da der Betrag immer positiv ist. Solange die Bewegung geradlinig erfolgt oder die Normalbeschleunigung $\vec{a}_n$ nicht berücksichtigt werden muss, genügt die skalare Beschleunigung zur Beschreibung der Bewegungsänderung.

### 2.1.3 Freier Fall

Die Beobachtung des Verhaltens eines Körpers im Schwerefeld der Erde zählt zu den elementarsten Erfahrungen, da sie mit einfachen Mitteln überall experimentell erworben werden kann. Hinsichtlich des Bewegungsablaufs lassen sich zwei Arten von Bewegungen unterscheiden:

- Die geradlinige eindimensionale Bewegung, bei der eine Koordinate ausreicht, um den zeitlichen Ablauf zu dokumentieren. Beispiele dafür sind: der freie Fall und der senkrechte Wurf (Abschnitt 2.1.4).
- Die zweidimensionale Bewegung in einer Ebene, bei der zwei Koordinaten benötigt werden. Beispiele dafür sind der horizontale und der schräge (schiefe) Wurf (Abschnitt 2.1.5).

Fällt ein Körper aus geringem Abstand von der Erdoberfläche aus der Ruhelage herunter (also zur Erdoberfläche zurück), so liegt eine spezielle gleichmäßig beschleunigte Bewegung vor, die als der *freie Fall* bezeichnet wird. G. Galilei (1564–1642) fand Anfang des 17. Jahrhunderts durch Experimente heraus, dass die Beschleunigung unabhängig von Material, Masse und Form des Körpers ist. Dies ist die wesentliche Aussage des *schwachen Äquivalenzprinzips* (Abschnitt 10.1.3). Nur aufgrund des Luftwiderstandes fallen leichte Körper langsamer als schwerere Körper. Bei zunehmender Fallgeschwindigkeit und Fallzeit verringert der Luftwiderstand die weitere Beschleunigung, bis asymptotisch eine konstante Grenzgeschwindigkeit des fallenden Körpers erreicht wird. Diese Grenzgeschwindigkeit hängt von der Masse und der Form des fallenden Körpers ab und bestimmt sich aus dem Verhältnis von Masse zu Querschnittsfläche. Bei gleichem Material fallen daher beispielsweise größere Kugeln mit einer größeren Geschwindigkeit und damit schneller zur Erdoberfläche als kleinere Kugeln.

Die konstante Beschleunigung beim freien Fall wird als *Fallbeschleunigung* (oder auch als *Schwerebeschleunigung*) $g$ bezeichnet und beträgt als über die Erdoberfläche gemittelte Größe:

$$g_m = 9{,}81\ \mathrm{m/s^2}$$

Für einfache technische Berechnungen genügt es meistens, diesen gemittelten Wert zu benutzen. Da die Erde keine homogene Kugel, sondern insbesondere an den Polen abgeflacht ist, hat die Fallbeschleunigung an jedem Ort der Erdoberfläche einen etwas anderen Wert. So beträgt die Fallbeschleunigung an den beiden Polen 9,832 $\mathrm{m/s^2}$ und am Äquator 9,780 $\mathrm{m/s^2}$.

Damit ist die Fallbeschleunigung an den Polen um ca. 0,5 % größer als am Äquator. Innerhalb Deutschlands beträgt die maximale Abweichung von der mittleren Fallbeschleunigung $\Delta g_{\mathrm{m}} = \pm 0{,}004\ \mathrm{m/s^2}$. Als *Normfallbeschleunigung* $g_{\mathrm{n}}$ wurde im Jahre 1901 für die geografische Breite von 45° und Meereshöhe der Wert

$$g_{\mathrm{n}} = 9{,}806\,65\ \mathrm{m/s^2}$$

vereinbart. In der Nähe der Erdoberfläche nimmt der Wert der Fallbeschleunigung um etwa 3,1 $\mu\mathrm{m/s^2}$ pro gestiegenem Meter ab. Aufgrund des Schichtenaufbaus der Erde mit ortsabhängiger (nicht konstanter) Massendichte ist der mathematische Zusammenhang zwischen Fallbeschleunigung und Tiefe im Erdinneren nichtlinear. Im Erdkern wird die Fallbeschleunigung mit dem Abstand zum Erdmittelpunkt zunächst annähernd linear größer. An der Kern-Mantel-Grenze, in einem Abstand von ca. 2 900 km vom Erdmittelpunkt, hat die Fallbeschleunigung ein Maximum von ca. 10,68 $\mathrm{m/s^2}$, da der überwiegend metallische Erdkern eine fast doppelt so große Massendichte aufweist wie der Erdmantel und die Erdkruste. Von der Kern-Mantel-Grenze bis zu einem Abstand von ca. 4 900 km vom Erdmittelpunkt sinkt die Fallbeschleunigung langsam bis auf einen Wert von 9,93 $\mathrm{m/s^2}$, hat bei einem Abstand von 5 700 km vom Erdmittelpunkt ein zweites Maximum von ca. 10,01 $\mathrm{m/s^2}$ und sinkt dann monoton bis auf einen Wert von ca. 9,82 $\mathrm{m/s^2}$ an der Erdoberfläche. Mit der *Gravitationskonstante* $G = 6{,}674\,30 \cdot 10^{-11}\ \mathrm{m^3/(kg \cdot s^2)}$, der Erdmasse $M_{\mathrm{Erde}} = 5{,}972\,20 \cdot 10^{24}$ kg und dem mittleren Erdradius $R_{\mathrm{Erde}} = 6\,371{,}000\,79$ km ergibt sich ein Wert von $g = G\,M_{\mathrm{Erde}} / R_{\mathrm{Erde}}^2 = 9{,}820\,3\ \mathrm{m/s^2}$.

Der freie Fall als gleichmäßig beschleunigte Bewegung wird für eine Anfangsgeschwindigkeit $v_0 = 0$ durch folgende drei Größen quantifiziert.

Fallhöhe bzw. Abwurfhöhe:

$$h = \frac{g}{2} t^2 \tag{2.21}$$

Fallzeit bis zum Auftreffen auf der Erdoberfläche:

$$t = \sqrt{\frac{2h}{g}}$$

Endgeschwindigkeit bei Auftreffen auf der Erdoberfläche:

$$v = \sqrt{2gh}$$

**Beispiele**

1. In der ersten Sekunde fällt ein Körper um $h = \frac{9{,}81\ \mathrm{m} \cdot 1x^2}{\mathrm{s}^2 \cdot 2} = 4{,}9\ \mathrm{m}$. Am Ende dieser Strecke beträgt seine Geschwindigkeit

$$v = gt = \frac{9{,}81\ \mathrm{m} \cdot 1\ \mathrm{s}}{\mathrm{s}^2} = 9{,}81\ \mathrm{m/s}$$

2. Mit welcher Endgeschwindigkeit schlägt ein Gegenstand auf, der in einen 300 m tiefen Schacht hineinfällt?

$$v = \sqrt{2gh} = \sqrt{2 \cdot 9{,}81\ \mathrm{m^2/s} \cdot 300\ \mathrm{m}} = 76{,}6\ \mathrm{m/s}$$

Infolge des Luftwiderstandes kann dieser Wert jedoch nicht erreicht werden.

### 2.1.4 Senkrechter Wurf

Wird ein Körper senkrecht nach unten geworfen, so ist die dem Körper erteilte Anfangsgeschwindigkeit $v_0$ zusätzlich zur Fallbewegung zu berücksichtigen. Wiederum können die Gleichungen für die gleichmäßig beschleunigte Bewegung angewendet werden. Es ist lediglich zu beachten, dass wie beim freien Fall die zurückgelegte Strecke vom Startpunkt aus, d. h. von oben nach unten (Erdoberfläche), gezählt und damit auch die Beschleunigung g mit einem positiven Zahlenwert eingesetzt wird. Beim senkrechten Wurf nach oben ist dagegen der Startpunkt unten (auf der Erdoberfläche), sodass die Fallbeschleunigung $g$ als Verzögerung mit einem negativen Zahlenwert einzusetzen ist. Es ergeben sich folgende Relationen.

Wurfgeschwindigkeit:

$$v = v_0 \pm g\,t \tag{2.22}$$

Wurfhöhe:

$$h = v_0\,t \pm \frac{g}{2}t^2$$

Endgeschwindigkeit:

$$v_e = \sqrt{v_0^2 \pm 2g\,h}$$

Das Minuszeichen gilt jeweils beim senkrechten Wurf nach oben und das Pluszeichen beim senkrechten Wurf nach unten. Dementsprechend ist die Wurfhöhe beim senkrechten Wurf nach oben gleich der maximal erreichbaren Höhe (Steighöhe):

$$h_{max} = \frac{v_0^2}{2g} \tag{2.23}$$

Beim senkrechten Wurf nach unten ist die Wurfhöhe gleich der Abwurfhöhe. Die Endgeschwindigkeit ist beim senkrechten Wurf nach oben am höchsten Punkt (Umkehrpunkt) gleich null und beim senkrechten Wurf nach unten gleich der Geschwindigkeit beim Auftreffen auf die Erdoberfläche.

**Merke**

Um die maximale Wurfhöhe zu erreichen, muss ein Körper mit derselben Geschwindigkeit noch oben geworfen werden, mit der er beim freien Fall aus dieser Höhe unten ankommt.

### 2.1.5 Waagerechter und schräger Wurf

Die Bewegung eines in horizontaler Richtung (waagerecht) abgeworfenen Körpers lässt sich in zwei Bestandteile aufteilen. Der eine Bestandteil ist ihm durch die Anfangsgeschwindigkeit $v_0$ aufgeprägt, mit der er abgeworfen wird. Der zweite Bestandteil ergibt sich aus der Fallbewegung im Schwerefeld der Erde. Die resultierende Bewegung ergibt sich aus dem Unabhängigkeitsprinzip so, als ob beide Bewegungen einzeln stattfinden würden. Dies lässt sich mithilfe der in Bild 2.12 skizzierten Vorrichtung veranschaulichen.

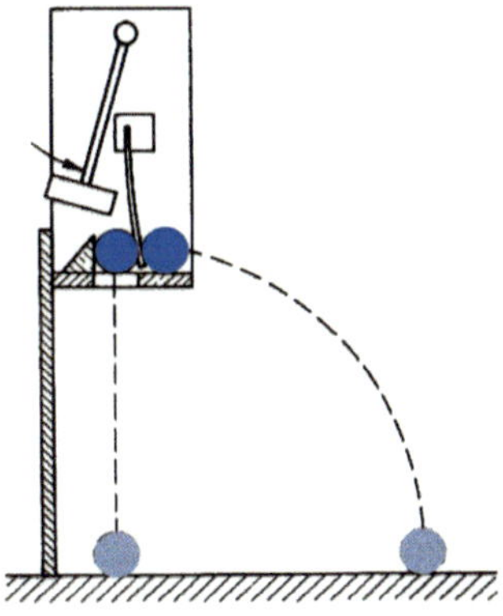

**Bild 2.12**
Die rechte Kugel wird beim Anschlag des Hammers waagerecht abgeworfen, die linke fällt (hier durch die Blattfeder noch festgeklemmt) durch ein Loch nach unten. Beide Kugeln erreichen den Boden gleichzeitig.

Während die eine Kugel losgelassen wird und frei herabfällt, wird die andere Kugel im gleichen Augenblick waagerecht abgeworfen. Beide Kugeln erreichen bei Vernachlässigung der Luftreibung zeitgleich den Erdboden, obgleich die von beiden Kugeln zurückgelegten Wege unterschiedlich lang sind. Zur quantitativen Beschreibung der Bahnkurve eignet sich das in Bild 2.13 gezeichnete zweidimensionale Koordinatensystem, wobei die positive *y*-Achse in senkrechter Fallrichtung zeigt und der Abwurfort im Koordinatenursprung liegt. Für die Zeitabhängigkeit der beiden kartesischen Koordinaten $x(t)$ und $y(t)$ ergeben sich die beiden folgenden Gleichungen:

$$x(t) = v_0 t \quad \text{und} \quad y(t) = \frac{g t^2}{2} \tag{2.24}$$

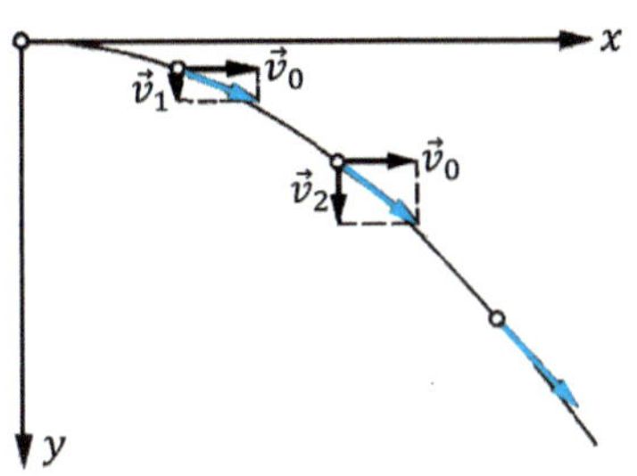


**Bild 2.13**
Wurfparabel mit Geschwindigkeitsvektoren

Durch mathematische Umformung ergibt sich aus Gl. (2.24) die Bahngleichung des waagerechten Wurfs in der Form $y = y(x)$ mit der Anfangs- bzw. Abwurfgeschwindigkeit $v_0$:

$$y(x) = \frac{g x^2}{2 v_0^2} \tag{2.25}$$

Da $g$ und $v_0$ Konstanten sind, stellt diese Gleichung eine Parabel dar, die als *Wurfparabel* bezeichnet wird.

Werden für einige Bahnpunkte die Geschwindigkeitsvektoren eingetragen, wie dies in Bild 2.13 erfolgt ist, so zeigen sie in jedem Augenblick die momentane Geschwindigkeit nach Betrag und Richtung an. Die Krümmung der Wurfparabel kommt dadurch zustande, dass zwar die Horizontalkomponente $v_0$ konstant ist, die Vertikalkomponente jedoch immer größer wird. Somit ändert sich die Richtung des resultierenden Geschwindigkeitsvektors.

Wären beide Komponenten konstant, so bliebe auch die Richtung des resultierenden Geschwindigkeitsvektors konstant.

Beim schrägen (schiefen) Wurf nach oben beschreibt der Körper ebenfalls eine Wurfparabel. Bei Vernachlässigung des Luftwiderstandes und der daraus resultierenden Reibung, ist diese Parabel symmetrisch, wobei der Scheitelpunkt der Parabel der höchste Punkt ist, den der Körper erreicht. Die Bahngleichung lässt sich in ähnlicher Weise wie beim zuvor behandelten waagerechten Wurf aufstellen. Zur Berechnung wird der gegen die $x$-Achse um den Abwurfwinkel $\alpha$ geneigte Vektor der Anfangsgeschwindigkeit $\vec{v}_0$ in eine horizontale und eine vertikale Komponente $v_{0x}$ und $v_{0y}$ zerlegt (Bild 2.14). Dabei gilt $v_{0x} = v_0 \cos(\alpha)$ und $v_{0y} = v_0 \sin(\alpha)$. Diese beiden Komponenten sind wie der Betrag und die Richtung der Anfangsgeschwindigkeit $\vec{v}_0$ während des gesamten Wurfes konstant und voneinander unabhängig. Damit ergibt sich für die maximale Wurfhöhe $h_{max}$ im Scheitelpunkt der Parabel:

$$h_{max} = \frac{v_0^2 \sin^2(\alpha)}{2g} \tag{2.26}$$

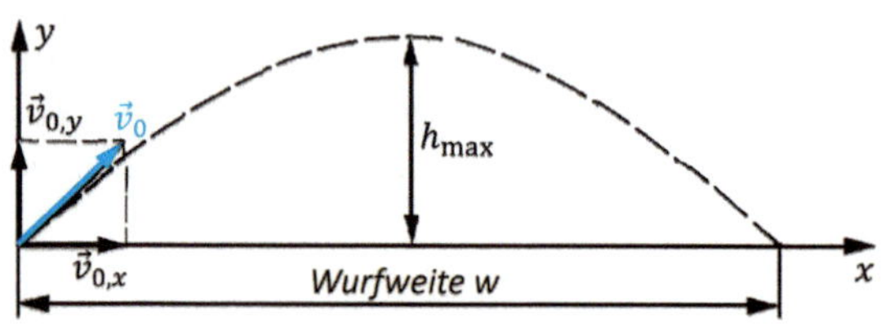


**Bild 2.14**
Schräger (schiefer) Wurf nach oben

Die Wurfdauer ist die Gesamtzeit des schrägen Wurfes vom Augenblick des Abwurfs bis zum Augenblick des Auftreffens des Körpers auf dem Erdboden und setzt sich aus den beiden Zeitabschnitten des Anstieges und des Wiederherabfallens zusammen. Aufgrund der Symmetrie der Wurfparabel ist die Wurfdauer $T$ doppelt so groß wie die Fallzeit beim senkrechten freien Fall aus der Höhe $h_{max}$:

$$T = \frac{2v_0 \sin(\alpha)}{g} \tag{2.27}$$

Während des Wurfes legt der Körper mit der gleichförmigen Geschwindigkeit $v_{0x} = v_0 \cos(\alpha)$ die horizontal gerichtete Strecke $v_0 t \cos(\alpha)$ zurück. Damit ergibt sich durch Einsetzen der Wurfdauer $T$ aus Gl. (2.27) die Wurfweite $w$, also der Abstand zwischen Abwurfort und Auftreffort in $x$-Richtung, beim schrägen Wurf:

$$w = \frac{2v_0^2 \sin(\alpha)\cos(\alpha)}{g} = \frac{v_0^2 \sin(2\alpha)}{g} \tag{2.28}$$

Die Wurfweite ist somit für einen Abwurfwinkel von $\alpha = 45°$ maximal mit einem Wert von $w_{max} = v_0^2/g$. Eine kleinere Wurfweite kann also entweder durch einen flacheren ($\alpha < 45°$) oder steileren ($\alpha > 45°$) Abwurfwinkel erzielt werden. Erfolgt der schräge Abwurf von einer endlichen Höhe $h_0 > 0$ mit der Anfangsgeschwindigkeit $\vec{v}_0$ gilt:

$$h_{max} = \frac{v_0^2 \sin^2(\alpha)}{2g} + h_0 \tag{2.29}$$

$$T = \frac{v_0 \sin(\alpha) + \sqrt{v_0^2 \sin^2(\alpha) + 2 g h_0}}{g}$$

$$w = \frac{v_0^2 \sin(2\alpha)}{2g} + \frac{v_0 \cos(\alpha)}{g}\sqrt{v_0^2 \sin^2(\alpha) + 2 g h_0}$$

Für $h_0 = 0$ ergeben sich wieder Gl. (2.26), Gl. (2.27) und Gl. (2.28). Bei der Ballistik, der „Lehre von den geworfenen Körpern", wird zur genaueren Bestimmung von Abwurfwinkel, Wurfweite und Wurfdauer die Reibung des Körpers in dem jeweiligen Medium berücksichtigt.

### 2.1.6 Kreisbewegung

Die Kreisbewegung ist neben der geradlinigen Bewegung, dem waagerechten und dem schrägen Wurf ein weiterer grundlegender Bewegungstyp. Die Mehrzahl der Planeten unseres Sonnensystems bewegen sich annähernd auf Kreisbahnen um die Sonne, viele Fortbewegungsmittel beruhen auf der Rotation von Rädern und rotierende elektrische Maschinen wie Motoren und Generatoren sind allgegenwärtig. Bei der Kreisbewegung läuft ein Massepunkt oder ein Körper auf dem Umfang eines Kreises um dessen Mittelpunkt, sodass der Abstand des Massepunktes bzw. des Körpers zum Mittelpunkt, also der Kreisradius, konstant ist. Ändert sich der Abstand zum Mittelpunkt kontinuierlich, ergibt sich eine *Spiralbahn*, wenn die Bewegung in einer Ebene erfolgt. Andernfalls ergibt sich eine *Schraubenbahn*. In der Technik ist die Kreisbewegung von großer Bedeutung, da sich jeder Punkt eines um eine Achse rotierenden Körpers auf einer Kreisbahn bewegt. Im Gegensatz zur geradlinig gleichförmigen Bewegung ist bei der gleichförmigen Kreisbewegung nur der Betrag der Geschwindigkeit konstant, während sich die Richtung der Geschwindigkeit permanent ändert. Dementsprechend ist der Geschwindigkeitsvektor bei der gleichförmigen Kreisbewegung nicht konstant.

Für die Beschreibung der Kreisbewegung in einer Ebene ist die Verwendung der kartesischen Koordinaten weniger zweckmäßig. Besser geeignet sind die *ebenen Polarkoordinaten*, die zu den orthogonalen krummlinigen Koordinaten gehören.

Legt man den Ursprung des Bezugssystems in den Kreismittelpunkt und den Kreis in die von den Koordinatenachsen $x$ und $y$ aufgespannte Ebene (Bild 2.15), ergibt sich folgende geometrische und analytische Darstellung der Bewegung mit den kartesischen Koordinaten $x = x(t)$ und $y = y(t)$:

$$x^2 + y^2 = r^2 = \text{konstant} \tag{2.30}$$

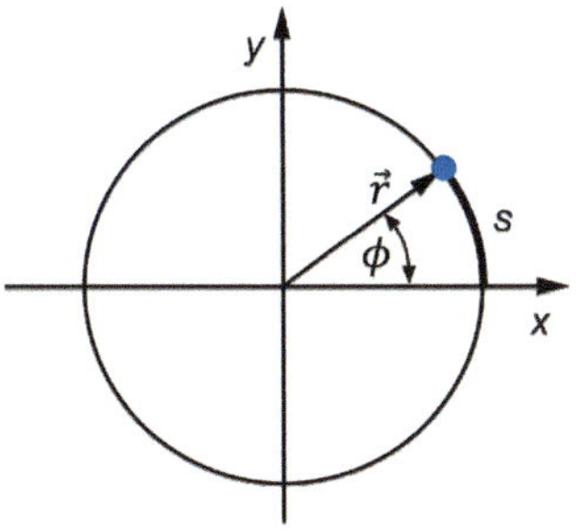


**Bild 2.15**
Bewegung eines Massepunktes auf einer Kreisbahn in der xy-Ebene

Der Betrag des Ortsvektors $\vec{r}$, der auch *Radiusvektor* genannt wird, ist zeitlich konstant. Anstelle von $x$ und $y$ lässt sich die Kreisbewegung auch mit dem Radius $r$ sowie dem Drehwinkel $\phi$, der üblicherweise als *Azimutwinkel* bezeichnet wird, beschreiben. Beiden Größen zusammen bilden die ebenen Polarkoordinaten. Der Azimutwinkel $\phi$ wird dabei auf die positive $x$-Achse bezogen, wodurch sich folgende Wertebereiche ergeben:

- I. Quadrant: $0° < \phi < 90°$,
- II. Quadrant: $90° < \phi < 180°$,
- III. Quadrant: $180° < \phi < 270°$ und
- IV. Quadrant: $270° < \phi < 360°$,

wobei der Winkel $\phi = 360°$ dem Winkel $\phi = 0°$ gleichgesetzt ist. Es gelten folgende Beziehungen zwischen den kartesischen Koordinaten und den ebenen Polarkoordinaten:

$$\begin{aligned} x(t) &= r\cos(\phi(t)) \quad \text{und} \quad y(t) = r\sin(\phi(t)) \\ r &= \sqrt{x(t)^2 + y(t)^2} \quad \text{und} \quad \phi(t) = \arctan\left(\frac{x(t)}{y(t)}\right) \quad (\text{für } y(t) \neq 0) \end{aligned} \tag{2.31}$$

Die zu den ebenen Polarkoordinaten gehörenden orthonormierten Basisvektoren sind:

$$\vec{e}_r = \begin{pmatrix} \cos(\phi(t)) \\ \sin(\phi(t)) \end{pmatrix} \quad \text{und} \quad \vec{e}_\phi = \begin{pmatrix} -\sin(\phi(t)) \\ \cos(\phi(t)) \end{pmatrix} \tag{2.32}$$

Durch die zeitliche Abhängigkeit des Azimutwinkels $\phi$ sind auch die beiden Basisvektoren $\vec{e}_r$ und $\vec{e}_\phi$ zeitlich nicht konstant, im Gegensatz zu den konstanten kartesischen Basisvektoren $\vec{e}_x$ und $\vec{e}_y$. Nur für die Beträge der Basisvektoren $\vec{e}_r$ und $\vec{e}_\phi$ gilt: $|\vec{e}_r| = |\vec{e}_\phi| = 1 = \text{konstant}$. Für die Komponentendarstellung des Ortsvektors $\vec{r}$ in der Ebene gilt somit:

$$\vec{r} = x\vec{e}_x + y\vec{e}_y = r\vec{e}_r \tag{2.33}$$

Bei der gleichförmigen Kreisbewegung ergibt sich die Bahngeschwindigkeit als die zeitliche Ableitung des Ortsvektors:

$$\vec{v} = r\dot{\phi}\,\vec{e}_\phi \quad \text{mit} \quad \dot{\phi}\,\vec{e}_\phi = \frac{\mathrm{d}\vec{e}_r}{\mathrm{d}t} \tag{2.34}$$

Die zeitliche Änderung des Azimutwinkels wird als *momentane Winkelgeschwindigkeit* bezeichnet:

$$\omega = \dot{\phi} = \frac{\mathrm{d}\phi}{\mathrm{d}t} = \lim_{\Delta t \to 0}\left(\frac{\Delta\phi}{\Delta t}\right) \tag{2.35}$$

Der Differenzenquotient $\Delta\phi/\Delta t = \omega_\mathrm{m}$ wird als *mittlere Winkelgeschwindigkeit* bezeichnet. Wird der Azimutwinkel $\phi$ im Bogenmaß (Radiant, $1\,\mathrm{rad} = 180°/\pi \approx 57{,}3°$ bzw. $1° = (\pi/180)\,\mathrm{rad} \approx 0{,}017\,5\,\mathrm{rad}$) angegeben, so ist die Einheit der Winkelgeschwindigkeit rad/s (Radiant pro Sekunde). Bei der gleichförmigen Kreisbewegung mit einer konstanten Winkelgeschwindigkeit $\omega$ gilt das *Azimutwinkel-Zeit-Gesetz*:

$$\phi = \omega t \tag{2.36}$$

Insbesondere ist bei der gleichförmigen Kreisbewegung der Betrag der Geschwindigkeit konstant, während sich die Richtung des Geschwindigkeitsvektors ständig ändert. Gemäß

Gl. (2.33) und Gl. (2.34) sind der Ortsvektor $\vec{r}$ und der Vektor der Bahngeschwindigkeit $\vec{v}$ zu jedem Zeitpunkt senkrecht zueinander orientiert, wobei $\vec{v}$ stets tangential zur Kreisbahn ausgerichtet ist. Erfolgt die Bewegung auf einer Spiralbahn setzt sich die Geschwindigkeit aus einer Tangentialkomponente und einer Radialkomponente zusammen, wobei die Radialkomponente die zeitliche Änderung des Abstands zum Mittelpunkt der Spiralbahn beschreibt.

Ist die Kreisbewegung ungleichförmig sind die Winkelgeschwindigkeit $\omega$ und dementsprechend auch die zeitliche Änderung des Drehwinkels nicht mehr konstant. Dieser Vorgang wird durch Einführung einer weiteren Beschleunigungsgröße, der *Winkelbeschleunigung* $\alpha$ beschrieben. Analog zur translatorischen Beschleunigung ist zu unterscheiden zwischen der mittleren Winkelbeschleunigung:

$$\alpha_{\mathrm{m}} = \frac{\Delta\omega}{\Delta t} \tag{2.37}$$

und der *momentanen Winkelbeschleunigung*:

$$\alpha = \lim_{\Delta t \to 0}\left(\frac{\Delta\omega}{\Delta t}\right) = \frac{\mathrm{d}\omega}{\mathrm{d}t} \tag{2.38}$$

mit der SI- Einheit: $[\alpha_{\mathrm{m}}] = [\alpha] = \frac{\mathrm{rad/s}}{\mathrm{s}} = \mathrm{rad/s^2}$ (Radiant je Quadratsekunde).

Die Winkelbeschleunigung ist positiv, wenn die Winkelgeschwindigkeit größer wird. Bei Abnahme der Winkelgeschwindigkeit liegt eine verzögerte bzw. abgebremste Drehbewegung vor, $\alpha_{\mathrm{m}}$ bzw. $\alpha$ ist dann negativ.

In der Technik wird statt der Winkelgeschwindigkeit $\omega$ oft die *Drehzahl n*, als Quotient aus der Anzahl der Umdrehungen $N$ beispielsweise eines Rotors und der dafür benötigten Zeitdauer $t$, angegeben. Eine gebräuchliche SI-fremde Einheit der Drehzahl ist pro Minute bzw. $\mathrm{min}^{-1} = (60\,\mathrm{s})^{-1}$. Die Drehzahl hat dementsprechend die Einheit einer Frequenz. Andere Bezeichnungen sind *Umdrehungsfrequenz* oder *Drehfrequenz*. Die Drehfrequenz ist eine mittlere Größe, da sie nicht den momentanen Bewegungszustand kennzeichnet. Die kleinste Zeitdauer ist die *Umdrehungsdauer T*, die Dauer für eine Umdrehung. Berücksichtigt man, dass bei einer vollen Umdrehung ein Drehwinkel von $2\,\pi = 360°$ durchlaufen wird, so ergibt sich folgender Zusammenhang zwischen der mittleren Winkelgeschwindigkeit $\omega_{\mathrm{m}}$, der Umdrehungsdauer $T$ und der Drehfrequenz $f$:

$$\omega_{\mathrm{m}} = \frac{2\,\pi}{T} = 2\pi f \tag{2.39}$$

Nicht immer sind die Winkelgeschwindigkeit $\omega$ und die Winkelbeschleunigung $\alpha$ ausreichend, um die Kreisbewegung eines Massepunktes zu beschreiben. Zwischen den Bahngrößen $v$ und $a$ sowie den Winkelgrößen $\omega$ und $\alpha$ bestehen jedoch Verknüpfungen, die ein relativ einfaches Umrechnen ermöglichen. Die Verknüpfung zwischen $v$ und $\omega$ ergibt sich aus der Definition des ebenen Winkels: die Länge des Kreisbogens, der den Drehwinkel $\phi$ umfasst, ist das Produkt aus dem Radius $r$ und $\phi$:

$$s = r\phi \tag{2.40}$$

Da der Radius $r$ konstant ist, folgt sofort mit $v = \frac{\mathrm{d}s}{\mathrm{d}t}$:

$$v = r\omega \tag{2.41}$$

Sowohl die Bahngeschwindigkeit als auch der Radius werden im Allgemeinen nicht als skalare Größen wie in Gl. (2.41) angegeben, sondern als Vektoren. Auch der Winkelgeschwindigkeit ist ein Vektor zugeordnet. Die Bedeutung des Vektors $\vec{\omega}$ als *Drehachse* wird in Abschnitt 2.2.2 erläutert. Zunächst soll an dieser Stelle der vektorielle Zusammenhang zwischen der Bahngeschwindigkeit $\vec{v}$, dem Radiusvektor $\vec{r}$ und $\vec{\omega}$ festgehalten werden:

$$\vec{v} = \vec{\omega} \times \vec{r} \qquad (2.42)$$

in kartesischen Koordinaten:

$$\begin{pmatrix} v_x \\ v_y \\ v_z \end{pmatrix} = \begin{pmatrix} \omega_x \\ \omega_y \\ \omega_z \end{pmatrix} \times \begin{pmatrix} x \\ y \\ z \end{pmatrix} = \begin{pmatrix} \omega_y z - \omega_z y \\ \omega_z x - \omega_x z \\ \omega_x y - \omega_y x \end{pmatrix}$$

Die mathematische Verknüpfung zwischen dem Vektor $\vec{\omega}$ und dem Radiusvektor $\vec{r}$ heißt Vektor- oder Kreuzprodukt. Im dreidimensionalen Raum lässt sich das Vektorprodukt geometrisch leicht deuten: Der Vektor der Bahngeschwindigkeit $\vec{v}$ ist sowohl zum Radiusvektor als auch zum Vektor $\vec{\omega}$ senkrecht orientiert bzw. $\vec{v}$ steht senkrecht auf der von $\vec{r}$ und $\vec{\omega}$ aufgespannten Ebene. Die drei Vektoren $\vec{\omega}$, $\vec{r}$ und $\vec{v}$ bilden gemäß der in Gl. (2.42) gegebenen Reihenfolge ein Rechtssystem. Das bedeutet, dass die drei Vektoren $\vec{\omega}$, $\vec{r}$ und $\vec{v}$ gleich orientiert sind wie die drei kartesischen Basisvektoren $\vec{e}_x$, $\vec{e}_y$ und $\vec{e}_z$. Anschaulich lässt sich dieses Rechtssystem mit dem Daumen, dem Zeigefinger und dem abgespreizten Mittelfinger der rechten Hand deuten und wird daher auch als *Rechte-Hand-Regel* bezeichnet. Ein Drehen des Vektors $\vec{\omega}$ in den Vektor $\vec{r}$ ergibt die positive Richtung des Vektors $\vec{v}$ über den Rechtsschraubensinn. Für den Betrag des Vektors der Bahngeschwindigkeit gilt:

$$|\vec{v}| = |\vec{\omega}| \cdot |\vec{r}| \cdot \sin \sphericalangle(\vec{\omega}, \vec{r}) \qquad (2.43)$$

Der Betrag des Vektorprodukts $\vec{\omega} \times \vec{r}$ ist gleich dem Flächeninhalt des von den beiden Vektoren $\vec{\omega}$ und $\vec{r}$ aufgespannten Parallelogramms, dessen Wert vom Winkel zwischen den beiden Vektoren bestimmt wird. Bei der hier betrachteten Kreisbewegung, in der die Vektoren $\vec{v}$ und $\vec{r}$ in einer Ebene liegen auf der wiederum der Vektor $\vec{\omega}$ steht (Rechtssystem), gilt $\sphericalangle(\vec{\omega}, \vec{r}) = 90°$ und es ergibt sich die bereits aus der Gl. (2.41) bekannte Beziehung: $|\vec{v}| = v = |\vec{\omega}| \cdot |\vec{r}| = \omega r$.

Die Tangentialbeschleunigung (auch Bahnbeschleunigung genannt) $a_\mathrm{t}$ ist ebenfalls auf einfache Weise mit der Winkelbeschleunigung verknüpft. Wegen $a_\mathrm{t} = \left|\frac{\mathrm{d}v}{\mathrm{d}t}\right|$ und $v = r\omega$ folgt:

$$a_\mathrm{t} = r|\alpha| \qquad (2.44)$$

Das Betragszeichen bei der Winkelbeschleunigung ist erforderlich, da diese Größe vorzeichenbehaftet ist, $a_\mathrm{t}$ aber der (positiv definierte) Betrag der Vektorkomponente $\vec{a}_\mathrm{t}$ ist. Alle drei Bahngrößen $s$, $v$ und $a_\mathrm{t}$ lassen sich somit auf einfache Weise in die Winkelgrößen umrechnen und umgekehrt.

Wie anhand der Bahnbeschleunigung gezeigt, besitzt jede Bewegung auf einer krummlinigen, also nicht geradlinigen Bahn auch eine Normalbeschleunigung $\vec{a}_n$. Insbesondere, wenn die Tangentialkomponente null ist, d. h. der Betrag der Bahngeschwindigkeit sich nicht ändert, bleibt ausschließlich die Normalkomponente der Beschleunigung übrig. Für den Fall der gleichförmigen Kreisbewegung sind die geometrischen Verhältnisse für den Ortsvektor und den zugehörigen Vektor der Bahngeschwindigkeit $\vec{v}$ in Bild 2.16 dargestellt.

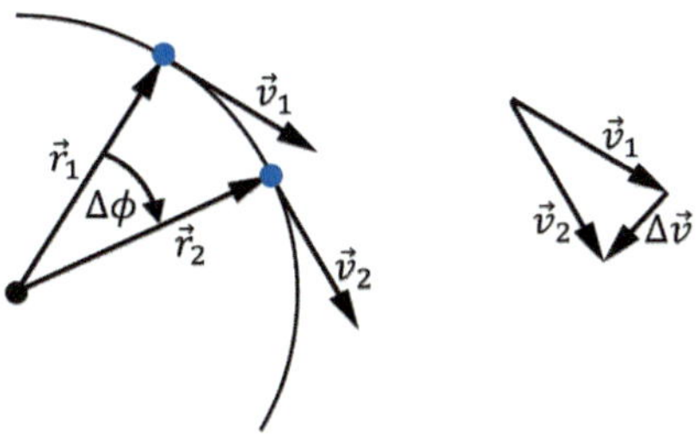


**Bild 2.16**
Orts- und Geschwindigkeitsvektor bei der gleichförmigen Kreisbewegung

Der Vektor der Bahngeschwindigkeit $\vec{v}$ steht jederzeit senkrecht auf dem Radiusvektor $\vec{r}$, d. h. $\vec{v}$ ist tangential zur Bahnkurve. Die Richtungsänderung von $\vec{v}$ ist bedingt durch die Normalbeschleunigung $\vec{a}_\mathrm{n}$, die ebenfalls senkrecht zu $\vec{v}$ aber antiparallel zum Radiusvektor $\vec{r}$ orientiert ist. Die Normalbeschleunigung wird auch als *Radialbeschleunigung* bzw. *Zentripetalbeschleunigung* bezeichnet. Für den Betrag der Normalbeschleunigung bei der gleichförmigen Kreisbewegung gilt:

$$a_\mathrm{n} = \frac{2\pi v}{T} = \omega v = \frac{v^2}{r} = r\,\omega^2 \tag{2.45}$$

Die Verknüpfungen von Gl. (2.45) gelten auch dann, wenn die Kreisbewegung ungleichförmig ist. In diesem Fall sind $v$ und $\omega$ die momentane Bahn- bzw. Winkelgeschwindigkeit. Bei einer ungleichförmigen Kreisbewegung ist die Tangentialbeschleunigung $\vec{a}_\mathrm{t}$, die senkrecht zur Normalbeschleunigung orientiert ist, nicht mehr null und bewirkt eine Änderung des Betrags der Bahngeschwindigkeit. Die Gesamtbeschleunigung ergibt sich dann durch Vektoraddition von Normal- und Tangentialbeschleunigung:

$$\vec{a} = \vec{a}_\mathrm{n} + \vec{a}_\mathrm{t}$$

## 2.2 Dynamik des Massepunktes

Mit dem Begriff Kraft wird im allgemeinen Sprachgebrauch das Vermögen Einfluss zu nehmen, Dinge zu verändern, beschrieben. Häufig wird auch der Begriff der Kraft mit dem der Stärke verknüpft bzw. gleichgesetzt. In der Physik hat die Kraft eine qualitative und eine quantitative Bedeutung: Sprachlich wird sie als Synonym für eine Wechselwirkung zwischen Körpern gebraucht, während der quantitative Aspekt die Stärke dieser Wechselwirkung erfasst. In den physikalischen Modellen wird zwischen vier elementaren Kräften bzw. zwischen vier elementaren/fundamentalen Wechselwirkungen unterschieden: Die starke, die elektromagnetische, die schwache und die Gravitationswechselwirkung. Alle noch so kompliziert erscheinenden Wechselwirkungen zwischen Körpern lassen sich letztlich auf diese vier elementaren Wechselwirkungen und die damit verbundenen Kräfte zurückführen.

In der klassischen Physik wird mit dem Begriff der Kraft eine Einwirkung auf einen Körper beschrieben, die den Körper verformen und/oder beschleunigen kann. Aufgrund der einwirkenden Kräfte wird Arbeit an dem Körper verrichtet, wodurch sich die Energie des Körpers oder eines physikalischen Systems ändert. Während die Arbeit und die Energie skalare Größen sind, ist die Kraft eine gerichtete physikalische Größe, die mittels eines Vektors angegeben wird. Die durch Kräfte verursachte Änderung des Bewegungszustands eines Körpers wird in dem Teilgebiet Dynamik beschrieben. Bevor die Dynamik starrer Körper in Abschnitt 2.4 behandelt wird, sollen zunächst die dafür erforderlichen Grundlagen im vorliegenden Abschnitt 2.2 anhand der Dynamik des Massepunktes erarbeitet werden. Dennoch wird auch im vorliegenden Abschnitt 2.2 der Begriff des Körpers immer wieder auftreten, mit der Näherung, dass sowohl die geometrische Ausdehnung als auch die innere Beschaffenheit des Körpers bei den Betrachtungen in diesem Abschnitt vollständig vernachlässigt werden.

### 2.2.1 Newton'sche Gesetze

Kräfte treten auf zweierlei Weisen in Erscheinung. Zum einen können sie eine statische Anordnung von Komponenten in einem System bewirken (z. B. das Fachwerk eines Gebäudes). Die einzelnen Kräfte werden erst dann sichtbar, wenn dieses Gleichgewicht gestört wird und das System an Stabilität verliert. In diesem Fall kommt es dann zur beschleunigten Bewegung einzelner Teile des Systems, genauso wie bei der Einwirkung einer Kraft auf einen einzelnen Massepunkt. Im Grundsatz entspricht diese Aussage dem sogenannten *Trägheitsgesetz*, das auf G. Galilei (1564–1642) zurückgeht und von I. Newton (1643–1727) endgültig formuliert und an den Anfang seiner Bewegungsgesetze (auch Bewegungsaxiome genannt) gestellt wurde:

**Merke**

**Erstes Newton'sches Gesetz:** Ein Massepunkt oder ein Körper bleibt so lange im Zustand der Ruhe oder der gleichförmig geradlinigen Bewegung, wie keine Kräfte auf ihn einwirken.

Dieses Trägheitsgesetz (auch *Trägheitsprinzip* genannt) ist das *Erste Newton'sche Gesetz*. Das Besondere an diesem Gesetz ist die Feststellung, dass es den Zustand der absoluten Ruhe nicht gibt, sondern dass die gleichförmig geradlinige Bewegung und der Ruhezustand nur innerhalb eines bestimmten Bezugssystems unterschieden werden können. Dies hat unter anderem zur Folge, dass Bezugssysteme, die sich relativ zueinander in gleichförmiger geradliniger Bewegung befinden, physikalisch gleichwertig sind. Solche Bezugssysteme, in denen dieselben physikalischen Gesetzmäßigkeiten gelten, werden als *Inertialsysteme* (von lateinisch inertia für „Trägheit“) bezeichnet. In einem Intertialsystem ist demnach jeder kräftefreie Massepunkt oder Körper relativ zu diesem Bezugssystem in Ruhe oder bewegt sich gleichförmig (unbeschleunigt) und geradlinig. Kräftefrei bedeutet, dass der Massepunkt oder Körper keine Kräfte von anderen Objekten erfährt, oder die einwirkenden Kräfte kompensieren sich vollständig gemäß Vektoraddition, sodass die resultierende Gesamtkraft null ist. Falls sich ein in diesem Sinne kräftefreier Massepunkt oder Körper relativ zu einem bestimmten Bezugsystem beschleunigt oder krummlinig bewegt, werden die auftretenden bzw. beobachtbaren Beschleunigungen durch sogenannte *Trägheitskräfte* verursacht (Abschnitt 2.2.4). Diese Trägheitskräfte entstehen dadurch, dass jedes Nicht-Inertialsystem gegenüber einem Inertialsystem rotiert und/oder geradlinig beschleunigt ist. Dementsprechend gehen Trägheitskräfte nicht von anderen Massepunkten oder Körpern aus und werden bei einer Bilanz der Kräftefreiheit nicht berücksichtigt. In einem Inertialsystem gibt es somit keine Trägheitskräfte.

Die Unterscheidung von zwei sich gleichförmig geradlinig bewegenden Massepunkten mit gleicher Geschwindigkeit aber unterschiedlicher Masse ist mit der vektoriellen Größe des Impulses möglich. Definiert ist der Impuls eines Massepunktes oder eines Körpers aus dem Produkt aus seiner Masse und seiner Geschwindigkeit:

$$\vec{p} = m\vec{v} \tag{2.46}$$

Die SI-Einheit des Impulses ist: $[p] = [m] \cdot [v] = \mathrm{kg} \cdot \frac{\mathrm{m}}{\mathrm{s}}$ (Kilogramm mal Meter je Sekunde).

Aus dem Trägheitsgesetz folgt unmittelbar, dass jede auf einen Massepunkt oder Körper einwirkende Kraft seinen Bewegungszustand ändert. Befand er sich ursprünglich im Ruhezustand, so wird er durch die Krafteinwirkung beschleunigt. Diese Beschleunigung hält jedoch nur so lange an, wie die Kraft einwirkt. Befindet sich der Körper bereits in Bewegung und wirkt die Kraft der Bewegung entgegen, so wird die Bewegung verzögert (abgebremst). Dies ist die Aussage des *Zweiten Newton'schen Gesetzes* (auch *Aktionsprinzip* genannt):

> **Merke**
>
> **Zweites Newton'sches Gesetz:** Die Änderung der Bewegung ist der Einwirkung der bewegenden Kraft proportional und geschieht nach der Richtung derjenigen geraden Linie, nach welcher jene Kraft wirkt.

Die Aussage dieses Aktionsprinzip lässt sich auch noch etwas kürzer fassen: Kraft ist die Ursache der Beschleunigung (oder Verzögerung) eines Körpers.

Da die Beschleunigung gleich der Geschwindigkeitsänderung ist, liegt es nahe, die Beschleunigung als Messgröße für die Kraft anzusetzen. Die Erfahrung zeigt aber, dass unterschiedliche Massepunkte oder Körper, die der gleichen Kraft ausgesetzt sind, auch unterschiedlich reagieren, d. h. eine andere Beschleunigung erfahren. Das einzige Unterscheidungsmerkmal bei Massepunkten ist ihre Masse und bei Körpern spricht man von der *trägen Masse*. Damit lässt sich das Zweite Newton'sche Gesetz als mathematische Formel angeben:

$$\vec{F} = m\vec{a} \tag{2.47}$$

Die SI-Einheit der Kraft ist: $[F] = [m] \cdot [a] = \mathrm{kg} \cdot \frac{\mathrm{m}}{s^2} = \mathrm{N}$ (Newton). In Worten ausgedrückt bedeutet diese mathematische Formulierung:

> **Merke**
>
> **Zweites Newton'sches Gesetz:** Wird ein Massepunkt oder ein Körper durch eine Kraft $\vec{F}$ beschleunigt, so ist die resultierende Beschleunigung $\vec{a}$ proportional zur Kraft und umgekehrt proportional zur Masse m des Massepunktes bzw. zur trägen Masse des Körpers. Die Richtung der Beschleunigung und die der angreifenden Kraft stimmen überein.

Grundlegend für diese Betrachtung ist, dass sich die Masse des Massepunktes bzw. die träge Masse des Körpers während der gesamten Krafteinwirkung nicht ändert. In der klassischen Mechanik wird dies stets vorausgesetzt. Allerdings gibt es auch viele Fälle, bei denen diese

Annahme nicht richtig ist, beispielsweise die sich ändernde Masse eines Raketentriebwerks in Betrieb oder bei sehr hohen Geschwindigkeiten, wenn relativistische Effekte (Massenzunahme) relevant werden. Werden solche Fälle mit nicht konstanter Masse nicht betrachtet, ist die Gl. (2.47) in Übereinstimmung mit der ursprünglichen Formulierung des Zweiten Newton'schen Gesetzes:

$$\vec{F} = \frac{d\vec{p}}{d\vec{t}} \tag{2.48}$$

Diese Formulierung wird auch als erweitertes Bewegungsgesetz der Mechanik bezeichnet und lautet in Worten:

> **Merke**
>
> Die auf einen Massepunkt oder einen Körper einwirkende Kraft ist gleich der zeitlichen Änderung seines Impulses

Die mathematische Umkehrung der Gl. (2.48) erlaubt die Berechnung einer unter einer Krafteinwirkung erfolgten Impulsänderung, wenn der zeitliche Verlauf der Kraft gegeben ist. Dies ist vor allem dann von Bedeutung, wenn die Krafteinwirkung zeitlich begrenzt ist, wie beispielsweise bei stoß- oder ruckartigen Vorgängen. Für den allgemeinen Fall einer sich zeitlich verändernden Kraft gilt für die Impulsänderung:

$$\Delta\vec{p} = \vec{p}_2 - \vec{p}_1 = \int_{t_1}^{t_2} \vec{F}\, dt \tag{2.49}$$

Die Indizierung 1, 2 bezieht sich dabei auf Anfangs- und Endzustand.

Wie in der Einleitung des vorliegenden Abschnitts bereits angedeutet, steht der Begriff Kraft eigentlich als Synonym für den treffenderen Ausdruck Wechselwirkung. Mit dem Begriff Wechselwirkung wird die gegenseitige Einflussnahme der beteiligten Massepunkte oder Körper deutlich. Tatsächlich lässt sich die Kraft, die ein Körper auf einen anderen ausübt, nicht isoliert betrachten, da die Kraft selber das Ergebnis des Zusammenwirkens der beiden Körper darstellt. Newton formulierte dieses *Reaktionsprinzip*, das häufig auch verkürzt als *actio = reactio*-Prinzip bezeichnet wird, als Drittes Newton'sches Gesetz:

> **Merke**
>
> **Drittes Newton'sches Gesetz:** Die Wirkung ist stets gleich der Gegenwirkung. Oder: Die Wirkungen zweier Körper aufeinander sind stets gleich und von entgegengesetzter Richtung.

Das Reaktionsprinzip (auch Gegenwirkungsprinzip oder Wechselwirkungsprinzip genannt) lässt sich in einer Formel folgendermaßen ausdrücken:

$$\vec{F}_{1\rightarrow 2} = -\vec{F}_{2\rightarrow 1} \tag{2.50}$$

$\vec{F}_{1\rightarrow 2}$ ist die Kraft (Aktion), die ein Massepunkt oder ein Körper 1 auf einen zweiten Massepunkt oder Körper 2 ausübt und dementsprechend ist $-\vec{F}_{2\rightarrow 1}$ die betragsmäßig gleich große Gegenkraft (Reaktion). Wenn bei einer solchen Wechselwirkung der Bewegungszustand

(Impuls) des einen Massepunktes oder Körpers geändert wird, so ändert sich auch der Bewegungszustand (Impuls) des anderen Massepunktes oder Körpers in die entgegengesetzte Richtung. Gemäß diesem Prinzip sind bei einer auftretenden Kraftwirkung zwei Massepunkte oder zwei Körper beteiligt. Das bedeutet auch, das Kräfte nur von Massepunkten bzw. Körpern ausgehen und nur auf andere Massepunkte bzw. Körper wirken können.

### 2.2.2 Drehimpuls und Drehmoment

Im vorangegangenen Abschnitt wurde der Impuls als charakteristische vektorielle Größe der Translation eingeführt. Eine entsprechende Impulsgröße lässt sich auch für die im Abschnitt 2.1.6 dargestellte Kreisbewegung bzw. allgemein für die Rotation definieren. Dies ist der Drehimpuls und für einen Massepunkt gilt:

$$\vec{L} = \vec{r} \times \vec{p} = m\vec{r} \times \vec{v} \tag{2.51}$$

$$\begin{pmatrix} L_x \\ L_y \\ L_z \end{pmatrix} = \begin{pmatrix} x \\ y \\ z \end{pmatrix} \times \begin{pmatrix} p_x \\ p_y \\ p_z \end{pmatrix} = \begin{pmatrix} y p_z - z p_y \\ z p_x - x p_z \\ x p_y - y p_x \end{pmatrix} = m \begin{pmatrix} y v_z - z v_y \\ z v_x - x v_z \\ x v_y - y v_x \end{pmatrix}$$

Die SI-Einheit des Drehimpulses ist: $[l] = [r] \cdot [p] = \mathrm{m} \cdot \mathrm{kg}\frac{\mathrm{m}}{\mathrm{s}} = \mathrm{Nm\,s} = \mathrm{J\,s}$ (Newton-Meter mal Sekunde = Joule mal Sekunde).

Gemäß den Erläuterungen in Abschnitt 2.1.6 liegen bei einer Kreisbewegung der Radiusvektor $\vec{r}$ und der Vektor der Bahngeschwindigkeit $\vec{v}$ in einer Ebene, der Kreisbahnebene. Der Drehimpulsvektor $\vec{L}$, der für diesen Fall auch als *Bahndrehimpuls* bezeichnet wird, ist senkrecht zu dieser Ebene orientiert und die drei Vektoren $\vec{r}$, $\vec{p}$ und $\vec{L}$ bzw. $\vec{r}$, $\vec{v}$ und $\vec{L}$ bilden ein Rechtssystem. Da dementsprechend $\vec{r}$ und $\vec{v}$ stets senkrecht zueinander orientiert sind, d. h. $\sphericalangle(\vec{r},\vec{p}) = \sphericalangle(\vec{r},\vec{v}) = 90°$, ist der Betrag des Drehimpulses maximal und es gilt: $|\vec{L}| = |\vec{r}| \cdot |\vec{p}| = m|\vec{r}| \cdot |\vec{v}|$. Wird der Vektor der Bahngeschwindigkeit in der Gl. (2.51) mittels der Beziehung (Gl. (2.42)) ersetzt, ergibt sich folgende Beziehung (doppeltes Vektorprodukt) für den Drehimpuls bei der Kreisbewegung:

$$\vec{L} = m\vec{r} \times (\vec{\omega} \times \vec{r}) = m\vec{\omega}(\vec{r} \cdot \vec{r}) - m\vec{r}(\vec{r} \cdot \vec{\omega}) = mr^2\vec{\omega} \tag{2.52}$$

Bei der Umformung des doppelten Vektorproduktes in der Gl. (2.52) wurde die Graßmann-Identität (auch Graßmann'scher Entwicklungssatz benannt nach H. G. Graßmann, 1809-1877) angewendet. Der Term $m\vec{r}(\vec{r} \cdot \vec{\omega})$ ist bei der gleichförmigen Kreisbewegung null, da die beiden Vektoren $\vec{r}$ und $\vec{\omega}$ eines Massepunktes oder eines Körpers stets senkrecht zueinander orientiert sind. Somit sind in diesem Fall der Drehimpulsvektor und der Vektor der Drehachse, gegeben durch $\vec{\omega}$, gleichgerichtet bzw. parallel und unterscheiden sich nur um den skalaren Faktor $mr^2$. Bei der gleichförmigen Kreisbewegung sind sowohl die Richtungsorientierungen als auch die Beträge der Vektoren $\vec{L}$ und $\vec{\omega}$ konstant, d. h. ändern sich nicht zeitlich.

Der Drehimpuls gemäß Gl. (2.51) lässt sich prinzipiell auch für die Translation mit einem beliebig gewählten Koordinatenursprung als Bezugspunkt angeben. Da sich dann jedoch bereits bei einer gleichförmig geradlinigen Bewegung in einer Ebene der Abstandsvektor $\vec{r}$ in Betrag und Richtung ständig ändert, wäre zwar die Orientierung des Drehimpulses konstant aber nicht der Betrag des Drehimpulses. Dementsprechend hat der Drehimpuls für einen solchen Fall keine relevante physikalische Bedeutung.

Bildet man in Gl. (2.51) beidseitig die zeitliche Ableitung und nutzt das Zweite Newton'sche Gesetz ergibt sich eine neue physikalische, ebenfalls vektorielle Größe, das Drehmoment $\vec{M}$ (Bild 2.17):

$$\frac{d\vec{L}}{dt}=\frac{d}{dt}(\vec{r}\times\vec{p})=(\vec{v}\times\vec{p})+\left(\vec{r}\times\frac{d}{dt}\vec{p}\right)=(\vec{r}\times\vec{F})=\vec{M} \tag{2.53}$$

in kartesischen Koordinaten:

$$\begin{pmatrix} M_x \\ M_y \\ M_z \end{pmatrix}=\begin{pmatrix} x \\ y \\ z \end{pmatrix}\times\begin{pmatrix} F_x \\ F_y \\ F_z \end{pmatrix}=\begin{pmatrix} y\,F_z-z\,F_y \\ z\,F_x-x\,F_z \\ x\,F_y-y\,F_x \end{pmatrix}$$

Die SI-Einheit des Drehmoments ist: $[M]=[r]\cdot[F]=\text{Nm}$ (Newton-Meter).

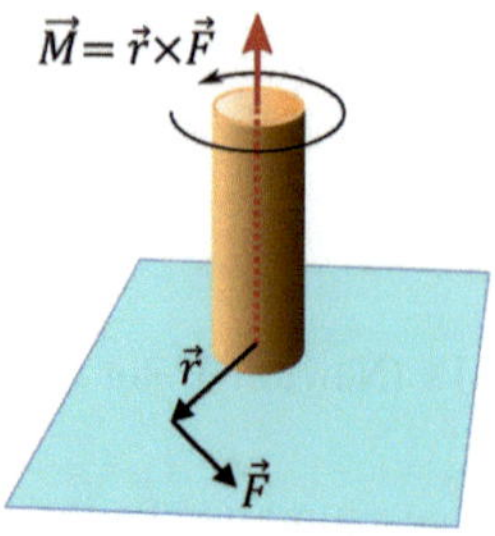


**Bild 2.17**
Das Drehmoment

Formal ist die physikalische Einheit des Drehmoments identisch mit derjenigen der Arbeit. Die Einheit Joule ist jedoch den physikalischen Größen Energie und Arbeit vorbehalten. Die Bezeichnung Drehmoment rührt daher, dass der Bezugspunkt in vielen Fällen tatsächlich ein Drehpunkt sein kann, nämlich dann, wenn beispielsweise ein Körper nicht im Gleichgewicht ist, sondern als Drehkörper betrachtet wird. Gemäß dem Vektorprodukt in Gl. (2.53) ist das Drehmoment mit einem bestimmten *Drehsinn* verknüpft. Kräfte, die bezüglich des Drehpunktes eine Drehung im Uhrzeigersinn hervorrufen, besitzen ein *rechtsdrehendes Drehmoment*. Im anderen Fall heißt das Drehmoment *linksdrehend*. Es sei angemerkt, dass diese Unterscheidung zwischen links- und rechtsdrehend keine absolute Bedeutung hat, da sie vom Standpunkt des Betrachters abhängt. Sie dient nur dazu, die Wirkungen der verschiedenen Drehmomente in Bezug auf einen festen Standort zu kennzeichnen.

**Merke**
Die zeitliche Änderung des Drehimpulses ist gleich dem wirkenden Drehmoment.

Für den Betrag des Drehmoments gilt gemäß Gl. (2.53): $|\vec{M}|=|\vec{r}|\cdot|\vec{F}|\cdot\sin\sphericalangle(\vec{r},\vec{F})$, dass bedeutet insbesondere auch, dass das Drehmoment null und damit der Drehimpulsvektor $\vec{L}$ konstant ist, wenn der Radiusvektor $\vec{r}$ und die wirkende Kraft $\vec{F}$ parallel oder antiparallel zueinander orientiert sind (Abschnitt 2.2.6). Für den anderen Grenzfall eines rechten Winkels zwischen den Vektoren $\vec{r}$ und $\vec{F}$ (also $\sphericalangle(\vec{r},\vec{F})=90°$) ergibt sich das zuerst von Archimedes (um 287 v. Chr.-212 v. Chr.) aufgestellte Hebelgesetz. Dazu sei beispielhaft die in Bild 2.18 skizzierte Situation betrachtet. Gegeben ist ein gerader Balken der Gesamtlänge $l_2$ an dem drei betragsmäßig verschieden große Kräfte $\vec{F}_1$, $\vec{F}_2$ und $\vec{F}_3$ an drei unterschiedlichen Punkten des Balkens jeweils senkrecht angreifen. Die Angriffspunkte sollen so gewählt werden, dass der Balken weder eine Translation noch eine Rotation ausführt.

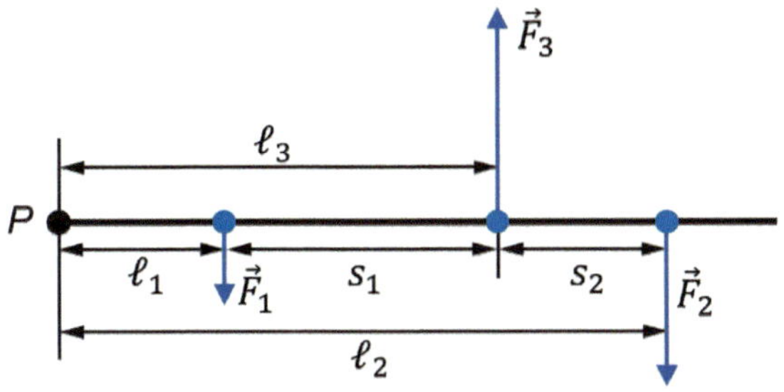


**Bild 2.18**
Zum Hebelgesetz an einem belasteten Balken

Der Balken führt keine Translation aus, wenn das Dritte Newton'sche Gesetz erfüllt ist, d. h.:

$$-\vec{F}_3 = \vec{F}_1 + \vec{F}_2$$

und mit den vorgegebenen Richtungen der Kräfte gilt für die Kraftbeträge:

$$F_3 = F_1 + F_2$$

Damit der Balken auch keine Rotation um einen beliebigen Bezugspunkt $P$ ausführt, müssen sich die Drehmomente kompensieren:

$$-\vec{M}_3 = \vec{M}_1 + \vec{M}_2$$

und für die Beträge muss gelten:

$$M_3 = M_1 + M_2$$

Durch Einsetzen der entsprechenden Strecken gemäß Bild 2.18 gilt:

$$l_3 F_3 = l_1 F_1 + l_2 F_2$$

Darüber hinaus soll der Balken auch keine Drehung um den Angriffspunkt von $\vec{F}_3$ durchführen, sodass außerdem gelten muss:

$$s_1 F_1 = (l_3 - l_1) F_1 = s_2 F_2 = (l_2 - l_3) F_2$$

Allgemein ist ein Hebel ein nicht-verformbarer (starrer) Körper, der um einen festen Drehpunkt gedreht werden kann. Unterschieden wird zwischen dem einseitigen Hebel, bei dem der Drehpunkt an einem der beiden Hebelenden liegt, und dem zweiseitigen Hebel, bei dem der Drehpunkt an einem beliebigen Punkt innerhalb des Hebels liegt.

**Merke**

Ein Hebel befindet sich im Gleichgewicht, wenn die Summe aller an ihm anliegenden Drehmomente bezüglich desselben Bezugspunktes, der nicht notwendigerweise der Drehpunkt sein muss, gleich null ist:

$$\sum_{n=1}^{N} \vec{M}_n = \sum_{n=1}^{N} \vec{r}_n \times \vec{F}_n = 0$$

In der Technik unterscheidet man bei Hebeln zwischen dem *Lastarm*, der gleich dem Hebelarm auf der Seite der zu bewegenden Last ist, und dem *Kraftarm*, der gleich dem Hebelarm auf der Seite der einwirkenden Kraft ist. Bei einem einseitigen Hebel liegen Last- und Kraftarm auf derselben Hebelseite, haben jedoch im allgemeinen unterschiedliche Abstände zum Drehpunkt. Hingegen liegen bei einem zweiseitigen Hebel Last- und Kraftarm auf unterschiedlichen Hebelseiten und haben im allgemeinen ebenfalls unterschiedliche Abstände zum Drehpunkt. Bei technischen Anwendungen muss häufig die Wirkung der Reibung im Drehpunkt berücksichtigt werden, wodurch eine betragsmäßig größere einwirkende Kraft erforderlich ist, als im reibungsfreien Fall.

### 2.2.3 Gravitation und Planetenbewegung

Die Gravitationskraft zählt zu den elementaren Wechselwirkungen zwischen Körpern. Obwohl sie in Bezug auf ihre „Stärke" um viele Größenordnungen geringer ist als die elektromagnetische oder gar die starke Wechselwirkung, ist sie überall präsent und vergleichsweise gut bekannt. Die Gravitation bestimmt den Lauf der Planeten genauso wie die Bewegungen auf der Erde. Sie äußert sich auf eindrucksvolle Weise im freien Fall genauso wie in der Ablenkung von Lichtstrahlen an großen Massen (Abschnitt 10.2.2).

Unter Gravitation versteht man die gegenseitige Anziehung von Körpern aufgrund ihrer Massen. Ein Sonderfall der Gravitation ist die sogenannte *Schwerkraft*, mit der die Wechselwirkung zwischen einem materiellen Probekörper und einem Himmelskörper (z. B. der Erde) bei geringem gegenseitigem Abstand bezeichnet wird. Die Kinematik der Bewegung eines Körpers im Schwerefeld der Erde wurde bereits in Abschnitt 2.1.3 beim freien Fall beschrieben. Die wesentliche Aussage des Fallgesetzes ist, dass alle Körper unabhängig von ihrer stofflichen Zusammensetzung, Form und ihrer Gestalt am gleichen Beobachtungsort dieselbe Fallbeschleunigung aufweisen. Bestimmt man die Schwerkraft dynamisch, d. h. unter Anwendung des Grundgesetzes der Dynamik, ergibt sich, dass ihr Betrag proportional zur trägen Masse des beschleunigten Körpers ist:

$$F_\mathrm{G} = mg \tag{2.54}$$

Führt man die Messungen statisch durch, beispielsweise mithilfe einer Federwaage, so erweist sich die Auslenkung als ebenfalls proportional zur trägen Masse. Dieses Ergebnis erscheint zunächst etwas verblüffend, da die träge Masse ja nur im Zusammenhang mit beschleunigten Bewegungen relevant ist, hier aber ein statischer Kräftevergleich vorgenommen wurde. Ohne Kenntnis des dynamischen Grundgesetzes ließe sich die Auslenkung der Feder auf die Wirkung einer von dem Körper ausgehenden Kraft, die auch als *Gewichtskraft* bezeichnet wird, zurückführen. Die Gewichtskraft wiederum kann man ebenfalls als Produkt aus einer Größe mit der Dimension einer Beschleunigung und einer Größe mit der Dimension einer Masse darstellen. Zur Unterscheidung von der trägen Masse wird die so eingeführte Masse aufgrund ihrer Herkunft auch *schwere Masse* genannt. Bei dieser Unterscheidung handelt es sich keinesfalls um eine Spitzfindigkeit, da die träge Masse eine grundsätzliche Eigenschaft aller Körper ist, während die schwere Masse nur im Zusammenhang mit der Gravitationswechselwirkung in Erscheinung tritt. Tatsächlich haben jedoch träge und schwere Masse den gleichen Wert und der Wert der Beschleunigung für die Gewichtskraft entspricht dem der Fallbeschleunigung. Eine Vielzahl von Experimenten haben die Übereinstimmung der beiden Massen bestätigt. Diese *Äquivalenz* von schwerer Masse und träger Masse ist die Grundlage der von A. Einstein (1879–1955, Nobelpreis 1921) im Jahre 1915 vorgestellten *allgemeinen Relativitätstheorie*, in der er eine umfassende Theorie der Gravitation entwickelte (Abschnitt 10.2). Beim zugrundeliegenden Äquivalenzprinzip wird zwischen zwei Formulierungen unterschieden: Nach dem sogenannten *schwachen Äquivalenzprinzip* bestimmt allein die Masse eines Körpers, welche Schwerkraft in einem homogenen Gravitationsfeld auf den Körper wirkt. Gemäß dem sogenannten *starken Äquivalenzprinzip* gilt, dass Gravitations- und Trägheitskräfte in dem Sinn äquivalent sind, dass ihrer Wirkungen auf einen Körper nicht unterschieden werden können. Eine gebräuchliche Formulierung ist:

**Merke**

Träge und schwere Masse eines Körpers sind äquivalent.

Das schwache Äquivalenzprinzip gilt als Folge des *Newton'schen Gravitationsgesetzes* in der klassischen Mechanik. Dementsprechend beschreiben alle Körper beim freien Fall in einem äußeren Gravitationsfeld bei gleichen Anfangsbedingungen in derselben Zeit dieselbe Bahn.

Die Gl. (2.54) für die Schwerkraft eines Körpers in der Nähe der Eroberfläche enthält die Gravitation noch in „versteckter" Form. Wie jede Wechselwirkung wird auch die Gravitation durch die Eigenschaften der beiden beteiligten Körper bestimmt (actio = reactio). Dementsprechend hängt die Fallbeschleunigung g von der Masse des Himmelskörpers, in diesem Fall die Erde, ab. Darüber hinaus hängt die Fallbeschleunigung auch vom Abstand der beiden Körper ab, da mit zunehmender Entfernung die Schwerkraft kleiner wird.

### Kepler'sche Gesetze

Das Wesen der Gravitation offenbart sich am deutlichsten bei der Bewegung der Gestirne. Sorgfältige Beobachtungen der Bewegungsabläufe vor allem unseres Planetensystems mit der Sonne als „Bewegungszentrum" (auch als *Zentralgestirn* bezeichnet) über viele Jahrhunderte hinweg und insbesondere die genauen astronomischen Beobachtungen von T. Brahe (1546–1601) hatten ein Datenmaterial geschaffen, das im Jahre 1609 durch den Astronomen J. Kepler (1571–1630) in drei nach ihm benannten Gesetze zusammengefasst wurde:

**Merke**

**Erstes Kepler'sches Gesetz:** Die Planeten bewegen sich auf elliptischen Bahnen, in deren einem Brennpunkt die Sonne steht.

**Zweites Kepler'sches Gesetz (Flächensatz):** Ein von der Sonne zum Planeten gezogener Fahrstrahl überstreicht in gleichen Zeiten gleich große Flächen.

**Drittes Kepler'sches Gesetz:** Die Quadrate der Umlaufzeiten zweier Planeten verhalten sich wie die dritten Potenzen der großen Halbachsen ihrer Bahnellipsen.

Newton entwickelte, ausgehend von den Kepler'schen Gesetzen, eine mathematische Theorie der Planetenbewegung, die 1687 veröffentlicht wurde und als Schwerpunkt die Formulierung des Kraftgesetzes für die Gravitation zum Inhalt hatte:

$$\vec{F}_\text{G} = G\frac{m_1 m_2}{|\vec{r}_2 - \vec{r}_1|^3}(\vec{r}_2 - \vec{r}_1) \quad \text{und} \quad F_\text{G} = G\frac{m_1 m_2}{r^2} \tag{2.55}$$

Das *Newton'sche Gravitationsgesetz* gilt streng für zwei Massepunkte $m_1$ und $m_2$ im Abstand $r$. Mit $G$ ist die Gravitationskonstante: $G = 6{,}674\,30 \cdot 10^{-11}\ \text{m}^3/(\text{kg} \cdot s^2)$ bezeichnet. Bei der vektoriellen Form bezeichnen $\vec{r}_1$ und $\vec{r}_2$ die Ortsvektoren der beiden Massepunkte und die Gravitationskraft in der angegebenen Formel ist die Kraft, die die Masse $m_2$ auf die Masse $m_1$ ausübt. Gemäß dem dritten Newton'schen Gesetz ist die Gegenkraft, die die Masse $m_1$ auf die Masse $m_2$ ausübt gleich $-\vec{F}_\text{G}$. Das Newton'sche Gravitationsgesetz (Gl. (2.55)) beschreibt im Gegensatz zum mathematisch sehr ähnlichen Coulomb-Gesetz (Abschnitt 6.1) eine stets anziehende Kraft bzw. attraktive Wechselwirkung zwischen zwei Massepunkten bzw. zwei Körpern, während die Coulomb-Wechselwirkung zwischen Ladungen anziehend oder abstoßend (repulsiv) sein kann.

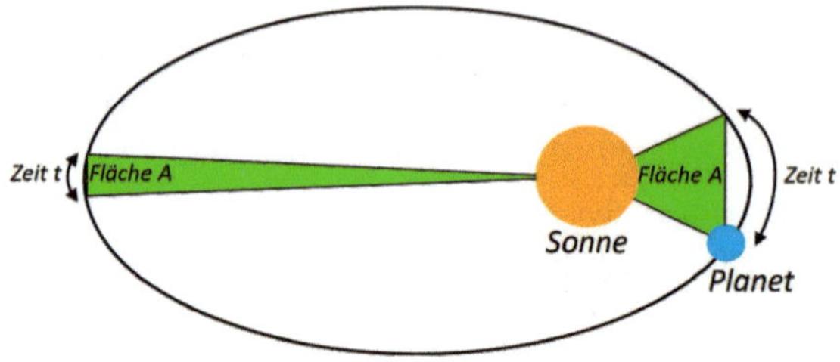


**Bild 2.19**
Ellipsenbahn eines Planeten. Die Sonne steht in einem der beiden Brennpunkte der Ellipse. Die grünen Flächen sind bei gleichen Zeitdauern gleich groß.

Das Gravitationsgesetz ist symmetrisch in den beiden Massen, entsprechend der oben aufgestellten Forderung. Die quadratische Abstandsabhängigkeit des Betrages der Gravitationskraft erschließt sich aus der speziellen Form der Planetenbahnen: Nur Kurven zweiter Ordnung, also Kegelschnitte, sind verträglich mit einem $1/r^2$-Gesetz. Dazu zählen die Ellipse, die Parabel und die Hyperbel. Während die Ellipse eine in sich geschlossene stabile Bahn repräsentiert, handelt es sich bei den anderen beiden Funktionen um offene Bahnkurven, die z. B. bei Kometen oder künstlichen Satelliten realisiert sein können. Ein Spezialfall der Ellipse ist der Kreis, der zumindest für einige Planetenbahnen eine gute Näherung darstellt und damit einen einfachen Beweis der quadratischen Abhängigkeit vom Abstand ermöglicht. Aus dem Flächensatz (Zweites Kepler'sches Gesetz) folgt nämlich unmittelbar, dass unter dieser Voraussetzung der Betrag der Bahngeschwindigkeit konstant ist und damit die Planeten eine reine Radialbeschleunigung $a_\text{r} = r\omega^2$ erfahren mit $\omega = 2\pi/T$, wobei $T$ die Umlaufdauer des Planeten ist. Ersetzt man im dritten Kepler'schen Gesetz die große Halbachse durch den Kreisradius, so folgt: $T^2/r^3 = \text{konstant}$ und damit gilt für die Radialbeschleunigung der Planeten:

$$a_\text{r} = r\frac{4\pi^2}{T^2} = \text{const.}\frac{1}{r^2} \tag{2.56}$$

Die *große Halbachse a* einer Ellipse ist gleich dem größten Abstand zwischen Ellipsenmittelpunkt und dem Rand der Ellipse. Die *kleine Halbachse b* einer Ellipse ist gleich dem kleinsten Abstand zwischen Ellipsenmittelpunkt und dem Rand der Ellipse. Die *lineare Exzentrizität* $e = \sqrt{a^2 - b^2} < a$ einer Ellipse ist gleich dem Abstand eines der beiden Brennpunkte zum Ellipsenmittelpunkt. Bei einem Kreis liegen beide Brennpunkte im Mittelpunkt, sodass gilt:

$e = 0 \Leftrightarrow a = b =$ Kreisradius. Die *numerische Exzentrizität* $\varepsilon$ ergibt sich aus dem Verhältnis von linearer Exzentrizität $e$ und großer Halbachse $a$: $\varepsilon = e/a = \sqrt{1 - b^2/a^2}$ mit einem Wertebereich $0 \le \varepsilon < 1$. Für einen Kreis gilt $\varepsilon = 0$ (mit $a = b$) und für eine Parabel gilt $\varepsilon = 1$ (mit $b \to 0$). Die numerischen Exzentrizitäten der Planeten unseres Sonnensystems sind mit Ausnahme von Merkur und Pluto kleiner als 10 % und bei den Planeten Venus und Neptun sogar kleiner als 1 %. Dementsprechend können insbesondere die Umlaufbahnen der Planeten Venus und Neptun als Kreisbahnen genähert werden. Die numerische Exzentrizität der Erdumlaufbahn ist mit $\varepsilon = 1{,}7$ % ebenfalls klein. Die Umlaufbahnen von Merkur und Pluto weichen hingegen deutlich von einer Kreisbahn ab. Weitere Kenngrößen der elliptischen Umlaufbahnen der Planeten sind der *Perihel* (sonnennächster Bahnpunkt) bzw. der *Perihelabstand p* (auch Periapsisdistanz genannt) und der *Aphel* (sonnenfernster Bahnpunkt) bzw. der *Aphelabstand q* (auch Apoapsisdistanz genannt). Es gilt für die große Halbachse: $a = (p+q)/2$ und für die numerische Exzentrizität: $\varepsilon = (q-p)/(q+p)$. Die große Halbachse der Erdumlaufbahn beträgt $a = 149{,}6 \cdot 10^6$ km $\cong 1$ AE (Astronomische Einheit), der Perihelabstand der Erde beträgt $147{,}1 \cdot 10^6$ km und der Aphelabstand beträgt $152{,}1 \cdot 10^6$ km. In der Tabelle 2.1 sind einige Daten von über Himmelskörpern (Planeten und Monden) des Sonnensystems zusammengestellt.

**Tabelle 2.1** Übersicht über Himmelskörper unseres Sonnensystems

| Himmelskörper | große Halbachse $a$ der Bahnellipse in Millionen km | Umlaufzeit $T$ in Jahren | Numerische Exzentrizität $\varepsilon$ | Masse als Vielfaches der Erdmasse $M_E = 5{,}97 \cdot 10^{24}$ kg | Radius als Vielfaches des Erdradius $R_E = 6\,370$ km |
|---|---|---|---|---|---|
| Merkur | 57,91 | 0,2408 | 0,206 | 0,053 | 0,383 |
| Venus | 108,21 | 0,6152 | 0,007 | 0,815 | 0,950 |
| Erde | 149,60 | 1 | 0,017 | 1 | 1 |
| Mars | 227,94 | 1,8809 | 0,093 | 0,107 | 0,532 |
| Jupiter | 778,3 | 11,8622 | 0,048 | 318,00 | 10,863 |
| Saturn | 1428 | 29,4577 | 0,056 | 95,22 | 9,001 |
| Uranus | 2872 | 84,0153 | 0,047 | 14,55 | 3,968 |
| Neptun | 4524 | 164,7883 | 0,009 | 17,23 | 3,856 |
| Pluto | 5910 | 248,4 | 0,253 | 0,002 | 0,186 |
| Sonne | - | - | - | $3{,}33 \cdot 10^5$ | 109,298 |
| Erdmond | mittlere Entfernung von der Erde: 384 400 km | 27,32 Tage um die Erde | 0,055 | 0,012 | 0,273 |
| Ganymed | mittlere Entfernung vom Jupiter: 1 070 400 km | 7,155 Tage um den Jupiter | 0,001 | 0,025 | 0,413 |
| Titan | mittlere Entfernung vom Saturn: 1 221 830 km | 15,95 Tage um den Saturn | 0,029 | 0,023 | 0,404 |

Ganymed ist der dritte Mond (von bisher 79 bekannten Monden) des Gasplaneten Jupiter und mit einem Durchmesser von 5 262 km der größte und auch der schwerste Mond des Sonnensystems. Titan ist der sechste Mond (von bisher 82 bekannten Monden) des Gasplaneten Saturn und mit einem Durchmesser von 5 150 km der zweitgrößte Mond und der zweitschwerste Mond des Sonnensystems. Der Planet Merkur hat einen Durchmesser von 4 879 km und ist damit kleiner als die beiden größten Monde des Sonnensystems. Der Erdmond hat einen Durchmesser von 3 474 km und ist der fünftgrößte Mond des Sonnensystems.

Für den allgemeineren Fall einer elliptischen Umlaufbahn lässt sich das Erste Kepler'sche Gesetz aus dem Newton'schen Gravitationsgesetz (Gl. (2.55)) herleiten. Unter der Annahme, dass die Masse des Zentralgestirns (Sonne) $m_S \gg m_P$ sehr viel größer als die Masse eines Planeten $m_P$ ist und somit die Anziehungskraft, die der Planet auf die Sonne ausübt, vernachlässigt werden kann, gilt im Rahmen des Zwei-Körper-Problems für die Gesamtenergie des Planeten:

$$E = E_{kin} + E_{pot} = \frac{1}{2} m_P \left( \dot{r}^2 + r^2 \dot{\phi}^2 \right) - \frac{G m_S m_P}{r} = \text{const.} \tag{2.57}$$

Dabei wird angenommen, dass die Bewegung des Planeten in einer Ebene erfolgt und daher mit den ebenen Polarkoordinaten $r$ und $\phi$ beschrieben werden kann. Die Sonne ist dabei im Nullpunkt (Koordinatenursprung) lokalisiert, der mit einem der beiden Ellipsenbrennpunkte zusammenfällt. Im Gegensatz zum Spezialfall einer kreisförmigen Umlaufbahn ist bei einer ellipsenförmigen Umlaufbahn der Abstand zum Nullpunkt $r$ während eines Umlaufs um die Sonne nicht konstant. Da die wirkende Gravitationskraft eine sogenannte *konservative Kraft* ist, ändert sich die Gesamtenergie nicht bzw. ist konstant (siehe auch Abschnitt 2.2.6). Mit dem Betrag des ebenfalls konstanten Bahndrehimpulses des Planeten $\left|\vec{L}\right| = L = m_P r^2 \dot{\phi}$ und der Beziehung $\dot{r} = \frac{dr}{dt} = \frac{dr}{d\phi}\frac{d\phi}{dt} = \frac{dr}{d\phi}\dot{\phi}$ ergibt sich aus der Energiebilanz (Gl. (2.57)) die folgende Differentialgleichung für die Funktion $r(\phi)$:

$$\left( \frac{dr}{d\phi} \right)^2 = 2 m_P \frac{r^4}{L^2} \left[ E + \frac{G m_S m_P}{r} - \frac{L^2}{2 m_P r^2} \right] \tag{2.58}$$

Die Lösung dieser Differentialgleichung ist die folgende Bahnkurve $r(\phi)$, die für $0 < \varepsilon < 1$ eine Ellipse beschreibt:

$$r(\phi) = \frac{\mathcal{P}}{1 + \varepsilon \cos(\phi)} \tag{2.59}$$

Dabei bezeichnet $\mathcal{P} = \frac{L^2}{G m_S m_P^2}$ den *Bahnparameter* mit der SI-Einheit $[\mathcal{P}] = \text{m}$ und $\varepsilon = \sqrt{1 + \frac{2 E L^2}{G^2 m_S^2 m_P^3}}$ ist die (einheitenlose) numerische Exzentrizität der Bahnellipse. Die Quotienten $E/m_P$ und $L/m_P$ werden als spezifische Gesamtenergie bzw. als spezifischer Bahndrehimpuls des Planeten bezeichnet. Für die große Halbachse $a$ und die kleine Halbachse $b$ sowie für den Perihelabstand $p$ und den Aphelabstand $q$ der Bahnellipse gilt:

$$a = \frac{\mathcal{P}}{1 - \varepsilon^2}, \quad b = \frac{\mathcal{P}}{\sqrt{1 - \varepsilon^2}}, \quad p = \frac{\mathcal{P}}{1 + \varepsilon} \quad \text{und} \quad q = \frac{\mathcal{P}}{1 - \varepsilon} \tag{2.60}$$

Für den Abstand zwischen den beiden Ellipsenbrennpunkten (Fokuspunkten) $F_1$ und $F_2$ gilt:

$$\overline{F_1F_2} = 2(a-p) = \frac{2\varepsilon\mathcal{P}}{1-\varepsilon^2}$$

Die veränderliche Bahngeschwindigkeit eines Planeten (mit der Masse $m_\mathrm{P}$) auf seiner ellipsenförmigen Umlaufbahn (mit der großen Halbachse $a$) um die Sonne (mit der Masse $m_\mathrm{S}$) ergibt sich aus der *Vis-Viva-Gleichung* (Vis-Viva ist eine auf G. W. Leibniz, 1646-1716, zurückgehende Bezeichnung für die „Energie in der Bewegung"), die aus der Energie- und der Drehimpulserhaltung folgt:

$$v(r(\phi)) = \sqrt{G(m_\mathrm{S}+m_\mathrm{P})\left(\frac{2}{r(\phi)}-\frac{1}{a}\right)} \tag{2.61}$$

Im Fall einer Kreisbahn mit $r = a =$ konstant gilt für die dann ebenfalls konstante Kreisbahngeschwindigkeit:

$$v = \sqrt{G\,(m_\mathrm{S}+m_\mathrm{P})/r}$$

Wird als Zentralgestirn ein Planet wie beispielsweise die Erde betrachtet, ergibt sich aus der Formel für die Kreisbahngeschwindigkeit ein Mindestwert für die Geschwindigkeit eines Satelliten mit $m_\mathrm{Satellit} \ll m_\mathrm{E}$ auf einer erdnahen kreisförmigen Umlaufbahn (d. h. $r \gtrsim R_\mathrm{E}$), die als *erste kosmische Geschwindigkeit* $v_\mathrm{I}$ bezeichnet wird:

$$v_\mathrm{I} = \sqrt{\frac{G\,M_\mathrm{E}}{R_\mathrm{E}}} = 7{,}91\ \mathrm{km/s} \tag{2.62}$$

Dieser Wert hat jedoch keine praktische Bedeutung, da solche Geschwindigkeiten innerhalb der Erdatmosphäre aufgrund des dort stark abbremsenden Luftwiderstands nicht aufrechtzuerhalten sind. In einer Höhe von 180 km über der Erdoberfläche, was der Grenze der Erdatmosphäre entspricht und gleich einem Bahnradius von $r = R_\mathrm{Erde} + h = (6\,370+180)\ \mathrm{km} = 6\,550\ \mathrm{km}$ ist, beträgt die Kreisbahngeschwindigkeit etwa 7,8 km/s. Auf einer *geostationären Umlaufbahn* in einer Höhe von 36 000 km über der Erdoberfläche beträgt die Kreisbahngeschwindigkeit eines Satelliten 3,071 km/s, was weniger als der Hälfte der ersten kosmischen Geschwindigkeit entspricht.

Die *zweite kosmische Geschwindigkeit* $v_\mathrm{II}$ ist gleich der hypothetischen Startgeschwindigkeit, die beispielsweise ein Satellit erreichen muss, wenn er ohne weiteren Antrieb das Gravitationsfeld der Erde verlassen soll. Die zweite kosmische Geschwindigkeit wird daher auch als *Fluchtgeschwindigkeit* (von der Erde) bezeichnet und es gilt:

$$v_\mathrm{II} = \sqrt{\frac{2\,G\,M_\mathrm{E}}{R_\mathrm{E}}} = \sqrt{2}\,v_\mathrm{I} = 11{,}2\ \mathrm{km/s} \tag{2.63}$$

Soll der Anziehungsbereich der Erde von einer geostationären Umlaufbahn aus verlassen werden, beträgt die dafür notwenige Startgeschwindigkeit nur noch ca. 4,5 km/s. Auch die zweite kosmische Geschwindigkeit ist weniger von praktischer Bedeutung, denn gemäß der Definitionsgleichung der zweiten kosmischen Geschwindigkeit wäre beim Verlassen der Erde mit der Fluchtgeschwindigkeit die kinetische Energie und damit auch die Geschwindigkeit im Unendlichen gleich null. Dies bedeutet, dass die Geschwindigkeit mit zunehmendem Abstand zur Erde stetig kleiner wird. Zum anderen müssen die Gravitationskräfte der anderen

Himmelskörper und insbesondere der Sonne berücksichtigt werden. Entfernt sich ein Satellit oder ein anderes Flugobjekt mehr als 1,5 Millionen km von der Erde, überwiegt die Sonnengravitation die Erdgravitation und der Satellit bzw. der Flugkörper wird in Abhängigkeit von seiner momentanen Geschwindigkeit und Flugrichtung eine Umlaufbahn um die Sonne einnehmen. Der Abstand von $1{,}5 \cdot 10^6$ km ist kugelsymmetrisch bezüglich des Erdmittelpunktes und bildet die sogenannte *Hill-Sphäre* (benannt nach G. W. Hill, 1838–1914) um die Erde. Für den Radius der Hill-Sphäre der Erde (auch *Hill-Radius* genannt) gilt:

$$r_{\text{Hill}} = a\left(\frac{m_{\text{E}}}{3m_{\text{S}}}\right)^{1/3} = 149{,}6 \cdot 10^6\ \text{km}\left(\frac{1}{3 \cdot 3{,}33 \cdot 10^5}\right)^{1/3} \approx 1{,}5 \cdot 10^6\ \text{km} \tag{2.64}$$

Der Hill-Radius der Erde beträgt somit ca. 1 % des mittleren Abstandes zwischen Sonne und Erde bzw. 0,01 AE (Astronomische Einheit). Da der Erdmond ungefähr $0{,}37 \cdot 10^6$ km von der Erde entfernt ist, befindet er sich innerhalb der Hill-Sphäre der Erde. Die Hill-Sphäre um den Jupiter hat hingegen einen Radius von 0,35 AE und ist damit fast so groß wie die große Bahnhalbachse des Planeten Merkur. Die größte Hill-Sphäre unter allen Monden des Sonnensystems hat der Erdmond mit einem Radius von 9,2 Erdradien ($R_{\text{Erde}} = 6\,370$ km), gefolgt vom Saturnmond Titan (Hill-Radius gleich 8,2 Erdradien) und vom Jupitermond Kallisto (Hill-Radius gleich 7,9 Erdradien).

Die *dritte kosmische Geschwindigkeit* $v_{\text{III}}$ ist gleich der Startgeschwindigkeit von der Erdoberfläche, mit der das Sonnensystem verlassen werden kann. Es gilt:

$$v_{\text{III}} = \sqrt{v_{\text{ex}}^2 + v_{\text{II}}^2} = \sqrt{(12{,}3\ \text{km/s})^2 + (11{,}2\ \text{km/s})^2} = 16{,}6\ \text{km/s} \tag{2.65}$$

Dabei ergibt sich die *Exzessgeschwindigkeit* $v_{\text{ex}} = 42{,}1\ \text{km/s} - 29{,}8\ \text{km/s} = 12{,}3\ \text{km/s}$ als Differenz aus der Fluchtgeschwindigkeit aus dem Sonnensystem bezüglich der Erdoberfläche mit einem Wert von 42,1 km/s und der Bahngeschwindigkeit der Erde bei ihrem Umlauf um die Sonne mit einem Wert von $v_{\text{Bahn}} = 29{,}8$ km/s, wenn das Flugobjekt in Richtung der Bahngeschwindigkeit der Erde sowie in ihrer Drehrichtung abgeschossen wird. Die Masse des Mondes und der anderen Planeten kann hierbei völlig vernachlässigt werden. Bisher wurde jedoch die dritte kosmische Geschwindigkeit bei keinem Start auf der Erdoberfläche erreicht. Die bisher größte Startgeschwindigkeit mit einem Wert von 16,2 km/s erreichte am 19.01.2006 die Raumsonde New Horizons, mit der das Pluto-System und der *Kuipergürtel* (benannt nach G. P. Kuiper, 1905–1973) erforscht werden soll, beim Verlassen der Erdoberfläche. Anfang 2023 war die Raumsonde New Horizons ca. $8{,}23 \cdot 10^9$ km (55,02 AE) von der Sonne entfernt.

Soll ein Satellit von einer erdnahen (engl. low earth orbit = LEO) in eine erdferne (engl. geostationary orbit = GEO) kreisförmige Umlaufbahn übergehen, ist dies mit dem *Hohmann-Transfer* (W. Hohmann, 1880–1945) energetisch günstig zu realisieren. Die *Hohmann-Bahn* ist eine Ellipse, die sowohl zur Ausgangsbahn als auch zur Zielbahn tangential verläuft (Bild 2.20), wobei an den beiden Berührungspunkten die Anpassung der Bahngeschwindigkeit des Satelliten jeweils mittels eines Kraftstoßes erfolgt. Die erste Geschwindigkeitsänderung $\Delta v_{\text{e}}$ bringt den Satelliten auf die elliptische Hohmann-Bahn, deren Perihelpunkt auf der kreisförmigen Ausgangsbahn mit dem Radius $r_{\text{e}}$ liegt. Anschließend erfolgt in einem zweiten Kraftstoß die Geschwindigkeitsänderung $\Delta v_{\text{a}}$ im Aphelpunkt der Hohmann-Bahn, wodurch der Satellit auf die kreisförmige Zielbahn mit dem Radius $r_{\text{a}}$ übergeht.

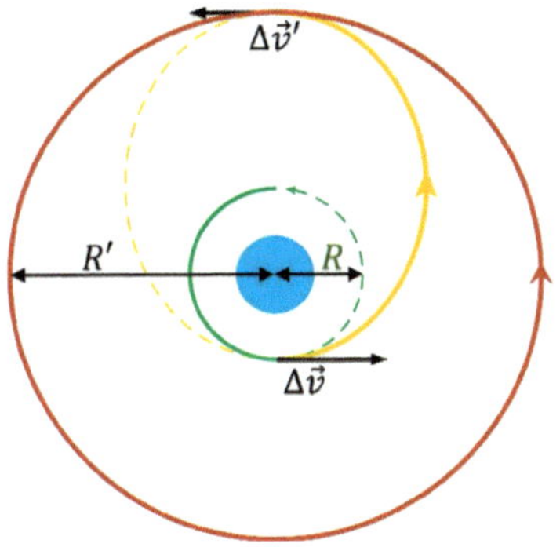


**Bild 2.20**
Hohmann-Transfer (gelbe ellipsenförmige Umlaufbahn) beim Übergang zwischen einer erdnahen (grün) und einer erdfernen (rot) kreisförmigen Umlaufbahn

Unter Berücksichtigung der Vis-Viva-Gleichung (2.61) gilt für $\Delta v_e$ und $\Delta v_a$:

$$\Delta v_e = v_e \left( \sqrt{\frac{2r_a}{r_e + r_a}} - 1 \right) \quad \text{und} \quad \Delta v_a = v_a \left( 1 - \sqrt{\frac{2r_e}{r_e + r_a}} \right) \tag{2.66}$$

Dabei ist $v_e = \Delta v_e + v_{LEO} > v_{LEO}$ die Bahngeschwindigkeit im Perihelpunkt und $v_a = v_{GEO} - \Delta v_a < v_{GEO}$ die Bahngeschwindigkeit im Aphelpunkt der Hohmann-Bahn mit der großen Halbachse $(r_e + r_a)/2$. Die Größen $v_{LEO}$ und $v_{GEO}$ sind die Bahngeschwindigkeiten auf der erdnahen bzw. der erdfernen kreisförmigen Umlaufbahn. Zur Quantifizierung des benötigten Energieaufwandes wird die gesamte Geschwindigkeitsänderung $\Delta v = \Delta v_e + \Delta v_a$ im Verhältnis zu $v_e$ betrachtet und es gilt:

$$\frac{\Delta v}{v_e} = \frac{\Delta v_e + \Delta v_a}{v_e} = \frac{\Delta v_e}{v_e} + \frac{r_e}{r_a} \cdot \frac{\Delta v_a}{v_a} = \left( 1 - \frac{r_e}{r_a} \right) \sqrt{\frac{2r_a}{r_e + r_a}} + \sqrt{\frac{r_e}{r_a}} - 1 \tag{2.67}$$

Wird der Ausdruck für $\Delta v / v_e$ nach dem Radienverhältnis $r_a / r_e > 1$ abgeleitet, ergibt sich ein (physikalisch sinnvolles) Maximum für $\Delta v / v_e$ bei einem Radienverhältnis von $r_a / r_e = 15{,}582$, d. h. mit ansteigendem Radienverhältnis bis zum diesem Wert erhöht sich der Energieaufwand beim Hohmann-Transfer. Oberhalb des Maximums, also für Radienverhältnisse $r_a / r_e > 15{,}582$ nimmt der erforderliche Energieaufwand beim Hohmann-Transfer wieder ab. Allgemein lassen sich Änderungen der Umlaufbahn eines Satelliten mit den *Hill'schen Gleichungen* (G. W. Hill, 1838–1914) analytisch beschreiben, so z. B. den weiteren Verlauf einer Satellitenbahn, wenn dessen Geschwindigkeit verändert wird.

Die Kepler'schen Gesetze, die ursprünglich für die Gravitationswechselwirkung zwischen Himmelskörpern formuliert worden sind, lassen sich auch auf die elektrostatische Coulomb-Wechselwirkung (Abschnitt 6.1) übertragen. Für zwei einander anziehende Ladungen $q_1 \gtrless 0$ und $q_2 \lessgtr 0$ ergeben sich ebenfalls ellipsenförmige Umlaufbahnen. Hingegen führt die stets abstoßende Coulomb-Kraft zwischen zwei gleichartigen Ladungen $q_{1,2} \gtrless 0$ zu nicht-geschlossenen Hyperbelbahnen.

Wie bereits angeführt, ist die auf der Erde wirkende Schwerkraft ein Sonderfall der Gravitation. Ein Grund für die Sonderstellung ist, dass zumindest eine der beiden in Wechselwirkung stehenden Massen, nämlich die Erde, nicht mehr als punktförmig angesehen werden kann. Die endliche Ausdehnung der Körper, verbunden mit einer eventuellen inhomogenen Massenverteilung, erfordert eine etwas aufwendigere mathematische Behandlung (Abschnitt 2.4).

Im Grundsatz wird dabei so vorgegangen, dass die beiden Körper jeweils in einzelne Massepunkte zerlegt werden, im nächsten Schritt die Kräfte zwischen den Massepunkten berechnet und anschließend zu einer Resultierenden überlagert werden. Für den Sonderfall homogener Massekugeln lässt sich das Problem allerdings wiederum auf das einfache Gravitationsgesetz zurückführen, wobei als Abstände der Körper die der beiden Kugelmittelpunkte einzusetzen sind. Diese Voraussetzungen sind bei den Planeten nur näherungsweise erfüllt. So ist z. B. die Erde ein an den Polen abgeplattetes Ellipsoid mit einer keinesfalls homogenen Massendichte. Zudem sind die durch Gebirge und Wassermassen bedingten Unregelmäßigkeiten in der Oberfläche zu berücksichtigen, die sich vor allem bei kleinen Abständen zwischen dem Probekörper und der Erdoberfläche bemerkbar machen. Zum anderen muss berücksichtigt werden, dass das Bezugssystem, in dem die Untersuchung der Schwerkraft stattfindet, sofern es Teil des Planeten ist, kein Inertialsystem darstellt, sondern ein beschleunigtes Bezugssystem ist.

### Periheldrehung

Neben der Gesamtenergie und dem Drehimpuls gibt es bei einem Zwei-Körper-System mit Gravitationswechselwirkung oder mit anziehender Coulomb-Wechselwirkung, also mit einem Zentralpotential der Form $V(r) \propto -1/r$, eine weitere, dritte Erhaltungsgröße. Dies ist der *Laplace-Runge-Lenz-Vektor* $\vec{A}$ (auch *Runge-Lenz-Vektor* oder *Lenz'scher Vektor* genannt nach P.-S. Laplace, 1749–1827 und C. D. T. Runge, 1856–1927 und W. Lenz, 1888–1957). Für den Laplace-Runge-Lenz-Vektor $\vec{A}$ und dessen Betrag $|\vec{A}|$ gilt:

$$\vec{A} = \vec{v} \times \vec{L} + V(r)\,\vec{r} = \vec{v} \times \vec{L} - \frac{G\,m_S\,m_P}{r}\,\vec{r} = G\,m_S\,m_P\,\vec{e} \tag{2.68a}$$

$$|\vec{A}| = \sqrt{(G\,m_S\,m_P)^2 + \frac{2\,E\,L^2}{m_P}} = G\,m_S\,m_P\,\sqrt{1 + \frac{2\,E\,L^2}{G^2\,m_S^2\,m_P^3}} = G\,m_S\,m_P\,\varepsilon \tag{2.68b}$$

Die SI-Einheit des Laplace-Runge-Lenz-Vektors ist: $[\vec{A}] = \mathrm{Jm} = \mathrm{Nm}^2$ und $\vec{e}$ ist der einheitenlose *Exzentrizitätsvektor*. Der Laplace-Runge-Lenz-Vektor liegt in der Bahnebene, in der auch der Ortsvektor $\vec{r}$ und der Geschwindigkeitsvektor $\vec{v}$ des Planeten liegen und ist somit senkrecht zum Bahndrehimpulsvektor $\vec{L}$ orientiert. Der Laplace-Runge-Lenz-Vektor liegt auf der gemeinsamen Linie (*Apsidenlinie*) der beiden Ellipsenbrennpunkte, des Perihels (sonnennächster Bahnpunkt) sowie des Aphels (sonnenfernster Bahnpunkt) und ist stets so orientiert, dass er von dem Ellipsenbrennpunkt, in dem sich die Sonne befindet, zum Perihel zeigt. Der Betrag des Laplace-Runge-Lenz-Vektors ist bis auf den Faktor $G\,m_S\,m_P$ gleich der numerischen Exzentrizität $\varepsilon = |\vec{e}|$ der Bahnellipse. Bei einem Zwei-Körper-System mit einem anziehenden Zentralpotential der Form $V(r) \propto -1/r$ ist der Laplace-Runge-Lenz-Vektor eine Erhaltungsgröße und es gilt:

$$\frac{\mathrm{d}\vec{A}}{\mathrm{d}t} = 0 = \begin{pmatrix} \frac{\mathrm{d}A_x}{\mathrm{d}t} = 0 \\ \frac{\mathrm{d}A_y}{\mathrm{d}t} = 0 \\ \frac{\mathrm{d}A_z}{\mathrm{d}t} = 0 \end{pmatrix} \quad \Leftrightarrow \quad \begin{pmatrix} A_x \\ A_y \\ A_z \end{pmatrix} = \vec{A} = \text{const.} \tag{2.69}$$

Die drei Komponenten $A_x$, $A_y$ und $A_z$ des Laplace-Runge-Lenz-Vektors $\vec{A}$ sind somit Erhaltungsgrößen. Da jedoch der Betrag von $\vec{A}$ bereits durch die anderen beiden Erhaltungsgrößen Bahndrehimpuls und Gesamtenergie und die Lage von $\vec{A}$ durch die Orthogonalität zum Bahndrehimpulsvektor vorgegeben sind, liefert der Laplace-Runge-Lenz-Vektor nur eine unabhängige Erhaltungsgröße. Dementsprechend hat das Zwei-Körper-System mit einem anziehenden Zentralpotential der Form $V(r) \propto -1/r$ fünf unabhängige Erhaltungsgrößen: Gesamtenergie, drei Komponenten des Bahndrehimpulsvektors und die Orientierung des Laplace-Runge-Lenz-Vektors für sechs Anfangsbedingungen, was als ein maximal integrables System bezeichnet wird. Das heißt, dass durch den Orts-, den Geschwindigkeits- und den Laplace-Runge-Lenz-Vektor sowohl die Form als auch die Orientierung der Umlaufbahn bei einem Zwei-Körper-System festgelegt sind.

Bei Abweichungen vom anziehenden Zentralpotential der Form $V(r) \propto -1/r$, beispielsweise durch Berücksichtigung weiterer Planeten des Sonnensystems, Abweichungen des Zentralgestirns von der Kugelform sowie die Krümmung der Raum-Zeit im Rahmen der Allgemeinen Relativitätstheorie (Kapitel 10), kommt es zu einer Drehung des Laplace-Runge-Lenz-Vektors, was als *Periheldrehung* bezeichnet wird. Der Planet bewegt sich als Folge dessen nicht mehr auf einer im Raum fixierten ellipsenförmigen sondern auf einer rosettenartigen Umlaufbahn (Bild 2.21). Die Periheldrehung erfolgt dabei in gleicher Richtung wie der Planet das Zentralgestirn umläuft. Ist nicht die Sonne sondern die Erde das Zentralgestirn, wird die Drehung des Laplace-Runge-Lenz-Vektors als *Perigäumsdrehung* bezeichnet. Im Gegensatz zur Periheldrehung war die Perigäumsdrehung des Mondes bereits babylonischen Astronomen etwa seit 700 v. Chr. bekannt und wurde in damaligen Berechnungen zur Mondbewegung berücksichtigt. In einem Doppelsternsystem wird die Drehung des Laplace-Runge-Lenz-Vektors als *Periastrondrehung* bezeichnet.

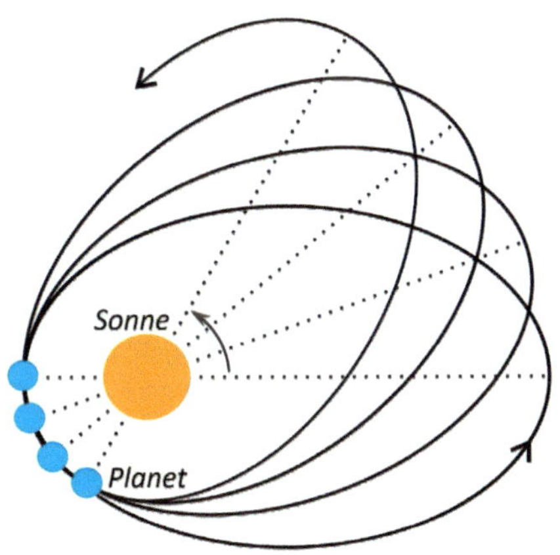


**Bild 2.21**
Periheldrehung der Umlaufbahn eines Planeten (blauer Kreis)

Da die Ausprägung der Periheldrehung für ellipsenförmige Umlaufbahnen größer als für kreisförmige bzw. kreisähnliche Umlaufbahnen ist, sollte dieser Effekt insbesondere beim Merkur mit einer numerischen Exzentrizität von über 20 % nachweisbar sein. So wurde bei Beobachtungen der Bewegung des Merkurs ein Wert von 574″ (Bogensekunden, auch als arcsec bezeichnet; 360° = 1 296 000″ bzw. 1° = 3 600″ = 60′ = 60 arcmin bzw. Bogenminuten) pro Jhd. (Jahrhundert) für die Periheldrehung festgestellt. Dementsprechend hat sich die Umlaufbahn des Merkurs in ca. 225 000 Jahren einmal vollständig gedreht. Während dieses Zeitraums umläuft der Merkur ca. 930 000-mal die Sonne. Im Jahre 1859 präsentierte U. J. J. Le Verrier (1811–1877) eine Theorie für die Periheldrehung des Merkurs auf der Grundlage des Newton'schen Gravitationsgesetzes (Gl. (2.55)). Der größte Effekt entsteht gemäß Le Verrier durch den Nachbarplaneten Venus und bewirkt einen Beitrag von 277″/Jhd. zur Periheldrehung. Der zweitgrößte Effekt entsteht durch den Planeten Jupiter mit einem Beitrag von 154″/Jhd. Zwar ist der Planet Jupiter ca. zehnmal weiter von Merkur entfernt als die Venus, hat jedoch die 400-fache Masse als die Venus. Die Erde als übernächster Nachbarplanet des Merkurs liefert einen Beitrag von 90″/Jhd. und alle weiteren Planeten (Mars, Saturn, Uranus und Neptun) des Sonnensystems einen Beitrag von 10″/Jhd. zur Periheldrehung des Merkurs. In Summe konnte Le Verrier einen Wert von 531″/Jhd. rechnerisch bestätigen. Zur Erklärung der Differenz von ca. 43″/Jhd. zum Beobachtungswert von 574″/Jhd. postulierte Le Verrier die Existenz eines Planeten innerhalb der Umlaufbahn des Merkurs und nannte diesen Planeten Vulkan, dessen Existenz jedoch bis heute nicht experimentell bestätigt werden konnte.

Die Diskrepanz $\Delta\varphi$ zwischen der experimentellen Beobachtung und der klassischen Theorie der Gravitation konnte erst im Jahre 1915 von A. Einstein (1879–1955, Nobelpreis 1921) im Rahmen der Allgemeinen Relativitätstheorie als Folge der Krümmung der Raum-Zeit erklärt und mit folgender Formel quantifiziert werden:

$$\Delta\varphi = \frac{3\pi R_S}{a\left(1-\varepsilon^2\right)} \tag{2.70}$$

Dabei bezeichnen $R_S = 2{,}95$ km den *Schwarzschild-Radius* der Sonne (K. Schwarzschild, 1873–1916), $a$ die große Halbachse und $\varepsilon$ ist die numerische Exzentrizität der Planetenumlaufbahn. Für den Merkur hat diese relativistische Korrektur einen Wert von $\Delta\varphi_{\text{Merkur}} = 42{,}98''$/Jhd. und für die Erde einen Wert von $\Delta\varphi_{\text{Erde}} = 3{,}8''$/Jhd. Die relativistische Korrektur ist für die Erde kleiner als für den Merkur, da der Abstand Erde-Sonne größer ist und als Folge dessen die Krümmung der Raum-Zeit durch die Sonne bei der Erde geringer als beim Merkur ist. Die experimentell bestimmten Werte für die Periheldrehung der Umlaufbahnen von Erde und Venus betragen 1 170″/Jhd. bzw. 21,6″/Jhd., sodass sich die Umlaufbahnen der Erde und der Venus in ca. 111 000 Jahren bzw. 6 Mio. Jahren einmal vollständig gedreht haben. Im Gegensatz dazu hat sich die Umlaufbahn des Erdmonds in nur 8,85 Jahren einmal vollständig gedreht. Im Vergleich zur Periheldrehung bei den Planetenumlaufbahnen ist die sehr schnelle Perigäumsdrehung des Erdmondes eine Folge der starken Störung des Zwei-Körper-Systems Erde-Mond (mit der Erde als Zentralgestirn und einem Schwarzschild-Radius von weniger als 1 cm) durch die sehr massenreiche Sonne. Des Weiteren trägt die Äquatorwulst der Erde zur Perigäumsdrehung des Mondes bei. Denn während ein exakt kugelsymmetrischer Körper dasselbe invers-quadratische Gravitationsfeld erzeugt wie ein punktförmiger Körper mit derselben Masse, führen inhomogene Masseverteilungen wie die Äquatorwulst und die Erdabplattung zu Abweichungen vom invers-quadratischen Gravitationsfeld.

### Lagrange-Punkte

Die Kepler'schen Gesetze beziehen sich auf ein Zwei-Körper-System bestehend aus einem Zentralgestirn (der Sonne) und einem Planeten. Jedoch wird bereits im Rahmen der Newton'schen Betrachtungsweise der Gravitation deutlich, dass sich die Himmelskörper nicht voneinander unabhängig um das Zentralgestirn bewegen, sondern auch untereinander gravitative Kräfte ausüben. Die Betrachtung beispielsweise aller Planeten des Sonnensystems führt zu einem Mehr-Körper-Problem, dass analytisch nicht lösbar ist und bereits das Drei-Körper-Problem ist als allgemeiner Fall nur numerisch lösbar. Ein Spezialfall ist das analytisch lösbare *eingeschränkte* bzw. *restringierte Drei-Körper-Problem*, bei dem einer der drei Körper eine verschwindend kleine Masse hat und somit seine gravitative Wirkung auf die beiden anderen Körper, einem massereichen Zentralgestirne, dass von einem masseärmeren Himmelskörper (z. B. ein Planet) umlaufen wird, vernachlässigt werden kann. L. Euler (1707–1783) und J.-L. de Lagrange (1736–1813) fanden die Lösungen des restringierten Drei-Körper-Systems in Form von fünf Gleichgewichtspunkten, in denen der dritte, annähernd masselose Körper kräftefrei ist. Diese Punkte werden als *Liberationspunkte* oder *Lagrange-Punkte* $L_1$ bis $L_5$ bezeichnet und sind bedeutsam in der modernen Astronomie, um beispielsweise Forschungssatelliten auf annähernd konstanten Positionen zu halten.

Alle fünf Lagrange-Punkte liegen in der Bahnebene der beiden massebehafteten Himmelskörper. Die Lagrange-Punkte $L_1$ , $L_2$ und $L_3$ liegen auf der Verbindungslinie der beiden massebehafteten Himmelskörper und sind in tangentialer Richtung (senkrecht zu dieser Verbindungslinie) stabil jedoch in radialer Richtung (entlang der Verbindungslinie) instabil. Hingegen liegen die Lagrange-Punkte $L_4$ und $L_5$ auf zwei gegenüberliegenden Eckpunkten eines gleichseitigen Vierecks (Raute), während sich auf den anderen beiden Eckpunkten des gleichseitigen Vierecks die zwei massebehafteten Himmelskörper befinden (Bild 2.22). Die Lagrange-Punkte $L_4$ und $L_5$ sind für ein Massenverhältnis der beiden massebehafteten Himmelskörper größer als 25 sowohl in tangentialer als auch in radialer Richtung stabil, was als *Ljapunow-stabil* (A. M. Ljapunow, 1857–1918) bezeichnet wird. Das bedeutet, dass ein Körper mit verschwindend kleiner Masse in einer Umgebung um einen der beiden Lagrange-Punkt $L_4$ und $L_5$ auf einer geschlossenen Bahn in dieser Umgebung bleibt, sodass kleine Störungen der Lage keine Auswirkungen auf die Stabilität der Umlaufbahn haben.

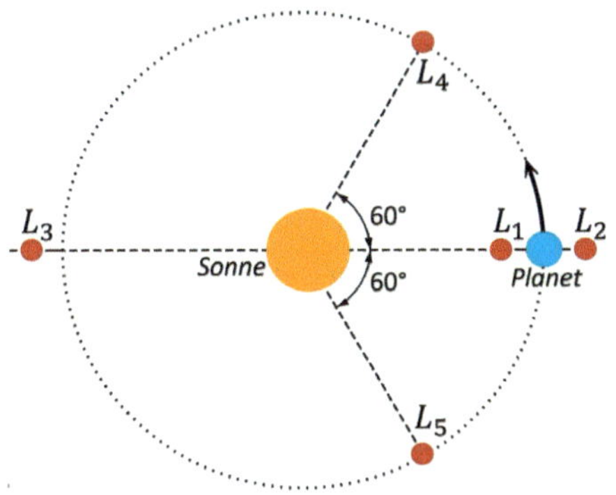


**Bild 2.22**
Lagrange-Punkte $L_1$ bis $L_5$ in einem restringierten Drei-Körper-System mit einem Zentralgestirn (gelb) und einem Planeten (blau)

Die folgenden Betrachtungen beziehen sich auf das Beispielsystem Sonne-Erde mit der Sonne als massereiches Zentralgestirn und der Erde als masseärmeren Himmelskörper, der die Sonne auch einer kreisähnlichen Bahn (numerische Exzentrizität $\varepsilon = 0{,}017$) umläuft. Der Lagrange-Punkt $L_1$ befindet sich innerhalb der Erdumlaufbahn in einem Abstand von ca. $1{,}5 \cdot 10^6$ km von der Erde, was etwa dem Vierfachen des Abstandes zwischen Erde und Mond entspricht. Gemäß den Kepler'schen Gesetzen hätte ein Körper, der die Sonne innerhalb der Erdumlaufbahn umläuft, eine höhere Bahngeschwindigkeit als die Erde. Durch die Gravitationskraft der Erde wird jedoch die Anziehungskraft der Sonne auf den

Körper etwas kompensiert, wodurch sich für einen Körper im Lagrange-Punkt $L_1$ eine zur Erde synchrone Umlaufgeschwindigkeit ergibt. Bereits seit Ende der 1970er-Jahre werden im Lagrange-Punkt $L_1$ Raumsonden zur Erforschung der Sonne positioniert, unter anderem die Raumsonde Genesis zur Erforschung des Sonnenwinds im Zeitraum von 2001 bis 2004. Seit dem Jahr 2015 umkreist das Deep Space Climate Observatory auf einem *Lissajous-Orbit* (quasi-periodische Flugbahn benannt nach J. A. Lissajous, 1822–1880) den Lagrange-Punkt $L_1$. Der Lagrange-Punkt $L_1$ bei dem System Erde-Mond ist ca. 58 000 km vom Mittelpunkt des Mondes in der Richtung zur Erde hin entfernt.

Der Lagrange-Punkt $L_2$ befindet sich außerhalb der Erdumlaufbahn in einem Abstand von ca. $1{,}5 \cdot 10^6$ km von der Erde. Die Umlaufdauer eines Körpers, der die Sonne im Langrange-Punkt $L_2$ umkreist, entspricht ebenfalls der Erdumlaufdauer, da sich die auf den Körper wirkenden Gravitationskräfte von Sonne und Erde additiv überlagern. Die Wilkinson Microwave Anisotropy Probe(WMAP)-Raumsonde, die die kosmische Hintergrundstrahlung untersuchte, befand sich im Zeitraum 2001 bis 2010 auf einem Lissajous-Orbit um den Langrange-Punkt $L_2$.

Der Lagrange-Punkt $L_3$ befindet sich bezogen auf den masseärmeren Himmelskörper hinter dem massereichen Zentralgestirn auf deren Verbindungslinie etwas außerhalb der Umlaufbahn des masseärmeren Himmelskörpers. Im Fall des Systems Sonne-Erde ist der Lagrange-Punkt $L_3$ von der Sonne ca. 190 km weiter entfernt als die Erde. Die gleichgerichteten Anziehungskräfte von der Sonne und der Erde bewirken für einen Körper, der im Lagrange-Punkt $L_3$ lokalisiert ist, eine Umlaufdauer, die gleich der Erdumlaufdauer ist. Die Übertragung von Funksignalen zwischen einer Raumsonde im Lagrange-Punkt $L_3$ und der Erde wird jedoch durch die Sonne vollständig blockiert.

Die Lagrange-Punkte $L_4$ und $L_5$ bilden jeweils einen Eckpunkt eines gleichseitigen Dreiecks. Beide Dreiecke haben eine Seite gemeinsam, wobei das massereiche Zentralgestirn und der masseärmere Himmelskörper sich an den beiden Eckpunkten dieser Seite befinden. Bezogen auf die Umlaufrichtung des masseärmeren Himmelskörpers läuft der Lagrange-Punkt $L_4$ voraus und $L_5$ hinterher. Im Fall des Systems Sonne-Erde mit dem sehr großen Massenunterschied zwischen diesen beiden Himmelskörpern liegen die Lagrange-Punkte $L_4$ und $L_5$ annähernd auf der Umlaufbahn der Erde und die Innenwinkel der beiden gleichseitigen Dreiecke betragen jeweils 60°. Bereits in den 1950ern wurden Staubwolken in den Lagrange-Punkten $L_4$ und $L_5$ des Systems Sonne-Erde experimentell nachgewiesen. Im Jahre 2010 wurde der Asteroid $2010\text{TK}_7$ entdeckt, der sich um den Lagrange-Punkt $L_4$ bewegt. Asteroiden oder kleine Monde, die sich in der näheren Umgebung der Lagrange-Punkte $L_4$ und $L_5$ befinden, werden auch als *Trojaner* oder *Trojanermonde* bezeichnet. Unter anderem gibt es im Mondsystem des Saturns einige Trojanermonde. So befinden sich in den Lagrange-Punkten $L_4$ und $L_5$ des Saturnmondes Tethys die kleinen Monde Telesto (in $L_4$) bzw. Calypso (in $L_5$). Bei dem System Erde-Mond wurden im Jahre 2018 die Kordylewski'schen Staubwolken (K. Kordylewski, 1903–1981) in den Lagrange-Punkten $L_4$ und $L_5$ nachgewiesen.

### 2.2.4 Trägheitskräfte

Das Trägheitsgesetz (Abschnitt 2.2.1) besagt, dass Bezugssysteme, die sich relativ zueinander gleichförmig bewegen (Inertialsysteme), physikalisch gleichwertig sind und die physikalischen Gesetzmäßigkeiten die gleichen mathematischen Abhängigkeiten zeigen. Anders ausgedrückt: Das Grundgesetz der Dynamik ändert beim Übergang von einem in ein anderes Inertialsystem nicht seine Form, d. h. die wirkenden Kräfte haben den gleichen Betrag und die gleiche Richtung. Als Beispiel sei die gleichförmige Bewegung eines Massepunktes in einem Bezugssystem $S$ genannt (Bild 2.23). Untersucht man diesen Vorgang von einem anderen Bezugssystem $S'$ aus, das sich mit konstanter Geschwindigkeit $\vec{v}_r$ relativ zu $S$ bewegt, so ist zwar die Geschwindigkeit des Massepunktes in $S'$ eine andere als in $S$, die Bewegung ist aber nach wie vor gleichförmig, d. h. die Beschleunigung $\vec{a}$ ist null in beiden Systemen. Da Kraft und Beschleunigung proportional zueinander sind, kommen Beobachter in beiden Systemen zum gleichen Ergebnis, dass der Körper kräftefrei ist.

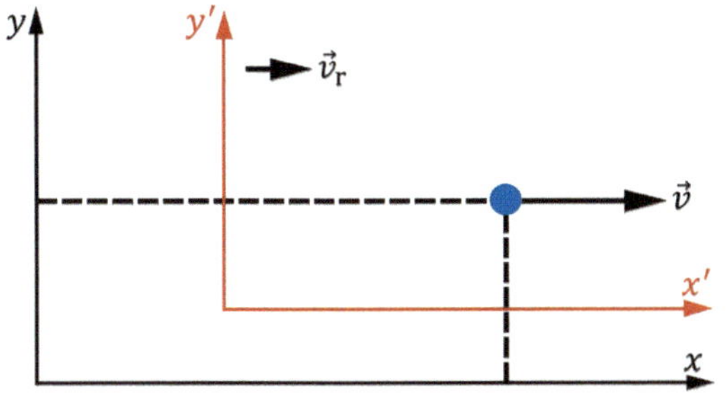


**Bild 2.23**
Gleichförmige Bewegung eines Massepunktes in zwei Inertialsystemen

Eine physikalisch andere Situation liegt vor, wenn das gewählte Bezugssystem beschleunigt ist. Dabei lassen sich zwei Fälle unterscheiden:

1. das Bezugssystem erfährt eine Translationsbeschleunigung, wie beispielsweise in einem Aufzug oder in einem anfahrenden oder abbremsenden Fahrzeug.
2. das Bezugssystem rotiert, wobei die Rotation sowohl gleichförmig als auch ungleichförmig sein kann.

Entsprechend diesem zweiten Fall ist jedes mit der Erde fest verbundene Laborsystem ein rotierendes Bezugssystem.

Zunächst soll jedoch der Fall der Translationsbeschleunigung betrachtet werden: Ein einfaches Beispiel aus der Erfahrung ist das Verhalten von Gepäckstücken in einem Fahrzeug, das eine beschleunigte Bewegung durchführt. Bei einer Vollbremsung des Fahrzeugs beispielsweise nehmen alle mit dem Fahrzeug fest verbundenen Teile an dieser Verzögerung teil, verhalten sich also kinematisch ähnlich. Anders dagegen verhalten sich Gegenstände, die nur durch Haftreibung mit der Unterlage verbunden sind. Von außerhalb betrachtet, bewegen sich diese Gegenstände gleichförmig weiter, die in dem Fahrzeug ruhenden Insassen stellen jedoch eine beschleunigte Bewegung fest. Als Ursache dieser Bewegung würden sie die Anwesenheit einer beschleunigenden Kraft vermuten, was aber nicht der Wirklichkeit entspricht, da jeder Körper gemäß dem Trägheitsprinzip nur versucht, seinen Bewegungszustand beizubehalten. Tatsächlich erfahren nur die fixierten Teile des Systems (Fahrzeugs) eine Kraft, da ihr Bewegungszustand objektiv geändert wird, während die übrigen Teile nur subjektiv betrachtet beschleunigt werden.

Kräfte, die nur in beschleunigten Bezugssystemen auftreten, nicht aber in Inertialsystemen, sind sogenannte *Scheinkräfte*, da sie im Gegensatz zu eingeprägten Kräften, die auch in Inertialsystemen vorhanden sind, nur vom Standpunkt abhängen. Man nennt sie auch *Trägheitskräfte*, da ihre „Existenz“ auf der Trägheit von Körpern beruht.

**Merke**

Trägheitskräfte wirken in einem beschleunigten Bezugssystem entgegen dessen Beschleunigungsrichtung. Sie haben ihre Ursache darin, dass sich das System mit dem Beobachter beschleunigt bewegt und der betrachtete Körper allein seiner Trägheit unterliegt. Trägheitskräfte genügen nicht dem Dritten Newton'schen Gesetz (Reaktionsprinzip).

Der Betrag der Trägheitskraft ergibt sich aus der Beschleunigung des Systems und der Masse des betrachteten Körpers. Für den Vektor der Trägheitskraft in einem beschleunigten Bezugssystem gilt:

$$\vec{F}_{\mathrm{T}} = -m\vec{a} \tag{2.71}$$

In analoger Weise wie dem eben behandelten Fall der translationsbeschleunigten Systeme lassen sich auch rotierende Bezugssysteme diskutieren. Betrachtet man beispielsweise einen Massepunkt, der sich gleichförmig auf einer Kreisbahn mit dem Radius $r$ bewegt, so lässt sich diese Bewegung, von einem ruhenden Bezugssystem (Inertialsystem) aus beobachtet, nur durch eine Radialbeschleunigung $a_{\mathrm{r}} = v^2/r$ begründen. Damit diese Beschleunigung zustande kommt, muss eine zum Kreismittelpunkt gerichtete *Zentripetalkraft* $\vec{F}_{\mathrm{ZP}} = m\vec{a}_{\mathrm{r}}$ vorhanden sein. Befindet sich der Beobachter dagegen in einem Bezugssystem, dessen Ursprung ebenfalls im Kreismittelpunkt liegt, sich aber mit derselben Winkelgeschwindigkeit $\omega$ dreht, erscheint der Massepunkt in Ruhe. Dies bedeutet für den Beobachter im rotierenden System, dass der Massepunkt kräftefrei sein muss, was wiederum bedeutet, dass keine Kräfte wirken, oder sich die wirkenden Kräfte in einem Kräftegleichgewicht vollständig kompensieren. Eine Entscheidung herbeizuführen, ist für den mitrotierenden Beobachter nicht immer sofort möglich: z. B. werden die an der Trommelwandung einer Zentrifuge anhaftenden Teilchen durch die Führungskraft der Wandung „beschleunigt", was dem in der Mitte befindlichen Beobachter verborgen bleibt. Wird andererseits die Kreisbahn durch eine im Zentrum befestigte Feder erzwungen, so kann der Beobachter aufgrund der Federdehnung die Bewegungsursache feststellen. Beide Fälle sind physikalisch gleichwertig, und für den rotierenden Beobachter kann nur ein Kräftegleichgewicht aus der unzweifelhaft vorhandenen Zentripetalkraft und einer entgegengesetzt gerichteten Kraft gleichen Betrags vorliegen. Diese „Gegenkraft" wird *Zentrifugalkraft* $\vec{F}_{\mathrm{ZF}}$ (umgangssprachlich auch *Fliehkraft*) und die zugehörige Beschleunigung als *Zentrifugalbeschleunigung* bezeichnet:

$$\vec{F}_{\mathrm{ZF}} = -\vec{F}_{\mathrm{ZP}} = -m\vec{a}_{\mathrm{r}} \quad \text{und} \quad F_{\mathrm{ZF}} = F_{\mathrm{ZP}} = m\frac{v^2}{r} \tag{2.72}$$

Im Gegensatz zur Zentripetalkraft ist die Zentrifugalkraft eine Trägheitskraft, da sie nur in Nicht-Intertialsystemen auftritt. Für einen Beobachter in einem Inertialsystem hat die Zentrifugalkraft keinerlei reale Bedeutung. Man kann daher auch nicht sagen, dass die Zentrifugalkraft Ursache für eine beschleunigte Bewegung ist. Dies wird auch dadurch belegt, dass der rotierende Körper nach „Abschalten" der Zentripetalkraft sich innerhalb des Inertialsystems nur noch gleichförmig weiterbewegt, im rotierenden System jedoch eine beschleunigte Bewegung in radialer Richtung durchführt, die wiederum durch die Zentrifugalkraft „verursacht" erscheint.

Die physikalischen Ursachen für die Zentripetalkraft können unterschiedlicher Natur sei:

1. So wird beispielsweise die Kurvenfahrt eines Fahrzeugs dadurch ermöglicht, dass sich die zur Kurveninnenseite gerichtete Zentripetalkraft als Summe der Reibungskräfte zwischen den Fahrzeugreifen und der Fahrbahn ergibt. Sind diese Reibungskräfte zu gering (z. B. bei Glatteis) verlässt das Fahrzeug die Kurvenbahn.
2. Der Mond bewegt sich auf einer annähernd kreisförmigen Bahn (numerische Exzentrizität $\varepsilon = 0{,}055$) um die Erde, die sich im Mittelpunkt dieser Bahn befindet. Die Kreisbewegung wird durch die von der Erde auf den Mond wirkende Gravitationskraft verursacht.
3. Bewegen sich geladene Teilchen (z. B. Elektronen) senkrecht zu einem homogenen Magnetfeld, werden sie durch die sogenannte Lorentz-Kraft (Abschnitt 6.3.2) senkrecht zur Richtung ihrer ursprünglichen geradlinigen Bewegung und senkrecht zur Richtung des Magnetfeldes auf eine Kreisbahn abgelenkt.

Während bei einer Kreisbahn die Zentripetalkraft stets zum Kreismittelpunkt orientiert ist, zeigt sie bei einer nicht-kreisförmigen Bahn auf den Mittelpunkt des momentanen Krümmungskreises und bewirkt die Richtungsänderung der Bahngeschwindigkeit. Die zur Zentripetalkraft orthogonale Tangentialkomponente bewirkt bei nicht-kreisförmigen Bahnen hingegen die Betragsänderung der Bahngeschwindigkeit. Daher ist bei den elliptischen Planetenbahnen die Geschwindigkeit eines Planeten im Perihel am größten und im Aphel am kleinsten.

Eine weitere Trägheitskraft in rotierenden Bezugssystemen ist die nach ihrem Entdecker benannte *Coriolis-Kraft* (G. G. de Coriolis, 1792–1843). Sie tritt stets dann in Erscheinung, wenn sich ein Körper in einem rotierenden Bezugssystem bewegt und diese Bewegung nicht parallel zur Rotationsachse verläuft bzw. nicht parallel zum Vektor der Winkelgeschwindigkeit orientiert ist. Die Coriolis-Kraft ist senkrecht zur momentanen Bewegungsrichtung des Körpers im rotierenden Bezugssystem orientiert und bewirkt eine seitliche Ablenkung, jedoch keine Vergrößerung oder Verkleinerung seiner Geschwindigkeit. In Bild 2.24 ist der Fall einer mit der konstanten Winkelgeschwindigkeit $\omega$ rotierenden Kreisscheibe dargestellt. Vom Zentrum der Kreisscheibe wird mit radialer Anfangsrichtung und der Bahngeschwindigkeit $v$ eine Kugel weggeschleudert. Die Kugel wird gemäß dem Trägheitsgesetz ihre vorgegebene Richtung beibehalten. Für einen außerhalb der Scheibe stehenden Beobachter, der sich in einem Inertialsystem befindet, bewegt sich die Kugel gemäß Trägheitsgesetz in radialer Richtung nach außen.

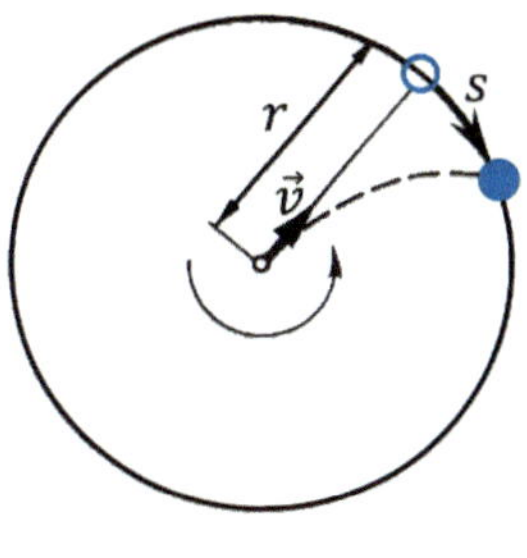


**Bild 2.24**
Zur Entstehung der Coriolis-Kraft

Die Kreisscheibe dreht sich unter der Kugel weiter, wobei die Kugel auf der Kreisscheibe eine spiralförmige Spur „hinterlässt“. Ein im Drehzentrum stehender und mitrotierender Beobachter wird daher feststellen, dass die Kugel von der radialen Richtung nach rechts abweicht.

Die *Coriolis-Beschleunigung* ergibt sich dann aus folgender Betrachtung: Der Körper legt in der Zeit $t$ in radialer Richtung die Strecke $r = v\,t$ zurück. Die seitliche Abweichung in dieser Zeit beträgt $s = r\omega\,t = v\omega\,t^2$. Daraus folgt für die Coriolis-Beschleunigung $\vec{a}_{\text{Coriolis}}$:

$$\vec{a}_{\text{Coriolis}} = 2\vec{v}\times\vec{\omega} \quad \text{und} \quad a_{\text{Coriolis}} = 2v\omega \quad (\text{wenn } \vec{v}\perp\vec{\omega}) \tag{2.73}$$

und für die Coriolis-Kraft $\vec{F}_{\text{Coriolis}}$ gilt:

$$\vec{F}_{\text{Coriolis}} = 2m\vec{v}\times\vec{\omega} \quad \text{und} \quad F_{\text{Coriolis}} = 2mv\omega \quad (\text{wenn } \vec{v}\perp\vec{\omega}) \tag{2.74}$$

Die beiden vektoriellen Formeln gelten allgemein und insbesondere auch dann, wenn die Vektoren $\vec{v}$ und $\vec{\omega}$ nicht orthogonal zueinander orientiert sind.

Wie die Zentrifugalkraft ist auch die Coriolis-Kraft eine Trägheitskraft, die für die reale Bewegung des Körpers entbehrlich ist. Sie muss allerdings dann berücksichtigt werden, wenn die Kugel anders als im obigen Beispiel keine seitliche Ablenkung erfahren darf, d. h. sich innerhalb des rotierenden Systems gleichförmig nach außen bewegt. In diesem Fall ist eine reale Führungskraft erforderlich, deren Betrag der Coriolis-Kraft entspricht, jedoch in der Richtung entgegengesetzt ist. Beispiele sind Translationsbewegungen auf einem kurvenfahrenden Schiff oder ein rotierender Wasserschlauch. In der Technik ist die Coriolis-Kraft immer dann von Bedeutung, sobald eine Rotation von einer zweiten Bewegung überlagert wird. Wenn beispielsweise eine Last am Ausleger eines Krans senkrecht zur Drehachse des Krans bewegt wird, während sich der Kran um diese Achse dreht, hängt sie aufgrund der Coriolis-Kraft nicht senkrecht nach unten, sondern wird seitlich ausgelenkt. In der Robotik ist die Coriolis-Kraft aufgrund der Überlagerung von gleichzeitigen Translationen und Rotationen ebenfalls von Bedeutung.

Neben der Zentrifugal- und der Coriolis-Kraft ist die nach L. Euler (1707–1783) benannte *Euler-Kraft* die dritte Trägheitskraft in rotierenden Bezugssystemen. Im Gegensatz zur Coriolis-Kraft wirken die Zentrifugal- und die Euler-Kraft auch dann, wenn der Körper in dem rotierenden Bezugssystem ruht. Die Euler-Kraft tritt auf, wenn sich die Rotationsachse und/oder die Rotationsgeschwindigkeit eines rotierenden Bezugssystems ändert (beispielsweise in einem beschleunigenden oder abbremsenden Karussell) und es gilt:

$$\vec{F}_{\text{Euler}} = -m\frac{\mathrm{d}\vec{\omega}}{\mathrm{d}t}\times\vec{r} = -m\vec{\alpha}\times\vec{r} \quad \text{und} \quad F_{\text{Euler}} = m\alpha r \quad (\text{wenn } \vec{\alpha}\perp\vec{r}) \tag{2.75}$$

Hierbei bezeichnet $\vec{\alpha} = \dfrac{\mathrm{d}\vec{\omega}}{\mathrm{d}t}$ den Vektor der Winkelbeschleunigung des rotierenden Bezugssystems.

**Beispiele**

1. Mit welcher Kraft drückt ein Gepäckstück der Masse 20 kg auf die Lehne eines Rücksitzes in einem Pkw, wenn dieser mit einer Beschleunigung von 2 m/s² anfährt? Die Kraft, die im Bezugssystem des beschleunigten Fahrzeuges vom Gepäckstück ausgeübt wird, ist eine Trägheitskraft und ihre Richtung ist entgegengesetzt zur Beschleunigung des Fahrzeugs. Für den Betrag gilt:

$$F_{\mathrm{T}} = ma = 20\,\text{kg}\cdot 2\,\frac{\text{m}}{\text{s}^2} = 40\,\text{N}$$

2. Ein Körper der Masse 2 kg wird an einer 2 m langen Kette waagerecht im Kreis herumgeschwungen. Bei welcher Drehzahl zerreißt die Kette, wenn die maximal zulässige Zugkraft 8,5 kN beträgt? Im Bezugssystem des rotierenden Körpers übt dieser eine Zentrifugalkraft auf die Kette aus und es gilt:

$$F_{ZF} = m\frac{v^2}{r} = mr\omega^2 = mr \cdot 4\pi^2 f^2$$

und damit

$$f = \sqrt{\frac{F_{ZF}}{mr \cdot 4\pi^2}} = \sqrt{\frac{8{,}5 \cdot 10^3\ \text{N}}{2\ \text{kg} \cdot 2\ \text{m} \cdot 4\pi^2}} = 7{,}34\ \text{s}^{-1} = 440\ \text{min}^{-1}$$

3. Eine Waschmaschine mit einem Waschtrommeldurchmesser von 0,5 m erreicht im Schleudergang eine Drehzahl von 1 000 Umdrehungen pro Minute. Die Zentrifugalbeschleunigung für ein mitrotierendes Wäschestück ergibt sich zu:

$$a_{ZF} = \omega^2 r \approx 2\,760\ \text{m/s}^2$$

(mit $\omega \approx$ 105 rad/s und $r =$ 0,25 m). Das Ergebnis entspricht etwa dem 300-Fachen der Erdbeschleunigung. Auf ein Kleidungsstück an der Trommelwand wirkt somit eine Zentrifugalkraft, die 300-mal so groß ist wie seine Gewichtskraft. ■

### 2.2.5 Arbeit, Leistung und Energie

Der Begriff der Arbeit bedeutet im Alltagsleben die gezielte Schaffung von Werten unter Anwendung körperlicher und/oder geistiger Kräfte. Natürlich ist es unmöglich, aufgrund der Vielfalt von möglichen Werten und ihrer gesellschaftlichen Anerkennung zu einer einheitlichen und auch zeitlich beständigen Maßzahl für die so definierte Arbeit zu gelangen. In der Physik und der Technik dagegen ist der Begriff Arbeit viel enger gefasst und wird weniger mit dem produktiven Vorgang als vielmehr mit dessen Ergebnis verknüpft. Mit ihr wird eine für alle Kräfte gültige Messgröße bereitgestellt, die den mit Kraftwirkungen verbundenen Aufwand oder Nutzen erfasst, unabhängig von der speziellen Art des Vorgangs.

Ein einfaches Beispiel ist das Heben einer Last im Schwerefeld der Erde. Die körperliche Anstrengung, die hierzu erforderlich ist, hängt zum einen davon ab, wie hoch der Körper gehoben wird, und zum anderen, welche Gewichtskraft des Körpers zu überwinden ist bzw. welche Masse der zu hebende Körper hat. Der Einsatz eines technischen Hilfsmittels, wie der eines Flaschenzugs, mit dem die erforderliche Kraft verringert werden kann, ändert nichts an dem tatsächlichen physischen Aufwand, der zu leisten ist, da sich mit der Kraftminderung gleichzeitig die Wegstrecke zum Antrieb des Geräts gegenüber dem direkten Vorgang (ohne Verwendung des Flaschenzugs) verlängert.

Offensichtlich ist das Produkt aus ausgeübter Kraft und zurückgelegter Wegstrecke sowohl für den Aufwand als auch für das Ergebnis, nämlich die Lageveränderung des Gewichtes, entscheidend. In der Physik wird auf diese Weise der Begriff Arbeit definiert und die einfachste Formulierung lautet:

**Merke**

Arbeit ist das Produkt aus Kraft und zurückgelegtem Weg.

Durch die Produktbildung werden sowohl die Wegstrecke als auch die Kraft gleichwertig berücksichtigt. Hingegen wird keine Arbeit beispielsweise bei der rein statischen Wirkung von Kräften verrichtet, d. h. bei Kräftegleichgewichten in ruhenden Systemen.

Allerdings erfordert der obige Ansatz insofern eine Präzisierung, als Kräfte zur Bewegung von Körpern beitragen können, ohne selbst Ursache für die Bewegung zu sein. Beispiel: Jede Führungs- oder Zwangskraft bei einer Bewegung ermöglicht zwar eine bestimmte Bahnkurve, die reine Richtungsänderung bei einer Bewegung erfordert im Sinne der Physik aber keine besondere Anstrengung. Die gleichförmige Kreisbewegung, wie sie z. B. aufgrund einer konstanten Zentripetalkraft zustande kommt, liefert zwar eine Wegstrecke, aber sie erfordert keine Arbeit. Allgemein formuliert bedeutet das:

**Merke**

Durch eine Kraft, die senkrecht zum Vektor der momentanen Bahngeschwindigkeit eines bewegten Körpers angreift, wird keine Arbeit verrichtet.

Damit folgt auch konsequenterweise, dass nur durch die Tangentialkomponente $\vec{F}_t$ einer beliebigen Kraft in Richtung der Bahnkurve Arbeit verrichtet wird. Dabei muss noch unterschieden werden, ob die Richtung von $\vec{F}_t$ mit der von $\vec{v}$ übereinstimmt oder entgegengesetzt ist: bei gleicher Richtung wird die von der Kraft verrichtete Arbeit positiv gewertet, bei entgegengesetzter Richtung erhält die Arbeit ein negatives Vorzeichen. So ist die bei der Beschleunigung eines Massepunktes aufzubringende Arbeit positiv, bei Verzögerung (Abbremsung) dagegen negativ. Damit lautet schließlich die Definition der Arbeit bei konstanter Kraft längs eines geradlinigen Weges:

$$W = \pm F_t\, s \tag{2.76}$$

Die SI-Einheit der Arbeit ist: [W] = [F][s] = Nm (Newton mal Meter) = J (Joule). Gebräuchliche SI-fremde Einheiten sind: $1\ \text{kWh} = 3{,}6 \cdot 10^6\ \text{J}$ (Kilowattstunde) und $1\ \text{eV} = 1{,}602 \cdot 10^{-19}\ \text{J}$ (Elektronvolt). Die Einheit Kilowattstunde liefert für größere Arbeitsbeträge handlichere Zahlenwerte als die Verwendung der Einheit Joule. Sie leitet sich, wie auch die noch größeren Einheiten Mega- und Gigawattstunde, von der Einheit W s (Wattsekunde) = 1 J ab. Das Elektronvolt wird besonders in der Kern- und Elementarteilchenphysik, in der Atom- und Molekülphysik (Kapitel 8) und auch teilweise in der Festkörperphysik (Kapitel 9) verwendet. Die Arbeit ist im Gegensatz zu den Größen Kraft, Geschwindigkeit und Beschleunigung eine skalare Größe und besitzt dementsprechend keinen Richtungssinn und keine Orientierung, sondern ist nur vorzeichenbehaftet.

Mithilfe des Winkels $\varphi$ zwischen dem Vektor der Kraft und dem Geschwindigkeitsvektor (Bild 2.25) lässt sich die Arbeit bei konstantem Betrag der Kraftkomponente in Bewegungsrichtung folgendermaßen angeben:

$$W = F s \cos(\varphi) \tag{2.77}$$

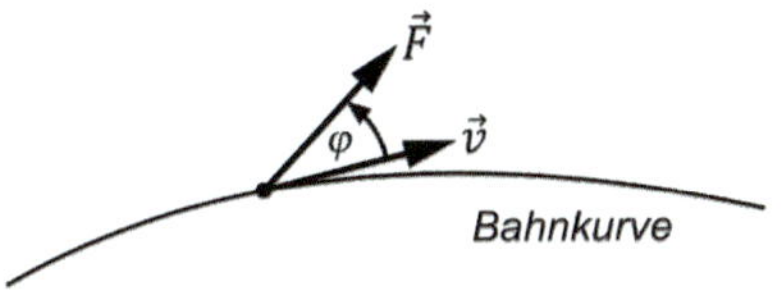


**Bild 2.25**
Zur Definition der Arbeit: Nur durch die Tangentialkomponente der Kraft wird Arbeit verrichtet

Bei dieser Darstellung wird das Vorzeichen der Arbeit durch die Winkelfunktion bestimmt. Die Gl. (2.77) ist auch dann korrekt, wenn die Bewegung krummlinig erfolgt, solange der Betrag von $F_t$ und $\cos(\varphi)$ entlang der Bahn konstant bleiben. So gilt beispielsweise für eine gleichmäßig beschleunigte Kreisbewegung während eines Umlaufs: $W = F_t 2\pi r = ma_t 2\pi r = m\alpha 2\pi r^2$, wobei $\alpha$ die Winkelbeschleunigung ist. Die für die Radialbeschleunigung $a_r$ erforderliche Komponente der Kraft trägt nichts zur Arbeit bei.

In vielen Fällen ist jedoch die Tangentialkomponente $F_t$ entlang der Bahnkurve nicht konstant, weil sich der Betrag und/oder die Richtung der Kraft $\vec{F}$ ändern. Sofern $F_t$ abschnittsweise konstant ist, setzt sich die Arbeit längs einer Wegstrecke $s$ aus einzelnen Beiträgen zusammen, die zu summieren sind:

$$W = \sum_{i=1}^{n} F_i \cos(\varphi_i)\, \Delta s_i \tag{2.78}$$

Ist auch die Voraussetzung der abschnittsweisen konstanten Tangentialkomponente der Kraft nicht mehr gegeben, so muss die Summation durch ein Weg- bzw. Linienintegral ersetzt werden.

Für die Arbeit bei ortsabhängiger Kraft gilt dann:

$$W = \int_1^2 F \cos(\varphi)\, \mathrm{d}s \tag{2.79a}$$

Die vektorielle Form des Arbeitsintegrals lautet:

$$W = \int_1^2 \vec{F} \cdot \mathrm{d}\vec{r} \tag{2.79b}$$

Die Integrationsgrenzen 1 und 2 bezeichnen Anfangs- und Endpunkt der Bewegung.

Das Verfahren ist ähnlich dem bei der Bestimmung der Wegstrecke, die bei einer ungleichförmig beschleunigten Bewegung zurückgelegt wird. Geometrisch entspricht $s$ der Fläche unter der $v$-$t$-Kurve. Die Ermittlung der Arbeit W lässt sich ebenfalls als Flächenbestimmung veranschaulichen. Hierzu wird $F_t = F\cos(\varphi)$ in Abhängigkeit von $s$ aufgetragen. Die zwischen dem Graphen und der Abszisse liegende Fläche entspricht bei Bewegungen mit abschnittsweise konstanter Kraftkomponente $F_t$ der Summe der Einzelarbeiten (Bild 2.26a), bei kontinuierlichem Verlauf dem Integral (Bild 2.26b).

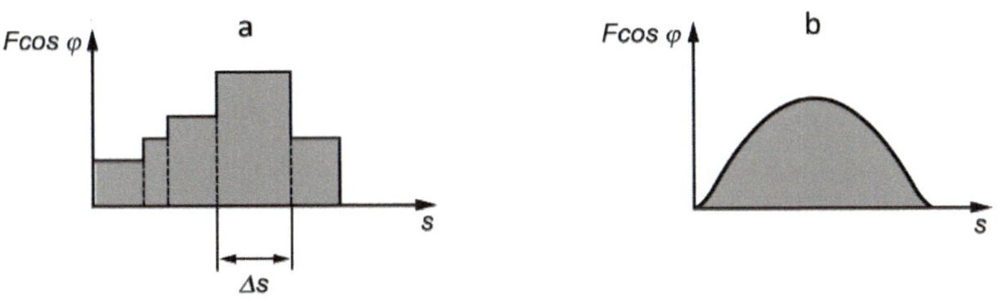


**Bild 2.26** a) Die Arbeit bei unstetiger Wegabhängigkeit der Kraft ergibt sich aus der Summe der Teilbereiche, b) die Arbeit bei stetiger Wegabhängigkeit der Kraft ergibt sich als das Integral über dem Weg

Sowohl bei unstetigem als auch stetigem Kurvenverlauf kann die Arbeit positiv, null oder negativ sein. Der Fall Null tritt beispielsweise dann ein, wenn ein Körper zuerst beschleunigt und dann auf die Anfangsgeschwindigkeit wieder abgebremst wird. Die hierzu erforderliche Tangentialkraft wechselt beim Übergang von der Beschleunigungs- in die Verzögerungsphase ihre Richtung, sodass sich die beiden Beiträge gegenseitig aufheben.

Bei der Bewegung eines Körpers sind häufig verschiedene Kräfte mit unterschiedlichen Ursachen beteiligt. So ist beispielsweise für die Bewegung eines Fahrzeugs die Überwindung von Reibungs- oder Fahrwiderstandskräften erforderlich. Hinzu kommt bei Fahrtstrecken mit Höhenunterschieden die Einwirkung der Schwerkraft, und jede Änderung des Bewegungszustandes erfordert Beschleunigungs- oder Verzögerungskräfte. Dabei lässt sich grundsätzlich für jede Teilkraft auch die damit verbundene Arbeit ermitteln. Bei den Kräften, die keine Änderung des Bewegungszustandes hervorrufen, muss aber noch zwischen der auslösenden Aktionskraft und der zu überwindenden Gegenkraft unterschieden werden. Beispielsweise wirken bei der gleichförmigen Bewegung eines Körpers im Schwerefeld vom Erdboden senkrecht nach oben zwei Kräfte auf den Körper ein: die Schwerkraft sowie die vom Verursacher ausgeübte Aktionskraft, die der Schwerkraft entgegen gerichtet ist. Dementsprechend haben die Arbeiten der Aktionskraft sowie der Schwerkraft unterschiedliche Vorzeichen: die von der Aktionskraft verrichtete Arbeit ist positiv während die von der Schwerkraft verrichtete Arbeit negativ ist.

Die im folgenden Abschnitt näher erläuterten Beispiele lassen sich zwei Gruppen zuordnen. Unter der *Beschleunigungsarbeit* versteht man die Arbeit, die mit der Beschleunigung oder Verzögerung von Körpern verbunden ist. *Verschiebungsarbeit* dagegen nennt man die Arbeit, die bei allen übrigen Vorgängen, bei denen es ebenfalls zu einer Lageveränderung des betrachteten Körpers kommt, erbracht wird. Reine Verschiebungsarbeit liegt immer dann vor, wenn die Bewegung des Körpers gleichförmig erfolgt.

### Beschleunigungsarbeit

Das Ergebnis einer beschleunigten oder verzögerten Bewegung ist die Änderung der Geschwindigkeit des betroffenen Körpers. Dies ermöglicht, die Beschleunigungsarbeit durch eben diese Geschwindigkeitsänderung auszudrücken. Da nur die Tangentialkomponente der Kraft maßgeblich für die Beschleunigungsarbeit ist, bedeutet dies, dass nur die Betragsänderung der Geschwindigkeit hierfür relevant ist.

Ein einfacher Fall ist die beschleunigte Bewegung eines Körpers mit konstanter Tangentialbeschleunigung $a_t$ und der Anfangsgeschwindigkeit null. Für die in der Zeit $t$ zurückgelegte Wegstrecke gilt: $s = \frac{1}{2} v t = \frac{1}{2} \frac{v^2}{a_t}$ mit der Endgeschwindigkeit $v$. Daraus folgt für die Beschleunigungsarbeit bei Anfangsgeschwindigkeit null:

$$W_B = m a_t s = \frac{1}{2} m v^2 \qquad (2.80)$$

Das Ergebnis ist auch dann gültig, wenn die Beschleunigung ungleichmäßig erfolgt. Dies bedeutet, dass die Arbeit nur vom Quadrat der Geschwindigkeit jedoch nicht vom tatsächlichen Zeitverlauf der Bewegung abhängt. Hatte der Körper zu Beginn bereits eine von null verschiedene Anfangsgeschwindigkeit, so ist die resultierende Arbeit die Differenz aus zwei Beschleunigungsarbeiten:

$$W_B = \frac{1}{2} m \left(v_2^2 - v_1^2\right) \tag{2.81}$$

Gl. (2.81) liefert auch das korrekte Ergebnis bei einer verzögerten Bewegung: In diesem Fall ist die Anfangsgeschwindigkeit $v_1$ größer als die Endgeschwindigkeit $v_2$, d. h., die Beschleunigungsarbeit wird negativ.

**Beispiel**

Welche Beschleunigungsarbeit muss der Antrieb eines Pkw der Masse 1 200 kg verrichten, wenn während einer Fahrt 10-mal an einer Ampel gehalten und zwischen den Stopps jeweils auf 50 km/h beschleunigt wurde?

Für die Arbeit für den gesamten Beschleunigungsvorgang gilt:

$$W_B = 10 \cdot \frac{1\,200\ \text{kg} \cdot 50^2\ \text{m}^2}{2 \cdot 3{,}6^2\ \text{s}^2} = 1{,}16\ \text{MJ} = 1{,}16\ \text{MWs} = 0{,}322\ \text{kWh}$$

### Verschiebungsarbeit

Am einfachsten sind die Verhältnisse, wenn die betrachteten Kräfte längs des Wegs konstant, d. h. weder von der momentanen Lage des bewegten Körpers noch von seiner Geschwindigkeit abhängig sind. Ein Beispiel hierfür ist die Bewegung eines Körpers im homogenen Schwerefeld der Erde. Um eine Masse $m$ entgegengesetzt zur Richtung der Schwerkraft anzuheben, ist die Hubarbeit $W_H$ erforderlich:

$$W_H = mgh \tag{2.82}$$

Dabei bezeichnet $h$ den Höhenunterschied zwischen Ausgangs- und Endlage. Das Ergebnis gilt auch dann, wenn die Bewegung nicht parallel zur Schwerkraft, sondern beliebig erfolgt, sofern nur die beiden Lagen sich durch die Höhendifferenz $h$ unterscheiden.

**Merke**

Die entgegen der Schwerkraft verrichtete Arbeit ist unabhängig vom Weg auf dem der Körper bewegt wird und hängt nur vom Höhenunterschied ab.

Ein weiteres Beispiel einer Verschiebung, bei der die wirkende Kraft von der momentanen Lage des bewegten Körpers abhängt, ist die Bewegung im Gravitationsfeld eines Planeten, z. B. der Erde. Solange die Lageveränderungen klein gegenüber dem Abstand der miteinander wechselwirkenden Massen sind, lässt sich die Näherung des homogenen Schwerefelds anwenden, wie beispielsweise auf der Erdoberfläche. Sind jedoch die Lageveränderungen nicht klein gegenüber dem Abstand und der betrachtete Körper legt große Entfernungen, wie etwa in der Raumfahrt, zurück, gilt die Näherung des homogenen Schwerefelds nicht mehr. Dann ist das Gravitationsgesetz (Gl. (2.55)) zu berücksichtigen, wonach der Betrag der Gravitationskraft zwischen zwei Massen umgekehrt proportional zum Abstandsquadrat ist. Daher muss die Verschiebungsarbeit wieder per Integration bestimmt werden. Beispielhaft sei ein Körper der Masse $m$, der sich in radialer Richtung von einem Planeten mit der Masse $m_P$

entfernen soll. Für die Verschiebungsarbeit im Gravitationsfeld zwischen zwei Abständen $r_A$ und $r_B$ mit $r_B > r_A$ gilt dann:

$$W = G m m_P \int_A^B \frac{1}{r^2} \mathrm{d}r = -G m m_P \left( \frac{1}{r_B} - \frac{1}{r_A} \right) \tag{2.83}$$

Die so berechnete Arbeit gilt auch für Bewegungen, die nicht radial, sondern beliebig erfolgen, da analog zur Schwerkraft bei der Bewegung senkrecht zur wirkenden Gravitationskraft keine Arbeit verrichtet wird. Die Arbeit hängt damit insbesondere nur vom Anfangs- und vom Endabstand ab.

## Reibungsarbeit

Eine zunächst ähnliche Situation scheint vorzuliegen, wenn man die Auswirkungen der Widerstandskräfte bei der Festkörperreibung betrachtet. Die für deren Überwindung erforderliche Reibungsarbeit $W_R$ ergibt sich bei konstanter Reibungskraft aus:

$$W_R = F_R\, s \tag{2.84}$$

Ein wesentlicher Unterschied zur Hubarbeit besteht jedoch darin, dass bei der Reibungsarbeit der tatsächlich zurückgelegte Weg entscheidend ist, sofern die Reibung längs der gesamten Bahnkurve wirksam ist. Besonders deutlich wird dies bei einer Richtungsumkehr des bewegten Körpers. Im Gegensatz zur Hubarbeit, bei der eine Bewegung in Richtung der Schwerkraft mit einer negativen Arbeit (vom Standpunkt des Beobachters aus) entspricht, ist die Reibungsarbeit stets positiv, sodass die Addition der Reibungsarbeitsbeiträge aus Hin- und Rückweg den doppelten Wert für die gesamte Reibungsarbeit ergibt. Ist die Reibung nicht ausschließlich Festkörperreibung, sondern sind flüssige oder gasförmige Medien beteiligt, so hängt die Widerstandskraft im Allgemeinen von der Momentangeschwindigkeit des bewegten Körpers ab. Dementsprechend gilt Gl. (2.84) nur bei gleichförmiger Bewegung, nicht aber während einer Beschleunigungs- oder Verzögerungsphase, da sich dann $F_R$ längs des Wegs verändert. Als Beispiel sei die Berechnung der Reibungsarbeit bei der gleichmäßig beschleunigten Bewegung eines Körpers mit Luftwiderstand betrachtet. Für die dabei auftretende *Strömungswiderstandskraft* $F_W$ gilt:

$$F_W = c_W\, A \frac{1}{2} \varrho v^2 \tag{2.85}$$

Dabei bezeichnet $c_W$ den dimensionslosen Strömungswiderstandskoeffizient (auch als Widerstandsbeiwert, Widerstandskoeffizient, Stirnwiderstand oder als $c_W$-Wert bezeichnet), $A$ ist die Bezugsfläche (üblicherweise ist dies die Stirnfläche des Körpers) und $\varrho$ die Massendichte der Luft. Der Faktor $\frac{1}{2} \varrho v^2$ wird als Staudruck bezeichnet (Abschnitt 3.2). Für praktische Anwendungen wird der Wert von $c_W$ als konstant angesetzt, sodass die Strömungswiderstandskraft quadratisch mit der Geschwindigkeit zunimmt. Bei gleichmäßiger Beschleunigung $a$ gilt für die Geschwindigkeit $v^2 = 2 s a$ und damit $F_W = c_W A\, \varrho s a$, d. h. die Strömungswiderstandskraft und damit der Luftwiderstand sind direkt proportional zum zurückgelegten Weg $s$. Durch Integration ergibt sich daraus die Reibungsarbeit bei gleichmäßig beschleunigter Bewegung mit Luftwiderstand:

$$W_W = \int F_W\, d s = \frac{1}{2} c_W\, A \varrho s^2 a = \frac{1}{2} F_W\, s \tag{2.86}$$

### Verformungsarbeit

Eine direkte Proportionalität zwischen der Kraft und dem zurückgelegten Weg liegt auch bei einem völlig anders gearteten Fall vor, nämlich der elastischen und damit reversiblen Verformung einer Feder. Für den Betrag der Spannkraft einer Feder gilt im linear-elastischen Bereich: $F_F = k\,s$ mit der Federkonstanten $k$ und der Auslenkung $s$. Die Arbeit, die erforderlich ist, um die Feder um die Länge $s$ auszulenken, d. h. zu dehnen oder zu stauchen, ergibt sich durch Integration als linear-elastische Verformungsarbeit bei einer Feder:

$$W_F = \frac{1}{2}k\,s^2 = \frac{1}{2}F_F\,s \tag{2.87}$$

**Beispiele**

1. Ein Körper mit der Masse 1 kg soll von der Erdoberfläche aus so weit verschoben werden, bis die Gravitationswechselwirkung mit der Erde vernachlässigt werden kann. Wie groß ist die erforderliche Verschiebungsarbeit?

   Für $r_1$ ist der Erdradius $R_E = 6\,370$ km und für $r_2$ ist der Wert unendlich einzusetzen. Mit der Gravitationskonstanten $G$ und der Erdmasse $M_E = 5{,}97 \cdot 10^{24}$ kg folgt daraus:

   $$W = mGM_E\frac{1}{r_E} = m\,g\,R_E = \frac{1\,\text{kg}\cdot 9{,}81\,\text{m}\cdot 6\,378\,\text{km}}{\text{s}^2} = 62{,}6\,\text{MJ}$$

2. Ein Fahrzeug mit der Masse 1 000 kg beschleunigt mit 1,5 m/s² aus dem Stand und erreicht eine Endgeschwindigkeit von 100 km/h. Die Strömungswiderstandskraft $F_W$ bei der Endgeschwindigkeit beträgt 600 N. Wie groß ist die zu erbringende Widerstandsarbeit?

   Um die angegebene Endgeschwindigkeit zu erreichen, legt das Fahrzeug eine Strecke von

   $$s = \frac{1}{2}\frac{v^2}{a} = \frac{100^2\,\text{m}^2\cdot\text{s}^2}{2\cdot 3{,}6^2\,\text{s}^2\cdot 1{,}5\,\text{m}} = 257\,\text{m}$$

   zurück. Die Reibungsarbeit ist dann:

   $$W_R = \frac{1}{2}F_W\,s = \frac{1}{2}\cdot 600\,\text{N}\cdot 257\,\text{m} = 77{,}1\,\text{kJ}$$

### Leistung

Noch häufiger als der Begriff der Arbeit wird der Begriff der Leistung zur Bewertung von technischen oder ökonomischen Vorgängen benutzt. Die ebenfalls skalare und vorzeichenlose Größe Leistung verknüpft die Größe Arbeit mit dem Zeitaufwand, der für die Verrichtung der Arbeit erforderlich ist, und stellt somit ein Maß für die Effektivität eines Vorgangs dar. In der Technik dient die Größe Leistung insbesondere dazu, das Arbeitsvermögen einer Maschine zu charakterisieren. Die *mittlere Leistung* $P_m$ ist folgendermaßen definiert:

$$P_m = \frac{W}{t} \tag{2.88}$$

Die SI-Einheit der Leistung ist: $[P]=[W]/[t]=\mathrm{J/s}=\mathrm{W}$ (Watt). Durch Umstellen der Einheitengleichung ergibt sich folgende Beziehung: 1 J = 1 Nm = 1 W s (Wattsekunde). Eine ältere, heute ungesetzliche, aber dennoch gebräuchliche Einheit ist: 1 PS (Pferdestärke) = 735,5 W bzw. 1 kW ≈ 1,36 PS.

Bei allen Vorgängen, bei denen die Arbeit linear von der Zeitdauer $t$ abhängig ist, entspricht die mittlere Leistung zugleich auch einer momentanen Größe. Dies trifft dann zu, wenn beispielsweise die wirkende Kraft konstant und die Bewegung gleichförmig ist. In diesem Fall gilt für die Verschiebungsarbeit: $W = F s \cos(\varphi) = F v t \cos(\varphi)$ und damit für die mittlere Leistung: $P_\mathrm{m} = F v \cos(\varphi)$. Ist hingegen die Arbeit keine lineare Funktion der Zeit $t$, so ist die *momentane Leistung* mittels des Grenzwertes der mittleren Leistung für kleine Zeitintervalle $\Delta t$ zu berechnen:

$$P = \lim_{\Delta t \to 0}\left(\frac{\Delta W}{\Delta t}\right) = \frac{\mathrm{d}W}{\mathrm{d}t} \tag{2.89}$$

Das Produkt aus den Beträgen der Vektoren $\vec{F}$ und $\vec{v}$ sowie $\cos\varphi$ lässt sich auch mit dem Skalarprodukt angeben:

$$P = F v \cos(\varphi) = \vec{F}\cdot\vec{v} \tag{2.90}$$

Die momentane Leistung einer Kraft $\vec{F}$ ist proportional der Tangentialkomponente von $\vec{F}$ und dem Betrag der Geschwindigkeit $\vec{v}$ des Massepunktes oder Körpers, auf den die Kraft $\vec{F}$ wirkt. Daraus folgt, dass bei einem Beschleunigungsvorgang die Momentanleistung mit der Zeit zunehmen muss. Beispielhaft sei die gleichmäßige Beschleunigung aus der Ruhelage heraus betrachtet. In diesem Fall nimmt die Geschwindigkeit linear mit der Zeit $t$ zu und es gilt für die Leistung: $P = m a^2 t$, d. h. die Leistung $P$ ist proportional zur Zeit $t$. Dementsprechend erreicht die Leistung am Ende des Beschleunigungsvorgangs ihren Maximalwert $P_\mathrm{max}$. Für die mittlere Leistung $P_\mathrm{m}$ bei der gleichmäßig beschleunigten Bewegung gilt dann:

$$P_\mathrm{m} = \frac{1}{2} P_\mathrm{max} = \frac{1}{2} F v_\mathrm{max} \tag{2.91}$$

**Beispiele**

1. Eine Pumpe fördert 10 Liter Wasser pro Sekunde über eine Steigleitung mit einem Höhenunterschied von 10 m. Das Wasser hat eine Dichte von ca. 1 000 kg/m³ Welche Förderleistung muss die Pumpe erbringen?

   Die von der Pumpe in einer Sekunde geleistete Hubarbeit ist:

   $$W_\mathrm{H} = m g h = \varrho V g h = \frac{1\,000\ \mathrm{kg}\cdot 0{,}010\ \mathrm{m}^3\cdot 9{,}81\ \mathrm{m}\cdot 10\ \mathrm{m}}{\mathrm{m}^3\cdot \mathrm{s}^2} = 981\ \mathrm{J}$$

   Die mittlere Leistung ist dann

   $$P_\mathrm{m} = \frac{W_\mathrm{H}}{t} = \frac{981\ \mathrm{J}}{1\ \mathrm{s}} = 981\ \mathrm{W}$$

   Nicht berücksichtigt wurde bei diesem Ansatz die Leistung, die für die Beschleunigung des Wassers erforderlich ist.

2. Ein Pkw mit der Masse 1200 kg soll aus dem Stand gleichmäßig in 10 s auf eine Endgeschwindigkeit von 90 km/h beschleunigt werden. Welche maximale und welche mittlere Leistung muss der Antrieb des Pkws erbringen?

Für die Beschleunigung gilt:

$$a = \frac{v_{max}}{t} = \frac{90\,\text{m}}{10\,\text{s} \cdot 3{,}6\,\text{s}} = 2{,}5\ \text{m/s}^2,$$

für die Antriebskraft gilt:

$$F = ma = 1\,200\,\text{kg} \cdot 2{,}5\,\frac{\text{m}}{\text{s}^2} = 3\,\text{kN},$$

für die maximale Leistung gilt:

$$P_{max} = F v_{max} = \frac{3\,\text{kN} \cdot 90\,\text{m}}{3{,}6\,\text{s}} = 75\,\text{kW}, \text{ und}$$

für die mittlere Leistung gilt:

$$P_m = P_{max}/2 = 37{,}5\,\text{kW}.$$

Diese berechnete Leistung gilt jedoch nur für den Beschleunigungsvorgang.

## Energie

Die durch die verrichtete Arbeit bewirkten Veränderungen beispielsweise am Bewegungszustand eines Massepunktes oder eines Körpers werden mit der Zustandsgröße Energie quantitativ erfasst. Wie die zuvor diskutierten Größen Arbeit und Leistung ist auch die Energie eine skalare Größe, die wie die Größe Arbeit vorzeichenbehaftet sein kann. Da der Begriff der Arbeit zuvor im Rahmen der Mechanik diskutiert wurde, soll dementsprechend auch der Begriff der Energie im vorliegenden Abschnitt aus Sicht der Mechanik betrachtet werden. Zwischen der Arbeit als Prozessgröße, mit der die Änderung zwischen zwei Zuständen (1 und 2) erfasst wird, und der Energie besteht folgender Zusammenhang:

$$\Delta E = E_2 - E_1 = W(1 \to 2) \tag{2.92}$$

Je nach Vorzeichen der geleisteten Arbeit ist die Energieänderung $\Delta E$ positiv oder negativ, was entweder einer Zunahme oder einer Abnahme der Energie entspricht.

Im Rahmen der Mechanik wird zwischen zwei grundsätzlich verschiedene Formen der Energie unterschieden: die *potentielle Energie* oder Lageenergie und die *kinetische Energie* oder *Bewegungsenergie*. Während mit der potentiellen Energie alle die Zustandsänderungen erfasst werden, die mit einer reinen Lageveränderung des betrachteten Massepunktes oder Körpers verbunden sind, beschreibt die kinetische Energie den Bewegungszustand. Somit entspricht die Änderung der kinetischen Energie der Beschleunigungsarbeit, die verrichtet wurde. Hingegen entspricht beispielsweise die Verformungsarbeit an einer Feder oder die Hubarbeit bei der Bewegung im Schwerefeld der Erde der Änderung der potentiellen Energie.

Die kinetische Energie $E_{kin}$ eines Massepunktes bzw. Körpers ist stets positiv (größer oder gleich null) und ist gleich dem Betrag der Beschleunigungsarbeit:

$$E_{kin} = \frac{1}{2} m v^2 \tag{2.93}$$

Der Wert der potentiellen Energie eines Massepunktes oder eines Körpers hängt von der speziellen Wechselwirkung und von der Wahl des Ausgangszustands ab, mit dem die Veränderungen verglichen werden sollen. Er hat daher keine absolute Bedeutung. Bei der potentiellen Energie einer Masse $m$ im Schwerefeld der Erde wird im allgemeinen die Erdoberfläche (z. B. auf Meereshöhe) als Bezugsebene gewählt. Die potentielle Energie $E_{pot}$ ergibt sich in diesem Fall aus der verrichteten Hubarbeit $W_H$, um die Masse $m$ auf die Höhe $h$ zu heben:

$$E_{pot} = m g h \tag{2.94}$$

Dazu analog ergibt sich die potentielle Energie einer gespannten Feder durch die geleistete Verformungsarbeit für die erzielte Auslenkung $s$:

$$E_{pot} = \frac{1}{2} k s^2 \tag{2.95}$$

Die Berechnung der potentiellen Energie bezüglich der Gravitation ergibt sich aus der Verschiebungsarbeit, die durch die Gravitationskraft verrichtet wurde und es gilt:

$$\Delta E_{pot} = E_{pot,2} - E_{pot,1} = -m M G \left( \frac{1}{r_2} - \frac{1}{r_1} \right) \tag{2.96}$$

Als Bezugspunkt für die potentielle Energie $E_{pot}$ wird der Fall mit unendlich großem Abstand zwischen den beiden Massen gewählt: $E_{pot,1} = 0$ für $r_1 \to \infty$. Mit $r_2 = r$ folgt damit:

$$E_{pot} = -m M G \frac{1}{r} \tag{2.97}$$

**Beispiele**

1. Mit welcher Geschwindigkeit muss ein Körper von der Erdoberfläche starten, damit er den Anziehungsbereich der Erde verlassen kann?

   In einem vorangegangenen Beispiel wurde die Arbeit berechnet, die zum Verschieben einer Masse von 1 kg ins Unendliche benötigt wird. Setzt man diese Arbeit gleich der äquivalenten Beschleunigungsarbeit, so erhält man daraus die Geschwindigkeit

   $$v = \sqrt{\frac{2W}{m}} = \sqrt{\frac{2 \cdot 62{,}6\,\text{MJ}}{1\,\text{kg}}} = 11{,}2\,\text{km/s}$$

   Diese Geschwindigkeit ist die *Fluchtgeschwindigkeit* bzw. die *zweite kosmische Geschwindigkeit* (Abschnitt 2.2.3).

2. Wie groß ist das Verhältnis aus kinetischer zu potentieller Energie bei einem Satelliten, der sich auf einer kreisförmigen Umlaufbahn um einen Planeten befindet?

   Die Bewegungsgleichung des Satelliten mit der Masse $m$ lautet:

   $$m a = m \frac{v^2}{r} = G \frac{m M}{r^2}$$

Nach Multiplikation mit dem Faktor $r/2$ erhält man

$$\frac{1}{2}mv^2 = E_{\text{kin}} = \frac{1}{2}G\frac{mM}{r} = -\frac{1}{2}E_{\text{pot}}$$

Die kinetische Energie ist also gerade die Hälfte des Betrags der potentiellen Energie (*Virialsatz*, aufgestellt im Jahre 1870 von R. J. E. Clausius, 1822–1888).

## 2.2.6 Erhaltungssätze der Mechanik

Bleibt eine skalare oder eine vektorielle physikalische Größe während der zeitlichen Entwicklung eines Systems konstant bzw. erhalten, wird dies in einem Erhaltungssatz ausgedrückt. Die wichtigsten Erhaltungssätze der Mechanik beziehen sich auf die Impuls-, die Drehimpuls- und auf die Energieerhaltung.

### Impulserhaltung

Im Abschnitt 2.2.1 wurde bei der Diskussion der Newton'schen Gesetze bereits gezeigt, dass die zeitliche Änderung (erste Ableitung) des Impulses gleich der wirkenden Kraft ist (Gl. (2.48)). Dementsprechend ändert sich der Impuls nicht, d. h. der Betrag und die Richtung des Impulses sind konstant, wenn keine Kraft wirkt. Dieses Konzept lässt sich auf beliebige Systeme, die aus zwei oder mehreren Massepunkten oder Körpern zusammengesetzt sind, erweitern. Zunächst sei der Fall von zwei wechselwirkenden Massepunkten, die im Folgenden mit den Ziffern 1 und 2 bezeichnet sind, betrachtet. Gemäß dem Reaktionsprinzip (Drittes Newton'sches Gesetz) gilt für die zwischen den beiden Massepunkten wirkenden Kräfte: $\vec{F}_1 = \vec{F}(2 \to 1) = -\vec{F}_2 = \vec{F}(1 \to 2)$. Die Kraft, die Massepunkt 2 auf 1 ausübt, ist dem Betrag nach gleich groß, in der Richtung aber entgegengesetzt der Kraft, die Massepunkt 1 auf 2 ausübt. Sofern keine weiteren Kräfte wirken, sind die Beschleunigungen $\vec{a}_1$ und $\vec{a}_2$ der beiden Massepunkte entgegengesetzt gerichtet. Durch Einsetzen des Differentialquotienten $\vec{a} = \mathrm{d}\vec{v}/\mathrm{d}t$ ergibt sich: $\vec{F}_1 = m_1\vec{a}_1 = m_1\,\mathrm{d}\vec{v}_1/\mathrm{d}t = -\vec{F}_2 = -m_2\vec{a}_2 = -m_2\,\mathrm{d}\vec{v}_2/\mathrm{d}t$. Da im Rahmen der klassischen Mechanik die Massen konstant sind folgt daraus: $\mathrm{d}m_1\,\vec{v}_1/\mathrm{d}t = \mathrm{d}\vec{p}_1/\mathrm{d}t = -\mathrm{d}m_2\,\vec{v}_2/\mathrm{d}t = -\mathrm{d}\vec{p}_2/\mathrm{d}t$. Dies bedeutet für die Impulse der beiden Massepunkte: $\vec{p}_1 = -\vec{p}_2$ bzw. $\vec{p}_1 + \vec{p}_2 = \vec{0}$. Gemäß dem Reaktionsprinzip sind die Impulse der beiden Massepunkte dem Betrag nach gleich groß aber entgegengesetzt gerichtet, sodass sich die beiden Impulse vektoriell zu einem verschwindenden Gesamtimpuls addieren, sofern keine weitere (externe) Kraft auf die beiden Massepunkte wirkt.

Der Gesamtimpuls lässt sich auch allgemein für eine größere Anzahl von Massepunkten oder Körpern definieren:

$$\vec{P} = \sum_{i=1}^{n} \vec{p}_i \tag{2.98}$$

Gemäß dem vorangegangenen Beispiel ist der Gesamtimpuls konstant, wenn keine externe Kraft wirkt bzw. sich die externen Kräfte vollständig kompensieren:

$$\vec{P} = \text{konstant} \quad \Leftrightarrow \quad \frac{\mathrm{d}\vec{P}}{\mathrm{d}t} = \vec{F}_{\text{ex}} = 0 \tag{2.99}$$

**Merke**

**Impulserhaltungssatz:** Der Gesamtimpuls eines Systems ist erhalten, sofern keine externen Kräfte wirken, oder sich die externen auf das System wirkenden Kräfte vollständig kompensieren.

Die Impulserhaltung lautet:

$$\vec{P} = \text{konstant} = \left\{ \begin{pmatrix} P_x \\ P_y \\ P_z \end{pmatrix} \right\} \Leftrightarrow \begin{cases} \dfrac{\mathrm{d}P_x}{\mathrm{d}t} = F_{\mathrm{ex},x} = 0 \\ \dfrac{\mathrm{d}P_y}{\mathrm{d}t} = F_{\mathrm{ex},y} = 0 \\ \dfrac{\mathrm{d}P_z}{\mathrm{d}t} = F_{\mathrm{ex},z} = 0 \end{cases} \tag{2.100}$$

Dieser Erhaltungssatz des Gesamtimpulses ist fundamental und gilt unabhängig von der Art der Wechselwirkung sowie den Anfangsbedingungen und darüber hinaus in jeder Phase einer Wechselwirkung, d. h. nicht nur am Anfang oder Ende eines Vorgangs. Der Impulserhaltungssatz ist die am besten überprüfte Erfahrungstatsache in der Physik, was nicht weiter verwundert, da als Messgrößen nur Massen und Geschwindigkeiten benötigt werden. Die mathematische Umkehrung der Impulserhaltung (Gl. (2.99)) ermöglicht die Berechnung einer unter einer Krafteinwirkung erfolgten Impulsänderung, wenn der zeitliche Verlauf der Kraft gegeben ist. Dies ist vor allem dann von Bedeutung, wenn die Krafteinwirkung zeitlich begrenzt ist wie bei stoß- oder ruckartigen Vorgängen. Als Beispiel sei eine Kraft betrachtet, die während ihrer Wirkungsdauer konstant ist, d. h. es liegt eine gleichmäßig beschleunigte Bewegung vor. In diesem Fall ist die Impulsänderung $\Delta\vec{p}$ gleich dem Produkt $\vec{F}\Delta t$. Bei einer zeitabhängigen Kraft ist dieses Produkt durch eine Integration zu ersetzen:

$$\Delta\vec{p} = \vec{p}_2 - \vec{p}_1 = \int_{t_1}^{t_2} \vec{F}\,\mathrm{d}t \tag{2.101}$$

Die durch eine kurzzeitige Krafteinwirkung verursachte Impulsänderung wird als Kraftstoß bezeichnet.

Ein klassisches Beispiel für die Anwendung des Impulserhaltungssatzes ist die Beschleunigung eines Flugkörpers durch einen Strahlantrieb, bei dem die beschleunigende Kraft durch einen gerichteten Masseausstoß zustande kommt. In den meisten Fällen wird dies durch die Verbrennung eines gasförmigen, flüssigen oder festen Treibstoffs realisiert. Die heißen Verbrennungsabgase verlassen den zuvor meist ruhenden Flugkörper mit hoher Geschwindigkeit. Aufgrund der Impulserhaltung, die für das Gesamtsystem Flugkörper und ausströmende Verbrennungsabgase gilt, erfährt der Flugkörper eine Impulsänderung, deren Betrag genau dem Gesamtimpuls der ausgestoßenen Gasteilchen der heißen Verbrennungsabgase entspricht: Sei $\Delta m$ der während eines Zeitintervalls $\Delta t$ entstandene Masseverlust des Flugkörpers durch die austretenden Verbrennungsabgase. Unter der Annahme, dass die Austrittsgeschwindigkeit $u$ der Gasteilchen während des Vorgangs nahezu konstant ist, ergibt sich für den Betrag der Impulsänderung: $|\Delta\vec{p}| = \Delta p = |\Delta m \cdot u| = -\Delta m \cdot u$. Das negative Vorzeichen ist erforderlich, da $\Delta m < 0$. Die Geschwindigkeit $u$ ist dabei die von einem nicht beschleunigten Bezugssystem (Inertialsystem), d. h. nicht vom Flugkörper aus gemessene Geschwindigkeit. Sie ist somit gleich der Differenz aus der Austrittsgeschwindigkeit $u_0$ der Gasteilchen relativ zum Flugkörper und der momentanen Geschwindigkeit $v$ des Flugkörpers: $u = u_0 - v$. Aufgrund des Impulserhaltungssatzes gilt:

$$\begin{aligned} \Delta p &= (m + \Delta m)(v + \Delta v) - m v = m\,\Delta v + \Delta m\, v + \Delta m\,\Delta v \\ \Delta p &\approx -\Delta m\, u = m\,\Delta v + \Delta m\, v \end{aligned} \tag{2.102}$$

Die Näherung folgt aus der Tatsache, dass der Summand $\Delta m\,\Delta v$ sehr viel kleiner als die beiden anderen Summanden ist. Die Geschwindigkeitsänderung $\Delta v$ des Flugkörpers ist dann $\Delta v = -\Delta m\, u_0/m$ und für die Beschleunigung während des Zeitraums $\Delta t$ gilt:

$$a = \frac{\Delta v}{\Delta t} = -\frac{1}{m}\frac{\Delta m}{\Delta t} u_0 \tag{2.103}$$

Das Produkt aus $m$ und $a$ entspricht der Kraft, die der Flugkörper erfährt, und wird als Schubkraft bezeichnet. Die Schubkraft ist demnach proportional zur Austrittsgeschwindigkeit $u_0$ der Gasteilchen relativ zum Flugkörper und zur Änderung der Masse $\Delta m/\Delta t$, was als Massenstrom bezeichnet wird. Bei konstantem Massenstrom und konstanter Austrittsgeschwindigkeit relativ zum Flugkörper ist die Schubkraft ebenfalls konstant. Dies gilt aber nicht für die Beschleunigung des Flugkörpers, da die Masse $m$ des Flugkörpers durch die ausströmenden Verbrennungsabgase linear mit der Zeit abnimmt ($\Delta m < 0$):

$$m = m_0 - \left|\frac{\Delta m}{\Delta t}\right| t = m_0 + \frac{\Delta m}{\Delta t} t \tag{2.104}$$

Dabei ist $m_0$ die Gesamtmasse des Flugkörpers vor dem Start (Startmasse), also vor Beginn der Verbrennung. Damit ergibt sich für die Beschleunigung des Flugkörpers (ohne Berücksichtigung der Schwerkraft) folgende Beziehung:

$$a = -\frac{\Delta m}{(m_0\,\Delta t + \Delta m\, t)} u_0 = \frac{\lambda u_0}{(1 - \lambda t)} \quad \text{mit} \quad \lambda = \left|\frac{1}{m_0}\frac{\Delta m}{\Delta t}\right| \tag{2.105}$$

Die Beschleunigung $a$ ist umso größer, je größer der Parameter $\lambda$ und je größer die Geschwindigkeit $u_0$ der Gasteilchen der austretenden Verbrennungsgase relativ zum Flugkörper sind. Darüber hinaus wird die Beschleunigung $a$ mit zunehmender Brenndauer $t$ größer, da sich die zu beschleunigende Masse um den Massenausstoß verringert.

In Bild 2.27 ist der zeitliche Verlauf der Beschleunigung einer Rakete vom Typ Saturn V (1. Stufe) dargestellt. Die Familie der Saturn-Raketen gehört bis heute zu den leistungsstärksten und schwersten Trägersystemen der Raumfahrt, die jemals gebaut wurden. Entwickelt wurden sie im Rahmen des Apollo-Programms, dass als Ziel die Mondlandung hatte. Die Saturn V-Raketen, die im Zeitraum von November 1967 bis Mai 1973 eingesetzt wurden, hatten eine Startmasse von jeweils $m_0 = 2\,965$ t, waren insgesamt (mit allen für die Mondladung erforderlichen Komponenten) 110,6 m hoch, hatten einen Durchmesser von 10,1 m und konnten bei den Flügen zum Mond eine Nutzlast von bis zu 50 t transportieren. Gemäß dem in Bild 2.27 dargestellten zeitlichen Verlauf der Beschleunigung ergibt sich die momentane Geschwindigkeit $v(t)$ der Rakete zur Zeit $t$ durch Integration, was in diesem Fall zu einer logarithmischen Funktion führt: $v(t) = -u_0 \ln(1 - \lambda t)$. Die Austrittsgeschwindigkeit der Gasteilchen hat einen Wert von $u_0 = 2{,}22 \cdot 10^3$ m/s; dies ist mehr als das Sechsfache der Schallgeschwindigkeit in Luft $c_{\mathrm{S,Luft}} = 343{,}5$ m/s (Abschnitt 4.4.1).

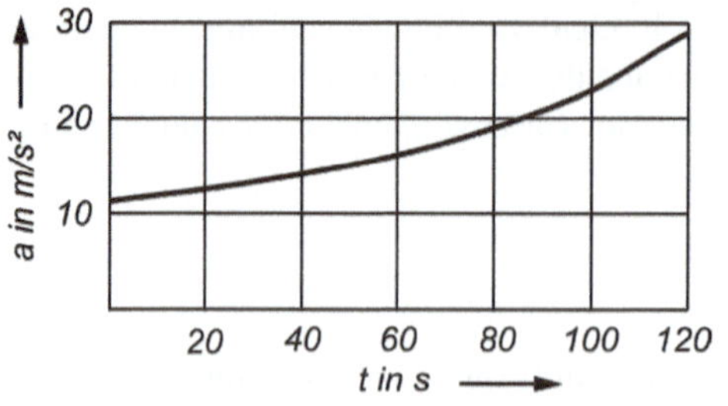


**Bild 2.27**
Zeitlicher Verlauf der Beschleunigung einer Rakete vom Typ Saturn V (1. Stufe) mit einer Startmasse von $m_0 = 2\,965$ t, $\lambda = 5{,}1 \cdot 10^{-3}\ \mathrm{s}^{-1}$, $u_0 = 2{,}22 \cdot 10^3$ m/s und einer Startschubkraft $F_{\text{Schub}} \approx 34$ MN

## Drehimpulserhaltung

Wie der Impuls kann auch der Drehimpuls eine Erhaltungsgröße sein. Gemäß Gl. (2.53) für die zeitliche Ableitung des Drehimpulses $\frac{\mathrm{d}\vec{L}}{\mathrm{d}t} = \frac{\mathrm{d}}{\mathrm{d}t}(\vec{r} \times \vec{p}) = (\vec{v} \times \vec{p}) + \left(\vec{r} \times \frac{\mathrm{d}}{\mathrm{d}t}\vec{p}\right) = (\vec{r} \times \vec{F}) = \vec{M}$ ist der Drehimpuls konstant, wenn das Drehmoment null ist. Dies ist dann der Fall, wenn zum einen keine äußere Kraft wirkt (innere Kräfte zwischen den Bestandteilen eines Systems haben keinen Einfluss auf den Drehimpuls) bzw. mehrere äußere Kräfte sich vollständig kompensieren oder zum anderen mehrere Drehmomente sich vollständig kompensieren.

$$\vec{L} = \text{konstant} = \left\{\begin{pmatrix} L_x \\ L_y \\ L_z \end{pmatrix}\right. \Leftrightarrow \left\{\begin{aligned} \frac{\mathrm{d}L_x}{\mathrm{d}t} &= M_x = 0 \\ \frac{\mathrm{d}L_y}{\mathrm{d}t} &= M_y = 0 \\ \frac{\mathrm{d}L_z}{\mathrm{d}t} &= M_z = 0 \end{aligned}\right. \tag{2.106}$$

Darüber hinaus ist das Drehmoment auch null, wenn die Kraft parallel oder antiparallel zum Radiusvektor orientiert ist, also wenn gilt $\vec{r} \parallel \vec{F}$. Solche rein radialen Kräfte werden *Zentralkräfte* genannt; Beispiele sind die Federkraft und die Gravitationskraft. Dementsprechend lässt sich aus dem Zweiten Kepler'schen Gesetz die Drehimpulserhaltung für einen Planeten, der auf einer elliptischen Bahn die Sonne umkreist, herleiten. Die Zentripetalkraft ist im allgemeinen keine Zentralkraft, da sie zum Mittelpunkt des momentanen Bahnkrümmungskreises orientiert ist, während eine Zentralkraft immer auf denselben Bezugspunkt gerichtet ist. Nur bei einer gleichförmigen Kreisbewegung ist die Zentripetalkraft eine Zentralkraft. Hingegen ist bei einer elliptischen Planetenbahn die Zentralkraft an jedem Punkt der Bahn auf einen der beiden Ellipsenbrennpunkte (an dessen Ort sich die Sonne befindet) gerichtet. Eine Zentralkraft kann stets in eine Zentripetalkraft und in eine Tangentialkraft, die rechtwinklig zueinander orientiert sind, zerlegt werden. Dabei bewirkt die Zentripetalkraft die Richtungsänderung und die Tangentialkraft die Betragsänderung des Vektors der Bahngeschwindigkeit, sodass beispielsweise die Bahngeschwindigkeit von Planeten in Sonnennähe größer ist als in Sonnenferne.

**Merke**

**Drehimpulserhaltungssatz:** Der Drehimpuls eines Systems ist erhalten, sofern keine externen Kräfte oder nur Zentralkräfte wirken.

Der Drehimpuls und dessen Erhaltung wird nochmals bei der Rotation des starren Körpers (Abschnitt 2.4.1) und bei der Kreiselbewegung (Abschnitt 2.4.3) erläutert.

### Energieerhaltung

Neben dem Impuls und dem Drehimpuls kann auch die Summe aus kinetischer und potentieller Energie $E = E_{\text{kin}} + E_{\text{pot}}$ eines Systems eine Erhaltungsgröße sein. Gemäß den vorangegangenen Betrachtungen zur Impuls- und zur Drehimpulserhaltung liegt die Vermutung nahe, dass die Summe aus kinetischer und potentieller Energie nur bei bestimmten Kräften konstant ist. Ausgangspunkt ist wieder die zeitliche Änderung bzw. Ableitung der betrachteten Größe, in diesem Fall der Gesamtenergie: $\frac{\mathrm{d}E}{\mathrm{d}t} = \frac{\mathrm{d}E_{\text{kin}}}{\mathrm{d}t} + \frac{\mathrm{d}E_{\text{pot}}}{\mathrm{d}t}$. Durch Einsetzen der einfachen Beziehung für die kinetische Energie eines Massepunktes oder eines Körpers $E_{\text{kin}} = \frac{1}{2} m\vec{v}^2$ ergibt sich für deren zeitliche Ableitung:

$$\frac{\mathrm{d}E_{\text{kin}}}{\mathrm{d}t} = \frac{\mathrm{d}}{\mathrm{d}t}\left(\frac{1}{2} m\vec{v}^2\right) = \frac{\mathrm{d}}{\mathrm{d}t}\left(\frac{1}{2} m\vec{v}\cdot\vec{v}\right) = m\vec{a}\cdot\vec{v} = \vec{F}\cdot\vec{v} \tag{2.107}$$

Die zeitliche Ableitung der kinetischen Energie ist also gleich einer Leistung, was auch durch einen Einheitenvergleich plausibel ist. Die Gesamtenergie $E$ ist somit konstant, wenn gilt:

$$\frac{\mathrm{d}E}{\mathrm{d}t} = 0 \Leftrightarrow \frac{\mathrm{d}E_{\text{kin}}}{\mathrm{d}t} = \vec{F}\cdot\vec{v} = -\frac{\mathrm{d}E_{\text{pot}}}{\mathrm{d}t} = -\vec{F}\cdot\vec{v} \tag{2.108}$$

Kräfte, die diese Bedingung erfüllen werden *konservative Kräfte* genannt.

> **Merke**
>
> **Energieerhaltungssatz:** Die Summe aus kinetischer und potentieller Energie eines Systems ist erhalten, sofern nur konservative Kräfte wirken.

Neben diesem Energieerhaltungssatz der Klassischen Mechanik gibt es auch Energieerhaltungssätze in der Thermodynamik (Abschnitt 5.3), in der Elektrodynamik (Abschnitt 6.1), in der Quantenmechanik (Abschnitt 8.1) und in der Relativitätstheorie (Abschnitt 10.1).

Mit der Energiehaltung im Rahmen der Klassischen Mechanik sind folgende zueinander äquivalente Eigenschaften konservativer Kräfte verknüpft:

- Jeder konservativen Kraft $\vec{F}(\vec{r})$ ist eine skalare Funktion $V(\vec{r})$ zugeordnet und es gilt: $\vec{F}(\vec{r}) = -\vec{\nabla}V(\vec{r}) = -\operatorname{grad} V(\vec{r})$.
  $\vec{\nabla}$ ist der sogenannte Nabla-Operator, grad steht für Gradient und in kartesischen Koordinaten gilt:
  $\vec{\nabla}V(\vec{r}) = \vec{e}_x \frac{\partial V(\vec{r})}{\partial x} + \vec{e}_y \frac{\partial V(\vec{r})}{\partial y} + \vec{e}_z \frac{\partial V(\vec{r})}{\partial z}$.
  Die skalare Funktion $V(\vec{r})$ heißt Potential und ist in der vorliegenden Definition gleich der potentiellen Energie. Sowohl die konservative Kraft als auch das Potential hängen nicht explizit von der Zeit, von der Geschwindigkeit bzw. von der Beschleunigung ab. Ein typischer Sprachgebrauch ist auch, dass eine konservative Kraft der Gradient eines Potentials ist.
- Das Arbeitsintegral einer konservativen Kraft ist wegunabhängig und wird nur bestimmt von der Potentialdifferenz zwischen dem Anfangs- und dem Endpunkt:
  $W = \int_{\text{Anfang}}^{\text{Ende}} \vec{F}(\vec{r})\cdot\mathrm{d}\vec{r} = -\int_{\text{Anfang}}^{\text{Ende}} \left(\vec{\nabla}V(\vec{r})\right)\cdot\mathrm{d}\vec{r} = V_{\text{Anfang}} - V_{\text{Ende}}$.

- Das Arbeitsintegral einer konservativen Kraft entlang eines geschlossenen Weges ist null: $W = \oint \vec{F}(\vec{r}) \cdot d\vec{r} = 0$.
- Konservative Kräfte erfüllen die sogenannte *Integrabilitätsbedingung* für *Gradientenfelder*, die in kartesischen Koordinaten lautet:
  $$\left\{ \frac{\partial F_x}{\partial y} = \frac{\partial F_y}{\partial x}, \frac{\partial F_x}{\partial z} = \frac{\partial F_z}{\partial x}, \frac{\partial F_y}{\partial z} = \frac{\partial F_z}{\partial y} \right\} \Leftrightarrow \vec{\nabla} \times \vec{F}(\vec{r}) = \operatorname{rot} \vec{F}(\vec{r}) = 0 .$$
  $\operatorname{rot} \vec{F}(\vec{r})$ steht für Rotation von $\vec{F}(\vec{r})$.

Nicht-konservative Kräfte wie beispielsweise die Reibungskraft werden als *dissipative Kräfte* bezeichnet. Diese Kräfte erfüllen nicht den Energieerhaltungssatz der Klassischen Mechanik und die durch sie verrichtete Arbeit, wie z. B. die Reibungsarbeit, ist wegabhängig. Auf geschlossenen Wegen ist das Arbeitsintegral von dissipativen Kräften ungleich null.

**Beispiel**

Ein Körper mit der Masse $m = 10$ kg wird aus der Ruhe aus einer Höhe von $h = 10$ m fallen gelassen. Die Auftreffgeschwindigkeit des Körpers auf den Erdboden lässt sich mit dem Energieerhaltungssatz berechnen, da die Luftreibung beim freien Fall vernachlässigt wird uns es gilt:

$$E_{\text{pot}} = m g h = E_{\text{kin}} = \frac{1}{2} m v^2 \quad \Rightarrow \quad v = \sqrt{2 g h} \approx 14 \frac{\text{m}}{\text{s}} \approx 50{,}4 \frac{\text{km}}{\text{h}}$$

## 2.3 Stoßprozesse

Die besondere Bedeutung des in Abschnitt 2.2.6 behandelten Impulserhaltungssatzes wird bei Stoßprozessen deutlich. Darunter versteht man Vorgänge, bei denen zwei oder auch mehrere Stoßpartner, deren innere Struktur vollständig vernachlässigt wird, einer zeitlich befristeten, häufig sehr kurzen Wechselwirkung unterliegen. Dies hat zur Folge, dass Änderungen im Bewegungsablauf nur während dieser begrenzten Zeitspanne auftreten. Für die Zeit vor und nach der Wechselwirkung liegen definierte Anfangs- und Endzustände vor. Unabhängig von den zum Teil recht komplizierten Vorgängen während der Wechselwirkung gilt während jeder Phase der Wechselwirkung, insbesondere aber für die Anfangs- und Endzustände der Impulserhaltungssatz. Bei zwei Stoßpartnern lautet die Impulserhaltung:

$$m_1 \vec{v}_1 + m_2 \vec{v}_2 = m_1 \vec{v}_1' + m_2 \vec{v}_2' \tag{2.109}$$

Dabei sind $\vec{v}_1$ und $\vec{v}_2$ die Geschwindigkeiten der Stoßpartner vor und $\vec{v}_1'$ sowie $\vec{v}_2'$ die Geschwindigkeiten der Stoßpartner nach dem Stoß (Bild 2.28). Beispiele für solche Stoßvorgänge sind Zusammenstöße zwischen atomaren Teilchen wie Atomen und Molekülen, aber auch zwischen makroskopischen Körpern wie Billardkugeln, der Schlag eines Tennisschlägers gegen einen Tennisball, das Auftreffen eines Geschosses auf einen Körper oder ein Hammerschlag auf einen Nagel etc. Auch die Reflexion eines Körpers, z. B. eines Balls an einer Wand, lässt sich als Stoßvorgang betrachten. Voraussetzung für diese vereinfachte Behandlung von Wechselwirkungen ist, dass die Reichweite der Kräfte, die die Stoßpartner aufeinander ausüben, sehr begrenzt ist, wie es beispielsweise bei Billardkugeln der Fall ist: Die Wechselwirkung der Kugeln macht sich erst beim direkten Kontakt bemerkbar, nicht aber schon vorher wie z. B. bei der Wechselwirkung zweier geladener Teilchen, bei denen die langreichweitige Coulomb-Kraft (Abschnitt 6.1) wirksam ist. Hingegen kann die ebenfalls langreichweitige, aber viel schwächere Gravitationswechselwirkung zwischen den Stoßpartnern bei Stoßprozessen beispielsweise auf der Erdoberfläche vernachlässigt werden.

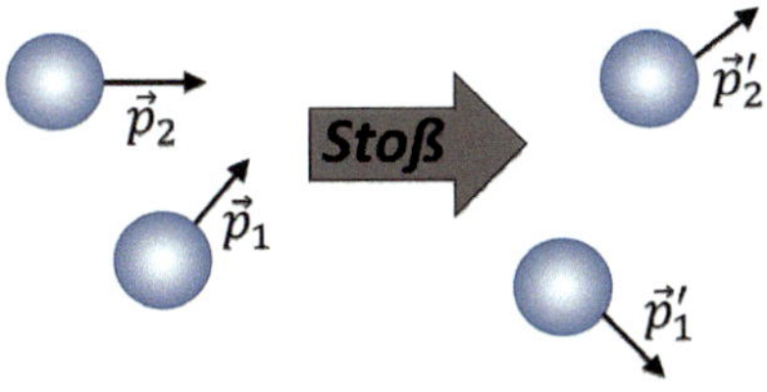


**Bild 2.28**
Stoßprozess zwischen zwei Kugeln

Stoßprozesse lassen sich nach unterschiedlichen Kriterien klassifizieren. Neben dem Impuls ist die kinetische Energie ein wichtiges Merkmal und es wird bezüglich der Energiebilanz unterschieden zwischen:

- *elastischen Stößen*, bei denen die Summe der kinetischen Energien vor und nach dem Stoß gleich ist (Energieerhaltung), d. h. insbesondere nur rein elastische bzw. reversible Verformungen/Deformationen der Stoßpartner auftreten,
- *inelastischen (teilplastischen) Stößen*, bei denen die Summe der kinetischen Energien vor und nach dem Stoß unterschiedlich ist (keine Energieerhaltung) und teilweise plastische Verformungen/Deformationen der Stoßpartner stattfinden,
- *unelastischen (plastischen) Stößen*, bei denen die Summe der kinetischen Energien vor und nach dem Stoß unterschiedlich ist (keine Energieerhaltung) und eine vollkommen plastische, d. h. irreversible Verformung/Deformation der Stoßpartner derart stattfindet, dass die Stoßpartner nach dem Stoß vereint bleiben und sich mit derselben Endgeschwindigkeit weiterbewegen.

Ein typisches Beispiel für einen inelastischen Stoß ist der Zusammenprall zwischen Fahrzeugen mit meist deutlich sichtbarer Verformung der Stoßpartner. Ein Beispiel für einen unelastischen Stoß ist der Aufprall eines Meteoriten auf der Erde, bei dem die gesamte kinetische Energie des Meteoriten in die lokale Verformung der Erdoberfläche (Kraterbildung) umgewandelt wurde und die Meteoritenreste auf der Erdoberfläche zurückbleiben.

Beim elastischen Stoß zwischen zwei Stoßpartnern lautet die Energieerhaltung:

$$\frac{1}{2} m_1 \vec{v}_1^2 + \frac{1}{2} m_2 \vec{v}_2^2 = \frac{1}{2} m_1 \vec{v}_1'^2 + \frac{1}{2} m_2 \vec{v}_2'^2 \qquad (2.110)$$

Eine andere Möglichkeit der Klassifizierung von Stoßprozessen ergibt sich aus der Geometrie bzw. Kinematik der unterschiedlichen Stoßprozesse. Dies wird insbesondere für die Klassifizierung von Stößen zwischen zwei Stoßpartnern genutzt. Die *Berührungsebene* (auch Tangentialebene genannt) liegt dabei tangential zu den beiden Stoßpartnern und der Stoßpunkt P liegt in der Berührungsebene. Die *Stoßnormale* verläuft durch den Stoßpunkt P und steht senkrecht auf der Berührungsebene. Die Impulse beider Stoßpartner lassen sich dementsprechend vor und nach dem Stoß zerlegen in jeweils eine Normalkomponente parallel zur Stoßnormalen sowie in eine Tangentialkomponente parallel zur Berührungsebene (Bild 2.29):

$$\vec{p}_1 = \vec{p}_{1n} + \vec{p}_{1t} \quad \text{und} \quad \vec{p}_1' = \vec{p}_{1n}' + \vec{p}_{1t}' \tag{2.111a}$$

$$\vec{p}_2 = \vec{p}_{2n} + \vec{p}_{2t} \quad \text{und} \quad \vec{p}_2' = \vec{p}_{2n}' + \vec{p}_{2t}' \tag{2.111b}$$

Da die Normal- und die Tangentialkomponenten voneinander unabhängig sind, lautet die Impulserhaltung:

$$\vec{p}_{1n} + \vec{p}_{2n} = \vec{p}_{1n}' + \vec{p}_{2n}' \quad \text{und} \quad \vec{p}_{1t} + \vec{p}_{2t} = \vec{p}_{1t}' + \vec{p}_{2t}' \tag{2.112}$$

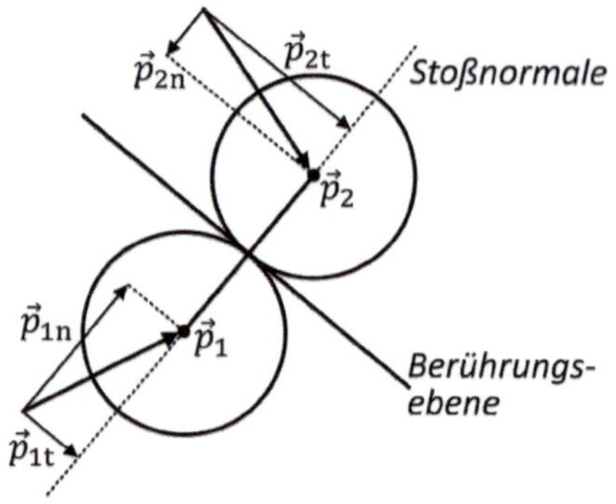


**Bild 2.29**
Berührungsebene und Stoßnormale

Bezüglich der Stoßgeometrie wird unterschieden zwischen:

- **zentralen Stößen**, bei denen die Schwerpunkte beider Stoßpartner stets auf der Stoßnormalen liegen (bei solchen Stößen ist der Bewegungsablauf rein translatorisch und die Stoßpartner können als Massepunkte idealisiert werden),
- **exzentrischen Stößen**, bei denen die Stoßnormale nicht durch die beiden Schwerpunkte der Stoßpartner verläuft,
- **geraden Stößen**, bei denen die Geschwindigkeitsvektoren vor dem Stoß parallel zur Stoßnormalen orientiert sind oder auf der Stoßnormalen liegen,
- **schiefen Stößen**, bei denen die Geschwindigkeitsvektoren vor dem Stoß nicht parallel zur Stoßnormalen orientiert sind.

Daraus ergeben sich die folgenden möglichen Kombinationen:

- **gerade zentrale Stöße**, bei denen die Geschwindigkeitsrichtungen beider Stoßpartner parallel zur Stoßnormalen orientiert und die Stoßnormale verläuft durch beide Schwerpunkte,
- **schiefe zentrale Stöße**, bei denen die Geschwindigkeitsrichtung eines Stoßpartners nicht parallel zur Stoßnormalen orientiert; die Stoßnormale verläuft durch beide Schwerpunkte,
- **gerade exzentrische Stöße**, bei denen die Geschwindigkeitsrichtungen beider Stoßpartner parallel zur Stoßnormalen orientiert; die Stoßnormale verläuft nicht durch beide Schwerpunkte,
- **schiefe exzentrische Stöße**, bei denen die Geschwindigkeitsrichtung eines Stoßpartners nicht parallel zur Stoßnormalen orientiert; die Stoßnormale verläuft nicht durch beide Schwerpunkte.

Darüber hinaus wird zwischen sogenannten glatten und rauhen Stößen unterschieden. Bei einem *glatten Stoß* wirken die Stoßkräfte nur in Richtung der Stoßnormalen und Reibungskräfte werden vernachlässigt. Daher werden bei einem glatten Stoß die Impulstangentialkomponenten der Stoßpartner nicht verändert. Hingegen liegt ein *rauher Stoß* vor, wenn die Reibungskräfte nicht vernachlässigt werden können und damit auch Stoßkräfte in der Berührungsebene, also senkrecht zur Stoßnormalen wirken. Dadurch können die Stoßpartner während des Stoßes aneinanderhaften und sowohl die Impulsnormal- als auch die Impulstangentialkomponenten der Stoßpartner ändern sich.

## 2.3.1 Zentrale Stöße

Als ein einfaches Beispiel für einen Stoßvorgang sei der Fall betrachtet, bei dem zwei Stoßpartner gerade, zentral und glatt zusammenstoßen und die daher als Massepunkte betrachtet werden können. Zweckmäßigerweise wird eine Achse des Koordinatensystems parallel zur Stoßnormalen gewählt, wodurch sich die vektorielle Impulserhaltung (Gl. (2.110)) in eine skalare Form vereinfachen lässt:

$$m_1 v_1 + m_2 v_2 = m_1 v_1' + m_2 v_2' \tag{2.113}$$

Dabei ist jedoch zu beachten, dass die Geschwindigkeiten vorzeichenbehaftet in dem Sinne sind, dass bei einem positiven (negativen) Wert der Geschwindigkeiten die Richtungen von $v$ bzw. $v'$ identisch mit der positiven (negativen) Richtung der gewählten Koordinatenachse sind. Die Gl. (2.113) enthält vier Geschwindigkeiten, von denen zwei, z. B. die vor dem Stoß ($v_1$ und $v_2$), bekannt sein müssen. Für die Bestimmung der anderen beiden Geschwindigkeiten wird eine zusätzliche Gleichung benötigt. Eine besonders einfache Nebenbedingung liegt dann vor, wenn beide Stoßpartner sich nach einem vollkommen unelastischen Stoß mit gemeinsamer Geschwindigkeit und Richtung weiterbewegen. In diesem Fall gilt dann:

$$v_1' = v_2' = v' = \frac{m_1 v_1 + m_2 v_2}{m_1 + m_2} \tag{2.114}$$

Bei diesem Stoß gilt folgende Energiebilanz:

$$\begin{aligned} E_{\text{nach}} - E_{\text{vor}} = \Delta E &= \frac{1}{2}\left(m_1 + m_2\right) v'^2 - \frac{1}{2}\left(m_1 v_1^2 + m_2 v_2^2\right) \\ &= -\frac{1}{2}\frac{m_1 m_2}{\left(m_1 + m_2\right)}\left(v_1 - v_2\right)^2 \neq 0 \end{aligned} \tag{2.115}$$

Bei einem unelastischen Stoß wird Bewegungsenergie, soweit es sich um makroskopische Körper handelt, in plastische Verformung und/oder Erwärmung der Stoßpartner umgewandelt. Ein Vorgang, bei dem möglichst viel Bewegungsenergie für Verformungsarbeit genutzt werden soll, ist z. B. das Schmieden eines Werkstücks.

Im Gegensatz zum unelastischen Stoß bleibt beim elastischen Stoß die Bewegungsenergie erhalten. Neben Gl. (2.113) gilt dann also auch die Energieerhaltung:

$$\frac{1}{2} m_1 v_1^2 + \frac{1}{2} m_2 v_2^2 = \frac{1}{2} m_1 v_1'^2 + \frac{1}{2} m_2 v_2'^2 \tag{2.116}$$

Durch diese zweite Bedingung sind ebenso wie beim schon erwähnten Sonderfall des unelastischen Stoßes bei Vorgabe von zwei Geschwindigkeiten die anderen beiden Geschwindigkeiten festgelegt. Sind beispielsweise die Anfangsgeschwindigkeiten $v_1$ und $v_2$ gegeben, so erhält man als Lösungen die beiden Endgeschwindigkeiten $v_1'$ und $v_2'$:

$$v_1' = \frac{m_1 - m_2}{m_1 + m_2} v_1 + \frac{2m_2}{m_1 + m_2} v_2 \quad \text{und} \quad v_2' = \frac{m_2 - m_1}{m_1 + m_2} v_2 + \frac{2m_1}{m_1 + m_2} v_1 \tag{2.117}$$

Außerdem gilt für die Summe aus Anfangs- und Endgeschwindigkeit:

$$v_1 + v_1' = v_2 + v_2' \tag{2.118}$$

Folgende vier Fälle beim geraden, zentralen elastischen Stoß sind von besonderem Interesse:

| | $m_2 \gg m_1$ | $m_2 = 2m_1$ | $m_2 = m_1$ | $m_2 \ll m_1$ |
|---|---|---|---|---|
| $v_1'$ | $-v_1 + 2v_2$ | $(4v_2 - v_1)/3$ | $v_2$ | $v_1$ |
| $v_2'$ | $v_2$ | $(2v_1 + v_2)/3$ | $v_1$ | $-v_2 + 2v_1$ |

In allen Fällen können die Bewegungsrichtungen der beiden Stoßpartner vor dem Stoß gleich- oder entgegengesetzt gerichtet sein. Bei gleicher Richtung muss jedoch gelten $v_1 > v_2$, wenn 1 der „stoßende“ Partner ist. Ist zusätzlich noch einer der beiden Stoßpartner vor dem Stoß in Ruhe, z. B. $v_2 = 0$, so lässt sich aus der Tabelle entnehmen, dass der Stoß bei dominierender Masse von Stoßpartner 2 nur Auswirkung auf die Bewegung von Stoßpartner 1 hat, der in diesem Fall „reflektiert“ wird. Gilt hingegen $v_2 = 0$ und $m_2 \ll m_1$, so wird der Stoßpartner 2 auf eine Geschwindigkeit beschleunigt, die doppelt so groß ist wie die des Stoßpartners 1 mit $v_1' \approx v_1$. Bei gleichen Massen kommt es zu einem vollständigen Impuls- und Energieübertrag zwischen den beiden Stoßpartnern, d. h. $v_1' = v_2 = 0$ und $v_2' = v_1 \neq 0$.

Beim *Kugelstoßpendel*, auch *Newton'sches Pendel* genannt, dass erstmals von E. Mariotte (1620-1684) im Jahre 1673 vorgestellt wurde, ist der gerade zentrale elastische Stoß sehr gut beobachtbar. Das Kugelstoßpendel ist eine Anordnung von mehreren baugleichen (gleiche Masse und gleiche Größe) harten Kugeln (meist aus Metall), die jeweils an dünnen, gleich langen Fäden in einer Reihe aufgehängt sind. Der Abstand der Aufhängungspunkte ist gleich dem Durchmesser der Kugeln, sodass die Kugeln im Ruhezustand senkrecht nach unten hängen und sich gerade gegenseitig berühren. Wird eine der beiden äußeren Kugeln aus der Ruhelage ausgelenkt und fällt gegen die anderen Kugeln zurück, wird als Folge dessen nur die zweite äußere Kugel ausgelenkt, während die anderen Kugeln in Ruhe bleiben einschließlich der ursprünglich ausgelenkten Kugel. Bewegt die sich ausgelenkte Kugel wieder zurück und prallt auf die Kugelkette, wird wieder die ursprünglich ausgelenkte Kugel abgestoßen und das Kugelstoßpendel vollzieht eine Schwingungsbewegung (Abschnitt 4.1). Wenn zwei oder mehrere Kugeln aus der Ruhelage ausgelenkt werden und anschließend auf die in Ruhe verbliebenen Kugeln prallen, werden stets gleichviele Kugeln abgestoßen (Bild 2.30).

Dieses Verhalten kann jedoch nicht allein mit der Impuls- und Energieerhaltung erklärt werden, da jeder Erhaltungssatz nur eine Gleichung liefert. Da die Bewegung der Kugeln nur entlang einer Dimension erfolgt, liefert die allgemeine vektorielle Formel der Impulserhaltung im vorliegenden Fall auch nur eine Gleichung. Beispielsweise würde für ein Kugelstoßpendel mit fünf Kugeln mit der Masse $m$, wie es in Bild 2.30 dargestellt ist, gelten:

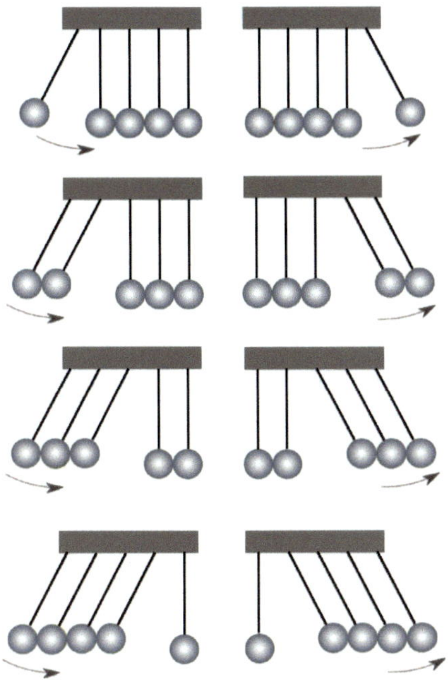

**Bild 2.30**
Kugelstoßpendel

Impulserhaltung:

$$\begin{aligned} m v_1 &= m v_1' + m v_2' + m v_3' + m v_4' + m v_5' \\ &\Rightarrow v_1 = v_1' + v_2' + v_3' + v_4' + v_5' \end{aligned} \tag{2.119a}$$

Energieerhaltung:

$$\begin{aligned} m v_1^2 &= m(v_1')^2 + m(v_2')^2 + m(v_3')^2 + m(v_4')^2 + m(v_5')^2 \\ &\Rightarrow v_1^2 = (v_1' + v_2' + v_3' + v_4' + v_5')^2 \end{aligned} \tag{2.119b}$$

Somit gilt:

$$v_1^2 = (v_1')^2 + (v_2')^2 + (v_3')^2 + (v_4')^2 + (v_5')^2 \tag{2.119c}$$

Hierbei bezeichnen $v_1$ die Geschwindigkeit der ausgelenkten Kugel vor dem Aufprall ($v_2 = v_3 = v_4 = v_5 = 0$) und $v_1'$ bis $v_5'$ die Geschwindigkeiten der fünf Kugeln nach dem Aufprall. Zur Bestimmung der fünf Unbekannten $v_1'$ bis $v_5'$ stehen somit nur diese beiden Gleichungen zur Verfügung, was mathematisch eine Vielzahl von Lösungen erlaubt. Beobachtet wird jedoch für $v_1 \neq 0$ und $v_2 = v_3 = v_4 = v_5 = 0$: $v_5' = v_1 \neq 0$ und $v_1' = v_2' = v_3' = v_4' = 0$. Neben der Impuls- und Energieerhaltung ist zur Beschreibung des Verhaltens des Kugelstoßpendels die zeitliche Abfolge der Stöße zwischen benachbarten Kugeln zu berücksichtigen. Gemäß Bild 2.30 nimmt zunächst die am weitesten links angeordnete ruhende Kugel den Impuls der von links aufprallenden ausgelenkten Kugel vollständig auf und gibt diesen Impuls anschließend an die rechts neben ihr angeordnete Kugel vollständig weiter. Das bedeutet, dass der Impulstransfer von der anfänglich ausgelenkten Kugel links außen zur zweiten äußeren Kugel eine schnelle Abfolge von geraden zentralen und vollkommen elastischen Stößen zwischen jeweils zwei benachbarten Kugeln ist. Die am weitesten rechts angeordnete Kugel kann jedoch keinen Impuls mehr weitergeben und wird somit von den anderen Kugeln „abgestoßen". Entsprechendes gilt, wenn zwei, drei oder vier Kugeln in der Anordnung in Bild 2.30 ausgelenkt und somit für den Anstoß benutzt werden. Das Ergebnis ist die namensgebende pendelartige Bewegung des Systems, die aufgrund von Reibungseffekten zeitlich begrenzt ist.

Der Fall der *Reflexion* eines massearmen an einem massereichen Körper lässt sich auch auf den Fall einer Wechselwirkung eines Körpers mit einer ausgedehnten Wand erweitern. Ein Beispiel dafür ist ein Ball, der senkrecht auf eine vollkommen starre Wand mit großer Masse trifft. Bei elastischer Verformung des Balls bleibt der Betrag des Ballimpulses nahezu unverändert, der Ball wird reflektiert. Obwohl sich die Wand nicht sichtbar bewegt, nimmt sie dabei den doppelten Impuls des Balls auf. Erfolgt der Aufprall des Balls nicht senkrecht, sondern schräg zur Wand, so liegt ein schiefer elastischer Stoß vor (Bild 2.31). In diesem Fall ist es zweckmäßig, den Ballimpuls in zwei Komponenten zu zerlegen: eine Impulskomponente senkrecht, die zweite Impulskomponente parallel zur Wand. Für die senkrechte Komponente gilt dasselbe wie beim vertikalen Aufprall, solange der Stoß elastisch erfolgt. Die Parallelkomponente des Impulses ändert sich nur, wenn zwischen Ball und Wand eine entsprechende Wechselwirkung stattfindet, z. B. wenn Reibung vorhanden ist. Ohne eine solche Wechselwirkung bleiben Betrag und Richtung der Parallelkomponente erhalten, d. h. der Ball verlässt die Wand unter dem gespiegelten Einfallswinkel. Es gilt also das aus der Optik bekannte *Reflexionsgesetz* (Abschnitt 7.2).

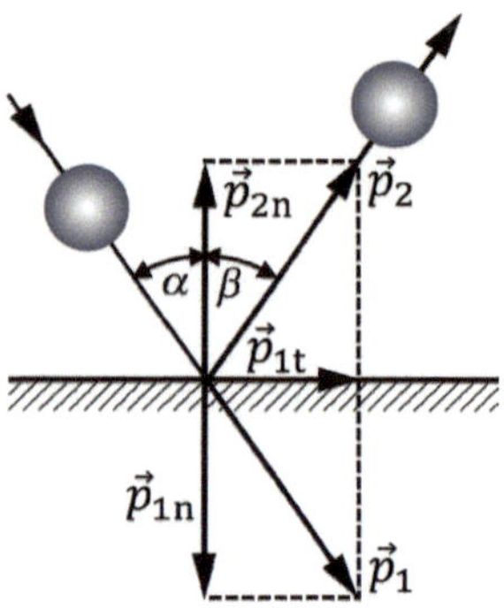


**Bild 2.31**
Zur Geometrie der Reflexion eines Balls an einer Wand

**Merke**

Beim zentralen elastischen Stoß eines Körpers gegen eine feste Wand wird nur die Richtung, aber nicht der Betrag seines Impulses geändert. Die Richtungsänderung erfolgt so, dass der Einfallswinkel gleich dem Reflexionswinkel ist und die Vektoren aller Impulse in einer Ebene liegen.

Der vollkommen elastische Stoß ist eine Idealisierung, wohingegen reale Stoßprozesse stets Überlagerungen von vollkommen elastischen und vollkommen plastischen Vorgängen sind. Zur Beschreibung und Klassifizierung von inelastischen (teilplastischen) Stoßprozessen wird die *Stoßzahl k* (auch *Restitutionskoeffizient* genannt) benutzt:

$$k = \frac{v_2' - v_1'}{v_1 - v_2} = \begin{cases} 0 & \text{vollkommen plastischer Stoß} \\ 1 & \text{vollkommen elastischer Stoß} \end{cases} \tag{2.120}$$

Allgemein gilt für die Stoßzahl: $0 \le k \le 1$. Mit der Impulserhaltung ergeben sich folgende Geschwindigkeiten der Stoßpartner nach dem Stoß:

$$v_1' = \frac{m_1 v_1 + m_2 v_2 - k\, m_2 (v_1 - v_2)}{m_1 + m_2} \quad \text{und} \quad v_2' = \frac{m_1 v_1 + m_2 v_2 - k\, m_1 (v_2 - v_1)}{m_1 + m_2} \qquad (2.121)$$

Für den vollkommen unelastischen Stoß mit $k = 0$ gilt dementsprechend für die Geschwindigkeit der beiden nach dem Stoß vereinten Stoßpartner: $v_1' = v_2' = \frac{m_1 v_1 + m_2 v_2}{m_1 + m_2}$. Bei gleich großen Massen $m_1 = m_2$ gilt für die Geschwindigkeiten der beiden Stoßpartner nach dem teilelastischen Stoß $(0 < k < 1)$:

$$v_1' = \frac{1}{2}\left[(1-k)\, v_1 + (1+k)\, v_2\right] = \begin{cases} \frac{1}{2}(v_1 + v_2) = v_2' & \text{für } k = 0 \\ v_2 & \text{für } k = 1 \end{cases} \qquad (2.122a)$$

$$v_2' = \frac{1}{2}\left[(1+k)\, v_1 + (1-k)\, v_2\right] = \begin{cases} \frac{1}{2}(v_1 + v_2) = v_1' & \text{für } k = 0 \\ v_1 & \text{für } k = 1 \end{cases} \qquad (2.122b)$$

Für die Änderung der kinetischen Energie $\Delta E_{\text{kin}}$, die gleich der Verformungsarbeit $W_{\text{Verformung}}$ ist, gilt beim teilelastischen Stoß $(0 < k < 1)$:

$$\Delta E_{\text{kin}} = \frac{m_1 m_2}{2(m_1 + m_2)} (1 - k^2)(v_1 - v_2)^2 = \begin{cases} \frac{m_1 m_2 (v_1 - v_2)^2}{2(m_1 + m_2)} & \text{für } k = 0 \\ 0 & \text{für } k = 1 \end{cases} \qquad (2.123)$$

**Beispiel**

Ein Güterwagen fährt mit der Geschwindigkeit $v = 5$ m/s gegen einen zweiten, zunächst ruhenden Wagen, dessen Masse doppelt so groß ist wie die des ersten. Mit welcher Geschwindigkeit fahren beide Wagen weiter, wenn a) der Stoß unelastisch, b) elastisch erfolgt? Wie groß ist der Energieverlust im Fall a)?

a) Beide Wagen bewegen sich mit gleicher Geschwindigkeit (z. B. durch Kupplung) und es gilt:

$$v' = \frac{m_1 v_1 + m_2 v_2}{m_1 + m_2} = \frac{m_1 (v_1 + 2v_2)}{3m_1} = \frac{5\text{ m}}{3\text{ s}} = 1{,}67\text{ m/s}$$

Der Energieverlust beträgt

$$\Delta E = \frac{m_1 \cdot 2m_1 v_1^2}{2 \cdot 3m_1} = -\frac{1}{3} m_1 v_1^2 = -\frac{2}{3} E_1$$

d. h., 2/3 der kinetischen Energie werden in Wärme umgewandelt.

b) Es gilt

$$v_1' = \frac{-m_1 v_1 + 4m_1 v_2}{3m_1} = -\frac{v_1}{3} = -1{,}67\text{ m/s}$$

und

$$v_2' = \frac{m_1 v_2 + 2m_1 v_1}{3m_1} = \frac{2v_1}{3} = 3{,}33\text{ m/s}$$

## 2.3.2 Schiefe Stöße

Wie der vollkommen elastische Stoß ist auch der gerade zentrale Stoß eine Idealisierung, wohingegen reale Stoßprozesse oft nicht gerade bzw. nicht zentral erfolgen. So treten beispielsweise während eines Billardspiels eine Vielzahl von schiefen zentralen Stößen auf. Im einfachsten Fall sind die Stoßpartner wie beim Billardspiel harte, d. h. nicht verformbare, Kugeln und können als Massepunkte, die sich nur in einer Ebene bewegen, vereinfacht werden. Somit haben sämtliche Impuls- und Geschwindigkeitsvektoren der Stoßpartner jeweils nur zwei Komponenten.

Bei einem zentralen Stoß wirken die Kräfte stets nur in Richtung der Stoßnormalen. In der in Bild 2.32 dargestellten Konfiguration ist dies die $x$-Achse. Dementsprechend ändern sich die Impuls- bzw. die Geschwindigkeitskomponenten der beiden Stoßpartner in $y$-Richtung nicht: $p_{1y} = p'_{1y}$ und $p_{2y} = p'_{2y}$ bzw. $v_{1y} = v'_{1y}$ und $v_{2y} = v'_{2y}$. Für die Impulskomponenten der beiden Stoßpartner in $x$-Richtung gilt gemäß Impulserhaltung:

$$p_{1x} + p_{2x} = p'_{1x} + p'_{2x} \quad \Leftrightarrow \quad m_1 v_{1x} + m_2 v_{2x} = m_1 v'_{1x} + m_2 v'_{2x} \tag{2.124}$$

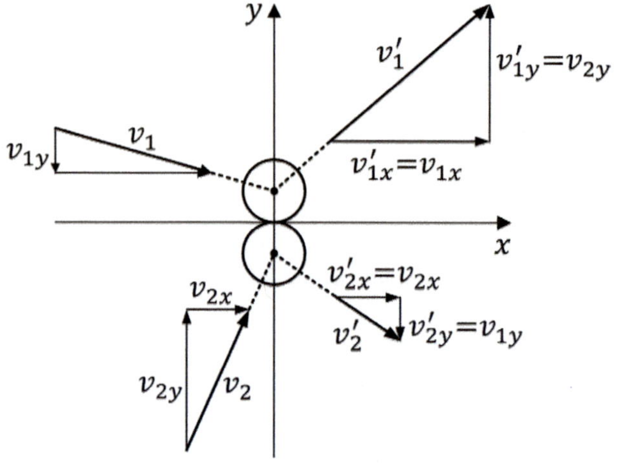


**Bild 2.32**
Schiefer zentraler elastischer Stoß

Für die $x$-Komponenten der Impulse der beiden Stoßpartner nach dem teilelastischen Stoß ergeben sich die bereits aus (Gl. (2.121)) bekannten Beziehungen:

$$v'_{1x} = \frac{m_1 v_{1x} + m_2 v_{2x} - k m_2 \left(v_{1x} - v_{2x}\right)}{m_1 + m_2} \quad \text{und} \quad v'_{2x} = \frac{m_1 v_{1x} + m_2 v_{2x} - k m_1 \left(v_{2x} - v_{1x}\right)}{m_1 + m_2} \tag{2.125}$$

Im Falle des vollkommen elastischen Stoßes ($k = 1$) ergibt sich durch Einsetzen der Impulsänderung $\Delta\vec{p} = \vec{p}'_1 - \vec{p}_1 = \vec{p}_2 - \vec{p}'_2$ in die Gleichung für die Energieerhaltung:

$$\frac{|\vec{p}_1|^2}{m_1} + \frac{|\vec{p}_2|^2}{m_2} = \frac{|\vec{p}_1 + \Delta\vec{p}|^2}{m_1} + \frac{|\vec{p}_2 - \Delta\vec{p}|^2}{m_2} = \frac{|\vec{p}_1|^2 + 2\vec{p}_1 \cdot \Delta\vec{p} + |\Delta\vec{p}|^2}{m_1} + \frac{|\vec{p}_2|^2 - 2\vec{p}_2 \cdot \Delta\vec{p} + |\Delta\vec{p}|^2}{m_2} \tag{2.126a}$$

bzw.

$$0 = |\Delta\vec{p}|^2 \left(\frac{1}{m_1} + \frac{1}{m_2}\right) + 2\,\Delta\vec{p}\cdot(\vec{v}_1 - \vec{v}_2) \qquad (2.126b)$$

Wird nun noch im Falle von ausgedehnten, also nicht punktförmigen, Stoßpartnern (wie beispielsweise Billardkugeln) berücksichtigt, dass der Vektor der Impulsänderung $\Delta\vec{p}$ parallel zum Verbindungsvektor $\vec{d} = \vec{r}_1 - \vec{r}_2$ der Schwerpunkte der beiden Stoßpartner orientiert ist, d. h. $\Delta\vec{p} = |\Delta\vec{p}|\dfrac{\vec{d}}{|\vec{d}|}$, gilt für den Betrag der Impulsänderung beim schiefen, zentralen und vollkommen elastischen Stoß:

$$|\Delta\vec{p}| = \frac{2\,(m_1 + m_2)}{m_1\,m_2\,|\vec{d}|}\,\vec{d}\cdot(\vec{v}_2 - \vec{v}_1) = \frac{2\,(m_1 + m_2)}{m_1\,m_2\,|\vec{r}_1 - \vec{r}_2|}(\vec{r}_1 - \vec{r}_2)\cdot(\vec{v}_2 - \vec{v}_1) \qquad (2.127)$$

## 2.4 Dynamik des starren Körpers

In den vorangegangenen Abschnitten wurde die Kinematik und Dynamik des Massepunktes dargestellt. Diese Modellvorstellungen sind auch auf Körper anwendbar, wenn diese als Massepunkte idealisiert und dementsprechend ihre geometrische Beschaffenheit und Ausdehnung sowie ihre Massenverteilung vollständig vernachlässigt werden kann. Sind diese Idealisierungen nicht möglich, wird oft das Modell des nicht verformbaren, *starren Körpers* angewendet. Ein solcher Körper ist ein System von Massepunkten, deren Abstände zueinander konstant sind oder er hat eine kontinuierliche Massenverteilung, die sich weder räumlich noch zeitlich ändert. Jede Art von elastischer oder von plastischer Deformation ist somit ausgeschlossen und das Modell des starren Körpers ist eine Idealisierung, da sich jeder reale Körper unter der Einwirkung von Kräften verformt. In vielen Fällen sind die Verformungen jedoch so gering, dass sie für Berechnungen vernachlässigt werden können und die Idealisierung als starrer Körper sinnvoll ist.

Die einzig mögliche Veränderung eines starren Körpers ist die seiner Lage relativ zu anderen Körpern oder relativ zu einem Bezugssystem. Dies kann auf unterschiedliche Weise geschehen:

- *Translation*, d. h. Verschiebung aller Massepunkte bzw. der gesamten kontinuierlichen Massenverteilung um ein und denselben Verschiebungsvektor.
- *Rotation um eine Achse* (Rotations- oder Drehachse genannt), wobei sich alle Massepunkte bzw. alle infinitesimalen Massenelemente auf Kreisen, deren Mittelpunkte auf der Rotationsachse liegen, bewegen.
- *Rotation um einen Punkt* (Drehpunkt oder Rotationszentrum genannt), wobei sich alle Massepunkte bzw. alle infinitesimalen Massenelemente auf konzentrischen Kugelflächen um den Drehpunkt bewegen.

Die Anzahl der voneinander unabhängigen Bewegungen, die ein Körper ausführen kann, ist gleich der Zahl der sogenannten *Freiheitsgrade*. Ein freier starrer Körper, der sich frei im dreidimensionalen Raum bewegen kann, hat drei Translationsfreiheitsgrade für die Bewegung entlang von drei linear unabhängigen Geraden (z. B. der drei kartesischen Koordinatenachsen) und drei Rotationsfreiheitsgrade für die Drehung um drei linear unabhängige Drehachsen. Damit ergeben sich insgesamt sechs Freiheitsgrade für den frei beweglichen starren Körper. Bei einem realen deformierbaren Körper kämen zu den Translations- und Rotationsfreiheitsgraden noch Schwingungsfreiheitsgrade hinzu.

Die Zahl der Freiheitsgrade wird eingeschränkt, wenn der Körper nicht völlig frei beweglich ist. Ein Eisenbahnzug hat - da er an seine Schienen gebunden ist - nur einen Translationsfreiheitsgrad (vorwärts und rückwärts zählen zusammen nur als eine Bewegungsmöglichkeit) in einer Dimension entlang der Schienen. Formal ist dies daran erkennbar, dass die Position des Zuges durch eine einzige Koordinate beschrieben werden kann, wie sie sich z. B. auf den Kilometertafeln findet. Ist ein Punkt eines starren Körpers fixiert, so kann dieser Punkt als Ursprung eines körperfesten Koordinatensystems definiert werden. Damit ist jedoch eine Translation nicht mehr möglich und es bleiben noch die drei Rotationsfreiheitsgrade. Wird ein weiterer Punkt des starren Körpers fixiert, so kann der Körper nur noch um die Verbindungsgerade, auf der die beiden Punkte liegen, rotieren, und seine Lage ist durch eine einzige Koordinate, nämlich den Drehwinkel bezüglich dieser Verbindungsgerade, festgelegt. In diesem Fall hat der starre Körper nur noch einen Rotationsfreiheitsgrad. Wird noch ein dritter Punkt des starren Körpers fixiert, so hat der Körper keine Freiheitsgrade mehr.

In vielen Fällen ist es sinnvoll den ausgedehnten starren Körper auf einen einzigen Massepunkt zur einfacheren Berechnung seiner Bahnkurve bei Einwirkung einer Kraft zu reduzieren. Dieser Massenmittelpunkt wird *Schwerpunkt* bzw. *Massenschwerpunkt* des starren Körpers genannt und ist das mit der Masse gewichtete Mittel der gesamten diskreten oder kontinuierlichen Massenverteilung. Bei einem homogenen Körper mit konstanter Massendichte stimmt der Massenmittelpunkt mit dem geometrischen Körperschwerpunkt überein. Der Massenmittelpunkt eines Körpers muss nicht im Inneren des Körpers liegen (wie beispielsweise bei einem Torus). Ist der Körper aber konvex geformt, so liegt der Schwerpunkt niemals außerhalb des Körpers. Für die Berechnung des Ortsvektors des Massenschwerpunktes $\vec{R}$ muss bei einer diskreten Anzahl von Massepunkten summiert und bei einer kontinuierlichen Massenverteilung über das gesamte Körpervolumen integriert werden:

Ortsvektor des Massenschwerpunktes von $n$ diskreten Massepunkten:

$$\vec{R} = \frac{1}{M} \sum_{i=1}^{n} m_i \vec{r}_i \tag{2.128a}$$

Ortsvektor des Massenschwerpunktes bei homogener Massenverteilung:

$$\vec{R} = \frac{1}{V} \int_V \vec{r} \, \mathrm{d}^3 r \tag{2.128b}$$

Ortsvektor des Massenschwerpunktes bei ortsabhängiger Massendichte:

$$\vec{R} = \frac{1}{M} \int_V \varrho(\vec{r}) \, \vec{r} \, \mathrm{d}^3 r \tag{2.128c}$$

$M$ bezeichnet die Gesamtmasse, $V$ ist das Gesamtvolumen und $\varrho(\vec{r})$ die ortsabhängige Massendichte bei einer kontinuierlichen Massenverteilung. Bei homogener Massenverteilung gilt: $\varrho = M/V = \text{konstant}$. Für die Gesamtmasse gilt:

bei diskreter Massenverteilung

$$M = \sum_{i=1}^{n} m_i \tag{2.129a}$$

bei konstanter Massendichte

$$M = \varrho \int_V \mathrm{d}^3 r \tag{2.129b}$$

bei ortsabhängiger Massendichte

$$M = \int_V \varrho(\vec{r})\, \mathrm{d}^3 r \tag{2.129c}$$

Bei kontinuierlicher Massenverteilung ist für jede der drei Komponenten des Ortsvektors des Massenschwerpunktes $\vec{R} = (x_\mathrm{S}, y_\mathrm{S}, z_\mathrm{S})$ ein Volumenintergral zu berechnen:

(bei konstanter Massendichte)

$$\vec{R} = \begin{pmatrix} x_\mathrm{S} \\ y_\mathrm{S} \\ z_\mathrm{S} \end{pmatrix} = \frac{1}{V} \begin{pmatrix} \int_V x\, \mathrm{d}^3 r \\ \int_V y\, \mathrm{d}^3 r \\ \int_V z\, \mathrm{d}^3 r \end{pmatrix} \tag{2.130a}$$

(bei ortsabhängiger Massendichte)

$$\vec{R} = \begin{pmatrix} x_\mathrm{S} \\ y_\mathrm{S} \\ z_\mathrm{S} \end{pmatrix} = \frac{1}{M} \begin{pmatrix} \int_V \varrho(\vec{r})\, x\, \mathrm{d}^3 r \\ \int_V \varrho(\vec{r})\, y\, \mathrm{d}^3 r \\ \int_V \varrho(\vec{r})\, z\, \mathrm{d}^3 r \end{pmatrix} \tag{2.130b}$$

Bei Kenntnis des Ortsvektors des Massenschwerpunktes kann dieser als Nullpunkt des sogenannten *Schwerpunktsystems* genutzt werden. Mit der Kenntnis des Schwerpunktvektors können auch die Geschwindigkeit $\dot{\vec{R}}$ und die Beschleunigung $\ddot{\vec{R}}$ des Massenschwerpunktes bestimmt werden:

$$\dot{\vec{R}} = \begin{pmatrix} \dot{x}_\mathrm{S} \\ \dot{y}_\mathrm{S} \\ \dot{z}_\mathrm{S} \end{pmatrix} = \begin{pmatrix} \frac{\mathrm{d}x_\mathrm{S}}{\mathrm{d}t} \\ \frac{\mathrm{d}y_\mathrm{S}}{\mathrm{d}t} \\ \frac{\mathrm{d}z_\mathrm{S}}{\mathrm{d}t} \end{pmatrix} \quad \text{und} \quad \ddot{\vec{R}} = \begin{pmatrix} \ddot{x}_\mathrm{S} \\ \ddot{y}_\mathrm{S} \\ \ddot{z}_\mathrm{S} \end{pmatrix} = \begin{pmatrix} \frac{\mathrm{d}^2 x_\mathrm{S}}{\mathrm{d}t^2} \\ \frac{\mathrm{d}^2 y_\mathrm{S}}{\mathrm{d}t^2} \\ \frac{\mathrm{d}^2 z_\mathrm{S}}{\mathrm{d}t^2} \end{pmatrix} \tag{2.131}$$

Mit der Gesamtmasse $M$ und der Schwerpunktsbeschleunigung $\ddot{\vec{R}}$ lässt sich das Zweite Newton'sche Gesetz als Bewegungsgleichung des Massenschwerpunktes formulieren:

$$M \ddot{\vec{R}} = \sum \vec{F}_\mathrm{ex} \tag{2.132}$$

Dabei bezeichnet $\sum \vec{F}_{ex}$ die Summe aller äußeren (externen) Kräfte. Gemäß der Gl. (2.132) haben innere (interne) Kräfte, also Kräfte zwischen einzelnen Massepunkten $m_i$ eines Massepunktsystems oder zwischen den Massenelementen $\mathrm{d}m$ eines Körpers mit kontinuierlicher Massenverteilung, hingegen keine Auswirkung auf die Bewegung des Massenschwerpunktes. Wirken keine äußeren Kräfte oder kompensieren sich sämtliche äußeren Kräfte vollständig, wird das System als mechanisch abgeschlossen bezeichnet und der Massenschwerpunkt befindet sich im Zustand der Ruhe oder der gleichförmig geradlinigen Bewegung.

**Merke**

**Schwerpunktsatz:** Der Massenschwerpunkt eines Massepunktsystems bzw. eines Körpers mit kontinuierlicher Massenverteilung bewegt sich so, als ob die Gesamtmasse in ihm punktförmig vereinigt ist und sämtliche äußeren Kräfte zusammengefasst nur auf den Massenschwerpunkt wirken würden.

Der Massenschwerpunkt eines Körpers ist allgemein zu unterscheiden von seinem *geometrischen Schwerpunkt*, da nur bei Körpern mit homogener Massendichte beide Schwerpunkte zusammenfallen. Der geometrische Schwerpunkt von Körpern wird *Volumenschwerpunkt*, von zweidimensionalen Figuren *Flächenschwerpunkt* und im eindimensionalen Fall *Linienschwerpunkt* genannt.

Der geometrische Schwerpunkt kann in einfachen Fällen und insbesondere bei Vorliegen bestimmter Symmetrien durch geometrische Überlegungen bestimmt werden. Allgemein wird jedoch der geometrische Schwerpunkt im zwei- und dreidimensionalen Fall wie auch der Massenschwerpunkt durch Integration bestimmt. Für den Ortsvektor $\vec{R}_{VS}$ des Volumenschwerpunktes gilt:

$$\vec{R}_{VS} = \begin{pmatrix} x_{VS} \\ y_{VS} \\ z_{VS} \end{pmatrix} = \frac{1}{V} \begin{pmatrix} \int\limits_V x \,\mathrm{d}^3 r \\ \int\limits_V y \,\mathrm{d}^3 r \\ \int\limits_V z \,\mathrm{d}^3 r \end{pmatrix} \tag{2.133}$$

Gl. (2.133) stimmt mit Gl. (2.130a) für den Ortsvektor des Massenschwerpunktes eines Körpers mit konstanter Massendichte überein. Für den Ortsvektor $\vec{R}_{OS}$ des Oberflächenschwerpunktes einer Körperoberfläche $A$ gilt:

$$\vec{R}_{OS} = \begin{pmatrix} x_{OS} \\ y_{OS} \\ z_{OS} \end{pmatrix} = \frac{1}{A} \begin{pmatrix} \int\limits_A x \,\mathrm{d}^2 r \\ \int\limits_A y \,\mathrm{d}^2 r \\ \int\limits_A z \,\mathrm{d}^2 r \end{pmatrix} \tag{2.134}$$

In der Tabelle 2.2 sind die Volumenschwerpunkte einiger Körper aufgeführt. Der Ursprung des jeweiligen Koordinatensystems liegt im Flächenschwerpunkt der Grundfläche des jeweiligen Körpers.

**Tabelle 2.2** Volumenschwerpunkte einiger Körper

| | |
|---|---|
| **Halbkugel**<br>Volumen: $V = \frac{2}{3}\pi r^3$<br>Volumenschwerpunkt: $\vec{R}_{VS} = \begin{pmatrix} x_{VS} \\ y_{VS} \\ z_{VS} \end{pmatrix} = \begin{pmatrix} 0 \\ 0 \\ 3r/8 \end{pmatrix}$ | 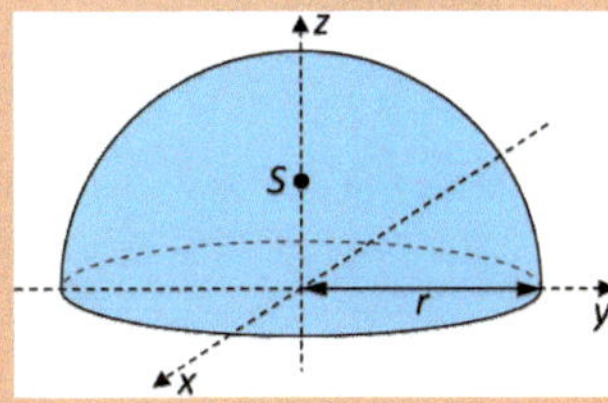 |
| **Kreiskegel**<br>Volumen: $V = \frac{1}{3}\pi r^2 h$<br>Volumenschwerpunkt: $\vec{R}_{VS} = \begin{pmatrix} x_{VS} \\ y_{VS} \\ z_{VS} \end{pmatrix} = \begin{pmatrix} 0 \\ 0 \\ h/4 \end{pmatrix}$ | 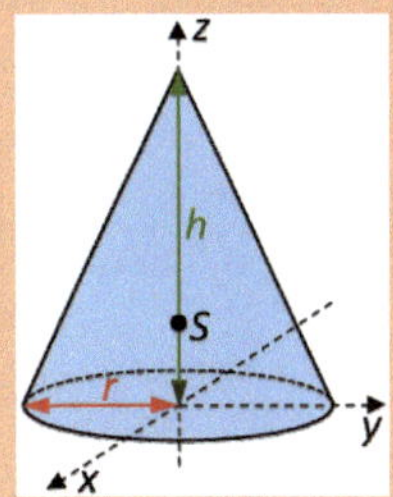 |
| **Kreiskegelstumpf**<br>Volumen: $V = \frac{1}{3}\pi h\left(R^2 + Rr + r^2\right)$<br>Volumenschwerpunkt: $\vec{R}_{VS} = \begin{pmatrix} 0 \\ 0 \\ z_{VS} \end{pmatrix}$<br>mit $z_{VS} = \frac{h}{4} \cdot \frac{R^4 - 4Rr^3 + 3r^4}{(R-r)^2\left(R^2 + Rr + r^2\right)}$ | 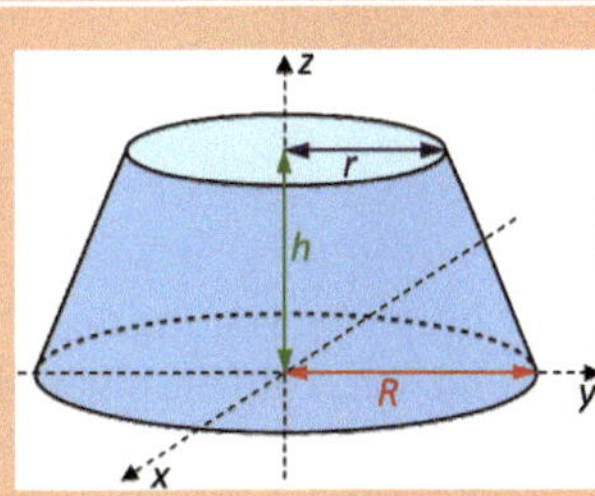 |
| **Pyramide**<br>Volumen: $V = \frac{1}{3} A h$<br>Volumenschwerpunkt: $\vec{R}_{VS} = \begin{pmatrix} x_{VS} \\ y_{VS} \\ z_{VS} \end{pmatrix} = \begin{pmatrix} 0 \\ 0 \\ h/4 \end{pmatrix}$<br>($A$ ist die Pyramidengrundfläche) | 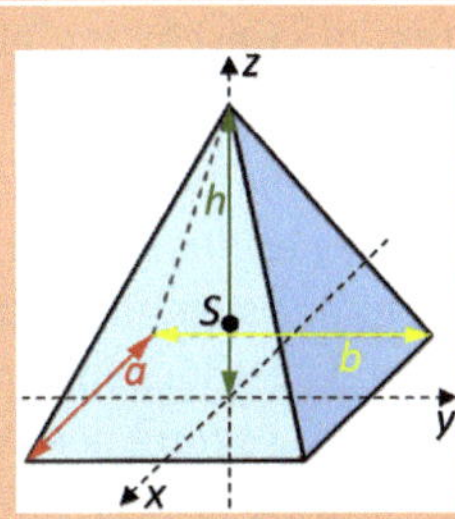 |
| **Pyramidenstumpf**<br>Volumen: $V = \frac{1}{3} h\left(A_G + \sqrt{A_G A_O} + A_O\right)$<br>Volumenschwerpunkt: $\vec{R}_{VS} = \begin{pmatrix} 0 \\ 0 \\ z_{VS} \end{pmatrix}$<br>mit $z_{VS} = \frac{h}{4} \cdot \frac{A_G + 2\sqrt{A_G A_O} + 3A_O}{A_G + \sqrt{A_G A_O} + A_O}$<br>($A_G$ ist die Grundfläche, $A_O$ ist die obere Fläche) | 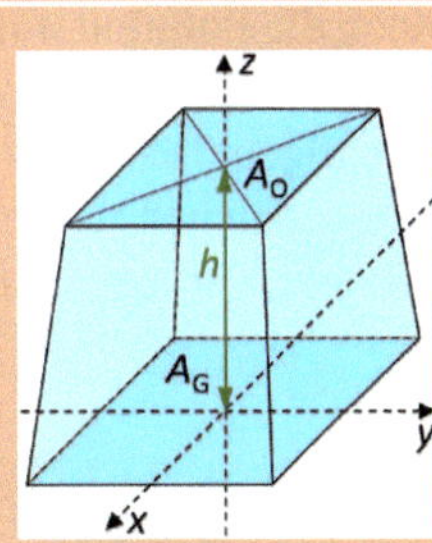 |

**Tabelle 2.2** (*Fortsetzung*) Volumenschwerpunkte einiger Körper

| | |
|---|---|
| **Rotationsparaboloid**<br>Volumen: $V=\frac{1}{2}\pi r^2 h$<br>Volumenschwerpunkt: $\vec{R}_{VS}=\begin{pmatrix}x_{VS}\\y_{VS}\\z_{VS}\end{pmatrix}=\begin{pmatrix}0\\0\\h/3\end{pmatrix}$ | 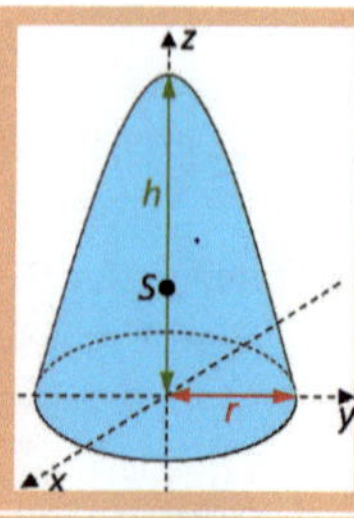 |
| **Halbellipsoid**<br>Volumen: $V=\frac{2}{3}\pi r^2 h$<br>Volumenschwerpunkt: $\vec{R}_{VS}=\begin{pmatrix}x_{VS}\\y_{VS}\\z_{VS}\end{pmatrix}=\begin{pmatrix}0\\0\\3h/8\end{pmatrix}$ | 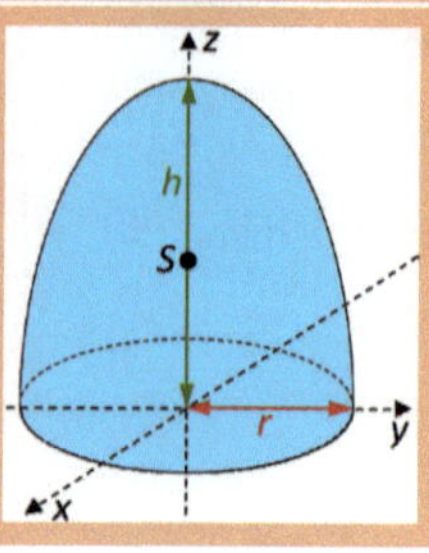 |

## 2.4.1 Translation und Rotation

Die Translationsbewegung des starren Körpers lässt sich auf die Translation seines Schwerpunktes und damit auf die eines Massepunktes, in dem die gesamte Masse des starren Körpers vereint ist, zurückführen. Wie bei einem Massepunkt kann die Translationsbewegung des starren Körpers auf einer geradlinigen oder gekrümmten Bahn, gleichförmig, gleichmäßig beschleunigt oder ungleichmäßig beschleunigt erfolgen. Zu jedem Zeitpunkt sind bei der Translation die Geschwindigkeiten und die Beschleunigungen aller Massenelemente eines starren Körpers identisch.

Eine ähnliche Analogie zwischen der Bewegung des starren Körpers und der Bewegung des Massepunktes ergibt sich für die Rotation um ein Rotationszentrum außerhalb des starren Körpers, bei der sich alle Massepunkte bzw. alle infinitesimalen Massenelemente auf konzentrischen Kugelflächen um dieses Zentrum bewegen. Auch für einen solchen Fall kann die Rotationsbewegung des starren Körpers auf die Drehung seines Schwerpunktes um ein Rotationszentrum zurückgeführt werden.

Erfolgt jedoch die Rotation um eine Achse, die durch den starren Körper verläuft, ist für die Beschreibung der Rotationsbewegung die Massenverteilung bezüglich dieser Rotationsachse zu berücksichtigen. Dies lässt sich am Beispiel der Hantel, die im einfachsten Fall aus zwei Massepunkten gleicher Masse und einer masselosen starren Verbindungachse (Hantelachse genannt) besteht, veranschaulichen (Bild 2.33).

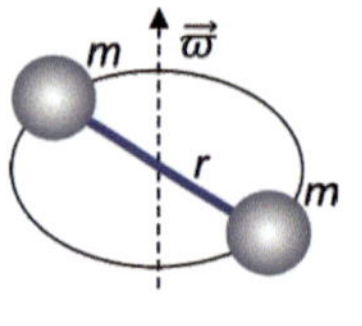


**Bild 2.33**
Hantel, bestehend aus zwei Massepunkten gleicher Masse und masseloser starrer Verbindungsachse (Hantelachse)

Im hier betrachteten Beispiel liegt der Schwerpunkt beider Massen auf dem Mittelpunkt der Hantelachse, und die Drehachse $\vec{\omega}$ soll durch den Schwerpunkt verlaufen und senkrecht auf der Hantelachse stehen. Beide Massen bewegen sich in einer Ebene auf derselben Kreisbahn um den Schwerpunkt. Der Gesamtdrehimpuls ergibt sich aus den beiden Einzeldrehimpulsen: $\vec{L} = \vec{L}_1 + \vec{L}_2 = m\vec{r}_1 \times \vec{v}_1 + m\vec{r}_2 \times \vec{v}_2$. Wählt man den Schwerpunkt als Koordinatenursprung eines Koordinatensystems gilt: $\vec{r}_1 = -\vec{r}_2$ und $r = |\vec{r}_1| = |\vec{r}_2|$ sowie $\vec{v}_1 = -\vec{v}_2$ und $v = |\vec{v}_1| = |\vec{v}_2|$. Damit ergibt sich für den Gesamtdrehimpuls der Hantel: $\vec{L} = \vec{L}_1 + \vec{L}_2 = 2m\vec{r}_1 \times \vec{v}_1 = 2m\vec{r}_1 \times (\vec{\omega} \times \vec{r}_1) = 2mr^2\,\vec{\omega}$ (da $\vec{r}_1 \perp \vec{\omega}$). Dementsprechend sind im vorliegenden Beispiel die Vektoren des Gesamtdrehimpulses $\vec{L}$ und der Drehachse $\vec{\omega}$ parallel ($\vec{L} \parallel \vec{\omega}$) und unterscheiden sich nur im Betrag um den Faktor $2\,m\,r^2$, der gleich dem *Trägheitsmoment J* der Hantel bezüglich der vorgegebenen Drehachse ist. Das Trägheitsmoment ist eine skalare und vorzeichenlose Größe und beschreibt die Trägheit eines Körpers bei Rotationsbewegungen und ist abhängig von der Massenverteilung im Körper. Die Berechnung des Trägheitsmoments des starren Körpers wird im folgenden Abschnitt 2.4.2 dargestellt. Hier soll zunächst jedoch festgehalten werden, dass das Trägheitsmoment quadratisch mit dem Abstand der Massen zur Drehachse größer wird. Im Gegensatz zum vorliegenden Beispiel ist jedoch allgemein die Drehachse nicht parallel zum Gesamtbahndrehimpuls. Dies wird deutlich, wenn die Drehachse nicht senkrecht auf der Hantelachse steht, sondern wenn gilt: $0 < |\sphericalangle(\vec{\omega}, \vec{r}_1)| < 90°$. In diesem Fall ergibt sich für den Gesamtdrehimpuls der Hantel (unter Verwendung der Graßmann-Identität für das doppelte Vektor- bzw. Kreuzprodukt):

$$\begin{aligned}
\vec{L} &= 2m\vec{r} \times (\vec{\omega} \times \vec{r}) = 2mr^2\,\vec{\omega} - 2m\vec{r}\,(\vec{\omega} \cdot \vec{r}) \\
&= 2m \begin{pmatrix} (x^2+y^2+z^2)\,\omega_x \\ (x^2+y^2+z^2)\,\omega_y \\ (x^2+y^2+z^2)\,\omega_z \end{pmatrix} - 2m \begin{pmatrix} (\omega_x x + \omega_y y + \omega_z z)\,x \\ (\omega_x x + \omega_y y + \omega_z z)\,y \\ (\omega_x x + \omega_y y + \omega_z z)\,z \end{pmatrix} \\
&= \begin{pmatrix} 2m(y^2+z^2) & -2mxy & -2mxz \\ -2mxy & 2m(x^2+z^2) & -2myz \\ -2mxz & -2myz & 2m(x^2+y^2) \end{pmatrix} \cdot \begin{pmatrix} \omega_x \\ \omega_y \\ \omega_z \end{pmatrix}
\end{aligned} \tag{2.135}$$

Die 3×3-Matrix auf der rechten Seite der Gl. (2.135) heißt *Trägheitstensor* $\hat{J}$ und wird ebenfalls im folgenden Abschnitt 2.4.2 vorgestellt. Die SI-Einheit des Trägheitsmoments, des Trägheitstensors bzw. seiner Komponenten ist: $[J] = [\hat{J}] = \text{kg m}^2 = \text{J s}^2$.

Ein starrer Körper, an dem äußere Kräfte so angreifen, dass weder die resultierende Gesamtkraft noch das Gesamtdrehmoment verschwinden, führt gleichzeitig eine beschleunigte Translations- und Rotationsbewegung aus. Ein einfaches Beispiel ist ein rotationssymmetrischer Körper (z. B. Zylinder oder Kugel) mit der Masse $m$ und dem Radius $r$, der eine *schiefe Ebene* (Abschnitt 2.4.5) hinabrollt (Bild 2.34). Dabei bewegt sich der Schwerpunkt des Körpers geradlinig beschleunigt, während alle Punkte außerhalb der Drehachse eine zusätzliche Drehbeschleunigung erfahren. Im Idealfall, d. h., wenn die Bewegung ohne Schlupf erfolgt, sind Winkelbeschleunigung $\alpha = \dot{\omega}$ und Translationsbeschleunigung $a$ durch die Beziehung $a = \dot{\omega}\,r$ miteinander verknüpft. Ursache der Bewegung ist die Hangabtriebskraft $\vec{F}_{\mathrm{H}}$, die allerdings ohne Beteiligung einer weiteren Kraft nur eine Beschleunigung des Schwerpunktes zur Folge hätte. Erst die Reibung zwischen Drehkörper und Ebene ermöglicht ein Drehmoment bezüglich des Schwerpunktes und damit eine Drehbeschleunigung. Da die hier betrachtete Bewegung in der Zeichenebene erfolgt, kann die weitere Diskussion anhand der Kraftbeträge erfolgen. Dementsprechend gilt für das durch die Reibung bewirkte Drehmoment: $M = r F_R = J\dot{\omega}$, dabei ist $J$ das Trägheitsmoment des rollenden Körpers. Die Reibungskraft ist der Hangabtriebskraft entgegengerichtet, sodass für die am Schwerpunkt angreifende resultierende Kraft gilt: $F_{res} = F_H - F_R = F_H - \frac{J\dot{\omega}}{r} = F_H - \frac{Ja}{r^2}$. Daraus folgt für Translationsbeschleunigung eines rollenden Körpers auf einer schiefen Ebene:

$$a = \frac{F_H r^2}{mr^2 + J} \tag{2.136}$$

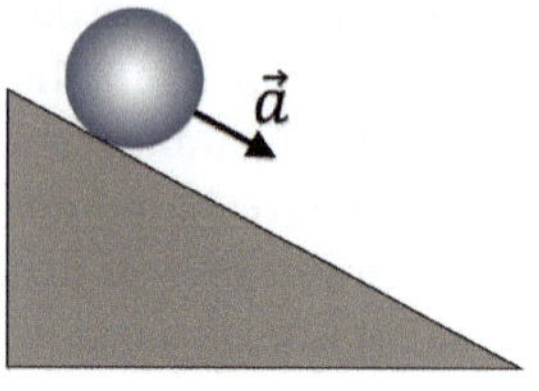


**Bild 2.34**
Rollender Körper auf einer schiefen Ebene

Die Wirkung der Rotation auf den Beschleunigungsvorgang macht sich in Form einer scheinbar vergrößerten Masse bemerkbar. Das Trägheitsmoment $J$ bewirkt einen „Massenzuwachs“ in Höhe von $\Delta m = J/r^2$ gegenüber einem Massenpunkt, der nur eine Translationsbeschleunigung erfährt. Aus der Gl. (2.136) geht auch hervor, dass Rotationskörper mit gleicher Masse $m$ und gleichem Radius $r$, aber unterschiedlichem Trägheitsmoment verschiedene Beschleunigungen erfahren. Ein Hohlzylinder rollt die schiefe Ebene langsamer hinab als ein Vollzylinder mit homogener Massenverteilung, wenn $m$ und $r$ identisch sind.

Mithilfe von Gl. (2.136) ist es auch möglich, auf einfache Weise die Bewegungsenergie eines rollenden Körpers anzugeben. Ersetzt man in dem Ausdruck für die kinetische Energie eines bewegten Massenpunktes die Masse durch die effektive Masse $m + \Delta m = m + J/r^2$, so ergibt sich für die kinetische Energie eines rollenden Körpers:

$$E_{kin} = \frac{1}{2}\left(m + \frac{J}{r^2}\right)v^2 = \frac{1}{2}mv^2 + \frac{1}{2}J\left(\frac{v}{r}\right)^2 \tag{2.137}$$

Der Quotient aus Translationsgeschwindigkeit und Radius im zweiten Summanden ist gleich der Winkelgeschwindigkeit der Rotation. Allgemein gilt für die Bewegungsenergie eines rollenden Körpers:

$$E_{kin} = E_{trans} + E_{rot} = \frac{1}{2}mv^2 + \frac{1}{2}J\omega^2 \tag{2.138}$$

In der Tabelle 2.3 sind die wichtigsten kinematischen und dynamischen Größen der Translation und Rotation zusammengefasst. Darüber hinaus gibt es Beziehungen zwischen Größen der Translation und der Rotation: Die Bahn- und die Winkelgeschwindigkeit sind über die Beziehung $\vec{v} = \vec{\omega} \times \vec{r}$, der Impuls und der Drehimpuls über die Beziehung $\vec{L} = \vec{r} \times \vec{p}$ und die Kraft und das Drehmoment sind über die Beziehung $\vec{M} = \vec{r} \times \vec{F}$ miteinander verknüpft.

**Tabelle 2.3** Zusammenfassung der wichtigsten kinematischen und dynamischen Größen der Translation und Rotation

| Translation | | Rotation | |
|---|---|---|---|
| **Größe** | **Symbol, Formel** | **Größe** | **Symbol, Formel** |
| Weg | $s,\ \Delta\vec{r}$ | Winkel | $\varphi,\ \vec{\varphi}$ |
| Geschwindigkeit | $v = \frac{ds}{dt},\ \vec{v} = \frac{d\vec{r}}{dt}$ | Winkelgeschwindigkeit | $\omega = \frac{d\varphi}{dt},\ \vec{\omega} = \frac{d\vec{\varphi}}{dt}$ |
| Beschleunigung | $a = \frac{dv}{dt} = \frac{d^2s}{dt^2},$ $\vec{a} = \frac{d\vec{v}}{dt} = \frac{d^2\vec{r}}{dt^2}$ | Winkelbeschleunigung | $\alpha = \frac{d\omega}{dt} = \frac{d^2\varphi}{dt^2},$ $\vec{\alpha} = \frac{d\vec{\omega}}{dt} = \frac{d^2\vec{\varphi}}{dt^2}$ |
| gleichförmige Translation | $s = vt + s_0,$ $\vec{r} = \vec{v}t + \vec{r}_0$ | gleichförmige Rotation | $\varphi = \omega t + \varphi_0,$ $\vec{\varphi} = \vec{\omega}t + \vec{\varphi}_0$ |
| gleichmäßig beschleunigte Translation | $s = \frac{1}{2}at^2 + v_0t + s_0,$ $\vec{r} = \frac{1}{2}\vec{a}t^2 + \vec{v}_0t + \vec{r}_0$ | gleichmäßig beschleunigte Rotation | $\varphi = \frac{1}{2}\alpha t^2 + \omega_0 t + \varphi_0,$ $\vec{\varphi} = \frac{1}{2}\vec{\alpha}t^2 + \vec{\omega}_0 t + \vec{\varphi}_0$ |
| Masse | $m$ | Trägheitsmoment, Trägheitstensor | $J,\ \hat{J}$ |
| Impuls | $\vec{p} = m\vec{v}$ | Drehimpuls | $\vec{L} = J\vec{\omega} \quad (\vec{L} \parallel \vec{\omega})$ $\vec{L} = \hat{J}\vec{\omega} \quad (\vec{L} \nparallel \vec{\omega})$ |
| Kraft | $\vec{F}$ | Drehmoment | $\vec{M}$ |
| Grundgesetz der Translation | $\vec{F} = \frac{d\vec{p}}{dt} = m\vec{a}$ | Grundgesetz der Rotation | $\vec{M} = \frac{d\vec{L}}{dt} = J\vec{\alpha} \quad (\vec{L} \parallel \vec{\omega})$ $\vec{M} = \frac{d\vec{L}}{dt} = \hat{J}\vec{\alpha} \quad (\vec{L} \nparallel \vec{\omega})$ |
| Translationsenergie | $E_{trans} = \frac{1}{2}m\vec{v}^2$ | Rotationsenergie | $E_{rot} = \frac{1}{2}J\vec{\omega}^2 \quad (\vec{L} \parallel \vec{\omega})$ $E_{rot} = \frac{1}{2}\vec{\omega}\cdot(\hat{J}\vec{\omega}) \quad (\vec{L} \parallel \vec{\omega})$ |
| mechanische Arbeit | $W = \int \vec{F}\cdot d\vec{r}$ $W = \int \vec{F}\cdot\vec{v}\,dt$ | mechanische Arbeit | $W = \int \vec{M}\cdot d\vec{\varphi}$ $W = \int \vec{M}\cdot\vec{\omega}\,dt$ |

## 2.4.2 Trägheitsmoment und Trägheitstensor

Das Trägheitsmoment (auch Massenträgheitsmoment oder Inertialmoment genannt) wurde erstmals 1749 von L. Euler (1707–1783) erwähnt und beschreibt die Trägheit eines Körpers gegenüber einer Änderung seiner Winkelgeschwindigkeit bei der Drehung um eine gegebene Rotationsachse. Damit ist das Trägheitsmoment bei der Rotation das Analogon zur trägen Masse eines Körpers bei der Translationsbewegung. Das Trägheitsmoment wird bestimmt von der Massenverteilung im Körper bezüglich der Drehachse. Je größer der Abstand eines Massenelements zur Drehachse ist, je größer ist auch sein Beitrag zum Trägheitsmoment, wobei der senkrechte Abstand zur Drehachse quadratisch eingeht. Das im vorangegangenen Abschnitt 2.4.1 diskutierte Beispiel der aus zwei Massepunkten und einer masselosen, starren Verbindungsachse bestehenden Hantel hat gezeigt, dass der Gesamtdrehimpuls $\vec{L}$ eines Körpers allgemein nicht parallel zur Drehachse $\vec{\omega}$ ist. Für bestimmte Drehachsen ist jedoch der Gesamtdrehimpuls parallel zu der jeweiligen Drehachse orientiert. Diese besonderen Drehachsen heißen *Hauptträgheitsachsen* bzw. abkürzend *Hauptachsen*. Durch jeden Raumpunkt innerhalb oder auch außerhalb eines Körpers verlaufen immer mindestens drei Hauptträgheitsachsen. In der Regel wird der Begriff „Hauptträgheitsachse" jedoch nur für die Drehachsen verwendet, die durch den Massenschwerpunkt des Körpers verlaufen und mit $\vec{\omega}_a$, $\vec{\omega}_b$ und $\vec{\omega}_c$ bezeichnet werden. Erfolgt die Rotation um eine Achse, die durch den Massenschwerpunkt verläuft aber keine Hauptträgheitsachse ist, tritt die sogenannte *dynamische Unwucht* auf (auch *Momentenunwucht* genannt.). Dabei entsteht bei der Rotation ein Biegemoment (auch Unwuchtmoment genannt) auf der Rotationsachse, was zu kreisförmigen Schwingungen an den beiden Enden der Rotationsachse führt. Dadurch taumelt die Rotationsachse, während der Massenschwerpunkt des rotierenden Körpers in der Ruhelage bleibt. Bei Drehachsen, die nicht durch den Massenschwerpunkt verlaufen, tritt unabhängig von der dynamischen Unwucht stets die sogenannte *statische Unwucht* auf. Die führt zur eine Kraft, die eine Parallelverschiebung der Drehachse bewirkt. Charakteristisch für die statische Unwucht ist, dass die Ebene, in der die Unwucht liegt, mit der Radialebene des Massenschwerpunktes übereinstimmt und somit bei der Rotation kreisförmige Schwingungen orthogonal zur Drehachse auftreten.

Das zu einer Hauptträgheitsachse zugehörige Trägheitsmoment wird als ein *Hauptträgheitsmoment* des Körpers bezeichnet. Entsprechend der Mindestanzahl von drei Hauptträgheitsachsen gibt es auch drei Hauptträgheitsmomente, die in der Regel mit $J_a$, $J_b$ und $J_c$ bezeichnet werden. Bei prismatischen Körpern mit einer kreisförmigen oder regelmäßig-vieleckförmigen Grundfläche sind zwei Hauptträgheitsmomente gleich ($J_a = J_b \neq J_c$ oder $J_a = J_c \neq J_b$ oder $J_a \neq J_b = J_c$) und die beiden zugehörigen Hauptträgheitsachsen sind parallel zur Grundfläche und die dritte Hauptträgheitsachse steht senkrecht auf der Grundfläche ($\vec{\omega}_a, \vec{\omega}_b \perp \vec{\omega}_c$ oder $\vec{\omega}_a, \vec{\omega}_c \perp \vec{\omega}_b$ oder $\vec{\omega}_b, \vec{\omega}_c \perp \vec{\omega}_a$). Bei flächensymmetrischen Körpern liegen zwei Hauptträgheitsachsen in der Symmetrieebene und die dritte Hauptträgheitsachse steht senkrecht auf der Symmetrieebene. Besitzt der Körper zwei zueinander senkrechte Symmetrieebenen, dann sind die drei Hauptträgheitsachsen gleich den beiden Ebenennormalen und der Schnittgeraden der beiden Symmetrieebenen. Sind für einen rotationssymmetrischen Körper die drei Hauptträgheitsmomente für einen bestimmten Punkt gleich groß ($J_a = J_b = J_c$), wie z. B. für den Massenmittelpunkt einer homogenen Vollkugel, dann ist jede andere Drehachse durch diesen Punkt ebenfalls eine Hauptträgheitsachse und hat dasselbe Hauptträgheitsmoment.

Im Allgemeinen sind jedoch die drei Hauptträgheitsmomente voneinander verschieden, sodass gilt: $J_a \neq J_b \neq J_c$, wobei die Summe zweier Hauptträgheitsmomente stets größer als das dritte Hauptträgheitsmoment ist ($J_a + J_b > J_c$ und $J_a + J_c > J_b$ und $J_b + J_c > J_a$). In diesem Fall gibt es nur drei aufeinander senkrecht stehende Hauptträgheitsachsen: $\vec{\omega}_a \perp \vec{\omega}_b \perp \vec{\omega}_c$. Bei einem Körper mit drei unterschiedlichen Hauptträgheitsmomenten sind Drehungen um die Hauptträgheitsachsen mit dem größten und dem kleinsten Hauptträgheitsmoment stabil, während eine Drehung um die Hauptträgheitsachse mit dem mittleren Hauptträgheitsmoment instabil ist.

Bei einem starren Körper mit diskreter Massenverteilung gilt für das Trägheitsmoment bezüglich der Drehung um eine Hauptträgheitsachse:

$$J = \sum_{i=1}^{N} m_i r_{\perp i}^2 \tag{2.139}$$

Dabei bezeichnet $r_{\perp i}^2$ das Quadrat des senkrechten Abstands des $i$-ten Massepunktes $m_i$ zur Drehachse. Wählt man die drei kartesischen Koordinatenachsen als Hauptträgheitsachsen und den Massenschwerpunkt als Ursprung dieser drei Koordinatenachsen, gilt für die drei Hauptträgheitsmomente $J_\text{a}$, $J_\text{b}$ und $J_\text{c}$:

$$J_\text{a} = \sum_{i=1}^{N} m_i \left( y_i^2 + z_i^2 \right), \quad J_\text{b} = \sum_{i=1}^{N} m_i \left( x_i^2 + z_i^2 \right), \quad J_\text{c} = \sum_{i=1}^{N} m_i \left( x_i^2 + y_i^2 \right) \tag{2.140}$$

Bei einem starren Körper mit kontinuierlicher Massenverteilung (Bild 2.35) ist die Summation in der Gl. (2.139) durch eine Volumenintegration über die Massendichte zu ersetzen und es gilt für das Trägheitsmoment bezüglich der Drehung um eine Hauptträgheitsachse.

Trägheitsmoment bei inhomogener Massendichte:

$$J = \int_V \varrho(\vec{r})\, r_\perp^2 \,\mathrm{d}^3 r \tag{2.141a}$$

Trägheitsmoment bei konstanter Massendichte:

$$J = \varrho \int_V r_\perp^2 \,\mathrm{d}^3 r \tag{2.141b}$$

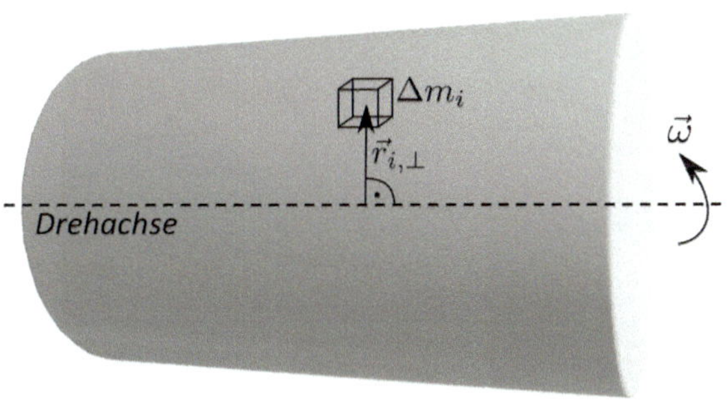


**Bild 2.35** Zur Berechnung des Trägheitsmoments eines starren Körpers

Das Trägheitsmoment eines rotationssymmetrischen Körpers mit der Masse $m$, dem Radius $R$, der Höhe $h$ und der konstanten Massendichte $\varrho = m/V$, der um seine Symmetrieachse (z. B. $z$-Achse) rotiert, kann mittels Zylinderkoordinaten berechnet werden. Dazu muss entweder die Körperhöhe $h$ als Funktion des Radius $r$ in der $xy$-Ebene (mit $r = r_\perp = \sqrt{x^2 + y^2}$) oder der Radius $r$ in der $xy$-Ebene als Funktion der $z$-Koordinate gegeben sein. Nach Ausführung der Integration über den Azimutwinkel $\varphi$ (mit $0 \le \varphi < 2\pi$) und der $z$-Koordinate (mit $0 \le z \le h$) bzw. der Integration über den Azimutwinkel $\varphi$ und den Radius $r$ (mit $0 \le r \le R$) erhält man:

$$J = 2\pi\varrho \int_0^R r^3 h(r)\,\mathrm{d}r \quad \text{bzw.} \quad J = \frac{1}{2}\pi\varrho \int_0^h \left(r(z)\right)^4 \mathrm{d}z \tag{2.142}$$

Dabei wurde das Volumenelement $\mathrm{d}^3 r$ in Zylinderkoordinaten verwendet: $\mathrm{d}^3 r = r\,\mathrm{d}r\,\mathrm{d}\varphi\,\mathrm{d}z$.

In der Tabelle 2.4 sind die Trägheitsmomente einiger einfacher Körper mit konstanter Massendichte angegeben. Erfolgt die Rotation um eine Achse, die parallel zu einer Hauptträgheitsachse mit bekanntem Trägheitsmoment verläuft, kann das Trägheitsmoment für die parallel verschobene Achse mit dem *Satz von Steiner* (auch Satz von Huygens-Steiner oder Parallelachsen-Theorem genannt) berechnet werden (Bild 2.36). Dieser Satz geht auf Untersuchungen von J. Steiner (1796–1863) und C. Huygens (1629–1695) zurück und besagt, dass sich das Trägheitsmoment für die parallel verschobene Achse aus der Summation des bekannten Trägheitsmomentes $J_\mathrm{H}$ für die entsprechende Hauptträgheitsachse und dem Produkt aus der Masse $m$ des Körpers und dem Quadrat des senkrechten Abstands $d^2$ zwischen den beiden Drehachsen ergibt:

$$J = J_\mathrm{H} + md^2 \tag{2.143}$$

Ein Sonderfall sind flache starre Körper, wie z. B. eine Kreisscheibe, mit einer gleichmäßigen Dicke, die im Vergleich mit den anderen Abmessungen des Körpers vernachlässigt werden kann.

**Tabelle 2.4** Trägheitsmomente einiger Körper mit konstanter Massendichte

| | |
|---|---|
| **Vollkugel:** $J = \frac{2}{5} m r^2$<br>(Drehachse durch den Schwerpunkt) | 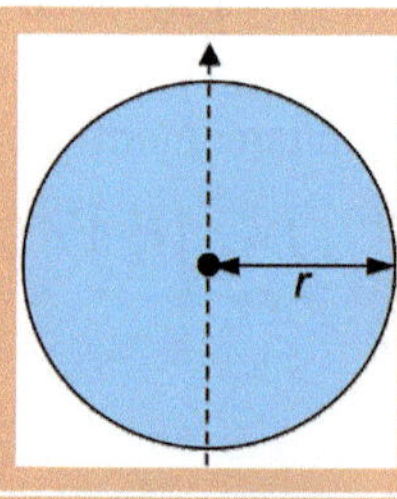 |
| **Hohlkugel:** $J = \frac{2}{5} m \frac{r_\mathrm{a}^5 - r_\mathrm{i}^5}{r_\mathrm{a}^3 - r_\mathrm{i}^3}$<br>(Drehachse durch den Schwerpunkt, Wandstärke: $d = r_\mathrm{a} - r_\mathrm{i}$) | 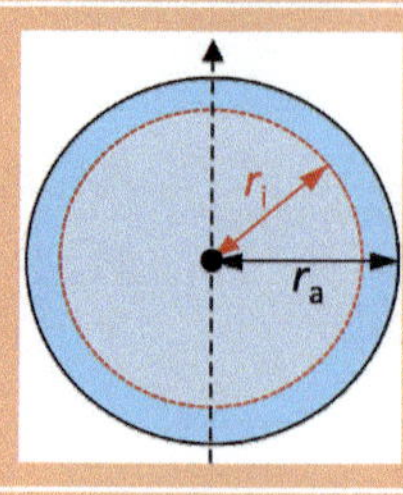 |
| **Kugelschale:** $J = \frac{2}{3} m r^2$<br>(Drehachse durch den Schwerpunkt, Wandstärke: $d \ll r_\mathrm{a}$) | 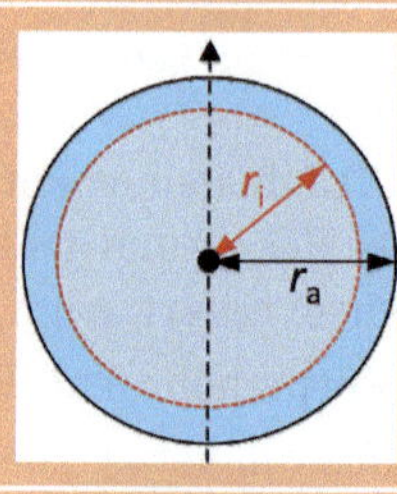 |
| **Halbkugel:** $J = \frac{2}{5} m r^2$<br>(Drehachse durch den Schwerpunkt und senkrecht zur Kreisfläche *oder* Drehachse in der Kreisfläche durch den Mittelpunkt der Kreisfläche) | 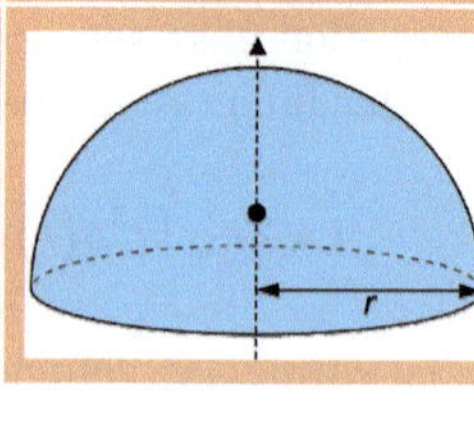 |

**Tabelle 2.4** (*Fortsetzung*) Trägheitsmomente einiger Körper mit konstanter Massendichte

| | |
|---|---|
| **Vollellipsoid:** $J = \frac{1}{5} m \left(a^2 + b^2\right)$<br>(Drehachse durch den Schwerpunkt und parallel zur c-Richtung) | 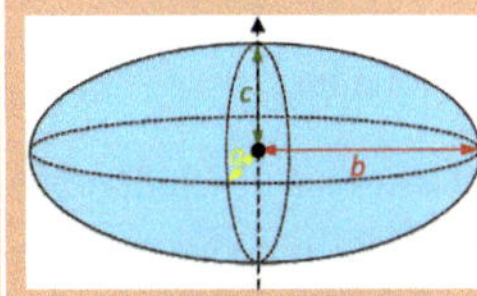 |
| **Vollzylinder:** $J = \frac{1}{2} m r^2$<br>(Drehung um die Symmetrieachse) | 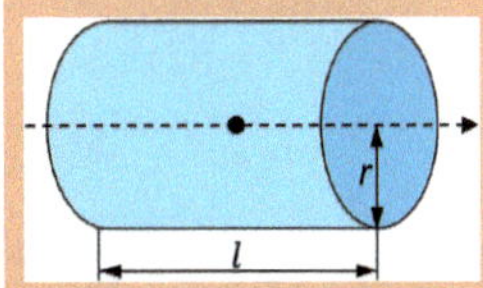 |
| **Vollzylinder:** $J = \frac{1}{4} m r^2 + \frac{1}{12} m l^2$<br>(Drehachse senkrecht zur Symmetrieachse und durch den Schwerpunkt) | 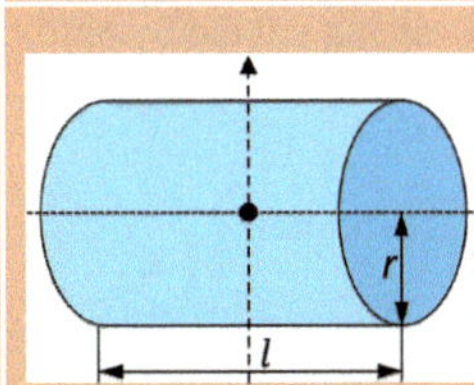 |
| **Hohlzylinder:** $J = \frac{1}{2} m \left(r_a^2 + r_i^2\right)$<br>(Drehung um die Symmetrieachse, Wandstärke: $d = r_a - r_i$) | 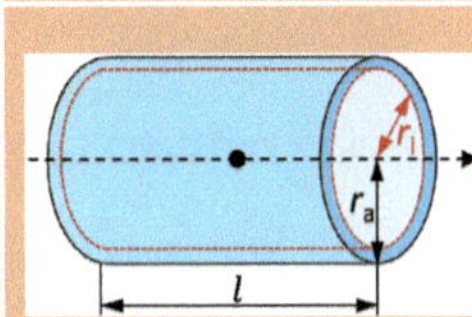 |
| **Zylindermantel:** $J = m r^2$<br>(Drehachse durch den Schwerpunkt, Wandstärke: $d \ll r_a$) | 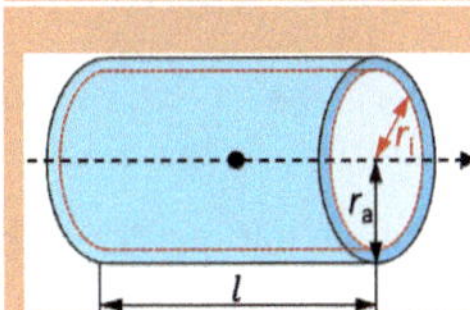 |
| **Zylindermantel:** $J = \frac{1}{2} m r^2 + \frac{1}{12} m l^2$<br>(Drehachse senkrecht zur Symmetrieachse und durch den Schwerpunkt, Wandstärke: $d \ll r_a$) | 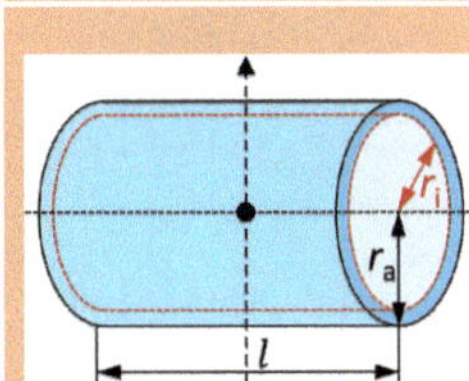 |
| **Dünner Stab ($r \ll l$):** $J = \frac{1}{12} m l^2$<br>(Drehachse senkrecht zur Stabachse und durch den Schwerpunkt) | 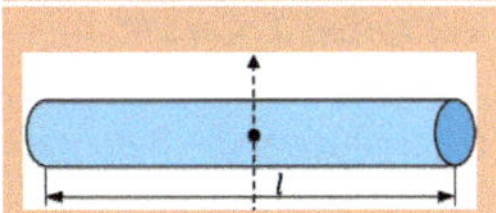 |
| **Dünner Stab ($r \ll l$):** $J = \frac{1}{3} m l^2$<br>(Drehachse senkrecht zur Stabachse und auf einer der beiden Stirnflächen) | 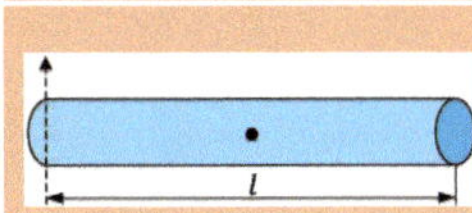 |

**Tabelle 2.4** (*Fortsetzung*) Trägheitsmomente einiger Körper mit konstanter Massendichte

| **Vollquader:** $J = \frac{1}{12} m \left(a^2 + b^2\right)$<br>(Drehachse durch den Schwerpunkt und senkrecht zur Fläche der Kanten *a* und *b*) | 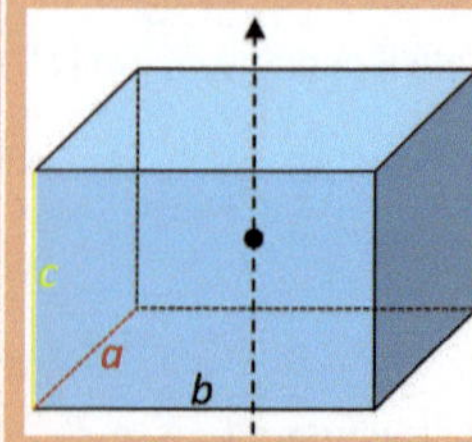 |
|---|---|
| **Vollkreiskegel:** $J = \frac{3}{10} m r^2$<br>(Drehung um die Symmetrieachse) | 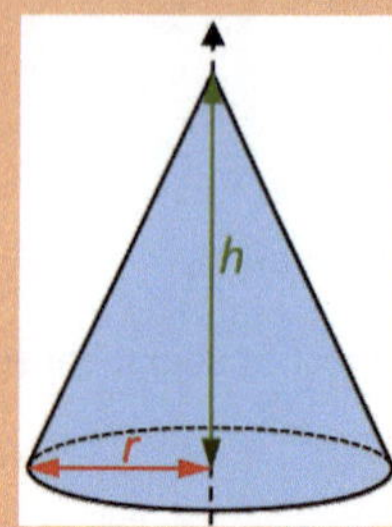 |
| **Kegelmantel:** $J = \frac{1}{2} m r^2$<br>(Drehung um die Symmetrieachse, Wandstärke: $d \ll r_a$) | |
| **Vollkreiskegelstumpf:** $J = \frac{3}{10} m \frac{r_1^5 - r_2^5}{r_1^3 - r_2^3}$<br>(Drehung um die Symmetrieachse) | 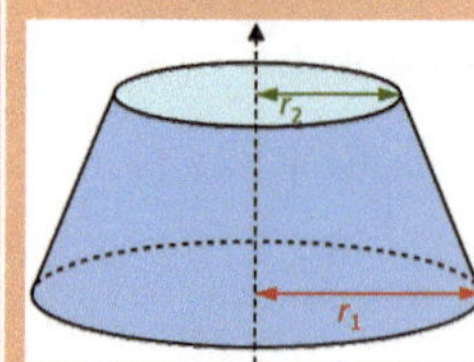 |
| **Pyramide mit quadratischer Grundfläche:** $J = \frac{1}{5} m r^2 = \frac{1}{10} m l^2$<br>(Drehung um die Symmetrieachse) | 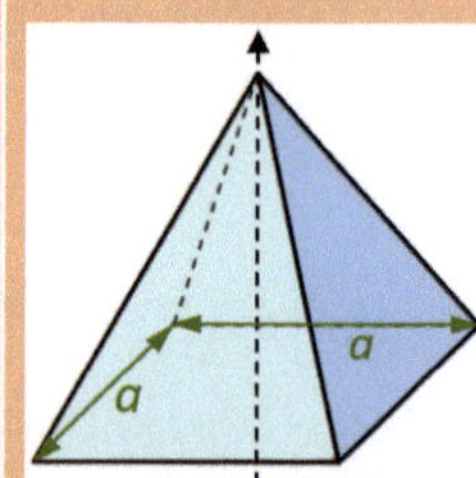 |
| **Volltorus:** $J = m \left(R^2 + \frac{3}{4} r^2\right)$<br>(Drehung um die Symmetrieachse) | 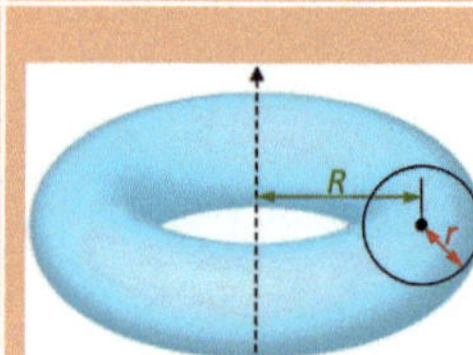 |

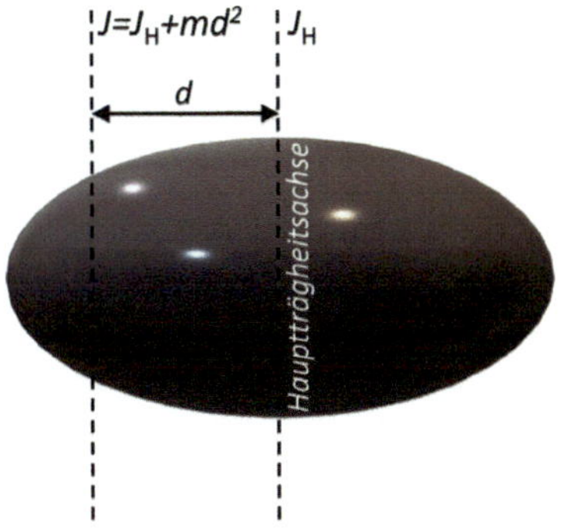


**Bild 2.36**
Trägheitsmoment einer Drehachse, die parallel zu einer Hauptträgheitsachse verläuft

> **Merke**
> Die Summe der Trägheitsmomente eines flachen starren Körpers um zwei beliebige senkrechte Drehachsen in der Ebene des Körpers ist gleich dem Trägheitsmoment um eine Drehachse, die durch den Schnittpunkt der beiden Drehachsen und senkrecht zur Ebene des Körpers verläuft.

Liegt der flache starre Körper beispielsweise in der *xy*-Ebene und $J_x$ und $J_y$ bezeichnen die Trägheitsmomente für die Drehung um die *x*- bzw. um die *y*-Achse gilt für das Trägheitsmoment $J_z$ für die Drehung um die *z*-Achse:

$$J_z = J_x + J_y \tag{2.144}$$

Im Allgemeinen ist die Drehachse eines rotierenden starren Körpers keine seiner Hauptträgheitsachsen, sodass der Drehimpuls des Körpers nicht parallel zur Drehachse liegt. Dann muss zur Beschreibung der Rotation des Körpers sein *Trägheitstensor* bestimmt werden. Der Trägheitstensor ist eine symmetrische reelle 3×3-Matrix mit maximal 6 unterschiedlichen Matrixelementen. Liegt der Nullpunkt des Koordinatensystems im Massenschwerpunkt des Körpers, sind die Diagonalelemente des Trägheitstensors gleich den Trägheitsmomenten des Körpers bei Rotation um die jeweilige Koordinatenachse des Koordinatensystems. Die Nichtdiagonalelemente des Trägheitstensors heißen *Deviationsmomente* (häufig auch als Zentrifugalmomente oder Nebenträgheitsmomente bezeichnet) und sind ein Maß für das Bestreben eines rotierenden Körpers, seine Rotationsachse zu verändern. Die Eigenwerte des Trägheitstensors sind die Hauptträgheitsmomente und die Eigenvektoren sind parallel zu den Hauptträgheitsachsen, die das körperfeste Hauptachsensystem definieren. Für ein von den Hauptträgheitsachsen aufgespanntes körperfestes Koordinatensystem (*Hauptträgheitssystem* oder *Hauptachsensystem* genannt) ist der Trägheitstensor eine Diagonalmatrix, bei der nur die Diagonalelemente, die gleich den Hauptträgheitsmomenten sind, von null verschieden sind.

Für ein starren Körper bestehend aus $N$ disktreten Massepunkten mit den Massen $m_i$ und den Ortsvektoren $\vec{r}_i = (x_i, y_i, z_i)$ mit $i = 1 \ldots N$ gilt für den Trägheitstensor $\hat{J}$ in kartesischen Koordinaten:

$$\hat{J} = \begin{pmatrix} J_{xx} & J_{xy} & J_{xz} \\ J_{xy} & J_{yy} & J_{yz} \\ J_{xz} & J_{yz} & J_{zz} \end{pmatrix} = \sum_{i=1}^{N} m_i \begin{pmatrix} \left(y_i^2 + z_i^2\right) & -x_i y_i & -x_i z_i \\ -x_i y_i & \left(x_i^2 + z_i^2\right) & -y_i z_i \\ -x_i z_i & -y_i z_i & \left(x_i^2 + y_i^2\right) \end{pmatrix} \tag{2.145}$$

Bei kontinuierlicher Massenverteilung muss die Summation über die diskreten Massepunkte durch die Integration über das gesamte Volumen des Körpers ersetzt werden:

$$\hat{J} = \begin{pmatrix} \int\left(y^2 + z^2\right) \varrho(\vec{r})\, \mathrm{d}^3 r & -\int x\, y\, \varrho(\vec{r})\, \mathrm{d}^3 r & -\int x\, z\, \varrho(\vec{r})\, \mathrm{d}^3 r \\ -\int x\, y\, \varrho(\vec{r})\, \mathrm{d}^3 r & \int\left(x^2 + z^2\right) \varrho(\vec{r})\, \mathrm{d}^3 r & -\int y\, z\, \varrho(\vec{r})\, \mathrm{d}^3 r \\ -\int x\, z\, \varrho(\vec{r})\, \mathrm{d}^3 r & -\int y\, z\, \varrho(\vec{r})\, \mathrm{d}^3 r & -\int y\, z\, \varrho(\vec{r})\, \mathrm{d}^3 r \end{pmatrix} \tag{2.146}$$

Dementsprechend gilt bei konstanter Massendichte $\varrho = M/V$ für den Trägheitstensor $\hat{J}$ des starren Körpers in kartesischen Koordinaten:

$$\hat{J} = \varrho \begin{pmatrix} \int\left(y^2 + z^2\right) \mathrm{d}^3 r & \int\left(y^2 + z^2\right) \mathrm{d}^3 r & -\int x\, z\, \mathrm{d}^3 r \\ -\int x\, y\, \mathrm{d}^3 r & \int\left(x^2 + z^2\right) \mathrm{d}^3 r & -\int y\, z\, \mathrm{d}^3 r \\ -\int x\, z\, \mathrm{d}^3 r & -\int y\, z\, \mathrm{d}^3 r & \int\left(x^2 + y^2\right) \mathrm{d}^3 r \end{pmatrix} \tag{2.147}$$

Für den Drehimpuls des starren Körpers gilt somit in kartesischen Koordinaten:

$$\vec{L} = \begin{pmatrix} L_x \\ L_y \\ L_z \end{pmatrix} = \hat{J}\vec{\omega} = \begin{pmatrix} J_{xx} & J_{xy} & J_{xz} \\ J_{xy} & J_{yy} & J_{yz} \\ J_{xz} & J_{yz} & J_{zz} \end{pmatrix} \cdot \begin{pmatrix} \omega_x \\ \omega_y \\ \omega_z \end{pmatrix} = \begin{pmatrix} J_{xx}\,\omega_x + J_{xy}\,\omega_y + J_{xz}\,\omega_z \\ J_{xy}\,\omega_x + J_{yy}\,\omega_y + J_{yz}\,\omega_z \\ J_{xz}\,\omega_x + J_{yz}\,\omega_y + J_{zz}\,\omega_z \end{pmatrix} \tag{2.148}$$

und für die Rotationsenergie gilt in kartesischen Koordinaten:

$$E_{\mathrm{rot}} = \frac{1}{2}\left(\omega_x^2 J_{xx} + \omega_y^2 J_{yy} + \omega_z^2 J_{zz}\right) + \omega_x\,\omega_y\,J_{xy} + \omega_x\,\omega_z\,J_{xz} + \omega_y\,\omega_z\,J_{yz} \tag{2.149}$$

Gemäß Gl. (2.148) und Gl. (2.149) werden der Drehimpuls und die Rotationsenergie bei einer beliebig durch den Körper verlaufenden Drehachse sowohl von den Diagonal- als auch von den Nichtdiagonalelementen des Trägheitstensors bestimmt. Mittels der sogenannten *Hauptachsentransformation* kann der Trägheitstensor diagonalisiert werden, wodurch sich die Diagonalform $\hat{J}_{\mathrm{D}}$ des Trägheitstensors ergibt:

$$\hat{J}_{\mathrm{D}} = \begin{pmatrix} J_{\mathrm{a}} & 0 & 0 \\ 0 & J_{\mathrm{b}} & 0 \\ 0 & 0 & J_{\mathrm{c}} \end{pmatrix} \tag{2.150}$$

Im Allgemeinen sind jedoch die drei Hauptträgheitsmomente $J_{\mathrm{a}}$, $J_{\mathrm{b}}$ und $J_{\mathrm{c}}$ (Konvention: $J_{\mathrm{a}} \le J_{\mathrm{b}} \le J_{\mathrm{c}}$) verschieden von den Diagonalelementen des Trägheitstensors $J_{xx}$, $J_{yy}$ und $J_{zz}$, insbesondere wenn gilt: $J_{xy}, J_{xz}, J_{yz} \neq 0$. Mit der Diagonalform des Trägheitstensors ergibt sich für die Rotationsenergie:

$$E_{\mathrm{rot}} = \frac{1}{2}\left(\omega_x^2 J_{\mathrm{a}} + \omega_y^2 J_{\mathrm{b}} + \omega_z^2 J_{\mathrm{c}}\right) \tag{2.151}$$

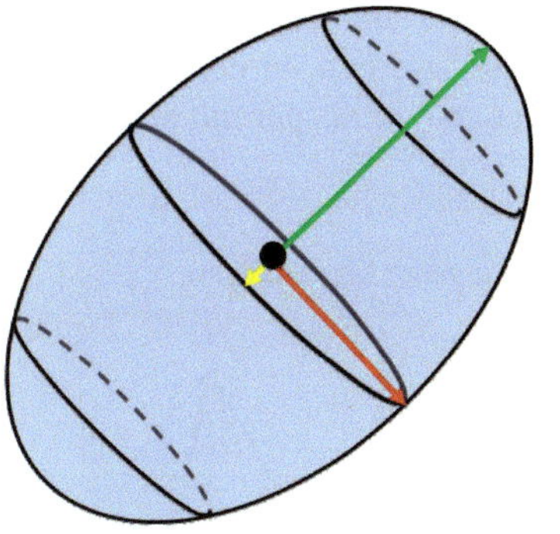

**Bild 2.37**
Trägheitsellipsoid und Hauptträgheitsachsen eines starren Körpers

Durch Umformung folgt daraus die Gleichung des sogenannten *Trägheitsellipsoiden* mit den drei Halbachsen $a = 1/\sqrt{J_\mathrm{a}}$, $b = 1/\sqrt{J_\mathrm{b}}$ und $c = 1/\sqrt{J_\mathrm{c}}$ (mit $a \geq b \geq c$) sowie den Koordinatenachsen $x_\mathrm{a} = \omega_x/\sqrt{2E_\mathrm{rot}}$, $x_\mathrm{b} = \omega_y/\sqrt{2E_\mathrm{rot}}$ und $x_\mathrm{c} = \omega_z/\sqrt{2E_\mathrm{rot}}$ des körperfesten Hauptachsensystems (Bild 2.37):

$$1 = \frac{\omega_x^2 J_\mathrm{a}}{2E_\mathrm{rot}} + \frac{\omega_y^2 J_\mathrm{b}}{2E_\mathrm{rot}} + \frac{\omega_z^2 J_\mathrm{c}}{2E_\mathrm{rot}} = \frac{x_\mathrm{a}^2}{a^2} + \frac{x_\mathrm{b}^2}{b^2} + \frac{x_\mathrm{c}^2}{c^2} \tag{2.152}$$

Gemäß der Gl. (2.152) liegen die Halbachsen des Trägheitsellipsoids jeweils auf den drei Hauptträgheitsachsen des starren Körpers. Der Halbachse $a$ mit dem größten Abstand vom Zentrum des Trägheitsellipsoiden ist das kleinste Hauptträgheitsmoment $J_\mathrm{a}$ und der Halbachse $c$ mit dem kleinsten Abstand vom Zentrum ist das größte Hauptträgheitsmoment $J_\mathrm{c}$ zugeordnet. Bei konstanter Massendichte und der Drehung um eine Achse durch den Massenschwerpunkt kann von der äußeren Form des starren Körpers auf die Gestalt seines Trägheitsellipsoids geschlossen werden. Zu unterscheiden sind folgende drei Fälle:

- $J_\mathrm{a} = J_\mathrm{b} = J_\mathrm{c}$: Bei *sphärischen Kreiseln* bzw. *Kugelkreiseln* ist der Trägheitsellipsoid eine Kugel (mit $a = b = c$). Infolgedessen sind alle Drehachsen durch den Massenschwerpunkt Hauptträgheitsachsen mit demselben Hauptträgheitsmoment. Die Form des Körpers muss jedoch nicht unbedingt der einer Kugel entsprechen, sondern es genügt bereits eine Punktsymmetrie bezüglich des Massenschwerpunktes wie beispielsweise bei einem Würfel. In der Realität sind jedoch selten alle Hauptträgheitsmomente aufgrund von Inhomogenitäten, Dehnungen oder Verformungen exakt gleich.
- $J_\mathrm{a} = J_\mathrm{b} \neq J_\mathrm{c}$: Bei *symmetrischen Kreiseln* ist der Trägheitsellipsoid ein Rotationsellipsoid (mit $a = b \neq c$). Bei solchen rotationssymmetrischen Körpern wie z. B. der Zylinder ist die Symmetrieachse stets eine Hauptträgheitsachse. Auch bei Körpern mit $n$-zähliger Drehsymmetrie mit $n \geq 3$ ist der Trägheitsellipsoid ein Rotationsellipsoid. Beim gestreckten oder *prolaten Kreisel* mit $J_\mathrm{a} = J_\mathrm{b} > J_\mathrm{c}$ ist das Trägheitsellipsoid ein entlang der $c$-Halbachse (Koordinatenachse $x_\mathrm{c}$) langgestrecktes, zigarrenförmiges Rotationsellipsoid. Hingegen ist beim abgeplatteten oder *oblaten Kreisel* mit $J_\mathrm{a} = J_\mathrm{b} < J_\mathrm{c}$ ist das Trägheitsellipsoid ein entlang der $c$-Halbachse (Koordinatenachse $x_\mathrm{c}$) gestauchtes Rotationsellipsoid. Die Fälle $J_\mathrm{a} = J_\mathrm{b} \neq J_\mathrm{c}$, $J_\mathrm{a} = J_\mathrm{c} \neq J_\mathrm{b}$ und $J_\mathrm{a} \neq J_\mathrm{b} = J_\mathrm{c}$ entsprechen alle dem Fall des symmetrischen Kreisels.
- $J_\mathrm{a} \neq J_\mathrm{b} \neq J_\mathrm{c}$: Bei *unsymmetrischen Kreiseln* ist das Trägheitsellipsoid ein „echtes“ Ellipsoid (mit $a \neq b \neq c$). Beispiele für einen unsymmetrischen Kreisel sind ein Quader mit drei ungleichen Kantenlängen und ein Ellipsoid mit unterschiedlichen Halbachsenlängen.

Bei inhomogener Massendichte kann im Allgemeinen nicht von der äußeren Form des starren Körpers auf die Gestalt seines Trägheitsellipsoids geschlossen werden. In der Tabelle 2.5 sind die diagonalisierten Trägheitstensoren einiger einfacher starrer Körper mit konstanter Massendichte aufgelistet.

**Tabelle 2.5** Diagonalisierte Trägheitstensoren einiger Körper mit homogener Massendichte

| | |
|---|---|
| **Pyramide** mit Masse *m*, Höhe *h* und rechteck-förmiger Grundfläche (Kantenlängen *a* und *b*), Koordinatenursprung des Hauptachsensystems im Massenschwerpunkt: $\hat{J} = \frac{m}{80}\begin{pmatrix} 4b^2+3h^2 & 0 & 0 \\ 0 & 4a^2+3h^2 & 0 \\ 0 & 0 & 4a^2+4b^2 \end{pmatrix}$ | 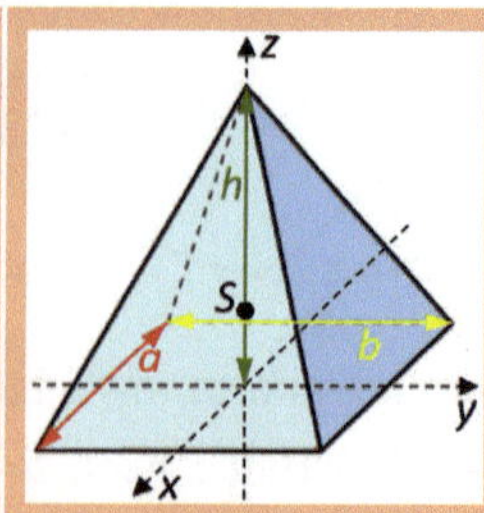 |
| **Pyramide** mit Masse *m*, Höhe *h* und rechteck-förmiger Grundfläche (Kantenlängen *a* und *b*), Koordinatenursprung des Hauptachsensystems in der Pyramidenspitze: $\hat{J} = \frac{m}{20}\begin{pmatrix} b^2+12h^2 & 0 & 0 \\ 0 & a^2+12h^2 & 0 \\ 0 & 0 & a^2+b^2 \end{pmatrix}$ | |
| **Kreiskegel** mit Masse *m*, Radius *r* und Höhe *h*, Koordinatenursprung des Hauptachsensystems im Massenschwerpunkt: $\hat{J} = \frac{m}{80}\begin{pmatrix} 12r^2+3h^2 & 0 & 0 \\ 0 & 12r^2+3h^2 & 0 \\ 0 & 0 & 24r^2 \end{pmatrix}$ | 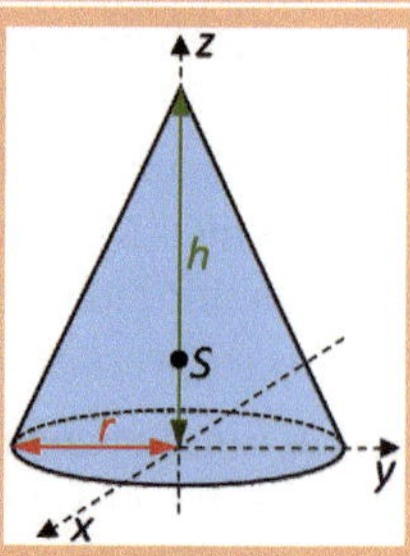 |
| **Kreiskegel** mit Masse *m*, Radius *r* und Höhe *h*, Koordinatenursprung des Hauptachsensystems in der Kreiskegelspitze: $\hat{J} = \frac{m}{20}\begin{pmatrix} 3r^2+12h^2 & 0 & 0 \\ 0 & 3r^2+12h^2 & 0 \\ 0 & 0 & 6r^2 \end{pmatrix}$ | |
| **Regelmäßiges Tetraeder** mit Masse *m* und Kantenlänge *s*, Koordinatenursprung des Hauptachsensystems im Massenschwerpunkt: $\hat{J} = \frac{ms^2}{20}\begin{pmatrix} 1 & 0 & 0 \\ 0 & 1 & 0 \\ 0 & 0 & 1 \end{pmatrix}$ | 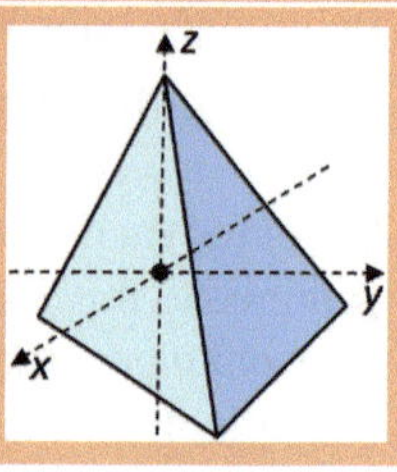 |

**Beispiel**

Berechnen Sie den Trägheitstensor eines Würfels mit der Masse $m$, der konstanten Massendichte $\rho = m/V$, der Kantenlänge $a$ und dem Volumen $V = a^3$. Der Koordinatenursprung des Hauptachsensystems liegt im Massenschwerpunkt und die Koordinatenachsen verlaufen parallel zu den Würfelkanten. Für alle drei Koordinaten ist der Integrationsbereich von $-a/2$ bis $a/2$.

$$\begin{aligned} J_{xx} &= \varrho \int_{-a/2}^{a/2} \int_{-a/2}^{a/2} \int_{-a/2}^{a/2} \left(y^2 + z^2\right) \mathrm{d}x\,\mathrm{d}y\,\mathrm{d}z \\ &= \varrho \int_{-a/2}^{a/2} \int_{-a/2}^{a/2} \int_{-a/2}^{a/2} y^2\,\mathrm{d}x\,\mathrm{d}y\,\mathrm{d}z + \varrho \int_{-a/2}^{a/2} \int_{-a/2}^{a/2} \int_{-a/2}^{a/2} z^2\,\mathrm{d}x\,\mathrm{d}y\,\mathrm{d}z \\ &= \varrho \left[\frac{y^3}{3}\right]_{-a/2}^{a/2} \left[x\right]_{-a/2}^{a/2} \left[z\right]_{-a/2}^{a/2} + \varrho \left[\frac{z^3}{3}\right]_{-a/2}^{a/2} \left[x\right]_{-a/2}^{a/2} \left[y\right]_{-a/2}^{a/2} = \varrho \frac{a^5}{6} \end{aligned}$$

$$J_{yy} = \varrho \int_{-a/2}^{a/2} \int_{-a/2}^{a/2} \int_{-a/2}^{a/2} \left(x^2 + z^2\right) \mathrm{d}x\,\mathrm{d}y\,\mathrm{d}z = \varrho \frac{a^5}{6}$$

$$J_{zz} = \varrho \int_{-a/2}^{a/2} \int_{-a/2}^{a/2} \int_{-a/2}^{a/2} \left(x^2 + y^2\right) \mathrm{d}x\,\mathrm{d}y\,\mathrm{d}z = \varrho \frac{a^5}{6}$$

$$J_{xy} = \varrho \int_{-a/2}^{a/2} \int_{-a/2}^{a/2} \int_{-a/2}^{a/2} xy\,\mathrm{d}x\,\mathrm{d}y\,\mathrm{d}z = \varrho \left[\frac{x^2}{2}\right]_{-a/2}^{a/2} \left[\frac{y^2}{2}\right]_{-a/2}^{a/2} \left[z\right]_{-a/2}^{a/2}$$

$$J_{xz} = \varrho \int_{-a/2}^{a/2} \int_{-a/2}^{a/2} \int_{-a/2}^{a/2} xz\,\mathrm{d}x\,\mathrm{d}y\,\mathrm{d}z = \varrho \left[\frac{x^2}{2}\right]_{-a/2}^{a/2} \left[y\right]_{-a/2}^{a/2} \left[\frac{z^2}{2}\right]_{-a/2}^{a/2}$$

$$J_{yz} = \varrho \int_{-a/2}^{a/2} \int_{-a/2}^{a/2} \int_{-a/2}^{a/2} yz\,\mathrm{d}x\,\mathrm{d}y\,\mathrm{d}z = \varrho \left[x\right]_{-a/2}^{a/2} \left[\frac{y^2}{2}\right]_{-a/2}^{a/2} \left[\frac{z^2}{2}\right]_{-a/2}^{a/2}$$

Daraus folgt: $J_{xy} = J_{xz} = J_{yz} = 0$ und somit ergibt sich folgender Trägheitstensor:

$$\hat{J} = \frac{\varrho a^5}{6} \begin{pmatrix} 1 & 0 & 0 \\ 0 & 1 & 0 \\ 0 & 0 & 1 \end{pmatrix} = \frac{m a^2}{6} \begin{pmatrix} 1 & 0 & 0 \\ 0 & 1 & 0 \\ 0 & 0 & 1 \end{pmatrix}$$

### 2.4.3 Kreiselbewegung

Kreisel in den verschiedensten Ausführungen sind seit langer Zeit bekannt. Die physikalische Beschreibung der Bewegung von Kreiseln ist ein Teilgebiet der Dynamik des starren Körpers und wird meist unter dem Begriff *Kreiseltheorie* zusammengefasst. Die analytische Beschreibung der Kreiselbewegung erfolgte erstmals durch J. A. Segner (1704–1777), der bereits die Bedeutung der Reibung für das Aufrichten der Kreiselachse erkannte. Im Jahre 1750 stellte L. Euler (1707–1783) die nach ihm benannten Kreiselgleichungen auf, die er im Jahre 1758 für den kräftefreien Kreisel (den sogenannten *Euler-Kreisel*) lösen bzw. auf elliptische Integrale zurückführen konnte. Im Jahre 1788 konnte J.-L. de Lagrange (1736–1813) eine Lösung für den schweren, symmetrischen Kreisel mit Fixpunkt (den sogenannten *Langrange-Kreisel*) und S. W. Kowalewskaja (1850–1891) im Jahre 1888 eine Lösung für den schweren, symmetrischen, inhomogenen Kreisel (den sogenannten *Kowalewskaja-Kreisel*) angeben. Im Jahre 1894 bewies A. M. Ljapunow (1857–1918), dass die drei Fälle von Euler, Lagrange und Kowalewskaja die einzigen sind, in denen die Lösung der Kreiselgleichungen bei beliebigen Anfangsbedingungen eine eindeutige Funktion der Zeit ist. Bis zum Beginn des 21. Jahrhundert war jedoch die Lösbarkeit der Kreiselbewegungen für viele Fälle ungeklärt. Durch die Entwicklung der modernen Computertechnik sind numerische Simulation möglich, sodass sich damit Bewegungsgleichungen bei beliebigen Anfangsbedingungen lösen lassen.

#### Kräftefreier symmetrischer Kreisel

Im vorausgegangenen Abschnitt wurden Drehungen betrachtet, bei denen die Drehachse als orts- oder raumfest angenommen wurde. Die Voraussetzungen für diese Annahme sind, dass die Richtungen des beschleunigenden oder verzögernden Drehmoments und die der Drehachse, bis auf den Drehsinn, entweder übereinstimmen oder aber die Drehachse durch weitere Kräfte fixiert ist. Ist der sich drehende Körper ein symmetrischer Kreisel so spricht man dementsprechend vom *kräftefreien Kreisel* bzw. vom *drehmomentfreien Kreisel* (auch *Euler-Kreisel* genannt), wenn auf ihn keine äußeren Drehmomente wirken, d. h. alle äußeren Kräfte außerhalb des Massenschwerpunktes heben sich gegenseitig auf. Dazu muss der Auflagepunkt (Unterstützungspunkt) des Kreisels beispielsweise unter seinem Massenschwerpunkt liegen. Ist der Körper des symmetrischen Kreisels rotationssymmetrisch, so wird seine Symmetrieachse als *Figurenachse* bezeichnet. Die Figurenachse eines symmetrischen Kreisels ist dementsprechend gleich derjenigen seiner drei Hauptträgheitsachsen, deren Hauptträgheitsmoment sich von den beiden anderen seiner drei Hauptträgheitsmomente unterscheidet. Das zur Figurenachse gehörende Hauptträgheitsmoment wird auch axiales Hauptträgheitsmoment genannt. Für einen symmetrischen Kreisel, der im geometrischen Sinn keine Symmetrie aufweist, ist die Figurenachse auch keine Symmetrieachse im geometrischen Sinn. Insbesondere bei einer inhomogenen Massendichte im starren Körper ist die Figurenachse nicht ohne Weiteres zu erkennen. Alle zur Figurenachse senkrechten Achsen, die die Figurenachse schneiden, haben dasselbe Trägheitsmoment und liegen in der zur Figurenachse senkrechten Äquatorebene. Diese Ebene hat einen kreisförmigen Schnitt mit dem Trägheitsellipsoid.

Für die allgemeine Beschreibung der Bewegung des kräftefreien symmetrischen Kreisels ist zwischen den folgenden drei Achsen zu unterscheiden (Bild 2.38):

- die raumfeste Achse des Drehimpulsvektors $\vec{L}$,
- die momentane, nicht raumfeste Drehachse $\vec{\omega}$,
- die körperfeste Figurenachse $\vec{c}$, die nur dann raumfest ist, wenn der Drehimpuls und die Figurenachse parallel zueinander orientiert sind.

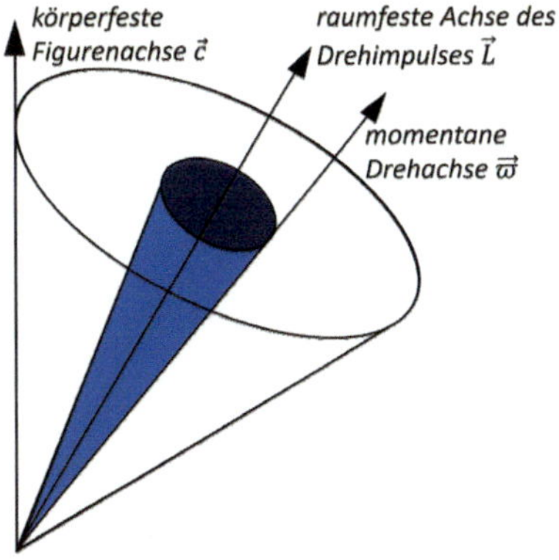


**Bild 2.38**
Raumfeste Achse der Drehimpulsvektors $\vec{L}$, momentane, nicht raumfeste Drehachse $\vec{\omega}$ und körperfeste Figurenachse $\vec{c}$ beim symmetrischen Kreisel

Beim kräftefreien symmetrischen Kreisel ohne äußeres Drehmoment sind sowohl der Drehimpuls $\vec{L}$ als auch die Rotationsenergie $E_{\text{rot}}$ konstant und es gilt:

$$L_x^2 + L_y^2 + L_z^2 = \text{konstant} \quad \text{und} \quad \frac{L_x^2}{J_\text{a}} + \frac{L_y^2}{J_\text{b}} + \frac{L_z^2}{J_\text{c}} = \text{konstant} \tag{2.153}$$

In einem raumfesten Koordinatensystem mit den Drehimpulskomponenten $L_x$, $L_y$ und $L_z$ als Koordinatenachsen stellt der erste Ausdruck in Gl. (2.153) die Gleichung einer Kugeloberfläche dar, während der zweite Ausdruck im körperfesten Hauptachsensystem die Gleichung eines Ellipsoiden darstellt, der mit dem Kreisel mitrotiert. Da die Komponenten des raumfesten Drehimpulsvektors $\vec{L}$ beide Ausdrücke gleichzeitig erfüllen müssen, kann die Spitze des Drehimpulsvektors $\vec{L}$ nur auf den Schnittkurven der Kugeloberfläche und des Ellipsoiden liegen. Dies bewirkt, dass sowohl die momentane, nicht raumfeste Drehachse $\vec{\omega}$ als auch die Figurenachse $\vec{c}$ um die raumfeste Achse des Drehimpulsvektors eine *Nutationsbewegung* ausführen. Die quantitative Beschreibung der Bewegung der momentanen, nicht raumfesten Drehachse $\vec{\omega}$ und der Figurenachse $\vec{c}$ erfolgt mittels der *Euler'schen Kreiselgleichungen*, die die Grundgleichungen der Kreiseltheorie darstellen. Bezüglich des körperfesten Hauptachsensystems lauten die Euler'schen Kreiselgleichungen:

$$M_\text{a} = \frac{\mathrm{d}L_\text{a}}{\mathrm{d}t} + \left(\frac{1}{J_\text{b}} - \frac{1}{J_\text{c}}\right) L_\text{b}\, L_\text{c} = J_\text{a} \frac{\mathrm{d}\omega_\text{a}}{\mathrm{d}t} + \left(J_\text{c} - J_\text{b}\right) \omega_\text{c}\, \omega_\text{b} \tag{2.154a}$$

$$M_\text{b} = \frac{\mathrm{d}L_\text{b}}{\mathrm{d}t} + \left(\frac{1}{J_\text{c}} - \frac{1}{J_\text{a}}\right) L_\text{c}\, L_\text{a} = J_\text{b} \frac{\mathrm{d}\omega_\text{b}}{\mathrm{d}t} + \left(J_\text{a} - J_\text{c}\right) \omega_\text{a}\, \omega_\text{c} \tag{2.154b}$$

$$M_\text{c} = \frac{\mathrm{d}L_\text{c}}{\mathrm{d}t} + \left(\frac{1}{J_\text{a}} - \frac{1}{J_\text{b}}\right) L_\text{a}\, L_\text{b} = J_\text{c} \frac{\mathrm{d}\omega_\text{c}}{\mathrm{d}t} + \left(J_\text{b} - J_\text{a}\right) \omega_\text{b}\, \omega_\text{a} \tag{2.154c}$$

$M_\text{a}$, $M_\text{b}$ und $M_\text{c}$ sind die Komponenten des wirkenden Drehmoments $\vec{M}$, $L_\text{a} = J_\text{a}\,\omega_\text{a}$, $L_\text{b} = J_\text{b}\,\omega_\text{b}$ und $L_\text{c} = J_\text{c}\,\omega_\text{c}$ sind die Komponenten des Drehimpulses $\vec{L}$ und $\omega_\text{a}$, $\omega_\text{b}$ sowie $\omega_\text{c}$ sind die

Komponenten der Drehachse $\vec{\omega}$ jeweils bezogen auf das körperfeste Koordinatensystem. Für den kräfte- bzw. drehmomentfreien symmetrischen Kreisel mit $J_a = J_b \neq J_c$ ergibt sich aus den Euler'schen Kreiselgleichungen folgendes Gleichungssystem:

$$\frac{d\omega_a}{dt} + \frac{J_c - J_a}{J_a} \omega_c \omega_b = 0 \tag{2.155a}$$

$$\frac{d\omega_b}{dt} - \frac{J_c - J_a}{J_a} \omega_c \omega_a = 0 \tag{2.155b}$$

$$\frac{d\omega_c}{dt} = 0 \tag{2.155c}$$

Eine Lösung dieses Gleichungssystems (es handelt sich dabei um ein lineares Differentialgleichungssystem 1. Ordnung) bilden die folgenden drei Funktionen:

$$\omega_a = A \cos\left(\frac{J_c - J_a}{J_a} \omega_c t\right) \tag{2.156a}$$

$$\omega_b = A \sin\left(\frac{J_c - J_a}{J_a} \omega_c t\right) \tag{2.156b}$$

$$\omega_c = C \tag{2.156c}$$

mit $A$, $C$ = konstant und $\omega_a^2 + \omega_b^2 + \omega_c^2 = A^2 + C^2 = \text{konstant}$. Damit ist der Betrag der momentanen, nicht raumfesten Drehachse im körperfesten System konstant und nur die Orientierung der Drehachse ändert sich durch die harmonische Variation der beiden Komponenten $\omega_a$ und $\omega_b$. Die Frequenz der Änderung ist gemäß Gl. (2.156a) und Gl. (2.156b) für beide Komponenten $\omega_a$ und $\omega_b$ gleich und beträgt $(J_c - J_a)\,\omega_c / J_a$. Zerlegt man die Drehachse $\vec{\omega}$ in eine konstante Komponente $\vec{\omega}_c$, die parallel zur Figurenachse $\vec{c}$ liegt, und in eine Komponente $\vec{\omega}_\perp$ mit dem konstanten Betrag $|\vec{\omega}_\perp| = \sqrt{\omega_a^2 + \omega_b^2}$, die senkrecht zur Figurenachse $\vec{c}$ orientiert ist, gilt für den Drehimpulsvektor: $\vec{L} = J_a \vec{\omega}_\perp + J_c \vec{\omega}_c$. Die Figurenachse bewegt sich auf dem Mantel eines konstanten Kreiskegels, dem sogenannten *Nutationskegel* (Bild 2.39) um die raumfeste Achse des Drehimpulsvektors $\vec{L}$, die gleich der Symmetrieachse des Nutationskegels ist. Für den zeitlich konstanten Öffnungswinkel $2\alpha$ des Nutationskegels gilt:

$$2\alpha = 2\arctan\left(\frac{J_a |\vec{\omega}_\perp|}{J_c |\vec{\omega}_c|}\right) = 2\arctan\left(\frac{J_a \sqrt{\omega_a^2 + \omega_b^2}}{J_c \omega_c}\right) \tag{2.157}$$

Die momentane, nicht raumfeste Drehachse $\vec{\omega}$ bildet mit der Figurenachse den zeitlich konstanten Winkel $\beta = \arcsin(|\vec{\omega}_\perp| / \omega)$ und mit der raumfesten Achse des Drehimpulsvektors $\vec{L}$ den ebenfalls zeitlich konstanten Winkel $(\beta - \alpha)$. Der sogenannte *Rastpolkegel* (auch *Spurkegel* bzw. *Herpolhodiekegel* genannt), auf dessen Mantel sich die Drehachse $\vec{\omega}$ um die Achse des Drehimpulsvektors $\vec{L}$ bewegt, ist raumfest und hat einen Öffnungswinkel von $2(\beta - \alpha)$. Die gemeinsame gleichförmige Bewegung der Figurenachse und der momentanen Drehachse um die Achse des Drehimpulsvektors wird als Nutation des kräftefreien symmetrischen Kreisels bezeichnet. Diese Bewegung kann mittels eines dritten körperfesten Kreiskegels, dem sogenannten *Gangpolkegel* (auch *Polhodiekegel* genannt), dessen

Symmetrieachse gleich der Figurenachse ist, veranschaulicht werden: Der Gangpolkegel berührt entlang der Drehachse den Rastpolkegel und rollt auf ihm ab. Die Berührungslinie von Gang- und Rastpolkegel bestimmt dabei zu jedem Zeitpunkt die Lage der momentanen Drehachse $\vec{\omega}$ bezüglich der raumfesten Achse des Drehimpulsvektors $\vec{L}$. Bei einem oblaten Kreisel befindet sich der Rastpolkegel stets im Inneren des Gangpolkegels, während bei einem prolaten Kreisel der Gangpolkegel außerhalb des Rastpolkegels auf dessen Mantel abrollt. Die Spitzen von Nutations-, Rastpol- und Gangpolkegel liegen im Massenschwerpunkt des symmetrischen Kreisels (Bild 2.39).

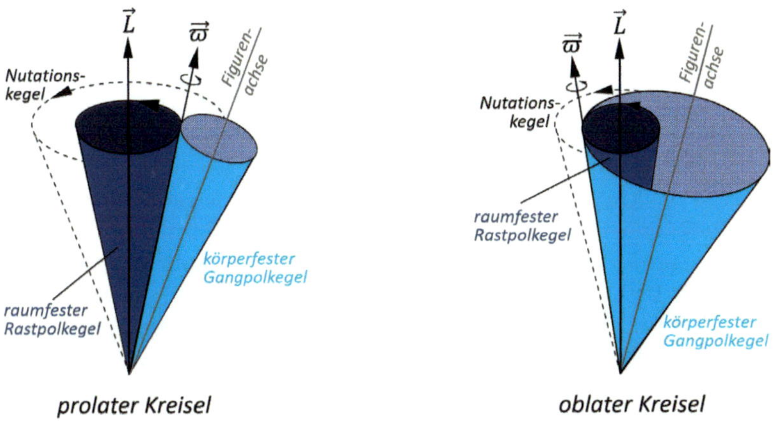


**Bild 2.39** Nutations-, Rastpol- und Gangpolkegel beim prolaten und oblaten symmetrischen Kreisel

## Schwerer symmetrischer Kreisel

Beim schweren Kreisel führt seine Masse $m$ und die daraus resultierende Gewichtskraft zu einem äußeren Drehmoment, wodurch der schwere Kreisel weder kräfte- noch drehmomentfrei und der Drehimpulsvektor insgesamt nicht konstant ist. Der einfachste Fall des schweren Kreisels ist der schwere symmetrische Kreisel, dessen Stützpunkt wie sein Massenmittelpunkt auf seiner Figurenachse liegt. Ein solcher Kreisel wird auch als *Lagrange-Kreisel* (J.-L. de Lagrange, 1736–1813) bezeichnet. Ein typischer Spielzeugkreisel ist ein schwerer symmetrischer Kreisel, dessen Stützpunkt am Boden frei drehbar, aber örtlich fixiert ist. Beim schweren symmetrischen Kreisel sind folgende Größen relevant:

- das axiale Trägheitsmoment $J_c$ bezüglich der Figurenachse,
- das äquatoriale Trägheitsmoment $J_a = J_b \neq J_c$,
- das Stützmoment $M_S = mgs$, wobei $s$ der Abstand zwischen Stützpunkt und Massenschwerpunkt des Kreisels mit der Masse $m$ ist,

sowie die folgenden Erhaltungsgrößen bei Vernachlässigung von dissipativen Einflüssen wie Reibung:

- die Gesamtenergie $E = E_{pot} + E_{rot}$ des Kreisels,
- die Drehimpulskomponente $L_z$ im raumfesten Koordinatensystem entlang der Lotlinie, die parallel zur Gewichtskraft orientiert ist,
- die Drehimpulskomponente $L_c$ im körperfesten Koordinatensystem entlang der Figurenachse.

Beim aufrechten Kreisel weist die Figurenachse nach oben und bildet mit dem Vektor der Gewichtskraft einen stumpfen Winkel, während beim gesenkten Kreisel dieser Winkel spitz ist. Beispielhaft ist in der Bild 2.40 ein schwerer symmetrischer Kreisel in Form eines Rades, dessen Figurenachse horizontal gelagert ist, dargestellt.

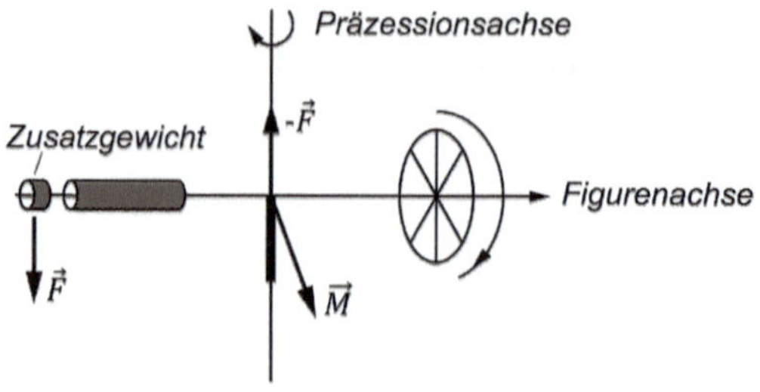


**Bild 2.40**
Kräftepaar und Drehmoment am schweren symmetrischen, horizontal gelagerten Kreisel

Das auf der Figurenachse des Kreisels angebrachte Zusatzgewicht ist so gewählt und angeordnet, dass der Stützpunkt und der Massenschwerpunkt des Systems nicht am selben Ort sind. Aufgrund des Zusatzgewichtes wirkt eine resultierende Gewichtskraft senkrecht zur Figurenachse und damit ein Drehmoment, dass senkrecht zur Gewichtskraft und senkrecht zur Figurenachse orientiert ist. Dreht sich der Kreisel um seine Figurenachse, bewirkt das Drehmoment des Zusatzgewichtes eine Rotation der Figurenachse auf einer Kreisbahn um den Stützpunkt. Diese, *Präzession* genannte, Rotation der Figurenachse bleibt solange bestehen, wie das Drehmoment vorhanden ist. Zwischen der Drehrichtung der Präzession, der Drehrichtung der Rotation um die Figurenachse und der Richtung des Drehmomentvektors besteht ein eindeutiger Zusammenhang, sodass eine Änderung der Drehrichtung bei der Rotation um die Figurenachse oder eine Spiegelung des Drehmomentvektors eine Umkehrung der Drehrichtung der Präzessionsbewegung zur Folge hat (Bild 2.41). Für den Fall, dass die Präzessionskreisfrequenz $\omega_p$ klein gegenüber der Kreisfrequenz $\omega_c$ der Rotation des Kreisels um seine Figurenachse ist ($\omega_p \ll \omega_c$), gilt:

$$\omega_p = \frac{m g s}{J_c \omega_c} \tag{2.158}$$

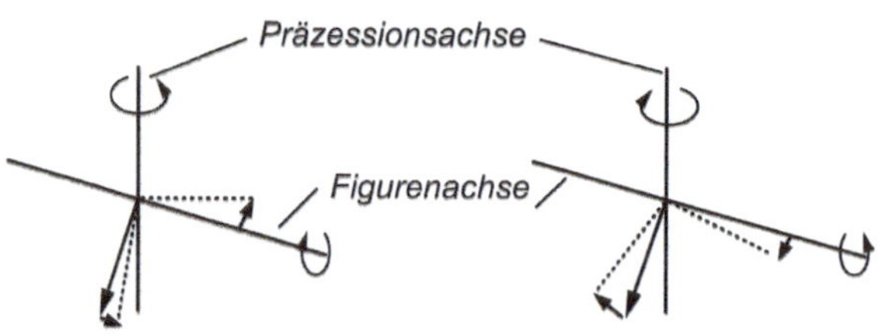


**Bild 2.41**
Bei Änderung der Drehrichtung der Rotation um die Figurenachse ändert sich auch die Drehrichtung der Präzession

Sind der Betrag des Stützmoments und die Kreisfrequenz $\omega_c$ zeitlich konstant, dann ist auch die Präzessionskreisfrequenz $\omega_p$ zeitlich konstant. Darüber hinaus ist in diesem Fall auch die Drehachse der Präzession $\vec{\omega}_p$ zeitlich konstant, obgleich der Vektor des Stützmoments $\vec{M}_S$ und die Figurenachse $\vec{c}$ nicht zeitlich konstant sind.

Die Präzession des schweren symmetrischen Kreisels ist nur ein Spezialfall der Bewegungsformen, die ein Rotationskörper unter der Einwirkung von Drehmomenten annehmen kann.

Bereits eine Fixierung der Drehachse an einer anderen Stelle als dem Schwerpunkt führt zu einem anderen Verlauf der Präzession. Bei der in Bild 2.42 gezeigten Variante steht die Figurenachse des schweren symmetrischen Kreisels auf dem Boden. Die am Massenmittelpunkt angreifende Schwerkraft bildet zusammen mit der Reaktionskraft des Lagerpunktes der Drehachse ein Kräftepaar, dessen Drehmoment wiederum eine Präzessionsbewegung zur Folge hat. Anders als bei der zuvor dargestellten Präzession dreht sich die Figurenachse bzw. der Drehimpuls des Kreisels nicht in einer Ebene, sondern läuft auf einem Kreiskegelmantel um.

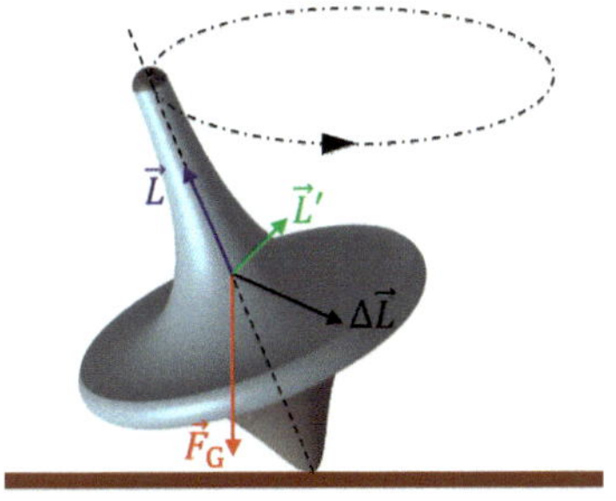


**Bild 2.42**
Präzession, verursacht durch das Eigengewicht des Kreisels

Im allgemeinen Fall rotiert der Kreisel nicht um seine Figurenachse. Unter Einwirkung eines äußeren Drehmomentes präzediert der Vektor des Drehimpulses mit der Präzessionskreisfrequenz $\omega_p$ um eine zur Kraftrichtung parallele Achse durch den Auflagepunkt, während die Figurenachse des Kreisels eine Nutationsbewegung um den präzedierenden Vektor des Drehimpulsachse. Bei dieser Kombination von Präzession und Nutation durchläuft die Spitze der Figurenachse eine komplizierte Bahn wie sie beispielhaft in Bild 2.43 dargestellt ist, deren genaue Gestalt vom Verhältnis von Präzessions- und Nutationskreisfrequenz abhängt.

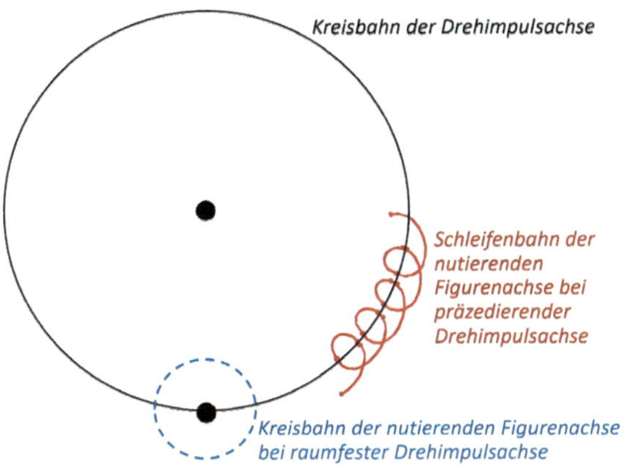


**Bild 2.43**
Bahn der Figurenachse bei überlagerter Präzession und Nutation

Kreiselbewegungen treten in der Technik überall dort in Erscheinung, wo rotierende Massen Drehmomenten ausgesetzt sind. Dies kann erwünscht sein, ist aber in vielen Fällen auch störend. Beim *Kreiselkompass* beispielsweise nutzt man ein von der Erddrehung ausgehendes Drehmoment zur Ausrichtung der Figurenachse eines Kreisels in Nord-Süd-Richtung. Das erste Patent auf das technische Prinzip eines Kreiselkompasses wurde H. Anschütz-Kaempfe (1872–1931) im Jahre 1904 erteilt. Grundlegend dafür waren Experimente von L. Foucault (1819–1868) im Jahre 1851 mit einem von J. G. F. von Bohnenberger (1765–1831) im Jahre

1810 entwickelten Gyroskop. Der Kreiselkompass besteht aus einem schnell rotierenden Kreisel, gewöhnlich in einer kardanischen Aufhängung, der so angeordnet, dass ein Drehmoment auf ihn einwirkt, solange seine Drehrichtung nicht nach Norden weist. Weist die Drehrichtung nach Norden und somit die Drehachse in Rotationsrichtung der Erde, wird das Drehmoment null. Das Prinzip soll vereinfacht an einem Kreisel, der am Äquator aufgestellt ist, anhand Bild 2.44 beschrieben werden. Der Kreiselkompass ist konstruktiv so gestaltet, dass die Figurenachse sich nur in einer Ebene, die zugleich parallel zur Horizontebene verläuft, drehen kann. Steht die Figurenachse anfangs senkrecht zur Nord-Süd-Richtung, muss sie die Erddrehung folgend. Das hierfür erforderliche Drehmoment wird durch die Kreiselaufhängung bewirkt. Es steht senkrecht auf der Figurenachse und zwingt somit den Kreisel zu einer Präzessionsbewegung, die solange anhält, bis Figurenachse und Drehachse der Erde parallel sind. Ist der Kompass auf einem anderen Breitenkreis aufgestellt, so ist diese Ausrichtung allerdings nur noch zum Teil möglich. Speziell an den Polen versagt der Kreiselkompass.

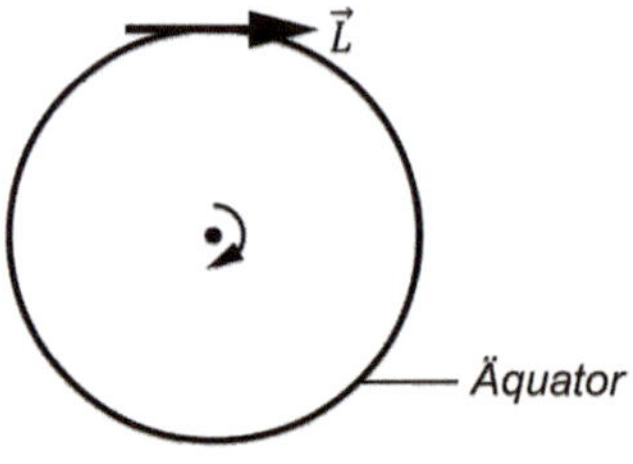


**Bild 2.44**
Prinzip des Kreiselkompasses: Der anfänglich senkrecht zur Nord-Süd-Achse stehende Drehimpulsvektor des Kreisels stellt sich parallel zur Drehachse der Erde

Die Erde kann in grober Näherung als abgeplatteter, symmetrischer Kreisel betrachtet werden. Infolge ihrer Eigenrotation hat sie annähernd die Form eines abgeplatteten Rotationsellipsoids. Der leicht vergrößerte Äquatorumfang (auch Äquatorwulst genannt) bewirkt, dass vor allem die Gravitationskräfte von Sonne und Mond ein Gesamtdrehmoment erzeugen. Dies führt zur Präzession der Erdachse, die dadurch einen Kegelumlauf um eine Achse vollführt, die senkrecht auf der Ebene der Erdumlaufbahn (Ekliptik) steht. Der nahezu konstante Winkel zwischen der Erdachse und der Kegelachse beträgt ca. 23,44°, sodass der Öffnungswinkel des Kegels ca. 46,88° beträgt. Ein voller Umlauf der Präzessionsbewegung der Erdachse dauert etwa 25 700 bis 25 860 Jahre und wird *Zyklus der Präzession* oder auch *Platonisches Jahr* genannt. Infolge dieser Präzession ändern sich die auf das äquatoriale System bezogenen Koordinaten der Fixsterne. Dieser Effekt ist schon seit über zweitausend Jahren bekannt. Der griechische Astronom Hipparchos (um 190 v. Chr. - um 120 v. Chr.) verglich etwa um 150 v. Chr. die von ihm bestimmten Positionen einiger Sterne mit früheren Beobachtungsdaten und stellte Unterschiede fest. Jedoch hatte erst N. Kopernikus (1473-1543) im 16. Jahrhundert die Neigung der Erdachse und ihre Bewegung als Ursache für die Veränderungen der Fixsternkoordinaten erkannt.

Überlagert wird die Präzession der Erdachse von einer Nutationsbwegung, wodurch die Erdachse keine glatte Kegelfläche, sondern die Mantelfläche eines Wellblechkegels beschreibt. Entdeckt wurde die Nutation der Erdachse im Jahre 1728 von J. Bradley (1693-1762) als er genaue Analysen von Sternkoordinaten vornahm. Hautsächliche Ursache für die Nutation der Erdachse ist die Neigung der Mondumlaufbahn gegenüber der Erdumlaufbahn von ca. 5,1°. Das resultierende nicht-konstante Drehmoment führt zu einer periodischen Variation der Präzessionsrate und des Winkels zwischen Erd- und Kegelachse mit einer Periodendauer von

18,6 Jahre. In einem vollständigen Umlauf der Präzessionsbewegung (Mittelwert 25 780 Jahre) vollführt die Erdachse somit mehr als 1 380 Nutationsschleifen.

**Beispiele**

1. Ein freilaufendes Schwungrad mit dem Trägheitsmoment $J_1 = 80\ \text{kg}\cdot\text{m}^2$ und einer Drehzahl $n_1 = 1\,200\ \text{min}^{-1}$ wird über eine Reibkupplung mit einem anfänglich ruhenden Drehkörper mit dem doppelten Trägheitsmoment verbunden. Welche gemeinsame Drehzahl haben die beiden Rotoren nach dem Kuppeln?

   Wegen der Drehimpulserhaltung gilt für den Drehimpuls des Schwungrades und des Gesamtsystems $L_1 = L_{\text{ges}}$. Daraus folgt $J_1\omega_1 = \left(J_1 + J_2\right)\omega_2$ und damit $\omega_2 = \omega_{\text{ges}} = \frac{J_1}{J_1 - J_2}\omega_1$ und für die Drehzahl ergibt sich

   $$n_{\text{ges}} = \frac{J_1}{J_1 + J_2} n_1 = \frac{1}{3} n_1 = \frac{1}{3} \cdot 1\,200\ \text{min}^{-1} = 400\ \text{min}^{-1}.$$

2. An der Welle eines Elektromotors, der um eine Schwerpunktsachse senkrecht zur Antriebswelle frei drehbar ist, greift im Abstand 20 cm vom Schwerpunkt eine Kraft vom Betrag 10 N an, die parallel zur Schwerpunktsachse gerichtet ist. Das Massenträgheitsmoment des Motors bezüglich der Antriebswelle beträgt $1\ \text{kg}\cdot\text{m}^2$ und die Drehzahl ist $300\ \text{min}^{-1}$. Mit welcher Winkelgeschwindigkeit dreht sich der Motor um die Schwerpunktsachse?

   Das von der Kraft $F$ verursachte Drehmoment bezüglich des Schwerpunktes hat eine Präzessionsbewegung des Antriebs zur Folge. Die Antriebswelle ist die Figurenachse des Motors. Es gilt:

   $$\omega_{\text{P}} = \frac{M}{J\omega_{\text{F}}} = \frac{rF}{J \cdot 2\pi n} = \frac{0{,}2\ \text{m} \cdot 10\ \text{N} \cdot 60\ \text{s}}{1\ \text{kg} \cdot \text{m}^2 \cdot 2\pi \cdot 300} = 0{,}064\ \text{s}^{-1}$$

   In der Praxis tritt häufig das umgekehrte Problem auf: z. B. wenn ein schnelllaufender Antrieb um eine Achse senkrecht zur Figurenachse gedreht werden soll. Damit eine solche Präzessionsbewegung aufrechterhalten werden kann, muss das Drehlager ein entsprechendes Reaktionsdrehmoment aufbringen.

## 2.4.4 Gleichgewichtsbedingungen

Bei der Analyse der Kräfte, die auf einen Körper einwirken, lassen sich innere und äußere Kräfte unterscheiden. Die inneren Kräfte beschreiben die Wechselwirkungen zwischen den Bestandteilen, aus denen der Körper aufgebaut ist. Diese können einzelne Atome auf mikroskopischer Skala, aber auch makroskopische Elemente, wie beispielsweise die Streben eines Fachwerks, sein. Die inneren Kräfte auf mikroskopischer Skala sind Gegenstand der Festkörperphysik (Kapitel 9), während die inneren Kräfte auf makroskopischer Skala insbesondere in der Technischen Mechanik und der Statik betrachtet und analysiert werden. Bei den äußeren Kräften handelt es sich um sämtliche Einwirkungen von außen, d. h. um Kräfte, die sowohl an der Oberfläche des Körpers, z. B. bei Lagerkräften, aber auch an den einzelnen Bestandteilen des Körpers z. B. als Schwerkraft angreifen. Äußere Kräfte werden unterschieden in

Aktions- und Reaktionskräfte, je nachdem ob die betreffende Kraft als Ursache oder als Ergebnis einer bestimmten Maßnahme angesehen werden kann. Bei den inneren Kräften ist diese Unterscheidung nicht sinnvoll, da Aktions- und Reaktionskräfte immer paarweise auftreten. Die äußeren Kräfte bestimmen unter anderem die Gleichgewichtslagen des starren Körpers.

**Merke**

Ein ursprünglich ruhender Körper ist im Gleichgewicht, wenn er unter der Wirkung einer Gruppe von äußeren Kräften weiter in Ruhe bleibt und weder seine Lage (Ausrichtung) noch seine Position noch seine Gestalt verändert.

Für den Fall von zwei äußeren Kräften wurde von P. de Varignon (1654–1722) im Jahre 1685 das Gleichgewichtsaxiom aufgestellt (Bild 2.45):

**Merke**

**Gleichgewichtsaxiom für zwei Kräfte:** Ein starrer Körper ist unter der Wirkung von zwei Kräften nur dann im Gleichgewicht, wenn die Kräfte:

1. entgegengesetzt gerichtet,
2. betragsmäßig gleich groß sind und
3. auf der gleichen Wirkungslinie liegen.

**Bild 2.45**
Das Gleichgewicht von zwei Kräften am starren Körper

Da die Gestalt des Körpers für die Gültigkeit des Gleichgewichtsaxioms nicht relevant ist, kann daraus eine Aussage über das Gleichgewicht von zwei Kräften abgeleitet werden. Zwei Kräfte die in diesem Sinne im Gleichgewicht sind, werden als *Gleichgewichtsgruppe* bezeichnet. Dementsprechend kann das Gleichgewichtsaxiom auf mehrere Gleichgewichtsgruppen erweitert werden. Zwei entgegengesetzt gerichtete und betragsmäßig gleich große Kräfte, die nicht auf einer Wirkungslinie liegen, bewirken ein nichtverschwindendes Drehmoment, wodurch der starre Körper verdreht wird und damit seine Lage (Ausrichtung) ändert. Zwei Kräfte, die alle drei Forderungen des Gleichgewichtsaxioms erfüllen, können bei einem nicht-starren, verformbaren Körper dessen Gestalt reversibel (z. B. das Zusammenklappen einer Schere) oder irreversibel (z. B. bei einem Stück Knete) verändern. Auf der Grundlage des Newton'schen Trägheitsgesetzes kann das Gleichgewichtsaxiom von Varignon erweitert werden:

**Merke**

**Erweitertes Gleichgewichtsaxiom:** Eine Gleichgewichtsgruppe von zwei Kräften erhält nicht nur den Ruhezustand eines Körpers, sondern auch den Zustand der gleichförmigen und geradlinigen Bewegung.

Aus dem Gleichgewichtsaxiom von Varignon lässt sich das Verschiebungsgesetz für eine Kraft, die auf einen starren Körper wirkt, ableiten:

**Merke**

**Verschiebungsgesetz:** Der Angriffspunkt einer Kraft darf auf der Wirkungslinie beliebig verschoben werden. An der Wirkung der Kraft auf den starren Körper ändert sich dabei nichts.

Die Gültigkeit dieses Verschiebungsgesetzes lässt sich anhand von Bild 2.46a leicht einsehen. Die Richtung der im Punkt A an den starren Körper angreifenden Kraft $\vec{F}$ ist durch die Wirkungslinie, auf der die Verbindungslinie von Punkt A nach Punkt B liegt, festgelegt. Im Punkt A wirkt nun zusätzlich die Kraft $-\vec{F}$ und im Punkt B die Kraft $\vec{F}$, die gemäß dem Gleichgewichtsaxiom eine Gleichgewichtsgruppe bilden und dementsprechend keine Kraftwirkung auf den starren Körper ausüben. Andererseits bilden nun die beiden im Punkt A angreifenden Kräfte $\vec{F}$ und $-\vec{F}$ nach dem Gleichgewichtsaxiom ebenfalls eine Gleichgewichtsgruppe, die entfernt werden kann, ohne die Wirkung auf den starr Körper zu verändern. Damit bleibt die Kraft im Punkt B übrig, womit das Verschiebungsgesetz erfüllt ist. Hingegen bewirkt die im Punkt C angreifende Kraft $\vec{F}'$ (Betrag und Richtung wie $\vec{F}$) eine andere Wirkung als die im Punkt A bzw. im Punkt B angreifende Kraft $\vec{F}$ zustande, weshalb $\vec{F}$ und $\vec{F}'$ als verschieden angesehen werden müssen. In diesem Sinne ist eine an einem Körper angreifende Kraft ein *wirkungsliniengebundener Vektor.*

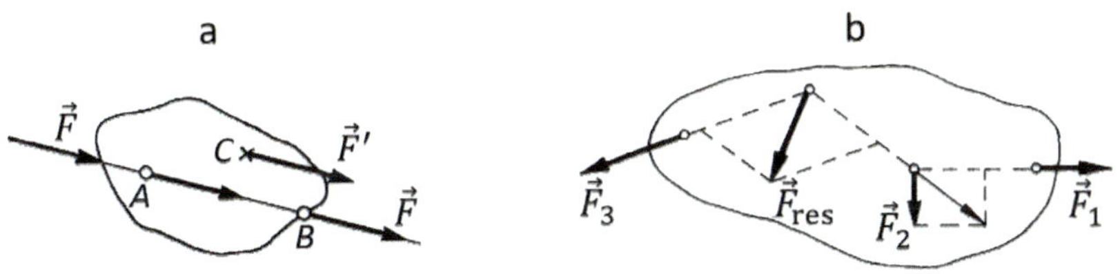


**Bild 2.46** a) Verschiebung einer Kraft $\vec{F}$ längs ihrer eigenen Wirkungslinie, b) Addition von Kräften durch Verschiebung

Mit dem Verschiebungsgesetz kann auch die Addition von Kräften durch Verschiebung begründet werden. Soll beispielsweise die resultierende Kraft der in Bild 2.46b eingezeichneten drei Kräfte $\vec{F}_1$, $\vec{F}_2$ und $\vec{F}_3$ ermittelt werden, so kann beispielsweise zuerst $\vec{F}_1$ bis zur Wirkungslinie von $\vec{F}_2$ verschoben werden, wodurch sich die Kraft $\vec{F}'$ ergibt. Sowohl $\vec{F}'$ als auch $\vec{F}_3$ werden anschließend bis zum Schnittpunkt O ihrer beiden Wirkungslinien verschoben, sodass sich die resultierende Kraft $\vec{F}_{res}$ ergibt. Die Reihenfolge dieser Verschiebungen kann frei gewählt werden. Diese Methode des Verschiebens von Kräften versagt jedoch, wenn die Kräfte parallel zueinander verlaufen und sich die Wirkungslinien nicht schneiden. Dieser Fall liegt beispielhaft bei dem in Bild 2.47 dargestellten Balken vor, der mit zwei Gewichtskräften $\vec{F}_1$ und $\vec{F}_2$ an den Punkten A bzw. B belastest ist, wobei die beiden Kräfte nicht betragsmäßig gleich sein müssen. Hier kann die resultierende Kraft $\vec{F}_{res}$ mittels folgender Überlegung ermittelt werden: Gemäß Bild 2.47 wird den beiden gegebenen Gewichtskräften $\vec{F}_1$ und $\vec{F}_2$ jeweils eine Hilfskraft $\vec{F}_{H1}$ bzw. $\vec{F}_{H2}$ hinzugefügt, wobei die beiden Hilfskräfte den gleichen Betrag aber entgegengerichtet sind, also gilt $\vec{F}_{H1} = -\vec{F}_{H2}$. Da sich ihre Kraftwirkung somit vollständig kompensiert, wird am ursprünglichen Sachverhalt nichts geändert. Nun wird die resultierende Kraft $\vec{F}_1'$ aus $\vec{F}_1$ und $\vec{F}_{H1}$ mit $\vec{F}_1' = \vec{F}_1 + \vec{F}_{H1}$ und die resultierende Kraft $\vec{F}_2'$ aus $\vec{F}_2$ und $\vec{F}_{H2}$ mit $\vec{F}_2' = \vec{F}_2 + \vec{F}_{H2}$ gebildet. Dann werden $\vec{F}_1'$ und $\vec{F}_2'$ bis zum Schnittpunkt C ihrer Wirkungslinien verschoben, wo sich das Kräfteparallelogramm zeichnen lässt und sich so die resultierende Kraft $\vec{F}_{res} = \vec{F}_1' + \vec{F}_2' = \vec{F}_1 + \vec{F}_{H1} + \vec{F}_2 + \vec{F}_{H2} = \vec{F}_1 + \vec{F}_2$ bestimmen lässt. Diese kann entlang ihrer Wirkungslinie beliebig verschoben werden.

Die Berechnung des Schnittpunktes D zwischen der Wirkungslinie der resultierenden Kraft $\vec{F}_{res}$ und der Strecke $\overline{AB}$ kann durch Anwendung der Ähnlichkeitssätze auf die in Bild 2.47 grau gekennzeichneten Dreiecke erfolgen. Für die Beträge der Kräfte gelten somit folgende Verhältnisse: $F_{H1}/F_1 = \overline{AD}/\overline{CD}$ und $F_{H2}/F_2 = \overline{BD}/\overline{CD}$. Mit $|\vec{F}_{H1}| = F_{H1} = |\vec{F}_{H2}| = F_{H2}$ folgt daraus: $F_1/F_2 = \overline{BD}/\overline{AD}$.

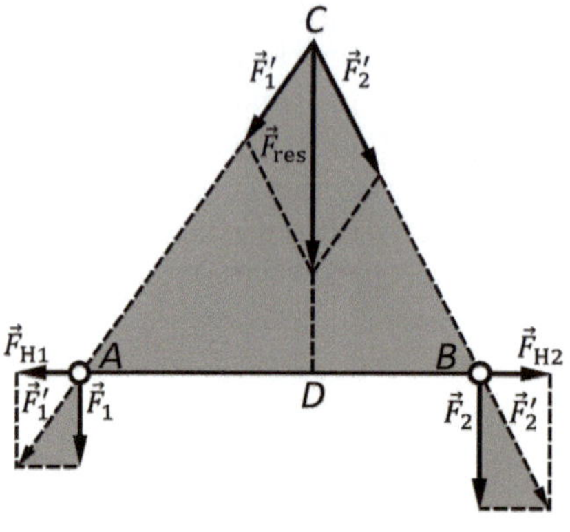


**Bild 2.47**
Zusammensetzung zweier paralleler Kräfte $\vec{F}_1$ und $\vec{F}_2$

**Merke**

Die Wirkungslinie der resultierenden Kraft zweier paralleler Kräfte ist zu deren Wirkungslinien ebenfalls parallel und teilt den Abstand der Wirkungslinien im umgekehrten Verhältnis der Kraftbeträge.

Dies entspricht dem bereits von Archimedes (287 v. Chr.–212 v. Chr.) entdeckten Hebelgesetz (Abschnitt 2.2.2). Zur Bestimmung der resultierenden Kraft in dem in der Bild 2.47 dargestellten Beispiel wurde das bereits im Jahre 1586 von S. Stevin (1548–1620) formulierte Axiom vom Kräfteparallelogramm angewendet (Bild 2.48).

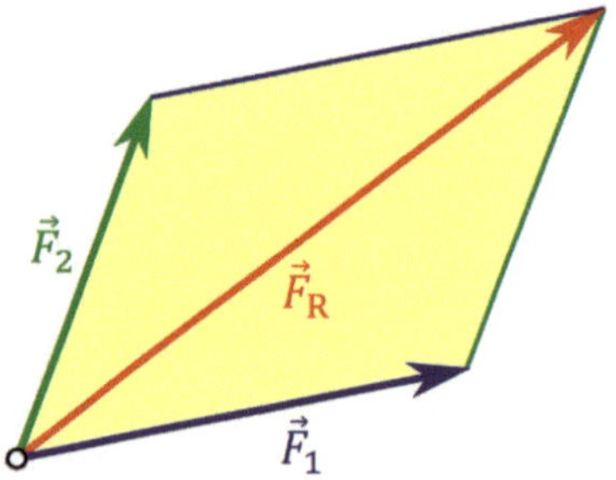


**Bild 2.48**
Kräfteparallelogramm

**Merke**

**Axiom vom Kräfteparallelogramm:** Die Wirkung zweier an einem Punkt angreifender Kräfte $\vec{F}_1$ und $\vec{F}_2$ ist statisch äquivalent mit der Wirkung der resultierenden Kraft $\vec{F}_{res}$. Der Betrag und die Richtung der resultierenden Kraft $\vec{F}_{res}$ sind durch die Diagonale des von beiden Kräften aufgespannten Parallelogramms bestimmt

Während das Gleichgewichtsaxiom für den gesamten starren Köper gilt, bezieht sich das Axiom vom Kräfteparallelogramm lediglich auf einen Punkt des starren Körpers. Gemäß dem Axiom vom Kräfteparallelogramm können stets zwei Kräfte durch eine resultierende Kraft ersetzt werden, ohne die Kraftwirkung zu ändern. Ebenso kann nach dem Verschiebungsgesetz, welches sich aus dem Gleichgewichtsaxiom ableiten lässt, eine Kraft an verschiedenen Punkten entlang ihrer Wirkungslinie angreifen, ohne dass sich die Kraftwirkung ändert.

Die Zusammenfassung zu einer resultierenden Kraft ist auch für mehr als zwei Kräfte möglich. Beispielsweise sind drei Kräfte, die in einer Ebene liegen (Bild 2.49), im Gleichgewicht, genau dann wenn (*Drei-Kräfte-Regel*):

1. sich ihre Wirkungslinien in einem Punkt scheiden (notwendige Bedingung) und
2. das Kräftedreieck geschlossen ist (hinreichende Bedingung).

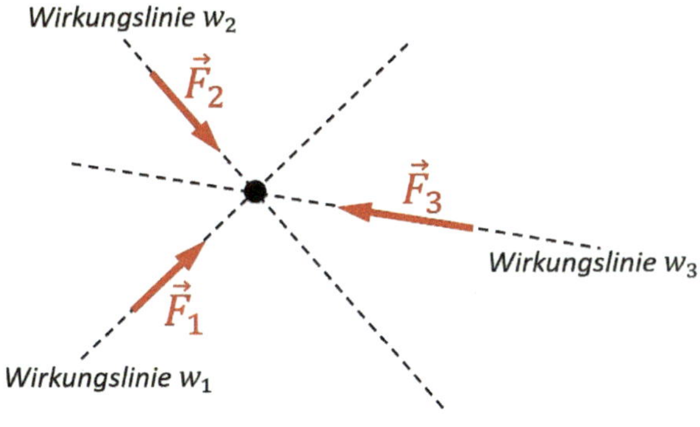


**Bild 2.49** Gleichgewicht von drei Kräften

Allgemein gelten folgende Bedingungen für das *statische Gleichgewicht* eines starren Körpers, der sich im Zustand oder in einer gleichförmigen, geradlinigen Bewegung oder mit konstanter Drehzahl um eine Hauptträgheitsachse rotiert:

$$\sum \vec{F}_{ex} = \vec{0} = \begin{Bmatrix} \sum F_{x,ex} = 0 \\ \sum F_{y,ex} = 0 \\ \sum F_{z,ex} = 0 \end{Bmatrix} \quad \Leftrightarrow \quad \vec{p} = \text{konstant} \tag{2.159a}$$

$$\sum \vec{M}_{ex} = \vec{0} = \begin{Bmatrix} \sum M_{x,ex} = 0 \\ \sum M_{y,ex} = 0 \\ \sum M_{z,ex} = 0 \end{Bmatrix} \quad \Leftrightarrow \quad \vec{L} = \text{konstant} \tag{2.159b}$$

$\sum \vec{F}_{ex}$ ist die Vektorsumme aller von außen auf den Körper einwirkender Kräfte und $\sum \vec{M}_{ex}$ ist die Vektorsumme aller von außen auf den Körper einwirkender Drehmomente. Bilden die von außen auf den Körper einwirkenden Kräfte ein *zentrales Kraftsystem*, d. h. dass sich ihre Wirkungslinien in einem gemeinsamen im Endlichen liegenden Punkt schneiden, genügt für das statische Gleichgewicht des Körpers, dass sich alle äußeren Kräfte kompensieren. Bei *nichtzentralen Kraftsystemen* müssen sich sowohl sämtliche äußere Kräfte als auch sämtliche äußere Drehmomente jeweils vollständig kompensieren.

Als *dynamisches Gleichgewicht* wird das Gleichgewicht zwischen allen auf einen Körper wirkenden äußeren Kräften $\sum \vec{F}_{ex}$ und allen wirkenden Trägheitskräften $\sum \vec{F}_T$ bezeichnet:

$$\sum \vec{F}_{ex} + \sum \vec{F}_T = \vec{0} \tag{2.160}$$

Mit dieser Gleichung ist das dynamische Gleichgewicht auf ein statisches Gleichgewicht zurückgeführt. Die Trägheitskräfte sind, wie in Abschnitt 2.2.4 erläutert, stets die Folge der beschleunigten Bewegung des Körpers. Ein Beispiel für ein dynamisches Gleichgewicht ist die gleichförmige Bewegung eines Körpers auf einer Kreisbahn. Die Zentripetalkraft bewirkt, dass sich der Körper nicht in tangentialer Richtung vom Mittelpunkt der Kreisbahn entfernen kann. Die der Zentripetalkraft entgegengerichtete jedoch betragsmäßig gleich große Trägheitskraft ist in diesem Fall die Zentrifugalkraft.

Neben der Unterscheidung zwischen statischem und dynamischem Gleichgewicht wird zwischen den drei folgenden Gleichgewichtszuständen unterschieden (Bild 2.50):

- *stabiles Gleichgewicht*: der Körper kehrt nach einer kleinen Auslenkung wieder in seinen ursprünglichen Gleichgewichtszustand zurück (z. B. Kugel in einer Schale); die potentielle Energie des Körpers ist minimal.
- *indifferentes Gleichgewicht*: jede Lage/Position ist neben dem ursprünglichen Gleichgewichtszustand auch ein Gleichgewichtszustand (z. B. Kugel auf einer ebenen Platte); die potentielle Energie des Körpers ist konstant.
- *labiles Gleichgewicht*: der Körper kehrt nach einer kleinen Auslenkung nicht in den ursprünglichen Gleichgewichtszustand zurück (z. B. Kugel auf einer anderen Kugel); die potentielle Energie des Körpers ist maximal.

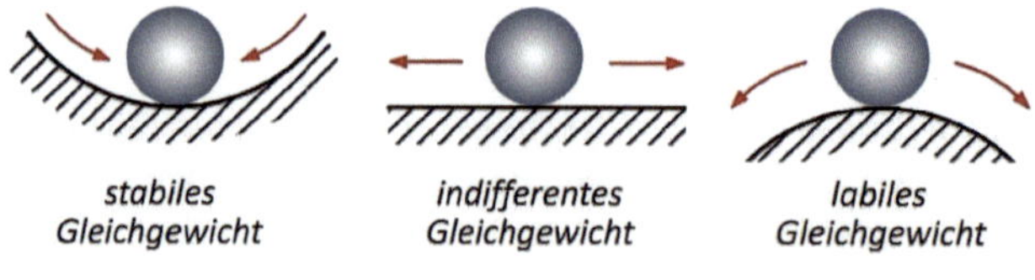


**Bild 2.50**
Stabiles, indifferentes und labiles Gleichgewicht

Neben diesen drei Grundtypen gibt es noch weitere Gleichgewichtszustände, wie beispielsweise das metastabile Gleichgewicht, bei der ein Körper nach einer ausreichend großen Störung von einem stabilen in einen „stabileren" Gleichgewichtszustand mit noch kleinerer potentieller Energie übergeht. Im Gegensatz dazu sind beim bistabilen Gleichgewicht beide Zustände energetisch vollkommen gleichwertig.

Eine Besonderheit des statischen Gleichgewichts ergibt sich für jeden Körper im homogenen Schwerefeld der Erde, weshalb der Einfluss der Schwerkraft grundsätzlich bei der Gleichgewichtsbestimmung zu berücksichtigen ist. Die auf einen Körper im homogenen Schwerefeld der Erde wirkende Schwerkraft hat ihren Angriffspunkt im Massenschwerpunkt des Körpers.

Darüber hinaus ist der Massenschwerpunkt des Körpers dadurch ausgezeichnet, dass alle von den Gewichtskräften der einzelnen Massepunkte oder Massenelemente in Bezug auf ihn ausgeübten Drehmomente sich gegenseitig aufheben. Demnach ist ein im Massenschwerpunkt unterstützter Körper stets drehmomentenfrei. Allerdings gilt dies nicht nur für den Massenschwerpunkt, sondern für alle Punkte, die auf der Wirkungslinie der resultierenden Kraft liegen (Bild 2.51).

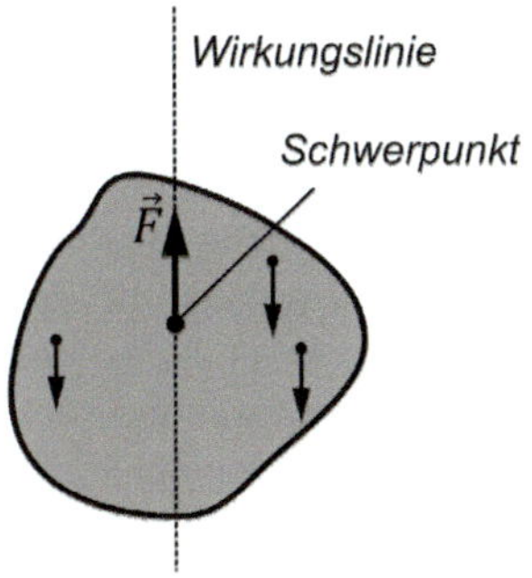


**Bild 2.51**
Statisches Gleichgewicht eines starren Körpers im Schwerefeld der Erde.

Die drei in Bild 2.52 dargestellten Gleichgewichtszustände ergeben sich bei einem im Schwerfeld der Erde aufgehängten Körper in Abhängigkeit des Abstandes zwischen dem Massenschwerpunkt und dem Aufhängungspunkt, um den der Körper rotieren kann. Wird der starre Körper genau am Ort seines Massenschwerpunktes aufgehängt, liegt die indifferente Gleichgewichtslage vor. Bei einer Auslenkung wird der Massenschwerpunkt des Körpers weder angehoben noch gesenkt und es entstehen somit auch keine rückstellende bzw. ablenkende Drehmomente. Liegt der Aufhängungspunkt oberhalb des Massenschwerpunktes wird der Massenschwerpunkt des Körpers bei einer kleinen Auslenkung angehoben, wodurch ein rückstellendes Drehmoment entsteht, das den Körper wieder in die stabile Ausgangslage zurückführt. Für den entgegengesetzten Fall, dass der Aufhängungspunkt unterhalb des Massenschwerpunktes liegt, genügt bereits eine kleine Auslenkung, um den Körper von dieser labilen in die stabile Gleichgewichtslage umkippen zu lassen. Der Massenschwerpunkt wird nun bei kleinen Auslenkungen energetisch abgesenkt, wodurch ein ablenkendes Drehmoment entsteht, das den Körper immer weiter aus der labilen Ausgangslage herausführt.

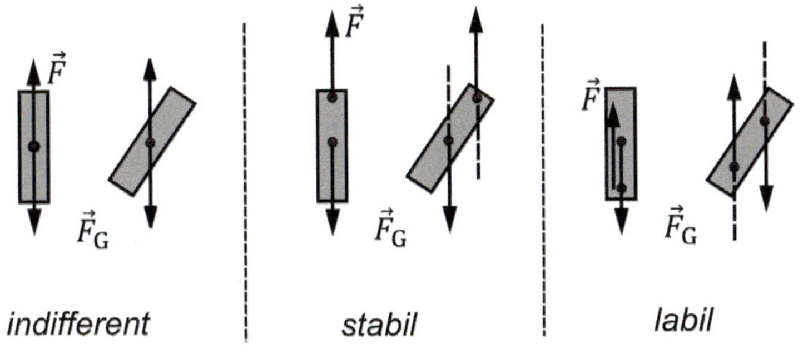


**Bild 2.52** Verschiedene Gleichgewichtslagen eines drehbar gelagerten starren Körpers im Schwerefeld der Erde

### 2.4.5 Reibung

Jede von einer Kraft ausgelöste Bewegung eines Körpers kommt irgendwann zum Stillstand, es sei denn, die Bewegung findet im Vakuum statt, wie z. B. bei einem Satelliten im Weltall. Diese dem Trägheitsgesetz zunächst widersprechende Tatsache findet ihre Begründung darin, dass der Körper bewegungshemmenden Kräften unterworfen ist, den sogenannten Reibungskräften. Die Ursache dieser Reibungskräfte liegt in der Wechselwirkung zwischen der Oberfläche des betroffenen Körpers und Grenzflächen anderer Medien, seien sie fest, flüssig oder gasförmig. Die Reibungskräfte selbst können keine Beschleunigung eines Körpers hervorrufen. Allerdings können sie wie im Fall der Haft- oder Ruhereibung andere Kräfte so übertragen, dass eine Beschleunigung möglich ist, wie die vielen Varianten der Fortbewegung demonstrieren. In all den Fällen, in denen eine Relativbewegung zwischen den Kontaktflächen entweder erzeugt oder aufrechterhalten werden soll, wirken die Reibungskräfte in entgegengesetzter Richtung zu den „Aktionskräften" und vermindern deren Betrag. Die technische Bedeutung der Reibung ist sehr groß, wobei je nach Anwendungsfall Reibung erwünscht ist, wie bei der Kraftübertragung, oder unerwünscht ist, wie bei jedem Versuch der „Bewegungskonservierung".

Es gibt verschiedene Arten der Reibung. Bei der *äußeren Reibung* oder *Festkörperreibung* bewegen sich zwei Körperoberflächen gegeneinander. Der mit der Reibung verbundene Widerstand wird in erster Linie durch die Qualität der Oberflächen bestimmt. Bei der *inneren Reibung* oder *Flüssigkeitsreibung* kommt es zu Kontaktwechselwirkungen zwischen einer Körperoberfläche und einem flüssigen oder gasförmigen Medium (Bild 2.53). Dabei werden die Fluidteilchen zum Teil vom bewegten Körper mitgenommen, d. h. beschleunigt. Der Vorgang spielt sich in einer bestimmten Grenzschicht nahe der bewegten Oberfläche ab, wobei die Relativgeschwindigkeit der Teilchen in Bezug auf den bewegten Körper von null (am Übergang Fluid/Körper) zum Maximalwert außerhalb der Grenzschicht zunimmt. Es sind auch Mischformen aus Festkörper- und Flüssigkeitsreibung möglich, wenn, wie beispielsweise bei einer sehr dünnen Flüssigkeitsschicht zwischen zwei Festkörperoberflächen, wo der direkte Kontakt der beiden Grenzflächen nicht vollständig unterbunden wurde.

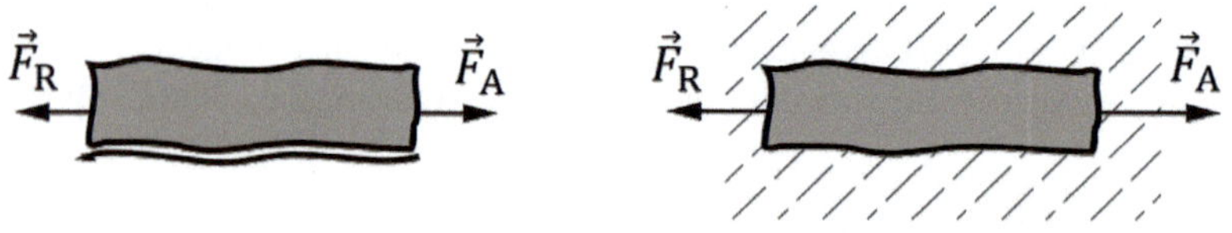


**Bild 2.53** Reibungskräfte bei der Bewegung eines Körpers: Festkörperreibung (links), Flüssigkeitsreibung (rechts)

Die verschiedenen Reibungsmechanismen machen sich vor allem in einer unterschiedlichen Abhängigkeit des Reibungswiderstandes von der Relativgeschwindigkeit $\vec{v}$ bemerkbar. Während bei der Festkörperreibung der Betrag und die Richtung der Relativgeschwindigkeit in erster Näherung keine Rolle spielen, hängt die Reibungskraft bei der Flüssigkeitsreibung explizit vom Relativgeschwindigkeitsbetrag ab.

Für die Beschreibung der Bewegung von Körpern im Rahmen der klassischen Mechanik ist die äußere Reibung relevant. Sie kann u. a. als Haft-, Gleit-, Roll-, Wälz- oder Bohrreibung auftreten.

### Haft- und Gleitreibung

Versucht man einen Körper, der auf einer festen Unterlage ruht, in Bewegung zu versetzen, wirkt der Aktionskraft $\vec{F}_A$ eine Reaktionskraft, die Reibungskraft $\vec{F}_R$ entgegen, die eine Beschleunigung des Körpers zunächst verhindert. Erst bei Überschreiten einer bestimmten Aktionskraft kommt es zu einer beschleunigten Bewegung. Die Ursache für den Übergang vom Zustand der Ruhe in den Zustand der beschleunigten Bewegung ist der Wechsel von Haftreibung (auch *Ruhereibung* genannt) zur Gleitreibung (auch *Bewegungsreibung* genannt). Die Haftreibungskraft ist stets entgegengesetzt der Parallelkomponente der Aktionskraft gerichtet und ist eine Folge des Formschlusses aufgrund von Oberflächenrauigkeiten in Kombination mit atomaren bzw. molekularen Anziehungskräften an den Oberflächen (*Adhäsion*). Bei der im Zustand der Ruhe wirkenden Haftreibung treten weder Verschleißeffekte auf noch wird Arbeit verrichtet. Erst beim Überschreiten der maximalen Haftreibungskraft (Haftungsgrenze) wird der Körper beschleunigt. Die dann wirkende Gleitreibungskraft ist im allgemeinen kleiner als die Haftreibungskraft und unabhängig von der Relativgeschwindigkeit $\vec{v}$. Die Haft- und die Gleitreibungskraft sind direkt proportional zur Auflagekraft des Körpers auf der Unterlage, der sogenannten *Normalkraft* $\vec{F}_N$, die senkrecht zur Kontaktfläche orientiert ist und von der Gewichtskraft $\vec{F}_G$ des Köpers auf der Oberfläche und dem Kosinus des Neigungswinkels $\alpha$ der Kontaktfläche bezüglich der Erdoberfläche bestimmt wird (Bild 2.54). Für die Normalkraft gilt:

$$\vec{F}_N = \vec{F}_G \cos(\alpha) = m\vec{g}\cos(\alpha) \tag{2.161}$$

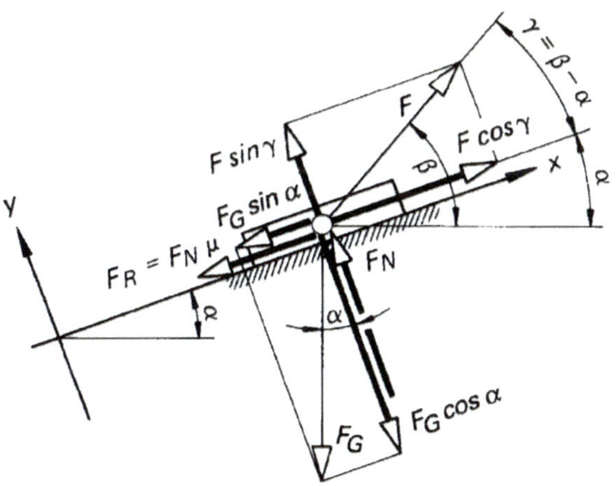


**Bild 2.54**
Normalkraft an einer schiefen (geneigten) Ebene

Grundlage für die Beschreibung der Festkörperreibung bilden die drei folgenden Gesetze der Tribologie (Reibungslehre fester Körper):

> **Merke**
> 1. Haft- und Gleitreibungskraft sind von der Ausdehnung der Reibfläche unabhängig.
> 2. Haft- und Gleitreibungskraft sind direkt proportional zur Normalkraft.
> 3. Die Gleitreibungskraft ist unabhängig von der Gleitgeschwindigkeit.

Die Gesetze (1) und (2), waren schon L. da Vinci (1452–1519) bekannt, jedoch erst im Jahre 1699 von G. Amontons (1663–1705) publiziert und werden daher auch als *Amontons'schen Gesetze* bezeichnet. Die Unabhängigkeit der Gleitreibungskraft von der Gleitgeschwindigkeit (3) hat C. A. de Coulomb (1736–1806) entdeckt, weshalb diese Gesetzmäßigkeit auch das *Coulomb'sche Reibungsgesetz* genannt wird.

Die für die Festkörperreibung verantwortliche stoffliche und mikroskopische Beschaffenheit der miteinander „wechselwirkenden" Oberflächen wird durch den einheitenlosen *Reibungskoeffizienten* (auch *Reibungszahl* genannt) $\mu$ erfasst, wobei unterschieden wird zwischen dem *Haft-* oder *Ruhereibungskoeffizienten* (*Haft-* oder *Ruhereibungszahl*) $\mu_H$ und dem *Gleit-* oder *Bewegungsreibungskoeffizienten* (*Gleit-* oder *Bewegungsreibungszahl*) $\mu_G$. Es gilt:

$$\mu = \frac{|\vec{F}_R|}{|\vec{F}_N|} = \frac{F_R}{F_N} \tag{2.162}$$

Die Reibungskoeffizienten $\mu_H$ und $\mu_G$ sind empirische Werte, die in Experimenten ermittelt werden. Ein einfach zu demonstrierendes Verfahren zur Bestimmung des Haftreibungskoeffizienten bietet die schiefe (geneigte) Ebene. Sie gehört seit dem Altertum zu den elementarsten Maschinen und ist Grundlage für zahlreiche Anwendungen in der Technischen Mechanik wie beispielweise Keil oder Schraube (Zylinder mit einer aufgewickelten schiefen Ebene). Im Alltag finden sich schiefe Ebenen unter anderem in Form von Rampen für Fahrzeuge zur Überwindung von Höhenunterschieden (Serpentinen im Gebirge). Befindet sich ein Körper der Masse $m$ auf einer schiefen Ebene mit dem Neigungswinkel $\alpha$, wie dies im Bild 2.52 dargestellt ist, so wird die durch die Tangentialkomponente der Gewichtskraft $\vec{F}_G = m\vec{g}$ (mit $F_G = |\vec{F}_G| = mg$) entstandene Hangabtriebskraft $\vec{F}_H = \vec{F}_G \sin(\alpha) = m\vec{g} \sin(\alpha)$ durch die Reibungskraft $\vec{F}_R$ so lange kompensiert, wie der Grenzwert der Haftreibung nicht überschritten ist. Durch allmähliche Vergrößerung des Neigungswinkels kommt es zum Überschreiten dieses Grenzwertes und damit zum Übergang von der Haft- in die Gleitreibung. Für den Grenzwinkel der Haftreibung $\alpha_H$, auch *Haftreibungswinkel* genannt, gilt folgendes Kräftegleichgewicht:

$$\vec{F}_H = \vec{F}_G \sin(\alpha_H) = \vec{F}_R = \mu_H \vec{F}_N = \mu_H \vec{F}_G \cos(\alpha_H) \tag{2.163}$$

Daraus ergibt sich für den Grenzwinkel der Haftreibung bei der schiefen Ebene:

$$\alpha_H = \arctan(\mu_H) \tag{2.164}$$

Beim Überschreiten des Grenzwinkels gilt für die Beschleunigung des Körpers, der auf der schiefen Ebene herabgleitet:

$$\vec{a} = \vec{g}\left[\sin(\alpha) - \mu_G \cos(\alpha)\right] \quad \text{mit} \quad 90° > \alpha > \alpha_H = \arctan(\mu_H) > 0° \tag{2.165}$$

Wird der Körper auf der schiefen Ebene mit konstanter Geschwindigkeit nach oben gezogen, gilt unter Berücksichtigung der Hangabtriebskraft $F_H$ und der Gleitreibungskraft $F_R = \mu_G F_N$ für den Betrag der Zugkraft $F_{Zug}$:

$$F_{Zug} = F_G \frac{\sin(\alpha) + \mu_G \cos(\alpha)}{\cos(\beta - \alpha) + \mu_G \sin(\beta - \alpha)} \tag{2.166}$$

$\mu_G$ ist der Gleitreibungskoeffizient und $\beta$ bezeichnet den Winkel zwischen der Richtung des Zugkraftvektors $\vec{F}_{Zug}$ und der ebenen Unterlage der schiefen Ebene (Bild 2.54). Ist der Zugkraftvektor parallel zur schieben Ebene orientiert (d. h. $\beta = \alpha$), ist der Nenner des Quotienten in der Gl. (2.166) gleich Eins und es gilt für den Betrag des Zugkraftvektors: $F_{Zug} = F_G\left[\sin(\alpha) + \mu_G \cos(\alpha)\right]$.

In Tabelle 2.6 sind Haft- und Gleitreibungskoeffizienten für einige Materialkombinationen angegeben.

**Tabelle 2.6** Haft- und Gleitreibungskoeffizienten einiger Materialkombinationen

| Materialkombination | Haftreibung geschmiert | Haftreibung trocken | Gleitreibung geschmiert | Gleitreibung trocken |
|---|---|---|---|---|
| Stahl - Stahl | 0,10...0,12 | 0,15...0,30 | 0,01...0,07 | 0,10...0,12 |
| Stahl - Holz | 0,1 | 0,6 | 0,05 | 0,35 |
| Stahl - Eis | | 0,027 | | 0,014 |
| Stahl - Kunststoff | 0,05...0,15 | 0,2...0,3 | 0,04 | 0,1 |
| Stahl - Bremsbelag | 0,3 | 0,6 | 0,4 | 0,55 |
| Holz - Holz | 0,15 | 0,4...0,6 | 0,05...0,1 | 0,3...0,35 |
| Gummi - Asphalt | | 0,7...0,9 | | 0,5...0,6 |
| Leder - Holz | 0,4 | 0,45 | 0,25 | 0,3 |
| Leder - Metall | 0,15 | 0,3...0,5 | 0,15 | 0,3 |
| Autoreifen - Beton | 0,5 | 0,8 | 0,3 | 0,5 |

Die physikalische Ursache für die Festkörperreibung liegt in der Wechselwirkung der beteiligten Oberflächen. Um die Oberflächen relativ zueinander bewegen zu können, müssen mikroskopische Hindernisse entweder überwunden oder aber durch *Abrasion* (Abrieb) zerstört werden. Zusätzlich können auch, vor allem bei der Haftreibung, noch Adhäsionskräfte, die durch lokale Bindung von Atomen oder Molekülen zustande kommen, eine Rolle spielen. Da die Anzahl der „Kontaktstellen" von der Kraft abhängt, mit der die beiden Flächen aneinandergepresst werden, vergrößert sich auch die Reibungskraft mit steigender Normalkraft.

Sonderfälle der Festkörperreibung, bei der nicht ebene, sondern gekrümmte Reibflächen in Wechselwirkung treten, sind zum einen die *Seilreibung*, zum anderen die *Zapfen-* oder *Bohrreibung*. Bei der Seilreibung wird ein gespanntes Seil oder Band über eine gekrümmte Oberfläche, z. B. eine Seiltrommel oder Rinne, geführt. Die Normalkraft, die zur Entstehung der Reibungskraft Anlass gibt, wird hier durch die Anpresskraft des Seils verursacht. Durch Vergrößern des Umschlingungswinkels, im Extremfall durch mehrmaliges Umwickeln, können beträchtliche Reibungskräfte erzielt werden. Bei der Zapfenreibung sind im einfachsten Fall die Mantelflächen zweier Zylinder mit gemeinsamer Symmetrieachse betroffen. Bei Vorhandensein von Spiel zwischen den beiden Durchmessern kommt es nur zu einem Teilkontakt der Flächen, der ein regelrechtes Abrollen des Zapfens hervorruft.

## Rollreibung

Die Rollreibung tritt beispielsweise beim Abrollen von Rädern auf ebenen Unterlagen oder in Kugellagern in Erscheinung. Im Vergleich zur translatorischen Gleitreibung sind die hier benötigten Kräfte sehr viel geringer, was die große technische Bedeutung „rollender" Fortbewegung erklärt. Anders als bei der Gleitreibung liegt bei der Rollreibung aber keine echte Reibung vor. Man sollte deshalb auch treffender von *Rollwiderstand* sprechen. Die Widerstandskraft wird nämlich durch eine unsymmetrische elastische Verformung der Rollpartner hervorgerufen, die dadurch zustande kommt, dass die Verformungsrückbildung nicht instantan erfolgt. Als Ergebnis tritt eine horizontale Reaktionskraft entgegengesetzt zur Rollrichtung auf (Bild 2.55). Sie lässt sich ähnlich wie beim Gleitreibungsgesetz beschreiben, wobei der *Rollreibungskoeffizient* (*Rollreibungszahl*) $\mu_R$ auch als *Koeffizient des Rollwiderstands* bezeichnet wird. Allerdings ist der Rollreibungskoeffizient $\mu_R$ leicht abhängig von der Bahngeschwindigkeit des rollenden Körpers.

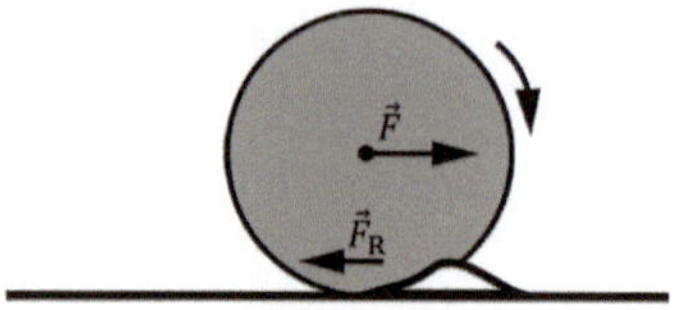


**Bild 2.55**
Rollreibung: Die einseitige elastische Verformung von Rollkörper und Unterlage (übertrieben dargestellt) führt zu einer Reaktionskraft entgegengesetzt zur Rollrichtung.

**Beispiele**

1. Welche maximale Verzögerung lässt sich bei einem Fahrzeug, das sich in der Ebene bewegt, ohne Blockierung der Räder erzielen?

   Die für die Verzögerung maßgebliche Kraft ist die an den Rädern angreifende Reibungskraft, genauer, wegen der Forderung nach Nichtblockieren der Räder, die Haftreibungskraft. Unter der Voraussetzung, dass alle Räder die gleiche Bremswirkung aufweisen und durch den gleichen Gewichtsanteil belastet sind, gilt für den Betrag der Verzögerung dann

   $$a = \frac{F_R}{m} = \frac{\mu_H m g}{m} = \mu_H g$$

   Dieses Ergebnis gilt auch für die maximale Beschleunigung, die beim Anfahren erzielt werden kann. Mit einem Wert von z. B. 0,50 für die Reibungszahl, ist die Beschleunigung maximal 4,9 m/s$^2$.

2. Wie ändert sich das Ergebnis von Beispiel 1, wenn der Bremsvorgang beim Hinabfahren einer schiefen Ebene mit einer Neigung von 10 % stattfindet?

   Durch die Abwärtsbewegung wird einmal die Normalkraft des Fahrzeugs auf die Straße verringert. Zum anderen muss die Reibungskraft auch die Hangabtriebskraft kompensieren. Somit gilt für die Beschleunigung

   $$a = \frac{F_R - F_H}{m} = \frac{\mu_r m g \cos\alpha - m g \sin\alpha}{m} = \left(\mu_r \cos\alpha - \sin\alpha\right) g$$

   Für den Neigungswinkel gilt: $\alpha = \arctan(0{,}10) = 5{,}71°$. Mit $\mu_H = 0{,}5$ ist der Betrag der Verzögerung dann $a = 3{,}9$ m/s$^2$.

# 2.5 Grundlagen der Festigkeitslehre

Die Festigkeitslehre ist neben der Statik und der Dynamik ein weiteres Teilgebiet der Technischen Mechanik und gehört zu den grundlegenden Disziplinen der Ingenieurwissenschaften. Aufbauend auf dem Teilgebiet der Statik wird im Rahmen der Festigkeitslehre die Verformung von nicht-starren Körpern aufgrund der Einwirkung äußerer Kräfte untersucht. Dabei wird zwischen elastischen (reversiblen) Verformungen, die Gegenstand der *Elastostatik* sind, und plastischen (irreversiblen) Verformungen, die im Rahmen der *Plastizitätstheorie* untersucht werden, unterschieden. Die Hauptanwendungsgebiete der Festigkeitslehre liegen im Bauwesen, in der Konstruktionslehre und im Maschinenbau. Wirken auf einen Körper, der im Rahmen der Technischen Mechanik üblicherweise als Bauteil bezeichnet wird, äußere Kräfte oder Drehmomente, entstehen in seinem Inneren gewisse Kraftflüsse, die als Spannungen bezeichnet werden. Diese Spannungszustände können das Bauteil elastisch oder plastisch verformen oder sogar zerstören. Die Art und Weise der Belastungen eines Bauteils haben direkten Einfluss auf seine Festigkeit. Daher werden unterschiedliche Arten von Festigkeiten in Abhängigkeit von der Art und Weise der Belastung unterschieden (Bild 2.56):

- *Druck- und Zugfestigkeit*: Sowohl bei der Druck- als auch bei der Zugbeanspruchung erfolgt die Krafteinwirkung gewöhnlich entlang der längsten Ausdehnung des Bauteils, wobei die Kraftrichtung definiert, ob eine Druck- oder eine Zugbeanspruchung vorliegt. Sofern die Kraft, aus der die Spannung resultiert, so ausgerichtet ist, dass sie an der Schnittebene des Bauteils zieht, wird sie als Zugspannung definiert. Übt die angreifende Kraft jedoch einen Druck gegen die Bauteilschnittebene aus, wird sie als Druckspannung definiert.
- *Biege- und Knickfestigkeit*: Bei der Biegung wird zwischen der querkraftfreien Biegung, bei der ein Drehmomentenpaar an den Enden eines Bauteils einwirkt, und der Querkraftbiegung, bei der eine Querkraft senkrecht zur längsten Ausdehnung eines Bauteils einwirkt, unterschieden. Bei der Biege- und bei der Knickbeanspruchung entstehen in dem Bauteil Zug- und Druckspannungen.
- *Scherfestigkeit*: Bei der Scherbeanspruchung wirken entgegengesetzt gerichtete Kräfte, die etwas zueinander versetzt sind, auf ein Bauteil. Scherbeanspruchungen treten typischer Weise bei Niet-, Schraub- und Bolzenverbindungen auf.
- *Torsionsfestigkeit*: Bei der Torsion (Verdrehung) wirkt ein Drehmoment in Richtung einer Achse, die durch das Bauteil verläuft. Dies tritt typischerweise bei rotierenden Bauteilen auf.

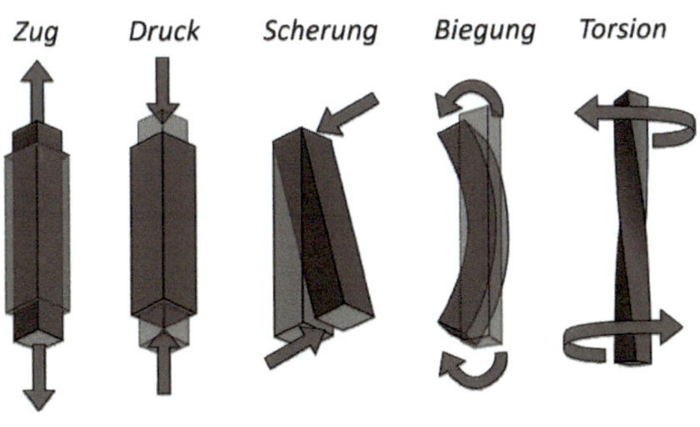


**Bild 2.56**
Belastungsarten eines Bauteils

Während bei der sogenannten Stereostatik (auch als Starrkörperstatik bezeichnet) der starre, nicht-verformbare und nicht-beschleunigte Körper die zugrundeliegende Modellvorstellung ist, werden bei der Festigkeitslehre die Materialeigenschaften von nicht-starren Körpern idealisiert, sodass der Werkstoff eines Bauteils als homogen und isotrop angenommen wird. Reversible Verformungen werden vereinfachend als ideal-elastisch angenommen, wodurch eine Belastung und die daraus resultierende Verformung zueinander proportional sind. Die Festigkeit eines Bauteils hängt dann von folgenden Faktoren ab:

- Art des Werkstoffs, aus dem das Bauteil besteht,
- Zustand des Werkstoffs, aus dem das Bauteil besteht,
- innere und äußere Temperatur,
- Stärke, Richtung und Zeitdauer der Belastung,
- Häufigkeit der Belastung.

## 2.5.1 Elastische Grundgrößen

Zu den elastischen Grundgrößen gehören die Normal- und die Schubspannung (auch Scherspannung genannt), der Spannungstensor, verschiedenen Spannungszustände und der die Verzerrung eines Körpers beschreibende Verzerrungstensor, die in den beiden folgenden Unterabschnitten eingeführt werden.

### Normal- und Schubspannung

Die von außen auf einen Körper einwirkenden Kräfte führen gemäß dem Spannungsprinzip von L. Euler (1707–1783) und A.-L. Cauchy (1789–1857) im Körperinneren zu Spannungen, die ein Maß für die Belastung durch die Krafteinwirkung sind. Die grundlegende Größe für diese Betrachtung ist der Spannungsvektor $\vec{t}$ an einem Punkt $P$ auf der Schnittfläche $A$ eines Körpers, der sich als Quotient aus der infinitesimalen Kraft $\mathrm{d}\vec{F}$ und dem infinitesimalen Flächenelement $\mathrm{d}A$ ergibt:

$$\vec{t} = \frac{\mathrm{d}\vec{F}}{\mathrm{d}A} \tag{2.167}$$

Die SI-Einheit des Spannungsvektors ist: $\left[\vec{t}\,\right] = \mathrm{N/m^2}$. Die Orientierung des infinitesimalen Flächenelements $\mathrm{d}A$ ist durch den Einheitsnormalenvektor $\vec{n}$ der Schnittfläche definiert. Der Spannungsvektor ist abhängig vom Ort, von der Zeit und von der Orientierung der Schnittfläche. Die Gesamtheit aller möglichen Spannungsvektoren an einem Punkt $P$ des Körpers heißt *Spannungszustand* im Punkt $P$ und wird zur Charakterisierung von Verformungen bei einem Körper verwendet. Die Gesamtheit aller durch die äußere Kraft erzeugten Spannungszustände an allen Punkten eines anisotropen Körpers wird als *Spannungsfeld* bezeichnet. Messtechnisch wird das Spannungsfeld eines anisotropen Körpers durch die Untersuchung der Spannungszustände an exemplarisch ausgewählten Punkten ermittelt.

Der Spannungsvektor lässt sich in zwei Komponenten zerlegen: in die *Normalspannung* $\vec{\sigma}$, die senkrecht zur Schnittfläche orientiert ist und in die *Schubspannung* (auch *Scherspannung* genannt) $\vec{\tau}$, die in der Schnittfläche liegt und damit senkrecht zum Einheitsnormalenvektor $\vec{n}$ der Schnittfläche orientiert ist. Eine Normalspannung ist eine durch eine Normalkraft verursachte Zug- oder Druckbeanspruchung des Körpers. Hingegen wird eine Schubspannung durch eine Querkraft, die tangential zur der betreffenden Oberfläche des Körpers wirkt, verursacht. Wählt man für ein körperfestes kartesisches Koordinatensystem die Orientierungen der Einheitsnormalenvektoren von drei senkrecht aufeinander stehenden Schnittflächen entlang der drei positiven Koordinatenachsen ergeben sich für einen Punkt $P$ folgende drei Spannungsvektoren (Bild 2.57):

$$\vec{t}(P,\vec{e}_x)=\begin{pmatrix}\sigma_x\\ \tau_{yx}\\ \tau_{zx}\end{pmatrix} \quad \text{und} \quad \vec{t}(P,\vec{e}_y)=\begin{pmatrix}\tau_{xy}\\ \sigma_y\\ \tau_{zy}\end{pmatrix} \quad \text{und} \quad \vec{t}(P,\vec{e}_z)=\begin{pmatrix}\tau_{xz}\\ \tau_{yz}\\ \sigma_z\end{pmatrix} \tag{2.168}$$

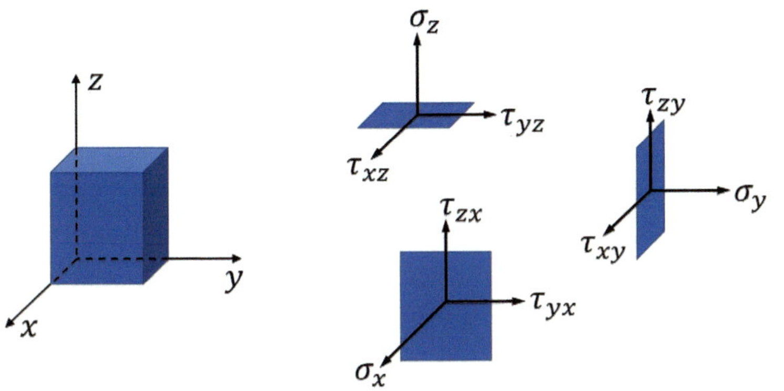


**Bild 2.57** Schnittflächen und Komponenten von Spannungsvektoren

Bei den Schubspannungskomponenten (auch Deviatorkomponenten genannt) $\tau_{ij}$ gibt der erste Index die Richtung der Schubspannung und der zweite Index die Richtung des Einheitsnormalenvektors an. Ein räumlicher Spannungszustand für einen Punkt $P$ des Körpers wird durch den *Spannungstensor* $\hat{\sigma}$ beschrieben:

$$\hat{\sigma}=\begin{pmatrix}\sigma_x & \tau_{xy} & \tau_{xz}\\ \tau_{yx} & \sigma_y & \tau_{yz}\\ \tau_{zx} & \tau_{zy} & \sigma_z\end{pmatrix} \tag{2.169}$$

Der Spannungstensor (auch Cauchy'scher Spannungstensor genannt) ist für den Fall, dass die angreifenden Kräfte keine Drehbeschleunigung bewirken und damit ein Drehmomentengleichgewicht vorliegt, eine symmetrische Matrix und es gilt: $\tau_{xy}=\tau_{yx}$, $\tau_{xz}=\tau_{zx}$ und $\tau_{yz}=\tau_{zy}$. Für eine beliebige Schnittfläche, deren Einheitsnormalenvektor $\vec{n}$ mit den drei kartesischen Koordinatenachsen die Winkel $\alpha_x=\sphericalangle(\vec{n},\vec{e}_x)$, $\alpha_y=\sphericalangle(\vec{n},\vec{e}_y)$ und $\alpha_z=\sphericalangle(\vec{n},\vec{e}_z)$ bildet, gilt:

$$\vec{t}(P,\vec{n})=\vec{t}(P,\vec{e}_x)n_x+\vec{t}(P,\vec{e}_y)n_y+\vec{t}(P,\vec{e}_z)n_z=\hat{\sigma}\vec{n} \tag{2.170a}$$

$$\begin{pmatrix}t_x\\ t_y\\ t_z\end{pmatrix}=\begin{pmatrix}\sigma_x\\ \tau_{yx}\\ \tau_{zx}\end{pmatrix}n_x+\begin{pmatrix}\tau_{xy}\\ \sigma_y\\ \tau_{zy}\end{pmatrix}n_y+\begin{pmatrix}\tau_{xz}\\ \tau_{yz}\\ \sigma_z\end{pmatrix}n_z=\begin{pmatrix}\sigma_x & \tau_{xy} & \tau_{xz}\\ \tau_{yx} & \sigma_y & \tau_{yz}\\ \tau_{zx} & \tau_{zy} & \sigma_z\end{pmatrix}\begin{pmatrix}n_x\\ n_y\\ n_z\end{pmatrix} \tag{2.170b}$$

Gemäß Gl. (2.170) beschreibt der Spannungstensor $\hat{\sigma}$ den linearen Zusammenhang zwischen dem Spannungsvektor $\vec{t}(P,\vec{n})$ an einem Punkt $P$ und dem Einheitsnormalenvektor $\vec{n}$ der Schnittfläche, wobei allgemein gilt: $\vec{t} \nparallel \vec{n}$. Für die Normalspannung $\sigma_\mathrm{n}$ und den Betrag der Schubspannung $\tau$ gilt:

$$\sigma_\mathrm{n} = \vec{n} \cdot \vec{t} = n_x t_x + n_y t_y + n_z t_z \quad \text{und} \quad \tau = \sqrt{|\vec{t}|^2 - \sigma_\mathrm{n}^2} \tag{2.171}$$

Der Spannungszustand in einem Punkt $P$ lässt sich durch die sechs Komponenten des Spannungstensors $\sigma_x$, $\sigma_y$, $\sigma_z$, $\tau_{xy}$, $\tau_{xz}$ und $\tau_{yz}$ oder durch drei Normal- und drei Schubspannungen beschrieben, die jedoch vom gewählten Koordinatensystem abhängen. Zur Bewertung der Belastung bzw. Beanspruchung eines Körpers durch äußere Kräfte werden jedoch Größen benötigt, die nicht von der Wahl des Koordinatensystems abhängen. Die Lösung dieses Problems ist mathematisch äquivalent zur Diagonalisierung des Trägheitstensors und der Berechnung der Hauptträgheitsmomente und der Hauptträgheitsachsen beim starren Körper (Abschnitt 2.4.2). Im Falle des Spannungstensors sind folgende drei Größen relevant:

- *Hauptebene* ist eine Schnittebene, auf der der Spannungsvektor senkrecht steht und damit parallel zum Einheitsnormalenvektor dieser Ebene orientiert ist. Die zugehörige Normalspannung heißt *Hauptspannung* und die Schubspannung in einer Hauptebene ist null.
- *Hauptspannungsrichtung* (auch Hauptrichtung genannt) ist die Richtung des Einheitsnormalenvektors einer Hauptebene
- Zu jedem Spannungstensor gibt es drei Hauptspannungen $\sigma_1$, $\sigma_2$ und $\sigma_3$, die seine Eigenwerte darstellen und drei aufeinander senkrecht stehende Hauptspannungsrichtungen $\vec{e}_1$, $\vec{e}_2$ und $\vec{e}_3$, die durch die Eigenvektoren des Spannungstensors bestimmt sind. Die Zuordnung der Hauptspannungen ist per Konvention so gewählt, dass gilt: $\sigma_1 \geq \sigma_2 \geq \sigma_3$. Für jede der drei Hauptspannungen gilt folgende kubische Gleichung (charakteristisches Polynom des Spannungstensors):

$$\sigma_k^3 - I_1 \sigma_k^2 + I_2 \sigma_k - I_3 = 0 \quad \text{mit} \quad k = 1, 2, 3 \tag{2.172}$$

Die Größen $I_1$, $I_2$ und $I_3$ in der kubischen Gl. (2.172) werden als Invarianten des Spannungstensors bezeichnet, da sie nicht von der Wahl des Koordinatensystems abhängen. Es gilt:

$$I_1 = \sigma_x + \sigma_y + \sigma_z = \mathrm{Spur}(\hat{\sigma}) \tag{2.173a}$$

$$I_2 = \sigma_x \sigma_y + \sigma_x \sigma_z + \sigma_y \sigma_z - \tau_{xy}^2 - \tau_{xz}^2 - \tau_{yz}^2 \tag{2.173b}$$

$$I_3 = \sigma_x \sigma_y \sigma_z + 2\tau_{xy} \tau_{yz} \tau_{xz} - \sigma_x \tau_{yz}^2 - \sigma_y \tau_{xz}^2 - \sigma_z \tau_{xy}^2 = \det(\hat{\sigma}) \tag{2.173c}$$

Der Druck $p$ in einem Material ist definiert als negativer Mittelwert der Normalspannungen $\sigma_x$, $\sigma_y$, $\sigma_z$ und es gilt: $p := -(\sigma_x + \sigma_y + \sigma_z)/3 = -\mathrm{Spur}(\hat{\sigma})/3$. Damit ist auch der Druck wie die drei Invarianten $I_1$, $I_2$ und $I_3$ bezugssysteminvariant. Im System der drei Hauptspannungsrichtungen, in dem der Spannungstensor Diagonalform hat, gilt für die drei Invarianten:

$$I_1 = \sigma_1 + \sigma_2 + \sigma_3 = \mathrm{Spur}(\hat{\sigma}_D) = \mathrm{Spur}(\hat{\sigma}) = -3p \tag{2.174a}$$

$$I_2 = \sigma_1 \sigma_2 + \sigma_1 \sigma_3 + \sigma_2 \sigma_3 \tag{2.174b}$$

$$I_3 = \sigma_1 \sigma_2 \sigma_3 = \det(\hat{\sigma}_D) \tag{2.174c}$$

Die (per Konvention) größte Hauptspannung $\sigma_1$ ist die größtmögliche Normalspannung, während dementsprechend die kleinste Hauptspannung $\sigma_3$ die kleinstmögliche Normalspannung ist. Die größtmögliche Hauptschubspannung ist: $\tau_{13} = \tau_{max} = (\sigma_1 - \sigma_3)/2$. Für die beiden anderen Hauptschubspannungen gilt: $\tau_{12} = (\sigma_1 - \sigma_2)/2$ und $\tau_{23} = \tau_{min} = (\sigma_2 - \sigma_3)/2$. Falls sich die drei Hauptspannungen nur wenig unterscheiden ($\sigma \approx \sigma_2 \approx \sigma_3$), sind alle drei Hauptschubspannungen annähernd null.

Neben dem Spannungstensor $\hat{\sigma}$ gibt es noch weitere Spannungstensoren in der Technischen Mechanik, von denen einige hier nur genannt werden sollen: räumlicher gewichteter Kirchhoff'scher Spannungstensor (G. R. Kirchhoff, 1824–1887), Piola-Kirchhoff'scher Spannungstensor (G. Piola, 1794–1850), materieller konvektiver Spannungstensor und viskoser Spannungstensor in fließenden Medien.

Ein *hydrostatischer Spannungszustand* liegt vor, wenn bei allseitiger Zug- oder Druckbeanspruchung die drei Hauptspannungen gleich sind, sodass keine Schubspannungen auftreten können. Bei einem hydrostatischen Spannungszustand ist jede Richtung eine Hauptspannungsrichtung und der Spannungstensor ist eine Diagonalmatrix, sodass in diesem Fall ein Spannungsvektor an einem Punkt $P$ stets parallel zum Einheitsnormalenvektor $\vec{n}$ der Schnittfläche, die den Punkt $P$ enthält, orientiert ist. Bei einem hydrostatischen Spannungszustand wird ein Körper auch bei größerer Belastung nicht plastisch verformt.

Der *homogene Spannungszustand* ist ein ortsunabhängiger Spannungszustand und damit eine Idealisierung, die bei realen Körpern oder Bauteilen aufgrund von Störstellen und Materialgrenzen nur näherungsweise auftritt.

Bei einem *ebenen Spannungszustand* (auch *zweiachsiger Spannungszustand* genannt), wie er beispielsweise bei biaxialem Zug, bei Oberflächenbereichen von Körpern oder bei plattenförmigen Körpern vorliegt, ist eine der drei Hauptspannungen vernachlässigbar klein oder null. Wird das Koordinatensystem dann so gewählt, dass die $z$-Koordinatenachse mit der Hauptspannungsrichtung zur Hauptspannung, die gleich null ist, zusammenfällt, gilt: $\sigma_3 = \sigma_z = \tau_{xz} = \tau_{yz} = 0$ und für die beiden anderen Hauptspannungen gilt:

$$\sigma_{1,2} = \frac{\sigma_x + \sigma_y}{2} \pm \sqrt{\left(\frac{\sigma_x - \sigma_y}{2}\right)^2 + \tau_{xy}^2} = \frac{\sigma_x + \sigma_y}{2} \pm \tau_{max} \tag{2.175}$$

Dabei ist $\tau_{max}$ die maximal auftretende Schubspannung beim ebenen Spannungszustand. Für den Fall, dass $\sigma_1 = \sigma_2 = \sigma_x = \sigma_y$ gilt, liegt ein ebener hydrostatischer Spannungszustand vor, bei dem keine Schubspannungen auftreten.

Ein *einachsiger Spannungszustand* liegt bei einer einachsigen bzw. uniaxialen Zug- oder Druckbeanspruchung beispielsweise bei langen, homogenen Stäben oder Seilen vor. Dann ist nur noch die Hauptspannung in Richtung der auf den Körper einwirkenden Kraft verschieden von null und es gilt:

$$\vec{F} = \sigma \vec{A} \tag{2.176}$$

$\vec{A}$ ist die gerichtete Fläche des Körpers, an der die Kraft angreift und die per Konvention nach außen orientiert ist. Dementsprechend ist bei einer Zugbeanspruchung $\vec{F} \uparrow\uparrow \vec{A}$ und $\sigma > 0$ (Zugspannung), während bei einer Druckbeanspruchung $\vec{F} \uparrow\downarrow \vec{A}$ und $\sigma < 0$ (Druckspannung) gilt.

### Verzerrung

Auf einen Körper wirkende Kräfte können diesen beschleunigen und damit seine Translations- und/oder seine Rotationsbewegung ändern oder im Körper Spannungen hervorrufen und den Körper dadurch elastisch (reversibel) oder plastisch (irreversibel) deformieren. Beispiele für Deformationen sind Dehnung, Stauchung, Biegung, Scherung und Torsion. Als Verzerrungen werden reversible Änderungen der Seitenlängen (Dehnungen oder Stauchungen) und Änderungen der Winkel (Scherungen, Winkelverzerrungen oder Schiebungen) eines quaderförmigen Volumenelements bezeichnet. Es wird unterschieden zwischen der:

- *einachsigen Verzerrung* beispielsweise entlang der *x*-Richtung:

$$\varepsilon_x = \frac{\mathrm{d}u}{\mathrm{d}x} \tag{2.177}$$

- *zweiachsigen/ebenen Verzerrung* beispielsweise in der *xy*-Ebene:

$$\varepsilon_x = \frac{\partial u}{\partial x} \tag{2.178a}$$

$$\varepsilon_y = \frac{\partial v}{\partial y} \tag{2.178b}$$

$$\gamma_{xy} = \gamma_{yx} = \frac{1}{2}\left(\frac{\partial u}{\partial y} + \frac{\partial v}{\partial x}\right) \tag{2.178c}$$

- *dreiachsigen Verzerrung*:

$$\varepsilon_x = \frac{\partial u}{\partial x} \tag{2.179a}$$

$$\varepsilon_y = \frac{\partial v}{\partial y} \tag{2.179b}$$

$$\varepsilon_z = \frac{\partial w}{\partial z} \tag{2.179c}$$

$$\gamma_{xy} = \gamma_{yx} = \frac{\partial u}{\partial y} + \frac{\partial v}{\partial x} \tag{2.179d}$$

$$\gamma_{yz} = \gamma_{zy} = \frac{\partial v}{\partial z} + \frac{\partial w}{\partial y} \tag{2.179e}$$

$$\gamma_{zx} = \gamma_{xz} = \frac{\partial w}{\partial x} + \frac{\partial u}{\partial z} \tag{2.179f}$$

Die Größen $\varepsilon_x$, $\varepsilon_y$ und $\varepsilon_z$ beschreiben die infinitesimalen Längenänderungen (Dehnungen oder Stauchungen) entlang der Koordinatenachsen und die Größen $\gamma_{xy}$, $\gamma_{yz}$ und $\gamma_{zx}$ beschreiben die infinitesimalen Winkeländerungen (Winkelverzerrungen, Scherungen). $u$, $v$ und $w$ sind die kartesischen Komponenten des Verschiebungsvektors $\vec{u} = u\vec{e}_x + v\vec{e}_y + w\vec{e}_z$. In Bild 2.58 ist beispielhaft die Längen- und Winkeländerungen bei der zweiachsigen/ebenen Verzerrung eines Rechtecks *ABCD* mit den Kantenlängen d*x* und d*y* zu einer Raute *A'B'C'D'* dargestellt. Der Bezugspunkt *A* wird durch den zweidimensionalen Verschiebungsvektor $\vec{u} = u(x, y)\,\vec{e}_x + v(x, y)\,\vec{e}_y$ in den Punkt *A'* verschoben. Mit der Taylor-Entwicklung für $u(x, y)$ und $v(x, y)$ ergebt sich die Verschiebung des Punktes *B* um $u + \frac{\partial u}{\partial x}\mathrm{d}x$ entlang der *x*-Achse und um $v+\frac{\partial v}{\partial x}\mathrm{d}x$ entlang der *y*-Achse. Dementsprechend wird der Punkt *D* um $u+\frac{\partial u}{\partial y}\mathrm{d}y$ entlang der *x*-Achse und um $v+\frac{\partial v}{\partial y}\mathrm{d}y$ entlang der *y*-Achse verschoben. Bei der Winkelverzerrung geht die zur *x*-Achse parallele Strecke $\overline{AB}$ mit der Länge d*x* in die Strecke $\overline{A'B'}$ über, deren Länge für einen kleinen Verzerrungswinkel $\beta$ näherungsweise gleich ihrer Projektion auf die *x*-Achse ist: $\overline{A'B'}=\mathrm{d}x+\frac{\partial u}{\partial x}\mathrm{d}x=\mathrm{d}x+\varepsilon_x\,\mathrm{d}x$. Entsprechend geht die zur *y*-Achse parallele Strecke $\overline{AD}$ mit der Länge d*y* in die Strecke $\overline{A'D'}$ über, deren Länge für einen kleinen Verzerrungswinkel $\alpha$ näherungsweise gleich ihrer Projektion auf die *y*-Achse ist: $\overline{A'D'}=\mathrm{d}y+\frac{\partial v}{\partial y}\mathrm{d}y=\mathrm{d}y+\varepsilon_y\,\mathrm{d}y$. Für die beiden Verzerrungswinkel ergibt sich gemäß den in Bild 2.58 ablesbaren Dreiecksrelationen im Rahmen der Kleinwinkelnäherung: $\alpha=\arctan\left[\frac{\partial u}{\partial y}\mathrm{d}y\Big/\left(\mathrm{d}y+\frac{\partial v}{\partial y}\mathrm{d}y\right)\right]\approx\frac{\partial u}{\partial y}$ und $\beta=\arctan\left[\frac{\partial v}{\partial x}\mathrm{d}x\Big/\left(\mathrm{d}x+\frac{\partial u}{\partial x}\mathrm{d}x\right)\right]\approx\frac{\partial v}{\partial x}$. Für den Innenwinkel der Raute am Punkt *A'* gilt somit: $\sphericalangle\left(\overline{A'B'},\overline{A'D'}\right)=90°-\alpha-\beta=90°-\gamma_{xy}=\sphericalangle\left(\overline{C'B'},\overline{C'D'}\right)$ mit der Winkelverzerrung $\gamma_{xy}=\alpha+\beta=\frac{\partial u}{\partial y}+\frac{\partial v}{\partial x}$.

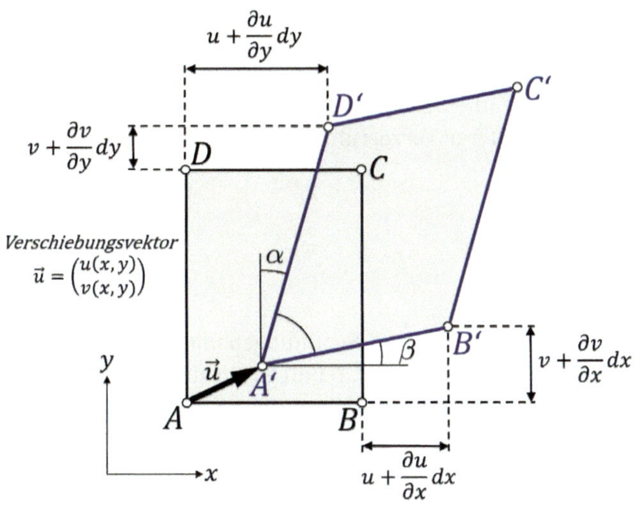


**Bild 2.58** Längen- und Winkeländerungen bei der zweiachsigen/ebenen Verzerrung eines Rechtecks zu einer Raute

Im dreidimensionalen Fall bilden die sechs Größen $\varepsilon_x$, $\varepsilon_y$ und $\varepsilon_z$ sowie $\gamma_{xy}$, $\gamma_{yz}$ und $\gamma_{zx}$ zusammen den *linearisierten Verzerrungstensor* $\hat{\varepsilon}$, der auch Ingenieurdehnung genannt wird und die lineare Näherung des Green-Lagrange'schen Verzerrungstensor (G. Green, 1793–1841 und J.-L. Lagrange, 1736–1813) darstellt:

$$\hat{\varepsilon}=\frac{1}{2}\begin{pmatrix}2\varepsilon_x & \gamma_{xy} & \gamma_{xz}\\ \gamma_{yx} & 2\varepsilon_y & \gamma_{yz}\\ \gamma_{zx} & \gamma_{zy} & 2\varepsilon_z\end{pmatrix} \tag{2.180}$$

Wie der Spannungstensor $\hat{\sigma}$ ist auch der linearisierte Verzerrungstensor $\hat{\varepsilon}$ eine symmetrische Matrix unter der zugrundeliegenden Annahme, dass die Verzerrungen klein gegenüber den Abmessungen des Körpers sind. Dementsprechend hat der linearisierte Verzerrungstensor als symmetrische Matrix drei Eigenwerte, die sogenannten *Hauptdehnungen* $\varepsilon_1$, $\varepsilon_2$ und $\varepsilon_3$ (Konvention: $\varepsilon_1 \geq \varepsilon_2 \geq \varepsilon_3$) mit den dazugehörigen *Hauptdehnungsrichtungen*. In Analogie zu den Invarianten des Spannungstensors gibt es auch beim linearisierten Verzerrungstensor $\hat{\varepsilon}$ bzw. beim diagonalisierten linearisierten Verzerrungstensor $\hat{\varepsilon}_D$ drei Invarianten:

$$\tilde{I}_1 = \varepsilon_1 + \varepsilon_2 + \varepsilon_3 = \mathrm{Spur}(\hat{\varepsilon}_D) = \mathrm{Spur}(\hat{\varepsilon}) \tag{2.181a}$$

$$\tilde{I}_2 = \varepsilon_1 \varepsilon_2 + \varepsilon_1 \varepsilon_3 + \varepsilon_2 \varepsilon_3 \tag{2.181b}$$

$$\tilde{I}_3 = \varepsilon_1 \varepsilon_2 \varepsilon_3 = \det(\hat{\varepsilon}_D) \tag{2.181c}$$

Die Invariante $\tilde{I}_1 = (\mathrm{d}V' - \mathrm{d}V)/\mathrm{d}V$ hat wie die Invariante $I_1$ des Spannungstensors eine anschauliche Bedeutung, da sie gleich ist der Volumenverzerrung (Volumendilatation), wobei $\mathrm{d}V$ ein Volumenelement im unverzerrten Zustand und $\mathrm{d}V'$ ein Volumenelement im verzerrten Zustand ist. Für die maximale und minimale Hauptscherung gilt: $\gamma_{\max} = (\varepsilon_1 - \varepsilon_3)/2$ bzw. $\gamma_{\min} = (\varepsilon_2 - \varepsilon_3)/2$.

Im Gegensatz zum Spannungstensor sind alle Komponenten des linearisierten Verzerrungstensors einheitenlos. In vielen Anwendungen sind zwar die Dehnungen groß aber die Winkelverzerrungen klein, was als geometrische Nichtlinearität bezeichnet wird. Große Dehnungen und/oder große Winkelverzerrungen können allgemein nur im Rahmen von nichtlinearen Theorien beschrieben werden. Neben dem linearisierten und dem Green-Lagrange'schen Verzerrungstensor gibt es eine Vielzahl anderer Verzerrungstensoren in der Technischen Mechanik.

## 2.5.2 Hooke'sches Gesetz

Der im einfachsten Fall lineare Zusammenhang zwischen Spannungen und Verzerrungen in einem Körper wird durch das *Elastizitätsgesetz* beschrieben. Damit ist ein eindeutiger funktionaler Zusammenhang zwischen den durch äußere Kräfte verursachten Spannungen und den daraus resultierenden Verzerrungen und umgekehrt gegeben. Im dreidimensionalen Fall ist der Spannungszustand durch den Spannungstensor und der Verzerrungszustand bei kleinen Verzerrungen durch den linearisierten Verzerrungstensor gegeben. Beide Größen sind Tensoren 2. Stufe mit jeweils sechs voneinander verschiedenen Komponenten. Die Verknüpfung zwischen diesen beiden Tensoren ist ein mathematisch nur schwer handhabbarer Tensor 4. Stufe mit insgesamt $3^4 = 81$ Komponenten, der als *Elastizitätstensor* $\overline{\overline{C}}$ bezeichnet wird. Das Elastizitätsgesetz, das auch *allgemeines Hooke'sches Gesetz* nach R. Hooke (1635–1703) genannt wird, lautet damit:

$$\hat{\sigma} = \overline{\overline{C}}\,\hat{\varepsilon} \tag{2.182a}$$

und für die Komponenten gilt:

$$\sigma_{ij} = \sum_{k=1}^{3} \sum_{l=1}^{3} C_{ijkl}\, \varepsilon_{kl} \tag{2.182b}$$

wobei der Indizes 1, 2, 3 für die kartesischen Koordinaten *x*, *y*, *z* stehen. Aufgrund der Symmetrieeigenschaft des Spannungs- und des linearisierten Verzerrungstensors mit $\sigma_{ij} = \tau_{ij} = \tau_{ji} = \sigma_{ji}$ bzw. $\varepsilon_{kl} = \gamma_{kl}/2 = \gamma_{lk}/2 = \varepsilon_{lk}$ für $i \neq j$ bzw. $k \neq l$ reduziert sich die Anzahl der unabhängigen Komponenten des Elastizitätstensors auf 36 Komponenten, wodurch sich der Elastizitätstensor mathematisch handhabbarer als Matrix (die sogenannte *Elastizitätsmatrix* $\hat{C}$) schreiben lässt. In der Voigt'schen Notation (W. Voigt, 1850–1919), in der der sechskomponentige Spannungstzensor und der sechskomponentige linearisierte Verzerrungstensor jeweils in Spaltenschreibweise angeben werden, gilt:

$$\begin{pmatrix} \sigma_x \\ \sigma_y \\ \sigma_z \\ \tau_{xy} \\ \tau_{yz} \\ \tau_{xz} \end{pmatrix} = \begin{pmatrix} C_{11} & C_{12} & C_{13} & C_{14} & C_{15} & C_{16} \\ C_{21} & C_{22} & C_{23} & C_{24} & C_{25} & C_{26} \\ C_{31} & C_{32} & C_{33} & C_{34} & C_{35} & C_{36} \\ C_{41} & C_{42} & C_{43} & C_{44} & C_{45} & C_{46} \\ C_{51} & C_{52} & C_{53} & C_{54} & C_{55} & C_{56} \\ C_{61} & C_{62} & C_{63} & C_{64} & C_{56} & C_{66} \end{pmatrix} \begin{pmatrix} \varepsilon_x \\ \varepsilon_y \\ \varepsilon_z \\ \gamma_{xy} \\ \gamma_{yz} \\ \gamma_{xz} \end{pmatrix} \tag{2.183}$$

Die Elastizitätsmatrix $\hat{C}$ ist symmetrisch (also $C_{ij} = C_{ji}$ für $i \neq j$) und hat dadurch nur 21 unabhängige Komponenten im Falle eines *hyperelastischen* (linear-elastischen) anisotropen Körpers, der durch folgende hyperelastische Eigenschaften gekennzeichnet ist:

- Bei gegebener Verformung haben die verursachenden Kräfte unabhängig vom vorherigen Zustand des Körpers stets denselben Wert.
- Befand sich der Körper in einem unbelasteten Zustand, wird dieser nach jeglicher elastischen Verformung wieder erreicht.
- Die Verformungsgeschwindigkeit hat keinen Einfluss auf die elastische Verformbarkeit.
- Die am Körper verrichtete Verformungsarbeit wird vollständig als Verzerrungsenergie umgewandelt, wodurch jegliche Wärmeverluste ausgeschlossen und sämtliche Verformungen vollständig reversibel sind.

Bei einem isotropen Körper stimmen die Hauptspannungs- und die Hauptdehnungsrichtungen überein, d. h. der Spannungs- und der Verzerrungstensor haben die gleichen Hauptachsen. Als Folge dessen ist das Elastizitätsgesetz unabhängig vom Koordinatensystem, wodurch sich die Anzahl der unabhängigen Komponenten der Elastizitätsmatrix in der Gl. (2.183) von 21 auf 2 reduziert:

$$\hat{C} = \frac{E}{1+\nu} \begin{pmatrix} \frac{1-\nu}{1-2\nu} & \frac{\nu}{1-2\nu} & \frac{\nu}{1-2\nu} & 0 & 0 & 0 \\ \frac{\nu}{1-2\nu} & \frac{1-\nu}{1-2\nu} & \frac{\nu}{1-2\nu} & 0 & 0 & 0 \\ \frac{\nu}{1-2\nu} & \frac{\nu}{1-2\nu} & \frac{1-\nu}{1-2\nu} & 0 & 0 & 0 \\ 0 & 0 & 0 & \frac{1}{2} & 0 & 0 \\ 0 & 0 & 0 & 0 & \frac{1}{2} & 0 \\ 0 & 0 & 0 & 0 & 0 & \frac{1}{2} \end{pmatrix} \tag{2.184}$$

Die Gestalt der Elastizitätsmatrix zeigt, dass es bei einem isotropen Körper zum einen keine Kopplung zwischen Schubspannungen ($\tau_{xy}$, $\tau_{yz}$, $\tau_{xz}$) und Dehnungen ($\varepsilon_x$, $\varepsilon_y$, $\varepsilon_z$) und zum anderen keine Kopplung zwischen Normalspannungen ($\sigma_x$, $\sigma_y$, $\sigma_z$) und Scherungen ($\gamma_{xy}$, $\gamma_{yz}$, $\gamma_{xz}$) besteht. Dies wird abkürzend als fehlende Schiebungs-Dehnung-Kopplung bei isotropen Körpern bezeichnet. Die beiden unabhängigen Komponenten der Elastizitätsmatrix sind der *Elastizitätsmodul E* (auch E-Modul, Zugmodul, Elastizitätskoeffizient oder Young'scher Modul nach T. Young, 1773–1829, genannt) und die *Querkontraktionszahl* $\nu$ (auch Querdehnungszahl, Querdehnzahl oder Poisson-Zahl nach S. D. Poisson, 1781–1840, genannt). Der Elastizitätsmodul $E$ ist ein Maß für die Steifigkeit eines Körpers, welcher angibt wie viel Spannung notwendig ist, um den Körper auf das Doppelte seiner Anfangslänge zu dehnen. Die Querkontraktionszahl $\nu$ ist definiert als linearisiertes negatives Verhältnis aus relativer Änderung der Abmessung quer zur einachsigen Spannungsrichtung. Für einen homogen Körper mit über den Querschnitt konstanten Spannungseinwirkung gilt: $\nu = -\frac{\Delta d/d}{\Delta l/l}$, wobei $d$ die ursprüngliche Dicke und $l$ die ursprüngliche Länge des Körpers bezeichnen. Positive Werte von $\Delta d$ bzw. $\Delta l$ entsprechen einer Vergrößerung dieser Abmessung, negative Werte einer Verkleinerung der Dicke bzw. Länge.

Die Größen $E$ und $\nu$ sind über den *Schubmodul G* (auch G-Modul, Gleitmodul oder Schermodul genannt), der die linear-elastische Verformung eines Körpers infolge einer Scherkraft oder einer Schubspannung beschreibt, miteinander verknüpft:

$$G = \frac{E}{2(1+\nu)} = \frac{\tau}{\tan(\gamma)} \tag{2.185}$$

$\tau$ ist die Schubspannung (Scherspannung) und $\gamma$ ist der Schubwinkel (Schwerwinkel), wobei im Rahmen der Kleinwinkelnäherung gilt: $\tan(\gamma) \approx \gamma$. Wie die einheitenlose Querkontraktionszahl sind auch der Elastizitätsmodul und der Schubmodul Materialkonstanten mit der SI-Einheit: $[E] = [G] = \text{N/m}^2$. Eine weitere Materialkonstante, die mit den Größen $E$, $\nu$ und $G$ in Relation steht, ist der Kompressionsmodul $K$ (auch K-Modul genannt), der die gegenseitige Abhängigkeit von Druck- und Volumenänderung ohne Phasenübergang beschreibt. Für den Kompressionsmodul mit der SI-Einheit $[K] = \text{N/m}^2$ gilt:

$$K = \frac{E}{3(1-2\nu)} = \frac{2(1+\nu)G}{3(1-2\nu)} \tag{2.186}$$

Bei linear-elastischen Materialien ist die Querkontraktionszahl größer/gleich null. Aufgrund der Energieerhaltung sind der Elastizitäts-, der Schub- und der Kompressionsmodul positiv, sodass sich aus Gl. (2.186) der Wertebereich der Querkontraktionszahl ergibt: $0 \le \nu < 0{,}5$ (der typische Wertebereich ist: $0{,}2 < \nu < 0{,}5$). Daraus folgt für den Wertebereich des Schubmoduls: $E/3 < G \le E/2$ und für den Wertebereich des Kompressionsmoduls $E/3 \le K < \infty$. Körper mit einer Querkontraktionszahl $\nu = 0{,}5$ werden als inkompressibel bezeichnet, da sie ihr Volumen bei Krafteinwirkung nicht verändern. Diese Körper können nicht mit dem Elastizitätsgesetz beschrieben werden.

Ausgehend von der Elastizitätsmatrix (Gl. (2.183)) für den linear-elastischen isotropen Körper lassen sich beim Elastizitätsgesetz folgende drei Fälle bezüglich der Dimensionalität des Spannungszustandes unterscheiden:

- *einachsiger (eindimensionaler) Spannungszustand:*

$$\varepsilon = \frac{\sigma}{E} \tag{2.187}$$

- *zweiachsiger (ebener) Spannungszustand:*

$$\varepsilon_x = \frac{1}{E}\left(\sigma_x - \nu\sigma_y\right) \tag{2.188}$$

$$\varepsilon_y = \frac{1}{E}\left(\sigma_y - \nu\sigma_x\right) \tag{2.188b}$$

$$\gamma_{xy} = \frac{\tau_{xy}}{G} \tag{2.188c}$$

- *dreiachsiger (räumlicher) Spannungszustand:*

$$\varepsilon_x = \frac{1}{E}\left(\sigma_x - \nu\left(\sigma_y + \sigma_z\right)\right), \quad \gamma_{xy} = \frac{\tau_{xy}}{G} \tag{2.189a}$$

$$\varepsilon_y = \frac{1}{E}\left(\sigma_y - \nu\left(\sigma_z + \sigma_x\right)\right), \quad \gamma_{yz} = \frac{\tau_{yz}}{G} \tag{2.189b}$$

$$\varepsilon_z = \frac{1}{E}\left(\sigma_z - \nu\left(\sigma_x + \sigma_y\right)\right), \quad \gamma_{zx} = \frac{\tau_{zx}}{G} \tag{2.189c}$$

$$\sigma_{x,y,z} = \frac{E}{1+\nu}\left(\varepsilon_{x,y,z} + \frac{\nu}{1-2\nu}\left(\varepsilon_x + \varepsilon_y + \varepsilon_z\right)\right) \tag{2.189d}$$

Für die Volumendehnung gilt:

$$\varepsilon_x + \varepsilon_y + \varepsilon_z = \frac{1-2\nu}{E}\left(\sigma_x + \sigma_y + \sigma_z\right) \tag{2.189e}$$

Bei der Berücksichtigung von Dehnungen durch Temperaturveränderungen, die jedoch keine Schubverzerrungen bewirken, gilt beim dreiachsigen (räumlichen) Spannungszustand in einem linear-elastischen isotropen Körper:

$$\varepsilon_x = \frac{1}{E}\left(\sigma_x - \nu\left(\sigma_y + \sigma_z\right)\right) + \alpha\,\Delta T \tag{2.190a}$$

$$\varepsilon_y = \frac{1}{E}\left(\sigma_y - \nu\left(\sigma_z + \sigma_x\right)\right) + \alpha\,\Delta T \tag{2.190b}$$

$$\varepsilon_z = \frac{1}{E}\left(\sigma_z - \nu\left(\sigma_x + \sigma_y\right)\right) + \alpha\,\Delta T \tag{2.190c}$$

$$\sigma_{x,y,z} = \frac{E}{1+\nu}\left(\varepsilon_{x,y,z} + \frac{\nu}{1-2\nu}\left(\varepsilon_x + \varepsilon_y + \varepsilon_z\right)\right) - \frac{1}{1-2\nu}E\alpha\,\Delta T \tag{2.190d}$$

$$\varepsilon_x + \varepsilon_y + \varepsilon_z = \frac{1-2\nu}{E}\left(\sigma_x + \sigma_y + \sigma_z\right) + 3\alpha\,\Delta T \tag{2.190e}$$

Hierbei ist $\alpha$ der Längenausdehnungskoeffizient mit der SI-Einheit $[\alpha] = \mathrm{K}^{-1}$ und $\Delta T$ ist die Temperaturänderung mit der SI-Einheit $[\Delta T] = \mathrm{K}$. In Tabelle 2.7 sind der Elastizitätsmodul $E$, die Querkontraktionszahl $\nu$ und der Längenausdehnungskoeffizient $\alpha$ einiger Materialien aufgelistet.

**Tabelle 2.7** Elastizitätsmodul $E$, Querkontraktionszahl $\nu$ und Längenausdehnungskoeffizient $\alpha$ einiger Materialien

| Material | Elastizitätsmodul $E$ (in $N/mm^2$) | Querkontraktionszahl $\nu$ (dimensionslos) | Längenausdehnungskoeffizient $\alpha$ (in $10^{-6}\ K^{-1}$) |
|---|---|---|---|
| Stahl | $1{,}9\ldots2{,}14 \cdot 10^5$ | 0,28…0,33 | 12…15 |
| Eisen | $2{,}12 \cdot 10^5$ | 0,27 | 12 |
| Aluminium | $0{,}69\ldots0{,}72 \cdot 10^5$ | 0,31…0,34 | 20…24 |
| Blei | $0{,}16\ldots0{,}2 \cdot 10^5$ | 0,45 | 28…29,3 |
| Glas | $0{,}4\ldots0{,}9 \cdot 10^5$ | 0,2…0,29 | 2,5…10 |
| Epoxidharz | $3{,}5 \cdot 10^3$ | 0,36 | 60…70 |

Der für den einachsigen Spannungszustand einfache lineare Zusammenhang zwischen Spannung $\sigma$ und Dehnung $\varepsilon$ wird in einem Spannungs-Dehnungs-Diagramm, wie es in der Bild 2.59 schematisch dargestellt ist, als *Hooke'sche Gerade* bezeichnet. Das geometrieunabhängige und ausschließlich materialabhängige Spannungs-Dehnungs-Diagramm ergibt sich aus dem experimentellen geometrieabhängigen Kraft-Verlängerungs-Diagramm eines Zugversuches. In einem solchen Spannungs-Dehnungs-Diagramm wird zwischen verschiedenen Bereichen unterschieden:

- *elastischer Bereich*: Der linear-elastische Bereich (auch Proportionalbereich bzw. Hooke'scher Bereich genannt), in welchem die Dehnung der Spannung proportional ist und somit das eindimensionale Hooke'sche Gesetz $\varepsilon = \sigma/E$ bzw. $\sigma = \varepsilon E$ gilt, wird durch die Proportionalitätsgrenze (in Bild 2.59 nicht eingezeichnet) begrenzt. Der nichtlinear-elastische Bereich oberhalb der Proportionalitätsgrenze, in dem das eindimensionale Hooke'sche Gesetz $\sigma = \varepsilon E$ nur noch näherungsweise gilt jedoch die Verformungen weiterhin ausschließlich elastisch und damit reversibel sind, wird durch die *Elastizitätsgrenze* begrenzt. Im elastischen Bereich stimmen Belastungs- und Entlastungskurve überein.
- der nichtlinear-plastische Bereich der irreversiblen Verformungen, der unterteilt wird in den *Fließbereich*, den *Kaltverfestigungsbereich* und den *Einschnürbereich*. Im nichtlinear-plastischen Bereich stimmen Belastungs- und Entlastungskurve nicht überein.
- *Fließbereich*: Oberhalb der Elastizitätsgrenze wird die Dehnung bei einer näherungsweise konstanten Fließspannung größer. Bei vielen Materialien schwankt die Fließspannung zwischen einer oberen und einer unteren Fließgrenze (Streckgrenze) innerhalb des Fließbereichs, wobei ein leicht wellenförmiger Kurvenlauf (in Bild 2.59 nicht dargestellt) charakteristisch ist. Gewöhnlich wird zuerst die obere Fließgrenze erreicht. Die benötigte Spannung, um den Körper weiter zu dehnen, nimmt etwas ab und erreicht die untere Fließgrenze. Nach Überschreiten der ersten Fließgrenze ist die Verformung des Körpers nicht mehr reversibel. Die im Fließbereich hervorgerufene Dehnung entsteht im Allgemeinen inhomogen. Als *Streckgrenzeneffekt* wird das leichte Abfallen der Spannung beim Einsetzen der plastischen Verformung im Fließbereich bei niedrigen Temperaturen bezeichnet. Nachdem ein Körper einmal über den Fließbereich hinaus gestreckt wurde, tritt der Streckgrenzeneffekt bei einer zeitnahen Wiederholung der Zugbelastung nicht mehr auf, sodass im Spannungs-Dehnungs-Diagramm der elastische Bereich kontinuierlich ohne Fließbereich in den nichtlinear-plastischen Verfestigungsbereich übergeht. Dieser kontinuierliche Übergang tritt unabhängig von vorherigen Zugbelastungen insbesondere auch bei höheren Temperaturen auf.

- *Kaltverfestigungsbereich* (auch Gleichmaßdehnungsbereich genannt): Wird die Spannung weiter erhöht, bilden sich zunehmend stehende Versetzungen im Kristallgitter, die die im Fließbereich noch gleitenden Versetzungen in ihrer Bewegung behindern. Dabei nimmt die Spannung im Kristallgefüge des Körpers weiter zu, was zu einer Kaltverfestigung des Materials führt. Als Folge dessen, wird die für die weitere plastische Verformung erforderliche äußere Kraft stetig größer. Im Gegensatz zur Dehnung im Fließbereich ist die Gleichmaßdehnung eine homogene plastische Verformung. Die maximale Zugspannung im Kaltverfestigungsbereich heißt *Zugfestigkeit* $R_m$ und die dabei erreichte Dehnung heißt *Gleichmaßdehnung*.
- *Einschnürbereich*: Beim Überschreiten des Kurvenmaximums, d. h. der Zugfestigkeit, beginnt sich die Körper lokal einzuschnüren. Im Kristallgitter haben sich dann so viele Versetzungen gebildet, dass die nicht mehr zu einer Verfestigung, sondern zur Bildung von Hohlräumen beitragen. Der auftretende Spannungsabfall ist auf die Verringerung des Körperquerschnittes zurückzuführen, da bei geringerem Querschnitt auch eine deutlich geringere Kraft für die weitere Dehnung erforderlich wird. Der Körper dehnt sich im Folgenden nur innerhalb der Einschnürung bis er beim Erreichen der *Bruchspannung* $\sigma_B$ schließlich bricht.

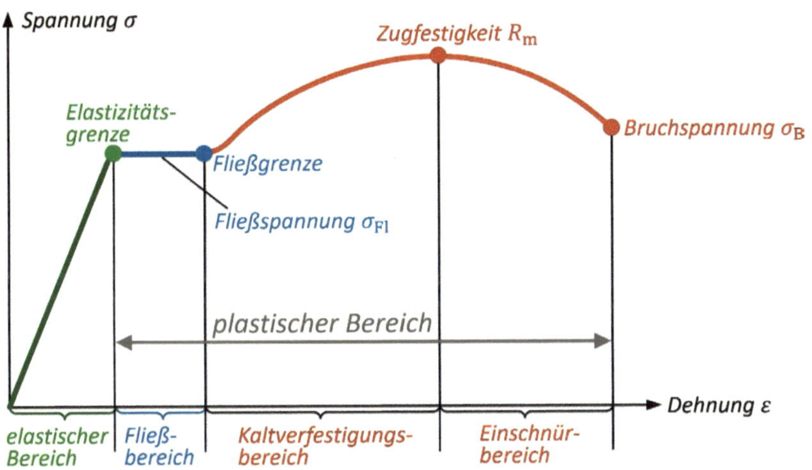


**Bild 2.59** Schematisches Spannungs-Dehnungs-Diagramm

Das Spannungs-Dehnungs-Diagramm ist materialcharakteristisch. Einige Materialen besitzen keine Streckgrenze, d. h. es erfolgt ein kontinuierlicher Übergang zwischen dem elastischen und dem nichtlinear-plastischen Bereich. Es gibt Materialien, die zwar einen Fließbereich aber keine obere und keine untere Fließgrenze aufweisen, da die Spannung konstant bleibt während die Dehnung im Fließbereich zunimmt. Materialen wie beispielsweise Keramiken, Ionenkristalle, Gläser etc., die bei entsprechender Belastung brechen ohne zuvor durch Einschnürung ihre Form zu verändern bzw. nicht dehnbar sind, werden als *spröde* bezeichnet. Im Gegensatz dazu zeigen *duktile* Materialien wie beispielsweise viele Metalle plastische Formveränderungen z. B. durch Einschnürung bevor sie brechen. *Elastomere* wie Gummi oder die meisten Polymere bleiben bis zum Erreichen der Bruchgrenze elastisch verformbar und zeigen dementsprechend keine plastischen Verformungen. Der Grund für dieses Verhalten ist, dass Polymere aus kettenförmigen Molekülen aufgebaut sind, welche im unbelasteten Zustand keine Vorzugsrichtung aufweisen und im belasteten Zustand beginnen sich zu strecken und parallel auszurichten. Dabei werden jedoch keine atomaren Bindungen wie bei der Verformung von duktilen Materialien beeinflusst, was zur hohen reversiblen Verformbarkeit und zu einem kleinen Elastizitätsmodul bei diesen Polymeren führt. Das Spannungs-Dehnungs-Diagramm eines Elastomers kann jedoch eine starke Temperaturabhängigkeit aufweisen.

### 2.5.3 Biegung

Als Biegung wird die mechanische Gestaltveränderung von schlanken (gestreckten) Körpern (z. B. Balken oder Bögen) oder von dünnwandigen Körpern (z. B. Schalen oder Platten) bezeichnet. Typischerweise treten dabei Krümmungsänderungen der Mittellinie oder der Mittelfläche auf. Die bei der jeweiligen Belastung entstehenden Krümmungen führen zu Biegemomenten und Biegespannungen. Für eine approximative mathematische Beschreibung kann ein ursprünglich dreidimensionales Problem auf zwei Dimensionen oder sogar auf eine Dimension reduziert werden:

- Die eindimensionale Bernoulli-Biege-Balkentheorie (J. Bernoulli, 1654–1705) ist gültig, wenn die Durchbiegungen der ursprünglich geraden Mittellinie klein sind gegenüber den Querschnittsabmessungen des Balkens.
- Für die Anwendbarkeit der zweidimensionalen Plattentheorie nach G. R. Kirchhoff (1824–1887) muss die Durchbiegung der ursprünglich ebenen Mittelfläche klein gegenüber der Plattendicke sein.
- Die zweidimensionale Plattentheorie nach T. von Kármán (1881–1963) ist anwendbar, wenn die Durchbiegung in gleicher Größenordnung wie die Plattendicke ist.

Bezüglich der Belastung durch Kräfte bzw. Drehmomente wird zwischen zwei Biegearten unterschieden (Bild 2.60):

- Bei der *reinen Biegung* (auch querkraftfreie Biegung genannt) entsteht die Biegebelastung durch Wirkung zweier Biegemomente an den Enden eines Körpers.
- Bei der *Querkraft-Biegung* entsteht die Biegebelastung durch mindestens eine Querkraft, die beispielsweise an einem Ende des Körpers angreift, während das andere Ende des Körpers starr fixiert ist (Bild 2.60). Dadurch entstehen neben den für die Biegung typischen Normalspannungen (Zug- und Druckspannungen) auch Schubspannungen im Körper.

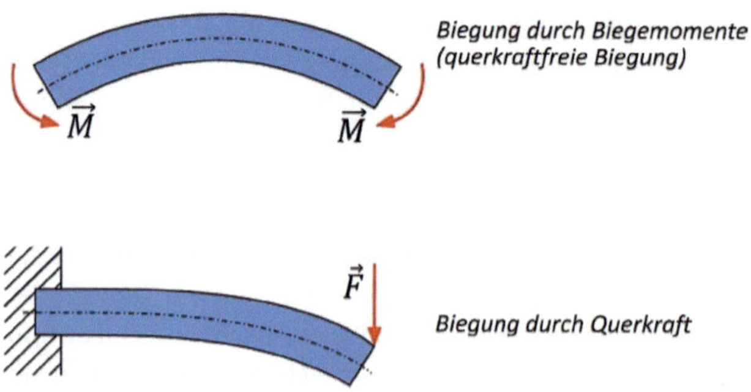


**Bild 2.60**
Biegearten bezüglich der Belastung durch Kräfte bzw. Drehmomente

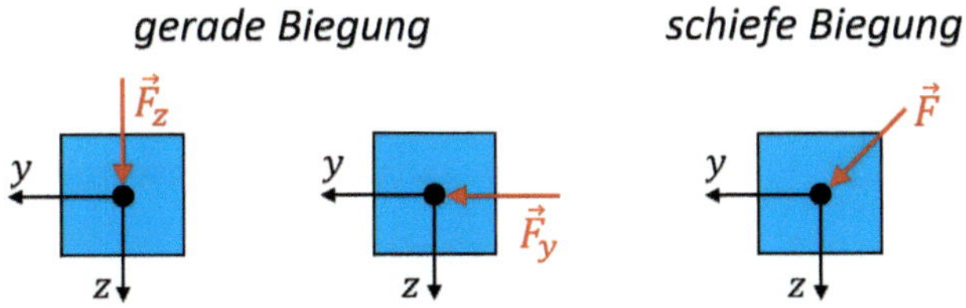


**Bild 2.61**
Gerade und schiefe Biegung

Ein weiteres Unterscheidungsmerkmal ergibt sich aus dem Wirkpunkt der Belastung (Bild 2.61):

- Bei der *geraden Biegung* eines Körpers mit symmetrischer Querschnittsfläche wirken die Kräfte nur entlang der Hauptachsen des Körperquerschnitts.
- Bei der *schiefen Biegung* eines Körpers mit symmetrischer Querschnittsfläche wirken die Kräfte nicht entlang der Hauptachsen des Körperquerschnitts oder es liegt eine Biegebelastung an einem Körper mit unsymmetrischen Querschnittsprofil vor.

Bei jeder Art von Biegung entstehen im Körper Zug- und Druckspannungen, was anhand Bild 2.60 verständlich wird: Als Folge der Biegebelastung wird der Köper auf der Oberseite gedehnt, während die Unterseite gestaucht wird. Dadurch entstehen an der Oberseite Zugspannungen und an der Unterseite Druckspannungen. Der Übergang von den Zug- zu den Druckspannungen erfolgt im Körper jedoch nicht abrupt, sondern kontinuierlich. Die Zug- und die Druckspannungen sind jeweils in den äußeren Bereichen bzw. auf der Körperoberfläche am größten und werden im Körperinneren kleiner. Bei Körpern mit symmetrische Querschnittsfläche fallen Zug- und Druckspannungen linear im Körperinneren ab. Als *neutrale Faser* wird die Fläche im Körper bezeichnet, die zug- und druckspannungsfrei ist.

In der Technischen Mechanik stellt der Balken einen typischen, durch Biegung beanspruchten Körper dar. Ein Balken ist ein entlang seiner Hauptachse gestreckter bzw. stabförmiger Körper, der längs oder quer zu seiner Hauptachse belastet wird. Je nach Belastungsart des Balkens gibt es Biege-, Längs-, Wölb-, Quer- oder Torsionsverformungen. Das Biegeverhalten eines Balkens wird im Allgemeinen von seiner Querschnittsgeometrie, seiner Lagerung/Fixierung sowie seiner Elastizität bestimmt. Die bei der Biegung relevanten Größen sind das Biegemoment und ein eventuell vorhandenes Torsionsmoment, die Biegelinie sowie Längs- und Querkräfte. Im Rahmen der Balkentheorie, die insbesondere in den Ingenieurwissenschaften relevant ist, wird die elastische Biegung eines Balkens im Rahmen verschiedener Näherungsordnungen beschrieben:

- Im Rahmen der 1. Ordnung werden die Kräfte und Momente am unverformten Balken ermittelt.
- Im Rahmen der 2. Ordnung werden die Kräfte und Momente am verformten Balken in einer linearisierten Form betrachtet, um kleine bis mittlere Durchbiegungen und Neigungswinkeln von bis zu 20° zu beschreiben.
- Bei der 3. Ordnung werden die Kräfte und Momente am verformten Balken auch für den nichtlinearisierten Fall betrachtet, um große Durchbiegungen und Neigungswinkeln von über 20° zu beschreiben.

Die Entwicklung der Balkentheorie geht zurück bis in das 15. Jahrhundert, als L. da Vinci (1452–1519) erstmals die Biegung von Körpern illustrierte. Eine wichtige Modellvorstellung innerhalb der Balkentheorie stellt der *Euler-Bernoulli-Balken* dar, für den folgende Annahmen gemacht werden:

- Die Länge $L$ des geraden (nicht gekrümmten) Balkens entlang der $x$-Achse (Balkenachse) ist wesentlich größer als seine Querschnittsabmessungen $b$ (entlang der $y$-Achse) und $h$ (entlang der $z$-Achse).
- Der Balken wird durch die Biegung entlang der $x$-Achse nicht verlängert und nicht tordiert.
- Balkenquerschnitte, die vor der Biegung senkrecht auf der Balkenachse standen, stehen auch nach der Biegung senkrecht auf der gebogenen Balkenachse.
- Die Biegeverformungen sind klein im Vergleich zur Länge des Balkens und die Querschnittsflächen bleiben auch nach der Biegeverformung in sich eben.
- Der Balken besteht aus einem isotropen Material und genügt dem Hooke'schen Gesetz, darüber hinaus sind die Querschnittseigenschaften über die gesamte Balkenlänge konstant.

Die Theorie der Balkenbiegung ist sehr umfangreich und stellt eine eigenständige Teildisziplin der Technischen Mechanik dar. Daher soll im Folgenden nur das einfache Beispiel der geraden Querkraftbiegung eines Euler-Bernoulli-Balkens der Länge $L$ ($x$-Achse), der einseitig eingespannt ist und an dessen nicht eingespannten Ende die Querkraft mit dem Betrag $F$ wirkt, behandelt werden (Bild 2.60 unten). Bei rein elastischer Biegeverformung entlang einer Richtung (eindimensionales Problem) gilt für die Biegespannung:

$$\sigma_\mathrm{B} = \frac{M_\mathrm{B}}{W_\mathrm{ax}} \tag{2.191}$$

Für das Biegemoment im hier betrachteten Beispiel gilt am kraftansetzenden Ende des Balkens $M_\mathrm{B} = FL$. Die Größe $W_\mathrm{ax}$ ist das sogenannte *axiale Widerstandsmoment*, dass durch die Geometrie des Balkenquerschnitts bestimmt wird und ein Maß für den Widerstand des Balkens gegen die Biegung darstellt. Für das axiale Widerstandsmoment gilt:

$$W_\mathrm{ax} = \frac{J_\mathrm{ax}}{a_\mathrm{max}} \tag{2.192}$$

$J_\mathrm{ax}$ ist das *axiale Flächenträgheitsmoment* (auch Flächenmoment 2. Grades genannt) und $a_\mathrm{max}$ ist der maximale senkrechte Abstand der Randfaser (Querschnittsrand) zur neutralen (spannungsfreien) Faser. Für Balken mit symmetrischen Querschnitten sind die axialen Widerstandsmomente in den Randfasern parallel zur Symmetrieachse gleich. Dementsprechend sind auch die Spannungen in diesen Randfasern gleich, sofern die Biegekräfte senkrecht zur Symmetrieachse wirken. Für das axiale Flächenträgheitsmoment der Querschnittsfläche $A$ bezüglich der $y$-Achse bzw. der $z$-Achse gilt in kartesischen Koordinaten:

$$J_{\mathrm{ax},y} = \int_A z^2 \,\mathrm{d}A = \int_A z^2 \,\mathrm{d}y\,\mathrm{d}z \tag{2.193a}$$

$$J_{\mathrm{ax},z} = \int_A y^2 \,\mathrm{d}A = \int_A y^2 \,\mathrm{d}y\,\mathrm{d}z \tag{2.193b}$$

Wird der hier beispielhaft betrachtete Euler-Bernoulli-Balken mit rechteckförmiger Querschnittsfläche $A = b\,h$ entlang seiner $h$-Kante ($z$-Achse) gebogen gilt: $J_{\mathrm{ax},z} = hb^3/12$ und $a_\mathrm{max} = b/2$ (Bild 2.62). Daraus ergibt sich für das axiale Widerstandsmoment: $W_{\mathrm{ax},z} = hb^2/6$. Bei der Biegung entlang der $b$-Kante ($y$-Achse) gilt für das axiale Widerstandsmoment: $W_{\mathrm{ax},y} = bh^2/6$.

Bei einem Balken mit quadratischer Querschnittsfläche mit $A = a^2$ gilt für das axiale Widerstandsmoment: $W_{\text{ax}} = a^3/6$ und bei einer kreisrunden Querschnittsfläche mit $A = \pi d^2/4$ gilt für das axiale Widerstandsmoment: $W_{\text{ax}} = \pi d^3/32$. Für die Biegespannung als Funktion der $x$-Koordinate gilt im hier betrachteten Fall:

$$\sigma_{\text{B}}(x) = \frac{6F\,x}{hb^2} \quad (\text{mit } 0 \leq x \leq L) \tag{2.194}$$

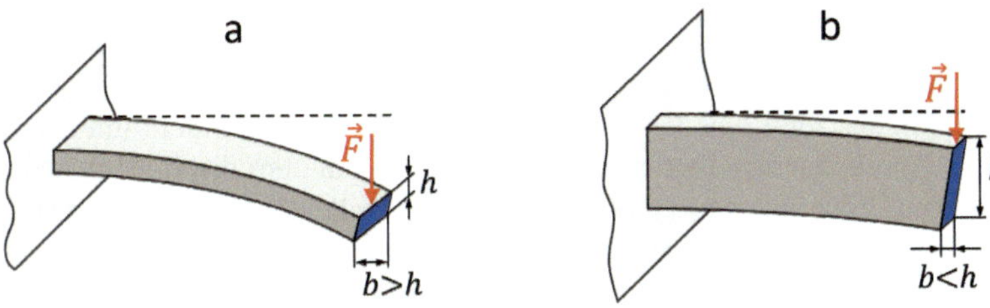


**Bild 2.62** Gerade Querkraftbiegung eines Euler-Bernoulli-Balkens entlang der *h*-Kante (*z*-Achse) für a) $h < b$ und für b) $h > b$

## 2.5.4 Scherung

Bei einer Scherung bewirkt ein antiparalleles Kräftepaar einer Scher- und einer Schubkraft, die nicht auf einer Wirkungslinie aber beide tangential zur Körperoberfläche liegen, die Schubverzerrung eines Körpers, an dem die Kräfte angreifen. Dabei werden gegenüberliegende Oberflächen des Körpers gegeneinander verschoben, wobei sich die Querschnittsfläche nicht verändert. Als Folge der Scherung wird beispielsweise ein rechteckförmiger Bereich in ein parallelogrammförmigen Bereich verformt (Bild 2.63). Bei einer reinen Scherung treten in der betrachteten Schnittebene keine Normaldehnungen und keine Normalspannungen auf. Ein typisches Beispiel für Scherungs-Beanspruchungen sind Kräfte, die auf belastete einwirken. Auch die beiden Schneidekanten einer Schere bewirken Scherungen im zu zerschneidenden Material.

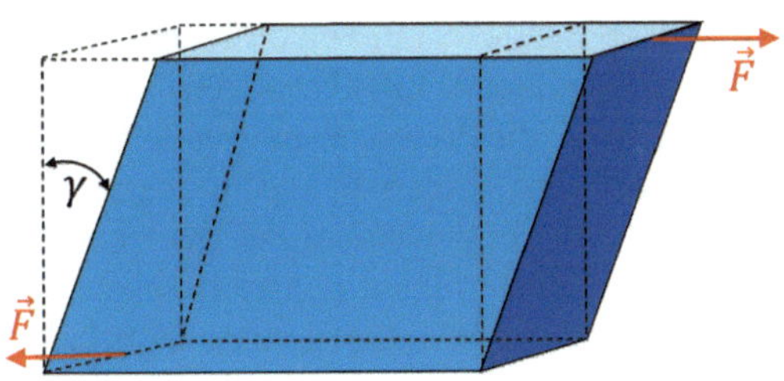


**Bild 2.63**
Scherung eines Körpers durch zwei antiparallele betragsmäßig gleich große Kräfte

Die Schubspannung (Scherspannung) $\tau$ ist gleich dem Verhältnis vom Betrag der Scherkraft $F$ zur Fläche $A$:

$$\tau = \frac{F}{A} \tag{2.195}$$

Für den Scherwinkel $\gamma$ der Scherung gilt:

$$\gamma = \arctan\left(\frac{\tau}{G}\right) = \arctan\left(\frac{F}{AG}\right) = \arctan\left(\frac{\Delta x}{h}\right) \tag{2.196}$$

## 2.5.5 Torsion

Als Torsion wird die Verdrehung (Verdrillung) eines Körpers durch die Wirkung eines Torsionsmoments bezeichnet. Die Torsion tritt in der Praxis oft bei Körpern mit kreisförmigen Querschnitt auf. Bild 2.64 zeigt beispielhaft die Torsion eines Vollzylinders um seine Längsachse, die eine schraubenartige Verformung bewirkt. Dies deuten die in Bild 2.64a eingezeichneten Verformungslinien auf der Mantelfläche des Vollzylinders an. Als Folge der Torsion wird ein quadratisches Element auf der Oberfläche des Vollzylinders zu einer Raute verformt, wobei die bezüglich der Längsachse senkrechten Kanten des Quadrats nicht verformt werden.

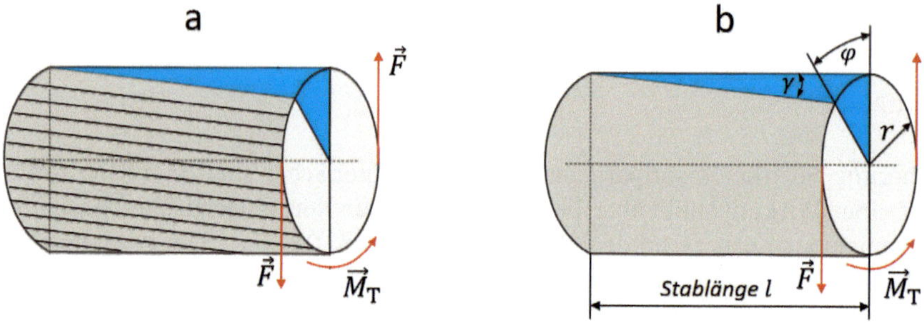


**Bild 2.64** Torsion eines Vollzylinders: a) Verformungslinien auf der Mantelfläche des Vollzylinders und b) relevante Größen

Im Fall der *Saint-Venant'schen Torsion* (A. J. C. B. de Saint-Venant, 1797–1886) können sich Querschnittspunkte in Längsrichtung des Körpers unbehindert verschieben, wodurch sich die Querschnittsfläche wölbt, während sich die Querschnittsform senkrecht zur Längsrichtung nur im geringen, vernachlässigbaren Maße verändert. Bei der Saint-Venant'schen Torsion werden Torsionsmomente nur durch Schubspannungen im Querschnitt übertragen. Im Gegensatz dazu entstehen bei der Torsion von Körpern, bei denen die Produkte aus Wanddicke und Abstand zur Drehachse der Torsion seitenweise konstant sind, zwar Schubspannungen, aber keine Normalspannungen in Längsrichtung und damit auch keine Wölbung des Querschnitts. Diese Bedingungen sind beispielsweise bei einem zylinderförmigen Rohr mit konstanter Wandstärke erfüllt. Diese Art der Torsion, die plastische Verformungen ausschließt, wird als *Neuber'sche Schale* (H. A. P. Neuber, 1906–1989) bezeichnet.

Bei der *Wölbkrafttorsion* treten zusätzlich zur Saint-Venant'schen Torsion statische Längsspannungen im Auflagerpunkt auf, die so groß sein müssen, sodass es keine Längsverschiebung gibt. Die Wölbkrafttorsion tritt beispielsweise auf, wenn die Wölbung der Außenflächen des Körpers behindert wird, oder bei einer veränderlichen Torsionsbelastung, bei der das Torsionsmoment im Körper nicht konstant ist, oder wenn das Torsionsmoment innerhalb des

Körpers angreift. Das Torsionsmoment der Wölbkrafttorsion kann in zwei Anteile zerlegt werden: einen Saint-Venant'schen Anteil und einen zweiten Anteil, der die behinderte Verwölbung beschreibt. Bei Körpern mit Vollquerschnitt kann der die Wölbung verursachende Saint-Venant'sche Anteil aufgrund der geringen Wölbung meist vernachlässigt werden.

Die für die Beschreibung der Torsion ohne Querschnittswölbung relevanten Größen sollen hier am Beispiel des in Bild 2.64b dargestellten Vollzylinder mit der Länge $l$ und dem materialspezifischen Schubmodul $G$ angegeben werden. Für den Betrag des *Torsionsmoments* gilt:

$$M_\mathrm{T} = \left|\vec{M}_\mathrm{T}\right| = \left|\vec{r} \times \vec{F}\right| = \left|\vec{r}\right| \cdot \left|\vec{F}\right| \cdot \sin\sphericalangle\left(\vec{r}, \vec{F}\right) = r\,F \tag{2.197}$$

Daraus folgt für den Verdrehwinkel $\varphi$ in Kleinwinkelnäherung ($\varphi \approx \sin(\varphi)$) im Bogenmaß:

$$\varphi = \frac{M_\mathrm{T}\, l}{G\, J_\mathrm{T}} = \frac{r\,F\,l}{G\, J_\mathrm{T}} \tag{2.198}$$

$J_\mathrm{T}$ ist das Torsionsträgheitsmoment, für das im Falle eines kreisförmigen Querschnitts gilt: $J_\mathrm{T} = \pi r^4/2$. Für nicht-kreisförmige Querschnitte ist die Berechnung des Torsionsträgheitsmoments nur in besonderen Fällen in geschlossener Form möglich. Darüber hinaus ist bei der Bestimmung des Torsionsträgheitsmoments entscheidend, ob es sich um verwölbungsfreie Querschnitte handelt, und ob im Falle einer Verwölbung diese bei der Torsion behindert wird (Neuber'sche Schale) oder nicht behindert wird (Saint-Venant'sche Torsion).

Für den Schwerwinkel $\gamma$ der Torsion bei dem in Bild 2.64 dargestellten Vollzylinder gilt in Kleinwinkelnäherung ($\gamma \approx \sin(\gamma)$) im Bogenmaß:

$$\gamma = \frac{\varphi r}{l} = \frac{M_\mathrm{T}\, r}{G\, J_\mathrm{T}} = \frac{2F}{G \pi r^2} \tag{2.199}$$

und für die Schubspannung $\tau_\mathrm{T}$ gilt:

$$\tau_\mathrm{T} = \frac{M_\mathrm{T}\, r}{J_\mathrm{T}} = \gamma G = \frac{2F}{\pi r^2} = \frac{\varphi r G}{l} \tag{2.200}$$

Die Schubspannung gemäß Gl. (2.200) gilt nur für den Fall, dass die Torsion ausschließlich elastische Verformungen verursacht. Eine zu große Torsion führt dazu, dass die Verformung vom elastischen in den plastischen Bereich übergeht, was letztendlich zum Zerbrechen des Körpers infolge einer zu großen Torsionsbeanspruchung führt. Bei Körpern mit dünnwandigen Querschnitten ist es bezüglich der Stabilität gegenüber der Torsion entscheidend, ob der Querschnitt geschlossen oder offen ist. Beispielsweise ist das Torsionsträgheitsmoment und das für einen definierten Verdrehwinkel aufzubringende Torsionsmoment bei einem Rohr mit geschlossenem kreisförmigem Querschnitt zwei Größenordnungen größer als bei einem geschlitzten Rohr bei sonst gleichen Eigenschaften.

Die in Abschnitt 2.5.1 bis Abschnitt 2.5.5 dargestellten Aspekte insbesondere zu den Themen Biegung, Scherung und Torsion bilden die Grundlagen der Festigkeitslehre. Für ein weiteres, vertiefendes Studium sollte der geneigte Leser auf Lehrbücher der Technischen Mechanik und der Festigkeitslehre zurückgreifen.

# 3 Strömungsmechanik

Die Strömungsmechanik (auch als *Strömungslehre* bzw. als *Fluidmechanik* bezeichnet) befasst sich mit dem Verhalten von fließfähiger Materie, sogenannte *Fluide*, wie beispielsweise Flüssigkeiten und Gase. Darüber hinaus sind auch Festkörper in gekörnter Form wie Granulate und Stäube fließfähig, wobei deren Fließvorgänge im Rahmen der *Rheologie* betrachtet werden. In der Strömungsmechanik werden sowohl ruhende (statische) als auch sich bewegende (strömende) Fluide betrachtet. Die Eigenschaften von ruhenden Fluiden mit konstanter Massendichte sind Gegenstand der *Hydrostatik* (Abschnitt 3.1). Hingegen wird in der *Aerostatik* das Verhalten von ruhenden Fluiden mit veränderlicher Massendichte beschrieben. Die Eigenschaften und insbesondere das Strömungsverhalten von Fluiden mit konstanter Massendichte sind Gegenstand der *Hydrodynamik* (Abschnitt 3.2) und entsprechend wird in der *Aerodynamik* das Strömungsverhalten von Fluiden mit veränderlicher Massendichte untersucht.

Die Anfänge der Strömungsmechanik gehen zurück bis in die Antike, in der bereits Schiffe und Bewässerungssysteme gebaut wurden. Archimedes von Syrakus (um 287 v. Chr. - um 212 v. Chr.) entdeckte das nach ihm benannte Prinzip des statischen Auftriebs eines Körpers in einer Flüssigkeit und entwickelte die nach ihm benannte *Archimedische Schraube*, mit der Wasser von einem niedrigeren auf ein höheres Niveau zu Bewässerungs- und Entwässerungszwecken befördert werden konnte (Bild 3.1). L. da Vinci (1452–1519) befasste sich unter anderem mit Strömungsturbulenzen und E. Torricelli (1608–1647) erkannte als Erster das Gewicht der Erdatmosphäre als Ursache des Luftdrucks und untersuchte den horizontalen Ausfluss einer Flüssigkeit aus einem Gefäß. E. Mariotte (1628–1684) baute den ersten Versuchskanal zur Messung des Widerstandes von Körpern in Strömungen und H. de Pitot (1695–1771) untersuchte den *Staudruck* in Strömungen.

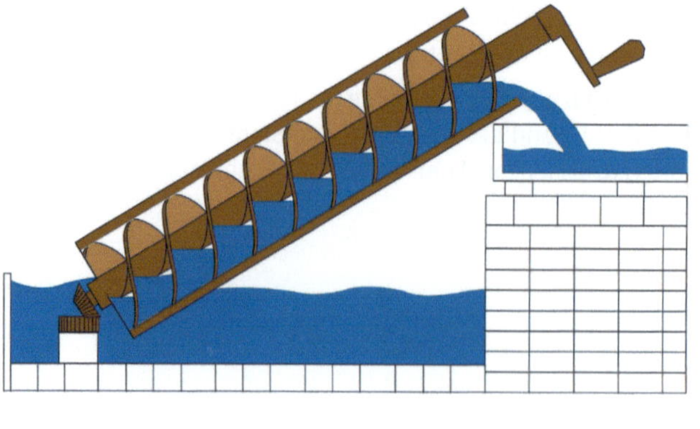

**Bild 3.1**
Archimedische Schraube

Wesentliche Beiträge zum Verständnis von strömungsmechanischen Vorgängen lieferte auch I. Newton (1643–1727), der die *Viskosität* (auch als *Zähflüssigkeit* bezeichnet) einer idealen (Newton'schen) Flüssigkeit als ein Widerstandsmaß einführte. D. Bernoulli (1700–1782) erkannte die Proportionalität zwischen der Druckänderung und der Beschleunigung eines Fluids und führte den Begriff der Hydrodynamik ein. L. Euler (1707–1783) formulierte die nach ihm benannten *Euler-Gleichungen* zur Beschreibung der reibungsfreien Strömung einer idealen Flüssigkeit. C. L. M. H. Navier (1785–1836) und G. G. Stokes (1819–1903) erweiterten die Euler-Gleichungen zu den *Navier-Stokes-Gleichungen* zur Beschreibung von Strömungen von viskosen Flüssigkeiten. W. Froude (1810–1879) untersuchte den Widerstand von Schiffen und H. von Helmholtz (1821–1894) formulierte die nach ihm benannten Wirbelsätze. Die moderne Strömungsmechanik geht zurück auf Arbeiten von L. Prandtl (1875–1953), der im Jahre 1904 die *Theorie der hydrodynamischen Grenzschicht* entwickelte, mit der die Navier-Stokes-Gleichungen so weit vereinfacht werden können, dass sie analytisch lösbar sind. Ab Mitte des 20. Jahrhunderts wurden die *Strömungsmesstechnik* und die numerische Strömungsmechanik weiterentwickelt, wodurch immer mehr Lösungen für praktische Anwendungen gefunden werden können.

## 3.1 Hydrostatik

Die Hydrostatik ist die Lehre von ruhenden, nicht-strömenden Fluiden, deren Massendichte konstant und deren Kompressibilität gering und daher vernachlässigbar ist. Im Fall von Flüssigkeiten haben diese im Rahmen der Hydrostatik neben der konstanten Massendichte folgende weitere Eigenschaften:

- Die Flüssigkeiten bleiben im flüssigen Aggregatszustand (keine Verdampfung und keine Kondensation).
- Gegenüber Festkörpern, Gasen und anderen Flüssigkeiten, mit denen sie sich nicht vermischen lassen, bilden sich Grenzschichten aus.
- Jede Änderung der Gefäßform, bei der das Volumen der Flüssigkeiten erhalten bleibt, bedarf nur den Arbeitsaufwand für die Gefäßformänderung.
- Der Druck innerhalb einer Flüssigkeit ist richtungsunabhängig und nur ortsabhängig.
- Die Massendichte einer Flüssigkeit ist zeitunabhängig, kann jedoch ortsabhängig sein.

### 3.1.1 Hydrostatischer Druck

Die Bewegung eines Kolbens in einem Hydraulikzylinder beruht, ebenso wie die Beschleunigung einer Turbinenschaufel durch ausströmende Gase, auf einer flächenhaften Kraftübertragung. Anders als beim starren Körper, bei dem äußere Kräfte immer punktförmig einwirken und sich im Körperinneren aufteilen, erfolgt die Kraftübertragung bei Flüssigkeiten und Gasen stets über eine Grenzfläche. Abgesehen von Reibungskräften, wie sie beispielsweise bei einer Relativbewegung zwischen Grenzflächen auftreten können, wirkt die resultierende

Kraft zwischen der äußeren Fläche (z. B. Kolbenboden, Behälterwand) und der Flüssigkeit oder dem Gas zudem immer senkrecht zur Grenzfläche. Zur Beschreibung der Mechanik von Flüssigkeiten und Gasen wird daher eine Größe verwendet, die diese gegenüber Festkörpern veränderten Gegebenheiten berücksichtigt. Anstelle der Kraft wird der *Druck* als Quotient aus der Kraft $F$ und der zur Kraftrichtung senkrecht liegenden Fläche $A$ definiert: $p = F/A$. Da die Kraft im Gegensatz zum Druck eine vektorielle Größe ist, gilt: $\vec{F} = p\,\vec{A}$ mit $\vec{A} = \vec{n}\,A$ und dem Flächennormalenvektor $\vec{n}$. Der Druck innerhalb einer ruhenden Flüssigkeit bzw. eines ruhenden Gases wird als *hydrostatischer Druck*. Hingegen hängt der Druck in strömenden Fluiden innerhalb der Strömung oder auf den begrenzenden Wänden im Allgemeinen auch von der Strömungsgeschwindigkeit ab. Die SI-Einheit des Drucks ist: $[p] = \mathrm{N/m^2} = \mathrm{Pa}$ (Pascal, nach B. Pascal, 1623–1662), wobei 1 Pa gleich dem Druck ist, der durch eine Kraft von 1 N erzeugt wird, die gleichmäßig auf eine Fläche von 1 $\mathrm{m^2}$ wirkt. In Tabelle 5.2 (Abschnitt 5.1.2) sind die Umrechnungen zwischen den gebräuchlichsten Druckeinheiten angegeben. Die SI-fremde Druckeinheit 1 Torr = 1 mm Quecksilbersäule geht zurück auf das Experiment von E. Torricelli (1608–1647), bei dem erstmals der Luftdruck gemessen wurde (Bild 3.2).

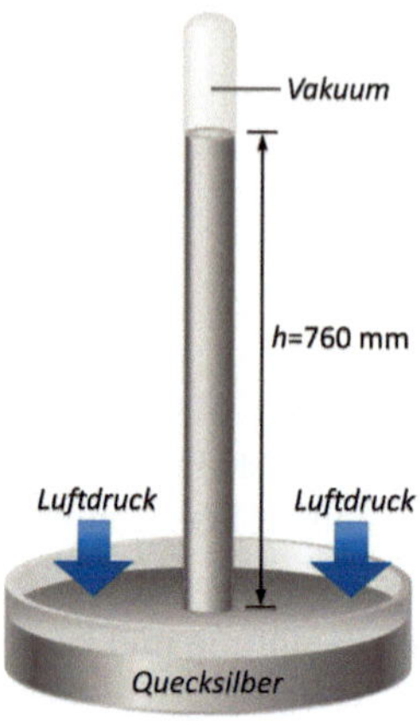


**Bild 3.2**
Experiment von E. Torricelli zur Messung des Luftdrucks

Ein einseitig geschlossenes Rohr ist mit Quecksilber gefüllt und die nach unten gerichtete Rohröffnung befindet sich unter dem Spiegel eines ebenfalls mit Quecksilber gefüllten Gefäßes. Das Quecksilber in dem Rohr sinkt dabei aufgrund seines eigenen Gewichts um eine Strecke und hinterlässt im oberen Rohr einen luftleeren Raum, der sich jedoch sofort mit Quecksilberdampf füllt. Der Luftdruck wirkt nur von unten gegen das Gewicht des Quecksilbers. Der Quecksilberspiegel im Rohr verändert sich so lange, bis die beiden Kräfte gleich sind und sich ein Gleichgewicht einstellt. Die Höhe der Quecksilbersäule bezogen auf den Quecksilberspiegel im Gefäß entspricht dann dem Luftdruck. Ein Wert von 760 mm Quecksilbersäule (= 760 Torr) entspricht dem Normalluftdruck von $p_0 = 101{,}325$ kPa = 1 atm. Durch Befestigung einer vertikalen Skala an das mit dem Quecksilber gefüllte Rohr entsteht ein *Quecksilberbarometer* zur Messung des Luftdrucks.

Der im Innern einer Flüssigkeit bestehende Druck hat im Allgemeinen zwei Ursachen. Die stets vorhandene Gewichtskraft der Flüssigkeit bewirkt den sogenannten *Schweredruck*, der durch eine zusätzlich, von außen einwirkende Kraft noch um einen weiteren Druck erhöht werden kann. Gemäß Bild 3.3 kann dies beispielsweise mittels eines Kolbens, der an einer Stelle der Gefäßwand eingesetzt ist, erfolgen. Dadurch entsteht der *Kolben-* oder *Betriebsdruck*.

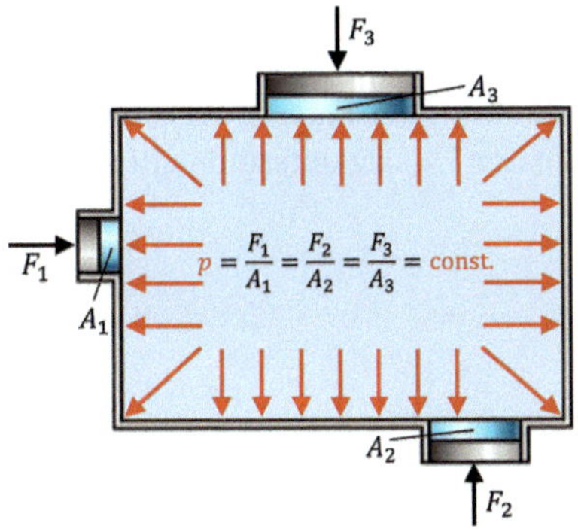


**Bild 3.3**
Allseitige Ausbreitung des Drucks in einer ruhenden Flüssigkeit

Die an beliebigen Stellen des beliebig geformten Gefäßes angebrachten Manometer zeigen eine Druckerhöhung an, die überall von gleich großem Betrag ist und es gilt:

**Merke**
Der Druck in einer ruhenden Flüssigkeit breitet sich in gleicher Stärke allseitig aus.

Die allseitige Ausbreitung des Druckes wird dazu ausgenutzt, um Kraftwirkungen durch mit Flüssigkeiten gefüllte Rohrleitungen zu übertragen (Wasserleitung, Öldruckbremse, hydraulische Presse). Dabei wird die geringfügige *Kompressibilität* von Flüssigkeiten ausgenutzt. Für die Kompressibilität $\kappa$ (auch *Kompressibilitätskoeffizient* genannt) von Flüssigkeiten und auch von Gasen gilt:

$$\kappa = \frac{1}{K} = -\frac{1}{V}\frac{\mathrm{d}V}{\mathrm{d}p} \tag{3.1}$$

Die Größe $K$ ist der *Kompressionsmodul*, der definiert ist, als die elastische Veränderung des Volumens infolge einer Druckveränderung. Wird die Druckänderung zurückgenommen, so nimmt die Flüssigkeit ihr ursprüngliches Volumen wieder ein. Flüssigkeiten zeigen somit wie Festkörper eine *Volumenelastitzität*, unterscheiden sich diesbezüglich jedoch durch die größere Verschiebbarkeit der Flüssigkeitsmoleküle gegeneinander. Diese Beweglichkeit bewirkt ebenfalls die Einstellung eines gleichen Flüssigkeitsniveaus und eine allseitige Druckausbreitung in Flüssigkeiten. Das negative Vorzeichen in Gl. (3.1) wurde gewählt, da eine Druckvergrößerung das Volumen verringert. Sowohl die Kompressibilität als auch der Kompressionsmodul sind temperatur- und druckabhängig. Die SI-Einheit des Kompressionsmoduls ist: $[K] = \text{Pa}$ und die SI-Einheit der Kompressibilität ist: $[\kappa] = 1/\text{Pa}$. Die Kompressibilität ist bei Flüssigkeiten etwa 10- bis 100-mal größer als bei Festkörpern. In Tabelle 3.1 sind die Werte der Kompressibilität einiger Flüssigkeiten angegeben.

**Tabelle 3.1** Werte der Kompressibilität $\kappa$ einiger Flüssigkeiten in 1/GPa

| | | | |
|---|---|---|---|
| Azeton | 1,09 | Öl | 0,6…1 |
| Ethanol | 1,16 | Quecksilber | 0,04 |
| Glyzerin | 0,22 | Wasser (0,1…2,5 MPa) bei 10 °C | 0,51 |
| Methanol | 1,22 | Wasser (40…50 MPa) bei 10 °C | 0,44 |

Die Größe des in einer bestimmten Tiefe einer Flüssigkeit auftretenden Schweredrucks ergibt sich, wenn eine Flüssigkeitssäule der Höhe $h$ und dem Querschnitt $A$ aus der Flüssigkeit herausgeschnitten gedacht wird (Bild 3.4). Für die Gewichtskraft der Flüssigkeitssäule gilt: $F_G = mg = Ah\varrho g$ und für den Schweredruck $p_S$ am Boden der Flüssigkeitssäule gilt somit:

$$p_S = \frac{F_G}{A} = \frac{Ah\varrho g}{A} = h\varrho g \tag{3.2}$$

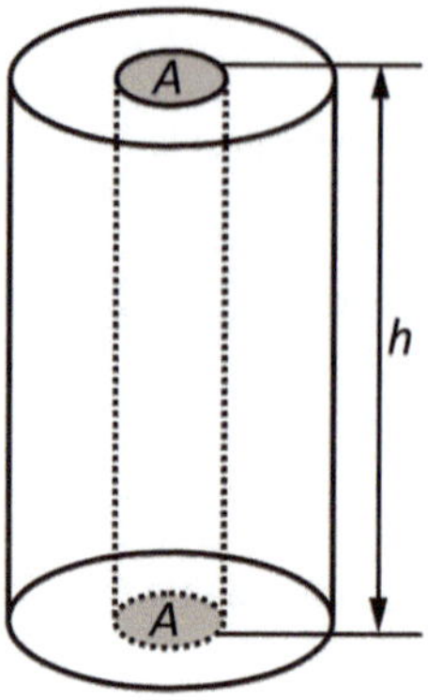


**Bild 3.4**
Zum Schweredruck in einer Flüssigkeit

Die Unabhängigkeit des Schweredruckes von der Gefäßform und damit auch die Unabhängigkeit von der Gesamtmenge der Flüssigkeit in einem Gefäß ist als *hydrostatisches Paradoxon* (auch als *Pascal'sches Paradoxon* nach B. Pascal, 1623–1662, bezeichnet) bekannt (Bild 3.5). Diese paradox empfundene Tatsache, die erstmals im Jahre 1586 von S. Stevin (1548–1620) formuliert wurde, wird jedoch sofort verständlich, wenn zwischen den physikalischen Größen Druck und Kraft unterschieden wird.

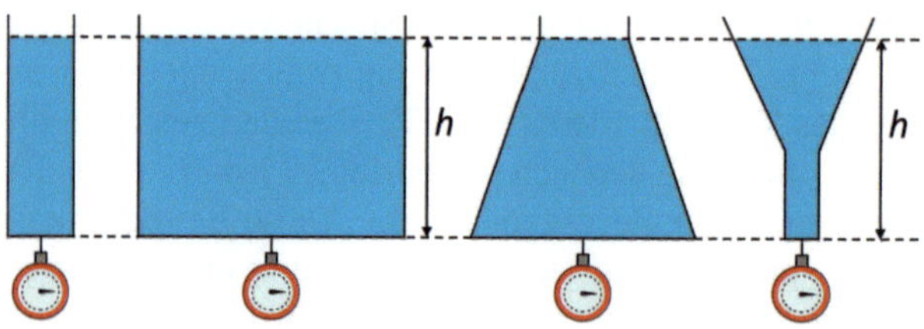


**Bild 3.5**
Hydrostatisches Paradoxon

**Merke**

Der Schweredruck $p_S$ der in einem Gefäß befindlichen Flüssigkeit hängt nur von der Massendichte $\varrho$ und der Füllhöhe $h$ der Flüssigkeit ab, jedoch nicht von der Form des Gefäßes.

Eine Erklärung des hydrostatischen Paradoxons ist auch mit folgendem Experiment möglich (Bild 3.6): Gegeben ist ein Gefäß, beispielsweise in Form eines quaderförmigen Beckens, in dem sich eine ruhende Flüssigkeit befindet, wodurch der Druck am Gefäßboden an allen Orten gleich groß ist. In dieses Gefäß werden unterschiedlich geformte kleinere Gefäße gestellt, deren Gefäßwände aufgrund von Löchern zunächst für die Flüssigkeit durchlässig sind.

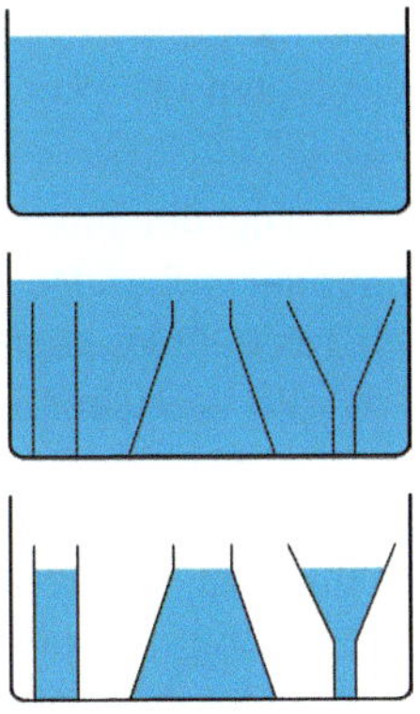

**Bild 3.6**
Zur Erklärung des hydrostatischen Paradoxons

Das Wandmaterial der kleineren Gefäße soll dieselbe Massendichte wie die Flüssigkeit aufweisen, sodass sich die Druckverhältnisse am Gefäßboden nicht verändern. Anschließend werden die Löcher in den Wänden der kleineren Gefäße so verschlossen, dass es dabei keine Druckveränderungen gibt. Insbesondere ändert sich auch bei diesem Vorgang nicht der Druck am Boden des größeren Gefäßes. Wenn nun die Flüssigkeit aus dem größeren Gefäß abgelassen wird, bleibt die Flüssigkeit in den kleineren Gefäßen in Ruhe. Somit ändert sich der Druck an den Böden der kleineren Gefäße nicht und hat insbesondere weiterhin den Wert wie zu Beginn des Experiments. Entsprechend dem Zusammenhang zwischen dem Schweredruck und der Höhe der Flüssigkeitssäule (Gl. (3.2)) ergibt sich in allen kleineren Gefäßen dieselbe Füllstandshöhe, unabhängig von deren Grundfläche und deren geometrischer Form. Als Konsequenz stellt sich für eine ruhende Flüssigkeit im homogenen Schwerefeld und bei Vernachlässigung des *Kapillareffektes* (Abschnitt 3.1.2) bei *kommunizierenden Röhren* dieselbe Füllstandshöhe in den Röhren unabhängig von deren Geometrie ein.

Wenn sich in miteinander verbundenen Gefäßen Flüssigkeiten mit unterschiedlichen Massendichten befinden, verhalten sich die Höhen der im Gleichgewicht stehenden Flüssigkeitssäulen umgekehrt proportional zu den Massendichten. Das bedeutet, dass Flüssigkeiten mit einer kleineren Massendichte eine höhere Flüssigkeitssäule aufweisen.

Gemäß dem Prinzip der kommunizierenden Röhren kann die Verbindungsleitung zwischen zwei oder mehreren Gefäßen sogar oberhalb der Flüssigkeitspegel liegen, wenn die Verbindungsleitung vollständig mit Flüssigkeit gefüllt ist und sich ihre Anschlüsse an die Gefäße unterhalb deren Flüssigkeitspegel befinden. Dieses Prinzip wird bei der *Heberleitung* (Bild 3.7) und beim *Hotopp'schen Heber* (F. L. A. Hotopp, 1854–1934) zur Entleerung von Schleusenkammern angewendet. Die Befüllung der Verbindungsleitung mit der Flüssigkeit erfolgt durch Unterdruck mittels des *Saugheberprinzips*. Damit ist es auch möglich eine Flüssigkeit aus einem Gefäß über dessen Rand in ein tiefergelegenes Gefäß umzufüllen oder zu entleeren,

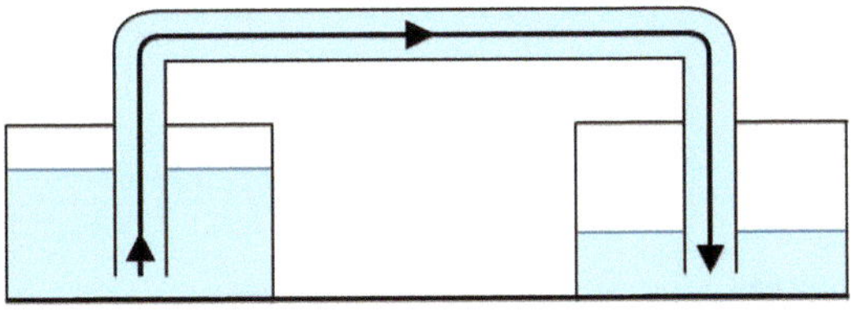

**Bild 3.7**
Prinzip der Heberleitung

ohne das Gefäß umzukippen oder ein Ausströmloch unterhalb des Flüssigkeitspegels in die Gefäßwand zu bohren. Diese Vorgehensweise wurde bereits im antiken Ägypten um Wein aus Amphoren abzufüllen angewendet.

Das Saugheberprinzip ist schematisch in Bild 3.8 dargestellt. Beide Gefäße sind mit derselben Flüssigkeit gefüllt und durch eine flüssigkeitsgefüllte Heberleitung miteinander verbunden, die durch ein Ventil geschlossen werden kann. Der Flüssigkeitspegel des oberen Gefäßes liegt um die Höhe $h$ über dem Flüssigkeitspegel des unteren Gefäßes und $h_1$ sowie $h_2$ bezeichnen die Höhenunterschiede zwischen dem Ventil und den Flüssigkeitspegeln in den beiden Gefäßen. Falls der untere Auslauf der Heberleitung nicht in die Flüssigkeit im unteren Gefäß eintaucht, so bezeichnet $h_2$ den Höhenunterschied zwischen dem Ventil und dem unteren Auslauf der Heberleitung. Gemäß dem *Pascal'schen Gesetz* (B. Pascal, 1623–1662) für den hydrostatischen Druck $p(h)$ in einer Flüssigkeit mit der Füllstandshöhe $h$ und konstanter Massendichte $\varrho$ im homogenen Schwerefeld:

$$p(h) = p_S + p_0 = h\varrho g + p_0 \tag{3.3}$$

($p_0$ ist der Luftdruck an der Flüssigkeitsoberfläche), gilt für die beiden Drücke $p_1$ und $p_2$ rechts bzw. links vom Ventil in der Heberleitung: $p_1 = p_0 - h_1 \varrho g$ und $p_2 = p_0 - h_2 \varrho g$. Gemäß Bild 3.8 gilt $h_1 < h_2$, sodass für die beiden Drücke folgt: $p_1 > p_2$. Dabei wird angenommen, dass der auf die Flüssigkeitsoberfläche wirkende Luftdruck $p_0$ bei nicht zu großen Höhenunterschieden für beide Gefäße gleich groß ist. Bei Öffnung des Ventils strömt die Flüssigkeit in der Heberleitung aufgrund der Druckdifferenz $\Delta p = p_1 - p_2 = (h_2 - h_1)\varrho g = h\varrho g > 0$ in Richtung des unteren Gefäßes. Die Druckdifferenz $\Delta p$ ist unabhängig vom Verlauf der Heberleitung und von der Position des Ventils, dass an einer beliebigen Stelle in der Heberleitung eingebaut sein kann. Am höchsten Punkt (Scheitelpunkt) der Heberleitung ist der Druck am geringsten, was dazu führen kann, dass in Abhängigkeit von der Temperatur und dem Luftdruck $p_0$ die Flüssigkeit in der Heberleitung verdampft, wodurch die Flüssigkeitsströmung unterbrochen wird. Bei Vernachlässigung des Kapillareffektes (Abschnitt 3.1.2) ist die Höhe $h_1$ durch die maximale *geodätische Saughöhe* begrenzt und es gilt: $h_{1,\max} = (p_0 - p_1)/(\varrho g)$, dabei bezeichnet $p_1$ den *Dampfdruck* der Flüssigkeit (Abschnitt 5.6.3). Für Wasser gilt bei einer Temperatur von 20 °C: $p_1 = 2\,339$ Pa und $\varrho = 0{,}998$ kg/dm$^3$. Bei einem Normalluftdruck von $p_0 = 101{,}325$ kPa und der mittleren Fallbeschleunigung von $g = 9{,}81$ m/s$^2$ ergibt sich ein Wert von $h_{1,\max} \approx 10{,}1$ m.

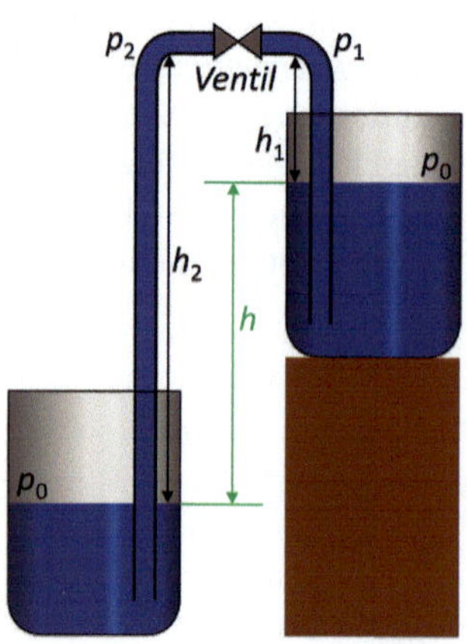


**Bild 3.8**
Saugheberprinzip

**Beispiele**

1. Welchen Schweredruck übt eine 760 mm hohe Quecksilbersäule aus, wenn die Dichte des Quecksilbers bei einer Temperatur von 0 °C einen Wert von $\varrho = 13{,}595\ \text{g/cm}^3$ hat und für die mittlere Fallbeschleunigung ein Wert von $g = 9{,}81\ \text{m/s}^2$ angenommen wird? Für den Schweredruck $p_S$ gilt:

$$p_S = h \varrho g = 0{,}76\,\text{m} \cdot 13\,595\,\text{kg/m}^3 \cdot 9{,}81\,\text{m/s}^2 \approx 101{,}3\,\text{kPa}$$

2. Um wieviel ändert sich die Massendichte von Seewasser ($\varrho = 1{,}02\ \text{g/cm}^3$) in einer Tiefe von 5 000 m? Wird die durch den Druck veränderte Dichte mit $\varrho' = m/V'$ bezeichnet, so gilt für das verringerte Volumen $V' = V - \Delta V = V - V\kappa p = V(1-\kappa p)$. Daraus folgt: $\varrho' = \varrho/(1-\kappa p)$. Da die Kompressibilität bis zu einem Druck von $p = 49$ MPa einen Wert von $\kappa = 0{,}44\,1/\text{GPa}$ hat, ergibt sich für die veränderte Massendichte ein Wert von:

$$\varrho' = \frac{1{,}02\ \text{g/cm}^3}{1 - 0{,}44 \cdot 0{,}049} = 1{,}04\ \text{g/cm}^3$$

d. h. eine Zunahme von 2 %.

## 3.1.2 Oberflächenspannung

Die an der Oberfläche einer Flüssigkeit angreifenden inneren Kräfte (Molekularkräfte) rufen in ihrer Gesamtheit eine Wirkung hervor, die als *Oberflächenspannung* bezeichnet wird. So kann beispielsweise eine saubere (fettfreie) Stecknadel vorsichtig auf eine Wasserfläche gelegt werden, ohne dass die Stecknadel eintaucht bzw. untergeht. Die Wasseroberfläche verhält sich dabei ähnlich wie eine gespannte, elastische Folie. Die Oberflächenspannung ist bei jeder Flüssigkeit vorhanden, mit einer Wirkungsrichtung stets parallel zur Flüssigkeitsoberfläche jedoch unterschiedlich stark ausgeprägt. Die Oberflächenspannung ist auch die Ursache dafür, dass Flüssigkeiten eine kugelförmige Gestalt annehmen, wenn keine externen Kräfte auf sie wirken. Ein Beispiel dafür sind Flüssigkeitstropfen in der Schwerelosigkeit. Hingegen weicht die Form von auf die Erdoberfläche fallenden Regentropfen mit einem Durchmesser größer als 1 mm von der Kugelform ab. Ursache dafür ist, dass bei größeren Durchmessern der äußere Luftdruck und der Tropfeninnendruck die Tropfenform bestimmen, die dann nicht mehr kugelförmig, sondern eher abgeflacht ist.

Der Begriff der Oberflächenspannung wurde im Jahre 1629 von N. Cabeo (1586–1650) eingeführt und im Jahre 1751 von J. A. von Segner (1704–1777) präzisiert. Die Oberflächenspannung resultiert aus den Kräften, die auf Moleküle in einer Flüssigkeit wirken und die durch die anderen umgebenden Moleküle verursachten werden. Die Abstände zwischen den Molekülen einer Flüssigkeit ändern sich aufgrund ihrer thermischen Bewegung ständig und bewirken damit sowohl abstoßende (repulsive) als auch anziehende (attraktive) Kräfte. Dies kann mit dem *Lennard-Jones-Potential* (J. E. Lennard-Jones, 1894–1954) näherungsweise beschrieben werden (Bild 5.47 in Abschnitt 5.6). Während die Kraft zwischen zwei Molekülen bei kurzen Abständen abstoßend ist, ziehen sich die Moleküle bei größeren Abständen an.

Die abstoßenden Kräfte sind unabhängig von der Molekülgestalt und richtungsunabhängig, also isotrop. Hingegen sind die anziehenden Kräfte abhängig von der Molekülgestalt und der Richtung und sind somit anisotrop.

Der Vergleich der Kräftebilanzen für ein Molekül an der Flüssigkeitsoberfläche und ein Molekül im Inneren der Flüssigkeit (Bild 3.9) ergibt folgendes: Bei einem vollständig sich im Innern der Flüssigkeit bewegenden Molekül mit einer gleich großen Anzahl von benachbarten Molekülen in jeder Raumrichtung, ist die Resultierende aller abstoßenden Kräfte gleich null. Hingegen hat ein Molekül an der Flüssigkeitsoberfläche in vertikaler Richtung zur Gasphase hin, also senkrecht zur Flüssigkeitsoberfläche, eine erheblich reduzierte Anzahl benachbarter Moleküle, wodurch in vertikaler Richtung die abstoßenden Kräfte nur von Molekülen aus unter der Flüssigkeitsoberfläche liegenden Schichten bewirkt werden. Damit das Kräftegleichgewicht erhalten bleibt, werden die abstoßenden Kräfte durch anziehende Kräfte in vertikaler Richtung kompensiert. In horizontaler Richtung, d. h. parallel zur Flüssigkeitsoberfläche, ist die Kräftesymmetrie nicht gestört, da abstoßende Kräfte von allen Seiten parallel zur Oberfläche auf ein Molekül wirken. Neben den abstoßenden Kräften wirken auf ein Molekül auch anziehende Kräfte in horizontaler Richtung. Diese müssen jedoch nicht das Kräftegleichgewicht erhalten und sind aufgrund ihrer Anisotropie in ihrem Betrag größer als die abstoßenden Kräfte. Somit sind an der Flüssigkeitsoberfläche in horizontaler Richtung die anziehenden Kräfte größer als die abstoßenden Kräfte. Daraus resultiert die parallel zur Flüssigkeit wirkende Oberflächenspannung, die im Bereich weniger Moleküldurchmesser an der Oberfläche lokalisiert ist.

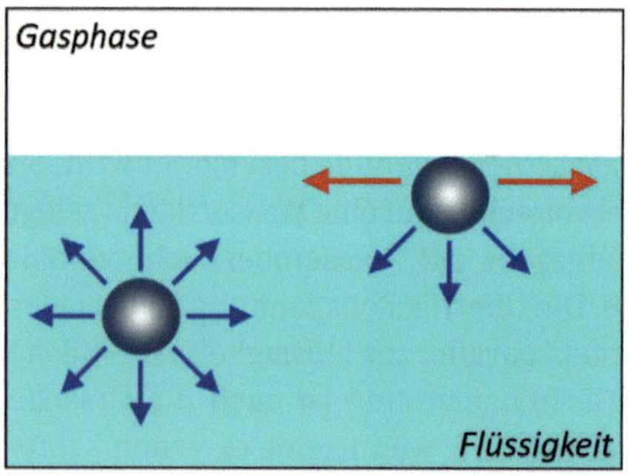


**Bild 3.9**
Kräfte auf Moleküle im Inneren und an der Oberfläche einer Flüssigkeit

Die Oberflächenspannung einer Flüssigkeit gegenüber der Gasphase kann im Rahmen einer thermodynamischen Betrachtung als die Energie aufgefasst werden, die benötigt wird, um die Oberfläche einer Flüssigkeit um eine Flächeneinheit zu vergrößern. Rechnerisch ergibt sich die Oberflächenspannung als partielle Ableitung der *freien Enthalpie* (Abschnitt 5.1.2) nach der Oberfläche bei konstanter Temperatur und konstantem Druck. Mechanisch lässt sich die Oberflächenspannung als Kraft pro Länge definieren. Dazu wird beispielsweise ein aus einem Metalldraht gebogener ebener, rechteckiger Rahmen mit der Breite $L$ betrachtet, dessen eine Seite mittels zweier Ösen leicht verschiebbar ist und in dem sich ein dünner Flüssigkeitsfilm befindet (Bild 3.10). Wird nun der Flüssigkeitsfilm durch eine konstante Kraft vom Betrag $F$ parallel zur Oberfläche und senkrecht zur Breite $L$ um die infinitesimale Strecke $\mathrm{d}x$ auseinandergezogen, so wird an dem Flüssigkeitsfilm die infinitesimale Arbeit $\mathrm{d}W = F\,\mathrm{d}x$ verrichtet, wodurch sich die Oberfläche des Flüssigkeitsfilms um den infinitesimalen Wert $\mathrm{d}A = 2\,L\,\mathrm{d}x$ vergrößert. Der Faktor 2 resultiert hierbei aus der Berücksichtigung der Vorder- und der Rückseite des dünnen Flüssigkeitsfilms. Das für Festkörper gültige *Hooke'sche Gesetz* (R. Hooke, 1635–1703, Abschnitt 2.5.2) der elastischen Dehnung trifft hierbei nicht zu. Die Kraft ist vielmehr vom Grad der Ausdehnung des Flüssigkeitsfilms unabhängig, da bei jeder Verlängerung um das Stück d$x$ die gleiche Anzahl von Molekülen in die Oberfläche eintritt. Die Oberflächenspannung $\sigma$ ergibt sich bei dem hier betrachteten Beispiel als folgender Quotient:

$$\sigma = \frac{\mathrm{d}W}{\mathrm{d}A} = \frac{F}{2L} \tag{3.4}$$

Die SI-Einheit der Oberflächenspannung ist: $[\sigma] = \mathrm{N/m} = \mathrm{J/m^2}$.

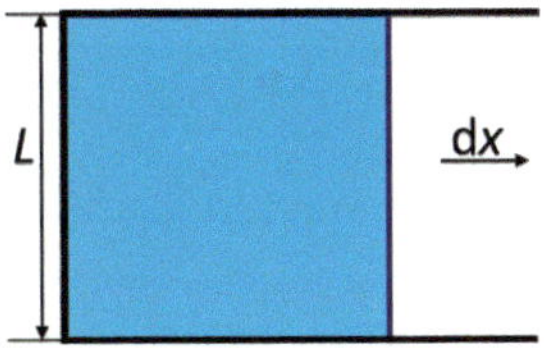


**Bild 3.10**
Zur mechanischen Definition der Oberflächenspannung

Die Oberflächenspannung kann auch bei der Bildung von Tropfen einer Flüssigkeit beobachtet werden. Am Ausflussrohr bildet die Flüssigkeit eine Art Säckchen, in das so lange Flüssigkeit hineinfließt, bis es abreißt. Der abfallende Tropfen selbst zieht sich sofort kugelförmig zusammen, weil hierbei die Oberfläche (bei gleichem Volumen) ihren kleinstmöglichen Wert erreicht.

Auch Seifenblasen sind kugelförmig und die Oberflächenspannung führt zu einem erhöhten Innendruck. Für die Druckdifferenz $\Delta p = p_{\text{innen}} - p_{\text{außen}}$ zwischen Innen- und Außendruck gilt bei einer Seifenblase mit dem Radius $R$ gemäß der *Young-Laplace-Gleichung*, die im Jahre 1805 T. Young (1773–1829) und P.-S. Laplace (1749–1827) unabhängig voneinander herleiteten: $\Delta p = 4\sigma/R$. Dementsprechend ist bei einer kleinen Seifenblase der Innendruck höher als bei einer größeren Seifenblase.

In Tabelle 3.2 sind Werte der Oberflächenspannung einiger Flüssigkeiten bei einer Temperatur von 20 °C aufgeführt. Mit Ausnahme des Quecksilbers hat Wasser die größte Oberflächenspannung aller Flüssigkeiten.

**Tabelle 3.2** Werte der Oberflächenspannung $\sigma$ in N/m einiger Flüssigkeiten bei einer Temperatur von 20 °C

| | | | |
|---|---|---|---|
| Aceton gegen Luft | 0,0233 | Methanol gegen Luft | 0,0226 |
| Benzol gegen Luft | 0,0288 | Quecksilber gegen Luft | 0,5 |
| Ethanol gegen Luft | 0,022 | Quecksilber gegen Wasser | 0,375 |
| Ethylenglycol gegen Luft | 0,0484 | Seifenlösung gegen Luft | 0,03 |
| Glyzerin gegen Luft | 0,0634 | Wasser gegen feuchte Luft | 0,0728 |

Gemäß der zunächst empirisch gefundenen und später im Rahmen der statistischen Physik begründeten *Eötvös'schen Regel* (L. Á. B. Eötvös, 1848–1919) ist bei den meisten reinen Flüssigkeiten die Oberflächenspannung $\sigma$ linear von der Temperatur $T$ abhängig und wird mit steigender Temperatur kleiner. Darüber hinaus kann die Temperaturabhängigkeit der Oberflächenspannung für viele reine Flüssigkeiten grafisch so dargestellt werden, dass sich näherungsweise eine einzige Gerade ergibt. Es gilt:

$$\sigma_\mathrm{m} = \sigma V_\mathrm{m}^{2/3} = \sigma \left(\frac{M}{\varrho}\right)^{2/3} = k_\mathrm{E}\left(T_\mathrm{krit} - T\right) \tag{3.5}$$

$\sigma_\mathrm{m}$ ist die molare Oberflächenspannung, $V_\mathrm{m}$ ist das molare Volumen, $M$ ist die molare Masse, $\varrho$ ist die Massendichte und $T_\mathrm{krit}$ ist die kritische Temperatur der Flüssigkeit, bei der die Oberflächenspannung bzw. die molare Oberflächenspannung null sind. $k_\mathrm{E} = 2{,}1 \cdot 10^{-7}\ \mathrm{J/(K \cdot mol^{2/3})}$ ist die *Eötvös-Konstante*, für die gilt: $k_\mathrm{E} \approx k_\mathrm{B}\, N_\mathrm{A}^{2/3}$ mit der *Boltzmann-Konstante* $k_\mathrm{B} = 1{,}380\,649 \cdot 10^{-23}\ \mathrm{J/K}$ (L. E. Boltzmann, 1844–1906) und der *Avogadro-Konstante* $N_\mathrm{A} = 6{,}022\,140\,76 \cdot 10^{23}\ \mathrm{mol^{-1}}$ (A. Avogadro, 1776–1856). Für Wasser gilt ausgehend vom Wert der Oberflächenspannung $\sigma_\mathrm{Wasser} = 0{,}072\,8\ \mathrm{N/m}$ bei einer Temperatur von 293 K (20 °C) die Näherung:

$$\sigma_\mathrm{Wasser}\,(T \text{ in K}) = 0{,}072\,8\left[1 - 0{,}002\left(T - 293\ \mathrm{K}\right)\right] \text{ in N/m} \tag{3.6}$$

In Bild 3.11 ist die Temperaturabhängigkeit der Oberflächenspannung des Wassers grafisch dargestellt.

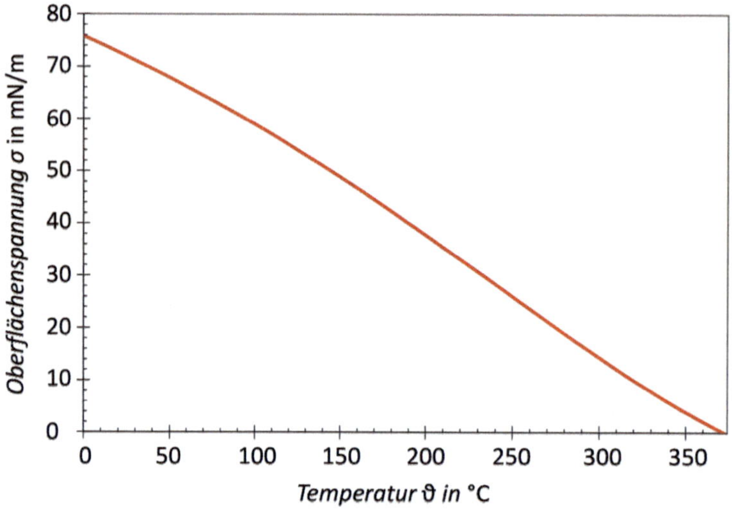


**Bild 3.11** Temperaturabhängigkeit der Oberflächenspannung des Wassers

Zur Messung der Oberflächenspannung wird neben anderen Verfahren auch die *Kapillarmethode* (auch *Steighöhenmethode* genannt) genutzt, die auf dem *Kapillareffekt* (auch *Kapillarität* genannt) beruht. Dieser Effekt wird durch die Wechselwirkung zwischen der Oberflächenspannung der Flüssigkeit (*Kohäsion*) und der *Grenzflächenspannung* zwischen der Flüssigkeit und der Kapillare (*Adhäsion*) hervorgerufen. Allgemein bildet sich zwischen zwei nicht vermischbaren Phasen eine gemeinsame Grenzfläche mit einer Grenzflächenspannung aus. Die beiden Phasen können flüssig, fest oder gasförmig sein.

Da das Gewicht einer Flüssigkeit in einer Kapillare bzw. in einem engen Hohlraum klein ist, dominiert dort die Kapillarkraft gegenüber der Schwerkraft, wodurch die Flüssigkeit aufsteigen kann. Auf diese Weise bewirkt der Kapillareffekt unter anderem den Wassertransport in Pflanzen und dass sich poröse Materialien wie beispielsweise Papier oder Textilien mit

Wasser vollsaugen. Diese *Kapillaraszension* tritt bei Flüssigkeiten auf, die das Kapillarmaterial aufgrund einer stärkeren Adhäsion benetzen, wie beispielsweise Wasser auf Glas, wobei die Flüssigkeit aufgrund der Adhäsionskraft in der Kapillare eine konkav (nach innen) geformte Oberfläche bildet. Bis zu einem Mindestdurchmesser gilt, dass je kleiner der Durchmesser der Kapillare ist, umso größer sind der Kapillardruck und die Steighöhe der Flüssigkeit in der Kapillare. Hingegen tritt die *Kapillardepression* bei Flüssigkeiten auf, die das Kapillarmaterial aufgrund einer stärkeren Kohäsion nicht benetzen. Als Folge dessen haben diese Flüssigkeiten, wie z. B. Quecksilber auf Glas, in der Kapillare einen niedrigeren Pegel als außerhalb und eine konvex (nach außen) geformte Oberfläche (Bild 3.12).

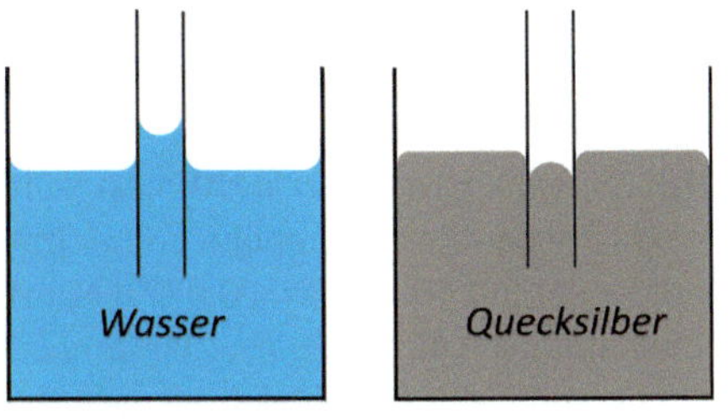


**Bild 3.12**
Kapillareffekt bei Wasser und Quecksilber in einer Kapillare

Die Benetzbarkeit einer ebenen Festkörperoberfläche mit einer Flüssigkeit lässt sich mit der *Young-Gauß-Gleichung* (T. Young, 1773–1829, und J. C. F. Gauß, 1777–1855) mittels des *Kontaktwinkels* Θ (Bild 3.13) angeben. Für den Kontaktwinkel gilt:

$$\Theta = \arccos\left(\frac{\sigma_{sg} - \sigma_{ls}}{\sigma_{lg}}\right) \tag{3.7}$$

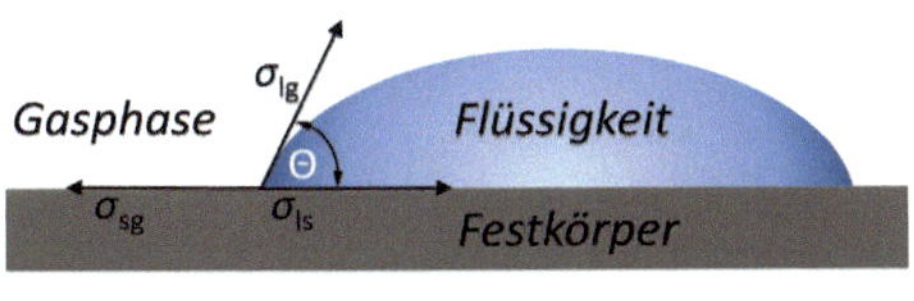


**Bild 3.13**
Flüssigkeitstropfen auf einer Festkörperoberfläche

Dabei ist $\sigma_{sg}$ die Grenzflächenspannung zwischen dem Festkörper und dem umgebenden Gas, die auch als freie spezifische *Oberflächenenergie* des Festkörpers bezeichnet wird. $\sigma_{ls}$ ist die Grenzflächenspannung zwischen dem Festkörper und dem darauf befindlichen Flüssigkeitstropfen und $\sigma_{lg}$ ist die Grenzflächenspannung zwischen der Flüssigkeit und dem umgebenden Gas, die gleich der Oberflächenspannung der Flüssigkeit ist. Für eine gegebene Kombination von Festkörper und Flüssigkeit ist der Kontaktwinkel Θ unabhängig von der Form des Festkörpers, d. h. der gleiche Wert des Kontaktwinkels Θ ergibt beispielsweise sowohl bei einem aufliegenden Tropfen (Bild 3.13) als auch bei einer eingetauchten Kapillare (Bild 3.12). Sind die Oberflächenspannung $\sigma_{lg}$ der Flüssigkeit und die Grenzflächenspannung $\sigma_{sg}$ des Festkörpers gleich, findet eine vollständige Benetzung des Festkörpers mit der Flüssigkeit statt und der Kontaktwinkel ist gleich 0°. Gemäß der Young-Gauß-Gleichung ist in diesem Fall die Grenzflächenspannung $\sigma_{ls}$ zwischen Festkörper und Flüssigkeit gleich null. Der theoretische Fall der völligen Nichtbenetzbarkeit bei einem Kontaktwinkel von $\Theta = 180°$ kommt praktisch nicht vor. In den Fällen einer normalen Benetzung ist der Kontaktwinkel $0° < \Theta < 30°$.

Ist der Kontaktwinkel Θ zwischen einer Flüssigkeit und der Oberfläche einer Kapillare, in der sich die Flüssigkeit befindet, größer als 90°, ist aufgrund der zu geringen Benetzung eine Verringerung des Flüssigkeitspegels (Kapillardepression) zu beobachten. Wenn hingegen der Kontaktwinkel Θ kleiner als 90° ist, führt die Benetzung und die Kapillaraszension zu einer Erhöhung des Flüssigkeitspegels für dessen Höhe $h$, die auch als *kapillare Steighöhe* bezeichnet wird, gilt:

$$h = \frac{4\sigma\cos(\Theta)}{\varrho g D} \tag{3.8}$$

Dabei ist $\sigma$ die Oberflächenspannung der Flüssigkeit gegenüber dem darüber befindlichen Gas, $\varrho$ ist die Massendichte der Flüssigkeit, $g$ ist die mittlere Fallbeschleunigung und $D$ ist der Kapillardurchmesser. Mit der vereinfachenden Annahme einer vollständigen Benetzung ($\Theta = 0°$), kann bei bekannter Massendichte $\varrho$ aus der Messung der Höhe $h$ des Flüssigkeitspegels und des Kapillardurchmessers $D$ die Oberflächenspannung $\sigma$ der Flüssigkeit experimentell bestimmt werden. Gemäß der Gl. (3.8) wird die kapillare Steighöhe größer mit kleiner werdendem Kapillardurchmesser (Bild 3.14). Bei einer mit Wasser ($\sigma = 0{,}072\,8$ N/m) gefüllten Kapillare ($\Theta = 0°$) gilt auf Meereshöhe für die kapillare Steighöhe: $h \approx 28\,\text{mm}^2/D$. Dementsprechend beträgt bei einem Kapillardurchmesser von $D = 1$ mm die kapillare Steighöhe $h \approx 28$ mm und bei $D = 10$ cm hingegen nur noch $h \approx 0{,}28$ mm.

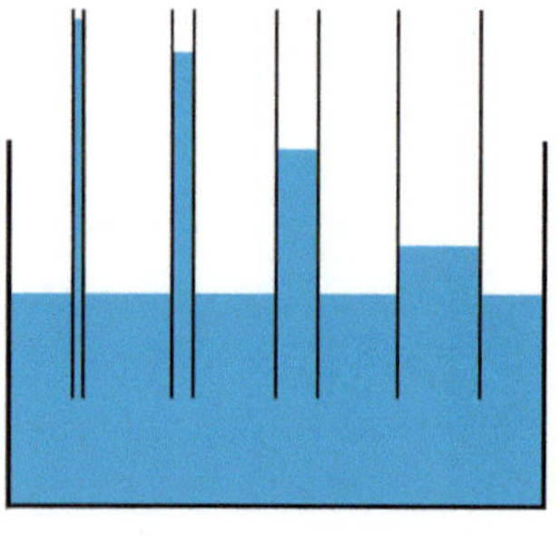

**Bild 3.14**
Kapillaren mit verschiedenen Durchmesser

### Beispiele

1. Ein gut benetzter Drahtring von 4 cm Durchmesser ist an dünnen Fäden aufgehängt und wird flach aus dem Wasser gehoben. Welche Kraft tritt im Moment des Abreißens auf?

   Die dehnende Randlinie ist hier ein Kreis mit dem Umfang $\pi d$. Da die gebildete ringförmige Lamelle eine Vorder- und eine Rückseite hat entstehen zwei Oberflächen. Somit gilt für die Gesamtkraft:

   $$F = 2\sigma\pi d = 2 \cdot 0{,}072\,8\,\text{N/m} \cdot \pi \cdot 0{,}04\,\text{m} = 0{,}018\,7\,\text{N} = 18{,}7\,\text{mN}$$

2. Wie hoch steigt Wasser in einer vollkommen benetzbaren Kapillare mit einem Durchmesser von 0,1 mm? Für die Steighöhe gilt:

   $$h = \frac{2\sigma}{\varrho g r} = \frac{2 \cdot 7{,}28 \cdot 10^{-2}\,\text{kg} \cdot \text{m} \cdot \text{m}^3 \cdot s^2}{s^2 \cdot 10^3\,\text{kg} \cdot 9{,}81\,\text{m} \cdot 5.10^{-5}\,\text{m}} = 0{,}3\,\text{m}$$

### 3.1.3 Hydrostatischer Auftrieb

Aus der Tatsache, dass der Schweredruck in Flüssigkeiten und Gasen mit der Tiefe zunimmt, folgt auch die bekannte Erscheinung des *statischen Auftriebes*. Unterschieden wird dabei zwischen dem *hydrostatischen Auftrieb* in Flüssigkeiten und dem *aerostatischen Auftrieb* in Gasen. Der hydrostatische Auftrieb wird oft mit der hydrostatischen Auftriebskraft gleichgesetzt, obgleich mit dem Begriff Auftrieb zunächst nur der Effekt bezeichnet wird, der durch die wirkende Auftriebskraft entsteht. Die Auftriebskraft ist stets der Gewichtskraft entgegengesetzt gerichtet und resultiert aus der Differenz des hydrostatischen Druckes an der Oberseite und an der Unterseite des eingetauchten Körpers. Der Betrag der Auftriebskraft ergibt sich aus folgender Kräftebilanz, die hier am Beispiel eines zylindrischen Körpers mit der Höhe $h$ und der Grundfläche $A$, der sich in einer Flüssigkeit mit der Massendichte $\varrho_{\mathrm{Fl}}$ in der Tiefe $x$ (bezogen auf die Flüssigkeitsoberfläche) befindet, diskutiert wird (Bild 3.15).

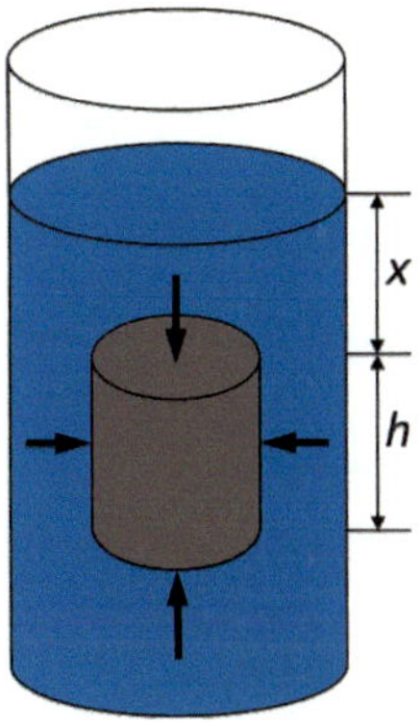


**Bild 3.15**
Zur hydrostatischen Auftriebskraft

Auf die Oberseite des Körpers wirkt die nach unten gerichtete Kraft $F_1 = x A \varrho_{\mathrm{Fl}} g$ und auf die Unterseite des Körpers wirkt die nach oben gerichtete Kraft $F_2 = (x + h) A \varrho_{\mathrm{Fl}} g$. Die in jeweils gleicher Höhe gegen die Mantelfläche des Zylinders wirkenden Kräfte kompensieren sich vollständig zu null. Somit ergibt sich der Betrag der Auftriebskraft $F_A$ aus der Differenz der beiden Kräfte $F_1$ und $F_2$ und es gilt:

$$F_A = F_2 - F_1 = (x + h - x) A \varrho_{\mathrm{Fl}} g = h A \varrho_{\mathrm{Fl}} g$$

Da das Produkt $hA$ gleich dem Volumen des Körpers ist, gilt für den Betrag der Auftriebskraft:

$$F_A = \varrho_{\mathrm{Fl}} g V \tag{3.9}$$

Da das Körpervolumen $V$ mit dem Volumen der verdrängten Flüssigkeit $V_{\mathrm{Fl}}$ übereinstimmt, ist der Betrag der auf den Körper wirkenden Auftriebskraft gleich dem Betrag der Gewichtskraft des verdrängten Flüssigkeitsvolumens:

$$F_A = V \varrho_{\mathrm{Fl}} g = V_{\mathrm{Fl}} \varrho_{\mathrm{Fl}} g = m_{\mathrm{Fl}} g$$

Ein analoges Ergebnis erhält man, wenn der Körper in Luft „eintaucht", obgleich der Betrag der Auftriebskraft in Luft aufgrund deren sehr viel kleinerer Massendichte deutlich kleiner ist, als in einer Flüssigkeit. Das allgemein gültige Prinzip des Auftriebs, dass nach seinem Entdecker Archimedes von Syrakus (um 287 v. Chr. - um 212 v. Chr.) benannt ist, lautet:

**Merke**

*Archimedisches Prinzip:* Die Auftriebskraft ist gleich der Gewichtskraft des vom Körper verdrängten Flüssigkeits- bzw. Gasvolumens.

Die Auftriebskraft hängt demnach nur vom Volumen des eingetauchten Körpers ab, jedoch nicht von seiner Form und auch nicht von seiner Gewichtskraft. Ein Bleiklotz hat bei gleichem eingetauchtem Volumen dieselbe Auftriebskraft wie ein Stück Holz. Das Archimedische Prinzip gilt in dieser Form nur genau dann streng, wenn die verdrängte Flüssigkeit oder das verdrängte Gas inkompressibel sind. Für Flüssigkeiten wie beispielsweise Wasser ist die Annahme der Inkompressibilität allerdings gut erfüllt. Jedoch ist die Massendichte einer Flüssigkeit temperaturabhängig, wodurch auch die Auftriebskraft von der Temperatur abhängt. Darüber hinaus ändert sich die Massendichte einer Flüssigkeit mit der Eintauchtiefe, wodurch der Betrag der Auftriebskraft in unterschiedlichen Tiefen nicht denselben Wert hat.

Je nach Gewichtskraft $F_G$ bzw. Massendichte $\varrho$ des eingetauchten Körpers (bei zusammengesetzten Körpern ist die mittlere Massendichte zu betrachten) sind folgende drei Fälle zu unterscheiden (Bild 3.16):

- $F_G > F_A \Leftrightarrow \varrho > \varrho_{Fl}$: Der Körper sinkt mit verminderter Gewichtskraft.
- $F_G = F_A \Leftrightarrow \varrho = \varrho_{Fl}$: Der Körper schwimmt (bei teilweisem Eintauchen) oder schwebt (bei vollständigem Eintauchen) in der Flüssigkeit.
- $F_G < F_A \Leftrightarrow \varrho < \varrho_{Fl}$: Der Körper steigt nach oben zur Flüssigkeitsoberfläche auf.

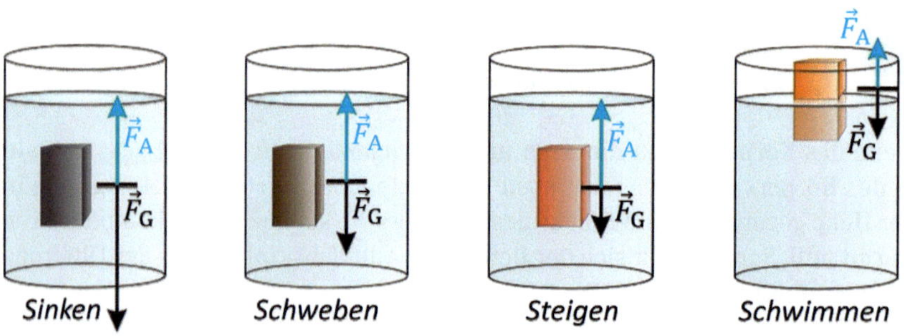


**Bild 3.16** Hydrostatischer Auftrieb

Im besonders wichtigen Fall des Schwimmens befinden sich somit Auftriebskraft und Gewichtskraft des Körpers im Gleichgewicht. Hat also ein im Wasser schwimmender Holzklotz mit der Masse $m = 650$ kg die gleiche Dichte wie Wasser $\varrho = 997$ kg/m$^3$, so beträgt sein eintauchendes Volumen $V = 0{,}65$ m$^3$. Oftmals ist der schwimmende Körper nicht vollständig untergetaucht. Der zunächst herausragende Körperteil kann durch ein zusätzliches Gewicht vollständig unter die Flüssigkeitsoberfläche gedrückt werden. Die Gewichtskraft des herausragenden Körperteils ist somit gleich der Tragkraft des schwimmenden Körpers.

Unter Ausnutzung des hydrostatischen Auftriebs lässt sich unter anderem die Massendichte von Körpern experimentell bestimmen. Bei Verwendung der *hydrostatischen Waage* (Bild 3.17) wird zunächst durch konventionelle Wägung die Masse $m$ eines Körpers bestimmt. Dann wird der Körper mit einem dünnen Faden in eine Flüssigkeit getaucht und aufgrund der

Auftriebskraft ergibt sich eine scheinbar kleinere Masse $m'$. Hinsichtlich der Kräfte gilt: $m'g = mg - \varrho_{Fl}\, g V$, woraus für das Volumen des Körpers folgt: $V = (m - m')/\varrho_{Fl}$. Mit der Massendichte $\varrho = m/V$ des Körpers folgt dann: $\varrho = m\varrho_{Fl}/(m - m')$. Umgekehrt ist es auch möglich, bei bekannter Massendichte und Masse des Körpers die Massendichte der Flüssigkeit, in die der Körper eingetaucht wird, zu bestimmen.

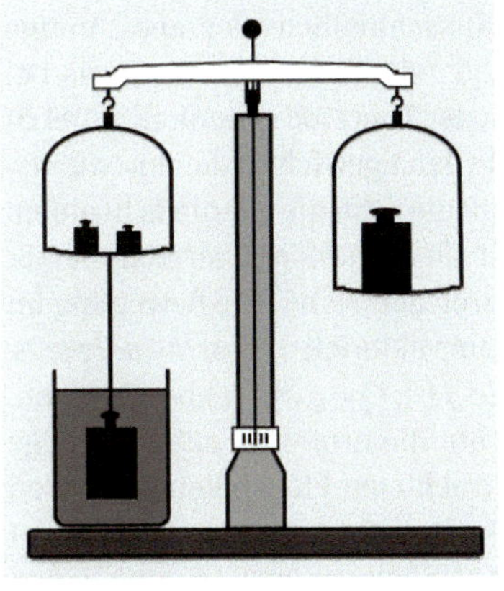

**Bild 3.17**
Hydrostatische Waage

Bei sehr genauen Wägungen ist der Auftrieb in der Luft zu berücksichtigen. Die scheinbare Masse $m''$, die unter gewöhnlichen Umständen in der Luft festgestellt wird, ist auf die wahre Masse $m$ umzurechnen. Mit der Massendichte $\varrho$ des zu wiegenden Körpers und der Massendichte der Luft $\varrho_L$ gilt für die scheinbare Gewichtskraft des Körpers mit dem Volumen $V$: $m''g = \varrho V g - \varrho_L V g$. Daraus folgt für das Volumen des Körpers: $V = m''/(\varrho - \varrho_L)$ und für seine wahre Masse: $m = \varrho V = \varrho m''/(\varrho - \varrho_L)$. Sofern die Massendichte des Körpers sehr viel größer als die der Luft ist ($\varrho \gg \varrho_L$), gilt $m = m''$ und diese Korrektur ist nicht erforderlich.

**Beispiele**

1. Ein Ballon fasst $V = 5\ \text{m}^3$ Wasserstoff mit der Massendichte $\varrho_H = 0{,}09\ \text{kg/m}^3$. Wieviel dürfen Hülle und Ballast bei einer Massendichte der Luft von $\varrho_L = 1{,}29\ \text{kg/m}^3$ höchstens wiegen? Die Auftriebskraft beträgt $F_A = V\varrho_L g$. Die Gasfüllung hat die Gewichtskraft $F_G = V\varrho_H g$. Für die Tragkraft gilt dann:

$$F = F_A - F_G = (\varrho_L - \varrho_H)Vg = \frac{(1{,}29 - 0{,}09)\,\text{kg}\cdot 5\,\text{m}^3\cdot 9{,}81\,\text{m}}{\text{m}^3\cdot \text{s}^2} = 59\,\text{N}$$

2. Wie groß ist die Masse eines Messingstückes ($\varrho_M = 8{,}9\ \text{g/cm}^3$), dass bei einer Massendichte der Luft von $\varrho_L = 1{,}29\ \text{kg/m}^3$ die scheinbare Masse von genau 1 kg hat? Aus der für die wahre Masse abgeleiteten Gleichung $m = \dfrac{m'\rho_M}{\varrho_M - \varrho_L}$ folgt:

$$m = \frac{1\,\text{kg}\cdot 8{,}9\,\text{kg}\cdot \text{dm}^3}{\text{dm}^3\,(8{,}9 - 0{,}00129)\,\text{kg}} = 1{,}000\,145\,\text{kg}$$

## 3.2 Hydrodynamik

Die Hydrodynamik ist wie die Hydrostatik (Abschnitt 3.1) ein Teilgebiet der Kontinuumsmechanik, die sich mit deformierbaren materiellen Systemen beschäftigt. Dabei wird mit dem Begriff der Deformation insbesondere auch das Fließen einer Flüssigkeit oder das Strömen eines Gases einbezogen. Bei der Hydrodynamik werden ausschließlich dichtebeständige Fluide betrachtet, bei denen die Massendichte räumlich und zeitlich konstant ist, was bei vielen Flüssigkeiten näherungsweise der Fall ist. Während in der Thermodynamik (Kapitel 5) vor allem auch Systeme im thermodynamischen (globalen) Gleichgewicht (Gleichgewichtsthermodynamik) betrachtet werden, sind in der Hydrodynamik die Systeme allenfalls in einem *lokalen Gleichgewicht*, sodass die globalen Zustandsgrößen der Gleichgewichtsthermodynamik wie Druck und Temperatur zur Beschreibung nicht mehr ausreichend sind. Die Bewegung im Inneren einer Flüssigkeit wird bei der Hydrodynamik mit einem vektoriellen *Geschwindigkeitsfeld* $\vec{v}(\vec{r},t)$ bzw. mit einem vektoriellen *Massenstromdichtefeld* $\vec{j}(\vec{r},t)=\varrho\vec{v}(\vec{r},t)$ beschrieben. Im Rahmen der Aerodynamik enthält die Massenstromdichte die orts- und zeitabhängige Massendichte $\varrho(\vec{r},t)$. Die innerhalb der Hydrodynamik betrachteten Flüssigkeiten werden als Kontinuum angesehen, d. h. dass ihre molekulare Struktur vollkommen vernachlässigt wird. Das bedeutet, dass ein infinitesimales Volumenelement gegenüber dem Gesamtvolumen der betrachteten Flüssigkeit klein sein muss, jedoch groß im Vergleich zu den Volumina zwischen den einzelnen Flüssigkeitsmolekülen. Dementsprechend enthält jedes infinitesimale Volumenelement ausreichend viele Moleküle für die Kontinuumsbeschreibung.

Das einfachste im Rahmen der Hydrodynamik zu betrachtende System ist die *ideale Flüssigkeit*, die eine stark vereinfachte Modellvorstellung einer Flüssigkeit darstellt. Wichtigste Eigenschaft der idealen Flüssigkeit ist, dass sie nicht viskos ist, d. h. keinerlei innere Reibung aufweist. Aufgrund dessen wird in der idealen Flüssigkeit kinetische Energie nicht in Wärme umgewandelt, so wie dies bei realen Flüssigkeiten der Fall ist. Des Weiteren zeigt die ideale Flüssigkeit keine Trägheit gegenüber Formveränderungen des Gefäßes, in dem sie sich befindet. Darüber hinaus werden der idealen Flüssigkeit weitere Eigenschaften wie Inkompressibilität, keine Wärmeleitfähigkeit und keine Oberflächenspannung zugeordnet, obgleich die Zuordnung dieser Eigenschaften nicht einheitlich ist. Bei einer Flüssigkeit wie beispielsweise Wasser ist die Viskosität zwar nicht null, jedoch belastungsunabhängig. Dies ist die entscheidende Eigenschaft von *Newton'schen Flüssigkeiten*.

Die gerichtete Bewegung einer Flüssigkeit ist die Strömung, die dadurch entsteht, dass die einzelnen Teilchen der Flüssigkeit beschleunigenden Kräften unterliegen. Solche können sowohl von außen her einwirken, wie z. B. die Schwerkraft, als auch ihren Ursprung im Innern der Flüssigkeit selbsthaben, wie etwa Stellen unterschiedlichen Druckes. Diese Kräfte sind jedoch allgemein nicht im Gleichgewicht, sondern veranlassen die einzelnen Flüssigkeitsteilchen zu bestimmten Bewegungen gemäß den in Kapitel 2 dargestellten Gesetzen der Dynamik.

Wird das Verhalten der Flüssigkeit jedoch ganzheitlich betrachtet, treten im Zusammenwirken aller Einzelbewegungen charakteristische Erscheinungen auf. Der Raum, in dem sie beobachtet werden, heißt das *Strömungsfeld*, in dem jedes Flüssigkeitsteilchen durch einen bestimmten Geschwindigkeitsbetrag und eine bestimmte Geschwindigkeitsrichtung ausgezeichnet ist. Jedem Teilchen kann daher ein Geschwindigkeitsvektor zugeordnet werden, der sich zudem von einem zum nächsten Zeitpunkt verändern kann. Die Gesamtheit all dieser

Geschwindigkeitsvektoren bildet das Geschwindigkeitsfeld. Anschaulich darstellen lässt sich der Bewegungsablauf in einer strömenden Flüssigkeit mittels des Konzeptes der *Stromlinie* (auch *Stromfaden* genannt). Die Tangente in einem beliebigen Punkt einer Stromlinie gibt die Richtung der dort vorhandenen Geschwindigkeit an. Die Gesamtheit aller Stromlinien ist ein Abbild der Strömung zu einem bestimmten Zeitpunkt (Bild 3.18).

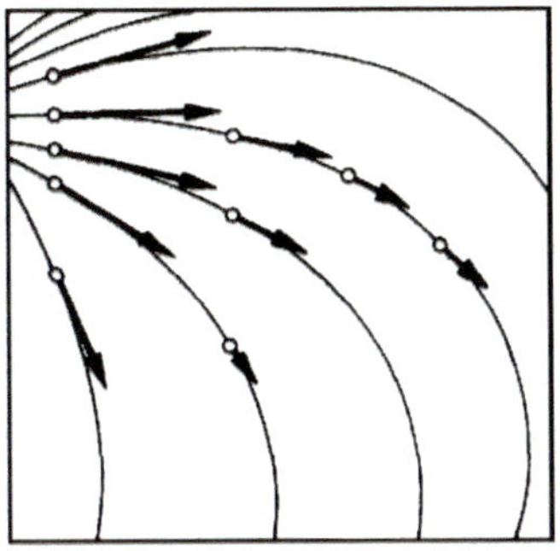

**Bild 3.18**
Strömungsfeld mit einigen Stromlinien und Geschwindigkeitsvektoren

Der zeitliche Ablauf der Strömung wird besonders einfach, wenn jedes Flüssigkeitsteilchen immer genau an die Stelle weiterrückt, an der sich das nächste auf derselben Stromlinie zuvor befand. Dann stimmen die Bahnen der Teilchen mit den Stromlinien überein. Hält dieser Zustand längere Zeit an, so heißt die Strömung *stationär*. Im Allgemeinen ist dies bei langsamen Strömungen der Fall, in denen die Stromlinien ihre anfängliche Form beibehalten.

Strömungen im Innern von Flüssigkeiten lassen sich für eine Beschreibung übersichtlich zusammenfassen, wenn eine geschlossene Kurve, z. B. ein Kreis, senkrecht zu den Stromlinien gelegt wird. Die geschlossene Kurve umfasst dann eine *Stromröhre*, deren Mantelfläche von Stromlinien gebildet wird. Ist der Querschnitt einer Stromröhre sehr klein, so wird sie von nur einer Stromlinie durchflossen. Bei stationären Strömungen stimmen Stromfäden und Bahnkurven der Teilchen der Flüssigkeit überein. Bei einer nichtstationären Strömung ist das nicht der Fall. Das in einer bestimmten Zeit durch den Querschnitt der Stromröhre fließende Volumen wird als *Volumenstrom* bezeichnet (umgangssprachlich auch Durchflussmenge oder Durchflussrate). Der Volumenstrom $\dot{V}$ ergibt sich in gemittelter Form als Quotient aus dem durch einen bestimmten Querschnitt tretenden Flüssigkeitsvolumen $V$ und der dazu benötigten Zeitdauer $t$:

$$\dot{V} = \frac{V}{t} \tag{3.10}$$

Die SI-Einheit des Volumenstroms ist $\left[\dot{V}\right] = \mathrm{m^3/s}$ und häufig verwendete SI-fremde Einheiten sind: $\mathrm{l/s} = 10^{-3}\ \mathrm{m^3/s}$ sowie $\mathrm{m^3/h} = 2{,}78 \cdot 10^{-4}\ \mathrm{m^3/s}$. Bei einer infinitesimalen Beschreibung des Volumenstroms ist der Quotient in Gl. (3.10) durch den Differentialquotienten zu ersetzen, sodass dann gilt: $\dot{V} = \mathrm{d}V/\mathrm{d}t$.

Die wichtigste Eigenschaft einer Stromröhre ist, dass keine Stromlinien in ihre Mantelfläche ein- oder austreten können. Sie kann also gedanklich aus der Flüssigkeit herausgenommen und mathematisch wie ein reales Rohr behandelt werden. Wenn die Flüssigkeit als inkompressibel angenommen wird, können innerhalb des Rohres keine Stauungen und auch keine Verdünnungen auftreten. Dementsprechend muss in einer bestimmten Zeit ebenso viel Flüssigkeit in ein Rohr eintreten, wie am anderen Ende des Rohrs wieder austritt.

Folglich ist der Volumenstrom an allen Stellen einer Stromröhre konstant. Für eine Stromröhre in Form eines Zylinders mit der Querschnittsfläche $A$ und in der jedes Flüssigkeitsteilchen die Geschwindigkeit $v$ hat, gilt für den Volumenstrom: $\dot{V} = Av$. Bei einem zylinderförmigen Rohr mit zwei unterschiedlichen Querschnitten $A_1$ und $A_2$ (Bild 3.19) gilt aufgrund der Konstanz des Volumenstromes:

$$\frac{V_1}{t_1} = \frac{A_1 s_1}{t_1} = A_1 v_1 = A_2 v_2 = \frac{A_2 s_2}{t_2} = \frac{V_2}{t_2} = \dot{V} = \text{konstant} \quad \Leftrightarrow \quad \frac{A_1}{A_2} = \frac{v_2}{v_1} \tag{3.11}$$

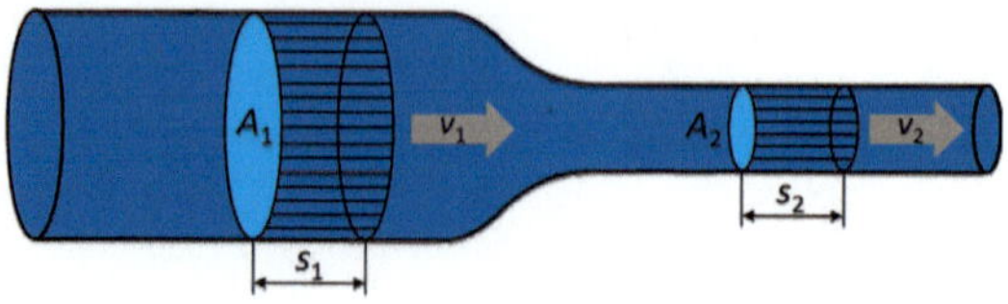


**Bild 3.19**
Strömung durch ein zylinderförmiges Rohr mit zwei unterschiedlichen Querschnitten $A_1$ und $A_2$

Dieser Zusammenhang wird als *Kontinuitätsgleichung für inkompressible Fluide* bezeichnet und wurde erstmals von G. B. Venturi (1746–1822) formuliert. Demnach ist in engen Rohren oder an verengten Stellen eines Flussbettes die Strömungsgeschwindigkeit größer als an den nicht verengten Flussbettstellen. Dies wird auch als *Venturi-Effekt* bezeichnet. Die Kontinuitätsgleichung gilt auch für Gase bei Strömungsgeschwindigkeiten weit unterhalb der Schallgeschwindigkeit. Hingegen kehrt sich bei einer Überschallströmung in einer Düse kehrt der Venturi-Effekt um, sodass ein abnehmender Querschnitt zu einer Geschwindigkeitsabnahme führt und umgekehrt. Genutzt wird dies unter anderem in der von E. Körting im Jahre 1878 (1842–1921) und C. G. P. de Laval (1845–1913) im Jahre 1883 voneinander unabhängig entwickelten *Expansionsdüse* (auch *Laval-Düse* genannt).

Eine Zunahme der Strömungsgeschwindigkeit ist in einem Stromlinienbild dadurch erkennbar, dass die Stromlinien in einem Gebiet mit höherer Strömungsgeschwindigkeit enger zusammenrücken und in einem Gebiet mit langsamerer Strömung größere Abstände aufweisen.

Für kompressible Fluide muss die Kontinuitätsgleichung (Gl. (3.11)) auf beiden Seiten der Gleichung um die Massendichte des Fluids erweitert werden, sodass dann gilt:

$$\varrho_1 A_1 v_1 = \varrho_2 A_2 v_2 = \text{konstant} \tag{3.12}$$

Die allgemeine, differentielle Form der Kontinuitätsgleichung der Hydrodynamik für ein Fluid, das mit der Geschwindigkeit $\vec{v}(\vec{r},t)$ strömt und bei dem die Massendichte $\varrho(\vec{r},t)$ orts- und zeitabhängig sein kann, lautet:

$$\begin{aligned} 0 &= \frac{\partial}{\partial t}\varrho(\vec{r},t) + \left( v_x \frac{\partial}{\partial x}\varrho(\vec{r},t) + v_y \frac{\partial}{\partial y}\varrho(\vec{r},t) + v_z \frac{\partial}{\partial z}\varrho(\vec{r},t) \right) \\ &\quad + \varrho(\vec{r},t)\left( \frac{\partial}{\partial x} v_x(\vec{r},t) + \frac{\partial}{\partial y} v_y(\vec{r},t) + \frac{\partial}{\partial z} v_z(\vec{r},t) \right) \\ &= \frac{\partial}{\partial t}\varrho(\vec{r},t) + (\nabla\varrho(\vec{r},t))\cdot\vec{v}(\vec{r},t) + \varrho(\vec{r},t)(\nabla\cdot\vec{v}(\vec{r},t)) \\ &= \frac{\partial}{\partial t}\varrho(\vec{r},t) + \nabla\cdot\vec{j}(\vec{r},t) \\ &= \frac{\partial}{\partial t}\varrho(\vec{r},t) + \left( \frac{\partial}{\partial x} j_x(\vec{r},t) + \frac{\partial}{\partial y} j_y(\vec{r},t) + \frac{\partial}{\partial z} j_z(\vec{r},t) \right) \end{aligned} \tag{3.13a}$$

$\vec{j}(\vec{r},t)=\varrho(\vec{r},t)\vec{v}(\vec{r},t)$ ist die allgemein orts- und zeitabhängige Massenstromdichte, die dieselbe Orientierung wie die Strömungsgeschwindigkeit $\vec{v}(\vec{r},t)$ hat und deren Betrag die Fluidmenge angibt, die pro Zeiteinheit durch eine zur Strömungsgeschwindigkeit orthogonal orientierte Fläche fließt. Im Fall einer strömenden inkompressiblen Flüssigkeit mit konstanter Massendichte, bei der die ersten beiden Summanden in Gl. (3.13a) null sind, gilt somit:

$$\begin{aligned}\nabla\cdot\vec{v}(\vec{r},t)&=\frac{\partial}{\partial x}v_x(\vec{r},t)+\frac{\partial}{\partial y}v_y(\vec{r},t)+\frac{\partial}{\partial z}v_z(\vec{r},t)\\&=\nabla\cdot\vec{j}(\vec{r},t)=\frac{\partial}{\partial x}j_x(\vec{r},t)+\frac{\partial}{\partial y}j_y(\vec{r},t)+\frac{\partial}{\partial z}j_z(\vec{r},t)=0\end{aligned}\tag{3.13b}$$

## 3.2.1 Bernoulli-Gleichung

Gemäß der Kontinuitätsgleichung (Gl. (3.11)) ändert eine reibungsfrei durch eine Röhre strömende Flüssigkeit bei jeder Veränderung des Röhrenquerschnittes ihre Strömungsgeschwindigkeit. Dementsprechend muss auch die kinetische Energie der strömenden Flüssigkeit zunehmen, wenn sich der Querschnitt verengt, und umgekehrt. Jedoch wird die Flüssigkeit nur dann beschleunigt, wenn eine bestimmte Druckdifferenz in der Röhre vorhanden ist, die auf die Flüssigkeit einwirkt. Hat dieser Druck in dem Teil der Röhre mit dem größeren Querschnitt $A_1$ den Wert $p_1$, so wirkt auf den Querschnitt eines betrachteten Volumenteils die Kraft $p_1 A_1$, die entsprechend der Geschwindigkeit $v_1$ das Volumenteil um die Strecke $s_1$ verschiebt (Bild 3.20). Dies entspricht der Arbeit $W_1 = p_1 A_1 s_1$. In dem Teil der Röhre mit dem kleineren Querschnitt $A_2$, in dem der Druck den Wert $p_2$ hat, legt dasselbe Flüssigkeitsvolumen in der gleichen Zeit die Strecke $s_2$ zurück, was einer Arbeit mit dem Betrag $W_2 = p_2 A_2 s_2$ entspricht. Da das Volumen $V = A_1 s_1 = A_2 s_2$ konstant bleibt, entspricht der Zuwachs an kinetischer Energie der Differenz der beiden Arbeiten $W_1 = p_1 V$ und $W_2 = p_2 V$ und es gilt die Energiebilanz:

$$\Delta W = W_1 - W_2 = V(p_1 - p_2) = \Delta E_{\text{kin}} = \frac{m}{2}\left(v_2^2 - v_1^2\right)$$

Daraus folgt bei der Division durch das konstante Volumen $V = m/\varrho$ die Relation:

$$p_1 + \frac{\varrho}{2}v_1^2 = p_2 + \frac{\varrho}{2}v_2^2$$

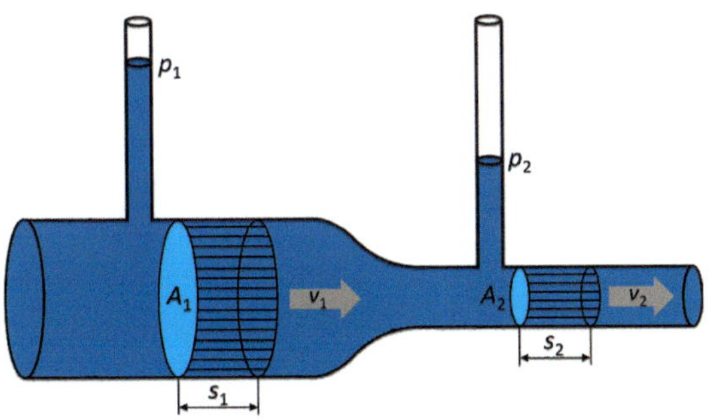


**Bild 3.20**
Druckverhältnisse in einer Röhre mit unterschiedlichen Querschnitten

Sofern die betrachtete Röhre, durch die die Flüssigkeit strömt, nicht horizontal, sondern geneigt angeordnet ist, ändert sich nicht nur die kinetische, sondern auch die potentielle Energie. Die zuvor angegebene Energiebilanz ist um den Term, der die Änderung der potentiellen Energie $\Delta E_{\text{pot}} = mg\left(h_1 - h_2\right) = \varrho V g\left(h_1 - h_2\right)$ beschreibt, zu ergänzen, sodass gilt:

$$p_1 + \frac{\varrho v_1^2}{2} + \varrho g h_1 = p_2 + \frac{\varrho v_2^2}{2} + \varrho g h_2 \tag{3.14}$$

Der Druck $p_1$ bzw. $p_2$ wird als *statischer Druck* bezeichnet. Die Terme $\varrho g h_1$ bzw. $\varrho g h_2$ sowie $\frac{\varrho}{2} v_1^2$ bzw. $\frac{\varrho}{2} v_2^2$ sind der *geodätische Druck* (auch Schweredruck genannt) und der *dynamischer Druck* (auch Staudruck genannt). Der statische Druck kann mit jedem Manometer gemessen werden, dessen Öffnung parallel zur Strömungsrichtung in die Strömung einmündet. Da hierbei gegen den jeweils vorhandenen Luftdruck gemessen wird, zeigt das Manometer den statischen Überdruck an. Der Staudruck jedoch bestimmt weitgehend die Kraft, mit der die Strömung auf entgegenstehende Hindernisse wirkt. Allerdings kommt es dabei auf die Form des Körpers an und damit, in welcher Weise die Flüssigkeit das Hindernis umströmt. Die Verallgemeinerung der Gl. (3.14) ist die nach J. I Bernoulli (1667–1748) und D. Bernoulli (1700–1782) benannte *Bernoulli-Gleichung* (auch *Gesetz von Bernoulli* genannt), die die Grundgleichung für die eindimensionale Beschreibung einer stationären Strömung (d. h. $\partial\vec{v}/\partial t = 0$) eines viskositäts- bzw. reibungsfreien inkompressiblen Fluids (Flüssigkeit oder Gas) im homogenen Schwerefeld der Erde ist:

$$p_{\text{total}} = p_{\text{stat}} + p_{\text{dyn}} + p_{\text{geo}} = p_{\text{stat}} + \frac{\varrho v^2}{2} + \varrho g h = \text{konstant längs einer Stromlinie} \tag{3.15}$$

Die Bernoulli-Gleichung besagt demnach, dass der Totaldruck $p_{\text{total}}$, der gleich der Summe aus dem statischem $p_{\text{stat}}$, dem dynamischem $p_{\text{dyn}} = \varrho v^2/2$ und dem geodätischem Druck $p_{\text{geo}} = \varrho g h$ ist, längs einer Stromlinie konstant ist. Bei schnell fließenden Fluiden gilt für die Strömungsgeschwindigkeit $v \gg \sqrt{2gh}$ und der geodätische Druck $p_{\text{geo}}$ kann gegenüber dem statischem $p_{\text{stat}}$ und dem dynamischen Druck $p_{\text{dyn}}$ vernachlässigt werden. Bei einer horizontal verlaufenden Strömung ist die Höhe $h$ konstant und der geodätische Druck $p_{\text{geo}}$ in der Bernoulli-Gleichung (3.15) wird dann in der Konstante berücksichtigt.

Neben Gl. (3.15) gibt es noch zwei weitere Varianten der Bernoulli-Gleichung. Die Division beider Seiten von Gl. (3.15) durch die Massendichte $\varrho$ des Fluids ergibt die *Bernoulli-Energiegleichung*:

$$C = \frac{p_{\text{total}}}{\varrho} = \frac{p_{\text{stat}}}{\varrho} + \frac{v^2}{2} + g h = \text{konstant längs einer Stromlinie} \tag{3.16}$$

Der Quotient $C = p_{\text{total}}/\varrho$ aus Totaldruck und Massendichte des Fluids ist die *Bernoulli-Konstante*, die einer spezifischen (d. h. massebezogenen) Energie mit der SI-Einheit $[C] = [p_{\text{total}}/\varrho] = \text{Nm/kg} = \text{J/kg}$ entspricht. Der erste Summand $p_{\text{stat}}/\varrho$ in der Bernoulli-Energiegleichung (Gl. (3.16)) entspricht der an einem Fluidelement geleisteten spezifischen Verdrängungsarbeit. Steigt beispielsweise der statische Druck längs einer Stromlinie an, so entspricht die Druckänderung der spezifischen Verdrängungsarbeit, die am Fluidelement geleistet wird, um es aus einem Gebiet mit niedrigerem Druck in ein Gebiet mit höherem Druck zu verschieben. Aufgrund der Inkompressibilität des Fluids ändert sich dabei jedoch nicht das Volumen des Fluidelements. Der zweite Summand $v^2/2$ ist die spezifische Geschwindigkeitsenergie des Fluids. Verengt bzw. vergrößert sich der Querschnitt, steigt bzw. sinkt die

Strömungsgeschwindigkeit und damit auch die spezifische Geschwindigkeitsenergie. Der dritte Summand $gh$ in der Bernoulli-Energiegleichung (Gl. (3.16)) ist die spezifische Lageenergie, die die mit einem Fluidelement transportierte potentielle Energie angibt.

Die Division der Bernoulli-Energiegleichung (Gl. (3.16)) durch die Fallbeschleunigung $g$ ergibt die *Bernoulli-Höhengleichung*:

$$\frac{C}{g} = \frac{p_{\text{total}}}{\varrho g} = \frac{p_{\text{stat}}}{\varrho g} + \frac{v^2}{2g} + h = \text{konstant längs einer Stromlinie} \tag{3.17}$$

Aus der Bernoulli-Energiegleichung lässt sich das *Torricelli'sche Ausflussgesetz* (auch als *Torricelli'sches Theorem* bezeichnet; E. Torricelli, 1608–1647) ableiten, wonach die *Ausflussgeschwindigkeit* $v_{\text{Ausfluss}}$ einer inkompressiblen und reibungsfreien Flüssigkeit, die aus der Öffnung eines Gefäßes austritt, genauso groß ist wie die Fallgeschwindigkeit eines Körpers, der von der Flüssigkeitsoberfläche bis zur Ausflussöffnung herabfällt (Bild 3.21). Hierbei wird angenommen, dass der Durchmesser bzw. die Querschnittsfläche $A_{\text{Ausfluss}}$ der Ausflussöffnung viel kleiner als der Durchmesser bzw. die Querschnittsfläche $A_{\text{Gefäß}}$ des Gefäßes ist. Für die Ausflussgeschwindigkeit gilt dann:

$$v_{\text{Ausfluss}} = \sqrt{2gh} \tag{3.18}$$

wobei $h$ den (vertikalen) Höhenunterschied zwischen Flüssigkeitsoberfläche und Ausflussöffnung bezeichnet. Die Ausflussgeschwindigkeit hängt somit nicht von der Massendichte der Flüssigkeit ab, sodass beispielsweise Wasser und Quecksilber bei gleicher Höhe $h$ gleich schnell ausfließen. Gemäß der Kontinuitätsgleichung für inkompressible Fluide (Gl. (3.11)) gilt für die Sinkgeschwindigkeit $v_{\text{Sink}}$ der Flüssigkeitsoberfläche:

$$v_{\text{Sink}} = v_{\text{Ausfluss}} \frac{A_{\text{Ausfluss}}}{A_{\text{Gefäß}}} = \sqrt{2gh}\, \frac{A_{\text{Ausfluss}}}{A_{\text{Gefäß}}} \tag{3.19}$$

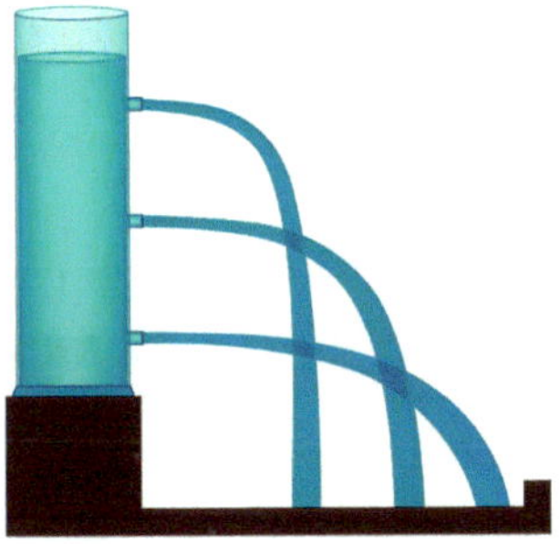

**Bild 3.21**
Zum Torricelli'schen Ausflussgesetz

Dies gilt jedoch nur, wenn die Sinkgeschwindigkeit $v_{\text{Sink}}$ vernachlässigbar klein gegenüber der Ausflussgeschwindigkeit $v_{\text{Ausfluss}}$ ist. Im Rahmen dieser Näherung gilt für die Füllstandshöhe $h(t)$ und die Entleerungsdauer $T$ mit der Anfangsfüllstandshöhe $h_0 = h(t=0)$ und der Füllstandshöhe des entleerten Gefäßes $h(T) = 0$:

$$h(t) = \left(\sqrt{h_0} - \frac{A_{\text{Ausfluss}}}{A_{\text{Gefäß}}} \sqrt{\frac{g}{2}}\, t\right)^2 \tag{3.20a}$$

$$T = \frac{A_{\text{Gefäß}}}{A_{\text{Ausfluss}}} \sqrt{\frac{2h_0}{g}} \tag{3.20b}$$

Gemäß Gl. (3.20)b nimmt die Entleerungsdauer $T$ zu, wenn die Anfangsfüllstandshöhe $h_0$ größer ist, denn bei gleichem Füllvolumen nimmt die Querschnittsfläche des Gefäßes $A_{\text{Gefäß}}$ im selben Maße ab wie $h_0$ zunimmt. Bei einer Halbierung von $A_{\text{Gefäß}}$ beispielsweise nimmt $h_0$ um das Doppelte zu. Die Anfangsfüllstandshöhe $h_0$ bestimmt jedoch nicht linear die Entleerungsdauer, sondern nur in der Quadratwurzel. Eine Verdopplung von $h_0$ in Kombination mit der Halbierung der Querschnittsfläche des Gefäßes $A_{\text{Gefäß}}$ verkürzt somit die Entleerungsdauer $T$ insgesamt um den Faktor $\sqrt{2}/2 = 1/\sqrt{2} \approx 0{,}707$.

Bei einer größeren Ausflussöffnung kann in gleicher Zeit mehr Flüssigkeit aus dem Gefäß ausströmen, sodass der Füllstand schneller sinkt. Dies entspricht einem freien Fall mit einer Anfangsgeschwindigkeit, die gleich der Sinkgeschwindigkeit $v_{\text{Sink}}$ der Flüssigkeitsoberfläche zum jeweils betrachteten Zeitpunkt ist und es gilt:

$$v_{\text{Ausfluss}} = \sqrt{\frac{2gh}{1-\left(\dfrac{A_{\text{Ausfluss}}}{A_{\text{Gefäß}}}\right)^2}} \tag{3.21a}$$

$$v_{\text{Sink}} = v_{\text{Ausfluss}} \frac{A_{\text{Ausfluss}}}{A_{\text{Gefäß}}} \tag{3.21b}$$

Für den Volumenstrom $\dot{V}$ gilt:

$$\dot{V} = \sqrt{\frac{2gh}{1-\left(\dfrac{A_{\text{Ausfluss}}}{A_{\text{Gefäß}}}\right)^2}}\, A_{\text{Ausfluss}} \tag{3.22}$$

Ist der Querschnitt der Ausflussöffnung kleiner als 10 % des Gefäßquerschnitts, hat der Korrekturfaktor $\left[1-\left(\dfrac{A_{\text{Ausfluss}}}{A_{\text{Gefäß}}}\right)^2\right]^{-1/2}$ einen Wert von 1,005. Der Einfluss der Sinkgeschwindigkeit ist somit unterhalb eines Querschnittsverhältnisses $A_{\text{Ausfluss}}/A_{\text{Gefäß}}$ von 10 % vernachlässigbar und für die Sinkgeschwindigkeit gilt die einfache Gl. (3.19).

Zur Beschreibung von realen Ausflussvorgängen, die oft langsamer ablaufen, als es das Torricelli'sche Ausflussgesetz angibt, ist nicht nur das Querschnittsverhältnis $A_{\text{Ausfluss}}/A_{\text{Gefäß}}$ zu berücksichtigen. Insbesondere ist der real ausfließende Volumenstrom $\dot{V}_{\text{real}}$ gegenüber dem theoretischen Wert aus der Gl. (3.22) um den *Ausflussbeiwert* (auch als *Abflussziffer* bezeichnet) $\mu < 1$ verringert und es gilt:

$$\dot{V}_{\text{real}} = \sqrt{\frac{2gh}{1-\left(\dfrac{A_{\text{Ausfluss}}}{A_{\text{Gefäß}}}\right)^2}}\, \mu\, A_{\text{Ausfluss}} \tag{3.23}$$

Der Ausflussbeiwert wird hauptsächlich durch zwei Effekte bestimmt: zum einen die Viskosität (Zähigkeit) der Flüssigkeit. Diese entsteht dadurch, dass sich einzelne Flüssigkeitsschichten schneller bewegen als andere. Vor allem in der Nähe der Ausflussöffnung ist dies der Fall, wo die zur Öffnung hinströmende Flüssigkeitsschicht an den umgebenden Schichten reibt. Die Reibung zwischen den Flüssigkeitsschichten resultiert aus den Bindungskräften zwischen den Flüssigkeitsteilchen. Dies sind entweder Van-der-Waals-Kräfte, Dipol-Dipol-Kräfte oder

Wasserstoff-Brücken-Bindungen. Je stärker diese Bindungskräfte sind, desto größer ist die innere Reibung bzw. die Viskosität der Flüssigkeit. Als Folge dessen ist die reale im Vergleich zur theoretischen Ausflussgeschwindigkeit um den sogenannten *Geschwindigkeitsbeiwert* $\varphi < 1$ verringert und es gilt:

$$v_{\text{Ausfluss, real}} = \varphi v_{\text{Ausfluss}} = \varphi \sqrt{\frac{2gh}{1-\left(\frac{A_{\text{Ausfluss}}}{A_{\text{Gefäß}}}\right)^2}} \tag{3.24}$$

Für einen horizontalen Ausfluss lässt sich der Geschwindigkeitsbeiwert aus der Bahnkurve des austretenden Flüssigkeitsstrahls experimentell ermitteln. Der Flüssigkeitsstrahl wird dabei als horizontaler Wurf betrachtet, wobei dabei die Luftreibung vernachlässigt wird, sodass der austretende Flüssigkeitsstrahl in horizontaler Richtung die konstante Ausflussgeschwindigkeit $v_{\text{Ausfluss, real}}$ hat. Bei Flüssigkeiten mit geringer Viskosität wie beispielsweise Wasser beträgt der Geschwindigkeitsbeiwert ca. 0,95.

Der zweite oft sogar dominierende Effekt, der den Ausflussbeiwert bestimmt, ist die *Stromlinienverengung*. Sie entsteht dadurch, dass in der Realität eine Flüssigkeit nicht im vollen Maße senkrecht durch den Ausflussquerschnitt ausströmt, sondern die Ausflussöffnung wird zum Großteil seitlich angeströmt. Als Folge dessen ist der Querschnitt der ausströmenden Flüssigkeit kleiner als der Querschnitt der Ausflussöffnung, was mit dem sogenannten *Kontraktionsbeiwert* $\psi < 1$ berücksichtigt wird und es gilt: $A_{\text{Ausfluss, real}} = \psi A_{\text{Ausfluss}}$. Das Produkt aus Geschwindigkeitsbeiwert $\varphi$ und Kontraktionsbeiwert $\psi$ ergibt den Ausflussbeiwert $\mu = \varphi\psi$, wobei für Flüssigkeiten der Geschwindigkeitsbeiwert gegenüber dem Kontraktionsbeiwert meist vernachlässigbar ist. In der Praxis ist häufig nur der Ausflussbeiwert von Interesse, sodass der Geschwindigkeits- und der Kontraktionsbeiwert nicht separat ermittelt werden. Bei Flüssigkeiten mit geringer Viskosität wie beispielsweise Wasser, die aus einer runden Austrittsöffnung ausströmen, beträgt der Ausflussbeiwert ca. 0,65. Für rechteckige Austrittsöffnungen liegt der Ausflussbeiwert je nach vorhandenem Höhe-Breite-Verhältnis im Bereich zwischen 0,44 und 0,67.

Das Torricelli'sche Ausflussgesetz gilt in einer modifizierten Form auch für die Ausflussgeschwindigkeit eines Gases, das näherungsweise als ideales Gas beschrieben werden kann:

$$v_{\text{Ausfluss}} = \sqrt{\frac{2g\,h_{\text{Hg}}\,\varrho_{\text{Hg}}}{\varrho}} \tag{3.25}$$

Dabei ist $h_{\text{HG}}$ der als Höhe einer Quecksilbersäule gemessene Überdruck des in einem Gefäß eingeschlossenen Gases, $\varrho_{\text{Hg}} = 13{,}5459\ \text{g/cm}^3$ (bei $T = 293{,}15$ K) ist die Massendichte des Quecksilbers und $\varrho$ ist die Massendichte des Gases. Dementsprechend ist die Ausflussgeschwindigkeit größer bei Gasen mit kleiner Massedichte $\varrho$.

## Hydrodynamisches Paradoxon

Eine weitere wichtige Folgerung der Bernoulli-Gleichung ist, dass der statische Druck, der mit einem Manometer gemessen werden kann, an sämtlichen Stellen einer Strömung geringer ist als an den Stellen, an denen das Fluid nicht strömt. Darüber hinaus nimmt der statische Druck mit wachsender Strömungsgeschwindigkeit ab, was als *Bernoulli-Effekt* oder auch als *hydrodynamisches Paradoxon* bezeichnet wird. Ruhende Stellen treten an einem festen Hindernis auf, dass in eine Strömung gestellt wird. Dabei laufen die Stromfäden ohne Unterbrechung bzw. Abriss um das Hindernis herum. Vor dem Hindernis staut sich jedoch die Strömung auf und weicht nach allen Seiten aus. Im Mittelpunkt dieses Staugebietes liegt der *Staupunkt*, und diejenige Stromlinie, die senkrecht zur Hindernisoberfläche orientiert ist und im Staupunkt endet. Diese Stromlinie wird als *Staupunktsstromlinie* bezeichnet (Bild 3.22). Sowohl am Staupunkt als auch an seinem Gegenpunkt auf der gegenüberliegenden Seite des Hindernisses ist die Strömungsgeschwindigkeit und somit auch der dynamische Druck $p_{dyn}$ gleich null, sodass der statische Druck $p_{stat}$ im Staupunkt und in seinem Gegenpunkt gemäß der Bernoulli-Gleichung (3.15) seinen Maximalwert erreicht und als *Staudruck* bezeichnet wird.

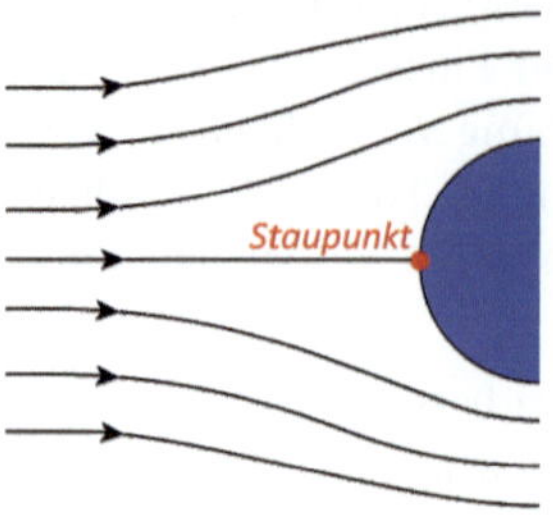


**Bild 3.22**
Staupunkt an einem umströmten Hindernis

Bei einer schräg zu einer Fluidströmung orientierten Platte (Bild 3.23) liegen der Staupunkt und sein Gegenpunkt nicht symmetrisch gegenüber. Der an beiden Punkten vorhandene maximale Staudruck bewirkt ein Drehmoment, wodurch die Platte nicht etwa parallel, sondern rechtwinklig zur Strömung gedreht wird, sodass nach der Drehung viele Stromfäden senkrecht zur Plattenoberfläche orientiert sind.

**Bild 3.23**
Strömung um eine schräg gestellte Platte

Staupunkte gibt es nicht nur auf Oberflächen von umströmten Festkörpern, sondern können auch in einem Strömungsfeld liegen, dass beispielsweise von zwei gegenläufigen aber sonst gleichartigen Strömungen gebildet wird. In einem solchen Fall liegt der Staupunkt im Kreuzungspunkt der Staupunktsstromlinien und dem Zentrum des Gebiets hohen statischen Drucks. Ein Fluidelement mit beispielsweise horizontal oder vertikal orientiertem Impuls, dass sich auf das Gebiet mit dem erhöhten statischen Druck zu bewegt wird so abgelenkt, dass anschließend sein Impuls vertikal bzw. horizontal orientiert ist.

## Magnus-Effekt

Ein weiteres Phänomen, das mit der Bernoulli-Gleichung erklärt werden kann, ist der *Magnus-Effekt*, der erstmals Mitte des 18. Jahrhunderts von B. Robins (1707–1751) beschrieben, im Jahre 1852 von H. G. Magnus (1802–1870) experimentell nachgewiesen und im Jahre 1877 von J. W. S. Rayleigh (1842–1919, Nobelpreis 1904) theoretisch erklärt wurde. Der Magnus-Effekt beschreibt die Wirkung einer ablenkenden Kraft, die ein rotierender Körper mit Zylinder- oder Kugelsymmetrie in einer Strömung erfährt. Die Kraft, die auch als Querkraft bezeichnet wird, wirkt dabei senkrecht sowohl zur Anströmrichtung als auch senkrecht zur Rotationsachse des Körpers. Durch die Rotation des Körpers (in Bild 3.24 ist dies ein rechtsdrehender Zylinder) in einer von rechts nach links verlaufenden Strömung, werden die Fluidteilchen auf der Unterseite des Zylinders, wo Drehsinn und Strömungsrichtung übereinstimmen (Unterdruckseite), beschleunigt und auf der Oberseite des Zylinders, wo Drehsinn und Strömungsrichtung entgegengesetzt orientiert sind (Überdruckseite), abgebremst. Die Geschwindigkeitsverteilung der Fluidteilchen um den Zylinder ist folglich inhomogen. Daraus folgt gemäß der Bernoulli-Gleichung auch eine inhomogene Druckverteilung um den Körper. Die Druckdifferenz $\Delta p = |p_{\text{oben}} - p_{\text{unten}}| = p_{\text{Überdruck}} - p_{\text{Unterdruck}}$ zwischen Ober- und Unterseite des rotierenden Körpers führt zu einer Querkraft mit dem Betrag $F = A\,\Delta p$ ($A$ ist in dem betrachteten Beispiel die Querschnittsfläche des Zylinders), die den Zylinder im betrachteten Beispiel nach unten aus dem strömenden Fluid heraus beschleunigt. Je höher die Rotationsgeschwindigkeit ist, desto größer ist die Geschwindigkeits- und damit auch die Druckdifferenz zwischen der Ober- und der Unterseite, was zu einer höheren Kraftwirkung führt. Bewegt sich der rotierende Körper in einem ruhenden oder langsam strömenden Fluid, führt eine Erhöhung der Translationsgeschwindigkeit des Körpers bei gleichbleibender Rotationsgeschwindigkeit zu einer verringerten Kraftwirkung.

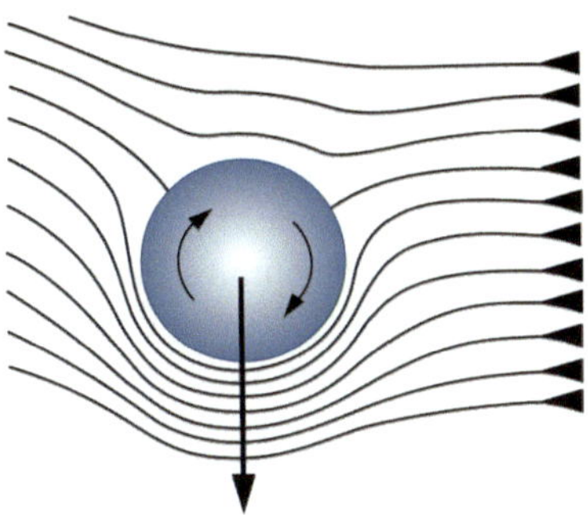

**Bild 3.24**
Der Magnus-Effekt: Ein rotierender Körper mit Zylinder- oder Kugelsymmetrie wird im rechten Winkel zur Anströmrichtung abgelenkt

Angewendet wird der Magnus-Effekt unter anderem beim *Flettner-Rotor* (A. Flettner, 1885–1961) als Schiffsantrieb. Der Flettner-Rotor ist ein auf einem Schiff senkrecht stehender, hoher rotierender Zylinder, der der Windströmung ausgesetzt wird (Bild 3.25). Dabei wirkt der Flettner-Rotor ähnlich wie ein Segel und erzeugt durch den Magnus-Effekt eine

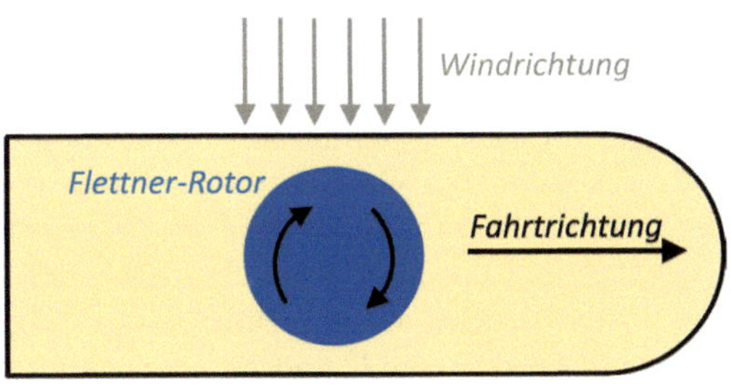


**Bild 3.25**
Flettner-Rotor auf einem Schiff (Prinzipdarstellung)

Kraft quer zur anströmenden Windrichtung und somit einen Vortrieb im Wasser. Für einen möglichst effizienten Antrieb beträgt die Geschwindigkeit auf der Oberfläche des Flettner-Rotors ca. das Drei- bis Vierfache der Windgeschwindigkeit, was einer Rotordrehzahl von ca. 100 Umdrehungen pro Minute entspricht. Jedoch muss für einen effizienten Antrieb die Drehzahl des Flettner-Rotors mit zunehmender Windgeschwindigkeit gesteigert werden.

Der *Flettner-Ventilator* ist ein durch einen Luftstrom angetriebener Sauglüfter zum Luftaustausch in Fahrzeugen oder Gebäuden, der in den 1920er-Jahren von A. Flettner entwickelt worden ist und seit den 1930er-Jahren von der britischen Firma Flettner Ventilator Ltd. in unterschiedlichen Varianten hergestellt und vertrieben wird. Der Sauglüfter ist auf einer Spindel montiert und wird durch eine Lufthutze angetrieben, die durch den Luftstrom ab Strömungsgeschwindigkeiten von ca. 2 m/s in Rotation versetzt wird. Die Luft strömt dabei parallel zur Drehachse der Spindel ein und wird dann um 90° umgelenkt, wodurch der Flettner-Ventilator ein sogenannter Radial- bzw. Zentrifugallüfter ist. Der Luftaustausch zwischen Innen- und Außenraum erfolgt über Lamellen, die auf der sich drehenden Spindel montiert sind.

## Dynamischer Auftrieb

Der dynamische Auftrieb wird durch eine Kraft auf einen umströmten Körper verursacht, die senkrecht zur Anströmrichtung orientiert ist. Entscheidend für die Größe der Kraft des dynamischen Auftriebes ist die Relativgeschwindigkeit zwischen dem umströmten Körper und dem umströmenden Fluid. Somit gibt es sowohl in Flüssigkeiten als auch in Gasen einen dynamischen Auftrieb. So entsteht beispielsweise der dynamischer Auftrieb bei einer von Luft umströmten gewölbten Tragfläche eines Flugzeugs dadurch, dass die Strömungsgeschwindigkeit an der Oberseite größer ist als an der Unterseite (Bild 3.26). Der daraus resultierende Gradient der statischen Drücke an Oberseite ($p_{\mathrm{To}}$ ist der Druck auf der der Tragflächenoberseite) und der Unterseite ($p_{\mathrm{Tu}}$ ist der Druck auf der der Tragflächenunterseite) der Tragfläche mit $p_{\mathrm{To}} < p_0 < p_{\mathrm{Tu}}$ bewirkt den dynamischen Auftrieb ($p_0$ ist der statische Umgebungsdruck). Im Gegensatz zum hydrostatischen Auftrieb (Abschnitt 3.1.3) ist die Richtung des dynamischen Auftriebs nicht durch die Schwerkraft, sondern nur durch die Richtung der Anströmung gegeben. Die resultierende Strömungskraft greift am drehmomentfreien *Druckpunkt* an und kann in zwei Komponenten zerlegt werden (Bild 3.26), in die senkrecht zur Anströmung und parallel zur Schwerkraft gerichtete dynamische Auftriebskraft $F_{\mathrm{A}}$:

$$F_{\mathrm{A}} = c_{\mathrm{A}} \frac{\varrho}{2} A v^2 \tag{3.26}$$

und den parallel zur Anströmung gerichteten Strömungswiderstand $F_{\mathrm{W}}$:

$$F_{\mathrm{W}} = c_{\mathrm{W}} \frac{\varrho}{2} A v^2 \tag{3.27}$$

Dabei bezeichnen $c_{\mathrm{A}}$ und $c_{\mathrm{W}}$ den *Auftriebs-* bzw. den *Strömungswiderstandsbeiwert*, die von der Form und der Orientierung des Körpers in dem strömenden Medium abhängen, $\varrho$ und $v$ sind die Massendichte bzw. die Geschwindigkeit des strömenden Mediums und $A$ bezeichnet die Referenzfläche (bei Tragflächen ist dies der Flügelflächeninhalt). An der Oberfläche des umströmten Körpers wirken in jedem Punkt eine tangential zur Oberfläche gerichtete Schubspannung und eine senkrecht zur Oberfläche gerichtete Druckspannung. Die Überlagerung (Integration) aller Schubspannungen ergibt den Reibungswiderstand $F_{\mathrm{R}}$ und die Überlagerung

(Integration) aller Druckspannungen ergibt den Druckwiderstand $F_D$. Die Superposition von Reibungswiderstand $F_R$ und Druckwiderstand $F_D$ ergibt den Strömungswiderstand $F_W$. Bei strömungstechnisch schlanken Körpern (wie z. B. die Tragflächen eines Flugzeugs), deren Ausdehnung in Strömungsrichtung viel größer als die Ausdehnung senkrecht zur Strömungsrichtung ist, wird der Strömungswiderstand vom Reibungswiderstand dominiert (d. h. $F_W \approx F_R \gg F_D$). Bei strömungstechnisch plumpen Körpern (wie z. B. ein Personenkraftwagen), deren Ausdehnung in Strömungsrichtung viel kleiner als die Ausdehnung senkrecht zur Strömungsrichtung ist, wird der Strömungswiderstand vom Druckwiderstand dominiert (d. h. $F_W \approx F_D \gg F_R$).

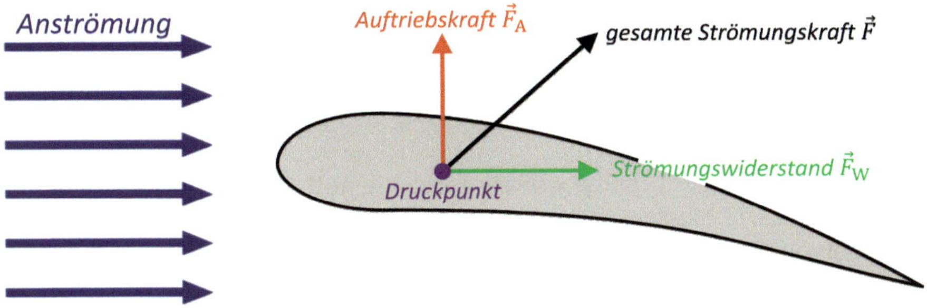


**Bild 3.26** Dynamische Auftriebskraft $F_A$ und Strömungswiderstand $F_W$ bei einer von Luft umströmten Tragfläche

Im Idealfall einer reibungsfreien und stationären Strömung gibt es keinen Reibungs- und keinen Druckwiderstand ($F_R = F_D = 0$). Dies wird als *d'Alembert'sches Paradoxon* (J.-B. le Rond, genannt d'Alembert, 1717–1783) bezeichnet, das erstmals im Jahre 1752 formuliert worden ist. Es besagt, dass ein beliebig geformter Körper in einer reibungsfreien und stationären Strömung keinen Strömungswiderstand hat, wenn die durch den Körper bewirkte Störung in der Strömung in großer Entfernung vom Körper abgeklungen ist. Damit wäre beispielsweise ein unbegrenzter horizontaler Segelflug ohne Energieaufwand möglich. Dies ist jedoch im Widerspruch zu jeder realen Strömung, bei der weder die Reibungskräfte noch die Störung der Strömung durch den Körper vollständig vernachlässigt werden können, sodass die Voraussetzungen des d'Alembert'schen Paradoxons nicht erfüllt sind.

Der Auftriebsbeiwert $c_A$ hängt bei einer Tragfläche allgemein vom *Anstellwinkel* $\alpha$, den die Sehne der Tragfläche mit der Strömungsrichtung bildet, und vom Profil der Tragfläche ab. Bei der gekrümmten Platte (Bild 3.27), die das einfachste Modell einer Tragfläche darstellt, gilt für den Auftriebsbeiwert $c_A$ für den Fall, dass der Anstellwinkel $\alpha$ und der Krümmungswinkel $\beta$ zwischen Sehne und Tangente der gekrümmten Platte kleiner bzw. gleich 8° sind (Kleinwinkelnäherung $\sin(\alpha) \approx \alpha$ und $\sin(\beta) \approx \beta$):

$$c_A = 2\pi\left(\alpha + \frac{\beta}{2}\right) = 2\pi\left(\alpha + 2\frac{h}{t}\right) \tag{3.28}$$

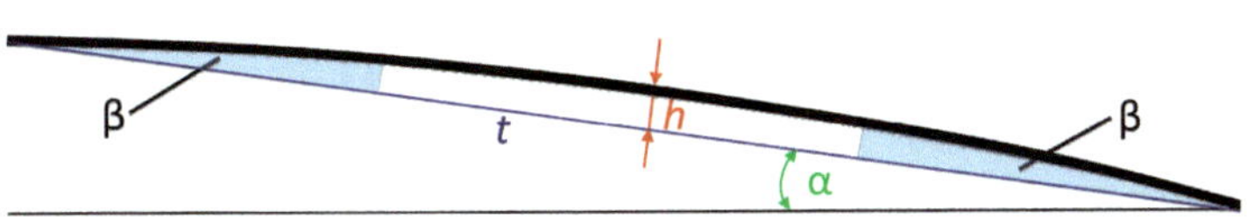


**Bild 3.27** Gekrümmte Platte

Dabei bezeichnen $t$ die Länge der Sehne und $h$ den maximalen senkrechten Abstand zwischen der Sehne und der gekrümmten Platte. Die beiden Winkel sind in Gl. (3.28) im Rahmen der Kleinwinkelnäherung im Bogenmaß einzusetzen. Für einen Anstellwinkel von $\alpha = 0°$ ergibt sich die sogenannte *Nullauftriebskraft*, die nur aufgrund der Krümmung der Platte wirkt:

$$F_{\mathrm{A},\,\alpha=0} = 2\pi \frac{h}{t} \varrho A v^2 \tag{3.29}$$

und für einen Krümmungswinkel von $\beta = 0°$ bzw. $h = 0$ ergibt sich die Auftriebskraft der ebenen (nicht-gekrümmten) Platte für kleine Anstellwinkel $\alpha$:

$$F_{\mathrm{A},\,\beta=0} = \pi \alpha \varrho A v^2 \tag{3.30}$$

Dementsprechend wirkt bei der ebenen Platte für einen Anstellwinkel von $\alpha = 0°$ keine dynamische Auftriebskraft. Die Verallgemeinerung bedeutet, dass Körper nur dann eine dynamische Auftriebskraft erfahren, wenn sie asymmetrisch bezüglich der Achse in Strömungsrichtung sind.

Für den allgemeinen Fall $\alpha \neq 0°$ und $\beta \neq 0°$ lässt sich die Auftriebskraft der gekrümmten Platte als Produkt des Luft-Massenstromes $\dot{m} = \pi \varrho A v$ mit der SI-Einheit $[\dot{m}] = \mathrm{kg/s}$ und der Geschwindigkeitsvertikalkomponente $v_\perp = (\alpha + \beta/2)\, v$ angeben:

$$F_{\mathrm{A}} = (\pi \varrho A v) \cdot \left(\alpha + \frac{\beta}{2}\right) v = \dot{m} v_\perp \tag{3.31}$$

Bei konstanter Massendichte $\varrho$ des strömenden Mediums kann die Auftriebskraft erhöht werden, durch Vergrößerung der Geschwindigkeit $v$, der Referenzfläche $A$, des Anstellwinkels $\alpha$ und/oder durch Vergrößerung des Krümmungswinkels $\beta$. Beispielsweise kann die Geschwindigkeit eines Flugzeugs durch den Einsatz leistungsfähigerer Antriebsaggregate vergrößert werden, was jedoch einen größeren Energiebedarf verursacht. Eine Vergrößerung der Tragflächen vergrößert wiederum gleichzeitig die Masse bzw. die der dynamischen Auftriebskraft entgegengerichteten Gewichtskraft. Dies kann in Grenzen durch die Verwendung von Hochtechnologie-Werkstoffen wie Aluminiumlegierungen und glasfaserverstärkten Kunststoffen kompensiert werden. Mit der Vergrößerung des Anstellwinkels wird auch der Strömungswiderstand größer und es kommt zu starken Wirbelablösungen auf der Rückseite der Tragfläche, was jedoch die Geschwindigkeit des Flugzeuges reduziert und damit auch den dynamischen Auftrieb. Um dies auszugleichen werden Tragflächen profiliert, um ein stabiles Strömungsfeld mit einem Maximum an dynamischer Auftriebskraft bei gleichzeitiger Minimierung des Strömungswiderstandes zu erhalten.

### Strömungsmessgeräte

Auf dem Bernoulli'schen Gesetz beruhen auch die Funktionsweisen von Strömungsmessgeräten. Das *Venturi-Rohr* (G. B. Venturi, 1746–1822) besteht aus einem glattwandigen Rohrstück mit einer Verengung des Querschnitts und einem kleinen U-förmigen Anschlussrohr, dass sowohl an einer nicht-verengten als auch an der verengten Stelle angeschlossen ist und als Manometer fungiert (Bild 3.28). Wenn ein Fluid durch das Venturi-Rohr fließt, ist an der verengten Stelle des Rohres der dynamische Druck größer und der hydrostatische Druck gemäß der Bernoulli-Gleichung (Gl. (3.15)) kleiner, als an den nicht-verengten Stellen des Rohres. Die Geschwindigkeit des Fluids steigt im Verhältnis der Querschnitte beim Einströmen in den verengten Teil an, weil im gesamten Rohr gemäß der Kontinuitätsgleichung

(Gl. (3.11)) dieselbe Fluidmasse pro Zeiteinheit hindurchfließt. Dadurch sinkt der Druck in dem kleinen U-förmigen Anschlussrohr und die Druckdifferenz kann bei inkompressiblen und reibungsfreien Fluiden als Messgröße genutzt werden. Das Venturi-Rohr kann somit auch zur Messung der Strömungsgeschwindigkeit von Flüssigkeiten und Gasen eingesetzt werden (*Venturi-Durchflussmessung*).

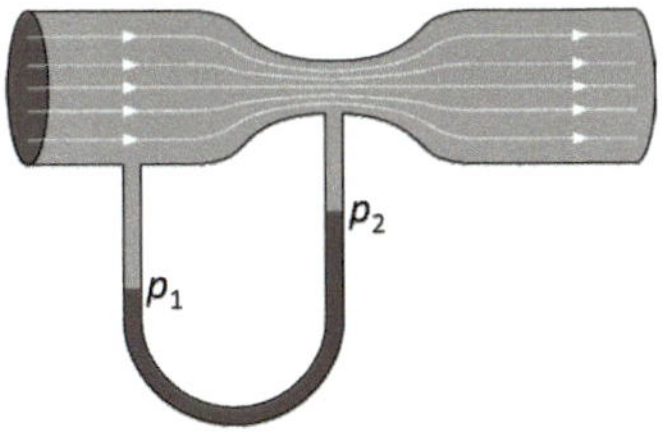


**Bild 3.28**
Venturi-Rohr

Das *Pitot-Rohr* (im deutschsprachigen Raum auch als Staudrucksonde bezeichnet) basiert auf einer Entwicklung von H. de Pitot, (1695–1771) aus dem Jahre 1732, die von H. P. G. Darcy (1803–1858) im Jahre 1856 entscheidend weiterentwickelt wurde. L. Prandtl (1875–1953) entwickelte in den 1930er-Jahren die heute noch gebräuchliche Ausführung des Pitot-Rohres. Dies ist ein gerades oder L-förmiges in die Strömung eines Fluids hineinragendes Rohr, dessen Mündung quer zur Strömung gerichtet ist (Bild 3.29). Die Strömung staut sich vor dessen Öffnung (Staupunkt), sodass dort die Geschwindigkeit gleich null ist. Nach dem Bernoulli'schen Gesetz ist am Staupunkt der Druck gleich dem der vor der Rohrmündung ruhenden Fluids. Das Pitot-Rohr misst demnach den Gesamtdruck $p_0 = p + \varrho v^2/2$ gegen den jeweils am Messort vorhandenen Luftdruck. In Verbindung mit der Messung des statischen Druckes kann gemäß der Bernoulli-Gleichung (3.15) die Fließgeschwindigkeit eines Mediums bestimmt werden, wenn dessen Dichte bekannt ist. Darüber hinaus werden Pitot-Rohre auch zur Geschwindigkeitsmessung bei Flugzeugen, Hubschraubern und auch bei Rennfahrzeugen genutzt, wenn die Fahrzeuggeschwindigkeit unabhängig von der Reifendrehzahl bestimmt werden soll.

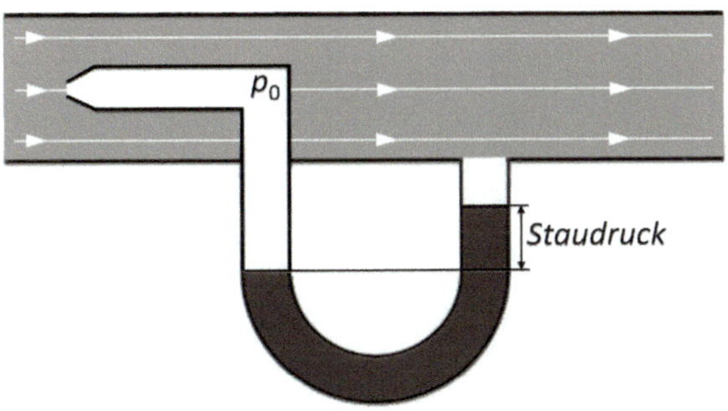


**Bild 3.29**
Pitot-Rohr

Das *Prandtl'sche Staurohr* (nach L. Prandtl, 1875–1953, auch *Prandtl-Sonde* genannt) ist eine Kombination aus Pitot-Rohr und statischer Drucksonde und wird vorrangig zur Messung von Luftströmungen verwendet. Das Prandtl'sche Staurohr hat eine Öffnung entgegen der Strömungsrichtung zur Messung des Gesamtdruckes und mit einem bestimmten Abstand zur Öffnung ringförmig angeordnete Bohrungen für die statische Druckmessung (Bild 3.30). Sowohl die vordere Öffnung als auch die seitlichen Öffnungen werden mit den beiden Schenkeln eines Manometers verbunden, wobei die Druckdifferenz gemäß der Bernoulli-Gleichung gleich dem dynamischen Druck ist: $p_0 - p = \varrho v^2/2$. Dementsprechend misst das Prandtl'sche Staurohr den dynamischen Druck unabhängig vom jeweils vorhandenen Luftdruck bzw. lässt sich über den gemessenen dynamischen Druck auch die Geschwindigkeit der das Prandtl'sche Staurohr umströmenden Luft bestimmen.

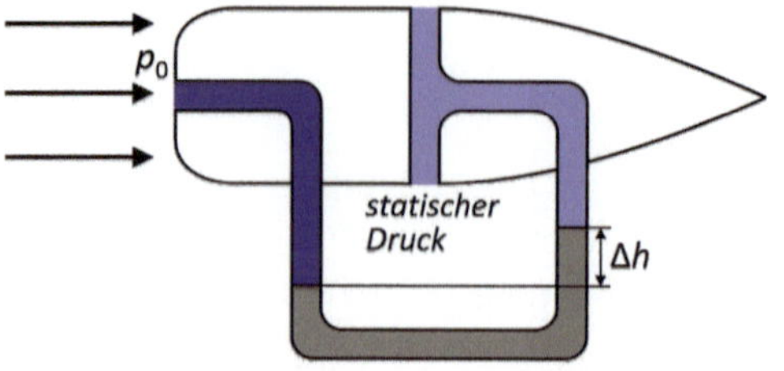


**Bild 3.30**
Prandtl'sches Staurohr

**Beispiele**

1. Der Querschnitt eines Venturi-Rohres verengt sich auf 1/4 und die Quecksilberspiegel in den beiden Schenkeln des Manometers haben einen Höhenunterschied von 36 mm. Welche Druckdifferenz zeigt das Manometer an, und mit welcher Eintrittsgeschwindigkeit strömt das Wasser?

   Die Druckdifferenz ergibt sich aus $\Delta p = \varrho_Q g h$. Mit der Quecksilberdichte $\varrho_Q = 13{,}6\ \text{g/cm}^3$ folgt für die Druckdifferenz

   $$\Delta p = \frac{13{,}6 \cdot 10^3\ \text{kg} \cdot 9{,}81\,\text{m} \cdot 0{,}036\ \text{m}}{\text{m}^3 \cdot \text{s}^2} = 4{,}8\ \text{kPa}$$

   Gemäß der Kontinuitätsgleichung strömt das Wasser an der verengten Stelle mit der Geschwindigkeit $v_2 = \frac{A_1}{A_2} v_1 = 4 v_1$, wenn $v_1$ die Eintrittsgeschwindigkeit bezeichnet. Daraus folgt:

   $$\Delta p = p_1 - p_2 = \frac{\varrho_W}{2}\left(v_2^2 - v_1^2\right) = \frac{\varrho_W}{2} \cdot 15 v_1^2$$

   und schließlich

   $$v_1 = \sqrt{\frac{2\Delta p}{15\varrho_W}} = \sqrt{\frac{2 \cdot 4{,}8 \cdot 10^3\ \text{N} \cdot \text{m}^3}{15 \cdot \text{m}^2 \cdot 1 \cdot 10^3\ \text{kg}}} = 0{,}8\ \text{m/s}$$

2. Das an ein Prandtl'sches Staurohr angeschlossene Wassermanometer zeigt eine Druckdifferenz von $\Delta p = 88{,}3$ Pa an. Welche Geschwindigkeit hat die anströmende Luft?

   Wegen $\Delta p = \frac{\varrho}{2} v^2$ ist $v = \sqrt{\frac{2\Delta p}{\varrho}}$. Mit der Luftdichte $\varrho = 1{,}29\ \text{kg/m}^3$ folgt für die Geschwindigkeit $v$ der anströmenden Luft:

   $$v = \sqrt{\frac{2 \cdot 88{,}3\ \text{kg} \cdot \text{m}^3}{\text{m} \cdot \text{s}^2 \cdot 1{,}29\ \text{kg}}} = 11{,}7\ \text{m/s} \approx 42\ \text{km/h}$$

### Euler-Gleichungen

Die Bernoulli-Gleichung (3.15) für die eindimensionale Beschreibung einer stationären Strömung eines viskositäts- bzw. reibungsfreien inkompressiblen Fluids (Flüssigkeit oder Gas) im homogenen Schwerefeld der Erde ist ein Spezialfall der allgemeineren im Jahre 1755 aufgestellten *Euler-Gleichungen* (L. Euler, 1707–1783). Diese sind ein System von drei partiellen Differentialgleichungen erster Ordnung und stellen die vektorielle Impulsbilanzgleichung für viskositäts- bzw. reibungsfreie Strömungen in einem kompressiblen Fluid dar. Es gilt:

$$\frac{\partial \vec{v}}{\partial t} + \left(\vec{v} \cdot \nabla\right) \vec{v} + \frac{1}{\varrho} \nabla p = \vec{k} \quad \Leftrightarrow \quad \frac{\partial v_i}{\partial t} + \sum_{j=1}^{3} v_j \frac{\partial v_i}{\partial x_j} + \frac{1}{\varrho} \cdot \frac{\partial p}{\partial x_i} = k_i \quad \left(\text{mit } i = 1, 2, 3\right) \qquad (3.32)$$

Dabei bezeichnet $\vec{v}$ das Geschwindigkeitsfeld im Fluid, $\varrho$ die Fluiddichte, $p$ den Druck im Fluid und der Vektor $\vec{k}$ bezeichnet eine äußere Beschleunigung bzw. entspricht einer äußeren Kraft (z. B. die Schwerebeschleunigung bzw. die Schwerkraft auf der Erde). Alle Variablen in den Euler-Gleichung (3.32) sind im Allgemeinen sowohl orts- als auch zeitabhängig. Die linke Vektorgleichung ist die koordinatenfreie Version, die in beliebigen Koordinatensystemen gilt, und die drei rechten Komponentengleichungen gelten in einem kartesischen Koordinatensystem. Aufgrund des mittleren Terms $\left(\vec{v} \cdot \nabla\right) \vec{v}$ (auch Konvektionsglied genannt) sind die Euler-Gleichungen nicht-linear, wodurch die Integration mathematisch aufwendiger ist, da das Superpositionsprinzip nicht mehr gilt.

Die Euler-Gleichung (3.32) können aus dem zweiten Newton'schen Axiom und dem *Reynolds'schen Transportsatz* (auch *Reynolds-Transport-Theorem* genannt nach O. Reynolds, 1842–1912), das die zeitliche Änderung einer physikalischen Größe in einem bewegten Volumen beschreibt, hergeleitet werden. Mathematisch ist der Reynolds'sche Transportsatz eine Verallgemeinerung der Leibniz-Regel (G. W. Leibniz, 1646–1716) für sogenannte Parameterintegrale. Die *Navier-Stokes-Gleichungen* (C. L. M. H. Navier, 1785–1836, und G. G. Stokes, 1819–1903) beinhalten die Euler-Gleichung (3.32) als Spezialfall, bei dem sowohl die Viskosität als auch die Wärmeleitung bzw. der Wärmeaustausch des Fluids mit der Umgebung (z. B. Gefäßwände) vernachlässigt werden. Erfolgt die Bewegung eines Fluids ohne Wärmeleitung bzw. Wärmetausch, d. h. ohne irgendeine Art von Energiedissipation, wird dies auch als *adiabatisch* (siehe Kapitel 5) bezeichnet.

## 3.2.2 Strömungen mit innerer Reibung

Nicht nur zwischen Festkörpern, sondern auch bei der Bewegung von Flüssigkeiten und Gasen treten Reibungskräfte auf. Diese werden durch die den einzelnen Teilchen aufgezwungene gegenseitige Bewegung verursacht und unter dem Begriff der *inneren Reibung* zusammengefasst. Bei einer Flüssigkeit wie beispielsweise Wasser ist die innere Reibung nach außen hin weniger auffällig wie bei dickflüssigen Ölen oder Sirup, deren *Viskosität* (*Zähflüssigkeit*) bedeutend größer ist als die des Wassers.

Eine Flüssigkeit ohne jegliche innere Reibung wird als suprafluid bezeichnet. Die *Suprafluidität* (auch als *Superfluidität* bezeichnet) ist ein makroskopischer Quanteneffekt. Suprafluide haben keine Entropie und eine nahezu ideale Wärmeleitfähigkeit, wodurch in einem Suprafluid praktisch keine Temperaturunterschiede auftreten. Das Phänomen der Suprafluidität wurde erstmals von P. L Kapiza (1894–1984, Nobelpreis 1978), J. F. Allen (1908–2001) und D. Misener (1911–1996) entdeckt, jedoch bislang nur an wenigen Fluiden beobachtet, unter anderem bei den Helium-Isotopen $^4$He und $^3$He. Diese gehen vom normalflüssigen in den suprafluiden Zustand über, wenn ihre Temperatur die kritische Temperatur der Suprafluidität, den sogenannten *Lambda-Punkt* $T_\lambda$, unterschreitet. Bei $^4$He liegt der Lambda-Punkt bei $T_\lambda = 2{,}17$ K und bei dem wesentlich selteneren Isotop $^3$He bei $T_\lambda = 2{,}6$ m K. Suprafluide haben besondere Eigenschaften, die sie von normalflüssigen Stoffen unterscheiden. So können Suprafluide reibungsfrei engste Kapillaren durchströmen und einmal angeregte Wirbel bleiben in einem Suprafluid nahezu unbegrenzt erhalten. Des Weiteren kann bei Suprafluiden der sogenannte *Springbrunnen-Effekt* (auch *Fontänen-Effekt*) beobachtbar werden. Dabei wird in ein mit einem Suprafluid gefülltes größeres Gefäß ein kleineres Gefäß teilweise eingetaucht, an dessen Unterseite sich Kapillaren befinden und an der Oberseite eine kleine röhrenförmige Öffnung. Im Inneren des kleinen Gefäßes befindet sich eine kleine Heizung, mit der das Suprafluid, dass durch die Kapillaren in das kleine Gefäß geflossen ist, erwärmt wird und dadurch in den normalflüssigen Zustand übergeht. Da das normalflüssige Fluid nicht durch die Kapillaren entweichen kann, entsteht in dem kleinen Gefäß ein Überdruck, der das normalflüssige Fluid wie bei einem Springbrunnen durch die Öffnung an der Gefäßoberseite entweichen lässt. Darüber hinaus kann bei Suprafluiden der *Onnes-Effekt* (H. K. Onnes, 1853–1926, Nobelpreis 1913), bei dem Suprafluide über höher gelegene Hindernisse hinwegfließen können, beobachtbar werden. Dabei bewegt sich das Suprafluid als sehr dünner Film (*Rollin-Film* benannt nach B. V. Rollin, 1911–1969) langsam (mit Fließgeschwindigkeiten von 20 bis 40 cm/s) an Gefäßwänden entlang, wobei die Kapillarkräfte an der Gefäßwand größer sind als die Gravitationskräfte und der adhäsive Widerstand.

## Viskosität von Flüssigkeiten

Die innere Reibung einer Flüssigkeit kann am Beispiel einer dünnen ebenen Platte, die in eine zähe Flüssigkeit (mit hoher Viskosität) getaucht wird, demonstriert werden (Bild 3.31). Wird die Platte parallel zu sich selbst aus der Flüssigkeit herausgezogen, so ist ein deutlicher Widerstand zu verspüren, der durch die Reibungskraft $F_R$ verursacht, die der Bewegungsrichtung entgegengesetzt ist. Andererseits ist erkennbar, dass zwischen der Platte und der unmittelbar angrenzenden Flüssigkeit keine Reibung auftreten kann, da sich unmittelbar an der Platte eine relativ zur Platte ruhende, fest anliegende Flüssigkeitshaut ausbildet.

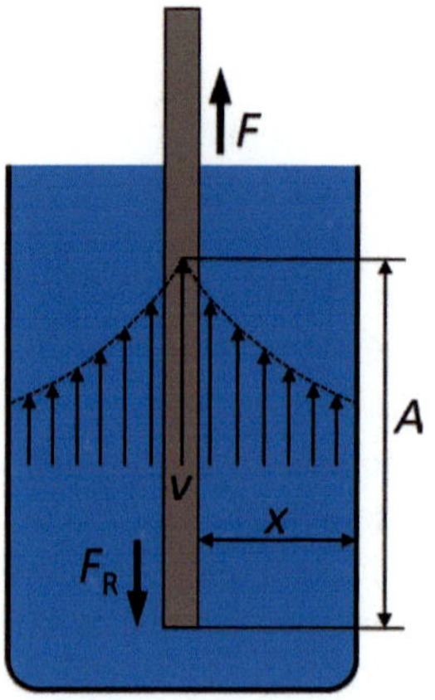


**Bild 3.31**
Bewegung einer dünnen ebenen Platte in einer zähen Flüssigkeit

Beiderseits dieser Flüssigkeitshaut wird die Flüssigkeit von der Platte nur noch zum Teil mitgenommen, in größerer Entfernung von der Platte verbleibt die Flüssigkeit in Ruhe. Die Schicht, in der eine Mitnahme der Flüssigkeit erfolgt, heißt Grenzschicht.

Modellhaft besteht diese Grenzschicht wiederum aus einzelnen parallel zur Bewegungsrichtung verlaufenden Schichten. Diese können aufeinander gleiten, wie beispielsweise die einzelnen Karten eines Kartenspiels. Dies ist schematisch in Bild 3.32 dargestellt. Die an der bewegten Platte unmittelbar angrenzende und somit haftende Schicht 1 hat die gleiche Geschwindigkeit $v_1$ wie die Platte selbst. Wegen der zwischen den Schichten wirkenden Reibung wird die nächste Schicht 2 von der Schicht 1 nur teilweise mitgenommen und bleibt daher hinter Schicht 1 zurück. Ihre Geschwindigkeit $v_2$ ist um einen kleinen Betrag geringer als die Geschwindigkeit von Schicht 1 bzw. der Platte. Durch dieses Zurückbleiben wirkt die Schicht 2 auf die Bewegung der Platte bremsend. Die Schicht 3 bleibt wiederum hinter Schicht 2 zurück usw. So nimmt die Geschwindigkeit von Schicht zu Schicht ab, sodass die letzte Schicht $n$ nur noch die Geschwindigkeit $v_n < v_1$ hat.

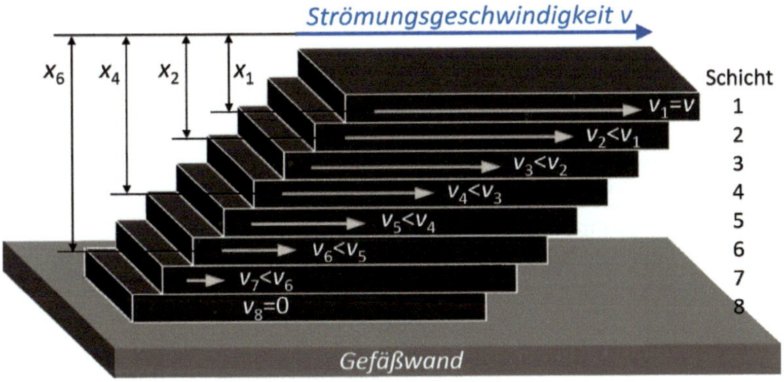


**Bild 3.32** Zur Entstehung der inneren Reibung in einer Flüssigkeit

Die Erfahrung zeigt nun, dass diese Reibungskraft in der Flüssigkeit umso größer wird, je schneller die Platte relativ zur Flüssigkeit bewegt wird. Soll beispielsweise ein Messer sehr schnell aus einem mit Honig gefüllten Glas herausgezogen werden, kann es passieren, dass das gesamte Glas mitgenommen wird. Die Relativgeschwindigkeit gegenüber einer willkürlich herausgegriffenen Schicht nimmt aber mit wachsendem Abstand $x$ von der Platte immer mehr zu. Als ein vom Abstand unabhängiges Maß wird das (mittlere) Geschwindigkeitsgefälle $\Delta v/\Delta x$ definiert.

In Bild 3.32 ist angenommen, dass die Geschwindigkeit mit zunehmender Entfernung von der bewegten Platte linear abfällt. In diesem einfachen Fall verteilt sich die gesamte Geschwindigkeitsabnahme $(v_1 - v_2)$ auf die gesamte Schichthöhe $(x_1 - x_2)$. Das Geschwindigkeitsgefälle ist daher durch den Ausdruck

$$\frac{\Delta v}{\Delta x} = \frac{v_1 - v_2}{x_1 - x_2} \qquad (3.33)$$

gegeben. Dieser Differenzenquotient ist in der gesamten Grenzschicht konstant. Folglich ist die von der inneren Reibung verursachte Gegenkraft diesem Geschwindigkeitsgefälle proportional. Darüber hinaus ist die Reibungskraft proportional zur Fläche $A$, mit der die bewegte Platte die Flüssigkeit berührt. Der Proportionalitätsfaktor, der die charakteristische stoffliche Eigenschaft der Flüssigkeit berücksichtigt, ist die *dynamische Viskosität* (*dynamische Zähigkeit*) $\eta$ und es gilt für den Betrag der Reibungskraft $F_R$ zwischen benachbarten Flüssigkeitsschichten:

$$F_R = \eta A \frac{\Delta v}{\Delta x} \tag{3.34}$$

Je größer die Viskosität ist, desto dickflüssiger bzw. weniger fließfähig ist das Fluid; je kleiner die Viskosität ist, desto dünnflüssiger bzw. fließfähiger ist das Fluid. Das Geschwindigkeitsgefälle muss nicht notwendigerweise linear verlaufen. Die Fläche der von der Platte mitgenommenen Flüssigkeit kann auch gekrümmt sein. Dann wird das Geschwindigkeitsgefälle durch den Differentialquotienten $\mathrm{d}v/\mathrm{d}x$ (auch als Geschwindigkeitsgradient, *Schergeschwindigkeit* oder *Scherrate* bezeichnet) beschrieben. Somit gilt allgemein das *Newton'sche Reibungsgesetz für Flüssigkeiten*:

$$F_R = \eta A \frac{\mathrm{d}v}{\mathrm{d}x} \tag{3.35}$$

Die SI-Einheit der dynamischen Viskosität ist: $[\eta] = \frac{[F_R][\mathrm{d}x]}{[A][\mathrm{d}v]} = \frac{\mathrm{N \cdot m \cdot s}}{\mathrm{m^2 \cdot m}} = \frac{\mathrm{N \cdot s}}{\mathrm{m^2}} = \mathrm{Pa \cdot s}$ (Pascalsekunde). Eine Nicht-SI-Einheit der dynamischen Viskosität ist: 1 P (Poise) = 0,1 Pa·s (die Einheit Poise ist benannt nach J. L. M. Poiseuille, 1797–1869). In Tabelle 3.3 sind Werte der dynamischen Viskosität $\eta$ einiger Flüssigkeiten aufgelistet.

**Tabelle 3.3** Dynamische Viskosität $\eta$ einiger Flüssigkeiten

| Flüssigkeit | Temperatur $\vartheta$ in °C | Dynamische Viskosität $\eta$ in mPa·s |
|---|---|---|
| Benzol | 25 | 0,601 |
| Chloroform | 20 | 0,56 |
| Diethylether | 20 | 0,26 |
| Essigsäure (80 %) | 25 | 2,31 |
| Ethanol | 20 | 1,2 |
| Glyzerin | 20 | 860 |
| Motoröl | 25 | $\approx 10^2$ |
| Motoröl | 150 | 3 |
| Olivenöl | 20 | $\approx 10^2$ |
| Paraffinöl | 20 | $\approx 10^2 \ldots 10^6$ |
| Petroleum | 20 | 0,65 |
| Quecksilber | 20 | 1,55 |
| Wasser | 0 | 1,8 |
| Wasser | 20 | 1,0 |
| Wasser | 98 | 0,3 |

Der Quotient $F_R/A = \tau$ wird als *Schubspannung* oder auch als *Scherspannung* bezeichnet. Somit ist die dynamische Viskosität gleich dem Verhältnis aus Schubspannung und Geschwindigkeitsgradient $dv/dx = \dot{\gamma}$, d. h. es gilt: $\eta = \tau/\dot{\gamma}$.

Flüssigkeiten die dem Newton'schen Reibungsgesetz (Gl. (3.35)) genügen werden als *Newton'sche Fluide* (bzw. als *Newton'sche Flüssigkeiten*) bezeichnet. Bei diesen Fluiden ist die dynamische Viskosität nur temperatur- und druckabhängig. Viele Flüssigkeiten genügen jedoch nicht dem Newton'schen Reibungsgesetz (Gl. (3.35)) und zeigen ein Fließverhalten, dass von der Zeit und bzw. oder vom Geschwindigkeitsgradienten $dv/dx$ abhängt. Diese *Nicht-Newton'schen Fluide* zeigen unterschiedliche Abweichungen vom Newton'schen Reibungsgesetz. Zum Beispiel weisen einige dieser Fluide eine *Fließgrenze* auf, d. h., dass eine gewisse Mindestschubspannung vorhanden sein, um ein Fließen zu erreichen. Unterhalb der Fließgrenze verhält sich das Fluid nahezu wie ein Festkörper. Diese Art von Nicht-Newton'schen Fluiden werden auch als *Bingham-Fluide* (E. C. Bingham, 1878–1945) bezeichnet. Dazu gehören unter anderem bestimmte Anstrichstoffe und Beton vor der Hydratation. Auch Blut kann unter bestimmten Bedingungen eine Fließgrenze aufweisen und sich wie ein Bingham-Fluid verhalten. *Dilatante Fluide* (auch als *scherverdickende Fluide* bezeichnet) weisen eine dynamische Viskosität auf, die mit wachsendem Geschwindigkeitsgradienten zunimmt. Im Gegensatz dazu wird bei *strukturviskosen Fluiden* (auch als *scherverdünnende Fluide* bezeichnet) die dynamische Viskosität bei wachsendem Geschwindigkeitsgradienten kleiner. Ein Beispiel für ein strukturviskoses Fluid ist Treibsand, eine Suspension aus Sand in Wasser, die im ungestörten Zustand einigermaßen fest erscheint, jedoch unter ein Nicht-Newton'sches Fluid ist, bei dem die Fließfähigkeit mit wachsender Beanspruchung zunimmt. Ursache dafür ist, dass sich die Sandkörner bei Erschütterungen oder auflagerndem Druck in ihrer wässrigen Umgebung ohne größeren Widerstand gegeneinander verschieben können. Die nur sehr kleinen Poren zwischen den Sandkörnern verhindern dabei den Abfluss des Wassers. Bei trockenem Sand würden solche äußeren Krafteinwirkungen eine Verdichtung bzw. Verfestigung bewirken. Bei *thixotropen Fluiden* nimmt die dynamische Viskosität infolge andauernder äußerer Beanspruchung stetig ab und erreicht erst nach Beendigung der Beanspruchung wieder den Ausgangswert, d. h. thixotrope Fluide werden bei andauernder äußerer Beanspruchung (z. B. Deformation) dünnflüssiger. Der Unterschied zwischen thixotropen und strukturviskosen Verhalten ist, dass beim Letzteren die dynamische Viskosität durch zunehmende Scherung zwar abnimmt, jedoch bei konstanter Scherbeanspruchung zeitlich konstant bleibt. *Viskoelastische* und häufig auch zusammengesetzte Fluide genügen ebenfalls nicht dem Newton'schen Reibungsgesetz (Gl. (3.35)) und sind daher auch Nicht-Newton'sche Fluide.

Der Quotient aus der dynamischen Viskosität $\eta$ und der Massendichte $\varrho$ ist gleich der *kinematischen Viskosität* (*kinematische Zähigkeit*) $\nu$:

$$\nu = \frac{\eta}{\varrho} = \frac{\tau}{\dot{\gamma}\varrho} = \frac{F_R}{A\left(dv/dx\right)\varrho} \tag{3.36}$$

Die SI-Einheit der kinematischen Viskosität ist: $[\nu] = m^2/s$. Eine Nicht-SI-Einheit der kinematischen Viskosität ist: 1 St (Stokes) = 1 $cm^2/s$ = $10^{-4}$ $m^2/s$ (die Einheit Stokes ist benannt nach G. G. Stokes, 1819-1903). Während die dynamische Viskosität ein Maß für den inneren Fließwiderstand darstellt und somit die Dynamik der Strömung beschreibt, ist die kinematische Viskosität ein Maß für die Zähigkeit und beschreibt das Fließverhalten,

d. h. die Kinematik der Strömung. Im Gegensatz zur dynamischen Viskosität ist die kinematische Viskosität auch bei geringen Drücken relativ stark druckabhängig. Anhand der kinematischen Viskosität kann quantitativ bestimmt werden, wie anfällig eine strömendes Fluid gegenüber Verwirbelungen ist.

Zur experimentellen Bestimmung der kinematischen Viskosität wird häufig das *Engler-Viskosimeter* (C. O. V. Engler, 1842–1925) benutzt. Es ist ein Gefäß, aus welchem durch ein Röhrchen ein Volumen 200 $cm^3$ der zu messenden Flüssigkeit ausfließen. Als Vergleichsflüssigkeit wird Wasser bei einer Temperatur von 20 °C verwendet, das zum Abfluss durch dasselbe Röhrchen eine Zeitspanne von 50 bis 52 s benötigt. Die kinematische Viskosität gemessen in *Engler-Graden* ($1\ \mathrm{E} \approx 7{,}6\ \mathrm{cSt} = 7{,}6 \cdot 10^{-6}\ \mathrm{m^2/s}$) ist das Verhältnis der Abflusszeiten der Flüssigkeit zu der des Wassers.

Die dynamische Viskosität $\eta$ der meisten Flüssigkeiten nimmt mit steigender Temperatur ab. Daher ist beispielsweise die Schmierwirkung des Öls in einem warmen Verbrennungsmotor bei seiner Betriebstemperatur aufgrund der erhöhten Fließfähigkeit besser als bei einem kalten Verbrennungsmotor. Das Temperaturverhalten der dynamischen Viskosität von Newton'schen Fluiden wird mit der *Arrhenius-Andrade-Beziehung* (S. A. Arrhenius, 1859–1927, Nobelpreis 1903, und E. N. da C. Andrade, 1887–1971) beschrieben:

$$\eta(T) = \eta_0 \exp\left(\frac{E_\mathrm{A}}{RT}\right) \tag{3.37}$$

Dabei bezeichnen $\eta_0$ einen bei einer Referenztemperatur (z. B. 20 °C) empirisch bestimmten Wert der dynamischen Viskosität, $E_\mathrm{A}$ die sogenannte molare Aktivierungsenergie und $R = 8{,}314\,46\ \mathrm{J/(K \cdot mol)}$ ist die universelle Gaskonstante (Kapitel 5). Experimentell untersucht werden kann die dynamische Viskosität einer Flüssigkeit unter anderem mit einem *Viskosimeter*. Dabei wird die zu untersuchende Flüssigkeit in einem Spalt zwischen zwei gleichartigen Körpern (z. B. zwei koaxialen Zylindern oder zwei parallelen Platten) als Flüssigkeitsfilm eingebracht. Während einer der beiden Körper rotiert oder oszilliert ruht der andere Körper. Aus der Geometrie der Messanordnung und der Geschwindigkeit des bewegten Körpers ergibt sich der Geschwindigkeitsgradient $\mathrm{d}v/\mathrm{d}x = \dot{\gamma}$. Aus dem gemessenen Drehmoment, dass zur Aufrechterhaltung der Bewegung notwendig ist, ergibt sich die Schubspannung $F_\mathrm{R}/A = \tau$ und daraus letztlich die dynamische Viskosität $\eta = \tau/\dot{\gamma}$.

Neben der dynamischen und der kinematischen Viskosität ist die *Volumenviskosität* $\zeta$ (auch als *Zweite Viskosität* bezeichnet) ein weitere Kenngröße, die die Zähigkeit eines Fluids bei Volumenänderungen, d. h. bei Kompression oder Expansion beschreibt. Bei inkompressiblen Fluiden kann die Volumenviskosität vernachlässigt werden. Gemäß der *Stokes'schen Hypothese* aus dem Jahre 1845 (G. G. Stokes, 1819–1903) ist für einatomige Gase und Gase bei nicht zu hohen Drücken die Volumenintensität ebenfalls gleich null. Von Bedeutung ist die Volumenviskosität jedoch in Flüssigkeiten mit Gasblasen, in Stoßwellen und bei der Schallausbreitung in kompressiblen Fluiden. Bei einigen Gasen, wie beispielweise Kohlenstoffdioxid $CO_2$, ist die Volumenviskosität sogar sehr viel größer als die dynamische Viskosität, was die Eigenschaften der hydrodynamischen Grenzschicht bei Strömungen mit Überschallgeschwindigkeit bestimmt. In einem Newton'schen Fluid gilt:

$$\zeta = \frac{2}{3}\eta + \lambda = \frac{2}{3}\eta + \frac{\nu}{1-2\nu} \cdot \frac{1}{1+\nu} E \tag{3.38}$$

Hierbei bezeichnet $\eta$ die dynamische Viskosität, $\lambda$ die *Erste Lamé-Konstante* (G. Lamé, 1795–1870), $E$ das *Elastizitätsmodul* (auch E-Modul, Zugmodul, Elastizitätskoeffizient oder Young'scher Modul nach T. Young, 1773–1829, genannt) und $\nu$ bezeichnet die *Querkontraktionszahl* (auch Querdehnungszahl, Querdehnzahl oder Poisson-Zahl, nach S. D. Poisson, 1781–1840, genannt; Abschnitt 2.5). Gemäß Gl. (3.38) ist die SI-Einheit der Volumenviskosität gleich der SI-Einheit der dynamischen Viskosität und der Ersten Lamé-Konstante: $[\zeta]=[\eta]=[\lambda]=\text{Pa}\cdot\text{s}$.

## Viskosität von Gasen

Die Viskosität in Flüssigkeiten wird verursacht von Reibungskräften, die zwischen einzelnen Flüssigkeitsschichten wirken. Obwohl auch Gase eine Viskosität aufweisen, üben Gasteilchen kaum Anziehungskräfte aufeinander aus, wodurch Reibungskräfte zwischen einzelnen Gasschichten als Folge von intermolekularen Anziehungskräften vollständig vernachlässigbar sind. Die abbremsende Wirkung der Fluidschichten in Gasen resultiert hauptsächlich aus dem Impulstransport der Gasteilchen, wenn diese von einer Schicht mit kleinerer Geschwindigkeit in eine Schicht mit größerer Geschwindigkeit wechseln. In Flüssigkeiten findet dieser Prozess zwar auch statt, ist jedoch im Vergleich zum Abbremseffekt aufgrund der wirkenden Anziehungskräfte zwischen den Teilchen vernachlässigbar. Stoßen zwei Gasteilchen zusammen findet ein Impulsaustausch statt, wobei das langsamere Gasteilchen einen Teil des Impulses des schnelleren Gasteilchens aufnimmt. Ein solcher Impulstransport findet allerdings nicht nur innerhalb einer Gasschicht statt, sondern aufgrund der ungeordneten *Brown'schen Bewegung* (R. Brown, 1773–1858) auch zwischen benachbarten Gasschichten. Als Folge dessen werden die Gasteilchen in einer Schicht mit größerer Teilchengeschwindigkeit an einem Gasteilchen, was aus einer Schicht mit einer kleineren Teilchengeschwindigkeit eindiffundiert ist, abgebremst, was insgesamt zu einer Verlangsamung der ursprünglich schnelleren Schicht führt. Das bedeutet, dass schnellere Gasschichten einen Teil ihres Impulses durch Diffusion auf langsamere Gasschichten übertragen. Dieser Impulsstrom, der einer Kraft zwischen den Gasschichten entspricht, fließt in Richtung abnehmender Geschwindigkeit, d. h. entgegen des Geschwindigkeitsgradienten, und ist die Ursache für die Viskosität von Gasen. Wird die Schubspannung $F_\text{R}/A=\tau$ durch die Impulsstromdichte $\dot{p}_\text{A}=\dot{p}/A$ (Impulsänderung $\dot{p}=\text{d}F/\text{d}t$ pro Flächeneinheit $A$) ersetzt, ergibt sich aus dem Newton'schen Reibungsgesetz für Flüssigkeiten (Gl. (3.35)) das *Newton'sche Reibungsgesetz für Gase*:

$$\dot{p}_\text{A}=-\eta\frac{\text{d}v}{\text{d}y} \tag{3.39}$$

Das negative Vorzeichen berücksichtigt, dass der Impulsstrom $\dot{p}$ von den Schichten mit den höheren Teilchengeschwindigkeiten zu den Schichten mit den kleineren Teilchengeschwindigkeiten übertragen wird, d. h. in Richtung des abnehmenden Geschwindigkeitsgradienten $\text{d}v/\text{d}y$. Im Rahmen der kinetischen Gastheorie (Abschnitt 5.2) gilt für die Impulsstromdichte des *idealen Gases*:

$$\dot{p}_\text{A}=-2\dot{n}_\text{A}\,m\lambda\frac{\text{d}v}{\text{d}y} \tag{3.40}$$

Dabei bezeichnen $m$ die Masse eines Gasteilchens, $\dot{n}_\text{A}=(\text{d}n/\text{d}t)/A$ die Teilchenstromdichte, d. h. die Anzahl an Gasteilchen, die pro Zeit- und Flächeneinheit von der einen in die andere Schicht diffundieren, und $\lambda$ die *mittlere freie Weglänge*, d. h. die gemittelte Wegstrecke der

Gasteilchen zwischen zwei Stößen. Aus dem Vergleich von Gl. (3.39) und Gl. (3.40) folgt für die Viskosität des idealen Gases:

$$\eta = 2\dot{n}_{\mathrm{A}}\, m\lambda \tag{3.41}$$

Die Viskosität des idealen Gases ist somit nur von der Masse $m$ der Gasteilchen, ihrer mittleren freien Weglänge $\lambda$ und der Teilchenstromdichte $\dot{n}_{\mathrm{A}}$ abhängig. Diese ist wiederum davon abhängig wie ausgeprägt die ungeordnete Bewegung der Gasteilchen ist, was von der Temperatur abhängt. Bei erhöhter Temperatur finden mehr Diffusionsprozesse statt, wodurch die Teilchenstromdichte und somit auch der Impulstransport größer sind als bei einer niedrigeren Temperatur. Somit wird die Viskosität des idealen Gases mit zunehmender Temperatur größer, was im Allgemeinen auch bei realen Gasen der Fall ist. Im Rahmen der *Maxwell-Boltzmann-Verteilung* (Abschnitt 5.2.1) lässt sich ein Zusammenhang zwischen der mittleren Teilchengeschwindigkeit $\overline{v}$ und der Temperatur $T$ herleiten und es gilt: $\overline{v} = \sqrt{8k_{\mathrm{B}}T/(\pi m)}$ mit der nach L. E. Boltzmann (1844–1906) benannten *Boltzmann-Konstanten* $k_{\mathrm{B}} = 1{,}380\,649 \cdot 10^{-23}$ J/K. Die mittlere Teilchengeschwindigkeit $\overline{v}$ ist die Relativgeschwindigkeit zu den sich bewegenden Gasschichten und beinhaltet nicht die Überlagerung der makroskopischen Strömungsbewegung, denn diese hat ohnehin keinen Einfluss auf die Temperatur des Gases. Zwischen der Teilchenstromdichte $\dot{n}_{\mathrm{A}}$, der Teilchendichte $n$ und der mittleren Teilchengeschwindigkeit $\overline{v}$ gilt der Zusammenhang: $\dot{n}_{\mathrm{A}} = n\overline{v}/6$. Der Faktor 1/6 folgt aus der Tatsache, dass sich die Gasteilchen in alle Raumrichtungen gleichermaßen bewegen und somit nur ein Sechstel der Gasteilchen in die benachbarte eindiffundiert. Wird noch der Zusammenhang zwischen der mittleren freien Weglänge $\lambda$, der Teilchendichte $n$ und dem Durchmesser $d$ der Gasteilchen berücksichtigt mit $\lambda = \left(\sqrt{2}\,n\pi d^2\right)^{-1}$ folgt für die Viskosität $\eta$ des idealen Gases:

$$\eta = \sqrt{\frac{4k_{\mathrm{B}}mT}{9\pi^3 d^4}} \tag{3.42}$$

Gemäß diesem Zusammenhang ist die Viskosität $\eta$ des idealen Gases unabhängig von der Teilchendichte $n$ und damit auch unabhängig vom Druck. Lediglich die Temperatur $T$ als variable Größe beeinflusst die Viskosität, die proportional zur Wurzel der Temperatur ansteigt. Auch bei realen Gasen ist die Viskosität bei niedrigen Drücken ($\approx$ 0,1 bis 10 bar) unabhängig vom Druck, sofern die mittlere freie Weglänge klein gegenüber den Gefäßabmessungen und groß gegenüber den Teilchendurchmessern ist. Für ein sehr verdünntes Gas oder ein Gas unter hohem Druck ist die Viskosität jedoch abhängig vom Druck bzw. von der Dichte des Gases. Unter Normalbedingungen ($T_0 = 273{,}15$ K = 0 °C und $p_0 = 101{,}325$ kPa) hat die dynamische Viskosität $\eta$ von Luft einen Wert von 18,2 µPa · s, von Kohlenstoffdioxid einen Wert von 13,8 µPa · s, von Helium einen Wert von 18,6 µPa · s und die dynamische Viskosität von molekularem Wasserstoff beträgt 8,4 µPa · s.

## Laminare Strömung

Die gedankliche Zerlegung der Fluids (Flüssigkeit oder Gas) in einzelne, parallel aufeinander gleitende Schichten, die sich auf makroskopischer Skala nicht durchmischen (d. h. es treten keine Verwirbelungen und keine Querströmungen auf), ist anwendbar und charakteristisch für Strömungen in langsam fließenden Flüssigkeiten und Gasen. Diese werden als *Schichten-* oder *laminare Strömungen* bezeichnet (lat. lamina „Platte“) und sind Voraussetzung für die Anwendbarkeit des Newton'schen Reibungsgesetzes (Gl. (3.35)) bzw. (Gl. (3.39)).

Im Fall einer zeitlich konstanten Strömungsgeschwindigkeit wird eine laminare Strömung auch als *stationäre Strömung* bezeichnet. Als Beurteilungskriterium um zwischen einer laminaren und einer turbulenten Strömung zu unterscheiden, wird die von O. Reynolds (1842–1912) im Jahre 1883 eingeführte einheitenlose *Reynolds-Zahl* (auch *Reynolds'sche Zahl* genannt) Re verwendet, die folgendermaßen definiert ist:

$$\mathrm{Re} \equiv \frac{v_\mathrm{S}\, l\, \varrho}{\eta} \tag{3.43}$$

$v_\mathrm{S}$ ist der Betrag der Strömungsgeschwindigkeit, $l$ ist eine charakteristische Länge, $\varrho$ ist die Massendichte und $\eta$ ist die dynamische Viskosität des strömenden Fluids. Eine ideale Flüssigkeit hat eine unendlich große Reynolds-Zahl. Gemäß dem *Reynolds'schen Turbulenzkriterium* wird ab einem bestimmten kritischen Wert der Reynolds-Zahl $\mathrm{Re}_\mathrm{krit}$ die laminare Strömung instabil und geht in die *turbulente Strömung* über. Beispielsweise liegt dieser Wert bei einer Rohrströmung bei $\mathrm{Re}_\mathrm{krit} \approx 2\,300$, wobei in diesem Fall die charakteristische Länge gleich dem Rohrdurchmesser ist.

Der in einem Rohr auftretende Volumenstrom $\dot{V} = \mathrm{d}V/\mathrm{d}t$ lässt sich unter bestimmten Annahmen nur unter Einbeziehung der dynamischen Viskosität $\eta$ und der Rohrlänge $l$ berechnen. Für den Fall eines engen Rohres mit kreisrundem Querschnitt, einer glatten Rohrinnenwand und laminarer Strömung (Bild 3.33) gilt für den Volumenstrom einer homogenen Newton'schen Flüssigkeit das *Gesetz von Hagen-Poiseuille* (G. H. L. Hagen, 1797–1884, und J. L. M. Poiseuille, 1797–1869):

$$\dot{V} = \frac{\mathrm{d}V}{\mathrm{d}t} = \frac{\pi r^4 \Delta p}{8 \eta l} \tag{3.44}$$

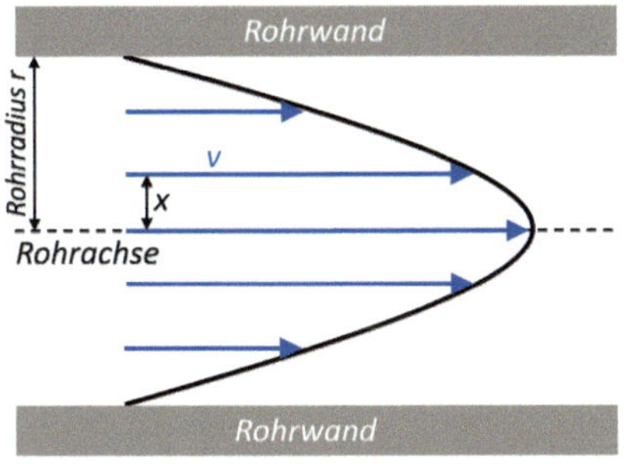


**Bild 3.33**
Parabolische Geschwindigkeitsverteilung der laminaren Strömung durch ein Rohr bei einem Längsschnitt durch die Rohrachse

Hierbei ist $\Delta p$ gleich der Druckdifferenz zwischen den beiden Rohrenden und $r$ ist der Rohrinnenradius. Das Gesetz von Hagen-Poiseuille lässt sich direkt aus dem parabolischen Strömungsprofil einer laminaren Strömung durch ein Rohr herleiten. Im Gültigkeitsbereich des Gesetzes führt die Verkleinerung des Rohrinnenradius um beispielsweise 10 % zu einer Reduzierung des Volumenstromes um ca. 34 %. Um den ursprünglichen Durchfluss bei verkleinertem Innenradius wieder zu erreichen, muss die Druckdifferenz zwischen den beiden Rohrenden um 52 % gesteigert werden. Bei größerem Durchfluss durch das Rohr verbunden mit höheren Strömungsgeschwindigkeiten bzw. größeren Abmessungen, kommt es jedoch zu turbulenten Strömungen mit wesentlich höherem Strömungswiderstand, sodass das Gesetz von Hagen-Poiseuille nicht mehr gilt. Auch in sehr dünnen Rohren, in denen die Grenzschicht maßgeblich das Strömungsprofil beeinflusst und nicht sehr klein gegenüber dem Rohrinnenradius ist, lässt sich das dem Gesetz von Hagen-Poiseuille zugrundeliegende stark vereinfachte Modell einer laminaren Strömung mit parabolischen Strömungsprofil ebenfalls nicht anwenden.

Auch sehr kleine Kugeln bzw. andere sphärisch geformte Körper werden beim Absinken in einer Flüssigkeit oder in Luft von einer Schichtenströmung bzw. laminaren Strömung umflossen. Für den Betrag der Reibungskraft $F_R$, die die absinkende Kugel abbremst und die gleich dem Strömungswiderstand der Kugel ist, gilt das *Gesetz von Stokes* (G. G. Stokes, 1819–1903):

$$F_R = 6\pi\eta v r \qquad (3.45)$$

Hierbei ist $v$ der Betrag der Geschwindigkeit, $r$ der Radius der Kugel und $\eta$ ist die dynamische Viskosität des Fluids. Bei einer runden Scheibe mit dem Radius $r$ gilt für die Reibungskraft $F_{R,\perp} = 16\pi\eta v r$ bzw. $F_{R,\parallel} = 32\pi\eta v r/3$, wenn die Scheibe senkrecht bzw. parallel zur Strömungsrichtung des Fluids orientiert ist. Die Gl. (3.45) ist eine Näherung, die für größer werdende Abstände von der Kugel weniger anwendbar ist. Im Rahmen der Störungstheorie ergeben sich zum Teil logarithmische Korrekturen, weshalb die Reibungskraft nicht durch eine Potenzreihenentwicklung dargestellt werden kann. Alle Korrekturterme sind abhängig von der Reynolds-Zahl Re, und mit den ersten beiden Korrekturtermen gilt für die Reibungskraft $F_R$:

$$F_R = 6\pi\eta v r\left(1 + \frac{3}{8}\,\mathrm{Re} + \frac{9}{4}\,\mathrm{Re}^2 \ln(\mathrm{Re})\right) \qquad (3.46)$$

Das Gesetz von Stokes (Gl. (3.45)) ist u. a. von Bedeutung für die Bestimmung der Absetzgeschwindigkeit von in Flüssigkeiten aufgeschlämmten Stoffen, die dann mehr oder weniger schnell sedimentieren, d. h. zu Boden sinken. Des Weiteren lässt sich aus dem Gesetz von Stokes (Gl. (3.45)) mit der Kräftebilanz $F_R = F_{Gewicht} - F_{Auftrieb}$ auch die Sinkgeschwindigkeit $v_{Sink}$ einer kleinen Kugel berechnen, wenn die Massendichte der Kugel $\varrho_{Kugel}$ und die Massendichte des Fluids $\varrho_{Fluid} < \varrho_{Kugel}$ bekannt sind. Dann gilt mit der Fallbeschleunigung $g$ für die Sinkgeschwindigkeit:

$$v_{Sink} = \frac{2\left(\varrho_{Kugel} - \varrho_{Fluid}\right) g r^2}{9\eta} \qquad (3.47)$$

Gl. (3.47) wird auch als *Stokes'sche Gleichung* bezeichnet. Es gilt für Reynolds-Zahlen Re < 0,4. Bis zu diesem Wert ist die Strömung laminar und wird ausschließlich durch die dynamische Viskosität bestimmt. Bei Überschreiten der kritischen Reynolds-Zahl von $\mathrm{Re}_{krit} = 0{,}4$ wird die Strömung instabil und geht in eine turbulente Strömung über.

### 3.2.3 Turbulente Strömungen

Die Ausführungen im vorangegangenen Abschnitt 3.2.2 bezogen sich auf laminare Strömungen, die wirbelfrei sind. Im Gegensatz dazu treten bei *turbulenten Strömungen* von Fluiden Verwirbelungen auf, die eine starke Abhängigkeit von den Anfangs- und Randbedingungen zeigen und bei denen eine exakte Vorhersage der raumzeitlichen Struktur der jeweiligen Strömung kaum möglich ist (Bild 3.34). Des Weiteren ist für turbulente Strömungen ein dreidimensionales Strömungsfeld, eine verstärkte Durchmischung und eine Druckverringerung kennzeichnend. Der Druckverlust eines durch ein Rohr strömenden Fluids beruht auf der Diffusion des Impulses zur Rohrwandung und ist bei einer turbulenten Strömung größer als bei einer laminaren Strömung. Im Falle der turbulenten Strömung entstehen die Verwirbelungen durch den Geschwindigkeitsunterschied der Strömung in der Mitte des Rohrers gegenüber der Strömung nahe der Rohrwand. Mit steigender Durchflussmenge des Fluids nimmt die Intensität der Turbulenz zu. Die sich ausbildenden spiralförmigen Wirbel bewirken als zusätzliche Fluidbewegungen eine Vergrößerung des Strömungswiderstandes.

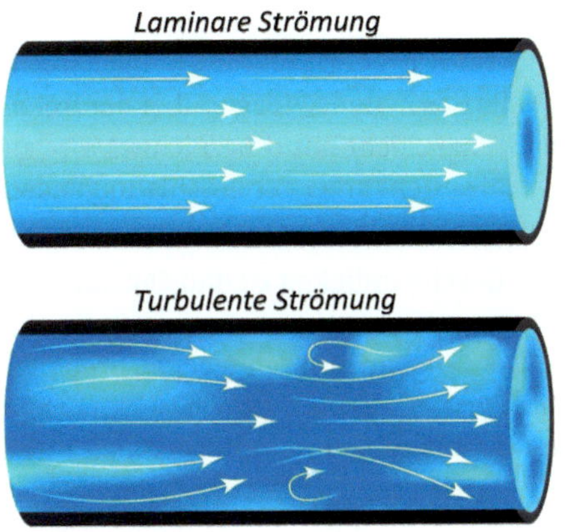


**Bild 3.34**
Unterschied zwischen laminarer und turbulenter Strömung

Bei turbulenten Strömungen wird unterschieden zwischen *isotroper Turbulenz, homogener Turbulenz* und *Scherturbulenz*. Die isotrope und die homogene Turbulenz sind den einfachsten Modelle zur Beschreibung von turbulenten Strömungen. Bei der isotropen Turbulenz sind alle statistischen Eigenschaften der Strömung, wie z. B. die mittleren Geschwindigkeitsschwankungen, richtungsunabhängig. Daraus folgt, dass bei der isotropen Turbulenz alle statistischen physikalischen Größen bei einer Rotation und/oder einer Spiegelung des Koordinatensystems an einer beliebigen Fläche invariant sind. Bei der homogenen Turbulenz gilt hingegen, dass alle statistischen Eigenschaften der Strömung innerhalb des Strömungsfeldes gleich sind. Im Gegensatz zur isotropen Turbulenz liegt dementsprechend bei der homogenen Turbulenz nur eine Translationsinvarianz jedoch keine Rotationsinvarianz vor. In der Praxis tritt sehr häufig die Scherturbulenz auf, wie beispielsweise in der Grenzschicht zwischen einem Fluid und der Oberfläche eines stromlinienförmigen Körpers.

#### Wirbelbildung

Wirbel treten grundsätzlich an jedem turbulent umströmten Festkörpern auf. Dabei ist es gleichgültig, ob ein ruhender Körper von einem Fluid umströmt wird oder ob sich der

Körper durch ein ruhendes Fluid bewegt. Experimentell einfacher lässt sich der erste Fall untersuchen. Als Beispiel ist in Bild 3.35a ein ruhender von einer Flüssigkeit umströmter Kreiszylinder dargestellt.

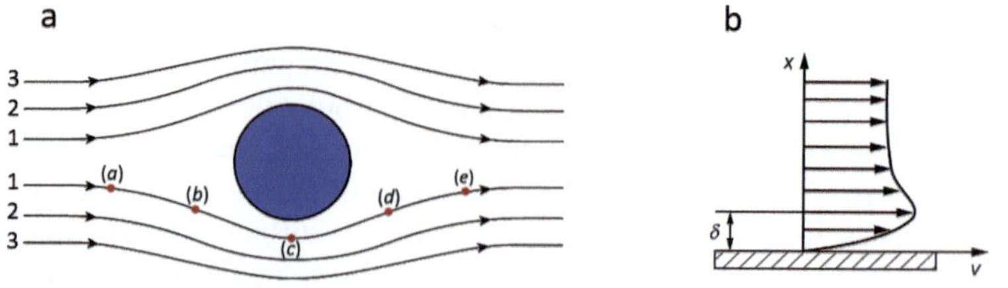


**Bild 3.35** (a) Strömung um einen ruhenden Kreiszylinder und (b) Geschwindigkeitsgefälle in der Grenzschicht, die den Kreiszylinder umgibt

An der Oberfläche des ruhenden Kreiszylinders haftet eine dünne Schicht unbewegter Flüssigkeit und ist ein Teil der den Körper umgebenden Grenzschicht, in der die Strömungsgeschwindigkeit von null bis zu ihrem Wert in der freien Strömung zunimmt. Dabei durchläuft die Strömungsgeschwindigkeit ein Maximum, da aufgrund der Querschnittsverringerung in der Strömung die Strömungsgeschwindigkeit in der Nähe des Zylinders gegenüber der freien Strömung erhöht ist. In Bild 3.35b ist die Dicke der Grenzschicht mit $\delta$ bezeichnet. Ein zu dieser Grenzschicht gehörendes Flüssigkeitsteilchen steht sowohl unter der beschleunigenden Wirkung der freien Strömung als auch unter dem bremsenden Einfluss der Zylinderoberfläche.

Bei der Stromlinie 1 in Bild 3.35a nimmt von a bis c die Geschwindigkeit zu und der statische Druck ab. Das Teilchen wird in das Druckgefälle hineingezogen. Von c an nimmt die Geschwindigkeit ab und der statische Druck wieder zu. Das Teilchen muss nun gegen erhöhten Druck anlaufen und würde ohne weiteres e erreichen, wenn seine bis c erreichte kinetische Energie vollständig erhalten bleiben würde. Infolge der Abbremsung in der Grenzschicht gelangt es jedoch nicht bis e, sondern wird vollständig abgebremst und kommt in der Schicht der ruhenden Flüssigkeit im Bereich d zur Ruhe. Die darüber gleitenden schnelleren Flüssigkeitsschichten bewirken daher ein Einrollen der steckenbleibenden Grenzschicht nach der Wand zu, wodurch ein kleiner Wirbel entsteht, der mit der Strömung mitwandert. Als Folge dessen bilden sich neue anwachsende Wirbel aus, die sich schließlich von der Grenzschicht lösen und sich mit der Strömung weiterbewegen. Die vorher anliegende Strömung reißt ab, indem die Stromlinien um die verwirbelte Zone herum ausbiegen. Auf diese Weise zieht jeder bewegte Körper ein verwirbeltes Feld, die sogenannte *Kármán'sche Wirbelstraße* (T. von Kármán, 1881-1963), hinter sich her, wobei die Wirbel paarweise auftreten. Es entsteht eine regelmäßige Folge von abwechselnd rechts- und linksläufigen Wirbeln (Bild 3.36). Grundsätzlich können Kármán'sche Wirbelstraßen sowohl in Flüssigkeiten als auch in Gasen auftreten.

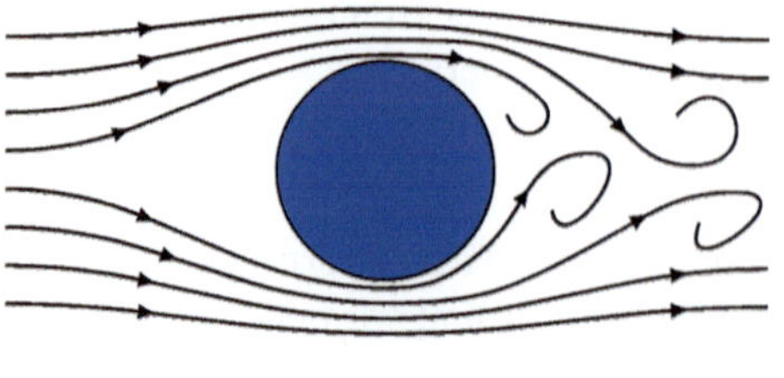

**Bild 3.36**
Entstehung der Kármán'schen Wirbelstraße hinter einem turbulent umströmten Kreiszylinder

Anhand der Reynolds-Zahl Re kann zwischen verschiedenen Ausbildungen der Wirbelstraße unterschieden werden: Bei sehr kleinen Strömungsgeschwindigkeiten und/oder einer sehr großen dynamischen Viskosität ($Re < 4$) findet keine Strömungsablösung statt. Mit zunehmender Strömungsgeschwindigkeit bilden sich auf der strömungsabgewandten Seite des Körpers zwei gegenläufig rotierende Wirbelblasen aus, die ab einer Reynolds-Zahl von $Re \geq 30$ zunehmend instabil werden. Außerdem setzt die für die Kármán'sche Wirbelstraße typische periodische Pendelbewegung ein, wobei die Frequenz der Wirbelablösungen durch die einheitenlose *Strouhal-Zahl* (V. Strouhal, 1850–1922) charakterisiert ist. Die Strouhal-Zahl Sr ist definiert als:

$$\mathrm{Sr} \equiv \frac{f\,l}{v_S} \tag{3.48}$$

Dabei bezeichnen $f$ die Wirbelablösefrequenz, $l$ die charakteristische Länge des umströmten Körpers (in dem hier betrachteten Beispiel ist $l$ gleich dem Durchmesser des Kreiszylinders) und $v_S$ ist die Strömungsgeschwindigkeit. In den meisten Fällen gilt die Näherung: $\mathrm{Sr} \approx 0{,}2\ldots0{,}3$. Eine weitere Kenngröße ist die ebenfalls einheitenlose *Froude-Zahl* (W. Froude, 1810–1879), die allgemein definiert ist als:

$$\mathrm{Fr} \equiv \frac{v_S}{\sqrt{g\,l}} \tag{3.49}$$

dabei bezeichnet $g$ die mittlere Fallbeschleunigung. Wird in dieser Definitionsgleichung für die charakteristische Länge $l$ beispielsweise die Wassertiefe eines offenen Gewässers eingesetzt, ist die Froude-Zahl gleich dem Verhältnis von Fließgeschwindigkeit des Gewässers $v_{\mathrm{fl}}$ und der Ausbreitungsgeschwindigkeit einer Flachwasserwelle $v_{\mathrm{FW}}$ in dem Gewässer. Bei einem ruhenden Gewässer $v_{\mathrm{fl}} = 0$ bzw. $\mathrm{Fr} = 0$ breitet sich eine Störung gleichmäßig in alle Richtungen aus. Bei einem fließenden Gewässer mit $v_{\mathrm{fl}} < v_{\mathrm{FW}}$ bzw. $\mathrm{Fr} = v_{\mathrm{fl}}/v_{\mathrm{FW}} < 1$ können sich Störungen in Form von Wellen mit einem parabelförmigen Muster sowohl in Richtung als auch entgegengesetzt der Wasserströmung ausbreiten. Im Grenzfall mit $\mathrm{Fr} = v_{\mathrm{fl}}/v_{\mathrm{FW}} = 1$ können sich Wellen nicht mehr entgegengesetzt der Wasserströmung ausbreiten. In diesem Zustand kann jedoch die größtmögliche Wassermenge transportiert werden. Ist die Fließgeschwindigkeit größer als die Wellenausbreitungsgeschwindigkeit, d. h. $\mathrm{Fr} = v_{\mathrm{fl}}/v_{\mathrm{FW}} > 1$ können sich Wellen ebenfalls nur noch mit der Wasserströmung ausbreiten, wobei das Wellenmuster hyperbolisch ist.

Im Wertebereich $30 \leq Re < 200$ bleibt die Strömung in der gesamten Kármán'schen Wirbelstraße vollständig laminar. Für eine Reynolds-Zahl $Re \approx 200$ findet der Übergang von der laminaren zur turbulenten Strömung in einem großen Abstand vom umströmten Körper statt. Mit zunehmender Reynolds-Zahl verschiebt sich der Übergangsbereich von der laminaren zur turbulenten Strömung bis in die den Körper umgebende Grenzschicht direkt. Für eine Reynolds-Zahl von der Größenordnung $Re \sim 10^4$ wird der Strömungswiderstand des Körpers minimal, jedoch sind auch für noch größere Reynolds-Zahlen mit $Re > 5 \cdot 10^6$ Kármán'sche Wirbelstraßen zu beobachten.

### Strömungswiderstände von Körpern

Als Folge der inneren Reibung und der Wirbelbildung kann ein Körper nur unter Energieaufwand in einer Flüssigkeit bewegt werden kann. Daraus resultiert der in Abschnitt 3.2.1 eingeführte Strömungswiderstand $F_W$ (Gl. (3.27)). Einen ersten Anhaltspunkt für die Größe dieser Kraft liefert die auf I. Newton (1643–1727) zurückgehende Überlegung: Hat ein Körper die Geschwindigkeit $v$, den Querschnitt $A$ und die Flüssigkeit die Massendichte $\varrho$, so verdrängt der Körper innerhalb des Zeitintervalls $\Delta t$ eine Flüssigkeitsmenge mit der Masse $\Delta m = \varrho\, \Delta V = \varrho\, A v\, \Delta t$. Als Folge dessen ändert sich der Impuls der Körpers gemäß $\Delta p = \Delta(mv) = \varrho\, A v^2\, \Delta t$. Nach dem Zweiten Newton'schen Axiom ist die zeitliche Änderung des Impulses des Körpers gleich der wirkenden Kraft: $F = \Delta(mv)/(\Delta t) = A \varrho v^2$.

Diese Überlegung berücksichtigt jedoch nicht, dass die an der Vorderseite des Körpers verdrängte Flüssigkeit zur Rückseite des Körpers gelangt und einen Teil des Impulses wieder an den Körper abgibt. Bei laminarer, reibungsfreier Umströmung ist die Impulsänderung insgesamt sogar null, sodass in diesem Fall auf den Körper keine Mitnahmekraft wirkt. Bei vorhandener Reibung und vor allem bei turbulenter Strömung kann dann – motiviert durch die experimentelle Erfahrung – angenommen werden, dass der Strömungswiderstand $F_W$ zum Produkt $A \varrho v^2$ proportional ist. Wird an die Stelle des Produktes $\varrho v^2$ der Staudruck $\varrho v^2/2$ gesetzt, gilt:

> **Merke**
>
> Der Strömungswiderstand $F_W$ ist proportional zur Querschnittsfläche des Körpers und zum Staudruck des Fluids.

Der Proportionalitätsfaktor ist der in Abschnitt 3.2.1 eingeführte Strömungswiderstandsbeiwert $c_W$ und es gilt für den Strömungswiderstand $F_W = c_W\, \varrho\, A v^2/2$ (Gl. (3.27)). Aufgrund des komplizierten Verlaufes von turbulenten Strömungen lässt sich der Strömungswiderstandsbeiwert $c_W$ nicht berechnen, sondern muss experimentell in einem Strömungs- bzw. Windkanal bestimmt werden. Die Referenzfläche $A$ ist definitionsabhängig: bei Fahrzeugen ist $A$ gleich der Stirnfläche, d. h. gleich der Fläche des größten Querschnitts. In der Flugzeugtechnik wird hingegen die Flügelfläche als Referenzfläche betrachtet. Das Produkt aus Strömungswiderstandsbeiwert $c_W$ und der Referenzfläche $A$ wird als *Widerstandsfläche* bezeichnet. Bei einer inkompressiblen Strömung hängt der Strömungswiderstandsbeiwert $c_W$ von der Reynolds-Zahl Re ab. Auch kompressible Fluide wie beispielsweise Luft können als inkompressibel betrachtet werden, wenn die Massendichte des Fluids im Strömungsfeld nahezu konstant ist. Dies ist im Allgemeinen erfüllt, solange die Strömungsgeschwindigkeit kleiner als 30 % der Schallgeschwindigkeit ist. Bei einer kompressiblen Strömung, bei der sich die Massendichte des Fluids ändert, ist der Strömungswiderstandsbeiwert von der Schallgeschwindigkeit (Abschnitt 4.4.1) abhängig. Im Unter- und Überschallbereich (*transsonische Strömung*) ändert sich der Strömungswiderstandsbeiwert stark und steigt in der Nähe der Schallgeschwindigkeit auf ein Mehrfaches an. In Tabelle 3.4 sind die Strömungswiderstandsbeiwerte einiger Körper zusammengestellt.

**Tabelle 3.4** Strömungswiderstandsbeiwerte $c_W$ einiger Körper

| Körper | Strömungswiderstandsbeiwert $c_W$ |
|---|---|
| dünne ebene Platte,<br>senkrecht zur Strömungsrichtung orientiert | 1,1 |
| langer Zylinder | 1,2 |
| offene Halbkugel,<br>Höhlung gegen die Strömungsrichtung orientiert | 1,3...1,6 |
| offene Halbkugel,<br>Rundung gegen die Strömungsrichtung orientiert | 0,35 |
| Lkw | 0,8...1,5 |
| Pkw | 0,35...0,6 |
| Fahrrad | 0,5...0,7 |
| stehender erwachsener Mensch | 0,78 |
| langer Zylinder | 0,35 |
| Kugel | 0,2...0,4 |
| Flugzeug | 0,08 |
| Stromlinienkörper | 0,04...0,05 |
| Pinguin | 0,03 |

Bei Berücksichtigung des Strömungswiderstandes $F_W = c_W\,\varrho_{Luft}\,A v^2/2$ bei einem in Luft mit der Dichte $\varrho_{Luft} = 1{,}204\,1\ \mathrm{kg/m^3}$ (bei einer Temperatur von 20 °C und Normalluftdruck $p_0 = 101{,}325\ \mathrm{kPa}$) zur Erdoberfläche fallenden Körpers mit der Masse $m$ und dem Strömungswiderstandsbeiwert $c_W$ gilt für die zeitabhängige Beschleunigung: $a(t) = \dot{v}(t) = \left[F_G - F_W(t)\right]/m = g - c_W\,\varrho_{Luft}\,A\left(v(t)\right)^2/(2m)$. Die Lösung dieser Differentialgleichung ergibt mit der Beziehung $1 - \tanh^2(x) = 1/\cosh^2(x)$ die zeitabhängige Geschwindigkeit $v(t)$, die Beschleunigung $a(t) = \dot{v}(t)$ und durch Integration von $v(t)$ die zweitabhängige Fallstrecke $s(t)$:

$$s(t) = \frac{2m}{c_W\,\varrho_{Luft}\,A}\ln\left[\cosh\left(\sqrt{\frac{c_W\,\varrho_{Luft}\,A g}{2m}}\,t\right)\right] \tag{3.50a}$$

$$v(t) = \sqrt{\frac{2m}{c_W\,\varrho_{Luft}\,A}}\tanh\left(\sqrt{\frac{c_W\,\varrho_{Luft}\,A g}{2m}}\,t\right) \tag{3.50b}$$

$$a(t) = g\left[\cosh^2\left(\sqrt{\frac{c_W\,\varrho_{Luft}\,A g}{2m}}\,t\right)\right]^{-1} \tag{3.50c}$$

Um den Strömungswiderstandsbeiwert $c_W$ zu vermindern, ist ein Körper so zu gestalten, dass sich möglichst keine Wirbel bilden. Die Strömung darf sich an keiner Stelle von der Oberfläche des Körpers ablösen. Die Stromlinien verlaufen dann entlang dem Körper wie in einer laminaren Strömung. Man nennt einen solchen Körper *stromlinienförmig*. Er ist vorn nicht etwa spitz, sondern gerundet und läuft hinten mit schlanker Spitze aus (Bild 3.37).

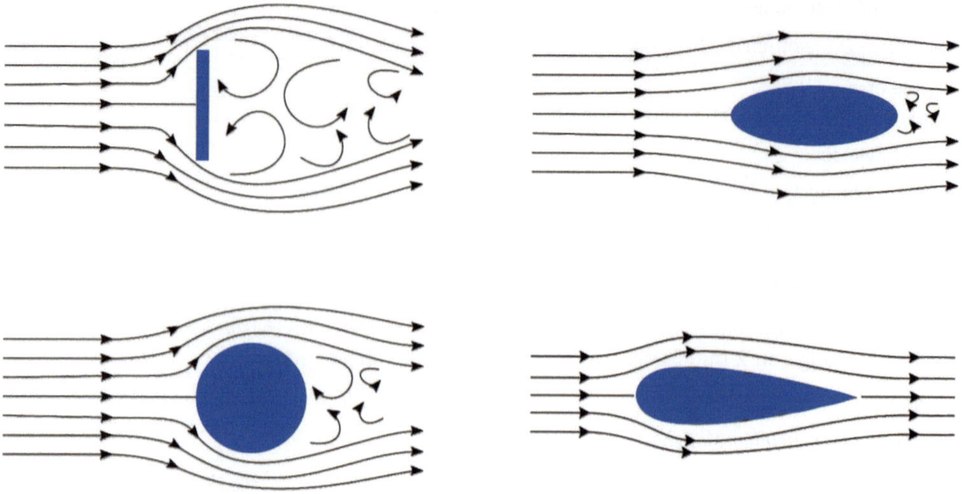

**Bild 3.37** Stromlinienbilder unterschiedlich geformter Körper

Bei Schienen- und Straßenfahrzeugen sowie bei Flugzeugen ist die optimale Stromlinienform aus technischen Gründen kaum zu verwirklichen. Dennoch ist die Formoptimierung bei Fahrzeugen wichtig, da die erforderliche Antriebsleistung $P$, die gleich dem Produkt aus Strömungswiderstand $F_W$ und Fahrzeuggeschwindigkeit $v$ ist, mit der dritten Potenz von $v$ ansteigt. Es gilt:

$$P = F_W v = \frac{c_W A \varrho v^3}{2} \tag{3.51}$$

Obwohl die in Tabelle 3.4 angegebenen Strömungswiderstandsbeiwerte $c_W$ für viele Fälle ausreichend sind, zeigen genauere Untersuchungen, dass der Strömungswiderstandsbeiwert eines Körpers keine Konstante ist. Sein jeweiliger Zahlenwert hat nur für ein nach Aussehen und relativer Ausdehnung genau definiertes Strömungs- bzw. Wirbelfeld Gültigkeit. Die exakte Berechnung des Strömungswiderstandsbeiwerts unter Berücksichtigung aller Details ist somit nicht möglich. Es hat sich jedoch experimentell erwiesen, dass das Stokes'sche Gesetz (Gl. (3.45)) nicht nur bei einer laminar umströmten kleinen Kugel, sondern auch bei allen anderen umströmten Körpern gilt. Dabei ist Strömungswiderstandsbeiwert $c_W = f(\text{Re})$ eine Funktion der Reynolds-Zahl $\text{Re} = v_S l \varrho / \eta$. Dementsprechend sind bei zwei verschiedenen Strömungsvorgängen an geometrisch ähnlichen Körpern die Strömungswiderstandsbeiwerte genau dann gleich groß, wenn auch die Reynolds-Zahlen gleich sind. Da einem bestimmten Strömungswiderstandsbeiwert ein ganz bestimmtes Strömungsbild entspricht, müssen dann auch die Stromlinien selbst geometrisch ähnlich verlaufen. Dies ist der im Jahre 1883 von O. Reynolds (1842–1912) formulierte *Ähnlichkeitssatz der Strömungen*:

**Merke**

Bei gleicher Reynolds-Zahl liefern geometrisch ähnliche Körper auch geometrisch ähnliche Strömungen und ihre Strömungswiderstandsbeiwerte sind ebenfalls gleich.

Daher ist es möglich, bei strömungstechnischen Untersuchungen stark verkleinerte Modelle zu verwenden, sofern die Strömungsgeschwindigkeit $v_S$ entsprechend erhöht wird. Vorgänge, die in Wirklichkeit in Luft ablaufen, können auch in Wasser studiert werden, wenn dabei beachtet wird, dass Wasser einerseits eine größere dynamische Viskosität $\eta$ und andererseits eine größere Massendichte $\varrho$ als Luft aufweist. Das Verhältnis $\eta/\varrho$ ist bei Wasser ca. 14-mal kleiner als bei Luft. Somit muss dann die Strömungsgeschwindigkeit $v_S$ entsprechend vergrößert werden.

**Beispiele**

1. Eine Staumauer hat 1,5 m unter dem Wasserspiegel eine röhrenförmige Öffnung von 2 mm Radius und 2 m Länge. Welches Wasservolumen geht hierdurch bei einer Temperatur von 20 °C an einem Tag verloren? Mit dem Schweredruck $p = \varrho g h$ folgt $V = \frac{\pi r^4 \varrho g h t}{8 \eta l}$. Mit dem Wert der dynamischen Viskosität von Wasser $\eta$ = 1 mPa · s ergibt sich für das verlorengehende Wasservolumen pro Tag:

$$V = \frac{\pi \cdot \left(2 \cdot 10^{-3}\right)^4 \text{m}^4 \cdot 10^3\,\text{kg/m}^3 \cdot 9{,}81\,\text{m/s}^2 \cdot 1{,}5\,\text{m} \cdot 86\,400\,\text{s}}{8 \cdot 10^{-3}\,\text{Pa} \cdot 2\,\text{m}} = 4\,\text{m}^3$$

2. Berechnen Sie die Druckkraft $F_W$ gegen 1 m² der Stirnfläche eines Schornsteins bei einer maximalen Windgeschwindigkeit von 45 m/s und einem Strömungswiderstandsbeiwert von $c_W = 0{,}67$. Es gilt:

$$F_W = \frac{c_W A \varrho v^2}{2} = \frac{0{,}67 \cdot 1\,\text{m}^2 \cdot 1{,}293\,\text{kg} \cdot 45^2\,\text{m}^2}{2\,\text{m}^2 \cdot \text{s}^2} = 877{,}1\,\text{N}$$

3. Welche Antriebsleistung $P$ erfordert die Überwindung des Luftwiderstands bei einem Personenkraftwagen mit einem Strömungswiderstandsbeiwert von $c_W = 0{,}33$ bei einer Geschwindigkeit von 45 m/s und einer Stirnfläche von 2 m²?

   Es gilt:

$$P = \frac{c_W A \varrho v^3}{2} = \frac{0{,}33 \cdot 2{,}0\,\text{m}^2 \cdot 1{,}293\,\text{kg} \cdot 45^3\,\text{m}^3}{2\,\text{m}^3 \cdot \text{s}^2} = 39\,\text{kW}$$

4. Zur Bestimmung des Widerstandes eines Kraftwagens mit einer Länge von 4 m bei einer Geschwindigkeit von 36 km/h wird in einem Windkanal ein auf 10 : 1 verkleinertes Modell untersucht. Welchen Wert hat die Reynolds-Zahl und wie groß ist die erforderliche Windgeschwindigkeit $v_{Wind}$?

$$\text{Re} = \frac{l v_S}{\nu} = \frac{4\,\text{m} \cdot 10\,\text{m/s}}{1{,}5 \cdot 10^{-5}\,\text{m}^2/\text{s}} = 2{,}67 \cdot 10^6$$

Entsprechend dem Verkleinerungsmaßstab von 10 : 1 muss die Windgeschwindigkeit $v_{Wind}$ = 360 km/h = 100 m/s betragen.

# 4 Schwingungen und Wellen

In Natur und Technik laufen viele Bewegungsabläufe in Form von mechanischen Schwingungen ab. Dabei führt ein einzelner Massepunkt oder ein ausgedehnter Körper räumlich begrenzte Bewegungen um seine Ruhelage aus. Beispiele dafür sind das schwingende Pendel einer Pendeluhr, eine Kinderschaukel, eine schwingende Geigen- oder Gitarrensaite oder die schwingende Karosserie eines Fahrzeugs beim Überfahren einer Bodenunebenheit etc. In vielen Fällen ist dieser Bewegungsablauf *periodisch*, d. h. bestimmte Schwingungszustände wiederholen sich nach einer charakteristischen Zeitdauer, der sogenannten *Periodendauer*.

Schwingungen werden durch Kräfte verursacht und aufrechterhalten. Ist der betrachtete schwingende Massepunkt oder Körper Teil eines mechanischen Systems, in dem innere Wechselwirkungen diesen Zustand auch nach Abschalten der schwingungsauslösenden äußeren Kräfte ermöglichen, so nennt man dieses System auch einen *Oszillator*. Ein einfaches Beispiel für einen solchen Oszillator ist eine Masse, die mit einer Schraubenfeder verbunden ist. Nach Auslenkung der Masse führt das sich selbst überlassene System näherungsweise periodische Schwingungen durch, ohne dass eine äußere Kraft erforderlich wäre. Von technischem Interesse ist jedoch gerade das Verhalten solcher Oszillatoren unter der Einwirkung äußerer Kräfte.

Schwingungen lassen sich bezüglich verschiedener Aspekte unterscheiden in:

- periodisch, quasiperiodisch oder nichtperiodisch,
- ungedämpft oder gedämpft,
- frei, selbsterregt oder fremderregt (erzwungen),
- linear oder nichtlinear,
- kontinuierlich oder diskret,
- Schwingungen mit einem, mehreren oder mit unendlich vielen Freiheitsgraden.

Viele Schwingungsvorgänge sind durch mehrere dieser Eigenschaften charakterisiert.

Besteht das schwingungsfähige System aus vielen, durch innere Kräfte miteinander verkoppelten einzelnen Massen, so können sehr vielfältige Schwingungsformen entstehen. Beispielsweise kann die Karosserie eines Fahrzeugs an einzelnen Stellen lokal ausgeprägt schwingen und an anderen Stellen wiederum überhaupt nicht schwingen. Die Kopplung der vielen Oszillatoren hat nicht nur zur Folge, dass im Gleichgewicht nur ganz bestimmte Schwingungszustände des Gesamtsystems möglich sind, sondern sie bewirkt auch, dass eine Änderung des Schwingungszustands an einem Oszillator, z. B. durch eine lokale Krafteinwirkung, sich mit einem charakteristischen Zeitverlauf auf alle Oszillatoren des Systems auswirkt. Der Vorgang, der diese raumzeitliche Zustandsänderung des ausgedehnten Systems bewirkt, wird als Welle bezeichnet.

Schwingungen und Wellen sind nicht begrenzt auf mechanische Systeme. Auch durch die Verschaltung elektromagnetischer Bauelemente können schwingungsfähige Gebilde entstehen. Einfachstes Beispiel für einen elektromagnetischen Oszillator ist ein Schwingkreis aus einer Induktivität und einer Kapazität. Elektromagnetische Wellen beschreiben die Ausbreitung von Schwingungszuständen elektrischer und magnetischer Felder, können also auch im Vakuum präsent sein (Abschnitt 6.7). Viele Phänomene mechanischer Schwingungen und Wellen lassen sich auch bei elektromagnetischen Wellen beobachten, was in Bezug auf die mathematische Behandlung ein einheitliches Verfahren ermöglicht. Die Ausführungen im vorliegenden Kapitel 4 beschränken sich zwar auf mechanische Systeme und im Abschnitt 4.4 auf die Akustik, sind jedoch auch auf andere physikalische Systeme übertragbar.

## 4.1 Kinematik schwingender Körper

Form und Verlauf von Schwingungen können außerordentlich vielfältig sein. Wie bei vielen Bewegungsformen ist auch hier eine erste Klassifizierung nach dem Raum-Zeit-Verhalten möglich, ohne dabei wirkende Kräfte zu berücksichtigen. Dabei ist zunächst festzulegen, wie viele unabhängige Koordinaten zur Beschreibung der Bewegung erforderlich sind. Bei nur einem Massepunkt bzw. einem als Massepunkt idealisierten starren Körper sind dies höchstens drei Koordinaten (z. B. die kartesischen Koordinaten $x$, $y$ und $z$). Bei einem System aus $N$ Massepunkten sind dies entsprechend maximal $3N$ Koordinaten. Im vorliegenden Abschnitt wird zunächst nur das Verhalten eines einzelnen Massepunktes bzw. eines als Massepunkt idealisierten starren Körpers betrachtet. Die Festlegung des Bezugssystems zur kinematischen Beschreibung eines Schwingungsvorgangs erfolgt üblicherweise so, dass der Koordinatenursprung des Bezugssystems mit der Ruhelage des Massepunktes oder Körpers übereinstimmt. Die entsprechenden Koordinaten sind die momentanen *Auslenkungen* oder *Elongationen*.

Hinsichtlich des zeitlichen Ablaufs lassen sich zunächst *zeitlich begrenzte* und *unbegrenzte* Schwingungen unterscheiden. Ist die Zeitdauer einer begrenzten Schwingung klein gegenüber der Beobachtungsdauer, oder nimmt die Auslenkung nur innerhalb eines kleinen Zeitabschnitts von null verschiedene Werte an, so spricht man auch von einer pulsförmigen Schwingung bzw. Pulsschwingung.

Bei periodisch ablaufenden Schwingungen gilt für jede der drei kartesischen Auslenkungskoordinaten:

$$x(t) = x(t+T) \quad \text{und} \quad y(t) = y(t+T) \quad \text{und} \quad z(t) = z(t+T) \tag{4.1}$$

$x(t)$, $y(t)$ und $z(t)$ ist der Momentanwert der Auslenkung in $x$-, $y$- bzw. $z$-Richtung zum Zeitpunkt $t$ und $T$ ist die Periodendauer der Schwingung. Der Kehrwert der Periodendauer $T$ ist die Schwingungsfrequenz $f$ bzw. Frequenz der Schwingung:

$$f = \frac{1}{T} \tag{4.2}$$

Die SI-Einheit der Frequenz ist: $[f] = 1\,s^{-1} = 1\,Hz$ (Hertz, nach H. R. Hertz, 1857-1894). In der modernen Technik werden häufig auch folgende Einheiten für die Frequenzangabe verwendet: kHz = $10^3$ Hz (Funkfrequenz des Zeitzeichensenders DCF77 in Mainflingen/Deutschland: 77,5 kHz), MHz = $10^6$ Hz (Farbhilfsträgerfrequenz der PAL-Farbfernsehnorm: 4,43 MHz; Funkfrequenz von Sputnik 1, dem ersten künstlichen Erdsatelliten: 20 MHz), GHz = $10^9$ Hz (5G-Mobilfunkstandard: bis Mai 2019 bis 40 GHz) und sogar THz = $10^{12}$ Hz (elektromagnetische Wellen im optische sichtbaren Bereich haben Frequenzen im Bereich von 400 bis 790 THz). In der Physik wird als Formelzeichen für die Frequenz oft auch der griechische Buchstabe $\nu$ (Ny) verwendet.

### 4.1.1 Die harmonische Schwingung

Einen Sonderfall unter den periodischen Schwingungen stellt die *harmonische Schwingung* dar, bei der die Auslenkung eine sinusförmige Zeitabhängigkeit aufweist. Beispielhaft wird hier die eindimensionale harmonische Schwingung mit einem Freiheitsgrad betrachtet. Das Bezugssystem sei dabei so gewählt, dass die Bewegung entlang der $y$-Koordinatenachse erfolgt, sodass für die (momentane) Auslenkung (Ort-Zeit-Funktion) der harmonischen Schwingung gilt:

$$y(t) = \hat{y}\sin\left(2\pi\frac{t}{T} + \varphi_0\right) = \hat{y}\sin(2\pi f t + \varphi_0) = \hat{y}\sin(\omega t + \varphi_0) \qquad (4.3)$$

Der Faktor $\hat{y}$ ist der Betrag der Maximalauslenkung und wird *Amplitude* genannt. Ist die Amplitude, wie hier angenommen, konstant, liegt eine ungedämpfte harmonische Schwingung vor. Die Größe $\varphi_0$ ist der *Nullphasenwinkel*, mit dem der Wert der Auslenkung zum Zeitpunkt $t = 0$ festgelegt ist. Das Argument der Sinus-Funktion ist der *Phasenwinkel* $\varphi = (2\pi t/T + \varphi_0)$ , mit dem der Wert der Auslenkung zu einem beliebigen Zeitpunkt $t$ festgelegt ist. Die Periodizität der Schwingung ergibt sich aus der Zeitabhängigkeit des Phasenwinkels. Wird in der Gl. (4.3) die Zeit $t$ durch $t + T$ ersetzt, ergibt sich $\varphi(t+T) = \varphi(t) + 2\pi$ und wegen der Periodizität der Sinus-Funktion $\sin(\varphi + 2\pi) = \sin(\varphi)$ folgt: $y(t+T) = y(t)$. Schwingungszustände, deren Phasenwinkel sich um ganzzahlige Vielfache von $2\pi$ unterscheiden, werden als *gleichphasig* bezeichnet.

Das Produkt aus der doppelten Kreiszahl $\pi$ und der Frequenz $f$ ist die *Kreisfrequenz* $\omega = 2\pi f$. Der Begriff Kreisfrequenz deutet auf die Analogie zwischen der ungedämpften harmonischen Schwingung und einer gleichförmigen Kreisbewegung hin. Tatsächlich entspricht die Gl. (4.3), bis auf den Nullphasenwinkel $\varphi_0$, der $y$-Koordinate des Radiusvektors $\vec{r}$ in der Polarkoordinatendarstellung der gleichförmigen Kreisbewegung (Gl. (2.31)). Veranschaulicht wird dies in Bild 4.1, bei der der Radiusvektor $\vec{r}$ als rotierender Zeiger und die $y$-Koordinate als Projektion der Zeigerspitze auf den senkrechten Durchmesser dargestellt ist. Die Länge des Zeigers, d. h. der Betrag von $\vec{r}$, ist gleich der konstanten Amplitude $\hat{y}$. Die Abhängigkeit der momentanen Auslenkung $y$ von der Zeit $t$ wird deutlich, indem die Zeitachse in die Richtung des waagerechten Durchmessers gelegt und die den einzelnen Zeitpunkten entsprechenden Auslenkungen als Ordinaten aufgetragen werden. Die Verbindungskurve aller erhaltenen Punkte ergibt eine Sinus-Kurve. Ein einmaliger Umlauf auf dem Kreisumfang erfolgt innerhalb der Periodendauer $T$. Die Kreisfrequenz der Schwingung entspricht der Winkelgeschwindigkeit und die Schwingungsfrequenz der Umdrehungsfrequenz. Die sich entsprechenden Größen sind in Tabelle 4.1 gegenübergestellt.

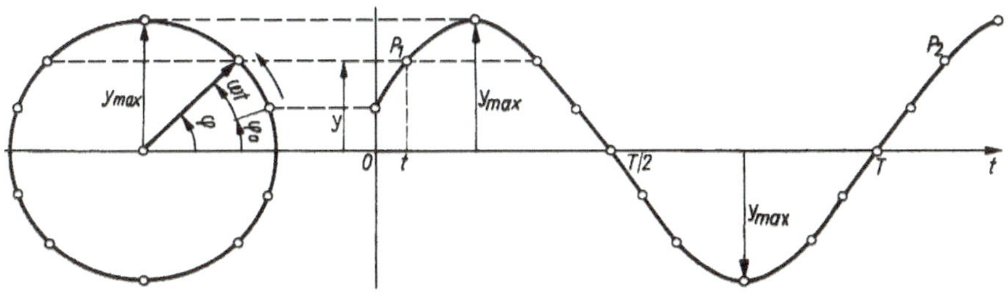


**Bild 4.1** Auslenkung der ungedämpften harmonischen Schwingung und Analogie zur gleichförmigen Kreisbewegung

**Tabelle 4.1** Gegenüberstellung der kinematischen Größen der gleichförmigen Kreisbewegung und der ungedämpften harmonischen Schwingung

| Kreisbewegung | Symbol | Schwingung | Symbol |
|---|---|---|---|
| Radius | $r=\lvert\vec{r}\rvert$ | Amplitude | $\hat{y}$ |
| Koordinate | $y(t)$ | Auslenkung | $y(t)$ |
| Drehwinkel | $\phi(t)$ | Phasenwinkel | $\varphi(t)$ |
| Umdrehungsfrequenz | $f$ | Schwingungsfrequenz | $f, \nu$ |
| Winkelgeschwindigkeit | $\omega$ | Kreisfrequenz | $\omega$ |
| Umdrehungsdauer | $T$ | Periodendauer | $T$ |

Mit der Analogie zwischen der gleichförmigen Kreisbewegung und der ungedämpften harmonischen Schwingung lassen sich auch die entsprechenden Zeitfunktionen für die Momentangeschwindigkeit $v(t)$ und die Momentanbeschleunigung $a(t)$ anzugeben:

$$v(t)=\dot{y}(t)=\hat{v}\cos(\omega t+\varphi_0)=\hat{v}\sin\left(\omega t+\varphi_0+\frac{\pi}{2}\right) \tag{4.4a}$$

$$a(t)=\ddot{y}(t)=-\hat{a}\sin(\omega t+\varphi_0)=-\omega^2 y(t)=\hat{a}\sin(\omega t+\varphi_0+\pi) \tag{4.4b}$$

Die Größen $\hat{v}=\omega\,\hat{y}$ und $\hat{a}=\omega^2\,\hat{y}$ sind die Amplituden der Momentangeschwindigkeit bzw. der Momentanbeschleunigung, d. h. deren positive Maximalwerte. Die Geschwindigkeitsamplitude $\hat{v}$ ist bei gegebener Amplitude $\hat{y}$ linear von der Kreisfrequenz $\omega$ und die Beschleunigungsamplitude $\hat{a}$ dagegen quadratisch von $\omega$ abhängig. Gemäß einfacher trigonometrischer Umformungen ist der Phasenwinkel der Momentangeschwindigkeit $v(t)$ um $\pi/2$ größer als derjenige der Auslenkung $y(t)$, d. h. $v(t)$ eilt der Auslenkung $y(t)$ um eine viertel Schwingung voraus. Bei der Momentanbeschleunigung $a(t)$ beträgt der Phasenwinkelunterschied $\pi$, d. h. $a(t)$ eilt der Auslenkung $y(t)$ um eine halbe Schwingung voraus bzw. hinterher. In Bild 4.2 ist der Zeitverlauf aller drei Bewegungsgrößen und deren mathematische Zusammenhänge dargestellt. In den Nulldurchgängen der Auslenkung ist auch die Momentanbeschleunigung null, der Betrag der Momentangeschwindigkeit ist dagegen dort jeweils maximal. In den Umkehrpunkten der Auslenkung bzw. der Momentanbeschleunigung ist die Momentangeschwindigkeit null.

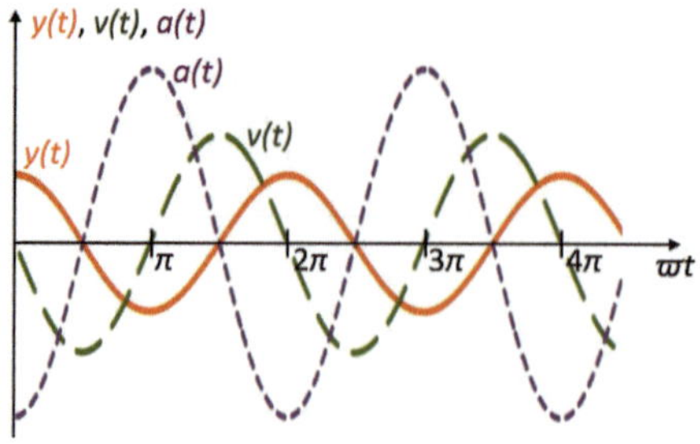


**Bild 4.2**
Auslenkung $y(t)$, Momentangeschwindigkeit $v(t)$ und Momentanbeschleunigung $a(t)$ der ungedämpften harmonischen Schwingung

## 4.1.2 Superposition von zwei Schwingungen

Die Superposition (Überlagerung) zweier oder mehrerer harmonischer Schwingungen gleicher Frequenz, aber mit unterschiedlichen Nullphasenwinkeln und unterschiedlichen Amplituden, ergibt wieder eine harmonische Schwingung. Dies lässt sich anschaulich mithilfe des rotierenden Radiusvektors von Bild 4.1 darstellen. Für den Fall der Superposition von zwei harmonischen Schwingungen ist dies in Bild 4.3 gezeigt.

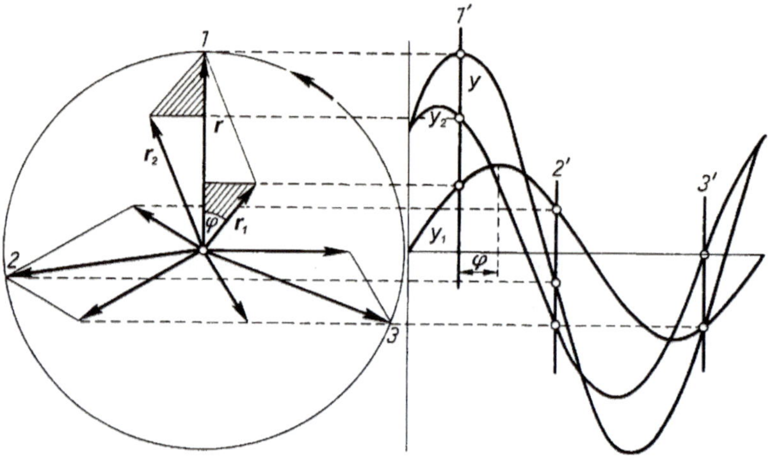


**Bild 4.3** Die Zeiger $\vec{r}_1$ und $\vec{r}_2$ erzeugen beim Rotieren die Sinus-Kurven $y_1$ und $y_2$, der resultierende Zeiger $\vec{r}$ ergibt die Sinus-Kurve $y$

Wird der Radiusvektor $\vec{r}$ in die beiden Vektoren $\vec{r}_1$ und $\vec{r}_2$ zerlegt, die beide mit derselben Winkelgeschwindigkeit (Kreisfrequenz) $\omega$ und denselben Umlaufsinn um den gemeinsamen Nullpunkt rotieren, so ergibt die Summe der beiden Projektionen $y_1$ und $y_2$ die Projektion des Vektors $\vec{r}$ auf den senkrechten Durchmesser. Dabei gilt:

$$y(t) = \hat{y}\sin(\omega t + \varphi_0) = y_1(t) + y_2(t) = \hat{y}_1\sin(\omega t + \varphi_{01}) + \hat{y}_2\sin(\omega t + \varphi_{02}) \qquad (4.5)$$

$\varphi_0$, $\varphi_{01}$ und $\varphi_{02}$ sind die Nullphasenwinkel der resultierenden harmonischen Schwingung $y(t)$ bzw. der beiden Teilschwingungen $y_1(t)$ und $y_2(t)$. Da alle drei Vektoren (Zeiger) sich mit derselben Winkelgeschwindigkeit um den gemeinsamen Nullpunkt drehen, ist die resultierende Amplitude $\hat{y} = |\vec{r}|$ zeitlich konstant. Die Berechnung der Amplitude $\hat{y}$ sowie des Nullphasenwinkels $\varphi_0$ erfolgt unter Ausnutzung trigonometrischer Beziehungen:

$$\hat{y} = \frac{\hat{y}_1 \sin(\varphi_{01}) + \hat{y}_2 \sin(\varphi_{02})}{\sin(\varphi_0)} = \frac{\hat{y}_1 \cos(\varphi_{01}) + \hat{y}_2 \cos(\varphi_{02})}{\cos(\varphi_0)} \tag{4.6a}$$

$$\varphi_0 = \arctan\left(\frac{\hat{y}_1 \sin(\varphi_{01}) + \hat{y}_2 \sin(\varphi_{02})}{\hat{y}_1 \cos(\varphi_{01}) + \hat{y}_2 \cos(\varphi_{02})}\right) \tag{4.6b}$$

Für den Fall, dass die beiden Amplituden $\hat{y}_1$ und $\hat{y}_2$ der beiden harmonischen Teilschwingungen $y_1(t)$ und $y_2(t)$ gleich groß sind, gilt für den Nullphasenwinkel $\varphi_0$ und die Amplitude $\hat{y}$ der resultierenden harmonischen Schwingung $y(t)$:

$$\varphi_0 = \frac{1}{2}(\varphi_{01} + \varphi_{02}) \tag{4.7a}$$

$$\hat{y} = \hat{y}_1\sqrt{2 + 2\cos(\varphi_{01} - \varphi_{02})} \tag{4.7b}$$

Die Amplitude $\hat{y}$ der resultierenden harmonischen Schwingung $y(t)$ ist mit einem Wert von $2\hat{y}_1$ maximal (größtmögliche Verstärkung, wird auch als vollständig konstruktive Interferenz bezeichnet), wenn gilt: $\varphi_{01} - \varphi_{02} = 2\pi k$ (mit ganzzahligem $k$), d. h. die beiden Teilschwingungen sind gleichphasig. Sind die beiden Amplituden der beiden harmonischen Teilschwingungen nicht gleich, gilt im Fall der gleichphasigen Teilschwingungen $\hat{y} = \hat{y}_1 + \hat{y}_2$. Hingegen ist die Amplitude $\hat{y}$ der resultierenden harmonischen Schwingung $y(t)$ mit einem Wert von null minimal (vollständige Auslöschung, wird auch als vollständig destruktive Interferenz bezeichnet), wenn gilt: $\varphi_{01} - \varphi_{02} = \pi(2k+1)$ (mit ganzzahligem $k$), d. h. die beiden Teilschwingungen sind gegenphasig. Sind die beiden Amplituden der beiden harmonischen Teilschwingungen nicht gleich, gilt im Fall der gegenphasigen Teilschwingungen $\hat{y} = |\hat{y}_1 - \hat{y}_2|$.

Die Superposition von zwei harmonischen Schwingungen, deren Frequenzen zwar ähnlich jedoch nicht exakt gleich sind, ergibt als Resultierende eine ebenfalls periodische aber nicht mehr sinusförmige (anharmonische) Schwingung, bei der sich die Amplitude periodisch ändert. Dies wird als *Schwebung* bezeichnet. Die Periodendauer der Amplitudenänderung heißt *Schwebungsdauer* $T_S$ und ist gleich dem Zeitintervall zwischen zwei Schwebungsmaxima bzw. Schwebungsminima. Beispielhaft ist in Bild 4.4 der zeitliche Verlauf einer Schwebung dargestellt.

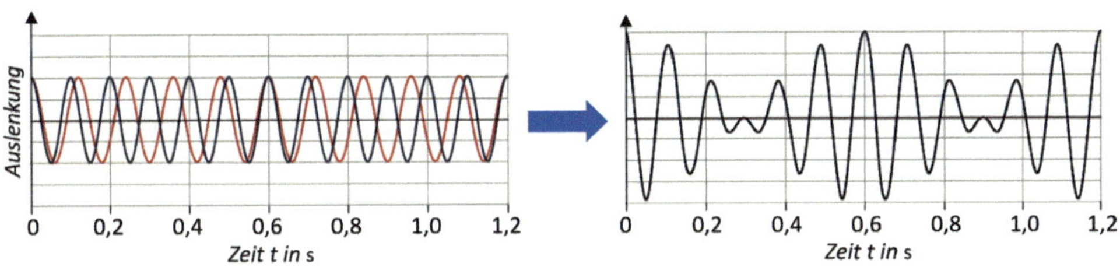


**Bild 4.4** Schwebung bei der Superposition von zwei harmonischen Schwingungen mit etwas unterschiedlichen Frequenzen

Die resultierende harmonische Schwingung ist *moduliert*, wobei die Modulation durch den *Hüllkurvenverlauf* bestimmt wird. Für die mathematische Beschreibung wird hier vereinfachend angenommen, dass die Amplituden der beiden harmonischen Teilschwingungen gleich und die beiden Nullphasenwinkel null sind, also $\hat{y}_1 = \hat{y}_2$ und $\varphi_{01} = \varphi_{02} = 0$. Für die resultierende harmonische Schwingung gilt dann:

$$y(t) = y_1(t) + y_2(t) = \hat{y}_1(\sin(\omega_1 t) + \sin(\omega_2 t)) \quad (\text{mit } \omega_1 \approx \omega_2)$$

Diese Summe lässt sich mittels Additionstheorem in ein Produkt umwandeln:

$$y(t) = 2\hat{y}_1 \cos\left(\frac{\omega_1 - \omega_2}{2} t\right) \sin\left(\frac{\omega_1 + \omega_2}{2} t\right) = 2\hat{y}_1 \cos\left(\frac{\Delta\omega t}{2}\right) \sin(\omega_m t) \quad (4.8)$$

Der Hüllkurvenverlauf wird durch die Kosinus-Funktion mit der Kreisfrequenz $\Delta\omega/2$ bestimmt. Die Sinus-Funktion mit der *Mittenkreisfrequenz* $\omega_m = (\omega_1 + \omega_2)/2 \gg \Delta\omega$, d. h. dem arithmetischen Mittel der Kreisfrequenzen $\omega_1$ und $\omega_2$ der beiden Teilschwingungen, beschreibt die resultierende periodische anharmonische Schwingung. Im Vergleich zur Sinus-Funktion mit der Mittenkreisfrequenz $\omega_m$, erfolgt die Amplitudenänderung mit der Kreisfrequenz $\Delta\omega/2$ langsam. Die Hüllkurve hat Nullstellen in zeitlichen Abständen von $|\Delta\omega| T_S = 2\pi$. Für die Schwebungsdauer $T_S$ und für die *Schwebungsfrequenz* $f_S$ gilt:

$$T_S = \frac{1}{|f_1 - f_2|} = \frac{2\pi}{|\omega_1 - \omega_2|} \quad (4.9a)$$

$$f_S = \frac{1}{T_S} = |f_1 - f_2| = \frac{|\omega_1 - \omega_2|}{2\pi} \quad (4.9b)$$

Die Schwebungsdauer ist umso größer, je ähnlicher die beiden Frequenzen $f_1$ und $f_2$ sind. Falls die beiden Teilamplituden $\hat{y}_1$ und $\hat{y}_2$ nicht, wie oben vorausgesetzt, gleich groß sind, besitzt die Hüllkurve keine Nullstellen mehr, sondern nur noch Minima. Dies wird als *unreine Schwebung* bezeichnet. Schwebungsdauer und Schwebungsfrequenz sind jedoch auch in diesem Fall durch die Gl. (4.9) bestimmt.

Schwebungen werden in der Akustik oft dazu verwendet, Musikinstrumente zu stimmen. Durch Vergleich eines Referenztons (Stimmton) mit dem zu justierenden Ton lassen sich Musikinstrumente genau abgleichen: Erklingen zwei Töne, deren Frequenzen sich nur wenig unterscheiden, so ist ein Ton zu hören, dessen Frequenz dem Mittelwert der Frequenzen der beiden überlagerten Töne entspricht. Dieser Ton ist moduliert, d. h. seine Lautstärke schwankt periodisch mit der Schwebungsfrequenz. Erhöht sich der Frequenzunterschied, so vermag das Ohr den immer schneller werdenden Lautstärkeschwankungen nicht mehr zu folgen, und das menschliche Gehör vernimmt einen Ton, der sich bei weiterer Vergrößerung der Frequenzdifferenz in zwei Einzeltöne aufspaltet. Die Theorie der akustischen Schwebungen wurde um 1700 von J. Sauveur (1653–1716), dem Begründer der Akustik als wissenschaftliche Disziplin, entwickelt, der damit unter anderem Frequenzunterschiede zwischen Orgelpfeifen berechnete.

### 4.1.3 Allgemeine periodische Schwingungen

Auch die Überlagerung von mehr als zwei harmonischen Schwingungen ist möglich. Im Grenzfall der Superposition von unendlich vielen harmonischen Teilschwingungen wird dies im Rahmen der *harmonischen Synthese* (auch *Fourier-Synthese* genannt) mittels der nach J. B. J. Fourier (1768–1830) benannten *Fourier-Reihe* dargestellt:

$$y(t) = \hat{y}_0 + \sum_{n=1}^{\infty} \hat{y}_n \sin(\omega_n t + \varphi_{0n}) = \hat{y}_0 + \sum_{n=1}^{\infty} \hat{y}_n \sin(n\omega_1 t + \varphi_{0n}) \quad (4.10)$$

$\hat{y}_0$ ist ein schwingungsunabhängiger Amplitudenanteil (auch als Gleichanteil bezeichnet), der die Verschiebung des Schwingungsnullpunktes beschreibt. $\omega_1 = 2\pi/T$ ist die Kreisfrequenz der *Grundschwingung* (auch *Fundamentalschwingung* und in der Musik *Grundton* genannt), d. h. der harmonischen Teilschwingung mit der niedrigsten Kreisfrequenz. Alle anderen Teilschwingungen mit Kreisfrequenzen $\omega_n = n\omega_1 = 2\pi n/T$ (mit $n \geq 2$), die (positiv) ganzzahlige Vielfache von $\omega_1$ sind, werden *Oberschwingungen* (in der Musik Obertöne) genannt, wobei die 1. Oberschwingung (1. Oberton) der Ordnungszahl $n = 2$ und die $n$-te Oberschwingung der Ordnungszahl $(n + 1)$ zugeordnet ist. In der Musik ist der *Kammerton* a', für den 1939 eine Frequenz von 440 Hz vereinbart worden ist, eine wichtige Grundschwingung bzw. Grundton, der als Referenz für die Abstimmung der Instrumente einer Musikgruppe benutzt wird. Die Amplituden $\hat{y}_0$ und $\hat{y}_n$ (mit $n = 1, \ldots, \infty$) in der Gl. (4.10) sind die sogenannten *Fourier-Koeffizienten*. Für die Superposition gemäß Gl. (4.10) ist es nicht notwendig, dass die Amplitude $\hat{y}_1$ der Grundschwingung ungleich null ist, d. h. auch eine Superposition ohne Grundschwingung ist möglich. Werden nur endlich viele Teilschwingungen überlagert, wird aus der Fourier-Reihe die *Fourier-Summe*.

Im Gegensatz zur harmonischen Synthese wird bei der *harmonischen Analyse* (auch *Fourier-Analyse* oder *Fourier-Zerlegung* genannt) eine beliebige periodische Schwingung in harmonische Teilschwingungen gemäß dem Ansatz mit der Fourier-Reihe (Gl. (4.10)) zerlegt. Eine solche Zerlegung ist durch die Angabe der Amplituden sowie der Nullphasenwinkel der Teilschwingungen vollständig bestimmt. Die harmonische Analyse ist für viele Bereiche von Wissenschaft und Technik von außerordentlicher Bedeutung. Beispielsweise wird sie in der Signalverarbeitung eingesetzt, um unter anderem Signalstörungen herauszufiltern und charakteristische Signalparameter zu bestimmen. In der Akustik lassen sich mit der harmonischen Analyse mittels Frequenz-Transformation die Oberschwingungen von akustischen Signalen ermitteln. In vielen Anwendungsfällen genügen wenige harmonische Teilschwingungen, um eine periodische Schwingung mit ausreichender Genauigkeit zu charakterisieren. Trägt man die entsprechenden Amplitudenwerte $\hat{y}_n$ oder die Werte der Nullphasenwinkel $\varphi_{0n}$ über der Ordnungszahl $n$ auf, ergibt sich das *Amplitudenspektrum* (Bild 4.5a) bzw. das *Phasenwinkelspektrum* (Bild 4.5b) der zu analysierenden periodischen Schwingung.

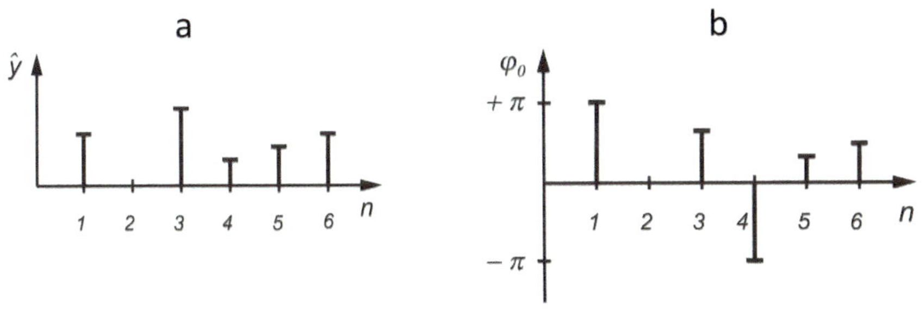


**Bild 4.5** a) Amplitudenspektrum und b) Phasenwinkelspektrum einer periodischen Schwingung

Für die Berechnung der Fourier-Koeffizienten $\hat{y}_0$ und $\hat{y}_n$ (mit $n = 1, \ldots, \infty$) einer periodischen Schwingung bzw. einer periodischen Zeitfunktion $y(t)$ wird der Ansatz (Gl. (4.10)) in folgende mathematisch äquivalente Form umgewandelt:

$$y(t) = \hat{y}_0 + \sum_{n=1}^{\infty} \{a_n \cos(n\omega_1 t) + b_n \sin(n\omega_1 t)\} \tag{4.11}$$

mit $\hat{y}_n = \sqrt{a_n^2 + b_n^2}$ und $\varphi_{0n} = \arctan(a_n/b_n)$. Die Fourier-Koeffizienten $\hat{y}_0$, $a_n$ und $b_n$ (mit $n = 1,\ldots,\infty$) lassen sich durch folgende Integrale berechnen:

$$\hat{y}_0 = \frac{1}{T} \int_{-T/2}^{T/2} y(t)\,\mathrm{d}t \tag{4.12a}$$

$$a_n = \frac{2}{T} \int_{-T/2}^{T/2} y(t)\cos(n\omega_1 t)\,\mathrm{d}t \quad \text{und} \quad b_n = \frac{2}{T} \int_{-T/2}^{T/2} y(t)\sin(n\omega_1 t)\,\mathrm{d}t \tag{4.12b}$$

Die Art der Konvergenz der Fourier-Reihe (Gl. (4.11)) hängt von der Glattheit der periodischen Zeitfunktion $y(t)$ ab. Je glatter, d. h. je öfter differenzierbar $y(t)$ ist, umso schneller konvergieren die Fourier-Koeffizienten $a_n$ und $b_n$ gegen null. Da auch bei einer konvergenten Fourier-Reihe der Reihenwert nicht an allen Stellen mit dem Funktionswert von $y(t)$ übereinstimmt, ist die Gl. (4.11) nicht für jeden Zeitwert exakt gegeben. Insbesondere zeigt die Fourier-Reihe einer periodischen Zeitfunktion $y(t)$ an deren Sprungstellen ein Über- bzw. Unterschwingverhalten, dass auch mit wachsender Ordnungszahl $n$ nicht abklingt. Aus mathematischer Sicht bedeutet dies, dass die Fourier-Reihe in der Umgebung von Sprungstellen von $y(t)$ nicht mehr gleichmäßig, sondern nur noch punktweise konvergiert. Dies wird als *Gibbs'sches Phänomen* (J. W. Gibbs, 1839–1903) der harmonischen Analyse bezeichnet und tritt beispielsweise bei der Rechteck-Funktion auf. Die Bedeutung auf physikalischer Sicht besteht darin, dass jede reale Zeitfunktion eine endliche Bandbreite aufweist und somit an Sprungstellen auch nur endlich viele unterschiedliche Frequenzanteile auftreten können.

Entspricht die periodische Schwingung bzw. die periodische Zeitfunktion $y(t)$ mathematisch einer geraden Funktion mit $y(t) = y(-t)$, enthält die Fourier-Reihe (Gl. (4.11)) ausschließlich cos-Terme und alle Fourier-Koeffizienten $b_n$ sind null. Wenn hingegen $y(t)$ mathematisch einer ungeraden Funktion mit $y(t) = -y(-t)$ entspricht, enthält die Fourier-Reihe (Gl. (4.11)) ausschließlich sin-Terme und alle Fourier-Koeffizienten $a_n$ sind null. Entspricht $y(t)$ mathematisch einer alternierenden Funktion mit $y(t) = -y(t + T/2)$ läuft die Fourier-Reihe (Gl. (4.11)) nur über ungerade Ordnungszahlen ($n$ = 1, 3, 5, 7, ..., ∞) und enthält somit nur geradzahlige Oberschwingungen. Beispielsweise hat die Dreiecksfunktion:

$$y(t) = \begin{cases} 1 + \dfrac{2t}{T} & \text{für} \quad -\dfrac{T}{2} \le t \le 0 \\ 1 - \dfrac{2t}{T} & \text{für} \quad 0 \le t \le \dfrac{T}{2} \end{cases} \tag{4.13}$$

die folgende Fourier-Reihe, die ausschließlich cos-Terme mit geradzahligen Oberschwingungen enthält:

$$y(t) = \hat{y}_0 + \sum_{n=1}^{\infty} a_n \cos(n\omega_1 t) = \frac{1}{2} + \sum_{n=1}^{\infty} \frac{2(1-\cos(n\pi))}{\pi^2 n^2} \cos(n\omega_1 t) \tag{4.14a}$$

$$y(t) = \frac{1}{2} + \frac{4}{\pi^2}\left(\cos(\omega_1 t) + \frac{1}{3^2}\cos(3\omega_1 t) + \frac{1}{5^2}\cos(5\omega_1 t) + \ldots\right) \tag{4.14b}$$

Die harmonische Analyse lässt sich auch auf periodische ortsabhängige Größen wie beispielsweise die Lichtintensität längs einer Ortskoordinate anwenden. Für die Fourier-Reihe einer $2\pi$-periodischen ortsabhängigen Größe $f(x)$ gilt:

$$f(x) = \hat{f}_0 + \sum_{n=1}^{\infty} \{\alpha_n \cos(nx) + \beta_n \sin(nx)\} \quad (4.15a)$$

$$\alpha_n = \frac{1}{\pi} \int_{-\pi}^{\pi} f(x)\cos(nx)\,\mathrm{d}x \quad \text{und} \quad \beta_n = \frac{1}{\pi} \int_{-\pi}^{\pi} f(x)\sin(nx)\,\mathrm{d}x \quad (4.15b)$$

Das Verfahren der Fourier-Reihenentwicklung zur Analyse von periodischen Größen kann mittels einer Verallgemeinerung in Form der kontinuierlichen *Fourier-Transformation* auch auf nichtperiodische Größen angewendet werden. Anders als beim diskreten Frequenz- und Phasenwinkelspektrum einer periodischen Größe sind die entsprechenden Spektren der nichtperiodischen Größen kontinuierlich, d. h. die Frequenzen der Teilschwingungen sind keine ganzzahligen Vielfachen der Frequenz einer Grundschwingung. Für die Hin- und Rücktransformation einer nichtperiodischen zeitabhängigen Größe $f(t)$ und ihrer zugehörigen Fourier-Transformierten $F(\omega)$ gilt:

$$F(\omega) = \int_{-\infty}^{\infty} f(t)\exp(-i\omega t)\,\mathrm{d}t \quad (4.16a)$$

$$f(t) = \frac{1}{2\pi} \int_{-\infty}^{\infty} F(\omega)\exp(i\omega t)\,\mathrm{d}\omega \quad (4.16b)$$

Gemäß dieser beiden Gleichungen der Fourier-Transformation gilt für die nichtperiodische exponentielle Zerfallsfunktion (mit der Zerfallskonstanten $\lambda$) und die zugehörige Fourier-Transformierte:

$$F(\omega) = \frac{1}{2\pi}\left(\frac{1}{\lambda + i\omega} + \frac{1}{\lambda - i\omega}\right) = \frac{\lambda}{\pi\left(\lambda^2 + \omega^2\right)} \quad (4.17a)$$

$$f(t) = \exp(-\lambda t) \quad (4.17b)$$

Die Fourier-Transformierte $F(\omega)$ in Gl. (4.17a) entspricht einer Lorentz-Kurve bzw. einer Breit-Wigner-Funktion (H. A. Lorentz, 1853–1928, Nobelpreis 1902; G. Breit, 1899–1981, und E. P. Wigner, 1902–1995, Nobelpreis 1963) mit einem Maximum bei $\omega = 0$. Allgemein gilt, dass für eine sich zeitlich langsam ändernde Größe $f(t)$ die zugehörige Fourier-Transformierte $F(\omega)$ schnell abfällt und sich somit ein kleines bzw. schmales Frequenzspektrum ergibt, bei dem nur wenige Frequenzen beitragen. Wenn hingegen die Größe $f(t)$ zeitlich schnell variiert, fällt die zugehörige Fourier-Transformierte $F(\omega)$ nur langsam ab und es ergibt sich ein großes bzw. breites Frequenzspektrum, bei dem folglich viele Frequenzanteile beitragen.

**Beispiele**

1. Welche Auslenkung zeigt ein schwingender Massepunkt 3 ms nach Beginn der Schwingung aus der Ruhelage ($\varphi_0 = 0$), wenn die Amplitude 30 mm und die Frequenz 25 Hz beträgt?

$$y = \hat{y}\sin(2\pi f t) = 30\text{ mm}\cdot\sin\left(2\pi\cdot 25\text{ s}^{-1}\cdot 3\cdot 10^{-3}\text{ s}\right)$$
$$= 30\text{ mm}\cdot 0{,}454 = 13{,}6\text{ mm}$$

2. Mit welcher Geschwindigkeit eilt ein mit der Frequenz 12 Hz schwingender Massepunkt durch seine Ruhelage, wenn seine Auslenkungsamplitude 50 mm beträgt? Bei der Schwingung durch die Ruhelage ist der Betrag der Geschwindigkeit gleich seiner Amplitude und es gilt:

$$|v| = \hat{v} = \omega\,\hat{y} = 2\pi f\,\hat{y} = 2\pi \cdot 12\,\text{s}^{-1} \cdot 50 \cdot 10^{-3}\,\text{m} = 3{,}8\,\text{m/s}$$

3. Wie groß ist im vorangegangenen 2. Beispiel die Beschleunigung bei einer momentanen Auslenkung von 20 mm?

$$a = -\hat{a}\,y/\hat{y} = -\omega^2 y = -\left(2\pi \cdot 12\,\text{s}^{-1}\right) \cdot 20 \cdot 10^{-3}\,\text{m} = -114\,\text{m/s}^2$$

Das negative Vorzeichen bedeutet, dass die Beschleunigung der Auslenkung entgegengesetzt gerichtet ist.

4. Durch Überlagerung der Töne zweier Stimmgabeln, von denen eine durch Befestigung einer Zusatzmasse ein wenig verstimmt ist, entsteht eine Schwebung mit einer Dauer von 1 s. Mit welcher Frequenz schwingt die verstimmte Stimmgabel, wenn die Frequenz der unverstimmten Gabel 440 Hz beträgt? Es gilt:

$$|f_1 - f_2| = \frac{1}{T_s} = \frac{1}{1\,\text{s}} = 1\,\text{Hz}$$

Da die schwingende Masse der verstimmten Gabel um die Zusatzmasse größer ist, gilt:

$$f_2 = (440 - 1)\,\text{Hz} = 439\,\text{Hz}$$

5. Die Grundschwingung einer anharmonischen Schwingung habe die Frequenz 100 Hz. Die Oberschwingung mit der höchsten Frequenz liege um 5 Oktaven über dieser Grundschwingung. Welche Frequenz besitzt diese Oberschwingung?

Bei einer Oktave ist das Frequenzverhältnis der beiden Intervalltöne 2 : 1, d. h. 5 Oktaven entsprechen einem Verhältnis $2^5$ : 1. Die gesuchte Oberschwingung hat die Frequenz:

$$f = 2^5 \cdot 100\,\text{s}^{-1} = 32 \cdot 100\,\text{s}^{-1} = 3{,}2\,\text{kHz}$$

6. Zwei harmonische Schwingungen mit den Frequenzen 100 Hz und 350 Hz werden überlagert. Wie groß ist die Periodendauer der zusammengesetzten Schwingung?

Die beiden Frequenzen verhalten sich wie $\frac{f_2}{f_1} = \frac{350}{100} = \frac{7}{2}$. Die Frequenz der Grundschwingung ist dann $f = \frac{350\,\text{s}^{-1}}{7} = \frac{100\,\text{s}^{-1}}{2} = 50\,\text{Hz}$. Entsprechend gilt für die Periodendauer: $T = \frac{1}{f} = 20\,\text{ms}$. ■

Bei den vorangegangenen Ausführungen von harmonischen Schwingungen und deren Superposition, wurden nur eindimensionale Auslenkungen betrachtet. Ein einzelner Massepunkt oder ein einzelner Körper besitzt jedoch im Allgemeinen drei zeitabhängige Ortskoordinaten

$x(t)$, $y(t)$ sowie $z(t)$ und somit drei translatorische Freiheitsgrade der Bewegung, die auch drei gleichzeitig stattfindenden Schwingungen um den gemeinsamen Ruhepunkt entsprechen können. Ein wichtiger Spezialfall in diesem Zusammenhang ist die Überlagerung von zwei harmonischen Schwingungen, die entlang zweier zueinander orthogonaler Richtungen, beispielsweise gegeben durch die kartesischen Koordinaten $x$ und $y$, erfolgen:

$$x(t) = \hat{x}\sin(\omega_x t + \varphi_{0x}) \tag{4.18a}$$

$$y(t) = \hat{y}\sin(\omega_y t + \varphi_{0y}) \tag{4.18b}$$

In Abhängigkeit von den Schwingungsamplituden $\hat{x}$ und $\hat{y}$, den Schwingungskreisfrequenzen $\omega_x$ und $\omega_y$ sowie den Nullphasenwinkeln $\varphi_{0x}$ und $\varphi_{0y}$ ergeben sich im Allgemeinen komplexe Bahnkurven. Diese lassen sich in zwei Gruppen einteilen: 1.) Bahnkurven, deren Gestalt sich fortlaufend ändert, und 2.) Bahnkurven mit geschlossenen Kurvenzügen, welche nach ihrem Entdecker J. A. Lissajous (1822–1880) als *Lissajous-Figuren* bezeichnet werden. Während die Schwingungsamplituden $\hat{x}$ und $\hat{y}$ lediglich eine horizontale bzw. vertikale Skalierung der Lissajous-Figuren bewirken, wird deren geometrische Gestalt insbesondere von der Nullphasenwinkeldifferenz $\Delta\varphi = \varphi_x - \varphi_y$ und vom Schwingungsfrequenzverhältnis $v$ bestimmt, das für einen einfachen bzw. geschlossenen Verlauf eine positiv rationale Zahl sein muss. Es gilt:

$$v = \frac{\omega_x}{\omega_y} = \frac{f_x}{f_y} = \frac{n_x}{n_y} \quad (n_x, n_y \in \mathbb{N}) \tag{4.19}$$

Ist das Schwingungsfrequenzverhältnis $v = 1$, ergeben sich in Abhängigkeit von der Nullphasenwinkeldifferenz $\Delta\varphi = \varphi_{0x} - \varphi_{0y}$ einfache geometrische Figuren wie Strecke, Kreis und Ellipse. Gilt $v = 1:n$ bzw. $v = n:1$, d. h. die beiden Schwingungsfrequenzen unterscheiden sich faktoriell nur um eine natürliche Zahl $n$, wird die Nullphasenwinkeldifferenz häufig auf die größere Schwingungsfrequenz bezogen. Ist dann beispielsweise $\omega_x$ größer als $\omega_y$, entsteht bei nicht vollständig abgeglichener Schwingungsfrequenz der Eindruck einer Drehung um die $y$-Achse und im umgekehrten Fall (also $\omega_x < \omega_y$) um die $x$-Achse. Für den Fall, dass das Schwingungsfrequenzverhältnis $v$ eine rationale Zahl, jedoch weder eine natürliche Zahl noch der Kehrwert einer natürlichen Zahl ist, wiederholen sich die unterschiedlichen Kurvenmuster der Lissajous-Figuren für einen Bereich der Nullphasenwinkeldifferenz, der kleiner als $2\pi$ ist. Ursache dafür ist, dass zur Bildung der jeweiligen Lissajous-Figur eine Anzahl von $n_x$ Schwingungen von $x(t)$ und eine Anzahl von $n_y$ Schwingungen von $y(t)$ erforderlich sind. Dementsprechend sind mehr Nulldurchgänge für die Ermittlung der maximalen Nullphasenwinkeldifferenz zu berücksichtigen. Grundsätzlich bewirkt die Änderung des Schwingungsfrequenzverhältnisses $v$ und/oder die Änderung der Nullphasenwinkeldifferenz $\Delta\varphi$ eine Änderung der Symmetrie der Lissajous-Figuren. Bei einem irrationalen Schwingungsfrequenzverhältnis $v$ überstreicht die Lissajous-Figur für entsprechend große Zeitintervalle die gesamte rechteckförmige ($\hat{x}/\hat{y} \neq 1$) oder quadratische ($\hat{x}/\hat{y} = 1$) Fläche, die durch die Werte der Schwingungsamplituden $\hat{x}$ und $\hat{y}$ definiert ist.

In Bild 4.6 sind einige Lissajous-Figuren für unterschiedliche Werte des Schwingungsfrequenzverhältnisses $v$ und der Nullphasenwinkeldifferenz $\Delta\varphi$ dargestellt. Die geometrisch einfachste Lissajous-Figur ist eine Strecke, die genau dann entsteht, wenn die beiden Teilschwingungen gleiche Schwingungsfrequenzen aufweisen ($\omega_x/\omega_y = 1$) und die Nullphasenwinkeldifferenz $\Delta\varphi$ gleich 0, $\pi$ oder $2\pi$ ist. Die Steigung dieser Strecke ist positiv bei $\Delta\varphi = 0$ (oder $2\pi$) und negativ bei $\Delta\varphi = \pi$. Der Betrag der Steigung wird durch das Verhältnis der

Schwingungsamplituden $\hat{x}/\hat{y}$ der beiden Teilschwingungen bestimmt. Dieser Schwingungstyp kann durch eine entsprechende Drehung des Koordinatensystems auf eine Schwingung mit nur einem Freiheitsgrad reduziert werden. Für $\Delta\varphi = \pi/2$ oder $3\pi/2$ und $\omega_x/\omega_y = 1$ sowie $\hat{x}/\hat{y} = 1$ ist die zugehörige Lissajous-Figur ein Kreis. In diesem Sinne lässt sich die gleichförmige Kreisbewegung eines Massepunktes oder eines Körpers auch als eine *zirkulare Schwingung* interpretieren. Für den Fall, dass die Nullphasenwinkeldifferenz $\Delta\varphi$ kein ganzzahliges Vielfaches von $\pi$ ist und $\hat{x}/\hat{y} \neq 1$ jedoch $\omega_x/\omega_y = 1$, ist die zugehörige Lissajous-Figur eine Ellipse, deren Lage bzw. Orientierung und Form (Verhältnis von kleiner und großer Halbachse) vom Verhältnis der Schwingungsamplituden $\hat{x}/\hat{y}$ und von $\Delta\varphi$ bestimmt wird.

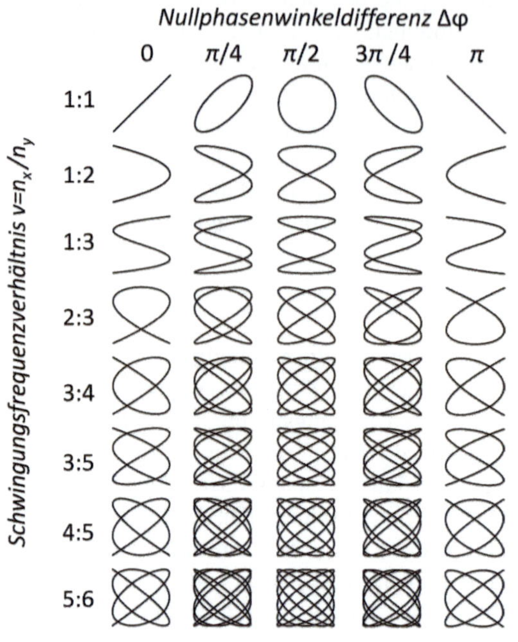


**Bild 4.6**
Lissajous-Figuren für unterschiedliche Werte des Schwingungsfrequenzverhältnisses $v$ und der Nullphasenwinkeldifferenz $\Delta\varphi$

Lissajous-Figuren lassen sich mechanisch mit einem sogenannten *Harmonographen* darstellen. Dies ist eine Apparatur, die zwei überlagerte harmonische Schwingungen in einen Kurvengraphen zur Demonstration umsetzt. Bei einem häufig angewendeten einfachen Harmonographen-Aufbau wird die Lissajous-Figur mittels eines an einer schwingenden Masse befestigten Stiftes in eine Sandfläche, über der sich die Masse mit dem Stift bewegt, gezeichnet. Für die Darstellung der Überlagerung von zwei Schwingungen mit unterschiedlichen Schwingungsfrequenzen, kann beispielsweise der Sand auf einem ebenfalls schwingenden Teller aufgebracht werden. Eine andere Möglichkeit wäre, die Lissajous-Figur mit aus der schwingenden Masse herausrinnendem Sand zu zeichnen.

Lissajous-Figuren, die durch Überlagerung von zwei harmonischen (z. B. sinusförmigen) Wechselspannungen mit unterschiedlichen Frequenzen, Amplituden und Nullphasenwinkeln entstehen, lassen sich mit einem *Oszilloskop* (früher auch als *Oszillograph* bezeichnet) grafisch darstellen. Dabei wird bei deaktivierter Zeitablenkung die eine Wechselspannung an die x-Ablenkung und die andere Wechselspannung an die y-Ablenkung angeschlossen.

Die Form der auf dem Bildschirm des Oszilloskops dargestellten Lissajous-Figuren erlaubt genaue Rückschlüsse auf das Frequenzverhältnis und die Nullphasenwinkeldifferenz der beiden Wechselspannungen. Bei zwei Wechselspannungen mit fast gleichen Frequenzen bzw. mit einem Frequenzverhältnis, das sehr nahe an einem rationalen Verhältnis liegt, ist auf dem Bildschirm des Oszilloskops eine geschlossene, aber sich zeitlich verändernde Lissajous-Figur zu erkennen. Auf diese Weise lassen sich auch kleine Frequenzunterschiede mit hoher Empfindlichkeit nachweisen bzw. Frequenzabgleiche durchführen.

### 4.1.4 Drehschwingung

Ein weiterer Sonderfall einer Schwingung ist die *Drehschwingung* (auch *Torsionsschwingung* genannt). Im Gegensatz zur translatorischen Schwingung ist die Drehschwingung eine periodische Bewegung um den rotatorischen Freiheitsgrad eines Systems entlang eines Kreisbogens (Bild 4.7). Beispielsweise führt eine Masse, die über einen Faden oder eine Stange mit einem Drehpunkt verbunden ist, bei Auslenkungen im Schwerefeld der Erde Drehschwingungen durch.

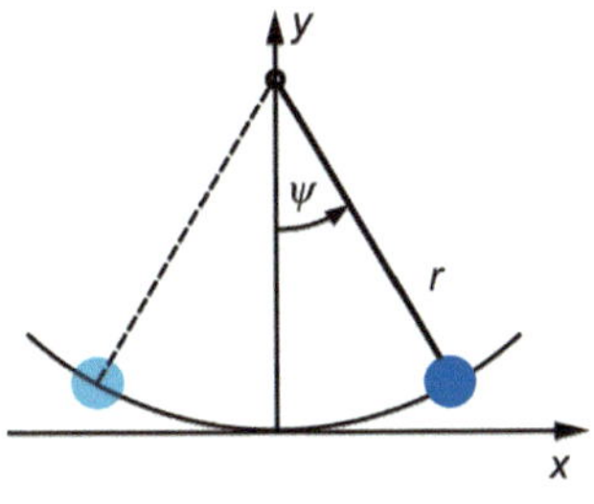


**Bild 4.7**
Drehschwingung: periodische Bewegung entlang eines Kreisbogens

Im kartesischen Koordinatensystem sind zur Beschreibung dieser Bewegung zunächst zwei Koordinaten $x(t)$ und $y(t)$ erforderlich, wenn diese beispielsweise in der *xy*-Ebene stattfindet. Durch den Wechsel zu ebenen Polarkoordinaten zeigt sich, dass zur Beschreibung der Bewegung nur eine Koordinate, der Drehwinkel $\psi$, erforderlich ist, da der Radius $r=\sqrt{\left(x(t)\right)^2+\left(y(t)\right)^2}$, also der Abstand zwischen der Masse und dem Drehpunkt, zeitlich konstant ist. Anstelle der bei Polarkoordinaten üblichen Bezeichnung $\phi$ für den Dreh- bzw. Azimutwinkel, wird hier für den Auslenkungswinkel das Symbol $\psi$ verwendet, auch um Verwechslungen mit dem Nullphasenwinkel $\varphi_0$ zu vermeiden. Für die ungedämpfte harmonische Drehschwingung gilt für die Auslenkungsfunktion $\psi(t)$:

$$\psi(t)=\hat{\psi}\sin(\omega t+\varphi_0) \tag{4.20}$$

$\hat{\psi}$ ist die Amplitude bzw. der Betrag des maximalen Auslenkungswinkels. In Analogie zu Gl. (4.4) ergeben sich die Momentanwinkelgeschwindigkeit $\dot{\psi}(t)$ und die Momentanwinkelbeschleunigung $\ddot{\psi}(t)$ durch die erste bzw. zweite zeitliche Ableitung der Auslenkungsfunktion $\psi(t)$:

$$\dot{\psi}(t)=\hat{\psi}\omega\cos(\omega t+\varphi_0)=\hat{\psi}\omega\sin\left(\omega t+\varphi_0+\frac{\pi}{2}\right) \tag{4.21a}$$

$$\ddot{\psi}(t) = -\hat{\psi}\omega^2 \sin(\omega t + \varphi_0) = -\omega^2 \psi(t) = -\hat{\psi}\omega^2 \sin(\omega t + \varphi_0 + \pi) \tag{4.21b}$$

$\hat{\psi}\omega$ ist die Amplitude der Momentanwinkelgeschwindigkeit und $\hat{\psi}\omega^2$ ist die Amplitude der Momentanwinkelbeschleunigung, d. h. deren positive Maximalwerte. Ebenfalls zur Vermeidung von Verwechselungen mit der Kreisfrequenz wurde hier auf die sonst übliche Bezeichnung $\omega$ für die Winkelgeschwindigkeit verzichtet. Gemäß einfacher trigonometrischer Umformungen ist der Phasenwinkel der Momentanwinkelgeschwindigkeit $\dot{\psi}(t)$ um $\pi/2$ größer als derjenige des entsprechenden Auslenkungswinkels $\psi(t)$, d. h. $\dot{\psi}(t)$ eilt dem Auslenkungswinkel um eine viertel Drehschwingung voraus. Bei der Momentanwinkelbeschleunigung beträgt der Phasenwinkelunterschied $\pi$, d. h. $\ddot{\psi}(t)$ eilt dem Auslenkungswinkel um eine halbe Drehschwingung voraus bzw. hinterher. Die zeitlichen Verläufe aller drei Bewegungsgrößen $\psi(t)$, $\dot{\psi}(t)$ und $\ddot{\psi}(t)$ entsprechen den in Bild 4.2 dargestellten Verhältnissen.

## 4.2 Dynamik schwingender Körper

Im vorangegangenen Abschnitt 4.1 wurde die Kinematik schwingender Körper ohne Berücksichtigung der Kräfte dargestellt. Im vorliegenden Abschnitt 4.2 werden die bei den Schwingungsbewegungen wirkenden Kräfte in die Betrachtungen einbezogen.

### 4.2.1 Der ungedämpfte harmonische Oszillator

Das einfachste schwingungsfähige System besteht aus einer Masse (Massepunkt oder Körper), die unter der Einwirkung einer linearen *Rückstellkraft* nach einmaligem Anstoßen ungedämpfte harmonische (sinusförmige) Schwingungen um seine Ruhelage ausführt. Die Stärke der Rückstellkraft nimmt direkt proportional mit wachsender Auslenkung zu. Die Schwingungsfrequenz bzw. die Periodendauer sind unabhängig von der Größe der Auslenkung bzw. der Rückstellkraft. Beispielsysteme sind das *Federpendel*, das *mathematische Pendel*, das *physikalische Pendel* und das *Drehpendel* (auch *Torsionspendel* genannt), die im Folgenden vorgestellt werden. Beispiele für harmonische Oszillatoren außerhalb der Mechanik sind der elektrische Schwingkreis (elektrischer Oszillator; Abschnitt 6.7.1), der harmonische Oszillator der Quantenmechanik und der Lorentz-Oszillator (H. A. Lorentz, 1853–1928, Nobelpreis 1902) in der Optik. Der harmonische Oszillator ist ein wichtiges Modellsystem der Physik, da viele komplexe Systeme sich bei kleinen Auslenkungen näherungsweise wie harmonische Oszillatoren verhalten und somit eine einfache quantitative Beschreibung möglich ist. Die Bezeichnung harmonischer Oszillator wird auch für gedämpfte harmonische Oszillatoren verwendet, auch wenn diese streng genommen keine harmonischen Schwingungen vollziehen, sondern gedämpfte Schwingungen (Abschnitt 4.2.2).

#### Federpendel

Ein Federpendel (auch *Federschwinger* oder *Feder-Masse-Oszillator* genannt) ist ein harmonischer Oszillator bestehend aus einer masselosen Feder und einem daran befestigten Massestück, welches sich geradlinig und eindimensional längs der Richtung bewegt, in der die Feder gestreckt bzw. gestaucht wird (Bild 4.8). Bewegt sich das Massestück horizontal wird bei der Betrachtung der ungedämpften Schwingung die zwischen dem Massestück und der Unterlage wirkende Reibungskraft vollständig vernachlässigt. Wenn sich das Massestück nicht horizontal bewegt, hängt zwar die Ruhelageposition, jedoch nicht die Schwingungsfrequenz, von der auf das Massestück wirkenden Schwerkraft ab. Die Schwingung eines Federpendels verläuft harmonisch (sinusförmig), solange die Feder eine zur Auslenkung proportionale Kraft ausübt. Dies ist dann der Fall, wenn die Feder mit der Federkonstante $k$ ausschließlich elastisch verformt wird, sodass für die Rückstellkraft $F_{\text{Rück}}$ bei einer Bewegung entlang der $y$-Richtung gilt:

$$F_{\text{Rück}} = -k\,y \tag{4.22}$$

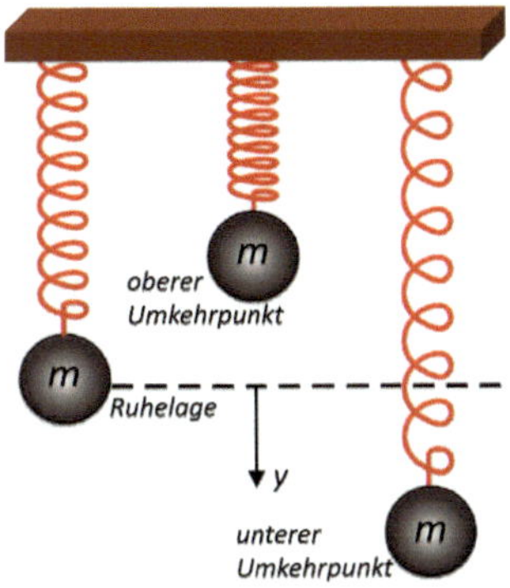


**Bild 4.8**
Federpendel (Feder-Masse-Oszillator)

Aufgrund der Rückstellkraft $F_{\text{Rück}}$ hat ein aus der Ruhelage ausgelenktes Federpendel stets das Bestreben in die Ruhelage zurückzukehren. Das an der Feder befestigte Massestück wird in Richtung der Ruhelage beschleunigt und schwingt aufgrund des Trägheitsprinzips darüber hinaus. Die in der Feder gespeicherte potentielle Energie wird in kinetische Energie des Massestücks umgewandelt. Beim ungedämpften Federpendel gilt die Energieerhaltung $E_{\text{kin}} + E_{\text{pot}}$ = konstant, sodass die Schwingung periodisch mit konstanter Amplitude erfolgt. Mit dem Zweiten Newton'schen Gesetz ergibt sich für das Federpendel folgende Bewegungsgleichung:

$$m\,a(t) = m\,\ddot{y}(t) = F_{\text{Rück}}(t) = -k\,y(t) \quad \Rightarrow \quad 0 = \ddot{y}(t) + \frac{k}{m}\,y(t) \tag{4.23}$$

Die zweite Gl. (4.23) ist eine homogene, lineare Differentialgleichung (DGL) 2. Ordnung mit dem konstanten reellen Koeffizienten $k/m$. Die Lösung dieser DGL ist beispielsweise mit dem Lösungsansatz $y(t) = A\exp(\lambda t)$ für die Auslenkungsfunktion mit den im allgemeinen komplexen Parametern $A$ und $\lambda$ möglich. Durch Einsetzen dieses Lösungsansatzes in die DGL ergibt sich die allgemeine Lösung der DGL durch Superposition der beiden voneinander unabhängigen Einzellösungen mit den komplexen Parametern $A_1$, $A_2$, $\lambda_1$ und $\lambda_2$:

$$y(t) = A_1 \exp(\lambda_1 t) + A_2 \exp(\lambda_2 t) \quad \text{mit} \quad A_{1,2} \in \mathbb{C} \tag{4.24a}$$

$$\lambda_{1,2} = \pm i \sqrt{\frac{k}{m}} \in \mathbb{C} \tag{4.24b}$$

Diese allgemeine Lösung ist insbesondere aus physikalischer Sicht jedoch noch nicht die endgültige Lösung, da sie eine komplexe Funktion darstellt und die gesuchte Auslenkungsfunktion $y(t)$ reell sein muss. Durch Berücksichtigung der Anfangswerte (auch Startwerte genannt) zum Zeitpunkt $t = 0$, wie beispielsweise $y(t=0)=0$ (Ruhelage ist der Nullpunkt der *y*-Achse) und $\dot{y}(t=0)=v(t=0)=\hat{v}$, ergibt sich folgende spezielle Lösung der DGL, die in diesem Fall auch als *Anfangswertproblem* (AWP) bezeichnet wird:

$$y(t)=\hat{v}\sqrt{\frac{m}{k}}\sin\left(\sqrt{\frac{k}{m}}\,t\right) \tag{4.25a}$$

$$\dot{y}(t)=v(t)=\hat{v}\cos\left(\sqrt{\frac{k}{m}}\,t\right) \tag{4.25b}$$

Der Vergleich dieser beiden Beziehungen mit denen für die harmonische Schwingung (Gl. (4.3) und Gl. (4.4)) ergibt für den Nullphasenwinkel $\varphi_0 = 0$ folgenden Zusammenhang zwischen der Federkonstante $k$, der Masse $m$ des Massestücks, der Kreisfrequenz $\omega$ und der Periodendauer $T$ des ungedämpften harmonischen Federpendels:

$$\omega=\sqrt{\frac{k}{m}} \tag{4.26a}$$

$$T=2\pi\sqrt{\frac{m}{k}} \tag{4.26b}$$

Für die Amplitude bzw. für den Betrag der maximalen Auslenkung gilt demensprechend $\hat{y}=\hat{v}\sqrt{m/k}=\hat{v}/\omega$. Die Kreisfrequenz $\omega$, die beim harmonischen Oszillator auch als *Eigenfrequenz* bezeichnet wird, und die Periodendauer $T$ sind unabhängig von den Anfangswerten und werden nur bestimmt von der Federkonstante $k$ und der Masse $m$ des Massestücks.

Für die zeitabhängige kinetische und potentielle Energie sowie für die konstante Gesamtenergie des Federpendels gilt:

$$E_{\text{kin}}(t)=\frac{1}{2}mv^2=\frac{1}{2}m\hat{v}^2\cos^2\left(\sqrt{\frac{k}{m}}\,t\right) \tag{4.27a}$$

$$E_{\text{pot}}(t)=\frac{1}{2}k\,y^2=\frac{1}{2}m\hat{v}^2\sin^2\left(\sqrt{\frac{k}{m}}\,t\right) \tag{4.27b}$$

$$E=E_{\text{kin}}(t)+E_{\text{pot}}(t)=\frac{1}{2}m\hat{v}^2=\frac{1}{2}k\,\hat{y}^2=\text{konstant} \tag{4.27c}$$

Die kinetische Energie ist maximal beim Durchgang durch die Ruhelage, während die potentielle Energie in den Umkehrpunkten bei extremaler Auslenkung maximal ist.

Wenn die Masse der Feder $m_F$ nicht vernachlässigt werden kann, gilt für den Fall einer Feder mit homogener Massenverteilung für die Kreisfrequenz $\omega$ und die Periodendauer $T$ des ungedämpften harmonischen Federpendels:

$$\omega=\sqrt{\frac{3k}{3m+m_F}} \tag{4.28a}$$

$$T = 2\pi\sqrt{\frac{3m + m_F}{3k}} \tag{4.28b}$$

Das ungedämpfte harmonische Federpendel ist in der Praxis nur näherungsweise realisiert. Abgesehen von der oft unvermeidlichen Dämpfung, die zu einem anderen Zeitverhalten der Schwingung führt, ist die strikte Proportionalität zwischen Federkraft und Auslenkung eine Vereinfachung, die allenfalls für kleine Auslenkungen erfüllt ist. Für größere Auslenkungen ergeben sich Nichtlinearitäten in dem Kraftgesetz, die zu einem anharmonischen Schwingungsverhalten des Massestücks führen, das dann nicht mehr mit einer einfachen Sinus-Funktion beschrieben werden kann. Insbesondere die Kreisfrequenz $\omega$ und die Periodendauer $T$ sind dann abhängig von der Auslenkungsamplitude. Darüber hinaus führt die Abweichung der Pendelbewegung vom eindimensionalen Fall durch seitliche Auslenkungen zu einem anharmonischen bis hin zu einem chaotischen Schwingungsverhalten.

**Beispiele**

1. Ein Pkw besitzt eine Eigenmasse von 1 000 kg. Durch eine Zuladung von 380 kg senkt sich die Karosserie um 80 mm. Wie groß ist die Eigenfrequenz des Pkw im beladenen Zustand?

   Die Federung des Pkw besitzt eine Federsteife von

   $$k = \frac{F}{y} = \frac{380\,\text{kg} \cdot 9{,}81\,\text{m}}{80 \cdot 10^{-3}\,\text{m} \cdot \text{s}^2} = 46{,}6\,\text{kN/m}$$

   Die Eigenfrequenz mit Zuladung ist

   $$f = \frac{1}{2\pi}\sqrt{\frac{k}{m}} = \frac{1}{2 \cdot \pi}\sqrt{\frac{46{,}6 \cdot 10^3\,\text{N}}{1380\,\text{kg} \cdot \text{m}}} = 0{,}925\,\text{Hz}$$

2. Eine Feder wird mit einem Gewicht so belastet, dass die Feder gedehnt wird, ohne dass es zu einer Schwingung kommt. Wie groß ist die maximale Auslenkung der Feder, wenn das Gewicht an der ungedehnten Feder plötzlich losgelassen wird?

   Die Auslenkungsamplitude der Schwingung entspricht der Auslenkung der Feder bei der nichtschwingenden Belastung. Die maximale Auslenkung der Feder ist daher doppelt so groß.

### Mathematisches Pendel

Das mathematische Pendel (auch *ebenes Pendel* oder *Fadenpendel* genannt) ist eine Idealisierung, bei der eine als punktförmig gedachte Masse an einer masselosen, starren Stange oder an einem masselosen, nicht dehnbaren Faden aufgehängt ist (Bild 4.9). Das Pendel schwingt in einer Ebene entlang eines Kreisbogens mit kleinen Auslenkungen um die Ruhelage. Wie beim zuvor diskutierten Federpendel werden auch beim ungedämpften mathematischen Pendel sämtliche Reibungseffekte, insbesondere der Luftwiderstand, vernachlässigt. Das mathematische Pendel ist ein Spezialfall des Kugelpendels, das sich in allen drei Raumrichtungen bewegen kann.

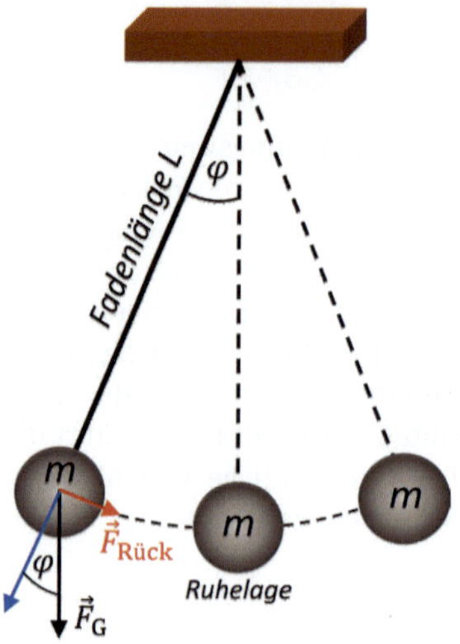


**Bild 4.9**
Mathematisches Pendel

Aufgrund der auf die punktförmige Masse wirkenden Schwerkraft $F_G = mg$ ergibt sich bei einer Auslenkung aus der Ruhelage eine Rückstellkraft, die tangential bezüglich der kreisförmigen Pendelbahn wirkt. Der Betrag der Rückstellkraft wird mit wachsendem Auslenkungswinkel $\varphi$ bezüglich der Ruhelage größer und der Vektor der Rückstellkraft $\vec{F}_{\text{Rück}}$ zeigt stets in Richtung der Ruhelage. Die radiale Kraftkomponente ist für die Schwingungsbewegung nicht relevant, da sie in Richtung der Stange bzw. des Fadens wirkt. Da das mathematische Pendel wie das Federpendel nur einen Freiheitsgrad hat, genügt auch hier eine skalare Kräftebilanz, sodass gilt:

$$ma(t) = mL\ddot{\varphi}(t) = F_{\text{Rück}} = -mg\sin(\varphi(t)) \quad \Rightarrow \quad 0 = \ddot{\varphi}(t) + \frac{g}{L}\sin(\varphi(t)) \tag{4.29}$$

Hierbei gilt für die Winkelbeschleunigung $\ddot{\varphi}(t) = a(t)/L$, wobei $L$ die konstante Länge der Stange bzw. des Fadens und $g$ die Fallbeschleunigung ist, die für einen bestimmten Ort auf der Erdoberfläche ebenfalls konstant ist. In Analogie zur Bewegungsgleichung des Federpendels (Gl. (4.23)), ist die zweite Gl. (4.29) auch eine homogene Differentialgleichung (DGL) 2. Ordnung mit dem konstanten reellen Koeffizienten $g/L$. Im Gegensatz zur DGL des Federpendels ist die DGL des mathematischen Pendels aufgrund der Sinus-Funktion jedoch nichtlinear, wodurch die Lösung mathematisch anspruchsvoller ist. Daher soll zunächst die DGL des mathematischen Pendels im Rahmen der *Kleinwinkelnäherung* $\sin(\varphi) \approx \varphi$ (gilt im Bogenmaß für kleine Auslenkungswinkel mit $\varphi \lesssim 8°$) gelöst werden:

$$0 = \ddot{\varphi}(t) + \frac{g}{L}\varphi(t) \tag{4.30}$$

Die Lösung dieser homogenen, linearen DGL 2. Ordnung ist mathematisch äquivalent zur Lösung der DGL des Federpendels. Häufig werden beim mathematischen Pendel als Anfangswerte $\varphi(t=0) = \hat{\varphi}$ und $\dot{\varphi}(t=0) = 0$ gewählt, sodass die zeitliche Entwicklung mit dem maximalen Auslenkungswinkel $\hat{\varphi}$ beginnt. Die spezielle Lösung des Anfangswertproblems ist dann:

$$\varphi(t) = \hat{\varphi}\cos(\omega t) \tag{4.31a}$$

$$\dot{\varphi}(t) = -\hat{\varphi}\omega\sin(\omega t) \tag{4.31b}$$

Für die Eigenfrequenz $\omega$ und die Periodendauer $T$ des ungedämpften mathematischen Pendels im Rahmen der Kleinwinkelnäherung gilt:

$$\omega = \sqrt{\frac{g}{L}} \tag{4.32a}$$

$$T = 2\pi\sqrt{\frac{L}{g}} \tag{4.32b}$$

Im Gegensatz zum Federpendel ist die Eigenfrequenz bzw. die Periodendauer des mathematischen Pendels unabhängig von der Pendelmasse $m$. Für die zeitabhängige kinetische $E_{\text{kin}}(t)$ und potentielle Energie $E_{\text{pot}}(t)$ sowie für die konstante Gesamtenergie $E = E_{\text{kin}}(t) + E_{\text{pot}}(t)$ des mathematischen Pendels gilt im Rahmen der Kleinwinkelnäherung (mit $\cos(\varphi(t)) \approx 1-(\varphi(t))^2/2$):

$$E_{\text{kin}}(t) = \frac{1}{2}mv^2 = \frac{1}{2}mL^2(\dot{\varphi}(t))^2 = \frac{1}{2}mL^2(\hat{\varphi}\omega\sin(\omega t))^2 \tag{4.33a}$$

$$E_{\text{pot}}(t) = mgh(t) = mgL(1-\cos(\varphi(t))) = \frac{1}{2}mgL(\varphi(t))^2 \tag{4.33b}$$

$$E = E_{\text{kin}}(t) + E_{\text{pot}}(t) = \frac{1}{2}mgL\hat{\varphi}^2\left(\sin^2(\omega t) + \cos^2(\omega t)\right) = \text{konstant} \tag{4.33c}$$

Dabei bezeichnet $h(\varphi(t)) = L(1-\cos(\varphi(t)))$ die vertikale Höhe der Masse bezüglich der Ruhelageposition mit $h(\varphi = 0) = 0$. Die Erhaltung der Gesamtenergie $E$ gilt auch für größere Auslenkungswinkel (außerhalb der Kleinwinkelnäherung) und ergibt sich dann aus der zeitlichen Ableitung von $E$:

$$\frac{\mathrm{d}E}{\mathrm{d}t} = \frac{\mathrm{d}}{\mathrm{d}t}\left(E_{\text{kin}}(t) + E_{\text{pot}}(t)\right) = mL^2(\dot{\varphi}(t))^2\left[\ddot{\varphi}(t) + \frac{g}{L}\sin(\varphi(t))\right] = 0 \tag{4.34}$$

Der zweite Faktor der zeitlichen Ableitung in Gl. (4.34) ist die sich aus der skalaren Kräftebilanz ergebende Bewegungsgleichung (Gl. (4.29)), die für jeden Zeitpunkt $t$ identisch null ist. Aus der Energieerhaltung (Gl. (4.33c)) kann die maximale Geschwindigkeit $v_{\max}$ der Masse ermittelt werden. Diese wird beim Durchgang durch die Ruhelageposition für $\varphi(t) = 0$ erreicht, wenn die kinetische Energie maximal und die potentielle Energie null ist. Es gilt:

$$v_{\max} = \sqrt{2gL(1-\cos(\hat{\varphi}))} = \hat{\varphi}\sqrt{gL} = \hat{\varphi}\omega L \tag{4.35}$$

Für die zweite Umformung wurde wieder die Kleinwinkelnäherung $1-\cos(\hat{\varphi}) \approx (\hat{\varphi})^2/2$ benutzt. Die maximale Geschwindigkeit ist somit direkt proportional zum maximalen Auslenkungswinkel $\hat{\varphi}$, zur Kreisfrequenz $\omega$ und zur Pendellänge $L$. In den Umkehrpunkten bei maximalem Auslenkungswinkel $\varphi(t) = 0$ ist die potentielle Energie am größten und die kinetische Energie null.

Für größere Auslenkungswinkel $\hat{\varphi}$ (außerhalb des Gültigkeitsbereiches der Kleinwinkelnäherung) sind die Schwingungen des mathematischen Pendels anharmonisch und die Lösung der nichtlinearen Differentialgleichung (Gl. (4.29)) ist nur mit größerem mathematischen Aufwand mittels elliptischer Funktionen und elliptischer Integrale möglich. Für die zeitabhängigen Funktionen des Auslenkungswinkels $\varphi(t)$, der Winkelgeschwindigkeit $\dot{\varphi}(t)$ und der Winkelbeschleunigung $\ddot{\varphi}(t)$ gilt in diesem Fall:

$$\varphi(t) = 2\arctan\left[\tan\left(\frac{\hat{\varphi}}{2}\right)\cdot \mathrm{cn}\left(\sqrt{\frac{g}{L}}\,t;\ \sin\left(\frac{\hat{\varphi}}{2}\right)\right)\right] \tag{4.36a}$$

$$\dot{\varphi}(t) = -\sqrt{\frac{g}{L}}\sin(\hat{\varphi})\cdot \mathrm{sd}\left(\sqrt{\frac{g}{L}}\,t;\ \sin\left(\frac{\hat{\varphi}}{2}\right)\right) \tag{4.36b}$$

$$\ddot{\varphi}(t) = -\frac{g}{L}\sin(\hat{\varphi})\cdot \mathrm{cd}\left(\sqrt{\frac{g}{L}}\,t;\ \sin\left(\frac{\hat{\varphi}}{2}\right)\right)\cdot\left[\mathrm{dn}\left(\sqrt{\frac{g}{L}}\,t;\ \sin\left(\frac{\hat{\varphi}}{2}\right)\right)\right]^{-1} \tag{4.36c}$$

Die Funktionen $\mathrm{cn}(z;k)$, $\mathrm{sd}(z;k)$, $\mathrm{cd}(z;k)$ und $\mathrm{dn}(z;k)$ sind vier von den insgesamt zwölf Jacobi'schen elliptischen Funktionen (C. G. J. Jacobi, 1804–1851). Die Periodendauer $T(\hat{\varphi})$ des für größere Auslenkungswinkel anharmonisch schwingenden mathematischen Pendels hängt von der Periodizität der Funktion $\mathrm{cn}(z;k)$ ab und ergibt sich als Lösung des folgenden vollständigen elliptischen Integrals erster Art:

$$T(\hat{\varphi}) = 4\sqrt{\frac{L}{g}}\int_0^{\pi/2}\frac{\mathrm{d}\varphi}{\sqrt{1-\sin^2(\varphi)\sin^2\left(\frac{\hat{\varphi}}{2}\right)}} \tag{4.37}$$

Die Lösung dieses Integrals lässt sich als (unendliche) Reihe darstellen:

$$T(\hat{\varphi}) = 2\pi\sqrt{\frac{L}{g}}\sum_{n=0}^{\infty}\left[\left(\frac{(2n)!}{(2^n n!)^2}\right)^2 \sin^{2n}\left(\frac{\hat{\varphi}}{2}\right)\right] \tag{4.38a}$$

$$T(\hat{\varphi}) = 2\pi\sqrt{\frac{L}{g}}\left[1+\frac{1}{4}\sin^2\left(\frac{\hat{\varphi}}{2}\right)+\frac{9}{64}\sin^4\left(\frac{\hat{\varphi}}{2}\right)+\frac{25}{256}\sin^6\left(\frac{\hat{\varphi}}{2}\right)\ldots\right] \tag{4.38b}$$

Auch beim anharmonisch schwingenden mathematischen Pendel ist die Periodendauer unabhängig von der Pendelmasse $m$. Im Gegensatz zum harmonisch schwingenden mathematischen Pendel ist die Periodendauer jedoch abhängig vom maximalen Auslenkungswinkel $\hat{\varphi}$. Der erste Summand der (unendlichen) Reihe für $n = 0$ entspricht der Periodendauer $T = 2\pi\sqrt{L/g}$ des mathematischen Pendels im Rahmen der Kleinwinkelnäherung (Gl. (4.33)).

Das *Foucault'sche Pendel* (J. B. L. Foucault, 1819–1868) ist näherungsweise ein mathematisches Pendel mit großer Pendellänge und großer Pendelmasse sowie vernachlässigbarer Masse des Pendelfadens, mit dessen Hilfe die Erdrotation anschaulich nachgewiesen werden kann. Während sich die Schwingungsebene des Foucault'schen Pendels bezüglich des Fixsternhimmels nicht ändert, dreht sich jedoch die Erde unter der Schwingungsebene um ihre eigene Achse. Am Nord- und am Südpol ist diese Drehung am größten und auch am einfachsten verständlich, da sich der Aufhängepunkt des Pendels genau auf der Rotationsachse der Erde befindet. Die am Foucault'schen Pendel beobachtete Drehung erfolgt entgegen dem Sinn der Erdrotation, d. h. am Nordpol rechtsherum bzw. im Uhrzeigersinn und am Südpol linksherum bzw. entgegen dem Uhrzeigersinn. Am Erdäquator hingegen dreht sich die Schwingungsebene des Pendels gegenüber dem Erdboden überhaupt nicht.

Aus Sicht eines Beobachters auf der Erdoberfläche, der die Erde als ruhend betrachtet, dreht sich jedoch außerhalb des Äquators die Schwingungsebene des Pendels. Verursacht wird dies durch die auf der Erde wirkende Coriolis-Kraft, die in Bezug auf das erdfeste Bezugssystem stets quer zur Bewegungsrichtung des Pendelkörpers auf ihn einwirkt und ihn auf der Nordhalbkugel nach rechts und auf der Südhalbkugel nach links ablenkt. Die Winkelgeschwindigkeit der durch die Coriolis-Kraft bewirkten Drehung ist konstant und beträgt: $\omega_{\text{Coriolis}} = \Omega \sin(\phi)$, wobei $\Omega = 7{,}292\,115 \cdot 10^{-5}$ rad/s die Winkelgeschwindigkeit der Erde und $\phi$ der Winkel der geografischen Breite (mit $\phi = 0°$ am Äquator und $\phi = 90°$ an den Polen) des Aufhängepunktes des Foucault'schen Pendels ist. Wird die Bewegung des Pendelkörpers in einem erdfesten Bezugssystem mittels ebenen Polarkoordinaten dargestellt, gilt:

$$r^2(t) = x^2(t) + y^2(t) = r_0^2 \left( \cos^2(\omega_0 t) + \frac{\Omega^2 \sin^2(\phi)}{\omega_0^2} \sin^2(\omega_0 t) \right) \tag{4.39}$$

mit $\omega_0 = \sqrt{g/L}$ und $r_0$ ist der Anfangsabstand bei $t = 0$ von der Ruhelage. Die Zentrifugalkraft, die zu einer Abweichung der Erde von der idealen Kugelform führt (Erdabplattung an beiden Polen) und zu einer Änderung von Richtung und Stärke der durch die Gravitation bedingten Beschleunigung führt, wird hierbei jedoch vernachlässigt. Am Äquator mit $\phi = 0°$ entspricht die Gl. (4.39) dem einfachen Fall des harmonisch schwingenden mathematischen Pendels (Gl. (4.29)). Für $\phi \neq 0°$ ergibt sich eine Rosettenbahn (Bild 4.10), die nicht exakt durch die Ruhelageposition $x = y = 0$ verläuft, sich jedoch bis auf einen Bruchteil von $\omega_{\text{Coriolis}}/\omega_0 = \Omega \sin(\phi)/\sqrt{g/L}$ der Ruhelageposition annähert. Die Umlaufdauer für eine vollständige Drehung des Foucault'schen Pendels beträgt:

$$T_{\text{Foucault}} = \frac{2\pi}{\omega_{\text{Coriolis}}} = \frac{2\pi}{\Omega \sin(\phi)} \tag{4.40}$$

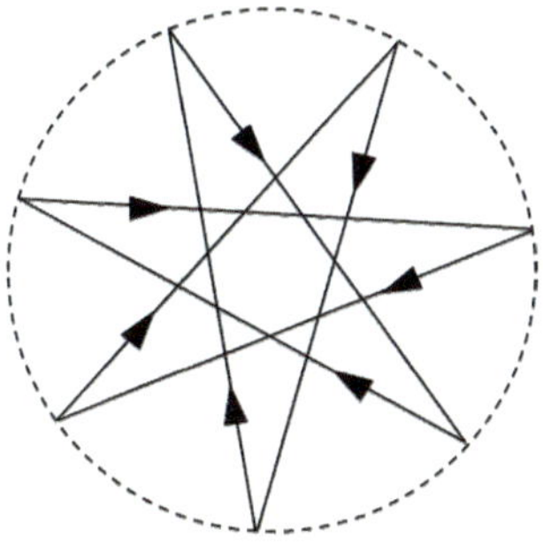

**Bild 4.10**
Rosettenbahnen des Foucault'schen Pendels

In Deutschland dreht sich die Schwingungsebene des Foucault'schen Pendels um ca. 11,5° (gemittelt) pro Stunde bzw. um ca. 276° (gemittelt) in 24 Stunden. Eine vollständige Drehung der Schwingungsebene bzw. ein vollständiger Durchlauf der Rosettenbahn dauert in Deutschland ca. 31,3 Stunden (gemittelt).

Das *Galilei'sche Hemmungspendel* (G. Galilei, 1564–1642) ist ein Sonderfall des mathematischen Pendels mit einem nicht-dehnbaren aber verlustfrei biegsamen Faden, bei dem die harmonische Schwingung durch ein Hindernis gestört wird. In der Regel wird das Hindernis senkrecht unterhalb der eigentlichen Aufhängung des Pendels bzw. senkrecht oberhalb der Position der Ruhelage platziert (Bild 4.11). Das Pendel wird dann nur so weit ausgelenkt, dass sich der Pendelkörper zu keinem Zeitpunkt oberhalb des Hindernisses befindet. Durch das Hindernis ergibt sich auf der linken Seite ein mathematisches Pendel mit der kürzeren Länge $l_2 < l_1$. Aufgrund der Energieerhaltung beim ungedämpften (reibungsfreien) Galilei'schen Hemmungspendel schwingt das Pendel auf der linken Seite genau so hoch wie auf der rechten Seite. Die Gesamtschwingungsdauer $T$ ergibt sich aus der Summe der Hälften der beiden Teilschwingungsdauern:

$$T = \frac{T_1}{2} + \frac{T_2}{2} = \frac{\pi}{\sqrt{g}}\left(\sqrt{l_1} + \sqrt{l_2}\right) \tag{4.41}$$

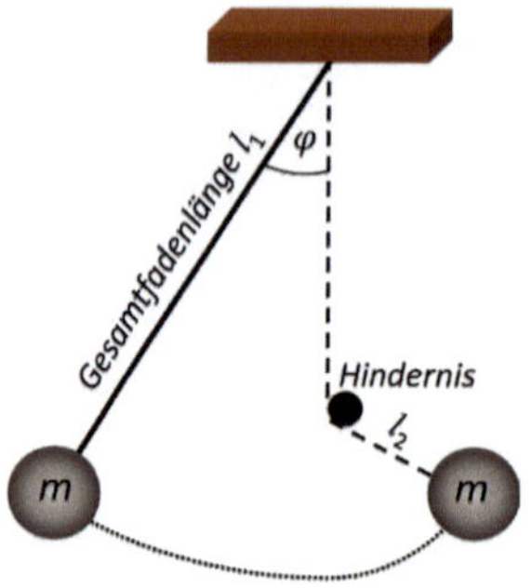


**Bild 4.11**
Galilei'sches Hemmungspendel

Wird der Pendelkörper zu Beginn (bei $t = 0$) so stark ausgelenkt, dass er sich oberhalb des Hindernisses befindet, kommt keine Schwingung mehr zustande. Auf der gehemmten Seite erreicht der Pendelkörper am Umkehrpunkt einen Auslenkwinkel der größer als 90° ist. Von diesem Punkt aus wird der Pendelkörper nicht mehr auf der gleichen Kreisbahn zurückpendeln und es entsteht eine relativ komplexe Bewegung, bei der der Faden zunächst entspannt und anschließend impulsartig gespannt wird. Dadurch wird ein großer Teil der Energie der Pendelbewegung umgewandelt, sodass die Energieerhaltung $E = E_{\text{kin}} + E_{\text{pot}} = \text{konstant}$ nicht mehr erfüllt ist.

## Physikalisches Pendel

Das physikalische Pendel besteht aus einem ausgedehnten, starren Körper (oftmals mit homogener Massenverteilung), der nicht in seinem Massenschwerpunkt aufgehängt ist. In der Ruhelage befindet sich der Massenschwerpunkt senkrecht unter dem Aufhängungspunkt. Bei länglichen bzw. stabförmigen Körpern befindet sich der Aufhängungspunkt (Drehpunkt) oftmals an einem der Endpunkte des Körpers. Wird das physikalische Pendel aus seiner Gleichgewichtslage ausgelenkt, beginnt es unter dem Einfluss der Schwerkraft harmonisch zu schwingen, sofern die Auslenkung nicht zu groß ist (Kleinwinkelnäherung). Im Gegensatz zum mathematischen Pendel wirkt beim physikalischen Pendel ein in die Ruhelage rücktreibendes Drehmoment. Werden Reibungseffekte vernachlässigt ist die Schwingung ungedämpft. Für die Periodendauer $T$ des ungedämpften physikalischen Pendels gilt im Rahmen der Kleinwinkelnäherung und bei Vernachlässigung der Auftriebskraft, die von der vom Pendelkörper verdrängten Luft verursacht wird:

$$T = 2\pi\sqrt{\frac{L_{\text{red}}}{g}} = 2\pi\sqrt{\frac{J}{mgd}} = 2\pi\sqrt{\frac{J_S + md^2}{mgd}} \tag{4.42}$$

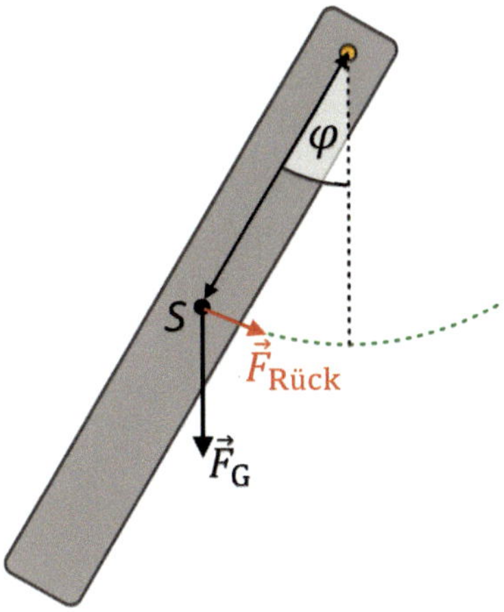


**Bild 4.12**
Physikalisches Pendel

$L_{red} = J/(md)$ ist die *reduzierte Pendellänge* des physikalischen Pendels und äquivalent zur Pendellänge $L$ des mathematischen Pendels gleicher Schwingungsdauer. $J$ ist das Trägheitsmoment des starren Körpers mit der Masse $m$ bezogen auf den Aufhängungspunkt und $d$ ist der Abstand zwischen dem Aufhängungspunkt und dem Massenschwerpunkt des Körpers. Gemäß dem Satz von Steiner (J. Steiner, 1796–1863) gilt: $J = J_S + md^2$, wobei $J_S$ ein Trägheitsmoment bezüglich des Massenschwerpunktes des Körpers und einer Drehachse ist, die parallel zur Drehachse, die durch den Aufhängungspunkt verläuft, orientiert ist. Für größere Auslenkungswinkel, d. h. außerhalb des Gültigkeitsbereiches der Kleinwinkelnäherung, ist die Lösung der dann nichtlinearen Differentialgleichung mathematisch äquivalent zur der des mathematischen Pendels, wobei die Pendellänge $L$ des mathematischen Pendels in Gl. (4.30), Gl. (4.32a) und Gl. (4.32b) durch die reduzierte Pendellänge $L_{red}$ des physikalischen Pendels zu ersetzen ist.

Das *Reversionspendel* ist ein spezielles physikalisches Pendel mit asymmetrischer Massenverteilung, bei dem entweder zwei entlang einer starren Pendelstange verschiebbare Aufhängungspunkte oder zwei feste Aufhängungspunkte und zwei entlang der Pendelstange verschiebbare Massen angeordnet sind. Die durch die beiden Aufhängungspunkte verlaufenden Drehachsen sind zueinander parallel und senkrecht zur starren Pendelstange des Reversionspendels orientiert. Das Konzept des Reversionspendels wurde erstmals im Jahre 1811 von J. G. F. v. Bohnenberger (1765–1831) publiziert und im Jahre 1817 von H. Kater (1777–1835) erstmals zur Messung der Fallbeschleunigung $g$ eingesetzt. Mit Reversionspendeln konnte bereits Mitte des 19. Jahrhunderts die Fallbeschleunigung $g$ mit einer Genauigkeit von sechs Nachkommastellen bestimmt werden. Je nach Aufbau des Reversionspendels werden entweder die beiden Aufhängungspunkte oder die beiden Massen (Bild 4.13) so verschoben, dass die Periodendauer der Schwingungen um den einen Aufhängungspunkt dieselbe ist, wie die Periodendauer der Schwingungen um den anderen Aufhängungspunkt. Daher ist zur Bestimmung der Fallbeschleunigung es weder erforderlich das Trägheitsmoment noch die Lage des Massenschwerpunktes des Reversionspendels genau zu ermitteln, sondern lediglich den Abstand zwischen den beiden Aufhängungspunkten, der der reduzierten Pendellänge entspricht. Falls die Lage des Massenschwerpunktes des Reversionspendels genau bekannt ist, kann die Fallbeschleunigung auch für zwei verschiedene Periodendauern bestimmt werden.

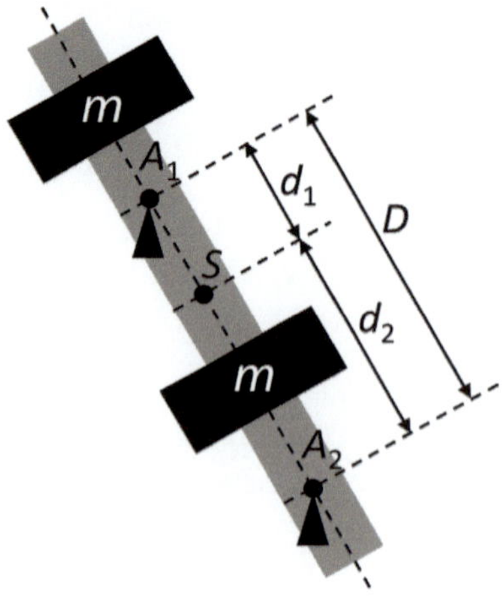


**Bild 4.13**
Reversionspendel mit zwei verschiebbaren Massen

Im Fall der Verschiebung der beiden Aufhängungspunkte $A_1$ und $A_2$ gilt für die Periodendauern $T_1$ und $T_2$ in der Kleinwinkelnäherung:

$$T_1 = 2\pi\sqrt{\frac{L_{\text{red},1}}{g}} = T_2 = 2\pi\sqrt{\frac{L_{\text{red},2}}{g}} \quad \Rightarrow \quad L_{\text{red},1} = \frac{J_1}{md_1} = L_{\text{red},2} = \frac{J_2}{md_2} \tag{4.43}$$

Aus der geforderten Gleichheit der beiden Periodendauern $T_1$ und $T_2$ folgt die Gleichheit der reduzierten Pendellängen $L_{\text{red},1}$ und $L_{\text{red},2}$ bezüglich der beiden Aufhängungspunkte $A_1$ und $A_2$, deren jeweiliger Abstand vom Massenschwerpunkt $d_1$ bzw. $d_2$ beträgt. Mit dem Satz von Steiner $J_S = J_1 - md_1^2 = J_2 - md_2^2$ folgt: $(d_2 - d_1)(J_S - md_1 d_2) = 0$. Daraus ergibt sich für die Summe $D$ der Abstände $d_1$ und $d_2$ der beiden Aufhängungspunkte bezüglich des Massenschwerpunktes:

$$D = d_1 + d_2 = \frac{J_S}{md_1} + \frac{J_S}{md_2} = \frac{J_S + md_1^2}{md_1} = \frac{J_S + md_2^2}{md_2} = \frac{J_1}{md_1} = \frac{J_2}{md_2} \tag{4.44}$$

Somit ist die Summe $D$ der Abstände der beiden Aufhängungspunkte gleich der reduzierte Pendellänge $L_{\text{red},1} = L_{\text{red},2}$ und es folgt für die experimentell zu bestimmende Fallbeschleunigung: $g = D4\pi^2/T^2$. Zwar wäre auch $d_1 = d_2 = D/2$ mathematisch eine Lösung, bei der die beiden Aufhängungspunkte mit dem gleichen Abstand $D/2$ vom Massenschwerpunkt angeordnet sind. Zur Bestimmung der Fallbeschleunigung müsste in diesem Fall jedoch die genaue Lage des Massenschwerpunktes des Reversionspendels ermittelt werden. Dementsprechend ist bei der experimentellen Bestimmung der Fallbeschleunigung mittels Reversionspendel darauf zu achten, dass die beiden Aufhängungspunkte unterschiedlich weit von der vermuteten Lage des Massenschwerpunktes entfernt sind.

Wird zur Erhöhung der Genauigkeit bei der Bestimmung der Fallbeschleunigung $g$ berücksichtigt, dass das Reversionspendel mit dem Volumen $V$ und der konstanten Massendichte $\varrho$ in Luft (mit der Luft-Massendichte $\varrho_{\text{Luft}} = 1{,}2041\ \text{kg/m}^3 = 1{,}2041\ \text{mg/cm}^3$ bei 20 °C und Normalluftdruck) eine kleine Auftriebskraft $F_{\text{Auftrieb}} = gV\varrho_{\text{Luft}}$ erfährt, gilt für $g$ in der Kleinwinkelnäherung:

$$g = \frac{D4\pi^2}{T^2} \cdot \frac{\varrho}{\varrho - \varrho_{\text{Luft}}} \tag{4.45}$$

Ein weiterer Störbeitrag ergibt sich aus der infolge der inneren Reibung mit dem Reversionspendel mitschwingenden Luft, die zu einer Erhöhung des Trägheitsmoments führt. Sowohl dieser Effekt als auch der Auftrieb in der Luft lässt sich mittels eines *symmetrischen Reversionspendels* korrigieren bzw. sogar kompensieren. Dazu werden auf einer homogenen Pendelstange zwei Massenstücke mit gleichem Volumen, gleicher Geometrie und gleichartig beschaffenen Oberflächen (gleiche Oberflächenrauigkeit) jedoch mit unterschiedlichen Massendichten symmetrisch zum Massenschwerpunkt der Pendelstange sowie symmetrisch zu den beiden Aufhängungspunkten und den beiden Enden der Pendelstange angeordnet. Dadurch liegt der Angriffspunkt der Auftriebskraft der Luft stets im geometrischen Mittelpunkt des Reversionspendels und die unbekannten Trägheitsmomente $J_{\text{Luft},1}$ und $J_{\text{Luft},2}$ der mitschwingenden Luftmassen sind für die beiden Aufhängungspunkte $A_1$ und $A_2$ aufgrund der geometrischen Symmetrie der Anordnung gleich. Die Fallbeschleunigung $g$ ergibt sich dann durch Messung der unterschiedlichen Periodendauern $T_1$ und $T_2$ für die beiden Aufhängungspunkte in der Kleinwinkelnäherung aus folgender Formel:

$$g = 4\pi^2 \frac{s_2^2 - s_1^2}{s_2 T_2^2 - s_1 T_1^2} \approx \frac{16\pi^2 D}{(T_1 + T_2)^2} \left(1 - \frac{T_2 - T_1}{T_1 + T_2} \cdot \frac{2D}{s_2 - s_1}\right) \tag{4.46}$$

Dabei sind $s_1$ und $s_2$ die Abstände der beiden Aufhängungspunkte zum Unterstützungspunkt des ausbalancierten, d. h. in Ruhe befindlichen und nicht schwingenden, Reversionspendels und es gilt: $s_1 + s_2 = D$ (mit dem Abstand $D$ der beiden Aufhängungspunkte). Für genaue Messungen der Fallbeschleunigung $g$ sind weitere Fehlerquellen, wie beispielsweise die Dämpfung, die thermische Ausdehnung und die Elastizität des Reversionspendels sowie das Mitschwingen der Pendelaufhängung zu berücksichtigen.

### Drehpendel

Das Drehpendel besteht aus einem drehbar gelagerten Körper und einer *Schneckenfeder* oder einer wendel- bzw. spiralförmigen *Biegefeder* und ist das äquivalente System zum translatorischen Federpendel für Drehschwingungen (Bild 4.14). Bei einem ausgewuchteten Drehpendel liegt der Massenschwerpunkt des Körpers auf der festen (räum- und zeitlich konstanten) Drehachse. Die Schneckenfeder wird bei Drehung des Körpers aus ihrer Ruhelage ausgelenkt und übt dadurch ein rückstellendes Drehmoment auf den Körper aus. Dieser wird dadurch so lange beschleunigt, bis die Feder sich entspannt hat und ihre gesamte potentielle Energie in kinetische Energie des Körpers umgewandelt hat, d. h. der Körper seine größte Winkelgeschwindigkeit erreicht hat. Durch die Trägheit des Körpers dreht dieser sich noch etwas weiter, sodass die Feder wiederum gespannt wird. Der gleiche Vorgang läuft dann in der entgegengesetzten Drehrichtung ab. Für den Fall der elastischen Verformung der Feder, d. h. die Feder ist so beschaffen, dass das rückstellende Drehmoment proportional zum Drehwinkel des als starr angenommenen Körpers ist, und bei Vernachlässigung von Reibungseffekten, ist das Drehpendel eine weitere Realisierung eines ungedämpften harmonischen Oszillators. Ein Drehpendel wird beispielsweise in Drehpendeluhren (mechanische Uhren mit einem Drehpendel als Zeitnormal) eingesetzt. Der interne Aufbau von Drehspulinstrumenten und Galvanometer-Antrieben entspricht dem eines Drehpendels.

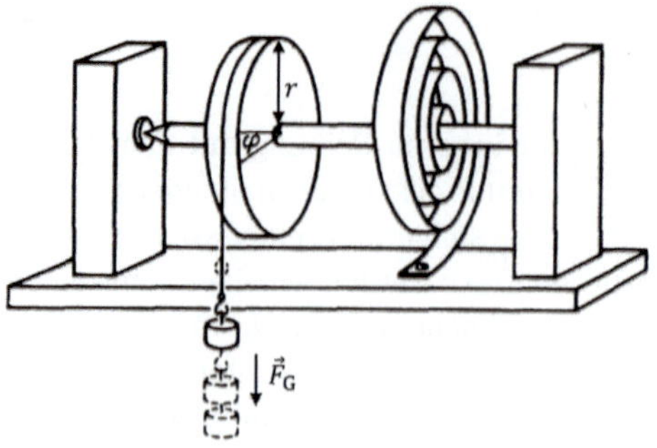


**Bild 4.14**
Drehpendel mit Schneckenfeder

In Analogie zur Proportionalität der Federrückstellkraft zur Auslenkung beim Federpendel ist auch beim Drehpendel das Rückstellmoment $M$ proportional zum Drehwinkel $\psi$ und es gilt bis zur Elastizitätsgrenze:

$$M(t) = -D\psi(t) \tag{4.47}$$

dabei bezeichnet $D$ das *Direktions-* oder *Richtmoment* (auch als *Winkelrichtgröße* bezeichnet) der Schnecken- bzw. Biegefederfeder mit der SI-Einheit $[D] = \text{Nm/rad}$, dass der Federkonstanten entspricht. Rückstellmoment und Drehwinkel sind vorzeichenbehaftete zeitabhängige skalare Größen. Bei einer Drehung um einen positiven Winkel ($\psi > 0$) ist das zugehörige Rückstellmoment rechtsdrehend und bei einer Drehung um einen negativen Winkel ($\psi < 0$) dementsprechend linksdrehend. Für die Winkelbeschleunigung $\ddot{\psi}(t)$ gilt beim Drehpendel:

$$\ddot{\psi}(t) = \frac{M(t)}{J} = -\frac{D}{J}\psi(t) \quad \Rightarrow \quad \ddot{\psi}(t) + \frac{D}{J}\psi(t) = 0 \tag{4.48}$$

wobei $J$ das Trägheitsmoment des Körpers ist. In Analogie zur Bewegungsgleichung des Federpendels (Gl. (4.23)), ist die zweite Gl. (4.48) ebenfalls eine homogene, lineare Differentialgleichung (DGL) 2. Ordnung mit dem konstanten reellen Koeffizienten $D/J$. Daher ist die Lösung dieser DGL mathematisch äquivalent zur Lösung der DGL des Federpendels. Im Gegensatz zur DGL des mathematischen Pendels (Gl. (4.29)) ist die DGL des Drehpendels ohne Kleinwinkelnäherung linear und gilt somit auch für größere Drehwinkel. Im Idealfall ist die Linearität bis zum Erreichen der Elastizitätsgrenze der Feder gegeben. Bei geeigneter Geometrie des Körpers des Drehpendels ist die Luftreibung und somit die Dämpfung gering. Für die Kreisfrequenz $\omega$ und die Periodendauer $T$ des ungedämpften harmonischen Drehpendels gilt:

$$\omega = \sqrt{\frac{D}{J}} \tag{4.49a}$$

$$T = 2\pi\sqrt{\frac{J}{D}} \tag{4.49b}$$

Drehschwingungen von Drehpendeln eignen sich sehr gut zur experimentellen Bestimmung von Trägheitsmomenten. Eine Möglichkeit besteht darin, den Körper, dessen Trägheitsmoment ermittelt werden soll, so mit einer Aufhängung zu versehen, dass er möglichst frei um eine Drehachse schwingen kann, die zu der zu untersuchenden Drehachse parallel verläuft.

Bei Kenntnis des Direktionsmoments $D$ lässt sich dann das Trägheitsmoment $J$ bezüglich der gewählten Drehachse berechnen. Umgekehrt ist es möglich, das Direktionsmoment $D$ mittels eines bekannten Trägheitsmoments $J$ experimentell zu bestimmen.

Ein *Torsionspendel* ist ein spezielles Drehpendel mit einer *Torsionsfeder*, die aus einem Rund- oder Flachdraht besteht und deren Symmetrieachse auf der Drehachse des Körpers liegt. Dadurch wird die Torsionsfeder bei Drehung des Körpers in sich verdreht (tordiert). Ein bekanntes Beispiel für ein Torsionspendel ist die *Torsionsdrehwaage* (auch Torsionswaage, Drehwaage oder *Gravitationsdrehwaage* genannt). J. Michell (1724–1793) konstruierte erstmals um das Jahr 1783 eine Torsionsdrehwaage zur Messung der Gravitationskraft, konnte jedoch die geplanten Untersuchungen nicht mehr selbst durchführen. Der prinzipielle Aufbau der Torsionsdrehwaage nach Michell ist in Bild 4.15 dargestellt. Sie besteht aus einem in einer horizontalen Ebene drehbaren Stab mit zwei an den Stabenden symmetrisch angebrachten gleichartigen Blei-Kugeln mit der Masse $m$, der an einem tordierbaren Draht aufgehängt ist. Zwei größere gleichartige Blei-Kugeln der Masse $M > m$ werden jeweils im gleichen Abstand $r$ zu den beiden kleineren Blei-Kugeln so angeordnet, dass die Massenschwerpunkte aller vier Blei-Kugeln in derselben Ebene wie der Stab liegen. Wird die Position der beiden größeren Blei-Kugeln entsprechend verändert, so wirken die Gravitationskräfte auf die beiden kleineren Blei-Kugeln in die entgegengesetzte Richtung, wodurch der Stab mit den beiden kleineren Blei-Kugeln eine Torsionsschwingung durchführt. Diese kann zu Beginn der Bewegung als konstant beschleunigte Bewegung angenähert werden. Um die sehr kleinen Verdrillungswinkel sichtbar zu machen, wird mittig auf dem Draht ein Spiegel (parallel zum Draht) angebracht und die Ablenkung eines am Spiegel reflektierten Lichtstrahls an einem entfernten Schirm beobachtet. Da die zwischen den Blei-Kugeln wirkende Gravitationskraft sehr klein ist, gibt es eine Vielzahl von störenden Einflüssen wie beispielsweise kleine Erschütterungen, Temperaturschwankungen und temperaturbedingte Luftströmungen etc., die durch entsprechende Abschirmung der Torsionsdrehwaage von ihrer Umgebung möglichst zu reduzieren sind.

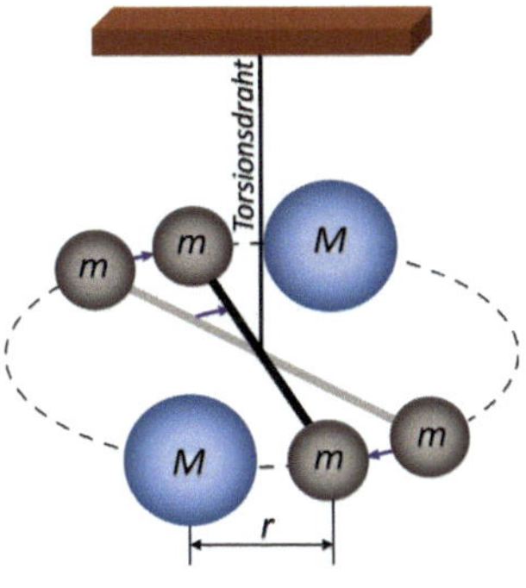


**Bild 4.15**
Prinzipieller Aufbau der Torsionsdrehwaage nach J. Michell

Mit einer optimierten Variante der von Michell konzipierten Torsionsdrehwaage führte H. Cavendish (1731–1810) im Jahre 1798 das berühmte und nach ihm benannte *Cavendish-Experiment* durch, um erstmals auf der Grundlage des Newton'schen Gravitationsgesetzes die Masse und die Dichte der Erde zu bestimmen. Der von Cavendish bestimmte Wert für die Masse der Erde weicht nur um 0,6 % vom heutigen Wert $M_{\text{Erde}} = 5{,}972\,2 \cdot 10^{24}$ kg ab. Obgleich sich Cavendish selbst nicht vorrangig für die Bestimmung der Gravitationskonstante $G$ interessierte, war es mit dem Cavendish-Experiment möglich, den Wert der Gravitationskonstante $G$ mit $6{,}71 \cdot 10^{-11}\ \mathrm{m^3\ kg^{-1}\ s^{-2}}$ schon annähernd genau zu ermitteln (heutiger Wert: $G = (6{,}674\,30 \pm 0{,}000\,15) \cdot 10^{-11}\ \mathrm{m^3\ kg^{-1}\ s^{-2}}$). C. A. de Coulomb (1736–1806) hatte vermutlich ohne Kenntnis der Michell-Konstruktion ebenfalls eine Torsionsdrehwaage entwickelt, die er bereits im Jahre 1784 (und somit 14 Jahre vor H. Cavendish) bei der Bestimmung der nach ihm benannten Coulomb-Kraft zwischen ruhenden elektrischen Ladungen eingesetzt hatte.

**Beispiele**

1. Für einen rotationssymmetrischen Drehkörper mit der Masse 800 g soll das Trägheitsmoment bezüglich der Symmetrieachse bestimmt werden. Hierzu wird der Drehkörper im Abstand $l = 60$ mm vom Massenschwerpunkt frei drehbar gelagert. Die Messung der Periodendauer des physikalischen Pendels ergibt $T = 0{,}6$ s. Es gilt:

$$J = \frac{T^2 m g l}{4\pi^2} = \frac{0{,}6^2\ \mathrm{s^2} \cdot 0{,}8\ \mathrm{kg} \cdot 9{,}81\ \mathrm{m} \cdot 0{,}06\ \mathrm{m}}{4\pi^2 \cdot \mathrm{s}^2} = 4{,}29 \cdot 10^{-3}\ \mathrm{kg \cdot m^2}$$

   Mit dem Satz von Steiner folgt daraus für die Symmetrieachse

$$J_S = J - ml^2 = \left(4{,}29 \cdot 10^{-3} - 0{,}8 \cdot 0{,}06^2\right) \mathrm{kg \cdot m^2} = 1{,}14 \cdot 10^{-3}\ \mathrm{kg \cdot m^2}$$

2. Welche Länge muss ein Fadenpendel haben, damit eine halbe Schwingung genau 1 s dauert?
   Aus Gl. (4.32b) folgt $l = \frac{g T_0^2}{4\pi^2} = \frac{9{,}81\ \mathrm{m} \cdot 4\ \mathrm{s}^2}{4 \cdot \pi^2 \cdot \mathrm{s}^2} = 0{,}994$ m. Die Länge des Sekundenpendels beträgt also rund 1 m.

## 4.2.2 Linear gedämpfte Schwingungen

Die Auslenkungsamplitude eines einmalig angestoßenen bzw. ausgelenkten Pendels wird im zeitlichen Verlauf stetig kleiner, bis das Pendel zur Ruhe kommt und nicht mehr schwingt (Bild 4.16). Ursache dafür ist die *Dämpfung* des Pendels, die durch makroskopische und/oder mikroskopische Effekte zurückzuführen ist und wodurch die zeitliche Konstanz der Summe von potentieller und kinetischer Energie nicht mehr gegeben ist. Die Gesamtdämpfung eines schwingungsfähigen Systems setzt sich im Allgemeinen aus mehreren Anteilen zusammen. Die wichtigsten Dämpfungsanteile sind:

- *Materialdämpfung* (auch als *Werkstoffdämpfung* bezeichnet), die durch die innere Umordnung im Material des schwingungsfähigen Systems verursacht wird und von der Temperatur, der Art der Beanspruchung des Materials und oft auch von der Schwingungsfrequenz abhängig ist.
- *Systemdämpfung*, die abhängig von der konstruktiven Zusammensetzung des schwingungsfähigen Systems ist.
- *Lagerdämpfung*, die von der Art und der Qualität bzw. Güte der verwendeten Lager abhängig ist und vor allem durch Reibung verursacht wird. Die Lagerdämpfung ist entweder direkt geschwindigkeitsproportional oder proportional zum Quadrat der Geschwindigkeit.

- *Umgebungsdämpfung*, die immer dann auftritt, wenn das System nicht im Vakuum sondern in einem Gas oder in einer Flüssigkeit schwingt. In Abhängigkeit davon, ob das umgebende Medium in Ruhe oder selbst in Bewegung ist, wird zwischen der *hydrostatischen* bzw. der *hydrodynamischen Dämpfung* unterschieden.
- *Schwingungsdämpfer*, die in vielen Systemen eingesetzt werden, um gezielt eine Dämpfung zu bewirken, damit beispielsweise auftretende Schwingungen sehr schnell abklingen. Ein bekanntes Beispiel sind die in Fahrzeugen verwendeten Schwingungsdämpfer, die umgangssprachlich fälschlicherweise als Stoßdämpfer bezeichnet werden.

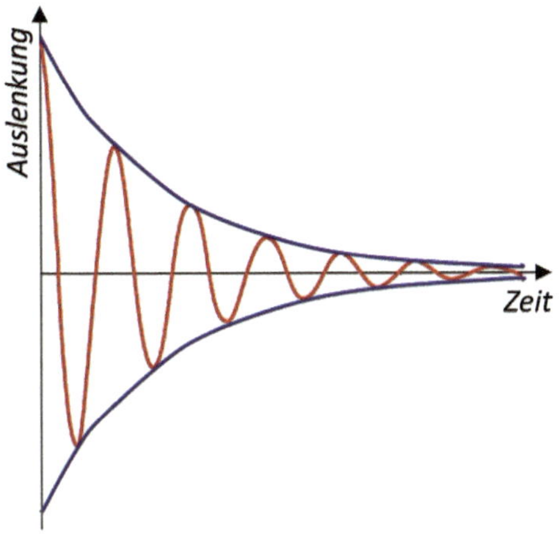


**Bild 4.16**
Amplitudenabnahme bei einer gedämpften Schwingung

Die vollständige Beschreibung sämtlicher Dämpfungsbeiträge eines schwingungsfähigen Systems ist mathematisch anspruchsvoll, auch da viele Vorgänge, die eine Dämpfung bewirken, nichtlinear sind. Für eine quantitative Beschreibung werden oft lineare Dämpfungsmodelle als Näherung genutzt, wobei die Modellparameter so angepasst werden, dass der Wert der während einer Periode dissipierten Energie mit den experimentellen Werten übereinstimmt. Bei dem einfachsten linearen Dämpfungsmodell wird die dämpfende Reibungskraft als proportional zur Geschwindigkeit angenommen. Dieses Dämpfungsmodell wird als *viskose Dämpfung* bezeichnet, bei der eine viskose Reibung (auch *Stokes-Reibung*, genannt nach G. G. Stokes, 1819–1903) auftritt und die nachfolgend am Beispiel des gedämpften Federpendels betrachtet wird. Eine viskose Reibungskraft tritt beispielsweise bei der Bewegung eines Körpers in einer ruhenden Flüssigkeit auf. Im Gegensatz dazu tritt die *Newton-Reibung* bei der Bewegung eines Körpers in einem ruhenden Gas auf und die zugehörige Reibungskraft ist proportional zum Quadrat der Geschwindigkeit des bewegten Körpers.

Bild 4.17 zeigt beispielhaft für einen gedämpften Oszillator ein Federpendel, bei dem sich der Pendelkörper in einer ruhenden Flüssigkeit bewegt und aufgrund der wirkenden viskosen Reibungskraft nach einmaliger Auslenkung gedämpft schwingt. Für die eindimensionale Bewegung, beispielsweise entlang der $y$-Richtung, lautet die Kräftebilanz bzw. die Bewegungsgleichung:

$$ma(t) = m\ddot{y}(t) = F_{\text{Rück}}(t) - F_{\text{Reibung}}(t) = -k\,y(t) - \beta\,\dot{y}(t) \tag{4.50a}$$

$$\Rightarrow \ddot{y}(t) + \frac{\beta}{m}\dot{y}(t) + \frac{k}{m}y(t) = \ddot{y}(t) + 2\delta\,\dot{y}(t) + \frac{k}{m}y(t) = 0 \tag{4.50b}$$

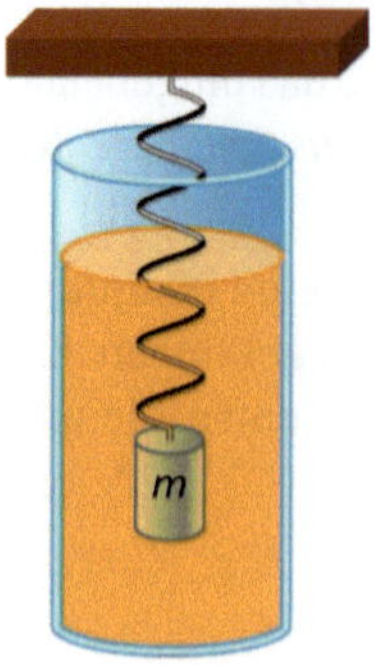


**Bild 4.17**
Gedämpftes Federpendel

Wie die Bewegungsgleichung des ungedämpften Federpendels (Gl. (4.23)) ist auch die Bewegungsgleichung des linear gedämpften Federpendels eine homogene, lineare Differentialgleichung (DGL) 2. Ordnung mit den konstanten reellen Koeffizienten $k/m$ und $d/m$, wobei $k$ die Federkonstante, $\omega_0 = \sqrt{k/m}$ die Schwingungskreisfrequenz (Eigenfrequenz) des ungedämpften Federpendels, $\beta$ die *Dämpfungskonstante* (auch *Dämpfungskoeffizient* genannt) mit der SI-Einheit $[\beta] = \text{kg/s}$ und $\delta = \beta/(2m)$ die *Abklingkonstante* (auch *Abklingkoeffizient* genannt) mit der SI-Einheit $[\delta] = 1/\text{s}$ ist. Der Kehrwert der Abklingkonstante $\delta$ ist die *Abklingzeit* $\tau = 1/\delta$. Für das einheitenlose *Lehr'sche Dämpfungsmaß* $D$ (E. Lehr, 1896–1945) gilt: $D = \beta/(2\sqrt{mk}) = \beta\omega_0/(2k) = \beta/(2m\omega_0)$ und für den einheitenlosen *Gütefaktor* gilt: $Q = m\omega_0/\beta = 1/(2D)$. Der Gütefaktor $Q$ ist gleich der Anzahl von Schwingungen, nach denen die Amplitude auf den Wert $e^{-\pi} \approx 0{,}043$ bzw. auf 4,3 % abgeklungen ist. Je größer der Gütefaktor $Q$ ist, umso schwächer ist die Dämpfung.

Mit dem Lösungsansatz $y(t) = A\exp(\lambda t)$ für die Auslenkungsfunktion mit den im allgemeinen komplexen Parametern $A$ und $\lambda$ folgt:

$$0 = \lambda^2 + 2\delta\lambda + \omega_0^2 \tag{4.51}$$

Dies ist eine quadratische Gleichung für $\lambda$, deren Diskriminante $\mathfrak{D} = \delta^2 - \omega_0^2$ bestimmt, ob sie zwei verschiedene reelle Lösungen ($\lambda_{1,2} \in \mathbb{R}$), zwei konjugiert komplexe Lösungen ($\lambda_{1,2} \in \mathbb{C}$) oder eine sogenannte reelle Doppelwurzel ($\lambda_1 = \lambda_2 \in \mathbb{R}$) besitzt. Um eine Verwechslung mit dem Lehr'schen Dämpfungsmaß zu vermeiden, wurde hier für die Diskriminante nicht das sonst übliche Formelzeichen verwendet. Damit ergeben sich drei voneinander zu unterscheidende Fälle im Schwingverhalten des gedämpften Federpendels:

- **I:** Im Fall der *schwachen Dämpfung*, der auch als *Schwingfall* bezeichnet wird, gilt: $\delta < \omega_0$ bzw. $\mathfrak{D} < 0$ und $0 < D < 1$ bzw. $Q > 1/2$, sodass $\lambda_{1,2} = -\delta \pm i\sqrt{\omega_0^2 - \delta^2} = -\delta \pm i\omega \in \mathbb{C}$. Die Schwingungskreisfrequenz $\omega = \sqrt{\omega_0^2 - \delta^2} < \omega_0$ wird auch als Eigenfrequenz des (schwach) gedämpften Federpendels bzw. Oszillators bezeichnet. Sie ist kleiner als die Eigenfrequenz $\omega_0$ des ungedämpften Oszillators. Damit ergibt sich für die allgemeine und für die spezielle Lösung der DGL (Gl. (4.50b)) mit den Anfangswerten für die Auslenkung $y(t=0) = y_0$ und für die Geschwindigkeit $\dot{y}(t=0) = \dot{y}_0$ in diesem Fall:

$$y(t) = \exp(-\delta t)\left[A_1\exp(i\lambda_1 t) + A_2\exp(-i\lambda_2 t)\right] \tag{4.52a}$$

$$y(t) = \exp(-\delta t)\left[\frac{\dot{y}_0 + \delta y_0}{\omega}\sin(\omega t) + y_0\cos(\omega t)\right] \tag{4.52b}$$

Die Sinus- bzw. die Kosinus-Funktion deuten auf den periodischen Verlauf der Auslenkungsfunktion $y(t)$, deren Amplitude durch den Dämpfungsterm $\exp(-\delta t)$ mit der Zeit abnimmt und schließlich gegen null konvergiert. Für das Verhältnis von zwei im Abstand einer Periodendauer $T = 2\pi/\omega = 2\pi/\sqrt{\omega_0^2 - \delta^2}$ aufeinanderfolgender Auslenkungen gilt: $y(t)/y(t+T) = \exp(\delta T) = \text{konstant}$. Daraus ergibt sich das einheitenlose *logarithmische Dekrement* $\Lambda$, das ein weiteres Dämpfungsmaß für den Schwingfall ist:

$$\Lambda = \ln\frac{y(t)}{y(t+T)} = \ln(\exp(\delta T)) = \delta T = \frac{2\pi\delta}{\sqrt{\omega_0^2 - \delta^2}} = \frac{\pi\beta 2m}{\sqrt{4m^2k^2 - \beta^2}} \tag{4.53}$$

Dementsprechend kann bei bekannter Eigenfrequenz $\omega_0 = \sqrt{k/m}$ des ungedämpften Oszillators durch Messung von zwei im Abstand einer Periodendauer $T$ aufeinanderfolgender Auslenkungen über das logarithmische Dekrement $\Lambda$ die Abklingkonstante $\delta$ des schwach gedämpften Oszillators experimentell ermittelt werden. Für $\beta = \delta = D = 0$ bzw. $\omega = \omega_0$ ergibt sich wieder die Auslenkungsfunktion $y(t)$ des ungedämpften harmonischen Federpendels.

- **II:** Im Fall der *kritischen Dämpfung*, der auch als *aperiodischer Grenzfall* bezeichnet wird, schwingt das Federpendel nicht mehr und es gilt: $\delta = \omega_0$ bzw. $\mathfrak{D} = 0$ und $D = 1$ bzw. $Q = 1/2$, sodass $\lambda_{1,2} = -\delta \pm i\sqrt{\omega_0^2 - \delta^2} = -\delta \in \mathbb{R}$. Da die allgemeine Lösung der DGL 2. Ordnung (Gl. (4.50b)) stets eine Überlagerung von zwei linear unabhängigen Einzellösungen ist, ergibt sich in diesem Fall eine zweite Einzellösung mit dem Ansatz $At\exp(\lambda t)$. Für die Auslenkungsfunktion mit den Anfangswerten für die Auslenkung $y(t=0) = y_0$ und für die Geschwindigkeit $\dot{y}(t=0) = 0$ gilt im aperiodischen Grenzfall:

$$y(t) = \exp(-\delta t)\left[y_0 + (\dot{y}_0 + y_0\delta)\,t\right] \tag{4.54}$$

- **III:** Im Fall der *starken* bzw. *überkritischen Dämpfung*, der auch als *Kriechfall* bezeichnet wird, gilt: $\delta > \omega_0$ bzw. $\mathfrak{D} > 0$ und $D > 1$ bzw. $Q < 1/2$, sodass $\lambda_{1,2} = -\delta \pm \sqrt{\delta^2 - \omega_0^2} = -\delta \pm \omega \in \mathbb{R}$. Damit ergibt sich für die allgemeine und für die spezielle Lösung der DGL (Gl. (4.50b)) mit den Anfangswerten für die Auslenkung $y(t=0) = y_0$ und für die Geschwindigkeit $\dot{y}(t=0) = 0$ in diesem Fall:

$$y(t) = \exp(-\delta t)\left[A_1\exp(\omega t) + A_2\exp(-\omega t)\right] \tag{4.55a}$$

$$y(t) = \exp(-\delta t)\left[\left(\frac{y_0}{2} + \frac{\delta y_0}{2\omega}\right)\exp(\omega t) + \left(\frac{y_0}{2} - \frac{\delta y_0}{2\omega}\right)\exp(-\omega t)\right] \tag{4.55b}$$

In Bild 4.18 ist der zeitliche Verlauf der Auslenkung beim Schwingfall, beim aperiodischen Grenzfall und beim Kriechfall grafisch dargestellt. Im aperiodischen Grenzfall klingt die Amplitude am schnellsten ab und im Kriechfall am langsamsten, wie beispielsweise bei einer durch Federkraft schließenden Pendeltür, die so stark gedämpft ist, dass die Tür nach Öffnung (Auslenkung) sehr langsam (kriechend) wieder schließt. Der aperiodische Grenzfall ist stets dann relevant, wenn ein prinzipiell schwingungsfähiges System nicht schwingen und nach Auslenkung möglichst schnell wieder in die Ruhelage oder in eine andere definierte Position übergehen soll. Beispiele dafür sind die Schwingungsdämpfer von Fahrzeugen oder der Zeiger eines Drehspulinstrumentes, bei dem der Messewert möglichst schnell zuverlässig abgelesen werden soll.

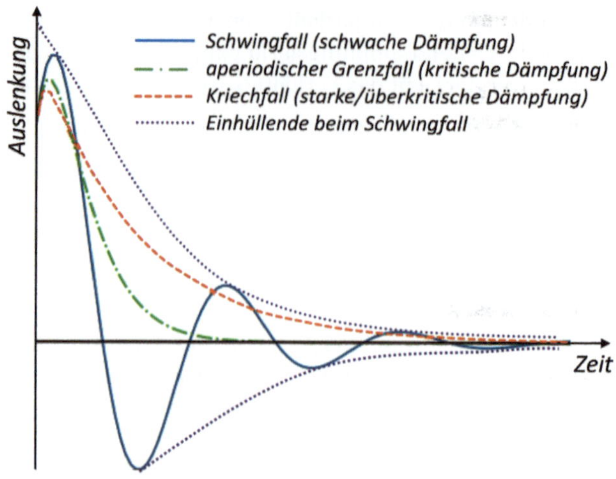


**Bild 4.18**
Zeitlicher Verlauf der Auslenkung beim Schwingfall (blaue durchgezogene Kurve), beim aperiodischen Grenzfall (grüne Kurve) und beim Kriechfall (rote Kurve) einer gedämpften Schwingung; die blau gepunktete Kurve ist die Einhüllende der Auslenkungsfunktion beim Schwingfall

**Beispiele**

1. Die Anfangsauslenkung eines Feder-Masse-Pendels hat sich nach vier Schwingungen halbiert. Wie groß ist die Auslenkung nach weiteren vier Schwingungen? Welcher allgemeine Zusammenhang besteht zwischen der Halbwertszeit $T_{1/2}$ für die Auslenkung und dem Abklingkoeffizienten?

   Wenn sich die Auslenkung nach weiteren vier Schwingungen nochmals halbiert hat, beträgt sie dann nur noch 1/4 der ursprünglichen Auslenkung. Außerdem gilt $\frac{y(0)}{y(T_{1/2})} = 2 = \exp(\delta T_{1/2})$ und damit $T_{1/2} = \frac{\ln 2}{\delta}$.

2. Welcher Anteil der Oszillatorenergie wurde bei Halbierung der Auslenkung in Wärme umgewandelt?

   Die Energie des Oszillators ist zu Beginn der Schwingung gleich der potentiellen Energie $E = \frac{1}{2} k y_0^2$ mit der Anfangsauslenkung $y(t=0)$. Bei Halbierung von $y(t=0)$ ist die verbliebene Energie nur noch 1/4 der Anfangsenergie und somit wurde ein Anteil 3/4 der Energie in Wärme umgewandelt.

### 4.2.3 Erzwungene Schwingungen

Bei den bisherigen Betrachtungen in Abschnitt 4.2 wurden nur solche Fälle behandelt, in denen das Pendel bzw. der Oszillator kurzzeitig einer äußeren Kraft ausgesetzt und das Schwingungsverhalten ausschließlich durch die Eigenfrequenz und die Dämpfung des Oszillators bestimmt ist. Für die Praxis bedeutsamer sind jedoch die Fälle, in denen der Oszillator unter der fortwährenden Einwirkung einer äußeren Kraft steht und erzwungene Schwingungen durchführt. Ein Beispiel dafür sind die Karosserieteile eines Fahrzeugs, die entweder durch Motorschwingungen oder Fahrtkräfte zum Mitschwingen angeregt werden.

In diesen Fällen bilden *Krafterreger* und Oszillator ein System, dessen Verhalten sowohl durch die Eigenschaften des Oszillators als auch durch die Eigenschaften des Krafterregers bestimmt ist. Je nach Anwendung wird das Mitschwingen des Oszillators entweder unterdrückt oder möglichst effektiv angeregt. Die in der Praxis auftretenden Erregerkräfte zeigen im allgemein ein kompliziertes Zeitverhalten, was die exakte Analyse von Schwingungsvorgängen erschwert. Dennoch lassen sich die wesentlichen Eigenschaften am Verhalten eines einfachen gedämpften Oszillators unter der Einwirkung einer äußeren Kraft mit sinusförmigem Zeitverlauf analysieren. Bei einem solchen System geht die erzwungene Schwingung nach einem *Einschwingvorgang* in die stationäre erzwungene Schwingung über (Bild 4.19).

Der Einschwingvorgang ist abhängig von den Anfangsbedingungen und stets ein irreversibler Vorgang, d. h. nach Abschluss des Einschwingvorgangs kann nicht mehr auf die Anfangsbedingungen zurückgeschlossen werden. Bei der nach dem Einschwingvorgang einsetzenden *stationären Schwingung* vollführt der Oszillator eine periodische Schwingung, deren Schwingungsfrequenz unabhängig von seiner Eigenfrequenz ist und nur durch die äußere Anregung bestimmt wird. Die Amplitude bei der stationären erzwungenen Schwingung ist zeitlich konstant und nimmt sehr große Werte an, wenn der Oszillator nur schwach gedämpft ist und die Anregungsfrequenz und die Eigenfrequenz des Oszillators gleich oder nahezu gleich sind. Dieser Fall wird als *Resonanz* bezeichnet.

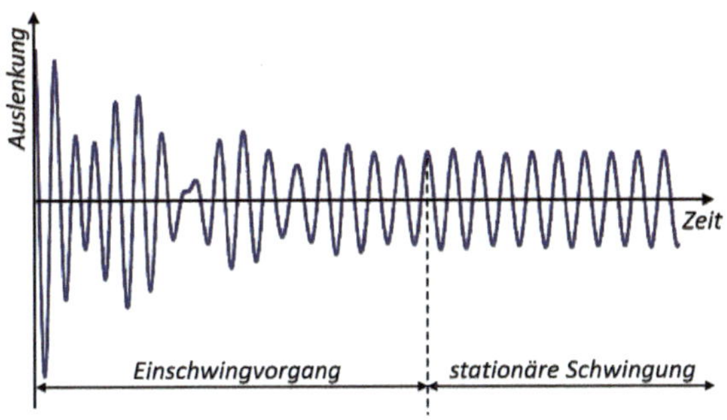


**Bild 4.19**
Einschwingvorgang bei einer stationären erzwungenen Schwingung

Eine nicht-periodische und nicht-konstante erregende Kraft lässt sich gemäß der Fourier-Synthese durch eine Superposition von Kräften mit sinusförmiger Zeitabhängigkeit und mit verschiedenen Erregerkreisfrequenzen darstellen. Aufgrund der Bewegungsgleichung ist die resultierende Bewegung dann die entsprechende Summe der erzwungenen Schwingungen zu jeder einzelnen der vorkommenden Schwingungsfrequenzen. Mathematisch äquivalent ist die Methode der Green'schen Funktion (G. Green, 1793–1841), bei der bestimmt wird, wie ein System auf einen zeitlich sehr kurzen Kraftstoß reagiert

Im Gegensatz zur erzwungenen Schwingung erfolgt bei der *parametererregten Schwingung* (auch als *rheolineare Schwingung* bezeichnet) die Anregung nicht durch eine äußere Kraft, sondern durch die Änderung von systemeigenen Parametern wie der Eigenfrequenz oder der Lage des Massenschwerpunktes (bei einem Fadenpendel beispielsweise durch die Veränderung der Fadenlänge). Oftmals sind bei parametererregten Schwingungssystemen die Eigenkreisfrequenz und die Dämpfung zeitabhängig. Durch Energiezufuhr kann dann die Amplitude der Schwingung vergrößert werden, was als *parametrische Anregung* bezeichnet wird. Ein Beispiel ist das Schwungholen bei einer Schaukel durch periodisches Heben und Senken des Massenschwerpunktes mittels An- und Abwinkeln der Beine per Muskelkraft.

Eine parametrisch erzeugte Schwingung kann, im Unterschied zu einer erzwungenen Schwingung, nicht ohne eine anfängliche Auslenkung aus der Ruhelage entstehen.

Für die mathematische Beschreibung einer eindimensionalen erzwungenen Federschwingung (entlang der $y$-Richtung) mit einer periodischen äußeren Kraft (Bild 4.20) wird die rechte Seite der Bewegungsgleichung (Gl. (4.50)) der gedämpften Federschwingung durch einen Term ergänzt, der die erregende Kraft berücksichtigt:

$$m\ddot{y}(t)+\beta\dot{y}(t)+k\,y(t)=F_{\text{Erreger}}(t)=\hat{F}\sin(\omega_{\text{E}}t) \tag{4.56}$$

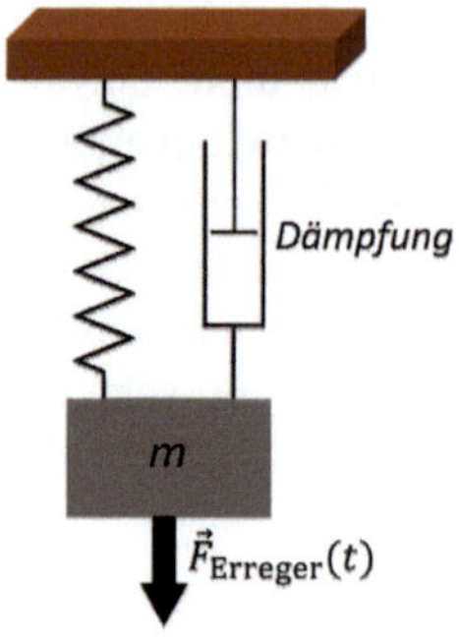


**Bild 4.20**
Federschwinger mit Dämpfung und periodischer Erregung

$\hat{F}$ ist die Amplitude und $\omega_{\text{E}}$ ist die Kreisfrequenz (auch als *Erregerkreisfrequenz* bezeichnet) der erregenden Kraft $F_{\text{Erreger}}(t)$. Beide Größen werden für den hier betrachteten einfachsten Fall als konstant angenommen. Die Lösung der Differentialgleichung erfolgt in der Weise, dass für den Federschwinger (Oszillator) eine Auslenkungsfunktion $y(t)$ angesetzt wird, die sowohl dem Fall $F_{\text{Erreger}}=0$ (verschwindende äußere Kraft), als auch dem Fall $F_{\text{Erreger}}(t)=\hat{F}\sin(\omega_{\text{E}}t)$ genügt. Der Fall $F_{\text{Erreger}}=0$ ist gleich dem Anfangswertproblem des gedämpften Oszillators, d. h. die Auslenkungsfunktion $y(t)$ entspricht dem Term in Gl. (4.52b) oder Gl. (4.54) oder Gl. (4.55b).

Für den Fall $F_{\text{Erreger}}(t)=\hat{F}\sin(\omega_{\text{E}}t)$ und einer stationären erzwungenen Schwingung hat nach einer Einschwingzeit der Oszillator dieselbe Schwingungsfrequenz wieder der Erreger. Eine Phasenwinkelverschiebung zwischen Erreger und Oszillator ist jedoch möglich. Die gesamte Auslenkungsfunktion des Oszillators ist somit eine Superposition der Gl. (4.52b) und einer sinusförmigen Funktion mit der Erregerkreisfrequenz $\omega_{\text{E}}$ und einem Nullphasenwinkel $\varphi_0$ als Argumente. Der Anteil aus der Gl. (4.52b) ist jedoch aufgrund des exponentiellen Dämpfungsfaktor nur während des Einschwingvorgangs von Bedeutung, sodass für die Auslenkungsfunktion der stationären erzwungenen Schwingung nach dem Einschwingvorgang gilt:

$$y(t)=\hat{y}\sin(\varphi(t))=\hat{y}\sin(\omega_{\text{E}}t+\varphi_0) \tag{4.57}$$

Sowohl die Amplitude $\hat{y}$ als auch der Nullphasenwinkel $\varphi_0$ sind abhängig von der Erregerfrequenz $\omega_{\text{E}}$. Durch Berechnung der ersten und der zweiten Ableitung von $y(t)$ und Einsetzen in die Bewegungsgleichung (Gl. (4.56)) folgt:

$$-m\omega_{\text{E}}^2\,\hat{y}\sin(\varphi(t))+\beta\omega_{\text{E}}\,\hat{y}\cos(\varphi(t))+k\,\hat{y}\sin(\varphi(t))=\hat{F}\sin(\omega_{\text{E}}t) \tag{4.58}$$

mit $\varphi(t)=\omega_{\text{E}}t+\varphi_0$. Der erste Summand auf der linken Seite der Gl. (4.58) ist die Trägheitskraft, der zweite Summand die Dämpfungskraft und der dritte Summand ist die Rückstellkraft des Feder-Masse-Systems. Bezogen auf die Rückstellkraft ist die Dämpfungskraft um 90° phasenverschoben und die Trägheitskraft um 180° phasenverschoben. Bei kleinen Erregerkreisfrequenzen dominiert die Rückstellkraft, bei großen Erregerkreisfrequenzen die Trägheitskraft. Eine spezielle Situation liegt dann vor, wenn die Erregerkreisfrequenz gleich der Eigenkreisfrequenz des ungedämpften Oszillators ist, also wenn gilt: $\omega_\mathrm{E} \approx \omega_0$. In diesem Fall heben sich Trägheitskraft und Rückstellkraft gegenseitig auf, und es bleibt nur noch die Dämpfungskraft übrig.

Bezüglich dem Schwingverhalten lassen sich prinzipiell drei Bereiche unterscheiden:

- Für den Fall $\omega_\mathrm{E} \ll \omega_0$ und $\varphi_0 \approx 0$ gilt: $\hat{y} \approx \hat{F}/k$. Der Erreger und der Oszillator schwingen in diesem Fall gleichphasig und die Amplitude des Oszillators entspricht einer Auslenkung, wie sie auch bei einer statischen, zeitunabhängigen Kraft vorhanden wäre. Die Amplitude des Oszillators ist weder abhängig von der Eigen- noch von der Erregerkreisfrequenz (Bild 4.22a).
- Für den Fall $\omega_\mathrm{E} \approx \omega_0$ und $\varphi_0 \approx -\pi/2$ gilt: $\hat{y} \approx \hat{F}/(\beta\omega_0)$, d. h. die Dämpfungskonstante $d$ und die Eigenkreisfrequenz $\omega_0$ des Oszillators bestimmen seine Amplitude. Bei abnehmender Dämpfung wird die Amplitude immer größer und im Grenzfall sehr groß (*Resonanzkatastrophe*). In der Praxis ist dieser Fall zu vermeiden, da er oft zur Beschädigung oder sogar zur Zerstörung des Schwingungssystems führt (Bild 4.22b).
- Für den Fall $\omega_\mathrm{E} \gg \omega_0$ und $\varphi_0 \approx -\pi$ gilt: $\hat{y} \approx \hat{F}/(m\omega_\mathrm{E}^2)$, d. h. die Amplitude des Oszillators wird mit zunehmender Erregerkreisfrequenz $\omega_\mathrm{E}$ immer kleiner (Bild 4.22c).

Allgemein gilt für die Auslenkungsamplitude $\hat{y}(\omega_\mathrm{E})$ und für den Nullphasenwinkel $\varphi_0(\omega_\mathrm{E})$ bezüglich der anregenden Kraft:

$$\hat{y}(\omega_\mathrm{E}) = \frac{\hat{F}}{\sqrt{m^2\left(\omega_0^2 - \omega_\mathrm{E}^2\right)^2 + \beta^2\,\omega_\mathrm{E}^2}} \tag{4.59a}$$

$$\varphi_0(\omega_\mathrm{E}) = \arctan\left(\frac{\beta\,\omega_\mathrm{E}}{m\left(\omega_0^2 - \omega_\mathrm{E}^2\right)}\right) \tag{4.59b}$$

Der erste Ausdruck wird auch als *Frequenzgang der Auslenkungsamplitude* und der zweite Ausdruck als *Frequenzgang des Nullphasenwinkels* bezeichnet. In Bild 4.21 ist der Verlauf der Auslenkungsamplitude $\hat{y}(\omega_\mathrm{E})$ und des Nullphasenwinkels $\varphi_0(\omega_\mathrm{E})$ in Abhängigkeit von der Erregerkreisfrequenz $\omega_\mathrm{E}$ für eine geringe und für eine starke Dämpfung grafisch dargestellt. Die Kurve des Frequenzgangs der Auslenkungsamplitude, die auch als *Resonanzkurve* bezeichnet wird, steigt ausgehend von einem festen Wert zunächst mit der Erregerkreisfrequenz an, um dann nach Überschreiten des Resonanzmaximums rasch abzufallen. Im Resonanzfall wird der Oszillator als *Resonator* bezeichnet. Die Kreisfrequenz, bei der Resonanz (auch als *Amplitudenresonanz* bezeichnet) eintritt, ergibt sich aus der Bedingung, dass der Nenner in dem Ausdruck für die Auslenkungsamplitude in Gl. (4.59a) minimal wird. Nach Bildung der ersten Ableitung des Nenners nach $\omega_\mathrm{E}$ und Nullsetzen ergibt sich die *Resonanzkreisfrequenz* (oft auch abkürzend als *Resonanzfrequenz* bezeichnet):

$$\omega_\mathrm{R} = \sqrt{\omega_0^2 - \beta^2/\left(2m^2\right)} = \sqrt{\omega_0^2 - 2\delta^2} = \omega_0\sqrt{1 - 2D^2} \tag{4.60}$$

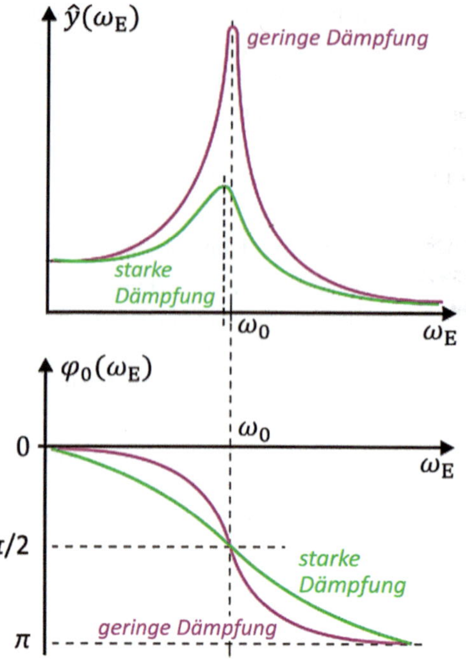


**Bild 4.21**
Auslenkungsamplitude (oben) und Nullphasenwinkel (unten) einer erzwungenen Schwingung in Abhängigkeit von der Erregerkreisfrequenz für eine geringe bzw. eine starke Dämpfung

Die Resonanzkreisfrequenz ist allgemein sowohl kleiner als die Eigenkreisfrequenz $\omega_0$ des ungedämpften Oszillators als auch kleiner als die Eigenkreisfrequenz $\sqrt{\omega_0^2 - \delta^2}$ des schwach gedämpften Oszillators. Mit zunehmender Dämpfung verschiebt sie sich zu immer kleineren Werten. Nur im Fall einer sehr schwachen Dämpfung in Kombination mit einer großen Masse des Oszillators stimmt die Resonanzkreisfrequenz näherungsweise mit der Eigenkreisfrequenz $\omega_0$ überein. Im Fall $\omega_R = \sqrt{\omega_0^2 - 2\delta^2} = 0$ bzw. $\delta = \omega_0/2$ gibt es keine Amplitudenresonanz.

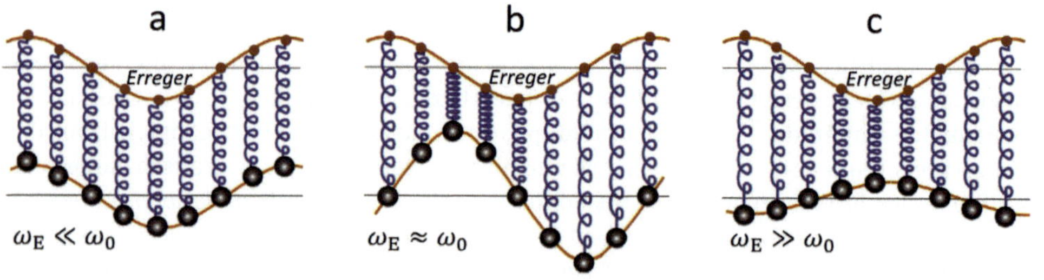


**Bild 4.22** Schwingverhalten eines gedämpften erregten Federpendels für drei verschiedene Fälle: a) $\omega_E \ll \omega_0$, b) $\omega_E \approx \omega_0$ und c) $\omega_E \gg \omega_0$

Mit zunehmender Dämpfung verbreitert sich der Verlauf der Resonanzkurve, d. h. die Höhe nimmt ab während gleichzeitig ihre Breite zunimmt (Bild 4.21). Gemäß dem Frequenzgang des Nullphasenwinkels schwingen der Erreger und der Oszillator bei kleinen Kreisfrequenzen gleichphasig und bei hohen Kreisfrequenzen gegenphasig. Im Resonanzfall beträgt die

Phasenverschiebung ca. –90°. Mit zunehmender Dämpfung flacht der Kurvenverlauf ab und die S-Kurvenform ist weniger ausgeprägt (Bild 4.21).

Beginnt der Einschwingvorgang in der Ruhelage mit den Anfangsbedingungen $y(t=0)=0$ und $\dot{y}(t=0)=0$ gilt für die zeitabhängige Auslenkung $y(t)$ bei einer periodischen sinusförmigen Erregerkraft $F_{\text{Erreger}}(t)=\hat{F}\sin(\omega_{\text{E}}t)$:

$$y(t)=\hat{y}(\omega_{\text{E}})\left[\sin(\omega_{\text{E}}t)-\frac{\omega_E}{\sqrt{\omega_0^2-\delta^2}}\exp(-\delta t)\sin\left(\sqrt{\omega_0^2-\delta^2}\,t\right)\right] \tag{4.61}$$

Für die Auslenkungsamplitude $\hat{y}(\omega_{\text{E}})$ und für den Nullphasenwinkel $\varphi_0(\omega_{\text{E}})$ gelten hierbei die in Gl. (4.59a) und Gl. (4.59b) angegebenen Ausdrücke. Die in Gl. (4.61) angegebene Auslenkungsfunktion $y(t)$ beschreibt vollständig den gesamten Bewegungsablauf inklusive des Einschwingvorgangs, der durch den zweiten Term in der Klammer wiedergegeben wird. Sein Beitrag ist bei kleiner Erregerkreisfrequenz $\omega_{\text{E}}\ll\sqrt{\omega_0^2-\delta^2}$ klein bzw. sogar vernachlässigbar. Mit zunehmender Erregerkreisfrequenz wird dieser Beitrag größer und bei hochfrequenter Anregung $\omega_{\text{E}}\gg\sqrt{\omega_0^2-\delta^2}$ dominierend bis der Vorfaktor $\omega_{\text{E}}\exp(-\delta t)/\sqrt{\omega_0^2-\delta^2}$ aufgrund der Dämpfung mit fortschreitender Zeit immer kleiner wird. Nach dem Einschwingvorgang bzw. für große Zeiten dominiert der erste Term in der Klammer, der die stationäre (erzwungene) Schwingung beschreibt und durch die erregende Kraft bestimmt ist. Im Fall einer kleinen Dämpfung, d. h. $D\ll 1$ bzw. $\sqrt{\omega_0^2-\delta^2}\lesssim\omega_0$ ergibt sich für Erregerkreisfrequenzen im Bereich der Resonanzkreisfrequenz $\omega_{\text{R}}$ eine Schwebung und der Oszillator schwingt mit modulierter Amplitude und der Mittenkreisfrequenz $\omega_{\text{m}}=\left(\omega_{\text{E}}+\sqrt{\omega_0^2-\delta^2}\right)/2$. Die Amplitudenänderung erfolgt langsam mit der halben Differenzkreisfrequenz $\Delta\omega/2=\left(\omega_{\text{E}}-\sqrt{\omega_0^2-\delta^2}\right)/2$. Je kleiner diese Differenzkreisfrequenz ist, umso größer wird die Zeit bis zum Erreichen des 1. Auslenkungsmaximums. Ist die Differenzkreisfrequenz gleich null, gilt für die Auslenkungsfunktion $y(t)=\hat{y}(\omega_{\text{E}})\left[1-\exp(-\delta t)\right]\sin(\omega_{\text{E}}t)$ und die Amplitude $\hat{y}(\omega_{\text{E}})$ nähert sich asymptotisch der Resonanzamplitude an.

Im theoretischen Grenzfall des ungedämpft erregten Oszillators ($\beta=\delta=D=0$) gibt es keinen Einschwingvorgang wie im zuvor beschriebenen Fall des gedämpft erregten Oszillators. Bei einer periodischen sinusförmigen Erregerkraft lässt sich jedoch auch in diesem Fall eine wohldefinierte Auslenkungsfunktion $y(t)$ angeben:

$$y(t)=\frac{\hat{F}\omega_0^2}{k\left(\omega_0^2-\omega_{\text{E}}^2\right)}\sin(\omega_{\text{E}}t)+\hat{y}_0\sin(\omega_0 t-\varphi_0) \tag{4.62}$$

Die beiden konstanten Parameter $\hat{y}_0$ und $\varphi_0$ werden durch die Anfangsbedingungen $y(t=0)$ und $\dot{y}(t=0)$ festgelegt. Die Auslenkungsfunktion $y(t)$ ist für $\omega_{\text{E}}\neq\omega_0$ eine Superposition zweier harmonischer Schwingungen, wobei der erste Term die stationäre (erzwungene) Schwingung beschreibt. Im Fall der Resonanzkatastrophe $\omega_{\text{E}}=\omega_0$ wird die Amplitude dieses Beitrags (theoretisch) unendlich groß und im Fall $\omega_{\text{E}}\approx\omega_0$ ergibt sich eine Schwebung beim ungedämpft erregten Oszillator. Für Erregerkreisfrequenzen $\omega_{\text{E}}$, die kleiner als die Eigenkreisfrequenz $\omega_0$ des Oszillators sind, ist die stationäre Schwingung mit der erregenden Kraft in Phase und für $\omega_{\text{E}}>\omega_0$ gibt es eine Phasenverschiebung von 180° zwischen der stationären Schwingung und der erregenden Kraft.

Mittels der allgemeinen Relationen (Gl. (4.59a) und Gl. (4.59b)) für die Auslenkungsamplitude $\hat{y}(\omega_E)$ und für den Nullphasenwinkel $\varphi_0(\omega_E)$ kann die vom Erreger zu erbringende Leistung berechnet werden. Für die momentane Leistung gilt:

$$P(t) = F(t)\cdot\dot{y}(t) = \hat{F}\,\hat{y}\,\omega_E \sin(\omega_E t)\cos(\omega_E t + \varphi_0) \tag{4.63a}$$

$$P(t) = \frac{1}{2}\hat{F}\,\hat{y}\,\omega_E\left[\sin(2\omega_E t + \varphi_0) - \sin(\varphi_0)\right] \tag{4.63b}$$

Der erste Summand in der Klammer besitzt eine sinusförmige Zeitabhängigkeit, während der zweite Summand zeitunabhängig ist. Die Integration der momentanen Leistung $P(t)$ über eine Periodendauer $T$ ergibt die zeitlich gemittelte bzw. die mittlere Leistung $P_m$:

$$P_m = \frac{1}{T}\int_0^T P(t)\,dt = \frac{\hat{F}\,\hat{y}\,\omega_E \tan(\varphi_0)}{2\sqrt{1+\tan^2(\varphi_0)}} = \frac{\hat{F}^2\beta\omega_E^2}{2\left[m^2\left(\omega_0^2-\omega_E^2\right)^2+\beta^2\omega_E^2\right]} \tag{4.64}$$

Hierbei wurden die allgemeinen Relationen (Gl. (4.59a) und Gl. (4.59b)) für die Auslenkungsamplitude $\hat{y}(\omega_E)$ und für den Nullphasenwinkel $\varphi_0(\omega_E)$ eingesetzt. Die mittlere Leistung ist somit direkt proportional zur Dämpfungskonstante $\beta$ und ist daher null bei verschwindender Dämpfung (ausgenommen hierbei ist der Resonanzfall $\omega_0 = \omega_E$). Trägheits- und Rückstellkraft erfordern zwar auch im ungedämpften Fall eine endliche Erregerantriebsleistung, jedoch wird diese wieder vom Oszillator an den Erreger abgeben. Vergleichbar ist dies mit der *Blindleistung* im Wechselstromkreis (Abschnitt 6.6) bzw. mit der Blindleistung in einem elektrischen Schwingkreis (Abschnitt 6.7). Dementsprechend wird im Resonanzfall bei vorhandener Dämpfung nur *Wirkleistung* vom Erreger an den Oszillator abgegeben.

In Bild 4.23 ist der Frequenzgang der mittleren Leistung $P_m(\omega_E)$ grafisch dargestellt. Bei kleinen Erregerkreisfrequenzen und schwacher Dämpfung wächst die mittlere Leistung zunächst quadratisch mit der Erregerkreisfrequenz an, um nach Überschreiten eines Maximums umgekehrt proportional zum Quadrat der Erregerkreisfrequenz wieder abzufallen. Die Erregerkreisfrequenz, bei der die mittlere Leistung maximal wird (*Leistungsresonanz*), ist gleich der Eigenkreisfrequenz des ungedämpften Oszillators und damit etwas größer als die Kreisfrequenz, bei der die Amplitudenresonanz (Gl. (4.60)) auftritt. Für die maximale mittlere Leistung gilt: $\hat{P}_m = \hat{F}^2/(2\beta)$.

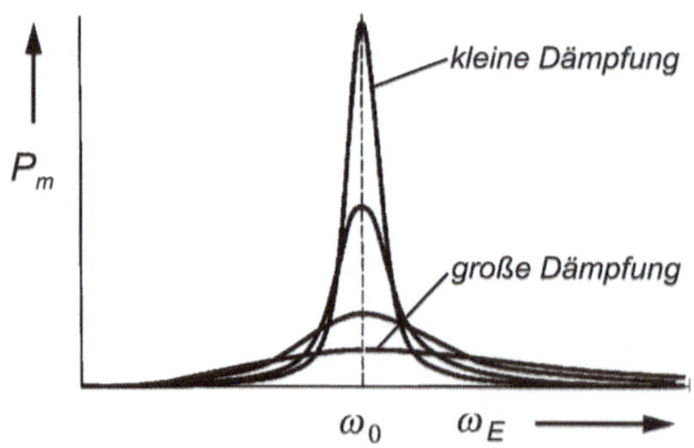


**Bild 4.23**
Mittlere Leistung $P_m$ eines gedämpften Oszillators als Funktion der Erregerkreisfrequenz $\omega_E$

**Beispiele**

1. Wie groß ist die Auslenkungsamplitude eines Resonators im Resonanzfall?

   Ersetzt man die Erregerkreisfrequenz durch die Resonanzkreisfrequenz folgt für die Auslenkungsamplitude

$$\hat{y} = \frac{\hat{F}}{2\delta m \sqrt{\omega_0^2 - \delta^2}}$$

   Wenn darüber hinaus $\delta \ll \omega_0$ (schwache Dämpfung), gilt die Näherung

   $\hat{y} \approx \dfrac{\hat{F}}{2\delta m \omega_0} = \dfrac{\hat{F}}{\beta \omega_0}$ d. h. $\hat{y}$ entspricht dann der Amplitude bei der Eigenkreisfrequenz des Oszillators.

2. Ein Oszillator mit der Masse 1 kg und der Federkonstante 100 N/m wird bei seiner Eigenkreisfrequenz betrieben. Die Auslenkungsamplitude beträgt 10 cm, die Wirkleistung des Erregers 1 W. Wie groß sind die Kraftamplitude und der Abklingkoeffizient?

   Bei $\omega_E = \omega_0$ gilt $\hat{y} = \hat{F}/(\beta\omega_0)$, woraus folgt: $P_m = \hat{F}\,\hat{y}\,\omega_0/2$.

   Die Eigenkreisfrequenz des ungedämpften Oszillators beträgt:

$$\omega_0 = \sqrt{\frac{k}{m}} = \sqrt{\frac{100\,\text{N}}{1\,\text{kg} \cdot \text{m}}} = 10\,\text{Hz}$$

   Daraus folgt: $\hat{F} = \dfrac{2P_m}{\hat{y}\omega_0} = \dfrac{2 \cdot 1\,\text{W} \cdot \text{s}}{0{,}1\,\text{m} \cdot 10} = 2\,\text{N}$

   Entsprechend gilt dann:

$$\delta = \frac{\beta}{2m} = \frac{\hat{F}}{2m\hat{y}\omega_0} = \frac{2\,\text{N} \cdot s}{2 \cdot 1\,\text{kg} \cdot 0{,}1\,\text{m} \cdot 10} = 1{,}01\,\text{s}^{-1}$$

## 4.2.4 Schwingungen gekoppelter Oszillatoren

Die Schwingungen einer angestoßenen Glocke, einer gezupften Geiten- oder Gitarrensaite oder einer durch Schall angeregten Fensterscheibe haben gemeinsam, dass in diesen Körpern viele gekoppelte Oszillatoren schwingen. Die Anzahl und die Eigenschaften dieser Oszillatoren werden durch die atomare Struktur des betrachteten Körpers bestimmt, was eine sehr große Zahl von zu betrachtenden Teilchen bedeutet. Für die meisten Anwendungen gibt es jedoch Modellvorstellungen, mit denen die Schwingungseigenschaften eines Vielteilchensystems hinreichend genau beschrieben werden können, ohne die genaue mikroskopische Struktur zu berücksichtigen. So gibt es reale Teilchensysteme, die sich mit verhältnismäßig einfachen mathematischen Mitteln analysieren und berechnen lassen und nützlich zum Verständnis von Vielteilchensystemen sind.

Die wesentliche Bedeutung der Kopplung von Oszillatoren besteht darin, dass sowohl ein Impuls- als auch ein Energieaustausch zwischen den einzelnen Oszillatoren möglich ist. Dies beobachtete C. Huygens (1629–1695) bereits im 17. Jahrhundert bei zwei baugleichen Pendeluhren, die in einem gemeinsamen Uhrengehäuse eingebaut waren und nach einer gewissen Zeit gleichphasig schwangen unabhängig von ihren Anfangspositionen. Ursache dafür war, dass die beiden Pendelgewichte Energie an das gemeinsame Uhrengehäuse übertrugen und sich dadurch gegenseitig beeinflussten bzw. synchronisierten.

Gemäß diesem historischen Beispiel bilden zwei gekoppelte Oszillatoren in Form von zwei Pendeln ein grundlegendes Modellsystem im Bereich der Schwingungslehre. In Bild 4.24 sind zwei über eine Feder (mit der Federkonstanten $k$) gekoppelte gleichartige physikalische Pendel (Stabpendel mit gleicher Masse $m$, gleicher homogener Masseverteilung und somit gleichem Trägheitsmoment $J$ sowie gleicher Stablänge $l$) dargestellt. Die Dämpfung, die Massen der Feder und der Pendelstäbe sollen hier zur Vereinfachung vernachlässigt werden. Der für beide Pendel (mit den Nummern 1 und 2) gleiche Abstand zwischen Pendel- und Federaufhängung wird mit $d$ bezeichnet. Auf jedes der beiden Pendel wirkt einerseits ein durch die Schwerkraft verursachtes Drehmoment, für das im Rahmen der Kleinwinkelnäherung mit $\sin\left(\varphi_{1,2}\right) \approx \varphi_{1,2}$ gilt: $M_{g1,2} = -mgl\varphi_{1,2}$, wobei $\varphi_1$ und $\varphi_2$ die Winkel bezüglich der vertikalen Ruhelagen der beiden Pendel sind. Das zweite Drehmoment wird von der Kopplungsfeder bewirkt und es gilt für die beiden Pendel: $M_{F1} = M_0 + kd^2\left(\varphi_2 - \varphi_1\right)$ und $M_{F2} = -M_0 - kd^2\left(\varphi_2 - \varphi_1\right)$. Dabei bezeichnet $M_0$ das aus der Vorspannung der Feder resultierende Drehmoment, dass für das linke Pendel 1 positiv und für das rechte Pendel 2 negativ ist. Für die auf die beiden Pendel wirkenden Gesamtdrehmomente gilt somit:

$$M_1 = -mgl\varphi_1 + M_0 + kd^2\left(\varphi_2 - \varphi_1\right) = -mgl\psi_1 + kd^2\left(\psi_2 - \psi_1\right) \tag{4.65a}$$

$$M_2 = -mgl\varphi_2 - M_0 - kd^2\left(\varphi_2 - \varphi_1\right) = -mgl\psi_2 - kd^2\left(\psi_2 - \psi_1\right) \tag{4.65b}$$

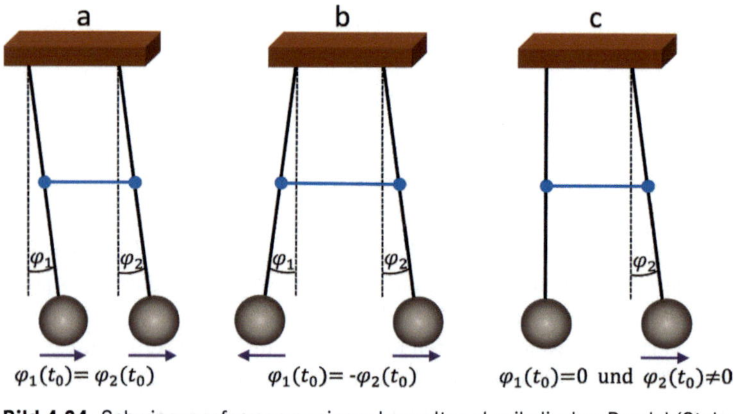


**Bild 4.24** Schwingungsformen zweier gekoppelter physikalischer Pendel (Stabpendel): a) gleichsinnige, b) gegensinnige und c) Kopplungsschwingung

Auf die Angabe der Zeitabhängigkeit bei den entsprechenden Größen wurde hier aus Gründen der Übersichtlichkeit bzw. besseren Lesbarkeit der Formel und Gleichungen verzichtet. In der Ruheposition der gekoppelten Pendel sind beide Gesamtdrehmomente null mit den Ruhepositionswinkeln: $\varphi_{01} = -\varphi_{02} = \varphi_0 = M_0 / \left(mgl + 2kd^2\right)$. Die Winkel $\psi_{1,2} = \varphi_{1,2} \mp \varphi_0$

sind die Auslenkungswinkel bezüglich des Ruhepositionswinkels $\varphi_0$. Unter Ausnutzung der Beziehung $M_{1,2} = J_{1,2}\ddot{\psi}_{1,2}$ und der vereinfachenden Annahme, dass die Massen der beiden Pendelstäbe vernachlässigbar sind und somit $J_1 = J_2 = J = ml^2$ gilt, ergibt sich aus den beiden Gl. (4.65) ein System zweier gekoppelter linearer Differentialgleichungen 2. Ordnung:

$$\ddot{\psi}_1 + \omega_{\text{gl}}^2 \psi_1 = K^2(\psi_2 - \psi_1) \tag{4.66a}$$

$$\ddot{\psi}_2 + \omega_{\text{gl}}^2 \psi_2 = -K^2(\psi_2 - \psi_1) \tag{4.66b}$$

mit $\omega_{\text{gl}}^2 = g/l$ und $K^2 = kd^2/J = kd^2/(ml^2)$. Der jeweils linke Teil der beiden Gleichungen entspricht der Differentialgleichung des mathematischen Pendels für kleine Auslenkungswinkel (Gl. (4.30)). Der jeweils rechte Term, der von der Winkeldifferenz $\psi_2 - \psi_1$ abhängig ist, beschreibt die Kopplung der beiden Pendel über die Feder. Die Lösung dieses Differentialgleichungssystems ist durch Einführung der beiden Hilfsgrößen $\Xi = \psi_2 - \psi_1$ und $\Phi = \psi_2 + \psi_1$ und mathematischer Entkopplung möglich:

$$(\ddot{\psi}_2 + \ddot{\psi}_1) + \omega_{\text{gl}}^2(\psi_2 + \psi_1) = \ddot{\Phi} + \omega_{\text{gl}}^2 \Phi = 0 \tag{4.67a}$$

$$(\ddot{\psi}_2 - \ddot{\psi}_1) + (\omega_{\text{gl}}^2 + 2K^2)(\psi_2 - \psi_1) = \ddot{\Xi} + \omega_{\text{geg}}^2 \Xi = 0 \tag{4.67b}$$

Unter der Annahme, dass die Anfangsgeschwindigkeiten beider Pendel null sind, ergibt die Rücktransformation die beiden allgemeinen Lösungen des Differentialgleichungssystems (Gl. (4.67a) und Gl. (4.67b)):

$$\psi_1(t) = \frac{\Phi(t) - \Xi(t)}{2} = \frac{1}{2}\left[A\cos(\omega_{\text{gl}} t) - B\cos(\omega_{\text{geg}} t)\right] \tag{4.68a}$$

$$\psi_2(t) = \frac{\Phi(t) + \Xi(t)}{2} = \frac{1}{2}\left[A\cos(\omega_{\text{gl}} t) + B\cos(\omega_{\text{geg}} t)\right] \tag{4.68b}$$

Die reellen Parameter $A$ und $B$ werden durch die Anfangsbedingungen bestimmt. Die allgemeine Lösung der Schwingung der beiden gekoppelten Pendel ist eine Superposition von zwei *Fundamentalschwingungen* (auch Eigenschwingungen genannt) mit den *Fundamentalkreisfrequenzen* $\omega_{\text{gl}} = \sqrt{g/l}$ und $\omega_{\text{geg}} = \sqrt{\omega_{\text{gl}}^2 + 2K^2} = \sqrt{g/l + 2kd^2/(ml^2)}$. In analoger Weise lässt sich die Schwingung von $N$ gleichartigen gekoppelten Oszillatoren durch $N$ Fundamentalschwingungen beschreiben. Für den hier betrachteten Fall von zwei Pendeln gibt es drei unterschiedliche Schwingungszustände, die durch die Anfangsbedingungen bestimmt werden:

- **I:** Bei der *gleichsinnigen Schwingung* (Bild 4.24a) gilt: $\psi_1(t=0) = \psi_2(t=0) = \psi_0 = A/2$ und $\dot{\psi}_1(t=0) = \dot{\psi}_2(t=0) = 0$ sowie $B = 0$, d. h. die beiden Pendel werden um den gleichen Winkel (und in die gleiche Richtung) aus der Ruhelage ausgelenkt und zum Zeitpunkt $t = 0$ gleichzeitig freigegeben. Die spezielle Lösung des Differentialgleichungssystems (Gl. (4.67a) und Gl. (4.67b)) ist in diesem Fall: $\psi_{1\text{gl}}(t) = \psi_{2\text{gl}}(t) = \psi_0 \cos(\omega_{\text{gl}} t)$. Die beiden Pendel schwingen harmonisch, mit gleicher Amplitude und phasengleich mit derselben Kreisfrequenz $\omega_{\text{gl}} = \sqrt{g/l}$, die aufgrund der Vernachlässigung der Massen der beiden Pendelstangen der Schwingungsfrequenz des mathematischen Pendels für kleine Auslenkungswinkel entspricht. Die Kopplungsfeder wird während der gesamten Schwingung weder gestaucht noch gestreckt und bleibt im selben Zustand wie zu Beginn der Schwingung bei $t = 0$. Dementsprechend schwingen beide Pendel so, als wären sie gar nicht gekoppelt.

- **II:** Bei der *gegensinnigen Schwingung* (Bild 4.24b) gilt: $\psi_1(t=0)=\psi_0=-\psi_2(t=0)=-B/2$ und $\dot{\psi}_1(t=0)=\dot{\psi}_2(t=0)=0$ sowie $A = 0$, d. h. die beiden Pendel werden gegenphasig um den gleichen Winkelbetrag aus der Ruhelage ausgelenkt und zum Zeitpunkt $t = 0$ gleichzeitig freigegeben. Die spezielle Lösung des Differentialgleichungssystems (Gl. (4.67)) ist in diesem Fall: $\psi_{1\text{geg}}(t)=-\psi_{2\text{geg}}(t)=\psi_0\cos(\omega_{\text{geg}}t)$. Die beiden Pendel schwingen harmonisch, mit gleicher Amplitude aber gegenphasig mit derselben Kreisfrequenz $\omega_{\text{geg}}=\sqrt{\omega_{\text{gl}}^2+2K^2}=\sqrt{g/l+2kd^2/(ml^2)}$, die u. a. von der Federkonstante $k$ der Kopplungsfeder und dem Abstand $d$ zwischen Pendel- und Federaufhängung abhängt. Für $k \to 0$ oder für $d \to 0$ gilt: $\omega_{\text{geg}} \cong \omega_{\text{gl}}$, d. h. beide Pendel schwingen so, als wären sie gar nicht gekoppelt.
- **III:** Bei der *Kopplungsschwingung* (auch *Schwebungsschwingung* genannt, Bild 4.24c) gilt: $\psi_1(t=0)=0$ oder $\psi_2(t=0)=0$ und $\dot{\psi}_1(t=0)=\dot{\psi}_2(t=0)=0$, d. h. nur ein Pendel wird ausgelenkt während das zweite Pendel in der Ruhelage festgehalten wird und zum Zeitpunkt $t = 0$ werden beide Pendel gleichzeitig freigegeben. Das zum Zeitpunkt $t = 0$ ausgelenkte Pendel überträgt mit fortschreitender Zeit seine Schwingungsenergie auf das bei $t = 0$ ruhende Pendel bis es selbst nicht mehr schwingt. Anschließend kehrt sich der Vorgang um und das nun schwingende Pendel regt das ruhende Pendel wieder zu Schwingungen an. Das Pendel mit der größeren Schwingungsenergie fungiert als periodischer Erreger für das Pendel mit der kleineren Schwingungsenergie, wobei die Schwingungsenergie periodisch ausgetauscht wird. Für den Fall $\psi_1(t=0)=\psi_0=A=-B\neq 0$ und $\psi_2(t=0)=0$ ergeben sich die folgenden beiden speziellen Lösungen des Differentialgleichungssystems (Gl. (4.67a) und Gl. (4.67b)):

$$\psi_{1\text{K}}(t)=\frac{\psi_0}{2}\left[\cos(\omega_{\text{gl}}t)+\cos(\omega_{\text{geg}}t)\right]=\psi_0\cos(\omega_{\text{S}}t)\cos(\omega_{\text{m}}t) \tag{4.69a}$$

$$\psi_{2\text{K}}(t)=\frac{\psi_0}{2}\left[\cos(\omega_{\text{gl}}t)-\cos(\omega_{\text{geg}}t)\right]=\psi_0\sin(\omega_{\text{S}}t)\sin(\omega_{\text{m}}t) \tag{4.69b}$$

$\omega_{\text{m}}=(\omega_{\text{geg}}+\omega_{\text{gl}})/2$ ist die Mittenkreisfrequenz (Abschnitt 4.1.2), mit der jedes der beiden Pendel schwingt und $\omega_{\text{S}}=(\omega_{\text{geg}}-\omega_{\text{gl}})$ ist die Schwebungskreisfrequenz, mit der die Amplitude und damit auch die Energie jedes der beiden Pendel oszilliert (Bild 4.25). Da die Amplituden der beiden Pendel, die durch die Faktoren $\psi_0\cos(\omega_{\text{S}}t)$ bzw. $\psi_0\sin(\omega_{\text{S}}t)$ bestimmt sind, auch null werden können, wird dies als *maximale Schwebung* bezeichnet. Für die zugehörigen Periodendauern gilt:

$$T_{\text{m}}=\frac{2\pi}{\omega_{\text{m}}}=\frac{4\pi}{\omega_{\text{geg}}+\omega_{\text{gl}}} \tag{4.70a}$$

$$T_{\text{S}}=\frac{2\pi}{\omega_{\text{S}}}=\frac{2\pi}{\omega_{\text{geg}}-\omega_{\text{gl}}} \tag{4.70b}$$

Im Fall einer schwachen Kopplung, d. h. $\omega_{\text{geg}} \approx \omega_{\text{gl}}$ ist die Amplitudenänderung (auch *Amplitudenmodulation* genannt) und damit auch die Energieübertragung zwischen den beiden Pendeln sehr langsam im Vergleich zum schnell veränderlichen Anteil ($T_{\text{S}} \gg T_{\text{m}}$). Hingegen erfolgt bei einer starken Kopplung ($\omega_{\text{geg}} > \omega_{\text{gl}}$) die Energieübertragung zwischen den beiden Pendeln sehr schnell.

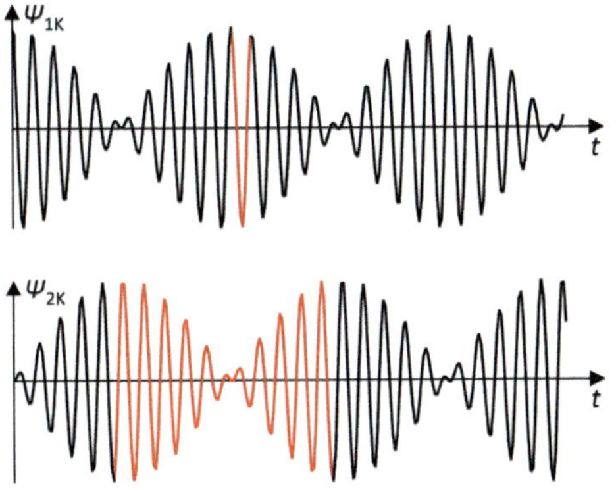


**Bild 4.25**
Zeitlicher Verlauf der Schwingungen der beiden Pendel bei der Kopplungsschwingung (Schwebungsschwingung)

Äquivalent zum Fall der beiden über eine Feder gekoppelten Stabpendel ist die Kopplung von zwei gleichartigen Federpendeln über eine dritte Feder, wie es in Bild 4.26 schematisch dargestellt ist. Im einfachsten Fall haben alle drei Federn dieselbe Federkonstante $k$. Erfolgen die Schwingungen parallel zu den Längsachsen der Federn (*longitudinale Schwingungen*, Bild 4.26a) gilt für die Kreisfrequenzen der beiden Fundamentalschwingungen (gleichsinnig und gegensinnig) in diesem Fall:

$$\omega_{\mathrm{gl}}^{\mathrm{lon}} = \sqrt{\frac{k}{m}} \tag{4.71a}$$

$$\omega_{\mathrm{geg}}^{\mathrm{lon}} = \sqrt{\frac{3k}{m}} = \sqrt{3}\,\omega_{\mathrm{gl}}^{\mathrm{lon}} \tag{4.71b}$$

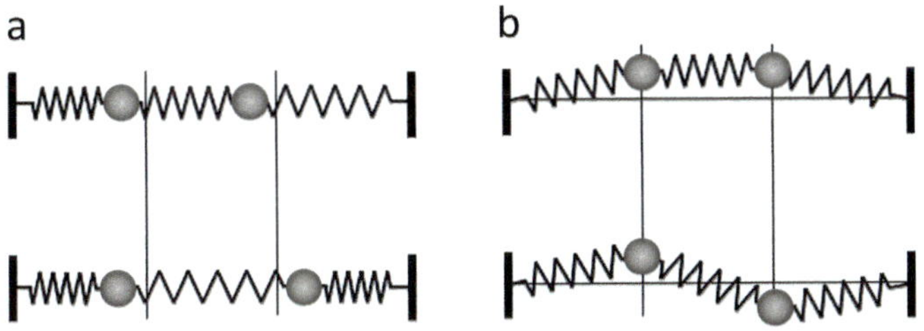


**Bild 4.26** Longitudinale (a) und transversale Schwingungen (b) bei zwei gleichartigen gekoppelten Federpendeln

Für die Mitten- und die Schwebungskreisfrequenz sowie für die zugehörigen Periodendauern gelten im Fall der Kopplungsschwingung die gleichen Verhältnisse (Gl. (4.71)) wie bei dem vorangegangenen Beispiel der zwei über eine Feder gekoppelten Stabpendel.

Bei dem System von zwei gekoppelten Federpendeln sind auch Schwingungen senkrecht zur Verbindungsachse der beiden Massen möglich. Diese sogenannten *transversalen Schwingungen* können in gleichwertiger Weise in zwei zueinander senkrechte Ebenen erfolgen (in Bild 4.26b ist dies die Zeichenebene und die dazu senkrechte Ebene). Für die beiden Kreisfrequenzen der insgesamt vier, paarweise gleichwertigen transversalen Fundamentalschwingungen (gleichsinnig und gegensinnig) gilt in im Fall derselben Federkonstante $k$ und kleiner Auslenkungen:

$$\omega_{\text{gl}}^{\text{tra}} = \sqrt{\frac{k_{\text{eff}}}{m}} = \sqrt{\frac{k\left(1-\frac{a_0}{a}\right)}{m}} = \sqrt{1-\frac{a_0}{a}}\,\omega_{\text{gl}}^{\text{lon}} < \omega_{\text{gl}}^{\text{lon}} \tag{4.72a}$$

$$\omega_{\text{geg}}^{\text{tra}} = \sqrt{\frac{3k_{\text{eff}}}{m}} = \sqrt{\frac{3k\left(1-\frac{a_0}{a}\right)}{m}} = \sqrt{1-\frac{a_0}{a}}\,\omega_{\text{geg}}^{\text{lon}} < \omega_{\text{geg}}^{\text{lon}} \tag{4.72b}$$

Dabei bezeichnet $a_0$ die Länge im ungespannten (entkoppelten) Zustand und $a$ die Länge im gekoppelten Gleichgewichts- bzw. Ruhezustand jeder der drei Federn. Ein Vergleich mit den Kreisfrequenzen der beiden longitudinalen Fundamentalschwingungen (Gl. (4.71)) zeigt, dass für die Näherung kleiner Auslenkungen die longitudinalen Schwingungen schneller als die transversalen sind. Hingegen sind die Unterschiede zwischen den longitudinalen und transversalen Fundamentalkreisfrequenzen für den Fall stark dehnbarer Federn mit $a_0/a \ll 1$ deutlich geringer bzw. sogar vernachlässigbar.

Wird die Anordnung der zwei gekoppelten Federpendel um eine weitere Masse und eine weitere Feder ergänzt, hat das schwingungsfähige System insgesamt drei longitudinale (Bild 4.27a) und sechs transversale Fundamentalschwingungen (Bild 4.27b). Bei einer longitudinalen und bei zwei transversalen Fundamentalschwingungen ist jeweils die mittlere Masse in Ruhe, während die beiden anderen (äußeren) Massen gegensinnig schwingen. Für die Kreisfrequenzen der drei longitudinalen Fundamentalschwingungen gilt:

$$\omega_1^{\text{lon}} = \sqrt{\frac{\left(2-\sqrt{2}\right)k}{m}} \tag{4.73a}$$

$$\omega_2^{\text{lon}} = \sqrt{\frac{2k}{m}} \tag{4.73b}$$

$$\omega_1^{\text{lon}} = \sqrt{\frac{\left(2+\sqrt{2}\right)k}{m}} \tag{4.73b}$$

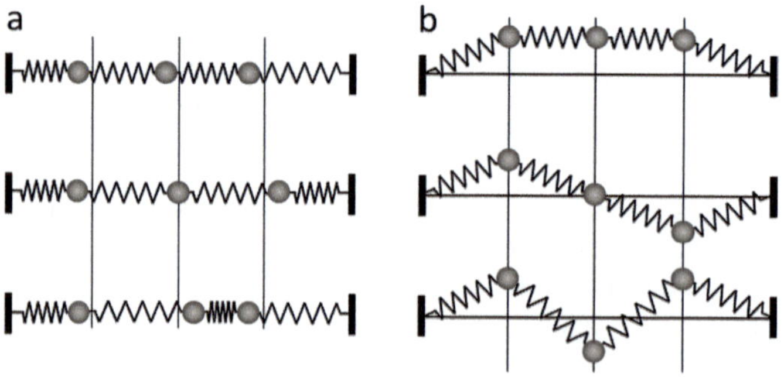


**Bild 4.27** Longitudinale (a) und transversale Schwingungen (b) bei drei gleichartigen gekoppelten Federpendeln

Für den Fall, dass beispielsweise eine der beiden äußeren Massen zum Zeitpunkt $t = 0$ entlang der $x$-Richtung ausgelenkt ist, also $x_1(t=0) = \hat{x}$ und $\dot{x}_1(t=0) = 0$, während sich die beiden anderen Massen in ihrer jeweiligen Ruhelage befinden, also $x_2(t=0)=x_3(t=0)=0$ und $\dot{x}_2(t=0)=\dot{x}_3(t=0)=0$, gilt für die drei longitudinalen Auslenkungsfunktionen (Bild 4.28):

$$x_1(t)=\frac{\hat{x}}{2}\left(\frac{1}{2}\cos\left(\omega_1^{\text{lon}}\,t\right)+\cos\left(\omega_2^{\text{lon}}\,t\right)+\frac{1}{2}\cos\left(\omega_3^{\text{lon}}\,t\right)\right) \tag{4.74a}$$

$$x_2(t)=\frac{\hat{x}}{2\sqrt{2}}\left(\cos\left(\omega_1^{\text{lon}}\,t\right)-\cos\left(\omega_3^{\text{lon}}\,t\right)\right) \tag{4.74b}$$

$$x_3(t)=\frac{\hat{x}}{2}\left(\frac{1}{2}\cos\left(\omega_1^{\text{lon}}\,t\right)-\cos\left(\omega_2^{\text{lon}}\,t\right)+\frac{1}{2}\cos\left(\omega_3^{\text{lon}}\,t\right)\right) \tag{4.74c}$$

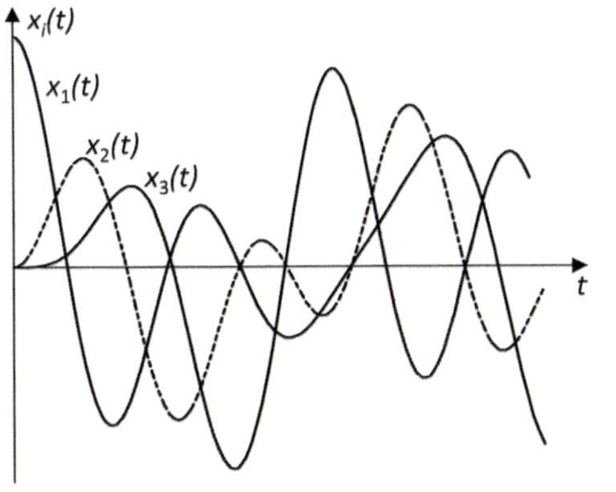


**Bild 4.28**
Longitudinalen Auslenkungsfunktionen für drei gleichartige gekoppelte Federpendel (drei gleiche Massen und vier gleiche Federn)

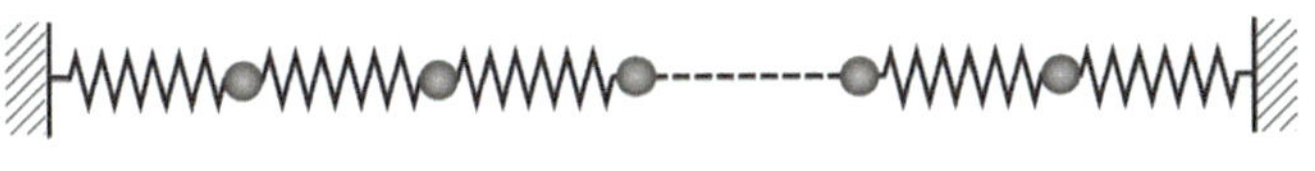

**Bild 4.29**
Lineare Oszillatorkette

Eine Anordnung bestehend aus $N$ gleichartigen (identischen) Pendeln bzw. Oszillatoren und $(N+1)$ gleichartigen Federn, d. h. nur die jeweils nächsten Nachbarn sind durch Federn verbunden, wird als eindimensionale bzw. *lineare Oszillatorkette* (Bild 4.29) bezeichnet und ist ein einfaches Modell für einen ausgedehnten linearen Körper mit homogener Massenverteilung. Bei der mathematischen Beschreibung ergibt sich ein System von $N$ voneinander abhängigen Differentialgleichungen, die sich nach geeigneter Umformung in ein System von $N$ unabhängigen Differentialgleichungen umwandeln lassen. Die Lösungen dieser Gleichungen liefern die $N$ longitudinalen Fundamentalschwingungen mit den zugehörigen Kreisfrequenzen sowie die $2N$ transversalen Fundamentalschwingungen mit den zugehörigen Kreisfrequenzen. Aufgrund der Rotationssymmetrie der linearen Oszillatorkette ist zwei transversalen und zueinander orthogonalen Fundamentalschwingungen stets eine Kreisfrequenz zugeordnet. Für die Kreisfrequenzen und Auslenkungsfunktionen der longitudinalen Fundamentalschwingungen gilt:

$$\omega_n^{\text{lon}}=2\sqrt{\frac{k}{m}}\sin\left(\frac{n\pi}{2(N+1)}\right)\quad(\text{mit } n,l=1,\ldots,N) \tag{4.75a}$$

$$x_l(t)=\sum_{n=1}^{N}\left\{\sin\left(\frac{l n\pi}{N+1}\right)\left[A_n\cos\left(\omega_n^{\text{lon}}\,t\right)+B_n\sin\left(\omega_n^{\text{lon}}\,t\right)\right]\right\} \tag{4.75b}$$

Sämtliche reellen Koeffizienten $A_n$ und $B_n$ in der Summe für die Auslenkungsfunktionen $x_l(t)$ werden durch die Anfangsbedingungen $\{x_l(t=0), \dot{x}_l(t=0)\}$ mit $l = 1, \ldots, N$ festgelegt. Die in Gl. (4.75a) angegebenen Relationen enthalten auch die beiden zuvor erläuterten Spezialfälle für $N = 2$ und 3.

Ist die Anzahl der Oszillatoren in der Kette sehr groß (bzw. $N \to \infty$), ergibt sich aus der Taylor-Reihenentwicklung für die Sinus-Funktion in Gl. (4.75a) für die Kreisfrequenzen der longitudinalen Fundamentalschwingungen der folgende einfache Zusammenhang:

$$\omega_n^{\text{lon}} = n\sqrt{\frac{k}{m}} \quad (\text{mit } n = 1, \ldots, N) \tag{4.76}$$

Die Schwingung mit $n = 1$ wird als Grundschwingung und alle übrigen Schwingungen mit $n \neq 1$ werden als Oberschwingungen bezeichnet. Der qualitative Verlauf der Grundschwingung sowie der ersten Oberschwingung ($n = 2$) ist für je eine Momentaufnahme in Bild 4.30 dargestellt. Dabei ist die Auslenkung der Oszillatormassen, die parallel zur Richtung der Verbindungsachse der Oszillatorkette erfolgt, senkrecht zur Achse aufgetragen. In der Grundschwingung bewegen sich alle Massen synchron, aber mit unterschiedlicher Amplitude, wobei in der Mitte ein Auslenkungsmaximum auftritt. Bei der ersten Oberschwingung ist in der Mitte eine zusätzliche Nullstelle der Auslenkung vorhanden, d. h. die Schwingungsamplitude ist an dieser Stelle null. Links und rechts davon schwingen die Massen wieder gleichgerichtet innerhalb eines Abschnitts zwischen zwei Nullstellen, jedoch entgegengesetzt bezüglich der einzelnen Abschnitte. Mit zunehmender Nummer der Oberschwingung erhöht sich auch die Anzahl der Nullstellen, wobei die Schwingungsrichtung der Massen zwischen benachbarten Abschnitten sich umkehrt. Die ortsfesten Nullstellen werden *Auslenkungsknoten* und die Orte mit maximaler Schwingungsamplitude als *Auslenkungsbäuche* bezeichnet. Die Anzahl der Bäuche ist gleich der Nummer der Fundamentalschwingung, bei den Knoten erhöht sich diese Zahl um eins. Bei den transversalen Fundamentalschwingungen sind Schwingungsverlauf sowie Anzahl der Knoten und Bäuche analog zu den longitudinalen Fundamentalschwingungen.

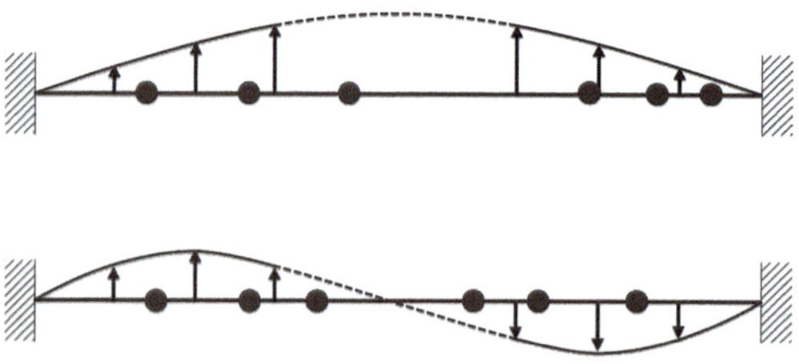

**Bild 4.30** Grundschwingung und erste Oberschwingung einer longitudinal schwingenden Oszillatorkette; die Pfeile repräsentieren die Schwingungsrichtungen der einzelnen Massen

Ein weiteres Beispiel für ein System gekoppelter Oszillatoren ist das in einer Ebene schwingende *Doppelpendel*. Es besteht aus zwei Stabpendeln mit den Stablängen $l_1$ und $l_2$ sowie den Pendelmassen $m_1$ und $m_2$, wobei der Stab des unteren Pendels an der Pendelmasse des oberen Pendels befestigt ist und die beiden starren Stäbe zur Vereinfachung als masselos betrachtet werden (Bild 4.31). Beide Pendel können um den Aufhängungspunkt des jeweiligen Stabes im Uhrzeigersinn und dazu entgegengesetzt rotieren sowie schwingen. Dabei ist der Drehsinn der Rotationen entscheidend für den Bewegungsablauf. Aus den drei Freiheitsgraden pro Pendel ergeben sich neun mögliche Kombinationen, wobei bei kleinen Auslenkungen bzw. kleinen kinetischen Energien beide Pendel nur schwingen und nicht rotieren. Ist der Rotationssinn der beiden Pendel entgegengesetzt, hat der Gesamtdrehimpuls den kleinsten Wert und der Übergang in die chaotische Bewegung dauert länger als bei gleichem Rotationssinn der beiden Pendel. Die Bewegung eines Doppelpendels wird insbesondere im mittleren Energiebereich chaotisch. Neben der periodischen und der chaotischen Bewegung, kann sich ein Doppelpendel auch quasiperiodisch bewegen, sodass der Anfangszustand in regelmäßiger Abfolge immer wieder näherungsweise erreicht wird. Dies ist beim Doppelpendel dann der Fall, wenn beide Pendel schwingen und das Verhältnis der Periodendauern eine irrationale Zahl ist.

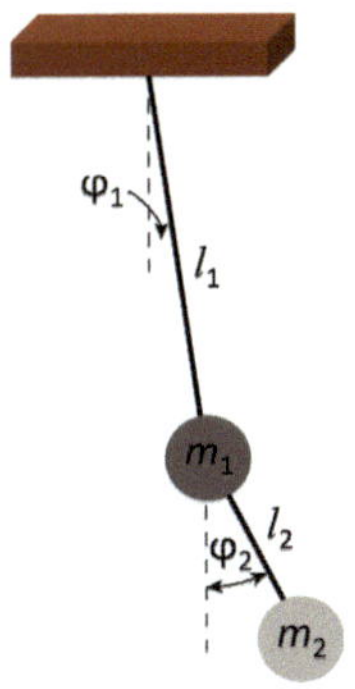


**Bild 4.31**
Doppelpendel

Das Doppelpendel ist eines der einfachsten nichtlinearen dynamischen Systeme, das sich in Abhängigkeit von den Anfangsbedingungen auch chaotisch verhalten kann. Dies bedeutet, dass der Bewegungsablauf des Doppelpendels für fast gleiche Anfangsbedingungen, die sich nur infinitesimal unterscheiden, sehr verschieden sein kann. Diese sehr ausgeprägte Abhängigkeit von den Anfangsbedingungen lässt sich durch Berechnung der *Ljapunow-Exponenten* (A. M. Ljapunow, 1857–1918) der Trajektorien charakterisieren. Der Ljapunow-Exponent eines dynamischen Systems beschreibt die Geschwindigkeit, mit der sich zwei nahe beieinanderliegende Punkte im Phasenraum mit der Zeit voneinander entfernen oder annähern. Für jede Dimension des Phasenraums bzw. für jeden Freiheitsgrad gibt es einen Ljapunow-Exponenten, die zusammen das sogenannte *Ljapunow-Spektrum* bilden. Oft wird jedoch nur der maximale Ljapunow-Exponent betrachtet, da dieser in der Regel das gesamte Systemverhalten bestimmt.

Die Bewegungsgleichungen für die beiden Auslenkungswinkel $\varphi_1(t)$ und $\varphi_2(t)$ des in Bild 4.31 schematisch dargestellten Doppelpendels lassen sich über eine Energiebilanz (bei Vernachlässigung sämtlicher Reibungseinflüsse) im Rahmen des *Lagrange-Formalismus* (J.-L. de Lagrange, 1736–1813) herleiten:

$$\ddot{\varphi}_1 + \frac{m_2}{m_1 + m_2} \cdot \frac{l_2}{l_1} \left[ \ddot{\varphi}_2 \cos(\varphi_1 - \varphi_2) + \dot{\varphi}_2^2 \sin(\varphi_1 - \varphi_2) \right] + \frac{g}{l_1} \sin(\varphi_1) = 0 \tag{4.77a}$$

$$\ddot{\varphi}_2 + \frac{l_1}{l_2} \left[ \ddot{\varphi}_1 \cos(\varphi_1 - \varphi_2) - \dot{\varphi}_1^2 \sin(\varphi_1 - \varphi_2) \right] + \frac{g}{l_2} \sin(\varphi_2) = 0 \tag{4.77b}$$

Diese beiden Bewegungsgleichungen bilden ein System von zwei nichtlinearen, gekoppelten Differentialgleichungen 2. Ordnung, welches analytisch nicht lösbar ist. Es kann bei vier bekannten Anfangswerten $\varphi_1(t=0)$, $\varphi_2(t=0)$, $\dot{\varphi}_1(t=0)$ und $\dot{\varphi}_2(t=0)$ mit numerischen Verfahren gelöst werden. Sind beispielsweise die beiden Pendelmassen, die Stablängen und die beiden Anfangsauslenkungen gleich, also $m_1 = m_2$, $l_1 = l_2$ und $\varphi_1(t=0) = \varphi_2(t=0)$ ist das Schwingungsverhalten des Doppelpendels für $\varphi_1(t=0) > 60°$ instabil bzw. chaotisch. In der Bild 4.32 sind die Trajektorien eines chaotisch schwingenden Doppelpendels dargestellt.

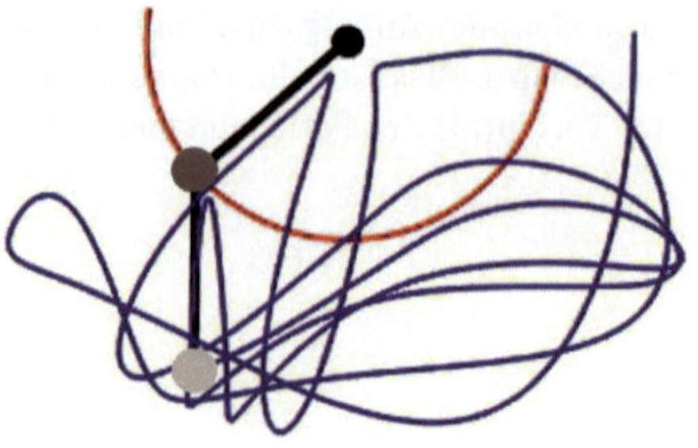

**Bild 4.32**
Trajektorien eines chaotisch schwingenden Doppelpendels

Für kleine Auslenkungswinkel können die beiden nichtlinearen, gekoppelten Differentialgleichungen (Gl. (4.78)) im Rahmen der Kleinwinkelnäherung linearisiert und dadurch analytisch gelöst werden:

$$\ddot{\varphi}_1 + \frac{m_2}{m_1 + m_2} \cdot \frac{l_2}{l_1} \ddot{\varphi}_2 + \frac{g}{l_1} \varphi_1 = \ddot{\varphi}_2 + \frac{l_1}{l_2} \ddot{\varphi}_1 + \frac{g}{l_2} \varphi_2 = 0 \tag{4.78}$$

Für die Schwingungsfrequenzen gilt dann:

$$\omega_{1,2} = \sqrt{\frac{2g}{(l_1 + l_2) \pm \sqrt{(l_1 + l_2)^2 - \frac{4 l_1 l_2 m_1}{m_1 + m_2}}}} \tag{4.79}$$

Wird neben der Kleinwinkelnäherung auch noch angenommen, dass die beiden Stäbe gleich lang sind ($l_1 = l_2 = l$) ergeben sich drei Spezialfälle in Abhängigkeit vom Verhältnis der beiden Massen:

- Der Wert der oberen Masse ist viel größer als der unteren Masse ($m_1 \gg m_2$): während die obere Masse $m_1$ annähernd in ihrer Ruhelage bleibt, schwingt die untere Masse $m_2$ harmonisch mit der Schwingungskreisfrequenz $\omega_{1,2} \approx \sqrt{g/l}$ ähnlich einem mathematischen Pendel.
- Der Wert der oberen Masse ist viel kleiner als der unteren Masse ($m_1 \ll m_2$): für die Schwingungskreisfrequenzen gilt nun $\omega_1 \approx \sqrt{g/2l}$, d. h. beide Massen schwingen gleichsinnig wie ein mathematisches Pendel mit der Länge $2\,l$ und $\omega_2 \approx \sqrt{2g\,m_2/(l m_1)}$, d. h. während die untere Masse $m_2$ annähernd in ihrer Ruhelage bleibt, schwingt die obere Masse $m_1$ harmonisch.
- Die beiden Massen sind gleich ($m_1 = m_2$) und schwingen harmonisch gleich- bzw. gegensinnig mit der Schwingungskreisfrequenz $\omega_{1,2} = \sqrt{\left(2 \mp \sqrt{2}\right) g/l}$.

### 4.2.5 Schwingungen ausgedehnter Körper

Die Kopplung einzelner diskreter Oszillatoren wie beim vorangegangenen Beispiel der linearen Oszillatorkette führt zu einem schwingungsfähigen System mit charakteristischen Eigenschwingungen. Dieses Ergebnis lässt sich auf den Fall übertragen, dass der schwingende Körper nur im atomaren Maßstab als gekoppeltes Oszillatorsystem betrachtet werden kann. Trotz der Vielzahl der beteiligten Teilchen gibt es für einige, praktisch relevante Fälle überschaubare Schwingungszustände, die sich elementar behandeln lassen und direkt mit dem Verhalten einer linearen Oszillatorkette verglichen werden können.

Ein solches einfaches ausgedehntes Schwingungssystem ist eine gespannte Geigen- oder Gitarrensaite. Eine solche Saite ist zylinderförmig, hat im Vergleich zu ihrer Länge einen sehr kleinen Durchmesser und ist an ihren beiden Enden eingespannt, wodurch gegenläufige Zugkräfte in der Saite entstehen, die eine Spannkraft bewirken. Die Halterungen können jeweils steif oder flexibel ausgeführt sein und die Spannkraft kann bei Bedarf variiert werden. Beim Anzupfen, Streichen oder Schlagen einer solchen Saite werden transversale Schwingungen angeregt, die, abhängig von den genauen Randbedingungen der Schwingungserzeugung, durch ein bestimmtes Frequenzspektrum charakterisiert sind. Dabei zeigt sich, dass neben einer im allgemeinen dominierenden Grundschwingung mit der Frequenz $f_1$ (Grundfrequenz) auch Oberschwingungen mit ganzzahligen Vielfachen dieser Grundfrequenz auftreten. Die Existenz von Oberschwingungen bei einer schwingenden Saite wurde erstmals von D. Bernoulli (1700–1782) erkannt. Regt man umgekehrt eine gespannte Saite beispielsweise über einen Erreger an, so schwingt die Saite immer dann maximal, d. h. in Resonanz, wenn die Frequenz des Erregers einem ganzzahligen Vielfachen der Frequenz der Grundschwingung entspricht. Die *Resonanzbedingung* für die schwingende Saite lautet dementsprechend:

$$f_n = n\, f_1 \quad (\text{mit } n = 1, \ldots, N) \tag{4.80}$$

Die beidseitig eingespannte Saite besitzt ein Spektrum von Eigenschwingungen, dass der linearen Oszillatorkette entspricht. Übereinstimmung besteht auch im Erscheinungsbild der Schwingungszustände, wie sich beispielsweise bei stroboskopischer Beleuchtung einer mit einer passenden Erregerfrequenz angeregten Saite nachweisen lässt. Ebenso wie bei der linearen Oszillatorkette gibt es auch bei der schwingenden Saite neben transversalen auch longitudinale Eigenschwingungen, allerdings ist deren Anregung technisch schwieriger. Für die Frequenzbedingung und den Schwingungsverlauf gelten jedoch die gleichen Bedingungen wie bei den transversalen Schwingungen.

Eine quantitative Abschätzung der Frequenzen der transversalen und longitudinalen Grundschwingung $f_1^{\text{tra}}$ bzw. $f_1^{\text{lon}}$ einer schwingenden Saite ist möglich, indem die lineare Oszillatorkette durch einen einzelnen Oszillator ersetzt wird. Hierzu wird die räumlich verteilte Masse der schwingenden Saite in einem Massepunkt konzentriert und im geometrischen Mittelpunkt der Saite platziert (Bild 4.33).

Die von der Saite ausgeübten Rückstellkräfte führen bei entsprechender Auslenkung zu einer harmonischen Schwingung. Im Falle einer transversalen Schwingung ist die Rückstellkraft im Wesentlichen durch die Vertikalkomponente der Zugkraft auf die Saite bestimmt. Sie hängt von der Auslenkung $y$ ab und hat einen Betrag von $F_{\text{R}} = 2\,F_0 \,\sin(\alpha)$, dabei ist $F_{\text{Z}}$ der Betrag der spannenden Kraft (Zugkraft) und $\alpha$ ist der Auslenkungswinkel. Da beide Saitenhälften zur Rückstellkraft beitragen ergibt sich ein Vorfaktor von 2. Für kleine Auslenkungswinkel gilt die Kleinwinkelnäherung: $\sin(\alpha) \approx \tan(\alpha) = 2\,y/L$, wobei $L$ die Ruhelänge der Saite ist.

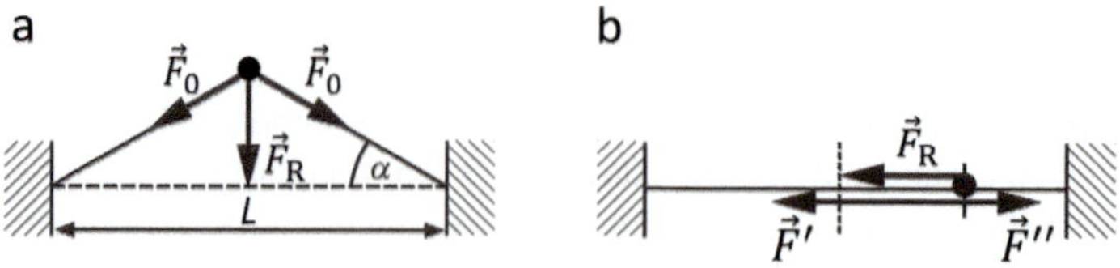


**Bild 4.33** „Ersatzoszillator" für eine schwingende Saite in der a) transversalen und b) longitudinalen Grundschwingung

Aus der Schwingungsfrequenz $f_0^{\text{tra}}$ des Ersatzoszillators folgt für die Schwingungsfrequenz $f_1^{\text{tra}}$ der transversalen Grundschwingung der Saite:

$$f_1^{\text{tra}} = \frac{\pi}{2} f_0^{\text{tra}} = \frac{1}{4}\sqrt{\frac{k}{m}} = \frac{1}{4}\sqrt{\frac{F_\text{R}}{y m}} = \frac{1}{2}\sqrt{\frac{F_\text{Z}}{L m}} = \frac{1}{2L}\sqrt{\frac{F_\text{Z}}{A \varrho}} = \frac{1}{2L}\sqrt{\frac{\sigma}{\varrho}} \tag{4.81}$$

Dabei bezeichnet $A$ die Querschnittsfläche der zylinderförmig angenommenen Saite, $\varrho$ die konstante Massendichte und $\sigma$ die mechanische Zugspannung mit $\sigma = F_\text{Z}/A$. Mit dem Faktor $\pi/2$ zwischen der Schwingungsfrequenz $f_0^{\text{tra}}$ des Ersatzoszillators und der Schwingungsfrequenz $f_1^{\text{tra}}$ der transversalen Grundschwingung wird berücksichtigt, dass die einzelnen infinitesimalen Massenelemente der Saite mit unterschiedlich großen Amplituden harmonisch schwingen. Entsprechend der Gl. (4.81) führt eine Halbierung der Saitenlänge oder eine Vervierfachung der Zugspannung zu einer Verdoppelung von $f_1^{\text{tra}}$. Bereits Pythagoras (570 v. Chr. - 510 v. Chr.) soll erkannt erhaben, dass sich die Töne einer schwingenden Saite um eine Oktave (Intervall zwischen zwei Tönen, das acht Tonstufen einer diatonischen Tonleiter umspannt) unterscheiden, wenn die Länge der Saite verdoppelt oder halbiert wird. Heutzutage wird jedoch nicht die Saitenlänge, sondern die Frequenz als Maß für die Tonhöhe verwendet und eine Oktave entspricht der Verdoppelung der Schwingungsfrequenz.

Bei der longitudinalen Schwingung entsteht die Rückstellkraft aus der Differenz der unterschiedlichen Saitenspannungen auf den beiden Hälften der ausgelenkten Saite. Eine Verlängerung erhöht die Saitenspannung, eine Verkürzung dagegen verringert sie. Verhält sich die Saite linear-elastisch, so ist die Saitenspannung proportional zur Gesamtdehnung der Saite. Der Proportionalitätskoeffizient zwischen der Saitenspannung und der auf die Ausgangslänge $L$ bezogenen Längenänderung $\Delta L$ (Dehnung) der Saite ist das Elastizitätsmodul $E = \sigma\, L/L$. Die resultierende Rückstellkraft ergibt sich aus der Differenz der Zugkräfte, die vom verlängerten Teil und vom verkürzten Teil der Saite ausgeübt werden: $F_\text{R} = F' - F'' = 4\,A\,E\,x/L$. Aus der Schwingungsfrequenz $f_0^{\text{lon}}$ des Ersatzoszillators folgt für die Schwingungsfrequenz $f_1^{\text{lon}}$ der longitudinalen Grundschwingung der Saite:

$$f_1^{\text{lon}} = \frac{\pi}{2} f_0^{\text{lon}} = \frac{\pi}{2\pi}\sqrt{\frac{E A}{m L}} = \frac{1}{2}\sqrt{\frac{E A}{m L}} = \frac{1}{2L}\sqrt{\frac{E}{\varrho}} \tag{4.82}$$

Für das Verhältnis zwischen den beiden Grundschwingungsfrequenzen gilt somit:

$$\frac{f_1^{\text{tra}}}{f_1^{\text{lon}}} = \sqrt{\frac{\sigma}{E}} = \sqrt{\frac{\Delta L}{L}} \tag{4.83}$$

Entsprechend Bild 4.30 (oberer Teil) gibt es sowohl bei der transversalen als auch bei der longitudinalen Grundschwingung nur zwei Auslenkungsknoten an den Enden und einen Auslenkungsbauch genau in der Mitte der beidseitig eingespannten Saite.

Die Bewegungsgleichung einer transversal schwingenden Saite lässt sich mittels einer Kräftebilanz an einem infinitesimalen Saitenelement herleiten. Die Saite mit der konstanten Querschnittsfläche $A$ und der konstanten Massendichte $\varrho$ ist entlang der $x$-Richtung (Längsrichtung) gespannt und wird entlang der $y$-Richtung ausgelenkt (Bild 4.34). Das infinitesimale Saitenelement hat die Länge d$x$. Eine unausgelenkte Saite kann Kräfte nur entlang ihrer Längsrichtung übertragen. Bei einer gekrümmten Saite ergibt sich jedoch eine resultierende Kraft, da die Spannkraft an verschiedenen Stellen der Saite zwar vom Betrag her gleich groß, aber in verschiedene Richtungen orientiert ist. Für die Komponente der rückstellenden Kraft am linken Ende des infinitesimalen Saitenelements gilt: $F_y(x) = -A\sigma\sin(\alpha)$ und am rechten Ende gilt: $F_y(x+\mathrm{d}x) = +A\sigma\sin(\alpha+\mathrm{d}\alpha)$. Die resultierende rücktreibende Kraft für das infinitesimale Saitenelement ist die Summe dieser beiden Komponenten und es gilt unter Verwendung der entsprechenden Additionstheoreme der Winkelfunktionen und der Kleinwinkelnäherung $(\sin(\alpha) \approx \alpha)$: $F_\mathrm{R} = F_y(x) + F_y(x+\mathrm{d}x) = A\sigma[\sin(\alpha+\mathrm{d}\alpha) - \sin(\alpha)] \approx A\sigma\,\mathrm{d}\alpha$. Da der Winkel $\alpha$ klein ist, kann angenommen werden, dass $\alpha$ gleich der Steigung der „Saitenfunktion" $y(x,t)$ ist. Es gilt also: $\alpha \approx \tan(\alpha) = \partial y/\partial x$ bzw. $\mathrm{d}\alpha \approx (\partial^2 y/\partial x^2)\,\mathrm{d}x$, d. h. die Änderung des Winkels $\alpha$ zwischen den Stellen $x$ und $x$ + d$x$ ist ungefähr gleich der Ableitung des Winkels mal die Entfernung auf der $x$-Achse. Für die resultierende rücktreibende Kraft gilt somit: $F_\mathrm{R} = A\sigma\left(\partial^2 y/\partial^2 y\right)\mathrm{d}x$. Diese Kraft beschleunigt das infinitesimale Saitenstück mit der Masse $\mathrm{d}m = \varrho A\,\mathrm{d}x$ in Richtung der Ruhelage und es gilt: $F_\mathrm{R} = \ddot{y}\,\mathrm{d}m = \left(\partial^2 y/\partial t^2\right)\varrho A\,\mathrm{d}x$. Dies ergibt die gesuchte Bewegungsgleichung der ungedämpft schwingenden Saite, die den Zusammenhang zwischen zeitlicher und räumlicher (entlang der Saite) Änderung der Auslenkung der Saite beschreibt:

$$\frac{\varrho}{\sigma}\cdot\frac{\partial^2 y(x,t)}{\partial t^2} - \frac{\partial^2 y(x,t)}{\partial x^2} = \frac{1}{c^2}\cdot\frac{\partial^2 y(x,t)}{\partial t^2} - \frac{\partial^2 y(x,t)}{\partial x^2} = 0 \tag{4.84}$$

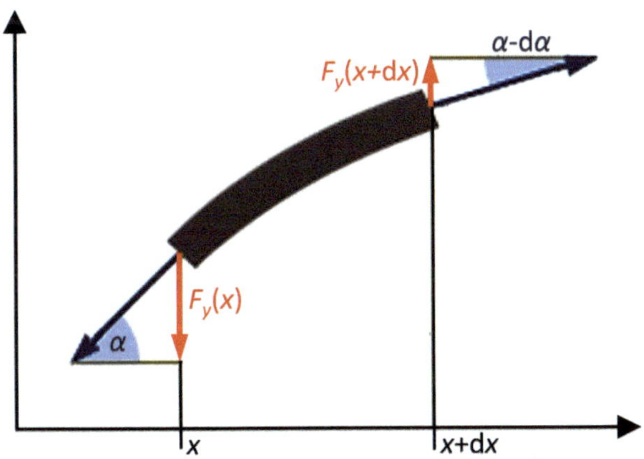


**Bild 4.34**
Kräftebilanz an einem infinitesimalen Saitenelement

Dies ist eine homogene partielle Differentialgleichung 2. Ordnung, die als *D'Alembert-Gleichung* (J.-B. le Rond d'Alembert, 1717–1783) oder als *homogene Wellengleichung* bekannt ist. Die Konstante $c = \sqrt{\sigma/\varrho}$ ist die *Phasengeschwindigkeit*, mit der sich die Transversalwellen auf der schwingenden Saite ausbreiten und wird, wie auch die homogene Wellengleichung, im folgenden Abschnitt 4.3 erläutert. Die Gl. (4.84) gilt für jedes homogene, kontinuierliche, eindimensionale und ungedämpft schwingungsfähige System.

Eine allgemeine Lösung der partiellen Differentialgleichung (Gl. (4.84)) ist:

$$y(x,t) = \hat{y}\sin(a(x+x_0))\sin(b(t+t_0)) \tag{4.85}$$

Die Amplitude $\hat{y}$ und die Parameter $x_0$, $t_0$, $a$ und $b$ sind mittels der Anfangs- und der Randbedingungen (*Anfangs-Randwert-Problem*, ARWP) zu bestimmen. Da die Saite mit der Gesamtlänge $L$ an ihren beiden Ende bei $x = 0$ und $x = L$ fixiert bzw. fest eingespannt ist, gilt für die Auslenkung, die Geschwindigkeit und die Beschleunigung an beiden Enden für jede beliebige Zeit: $y(0,t) = y(L,t) = \dot{y}(0,t) = \dot{y}(L,t) = \ddot{y}(0,t) = \ddot{y}(L,t) = 0$. Die Auswertung dieser Randbedingungen ergibt folgende spezielle Lösungen:

$$y_n(x,t) = \hat{y}_n \sin\left(\frac{n\pi}{L}x\right)\sin\left(\frac{2n\pi}{T_1}t\right) \quad (\text{mit } n \in \mathbb{N}) \tag{4.86}$$

Die Funktionen $y_n(x,t)$ sind für jede beliebige natürliche Zahl $n$ eine Lösung der partiellen Differentialgleichung (Gl. (4.84)); dies gilt auch für die Summe bzw. die (unendliche) Reihe über alle möglichen Funktionen $y_n(x,t)$:

$$y(x,t) = \sum_{n=1}^{\infty} \hat{y}_n \sin(k_n x)\sin(\omega_n t) \tag{4.87a}$$

mit

$$\hat{y}_n = \frac{2}{L}\int_0^L g(x)\sin(k_n x)\,\mathrm{d}x \tag{4.87b}$$

$\hat{y}_n$ sind die Amplituden der Grund- bzw. der Oberschwingungen. Für die transversale Grundschwingung ist $n = 1$ und für die zugehörige Periodendauer gilt: $T_1 = 1/f_1^{\text{tra}} = 2L\sqrt{\varrho/\sigma}$. Die Größe $k_n = n\pi/L$ ist die Wellenzahl und $\omega_n = 2\pi f_n = 2\pi n f_1^{\text{tra}} = k_n c$ ist die Kreisfrequenz der Grundschwingung bzw. der $(n-1)$-Oberschwingung. Sowohl die Wellenzahlen $k_n$ als auch die Frequenzen $f_n$ bzw. Kreisfrequenzen $\omega_n$ der Oberschwingungen nehmen in Abhängigkeit von der Länge $L$, der Zugspannung $\sigma$ und der Massendichte $\varrho$ der Saite nur diskrete Werte an. Die reelle Funktion $g(x)$ beschreibt die Auslenkung der Saite zum Zeitpunkt $t = 0$, die beispielsweise in Form einer Dreiecksfunktion gegeben sein kann. Im Falle einer linearen Dämpfung ist die partielle Differentialgleichung (Gl. (4.84)) um eine partielle Zeitableitung 1. Ordnung zu ergänzen.

Die Ergebnisse für die longitudinalen Eigenschwingungen einer schwingenden Saite lassen sich unmittelbar auch auf den Fall eines dünnen schwingenden Stabes übertragen. Die geometrische Form des Stabquerschnitts wird dabei vernachlässigt. Für den Fall, dass der Stab an den Enden gar nicht oder nur einseitig fixiert ist, gibt es Unterschiede im Schwingungsverlauf bzw. im Frequenzspektrum im Vergleich zum Fall des beidseitig fixierten Stabes. Bei beidseitig freien Enden ist zwar das Frequenzspektrum des Stabes das gleiche wie bei beidseitig fixierten Enden, anstelle der Auslenkungsknoten an den Enden erscheinen dort jedoch Auslenkungsbäuche. Dies gilt auch für alle anderen Knoten der Eigenschwingungen bei fixierten Enden. Entsprechend treten beim freien Stab überall dort Auslenkungsknoten auf, wo beim fixierten Stab Auslenkungsbäuche vorhanden sind. Die Eigenschwingungen des beidseitig fixierten Stabes gehen in die des freien Stabes über, indem Auslenkungsknoten und -bäuche vertauscht werden. Ist nur ein Ende des Stabes frei, bildet sich am fixierten Ende immer ein Auslenkungsknoten, am freien Ende dagegen ein Auslenkungsbauch.

Zusätzliche Auslenkungsknoten bzw. -bäuche treten, im Gegensatz zu den beiden anderen Fällen, nur bei den Oberschwingungen auf (Bild 4.35).

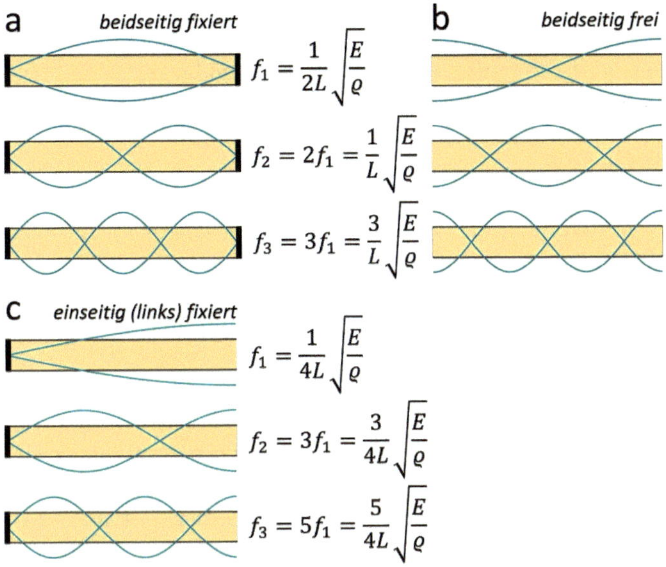


**Bild 4.35** Verlauf der Auslenkungsamplitude über der Stablänge für die Grundschwingung und die ersten beiden Oberschwingungen a) beidseitig fixierten, b) beidseitig freien (nicht-fixierten) und c) eines einseitig (links) fixierten dünnen Stabes

Das Frequenzspektrum des einseitig fixierten Stabes ist ebenfalls verändert. Als Oberschwingungen treten nur solche auf, deren Frequenzen ungeradzahlige Vielfache der Frequenz der Grundschwingung sind. Die Frequenz $f_1$ der Grundschwingung ist dabei nur halb so groß wie die entsprechende Frequenz beim beidseitig fixierten oder freien Stab. In Tabelle 4.2 sind die wesentlichen Eigenschaften der longitudinalen Eigenschwingungen bei einem dünnen Stab der Länge $L$ für die verschiedenen Randbedingungen zusammengefasst.

**Tabelle 4.2** Eigenschaften der longitudinalen Eigenschwingungen bei einem dünnen Stab der Länge $L$

| | beidseitig fixiert | beidseitig frei | einseitig fixiert |
|---|---|---|---|
| Frequenz der Grundschwingung $f_1$ | $\frac{1}{2L}\sqrt{\frac{E}{\varrho}}$ | $\frac{1}{2L}\sqrt{\frac{E}{\varrho}}$ | $\frac{1}{4L}\sqrt{\frac{E}{\varrho}}$ |
| Frequenzen der Oberschwingungen | $f_n = nf_1$ | $f_n = nf_1$ | $f_n = (2n-1)\,f_1$ |
| Anzahl der Auslenkungsknoten | $n+1$ | $n$ | $n$ |
| Anzahl der Auslenkungsbäuche | $n$ | $n+1$ | $n$ |

Bei einem Stab können ebenso wie bei einer Saite transversale Schwingungen, sogenannte *Biegeschwingungen*, auftreten. Allerdings bilden die Eigenfrequenzen keine harmonische Folge mehr, d. h., sie sind nicht mehr ganzzahlige Vielfache einer Grundfrequenz.

Die Eigenschwingungen eindimensionaler Körper sind besonders einfache Beispiele für Schwingungsphänomene in ausgedehnten Körpern. Bereits bei schwingenden Flächen ergeben sich komplizierte Schwingungszustände, deren mathematische Behandlung aufwendig ist. Eine gewisse Berühmtheit erlangte E. F. F. Chladni (1756–1827) im 18. Jahrhundert mit den nach ihm benannten *Chladni'schen Klangfiguren*. Das sind Muster, die auf einer mit feinem Sand bestreuten dünnen, kreisförmigen oder quadratischen und biegesteifen (meist metallischen) Platte entstehen, wenn diese in Schwingungen versetzt wird. Dazu kann die Platte an einer Kante mit einem Geigenbogen bestrichen oder einer schwingenden Stimmgabel berührt werden. Der von den Stellen der Auslenkungsbäuche fortgeschleuderte Sand sammelt sich an den Stellen der Auslenkungsknoten, die wegen der zweidimensionalen Geometrie als Linien sichtbar werden. Zwei durch eine Knotenlinie getrennte Bereiche schwingen stets gegenphasig. Die Form der Plattenschwingungen hängt einerseits davon ab, an welchen Stellen die Platte eingespannt ist und wie sie zum Schwingen angeregt wird. Andererseits ist die Form der Plattenschwingungen auch von der Massendichte und dem Elastizitätsmodul des Plattenmaterials abhängig. Die Schwingungsfrequenz ist zudem proportional zur Plattendicke. Die Anzahl der Knotenlinien und damit auch die Eigenfrequenz nimmt mit zunehmender Ordnung der Eigenschwingung zu. Einige Beispiele für die Eigenschwingungen und die dabei zu beobachtbaren Chladni'schen Klangfiguren einer freischwingenden kreisförmigen Platte sind in Bild 4.36 dargestellt. Mathematisch lassen sich schwingende Platten mit der *Kirchhoff'schen Plattentheorie* (G. R. Kirchhoff, 1824–1887) mit einer *biharmonischen Schwingungsgleichung* beschreiben.

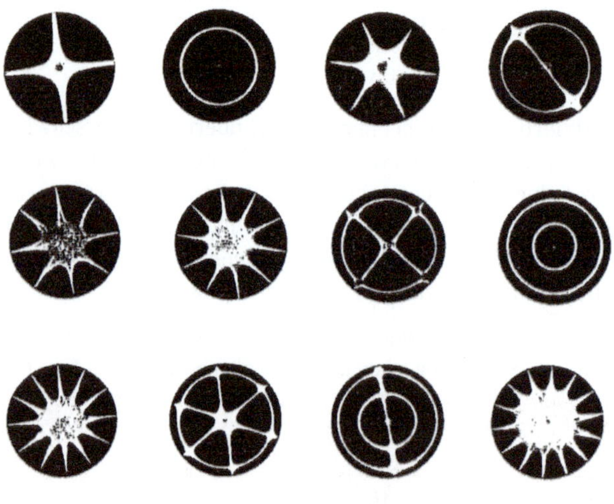

**Bild 4.36**
Chladni'sche Klangfiguren einer freischwingenden kreisförmigen Platte

**Beispiele**

1. Eine Saite der Länge 50 cm und der Masse 5 g soll in der Grundschwingung einen Ton mit der Frequenz 440 Hz erzeugen. Mit welcher Kraft muss die Saite gespannt sein?

$$F_0 = 4 f_1^2 mL = 4 \cdot \left(440\ \text{s}^{-1}\right)^2 \cdot 5 \cdot 10^{-3}\ \text{kg} \cdot 0{,}5\ \text{m} = 1{,}94\ \text{kN}$$

2. Ein schlanker zylindrischer Metallstab der Länge 10 cm soll zu longitudinalen Eigenschwingungen angeregt werden. Der Frequenzbereich des Erregers umfasst 0...80 kHz. Welche Frequenzen haben die möglichen Eigenschwingungen, wenn der Stab frei schwingen kann, der E-Modul des Metalls 210 GPa und die Dichte 8,8 kg/dm$^3$ beträgt?

   Die Frequenz der Grundschwingung eines beidseitig freien Stabes mit den angegebenen Daten beträgt

   $$f_1 = \frac{1}{2L}\sqrt{\frac{E}{\rho}} = \frac{1}{2 \cdot 0{,}1\,\mathrm{m}}\sqrt{\frac{210 \cdot 10^9\,\mathrm{N \cdot m^3}}{8{,}8 \cdot 10^3\,\mathrm{m^2 \cdot kg}}} = 24{,}4\,\mathrm{kHz}$$

   Für die Frequenzen der Eigenschwingungen gilt $f_n = n f_1$. Neben der Grundschwingung sind noch die beiden ersten Oberschwingungen mit den Frequenzen 48,9 kHz und 73,3 kHz möglich.

# 4.3 Wellen

Eine Welle ist eine sich räumlich ausbreitende periodische oder einmalige Veränderung des Gleichgewichtszustands eines Systems, bei der sich mindestens eine orts- und zeitabhängige physikalische Größe verändert. So kann die Ausbreitung einer Welle beobachtet werden, wenn schwingungsfähige Systeme (Oszillatoren) räumlich miteinander gekoppelt sind. Als Folge der Kopplung kann sich die Schwingung eines Systems (Oszillators) auf die Nachbarn übertragen, was zu einer räumlichen Ausbreitung des Schwingungszustandes führt. Dies geschieht jedoch nicht instantan über alle schwingungsfähigen Systeme aus, sondern die Schwingung wird mit einer charakteristischen und begrenzten Fortpflanzungsgeschwindigkeit übertragen. Bei allen Arten von Wellen wird stets Energie und Impuls jedoch keine Materie transportiert. *Mechanische Wellen* (wie z. B. *Schallwellen*, *Wasserwellen* oder *seismische Wellen* bzw. *Erdbebenwellen*) lassen sich mit den Gesetzen der klassischen Mechanik beschreiben und sind an ein Medium gebunden, d. h. sie können sich im Vakuum nicht ausbreiten. Im Gegensatz dazu können sich *elektromagnetische Wellen* (Radiowellen, Mikro- und Radarwellen, Licht, Röntgen- und Gamma-Strahlung), *Materiewellen* und *Gravitationswellen* auch im Vakuum und somit ohne ein Medium ausbreiten. Die Beschreibung von elektromagnetischen Wellen erfolgt im Rahmen der Elektrodynamik (Abschnitt 6.7) und der Optik (Abschnitt 7.3) und die Beschreibung von Materiewellen im Rahmen der Quantenphysik (Abschnitt 8.1).

## 4.3.1 Grundlagen der Wellenausbreitung

Die Eigenschwingungen in räumlich ausgedehnten Systemen setzen zwar eine Kopplung der schwingungsfähigen Bestandteile des Systems voraus. Tatsächlich handelt es sich aber um Sonderfälle von Schwingungszuständen. Hauptmerkmal der Eigenschwingungen ist, dass die Teilchen des Systems entweder in Phase oder um 180° phasenverschoben zueinander schwingen. Ein Austausch von Energie zwischen den Oszillatoren findet im stationären Zustand nicht statt. Eine ganz andere Situation liegt dagegen bei einer Schwingung vor, die zunächst nur räumlich und vielleicht auch zeitlich begrenzt an irgendeiner Stelle in einem ausgedehnten Medium hervorgerufen wird. Dies ist beispielsweise beim Auftreffen eines Körpers auf eine ruhige Wasseroberfläche der Fall. Die von diesem Zentrum ausgehende sichtbar sich vergrößernde bzw. ausbreitende Störung ist durch die Kopplung der Wassermoleküle möglich. Ein anderes Beispiel ist die Ausbreitung eines Schwingungsvorgangs auf einem gespannten Seil nach einer ruckartigen Auslenkung des Seilanfangs. Der kurze Schwingungsimpuls breitet sich mit einer charakteristischen Geschwindigkeit und bei vernachlässigbarer Dämpfung ohne Änderung seiner Form entlang des Seils aus (Bild 4.37).

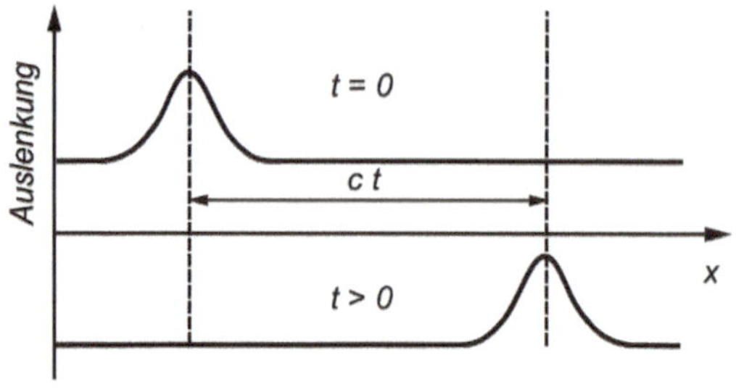


**Bild 4.37**
Ausbreitung einer kurzen Störung auf einem gespannten Seil

Die Richtung des Energietransports ist zugleich auch die *Ausbreitungsrichtung* einer Welle. Sind die Auslenkungen der Teilchen oder andere Zustandsgrößen des Kontinuums parallel zur Ausbreitungsrichtung orientiert, wird dies als *Longitudinalwelle* (oder auch *Längswelle*) und bei senkrechter Orientierung als *Transversalwelle* bezeichnet. Wasserwellen und *Torsionswellen*, die sich in stabförmigen Festkörpern als Schallwellen ausbreiten, wobei eine Torsion senkrecht zur Ausbreitungsrichtung erfolgt, sind häufig eine Mischform von Longitudinal- und Transversalwelle. Hingegen sind Schallwellen in Flüssigkeiten und Gasen reine Longitudinalwellen. Elektromagnetische Wellen und Gravitationswellen im Vakuum sowie *Biegewellen*, die sich in Festkörpern mit nichtverschwindender Schubspannung ausbreiten können, sind reine Transversalwellen. Die Richtungsbeziehung zwischen Auslenkung und Ausbreitungsrichtung bei Transversalwellen wird als *Polarisation* der Welle bezeichnet.

Bei der Ausbreitung von Wellen im dreidimensionalen Kontinuum bilden die Raumpunkte mit gleichen Schwingungszuständen zusammenhängende Flächen, die als *Wellenflächen* oder *Wellenfronten* bezeichnet werden. In Abhängigkeit von der Form dieser Fläche wird unterschieden zwischen *ebenen Wellen*, *Zylinder-* und *Kugelwellen*. Die zugehörigen Wellenflächen sind dementsprechend planparallele Ebenen, Zylindermantelflächen bzw. Kugeloberflächen und deren Projektion in die Zeichenebene parallele Geraden bzw. konzentrische Kreise (Bild 4.38).

Alle Oszillatoren auf solchen Wellenflächen schwingen in Phase und mit gleicher Amplitude. Kugelwellen entstehen beispielsweise, wenn in einem isotropen Medium, eine punktförmige Quelle Schall- oder elektromagnetische Wellen emittiert. In genügend großem Abstand von der Quelle lassen sich die gekrümmten Wellenfronten einer Kugelwelle abschnittsweise durch Ebenen annähern und somit als ebene Wellen beschreiben. Ein Sonderfall einer Zylinderwelle ist die *Kreiswelle*, bei der die Zylinderhöhe sehr klein wird. Ein Beispiel hierfür ist die Erzeugung einer Welle auf einer ruhigen Wasseroberfläche durch einen in das Wasser geworfenen Stein. In allen drei genannten Fällen lässt sich der Abstand der Wellenflächen vom Erregerzentrum der Welle jeweils durch eine einzige Koordinate beschreiben. Wellen mit dieser Eigenschaft werden auch als *einfache Wellen* bezeichnet.

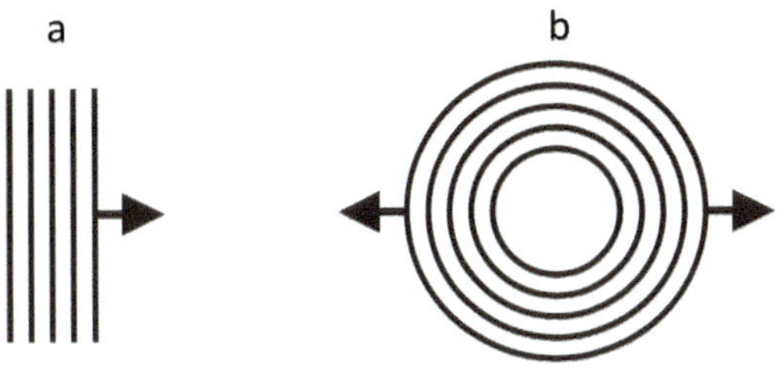


**Bild 4.38**
Wellenfronten: a) ebene Welle, b) Zylinder- bzw. Kugelwelle

Der Energietransport bei einfachen Wellen erfolgt in Richtung der Flächennormalen, also senkrecht zur Wellenfläche. Die Gesamtheit aller Flächennormalen bildet ein Strahlenbündel, das häufig zur Beschreibung des Ausbreitungsverhaltens von Wellen, vor allem bei der Reflexion und Brechung, herangezogen wird. Der Richtungspfeil bei Strahlen gibt die Ausbreitungsrichtung der Welle an. Weisen die Strahlen vom Wellenzentrum weg, so handelt es sich um eine auslaufende, anderenfalls um eine einlaufende Welle.

Die mathematische Beschreibung einer Welle erfolgt mittels einer oder mehrerer *Wellenfunktionen*. Die Wellenfunktion erfasst die Zeitabhängigkeit einer Zustandsgröße, z. B. der Auslenkung eines Teilchens, für einen bestimmten Raumpunkt. Die Variablen jeder Wellenfunktion sind die Zeit und die Ortskoordinaten, wobei zwischen beiden Typen eine für die Welle charakteristische Verknüpfung besteht. Beispielhaft sei eine impulsartige eindimensionale Seilwelle (Bild 4.37) betrachtet. Die zum Zeitpunkt $t = 0$ auf dem Seil vorhandene Störung in Form einer (vertikalen) Auslenkung eines kleinen Seilstücks sei durch eine von der $x$-Koordinate abhängige Auslenkungsfunktion $f(x)$ beschrieben. Zum Zeitpunkt $t \neq 0$ hat sich diese Störung nach rechts verlagert. Für das Augenblicksbild des veränderten Schwingungszustandes lässt sich ebenso eine entsprechende Auslenkungsfunktion $g(x)$ angeben. Unter der Voraussetzung, dass die Störung während ihrer Verlagerung nicht verzerrt wird, gilt: $g(x) = f(x - ct)$, wobei $c$ eine Geschwindigkeit ist, mit der die Auslenkung verschoben wird. Somit wird das Ausbreitungsverhalten der Welle vollständig durch die Wellenfunktion $f(x - ct)$ beschrieben. Für den Fall, dass die Ausbreitungsrichtung der Störung entgegengesetzt ist, dass ist bei dem hier betrachteten Beispiel der Seilwelle gleichbedeutend mit einer Bewegung nach links, gilt: $f(x + ct)$.

Die analytische Form der Wellenfunktion erhält man aus einer Differentialgleichung, in der die Kopplung der Oszillatoren für das betrachtete Medium berücksichtigt wird. In dieser *Wellengleichung* wird die Beschleunigung, d. h. die zweite partielle Ableitung der Wellenfunktion nach der Zeit, mit der zweiten partiellen Ableitung der Wellenfunktion nach den Ortskoordinaten verknüpft, da diese die Information über die Kopplung der Oszillatoren enthält. Dies führt zu der bereits im vorangegangenen Abschnitt angegebenen eindimensionalen *homogenen Wellengleichung* (auch *D'Alembert-Gleichung*, nach J.-B. le Rond d'Alembert, 1717–1783, genannt):

$$\frac{1}{c^2} \cdot \frac{\partial^2 \psi(x,t)}{\partial t^2} - \frac{\partial^2 \psi(x,t)}{\partial x^2} = 0 \tag{4.88}$$

Im dreidimensionalen Fall mit der Wellenfunktion $\psi(\vec{r},t)$ gilt folgende homogene Wellengleichung:

$$\frac{1}{c^2}\cdot\frac{\partial^2\psi(\vec{r},t)}{\partial t^2}-\Delta\psi(\vec{r},t)=\Box\psi(\vec{r},t)=0 \tag{4.89}$$

$\Delta=\partial^2/\partial x^2+\partial^2/\partial y^2+\partial^2/\partial z^2$ ist der Laplace-Differentialoperator (P.-S. M. de Laplace, 1749-1827) und $\Box$ ist der D'Alembert-Differentialoperator. Aufgrund der Vertauschbarkeit der Reihenfolge der partiellen Ableitungen kann die eindimensionale homogene Wellengleichung faktorisiert werden:

$$\left\{\left(\frac{1}{c}\cdot\frac{\partial}{\partial t}\pm\frac{\partial}{\partial x}\right)\left(\frac{1}{c}\cdot\frac{\partial}{\partial t}\mp\frac{\partial}{\partial x}\right)\right\}\psi(x,t)=0 \tag{4.90}$$

Daher hat die eindimensionale homogene Wellengleichung folgende allgemeine Lösung: $\psi(x,t)=\phi_1(x+ct)+\phi_2(x-ct)$, wobei der erste Summand $\phi_1(x+ct)$ eine sich nach links bewegende Welle und der zweite Summand $\phi_2(x-ct)$ eine sich nach rechts bewegende Welle beschreibt, d. h. der Graph der Funktion $\phi_1(x)$ bzw. $\phi_2(x)$ zum Zeitpunkt $t=0$ wird im Laufe der Zeit mit der Geschwindigkeit $c$ nach links bzw. rechts verschoben. Eine möglicher mathematischer Ausdruck für eine sich entlang der $x$-Achse nach links bzw. rechts bewegende Welle ist $\phi_1(x,t)=A_1\cos(\omega(x/c+t))$ bzw. $\phi_2(x,t)=A_2\cos(\omega(x/c-t))$ mit den reellen Amplitudenfaktoren $A_1$ und $A_2$. Die Wellenfunktion $\psi(x,t)=\phi_1(x+ct)+\phi_2(x-ct)$ ist dementsprechend eine Superposition von zwei Teilwellen. Die Geraden $x+ct=$ konstant sind die sogenannten *Charakteristiken* der Wellengleichung. Für den Anfangszustand $\psi(x,t=0)=\psi_0(x)$ und die Anfangsgeschwindigkeit $\dot{\psi}(x,t=0)=v_0(x)$ ergibt sich die sogenannte *D'Alembert-Lösung* der eindimensionalen homogenen Wellengleichung:

$$\psi(x,t)=\frac{1}{2}\{\psi_0(x-ct)+\psi_0(x+ct)\}+\frac{1}{2c}\int_{x-ct}^{x+ct}v_0(x')\,\mathrm{d}x' \tag{4.91}$$

Auch ebene Wellen sind Lösungen der homogenen Wellengleichung. Im dreidimensionalen Fall gilt für die Wellenfunktion einer ebenen Longitudionalwelle $\psi(\vec{r},t)$ bzw. einer ebenen Transversalwelle $\vec{\Psi}(\vec{r},t)$:

$$\psi(\vec{r},t)=A(k)\exp\{i(\vec{k}\cdot\vec{r}-\omega t)\} \tag{4.92a}$$

$$\vec{\Psi}(\vec{r},t)=\vec{A}(k)\exp\{i(\vec{k}\cdot\vec{r}-\omega t)\} \tag{4.92b}$$

$\vec{k}$ ist der *Wellenvektor*, der senkrecht auf den Wellenflächen steht und die Ausbreitungsrichtung der Welle angibt. Der Betrag des Wellenvektors $k=|\vec{k}|$ ist die *Wellenzahl* (auch als *Kreiswellenzahl* bzw. *Repetenz* bezeichnet) mit der SI-Einheit 1/m. $A(k)$ bzw. $\vec{A}(k)$ ist eine im allgemeinen von der Wellenzahl $k$ abhängige Amplitudenfunktion bzw. Amplitudenvektor.

Neben ebenen Wellen sind auch Kugelwellen Lösung der homogenen Wellengleichung. Eine Kugelwelle ist eine sich in einem homogenen, isotropen Medium oder Vakuum regelmäßig sowie gleichmäßig von einer punktförmigen Quelle in alle Raumrichtungen in konzentrischen

Wellenfronten ausbreitende Welle. Charakteristisch für Kugelwellen ist, dass alle Feld- und Energiegrößen auf konzentrischen Kugeloberflächen um die punktförmige Quelle konstant sind, während diese bei ebenen Wellen auf planparallelen Ebenen konstant sind, die senkrecht zur Ausbreitungsrichtung der Wellenbewegung stehen. Mit wachsender Entfernung von der punktförmigen Quelle werden die Kugelwellen den ebenen Wellenfronten immer ähnlicher. Für die Wellenfunktion einer Kugelwelle mit der Amplitude $A$ gilt:

$$\phi(r,t) = \frac{A}{r} \exp\{i(kr - \omega t)\} \tag{4.93}$$

Diese Wellenfunktion ist Lösung der in Kugelkoordinaten transformierten homogenen Wellengleichung:

$$\frac{1}{c^2} \cdot \frac{\partial^2 \phi(r,t)}{\partial t^2} - \frac{1}{r^2} \frac{\partial}{\partial r}\left( r^2 \frac{\partial \phi(r,t)}{\partial r} \right) = 0 \tag{4.94}$$

Die in Gl. (4.92) und Gl. (4.93) angegebenen Wellenfunktionen sind nur dann Lösung der homogenen Wellengleichung (Gl. (4.89)) bzw. Gl. (4.94), wenn die *Dispersionsrelation*

$$c = \frac{\omega}{k} \tag{4.95}$$

erfüllt ist. Allgemein beschreibt die Dispersionsrelation die Abhängigkeit der Ausbreitungsgeschwindigkeit (*Phasengeschwindigkeit*) von Wellen von der Kreisfrequenz (Frequenz). Ist die Ausbreitungsgeschwindigkeit für große Kreisfrequenzen kleiner als für kleine Kreisfrequenzen, d. h. $\mathrm{d}c/\mathrm{d}k < 0$ (bzw. $\mathrm{d}c/\mathrm{d}\lambda > 0$), wird dies als *normale Dispersion* bezeichnet, im umgekehrten Fall, d. h. $\mathrm{d}c/\mathrm{d}k > 0$ (bzw. $\mathrm{d}c/\mathrm{d}\lambda < 0$), wird dies als *anomale Dispersion* bezeichnet. Ist die Ausbreitungsgeschwindigkeit konstant und somit unabhängig von der Kreisfrequenz, gibt es keine Dispersion (z. B. die konstante, frequenzunabhängige Lichtgeschwindigkeit elektromagnetischer Wellen im Vakuum). Dispersion kann bei vielen Wellenarten, insbesondere bei Lichtwellen, aber auch bei Wasserwellen, Erdbebenwellen und sogar bei Schallwellen bei sehr hohen Frequenzen beobachtet werden. In realen Medien hängt die Phasengeschwindigkeit jedoch nicht nur von der Kreisfrequenz bzw. der Wellenzahl sondern u. a. auch von Materialparametern ab. Die dabei häufigsten Varianten sind eine lineare oder eine quadratische Abhängigkeit der Ausbreitungsgeschwindigkeit (Phasengeschwindigkeit) von der Wellenzahl.

In der Festkörperphysik (Kapitel 9) beschreibt die Dispersion den Zusammenhang zwischen der Energie bzw. der Kreisfrequenz und Wellenzahl eines Teilchens oder eines Quasiteilchens. Unterschieden wird dabei unter anderem zwischen der *Elektronen-Dispersionsrelation* und der *Phononen-Dispersionsrelation*, die bei der Beschreibung der Gitterschwingungen eines Festkörpers relevant ist.

Auch bei Wasserwellen, also bei Oberflächenwellen an der Grenzfläche zwischen Wasser und Luft bzw. bei Wellen an der Grenzfläche zwischen zwei unterschiedlich dichten Wasserschichten, tritt Dispersion auf. Ist die Wellenlänge kleiner als 4 mm bestimmt die Oberflächenspannung des Wassers die Eigenschaften der dann auftretenden *Kapillarwellen* mit der Phasengeschwindigkeit $c_{\mathrm{KW}} = \sqrt{k\sigma/\varrho}$, wobei $\sigma$ die Oberflächenspannung und $\varrho$ die Massendichte des Wassers ist. Da $\mathrm{d}c_{\mathrm{KW}}/\mathrm{d}k = \sqrt{\sigma/(4k\varrho)} > 0$ ist die Dispersion von Kapillarwellen anomal.

Bei Wellenlängen größer als 7 cm sind die Massenträgheit, die Erdanziehungskraft und die dadurch hervorgerufenen Druckänderungen bestimmend für die Eigenschaften der dann auftretenden *Schwerewellen* mit der Phasengeschwindigkeit $c_{\mathrm{SW}} = \sqrt{g \tanh(Dk)/k}$, wobei $g$ die Fallbeschleunigung und $D$ die Wassertiefe ist. Da $\mathrm{d}c_{\mathrm{SW}}/\mathrm{d}k < 0$ ist die Dispersion von Schwerewellen normal. Bei *Flachwasserwellen*, wie sie beispielsweise bei Tsunamis auftreten, hängt hingegen die Phasengeschwindigkeit näherungsweise nur von der Fallbeschleunigung $g$ und der Wassertiefe $D$ ab ($c_{\mathrm{FW}} \approx \sqrt{gD}$), sodass bei dieser Wellenart keine Dispersion auftritt. Bei Schallwellen tritt in Wasser und in trockener Luft im für Menschen hörbaren Frequenzbereich (20 Hz bis 20 kHz) keine Dispersion auf. Bei sehr hoher Luftfeuchtigkeit und im nahen Ultraschallbereich (~ 100 kHz) tritt hingegen auch in Luft und anderen mehratomigen Gasen Dispersion auf. Auch Gummi ist ein Beispiel für ein *dispersives Material* bezüglich der Schallausbreitung, da es bei höheren Frequenzen steifer ist und somit eine höhere *Schallgeschwindigkeit* aufweist.

## 4.3.2 Harmonische Wellen

Harmonische Wellen sind periodische Wellen, die mittels von Sinus- bzw. Kosinus-Funktionen und einer einzigen Kreisfrequenz sowie einer einzigen Wellenzahl beschrieben werden können. Dementsprechend sind harmonische Wellen, wie auch die die harmonische Schwingung (Abschnitt 4.1.1), eine Idealisierung mit denen reale Wellen bestenfalls nur näherungsweise beschrieben werden können. Harmonische Wellen entstehen durch eine lokale Störung mit sinusförmiger Zeitabhängigkeit bzw. durch einen harmonisch schwingenden Oszillator am Ursprungsort der Welle. Zur Veranschaulichung eines derartigen Vorgangs soll ein entlang der positiven $x$-Achse gespanntes Seil als Wellenmedium betrachtet werden (Bild 4.39).

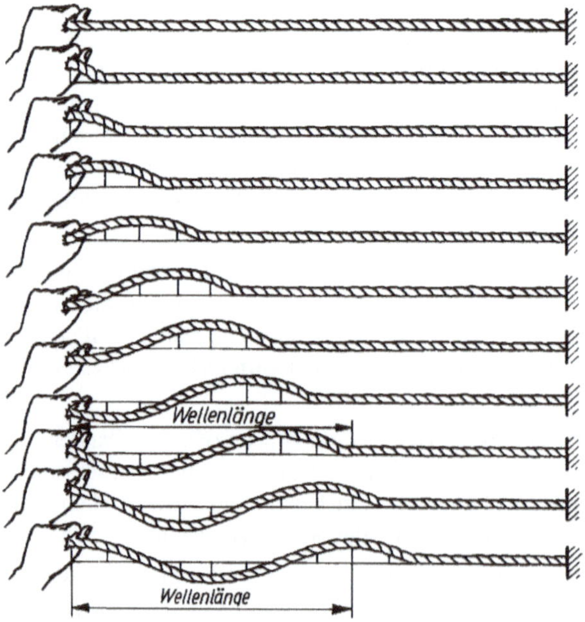


**Bild 4.39**
Entstehung einer harmonischen Seilwelle

Am freien Ende des Seils greift eine äußere Kraft an, deren Horizontalkomponente der erforderlichen Seilspannung entspricht. Die Vertikalkomponente der äußeren Kraft (entlang der $y$-Achse) bewirkt harmonische transversale Schwingungen. Das von dieser Kraft beschleunigte Seilelement der Masse $m$ überträgt aufgrund der Kopplung den ungedämpften Schwingungsvorgang auf das benachbarte Massenelement sowie nach und nach auf alle Seilelemente. Das andere Ende des Seils ist so fixiert, dass die Welle dort nicht reflektiert wird. Die Verlagerung des Schwingungszustandes von einem zum nächsten Massenelement erfolgt mit einer für den Vorgang charakteristischen Verzögerungszeit. Ist die Auslenkungsfunktion des ersten Massenelements mit der Funktion $y_1 = \hat{y}\sin\left(\omega\left(t-t'\right)\right)$ gegeben, so gilt für das zweite Element $y_2 = \hat{y}\sin\left(\omega\left(t-2t'\right)\right)$. Die Verzögerungszeit $t'$ hängt von der Seilspannung sowie der Größe des betrachteten Massenelements ab und ist umso kleiner, je größer die Seilspannung, d. h. je fester die Kopplung und je kleiner die Masse ist. Für den Fall, dass alle weiteren Massenelemente (gleiche Länge vorausgesetzt) ebenfalls um die Verzögerungszeit $t'$ verschoben schwingen, lässt sich die Auslenkungsfunktion des $n$-ten Massenelements am Ort $x_n$ beschreiben durch: $y_n = \hat{y}\sin\left(\omega\left(t-nt'\right)\right)$. Die Zeitdauer $nt'$ entspricht der Zeit, die ein bestimmter Schwingungszustand benötigt, um vom Seilanfang an den Ort $x_n$ zu gelangen. Der Quotienten aus der Strecke $x_n$ und der Zeitdauer $nt'$ heißt die *Phasengeschwindigkeit* der Welle $c_\mathrm{P} = x_n/nt'$ und ist gleich der Geschwindigkeit, mit der sich ein bestimmter Schwingungszustand im Raum ausbreitet. Die Phasengeschwindigkeit ist keine Größe, mit der eine Teilchenbewegung erfasst wird, da sie ausschließlich die Verlagerung eines bestimmten physikalischen Zustands beschreibt.

Wird die Phasengeschwindigkeit in die Auslenkungsfunktion eingesetzt, ergibt dies: $y_n = \hat{y}\sin\left(\omega\left(t - x_n/c_\mathrm{P}\right)\right)$. Verallgemeinert lautet die Auslenkungsfunktion für eine ebene harmonische Welle, die sich in positiver $x$-Richtung ausbreitet:

$$y = \hat{y}\sin\left(\omega\left(t - \frac{x}{c_\mathrm{P}}\right)\right) = \hat{y}\sin\left(\omega t - k\,x\right) = y\left(x,t\right) \tag{4.96}$$

$k = \omega/c_\mathrm{P}$ ist die bereits in Abschnitt 4.3.1 eingeführte Wellenzahl (Kreiswellenzahl). Der bei festgehaltener Zeit $t$ kleinste Abstand zweier Raumpunkte mit gleichem Schwingungszustand wird als *Wellenlänge* $\lambda$ bezeichnet. Aus der Periodizitätsforderung $k\left(x+\lambda\right) = k\,x + 2\pi$ folgt der allgemein gültige Zusammenhang zwischen der Wellenlänge $\lambda$, der Wellenzahl $k$, der Phasengeschwindigkeit $c_\mathrm{P}$, der Kreisfrequenz $\omega$, der Frequenz $f = \omega/2\pi$ und der Periodendauer $T = 1/f$:

$$\lambda = \frac{2\pi}{k} = \frac{2\pi c_\mathrm{P}}{\omega} = \frac{c_\mathrm{P}}{f} = c_\mathrm{P}\,T \tag{4.97}$$

Die Phasengeschwindigkeit einer transversalen Seilwelle hängt zum einen von der Seilspannung und zum anderen von der Massendichte ab. Um den genauen Zusammenhang zwischen diesen Größen zu ermitteln, wird beispielhaft eine Erregerkraft $\vec{F}$ angenommen, die senkrecht zur Ausbreitungsrichtung am Anfang eines vorgespannten Seiles angreift (Bild 4.40).Aufgrund der Vorspannung des Seils entsteht eine vom Bewegungszustand des Seilanfangs abhängige Kraft $\vec{F}'$, die der Erregerkraft entgegenwirkt. Beide Kräfte bewirken eine beschleunigte Bewegung des Seilanfangs, die sich für einen Seilabschnitt der Länge $l$ aus folgender Bewegungsgleichung ergibt: $m\ddot{y} = \varrho A l \ddot{y} = F_y + F'_y$, wobei $y\left(t\right) = \hat{y}\sin\left(\omega t\right)$ die zeitabhängige Auslenkung des Seilelements, $A$ der Querschnitt und $\varrho$ die Massendichte des Seil ist.

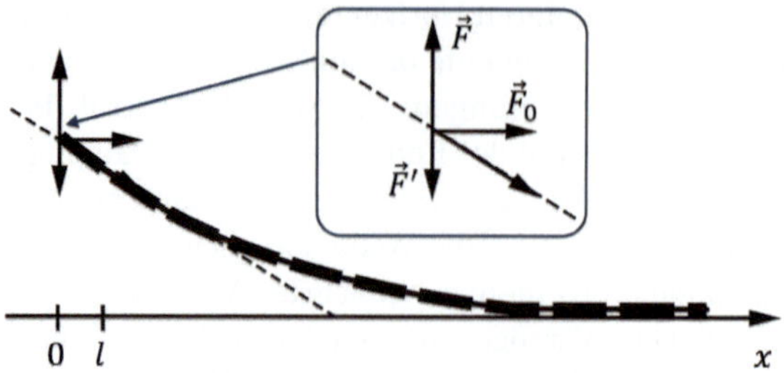


**Bild 4.40** Kräfte bei der Seilwelle: Die Beschleunigung des Seilabschnitts der Länge *l* erfolgt durch das Zusammenwirken der Erregerkraft $\vec{F}$ und der Vertikalkomponente $\vec{F}'$ der Seilkraft; $\vec{F}_0$ ist die Horizontalkomponente der Seilkraft; der gestrichelte Verlauf entspricht der Tangente an dem Seilabschnitt

Die Größe der Reaktionskraft $\vec{F}'$ wird durch die Horizontalkomponente $\vec{F}_0$ der Seilkraft sowie die Krümmung des Seilabschnitts bestimmt. Für das Verhältnis der Kraftbeträge $F_y'$ und $F_0$ gilt näherungsweise $F_y'/F_0 \approx (\partial y/\partial x)_{x=l}$, wobei $(\partial y/\partial x)_{x=l}$ der Tangentensteigung am Ende des Seilabschnitts entspricht. Mit der Wellenfunktion $y(x,t) = \hat{y}\sin(\omega t - kx)$ ergibt sich für die partielle Ableitung nach der Ortskoordinate $\partial y/\partial x = -k\hat{y}\cos(\omega t - kx)$, sodass für die Kraft $F_y'$ folgt: $F_y' = -F_0 k\hat{y}\cos(\omega t - kl)$. Somit lautet die Bewegungsgleichung:

$$\begin{aligned}\rho A l \ddot{y} &= -\rho A l \omega^2 \hat{y}\sin(\omega t) = F_y - F_0 k\hat{y}\cos(\omega t - kl) - \rho A l\omega^2\hat{y}\sin(\omega t) \\ &= F_y - F_0 k\hat{y}\left[\cos(\omega t)\cos(kl) + \sin(\omega t)\sin(kl)\right]\end{aligned} \tag{4.98}$$

Ist die Länge des Seilabschnitts *l* sehr viel kleiner als die Wellenlänge $\lambda$ der Seilwelle, so gilt $kl \ll 1$, was die Kleinwinkelnäherung $\cos(kl) \approx 1$ und $\sin(kl) \approx kl$ erlaubt. Eingesetzt in die Bewegungsgleichung (Gl. (4.99)), liefert dies:

$$-\rho A l\omega^2\hat{y}\sin(\omega t) = F_y - F_0 k\hat{y}\cos(\omega t) - F_0 k^2 l\hat{y}\sin(\omega t) \tag{4.99}$$

Diese Gleichung ist nur dann für alle Zeitpunkte *t* gültig, wenn die beiden Nebenbedingungen (I) $F_y = F_0 k\hat{y}\cos(\omega t)$ und (II) $\varrho A l\omega^2\hat{y}\sin(\omega t) = F_0 k^2 l\hat{y}\sin(\omega t)$ gleichzeitig erfüllt sind. Aus der ersten Bedingung folgt, dass die Erregerkraft mit der Amplitude $\hat{F} = F_0 k\hat{y}$ der Auslenkung um eine Phasenverschiebung von 90° vorauseilt und für die Auslenkungsamplitude einer transversalen Seilwelle gilt:

$$\hat{y} = \frac{\hat{F}}{kF_0} = \frac{\lambda\hat{F}}{2\pi F_0} \tag{4.100}$$

Aus der zweiten Bedingung folgt $\varrho A\omega^2 = F_0 k^2$ und daraus die Phasengeschwindigkeit einer transversalen Seilwelle:

$$c_{\mathrm{P}} = \frac{\omega}{k} = \sqrt{\frac{F_0}{\varrho A}} = \sqrt{\frac{\sigma}{\varrho}} \tag{4.101}$$

Dementsprechend wird Phasengeschwindigkeit einer transversalen Seilwelle mit zunehmender Zugspannung $\sigma$ bzw. abnehmender Massendichte $\varrho$ des Seilmaterials größer.

Wie bei jeder Wellenart wird auch bei einer harmonischen Welle Energie transportiert. Solange sich die Welle fortpflanzt, enthält bei mechanischen Wellen jedes infinitesimale Volumenelement $\mathrm{d}V$ mit der Masse $\mathrm{d}m = \varrho\,\mathrm{d}V$ die Energie $\mathrm{d}E = \mathrm{d}E_{\mathrm{kin}} + \mathrm{d}E_{\mathrm{pot}}$. Wird jedes Volumenelement einem harmonischen Oszillator gleichgesetzt gilt: $\mathrm{d}E = \rho\,\mathrm{d}V\,\hat{v}^2/2 = \rho\,\mathrm{d}V\,\omega^2\hat{y}^2/2$.

Daraus ergibt sich die Energiedichte $w$ (mit der SI-Einheit: $[w] = \mathrm{J/m^3}$) mechanischer harmonischer Wellen:

$$w = \frac{\mathrm{d}E}{\mathrm{d}V} = \frac{\rho\,\omega^2\,\hat{y}^2}{2} \tag{4.102}$$

Die Energiemenge, die pro Zeiteinheit eine Fläche d$A$ senkrecht durchsetzt, entspricht dem Quotienten aus Leistung und Fläche und wird als Intensität $I$ oder Energiestromdichte (mit der SI-Einheit: $[I] = \mathrm{J\,m}/(\mathrm{m^3\,s}) = \mathrm{W/m^2}$) bezeichnet. Für mechanische harmonische Wellen gilt:

$$I = w\,c_\mathrm{P} = \frac{\rho\,\omega^2\,\hat{y}^2\,c_\mathrm{P}}{2} \tag{4.103}$$

Daraus folgt für die Energiestromdichte bei einer transversalen Seilwelle: $I = \omega^2\,\hat{y}^2\,\sqrt{\rho\sigma}/2$.

## 4.3.3 Überlagerung von Wellen

Gemäß den Ausführungen in Abschnitt 4.1.3 kann jede beliebige Schwingung im Rahmen der Fourier-Synthese durch eine Superposition von harmonischen Schwingungen generiert werden. Ähnliches gilt für die von einer solchen superponierten Schwingung ausgelöste Welle in einem linearen Wellenmedium, denn nur für solche Medien ist das Superpositionsprinzip überhaupt anwendbar. Für mechanische Wellen bedeutet dies beispielsweise, dass alle durch die Welle hervorgerufenen elastischen Verformungen im Medium mit dem Hooke'schen Gesetz beschrieben werden können. Die resultierende Welle ergibt sich dann als Überlagerung von harmonischen Wellen, die jeweils den Schwingungsanteilen des Erregers entsprechen. Wenn darüber hinaus die Phasengeschwindigkeiten aller beitragenden *Partialwellen* gleich sind, entspricht der zeitliche Verlauf der resultierenden Schwingung an irgendeinem Ort dem der Erregerschwingung, da die Wellenfunktion im eindimensionalen Fall für die Ausbreitung entlang der $x$-Achse nur von der Variablen $(t \pm x/c_\mathrm{P})$ abhängig ist. Wenn zusätzlich die Amplituden der Partialwellen ortsunabhängig sind, wie z. B. bei einer ebenen Welle in einem homogenen Medium ohne Absorption, ist die Wellenfunktion symmetrisch hinsichtlich der beiden Variablen $t$ und $x$. Dies hat zur Folge, dass bis auf eine Nullpunktsverschiebung die Auftragung der Wellenfunktion über die Zeitvariable $t$ den gleichen Verlauf liefert wie bei der Auftragung über die Ortsvariable $x$.

### Wellenpaket

Eine spezielle Superposition von Wellen ist das *Wellenpaket* (auch als *Wellengruppe* oder *Wellenzug* bezeichnet), dass eine räumlich und/oder zeitlich begrenzte Welle darstellt. Ein Wellenpaket kann beispielsweise durch eine impulsförmige, zeitlich begrenzte Schwingung entstehen und kann mathematisch durch Superposition einer endlichen Anzahl von ebenen Wellen generiert werden, die sich mit derselben Phasengeschwindigkeit ausbreiten. Im eindimensionalen Fall für die Wellenausausbreitung entlang der $x$-Achse gilt für ein longitudinales Wellenpaket:

$$\psi(x,t) = \sum_{j=1}^{N} A_j(k_j)\exp\{i(\omega_j t - k_j x)\} \tag{4.104}$$

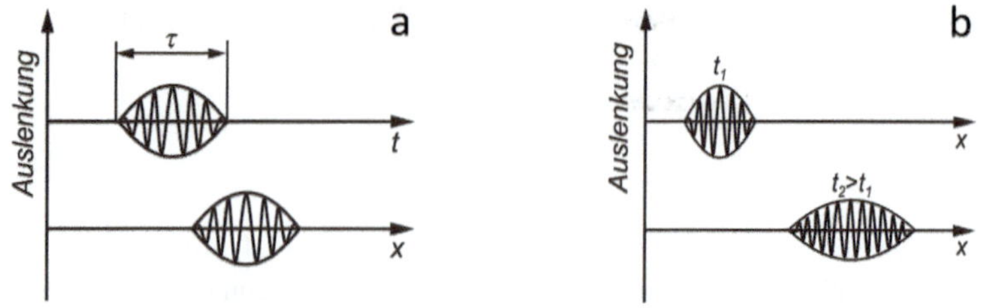


**Bild 4.41** a) Wellenpaket in der Zeit- und Ortsdarstellung, b) Wellenpaket in einem dispersiven Medium

Die Amplituden $A_j(k_j)$ der einzelnen ebenen Partialwellen bestimmen die spezielle Struktur des Wellenpakets, vor allem die Begrenzung der räumlichen Ausdehnung. Jede ebene Partialwelle ist *monochromatisch*, da sie eine definierte Kreisfrequenz $\omega_j$ aufweist. Hingegen hat das Wellenpaket insgesamt keine einzelne Frequenz, sondern eine diskrete Frequenzverteilung $(\omega_1, \omega_2, \ldots, \omega_N)$. Die Wellenzahl $k_j$ ist festgelegt durch die Dispersionsrelation $k_j = \omega_j / c_P(\omega_j)$ mit der Phasengeschwindigkeit $c_P(\omega_j)$ der *j*-ten ebenen Partialwelle. In einem dispersiven Medium ist die Phasengeschwindigkeit frequenzabhängig, was dazu führt, dass das Wellenpaket mit fortschreitender Zeit „zerläuft" bzw. „zerfließt", d. h. die Verteilung wird breiter (Bild 4.41b). Ist das Medium hingegen dispersionsfrei oder erfolgt die Wellenausbreitung im Vakuum, so ist die Phasengeschwindigkeit frequenzunabhängig und das Wellenpaket verändert nicht seine Form mit fortschreitender Zeit. Die Hüllkurve (Graph der Amplitudenverteilung) eines Wellenpakets bewegt sich mit der *Gruppengeschwindigkeit* $c_G$ fort. Allgemein gilt:

$$c_G = \frac{\partial \omega}{\partial k} = c_P + k\frac{\partial c_P}{\partial k} = c_P - \lambda \frac{\partial c_P}{\partial \lambda} \tag{4.105}$$

Die mittlere Relation mit der partiellen Ableitung der Phasengeschwindigkeit $c_P$ nach der Wellenzahl $k$ wird auch *Rayleigh'sche Beziehung* (nach J. W. Strutt, 3. Baron Rayleigh, 1842–1919) genannt. In nicht dispersiven Medien und im Vakuum ist die Gruppengeschwindigkeit $c_G$ gleich der Phasengeschwindigkeit $c_P$. Jedoch gilt diese Gleichheit nicht in dispersiven Medien. Sofern Verluste durch Dämpfung vernachlässigt werden können, ist die Gruppengeschwindigkeit $c_G$ gleich der *Signalgeschwindigkeit* $c_S$, mit der die Welle bzw. das Wellenpaket Energie und Information transportiert. Zwar kann die Phasengeschwindigkeit von Lichtpulsen in stark dämpfenden Medien wesentlich größer als die Gruppengeschwindigkeit und sogar größer als die Lichtgeschwindigkeit im Vakuum $c_0 = 299\,792\,458$ m/s $\approx 3 \cdot 10^5$ km/s sein. Eine Informationsübertragung mit einer Geschwindigkeit größer als $c_0$ ist jedoch nicht möglich, da für die Informationsübertragung die *Frontgeschwindigkeit* $c_F$, mit der sich die Wellenfronten der Welle bzw. des Wellenpakets bewegen, entscheidend ist und es gilt: $c_F \leq c_0$.

Aufgrund der Linearität der Wellengleichung ist auch ein Wellenpaket gemäß dem Superpositionsprinzip eine Lösung der homogenen Wellengleichung. Bei einer kontinuierlichen Frequenzverteilung wird die Summe in dem Ausdruck (Gl. (4.104)) durch ein Integral ersetzt, sodass dann gilt:

$$\psi(x,t) = \int_{-\infty}^{+\infty} A(k)\exp\left(i\left(\omega t - kx\right)\right)\mathrm{d}k \tag{4.106}$$

$A(k)$ ist die Amplitudenverteilung des Wellenpakets. Ein Beispiel für ein Wellenpaket mit kontinuierlicher Frequenzverteilung ist das *Gauß'sche Wellenpaket* (J. C. F. Gauß, 1777–

1855), bei der die Amplitudenverteilung $A(k)$ eine Gauß-Verteilung (auch Normalverteilung genannt) ist. Die Besonderheit eines Gauß'schen Wellenpakets besteht darin, dass die Fourier-Transformation einer Gauß-Verteilung wieder eine Gauß-Verteilung ist. Somit führt die Vorgabe einer gaußverteilten Amplitudenverteilung auf ein gaußförmiges Wellenpakt im Ortsraum und umgekehrt. Darüber hinaus ist bei einem Gauß'schen Wellenpaket das Produkt der Breite im Ortsraum und der Breite im Frequenzraum im Vergleich zu anderen nicht-gaußförmigen Wellenpaketen am kleinsten. Für die gaußförmige Amplitudenverteilung: $A(k) = A_0 \exp\left(-(k-k_0)^2 / 2\sigma^2\right)$ mit dem Maximum $A(k = k_0) = A_0$ und der Breite $2\sigma^2$ (das entspricht dem Abstand zwischen den beiden Wendepunkten des Graphen der Verteilung) ergibt sich nach Ausführung der Integration (Gl. (4.106)) folgende Wellenfunktion für das zugehörige Gauß'sche Wellenpaket zum Zeitpunkt $t = 0$:

$$\psi_{\mathrm{GWP}}(x, t=0) = A_0 \sigma \sqrt{2\pi} \exp\left(-\frac{x^2\sigma^2}{2}\right) \exp(i k_0 x) \tag{4.107}$$

Für eine Zeit $t \neq 0$ ergibt sich nach Ausführung der Integration (Gl. (4.107)) folgende Wellenfunktion:

$$\psi_{\mathrm{GWP}}(x, t) = A_0 \sigma \sqrt{2\pi} \exp\left(-\frac{(x-ct)^2\sigma^2}{2}\right) \exp(i k_0 (x - ct)) \tag{4.108}$$

Im Unterschied zum Zeitpunkt $t = 0$ (Gl. (4.107)) ist das Wellenpaket für eine Zeit $t \neq 0$ entlang der positiven $x$-Achse verschoben. Ist das Medium, wie hier angenommen, nicht dispersiv, behält das Gauß'sche Wellenpaket seine Form, die es zum Zeitpunkt $t = 0$ hatte, bei. Im Falle von Dispersion, bei der die Phasengeschwindigkeit von der Wellenzahl abhängt, „zerläuft" bzw. „zerfließt" auch ein Gauß'sches Wellenpaket. Die mathematische Berechnung zerfließender Wellenpakete ist jedoch anspruchsvoll und soll hier nicht weiter thematisiert werden.

## Interferenz

Jede Art von Überlagerung von zwei oder mehreren Wellen mit festen Phasenbeziehungen zueinander, sogenannte *kohärente Wellen*, wird als *Interferenz* und die damit verbundenen Phänomene als *Interferenzerscheinungen* bezeichnet. Sind die sich überlagernden Wellen nicht monochromatisch sondern bestehen aus einer ganzen Reihe von Frequenzanteilen, so definiert man eine *Kohärenzzeit* und daraus abgeleitet eine *Kohärenzlänge*, die jeweils angeben, wie die Wellen bezüglich ihrer Phasenlage maximal gegeneinander verschoben sein dürfen, um noch ein stabiles Wellenfeld zu erzeugen. Interferenz tritt bei allen Arten von Wellen auf, also bei mechanischen und elektromagnetischen Wellen (Abschnitt 7.3.1) sowie Materiewellen. Zwei besondere Fälle der Interferenz sind die *konstruktive Interferenz*, bei der sich die überlagernden Wellen verstärken und die *destruktive Interferenz*, bei der sich die überlagernden Wellen abschwächen oder sogar vollständig auslöschen. In Bild 4.42 ist dies für zwei interferierende harmonische Wellen dargestellt.

Anhand der Überlagerung zweier harmonischer Wellen ist auch ein quantitatives Verständnis der Interferenz möglich. Dazu sollen hier beispielhaft die Wellenfunktionen $\psi_1(r_1, t) = A_1 \sin(\omega_1 t - k_1 r_1)$ und $\psi_2(r_2, t) = A_2 \sin(\omega_2 t - k_2 r_2)$ von zwei harmonischen Wellen betrachtet werden. Die Wellen werden von zwei räumlich getrennten Sendern (Oszillatoren) in Form von Kreiswellen emittiert. Zur Vereinfachung sei angenommen, dass die beiden Sender synchronisiert sind, sodass die Nullphasenwinkel der beiden Erregerschwingungen gleich sind und hier vernachlässigt werden können. $A_1$ und $A_2$ sind die Amplituden und $\phi_{1,2} = -k_{1,2} r_{1,2}$ sind die Phasenwinkel der beiden Wellen. Die Abstände zwischen den beiden Sendern und einem gemeinsamen Bezugspunkt (Empfänger) sind mit $r_1$ und $r_2$ gegeben (Bild 4.43).

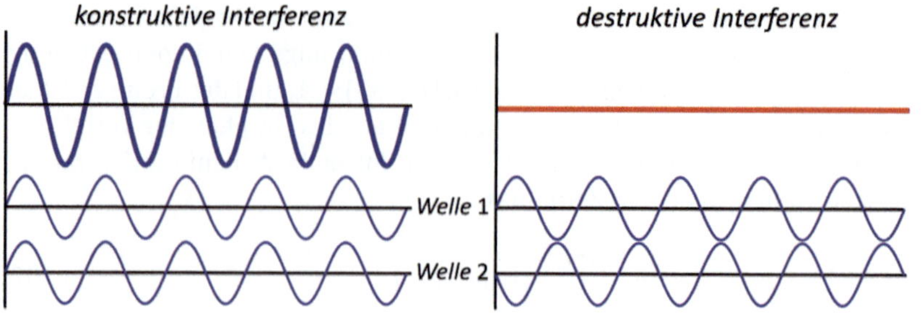


**Bild 4.42** Konstruktive und destruktive Interferenz von zwei harmonischen Wellen

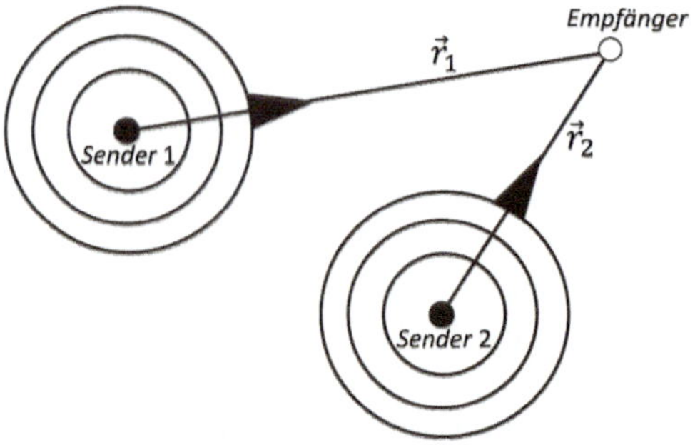


**Bild 4.43**
Zur Interferenz zweier Wellen mit Gangunterschied

Unter der Voraussetzung, dass das Wellenmedium homogen, isotrop und linear (oder Vakuum) ist, ergibt sich die resultierende Wellenfunktion am gemeinsamen Bezugspunkt (Empfängerort) aus dem Superpositionsprinzip:

$$\Psi(r_1, r_2, t) = \psi_1(r_1, t) + \psi_2(r_2, t) = A_1 \sin(\omega_1 t + \phi_1) + A_2 \sin(\omega_2 t + \phi_2).$$

Diesbezüglich sind zwei Fälle hervorzuheben:

- **I:** Interferenz bei gleichen Kreisfrequenzen ($\omega_1 = \omega_2 = \omega$) bzw. gleichen Wellenzahlen ($k_1 = k_2 = k$) und gleichen Amplituden ($A_1 = A_2 = A$), jedoch unterschiedlichen Phasenwinkeln. Für die resultierende Wellenfunktion gilt:

$$\Psi(r_1, r_2, t) = 2A \left| \cos\left(\frac{\phi_1 - \phi_2}{2}\right) \right| \sin\left(\omega t + \frac{\phi_1 + \phi_2}{2}\right) \tag{4.109}$$

  Es entsteht also eine Welle mit derselben Kreisfrequenz, deren Amplitude von der Differenz der Phasenwinkel der beiden ursprünglichen Wellen abhängt und deren Phasenwinkel der arithmetische Mittelwert der Phasenwinkel $\phi_1$ und $\phi_2$ der beiden interferierenden Wellen ist. Der Betrag bei der Kosinus-Funktion bewirkt, dass die Amplitude der resultierenden Wellenfunktion nicht negativ wird. Für gleiche Phasenwinkel $\phi_1 = \phi_2$, d. h. hier $r_1 = r_2$, hat die Kosinus-Funktion in Gl. (4.109) den Wert 1 und es ergibt sich eine Amplitude mit dem Wert $2A$, d. h. eine Verdopplung im Vergleich zu den Ausgangsamplituden der beiden ursprünglichen Wellen, was dem Fall der konstruktiven Interferenz entspricht.

Wenn hingegen $\phi_1 = \phi_2 \pm \pi$ gilt, hat die Kosinus-Funktion in Gl. (4.109) den Wert 0, was dem Fall der destruktiven Interferenz entspricht. Bei gleichen Amplituden der interferierenden Wellen kommt es also zur vollständigen Auslöschung. Mit der Phasenwinkeldifferenz $\Delta\phi = \phi_1 - \phi_2 = k(r_2 - r_1) = 2\pi(r_2 - r_1)/\lambda = 2\pi\,\Delta s/\lambda$, wobei die Streckendifferenz $\Delta s = r_2 - r_1 = \lambda\,\Delta\phi/(2\pi)$ als *Gangunterschied* bezeichnet wird, gilt allgemein:

konstruktive Interferenz:

$$\Delta\phi = \pm 2n\pi \quad \text{bzw.} \quad \Delta s = \pm n\lambda \quad (n \in \mathbb{N}_0) \tag{4.110a}$$

destruktive Interferenz:

$$\Delta\phi = \pm(2n-1)\,\pi \quad \text{bzw.} \quad \Delta s = \pm\left(n - \frac{1}{2}\right)\lambda \tag{4.110b}$$

Die konstruktive bzw. destruktive Interferenz tritt also an den Stellen auf, bei denen der Gangunterschied $\Delta s$ ein ganzzahliges bzw. halbzahliges Vielfache der Wellenlänge $\lambda$ ist.

- **II:** Interferenz bei gleichen Kreisfrequenzen (($\omega_1 = \omega_2 = \omega$) bzw. gleichen Wellenzahlen ($k_1 = k_2 = k$), jedoch unterschiedlichen Amplituden ($A_1 \neq A_2$) und unterschiedlichen Phasenwinkeln. Für die resultierende Wellenfunktion gilt:

$$\Psi(r_1, r_2, t) = \sqrt{A_1^2 + A_2^2 + 2A_1A_2\cos(\phi_1 - \phi_2)}\,\sin(\omega t + \phi) \tag{4.111a}$$

mit

$$\phi = \arctan\left(\frac{A_1\sin(\phi_1) + A_2\sin(\phi_2)}{A_1\cos(\phi_1) + A_2\cos(\phi_2)}\right) \tag{4.111b}$$

Im Gegensatz zum Fall I hängt die Amplitude der resultierenden Wellenfunktion von den Amplituden $A_1$ und $A_2$ sowie von der Phasenwinkeldifferenz $\Delta\phi$ der beiden interferierenden Wellen ab. Ebenso hängt der Phasenwinkel $\phi$ der resultierenden Wellenfunktion sowohl von den von den Amplituden $A_1$ und $A_2$ als auch von den Phasenwinkeln $\phi_1$ und $\phi_2$ der beiden interferierenden Wellen ab. Im Fall der konstruktiven bzw. destruktiven Interferenz gilt für die Amplitude der resultierenden Wellenfunktion: $A = A_1 + A_2$ (Verstärkung) bzw. $A = A_1 - A_2 \neq 0$ (Abschwächung). Somit kommt es bei der destruktiven Interferenz nicht zur vollständigen Auslöschung.

In Bild 4.44 ist die Interferenz von zwei Kreiswellen mit gleichen Kreisfrequenzen bzw. gleichen Wellenzahlen und gleichen Amplituden schematisch gezeigt. Die Wellenflächen sind als graue konzentrische Kreise dargestellt. Die Intensitätsminima (rot und gestrichelt) und -maxima (blau) liegen jeweils auf einer Hyperbelschar, deren Brennpunkte die Ausgangsorte der Wellen sind. Diese Form der Interferenz wird daher auch als hyperbolische Interferenz bezeichnet. Die Intensitätsminima der $n$-ten Ordnung liegen dabei auf den Punkten, an denen eine Kreiswelle einen Gangunterschied von $\Delta s = \pm(n - 1/2)\,\lambda$ mit $n \in \mathbb{N}_0$ gegenüber der anderen Kreiswelle aufweist. Hingegen liegen die Intensitätsmaxima der $n$-ten Ordnung auf den Punkten, an denen eine Kreiswelle einen Gangunterschied von $\Delta s = \pm n\lambda$ mit $n \in \mathbb{N}_0$ gegenüber der anderen Kreiswelle hat.

Allgemein liegen bei einer zweidimensionalen Wellenausbreitung, wie beispielsweise bei Wasserwellen, die Stellen der Verstärkung (konstruktive Interferenz) und Schwächung (destruktive Interferenz) auf Linien bzw. Kurven. Bei einer dreidimensionalen Wellenausbreitung liegen die Stellen der Verstärkung und Schwächung auf Flächen. Sind viele Sender an der Interferenz beteiligt, können außerordentlich komplizierte Kurven und Flächen entstehen.

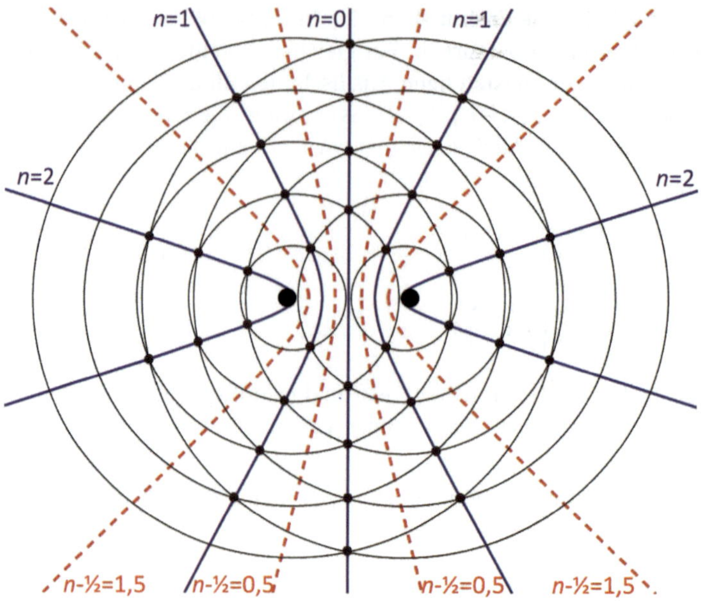


**Bild 4.44** Interferenz von zwei Kreiswellen (Wellenflächen sind als graue konzentrische Kreise dargestellt) mit gleichen Kreisfrequenzen und gleichen Amplituden; Intensitätsmaxima sind durch blaue Kurven und Intensitätsminima sind durch rote, gestrichelte Kurven dargestellt

Die Anwendungen der Interferenz und der damit einhergehenden Erscheinungen in Wissenschaft und Technik sind sehr vielfältig. In der optischen Spektroskopie gibt es eine ganze Reihe von Spektrometern, die auf dem Prinzip der Interferenz basieren, wie beispielsweise das *Michelson-Interferometer* (A. A. Michelson, 1852–1931, Nobelpreis 1907), das *Mach-Zehnder-Interferometer* (L. Mach, 1868–1951, und L. L. A. Zehnder, 1854–1949), das *Fabry-Pérot-Interferometer* (M. P. A. C. Fabry, 1867–1945, und J.-B. A. Pérot, 1863–1925), das *Fizeau-Interferometer* (A. H. L. Fizeau, 1819–1896), das *Sagnac-Interferometer* (G. Sagnac, 1869–1926) und das *Twyman-Green-Interferometer* (F. Twyman, 1876–1959, und A. Green, 1864–1941) etc. Bei der *Radar-Interferometrie* wird die Interferenz von Radarwellen, bei *Atominterferometern* wird die Interferenz von Materiewellen und in der Akustik wird die destruktive Interferenz von Schallwellen zur Reduktion von störenden Geräuschen genutzt.

In Analogie zur Schwebung als Folge der Superposition von zwei harmonischen Schwingungen mit etwas unterschiedlichen Frequenzen (Abschnitt 4.1.2) kann auch die Interferenz von zwei Wellen mit gleichen Amplituden und gleichen Phasengeschwindigkeiten jedoch mit etwas unterschiedlichen Frequenzen (d. h. $\omega_1 \neq \omega_2$ bzw. $k_1 \neq k_2$) zu einer Schwebung führen. In Bild 4.45 ist dies für die Interferenz von zwei harmonischen Wellen schematisch dargestellt. In diesem Fall gilt für die Wellenfunktion der resultierenden Welle:

$$\Psi(x,t) = \psi_1(x,t) + \psi_2(x,t) = A\sin(\omega_1 t - k_1 x) + A\sin(\omega_2 t - k_2 x)$$
$$= A\sin(k_1(ct - x)) + A\sin(k_2(ct - x)).$$

Durch Anwendung des entsprechenden Additionstheorems folgt daraus:

$$\Psi(x,t) = 2A\cos((k_1 - k_2)(ct - x)/2)\sin((k_1 + k_2)(ct - x)/2).$$

Daraus folgt für die Wellenzahl der resultierenden Welle $k = (k_1 + k_2)/2$ bzw. für deren Kreisfrequenz $\omega = (\omega_1 + \omega_2)/2$ und für die Schwebung $k_S = (k_1 - k_2)/2$ bzw. $\omega = (\omega_1 + \omega_2)/2$.

Die Schwebung bewegt sich mit der Gruppengeschwindigkeit
$c_G = \omega_S/k_S = (\omega_1 - \omega_2)/(k_1 - k_2) \ll c_P = \omega_1/k_1 = \omega_2/k_2$,
die im allgemeinen deutlich kleiner als die Phasengeschwindigkeit $c_P$ der beiden interferierenden Wellen ist.

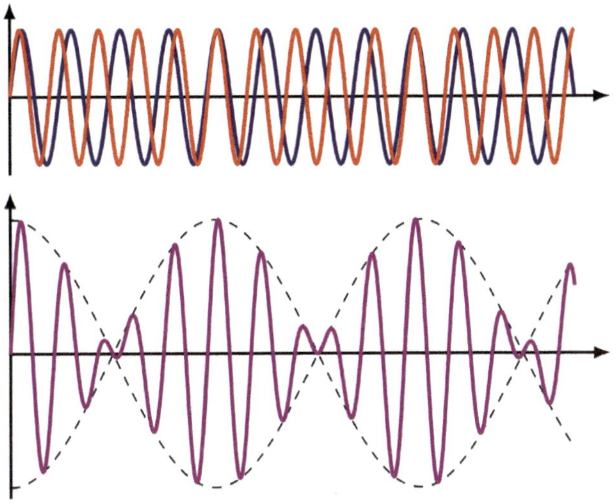

**Bild 4.45**
Schwebung bei der Interferenz von zwei harmonischen Wellen mit gleichen Amplituden jedoch etwas unterschiedlichen Frequenzen

## Stehende Wellen

Ein weiterer Spezialfall bei der Superposition von Wellen ist die Überlagerung von zwei gegenläufigen Wellen mit gleicher Frequenz, gleicher Amplitude und gleicher Phasengeschwindigkeit. Die Resultierende ist eine ortsfeste Welle, die als *stehende Welle* oder auch *stationäre Welle* bezeichnet wird und bei der an bestimmten Orten Wellenknoten bzw. Wellenbäuche auftreten. Die Überlagerung von zwei gegenläufigen Wellen ist durch die Reflexion an einer Wand oder durch zwei Quellen mit entgegengesetzter Wellenabstrahlrichtung möglich. Beispielhaft sei hier die Überlagerung von zwei harmonischen Wellen, die sich in entgegengesetzten Richtungen entlang der $x$-Achse ausbreiten, betrachtet. Für die Wellenfunktion der resultierenden, stehenden Welle gilt (mit $k = 2\pi/\lambda$):
$\Psi(x,t) = \psi_1(x,t) + \psi_2(x,t) = A\sin(\omega t - kx) + A\sin(\omega t + kx) = 2A\cos(\omega t)\sin(2\pi x/\lambda)$.
Die Sinus-Funktion ist zeitunabhängig und bestimmt den Wert der Amplitude und die Orte der Wellenknoten (verschwindende Amplitude) und der Wellenbäuche (extremale Amplitude):

Wellenknoten:

$$x = n\frac{\lambda}{2} \quad (n \in \mathbb{N}_0) \tag{4.112a}$$

Wellenbauch:

$$x = \frac{\left(n + \frac{1}{2}\right)\lambda}{2} = n\frac{\lambda}{2} + \frac{\lambda}{4} \quad (n \in \mathbb{N}_0) \tag{4.112b}$$

Der Abstand zweier benachbarter Wellenknoten oder zweier benachbarter Wellenbäuche ist gleich der halben Wellenlänge der beiden interferierenden Wellen.

Eindimensionale stehende Transversalwellen entstehen bei der Schwingung einer beispielsweise beidseitig eingespannten Saite. Da sich die Saite an ihren beiden Enden aufgrund der Fixierung nicht bewegen kann (Wellenknoten), kommt es bei der Reflexion einer Welle stets zu einem Phasensprung von 180°. Tatsächlich sind die beiden Knoten an den Saitenden keine echten Nullstellen der Auslenkung, da sonst eine Schwingung der Erreger gar nicht möglich wäre. Da aber im stationären Zustand die Erreger nur Dämpfungsverluste ausgleichen müssen, sind die Auslenkungen an den Seilenden, im Vergleich zu den Maxima, vernachlässigbar klein. An einem nicht fixierten Ende wird eine Welle stets ohne Phasensprung reflektiert. Bei der Grundfrequenz $f_0$ läuft ausgehend von einem Saitenende nach Ablauf der Periodendauer $T_0 = 1/f_0$ eine Erregerwelle los. Bis zur Vollendung einer ganzen Periode der stehenden Welle legt die Erregerwelle bei beidseitiger Fixierung der Saite die Distanz $L$ zwischen den beiden Enden zweimal zurück. Dementsprechend ist bei der Grundfrequenz die Länge $L$ der Saite gleich der halben Wellenlänge und bei der ersten Oberschwingung ist die Länge $L$ der Saite gleich der Wellenlänge (Bild 4.46).

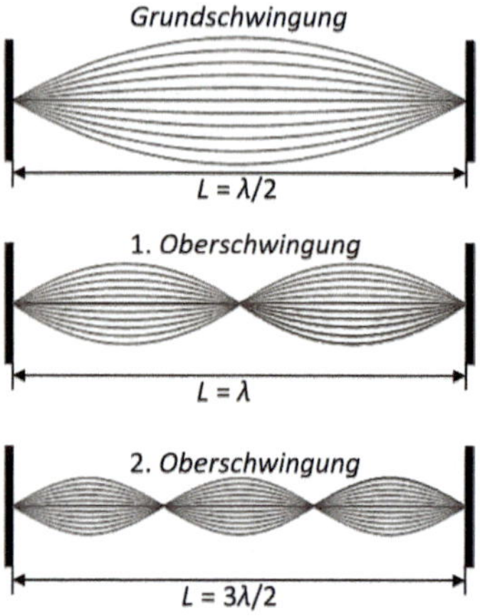


**Bild 4.46**
Eindimensionale stehende Transversalwellen einer beidseitig eingespannten, schwingenden Saite

Stehende Schallwellen können in einem dünnen Rohr entstehen bzw. angeregt werden. Je nach Ausführung der Rohrenden (offen oder geschlossen), tritt bei der Reflexion ein Phasensprung um 180° auf (Wellenknoten) oder kein Phasensprung (Wellenbauch). In dem *Kundt'schen Staubrohr* (auch *Kundt'sche Röhre* nach A. Kundt, 1839–1894) können stehende Schallwellen sichtbar gemacht werden. Das Kundt'sche Staubrohr ist ein Glasrohr, in das eine geringe Menge eines sehr leichten pulverförmigen Materials (z. B. Korkmehl, Bärlappsporen oder kleine Styroporkügelchen) eingefüllt wird. Das pulverförmige Material wird auf die gesamte Länge des Glasrohrs verteilt und sammelt sich aufgrund der Schwerkraft auf der Unterseite des Glasrohrs. Auf der einen Seite des Glasrohrs wird ein Lautsprecher angebracht, der einen sinusförmigen Ton mit einer definierten Frequenz aussendet. Auf der anderen Seite des Glasrohrs befindet sich ein beweglicher Stempel, an dem die longitudinale Schallwelle mit einem Phasensprung von 180° reflektiert wird (Bild 4.47). Die reflektierte Schallwelle bewegt sich durch das Glasrohr zurück zum Lautsprecher. Das in dem Rohr enthaltene pulverförmige Material wird durch die Schallwelle bewegt und sammelt sich dabei überwiegend an den Stellen, bei denen die Amplitude der sich ausbildenden stehenden Schallwelle am kleinsten ist, d. h. an den Stellen der Wellenknoten, und bildet dort kleine Häufchen. Zwischen diesen Häufchen befinden sich folglich die Wellenbäuche der stehenden Schallwelle.

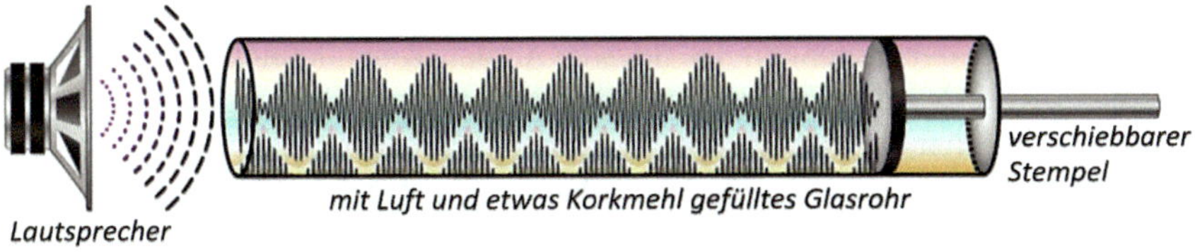


**Bild 4.47** Schematische Darstellung des Kundt'schen Staubrohres

Zur Ausbildung der stehenden Schallwelle muss der Stempel in Abhängigkeit von der Wellenlänge des sinusförmigen Tons verschoben werden. Wird der Stempel dabei so eingestellt, dass am offenen Ende des Rohres beim Lautsprecher ein Minimum (Wellenknoten) entsteht, kann nur sehr wenig Energie in das Rohr transportiert werden. Hingegen wird maximale Energie in das Rohr transportiert, wenn am offenen Ende beim Lautsprecher ein Maximum (Wellenbauch) entsteht. Bei Kenntnis der Schallgeschwindigkeit kann durch Abzählen der entstehenden Häufchen des pulverförmigen Materials die Frequenz des sinusförmigen Tons bestimmt werden.

Ein weiterer experimenteller Aufbau, mit dem stehende Schallwellen sichtbar gemacht werden können, ist das *Rubens'sche Flammenrohr* (H. L. Rubens, 1865–1922, Assistent von A. Kundt). Es besteht aus einem Rohr, das an seiner Oberseite mit einer Reihe kleiner Löcher gleichen Durchmessers versehen ist. Das eine Rohrende ist mit einer dünnen, gasundurchlässigen aber flexiblen (schwingungsfähigen) Membran, das andere mit einem verschiebbaren Kolben verschlossen. Über die Membran kann mittels eines dahinter angebrachten Lautsprechers ein sinusförmiger Ton mit einer definierten Frequenz in das Rohr abgegeben werden. Durch eine kleine Einlassöffnung an der Unterseite des Rohres wird ein brennbares Gas (z. B. Propan oder Methan), in das Rohrinnere geleitet, welches durch die Löcher auf der Oberseite des Rohres ausströmt und dort entzündet wird (Bild 4.48).

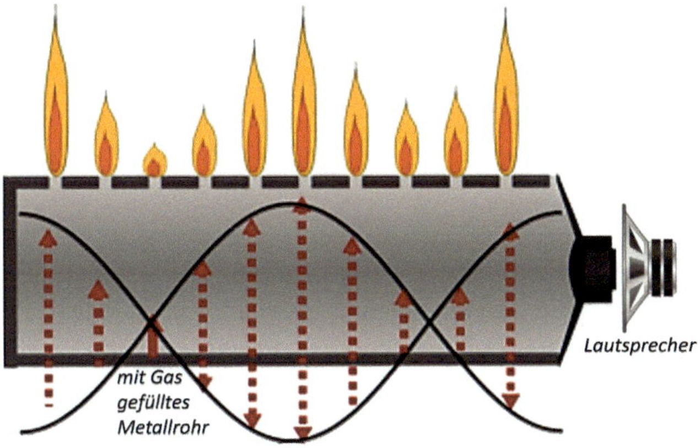


**Bild 4.48**
Schematische Darstellung des Rubens'schen Flammenrohres

Wenn keine Schallwelle über den Lautsprecher in das Rohr eigekoppelt wird, bildet sich über den Löchern eine Reihe gleichgroßer kleiner Flammen aus. Wird die Membran durch den Lautsprecher zu Schwingungen angeregt, kann die Resonanzfrequenz der im Rohr enthaltenen Gassäule durch das Verschieben des Kolbens so eingestellt werden, dass sich im Inneren des Rohres eine stehende Schallwelle ausbildet. Bei fest eingestelltem Kolben ist die

Tonfrequenz für die Ausbildung einer stehenden Welle zu variieren. Die Höhen der kleinen Flammen zeigen die Form der stehenden Schallwelle: An den Wellenknoten der stehenden Schallwelle ist der Druck des brennbaren Gases im Rohr nahezu konstant, wodurch aus den darüber liegenden Löcher am meisten Gas ausströmen kann. An diesen Stellen sind die Flammen am größten. Hingegen ist an den Wellenbäuchen der stehenden Schallwelle die periodische Änderung des Gasdrucks im Rohr am größten ist, wodurch an diesen Stellen aus den darüberliegenden Löchern weniger Gas ausströmt. Als Folge dessen sind an diesen Stellen die Flammen am kleinsten. In Analogie zum Kundt'schen Staubrohr kann beim Rubens'schen Flammenrohr aus dem Abstand gleichgroßer Flammen, die mit den Abständen der Wellenknoten und Wellenbäuche korrespondieren, die Wellenlänge des Tonsignals ermittelt werden. Bei bekannter Tonfrequenz kann auf diese Weise die Schallgeschwindigkeit des Gases im Rohr bestimmt werden. Wird der Druck des einströmenden Gases unter eine bestimmte Schwelle reduziert, lässt sich beobachten, dass sich die Flammenhöhen im Vergleich zu dem zuvor beschriebenen Normalfall umkehren.

### 4.3.4 Reflexion, Brechung und Beugung von Wellen

Neben der Überlagerung und der Interferenz von Wellen gibt es noch weitere typische Wellenphänomene. Dies sind die *Reflexion* und die *Brechung* an Grenzflächen sowie die *Beugung* von Wellen, die auf ein Hindernis treffen und als Folge dessen ihre Ausbreitungsrichtung ändern. Diese drei Phänomene werden sowohl bei mechanischen als auch bei elektromagnetischen Wellen und sogar bei Materiewellen beobachtet. Die theoretische Behandlung der Reflexion, Brechung und der Beugung von Wellen basiert auf einem fundamentalen Prinzip, das bereits im Jahre 1678 von C. Huygens (1629–1695) zur Erklärung der Lichtausbreitung sowie der Reflexion und Brechung von Licht vorgeschlagen und im Jahre 1818 von A. J. Fresnel (1788–1827) erweitert und mathematisch begründet wurde. Mitte des 19. Jahrhunderts zeigte G. R. Kirchhoff (1824–1887), dass sich das von Huygens und Fresnel vorgeschlagene Prinzip aus den *Maxwell-Gleichungen* der Elektrodynamik (J. C. Maxwell, 1831–1879, Abschnitt 6.3.5) herleiten lässt, und lieferte analytische Lösungen in Form der *Kirchhoff'schen Beugungsintegrale*. Das *Huygens'sche Prinzip* besagt:

**Merke**

Jeder von einer Welle getroffene Punkt ist Ausgangspunkt einer neuen Welle, der sogenannten Elementarwelle. Die Einhüllende aller aus einer Wellenfront gleichzeitig entstehenden Elementarwellen ist wieder eine Wellenfront der vom ursprünglichen Erregungszentrum ausgehenden Welle (Huygens'sches Prinzip).

Eine *Elementarwelle* (auch als *Sekundärwelle* bezeichnet) ist eine sich von einem beliebigen Punkt einer Wellenfront aus nach allen Seiten hin ausbreitende Kreiswelle (im zweidimensionalen Fall) oder Kugelwelle (im dreidimensionalen Fall). Gemäß dem Huygens'schen Prinzip kann jeder Punkt einer Wellenfront als Ausgangsort einer Elementarwelle angesehen werden. Somit entsteht durch Überlagerung bzw. Interferenz der einzelnen Elementarwellen eine neue Wellenfront, die sich im selben Medium mit der gleichen Frequenz und der gleichen Phasengeschwindigkeit wie die ursprüngliche Welle, die in diesem Zusammenhang auch als *Primärwelle* bezeichnet wird, ausbreiten. In Bild 4.49 ist dies für eine ebene Welle und für eine Kugelwelle dargestellt.

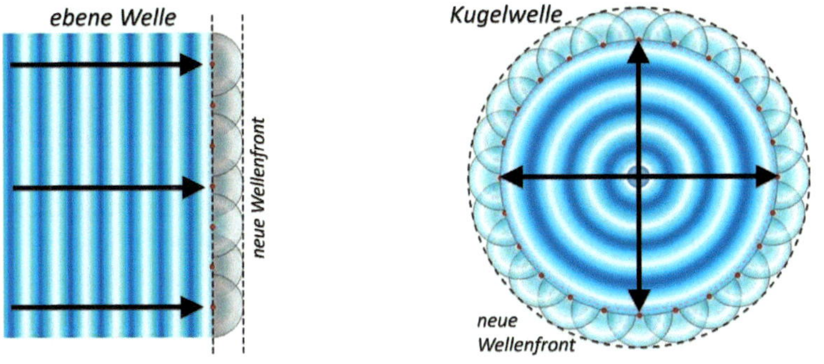


**Bild 4.49** Zum Huygens'schen Prinzip: Elementarwellen bei einer ebenen Welle (links) und bei einer Kugelwelle (rechts)

Eine qualitative Begründung des Huygens'schen Prinzips liefert ein Versuch mit einer ebenen Wasserwelle, die sich auf eine Wand mit einer kleinen (spaltförmigen) Öffnung zubewegt (Bild 4.50). Die Öffnung wird zum Ausgangspunkt einer Kreiswelle, die sich mit derselben Geschwindigkeit wie die ursprüngliche Welle hinter der Wand ausbreitet. Die Entstehung der Elementarwelle wird verständlich, wenn berücksichtigt wird, dass nur sehr wenige, benachbarte Oszillatoren in der Öffnung die Kopplung zwischen den beiden durch die Wand getrennten Halbräumen bewirken. Die von der Primärwelle erregten Oszillatoren schwingen nahezu synchron und können daher wie ein Oszillator an dieser Stelle angenähert werden. Wird die Wand mit mehreren kleinen Öffnungen versehen, so wirkt jede einzelne Öffnung von ihnen in gleicher Weise, wobei schließlich die Wellenfronten all dieser Elementarwellen sich zu einer neuen gemeinsamen Wellenfront überlagern. Der Versuch lässt sich an jeder beliebigen Stelle einer Welle ausführen.

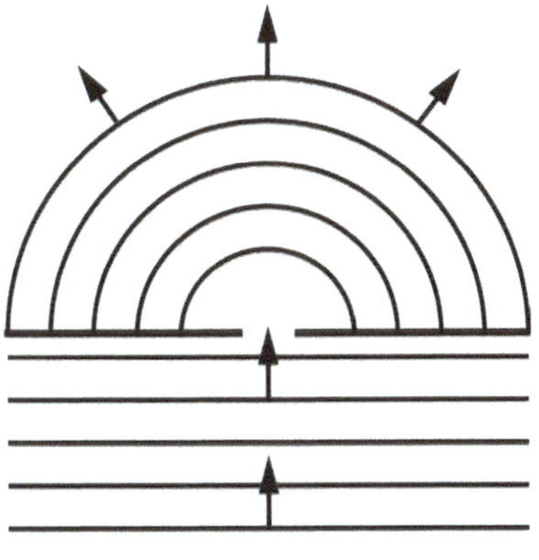

**Bild 4.50**
Entstehung einer Elementarwelle hinter einer kleinen Öffnung

A. J. Fresnel erkannte, dass beim Huygens'schen Prinzip die Interferenz aller entstehenden Elementarwellen entscheidend ist und erweiterte so das Huygens'sche Prinzip zu einer quantitativen Theorie der Wellenausbreitung. Die Vervollständigung zum *Huygens-Fresnel'schen Prinzip* lautet:

**Merke**

Die Ausbreitung einer Welle vollzieht sich unter gegenseitiger Interferenz der von den Wellenfronten ausgehenden Elementarwellen.

Bezogen auf die Wellenausbreitung in homogenen Medien liefert das Huygens-Fresnel'sche Prinzip keine neuen Erkenntnisse im Vergleich zum ursprünglichen Ansatz von Huygens, da die Wellenfunktion die Ausbreitung eines Schwingungszustands bereits vollständig beschreibt. Die Bedeutung des Huygens-Fresnel'sche Prinzip wird jedoch bei der Anwendung auf die Fälle sichtbar, bei denen die Wellenausbreitung durch Hindernisse beeinflusst wird (Beugung). Sowohl beim Huygens'schen als auch beim Huygens-Fresnel'schen Prinzip wird nur die Ausbreitung der Elementarwellen in Vorwärtsrichtung (in Richtung des Wellenvektors der Primärwellen) berücksichtigt. Die theoretische Einbeziehung der sich rückwärts ausbreitenden Elementarwellen (entgegengesetzt zur Richtung des Wellenvektors der Primärwellen) gelang erst im Jahre 1991 durch D. A. B. Miller (*1954).

## Reflexion

Bei der Beschreibung der Reflexion von Wellen mittels des Huygens-Fresnel'schen Prinzips ist zu beachten, dass sich die Zentren der Elementarwellen nicht mehr auf der Wellenfront der Primärwelle, sondern auf der undurchdringlichen Grenzfläche zwischen zwei Medien, auf die die Primärwelle trifft, befinden. Beispielhaft sei hier die Reflexion einer ebenen Welle an einer undurchdringlichen ebenen Grenzfläche betrachtet (Bild 4.51).

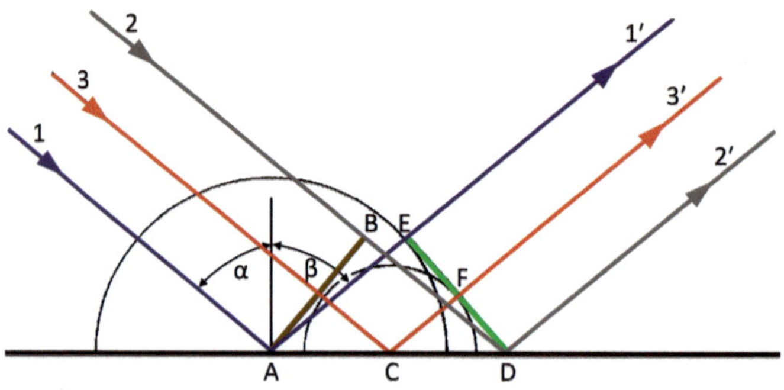


**Bild 4.51** Reflexion an einer undurchdringlichen ebenen Grenzfläche gemäß dem Huygens-Fresnel'schen Prinzip

Die in Bild 4.51 beispielhaft eingezeichneten Linien 1, 2 und 3 verlaufen senkrecht zur Wellenfront der einfallenden ebenen Welle bzw. sind parallel zu deren Wellenvektor. Ein Punkt der ebenen Welle, der sich entlang der Linie 1 bewegt, trifft zu einem bestimmten Zeitpunkt die Grenzfläche im Punkt A und sendet eine Elementarwelle aus. Wenn ein Punkt der ebenen Welle, der sich entlang der Linie 2 bewegt, die Grenzfläche im Punkt D erreicht, muss infolge der gleichen Phasengeschwindigkeit der Radius der Elementarwelle, der der Strecke $\overline{AE}$ entspricht, gleich der Strecke $\overline{BD}$ sein. Ein Punkt der ebenen Welle, der sich auf der mittleren Linie 3 bewegt, trifft auf die Grenzfläche im Punkt C. Die dort entstehende Elementarwelle erreicht bis zum Eintreffen des Punktes, der sich entlang der Linie 2 bewegt, nur den halben Radius $\overline{CF} = \overline{AE}/2$. Die neue Wellenfront ergibt sich gemäß dem Huygens-Fresnel'schen Prinzip als Tangente $\overline{DE}$ der beiden in Bild 4.51 dargestellten Halbkreise mit den Mittelpunkten A und C.

Wie in Bild 4.51 auch zu erkennen ist, sind die beiden Dreiecke ΔAED und ΔABD rechtwinklig, da die Wellenfronten auf den dazugehörenden Linien stets senkrecht stehen. Außerdem haben die beiden Dreiecke die gemeinsame Basis $\overline{AD}$ und die Seite $\overline{AE}$ bzw. $\overline{BD}$ sind gleich lang. Folglich sind die beiden Dreiecke ΔAED und ΔABD kongruent (deckungsgleich), sodass die Wellenfronten, die parallel zu den Strecken $\overline{AB}$ bzw. $\overline{DE}$ verlaufen, mit der undurchdringlichen ebenen Grenzfläche den gleichen Winkel bilden. Aus der geometrischen Optik (Abschnitt 7.1.1) ist dies als *Reflexionsgesetz* („Einfallswinkel gleich Ausfallswinkel") bekannt. Ist der Einfallswinkel 90°, d. h. die einfallende ebene Welle trifft frontal auf die Grenzfläche, wobei die Wellenfronten parallel zur Grenzfläche orientiert sind, wird die Welle in sich selbst reflektiert. In diesem Fall kommt es zur Ausbildung einer stehenden Welle, wobei aufgrund der Undurchlässigkeit der Grenzfläche ein Auslenkungsknoten direkt an der Reflexionsstelle entsteht. Weitere Wellenknoten bilden sich im Abstand von $\lambda/2$ von der Grenzfläche aus. Aufgrund der Undurchlässigkeit der Grenzfläche gibt es bei der Reflexion einen Phasensprung wodurch ein Amplitudenmaximum als Amplitudenminimum und umgekehrt reflektiert wird.

## Brechung

Auf ähnliche Weise wie die Reflexion kann auch die Brechung (Refraktion) von Wellen mit dem Huygens-Fresnel'schen Prinzip beschrieben werden. Wie im vorangegangenen Beispiel soll eine ebene Primärwelle schräg auf eine ebene, teildurchlässige Grenzfläche zwischen zwei homogenen Medien $M_1$ und $M_2$ treffen, wobei die Welle diesmal nur zum Teil reflektiert wird, während ein anderer Teil in das Medium $M_2$ eindringen soll. In Analogie zur Reflexion liegen auch bei der Brechung die Zentren der Elementarwellen auf der Grenzfläche. Die Phasengeschwindigkeiten in den beiden Medien sind $c_1$ und $c_2$. Senkrecht auf der Grenzfläche steht das *Einfallslot*, das als Bezugslinie für die einfallende (Primärwelle), die reflektierte und die gebrochene Welle dient (Bild 4.52).

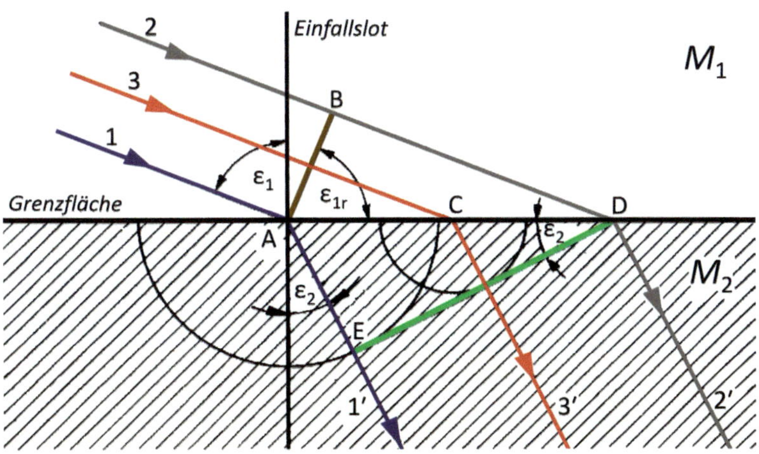


**Bild 4.52** Brechung an einer ebenen Grenzfläche gemäß dem Huygens-Fresnel'schen Prinzip

Wenn die Wellenfront, symbolisiert durch die Strecke $\overline{AB}$, die Grenzfläche im Punkt A erreicht, hat ein Punkt auf der Linie 2 bis zum Erreichen der Grenzfläche im Punkt D noch die Strecke $\overline{BD}$ zurückzulegen. Dazu wird die Zeit $t = \overline{BD}/c_1$ benötigt. Während dieser Zeit breitet sich vom Punkt A aus eine Elementarwelle aus, deren Radius sich in der Zeit $t = \overline{BD}/c_1$ auf einen Wert von $r = \overline{AE} = c_2\left(\overline{BD}/c_1\right)$ vergrößert. Ein Punkt der sich entlang der mittleren Linie 3 bewegt, erreicht die Grenzfläche im Punkt C. Die hier entstehende Elementarwelle erreicht bis zum Eintreffen des Punktes auf der Linie 2 nur den halben Radius $r/2$. Die neue Wellenfront im Medium $M_2$ ergibt sich gemäß dem Huygens-Fresnel'schen Prinzip als Tangente der beiden in Bild 4.52 dargestellten Halbkreise.

Für den Fall, dass die Phasengeschwindigkeit im Medium 2 kleiner ist als im Medium 1 ($c_2 < c_1$), ist der Radius $r$ der Elementarwelle, die im Medium $M_2$ von Punkt A ausgeht, kleiner als die Strecke $\overline{BD}$ im Medium $M_1$. Dies hat zur Folge. dass die im Medium $M_2$ entstandene Wellenfront $\overline{DE}$ nicht parallel zur primären Wellenfront $\overline{AB}$ ist, sondern einen endlich großen Winkel mit ihr bildet. Dadurch verlaufen auch die Linien 1′ und 2′ im Medium $M_2$ nicht als geradlinige Fortsetzung der Linien 1 und 2, sondern weisen an der Grenzfläche jeweils einen Knick auf. Mit den in Bild 4.52 angegebenen Winkeln $\varepsilon_1$ und $\varepsilon_2$, die beide auf das Einfallslot bezogen sind, ergeben sich folgende Beziehungen: $\sin(\varepsilon_1) = \overline{BD}/\overline{AD}$ und $\sin(\varepsilon_2) = \overline{AE}/\overline{AD}$. Daraus folgt das aus der geometrischen Optik (Abschnitt 7.1.4) bekannte und von W. van R. Snellius (1580–1626) bereits im Jahre 1620 formulierte *Snellius'sche Brechungsgesetz*:

$$\frac{\sin(\varepsilon_1)}{\sin(\varepsilon_2)} = \frac{c_1}{c_2} \tag{4.113}$$

Zwar trifft das Snellius'sche Brechungsgesetz, ebenso wie das Reflexionsgesetz, für alle Wellenarten zu, bekannt ist es aber hauptsächlich aus der Optik. So lässt sich beispielsweise auch bei Wasserwellen die Brechung beim Übergang von tiefem in seichtes Wasser beobachten, da im seichten Wasser die Phasengeschwindigkeit kleiner wird. Ein besonderer Fall tritt ein, wenn die Phasengeschwindigkeit $c_2$ im Medium $M_2$ größer ist als die Phasengeschwindigkeit $c_1$ im Medium $M_1$. Gemäß dem Snellius'schen Brechungsgesetz gilt dann stets $\sin(\varepsilon_1) < \sin(\varepsilon_2)$. Da der Brechungswinkel $\varepsilon_2$ maximal 90° sein kann (in diesem Fall breitet sich die gebrochene Welle ausschließlich in der Grenzfläche zwischen den beiden Medien aus), wird die einfallende Welle für alle Einfallswinkel mit $\varepsilon_1 > \arcsin(c_1/c_2)$ im Medium $M_1$ total reflektiert. Dies wird als *Totalreflexion* (Abschnitt 7.2.1) bezeichnet und ist insbesondere in der Optik von besonderer Bedeutung.

## Beugung

Neben der Reflexion und der Brechung ist die Beugung (*Diffraktion*) ein weiteres wichtiges Wellenphänomen, bei dessen Beschreibung das Huygens-Fresnel'sche-Prinzip besonders hilfreich ist. Die Beugung, die bei allen Wellenarten beobachtet werden kann, ist die Ablenkung von Wellen an einem Hindernis, als Folge dessen sich eine Welle in Raumbereiche ausbreitet, die auf geradem Wege durch das Hindernis versperrt wären. Besonders gut beobachtbar ist die Beugung bei Wasserwellen, bei Schallwellen und bei Licht (Abschnitt 7.3.4). Die Beugung von Licht an einem Spalt wurde erstmals im Jahre 1662 von F. M. Grimaldi (1618–1663) beobachtet, der auch als erster Naturwissenschaftler das Licht als Welle beschrieb und den Begriff „Diffraktion" (Beugung) einführte. Im Gegensatz zur Beugung findet bei der Streuung eine Ablenkung von Strahlung durch Interaktion von Teilchen statt. Bei der Brechung wird die Ablenkung von Wellen durch die Änderung der Ausbreitungsgeschwindigkeit bzw. der Dichte an einer Grenzfläche beim Übergang zwischen zwei Medien verursacht.

Als ein sehr prominentes Beispiel soll hier die Beugung an einem *Doppelspalt* betrachtet werden. Das *Doppelspalt-Experiment* gehört zu den wichtigsten experimentellen Erfahrungen der Physik und wurde erstmals 1802 von T. Young (1773–1829) mit Licht durchgeführt, um die Wellennatur des Lichtes zu beweisen. Das von T. Young durchgeführte Experiment führte zusammen mit der theoretischen Beschreibung der Beugung durch A. J. Fresnel (1788–1827) aus dem Jahre 1818 zur Anerkennung der *Wellentheorie des Lichts* gegenüber der damals noch vorherrschenden *Korpuskeltheorie des Lichts*, die von I. Newton (1643–1727) im 17. Jahrhundert eingeführt wurde. Mit Elektronen wurde das Doppelspalt-Experiment erstmals im Jahre 1961 durch C. Jönsson (*1930) realisiert, wobei die Materiewellennatur von Elektronen bereits im Jahre 1927 durch C. J. Davisson (1881–1958, Nobelpreis 1937), L. H. Germer (1896–1971) und G. P. Thomson (1892–1975, Nobelpreis 1937) experimentell nachgewiesen wurde. Im Jahre 2003 wurde das Doppelspaltexperiment von A. Zeilinger (*1945, Nobelpreis 2022) sogar mit so großen Molekülen wie $C_{60}$ (sogenannte Buckminster-Fullerene oder Buckyballs, R. Buckminster Fuller, 1895–1983) erfolgreich durchgeführt.

Der Doppelspalt besteht aus zwei gleichartigen Öffnungen in einer sonst undurchlässigen Barriere bzw. Wand. Die Größe der Öffnungen soll so bemessen sein, dass von ihnen nur jeweils kreisförmige Elementarwellen ausgehen können. Auslöser dieser Elementarwellen sollen ebene Wellen sein, die senkrecht auf die Barriere treffen, wodurch die Gleichzeitigkeit oder Kohärenz der Ereignisse gewährleistet ist. Die Ausbreitung der beiden Elementarwellen führt zu Interferenzen, wie sie Abschnitt 4.3.3 beschrieben wurden, wobei die Beugung am Doppelspalt dem Fall zweier synchron schwingender Sender entspricht. Die Orte der Verstärkung und Schwächung der beiden Teilwellen finden sich auf Hyperbeln, wie es in Abschnitt 4.3.3 erläutert wurde. Wenn hinter dem Doppelspalt ein Schirm aufgestellt wird, auf dem beispielsweise das gebeugte Licht oder die gebeugten Elektronen auftreffen, ergibt sich als Intensitätsverteilung das typische *Interferenzmuster* (auch *Beugungsmuster* genannt) für die Beugung am Doppelspalt, das ohne Welleneigenschaften nicht erklärbar ist (Bild 4.53b).

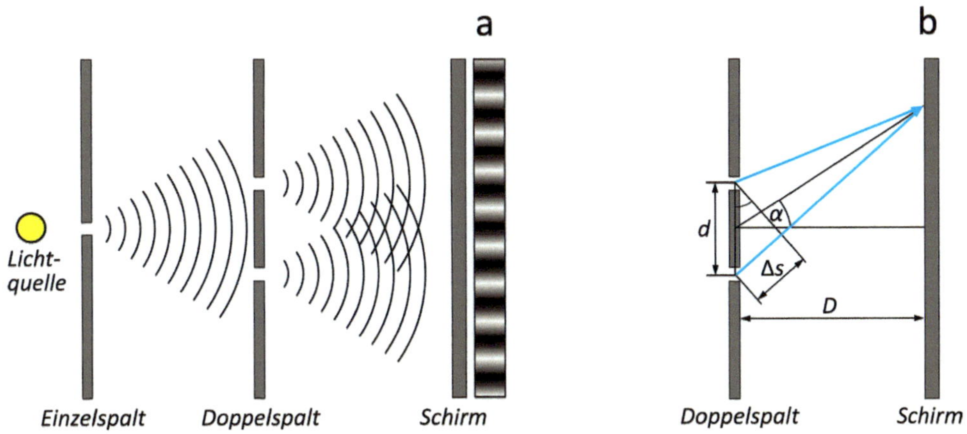


**Bild 4.53** Doppelspalt-Experiment: a) Interferenzmuster und b) Geometrie

Wesentlich für die Interferenz und das daraus resultierende Interferenzmuster sind die Spaltgeometrie, d. h. insbesondere die Spaltbreite $b$ und der mittlere Abstand $d$ der beiden Spalte, sowie die Wellenlänge $\lambda$ der einfallenden ebenen Welle. Bei den nachfolgenden Betrachtungen soll der Abstand $D$ zwischen den beiden Spalten und dem Schirm groß sein, d. h. $D \gg d^2/\lambda$, das als *Fernfeldnäherung* bezeichnet wird (Bild 4.53b). Gemäß dem Huygens-Fresnel'schen Prinzip ist jeder der beiden Spalte Ausgangspunkt einer Elementarwelle. Der Weg von einem Spalt zu einem Punkt auf dem Schirm ist im Allgemeinen ungleich dem Weg vom anderen Spalt aus zum selben Punkt. Daraus resultiert ein Gangunterschied zwischen den beiden Elementarwellen von $\Delta s = d\,\sin(\alpha)$. Aufgrund des großen Abstandes $D$ gilt im Rahmen der Kleinwinkelnäherung $\Delta s \approx \alpha d$ und $x/D = \tan(\alpha) \approx \sin(\alpha) \approx \alpha$. Daraus folgt folgendes Verhältnis: $\Delta s/d \approx x/D$. Gemäß den Ausführungen in Abschnitt 4.3.3 ergeben sich die Intensitätsminima auf dem Schirm an den Stellen der destruktiven Interferenz, wenn der Gangunterschied ein ungerades Vielfaches der halben Wellenlänge beträgt: $\Delta s = \pm(n - 1/2)\,\lambda$ (mit $n \in \mathbb{N}_0$). Dies gilt auch für den Fall, dass die Spaltbreite $b$ nicht klein gegenüber der Wellenlänge ist. Die Intensitätsmaxima treten auf dem Schirm an den Stellen der konstruktiven Interferenz auf, wenn der Gangunterschied ein ganzzahliges Vielfaches der Wellenlänge ist: $\Delta s = \pm n\lambda$ mit ($n \in \mathbb{N}_0$). Das auf dem Schirm erscheinende Interferenzmuster hat eine Periodizität von: $\lambda D/d$. Bei der Bestimmung der Intensitätsverteilung $I(\alpha)$ als Funktion des Winkels $\alpha$ für die Beugung am Doppelspalt muss die Einzelspaltbeugung berücksichtigt werden, da für bestimmte Winkel $\alpha$ die Elementarwellen von der oberen und von der unteren Kante des Einzelspalts mit der Breite $b$ ebenfalls interferieren können. Für die Intensitätsverteilung $I(\alpha)$ für die Beugung am Doppelspalt gilt somit:

$$I(\alpha) = I_0 \left[ \frac{\sin\left(\frac{\pi b \sin(\alpha)}{\lambda}\right)}{\frac{\pi b \sin(\alpha)}{\lambda}} \right]^2 \cos^2\left(\frac{\pi d \sin(\alpha)}{\lambda}\right) \tag{4.114}$$

Die Konstante $I_0$ ist die Intensität des zentralen Hauptmaximums (Intensitätsmaximum für $n = 0$ bzw. $\alpha = 0$). Der erste Faktor in der eckigen Klammer beschreibt die Beugung und das daraus resultierende Interferenzmuster für den Einzelspalt und der zweite Faktor mit der Kosinus-Funktion beschreibt den Beitrag der Interferenz am Doppelspalt. Die Intensitätsverteilung $I(\alpha)$ ändert sich durch:

- Eine Änderung der Spaltbreite $b$ führt zu einer Änderung der Lage der Intensitätsmaxima und -minima des Einfachspaltes, dessen Intensitätsverteilung die Hüllkurve der Intensitätsverteilung des Doppelspalts bildet. Eine Vergrößerung der Spaltbreite $b$ bewirkt eine Verschmälerung der Hüllkurve.
- Eine Änderung des mittleren Abstands $d$ der beiden Spalte führt zu einer Änderung der Lage der Intensitätsmaxima und -minima des Doppelspalts innerhalb der konstant bleibenden Hüllkurve. Eine Vergrößerung des mittleren Abstands $d$ führt dazu, dass die Abstände zwischen den Intensitätsmaxima und -minima kleiner werden.
- Eine Änderung der Wellenlänge $\lambda$ beeinflusst sowohl die Hüllkurve als auch die Intensitätsverteilung. Je größer die Wellenlänge $\lambda$, desto breiter werden die Hüllkurve und die Abstände Intensitätsmaxima und -minima des Doppelspalts.

Darüber hinaus bestimmt insbesondere auch die Anzahl der Spalte das Interferenzmuster. In Bild 4.54 sind die Interferenzmuster eines Gitters für eine unterschiedliche Anzahl $N$ von beitragenden Spalten dargestellt. Die Gitterkonstante $g$, die gleich dem Abstand zwischen benachbarten Spalten bzw. gleich der Periode des Gitters ist, bleibt dabei konstant. Mit wachsender Anzahl $N$ von beitragenden Spalten erhöht sich die Zahl der Nebenmaxima, während deren Intensitäten kleiner und die Hauptmaxima schärfer werden.

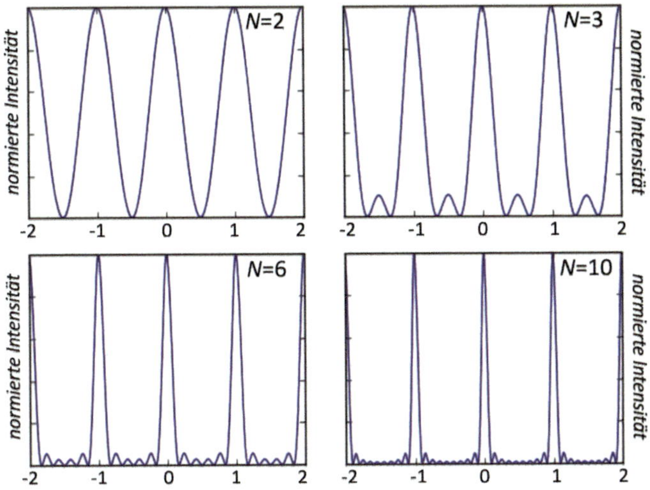


**Bild 4.54** Interferenzmuster eines Gitters für eine unterschiedliche Anzahl $N$ von beitragenden Spalten bei konstanter Gitterkonstante $g$

In Bild 4.55 ist die Wellenausbreitung bei verschiedenen Hindernissen schematisch dargestellt. Beugung tritt bei Hindernissen mit kleinen spaltartigen Öffnungen nur dann auf, wenn die Spaltgröße $d$ von gleicher Größenordnung oder kleiner als die Wellenlänge $\lambda$ ist. Bei kleinen Hindernissen tritt die Beugung nur dann auf, wenn die Hindernisgröße $d$ von gleicher Größenordnung wie die Wellenlänge $\lambda$ ist. Ist die Ausdehnung des Hindernisses viel größer oder viel kleiner als die Wellenlänge tritt keine Beugung auf.

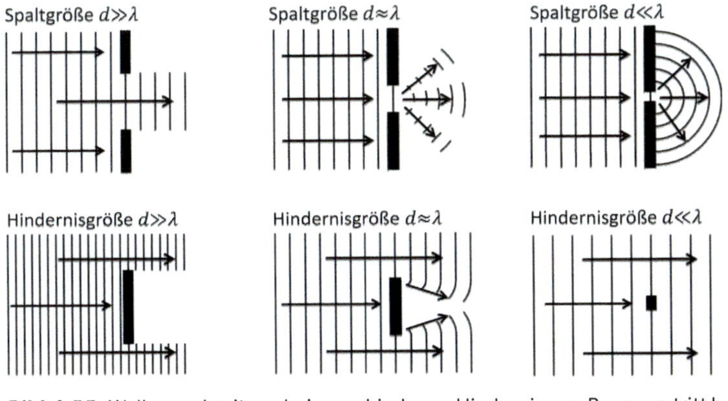


**Bild 4.55** Wellenausbreitung bei verschiedenen Hindernissen; Beugung tritt bei Hindernissen mit kleinen spaltartigen Öffnungen nur dann auf, wenn die Spaltgröße $d$ von gleicher Größenordnung oder kleiner als die Wellenlänge $\lambda$ ist (obere Reihe); bei kleinen Hindernissen tritt Beugung nur dann auf, wenn die Hindernisgröße $d$ von gleicher Größenordnung wie die Wellenlänge $\lambda$ ist (untere Reihe)

## 4.4 Grundlagen der physikalischen Akustik

Die Akustik ist die Lehre, die sich mit der Entstehung bzw. Erzeugung, der Ausbreitung, der Beeinflussung, der Messung sowie der Wahrnehmung von Schall durch Lebewesen beschäftigt. Eingeführt wurde der Begriff „Akustik" zu Beginn des 18. Jahrhunderts von J. Sauveur (1653–1716). Die Anfänge der Akustik gehen jedoch zurück bis ins 3. Jahrtausend v. Chr. als in China Tonsysteme in der Musik eingeführt wurden. Aristoteles (384 v. Chr.–322 v. Chr.) beschrieb um 350 v. Chr. den physikalischen Wellencharakter des Schalls und erkannte bereits die Abhängigkeit der Schallausbreitung vom Medium. A. M. b. A. al-Bīrūnī (973–1048) soll bereits im Jahre 1000 erkannt haben, dass die Schallgeschwindigkeit ein Vielfaches kleiner als die Lichtgeschwindigkeit ist. M. Mersenne (1588–1648) hat als erster die Schallgeschwindigkeit in Luft experimentell bestimmt, indem er zunächst die Zeit zwischen der Sichtung der Mündungsfeuer und der akustischen Wahrnehmung des Schusses einer Kanone und später die Zeit, bis der Schall als Echo von einer in bekanntem Abstand stehenden Wand zurückkam, maß. Mit der zweiten Methode konnte Mersenne bereits einen Wert von 316 m/s ermitteln. I. Newton (1643–1727) berechnete als erster die Schallgeschwindigkeit in Luft auf der Grundlage theoretischer Überlegungen und L. Euler (1707–1783) gab als erster eine Wellengleichung für Schall in der noch heute verwendeten Form an. Als Begründer der modernen experimentellen Akustik gilt E. F. F. Chladni (1756–1827), dem Entdecker der nach ihm benannten Chladni'schen Klangfiguren (Abschnitt 4.2.5). Die erst umfangreichere Abhandlung über die Entstehung und Ausbreitung von Schallwellen veröffentlichte J. W. Strutt, 3. Baron Rayleigh (1842–1919) im Jahre 1877. Mit dem Beginn des 20. Jahrhunderts kam es zur breiten Anwendung der vorhandenen Erkenntnisse im Bereich der Akustik, die heute ein interdisziplinäres Fachgebiet mit Beiträgen aus der Physik, der Nachrichtentechnik, der Materialwissenschaft, der Physiologie und der Psychologie ist. Im vorliegenden Abschnitt 4.4 werden die Grundlagen der physikalischen Akustik vorgestellt.

*Schall* ist der Oberbegriff für mechanische Schwingungen und Wellen in elastisch deformierbaren Medien. Bezüglich der menschlichen Wahrnehmung werden mit dem Begriff Schall umgangssprachlich verschiedene Schallarten wie Ton, Klang, Geräusch oder auch der Knall bezeichnet (Bild 4.56). Dabei wird zwischen dem *Nutzschall*, wie Musik oder die menschliche Stimme, und dem *Störschall*, wie jegliche Art störenden Geräuschen oder auch Lärm, unterschieden.

In der Physik wird der Schall bezüglich der unterschiedlichen Ausbreitungsmedien klassifiziert. Ist das Medium gasförmig, so spricht man von *Luftschall*, bei Flüssigkeiten von *Flüssigkeitsschall* und bei Festkörpern von *Körperschall*. Den Raum, der von Schallwellen erfasst wird, nennt man, insbesondere bei Luftschall, das *Schallfeld*. In Flüssigkeiten und Gasen treten nur longitudinale Schallwellen auf, in Festkörpern sowohl longitudinale als auch transversale Schallwellen. Bei der Ausbreitung von Körperschall in Platten und Stäben sind auch *Torsions-* und *Biegewellen* möglich.

Eine weitere Klassifizierung von Schall erfolgt nach der Schwingungsfrequenz: Als *Infraschall* bezeichnet man Schall mit Frequenzen zwischen 0 und 16 Hz. Hierzu gehören z. B. Gebäudeschwingungen und Verkehrserschütterungen. Einige Tierarten wie Elefanten, Giraffen und Wale können Infraschall erzeugen und wahrnehmen und nutzen diese Laute auch zur Kommunikation. Infraschallwellen sehr tiefer Frequenz breiten sich insbesondere auch im

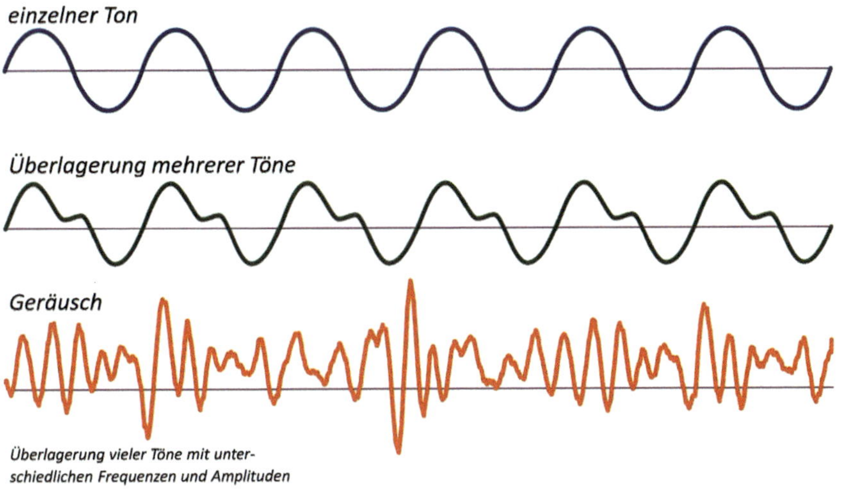


**Bild 4.56** Verschiedene Schallarten bezüglich der menschlichen Wahrnehmung

Wasser über große Entfernungen aus. Der für das menschliche Ohr hörbare Bereich liegt zwischen 20 Hz und 20 kHz und wird als *Hörschall* bezeichnet, wobei die *obere Hörgrenze* u. a. vom Lebensalter abhängt. Als *Ultraschall* bezeichnet man Schall mit Frequenzen zwischen 20 kHz bis ca. 1 GHz. Schall mit noch höheren Frequenzen wird als *Hyperschall* bezeichnet. Die Obergrenze für die Frequenzen mechanischer Schwingungen liegt in der Nähe von 10 THz.

Zur Kennzeichnung von Schallwellen dienen zum einen die physikalischen Größen, mit denen Schwingungsvorgänge sowie die Ausbreitung von Wellen beschrieben werden. Darüber hinaus werden in der Akustik zusätzliche physikalische Größen, die im nachfolgenden Abschnitt 4.4.1 eingeführt werden, verwendet, um die Besonderheiten von Schallwellen zu erfassen.

### 4.4.1 Schallausbreitung

Als Schallausbreitung wird die Wellenerscheinung, die zur Fortpflanzung einer Druckstörung sowie der Übertragung des Schallwechseldrucks in einem Schallfeld führt, bezeichnet. Eine relevante Schallfeldgröße ist die Schwinggeschwindigkeit von Teilchen um ihre Ruhelage (Momentangeschwindigkeit der schwingenden Teilchen), die auch als *Schallschnelle* bezeichnet wird. Sie ist im Allgemeinen eine zusätzliche Teilchengeschwindigkeit, da sie beispielsweise der thermischen Bewegung überlagert ist. Die Schallschnelle ist zu unterscheiden von der Schallgeschwindigkeit, also von der Phasengeschwindigkeit von Schallwellen und ebenso zu unterscheiden von der Gruppengeschwindigkeit in einem Übertragungsmedium. Bei einer harmonischen Welle ist die Schallschnelle um 90° phasenverschoben zum Schallausschlag, mit einer Amplitude, die gleich dem Produkt aus der Kreisfrequenz und der Auslenkungsamplitude ist. Die Schallschnelle hängt vor allem von der Frequenz und vom Schalldruckpegel und vom herrschenden Druck und der Trägheit des Übertragungsmediums ab. Die zugehörige logarithmische Größe ist der *Schallschnellepegel.*

Messverfahren zur Bestimmung der Schallschnelle beruhen zum einen auf dem Prinzip der elektromagnetischen Induktion (*Bändchenmikrofon*), zum anderen auf einem Strömungseffekt (*Hitzdrahtsonde* und *Rayleigh-Scheibe*). Beim Bändchenmikrofon bewegt sich ein als Schwingungsmembran ausgebildetes Metallbändchen senkrecht zu den Feldlinien eines homogenen Magnetfelds. Die durch die Schwingungen im Bändchen induzierte Spannung ist direkt proportional zur Schallschnelle. Bei der Hitzdrahtsonde wird ein nur wenige Millimeter langer Platindraht mit sehr kleinem Durchmesser (wenige Mikrometer) elektrisch beheizt. Die periodischen Schwankungen der Schallschnelle führen zu einer ebenfalls periodischen Abkühlung und Erwärmung des Drahtes, womit ein Regelkreis gesteuert werden kann. Die Rayleigh-Scheibe (J. W. Strutt, 3. Baron Rayleigh, 1842–1919) besteht im Wesentlichen aus einem leichten Scheibchen, das an einem Faden aufgehängt und schräg zur Schallstrahlung orientiert ist. Die Gesamtheit der schwingenden Teilchen wirkt wie eine Strömung, die unsymmetrisch gegen die schräge Fläche drückt und ein Drehmoment hervorruft, das die Fläche senkrecht gegen die Schallwellen ausrichtet. Der Drehwinkel ist dabei proportional zum Betragsquadrat der Schallschnelle.

### Schallgeschwindigkeit

Die bereits in Abschnitt 4.3.1 eingeführte Schallgeschwindigkeit ist die Geschwindigkeit, mit der sich Schallwellen in einem Medium fortpflanzen und ist damit gleich der Phasengeschwindigkeit der Schallwellen. Die Schallgeschwindigkeit ist allgemein abhängig vom Medium (insbesondere von der Elastizität und seiner Massendichte) und seiner Temperatur, in Fluiden zusätzlich vom Druck und in Festkörpern maßgeblich vom Wellentyp und von der Frequenz. In anisotropen Medien ist die Schallgeschwindigkeit zusätzlich noch richtungsabhängig.

In Flüssigkeiten und Gasen können sich Druck- bzw. Dichtewellen nur longitudinal ausbreiten, indem sich die einzelnen Teilchen in Richtung der Wellenausbreitung hin und her bewegen. Die Schallgeschwindigkeit $c_S$ in Flüssigkeiten und Gasen ist abhängig vom adiabatischen Kompressionsmoduls $K$ und von der Massendichte $\varrho$ und es gilt:

$$c_S = \sqrt{\frac{K}{\varrho}} = \sqrt{-\frac{V\,\Delta p}{\varrho\,\Delta V}} \tag{4.115}$$

Beim idealen Gas lässt sich der adiabatische Kompressionsmodul mittels der Zustandsgleichung (Abschnitt 5.2.3) auf physikalische Grundgrößen zurückführen. Dabei ist zu beachten, dass die Ausbreitung von Schallwellen in Gasen im Allgemeinen adiabatisch erfolgt, da die Verdichtungs- und Entspannungsvorgänge während der Schallausbreitung im Gas so schnell ablaufen, dass dabei kein Wärmeaustausch mit der Umgebung stattfindet. Der Druck und das Volumen des idealen Gases sind in diesem Fall über das Poisson'sche Gesetz $pV^{\kappa} = \text{const.}$ (S. D. Poisson, 1781–1840) mit dem Adiabatenexponent $\kappa$ miteinander verknüpft. Beispielsweise gilt für zweiatomige Gase wie $N_2$ und $O_2$, die als ideales Gas beschrieben werden können: $\kappa = 1{,}402$. Für die durch eine Volumenänderung $\Delta V$ hervorgerufene Druckänderung $\Delta p$ gilt mit dem Poisson'schen Gesetz:

$$\frac{\Delta p}{\Delta V} \approx \frac{\mathrm{d}p}{\mathrm{d}V} = \frac{\mathrm{d}}{\mathrm{d}V}\left(\text{const.}\cdot V^{-\kappa}\right) = (-\kappa)\cdot\text{const.}\cdot V^{-\kappa-1} = -\frac{\kappa p}{V}$$

Durch Einsetzen in die Gl. (4.115) folgt für die Schallgeschwindigkeit des idealen Gases:

$$c_{S,\,\text{ideales Gas}} = \sqrt{\frac{\kappa p}{\varrho}} = \sqrt{\frac{\kappa R T}{M}} \tag{4.116}$$

$R = 8{,}314\,46$ J/(K · mol) ist die universelle Gaskonstante und $M$ ist die molare Masse (Quotient aus der Masse und der Stoffmenge) des Gases. Für trockene Luft mit $M = 28{,}96$ g/mol ergibt sich bei Normaltemperatur $T = 293{,}15$ K ein Wert für die Schallgeschwindigkeit von $c_{\text{S,Luft}} = 343{,}5$ m/s.

In Festkörpern können sich Schallwellen sowohl als Longitudinal- als auch als Transversalwellen ausbreiten und es gilt:

$$c_{\text{S, longitudinal}} = \sqrt{\frac{E(1-\nu)}{\varrho\left(1-\nu-2\nu^2\right)}} \tag{4.117a}$$

und

$$c_{\text{S, transversal}} = \sqrt{\frac{E}{2\varrho\,(1+\nu)}} \tag{4.117b}$$

$\varrho$ ist die Massendichte, $E$ ist der Elastizitätsmodul und $\nu$ ist die *Poisson-Zahl* (auch *Querkontraktionszahl* oder *Querdehnungszahl* genannt) des Festkörpers. Das Verhältnis der Schallgeschwindigkeiten zwischen Longitudinal- und Transversalwelle ist in isotropen Festkörpern stets größer als $\sqrt{2}$ und nur abhängig von der Poisson-Zahl $\nu$. Für den Spezialfall eines langen, sehr dünnen Stabes, dessen Durchmesser kleiner als die Schallwellenlänge ist, kann der Einfluss der Querkontraktion auf die Schallausbreitung vernachlässigt werden ($\nu \approx 0$), sodass gilt:

$$c_{\text{S, langer Stab, lon.}} = \sqrt{\frac{E}{\varrho}} \tag{4.118a}$$

$$c_{\text{S, langer Stab, tra.}} = \sqrt{\frac{E}{2\varrho}} \tag{4.118b}$$

Der Grenzwert für die Schallausbreitung in Festkörpern beträgt:

$$c_{\text{S, Festkörper}}^{\max} = c_0\,\alpha\sqrt{\frac{m_\text{e}}{2m_\text{p}}} \approx \frac{c_0}{8\,304} = 36 \text{ km/s} \tag{4.119}$$

$c_0 = 299\,792\,458$ m/s ist die Lichtgeschwindigkeit des Vakuums, $\alpha \approx 1/137$ ist die Sommerfeld'sche Feinstrukturkonstante (A. J. W. Sommerfeld, 1868–1951), $m_\text{e} = 9{,}109\,383\,701\,5 \cdot 10^{-31}$ kg und $m_\text{p} = 1{,}672\,621\,923\,69 \cdot 10^{-27}$ kg sind die Ruhemassen des Elektrons und des Protons mit $m_\text{e}/m_\text{p} = 1/1\,836$. In Tabelle 4.3 sind die Schallgeschwindigkeiten für einige Gase, Flüssigkeiten und Festkörper zusammengestellt.

Ist die Geschwindigkeit eines Körpers größer als die Schallgeschwindigkeit des Mediums, in dem sich der Körper bewegt, wird die Geschwindigkeit des Körpers als *Überschallgeschwindigkeit* bezeichnet. Überschallgeschwindigkeiten treten typischerweise bei Körpern auf, die sich in gasförmigen Medien bewegen. So hat beispielsweise die Schallgeschwindigkeit in trockener Luft bei 20 °C einen Wert von 343,2 m/s = 1 235,5 km/h. Mit zunehmender Höhe über Meereshöhe (Normalnull) nimmt die Schallgeschwindigkeit aufgrund der sinkenden Temperatur ab. Im Bereich der üblichen Flughöhen oberhalb 11 km über Meereshöhe hat die Temperatur in der Atmosphäre einen Wert von $T = 216{,}65$ K (das entspricht −56,5 °C) und die Schallgeschwindigkeit beträgt 295,1 m/s = 1 062,4 km/h. Das erste Flugzeug, dass sich im Jahre 1947 in einer Höhe von ca. 15 km über Meereshöhe nachweislich mit einer

**Tabelle 4.3** Schallgeschwindigkeiten in m/s einiger Medien

| Medium | Schallgeschwindigkeit longitudinal | Medium | Schallgeschwindigkeit longitudinal/transversal |
|---|---|---|---|
| Argon | 319 | Aluminium | 6 300/3 100 |
| Helium | 981 | Beton | 3 655/2 240 |
| Kohlendioxid | 266 | Blei | 2 160/700 |
| Luft | 343 (bei 20 °C) | Eis | 3 250/1 990 (bei −4 °C) |
| Sauerstoff | 316 | Gold | 3 240/1 200 |
| Wasserstoff | 1 280 | Gummi | 1 500/150 |
| Wasserdampf | 477 (bei 100 °C) | Kupfer | 4 660/2 260 |
| Quecksilber | 1 450 | Magensium | 5 790/3 100 |
| Wasser | 1 484 (bei 20 °C) | Stahl | 5 920/3 230 |

Geschwindigkeit oberhalb der Schallgeschwindigkeit bewegte war die Bell X-1 (gesteuert von C. E. Yeager, 1923–2020). Das unbemannte Experimentalflugzeug Boeing X43 konnte im Jahre 2004 in einer Höhe von 34 km über Meereshöhe die fast zehnfache Schallgeschwindigkeit für ca. 10 Sekunden erreichen. Das Verhältnis aus der Geschwindigkeit des Körpers und der Schallgeschwindigkeit wird mit der einheitenlosen *Mach-Zahl* (E. W. J. W. Mach, 1838–1916) angegeben. Bei Geschwindigkeiten mit einer Mach-Zahl größer als 5 ändern sich die aerodynamischen Eigenschaften erheblich. Diese Geschwindigkeiten werden als *Hyperschallgeschwindigkeiten* bezeichnet.

Beim Überschreiten der Schallgeschwindigkeit bildet sich um den bewegten Körper (z. B. ein Flugzeug) eine kegelförmige Stoßwelle, die als *Mach'scher Kegel* bezeichnet wird (Bild 4.57). Der sich bewegende Körper bildet dabei die Spitze des Mach'schen Kegels und der halbe Öffnungswinkel bzw. der halbe Spitzenwinkel wird als *Mach'scher Winkel* $\phi_{\text{Mach}}$ bezeichnet und es gilt $\phi_{\text{Mach}} = \arcsin\left(c_{\text{S, Luft}}/v_{\text{Körper}}\right)$. Bei Schallgeschwindigkeit hat der Öffnungswinkel eine Größe von 180°, was einer ebenen Stoßwelle entspricht. Bei der doppelten Schallgeschwindigkeit (Mach-Zahl 2) beträgt der Mach'sche Winkel genau 30°. Trifft die Stoßwelle auf einen entfernten Beobachter, der sich beispielsweise auf der Erdoberfläche befindet, so hört dieser einen lauten Knall, was umgangssprachlich als das „Durchbrechen der Schallmauer" bezeichnet wird. Die Lautstärke des Knalls hängt dabei von der Menge der verdrängten Luft und somit von der Körpergröße ab. Obgleich der Knall an einer Stelle nur einmalig wahrgenommen wird, ist er jedoch kein singuläres Ereignis, sondern ist an allen Stellen hörbar, die von der Mantellinie des Mach'schen Kegels erreicht werden. Der Knall wird jedoch erst nach dem Überfliegen des Beobachters (verzögert um die Flughöhe, das entspricht ca. eine Sekunde pro 340 m Höhenunterschied) von diesem wahrgenommen. Der Überschallknall eines sich mit Überschallgeschwindigkeit bewegenden Körpers wird gewissermaßen „nachgeschleppt". Der „Doppelknall" im Abstand weniger Hundertstelsekunden entsteht dadurch, dass sich bei größeren Flugkörpern zwei Stoßwellenkegel ausbilden, ein Kegel an der Spitze (Flugzeugnase) und ein Kegel am hinteren Ende des Körpers (Flugzeugheck). Bei großer Entfernung zum Beobachter nimmt der zeitliche Abstand zwischen beiden Stoßwellen weiter zu und kann sogar mehrere Zehntelsekunden betragen. Der Grund dafür sind geringfügige Unterschiede in der Ausbreitungsgeschwindigkeit der Stoßwellen.

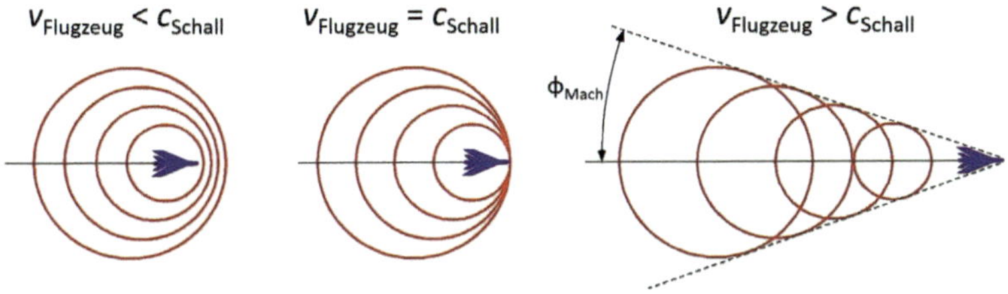


**Bild 4.57** Entstehung des Mach'schen Kegels bei einem Flugzeug beim Überschreiten der Schallgeschwindigkeit

Beim Erreichen der Schallgeschwindigkeit steigt der Luftwiderstand stark an, was eine sehr hohe Antriebsleistung des sich bewegenden Körpers erfordert. Eine weitere konstruktive Herausforderung ergibt sich bei Geschwindigkeiten oberhalb der doppelten Schallgeschwindigkeit (Mach 2), da durch die sehe hohe Luftverdichtung die Oberfläche des Körpers als Folge der Reibung stark aufgeheizt wird. Aufgrund dessen wird die Festigkeit des im Flugzeugbau üblicherweise verwendeten Aluminiums bis zum Auseinanderbrechen beeinträchtigt. Der Geschwindigkeitsbereich oberhalb der doppelten Schallgeschwindigkeit wird daher auch als *Hitzemauer* bezeichnet.

Durch die adiabatische Abkühlung der Luft in der Unterdruck-Zone im hinteren Teil eines sich mit Überschallgeschwindigkeit bewegenden Körpers, kondensiert der Wasserdampf in der Luft und bildet eine Wolke aus Wassernebel ebenfalls in Kegelform. Dies wird als *Wolkenscheibeneffekt* oder auch als *Prandtl-Glauert-Kondensationswolke* (L. Prandtl, 1875–1953, und H. Glauert, 1892–1934) bezeichnet. Nach dem Durchgang der kegelförmigen Stoßwelle und der Unterdruck-Zone stellt sich wieder der normale Druck und die normale Temperatur ein, wodurch die Nebeltröpfchen fast augenblicklich wieder verdunsten und sich dadurch die Wolke aus Wassernebel wieder auflöst.

### Schalldruck und Schallkennimpedanz

Die Ausbreitung longitudinaler Schallschwingungen in Medien basiert auf der Erzeugung lokaler Dichteschwankungen. Die mit solchen Dichteschwankungen verbundenen Kraftwirkungen machen sich als Druckschwankungen bemerkbar, die auch messtechnisch erfasst werden können. Die entsprechende Schallfeldgröße ist der *Schalldruck* $p_S$ (auch als *Schallwechseldruck* bezeichnet). Ähnlich wie die Schallschnelle ist der Schalldruck eine Wechselgröße und beispielsweise bei Gasen dem statischen Druck überlagert. Anstelle des Momentanwerts gibt man häufig auch den Effektivwert $p_{S,\mathrm{eff}}$ des Schalldrucks an, der folgendermaßen definiert ist:

$$p_{S,\mathrm{eff}} = \sqrt{\frac{1}{\tau}\int_0^{\tau} p_S^2 \,\mathrm{d}t} \qquad (4.120)$$

$\tau$ bezeichnet dabei die Integrationszeit des Schallempfängers (z. B. elektrostatisches Mikrofon, Kondensatormikrofon). Bei sinusförmigen Schallwellen mit der Amplitude (Maximum) $\hat{p}_S$ gilt für den Effektivwert des Schalldrucks:

$$p_{S,\mathrm{eff}} = \frac{\hat{p}_S}{\sqrt{2}} \qquad (4.121)$$

Zwischen dem Schalldruck $p_S$ und der Schallschnelle $v_S$ besteht eine Beziehung, die bei harmonischen, ungedämpften Wellen gegeben ist durch:

$$p_S = \varrho c_S v_S = Z_F v_S \tag{4.122}$$

Das Produkt aus der Massendichte $\varrho$ und der Schallgeschwindigkeit $c_S$ des Mediums wird als *Schallkennimpedanz* (auch als *akustische Feldimpedanz* oder *spezifische akustische Impedanz* und früher auch als *Schallwellenwiderstand* oder *Schallwiderstand* bezeichnet) $Z_F$ mit der SI-Einheit $[Z_F] = \text{kg/(m}^2\cdot\text{s)}$ bezeichnet. In einem homogenen, invarianten Schallfeld ist die Schallkennimpedanz räumlich und zeitlich konstant. Für diesen Fall wird die Gl. (4.122) „Ohm'sches Gesetz als akustische Äquivalenz" genannt, womit auch die Bezeichnung Wellenwiderstand motiviert wird. Im Gegensatz zu Flüssigkeiten und Festkörpern ist die Schallkennimpedanz von Gasen abhängig vom Druck und der Temperatur. Für das ideale Gas gilt:

$$Z_{\text{F, ideales Gas}} = p_S \sqrt{\kappa \frac{M}{RT}} \tag{4.123}$$

$p$ ist der Druck, $M$ ist die molare Masse, $T$ ist die Temperatur und $\kappa$ ist der Adiabatenexponent des Gases und $R = 8{,}314\,46$ J/(K · mol) ist die universelle Gaskonstante. Für Flüssigkeiten und Festkörper gilt:

$$Z_{\text{F, Flüssigkeit}} = \sqrt{\varrho K} \tag{4.124a}$$

$$Z_{\text{F, longitudinal}} = \sqrt{3 \varrho K \frac{1-\nu}{1+\nu}} \tag{4.124b}$$

$$Z_{\text{F, transversal}} = \sqrt{3 \varrho K \frac{1-2\nu}{2(1+\nu)}} \tag{4.124c}$$

$\varrho$ ist die Massendichte, $K$ ist der adiabatische Kompressionsmodul und $\nu$ ist die Poisson-Zahl. In Tabelle 4.4 sind die Schallkennimpedanzen für einige Gase, Flüssigkeiten und Festkörper (für longitudinale Schallwellen) angegeben.

**Tabelle 4.4** Schallkennimpedanzen in $10^6$ kg/(m² · s) einiger Gase (bei 0 °C und 101,325 kPa), Flüssigkeiten und Festkörper (für longitudinale Schallwellen)

| Medium | Schallkennimpedanz | Medium | Schallkennimpedanz |
|---|---|---|---|
| Argon | $550 \cdot 10^{-6}$ | Aluminium | 16,9 |
| Helium | $173{,}7 \cdot 10^{-6}$ | Blei | 14,3 |
| Luft | $428{,}3 \cdot 10^{-6}$ | Diamant | 64,6 |
| Stickstoff | $421 \cdot 10^{-6}$ | Eis | 2,98 (bei 0 °C) |
| Wasserstoff | $113 \cdot 10^{-6}$ | Gummi | 1,4 |
| Benzol | 1,167 | Kupfer | 44,6 |
| Ethanol | 0,922 | Magnesium | 10 |
| Quecksilber | 19,059 | Stahl | 45 |
| Wasser | 1,48 (bei 20 °C) | Wolfram | 104,2 |

### Schallleistung und Schallenergie

Die *Schallleistung* einer Schallquelle ist gleich der von ihr pro Zeitintervall abgegebenen Schallenergie und beschreibt die Quellstärke eines Schallerzeugers. Unter Vernachlässigung von Dämpfungen innerhalb des umgebenden Mediums muss somit durch jede geschlossene Hüllfläche um die Schallquelle die gleiche Schallenergie treten, unabhängig von ihrer Form und Entfernung zur Schallquelle. Für die Schallleistung $P_S$ und die *Schallintensität* $I_S$ (auch *Schallleistungsdichte* genannt) einer ebenen harmonischen Schallwelle bezüglich der Querschnittsfläche $A$ gilt:

$$P_S = \frac{1}{2} Z_F \hat{v}_S^2 A = \frac{\hat{p}_S^2 A}{2 Z_F} \quad \Rightarrow \quad I_S = \frac{P_S}{A} = \frac{1}{2} Z_F \hat{v}_S^2 = \frac{\hat{p}_S^2}{2 Z_F} \tag{4.125}$$

$Z_F$ ist die Schallkennimpedanz, $\hat{v}_S^2$ ist das Quadrat der Amplitude der Schallschnelle und $\hat{p}_S^2$ ist das Quadrat der Amplitude des Schalldrucks. Mittels der Schallintensität lässt sich bei gegebener Schallschnelle- bzw. Schalldruckamplitude berechnen, wieviel Energie in einer bestimmten Zeit durch eine bestimmte Fläche hindurchtritt. Umgekehrt können auch aus einer Intensitätsmessung die beiden Größen $\hat{v}_S$ bzw. $\hat{p}_S$ bestimmt werden. Der Quotient aus Schallintensität und Schallgeschwindigkeit ist gleich der *Schallenergiedichte* $\omega_S$ und für eine ebene harmonische Schallwelle gilt:

$$\omega_S = \frac{I_S}{c_S} = \frac{P_S}{A c_S} = \frac{1}{2} \varrho \hat{v}_S^2 \tag{4.126}$$

### Schallpegel

Die große Bandbreite an Werten für die verschiedenen Schallfeldgrößen macht es erforderlich, dass zum besseren Vergleich eine Darstellungsform gewählt wird, die zum einerseits einen Bezug zu einer Vergleichsgröße herstellt und andererseits die Werteskala handhabbarer werden lässt. Ein in der Technik übliches Verfahren zur Wiedergabe von Messgrößen, deren Wertebereich sich über mehrere Größenordnungen erstreckt, beruht darauf, dass zunächst die Messgröße zu einer im allgemeinen genormten Bezugsgröße ins Verhältnis gesetzt und dieser Quotient logarithmiert wird. Der so erhaltene Pegelwert ist einheitenlos, erhält jedoch zur Kennzeichnung des dekadischen Logarithmus die Hilfsmaßeinheit *Dezibel* (dB). Die Grundeinheit Bel (1 B = 10 dB) ist nach A. G. Bell (1847–1922) benannt. Auf den Schalldruck angewandt, ergibt sich die Definition des *Schalldruckpegels* $L_p$:

$$L_p = 20 \cdot \lg\left(\frac{p_{S,\text{eff}}}{p_{S,\text{eff},0}}\right) \text{dB} = 20 \cdot \lg\left(\frac{p_{S,\text{eff}}}{2 \cdot 10^{-5}\ \text{Pa}}\right) \text{dB} \tag{4.127}$$

Der *Bezugsschalldruck* $p_{S,\text{eff},0} = 2 \cdot 10^{-5}$ Pa wurde so festgelegt, dass er ungefähr dem Wert der menschlichen Hörschwelle entspricht. Eine Verdopplung des Schalldrucks erhöht den Schalldruckpegel um ca. 6 dB und eine Erhöhung des Schalldruckpegels um +40 dB entspricht dem 100-fachen Schalldruck. In analoger Weise Analog ergibt sich die Definition des *Schallintensitätspegels* $L_I$:

$$L_I = 10 \cdot \lg\left(\frac{I_S}{I_{S,0}}\right) \text{dB} = 10 \cdot \lg\left(\frac{I_S}{10^{-12}\ \text{W/m}^2}\right) \text{dB} \tag{4.128}$$

Anstelle des Vorfaktors 20 hat beim Schallintensitätspegel der Vorfaktor den Wert 10, da die Schallintensität proportional zum Quadrat des Schalldrucks ist. Der Bezugswert $I_{S,0}$ entspricht der Intensität einer ebenen harmonischen Welle mit der Schalldruckamplitude $\hat{p}_{S,0} = \sqrt{2}\, p_{S,\text{eff},0}$ bei einer Schallkennimpedanz von 400 kg/(m$^2 \cdot$ s), was dem Wert von Luft entspricht. Weitere Schallpegel sind auch für die Schallschnelle sowie die für die Schallleistung definiert. Für Schalldrücke und Schallintensitäten, die kleiner als die Bezugsgrößen sind, würden die Pegelgrößen negative Werte annehmen. In diesen Fällen gilt stattdessen jeweils der Wert null.

Die unterste Grenze der Schallintensität $I_{S,0}$, an der ein gerade noch wahrnehmbarer Ton verschwindet, wird als *Hörschwelle* bezeichnet. Sie ist von der Frequenz abhängig, da das Ohr für die einzelnen Frequenzen verschieden empfindlich ist. Im Bereich der größten Empfindlichkeit bei einer Frequenz von ca. 1,5 kHz beträgt sie $I_{S,0} = 10^{-12}$ W/m$^2$, was einem Effektivwert des Schalldrucks von $p_{S,\text{eff},0} = 20$ µPa entspricht. Extrem große Schallintensitäten werden als Schmerz empfunden, wobei auch die *Schmerzschwelle* frequenzabhängig ist. Werden die Hörschwelle, die Schmerzschwelle, die hörbar tiefste und hörbar höchste Frequenz grafisch aufgetragen, umschließen sie in ihrer Gesamtheit die sogenannte *Hörfläche* des (normalhörenden) Menschen ein, die in Bild 4.58 dargestellt ist. Bei krankhaften Störungen des Hörapparates ist die Hörfläche oft verkleinert. Auch mit zunehmendem Alter verkleinert sich die Hörfläche oft durch Anstieg der Hörschwelle, insbesondere bei hohen Frequenzen. Oft werden in die Hörfläche zwei kleinere Bereiche eingezeichnet, das Sprach- und das Musikfeld. Das sind jene Frequenz- und Pegelbereiche, die für die Wahrnehmung von Sprache bzw. Musik besonders wesentlich sind. Für 1 kHz liegt die Schmerzgrenze der Schallintensität bei ca. 100 W/m$^2$. Damit ergibt sich ein sehr großer Schallintensitätsbereich, den das menschliche Ohr zu bewältigen vermag. Wird die Schallintensität an der Schmerzgrenze bezogen auf die Schallintensität an der Hörschwelle, so ergibt sich ein Faktor von $2 \cdot 10^2 / 10^{-12}$, d. h. der 200-billionenfache Wert.

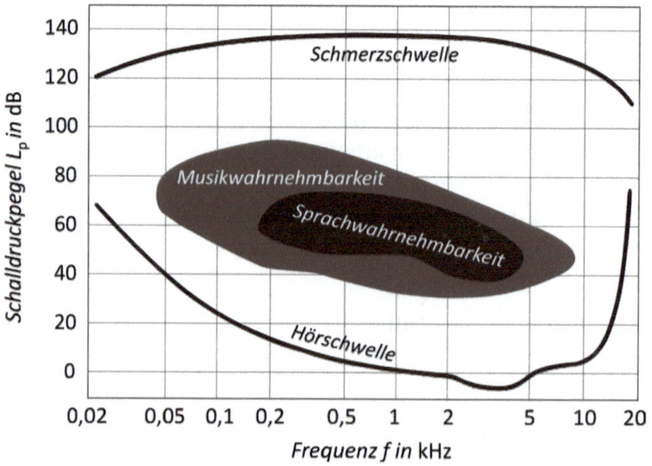


**Bild 4.58**
Hörfläche des (normalhörenden) Menschen

Die in der Hörfläche erkennbare Dynamik des menschlichen Gehörs ist nur dann verständlich, wenn zwischen der Lautheitsempfindung und der Schallintensität ein nichtlinearer Zusammenhang besteht. Tatsächlich folgt das Hörempfinden einem Gesetz, das auch für andere Sinneswahrnehmungen, wie z. B. Licht und Druck, Gültigkeit besitzt. Es ist das *Weber-Fechner'sche Gesetz* (E. H. Weber, 1795–1878, und G. T. Fechner, 1801–1887), das besagt:

*„Die absolute Änderung der Empfindung ist proportional zur relativen Änderung des auslösenden Reizes.“*

Eine andere äquivalente Formulierung lautet:

*„Ein linearer Zuwachs der (psychisch) subjektiv empfundenen Stärke eines Sinneseindrucks entspricht dem Logarithmus des Zuwachses der (physikalisch) objektiv messbaren Intensität des Reizes.“*

Bezogen auf den Gehörsinn bedeutet dies, dass die wahrgenommene Tonhöhe eines musikalischen Tons logarithmisch von der Grundfrequenz abhängt, d. h. eine Verdopplung des Wertes der Grundfrequenz bewirkt die Änderung der Tonhöhe um genau eine Oktave (acht Tonstufen einer diatonischen Tonleiter), bei einer Vervierfachung des Wertes der Grundfrequenz sind es zwei Oktaven. Ein anderes Beispiel betrifft relative Gewichtsunterschiede, die in einer ruhenden Hand erst ab einem Wert von 2 % wahrgenommen werden. Das bedeutet, dass ein 500 g Gewicht um 10 g anwachsen muss, um schwerer zu wirken.

Um die Frequenzabhängigkeit des Lautheitempfindens zu berücksichtigen, wurde ein bewerteter Schallpegel als Vergleichsmaß eingeführt: Der *Lautstärkepegel* $L_S$, der angibt, welchen Schalldruckpegel ein sinusförmiger Ton mit einer Frequenz von 1 kHz haben müsste, damit dieser Ton genauso laut empfunden wird, wie das beurteilte Hörereignis. Der Lautstärkepegel $L_S$ ist definiert als:

$$L_S = 20 \cdot \lg\left(\frac{p_{S,\text{eff}}}{p_{S,\text{eff},0}}\right) \text{phon} \tag{4.129}$$

Bei einer Frequenz von 1 kHz stimmen Schalldruckpegel, gemessen in Dezibel, und Lautstärkepegel, gemessen in phon (Einheitenname: Phon, Einheitenzeichen: phon) überein.

Eine weitere psychoakustische Größe ist die *Lautheit*, die beschreibt, wie eine Anzahl von Testpersonen die empfundene Lautstärke von Schall überwiegend bewertet. Die Lautheit hängt dabei ab vom Schalldruckpegel, vom Frequenzspektrum und dem Zeitverhalten des Schalls und wurde im Jahre 1936 von S. S. Stevens (1906–1973) eingeführt. Wenn der Schall als doppelt so laut empfunden wird, verdoppelt sich die Lautheit. Die Maßeinheit der Lautheit ist das Sone mit dem Einheitenzeichen sone und ist definiert als die empfundene Lautstärke eines Schallereignisses: 1 Sone entspricht einem Lautstärkepegel von 40 phon, d. h. einem breitbandigen Schall, der genauso laut wahrgenommen wird wie ein sinusförmiger Ton mit einer Frequenz 1 kHz und einem Schalldruckpegel von 40 dB. Bei einem sinusförmigen Ton mit einer Frequenz von 1 kHz führt eine Erhöhung der Lautstärke um 10 phon zu einer Verdopplung der Lautheit. Dieser Zusammenhang gilt jedoch nur für mittlere und hohe Lautstärken ab 40 phon. Bei niedrigeren Lautstärken führt schon eine geringere Lautstärkeerhöhung als 10 dB zu einer Verdopplung der Lautheit.

In der Geräuschmessung und -bewertung werden statt der Lautheit überwiegend bewertete Schalldruckpegel benutzt. Welcher Schalldruckpegel für einen einzelnen Ton bei welcher Frequenz erforderlich ist, um jeweils den gleichen Lautstärkeeindruck zu erzielen, ist in Kurven mit gleichen Lautstärkepegeln (Isophone) grafisch dargestellt (Bild 4.59). Anhand solcher Kurven lässt sich beispielsweise ablesen, dass für einen Lautstärkepegel von 20 phon bei einer Frequenz von 40 Hz ein um fast 40 dB höherer Schalldruckpegel erforderlich ist, als bei einer Frequenz von 1 kHz. Bei größeren Lautstärkepegeln ist das Frequenzverhalten des Gehörs wesentlich ausgeglichener. Bei einem Lautstärkepegel von z. B. 120 dB ist bei einer Frequenz von 40 Hz nur ein ungefähr 10 dB höherer Schalldruckpegel nötig, um den gleichen Lautstärkeeindruck wie bei 1 kHz zu erzielen. Der leiseste wahrnehmbare Schalldruckpegel beträgt bei einer Frequenz von 2,5 kHz bei normalhörenden Menschen ca. 0 dB. Für Frequenzen zwischen 3,5 und 4 kHz ist das menschliche Gehör am empfindlichsten und kann in diesem Frequenzbereich sogar Schalldruckpegel von bis minus 5 dB wahrnehmen.

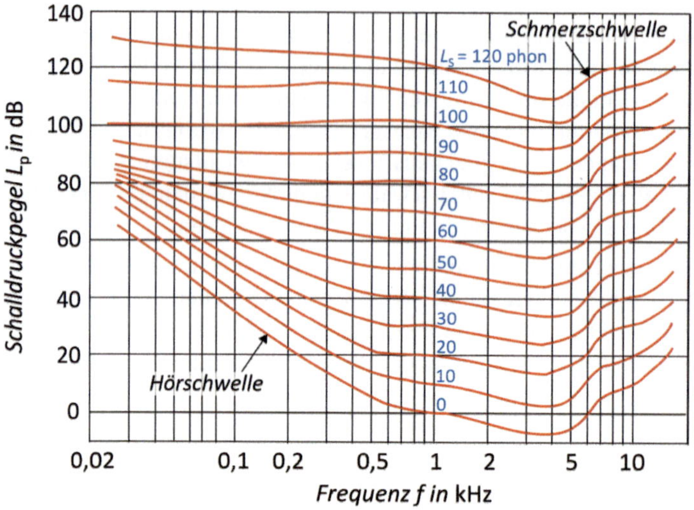


**Bild 4.59** Kurven gleicher Lautstärkepegel (Isophone)

Die genaue Messung des Lautstärkepegels ist aufwendig. Bei der Pegelmessung von Geräuschen wird in der Praxis ein modifiziertes Verfahren angewendet, bei dem Filter mit einem genormten Durchlassverhalten eingesetzt werden. Bei den häufig eingesetzten Filtern mit der *Frequenzbewertungskurve* A wird beispielsweise der Verlauf der Schallempfindung für Lautstärken unter 90 phon angenähert. Der entsprechende Lautstärkepegel erhält anstelle der Phon-Einheit den Zusatz dB(A). In Tabelle 4.5 sind die Lautstärkepegel einiger Geräusche bezüglich der dB(A)-Skala angegeben.

**Tabelle 4.5** Lautstärkepegel einiger Geräusche bezüglich der dB(A)-Skala

| Geräusch | dB(A)-Wert | Geräusch | dB(A)-Wert |
|---|---|---|---|
| leises Uhrticken | 10 | Presslufthammer, Autohupe | 90 |
| Atemgeräusch, Blätterrauschen | 20 | Kreissäge, lauter Güterzug | 100 |
| untere Grenze üblicher Wohngeräusche | 30 | Rockkonzert | 110 |
| leise Umgangssprache, tropfender Wasserhahn, *Konzentrationsschwelle* | 40 | Gewitterdonner | 120 |
| normale Unterhaltung, | 50 | Autorennen, *Schmerzschwelle* | 130 |
| laute Unterhaltung, laute Rundfunkmusik, *Stressgrenze* | 60 | *EU-Grenzwert zum Schutz vor Gehörschäden* | 140 |
| Schreibmaschine, normaler Verkehrslärm | 70 | Kleine Schusswaffen | 150 |
| Straßenverkehr, Staubsauger | 80 | Airbag-Explosion | 160 |

### Schallreflexion und Schallabsorption

Schallwellen können an einer Grenzfläche beim Übergang zwischen zwei Medien reflektiert, transmittiert, absorbiert und dissipiert werden. Die Schallabsorption umfasst dabei sämtliche Vorgänge, bei denen die Schallenergie durch Umwandlung in anderen Energieformen verringert wird. Hingegen beschreibt die Schalldissipation ausschließlich die Umwandlung von Schallenergie in Wärme (Bild 4.60).

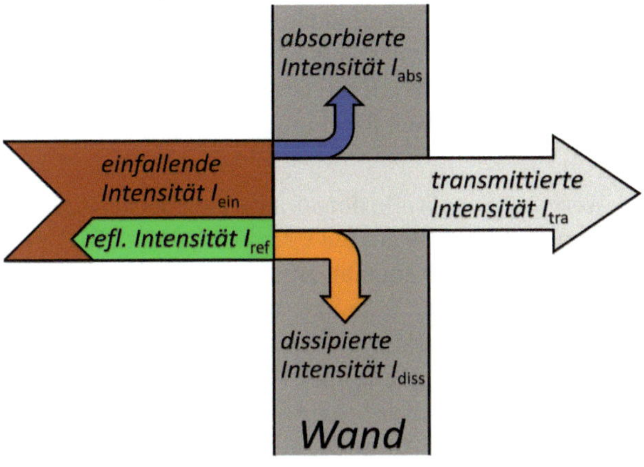


**Bild 4.60**
Reflexion, Transmission, Absorption und Dissipation beim Übergang von Schallwellen von Luft in eine Wand

Die Intensität der einfallenden Schallwelle $I_{ein}$ teilt sich gemäß Bild 4.60 auf in die Intensität der reflektierten $I_{ref}$, der transmittierten $I_{tra}$, der absorbierten $I_{ab}$ und die Intensität $I_{diss}$ der dissipierten Welle. Der *Schallreflexionsgrad* $\rho_S = I_{ref}/I_{ein}$ ist ein Maß für die reflektierte, der *Schalltransmissionsgrad* $\tau_S = I_{tra}/I_{ein}$ ist ein Maß für die transmittierte, der *Schallabsorptionsgrad* $\alpha_S = I_{abs}/I_{ein}$ ist ein Maß für die absorbierte und der *Schalldissipationsgrad* $\delta_S = I_{diss}/I_{ein}$ ist ein Maß für die dissipierte Schallintensität. Es gilt:

$$\rho_S + \alpha_S = \rho_S + \tau_S + \delta_S = 1 \qquad (4.130)$$

Die erste Gleichung zeigt, dass die Summe von reflektierter und absorbierter Schallintensität gleich der einfallenden (gesamten) Schallintensität ist. Ein Schallabsorptionsgrad $\alpha_S = 0$ bedeutet, dass keine Absorption stattfindet, und die gesamte einfallende Schallwelle wird reflektiert. Hingegen bedeutet ein Schallabsorptionsgrad $\alpha_S = 1$, dass die einfallende Schallwelle komplett absorbiert wird und keine Reflexion stattfindet. Gemäß Gl. (4.130) setzt sich der Anteil der absorbierten Schallintensität aus der transmittierten und der dissipierter Schallintensität zusammen. Vernachlässigt wird hierbei der Anteil der Körperschallintensität $I_K$, d. h. der Teil der auf die Grenzfläche einfallenden Schallwelle, der sich in der Grenzfläche selbst als Schallwelle ausbreitet.

Der Schallreflexionsgrad $\rho_S$ lässt sich durch das Verhältnis der Schnelleamplituden ausdrücken: $\rho_S = (\hat{v}_{ref}/\hat{v}_{ein})^2$. Sowohl für die Amplituden der Schallschnelle als auch für die Amplituden der Auslenkung, gilt, dass sie in der Grenzfläche zu beiden Medien die gleichen Werte besitzen müssen. Die einfallende Schallwelle im Medium 1 überlagert sich mit der reflektierten Schallwelle, wobei zu berücksichtigen ist, dass die Reflexion mit oder ohne Phasensprung erfolgen kann. Für den Schallreflexionsgrad gilt bei senkrechtem Einfall der Schallwelle auf die Grenzfläche:

$$\rho_S = \left(\frac{Z_{F2} - Z_{F1}}{Z_{F2} + Z_{F1}}\right)^2 \quad \Leftrightarrow \quad \frac{1-\rho_S}{1+\rho_S} = \frac{Z_{F1}}{Z_{F2}} \tag{4.131}$$

Der Schallreflexionsgrad $\rho_S$ hängt wesentlich von der zweiten Potenz der Differenz der Schallkennimpedanzen der beiden Medien ab und ist gemäß der Gl. (4.131) rein reell. Dementsprechend gibt es bei der Reflexion an einer Grenzfläche bei den Amplituden der Schallschnelle oder des Schalldrucks entweder keinen Phasensprung oder einen Phasensprung von 180°. Insbesondere gilt $\rho_S = 0$, wenn die beiden Schallkennimpedanzen gleich groß sind. Für diesen Fall ist die Grenzfläche akustisch nicht vorhanden. Dies gilt allerdings nur bei senkrechtem Einfall der Schallwelle auf die Grenzfläche, da für andere Einfallswinkel die Schallwelle gemäß dem Snellius'schen Brechungsgesetz (Gl. (4.113)) gebrochen wird.

Gemäß der Gl. (4.131) ist es für den Wert des Schallreflexionsgrades $\rho_S$ unerheblich von welcher Seite bzw. in welchem Medium die Schallwelle auf die Grenzfläche einfällt, da die Differenz der Schallkennimpedanzen nur quadratisch eingeht. Hingegen ist es für die Amplituden der Schallschnelle entscheidend, von welcher Seite bzw. in welchem Medium die Schallwelle auf die Grenzfläche trifft. Beim Übergang der Schallwelle aus einem Medium mit einer Schallkennimpedanz, die größer ist als die des angrenzenden Mediums ($Z_{F1} > Z_{F2}$), wird die Schallwelle ohne einen Phasensprung reflektiert und die beiden Schallschnelleamplituden $\hat{v}_{ein}$ und $\hat{v}_{ref}$ addieren sich. Im anderen Fall ($Z_{F1} < Z_{F2}$) wird die Schallwelle mit einem Phasensprung von 180° reflektiert und die Amplitude der in die Grenzfläche eintretenden Schallwelle ergibt sich als Differenz der beiden Amplituden $\hat{v}_{ein}$ und $\hat{v}_{ref}$. Das Medium mit dem größeren der beiden Schallkennimpedanzen wird als *schallhart* und das Medium mit der kleineren Schallkennimpedanz wird als *schallweich* bezeichnet. Ein besonderer Fall liegt vor, wenn der Unterschied zwischen den beiden Schallkennimpedanzen sehr groß ist, wie beispielsweise beim Übergang von Luft nach Wasser oder umgekehrt. Mit den Werten aus der Tabelle 4.4: $Z_{F,Luft} = 428{,}3\ \text{kg/(m}^2\cdot\text{s)}$ und $Z_{F,Wasser} = 1{,}48\cdot 10^6\ \text{kg/(m}^2\cdot\text{s)}$ ergibt sich ein Schallreflexionsgrad von $\rho_S \approx 1$, d. h. nur ein äußerst geringer Anteil der Schallwellenintensität durchdringt die Grenzfläche zwischen Luft und Wasser. Für die Amplituden der Schallschnelle gilt somit: $\hat{v}_{ref} \approx \hat{v}_{ein}$. Trifft die Schallwelle, aus der Luft kommend, auf die Grenzfläche Luft-Wasser, was einem Übergang schallweich nach schallhart entspricht, so verschwindet die Amplitude $\hat{v}_{tra}$ und die Schallschnelle hat an der Grenzfläche einen Knoten (hierbei wird zur Vereinfachung der dissipierte Anteil vollständig vernachlässigt, sodass gilt $I_{abs} = I_{tra}$). Bei einer Schallwelle, die aus dem Wasser kommend auf die Grenzfläche Wasser-Luft trifft, was einem Übergang schallhart nach schallweich entspricht, addieren sich die beiden Schallschnelleamplituden, sodass gilt $\hat{v}_{tra} \approx 2\hat{v}_{ein}$. Die Schallschnelle hat in diesem Fall an der Grenzfläche einen Bauch. Trotz verschwindender Intensität $I_{tra}$ ist die Schallschnelleamplitude $\hat{v}_{tra}$ fast doppelt so groß wie die Schallschnelleamplitude $\hat{v}_{ein}$ der einfallenden Schallwelle. In beiden genannten Fällen bildet sich somit eine stehende Schallwelle aus (Bild 4.61).

Betrachtet man anstelle der Schallschnelle den Schalldruck, so kehren sich die Verhältnisse gerade um, d. h. an den Stellen wo die Schallschnelle einen Knoten aufweist, hat der Schalldruck einen Bauch und umgekehrt. Dies folgt aus dem Zusammenhang zwischen Schalldruck und Schallschnelle: Bei einer nach rechts laufenden Schallwelle sind der Schalldruck und die Schallschnelle in Phase, bei einer nach links laufenden Schallwelle dagegen um 180° phasenverschoben.

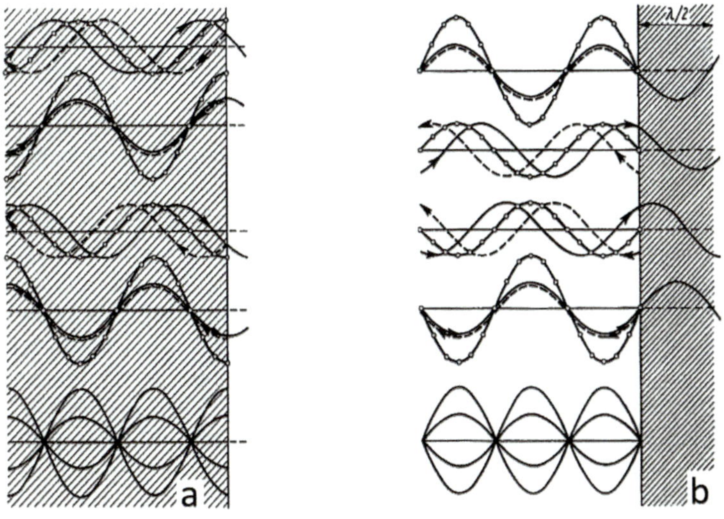


**Bild 4.61** a) Reflexion einer Schallwelle an einem sehr schallweichen Medium, die Schallwelle wird so reflektiert, als würde sich die einfallende Schallwelle im angrenzenden Medium weiter ausbreiten; b) Reflexion einer Schallwelle an einem sehr schallharten Medium, die Schallwelle wird so reflektiert, wie sich die einfallende Schallwelle nach Überspringen von $\lambda/2$ weiter ausbreiten würde

Für den Fall, dass eine Schallwelle an zwei aufeinanderfolgenden Grenzflächen reflektiert wird, müssen die Bedingungen für die Intensitäten und Amplituden an beiden Grenzflächen gleichzeitig erfüllt sein. Bei schrägem Einfall einer Schallwelle auf eine Grenzfläche ergeben sich kompliziertere Bedingungen. Insbesondere sind die Phasenwinkelunterschiede zwischen einfallender und reflektierter Schallwelle nicht mehr nur 0° oder 180°, sondern liegen dazwischen. Bei transversalen Schallwellen ist darüber hinaus die Orientierung des Schwingungsvektors zur Einfallsebene zu berücksichtigen.

Die Schallabsorption umfasst sämtliche Vorgänge durch die die Schallintensität bei der Reflexion an einer Grenzfläche verringert wird. Sie ist ein wichtiger Aspekt bei der akustischen Gestaltung von Räumen um die an den Raumbegrenzungsflächen stattfindenden Schallreflexionen gezielt zu beeinflussen. Beispielweise ist es in Fabrikhallen notwendig, den Maschinenlärm durch eine möglichst große Absorption an den Wänden zu reduzieren und dadurch Schallreflexionen zu minimieren. Andererseits gilt es für Zuhörerräume in Konzertsälen ausreichende Schallintensitäten für das Auditorium zu erreichen, ohne dass dabei zu starke Vielfach-Reflexionen (Echos) auftreten, die die Verständlichkeit aufgrund von Überlagerungen mit Phasenverschiebung reduzieren würden.

Das *Schallabsorptionsvermögen* $\Omega = \alpha_S A$ ergibt sich aus dem Produkt des einheitenlosen Schallabsorptionsgrads $\alpha_S$ und dem Flächeninhalt $A$ der Grenzfläche und wird in *Sabin* angegeben (W. C. Sabine, 1868–1919). Eine Fläche mit einem Schallabsorptionsgrad von $\alpha_S = 100$ % und einem Flächeninhalt von $A = 1$ m$^2$ hat ein Schallabsorptionsvermögen von $\Omega = 1$ Sabin. Ein Wert von $\Omega = 0{,}5$ Sabin ergibt sich für eine Fläche mit $A = 1$ m$^2$ und $\alpha_S = 50$ % oder für eine Fläche mit $A = 0{,}5$ m$^2$ und einem Schallabsorptionsgrad von $\alpha_S = 100$ %. Aus den Beziehungen von Gl. (4.130) und Gl. (4.131) folgt für den Schallabsorptionsgrad bei senkrechtem Einfall der Schallwelle auf eine Grenzfläche:

$$\alpha_S = 1 - \rho_S = \frac{4\,Z_{F1}\,Z_{F2}}{\left(Z_{F1} + Z_{F2}\right)^2} \tag{4.132}$$

Prinzipiell nimmt die Absorptionswirkung eines Materials mit ansteigender Schallschnelle zu. Für die Absorption von sich in Luft ausbreitenden Schallwellen werden häufig poröse und/oder faserige Absorptionsmaterialien verwendet, wodurch die Oberfläche, auf welche die Schallwellen auftreffen, um ein Vielfaches vergrößert ist. Bei porösen Materialien wird die Schallenergie durch Reibung der Luftmoleküle im Absorber in Wärme umgewandelt (Dissipation). Das Absorptionsvermögen poröser Absorber ist frequenzabhängig und wird bestimmt von der Porosität, dem Strukturfaktor und der längenbezogenen Strömungsresistenz. Der Vorteil von porösen Materialien ist ihre hohe Absorption im mittleren und oberen Frequenzbereich, dagegen werden tiefe Frequenzen nur gering absorbiert. Bei faserigen Materialien wird die Schallintensität auch durch Verlängerung des Schallwegs und Vielfachreflexionen reduziert. Beispielhaft ist in Bild 4.62 die Frequenzabhängigkeit des Schallabsorptionsgrades von Mineralwolleplatten dargestellt. Eine weitere Form der Schallabsorption besteht darin, dass in dem jeweiligen Absorptionsmaterial Schallenergie in kinetische Energie gewandelt wird, wenn das Material elastisch oder plastisch verformbar oder beweglich ist. In Membranabsorbern bzw. Plattenresonatoren und Helmholtz-Resonatoren (H. L. F. von Helmholtz, 1821-1894) wird die Schallenergie durch Umwandlung in Schwingungsenergie ebenfalls reduziert.

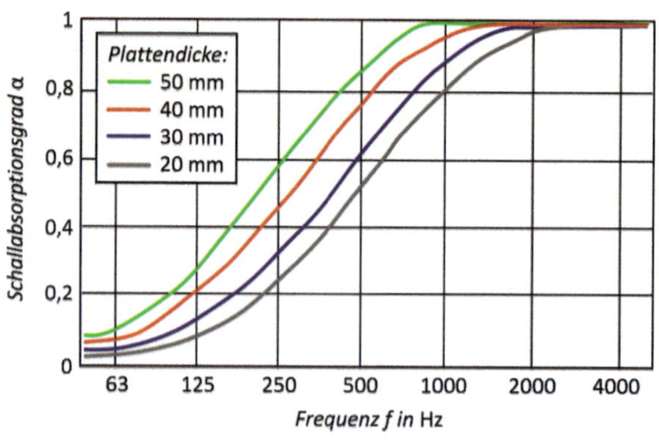


**Bild 4.62**
Frequenzabhängigkeit des Schallabsorptionsgrades von Mineralwolleplatten

**Beispiele**

1. Zwei gleichartige Schallquellen produzieren jede für sich am Ort eines Empfängers einen Schallintensitätspegel von 60 dB. Wie groß ist der gemeinsame Schallintensitätspegel $L_I$?

   Das Ergebnis hängt davon ab, ob die beiden Teilwellen am Empfängerort interferieren oder nicht. Bei inkohärenten Quellen, überlagern sich die Intensitäten gemäß $I = I_1 + I_2$, d. h., bei $I_1 = I_2$ folgt $I = 2\,I_1$ und damit gilt für $L_I$:

$$L_I = 10\,\lg\left(\frac{2I_1}{I_0}\right) = 10\left(\lg(2) + \lg\left(\frac{I_1}{I_0}\right)\right) = (3 + 60)\,\text{dB} = 63\,\text{dB}$$

2. In welcher Zeit durchläuft eine Schallwelle eine Kupferleitung von 5 km Länge, wenn die Dichte 8,9 kg/dm³ und der Elastizitätsmodul $E = 120$ GPa beträgt?

$$t = \frac{l}{c} = l\sqrt{\frac{\varrho}{E}} = 5{,}0 \cdot 10^3\ \text{m} \cdot \sqrt{\frac{8\,900\ \text{kg/m}^3}{120 \cdot 10^9\ \text{Pa}}} = 1{,}36\ \text{s}$$

3. Für die Temperaturabhängigkeit der Schallgeschwindigkeit in der Umgebung von 0 °C wird häufig eine Näherungsformel angegeben, die linear von der Celsius-Temperatur abhängt. Wie lautet diese Näherungsformel für das Medium Luft?

   Die Temperaturabhängigkeit der Schallgeschwindigkeit lässt sich mit dem Ausdruck $T = T_n + \Delta T$ mit der Normtemperatur $T_n = 273{,}15$ K und der Temperaturdifferenz $\Delta T$ annähern. Daraus folgt:

$$c = \sqrt{k R_i \left(T_n + \Delta T\right)} = \sqrt{k R_i T_n}\sqrt{\left(1 + \frac{\Delta T}{T_n}\right)} = c_0\sqrt{1 + \frac{\Delta T}{T_n}}$$

   $c_0 = 331{,}6$ m/s ist die Schallgeschwindigkeit bei Normtemperatur $T_n$. Unter der Voraussetzung $\left|\Delta T / T_n\right| \ll 1$ gilt in guter Näherung:

$$\sqrt{1 + \frac{\Delta T}{T_n}} \approx 1 + \frac{1}{2}\frac{\Delta T}{T_n}$$

   und daraus folgt:

$$c \approx c_0 + \frac{1}{2}\frac{c_0}{T_n}\Delta T$$

   Die entsprechende Näherungsformel (Zahlenwertgleichung) für Luft lautet also: $c = 331{,}6\ \text{m/s} + \left(0{,}6 \cdot \Delta T\right)\ \text{m/(s K)}$.

4. Eine punktförmige Schallquelle strahlt harmonische Wellen der Frequenz 825 Hz in ein Medium mit der Schallkennimpedanz 400 kg/(m² · s). Ein Empfänger im Abstand 5 m von der Schallquelle misst einen effektiven Schalldruck von 0,2 Pa. Wie groß sind die Amplituden des Schalldrucks und der Schallschnelle? Welche Leistung besitzt die Schallquelle, wenn die Abstrahlung isotrop und ohne Verluste erfolgt?

   Für die Amplitude des Schalldrucks gilt: $\hat{p}_S = \sqrt{2}\,p_{S,\text{eff}} = 0{,}28\ \text{Pa}$ Für die Amplitude der Schallschnelle gilt:

$$\hat{v}_S = \frac{\hat{p}_S}{Z_F} = \frac{\sqrt{2} \cdot 0{,}2\ \text{N} \cdot \text{m}^2 \cdot \text{s}}{400\ \text{kg} \cdot \text{m}^2} = 7{,}07 \cdot 10^{-4}\ \text{m/s}$$

   Um die Schalleistung zu berechnen, wird zunächst die Schallintensität benötigt:

$$I_S = \frac{p_{S,\text{eff}}^2}{Z_F} = \frac{0{,}2^2\ \text{N}^2 \cdot \text{m}^2 \cdot \text{s}}{400\ \text{kg} \cdot \text{m}^4} = 10^{-4}\ \text{W/m}^2$$

Da die Abstrahlung isotrop und verlustfrei erfolgen soll, gilt für die Schalleistung:

$$P_S = I_S A = I 4\pi r^2 = 10^{-4}\ \frac{\text{W}}{\text{m}^2} \cdot 4\pi \cdot 25\ \text{m}^2 = 31{,}4\ \text{mW}$$

5. Welche Länge muss ein akustischer Resonator mit einem offenen und einem geschlossenen Ende haben, wenn bei einer Schallgeschwindigkeit von 330 m/s, die Frequenz seiner Grundschwingung 440 Hz betragen soll?

   Die Schallwelle in dem Resonator wird am geschlossenen Ende mit einem Phasensprung und am offenen Ende ohne Phasensprung reflektiert. Dementsprechend hat die stehende Welle an einem Ende einen Druckbauch und am anderen Ende einen Druckknoten. Die Resonanzbedingung für den Resonator lautet also:

$$l = (2n-1)\frac{\lambda_n}{4}$$

und damit:

$$l = \frac{\lambda_1}{4} = \frac{c}{4f_1} = \frac{330\ \text{m/s}}{4 \cdot 440\ \text{Hz}} = 18{,}8\ \text{cm}$$

## 4.4.2 Ultraschall

Schallwellen mit Frequenzen oberhalb der Hörgrenze des Menschen von 20 kHz bis hin zu 1 GHz werden als Ultraschall bezeichnet. Schallwellen mit einer Frequenz größer als 1 GHz werden als Hyperschall bezeichnet. In Gasen und Flüssigkeiten breitet sich Ultraschall überwiegend als Longitudinalwelle aus. In Festkörpern können sich wegen möglicher Schubspannungen auch Transversalwellen ausbreiten. Der Übergang von sich in Luft ausbreitenden Ultraschallwellen in Festkörper oder Flüssigkeiten (oder umgekehrt) ist aufgrund der sehr unterschiedlichen Schallkennimpedanzen (Tabelle 4.4) dieser Medien nur eingeschränkt möglich. Wie bei Schallwellen anderer Frequenz wird auch Ultraschall je nach Material eines Hindernisses an diesem reflektiert, in ihm absorbiert, gestreut oder tritt hindurch (Transmission). Ebenso können Ultraschallwellen gebrochen und gebeugt werden und folglich auch interferieren. In Luft wird Ultraschall mit steigender Frequenz in stark zunehmenden Maß gedämpft. In Flüssigkeiten breitet sich Ultraschall dagegen nahezu dämpfungsfrei aus. Bei hohen Schalldrücken kommt es jedoch in Flüssigkeiten zur Bildung von Dampfblasen (*Kavitation*), die bei ihrem Kollaps extrem hohe Drücke und Temperaturen hervorrufen können. Bei Ultraschallfrequenzen zwischen 2 und 20 MHz tritt die Dampfblasenbildung in reinem Wasser jedoch erst ab einem Schalldruck von 15 MPa auf.

Ultraschall mit nicht so hohen Frequenzen kann mit kleinen Pfeifen (z. B. der *Galton-Pfeife*, F. Galton, 1822–1911, dessen Ton für Hunde, Katzen und Delfine sehr gut und über große Entfernungen wahrnehmbar ist) und Sirenen erzeugt werden. In Wissenschaft und Technik werden meistens magnetische und elektrische Verfahren zur Ultraschallerzeugung eingesetzt. Die beiden am häufigsten angewendeten sind:

Das *magnetostriktive Verfahren:* Dabei wird die Eigenschaft ferromagnetischer Stoffe ausgenutzt, bei Magnetisierung ihre Länge ein wenig zu ändern. Ein Nickel-Stab, den man in eine von Wechselstrom entsprechender Frequenz durchflossene Spule steckt, wird dabei in seiner longitudinalen Eigenfrequenz angeregt. Dies führt zu Schwingungen in einem Frequenzbereich von 10 bis 100 kHz.

Das *piezoelektrische Verfahren:* Aus einem piezoelektrischen Quarzkristall wird eine Scheibe herausgeschnitten und mit zwei Elektroden versehen. Beim Anlegen einer elektrischen Spannung an die beiden flachen Seiten zieht sich die Platte in $x$-Richtung zusammen und dehnt sich in $y$-Richtung aus (Bild 4.63). Bei Wechselspannungen, deren Frequenz mit den Eigenschwingungen des Quarzes übereinstimmt, entstehen kräftige mechanische Schwingungen in einem Frequenzbereich 0,1 bis 10 MHz.

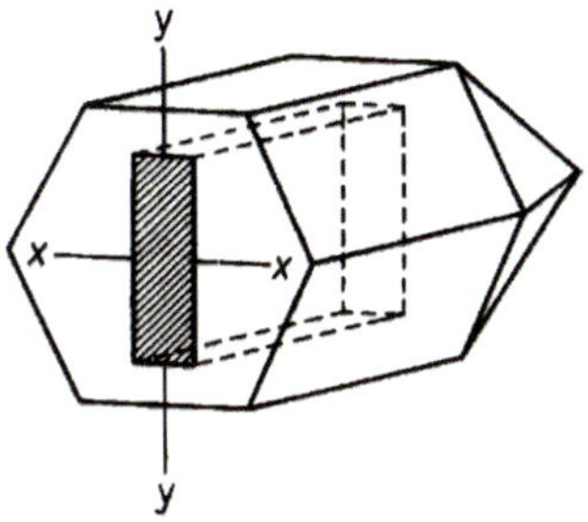


**Bild 4.63**
Orientierung einer piezoelektrischen Platte in einem Quarzkristall

Infolge ihrer sehr kleinen Wellenlänge werden Ultraschallwellen als scharf begrenztes Bündelrechtwinklig zur schwingenden Oberfläche abgestrahlt. Die Schallstärke lässt sich sehr hoch treiben, bis zu 10 W/cm$^2$. Dabei treten Schallwechseldrücke von 0,5 MPa auf. Zur technischen Anwendung führen insbesondere folgende Eigenschaften:

- *Unhörbarkeit und leichte Richtbarkeit wegen der kleinen Wellenlänge.* Anwendung: Echolotung im Wasser, Aufsuchen von Heringsschwärmen, geheimes Verständigungsmittel unter Wasser;
- *Reflexion von Ultraschallimpulsen* an Rissen und Hohlräumen im Innern von massiven Körpern. Anwendung: Aufsuchen von Materialfehlern in größeren Werkstücken, wenn eine Durchleuchtung mit Röntgenstrahlen nicht anwendbar ist;
- *große akustische Leistung:* da die Schallenergie mit dem Quadrat der Frequenz zunimmt. Wirkung: Erwärmung des beschallten Mediums;
- *Schüttelwirkung in Flüssigkeiten:* Beseitigung von Luftblasen in zähen Flüssigkeiten, Entgasung von Schmelzen, Verhinderung der Unterkühlung beim Gefrieren, Wasserenthärtung, Herstellung kolloider Lösungen;
- *Kavitation:* die Bildung von Hohlräumen in den Wellenbäuchen des schwingenden Mediums. Wirkung: starke Druckstöße, Zerreißung. Anwendung: Beeinflussung chemischer Reaktionen, Zerreißen von zu großen Molekülen.

Die mechanische Wirkung der äußerst intensiven Druckschwankungen im Innern von Flüssigkeiten bewirkt in der *Ultraschall-Waschmaschine* das Herauslösen von Schmutzteilchen. Das *Ultraschall-Lötgerät* beruht darauf, dass eine Zinnschmelze durchschallt wird. Dadurch wird die Oxidschicht an der Oberfläche eingetauchter Aluminiumteile zerstört, sodass eine haltbare Verzinnung erreicht wird. Starke Bündelung der Ultraschallenergie auf engstem Raum ermöglicht das Bohren von feinen Löchern (auch mit viereckigem Querschnitt) in härtesten Materialien. Neben diesen beiden Beispielen zum Einsatz von Ultraschallwellen zur Materialbearbeitung gibt es eine Vielzahl weitere Anwendungen in Forschung und Technik.

Eine der wichtigsten Anwendungen ist die *Sonografie* (auch *Echografie* genannt), mit der organisches Gewebe oder technische Strukturen mittels Ultraschall untersucht und bildlich dargestellt werden können. Im medizinischen Bereich besteht der wesentliche Vorteil der Sonografie gegenüber Verfahren, bei denen Röntgenstrahlen eingesetzt werden, in der Unschädlichkeit der eingesetzten Ultraschallwellen. So lässt sich auch sensibles Gewebe wie beispielsweise bei Ungeborenen oder Kleinkindern ohne Beschädigung und schmerzfrei untersuchen. Des Weiteren ist die Sonografie zur Erstbeurteilung und für Verlaufskontrollen insbesondere bei medikamentösen oder strahlentherapeutischen Behandlungen bösartiger Erkrankungen geeignet. Eine erste medizinische Anwendung der Sonografie erfolgte im Jahre 1942 durch K. T. Dussik (1908–1968), der einen Teil des menschlichen Gehirns untersuchte. Seit dem Ende der 1940er-Jahre entwickelte sich die Sonografie gleichzeitig innerhalb verschiedener medizinischer Fachrichtungen weiter bis zu den heutigen Sonografie-Geräten mit Frequenzen von 1 bis 40 MHz, mittleren Schallintensitäten von 100 $mW/cm^2$ und mit einer axialen Ortsauflösung im Bereich von 0,15 bis 0,8 mm und einer lateralen Ortsauflösung im Bereich von 0,4 bis 3 mm.

Das Prinzip der Sonografie ist in Bild 4.64 dargestellt. Die Ultraschallwellen werden mit Kristallen, die in einer Sonde (auch *Schallkopf* genannt) angeordnet sind, über den piezoelektrischen Effekt erzeugt und auch wieder nachgewiesen. Dazu werden kurze gerichtete Ultraschallwellenpulse ausgesendet, die an Gewebe-Grenzschichten und im inhomogenen Gewebe unterschiedlich stark reflektiert und gestreut werden, was als *Echogenität* bezeichnet wird. Aus der elektronisch gemessenen Laufzeit der reflektierten Ultraschallwellen kann die Tiefe des reflektierenden Gewebes ermittelt werden. Die Intensität der reflektierten Ultraschallwellen wird mit unterschiedlichen Grautönen dargestellt, wobei Gewebe mit einer geringen Echogenität (Flüssigkeiten) wird dunkel bzw. schwarz und Gewebe mit einer hohen Echogenität (Knochen und Grenzflächen zwischen unterschiedlichem Gewebe) wird hell oder weiß dargestellt.

Die Bildgebung bei einem Sonografiegerät erfolgt nach dem sogenannten *Puls-Echo-Verfahren*. Ein elektrischer Puls eines Hochfrequenzgenerators wird in der Sonde durch den piezoelektrischen Effekt in einen Ultraschallpuls umgesetzt und in das Gewebe ausgesendet. Die Ultraschallwelle wird an Inhomogenitäten des Gewebes teilweise oder vollständig gestreut und reflektiert. Im Fall der unvollständigen Reflexion bzw. Streuung verringert sich die Energie und die Ultraschallwelle breitet sich im Gewebe weiter aus, bis ihre Energie als Folge der Dissipation vollständig in Wärme umgesetzt ist. Ein zurücklaufendes Echo wird in der Sonde in ein elektrisches Signal gewandelt, das verstärkt und anschließend bildlich dargestellt wird. Der zeitlich darauffolgende Ultraschallpuls wird durch automatisches Schwenken der Sonde in eine leicht andere Richtung ausgestrahlt. Dadurch tastet die Sonde eine gewisse Region des Körpers ab und erzeugt ein zweidimensionales Schnittbild. Die Wiederholrate der Ultraschallpulse ist dabei abhängig von deren Laufzeit bzw. von der Eindringtiefe, also der maximalen Reichweite im Gewebe. Die Eindringtiefe der Ultraschallwellen ist umso kleiner, je größer die Frequenz ist. Eine größere Frequenz ermöglicht jedoch ein höheres örtliches Auflösungsvermögen. Dementsprechend muss in Abhängigkeit vom

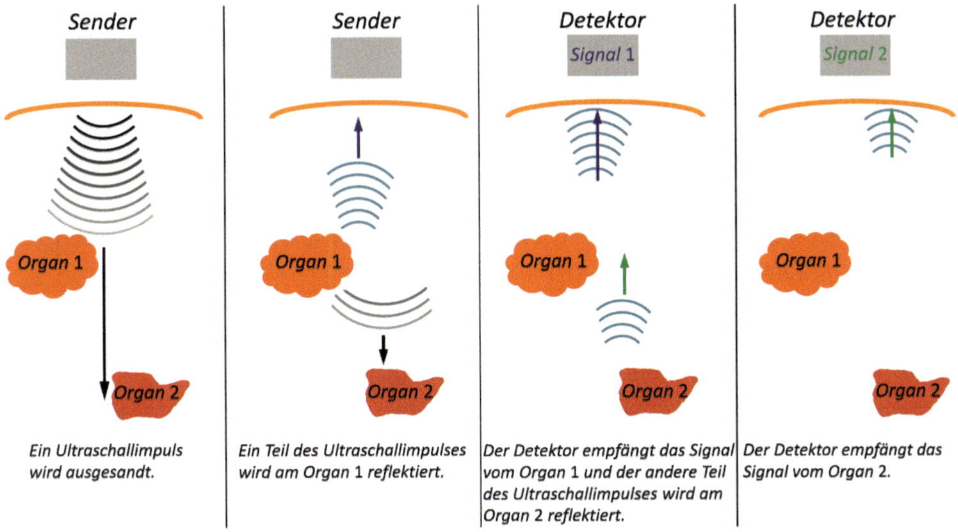


**Bild 4.64** Prinzip der Sonografie

zu untersuchenden Gewebe stets die höchstmögliche Frequenz gewählt werden, die gerade noch eine Untersuchung in der gewünschten Tiefe ermöglicht, um die bestmögliche Ortsauflösung zu erreichen. Beispielsweise liegt das Herz eines Erwachsenen etwa in einer Tiefe von $\Delta s = 15$ cm und die zu verwendende Frequenz hat einen Wert von 3,5 MHz. Die Laufzeit $\Delta t$ der Ultraschallpulse zum Herzen beträgt $\Delta t = \Delta s / c_S = 0{,}15\ \text{m}/(1\,500\ \text{m/s}) = 0{,}1\ \text{ms}$ und die Wiederholrate der Ultraschallpulse beträgt $\Delta f = 1/(2\Delta t) = 5\ \text{kHz}$ (der Faktor 2 ergibt sich aus der doppelten Laufzeit für den von der Sonde zunächst emittierten und nach der Reflexion registrierten Ultraschallpuls).

Mittels des akustischen Doppler-Effektes (Abschnitt 4.4.3) können auch Bewegungen wie beispielsweise der Blutfluss oder der Herzschlag bei der Sonografie seit Ende der 1950er-Jahre bildlich dargestellt werden. Farbkodierte Darstellungen sind jedoch erst seit Anfang der 1990er-Jahre mit der Verfügbarkeit leistungsstarker Rechner möglich.

### 4.4.3 Akustischer Doppler-Effekt

Aus der Erfahrungswelt ist bekannt, dass beim Herannahen einer pfeifenden Lokomotive oder eines im Einsatz befindlichen Feuerwehrwagens zu hören ist, dass die Tonhöhe, d. h. die Frequenz der das Ohr erreichenden Schallwellen, im Moment des Vorüberfahrens des Fahrzeugs umschlägt. Diese Erscheinung beruht auf der Relativbewegung der Schallquelle gegen den Beobachter und wird als *akustischer Doppler-Effekt* bezeichnet. Erstmals beschrieben wurde dieser Effekt von seinem Namensgeber C. A. Doppler (1803–1853), der damit im Jahre 1842 die beobachtbaren Farbunterschiede der beiden Sterne eines Doppelsternsystems versuchte zu erklären. Gemäß Dopplers Ausführungen kreisen die Sterne eines Doppelsternsystems so schnell umeinander, dass die Farbe des Lichts des gerade vom Beobachter auf der Erde hinweg bewegten Sterns mit einer Rotverschiebung wahrgenommen wird, während die Farbe des

Lichts des zulaufenden Sterns in den blauen Bereich des Spektrums verschoben ist. Dopplers Erklärungsansatz konnte nach seinem Tode durch die Vermessung von Spektrallinien des von den beiden Sternen emittierten Lichts bestätigt werden. Jedoch sind die experimentell nachgewiesenen Verschiebungen der Spektrallinien zu gering, um die beobachteten Farbunterschiede zu erklären, denn deren Ursache sind Temperaturunterschiede zwischen den Sternen eines Doppelsternsystems. Der Doppler-Effekt bei Schallwellen wurde erstmals im Jahre 1845 von C. H. D. Buys Ballot (1817–1890) und die vorhergesagte *spektroskopische Doppler-Verschiebung* im emittieren Licht von Sternen konnte im Jahre 1865 von W. Huggins (1824–1910) experimentell nachgewiesen werden.

Bei der Erklärung des akustischen Doppler-Effekts ist zu unterscheiden, ob sich die Schallquelle, der Beobachter, oder beide relativ zum Medium bewegen. Dabei wird jeweils angenommen, dass sich das Medium selbst (die Luft) nicht bewegt.

*1. Ruhende Schallquelle und bewegter Beobachter* (Bild 4.65a): Die Frequenz der von der ruhenden Schallquelle ($v_Q = 0$) emittierten (monochromatischen) Schallwelle sei $f_0$. Bewegt sich der Beobachter gleichförmig mit der Geschwindigkeit $v_B \neq 0$ der Schallquelle und damit auch den Schallwellen entgegen, so empfängt sein Ohr in der Zeitspanne $\Delta t$ eine zusätzliche Anzahl von Schallwellen: $f' \Delta t = v_B \Delta t / \lambda = f_0 v_B \Delta t / c_S$ ($c_S$ ist die Schallgeschwindigkeit in dem ruhenden Medium). Damit gilt für die vom Beobachter wahrgenommene Frequenz, der sich der Schallquelle nähert: $f_B = f_Q + f' = f_Q + f_Q v_B / f_Q + f_Q v_B$. Der Beobachter hört bei Annäherung an die Schallquelle einen Ton höherer Frequenz und bei Entfernung von der Schallquelle einen Ton niedrigerer Frequenz:

$$f_B = f_Q \left( 1 \pm \frac{v_B}{c_S} \right) \quad \Rightarrow \quad \Delta f = f_B - f_Q = \pm f_Q \frac{v_B}{c_S} \tag{4.133}$$

Das Minuszeichen gilt für den Fall, dass sich der Beobachter von der Schallquelle entfernt. $\Delta f$ bezeichnet die Frequenzverschiebung zwischen $f_B$ und $f_Q$.

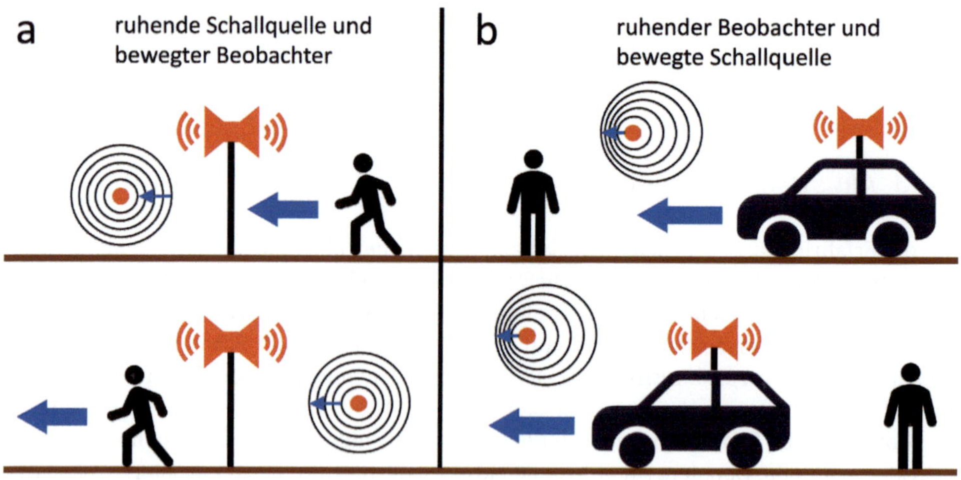


**Bild 4.65** Doppler-Effekt: a) ruhende Schallquelle und bewegter Beobachter sowie b) ruhender Beobachter und bewegte Schallquelle

*2. Ruhender Beobachter und bewegte Schallquelle* (Bild 4.65b): Die Vermutung liegt nahe, dass dieser Fall dasselbe Ergebnis liefern müsste wie der erste Fall (ruhende Schallquelle und bewegter Beobachter), da es sich um die relative Bewegung zweier gleichförmig bewegter Bezugssysteme handelt. Hinsichtlich der physikalischen Wirkung ist es in solchen Fällen gemäß dem Galilei'schen Relativitätsprinzip irrelevant, welches der beiden Systeme (Schallquelle und Beobachter), als ruhend und welches als bewegt betrachtet wird. Im vorliegenden Fall kann jedoch nicht so einfach gefolgert werden, da als übertragendes Medium die Luft fungiert, welche in beiden Fällen als ruhend angenommen wird. Dementsprechend ergibt sich im vorliegenden Fall folgender Sachverhalt: Bewegt sich die Schallquelle gleichförmig mit der Geschwindigkeit $v_Q \neq 0$ gegen den ruhenden Beobachter ($v_B = 0$), wird der Abstand der gebildeten Schallwellenfronten verkürzt, da jede Wellenfront unabhängig von der Geschwindigkeit $v_Q$ der Schallquelle sich mit der Schallgeschwindigkeit $c_S$ im Medium ausbreitet (Bild 4.66). Von der Schallquelle aus gemessen, legen die Schallwellen im Zeitintervall $\Delta t$ nicht die der Schallgeschwindigkeit $c_S$ entsprechende Strecke $c_S \Delta t$ zurück, sondern die kürzere Strecke $(c_S - v_Q)\Delta t$. Die Wellenlänge wird auf den Wert $\lambda = (c_S - v_Q)/f_0$ verkürzt und der Beobachter hört dann einen Ton mit der Frequenz $f_B = c_S f_Q/(c_S - v_Q)$. Der Beobachter hört bei einer sich nähernden Schallquelle einen Ton höherer Frequenz und bei einer sich entfernenden Schallquelle einen Ton niedrigerer Frequenz:

$$f_B = \frac{f_Q}{1 \mp \frac{v_Q}{c_S}} \quad \Rightarrow \quad \Delta f = f_B - f_Q = f_Q \left( \frac{1}{1 \mp \frac{v_Q}{c_S}} - 1 \right) = f_Q \left( \frac{\pm v_Q}{c_S \mp v_Q} \right) \qquad (4.134)$$

**Bild 4.66**
Kugelwellenfronten einer gegenüber dem ruhendem Medium bewegten punktförmigen Schallquelle

Das Pluszeichen gilt für den Fall, dass sich die Schallquelle vom Beobachter entfernt. Ist die Geschwindigkeit der sich bewegenden Schallquelle viel kleiner als die Schallgeschwindigkeit, ergibt sich für die Frequenzverschiebung $\Delta f$ ein Ausdruck analog zum 1. Fall (Gl. (4.133)): $\Delta f \approx \pm f_Q v_Q / c_S$.

Um den Unterschied zwischen diesen beiden Fällen zu verdeutlichen, sei zunächst angenommen, dass sich der Beobachter mit der Schallgeschwindigkeit $v_B = c_S$ von der ruhenden Schallquelle entferne. Dann gilt gemäß Gl. (4.133) $f_B = f_Q(1 - c_S/c_S) = 0$, d. h. der sich mit Schallgeschwindigkeit bewegende Beobachter wird überhaupt keinen Ton wahrnehmen. Bewegt sich der Beobachter mit der Schallgeschwindigkeit auf die Schallquelle zu, hört er einen Ton mit der doppelten Frequenz: $f_B = f_Q(1 + c_S/c_S) = 2 f_Q$. Wenn andererseits angenommen wird, dass sich die Schallquelle vom ruhenden Beobachter mit Schallgeschwindigkeit entfernt, gilt mit der Gl. (4.134): $f_B = f_Q/(1 + c_S/c_S) = f_Q/2$ und der Beobachter hört einen Ton mit der halben Frequenz. Bewegt sich die Schallquelle mit Schallgeschwindigkeit auf den ruhenden Beobachter zu so ergibt sich mit $f_B = f_Q/(1 - c_S/c_S) \to \infty$ ein Ton von sehr hoher Frequenz, der außerhalb der Hörgrenze des Beobachters liegt. Die im Falle $v_Q = c_S$ zusammengeschobene Schallwellenfront wird vom Beobachter als Überschallknall wahrgenommen, wenn sich die Schallquelle dem Beobachter nähert. In Bild 4.67 ist die Änderung der vom Beobachter wahrgenommen Frequenz als Funktion der Geschwindigkeitsverhältnisses $v_B/c_S$ bzw. $v_Q/c_S$ grafisch dargestellt.

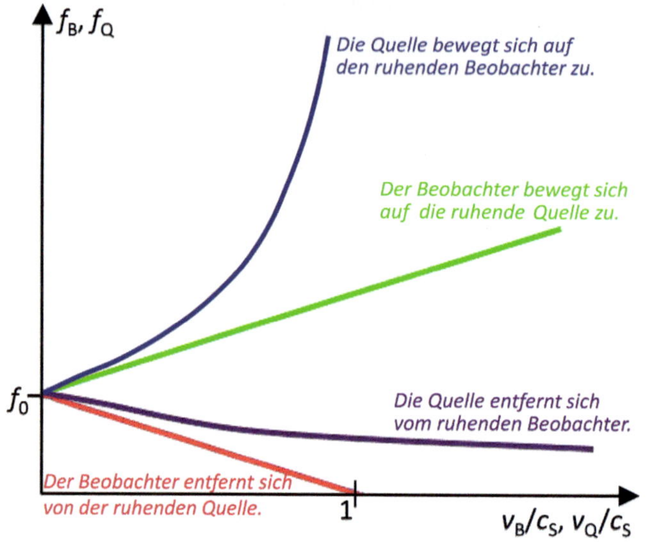


**Bild 4.67** Änderung der vom Beobachter wahrgenommen Frequenz als Funktion der Geschwindigkeitsverhältnisses $v_B/c_S$ bzw. $v_Q/c_S$

Im Grenzfall einer sehr kleinen Geschwindigkeit des bewegten Beobachters bzw. der bewegten Quelle im Vergleich zu Schallgeschwindigkeit, d. h. $v_B < c_S/10$ und $v_Q < c_S/10$, sind die beiden Fälle äquivalent und es gilt dann für die Frequenzänderung: $\Delta f = \pm f_Q\, v_{B,Q}/c_S$.

*3. Bewegter Beobachter und bewegte Schallquelle*: Dieser Fall ergibt sich aus der Kombination der ersten beiden Fälle und es gilt:

$$f_B = f_Q \frac{1 \pm \frac{v_B}{c_S}}{1 \mp \frac{v_Q}{c_S}} = f_Q \frac{c_S \pm v_B}{c_S \mp v_Q} \quad \Rightarrow \quad \Delta f = f_Q \left( \frac{c_S \pm v_B}{c_S \mp v_Q} - 1 \right) \tag{4.135}$$

Das jeweils obere Operationszeichen gilt für den Fall, dass sich der Beobachter (mit der Geschwindigkeit $v_B$ relativ zum ruhenden Medium) und die Schallquelle (mit der Geschwindigkeit $v_Q$ relativ zum ruhenden Medium) aufeinander zu bewegen. Das jeweils untere Operationszeichen gilt für den Fall, dass sich der Beobachter und die Schallquelle voneinander entfernen.

Die bisherigen Betrachtungen basieren auf der Annahme, dass Schallquelle und Beobachter geradlinig und direkt aufeinander zubewegen bzw. voneinander entfernen. In der Realität ist dies jedoch nicht der Fall und der Abstand zwischen Schallquelle und Beobachter ändert sich nicht gleichmäßig. Als Folge dessen ergibt sich unmittelbar vor und nach dem Vorbeifahren ein kontinuierlicher Übergang der Frequenz, d. h. die Tonhöhe geht kontinuierlich von einer höheren zu einer niedrigeren Frequenz über.

Auch bei elektromagnetischen Wellen, die sich auch ohne Medium im Vakuum ausbreiten können, ist der Doppler-Effekt zu beobachten, wenn sich der Sender und der Empfänger der elektromagnetischen Wellen relativ zueinander bewegen. Dieser *relativistische Doppler-Effekt*, der in Abschnitt 10.1.4 erläutert wird, ist darauf zurückzuführen, dass sich die elektromagnetischen Wellen mit der endlich großen Lichtgeschwindigkeit ausbreiten.

Sowohl der akustische als auch der relativistische Doppler-Effekt werden in vielen Bereichen von Forschung und Technik eingesetzt, z. B. bei der Messung von Geschwindigkeiten von strömenden Fluiden, bei Satellitennavigationssystemen, bei Radar- und Sonar-Geräten, bei der Sonografie und auch bei Ultraschall- bzw. Mikrowellen-Bewegungsmeldern etc.

# 5 Thermodynamik

Die Anfänge der Thermodynamik bzw. der Wärmelehre gehen zurück bis ins 1. Jh. n. Ch. als Heron von Alexandria (10 n. Ch.–70 n. Ch.) die erste Wärmekraftmaschine, den nach ihm benannten Heronsball, als Antrieb zum Öffnen von Tempeltüren konstruierte. Anfang des 17. Jahrhunderts wurden die ersten Thermometer unter anderem von G. Galilei (1564–1642) entwickelt, wodurch erst eine klare konzeptuelle Trennung zwischen der Temperatur als intensiver Messgröße bzw. thermodynamische Zustandsgröße und der Wärme als extensiver Größe bzw. thermodynamische Prozessgröße möglich wurde. Im Jahre 1669 erkannte R. Towneley (1629–1707) bei barometrischen Höhenmessungen den Zusammenhang zwischen Druck und Volumen bei konstanter Temperatur, was einige Jahre später als Boyle-Mariotte'sches Gesetz formuliert wurde. Ende des 17. Jahrhunderts beschrieb D. Papin (1647–1713) als Erster das Prinzip einer einfachen Dampfmaschine und baute auf dieser Grundlage eine Dampfdruckpumpe. Anfang des 18. Jahrhunderts entwickelte D. G. Fahrenheit (1686–1736) die nach ihm benannte Fahrenheit-Temperaturskala, die mittels dreier Temperaturpunkte kalibriert wird, und Mitte des 18. Jahrhunderts konnte J. Watt (1736–1819) den Wirkungsgrad von Dampfmaschinen maßgeblich verbessern. Im Jahre 1769 wurde in Paris der erste Dampfwagen, der von N. J. Cugnot (1725–1804) im Auftrag des französischen Kriegsministeriums konstruiert worden war, vorgestellt. Der Cugnot-Dampfwagen (Bild 5.1), Fardier (französisch: Karre) genannt, gilt auch als Vorläufer der später entwickelten Dampflokomotive (die erste auf Schienen fahrende Dampflokomotive wurde im Jahre 1802 von R. Trevithick, 1771–1833, erbaut). Insbesondere im 18. und 19. Jahrhundert wurden viele neue Erkenntnisse bei der theoretischen Beschreibung der Thermodynamik gewonnen und technisch insbesondere in Form von Wärmekraftmaschinen umgesetzt.

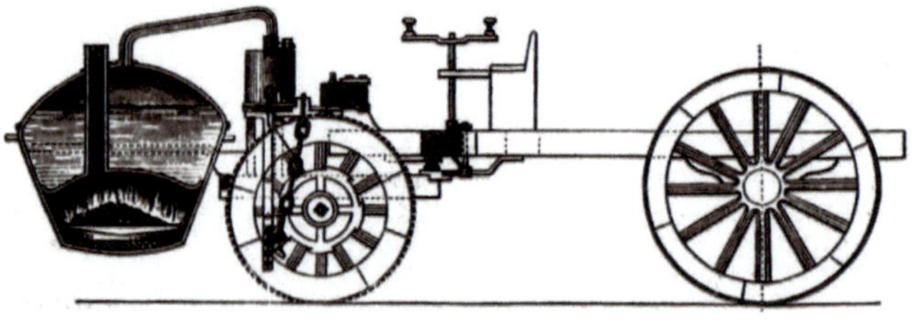

**Bild 5.1** Der Cugnot-Dampfwagen

Die Grenzen der Thermodynamik als Teil der klassischen Physik wurden zu Beginn des 20. Jahrhunderts mit der Planck'schen Quantenhypothese (M. Planck, 1858–1947, Nobelpreis 1919) zur Deutung und Beschreibung der Wärmestrahlung des schwarzen Körpers deutlich, da diese im Rahmen der Thermodynamik nicht richtig beschrieben werden konnte.

Für die Ingenieurwissenschaften ist die Thermodynamik auch heute noch von großer Bedeutung. Beispielsweise in der Beschreibung und Realisierung der verschiedenen Möglichkeiten der Energieumwandlung und von Kreisprozessen, bei denen Wärme ausgetauscht wird, sowie in der Werkstoffkunde und Verfahrenstechnik bei der Beschreibung von temperaturabhängigen Materialeigenschaften. Für den zweit genannten Aspekt war die 1824 von N. L. S. Carnot (1796–1832) veröffentlichte Arbeit zur Wärmeumwandlung in einer periodisch arbeitenden Maschine wegweisend. Auch für andere Wissenschaften ist die Thermodynamik von großer Bedeutung, so kann beispielsweise thermodynamisch erklärt werden, warum bestimmte chemische Reaktionen spontan ablaufen und andere nicht oder welche Gesetzmäßigkeiten chemischen Gleichgewichten zugrunde liegen.

Innerhalb der Thermodynamik gibt es zwei unterschiedliche Ansätze:

- Im Rahmen der *phänomenologischen* oder *technischen Thermodynamik* werden Stoffe als Kontinuum betrachtet, die sich beliebig zerteilen bzw. zerlegen lassen. Diese Näherung ist sinnvoll, wenn das System aus einer großen Anzahl Teilchen besteht. Die phänomenologische Thermodynamik basiert auf beobachtbaren Erscheinungen (Phänomenen) und ist dadurch gekennzeichnet, dass zur Beschreibung der Vorgänge makroskopische Zustands- und Prozessgrößen wie Temperatur, Druck, Volumen, Wärme und Arbeit genutzt werden. Erfasst werden dabei stets die ganzheitlichen Eigenschaften von thermodynamischen Systemen.
- Bei der *statistischen Thermodynamik* werden einzelne Teilchen (z. B. Atome oder Moleküle) zu einem Ensemble zusammengefasst und aufgrund ihrer großen Anzahl mittels statistischer Methoden und der kinetischen Gastheorie beschrieben. Ziel der statistischen Thermodynamik ist es, makroskopische Phänomene zu verstehen oder vorauszusagen und makroskopische Eigenschaften aus dem Verhalten der mikroskopischen Teilchen, die das makroskopische System bilden, zu berechnen. Für die Ingenieurwissenschaften ist die statistische Thermodynamik jedoch meist von untergeordneter Bedeutung.

# 5.1 Thermodynamische Grundlagen

In diesem Abschnitt werden die thermodynamischen Grundlagen dargestellt. Dazu zählen die Temperatur und deren Messung, die thermodynamischen Zustandsgrößen sowie die thermische Ausdehnung von Festkörpern.

## 5.1.1 Temperatur und Temperaturmessung

Grundlegen für die Thermodynamik sind die Größen Temperatur und Wärme, die in der Alltagssprache oft synonym benutzt werden. Im Rahmen der Physik sind es jedoch zwei voneinander zu unterscheidende Größen. Wie vom Alltagsleben gewöhnt, kennzeichnet die Temperatur die Qualität oder Intensität der Wärme und ist mit den Sinneswahrnehmungen „heiß“, „warm“ und „kalt“ verbunden. Ein heißer Körper hat eine hohe Temperatur, ein warmer Körper hat eine mittlere bzw. angenehme Temperatur und ein kalter Körper hat eine niedrige Temperatur. Die durch den Nervenapparat der menschlichen Haut vermittelte Gefühlsskala ist jedoch zu eng begrenzt und zu ungenau. Es wurden daher eine ganze Reihe von Messgeräten geschaffen, um Temperaturveränderungen möglichst fein abgestuft und deutlich sichtbar zu machen. Sie werden *Thermometer* genannt.

Die Temperatur $T$ kennzeichnet den Zustand eines Körpers, der durch die kinetische Energie der Teilchen im Körper bestimmt wird. Dabei ist es gleichgültig, wie der Körper in diesen Zustand gelangt ist, ob durch Wärmeleitung oder durch Reibung oder durch plötzliche Entspannung (bei Gasen) oder anderweitig. Die Temperatur ist daher eine *thermodynamische Zustandsgröße* und eine sogenannte intensive Größe, d. h. sie ist unabhängig von Größe und Masse des Körpers oder des betrachteten Systems.

Die Temperatur lässt sich nicht auf die in der Mechanik benutzten drei Basisgrößen Masse, Länge und Zeit zurückführen. Sie ist vielmehr eine weitere, die vierte Basisgröße. Die dazugehörige SI-Basiseinheit ist das *Kelvin* (K), benannt nach W. Thomson, 1. Baron Kelvin (1824–1907) und ist definiert als der 273,16te Teil der Temperatur des *Tripelpunktes des Wassers*. Im Alltäglichen wird als weitere gesetzliche, aber SI-fremde Einheit der Temperatur das Grad Celsius (°C) verwendet, benannt nach A. Celsius (1701–1744). Die beiden Temperaturskalen (Bild 5.2), die Kelvin- und die Celsius-Skala, sind so definiert, dass sich die *Kelvin-Temperatur* $T$ (auch absolute Temperatur oder thermodynamische Temperatur genannt) und die *Celsius-Temperatur* $\vartheta$ um einen festen Betrag unterscheiden und es gilt:

$$T \text{ in K} = \vartheta \text{ in °C} + 273{,}15 \tag{5.1}$$

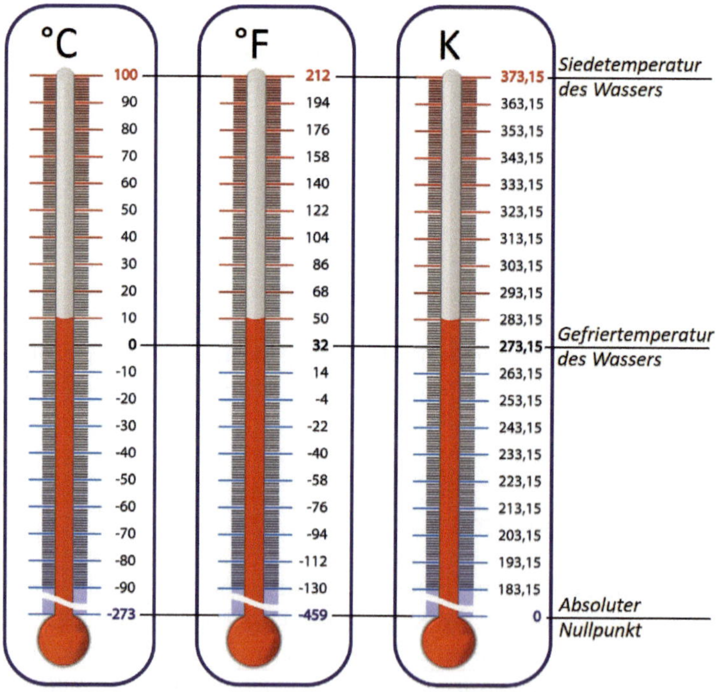


**Bild 5.2** Grad Celsius-, Grad Fahrenheit- und Kelvin-Temperaturskala

Da in beiden Skalen gleich große Temperaturschritte definiert sind (100 Schritte zwischen dem Gefrierpunkt des Wassers und dem Siedepunkt des Wassers) haben Temperaturdifferenzen in beiden Temperaturskalen den gleichen Zahlenwert, d. h. $\Delta T$ in K = $\Delta\vartheta$ in °C, werden aber meistens in der SI-Basiseinheit Kelvin angegeben. Eine Temperatur von $T = 300$ K, die $\vartheta = 26{,}85$ °C entspricht, wird in der Physik als Raumtemperatur bezeichnet. In der Tabelle 5.1 sind einige wichtige Temperaturen zusammengestellt.

**Tabelle 5.1** Einige wichtige Temperaturwerte in K und °C

| Temperatur $T$ in K | Temperatur $\vartheta$ in °C | Beschreibung |
|---|---|---|
| 0 | −273,15 | absoluter Nullpunkt |
| 2,725 | −270,425 | mittlere Temperatur der Hinter-grundstrahlung im Universum |
| 4,22 | −268,93 | Siedetemperatur von Helium |
| 14,025 | −259,125 | Schmelztemperatur von Wasserstoff |
| 20,268 | −252,882 | Siedetemperatur von Wasserstoff |
| 77,35 | −195,8 | Siedetemperatur von Stickstoff |
| 90,18 | −182,97 | Siedetemperatur von Sauerstoff |
| 158,65 | −114,5 | Schmelztemperatur von Ethanol |
| 234,32 | −38,83 | Schmelztemperatur von Quecksilber |
| 273,15 | 0 | Normaltemperatur $T_0$ |
| 293,15 | 20 | Maßbezugstemperatur |
| 310,15 | 37 | Körpertemperatur des Menschen |
| 351,52 | 78,37 | Siedetemperatur von Ethanol |
| 600,61 | 327,46 | Schmelztemperatur von Blei |
| 629,88 | 356,73 | Siedetemperatur von Quecksilber |
| 1200...1800 | 926...1526 | Bunsenbrennerflamme |
| 2022 | 1749 | Siedetemperatur von Blei |
| 3695 | 3422 | Schmelztemperatur von Wolfram |
| 5700 | 5427 | Oberflächentemperatur der Sonne |
| 6203 | 5930 | Siedetemperatur von Wolfram (höchste Siedetemperatur eines Elements) |

Grundlage jeder Temperaturmessung ist der als *Nullter Hauptsatz der Thermodynamik* bezeichnete Erfahrungssatz, der von R. H. Fowler (1889–1944) in den 1930er-Jahren erstmals formuliert wurde:

**Merke**

**Nullter Hauptsatz der Thermodynamik**: Bringt man Körper unterschiedlicher Temperatur in Kontakt, so nehmen sie nach hinreichend langer Zeit die gleiche Temperatur an und befinden sich dann im Zustand des thermodynamischen Gleichgewichtes.

Dementsprechend befinden sich bei einer Temperaturmessung das Thermometer und das Messobjekt im thermischen Gleichgewicht.

Für die Realisierung eines Thermometers bieten sich mehrere Möglichkeiten an, die alle auf temperaturabhängigen physikalischen Erscheinungen beruhen. Auf der bei Erwärmung stattfindenden Ausdehnung beruhen die für einfache Temperaturmessungen ausreichenden *Flüssigkeitsthermometer*, deren Skala in zehntel Grad unterteilt sind und die früher mit Quecksilber und heutzutage mit gefärbtem Ethanol gefüllt sind. Nach internationalen Vereinbarungen ist eine Reihe von *Fest-(Fix-)Punkten* vorgeschrieben, nach denen sich alle Temperaturmessungen zu richten haben. Wichtige Temperaturwerte sind:

- 0 °C ist die Temperatur des schmelzenden Eises bei Normalluftdruck (101,325 kPa).
- 100 °C ist die Temperatur des siedenden Wassers bei Normalluftdruck (101,325 kPa).

Diese beiden Punkte sind wegen der großen Genauigkeit und Leichtigkeit, mit der sie sich reproduzieren lassen, gewählt worden.

Noch wichtiger als Fixpunkt ist der sogenannte *Tripelpunkt des Wassers*, bei dem die drei Phasen reines flüssiges Wasser, reines Wassereis und reiner Wasserdampf im Gleichgewicht stehen. Dabei ist der allen drei Phasen gemeinsame Druck, der Tripelpunktsdruck, gleich dem Sättigungsdampfdruck des reinen Wassers bei der allen drei Phasen gemeinsamen Temperatur (Tripelpunktstemperatur). Der Tripelpunktsdruck von Wasser beträgt gemäß dem international akzeptierten Bestwert 611,657 Pa. Die Tripelpunktstemperatur von Wasser beträgt 273,16 K bzw. 0,01 °C.

Zum praktischen Gebrauch werden Quecksilberthermometer bis 650 °C und solche aus Quarzglas bis 800 °C hergestellt. Da Quecksilber bei 357 °C siedet, besteht bei höheren Temperaturen Explosionsgefahr. Für tiefe Temperaturen bis zur Kondensationstemperatur von Luft ist eine Füllung mit Pentan verwendbar.

*Thermoelemente* beruhen darauf, dass an der Berührungsstelle zweier verschiedener Metalle eine elektrische Spannung (*Thermospannung*) auftritt, sobald dort die Temperatur anders ist als im übrigen Stromkreis (*Seebeck-Effekt*, T. J. Seebeck, 1770–1831). Solche Elemente können außerordentlich klein und leicht aufgebaut werden. *Elektrische Widerstandsthermometer* beruhen hingegen auf der Änderung des elektrischen Widerstandes von Metallen oder Halbleitern bei Temperaturänderung. Wegen ihrer exakten Arbeitsweise bestehen Temperaturfühler häufig aus Platindraht.

Genaue Temperaturmessungen im Bereich von –80 °C bis +250 °C können auch mit einem *Quarz-Thermometer* durchgeführt werden. Dabei wird die Temperaturabhängigkeit der Resonanzfrequenz eines Schwingquarzes benutzt.

In der *Strahlungsthermometrie* wird die Temperaturabhängigkeit der spektralen Zusammensetzung ausgesandter Lichtstrahlung bei Temperaturen oberhalb von 1 000 K benutzt. Dunkelrot glühende Körper werden bei weiterer Erhitzung gelblich, dann weiß und bläulich weiß. In einem Strahlungspyrometer wird dabei die Temperatur eines Glühfadens einer Lampe so lange verändert, bis sich deren Strahlung nicht mehr von der des zu messenden Objekts abhebt. Mittels Eichtabellen wird so die Temperatur bestimmt.

### 5.1.2 Thermodynamische Zustandsgrößen

Eine thermodynamische Zustandsgröße ist eine makroskopische physikalische Größe, die zusammen mit anderen Zustandsgrößen den momentanen Zustand eines Systems beschreibt. Bei den thermodynamischen Systemen ist zu unterscheiden, zwischen:

- *offenen Systemen*, bei denen Energie- und Materialaustausch in jeglicher Form mit der Umgebung stattfinden,
- *geschlossenen Systemen*, bei denen kein Materialaustausch und der Energieaustausch nur in Form Wärme und/oder Arbeit mit der Umgebung stattfindet,
- *abgeschlossenen (isolierten) Systemen*, bei denen kein Energie- und kein Materialaustausch mit der Umgebung stattfindet.

Der Wert einer Zustandsgröße ist unabhängig davon auf welche Art und Weise der Zustand erreicht wurde. In der Thermodynamik wird unterschieden zwischen:

- *intensive Zustandsgrößen* sind Größen, deren jeweiliger Wert nicht von der Systemgröße abhängt, wodurch bei einer Aufteilung des Systems in Teilsysteme eine intensive Zustandsgröße in allen Teilsystemen denselben Wert hat. Bei einer Zusammenfassung mehrerer Systeme, in denen eine intensive Zustandsgröße denselben Wert hat, gilt dieser dann auch für das Gesamtsystem. Dementsprechend sind intensive Zustandsgrößen nicht additiv. Kombinationen aus intensiven Zustandsgrößen desselben Zustands sind wiederum intensive Zustandsgrößen. Die Veränderung einer intensiven Zustandsgröße bewirkt stets die Änderung des thermodynamischen Gleichgewichts. Unterschieden wird zwischen systemeigenen und stoffeigenen intensiven Zustandsgrößen. Beispiele für intensive Zustandsgrößen sind: die Temperatur $T$, Druck $p$, Teilchenzahldichte $\hat{n} = N/V$, Massendichte $\varrho = m/V$, Konzentration $c = n/V$ und das chemische Potential $\mu$.
- *extensive Zustandsgrößen* sind Größen, deren jeweiliger Wert mit der Größe des Systems skaliert und die dementsprechend additiv sind. Eine Zustandsgröße ist genau dann extensiv, wenn sie proportional zu allen anderen extensiven Zustandsgrößen eines Systems ist. Diese Proportionalität gilt allerdings nur, solange alle intensiven Zustandsgrößen konstant bleiben. Beispiele für extensive Zustandsgrößen sind: die Masse $m$, Volumen $V$, Teilchenzahl $N$, Stoffmenge $n$ und die *Entropie S* sowie die *thermodynamischen Potentiale*: *innere Energie U*, *freie Energie F*, *Enthalpie H* und die *Gibbs-Energie* (auch *freie Enthalpie* genannt) $G$.

Das Produkt einer extensiven und einer intensiven Zustandsgröße ist wieder eine extensive Zustandsgröße. Hingegen ist das Verhältnis bzw. der Quotient zweier extensiver Zustandsgrößen eine intensive Zustandsgröße. Beispielsweise sind die Stoffmenge $n$, das Volumen $V$ und die Enthalpie $H$ extensive Zustandsgrößen, das molare Volumen $V_{\text{mol}} = V/n$ und die molare Enthalpie $H_{\text{mol}} = H/n$ sind dagegen intensive Zustandsgrößen.

Die physikalischen Größen Wärme $Q$ und mechanische Arbeit bzw. Volumenarbeit $W$ sind hingegen keine Zustandsgrößen sondern *thermodynamische Prozessgrößen*, die nur bei Zustandsänderungen auftreten und davon abhängig sind, wie die Zustandsänderung erfolgt. Eine infinitesimale Änderung einer Prozessgröße (z. B. der Wärme $Q$) wird durch ein $\delta$ gekennzeichnet (also $\delta Q$). Hingegen wird die infinitesimale Änderung einer Zustandsgröße (z. B. der Entropie $S$), mit einem $d$, das für das totale Differential steht, gekennzeichnet (also $dS$).

Nachdem in Abschnitt 5.1.1 die Temperatur als thermodynamische Zustandsgröße bereits behandelt wurde, werden in diesem Abschnitt die anderen zuvor angegebenen Zustandsgrößen eingeführt.

### Druck

Der Druck $p$ als skalare physikalische Größe ist definiert als Quotient des Betrages der Kraft $F$, die senkrecht auf die Fläche $A$ einwirkt:

$$p = \frac{F}{A} \quad \text{bzw.} \quad p = \lim_{dA \to 0} \left( \frac{dF}{dA} \right) \tag{5.2}$$

Die zweite Formel gilt bei gekrümmten Flächen oder ortsabhängigem Druck für ein hinreichend kleines Flächenelement d$A$. Die SI-Einheit des Drucks ist: $[p] = \mathrm{N/m^2} = \mathrm{Pa}$ (Pascal, nach B. Pascal, 1623-1662).

Der Druck in einem mit einem Gas gefüllten Gefäß ergibt sich als Summe aller durch das Gas wirkenden Kräfte auf die gesamte innere Oberfläche des Gefäßes. Die Kräfte resultieren aus den Stößen der Gasteilchen gegen die Gefäßwände und den dabei auftretenden Impulsübertragungen, die von den kinetischen Energien des Gasteilchens abhängen. Die Impulsüberträge bewirken eine resultierende Gesamtkraft, die von der Anzahl der Gasteilchen, die pro Zeiteinheit auf eine definierte Wandfläche treffen und dem mittleren Teilchenimpuls abhängt. Gemäß dem *Pascal'schen Prinzip* breitet sich der Druck in ruhenden Flüssigkeiten und Gasen allseitig aus und wirkt im Volumen in alle Richtungen aber stets senkrecht auf die Gefäßwände.

Der Luftdruck, als typisches Beispiels für einen Gasdruck, an einem beliebigen Ort der Erdatmosphäre ist der sogenannte *hydrostatische Druck* der Luft an diesem Ort. Dieser Druck ergibt sich aus der Gewichtskraft der Luftsäule, die sich über diesem Ort befindet. Der mittlere Luftdruck der Atmosphäre auf Meereshöhe wird *Normalluftdruck* genannt und beträgt $p_0 = 101{,}325$ kPa. Dieser Wert ergibt sich aus der Masse der Erdatmosphäre von ca. $5 \cdot 10^{18}$ kg (also etwa ein Millionstel der gesamten Erdmasse) und der Erdoberfläche von ca. $5 \cdot 10^{14}\ \mathrm{m^2}$, was einem Gewicht von 10 t pro Quadratmeter entspricht. Die Abnahme des Luftdrucks mit wachsender Höhe $h$ (im Bereich der Meereshöhe $h = 0$ m beträgt die Druckänderung ca. 100 Pa pro 8 m Höhenunterschied) kann mit der *barometrischen Höhenformel* (mit $p_0 = 101{,}325$ kPa und $H = 8\,435$ m) bestimmt werden:

$$p(h) \approx p_0 \exp\left( -\frac{h}{H} \right) \tag{5.3}$$

Diese Gleichung ist jedoch nur eine Näherung der wirklichen Luftdruckverhältnisse, da nicht berücksichtigt wird, dass zum einen die Temperatur und die Fallbeschleunigung mit steigender Höhe abnehmen und zum anderen sich die Zusammensetzung der Luft mit steigender Höhe ebenfalls ändert. Wird die Temperaturabnahme mit steigender Höhe als linear angenommen, was für einen Bereich zwischen Meereshöhe ($h = 0$) und $h = 11$ km eine sehr gute Näherung ist, gilt die *internationale barometrische Höhenformel* für die Troposphäre (mit $h \le 11$ km):

$$p(h) = p_{\mathrm{Ref}} \left( \frac{T(h)}{T_{\mathrm{Ref}}} \right)^{-\beta} = p_{\mathrm{Ref}} \left( \frac{T_{\mathrm{Ref}} - \alpha h}{T_{\mathrm{Ref}}} \right)^{-\beta} = p_{\mathrm{Ref}} \left( 1 - \frac{\alpha h}{T_{\mathrm{Ref}}} \right)^{-\beta} \tag{5.4}$$

$p_{\mathrm{Ref}} = 101{,}325$ kPa ist der Referenzwert des Luftdrucks und $T_{\mathrm{Ref}} = 288{,}15\ \mathrm{K} = 15\ °\mathrm{C}$ ist der Temperaturreferenzwert bei Meereshöhe und $\alpha = -0{,}006\,5$ K/m ist der Temperatur-Gradient. Für die Konstante $\beta$ gilt: $\beta = Mg/(R\alpha) = 5{,}255$, dabei ist $M = 28{,}964\,4$ g/mol die molare Masse von (trockener) Luft, $g = 9{,}806\,65\ \mathrm{m/s^2}$ die Fallbeschleunigung auf Meereshöhe und $R = 8{,}314\,46$ J/(K·mol) die universelle Gaskonstante. Ab einer Referenzhöhe von $h_{\mathrm{Ref}} = 11$ km bis zu einer Höhe von $h = 20$ km ist die Temperatur nahezu konstant mit einem Wert von $T = 216{,}65\ \mathrm{K} = -56{,}5\ °\mathrm{C}$ und es gilt in diesem Höhenbereich ($11\ \mathrm{km} < h \le 20\ \mathrm{km}$) die *isotherme barometrische Höhenformel*:

$$p(h) = p_{\text{Ref}} \exp\left(-\frac{h - h_{\text{Ref}}}{h_{\text{S}}}\right) = p_{\text{Ref}} \exp\left(-\frac{\Delta h}{h_{\text{S}}}\right) \tag{5.5}$$

mit der Konstanten $h_{\text{S}} = RT/(M\,g) = 6{,}342\ \text{km}$, die auch als Skalenhöhe bezeichnet wird. Entsprechend der Gl. (5.5) nimmt mit jeder Höhenzunahme $\Delta h = h_{\text{S}}$ der Luftdruck um den Faktor $\text{e} \approx 2{,}718\,282$ (Euler'sche Zahl) ab.

In Tabelle 5.2 sind die Umrechnungen zwischen den gebräuchlichsten Druckeinheiten angegeben.

**Tabelle 5.2** Umrechnungen zwischen den gebräuchlichsten Druckeinheiten

| | Pa | bar | At | atm | Torr |
|---|---|---|---|---|---|
| 1 Pa | 1 | $1 \cdot 10^{-5}$ | $1{,}0197 \cdot 10^{-5}$ | $9{,}8692 \cdot 10^{-6}$ | $7{,}5006 \cdot 10^{-3}$ |
| 1 bar | $1 \cdot 10^{5}$ | 1 | 1,0197 | $9{,}8692 \cdot 10^{-1}$ | $7{,}5006 \cdot 10^{2}$ |
| 1 at | $9{,}8067 \cdot 10^{4}$ | 0,98067 | 1 | $9{,}6784 \cdot 10^{-1}$ | $7{,}3556 \cdot 10^{2}$ |
| 1 atm | $1{,}0133 \cdot 10^{5}$ | 1,0133 | 1,0332 | 1 | $7{,}6 \cdot 10^{2}$ |
| 1 Torr | $1{,}3332 \cdot 10^{2}$ | $1{,}3332 \cdot 10^{-3}$ | $1{,}3595 \cdot 10^{-3}$ | $1{,}3158 \cdot 10^{-3}$ | 1 |

## Stoffmenge

Die Stoffmenge $n$ ist eine der sieben Basisgrößen im Internationalen SI-Einheitensystem und ergibt sich als Quotient aus der Masse $m$ und der molaren Masse $M$:

$$n = \frac{m}{M} \tag{5.6}$$

Die Einheit der Stoffmenge ist das Mol, was eine SI-Basiseinheit darstellt: $[n] = \text{mol}$.

**Merke**

Die alte, bis zum 19. Mai 2019 gültige Definition lautet: Als Stoffmenge 1 mol eines Elements oder einer chemischen Verbindung wird die Menge bezeichnet, welche die gleiche Zahl von Teilchen enthält, wie sich in 12 g des Kohlenstoffisotops $^{12}$C befinden.

Die ab 20. Mai 2019 gültige Definition lautet: 1 mol eines Elements oder einer chemischen Verbindung enthält $N_{\text{A}} = 6{,}022\,140\,76 \cdot 10^{23}$ Teilchen pro mol. Dieser Wert wird Avogadro-Konstante (nach A. Avogadro, 1776–1856) genannt.

Für die einheitenlose Teilchenzahl $N$ gilt:

$$N = n N_{\text{A}} = \frac{m}{M} N_{\text{A}} \tag{5.7}$$

und für die Teilchenzahldichte $\hat{n}$ gilt:

$$\hat{n} = \frac{N}{V} = \frac{m N_{\text{A}}}{M V} = \frac{\varrho N_{\text{A}}}{M} \tag{5.8}$$

$V$ bezeichnet das Volumen und $\varrho$ die Massendichte. Die SI-Einheit der Teilchenzahldichte ist: $[\hat{n}] = \text{m}^{-3}$.

Bei einem isotopenreinen Stoff ist der Zahlenwert der molaren Masse (auch als Molmasse oder Molgewicht bezeichnet) gleich der relativen Atom- oder relativen Molekülmasse und ist gleich dem Zahlenwert der Atom- bzw. Molekülmasse in der atomaren Masseneinheit ($u = amu = 1{,}660\,539\,066 \cdot 10^{-27} = 1/12$ der Masse eines Atoms des Kohlenstoff-Isotops $^{12}C$). Bei einer chemischen Verbindung ist die molare Masse gleich der Summe der mit dem jeweiligen Stöchiometriefaktor multiplizierten molaren Massen der an der Verbindung beteiligten chemischen Elemente.

Das molare Volumen $V_{mol}$ eines Stoffes gibt an, welches Volumen ein Mol eines Stoffes ausfüllt. Für ein ideales Gas (Abschnitt 5.2.3) gilt, dass ein Mol bei Normalbedingungen (273,15 K und 101,325 kPa) ein Volumen von $V_{mol,0} = 22{,}414$ Liter/mol einnimmt. Für reale Gase, Flüssigkeiten und Feststoffe ist das molare Volumen dagegen stoffabhängig und ergibt sich als Quotient aus dem Volumen und der Stoffmenge bzw. als Quotient aus der molaren Masse und der Massendichte: $V_{mol} = V/n = M/\varrho$. Im Gegensatz zum Volumen oder zur Stoffmenge ist das molare Volumen eine intensive thermodynamische Größe, wie auch die molare Masse und die Massendichte.

Der Quotient aus der Anzahl $N$ von Teilchen pro Volumen $V_0$ des idealen Gases bzw. der Quotient aus der Avogadro-Konstante $N_A = 6{,}022\,140\,76 \cdot 10^{23}\ \mathrm{mol}^{-1}$ und dem molaren Volumen des idealen Gases $V_{mol,0}$ ist die nach J. J. Loschmidt (1821–1895) benannte *Loschmidt-Konstante*:

$$N_L = \frac{N}{V_0} = \frac{N_A}{V_{mol,0}} = \frac{N_A\, p_0}{R T_0} = \frac{p_0}{k_B T_0} = 2{,}686\,780\,111 \cdot 10^{25}\ \mathrm{m}^{-3} \tag{5.9}$$

$p_0 = 101{,}325$ kPa ist der Normalluftdruck, $T_0 = 273{,}15$ K ist die Normaltemperatur, $k_B = 1{,}380\,649 \cdot 10^{-23}$ J/K ist die nach L. E. Boltzmann (1844–1906) benannte Boltzmann-Konstante und $R = 8{,}314\,46$ J/(K·mol) ist die universelle Gaskonstante.

## Entropie

Die Entropie $S$ mit der SI-Einheit J/K ist wie die Stoffmenge, die Teilchenzahl oder das Volumen eine extensive thermodynamische Zustandsgröße eines physikalischen Systems und verhält sich bei Vereinigung mehrerer Teilsysteme additiv. Wird die Größe der Entropie durch die Masse $m$ eines Systems dividiert, ergibt sich die spezifische Entropie $s = S/m$ des Systems mit der SI-Einheit J/(kg·K) als intensive thermodynamische Zustandsgröße, die nicht additiv ist. Im Gegensatz zu physikalischen Größen wie beispielsweise der Temperatur, dem Druck, dem Volumen oder der Masse ist die Entropie jedoch in der Alltagswelt nicht gegenwärtig und somit auch nicht intuitiv verständlich. Eingeführt wurde die Entropie von R. Clausius (1822–1888) im Jahre 1865 zur Beschreibung der Disgregation beim Schmelzen von Eis und zur Beschreibung von thermodynamischen Kreisprozessen, die in Abschnitt 5.5 in diesem Buch vorgestellt werden.

In der Thermodynamik kann ein System mit seiner Umgebung Energie in Form von Wärme austauschen bzw. es kann am System Arbeit verrichtet werden oder das System verrichtet Arbeit. Mit der Größe der Entropie kann dabei zwischen reversiblen (umkehrbaren), bei denen die Entropie konstant bleibt, und irreversiblen (nicht umkehrbaren) Prozessen, bei denen die Entropie im System zunimmt, unterschieden werden. Ein typischer Fall eines irreversiblen Prozesses ist der Temperaturausgleich zwischen zwei Körpern, die im Wärmekontakt stehen. Ohne äußeren Eingriff ist so ein Temperaturausgleich nicht rückgängig zu machen, sodass sich von selbst kein Temperaturunterschied zwischen den Körpern wiedereinstellen wird.

Die Entropie eines Systems kann nur durch Abgabe von Wärme oder Materie oder die Verrichtung von Arbeit am System abnehmen, d. h. auch, dass die Umgebung des Systems oder ein anderes angekoppeltes System die Entropie aufnehmen muss. Dementsprechend kann in einem abgeschlossenen/isolierten System, bei dem es keinen Energie- und keinen Materieaustausch mit der Umgebung gibt, die Entropie nicht abnehmen, sondern konstant sein oder im Laufe der Zeit zunehmen (siehe auch die Ausführungen zum Zweiten Hauptsatz der Thermodynamik in Abschnitt 5.3.4).

Die Entropie eines Körpers oder eines Systems mit der Temperatur $T$ lässt sich berechnen, ausgehend von einer bestimmten Bezugstemperatur (z. B. 0 °C = 273,15 K); denn die im Körper bzw. System enthaltene Wärme muss diesem zugeführt worden sein. Wird aber der Erwärmungsvorgang genauer verfolgt, so ist erkennbar, dass mit der Wärmezufuhr auch die Temperatur ansteigt. Entscheidend dabei ist, dass die Wärme in infinitesimalen kleinen Teilbeträgen $\delta Q$ und jeder Teilbetrag bei einer anderen Temperatur $T$ in den Körper bzw. in das System übergeht. Da jeder dieser Einzelschritte als infinitesimal klein angenommen wird, können sie als reversibel betrachtet werden. Ein Einzelschritt ergibt dann die infinitesimale Entropie-Änderung $\mathrm{d}S = \delta Q / T$, und die Integration über alle Einzelschritte ergibt die gesamte Entropieänderung $\Delta S$ bei der Temperaturänderung $T_1 \rightarrow T_2$ (mit $T_1$ als Bezugstemperatur):

$$\Delta S = \int_{T_1}^{T_2} \frac{\delta Q_{\mathrm{rev}}}{T} \tag{5.10}$$

Dieses Integral kann berechnet werden, beispielsweise mit dem Ansatz $\delta Q_{\mathrm{rev}} = c\,m\,\mathrm{d}T$, mit der Masse $m$ und der spezifischen Wärmekapazität $c$, die im einfachsten Fall temperaturunabhängig ist. Für einen Festkörper oder eine Flüssigkeit gilt dementsprechend für die Entropieänderung:

$$\Delta S = \int_{T_1}^{T_2} \frac{\delta Q_{\mathrm{rev}}}{T} = \int_{T_1}^{T_2} \frac{c\,m\,\mathrm{d}T}{T} = c\,m \cdot \ln\left(\frac{T_2}{T_1}\right) \tag{5.11}$$

Die Entropieänderung $\Delta S$ kann null sein (für $T_1 = T_2$), positiv oder negativ, je nachdem, ob Wärme vom Körper oder dem System aus der Umgebung aufgenommen ($T_1 < T_2$) oder an die Umgebung abgegeben wurde ($T_1 > T_2$).

Neben dieser phänomenologischen Deutung der Entropie als Maß der Irreversibilität eines Prozesses und der Nutzbarkeit von Wärmemengen gibt es eine statistische Deutung der Entropie. Es ist eine Erfahrungstatsache, dass ein sich selbst überlassenes System das thermodynamische Gleichgewicht anstrebt. Beispielsweise gleichen Körper mit unterschiedlichen Temperaturen bei Berührung ihre Temperaturen aus, oder ein Gas füllt ein zur Verfügung stehendes Volumen gleichmäßig aus, wodurch sich Druckunterschiede ausgleichen etc. Dies kann so interpretiert werden, dass das System dem Zustand mit der größten Wahrscheinlichkeit zustrebt. Zwischen der thermodynamischen Wahrscheinlichkeit $W$ eines Zustandes eines Systems und der Entropie besteht ein funktionaler Zusammenhang, der von L. Boltzmann (1844–1906) im Jahre 1880 implizit erstmals angegeben wurde:

$$S = k_{\mathrm{B}} \ln(W) \tag{5.12}$$

Mit dem Begriff der thermodynamischen Wahrscheinlichkeit wird die Anzahl von *Mikrozuständen*, die durch die Orts- und Impulsvektoren aller Teilchen charakterisiert sind, die einem *Makrozustand* des Gesamtsystems entsprechen, bezeichnet. Bei einem Übergang von einem Zustand mit der thermodynamischen Wahrscheinlichkeit $W_1$ in einen Zustand mit der größeren thermodynamischen Wahrscheinlichkeit $W_2$ nimmt die Entropie zu: $\Delta S = S_2 - S_1 = k_B \ln(W_2/W_1)$. Eine Zunahme der Entropie bedeutet also den Übergang eines Systems in einen wahrscheinlicheren Zustand, eine Abnahme der Entropie ist daher in einem abgeschlossenen System, das sich selbst überlassen ist, nicht zu erwarten. Zur Verdeutlichung sei als Beispiel für einen irreversiblen Prozess mit einer Zunahme der Entropie die Ausdehnung eines Gases vom Volumen $V_1$ auf das Volumen $V_2 = 2\,V_1$ nach Entfernen einer Trennwand betrachtet. Bis auf das Entfernen der Trennwand soll dabei keine Arbeit verrichtet werden (Bild 5.3).

Das Verhältnis der thermodynamischen Wahrscheinlichkeit, dass sich ein Teilchen im Volumenbereich $V_1$ befindet, zur thermodynamischen Wahrscheinlichkeit des Aufenthaltes des Teilchens im Gesamtvolumen $V_2$ ist: $W_2/W_1 = V_1/V_2$. Dass sich zwei Teilchen gleichzeitig im Volumenbereich $V_1$ befinden dementsprechend $(V_1/V_2)^2$, und für den Fall, dass sich alle $N$ Teilchen gleichzeitig im Volumenbereich $V_1$ befinden, gilt: $W_2/W_1 = (V_1/V_2)^N = (1/2)^N$ mit $V_2 = 2\,V_1$. Bei nur 10 Teilchen ergibt sich ein Wahrscheinlichkeitsverhältnis von 1 : 1 024 und bei 50 Teilchen ein Wahrscheinlichkeitsverhältnis von 1 zu $1{,}13 \cdot 10^{15}$. Würde man jede Sekunde alle Teilchen lokalisieren, müsste man bei 10 Teilchen ca. 17 Minuten und bei 50 Teilchen 36 Millionen Jahre warten, bis der Zustand eintritt, bei dem sich alle Teilchen im Teilvolumen $V_1$ befinden. Wird die große Teilchenzahl beispielsweise von realen Gasen von $10^{19}$ pro $cm^3$ (bei Normbedingungen) berücksichtigt, ist sofort verständlich, dass stets der Zustand mit der größten Wahrscheinlichkeit eintritt und die Entropie von allein nicht abnehmen kann, sondern dem größtmöglichen Wert bei der Gleichverteilung annimmt.

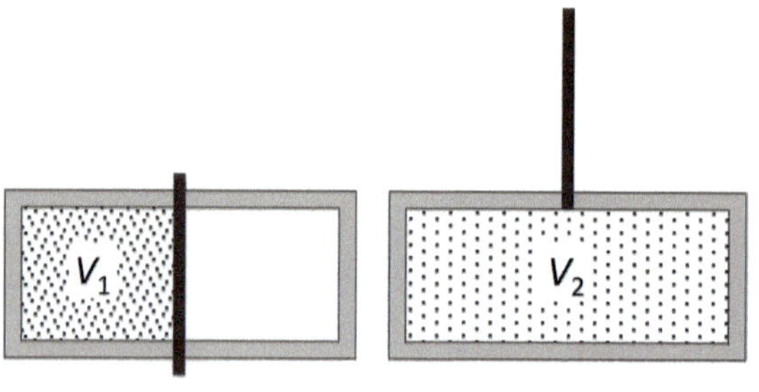


**Bild 5.3**
Ausdehnung eines Gases vom Volumen $V_1$ auf das Volumen $V_2 = 2\,V_1$ nach Entfernen einer Trennwand

## Innere Energie

Die innere Energie $U$ eines Systems ist die Summe der kinetischen Energien (Translations-, Rotations- und Schwingungsenergien), der gegenseitigen potentiellen Energien und der chemischen Bindungsenergien aller Teilchen sowie eventuell vorhandener Strahlungsenergie innerhalb des Systems. Gemäß dem Gleichverteilungssatz (auch Äquipartitionstheorem genannt) ist die kinetische Energie der Teilchen im thermischen Gleichgewicht auf alle Freiheitsgrade der Bewegung (Translation, Rotation und Schwingung) gleichmäßig verteilt. Beispielsweise haben einzelne, als Massepunkte idealisierte Atome jeweils nur drei translatorische Freiheitsgrade, während ein zweiatomiges lineares (gestrecktes) Molekül drei translatorische, zwei rotatorische und einen Schwingungsfreiheitsgrad hat. Die innere Energie ist die gesamte für thermodynamische Umwandlungsprozesse zur Verfügung stehende Energie eines physikalischen Systems. Welche Energieanteile bei dieser Betrachtung zu berücksichtigen sind, ist abhängig von der Art der ablaufenden Umwandlungsprozesse.

Dementsprechend müssen Energieanteile, die bei den zu betrachtenden Prozessen konstant bleiben, nicht berücksichtigt werden. Bei einer Änderung der inneren Energie wird Wärme zwischen dem System und seiner Umgebung ausgetauscht und/oder mechanische Arbeit verrichtet. Die infinitesimale Änderung der inneren Energie ist gegeben durch die *Gibbs'sche Fundamentalgleichung* (J. W. Gibbs, 1839–1903):

$$\mathrm{d}U = T\,\mathrm{d}S - p\,\mathrm{d}V + \mu\,\mathrm{d}N \tag{5.13}$$

In einem isolierten System, das nicht mit seiner Umgebung wechselwirkt und bei dem folglich Volumen und Teilchenzahl konstant sind ($\mathrm{d}S = 0$, $\mathrm{d}V = 0$, $\mathrm{d}N = 0$) gilt daher: $\mathrm{d}U = 0$, d. h. auch die innere Energie ist in einem isolierten System konstant. Die besondere Bedeutung der inneren Energie eines Systems kommt im 1. Hauptsatz der Thermodynamik, der in Abschnitt 5.3.2 behandelt wird, zum Ausdruck.

### Freie Energie

Die freie Energie (auch Helmholtz-Potential, Helmholtz'sche freie Energie oder Helmholtz-Energie nach H. von Helmholtz, 1821–1894, genannt) ergibt sich aus der inneren Energie $U$, der Temperatur $T$ und der Entropie $S$ eines Systems:

$$F(T,V,N) = U - TS \tag{5.14a}$$

$$\mathrm{d}F = -S\,\mathrm{d}T - p\,\mathrm{d}V + \mu\,\mathrm{d}N \tag{5.14b}$$

Ein System, dessen Temperatur und Volumen konstant sind, nimmt von allen möglichen Zuständen denjenigen als Gleichgewichtszustand ein, bei dem die freie Energie ein Minimum aufweist (Minimumsprinzip der freien Energie). Geht ein System über einen reversiblen (umkehrbaren) Prozess in einen energieärmeren Zustand mit derselben Temperatur über, so gibt der Unterschied der freien Energien der beiden Zustände an, welcher Anteil der Energie in Wärme oder in mechanische Arbeit umgewandelt wird. Die freie Energie ist eine Fundamentalfunktion der Thermodynamik, da sich aus ihr die gesamte thermodynamische Information über ein System ableiten lässt. Voraussetzung dafür ist, dass die freie Energie als Funktion ihrer *natürlichen Variablen* Temperatur $T$, Volumen $V$ und Teilchenzahl $N$ gegeben ist. Wird die freie Energie als Funktion anderer Variablen angegeben, enthält sie nicht mehr die vollständige thermodynamische Information. Auch die innere Energie ist eine Fundamentalfunktion der Thermodynamik, wenn sie als Funktion ihrer natürlichen Variablen Entropie $S$, Volumen $V$ und Teilchenzahl $N$ gegeben ist. Der Übergang zu anderen Variablensätzen erfordert die Anwendung der sogenannten Legendre-Transformation (A.-M. Legendre, 1752–1833), wenn er ohne Informationsverlust geschehen soll.

### Enthalpie

Die Enthalpie (früher auch Wärmeinhalt genannt) eines thermodynamischen Systems ist die Summe aus der inneren Energie und dem Produkt aus Druck und Volumen:

$$H(S,p,N) = U + pV \tag{5.15a}$$

$$\mathrm{d}H = T\,\mathrm{d}S + V\,\mathrm{d}p + \mu\,\mathrm{d}N \tag{5.15b}$$

Wie die innere Energie $U$ und die freie Energie $F$ hat auch die Enthalpie $H$ die SI-Einheit Joule: $[U] = [F] = [H] = \mathrm{J}$. Die natürlichen Variablen der Enthalpie $H$ sind die Entropie $S$, der

Druck $p$ und die Teilchenzahl $N$. Die molare Enthalpie $H_{\text{mol}}$ (SI-Einheit: J/mol) ist die auf die Stoffmenge $n$ und die spezifische Enthalpie $h$ (SI-Einheit: J/kg) ist die auf die Masse $m$ bezogene Enthalpie:

$$H_{\text{mol}} = \frac{H}{n} \tag{5.16a}$$

$$h = \frac{H}{m} \tag{5.16b}$$

Während die Enthalpie eine extensive Zustandsgröße ist und mit der Systemgröße skaliert, sind die molare und die spezifische Enthalpie intensive Zustandsgrößen und damit von der Systemgröße unabhängig. Gemäß der Gl. (5.15b) ist die Änderung der Enthalpie: $\mathrm{d}H = \mathrm{d}U + p\,\mathrm{d}V + V\,\mathrm{d}p$ und bei einem Prozess mit konstantem Druck ($\mathrm{d}p = 0$) gilt somit: $\mathrm{d}H = \mathrm{d}U + p\,\mathrm{d}V$. Dieser Ausdruck lässt sich anschaulich als Energie interpretieren, die dem System zuzuführen ist, wenn dessen innere Energie um $\mathrm{d}U$ erhöht werden soll und das System gleichzeitig einen Teil der zugeführten Energie in Volumenarbeit $p\,\mathrm{d}V$ umsetzt. Dementsprechend ist bei Prozessen mit konstantem Druck (isobare Prozesse), die in der Chemie und der Technik häufig vorkommen, die Enthalpieänderung $\mathrm{d}H$ gleich dem Wärmeumsatz, sofern das System nur Volumenarbeit $p\,\mathrm{d}V$ verrichtet.

### Gibbs-Energie

Die Gibbs-Energie (auch freie Enthalpie genannt) eines thermodynamischen Systems ergibt sich aus der Summe der inneren Energie und dem Produkt aus Druck und Volumen abzüglich des Produktes aus Temperatur und Entropie:

$$G(T, p, N) = U - TS + pV = F(T, V, N) + pV = H(S, p, N) - TS \tag{5.17a}$$

$$\mathrm{d}G = -S\,\mathrm{d}T + V\,\mathrm{d}p + \mu\,\mathrm{d}N \tag{5.17b}$$

Die natürlichen Variablen der Gibbs-Energie $G$ sind die Temperatur $T$, der Druck $p$ und die Teilchenzahl $N$. Die molare Gibbs-Energie $G_{\text{mol}}$ (SI-Einheit: J/mol) ist die auf die Stoffmenge $n$ und die spezifische Gibbs-Energie $g$ (SI-Einheit: J/kg) ist die auf die Masse $m$ bezogene Gibbs-Energie:

$$G_{\text{mol}} = \frac{G}{n} \tag{5.18a}$$

$$g = \frac{G}{m} \tag{5.18b}$$

Während die Gibbs-Energie eine extensive Zustandsgröße ist und mit der Systemgröße skaliert, sind die molare und die spezifische Gibbs-Energie intensive Zustandsgrößen und damit von der Systemgröße unabhängig.

Obgleich auch die Gibbs-Energie in Joule gemessen wird, ist sie aber keine Energieform, wie beispielsweise die kinetische Energie oder die innere Energie des Systems oder eine umgesetzte Reaktionswärme, und darf bei der Berechnung der Gesamtenergie nicht mitbilanziert werden. Vielmehr eignet sich die Gibbs-Energie als Gleichgewichtskriterium für physikalisch-technische oder chemische Prozesse: In einem thermodynamischen System laufen Zustandsänderungen selbstständig ab, wenn dabei die Gesamtentropie des Systems und seiner Umgebung größer wird. Solche Zustandsänderungen bei konstanter Temperatur (isotherm) und konstantem Druck (isobar), bei denen sich die Gesamtentropie des Systems und seiner Umgebung erhöht, bewirken eine Verringerung der Gibbs-Energie des Systems. Ist das System geschlossen wird nach der Zustandsänderung der Gleichgewichtszustand mit minimaler Gibbs-Energie erreicht.

Auch für mehrphasige Substanzen oder sogar Mischungen mehrerer Substanzen eignet sich die Gibbs-Energie als Gleichgewichtskriterium: so sind zwei Phasen einer Substanz genau dann im Gleichgewicht, wenn die molaren bzw. die spezifischen Gibbs-Energien der Substanz in beiden Phasen gleich sind. Bestehen die Phasen aus Mischungen mehrerer Substanzen, gilt dieses Gleichgewichtskriterium für jede in der Mischung enthaltene Substanz separat. In einem System mit nur einer Phase einer Substanz ist das chemische Potential $\mu$ gleich der molaren Gibbs-Energie $G_{\text{mol}}$. In einem System mit mehreren Phasen einer Substanz sind die chemischen Potentiale gleich den partiellen molaren Gibbs-Energien.

## 5.1.3 Thermische Ausdehnung von Festkörpern

Unter thermischer Ausdehnung (auch thermische Expansion) versteht man die Änderung der geometrischen Abmessungen (Länge, Flächeninhalt, Volumen) eines Festkörpers, aufgrund der Veränderung seiner Temperatur. Die Umkehrung dieses Vorganges durch die Abkühlung wird als *thermische Kontraktion* bezeichnet.

### Thermische Längenausdehnung bei Festkörpern

Obgleich sich erwärmte Körper nach allen Richtungen hin ausdehnen, ist häufig nur ihre Längenänderung von Interesse. Diese ist der ursprünglichen Länge $l_0$ und der Temperaturänderung $\Delta T = T - T_0$ im Rahmen der linearen Näherung direkt proportional. Der Proportionalitätsfaktor ist für das jeweilige Material charakteristisch und wird thermischer linearer *Längenausdehnungskoeffizient* $\alpha$ genannt und hat die SI-Einheit $[\alpha] = \text{K}^{-1}$ (Tabelle 5.3). Bei anisotropen Festkörpern ist der Längenausdehnungskoeffizient $\alpha$ richtungsabhängig. Für die thermische Längenänderung $\Delta l$ gilt somit:

$$\Delta l = \alpha l_0 \, \Delta T = \alpha l_0 (T - T_0) \tag{5.19}$$

**Tabelle 5.3** Thermischer linearer Längenausdehnungskoeffizient $\alpha$ einiger fester Stoffe in $10^{-6}\ \text{K}^{-1}$ (im Temperaturbereich von 0 °C bis 100 °C)

| | | | |
|---|---|---|---|
| Aluminium | 24 | Beton | 12 |
| Blei | 30 | Diamant | 1,18 |
| Eisen, rein | 12 | Glas | 6...9 |
| Kupfer | 17 | Graphit | 1,9...2,9 |
| Messing | 18 | Hartgummi | 80 |
| Platin | 8,5 | Kalkstein | 4 |
| V2A-Stahl | 16 | Silizium | 2,6 |
| Wolfram | 4,5 | Quarzglas | 0,54 |
| Zink | 27 | Ziegelstein | 5 |

Wenn $l_0$ die ursprüngliche Länge eines Stabes (Bild 5.4) bei der Anfangstemperatur $T_0$ ist, verlängert er sich bei der Erwärmung auf die Temperatur $T > T_0$ um $\Delta l$ auf die Länge: $l = l_0 + \Delta l = l_0\left(1+\alpha\,\Delta T\right) = l_0\left(1+\alpha\left(T-T_0\right)\right)$. Bei Abkühlung $T < T_0$ ergibt sich eine negative Längenänderung mit $\Delta l < 0$, also eine Verkürzung.

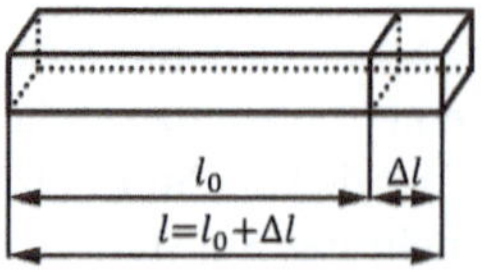


**Bild 5.4**
Längenausdehnung eines quaderförmigen Stabes

Bei größeren Temperaturänderungen $\Delta T$ ist jedoch die lineare Näherung der Gl. (5.19) aufgrund zunehmender Ungenauigkeit nicht mehr adäquat. Eine bessere Näherung der thermischen Längenänderung ergibt sich mit dem Ansatz, dass der Längenausdehnungskoeffizient eine lineare Funktion der Temperaturänderung $\Delta T$ ist:

$$\alpha \to \tilde{\alpha}\left(\Delta T\right) = \alpha + \alpha_2\,\Delta T \tag{5.20}$$

Dann gilt für die Länge:

$$l = l_0 + \Delta l = l_0\left[1+\alpha\,\Delta T + \alpha_2\left(\Delta T\right)^2\right] \tag{5.21}$$

Der Term mit dem Temperaturkoeffizienten $\alpha_2$ ist jedoch erst bei höheren Temperaturen relevant. Für Platin gelten beispielsweise folgende Werte: $\alpha = 8{,}5 \cdot 10^{-6}\ \mathrm{K}^{-1}$ und $\alpha_2 = 3{,}5 \cdot 10^{-9}\ \mathrm{K}^{-2}$. Um nun die Genauigkeit der Längenänderung noch weiter zu erhöhen, wird im nächsten Schritt der zweite Temperaturkoeffizient als lineare Funktion der Temperaturänderung $\Delta T$ angenommen:

$$\alpha_2 \to \tilde{\alpha}_2\left(\Delta T\right) = \alpha_2 + \alpha_3\,\Delta T \tag{5.22}$$

sodass dann gilt:

$$l = l_0 + \Delta l = l_0\left[1+\alpha\,\Delta T + \alpha_2\left(\Delta T\right)^2 + \alpha_3\left(\Delta T\right)^3\right] \tag{5.23}$$

Ein thermischer linearer Längenausdehnungskoeffizient von beispielsweise $\alpha = 24 \cdot 10^{-6}\ \mathrm{K}^{-1}$ bei Aluminium bedeutet, dass sich ein $l_0 = 1\,000$ m langes Aluminiumstück bei einer Temperaturerhöhung von $\Delta T = 1$ K um $\Delta l = 2{,}4$ cm ausdehnt.

Dieses Verfahren der schrittweisen Annäherung mittels zunehmender Anzahl von Summanden einer Potenzreihe

$$f\left(x\right) = a_0 + a_1\,x + a_2\,x^2 + a_3\,x^3 + \ldots = \sum_{k=1}^{\infty} a_k x^k \tag{5.24}$$

ist nicht nur für den vorliegenden Fall der Wärmeausdehnung, sondern auch bei vielen anderen Sachverhalten nützlich, wenn es sich um die Erfassung komplizierterer funktioneller Abhängigkeiten physikalischer Größen handelt. Die einfache lineare Beziehung, wie in Gl. (5.19), kann also nur dann angewandt werden, wenn alle Glieder mit höheren Potenzen vernachlässigbar sind. Wird noch das quadratische Glied, wie in Gl. (5.21) berücksichtigt, hat die entsprechende Näherungskurve die Form einer Parabel, die sich dem tatsächlichen Verlauf der Funktion der Längenausdehnung im Allgemeinen bereits recht gut asymptotisch annähert. Für die allgemeine Form der thermischen Längenausdehnung mit einem temperaturabhängigen Längenausdehnungskoeffizienten $\alpha(T)$ gilt:

$$l(T) = l_0 \exp\left( \int_{T_0}^{T} \alpha(T')\,\mathrm{d}T' \right) \tag{5.25}$$

Wenn gilt $\alpha(T') = \alpha(T) = \alpha(T_0) = \alpha = \text{konstant}$, ergibt sich für die thermische Längenausdehnung folgender funktionaler Zusammenhang:

$$\begin{aligned} l(T) &= l_0 \exp(\alpha\,\Delta T) = l_0 \exp(\alpha(T - T_0)) = l_0 \sum_{k=0}^{\infty} \frac{(\alpha\,\Delta T)^k}{k!} \\ &= l_0 \left( 1 + \alpha\,\Delta T + \frac{\alpha^2 (\Delta T)^2}{2} + \frac{\alpha^3 (\Delta T)^3}{6} + \frac{\alpha^4 (\Delta T)^4}{24} + \ldots \right) \end{aligned} \tag{5.26}$$

Bei sehr lang gestreckten Körpern macht sich die Wärmeausdehnung oft störend bemerkbar: Beispielsweise können im Freien gespannte Drähte bei großer Kälte reißen, Eisenbahnschienen werden oft durch Stoßfugen getrennt, Brücken und Fachwerke auf Rollenlager gesetzt. Bei Rohrleitungen wird die Längenänderung durch elastische Dehnungsglieder kompensiert.

**Beispiel**

Um wieviel verlängert sich eine 25 m lange Eisenbahnschiene bei Erwärmung um 30 K?

Mit dem Tabellenwert $\alpha = 0{,}000\,012\ \mathrm{K}^{-1}$ ergibt sich in linearer Näherung:
$\Delta l = \alpha\, l_0\, \Delta T = 25\ \mathrm{m} \cdot 0{,}000\,012\ \mathrm{K}^{-1} \cdot 30\ \mathrm{K} = 9\ \mathrm{mm}$.

### Thermische Flächen- und Volumenausdehnung bei Festkörpern

In Analogie zur thermischen Längenausdehnung kann auch die thermische Flächen- und Volumenausdehnung von Festkörpern behandelt werden. Für die Fläche $A_0 = l_0^2$ eines Quadrats mit der Kantenlänge $l_0$ ergibt sich mit der linearen Näherung $l = l_0 + \Delta l = l_0 (1 + \alpha\,\Delta T)$ für die thermische Flächenausdehnung:

$$A = l^2 = l_0^2 (1 + \alpha\,\Delta T)^2 = l_0^2 \left(1 + 2\alpha\,\Delta T + (\alpha\,\Delta T)^2\right) \approx A_0 (1 + \beta\,\Delta T) \tag{5.27}$$

Hierbei wurde der Term $(\alpha\,\Delta T)^2$ für nicht zu große Temperaturänderungen vernachlässigt, da $\alpha^2 \ll \alpha$. Die Größe $\beta = 2\alpha$ ist der thermische lineare *Flächenausdehnungskoeffizient*. Entsprechend gilt für das Volumen $V_0 = l_0^3$ eines Würfels mit der Kantenlänge $l_0$ mit der linearen Näherung $l = l_0 + \Delta l = l_0 (1 + \alpha\,\Delta T)$ für die thermische Volumenausdehnung:

$$V = \ell^3 = \ell_0^3 (1 + \alpha\,\Delta T)^3 = \ell_0^3 \left(1 + 3\alpha\,\Delta T + 3(\alpha\,\Delta T)^2 + (\alpha\,\Delta T)^3\right) \approx V_0 (1 + \gamma\,\Delta T) \tag{5.28}$$

Hierbei wurden die Terme $(\alpha\,\Delta T)^2$ und $(\alpha\,\Delta T)^3$ für nicht zu große Temperaturänderungen vernachlässigt, da $\alpha^3 \ll \alpha^2 \ll \alpha$. Die Größe $\gamma = 3\alpha$ ist der thermische lineare *Volumenausdehnungskoeffizient*. Da man jede Körperoberfläche in infinitesimale kleine Quadrate bzw. jeden Körper in infinitesimale kleine Würfel mathematisch zerlegen kann, gelten Gl. (5.27) und Gl. (5.28) in dieser linearen Näherung auch für beliebige isotrope Körper. Die SI-Einheit des linearen Flächen- und linearen Volumenausdehnungskoeffizienten ist: $[\alpha] = [\beta] = [\gamma] = \mathrm{K}^{-1}$.

In Analogie zu Gl. (5.25) gilt für die allgemeine Form der thermischen Volumenausdehnung mit einem temperaturabhängigen Volumenausdehnungskoeffizienten $\gamma(T)$:

$$V(T) = V_0 \exp\left( \int_{T_0}^{T} \gamma(T')\,\mathrm{d}T' \right) \tag{5.29}$$

Wenn gilt $\gamma(T') = \gamma(T) = \gamma(T_0) = \gamma = \text{konstant}$, ergibt sich für die thermische Volumenausdehnung folgender funktionaler Zusammenhang:

$$V(T) = V_0 \exp(\gamma\,\Delta T) = V_0 \exp(\gamma(T - T_0)) = V_0 \sum_{k=0}^{\infty} \frac{(\gamma\,\Delta T)^k}{k!} \tag{5.30}$$

Als unmittelbare Folge der thermischen Volumenausdehnung muss sich bei jeder Temperaturänderung auch die Massendichte des betreffenden Körpers ändern, da die Masse nicht von der Temperatur abhängig ist. Daher muss bei der exakten Angabe der Massendichte eines Materials stets die zugehörige Temperatur angegeben werden. Wird nun die Massendichte bei der Bezugstemperatur $T_0$ mit $\varrho_0 = m/V_0$ bezeichnet und hat sie bei der beliebigen Temperatur $T$ den Wert $\varrho(T) = m/V$, so gilt im Rahmen der Näherung der linearen Volumenausdehnung:

$$\varrho(T) = \frac{m}{V_0(1 + \gamma\,\Delta T)} = \frac{\varrho_0}{1 + \gamma\,\Delta T} = \frac{\varrho_0}{1 + \gamma\,(T - T_0)} \tag{5.31}$$

Für einen temperaturabhängigen Volumenausdehnungskoeffizienten gilt für die Temperaturabhängigkeit der Massendichte:

$$\varrho(T) = \varrho_0 \exp\left( -\int_{T_0}^{T} \gamma(T')\,\mathrm{d}T' \right) \tag{5.32}$$

Bei vielen Materialien nimmt die Massendichte mit abnehmender Temperatur zu, auch wenn sich dabei der Aggregatzustand beispielsweise von flüssig nach fest ändert. Es gibt jedoch Materialien, die eine *Dichteanomalie* aufweisen, d. h. die Massendichte des Materials verringert sich unterhalb einer bestimmten Temperatur bei Temperaturabnahme, was einer Volumenausdehnung entspricht (negative thermische Volumenausdehnung). Dichteanomalien treten bei den chemischen Elementen Antimon, Bismut, Gallium, Germanium, Silizium und Tellur und einigen Legierungen und chemischen Verbindungen wie beispielsweise Zinkcyanid auf. Der bekannteste Vertreter mit einer Dichteanomalie ist Wasser (Bild 5.5).

Bei Normalluftdruck (101,325 kPa) hat Wasser seine größte Massendichte mit einem Wert von (999,974 950 ± 0,000 84) kg/m$^3$ bei einer Temperatur von (3,983 ± 0,000 67) °C und ist flüssig. Unterhalb von 3,983 °C dehnt sich Wasser bei weiterer Temperaturverringerung auch beim Wechsel zum festen Aggregatzustand wieder aus. Die Dichteanomalie des Wassers liegt demnach im Temperaturbereich zwischen 0 °C und 3,983 °C. Die Massendichte des Eises und deren Temperaturabhängigkeit verhalten sich unterhalb des Gefrierpunktes normal, wenn auch die Massendichte des Eises geringer ist als die des flüssigen Wassers (Bild 5.5). Die Temperatur, bei der Wasser die größte Massendichte erreicht, sinkt mit steigendem Luftdruck von 3,983 °C bei 1 bar (Normalluftdruck) auf ca. 2 °C bei einem Druck von 100 bar bzw. auf ca. 0 °C bei einem Druck von 200 bar.

Die Dichteanomalie des Wassers hat zur Folge, dass beim Abkühlen von Gewässern die Anteile mit einer Temperatur von 3,983 °C und der größten Massendichte nach unten sinken. Darüber liegen die kälteren, aber leichteren Wasserschichten, und es erfolgt ein Zufrieren des Gewässers von der Gewässeroberfläche ausgehend. Eine Durchmischung der diesbezüglich unterschiedlichen Schichten findet nicht statt, da die kälteren Wasserschichten mit der geringeren Dichte nicht absinken.

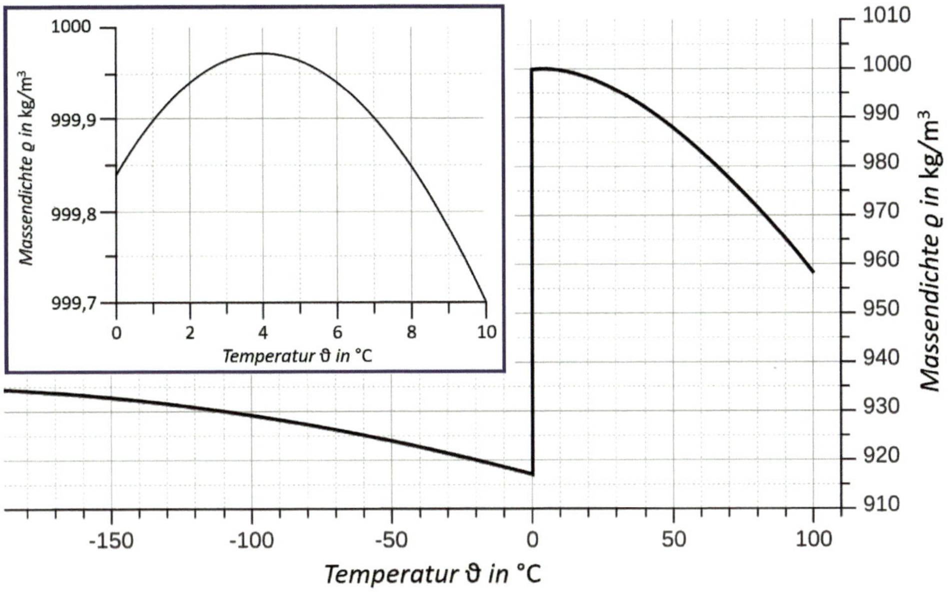


**Bild 5.5** Massendichte von Eis und Wasser im Temperaturbereich von −190 °C bis 100 °C sowie im Temperaturbereich der Dichteanomalie von 0 °C bis 10 °C bei Normalluftdruck von 101,325 kPa

Der Grund für die Dichteanomalie des Wassers sind die Wasserstoffbrückenbindungen zwischen den einzelnen Wassermolekülen ($H_2O$). Aufgrund der Wasserstoffbrückenbindungen ist der Raumbedarf des gefrorenen Wassers größer als der des flüssigen Wassers. Die Strukturbildung über die Wasserstoffbrückenbindungen beginnt bereits im flüssigen Aggregatzustand durch die Formierung von Clustern bestehend aus Wassermolekülen. Bei einer Temperatur von 3,983 °C (bei Normalluftdruck) ist der Zustand erreicht, bei dem die einzelnen Cluster das geringste Volumen einnehmen und das flüssige Wasser damit die größte Dichte aufweist.

Die thermische Volumenänderung von Flüssigkeiten kann im Rahmen der linearen Näherung ebenfalls mit Gl. (5.28) beschrieben werden. Bei der Ausdehnung von Flüssigkeiten in Gefäßen wird oft der *scheinbare Volumenausdehnungskoeffizient* $\gamma_{\text{scheinbar}}$ verwendet:

$$\gamma_{\text{scheinbar}} = \gamma_{\text{Flüssigkeit}} - 3\alpha_{\text{Gefäß}} \tag{5.33}$$

Dadurch wird berücksichtigt, dass bei sich bei einer Temperaturänderung um $\Delta T$ das Volumen der Flüssigkeit um den Wert $V_0\,\gamma_{\text{Flüssigkeit}}\,\Delta T$ und das Fassungsvermögen des Gefäßes sich um den Wert $V_0\,3\alpha_{\text{Gefäß}}\,\Delta T$ ändern. In der Tabelle 5.4 ist der Volumenausdehnungskoeffizient einiger Flüssigkeiten bei einer Temperatur von $T_0 = 293{,}15$ K = 20 °C angegeben.

**Tabelle 5.4** Volumenausdehnungskoeffizient $\gamma_{\text{Flüssigkeit}}$ einiger Flüssigkeiten in $10^{-3}$ $K^{-1}$ bei einer Temperatur von $T_0 = 293{,}15$ K = 20 °C

| | | | |
|---|---|---|---|
| Azeton | 1,43 | Olivenöl | 0,72 |
| Benzol | 1,06 | Petroleum | 0,96 |
| Ethanol | 1,10 | Quecksilber | 1,81 |
| Heizöl | 0,96 | Wasser | 0,18 |

# 5.2 Kinetische Gastheorie

Im Rahmen der kinetischen Gastheorie werden die thermodynamischen Eigenschaften von Gasen und insbesondere makroskopische Größen wie die Temperatur oder die Wärme mikroskopisch erklärt. Die erst vollständige Theorie stammt von D. Bernoulli (1700–1782) aus dem Jahre 1738. Erweitert wurde die kinetische Gastheorie Mitte des 19. Jahrhunderts durch die Arbeiten von R. Clausius, J. C. Maxwell (1831–1879) und L. E. Boltzmann. Die kinetische Gastheorie basiert auf den folgenden idealisierenden Annahmen:

- Die Teilchen eines Gases (z. B. Atome oder Moleküle) sind elektrisch neutral, punktförmig und haben damit ein vernachlässigbares Eigenvolumen sowie keine innere Struktur und befinden sich ständig in einer ungeordneten, rein translatorischen Bewegung, die statistischen Gesetzmäßigkeiten genügt. Insbesondere ist das gesamte Eigenvolumen aller Gasteilchen vernachlässigbar klein im Vergleich zu dem Volumen, das vom Gas ausgefüllt wird.
- Zwischen den vollständig elastischen Stößen bewegen sich die Gasteilchen gleichförmig und unabhängig voneinander, ohne Bevorzugung einer bestimmten Raumrichtung (Isotropie des Raumes).
- Die Gasteilchen üben keine Kräfte aufeinander aus, solange sie sich nicht während eines Stoßes gegenseitig berühren (keine Fernwirkungen zwischen den Gasteilchen).
- Die vollkommen zufällig stattfindenden Zusammenstöße der Gasteilchen untereinander und mit den Gefäßwänden sind ausschließlich vollständig elastische Stöße. Bei den Zusammenstößen untereinander sind stets nur zwei Gasteilchen beteiligt (nur Paar-Stöße zwischen den Gasteilchen).
- Das Teilchen des Gases können nicht kondensieren, d. h. das Gas bleibt stets gasförmig und kann nicht verflüssigt werden.

Diese Idealisierungen bilden zusammen das *Modell des idealen Gases*. Jedes einzelne Gasteilchen ändert als Folge der Zusammenstöße ständig seinen Impuls, seine kinetische Energie und seine Bewegungsrichtung. Insgesamt aber bleibt die Summe über die kinetischen Energien aller Gasteilchen konstant, wenn keine Energie nach außen an die Umgebung abgegeben wird. Da es nicht möglich, aber auch nicht sinnvoll ist, die dauernd wechselnde Geschwindigkeit jedes einzelnen Gasteilchens rechnerisch zu erfassen, ist für die weiteren Betrachtungen der mittlere Geschwindigkeitsbetrag, der für alle Gasteilchen gilt, relevant. Mit dieser mittleren Geschwindigkeit stoßen die Gasteilchen gegen die Gefäßwände und üben auf diese eine Kraft aus, infolge dessen ein messbarer Druck des Gases entsteht.

## 5.2.1 Maxwell-Boltzmann-Verteilung

Gemäß den Modellvorstellungen der kinetischen Gastheorie bewegen sich die Gasteilchen in einem Gefäß ungeordnet und stoßen rein elastisch und vollkommen zufällig mit anderen Gasteilchen sowie mit den Gefäßwänden zusammen. Für die weitere Diskussion wird angenommen, dass das einschließende Volumen ein Würfel ist und je $1/6$ aller Teilchen in senkrechter Richtung auf je eine Würfelfläche prallt. Diese statistische Annahme ist für eine große Gasteilchenzahl gerechtfertigt. In dem Würfelvolumen $V$ seien $N$ Gasteilchen mit der

Teilchenmasse $m_T$ und der durchschnittlichen Geschwindigkeit $v$ enthalten. Die Teilchenzahldichte beträgt somit $N/V$ und wird als konstant im gesamten Raumgebiet des Würfels angenommen. Im Zeitraum $dt$ stoßen $dN$ Gasteilchen gegen eine Würfelfläche $A$, die in einem quaderförmigen Teilvolumen $dV$ mit der Länge $v\,dt$ und dem Querschnitt $A$ enthalten sind (Bild 5.6), d. h. es gilt:

$$\frac{6\,dN}{N} = \frac{dV}{V} \quad \Rightarrow \quad dN = \frac{N}{6} \cdot \frac{dV}{V} = \frac{N}{6} \cdot \frac{A v\,dt}{V} \tag{5.34}$$

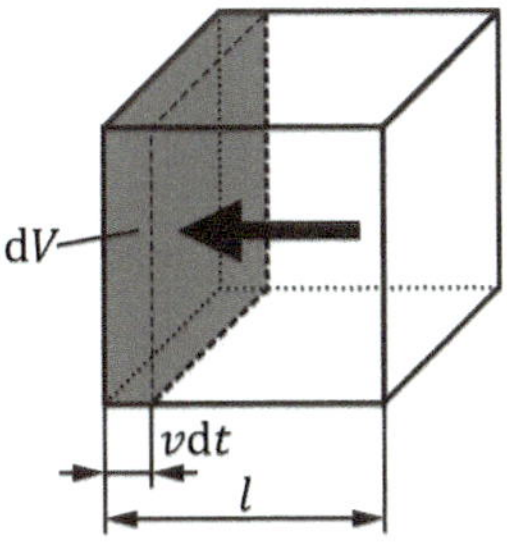


**Bild 5.6**
Zur Herleitung der Grundgleichung der kinetischen Gastheorie

Dabei ist die durchschnittliche Geschwindigkeit vor dem Stoß $+v$ und nach der Reflexion an der starren Würfelwand $-v$. Dies ergibt eine durchschnittliche Impulsänderung von $2\,m_T v$ pro Gasteilchen. Alle $dN$ Gasteilchen ergeben die gesamte Impulsänderung:

$$2 m_T\, v\, dN = \frac{N\, m_T\, A \overline{v}^2}{3V}\, dt = F\, dt \tag{5.35}$$

Dabei ist $\overline{v}^2$ der arithmetische Mittelwert des Geschwindigkeitsquadrats $v^2$ für $N$ Teilchen. Allgemein gilt für das mittlere Geschwindigkeitsquadrat von $N$ Gasteilchen im dreidimensionalen Fall:

$$\overline{v}^2 = \overline{v}_x^2 + \overline{v}_y^2 + \overline{v}_z^2 = \frac{1}{N}\sum_{i=1}^{N} v_{x,i}^2 + \frac{1}{N}\sum_{i=1}^{N} v_{y,i}^2 + \frac{1}{N}\sum_{i=1}^{N} v_{z,i}^2 \tag{5.36}$$

Wenn alle drei Raumrichtungen statistisch gleichberechtigt sind, gilt: $\overline{v}^2 = 3\,\overline{v}_x^2 = 3\,\overline{v}_y^2 = 3\,\overline{v}_z^2$. Bei der vorliegenden Betrachtung wurden jedoch vereinfachend nur Stöße entlang einer Koordinatenachse gegen eine der sechs Würfelflächen betrachtet.

Mit dem Betrag der Kraft $F$ der gleich der zeitlichen Änderung des Impulses ist, folgt für den Gasdruck $p$ in dem Würfel:

$$p = \frac{F}{A} = \frac{N\, m_T\, \overline{v}^2}{3V} = \frac{1}{3}\,\varrho\, \overline{v}^2 \tag{5.37}$$

Dabei wurde für die Gesamtmasse des Gases $m = N m_T$ und für die Massendichte des Gases $\varrho = m/V$ eingesetzt. Gl. (5.37) ist eine Variante der Grundgleichung der kinetischen Gastheorie. Der Druck eines Gases ist somit auf die ungeordnete Bewegung der Gasteilchen zurückgeführt worden. Werden beide Seiten der Gl. (5.37) mit dem Volumen $V$ multipliziert, ergibt sich die bekannte Form der Grundgleichung der kinetischen Gastheorie:

$$p\,V = \frac{1}{3}\, N\, m_T\, \overline{v}^2 \tag{5.38}$$

Aus dieser Gleichung wird in Abschnitt 5.2.3 die Gleichung des idealen Gases abgleitet.

Bei den vorangegangenen Betrachtungen wurde nur die mittlere Geschwindigkeit der Gasteilchen berücksichtigt. Tatsächlich nehmen die Gasteilchen infolge der fortgesetzten zentrale und schiefen Zusammenstöße die verschiedensten Geschwindigkeiten an. Es können bei einer entsprechenden Anzahl von aufeinanderfolgenden Stößen sowohl sehr große als auch sehr kleine Geschwindigkeiten auftreten. Bei der sehr großen Anzahl der Gasteilchen sind somit viele unterschiedliche Geschwindigkeitsbeträge möglich. Aufgrund wahrscheinlichkeitstheoretischer Überlegungen gelang es Maxwell und Boltzmann 1860 die nach ihnen benannte *Maxwell-Boltzmann-Geschwindigkeitsverteilung* (auch als Maxwell'sche Geschwindigkeitsverteilung bezeichnet) anzugeben:

$$\rho(v) = 4\pi \left( \frac{m_T}{2\pi k_B T} \right)^{3/2} v^2 \exp\left( -\frac{m_T v^2}{2k_B T} \right) \quad \text{mit} \int_0^\infty \rho(v)\,dv = 1 \tag{5.39}$$

$\rho(v)$ ist die Wahrscheinlichkeitsdichtefunktion, die bei der Integration über alle möglichen Wahrscheinlichskeitswerte die Gesamtwahrscheinlichkeit 1 ergibt. Der Exponentialfunktionsterm $\exp\left(-m_T v^2/(2k_B T)\right) = \exp\left(-M v^2/(2RT)\right)$ wird Boltzmann-Faktor genannt. Gemäß den Gesetzen der Wahrscheinlichkeitsrechnung ergibt das Integral der Wahrscheinlichkeitsdichtefunktion $\rho(v)$ über alle möglichen Geschwindigkeitsbeträge $0 \le v < \infty$ den Wert 1. Aus dem Ausdruck (Gl. (5.39)) lässt sich bei einer gegebenen Temperatur $T$ der Anteil $dN/N$ von Gasteilchen bestimmen, der in einem bestimmten Geschwindigkeitsintervall $dv$anzutreffen ist:

$$\frac{dN}{N} = \rho(v)\,dv = 4\pi \left( \frac{m_T}{2\pi k_B T} \right)^{3/2} v^2 \exp\left( -\frac{m_T v^2}{2k_B T} \right) dv \tag{5.40}$$

Mit der Maxwell-Boltzmann-Geschwindigkeitsverteilung lassen sich drei charakteristische Geschwindigkeiten berechnen. Aus dem Maximum der Wahrscheinlichkeitsdichtefunktion lässt sich die wahrscheinlichste, also die am häufigsten vorkommende, Geschwindigkeit $\hat{v}$ berechnen:

$$\frac{d\rho(v)}{dv} = 0 \quad \Rightarrow \quad \hat{v} = \sqrt{\frac{2k_B T}{m_T}} = \sqrt{\frac{2RT}{M}} \tag{5.41}$$

Das Integral des Produktes $v\rho(v)$ über alle möglichen Geschwindigkeitsbeträge $0 \le v < \infty$ ergibt die mittlere Geschwindigkeit $\overline{v}$:

$$\overline{v} = \int_0^\infty v\rho(v)\,dv = \sqrt{\frac{8k_B T}{\pi m_T}} = \sqrt{\frac{8RT}{\pi M}} \tag{5.42}$$

Die Wurzel des mittleren Geschwindigkeitsquadrats ergibt sich aus der Integration des Produktes $v^2\rho(v)$ über alle möglichen Geschwindigkeitsbeträge $0 \le v < \infty$:

$$\sqrt{\overline{v}^2} = \int_0^\infty v^2\rho(v)\,dv = \sqrt{\frac{3k_B T}{m_T}} = \sqrt{\frac{3RT}{M}} \tag{5.43}$$

Für diese drei charakteristischen Geschwindigkeiten gilt:

$$\frac{\sqrt{\pi}}{2}\,\overline{v} = \hat{v} < \overline{v} < \sqrt{\overline{v}^2} = \sqrt{\frac{3\pi}{8}}\,\overline{v} = \sqrt{\frac{3}{2}}\,\hat{v} \tag{5.44}$$

Aus der Beziehung (Gl. (5.43)) lässt sich ein Ausdruck für die mittlere kinetische Energie der Gasteilchen bestimmen:

$$\overline{E}_{\text{kin}} = \frac{1}{2} m_{\text{T}} \overline{v}^2 = \frac{3}{2} k_{\text{B}} T = \frac{3R}{2N_{\text{A}}} T \tag{5.45}$$

Das mittlere Geschwindigkeitsquadrat der Gasteilchen als eine mikroskopische Größe ist damit direkt proportional zur Temperatur als eine makroskopische Größe. Auf diese Weise kann die Temperatur im Rahmen der kinetischen Gastheorie definiert werden.

Bis zu ihrem Maximum bei $\hat{v}$ ist der Verlauf des Graphen der Wahrscheinlichkeitsdichtefunktion parabelartig und wird für große Geschwindigkeiten $v > \hat{v}$ von der abfallenden Exponentialfunktion (Boltzmann-Faktor) bestimmt. Für Gase mit einer großen molaren Masse $M$ wird der Exponent $m_{\text{T}} v^2 / (2 k_{\text{B}} T) = M v^2 / (2RT)$ bei Annahme einer konstanten Temperatur $T$ ebenfalls sehr groß und die Exponentialfunktion nimmt folglich schneller ab. Dies bedeutet, dass die Wahrscheinlichkeit schwere Gasteilchen mit großen Geschwindigkeiten zu finden sehr klein ist und dementsprechend sehr groß für leichtere Gasteilchen mit einer kleinen molaren Masse. Im Fall einer großen Temperatur und einer konstanten molaren Masse wird der Exponent $m_{\text{T}} v^2 / (2 k_{\text{B}} T) = M v^2 / (2RT)$ sehr klein und die Exponentialfunktion geht dementsprechend bei einer ansteigenden Geschwindigkeit langsamer gegen null. Bei einer sehr hohen Temperatur ist der Anteil der schnellen Gasteilchen daher größer als bei einer niedrigeren Temperatur (Bild 5.7).

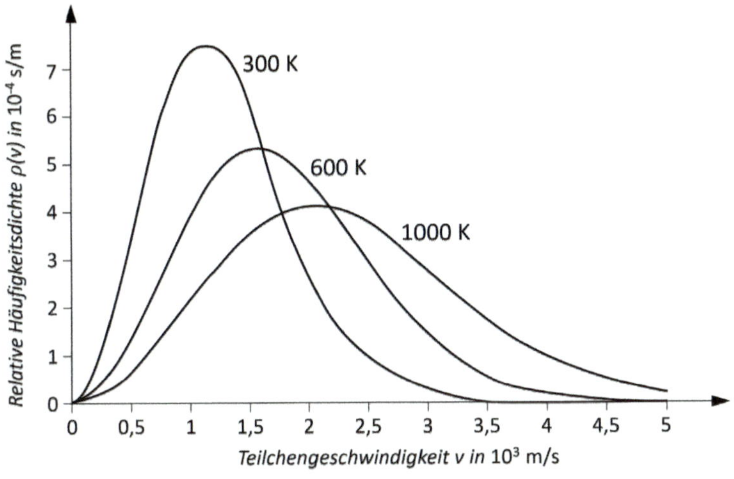


**Bild 5.7** Maxwell-Boltzmann-Verteilung bei drei verschiedenen Temperaturen

Jedes einzelne Gasteilchen vollzieht eine Vielzahl von Stößen mit den anderen Gasteilchen. Der Quotient aus der Anzahl der Stöße d$N$, die in dem Zeitintervall d$t$ stattfinden, wird als Stoßrate bezeichnet: $\dot{N} = \mathrm{d}N / \mathrm{d}T$ (gelegentlich auch inkorrekterweise Stoßzahl genannt). Im Rahmen der kinetischen Gastheorie lässt sich die Stoßrate durch folgenden Ansatz bestimmen: Im Augenblick des Zusammenstoßes haben die Mittelpunkte zweier kugelförmiger Gasteilchen mit Radius $r$ den Abstand $D = 2r$. Ein Zusammenstoß erfolgt genau dann, wenn der Mittelpunkt des Gasteilchens A in den in Bild 5.8a schraffiert gezeichneten *geometrischen Wirkungsquerschnitt* $\sigma_{\text{geometr}} = \pi D^2$ des Gasteilchens B eindringt. Unter der Annahme, dass

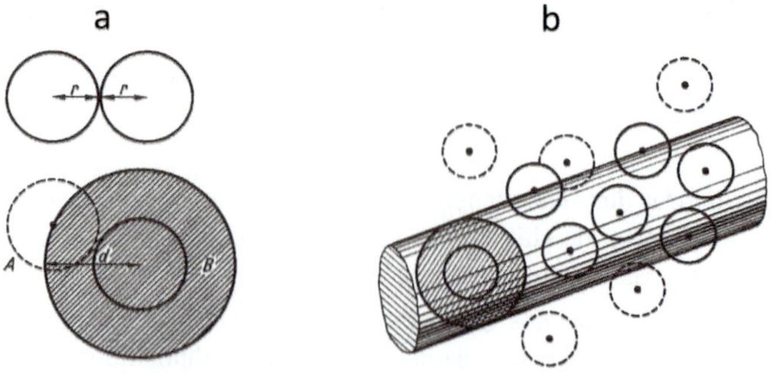


**Bild 5.8** Wirkungsquerschnitt bei Stoß zweier Gasteilchen (a) und bei Stößen eines Gasteilchens mit einer Anzahl anderer Gasteilchen (b)

alle Gasteilchen außer das Gasteilchen B punktförmig und in Ruhe sind, überstreicht der Wirkungsquerschnitt des Gasteilchens B bei dessen Bewegung in der Zeit $\mathrm{d}t$ einen Zylinder mit dem Volumen $\mathrm{d}V = \sigma_{\text{geometr}}\, v\,\mathrm{d}t = \pi D^2 v\,\mathrm{d}t$ (Bild 5.8b). Sind $N$ Gasteilchen im gesamten Volumen $V$ enthalten, dann befinden sich in diesem Zylinder $\mathrm{d}N = N/(V\,\mathrm{d}V) = \pi D^2 v N\,\mathrm{d}t/V$. Daraus folgt für die Stoßrate:

$$\dot{N} = \frac{\mathrm{d}N}{\mathrm{d}t} = \sqrt{2}\,\pi D^2 v \frac{N}{V} \tag{5.46}$$

Mit dem Faktor $\sqrt{2}$, der sich aus Gleichgewichtsbetrachtungen unter Annahme der Maxwell-Boltzmann-Verteilung ergibt, wird berücksichtigt, dass sich nicht nur das betrachtete Gasteilchen B, sondern dass sich alle Gasteilchen bewegen. Im Zeitraum $\mathrm{d}t$ legt ein Gasteilchen die Wegstrecke $v\,\mathrm{d}t$ zurück. Für die durchschnittliche Wegstrecke zwischen zwei Zusammenstößen, die *mittlere freie Weglänge* $\lambda$ genannt wird, gilt:

$$\lambda = \frac{v\,\mathrm{d}t}{\mathrm{d}N} = \frac{v}{\dot{N}} = \frac{V}{\sqrt{2}\,\pi D^2 N} = \frac{1}{\sqrt{2}\,\pi D^2 \hat{n}} = \frac{1}{\sqrt{2}\,\sigma_{\text{geometr}}\,\hat{n}} = \frac{k_{\mathrm{B}} T}{\sqrt{2}\,\pi D^2 p} \tag{5.47}$$

mit der Teilchenzahldichte $\hat{n} = N/V$. Der letzte Teil der Gleichung ergibt sich aus der Zustandsgleichung des idealen Gases (Abschnitt 5.2.3). Die mittlere freie Weglänge wird für die Berechnung von Transporterscheinungen in Gasen benötigt, insbesondere für die Diffusion, die innere Reibung und die Wärmeleitung in Gasen. Bei Kenntnis des geometrischen Wirkungsquerschnitts $\sigma_{\text{geometr}}$ lässt sich die mittlere freie Weglänge $\lambda$ leicht berechnen. In Tabelle 5.5 ist die mittlere freie Weglänge von Luftmolekülen ($N_2$ und $O_2$) in unterschiedlichen Druckbereichen bei Normaltemperatur $T_0 = 273{,}15$ K zusammengestellt.

**Tabelle 5.5** Teilchenzahldichte $\hat{n}$ und mittlere freie Weglänge $\lambda$ von Luftmolekülen in unterschiedlichen Druckbereichen bei Normaltemperatur $T_0 = 273{,}15$ K

| Druckbereich | Druck $p$ in kPa | Teilchenzahldichte $\hat{n}$ in $\mathrm{cm}^{-3}$ | mittlere freie Weglänge $\lambda$ |
|---|---|---|---|
| Normalluftdruck | 101,325 | $2{,}7 \cdot 10^{19}$ | 68 nm |
| Grobvakuum | 30…0,1 | $10^{19}…10^{16}$ | 0,1…100 µm |
| Feinvakuum | $0{,}1…10^{-4}$ | $10^{16}…10^{13}$ | 0,1…100 mm |
| Hochvakuum | $10^{-4}…10^{-8}$ | $10^{13}…10^{9}$ | 10 cm…1 km |
| Ultrahochvakuum | $10^{-8}…10^{-13}$ | $10^{9}…10^{4}$ | $1…10^{5}$ km |

### 5.2.2 Verhalten des idealen Gases bei Volumen-, Druck- und Temperaturänderung

Im vorangegangenen Abschnitt wurde dargestellt, dass die Teilchen (Atome oder Moleküle) eines Gases durch ihre Stöße gegen die Gefäßwand den Gasdruck hervorrufen. Aus dieser einfachen Vorstellung folgt auch unmittelbar der Zusammenhang zwischen Druck und Volumen; denn wird das Volumen eines Gases verringert, so muss die Trefferhäufigkeit der Gasteilchen auf die Gefäßwand entsprechend zunehmen und der Druck anwachsen. Dies wird auch durch die Erfahrung bestätigt.

Ein Gefäß mit dem Volumen $V_0$ sei durch einen leicht beweglichen, aber dicht schließenden Kolben verschlossen (Bild 5.9). Ein unten angebrachtes Manometer (Druckmessgerät) zeigt zunächst den Druck $p_0$ an. Wird das Gas im Zylinder bei konstanter Temperatur $T$ und ohne Verlust von Gasteilchen durch Halbierung des Volumens zusammengedrückt, steigt der Druck auf den doppelten Wert von $2p_0$ an. Bei Verringerung des Volumens auf einen Wert von $V_0/3$ wächst der Druck auf das Dreifache, d. h. $3p_0$ usw. Daraus ist erkennbar, dass das Produkt aus Druck $p$ und Volumen $V$ stets gleich dem Anfangswert $p_0 V_0$ ist. Dies ist das von R. Boyle (1627–1692) und E. Mariotte (1620–1684) nahezu zeitgleich in der Mitte des 17. Jahrhunderts entdeckte und nach ihnen benannte *Gesetz von Boyle-Mariotte*:

Für $T$ = const. und $n$ = const. gilt:

$$pV = \text{const.} \quad \Leftrightarrow \quad p_0 V_0 = pV \tag{5.48}$$

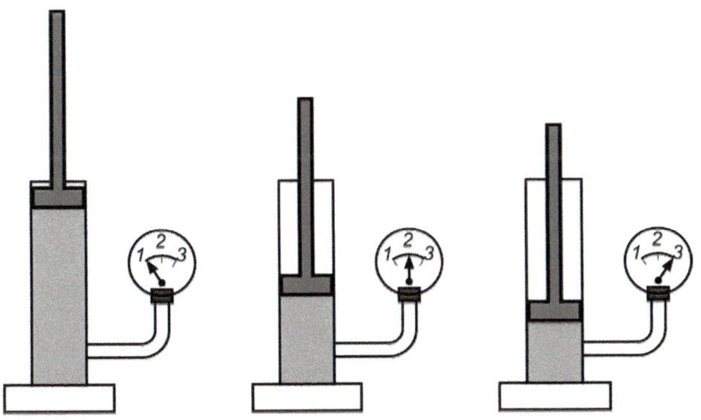


**Bild 5.9**
Demonstrationsaufbau zum Gesetz von Boyle-Mariotte: Die Rauminhalte des Zylinders verhalten sich wie 1 : 1/2 : 1/3.

> **Merke**
> **Gesetz von Boyle-Mariotte:** Das Produkt aus Druck und Volumen eines eingeschlossenen Gases ergibt bei gleichbleibender Temperatur stets den gleichen Wert.

Da sich das Volumen als Quotient aus der Masse $m$ und seiner Massendichte $\varrho$ ausdrücken lässt, kann das Gesetz von Boyle-Mariotte auch in folgender Form angegeben werden:

Für $T$ = const. und $n$ = const. gilt:

$$\frac{p_0 m}{\varrho_0} = \frac{p m}{\varrho} \quad \Leftrightarrow \quad \frac{p_0}{\varrho_0} = \frac{p}{\varrho} = \text{const.} \tag{5.49}$$

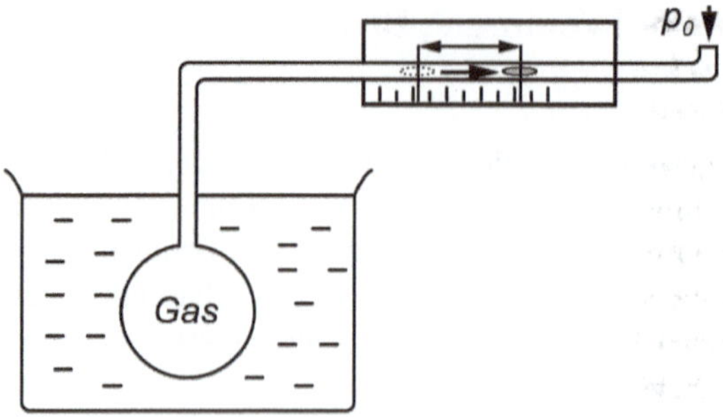


**Bild 5.10**
Demonstrationsaufbau zur Erwärmung eines Gases bei konstantem Druck

Als Nächstes soll der Fall betrachtet werden, bei dem sich bei konstantem Druck $p$ und konstanter Stoffmenge $n$ das Volumen $V$ des Gases in Abhängigkeit von der Temperatur $T$ ändert. Zur Veranschaulichung soll ein einfaches „Luftthermometer", das aus einer Hohlkugel und einer genau horizontal liegenden engen Glasröhre besteht, die durch einen kleinen Flüssigkeitstropfen verschlossen ist, dienen (Bild 5.10).

Die geringste Temperaturänderung der Hohlkugel bewirkt eine sichtbare Verschiebung des Tropfens und zeigt die Volumenänderung $\Delta V$ an. Für alle Gase ergeben sich nahezu die gleichen Werte für den Volumenausdehnungskoeffizienten $\gamma$: z. B. Luft: $\gamma = 0{,}003\,674\ \mathrm{K}^{-1}$, Helium: $\gamma = 0{,}003\,660\ \mathrm{K}^{-1}$, Wasserstoff: $\gamma = 0{,}003\,663\ \mathrm{K}^{-1}$ und Kohlenstoffdioxid: $\gamma = 0{,}003\,726\ \mathrm{K}^{-1}$. Diese nahezu gleiche Ausdehnung $\Delta V$ aller Gase wurde im Jahre 1787 zuerst von J. A. C. Charles (1746–1823) und im Jahre 1802 von J. L. Gay-Lussac (1778–1850) erkannt. Das *Gesetz von Charles* für $p$ = const. und $n$ = const. lautet:

$$\frac{V}{T} = \text{const.} \quad \Leftrightarrow \quad \frac{V_0}{T_0} = \frac{V}{T} \tag{5.50}$$

und das dazu äquivalente *Erste Gesetz von Gay-Lussac* für $p$ = const. und $n$ = const. lautet:

$$V(T) = V_0\left(1 + \gamma_0\left(T - T_0\right)\right) \tag{5.51}$$

Hierbei ist $T_0 = 273{,}15$ K die Temperatur am Nullpunkt der Celsius-Temperaturskala, $V_0$ das Volumen bei $T_0$ und $\gamma_0 = 1/T_0 = 0{,}003\,661\,\mathrm{K}^{-1}$ der für viele Gase bei nicht zu hohen Drücken gültige Volumenausdehnungskoeffizient des idealen Gases bei $T_0$.

Das Verhalten des idealen Gases lässt sind in allen Temperaturbereichen durch das erste Gesetz von Gay-Lussac für konstanten Druck beschreiben. Bei Erwärmung um 1 °C dehnt sich das ideale Gas immer um ein 273,15-tel des Volumens bei 0 °C aus und verringert sich um den gleichen Betrag bei Abkühlung um 1 °C. Im Gegensatz zum idealen Gas kondensieren reale Gase bei hinreichend tiefen Temperaturen und gehen in den flüssigen Phasenzustand über, wobei sich auch der Wert des Volumenausdehnungskoeffizienten $\gamma$ am Siedepunkt sprunghaft ändert. Andererseits verhalten sich viele reale Gase wie beispielsweise Wasserstoff und Helium bei gewöhnlichen Temperaturen, die größer als der Siedepunkt sind, annähernd wie das ideale Gas. Daher kann bei realen Gasen in der Praxis oftmals das Erste Gesetz von Gay-Lussac ohne größere Fehler angewendet werden.

Für die Betrachtung des Falls der Erwärmung des Gases bei konstanten Volumen wird die Glaskugel in Bild 5.10 mit einem Quecksilbermanometer verbunden (Bild 5.11). Der rechte Schenkel des Schlauchs wird so angehoben oder gesenkt, so dass die linke Marke bei 0 und somit das Volumen konstant bleibt.

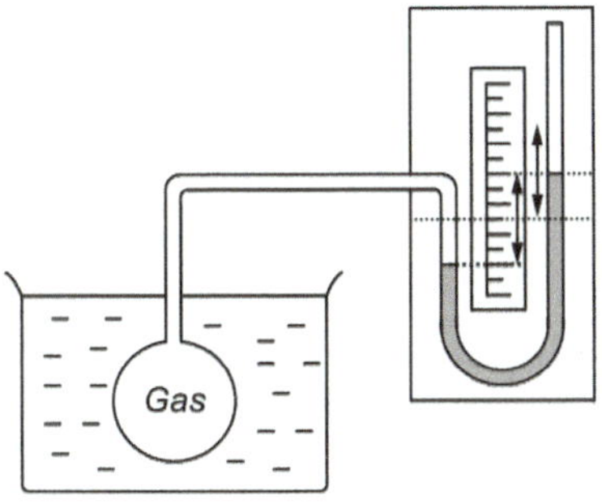


**Bild 5.11**
Demonstrationsaufbau zur Erwärmung eines Gases bei konstantem Volumen

Nach Erwärmung um die Temperaturänderung $\Delta T = T - T_0$ würde das Gas nach Gl. (5.51) bei unverändertem Druck $p_0$ das Volumen $V(T) = V_0(1 + \gamma_0(T - T_0))$ einnehmen. Stattdessen wird jedoch gemäß der Anordnung in Bild 5.11 durch das Anheben des rechten Manometerschenkels das Gas auf das ursprüngliche Volumen $V_0$ zusammengedrückt. Bei einer Erwärmung des Gases erhöht sich also der Druck und bei einer Abkühlung wird er geringer, wenn das Volumen konstant ist. Dieser Zusammenhang wurde zuerst von G. Amontons (1663–1705) entdeckt. Das *Gesetz von Amontons*, dass oft auch als *Zweites Gesetz von Gay-Lussac* bezeichnet wird, für $V$ = const. und $n$ = const. lautet:

$$\frac{p}{T} = \text{const.} \quad \Leftrightarrow \quad \frac{p_0}{T_0} = \frac{p}{T} \tag{5.52a}$$

$$p(T) = p_0(1 + \gamma_0\,\Delta T) = p_0(1 + \gamma_0(T - T_0)) \tag{5.52b}$$

$p_0$ ist das Volumen bei $T_0 = 273{,}15$ K und $\gamma_0 = 1/T_0 = 0{,}003\,661\,\text{K}^{-1}$.

Sind die Temperatur $T$ und der Druck $p$ konstant, gilt das *Gesetz der Homogenität* (Gleichförmigkeit), wonach ein ideales Gas homogen ist und überall dieselbe Massendichte bzw. dieselbe Stoffmenge aufweist. für $T$ = const. und $p$ = const. gilt:

$$\frac{V}{n} = \text{const.} \quad \Leftrightarrow \quad \frac{V_0}{n_0} = \frac{V}{n} \tag{5.53}$$

Die Zusammenfassung der Gesetze von Boyle-Mariotte, von Charles, von Gay-Lussac und von Amontons ergeben folgenden Zusammenhang:

$$\frac{p_1 V_1}{T_1 n_1} = \frac{p_2 V_2}{T_2 n_2} = \text{const.} \tag{5.54}$$

A. Avogadro (1776–1856) folgerte im Jahre 1811, dass die Konstante in der Gl. (5.54) für alle Gase denselben Wert annimmt und damit universell sein muss:

**Merke**

**Gesetz von Avogadro:** Dieselbe Teilchenzahl zweier verschiedener Gase übt bei gleicher Temperatur und im gleichen Volumen eingeschlossen immer denselben Druck aus.

Aus dem Gesetz von Avogadro folgt die Zustandsgleichung des idealen Gases.

### 5.2.3 Zustandsgleichung des idealen Gases

Um den physikalischen Zustand einer bestimmten Menge eines idealen Gases zu beschreiben, wurden im vorangegangenen Abschnitt die vier Zustandsgrößen Druck $p$, Volumen $V$, Temperatur $T$ und Stoffmenge $n$ verwendet. In diesem Abschnitt soll nun gezeigt werden, dass diese vier Zustandsgrößen in einer einzigen Gleichung miteinander verknüpft sind.

Im Abschnitt 5.2.1 wurde gezeigt, dass für die mittlere kinetische Energie eines Gasteilchens gilt: $m_T \overline{v}^2/2 = 3k_B T/2$ (Gl. (5.45)). Gemäß dieser Gleichung ist der absolute Nullpunkt mit $T = 0$ K dadurch festgelegt, dass bei dieser Temperatur die Teilchen des idealen Gases keine kinetische Energie haben. Der Faktor $3/2$ ergab sich dabei aus der Maxwell-Boltzmann-Geschwindigkeitsverteilung. Gemäß Gl. (5.38) gilt: $pV = N m_T \overline{v}^2/3$ und die Kombination von Gl. (5.38) und Gl. (5.45) ergibt bereits eine Form der *Zustandsgleichung des idealen Gases*, die erstmals von É. Clapeyron (1799–1864) im Jahr 1834 formuliert wurde:

$$pV = \frac{1}{3} N m_T \overline{v}^2 = \frac{2}{3} N \frac{1}{2} m_T \overline{v}^2 = N k_B T = n \frac{N}{n} k_B T = n N_A k_B T \qquad (5.55)$$

Berücksichtigt man die Beziehung zwischen der universellen Gaskonstanten $R$, der Avogadro-Konstanten $N_A$ und der Boltzmann-Konstanten $k_B$ mit $R = N_A k_B$ ergibt sich eine weitere Form der Zustandsgleichung des idealen Gases:

$$pV = nRT = \frac{m}{M} RT \qquad (5.56)$$

In Bild 5.12 ist der Zusammenhang der drei thermodynamischen Zustandsgrößen Druck $p$, Temperatur $T$ und Volumen $V$ als dreidimensionales Zustandsdiagramm bzw. $p$-$T$-$V$-Diagramm des idealen Gases grafisch dargestellt. Die Hyperbeln konstanter Temperatur heißen *Isothermen*, die Geraden für konstanten Druck heißen *Isobaren* und die Geraden für konstantes Volumen heißen *Isochoren*. Gl. (5.55) und Gl. (5.56) sind extensive Formen der Zustandsgleichung des idealen Gases, da die Teilchenzahl $N$, das Volumen $V$ und die Stoffmenge $n$ extensive thermodynamische Zustandsgrößen sind. Eine intensive Form der Zustandsgleichung des idealen Gases mit ausschließlich intensiven thermodynamischen Zustandsgrößen ergibt sich bei Berücksichtigung des molaren Volumens $V_{mol} = V/n$:

$$pV_{mol} = RT \qquad (5.57)$$

Weitere Formen ergeben sich durch Einführung der *spezifischen Gaskonstante* (auch spezielle bzw. individuelle Gaskonstante genannt):

$$R_S = \frac{R}{M} \qquad (5.58)$$

Die spezifische Gaskonstante von Luft hat einen Wert von 287,1 J/(kg·K) und für Ethanoldampf einen Wert von 180,6 J/(kg·K). Mit der spezifischen Gaskonstante $R_S$ ergeben sich die beiden folgenden Formen der Zustandsgleichung des idealen Gases:

$$pV = mR_S T \qquad (5.59a)$$

$$p = \varrho R_S T \qquad (5.59b)$$

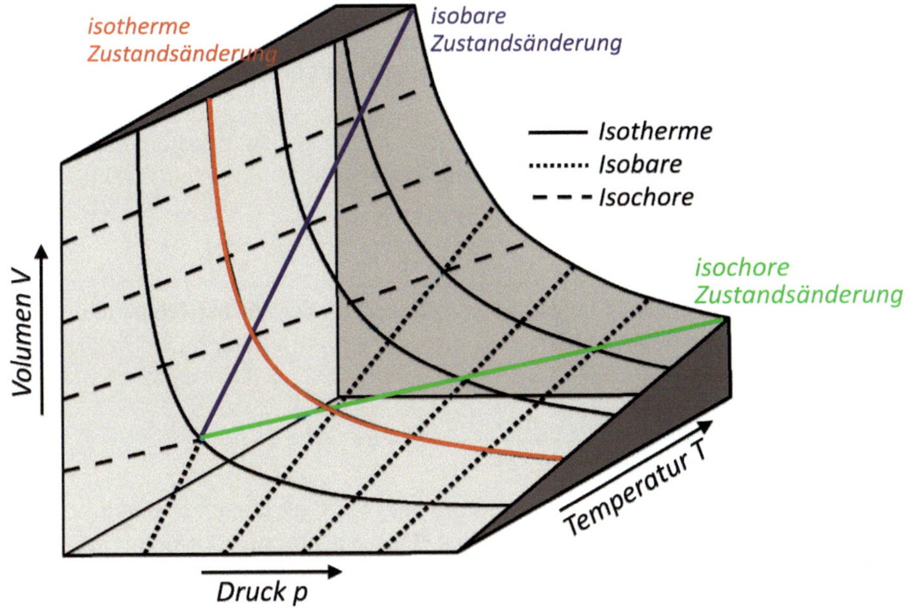


**Bild 5.12** Dreidimensionales Zustandsdiagramm bzw. *p-T-V*-Diagramm des idealen Gases

Alle bisher diskutierten Gesetzmäßigkeiten gelten für das ideale Gas, können jedoch näherungsweise auch auf verdünnte reale Gase bei Temperaturen weit oberhalb ihrer jeweiligen Siede- bzw. Verflüssigungstemperatur angewendet werden. In Tabelle 5.6 sind charakteristische Daten einiger realer Gase zusammengestellt.

**Tabelle 5.6** Charakteristische Daten einiger realer Gase

| Gas | Molare Masse $M$ in g/mol | Spezifische Gaskonstante $R_S$ in J/(kg·K) | Massendichte $\varrho$ in kg/m$^3$ bei 0 °C und bei 101,325 kPa | Siedetemperatur $\vartheta_V$ in °C bei 101,325 kPa |
|---|---|---|---|---|
| Helium He | 4,003 | 2077,1 | 0,179 | −268,9 |
| Kohlenstoffdioxid $CO_2$ | 44,010 | 188,9 | 1,977 | −78,5 |
| Kohlenstoffmonoxid CO | 28,011 | 296,8 | 1,250 | −191,5 |
| Methan $CH_4$ | 16,043 | 518,3 | 0,718 | −161,6 |
| Propan $C_3H_8$ | 44,097 | 188,5 | 2,011 | −42,1 |
| Sauerstoff $O_2$ | 31,999 | 259,8 | 1,429 | −183,8 |
| Stickstoff $N_2$ | 28,013 | 296,8 | 1,251 | −195,8 |
| Wasserdampf $H_2O$ | 18,015 | 461,5 | 0,768 | +100,0 |
| Wasserstoff $H_2$ | 2,016 | 4124,2 | 0,090 | −252,85 |

**Beispiele**

1. Welchen Wert hat die mittlere Gaskonstante der Luft bestehend aus 79 % Stickstoff und 21 % Sauerstoff.

   Die Massenanteile für 1 $m^3$ sind 0,79 · 1,251 kg = 0,988 kg Stickstoff und 0,21 · 1,429 kg = 0,3 kg Sauerstoff. Dann ergibt sich:

$$\overline{R}_S = \frac{m_1 R_{S1} + m_2 R_{S2}}{m_1 + m_2} = \frac{(0{,}988 \cdot 297 + 0{,}3 \cdot 260)\,\mathrm{J}}{1{,}288\,\mathrm{kg} \cdot \mathrm{K}} = 288\,\frac{\mathrm{J}}{\mathrm{kg} \cdot \mathrm{K}}$$

2. Eine Stahlflasche von 10 l enthält 45 g Wasserstoff. Bei welcher Temperatur erreicht der Überdruck 5 MPa?

   Es gilt:

$$T = \frac{pV}{mR_S} = \frac{5 \cdot 10^6\,\mathrm{N} \cdot 0{,}01\,\mathrm{m}^3\,\mathrm{kg\,K}}{\mathrm{m}^2 \cdot 0{,}045\,\mathrm{kg} \cdot 4\,124\,\mathrm{Nm}} = 274{,}8\,\mathrm{K} \triangleq \vartheta = 1{,}6\,°\mathrm{C}$$

3. Es wurde festgestellt, dass eine Substanz bei 445 °C als Gas unter einem Druck von 98,1 kPa steht und dabei eine Massendichte von 1,28 kg/$m^3$ hat. Welche relative Molekülmasse liegt vor?

   Es gilt: $R_S = \frac{pV}{MT} = \frac{P}{\varrho T}$ und somit

$$M = \frac{R}{R_S} = \frac{R\varrho T}{p} = \frac{8{,}3\,\mathrm{J} \cdot \mathrm{m}^2 \cdot 1{,}28\,\mathrm{kg} \cdot 718\,\mathrm{K}}{\mathrm{mol} \cdot \mathrm{k} \cdot 0{,}981 \cdot 10^5\,\mathrm{N} \cdot \mathrm{m}^3} = 78\,\mathrm{kg/kmol}$$

   Somit ist $M_r = 78$ (Benzen $C_6H_6$).

# 5.3 Hauptsätze der Thermodynamik

## 5.3.1 Wärme und Wärmekapazität

Bei der umgangssprachlichen Verwendung des Wortes „Wärme" und seines Antonyms „Kälte" wird meist die Eigenschaft eines Körpers „warm" oder „kalt" zu sein im Sinne eines Zustandes gemeint. In Abschnitt 5.1.2 wurde jedoch bereits angeführt, dass die Begriffe Wärme und Arbeit in der Physik keine Zustandsgrößen, sondern Prozessgrößen darstellen, mit den Prozesse beschrieben werden, bei denen sich der Zustand eines Körpers oder eines Systems ändert. Wärme und Arbeit beschreiben dabei die Anteile der Energie, die von einem Körper oder einem System aufgenommen oder abgegeben werden können. Beide Prozessgrößen zusammen bewirken nach dem Ersten Hauptsatz der Thermodynamik (Abschnitt 5.3.2) eine Änderung der inneren Energie des Systems. Dabei ist die Wärme derjenige Anteil an übertragener Energie, der die äußeren Parameter unverändert lässt und stattdessen die Entropie des Systems erhöht. Im Gegensatz dazu ist die Arbeit derjenige Anteil an übertragener Energie, der die Änderung von äußeren Parametern bewirkt, wie beispielsweise die Verkleinerung des Volumens bei der Kompression eines Gases. Die beiden Prozessgrößen Wärme und Arbeit sind nicht unabhängig voneinander, was in den folgenden Abschnitten deutlich wird.

Obgleich die Entwicklung des Thermometers im 17. Jahrhundert begann, wurden die synonymen Begriffe Wärme und Wärmemenge erst Ende des 18. Jahrhunderts bedeutsam, nachdem mithilfe von Kalorimetern die Gleichgewichtstemperaturen nach der Mischung von Stoffen mit unterschiedlichen Anfangstemperaturen untersucht wurden. Aus dieser Zeit stammt die SI-fremde Einheit der Kalorie: „1 Kalorie ist die Wärmemenge, mit der die Temperatur von 1 g Wasser um 1 °C erhöht werden kann." Diese Einheit wird heute noch als Kilokalorie (1 kcal = 4,1868 kJ bzw. 1 kJ = 0,239 kcal) unter anderem beim sogenannten Brennwert von Nahrungsmitteln angegeben. Ebenfalls Ende des 18. Jahrhunderts erkannte man einen Erhaltungssatz, wonach die abgegebene und aufgenommene Wärme gleich sein müssen. Sofern keine mechanische Arbeit verrichtet wird und kein anderer Energieaustausch stattfindet, ist diese Aussage bezüglich der abgegebenen und aufgenommenen Wärme weiterhin gültig.

Bis zum Jahre 1850 gab es jedoch zwei sehr unterschiedliche Deutungen für den Begriff der Wärme: Die *Wärmestofftheorie*, auch *Kalorische Theorie* genannt, wurde im Jahre 1783 von A. L. de Lavoisier (1743–1794) auf der Grundlage der Arbeiten von J. Black (1728–1799) begründet. Die Wärmestofftheorie postulierte einen flüssigkeitsartigen „Wärmestoff" namens *Caloricum*, der unsichtbar, unvergänglich, nicht erzeugbar und unwägbar ist, jegliche Materie durchdringt und durch seine Menge den „Wärmeinhalt" und durch seine Konzentration die Temperatur eines Körpers bestimmt. Der Wärmestoff ist gemäß dieser Modellvorstellung so beschaffen, dass er in sich selbst eine Abstoßungskraft hervorruft, wodurch Wärme stets vom wärmeren zum kälteren Körper von selbst übergeht. Die Erklärungsversuche im Rahmen der Wärmestofftheorie fanden ihren Abschluss in der im Jahre 1824 von N. L. S. Carnot (1796–1832) veröffentlichten Arbeit zur Weiterentwicklung der Dampfmaschine. Darin beschrieb Carnot, dass die durch Wärmezufuhr zu gewinnende Arbeit prinzipiell begrenzt ist, weil die bei hoher Temperatur aufgenommene Wärme bei niedriger Temperatur wieder abgegeben werden muss. Obgleich Carnot vollständig auf der Grundlage der Wärmestofftheorie argumentierte, gab er bereits einen Wert für das sogenannte *mechanische Wärmeäquivalent* an, das einen heute nicht mehr gebräuchlichen Umrechnungsfaktor zwischen der mechanischen und der daraus entstehenden Wärmeenergie darstellt.

Die Wärmestofftheorie und damit auch die Existenz eines Wärmestoffs sind durch ein einfaches Experiment widerlegbar: werden zwei Körper aneinander gerieben, werden diese an der Kontaktstelle wärmer. Da hierbei die Umgebung der beiden Körper nicht kälter wird, fließt offenbar kein Wärmestoff aus der Umgebung in die beiden Körper. Da zum anderen der Reibungsvorgang beliebig lange aufrechterhalten werden kann, wodurch die beiden Körper immer wärmer werden, kann der Wärmestoff auch nicht aus verborgenen Bereichen der Körper selbst stammen, da diese irgendwann erschöpft wären. Auf diesen Widerspruch wies erstmals B. Thompson, Graf Rumford (1753–1814) nach seinen berühmten Versuchen beim Bohren von Kanonenrohren im Jahre 1798 hin.

Entscheidend für die Widerlegung der Wärmestofftheorie war jedoch die von R. J. E. Clausius (1822–1888) im Jahre 1850 veröffentlichte Arbeit, worin er ausführte, dass das Verhältnis von Wärme und Arbeit durch gegenseitige Umwandlungen bestimmt wird. Bezüglich der Umwandlung von Arbeit in Wärme stützte Clausius sich auf die zuvor erwähnte Beobachtung von B. Thompson und weitere Erkenntnisse zur Reibungswärme. Für die Beschreibung der

Umwandlung von Wärme in Arbeit berücksichtigte Clausius die Erkenntnis des erhöhten Bedarfs an Wärme beim Erhitzen eines Gases, wenn dieses dabei auch expandieren kann. Damit war die Wärmestofftheorie widerlegt und die *mechanische Theorie der Wärme*, die auf Arbeiten von R. Bacon (1220–1292), J. Kepler (1571–1630), Francis Bacon (1561–1626), R. Boyle (1627–1692) und D. Bernoulli (1700–1782) basiert, konnte sich schließlich durchsetzen. Die heutige Definition der Wärme bezieht sich nicht auf Temperaturänderungen oder Stoffumwandlungen, sondern beruht vollständig auf dem Energiebegriff und ist gemäß einer Arbeit von M. Born (1882–1970, Nobelpreis 1954) aus dem Jahre 1921 mit dem Ersten Hauptsatz der Thermodynamik (Abschnitt 5.3.2) verknüpft.

Trotz der Widerlegung der Wärmestofftheorie behielt die Erkenntnis von Carnot, dass die Umwandlung von Wärme in Arbeit durch die Temperaturdifferenz beschränkt ist, ihre Gültigkeit. Auf dieser Grundlage führte Clausius im Jahre 1865 die mengenartige Größe der Entropie ein. In vielen Eigenschaften entspricht die Entropie dem in der Wärmestofftheorie postulierten Caloricum. Der entscheidende Unterschied zwischen dem Caloricum und der Entropie besteht darin, dass Entropie zwar nicht vernichtet aber erzeugt werden kann (Zweiter Hauptsatz der Thermodynamik, Abschnitt 5.3.4).

In vielen Fällen bewirkt die einem Körper zugeführte Wärme nur eine Erhöhung seiner Temperatur. Soll hierbei eine bestimmte Endtemperatur $T_2$ erreicht werden, so hängt die erforderliche Wärmemenge nicht nur von der Anfangstemperatur $T_1$ bzw. von der Temperaturdifferenz $\Delta T = T_2 - T_1$, sondern auch von der Masse $m$ des Körpers und dem Stoff aus dem der zu erwärmende Körper besteht. Von den gleichen Faktoren hängt auch die Wärmemenge ab, die einem Körper entzogen werden muss, wenn er sich abkühlen soll. Diese Überlegung ergibt die Gleichung für die zu- oder abgeführte Wärmemenge $Q$ bei einer Temperaturänderung um $\Delta T = T_2 - T_1$:

$$Q = c\,m\,\Delta T = c\,m\left(T_2 - T_1\right) \tag{5.60}$$

Der Proportionalitätsfaktor $c = Q/\left(m\left(T_2 - T_1\right)\right)$ ist die *spezifische Wärmekapazität* mit der SI-Einheit: $[c] = \mathrm{J/(kg \cdot K)}$, also Joule je Kilogramm und Kelvin. Die spezifische Wärmekapazität gibt an, welche Wärmemenge benötigt wird, um die Temperatur von 1 Kilogramm eines Stoffes um 1 Kelvin zu ändern. Zwischen der spezifischen Wärmekapazität $c$, der *Wärmekapazität* $C$ und der *molaren Wärmekapazität* $c_{\mathrm{mol}}$ eines Stoffes bestehen folgende Zusammenhänge:

$$C = \frac{Q}{\Delta T} = c\,m = c_{\mathrm{mol}}\,n \tag{5.61a}$$

$$c_{\mathrm{mol}} = c\,M = \frac{C}{n} \tag{5.61b}$$

Die SI-Einheit der Wärmekapazität ist $[C] = \mathrm{J/K}$ und die SI-Einheit der molaren Wärmekapazität ist $[c_{\mathrm{mol}}] = \mathrm{J/(mol \cdot K)}$. Da alle drei Wärmekapazitäten temperaturabhängig sind, gelten Tabellenwerte stets nur für die angegebene Referenztemperatur. In Tabelle 5.7 ist die mittlere spezifische Wärmekapazität in $\mathrm{kJ/(kg \cdot K)}$ einiger fester und flüssiger Stoffe im Temperaturbereich zwischen −10 °C und 100 °C zusammengestellt.

Von allen festen und flüssigen Stoffen hat Wasser die größte spezifische Wärmekapazität, womit sich unter anderem klimatische Unterschiede auf der Erdoberfläche erklären lassen. In der Nähe großer Wassermassen (Ozeanen), auf Inseln oder in Küstennähe, wirkt das im Sommer sich nur langsam erwärmende Wasser kühlend und im Winter dagegen wie ein großer Wärmespeicher. Daraus resultiert das typische Seeklima (maritimes oder ozeanisches Klima) mit geringeren jahreszeitlichen Temperaturschwankungen im Vergleich zum Kontinentalklima (Landklima) mit größeren jahreszeitlichen Temperaturschwankungen.

**Tabelle 5.7** Mittlere spezifische Wärmekapazität in kJ/(kg · K) einiger fester und flüssiger Stoffe im Temperaturbereich zwischen −10 °C und +100 °C

| | | | | | |
|---|---|---|---|---|---|
| Aluminium | 0,896 | Glas | 0,8 | Quarzglas | 0,766 |
| Beton | 0,88 | Holz | 2,4 | Silber | 0,234 |
| Blei | 0,130 | Kupfer | 0,383 | Zink | 0,385 |
| Eis bei 0 °C | 2,06 | Magnesium | 1,046 | Ethanol | 2,43 |
| Eis bei −10 °C | 2,22 | Natrium | 1,234 | Petroleum | 2,14 |
| Eisen (Stahl) | 0,46 | Platin | 0,134 | Quecksilber | 0,139 |
| Gips | ≈ 1 | Polystyrol | 1,4 | Wasser bei 20 °C | 4,184 |

Die molare Wärmekapazität von Festkörpern hat nach dem um 1819 empirisch gefundenen *Dulong-Petit-Gesetz* (P. L. Dulong, 1785–1838, und A. T. Petit, 1791–1820), bei genügend hohen Temperaturen (oberhalb der Raumtemperatur von $T = 300$ K) näherungsweise den gleichen Wert:

$$c_{\text{mol}} = 3R \approx 24{,}9 \frac{\text{J}}{\text{mol} \cdot \text{K}} \tag{5.62}$$

In Bild 5.13 sind die molaren Wärmekapazitäten der meisten Elemente des Periodensystems als Funktion der Ordnungszahl dargestellt. Die Werte liegen in einem Bereich zwischen 2,8 *R* und 3,4 *R*.

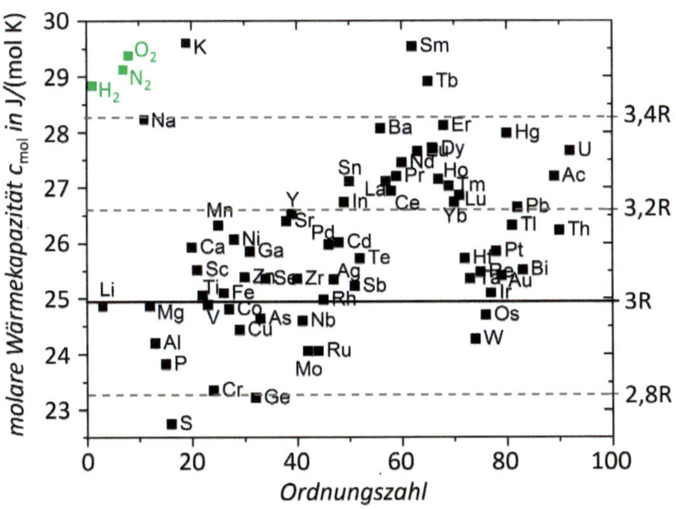


**Bild 5.13** Die molaren Wärmekapazitäten der meisten Elemente des Periodensystems als Funktion der Ordnungszahl

Auf größere Temperaturbereiche ausgedehnte Messungen und theoretische Untersuchungen unter Berücksichtigung quantenmechanischer Prinzipien zeigen jedoch, dass das Dulong-Petit-Gesetz nur näherungsweise gültig ist. Zu niedrigen Temperaturen hin nimmt die molare Wärmekapazität ab, wobei die Form dieser Abhängigkeit für viele Festkörper sehr ähnlich ist, wenn die Temperatur geeignet skaliert wird. Bei sehr tiefer Temperatur nähert sich die molare Wärmekapazität dem Wert null. Dabei ähnelt der Temperaturverlauf für Nichtleiter einer Funktion $c_{\mathrm{mol}} = f\left(T^3\right)$ und für Metalle einer Funktion $c_{\mathrm{mol}} = f(T)$.

Eine weitere Erfahrungstatsache ist, dass Wärme von einem Körper höherer Temperatur auf einen anderen Körper mit einer niedrigeren Temperatur bei Wärmekontakt übergeht, bis sich schließlich die Mischtemperatur $T_{\mathrm{m}}$ einstellt. Der Temperaturausgleich läuft genau dann besonders schnell ab, wenn die Körper leicht miteinander vermischt werden können, wie z. B. zwei Flüssigkeiten. Dabei gibt der Körper mit der höheren Temperatur $T_1 > T_{\mathrm{m}}$ und der Masse $m_1$ die Wärme $Q = c_1 m_1 \left(T_1 - T_{\mathrm{m}}\right)$ ab, wodurch er sich auf die Mischtemperatur $T_{\mathrm{m}}$ abkühlt. Der Körper mit der niedrigeren Temperatur $T_2 < T_{\mathrm{m}}$ und der Masse $m_2$ nimmt nach dem Gesetz von der Erhaltung der Energie, dieselbe Wärme $Q = c_2 m_2 \left(T_{\mathrm{m}} - T_2\right)$ auf, wobei er die Temperatur $T_{\mathrm{m}}$ annimmt. Das heißt es gilt: **abgegebene Wärme = aufgenommene Wärme**, und für die *Mischtemperatur* $T_{\mathrm{m}}$ gilt gemäß der *Richmann'schen Mischungsregel* (G. W. Richmann, 1711-1753):

$$T_{\mathrm{m}} = \frac{c_1 m_1 T_1 + c_2 m_2 T_2}{c_1 m_1 + c_2 m_2} \tag{5.63}$$

Für den Spezialfall $c_1 = c_2$ und $m_1 = m_2$ gilt: $T_{\mathrm{m}} = \left(T_1 + T_2\right)/2$, d. h. die Mischungstemperatur ist in diesem Fall der arithmetische Mittelwert der beiden Temperaturen $T_1$ und $T_2$.

Besteht ein System aus $n$ unterschiedlichen Materialien gilt für seine gemittelte spezifische Wärmekapazität:

$$c_{\mathrm{gemittelt}} = \frac{1}{\sum_{i=1}^{n} m_i} \sum_{i=1}^{n} m_i c_i \tag{5.64}$$

Daraus folgt für die Wärmekapazität:

$$C = \sum_{i=1}^{n} m_i c_i \tag{5.65}$$

In der Praxis lässt sich die spezifische Wärmekapazität bzw. die Wärmekapazität eines Körpers experimentell mittels eines *Kalorimeters* bestimmen (Bild 5.14). Dazu wird der Körper mit bekannter Masse $m$ auf die Temperatur $T$ erwärmt und anschließend in ein Kalorimeter, das eine bestimmte Menge Wasser $m_{\mathrm{Wasser}}$ enthält, dessen Temperatur $T_{\mathrm{Wasser}} < T$ vorher gemessen wurde, eingebracht. Im Kalorimeter stellt sich nach entsprechender Zeit die Mischtemperatur $T_{\mathrm{m}}$ ein. Um die Wärmeabgabe an die Umgebung zu minimieren, sind Kalorimeter zur Wärmeisolation meist doppelwandig als Thermosflasche oder als Dewargefäß (J. Dewar, 1842-1923) ausgeführt. Da das Kalorimeter beim Einbringen des zu prüfenden Körpers mit erwärmt wird, muss seine Wärmekapazität $C_{\mathrm{Kalorimeter}}$ bekannt sein oder in einem Vorversuch ermittelt werden. Für die gesuchte spezifische Wärmekapazität des Körpers gilt:

$$c = \frac{\left(c_{\mathrm{Wasser}} m_{\mathrm{Wasser}} + C_{\mathrm{Kalorimeter}}\right)\left(T_{\mathrm{m}} - T_{\mathrm{Wasser}}\right)}{m\left(T - T_{\mathrm{m}}\right)} \tag{5.66}$$

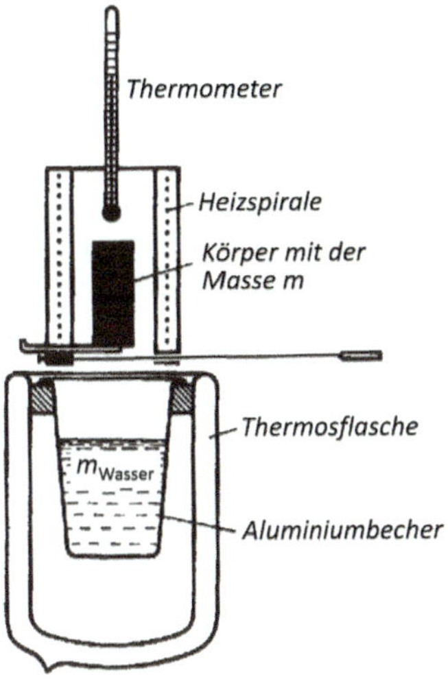


**Bild 5.14**
Kalorimeter zur experimentellen Bestimmung der spezifischen Wärmekapazität eines Körpers

$c_{\text{Wasser}}$ ist die tabellierte spezifische Wärmekapazität des Wassers ($c_{\text{Wasser}} = 4{,}184$ kJ/(kg·K)) bei einer Temperatur von 20 °C) im Kalorimeter.

Um die spezifische Wärmekapazität eines Gases, z. B. der Luft, zu bestimmen, könnte zunächst daran gedacht werden, ein erwärmtes, mit Luft mit der Temperatur $T_2$ gefülltes, geschlossenes Gefäß in ein größeres Kalorimeter mit Wasser mit der Temperatur $T_1$ einzubringen und die Mischtemperatur zu messen. Da jedoch die Wärmekapazität $C = cm$ von Gasen außerordentlich gering und gegenüber Flüssigkeiten und Festkörpern vernachlässigbar klein ist, würde diese Vorgehensweise zu keinem sinnvollen Messergebnis führen. Eine Lösung wäre, eine erhitzte größere Gasmenge durch eine Rohrschlange strömen zu lassen, die sich in einem Kalorimetergefäß befindet (Durchströmungsmethode, Bild 5.15). Beim Eintritt in das Kalorimeter wird die Gastemperatur $T_1$ durch ein Thermoelement gemessen, ebenso die Gastemperatur $T_2$ am Ausgang des Kalorimeters. Das Gas mit der Masse $m$ hat dann die Wärme $Q = cm(T_1 - T_2)$ an das Kalorimeter mit der bekannten Wärmekapazität $C_{\text{Kalorimeter}}$ abgegeben, das sich dabei um $\Delta T_{\text{Kalorimeter}}$ erwärmt hat. Da sich bei diesem Vorgang das Gas nicht in einem geschlossenen Gefäß befindet, ist der Gasdruck konstant, sodass bei dieser Methode die spezifische Wärmekapazität des Gases bei konstantem Druck bestimmt wird:

$$c_{\text{p}} = \frac{C_{\text{Kalorimeter}}\,\Delta T_{\text{Kalorimeter}}}{m(T_1 - T_2)} \tag{5.67}$$

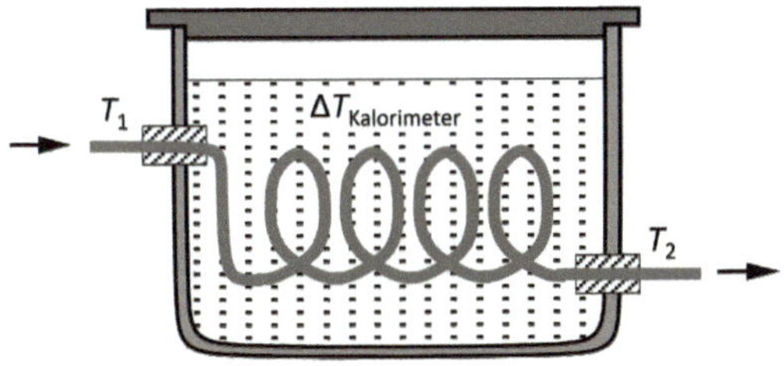


**Bild 5.15**
Durchströmungsmethode zur Bestimmung der spezifischen Wärmekapazität eines Gases bei konstantem Druck

Für die molaren Wärmekapazitäten bei konstantem Druck $c_{\text{mol,p}}$ und bei konstantem Volumen $c_{\text{mol,V}}$ des idealen Gases gilt:

$$c_{\text{mol,p}} - c_{\text{mol,V}} = R \tag{5.68}$$

Dividiert man die Gl. (5.68) auf beiden Seiten durch die molare Masse $M$ eines realen Gases, ergibt sich die nach J. R. von Mayer (1814–1878) benannte *Mayer'sche Gleichung*, als Zusammenhang zwischen den spezifischen Wärmekapazitäten bei konstantem Druck $c_p$ und bei konstantem Volumen $c_V$ sowie der speziellen Gaskonstante $R_S$ eines realen Gases:

$$c_p - c_V = R_S = \frac{R}{M} = \frac{c_{\text{mol,p}} - c_{\text{mol,V}}}{M} \tag{5.69}$$

Der einheitenlose Quotient der beiden molaren Wärmekapazitäten $c_{\text{mol,p}}$ und $c_{\text{mol,V}}$, der beiden spezifischen Wärmekapazitäten $c_p$ und $c_V$ bzw. der beiden Wärmekapazitäten $C_p$ und $C_V$ heißt *Isentropenexponent* (auch *Adiabatenexponent* oder Wärmekapazitätsverhältnis genannt) und ist für das ideale Gas und für reale Gase in gleicher Weise definiert:

$$\kappa = \frac{c_{\text{mol,p}}}{c_{\text{mol,V}}} = \frac{c_p}{c_V} = \frac{C_p}{C_V} \tag{5.70}$$

Für das ideale Gas bzw. für reale Gase, die näherungsweise als ideales Gas beschrieben werden können, sind die molaren Wärmekapazitäten bei konstantem Druck $c_{\text{mol,p}}$ und bei konstantem Volumen $c_{\text{mol,V}}$ sowie der Isentropenexponent durch die Gesamtzahl der Freiheitsgrade $f$ der Gasteilchen bestimmt. Es gilt:

$$c_{\text{mol,p}} = \frac{f+2}{2} R \quad \text{und} \quad c_{\text{mol,V}} = \frac{f}{2} R \quad \Rightarrow \quad \kappa = \frac{c_{\text{mol,p}}}{c_{\text{mol,V}}} = 1 + \frac{2}{f} \tag{5.71}$$

Für die Gesamtzahl der Freiheitsgrade gilt: $f = f_{\text{trans}} + f_{\text{rot}} + f_{\text{vib}}$. Der Translationsfreiheitsgrad $f_{\text{trans}}$ hat für die Bewegung der Gasteilchen im dreidimensionalen Raum stets den Wert 3. Der Rotationsfreiheitsgrad $f_{\text{rot}}$ ist relevant für Moleküle und kann in der Regel die Werte 0, 2 und 3 annehmen. Der Schwingungsfreiheitsgrad $f_{\text{vib}}$ ist ebenfalls für Moleküle relevant, sofern die Moleküle Schwingungsbewegungen vollziehen können. Im einfachsten Fall des einatomigen idealen Gases gilt: $f = f_{\text{trans}} = 3$ (da $f_{\text{rot}} = f_{\text{vib}} = 0$) und $c_{\text{mol,p}} = 5R/2$, $c_{\text{mol,V}} = 3R/2$ sowie $\kappa = 5/3 = 1{,}\overline{6}$. Diese Werte stimmen mit Messungen an Edelgasen und an Quecksilberdampf sehr gut überein, wenn die Temperatur bzw. der Druck genügend weit über dem Siede- bzw. über dem Verflüssigungspunkt liegt. Für Gase mit einer Sorte von zweiatomigen Molekülen ohne Schwingungsfreiheitsgrade gilt: $f = f_{\text{trans}} + f_{\text{rot}} = 5$ ($f_{\text{vib}} = 0$) und $c_{\text{mol,p}} = 7R/2$, $c_{\text{mol,V}} = 5R/2$ sowie $\kappa = 7/5 = 1{,}4$. Diese Werte stimmen mit Messungen unter anderem an molekularem Sauerstoff, Stickstoff und Wasserstoff sehr gut überein, wenn die Temperatur bzw. der Druck genügend weit über dem jeweiligen Siede- bzw. über dem Verflüssigungspunkt liegt (Tabelle 5.8). Für Gase mit einer Sorte von dreiatomigen Molekülen ohne Schwingungsfreiheitsgrade (wie z. B. Wasserdampf oder Schwefelwasserstoff) gilt: $f = f_{\text{trans}} + f_{\text{rot}} = 6$ ($f_{\text{vib}} = 0$) und $c_{\text{mol,p}} = 8R/2$, $c_{\text{mol,V}} = 6R/2$ sowie $\kappa = 8/6 = 1{,}\overline{3}$. Für Gase, bei denen die Moleküle aus mindestens 3 Atomen bestehen und die nicht wie z. B. Kohlenstoffdioxid $CO_2$ oder Ethin $C_2H_2$ gestreckte bzw. lineare Moleküle sind, gilt: $f_{\text{trans}} = f_{\text{rot}} = 3$, $f_{\text{vib}} \geq 4$ und damit $f \geq 10$. Somit gilt für diese Gase für die molaren Wärmekapazitäten bei konstantem Druck und konstantem Volumen $c_{\text{mol,p}} \geq 6R$ bzw. $c_{\text{mol,V}} \geq 5R$, was einen Isentropenexponent von $\kappa \leq 6/5 = 1{,}2$ ergibt.

**Tabelle 5.8** Spezifische Wärmekapazität bei konstantem Druck $c_p$ und konstantem Volumen $c_V$ sowie Isentropenexponent $\kappa$ einiger realer Gase

| Gas | Spezifische Wärmekapazität in kJ/(kg·K) bei 0 °C | | Isentropenexponent $\kappa = c_p/c_V$ bei 18 °C |
|---|---|---|---|
| | $c_p$ | $c_V$ | |
| Helium He | 5,234 | 3,157 | 1,63 |
| Kohlenstoffdioxid $CO_2$ | 0,707 | 0,519 | 1,30 |
| Kohlenstoffmonoxid CO | 1,042 | 0,741 | 1,40 |
| Methan $CH_4$ | 2,165 | 1,638 | 1,31 |
| Propan $C_3H_8$ | 1,549 | 1,331 | 1,16 |
| Sauerstoff $O_2$ | 0,913 | 0,653 | 1,40 |
| Stickstoff $N_2$ | 1,038 | 0,741 | 1,40 |
| Wasserdampf $H_2O$ | 1,855 | 1,394 | 1,30 |
| Wasserstoff $H_2$ | 14,235 | 10,111 | 1,41 |

Während der Isentropenexponent beim idealen Gas temperaturunabhängig ist, zeigt er bei realen Gasen eine Temperaturabhängigkeit, da die Freiheitsgrade der Rotation und der Schwingung temperaturabhängig sind. So sind Rotationsbewegungen bei mehratomigen Molekülen und Schwingungen bei linearen oder schwach gewinkelten Molekülen bereits unterhalb der Normaltemperatur $T_0 = 273{,}15$ K angeregt, während starre Moleküle erst oberhalb der Normaltemperatur Schwingungen zeigen. Bei viel höheren Temperaturen kommt es durch Dissoziation und Ionisation zu noch mehr Freiheitsgraden. In Bild 5.16 ist der Isentropenexponent $\kappa$ einiger realer Gase im Temperaturbereich von 300 K bis 1 500 K dargestellt.

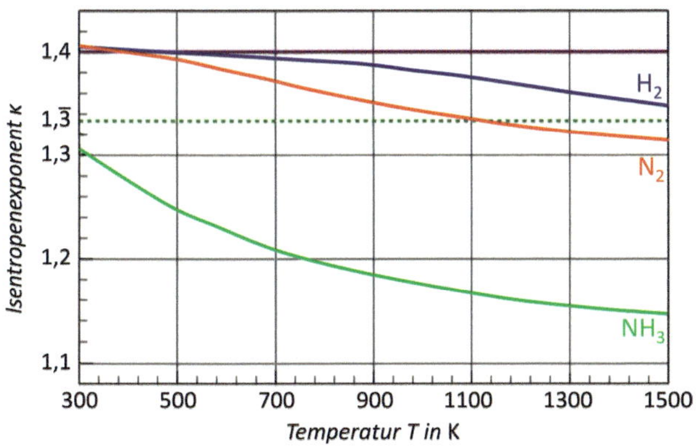


**Bild 5.16**
Isentropenexponent $\kappa$ einiger realer Gase im Temperaturbereich von 300 K bis 1 500 K

**Beispiele**

1. Ein Wannenbad mit 80 kg Wasser mit einer Temperatur von 75 °C soll auf 45 °C abgekühlt werden. Wieviel kaltes Wasser von 16 °C muss zugegossen werden?

   Aus der Wärmebilanz folgt

$$m_2 = \frac{c_1 m_2 (\vartheta_1 - \vartheta_m)}{c_2(\vartheta_m - \vartheta_2)} = \frac{80\,\text{kg} \cdot (75-45)\,\text{K}}{(45-16)\,\text{K}} = 83\,\text{kg}$$

2. Welche Temperatur hat ein glühender Stahlbolzen von 0,25 kg Masse, der zum Abschrecken in 2 kg kaltes Wasser von 15 °C geworfen wird? Das Wasser habe sich dabei auf 30 °C erwärmt.

Alle Größen, die sich auf den Stahlbolzen beziehen, erhalten den Index 1, die des Wassers den Index 2, die Mischungstemperatur sei $\vartheta_m$. Dann ergibt sich die gesuchte Temperatur zu

$$\vartheta_1 = \frac{c_2 m_2 (\vartheta_m - \vartheta_2)}{c_1 m_1} + \vartheta_m$$

bzw. mit den Tabellenwerten $c_1 = 460\ \mathrm{J/(kg \cdot K)}$ und $c_2 = 4\,182\ \mathrm{J/(kg \cdot K)}$

$$\vartheta_1 = \frac{4\,182 \cdot 2(30 - 15)\,°\mathrm{C}}{460 \cdot 0{,}25} + 30\,°\mathrm{C} = 1121\,°\mathrm{C}$$

## 5.3.2 Erster Hauptsatz der Thermodynamik

Gemäß den Ausführungen in Abschnitt 5.3.1 bezieht sich die „moderne" Definition der Wärme nicht auf Temperaturänderungen oder Stoffumwandlungen, sondern basiert vollständig auf dem Energiebegriff. Sie wurde von M. Born (1882–1970, Nobelpreis 1954) im Jahre 1921, nach entscheidenden Vorabreiten von C. Carathéodory (1873–1950), der zu Beginn des 20. Jahrhunderts die Thermodynamik in eine axiomatische Form gebracht hatte, formuliert. Demnach ist die Definition der Wärme mit dem Ersten Hauptsatz der Thermodynamik, der die Energieerhaltung in thermodynamischen Systemen unter Einbeziehung sämtlicher Energieformen beschreibt, verknüpft. Die drei wichtigsten, äquivalenten Formulierungen des Ersten Hauptsatzes der Thermodynamik lauten:

**Merke**

**Erster Hauptsatz der Thermodynamik:**

- In einem abgeschlossenen System bleibt die Summe aller Energien konstant.
- Es gibt kein Perpetuum mobile 1. Art. Das heißt, es gibt keine Maschine, die nur Arbeit verrichtet, ohne dass ein entsprechender Betrag an Energie zugeführt wird.
- Die Änderung der inneren Energie eines geschlossenen Systems ist gleich der Summe von zu- oder abgeführter Wärme und der verrichteten Arbeit, die vom System geleistet werden kann oder am System geleistet wird.

Die dritte Formulierung ist eine Bilanzgleichung zwischen der inneren Energie $U$ als eine thermodynamische Zustandsgröße des betrachteten geschlossenen Systems und den beiden thermodynamischen Prozessgrößen Wärme $Q$ und Arbeit $W$:

$$\Delta U = Q + W \tag{5.72a}$$

$$\mathrm{d}U = \partial Q + \partial W \tag{5.72b}$$

Mit den differentiellen Ausdrücken für die Entropie $\mathrm{d}S = \partial Q / T(S)$ und für das Volumen $\mathrm{d}V = -\partial W / p(V)$ lässt sich die differentielle Form des Ersten Hauptsatzes in eine integrale Form umwandeln:

$$\partial Q = T(S)\,\mathrm{d}S \tag{5.73a}$$

$$\partial W = -p(V)\,\mathrm{d}V \quad \Rightarrow \quad U = \int_{S_1}^{S_2} T(S)\,\mathrm{d}S - \int_{V_1}^{V_2} p(V)\,\mathrm{d}V \tag{5.73b}$$

Bei offenen Systemen, bei denen neben Wärme und Arbeit auch Masse zwischen dem jeweiligen System und seiner Umgebung ausgetauscht wird, muss die Bilanzgleichung (Gl. (5.72a)) um weitere Terme, die den Massestrom in das System hinein und den Massestrom aus dem System hinaus berücksichtigen, ergänzt werden. Statt mit der inneren Energie wird bei offenen Systemen oft mit den Enthalpien bilanziert.

Die innere Energie ist der gesamte Energieinhalt eines Systems, z. B. einer bestimmten Menge Gas. Sie ist eine Zustandsgröße und wird für eine gegebene Menge Gas durch die Zustandsgrößen Temperatur, Druck und Volumen bestimmt. Die innere Energie eines Systems kann sich entsprechend dem Ersten Hauptsatz der Thermodynamik nur durch Energieaustausch mit der Umgebung in Form von Wärme oder durch die Verrichtung von Arbeit ändern. Eine Einschränkung der Umwandelbarkeit von Wärme in Arbeit ergibt sich erst aus dem Zweiten Hauptsatz der Thermodynamik (Abschnitt 5.3.4). Bei abgeschlossenen Systemen, bei denen kein materieller und kein energetischer Austausch mit der Umgebung stattfindet, ist dementsprechend die innere Energie konstant. Für die Bilanz von Energie und Arbeit gilt folgende Vereinbarung:

**Merke**

Jede dem System zugeführte Energie oder am System verrichtete Arbeit wird positiv, und jede abgegebene Energie oder vom System verrichtete Arbeit wird negativ gezählt.

Die von einem Gas während eines thermodynamischen Prozesses abgegebene Arbeit kann beispielsweise darin bestehen, dass es sich bei konstantem Druck $p$ ausdehnt, also sein Volumen $V$ um $\Delta V$ vergrößert. Ein Beispiel dafür wäre eine Wärmekraftmaschine, bei der auf diese Weise ein Kolben hin- und herbewegt wird. Die Arbeit $W$ ergibt sich dann aus dem Produkt aus der vom Gas auf den Kolben wirkenden Kraft $F$ und dem vom Kolben zurückgelegten Weg $s$. Hat der Kolben die Querschnittsfläche $A$ und das im Zylinder eingeschlossene Gas den Druck $p$, so ist die Kraft gleich dem Produkt $p\,A$ und die Arbeit $W = p\,A\,s$. Das Produkt $A\,s$ ist das während der Bewegung vom Kolben verdrängte Volumen $\Delta V$, sodass gilt: $W = p\,\Delta V$. Es ist jedoch zu beachten, dass die auf den Kolben wirkende Kraft $F$ und damit auch der Druck $p$ beim Zurücklegen des Weges $s$ nicht konstant ist. Daher muss eine infinitesimal kleine Volumenänderung $\mathrm{d}V$ betrachtet werden. Für die nach außen abgegebene Volumenarbeit gilt dann:

$$\partial W = -p\,\mathrm{d}V \quad \Rightarrow \quad W = -\int_{V_1}^{V_2} p\,\mathrm{d}V \tag{5.74}$$

Trägt man den Verlauf des Druckes über dem Volumen in ein *p*-*V*-Diagramm auf, so entspricht die Fläche unter dem Graphen der Funktion $p(V)$ dem Betrag der Volumenarbeit. In Bild 5.17 ist dies beispielhaft für die Kompression eines Gases, also für den Fall, dass am System Arbeit verrichtet wird ($V_{\text{Anfang}} = V_1 > V_2 = V_{\text{Ende}}$ $\Delta W > 0$), dargestellt.

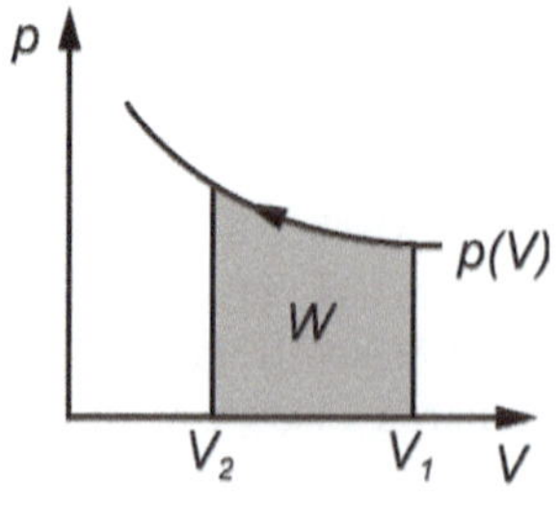


**Bild 5.17**
Volumenarbeit bei der Kompression eines Gases

## 5.3.3 Reversible und irreversible Zustandsänderungen

Eine reversible thermodynamische Zustandsänderung ist dadurch ausgezeichnet, dass sie jederzeit wieder umgekehrt ablaufen könnte, ohne dass die beteiligten Körper oder deren Umgebung bleibende Veränderungen erfahren. Dementsprechend ist bei einer reversiblen thermodynamischen Zustandsänderung die Entropie konstant.

**Merke**
Ein Vorgang ist reversibel, wenn nach seinem Ablauf der Anfangszustand vollständig wiederherstellbar ist, ohne dass irgendwelche Veränderungen zurückbleiben.

Die Vorgänge in der klassischen Dynamik sind durch den zugrundeliegenden Determinismus reversibel. Es gibt jedoch auch im Rahmen der klassischen Mechanik irreversible Vorgänge, wie beispielsweise die plastische Verformung von Körpern (z. B. die Überdehnung einer Feder) oder alle Vorgänge, bei denen Reibungskräfte auftreten und somit Reibungsarbeit verrichtet wird. Werden beispielsweise zwei Holzstücke gegeneinander gerieben, so wandelt sich mechanische Arbeit in Wärme um. Diese Wärme wird sich jedoch nach dem Reibungsvorgang nicht wieder in mechanische Arbeit zurückverwandeln, sondern verteilt sich sofort auf beide Holzstücke, wodurch deren Temperatur ansteigt.

Eine irreversible thermodynamische Zustandsänderung ist dadurch gekennzeichnet, dass sie in einem abgeschlossenen System nicht umkehrbar ist, ohne Veränderungen im System zu hinterlassen.

**Merke**
Ein Vorgang ist irreversibel, wenn er nur durch Veränderung der Umgebung, z. B. durch Arbeit von außen, rückgängig gemacht werden kann.

Irreversible Prozesse werden insbesondere in der Nichtgleichgewichtsthermodynamik behandelt. Ein wichtiges Ergebnis ist das Prinzip der minimalen Entropieproduktion für offene Systeme, welche nur wenig vom thermodynamischen Gleichgewicht abweichen. Dies ist der Bereich der so genannten linearen Nichtgleichgewichtsthermodynamik. Weicht ein offenes System stark vom Gleichgewicht ab, muss es im Rahmen der nichtlinearen Nichtgleichgewichtsthermodynamik beschrieben werden.

Obwohl viele mikroskopische Elementarreaktionen meist reversibel ablaufen, sind alle makroskopischen und insbesondere alle spontan ablaufenden Prozesse irreversibel. Die Irreversibilität ergibt sich aus der Unwahrscheinlichkeit des Anfangszustands und begründet die eindeutige, nicht umkehrbare Richtung der Zeit verbunden mit der Erhöhung der Entropie, d. h. $\Delta S > 0$. Ein Beispiel für einen irreversiblen Vorgang ist die Wärmeleitung, aufgrund derer sich Temperaturunterschiede zwischen heißen und kalten Körpern von selbst, ohne die Verrichtung von Arbeit, ausgleichen. Eine Umkehrung ist zwar mit einer Kältemaschine prinzipiell möglich, erfordert aber die Verrichtung von Arbeit.

Während irreversible Vorgänge zur alltäglichen Erfahrung gehören, sind rein reversible Vorgänge stets Idealisierungen. Beispielhaft sei der Aufbau in Bild 5.18 betrachtet, bei dem sich ein Kolben ohne jegliche Reibung in einem völlig wärmedicht umhüllten Zylinder auf und ab bewegen kann. Bewegt sich der Kolben nach unten, wird das Gas im Zylinder verdichtet. Die gesamte aufgewandte mechanische Arbeit führt zu einer Erhöhung der inneren Energie des Gases, da aufgrund der Wärmeisolation kein Wärmeaustausch mit der Umgebung möglich ist. Beim Loslassen des Kolbens wird dieser vom sich ausdehnenden Gas wieder nach oben getrieben, wobei auch dabei aufgrund der Wärmeisolation kein Wärmeaustausch mit der Umgebung möglich ist.

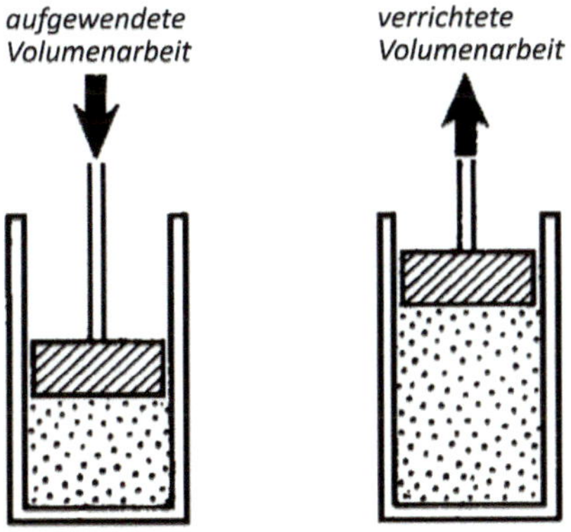


**Bild 5.18**
Reversible Verdichtung und Entspannung eines Gases

Würde die Abfolge von Verdichtung und Entspannung des Gases im Zylinder als Kreisprozess ausgeführt werden, würde diese „Maschine“ die maximal mögliche Arbeit ohne störende Reibungsverluste abgegeben. Die hier zugrunde gelegte perfekte Wärmeisolation des Zylinders und die reibungsfreie Bewegung des Kolbens im Zylinder sind jedoch genauso wenig technisch realisierbar wie die Kopplung eines Systems mit einem unendlich ausgedehnten und unendlich massereichen Wärmereservoir, was zur Folge hätte, dass die Temperatur im System und im Wärmereservoir stets konstant wäre. Somit bleibt festzuhalten, dass Vorgänge ohne Wärmeaustausch oder Vorgänge, bei denen sich die Temperatur nicht ändert, zwar im idealisierten Fall reversibel, aber in der Realität stets irreversibel sind.

### 5.3.4 Zweiter Hauptsatz der Thermodynamik

Ob nun ein Vorgang reversibel oder irreversibel verläuft, lässt sich nicht mit dem Ersten Hauptsatz der Thermodynamik entscheiden. Denn sowohl bei reversiblen als auch bei irreversiblen Vorgängen ist die Energieerhaltung gemäß dem Ersten Hauptsatz erfüllt. Eine Unterscheidung ist jedoch mit der von R. Clausius eingeführten und in Abschnitt 5.1.2 vorgestellten thermodynamischen Zustandsgröße der Entropie möglich. Gemäß Clausius gilt (siehe Gl. (5.10)):

$$\mathrm{d}S = \frac{\partial Q_{\mathrm{rev}}}{T} \tag{5.75a}$$

$$\Delta S = \int_{T_1}^{T_2} \frac{\partial Q_{\mathrm{rev}}}{T} \tag{5.75b}$$

$\delta Q_{\mathrm{rev}}$ ist die reversibel ausgetauschte Wärmemenge und $T$ die Austauschtemperatur. Auf dieser Grundlage kann gefolgert werden, dass die Entropie bei jedem reversiblen Kreisprozess (Abschnitt 5.5) unverändert ist. Dies ist bereits eine Formulierung des Zweiten Hauptsatzes der Thermodynamik. Nachfolgend sind einige der verschiedenen, teils äquivalenten Formulierungen des Zweiten Hauptsatzes der Thermodynamik, die sich etabliert haben, zusammengestellt:

**Merke**

**Zweiter Hauptsatz der Thermodynamik:**

- Es gibt keine Zustandsänderung, deren einziges Ergebnis die Übertragung von Wärme von einem Körper niederer auf einen Körper höherer Temperatur ist.
- Wärme kann nicht von selbst von einem Körper niedriger Temperatur auf einen Körper höherer Temperatur übergehen.
- Es ist unmöglich, eine periodisch arbeitende Maschine zu konstruieren, die weiter nichts bewirkt als Hebung einer Last und Abkühlung eines Wärmereservoirs. Dies wäre eine Realisierung eines Perpetuum Mobile zweiter Art.
- Wärme kann durch eine periodisch arbeitende Maschine nicht vollständig in Arbeit umgewandelt werden. Dies wäre eine Realisierung eines Perpetuum Mobile zweiter Art.
- Alle spontan in eine Richtung ablaufenden Prozesse sind irreversibel.
- Alle Prozesse, bei denen Reibung stattfindet, sind irreversibel.
- In einem geschlossenen System kann die Entropie nicht geringer werden.
- Alle Naturvorgänge verlaufen in abgeschlossenen Systemen so, dass die gesamte Entropie nicht abnimmt; bei irreversiblen Vorgängen wächst sie, bei reversiblen bleibt sie konstant.
- Entropie kann (z. B. durch Dissipation) erzeugt aber nie vernichtet werden.
- Das Gleichgewicht isolierter thermodynamischer Systeme ist durch ein Maximalprinzip der Entropie ausgezeichnet.

Die beiden ersten äquivalenten Formulierungen belegen eine Vorzugsrichtung für den Prozess der Wärmeübertragung, wie sie der alltäglichen Erfahrung entspricht. Die dritte Formulierung, die äquivalent zur vierten Formulierung ist, stammt von Kelvin und Planck und belegt, dass der Erste Hauptsatz eine reine Energiebilanz ist, und damit allein kein Perpetuum Mobile zweiter Art ausgeschlossen werden kann. Dies ist nur mit dem Zweiten Hauptsatz möglich. Der Erste Hauptsatz der Thermodynamik macht nur eine Aussage darüber, ob ein Prozess aus energetischer Sicht überhaupt möglich. Denn nur unter der Voraussetzung, dass die thermodynamische Energiebilanz nicht verletzt wird, d. h. Energie bei dem Prozess weder erzeugt noch vernichtet wird, kann er überhaupt theoretisch ablaufen. Mit dem Zweiten Hauptsatz der Thermodynamik ist es möglich eine Aussage zu treffen, ob der energetisch mögliche Prozess in die eine Richtung oder die andere Richtung abläuft. Grundsätzlich wird der Prozess nur in jene Richtung ablaufen bei dem die Entropie nicht kleiner wird. Prozesse die Entropie erzeugen, insbesondere Vorgänge mit Reibung, sind nicht umkehrbar, denn sonst müsste Entropie wieder „vernichtet" werden. Das bedeutet auch, dass mit der Entropie die zeitliche Abfolge von Prozessen festgelegt ist. Bei zwei Zuständen eines abgeschlossenen Systems ist bei einem irreversiblen Prozess der Zustand mit der größeren Entropie der zeitlich spätere Zustand.

Mit dem Zweiten Hauptsatz der Thermodynamik kann auch der thermische Wirkungsgrad einer Wärmekraftmaschine bestimmt werden. Für den maximal möglichen bzw. idealen thermischen Wirkungsgrad einer Wärmekraftmaschine, bei der kontinuierlich ein thermodynamischer Kreisprozess abläuft, gilt:

$$\eta_{\text{ideal}} = 1 - \frac{Q_2}{Q_1} = 1 - \frac{T_2}{T_1} \tag{5.76}$$

$Q_1$ ist die zugeführte Wärme, beispielsweise durch Verbrennung eines flüssigen oder festen Brennstoffes und $Q_2 < Q_1$ ist die abgegebene Wärme. Dementsprechend ist $T_1$ die Temperatur des heißen Wärmereservoirs und $T_2 < T_1$ ist die Temperatur des kalten Wärmereservoirs. Nur im rein mathematischen aber physikalisch nicht erreichbaren Grenzfall von $Q_2 \to 0$ bzw. $T_2 \to 0$ ist der Wirkungsgrad gleich 1 bzw. beträgt 100 %. Der ideale Wirkungsgrad $\eta_{\text{ideal}}$ gemäß Gl. (5.76) wird nur bei dem nach N. L. S. Carnot (1796–1832) benannten und im Jahre 1824 vorgeschlagenen reversiblen und damit idealisierten Carnot-Kreisprozess (Abschnitt 5.5.3) erreicht, mit $\eta_{\text{ideal}} < 1$. Für sämtliche reale Wärmekraftmaschinen gilt, dass ihr Wirkungsgrad stets kleiner als der beim Carnot-Kreisprozess erreichbare Wirkungsgrad ist: $\eta_{\text{real}} < \eta_{\text{ideal}}$. Zusammengefasst wird dies in den folgenden drei äquivalenten Formulierungen des Zweiten Hauptsatzes der Thermodynamik:

**Merke**

- Es gibt keine Wärmekraftmaschine, die bei gegebenen mittleren Temperaturen der Wärmezufuhr und Wärmeabfuhr einen höheren Wirkungsgrad hat als den aus diesen Temperaturen gebildeten Carnot-Wirkungsgrad.
- Alle reversiblen Wärme-Kraft-Prozesse mit gleichen mittleren Temperaturen der Wärmezufuhr und Wärmeabfuhr haben denselben Wirkungsgrad wie der entsprechende Carnot-Prozess.
- Alle irreversiblen Wärme-Kraft-Prozesse haben einen geringeren Wirkungsgrad.

### Maxwell'scher Dämon

Während der Erste Hauptsatz der Thermodynamik als Energieerhaltungssatz bzw. als Energiebilanzgleichung verständlich ist, gab es im 19. Jahrhundert Zweifel an der allgemeinen Gültigkeit des Zweiten Hauptsatzes der Thermodynamik, der ein Erfahrungssatz ist. Das in diesem Zusammenhang berühmteste Gedankenexperiment stammt von J. C. Maxwell (1831–1879) aus dem Jahre 1871 und wird als *Maxwell'scher Dämon* bezeichnet. Das aus diesem Gedankenexperiment resultierende Dilemma wurde von vielen namhaften Physikern diskutiert und führte zu neuen Erkenntnissen und insbesondere zum Verständnis des Zusammenhangs zwischen Energie und Information.

In dem ursprünglichen Gedankenexperiment von Maxwell wird ein thermisch isolierter Behälter betrachtet, der durch eine Trennwand in zwei gleich große Volumina geteilt wird. In der Trennwand ist eine kleine mit einer Klappe verschließbare Öffnung (Loch) eingebaut. Beide Volumina enthalten ein Gas mit anfänglich gleicher Temperatur. Die Öffnung ist nur so groß, dass bei geöffneter Klappe stets nur ein Gasteilchen (Molekül) passieren kann. Der Maxwell'sche Dämon, ein Wesen mit übernatürlichen Fähigkeiten, öffnet und schließt die Klappe so, dass sich die Gasteilchen mit den größeren Geschwindigkeiten in dem einen Bereich und die Gasteilchen mit den kleineren Geschwindigkeiten in dem anderen Bereich des Behälters ansammeln (Bild 5.19). Unter idealen Bedingungen ist zum Öffnen und zum Schließen sowie für die Geschwindigkeitsmessung keine Energie erforderlich. Mit der durch die Geschwindigkeitsseparation der Gasteilchen entstehenden Temperaturdifferenz könnte eine Wärmekraftmaschine angetrieben werden. Dies würde dem Zweiten Hauptsatz der Thermodynamik widersprechen, da außer einer Verringerung der Temperatur in dem Bereich mit den langsameren Gasteilchen und der Verringerung der Entropie im gesamten Behälter keine weitere Änderung gegenüber dem Anfangszustand stattgefunden hat.

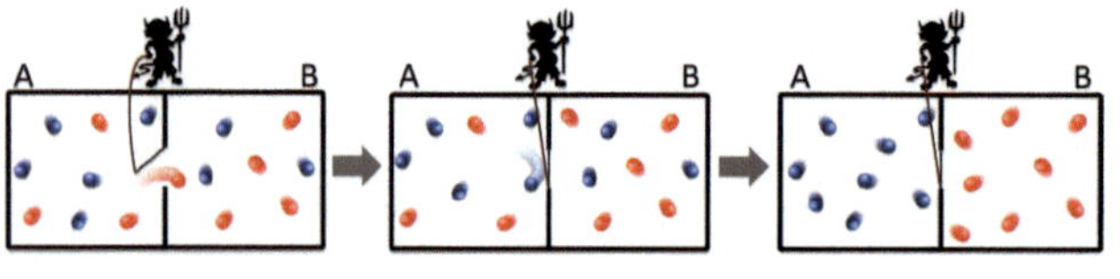


**Bild 5.19** Der Maxwell'sche Dämon öffnet und schließt die Klappe, um Gasteilchen mit größeren Geschwindigkeiten (rot) von A nach B und Gasteilchen mit kleineren Geschwindigkeiten (blau) von B nach A durchzulassen

Maxwell selbst deutete sein Gedankenexperiment als einen Hinweis darauf, dass der Zweite Hauptsatz der Thermodynamik eine statistische Aussage ist und nur im makroskopischen Bereich gilt. W. Thomson (1. Baron Kelvin oder kurz Lord Kelvin, 1824–1907), der die Bezeichnung Maxwell'scher Dämon einführte, erkannte bereits im Jahre 1874, dass das Kritische am Maxwell'schen Dämon dessen übernatürliche Sortierfähigkeit der Gasteilchen ohne Energieaufwand ist, die eine Umkehrung des natürlichen Vorganges der Dissipation darstellt.

Zum Gedankenexperiment von Maxwell gab es sogar Vorschläge für die mechanische Realisierung. So entwarf M. vom Smoluchowski (1872–1917) ein Gerät, bei dem die beiden Bereiche des thermisch isolierten Behälters durch eine Klappe verbunden sind, die mit einer Feder geschlossen gehalten wird und sich nur zu einer Seite öffnen lässt. Gasteilchen mit einer höheren Geschwindigkeit können sich der Klappe nähern und diese aufstoßen, wodurch ein Temperaturgradient gemäß dem Gedankenexperiment von Maxwell entsteht.

Eine solche mechanische Variante des Maxwell'schen Dämons funktioniert jedoch nicht, da beispielsweise die Klappe auch durch Mehrfachstöße von Gasteilchen mit einer kleineren Geschwindigkeit geöffnet werden könnte.

Für die Lösung des durch den Maxwell'schen Dämon entstandenen Dilemmas war die Habilitationsschrift von L. Szilárd (1898–1964) mit dem Titel „Über die Entropieverminderung in einem thermodynamischen System bei Eingriffen intelligenter Wesen" aus dem Jahre 1929 wegbereitend. Szilárd reduzierte das ursprüngliche Gedankenexperiment von Maxwell auf ein einzelnes Gasteilchen (Bild 5.20). Der Maxwell'sche Dämon fügt eine Trennwand in der Mitte des Behälters ein und bestimmt die Position des Gasteilchens, ob es sich in der rechten oder linken Hälfte des Behälters befindet und speichert diese Information (Bild 5.20b). Auf der Seite der Trennwand, wo sich das Gasteilchen befindet, befestigt der Dämon ein Gewicht. Das Gasteilchen führt Stöße gegen die Trennwand aus und bewirkt dadurch, dass die Trennwand verschoben, dass an der Trennwand angehängte Gewicht dadurch angehoben und somit Arbeit verrichtet wird (Bild 5.20c):

$$W = k_B T \int_{V/2}^{V} \frac{dV'}{V'} = k_B T \ln(2) \tag{5.77}$$

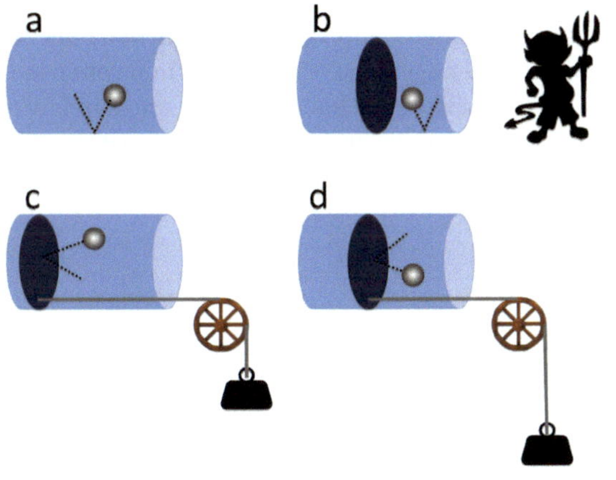


**Bild 5.20**
Prinzipskizze des Maxwell'schen Dämons nach Szilárd

Dabei wird Wärme aus der Umgebung aufgenommen, sodass die Temperatur im Behälter konstant bleibt. Dann wiederholt sich der Zyklus, wobei der Dämon zu Beginn eines jeden Zyklus eine Ortsmessung vornimmt, um festzustellen in welcher Hälfte des Behälters sich das Gasteilchen befindet. Dabei wird also eine binäre Information („links" oder „rechts") gewonnen, die zumindest kurzfristig bis zum Anbringen des Gewichtes festgehalten bzw. gespeichert werden muss.

Jedoch ist auch in dieser Konfiguration der Zweite Hauptsatz der Thermodynamik verletzt, denn als Folge der Umwandlung der Wärme in Arbeit wird die Entropie des den Behälter umgebenden Wärmebades um $k_B \ln(2)$ verringert. Daher postulierte Szilárd, dass die thermodynamische Entropieverringerung vollständig durch die Entropieerzeugung bei der Ortsmessung ausgeglichen bzw. kompensiert wird und somit der Zweite Hauptsatz der Thermodynamik nicht mehr verletzt wird. Damit wendete Szilárd die bis dahin rein physikalische Größe der Entropie auf den Begriff der Information an, bevor C. E. Shannon (1916–2001) ca. 20 Jahre später die Informationstheorie im Jahre 1948 begründete.

Die Überlegungen von Szilárd wurden von L. N. Brillouin (1889–1969) im Jahre 1951 fortgeführt um insbesondere zu klären, wie der Maxwell'sche Dämon in dem Gedankenexperiment von Szilárd die Ortsmessung am Gasteilchen durchführt. Unter Berücksichtigung der Quantennatur des Lichts (Abschnitt 8.1.2) ist die Ortsmessung eine Wechselwirkung zwischen dem Gasteilchen (Molekül) mit einem Photon durch einen Stoß. Brillouin konnte zeigen, dass bei einem solchen Stoß stets genügend Entropie erzeugt wird, sofern die Energie des Photons nicht zu klein ist. Damit ist der Zweite Hauptsatz der Thermodynamik erfüllt und die bei Szilárd noch offene Frage nach der Art und Weise der Entropieerzeugung wurde beantwortet, wodurch das Dilemma des Maxwell'schen Dämons behoben war. Brillouin erweiterte seine Überlegungen und Interpretation, in dem er die Photonen als Übermittler von Information auffasste und postulierte erstmals einen direkten Zusammenhang zwischen der von Shannon eingeführten Entropie der Information und der thermodynamischen Entropie.

R. W. Landauer (1927–1999) zeigte im Jahre 1961 mit dem nach ihm benannten *Landauer-Prinzip*, dass beim Löschen einer physikalisch gespeicherten binären Information stets die bereits bekannte Entropie von $k_\mathrm{B}\ln(2)$ erzeugt wird.

Aber erst C. H. Bennett (*1943) zeigte im Jahre 1982, also mehr als 100 Jahre nach der Formulierung des Maxwell'schen Gedankenexperiments, dass mit der Anwendung des Landauer-Prinzips auf das „Informationsgedächtnis" des Maxwell'schen Dämons dem Gas genau die Entropie wieder zugeführt wird, um den Zweiten Hauptsatz der Thermodynamik zu erfüllen. Andererseits kann die Ortsmessung mit einer beliebig kleinen gegen null gehenden Entropiezunahme ausgeführt werden kann. Dementsprechend haben Bennett und Landauer auf der Grundlage der Arbeiten von Szilárd und Brillouin gezeigt, wie der Maxwell'sche Dämon gegen den Zweiten Hauptsatz der Thermodynamik verstößt.

### 5.3.5 Dritter Hauptsatz der Thermodynamik

Der Dritte Hauptsatz der Thermodynamik, auch als *Nernst-Theorem* oder Nernst'scher Wärmesatz bezeichnet, wurde im Jahre 1906 von W. H. Nernst (1864–1941, Nobelpreis 1920) als Ergebnis seiner Überlegungen zur Entropie in der Nähe des absoluten Nullpunktes der Temperatur $T = 0$ K aufgestellt. Betrachtet man die Idealisierung des perfekten, also fehlerfreien, Einkristalls, sind bei diesem System am absoluten Nullpunkt alle Teilchen im Zustand der Ruhe, können also auch nicht mehr schwingen, wodurch sich die Entropie nicht mehr ändern kann und den Wert null annimmt. Der perfekte Einkristall ist jedoch nicht realisierbar, zumal viele Materialien so einfrieren, wie sie im flüssigen, durchmischten Zustand vorliegen und kristalline Festkörper nie frei von irgendwelchen Störstellen (null-, ein-, zwei- und dreidimensionalen Gitterfehler) sind. In der Formulierung von M. Planck aus dem Jahre 1911 lautet der Dritte Hauptsatz der Thermodynamik:

$$\lim_{T\to 0} S(T,p,V) = 0 \tag{5.78}$$

Es war der Vorschlag von Planck, der Entropie bei der Temperatur von $T = 0$ K den Wert null zuzuordnen, um damit die Entropie bei Temperaturen oberhalb des absoluten Nullpunktes angeben zu können. Die ursprüngliche Formulierung von Nernst bezieht nicht auf die Entropie, sondern auf den absoluten Nullpunkt der Temperatur und besagt:

**Merke**

**Dritter Hauptsatz der Thermodynamik:** Es ist unmöglich durch irgendeinen Prozess mit einer endlichen Zahl von Einzelschritten, die Temperatur eines Systems auf den absoluten Nullpunkt von $T = 0$ K zu senken.

Während mit dem Zweiten Hauptsatz der Thermodynamik eine absolute Temperaturskala definiert werden kann, besagt der Dritte Hauptsatz der Thermodynamik, dass der Nullpunkt dieser absoluten Temperaturskala unerreichbar ist. Eine Annäherung ist jedoch möglich und in Experimenten mit sogenannten Bose-Einstein-Kondensaten wurden bereits Temperaturen von ca. 40 pK (40 Billionstel Grad über dem absoluten Nullpunkt) erreicht.

Neben dem Grenzwert für die Entropie (Gl. (5.78)) konvergieren auch die Ableitungen nach der Temperatur von innerer Energie $U$ und Freier Energie $F$ am absoluten Nullpunkt der Temperatur gegen null:

$$\lim_{T\to 0}\left(\frac{\mathrm{d}U}{\mathrm{d}T}\right) = \lim_{T\to 0}\left(\frac{\mathrm{d}F}{\mathrm{d}T}\right) = 0 \tag{5.79}$$

Dies hat zur Folge, dass die Wärmekapazitäten aller kondensierten Stoffe mit abnehmender Temperatur gegen den Wert null konvergieren.

## 5.4 Zustandsänderungen des idealen Gases

Wie in Abschnitt 5.2.2 dargestellt, wird der Zustand einer bestimmten Menge idealen Gases durch die drei Zustandsgrößen Druck, Volumen und Temperatur beschrieben. Die Zustandsgleichung des idealen Gases (Abschnitt 5.2.3) gibt den Zusammenhang zwischen diesen Größen an. Ein gegebener Zustand lässt sich auf verschiedene Weise ändern. So kann beispielsweise ein Gas in einem Gefäß zusammengepresst werden, wodurch sein Volumen kleiner wird und die Temperatur ansteigt. Ebenso ändern sich die Werte von Druck, Volumen und Temperatur, wenn das Gas erwärmt wird. In welcher Weise hierbei Druck und Volumen zusammenhängen, wird grafisch mittels des $p$-$V$-Diagramms veranschaulicht, wobei üblicherweise auf der Abszisse die Werte für das Volumen $V$ und auf der Ordinate die Werte für den Druck aufgetragen sind (Bild 5.21). Bei der isochoren Zustandsänderung ist das Volumen, bei der isobaren Zustandsänderung ist der Druck und bei der isothermen Zustandsänderung ist die Temperatur und damit auch die innere Energie des idealen Gases konstant. Im $p$-$V$-Diagramm wird eine isochore Zustandsänderung durch eine vertikale Linie (Isochore genannt), eine isobare Zustandsänderung durch eine horizontale Linie (Isobare genannt) und eine isotherme Zustandsänderung durch eine Hyperbel (Isotherme genannt) dargestellt. Bei der adiabatischen Zustandsänderung findet kein Wärmeaustausch zwischen dem System und seiner Umgebung statt. Die Kurve (Adiabate genannt) einer adiabatischen Zustandsänderung im $p$-$V$-Diagramm ist hyperbelartig mit einem stärkeren Abfall zu größeren Volumina hin im Vergleich zur isothermen Zustandsänderung.

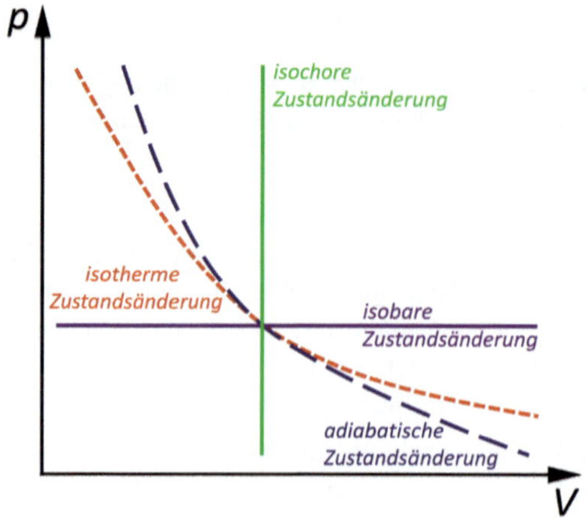


**Bild 5.21**
Zusammenhang zwischen Druck und Volumen für die isochore, die isobare, die isotherme und für die adiabatische Zustandsänderung

Die isochore und die isobare Zustandsänderung sind technisch vielfältig realisiert, da Volumen und Druck prinzipiell gut zu kontrollieren sind. Im Gegensatz dazu sind die isotherme und die adiabatische Zustandsänderung Idealisierungen und können nur näherungsweise technisch umgesetzt werden.

Für die differentielle Entropieänderung und für die Entropie eines beliebigen Zustandes $(p, V)$ relativ zu einem Entropiereferenzwert $S_0$ bei $(p_0, V_0)$ des idealen Gases gilt allgemein:

$$dS = C_V \frac{dp}{p} + C_p \frac{dV}{V} \quad \Rightarrow \quad S(p,V) = S_0 + C_V \ln\left(\frac{p}{p_0}\right) + C_p \ln\left(\frac{V}{V_0}\right) \tag{5.80a}$$

bzw.

$$S(T,V) = S_0 + C_V \ln\left(\frac{T}{T_0}\right) + nR \ln\left(\frac{V}{V_0}\right) \tag{5.80b}$$

bzw.

$$S(T,p) = S_0 + C_p \ln\left(\frac{T}{T_0}\right) + nR \ln\left(\frac{p}{p_0}\right) \tag{5.80c}$$

Für die isochore Zustandsänderung ($V = V_0$) gilt dementsprechend: $S(p,V) = S_0 + C_V \ln(p/p_0)$ und für die isobare Zustandsänderung ($p = p_0$) gilt: $S(p,V) = S_0 + C_p \ln(V/V_0)$.

## 5.4.1 Isochore Zustandsänderung

Gegeben sei ein fester, nicht dehnbarer Behälter mit einem darin enthaltenen Gas, dem die Wärmemenge $Q$ zugeführt wird. Da sich das Gas in dem Behälter nicht ausdehnen kann, wird auch keine Volumenarbeit verrichtet, d. h. $dV = 0$ und $dW = 0$. Aus dem Ersten Hauptsatz folgt somit für die Änderung der inneren Energie:

$$\partial Q = dU = m c_V \, dT \tag{5.81a}$$

$$\Delta U = m c_V \, \Delta T \tag{5.81b}$$

Hierbei kommt zum Ausdruck, dass beim idealen Gas die innere Energie und deren Änderung nur von der Temperatur bzw. von der Temperaturänderung abhängt, da die Masse $m$ und die spezifische Wärmekapazität $c_V$ bei konstantem Volumen temperaturunabhängig sind. Experimentell bestätigt wurde dies zuerst von Gay-Lussac mit folgendem Aufbau (Bild 5.22).

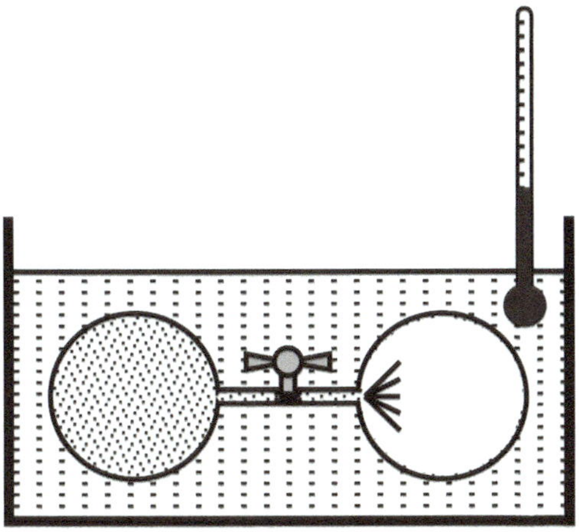

**Bild 5.22**
Versuchsaufbau von Gay-Lussac zur isochoren Zustandsänderung

Ein luftgefülltes und ein luftleeres Gefäß, die beiden nicht dehnbar sind, stehen nebeneinander in einem Kalorimeter. Die Luft verhält sich bei diesem Versuch annähernd wie ein ideales Gas. Wird das Ventil, über das beide Gefäße miteinander verbunden sind, geöffnet, so strömt die Luft in das luftleere Gefäß. Dabei wird vom Gas keine Volumenarbeit verrichtet. Außerdem ist zu beobachten, dass im Kalorimeter keine Temperaturänderung eintritt und das Gas auch keine Wärme aufnimmt oder abgibt. Dementsprechend gilt: $\partial Q = \partial W = 0$. Gemäß dem Ersten Hauptsatz muss auch die Änderung der inneren Energie $\mathrm{d}U$ gleich null sein, was wiederrum besagt, dass die innere Energie $U$ konstant geblieben ist.

Zur praktischen Durchführung des Versuches dienen zweckmäßigerweise je eine gut wärmeisolierte gefüllte und leere Druckgasflasche. Werden nach dem Überströmen die Temperaturen gemessen, so ist die Temperatur der anfangs gefüllten Druckgasflasche um einige °C gesunken und die Temperatur der anfangs leeren Druckgasflasche um den gleichen Betrag gestiegen.

## 5.4.2 Isobare Zustandsänderung

Im Gegensatz zur isochoren wird bei der isobaren Zustandsänderung (z. B. in einem Gasthermometer oder in einem Heißluftballon) Volumenarbeit verrichtet, die bei der Energiebilanzierung gemäß dem Ersten Hauptsatz zu berücksichtigen ist. Demnach gilt:

$$\mathrm{d}U = \partial Q + \partial W = m c_V \,\mathrm{d}T = m c_p \,\mathrm{d}T - p\,\mathrm{d}V \quad \Rightarrow \quad p\,\mathrm{d}V = m\left(c_p - c_V\right)\mathrm{d}T \qquad (5.82)$$

Da alle neben den Differentialen $\mathrm{d}V$ und $\mathrm{d}T$ stehenden Faktoren konstante Größen sind, ergibt sich nach beiderseitiger Integration für die isobare Zustandsänderung des idealen Gases:

$$p\,\Delta V = p\left(V_1 - V_2\right) = m\left(c_p - c_V\right)\Delta T = m R_S \left(T_1 - T_2\right) = n R \left(T_1 - T_2\right) \qquad (5.83)$$

mit $(c_\mathrm{p} - c_\mathrm{V}) = R_\mathrm{S}$ und $mR_\mathrm{S} = mR/M = nR$. Wie bereits in Abschnitt 5.3.1 ausgeführt, ist die spezifische Wärmekapazität bei konstantem Druck $c_\mathrm{p}$ größer als die spezifische Wärmekapazität bei konstantem Volumen $c_\mathrm{V}$, da das erwärmte Gas bei der Ausdehnung Volumenarbeit verrichtet. Die Differenz $(c_\mathrm{p} - c_\mathrm{V})$ ist somit gleich dieser Volumenarbeit je Masse und Temperaturänderung eines idealen Gases bei konstantem Druck (Bild 5.23).

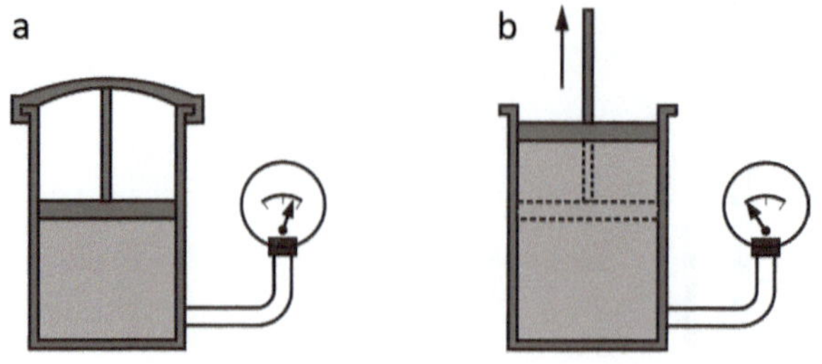


**Bild 5.23**
Zur spezifischen Wärmekapazität eines Gases bei einer a) isochoren und b) isobaren Zustandsänderung

Zur Beschreibung von isobaren Zustandsänderungen wird oft auch die im Abschnitt 5.1.2 eingeführte thermodynamische Zustandsgröße der Enthalpie $H = U + pV$ verwendet. Aus dem Ersten Hauptsatz folgt für die isobare Zustandsänderung:

$$\partial Q = \mathrm{d}U - \partial W = \mathrm{d}U + p\,\mathrm{d}V = \mathrm{d}(U + pV) = \mathrm{d}H \tag{5.84}$$

d. h., bei konstantem Druck ist die zugeführte Wärme gleich der Zunahme der Enthalpie. Bei Phasenumwandlungen, die meistens isobar erfolgen, wird daher häufig nicht die Umwandlungsenergie, sondern die Umwandlungsenthalpie angegeben. So ist in der Verdampfungsenthalpie nicht nur die Energie zum Aufspalten der Molekülbindungen, sondern auch die geleistete Ausdehnungsarbeit enthalten.

## 5.4.3 Isotherme Zustandsänderung

Für die Diskussion der isothermen Zustandsänderung sei der in Bild 5.24 skizzierte Aufbau betrachtet. Eine bestimmte Menge idealen Gases sei in einem Zylinder eingeschlossen, dessen Volumen sich mithilfe eines dicht schließenden, reibungslos beweglichen Kolbens vergrößern oder verkleinern lässt, wodurch sich der Druck im Zylinder entsprechend verkleinert bzw. vergrößert. Dabei soll sich jedoch das Gas weder erwärmen noch abkühlen und somit seine Temperatur und seine innere Energie konstant sein. Dies lässt sich zwar

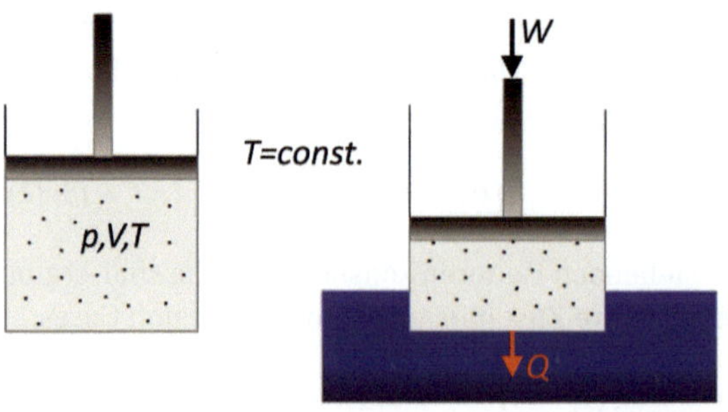


**Bild 5.24**
Zur isothermen Zustandsänderung des idealen Gases

technisch nicht vollständig umsetzen, aber als Idealisierung sei der umhüllende Zylinder so gut wärmeleitend, dass die gebildete Wärme instantan an ein umgebendes Wärmereservoir abgegeben wird. Auch dessen Temperatur soll sich nicht ändern, was nur im theoretischen Grenzfall eines unendlich großen Wärmereservoirs möglich ist. Die Bewegung des Kolbens darf nur sehr langsam erfolgen, damit genügend Zeit für den Wärmeaustausch zwischen Zylinder und Wärmereservoir bleibt. Das bedeutet, dass bei einem streng isotherm verlaufenden Prozess in jedem Augenblick ein thermodynamischer Gleichgewichtszustand zwischen dem Gas und seiner Umgebung besteht. Derartige Zustandsänderungen bezeichnet man daher als *quasistatisch.*

Da die Änderung der Temperatur $\mathrm{d}T$ und der inneren Energie $\mathrm{d}U$ gleich null sind, ergibt die Energiebilanz gemäß dem Ersten Hauptsatz:

$$-\partial Q = \partial W = -p\,\mathrm{d}V \quad \Rightarrow \quad -Q = W = -\int_{V_1}^{V_2} p\,\mathrm{d}V \tag{5.85}$$

Sie besagt, dass die bei der Kompression des Gases aufgewandte Volumenarbeit $p\,\mathrm{d}V$ in Form von Wärme nach außen an die Umgebung (Wärmereservoir) hin abgegeben werden muss bzw. die zur Expansion erforderliche Volumenarbeit in Form von Wärme von außen zuzuführen ist. Bei konstanter Temperatur gilt jedoch das Gesetz von Boyle-Mariotte, wonach das Produkt aus Druck und Volumen eines eingeschlossenen Gases bei konstanter Temperatur stets den gleichen Wert hat. Werden die jeweils zusammengehörenden Werte von Druck und Volumen in ein *p*-*V*-Diagramm eingetragen, so liegen sie alle auf einer Kurve, der Isotherme (Bild 5.25).

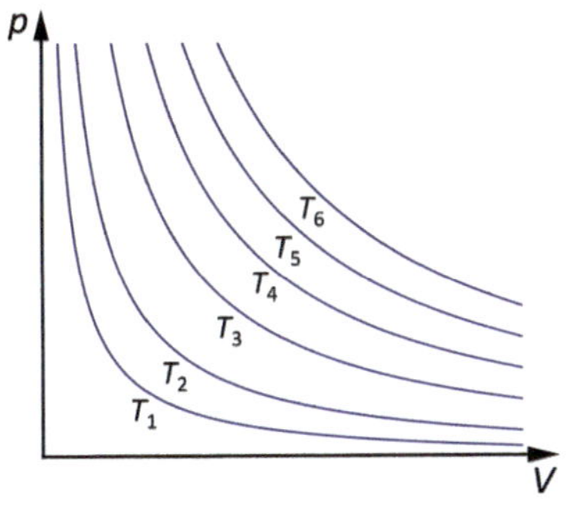


**Bild 5.25**
Isothermen des idealen Gases für verschiedene Temperaturen mit $T_1 < T_2 < T_3 < \ldots$

Durch Einsetzen der Zustandsgleichung des idealen Gases (Gl. (5.56) bzw. Gl. (5.59)) in die Gl. (5.85) lässt sich die Volumenarbeit bei der isothermen Zustandsänderung berechnen:

$$W = -\int_{V_1}^{V_2} \frac{m R_S T}{V}\,\mathrm{d}V = m R_S T \ln\left(\frac{V_1}{V_2}\right) = -\int_{V_1}^{V_2} \frac{nRT}{V}\,\mathrm{d}V = nRT \ln\left(\frac{V_1}{V_2}\right) \tag{5.86}$$

Ist das Anfangsvolumen $V_1$ größer als das Endvolumen $V_2$, so ist die Volumenarbeit $W$ positiv und stellt die bei der Kompression des Gases aufzuwendende Arbeit dar. Für den Fall $V_2 > V_1$ ist die Volumenarbeit negativ und gibt die vom Gas bei seiner Expansion bzw. Entspannung verrichtete Arbeit an.

Die isotherme Volumenarbeit lässt sich bei bekanntem Anfangsdruck $p_1$ und Enddruck $p_2$ aus der Gl. (5.86) unter Berücksichtigung des Gesetzes von Boyle-Mariotte (Gl. (5.48)) berechnen:

$$W = m R_S T \ln\left(\frac{p_2}{p_1}\right) = n R T \ln\left(\frac{p_2}{p_1}\right) \tag{5.87}$$

Im Diagramm in Bild 5.26 stellt $p\,\mathrm{d}V$ ein infinitesimal schmales Rechteck von der Breite $\mathrm{d}V$ und der Höhe $p$ dar. Die gesamte Arbeit ist dann gekennzeichnet durch den Flächeninhalt unter der Isotherme zwischen den Volumenwerten $V_1$ und $V_2$.

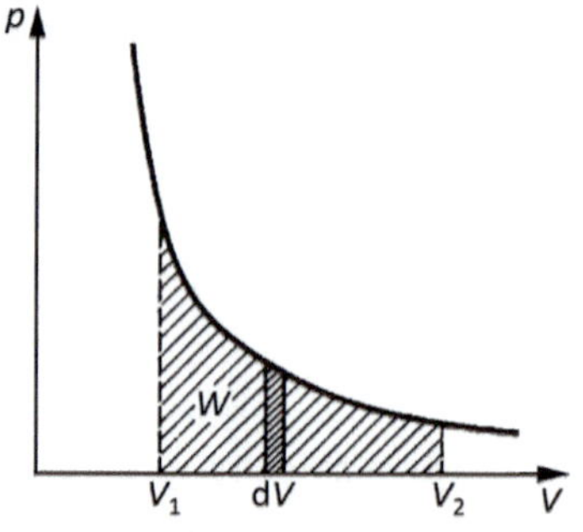


**Bild 5.26**
Isotherme Volumenarbeit

In der technischen Praxis spielen sich isotherme Vorgänge näherungsweise in allen Luftkompressoren und Gasverdichtern ab. Die dabei entstehende Wärme wird durch intensive Luft- oder Wasserkühlung abgeführt, wodurch erreicht wird, dass die Arbeitstemperatur einer solchen Maschine im zeitlichen Mittel annähernd konstant bleibt. Somit stellt ein komprimiertes Gas selbst keinen Energiespeicher dar. Die beim Komprimieren aufgewandte Arbeit wird in Form von Wärme nach außen abgegeben, und die bei der isothermen Entspannung (z. B. von Druckluftwerkzeugen) gelieferte Arbeit stammt dabei nur insofern aus dem Gas, als es sich dabei selbst und seine Umgebung stark abkühlt.

### 5.4.4 Adiabatische Zustandsänderung

Bei einer adiabatischen Zustandsänderung tauscht ein System beim Übergang von einem Zustand in einen anderen Zustand keine Wärme mit seiner Umgebung aus. Diese Eigenschaft wird Adiabasie genannt. Im Gegensatz dazu wird bei einer diabatischen Zustandsänderung Wärme mit der Umgebung ausgetauscht (wie z. B. bei der isothermen Zustandsänderung). Da der Austausch von Wärme bei einer adiabatischen Zustandsänderung ausgeschlossen ist, kann dem thermodynamischen System Energie nur mittels mechanischer, elektrischer oder magnetischer Arbeit zu- oder von ihm abgeführt werden. Gegen Wärmeströme, Wärmleitung, konvektive Wärmeübertragung oder Wärmestrahlung muss das System vollständig isoliert sein. In der Realität ist eine solch vollständige Wärmeisolation nicht erreichbar, jedoch können reale Zustandsänderungen in guter Näherung als adiabatisch betrachtet werden, wenn:

- sie in einem gut isolierenden Behälter stattfinden, beispielsweise in einem Dewargefäß (ein verspiegeltes, doppelwandiges, evakuiertes Gefäß aus Glas oder rostfreiem Stahl benannt nach J. Dewar, 1842–1923) oder einem adiabatischen Kalorimeter oder
- die Zustandsänderung so schnell verläuft, dass in der kurzen Zeit nur wenig Wärme mit der Umgebung ausgetauscht werden kann (beispielsweise bei der Ausbreitung von Schallwellen) oder

- das Volumen des Systems sehr groß ist, sodass der Wärmeaustausch an den Systemrändern mit der Umgebung vernachlässigbar ist.

Beispielhaft sei die Anordnung in Bild 5.27 betrachtet, bei dem sich eine Menge idealen Gases in einem wärmeisolierten Zylinder befindet. Wenn die Kompression des Gases sehr rasch erfolgt, verbleibt keine Zeit zum Wärmeaustausch, und die gesamte bei der Verdichtung entstehende Wärme bleibt im Gas und führt zur Erhöhung der inneren Energie.

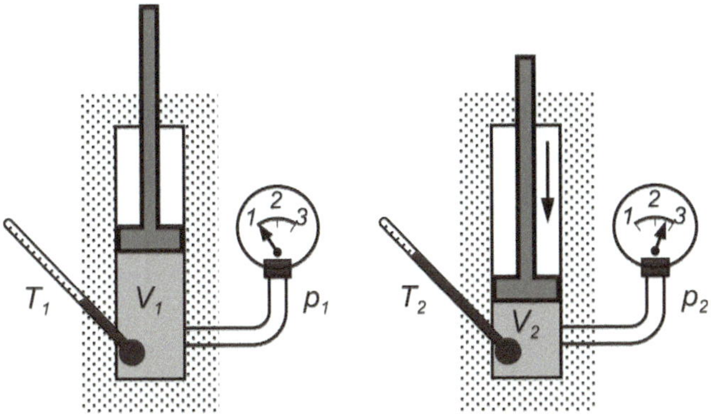


**Bild 5.27** Bei der adiabatischen Verdichtung eines Gases steigen Druck und Temperatur

Gemäß der Energiebilanz des Ersten Hauptsatzes und unter Berücksichtigung der Zustandsgleichung des idealen Gases (Gl. (5.59)) gilt bei der adiabatischen Zustandsänderung (mit $\delta Q = 0$):

$$dU = m c_V \, dT = \partial W = -p \, dV = -m R_S T \frac{dV}{V} \tag{5.88}$$

Die beiderseitige Integration der Gl. (5.88) ergibt unter Berücksichtigung der Mayer'schen Gleichung (5.69):

$$-c_V \int_{T_1}^{T_2} \frac{dT}{T} = c_V \ln\left(\frac{T_1}{T_2}\right) = \left(c_p - c_V\right) \int_{V_1}^{V_2} \frac{dV}{V} = \left(c_p - c_V\right) \ln\left(\frac{V_2}{V_1}\right) \tag{5.89}$$

Unter Verwendung des Isentropen- bzw. Adiabatenexponenten $\kappa = c_p / c_V$ folgt aus $(T_1/T_2)^{c_V} = (V_2/V_1)^{c_p - c_V}$ die Temperatur-Volumen-Beziehung der adiabatischen Zustandsänderung:

$$\frac{T_1}{T_2} = \left(\frac{V_2}{V_1}\right)^{\kappa - 1} \tag{5.90}$$

Unter Berücksichtigung der Zustandsgleichung des idealen Gases ergeben sich aus der Gl. (5.90) die Temperatur-Druck- und die Druck-Volumen-Beziehung der adiabatischen Zustandsänderung:

$$\frac{T_1}{T_2} = \left(\frac{p_1}{p_2}\right)^{\frac{\kappa - 1}{\kappa}} \tag{5.91a}$$

$$\frac{p_1}{p_2} = \left(\frac{V_2}{V_1}\right)^{\kappa} \tag{5.91b}$$

Die drei Beziehungen Gl. (5.90), Gl. (5.91a) und Gl. (5.91b) werden als *Poisson'sche Gleichungen* nach S. D. Poisson (1781–1840) bezeichnet. Aus der Druck-Volumen-Beziehung folgt unmittelbar das *Poisson'sche Gesetz* der adiabatischen Zustandsänderung:

$$p V^{\kappa} = \text{const.} \tag{5.92}$$

Wird eine solche Adiabate in ein *p*-*V*-Diagramm eingezeichnet, so ist zu erkennen, dass sie steiler als eine Isotherme verläuft (Bild 5.28), da bei der adiabatischen Kompression die gebildete Wärme im Gas enthalten bleibt und damit der Druck schneller ansteigen muss als bei der isothermen Kompression.

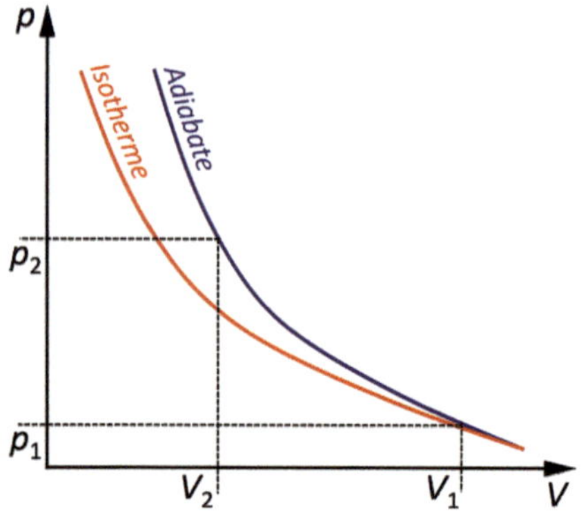


**Bild 5.28**
*p*-*V*-Diagramm für adiabatische und isotherme Kompression

Für die Volumenarbeit bei der adiabatischen Zustandsänderung gilt gemäß der Energiebilanz des Ersten Hauptsatzes $W = m c_V (T_2 - T_1)$. Daraus ergibt sich durch weitere Umformungen unter Berücksichtigung der Poisson'schen Gleichungen für die Volumenarbeit $W$:

$$W = \frac{p_1 V_1}{\kappa - 1}\left[\left(\frac{V_1}{V_2}\right)^{\kappa-1} - 1\right] = \frac{p_1 V_1}{\kappa - 1}\left[\left(\frac{p_2}{p_1}\right)^{\frac{\kappa-1}{\kappa}} - 1\right] = \frac{p_1 V_1}{\kappa - 1}\left[\left(\frac{T_2}{T_1}\right) - 1\right] \tag{5.93}$$

Da beispielsweise bei der Kompression $T_2 > T_1$ gilt, ergibt sich für die Volumenarbeit $W$ ein positiver Wert gemäß der Vorzeichenkonvention.

Eine adiabatische Zustandsänderung wird quasistatisch genannt, wenn sich das System bei der Änderung zu jedem Zeitpunkt nahezu im thermodynamischen Gleichgewicht befindet. Bei einfachen thermodynamischen Systemen sind die quasistatischen adiabatischen Zustandsänderungen stets reversibel. Damit sind die Adiabaten bei solchen Systemen auch Kurven mit konstanter Entropie, die Isentropen genannt werden. Jede isentropische Zustandsänderung (mit $S$ = konstant) ist auch adiabatisch, aber nicht jede adiabatische Zustandsänderung ist auch isentropisch, sondern dies gilt nur für die quasistatischen adiabatischen Zustandsänderungen.

### 5.4.5 Polytrope Zustandsänderung

Die isotherme und die adiabatische Zustandsänderung sind idealisierte Grenzfälle, die sich in reiner Form technisch nicht verwirklichen lassen. Weder ist es möglich, die Temperatur eines Gases genau konstant zu halten, noch kann die Zu- oder Abführung von Wärme vollständig verhindert werden. Der Realfall ist zwischen diesen beiden idealisierten Grenzfällen zu vermuten und wird als polytrope Zustandsänderung bezeichnet. Wird der stoffabhängige Isentropen- bzw. Adiabatenexponenten $\kappa = c_p/c_V$ durch den *Polytropenexponenten* $n$ mit dem Wertebereich $1 < n \le \kappa$ ersetzt, folgt aus den Poisson'schen Gleichungen (5.90), (5.91a) und (5.91b):

$$\frac{T_1}{T_2} = \left(\frac{V_2}{V_1}\right)^{n-1} = \left(\frac{p_1}{p_2}\right)^{\frac{n-1}{n}} \tag{5.94a}$$

$$\frac{p_1}{p_2} = \left(\frac{V_2}{V_1}\right)^{n} = \left(\frac{T_1}{T_2}\right)^{\frac{n}{n-1}} \tag{5.94b}$$

Aus dem Poisson'schen Gesetz (Gl. (5.92)) der adiabatischen Zustandsänderung ergibt sich durch Austausch der beiden Exponenten die Polytropengleichung:

$$pV^n = \text{const.} \tag{5.95a}$$

mit

$$n = \frac{\ln\left(\frac{p_2}{p_1}\right)}{\ln\left(\frac{V_1}{V_2}\right)} = \frac{\ln(p_2) - \ln(p_1)}{\ln(V_1) - \ln(V_2)} \tag{5.95b}$$

Folgende Sonderfälle der polytropen Zustandsänderung sind zu unterscheiden:

- $n = 0$: isobare Zustandsänderung
- $n = 1$: isotherme Zustandsänderung
- $n = \kappa$: adiabatische Zustandsänderung
- $n \to \infty$: isochore Zustandsänderung

Für die verrichtete Volumenarbeit $W$ und die ausgetauschte Wärme $Q$ bei der polytropen Zustandsänderung gilt (für $n \ne 1$):

$$W = \frac{p_1 V_1}{n-1}\left[\left(\frac{V_1}{V_2}\right)^{n-1} - 1\right] = \frac{p_1 V_1}{n-1}\left[\left(\frac{p_2}{p_1}\right)^{\frac{n-1}{n}} - 1\right] = \frac{p_1 V_1}{n-1}\left[\left(\frac{T_2}{T_1}\right) - 1\right] \tag{5.96a}$$

$$Q = \frac{n-\kappa}{\kappa-1} W = m c_n (T_2 - T_1) \tag{5.96b}$$

$c_n$ ist die *spezifische Wärmekapazität längs der Polytropen*:

$$c_n = c_V \frac{n-\kappa}{n-1} = \frac{c_V n - c_p}{n-1} \tag{5.97}$$

**Beispiele**

1. Welche Arbeit ist aufzuwenden, um einen Luftreifen von 5 Liter Fassungsvermögen bei Normalluftdruck auf 0,3 MPa Überdruck isotherm aufzupumpen, und welche Wärmemenge gibt die komprimierte Luft dabei nach außen ab?

   Es ist der Anfangsdruck $p_1 = 101{,}3$ kPa, der Enddruck $p_2 = 401{,}3$ kPa, $V_2 = 0{,}005\ \text{m}^3$. $V_1$ ist nicht gegeben. Es folgt mit $m R_S T = p_2 V_2$

   $$W = p_2 V_2 \ln\left(\frac{p_2}{p_1}\right) = \frac{4{,}013\cdot 10^5\ \text{N}\cdot 5\cdot 10^{-3}\ \text{m}^3}{\text{m}^2} \ln\left(\frac{401{,}3}{101{,}3}\right) = 2\,760\ \text{Nm} \approx 2{,}8\ \text{kJ}$$

   Das positive Vorzeichen gibt an, dass Arbeit vom Betrag 2,8 kJ aufzuwenden ist. Diese 2,8 kJ gibt die Luft als Wärme an die Umgebung ab.

2. 1 kg Luft von 10 bar und 20 °C entspannt sich auf 1 bar. Welche Endtemperatur wird erreicht, welche Arbeit wird vom Gas abgegeben bei a) adiabatischer und b) polytroper Ausdehnung ($n = 1{,}2$)?

   a) $$T_2 = T_1\left(\frac{p_2}{p_1}\right)^{\frac{\kappa-1}{\kappa}} = 293\ \text{K}\left(\frac{1}{10}\right)^{0{,}286} = 152\ \text{K}$$

   $$W = m c_V (T_1 - T_2) = 718\ \text{J}(293 - 152) = 101{,}2\ \text{kJ}$$

   b) Hier ergibt sich mit $\frac{n-1}{n} = \frac{1{,}2-1}{1{,}2} = 0{,}167$ die Temperatur $T_2 = 200$ K; $\vartheta_2 = -73$ °C bzw. die Arbeit $W = 66{,}8$ kJ.

# 5.5 Kreisprozesse

Ein thermodynamischer Kreisprozess ist die Abfolge von Zustandsänderungen eines Arbeitsmediums (z. B. Gas oder Dampf), die sich periodisch wiederholt, wobei immer wieder der Ausgangszustand erreicht wird. Thermodynamische Kreisprozesse dienen der Umwandlung von Wärme in Arbeit oder zum Heizen und Kühlen durch die Verrichtung von Arbeit an dem betreffenden System. In den nachfolgenden Abschnitten 5.5.3 bis 5.5.7 werden der Carnot-, der Otto-, der Diesel-, der Seiliger- und der Stirling-Kreisprozess beschrieben. Darüber hinaus gibt es eine Reihe weiterer thermodynamischer Kreisprozesse, die an dieser Stelle nur genannt werden sollen. Der Atkinson-Kreisprozess (J. Atkinson, 1846–1914), wird zur Beschreibung von Viertakt-Verbrennungsmotoren genutzt, der Clausius-Rankine-Kreisprozess (R. J. E. Clausius, 1822–1888, und W. J. M. Rankine, 1820–1872) ist der Vergleichsprozess für Dampfkraftwerke, der Joule- oder Brayton-Kreisprozess (J. P. Joule, 1818–1889, bzw. G. B. Brayton, 1830–1892) ist als rechtslaufender Kreisprozess ein Vergleichsprozess für Gasturbinen und Flugzeug-Strahltriebwerke und als linkslaufender Kreisprozess ein Vergleichsprozess für Wärmepumpen oder Kälteanlagen sowie der Ericsson-Kreisprozess (J. Ericsson, 1803–1889), der ein Vergleichsprozess für Gasturbinenanlagen ist.

### 5.5.1 Wirkungsweise einer Wärmekraftmaschine

In einer *Wärmekraftmaschine* läuft ein sich periodisch wiederholender Arbeitszyklus ab, bei dem der Maschine Wärme (z. B. unter Verwendung von Dampf, gasförmigen oder flüssigen Brennstoffen) zugeführt und in mechanische, von der Maschine verrichtete Arbeit umgewandelt wird (Bild 5.29). Im Gegensatz dazu wird eine Maschine, die unter Einsatz mechanischer Energie Wärme von einem Reservoir mit niedrigerer Temperaturniveau auf ein Reservoir mit höherer Temperatur überträgt (z. B. Wärmepumpe oder Kältemaschine) als *Kraftwärmemaschine* bezeichnet. Bei Wärmekraftmaschinen laufen *rechtslaufende Kreisprozesse* ab, bei denen eine geschlossene Kurve im $p$-$V$-Diagramm im Uhrzeigersinn durchlaufen wird. Bei Kraftwärmemaschinen laufen dementsprechend *linkslaufende Kreisprozesse* ab, bei denen eine geschlossene Kurve im $p$-$V$-Diagramm entgegengesetzt dem Uhrzeigersinn durchlaufen wird. Bei beiden Maschinenarten nehmen die thermodynamischen Zustandsgrößen Druck $p$, Volumen $V$ und Temperatur $T$ nach jedem Arbeitszyklus wieder ihre ursprünglichen Werte an. Wenn das nicht der Fall wäre, würde mindestens eine dieser Zustandsgrößen im Laufe der Zeit immer im gleichen Maße anwachsen oder abnehmen, was jedoch einen technisch durchführbaren Dauerbetrieb unmöglich machen würde. Demnach arbeiten alle Wärmekraft- und alle Kraftwärmemaschinen nach gemeinsamen physikalischen Prinzipien.

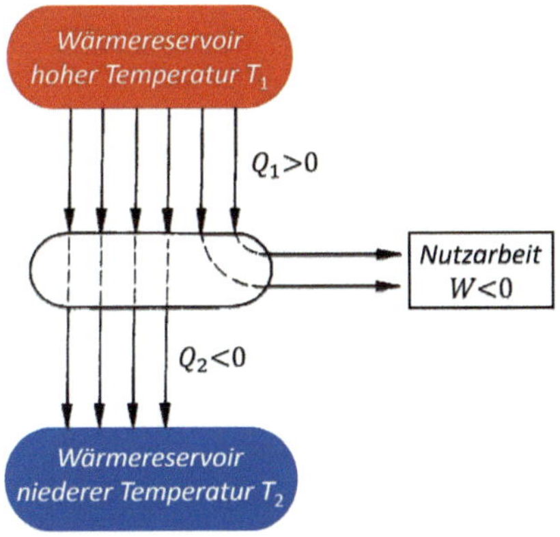


**Bild 5.29**
Energieflussdiagramm einer Wärmekraftmaschine

Wärmekraftmaschinen werden zum einen nach der Art der Bereitstellung der Wärme (thermische Energie) in zwei Gruppen eingeteilt:

- Verbrennungskraftmaschinen mit interner Verbrennung wie z. B. Verbrennungsmotor und Gasturbine,
- Gasenergiemaschinen mit externer Verbrennung wie z. B. Dampfturbine und Stirling-Motor.

Die zweite Einteilung orientiert sich nach der Kompression des Gases in der Maschine und es wird unterschieden zwischen:

- Strömungsmaschinen wie z. B. Dampfturbine, Gasturbine und Staustrahltriebwerk,
- Kolbenmaschinen wie z. B. Verbrennungsmotor und Stirling-Motor.

Die von einer Wärmekraftmaschine verrichtete Arbeit kann mit einem $p$-$V$-Diagramm, wie es in Bild 5.30 dargestellt ist, bestimmt werden. Bild 5.30a stellt denjenigen Teil des Kreisprozesses dar, im Verlaufe dessen das Volumen $V$ zunimmt. Die unter dieser Kurve liegende

Fläche kennzeichnet dann die Arbeit $W_1$, die von der Maschine abgegeben wird, wenn sich das Arbeitsmedium ausdehnt:

$$W_1 = -\int_{V_1}^{V_2} p \, \mathrm{d}V < 0 \tag{5.98}$$

In Bild 5.30a ist ersichtlich, dass die Fläche unter der Kurve, die der Arbeit $W_2$ entspricht, kleiner ist als die Fläche in Bild 5.30b. Die Arbeit $W_2$ ist positiv und wird an der Maschine verrichtet, um das Arbeitsmedium zu komprimieren. Es gilt:

$$W_2 = -\int_{V_2}^{V_1} p' \, \mathrm{d}V \tag{5.99}$$

Für die von der Wärmekraftmaschine geleistete Arbeit gilt somit:

$$W_1 + W_2 = W < 0 \tag{5.100}$$

Diesem Wert entspricht im $p$-$V$-Diagramm die Differenz der beiden entsprechenden Flächenbeträge und damit die vom gesamten Kurvenzug umschlossene Fläche.

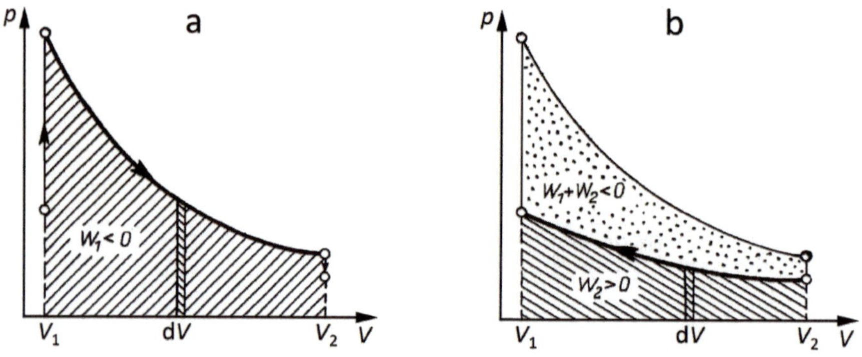


**Bild 5.30** $p$-$V$-Diagramm einer Wärmekraftmaschine mit enthaltenen Arbeitsbeiträgen: a) abgegebene Arbeit, b) aufzuwendende Arbeit; punktiert: geleistete Arbeit

**Merke**

Der von der Arbeitskurve eines Kreisprozesses umschlossene Flächeninhalt stellt die während eines Arbeitszyklus gewonnene Arbeit dar.

Auch die bei anderen Wärmekraftmaschinen ablaufenden Kreisprozesse lassen sich durch entsprechende $p$-$V$-Diagramme, die auch Arbeitsdiagramme genannt werden, veranschaulichen. Je nach der Arbeitsweise der Wärmekraftmaschine haben die von den einzelnen Kurven umschlossenen Flächen unterschiedliche Form. Man kann sie jedoch stets in der beschriebenen Weise als Differenz zweier Einzelflächenbeträge betrachten. Das Ergebnis ist, dass die von der Wärmekraftmaschine abgegebene Arbeit $W$ gleich der Differenz zweier Wärmemengenbeträge ist:

$$|Q_1| - |Q_2| = Q_1 + Q_2 = -W > 0 \tag{5.101}$$

Die Wärmemenge $Q_1$ wird der Wärmekraftmaschine zugeführt, während die Wärmemenge $Q_2$ von der Maschine wieder abgegeben wird. Für die Beträge gilt $|Q_1| > |Q_2|$. Dabei ist stets die Temperatur $T_1$, bei der die Wärme $Q_1$ in Arbeit umwandelt wird, höher als die Temperatur $T_2$, mit der das jeweilige Arbeitsmedium aus der Wärmekraftmaschine austritt.

Als (idealer) *thermischer Wirkungsgrad* $\eta$ einer Wärmekraftmaschine wird das Verhältnis der in der abgegebenen Arbeit $W$ umgewandelten Wärmemenge $Q_1 + Q_2$ zur gesamten zugeführten Wärmemenge $Q_1$ definiert:

$$\eta = \frac{-W}{Q_1} = \frac{Q_1 + Q_2}{Q_1} = 1 + \frac{Q_2}{Q_1} \tag{5.102}$$

Da $W < 0$ und $Q_1 > 0$ sowie $Q_2 < 0$ folgt für den thermischen Wirkungsgrad $\eta < 1$. Die Aufgabe der Technik besteht darin, diesen thermischen Wirkungsgrad möglichst zu maximieren, also die Wärmeabgabe $Q_2$ weitgehend zu minimieren. Die tatsächlich erreichten Wirkungsgrade von Wärmekraftmaschinen liegen meist erheblich unter dem (idealen) thermischen Wirkungsgrad. Nachfolgend sind die durchschnittlichen Wirkungsgrade einiger Wärmekraftmaschinen angegeben:

- Dampfmaschine 3 % bis 10 %
- Ottomotor bis 35 %
- Dieselmotor bis 40 %
- Gasturbine bis 40 %
- Dampfturbine bis 45 %

## 5.5.2 Kältemaschine und Wärmepumpe

Bei einer Kältemaschine und bei einer Wärmepumpe läuft ein für Kraftwärmemaschinen typischer linkslaufender Kreisprozess ab, wie er in Bild 5.31 dargestellt ist. Beim oberen Kurvenverlauf in Bild 5.31a wird ein zweckmäßig gewählter Arbeitsstoff, bei einer Kältemaschine z. B. Ammoniakgas, unter Aufwand von mechanischer Arbeit komprimiert, wobei das unter diesem Kurventeil liegende Flächenstück und damit die Volumenarbeit $W_1$ ein positives Vorzeichen hat. Beim unteren Kurvendurchlauf in Bild 5.31b entspannt sich der

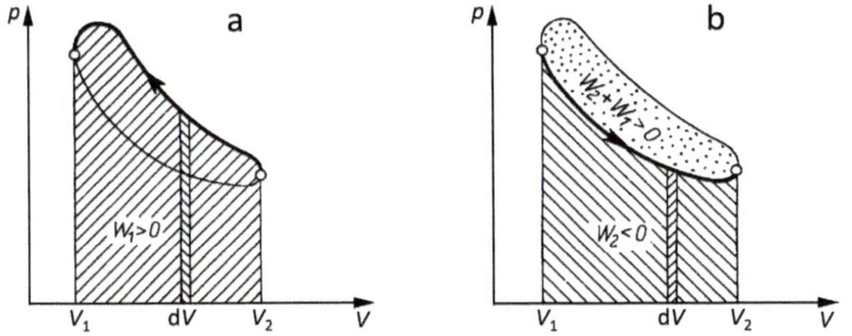


**Bild 5.31** Linkslaufender Kreisprozess einer Kraftwärmemaschine: a) aufgewandte Arbeit, b) abgegebene Arbeit; punktiert: in Wärme umgewandelte Arbeit

Arbeitsstoff wieder, womit die nunmehr betragsmäßig kleinere Fläche einer Volumenarbeit $W_2$ mit negativem Vorzeichen entspricht. Die Differenzfläche ist damit gleich der insgesamt an der Maschine zu verrichtenden Arbeit $W_1 + W_2 = W > 0$, die einer bestimmten Wärmemenge: $|Q_2| - |Q_1| = Q_1 + Q_1 = -W < 0$ entspricht. Dabei wird die Wärmemenge $Q_1$ an das Wärmereservoir mit der höheren Temperatur $T_1$ abgegeben und die Wärmemenge $Q_2$ von einem zweiten Wärmereservoir mit niedrigeren Temperatur $T_2$ aufgenommen, wobei für die Beträge gilt: $|Q_1| > |Q_2|$. Wenn die Maschine so konfiguriert ist, dass die hierbei entstehende Abkühlung genutzt wird, so erhält man eine Kältemaschine, deren Energieflussdiagramm in Bild 5.32 dargestellt ist.

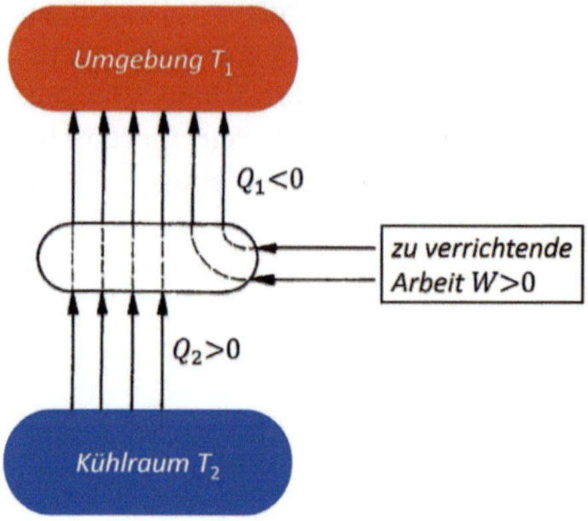


**Bild 5.32**
Energieflussdiagramm einer Kältemaschine

Eine *Kompressionskältemaschine* ist eine Kältemaschine, die die Verdampfungswärme eines Stoffes (Kältemittel) beim Wechsel vom flüssigen in den gasförmigen Aggregatzustand nutzt. Diese sehr häufige Bauform wird in den meisten Kühl- und Gefrierschränken genutzt. Die erste Kompressionskältemaschine wurde im Jahre 1834 von J. Perkins (1766-1849) gebaut. Als Kältemittel wurde Ether (Diethylether) verwendet, dass jedoch den erheblichen Nachteil hat, dass es mit Sauerstoff hochexplosive Peroxide bildet. In Bild 5.33 ist das Schema einer Kompressionskältemaschine, bei der Ammoniak als Kältemittel verwendet wird, dargestellt.

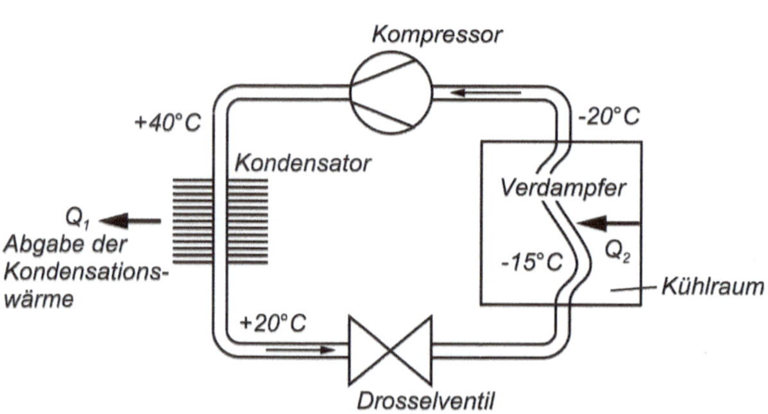


**Bild 5.33** Schema einer Kompressionskältemaschine

Mittels einer Pumpe wird gasförmiges Ammoniak in den Kompressor angesaugt und isentropisch verdichtet. Die Kompressions- und die Kondensationswärme $Q_1$ wird im meist luftgekühlten Kondensator (Verflüssiger) an die Umgebung der Kompressionskältemaschine in einem isobaren Vorgang abgegeben. Das teilweise verflüssigte Ammoniak wird danach in einem Drosselventil adiabatisch entspannt und nimmt im Verdampfer in einem isobaren Vorgang die Wärme $Q_2$ aus dem Kühlraum der Kompressionskältemaschine auf.

Dasselbe Grundprinzip wird auch bei Wärmepumpen angewendet, mit dem Unterschied, dass die Kompressions- und die Kondensationswärme $Q_1$ genutzt wird, um die Temperatur in einem Raum zu erhöhen. Die Verdampfung und Entspannung findet an einem Ort statt, wo ein Wärmereservoir mit niedrigerer Temperatur, wie beispielsweise ein Fluss oder ein See oder auch das Erdreich vorhanden ist. Eine Pumpe komprimiert das Gas in einem Wärmespeicher, wo es die Wärme $Q_1$ an Wasser abgibt, das zur Heizung von Räumlichkeiten dient. Die von den Heizkörpern abgegebene Wärme entspricht somit der Summation der Kondensationswärme des Kältemittels, die als Verdampfungswärme $Q_2$ dem Verdampfer entnommen wird, und der von der Pumpe durch den Aufwand mechanischer Arbeit $W$ erzeugte Verdichtungswärme. Wärmepumpen arbeiten bei gegebenen Voraussetzungen außerordentlich wirtschaftlich. Sie liefern an nutzbarer Wärme das Zwei- bis Vierfache des zum Betrieb der Pumpe erforderlichen elektrischen Energieaufwandes.

### 5.5.3 Carnot-Kreisprozess

Der Carnot-Kreisprozess ist ein theoretischer Kreisprozess einer periodisch und reversibel arbeitenden Wärmekraftmaschine, der im Jahre 1824 von N. L. S. Carnot (1796–1832), vorgeschlagen wurde. Grundlage ist ein Zylinder, dessen mit einem idealen Gas gefülltes Volumen über einen Kolben variiert werden kann und der mit zwei Wärmereservoirs unterschiedlicher Temperatur gekoppelt und ansonsten thermisch isoliert ist (Bild 5.34). Ein Arbeitszyklus verläuft in vier Takten, die im $p$-$V$-Diagramm in Bild 5.35 dargestellt sind.

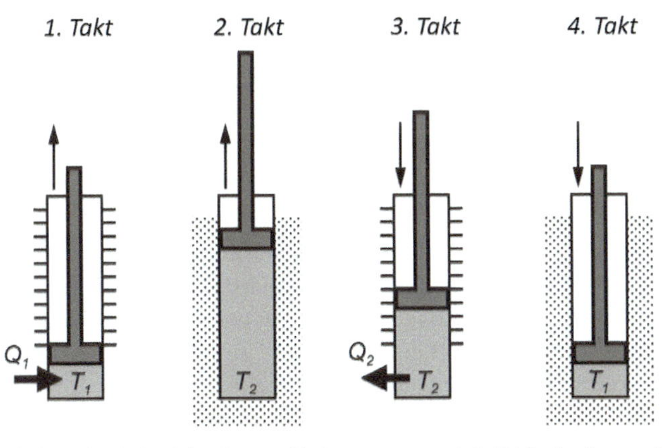


**Bild 5.34** Verlauf des Carnot-Kreisprozesses: a) 1. Takt – isotherme Expansion, b) 2. Takt – isentropische Expansion, c) 3. Takt – isotherme Kompression und d) 4. Takt – isentropische Kompression

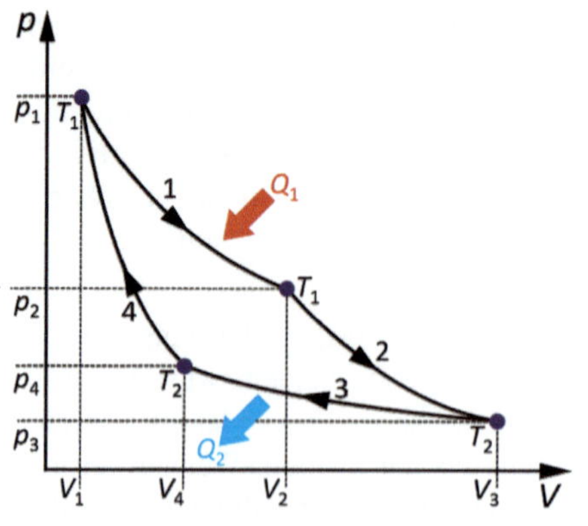


**Bild 5.35**
*p-V*-Diagramm des Carnot-Kreisprozesses

**1. Takt – isotherme Expansion:** Bei der tiefsten Kolbenstellung wird dem eingeschlossenen idealen Gas die Wärmemenge $Q_1$ bei der konstanten Temperatur reversibel von einem großen Wärmereservoir mit der Temperatur $T_1$ zugeführt. Das ideale Gas dehnt sich dabei reversibel isothermisch aus und verrichtet Volumenarbeit (im *p-V*-Diagramm durch die Isotherme 1 dargestellt). Für die zugeführte Wärmemenge $Q_1$ gilt:

$$Q_1 = m R_S T_1 \ln\left(\frac{V_2}{V_1}\right) > 0 \tag{5.103}$$

**2. Takt – isentropische Expansion:** Der Zylinder wird vollkommen wärmeisolierend umhüllt. Das ideale Gas dehnt sich weiter aus und kühlt sich dabei reversibel adiabatisch, also isentropisch auf die Temperatur $T_2$ ab (im *p-V*-Diagramm durch die Adiabate bzw. Isentrope 2 dargestellt).

**3. Takt – isotherme Kompression:** Der Kolben wird zurückgeschoben und die dabei freiwerdende Verdichtungswärme wird an ein zweites, ebenfalls großes Wärmereservoir mit der Temperatur $T_2$ abgegeben (im *p-V*-Diagramm durch die Isotherme 3 dargestellt). Für die abgegebene Wärmemenge $Q_2$ gilt:

$$Q_2 = m R_S T_2 \ln\left(\frac{V_4}{V_3}\right) = -m R_S T_2 \ln\left(\frac{V_3}{V_4}\right) < 0 \tag{5.104}$$

**4. Takt – isentropische Kompression:** Schließlich wird nach erneuter vollkommener wärmeisolierender Umhüllung des Zylinders das ideale Gas auf das Anfangsvolumen $V_1$ reversibel adiabatisch, also isentropisch komprimiert, wobei die Temperatur wieder auf den anfänglichen Wert $T_1$ ansteigt (im *p-V*-Diagramm durch die Adiabate bzw. Isentrope 4 dargestellt).

Nach Beendigung des 4. Taktes ist wieder der Ausgangszustand erreicht. Bei dem Durchlauf wurde im 2. Takt betragsmäßig genauso viel Volumenarbeit vom Kolben verrichtet, wie im 4. Takt Volumenarbeit am Kolben verrichtet wurde, denn diese hängt bei adiabatischen bzw. isentropischen Zustandsänderungen nur von den Temperaturen $T_1$ und $T_2$ ab, die bei den beiden Takten 2 und 4 gleich sind. Außerdem gilt für den 2. und den 4. Takt:

$$\frac{T_1}{T_2} = \left(\frac{V_3}{V_2}\right)^{\kappa-1} = \left(\frac{V_4}{V_1}\right)^{\kappa-1} \quad \Rightarrow \quad \frac{V_2}{V_1} = \frac{V_3}{V_4} \tag{5.105}$$

Dies ergibt für den Quotienten der beiden Wärmemengen $Q_1$ und $Q_2$:

$$\frac{Q_2}{Q_1} = \frac{-m R_S T_2 \ln\left(\frac{V_3}{V_4}\right)}{m R_S T_1 \ln\left(\frac{V_2}{V_1}\right)} = -\frac{T_2}{T_1} \tag{5.106}$$

Gemäß Gl. (5.102) folgt damit für den *thermischen Wirkungsgrad des Carnot-Kreisprozesses*:

$$\eta_{\text{th,C}} = \frac{Q_1 + Q_2}{Q_1} = 1 + \frac{Q_2}{Q_1} = 1 - \frac{T_2}{T_1} < 1 \tag{5.107}$$

Der thermische Wirkungsgrad des Carnot-Kreisprozesses hängt demnach nur von den Temperaturen $T_1$ und $T_2$ der beiden Wärmereservoirs ab, mit denen der Wärmeaustausch stattfindet. Von allen denkbaren thermodynamischen Kreisprozessen, die zwischen den Temperaturen $T_1$ und $T_2$ ablaufen, hat der Carnot-Kreisprozess den größten thermischen Wirkungsgrad. Das geht bereits daraus hervor, dass jeder der vier Takte reversibel verläuft, wodurch der gesamte Carnot-Kreisprozess umkehrbar ist. Lässt man ihn in entgegengesetzter Richtung ablaufen, so ergibt sich eine ideale Kältemaschine. Nach je einem Vorwärts- und einem Rückwärtstakt ist auch in der Umgebung der Ausgangszustand vollständig wiederhergestellt.

Bei allen technisch umgesetzten Verbrennungsmotoren vollzieht sich die Umwandlung der Wärme $Q_1$ in Volumenarbeit unterhalb der höchsten Arbeitstemperatur $T_1$ des jeweiligen Kreisprozesses. Ebenso setzt die Abgabe der Wärmemenge $Q_2$ bereits vor dem Erreichen der tiefsten Temperatur $T_2$ des jeweiligen Kreisprozesses ein, sodass der Quotient $T_2/T_1$ stets einen größeren Betrag hat, als beim Carnot-Kreisprozess. Damit ist auch der thermische Wirkungsgrad jedes technisch umgesetzten thermodynamischen Kreisprozesses kleiner als der thermische Wirkungsgrad des Carnot-Kreisprozesses.

**Merke**

Wärme kann auf dem Wege von thermodynamischen Kreisprozessen nur zu einem Bruchteil in mechanische Arbeit umgewandelt werden. Es gibt keine periodisch zwischen den Temperaturen $T_1$ und $T_2$ arbeitende Wärmekraftmaschine mit einem höheren thermischen Wirkungsgrad als der des Carnot-Kreisprozesses.

Offensichtlich ist Wärme eine minderwertigere Energieform im Vergleich zu mechanischer oder elektrischer Energie, die nahezu vollständig in Wärmeenergie verwandelt werden können. Daher kann nur versucht werden, durch Vergrößerung des Temperaturbereiches $T_1$ bis $T_2$ innerhalb technisch handhabbarer Grenzen den Wirkungsgrad von Wärmekraftmaschinen zu verbessern. Wärmekraftwerke zur Elektrizitätserzeugung, die mit fossilen Brennstoffen arbeiten, erreichen kaum einen Wirkungsgrad von 50 %. Das heißt, der größere Teil der Energie, die vom Brennstoff geliefert wird, wird als Wärme an das Niedertemperaturreservoir (z. B. das Wasser eines Flusses) abgegeben.

### 5.5.4 Otto-Kreisprozess

Der *idealisierte Otto-Kreisprozess* ist der thermodynamische Vergleichskreisprozess des Otto-Motors (N. A. Otto, 1832–1891) und wird auch als Gleichraumprozess bezeichnet, da die Wärmezufuhr und die Wärmeabgabe bei gleichbleibendem Volumen (isochore Zustandsänderung) stattfinden. Im Gegensatz dazu erfolgt beim idealisierten Diesel-Kreisprozess, der auch als Gleichdruckprozess bezeichnet wird, die Wärmezufuhr bei konstantem Druck (isobare Zustandsänderung). Mit beiden idealisierten Kreisprozessen können die thermodynamischen Verhältnisse in technisch realisierten Verbrennungsmotoren jedoch nur näherungsweise beschrieben werden.

Der idealisierte Otto-Kreisprozess ist ein reversibler Kreisprozess, der sich zusammensetzt aus vier Zustandsänderungen des idealen Gases, dass sich in einem geschlossenen Zylinder befindet, wodurch kein Massenaustausch mit der Umgebung stattfindet. Dementsprechend werden die Zufuhr des Benzin-Luft-Gemisches und der Ausstoß der heißen Verbrennungsgase, die bei einem realen Otto-Motor periodisch stattfinden, beim idealisierten Otto-Kreisprozess nicht berücksichtigt. Die Verbrennung des Benzin-Luft-Gemisches wird als Wärmezufuhr und der Ausstoß der heißen Verbrennungsgase als Wärmeabgabe idealisiert. Die vier Zustandsänderungen des idealisierten Otto-Kreisprozesses sind (Bild 5.36):

**1 → 2:** isentropische (adiabatisch reversible) Kompression

**2 → 3:** isochore Wärmezufuhr

**3 → 4:** isentropische (adiabatisch reversible) Expansion

**4 → 1:** isochore Wärmeabgabe

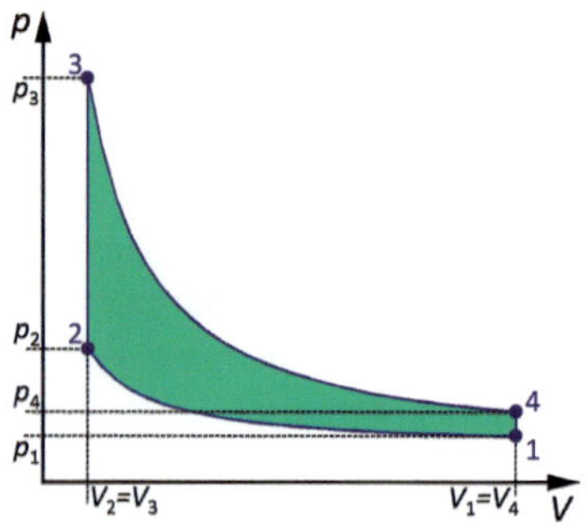


**Bild 5.36**
*p*-*V*-Diagramm des idealisierten Otto-Kreisprozesses

Für die beim idealisierten Otto-Kreisprozess geleistete Volumenarbeit pro Zyklus gilt:

$$-W = Q_{23} + Q_{41} = mc_V\, T_1 \left[ 1 - \left(\frac{V_1}{V_2}\right)^{\kappa-1} + \frac{T_3}{T_1} - \frac{T_3}{T_1} \cdot \frac{1}{\left(\frac{V_1}{V_2}\right)^{\kappa-1}} \right] \quad (5.108a)$$

$$-W = \frac{mRT_1}{\kappa - 1} \left[ 1 - \left(\frac{V_2}{V_1}\right)^{\kappa-1} \right] \cdot \left[ \frac{T_3}{T_1} - \left(\frac{V_1}{V_2}\right)^{\kappa-1} \right] \quad (5.108b)$$

mit der spezifischen Wärmekapazität bei konstantem Volumen $c_V = R/(\kappa - 1)$, der universellen Gaskonstante $R$ und dem Isentropenexponenten $\kappa = c_p/c_V$. Für das *Verdichtungs- bzw. Kompressionsverhältnis* $\varepsilon = V_1/V_2$ des idealisierten Otto-Kreisprozesses gilt:

$$\frac{T_2}{T_1} = \varepsilon^{\kappa-1} = \left(\frac{V_1}{V_2}\right)^{\kappa-1} = \left(\frac{V_4}{V_3}\right)^{\kappa-1} = \frac{T_3}{T_4} \tag{5.109}$$

Für den thermischen Wirkungsgrad des idealisierten Otto-Kreisprozesses gilt:

$$\eta_{\text{th,O}} = 1 - \frac{1}{\left(\frac{V_1}{V_2}\right)^{\kappa-1}} = 1 - \frac{T_4 - T_1}{T_3 - T_2} = 1 - \frac{T_1}{T_2} \tag{5.110}$$

Gemäß Gl. (5.110) wird der thermische Wirkungsgrad $\eta_{\text{th,O}}$ des idealisierten Otto-Kreisprozesses größer mit steigendem Verdichtungsverhältnis $\varepsilon = V_1/V_2$ und/oder mit größerem Isentropenexponenten $\kappa$ und liegt bei etwa 60 % (für $\varepsilon = 10$ und $\kappa = 1{,}4$). Insbesondere aufgrund der erheblichen Erwärmung des Zylinders und der Reibungsverluste bei der Kolbenbewegung ist der Wirkungsgrad bei realen Otto-Motoren mit ca. 35 % deutlich kleiner. Bezüglich der vier Temperaturen $T_1$ bis $T_4$ ergibt sich ein maximaler thermischer Wirkungsgrad des idealisierten Otto-Kreisprozesses für den Fall, dass $(T_4 - T_1) \ll (T_3 - T_2)$. Der thermische Wirkungsgrad des idealisierten Otto-Kreisprozesses ist jedoch in jedem Fall kleiner als der thermische Wirkungsgrad des Carnot-Kreisprozesses.

Beim idealen Viertakt-Otto-Motor, bei dem unter anderem keine Dissipations- und keine Reibungsverluste auftreten und bei dem sich die Eigenschaften des Arbeitsgases nicht ändern und es auch keine Vermischung mit dem unverbrauchten Benzin-Luft-Gemisch und den Verbrennungsabgasen gibt, lässt sich ein Zyklus (Umlauf) in folgende vier Arbeitstakte aufteilen (Bild 5.37 und Bild 5.38):

**1. Takt – Ansaugen:** Bei offenem Einlassventil saugt der sich nach unten bewegende Kolben ein Benzin-Luft-Gemisch an. Im $p$-$V$-Diagramm entspricht dies der Linie 1, die eine Isobare darstellt.

**2. Takt – Verdichten und Wärmezufuhr:** Bei geschlossenen Ventilen bewegt sich der Kolben nach oben und drückt den Zylinderinhalt im Verhältnis von etwa 8 : 1 zusammen. Wegen der Schnelligkeit dieses Vorganges ist die im $p$-$V$-Diagramm ersichtliche Arbeitslinie 2 eine Adiabate. Der 2. Takt ist die isentropische (adiabatische) Kompression bzw. Verdichtung des Benzin-Luft-Gemisches. Mit dem Ende des 2. Taktes ist die erste Kurbelwellenumdrehung vollendet.

**3. Takt – Explosion und Expansion:** Kurz vor der höchsten Kolbenstellung wird das Benzin-Luft-Gemisch durch einen an einer Zündkerze überspringenden elektrischen Funken entzündet. Die Explosionsgeschwindigkeit ist so groß, dass bei konstantem Volumen der Druck und die Temperatur augenblicklich ansteigen. Dies ist im $p$-$V$-Diagramm die Arbeitslinie 3a, die eine Isochore darstellt. Anschließend wird durch den hohen Druck der Kolben nach unten gedrückt, was im $p$-$V$-Diagramm der Adiabate 3b entspricht. Der 3. Takt ist dementsprechend die isochore Wärmezufuhr durch das Zünden und Verbrennen des Benzin-Luft-Gemisches gefolgt von der isentropischen (adiabatischen) Expansion.

**4. Takt – Auspuff und Wärmeabgabe:** Das Auslassventil öffnet sich, wodurch der Druck sofort abfällt, was im *p*-*V*-Diagramm der Isochore 4a entspricht. Anschließend schiebt der sich zurückbewegende Kolben die heißen Verbrennungsgase aus dem Zylinder, was im *p*-*V*-Diagramm der Isobare 4b entspricht. Mit dem Ende des 4. Taktes ist die zweite Kurbelwellenumdrehung und damit der gesamte Zyklus beendet.

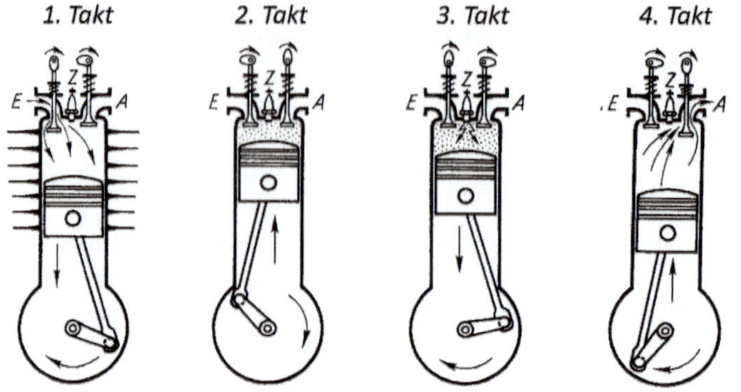


**Bild 5.37** Arbeitsweise des Viertakt-Otto-Motors: a) 1. Takt – Ansaugen, b) 2. Takt – Verdichten und Wärmezufuhr, c) 3. Takt – Explosion und Expansion sowie d) 4. Takt – Ausstoßen und Wärmeabgabe

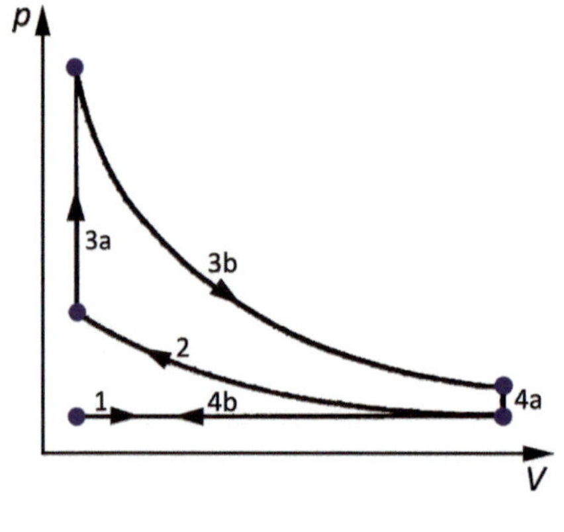


**Bild 5.38**
*p*-*V*-Diagramm des idealen Viertakt-Otto-Motors

Beim nächsten Arbeitszyklus liegen wieder genau die gleichen Verhältnisse vor. Das in Bild 5.38 dargestellte *p*-*V*-Diagramm des idealen Viertakt-Otto-Motors unterscheidet sich jedoch vom Arbeitsdiagramm eines realen Viertakt-Otto-Motors. So erfolgt beim realen Viertakt-Otto-Motor die Verbrennung nicht isochor und das zu verdichtende Benzin-Luft-Gemisch hat andere thermodynamische, insbesondere sehr temperaturabhängige Eigenschaften im Vergleich zu den Verbrennungsgasen (unterschiedliche Isentropenexponenten und Wärmekapazitäten). Des Weiteren treten bei jeder Bewegung des Kolbens Reibungsverluste auf und ein Teil der Wärme bei der Explosion bzw. Verbrennung führt zur Erwärmung der Zylinderwände, was beim idealen Viertakt-Otto-Motor nicht berücksichtigt wird. Darüber hinaus ist das in Bild 5.38 dargestellte *p*-*V*-Diagramm des idealen Viertakt-Otto-Motors auch dahingehend eine Vereinfachung, da im Arbeitsdiagramm eines realen Otto-Motors die Kurven der einzelnen Takte kontinuierlich (und damit differenzierbar) ineinander übergehen (Bild 5.39).

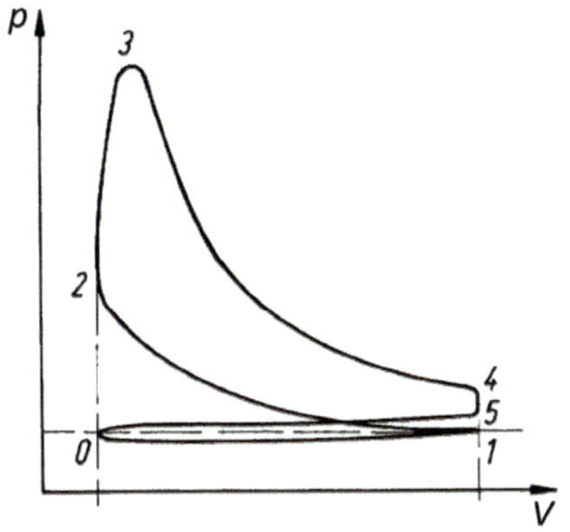


**Bild 5.39**
$p$-$V$-Diagramm des realen Viertakt-Otto-Motors

### 5.5.5 Diesel-Kreisprozess

Der idealisierte Diesel-Kreisprozess (Gleichdruckprozess) ist der thermodynamische Vergleichskreisprozess des Diesel-Motors (R. C. K. Diesel, 1858–1913), bei dem die Wärmezufuhr bei konstantem Druck (isobar) erfolgt. Der idealisierte Diesel-Kreisprozess ist ein reversibler Kreisprozess, der sich zusammensetzt aus vier Zustandsänderungen des idealen Gases, dass sich in einem geschlossenen Zylinder befindet, wodurch kein Massenaustausch mit der Umgebung stattfindet. Dementsprechend werden die Zufuhr der Luft, die Dieseleinspritzung und der Ausstoß der heißen Verbrennungsgase, die bei einem realen Diesel-Motor periodisch stattfinden, beim idealisierten Diesel-Kreisprozess nicht berücksichtigt. Die Verbrennung des Diesels in der hochkomprimierten heißen Luft wird als Wärmezufuhr und der Ausstoß der heißen Verbrennungsgase als Wärmeabgabe idealisiert. Die vier Zustandsänderungen des idealisierten Diesel-Kreisprozesses sind (Bild 5.40):

**1 → 2:** isentropische (adiabatisch reversible) Kompression

**2 → 3:** isobare Wärmezufuhr

**3 → 4:** isentropische (adiabatisch reversible) Expansion

**4 → 1:** isochore Wärmeabgabe

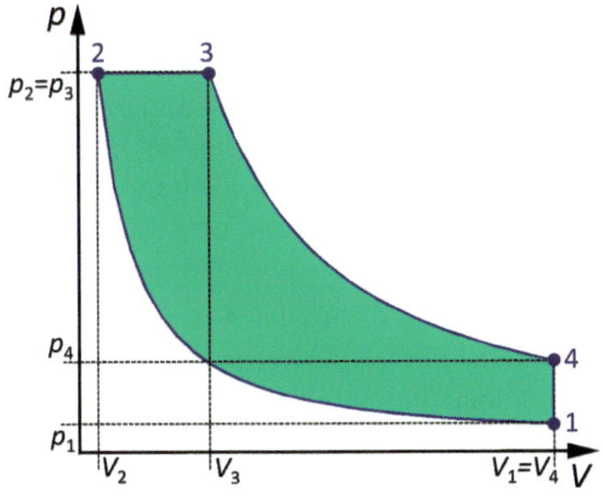


**Bild 5.40**
$p$-$V$-Diagramm des idealisierten Diesel-Kreisprozesses

Für die beim idealisierten Diesel-Kreisprozess geleistete Volumenarbeit pro Zyklus gilt:

$$-W = Q_{23} + Q_{41} = \frac{m R T_1}{\kappa - 1} \cdot \left[ \kappa \left( \frac{V_3}{V_2} - 1 \right) \cdot \left( \frac{V_1}{V_2} \right)^{\kappa - 1} - \left( \left( \frac{V_3}{V_2} \right)^{\kappa} - 1 \right) \right] \tag{5.111}$$

Für den thermischen Wirkungsgrad des idealisierten Diesel-Kreisprozesses gilt:

$$\eta_{\mathrm{th,D}} = 1 - \frac{1}{\left( \frac{V_1}{V_2} \right)^{\kappa - 1}} \cdot \frac{\left( \frac{V_3}{V_2} \right)^{\kappa} - 1}{\kappa \left( \frac{V_3}{V_2} - 1 \right)} = 1 - \frac{1}{\kappa} \cdot \frac{T_4 - T_1}{T_3 - T_2} < 1 \tag{5.112}$$

Der thermische Wirkungsgrad des idealisierten Diesel-Kreisprozesses ist abhängig vom Verdichtungs- bzw. Kompressionsverhältnis $\varepsilon = V_1/V_2$, vom Voll- bzw. Gleichdruckverhältnis $\varphi = V_3/V_2$, welches wiederum von der zugeführten Wärmemenge abhängt und vom Isentropenkoeffizienten $\kappa$ bzw. von den vier Temperaturen $T_1$ bis $T_4$ und $\kappa$. Der Term, der das Volldruckverhältnis $\varphi = V_3/V_2$ als Faktor enthält, ist stets größer als 1. Daher wäre bei gleichem Verdichtungsverhältnis $\varepsilon$ der thermische Wirkungsgrad des idealisierten Diesel-Kreisprozesses im Vergleich zum idealisierten Otto-Kreisprozesses (Gleichraumprozess) geringer. Durch die Wärmezufuhr in der Expansionsphase wird jedoch die Druck- und Temperaturspitze geringer, wodurch bei gleicher thermischer Belastung ein größeres Verdichtungsverhältnis möglich wird und damit letztendlich ein größerer thermischer Wirkungsgrad beim idealisierten Diesel-Kreisprozess.

Beim idealen Viertakt-Diesel-Motor, bei dem unter anderem keine Dissipations- und keine Reibungsverluste auftreten und bei dem sich die Eigenschaften des Arbeitsgases nicht ändern, lässt sich ein Zyklus (Umlauf) in folgende vier Arbeitstakte aufteilen (Bild 5.41 und Bild 5.42):

**1. Takt – Ansaugen:** Zu Beginn eines Zyklus befindet sich der Kolben am oberen Umkehrpunkt und das Volumen im Zylinder hat den Wert $V_2$. Der Kolben bewegt sich nun nach unten und saugt bei geöffnetem Einlass- und geschlossenem Auslassventil unverbrauchte Luft an bis der untere Umkehrpunkt beim Volumen $V_1 = V_4$ erreicht ist.

**2. Takt – Verdichten:** Im 2. Takt, dem sogenannten Verdichtungstakt, bewegt sich der Kolben bei geschlossenem Einlass- und geschlossenem Auslassventil nach oben und komprimiert die Luft adiabatisch bis er den oberen Umkehrpunkt mit dem Volumen $V_2$ erreicht. Die Temperatur der Luft steigt dabei auf ca. 600 °C an. Mit dem Ende des 2. Taktes ist die erste Kurbelwellenumdrehung vollendet.

**3. Takt – Verbrennung und Expansion:** Der 3. Takt beginnt mit der Einspritzung des Diesels, der sich aufgrund der hohen Temperatur im Zylinder sofort selbst entzündet. Da die Verbrennung nicht explosionsartig wie beim Otto-Motor erfolgt, entspricht dies der isobaren Wärmezufuhr. Nachdem der Diesel (möglichst vollständig) verbrannt ist, dehnen sich die heißen Verbrennungsgase adiabatisch aus bis zum Erreichen des unteren Umkehrpunktes beim Volumen $V_1 = V_4$.

**4. Takt – Ausstoßen:** Zu Beginn des 4. Taktes, dem Ausstoßtakt, wird das Auslassventil geöffnet. Der Kolben bewegt sich nach oben und treibt dabei die heißen Verbrennungsabgase aus dem Zylinder bis er den oberen Umkehrpunkt mit dem Volumen $V_2$ wieder erreicht. Der Ausstoß der heißen Verbrennungsabgase entspricht der Wärmeabgabe. Mit dem Ende des 4. Taktes ist die zweite Kurbelwellenumdrehung und damit der gesamte Zyklus beendet.

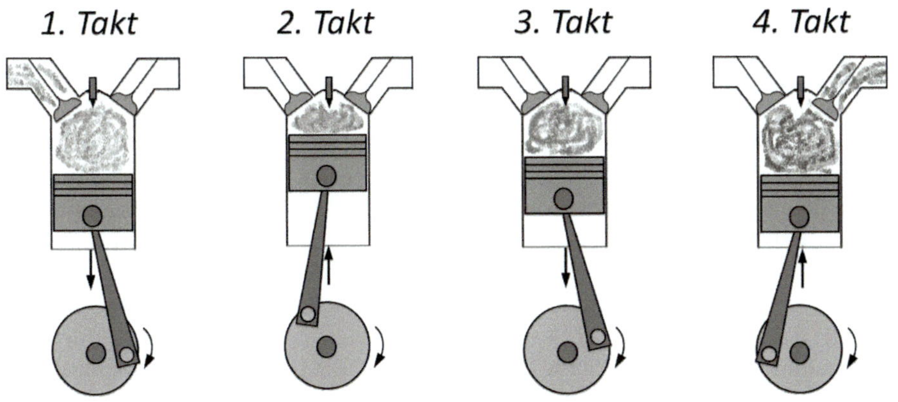


**Bild 5.41** Arbeitsweise des Viertakt-Diesel-Motors: 1. Takt - Ansaugen, 2. Takt - Verdichten, 3. Takt - Verbrennung und Expansion sowie 4. Takt - Ausstoßen und Wärmeabgabe

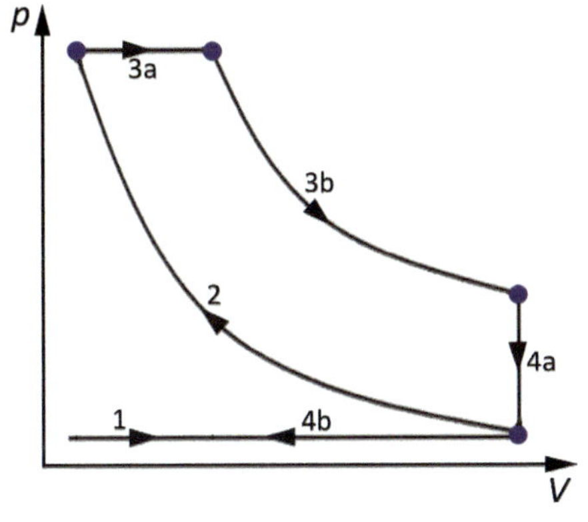


**Bild 5.42**
*p*-*V*-Diagramm des idealen Viertakt-Diesel-Motors

Wie beim Otto-Motor gibt es auch beim Diesel-Motor Unterschiede zwischen dem idealen und realen Motor aufgrund der unterschiedlichen thermodynamischen Eigenschaften der angesaugten Luft und der Verbrennungsgase, der Reibungsverluste bei der Kolbenbewegung und der Erwärmung der Zylinderwände. Ein weiterer wesentlicher Unterschied ist, dass beim realen Viertakt-Diesel-Motor die Verbrennung des Diesels teilweise auch bei konstantem Volumen stattfindet (Gleichraumverbrennung), sodass der Höchstdruck mindestens doppelt so hoch ist wie der Verdichtungsdruck. Dennoch ist der Anteil der Gleichdruck-Verbrennung (bei konstantem Volumen) höher, wodurch ein höheres Verdichtungsverhältnis mit einem höheren Enddruck bei gleicher thermischer Belastung des Materials möglich ist. Dadurch wird ein höherer thermischer Wirkungsgrad von ca. 42 % bei Personenkraftwagen, 45 % bei Lastkraftwagen und 50 % bei Dieselmotoren von Schiffen erzielt. Die geringere Leistungsdichte gegenüber dem Otto-Motor hat die Ursache im größeren Verbrennungsluftverhältnis beim Diesel-Motor. Zur Beschreibung des realen Otto- und des realen Diesel-Viertakt-Motors ist der im nachfolgenden Abschnitt 5.5.6 dargestellte Seiliger-Kreisprozess als Vergleichskreisprozess besser geeignet.

### 5.5.6 Seiliger-Kreisprozess

Der Seiliger-Kreisprozess, der im Jahre 1922 von M. P. Seiliger (1874–1952) vorgeschlagen wurde, ist ein thermodynamischer Vergleichskreisprozess, der eine Kombination des idealisierten Otto-Kreisprozesses (Gleichraumprozess) und des idealisierten Diesel-Kreisprozesses (Gleichdruckprozess) ist und mit dem die Vorgänge in realen Verbrennungsmotoren beschrieben werden können. Sowohl der Gleichdruckprozess als auch der Gleichraumprozess sind als Spezialfälle im Seiliger-Kreisprozess enthalten. Der idealisierte Otto-Kreisprozess mit seiner rein isochoren Wärmezufuhr kann technisch nicht realisiert werden, da eine beliebig schnelle Wärmezuführung nicht möglich ist. Der idealisierte Diesel-Kreisprozess mit seiner rein isobaren Wärmezufuhr kann ebenfalls technisch nicht realisiert werden, da eine Wärmezufuhr ohne Druckerhöhung nicht möglich ist. Die bessere Beschreibung an die tatsächlich ablaufenden Prozesse in realen Verbrennungsmotoren erfolgt beim Seiliger-Kreisprozess durch die Aufspaltung der Wärmezufuhr in einen isochoren und in einen isobaren Arbeitstakt. Der ideale Seiliger-Kreisprozess, dessen *p*-*V*-Diagramm in Bild 5.43 dargestellt ist, setzt sich aus den folgenden fünf Zustandsänderungen zusammen (das isobare Ausstoßen der Verbrennungsgase und das Ansaugen des zur verbrennenden Gase sind hierbei nicht berücksichtigt):

**1 → 2:** isentropische (adiabatisch reversible) Kompression

**2 → 3:** isochore Wärmezufuhr durch Verbrennung

**3 → 4:** isobare Wärmezufuhr und Expansion durch Verbrennung

**4 → 5:** isentropische (adiabatisch reversible) Expansion

**5 → 1:** isochore Wärmeabgabe durch Ausstoß der Verbrennungsgase

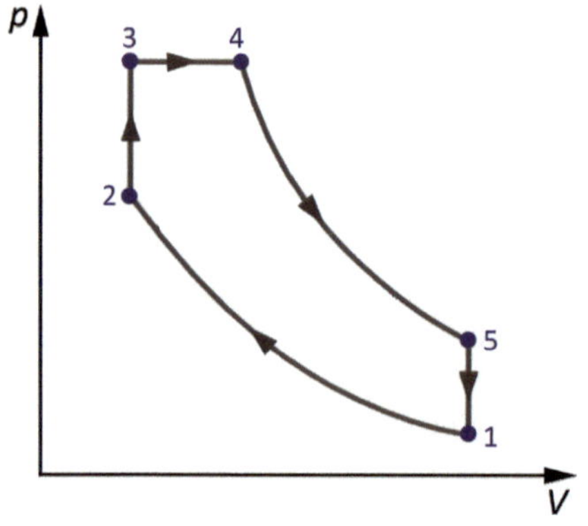


**Bild 5.43**
*p*-*V*-Diagramm des idealen Seiliger-Kreisprozesses

Für die beim idealen Seiliger-Kreisprozess während eines Zyklus geleistete Volumenarbeit gilt:

$$-W = Q_{23} + Q_{34} + Q_{51} = m c_V \left[ T_1 - T_2 + (1-\kappa) T_3 + \kappa T_4 - T_5 \right] \tag{5.113a}$$

$$-W = \frac{m R T_1}{\kappa - 1} \cdot \left\{ 1 + \varepsilon^{\kappa-1} \left[ \Psi \left(1 - \kappa (1-\varphi)\right) - 1 \right] - \Psi \varphi^{\kappa} \right\} \tag{5.113b}$$

mit der spezifischen Wärmekapazität bei konstantem Volumen $c_V = R/(\kappa - 1)$, der universellen Gaskonstante $R$, dem Isentropenexponenten $\kappa = c_p / c_V$, dem Verdichtungs- bzw. Kompressionsverhältnis $\varepsilon = V_1/V_2$, dem Volldruckverhältnis $\varphi = V_4/V_3 = T_4/T_3$ (auch als Raum- und Temperatursteigerungsverhältnis bei der isobaren Verbrennung bezeichnet) und dem Druck- und Temperatursteigerungsverhältnis bei der isochoren Verbrennung $\Psi = p_3/p_2 = T_3/T_2$. Für den thermischen Wirkungsgrad des idealen Seiliger-Kreisprozesses $\eta_{\text{th,Se}}$ gilt:

$$\eta_{\text{th,Se}} = 1 - \frac{|Q_{51}|}{Q_{23} + Q_{34}} = 1 - \frac{T_5 - T_1}{T_3 - T_2 + \kappa\left(T_4 - T_3\right)} \tag{5.114a}$$

$$\eta_{\text{th,Se}} = 1 - \frac{1}{\varepsilon^{\kappa-1}} \cdot \frac{\Psi\varphi^{\kappa} - 1}{\Psi - 1 - \Psi\kappa\left(1 - \varphi\right)} \tag{5.114b}$$

Bei der zweiten Gleichung für den thermischen Wirkungsgrad $\eta_{\text{th,Se}}$ beschreibt der erste Faktor des zweiten Summanden den Gleichraumprozess und der zweite Faktor des zweiten Summanden beschreibt den Gleichdruckprozess. Der Gleichraumprozess ist effizienter als der Gleichdruckprozess, somit liegt der thermische Wirkungsgrad des idealen Seiliger-Kreisprozesses zwischen den thermischen Wirkungsgraden des Gleichdruck- und des Gleichraumprozesses.

Bei einem idealen Viertakt-Otto-Motor sind die fünf Schritte des idealen Seiliger-Prozesses wie folgt realisiert:

**1 → 2:** Der Kolben bewegt sich in Richtung des oberen Umkehrpunktes wodurch das Benzin-Luft-Gemisch verdichtet wird. Dabei wird Volumenarbeit am Kolben verrichtet.

**2 → 3:** Der elektrische Funke der Zündkerze initiiert die Verbrennung des Benzin-Luft-Gemisches wodurch die Temperatur und der Druck im Zylinder ansteigen, da das Volumen noch konstant ist.

**3 → 4:** Die Verbrennung erreicht den Höchstdruck, der so lange konstant ist, bis der Hauptteil des Benzin-Luft-Gemisches verbrannt ist und die Temperatur wieder absinkt.

**4 → 5:** Das Benzin-Luft-Gemisch verbrennt nun vollständig und die Verbrennungsgase expandieren weiter bei gleichbleibender Entropie, bis der Kolben den unteren Umkehrpunkt erreicht. Dabei wird vom Kolben Volumenarbeit geleistet.

**5 → 1:** Das Auslassventil des Zylinders wird geöffnet und die Verbrennungsgase entweichen aus dem Zylinder aufgrund des Restdrucks und durch die Aufwärtsbewegung des Kolbens. Dabei wird Volumenarbeit aufgrund des Restdrucks verrichtet und Wärme abgegeben.

In analoger Weise zum idealen Viertakt-Otto-Motor laufen bei einem idealen Viertakt-Diesel-Motor ebenfalls fünf Schritte gemäß dem idealen Seiliger-Prozess ab. Der Unterschied besteht darin, dass bei einem Diesel-Motor Luft stark verdichtet und dann Diesel in den Zylinder eingespritzt wird, der sich aufgrund der hohen Temperatur der komprimierten Luft selbst entzündet. Wie bereits angeführt treten bei realen Verbrennungsmotoren u. a. Reibungsverluste und durch die Treibstoffverbrennung werden die Zylinder von Otto- und Diesel-Motoren erheblich erwärmt. Des Weiteren erfolgt die Zündung bei Otto-Motoren bzw. der Beginn der Diesel-Einspritzung bei Diesel-Motoren, bevor der Kolben der oberen Umkehrpunkt erreicht, während das Auslassventil geöffnet wird, bevor der Kolben den unteren Umkehrpunkt erreicht, wodurch bei beiden Motorenarten die jeweils geleistete Volumenarbeit reduziert wird.

### 5.5.7 Stirling-Kreisprozess

Der idealisierte Stirling-Kreisprozess ist der thermodynamische Vergleichskreisprozess des Stirling-Motors, einer von R. Stirling (schottischer Pastor, 1790–1878) im Jahre 1816 entwickelten Wärmekraftmaschine. Der idealisierte Stirling-Kreisprozess ist reversibel und setzt sich aus den folgenden vier Zustandsänderungen des idealen Gases als Arbeitsmedium, dass sich in einem geschlossenen Zylinder befindet, zusammen (Bild 5.44):

**1 → 2:** Isotherme Kompression bei der Temperatur $T_{min} = T_1 = T_2 =$ konstant, Abfuhr der Wärme $Q_{12}$ im Kühler an die Umgebung

**2 → 3:** Isochore Erwärmung durch Übertragung der Wärme $Q_{23}$ vom Wärmetauscher an das Arbeitsmedium

**3 → 4:** Isotherme Expansion bei der Temperatur $T_{max} = T_3 = T_4 =$ konstant, Zufuhr der Wärme $Q_{34}$ durch externe Heizquelle an das Arbeitsmedium

**4 → 1:** Isochore Abkühlung durch Übertragung der Wärme $Q_{41}$ vom Arbeitsmedium an den Wärmetauscher

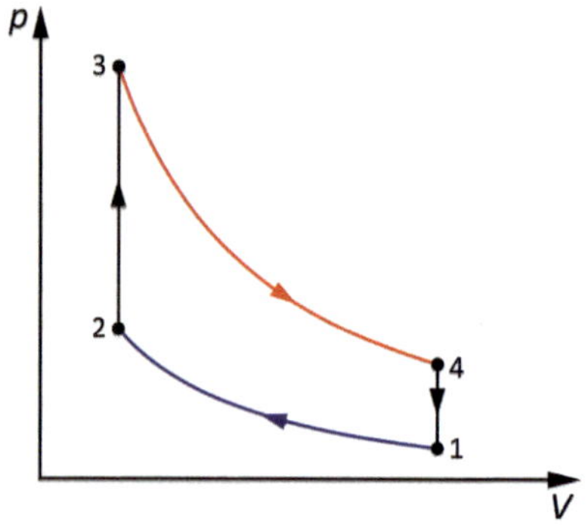


**Bild 5.44**
*p-V*-Diagramm des idealisierten Stirling-Kreisprozesses

Eine idealisierte technische Umsetzung dieses Ablaufes ist in Bild 5.45 mit der sogenannten Beta-Konfiguration des Stirling-Motors dargestellt. Bei der Beta-Konfiguration bewegen sich zwei Kolben, ein Verdränger- und ein Arbeitskolben, in einem gemeinsamen Zylinder. Die nach außen nutzbare Arbeit verrichtet allein der gasundurchlässige Arbeitskolben, während der gasdurchlässige Verdrängerkolben mitbewegt wird, um das Arbeitsmedium zwischen dem heißen und dem kalten Bereich hin und her zu befördern und dabei als Wärmetauscher fungiert. Der Verdrängerkolben ist über ein Schwungrad mit dem Arbeitskolben gekoppelt und eilt dem Arbeitskolben um eine Viertelumdrehung voraus. In dem oberen heißen Bereich wird dem Arbeitsmedium Wärme zugeführt, während in dem unteren kalten bzw. gekühlten Bereich das Arbeitsmedium Wärme abgibt. Der Arbeitsablauf kann in die folgenden vier Schritte unterteilt werden:

**Isotherme Kompression:** Der Verdrängerkolben befindet sich am oberen Umkehrpunkt und das Arbeitsmedium im unteren kalten Bereich des Zylinders. Durch die Drehung des Schwungrades wird der Arbeitskolben nach oben gedrückt, wodurch sich das Volumen verkleinert und der Druck ansteigt. Dabei befindet sich der überwiegende Anteil des Arbeitsmediums im unteren kalten Bereich, wodurch seine Temperatur konstant bleibt.

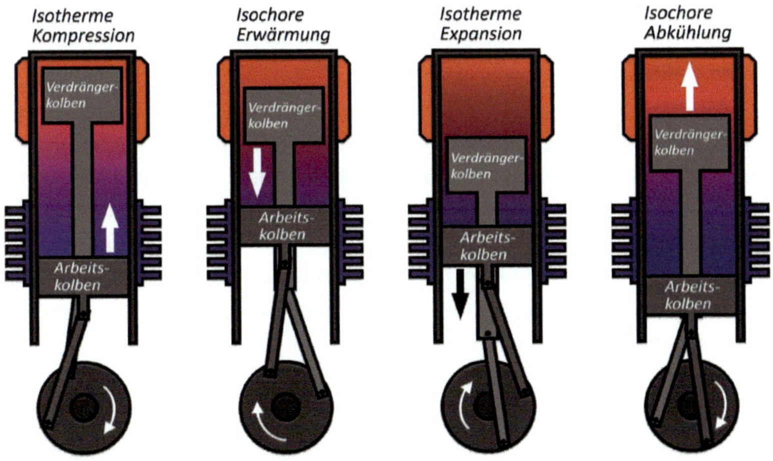


**Bild 5.45** Arbeitsweise des idealen Stirling-Motors in der Beta-Konfiguration

**Isochore Erwärmung:** Das Schwungrad dreht sich aufgrund seiner Trägheit weiter. Dadurch wird der Verdrängerkolben nach unten bewegt und befördert das Arbeitsmedium aus dem unteren kalten Bereich in den oberen heißen Bereich und erwärmt es dabei mit der Wärme, die beim vierten Takt gespeichert wurde.

**Isotherme Expansion:** Der Verdrängerkolben befindet sich am unteren Umkehrpunkt und das Arbeitsmedium im oberen heißen Bereich des Zylinders. Durch die zugeführte Wärme expandiert das Arbeitsmedium, wodurch der Arbeitskolben nach unten gedrückt wird. Durch die Bewegung des Arbeitskolbens wird auch der Verdrängerkolben bewegt, wobei das Volumen im oberen heißen Bereich dominiert.

**Isochore Abkühlung:** Das Schwungrad dreht sich aufgrund seiner Trägheit weiter, das Gesamtvolumen bleibt in diesem Schritt fast unverändert. Der Verdrängerkolben schiebt nun das Gas vom heißen in den kalten Bereich, wodurch es den Verdrängerkolben erwärmt und selbst abkühlt. Der Verdrängerkolben übernimmt die wichtige Aufgabe eines Wärmespeichers und muss deshalb ausreichend Masse besitzen. Im kalten Bereich wird das Arbeitsmedium durch Kühlrippen oder durch einen wassergekühlten Mantel weiter abgekühlt, wodurch der Druck sinkt.

Für die beim idealisierten Stirling-Kreisprozess während eines Zyklus geleistete Volumenarbeit gilt (unter der Annahme des idealen Wärmeaustausches, d. h. $Q_{23} = -Q_{41}$):

$$-W = Q_{12} + Q_{23} + Q_{34} + Q_{41} = Q_{12} + Q_{34} \tag{5.115a}$$

$$-W = nR\left[T_1 \ln\left(\frac{p_1}{p_2}\right) + T_3 \ln\left(\frac{p_3}{p_4}\right)\right] = nRT_3 \ln\left(\frac{V_2}{V_1}\right)\cdot\left[\left(\frac{T_1}{T_3}\right) - 1\right] \tag{5.115b}$$

Für den thermischen Wirkungsgrad des idealisierten Stirling-Kreisprozesses gilt:

$$\eta_{\text{th,St}} = 1 - \frac{|Q_{12}|}{Q_{34}} = 1 - \frac{T_1 \ln\left(\frac{p_2}{p_1}\right)}{T_3 \ln\left(\frac{p_3}{p_4}\right)} = 1 - \frac{T_1 \ln\left(\frac{V_1}{V_2}\right)}{T_3 \ln\left(\frac{V_4}{V_3}\right)} = 1 - \frac{T_{\min}}{T_{\max}} = \eta_{\text{th,C}} \tag{5.116}$$

Der thermische Wirkungsgrad des idealisierten Stirling-Kreisprozesses ist somit gleich dem thermischen Wirkungsgrad des Carnot-Kreisprozesses. Er ist jedoch bei realen Stirling-Motoren kleiner im Vergleich zum Carnot-Kreisprozess.

Wie die anderen zuvor beschriebenen idealisierten Kreisprozesse ist auch der idealisierte Stirling-Kreisprozess technisch nicht zu realisieren. Zum einen sind die beiden isothermen Zustandsänderungen nicht vollständig realisierbar. Zum anderen treten an den bewegten Kolben Reibungsverluste auf und der Wirkungsgrad des Verdrängerkolbens als Wärmetauscher ist ebenfalls beschränkt. Des Weiteren gibt es bei der Beta-Konfiguration des Stirling-Motors einen ungewollten Wärmestrom am Zylinder zwischen dem heißen und dem kalten Bereich.

Zum Vergleich sind nachfolgend die wichtigsten Vor- und Nachteile von realen Stirling-Motoren gegenüber realen Otto- und Diesel-Motoren aufgelistet:

*Vorteile von realen Stirling-Motoren*

- keine Ventile, kein Ventilantrieb und keine Ventilsteuerung
- keine innere Verbrennung bzw. keine innere Explosion und somit keine Auspuffgeräusche
- kontinuierliche Verbrennung kann mit Sauerstoffüberschuss durchgeführt werden, wodurch die Emission von Schadstoffen deutlich geringer ist
- keine Druckspitzen, da der Druckwechsel nahezu kontinuierlich erfolgt
- konstantes lastunabhängiges Drehmoment
- bei Umkehrung des Kreisprozesses von rechtslaufender Wärmekraftmaschine nach linkslaufender Kraftwärmemaschine ohne konstruktive Änderungen als Kältemaschine einsetzbar

*Nachteile von realen Stirling-Motoren:*

- Wirkungsgrad im hohen Maße abhängig vom Wirkungsgrad des Wärmeübertragers und Wärmetauschers; je größer der Wärmeübertrager dimensioniert ist, desto besser ist der Wirkungsgrad des Stirling-Motors, was jedoch seine Größe und Masse ansteigen lässt
- deutlich längere Aufwärmphase, die mit der Größe des Stirling-Motors ansteigt
- eignen sich nur für Anwendungen mit konstanter Drehzahl, konstantem Drehmoment oder konstanter Leistung, da eine schnelle Änderung der Drehzahl bzw. der Motorleistung nicht möglich sind

**Beispiele**

1. Berechne den theoretisch höchstmöglichen Wirkungsgrad einer Dampfmaschine, die Dampf von 10 bar aufnimmt und diesen bei einer Temperatur von 20 °C in den Kondensator ausstößt.

   Nach der Dampftabelle ergibt sich die obere Arbeitstemperatur $T_1$ mit der Dampftemperatur 179 °C zu (179 + 273) K.

   $$\eta = \frac{T_1 - T_2}{T_1} = \frac{(179 + 273) - 293}{452} = 0{,}35 = 35\,\%$$

   Noch tiefere Temperaturen im Kondensator sind kaum zu erzielen. Bei Kolbendampfmaschinen werden höchstens 10 bis 15 % erreicht.

2. Welche Wärmemenge kann im idealen Fall mittels einer Wärmepumpe zur Verfügung gestellt werden, wenn zu ihrem Antrieb 100 kJ Elektroenergie aufgewandt wird ($\vartheta_1 = 50$ °C, $\vartheta = 0$ °C)?

Der Wirkungsgrad ist im Idealfall $\eta = \frac{Q_1 + Q_2}{Q_1}$ bzw. $\eta = \frac{T_1 - T_2}{Q_1}$. Nach Gleichsetzen folgt für die bereitzustellende Wärmeenergie

$$Q_1 = \frac{(Q_1 + Q_2)\,T_1}{T_1 - T_2} = W\,\frac{T_1}{T_1 - T_2}$$

wobei $Q_1 + Q_2 = -W$ den Energieaufwand (Elektroenergie) $W = 100$ kJ darstellt. Damit wird

$$Q_1 = \frac{-100\,\text{kJ} \cdot 323\,\text{K}}{50\,\text{K}} = -646\,\text{kJ}$$

die bei der höheren Temperatur $\vartheta_1 = 50$ °C zur Verfügung stehen. Das Verhältnis von Nutzenergie zu Aufwandsenergie ergibt sich hier zu $Q_1/W = 6{,}46$ (Leistungszahl). In der Praxis werden Leistungszahlen von etwa 3 bis 4 erreicht. ■

# 5.6 Reale Gase und Phasenübergänge

Das Modell und die Zustandsgleichung des idealen Gases (Abschnitt 5.2.3) sind Idealisierungen, mit denen reale Gase nur näherungsweise beschreiben werden können. Abweichungen treten insbesondere bei niedrigen Temperaturen und/oder hohen Drücken auf, da reale Gase kondensieren und somit verflüssigt werden können. Die Unterschiede zwischen dem idealen Gas und realen Gasen resultieren aus den intermolekularen Wechselwirkungen und dem Eigenvolumen der Gasteilchen bei realen Gasen. Die intermolekularen Wechselwirkungen bewirken eine Verkleinerung des Volumens bei definiertem Druck gegenüber dem idealen Gas und aufgrund des Eigenvolumens der Gasteilchen kann das Volumen eines realen Gases im Gegensatz zum idealen Gas mit den punktförmigen Gasteilchen nicht beliebig verkleinert werden. Bild 5.46 zeigt das Verhalten eines realen Gases längs einer Isotherme.

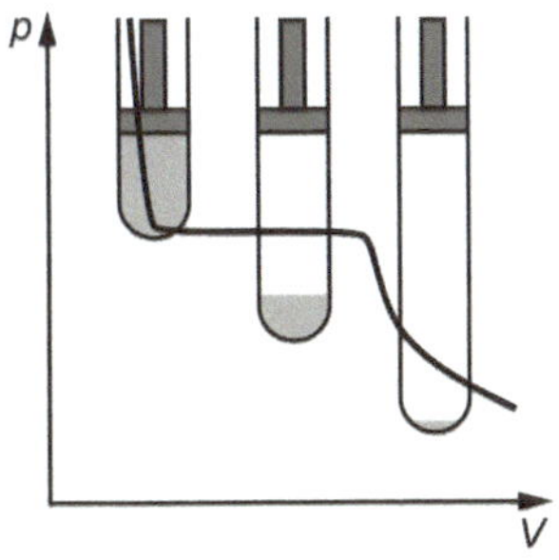


**Bild 5.46**
Verhalten eines realen Gases längs einer Isotherme

Bei den intermolekularen Wechselwirkungen der Gasteilchen ist prinzipiell zu unterscheiden zwischen repulsiven Kräften, die die Expansion des realen Gases begünstigen, und attraktiven Kräften, die die Kompression des realen Gases begünstigen. Die Abstoßung zwischen elektrisch neutralen Gasteilchen wird durch eine Kraft mit kurzer Reichweite vermittelt, die erst dann signifikant wird, wenn sich die Gasteilchen fast berühren, wie beispielsweise bei sehr hoher Gasteilchendichte. Die Anziehungskräfte (auch Dispersionskräfte genannt) haben hingegen eine relativ große Reichweite, die größer als die Ausdehnung (Durchmesser) der Gasteilchen ist. Die potentielle Energie $V(r)$ als Funktion des Abstandes $r$ zwischen elektrisch neutralen, nicht chemisch aneinander gebundenen Gasteilen kann mittels des *Lennard-Jones-Potentials* (J. E. Lennard-Jones, 1894–1954) näherungsweise beschrieben werden:

$$V(r) = 4\varepsilon\left[\left(\frac{\sigma}{r}\right)^{12} - \left(\frac{\sigma}{r}\right)^{6}\right] = \varepsilon\left[\left(\frac{r_{\mathrm{m}}}{r}\right)^{12} - 2\left(\frac{r_{\mathrm{m}}}{r}\right)^{6}\right] \qquad (5.117)$$

$\sigma$ ist der Abstand der Gasteilchen, an dem das Lennard-Jones-Potential eine Nullstelle hat: $V(r=\sigma)=0$. Bei diesem Abstand sind die Kräfte aus dem anziehenden und dem abstoßenden Anteil des Potentials betragsmäßig gleich groß und heben sich auf, sodass bei diesem Abstand keine Kraft zwischen den Gasteilchen wirkt. Der Parameter $\varepsilon > 0$ ist die maximale Anziehungsenergie („Tiefe" der Mulde des Lennard-Jones-Potentials, Bild 5.47) und $r_{\mathrm{m}} = \sqrt[6]{2}\,\sigma \approx 1{,}12\,\sigma$ ist der Abstand der Gasteilchen, bei dem das Lennard-Jones-Potential sein Minimum hat: $V\left(r=r_{\mathrm{m}}=\sqrt[6]{2}\,\sigma\right)=-\varepsilon$.

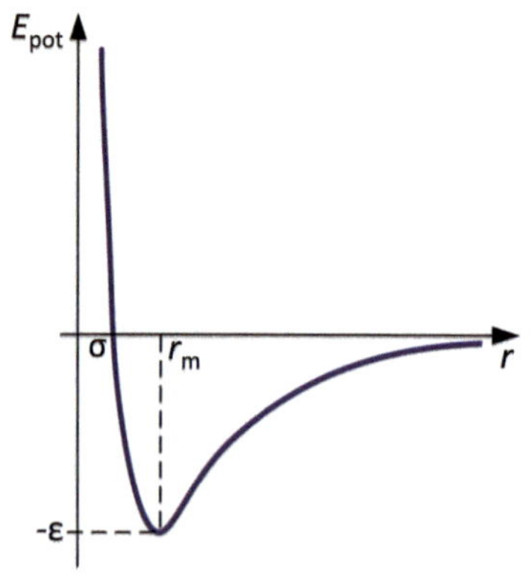


**Bild 5.47**
Das Lennard-Jones-Potential: aufgetragen ist die potentielle Energie als Funktion des Abstandes der Gasteilchen; im Bereich negativer Steigung wirken repulsive (abstoßende) Kräfte, im Bereich positiver Steigung wirken attraktive (anziehende) Kräfte

In einfachster Näherung kann die Abweichung realer Gase von der Zustandsgleichung des idealen Gases mit dem *Kompressibilitätsfaktor* $Z$ (auch als Kompressions- oder Realgasfaktor bezeichnet) beschrieben werden:

$$Z = \frac{pV}{nRT} = \frac{pV_{\mathrm{mol}}}{RT} \qquad (5.118)$$

Für das ideale Gas gilt unabhängig von Temperatur, Druck und Volumen stets $Z = 1$. Bei sehr kleinen Drücken und hohen Temperaturen sowie bei einem großen Volumen verhalten sich reale Gase nahezu ideal, also $Z \approx 1$. Hingegen ist bei sehr hohen Drücken der Kompressibilitätsfaktor $Z$ größer als 1, d. h. reale Gase sind bei sehr hohen Drücken schwerer zu komprimieren als das ideale Gas ($pV > nRT$), da die abstoßenden Kräfte zwischen den Gasteilchen dominieren. Bei mittleren Drücken gilt für viele reale Gase $0 < Z < 1$, da im mittleren Druckbereich die anziehenden Kräfte zwischen den Gasteilchen dominieren und daher sich reale Gase leichter als das ideale Gas komprimieren lassen. Der Kompressibilitätsfaktor eines realen Gases ist somit allgemein vom Druck und von der Temperatur abhängig. In Bild 5.48 ist der Kompressibilitätsfaktor $Z$ von molekularem Wasserstoff $H_2$, Methan $CH_4$, Ethen $C_2H_4$ und von Ammoniak $NH_3$ in Abhängigkeit vom Druck $p$ bei einer Temperatur von $T = 273{,}15$ K dargestellt. Bei molekularem Wasserstoff dominieren stets die abstoßenden Kräfte zwischen den $H_2$-Molekülen, sodass gilt: $Z(H_2) \geq 1$.

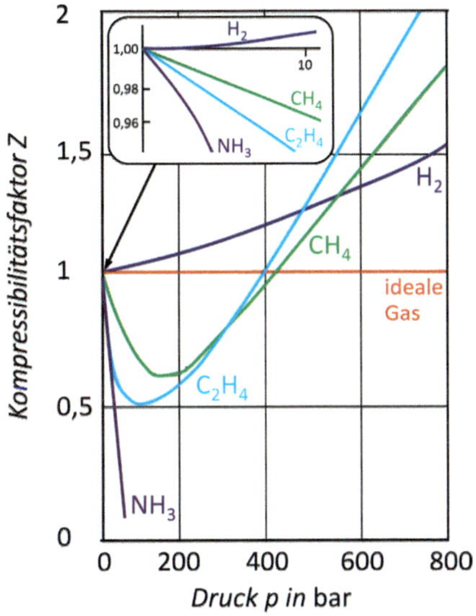


**Bild 5.48**
Kompressibilitätsfaktor $Z$ von molekularem Wasserstoff $H_2$, Methan $CH_4$, Ethen $C_2H_4$ und von Ammoniak $NH_3$ in Abhängigkeit vom Druck $p$ bei einer Temperatur von $T = 273{,}15$ K

Während die in Bild 5.48 gezeigt Kurve für Methan $CH_4$ bei einem Druck von ca. 200 bar ein Minimum aufweist, ist der Kompressibilitätsfaktor von Methan für eine Temperatur $T > 450$ K stets größer als 1 und hat somit kein Minimum.

## 5.6.1 Die Van-der-Waals-Zustandsgleichung

J. D. van der Waals (1837–1923, Nobelpreis 1910) formulierte im Jahre 1873 die nach ihm benannte Zustandsgleichung realer Gase. Ausgehend von der Zustandsgleichung des idealen Gases führte er Korrekturfaktoren zur Berücksichtigung des Eigenvolumens und der intermolekularen Wechselwirkungen der Gasteilchen ein. Im Rahmen der statistischen Thermodynamik kann die *Van-der-Waals-Zustandsgleichung* mittels einer Reihenentwicklung (*Virialentwicklung*) nach der Teilchendichte bestimmt werden. Dabei ergibt sich die Zustandsgleichung des idealen Gases als erstes Glied dieser Reihenentwicklung, und die Van-der-Waals-Zustandsgleichung ergibt sich, wenn das zweite Reihenglied mitberücksichtigt wird. Die Van-der-Waals-Zustandsgleichung lautet:

$$p = \frac{RT}{V_{mol} - b} - \frac{a}{V_{mol}^2} \quad \Leftrightarrow \quad \left(p + \frac{a}{V_{mol}^2}\right) \cdot (V_{mol} - b) = RT \tag{5.119a}$$

$$p = \frac{nRT}{V - nb} - \frac{n^2 a}{V^2} \quad \Leftrightarrow \quad \left(p + \frac{n^2 a}{V^2}\right) \cdot (V - nb) = nRT \tag{5.119b}$$

Die beiden zusätzlichen Parameter, die auch als *Van-der-Waals-Parameter* bezeichnet werden, sind der *Kohäsionsdruckparameter a* (auch Binnendruckparameter genannt) mit der SI-Einheit $[a] = \text{Pa} \cdot \text{m}^6 \cdot \text{mol}^{-2}$ und das *Kovolumen b* mit der SI-Einheit $[b] = \text{m}^3 \cdot \text{mol}^{-1}$. Die Größe $a/V_{mol}^2 = n^2 a/V^2$ heißt *Kohäsionsdruck* (auch als Binnendruck bezeichnet). Für das ideale Gas gilt: $a = 0$ und $b = 0$. Mit dem Kohäsionsdruckparameter werden die anziehenden Kräfte berücksichtigt, die auch Van-der-Waals-Kräfte genannt werden. Diese Kräfte haben ihre Ursache darin, dass elektrisch neutrale Gasteilchen (ohne permanentes elektrisches Dipolmoment) einander elektrisch polarisieren und sich infolge dessen elektrostatisch anziehen können. Die Van-der-Waals-Kräfte verringern den Druck auf die Gefäßwand, da sie für die Gasteilchen in Gefäßwandnähe vorwiegend nach innen gerichtet sind. Pro Gasteilchen ist die Stärke dieser anziehenden Kräfte direkt proportional zur Gasteilchendichte und für alle Gasteilchen zusammen proportional zum Quadrat der Gasteilchendichte.

Das Kovolumen berücksichtigt das Eigenvolumen der Gasteilchen, die bei realen Gasen nicht punktförmig sind. Aufgrund der endlichen Größe der Gasteilchen ist die mittlere freie Weglänge im Vergleich zu Massepunkten verkürzt und sowohl die Zahl der Stöße gegen die Gefäßwand als auch die Zahl der Stöße zwischen den Gasteilchen größer als beim idealen Gas. Diese Erhöhung der Stoßzahl entspricht einer Verringerung des Volumens.

In Tabelle 5.9 sind Werte des Kohäsionsdruckparameters $a$, des Kovolumens $b$ sowie Werte der Boyle-Temperatur $T_B$ einiger reale Gase zusammengestellt. Die Boyle-Temperatur (R. Boyle, 1627-1692) $T_B = a/(bR)$ ist die Temperatur, bei der sich die anziehenden und abstoßenden Kräfte zwischen den Gasteilchen kompensieren und sich ein reales Gas unter kleinem Druck wie ein ideales Gas verhält ($R = 8{,}31446$ J/(K · mol) ist die universelle Gaskonstante).

**Tabelle 5.9** Kohäsionsdruckparameter *a*, Kovolumen *b* und Boyle-Temperatur $T_B$ einiger realer Gase

| Gas | Kohäsionsdruckparameter *a* in $10^{-3}$ Pa · m$^6$ · mol$^{-2}$ | Kovolumen *b* in $10^{-6}$ m$^3$ · mol$^{-1}$ | Boyle-Temperatur $T_B$ in K |
|---|---|---|---|
| Argon Ar | 136,3 | 32,2 | 509,1 |
| Helium He | 3,45 | 23,7 | 17,5 |
| Neon Ne | 21,3 | 17,1 | 149,8 |
| mol. Wasserstoff $H_2$ | 24,7 | 26,6 | 111,7 |
| mol. Stickstoff $N_2$ | 140,8 | 39,1 | 433,1 |
| mol. Sauerstoff $O_2$ | 137,8 | 31,8 | 521,2 |
| Ammoniak $NH_3$ | 422,4 | 37,1 | 1 369,4 |
| Chlor $Cl_2$ | 657,4 | 56,2 | 1 406,9 |
| Kohlenstoffdioxid $CO_2$ | 363,7 | 42,7 | 1 024,4 |
| Methan $CH_4$ | 225 | 42,8 | 632,3 |
| Wasser $H_2O$ | 557,3 | 31 | 2 162,2 |

In Bild 5.49 sind einige Isothermen im *p-V*-Diagramm für das reale Gas Kohlenstoffdioxid dargestellt. Für Temperaturen oberhalb von 40 °C sind die Isothermen Hyperbeln und der Verlauf im *p-V*-Diagramm entspricht dem des idealen Gases. Jedoch sind die Isothermen von realen Gasen gegenüber Isothermen des idealen Gases im *p-V*-Diagramm um den Wert des Kovolumens $b$ nach rechts zu größeren Volumina hin verschoben. Der Term $a/V_{\text{mol}}^2$ in der Van-der-Waals-Zustandsgleichung (Gl. (5.119)) entspricht einer Absenkung des Drucks im Vergleich zum idealen Gas. Für hohe Temperaturen ist dieser Term vernachlässigbar klein gegenüber dem Term $RT/(V_{\text{mol}}-b)$ und es kommt nur zu einer geringen Verformung der Isothermen, die zu größeren Volumina monoton abfallend sind. Für niedrige Temperaturen ist der Verlauf der Isothermen nicht mehr hyperbelförmig und es kommt zur Ausbildung eines lokalen Maximums und eines lokalen Minimums. Da die Isothermen stetig ineinander übergehen, gibt es genau eine Isotherme mit einem horizontal verlaufenden Wendepunkt (Sattelpunkt), für den das Minimum und das Maximum zusammenfallen. Die zugehörige Temperatur dieser Isotherme wird als *kritische Temperatur* $T_{\text{krit}}$ bzw. $\vartheta_{\text{krit}}$ bezeichnet, oberhalb derer kein reales Gas durch Druckerhöhung kondensieren kann. Die kritische Temperatur von Kohlenstoffdioxid beträgt $T_{\text{krit}} = 304{,}7$ K (entspricht $\vartheta_{\text{krit}} = 31{,}5$ °C), des Wassers 647,1 K, von molekularem Sauerstoff 154,6 K, von molekularem Stickstoff 126,2 K, von molekularem Wasserstoff 33,2 K, von Methan 190,6 K und die kritische Temperatur von Helium beträgt 5,2 K.

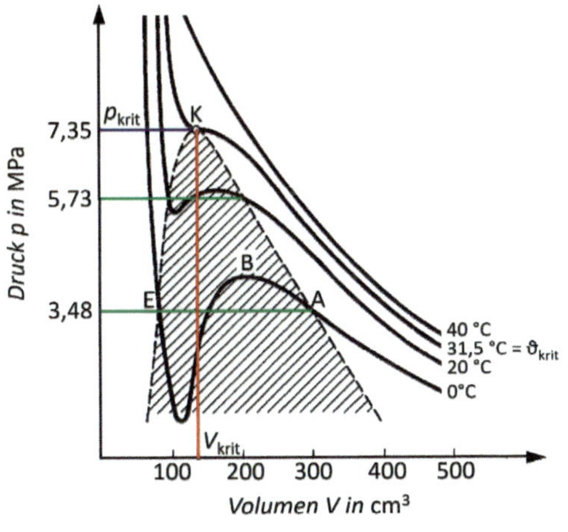


**Bild 5.49**
Isothermen im *p-V*-Diagramm für das Gas Kohlenstoffdioxid

Bei der kritischen Temperatur sind die erste und die zweite Ableitung des Drucks nach dem Volumen (bei konstanter Temperatur) gleich null, was mathematisch einem Sattelpunkt entspricht:

$$\left(\frac{\partial p}{\partial V}\right)_{T=\text{konstant}} = \left(\frac{\partial^2 p}{\partial V^2}\right)_{T=\text{konstant}} = 0 \tag{5.120}$$

Daraus folgt für die kritische Temperatur $T_{\text{krit}}$, den *kritischen Druck* $p_{\text{krit}}$ und das *kritische Molvolumen* $V_{\text{mol,krit}}$:

$$T_{\text{krit}} = \frac{8a}{27bR} = \frac{8}{27}T_{\text{B}} \approx 0{,}3\cdot T_{\text{B}} \tag{5.121a}$$

und

$$p_{\text{krit}} = \frac{a}{27b^2} = \frac{R}{8b} T_{\text{krit}} \tag{5.121b}$$

und

$$V_{\text{mol,krit}} = 3b \tag{5.121c}$$

Aus experimentell gefundenen Daten der kritischen Temperatur $T_{\text{krit}}$, die ungefähr einem Drittel der Boyle-Temperatur $T_B$ entspricht, des kritischen Drucks $p_{\text{krit}}$ und des kritischen Molvolumens $V_{\text{mol,krit}}$ lassen sich der Kohäsionsdruckparameter $a$ und das Kovolumen $b$ bestimmen. Da es jedoch drei kritische Parameter ($T_{\text{krit}}$, $p_{\text{krit}}$ und $V_{\text{mol,krit}}$), aber nur zwei Van-der-Waals-Parameter ($a$ und $b$) gibt, wäre das entsprechende Gleichungssystem überbestimmt und hätte nur dann eine exakte Lösung, wenn sich das reale Gas entsprechend der Van-der-Waals-Zustandsgleichung verhält. Daher werden zur Bestimmung der beiden Van-der-Waals-Parameter oft nur die kritische Temperatur $T_{\text{krit}}$ und der kritische Druck $p_{\text{krit}}$ verwendet:

$$a = \frac{27\left(RT_{\text{krit}}\right)^2}{64\, p_{\text{krit}}} \tag{5.122a}$$

$$b = \frac{RT_{\text{krit}}}{8\, p_{\text{krit}}} \tag{5.122b}$$

Für den Kompressibilitätsfaktor $Z_{\text{krit}}$ am kritischen Punkt gilt:

$$Z_{\text{krit}} = \frac{p_{\text{krit}} V_{\text{mol,krit}}}{RT_{\text{krit}}} = \frac{3}{8} = 0{,}375 \tag{5.123}$$

Experimentelle Werte sind: $Z_{\text{krit}}(H_2) = 0{,}304$, $Z_{\text{krit}}(O_2) = 0{,}292$, $Z_{\text{krit}}(\text{He}) = 0{,}308$, $Z_{\text{krit}}(\text{Ar}) = 0{,}291$, $Z_{\text{krit}}(C_2H_6) = 0{,}267$, $Z_{\text{krit}}(NH_3) = 0{,}238$ und $Z_{\text{krit}}(H_2O) = 0{,}226$.
Wie diese Beispiele zeigen, weichen die tatsächlichen Werte von $Z_{\text{krit}}$ für reale Gase vom theoretischen Wert von 0,375 ab, sind jedoch stets deutlich kleiner als 1, dem konstanten Wert von $Z$ für das ideale Gas.

Unterhalb der kritischen Temperatur $T_{\text{krit}}$ zeigen die Isothermen eines realen Gases im $p$-$V$-Diagramm jeweils ein Maximum und ein Minimum, sodass bei einer isothermen Kompression zwischen dem Maximum und dem Minimum sowohl das Volumen als auch der Druck abnehmen würden. Dieser Bereich ist jedoch instabil und ist bei realen Gasen nicht zu beobachten. Stattdessen verläuft die Isotherme in diesem Volumenbereich isobar, d. h. horizontal im $p$-$V$-Diagramm. Wird ausgehend von einem großen Anfangsvolumen durch eine isotherme Kompression das Volumen verkleinert, erhöht sich zunächst der Druck bleibt jedoch ab einem bestimmten Wert (Punkt A in Bild 5.49) konstant, auch wenn das Volumen weiter verkleinert wird. Ab diesem Punkt findet bei konstanter Temperatur und bei konstantem Druck die Kondensation des realen Gases zur Flüssigkeit statt. Längs der horizontalen Linie im $p$-$V$-Diagramm befinden sich die beiden Aggregatzustände gasförmig und flüssig in Koexistenz, und nur ihr Mengenverhältnis ändert sich entlang der horizontalen Linie. Dabei ist die Dichte des gasförmigen Anteils gleich dem Wert im Punkt A und die Dichte des flüssigen Anteils gleich dem Wert im Punkt E. Der Bereich der Koexistenz auf dieser Isotherme endet, wenn das isobare Stück wieder auf die Van-der-Waals-Kurve trifft (Punkt E in Bild 5.49).

Ab diesem Punkt steigt der Druck bei weiterer Verringerung des Volumens steil an, was der geringen Kompressibilität einer Flüssigkeit entspricht. Der Druck, bei dem die Isotherme horizontal im $p$-$V$-Diagramm verläuft, wird als *Sättigungsdampfdruck* $p_{SD}$ des verflüssigten realen Gases bezeichnet und ist dadurch festgelegt, dass die beiden Flächenstücke ober- und unterhalb der horizontalen Strecke $\overline{AE}$ bezüglich der Van-der-Waals-Kurve gleich groß sein müssen. Dies wird als *Maxwell-Konstruktion* (J. C. Maxwell, 1831–1879) bezeichnet und lässt sich damit begründen, dass die Zustände auf dem betreffenden Teil der Van-der-Waals-Isotherme instabil sind und in Zustände auf der Maxwell-Geraden (der horizontalen Strecke $\overline{AE}$) übergehen, da diese die geringste mögliche Gibbs-Energie bei gleicher Temperatur und gleichem Druck aufweisen.

Der Zusammenhang zwischen dem temperaturabhängigen Sättigungsdampfdruck $p_{SD}$, bei dem die Isotherme fast horizontal verläuft, und der molaren Verdampfungsenthalpie $\Delta H_{mol,V}$ am Übergang zwischen flüssiger und gasförmiger Phase wird durch die *Clausius-Clapeyron-Gleichung* beschrieben. Aufgestellt wurde diese Gleichung im Jahre 1834 von É. Clapeyron (1799–1864) und einige Jahre später von R. Clausius (1822–1888) mittels der theoretischen Thermodynamik abgeleitet. Die Clausius-Clapeyron-Gleichung lautet:

$$\frac{\mathrm{d}p_{SD}}{\mathrm{d}T} = \frac{H_{mol,V}}{T\left(V_{mol,g} - V_{mol,fl}\right)} \tag{5.124}$$

$V_{mol,g}$ ist das molare Volumen der gasförmigen Phase und $V_{mol,fl}$ das molare Volumen der flüssigen Phase. Beide Volumenwerte sowie die molare Verdampfungsenthalpie $H_{mol,V}$ sind im Allgemeinen temperaturabhängig. Aus der Clausius-Clapeyron-Gleichung (5.124) lässt sich ein Ausdruck für den Sättigungsdampfdruck $p_{SD}$ mittels der folgenden drei Vereinfachungen ermitteln:

1. Da die Dichte von Flüssigkeiten unter moderaten Bedingungen etwa tausendmal größer als die Dichte von Gasen ist, kann das molare Volumen der flüssigen Phase $V_{mol,fl}$ im Vergleich zum molaren Volumen der gasförmigen Phase $V_{mol,g}$ vernachlässigt werden, es gilt also: $V_{mol,g} \gg V_{mol,fl}$.
2. Die Temperaturabhängigkeit der molaren Verdampfungsenthalpie $H_{mol,V}$ kann in einem kleinen Temperaturbereich vernachlässigt werden und
3. für die gasförmige Phase wird die Zustandsgleichung des idealen Gases angesetzt: $V_{mol,g} = RT/p$.

Mit diesen drei Vereinfachungen kann die Clausius-Clapeyron-Gleichung (5.124) über einen kleinen Temperaturbereich ($T_0$ bis $T$) integriert werden und es ergibt sich für den Sättigungsdampfdruck $p_{SD}$ bei der Temperatur $T$ folgende Relation:

$$\ln\left(p_{SD}/p_0\right) = \frac{H_{mol,V}}{R}\left(\frac{1}{T_0} - \frac{1}{T}\right) \quad \Rightarrow \quad p_{SD}(T) = p_0 \exp\left[\frac{H_{mol,V}}{R}\left(\frac{1}{T_0} - \frac{1}{T}\right)\right] \tag{5.125}$$

Mittels entsprechender mathematischer Umformung kann aus der Beziehung (Gl. (5.125)) mit dem gemessenen Sättigungsdampfdruck auch die molare Verdampfungsenthalpie berechnet werden. Gemäß Gl. (5.125) ist die Änderung des Sättigungsdampfdrucks $p_{SD}$ bei gegebener Temperaturänderung $T_0 \rightarrow T$ umso größer, je größer der Wert der molaren Verdampfungsenthalpie $H_{mol,V}$ ist. Beispielsweise zeigt der Sättigungsdampfdruck von Wasser ($H_{mol,V}$ = 44 kJ/mol bei 300 K) eine größere Temperaturabhängigkeit als der Sättigungsdampfdruck von Azeton ($H_{mol,V}$ = 31 kJ/mol bei 300 K). Für die molare Verdampfungsenthalpie von Wasser gilt im Temperaturbereich von 273 K bis 473 K (0 °C bis 200 °C) folgende empirisch ermittelte Formel:

$$H_{mol,V}(H_2O) = \left(50{,}09 - 0{,}929\,8\,\frac{T}{1\,000} - 65{,}19\left(\frac{T}{1\,000}\right)^2\right) \quad \text{in}\ \frac{\text{kJ}}{\text{mol}} \tag{5.126}$$

Die Van-der-Waals-Zustandsgleichung beschreibt sowohl den gasförmigen als auch den flüssigen Phasenzustand qualitativ richtig, hat jedoch für quantitative Anwendungen oft zu große Abweichungen. Ursache dafür ist, dass die beiden Van-der-Waals-Parameter Kohäsionsdruck und Kovolumen eines realen Gases im Allgemeinen davon abhängig sind, in welchem Temperatur- und Druckbereich sie ermittelt wurden. Eine Verbesserung der quantitativen Beschreibung des Verhaltens realer Gase ist unter anderem mit der *Soave-Redlich-Kwong-Zustandsgleichung* (aufgestellt im Jahre 1972 von G. Soave, *1938, O. Redlich, 1896–1978, und J. N. S. Kwong, 1916–1998) und der *Peng-Robinson-Zustandsgleichung* (aufgestellt im Jahre 1976 von D.-Y. Peng, *1943, und D. P. Robinson) möglich. Die Soave-Redlich-Kwong-Zustandsgleichung lautet:

$$p = \frac{RT}{V_{mol} - b_{SRK}} - \frac{a_{SRK}\,\gamma_{SRK}}{V_{mol}^2 + V_{mol}\,b_{SRK}} \tag{5.127}$$

und die Peng-Robinson-Zustandsgleichung lautet:

$$p = \frac{RT}{V_{mol} - b_{PR}} - \frac{a_{PR}\,\gamma_{PR}}{V_{mol}^2 + 2V_{mol}\,b_{PR} - b_{PR}^2} \tag{5.128}$$

Für den Kohäsionsdruck $a_{SRK}$ bzw. $a_{PR}$ und das Kovolumen $b_{SRK}$ bzw. $b_{PR}$ gilt:

$$a_{SRK} = \frac{0{,}427\,48\,(RT_{krit})^2}{p_{krit}} \tag{5.129a}$$

und

$$b_{SRK} = \frac{0{,}086\,64\,RT_{krit}}{p_{krit}} \tag{5.129b}$$

$$a_{PR} = \frac{0{,}457\,235\,(RT_{krit})^2}{p_{krit}} \tag{5.129c}$$

und

$$b_{PR} = \frac{0{,}077\,796\,RT_{krit}}{p_{krit}} \tag{5.129d}$$

Der wesentliche Unterschied zur Van-der-Waals-Zustandsgleichung (Gl. (5.119a) und Gl. (5.119b)) ist der zusätzliche temperaturabhängige (einheitenlose) *Korrespondenzparameter* $\gamma_{SRK}$ bzw. $\gamma_{PR}$, mit dem insbesondere die Temperaturabhängigkeit des Kohäsionsdruck berücksichtigt wird. Für die Korrespondenzparameter $\gamma_{SRK}$ und $\gamma_{PR}$ gilt:

$$\gamma_{SRK} = \left[1 + \left(0{,}485\,08 + 1{,}551\,71\,\omega - 0{,}156\,13\,\omega^2\right)\left(1 - \sqrt{\frac{T}{T_{krit}}}\right)\right] \tag{5.130a}$$

$$\gamma_{PR} = \left[1 + \left(0{,}374\,64 + 1{,}542\,26\,\omega - 0{,}269\,92\,\omega^2\right)\left(1 - \sqrt{\frac{T}{T_{krit}}}\right)\right]^2 \tag{5.130b}$$

Der *azentrische Faktor* $\omega$ (auch Azentrizitätsfaktor genannt) in Gl. (5.130a) und Gl. (5.130b) ist eine einheitenlose Stoffgröße und beschreibt die Abweichung der Atome bzw. Moleküle von realen Gasen von der idealen Kugelform ($\omega = 0$). Bei den Edelgasen Argon und Xenon sowie bei Methan ($CH_4$) gilt für den azentrischen Faktor aufgrund der geringen Abweichung von der idealen Kugelform: $\omega = 0{,}000\,1$ (Ar), 0,008 (Xe) und 0,11 ($CH_4$). Hingegen weichen beispielsweise das Methanol-Molekül ($CH_4O$) und das Ethanol-Molekül ($C_2H_6O$) erheblich von der Kugelform ab und der azentrische Faktor $\omega$ hat einen Wert von 0,556 ($CH_4O$) bzw. 0,644 ($C_2H_6O$). Der azentrische Faktor $\omega$ des nicht-kugelförmigen Wasser-Moleküls mit seiner gewinkelten Molekülstruktur hat einen Wert von 0,344.

Mit der Soave-Redlich-Kwong- und der Peng-Robinson-Zustandsgleichung können das Zweiphasengebiet und die Dampfdruckkurve realer Gase sowie die Phasengleichgewichte von Stoffgemischen quantitativ gut beschrieben werden. Größere Abweichungen ergeben sich bei der quantitativen Beschreibung von Dampfdrücken und Flüssigkeitsdichten asymmetrischer Systeme und bei Systemen mit überkritischen Komponenten.

### 5.6.2 Verflüssigung von realen Gasen

Zur Verflüssigung von realen Gasen wird häufig das von W. Hampson (1854–1926) erfundene und von C. P. G. von Linde (1842–1934) im Jahre 1895 weiterentwickelte und nach ihm benannte *Linde-Verfahren* angewendet. Es beruht auf dem *Joule-Thomson-Effekt* (J. P. Joule, 1818–1889, und W. Thomson, 1. Baron Kelvin, 1824–1907), mit dem die Temperaturänderung eines realen Gases bei einer isenthalpischen Druckminderung bezeichnet wird. Die Richtung und Ausprägung des Joule-Thompson-Effektes wird durch die Stärke der anziehenden und abstoßenden intermolekularen Kräfte zwischen den Gasteilchen bestimmt. Unter Normalbedingungen gilt für die meisten realen Gase und Gasgemische, dass die Temperatur bei der gedrosselten Entspannung sinkt. Dagegen wird die Temperatur größer bei der gedrosselten Entspannung von molekularem Wasserstoff sowie den Edelgasen Helium und Neon. Der Betrag und das Vorzeichen der Temperaturänderung ist durch den *Joule-Thomson-Koeffizienten* $\mu_{JT}$ bestimmt, der sich aus der partiellen Ableitung der Temperatur $T$ nach dem Druck $p$ bei konstanter Enthalpie $H$ ergibt ($C_p$ ist die Wärmekapazität bei konstantem Volumen):

$$\mu_{JT} = \left(\frac{\partial T}{\partial p}\right)_{H=\text{konstant}} = \frac{1}{C_p}\left(\frac{2a}{RT} - b - \frac{3abp}{R^2T^2}\right) \tag{5.131}$$

Dabei wurde ausgehend von der Van-der-Waals-Zustandsgleichung Gl. (5.119a) und Gl. (5.119b) für eine Stoffmenge von $n = 1$ mol folgende Näherung für das Volumen verwendet:

$$V \approx \frac{RT}{p} + b - \frac{a}{RT} + \frac{abp}{R^2T^2} \tag{5.132}$$

Ein positiver Wert des Joule-Thomson-Koeffizienten ($\mu_{JT} > 0$) bedeutet, dass die Temperatur bei Druckminderung sinkt, ein negativer Wert ($\mu_{JT} < 0$) bedeutet, dass die Temperatur bei Druckminderung steigt. Der Joule-Thomson-Effekt führt nur unterhalb der sogenannten *Inversions-*

*temperatur* $T_{inv}$ zur Temperaturverringerung bei Druckminderung. Die Inversionstemperatur ergibt sich, indem die Gl. (5.131) für den Joule-Thomson-Koeffizienten $\mu_{JT}$ null gesetzt wird:

$$T_{inv}^2 - \frac{2a}{Rb} T_{inv} + \frac{3ap}{R^2} = 0 \tag{5.133}$$

Physikalisch sinnvolle Werte mit einem Druck $p > 0$ ergeben sich für Inversionstemperaturen $T_{inv} < 2a/(Rb)$. Wird der Druck für eine größere Abkühlung erhöht wird die Inversionstemperatur kleiner und hat einen Wert von:

$$T_{inv} = \frac{a}{Rb} = \frac{27}{8} T_{krit} = 3{,}375\, T_{krit} \tag{5.134}$$

Der für den Joule-Thomson-Effekt maximal mögliche Druck hat einen Wert von $p_{JT,max} = a/(3b^2)$. Mit der Gl. (5.134) und den in der Tabelle 5.9 gegebenen Werten der Parameter $a$ und $b$ ergibt sich für die Inversionstemperatur von molekularem Stickstoff ein Wert 433 K, von molekularem Sauerstoff ein Wert von 521 K, von molekularem Wasserstoff ein Wert von 112 K, von Helium ein Wert von 18 K und für die Inversionstemperatur von Neon ein Wert von 150 K, sodass die drei letztgenannten Gase vorgekühlt werden müssen, wenn sie mit dem Linde-Verfahren verflüssigt werden sollen.

Bild 5.50 zeigt die Prinzipskizze zur Verflüssigung von Luft, mit einer Abkühlung von 0,271 K für eine Druckänderung von 100 kPa. In dem in Bild 5.50 schematisch dargestellten Aufbau wird Luft komprimiert und strömt durch das Drosselventil, wobei sie sich abkühlt. Diese abgekühlte Luft wird rückwärts geleitet und umspült im Gegenstrom die einströmende Luft, wodurch diese vorgekühlt wird. Die Temperatur sinkt bei mehrmaligem Kreislauf so lange, bis nach Unterschreiten der kritischen Temperatur die Luft kondensiert. Die flüssige Luft wird in doppelwandigen Gefäßen aufbewahrt, in denen sie sich im Gleichgewicht mit der gasförmigen Phase bei einer Temperatur von –190 °C befindet. Da flüssiger Sauerstoff

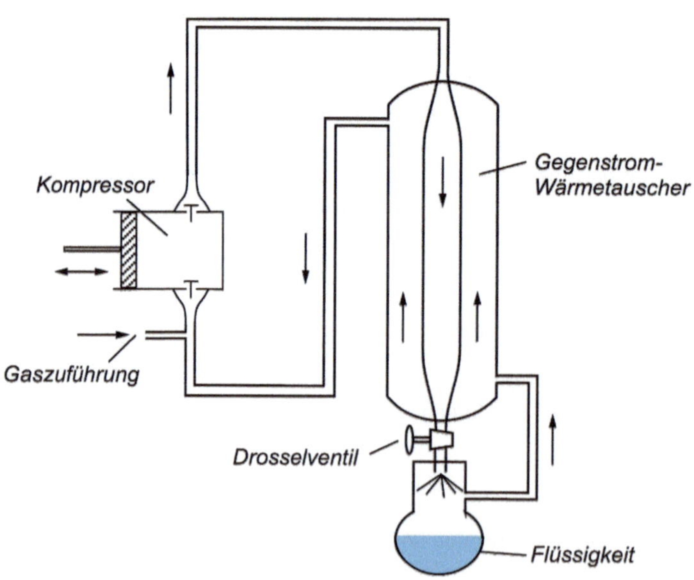


**Bild 5.50** Prinzipskizze der Luftverflüssigung mit dem Linde-Verfahren

im Vergleich zum flüssigen Stickstoff bei einer um ca. 13 K höheren Temperatur siedet und wieder verdampft, ist es mit sogenannten Rektifizierkolonnen möglich, beide Gase zu trennen und so reinen flüssigen Sauerstoff und reinen flüssigen Stickstoff zu extrahieren.

### 5.6.3 Phasenübergänge reiner Stoffe

Bei den bisherigen Betrachtungen wurde zugrunde gelegt, dass die einem Körper zugeführte Wärmemenge zwangsläufig zu einer Temperaturerhöhung führen müsse. Dies muss jedoch nicht immer eintreten, denn es gibt Fälle, in denen die zugeführte Wärme ganz andere Wirkungen hervorruft. Am auffälligsten zeigt sich dies, wenn ein Körper seinen *Aggregatzustand* ändert. Man unterscheidet aus der Erfahrung heraus im Rahmen der Thermodynamik drei Aggregatzustände (auch als Phasen bezeichnet): fest, flüssig und gasförmig. Die chemischen Elemente und viele Verbindungen können je nach Temperatur in allen drei Zustandsformen existieren. Verbindungen wie beispielsweise Holz und andere organische Stoffe zersetzen sich chemisch bei höheren Temperaturen in ihre Bestandteile. Solche zusammengesetzten Stoffe werden in den folgenden Abschnitten nicht betrachtet.

#### Schmelzen und Erstarren

Die Ursache der Änderung des Aggregatzustandes eines Körpers ist die Wärmebewegung der Teilchen, aus denen der Körper aufgebaut ist. Im Kristallaufbau der Festkörper sind die kleinsten Teilchen (Atome bzw. Ionen) in streng geometrischer Ordnung aneinandergebunden und bilden ein räumliches Gitter, das Kristallgitter (Abschnitt 9.1.2). Bei Wärmezufuhr wird die Molekularbewegung größer, sodass bei Überschreiten der Schmelztemperatur das Gitter zerfällt und der Körper vom festen in den flüssigen Aggregatzustand übergeht. Um das feste Gefüge eines Festkörpers zum Zerfall zu bringen wird die gesamte, während des Schmelzens, zugeführte Wärme benötigt. Die Temperatur bleibt während des Schmelzvorgangs konstant. Darauf beruht die Stabilität des Schmelzpunktes bzw. der Schmelztemperatur. Erst wenn die Umwandlung beendet ist und die Wärmezufuhr weiter anhält, kann die Temperatur der dann vorliegenden Flüssigkeit weiter ansteigen (Bild 5.51).

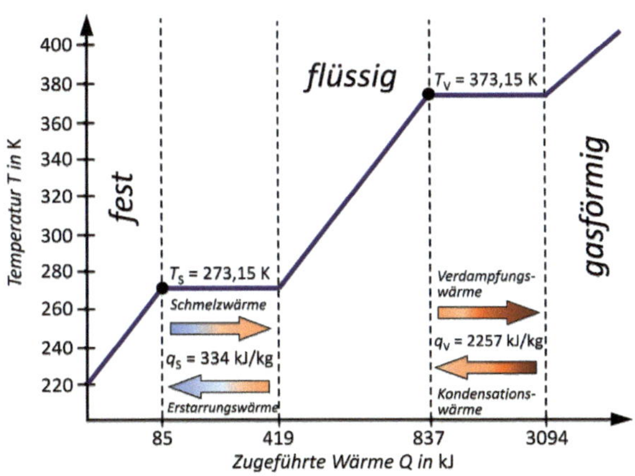


**Bild 5.51**
Wärmezufuhr und Temperaturerhöhung bei reinem Wasser

Die zum Schmelzen zugeführte Wärme ist in der Flüssigkeit enthalten und wird *latente Wärme* genannt. Diese Wärme wird beim Erstarren der Flüssigkeit wieder an die Umgebung abgegeben. Wird die Flüssigkeit abgekühlt, so sinkt die Temperatur zunächst bis zum *Erstarrungspunkt*, der mit dem Schmelzpunkt zusammenfällt, ab. Dann bleibt die Temperatur der Flüssigkeit unter weiterer Wärmeabgabe konstant, bis die Erstarrung beendet ist. Gemäß dem Energieerhaltungssatz sind die beim Schmelzen und beim Erstarren umgesetzten Umwandlungswärmemengen gleich groß und es gilt: **Erstarrungswärme = Schmelzwärme**. Die *spezifische Schmelzwärme* bzw. *spezifische Erstarrungswärme* $q_S$ ergibt sich als Quotient aus der Schmelz- bzw. Erstarrungswärme $Q_S$ und der Masse $m$ des betreffenden Körpers:

$$q_S = \frac{Q_S}{m} \tag{5.135}$$

In Tabelle 5.10 sind die Werte der Schmelztemperatur und der spezifischen Schmelzwärme für einige reine Stoffe bei Normalluftdruck $p_0 = 101{,}325$ kPa angegeben.

**Tabelle 5.10** Schmelztemperatur $\vartheta_S$, spezifische Schmelzwärme $q_S$, Siedetemperatur (Verdampfungstemperatur) $\vartheta_V$ und spezifische Verdampfungswärme $q_V$ für einige reine Stoffe bei Normalluftdruck $p_0 = 101{,}325$ kPa

| Stoff | Schmelztemperatur $\vartheta_S$ in °C | spezifische Schmelzwärme $q_S$ in kJ/kg | Siedetemperatur $\vartheta_V$ in °C | spezifische Verdampfungswärme $q_V$ in kJ/kg |
|---|---|---|---|---|
| Aluminium | 660 | 396 | 2447 | 10890 |
| Azeton | −95 | 82 | 56 | 525 |
| Blei | 327 | 24,8 | 1751 | 866 |
| Eisen | 1540 | 275 | 2750 | 6340 |
| Ethanol | −144 | 105 | 78 | 842 |
| Gold | 1064 | 63 | 2707 | 1650 |
| Kupfer | 1083 | 205 | 2595 | 4790 |
| Methanol | −98 | 69 | 65 | 1104 |
| Nickel | 1455 | 301 | 2800 | 6480 |
| Platin | 1768 | 100 | 3825 | 4300 |
| Quecksilber | −39 | 12 | 357 | 285 |
| Sauerstoff | −218 | 14 | −183 | 213 |
| Silber | 961 | 104 | 2180 | 2350 |
| Stickstoff | −210 | 26 | −196 | 199 |
| Wasser | 0 | 334 | 100 | 2256 |
| Wasserstoff | −259 | 59 | −253 | 450 |
| Wolfram | 3410 | 193 | 5500 | 4190 |
| Zinn | 232 | 59 | 2270 | 2386 |

Das Schmelzen und das Erstarren finden bei derselben Temperatur statt. Reine Stoffe haben Schmelztemperaturen, die experimentell sehr genau bestimmt werden können und unabhängig von schwankender Wärmezufuhr oder -abgabe während des Umwandlungsprozesses und damit konstant sind. Sobald eine Flüssigkeit nicht rein ist, sondern gelöste Stoffe enthält, ändert sich die Schmelztemperatur $T_S$ der Flüssigkeit und für ihre *Gefrierpunktserniedrigung* gilt:

$$\Delta T_S = \frac{R T_S^2}{h_S} \cdot \frac{n_{Stoff}}{m} = K b \tag{5.136}$$

Dabei ist $n_{Stoff}$ die Stoffmenge des gelösten Stoffes, $m$ die Masse der reinen Flüssigkeit, $R$ ist die universelle Gaskonstante, $h_S$ ist die spezifische Schmelzenthalpie der reinen Flüssigkeit, $b = n_{Stoff}/m$ ist die sogenannte *Molalität* des in der Flüssigkeit gelösten Stoffes und $K$ ist die *kryoskopische Konstante* der Flüssigkeit. Für Wasser gilt $K = -1{,}86$ K · kg/mol, für Ethanol gilt $K \approx -2$ K · kg/mol, für Kampfer gilt $K = -39{,}7$ K · kg/mol und für Tetrachlormethan (auch Tetrachlorkohlenstoff bzw. Kohlenstofftetrachlorid genannt) gilt $K = -30$ K · kg/mol.

Gl. (5.136) gilt jedoch nur für stark verdünnte Lösungen (mit Konzentrationen < 0,1 mol pro Liter). Bei Stoffen, die in der Lösung in Ionen zerfallen (wie z. B. Säuren, Basen und Salze), kann die Gefrierpunktserniedrigung auch einen wesentlich größeren Betrag aufweisen. Dies trifft z. B. für Meerwasser zu, das bei einer Temperatur von ca. −2,5 °C gefriert, während eine gesättigte Kochsalzlösung erst bei −21 °C erstarrt. Mitunter kann das Erstarren bei der erwarteten Temperatur verhindert werden, wenn die Flüssigkeit beispielsweise vor Erschütterungen und vor Staub geschützt wird. Dies wird als *Erstarrungsverzug* bezeichnet, wodurch sich flüssiges Wasser bis auf eine Temperatur von −10 °C bei Normalluftdruck abkühlen lässt.

Gläser haben keinen genauen Schmelzpunkt, sondern werden langsam weich. Sie sind strenggenommen keine festen Körper, da ihnen die Kristallstruktur fehlt. Sie stellen unterkühlte Schmelzen (erstarrte Flüssigkeit) dar.

Von vielfacher technischer Bedeutung ist der beim Wechsel des Aggregatzustandes auftretende *Dichtesprung*. Während das Wasser beim Gefrieren sein Volumen um 10 % vergrößert, ziehen sich die meisten anderen Stoffe beim Erstarren zusammen. Daher muss beispielsweise beim Metallgießen die Form um das sogenannte Schwindmaß größer sein. Es beträgt, auf die Länge bezogen, bei Grauguss 1/96, bei Messing 1/65 und bei Blei 1/92.

Die Massendichte eines Körpers kann aber auch dadurch verändert werden, dass man ihn einem größeren oder kleineren Druck aussetzt. Daher hängt auch die Schmelztemperatur vom Druck ab. Da beispielsweise Wasser sein Volumen beim Gefrieren vergrößert, kann das Gefrieren verhindert werden, wenn die Volumenausdehnung unterbunden wird. Die Schmelztemperatur des Wassers sinkt bei Druckerhöhung. Daher schmilzt Eis, wenn es starkem Druck ausgesetzt wird. In umgekehrter Weise verhalten sich Körper, die ihr Volumen beim Erstarren verringern. Hier bewirkt Erhöhung des äußeren Druckes eine Erhöhung der Schmelztemperatur.

### Verdampfen und Kondensieren

Das Verdampfen ist der Übergang eines reinen Stoffes oder eines Stoffgemisches vom flüssigen in den gasförmigen Aggregatzustand, während die Kondensation die umgekehrte Aggregatzustandsänderung beschreibt. Im Gegensatz zu den Aggregatzustandsänderungen Schmelzen und Erstarren ist der von außen einwirkende Druck entscheidend sowohl für die Verdampfung als auch für die Kondensation. Bei der Verdampfung ist zu unterscheiden zwischen dem:

- **Sieden** („schnelle" Verdampfung): Eine Flüssigkeit siedet, wenn der temperaturabhängige sogenannte Sättigungsdampfdruck der flüssigen Phase größer ist als der Druck der gasförmigen Phase. Sofern der Druck der gasförmigen Phase konstant ist, bleibt beim Sieden einer reinen Flüssigkeit die *Siedetemperatur* (auch als *Verdampfungstemperatur* bezeichnet) während des Siedens konstant, bis die Flüssigkeit vollständig verdampft ist.

Bei einem Stoffgemisch mit einer unterschiedlichen Zusammensetzung der flüssigen und der gasförmigen Phase reichert sich die Stoffkomponente mit der höheren Siedetemperatur in der flüssigen Phase an. Daher steigt die Siedetemperatur des Stoffgemisches mit fortschreitender Verdampfung an.

- **Verdunstung** („langsame" Verdampfung): Bei einer Verdunstung geht ein reiner Stoff oder ein Stoffgemisch vom flüssigen in den gasförmigen Aggregatzustand über, ohne dabei zu Sieden bzw. die Siedetemperatur zu erreichen. Dieser Prozess läuft ab, wenn die gasförmige Phase über der flüssigen Phase noch nicht mit Dampf gesättigt ist. Befindet sich ein reiner Stoff in einem abgeschlossenen Gefäß, der in Abhängigkeit von Temperatur gasförmig oder flüssig vorliegt, bildet sich ein Gleichgewicht zwischen der flüssigen Phase und dem Dampf in dem dampfgesättigten Bereich über der flüssigen Phase. Der Druck, der in dem Gefäß vorliegt, ist der Dampfdruck der reinen Flüssigkeit. Dementsprechend ist die Verdunstung das Sättigen des umgebenden Raums mit dem verdunsteten Gas der Flüssigkeit, bis ein Dampf-Flüssigkeit-Gleichgewicht (abhängig von den Dampfdrücken aller beteiligten Stoffe) erreicht wird. Die Verdunstungsrate eines Stoffes ergibt sich aus dem Quotienten seiner empirisch bestimmten *Verdunstungszahl VDZ* im Verhältnis zur Verdunstungszahl von Diethylether als Referenzstoff mit dem Referenzwert 1. Eine große Verdunstungszahl bedeutet ein relativ langsames Verdunsten und eine kleine Verdunstungszahl bedeutet ein schnelles Verdunsten. In Tabelle 5.11 sind die Verdunstungszahlen bei einer Temperatur von 20 °C für einige Stoffe angegeben.

Wird einer Flüssigkeit fortlaufend Wärme zugeführt, so steigt die Temperatur zunächst bis zum Siedepunkt an. Wenn dieser erreicht ist, bleibt die Siedetemperatur konstant, und die gesamte während des Siedens zugeführte Wärme wird bei der Aggregatzustandsänderung von der flüssigen in die gasförmige Phase umgesetzt. Beim Verdunsten wird die gleiche Wärmemenge wie beim Sieden benötigt. In diesem Falle wird sie aber der Umgebung bzw. der Flüssigkeit selbst entzogen, die sich dabei abkühlt. Die beim Verdampfen aufgewandte Wärme ist in latenter Form in der gasförmigen Phase enthalten und wird in dem Augenblick abgegeben, wenn die gasförmige Phase wieder zu einer Flüssigkeit kondensiert. In Analogie zum Schmelzen und Erstarren sind gemäß dem Energieerhaltungssatz die beim Verdampfen und Kondensieren umgesetzten Umwandlungswärmemengen gleich groß und es gilt: **Verdampfungswärme = Kondensationswärme**. Die *spezifische Verdampfungswärme* bzw. *spezifische Kondensationswärme* $q_V$ ergibt sich als Quotient aus der Verdampfungs- bzw. Kondensationswärme $Q_V$ und der Masse $m$ des betreffenden Körpers:

$$q_V = \frac{Q_V}{m} \qquad (5.137)$$

In Tabelle 5.10 sind die Werte der Siedetemperatur (Verdampfungstemperatur) und der spezifischen Verdampfungswärme für einige reine Stoffe bei Normalluftdruck $p_0 = 101{,}325$ kPa angegeben.

Obwohl die Siedetemperatur als Übergang zwischen dem flüssigen und dem gasförmigen Aggregatzustand physikalisch genau definiert ist, tritt häufig der sogenannte *Siedeverzug* ein. So kann beispielsweise Wasser bei Normalluftdruck auf ca. 110 °C erhitzt werden. Dieser Zustand ist jedoch metastabil und aus Aspekten der Sicherheit sehr kritisch, da sich schon bei einer geringen Erschütterung innerhalb kürzester Zeit eine große Gasblase ausbilden kann, die dann explosionsartig aus dem Gefäß entweicht und dabei oft siedendes Wasser austreten lässt. Glatte, ebene Gefäßwände, eine geringe Durchmischung und ein hoher Reinheitsgrad der Flüssigkeit und damit das Fehlen von Nukleationskeimen begünstigen den Siedeverzug. Dementsprechend kann der Siedeverzug durch das Einleiten von Luftbläschen in die Flüssigkeit oder das Einbringen von kleinen Fremdkörpern (sogenannten Siedesteinchen) vermieden werden.

Nicht nur Flüssigkeiten, sondern auch feste Körper können unmittelbar in den gasförmigen Zustand übergehen. Dieser Vorgang heißt *Sublimation* und der entsprechende Druck wird *Sublimationsdruck* genannt. Dieser Vorgang wird beispielsweise bei dem technisch wichtigen Verfahren der Gefriertrocknung zur Herstellung hitzeempfindlicher chemischer und medizinischer Präparate genutzt. Hier wird das Wasser bei Temperaturen zwischen –60 °C und 0 °C aus der Eisphase sublimiert.

Auf dem umgekehrten Weg gehen auch Gase unter Überspringen des flüssigen Zustandes sofort in den festen Zustand über. Auf diese Weise bilden sich die Schneekristalle. Auch Iod- und Schwefeldampf sublimieren unter Bildung winziger Kristalle.

Die Siedetemperatur einer Flüssigkeit mit einem darin gelösten Stoff ist stets höher als die Siedetemperatur $T_V$ der reinen Flüssigkeit. Dies wird als *Siedepunktserhöhung* (Verdampfungspunkerhöhung) bezeichnet und es gilt in Analogie zur Gefrierpunktserniedrigung (Gl. (5.136)) folgende Beziehung:

$$\Delta T_V = \frac{R T_V^2}{h_V} \cdot \frac{n_{Stoff}}{m} = E b \qquad (5.138)$$

Dabei ist $n_{Stoff}$ die Stoffmenge des gelösten Stoffes, $m$ die Masse der reinen Flüssigkeit, $R$ ist die universelle Gaskonstante, $h_V$ ist die spezifische Verdampfungsenthalpie der reinen Flüssigkeit, $b = n_{Stoff}/m$ ist die Molalität des in der Flüssigkeit gelösten Stoffes und $E$ ist die *ebullioskopische Konstante* der Flüssigkeit. Für Wasser gilt beispielsweise: $E = 0{,}513\ \text{K} \cdot \text{kg/mol}$, für Ethanol gilt $E = 1{,}23\ \text{K} \cdot \text{kg/mol}$, für Essigsäure gilt $E = 3{,}22\ \text{K} \cdot \text{kg/mol}$ und für Tetrachlormethan (auch Tetrachlorkohlenstoff, Kohlenstofftetrachlorid genannt) gilt $E = 5{,}26\ \text{K} \cdot \text{kg/mol}$.

### Dampf- und Gaszustand

Die oft und insbesondere auch umgangssprachlich synonym verwendeten Begriffe „Dampf" und „Gas" sind bei genauer Beschreibung jedoch zu unterscheiden. Dazu soll beispielhaft die in Bild 5.52 dargestellte Anordnung betrachtet werden. In einer mit Luft gefüllten Flasche mit einem zur Druckmessung angeschlossenem Quecksilbermanometer liegt ein verschlossenes Gläschen mit Wasser, Ethanol oder einer anderen Flüssigkeit. Bei Zerstörung des Gläschens steigt augenblicklich der Innendruck an. Nachdem ein bestimmter Anteil der Flüssigkeit verdampft ist, bleibt der Druck konstant und es stellt sich ein Gleichgewicht zwischen der Flüssigkeit und ihrem Dampf ein. Dieses Gleichgewicht ist dadurch gekennzeichnet, dass hierbei die flüssige und die gasförmige Phase des Stoffes beliebig lange nebeneinander koexistieren können. In diesem Fall des Gleichgewichtes spricht man vom *gesättigtem Dampf*.

**Merke**

Im Gleichgewicht ist der Rauminhalt oberhalb einer Flüssigkeit mit Dampf gesättigt. Er übt einen Druck aus, der als Sättigungsdampfdruck (auch als Sättigungsdruck oder Dampfdruck bezeichnet) bezeichnet wird. Der Sättigungsdampfdruck hängt nur von der Temperatur und der chemischen Beschaffenheit der Flüssigkeit ab, ist aber unabhängig vom Volumen.

**Bild 5.52**
Zur Veranschaulichung des Dampfdrucks

Der gasförmige Zustand kann dagegen nur dann vorliegen, wenn die dazugehörige flüssige Phase als Gleichgewichtspartner fehlt. In der Technik wird dieser Zustand auch als *überhitzter Dampf* oder *ungesättigter Dampf* bezeichnet.

Um den Dampfdruck unabhängig von der Anwesenheit anderer Gase zu messen, kann eine sogenannte *Torricelli'sche Röhre* (E. Torricelli, 1608–1647, auch Namensgeber für die veraltete Druckeinheit Torr: 1 Torr = 1 mm Quecksilbersäule) verwendet werden, in die von unten her eine kleine Probe der Flüssigkeit eingefüllt wird (Bild 5.53). Das über der Quecksilbersäule befindliche Vakuum füllt sich sofort mit dem betreffenden Dampf, der mit der kleinen Restmenge an Flüssigkeit im Gleichgewicht steht. Die Differenz zwischen dem ursprünglichen und dem neuen Stand der Quecksilbersäule entspricht dem Dampfdruck der Flüssigkeit. Da auch das Quecksilber bei Zimmertemperatur einen endlichen Dampfdruck hat, ist das Vakuum nicht vollkommen. Jedoch kann der sehr kleine Dampfdruck des Quecksilbers (0,163 Pa bei 293 K) hierbei vernachlässigt werden.

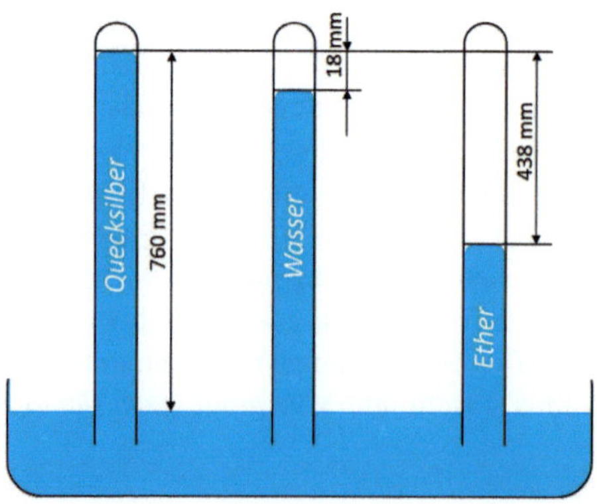


**Bild 5.53**
Messung des Dampfdruckes mit einer Torricelli'schen Röhre

Im Gegensatz zur Dampfdruckmessung mit der Torricelli'schen Röhre setzt sich der in Bild 5.53 dargestellten Anordnung erhaltene Druck aus dem anfangs vorhandenen atmosphärischen Luftdruck und dem von der Flüssigkeit hervorgerufenen Dampfdruck zusammen. Diese beiden *Partialdrücke* ergeben den Gesamtdruck und es gilt das *Dalton'sche Gesetz* (Gesetz der Partialdrücke), das von J. Dalton (1766–1844) im Jahre 1805 erstmals formuliert wurde:

> **Merke**
>
> **Dalton'sches Gesetz:** Jedes Gas erfüllt den ihm dargebotenen Raum so, als ob es allein vorhanden wäre. Der Gesamtdruck eines Gasgemisches ergibt sich als Summe der einzelnen Partialdrücke.

Das Dalton'sche Gesetz gilt jedoch nur für das ideale Gas exakt, sodass bei realen Gasen Abweichungen auftreten. Der Sättigungsdampfdruck ist jedoch stets unabhängig vom Volumen. Dementsprechend ist die Zustandsgleichung des idealen Gases aber auch die Van-der-Waals-Zustandsgleichung für reale Gase, in denen das Volumen eine bestimmende Größe ist, für Dämpfe ungültig. Der Sättigungsdampfdruck hängt vielmehr allein von der Temperatur ab und es gilt:

> **Merke**
>
> Der Sättigungsdampfdruck einer Flüssigkeit steigt mit zunehmender Temperatur, da sich die Oberflächenspannung der Flüssigkeit bei Temperaturerhöhung verringert.

Die jeweils zusammengehörigen Werte von Sättigungsdampfdruck und Temperatur sind in sogenannten *Dampftabellen* verzeichnet. Beispielhaft sind in der Tabelle 5.12 Werte der Dampftabelle für Wasser angegeben. Einen grafischen Überblick über den Zusammenhang zwischen Sättigungsdampfdruck und Temperatur gibt die *Dampfdruckkurve* (Sättigungsdampfdruckkurve). In Bild 5.54 sind beispielhaft die Dampfdruckkurven von Äther, Ethanol und Wasser im Temperaturbereich von 0 °C bis 100 °C dargestellt. Für diese drei Flüssigkeiten sind die Sättigungsdampfdrücke bei unterschiedlichen Temperaturen gleich dem Normalluftdruck bei 101,325 kPa: Äther (35 °C), Ethanol (78 °C) und Wasser (100 °C). Es gilt allgemein:

> **Merke**
>
> Am Siedepunkt ist der Sättigungsdampfdruck gleich dem auf der Flüssigkeit wirkenden Druck.

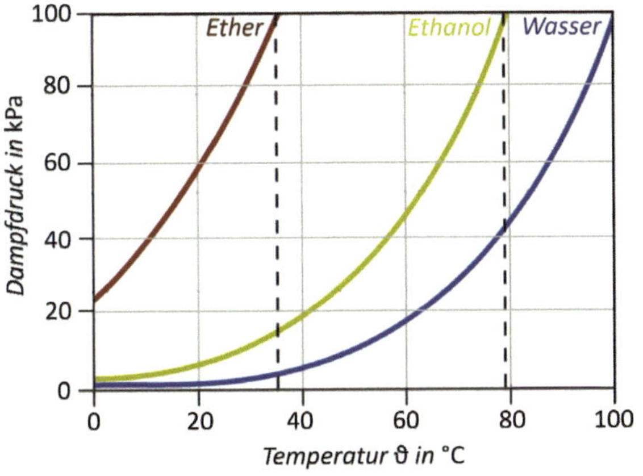


**Bild 5.54**
Dampfdruckkurven von Ether, Ethanol und Wasser

In Tabelle 5.11 sind Werte für den Sättigungsdampfdruck $p_{SD}$, die Verdunstungszahl *VDZ* (Referenzstoff: Diethylether mit *VDZ* = 1) bei einer Temperatur von 20 °C sowie Werte für die Siedetemperatur $\vartheta_V$ bei 1013,25 hPa für einige Stoffe angegeben. Es gilt folgende, empirisch ermittelte Näherungsformel für die Verdunstungszahl *VDZ* und dem Sättigungsdampfdruck $p_{SD}$ (gegeben in hPa):

$$VDZ = 170 \cdot p_{SD}^{-0,804} \tag{5.139}$$

**Tabelle 5.11** Werte für den Sättigungsdampfdruck $p_{SD}$ in hPa, die Verdunstungszahl *VDZ* (Referenzstoff: Diethylether mit *VDZ* = 1) bei einer Temperatur von 20 °C sowie Werte für die Siedetemperatur $\vartheta_V$ in °C bei 1 013,25 hPa für einige Stoffe

| Stoff | Sättigungsdampfdruck $p_{SD}$ in hPa | Verdunstungszahl *VDZ* | Siedetemperatur $\vartheta_V$ in °C bei 1013,25 hPa |
|---|---|---|---|
| Azeton | 246 | 2,1 | 56 |
| Benzol | 100 | 3 | 80,1 |
| Butanol | 6,7 | 33 | 118 |
| Diethylether | 587 | 1 | 34,6 |
| Ethanol | 59,5 | 8,3 | 78,4 |
| Methanol | 130 | 6,3 | 65 |
| Schwefelkohlenstoff | 400 | 1,8 | 46 |
| Wasser | 23,4 | 80 | 100 |

**Tabelle 5.12** Dampftabelle für Wasser

| Temperatur $\vartheta$ in°C | Druck *p* in MPa | Massendichte $\varrho$ in kg/m³ | Spezifische Verdampfungswärme $q_V$ in kJ/kg |
|---|---|---|---|
| 0 | 0,000 610 7 | 0,004 9 | 2 500,6 |
| 20 | 0,002 337 | 0,017 3 | 2 453,7 |
| 40 | 0,007 375 | 0,051 1 | 2 406,2 |
| 60 | 0,019 92 | 0,130 2 | 2 357,9 |
| 80 | 0,047 36 | 0,292 4 | 2 308,2 |
| 100 | 0,101 33 | 0,597 7 | 2 256,7 |
| 120 | 0,198 5 | 1,121 | 2 202,5 |
| 140 | 0,361 4 | 1,966 | 2 144,8 |
| 160 | 0,618 0 | 3,258 | 2 082,7 |
| 180 | 1,002 7 | 5,157 | 2 014,9 |
| 200 | 1,555 | 7,862 | 1 940,5 |
| 250 | 3,978 | 19,976 | 1 715,1 |
| 300 | 8,592 | 46,21 | 1 404,4 |
| 350 | 16,537 | 113,51 | 893,1 |
| 374,15 | 22,129 | 322,6 | 0 |

Die Dampfdruckkurve ist ein Bestandteil des zweidimensionalen *p-T-Phasendiagramms* (oft auch als *p-T*-Zustandsdiagramm bezeichnet), dass eine Projektion von *Phasengrenzlinien* (auch Koexistenzkurven genannt) aus dem Zustandsraum eines thermodynamischen Systems in ein zweidimensionales kartesisches Koordinatensystem darstellt. Der Zustandsraum eines thermodynamischen Systems umfasst die Menge aller möglichen Zustände, die mit den drei Zustandsgrößen Druck $p$, spezifischem Volumen $v$ (Kehrwert der Massendichte $\varrho$ bzw. Quotient aus Volumen und Masse: $v = V/m = 1/\varrho$) und Temperatur $T$ beschrieben werden. Grafisch dargestellt wird dies in einem *p-v-T*-Diagramm, wie es beispielhaft in Bild 5.55 gezeigt ist. In einem solchen *p-v-T*-Diagramm wird die Zusammensetzung aus den unterschiedlichen Aggregatszuständen (gasförmig, flüssig und fest) eines thermodynamischen Systems in Abhängigkeit von Druck, spezifischem Volumen und Temperatur wiedergeben. Durch die Gleichgewichtskurven der entsprechenden Phasenumwandlungen werden die Existenzbereiche der verschiedenen Aggregatszustände voneinander abgegrenzt. Neben den thermodynamischen Phasengrenzlinien, an denen die Übergänge zwischen den Aggregatszuständen fest, flüssig und gasförmig stattfinden, gibt es Phasengrenzlinien, an denen andere Arten von Phasenübergängen stattfinden. Beispiele sind der Phasenübergang zwischen normalflüssigem und suprafluidem Helium, zwischen der Normal- und der Supraleitung, zwischen Para- und Ferromagnetismus, zwischen Para- und Ferroelektrizität sowie strukturelle Phasenübergänge der Kristallstruktur.

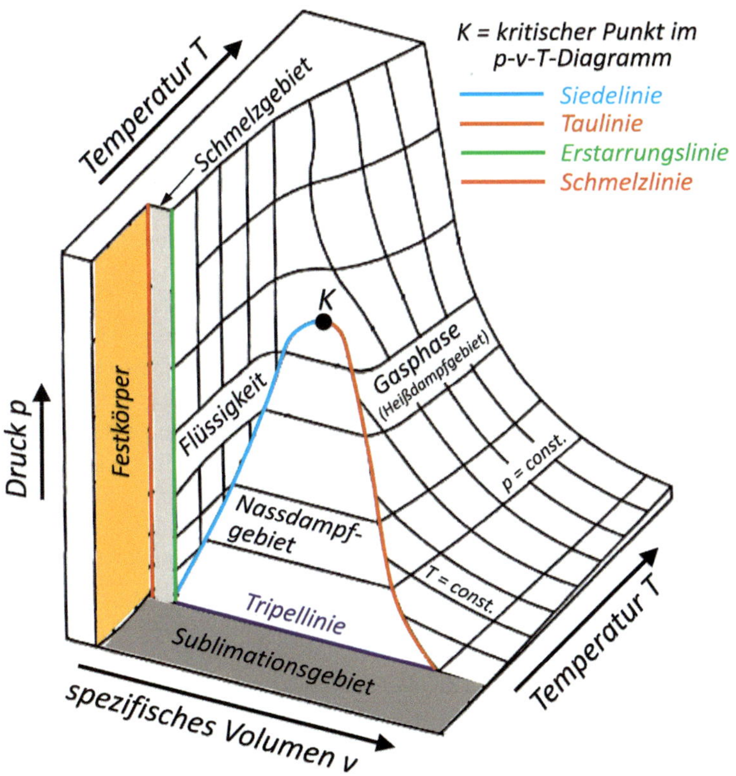


**Bild 5.55** *p-v-T*-Diagramm

Die Projektion in die *p-T*-Ebene ergibt das in der Thermodynamik häufig verwendete zweidimensionale *p-T*-Phasendiagramm, wie es in Bild 5.56 beispielhaft für Wasser dargestellt ist.

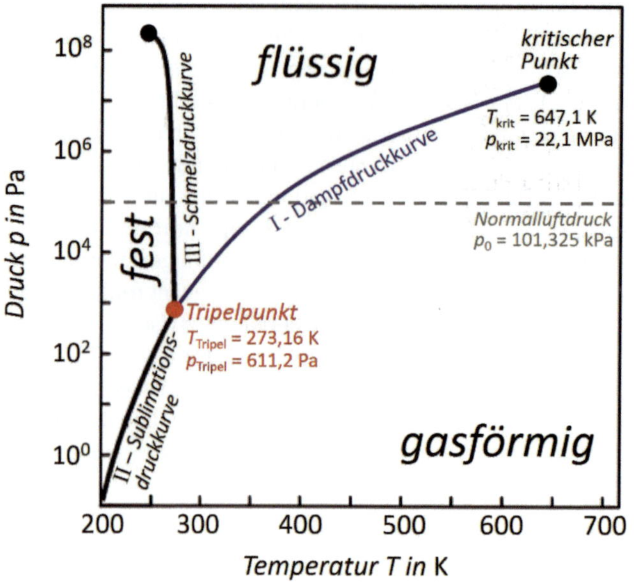


**Bild 5.56** *p-T*-Phasendiagramm des Wassers

Die Dampfdruckkurve (in Bild 5.56 als Kurve I bezeichnet) ist die Phasengrenzlinie zwischen der gasförmigen und der flüssigen Phase und beginnt im *Tripelpunkt*. Nur in diesem Punkt stehen die feste, die flüssige und die gasförmige Phase miteinander im Gleichgewicht. Somit entspricht dem Tripelpunkt im *p-T*-Phasendiagramm eine *Tripellinie* im *p-v-T*-Diagramm zwischen den Koexistenzbereichen von flüssiger und gasförmiger Phase sowie von fester und gasförmiger Phase. Die Siede- und die Kondensationskurve, die im *p-T*-Phasendiagramm übereinanderliegend als Dampfdruckkurve erscheinen, bilden im *p-v-T*-Diagramm eine *Binodale*, die den Koexistenzbereich zwischen flüssiger und gasförmiger Phase umschließt. Für Wasser liegt der Tripelpunkt bei einer Temperatur von $T_{\text{Tripel}} = 0{,}01$ °C und einem Druck von $p_{\text{Tripel}} = 6{,}112$ hPa. Allein bei dieser Temperatur haben Eis und Wasser den gleichen Sättigungsdampfdruck. Bezüglich des Tripelpunktes des Wassers ist auch die Temperatureinheit Kelvin definiert. Die einzig bekannte Substanz, die keinen Tripelpunkt mit der Koexistenz von fester, flüssiger und gasförmiger Phase aufweist, ist das Edelgas Helium. Es weist nach Wasserstoff die zweitgeringste Dichte auf und hat die niedrigste Schmelz- und die niedrigste Siedetemperatur aller Elemente. Im Phasendiagramm des Heliums gibt es den sogenannten *Lambda-Punkt* ($T_\lambda = 2{,}1768$ K und $p_\lambda = 5{,}048$ kPa), an dem die normalflüssige Phase (He I), die suprafluide Phase (He II) und gasförmiges Helium koexistieren. Bei einer Temperatur von 1,762 K und einem Druck von 2972,5 kPa koexistieren die normalflüssige, die superfluide und die feste Phase von Helium. Der Tripelpunkt des Wasserstoffs liegt bei einer Temperatur von 13,8033 K und einem Druck von 7,042 kPa.

Die Dampfdruckkurve endet am *kritischen Punkt*, der durch das Angleichen der Dichten von flüssiger und gasförmiger Phase gekennzeichnet ist. Oberhalb des kritischen Punktes kann nicht mehr zwischen den beiden Aggregatzuständen flüssig und gasförmig unterschieden werden. Für Wasser beträgt die kritische Temperatur $T_{\text{kritisch}} = 374{,}12\ °\text{C}$ und der kritische Druck hat einen Wert von $p_{\text{kritisch}} = 22{,}1$ MPa (221 bar), das entspricht ungefähr dem 218-Fachen des Normalluftdrucks $p_0 = 101{,}325$ kPa. Wie in dem in Bild 5.56 dargestellten *p*-*T*-Phasendiagramm zu erkennen ist, kann Wasser bei Zimmertemperatur oder einer noch niedrigeren Temperatur sieden, wenn der äußere Druck klein genug ist.

Die im *p*-*T*-Phasendiagramm (Bild 5.56) eingezeichnete Kurve II heißt *Sublimationsdruckkurve* und ist die Phasengrenzlinie zwischen der festen und der gasförmigen Phase. Im *p*-*T*-Phasendiagramm liegen die Sublimations- und Resublimationskurve übereinander und begrenzen im *p*-*v*-*T*-Diagramm den Koexistenzbereich von fester und gasförmiger Phase. Die im *p*-*T*-Phasendiagramm (Bild 5.56) eingezeichnete Kurve III heißt *Schmelzdruckkurve* und stellt die Abhängigkeit der Schmelztemperatur vom Druck dar. Im *p*-*T*-Phasendiagramm liegen die Schmelz- und die Erstarrungskurve übereinander und begrenzen im *p*-*v*-*T*-Diagramm den Koexistenzbereich von fester und flüssiger Phase. Für Wasser verläuft die Schmelzdruckkurve im *p*-*T*-Phasendiagramm in einem größeren Druckbereich nahezu senkrecht, da die Schmelztemperatur in diesem Druckbereich kaum vom Druck abhängt. Die bei großen Drücken und niedrigeren Temperaturen nach links verlaufende Schmelzdruckkurve ist die Anomalie des Wassers (Abschnitt 5.1.3).

## Luftfeuchtigkeit

Der in der atmosphärischen Luft enthaltene Wasserdampf wird als *Luftfeuchtigkeit* bezeichnet. Flüssiges Wasser in Form von Regentropfen, Nebeltröpfchen oder Schneekristalle werden der Luftfeuchtigkeit nicht zugerechnet. Die Luftfeuchtigkeit ist eine wichtige Kenngröße und ihre laufende Überwachung ist für viele Unternehmen und Einrichtungen, wie beispielsweise die Lebensmittelindustrie oder Datenverarbeitungsanlagen, sehr bedeutsam. Die Dichte des Wasserdampfes, d. h. der Quotient aus der vorhandenen Wasserdampfmasse $m_{\text{D}}$ und dem Luftvolumen $V$, wird als *absolute Luftfeuchtigkeit* $f$ bezeichnet:

$$f = \frac{m_{\text{D}}}{V} \tag{5.140}$$

SI-Einheit: $[f] = \text{kg/m}^3$ bzw. gebräuchliche SI-fremde Einheit: $[f] = \text{g/m}^3 = 10^{-3}\ \text{kg/m}^3$.

Die Wasserdampfmasse $m_{\text{D}}$ der Luft lässt sich direkt ermitteln, indem eine bestimmte Luftmenge durch einen Gaszähler und ein mit Diphosphorpentoxid ($P_4O_{10}$) oder Chlorcalcium ($CaCl_2$) gefülltes Trockenrohr gesaugt wird. Dieses wird vor- und nachher gewogen, woraus sich der Wassergehalt direkt ergibt.

Die Luft ist mit Feuchtigkeit gesättigt, wenn sie die bei der betrachteten Temperatur höchstmögliche Wasserdampfmasse $m_{\text{D,max}}$ enthält. Dies tritt ein, wenn der Wasserdampfpartialdruck in der Luft so groß wie der Sättigungsdampfdruck des Wassers bei der entsprechenden Temperatur ist. Für die temperaturabhängige *maximale Luftfeuchtigkeit* $f_{\text{max}}$, die dementsprechend den Sättigungswert darstellt und auch als *Sättigungsluftfeuchtigkeit* bezeichnet wird, gilt:

$$f_{\text{max}} = \frac{m_{\text{D,max}}}{V} \tag{5.141}$$

Die *relative Luftfeuchtigkeit* $\varphi$ ist eine einheitenlose physikalische Größe und ergibt sich als Quotient aus der tatsächlich enthaltenen zur höchstmöglichen Wasserdampfmasse in der Luft bzw. als Quotient aus der absoluten zur maximalen Luftfeuchtigkeit:

$$\varphi = \frac{m_\text{D}}{m_\text{D,max}} = \frac{f}{f_\text{max}} \tag{5.142}$$

Mit der relativen Luftfeuchtigkeit $\varphi$ lässt sich der temperaturabhängige Partialdruck des Wasserdampfes $p_\text{D}$ in Luft berechnen und es gilt:

$$p_\text{D} = \frac{R_\text{S}\, T\, m_\text{D}}{V} = \varphi\, p_\text{SD} \tag{5.143}$$

$R_\text{S}$ ist die spezifische Gaskonstante und $p_\text{SD}$ ist der temperaturabhängige Sättigungsdampfdruck von Wasser, der mit der empirisch ermittelten *Magnus-Formel* (erstmals formuliert im Jahre 1844 von H. G. Magnus, 1802–1870) berechnet werden kann:

$$p_\text{SD}(\vartheta) = 6{,}112\ \text{hPa} \cdot \exp\left(\frac{A\vartheta}{B+\vartheta}\right) \tag{5.144}$$

Für ebene Wasseroberflächen gilt im Temperaturbereich $-45\ °\text{C} \le \vartheta \le 60\ °\text{C}$ für die Parameter: $A = 17{,}62$ und $B = 243{,}12\ °\text{C}$. Für ebene Eisoberflächen gilt im Temperaturbereich $-65\ °\text{C} \le \vartheta \le 0{,}01\ °\text{C}$ für die Parameter: $A = 22{,}46$ und $B = 272{,}62\ °\text{C}$.

Kleine Wassertröpfchen, die Aufgrund ihrer kleinen räumlichen Ausdehnung eine große Oberflächenkrümmung aufweisen, haben einen höheren Sättigungsdampfdruck als eine ebene Grenzfläche zwischen der flüssigen und gasförmigen Phase, wie beispielsweise eine ebene Wasseroberfläche. Entscheidend dabei ist, dass bei kleinen Wassertröpfchen die Grenzfläche im Vergleich zum Flüssigkeitsvolumen größer ist. Der dadurch erhöhte Sättigungsdampfdruck der Wassertröpfchen ist als *Gibbs-Thomson-Effekt* bekannt (J. W. Gibbs, 1839–1903, und W. Thomson, 1. Baron Kelvin, 1824–1907) und es gilt:

$$p_\text{SD,Tröpfchen} = p_\text{D}\, \exp\left(-\frac{r_\text{kritisch}}{r}\right) = p_\text{D}\, \exp\left(-\frac{2\gamma V_\text{mol}}{r R T}\right) \tag{5.145}$$

$p_\text{D}$ ist der Partialdruck des Wasserdampfes in Luft, $r$ ist der Radius des Wassertröpfchens und $r_\text{kritisch} = 2\gamma V_\text{mol}/(RT)$ ist der kritische Radius, der sich aus der Oberflächenenergie $\gamma$ des Wassertröpfchens (SI-Einheit: $[\gamma] = \text{J/m}^2$), dem molaren Volumen $V_\text{mol}$, der universellen Gaskonstante $R$ sowie der Temperatur $T$ ergibt.

In Tabelle 5.13 sind Werte für den Partialdruck $p_\text{D}$ und für die maximale Luftfeuchtigkeit $f_\text{max}$ des Wasserdampfes in Luft für verschiedene Temperaturen angegeben.

Stoffe, die gegenüber Luftfeuchtigkeit besonders empfindlich sind, heißen *hygroskopisch*: beispielsweise wird Kochsalz in feuchter Luft nass (zurückzuführen auf seinen Gehalt an hygroskopischem Magnesiumchlorid). Eine relative Luftfeuchtigkeit von 50 % bis 60 % wird als normal für das menschliche Wohlbefinden bezeichnet.

Beim Abkühlen feuchter Luft steigt die relative Luftfeuchtigkeit an, da die maximale Luftfeuchtigkeit bei niedriger Temperatur geringer ist. Wird dann der Sättigungsdampfdruck

**Tabelle 5.13** Partialdruck $p_D$ und maximale Luftfeuchtigkeit $f_{max}$ des Wasserdampfes in Luft für verschiedene Temperaturen

| Temperatur $\vartheta$ in °C | Partialdruck $p_D$ in hPa | maximale Luftfeuchtigkeit $f_{max}$ in g/m$^3$ |
|---|---|---|
| −10 | 2,60 | 2,14 |
| −5 | 4,01 | 3,24 |
| 0 | 6,11 | 4,84 |
| 10 | 12,3 | 9,4 |
| 20 | 23,4 | 17,3 |
| 30 | 42,4 | 30,3 |

überschritten, so kondensiert der überschüssige Wasserdampf und es bildet sich beispielsweise Nebel (in großer Höhe Wolken). Dies geschieht beim sogenannten *Taupunkt* bzw. bei der *Taupunkttemperatur* $\tau$, mit der die Temperatur bezeichnet wird, bei der sich auf einem Gegenstand (bei vorhandener Luftfeuchtigkeit) ein Gleichgewichtszustand von kondensierendem und verdunstendem Wasserdampf einstellt. Am Taupunkt beträgt die relative Luftfeuchtigkeit $\varphi = 100\,\%$ und die Luft ist mit Wasserdampf gesättigt. Je mehr Wasserdampf die Luft enthält, desto höher liegt deren Taupunkttemperatur. Der Taupunkt kann daher zur Bestimmung der absoluten Luftfeuchtigkeit dienen. Unterhalb der Taupunkttemperatur setzt bei konstantem Druck die Kondensation von Wasser aus der feuchten Luft ein.

Die Taupunkttemperatur hängt fast ausschließlich vom Partialdruck des enthaltenen Wasserdampfs ab. Wird der Wasserdampfpartialdruck über der Taupunkttemperatur in ein *p-T*-Diagramm eingetragen, ergibt sich die sogenannte Taupunktkurve, wie sie in Bild 5.57 für Wasser in Luft dargestellt ist.

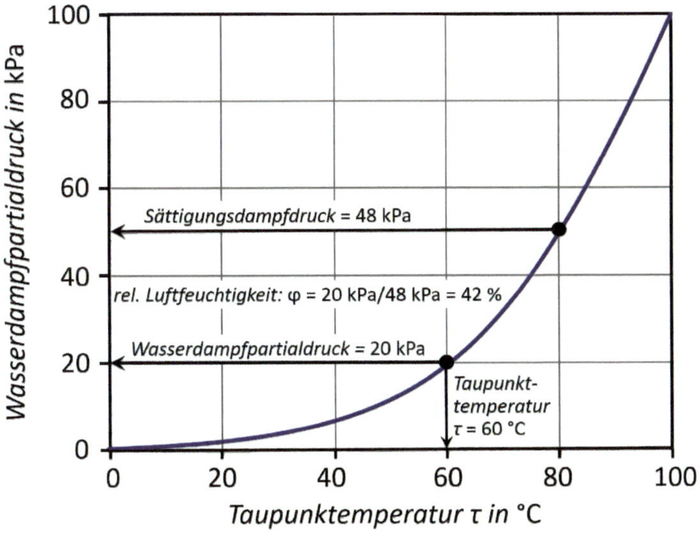


**Bild 5.57** Taupunktkurve von Wasser in Luft

Der Zustand eines Luft-Wasserdampf-Gemisches ohne flüssige Phase liegt unterhalb bzw. rechts der Taupunktkurve. Der horizontale Abstand zur Taupunktkurve ist gleich die Temperaturdifferenz zur Taupunkttemperatur bei konstantem Druck, die als Taupunktdifferenz bezeichnet wird. In vertikaler Richtung entspricht der Höhe eines Punktes im $p$-$T$-Diagramm der relativen Luftfeuchtigkeit $\varphi$, also dem Verhältnis von Wasserdampfpartialdruck $p_D$ und dem Sättigungsdampfdruck $p_{SD}$.

Bei Verwendung der Magnus-Gleichung (5.144) und der darin angegebenen temperaturabhängigen Parameter $A$ und $B$ gilt für die Taupunkttemperatur $\tau$ in Abhängigkeit von der relativen Luftfeuchtigkeit $\varphi$ und der Lufttemperatur $\vartheta_{\text{Luft}}$:

$$\tau\left(\varphi, \vartheta_{\text{Luft}}\right) = B\frac{A\vartheta_{\text{Luft}} + \left(B + \vartheta_{\text{Luft}}\right)\ln(\varphi)}{AB - \left(B + \vartheta_{\text{Luft}}\right)\ln(\varphi)} \tag{5.146}$$

In Tabelle 5.14 sind Taupunkttemperaturen $\tau$ für unterschiedliche Werte der Lufttemperatur $\vartheta_{\text{Luft}}$ und der relativen Luftfeuchtigkeit $\varphi$ zusammengestellt. Eine solche Übersicht wird auch als *Taupunkttabelle* bezeichnet. Die in der Tabelle 5.14 angegebenen Werte sind Oberflächentemperaturen, bei deren Unterschreitung Wasser an Oberflächen kondensiert (Bildung von Tauwasser). So beträgt beispielsweise bei einer Lufttemperatur von 20 °C und einer relativen Luftfeuchtigkeit von 60 % die Taupunkttemperatur 12 °C. Für technische Anwendungen wie beispielweise Beschichtungen sollte die Oberflächentemperatur mindestens 3 °C über der Taupunkttemperatur liegen. Bei einer relativen Luftfeuchtigkeit von 100 % ist die Taupunkttemperatur $\tau$ gleich der Lufttemperatur $\vartheta_{\text{Luft}}$.

**Tabelle 5.14** Taupunkttemperaturen $\tau$ in °C für unterschiedliche Werte der Lufttemperatur $\vartheta_{\text{Luft}}$ und der relativen Luftfeuchtigkeit $\varphi$

| $\vartheta_{\text{Luft}}$ | relative Luftfeuchtigkeit $\varphi$ | | | | | | | | | | | | | |
|---|---|---|---|---|---|---|---|---|---|---|---|---|---|---|
| | 30 % | 35 % | 40 % | 45 % | 50 % | 55 % | 60 % | 65 % | 70 % | 75 % | 80 % | 85 % | 90 % | 95 % |
| 10 °C | -6,0 | -4,2 | -2,6 | -1,3 | 0,0 | 1,3 | 2,5 | 3,7 | 4,8 | 5,8 | 6,8 | 7,7 | 8,5 | 9,3 |
| 12 °C | -4,5 | -2,6 | -1,0 | 0,4 | 1,8 | 3,2 | 4,5 | 5,6 | 6,7 | 7,8 | 8,7 | 9,6 | 10,5 | 11,3 |
| 14 °C | -2,9 | -1,0 | 0,6 | 2,2 | 3,7 | 5,1 | 6,4 | 7,6 | 8,7 | 9,7 | 10,7 | 11,6 | 12,6 | 13,4 |
| 16 °C | -1,4 | 0,5 | 2,4 | 4,1 | 5,6 | 7,0 | 8,3 | 9,5 | 10,6 | 11,7 | 12,7 | 13,6 | 14,6 | 15,5 |
| 18 °C | 0,2 | 2,3 | 4,2 | 5,9 | 7,4 | 8,8 | 10,1 | 11,3 | 12,4 | 13,5 | 14,6 | 15,4 | 16,3 | 17,3 |
| 20 °C | 1,9 | 4,1 | 6,0 | 7,7 | 9,3 | 10,7 | 12,0 | 13,2 | 14,4 | 15,5 | 16,5 | 17,4 | 18,4 | 19,2 |
| 22 °C | 3,7 | 5,9 | 7,8 | 9,5 | 11,2 | 12,5 | 13,9 | 15,2 | 16,3 | 17,4 | 18,4 | 19,4 | 20,3 | 21,2 |
| 24 °C | 5,4 | 7,6 | 9,6 | 11,3 | 12,9 | 14,4 | 15,7 | 17,0 | 18,2 | 19,2 | 20,3 | 21,4 | 22,3 | 23,2 |
| 26 °C | 7,1 | 9,4 | 11,4 | 13,2 | 14,8 | 16,3 | 17,7 | 18,9 | 20,1 | 21,3 | 22,3 | 23,3 | 24,3 | 25,2 |
| 28 °C | 8,8 | 11,1 | 13,1 | 15,0 | 16,6 | 18,1 | 19,4 | 20,9 | 22,0 | 23,2 | 24,2 | 25,3 | 26,2 | 27,2 |
| 30 °C | 10,5 | 12,9 | 14,9 | 16,8 | 18,4 | 20,0 | 21,4 | 23,7 | 23,9 | 25,1 | 26,1 | 27,2 | 28,2 | 29,1 |
| 32 °C | 12,2 | 14,6 | 16,7 | 18,6 | 20,3 | 21,9 | 23,3 | 24,7 | 25,8 | 27,0 | 28,2 | 29,2 | 30,2 | 31,2 |
| 34 °C | 14,8 | 17,2 | 19,4 | 20,4 | 22,2 | 23,7 | 25,2 | 26,5 | 27,8 | 28,9 | 30,1 | 31,2 | 32,1 | 33,1 |
| 36 °C | 19,1 | 21,6 | 22,2 | 23,8 | 24,1 | 25,5 | 27,0 | 28,4 | 29,7 | 30,9 | 32,0 | 33,1 | 34,2 | 35,1 |

Wenn die Luft frei von Kondensationskeimen (Staubteilchen und ähnliche kleine Körper) ist, kann die Kondensation des Wasserdampfes auch ausbleiben. Die bekannten *Kondensstreifen* hinter Flugzeugen, die in großer Höhe fliegen, sind ein Zeichen dafür, dass die Luft in dieser Flughöhe des Flugzeuges mit Wasserdampf übersättigt ist.

Zur Messung der Luftfeuchtigkeit werden verschiedene Messgeräte verwendet:

- *Haar-Hygrometer:* Einige zwischen den Enden eingespannte, entfettete Frauenhaare (auch Kunstfasern) verändern ihre Länge unter dem Einfluss der Luftfeuchtigkeit und bewegen einen Zeiger, der die relative Feuchte angibt.
- *Taupunkt-Hygrometer* nach W. Lambrecht (1834–1904)*:* Ein Gefäß mit dünner Vorderwand aus Silberblech enthält Diethylether und ein Thermometer. Das Einblasen von Luft bewirkt die Verdunstung und intensive Abkühlung des Diethylethers. Wenn das Spiegel fungierende Silberblech beschlägt, ist der Taupunkt erreicht. Als Temperatur wird der Mittelpunkt zwischen Auftreten und Wiederverschwinden des Beschlages genommen.
- *Aspirations-Psychrometer* nach R. A. Aßmann (1845–1918)*:* Es besteht aus zwei gleichen Thermometern, von denen das eine durch ein in Wasser tauchendes Läppchen feucht gehalten wird. Infolge der Verdunstungsabkühlung sinkt die Temperatur $\vartheta'$ des feuchteren Thermometers gegenüber der Temperatur $\vartheta$ des trockeneren Thermometers. Je trockener die Luft ist, desto intensiver ist die Abkühlung und umso größer ist die Temperaturdifferenz zwischen den beiden Thermometern.
- Der Fühler eines *elektrischen Feuchtemessers* enthält im Innern ein Platinwiderstandsthermometer. Darüber ist ein mit Lithiumchlorid getränkter Schlauch aus Glasgewebe gezogen, auf den zwei als Elektroden dienende Drähte parallel nebeneinander aufgewickelt sind. An ihnen liegt eine konstante Wechselspannung. Bei steigender Luftfeuchtigkeit verringert sich der elektrische Widerstand des stark hygroskopischen Lithiumchlorids. Die Stromstärke zwischen den Elektroden steigt und ruft eine Erwärmung des elektrischen Widerstandsthermometers hervor. Das Anzeigeinstrument ist so geeicht, dass es direkt die absolute Feuchte oder den Taupunkt angibt.

**Beispiele**

1. Wie groß ist die absolute Luftfeuchtigkeit bei 18 °C und 65 % Sättigung?

   Laut Tabelle ist $f_{max} = 15{,}4$ g/m$^3$, mit $\varphi = 0{,}65$ ergibt sich:

   $$f = f_{max}\,\varphi = 10\ \text{g/m}^3$$

2. Ein Küchenraum der Abmessungen 2,50 m × 2,96 m × 2,70 m kühlt sich von 18 °C mit $\varphi = 0{,}65$ auf 8 °C ab. Welche Wassermenge schlägt sich nieder?

   Zunächst erfolgt Abkühlung auf den Taupunkt. Die zugehörige Sättigungsmenge beträgt laut Tabelle $f_{max\,1} = 10{,}05$ g/m$^3$, bei 8 °C nur noch $f_{max\,2} = 8{,}3$ g/m$^3$. Somit werden sich $m_D = \left(f_{max\,1} - f_{max\,2}\right)V = 1{,}75\ \text{g/m}^3 \cdot 20\ \text{m}^3 = 35\ \text{g}$ niedergeschlagen.

# 5.7 Wärmetransportvorgänge

Der Wärmetransport ist die Übertragung von Energie in Form von Wärme innerhalb eines Systems oder über eine Systemgrenze hinweg. Gemäß dem Zweiten Hauptsatz der Thermodynamik erfolgt der Wärmetransport ohne äußere Einwirkung stets in Richtung der Orte mit den tieferen Temperaturen. Es gibt vier Arten von Wärmetransportvorgängen:

1. *Wärmeströmung oder Konvektion:* Da erwärmte Flüssigkeiten und Gase eine geringere Dichte als kalte haben, können sich durch den entstehenden Auftrieb Strömungen bilden. Wenn die Erwärmung von unten erfolgt, tritt in geschlossenen Räumen oder Rohrsystemen eine Zirkulation ein. Es strömt also nicht die Wärmemenge selbst, sondern das Medium, welches die Wärme mit sich führt. Dementsprechend sinkt die Wärmeströmung mit abnehmender Massendichte und ist im Vakuum nicht möglich.
2. *Wärmeleitung (Wärmediffusion oder Konduktion):* beschreibt die Ausbreitung von Wärme innerhalb eines Gases, einer Flüssigkeit oder eines Festkörpers infolge eines Temperaturunterschiedes ohne Transport von Materie. Ein Maß für die Wärmeleitung in einem bestimmten Stoff ist die Wärmeleitfähigkeit.
3. *Wärmeübergang:* Übertragung von Wärme bei der Berührung von Körpern verschiedener Temperatur ohne Transport von Materie. Beim Wärmeübergang findet also die Wärmeleitung über eine Systemgrenze (Körperausdehnung) hinweg statt.
4. *Wärmestrahlung:* Abstrahlung von Wärme insbesondere auch im Vakuum mittels der Übertragung von elektromagnetischen Wellen. Im Vakuum erfolgt der Wärmetransport nur durch Wärmestrahlung oder durch Wärmeübergang beim direkten Kontakt von Festkörpern.

## 5.7.1 Wärmeströmung

Bei der Wärmeströmung wird grundsätzlich unterschieden zwischen der:

- erzwungenen Wärmeströmung, bei der der Materietransport durch äußere Einwirkung, zum Beispiel in Form eines Gebläses, hervorgerufen wird,
- freien oder natürlichen Wärmeströmung, bei der der Materietransport ausschließlich durch den Temperaturunterschied hervorgerufen wird.

Wasser, heiße Verbrennungsabgase, Luft etc., die beispielsweise mit einer festen Wand in Kontakt kommen, geben Wärme an die Wandoberfläche ab oder nehmen Wärme von der Wandoberfläche auf. Die übertragene Wärmemenge $Q$ ist proportional zum Temperaturunterschied $\Delta T = T_1 - T_2$ zwischen der Wandoberfläche und dem angrenzenden Medium, der Wandfläche $A$ und der Zeitdauer $t$ des Vorganges und es gilt:

$$Q = \alpha A t \left(T_1 - T_2\right) \tag{5.147}$$

Der Proportionalitätsfaktor $\alpha$ heißt *Wärmeübergangskoeffizient* (auch als Wärmeübergangszahl oder Wärmeübertragungskoeffizient bezeichnet) und hat die SI-Einheit: $[\alpha] = \frac{\mathrm{J}}{\mathrm{m^2\,s\,K}} = \frac{\mathrm{Ws}}{\mathrm{m^2\,s\,K}} = \frac{\mathrm{W}}{\mathrm{m^2\,K}}$. Der Wärmeübergangskoeffizient hängt unter anderem von der spezifischen Wärmekapazität, der Massendichte und vom Wärmeleitkoeffizienten des wärmeabführenden sowie des wärmeliefernden Mediums ab. Im Gegensatz zur Wärmeleitfähigkeit (Abschnitt 5.7.2) ist der Wärmeübergangskoeffizient keine Materialkonstante, sondern eine spezifische Kennzahl einer Konfiguration von Materialien bzw. von einem Material und seiner Umgebung in Form eines Fluids.

Auch für das Beispiel der Wärmeströmung an einer Wand ist die Bestimmung des Wärmeübergangskoeffizienten nicht trivial, da er von vielen Faktoren wie beispielsweise die Gestalt, die Lage und die Oberflächenbeschaffenheit der Wand sowie die Art der Strömung abhängig ist. Es gibt jedoch viele umfangreiche Tabellen und Hilfsformeln zur Bestimmung des Wärmeübergangskoeffizienten. Für Grenzschichten zwischen festen Materialien oder ruhenden Fluiden kann statt dem Wärmeübergangskoeffizienten $\alpha$ der *Wärmewiderstand* $R_{\mathrm{th}}$ als eine Materialkonstante, die von der Fläche unabhängig ist, angegeben werden:

$$R_{\mathrm{th}} = \frac{1}{\alpha A} \tag{5.148}$$

Der Wärmewiderstand hat die SI-Einheit: $[R_{\mathrm{th}}] = \mathrm{K/W}$.

## 5.7.2 Wärmeleitung

Wie die Wärmeströmung ist auch die Wärmeleitung materiegebunden und es lassen sich drei Arten von Wärmeleitern unterscheiden:

- **Elektrisch leitfähige Festkörper:** In elektrisch leitfähigen Körpern wie beispielsweise Metallen übertragen die Elektronen den elektrischen Strom und die Wärme. Zwar trägt auch das Kristallgitter zur Wärmeleitung bei, jedoch dominiert die elektronische Wärmeleitung. Gute elektrische Leiter wie Kupfer übertragen die Wärme besser als schlechtere elektrische Leiter wie Eisen. Im supraleitenden Zustand tragen die Elektronen nicht mehr zur Wärmeleitung bei, als Folge dessen sind Supraleiter schlechte Wärmeleiter.
- **Dielektrische Festkörper:** In elektrisch isolierenden Festkörpern, wie beispielsweise Kunststoffe oder Ionenkristalle erfolgt die Wärmeleitung ausschließlich durch Schwingungen des Kristallgitters, da die Elektronen an den Atomen gebunden und somit nicht beweglich sind. Dementsprechend sind dielektrische Festkörper schlechtere Wärmeleiter als elektrisch leitfähige Festkörper.
- **Flüssigkeiten und Gase:** Im Allgemeinen sind Gase aufgrund ihrer geringen Massendichte sehr schlechte Wärmeleiter. Die Wärmeleitfähigkeit von Flüssigkeiten ist ungefähr eine Zehnerpotenz größer als die von Gasen. Der Unterschied in der Wärmeleitfähigkeit zwischen Flüssigkeiten und dielektrischen Festkörpern ist teilweise kleiner als eine Zehnerpotenz, so ist beispielsweise die Wärmeleitfähigkeit von Wasser bei einer Temperatur von 20 °C ungefähr halb so groß wie die Wärmeleitfähigkeit von Glas bei derselben Temperatur.

Das Gase und Dämpfe schlechte Wärmeleiter sind, ist unter anderem beim sogenannten *Leidenfrost-Effekt* (auch als Leidenfrost-Phänomen bezeichnet), der nach seinem Entdecker J. G. Leidenfrost (1715–1794) benannt ist, beobachtbar. Der Leidenfrost-Effekt tritt beispielsweise auf, wenn Wassertopfen auf eine heiße Platte (z. B. Herdplatte) treffen, deren Temperatur viel höher als die Siedetemperatur des Wassers ist. Aufgrund dessen verdampft sofort ein kleiner Teil Wasser bei jedem Wassertropfen und bildet ein Dampfpolster, auf dem der jeweilige Wassertropfen schwebt und der Wärmekontakt zwischen der Flüssigkeit und der heißen Platte unterbrochen ist. Der wärmeisolierende Dampf ist dabei unter dem Wassertropfen eingeschlossen und kann nur langsam entweichen. Gleichzeitig entsteht neuer Wasserdampf und der einzelne Wassertropfen kann so über die heiße Platte gleiten. Die gasförmige wärmeisolierende Schicht entsteht auch bei flüssigem Stickstoff, wenn dieser auf Gegenstände trifft, deren Temperatur deutlich höher als seine Siedetemperatur (–196 °C) ist. Störend ist der Leidenfrost-Effekt beispielsweise beim Härten von heißen metallischen Werkstücken durch Eintauchen in ein flüssiges Kühlmedium wie Öl oder Wasser. Das angestrebte schnelle Herabkühlen des metallischen Werkstückes in möglichst kurzer Zeit verlängert sich durch die wärmeisolierende Dampfschicht zwischen dem metallischen Werkstück und der Flüssigkeit. Durch Zusätze zum flüssigen Kühlmedium kann der Leidenfrost-Effekt bedingt beeinflusst werden.

Beispielhaft für die Wärmeleitung ist der Wärmetransport durch eine Wand der Dicke $\ell$, an deren Außenflächen die Temperaturen $T_1$ und $T_2$ vorliegen (Bild 5.58). Der Quotient aus der transportierten Wärme $Q$ und der Zeit $t$, während der der Transport erfolgt, heißt *Wärmestrom* (auch Wärmefluss genannt):

$$\Phi = \frac{Q}{t} \tag{5.149a}$$

bzw. in differenzieller Form:

$$\Phi = \frac{\partial Q}{\partial t} \tag{5.149b}$$

mit der SI-Einheit: $[\Phi] = \text{J/s} = \text{W}$.

Im Falle einer konstanten Temperaturdifferenz $\Delta T = T_1 - T_2$ bei der *stationären Wärmeleitung* gilt gemäß dem *Fourier'schen Gesetz* (J. B. J. Fourier, 1768–1830) für den Wärmestrom durch einen ebenflächig begrenzten Körper:

$$\Phi = \lambda \frac{(T_1 - T_2)\, A}{l} \tag{5.150}$$

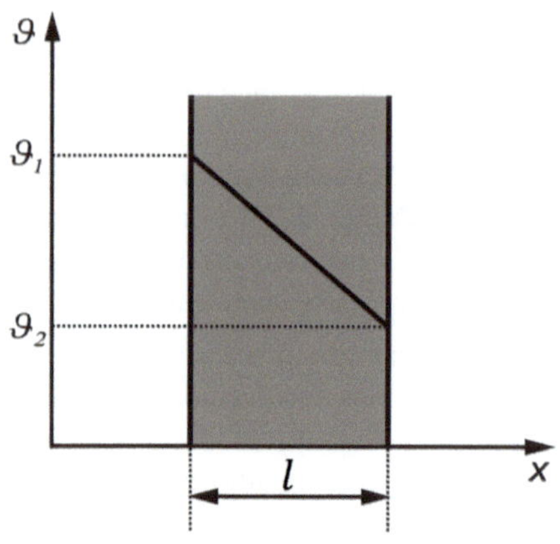


**Bild 5.58**
Wärmeleitung durch eine Wand

Dabei ist $A$ die Summe der beiden Flächen und $\ell$ die Dicke des Körpers. Der Proportionalitätsfaktor $\lambda$ hängt vom vorliegenden Material und allgemein von der Temperatur ab und wird als *Wärmeleitfähigkeit* (oder als Wärmeleitkoeffizient oder thermische Leitfähigkeit) bezeichnet und hat die SI-Einheit $[\lambda]=\frac{\mathrm{W}}{\mathrm{m}\cdot\mathrm{K}}$ (Watt je Meter und Kelvin). Im allgemeinen anisotropen Fall ist die Wärmeleitfähigkeit ein Tensor zweiter Stufe und wird durch eine 3×3-Matrix angegeben. Beispielsweise leiten Holz und Schiefer in Faserrichtung die Wärme besser als quer zur Faserrichtung.

Im Rahmen der kinetischen Gastheorie wird die Wärmeleitung in Gasen durch die Energieübertragung in Form von Stößen zwischen Gasteilchen und den Gefäßwänden beschrieben. Für die temperaturabhängige Wärmeleitfähigkeit $\lambda$ in Gasen, die näherungsweise als ideales Gas beschrieben werden, gilt:

$$\lambda=\frac{1}{3}c_{\mathrm{V}}\,\varrho\,\overline{v}\,\Lambda=\frac{f}{3d^2}\sqrt{\frac{k_{\mathrm{B}}^3T}{\pi^3 m}} \tag{5.151}$$

$c_{\mathrm{V}}$ ist die spezifische Wärmekapazität bei konstantem Volumen, $\varrho$ ist die Massendichte des Gases, $\overline{v}$ ist die mittlere Geschwindigkeit, $\Lambda$ ist die mittlere freie Weglänge, $f$ ist die Anzahl der Freiheitsgrade, $d$ ist der Durchmesser und $m$ ist die Masse der Gasteilchen. Die Wärmeleitfähigkeit ist druckunabhängig, da eine Erhöhung des Druckes die Massendichte $\varrho$ in gleichem Maße erhöht, wie die mittlere freie Weglänge $\Lambda$ verringert wird. Die zweite Gl. (5.151) zeigt jedoch, dass die Wärmeleitfähigkeit in Gasen mit wachsendem Durchmesser $d$ und steigender Masse $m$ der Gasteilchen abnimmt. Zudem hängt die Wärmeleitfähigkeit von der Temperatur ab und wird mit steigender Temperatur größer. In Tabelle 5.15 sind Werte für die Massendichte $\varrho$ die spezifische Wärmekapazität bei konstantem Druck $c_{\mathrm{p}}$, die Wärmeleitfähigkeit $\lambda$ und für die Temperaturleitfähigkeit $a$ unter anderem für einige Gase angegeben.

Bei Metallen, die sowohl gute elektrische als auch gute Wärmeleiter sind, gibt es einen Zusammenhang zwischen der elektrischen Leitfähigkeit $\sigma$ und der Wärmeleitfähigkeit $\lambda$, der mit dem empirischen *Wiedemann-Franz'schen Gesetz* (G. H. Wiedemann, 1826–1899, und R. Franz, 1826–1902) beschrieben wird:

$$\frac{\lambda}{\sigma}=LT \tag{5.152}$$

Die materialunabhängige Proportionalitätskonstante $L$ heißt *Lorenz-Zahl* (L. V. Lorenz, 1829–1891), für die gemäß der *Drude-Sommerfeld-Theorie* (P. K. L. Drude, 1863–1906, und A. J. W. Sommerfeld, 1868–1951) gilt:

$$L=\frac{\lambda}{\sigma T}=\frac{\pi^2}{3}\left(\frac{k_{\mathrm{B}}}{e}\right)^2=2{,}44\cdot 10^{-8}\,\frac{\mathrm{V}^2}{\mathrm{K}^2} \tag{5.153}$$

$k_{\mathrm{B}}=1{,}380\,648\,52\cdot 10^{-23}$ J/K ist die Boltzmann-Konstante und $e=1{,}602\,176\,634\cdot 10^{-19}$ As ist die Elementarladung. Das Wiedemann-Franz'sche Gesetz gilt insbesondere auch für sehr tiefe und für sehr hohe Temperaturen; Abweichungen ergeben sich bei mittleren Temperaturen im Bereich von 10 K bis 200 K aufgrund der dann wirkenden ballistischen Wärmeleitung. Das Wiedemann-Franz'sche Gesetz berücksichtigt nicht die Beiträge der Gitterschwingungen zur Wärmeleitung, da diese keine elektrische Ladung transportieren und von der elektronischen Wärmleitung dominiert werden.

Neben der stationären kann auch die *nichtstationäre Wärmeleitung* auftreten. Ein isoliert gedachter Körper sei an einem Ende auf die Temperatur $T_2$ erhitzt. Das kühlere Ende habe anfangs die Temperatur $T_1$. Dann wird sich der Temperaturunterschied infolge der Wärmeleitung im Laufe der Zeit ausgleichen und der ganze Körper eine einheitliche Temperatur annehmen. Das Temperaturgefälle ist hierbei weder örtlich noch zeitlich konstant, und die Berechnung wird komplizierter. Maßgebend für die zum Temperaturausgleich benötigte Zeit ist der Quotient aus der Wärmeleitfähigkeit $\lambda$ und dem Produkt aus der Massendichte $\varrho$ und der spezifischen Wärmekapazität bei konstantem Druck $c_p$, der als *Temperaturleitfähigkeit a* (bzw. Temperaturleitzahl oder Wärmediffusivität) bezeichnet wird:

$$a = \frac{\lambda}{\rho c_p} \tag{5.154}$$

Die SI-Einheit der Temperaturleifähigkeit ist: $[a] = \frac{W}{m \cdot K} \cdot \frac{m^3}{kg} \frac{kg\,K}{J} = \frac{W\,m^2}{J} = \frac{m^2}{s}$. In Tabelle 5.15 sind Werte für die Massendichte $\varrho$ die spezifische Wärmekapazität bei konstantem Druck $c_p$, die Wärmeleitfähigkeit $\lambda$ und für die Temperaturleitfähigkeit $a$ für einige Gase, Flüssigkeiten und Festkörper bei einer Temperatur von 20 °C angegeben.

**Tabelle 5.15** Massendichte $\varrho$, spezifische Wärmekapazität bei konstantem Druck $c_p$, Wärmeleitfähigkeit $\lambda$ und Temperaturleitfähigkeit $a$ für einige Gase, Flüssigkeiten und Festkörper bei einer Temperatur von 20 °C

| Stoff | Massendichte $\varrho$ in $kg/dm^3$ | spezifische Wärmekapazität bei konstantem Druck $c_p$ in kJ/(kg·K) | Wärmeleitfähigkeit $\lambda$ in W/(m·K) | Temperaturleitfähigkeit $a$ in $mm^2/s$ |
|---|---|---|---|---|
| **Gase** | | | | |
| Chlor | $3{,}21 \cdot 10^{-3}$ | 0,473 | 0,009 | 5,93 |
| Helium | $0{,}18 \cdot 10^{-3}$ | 5,2 | 0,150 | 160,26 |
| Kohlendioxid | $1{,}95 \cdot 10^{-3}$ | 0,816 | 0,016 | 10,06 |
| Methan | $0{,}72 \cdot 10^{-3}$ | 2,165 | 0,034 | 21,81 |
| Sauerstoff | $1{,}42 \cdot 10^{-3}$ | 0,909 | 0,026 | 20,14 |
| Stickstoff | $1{,}25 \cdot 10^{-3}$ | 1,038 | 0,026 | 20,04 |
| Wasserstoff | $0{,}09 \cdot 10^{-3}$ | 14,050 | 0,181 | 143,14 |
| **Flüssigkeiten** | | | | |
| Azeton | 0,812 | 2,21 | 0,165 | 0,092 |
| Benzol | 0,879 | 1,74 | 0,144 | 0,094 |
| Ethanol | 0,806 | 2,45 | 0,177 | 0,090 |
| Glyzerin | 1,26 | 2,43 | 0,286 | 0,093 |
| Methanol | 0,812 | 2,54 | 0,208 | 0,101 |
| Wasser | 1 | 4,18 | 0,562 | 0,134 |
| **Festkörper** | | | | |
| Acrylglas | 1,18 | 1,44 | 0,184 | 0,108 |
| Aluminium | 2,7 | 0,89 | 237 | 98,8 |
| Beton | 2,4 | 0,88 | 2,1 | 0,994 |

**Tabelle 5.15** (*Fortsetzung*) Massendichte $\varrho$, spezifische Wärmekapazität bei konstantem Druck $c_p$, Wärmeleitfähigkeit $\lambda$ und Temperaturleitfähigkeit $a$ für einige Gase, Flüssigkeiten und Festkörper bei einer Temperatur von 20 °C

| Stoff | Massendichte $\varrho$ in kg/dm³ | spezifische Wärmekapazität bei konstantem Druck $c_p$ in kJ/(kg·K) | Wärmeleitfähigkeit $\lambda$ in W/(m·K) | Temperaturleitfähigkeit $a$ in mm²/s |
|---|---|---|---|---|
| Blei | 11,34 | 0,129 | 35 | 23,9 |
| Eis (0 °C) | 0,917 | 2,04 | 2,25 | 1,203 |
| Eisen | 7,86 | 0,452 | 81 | 22,8 |
| Gold | 19,26 | 0,129 | 316 | 127,2 |
| Granit | 2,75 | 0,89 | 2,9 | 1,18 |
| Kupfer | 8,93 | 0,382 | 399 | 117 |
| Magnesium | 1,74 | 1,02 | 156 | 87,9 |
| Mangan | 7,42 | 0,473 | 21 | 5,98 |
| Marmor | 2,6 | 0,80 | 2,8 | 1,35 |
| Molybdän | 10,2 | 0,251 | 138 | 53,9 |
| Natrium | 9,71 | 1,22 | 133 | 11,2 |
| Nickel | 8,85 | 0,448 | 91 | 23 |
| Papier | 0,7 | 1,2 | 0,12 | 0,14 |
| Platin | 21,37 | 0,133 | 71 | 25 |
| Silber | 10,5 | 0,235 | 427 | 173 |
| Silizium | 2,33 | 0,7 | 148 | 87 |
| Titan | 4,5 | 0,522 | 22 | 9,4 |
| Wolfram | 19,3 | 0,134 | 173 | 67,9 |
| Zink | 7,1 | 0,387 | 121 | 44 |
| Zinn | 7,29 | 0,225 | 67 | 40,8 |

### 5.7.3 Wärmestrahlung

Als Wärmestrahlung oder auch thermische Strahlung wird die elektromagnetische Strahlung bezeichnet, die von allen Festkörpern, Flüssigkeiten, Gasen und Plasmen mit einer Temperatur $T > 0$ emittiert und absorbiert wird, die im thermischen Gleichgewicht mit ihrer Umgebung sind. Das Spektrum der Wärmestrahlung ist kontinuierlich und liegt in einem Wellenlängenbereich von 780 nm (nahes Infrarot) bis 1 mm (fernes Infrarot). Beispielsweise liegt die Wärmestrahlung der Erde entsprechend ihrer Oberflächentemperatur (mittlere globale Durchschnittstemperatur 15 °C) im mittleren infraroten Bereich mit einem Intensitätsmaximum bei einer Wellenlänge von ca. 10 µm. Oberhalb einer Temperatur von 600 °C geht die Wärmestrahlung in den für das menschliche Auge sichtbaren Wellenlängenbereich (380 nm bis 780 nm) des elektromagnetischen Spektrums über (Bild 5.59). Das menschliche Auge nimmt diese Strahlung zunächst dunkelrot, dann bei etwa 850 °C hellrot, bei ca. 1 000 °C gelb und schließlich weiß bei Temperaturen oberhalb von 1 300 °C war.

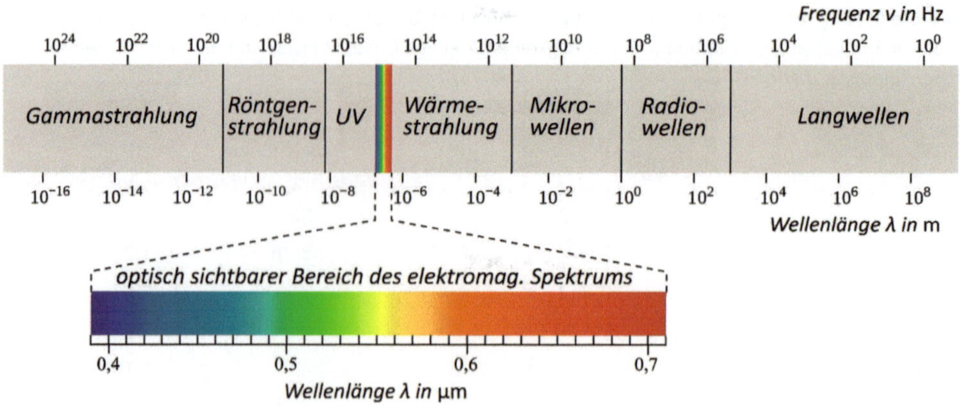


**Bild 5.59** Elektromagnetisches Spektrum

Der Wellenlängenbereich und die Strahlungsflussdichte der ausgesandten Strahlung sind temperaturabhängig. Der Strahlungsfluss (auch Strahlungsleistung genannt) $\Phi$, der gleich der Strahlungsenergie ist, die aus einem Raumwinkel pro Zeiteinheit eine eben angenommene Flächeneinheit durchdringt, verteilt sich dabei unterschiedlich auf die einzelnen Wellenlängen. Die Wellenlängen zwischen 800 nm und etwa 1 400 nm (Infrarot A, Eindringtiefe in das menschliche Unterhautgewebe ca. 4–5 mm) rufen beim Menschen vorwiegend eine Wärme(tiefen)wirkung hervor und werden unter anderem in der Medizin bei der Behandlung mit Infrarotlampen eingesetzt. Wenn auch das menschliche Auge die Wärmestrahlung nicht wahrnehmen kann, so ist es mit in geeigneter Weise sensibilisierten Filmen möglich, ohne sichtbares Licht zu fotografieren (Infrarotfotografie). Beispielsweise kann man auf diese Weise Wärmebrücken an Bauwerken, die stärkere Wärmeverluste als die Umgebung charakterisieren, „fotografieren“. Moderne Temperaturmesseinrichtungen, die die Wärmestrahlung registrieren, sind in der Lage, die von den Körpern ausgesandten Strahlungen elektronisch so zu verarbeiten, dass auf einem Bildschirm verschiedene Temperaturbereiche farbig unterschieden werden können.

Beim Auftreffen von Strahlung in Form von elektromagnetischen Wellen auf einen Körper können drei Erscheinungen auftreten:

**1. Transmission:** Ein Teil der Strahlungsenergie wird hindurchgelassen. Der wellenlängenabhängige *Transmissionsgrad* $\tau(\lambda)$ (auch spektraler Transmissionsgrad genannt) ist der Quotient aus dem transmittierten Strahlungsfluss $\Phi_{tra}$ und dem auftreffenden Strahlungsfluss $\Phi_0$ und es gilt:

$$\tau(\lambda) = \frac{\Phi_{tra}}{\Phi_0} \tag{5.155}$$

Der Transmissionsgrad ist vom Stoff und von der Wellenlänge $\lambda$ der elektromagnetischen Strahlung abhängig. So ist beispielsweise für Glas die Durchlässigkeit für optisch sichtbares Licht gut, für Infrarotstrahlung jedoch sehr reduziert. Für alle Glassorten, insbesondere für Filter und alle technisch interessanten Stoffe muss zur genaueren Beurteilung des Transmissionsgrades jeder Wellenlängenbereich separat geprüft werden. Der Kehrwert des Transmissionsgrads ist die Opazität und der dekadische Logarithmus der Opazität wird Extinktion genannt.

**2. Reflexion:** Ein Teil der Strahlung wird reflektiert. Der Quotient aus dem reflektierten Strahlungsfluss $\Phi_{ref}$ und dem auftreffenden Strahlungsfluss $\Phi_0$ ist der wellenlängenabhängige *Reflexionsgrad* (auch spektraler Reflexionsgrad genannt) $\varrho(\lambda)$:

$$\varrho(\lambda) = \frac{\Phi_{ref}}{\Phi_0} \tag{5.156}$$

In Tabelle 5.16 sind Werte des wellenlängenabhängigen Reflexionsgrades $\varrho(\lambda)$ einiger Metalle für einige Wellenlängen angegeben.

**Tabelle 5.16** Wellenlängenabhängiger Reflexionsgrad $\varrho(\lambda)$ einiger Metalle in Prozent für einige Wellenlängen

| Wellenlänge $\lambda$ in nm | Aluminium | Gold | Kupfer | Nickel | Platin | Silber |
|---|---|---|---|---|---|---|
| 250 | 91,5 | 27,5 | 28 | 30,7 | 37,2 | 24,1 |
| 500 | 93,0 | 81,7 | 55,5 | 62,1 | 60,5 | 93,2 |
| 870 | 87,8 | 98,8 | 91,5 | 71,7 | 72,0 | 97,8 |
| 1250 | 97,0 | 99,2 | 95,8 | 98,2 | 76,2 | 78,0 |

Bemerkenswert ist, dass selbst Ruß noch etwa 1 % der gesamten auftreffenden elektromagnetischen Strahlung reflektiert.

**3. Absorption:** Ein weiterer Teil der auftreffenden und in den Körper eindringenden Strahlungsenergie wird absorbiert. Bezeichnet man den absorbierten Strahlungsfluss mit $\Phi_{abs}$ und dividiert diesen durch den auftreffenden Strahlungsfluss $\Phi_0$, so ergibt sich der wellenlängenabhängige *Absorptionsgrad* (auch spektraler Absorptionsgrad genannt) $\alpha(\lambda)$:

$$\alpha(\lambda) = \frac{\Phi_{abs}}{\Phi_0} \tag{5.157}$$

Aus der Erfahrung ist bekannt, dass Körper mit einer dunklen und rauhen Oberfläche die optisch sichtbare und unsichtbare elektromagnetische Strahlung des Sonnenlichtes besser absorbieren als helle, stark reflektierende Körper mit glatter Oberfläche.

Ein Körper, der die gesamte auf ihn auftreffende elektromagnetische Strahlung absorbiert, heißt *schwarzer Körper* mit einem wellenlängenunabhängigen Absorptionsgrad von Eins. Der Reflexionsgrad und der Transmissionsgrad des schwarzen Köpers sind null für alle Wellenlängen. Der schwarze Körper ist jedoch eine Idealisierung, denn selbst ein schwarz gestrichener oder mit Ruß geschwärzter Körper erfüllt diese Bedingung des schwarzen Körpers nicht vollkommen. Eine sehr gute, praktische Realisierung des schwarzen Körpers ist ein Hohlraum, wie er in Bild 5.60 schematisch dargestellt ist. Seine Öffnung absorbiert

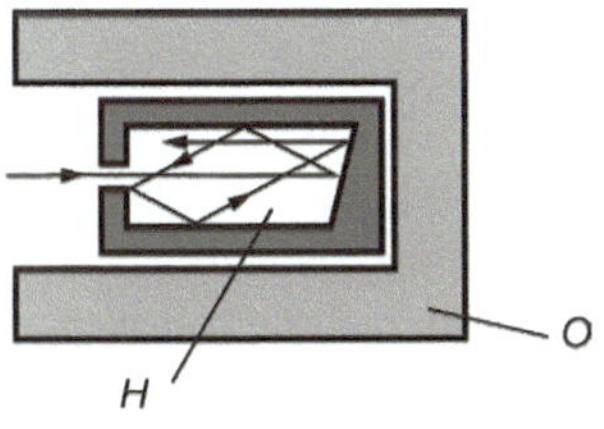


**Bild 5.60**
Prinzip des schwarzen Körpers: H ist der Hohlraum; wenn bei jeder Reflexion 10 % der auftreffenden Strahlung reflektiert werden, sind nach der 3. Reflexion nur noch 0,1 % übrig; wird der Ofen O geheizt wird die Öffnung zum Hohlraumstrahler

nach zahlreichen Reflexionen die eingedrungene elektromagnetische Strahlung vollständig und die Wahrscheinlichkeit, dass elektromagnetische Strahl wieder nach außen tritt, ist sehr gering, sodass die Öffnung des Hohlraums vollkommen schwarz erscheint.

Ein solcher Hohlraum kann auch aufgeheizt werden. Aus seiner Öffnung tritt dann elektromagnetische Strahlung aus, die bei entsprechenden Temperaturen sichtbar sein kann. Das Loch wird dadurch zum *Hohlraumstrahler* und ist dann nicht mehr schwarz. Alle anderen Körper werden als nichtschwarze Körper bezeichnet mit einem wellenlängenabhängigen Absorptionskoeffizient, der stets kleiner als 1 ist. Ein Körper wird als *grauer Körper* bezeichnet, wenn der Absorptionsgrad über den gesamten empfangenen Wellenlängenbereich konstant und kleiner 1 ist. Aufgrund der Energieerhaltung gilt:

$$\Phi_0 = \Phi_{\text{tra}} + \Phi_{\text{ref}} + \Phi_{\text{abs}} \quad \Rightarrow \quad \tau(\lambda) + \varrho(\lambda) + \alpha(\lambda) = 1 \tag{5.158}$$

Die zweite Gleichung enthält folgende Sonderfälle:

**Schwarzer Körper:**

$$\alpha(\lambda) = 1 \qquad (\tau(\lambda) = \varrho(\lambda) = 0)$$

**Nichtschwarzer undurchlässiger Körper:**

$$\alpha(\lambda) + \varrho(\lambda) = 1 \quad (\tau(\lambda) = 0)$$

**Idealer Spiegel:**

$$\varrho(\lambda) = 1 \qquad (\alpha(\lambda) = \tau(\lambda) = 0)$$

Im Unterschied zur Reflexion von elektromagnetischer Strahlung, die von außen auf den Körper auftrifft, erfolgt die Emission von elektromagnetischer Strahlung durch den Körper selbst entsprechend seiner Temperatur. Dabei wird die Strahlungsemission außer von der Temperatur auch von der Oberfläche des Körpers beeinflusst. Dies kann mit dem *Leslie-Würfel* (J. Leslie, 1766–1832) demonstriert werden (Bild 5.61): Der Würfel wird mit siedendem Wasser gefüllt. Die von seinen Wänden ausgehende Strahlung wird mit einem geeigneten Temperaturmessgerät untersucht. Steht der Detektor D der geschwärzten und stark absorbierenden Fläche gegenüber, wird eine höhere Temperatur angezeigt als nach Drehung des Würfels gegenüber der blanken polierten Fläche.

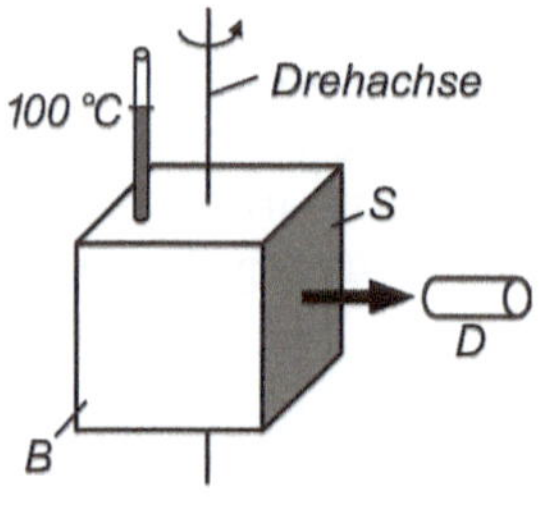


**Bild 5.61**
Prinzip der Versuchsanordnung mit dem Leslie-Würfel:
S ist die geschwärzte und B die blanke Fläche

Aus dem Versuch mit dem Leslie-Würfel lässt sich schlussfolgern, dass Körper, die eine größere Menge von elektromagnetischer Strahlung von außen absorbieren, auch als Wärmestrahler eine größere Menge von elektromagnetischer Strahlung emittieren. Definiert man als *spektralen Emissionsgrad* $\varepsilon(\lambda, T)$ eines nichtschwarzen Körpers den Quotienten aus der spektralen Strahlungsdichte $L_e(\lambda, T)$ und der spektralen Strahlungsdichte des schwarzen Körpers $L_{eS}(\lambda, T)$:

$$\varepsilon(\lambda, T) = \frac{L_e(\lambda, T)}{L_{eS}(\lambda, T)} \tag{5.159}$$

hat die Erfahrung gezeigt:

**Merke**

Für jeden beliebigen Körper ist bei gegebener Temperatur $T$ und Wellenlänge $\lambda$ der Quotient aus dem spektralen Emissionsgrad $\varepsilon(\lambda, T)$ und dem spektralen Absorptionsgrad $\alpha(\lambda, T)$ konstant.

Für zwei Körper A und B gilt somit:

$$\frac{\varepsilon_A(\lambda, T)}{\alpha_A(\lambda, T)} = \frac{\varepsilon_B(\lambda, T)}{\alpha_B(\lambda, T)} \tag{5.160}$$

Im Allgemeinen sind der spektrale Emissions-, der spektrale Absorptionsgrad sowie die spektrale Strahlungsdichte für einen beliebigen, nichtschwarzen Körper auch noch richtungsabhängig. Ein Körper, dessen Emissionsgrad nicht von der Richtung abhängt, wird *Lambert-Strahler* (nach J. H. Lambert, 1728–1777) genannt. Gemäß der Gl. (5.159) gilt für den Emissions- und für den Absorptionsgrad des schwarzen Körpers: $\varepsilon_S(\lambda, T) = \alpha_S(\lambda, T) = 1$. Daraus folgt, dass *Kirchhoff'sche Strahlungsgesetz*, wonach für jeden beliebigen Körper bei gegebener Temperatur $T$ und Wellenlänge $\lambda$ gilt:

$$\varepsilon(\lambda, T) = \alpha(\lambda, T) \tag{5.161}$$

Die Emission eines beliebigen Körpers kann also auf die Emission des schwarzen Körpers zurückgeführt werden:

$$\frac{\varepsilon(\lambda, T)}{\alpha(\lambda, T)} = \varepsilon_S(\lambda, T) = 1 \tag{5.162}$$

Bei Berücksichtigung der Richtungsabhängigkeit von Emissions- und Absorptionsgrad besagt das Kirchhoff'sche Strahlungsgesetz, dass für jeden nichtschwarzen Körper der gerichtete spektrale Emissionsgrad gleich dem gerichteten spektralen Absorptionsgrad ist. G. R. Kirchhoff (1824–1887) hat das Strahlungsgesetz im Jahre 1859 aus dem folgenden Gedankenexperiment (Bild 5.62) hergeleitet: In einem vollkommen wärmedicht abgeschlossenen Raum stehen sich eine vollkommen schwarze Fläche S und eine graue Fläche G gegenüber. Die übrigen Innenwände seien ideal verspiegelt, sodass an diesen Innenwänden keine Strahlungsverluste auftreten können. Die schwarze und die graue Fläche sollen die gleiche Temperatur aufweisen, sodass sie je Zeiteinheit gleich viel Energie absorbieren und auch emittieren. Wäre das nicht der Fall, so würde beispielsweise die Fläche S mehr Wärme abgegeben als zugeführt bekommen und müsste sich abkühlen. Dafür bekäme dann die Fläche G mehr Wärme zugeführt, als sie abgibt, und müsste sich dadurch aufheizen. Das stünde aber im Widerspruch zur gemachten Voraussetzung. Es besteht somit ein Strahlungsgleichgewicht.

Da bei gleicher Temperatur die emittierten Strahlungsflüsse dem Emissionsgrad proportional sind, seien die Beträge der von den beiden Flächen emittierten Strahlungen gleich $\varepsilon_S$ bzw. $\varepsilon$ gesetzt. Von der Strahlung der Fläche S nimmt Fläche G, da sie als grauer Körper nicht alles absorbiert, nur den Bruchteil $\alpha\,\varepsilon_S$ auf und reflektiert den Rest $\varepsilon_S - \alpha\varepsilon_S$ zurück nach Fläche S, wo dieser absorbiert wird. Außerdem nimmt Fläche S noch den von Fläche G selbst emittierten Strahlungsfluss auf. Da im Strahlungsgleichgewicht die emittierte gleich der absorbierten elektromagnetischen Strahlung sein muss, gilt: $\varepsilon_S = \varepsilon_S - \alpha\varepsilon_S + \varepsilon = 1$. Aus dieser Gleichung folgt das Kirchhoff'sche Strahlungsgesetz in Form der Gl. (5.161).

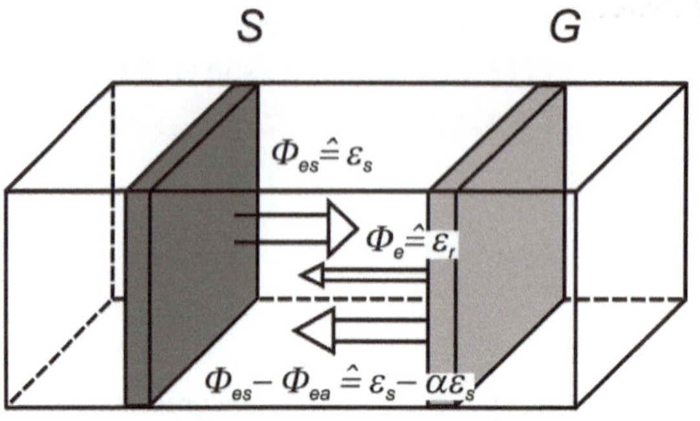


**Bild 5.62**
Gedankenexperiment nach Kirchhoff

Da bei der Strahlung des schwarzen Körpers stoffliche Eigenschaften keine Rolle spielen, untersuchte man zunächst diese Strahlung. J. Stefan (1835–1893) und L. E. Boltzmann (1844–1906) fanden im Jahre 1879 experimentell bzw. im Jahre 1884 theoretisch heraus, dass der vom schwarzen Körper über alle Wellenlängen ausgestrahlte gesamte *Strahlungsfluss* $\Phi_{eS}$ der Fläche $A$ des schwarzen Strahlers und der 4. Potenz seiner Temperatur $T$ proportional ist. Dies ist die Aussage des *Stefan-Boltzmann-Gesetzes des schwarzen Körpers*:

$$\Phi_{eS} = \sigma A T^4 \tag{5.163}$$

Mit der *Stefan-Boltzmann-Konstante*:

$$\sigma = \frac{2\pi^5 k_B^4}{15c^2h^3} = 5{,}670\,4 \cdot 10^{-8}\,\frac{\text{W}}{\text{m}^2\,\text{K}^4} \tag{5.164}$$

$k_B = 1{,}380\,648\,52 \cdot 10^{-23}$ J/K ist die Boltzmann-Konstante, $c = 2{,}997\,924\,58 \cdot 10^8$ m/s ist die Lichtgeschwindigkeit im Vakuum und $h = 6{,}626\,068\,56 \cdot 10^{-34}$ J s ist das Planck'sche Wirkungsquantum. Für die Sonne mit einer Oberflächentemperatur von $T_{\text{Sonne}} = 5\,778$ K und einer Oberfläche von $A_{\text{Sonne}} = 6{,}087\,4 \cdot 10^{18}$ m$^2$ beträgt die abgestrahlte Leistung: $\Phi_{eS}/A_{\text{Sonne}} = \sigma T_{\text{Sonne}}^4 \approx 6{,}3$ kW/cm$^2$. Die langjährig gemittelte Bestrahlungsstärke, die von der Sonne bei einem mittleren Abstand zwischen Erde und Sonne von ca. $149{,}9 \cdot 10^9$ m senkrecht auf die Erdoberfläche auftrifft, hat einen Wert von $S = 1{,}361$ kW/m$^2$ und wird als *Solarkonstante* bezeichnet. Die gesamte auf die Erde einfallende Strahlungsleistung der Sonne $P_{\text{Sonne}}$ ergibt sich aus dem Produkt der Solarkonstante $S$ mit der Fläche der Erdkontur (das ist der mittlere Erdradius $R_{\text{Erde}} = 6\,371 \cdot 10^3$ m): $P_{\text{Sonne}} = S\,\pi R_{\text{Erde}}^2 \approx 174 \cdot 10^{15}$ W.

Bei Berechnungen ist zu beachten, dass auch die Umgebung eines Körpers entsprechend ihrer Temperatur dem Körper Energie in Form von Wärmestrahlung zuführt. Entspricht die Umgebungsstrahlung näherungsweise der Strahlung des schwarzen Körpers und ist

$T_1$ die Temperatur des schwarzen Körpers und $T_2$ die Temperatur der Umgebung, so gilt: $\Phi_{eS} = \sigma A\left(T_1^4 - T_2^4\right)$. Da reale Wärmestrahler keine idealen Hohlraumstrahler sind und somit ihr Emissionsgrad $\varepsilon$ kleiner ist als der des schwarzen Körpers ($\varepsilon_S(\lambda, T) = 1$), geht man von experimentell bestimmten Emissionsgraden $\varepsilon$ der betreffenden Stoffe aus und erhält dann für den Strahlungsfluss eines beliebigen realen Wärmestrahlers:

$$\Phi_e = \varepsilon \sigma A\left(T_1^4 - T_2^4\right) \tag{5.165}$$

Aufgrund der Wellenlängen-, der Temperatur- und der Richtungsabhängigkeit sowie der Abhängigkeit der Oberflächenbeschaffenheit ist die Angabe von Emissions- und Absorptionsgraden nicht immer problemlos möglich. Zumal sie in einem sehr breiten Bereich für die einzelnen Stoffe schwanken. Beispielsweise haben Ruß, schwarze Lackfarbe, oder aber auch Eis im optisch sichtbaren und infraroten Wellenlängenbereich einen Emissionsgrad von $\varepsilon \approx 0{,}97$. Helle bzw. weiße Acrylfarbe hat für Wellenlängen um 500 nm einen Emissionsgrad von $\varepsilon \approx 0{,}3$ und im infraroten Wellenlängenbereich bei etwa 3,5 µm einen deutlichen größeren Emissionsgrad von $\varepsilon \approx 0{,}95$. Dementsprechend ist die Emissionscharakteristik des mit dieser Farbe lackierten Heizkörpers der schwarzen Körper sehr ähnlich. In der Tabelle 5.17 sind Richtwerte für den Emissionsgrad für unterschiedliche Stoffe im optisch sichtbaren Wellenlängenbereich für verschiedene Temperaturen angegeben.

**Tabelle 5.17** Richtwerte für den Emissionsgrad $\varepsilon$ für unterschiedliche Stoffe im optisch sichtbaren Wellenlängenbereich für verschiedene Temperaturen

| Stoff | | Temperatur $\vartheta$ in °C | Emissionsgrad $\varepsilon$ | Stoff | Temperatur $\vartheta$ in °C | Emissionsgrad $\varepsilon$ |
|---|---|---|---|---|---|---|
| Aluminium | poliert | 170 | 0,05 | Beton | 20 | 0,90 |
| Aluminium | rauh | 170 | 0,15 | Emaille | 20 | 0,85...0,95 |
| Kupfer | poliert | 20 | 0,025 | Silber | 1 500 | 0,04 |
| Kupfer | oxidiert | 20 | 0,78 | Wasser | 0...100 | 0,95 |
| Stahl | poliert | 150 | 0,16 | Wolfram | 1 500 | 0,15 |
| Stahl | verrostet | 20 | 0,85 | Ziegel | 20 | 0,93 |

Mit dem Stefan-Boltzmann-Gesetz (Gl. (5.163)) kann der gesamte Strahlungsfluss $\Phi_{eS}$ des schwarzen Körpers über alle Wellenlängen bestimmt werden. Es ist jedoch auch von großem Interesse zu wissen, wie sich dieser Strahlungsfluss über die Wellenlängen verteilt. Vor 1900 haben sich viele namhafte Physiker vergeblich bemüht, die damals bereits experimentell bekannte spektrale Verteilung der Wärmestrahlung des schwarzen Körpers, die in Bild 5.63 dargestellt ist, theoretisch zu beschreiben. Mit dem empirischen *Wien'schen Strahlungsgesetz*, das im Jahre 1896 von W. Wien (1864–1928) formuliert wurde, kann die spektrale Verteilung der Wärmestrahlung des schwarzen Körpers nur für kleine Wellenlängen (also deutlich vor dem Maximum der Kurven) beschrieben werden. Gemäß dem Wien'schen Strahlungsgesetz gilt für die spektrale spezifische Abstrahlung:

$$\phi_W(\lambda, T) = \frac{C_1}{\lambda^5}\exp\left(-\frac{C_2}{\lambda T}\right) = \frac{2\pi h c^2}{\lambda^5}\exp\left(-\frac{hc}{k_B \lambda T}\right) \tag{5.166}$$

mit der SI-Einheit: $\left[\phi_W(\lambda,T)\right] = W/m^3$. Für die beiden von Wien angenommenen Strahlungskonstanten $C_1$ und $C_2$ gilt: $C_1 = 2\pi hc^2$ und $C_2 = hc/k_B$. Das wiederum nur für große Wellenlängen gültige *Rayleigh-Jeans'sche Strahlungsgesetz*, was bei kleinen Wellenlängen zur sogenannten „Ultraviolettkatastrophe" führt, wurde von J. W. S. Rayleigh (1842–1919, Nobelpreis 1904) und J. H. Jeans (1877–1946) im Rahmen der klassischen Elektrodynamik und der statistischen Thermodynamik um 1900 formuliert und lautet:

$$\phi_{RJ}(\lambda,T) = \frac{2c\pi}{\lambda^4} k_B T \tag{5.167}$$

mit der SI-Einheit: $\left[\phi_{RJ}(\lambda,T)\right] = \left[\phi_W(\lambda,T)\right] = W/m^3$.

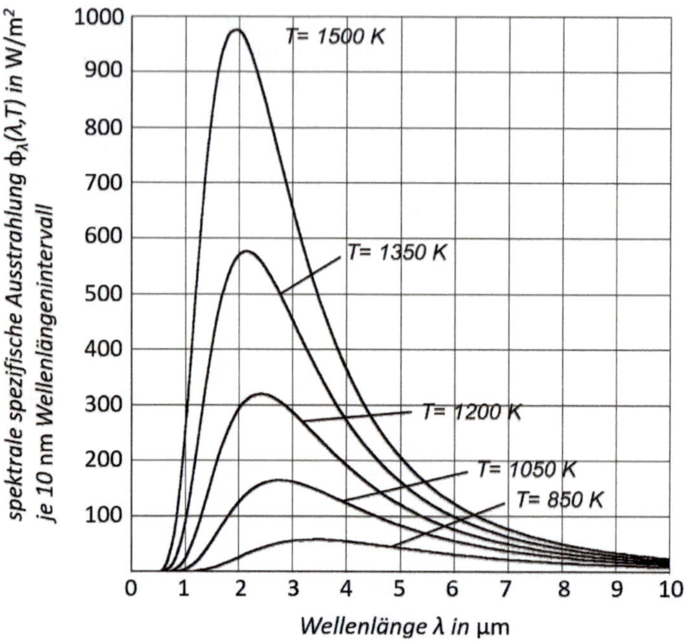


**Bild 5.63** Spektrale Intensitätsverteilung des schwarzen Körpers bei verschiedenen Temperaturen

Sowohl das empirisch gefundene Wien'sche Strahlungsgesetz als auch das im Rahmen der klassischen Elektrodynamik und der statistischen Thermodynamik abgeleitete Rayleigh-Jeans'sche Strahlungsgesetz konnten die spektrale Intensitätsverteilung des schwarzen Körpers nicht über den gesamten Wellenlängenbereich korrekt beschreiben. Den Ausweg fand M. Planck (1858–1947, Nobelpreis 1918). Er leitete im Jahre 1900 das nach ihm benannte *Planck'sche Strahlungsgesetz* ab, wozu er damals vollkommen neue Annahmen über die Aussendung von elektromagnetischer Strahlung machte und damit die Quantenphysik mitbegründete: Die in der Wand des Hohlraumstrahlers schwingenden Atome geben ihre Strahlungsenergie nicht kontinuierlich ab, sondern in Form von diskreten Energieportionen, die *Energiequanten* genannt werden. Die Energie $E$ dieser Energiequanten wird durch die Frequenz $\nu$ der elektromagnetischen Strahlung bestimmt und hat den Wert: $E = h\nu$. Die Naturkonstante $h$ ist das nach Planck benannte *Planck'sche Wirkungsquantum*:

$$h = 6{,}626\,068\,56 \cdot 10^{-34}\ \text{Js} \tag{5.168}$$

Der Erfolg gab Planck mit seinem damals völlig neuen und revolutionären Ansatz recht: Sein Strahlungsgesetz beschrieb die spektrale Intensitätsverteilung des schwarzen Körpers richtig. Das Planck'sche Strahlungsgesetz bezüglich der spektralen spezifischen Ausstrahlung in der Wellenlängen- bzw. Frequenzdarstellung lautet:

$$\phi_\lambda(\lambda,T)=\frac{2\pi hc^2}{\lambda^5}\cdot\frac{1}{\exp\left(\dfrac{hc}{\lambda k_B T}\right)-1} \tag{5.169a}$$

bzw.

$$\phi_\nu(\nu,T)=\frac{2\pi h\nu^3}{c^2}\cdot\frac{1}{\exp\left(\dfrac{h\nu}{k_B T}\right)-1} \tag{5.169b}$$

mit der SI-Einheit $\left[\phi_\lambda(\lambda,T)\right]=\mathrm{W/m^3}$ (also Leistung pro Volumen = räumliche Leistungsdichte) bzw. $\left[\phi_\nu(\nu,T)\right]=\mathrm{Ws/m^2}=\mathrm{J/m^2}$ (also Energie pro Fläche = Energiedichte). Neben diesen beiden mathematischen Darstellungen des Planck'schen Strahlungsgesetzes gibt es weitere Varianten, je nachdem ob die Intensität der Strahlung in eine bestimmte Richtung oder die Abstrahlung in den gesamten Halbraum betrachtet werden soll und je nachdem ob Strahlungsgrößen, Energiedichten oder Photonenzahlen beschrieben werden sollen. Das Produkt $\phi_\lambda(\lambda,T)\,\mathrm{d}A\,\mathrm{d}\lambda$ ist die Strahlungsleistung, die vom Flächenelement $\mathrm{d}A$ im Wellenlängenbereich zwischen $\lambda$ und $\lambda+\mathrm{d}\lambda$ in den gesamten Halbraum abgestrahlt wird. Das Produkt $\phi_\nu(\nu,T)\,\mathrm{d}A\,\mathrm{d}\nu$ ist die Strahlungsleistung, die vom Flächenelement $\mathrm{d}A$ im Frequenzbereich zwischen $\nu$ und $\nu+\mathrm{d}\nu$ in den gesamten Halbraum abgestrahlt wird. Bei Umrechnungen zwischen der Wellenlängen- und der Frequenzdarstellung ist zu beachten, dass wegen $\lambda=c/\nu$ gilt: $|\mathrm{d}\lambda|=c\,|\mathrm{d}\nu|/\nu^2$ bzw. $|\mathrm{d}\nu|=c\,|\mathrm{d}\lambda|/\lambda^2$.

Das Planck'sche Strahlungsgesetz enthält auch die beiden Grenzfälle für kurze bzw. lange Wellenlängen in Form des Wien'schen bzw. des Rayleigh-Jeans'schen Strahlungsgesetzes. Darüber hinaus ergibt eine Integration der Wellenlängendarstellung $\phi_\lambda(\lambda,T)$ der spektralen spezifischen Ausstrahlung über alle Wellenlängen bzw. eine Integration der Frequenzdarstellung $\phi_\nu(\nu,T)$ der spektralen spezifischen Ausstrahlung über alle Frequenzen das Stefan-Boltzmann-Gesetz (Gl. (5.163)):

$$\frac{\Phi_{eS}}{A}=\int_0^\infty \phi_\lambda(\lambda,T)\,\mathrm{d}\lambda=\int_0^\infty \phi_\nu(\nu,T)\,\mathrm{d}\nu=\sigma T^4=\frac{2\pi^5 k_B^4}{15c^2h^3}T^4 \tag{5.170}$$

Die in Bild 5.63 dargestellten spektralen Intensitätsverteilungen des schwarzen Körpers zeigen, dass sich mit steigender Temperatur die Kurvenform ändert, wobei jede Strahlungskurve ein mehr oder weniger stark ausgeprägtes Maximum aufweist. Da die Gesamtstrahlungsleistung gemäß dem Stefan-Boltzmann-Gesetz mit der vierten Potenz der Temperatur ansteigt, werden die Flächeninhalte unter den Kurven mit steigender Temperatur sehr schnell größer. Die Verschiebung des Maximums der Strahlungsleistung mit steigender Temperatur, die bereits von W. Wien in dem nach ihm benannten *Wien'schen Verschiebungsgesetz* im Jahre 1893 formuliert wurde:

$$\lambda_{max}T=b \tag{5.171}$$

mit der *Wien'schen Verschiebungskonstanten b* kann aus dem Planck'schen Strahlungsgesetz hergeleitet werden. Die Nullsetzung der 1. Ableitung der Wellenlängendarstellung $\phi_\lambda(\lambda,T)$

der spektralen spezifischen Ausstrahlung gemäß dem Planck'schen Strahlungsgesetz ergibt die transzendente Gleichung: $1-\exp(-\beta)=\beta/5$ mit $\beta=hc/(\lambda_{\max} k_{\mathrm{B}} T)\lesssim 5$. Genauere Näherungsverfahrung zur Lösung dieser transzendenten Gleichung liefern einen Wert von $\beta = 4{,}965\,114\,231\,7$ und für die Wien'sche Verschiebungskonstante folgt:

$$b=\lambda_{\max} T=\frac{hc}{k_{\mathrm{B}}\beta}=2{,}897\,771\,955\ \mathrm{mm}\cdot\mathrm{K} \tag{5.172}$$

Für die Wellenlängendarstellung der spektralen spezifischen Ausstrahlung bei $\lambda = \lambda_{\max}$ gilt somit:

$$\phi_\lambda(\lambda_{\max},T)=\frac{2\pi\beta^5 k_{\mathrm{B}}^5}{h^4 c^3}\cdot\frac{T^5}{\exp(\beta)-1}\propto T^5 \tag{5.173}$$

Mit dem Wien'schen Verschiebungsgesetz (Gl. (5.171)) ist es möglich, durch Messung der Wellenlänge $\lambda_{\max}$, bei der die spektrale spezifische Ausstrahlung ein Maximum aufweist, die Oberflächentemperatur des schwarzen Körpers zu berechnen. So ergibt sich beispielsweise für die Sonne mit einer Oberflächentemperatur von $T = 5\,778$ K ein Wert von $\lambda_{\max} \cong 500$ nm und für die kosmische Hintergrundstrahlung mit einer Temperatur von $T = 2{,}725$ K ergibt sich ein Wert von $\lambda_{\max} \approx 1{,}06$ mm. Die Temperatur des Wolfram-Glühfadens einer klassischen Glühlampe beträgt ca. 3 000 K, was einen Wert von $\lambda_{\max} = 966$ nm ergibt.

Die eher weniger gebräuchliche Frequenzdarstellung des Wien'schen Verschiebungsgesetzes ergibt sich durch Nullsetzung der 1. Ableitung der Frequenzdarstellung $\phi_\nu(\nu,T)$ der spektralen spezifischen Ausstrahlung, was ebenfalls zu einer transzendenten Gleichung führt: $1-\exp(-\gamma)=\gamma/3$ mit $\gamma=h\nu_{\max}/(k_{\mathrm{B}}T)\lesssim 3$. Die numerische Lösung dieser transzendenten Gleichung ergibt $\gamma = 2{,}821\,439\,372\,1$ und daraus folgt:

$$b'=\frac{\nu_{\max}}{T}=\frac{\gamma k_{\mathrm{B}}}{h}=5{,}878\,925\,757\cdot 10^{10}\ \mathrm{Hz/K} \tag{5.174}$$

Für die Frequenzdarstellung der spektralen spezifischen Ausstrahlung bei $\nu = \nu_{\max}$ gilt somit:

$$\phi_\nu(\nu_{\max},T)=\frac{2\pi\gamma^3 k_{\mathrm{B}}^3}{h^2 c^2}\cdot\frac{T^3}{\exp(\gamma)-1}\propto T^3 \tag{5.175}$$

Die bei der Temperaturänderung eintretende Helligkeits- und Farbverschiebung macht es möglich, insbesondere hohe Temperaturen ohne Wärmekontakt experimentell zu bestimmen. Im *Glühfadenpyrometer* wird der glühende Gegenstand durch ein Objektiv auf dem oberen Teil eine Glühlampe abgebildet. Durch Variation der Stromstärke wird die Farbe des Glühfadens, den man im Gesichtsfeld des Okulars scharf einstellt, geändert, bis der Glühfaden sich im Okular vom glühenden Gegenstand optisch nicht mehr abhebt. Die Temperatur kann dann an der Skala des Strommessers abgelesen werden.

Beim *fotoelektrischen Pyrometer* fallen die elektromagnetische Strahlung des Messobjektes und die einer eingebauten Wolframlampe im schnellen Wechsel auf eine Fotodiode. Der Abgleich erfolgt durch die automatisch stattfindende Regelung einer im optischen Strahlengang stehenden Blende, deren Stellung ein Maß für die Temperatur ist. Auf diese Weise wird allerdings nicht die wahre Temperatur bestimmt, sondern die stets niedrigere sogenannte *schwarze Temperatur*. Denn ein nichtschwarzer Körper mit einem Emissionsgrad $\varepsilon < 1$ muss auf eine höhere Temperatur aufgeheizt werden, wenn er die gleiche Helligkeit wie der schwarze Körper aufweisen soll. Also liegt seine wahre Temperatur höher. Da der Emissionsgrad von der Wellenlänge abhängt, ist die schwarze Temperatur nur für bestimmte, jeweils anzugebende Wellenbereiche definiert.

Aufgrund der mitunter erheblichen Abweichung der schwarzen Temperatur von der wahren Temperatur wird häufig die *Farbtemperatur* bestimmt. Man vergleicht dabei nicht die Intensität einzelner Wellenlängenbereiche, sondern den Farbeindruck der gesamten elektromagnetischen Strahlung die von der Lichtquelle emittiert wird. Die Temperatur kann bei Farbgleichheit höher liegen als die wahre Temperatur. Das ist beispielsweise der Fall, wenn der Anteil an längerwelligerem (roten) Licht relativ gering ist als beim schwarzen Körper. In einem solchen Fall muss der zu messende Körper nicht so hoch erhitzt werden, um den gleichen Gesamtfarbeindruck zu erhalten. In Tabelle 5.18 sind die Farbtemperaturen einiger Lichtquellen angegeben.

**Tabelle 5.18** Farbtemperaturen einiger Lichtquellen

| Farbtemperatur in K | Lichtquelle | Farbtemperatur in K | Lichtquelle |
|---|---|---|---|
| 1 500 | Wachskerze | 4 120 | Mondlicht |
| 2 000 | Natriumdampflampe | 4 500...5 000 | Xenonlampe |
| 2 600 | Glühlampe (40 W) | 5 000 | Morgen-/Abendsonne |
| 2 800 | Glühlampe (100 W) | 6 500...7 500 | bedeckter Himmel |
| 3 000...3 200 | Halogenlampe (12 V) | 7 500...8 500 | Nebel |
| 4 000 | Leuchtstofflampe | 15 000...27 000 | blauer Himmel |

Die Vorteile der pyrometrischen, berührungslosen Temperaturmessung sind:

- sehr schnelle Messungen möglich (bis zu unter 1 µs), da kein Temperaturausgleich zwischen Messobjekt und Pyrometer erfolgen muss
- keine Beeinflussung der Temperatur des Messobjekts, da kein Wärmekontakt zwischen Messobjekt und Pyrometer stattfindet,
- große Messbereiche möglich und kein Verschleiß des Messgeräts (Pyrometer),
- Temperaturmessung auch bei sehr heißen Messobjekten mit Temperaturen von mehreren Tausend °C oder bei sich (schnell) bewegenden Messobjekten möglich, bei denen ein Wärmekontakt zum Messgerät unmöglich ist,
- Möglichkeit der Temperaturmessung beispielsweise bei hohen Spannungen oder anderen Gefahrenstellen, da kein Wärmekontakt erforderlich ist.

Die Nachteile der pyrometrischen, berührungslosen Temperaturmessung sind:

- der material-, wellenlängen-, temperatur- und richtungsabhängige Emissionsgrad des Messobjekts muss bekannt sein,
- niedrige Temperaturen nur schwer bzw. nur sehr ungenau pyrometrisch messbar,
- andere Licht- bzw. Strahlungsquellen können die Messung verfälschen,
- lokale Temperaturunterschiede von Messobjekten pyrometrisch kaum messbar.

**Beispiele**

1. Bei welcher Wellenlänge liegt das Strahlungsmaximum bei den Temperaturen 500 K, 1 500 K, 2 500 K und 5 000 K?

   Aus $\lambda_{max} = b/T$ folgt für $T$ = 500 K ein Wert von $\lambda_{max}$ = 5,80 µm (unsichtbar), für $T$ = 1 500 K ein Wert von $\lambda_{max}$ = 1,93 µm (unsichtbar), für $T$ = 2 500 K ein Wert von $\lambda_{max}$ = 1,16 µm (unsichtbar) und für $T$ = 5 000 K ein Wert von $\lambda_{max}$ = 580 nm (sichtbar, gelbgrün). Daraus erkennt man, dass eine Glühlampe den größten Teil ihres Spektrums im unsichtbaren langwelligen Bereich ausstrahlt. Daher wird der optische Wirkungsgrad einer Lampe mit steigender Temperatur besser.

2. Um welchen Faktor unterscheidet sich der Strahlungsfluss eines Heizkörpers bei einer Temperatur von 40 °C gegenüber dem bei der Temperatur 80 °C? Wie groß wäre der Faktor, wenn bei sonst gleichen Verhältnissen ein Körper einmal 0 °C und dann 1 000 °C hat?

   Für $T_1$ = 313 K und $T_2$ = 353 K verhalten sich $\Phi_{e1} : \Phi_{e2}$ wie $T_1^4 : T_2^4 = 313^4 : 353^4 = 1 : 1{,}62$. Der Strahlungsfluss ist bei 80 °C 1,62-mal so groß wie bei 40 °C. Im zweiten Fall unterscheiden sich die Strahlungsflüsse um den Faktor 473!

3. Welchen Strahlungsfluss strahlt die Wolframwendel (strahlende Oberfläche 300 mm²) einer Glühlampe bei 2 500 K und einer Raumtemperatur von 20 °C ab ($\varepsilon$ = 0,3)?

$$\Phi_e = \varepsilon \sigma A \left(T_1^4 - T_1^2\right) = \frac{0{,}3 \cdot 5{,}7 \cdot 10^{-8}\ \text{W} \cdot 300 \cdot 10^{-6}\ \text{m}^2 \left(2\,500^4 - 293^4\right) \text{K}^4}{\text{m}^2\,\text{K}^4} = 200\ \text{W}$$

# 6 Elektrodynamik

Ein Leben ohne Nutzung der Elektrodynamik in Form von Elektrotechnik und Elektronik wäre für uns heute nicht mehr denkbar. Aber nicht nur in praktischen Anwendungen spielen elektrodynamische Vorgänge eine große Rolle. Alles, was uns umgibt, vom Aufbau der Atome über chemische Reaktionen, biologische Vorgänge bis hin zu kosmischen Ereignissen wird wesentlich bestimmt durch elektrodynamische Gesetze.

Die Vorgänge und Anwendungsmöglichkeiten lassen sich trotz ihrer Vielfalt durch relativ wenige physikalische Gesetze verstehen. Die Vorstellung und Behandlung dieser Gesetze sollen in den nächsten Abschnitten geschehen. Dabei werden wir uns hier, wie auch in den bisherigen Darstellungen, auf die wichtigsten Punkte beschränken müssen.

## 6.1 Grundbausteine

Seit langer Zeit ist bekannt, dass ein Stück Bernstein, mit dem man z. B. über Stoff gerieben hat, Kräfte auf kleine Teilchen wie Wollfasern oder Staub ausübt. Nach dem griechischen Wort für Bernstein, „elektron", wurde diese Eigenschaft um das Jahr 1600 von W. Gilbert (1544–1603) als „elektrisch" bezeichnet.

Wir wissen heute, dass die Ursache für diese Erscheinungen die elektrische Ladung und deren Bewegung und die damit verbundenen elektromagnetischen Felder sind. Die elektrische Ladung hat einige besondere Eigenschaften, die bei anderen grundlegenden Größen, wie z. B. der Masse nicht auftreten:

- Es gibt zwei Arten der elektrischen Ladung, die als „positiv" und „negativ" bezeichnet werden.
- Es gibt eine kleinste Ladungsmenge, die Elementarladung $e$. Eine Ladung kann also nur um ganzzahlige Vielfache dieser Elementarladung verändert werden. (Ausnahmen stellen nur die sogenannten Quarks im Standardmodell der Elementarteilchenphysik dar, die Bruchteile der Elementarladung tragen, siehe Abschnitt 8.4.1.)
- Für die elektrische Ladung gilt ein Erhaltungssatz. Er besagt, dass die Ladung in einem abgeschlossenen System (kein Ladungstransport über die Grenzen des Systems) konstant ist. Dies ist ein fundamentales Gesetz der Physik.
- Elektrische Ladung ist immer an Materie gebunden. So trägt z. B. von den Bausteinen des Atoms das Elektron die kleinste negative Ladung $-e$, das Proton die kleinste positive Ladung $+e$.

Ladungen üben Kräfte aufeinander aus, die zwischen gleichartigen Ladungen abstoßend, zwischen verschiedenartigen anziehend sind. Ursache dieser Kräfte ist das von den Ladungen erzeugte elektrische Feld.

Ladung wird mit dem Formelzeichen $q$ bezeichnet, oder mit $Q$, wenn man andeuten will, dass es sich um eine feste Gesamtladung handelt. Sie wird gemessen in der Einheit Coulomb, $[q]=C$, die auf den SI-Basiseinheiten Ampere A und Sekunde s beruht: 1 C = 1 A·s (C. A. de Coulomb, 1736–1806, A. M. Ampère, 1775–1836).

In makroskopischen Zusammenhängen ist es sehr häufig sinnvoll, nicht von den einzelnen Elementarladungen auszugehen, deren Orte und Bewegungen im Einzelnen meistens nicht bekannt und auch nicht von Interesse sind. Stattdessen verwendet man den Begriff der Ladungsverteilung, die durch die ortsabhängige Größe *Ladungsdichte*, bezeichnet mit $\varrho_q(\vec{x})$ oder, wenn der Zusammenhang eindeutig ist, einfach mit $\varrho(\vec{x})$ beschrieben wird. $\varrho_q$ hat die Dimension $\frac{\text{Ladung}}{\text{Volumen}}$, also die Einheit $[\varrho_q]=\text{C m}^{-3}$.

Der *elektrische* Strom mit dem Formelzeichen $I$ und der Einheit $[I]=\text{A}$, ist die Ladungsmenge, die pro Zeiteinheit durch einen Leiter fließt (im Unterschied zum *Teilchen*strom, der die Anzahl der Teilchen pro Zeiteinheit angibt). In vielen Fällen ist nicht der Gesamtstrom ausschlaggebend, sondern die räumlich verteilten Teilströme und deren Richtungen. Dazu verwendet man die vektorielle Größe *Stromdichte* $\vec{j}(\vec{x})$ mit der Dimension $\frac{\text{Strom}}{\text{Fläche}}$, d. h. mit der Einheit $[j]=\text{A m}^{-2}$.

So wie zwischen Ladungen treten zwischen elektrischen Strömen Kraftwirkungen auf, deren Ursache das magnetischen Feld ist (siehe Abschnitt 6.3).

# 6.2 Das statische elektrische Feld

## 6.2.1 Grunderscheinungen der Elektrostatik

Zum Einstieg in die Behandlung elektrischer Erscheinungen sollen zunächst Erscheinungen im Zusammenhang mit ruhenden Ladungen betrachtet werden. Dieses Gebiet wird als Elektrostatik bezeichnet.

Während makroskopisches Material gewöhnlich elektrisch neutral, also nicht geladen ist, beobachtet man, dass sich verschiedene Stoffe durch Reibung auf verschiedene Art elektrisch aufladen. Das ist z. B. bei Glas und Harz (Bernstein) der Fall, weshalb die Ladungsarten zunächst als „glasartig" und „harzartig" bezeichnet wurden. Erst später wurden dafür die Bezeichnungen „positiv" und „negativ" geprägt, die auch heute gelten.

Den durch Reibung hervorgerufenen Ladungszustand der an sich nichtleitenden Körper aus Glas bzw. Harz versteht man heute so, dass an der Oberfläche des positiv geladenen Körpers ein Elektronenmangel erzeugt wird, an der des negativ geladenen ein Elektronenüberschuss.

Zum Nachweis elektrischer Ladungen kann man die oben geschilderten Kräfte zwischen geladenen Körpern nutzen. Die Messung muss möglichst stromlos erfolgen, da sonst die zu messende Ladung abfließt. Die Messgeräte heißen Elektrometer. Das Braun'sche Elektrometer (F. Braun, 1850–1918) (Bild 6.1) enthält einen leitend gelagerten, leicht beweglichen Zeiger, der im geladenem Zustand von der gleichartig geladenen Haltevorrichtung abgestoßen wird. In diesem Gerät fließt außer bei Ladungsänderungen kein Strom, allerdings sind quantitative Messungen damit nur eingeschränkt möglich. Elektronisch lässt sich Ladung mit dem Elektrometer-Verstärker messen, bei dem allerdings ein – wenn auch wegen des hohen Innenwiderstands sehr kleiner – Messstrom fließt, durch den die zu messende Ladung abgebaut wird.

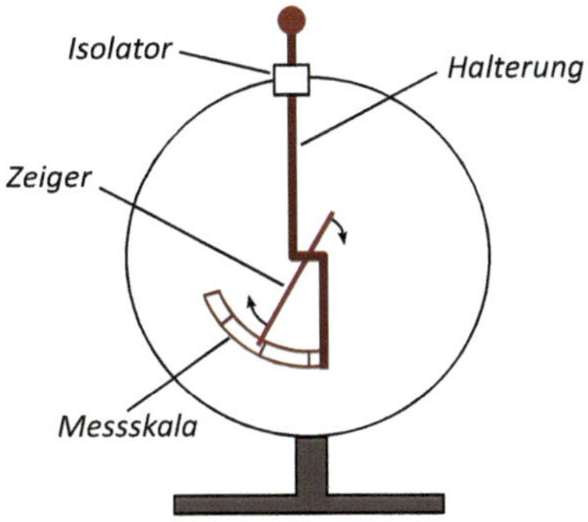


**Bild 6.1**
Braun'sches Elektrometer

Zwei parallel angeordnete, ebene metallische Platten bilden einen Plattenkondensator, eine spezielle, besonders einfache Form eines Kondensators (Bild 6.2). Bringt man entgegengesetzte Ladungen auf diese Platten und hält dann eine an einem Faden aufgehängte, geladene Kugel zwischen die Platten, so wird diese ausgelenkt. Die Auslenkung ist an jeder Stelle innerhalb der Platten dieselbe. Auch am Rand der Platten und im Umfeld stellt man eine Auslenkung fest, die allerdings in Richtung und Stärke vom Ort abhängt. An jedem Punkt wirkt also eine Kraft, die durch Betrag und Richtung ausgezeichnet ist und die durch das elektrische Feld der Kondensatorladungen vermittelt wird. Oder allgemeiner:

**Merke**
Auf eine Ladung in einem elektrischen Feld wirkt eine Kraft, deren Betrag und Richtung vom Ort der Ladung abhängt. Das elektrische Feld wird durch die übrigen Ladungen im Raum erzeugt.

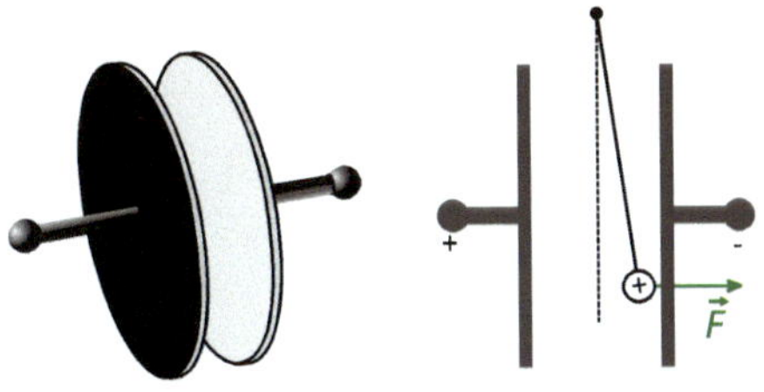


**Bild 6.2**
Plattenkondensator

Die Richtungen des elektrischen Feldes bzw. der Kraft an verschiedenen Stellen können durch elektrische Feld- oder Kraftlinien veranschaulicht werden (Beispiele siehe Bild 6.3 bis Bild 6.6). Diese Linien sind nicht real, erweisen sich aber als eine bei vielen Gelegenheiten nützliche Hilfsvorstellung, die von Michael Faraday (1791–1867) erdacht wurde.

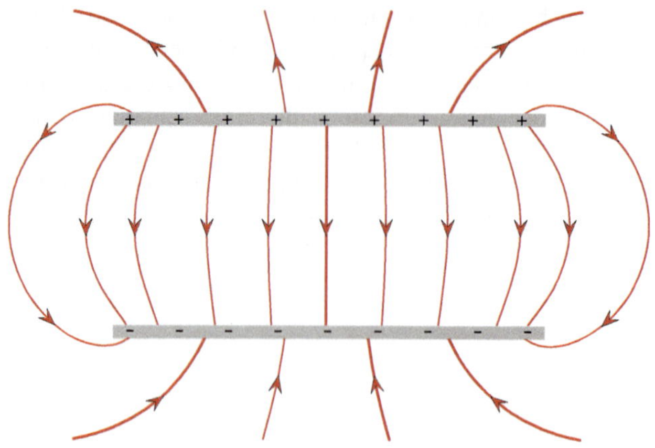


**Bild 6.3** Feldlinien des elektrischen Feldes eines Plattenkondensators[1]

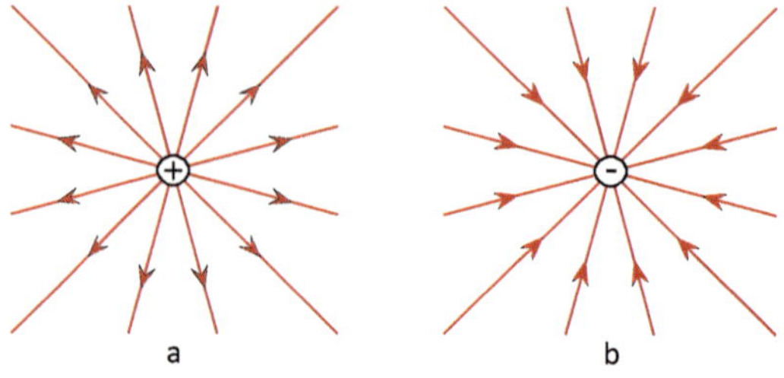


**Bild 6.4**
Feldlinien des elektrischen Feldes einer (a) positiven Ladung, (b) negativen Ladung

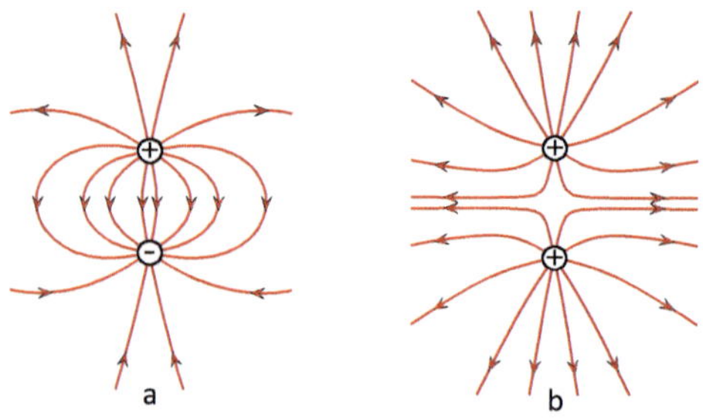


**Bild 6.5**
Feldlinien des elektrischen Feldes zweier (a) entgegengesetzter Ladungen (elektrischer Dipol), (b) gleichartiger Ladungen

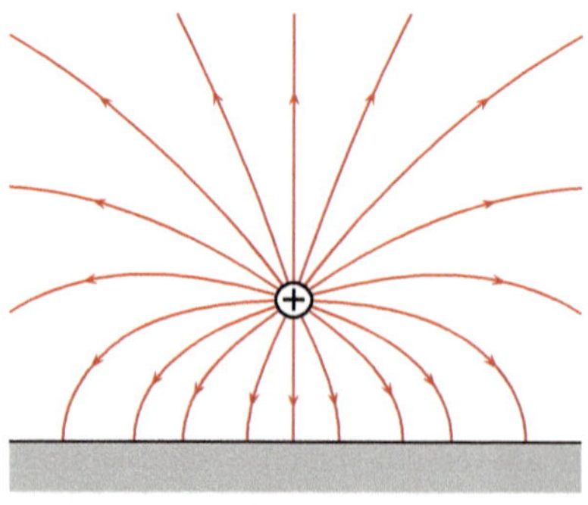

**Bild 6.6**
Feldlinien des elektrischen Feldes zwischen einer Ladung und der Oberfläche eines elektrischen Leiters (Metall)

[1] Feldlinienbilder erstellt mit dem Programm VectorFieldPlot

Den elektrischen Feldlinien kann man folgende Eigenschaften zuschreiben (Bild 6.3 bis Bild 6.6):

- Die Feldlinien beginnen auf der positiven und enden auf der negativen Ladung (willkürliche Richtungsfestlegung), sie haben bei derartigen Ladungsfeldern also Anfang und Ende. Dementsprechend zeigt das elektrostatische Feld von der positiven zur negativen Ladung.
- Entsprechend der festgelegten Richtung werden die positiven Ladungen als Quellen, die negativen Ladungen als Senken des elektrostatischen Feldes bezeichnet. Da es keine geschlossenen Feldlinien gibt, wird das elektrostatische Feld als wirbelfreies Quellenfeld bezeichnet.
- Die Feldlinien geben die Richtung der Kräfte an, die auf eine ins Feld gebrachte Probeladung wirken. Dabei wirkt die Kraft auf positive Ladungen in Richtung der Feldlinien, auf negative Ladungen entgegengesetzt dazu (Bild 6.7).

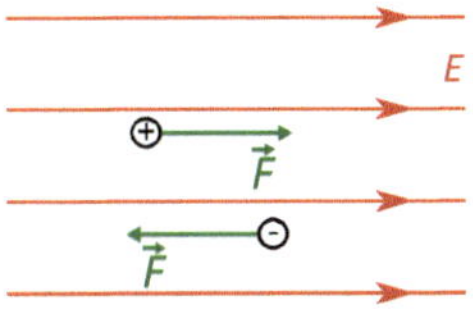


**Bild 6.7**
Kraft auf elektrisch geladene Teilchen im elektrischen Feld

### Felder

Während die elektrischen Feldlinien (wie auch die Feldlinien anderer Felder) eine Modellvorstellung sind, ist ein Feld selbst eine physikalische Realität, bei der jedem Punkt im Raum der Wert und gegebenenfalls die Richtung einer Größe zugeordnet ist. Allgemein wird ein Feld mathematisch als Funktion der Raumkoordinaten und der Zeit beschrieben.

Dabei unterscheidet man

- *gerichtete* Felder: *Vektorfelder* (z. B. elektrisches Feld, magnetisches Feld, Gravitationsfeld) und

  *ungerichtete* Felder: *Skalarfelder* (z. B. elektrisches Potential, Temperaturfeld);
- *ortsabhängige* Felder: Dies ist der allgemeine Fall. Wenn sich Wert und/oder Richtung des Feldes mit dem Ort ändert, heißt das Feld *inhomogen* (Bild 6.4 bis Bild 6.6) und

  *nicht ortsabhängige* Felder: In diesem Spezialfall werden die Felder als *homogen* bezeichnet, z. B. das elektrische Feld im Innern eines Plattenkondensators (Bild 6.3);
- *zeitabhängige* Felder: Auch dies ist der allgemeine Fall. Wenn sich das Feld mit der Zeit ändert, spricht man von einem *instationären* oder *dynamischen* Feld,

  *nicht zeitabhängige* Felder: Die Felder heißen dann *stationär* oder *statisch*.

## 6.2.2 Elektrische Feldgrößen

Um die Stärke eines Feldes angeben zu können, werden die im elektrischen Feld zu beobachtenden Kraftwirkungen genutzt. Wie oben erwähnt, wirkt auf eine geladene Kugel im elektrischen Feld eines Kondensators eine Kraft, siehe Bild 6.2 bzw. Bild 6.7.

Man stellt fest, dass die Kraft $\vec{F}$ nicht nur von dem Feld selbst, sondern auch von der Größe der elektrischen Ladung $q$ der Kugel abhängt. Die Ladung, auf welche die Kraft einwirkt, wird im Folgenden als Probeladung bezeichnet. Sie soll so klein sein, dass sie das vorhandene elektrische Feld nicht beeinflusst. Dies führt zur Definition der elektrischen Feldstärke $\vec{E}$.

Die elektrische Feldstärke $\vec{E}$ ist der Quotient aus der auf die Probeladung wirkenden Kraft $\vec{F}$ und der Ladung $q$. Die Richtung des Vektors $\vec{E}$ stimmt mit der des Kraftvektors $\vec{F}$ überein, wenn die Ladung $q$ positiv ist, und ist entgegengesetzt bei negativer Ladung.

**Elektrische Feldstärke**

$$\vec{E} = \frac{\vec{F}}{q} \tag{6.1}$$

Für die Einheit der elektrischen Feldstärke ergibt sich daraus: $[E] = \frac{\text{N}}{\text{C}} = \frac{\text{N m}}{\text{C m}} = \frac{\text{V}}{\text{m}}$.
mit der Einheit Volt $\text{V} = \frac{\text{N m}}{\text{C}}$ (A. Volta, 1745-1827) für das elektrische Potential (siehe nächster Abschnitt).

Innerhalb des Kondensators erzeugt die spezielle Anordnung der Ladungen ein homogenes elektrisches Feld. Im Allgemeinen muss aber beachtet werden, dass die elektrische Feldstärke $\vec{E}$ in jedem Punkt eine andere Größe (Betrag und/oder Richtung) haben kann. Bei der Darstellung durch Feldlinien ist die Richtung des Feldstärkevektors $\vec{E}$ ist durch die Richtung der Tangente gegeben, welche man an die durch den betrachteten Punkt gehende elektrische Feldlinie legen kann und die in Richtung der Kraft auf eine positive Probeladung zeigt (Bild 6.8).

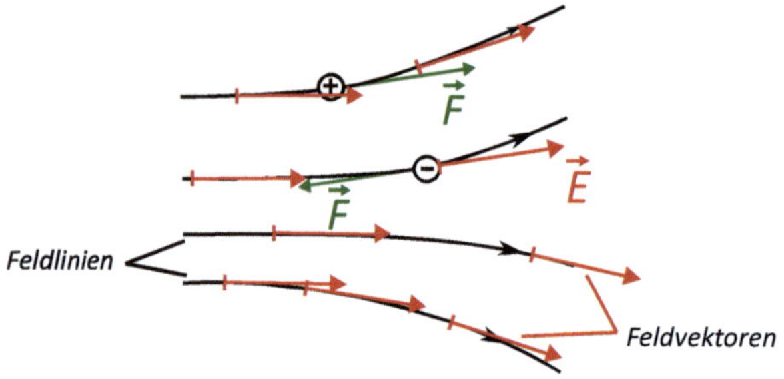


**Bild 6.8**
Inhomogenes Feld

## Elektrische Flächenladungsdichte

Die Ursache eines elektrostatischen Feldes ist eine Ladung d$q$, die sich auf einer Oberfläche d$A$ eines Körpers befinden kann. Als *Flächenladungsdichte* $\sigma$ definiert man den Quotienten aus der Ladung d$q$ und der Fläche d$A$, auf der sich die Ladung befindet.

**Elektrische Flächenladungsdichte**

$$\sigma = \frac{\mathrm{d}q}{\mathrm{d}A} \tag{6.2}$$

Die Einheit der Flächenladungsdichte ist also $[\sigma] = \frac{\text{C}}{\text{m}^2}$.

Bei einer Verteilung der Gesamtladung $Q$ über die Gesamtfläche $A$ ist die mittlere elektrische Flächenladungsdichte auf der Fläche $A$:

$$\sigma = \frac{Q}{A} \tag{6.3}$$

So erhält man z. B. für eine Metallkugel mit der Ladung $Q$, bei der die Ladung gleichmäßig auf der Kugeloberfläche $A = 4\pi r^2$ verteilt ist, die elektrische Flächenladungsdichte auf der Oberfläche einer leitenden Kugel mit der Ladung $Q$:

$$\sigma = \frac{Q}{4\pi r^2} \tag{6.4}$$

## Elektrische Flussdichte

Eine Flächenladung erzeugt ein elektrisches Feld, dessen Feldstärke $E$ proportional zur Flächenladungsdichte $\sigma$ ist: $E \sim \sigma$. Oder anders gesagt: Ein elektrisches Feld $E$ an einem Punkt kann dargestellt werden durch eine Flächenladung $\sigma \sim E$ an diesem Punkt.

Dies kann als Gleichung formuliert werden, indem man ein weiteres Vektorfeld $\vec{D}$ einführt, dessen Betrag gleich der Flächenladungsdichte ist: $D = \sigma$, mit der Einheit $[D] = [\sigma] = \frac{\text{C}}{\text{m}^2}$. Das Vektorfeld $\vec{D}$ wird *elektrische Flussdichte* genannt.

Wegen der oben genannten Zusammenhänge sind dann auch die elektrische Flussdichte und das elektrische Feld einander proportional: $\vec{D} \sim \vec{E}$.

Als Proportionalitätsfaktor ergibt sich im Vakuum die **elektrische Feldkonstante**

$$\varepsilon_0 \approx 8{,}854\,187\,82 \cdot 10^{-12}\,\frac{\text{C}}{\text{V m}}$$

und es gilt für die **elektrische Flussdichte im Vakuum**

$$\vec{D} = \varepsilon_0 \vec{E} \tag{6.5}$$

Damit ist wegen $D = \sigma$ der Betrag der elektrischen Feldstärke an der Oberfläche eines geladenen, leitenden Körpers:

$$E = \frac{\sigma}{\varepsilon_0} \tag{6.6}$$

Mit der Flächenladungsdichte einer Kugel (Gl. (6.4)) erhält man den Betrag der elektrischen Feldstärke an der Oberfläche einer geladenen, leitenden Kugel:

$$E = \frac{Q}{4\pi\varepsilon_0 r^2} \tag{6.7}$$

Die Gl. (6.7) beschreibt auch allgemein den Betrag der elektrischen Feldstärke $E$ im Abstand $r$ von einer punktförmigen elektrischen Ladung $Q$ im Vakuum (siehe auch Abschnitt 6.2.3). Also ist die elektrische Feldstärke $E$ einer elektrischen Ladung $Q$ im Abstand $r$ genauso groß ist wie die elektrische Feldstärke auf der Oberfläche einer Kugel mit dem Radius $r$ und derselben (gleichmäßig verteilten) Ladung.

Analog zum Fluss einer mechanischen Strömung (z. B. eines Gases) durch eine Öffnung führt man noch eine Größe ein, die den Fluss des elektrischen Feldes durch ein Flächenelement d$A$ beschreibt, den *elektrischen Fluss* $\Psi$. (Als anschauliches Bild: Stellt man sich die elektrische Flussdichte $\vec{D}$ als Anzahl der Feldlinien je Flächeneinheit vor, so beschreibt der elektrische Fluss die Gesamtzahl der Feldlinien, die durch die betrachtete Fläche laufen.

Diese Anzahl ist maximal, wenn die Feldlinien die Fläche senkrecht durchdringen, und null, wenn sie parallel zur Fläche verlaufen.) Mathematisch ist der elektrische Fluss $\mathrm{d}\Psi$ durch ein Flächenelement $\mathrm{d}A$ das skalare Produkt aus der elektrischen Flussdichte $\vec{D}$ und dem Flächenvektor $\mathrm{d}\vec{A}$ (Bild 6.9): $\mathrm{d}\Psi = \vec{D}\cdot\mathrm{d}\vec{A}$.

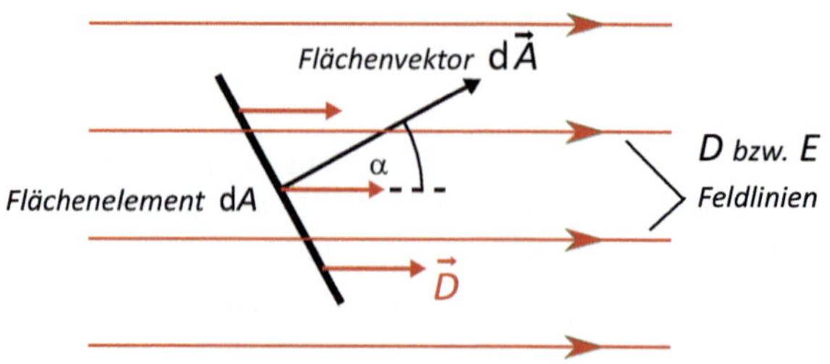


**Bild 6.9**
Zur Definition des elektrischen Flusses

Integration über die gesamte Fläche A ergibt den elektrischen Fluss.

**Elektrischer Fluss**

$$\Psi = \int_A \vec{D}\cdot\mathrm{d}\vec{A} \tag{6.8}$$

Für eine *ebene* Fläche A im *homogenen* Feld mit der konstanten elektrischen Flussdichte $\vec{D}$ ist:

$$\Psi = \vec{D}\cdot\vec{A} = D\,A\cos\alpha \tag{6.9}$$

Für den elektrischen Fluss gilt diese Vorzeichenregel: Zeigt der Feldvektor aus der Fläche heraus, ist der elektrische Fluss positiv, zeigt er in die Fläche hinein, ist der Fluss negativ.

Wird im homogenen Feld die ebene Fläche senkrecht vom Vektor des elektrischen Feldes bzw. der elektrischen Flussdichte durchsetzt ($\alpha = 0$), so kann man den elektrischen Fluss $\Psi$ einer auf der Fläche befindlichen Ladung $Q$ gleichsetzen:

$$\Psi = D\,A = \sigma\,A = Q \tag{6.10}$$

Gl. (6.10) ist ein Sonderfall eines wichtigen allgemeingültigen Gesetzes: Für eine beliebig geformte, *geschlossene* Oberfläche, die also einen Raumbereich umschließt, gilt für den elektrischen Fluss der *Gauß'sche Satz* (C. F. Gauß, 1777–1855). Er sagt aus, dass der durch die Oberfläche gehende elektrische Fluss gleich der in dem Raumbereich und auf seiner Oberfläche vorhandenen elektrischen Gesamtladung $Q$ ist.

**Gauß'scher Satz**

$$\Psi = \oint \vec{D}\cdot\mathrm{d}\vec{A} = Q \tag{6.11}$$

Die Anwendung des Gauß'schen Satzes auf eine Kugel mit der Ladung $Q$ und dem Radius $r$ ergibt für die Kugeloberfläche (wegen der Symmetrie gilt $D = \text{const.}$ und $\vec{D} \perp$ Kugeloberfläche): $\oint \vec{D}\cdot\mathrm{d}\vec{A} = \oint D\,\mathrm{d}A = D\oint \mathrm{d}A = D\cdot 4\pi r^2 = Q$ und daraus für die elektrische Flussdichte $D = \dfrac{Q}{4\pi r^2}$.
Mit $D = \varepsilon_0 E$ erhält man für die elektrische Feldstärke $E = \dfrac{Q}{4\pi\varepsilon_0 r^2}$, in Übereinstimmung mit Gl. (6.7).

**Beispiel**

Welche punktförmige Ladung erzeugt im Abstand 100 mm eine elektrische Feldstärke von 1,5 kV/m?

Umstellung von Gl. (6.7) führt zu

$$Q = 4\pi\varepsilon_0 r^2 E = 4\pi \cdot 8{,}854 \cdot 10^{-12}\,\frac{\text{C}}{\text{Vm}} \cdot \left(100 \cdot 10^{-3}\,\text{m}\right)^2 \cdot 1{,}5 \cdot 10^3\,\text{V} = 1{,}67\,\text{nC}$$

Wie groß ist in diesem Abstand die elektrische Flussdichte?

Mit Gl. (6.5) erhält man $D = \varepsilon_0 E = 13{,}3\,\text{nC/m}^2$.

Welche elektrische Feldstärke herrscht im doppelten Abstand?

Nach Gl. (6.7) beträgt die Feldstärke im Abstand $2r$ nur $\frac{1}{4}$ der Feldstärke im Abstand $r$, d. h. $E(200\,\text{mm}) = 375\,\text{V/m}$.

Wie groß ist der elektrische Fluss durch konzentrische Kugeloberflächen mit den beiden Radien?

Der Vektor der elektrischen Flussdichte steht senkrecht auf den Kugeloberflächen, daher gilt mit Gl. (6.10) für den Fluss:

$\Psi = D \cdot A = \varepsilon_0 E \cdot A = \varepsilon_0 \frac{Q}{4\pi\varepsilon_0 r^2} \cdot 4\pi r^2 = Q = 1{,}67\,\text{nC}$, unabhängig vom Radius entsprechend dem Gauß'schen Satz

### 6.2.3 Kraftwirkungen im elektrostatischen Feld

#### Kraft zwischen zwei Punktladungen

Durch Messungen mit einer Drehwaage fand Coulomb das nach ihm benannte *Coulomb'sche Gesetz*. Danach ist die Kraft zwischen zwei kleinen elektrisch geladenen Kugeln proportional zum Produkt der beiden Ladungen $Q_1$ und $Q_2$ und umgekehrt proportional zum Quadrat der Entfernung $r$ dieser beiden Ladungen voneinander: $F \sim \frac{Q_1 Q_2}{r^2}$. Befinden sich die Ladungen im Vakuum, wird mit dem Proportionalitätsfaktor $\frac{1}{4\pi\varepsilon_0}$ der Betrag dieser Kraft:

**Coulomb'sches Gesetz**

$$F = \frac{1}{4\pi\varepsilon_0} \frac{Q_1 Q_2}{r^2} \tag{6.12}$$

Bei gleichem Vorzeichen der Ladungen ergibt sich Abstoßung, bei entgegengesetztem Anziehung.

Das Gesetz bestätigt unsere Überlegungen in Abschnitt 6.2.2: Die Ladung $Q_1$ erzeugt im Abstand $r$ das Feld $E = \frac{Q_1}{4\pi\varepsilon_0 r^2}$. Dies führt zur Kraft $F = E \cdot Q_2 = \frac{1}{4\pi\varepsilon_0} \frac{Q_1 Q_2}{r^2}$ auf die Ladung $Q_2$.

Das Kraftgesetz von Coulomb gilt exakt nur für kugelförmige Ladungen. Dies ist z. B. bei Metallkugeln nicht mehr gegeben, da deren Ladungsverteilungen durch Influenz aufgrund des elektrischen Feldes der jeweils anderen Kugel verändert wird. Der Idealfall wird näherungsweise erreicht, wenn die Kugeln klein gegenüber ihrem Abstand voneinander sind: $r_0 \ll r$.

Die Gleichung für die Coulomb-Kraft weist mathematisch dieselbe Struktur auf wie die für die Gravitationskraft:

$$F_C = \left(\frac{1}{4\pi\varepsilon_0}\right) \cdot \frac{Q_1 Q_2}{r^2}$$

bzw.

$$F_G = G \cdot \frac{m_1 m_2}{r^2}$$

Das darf aber nicht darüber hinwegtäuschen, dass die Kräfte gänzlich verschiedener Natur sind. Sie sind Ausdruck zweier fundamentaler Wechselwirkungen, nämlich der elektromagnetischen Wechselwirkung und der Gravitationswechselwirkung. Einige der Unterschiede sind in Tabelle 6.1 aufgeführt.

**Tabelle 6.1** Vergleich von Coulomb- und Gravitationskraft

| Merkmal | Coulomb-Kraft | Gravitationskraft |
|---|---|---|
| Ursache der Kräfte | Ladungen (entgegengesetztes oder gleiches Vorzeichen) | Massen der Körper |
| Richtung | anziehend oder abstoßend | anziehend |
| Abschirmung | möglich (Faraday-Käfig) | nicht möglich |
| Bedeutung | atomare/molekulare Bindungen (Mikrokosmos) | Bindungskräfte im Weltall (Makrokosmos) |
| relative Stärke | sehr groß | sehr klein |

Den großen Unterschied in der Stärke der beiden Kräfte zeigt ein Vergleich der Coulomb-Kraft und der Gravitationskraft zwischen einem Proton und einem Elektron (z. B. im Wasserstoff-Atom). Die Masse des Protons ist $m_p = 1{,}67 \cdot 10^{-27}$ kg, die des Elektrons $m_e = 9{,}11 \cdot 10^{-31}$ kg. Beide tragen die Elementarladung $e$ mit dem Betrag $1{,}60 \cdot 10^{-19}$ C. Es ergibt sich für das Verhältnis der Kräfte

$$\frac{F_C}{F_G} = \frac{1}{4\pi\varepsilon_0 G} \cdot \frac{e^2}{m_p m_e} \approx 2{,}3 \cdot 10^{39}$$

Die Coulomb-Kraft ist in diesem Fall also etwa um den Faktor $10^{39}$ größer als die Gravitationskraft.

Die Elementarladung wurde erstmals 1910 mit dem Millikan-Versuch (R. A. Millikan, 1868–1953, Nobelpreis 1923) gemessen. Im homogenen Feld eines Plattenkondensators mit dem Plattenabstand $d$ werden kleine Öltröpfchen, die beim Zerstäuben des Öls auf eine Ladung $Q$ aufgeladen wurden, im Kräftegleichgewicht gehalten. Dazu wird die elektrische Feldstärke $E$ mithilfe der Spannung $U$ an den Kondensatorplatten so eingestellt (siehe Gl. (6.20)), dass die Kraft durch das elektrische Feld $F_C$ gleich der Gewichtskraft $F_G$ des unter einem Mikroskop betrachteten Tröpfchens ist (Bild 6.10): $F_G = F_C$. Für die Berechnung der Masse des Tröpfchens mit der Dichte des Öls $\varrho$ wird zunächst aus seiner Sinkgeschwindigkeit ohne elektrisches Feld im Luftraum zwischen den Kondensatorplatten sein Radius $r$ bestimmt.

Wegen $F_G = mg = \varrho V g = \varrho \frac{4\pi}{3} r^3 g$ und $F_C = QE = Q\frac{U}{d}$ gilt dann $\varrho \frac{4\pi}{3} r^3 g = Q\frac{U}{d}$ und damit $Q = \frac{4\pi r^3 \varrho g d}{3U}$. Betrachtet man nun bei vielen verschiedenen Tröpfchen die so bestimmte Ladung, so stellt man fest, dass $Q$ immer ein ganzzahliges Vielfaches einer Ladung $e$, nämlich der Elementarladung ist.

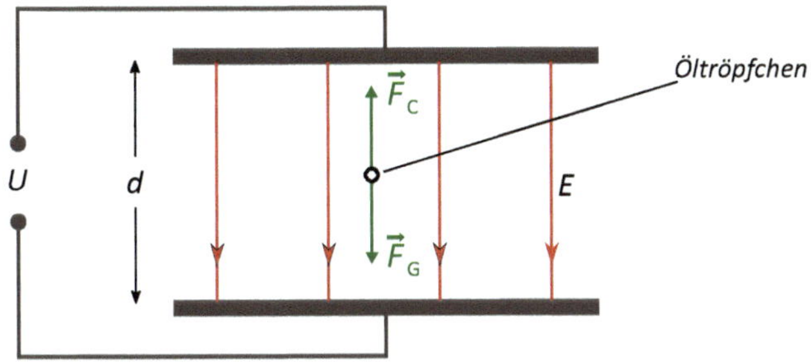


**Bild 6.10** Kräftegleichgewicht im Millikan-Versuch

## Kraft auf einen Dipol im elektrischen Feld

Wie auf einzelne Ladungen, so wirken auch auf elektrische Dipole in einem elektrischen Feld Kräfte ein. Als *Dipol* bezeichnet man zwei betragsmäßig gleich große Ladungen entgegengesetzten Vorzeichens $-q$ und $+q$ mit einem Abstand $d$. Ein Dipol wird charakterisiert durch das *elektrische Dipolmoment* $\vec{p}$.

**Elektrisches Dipolmoment**

$$\vec{p} = q \cdot \vec{d} \qquad (6.13)$$

mit dem Abstandsvektor $\vec{d}$ von $-q$ nach $+q$ (Bild 6.11).

Die Einheit des Dipolmomentes ist $[p] = \mathrm{C \cdot m}$.

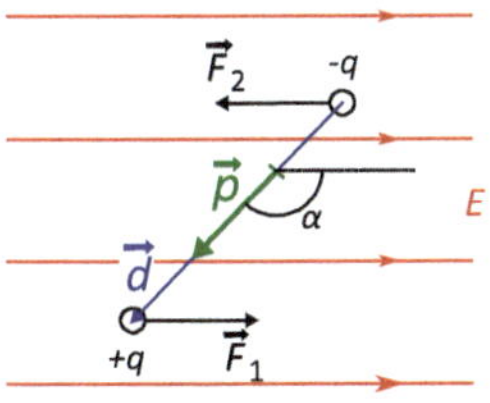


**Bild 6.11**
Dipol im homogenen Feld

Im einem homogenen elektrischen Feld (Bild 6.11) erzeugt das Kräftepaar mit $\vec{F}_1 = -\vec{F}_2 = \vec{F}$ ein Drehmoment $\vec{M} = \vec{d} \times \vec{F}$, das bestrebt ist, den Dipol in Richtung des elektrischen Feldes zu drehen. Mit $\vec{F} = q \cdot \vec{E}$ und Gl. (6.13) ergibt sich für das Drehmoment

**Drehmoment auf einen Dipol im homogenen elektrischen Feld**

$$\vec{M} = \vec{p} \times \vec{E} \qquad (6.14)$$

Der Betrag des Drehmoments hängt vom Winkel zwischen $\vec{p}$ und $\vec{E}$ ab: $M = p \cdot E \cdot \sin\alpha$. Ist der Dipol parallel zum Feld ausgerichtet ($\alpha = 0$), ist das Drehmoment gleich null, steht er senkrecht dazu ($\alpha = 90°$), ist das Drehmoment maximal.

Befindet sich der Dipol im inhomogenen Feld (Bild 6.12), sind die Beträge der beiden Kräfte $\vec{F}_1$ und $\vec{F}_2$ nach der Ausrichtung durch das Drehmoment unterschiedlich groß. Bei Parallelstellung der Dipolachse zur Feldrichtung ist somit eine resultierende Kraft auf den Dipol in Richtung zunehmender elektrischer Feldstärke vorhanden, unabhängig von der Richtung des Feldes. Diese Kraft zeigt sich auch makroskopisch als Kraftwirkung auf einen durch das elektrische Feld polarisierten Körper (zur Polarisation siehe Abschnitt 6.2.4).

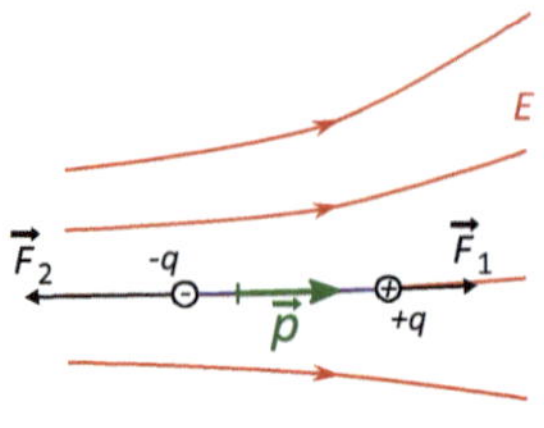


**Bild 6.12**
Dipol im homogenen Feld

Viele Moleküle sind Dipolmoleküle (polare Moleküle). Der Betrag des Dipolmomentes derartiger Moleküle ist unterschiedlich und liegt im Bereich von $10^{-30}$ C m. So hat z. B. das Molekül CO (Kohlenstoffmonoxid) ein Dipolmoment von $0{,}4 \cdot 10^{-30}$ C m, $H_2O$ (Wasser) $6{,}2 \cdot 10^{-30}$ C m und NaCl (Kochsalz) $30 \cdot 10^{-30}$ C m. Die molekularen Dipolmomente spielen auch bei chemischen Vorgängen häufig eine wichtige Rolle.

## Potential und Spannung

In mancher Hinsicht kann es vorteilhaft sein, das elektrische Feld durch sein *elektrisches Potential* darzustellen. Jedem Punkt in einem elektrischen Feld ist ein Wert des Potentials zugeordnet, wobei dieser Wert nur in Bezug auf einen willkürlichen Punkt angegeben werden kann, dessen Potential als null festgelegt wird. Ist z. B. in einem Plattenkondensator ein Punkt auf der negativ geladenen Platte der „Bezugspunkt", so haben alle Punkte der positiv geladenen Platte ein konstantes Potential, sie liegen auf einer *Äquipotentialfläche*, einer Fläche gleichen Potentials.

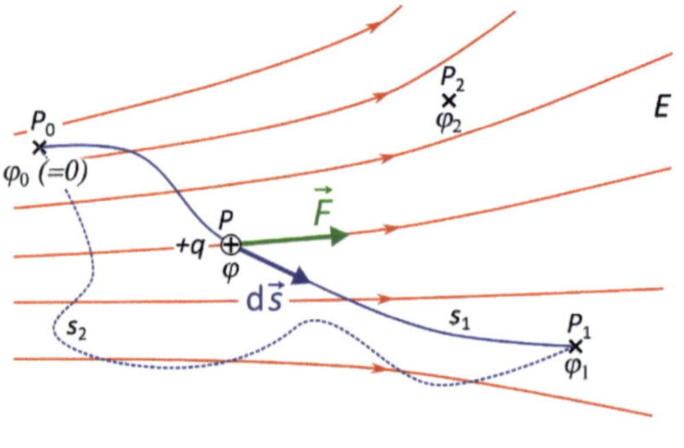


**Bild 6.13**
Potential und Spannung im elektrischen Feld

Wegen der Kraft, die im elektrischen Feld auf eine Ladung wirkt, ist die Verschiebung dieser Ladung mit Arbeit verbunden. Die Arbeit kann positiv oder negativ sein, je nachdem, ob die Verschiebung gegen die Feldkraft oder in Richtung der Feldkraft erfolgt. Das Potential charakterisiert gewissermaßen die Energie der Ladung in einem Punkt des Feldes, denn es wird folgendermaßen definiert (Bild 6.13):

Das elektrostatische Potential $\varphi$ in einem Feldpunkt $P_1$ bezogen auf den Bezugspunkt $P_0$ ist der Quotient aus der Arbeit $W_{P_0,P_1}$, die mit dem Transport einer positiven Probeladung $q$ von $P_0$ an den Punkt $P_1$ verbunden ist, und der Ladung $q$ selbst.

**Elektrostatisches Potential**

$$\varphi(P_1) = \frac{W_{P_0,P_1}}{q} \tag{6.15}$$

Die geleistete Arbeit zur Lageänderung ist gleich der Änderung der potentiellen Energie. Setzt man also die potentielle Energie $W_{P_0}$ der Probeladung im Bezugspunkt wie auch das Potential $\varphi(P_0)$ gleich null, ergibt sich weiter:

$$\varphi(P_1) = \frac{W_{P_1}}{q} \tag{6.16}$$

(Die Energie der Ladung im Feld wird hier mit „$W$" bezeichnet, demselben Symbol wie für die Arbeit, um Verwechslungen mit der elektrischen Feldstärke $E$ zu vermeiden.)

**Merke**

Das elektrostatische Potential $\varphi$ in einem Feldpunkt $P_1$ ist der Quotient aus der potentiellen Energie $W_{P_1}$ der Probeladung $q$ in diesem Punkt und der Ladung $q$ selbst.

Diese Aussagen beruhen unter anderem darauf, dass die mit der Verschiebung verbundene Arbeit unabhängig davon ist, über welchen Weg die Ladung transportiert wird, z. B. ob über den Weg $s_1$ oder über $s_2$ in Bild 6.13.

Auf dem Teilstück des Weges $\mathrm{d}\vec{s}$ muss die Arbeit $\mathrm{d}W = -\vec{F} \cdot \mathrm{d}\vec{s}$ geleistet werden, da die erforderliche Kraft der Feldkraft entgegengesetzt, also gleich $-\vec{F}$ ist. Die gesamte Arbeit auf dem Weg von $P_0$ nach $P_1$ ist also $W_{P_0,P_1} = -\int_{P_0}^{P_1} \vec{F} \cdot \mathrm{d}\vec{s}$. Daher ergibt sich mit der Feldkraft $\vec{F} = q\,\vec{E}$ für das Potential der Zusammenhang zwischen Potential (bezogen auf $P_0$) und Feldstärke:

$$\varphi_1 = \varphi(P_1) = -\int_{P_0}^{P_1} \vec{E} \cdot \mathrm{d}\vec{s} \tag{6.17}$$

Als *elektrische Spannung* $U_{21}$ zwischen zwei Punkten $P_1$ und $P_2$ im elektrischen Feld wird die *Potentialdifferenz* zwischen diesen Punkten bezeichnet. Der Index 21 deutet an, dass die Spannung an $P_2$ bezogen auf $P_1$ gemessen wird.

**Elektrische Spannung**

$$U_{21} = \varphi_2 - \varphi_1 = \int_{P_0}^{P_1} \vec{E} \cdot \mathrm{d}\vec{s} \tag{6.18}$$

Sie ist damit gleich dem Quotienten aus der zur Verschiebung einer Ladung $q$ nötigen Arbeit bzw. der Änderung der potentiellen Energie $W_{21}$ zwischen den Punkten $P_1$ und $P_2$ und dieser Ladung:

**Spannung und elektrische Arbeit**

$$U_{21} = \frac{W_{21}}{q} \tag{6.19}$$

Im einfach überschaubaren homogenen Feld (Bild 6.14a) erhält man für das Potential des Punktes $P_2$ relativ zu $P_1$ wegen $W = \vec{F} \cdot \vec{s} = q\vec{E} \cdot \vec{s} = qE \cdot s \cdot \cos\alpha$ (mit Gl. (6.1)) das Potential im homogenen Feld:

$$U_{21} = \varphi_{21} = E \cdot s \cdot \cos\alpha = E \cdot d \tag{6.20}$$

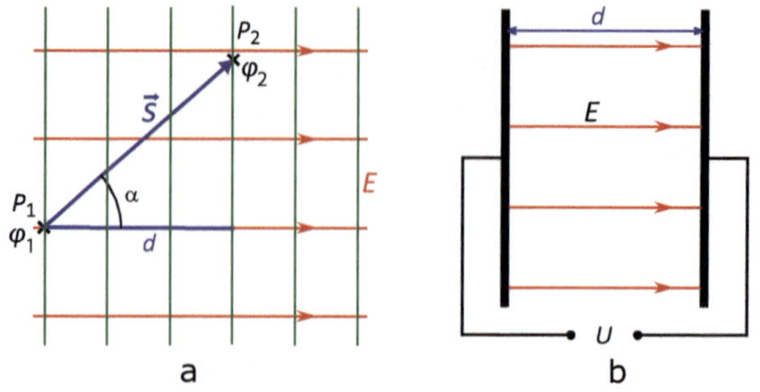


**Bild 6.14**
Zu Potential und Spannung im homogenen Feld

Dabei ist $d$ der Abstand der Punkte in Feldrichtung. Damit ergibt sich z. B. für das elektrische Feld im Plattenkondensator (Bild 6.14b) der Zusammenhang $U = E \cdot d$ mit der Spannung $U$ und dem Plattenabstand $d$.

An allen Punkten mit demselben Abstand in Feldrichtung $d$ liegt also dasselbe Potential vor. Daher zeigen die zu den Feldlinien in Bild 6.14a senkrechten Linien (grün) die Lage der schon erwähnten *Äquipotentialflächen* im homogenen Feld an, die hier zur Feldrichtung senkrechte ebene Flächen sind. Da auf ihnen das Potential konstant ist, benötigt man zur Verschiebung einer Ladung auf einer Äquipotentialfläche keine Arbeit. Dies findet sich auch in der Gleichung $W = F \cdot s \cdot \cos\alpha$ wieder, denn für $\alpha = 90°$ wird $W = 0$ (Bild 6.14a). Allgemein gilt:

**Merke**

Zur Verschiebung einer Ladung auf einer Äquipotentialfläche wird keine Arbeit benötigt.

Die Form der Äquipotentialflächen hängt von dem betrachteten Feld ab. So sind die Äquipotentialflächen im Feld einer Punktladung oder einer geladenen Kugel außerhalb der Kugel mit der Ladung $q$ keine Ebenen, sondern konzentrische Kugelflächen. Wegen der Kugelsymmetrie kann hier nur der Abstand r von der Ladung oder dem Kugelmittelpunkt eine Rolle spielen. Daher kann man das Wegelement $d\vec{s}$ durch das radiale Element $dr$ ersetzen. Da außerdem das elektrische Feld und damit die Wirkung der Ladung im Unendlichen verschwindet, bietet es sich an, als Bezugs- bzw. Nullpunkt für Potential und potentielle Energie einen Punkt im Unendlichen anzusetzen. Mit Gl. (6.17) und Gl. (6.1) gilt $\varphi = -\int_{r\to\infty}^{r} E\,dr = -\int_{r\to\infty}^{r} \frac{F}{q'}\,dr$, wobei $q'$ eine Probeladung im Feld der Ladung $q$ darstellt. Das Coulomb'sche Gesetz führt zu $\varphi = -\int_{r\to\infty}^{r} \frac{1}{4\pi\varepsilon_0} \frac{qq'}{r^2} \frac{1}{q'}\,dr = -\frac{q}{4\pi\varepsilon_0} \int_{r\to\infty}^{r} \frac{1}{r^2}\,dr$. Damit erhält man also für das Potential $\varphi$ an einem Punkt im Abstand $r$ von einer Punktladung $q$ das

**Potential einer Punktladung (Coulomb-Potential)**

$$\varphi(r) = \frac{1}{4\pi\varepsilon_0}\frac{q}{r} \tag{6.21}$$

Das Potential einer Punktladung bzw. einer geladenen Kugel (außerhalb der Kugel) ist also proportional zur Ladung $q$ und umgekehrt proportional zur Entfernung $r$ von der Ladung bzw. vom Kugelmittelpunkt (Bild 6.15a). Die Äquipotentialflächen des Feldes einer Punktladung bzw. einer geladenen Kugel sind somit Kugelflächen (Bild 6.15b). Da die Feldlinien radial verlaufen gilt auch hier, wie im Fall des homogenen Feldes, und so wie allgemein bei jedem elektrischen Feld:

> **Merke**
> Äquipotentialflächen stehen immer senkrecht auf den Feldlinien.

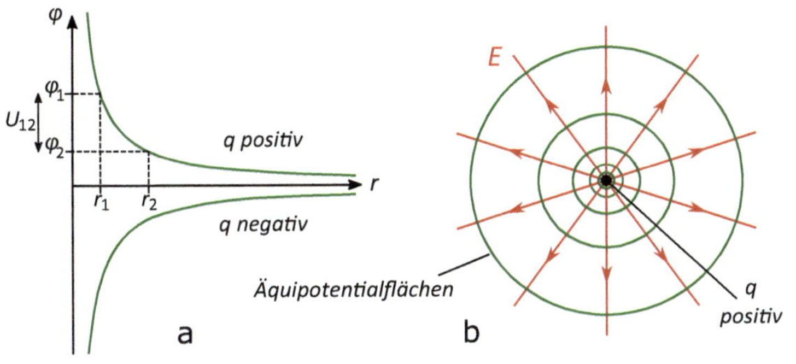


**Bild 6.15** (a) Potential und Spannung für positive und negative Ladungen, (b) Feldlinien und Äquipotentialflächen im elektrischen Feld einer positiven Punktladung

Im Feld der Punktladung beträgt die Spannung zwischen zwei Punkten in den Entfernungen $r_1$ und $r_2$ (Bild 6.15a):

$$U_{21} = \varphi_2 - \varphi_1 = \frac{q}{4\pi\varepsilon_0}\left(\frac{1}{r_2} - \frac{1}{r_1}\right) \tag{6.22}$$

Mit Gl. (6.7) ergibt sich der Zusammenhang zwischen dem Betrag der elektrischen Feldstärke $E$ und dem Potential $\varphi$ in diesem Feld:

$$E(r) = \frac{\varphi(r)}{r} \tag{6.23}$$

Man erkennt weiter aus Bild 6.15, dass der Feldstärkevektor $\vec{E}$ in Richtung abnehmenden Potentials zeigt, und dass die Arbeit zur Verschiebung der Probeladung in dem Feld nur von den Endpunkten des Weges, genauer von den dort herrschenden Potentialen, abhängt, vom gewählten Weg aber unabhängig ist.

Das bedeutet gleichzeitig, dass die Gesamtarbeit bei einer Verschiebung der Probeladung von einem Anfangspunkt über einen beliebigen Weg zurück zum Anfangspunkt gleich 0 ist.

Daraus kann man schließen, dass es keine in sich geschlossenen elektrischen Feldlinien gibt, denn sonst wäre zum Verschieben entlang einer solchen Feldlinie eine Arbeit zu verrichten. Das elektrische Feld wird deshalb als *wirbelfrei* bezeichnet. Diese Aussage gilt allgemein, jedenfalls für statische, zeitunabhängige Felder.

**Beispiel**

Wie groß sind elektrische Feldstärke und elektrische Flussdichte in einem homogenen Feld, bei dem zwischen zwei Punkten, die in Feldrichtung 50 mm Abstand haben, eine Spannung von 300 V besteht?

Umstellung von Gl. (6.20) ergibt $E = \frac{U}{d} = \frac{300\,\mathrm{V}}{50 \cdot 10^{-3}\,\mathrm{m}} = 6\,\mathrm{kV/m}$ und mit Gl. (6.5):

$D = \varepsilon_0 E = 8{,}854 \cdot 10^{-12}\,\frac{\mathrm{C}}{\mathrm{V\,m}} \cdot 6 \cdot 10^3\,\frac{\mathrm{V}}{\mathrm{m}} = 53{,}1\,\mathrm{nC/m^2}$

Im Feld befindet sich eine ebene Kreisfläche mit 10 mm Radius, die um $\beta = 40°$ gegen die Feldrichtung geneigt ist. Welchen Wert hat der elektrische Fluss durch diese Fläche?

Der Fluss kann nach Gl. (6.9) berechnet werden. Dabei ergibt sich der Winkel $\alpha$ aus der Flächenneigung mit $\alpha = 90° - \beta$. Für den Fluss erhält man:

$$\begin{aligned}\Psi &= D \cdot A \cdot \cos\alpha = D \cdot 2\pi r^2 \cdot \cos(90° - \beta) \\ &= 53{,}1 \cdot 10^{-9}\,\frac{\mathrm{C}}{\mathrm{m^2}} \cdot 2\pi \left(10 \cdot 10^{-3}\,\mathrm{m}\right)^2 \cdot \cos(50°) = 10{,}7\,\mathrm{pC}\end{aligned}$$

**Beispiel**

Welchen Wert hat das Potential einer positiven Punktladung $Q = 1$ nC in $r_1 = 10$ cm Entfernung?

Nach Gl. (6.21) gilt

$$\varphi(r_1) = \frac{1}{4\pi\varepsilon_0}\frac{Q}{r_1} = \frac{1}{4\pi \cdot 8{,}854 \cdot 10^{-12}\,\frac{\mathrm{C}}{\mathrm{V\,m}}} \cdot \frac{1 \cdot 10^{-9}\,\mathrm{C}}{0{,}1\,\mathrm{m}} = 90\,\mathrm{V}$$

Wie groß sind bei Feldstärke und Kraft auf eine Probeladung $Q_p = 0{,}2$ pC in diesem Abstand?

Nach Gl. (6.23) beträgt die Feldstärke

$E(r_1) = \frac{\varphi(r_1)}{r_1} = \frac{90\,\mathrm{V}}{0{,}1\,\mathrm{m}} = 900\,\mathrm{V/m}$ und die Kraft nach Gl. (6.1)

$F = Q_p \cdot E = 0{,}2 \cdot 10^{-12}\,\mathrm{C} \cdot 900\,\frac{\mathrm{V}}{\mathrm{m}} = 0{,}18\,\mathrm{nN}.$

Welche Arbeit ist erforderlich, um den Abstand der Probeladung auf $r_2 = 2$ cm zu verringern?

Nach Gl. (6.18), Gl. (6.19) ergibt sich die Arbeit aus der Potentialdifferenz und der Ladung:

$$W_{21} = Q_p \cdot U_{21} = Q_p \cdot (\varphi(r_2) - \varphi(r_1))$$
$$= Q_p \cdot \left( \frac{1}{4\pi\varepsilon_0} \frac{Q}{r_2} - \frac{1}{4\pi\varepsilon_0} \frac{Q}{r_1} \right) = \frac{Q_p Q}{4\pi\varepsilon_0} \left( \frac{1}{r_2} - \frac{1}{r_1} \right)$$
$$= \frac{0{,}2 \cdot 10^{-12}\,\mathrm{C} \cdot 1 \cdot 10^{-9}\,\mathrm{C}}{4\pi \cdot 8{,}854 \cdot 10^{-12}\,\frac{\mathrm{C}}{\mathrm{V\,m}}} \left( \frac{1}{0{,}02\,\mathrm{m}} - \frac{1}{0{,}1\,\mathrm{m}} \right) = 72\,\mathrm{pJ}$$

## Elektrisches Potential und Feld mehrerer Ladungen

Häufig werden Felder nicht nur von einer, sondern von mehreren Punktladungen erzeugt. Das elektrische Feld mehrerer Ladungen entsteht durch die *vektorielle* Addition der Felder der einzelnen Ladungen (Bild 6.16). Meistens ist es einfacher, zunächst mit dem Potential zu rechnen, da das Potential eine skalare Größe ist und sich daher das resultierende Potential aus der *algebraischen* Addition der Einzelpotentiale ergibt (Bild 6.17):

**Potential von *n* Einzelladungen**

$$\varphi = \frac{1}{4\pi\varepsilon_0} \sum_{i=1}^{n} \frac{q_i}{r_i} \tag{6.24}$$

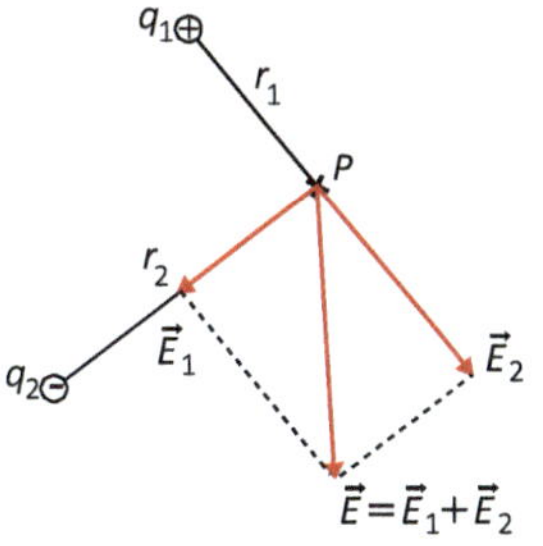


**Bild 6.16**
Resultierendes elektrisches Feld $\vec{E}$ zweier Punktladungen im Punkt $P$

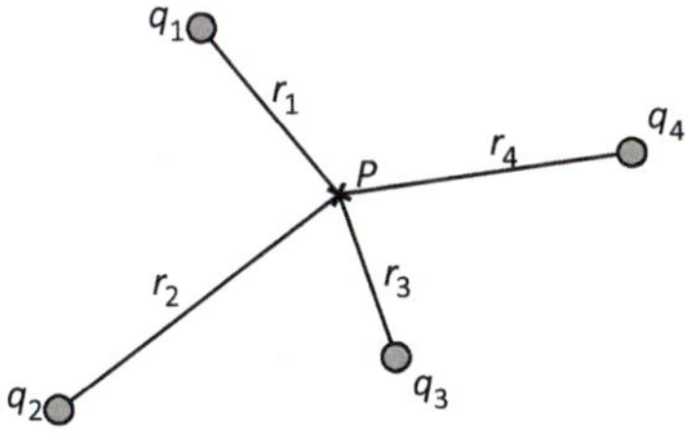


**Bild 6.17**
Resultierendes Potential $\varphi$ mehrerer Punktladungen im Punkt $P$

Auf Grundlage von Gl. (6.17) bzw. deren Umkehrung

$$\vec{E}(\vec{r}) = -\mathrm{grad}\,\varphi(\vec{r}) \tag{6.25}$$

lässt sich dann daraus das elektrische Feld berechnen. Dieser Zusammenhang beinhaltet u. a. die obige Aussage, dass das elektrische Feld *wirbelfrei* ist.

Die mathematische Operation Gradient mit dem Symbol grad stellt eine Art vektorieller Ableitung dar und ist so definiert:

$$\operatorname{grad}\varphi = \left( \frac{\partial \varphi}{\partial x}, \frac{\partial \varphi}{\partial y}, \frac{\partial \varphi}{\partial z} \right) \tag{6.26}$$

Der Vektor $\operatorname{grad}\varphi(\vec{r})$ gibt für jeden Punkt die Richtung und den Wert der maximalen Steigung von $\varphi(\vec{r})$ an und steht demnach senkrecht auf den Äquipotentialflächen, wie es ja auch für das elektrische Feld der Fall ist.

Als einfaches Beispiel betrachten wir das Potential eines Dipols mit den Einzelladungen $+q$ und $-q$ im Punkt $P$ im Abstand $r$ von der Dipolachse (Bild 6.18). Es ergibt sich $\varphi = \varphi_+(r_1) + \varphi_-(r_2) = \frac{1}{4\pi\varepsilon_0}\left(\frac{+q}{r_1} + \frac{-q}{r_2}\right) = \frac{q}{4\pi\varepsilon_0} \cdot \frac{r_2 - r_1}{r_1 r_2}$. Gewöhnlich ist das Feld in größerer Entfernung vom Dipol von Interesse (z. B. bei Dipolantennen). Für $r \gg d$ wird $r_1 \approx r_2 \approx r$ und $r_2 - r_1 \approx d \cos\theta$. Damit erhält man das

Potential eines Dipols in großem Abstand $r \gg d$

$$\varphi(r,\theta) = \frac{1}{4\pi\varepsilon_0} \cdot \frac{p\cos\theta}{r^2} \tag{6.27}$$

mit dem Dipolmoment $p = qd$.

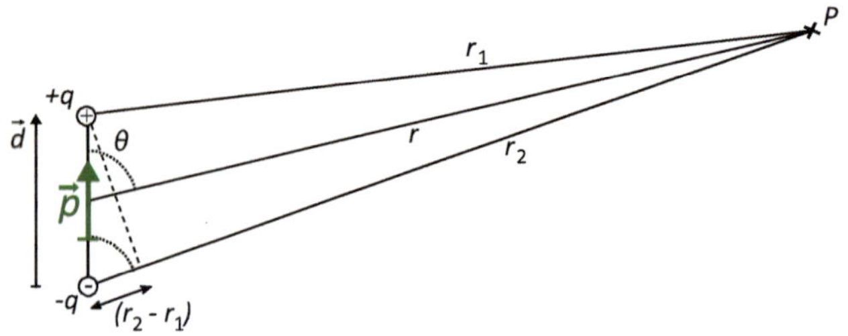


**Bild 6.18** Berechnung des Potentials eines Dipol im Punkt $P$ mit $r \gg d$

Man erkennt, dass das Potential eines Dipols bei konstantem Winkel $\theta$ mit $\frac{1}{r^2}$ abfällt, also wesentlich schneller als das Potential einer Punktladung, welches sich wie $\frac{1}{r}$ verhält (siehe Gl. (6.21)).

Für das elektrische Feld $E$ eines Dipols erhält man als Abhängigkeit der Feldstärke vom Abstand $E \sim \frac{1}{r^3}$, also ebenso eine deutlich schnellere Abnahme als die des elektrischen Feldes einer Punktladung $E \sim \frac{1}{r^2}$. Der Verlauf der Feldlinien, d. h. die Richtung des Feldes ist komplex. Sie ist qualitativ in Bild 6.5a dargestellt.

## Kapazität

Die Anwendung der Gleichungen für den elektrischen Fluss $\Psi = Q = DA$ (Gl. (6.10)), die elektrische Flussdichte $D = \varepsilon_0 E$ (Gl. (6.5)), und die elektrische Feldstärke $Ed = \varphi_2 - \varphi_1 = U$ (Gl. (6.18), Gl. (6.19)) für das homogene Feld im Plattenkondensator ergibt für den Betrag der negativen bzw. positiven Ladung im Kondensator jeweils $Q = \frac{\varepsilon_0 A}{d} U$ mit der Plattenfläche $A$ und dem Plattenabstand $d$.

Die Ladung $Q$ ist also zur Spannung $U$ proportional, der Proportionalitätsfaktor enthält außer der elektrischen Feldkonstante $\varepsilon_0$ nur Größen, die geometrische Eigenschaften des Kondensators beschreiben. Allgemein für alle Kondensatoranordnungen wird dieser Proportionalitätsfaktor als *Kapazität C* des betreffenden Kondensators bezeichnet:

**Kapazität**

$$C = \frac{Q}{U} \tag{6.28}$$

Die Einheit der Kapazität ist Farad (F) (nach M. Faraday): $[C] = \frac{\mathrm{C}}{\mathrm{V}} = \mathrm{F}$.

Die Kapazität des Plattenkondensators mit Vakuum als Isolator ist demnach:

$$C = \varepsilon_0 \frac{A}{d} \tag{6.29}$$

Sie ist also umso größer, je größer die Plattenfläche $A$ und je kleiner der Plattenabstand $d$ ist. Die erstgenannte Abhängigkeit leuchtet unmittelbar ein. Die Abhängigkeit von $d$ ergibt sich daraus, dass das elektrische Feld im Kondensator bei konstanter Ladung seinen Wert beibehält, während die Spannung nach Gl. (6.20) proportional zu $d$ zunimmt.

Auch für andere spezielle Feldanordnungen lassen sich Gleichungen für die Kapazität herleiten. Dies geschieht im Folgenden beispielhaft für den Kugel- und den Zylinderkondensator.

Der aus zwei konzentrischen Metallkugeln bestehende *Kugelkondensator* (Bild 6.19) mit den Radien $r_1$ und $r_2 > r_1$ bildet bei Anlegen einer Spannung $U$ zwischen den Kugeln ein radiales elektrisches Feld aus mit dem Potential $\varphi = \frac{1}{4\pi\varepsilon_0}\frac{Q}{r}$ für $r_1 < r < r_2$ (Gl. (6.21)). Da $U = U_{12} = \varphi_1 - \varphi_2 = \frac{1}{4\pi\varepsilon_0}\left(\frac{Q}{r_1} - \frac{Q}{r_2}\right) = \frac{Q}{4\pi\varepsilon_0}\left(\frac{r_2 - r_1}{r_1 r_2}\right)$ erhält man mit $C = \frac{Q}{U}$ die

Kapazität des Kugelkondensators mit Vakuum als Isolator:

$$C = 4\pi\varepsilon_0 \left(\frac{r_1 r_2}{r_2 - r_1}\right) \tag{6.30}$$

Wie beim Plattenkondensator lässt sich auch hier die Kapazität aus geometrischen Eigenschaften ermitteln. Zu beachten ist, dass das Feld nur zwischen den Kugeln existiert, sowohl Innen- als auch Außenraum sind feldfrei.

Gl. (6.30) enthält den Sonderfall der Kapazität einer Kugel gegenüber einer sehr weit entfernten Umgebung ($r_2 \to \infty$). Damit ergibt sich für die Kapazität der Kugel (mit $r_1 = r$):

$$C = 4\pi\varepsilon_0 r \tag{6.31}$$

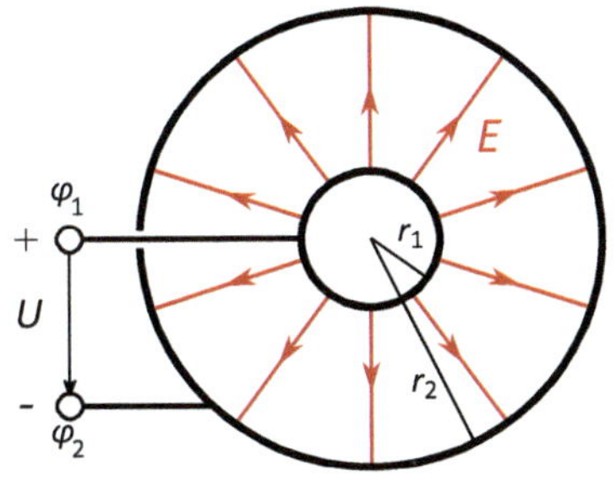


**Bild 6.19**
Kugelkondensator

Der aus zwei koaxialen Zylindern bestehende *Zylinderkondensator* (Länge $l$, Radien $r_2 > r_1$, siehe Bild 6.20) hat gleichfalls eine nur von den geometrischen Eigenschaften abhängige Kapazität. Das Feld eines geraden Leiters ist radial zur Zylinderachse gerichtet. Durch Anwendung des Gauß'schen Satzes (Gl. (6.11)), der Beziehung $D = \varepsilon_0 E$ und der Zylinderfläche $A = 2\pi r l$ erhält man aus $Q = \iint_A D\,\mathrm{d}A = \varepsilon_0 E \iint_A \mathrm{d}A = \varepsilon_0 E \cdot 2\pi r l$ für die elektrische Feldstärke $E$ im Kondensator die Gleichung $E = \dfrac{Q}{2\pi r l \varepsilon_0}$. Wegen $U = \varphi_1 - \varphi_2 = \int_{r_1}^{r_2} E\,\mathrm{d}r = \dfrac{Q}{2\pi l \varepsilon_0}\int_{r_1}^{r_2}\dfrac{\mathrm{d}r}{r} = \dfrac{Q}{2\pi l \varepsilon_0}\ln\dfrac{r_2}{r_1}$ und $C = U/Q$ ist die Kapazität pro Länge:

Spezifische Kapazität des Zylinderkondensators

$$\frac{C}{l} = \frac{2\pi\varepsilon_0}{\ln(r_2/r_1)} \tag{6.32}$$

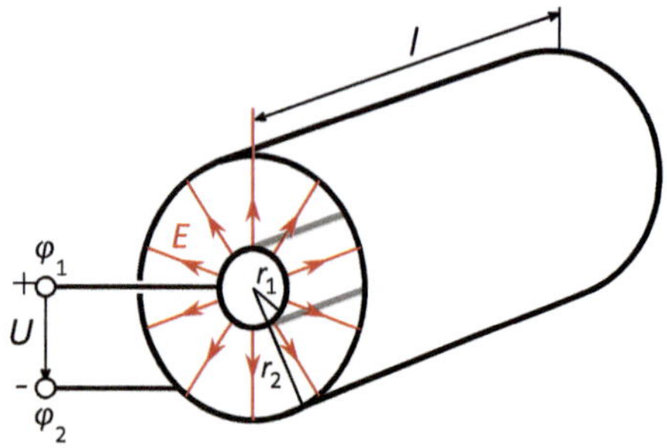


**Bild 6.20**
Zylinderkondensator

Grundsätzlich sind alle Leiteranordnungen mit einer Kapazität verbunden, die oft bei der Auslegung einer Schaltung berücksichtigt werden muss. So wirkt sich z. B. die Kapazität zwischen den Leiterbahnen eines integrierten Schaltkreises auf das zeitliche Verhalten der Schaltung aus.

Bei vielen praktisch als Kondensatoren verwendeten Leiteranordnungen ist die Kapazität mit einfachen Mitteln nicht berechenbar. In diesem Fall muss die Kapazität experimentell ermittelt werden, häufig durch Analyse des zeitlichen Verhaltens einer Messschaltung.

**Beispiel**

Der Außenleiter eines Koaxialkabels hat einen Durchmesser von 3 mm, der Innenleiter einen Durchmesser von 0,5 mm. Wie groß ist die Kapazität eines 15 m langen Kabels?

Mit Gl. (6.32) erhält man

$$C = \frac{2\pi\varepsilon_0}{\ln\frac{r_2}{r_1}}\cdot l = \frac{2\pi\cdot 8{,}854\cdot 10^{-12}\,\frac{\mathrm{C}}{\mathrm{V\,m}}}{\ln\left(\frac{1{,}5\cdot 10^{-3}\,\mathrm{m}}{0{,}25\cdot 10^{-3}\,\mathrm{m}}\right)}\cdot 15\,\mathrm{m} = 465\,\mathrm{pF}$$

**Beispiel**

An einem Plattenkondensator (Bild 6.2) dessen Platten den Durchmesser 50 mm und Abstand 1,5 mm haben, liegt eine Spannung von 2 000 V an. Welche Ladung trägt der Kondensator?

Nach Gl. (6.28), Gl. (6.29) berechnet sich die Ladung zu

$$Q = U \cdot C = U \cdot \varepsilon_0 \frac{A}{d} = U \cdot \varepsilon_0 \cdot \frac{\pi r^2}{d}$$

$$= 2 \cdot 10^3\ \mathrm{V} \cdot 8{,}854 \cdot 10^{-12} \frac{\mathrm{C}}{\mathrm{V\,m}} \cdot \frac{\pi\left(25 \cdot 10^{-3}\ \mathrm{m}\right)^2}{1{,}5 \cdot 10^{-3}\ \mathrm{m}} = 23\ \mathrm{nC}$$

## Energie und Energiedichte des elektrischen Feldes

Um einem Kondensator Ladung zuzuführen, muss Arbeit gegen das elektrische Feld im Kondensator geleistet werden, die dann als potentielle Energie im Kondensator enthalten ist. Bei Zufuhr der Ladung d$q$ beträgt die Arbeit nach Gl. (6.19) $\mathrm{d}W = U\,\mathrm{d}q$. Die gesamte Energie $W_{\mathrm{el}}$ des mit der Ladung Q aufgeladenen Kondensators ist dann die Summe dieser Teilarbeiten: $W = \int_0^Q U\,\mathrm{d}q = \frac{1}{C}\int_0^Q q\,\mathrm{d}q = \frac{Q^2}{2C}$. Mit $Q = CU$ ergibt sich die

**Potentielle elektrische Energie eines geladenen Kondensators**

$$W_{\mathrm{el}} = \frac{1}{2} C U^2 \tag{6.33}$$

Speziell für den Plattenkondensator erhält man mit Gl. (6.29) und $U = Ed$: $W_{\mathrm{el}} = \frac{1}{2}\frac{\varepsilon_0 A}{d} U^2 = \frac{1}{2}\varepsilon_0 E^2 V$, wobei $V = Ad$ in diesem Fall das Volumen des Kondensators oder das Feldvolumen ist. Allgemein, unabhängig von der speziellen Konfiguration, gilt für die Elektrische Feldenergie des elektrischen Feldes im Vakuum:

$$W_{\mathrm{el}} = \frac{1}{2}\varepsilon_0 E^2 V \tag{6.34a}$$

oder

$$W_{\mathrm{el}} = \frac{1}{2} E D V \tag{6.34b}$$

Ein elektrisches Feld ist ein Energieträger. In ihm ist die zur Trennung der elektrischen Ladung erforderliche Energie gespeichert.

Die elektrische Feldenergie ist im homogenen Feld gleichmäßig über den erfassten Raum verteilt. Dies ist im inhomogenen Feld nicht mehr der Fall, hier ist die Feldstärke und damit die Feldenergie nach Gl. (6.34) von Ort zu Ort verschieden. Die örtliche Verteilung der Feldenergie beschreibt man mit der *elektrischen Feldenergiedichte* $\varrho_{\mathrm{el}}$. Sie ist der Quotient aus der elektrischen Feldenergie d$W_{\mathrm{el}}$ und dem Volumen des Volumenelements d$V$ an einem Ort. Mit Gl. (6.34) ergibt sich $\frac{\mathrm{d}W_{\mathrm{el}}}{\mathrm{d}V} = \frac{1}{2}\frac{\varepsilon_0 E^2\,\mathrm{d}V}{\mathrm{d}V}$ und daraus die

**Elektrische Energiedichte**

$$\varrho_{\mathrm{el}} = \frac{1}{2}\,\varepsilon_0\,E^2 \tag{6.35a}$$

$$\varrho_{\mathrm{el}} = \frac{1}{2}\,E\,D \tag{6.35b}$$

Diese Gleichung enthält nur noch Feldgrößen und gilt somit nicht nur für homogene Felder, sondern auch für allgemeine inhomogene Felder.

**Beispiel**

Welche Kapazität muss ein Kondensator haben, der ein Blitzgerät bei 800 V mit einer Energie von 100 J versorgen soll?

Umstellung von Gl. (6.33) ergibt $C = \frac{2\,W_{\mathrm{el}}}{U^2} = \frac{2 \cdot 100\,\mathrm{J}}{(800\,\mathrm{V})^2} = 313\,\mu\mathrm{F}$

## 6.2.4 Materie im elektrischen Feld

Zur Betrachtung der grundlegenden Eigenschaften und Größen des elektrischen Feldes haben wir bisher von Einflüssen der Umgebung abgesehen, haben uns also auf die Verhältnisse im Vakuum beschränkt. Im Folgenden wenden wir uns den Wechselwirkungen zwischen verschiedenen Formen der Materie und dem elektrostatischen Feld zu. Dabei unterscheiden wir die Kategorien elektrisch leitende Stoffe (Leiter) und elektrisch nichtleitende Stoffe (Isolatoren).

### Elektrische Leiter im elektrostatischen Feld

Als elektrische Leiter werden Stoffe bezeichnet, die frei bewegliche Ladungen enthalten. Dies können Elektronen oder ionisierte Atome oder Moleküle sein. Die technisch wichtigsten Leiter sind die Metalle mit frei beweglichen Elektronen als Ladungsträger. Die Bezeichnungen „Leiter“ und „Metall“ werden daher in diesem Zusammenhang häufig synonym verwendet.

Metallische Körper sind an sich elektrisch neutral, da die negative Ladung der beweglichen Elektronen durch die positive Ladung der lokalisierten (unbeweglichen) Metall-Ionen kompensiert wird. Diese Ionen entstehen dadurch, dass die Metall-Atome in der metallischen Bindung die dann frei beweglichen Bindungselektronen abgeben (ca. ein Elektron pro Atom, siehe Abschnitt 9.1.1).

### Statische Ladungsverteilungen

Bringt man einen elektrischen Leiter in ein äußeres elektrisches Feld, werden in diesem die beweglichen Leitungselektronen relativ zu den Metall-Ionen bewegt, d. h. in dem nach außen hin neutralen Körper werden positive und negative Ladungen getrennt. Diesen Vorgang bezeichnet man als *elektrische Influenz*. Die Ladungstrennung hat ein eigenes elektrisches Feld zur Folge, das dem äußeren entgegengesetzt ist und dieses überlagert. Die Elektronen bewegen sich solange, wie ein elektrisches Feld auf sie wirkt, also bis das äußere durch das innere Feld kompensiert wird und die Gesamtfeldstärke im Leiter auf null gefallen ist.

Entfernt man den Körper aus dem Feldbereich, verteilen sich die Ladungen wieder in der ursprünglichen Weise. Die Wirkung der Influenz ist also nur vorübergehend, solange der Feldeinfluss besteht.

Die Wirkung der Influenz zeigt sich bei folgendem Versuch (Bild 6.21): In das homogene Feld eines Plattenkondensators werden zwei sich berührende ungeladene Metallplättchen gebracht (a). Die linke Metallfläche lädt sich im Feld negativ, die rechte positiv auf (b). Zieht man die Flächen auseinander, ist zunächst der zwischen ihnen liegende Raum feldfrei, denn das primäre Feld wird durch ein zwischen den Platten befindliches, durch die Influenzladungen erzeugtes Gegenfeld aufgehoben (c). Werden anschließend die Plättchen ohne gegenseitigen Kontakt aus dem äußeren Feld entfernt, können die influenzierten Ladungen nicht zurückfließen. Zwischen den Plättchen herrscht dann ein Feld infolge der influenzierten Ladungen (d), die z. B. durch ein Elektrometer nachgewiesen werden können.

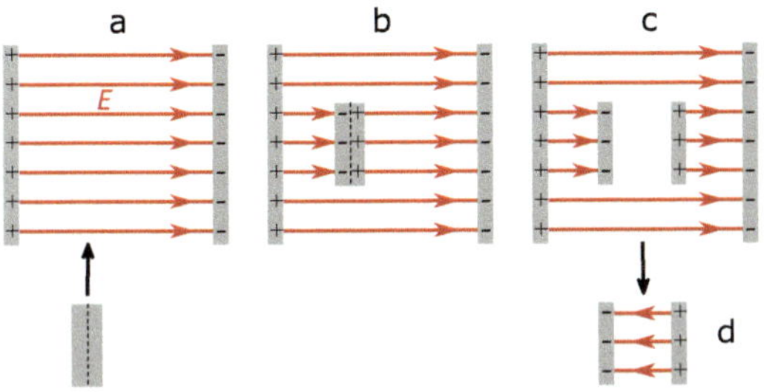


**Bild 6.21**
Versuch zur Influenz

Die Umverteilung der Ladungen wirkt sich auch auf das elektrische Feld außerhalb des Leiters aus. Verläuft nämlich das Feld zunächst schräg zur Oberfläche des Leiters, so hat es dort außer der senkrechten auch eine Komponente tangential zur Oberfläche. Analog zu den Vorgängen im Innern des Körpers verteilen sich die Elektronen so lange um, bis diese tangentiale Komponente verschwindet, bis also das elektrische Feld senkrecht auf der Oberfläche steht (Bild 6.6).

Influenz hat also zur Folge:

- Das Innere eines metallischen Körpers ist feldfrei.
- Das elektrische Feld steht senkrecht auf der Oberfläche eines metallischen Körpers.

Die influenzierten Ladungen befinden sich an der Körperoberfläche. Es spielt also keine Rolle, ob der Körper massiv oder hohl ist. Demnach gelten die obigen Aussagen auch für metallische Hohlkörper. Dies wird in Form des *Faraday-Käfigs* genutzt, um Räume von äußeren (z. B. durch Blitz erzeugten) elektrischen Feldern abzuschirmen.

Die Aussagen gelten außerdem auch für metallische Körper, die elektrisch aufgeladen wurden, also zusätzliche Ladungen tragen, auch ohne dass ein von außen angelegtes Feld existiert.

Im Abschnitt zum elektrischen Potential haben wir festgestellt, dass das elektrische Feld senkrecht auf den Äquipotentialflächen steht, ebenso wie auf der Oberfläche eines metallischen Körpers. Die Oberfläche eines solchen Körpers stellt also eine Äquipotentialfläche dar.

Damit lässt sich z. B. die Spitzenwirkung an einem geladenen Körper erklären. Einen Körper mit einer Spitze kann man sich vereinfacht dargestellt denken als zwei einbeschriebene Kugeln, deren Radien $r_1 > r_2$ den Krümmungsradien der Oberfläche entsprechen und die leitend miteinander verbunden sind (Bild 6.22). Die Kugeloberflächen liegen dadurch auf demselben elektrischen Potential $\varphi$. Nach Gl. (6.23) gilt dann $\varphi = E_1 r_1 = E_2 r_2$ oder auch

$$\frac{E_1}{E_2} = \frac{r_2}{r_1}$$

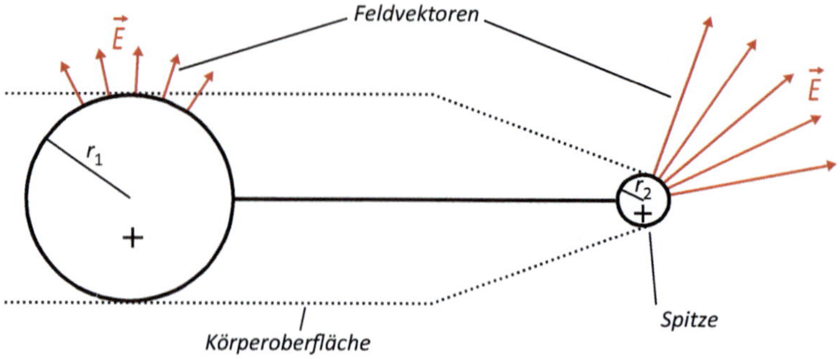


**Bild 6.22** Elektrische Feldstärke bei unterschiedlicher Oberflächenkrümmung

Die elektrische Feldstärke an der Oberfläche eines geladenen Körpers ist umgekehrt proportional zum Krümmungsradius der Oberfläche. An Stellen mit kleinem Krümmungsradius (Spitzen) können also besonders hohe Feldstärken auftreten, durch die z. B. die umgebende Luft ionisiert werden kann. Die vom elektrischen Feld weggetriebenen Ionen führen zu Ladungsverlusten. Deshalb sind alle Teile von Hochspannungsanlagen abgerundet, um ein „Absprühen“ der Ladung und damit Energieverluste zu vermeiden. Im Feldemissionsmikroskop macht man sich diesen Effekt zunutze, um Feldstärken im Bereich von $10^9$ V/m zu erreichen, bei denen Elektronen aus einer Metallspitze emittiert werden.

## Isolatoren im elektrostatischen Feld

Wird zwischen die Platten eines auf die Spannung $U_0$ aufgeladenen und anschließend von der Spannungsquelle getrennten Kondensators ein Isolator eingebracht, so nimmt die Spannung ab. Entfernt man den Isolator wieder, steigt die Spannung auf den ursprünglichen Wert. Der Kondensator wurde durch den Vorgang also nicht entladen. Ursache der Spannungsänderungen sind Vorgänge im Isolator.

In Nichtleitern sind die Ladungsträger nicht frei beweglich, sondern liegen gebunden in Form von Dipolen vor. In einem äußeren Feld ist daher auch innerhalb eines Nichtleiters ein elektrisches Feld vorhanden, wohingegen Leiter aufgrund ihrer frei beweglichen Ladungen im Innern feldfrei sind. Das Feld greift gleichsam durch den Isolator hindurch, weshalb ein solcher Stoff auch Dielektrikum (griechisch dia = durch) genannt wird. Bild 6.23 zeigt das Dielektrikum im äußeren Feld $\vec{E}_0$. Durch das im Feld auf die Dipole wirkende Drehmoment sind diese orientiert (siehe folgender Abschnitt), und es entsteht ein Gegenfeld $\vec{E}_\mathrm{p}$, sodass im Dielektrikum das Feld $\vec{E} = \vec{E}_0 + \vec{E}_\mathrm{p}$ mit der verminderten Feldstärke $E = E_0 - E_\mathrm{p}$ herrscht. Der Faktor, um den das elektrische Feld im Dielektrikum kleiner ist als das äußere Feld, heißt *relative Permittivität* oder *Permittivitätszahl* (auch Dielektrizitätszahl) $\varepsilon_\mathrm{r}$

**Permittivitätszahl**

$$\varepsilon_\mathrm{r} = \frac{E_0}{E} \qquad (6.36)$$

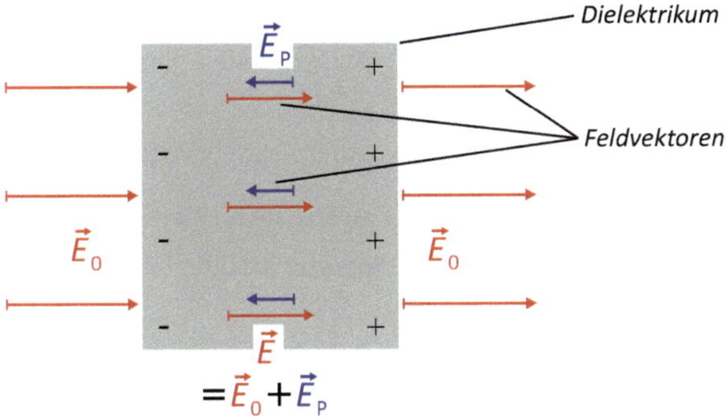


**Bild 6.23**
Polarisation im Dielektrikum

Für die Spannung gilt $U = Ed < U_0$. Damit ist die Kapazität $C$ eines Kondensators mit Dielektrikum nach $C = \frac{Q}{U}$ größer als die Kapazität $C_0$ des leeren Kondensators. Mit Gl. (6.36) gilt also auch

$$\varepsilon_r = \frac{U_0}{U} = \frac{C}{C_0}$$

Für die Kapazität eines Kondensators, eventuell mit Dielektrikum $C = \varepsilon_r C_0$ erhält man also allgemein:

**Kapazität des Plattenkondensators mit Dielektrikum**

$$C = \varepsilon_r \varepsilon_0 \frac{A}{d} \tag{6.37}$$

Das Produkt $\varepsilon_r \varepsilon_0 = \varepsilon$ wird Permittivität genannt.

Zur Einstellung der Kapazität eines Kondensators bietet Gl. (6.37) drei Ansatzpunkte: die Art und Dicke des Dielektrikums ($\varepsilon_r$, $d$) und die Elektrodenfläche ($A$). Kondensatoren gibt es in zahlreichen Ausführungsformen und Größen. Bei *Elektrolytkondensatoren* bildet eine aufgeraute Aluminium-Folie oder ein hochporöser Tantal-„Schwamm" aus gesintertem Tantal-Pulver mit einer großen Oberfläche die eine Elektrode. Eine elektrolytische Flüssigkeit, die alle Rauigkeiten und Hohlräume ausfüllt und ganzflächig berührt, stellt die andere Elektrode dar, die ihrerseits durch verschiedene Methoden nach außen hin kontaktiert wird. Das Dielektrikum zwischen dem Elektrolyten und der festen Elektrode ist eine einige zehn bis hundert Nanometer dicke Oxidschicht, die durch Anlegen einer Formierungsspannung mittels anodischer Oxidation erzeugt wird. Die Kombination aus großer Fläche und geringer Dicke des Dielektrikums ermöglicht relativ große Kapazitäten bis in den Farad-Bereich bei relativ kleinen geometrischen Abmessungen. *Keramik-Kondensatoren* andererseits nutzen die hohen Werte der Permittivitätszahl von ferroelektrischen Materialien wie Bariumtitanat, siehe folgender Abschnitt.

Im Allgemeinen ist das elektrische Feld nicht senkrecht zur Grenzfläche zwischen zwei Dielektrika 1 und 2 gerichtet, sondern schließt einen bestimmten Winkel mit der Grenzflächennormalen ein. Es hat dadurch an der Grenzfläche eine normale und eine tangentiale Komponente. Aus dem Gauß'schen Satz (Gl. (6.11)) und aus der Wirbelfreiheit des elektrischen Feldes (Abschnitt 6.2.3) ergibt sich nun für diese Komponenten beiderseits der Grenzfläche:

$$E_{2\parallel} = E_{1\parallel} \tag{6.38}$$

Die Tangentialkomponente des elektrischen Feldes ist an der Grenzfläche stetig.

$$D_{2\perp} = D_{1\perp} \quad (6.39a)$$

oder

$$\varepsilon_{r2} E_{2\perp} = \varepsilon_{r1} E_{1\perp} \quad (6.39b)$$

Die Normalkomponente der elektrischen Flussdichte ist an der Grenzfläche stetig.

Daher ändert sich auch die Richtung der elektrischen Feldlinien an einer solchen Grenzfläche.

## Vorgänge im Dielektrikum

Beim Einbringen eines Dielektrikums in einen Kondensator nehmen bei konstanter Ladung $Q$ elektrische Feldstärke und Spannung um den Faktor $\frac{1}{\varepsilon_r}$ ab. Die elektrische Flussdichte $\vec{D}$ verändert sich aber bei konstanter elektrischer Ladung $Q$ nicht, $\vec{D}$ wird also durch das Dielektrikum nicht beeinflusst. Es gilt:

**Elektrische Flussdichte und Feldstärke im Dielektrikum**

$$\vec{D} = \varepsilon_r \varepsilon_0 \vec{E} = \vec{P} + \varepsilon_0 \vec{E} \quad (6.40)$$

Die Feldgröße $\vec{P}$ heißt elektrische Polarisation und ist bei dielektrischen Stoffen (siehe unten) proportional zur Feldstärke $E$. Man erhält $\vec{P} = \vec{D} - \varepsilon_0 \vec{E} = \varepsilon_r \varepsilon_0 \vec{E} - \varepsilon_0 \vec{E} = (\varepsilon_r - 1)\,\varepsilon_0 \vec{E}$, und damit

**Elektrische Polarisation und Suszeptibilität**

$$\vec{P} = \chi_e \varepsilon_0 \vec{E} \quad (6.41)$$

Mit der *Suszeptibilität* des Dielektrikums $\chi_e = \varepsilon_r - 1$.

Die Polarisation durch ein elektrisches Feld kann je nach Dielektrikum als *Verschiebungspolarisation* oder als *Orientierungspolarisation* auftreten.

Atome und viele Moleküle (z. B. $O_2$, $N_2$, $NH_4$) haben ohne ein äußeres elektrisches Feld kein Dipolmoment, sind also *nichtpolar*, da in den Teilchen positive und negative Ladungsschwerpunkte zusammenfallen. *Verschiebungspolarisation* liegt vor, wenn im Feld die Ladungen relativ zueinander verschoben werden (Bild 6.24), sodass ein „induziertes" Dipolmoment $\vec{p}_{\text{ind}} = q\vec{d}$ (Gl. (6.13)) entsteht, welches in Richtung von $\vec{E}$ weist und zur Feldstärke proportional ist: $\vec{p}_{\text{ind}} = \alpha \vec{E}$.

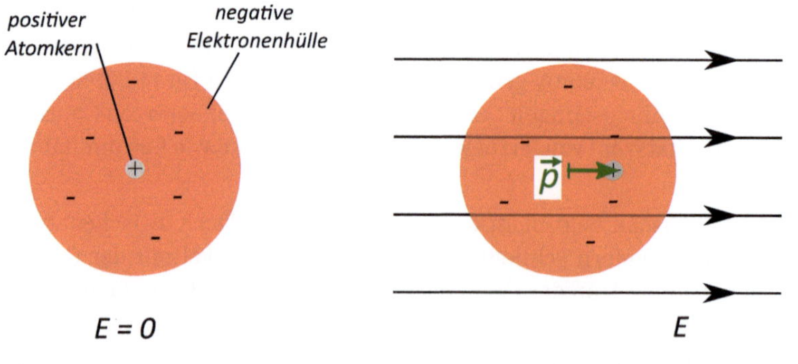


**Bild 6.24** Schematische Darstellung der Verschiebungspolarisation im elektrisch neutralen Atom: positiver Kern und negative Elektronenhülle werden im elektrischen Feld relativ zueinander verschoben

Der Faktor $\alpha$ heißt elektrische *Polarisierbarkeit*. Er ist charakteristisch für das betreffende Atom oder Molekül und liegt in der Größenordnung $10^{-30}$ C m²/V. Mit der Polarisierung bilden sich in Feldrichtung an den Seiten des dielektrischen Stoffes gebundene elektrische Ladungen (Polarisationsladungen) aus, die das Gegenfeld $E_p$ erzeugen (Bild 6.25).

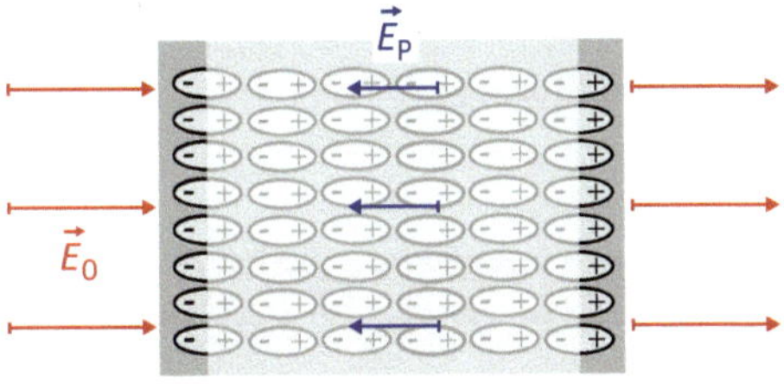


**Bild 6.25**
Bildung des Gegenfeldes $E_p$ durch die Polarisationsladungen an den Enden des Dielektrikums, die Dipolladungen innerhalb des Dielektrikums (schattiert) neutralisieren sich gegenseitig (schematische Darstellung)

Ist $n$ die Teilchendichte (Anzahl Teilchen/Volumen) im Dielektrikum, so addieren sich die induzierten Dipolmomente $\vec{p} = \vec{p}_{ind}$ der einzelnen Teilchen zu einem volumenbezogenen Dipolmoment des Dielektrikums, welches die Polarisation $\vec{P}$ darstellt (die Überlegungen gelten streng nur für Gase):

**Verschiebungspolarisation und induziertes Dipolmoment**

$$\vec{P} = n\vec{p} = n\alpha\vec{E} \tag{6.42}$$

Viele Stoffe bestehen aus Molekülen, die auch ohne ein äußeres elektrisches Feld Dipolmomente $\vec{p}$ haben (z. B. $H_2O$, $SO_2$). Deren Richtungen sind jedoch infolge der Wärmebewegung regellos verteilt, sodass dadurch insgesamt keine Polarisation $\vec{P}$ auftritt. Erst im elektrischen Feld mit der Feldstärke $\vec{E}$ werden die Dipole durch das auftretende Drehmoment $\vec{M} = \vec{p} \times \vec{E}$ (Gl. (6.14)) in Richtung des Feldes ausgerichtet (Bild 6.26). Man bezeichnet diese Art der Polarisation als *Orientierungspolarisation*. Die Ausrichtung der Dipolmoleküle ist bei weitem nicht vollständig, sodass zum einen auch hier wie bei der Verschiebungspolarisation die Polarisation proportional zum elektrischen Feld ist. Zum anderen wird die Ausrichtung bei steigender Temperatur durch die Wärmebewegung immer mehr gestört, sodass die Polarisation auch temperaturabhängig ist.

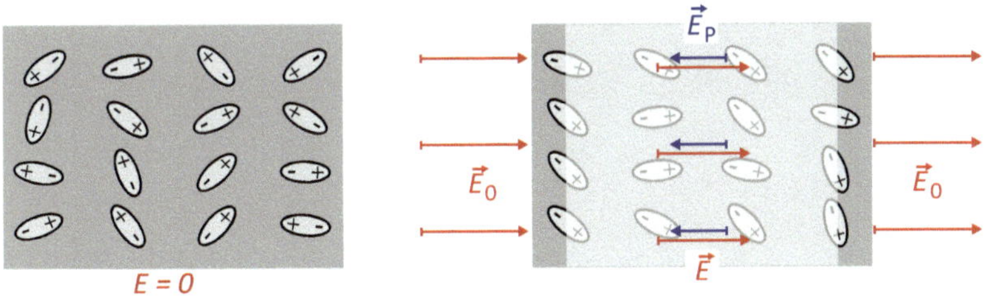


**Bild 6.26** Regellose Richtungsverteilung der Dipolmoleküle ohne Feld und Ausrichtung der Dipole im elektrischen Feld (schematische Darstellung)

Verschiebungspolarisation spielt die entscheidende Rolle bei Stoffen aus nichtpolaren Atomen oder Molekülen. Diese haben im Allgemeinen eine Permittivität nahe bei eins, die unabhängig von Temperatur und elektrischer Feldstärke ist. Für Diamant z. B. liegt der Wert bei etwa 4. Dies trifft auch auf Gase mit ihrer im Vergleich zu Festkörpern oder Flüssigkeiten geringen Teilchendichte zu. So hat Luft (hauptsächlich $N_2$, $O_2$) ein $\varepsilon_r$ von 1,000 59.

Stoffe aus Dipolmolekülen haben aufgrund der Orientierungspolarisation häufig eine deutlich höhere Permittivität, die ebenfalls unabhängig von der Feldstärke, aber temperaturabhängig ($\sim \frac{1}{T}$) und oft sehr stark frequenzabhängig ist. Bei 20 °C hat z. B. Ethanol ein $\varepsilon_r$ von 25,1. Wasser hat bei dieser Temperatur im statischen Feld einen Wert von etwa 80, der bei Frequenzen oberhalb von etwa 1 GHz auf ca. 1,8 abnimmt.

Einige Werte für die Permittivität sind in Tabelle 6.2 aufgeführt.

**Tabelle 6.2** Relative Permittivität einiger Dielektrika

| Material | $\varepsilon_r$ | Bedingungen |
|---|---|---|
| **Gase** | | |
| Helium | 1,0000684 | 0 °C, 1 bar |
| Luft | 1,000590 | 0 °C, 1 bar |
| Kohlendioxid | 1,000921 | 0 °C, 1 bar |
| Wasser (Dampf) | 1,00587 | 100 °C, 1 bar |
| **Flüssigkeiten** | | |
| Helium (flüssig) | 1,05 | −269 °C |
| Benzen ($C_6H_6$) | 2,282 | 20 °C, < 1 MHz |
| Ethanol | 24,3 | 20 °C, < 1 MHz |
| Wasser (flüssig) | 80,2 | 20 °C, < 10 MHz |
| **Festkörper** | | |
| PTFE (Teflon) | 2,1 | |
| PE (Polyethylen) | 2,2...2,4 | |
| Diamant (C) | 5,6 | |
| PVC (Polyvinylchlorid) | 2,5...6 | |
| Glas | 3,7...10 | |
| Wasser (Eis) | 78 | −10 °C, < 1 kHz |
| Bariumtitanat ($BaTiO_3$) | $10^3 \ldots 10^5$ | |

**Beispiel**

Ein Plattenkondensator mit Platten der Fläche 200 cm² im Abstand 1,5 mm wird mit 400 V geladen und dann von der Spannungsquelle gelöst. Anschließend wird er mit Isolatoröl mit der Permittivitätszahl $\varepsilon_r = 2,5$ gefüllt. Welche Werte haben elektrisches Feld und elektrische Flussdichte vor und nach dem Befüllen?

vorher:

mit Gl. (6.20): $E_0 = \frac{U_0}{d} = \frac{400\ \text{V}}{1,5 \cdot 10^{-3}\ \text{m}} = 267\ \text{kV/m}$

mit Gl. (6.40): $D = \varepsilon_r \varepsilon_0 E_0 = 1 \cdot 8,854 \cdot 10^{-12}\ \frac{\text{C}}{\text{V m}} \cdot 2,67 \cdot 10^5\ \frac{\text{V}}{\text{m}} = 2,36\ \mu\text{C/m}^2$

nachher:

mit Gl. (6.36): $E = \frac{E_0}{\varepsilon_r} = \frac{267\,\text{kV/m}}{2{,}5} = 107\,\text{kV/m}$

mit Gl. (6.40): $D = \varepsilon_r \varepsilon_0 E = \varepsilon_0 E_0 = 2{,}36\,\mu\text{C/m}^2$

Oder für beide Fälle, da sich die Ladung nach der Trennung von der Spannungsquelle nicht ändert:

$$D = \frac{Q}{A} = \frac{1}{A} C_0 U_0 = \frac{1}{A} \varepsilon_0 \frac{A}{d} U_0$$
$$= 8{,}854 \cdot 10^{-12} \frac{\text{C}}{\text{V m}} \cdot \frac{400\,\text{V}}{1{,}5 \cdot 10^{-3}\,\text{m}} = 2{,}36\,\mu\text{C/m}^2$$

Wie groß ist die Polarisation des Isolators?

Mit Gl. (6.41):

$$P = \chi_e \varepsilon_0 E = (\varepsilon_r - 1)\, \varepsilon_0 E$$
$$= 1{,}5 \cdot 8{,}854 \cdot 10^{-12} \frac{\text{C}}{\text{V m}} \cdot 1{,}07 \cdot 10^5 \frac{\text{V}}{\text{m}} = 1{,}42\,\mu\text{C/m}^2$$

Technisch von besonderer Bedeutung sind Stoffe, bei denen *Ferroelektrizität* beobachtet wird. Bei den *Ferroelektrika* handelt sich um Ionenkristalle, in denen es aufgrund der speziellen kristallinen Struktur (mit einer „polaren" Kristallachse) durch Verschiebung der Ionen gegeneinander zu einer spontanen (d. h. ohne äußeres elektrisches Feld) Polarisation kommen kann. Durch Anlegen eines Feldes kann die dauerhafte Polarisation in Betrag und Richtung verändert und auch aufgehoben werden. Dies lässt sich dadurch erklären, dass der Kristall aus kleinen, aneinander angrenzenden *Domänen* (Bereiche) besteht, innerhalb derer jeweils eine bestimmte Dipolausrichtung vorliegt (Bild 6.27). Durch das angelegte Feld verschieben sich die Grenzen zugunsten von Domänen mit einer Feld-parallelen Ausrichtung. Ferroelektrisches Verhalten zeigen die Kristalle bis zu einer maximalen Temperatur, der Curie-Temperatur $T_C$ (nach Pierre Curie, 1895–1906, Nobelpreis 1903 zusammen mit Marie C. und H. Becquerel). Oberhalb von $T_C$ verhalten sie sich wie nichtpolare Stoffe.

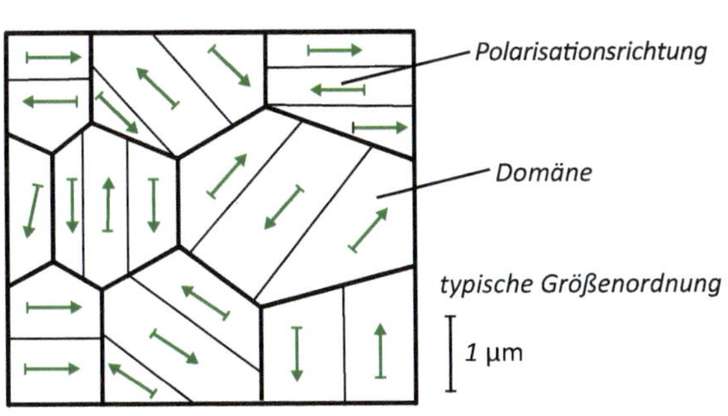


**Bild 6.27**
Domänen in einem Ferroelektrikum

Dies sind Vorgänge, wie sie in analoger Form beim Ferromagnetismus (siehe Abschnitt 6.3.6 und Abschnitt 9.4.2) auftreten, weshalb die Bezeichnung „Ferro-" (lateinisch für Eisen) übernommen wurde, obwohl Ferroelektrizität mit Eisen nichts zu tun hat.

Die starke Abhängigkeit der Polarisation vom angelegten Feld drückt sich in einer sehr hohen Permittivität aus, die z. B. bei Bariumtitanat ($BaTiO_3$) Werte bis zu $10^5$ erreicht. Bariumtitanat wird daher in Form von Keramik als Isolator in Kondensatoren eingesetzt, um bei kleiner Bauform hohe Kapazitäten zu erreichen. Allerdings ist die Permittivität Temperatur-, Spannungs- und Frequenzabhängig, was bei der Verwendung solcher Kondensatoren in Schaltungen berücksichtigt werden muss. Ferroelektrika werden auch in elektronischen Speicherzellen eingesetzt, wo sie einerseits durch ihre permanente Polarisation eine nichtflüchtige Speicherung, andererseits durch die schnelle Änderbarkeit der Polarisation eine sehr hohe Lese-/Schreibgeschwindigkeit und Reproduzierbarkeit erlauben.

Ferroelektrische Materialien zeigen darüber hinaus die Eigenschaft der *Piezoelektrizität*[2], d. h. ihre Polarisation ändert sich unter dem Einfluss mechanischer Spannungen. Andererseits gibt es aber auch viele piezoelektrische Stoffe, gerade unter den technisch genutzten, die nicht ferroelektrisch sind. Ein wichtiges Beispiel dafür ist Quarz (kristallines $SiO_2$). Wird ein Quarzkristall unter mechanische Spannung gesetzt, so wird er polarisiert, d. h. an seinen Endflächen erscheinen elektrische Ladungen. Diese Erscheinung ist auch bei zahlreichen anderen Ionenkristallen zu beobachten und heißt *piezoelektrischer Effekt*. Umgekehrt ändert sich die Länge eines derartigen Kristalls, wenn ein elektrisches Feld angelegt wird. Dies wird *reziproker piezoelektrischer Effekt* genannt.

Mit der schematischen Darstellung in Bild 6.28 kann dieser Effekt erklärt werden. Die Strukturzelle des Quarzkristalles besteht aus Silicium- und Sauerstoff-Atomen. Aufgrund der Bindungsverhältnisse tragen die Si-Atome eine positive, die O-Atome eine negative Ladung (Bild 6.28a). Die Zelle ist als Ganzes elektrisch neutral und bleibt es auch bei Krafteinwirkung. Die bewirkt aber nach Bild 6.28b eine Verschiebung der Ladungen und damit der Ladungsschwerpunkte relativ zueinander, die einer Polarisation entspricht. Dadurch tritt ein elektrisches Feld und zwischen den beiden Seiten des Kristalls eine Potentialdifferenz auf. Umgekehrt werden beim reziproken Effekt mit einer von außen angelegten Spannung durch das Feld die Ladungen verschoben, sodass sich die Länge der Zelle ändert.

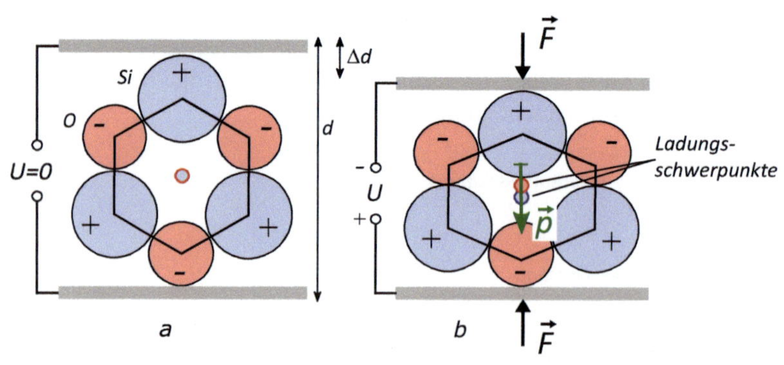


**Bild 6.28** Schematische Darstellung der Strukturzelle von Quarz, (a) unbelastet, (b) unter mechanischer Spannung

[2] piezein, griechisch für drücken

Die Stärke des so elektrischen Feldes und die relative Längenänderung sind zueinander proportional: $E = \delta \cdot \frac{\Delta d}{d}$. Damit ergibt sich wegen $U = E \cdot d$ der Zusammenhang piezoelektrische Spannung - Längenänderung:

$$U = \delta \cdot \Delta d \tag{6.43}$$

Mit dem *piezoelektrischer Koeffizienten* $\delta$. Sein Wert liegt typisch in einem Bereich von $10^9$ V/m bis zu $10^{11}$ V/m.

Angewendet werden piezoelektrische Werkstoffe

- zur Umwandlung mechanischer Signale in elektrische Signale z. B. in Kraftsensoren und Mikrofonen,
- zur Kopplung elektrischer und mechanischer Schwingungen z. B. bei Schwingquarzen in Uhren oder Mikroprozessoren,
- zur Umwandlung elektrischer Signale in mechanische Signale z. B. zur Erzeugung von Ultraschall für technische oder medizinische Anwendungen.

Wegen des großen Wertes des piezoelektrischen Koeffizienten eignen sich Piezoelemente zur hochpräzisen Positionierung, z. B. der Linsen in Kameraobjektiven für die Bildstabilisierung. Extreme Anforderungen in dieser Hinsicht werden beim Rastertunnelmikroskop gestellt, mit dem sich einzelne Atome an einer Oberfläche sichtbar machen lassen. Dabei wird mithilfe von Piezoelementen eine feine Metallnadel im Abstand von ca. 0,2 nm reproduzierbar über die zu untersuchende Oberfläche geführt. Genauer erläutert wird diese experimentelle Technik in Abschnitt 9.1.4 am Beispiel der Untersuchung einer Kristalloberfläche. Aufbauend auf diesem Prinzip gibt es inzwischen Weiterentwicklungen für viele verschiedene Anwendungsgebiete. Beispielsweise erlaubt die Raster-Kraft-Mikroskopie Untersuchungen auch elektrisch nichtleitender Proben. Die Strukturen organischer Moleküle wie die des DNA-Moleküls konnten so auf atomarer Ebene dargestellt werden.

## 6.3 Das statische magnetische Feld

### 6.3.1 Grunderscheinungen der Magnetostatik

Das magnetische Feld äußert sich, ähnlich wie das elektrische und das Gravitationsfeld, durch auftretende Kräfte. Die Wirkung wurde zunächst an Permanentmagneten (Dauermagneten) beobachtet, d. h. an Körpern, mit denen ein permanentes Magnetfeld verbunden ist. Man kann Folgendes bemerken:

- Körper aus Eisen, Kobalt, Nickel oder bestimmten Legierungen werden vom Magneten angezogen.
- Die Kraftwirkung ist an zwei bestimmten Stellen des Magneten, den *Polen*, besonders groß.
- Ein drehbar gelagerter Magnet dreht sich stets mit dem einen Pol nach Norden. Dieser Pol wird *Nordpol*, der andere *Südpol* des Magneten genannt. Ursache ist das Magnetfeld der Erde.

- Bei Annäherung gleicher Pole zweier Magneten ist eine Abstoßungskraft, bei Annäherung ungleicher Pole Anziehungskraft zu beobachten.

  Im Zusammenhang mit dem vorherigen Punkt liegt demnach der *magnetische* Südpol der Erde in der Nähe ihres *geografischen* Nordpols und umgekehrt.

- Jeder Magnet besteht aus diesen zwei Polen, kann also als magnetischer *Dipol* bezeichnet werden. Versuche, magnetische Pole zu trennen, führen stets zu neuen Teilmagneten mit je einem Nordpol und einem Südpol. Dies gilt bis hinunter zu den Elementarteilchen, auch diese sind magnetische Dipole. Allgemein kann man feststellen:

**Merke**

Es gibt keine magnetischen Monopole, sondern nur magnetische Dipole (oder Multipole höherer Ordnung).

Dies ist ein fundamentaler Unterschied zum Fall der positiven und negativen elektrischen Ladungen mit ihrem elektrischen Feld, die als Monopole auch für sich existieren können.

Die beschriebenen Kräfte werden durch das *magnetische Feld* vermittelt. Das magnetische Feld ist wie das elektrische und das Gravitationsfeld ein Vektorfeld.

Wie z. B. beim elektrischen Feld kann der Verlauf durch Feldlinien veranschaulicht werden. Für die Richtung des Feldes außerhalb des Dipols wurde willkürlich die Richtung vom Nordpol zum Südpol festgelegt. Es ergibt sich eine Darstellung wie in Bild 6.29.

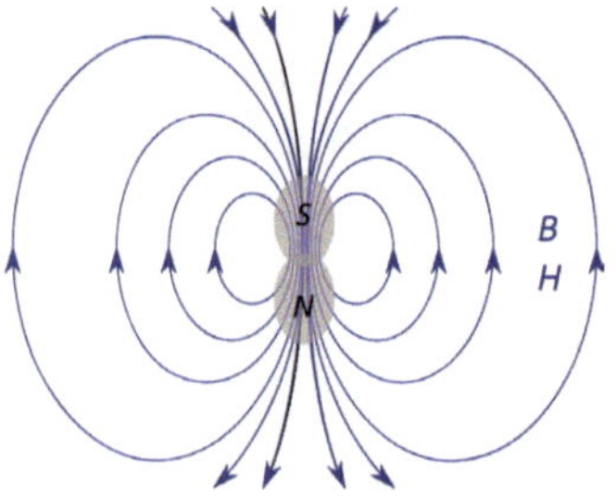


**Bild 6.29**
Feldlinien und Pole eines magnetischen Dipols

Da es keine magnetischen Monopole gibt, gilt:

**Merke**

Magnetische Feldlinien sind immer in sich geschlossen.

Daher wird das Magnetfeld als *Wirbel*feld bezeichnet, im Gegensatz zum elektrischen Feld, das ein *Quellen*feld mit den Ladungen als Quellen ist und bei dem die Feldlinien von der positiven zur negativen Ladung verlaufen.

Außer an Permanentmagneten beobachtet man magnetische Felder und Kräfte im Zusammenhang mit Strömen. Dies entdeckte 1820 der dänische Physiker Oersted (H. C. Oersted, 1777–1851). Wenn der Strom wie in Bild 6.30a aus der Zeichenebene heraus fließt, ergibt sich der durch die Feldlinien dargestellte Verlauf (umgekehrt, wenn er hinein fließt). Die Bezeichnung „Wirbelfeld“ wird hier ganz anschaulich.

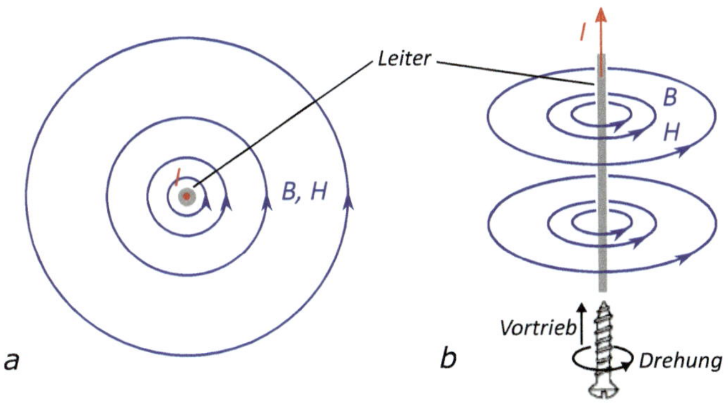


**Bild 6.30** Feldlinien des Magnetfeldes um einen geraden stromdurchflossenen Leiter (der Strom fließt in (a) aus der Zeichenebene heraus), (b) Darstellung der Rechtsschraubenregel für elektrische Stromrichtung und Feldumlaufrichtung

Eine Merkregel für den Zusammenhang zwischen Strom- und Feldrichtung ist die *Rechtsschraubenregel* (Bild 6.30b):

**Merke**

Die Richtung des Magnetfeldes um einen stromführenden Leiter entspricht der Drehrichtung einer Schraube mit Rechtsgewinde mit Vortrieb in Stromrichtung.

Innerhalb einer stromführenden Zylinderspule verlaufen die Feldlinien homogen parallel zur Spulenachse (Bild 6.31). An den Enden der Spule treten sie heraus, verlaufen außerhalb der Spule bogenförmig zurück, um am anderen Ende wieder einzutreten. Homogen ist auch die Feldstärke innerhalb der Spule, sodass man dort insgesamt von einem homogenen Feld sprechen kann.

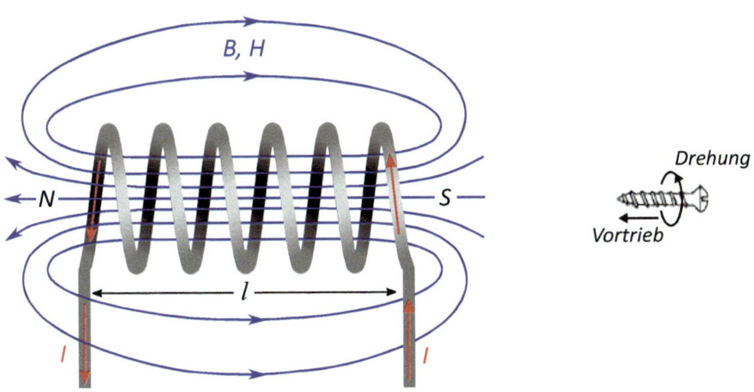


**Bild 6.31** Magnetfeld im Innern einer Zylinderspule und Rechtsschraubenregel für Feldrichtung und Stromlaufrichtung

Auch für die Spule gilt eine Rechtsschraubenregel:

**Merke**

Dreht man eine Schraube mit Rechtsgewinde in Umlaufrichtung des Stroms, so zeigt ihr Vortrieb in Richtung des Feldes im Spuleninnern (Bild 6.31).

## 6.3.2 Magnetische Feldgrößen

Wie beim elektrischen Feld geschieht die Beschreibung des Feldes durch Feldgrößen. Dabei geht man wie im elektrischen Feld von den Kraftwirkungen aus, die das magnetische Feld ausübt.

Die zugrunde liegende Kraft wird als Lorentz-Kraft $\vec{F}_L$ (H. A. Lorentz, 1853–1928, Nobelpreis 1902) bezeichnet. Sie hängt vom Magnetfeld $\vec{B}$, von der im Feld bewegten elektrischen Ladung $q$ und von der Geschwindigkeit dieser Ladung $\vec{v}$ ab:

**Lorentz-Kraft auf eine bewegte Ladung im Magnetfeld**

$$\vec{F}_L = q \cdot \vec{v} \times \vec{B} \tag{6.44}$$

Die magnetische Feldgröße $\vec{B}$ wird aus historischen Gründen als *magnetische Induktion* oder *magnetische Flussdichte* bezeichnet.

Weil die Kraft außer von der Ladung $q$, deren Geschwindigkeit $\vec{v}$ und der magnetischen Flussdichte $\vec{B}$ von keiner anderen Größe abhängig ist, wird Gl. (6.44) auch als Definitionsgleichung für $\vec{B}$ verwendet (analog zur Definition der elektrischen Feldstärke Gl. (6.1)). Für die Einheit ergibt sich

$$[B] = \frac{[F_L]}{[q][v]} = \frac{\text{N}}{\text{A s} \cdot \text{m/s}} = \frac{\text{N}}{\text{A m}} = \frac{\text{V s}}{\text{m}^2} = \text{T (Tesla)}$$

Sie wird zusammengefasst in der SI-Einheit Tesla (N. Tesla, 1856–1943).

Da es keine magnetischen Ladungen gibt, wurde die Stärke eines Magnetfeldes aber zunächst aus der Wirkung auf einen magnetischen Dipol abgeleitet. Dies führt zur Feldgröße $\vec{H}$, die, ebenfalls aus historischen Gründen, als *magnetische Feldstärke* oder magnetische Erregung bezeichnet wird. So wie die elektrischen Größen $\vec{E}$ und $\vec{D}$ hängen auch die magnetischen Größen $\vec{B}$ und $\vec{H}$ eng zusammen, worauf wir später näher eingehen werden.

Wir betrachten die Eigenschaften und Erscheinungsformen des Magnetfeldes zunächst im Zusammenhang mit der magnetischen Feldstärke $\vec{H}$.

Um die magnetische Feldstärke $\vec{H}$ im homogenen Feld einer langen Zylinderspule (Spulenlänge groß gegenüber dem Spulendurchmesser) zu messen, kann man die Kraftwirkung auf einen Probedipol im Innern der Spule untersuchen (Bild 6.32). Es zeigt sich, dass die Gesamt*kraft* auf den Dipol zwar null ist, dass aber ein *Drehmoment* $\vec{M}$ ausgeübt wird.

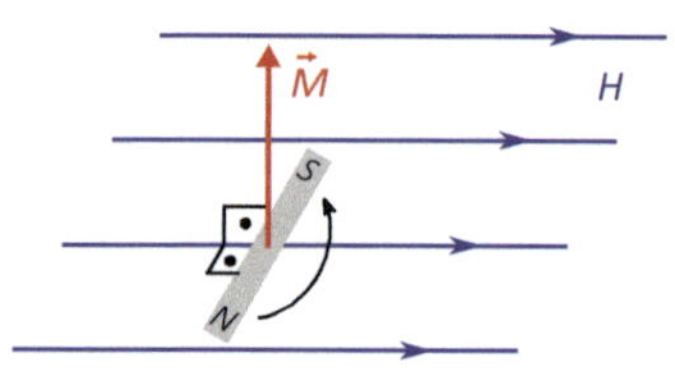


**Bild 6.32**
Drehmoment auf einen magnetischen Dipol im homogenen Magnetfeld

Das Drehmoment $M$ und demzufolge die Feldstärke $H$ sind zur elektrischen Stromstärke $I$ und zur Windungszahl $N$ der Spule proportional, zur Spulenlänge $l$ umgekehrt proportional. Die Querschnittsfläche $A$ der Spule hat keinen Einfluss auf die Feldstärke, solange der Spulendurchmesser klein gegenüber der Spulenlänge ist. Es ergibt sich dieser Zusammenhang für die magnetische Feldstärke $H$ des homogenen Feldes im Innern einer stromführenden langen Zylinderspule:

**Magnetische Feldstärke in einer langen Zylinderspule**

$$H = \frac{N\,I}{l} \tag{6.45}$$

Die Einheit der magnetischen Feldstärke ist danach $[H] = \frac{\mathrm{A}}{\mathrm{m}}$.

Gl. (6.45) gilt auch im Innenraum einer langen Spule nur näherungsweise. Die Feldstärke nimmt zu den Spulenenden hin ab und fällt nach außen sehr schnell fast auf null. Für viele praktische Zwecke reicht aber der idealisierte Wert nach Gl. (6.45) aus.

Ähnlich wie die elektrischen Felder $\vec{E}$ und $\vec{D}$ sind auch die magnetischen Felder $\vec{B}$ und $\vec{H}$ im Vakuum einander proportional und gleich gerichtet. Es gilt

**Magnetische Flussdichte und magnetische Feldstärke im Vakuum**

$$\vec{B} = \mu_0\,\vec{H} \tag{6.46b}$$

$$\vec{H} = \frac{1}{\mu_0}\,\vec{B} \tag{6.46b}$$

mit der *magnetischen Feldkonstanten* oder *Vakuum-Permeabilität* $\mu_0$, deren Einheit durch Gl. (6.44), Gl. (6.46) festgelegt ist und deren Wert mithilfe von Gl. (6.61) bestimmt werden kann:

**Magnetische Feldkonstante** oder **Vakuum-Permeabilität**

$$\mu_0 \approx 1{,}256\,637\,1 \cdot 10^{-7}\,\frac{\mathrm{V\,s}}{\mathrm{A\,m}} \approx 4\,\pi \cdot 10^{-7}\,\frac{\mathrm{V\,s}}{\mathrm{A\,m}}$$

Als Maß für die Stärke eines z. B. durch eine Spule erzeugten Magnetfeldes kann man den *magnetischen Fluss* $\Phi$ durch die Spule verwenden. Anschaulich stellt er die Anzahl der Feldlinien dar, die durch die Spule erzeugt werden und die damit die Windungsfläche der Spule durchsetzen, etwa vergleichbar mit einem Strömungsfluss durch einen Rohrquerschnitt. Während das Magnetfeld innerhalb der Spule gemäß Gl. (6.45) konstant bleibt, nimmt der Fluss $\Phi$ mit zunehmendem Spulenquerschnitt $A$ zu. Die Bezeichnung „magnetische Flussdichte" für die oben schon erwähnte Feldgröße $\vec{B}$ rührt daher, dass $\vec{B}$ und $\Phi$ unmittelbar miteinander verknüpft sind:

Magnetischer Fluss bei senkrecht von Feldlinien durchstoßener Fläche

$$\Phi = B \cdot A \tag{6.47}$$

Die Flussdichte $B$ entspricht also anschaulich der Anzahl pro Flächeneinheit der Feldlinien, die die Fläche durchsetzen.

Betrachtet man allgemeiner eine im inhomogenen Feld zum Feld geneigte Fläche, so ist der Fluss $\mathrm{d}\Phi$ durch ein Flächenstück $\mathrm{d}A$ gegeben durch das Skalarprodukt aus $\vec{B}$ und dem Flächenvektor $\mathrm{d}\vec{A}$: $\mathrm{d}\Phi = \vec{B} \cdot \mathrm{d}\vec{A}$ (Bild 6.33). Der Gesamtfluss ergibt sich damit allgemein als Integral der Flussdichte über die Fläche

**Magnetischer Fluss**

$$\Phi = \iint_A \vec{B} \cdot d\vec{A} \tag{6.48}$$

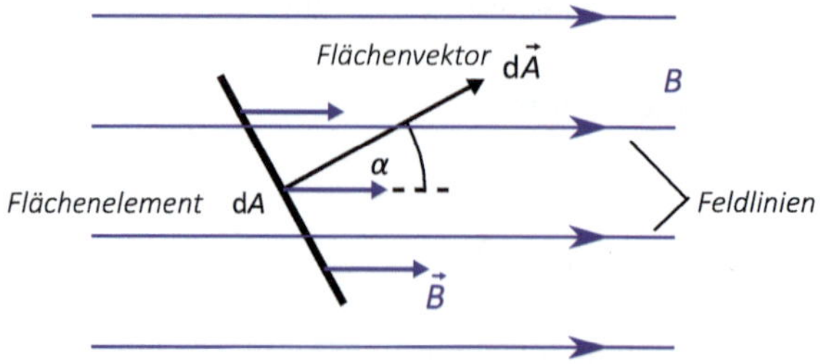


**Bild 6.33**
Magnetischer Fluss bei beliebig orientierter Fläche

Für eine ebene Fläche im homogenen Feld vereinfacht sich dies zu

Magnetischer Fluss durch eine ebene Fläche im homogenen Feld

$$\Phi = \vec{B} \cdot \vec{A} = B\,A\cos\alpha \tag{6.49}$$

Mit der Einheit für die magnetische Flussdichte $[B] = \mathrm{T} = \frac{\mathrm{V\,S}}{\mathrm{m}^2}$ hat der magnetische Fluss also die Einheit $[\Phi] = \mathrm{V} \cdot \mathrm{s} = \mathrm{Wb}$ (Weber) nach W. E. Weber (1804–1891).

Wie oben beschrieben, übt ein homogenes Magnetfeld $\vec{B}$ bzw. $\vec{H}$ ein Drehmoment $\vec{M}$ auf einen magnetischen Dipol aus. Das Drehmoment ist für kleine Auslenkungen des Dipols aus der Senkrechten zum Magnetfeld proportional zur Magnetfeldstärke mit einer Größe als Proportionalitätskonstante, die man in Anlehnung an den elektrischen Fall als *magnetisches Dipolmoment* bezeichnet.

Je nachdem, ob man die magnetische Flussdichte oder die magnetische Feldstärke verwendet, gilt vom Betrag her

**Ampère'sches** oder **elektromagnetisches Dipolmoment**

$$|\vec{m}_\mathrm{A}| = \frac{M}{B} \tag{6.50}$$

bzw.

**Coulomb'sches magnetisches Dipolmoment**

$$|\vec{m}_\mathrm{C}| = \frac{M}{H} = \mu_0\, m_\mathrm{A} \tag{6.51}$$

Für eine Spule oder einen Permanentmagneten der Länge $l$ mit dem magnetischen Fluss $\Phi$ errechnet sich das Coulomb'sche Moment nach $m_\mathrm{C} = \Phi \cdot l$. In der Elektrotechnik wird der magnetische Fluss auch als „Polstärke" des Magneten bezeichnet. (Damit kann man dann eine *formale* Analogie zur Definition des elektrischen Dipolmoments $(p = q \cdot l)$ feststellen. Man muss aber betonen, dass diese Analogie lediglich formal mathematisch ist, da es ja keine magnetischen Monopole bzw. Ladungen gibt.)

Das Ampère'sche Moment ergibt sich aus der Wirkung eines Magnetfeldes auf einen Kreisstrom (siehe Abschnitt 6.3.5), der die Grundform eines magnetischen Dipols darstellt (siehe Abschnitt 6.3.4).

### 6.3.3 Durchflutungsgesetz

Um 1820 fand Ampère das Durchflutungsgesetz, das es ermöglicht, das Magnetfeld einer beliebigen Stromverteilung zu berechnen. Dieses Gesetz wird daher auch „Ampère'sches Gesetz" genannt. Es besagt im Prinzip, dass der Gesamtstrom, der durch eine Fläche fließt (sie „durchflutet") gleich der Summe des Produkts aus Magnetfeld und geschlossenem Weg auf dem Rand dieser Fläche ist.

Ein Summand dieser Summe an einer Stelle auf dem Flächenrand ergibt sich als Skalarprodukt aus dem Magnetfeld $\vec{H}$ an dieser Stelle und dem Wegstück entlang des Randes $\mathrm{d}\vec{s}$ an dieser Stelle: $\vec{H} \cdot \mathrm{d}\vec{s} = H\,\mathrm{d}s \cos\alpha = H_{\parallel}\,\mathrm{d}s$, mit $H_{\parallel} = H \cos\alpha$, der zum Wegstück parallelen Komponente von $\vec{H}$ (Bild 6.34).

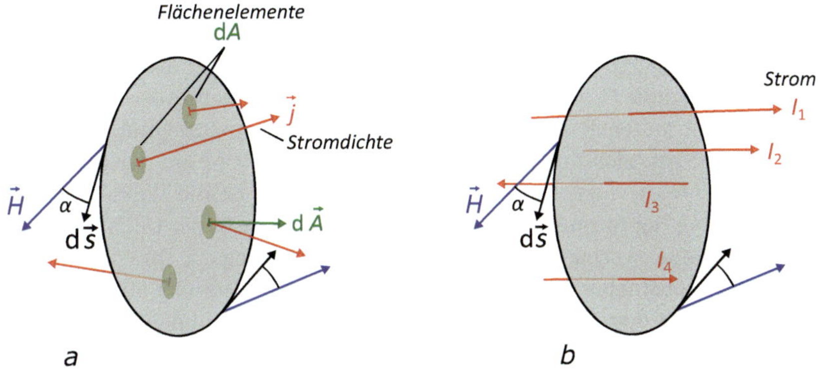


**Bild 6.34** Zum Durchflutungsgesetz: (a) allgemeine Stromverteilung, (b) einzelne Ströme durch die Fläche

(Wegen der *formalen* mathematischen Ähnlichkeit zur Berechnung der Spannung zwischen zwei Punkten im elektrischen Feld, die durch $\mathrm{d}\vec{s}$ verbunden sind, wird dies in der Elektrotechnik manchmal als *magnetische* Spannung bezeichnet.)

Die Gesamtsumme ergibt sich durch Summierung der Beiträge auf dem gesamten, in sich geschlossenen Flächenrand:

$$\oint \vec{H} \cdot \mathrm{d}\vec{s}$$

Der Gesamtstrom durch die Fläche kann ein Strom $I$ durch einen einzelnen Leiter sein, der die Fläche durchstößt. Über die Fläche verteilt können aber auch mehrere zur Fläche senkrechte, vom Betrag her verschiedene Ströme $I_k$ fließen (Bild 6.34b), die dann summiert werden müssen. Es kann sich auch, im allgemeinsten Fall, um eine kontinuierlich über die Fläche variierende Stromdichte $\vec{j}$ handeln (Bild 6.34a), bei der dann die Beiträge des Stroms durch die einzelnen Flächenelemente $\vec{j} \cdot \mathrm{d}\vec{A}$ summiert werden müssen. Der Gesamtstrom kann also je nach Gegebenheiten ausgedrückt werden durch einen einzelnen Strom $I$, durch die Summe mehrere separater Ströme $\sum_{k=1}^{n} I_k$ oder durch die Summation bzw. Integration über die Ströme durch jedes Flächenelement, also

$$\iint_{\text{Fläche } A} \vec{j} \cdot \mathrm{d}\vec{A}$$

Also lautet das

**Durchflutungsgesetz**

$$\oint \vec{H} \cdot \mathrm{d}\vec{s} = \iint\limits_{\text{Fläche } A} \vec{j} \cdot \mathrm{d}\vec{A} \tag{6.52}$$

Je nach den konkreten Gegebenheiten kann die rechte Seite ersetzt werden durch $\sum_{k=1}^{n} I_k$ oder durch $I$.

Zu beachten ist der Fall, dass in der Summe kein Strom durch die betrachtete Fläche fließt, die Durchflutung also null ist. Daraus kann nicht geschlossen werden, dass das Magnetfeld auf dem Rand der Fläche null ist. Es können sich auch aufgrund der Richtungen von $\vec{H}$ und $\mathrm{d}\vec{s}$ die einzelnen Summanden $\vec{H} \cdot \mathrm{d}\vec{s}$ in der Summe gegenseitig kompensieren.

Mit dem Durchflutungsgesetz lassen sich Berechnungen einfacher Felder durchführen. Weil die Summanden $\vec{H} \cdot \mathrm{d}\vec{s}$ ein skalares Produkt der Vektoren $\vec{H}$ und $\mathrm{d}\vec{s}$ darstellen, werden für die Berechnungen stets die Komponenten der Feldstärke $\vec{H}$ in Richtung des Weges $\mathrm{d}\vec{s}$ eingesetzt.

Wir wenden Gl. (6.52) auf die lange (mit $l \gg d$) Zylinderspule an und rechnen als Näherung im Innern mit konstanter Feldstärke $H$, im Außenraum jedoch mit $H_\mathrm{a} \approx 0$ (siehe Abschnitt 6.3.2). Wir wählen eine Fläche $A$, deren Rand überall parallel zur Magnetfeldrichtung verläuft, d. h. entlang einer in sich geschlossenen Feldlinie (Bild 6.35). Damit ist auf der gesamten Umrandung $\alpha = 0$ und $\vec{H} \cdot \mathrm{d}\vec{s} = H\,\mathrm{d}s$. Diese Fläche wird $N$ mal ($N$ ist die Windungszahl) vom elektrischen Strom mit der Stromstärke $I$ durchflossen. Die Anteile der Umlaufsumme $\vec{H}_\mathrm{a} \cdot \mathrm{d}\vec{s}$ im Außenraum können vernachlässigt werden, für den Beitrag des Innenraums erhält man wegen des dort konstanten Magnetfeldes $H \cdot l$. In Übereinstimmung mit Gl. (6.45) ergibt also die Rechnung mit dem Durchflutungsgesetz $H \cdot l = N \cdot I$, wobei dies korrekt nur für die Spulenmitte gilt.

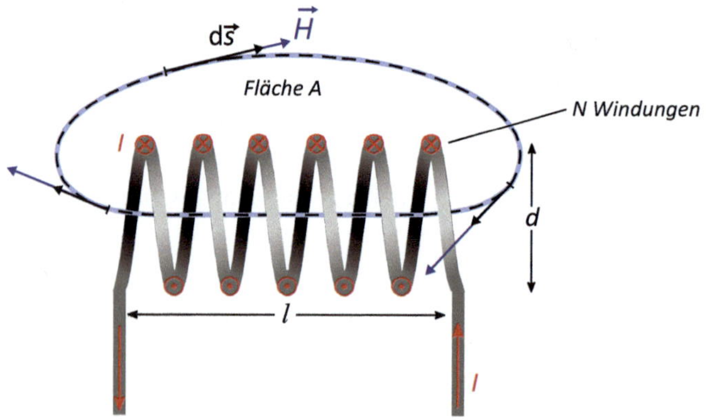


**Bild 6.35** Zur Anwendung des Durchflutungsgesetzes bei einer langen Zylinderspule

Für das Magnetfeld eines geraden stromführenden Leiters (Bild 6.30) erhält man bei einer Kreisfläche, die vom Leiter im Mittelpunkt senkrecht durchstoßen wird, mit dem Durchflutungsgesetz $H \cdot 2\pi r = I$, also

**Magnetische Feldstärke außerhalb eines geraden Stromleiters**

$$H = \frac{I}{2\pi r} \tag{6.53}$$

Die Magnetfeldstärke nimmt also mit dem Abstand $r$ vom Leiter proportional zu $1/r$ ab.

Auch das Magnetfeld innerhalb eines geraden Leiters mit dem Radius $r_L$ lässt sich so berechnen. Ist der Strom $I$ gleichmäßig über den Leiterquerschnitt verteilt, so gilt für die Stromdichte $j = I/A_L = I/\pi r_L^2$. Durch eine zum Leiter konzentrische Kreisfläche mit dem Radius $r \le r_L$ fließt dann der Strom $j \cdot \pi r^2 = I r^2 / r_L^2$, sodass sich mit dem Durchflutungsgesetz ergibt: $H \cdot 2\pi r = I r^2 / r_L^2$. Damit gilt

Magnetische Feldstärke innerhalb eines Stromleiters mit homogener Stromdichte

$$H = \frac{I}{2\pi r_L{}^2} r \qquad (6.54)$$

Im Leiterinnern wächst also die magnetische Feldstärke bis zur Leiteroberfläche linear mit dem Radius an. Insgesamt ergibt sich die in Bild 6.36 dargestellte Abhängigkeit von $r$.

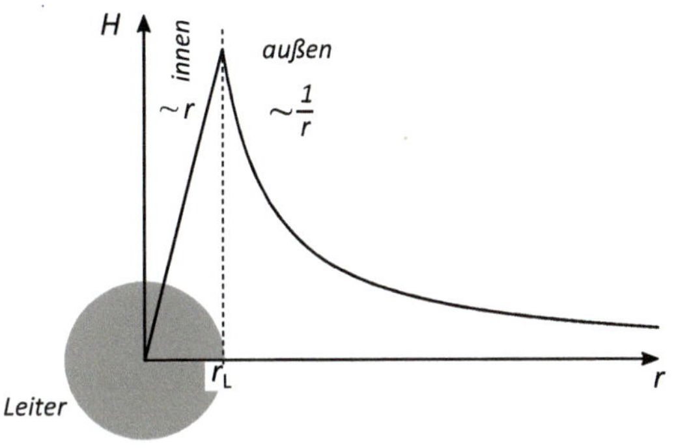


**Bild 6.36**
Magnetische Feldstärke im Innenraum und im Außenraum eines stromführenden Leiters

## 6.3.4 Biot-Savart'sches Gesetz

Obwohl immer gültig, ist das Durchflutungsgesetz nur bei relativ einfachen Leiteranordnungen zur Feldberechnung geeignet. Bei beliebigen Leiteranordnungen kann besser das Gesetz von Biot-Savart (J.-B. Biot, 1774–1862, und F. Savart, 1791–1841) verwendet werden. Nach diesem Gesetz erzeugt ein Wegelement $d\vec{s}$ eines vom Strom $I$ durchflossenen Leiters in einem Punkt $P$ außerhalb des Leiters im Abstand $r$ die Teilfeldstärke d$H$ (Bild 6.37) mit dem Betrag

Biot-Savart'sches Gesetz

$$\mathrm{d}H = \frac{I \sin\alpha}{4\pi r^2} \mathrm{d}s \qquad (6.55)$$

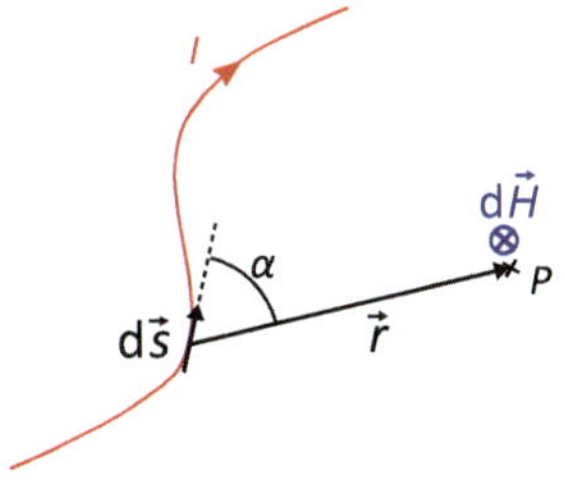


**Bild 6.37**
Zum Gesetz von Biot und Savart ($d\vec{H}$ zeigt hier in die Papierebene hinein, $d\vec{s}$ liegt in der Papierebene)

Dabei ist $r$ der Betrag des Vektors $\vec{r}$ vom Wegelement $d\vec{s}$ zum Punkt $P$, und $\alpha$ der Winkel zwischen $\vec{r}$ und $d\vec{s}$. Der Vektor $d\vec{H}$ hat die Richtung von $d\vec{s} \times \vec{r}$, d. h. er steht senkrecht auf der von $d\vec{s}$ und $\vec{r}$ aufgespannten Ebene.

Wir berechnen damit das Magnetfeld im Mittelpunkt $P$ eines Kreisstroms (Bild 6.38). In diesem Fall ist $r = r_K = const$, $\alpha = 90° = \text{const}$ und die Beiträge $d\vec{H}$ der Wegelemente $d\vec{s}$ haben alle dieselbe Richtung senkrecht in die Zeichenebene hinein. Damit ergibt sich für den Betrag von $H$ auf der linken Seite von Gl. (6.55) $\int_0^H dH = H$, auf der rechten Seite $\oint \frac{I \sin\alpha}{4\pi r_K^2} ds = \frac{I}{4\pi r_K^2} \oint ds = \frac{2\pi r_K}{4\pi r_K^2} I$, also

**Magnetische Feldstärke im Mittelpunkt eines Kreisstromes**

$$H = \frac{I}{2r_K} \tag{6.56}$$

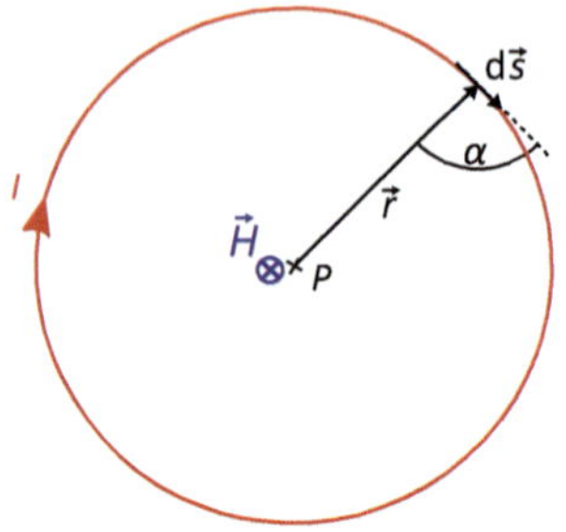


**Bild 6.38**
Zur Feldstärke eines elektrischen Kreisstromes im Mittelpunkt *P*

In der unmittelbaren Umgebung des Leiters, durch den der Kreisstrom fließt, ähnelt das Magnetfeld in Richtung und Stärke dem eines geraden Leiters (Bild 6.30). In größerem Abstand aber ergibt sich aus der Überlagerung der Beiträge aller Leiterteilstücke das komplexere Bild 6.39. Der Verlauf der Magnetfeldlinien gleicht dem der Feldlinien des elektrischen Feldes beim elektrischen Dipol bzw. des in Bild 6.29 gezeigten Feldes des magnetischen Dipols. Der Kreisstrom stellt die Grundform des magnetischen Dipols dar.

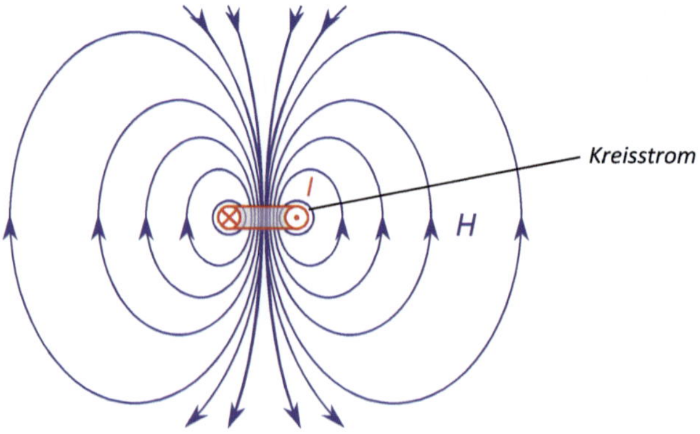


**Bild 6.39**
Magnetfeld um einen Kreisstrom

Mit dem Durchflutungsgesetz konnte relativ einfach das Magnetfeld im Inneren einer langen Spule berechnet werden, deren Länge viel größer als der Durchmesser ($l \gg d$) ist. Eine Berechnung mit dem Biot-Savart'schen Gesetz ergibt ohne diese Beschränkung für die

Feldstärke auf dem Mittelpunkt der Längsachse einer Zylinderspule

$$H = \frac{I\,N}{\sqrt{d^2 + l^2}} \tag{6.57}$$

Für eine lange Spule, also für $l \gg d$ geht Gl. (6.57) in Gl. (6.45) über und stimmt auch mit dem nach dem Durchflutungsgesetz abgeleiteten Zusammenhang überein.

Weiter ergibt sich für die

Feldstärke in der Mitte einer Endfläche einer Zylinderspule

$$H = \frac{I\,N}{2\sqrt{d^2 + l^2}} \tag{6.58}$$

also nur noch die Hälfte des Wertes in der Spulenmitte.

**Beispiel**

Wie groß ist die Feldstärke in der Mitte einer Zylinderspule mit $N = 1\,000$ Windungen, dem Durchmesser $d = 100$ mm und der Länge $l = 300$ mm bei der Stromstärke $I = 1{,}5$ A?

Mit Gl. (6.57) erhält man $H = \frac{1{,}5\,\text{A} \cdot 1\,000}{\sqrt{(0{,}1\,\text{m})^2 + (0{,}3\,\text{m})^2}} = 4{,}74\,\text{kA/m}$.

Mit der Näherung einer langen Spule ergibt Gl. (6.45) $H = \frac{IN}{l} = 5\,\text{kA/m}$, also einen um ca. 5 % zu hohen Wert. Ob man im konkreten Fall mit dem Näherungswert arbeiten kann, hängt von den Anforderungen ab.

## 6.3.5 Kraftwirkungen im statischen Magnetfeld

Wir haben uns bisher hauptsächlich damit befasst, wie Magnetfelder durch elektrische Ströme erzeugt werden und haben dabei das Magnetfeld durch die Magnetfeldstärke $\vec{H}$ beschrieben. Im Folgenden betrachten wir jetzt die Auswirkungen eines Magnetfeldes. Wie oben erwähnt (Gl. (6.44)), wirkt auf eine bewegte Ladung in einem Magnetfeld die Lorentz-Kraft

$$\vec{F}_\text{L} = q \cdot \vec{v} \times \vec{B}$$

in der zur Beschreibung des Magnetfeldes die magnetische Flussdichte $\vec{B}$ verwendet wird.

Der Betrag der Kraft ist $F_\text{L} = q\,v\,B\,\sin\alpha$. Die Lorentz-Kraft ist also null, wenn sich die Ladung in Richtung des Feldes bewegt ($\alpha = 0°$), und maximal, wenn $\vec{v}$ und $\vec{B}$ senkrecht aufeinander stehen ($\alpha = 0°$). Dann gilt

Lorentz-Kraft für $\vec{v} \perp \vec{B}$

$$F_\text{L} = q\,v\,B \tag{6.59}$$

Die Kraft $\vec{F}_\text{L}$ steht senkrecht auf der Richtung der Geschwindigkeit $\vec{v}$ und der Richtung der magnetischen Flussdichte $\vec{B}$. Die Richtung ergibt sich aus der Rechtsschraubenregel für das Vektorprodukt: Dreht man eine Schraube mit Rechtsgewinde vom Vektor $\vec{v}$ über den kleineren Winkel auf den Vektor $\vec{B}$, so zeigt deren Vortrieb die Richtung des Vektorprodukts an.

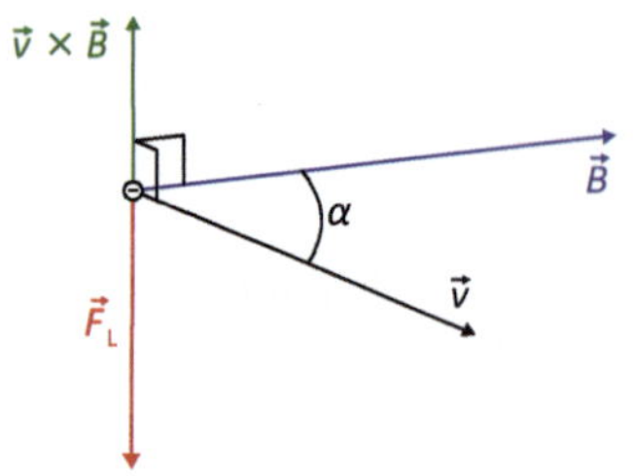


**Bild 6.40**
Zur Richtung der Lorentz-Kraft auf eine negative Ladung

Allerdings muss bei der Lorentz-Kraft zusätzlich das Vorzeichen der Ladung $q$ beachtet werden. Bei negativer Ladung ist $\vec{F}_L$ entgegengesetzt zum Vektorprodukt gerichtet (Bild 6.40).

Da die Lorentz-Kraft immer senkrecht zur Richtung der Geschwindigkeit wirkt, wird auch der geladene Körper nur senkrecht dazu beschleunigt. Es ändert sich also nur die Richtung der Bewegung, während der Betrag der Geschwindigkeit unter der Wirkung der Lorentz-Kraft unverändert bleibt.

Bewegt sich eine freie Ladung (z. B. Elektronen, Ionen im Vakuum) senkrecht zu $\vec{B}$, so wirkt die Lorentz-Kraft immer in Richtung auf einen Punkt, dem Mittelpunkt einer Kreisbahn, auf der sich die Ladung bewegt (Bild 6.41). Für beliebige Winkel zwischen 0° und 90° folgt die Ladung einer Schraubenbahn, deren Achse die Richtung der magnetischen Flussdichte $\vec{B}$ hat.

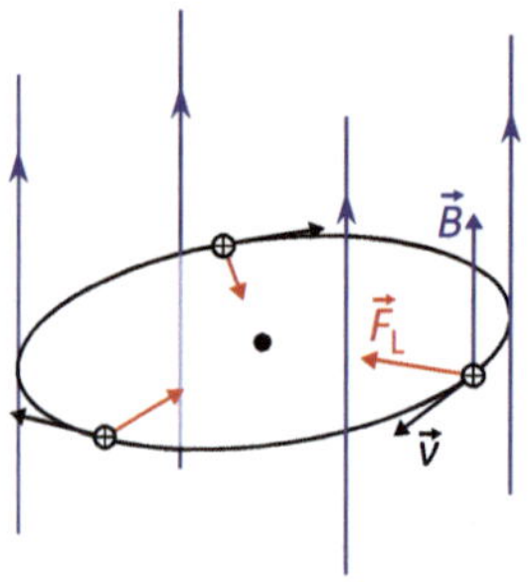


**Bild 6.41**
Kreisbahn einer positiven Ladung unter Einfluss der Lorentz-Kraft für $\vec{v} \perp \vec{B}$

Die Lorentz-Kraft ist Grundlage für so wichtige Anwendungen wie Elektromotoren und -generatoren. Aber auch in der Elektronik (z. B. Hall-Sensor, siehe Abschnitt 9.2.4), in der Medizintechnik (z. B. Teilchenbeschleuniger für die Strahlenbehandlung), in der chemisch-physikalischen Analytik (z. B. Massenspektrometer) usw. spielt sie eine große Rolle.

### Kraft auf einen geraden stromführenden Leiter

Die Wirkungsweise von Elektromotoren beruht auf der Kraft, die im Magnetfeld auf stromführende Leiter wirkt. Die Richtung der zugrundeliegenden Lorentz-Kraft ergibt sich nach der obigen Beschreibung, wenn man davon ausgeht, dass der Strom von positiven Ladungen getragen wird, die sich in der angezeigten Stromrichtung bewegen. Tatsächlich handelt es sich in Metallen um negative Ladungsträger. Da diese sich aber entgegengesetzt zur angezeigten Stromrichtung bewegen, kommt man auf dieselbe Richtung der Lorentz-Kraft.

Die Ladungsträger im Leiter (Bild 6.42) bewegen sich mit der Driftgeschwindigkeit $\vec{v}_D$ (siehe Abschnitt 6.8.2) in Richtung des Leiters $\vec{l}$. Auf die Gesamtheit der Ladungsträger innerhalb der Strecke $l$ mit der Gesamtladung $Q$ wirkt dann die Lorentz-Kraft $\vec{F}_L = Q \cdot \vec{v}_D \times \vec{B}$.

Die Ladung $Q$ bewegt sich im Zeitraum $\Delta t = \frac{l}{v_D}$ über die Strecke $l$ durch den Leiter, sodass man für den Strom den Zusammenhang $I = \frac{Q}{\Delta t} = \frac{v_D}{l} Q$ erhält. Damit, und unter Berücksichtigung der Richtung von $\vec{l}$ und $\vec{v}_D$, ergibt sich schließlich die

**Kraft auf einen geraden Stromleiter im Magnetfeld**

$$\vec{F} = \vec{F}_L = I \cdot \vec{l} \times \vec{B} \tag{6.60}$$

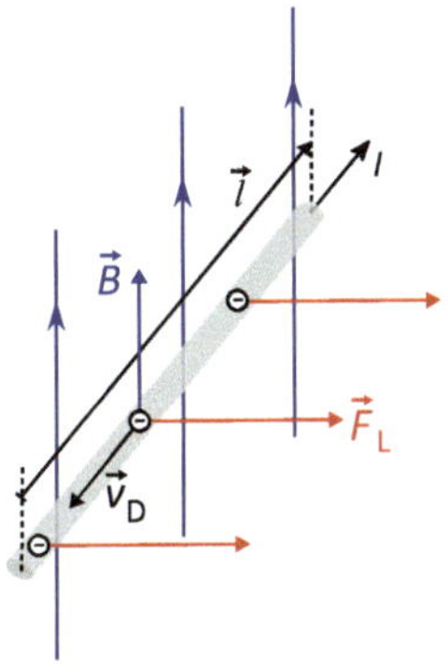


**Bild 6.42**
Zur Herleitung der Kraft auf einen geraden stromführenden Leiter im Magnetfeld

Verläuft der Leiter senkrecht zum Magnetfeld, erhält man für den Betrag der Kraft $F = I \cdot l \cdot B$. Die Kraft ist null, wenn der Leiter parallel zum Magnetfeld verläuft.

**Beispiel**

Beim Trommelanker eines Gleichstrommotors befinden sich $N = 120$ Drähte der Wicklung auf der Länge $l = 180$ mm in einem Magnetfeld mit der Flussdichte $B = 0{,}75$ T, welches senkrecht zu den Drähten gerichtet ist. Welche Kraft entsteht bei einem Strom durch die Drähte von $I = 8$ A?

Nach Gl. (6.60) für den Spezialfall Leiter $\perp \vec{B}$ gilt

$$F = N \cdot I \cdot l \cdot B = 120 \cdot 8\,\text{A} \cdot 0{,}18\,\text{m} \cdot 0{,}75\,\text{T} = 130\,\text{N}$$

### Kraft zwischen parallelen stromführenden Leitern

Schickt man durch zwei parallel verlaufende, beweglich aufgehängte Leitungen elektrische Ströme, so kann man beobachten, dass sich die Leitungen bei gleicher Stromrichtung anziehen und bei entgegengesetzter Stromrichtung abstoßen.

Nach Gl. (6.53) erzeugt ein stromführender Leiter im umgebenden Raum ein Magnetfeld der Stärke $B_1 = \mu_0 H_1 = \mu_0 I_1/(2\pi r)$, wobei die Richtung des Feldes durch die Rechtsschraubenregel gegeben ist (Bild 6.43, z. B. Leiter 1).

Führt durch dieses Feld im Abstand $r = d$ über die Länge $l$ ein paralleler Leiter 2 mit dem Strom $I_2$, so wirkt auf diesen die Lorentz-Kraft $\vec{F} = I_2 \vec{l} \times \vec{B}_1$ (Gl. (6.60)) mit dem Betrag $F = I_2 l B_1$. Wenn $I_2$ dieselbe Richtung hat wie $I_1$ (Bild 6.43a), zeigt diese zum Leiter 1, bei entgegengesetzter Stromrichtung (Bild 6.43b) weg von Leiter 1. Auf Leiter 1 wirkt umgekehrt eine

Kraft mit demselben Betrag, aber in der jeweils entgegengesetzten Richtung, was sich aus den Richtungen des von Leiter 2 erzeugten Magnetfeldes $\vec{B}_2$ und des Stromes $I_1$ ergibt. (Im Übrigen entspricht dies auch der Aussage des Dritten Newton'schen Gesetzes.) Die beiden Leiter ziehen sich im ersten Fall also an, im zweiten stoßen sie sich ab. Für den Betrag der Kräfte gilt

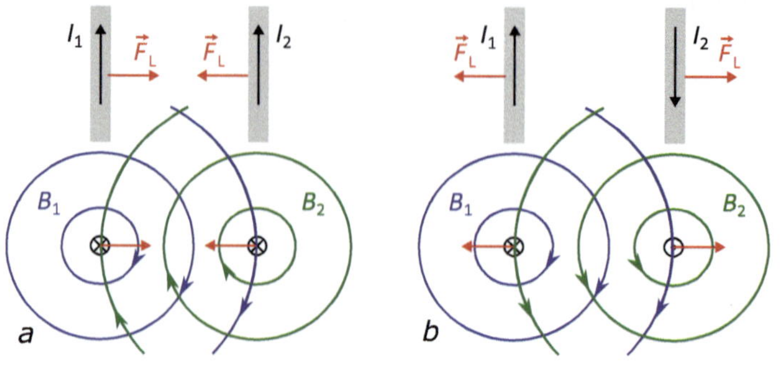


**Bild 6.43** Zur Kraft zwischen parallelen stromführenden Leitern: (a) gleiche, (b) entgegengesetzte Stromrichtung (blau, grün: Feldlinien des Feldes jeweils eines Leiters, *nicht* die des Gesamtfeldes)

**Kraft zwischen zwei parallelen stromführenden Leitern**

$$F = I_2 l B_1 = \frac{\mu_0 I_1 I_2 l}{2\pi d} \tag{6.61}$$

Seit 1948 war die SI-Basiseinheit Ampere durch die Kraft definiert, die zwei parallele Leiter im Abstand 1 m mit einem Strom von jeweils 1 A aufeinander ausüben. Diese Festlegung wurde 2019 ersetzt durch die in Abschnitt 1.2.1 beschriebene Rückführung des Stroms auf die pro Zeiteinheit transportierten Elementarladungen.

Wird ein elektrischer Leiter in einem Magnetfeld bewegt, bewegen sich die in ihm enthaltenen Ladungsträger mit, sodass auch hier die Lorentz-Kraft in Erscheinung tritt. Diesen Vorgang werden wir später im Zusammenhang mit zeitabhängigen Magnetfeldern betrachten.

**Beispiel**

Welche Kraft pro Längeneinheit wirkt jeweils auf zwei Stromschienen in einem Kraftwerk, die den Abstand $d = 500$ mm haben und entgegengesetzte Ströme von $I_1 = I_2 = 50$ kA tragen?

Nach Gl. (6.61) gilt $\frac{F}{l} = \mu_0 \frac{I_1 I_2}{2\pi d} = 4\pi \cdot 10^{-7} \frac{\text{V s}}{\text{A m}} \frac{5 \cdot 10^4 \text{ A} \cdot 5 \cdot 10^4 \text{ A}}{2\pi \cdot 0{,}5 \text{ m}} = 1\,000 \text{ N/m}$.

Die Kräfte drücken die Stromschienen auseinander.

In Schiene 1 fließt der Strom 25 kA, in Schiene 2 100 kA. Wie groß ist die Kraft auf Schiene 1 und die auf Schiene 2?

Nach Gl. (6.61) kommt es für die Kraft allein auf das Produkt der Stromstärken an, welches unverändert ist. Außerdem müssen nach dem Zweiten Newton'schen Gesetz auf beide Schienen die entgegengesetzt gleichen Kräfte wirken. Gegenüber oben ändert sich also nichts.

### Magnetischer Dipol und Drehmoment im Magnetfeld

Auf dieser Grundlage lässt sich das Drehmoment auf einen magnetischen Dipol berechnen, der zur einfacheren Rechnung als rechteckige Stromschleife dargestellt wird (Bild 6.44). Auf die zum Magnetfeld $\vec{B}$ senkrechten Seiten der Stromschleife wirkt die Kraft $F = IlB$ in den angegebenen Richtungen. Dadurch wird auf die Schleife das Drehmoment $M = aF\sin\alpha$ ausgeübt, sodass sich insgesamt ergibt

$$M = aF\sin\alpha = alIB\sin\alpha = AIB\sin\alpha$$

mit der Schleifenfläche $A = al$. Bei $\alpha = 90°$ folgt daraus mit Gl. (6.50), Gl. (6.51) für die magnetischen Dipolmomente $m_A = AI$ und $m_C = \mu_0 AI$, mit dem Flächenvektor $\vec{A}$ ausgedrückt:

**Magnetisches Dipolmoment eines Kreisstroms**

$$\vec{m}_A = \vec{A} \cdot I \qquad (6.62a)$$

bzw.

$$\vec{m}_C = \mu_0 \vec{A} \cdot I \qquad (6.62b)$$

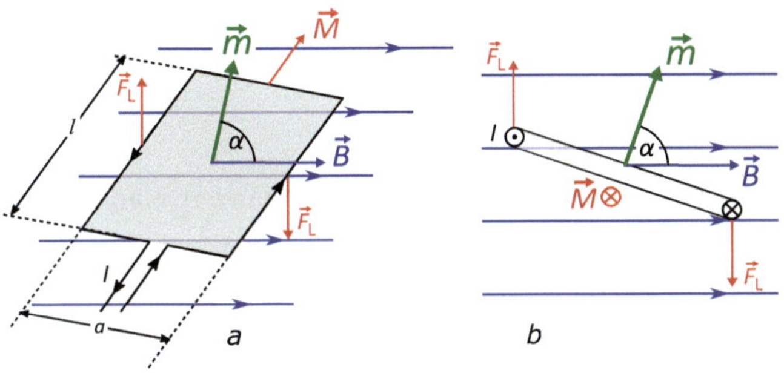


**Bild 6.44** Magnetisches Dipolmoment $\vec{m}$ und Drehmoment $\vec{M}$ auf eine stromführende Leiterschleife im Magnetfeld: (a) perspektivisch, (b) in Seitenansicht

Für den Fall einer Spule mit $N$ Windungen muss $I$ durch $N \cdot I$ ersetzt werden.

Die Richtung des magnetischen Dipolmoments ergibt sich aus der Rechtsschraubenregel mit Drehung im Umlaufsinn des Stroms.

Für das Drehmoment erhält man damit in Vektorschreibweise:

**Drehmoment auf einen magnetischen Dipol**

$$\vec{M} = \vec{m}_A \times \vec{B} = \vec{m}_C \times \vec{H} \qquad (6.63)$$

Der Dipol wird in die Richtung von $\vec{B}$ gedreht. Das Drehmoment ist maximal, wenn das Dipolmoment senkrecht zum Magnetfeld gerichtet ist, und es ist null, wenn beide in dieselbe Richtung zeigen.

## 6.3.6 Materie im magnetostatischen Feld

In Abschnitt 6.2.6 wurde behandelt, wie Stoffe wegen des induzierten oder permanenten *elektrischen* Dipolmoments der Atome oder Moleküle, aus denen sie bestehen, auf ein elektrisches Feld reagieren und dieses beeinflussen. In ähnlicher Weise bestimmen induzierte oder permanente *magnetische* Dipole von Atomen oder Molekülen eines Stoffes dessen Wechselwirkung mit einem Magnetfeld. Diese Wechselwirkung ist bei den meisten Stoffen, z. B. in Luft, Wasser, in vielen Metallen, nur sehr schwach ausgeprägt. Daher gelten die bisher für Vorgänge im Vakuum behandelten Gesetze und Eigenschaften in sehr guter Näherung auch in diesen Stoffen. Einige Stoffe aber, z. B. die technisch wichtigen Ferromagneten, zeigen auch sehr starke Reaktionen.

Zur Beschreibung des Verhaltens von Stoffen im Magnetfeld verwendet man den Quotienten aus den Beträgen der magnetischen Flussdichte $\vec{B}$ in einem Stoff im magnetischen Feld und der magnetischen Flussdichte $\vec{B}_0$ im Vakuum bei gleicher magnetischer Feldstärke $H$, der als *relative Permeabilität* oder *Permeabilitätszahl* $\mu_r$ bezeichnet wird.

**Relative Permeabilität** oder **Permeabilitätszahl**

$$\mu_r = \frac{B}{B_0} \tag{6.64}$$

Damit ergibt sich für die magnetische Flussdichte in einem Stoff

**Magnetische Flussdichte in einem Stoff**

$$\vec{B} = \mu_r \vec{B}_0 = \mu_r \mu_0 \vec{H} \tag{6.65}$$

Das Produkt $\mu_r \mu_0 = \mu$ wird *Permeabilität* genannt.

Durch Einbringen eines Stoffes wird also die magnetische Flussdichte verändert. Man schreibt Gl. (6.65) auch in der Form

$$\vec{B} = \vec{B}_0 + \vec{J}$$

mit der *magnetischen Polarisation* $\vec{J}$, die man als zusätzliche, durch die Reaktion des Stoffes auf das Magnetfeld bedingte magnetische Flussdichte deuten kann. Für $\vec{J}$ gilt demnach:

**Magnetische Polarisation** und **magnetische Suszeptibilität**

$$\vec{J} = \vec{B} - \vec{B}_0 = (\mu_r - 1)\,\vec{B}_0 = \chi_m \vec{B}_0 \tag{6.66}$$

Darin ist $\chi_m = \mu_r - 1$ die *magnetische Suszeptibilität.*

Mit der Magnetfeldstärke $\vec{H}$ ausgedrückt wird daraus die Gleichung für die Magnetisierung $\vec{M}$ (zu unterscheiden von der Größe Drehmoment, die auch mit $\vec{M}$ bezeichnet wird), die in äquivalenter Weise die Reaktion des Stoffes beschreibt:

**Magnetisierung**

$$\vec{M} = \chi_m \vec{H} = \frac{\vec{J}}{\mu_0} \tag{6.67}$$

Damit kann die magnetische Flussdichte auch als

$$\vec{B} = \mu_0 \left(\vec{H} + \vec{M}\right) \tag{6.68}$$

geschrieben werden. Die Magnetisierung kann auch als Dipolmomentdichte, mit der Dimension Dipolmoment pro Volumen, betrachtet werden.

Die Einteilung der Stoffe nach ihren magnetischen Eigenschaften, d. h. nach ihrem Verhalten bezüglich der Magnetisierung und damit der Änderung der magnetischen Flussdichte im

Stoff bei Einbringen in ein Magnetfeld, kann nach der Größe der Permeabilitätszahl $\mu_r$ bzw. der magnetischen Suszeptibilität $\chi_m$ erfolgen. Man unterscheidet

- diamagnetische Stoffe $0 \le \mu_r < 1$ $-1 \le \chi_m < 0$,
- paramagnetische Stoffe $\mu_r > 1$ $0 < \chi_m < 1$,
- ferromagnetische Stoffe $\mu_r \gg 1$ $\chi_m \gg 1$.

  Ferromagnetische Stoffe zeichnen sich nicht allein durch die Größe der Permeabilitätszahl aus, sondern auch durch deren Abhängigkeit vom Magnetfeld. Darauf wird weiter unten eingegangen.

In Tabelle 6.3 sind die Werte der Suszeptibilität einiger Stoffe aufgeführt. Diesen phänomenologischen Unterschieden liegen die unterschiedlichen mikroskopischen Gegebenheiten der Stoffe zugrunde. Sie ergeben sich aus der Art der Atome und Moleküle, aus denen die Stoffe bestehen, und aus dem kristallinen Aufbau der Stoffe. Dies wird detailliert in Abschnitt 9.4 betrachtet. Dort wird auch näher auf die Temperatur-Abhängigkeit dieser Größen eingegangen.

**Tabelle 6.3** Magnetische Suszeptibilitäten einiger Stoffe ($T = 293$ K, $p = 1$ bar)

| Material | $\chi_m/10^{-6}$ |
|---|---|
| **Diamagnet** | |
| Cu | −9,63 |
| Ag | −23,8 |
| Bi | −166 |
| C | −174 |
| $N_2$ (Gas) | −0,0063 |
| **Paramagnet** | |
| Al | 22 |
| V | 220 |
| Mn | 873 |
| $O_2$ (Gas) | 1,88 |
| **Ferromagnet** | |
| Ni | $\approx 6 \cdot 10^8$ |
| Fe | $\approx 2 \cdot 10^{11}$ |

## Diamagnetische und paramagnetische Stoffe

Ohne also an dieser Stelle genauer auf die Ursachen einzugehen, kann man schon feststellen, dass diamagnetische Stoffe entgegen der Richtung des Magnetfeldes magnetisiert werden. Die Richtung ihrer magnetischen Polarisation ist entgegengesetzt zu der des äußeren Magnetfeldes, sodass das Magnetfeld nach Gl. (6.66) abgeschwächt wird. Bei paramagnetischen Stoffen ist es umgekehrt. Sie werden in Richtung des äußeren Magnetfeldes magnetisiert, das Magnetfeld wird verstärkt. Aus den typischen kleinen Werten der Suszeptibilität und der sich daraus mit $\mu_r = \chi_m + 1$ dicht bei 1 liegenden Werte von $\mu_r$ erkennt man, dass die Effekte relativ klein sind.

Die durch den Wert von $\mu_r$ ausgedrückte Abschwächung bzw. Verstärkung des Magnetfeldes lässt sich darstellen durch die Änderungen im Verlauf der Feldlinien, wenn ein Körper aus einem dieser Stoffe in ein zunächst homogenes Magnetfeld gebracht wird. Bild 6.45 zeigt dies für para-, ferro- und diamagnetische Stoffe sowie für Material im supraleitenden Zustand mit $\mu_r = 0$ (siehe Abschnitt 9.2.6).

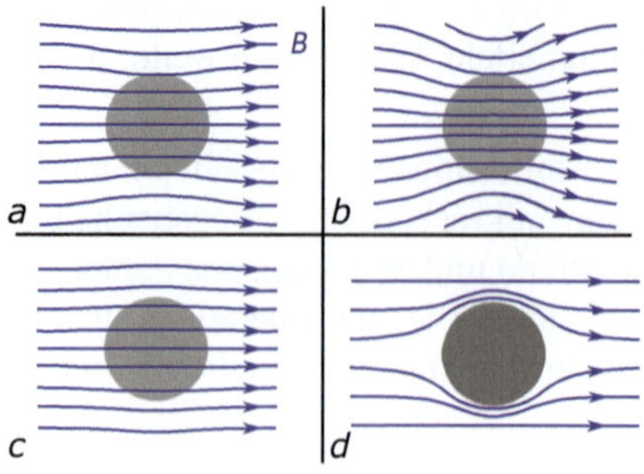


**Bild 6.45**
Verlauf der Magnetfeldlinien bei einem (a) paramagnetischen, (b) ferromagnetischen, (c) diamagnetischen, (d) supraleitenden Körper (schematisch)

In Abschnitt 6.2.3 wurde für den elektrischen Dipol festgestellt, dass er sich wegen der Coulomb-Kraft in einem inhomogenen elektrischen Feld in Richtung des elektrischen Feldes ausrichtet und dass dann auf ihn eine Kraft in Richtung zunehmender Feldstärke wirkt, deren Wirkung man auch als Kraft auf polarisierte dielektrische Materie beobachten kann. Eine ähnliche Feststellung gilt für magnetische Dipole bzw. magnetisch polarisierte Materie in einem inhomogenen Magnetfeld. Dies kann man sich als Wirkung der Lorentz-Kraft auf die Kreisströme, die den magnetischen Dipolen zugrunde liegen, vorstellen. Paramagnetische Stoffe verhalten sich analog zu den oben erwähnten dielektrischen Stoffen, d. h. sie werden in Richtung zunehmender Feldstärke gezogen (Bild 6.46). Diamagnetische Stoffe dagegen zeigen ein anderes Verhalten. Da sie entgegengesetzt zum Magnetfeld magnetisch polarisiert werden, wirkt auf sie eine Kraft in Richtung abnehmender Feldstärke.

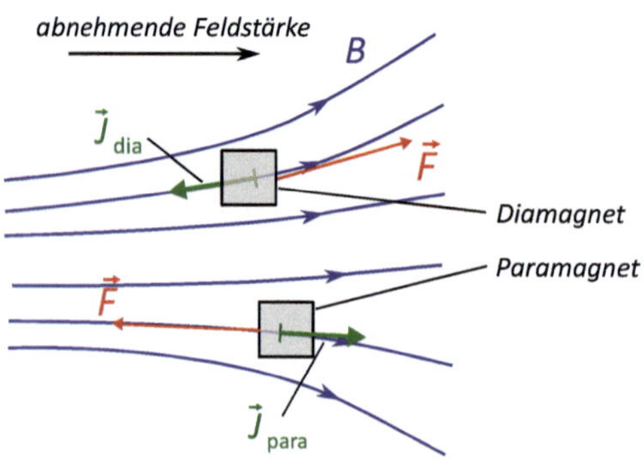


**Bild 6.46**
Magnetische Polarisation und Kräfte auf Para- und Diamagnete im inhomogenen Magnetfeld

## Ferromagnetismus und ferromagnetische Stoffe

Bei diamagnetischen und paramagnetischen Stoffen sind magnetische Feldstärke $H$ und magnetische Flussdichte $B$ zueinander proportional, die Permeabilitätszahl $\mu_r$ für diese Stoffe ist also konstant und liegt relativ nahe bei dem Wert 1. Ferromagnetische Stoffe dagegen weisen sehr hohe Werte von $\mu_r$ auf. Insbesondere hängt aber $\mu_r$ sowohl von der Feldstärke $H$ als auch von deren zeitlichen Verlauf ab. Auch das soll an dieser Stelle zunächst phänomenologisch behandelt werden. Für die zugrundeliegenden Ursachen wird wieder auf Abschnitt 9.4 verwiesen.

Für Elektroblech, eine in Motoren, Generatoren und Transformatoren verwendete Eisen-Silicium-Legierung, finden sich z. B. die in den Bild 6.47 und Bild 6.48 dargestellten Zusammenhänge.

Die Abhängigkeit $B(H)$ (Bild 6.47) ist die für jeden ferromagnetischen Stoff charakteristische *Magnetisierungskurve.* Daraus ergibt sich die Abhängigkeit $\mu_r(H)$ (Bild 6.48) der Permeabilitätszahl von der magnetischen Feldstärke.

Ein ferromagnetischer Stoff, der einem sich zeitlich ändernden Magnetfeld ausgesetzt wird, zeigt das in Bild 6.49 dargestellte und unten beschriebene Verhalten.

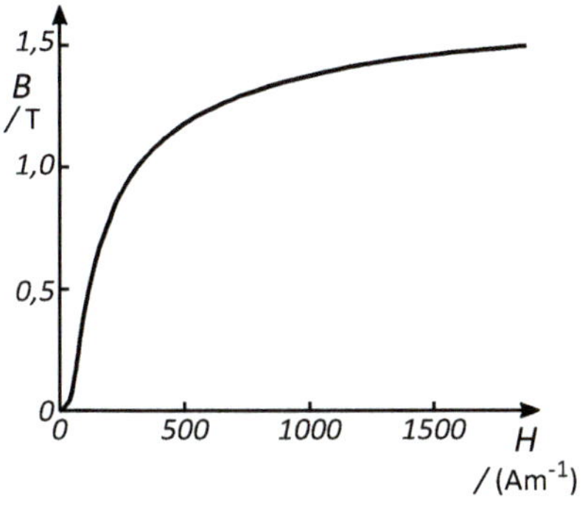


**Bild 6.47**
Magnetisierungskurve von Elektroblech

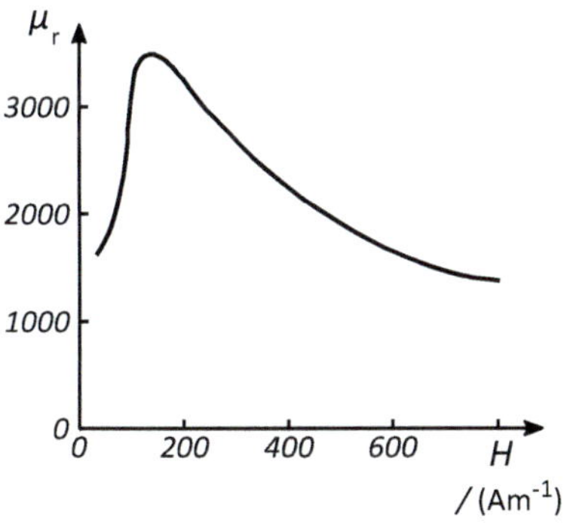


**Bild 6.48**
Permeabilitätszahl von Elektroblech in Abhängigkeit von der Feldstärke

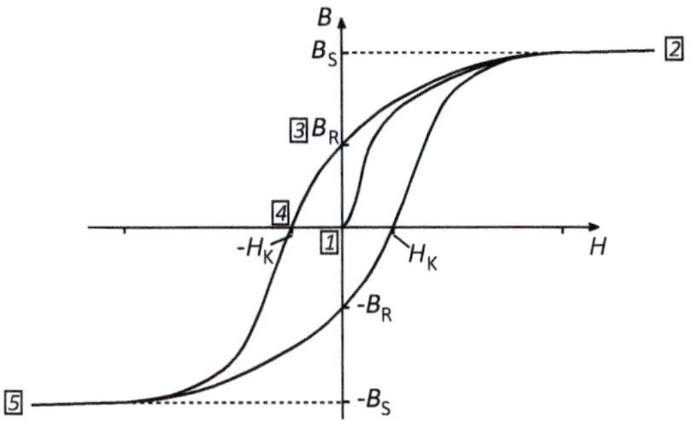


**Bild 6.49**
Hysterese-Schleife

Wird um den zunächst „unmagnetischen" Stoff die magnetische Feldstärke $H$ von null an erhöht, folgt die magnetische Polarisation und damit die Flussdichte $B$ der *Neukurve* [1] – [2] (entspricht der Magnetisierungskurve in Bild 6.47). Schließlich wird eine *Sättigungspolarisation* $J_S$ bzw. *Sättigungsflussdichte* $B_S$ erreicht, ab der bei weiterer Erhöhung $B$ wieder proportional zu $H$ ist. Wird $H$ nun aber wieder verringert, wird die Neukurve nicht rückwärts durchlaufen, sondern $B$ folgt einer darüber verlaufenden Kurve, die bei $H = 0$ die *Remanenzflussdichte* $B_R$ aufweist. Hier liegt dann ein *Permanentmagnet* vor, der auch ohne äußeres Feld ein magnetisches Moment besitzt. Erst nach Durchlaufen der Entmagnetisierungskurve [3] – [4] bis zur *Koerzitivfeldstärke* $H_K$ in entgegengesetzter Richtung wird die Polarisation bzw. Flussdichte null, um dann entlang der Kurve [4] – [5] bis zur Sättigung in entgegengesetzter Richtung wieder zuzunehmen. Bei anschließender Änderung von $H$ auf den Sättigungswert bei [2] wird die zur Kurve [2] – [5] symmetrische Kurve [5] – [2] durchlaufen. In dieser Weise ergibt sich eine Schleifenkurve, die *Hystereseschleife* oder kurz *Hysteresis* genannt wird. Die Fläche innerhalb der Schleife ist ein Maß für die Energie pro Stoffvolumen (Einheit von $B \cdot H$: $[BH] = \mathrm{J/m^3}$), die für einen Zyklus der Ummagnetisierung aufgewendet werden muss. Sie wird letzten Endes in Wärmeenergie umgewandelt und ist z. B. in elektrischen Maschinen Ursache für Nutzenergieverluste (*Hystereseverluste*).

Nach der Größe der Koerzitivfeldstärke $H_K$ nimmt man eine grobe Einteilung der ferromagnetischen Stoffe in *weichmagnetische* Stoffe ($0{,}1\ \mathrm{A/m} < H_K < 10\ \mathrm{kA/m}$) und *hartmagnetische* Stoffe vor, bei denen $H_K > 40\ \mathrm{kA/m}$ ist. Bei magnetisch harten Stoffen umschließt die Hysteresis eine große Fläche mit hohen Werten für $H_K$ und $B_R$. Daher werden diese Stoffe zur Herstellung von Permanentmagneten verwendet. Ein Beispiel ist AlNiCo(Aluminium-Nickel-Kobalt)-Stahl mit $H_K \approx 50\ \mathrm{kA/m}$ und $B_R \approx 1{,}25\ \mathrm{T}$, ein anderes die Neodym-Eisen-Bor-Legierung $Nd_2F_{14}B$ mit $H_K \approx 2\,000\ \mathrm{kA/m}$ und $B_R \approx 1{,}6\ \mathrm{T}$. Weichmagnetische Stoffe haben eine schmale Hysteresis, $H_K$ und $B_R$ sind klein, und zur Ummagnetisierung wird wenig Energie benötigt, weshalb diese Stoffe in elektrischen Maschinen und anderen Geräten genutzt werden. Für Elektroblech findet man z. B. $H_K \approx 500\ \mathrm{A/m}$, für spezielle Eisen-Nickel-Legierungen sogar nur $H_K \approx 1\ \mathrm{A/m}$. Auch amorphe Stoffe auf Eisenbasis haben z. T. sehr geringe Werte von $H_K$ bei sehr großen Permeabilitätszahlen $\mu_r$ bis zu $10^5$.

Der hohe Wert der Permeabilitätszahl bei ferromagnetischen Stoffen hat zur Folge, dass ein magnetischer Fluss durch einen solchen Körper „geführt" wird, veranschaulicht durch den Verlauf der Feldlinien.

Dies sieht man, wenn man die normale und die tangentiale Richtungskomponente des Magnetfeldes an einer Grenzfläche zwischen zwei Medien 1 und 2 mit unterschiedlicher Permeabilität betrachtet. Mithilfe des Durchflutungssatzes und der Quellenfreiheit des Magnetfeldes lässt sich daraus eine Art *Brechungsgesetz für die Feldlinien* an der Grenzfläche ableiten. Für die Winkel zur Flächennormalen gilt

$$\frac{\tan\alpha_2}{\tan\alpha_1} = \frac{\mu_{r2}}{\mu_{r1}} \tag{6.69}$$

Steht z. B. das Magnetfeld in Luft ($\mu_{r1} = 1$) unter einem Winkel von $\alpha_1 = 10°$ auf einer Grenzfläche zu einem Material mit $\mu_{r2} = 10^3$, so verläuft es innerhalb dieses Materials unter einem Winkel von $\alpha_2 = 89{,}7°$, also praktisch parallel zur Grenzfläche.

Diese Führung zeigt sich deutlich bei einer Spule mit einem ferromagnetischen Ringkern wie in Bild 6.50. Die Felder $\vec{H}$ und $\vec{B}$ sind außerhalb einer mit Luft gefüllten Zylinderspule gegenüber den Werten innerhalb der Spule sehr klein (dies war auch Grundlage für die Feldberechnung mit dem Durchflutungsgesetz, vgl. Bild 6.35). Dementsprechend liegen die Feldlinien dort weit auseinander. Befindet sich aber ein geschlossener ferromagnetischer Ringkern in der Spule, so sind bis auf eine geringe Streuung an den Kanten des Kerns alle $\vec{B}$-Feldlinien, also der gesamte magnetische Fluss $\Phi$, allein im Querschnitt des Spulenkerns gebündelt. Anschaulich ist es so, als sei der Ferromagnet mit der hohen Permeabilitätszahl für den magnetischen Fluss besonders gut durchlässig (griechisch: permeabel) und biete dem Magnetfeld gegenüber nicht ferromagnetischen Stoffen, z. B. der Luft, einen geringeren Widerstand.

Das Auftreten ferromagnetischer Eigenschaften ist stark temperaturabhängig. Schon deutlich unterhalb der Schmelztemperatur eines Stoffes geht das ferromagnetische in paramagnetisches Verhalten über. Ein eventuell vorher erreichte Remanenz-Polarisation geht dann verloren. Wie bei der oben besprochenen Ferroelektrizität heißt die Grenztemperatur *Curie-Temperatur* $T_C$. Sie beträgt z. B. für Eisen 768 °C, für AlNiCo-Stahl ca. 800 °C, für die Legierung Nd-Fe-B ca. 310 °C.

Das thermische Verhalten wird genauer in Abschnitt 9.4.2 behandelt. Dort wird auch auf die Varianten Antiferromagnetismus und Ferrimagnetismus eingegangen.

## Magnetischer Kreis

Bei vielen praktischen Anwendungen sind starke Magnetfelder nicht nur im ferromagnetischen Stoff, sondern gerade in einem darin befindlichen Luftspalt nötig. Als Rechenmethode dafür hat sich der *magnetische Kreis* bewährt, der in Analogie zum elektrischen Stromkreis aufgebaut wird. Dabei werden die Rolle der elektrischen Größen Quellenspannung $U_q$, (abfallende) Spannung $U$, Stromstärke $I$, Widerstand $R$ und deren Verknüpfung im elektrischen Stromkreis auf magnetische Größen übertragen: eine *magnetische „(Quellen-)Spannung“* $\Theta = \oint \vec{H}\,\mathrm{d}\vec{s} = H \cdot l = N \cdot I$ (Gl. (6.45) für eine Spule mit Ringkern mit $N$ Windungen und dem Strom $I$), eine *magnetische „(abfallende) Spannung“* $V_{m1} = \int_1^2 \vec{H}\,\mathrm{d}\vec{s} = H \cdot l_1$ zwischen zwei Punkten 1 und 2 im Abstand $l_1$ auf dem Ringkern, ein *magnetischer „Strom“* $\Phi$ und ein *magnetischer „Widerstand“* $R_m$ im magnetischen Kreis.

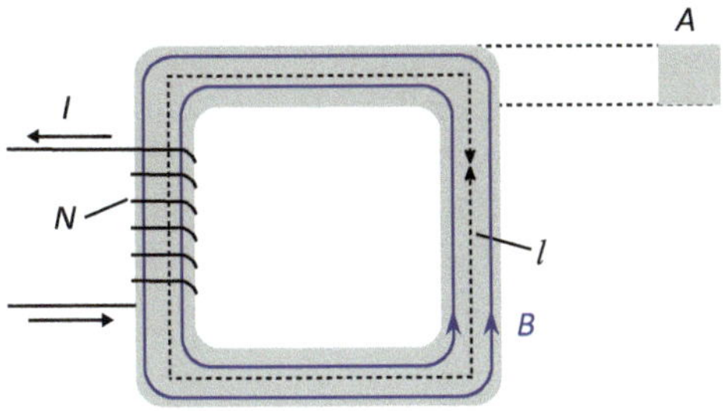


**Bild 6.50**
Spule mit ferromagnetischem Ringkern: Bündelung der Feldlinien der magnetischen Flussdichte, Definitionsgrößen des magnetischen Widerstandes

Um den magnetischen Widerstand zu veranschaulichen, kann man sich vorstellen, die Bündelung der magnetischen Flusslinien im ferromagnetischen Stoff entsprächen einer guten „Leitfähigkeit“ für die magnetischen Flusslinien ($\vec{B}$-Feldlinien). Der magnetische Widerstand eines homogenen Stoffes mit der Permeabilitätszahl $\mu_r$ und der Querschnittsfläche $A$ wird so definiert (Bild 6.50):

**Magnetischer „Widerstand"**

$$R_m = \frac{l}{\mu_r \mu_0 A} \tag{6.70}$$

Bild 6.51 stellt einen elektrischen Stromkreis und einen magnetischen Kreis jeweils beispielhaft mit einer „Reihenschaltung" zweier „Widerstände" einander gegenüber.

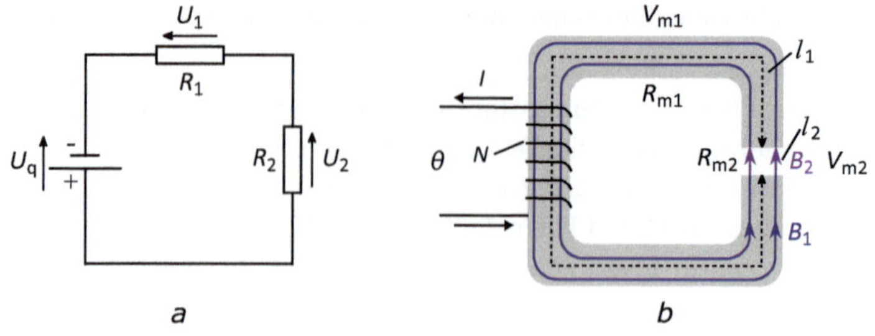


**Bild 6.51** Gegenüberstellung: (a) elektrischer Stromkreis, (b) magnetischer Kreis

Wegen der Verknüpfung des magnetischen Flusses $\Phi$ mit der magnetischen Umlaufspannung und dem magnetischen Widerstand

$$\Phi = B\,A = \mu_r \mu_0 H\,A = \mu_r \mu_0 \frac{N\,I}{l} A = \frac{N\,I}{l/(\mu_r \mu_0 A)} = \frac{\Theta}{R_m}$$

erhält man eine Gleichung zur Bestimmung des Flusses in einem magnetischen Kreis, die in der Elektrotechnik häufig als „Ohm'sches Gesetz des magnetischen Kreises" bezeichnet wird:

**„Ohm'sches Gesetz des magnetischen Kreises"**

$$\Phi = \frac{\Theta}{R_m} \tag{6.71}$$

Dabei muss betont werden, dass Gl. (6.71) mit dem eigentlichen Ohm'schen Gesetz ($I = \frac{U}{R}$) nur die mathematische Form gemeinsam hat. Vom physikalischen Hintergrund her sind die beiden Gesetze *nicht* miteinander verwandt.

Im Beispiel von Bild 6.51b besteht der magnetische Kreis der Länge $l = l_1 + l_2$ aus einem ferromagnetischen Kern der Länge $l_1$ und einem schmalen Luftspalt der Länge $l_2$ mit $l_2 \ll l_1$. Dann sind der magnetische Fluss $\Phi$ und bei konstantem Querschnitt $A$ auch die magnetische Flussdichte $B$ im gesamten Kreis konstant (abgesehen von geringen Streuverlusten). Wegen der Reihenschaltung gilt $\Theta = \Phi\,(R_{m1} + R_{m2}) = H_1 l_1 + H_2 l_2 = N\,I$. Da $B = \mu_r \mu_0 H_1$ im Kern und $B = \mu_0 H_2$ im Luftspalt, ist $H_2 = \mu_r H_1$. Das ergibt im Luftspalt

$$B = \mu_0 H_2 = \mu_0 \frac{N\,I}{l_2 + (l_1/\mu_r)}$$

Bei einem extrem schmalen Luftspalt, für den $l_2 \ll l_1/\mu_r$ gilt, vereinfacht sich die Gleichung zu

$$B = \mu_0 \mu_r \frac{N\,I}{l_1}$$

Demnach herrscht also auch im Luftspalt das um den Faktor $\mu_r$ verstärkte Feld.

# 6.4 Elektromagnetismus

Wir haben bisher Erscheinungen und Vorgänge im Zusammenhang mit statischen, d. h. zeitlich nicht veränderlichen Magnetfeldern und mit unbewegten elektrischen Leitern behandelt. Allerdings weist schon die Abhängigkeit der Lorentz-Kraft von der Geschwindigkeit, Gl. (6.44), darauf hin, dass bei der Bewegung eines Leiters mit seinen frei beweglichen Ladungen im Magnetfeld bisher nicht betrachtete Effekte auftreten müssen. Diese als Induktion bezeichneten Vorgänge werden in Abschnitt 6.4.2 näher untersucht. Zunächst soll aber in Abschnitt 6.4.1 eine andere, ebenfalls als Induktion bezeichnete Erscheinung betrachtet werden, die bei einer zeitlichen Änderung des Magnetfeldes auftritt.

## 6.4.1 Faraday'sches Induktionsgesetz

Man kann Folgendes beobachten: An der Spule, die sich wie in Bild 6.52 in einem Magnetfeld befindet, wird keine Spannung gemessen, solange das Magnetfeld konstant ist.

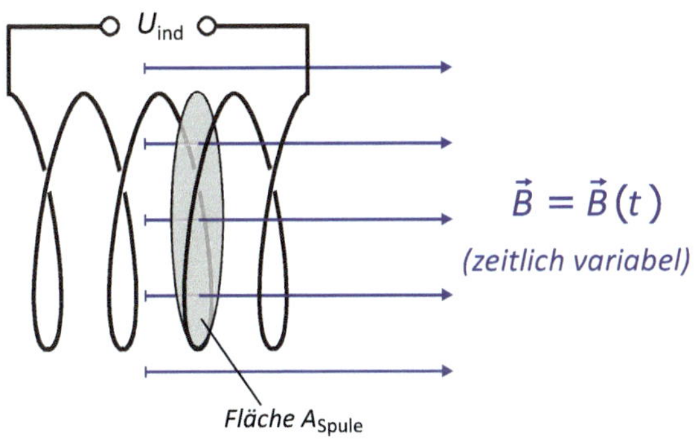


**Bild 6.52**
Induktionsversuch

Ändert sich aber das Magnetfeld, z. B. indem die Magnetfeldstärke zunimmt, tritt eine Spannung auf, ebenso bei Abnahme der Feldstärke, allerdings dann mit entgegengesetzter Polarität. Auch eine Richtungsänderung des Magnetfeldes ruft eine Spannung hervor.

Die Entstehung einer Spannung in einem Leiterkreis bei Änderung des Magnetfeldes im Bereich des Leiterkreises wird als *elektromagnetische Induktion* bezeichnet.

Experimentell, erstmals von Faraday 1838 systematisch durchgeführt, ergeben sich folgende Zusammenhänge:

Die Größe der Induktionsspannung $U_{ind}$ ist proportional zur Fläche $A$ des vom Magnetfeld durchsetzten Leiterkreises: $U_{ind} \sim A$ und hängt von der Orientierung der Fläche $\vec{A}$ zur Richtung des Magnetfeldes $\vec{B}$ ab. Sie ist außerdem proportional zur Änderungsrate der Magnetfeldstärke mit der Zeit: $U_{ind} \sim \frac{dB}{dt}$. Zusammengefasst erhält man das Ergebnis

**Faraday'sches Induktionsgesetz**

$$U_{ind} = \frac{d\Phi}{dt} \tag{6.72}$$

mit dem aus Abschnitt 6.3.2 bekannten magnetischen Fluss $\Phi$ (Gl. (6.48)).

Diese Gleichung gilt allgemein. Es spielt keine Rolle, ob die Änderung des Flusses durch eine Änderung des Leiterkreises (z. B. des Verlaufs der Leitung oder einer Drehung des Kreises) oder durch eine Änderung des Magnetfeldes (z. B. der Richtung des Feldes oder der Feldstärke) verursacht wird.

Häufig liegt einer der folgenden Spezialfälle vor, die die Berechnung des Flusses betreffen:

- ebener Leiterkreises im homogenen Magnetfeld: $U_{\text{ind}} = \frac{\mathrm{d}(\vec{A} \cdot \vec{B})}{\mathrm{d}t} = \frac{\mathrm{d}(AB\cos\alpha)}{\mathrm{d}t}$

  mit dem Winkel $\alpha$ zwischen der Magnetfeldrichtung und der Flächennormalen
- zusätzlich: Magnetfeldrichtung senkrecht zum Leiterkreis, $\alpha = 90°$: $U_{\text{ind}} = \frac{\mathrm{d}(AB)}{\mathrm{d}t}$
- zusätzlich: Flächengröße zeitlich konstant: $U_{\text{ind}} = A\frac{\mathrm{d}B}{\mathrm{d}t}$

  oder: Magnetfeldstärke zeitlich konstant: $U_{\text{ind}} = B\frac{\mathrm{d}A}{\mathrm{d}t}$

Der oben beschriebene Induktionsversuch entspricht dem dritten dieser Fälle. Zu beachten ist dabei aber, dass in Bild 6.52 der Leiterkreis aus einer Induktionsspule mit $N$ Windungen besteht. Daher muss hier der $N$-fache Spulenquerschnitt als Fläche angesetzt werden: $A = NA_{\text{Spule}}$, also gilt für die

**induzierte Spannung bei einer Spule mit $N$ Windungen**

$$U_{\text{ind}} = N\frac{\mathrm{d}\Phi}{\mathrm{d}t} \tag{6.73}$$

**Beispiel**

Eine ebene kreisförmige Leiterschleife mit dem Radius $r = 15$ cm wird unter dem Winkel $\beta = 70°$ von einem homogenen Magnetfeld durchsetzt, dessen magnetische Flussdichte sich gemäß $B = \hat{B} \cdot \sin(2\pi f t)$ periodisch ändert, mit der Amplitude $\hat{B} = 0{,}2$ T und der Frequenz $f = 60$ Hz. Welche Spannung wird in der Leiterschleife induziert?

Nach Gl. (6.49) und Bild 6.33 gilt für ein homogenes Magnetfeld und eine ebene Fläche $\Phi = A \cdot B \cdot \cos\alpha = A \cdot B \cdot \cos(90 - \beta)$. Mit Gl. (6.72) erhält man dann

$$\begin{aligned} U_{\text{ind}} &= \frac{\mathrm{d}\Phi}{\mathrm{d}t} = A \cdot \cos(90 - \beta) \cdot \frac{\mathrm{d}}{\mathrm{d}t}\left(\hat{B} \cdot \sin(2\pi f t)\right) \\ &= \pi r^2 \cdot \cos(90 - \beta) \cdot \hat{B} \cdot 2\pi f \cos(2\pi f t) \\ &= \pi(0{,}15\,\text{m})^2 \cdot \cos(20°) \cdot 0{,}2\,\text{T} \cdot 2\pi \cdot 60\frac{1}{\text{s}} \cdot \cos(2\pi f t) \\ &= 5{,}0\,\text{V} \cdot \cos(2\pi f t) \end{aligned}$$

Es handelt sich also um eine Wechselspannung mit der Amplitude 5,0 V und der Frequenz 60 Hz. Der zeitliche Spannungsverlauf ist um 90° phasenverschoben gegenüber dem Verlauf des Magnetfeldes.

**Beispiel**

Gegenüber Spule 1 auf dem Ringkern (Bild 6.50) befindet sich eine zweite Spule 2. Spule 1 hat $N_1 = 1000$ Windungen, Spule 2 $N_2 = 2000$. Der Ringkern besteht aus einem Ferromagneten mit $\mu_r = 3000$, hat den Querschnitt $A = 4\ \text{cm}^2$ und den Umfang $l = 20$ cm. Durch Spule 1 fließt ein Strom, der innerhalb von $\Delta t = 1{,}2$ s gleichförmig von $I_{10} = 100$ mA auf $I_{11} = 5{,}0$ A anwächst. Wie groß ist die in Spule 2 induzierte Spannung?

Mit den Definitionen der magnetischen Spannung $\Theta = N_1 I$, des magnetischen Widerstands (Gl. (6.70)) und mit Gl. (6.71) erhält man für den Fluss im Ringkern $\Phi = \mu_r \mu_0 \dfrac{N_1 I}{l} A$. Mit Gl. (6.73) ergibt sich

$$\begin{aligned} U_{\text{ind}} &= N_2 \frac{d\Phi}{dt} = N_2 \frac{\Delta\Phi}{\Delta t} = N_2 \frac{1}{\Delta t}\left(\Phi_1 - \Phi_0\right) \\ &= \mu_r \mu_0 \frac{N_1 N_2 A}{l\,\Delta t}\left(I_{11} - I_{10}\right) \\ &= 3\cdot 10^3 \cdot 4\pi \cdot 10^{-7}\ \frac{\text{V s}}{\text{A m}} \cdot \frac{1\cdot 10^3 \cdot 2\cdot 10^3 \cdot 4\cdot 10^{-4}\ \text{m}^2}{0{,}2\ \text{m}\cdot 1{,}2\ \text{s}}\left(5{,}0\ \text{A} - 0{,}1\ \text{A}\right) \\ &= 61{,}6\ \text{V} \end{aligned}$$

Ist der Leiterkreis Teil eines Stromkreises, so wird mit der Spannung $U_{\text{ind}}$ auch ein Strom $I_{\text{ind}}$ induziert. Die Richtung des *Induktionsstroms* hängt von der Richtung *der Änderung* des Magnetfeldes bzw. der Orientierung und Größe der Fläche ab. In Bild 6.53 ist dies für eine Änderung der Magnetfeldstärke bei konstanter Fläche dargestellt. In Bild 6.53a nimmt das Feld ohne Richtungsänderung von $B_0$ zur Zeit $t_0$ auf $B_1$ zur Zeit $t_1$ zu, wodurch sich die Richtung der Änderung $\Delta\vec{B}$ wie angezeigt ergibt. Der Induktionsstrom ist in Bezug auf die *Änderung* $\Delta\vec{B}$ *entgegen* der Rechtsschraubenregel gerichtet. Aus der Richtung des Induktionsstroms ergibt sich die Polarität der Quellenspannung des Kreises. Bild 6.53b zeigt die Verhältnisse bei abnehmender Magnetfeldstärke. Zu beachten ist, dass nicht die Richtung des Magnetfeldes selber entscheidend ist, diese ist in beiden Fällen dieselbe, sondern die Richtung seiner Änderung.

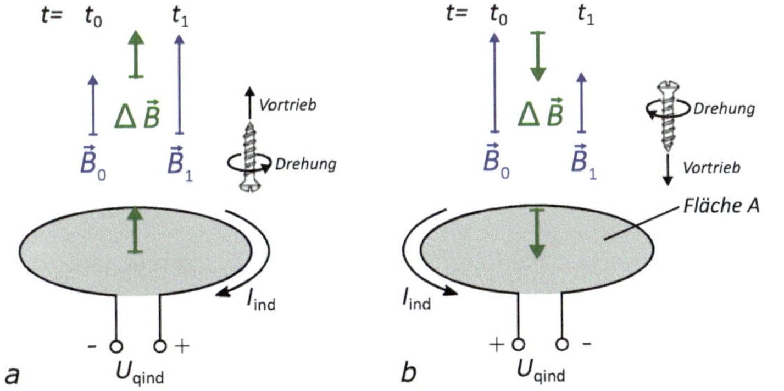


**Bild 6.53** Richtung des induzierten Stroms und Polarität der induzierten Spannung: (a) bei Zunahme, (b) bei Abnahme der Feldstärke

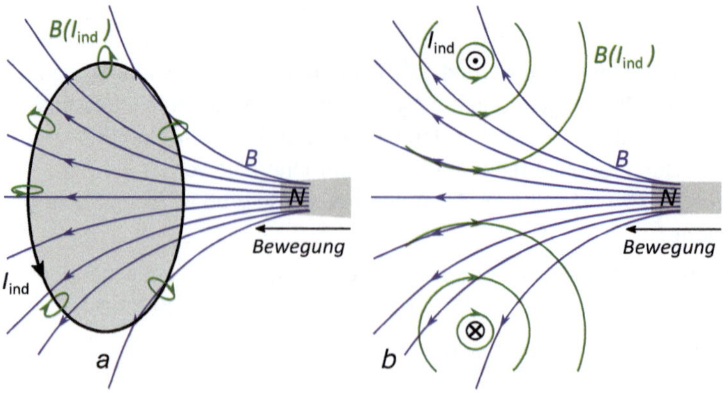


**Bild 6.54** Induktionsstrom $I_{ind}$ und dadurch erzeugtes Magnetfeld $B(I_{ind})$ (grün) bei Zunahme des magnetischen Flusses eines äußeren Magnetfeldes (blau) in einer geschlossenen Leiterschleife, (a) perspektivisch, (b) Seitenansicht

Bild 6.54 zeigt den Verlauf des Induktionsstroms in einer geschlossenen Leiterschleife, wobei hier die Flussänderung durch die Bewegung eines Permanentmagneten hervorgerufen wird.

Der induzierte Strom hat selber ein Magnetfeld zur Folge, das ebenfalls in Bild 6.54 dargestellt ist (grün). Es ist der durch die Bewegung des Magneten bedingten Zunahme des äußeren Magnetfeldes (blau) und damit der Zunahme des magnetischen Flusses entgegen gerichtet. (Wäre es anders herum, würden das Magnetfeld und der Induktionsstrom sich selbst verstärken, was unter anderem dem Energiesatz widersprechen würde.) Dieser Zusammenhang gilt allgemein für alle Fälle, bei denen Induktion auftritt, und wird als *Lenz'sche Regel* (E. Lenz, 1804–1865) so formuliert:

**Lenz'sche Regel**

> **Merke**
> Die durch eine Flussänderung induzierte Spannung und damit der induzierte Strom sind immer so gerichtet, dass das vom Induktionsstrom hervorgerufene Magnetfeld seiner Ursache, nämlich der Änderung des magnetischen Flusses, entgegenwirkt.

Die Leiterschleife mit Induktionsstrom stellt einen magnetischen Dipol dar, der gegen das Magnetfeld des Permanentmagneten gerichtet ist. Auf sie wirkt daher eine Kraft in Richtung abnehmendes Magnetfeld, entsprechend den Verhältnissen bei einem diamagnetischen Körper. Das kann auch hier direkt mit der Lorentz-Kraft auf den Induktionsstrom begründet werden. Wäre die Schleife also beweglich aufgehängt, würde sie der Bewegung des Magneten ausweichen.

Bei einem zeitlich konstanten elektrischen Feld ergibt sich aus dem Zusammenhang zwischen Spannung $U$ und elektrischer Feldstärke $\vec{E}$ mit (Gl. (6.18)) $U_{1,2} = \int_{P_1}^{P_2} \vec{E} \cdot d\vec{s}$, dass für einen geschlossenen Integrationsweg (ein Umlauf von $P_1$ zu $P_2 = P_1$) im elektrischen Feld das Umlaufintegral $\oint \vec{E} \cdot d\vec{s} = 0$ ist. Daher wird das elektro*statische* Feld als *wirbelfrei* bezeichnet, wie wir schon in Abschnitt 6.2.1 festgestellt haben.

Bei *zeitabhängigen* Feldern wie im obigen Induktionsversuch sind jedoch die Feldlinien des den Induktionsstrom antreibenden elektrischen Feldes in sich geschlossen (Bild 6.55) und stellen daher ein *Wirbelfeld* dar.

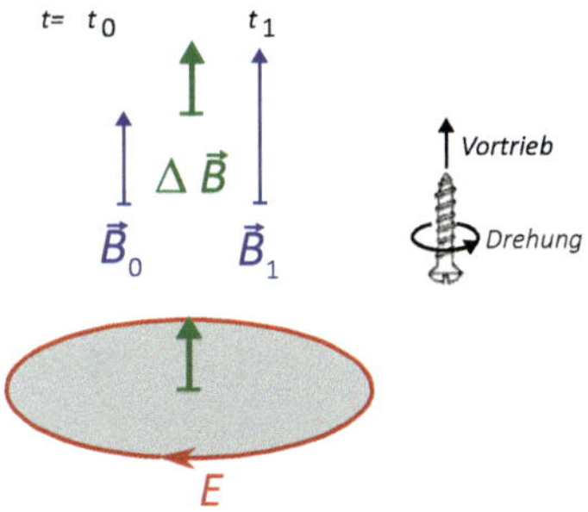


**Bild 6.55**
Elektrisches Wirbelfeld im zeitlich veränderlichen Magnetfeld, Richtung von $\vec{E}$: entgegen der Rechtsschraubenregel (hier: Zunahme des Magnetfeldes)

Jetzt ist für einen geschlossenen Integrationsweg, z. B. entlang der Leiterschleife, das Umlaufintegral gleich der induzierten Spannung: $\oint \vec{E} \cdot d\vec{s} = U_{ind}$. Die „Wirbel" des elektrischen Feldes sind die Ursache für das Auftreten von Wirbelströmen bei Induktionsvorgängen in räumlich ausgedehnten Körpern (siehe nächster Abschnitt).

## 6.4.2 Induktionsvorgänge in bewegten Leitern

Bewegt man einen geraden Leiter der Länge *l*, der Teil eines Stromkreises ist, in einem homogenen Magnetfeld mit der magnetischen Flussdichte *B* (Bild 6.56a), so fließt einen Induktionsstrom, dessen Richtung von der Bewegungsrichtung abhängt.

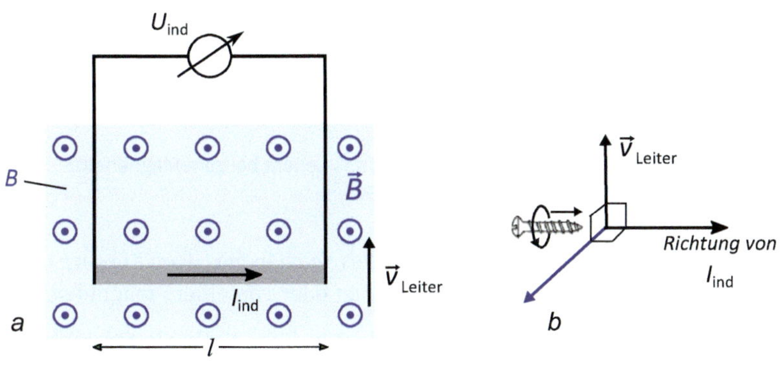


**Bild 6.56** Bewegung eines Leiters senkrecht zum Magnetfeld

Ursache für diesen Strom ist die Lorentz-Kraft $\vec{F}_L = q \cdot \vec{v}_{Leiter} \times \vec{B}$, die auf die frei beweglichen Ladungsträger des Leiters wirkt, welche ja mit der Geschwindigkeit des Leiters $\vec{v}_{Leiter}$ im Magnetfeld bewegt werden. Die Richtung des Stroms ergibt sich aus der Richtung der Lorentz-Kraft gemäß der Rechtsschraubenregel für das Vektorprodukt (Drehung von $\vec{v}_{Leiter}$ auf $\vec{B}$ über den kleineren Winkel, Bild 6.56b).

Man kann den induzierten Strom und die induzierte Spannung auf Grundlage der Lorentz-Kraft berechnen. Zu denselben Ergebnissen kommt man auch, wenn man wie im vorigen Abschnitt die Änderung des magnetischen Flusses durch den Leiterkreis im Laufe der Bewegung zugrunde legt. Die induzierte Quellenspannung erhält man dann aus Gl. (6.72). Nach Bild 6.56 bewegt sich der Leiter im Zeitraum $\Delta t$ um die Strecke $\Delta s = v_{\text{Leiter}}\,\Delta t$. Dabei ändert sich die Fläche um $\Delta A = l\,\Delta s = l v_{\text{Leiter}}\,\Delta t$ und der Fluss um $\Delta\Phi = B\,\Delta A = B l v_{\text{Leiter}}\,\Delta t$. Damit und mit Gl. (6.72) erhält man für die induzierte Spannung

**Induzierte Spannung in einem bewegten Leiterstück** (Leiter, $\vec{B}$, $\vec{v}_{\text{Leiter}}$ senkrecht aufeinander)

$$U_{\text{ind}} = \frac{\Delta\Phi}{\Delta t} = B l v_{\text{Leiter}} \tag{6.74}$$

Der induzierten Spannung $U_{\text{ind}}$ entspricht ein elektrisches Feld entlang dem Leiterstück $E = \frac{U_{\text{ind}}}{l}$, sodass gilt

**Induzierte elektrische Feldstärke**

$$E_{\text{ind}} = B v_{\text{Leiter}} \tag{6.75}$$

Ist die Geschwindigkeit $\vec{v}_{\text{Leiter}}$ um den Winkel $\beta$ gegen die Flussdichte $\vec{B}$ geneigt (Bild 6.57 das entspricht für die Berechnung des Flusses dem Winkel $\alpha = 90° - \beta$ zwischen $\vec{B}$ und dem Flächenvektor $\vec{A}$), so erhält man für die induzierte Spannung $U_{\text{ind}} = B l v_{\text{Leiter}} \sin\beta$.

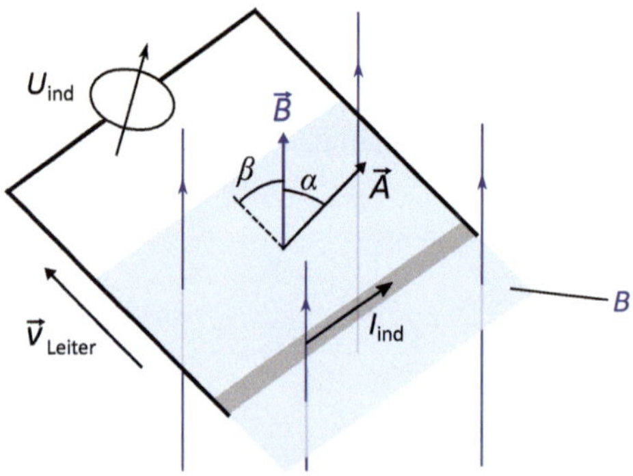


**Bild 6.57**
Bewegung des Leiters bei zum Magnetfeld geneigter Fläche

Induzierte Spannungen können nicht nur in Drähten, sondern auch in massiven Körpern oder Blechen entstehen, wenn diese in einem Magnetfeld bewegt oder von einem magnetischen Wechselfeld durchsetzt werden. Nach dem Ohm'schen Gesetz $\vec{j} = \frac{1}{\varrho}\vec{E}$ für die Stromdichte (siehe Abschnitt 6.5.2) entstehen aufgrund des elektrischen Wirbelfeldes Induktionsströme in Form von *Wirbelströmen*. Wegen des geringen Widerstandes des inneren Kurzschlusses können diese Ströme sehr groß werden und beträchtliche Wärmeenergie im Körper freisetzen. Nach der Lenz'schen Regel (und entsprechend dem Energieerhaltungssatz) wirken die Induktionsströme ihrer Ursache, nämlich der Bewegung im Magnetfeld, entgegen, bremsen also die Bewegung.

Wirbelstrombremsen werden z. B. bei Schienenfahrzeugen eingesetzt, unter anderem da die Bremswirkung ohne mechanische Reibung und Verschleiß erzielt wird. In Induktionskochplatten werden über ein magnetisches Wechselfeld Wirbelströme im Topfboden bewirkt und die dadurch freigesetzte Wärmeenergie genutzt. In Transformatoren dagegen versucht man, Wirbelstromverluste zu vermeiden, indem man als Eisenkerne Stapel von dünnen, gegeneinander elektrisch isolierten Blechen verwendet.

### 6.4.3 Selbstinduktion

Im Induktionsversuch nach Bild 6.52 wurde die induzierte Spannung in einer Induktionsspule durch ein von außen angelegtes veränderliches Magnetfeld erzeugt. Induktion tritt aber nicht nur durch ein äußeres Feld auf. Ändert sich in einer Spule der magnetische Fluss, so wird auch in derselben Spule eine Spannung induziert. Man nennt diesen Vorgang *Selbstinduktion*.

Der Vorgang der Selbstinduktion kann mit folgendem Versuch demonstriert werden (Bild 6.58).

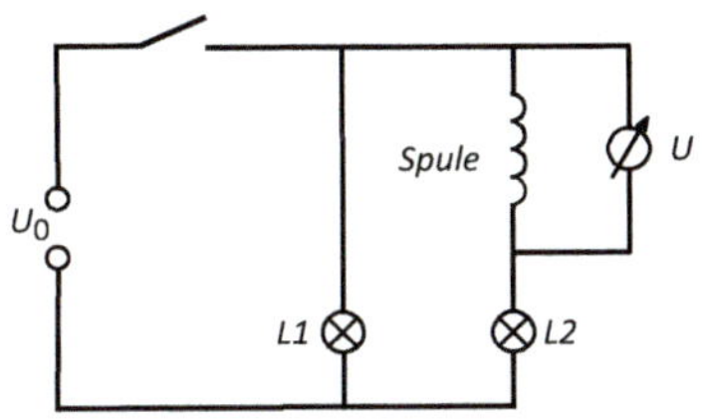


**Bild 6.58**
Versuch zur Selbstinduktion (Leitungswiderstände sind nicht berücksichtigt)

Beim Einschalten leuchtet Glühlampe L2 merklich später auf als L1. Beim Ausschalten verlöschen beide gleichzeitig, aber an der Spule wird eine Spannung gemessen, die deutlich höher ist als die angelegte Spannung $U_0$.

Beim Schließen des Schalters nimmt der Strom zu, das Magnetfeld in der Spule wird aufgebaut und durch die Flussänderung wird in der Spule selbst eine Spannung induziert. Der dadurch hervorgerufene Induktionsstrom wirkt nach der Lenz'schen Regel seiner Ursache, dem das Feld aufbauenden elektrischen Strom, entgegen und verzögert so die Zunahme des Stroms durch L2. Daher das spätere Aufleuchten von L2. Beim Öffnen des Schalters fällt der Strom und damit der Fluss durch die Spule sehr schnell auf null ab, $\frac{\mathrm{d}\Phi}{\mathrm{d}t}$ ist daher groß. Die Induktionsspannung, die den Strom aufrecht zu erhalten versucht, wird daher kurzzeitig sehr groß.

Zur Berechnung der induzierten Spannung erweitern wir das Induktionsgesetz (Gl. (6.72)) mit der Änderung der Stromstärke $\Delta I$: $U_{\text{ind}} = \frac{\Delta\Phi}{\Delta t} = A\,\frac{\Delta\Phi\,\Delta I}{\Delta I\,\Delta t}$. Mit Gl. (6.45) ist die magnetische Feldstärke $H$ proportional zur Stromstärke $I$. Bei konstanter Permeabilitätszahl $\mu_\mathrm{r}$ gilt dies auch für die magnetische Flussdichte $B$ und für den magnetischen Fluss $\Phi$. Daher ist $\frac{\Delta\Phi}{\Delta I} = \frac{\Phi}{I}$ und damit $U_{\text{ind}} = \frac{\Phi}{I}\frac{\Delta I}{\Delta t}$. Der Quotient $\frac{\Phi}{I}$ wird als *Induktivität* einer Leiterschleife bezeichnet.

**Induktivität**

$$L = \frac{\Phi}{I} \tag{6.76}$$

Aus Gl. (6.76) folgt die SI-Einheit der Induktivität, Henry (H) (J. Henry, 1797-1878), zu $[L]=\frac{\text{V s}}{\text{A}}=\text{H}$.

Für den Fall einer Spule mit $N$ Windungen muss der Fluss N-fach gezählt werden und man erhält:

Induktivität einer Spule mit N Windungen

$$L = N\frac{\Phi}{I} \tag{6.77}$$

Dabei ist $\Phi$ der Fluss durch eine Querschnittsfläche der Spule $A_{\text{Spule}}$, im homogenen Magnetfeld also $\Phi = A_{\text{Spule}}B$, entsprechend der Bemerkung im Anschluss an Gl. (6.72).

Die Proportionalität zwischen $\Phi$ und $I$ kann man nicht annehmen, wenn eine Spule z. B. einen Eisenkern enthält, dessen Permeabilitätszahl $\mu_{\text{r}}$ vom Magnetfeld abhängt. Die Induktivität muss dann statt durch Gl. (6.76) bzw. Gl. (6.77) differenziell definiert werden: $L=\frac{\text{d}\Phi}{\text{d}I}$ bzw. $L=N\frac{\text{d}\Phi}{\text{d}I}$.

Für den induktiven Spannungsabfall durch Selbstinduktion ergibt sich:

**Induzierter Spannungsabfall bei Selbstinduktion**

$$U_L = L\frac{\text{d}I}{\text{d}t} \tag{6.78}$$

Die Induktivität $L$ spielt besonders im Wechselstromkreis eine große Rolle. Sie bestimmt dort neben der Frequenz die Größe des induktiven Widerstandes. Auch Leitungen, Antennen, Kabel und elektronische Bauelemente haben eine Induktivität (wie auch eine Kapazität), die bei der Schaltungsauslegung im Allgemeinen berücksichtigt werden muss.

Eine Berechnung der Induktivität ist aber nur für geometrisch besonders einfache Anordnungen exakt möglich, da sie von vielen Faktoren abhängt (geometrische Form, Wicklungsart, Füllstoff). Es gibt zwar eine Reihe von recht gut gültigen Näherungsformeln für Einzelfälle, oft ist es aber erforderlich, die Induktivität für einen konkreten Einsatzfall experimentell im Wechselstromkreis zu ermitteln.

Für den Fall einer langgestreckten Zylinderspule mit relativ kleinem Durchmesser ($l \gg d$) mit $N$ Windungen und der Querschnittsfläche $A_{\text{Spule}}$ ergibt sich nach Gl. (6.45) zunächst $H=\frac{IN}{l}$. Mit $B=\mu_0\,\mu_{\text{r}}\,H$ folgt $B=\mu_0\,\mu_{\text{r}}\frac{IN}{l}$, damit $\Phi = A_{\text{Spule}}\,\mu_0\,\mu_{\text{r}}\frac{IN}{l}$ und für die Induktivität mit $L=N\frac{\Phi}{I}$:

**Induktivität einer langen Zylinderspule**

$$L = \frac{N^2\,\mu_0\,\mu_{\text{r}}\,A_{\text{Spule}}}{l} \tag{6.79}$$

### 6.4.4 Energie und Energiedichte des magnetischen Feldes

Ähnlich wie im elektrischen Feld eines Kondensators ist auch im magnetischen Feld einer Spule Energie enthalten. Denn um dieses Feld zu erzeugen, muss elektrische Arbeit $W_{el}$ aufgewendet werden, welche nach dem Einschalten des elektrischen Stromes $I$ die während der Zunahme der Stromstärke entstehende Selbstinduktionsspannung $U_L$ zu überwinden hat. Die zum Aufbau des magnetischen Feldes erforderliche elektrische Arbeit $W_{el}$ ist in dem Feld als magnetische Feldenergie $W_{mag}$ gespeichert. (Für die Energie wird hier wieder das Symbol $W$ verwendet, um Verwechslungen mit dem elektrischen Feld $E$ zu vermeiden.)

Für den Betrag dieser elektrischen Arbeit bzw. der magnetischen Feldenergie ergibt sich mit $U = U_L = \frac{d\Phi}{dt} = L\frac{dI}{dt}$ zunächst die zur Vergrößerung des Stroms um $dI$ erforderliche Arbeit $dW_{el} = U\,I\,dt = I\,L\,dI$. Integration ergibt die erforderlich Arbeit, um den Strom von null auf den Wert $I$ zu erhöhen:

$$W_{mag} = W_{el} = \int_0^{W_{el}} dW_{el} = \int_0^I i\,L\,di$$

Ist mit konstanter Permeabilitätszahl $\mu_r$ auch die Induktivität $L$ der Spule konstant, so folgt $W_{mag} = \int_0^I i\,L\,di = L\int_0^I i\,di$ und daraus die

**Energie des Magnetfeldes einer Spule bei konstanter Permeabilitätszahl**

$$W_{mag} = \frac{1}{2}L\,I^2 \tag{6.80}$$

Mit Gl. (6.79) $L = \frac{N^2\,\mu_0\,\mu_r\,A_{Spule}}{l}$, Gl. (6.45) $H = \frac{N\,I}{l}$, Gl. (6.65) $\vec{B} = \mu_r\,\mu_0\,\vec{H}$ und dem Volumen der Spule $V = A_{Spule}\,l$ ergibt sich für das homogene Magnetfeld (unter Vernachlässigung des Feldes außerhalb der Spule)

Energie eines homogenen Magnetfeldes im Volumen $V$

$$W_{mag} = \frac{1}{2}B\,H\,V \tag{6.81}$$

Nach Division durch das Volumen $V$ erhält man schließlich die Energiedichte $\rho_{mag} = \frac{W_{mag}}{V}$ des Magnetfeldes:

**Energiedichte des Magnetfeldes**

$$\varrho_{mag} = \frac{1}{2}B\,H \tag{6.82}$$

In dieser Gleichung sind wie bei Gl. (6.35) für die Energiedichte des elektrischen Feldes nur Feldgrößen enthalten. Sie gilt nicht nur für ein homogenes Feld oder das Feld einer Spule, sondern allgemein für jeden Punkt in einem Magnetfeld.

Die Berechnung der Gesamtenergie eines beliebigen Magnetfeldes in einem Volumen $V$ ist über eine Integration der Energiedichte über dieses Volumen möglich:

Gesamtenergie eines Magnetfeldes im Volumen $V$

$$W_{mag} = \int_V \varrho_{mag}\,dV \tag{6.83}$$

Bei Magnetfeld-abhängiger Permeabilitätszahl und dementsprechend differenziell definierter Induktivität $L = N\dfrac{\mathrm{d}\Phi}{\mathrm{d}I}$ erhält man die Feldenergie der Spule mit $W_{mag} = N\int_0^{\Phi} I\,\mathrm{d}\Phi$.

Mithilfe der Energie ist es auch möglich, die Kraft eines Magneten in einer Konstruktion wie in (Bild 6.59) abzuschätzen. Bewegt man dort den rechten Körper, der wie der Kern aus ferromagnetischem Material besteht, gegen die Magnetkraft $\vec{F}_{mag}$ um ein kleines Stück d$x$ nach rechts, so muss man die Arbeit $\mathrm{d}W = F_{mag}\,\mathrm{d}x$ leisten. Gleichzeitig vergrößert man das vom Magnetfeld erfüllte Volumen, in dem die magnetische Energiedichte $\dfrac{1}{2}BH = \dfrac{B^2}{2\mu_0}$ herrscht, um $A$ d$x$, mit der Gesamt-Polfläche $A$. Damit nimmt die Energie um $\mathrm{d}W = A\,\mathrm{d}x \cdot \dfrac{B^2}{2\mu_0}$ zu. Gleichsetzen ergibt für die Kraft $F_{mag} = \dfrac{AB^2}{2\mu_0}$.

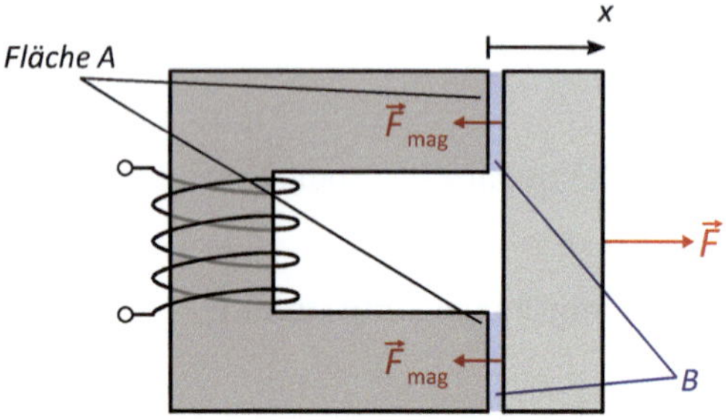


**Bild 6.59**
Zur Zugkraft eines Magneten

Solange der Körper den Kern berührt oder nur durch einen kleinen Luftspalt davon getrennt ist, muss bei einem Elektromagneten für $B$ der um den Faktor $\mu_r$ vergrößerte Wert $\mu_r\mu_0 H$ eingesetzt werden (siehe Abschnitt 6.3.6, zum magnetischen Kreis).

**Beispiel**

Durch die Spule, $N = 300$ Windungen, eines Elektromagneten mit einem U-förmigen Kern (Bild 6.59) fließt der Strom $I = 1$ A. Die Gesamt-Polfläche beträgt $A = 400\ \mathrm{mm}^2$, die mittlere Feldlinienlänge (inkl. Luftspalt und Werkstück) $l = 250$ mm. Kern und Werkstück bestehen aus Elektroblech (Daten siehe Bild 6.47). Der Querschnitt und damit die magnetische Flussdichte ist auf der ganzen Länge konstant. Wie groß ist die Zugkraft des Magneten?

Die magnetische Feldstärke in Kern und Werkstück beträgt nach Gl. (6.45) $H = \dfrac{NI}{l} = \dfrac{300 \cdot 1\,\mathrm{A}}{0{,}25\,\mathrm{m}} = 1\,200\,\dfrac{\mathrm{A}}{\mathrm{m}}$. Nach der Magnetisierungskurve (Bild 6.47) liegt dann die magnetische Flussdichte $B = 1{,}4$ T vor. Damit erhält man für die Zugkraft

$$F_{mag} = \frac{AB^2}{2\mu_0} = \frac{400\left(10^{-3}\,\mathrm{m}\right)^2 \cdot (1{,}4\,\mathrm{T})^2}{2 \cdot 4\pi \cdot 10^{-7}\,\dfrac{\mathrm{V\,s}}{\mathrm{A\,m}}} = 312\,\mathrm{N}.$$

### 6.4.5 Maxwell'sche Gleichungen

Die Vielzahl der experimentell beobachteten elektrischen, magnetischen und elektromagnetischen Erscheinungen wird beschrieben durch den Satz der vier *Maxwell'schen Gleichungen*, die Maxwell (J. C. Maxwell, 1831–1879) erarbeitet und um 1860 veröffentlicht hat. Maxwell hatte die experimentellen Befunde zusammengefasst und wesentliche Erweiterungen hinzugefügt, sodass auf Grundlage dieser Gleichungen unter anderem die Existenz und die Geschwindigkeit elektromagnetischer Wellen vorhergesagt werden konnten.

Eine dieser Gleichungen ist der Gauß'sche Satz (Gl. (6.11))

$$\oint\!\!\!\oint \vec{D}\cdot \mathrm{d}\vec{A} = \iiint_V \varrho_\mathrm{q}\,\mathrm{d}V \tag{6.84}$$

der besagt, dass der elektrische Fluss durch eine geschlossene Oberfläche gleich der Ladung innerhalb des umschlossenen Volumens ist. Die Ladung ergibt sich aus dem Integral über die Ladungsdichte in dem Volumen. Bei konstanter Ladungsdichte ist die Ladung demnach $Q = \varrho_\mathrm{q}\cdot V$.

Ein zweite enthält die Aussage, dass es keine magnetischen Ladungen gibt, dass also der magnetische Fluss durch eine geschlossene Oberfläche null ist:

$$\oint\!\!\!\oint \vec{B}\cdot \mathrm{d}\vec{A} = 0 \tag{6.85}$$

Eine weitere Gleichung ist das Faraday'sche Induktionsgesetz Gl. (6.72), das in der vollständigen Vektorschreibweise so lautet:

$$\oint \vec{E}\cdot \mathrm{d}\vec{s} = -\frac{\mathrm{d}}{\mathrm{d}t}\iint_A \vec{B}\cdot \mathrm{d}\vec{A} \tag{6.86}$$

Das Minus-Zeichen gibt wieder, dass das induzierte elektrische Wirbelfeld relativ zur Flussänderung *entgegen* der Rechtsschraubregel gerichtet ist (Bild 6.55). Das ist die Grundlage der Lenz'schen Regel für die Richtung des Induktionsstroms.

Eine vierte Gleichung beruht auf dem Durchflutungsgesetz (Gl. (6.52)): $\oint \vec{H}\cdot \mathrm{d}\vec{s} = \iint_A \vec{j}\cdot \mathrm{d}\vec{A}$. Maxwell erkannte aber (ohne dass es zur damaligen Zeit einen experimentellen Hinweis dazu gab!), dass das Gesetz in dieser Form nicht vollständig sein kann, da es nicht der Anforderung der Ladungserhaltung genügt. Die Gleichung muss so erweitert werden:

$$\oint \vec{H}\cdot \mathrm{d}\vec{s} = \iint_A \left(\vec{j} + \frac{\mathrm{d}\vec{D}}{\mathrm{d}t}\right)\cdot \mathrm{d}\vec{A} \tag{6.87}$$

Demnach wird also ein Magnetfeld nicht nur durch einen Strom (von Ladungsträgern) erzeugt, sondern tritt auch bei der zeitlichen Änderung eines elektrischen Feldes auf. Den zum Strom $\vec{j}$ gleichwertigen Teil der Gleichung, die elektrische Feldänderung $\frac{\mathrm{d}\vec{D}}{\mathrm{d}t}$, nannte Maxwell *Verschiebungsstrom*.

Das erzeugte magnetische Wirbelfeld ist relativ zum Strom und zum Verschiebungsstrom *entsprechend der Rechtsschraubenregel* gerichtet.

Die Notwendigkeit dieser Ergänzung kann man sich auch anschaulich folgendermaßen verdeutlichen: Schickt man durch einen Stromkreis mit einem Kondensator einen Wechselstrom (Bild 6.60), so sind die Zuleitungen zum Kondensator von einem magnetischen Wirbelfeld umgeben. Im Draht bewegen sich Ladungsträger, nicht aber im Kondensator. Wendet man das Durchflutungsgesetz (Gl. (6.52)) an, wäre dieses nicht mehr eindeutig: Ist nämlich die vom Strom durchflutete Fläche ober- oder unterhalb des Kondensators, ergibt sich ein magnetisches Feld $\vec{H}$. Legt man sie aber in den Bereich zwischen die Platten, dürfte kein Magnetfeld da sein, da dort kein Strom fließt. Ein Magnetfeld verschwindet aber nicht sprunghaft. Also muss auch durch das beim Laden und Entladen des Kondensators zeitlich veränderliche elektrische Feld im Kondensator ein Magnetfeld erzeugt werden.

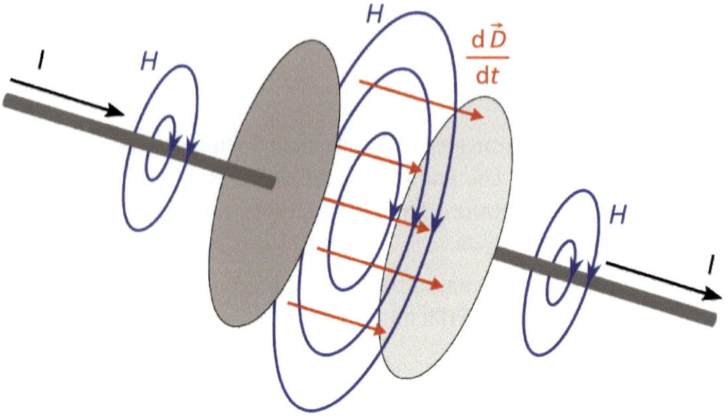


**Bild 6.60** Zum Maxwell'schen Verschiebungsstrom

Tabelle 6.4 fasst die Maxwell'schen Gleichungen zusammen.

**Tabelle 6.4** Maxwell'sche Gleichungen

| Gleichung | Aussage |
|---|---|
| $\oiint \vec{D}\cdot d\vec{A} = \iiint_V \varrho_q \, dV$ | Ladungen sind die Quellen des elektrischen Feldes |
| $\oiint \vec{B}\cdot d\vec{A} = 0$ | es gibt keine magnetischen Ladungen als Quellen des magnetischen Feldes |
| $\oint \vec{E}\cdot d\vec{s} = -\frac{d}{dt}\iint_A \vec{B}\cdot d\vec{A}$ | ein zeitlich veränderliches magnetisches Feld bzw. eine Bewegung im magnetischen Feld ist mit einem elektrischen Wirbelfeld verbunden |
| $\oint \vec{H}\cdot d\vec{s} = \iint_A \left(\vec{j} + \frac{d\vec{D}}{dt}\right)\cdot d\vec{A}$ | ein Strom und ein zeitlich veränderliches elektrisches Feld sind mit einem magnetischen Wirbelfeld verbunden |

# 6.5 Der Gleichstromkreis

Die in den vorherigen Abschnitten behandelten Verhältnisse und Vorgänge stellen auch die Grundlage für technische Anwendungen dar, die Gegenstand der Elektrotechnik sind. In Abschnitt 6.5 und Abschnitt 6.6 sollen einige dieser Punkte an der Schnittstelle zwischen Physik und Elektrotechnik besprochen werden.

## 6.5.1 Elektrische Spannung

In einem Körper mit dem elektrischen Widerstand $R$ (siehe Abschnitt 6.5.2) fließt nur dann ein elektrischer Strom $I$, wenn eine Ursache die Ladungsträger in Bewegung setzt. Diese Ursache kann durch eine Spannung beschrieben werden, die als *Quellenspannung* $U_q$ bezeichnet wird.

**Merke**

Die Quellenspannung ist die Ursache des elektrischen Stromes. Ihre Polarität („Richtung") wird der elektrischen Stromrichtung entgegen festgelegt (Bild 6.61).

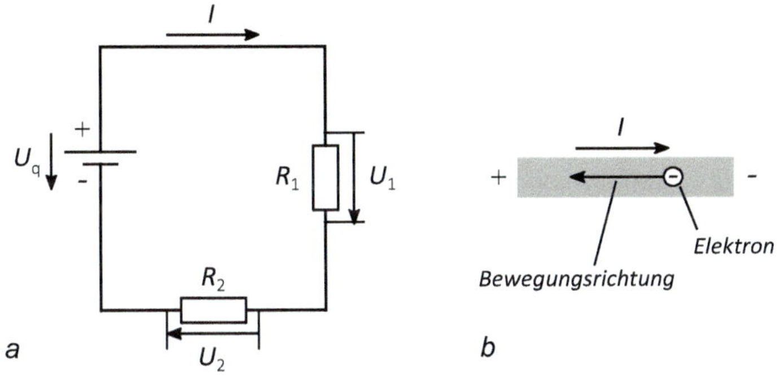


**Bild 6.61** Elektrischer Stromkreis: (a) Vorzeichenfestlegungen, (b) Bewegungsrichtung von Elektronen im Leiter

Elektrische Quellenspannungen werden von Spannungsquellen erzeugt (Galvani'sche Elemente, Akkumulatoren, Generatoren). Spannungsquellen sind Energiequellen, die in einem geschlossenen Stromkreis Energie an die dort vorhandenen Elektronen abgeben und somit deren Bewegung bewirken.

Zuvor muss den Spannungsquellen selbst Energie zugeführt werden, die eine räumliche Trennung der ursprünglich nicht getrennten elektrischen Ladungen beiden Vorzeichens in $+Q$ und $-Q$ bewirkt. Die zugeführte Energie kann verschiedener Natur sein: chemische Reaktionen, Induktionsvorgänge, thermoelektrischer Effekt, Photoeffekt usw. Die getrennten Ladungen sind die Ursache der Quellenspannung. Diese Überlegungen führen zur Definition der Quellenspannung $U_q$ als Quotienten aus der zur Ladungstrennung nötigen zugeführten Energie $E_{zu}$ und der Größe des Betrags dieser Ladung $Q$.

**Quellenspannung**

$$U_q = \frac{E_{zu}}{Q} \tag{6.88}$$

Von der Spannungsquelle aus bewegt sich in einem geschlossenen Stromkreis die Ladung $Q$ durch die einzelnen Teile dieses Stromkreises (Leitungen, Lichtquellen, Motoren usw., allgemein: elektrische Verbraucher). Dort wird die Energie wieder abgegeben, d. h. in andere Energieformen umgesetzt (Wärmeenergie, mechanische Energie usw.). Die dadurch an den Kontakten eines Verbrauchers auftretende Spannung wird als *Spannungsabfall* bezeichnet. Der Spannungsabfall $U$ ist der Quotient aus der im Widerstand umgesetzten Energie $E_{ab}$ und der Ladung $Q$, die den Energieumsatz bewirkt:

**Spannungsabfall**

$$U = \frac{E_{ab}}{Q} \tag{6.89}$$

Die Polarität („Richtung") des Spannungsabfalls ist dieselbe wie die des elektrischen Stromes.

Die Einheit der Spannung ist das Volt (V). Es besteht folgender Zusammenhang:

$$[U] = \frac{\text{J}}{\text{C}} = \text{V}$$

Aus Bild 6.61 sind alle Richtungsfestlegungen zu erkennen:

- Der elektrische Strom fließt durch den äußeren Stromkreis vom Plus-Pol (+) zum Minus-Pol (–) der Spannungsquelle.
- In der Spannungsquelle fließt der elektrische Strom in der gleichen Richtung weiter, also vom Minus-Pol zum Plus-Pol.
- Die Polarität („Richtung") des Spannungsabfalls entspricht der Richtung des elektrischen Stromes im äußeren Stromkreis.
- Da die Elektronen negative Ladungsträger sind, bewegen sie sich entgegen der festgelegten elektrischen Stromrichtung.

Die Spannung ist verknüpft mit einer anderen Größe, dem *elektrischen Potential* $\varphi$, das an jedem Punkt eines Stromkreises eine bestimmten Wert annimmt. Da in einem Stromkreis nur Potentialdifferenzen von Bedeutung sind, kann dieser Wert an einem bestimmten, willkürlich gewählten Bezugspunkt gleich null gesetzt werden.

Das Potential an einem betrachteten Punkt ist positiv, wenn zum Transport positiver Ladungen vom Bezugspunkt zu diesem Punkt Arbeit aufzuwenden ist.

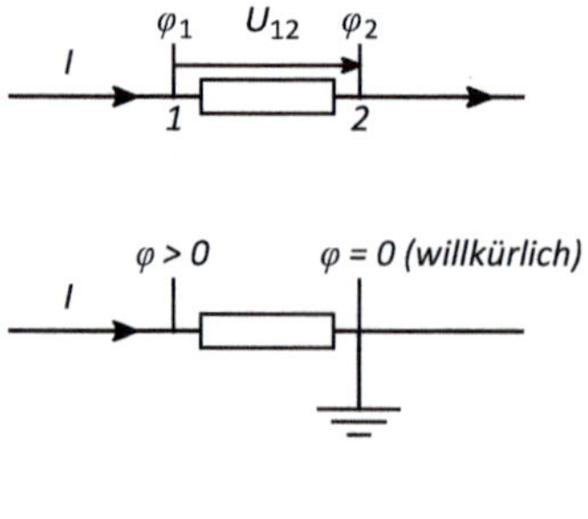


**Bild 6.62**
Zum elektrischen Potential

Die Potentialdifferenz zwischen zwei Punkten 1 und 2 ist nach Festlegung des Potentialbegriffs gleich dem Spannungsabfall $U$ zwischen diesen Punkten (Bild 6.62).

**Spannungsabfall = Potentialdifferenz**

$$U_{12} = \varphi_1 - \varphi_2 \tag{6.90}$$

Elektrischer Strom fließt immer von Stellen höheren Potentials zu solchen niedrigeren Potentials.

## 6.5.2 Elektrischer Widerstand und Ohm'sches Gesetz

Jeder Stoff leitet den elektrischen Strom unterschiedlich. Ein Körper hat einen *elektrischen Widerstand* $R$, der als Quotient aus dem an ihm vorhandenen Spannungsabfall $U$ und der durch ihn fließenden Stromstärke $I$ definiert ist:

**Elektrischer Widerstand**

$$R = \frac{U}{I} \tag{6.91}$$

mit der Einheit $[R] = \frac{V}{A} = \Omega$ (Ohm) (G. S. Ohm, 1789–1854).

Sein reziproker Wert wird als *elektrischer Leitwert* $G$ bezeichnet:

**Elektrischer Leitwert**

$$G = \frac{1}{R} = \frac{I}{U} \tag{6.92}$$

mit der Einheit $[G] = \frac{1}{\Omega} = \mathrm{S}$ (Siemens) (W. v. Siemens, 1816–1892)

Für einen homogenen Stoff mit konstantem Querschnitt ist der elektrische Widerstand $R$ proportional zu seiner Länge $l$ und umgekehrt proportional zur Querschnittsfläche $A$. Der Proportionalitätsfaktor ist ein Materialwert. Er wird als *spezifischer elektrischer Widerstand* (Resistivität) $\varrho$ bezeichnet. Damit ergibt sich

**Widerstand eines homogenen Leiters mit konstantem Querschnitt**

$$R = \varrho \frac{l}{A} \tag{6.93}$$

Die SI-Einheit von $\varrho$ ergibt sich durch Umstellen von Gl. (6.93) und Einsetzen der Einheiten zu $[\varrho] = \Omega \cdot \mathrm{m}$. (In der Elektrotechnik wird für praktische Berechnungen häufig die SI-fremde Einheit $\Omega \cdot \mathrm{mm}^2/\mathrm{m} = 10^{-6}\ \Omega \cdot \mathrm{m}$ verwendet.)

Der reziproke spezifische elektrische Widerstand heißt *elektrische Leitfähigkeit* (Konduktivität) $\sigma$:

Elektrische Leitfähigkeit

$$\sigma = \frac{1}{\varrho} \tag{6.94}$$

mit der Einheit $[\sigma] = \frac{1}{\Omega \cdot \mathrm{m}} = \frac{\mathrm{S}}{\mathrm{m}}$

Die spezifischen Widerstände und Leitfähigkeiten einiger Stoffe sind in der nachfolgenden Tabelle 6.5 enthalten. Man erkennt die hohe Leitfähigkeit der Metalle.

**Tabelle 6.5** Spezifische Widerstände einiger Stoffe bei $T_0 = 293$ K und Temperaturkoeffizienten für den Temperaturbereich 200...500 K

| Material | $\varrho$ | $\alpha$ |
|---|---|---|
| **Metalle und Legierungen** | $/(10^{-8}\ \Omega\ \text{m})$ | $/(10^{-3}\ \text{K}^{-1})$ |
| Ag | 1,587 | 6,2 |
| Cu | 1,678 | 6,8 |
| Al | 2,65 | 1,1 |
| Zn | 5,9 | 2,3 |
| Fe | 9,61 | 6,2 |
| Pt | 10,5 | 3,83 |
| Konstantan (55Cu/45Ni) | 50 | 0,003 5 |
| Stahl, rostfrei | 73 | 0,94 |
| **Isolatoren** | $/(\Omega\ \text{m})$ | |
| reines Wasser | $2 \cdot 10^5$ | |
| Bernstein | $1 \cdot 10^{14}$ | |
| PVC | $1 \ldots 1{,}5 \cdot 10^{14}$ | |
| Quarzglas | $1 \cdot 10^{17}$ | |

## Ohm'sches Gesetz

Die Definition des elektrischen Widerstandes (Gl. (6.91)) wird für sogenannte lineare Widerstände, bei denen der elektrische Widerstand konstant ist, als Ohm'sches Gesetz bezeichnet:

**Ohm'sches Gesetz** für konstantes $R$ bzw. $G$

$$I = \frac{U}{R} \tag{6.95a}$$

$$I = GU \tag{6.95b}$$

Für derartige lineare Widerstände ergibt die Stromstärke-Spannungs-Kennlinie (Charakteristik) eine Gerade mit der konstanten Steigung $\frac{\Delta I}{\Delta U} = \frac{1}{R} = G$ (Bild 6.63, Kennlinie 1).

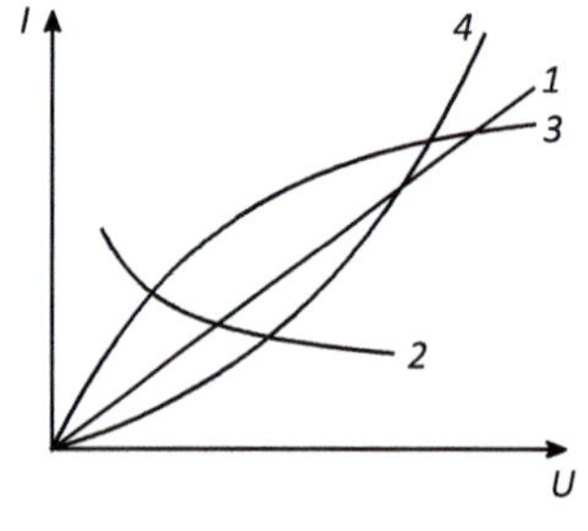


**Bild 6.63**
Strom-Spannungs-Kennlinien (Zuordnung siehe Text oben)

**Beispiel**

Ein Thermoelement, bestehend aus zwei gleich langen Drähten aus Eisen (Fe) bzw. Konstantan (55Cu45Ni) mit demselben Durchmesser $d = 0{,}5$ mm soll bei 20 °C den Widerstand $R = 1\ \Omega$ haben. Wie lang müssen die Drähte sein?

Die Widerstände der beiden Drähte addieren sich und mit Gl. (6.93) $R = \varrho \frac{l}{A}$ gilt $R = R_{\text{Fe}} + R_{\text{CuNi}} = \varrho_{\text{Fe}} \frac{l}{A} + \varrho_{\text{CuNi}} \frac{l}{A}$. Umgestellt nach $l$ ergibt

$$l = \frac{AR}{\varrho_{\text{Fe}} + \varrho_{\text{CuNi}}} = \frac{\pi \left(2{,}5 \cdot 10^{-4}\ \text{m}\right)^2 \cdot 1\,\Omega}{9{,}61 \cdot 10^{-8}\ \Omega\,\text{m} + 50 \cdot 10^{-8}\ \Omega\,\text{m}} = 0{,}33\ \text{m},$$

mit den Werten aus Tabelle 6.5.

Das Ohm'sche Gesetz gilt bei konstanter Temperatur für Metalle (außer bei Supraleitung) und Elektrolyten. Einige andere Leiter und insbesondere aktive Bauelemente zeigen ein nichtlineares Verhalten:

- Gasentladungsstrecken haben eine fallende Kennlinie (Bild 6.63, Linie 2), d. h. mit zunehmender Stromstärke nimmt der Spannungsabfall ab.
- Bauelemente mit Sättigungsverhalten, z. B. die Ausgangskennlinienfelder von Transistoren, haben solche Kennlinien (Bild 6.63, Linie 3). Ab einem bestimmten Spannungsabfall nimmt die Stromstärke nicht mehr zu.
- Dioden zeigen einen exponentiellen Anstieg des Stroms mit der Spannung (Bild 6.63, Linie 4)

Für die nichtlinearen Widerstände ist der Anstieg der Kennlinien variabel. Der reziproke Anstieg ist vom Arbeitspunkt abhängig und wird *differenzieller Widerstand r* genannt.

**Differenzieller Widerstand**

$$r = \frac{\mathrm{d}U}{\mathrm{d}I} \tag{6.96}$$

Der Widerstand $R$ selbst ist vom Arbeitspunkt, gegeben durch die Werte von $U$ und $I$, abhängig, d. h. für einen bestimmten Arbeitspunkt ergibt sich der jeweilige Arbeitswiderstand mit $R = \frac{U}{I}$.

Der spezifische elektrische Widerstand der meisten Stoffe ist mehr oder weniger stark temperaturabhängig, siehe dazu auch Abschnitt 9.2.3. Bei Metallen nimmt er im Allgemeinen mit steigender Temperatur zu. Von den Werten $\varrho(T_0)$ bei $T_0 = 293$ K (20 °C) in Tabelle 6.5 ausgehend genügt bis etwa 500 K für Metalle die Annahme einer linearen Abhängigkeit des Widerstandes von der Temperatur, d. h. für die Änderung des Widerstandes mit der Temperatur gilt $\Delta\varrho \sim \Delta T$. Die Abhängigkeit lässt sich daher in dem genannten Temperaturbereich durch einen Temperaturkoeffizienten in dieser Weise ausdrücken:

**Temperaturabhängigkeit des spezifischen Widerstands von Metallen**

$$\varrho(T) = \varrho(T_0)\left(1 + \alpha(T - T_0)\right) \tag{6.97}$$

Der Temperaturkoeffizient ist ebenfalls in Tabelle 6.5 aufgeführt.

**Beispiel**

Der genormte Platin-Messwiderstand Pt100 hat bei 0 °C, entsprechend $T = 273$ K, den Widerstand 100 Ω. Wie hoch ist die Temperatur, wenn der Widerstand 120 Ω beträgt?

Erweitert man Gl. (6.97) mit $\frac{l}{A}$, erhält man die Gleichung für den Widerstand $R(T) = R(T_0)\left(1 + \alpha(T - T_0)\right)$. Aufgelöst nach $T$ ergibt

$$T = \left(\frac{R(T)}{R(T_0)} - 1\right) \cdot \frac{1}{\alpha_{\text{Pt}}} + T_0$$
$$= \left(\frac{120\,\Omega}{100\,\Omega} - 1\right) \cdot \frac{1}{3{,}83 \cdot 10^{-3}\,\text{K}^{-1}} + 273\,\text{K} = 325{,}3\,\text{K}$$

mit $\alpha_{\text{Pt}}$ aus Tabelle 6.5, entsprechend 52,3 °C.

## 6.5.3 Elektrische Leistung und Energie

Die in einem elektrischen Leiter durch den elektrischen Strom entstehende Wärmeenergie zeigt, dass sich auch hier eine Energieumwandlung vollzieht. Aus der Definition des Spannungsabfalls (Gl. (6.89)) erhält man für die umgesetzte elektrische Energie $E_{\text{el}} = UQ$. Setzt man im Gleichstromkreis für die elektrische Ladung $Q = I\,\Delta t$, ergibt sich mit Gl. (6.95) für die im Zeitraum $\Delta t$ umgesetzte elektrische Energie

$$E_{\text{el}} = U\,I\,\Delta t = I^2 R\,\Delta t = \frac{U^2}{R}\,\Delta t \qquad (6.98)$$

Für die elektrische Leistung $P_{\text{el}} = \frac{E_{\text{el}}}{\Delta t}$ ergibt sich damit

**Elektrische Leistung**

$$P_{\text{el}} = U\,I = I^2 R = \frac{U^2}{R} \qquad (6.99)$$

**Beispiel**

Welche Leistung muss allein zur Aufrechterhaltung eines Stroms von $I = 20$ A zu einem Verbraucher durch eine zweiadrige Kupferleitung von 500 m Länge und 2,5 mm² Querschnitt aufgebracht werden?

Mit Gl. (6.99) ist

$$P_{\text{el}} = I^2 R = I^2 \cdot \varrho_{\text{Cu}} \frac{l}{A}$$
$$= (20\,\text{A})^2 \cdot 1{,}678 \cdot 10^{-8}\,\Omega\,\text{m} \frac{2 \cdot 500\,\text{m}}{2{,}5 \cdot \left(10^{-3}\,\text{m}\right)^2} = 2{,}68\,\text{kW}$$

mit $\varrho_{\text{Cu}}$ aus Tabelle 6.5.

### 6.5.4 Kirchhoff'sche Gesetze

Für die Berechnung von einzelnen und vernetzten Stromkreisen hat Kirchhoff (G. Kirchhoff, 1824–1887) zwei nach ihm benannte nützliche Gesetze formuliert.

#### 1. Kirchhoff'sches Gesetz

Dieses Gesetz spielt bei der Aufteilung von elektrischen Strömen an einer Stromverzweigung (Knotenpunkt) eine Rolle. Nach dem Gesetz der Erhaltung der Ladung sind alle in einer bestimmten Zeit einem Knotenpunkt zufließenden Ladungen gleich den in dieser Zeit abfließenden Ladungen. Gibt man den zufließenden elektrischen Stromstärken ein positives Vorzeichen, den abfließenden ein negatives, lautet der Knotensatz für einen Knotenpunkt mit $n$ Leitungen bzw. Stromstärken

**1. Kirchhoff'sches Gesetz** (Knotensatz)

$$\sum_{k=1}^{n} I_k = 0 \tag{6.100}$$

**Merke**

Die Gesamtsumme der elektrischen Stromstärken an einem Stromverzweigungspunkt (Knotenpunkt) ist unter Beachtung der festgelegten Vorzeichen gleich null.

Für die Stromstärken in Bild 6.64 gilt somit $I_1 - I_2 + I_3 + I_4 - I_5 = 0$.

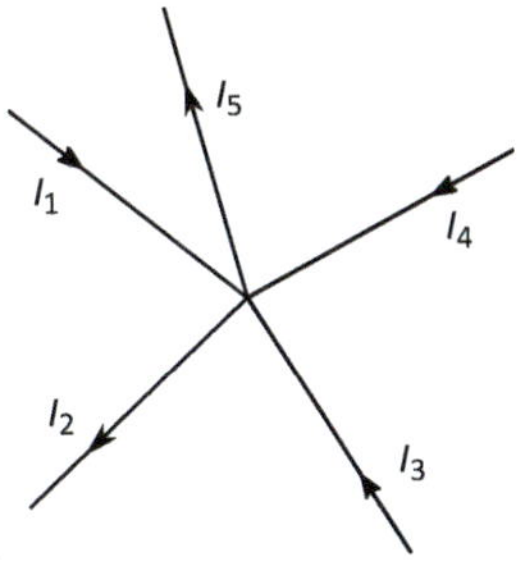


**Bild 6.64**
Zum Knotensatz

#### 2. Kirchhoff'sches Gesetz

Einen geschlossenen einzelnen Stromkreis oder einen Teilstromkreis in einem aus mehreren Stromkreisen bestehenden Netzwerk bezeichnet man als Masche. Wird durch eine solche Masche Ladung $Q$ transportiert, sind nach dem Energieerhaltungssatz die zugeführte und die abgegebene Energie gleich groß: $\sum \Delta E_{\text{zu}} = \sum \Delta E_{\text{ab}}$. Nach der Definition der elektrischen Spannung(Gl. (6.88)) und Gl. (6.89) können für die zugeführten Energien die Quellenspannungen und für die abgegebenen die Spannungsabfälle als Energiemaß gelten, d. h. die Summe der in der Masche vorhandenen Quellenspannungen $U_{\text{q}}$ muss gleich der Summe der Spannungsabfälle $U_i$ an den Widerständen sein. Werden die Vorzeichen aller Spannungen und der fließenden Ströme entsprechend den Festlegungen in Abschnitt 6.5.1 verwendet, ergibt sich für $n$ Spannungsquellen und $n$ Widerstände in der Masche das

**2. Kirchhoff'sches Gesetz** (Maschensatz)

$$\sum_{i=1}^{m} U_{\text{q}i} + \sum_{j=1}^{n} U_j = 0 \tag{6.101}$$

**Merke**

Unter Beachtung der Vorzeichen ist für einen geschlossenen Stromkreis (Masche) die Summe aller Quellenspannungen und Spannungsabfälle gleich null.

Für die Masche in Bild 6.65 z. B. lautet der Maschensatz $-U_{q1}+U_{q2}-U_{q3}+U_1+U_2+U_3+U_4=0$.

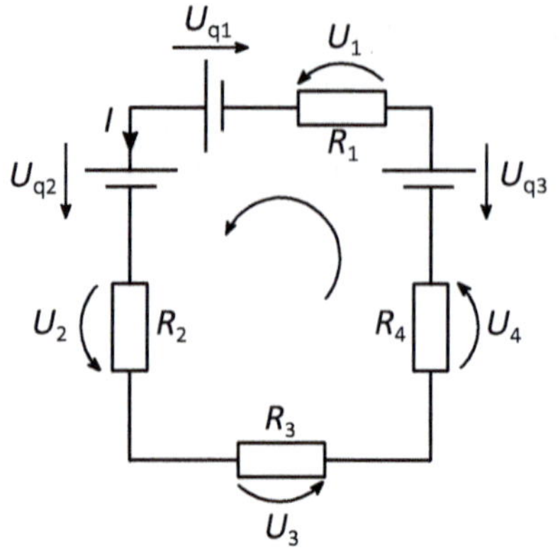


**Bild 6.65**
Masche mit Spannungsquellen und Widerständen

Bei der Anwendung des Maschensatzes ist die Beachtung der Vorzeichen wichtig. Zunächst wird ein Umlaufsinn willkürlich festgelegt, in dessen Richtung die Spannungsabfälle positiv gezählt werden. Die Quellenspannungen sind vom Pluspol zum Minuspol der Spannungsquelle gerichtet und werden in Bezug auf den Umlaufsinn je nach Richtung positiv oder negativ gezählt. Die Richtungen der sich aus der Rechnung ergebenden Stromstärken und Spannungen beziehen sich ebenfalls auf diesen Umlaufsinn.

Das 2. Kirchhoff'sche Gesetz entspricht der Aussage, dass ein statisches elektrisches Feld wirbelfrei ist (siehe Abschnitt 6.2 und die 3. Maxwell-Gleichung (Gl. (6.86))). Das bedeutet allerdings auch, dass dieses Gesetz exakt nur für Gleichstromkreise gilt.

## 6.5.5 Schaltvorgänge im Gleichstromkreis

### Lade- und Entladevorgang in einem Stromkreis mit Kondensator

Im Stromkreis nach Bild 6.66 lässt sich der Kondensator C in Schalterstellung 1 über den Widerstand R aufladen, beim Umschalten auf 2 erfolgt die Entladung über diesen Widerstand.

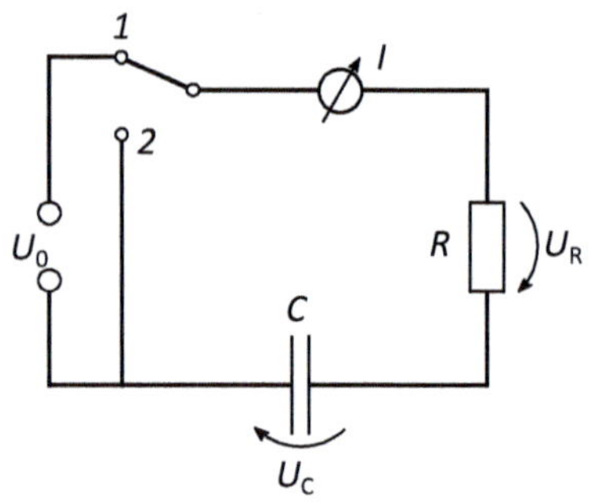


**Bild 6.66**
Stromkreis mit Kondensator und Widerstand

Ein elektrischer Strom kann im Stromkreis nur so lange fließen, bis der Kondensator aufgeladen bzw. entladen ist. Ein zeitunabhängiger konstanter Strom ist nicht möglich.

Die Abhängigkeit des Spannungsabfalles am Kondensator von der Zeit kann über den Maschensatz berechnet werden. Bei beiden Vorgängen ist $U = U_C + U_R = const.$ Mit $U_R = IR$ und $U_C = \frac{Q}{C}$ erhält man $U = \frac{Q}{C} + IR = \text{const.}$ und nach Differentiation

$$\frac{1}{C}\frac{\mathrm{d}Q}{\mathrm{d}t} + R\frac{\mathrm{d}I}{\mathrm{d}t} = 0$$

oder

$$\frac{I}{C} + R\frac{\mathrm{d}I}{\mathrm{d}t} = 0$$

Die Lösungen dieser Differentialgleichungen unter Beachtung der Anfangsbedingungen bei $t = 0$ lauten:

für die Aufladung, mit $I(t=0) = \frac{U_0}{R}$:

Strom im Stromkreis und Spannung am Kondensator beim Aufladen

$$I(t) = \frac{U_0}{R}\,\mathrm{e}^{-\frac{1}{RC}t} \tag{6.102a}$$

$$U_C(t) = U_0\left(1 - \mathrm{e}^{-\frac{1}{RC}t}\right) \tag{6.102b}$$

für die Entladung, mit $I(t=0) = -\frac{U_0}{R}$:

Strom im Stromkreis und Spannung am Kondensator beim Entladen

$$I(t) = -\frac{U_0}{R}\,\mathrm{e}^{-\frac{1}{RC}t} \tag{6.103a}$$

$$U_C(t) = U_0\,\mathrm{e}^{-\frac{1}{RC}t} \tag{6.103b}$$

Bild 6.67 zeigt den zeitlichen Verlauf von Strom und Spannung in den beiden Fällen.

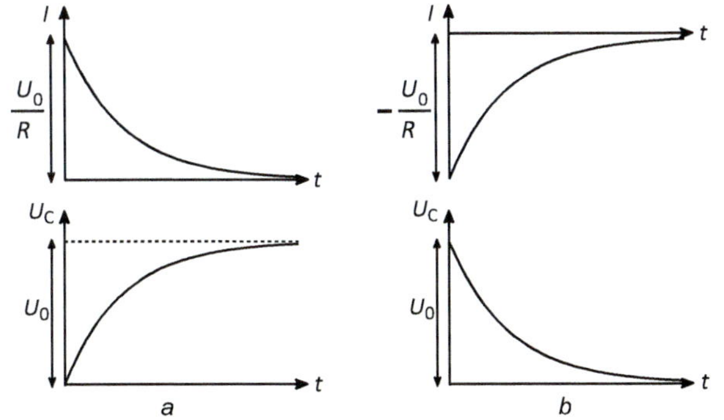


**Bild 6.67**
Stromkreis mit Kondensator und Widerstand: zeitliches Verhalten von Strom und Spannung bei (a) Aufladung, (b) Entladung des Kondensators

Derartige Reihenschaltungen, die als *RC-Glieder* bezeichnet werden, spielen in der Elektrotechnik und Elektronik eine große Rolle. Das Produkt $\tau = RC$ mit der Dimension Zeit heißt *Zeitkonstante*. Die Zeitkonstante hat wesentlichen Einfluss auf das zeitliche Verhalten von Schaltungen.

## Schaltvorgänge in einem Stromkreis mit Induktivität

Mit dem Versuch zum Nachweis der Selbstinduktion in Abschnitt 6.4.3 wurde gezeigt, dass sich in einem Stromkreis mit einer Spule (Induktivität $L$) gemäß Bild 6.68 die Stromstärke beim Einschalten (Schalterstellung 1) verzögert aufbaut.

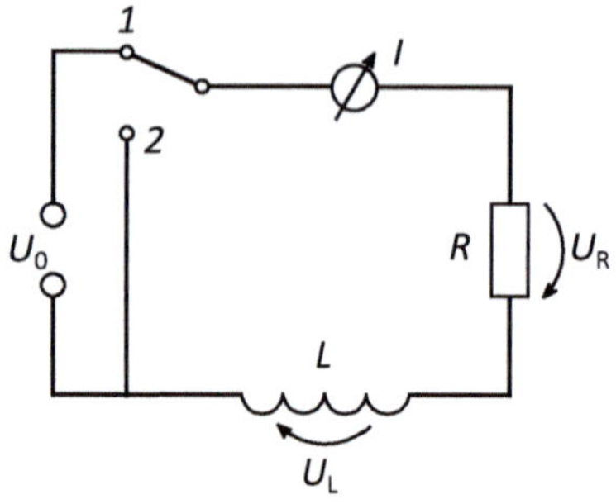


**Bild 6.68**
Stromkreis mit Induktivität und Widerstand

Auch hier lässt sich das zeitliche Verhalten nach dem Maschensatz berechnen. Nach dem Einschalten ergibt sich $U_0 - U_R - U_L = 0$. Mit $U_R = IR$ und $U_L = L\frac{dI}{dt}$ erhält man die Differentialgleichung $L\frac{dI}{dt} + RI - U_0 = 0$. Die Lösung dieser Differentialgleichung unter Beachtung der Anfangsbedingung bei $t = 0$ lauten

nach dem Einschalten, mit $I(t=0) = 0$:

Stromstärke im Stromkreis und Spannung an der Induktivität nach dem Einschalten

$$\begin{aligned} I(t) &= \frac{U_0}{R}\left(1 - e^{-\frac{R}{L}t}\right) \\ U_L(t) &= U_0\, e^{-\frac{R}{L}t} \end{aligned} \tag{6.104}$$

Nach dem Ausschalten (Schalterstellung 2) ist $U_R + U_L = 0$. Das führt zu der Differentialgleichung $L\frac{dI}{dt} + RI = 0$ mit der Anfangsbedingung $I(t=0) = U_0/R$. Deren Lösungen lauten also nach dem Ausschalten, mit $I(t=0) = U_0/R$:

Stromstärke im Stromkreis und Spannung an der Induktivität nach dem Ausschalten

$$I(t) = \frac{U_0}{R}\, e^{-\frac{R}{L}t} \tag{6.105a}$$

$$U_L(t) = -U_0\, e^{-\frac{R}{L}t} \tag{6.105b}$$

Ähnlich wie beim Lade- und Entladevorgang des Kondensators gibt es auch hier eine Zeitkonstante, die durch $\tau = \frac{R}{L}$ gegeben ist.

Der zeitliche Verlauf von Spannung und Stromstärke ist aus Bild 6.69 ersichtlich.

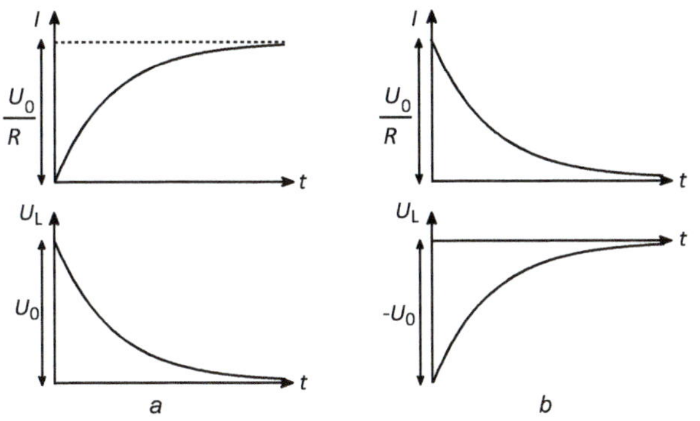


**Bild 6.69**
Stromkreis mit Induktivität und Widerstand: zeitliches Verhalten von Strom und Spannung beim (a) Einschalten, (b) Ausschalten

# 6.6 Der Wechselstromkreis

Zur Versorgung von Industrie und Haushalten wird Wechselstrom verwendet, da sich dessen Spannung mit Transformatoren relativ verlustarm und bequem dem Bedarf anpassen lässt (Abschnitt 6.6.5). Das ist insbesondere für die Energieübertragung zwischen den oft weit auseinanderliegenden Energieerzeugern und -verbrauchern wichtig, um die Energieverluste dabei möglichst gering halten zu können. Je höher die verwendete Spannung ist, umso geringer werden bei gleicher Übertragungsleistung die Wärmeverluste in der Leitung.

**Beispiel**

Ein Verbraucher soll über eine 10 km lange Kupferleitung mit 16 mm² Querschnitt mit der elektrischen Leistung $P_{el}$ = 11,5 kW versorgt werden. Wie groß sind die Leistungsverluste $P_V$ in der Leitung, wenn die Leistung bei $U_1$ = 230 V bzw. bei $U_2$ = 6 kV entnommen wird?

Nach Gl. (6.93) ist der Widerstand der Leitung $R_L$ = 22,3 Ω. Mit Gl. (6.99) beträgt der Leistungsverlust in der Leitung $P_V = I^2 R$, mit dem Strom $I = \frac{P_{el}}{U}$ also $P_V = \left(\frac{P_{el}}{U}\right)^2 R_L$. Für $U_1$ ergibt sich damit der Strom $I_1$ = 50 A und der Leistungsverlust $P_{V1}$ = 55,8 kW (also knapp das Fünffache der Nutzleistung), für $U_2$ erhält man die Werte $I_2$ = 1,92 A und $P_{V2}$ = 81,7 W. Wegen des Spannungsabfalls auf der Leitung müsste zudem für $U_1$ die Leistung bei 1 340 V eingespeist werden, für $U_2$ bei 6,08 kV.

(In diesem Abschnitt werden, wie in der Elektrotechnik üblich, für $U(t)$ bzw. $I(t)$ die kleinen Buchstaben $u$ bzw. $i$ verwendet.)

## 6.6.1 Grundlagen des Wechselstroms

Der für die Energieübertragung technisch genutzte Wechselstrom wird durch Wechselstromgeneratoren erzeugt, deren Prinzip in Bild 6.70 dargestellt ist. Eine Leiterschleife rotiert mit konstanter Winkelgeschwindigkeit $\omega$ in einem homogenen Magnetfeld. Die Enden der Leiterschleife befinden sich auf zwei getrennten, voneinander isolierten Schleifringen, an denen die Wechselspannung abgegriffen wird.

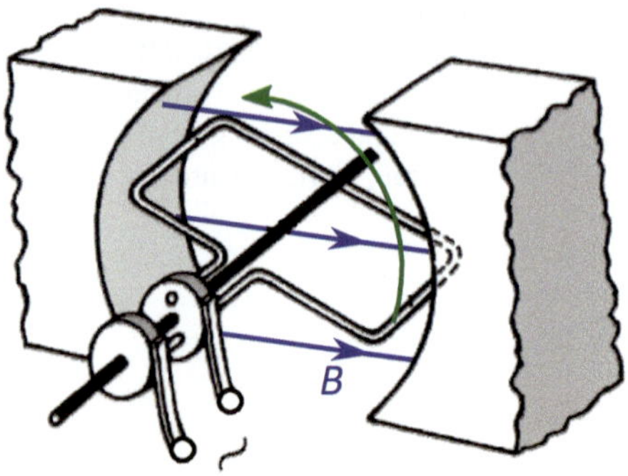


**Bild 6.70**
Prinzip des Wechselstromgenerators

Die Leiterschleife mit der Fläche $A$ wird bei senkrechter Stellung zur magnetischen Flussdichte $\vec{B}$ vom maximalen magnetischen Fluss $\Phi_{max} = BA$ durchsetzt. Nach Drehung um den Winkel $\omega t$ mit der Winkelgeschwindigkeit $\omega$ ist der magnetische Fluss $\Phi = \Phi_{max} \cos(\omega t)$ (Bild 6.71). Durch die zeitliche Flussänderung entsteht nach dem Induktionsgesetz die induzierte sinusförmige *Wechselspannung* $u = \frac{d\Phi}{dt}$ (Bild 6.72):

**Momentanwerte der Wechselspannung**

$$u = U_{max} \sin(\omega t) \tag{6.106}$$

mit der Amplitude $U_{max} = |-\omega \Phi_{max}|$.

Die Größe $\omega$ heißt jetzt *Kreisfrequenz*, sie hängt mit *Frequenz f* der Wechselspannung (die in diesem einfachen Spezialfall gleich der Drehzahl der Schleife ist) so zusammen: $\omega = 2\pi f$.

Die *Periodendauer* ist $T = \frac{1}{f}$.

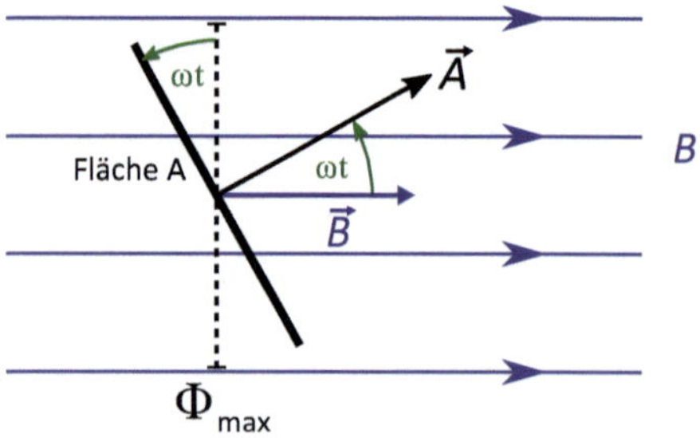


**Bild 6.71**
Magnetischer Fluss durch die Schleife in Abhängigkeit vom Drehwinkel

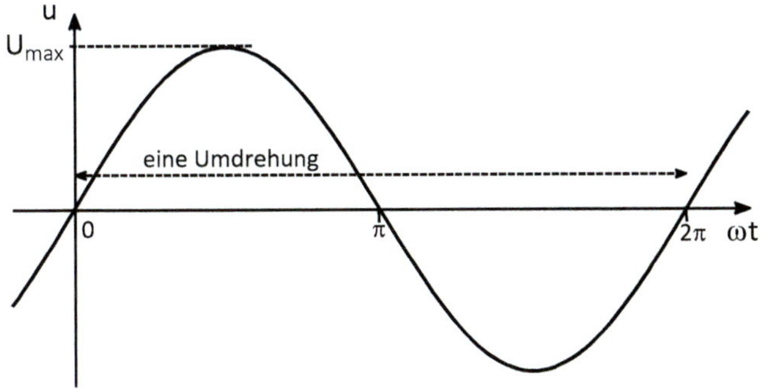


**Bild 6.72** Zeitlicher Verlauf der Wechselspannung

Die im Generator induzierte sinusförmige Wechselspannung erzeugt im angeschlossenen Leitersystem den *Wechselstrom i*. Dieser ist ebenfalls sinusförmig und hat dieselbe Frequenz wie die Spannung. Im praktischen Einsatzfall sind die beiden Größen jedoch meistens nicht in Phase, sodass der zeitliche Verlauf der Stromstärke so beschrieben wird:

**Momentanwert der Wechselstromstärke**

$$i = I_{max} \sin(\omega t + \varphi) \tag{6.107}$$

mit der *Phasenverschiebung* $\varphi$.

Auch der technisch genutzte Wechselstrom weist einen sinusförmigen Verlauf auf, in den meisten Ländern der Erde mit einer Frequenz von 50 Hz.

Bei technisch genutzten Wechselstromgeneratoren hat der *Anker* (entspricht der Leiterschleife in Bild 6.70) Spulen mit vielen Windungen. Da es ferner nur auf die Relativbewegung zwischen Feld und Anker ankommt und die Abnahme eines großen Stroms von den Schleifringen des Ankers problematisch ist, lässt man bei größeren Maschinen (von etwa 200 kVA an) den Feldmagneten rotieren und verbindet die Ankerwicklung fest mit dem ringförmigen Gehäuse (Bild 6.73). Um die für 50 Hz erforderliche hohe Drehfrequenz ($f = 3\,000$ min$^{-1}$ für einen Generator wie in Bild 6.70) herabzusetzen, werden mehrere Pol- bzw. Spulenpaare verwendet.

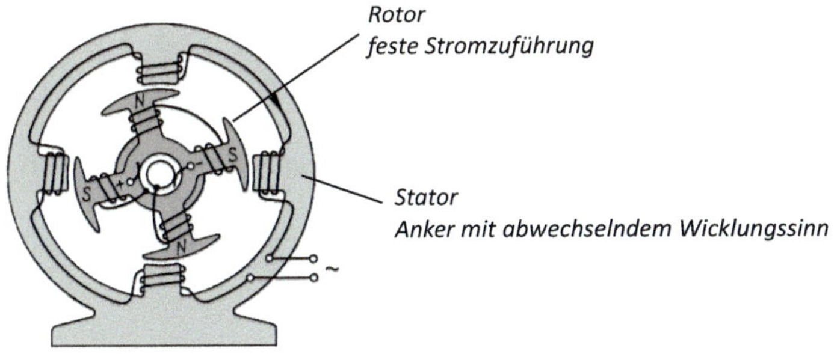


**Bild 6.73** Prinzip eines vierpoligen Wechselstromgenerators mit Innenpolen

Die nach Gl. (6.99) berechnete momentan übertragene und z. B. in einer Maschine umgesetzte elektrische Leistung oder die Verlustleistung an einem Wirkwiderstand variiert mit der Frequenz von Stromstärke und Spannung (Bild 6.74). Wichtiger als der Momentanwert ist meistens der zeitliche Mittelwert der Leistung $\overline{P} = \frac{1}{T}\int_0^T P(t)\,dt$. Es ergibt sich

$$\overline{P} = \frac{1}{T}\int_0^T \frac{u^2}{R}\,dt = \frac{1}{RT}\int_0^T U_{max}^2 \sin^2(\omega t)\,dt = \frac{U_{max}^2}{RT}\int_0^T \sin^2(\omega t)\,dt = \frac{U_{max}^2}{2R}$$

bzw. (mit $\varphi = 0$)

$$\overline{P} = \frac{1}{T}\int_0^T i^2 R\,dt = \frac{R}{T}\int_0^T I_{max}^2 \sin^2(\omega t)\,dt = \frac{I_{max}^2 R}{T}\int_0^T \sin^2(\omega t)\,dt = \frac{I_{max}^2 R}{2}$$

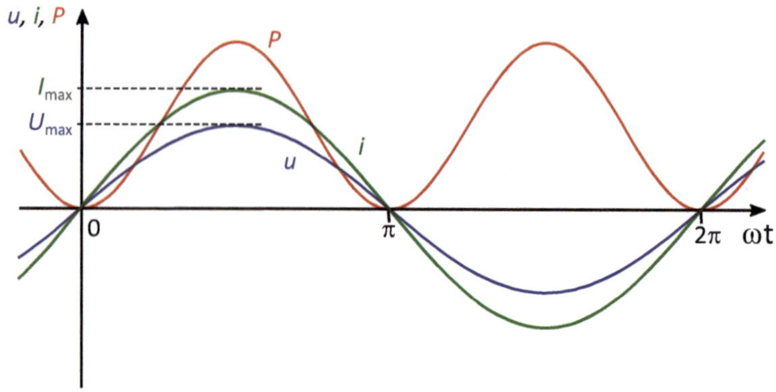


**Bild 6.74** Zeitlicher Verlauf von Stromstärke, Spannung und an einem Wirkwiderstand nach Gl. (6.99) umgesetzte Leistung

Dies gilt für alle Sinus-förmigen Strom-Spannungsverläufe. In der elektrotechnischen Praxis arbeitet man daher häufig mit den *Effektivwerten* für Spannung und Stromstärke, die so definiert werden, dass man die mittlere Leistung mit $\overline{P} = U_{eff} \cdot I_{eff}$ erhält. Dazu definiert man die

**Effektivwerte für Spannung und Stromstärke**

$$U_{eff} = \frac{U_{max}}{\sqrt{2}} \approx 0{,}707 \cdot U_{max} \tag{6.108a}$$

$$I_{eff} = \frac{I_{max}}{\sqrt{2}} \approx 0{,}707 \cdot I_{max} \tag{6.108b}$$

In der elektrotechnischen Praxis wird der Index „eff" häufig weggelassen und die Effektivwerte werden einfach mit $U$ bzw. $I$ bezeichnet.

Messgeräte für Wechselspannung und -strom zeigen in der Regel die Effektivwerte an, wobei ein Sinus-förmiger Verlauf vorausgesetzt wird.

**Beispiel**

Welche Amplitude hat Wechselspannung mit dem Effektivwert $U_{eff} = 230$ V?

Nach Gl. (6.108) gilt $U_{max} = U_{eff} \cdot \sqrt{2} = 325$ V.

**Beispiel**

Bei einem Kondensator wird als maximale Spannung (Prüfspannung) $U_{Pr} = 500$ V angegeben. Wie groß darf der Effektivwert einer Wechselspannung sein?

Der maximale Spannungswert der Wechselspannung darf die Prüfspannung nicht übersteigen: $U_{max} \leq U_{Pr}$. Mit Gl. (6.108) erhält man also $U_{eff} = \frac{U_{Pr}}{\sqrt{2}} = 354$ V.

## 6.6.2 Widerstände im Wechselstromkreis

### Wirkwiderstand (Ohm'scher Widerstand, Resistanz)

Im *Wirkwiderstand* $R$ wird die elektrische Energie vollständig in nichtelektrische Energie (Wärmeenergie) umgewandelt. Der Wirkwiderstand verhält sich im Wechselstromkreis so wie im Gleichstromkreis. Damit sind für alle Widerstände, für die die obige Energieumwandlung zutrifft (z. B. Glühlampen), auch beim Wechselstrom alle Gesetze des Gleichstromkreises gültig.

So sind nach der Widerstandsdefinition

**Wirkwiderstand (Ohm'scher Widerstand)**

$$R = \frac{U}{I} \tag{6.109}$$

nicht nur die Effektiv- und Maximalwerte, sondern auch die Momentanwerte von Spannung und Stromstärke proportional, und also auch in Phase (Bild 6.75)

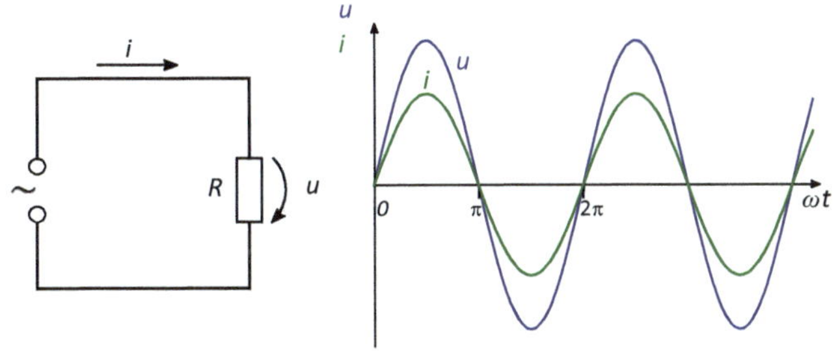


**Bild 6.75** Wirkwiderstand: Schaltbild und zeitlicher Verlauf von Spannung und Stromstärke

### Induktiver Blindwiderstand (Induktive Reaktanz)

Eine Spule mit vernachlässigbarem Wirkwiderstand $R$ würde in einem Gleichstromkreis die Spannungsquelle praktisch kurzschließen. Im Wechselstromkreis hat diese Spule jedoch einen Widerstand, der durch ihre Induktivität $L$ begründet ist.

Wegen der zeitlichen Änderung der Stromstärke ändert sich der magnetische Fluss in der Spule. Dadurch tritt nach dem Induktionsgesetz eine Selbstinduktionsspannung auf. Nach Gl. (6.78) ergibt sich somit bei dem Strom $i = I_{max} \sin(\omega t)$ die Spannung

$$u = L\frac{\mathrm{d}i}{\mathrm{d}t} = \omega L I_{\max}\cos(\omega t) = \omega L I_{\max}\sin\left(\omega t + \frac{\pi}{2}\right) = U_{\max}\sin\left(\omega t + \frac{\pi}{2}\right)$$

mit

$$U_{\max} = \omega L I_{\max}$$

Die Stromstärke $i$ folgt der Spannung $u$ mit der Phasenverschiebung $\frac{\pi}{2} = 90°$ (Bild 6.76).

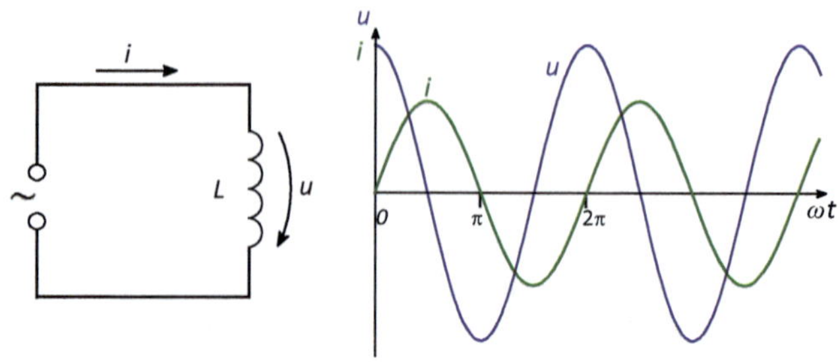


**Bild 6.76** Induktiver Blindwiderstand: Schaltbild und zeitlicher Verlauf von Spannung und Stromstärke

Wegen $U_{\max} = \omega L I_{\max}$ gilt für die

Effektivwerte von Spannung und Stromstärke beim induktiven Blindwiderstand:

$$U = \omega L I \tag{6.110}$$

Analog zum Ohm'schen Gesetz $R = \frac{U}{I}$ wird der *induktive Blindwiderstand* $X_L$ so definiert:

**Induktiver Blindwiderstand**

$$X_L = \frac{U}{I} = \omega L \tag{6.111}$$

Welche Rolle die Phasenverschiebung dabei spielt, wird weiter unten behandelt.

Aus Gl. (6.111) ist zu erkennen, dass $X_L$ proportional zur Frequenz $f = \frac{\omega}{2\pi}$ ist. Mit zunehmender Frequenz wird der induktive Widerstand $X_L$ einer Spule der Induktivität $L$ immer größer und kann bei hohen Frequenzen den Stromfluss praktisch vollständig unterbinden. Im Gegensatz zu einem Wirkwiderstand wird dabei keine Energie in Wärmeenergie umsetzt und es tritt daher keinen Leistungsverlust auf.

**Beispiel**

An einer Spule mit der Induktivität $L$ = 50 mH liegt die Wechselspannung $U$ = 15 V. Wie groß sind induktiver Widerstand $X_L$ und Stromstärke $I$ bei der Frequenz $f_1$ = 50 Hz bzw. $f_2$ = 1000 Hz?

Mit Gl. (6.111) gilt $X_L = \omega L = 2\pi f L$ und $I = \frac{U}{X_L}$. Damit erhält man

für $f_1$: $X_{L1}$ = 15,7 Ω, $I_1$ = 955 mA,

für $f_2$: $X_{L2}$ = 313 Ω, $I_1$ = 47,7 mA.

### Kapazitiver Blindwiderstand (Kapazitive Reaktanz)

Anders als eine Spule würde ein Kondensator, der in einen Gleichstromkreis geschaltet wird, sich zunächst aufladen und dann den Strom sperren. Beim Anschluss an eine Wechselspannung nun wird der Kondensator bei jedem Anwachsen der Spannung aufgeladen und während des Abklingens der Spannung wieder entladen. Bei jedem Auf- oder Entladevorgang am Kondensator ändert sich die Ladung im Zeitraum $dt$ um $dQ = i\,dt$. Gleichzeitig gilt für den Kondensator der Kapazität $C$ der Zusammenhang $dQ = C\,du$. Damit ergibt sich bei der Spannung $u = U_{max}\sin(\omega t)$ für die Stromstärke

$$i = \frac{dQ}{dt} = C\frac{du}{dt} = \omega C U_{max}\cos(\omega t) = \omega C U_{max}\sin\left(\omega t + \frac{\pi}{2}\right) = I_{max}\sin\left(\omega t + \frac{\pi}{2}\right)$$

mit

$$I_{max} = \omega C U_{max}$$

Beim kapazitiven Blindwiderstand folgt die Spannung $u$ der Stromstärke $i$ mit der Phasenverschiebung $\frac{\pi}{2} = 90°$ (Bild 6.77).

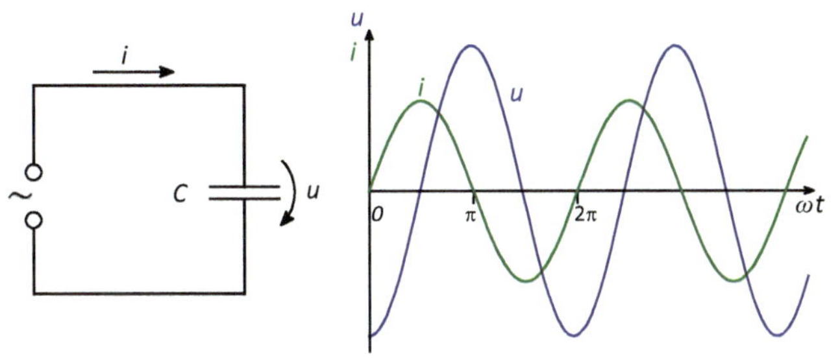


**Bild 6.77** Kapazitiver Blindwiderstand: Schaltbild und zeitlicher Verlauf von Spannung und Stromstärke

Wegen $I_{max} = \omega C U_{max}$ gilt auch für die

Effektivwerte von Stromstärke und Spannung beim kapazitiven Blindwiderstand

$$I = \omega C U \tag{6.112}$$

Ähnlich wie oben wird auch hier ein, diesmal *kapazitiver Blindwiderstand* definiert:

**Kapazitiver Blindwiderstand**

$$X_C = \frac{U}{I} = \frac{1}{\omega C} \tag{6.113}$$

Auch der kapazitive Blindwiderstand ist frequenzabhängig. Im Gegensatz zum induktiven Blindwiderstand ist er umgekehrt proportional zur Frequenz $f$ und wird daher mit zunehmender Frequenz kleiner. Bei hoher Frequenz und großer Kapazität wird $X_C$ sehr klein und stellt praktisch einen Kurzschluss dar. Wie der induktive Blindwiderstand entzieht auch der kapazitive Blindwiderstand dem Stromkreis keine Energie.

**Beispiel**

An einem Kondensator mit der Kapazität $C = 2\mu F$ liegt die Wechselspannung $U = 15$ V. Wie groß sind kapazitiver Widerstand $X_C$ und Stromstärke $I$ bei der Frequenz $f_1 = 50$ Hz bzw. $f_2 = 1\,000$ Hz?

Mit Gl. (6.113) gilt $X_C = \frac{1}{\omega C} = \frac{1}{2\pi f C}$ und $I = \frac{U}{X_C}$. Damit erhält man

für $f_1$: $X_{C1} = 1{,}59$ kΩ, $I_1 = 9{,}42$ mA,

für $f_2$: $X_{C2} = 79{,}6$ Ω, $I_1 = 188$ mA.

## 6.6.3 Berechnungen von Wechselstromkreisen mit komplexen Zahlen

Bei der Berechnung von Wechselstromkreisen mit Ohm'schen Widerständen, Spulen und Kondensatoren müssen neben den Beträgen von Stromstärke und Spannung auch deren Phasenlage berücksichtigt werden. Dafür bietet sich die Verwendung *komplexer Zahlen* an. Wie in der Elektrotechnik übliche werden komplexe Zahlen in diesem Abschnitt durch Unterstreichung gekennzeichnet: $\underline{z}$, und für die imaginäre Einheit wird die Bezeichnung $j$ verwendet, um Verwechslungen mit dem Strom i zu vermeiden: $j = \sqrt{-1}$. Eine komplexe Zahl kann anschaulich in der Gauß'schen Zahlenebene (Bild 6.78) dargestellt werden:

als $\underline{z} = a + jb$, mit dem *Realteil a* und dem *Imaginärteil b*, oder

als $\underline{z} = z\cos\varphi + j \cdot z\sin\varphi = z\,\mathrm{e}^{j\varphi}$, mit dem *Betrag* $z = |\underline{z}| = \sqrt{a^2 + b^2}$ und dem *Phasenwinkel* $\varphi$ mit $\tan\varphi = \frac{b}{a}$.

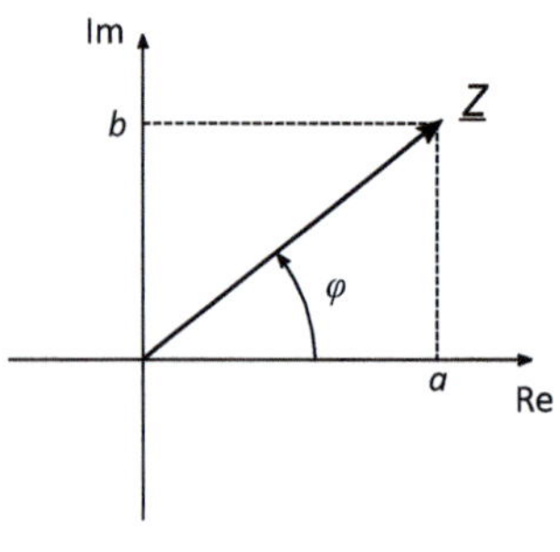


**Bild 6.78**
Darstellung einer komplexen Zahl

Eine Wechselspannung kann als komplexe Zahl dargestellt werden, wobei man $\varphi = \omega t$ setzt:

Wechselspannung in komplexer Schreibweise

$$\underline{u} = U_{\max}\left(\cos(\omega t) + j\,\sin(\omega t)\right) = U_{\max}\,\mathrm{e}^{j\omega t} \tag{6.114}$$

In gleicher Weise verfährt man mit Stromstärken und Widerständen (siehe Tabelle 6.6) im Wechselstromkreis.

Als physikalische oder technische, messbare Größe vom Ergebnis einer Berechnung mit diesen komplexen Größen wird der Realteil *oder* der Imaginärteil des Ergebnisses betrachtet.

Die Rechnung mit komplexen Zahlen hat den Vorteil, dass mit der Darstellung von Größen des Wechselstromkreises durch komplexe Zahlen und mit der Anwendung von deren Rechenmethoden die für den Gleichstromkreis abgeleiteten Gesetze auch für Wechselstromkreise angewendet werden können.

Die komplexe Darstellung der Widerstände $\underline{Z}_R$, $\underline{Z}_L$, $\underline{Z}_C$ und des Ohm'schen Gesetzes ist in Tabelle 6.6 zusammengestellt.

**Tabelle 6.6** Komplexe Widerstände

| Widerstand | Komplexes Ohm'sches Gesetz | $\underline{Z}$ | Betrag $\lvert\underline{Z}\rvert$ |
|---|---|---|---|
| Wirkwiderstand | $\underline{u}_R = R\,\underline{i} = R\,I_{max} e^{j\omega t} = \underline{Z}_R\,\underline{i}$ | $\underline{Z}_R = R$ | $Z_R = R$ |
| Induktiver Blindwiderstand | $\underline{u}_L = L\frac{d\underline{i}}{dt} = j\omega L I_{max}\,e^{j\omega t} = \underline{Z}_L\,\underline{i}$ | $\underline{Z}_L = j\omega L$ | $X_L = \omega L$ |
| Kapazitiver Blindwiderstand | $\underline{u}_C = \frac{Q}{C} = \frac{1}{C}\int \underline{i}\,dt = \frac{1}{j\omega C}\,\underline{i} = \underline{Z}_C\,\underline{i}$ | $\underline{Z}_C = \frac{1}{j\omega C} = -\frac{j}{\omega C}$ | $X_C = \frac{1}{\omega C}$ |

Die Rechnung damit soll an zwei einfachen Beispielen verdeutlicht werden.

### Reihenschaltung von R, L und C

Für den durch diese Schaltung (Bild 6.79a) fließenden Strom ist die Stromstärke in komplexer Schreibweise $\underline{i} = I_{max}\,e^{j\omega t}$. Daraus ergeben sich Teilspannungen an den Schaltgliedern und deren Widerständen entsprechend Tabelle 6.6. Die Gesamtspannung $\underline{u} = U_{max}\,e^{j(\omega t+\varphi)}$, mit der Phasenverschiebung $\varphi$ zwischen Stromstärke und Spannung, ist dann nach dem Maschensatz

$$\underline{u} = \underline{u}_R + \underline{u}_L + \underline{u}_C = \left(\underline{Z}_R + \underline{Z}_L + \underline{Z}_C\right)\underline{i} = \left(R + j\omega L + \frac{-j}{\omega C}\right)\underline{i} = \left(R + j\left(\omega L - \frac{1}{\omega C}\right)\right)\underline{i} = \underline{Z}\,\underline{i}$$

mit dem komplexen *Scheinwiderstand*

$$\underline{Z} = \frac{\underline{u}}{\underline{i}}$$

Für diesen erhält man also den

komplexen Scheinwiderstand bei Reihenschaltung von *R*, *L* und *C*:

$$\underline{Z} = \frac{\underline{u}}{\underline{i}} = \frac{U_{max}}{I_{max}}\,e^{j\varphi} = R + j\left(\omega L - \frac{1}{\omega C}\right) \tag{6.115}$$

Wie man an der Darstellung in der Gauß'schen Ebene (Bild 6.79b) sieht, ergibt sich damit die Phasenverschiebung zwischen Stromstärke und Spannung:

$$\tan\varphi = \frac{\mathrm{Im}(\underline{Z})}{\mathrm{Re}(\underline{Z})} = \frac{\omega L - \frac{1}{\omega C}}{R} \tag{6.116}$$

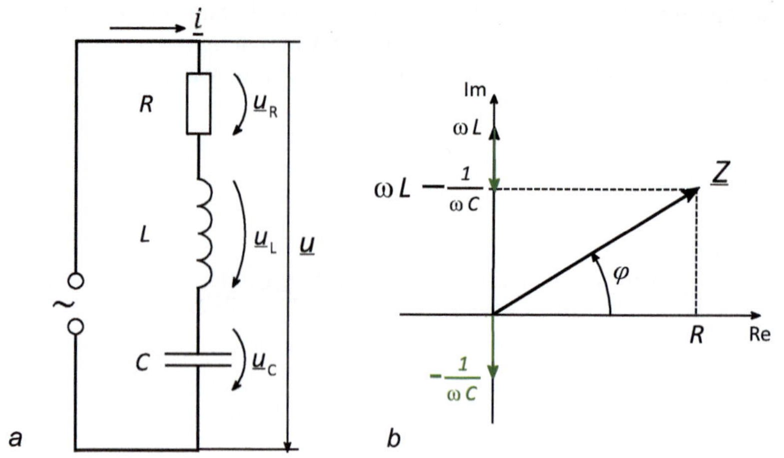


**Bild 6.79** (a) Reihenschaltung von *R*, *L*, *C*, (b) komplexer Scheinwiderstand bei Reihenschaltung, dargestellt in der Gauß'schen Ebene

## Parallelschaltung von R, L und C

Für die Parallelschaltung (Bild 6.80a) ergibt der Knotensatz für die komplexe Gesamtstromstärke $\underline{i} = I_{\max}\, e^{j(\omega t+\varphi)}$

$$\underline{i} = \underline{i}_R + \underline{i}_L + \underline{i}_C = \left(\frac{1}{\underline{Z}_R} + \frac{1}{\underline{Z}_L} + \frac{1}{\underline{Z}_C}\right)\underline{u}$$

$$= \left(\frac{1}{R} + \frac{1}{j\omega L} + \frac{1}{1/(j\omega C)}\right)\underline{u} = \left(\frac{1}{R} - \frac{j}{\omega L} + j\omega C\right)\underline{u} = \underline{Y}\,\underline{u}$$

mit dem *Scheinleitwert*

$$\underline{Y} = \frac{1}{\underline{Z}} = \frac{\underline{i}}{\underline{u}}$$

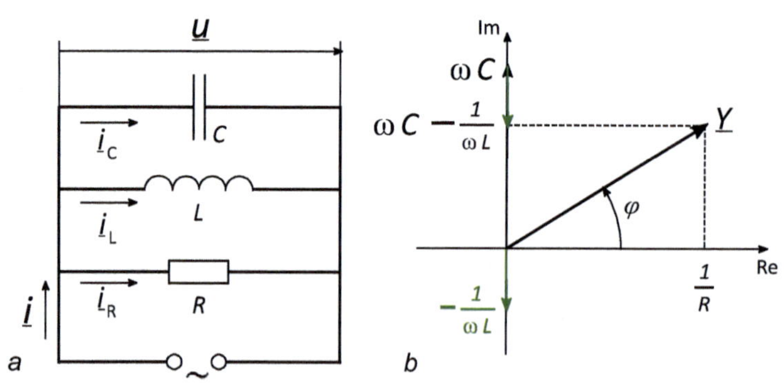


**Bild 6.80** (a) Parallelschaltung von *R*, *L*, *C*, (b) komplexer Scheinleitwert bei Parallelschaltung, dargestellt in der Gauß'schen Ebene

Man erhält also damit den

komplexen Scheinleitwert bei Parallelschaltung von *R*, *L*, *C*:

$$\underline{Y} = \frac{\underline{i}}{\underline{u}} = \frac{I_{\text{max}}}{U_{\text{max}}} \mathrm{e}^{j\varphi} = \frac{1}{R} + j\left(\omega C - \frac{1}{\omega L}\right) \tag{6.117}$$

Zwischen Stromstärke und Spannung ergibt sich die

Phasenverschiebung (Bild 6.80b):

$$\tan\varphi = \frac{\text{Im}(\underline{Y})}{\text{Re}(\underline{Y})} = \frac{\omega C - \dfrac{1}{\omega L}}{1/R} = R\left(\omega C - \frac{1}{\omega L}\right) \tag{6.118}$$

### 6.6.4 Leistung im Wechselstromkreis

#### Wirkleistung (Ohm'scher Widerstand)

Zur Aufrechterhaltung eines elektrischen Stromes muss Energie aufgewendet werden, wenn im Stromkreis Energie als Wärme, Licht, mechanische Energie oder andere Energieformen freigesetzt wird. Die aufgewendete Leistung wird wie im Gleichstromkreis als Produkt aus der Spannung und der Stromstärke ermittelt. Nach Abschnitt 6.5.3 wird im reinen Wirkwiderstand (Ohm'schen Widerstand) eine „wirkliche" Leistung in Wärmeleistung umgesetzt und nach außen abgegeben. Mit den Effektivwerten von Spannung und Stromstärke $U$ und $I$ erhält man für die *Wirkleistung* (vgl. Abschnitt 6.6.1)

**Wirkleistung im Ohm'schen Widerstand (Wirkwiderstand)**

$$P = U\,I \tag{6.119}$$

Die Wirkleistung ist die in nichtelektrische Leistung umgewandelte elektrische Leistung.

#### Blindleistung (kapazitiver, induktiver Widerstand)

Anders liegt der Fall bei einer Spule oder einem Kondensator. Auch an einer idealen Spule, d. h. gewickelt aus einem Draht mit dem Widerstand null, kann man mit einem entsprechenden Messgerät Effektivwerte $I$ und $U$ von Strom und Spannungsabfall messen. Das Produkt $UI$ ist zwar formal eine Leistung, es gibt aber keine ihr entsprechende nichtelektrische Leistung, denn diese aus widerstandlosem Draht gewickelte Spule erzeugt keine Wärmeenergie.

Ähnlich verhält sich ein idealer, verlustloser Kondensator, der ebenso keine Energie in Form von Wärmeenergie abgibt. Auch hier sind Stromstärke und Spannung um 90° gegeneinander phasenverschoben.

Die Momentanwerte von $i$ und $u$ sind gegeneinander um 90° phasenverschoben. Der Momentanwert der Leistung $p = u\,i$, der sich daraus ergibt und der für den Kondensator in Bild 6.81 dargestellt ist, liegt mit je einer Halbperiode im positiven und im negativen Bereich. Im ersten Fall nimmt der Kondensator Energie zum Aufbau eines elektrischen Feldes auf, im zweiten gibt der Kondensator die gleiche Energie wieder ab, wobei das Feld als Energieträger abgebaut wird. Offensichtlich ist der zeitliche Mittelwert, die Wirkleistung, null, was auch durch die Rechnung bestätigt wird:

$$P = \frac{1}{T}\int_0^T p\,\mathrm{d}t = \frac{1}{T}\int_0^T U_{\text{m}} \sin(\omega t) \cdot I_{\text{m}} \sin\left(\omega t + \frac{\pi}{2}\right) \mathrm{d}t = 0$$

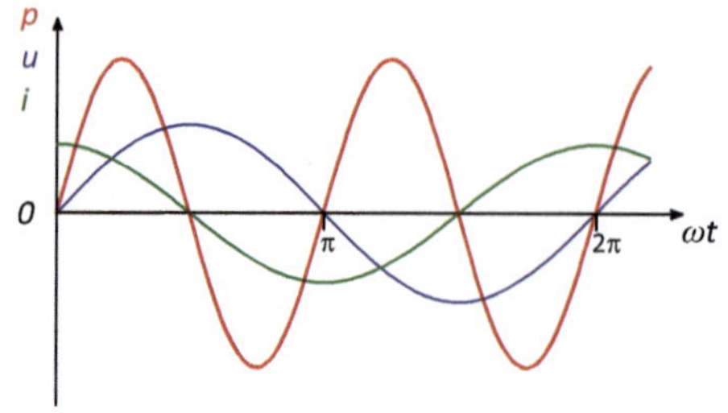


**Bild 6.81**
Momentanwerte von Spannung (blau), Stromstärke (grün) und Leistung (rot) im kapazitiven Widerstand

Die Energie pendelt zwischen Kondensator und Spannungsquelle bzw. zwischen Spule und Spannungsquelle lediglich hin und her. In beiden Fällen reiner Kapazität bzw. reiner Induktivität nennt man das Produkt aus der Spannung $U$ und der Stromstärke $I$ daher *Blindleistung* $Q$:

**Blindleistung eines kapazitiven oder induktiven Blindwiderstandes**

$$Q = U\,I \tag{6.120}$$

Der ideale Kondensator und die ideale Spule verbrauchen aber keine Wirkleistung.

Um Verwechslungen mit der Wirkleistung zu vermeiden, wird in der Elektrotechnik für die Blindleistung nicht nur das andere Formelzeichen $Q$ verwendet (nicht zu verwechseln mit der Ladung $Q$!). Die Einheit der Blindleistung $[Q] = \mathrm{VA} = \mathrm{W}$ wird außerdem, zumindest für die Angabe des Endergebnisses einer Berechnung oder zur besseren Kennzeichnung, mit var (Abkürzung für voltampère réactif) statt mit W (Watt) bezeichnet.

## Scheinleistung (Wirk- und Blindwiderstände)

Geht man im realen Wechselstromkreis mit Wirk- und Blindwiderständen von der Gesamtspannung $U$ aus, so wird die Gesamtstromstärke $I$ im Allgemeinen um einen Winkel $\varphi$ gegenüber $U$ verschoben sein, der sich aus dem Scheinwiderstand der konkreten Schaltung ergibt, siehe Gl. (6.116), Gl. (6.118): $u = U_{\max} \sin(\omega t)$, $i = I_{\max} \sin(\omega t + \varphi)$.

In diesem Fall berechnet sich die Wirkleistung so:

$$\begin{aligned} P &= \frac{1}{T}\int_0^T u\,i\,\mathrm{d}t = \frac{1}{T}\int_0^T U_{\max}\sin(\omega t)\cdot I_{\max}\sin(\omega t+\varphi)\,\mathrm{d}t \\ &= \frac{U_{\max}I_{\max}}{T}\int_0^T \sin(\omega t)\cdot\sin(\omega t+\varphi)\,\mathrm{d}t \end{aligned}$$

Mit dem Additionstheorem $\sin(\omega t+\varphi) = \sin(\omega t)\cos\varphi + \cos(\omega t)\sin\varphi$ erhält man

$P = \frac{U_{\max}I_{\max}}{T}\int_0^T \left(\sin^2(\omega t)\cos\varphi + \sin(\omega t)\cos(\omega t)\sin\varphi\right)\mathrm{d}t = \frac{U_{\max}I_{\max}}{2}\cos\varphi$,

da der zweite Summand im Integral eine periodische Funktion mit dem zeitlichen Mittelwert null ist. Für die Wirkleistung ergibt sich also

**Wirkleistung eines beliebigen Widerstandes**

$$P = \frac{U_{\max}I_{\max}}{2}\cos\varphi = U\,I\cos\varphi \tag{6.121}$$

Dieses Ergebnis legt nahe, die Stromstärke in zwei Komponenten aufzuteilen, wie es in Bild 6.82 dargestellt ist: die Komponente *Wirkstromstärke* $I_w$, die in Phase mit der Spannung ist, und die Komponente *Blindstromstärke* $I_b$, die gegen die Spannung um 90° phasenverschoben ist. Für diese Stromstärken gilt dementsprechend

**Wirk- und Blindstromstärke**

$$I_w = I \cos\varphi \qquad (6.122a)$$

$$I_b = I \sin\varphi \qquad (6.122b)$$

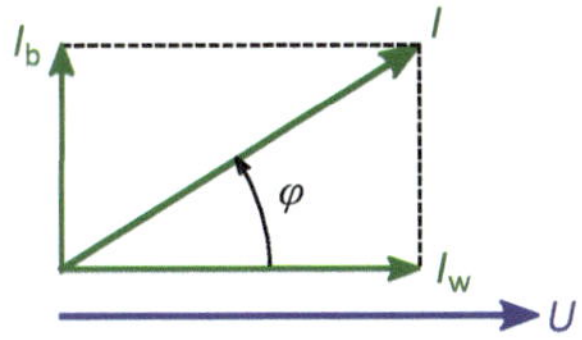


**Bild 6.82**
Zerlegung der Gesamtstromstärke in Wirk- und Blindstromstärke

Zur Wirkleistung $P = UI_w$ gehört die *Blindleistung*

**Blindleistung eines beliebigen Widerstandes**

$$Q = U\,I \sin\varphi = U\,I_b \qquad (6.123)$$

Ein in die Zuleitung zu den Wechselstromverbrauchern geschaltetes Strommessgerät zeigt aber nicht Wirkstrom- oder Blindstromstärke an, sondern die Gesamtstromstärke $I$, die die betreffende Schaltung der Spannungsquelle entnimmt. Das Produkt aus der Klemmenspannung $U$ einer Schaltung und der ihr zufließenden gemessenen Stromstärke $I$ ist daher nicht die tatsächlich umgesetzte (Wirk-)Leistung, sondern eine *Scheinleistung* $S$, die sich aus Wirk- und Blindleistung unter Berücksichtigung der Phasenverschiebung zusammensetzt:

**Scheinleistung eines beliebigen Widerstandes**

$$S = U\,I \qquad (6.124)$$

Um Verwechslungen mit den anderen Leistungsarten zu vermeiden, wird die Einheit der Scheinleistung in der Elektrotechnik mit VA (Voltampere) bezeichnet.

Die Wirkleistung ist die in einem Stromkreis umgesetzte, nutzbare Leistung. Zusätzlich muss aber bei der Berechnung und Auslegung einer Schaltung auch die Blindleistung bzw. Scheinleistung berücksichtig werden, da die tatsächliche Stromstärke wegen des Blindstromanteils erheblich größer sein kann, als aus der reinen Wirkleistung geschlossen wird.

**Beispiel**

Ein Einphasenwechselstrommotor nimmt bei Anschluss an die 50 Hz-Wechselspannung $U = 230$ V den Strom der Stärke $I = 6{,}1$ A auf. Die Wirkleistung des Motors ist $P = 1{,}2$ kW. Wie groß sind Scheinleistung $S$, Leistungsfaktor $\cos\varphi$, Phasenverschiebung $\varphi$ und Blindleistung $Q$?

Nach Gl. (6.124) ist $S = UI = 1{,}4$ kVA. Mit Gl. (6.121) ist $\cos\varphi = \dfrac{P}{UI} = 0{,}855$ und damit $\varphi = 31{,}2°$. Nach Gl. (6.123) ist $Q = UI \sin\varphi = 725$ var.

## 6.6.5 Transformator

Mit dem *Transformator* können nahezu ohne Energieverluste niedrige Wechselspannungen in höhere umgewandelt werden und umgekehrt. Auch können verschiedene Stromkreise mit Trenntransformatoren galvanisch voneinander getrennt werden. Bei den folgenden Ausführungen beschränken wir uns auf das Prinzip des idealen Transformators (Bild 6.83), bei dem die Wirkwiderstände der beiden Wicklungen sowie die Streuverluste des Eisenkernes vernachlässigt werden. Außerdem betrachten wir den unbelasteten Transformator, d. h. dem Sekundärkreis wird keine Leistung entnommen. Die beiden Spulen sind über den geschlossenen Eisenkern induktiv miteinander gekoppelt.

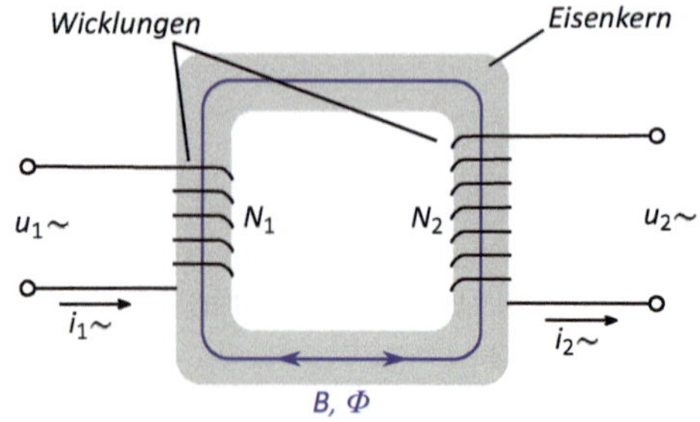


**Bild 6.83**
Transformator (schematisch)

Die Eingangsspannung oder *Primärspannung* $u_1 = U_{max} \cdot \sin \omega t$ liegt an der *Primärwicklung* mit der Windungszahl $N_1$ und tritt dort als induktiver Spannungsabfall $u_{ind} = -u_1$ auf. Durch den dadurch hervorgerufenen Wechselstrom $i_1$ entsteht im Eisenkern ein magnetischer Fluss, der mit der Eingangsspannung nach $u_1 = N_1 \dfrac{d\Phi}{dt}$ verknüpft und deshalb ebenfalls zeitabhängig ist. Wegen des Eisenkerns liegt derselbe Fluss in der *Sekundärwicklung* mit der Windungszahl $N_2$ vor und erzeugt dort die *Sekundärspannung* $u_2 = N_2 \dfrac{d\Phi}{dt}$. Diese zählt dort als Quellenspannung $u_q = u_2$, die den Strom $i_2$ antreibt.

Nach den in Abschnitt 6.5.1 getroffenen Vereinbarungen sind die Spannungen $u_1$ und $u_2$, und damit auch die Ströme $i_1$ und $i_2$ jeweils um 180° gegeneinander verschoben, d. h. gegenphasig.

Als *Übersetzungsverhältnis ü* des Transformators bezeichnet man das Verhältnis der Beträge der Primär- zur Sekundärspannung. Mit den obigen Überlegungen und ausgedrückt durch die Effektivwerte ist das

**Übersetzungsverhältnis des Transformators**

$$ü = \frac{U_1}{U_2} = \frac{N_1}{N_2} \tag{6.125}$$

Ein belasteter Transformator überträgt im Idealfall die elektrische Leistung ohne Verluste (mit dem Wirkungsgrad 1, reale Transformatoren kommen dem mit einem Wirkungsgrad von etwa 0,98 sehr nahe). Die Leistung auf der Sekundärseite $P_2 = U_2 I_2$ ist in etwa gleich der auf der Primärseite $P_1 = U_1 I_1$. Es gilt also für die

**Stromübertragung**

$$\frac{I_1}{I_2} = \frac{U_2}{U_1} = \frac{N_2}{N_1} = \frac{1}{ü} \tag{6.126}$$

Transformatoren spielen in der elektrischen Energieversorgung eine wichtige Rolle. Der Energietransport vom Erzeuger zum Verbraucher erfolgt in Wechselstromnetzen, da sich die Spannung mithilfe von Transformatoren relativ leicht und effektiv ändern lässt. Um bei gleicher übertragener Leistung die Leistungsverluste in den Leitungen möglichst gering zu halten, muss wegen $P_{\text{Verlust}} = I^2 R$ die Stromstärke möglichst klein sein. Die von den Generatoren in den Kraftwerken abgegebenen Spannungen von etwa 20 kV werden auf bis zu 380 kV hoch- und am Ort des Verbrauchers auf z. B. 230 V heruntertransformiert. Auch in vielen Bereichen der Schwachstromtechnik haben Transformatoren Bedeutung, sei es als Messwandler, in Netzteilen oder als galvanisch trennende Übertrager. Ihre technische Ausführung ist dabei unterschiedlich.

Die in der Regel relativ geringen, aber doch vorhandenen Leistungsverluste in Transformatoren haben verschiedene Ursachen. In den Spulen kommt es zu Verlusten durch den Wirkwiderstand der Spulenwicklungen. Im Eisenkern treten Verluste zum einen durch Wirbelströme auf. Diese versucht man dadurch zu unterdrücken, dass man den Eisenkern aus dünnen gegeneinander isolierten Blechen aufbaut. Zum anderen verursacht die fortlaufende Ummagnetisierung des Eisens Hystereseverluste, weshalb man für den Eisenkern weichmagnetisches Material mit einer möglichst geringen Koerzitivfeldstärke verwendet (siehe Abschnitt 6.3.6). Das Material sollte gleichzeitig eine möglichst hohe Permeabilitätszahl haben, um Streuverluste durch eine nicht vollständige Führung des magnetischen Flusses durch den Eisenkern zu minimieren.

Bei sehr hohen Wechselspannungen über ca. 400 kV werden allerdings die auf Leitungskapazitäten (untereinander und zum umgebenden Erdreich oder Seewasser) beruhende Blindleistung und die damit verbundenen Leistungsverluste durch Blindströme zu groß. Man geht daher für große Entfernungen und insbesondere für Erd- oder Seekabel zur Hochspannungs*gleichstrom*-Übertragung über, die dann trotz der relativ aufwendigen Gleich- und Wechselrichtung an den Schnittstellen zum Wechselstromnetz wirtschaftlich günstiger ist.

# 6.7 Elektromagnetische Schwingungen und Wellen

## 6.7.1 Elektromagnetischer Schwingkreis

Schaltet man einen Kondensator und eine Spule wie in Bild 6.84 in Reihe, entsteht ein Schwingkreis. Der Kondensator, der durch kurzzeitiges Verbinden mit einer Gleichspannungsquelle (nicht eingezeichnet) aufgeladen wurde, kann sich nach der Trennung von der Quelle über die Spule entladen. Durch die Selbstinduktionsspannung an der Spule, hervorgerufen durch das veränderliche Magnetfeld, wird der Kondensator mit entgegengesetzter Polung aufgeladen, worauf sich der gleiche Vorgang in umgekehrter Richtung wiederholt.

Bild 6.84 a bis f erläutern die Zusammenhänge im Schwingkreis detaillierter. Am vollständig geladenen Kondensator (a) haben Spannung und elektrische Feldstärke einen maximalen

Wert; zu diesem Zeitpunkt $t = 0$ ist die Stromstärke null. Bei (b) entlädt sich der Kondensator über die Spule. Mit dem Beginn des Stromflusses wird in der Spule ein Magnetfeld aufgebaut. Die Stromstärke und damit die magnetische Feldstärke sind in (c) maximal, der Kondensator ist entladen: Nach einer viertel Periode ($t = \frac{T}{4}$) wurde also die elektrische Feldenergie in magnetische Feldenergie umgewandelt. Das nun in der Spule abklingende Magnetfeld (d) induziert eine Spannung, die den Strom aufrechterhält und dadurch den Kondensator mit umgekehrter Polung auflädt. Zur Zeit $t = \frac{T}{2}$ ist die magnetische Feldenergie null (e) und der Kondensator trägt die zum Anfangszustand entgegengesetzte Ladung. Die geschilderten Vorgänge wiederholen sich anschließend in umgekehrter Richtung, sodass im Schwingkreis ein Wechselstrom fließt.

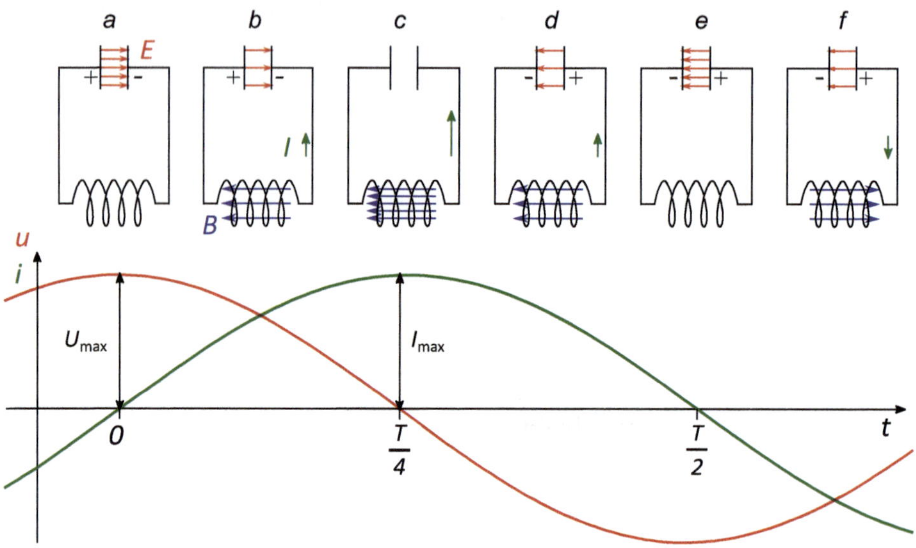


**Bild 6.84** Vorgänge im geschlossenen Schwingkreis, darunter Verlauf der Stromstärke *i* (grün) und der Spannung *u* (rot) (Erläuterung siehe Text)

Im Schwingkreis findet also eine periodische Umwandlung von elektrischer in magnetische Feldenergie und umgekehrt statt. Es entsteht eine elektromagnetische Schwingung, bei der die Phasenverschiebung zwischen Spannung am Kondensator und Stromstärke durch die Spule 90° ist.

Die Art und die Eigenfrequenz der Schwingung lässt sich mithilfe des Maschensatzes berechnen. Die in der Spule induzierte Spannung ist $u_L = L\frac{\mathrm{d}i}{\mathrm{d}t}$. Mit $i = \frac{\mathrm{d}Q}{\mathrm{d}t}$ wird daraus $u_L = L\frac{\mathrm{d}^2Q}{\mathrm{d}t^2}$. Für die Spannung am Kondensator gilt $u_C = \frac{Q}{C}$. Nach dem Maschensatz ist $u_L + u_C = 0$. Dies führt auf die Differentialgleichung $L\frac{\mathrm{d}^2Q}{\mathrm{d}t^2} + \frac{1}{C}Q = 0$

bzw.

$$\frac{\mathrm{d}^2Q}{\mathrm{d}t^2} + \frac{1}{LC}Q = 0$$

deren Form aus Abschnitt 4.2 (Dynamik schwingender Körper) als Schwingungsgleichung bekannt ist. Aus diesem Abschnitt kann auch die Lösung dieser Gleichung übernommen werden:

$$Q = Q_{\max} \sin(\omega_0 t)$$

mit $\omega_0 = \sqrt{\frac{1}{LC}}$. Die Lösung kann durch Einsetzen in die Schwingungsgleichung verifiziert werden. Die Eigenfrequenz der Schwingung ist also

**Frequenz der ungedämpften Schwingung**

$$f_0 = \frac{\omega_0}{2\pi} = \frac{1}{2\pi}\sqrt{\frac{1}{LC}} \tag{6.127}$$

Für das zeitliche Verhalten von Spannung und Stromstärke ergibt sich daraus:

$$u = u_C = \frac{Q}{C} = U_{\max} \sin(\omega_0 t)$$

mit

$$U_{\max} = \frac{Q_{\max}}{C}$$

$$i = \frac{\mathrm{d}Q}{\mathrm{d}t} = I_{\max} \cos(\omega_0 t)$$

mit

$$I_{\max} = \omega_0 Q_{\max} = \sqrt{\frac{1}{LC}}\, Q_{\max}$$

Dies ist im unteren Teil von Bild 6.84 dargestellt.

**Beispiel**

Ein Schwingkreis aus einer Spule mit der Induktivität $L = 45\ \mu\text{H}$ und einem Kondensator soll eine Eigenfrequenz von $f_0 = 10$ MHz haben (der Wirkwiderstand wird vernachlässigt). Wie groß muss die Kapazität $C$ des Kondensators sein?

Umstellung von Gl. (6.127) ergibt $C = \frac{1}{(2\pi f_0)^2 L} = 5{,}63\ \text{pF}$.

Bei einem idealen Schwingkreis ohne Wirkwiderstände (Bild 6.84) treten freie, ungedämpfte Schwingungen auf. Infolge der real nie ganz zu vermeidenden Wirkwiderstände (Spulendraht, Leitungen) sind die Schwingungen immer mehr oder weniger gedämpft.

Sollen sie dennoch ungedämpft sein, muss die in Wärme umgewandelte Verlustenergie ständig wieder neu zugeführt werden. Wegen der großen Bedeutung, die elektrische Schwingungen für viele technische Anwendungen haben (z. B. zur Erzeugung elektromagnetischer Wellen als Signalträger, als Taktgeber für Zeitmessung und für digitale elektronische Prozessoren verschiedenster Formen) gibt es eine Vielzahl elektronischer *Oszillatorschaltungen* zur Erzeugung von Schwingungen.

Als einfaches Beispiel zeigt Bild 6.85 die *Meißner-Schaltung* (A. Meißner, 1883–1953). Bei Anschluss an die Betriebsspannung $U_B$ wird der Kondensator $C_S$ im Schwingkreis $C_S - L_S$ aufgeladen, es entstehen in diesem gedämpfte elektrische Schwingungen. Um die Verlustenergie zu ersetzen, wird dem Schwingkreis nach dem Prinzip der Rückkopplung im Takt der Eigenfrequenz Energie zugeführt. Dazu induzieren die Schwingungen im Schwingkreis in der Koppelspule $L_K$ Spannungsschwankungen der gleichen Frequenz, die im Basiskreis des Transistors die Basisstromstärke beeinflussen. Die Basisstromstärke steuert im gleichen Rhythmus die Stromstärke durch den Transistor so, dass die Schwingungen verstärkt werden und die Dämpfung durch laufende Energiezufuhr ausgeglichen wird.

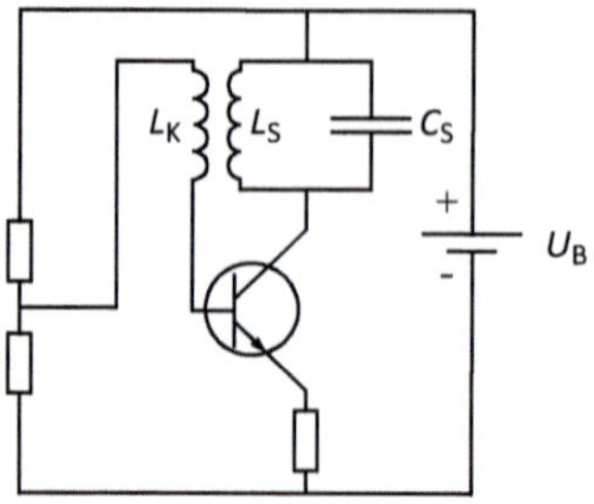


**Bild 6.85**
Meißner-Schaltung zur Erzeugung ungedämpfter elektromagnetischer Schwingungen (Erläuterung siehe Text)

Zur Stabilisierung der Frequenz eines Schwingkreises werden häufig Schwingquarze verwendet. Dabei wird die Spannungsschwingung über den piezoelektrischen Effekt (siehe Abschnitt 6.2.4) an die mechanische elastische Schwingung des Quarzkörpers gekoppelt, deren Frequenz sehr stabil gegenüber Temperaturschwankungen ist.

Aus Abschnitt 4.2.3 ist bekannt, dass die äußere Anregung mit der Eigenfrequenz eines schwingenden Systems dieses mit besonders großen Amplituden schwingen lässt. Eine solche Resonanz-Anregung kann auch beim Schwingkreis auftreten. Werden in einen Schwingkreis Spannungssignale vieler verschiedener Frequenzen eingespeist (z. B. induktiv), wie es etwa bei der drahtlosen Kommunikation der Fall ist, rufen nur Frequenzen, die der Resonanzfrequenz $f_0$ nahekommen oder ihr gleich sind, im Schwingkreis eine merkliche Stromstärke hervor. Der Schwingkreis stellt also eine Art Filter für bestimmte Frequenzen dar.

## Dipol als Schwingkreis

Die Frequenz eines Schwingkreises wird durch die Kapazität $C$ und die Induktivität $L$ bestimmt. Dabei ist es gleichgültig, welche technische Form Kondensator und Spule haben. Jeder Draht hat eine Kapazität und eine Induktivität, wenn sie auch unter Umständen sehr klein sein können.

So stellt der kreisförmige Drahtbügel in Bild 6.86 einen einfachen geschlossenen Schwingkreis dar. Beim Übergang zu geraden Drähten werden Kapazität und Induktivität zwar kleiner, aber die beiden Drähte wirken im Prinzip nach wie vor als Kondensator und Spule und laden sich daher bei elektromagnetischen Schwingungen abwechselnd positiv oder negativ auf. Man bezeichnet diesen offenen Schwingkreis als *Hertz'schen Dipol* (H. Hertz, 1857–1894). Wird der Dipol zu Schwingungen angeregt, z. B. durch eine kleine Funkenstrecke in der Mitte, so pendelt die Ladung zwischen den beiden Enden hin und her. Mit einer solchen Anordnung wies Hertz 1888 die elektromagnetischen Wellen experimentell nach, deren Existenz bereits 1865 von Maxwell theoretisch vorausgesagt worden war.

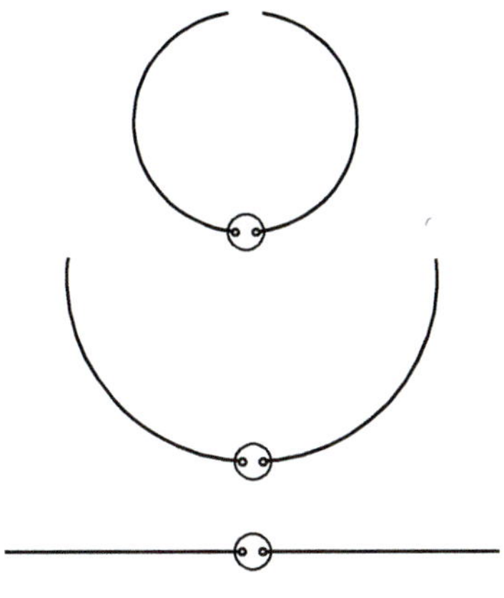

**Bild 6.86**
Übergang vom geschlossenen zum offenen Schwingkreis

## 6.7.2 Freie elektromagnetische Wellen

Der technische Einsatz elektromagnetischer Wellen ist von überragender Bedeutung in der heutigen Welt. Sie werden in dem sehr großen Wellenlängenbereich von etwa $10^{-12}...10^{7}$ m, entsprechend dem Frequenzbereich von etwa $10^{20}...10^{1}$ Hz (Bild 6.87), von der Röntgenstrahlung bis zu den Wechselfeldern der Energieversorgung, genutzt. Für das menschliche Auge ist davon der nur sehr schmale Bereich von $\lambda \approx 380...780$ nm bzw. $f \approx 790...380$ THz direkt ohne Hilfsmittel wahrnehmbar, der als *sichtbares Licht* bezeichnet wird.

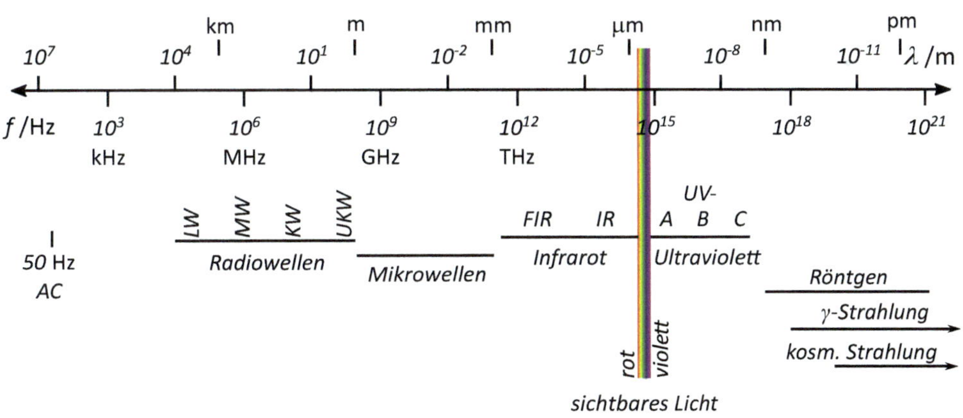


**Bild 6.87** Wellenlängen- und Frequenzbereich elektromagnetischer Wellen

Grundsätzlich werden elektromagnetische Wellen von *beschleunigt* bewegten Ladungen erzeugt, nicht aber von ruhenden oder gleichförmig bewegten Ladungen. Von den sehr vielen unterschiedlichen konkreten Verfahren soll hier die Erzeugung am Beispiel harmonisch oszillierender Ladungen eines Dipols betrachtet werden, von denen harmonischen Wellen ausgehen.

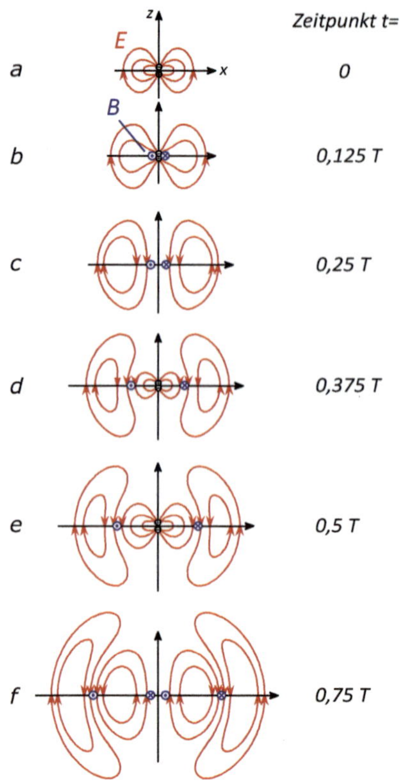


**Bild 6.88**
Schematische Darstellung der Ablösung elektromagnetischer Wellen von einem oszillierenden Dipol (Dipol in *z*-Richtung, rot: elektrische Feldlinien, gezeichnet in der *x*-*z*-Ebene, blau: magnetische Feldlinien: konzentrische Kreise, gezeichnet in der *x*-*y*-Ebene, Periodendauer *T*) (Erläuterung im Text)

Periodische Energiezufuhr führt in einem offenen Dipol zu ungedämpften elektromagnetischen Schwingungen. Der sich im Dipol periodisch ändernde Strom ruft ein gleichfalls veränderliches Magnetfeld hervor. Das sich periodisch ändernde Dipolmoment hat ein veränderliches elektrisches Feld zur Folge. Die Feldänderungen breiten sich in den umgebenden Raum als elektromagnetische Wellen aus Bild 6.88 zeigt den Ablauf bei der Entstehung elektromagnetischer Wellen etwas detaillierter (wenn auch immer noch schematisch).

Die Periodendauer der ungedämpften Schwingung im Dipol ist $T$.

a) Zur Zeit $t = 0$ befinden sich die entgegengesetzten Ladungen auf den Enden des Dipols. Es ist ein elektrisches Feld vorhanden. Die Stromstärke ist gleich null, und am Ort des Dipols gibt es kein Magnetfeld.

b) Ein Ladungsaustausch mit zunehmender Stromstärke beginnt. Um den Dipol bildet sich ein mit der Stromstärke wachsendes Magnetfeld (mit kreisförmigen Feldlinien) aus. Die elektrischen Feldlinien beginnen sich abzuschnüren.

c) Zur Zeit $t = \frac{T}{4}$ befinden sich die Ladungen in der Mitte, das Dipolmoment und damit das elektrische Feld am Dipol ist null, die elektrischen Feldlinien lösen sich ab. Es fließt der maximale Strom, daher ist auch das Magnetfeld von maximaler Stärke.

d) Die Ladungen bewegen sich weiter, es bilden sich neue elektrische Feldlinien in entgegengesetzter Richtung, das Magnetfeld wird mit abnehmender Stromstärke kleiner, die zuvor erzeugten Felder breiten sich weiter aus.

e) Nach einer halben Periode ($t = \frac{T}{2}$) befinden sich die Ladungen wieder an den Enden des Dipols in Ruhe. Das elektrische Feld ist in umgekehrter Richtung aufgebaut, am Ort des Dipols gibt es wieder kein Magnetfeld, die abgelösten elektrischen Feldlinien und die vorhandenen magnetischen Feldlinien haben sich weiter entfernt. Der mit (a) begonnene Vorgang verläuft in entgegengesetzter Richtung.

f) Die Situation entspricht der von c) mit umgekehrten Feldrichtungen und zeigt, wie sich für $t = \frac{3}{4}T$ die elektrischen Feldlinien erneut ablösen und sich ein maximales magnetisches Feld in der Gegenrichtung aufgebaut hat.

Die Felder, d. h. Feldstärke und Feldrichtung in Abhängigkeit von Abstand und Ausrichtung des Dipols, können mithilfe der Maxwell'schen Gleichungen (Abschnitt 6.4.5) berechnet werden. Diese relativ umfangreiche Berechnung soll hier nicht näher dargestellt werden.

Aus der obigen Beschreibung der Entstehung der Wellen erkennt man aber sofort, dass die elektrische Feldstärke $\vec{E}$ und das Magnetfeld $\vec{B}$ in der unmittelbaren Umgebung des Dipols um 90° gegeneinander phasenverschoben sind. Am Verlauf der Feldlinien (in Bild 6.88 allerdings nur beim elektrischen Feld) sieht man außerdem, dass die Felder auch eine radiale Komponente haben, d. h. eine Komponente in Richtung der Ausbreitung.

Die beschleunigte Bewegung der Ladungen im Dipol ist die Ursache für die Aussendung elektromagnetischer Wellen. Für den *Nahbereich* bis zum Abstand $d \approx \lambda$ spielt die Beschleunigung der Ladungen noch keine Rolle, hier entsprechen die Felder der momentanen Ladungs- und Stromverteilung.

Die Rechnung und das Experiment zeigen, dass Phasenverschiebung und radiale Feldkomponenten jedoch mit zunehmendem Abstand schnell kleiner werden ($\sim r^{-3}$) und dass die Felder bei größeren Entfernungen als etwa eine Wellenlänge, $d > \lambda$, im sogenannten *Fernbereich*, in Phase schwingen. Sie stehen dann außerdem senkrecht aufeinander und jeweils senkrecht zur Ausbreitungsrichtung.

**Merke**

Elektromagnetische Wellen sind elektrische und magnetische Wechselfelder, die sich mit der Frequenz des Dipols im Raum ausbreiten, in Phase schwingen, senkrecht aufeinander und jeweils senkrecht zur Ausbreitungsrichtung stehen. Es sind transversal polarisierte Wellen.

Als *Polarisationsrichtung* legt man die Richtung des elektrischen Feldes fest.

Bild 6.89 zeigt die Felder einer sich in $x$-Richtung ausbreitenden und in $y$-Richtung polarisierten elektromagnetischen Welle.

Aus den beiden Maxwell'schen Gleichungen für die räumliche und zeitliche Änderung der elektrischen Feldstärke $\vec{E}$ und der magnetischen Feldstärke $\vec{B}$ lässt sich die Wellengleichung für elektromagnetische Wellen aufstellen, deren Lösungen den räumlichen und zeitlichen Verlauf der Felder beschreiben (ähnlich wie die Gleichungen für mechanische Wellen, siehe Abschnitt 4.3).

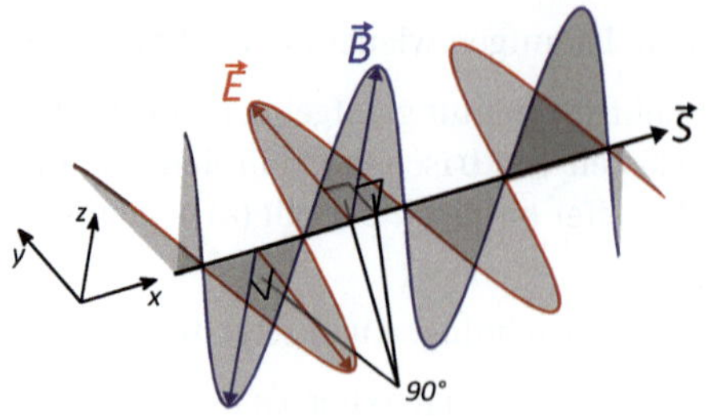


**Bild 6.89**
Momentaufnahme der Felder einer elektromagnetischen Welle mit dem Poynting-Vektors $\vec{S}$, Ausbreitung in *x*-Richtung, Polarisation in *y*-Richtung

Für eine in *x*-Richtung fortschreitende Welle, die in *y*-Richtung polarisiert ist, erhält man für die *y*-Komponente des *E*-Feldes $E_y$ und für die *z*-Komponente des *B*-Feldes $B_z$ (die anderen Richtungskomponenten sind in diesem Fall null):

**Zeitlicher Verlauf der elektrischen und der magnetischen Feldstärke einer Welle**

$$E_y = E_{max,\,y} \sin\left[\omega\left(t - \frac{x}{c}\right)\right] \tag{6.128a}$$

$$B_z = B_{max,\,z} \sin\left[\omega\left(t - \frac{x}{c}\right)\right] \tag{6.128b}$$

Dabei ist *c* die Ausbreitungsgeschwindigkeit.

Im Folgenden werden die Verhältnisse für die Ausbreitung im Vakuum beschrieben. Für die Ausbreitung in einem Medium muss in den Gl. (6.129) bis Gl. (6.136) $\varepsilon_0$ durch $\varepsilon = \varepsilon_0 \varepsilon_r$, $\mu_0$ durch $\mu = \mu_0 \mu_r$ und c durch $c_m = \frac{1}{\sqrt{\varepsilon_r \mu_r}} c$ ersetzt werden. Darauf wird weiter unten nochmal eingegangen.

Für eine Welle, die sich im Vakuum ausbreitet, folgt aus den Maxwell'schen Gleichungen der Wert der

**Ausbreitungsgeschwindigkeit (Phasengeschwindigkeit) elektromagnetischer Wellen im Vakuum**

$$c = \frac{1}{\sqrt{\varepsilon_0 \mu_0}} \tag{6.129}$$

Diese Geschwindigkeit wird auch als *Vakuum-Lichtgeschwindigkeit* bezeichnet.

Bemerkenswert ist, dass für die Berechnung der Lichtgeschwindigkeit kein Bezugssystem vorausgesetzt wird. Unabhängig davon also, wie schnell sich ein Beobachter bewegt, wird immer derselbe Wert für die Lichtgeschwindigkeit gemessen. Die Spezielle Relativitätstheorie beruht auf diesem Sachverhalt.

Die Feldstärken der beiden Felder in der elektromagnetischen Welle sind verknüpft:

**Elektrische und magnetische Feldstärke elektromagnetischer Wellen im Vakuum**

$$E = c\,B \tag{6.130}$$

Unter Verwendung des Magnetfeldes *H* statt der magnetischen Flussdichte *B* lautet diese Gleichung $E = \sqrt{\frac{\mu_0}{\varepsilon_0}}\, H$. Der Proportionalitätsfaktor hat die Einheit Ohm $\left[\sqrt{\frac{\mu_0}{\varepsilon_0}}\right] = \Omega$. Er wird als *Wellenwiderstand* des Vakuums bezeichnet:

**Wellenwiderstand des Vakuums**

$$Z_{w0} = \sqrt{\frac{\mu_0}{\varepsilon_0}} \approx 376{,}730\,313\,5\,\Omega \tag{6.131}$$

Wie bei jeder anderen Welle wird auch mit elektromagnetischen Wellen Energie transportiert. Die in einem kleinen Volumen enthaltene Energie wird mit der Geschwindigkeit $c$ transportiert. Dies führt zur *Strahlungsflussdichte* $\varphi$ als transportierte Energiemenge pro Fläche und Zeit, für die gilt:

**Strahlungsflussdichte**

$$\varphi = \varrho_{em}\, c \tag{6.132}$$

mit der Energiedichte des elektromagnetischen Wellenfeldes $\varrho_{em}$ und der Geschwindigkeit $c$

Die momentane Energiedichte $\varrho_{em}$ ist die Summe der Energiedichten des elektrischen Feldes (Gl. (6.35)) und des magnetischen Feldes (Gl. (6.82)):

momentane Energiedichte des Wellenfeldes im Vakuum

$$\varrho_{em} = \frac{1}{2}\left(\varepsilon_0\, E^2 + \frac{1}{\mu_0}\, B^2\right) \tag{6.133}$$

Mit (Gl. (6.130)) erhält man damit die

momentane Strahlungsflussdichte des Wellenfeldes im Vakuum

$$\varphi = \frac{1}{2}\left(\varepsilon_0\, E^2 + \frac{1}{\mu_0}\, B^2\right) c = \varepsilon_0\, E^2 c = \frac{1}{\mu_0}\, B^2 c = \frac{1}{\mu_0}\, E\, B \tag{6.134}$$

Der *Poynting-Vektor* $\vec{S}$ (J. H. Poynting, 1852–1914) ist der Vektor der Strahlungsflussdichte, der durch das Vektorprodukt der Felder $\vec{E}$ und $\vec{B}$ definiert ist (Bild 6.89):

**Poynting-Vektor**

$$\vec{S} = \frac{1}{\mu_0}\, \vec{E} \times \vec{B} \tag{6.135}$$

Er zeigt in Richtung der Ausbreitung der Welle, sein Betrag ist gleich der momentanen Strahlungsflussdichte.

Die Strahlungsflussdichte variiert je nach Frequenz der Welle sehr schnell. Im Allgemeinen wird daher eher die *Intensität I* (nicht zu verwechseln mit der elektrischen Stromstärke!) betrachtet, die das zeitliche Mittel der Strahlungsflussdichte darstellt: $I = \overline{\varphi} = \overline{|\vec{S}|} = \frac{1}{T}\int_0^T \varphi\, \mathrm{d}t$.

Für die betrachtete Welle im Vakuum mit Sinus-förmigem Verlauf ergibt sich

**Intensität einer elektromagnetischen Welle mit den Amplituden $E_{max}$ und $B_{max}$**

$$I = \frac{1}{2}\,\varepsilon_0\, E_{max}^2\, c = \frac{1}{2\mu_0}\, B_{max}^2\, c \tag{6.136}$$

Bei sich im Raum ausbreitenden Wellen (z. B. Kugelwellen) verteilt sich die ausgestrahlte Energie auf eine Fläche, die mit dem Abstand $r$ vom Sender proportional zu $r^2$ zunimmt. Die Strahlungsflussdichte und die Intensität nehmen daher mit $\frac{1}{r^2}$ ab, die Amplituden demzufolge mit $\frac{1}{r}$, also umgekehrt proportional zu $r$.

**Beispiel**

Ein Sender strahlt mit einer Leistung von $P_S = 50$ kW isotrop (gleichmäßig in alle Richtungen) elektromagnetische Wellen aus. Welche Amplituden haben das elektrische Feld $E$ und die magnetische Flussdichte $B$ im Abstand $R = 50$ km?

Umstellung von Gl. (6.130) ergibt $E_{max} = \sqrt{\frac{2I}{\varepsilon_0 c}}$, für die Intensität erhält man

$I = \frac{P_S}{A} = \frac{P_S}{4\pi R^2}$, zusammen $E_{max} = \sqrt{\frac{2P_S}{\varepsilon_0 c \cdot 4\pi R^2}} = 34{,}6\,\text{mV/m}$. Mit Gl. (6.130) ergibt sich $B_{max} = \frac{E_{max}}{c} = 115\,\text{pT}$

## Dipolstrahlung

Viele technisch genutzte Sende- oder Empfangsantennen sind Dipolantennen nach dem Muster des offenen Schwingkreises aus Bild 6.86. Die verschiedenen Funktionen einer Antenne unterscheiden sich nur durch die Art der Anregung der Dipolschwingung. Geschieht dies durch einen elektrisch angeschlossenen Generator, sendet die Antenne elektromagnetische Wellen aus. Bei einer Empfangsantenne wird die Schwingung durch einfallende Wellen angeregt und ein elektrisch angeschlossener Verstärker gibt entsprechende Spannungssignale aus.

Die Intensität ausgesendeter Strahlung eines schwingenden Dipols hängt außer vom Abstand $r$ von der Amplitude des Dipolmoments $|\vec{p}_0|$ (siehe Gl. (6.13)) und von der Frequenz seiner Schwingung $f$ ab und hat eine charakteristische Verteilung bezüglich des Winkels $\theta$ relativ zur Dipolrichtung (Bild 6.90):

**Intensität der Dipolstrahlung**

$$I_{\text{Dipol}} = I_{\text{Dipol}}(r, p_0, f, \theta) = \frac{\mu_0 \pi^2}{2c} \cdot \frac{p_0{}^2 \cdot f^4 \cdot \sin^2\theta}{r^2} \tag{6.137}$$

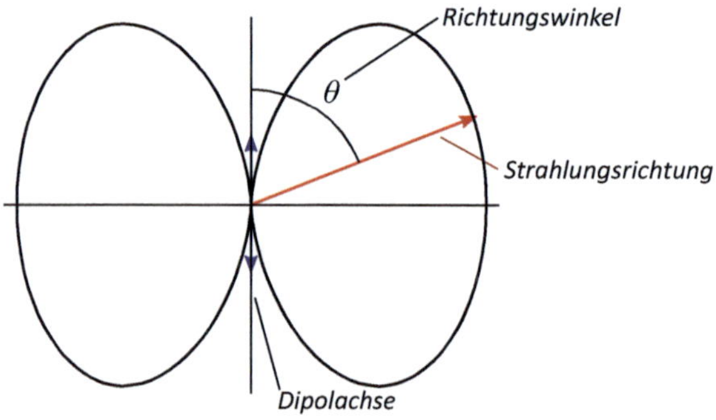


**Bild 6.90**
Winkelverteilung der Intensität der Dipolstrahlung/Empfindlichkeit einer Dipol-Empfangsantenne, die Intensität/Empfindlichkeit ist proportional zur Länge des Richtungspfeils, die Verteilung ist rotationssymmetrisch zur Dipolachse

Senkrecht zum Dipol ist die Abstrahlung demnach maximal, in Richtung des Dipols dagegen null. Dies deckt sich mit der Richtungsempfindlichkeit einer Dipol-Empfangsantenne, die für Strahlung aus der Dipolrichtung kein Signal liefert, ein maximales aber für Strahlung aus der dazu senkrechten Richtung.

Bemerkenswert ist die starke Frequenzabhängigkeit $\sim f^4$. Verdoppelt sich z. B. die Frequenz der Schwingung, nimmt die Strahlungsintensität um den Faktor 16 zu. Darauf beruht die sogenannte *Rayleigh-Streuung* elektromagnetischer Strahlung an Teilchen, deren Größe viel kleiner als die Wellenlänge ist. 1871 erklärte Rayleigh (J. W. Strutt, Baron Rayleigh, 1842–1919, Nobelpreis 1904) damit die Farbe des blauen Himmels und einer roten untergehenden Sonne. Das an sich weiße Licht der Sonne tritt in die Erdatmosphäre ein und regt mit dem elektrischen Strahlungsfeld die Moleküle der Luft ($N_2$, $O_2$, $H_2O$ usw.) zu Dipolschwingungen an. Diese senden damit Strahlung aus, wobei wegen der höheren Frequenz blaues Licht ($f \approx 650$ THz) mit höherer Intensität abgegeben wird als rotes ($f \approx 400$ THz). Das stark gestreute blaue Licht ist die Ursache des blauen Himmels (Bild 6.91a). Da in dem direkt aus Richtung der Sonne kommenden Licht der blaue Anteil stark vermindert ist, erscheint die Sonne rötlich, umso mehr, je länger der Weg des Lichtes durch die Atmosphäre ist, insbesondere also bei tief stehender Sonne (Bild 6.91b).

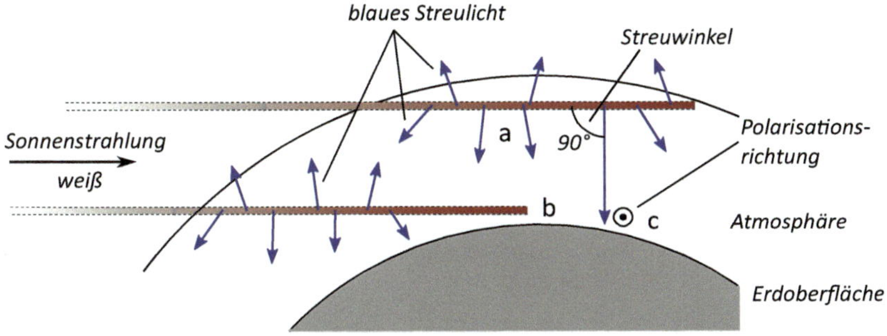


**Bild 6.91** Streuung des Sonnenlichts in der Atmosphäre: (a) blauer Himmel, (b) roter Sonnenuntergang, (c) polarisiertes Streulicht (Dicke der Atmosphäre ist stark übertrieben dargestellt)

Mit der Streuung durch Dipole hängt auch die teilweise Polarisation des Himmelslichtes zusammen. Das Sonnenlicht ist unpolarisiert, d. h. das elektrische Strahlungsfeld hat keine bestimmte Ausrichtung, steht aber, wie immer bei elektromagnetischen Wellen, senkrecht auf der Ausbreitungsrichtung. Daher werden die Dipole der Moleküle zu Schwingungen in einer Ebene senkrecht zur Einfallsrichtung des Sonnenlichts angeregt. Die Dipolstrahlung ihrerseits ist in der Ebene aus Dipolachse und Strahlungsrichtung polarisiert. In der Folge ist Streulicht, das aus einer Richtung senkrecht zur Richtung zur Sonne kommt, wiederum senkrecht zur Richtung zur Sonne polarisiert (Bild 6.91c). Der Grad der Polarisation wird umso geringer, je mehr die Blickrichtung von diesem Winkel abweicht.

Elektromagnetische Wellen breiten sich nicht nur im Vakuum, sondern auch in Materie aus. Dabei kann man zwischen den leitfähigen Metallen und den Isolatoren unterscheiden.

## Elektromagnetische Wellen in Metallen

In Metalle dringen die Wellen nicht ein (bis auf Wellen extrem hoher Frequenzen, z. B. Röntgenstrahlung), sondern werden an der Oberfläche reflektiert. Ursache sind die frei beweglichen Elektronen im Metall. Bei nicht zu hoher Frequenz reagieren sie auf das elektrische Feld der Welle ähnlich wie im Zusammenhang mit der Influenz für den Fall des statischen Feldes (Abschnitt 6.2.4) beschrieben. Sie verteilen sich im Bereich der Metalloberfläche so, dass das elektrische Feld innerhalb des Metalls verschwindet, dass sich also im Metall keine elektromagnetische Welle ausbreiten kann. Da sie dabei dem oszillierenden elektrischen Feld der Welle folgen, senden sie als oszillierende, d. h. beschleunigte Ladungen selber elektromagnetische Wellen in den Bereich außerhalb des Metalls aus. Die einfallende Welle wird also an der Metalloberfläche reflektiert. Da, ebenfalls wegen der Influenz, das resultierende elektrische Feld an der Metalloberfläche keine zur Oberfläche tangentiale Komponente haben kann, sind die Tangentialkomponenten der einfallenden Welle $\vec{E}_{e,t}$ und der reflektierten Welle $\vec{E}_{r,t}$ entgegengesetzt gleich (Bild 6.92), ihre Summe also 0. Damit ist auch die Amplitude der reflektierten Welle dieselbe wie die der einfallenden Welle (dies muss auch aus Gründen der Energieerhaltung so sein). An der Oberfläche findet ein Phasensprung von 180° statt.

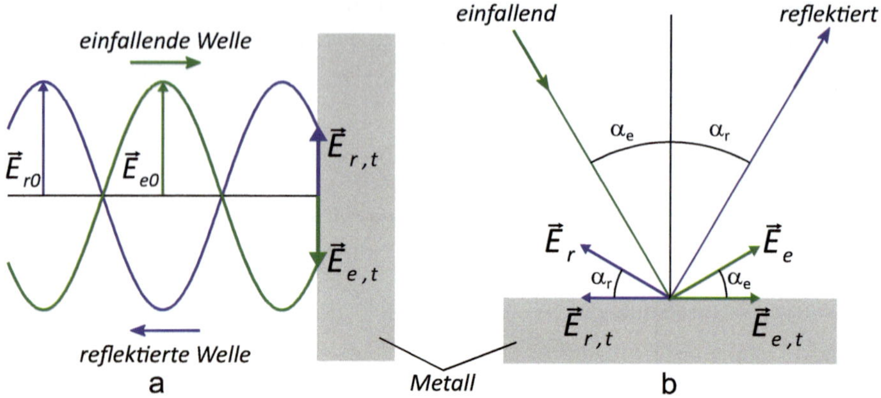


**Bild 6.92** Reflexion an einer Metalloberfläche: Momentaufnahme des elektrischen Feldes $\vec{E}_e$ und $\vec{E}_r$ mit den Tangentialkomponenten $\vec{E}_{e,t}$ und $\vec{E}_{r,t}$ (a) bei senkrechtem Einfall, (b) bei Einfall unter dem Winkel $\alpha_e$

Aus demselben Grund ist bei schrägem Einfall unter dem Einfallswinkel $\alpha_e$ der Ausfallswinkel $\alpha_r$ der reflektierten Welle gleich dem Einfallswinkel $\alpha_e$: $\alpha_r = \alpha_e$ (Bild 6.92b).

Die nahezu frequenzunabhängige Reflexion elektromagnetischer Wellen an Metalloberflächen im Bereich des sichtbaren Lichtes ist die Ursache für den metallischen Glanz. Die Farbe von Kupfer und Gold rührt daher, dass einzelne Linien des sichtbaren Spektrums durch die Atome absorbiert werden (vgl. Abschnitt 8.2.5), sodass das reflektierte restliche Licht farbig erscheint.

Bei der obigen Überlegung wird das Metall als idealer Leiter mit unendlich hoher Leitfähigkeit $\sigma$ betrachtet. Tatsächlich aber ist die Leitfähigkeit ja begrenzt. Die Folge ist, dass elektrisches und magnetisches Feld der Welle nicht mehr unmittelbar an der Oberfläche verschwinden, sondern eine gewisse Tiefe mit abnehmender Amplitude in das Metall eindringen. In der Oberflächenschicht treten durch das zeitlich veränderliche Magnetfeld Induktionsströme auf, die mit zunehmender Tiefe die durch das elektrische Feld verursachten Ströme kompensieren. Bei dieser als *Skin-Effekt*[3] bezeichneten Erscheinung nehmen die Amplituden der Feldstärken exponentiell mit der Tiefe wie $e^{-\frac{x}{\delta}}$ ab. Dabei wird die Größe $\delta$ als *Skin-Tiefe* bezeichnet. Bei den technisch gebräuchlichen gut leitfähigen Metallen wie Kupfer, Aluminium, Stahl usw. hängt die Skin-Tiefe bei Frequenzen bis in den Terahertz-Bereich von der Frequenz $f$, der Leitfähigkeit $\sigma$ und der Permeabilität $\mu$ ab.

[3] skin, englisch für Haut

*Skin-Tiefe*

$$\delta = \frac{1}{\sqrt{\pi f \sigma \mu_0 \mu_r}} \tag{6.138}$$

Sie beträgt für Aluminium bei 50 Hz etwa 12 mm.

Der Skin-Effekt betrifft auch elektromagnetische Wellen, die auf Kabeln geführt werden, wie z. B. bei der Wechselstrom-Leistungsübertragung. Dass der Strom nur in einem Randbereich von der Dicke der Skin-Tiefe fließt, muss bei der Auslegung der Kabel berücksichtigt werden.

## Elektromagnetische Wellen in Isolatoren

Bei der Ausbreitung im Isolator müssen dessen elektrische und magnetische Eigenschaften, beschrieben durch die relative Permittivität $\varepsilon_r$ und Permeabilität $\mu_r$, berücksichtigt werden, indem statt $\varepsilon_0$ und $\mu_0$ in den Gleichungen $\varepsilon_0 \varepsilon_r$ und $\mu_0 \mu_r$ verwendet wird. Für die Ausbreitungsgeschwindigkeit ergibt sich damit

**Ausbreitungsgeschwindigkeit (Phasengeschwindigkeit) elektromagnetischer Wellen in Materie**

$$c_m = \frac{1}{\sqrt{\varepsilon_0 \varepsilon_r \mu_0 \mu_r}} = \frac{1}{\sqrt{\varepsilon_r \mu_r}} c \tag{6.139}$$

mit der Vakuum-Lichtgeschwindigkeit $c$.

In den meisten transparenten Medien ist $\mu_r \approx 1$, in allen Medien außer im Vakuum ist $\varepsilon_r > 1$. Die Ausbreitungsgeschwindigkeit in Materie ist daher immer kleiner als die Vakuum-Lichtgeschwindigkeit $c$.

Für $\mu_r \approx 1$ gilt

$$c_m \approx \frac{1}{\sqrt{\varepsilon_0 \varepsilon_r \mu_0}} = \frac{c}{\sqrt{\varepsilon_r}} = \frac{c}{n} \tag{6.140}$$

mit dem

**Brechungsindex für elektromagnetische Wellen**

$$n = \sqrt{\varepsilon_r} \tag{6.141}$$

Im Allgemeinen ist die Permittivität frequenzabhängig (siehe Abschnitt 6.2.4). Damit ändert sich auch der Brechungsindex und die Lichtgeschwindigkeit mit der Frequenz. Der Brechungsindex spielt insbesondere für die Betrachtungen von Vorgängen im optischen Bereich des elektromagnetischen Spektrums eine große Rolle (siehe Abschnitt 7.2.1).

Die relative Permittivität hat mit der Ausrichtung der mikroskopischen Dipole im Material durch das elektrische Feld zu tun. Bei einer elektromagnetischen Welle ändert sich dessen Richtung fortlaufend und damit auch die Ausrichtung der Dipole. Man kann davon ausgehen, dass dies mit Energieverlusten verbunden sein kann, und dass die Intensität der Welle dadurch eventuell abnimmt.

Die Abnahme der Intensität $I$ einer Strahlung ist proportional zur Schichtdicke der Materie $x$ und zur Intensität selber. Eine Verdopplung der Schichtdicke führt beispielsweise zu einer Halbierung der Intensität. Diese plausible Annahme ist die Aussage des *Bouguer-Lambert'schen*

*Gesetzes* (P. Bouguer, 1698–1758, J. H. Lambert, 1728–1777). Differentiell geschrieben lautet sie

$$\mathrm{d}I(x) = -\mu I(x)\,\mathrm{d}x \tag{6.142}$$

mit dem *lineare Absorptionskoeffizienten* $\mu$ als Proportionalitätsfaktor (nicht zu verwechseln mit der Permeabilität!)

Für die Änderung der Intensität beim Durchgang durch Materie folgt damit das exponentielle **Absorptionsgesetz**

$$I(x) = I_0\,\mathrm{e}^{-\mu x} \tag{6.143}$$

für die Abnahme der Intensität der Strahlung beim Zurücklegen der Strecke $x$ in Materie.

Der Verlauf der Intensität ist in Bild 6.93 dargestellt. Nach einer Strecke $\overline{x} = \frac{1}{\mu}$ hat die Intensität von $I_0$ auf $\frac{1}{\mathrm{e}} I_0$ abgenommen, nach der Halbwertsdicke $x_{1/2} = \frac{\ln 2}{\mu}$ auf $\frac{1}{2} I_0$.

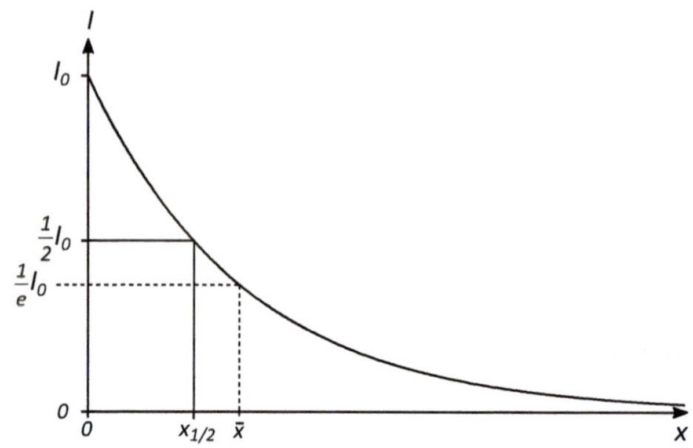


**Bild 6.93**
Abhängigkeit der Intensität von der Wegstrecke in Materie

Das Absorptionsgesetz gilt in dieser oder ähnlicher Form in vielen Zusammenhängen, wie z. B. bei der Dämpfung akustischer Wellen, bei der Schwächung von Röntgenstrahlung oder auch von Teilchenstrahlung, wobei hier die Intensität durch den Teilchenstrom ersetzt wird. Die jeweiligen, ganz unterschiedlichen Mechanismen der Absorption bestimmen den Absorptionskoeffizienten.

## 6.7.3 Geführte elektromagnetische Wellen

Elektromagnetische Wellen breiten sich in einem kontinuierlichen Medium geradlinig und vom Sender im Prinzip in alle Richtungen aus. Bei technischen Anwendungen gibt es aber häufig keine ungehinderte geradlinige Verbindung zwischen Sender und Empfänger, auch möchte man unter Umständen die Ausbreitung von Signalen oder Energie auf bestimmte Wege beschränken. In solchen Fällen führt man Wellen im Frequenzbereich bis zu einigen GHz durch *Doppel- oder Koaxialleitungen*.

Zur Berechnung stellt man eine solche Leitung als parallele Leiter dar, die aus einer Aneinanderreihung von Induktivitäten, Kapazitäten und Wirkwiderständen bestehen (Bild 6.94) und rechnet in diesem Fall statt mit den Wellen des elektrischen und magnetischen Feldes mit Spannungs- und Stromstärkewellen, die sich entlang der Leitung ausbreiten. Dies führt auf die sogenannten *Telegraphengleichungen* für Spannung und Strom mit der Lösung

**Spannungs- und Stromwellen auf Leitern**

$$U(t) = U_{\max} \sin\left[\omega\left(t - \frac{x}{c_T}\right)\right] \tag{6.144a}$$

$$I(t) = I_{\max} \sin\left[\omega\left(t - \frac{x}{c_T}\right)\right] \tag{6.144b}$$

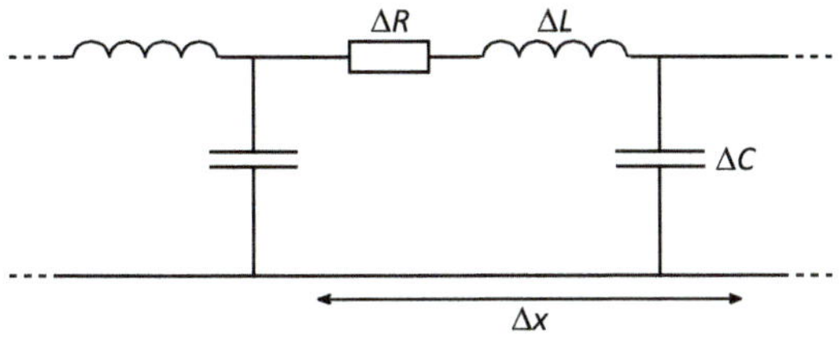


**Bild 6.94**
Schematische Darstellung eines Wellenleiters (ohne Verluste durch Querleitfähigkeit zwischen den Leitungen)

Eine Doppelleitung ist charakterisiert durch ihre Werte für die Kapazität pro Längeneinheit $C^* = \frac{\Delta C}{\Delta x}$, für die Induktivität pro Längeneinheit $L^* = \frac{\Delta L}{\Delta x}$ und für den Wirkwiderstand pro Längeneinheit $R^* = \frac{\Delta R}{\Delta x}$. Diese Werte werden bestimmt durch den konkreten Aufbau, z. B. durch den Abstand der Leitungen, deren geometrische Anordnung (parallel oder koaxial), die Eigenschaften des Isolators zwischen den Leitungen usw. Für die Ausbreitungsgeschwindigkeit der Spannungs- und Stromwellen erhält man mit diesen Größen die

**Geschwindigkeit von Spannungs- und Stromwellen auf Leitern**

$$c_T = \frac{1}{\sqrt{C^* L^*}} \tag{6.145}$$

Für eine Koaxialleitung ist dies gleichbedeutend mit $c_T = \frac{c}{\sqrt{\varepsilon_r \mu_r}}$, mit den Werten der Permittivität und der Permeabilität des Isolators zwischen Innen- und Außenleiter. Die Wellen breiten sich also entlang der Leitung aus wie elektromagnetische Wellen durch ein solches Medium.

Wie die Werte von $E$ und $B$ bei den freien elektromagnetischen Wellen sind auch die Werte von $U(t)$ und $I(t)$ bei den geführten Wellen miteinander verknüpft. Die Beziehung lautet hier $U = I \cdot Z_W$, mit dem

**Wellenwiderstand einer Doppelleitung**

$$Z_W = \sqrt{\frac{L^*}{C^*}} \tag{6.146}$$

$Z_W$ ist als charakteristische Größe einer Leitung so wie $L^*$ und $C^*$ unabhängig von der Länge der Leitung. Technisch gebräuchliche Werte sind 50 Ω, 70 Ω oder 100 Ω.

Bei zunehmenden Frequenzen wird der Stromfluss wegen des Skin-Effekts immer mehr aus dem Inneren des Leiters verdrängt und findet nur noch in einer Schicht nahe der Oberfläche statt, bei Kupfer mit 1 GHz nur ca. 2 µm dick. Dadurch nehmen der Wirkwiderstand $R^*$ und damit die Übertragungsverluste zu. In der Hochfrequenztechnik, bei Frequenzen oberhalb einiger GHz, werden daher *Hohlleiter* verwendet. Die Wellen breiten sich innerhalb der Hohlleiter aus, sodass Leitungsverluste weitgehend vermieden werden. Die Geometrie eines Hohlleiters muss allerdings der Wellenlänge des zu übertragenden Signals angepasst sein. Die mit dem Skin-Effekt zusammenhängenden Ströme in der inneren Oberfläche der Hohlleiter-Wandung führen nun aber zu Verlusten. Die Innenseite von Hohlleitern wird daher oft mit einer dünnen, hochleitfähigen Schicht, z. B. aus Gold, versehen.

## 6.8 Elektrische Leitung

Unter elektrischer Leitung versteht man den Transport von Ladung, d. h. die Bewegung von Ladungsträgern unter der Wirkung von Kräften durch ein elektrisches, eventuell auch durch ein magnetisches Feld. Im Vakuum (Abschnitt 6.8.1) wird die Bewegung allein durch diese Kräfte bestimmt. In elektrischen Leitern beeinflusst die Wechselwirkung mit den Atomen und Molekülen des Leiters die Bewegung, in allgemeiner Form behandelt in Abschnitt 6.8.2. In diesem Kapitel befassen wir uns zunächst mit der Bewegung von Ladungen in Gasen (Abschnitt 6.8.3) und in Flüssigkeiten (Abschnitt 6.8.4).

Von technisch größter Bedeutung ist die elektrische Leitung durch Metalle und Halbleiter als Festkörper. Sie wird bestimmt durch die elektronischen Eigenschaften der Festkörper. Deshalb wird diese Form der Leitung in Zusammenhang mit der Festkörperphysik in Abschnitt 9.2 behandelt.

### 6.8.1 Elektrische Leitung im Vakuum

Ein elektrisches Feld mit der Feldstärke $E$ wirkt auf ein Elektron mit der Elementarladung $e$ nach Gl. (6.1) mit der Kraft $F = eE$, die das Elektron mit der Masse $m_e$ nach $F = m_e a$ bei konstanter Feldstärke gleichmäßig beschleunigt.[4]

Im Vakuum führen Elektronen bei konstanter elektrischer Feldstärke eine gleichmäßig beschleunigte Bewegung parallel zur Feldrichtung aus.

Die dabei für die Änderung der kinetischen Energie aufgewendete Arbeit ist nach Gl. (6.19) $W_{el} = q\,U$. Mit $U = 1$ V und $q = 1\,e = 1{,}602\,176\,565 \cdot 10^{-19}$ C ergibt sich also $W_{el} = 1{,}602\,176\,565 \cdot 10^{-19}$ J. Aus praktischen Gründen benutzt man in manchen Zusammenhängen diesen Wert als SI-fremde Einheit der Energie und bezeichnet sie als

**Elektronvolt (eV):**

$$1\,\text{eV} = 1{,}602\,765\,65 \cdot 10^{-19}\ \text{J}$$

[4] Hier wird $m_e$ als konstant angenommen. Korrekterweise muss man die relativistische Massenzunahme berücksichtigen, insbesondere bei höheren Energien und Geschwindigkeiten, siehe Kapitel 10.

**Merke**

Ein Elektronvolt, 1 eV, ist gleich der Änderung der kinetischen Energie, die ein Elektron beim Durchlaufen einer Potentialdifferenz von 1 V im Vakuum erfährt.

Die kinetische Energie $E_{kin}$ eines anfangs ruhenden Elektrons ist nach Durchlaufen der Spannung $U$ (Bild 6.95) $E_{kin} = W_{el}$, also $\frac{1}{2} m_e v^2 = eU$, sodass man für die Endgeschwindigkeit des anfangs ruhenden Elektrons erhält:

Endgeschwindigkeit eines Elektrons im Vakuum (für $v \ll c_0$)

$$v = \sqrt{\frac{2eU}{m_e}} \tag{6.147}$$

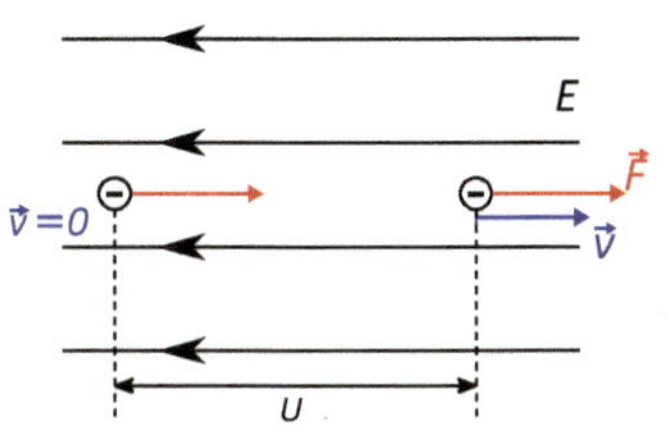


**Bild 6.95**
Zur Bewegung freier Elektronen

Die Geschwindigkeit eines Elektrons ist im Vakuum also nur von der durchlaufenen Spannung abhängig.

Mit der Ruhmasse des Elektrons $m_e = 9{,}109 \cdot 10^{-31}$ kg ergibt diese Gleichung nach dem Durchlaufen einer Spannung von 100 V bereits eine Geschwindigkeit von knapp 6 000 km/s. Die Beschleunigungsspannung in einer Bildröhre liegt bei 25 kV. Dafür ergäbe sich nach Gl. (6.147) eine Endgeschwindigkeit von $9{,}38 \cdot 10^4$ km/s, also rund 30 % der Lichtgeschwindigkeit. Bei dieser Geschwindigkeit ist die Massenzunahme gemäß der speziellen Relativitätstheorie aber nicht mehr zu vernachlässigen, sodass nach relativistischen Regeln (siehe Kapitel 10) gerechnet werden muss. Danach liegt die tatsächliche Geschwindigkeit bei $9{,}06 \cdot 10^4$ km/s, die Masse ist dann ca. 5 % größer als die Ruhemasse.

Im Vakuum können freie Elektronen z. B. durch *Feldemission* oder durch *Glühemission* erzeugt werden. Bei der Feldemission treten Elektronen aus einer kalten Metalloberfläche aus, wenn dort eine elektrische Feldstärke von mindestens 1 GV/m herrscht. Eine solche Feldstärke kann bei hohen angelegten Spannungen an feinen Spitzen oder Kanten mit dem dort sehr kleinen Krümmungsradius der Oberfläche zustande kommen (siehe Abschnitt 6.2.4).

Für die Glühemission wird eine Kathode, die negative Elektrode eines Elektrodenpaares aus Kathode und Anode, erhitzt. Bei zunehmender Temperatur übersteigt für immer mehr Elektronen ihre thermische Energie die Austrittsarbeit $W_A$ (die für Elektronen erforderliche Energie, um aus der Metalloberfläche auszutreten, siehe Abschnitt 9.2), sodass sie aus der Metalloberfläche ins Vakuum übergehen können. Der so erzeugte Elektronenstrom, der die Glühkathode verlässt, hängt von Temperatur und Austrittsarbeit ab. Die Stromdichte wird beschrieben durch die Richardson-Gleichung (O. W. Richardson, 1879–1959, Nobelpreis 1928)

Stromdichte bei Glühemission

$$j = aT^2\, e^{-\frac{W_A}{kT}} \qquad (6.148)$$

$k$ ist die Boltzmann-Konstante und $a$ ein empirischer Materialwert (meist im Bereich $0{,}6 \ldots 1 \cdot 10^6$ A/(m²K²)).

Für hohe Stromdichten, wie sie z. B. in Röntgenröhren benötigt werden, verwendet man also Material mit niedriger Austrittsarbeit bei hohen Temperaturen, z. B. Bariumoxid, durch Wolfram-Glühdraht aufgeheizt auf 2 000 °C

Elektronen können darüber hinaus durch Einstrahlung von Licht freigesetzt werden. Dieser *Photoeffekt* wird in Abschnitt 8.1 ausführlich besprochen.

In verdünnter Gasatmosphäre können außerdem Ionen, die durch das elektrische Feld zwischen Kathode und Anode beschleunigt werden und auf die Kathode treffen, durch *Sekundäremission* Elektronen freisetzen.

Da Elektronenstrahlen von der Kathode ausgehen, werden sie auch als *Kathodenstrahlen* bezeichnet.

## Ablenkung von Elektronen im elektrischen Feld

Wir betrachten den Spezialfall, dass die Elektronen mit der Geschwindigkeit $\vec{v}$ senkrecht zur Feldrichtung in ein elektrisches Feld der Feldstärke $\vec{E}$ eintreten.

Bild 6.96 zeigt ein Elektron, das sich zunächst mit konstanter Geschwindigkeit $v = v_{x0}$ = const in $x$-Richtung bewegt. Im Bereich des elektrischen Feldes bewirkt die Coulomb-Kraft $\vec{F} = -e\vec{E}$ eine Beschleunigung in $y$-Richtung $a_y = \dfrac{eE}{m_e}$. Dadurch nimmt die Geschwindigkeitskomponente in $y$-Richtung nach $v_y = a_y t$ mit der Zeit zu. Die Ortskoordinaten des Elektrons im Bereich des Feldes zu einem Zeitpunkt $t$ sind dann $x = v_{x0} t$ und $y = \dfrac{1}{2} a_y t^2$. Daraus ergibt sich die Gleichung der Bahn eines Elektrons im homogenen Feld

$$y = \frac{eE}{2 m_e v_{x0}^2} x^2 \qquad (6.149)$$

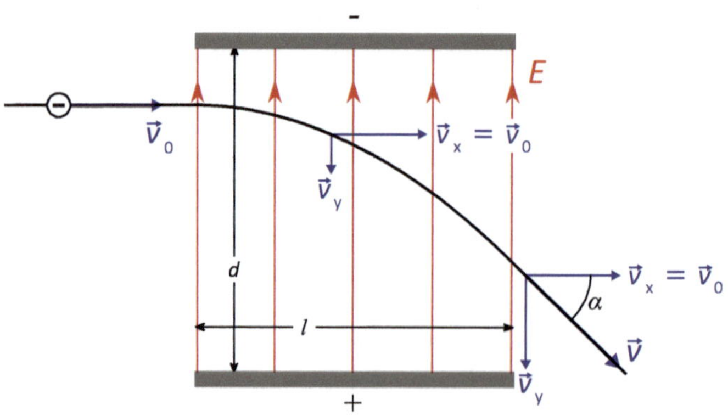


**Bild 6.96** Ablenkung eines Elektrons im elektrischen Feld

Die Elektronen bewegen sich also auf einer Parabelbahn (vgl. horizontaler Wurf im Gravitationsfeld).

Bei einer Feldstärke $E = \frac{U}{d}$ ($U$ ist die Ablenkspannung, $d$ der Plattenabstand) ergibt sich nach Durchlaufen eines Feldbereichs der Länge $l$ die Größe der Ablenkung $h$ zu

Ablenkung des Elektrons

$$h = \frac{e E l^2}{2 m_e v_{x0}^2} = \frac{e U l^2}{2 m_e v_{x0}^2 d} \tag{6.150}$$

Der Ablenkwinkel $\alpha$ wird aus $\tan\alpha = \frac{v_y}{v_{x0}}$ ermittelt (oder aus der Steigung der Parabel $\tan\alpha = \frac{dy}{dx}$). Es ergibt sich unter Verwendung von Gl. (6.147) mit der Beschleunigungsspannung $U_B$:

Ablenkwinkel

$$\tan\alpha = \frac{e U l}{m_e v_{x0}^2 d} = \frac{U l}{2 U_B d} \tag{6.151}$$

Die Ablenkung eines Elektronenstrahls, der auf einen hinter der Ablenkeinheit angeordneten Schirm trifft, lässt sich also direkt durch die Ablenkspannung $U$ steuern.

## Ablenkung von Elektronen im magnetischen Feld

Bei der Bewegung von Elektronen mit der Geschwindigkeit $\vec{v}$ in einem Magnetfeld mit der magnetischen Flussdichte $\vec{B}$ wirkt die in Abschnitt 6.3.5 behandelte Lorentz-Kraft. Die elektrische Ladung $q$ ist dabei die Elementarladung $q = -e$:

**Lorentz-Kraft auf ein bewegtes Elektron im Magnetfeld**

$$\vec{F}_L = -e \cdot \vec{v} \times \vec{B} \tag{6.152}$$

Bilden die Geschwindigkeit $\vec{v}$ und die magnetische Flussdichte $\vec{B}$ einen rechten Winkel, erhält man für den Betrag der Lorentz-Kraft nach Gl. (6.59)

Betrag der Lorentz-Kraft auf ein Elektron mit $\vec{v} \perp \vec{B}$

$$F_L = e v B \tag{6.153}$$

Die Geschwindigkeit $\vec{v}$, die Flussdichte $\vec{B}$ und die Lorentz-Kraft $\vec{F}_L$ stehen senkrecht aufeinander (Bild 6.97). Trotz der zu Bild 6.41 entgegengesetzten Richtung des Magnetfeldes behält die Lorentz-Kraft wegen des entgegengesetzten Vorzeichens der Ladung die Richtung bei.

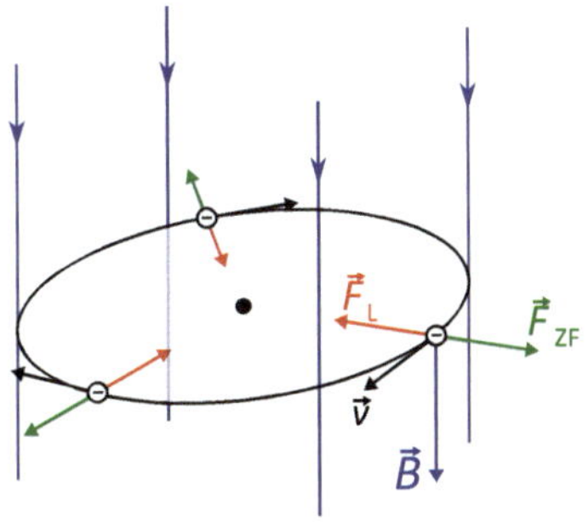


**Bild 6.97**
Kreisbewegung eines freien Elektrons im Magnetfeld

Die Lorentz-Kraft stellt die Zentripetalkraft der Kreisbewegung dar. Ihr ist als Trägheitskraft die gleich große Zentrifugalkraft $F_{ZF} = \frac{m_e v^2}{r}$ entgegengesetzt, sodass sich der Radius der Kreisbahn aus $e v B = \frac{m_e v^2}{r}$ ergibt zu

**Radius der Kreisbahn eines bewegten Elektrons im homogenen Magnetfeld**

$$r = \frac{m_e v}{e B} \tag{6.154}$$

Alle elektrisch geladenen Teilchen können durch Magnetfelder auf einer Kreisbahn gehalten werden. Dabei ist, zumindest unter Vernachlässigung der relativistischen Massenzunahme bei hohen Geschwindigkeiten, die Umlauffrequenz unabhängig von der Geschwindigkeit der Teilchen und dem Radius der Kreisbahn. Für Teilchen der Ladung $q$ und der Masse $m$ folgt aus Gl. (6.154) und der Beziehung $v = \omega r = 2\pi f r$: $f = \frac{q B}{2\pi m}$. Dies ist Grundlage für die Funktion des Teilchenbeschleunigers vom Typ Zyklotron, daher wird diese Frequenz auch als *Zyklotronfrequenz* bezeichnet. Für ein Proton mit $m_p \approx 1{,}67 \cdot 10^{-27}$ kg und der magnetischen Flussdichte $B = 2{,}2$ T beträgt sie 33,6 MHz.

Werden die Teilchen allerdings auf hohe Teilchenenergien, d. h. große Geschwindigkeiten beschleunigt, macht sich die relativistische Massenzunahme bemerkbar. Für Elektronen wird dann aus Gl. (6.154) $r = \frac{m_e(v)\, v}{e B}$ und die Zyklotronfrequenz ändert sich, sodass die Betriebsfrequenz des Gerätes entsprechend angepasst werden muss. Derartige Teilchenbeschleuniger werden als Synchrozyklotron bezeichnet (siehe auch Abschnitt 8.4.2).

Die Ablenkung elektrisch geladener Teilchen im Magnetfeld findet auch bei der Bestimmung ihrer spezifischen Ladung $q/m$ eine wichtige Anwendung. Für das Elektron findet sich die spezifische Ladung in Gl. (6.154) als $\frac{e}{m_e}$. Sie hat den Wert $\frac{e}{m_e} = 1{,}758\,820\,033 \cdot 10^{11}$ C/kg. Kennt man z. B. die Ladung von Ionen, so kann man mit der Ablenkung im Magnetfeld deren Masse bestimmen (s. folgendes Beispiel).

**Beispiel**

In einem Massenspektrometer bewegt sich ein einfach negativ geladenes Ion, $q = -e$, mit der Geschwindigkeit $v = 1\,640$ m/s senkrecht zu einem Magnetfeld mit der magnetischen Flussdichte $B = 28$ mT auf einem Kreisbogen mit dem Radius $r = 12{,}3$ cm. Welche Masse hat das Ion?

Nach Gl. (6.44) wirkt auf das Ion die Lorentz-Kraft $\vec{F}_L = -e \cdot \vec{v} \times \vec{B}$. Da $\vec{v} \perp \vec{B}$ gilt für den Betrag der Kraft Gl. (6.59) $F_L = e v B$. Dieser beschleunigenden Kraft zum Kreismittelpunkt hin steht die gleich große Trägheitskraft, hier die Zentrifugalkraft $F_{ZF} = m\frac{v^2}{r}$ (siehe Abschnitt 2.2), entgegen. Damit erhält man $e v B = m\frac{v^2}{r}$. Aufgelöst nach $m$ und eingesetzt ergibt

$$m = \frac{e r B}{v} = \frac{1{,}602 \cdot 10^{-19}\ \text{C} \cdot 0{,}123\ \text{m} \cdot 0{,}028\ \text{T}}{1640\ \frac{\text{m}}{\text{s}}} = 3{,}36 \cdot 10^{-25}\ \text{kg}$$

(Bei dem Ion handelt es sich also um ein Molekül oder Atom mit einer Masse von ca. 230 u (atomare Masseneinheiten, siehe Abschnitt 8.2.1)

### 6.8.2 Driftgeschwindigkeit und Beweglichkeit von Ladungsträgern

Innerhalb stofflicher Medien wird die Bewegung der Ladungsträger durch die Anwesenheit anderer Teilchen stark beeinflusst. Die Wechselwirkungen sind unterschiedlich und hängen vom Material und von der Temperatur ab. Sie wirken sich wie eine Art Reibungskraft aus. In einem elektrischen Feld stellt sich zwischen elektrischer Kraft und dieser Reibungskraft ein Gleichgewicht ein. Die Bewegung der Ladungsträger ist dann nicht mehr eine beschleunigte, sondern eine im Mittel gleichförmige Bewegung mit konstanter Geschwindigkeit $v_D$, die als *Felddrift* bezeichnet wird. Die Geschwindigkeit $v_D$ der Felddrift ist bei konstanter Temperatur zur elektrischen Feldstärke $E$ proportional und wird *Driftgeschwindigkeit* der Ladungsträger (Elektronen, Ionen beiderlei Vorzeichens) genannt:

**Driftgeschwindigkeit**

$$v_{D\pm} = \mu_{\pm} E \tag{6.155}$$

Der Proportionalitätsfaktor $\mu$ wird als *Beweglichkeit* der Ladungsträger bezeichnet. Sie hat die Einheit $[\mu] = \frac{\text{m/s}}{\text{V/m}} = \frac{\text{m}^2}{\text{V s}}$.

**Beweglichkeit**

$$\mu_{\pm} = \frac{v_{D\pm}}{E} \tag{6.156}$$

Die Ladungsträger sind meist schon von vornherein im Leiter enthalten und bewegen sich dann unter der Wirkung des elektrischen Feldes. Bei *unipolarer* Leitung handelt es sich nur um Ladungen eines Vorzeichens des Betrages $q$. Mit einer Ladungsträgerdichte $n$ (Anzahl Ladungsträger pro Volumeneinheit) enthält ein Leiter des Querschnitts $A$ und der Länge $l$ $nAl$ Ladungsträger und damit die Ladung $\Delta Q = qnAl$. Diese Ladung bewegt sich in der Zeit $\Delta t = \frac{l}{v_D}$ durch den Leiter. Mit $I = \frac{\Delta Q}{\Delta t}$ ergibt sich für die

**Stromstärke bei unipolarer Leitung**

$$I = q n v_D A \tag{6.157}$$

Bei bipolarer Leitung können die Ladungsträger beider Vorzeichen mit den Ladungsbeträgen $q_+$ und $q_-$ und den Ladungsträgerdichten $n_+$ und $n_-$ auch mit unterschiedlichen Geschwindigkeiten $v_{D+}$ und $v_{D-}$ bewegen. Die Gesamtstromstärke I ist dann die Summe der von den positiven und negativen Ladungen hervorgerufenen Teilstromstärken:

**Stromstärke bei bipolarer Leitung**

$$I = \left(q_+ n_+ v_{D+} + q_- n_- v_{D-}\right) A = e\left(z_+ n_+ v_{D+} + z_- n_- v_{D-}\right) A \tag{6.158}$$

Der zweite Teil der Gleichung gilt, wenn die Ladungsträger jeweils mehrere, also $z_+$ bzw. $z_-$ Elementarladungen tragen. Bei Ionenleitern ist $z$ die Wertigkeit der Ionen.

Bei reiner Elektronenleitung ist $n_+ = 0$ und $z_- = 1$, damit hat man für die

**Stromstärke bei Elektronenleitung**

$$I = en_- v_{D-} A \tag{6.159}$$

Für die Stromdichte $j = \frac{I}{A}$ und mit der Beweglichkeit $\mu_-$ aus Gl. (6.155) ergibt sich die

**Stromdichte bei Elektronenleitung**

$$j = en_- v_{D-} = en_- \mu_- E \tag{6.160}$$

Mit Gl. (6.159), Gl. (6.155) erhält man $I = j \cdot A = en_- \mu_- E \cdot A$. Unter der Annahme eines homogenen Feldes im Leiter der Länge $l$, sodass $E = \frac{U}{l}$, wird daraus $I = en_- \mu_- \frac{A}{l} U$. Der Vergleich mit dem Ohm'schen Gesetz $I = \frac{U}{R}$ führt zu $R = \left( en_- \mu_- \frac{A}{l} \right)^{-1}$, und weiter mit Gl. (6.93) zu

**spezifischer Widerstand** und **spezifische Leitfähigkeit**

$$\varrho = \frac{1}{en_- \mu_-} = \frac{1}{\sigma} \tag{6.161}$$

Gl. (6.161) gilt mit entsprechenden Größen auch, wenn positive Ladungsträger beteiligt sind. Damit ist der spezifische Widerstand eines Stoffes direkt verknüpft mit den grundlegenden Eigenschaften Ladungsträgerdichte und Beweglichkeit.

**Beispiel**

Wie groß ist die Driftgeschwindigkeit der Elektronen in einem Draht der Länge $l = 1$ m aus Kupfer, Ladungsträgerdichte $n_- = 8{,}5 \cdot 10^{28}\ \mathrm{m^{-3}}$, an dem eine Spannung von $U = 1$ V anliegt?

Nach Gl. (6.155) gilt für die Driftgeschwindigkeit $v_D = \mu_- E = \mu_- \frac{U}{l}$.

Aus Gl. (6.161) erhält man $\mu_- = \frac{1}{en_- \varrho_{Cu}}$, sodass

$$\begin{aligned} v_D &= \frac{1}{en_- \varrho_{Cu}} \frac{U}{l} \\ &= \frac{1}{1{,}60 \cdot 10^{-19}\ \mathrm{C} \cdot 8{,}5 \cdot 10^{28}\ \mathrm{m^{-3}} \cdot 1{,}678 \cdot 10^{-8}\ \Omega\,\mathrm{m}} \cdot \frac{1\ \mathrm{V}}{1\ \mathrm{m}} \\ &= 4{,}38\ \frac{\mathrm{mm}}{\mathrm{s}} \end{aligned}$$

mit dem spezifischen Widerstand von Kupfer $\varrho_{Cu}$ aus Tabelle 6.5. (Durch einen solchen Draht mit dem Querschnitt 1 mm² fließt ein Strom von 60 A.)

## 6.8.3 Elektrische Leitung in Gasen

### Unselbständige und selbständige Entladung

Alle Gase, auch die Luft, sind normalerweise Nichtleiter (Isolatoren). Eine nur mit empfindlichen Messgeräten nachweisbare äußerst geringe Leitfähigkeit rührt von einer geringen

Zahl an Elektronen oder Ionen her, deren Quelle unter anderem die natürliche radioaktive Strahlung ist. Eine Erhöhung der Leitfähigkeit geschieht durch zusätzliche Ladungsträger im Gas. Entstehen diese durch äußere Einwirkung, findet eine *unselbständige Gasentladung* statt.

So gibt es viele Möglichkeiten äußerer Energiezufuhr. Dabei muss die den Molekülen bzw. den Atomen zugeführte Energie größer als deren Ionisierungsenergie sein:

- es können z. B. durch Strahlung (UV-Licht, Röntgenstrahlung, Gammastrahlung) Elektronen aus der Kathode herausgelöst werden (siehe Photoeffekt),
- die Ladungsträgerkonzentration kann durch die Strahlung infolge Ionisation des Gases selbst erhöht werden,
- durch Zufuhr von Wärme können sich zusätzliche Ladungsträger bilden.

Bei der *selbständigen Gasentladung* entstehen zusätzliche Ladungsträger durch Stöße und Ionisation von Gasteilchen mit vorhandenen Ladungsträgern, die Energie aus dem elektrischen Feld aufgenommen haben.

Betrachtet man die Strom-Spannungs-Kennlinie einer Gasentladung, etwa mit einer Anordnung nach Bild 6.98, so steigt die Stromstärke $I$ mit steigender Spannung $U$ zunächst entsprechend dem Ohm'schen Gesetz etwa linear an (Bild 6.99, Bereich A).

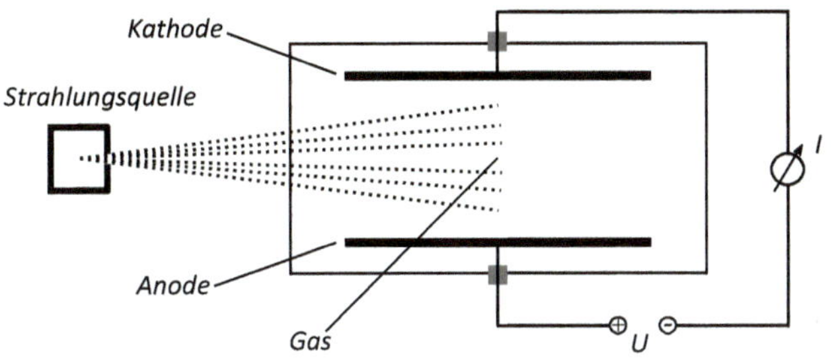


**Bild 6.98**
Anordnung zur Aufnahme der Strom-Spannungs-Kennlinie einer Gasentladung

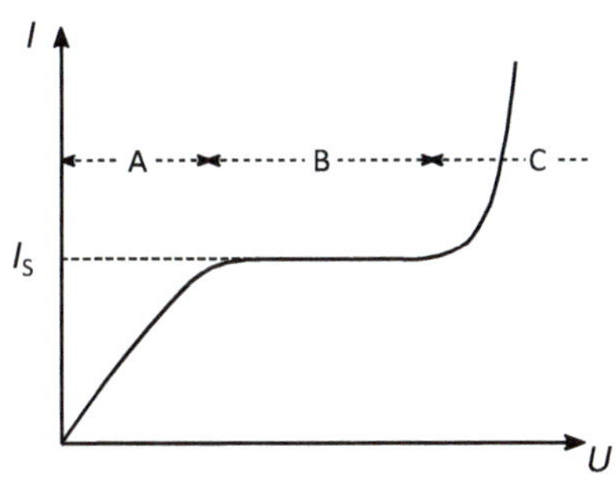


**Bild 6.99**
Strom-Spannungs-Kennlinie einer Gasentladung (Erläuterung siehe Text)

Bei zunehmender Spannung jedoch nimmt die Stromstärke immer langsamer zu und erreicht schließlich einen Sättigungswert $I_s$ im Bereich B. Der Strom wird begrenzt durch die Ionisierungsrate, d. h. die Zahl der pro Zeiteinheit durch die Strahlungsquelle erzeugten Ionen. Diese Sättigungsstromstärke kann daher als Maß für die Ionendosis (Exposition) ionisierender Strahlung dienen (siehe Abschnitt 8.3.7).

Wird die Spannung weiter erhöht, beginnt die Stromstärke erneut anzusteigen und nimmt schließlich sehr stark zu (im Bereich C). Das im Sättigungsbereich B vorhandene Gleichgewicht von Ladungsträgererzeugung durch die Strahlung und Ladungsträgertransport sowie Rekombination (Wiedervereinigung) von Ladungsträgern unterschiedlicher Polarität wird gestört durch die Erzeugung zusätzlicher Ladungsträger durch *Stoßionisation*. Die ursprünglich vorhandenen Elektronen und Ionen erhalten wegen der großen elektrischen Feldstärke so viel kinetische Energie, dass sie bei Stößen mit anderen Molekülen und neutralen Atomen diese ionisieren und so zusätzliche Ionen und Elektronen erzeugen.

Außer der Stoßionisation können auch durch das Auftreffen energiereicher Ionen auf die Kathode zusätzliche Elektronen herausgelöst werden. Beide Vorgänge können die Ursache der selbständigen Entladung sein.

Der Mechanismus der selbständigen Gasentladung ist ein komplexer Vorgang aus thermischen, elektrischen und auch optischen voneinander oft abhängigen Effekten. Entscheidend für ihre Entstehung ist die Stoßionisation. Dabei kann es bei genügend großem elektrischen Feld bzw. genügend hoher Spannung zu einem Lawineneffekt kommen, wenn die zusätzliche erzeugten Ladungsträger im Feld ausreichend Energie aufnehmen und ihrerseits durch Stoßionisation weitere Ionen erzeugen können.

Ein völlig oder zumindest weitgehend ionisiertes Gas wird *Plasma* genannt. Auch dieser Zustand kann durch elektrische Entladung erreicht werden („kaltes“ Plasma). Er liegt aber auch bei sehr hoher Temperatur vor, bei der die kinetische Energie der durch die Temperatur bedingten Bewegung der Atome und Moleküle zu ihrer Ionisation ausreicht. In der Atmosphäre und im Inneren von Sternen, bei Temperaturen in der Größenordnung von $10^6$ K und mehr sind Atomkerne und Elektronen vollständig getrennt. Dort können Ladungsträgerkonzentrationen von $10^{30}$ $m^{-3}$ auftreten.

## Glimmentladung

Selbständige Gasentladungen sind oft mit Leuchterscheinungen verbunden. Wird eine Kaltkathodenröhre (Bild 6.100), an der eine Spannung von einigen Kilovolt liegt, evakuiert, erscheinen während des Absinkens des Druckes bald leuchtende Büschel, die sich bei etwa

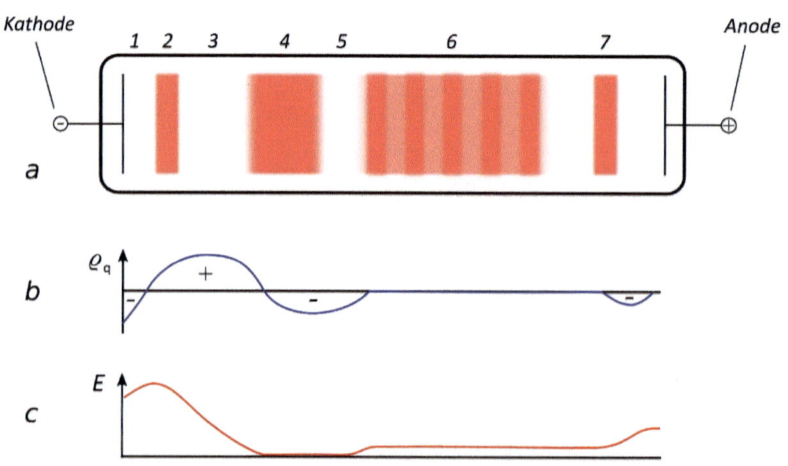


**Bild 6.100** Glimmentladung: (a) Leuchterscheinungen, (b) Ladungsdichte, (c) elektrische Feldstärke (Erläuterung siehe Text)

0,1…2 mbar zu einer Glimmentladung verbreitern. Die Leuchterscheinungen zeigen zwischen Kathode und Anode eine charakteristische Abfolge von hellen und dunklen Bereichen, die durch das Verhalten der Elektronen und Ionen zu erklären sind (Bild 6.100).

Elektronen werden an der Kathode durch Sekundärionenemission oder Photoemission freigesetzt und dann zur Anode hin beschleunigt. An die Kathode grenzt der nicht leuchtende *Aston'sche Dunkelraum* (1) (F. W. Aston, 1877–1945, Nobelpreis 1922), in dem die Energie der Elektronen noch nicht zur Anregung der Gasatome ausreicht. Im daran anschließenden Bereich des *Kathodenlichts* (2) werden Gasatome durch Elektronenstoß angeregt und geben ihre Energie in Form von Licht wieder ab. Die Energie von Elektronen, die diesen Bereich passieren, ist so groß, dass Gasatome eher ionisiert als angeregt werden und daher nicht leuchten. Dadurch entsteht der anschließende *kathodische Dunkelraum* (3). Die positiven Ionen bewegen sich aufgrund ihrer geringen Beweglichkeit nur langsam in Richtung Kathode und bilden eine positive Raumladungszone. Die elektrische Feldstärke nimmt deshalb zum Ende des kathodischen Dunkelraums ab. Die Elektronen werden langsamer und können im Bereich des *negativen Glimmlichts* (4) wieder Atome anregen bzw. mit Ionen rekombinieren, wodurch das intensive Leuchten entsteht. Im folgenden *Faraday'schen Dunkelraum* (5) gewinnen sie im dort relativ schwachen Feld wieder Energie und können dann in der *positiven Säule* (6) wieder Atome anregen und ionisieren. Elektronen- und Ionendichte sind hier in etwa gleich, sodass es sich hier um ein typisches Plasma handelt. Kurz vor der Anode tritt in einem Anstiegsbereich der Feldstärke, der von der negativen Raumladung der in die Anode abfließenden Elektronen herrührt, das schmale *anodische Glimmlicht* (7) auf.

Die Farben des ausgestrahlten Lichtes hängen vom Gas ab, in dem die Entladung stattfindet. So ist beispielsweise bei Luft (Stickstoff, Sauerstoff) das Licht rosa, bei Neon rot, bei Quecksilberdampf erscheint es grünlich, bei Helium violett.

Auf der Gasentladung beruhen die verschiedensten Typen von Lampen. Teilweise wird das abgegebene Licht direkt genutzt (z. B. rote Neonröhren, gelbe Natriumdampflampen, ultraviolettes Licht von Quecksilberdampflampen), teilweise wird es durch fluoreszierende Farbstoffe in geeignete Lichtfarben umgesetzt (z. B. bei Leuchtstoffröhren auf Basis von Quecksilberdampflampen).

Eine *Bogenentladung* ist eine besondere Form der Glimmentladung, die sich durch besonders hohe Temperatur und Stromdichte auszeichnet. Sie wird beim Lichtbogenschweißen oder in den Bogenlampen praktisch verwertet. Eine *Funkenentladung* ist eine Bogenentladung sehr kurzer Zeitdauer (Zündkerze in Verbrennungsmotoren).

## 6.8.4 Elektrische Leitung in Elektrolyten

### Ionenleitung und Ionenbeweglichkeit

Wie zum Teil bei Gasen, und im Gegensatz zu Metallen oder Halbleitern, erfolgt in Flüssigkeiten (unter anderem wässrige Lösungen von Salzen, Basen und Säuren) und auch in manchen Festkörpern die elektrische Leitung durch Ionen. Man bezeichnet diese Art der Leitung als *elektrolytische Leitung* und unterscheidet als Ladungsträger

- *Kationen*: positive Ionen, die sich zur negativen Elektrode (Kathode) bewegen, und
- *Anionen*: negative Ionen, die zur positiven Elektrode (Anode) wandern (Bild 6.101).

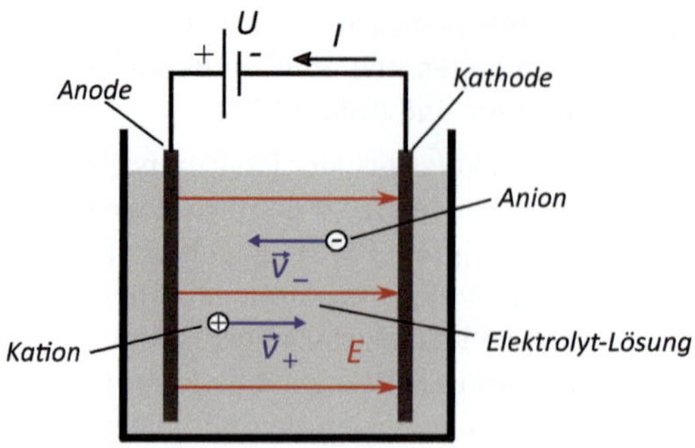


**Bild 6.101**
Ladungstransport bei Elektrolyse

Anionen und Kationen entstehen in reinen Flüssigkeiten durch den Vorgang der *Dissoziation* (Aufspaltung) der Moleküle des *Elektrolyten* aufgrund der thermischen Energie. So ist in flüssigem Wasser ein Teil der Moleküle gemäß $H_2O \leftrightarrow H^+ + OH^-$ dissoziiert. Der Anteil der dissoziierten Moleküle an der Gesamtzahl hängt vom Stoff und insbesondere natürlich von der Temperatur ab. Für Wasser bei Raumtemperatur beträgt er nur etwa $2 \cdot 10^{-9}$ entsprechend einer Ladungsträgerdichte von $1{,}4 \cdot 10^{20}\ \text{m}^{-3}$ (zum Vergleich: in Cu liegt die Ladungsträgerdichte bei $10^{28}\ \text{m}^{-3}$).

Im Fall von Lösungen sind die Ionen bereits im kristallinen, also im festen Zustand der Stoffe räumlich getrennt im Kristallgitter vorhanden. Die gegenseitige Bindung ist elektrostatischer Natur. Die Bildung von beweglichen Ionen im Lösungsmittel nennt man ebenfalls Dissoziation. Ionen tragen ganzzahlige Vielfache $z$ der Elementarladung $e$: $q = ze$ mit $z = 1, 2, 3, \ldots$. Die Anzahl der Elementarladungen (positiv oder negativ) ist die *Wertigkeit* des Elektrolyts.

Die Dissoziation in Wasser als Lösungsmittel ist besonders stark wegen des großen Dipolmoments der Wassermoleküle und des damit einhergehenden hohen Wertes der Permittivität von Wasser, $\varepsilon_r \approx 82$. Das elektrische Feld (siehe Gl. (6.36)) und die Coulomb-Kraft zwischen den Ionen wird gemäß $F_C = \dfrac{q_1 q_2}{4\pi\varepsilon_0 \varepsilon_r r^2}$ demnach um den Faktor $\dfrac{1}{80}$ geschwächt. Diesen als *Hydratisierung* bezeichneten Vorgang der Lösung kann man sich bildhaft so vorstellen, dass sich Moleküle mit ausgerichteten Dipolmomenten zwischen die Ionen schieben (Bild 6.102). Wasser gilt deshalb auch als starkes Lösungsmittel.

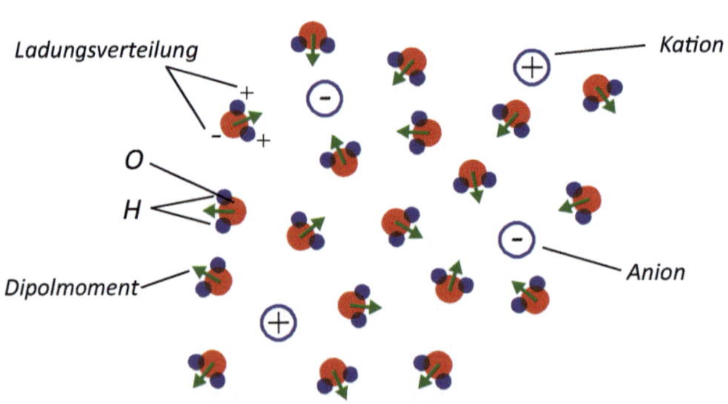


**Bild 6.102** Hydratisierung: Ausrichtung der $H_2O$-Moleküle im Feld von Anionen und Kationen (schematisch)

Bei angelegter Spannung wird der elektrische Strom von Ionen beiderlei Vorzeichens getragen, wie durch Gl. (6.158) beschrieben. Wegen ihrer geringen Beweglichkeit bewegen sie sich nach $v_{\pm} = \mu_{\pm} E$ (Gl. (6.155)) mit sehr kleinen Driftgeschwindigkeiten im elektrischen Feld der Feldstärke $E$ zwischen den Elektroden (Bild 6.101). Die geringe Ionenbeweglichkeit (siehe Tabelle 6.7) rührt daher, dass die Bewegung der relativ großen Ionen durch die innere Reibung im Lösungsmittel stark gehemmt wird.

**Tabelle 6.7** Beweglichkeiten von Ionen in wässriger Lösung bei 20 °C

| Kationen | $\mu_+$ $\times\,10^{-8}\,\mathrm{m^2\,V^{-1}\,s^{-1}}$ | Anionen | $\mu_-$ $\times\,10^{-8}\,\mathrm{m^2\,V^{-1}\,s^{-1}}$ |
|---|---|---|---|
| $Na^+$ | 5,2 | $HSO_4^-$ | 5,2 |
| $Zn^{2+}$ | 5,5 | $MnO_4^-$ | 6,3 |
| $Ca^{2+}$ | 6,2 | $NO_3^-$ | 7,4 |
| $K^+$ | 7,6 | $Cl^-$ | 7,9 |
| $H^+$ | 36,3 | $OH^-$ | 20,5 |

Auf dieser Grundlage kann die Größenordnung der Beweglichkeit abgeschätzt werden: Man stellt sich die Ionen als kleine Kugeln mit dem Durchmesser $d$ und der Ladung $q = ze$ vor, deren Geschwindigkeit $v$ durch das Kräftegleichgewicht zwischen der Kraft des elektrischen Feldes $F_C = qE$ und der Stokes'schen Reibungskraft $F_R = 3\pi\eta v d$ gegeben ist. Somit gilt $qE = 3\pi\eta v d$ und für die Beweglichkeit $\mu = \frac{v}{E} = \frac{ze}{3\pi\eta d}$. Setzt man z. B. $z = 1$, so ergibt sich mit der dynamischen Viskosität des Wassers von 1,0 mPa·s (siehe Abschnitt 3.2.2) und einem Ionendurchmesser von $2\cdot 10^{-10}$ m für die Beweglichkeit ein Wert von $\mu \approx 9\cdot 10^{-8}\ \mathrm{m^2/(V\,s)}$, was mit den gemessenen Werten aus der Tabelle gut übereinstimmt.

Da die Viskosität und damit die Reibung mit zunehmender Temperatur abnimmt, wird die Beweglichkeit größer. Außerdem nimmt dabei die Löslichkeit, d. h. die Dissoziation, und damit die Ladungsträgerdichte zu. Die Leitfähigkeit nimmt also zu und der spezifische elektrische Widerstand ab: Elektrolyte haben einen negativen Temperaturkoeffizienten des elektrischen Widerstandes.

### Faraday'sche Gesetze

Unter Wirkung eines elektrischen Feldes zwischen den Elektroden in einer leitenden Flüssigkeit findet eine elektrolytische Leitung statt. Dabei bewegen sich Kationen zur Kathode, nehmen dort Elektronen auf und werden zu neutralen Atomen (Reduktion). Die Anionen wandern zur Anode und geben dort die überschüssigen Elektronen ab (Oxidation). An den Elektroden laufen somit Oxidations- bzw. Reduktionsvorgänge ab, ein Vorgang, der allgemein als *Elektrolyse* bezeichnet wird.

Die Elektrolyse spielt eine große Rolle in der Technik. Zur Erhöhung der mechanischen bzw. chemischen Widerstandsfähigkeit, aber auch zur Verbesserung der elektrischen Leitfähigkeit, werden beim *Galvanisieren* (L. A. Galvani, 1737–1798) durch Elektrolyse die metallischen Elektroden mit einem anderen Metall überzogen (vernickeln, verchromen, versilbern, vergolden u. a.) oder *el*ektrolytisch mit einer *Ox*idschicht versehen (*elox*ieren).

Zur Gewinnung von Metallen aus Erzen (z. B. bei Al, Mg) wird mit der Schmelzfluss-Elektrolyse gearbeitet. Mit der Elektrolyse von Wasser wird Wasserstoff als Energieträger gewonnen.

Quantitativ wurden elektrolytische Vorgänge zuerst von Faraday untersucht. Er fand beim Abwägen der an den Elektroden abgeschiedenen Massen der Stoffe, dass die elektrolytisch abgeschiedene Masse $m$ eines Stoffes zur elektrischen Stromstärke $I$ und zur Zeit $t$, und damit zur transportierten Ladung $Q$ proportional ist, formuliert als

**1. Faraday'sches Gesetz**

$$m = K\,I\,t = K\,Q \tag{6.162}$$

Der Proportionalitätsfaktor $K$ heißt *elektrochemisches Äquivalent.*

Beim Abscheiden der Stoffmenge $n$ (siehe Abschnitt 1.2) eines Stoffes der Wertigkeit $z$ wird die elektrische Ladung

$$Q = n\,N_{\mathrm{A}}\,z\,e = n\,z\,F \tag{6.163}$$

transportiert, mit der Avogadro-Konstanten $N_{\mathrm{A}}$.

Die Größe $F$ ist definiert als die

**Faraday-Konstante**

$$F = N_{\mathrm{A}}\,e = 9{,}648\,533\,365 \cdot 10^4\ \mathrm{C\,mol^{-1}} \tag{6.164}$$

Die Faraday-Konstante $F$ ist eine stoffunabhängige Konstante, die das Produkt aus den zwei universellen Naturkonstanten $N_{\mathrm{A}}$ und $e$ ist. Sie kann aus elektrolytischen Messungen sehr genau bestimmt werden und diente mit der (z. B. aus dem Millikan-Versuch, Abschnitt 6.2.3, bestimmten) Elementarladung $e$ zur Berechnung der Avogadro-Konstanten $N_{\mathrm{A}}$.

Für das elektrochemische Äquivalent erhält man aus Gl. (6.162), Gl. (6.163) mit der molaren Masse $M$ des abgeschiedenen Stoffes und Ionen der Wertigkeit $z$:

**Elektrochemisches Äquivalent**

$$K = \frac{m}{Q} = \frac{n\,M}{Q} = \frac{M}{z\,F} \tag{6.165}$$

Beispielsweise hat das elektrochemische Äquivalent für Wasserstoff, der bei der Wasserelektrolyse durch Zufuhr eines Elektrons gemäß $H^+ + e^- \rightarrow H$ reduziert wird, mit $M = 1$ g/mol und $z = 1$ den Wert $K = 1{,}046 \cdot 10^{-5}$ g/C. (Da Wasserstoff im Gas immer als Molekül $H_2$ vorliegt, schreibt man die Reaktionsgleichung meistens als $2H^+ + 2e^- \rightarrow H_2$. Man muss dann $M = 2$ g/mol und $z = 2$ setzen, der Wert von $K$ ändert sich also nicht.) Es kann für denselben Stoff auch unterschiedlichen Werte geben. Liegt z. B. Eisen zweiwertig als $Fe^{2+}$ vor wie in der Verbindung FeO, ist $K = 2{,}89 \cdot 10^{-3}$ g/C, bei dreiwertigem Eisen $Fe^{3+}$ wie in $Fe_2O_3$, gilt $K = 0{,}193 \cdot 10^{-3}$ g/C.

Oft wird Gl. (6.165) für zwei verschiedene von der gleichen elektrischen Ladung $Q = I\,t$ abgeschiedene Stoffe angewendet (Stoff 1: $K_1$, $m_1$, $z_1$, $M_1$; Stoff 2: $K_2$, $m_2$, $z_2$, $M_2$). Man erhält dann das

**2. Faraday'sches Gesetz**

$$K_1 : K_2 = m_1 : m_2 = \left(\frac{M_1}{z_1}\right) : \left(\frac{M_2}{z_2}\right) \tag{6.166}$$

**Beispiel**

Wieviel Wasserstoff entsteht bei der Elektrolyse von Wasser durch den Strom $I = 10$ A, der während der Zeit $t = 1$ h fließt? Wieviel Wasser wird dabei zersetzt?

Ausgegangen wird von der Reaktionsgleichung $2\,H^+ + 2\,e^- \rightarrow H_2$, sodass $z = 2$ und $M = 2\ \text{g mol}^{-1}$. Wasser hat die molare Masse $M_{H_2O} = 18\ \text{g mol}^{-1}$.

Nach Gl. (6.165) erhält man für die Masse an Wasserstoff

$$m_{H_2} = \frac{M_{H_2}}{2F}Q = \frac{M_{H_2}}{2F}It = \frac{2\ \text{g mol}^{-1}}{2\cdot 9{,}65\cdot 10^4\ \text{C mol}^{-1}}\cdot 10\ \text{A}\cdot 3\,600\ \text{s} = 0{,}373\ \text{g}.$$

Ebenfalls nach Gl. (6.165) erhält man für die Stoffmenge

$$n_{H_2} = \frac{1}{2F}Q = \frac{1}{2F}It = \frac{1}{2\cdot 9{,}65\cdot 10^4\ \text{C mol}^{-1}}\cdot 10\ \text{A}\cdot 3\,600\ \text{s} = 0{,}187\ \text{mol}.$$

(Unter Normalbedingungen entspricht das ca. 4,2 l $H_2$-Gas.)

Nach der chemischen Zusammensetzung $H_2O$ wird für ein frei werdendes $H_2$-Molekül ein $H_2O$-Molekül gespalten. Es werden also $n_{H_2O} = n_{H_2} = 0{,}187$ mol Wasser zersetzt, entsprechend $m_{H_2O} = n_{H_2O}\cdot M_{H_2O} = 0{,}187\ \text{mol}\cdot 18\ \text{g mol}^{-1} = 3{,}36$ g Wasser.

## Galvani'sche Elemente

Auch reine Metalle geben in einer elektrolytischen Lösung positive Ionen ab, sie gehen also selber in Lösung. Dabei lädt sich die metallische Elektrode gegenüber der Flüssigkeit negativ auf. Der Lösungsvorgang kommt zum Stillstand, wenn durch die elektrische Feldstärke $E_D$ der sich dadurch aufbauenden *Ionen-Doppelschicht* ein Gleichgewichtszustand entsteht (Bild 6.103). Die dabei entstehende Potentialdifferenz zwischen Metall und Lösung kann allerdings nicht direkt gemessen werden, da sich auch an Messkontakten Potentialdifferenzen herausbilden. Die Potentiale der Metalle werden daher in Bezug auf eine Standard-Elektrode, der *Wasserstoff-Elektrode*, gemessen. Diese besteht aus Platin, das von Wasserstoff umspült wird, und in eine Säure taucht, die eine Wasserstoff-Ionen-Konzentration von 1 mol/l aufweist. Die darauf bezogene Spannung einiger Metalle in einer Lösung ihrer jeweiligen Ionen mit der Konzentration von ebenfalls 1 mol/l gibt Tabelle 6.8 als Teil der *elektrochemischen Spannungsreihe* an.

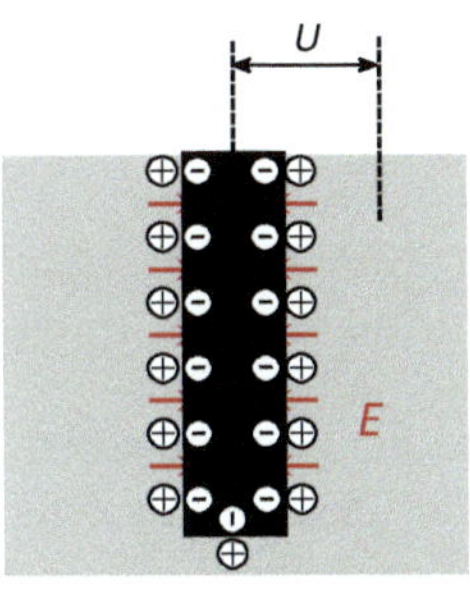


**Bild 6.103**
Ladungsdoppelschicht an der Metall-Flüssigkeit-Grenzfläche (schematisch)

**Tabelle 6.8** Elektrochemische Spannungsreihe der Metalle

| Metall | $K/K^+$ | $Na/Na^+$ | $Al/Al^+$ | $Zn/Zn^+$ | $Fe/Fe^+$ | $H/H^+$ | $Cu/Cu^{2+}$ | $Cu/Cu^+$ | $Ag/Ag^+$ | $Pt/Pt^{2+}$ | $Au/Au^+$ |
|---|---|---|---|---|---|---|---|---|---|---|---|
| $U_{ec}$/V | −2,931 | −2,71 | −1,662 | −0,762 | −0,447 | 0 | +0,342 | +0,521 | +0,800 | +1,18 | +1,692 |
| | ← unedler | | | | | | edler → | | | | |

Zwei verschiedene Metalle in einer elektrolytischen Lösung (Bild 6.104) bilden ein *Galvani'sches Element* mit einer Potentialdifferenz zwischen den Elektroden. Diese Quellenspannung des Elements ist gleich der Differenz der Potentiale der Elektroden gegenüber der Lösung aus der Spannungsreihe. Sie hängt nur vom Material der Elektroden ab, nicht aber von deren Abmessungen.

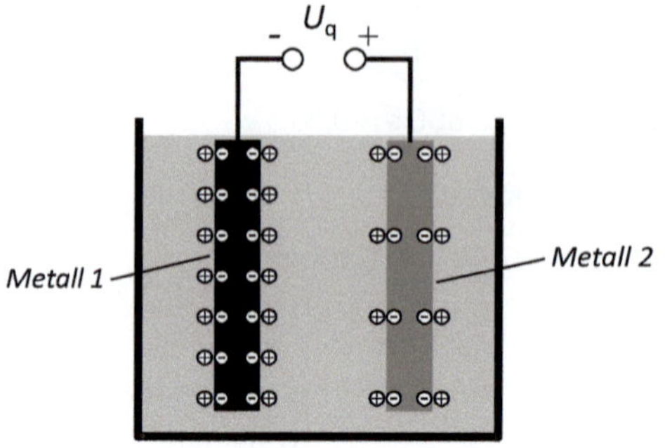


**Bild 6.104**
Prinzip eines Galvani'schen Elements, z. B. Metall 1: Al, Metall 2: Ag

Galvani'sche Elemente stellen eine Möglichkeit dar, chemische Energie in elektrische Energie umzuwandeln. Sie werden als *Primärelemente* bezeichnet, bei denen diese Umwandlung nicht reversibel ist. Die historisch erste Spannungsquelle dieser Art ist das Volta-Element mit Elektroden aus Kupfer und Zink und verdünnter Schwefelsäure als Elektrolyten. Seine Quellenspannung beträgt 1,1 V, in Übereinstimmung mit der Spannungsreihe (Tabelle 6.8). Entscheidender noch als durch die vorhandene Menge an Metall ist die Kapazität eines Galvani'schen Elementes begrenzt durch zusätzliche chemische Reaktionen mit der Lösung, die als elektrolytische Polarisation bezeichnet werden und zu Veränderungen der Elektroden selbst führen.

Im Gegensatz zu Primärelementen ist die Umwandlung von chemischer in elektrische Energie bei *Sekundärelementen* oder *Akkumulatoren* umkehrbar. Bei diesen kann elektrische Energie in chemische umgewandelt werden, d. h. sie sind wieder aufladbar. Besondere Bedeutung hat auch heute noch der älteste Typ, der Bleiakkumulator, 1859 entwickelt von Planté (G. Planté, 1834–1889). Er besteht aus Blei (Pb)-Elektroden, die sich in verdünnter Schwefelsäure ($H_2SO_4 + H_2O$) befinden, sodass sich an deren Oberfläche Bleisulfat ($PbSO_4$) bildet. Beim *Aufladen* wird an der negativen Elektrode unter Zufuhr von Elektronen Blei aus Bleisulfat reduziert, an der positiven Elektrode unter Entzug von Elektronen zu Bleioxid oxidiert:

- negative Elektrode: $PbSO_4 + 2\,e^- \rightarrow Pb + SO_4^{2-}$
- positive Elektrode: $PbSO_4 + 2\,H_2O - 2\,e^- \rightarrow PbO_2 + SO_4^{2-} + 4\,H^+$

(Die $SO_4^{2-}$- und $H^+$-Ionen befinden sich in der Lösung.)

Beim *Entladen* laufen diese Reaktionen in die umgekehrte Richtung. Blei hat gegenüber Bleisulfat ein Potential von −0,36 V, Bleioxid gegenüber Bleisulfat von +1,68 V, sodass eine Zelle eines Bleiakkumulators eine Spannung von $1{,}68\ \text{V} - (-0{,}36\ \text{V}) = 2{,}04\ \text{V}$ aufweist.

Im Zusammenhang mit der rapide zunehmenden Nutzung regenerativer Energiequellen und der Elektromobilität kommt der Speicherung elektrischer Energie in Akkumulatoren eine immer größere Bedeutung zu. Entwicklungsziele sind dabei unter anderem möglichst große Werte für die spezifische Ladung (Ladung pro Masse) und für die spezifische Speicherenergie (gespeicherte Energie pro Masse).

Beim Bleiakkumulator beträgt die molare Masse der Reaktionsteilnehmer ($PbSO_4$, $PbO_2$, $H_2SO_4$) etwa 0,64 kg/mol, bei der Reaktion werden zwei Elementarladungen verschoben. Daraus ergibt sich für die spezifische Ladung ein theoretischer Wert von $\frac{1}{0{,}64\ \text{kg/mol}} \cdot F \cdot 2 = 3{,}0 \cdot 10^5\ \text{C/kg}$ oder in der gebräuchlichen SI-fremden Einheit 83,8 Ah/kg. Bei einer Spannung von 2 V für eine Zelle entspricht dies einer spezifischen Energie von 2 V · 83,8 Ah/kg = 168 Wh/kg. In der Praxis kommt man allerdings auf nur etwa 40 Wh/kg. Mit neueren Entwicklungen wie Nickel-Metallhydrid (NiMH)-Akkumulatoren werden 100 Wh/kg, mit Lithium-Ionen-Akkumulatoren 200 Wh/kg erreicht.

Eine weitere Form von Elektrolyse spielt sich in der *Brennstoffzelle* ab, die als Teil der Energiespeichertechnologie im Zusammenhang mit der Nutzung regenerativer Energiequellen zunehmende Bedeutung gewinnt. Im Unterschied zu den Galvani'schen Elementen werden die Reaktionsstoffe hier von außen zugeführt. Als Beispiel zeigt Bild 6.105 eine Niederdruck-Wasserstoff-Brennstoffzelle. Das zugeführte $H_2$-Gas tritt in einen aus gesintertem Material bestehenden Nickelzylinder und wird dort in den Poren katalytisch gespalten, oxidiert und locker gebunden. Die freigesetzten Elektronen werden in den äußeren Stromkreis abgegeben. In der positiven Elektrode wird $O_2$-Gas durch einen Silber-Katalysator ionisiert. Mit dem Wasser des Elektrolyten und Elektronen aus dem äußeren Stromkreis bilden sich $OH^-$-Ionen, die in der als elektrolytischen Lösung dienenden Kalilauge zur Gegenelektrode wandern und sich mit dem Wasserstoff zu Wasser verbinden. Die Quellenspannung einer Zelle beträgt hier 1,12 V. Für die Umwandlung der chemischen Energie des Wasserstoff-Sauerstoff-Systems in elektrische Energie wird ein Wirkungsgrad von bis zu 80 % erreicht.

Schwankungen bei der Erzeugung elektrischer Leistung bei z. B. Wind- oder Solarkraftwerken könnten ausgeglichen werden, indem bei zu großem Angebot elektrolytisch Wasserstoff erzeugt und gespeichert wird, der bei zu niedrigem Angebot zur Erzeugung elektrischer Leistung in Brennstoffzellen genutzt wird.

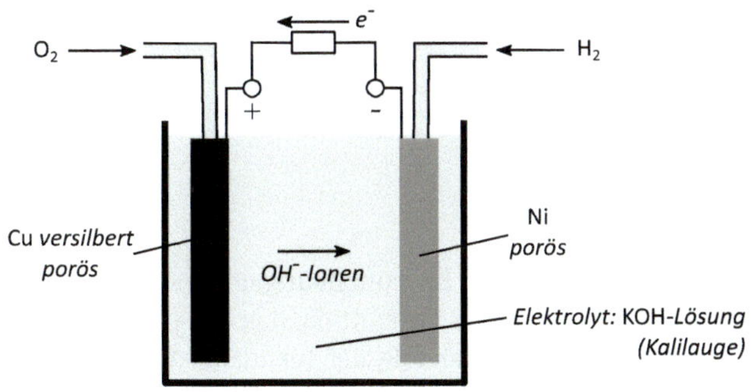


**Bild 6.105**
Prinzipieller Aufbau einer alkalischen Brennstoffzelle

# 7 Optik

Die visuelle Wahrnehmung seiner Umwelt spielt eine herausragende Rolle für den Menschen. Aus diesem Grunde bildete sich die Optik, die sich mit der Ausbreitung von Licht befasst, früh als ein eigenständiges Gebiet der Physik aus.

In einem als *Strahlenoptik* oder *geometrische Optik* bezeichneten Zweig der Optik wird die Ausbreitung von Licht durch Strahlen repräsentiert, deren Verlauf durch optische Bauelemente beeinflusst werden kann. Diese Betrachtungsweise ist wegen der Kleinheit der Lichtwellenlänge unter vielen Umständen möglich und nützlich. Sie wird in Abschnitt 7.2 behandelt. Kommen aber Abmessungen von der Größenordnung der Lichtwellenlänge ins Spiel, müssen verschiedene Aspekte des Wellencharakters des Lichtes berücksichtigt werden. Dies ist Gegenstand der *Wellenoptik* in Abschnitt 7.3. Neben der rein physikalischen, radiometrischen Erfassung des Lichtes spielt natürlich das visuelle Empfinden mit dem Auge, also die physiologische Wirkung eine große Rolle. Deren quantitative Erfassung in der *Photometrie* wird der *Radiometrie* in Abschnitt 7.4 gegenübergestellt.

Zunächst soll allerdings kurz auf einige Aspekte von Ausbreitung, Erzeugung und Nachweis von Licht eingegangen werden.

## 7.1 Ausbreitung, Erzeugung und Nachweis von Licht

Die Auffassung vom Wesen des Lichtes entwickelte sich bis zum heutigen Verständnis über verschiedene Stufen. Erst im 19. Jahrhundert reifte die Erkenntnis, dass es sich bei Licht um den Teilbereich der elektromagnetischen Wellen handelt, der für unser Auge sichtbar ist. Licht weist demnach auch alle Eigenschaften elektromagnetischer Wellen (siehe Abschnitt 6.7.2) auf. Es handelt sich um transversale Wellen. Sie breiten sich im Vakuum ohne ein vermittelndes Medium aus, anders als z. B. akustische Wellen in Luft. Ihre Ausbreitungsgeschwindigkeit ist die *Lichtgeschwindigkeit* mit einem Wert, der unabhängig von der Bewegung eines Bezugssystems ist. Gerade diese letzten beiden Punkte, die Anfang des 20. Jahrhunderts auch experimentell belegt werden konnten, führten zur Entwicklung der Relativitätstheorie (siehe Kapitel 10).

## Ausbreitung von Licht

Ein erstes Indiz für die Deutung von Licht als elektromagnetische Welle war die gute Übereinstimmung zwischen der von Maxwell aus seinen Gleichungen der Elektrodynamik (1862, siehe Abschnitt 6.4.5) berechneten Geschwindigkeit elektromagnetischer Wellen und den experimentell gemessenen Werten der Lichtgeschwindigkeit. Dass Licht sich überhaupt mit einer endlichen Geschwindigkeit bewegt, stellte 1692 zuerst Römer (O. Römer, 1644–1710) fest. Er schloss dies aus der Beobachtung, dass sich der Zeitpunkt der Abdeckung des Mondes Io durch seinen Planeten Jupiter in systematischer Weise mit dem Abstand Erde-Jupiter ändert. Auch eine grobe Abschätzung auf einen sehr hohen Wert der Geschwindigkeit ließ sich daraus ableiten. Von den vielen, immer genaueren späteren Experimenten soll hier nur kurz die Foucault'sche Drehspiegelmethode (L. Foucault, 1819–1868) erläutert werden.

Der Aufbau des Experiments ist in Bild 7.1 zu sehen. Eine Lichtquelle scheint durch eine Spaltblende auf einen drehbaren Spiegel. Der reflektierte Strahl trifft auf einen in einiger Entfernung befindlichen, feststehenden sphärischen Spiegel, der den Strahl in sich reflektiert. Solange sich der drehbare Spiegel nicht bewegt (Bild 7.1a), wird der Spalt auf sich selbst abgebildet (durch eine in der Abbildung nicht dargestellte Linse), unabhängig von der Stellung des Spiegels. Rotiert der Spiegel aber (Bild 7.1b), ändert er die Stellung während der Laufzeit des Lichtes zum sphärischen Spiegel und zurück um einen Winkel $\alpha$. Das Bild des Spaltes erscheint dadurch an einer um den Winkel $2\alpha$ gedrehten Stelle. Aus der Messung dieses Winkels lässt sich dann mit der Rotationsfrequenz $f$ des Spiegels und der Länge $s$ der Strecke zum sphärischen Spiegel die Lichtgeschwindigkeit $c$ über den Ansatz $\alpha = 2\pi f \cdot \frac{2s}{c}$ bestimmen.

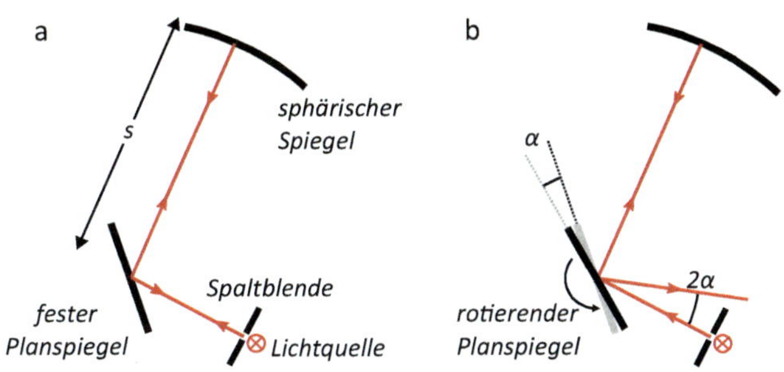


**Bild 7.1** Schematische Darstellung der Foucault'schen Drehspiegelmethode zur Bestimmung der Lichtgeschwindigkeit (Beschreibung siehe Text)

Mit der Entwicklung der Quantenphysik Anfang des 20. Jahrhunderts wurde erkannt, dass elektromagnetische Strahlung und damit auch Licht außer dem Wellencharakter auch einen Teilchencharakter aufweist (siehe Abschnitt 8.1.2). Dieser Umstand wird als Welle-Teilchen-Dualismus bezeichnet. Die Teilcheneigenschaften spielen aber im Rahmen der Optik keine Rolle; daher wird an dieser Stelle nicht näher darauf eingegangen.

Unter bestimmten Bedingungen kann auch der Wellencharakter vernachlässigt werden. Wenn die Wellenlänge des Lichtes viel kleiner ist als die Abmessungen der optischen Komponenten (Linsen, Blenden usw.), durch die es manipuliert wird, kann das Licht durch geradlinige, senkrecht zu den Wellenfronten verlaufende Strahlen repräsentiert werden. Wegen des kleinen Wertes der Lichtwellenlänge von ca. 0,5 µm ist das bei vielen Anwendungen der Fall. Die Betrachtungen werden dadurch wesentlich vereinfacht, ohne dass die Beschreibung und Berechnung der Funktion der Komponenten darunter leiden.

## Erzeugung von Licht

Wird ein Festkörper erhitzt, so beginnt er ab einer bestimmten Temperatur zu glühen, sendet also Licht aus, das mit dem Auge wahrgenommen werden kann. Ursprung des Lichtes sind thermisch angeregte Ladungen, z. B. Elektronen in Atomen, die die aufgenommene Energie in Form von sichtbarer elektromagnetischer Strahlung wieder abgeben. Wegen der kleinen Abstände der Atome untereinander beeinflussen sie sich stark gegenseitig. Dadurch sind viele verschiedene Anregungen an der Erzeugung der Strahlung beteiligt. Das Spektrum der Strahlung ist daher kontinuierlich, d. h. alle Wellenlängen sind in unterschiedlichem Ausmaß enthalten. Im Idealfall des *Schwarzen Körpers* (siehe Abschnitt 5.7.3) hängt das Spektrum der Strahlung ausschließlich von der Temperatur ab. Viele Lichtquellen, wie z. B. die Sonne, kommen diesem Ideal sehr nahe. So auch die Wolfram-Glühdrähte in den früher verbreiteten Glühbirnen. Ihr Spektrum entspricht fast genau dem eines Schwarzen Körpers bei einer Temperatur von ca. 3 200 K. (Allerdings hat die Lichtleistung nur einen Anteil von ca. 15 % an der gesamten abgegebenen Strahlungsleistung, weshalb diese Art der Beleuchtung inzwischen immer weniger genutzt wird.)

In Gasen dagegen reagieren die Atome individuell, wegen ihrer in der Regel viel größeren Abständen. Sie geben nach einer Anregung Strahlung mit ihren jeweils typischen Wellenlängen ab, d. h. mit einem charakteristischen Linienspektrum. Die Strahlung wird in *Gasentladungslampen*, bei denen die Atome durch Stöße mit Elektronen angeregt werden, genutzt. Dies geschieht teils direkt, z. B. mit Natriumdampf-Lampen, die in dem schmalen Wellenlängenbereich der Na-Doppellinie (siehe Abschnitt 8.2.5) bei ca. 589 nm gelb leuchten. Teils werden mit der Strahlung Moleküle eines Leuchtstoffs angeregt, die ihrerseits dann in Fluoreszenz ein auf mehrere Wellenlängen verteiltes Linienspektrum abgeben. Nach diesem Prinzip arbeiten Leuchtstofflampen, deren Farbtönung sich durch die Wahl des Leuchtstoffs einstellen lässt.

In *LEDs*[1] wird auf der Grundlage der speziellen elektronischen Verhältnisse in den als Halbleiter bezeichneten Festkörpern Licht mit einem schmalbandigen Spektrum erzeugt (siehe Abschnitt 9.3.2). Um die Strahlung in weißes Licht verschiedener Farbtönung umzuwandeln, wird auch hier, ähnlich wie in Leuchtstofflampen, die Fluoreszenz der Moleküle eines Leuchtstoffs benutzt.

Ein *Laser*[2] schließlich gibt Licht in einem sehr schmalen Spektralbereich ab (siehe Abschnitt 8.2.6). Die Strahlung ist häufig polarisiert und weist große Kohärenzlängen (siehe Abschnitt 7.3.3) auf. Da sie außerdem sehr intensiv und stark gerichtet sein kann, ist der Laser ein vielgenutztes Werkzeug in Technik und Wissenschaft. Seine Funktion beruht darauf, dass die angeregten Atome in seinem aktiven Volumen durch vorhandenes Licht stimuliert werden, Licht derselben Wellenlänge und Richtung zu emittieren und es so zu verstärken.

## Nachweis von Licht

Außer subjektiv mit dem Auge gibt es verschiedene Möglichkeiten, Licht auch objektiv im Hinblick auf spektrale Zusammensetzung und Intensität zu detektieren.

Eine eher statische Methode ist die Registrierung mittels lichtinduzierter chemischer Reaktionen in einer *Fotoplatte* oder einem Fotofilm. In der Praxis werden diese heutzutage oft

[1] Akronym für Light Emitting Diode: Licht emittierende Diode

[2] Akronym für Light Amplification by Stimulated Emission Radiation: Lichtverstärkung durch stimulierte Emission

ersetzt durch ein flächiges Halbleiterbauelement, einen sogenannten Charge-coupled device (CCD)-Sensor. Die Funktion eines CCD beruht wie die der Halbleiter-*Photodiode* auf dem inneren Photoeffekt (siehe Abschnitt 9.3.2), bei dem durch die Photonen des Lichtes innerhalb des Halbleiters Ladungen freigesetzt werden. In der Photodiode werden diese Ladungen abgeführt und als intensitätsabhängiger elektrischer Strom gemessen. Ein *CCD-Sensor* besteht aus vielen nebeneinander angeordneten Metall-Isolator-Halbleiter (MOS)-Strukturen (siehe Abschnitt 9.3.1). Sie werden bei der Aufnahme des Lichtsignals so geschaltet, dass die in den einzelnen MOS-Strukturen freigesetzten Ladungen dort gespeichert werden. Zum Auslesen, d. h. für die Messung, werden die in jeder MOS-Struktur gespeicherten Ladungen durch entsprechende Spannungsimpulse schrittweise zu den Kontakten am Rand des Sensors geschoben und dort registriert. Auf dem inneren Photoeffekt beruht auch die Funktion des *Photowiderstands*, dessen elektrischer Widerstand sich bei Lichteinfall verringert.

Ein extrem empfindliches Messgerät ist der *Photomultiplier*[3], der auf dem äußeren Photoeffekt beruht. Wie in Bild 7.2 schematisch dargestellt setzt ein Photon des auf die Photokathode einfallenden Lichtes ein Photoelektron frei. Vom elektrischen Feld einer speziellen Anordnung von Elektroden, den Dynoden, wird dieses beschleunigt und löst beim Auftreffen auf die Dynoden weitere Elektronen aus, die dann ihrerseits weiter beschleunigt werden. In einer Art Kaskade wird so die Anzahl der vom Licht freigesetzten Elektronen vervielfacht und damit das dem Lichteinfall entsprechende Signal verstärkt. Eine als elektronisches Bauteil integrierte Photomultiplier-Röhre enthält typischerweise etwa 10 Dynoden. Damit kann das primäre Photoelektron um einen Faktor von rund $10^8$ vervielfacht werden, sodass auch einzelne einfallende Photonen nachgewiesen werden können. Von den vielen Anwendungen in der Praxis wird in Abschnitt 8.3.7 der Szintillationszähler für den Nachweis radioaktiver Strahlung betrachtet.

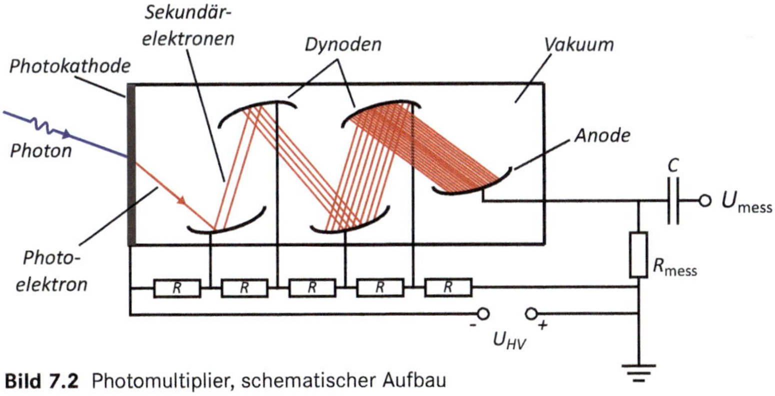


**Bild 7.2** Photomultiplier, schematischer Aufbau

Direkt auf die einfallende Lichtleistung reagiert das *Bolometer*. Es besteht aus einem dünnen Metallblech, das auf einer Seite so geschwärzt ist, dass idealerweise alle einfallende Strahlung vollständig absorbiert wird. Die daraus folgende Temperaturänderung wird mit Thermoelementen (siehe Abschnitt 9.2.5) gemessen, von denen zur Erhöhung der Empfindlichkeit bis zu hundert in Reihe geschaltet werden.

[3] auch in der deutschen Fachsprache gebräuchliche englische Bezeichnung für Sekundär- oder Photoelektronenvervielfacher

Das Bolometer wird in der Regel eingesetzt, wenn die gesamte Strahlungsleistung unabhängig von der spektralen Zusammensetzung gemessen werden soll. Die anderen erwähnten Nachweismethoden weisen aufgrund des Anregungsmechanismus häufig eine spektrale Abhängigkeit auf. Um definierte Informationen über das Spektrum des Lichtes, d. h. die Farben, zu bekommen, werden *Farbfilter* eingesetzt. Dadurch kann z. B. das Messsignal auf die Wellenlängen-abhängige Empfindlichkeit des Auges abgestimmt werden.

# 7.2 Strahlenoptik

## 7.2.1 Reflexion und Brechung an Grenzflächen

In einer homogenen Umgebung breitet sich Licht geradlinig aus. Ändern sich aber die Umgebungseigenschaften, hat dies auch Einfluss auf die Ausbreitungsrichtung. Entscheidend dafür ist die Abhängigkeit der Ausbreitungsgeschwindigkeit von den Eigenschaften der Umgebung.

### Brechungsindex

Nach Abschnitt 6.7.2 wird die Geschwindigkeit der elektromagnetischen Wellen des Lichtes in einem Medium durch dessen Reaktion auf elektromagnetische Felder bestimmt, die mit dem *Brechungsindex n* erfasst werden kann. Sie beträgt laut Gl. (6.140) $c_M = c/n_M$ (Index „M“ für ein spezielles Medium) mit der Vakuum-Lichtgeschwindigkeit $c$.

Im Vakuum ist $n = 1$, in allen anderen Medien größer als 1, sodass dort die Lichtgeschwindigkeit kleiner ist als im Vakuum. In der Optik bezeichnet man beim Vergleich zweier Medien das Medium mit dem höheren Brechungsindex als *optisch dichter (n größer)*, das andere als *optisch dünner (n kleiner)*. Einige Beispiele für den Brechungsindex sind in Tabelle 7.1 aufgeführt.

**Tabelle 7.1** Brechungsindizes einiger Stoffe bei der Lichtwellenlänge $\lambda = 589$ nm

| Stoff | $n$ |
|---|---|
| Luft (0 °C, 1 013 hPa) | 1,000 293 |
| Wasser (20 °C) | 1,333 |
| Eis | 1,31 |
| Quarzglas | 1,46 |
| Fensterglas (typisch) | 1,52 |
| Kronglas (typisch) | 1,49...1,76 |
| Flintglas (typisch) | 1,52...1,93 |
| Saphir | 1,77 |
| Diamant | 2,42 |

Der Brechungsindex wirkt sich unmittelbar auch auf die Wellenlänge $\lambda$ des Lichtes aus. Beim Eintritt des Lichtes in ein Material, z. B. vom Vakuum aus, ändert sich zwar die Geschwindigkeit, nicht aber seine Frequenz $f$. Diese Größen sind über die Gleichung $c = \lambda f$ (siehe Abschnitt 4.3) verknüpft, daher ändert sich die Wellenlänge. Beträgt sie im Vakuum $\lambda_V$, so wird ihr Wert im Material zur

**Wellenlänge in einem Material**

$$\lambda_M = \frac{c_M}{f} = \frac{c}{n} f = \frac{1}{n} \lambda_V \tag{7.1}$$

Mit der Änderung der Wellenlänge verbunden ist der Begriff der *optischen Weglänge*, der insbesondere in der Wellenoptik eine Rolle spielt. Damit wird eine Weglänge $s_{\text{optisch}}$ im Vakuum bezeichnet, die genauso viele Wellenlängen „enthält“ wie die geometrische Weglänge $s_M$ im Material. Aus $\frac{s_{\text{optisch}}}{\lambda_V} = \frac{s_M}{\lambda_M}$ ergibt sich die

**optische Weglänge**

$$s_{\text{optisch}} = \frac{\lambda_V}{\lambda_M} s_M = n \cdot s_M \tag{7.2}$$

> **Merke**
> Der Brechungsindex eines Mediums ist mit der Lichtgeschwindigkeit im Medium verknüpft: hoher Brechungsindex bedeutet niedrige Lichtgeschwindigkeit, kurze Wellenlänge, große optische Weglänge, optisch dichteres Medium und umgekehrt.

Trifft nun Licht auf die Grenzfläche zwischen zwei Medien, so wird das Licht teilweise reflektiert, teilweise passiert es die Grenzfläche, wird also transmittiert, wie es Bild 7.3 zeigt. (Wie groß die Anteile der Intensität $I$ des reflektierten und transmittierten Lichtes sind, ist ein Gegenstand der Wellenoptik, der in Abschnitt 7.3.1 behandelt wird.) In Bild 7.3 sieht man auch die Konvention für die Winkel, mit denen die Richtungen der Lichtstrahlen angegeben werden: Sie werden relativ zur Grenzflächennormalen, dem *Einfallslot*, gemessen.

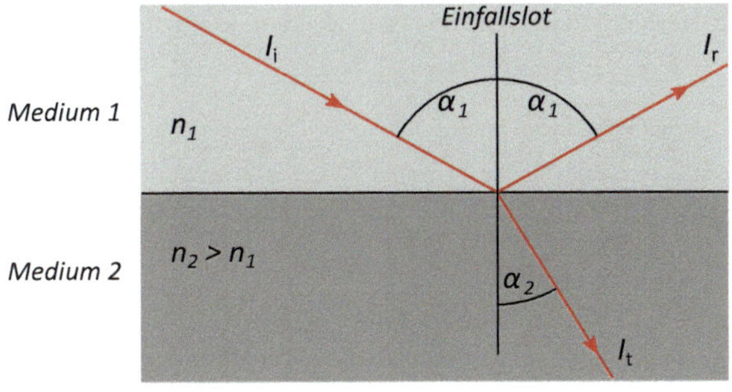


**Bild 7.3**
Reflexion und Transmission von Licht an einer Grenzfläche zwischen zwei Medien 1 und 2, Brechungsindex $n_2 > n_1$, Indizes i/r/t: einfallender/reflektierter/transmittierter Strahl

## Reflexion

Licht wird an einer Grenzfläche unter einem Winkel reflektiert, der gleich dem Einfallswinkel ist, wie es auch in Bild 7.3 dargestellt ist. Es gilt also für die

> **Merke**
> Reflexion von Licht: Einfallswinkel gleich Ausfallswinkel

$$\alpha_{1i} = \alpha_{1r} = \alpha_1 \tag{7.3}$$

Außerdem liegen einfallender und reflektierter Strahl sowie das Einfallslot in einer Ebene.

Dies wird für Wellen allgemein in Abschnitt 4.3 gezeigt und gilt damit natürlich auch für Licht. Der spezielle Fall der Reflexion elektromagnetischer Wellen an einer Metalloberfläche, für die das ebenfalls zutrifft, wird in Abschnitt 6.7.2 behandelt.

## Brechung und Totalreflexion

Das die Grenzfläche passierende Licht ändert seine Richtung, d. h. es wird gebrochen. Nach der Herleitung in Abschnitt 4.3 hängt der Brechungswinkel mit den Ausbreitungsgeschwindigkeiten einer Welle in den beiden Medien gemäß zusammen: $\frac{\sin\alpha_1}{\sin\alpha_2} = \frac{c_1}{c_2}$. Setzt man in diese Gleichung für die Geschwindigkeiten $c_1 = \frac{c}{n_1}$, $c_2 = \frac{c}{n_2}$ ein, erhält man das nach W. Snellius (1580–1626) benannte Brechungsgesetz

**Brechung: Snellius'sches Brechungsgesetz**

$$\frac{\sin\alpha_1}{\sin\alpha_2} = \frac{n_2}{n_1} \tag{7.4}$$

Einfallender und gebrochener Strahl sowie das Einfallslot liegen in einer Ebene.

Daraus ergeben sich verschiedene Konsequenzen. Bild 7.3 zeigt den Fall, dass Medium 1 optisch dünner ist als Medium 2, d. h. $n_1 < n_2$. Nach Gl. (7.4) ist dann der Winkel $\alpha_2$ kleiner als $\alpha_1$. Den umgekehrten Fall zeigt Bild 7.4. Generell gilt:

**Merke**

Beim Übergang vom optisch dünneren ins optisch dichtere Medium wird das Licht zum Einfallslot hin gebrochen. Im umgekehrten Fall wird das Licht vom Einfallslot weg gebrochen.

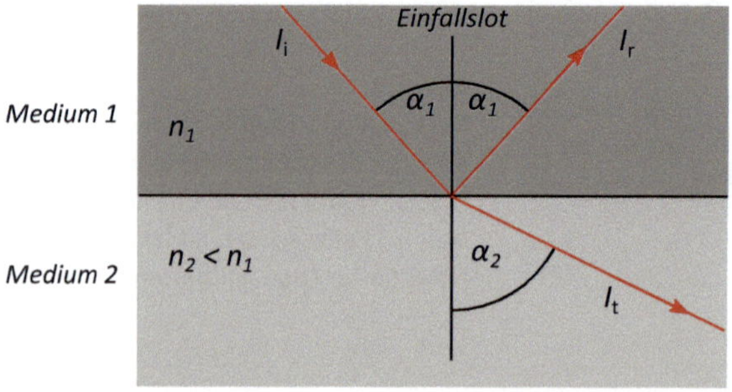


**Bild 7.4**
Reflexion und Transmission von Licht an einer Grenzfläche zwischen zwei Medien 1 und 2, Brechungsindex $n_2 < n_1$

**Beispiel**

Ein Lichtstrahl wird beim Durchqueren einer Glasplatte versetzt (Bild 7.5a). Wie groß ist der Versatz, wenn der Lichtstrahl aus der Luft (Brechungsindex $n_L \approx 1$) unter einem Winkel von $\alpha_L = 45°$ auf eine Glasplatte (Brechungsindex $n_G = 1{,}52$) der Dicke $d_G = 1$ cm trifft?

Zunächst stellt man fest, dass der Lichtstrahl *parallel* versetzt wird, d. h. er läuft nach dem Durchqueren der Glasplatte in der ursprünglichen Richtung weiter. Das hängt damit zusammen, dass der Lichtweg bei der Brechung umkehrbar ist, dass also die Ablenkung beim Austritt aus der Glasplatte genauso groß ist wie beim Eintritt, nur umgekehrt.

Der Versatz $v$ ergibt sich im Dreieck ABC aus dem Winkel $\alpha_L - \alpha_G$ bei A zu $v = s \cdot \sin(\alpha_L - \alpha_G)$. Die (geometrische) Weglänge des Lichtes im Glas $s$ im Dreieck ABD beträgt $s = \frac{d_G}{\cos\alpha_G}$ mit der Glasdicke $d_G$. Damit erhält man $v = \frac{d_G}{\cos\alpha_G} \cdot \sin(\alpha_L - \alpha_G)$. Den Winkel $\alpha_G$ errechnet man nach dem Snellius'schen Brechungsgesetz (Gl. (7.4)): $\sin\alpha_G = \frac{n_L}{n_G}\sin\alpha_L$.

Mit den obigen Werten ergibt sich $\alpha_G = 27{,}7°$ und $v = 3{,}35$ mm.

Ein gerader Stab, den man teilweise durch eine Glasscheibe betrachtet, erscheint dadurch an der Glaskante unterbrochen zu sein und parallel versetzt weiterzulaufen (Bild 7.5b).

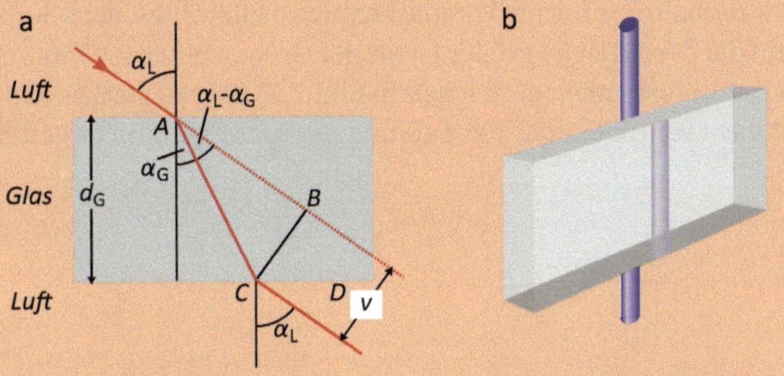


**Bild 7.5** (a) Parallelversetzung eines Lichtstrahls beim Durchqueren einer transparenten Platte, (b) scheinbar parallelversetzter Stab bei Betrachtung durch eine Glasplatte, perspektivische Ansicht

Kommt das Licht vom optisch dichteren Medium wie in Bild 7.4, ist also $n_1 > n_2$, so gibt es einen Einfallswinkel, bei dem das gebrochene Licht parallel zur Grenzfläche verläuft und nicht mehr in das optisch dünnere Medium eindringt. Bei noch größeren Einfallswinkeln wird das Licht total reflektiert. Der Winkel wird daher als *Grenzwinkel der Totalreflexion* bezeichnet. Gl. (7.4) wird mit $\alpha_2 = 90°$, $\sin\alpha_2 = 1$ zur Bestimmungsgleichung des

**Grenzwinkel der Totalreflexion**

$$\sin\alpha_G = \frac{n_2}{n_1} \tag{7.5}$$

**Merke**

Beim Übergang vom optisch dichteren ins optisch dünnere Medium gibt es einen Grenzwinkel, ab dem das Licht an der Grenzfläche total reflektiert wird.

Einige optische Instrumente nutzen die Totalreflexion. Zur Ablenkung eines Lichtstrahls wird ein *Umlenkprisma* eingesetzt (Bild 7.6a), zur Umkehr eines Bildes z. B. in einem Fernrohr (s. Abschnitt 7.2.5) kombinierte *Umkehrprismen*, wie z. B. das Porro-Prisma (I. Porro, 1801-1875), die das Bild um 180° umkehren, siehe Bild 7.6b.

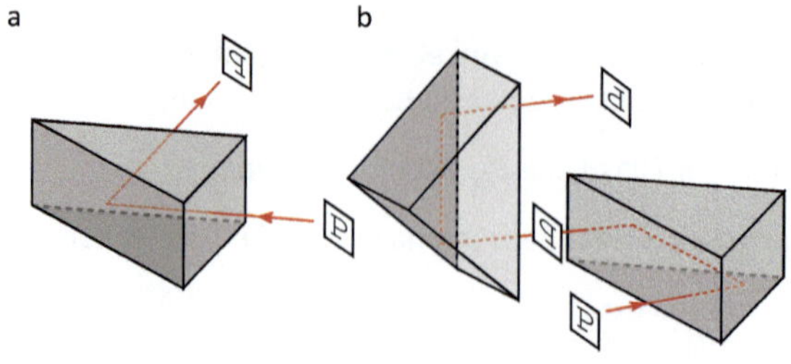


**Bild 7.6**
Totalreflexion im (a) Umlenkprisma, (b) Umkehrprisma (Porro-Prisma)

Mit *Lichtwellenleitern*, deren Funktion auch auf der Totalreflexion beruht, kann Licht gezielt auf nahezu beliebigen Wegen geführt werden. Ihre Funktion ist schematisch in Bild 7.7 dargestellt. Lichtwellenleiter bestehen aus einem Kern mit dem Brechungsindex $n_k$ umhüllt von einem Mantel mit $n_m < n_k$. Das eingespeiste Licht bleibt wegen der Totalreflexion an der Grenzfläche zum Mantel innerhalb des Kerns. Voraussetzung ist allerdings, dass der Einfallswinkel des Lichtstrahls auf die Grenzfläche größer ist als der Grenzwinkel der Totalreflexion. Bei einem zu großen Einstrahlungswinkel (gestrichelt in Bild 7.7) oder zu starker Krümmung des Lichtwellenleiters ist das eventuell nicht der Fall und das Licht wird nicht geführt.

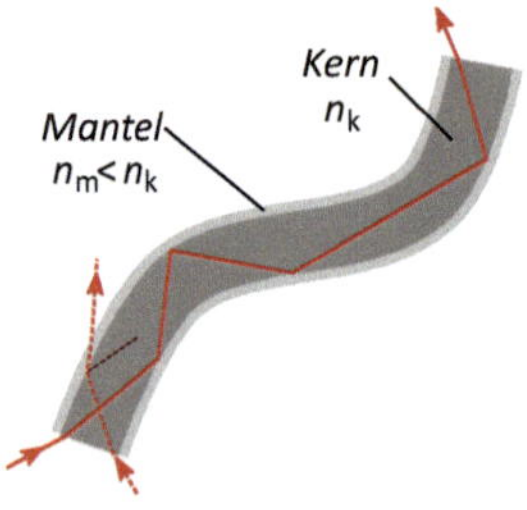


**Bild 7.7**
Funktion eines Lichtwellenleiters (schematisch), gestrichelt: Lichtverlust bei zu großem Eintrittswinkel

Den prinzipiellen Aufbau eines Lichtwellenleiters zeigt Bild 7.8a für die sogenannte Stufenindexfaser. Kern und Mantel bestehen aus Gläsern mit unterschiedlichen Brechungsindizes mit einer scharf definierten Grenzfläche, wie am Profil des Brechungsindex zu sehen ist.

Brechung und Reflexion treten nicht nur abrupten Grenzflächen zwischen verschiedenen Medien auf, sondern auch bei einer kontinuierlichen Änderung des Brechungsindex.

Auch dies nutzt man beispielsweise im Lichtwellenleiter. In der sogenannten *Gradientenfaser* (Bild 7.8b) lässt man den Brechungsindex des Kerns nach außen hin kontinuierlich abnehmen. Wie in einer Folge dünner Schichten mit jeweils nach außen hin geringfügig niedrigerem Brechungsindex, in der das Licht an jeder Grenzfläche um einen kleinen Winkel gebrochen wird, erscheint der Lichtweg gekrümmt. Bei passenden Parametern führt auch dies wieder insgesamt zur Totalreflexion. Gradientenfasern haben gegenüber Stufenindexfasern den Vorteil, dass die optische Weglänge und damit die Laufzeit von Lichtimpulsen bei unterschiedlichen Einstrahlungswinkeln weniger stark variiert. Dies ist insbesondere für die Datenübertragung über Lichtwellenleiter interessant, da dadurch höhere Datenraten möglich sind. Die höchsten Datenraten, zurzeit bis zu $10^{14}$ bit/s, erreicht man allerdings mit Lichtwellenleitern, deren Kerndurchmesser im Bereich der Lichtwellenlänge liegt (Monomode-Fasern). Interferenzeffekte (Abschnitt 7.3.3) bewirken hierbei, dass sich das Licht nur in einer Richtung längs der Faser ausbreitet.

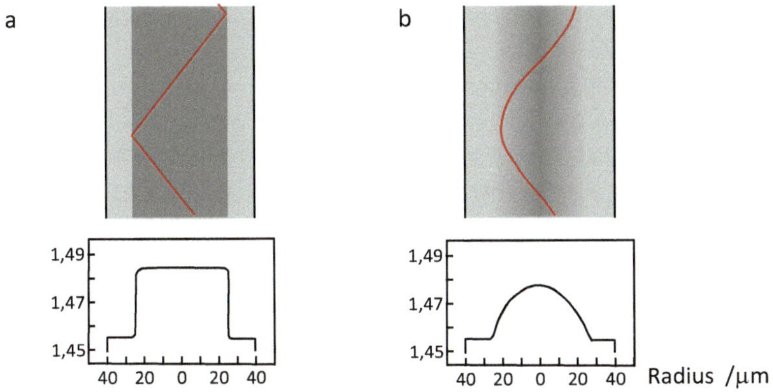


**Bild 7.8** Lichtwellenleiter, prinzipieller Aufbau und Lichtweg (oben) und Profil des Brechungsindex (unten) bei (a) Stufenindex-, (b) Gradientenfaser

Ein in der Natur gelegentlich zu beobachtendes Phänomen sind *Luftspiegelungen* über einer von der Sonne erhitzten Fläche. Die Lufttemperatur nimmt dabei zum Boden hin zu, damit nimmt ihre Dichte und in Folge ihr Brechungsindex ab. Licht, das von einem entfernteren Gegenstand oder vom Himmel kommt, wird dann an dieser Schichtfolge total reflektiert und erreicht über diesen Weg den Beobachter.

**Beispiel**

Der Akzeptanzwinkel bei einem Lichtwellenleiter ist der maximale Eintrittswinkel in die Stirnfläche des Leiters, bei dem Licht noch durch den Leiter geführt wird. Bei größeren Winkeln wird das Licht an der Kern-Mantel-Grenzfläche nicht mehr total reflektiert und bei jeder Reflexion geht ein Teil des Lichtes in den Mantel verloren, siehe Bild 7.9.

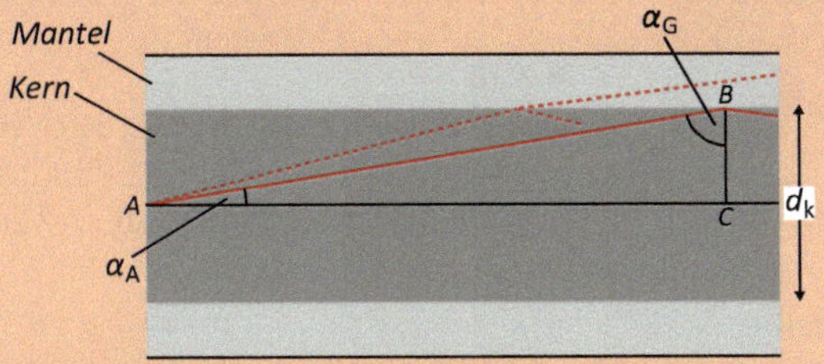


**Bild 7.9** Zum Akzeptanzwinkel beim Lichtwellenleiter, gestrichelt: Verluste durch zu großen Eintrittswinkel (siehe Text)

Wie groß ist der Akzeptanzwinkel bei einem Lichtwellenleiter mit dem Brechungsindex des Kerns $n_K = 1{,}48$ und des Mantels $n_M = 1{,}46$?

Nach der Zeichnung ergibt sich der Akzeptanzwinkel im Dreieck ABC aus dem Grenzwinkel der Totalreflexion zu $\alpha_A = 90° - \alpha_G$. Mit Gl. (7.5) erhält man $\alpha_G = \sin^{-1}\frac{n_M}{n_K}$ und damit $\alpha_A = 90° - \sin^{-1}\frac{n_M}{n_K}$. Die obigen Werte führen zu $\alpha_A = 9{,}4°$.

Je nach Konstruktion der Lichteinkopplung muss allerdings noch die Brechung an der Stirnfläche berücksichtigt werden.

Um wie viel länger ist der Weg $l_A$ für einen Lichtstrahl in einem geraden Lichtwellenleiter, der unter dem Akzeptanzwinkel eintritt, gegenüber dem Weg $l_Z$ eines Lichtstrahls, der senkrecht in die Stirnfläche eintritt, also zentral, geradlinig verläuft?

Um das Verhältnis der Weglängen zu berechnen, reicht es, im Dreieck ABC das Verhältnis der Hypotenuse $\overline{AB}$ zur Ankathete $\overline{AC}$ des Winkels $\alpha_A$ zu betrachten.

Dies führt zu $\frac{l_A}{l_Z} = \frac{\overline{AB}}{\overline{AC}} = \frac{1}{\cos\alpha_A} = 1{,}014$.

Bei größeren Längen des Lichtwellenleiters können sich erhebliche Laufzeitdifferenzen für die verschiedenen Lichtwege ergeben, wodurch eingespeiste Lichtimpulse verzerrt werden. ■

## Dispersion

Dem Auge weiß erscheinendes Licht besteht aus Licht verschiedener Frequenzen bzw. Wellenlängen. Dies wird besonders deutlich, wenn ein Strahl weißen Lichtes durch ein Glasprisma auf einen dahinter angeordneten Schirm trifft, wie es Bild 7.10 zeigt. Die dabei auftretende spektrale Zerlegung des Lichtes in seine *Spektralfarben* beruht auf der *Dispersion*.

**Bild 7.10**
Spektrale Zerlegung weißen Lichts durch ein Prisma

Eine ungefähre Zuordnung der Spektralfarben zu den Wellenlängen ist in Tabelle 7.2 zu sehen.

**Tabelle 7.2** Wellenlängen und Spektralfarben

| Farbe | | rot | | orange | | gelb | | grün | | blau | | violett | |
|---|---|---|---|---|---|---|---|---|---|---|---|---|---|
| $\lambda$/nm | 780 | | 650 | | 585 | | 570 | | 480 | | 430 | | 380 |

In der Optik bezeichnet Dispersion die Abhängigkeit der Lichtgeschwindigkeit in einem Medium und damit dessen Brechungsindex von der Frequenz bzw. Wellenlänge des Lichtes.

Bei den meisten für Licht transparenten Materialien nimmt die Lichtgeschwindigkeit mit der Wellenlänge zu, der Brechungsindex demzufolge ab. Blaues Licht wird also stärker gebrochen als rotes Licht. Dies wird als *normale Dispersion* bezeichnet. *Anomale Dispersion* tritt in schmalen Wellenlängenbereichen in der Umgebung atomar bedingter optischer Resonanzen auf, durch die Licht stark absorbiert wird. Der Brechungsindex nimmt in solchen Bereichen stark mit der Wellenlänge zu. Stoffe, die dieses Verhalten zeigen, erscheinen im weißen Licht wegen der Absorption bestimmter Wellenlängen farbig. In optischen Anwendungen spielt die anomale Dispersion im Allgemeinen keine große Rolle.

**Merke**

In einem Medium mit normaler Dispersion nimmt der Brechungsindex mit zunehmender Wellenlänge des Lichtes ab.

Zur quantitativen Angabe der Stärke der Dispersion bei einem Stoff wird die Abbe-Zahl (E. Abbe, 1840–1905) verwendet. Sie setzt die Differenz der Brechungsindizes bei zwei verschiedenen Wellenlängen ins Verhältnis zum Wert bei einer mittleren Wellenlänge. Die Wellenlängen werden durch bestimmte Fraunhofer-Linien (J. Fraunhofer, 1787–1826) (siehe Abschnitt 8.2.5) festgelegt, üblicherweise die Linien mit der Bezeichnung $F'$ ($\lambda = 479{,}99$ nm), $e$ (546,07 nm) und $C'$ (643,85 nm). Für diese Linien lautet ihre Definition

**Abbe-Zahl** $\nu_e$

$$\nu_e = \frac{n_e - 1}{n_{F'} - n_{C'}} \tag{7.6}$$

Der Kehrwert der Abbe-Zahl $\frac{1}{\nu_e}$ wird als *relative Dispersion* bezeichnet.

Teilweise werden auch andere als die oben genannten Wellenlängen zugrunde gelegt. Dies wird jeweils durch den Index (hier e) gekennzeichnet.

Je stärker die Dispersion ist, desto kleiner ist die Abbe-Zahl. Bei den in der Optik viel verwendeten Gläsern liegen die Abbe-Zahlen für Flintglas im Bereich 20...50 (starke), für Kronglas im Bereich 55...90 (schwache Dispersion).

Dispersion ist die Grundlage für die spektrale Zerlegung von Licht mithilfe von Prismen. Dass Licht unterschiedlicher Wellenlängen unterschiedlich gebrochen wird, führt jedoch in optischen Instrumenten zu unerwünschten Abbildungsfehlern, gegen die verschiedene Maßnahmen getroffen werden müssen, siehe Abschnitt 7.2.4.

Eine weitere, ebenfalls technologisch bedeutsame Folge der Dispersion betrifft die Übertragung von Lichtimpulsen, auf der z. B. die Datenkommunikation über Lichtwellenleiter beruht. Ein zeitlich begrenzter Lichtimpuls ist eine Wellengruppe, die aus der Überlagerung von Wellen verschiedener Wellenlängen resultiert (siehe Abschnitt 4.3.3). Breiten sich bei einem festen Wert des Brechungsindex alle beteiligten Wellen mit derselben Phasengeschwindigkeit $c_{ph} = \frac{c}{n}$ aus, bewegt sich auch die Wellengruppe mit dieser Geschwindigkeit, der sogenannten Gruppengeschwindigkeit $c_{gr} = c_{ph}$. Die zeitliche und räumliche Form und Ausdehnung des Pulses ändern sich nicht. Liegt aber Dispersion vor und der Brechungsindex hängt von der Wellenlänge ab, so bewegen sich die einzelnen Komponenten der Wellengruppe mit unterschiedlichen Geschwindigkeiten. Zum einen ist die Gruppengeschwindigkeit dann bei normaler Dispersion kleiner als die Phasengeschwindigkeit. Bedeutsamer aber ist, dass sich der Lichtimpuls im Laufe seines Weges verbreitert, da die einzelnen Komponenten auseinanderlaufen. Je kürzer zeitlich und räumlich ein Impuls zudem ist, umso breiter ist seine Wellenlängenverteilung und umso gravierender ist dieser Effekt der Dispersion. Ähnlich wie im oben beschriebenen Fall der Stufenindexfaser stellt dies eine Beschränkung für die Datenübertragungsrate auf Lichtwellenleitern dar.

## 7.2.2 Spiegel

Ein Spiegel erzeugt die Abbildung eines Gegenstands durch Reflexion, bei der der reflektierte Strahl mit dem Einfallslot denselben Winkel einschließt wie der einfallende Strahl: Einfallswinkel gleich Ausfallswinkel, siehe Abschnitt 7.2.1.

### Ebene Spiegel

Die einfachste Spiegelform ist ein *ebener Spiegel*, der in Bild 7.11 dargestellt ist. Das von einem Punkt eines Gegenstandes (hier in Form des Buchstabens „F") vor dem Spiegel ausgehende Licht wird am Spiegel reflektiert und erreicht dann das beobachtende Auge. Für das Auge scheint das Licht von dem Punkt hinter dem Spiegel zu kommen, an dem sich die Verlängerung der wahrgenommenen Lichtstrahlen (in Bild 7.11 gestrichelt) schneiden. Das Abbild des Gegenstandes wird konstruiert, indem man diese Punkte bestimmt. Dabei muss die Regel der Reflexion (Einfallswinkel = Ausfallswinkel) beachtet werden, wie exemplarisch für zwei Punkte gezeigt.

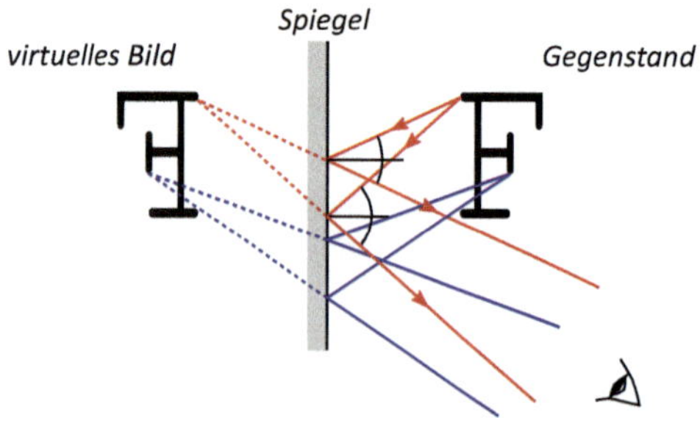


**Bild 7.11**
Spiegelbild am ebenen Spiegel

Wie man sieht, ist das resultierende Abbild aufrecht, seitenverkehrt und genauso groß wie der Gegenstand. Allerdings existiert es nicht real, da die Strahlen ja nicht wirklich von den Bildpunkten ausgehen. Es handelt es sich um ein *scheinbares* oder *virtuelles Abbild*, das nicht z. B. auf einer Mattscheibe aufgefangen werden kann.

**Merke**

Ein virtuelles Abbild entsteht durch die rückwärtige Verlängerung der sichtbaren Lichtstrahlen, die nur *scheinbar*, aber nicht physikalisch von dem Abbild ausgehen. Es kann daher nicht durch eine Mattscheibe sichtbar gemacht werden.

Ein reelles Abbild entsteht durch Lichtstrahlen, die sich an den Bildpunkten treffen. Es kann auf eine Mattscheibe projiziert werden.

Ebene Spiegel werden in vielen Bereichen verwendet. Als Beispiel sei hier nur der *90°-Winkelspiegel* genannt. Das Prinzip wird in der zweidimensionalen Darstellung (Bild 7.12a) deutlich. Zwei im Winkel von 90° zueinander stehende Spiegel werfen einfallendes Licht unabhängig von seiner Richtung über zwei Reflexionen in die Richtung zurück, aus der es kommt, wie sich leicht zeigen lässt: Ein einfallender Strahl wird durch die zwei Reflexionen um den Winkel $2\alpha + 2\beta$ abgelenkt. Mit dem Wechselwinkel $\alpha$ bei Punkt A gilt $\beta = 90° - \alpha$. Die Ablenkung beträgt damit $2\alpha + 2(90° - \alpha) = 180°$. Die Richtung des Strahls wird also umgekehrt. Der *Tripelspiegel*, Bild 7.12b, bei dem drei Spiegel unter 90° zueinander angeordnet sind, erfüllt diese Funktion im dreidimensionalen über drei interne Reflexionen. Er ist alltäglich im Gebrauch in Form von „Katzenaugen"-Reflektoren. Hochpräzise Ausführungen des Tripelspiegels werden in der Geodäsie zur Abstandsmessung mittels der Laufzeit reflektierter Laserlicht-Impulse verwendet. So wird auch die Entfernung des Mondes mithilfe auf seiner Oberfläche installierter Tripelspiegel auf Zentimeter genau bestimmt.

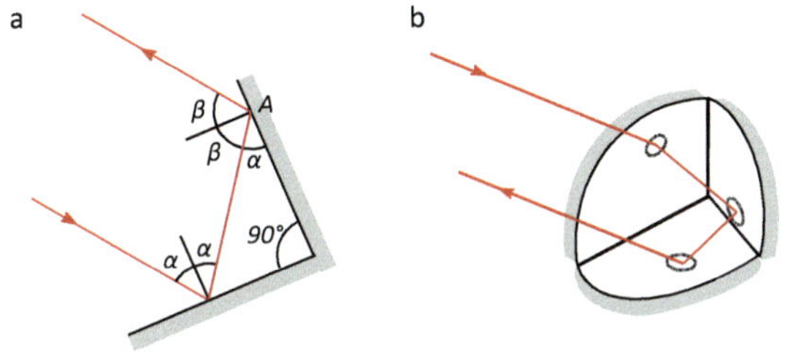


**Bild 7.12**
90°-Winkelspiegel: (a) Prinzip, (b) Ausführung als Tripelspiegel

## Gekrümmter Spiegel

Auch bei gekrümmten Spiegeln gilt das Reflexionsgesetz für Strahlen. Als reflektierende Fläche gilt dann die Tangentialebene am Auftreffpunkt des Strahls. Beim *Konkav- oder Hohlspiegel* trifft das Licht auf die konkave (hohle) Seite des Spiegels, beim *Konvex- oder Wölbspiegel* auf die konvexe (gewölbte) Seite.

Besondere Eigenschaften haben Flächen, die sich aus den Kegelschnitten Ellipse und Parabel als Rotationsellipsoid bzw. Rotationsparaboloid ergeben. Ein *Ellipsoid*, hat zwei *Brennpunkte*, $F_1$ und $F_2$, die ihren Namen daher haben, dass Lichtstrahlen, welche von einem der Brennpunkte in alle Richtungen ausgehen, nach Reflexion an der Wandung in dem anderen Brennpunkt wieder zusammenlaufen, siehe Bild 7.13a.

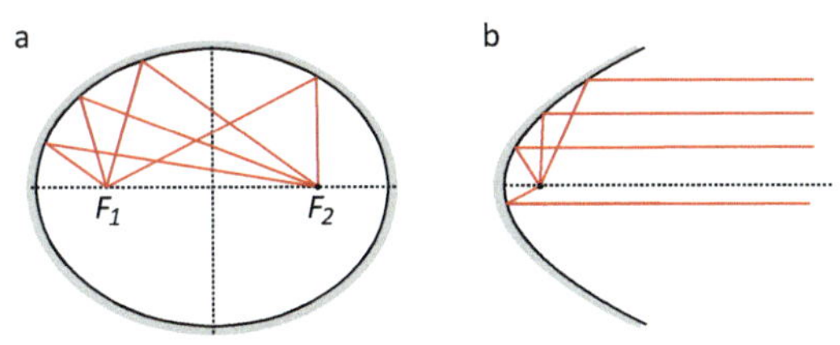


**Bild 7.13**
Strahlenverlauf beim (a) Ellipsoidspiegel, (b) Parabolspiegel

So wird z. B. bei optisch gepumpten Lasern (siehe Abschnitt 8.2.6) die Pumplampe oft in einen der Brennpunkte eines verspiegelten Hohlraums mit elliptischem Querschnitt platziert, das aktive Laser-Medium in den anderen. Auf diese Weise wird das von der Pumplampe emittierte Licht optimal für den Laser-Prozess ausgenutzt.

Ein als *Paraboloid* ausgeführter Hohlspiegel wird als Parabolspiegel bezeichnet. Alle Lichtstrahlen, die parallel zur Symmetrieachse, der *optischen Achse*, auf den Parabolspiegel fallen, werden in Richtung eines einzelnen Punktes, des Brennpunktes reflektiert, siehe Bild 7.13b. Der Brennpunkt befindet sich auf der optischen Achse. Bei einer Parabel, die durch die Funktion $y = ax^2$ beschrieben wird, ist die *Brennweite*, d. h. der Abstand des Brennpunktes vom Scheitelpunkt der Parabel, $f = \dfrac{1}{4a^2}$.

Da der Strahlenverlauf umkehrbar ist, verlässt Licht, dass von einer im Brennpunkt liegenden Punktquelle ausgeht, den Spiegel als paralleles Strahlenbündel (Beugungseffekte werden hier vernachlässigt). Dies wird z. B. für Scheinwerfer genutzt.

Große praktische Bedeutung haben *sphärische Spiegel* in Form eines Ausschnitts aus einer Kugeloberfläche, einer Kugelkalotte. Sie haben gegenüber Parabolspiegeln den Vorteil, dass sie auch Strahlenbündel, die nicht parallel zur optischen Achse einfallen, fokussieren. Außerdem sind sie einfacher herzustellen als Parabolspiegel. In unmittelbarer Umgebung der optischen Achse weicht ihre Form nur geringfügig vom Paraboloiden ab, sodass achsnah einfallende, parallele Strahlen zumindest näherungsweise auch auf den Brennpunkt fokussiert werden. Nachteilig ist jedoch, dass Strahlen, die achsferner einfallen, nicht mehr zum Brennpunkt reflektiert werden, siehe Bild 7.14.

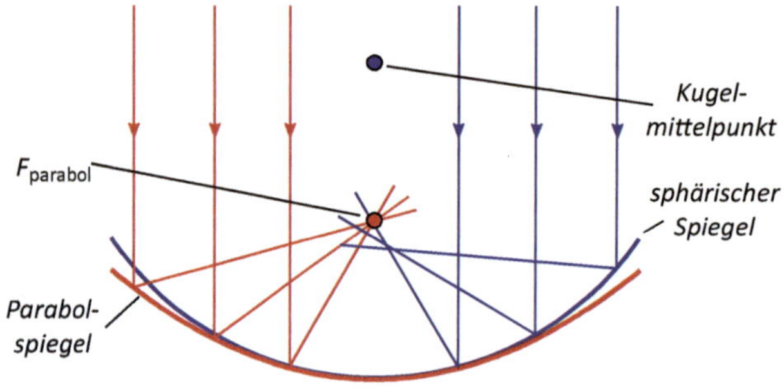


**Bild 7.14**
Vergleich der Strahlengänge beim (blau) sphärischen Hohlspiegel, (rot) Parabolspiegel

In Bild 7.15 ist ein Schnitt durch einen sphärischen Hohlspiegel als Ausschnitt eines Kreises um den Mittelpunkt $M$ mit dem Radius $r$ dargestellt. Ein achsenparalleler und achsnaher Strahl trifft den Spiegel an Punkt $P$ und die optische Achse am Brennpunkt $F$ im Abstand der Brennweite $f = \overline{SF}$ vom Scheitelpunkt $S$. Für die Winkel gilt bei der Reflexion Einfallswinkel gleich Ausfallswinkel und für $\beta$ als Wechselwinkel an Parallelen $\beta = \alpha$. Damit hat man ein gleichschenkeliges Dreieck $MPF$ mit den Seiten $\overline{MF} = \overline{PF}$. Da der Winkel $\gamma$ für achsnahe Strahlen klein ist, gilt außerdem (näherungsweise) $\overline{PF} = \overline{SF}$, also insgesamt $\overline{MF} = \overline{SF} = f$.

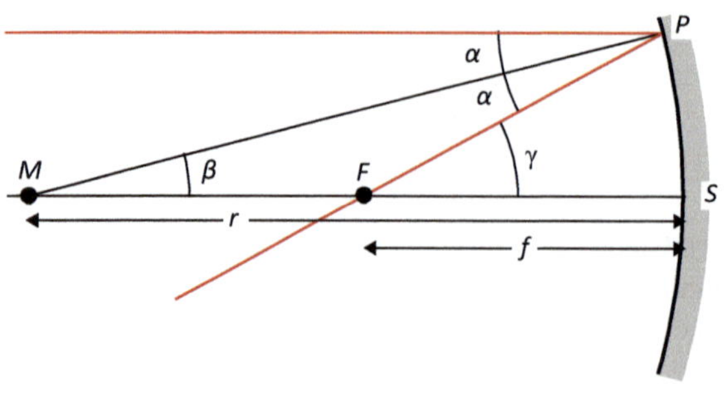


**Bild 7.15**
Berechnung der Brennweite beim sphärischen Hohlspiegel

Damit ist $r = \overline{MF} + \overline{SF} = 2f$. Also erhält man für die

**Brennweite des sphärischen Hohlspiegels** (Näherung für achsnahe Strahlen)

$$f = \frac{r}{2} \tag{7.7}$$

Mithilfe eines sphärischen Hohlspiegels lassen sich Objekte abbilden, wenn nur achsnahe Strahlen beteiligt sind bzw., gleichbedeutend, der Durchmesser des Hohlspiegels klein gegenüber dem Krümmungsradius ist. In diesem Fall kann man, wie in Bild 7.16 gezeigt wird, mit vier ausgezeichneten Strahlen feststellen, an welcher Stelle ein Punkt eines Objekts abgebildet wird. Es sind dies

- Der Parallelstrahl 1 geht nach der Reflexion durch den Brennpunkt und wird damit zum Brennstrahl.
- Der Scheitelstrahl 2 wird unter dem gleichen Winkel reflektiert, unter dem er auf den Scheitelpunkt des Spiegels trifft.
- Der Brennstrahl 3 geht durch den Brennpunkt und wird nach der Reflexion zu einem Parallelstrahl.
- Der Mittelpunktstrahl 4 geht durch den Krümmungsmittelpunkt und wird in sich selber reflektiert.

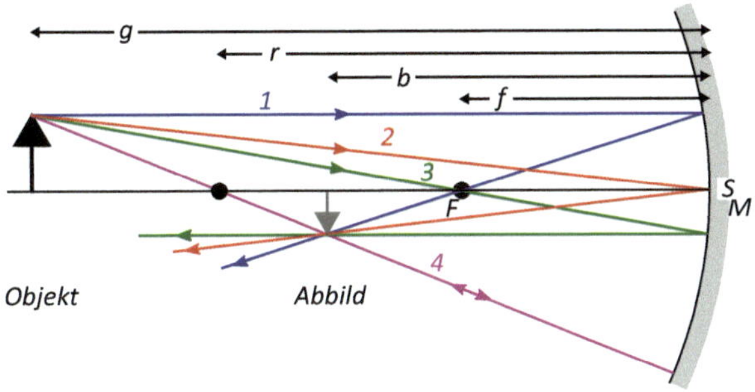


**Bild 7.16**
Bildkonstruktion mit ausgezeichneten Strahlen: (1) Parallelstrahl, (2) Scheitelstrahl, (3) Brennstrahl, (4) Mittelpunktstrahl, g: Gegenstandsweite, b: Bildweite

Alle vier Strahlen treffen sich an einem Punkt, an dem sich dann das Abbild des Objektpunktes befindet. Zur Bestimmung dieses Punktes sind dabei nur zwei der Strahlen notwendig, sodass man sich im konkreten Fall geeignete auswählen kann. Das gesamte Abbild wird konstruiert, indem man zu jedem Objektpunkt den jeweiligen Bildpunkt findet.

**Merke**

Zur Konstruktion einer Abbildung mit einem Spiegel können Parallel-, Scheitel-, Brenn- oder Mittelpunktstrahl verwendet werden. Ausreichend sind zwei geeignete dieser Strahlen.

Je nach Entfernung des Gegenstands vom Scheitelpunkt des Spiegels entstehen nun verschiedene Bilder (Bild 7.17).

In den Fällen aus Bild 7.16 und Bild 7.17a, b treffen sich die vom Gegenstand ausgehenden Strahlen nach der Reflexion in den Bildpunkten. Es entsteht ein *reelles Bild* auf derselben

Seite des Spiegels wie der Gegenstand, das z. B. auf einer Mattscheibe aufgefangen werden könnte. Liegt der Gegenstand im Abstand der Brennweite, Bild 7.17c, verlaufen die Strahlen nach der Reflexion parallel, und es gibt kein Bild. Befindet sich der Gegenstand aber zwischen dem Brennpunkt und dem Spiegel wie in Bild 7.17d, laufen die Strahlen nach der Reflexion auseinander. Nur in ihrer rückwärtigen Verlängerung treffen sie sich in einem Punkt. Ähnlich wie beim ebenen Spiegel (Abschnitt 7.2.2) scheinen sie für das Auge von diesem Punkt auszugehen, insgesamt also von einem scheinbaren, *virtuellen Bild.*

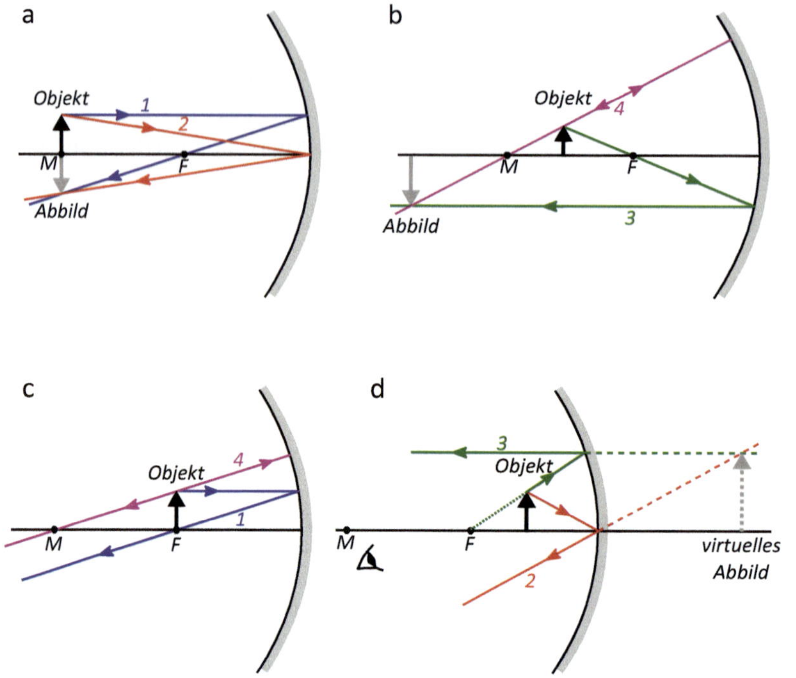


**Bild 7.17** Abbildungen bei verschiedenen Positionen des Objekts (beispielhaft konstruiert mit unterschiedlichen ausgezeichneten Strahlen, Farben und Nummern wie in Bild 7.16)

In Abhängigkeit vom Abstand Gegenstand-Spiegelscheitelpunkt, der *Gegenstandsweite* $g$ erhält man nach Bild 7.16 und Bild 7.17 die in Tabelle 7.3 aufgeführten Bilder (mit $r = 2f$).

**Tabelle 7.3** Abbildungen mit dem sphärischen Hohlspiegel

| in | Gegenstandsweite $g$ | Art des Abbildes |
|---|---|---|
| Bild 7.16 | $g > 2f$ | reell, umgekehrt, verkleinert |
| Bild 7.17 | | |
| a | $g = 2f$ | reell, umgekehrt, gleich groß |
| b | $2f > g > f$ | reell, umgekehrt, vergrößert |
| c | $g = f$ | parallele Strahlen, kein Bild |
| d | $g < f$ | virtuell, aufrecht, vergrößert |

Die quantitative, mathematische Behandlung von Abbildungen mit Spiegeln ergibt sich aus der Betrachtung von Bild 7.18 Daraus ist auch die hier verwendete *Vorzeichenkonvention* ersichtlich sowie die in diesem Zusammenhang gebrauchten Symbole für die verschiedenen Größen.

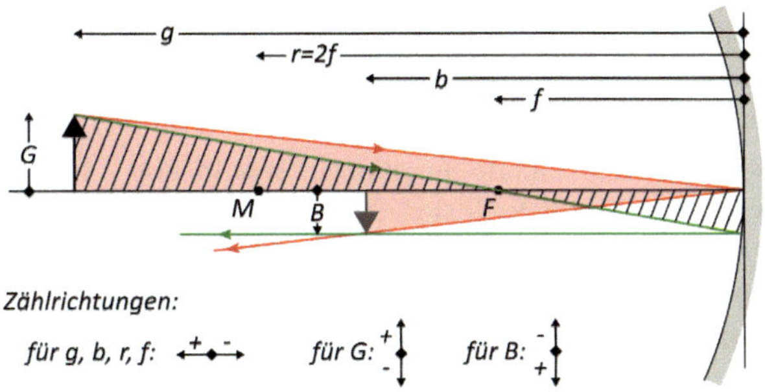


**Bild 7.18**
Reflexion am Hohlspiegel (Fall von Bild 7.16) mit Darstellung der Bezeichnungs- (siehe Text) und Vorzeichenkonvention, *positiv* gezählt werden *g*, *b*, *r*, *f* nach links, *G* nach oben, *B* nach unten (d. h. in diesem konkreten Fall sind alle Größen positiv)

Das Objekt der *Gegenstandsgröße G* befindet sich im Abstand der Gegenstandsweite $g > 2f$ vom Scheitelpunkt. Zur Konstruktion des Bildes der Pfeilspitze sind davon ausgehend Scheitelstrahl und Brennstrahl eingezeichnet, die sich im Abstand der Bildweite $b$ vom Scheitelpunkt und bei der *Bildgröße B* unterhalb der optischen Achse schneiden. Es werden achsnahe Strahlen betrachtet, sodass der Abstand zwischen der Spiegeloberfläche und der Senkrechten durch den Scheitelpunkt vernachlässigbar klein ist (die zeichnerische Darstellung gibt hier nicht die realen Verhältnisse wieder).

Die in Bild 7.18 rötlich schattierten Dreiecke sind ähnlich, d. h. es gilt für die Seitenverhältnisse $\frac{G}{g} = \frac{B}{b}$. Daraus ergibt sich als Verhältnis von Bildgröße zu Gegenstandsgröße der

**Abbildungsmaßstab für den sphärischen Spiegel**

$$\beta = \frac{B}{G} = \frac{b}{g} \tag{7.8}$$

Bildgröße und Gegenstandsgröße verhalten sich zueinander wie Bildweite und Gegenstandsweite. Der Abbildungsmaßstab ist *positiv*, $\beta > 0$, für das bezogen auf das Objekt *umgekehrte* Bild.

Auch die in Bild 7.18 schraffierten Dreiecke sind ähnlich. Für die Seitenverhältnisse folgt daraus $\frac{G}{g-f} = \frac{B}{f}$. Umgestellt und mit Gl. (7.8) erhält man $\frac{f}{g-f} = \frac{B}{G} = \frac{b}{g}$. Umformen dieser Gleichung führt schließlich zur

**Abbildungsgleichung für den sphärischen Spiegel**

$$\frac{1}{f} = \frac{1}{g} + \frac{1}{b} \tag{7.9}$$

Für den Fall, dass die Gegenstandsweite kleiner ist als die Brennweite (Bild 7.17d), muss die Bildweite negativ sein, um Gl. (7.9) zu erfüllen. Das erzeugte virtuelle Bild erscheint also im Abstand $|b|$ *hinter* dem Spiegel. Damit ist nach Gl. (7.8) der Abbildungsmaßstab *negativ*, $\beta < 0$, für das bezogen auf das Objekt *aufrechte* Bild. In dieser Konfiguration dienen Hohlspiegel z. B. als Rasier- oder Kosmetikspiegel.

Ist das Objekt sehr weit entfernt, d. h. ist $g \gg f$, gilt nach Gl. (7.9) $\frac{1}{b} = \frac{1}{f} - \frac{1}{g} \approx \frac{1}{f}$, also $b \approx f$. Das Bild wird in der Brennebene des Spiegels erzeugt. Dies stimmt damit überein, dass in diesem Fall die von einem Gegenstandspunkt ausgehenden Strahlen wegen der großen Entfernung als praktisch parallele Strahlen auf den Spiegel treffen.

Bei astronomischen Anwendungen kann davon generell ausgegangen werden. Hohlspiegel, parabolisch oder sphärisch, sind die Basis großer astronomischer Teleskope. Darauf wird bei den optischen Instrumenten in Abschnitt 7.2.5 näher eingegangen.

Beim *Konvexspiegel* ist die Außenseite der Kugelkalotte verspiegelt. Wie in Bild 7.19 gezeigt verlaufen alle einfallenden Strahlen nach der Reflexion divergent. Es gibt also kein reelles Bild. Ein virtuelles Bild erscheint dem Auge durch die rückwärtige Verlängerung der reflektierten Strahlen hinter dem Spiegel. Die für den Hohlspiegel gefundene Gl. (7.8) und Gl. (7.9) können übernommen werden. Dazu wird vereinbart, dass bei dem rechts vom Spiegel liegenden Krümmungsmittelpunkt der Krümmungsradius und damit nach Gl. (7.7) auch die Brennweite negativ ist. Um Gl. (7.9) zu erfüllen, muss dann die Bildweite $b$ negativ und vom Betrag her kleiner als die Gegenstandsweite $a$ sein. Der Abbildungsmaßstab ist negativ und vom Betrag her kleiner als 1, demnach ist das Bild aufrecht und verkleinert, wie es auch in Bild 7.19 zu sehen ist.

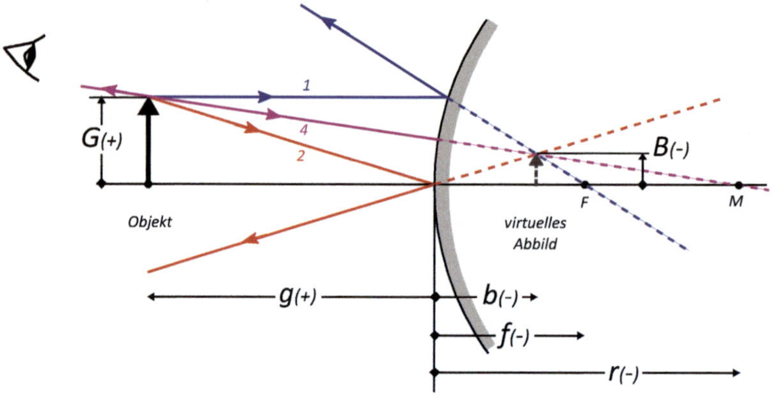


**Bild 7.19** Strahlenverlauf und virtuelles Bild beim Konvexspiegel, gemäß der Konvention von Bild 7.18 sind *g*, *G* positiv, *f*, *r*, *b*, *B* negativ (in Klammern angegeben)

Das virtuelle Bild erscheint beim Konvexspiegel zwar immer kleiner als der Gegenstand. Dafür werden aber Strahlen von der Objektseite mit großen Einfallswinkeln erfasst, sodass sich beim Blick in den Spiegel ein Überblick über ein weites Blickfeld ergibt. Konvexspiegel werden daher z. B. als Rückspiegel bei Fahrzeugen oder als Straßenspiegel an unübersichtlichen Einfahrten genutzt.

**Beispiel**

Mit einem Hohlspiegel des Krümmungsradius $r = 10$ cm soll ein Gegenstand der Größe $G = 10$ cm, der sich im Abstand $g = 1$ m befindet, abgebildet werden. Welchen Wert haben Bildgröße $B$ und Bildweite $b$? Welcher Art ist das Bild?

Gl. (7.9) nach der Bildweite aufgelöst ergibt $b = \frac{gf}{g-f}$. Die Brennweite erhält man aus Gl. (7.7) zu $f = \frac{r}{2} = 0{,}40\,\text{m}$. Die Bildweite ist demnach $b = \frac{gr}{2g-r} = 0{,}67\,\text{m}$.

Daraus errechnet sich der Abbildungsmaßstab nach Gl. (7.8) zu $\beta = \frac{b}{a} = 0{,}67$ und die Bildgröße zu $B = G\beta = 0{,}067$ m.

$\beta$ und $b$ sind positiv, d. h. das Bild ist reell und umgekehrt, in Übereinstimmung mit Bild 7.17a.

**Beispiel**

Der Mond hat von der Erde einen mittleren Abstand von 384 400 km und einen Durchmesser von rund 3 475 km. Er wird durch einen Spiegel mit der Brennweite 20 m abgebildet.

Wie groß ist das Abbild, und wie weit ist es vom Spiegel entfernt?

Hier gilt $g \gg f$ und somit $b \approx f$, d. h. das Bild liegt in der Brennebene $b = 20$ m entfernt vom Spiegel. Seine Größe beträgt $B = \beta G = \frac{b}{g} G = 18{,}1\,\text{cm}$. Das Bild ist reell und umgekehrt.

## 7.2.3 Prisma

Das *Prisma*, ein von ebenen Flächen begrenzter transparenter Körper, wird zur Umlenkung, z. B. wie oben erwähnt durch innere Totalreflexion, und zur spektralen Zerlegung von Licht genutzt. Dabei beruht die Funktion des Prismas als optischer Komponente auf der Lichtbrechung, im Gegensatz zur Reflexion beim Spiegel.

Ein Prisma befindet sich in den meisten Anwendungsfällen in Luft, daher wird im Folgenden der relative Brechungsindex $n = \frac{n_G}{n_L}$ benutzt, bei dem der Brechungsindex des Materials des Prismas $n_G$ auf den von Luft $n_L$ bezogen wird.

Bild 7.20 zeigt ein symmetrisches Dreikantprisma mit dem *brechenden Winkel* $\gamma$ und der *Basis b*. Ein auf eine Seitenfläche einfallender Lichtstrahl wird durch Brechung an den Seitenflächen abgelenkt. Der Winkel $\delta$ zwischen dem einfallenden und dem ausgehenden Strahl ist die Summe der Winkel, um die der Strahl an den beiden Flächen abgelenkt wird, also $\delta = (\alpha_1 - \beta_1) + (\alpha_2 - \beta_2) = (\alpha_1 + \alpha_2) - (\beta_1 + \beta_2)$. Die zwei Einfallslote schneiden sich unter dem brechenden Winkel $\gamma$, für den als Außenwinkel zu dem grün schattierten Dreieck $\gamma = \beta_1 + \beta_2$ gilt. Damit erhält man für den

**Ablenkwinkel des Prismas**

$$\delta = \alpha_1 + \alpha_2 - \gamma \qquad (7.10)$$

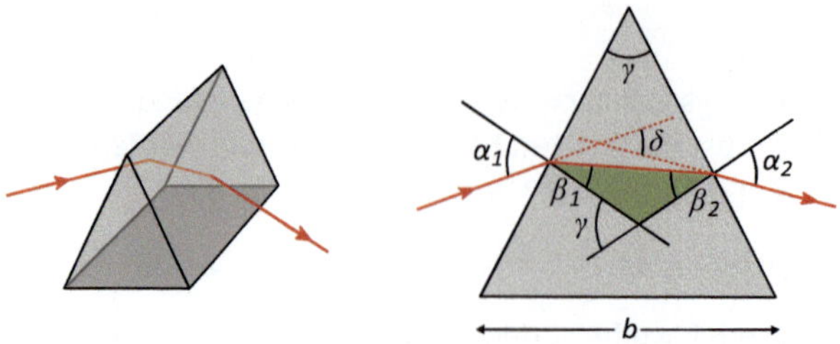


**Bild 7.20**
Symmetrisches Dreikantprisma mit Verlauf eines Lichtstrahls, perspektivisch und im Querschnitt

Die minimale Ablenkung erfährt der Lichtstrahl, wenn er das Prisma symmetrisch durchläuft, wenn also $\alpha_1 = \alpha_2$ ist. Dies lässt sich herleiten aus der Minimalwertbestimmung der Funktion $\delta = \delta(\alpha_1)$, die man erhält, wenn man den Winkel $\alpha_2$ mithilfe des Brechungsgesetzes durch $\alpha_1$ ausdrückt.

In diesem symmetrischen Fall gilt nach Gl. (7.10) $\alpha_1 = \alpha_2 = \alpha = \frac{\delta_{\text{min}} + \gamma}{2}$ und außerdem $\beta_1 = \beta_2 = \beta = \frac{\gamma}{2}$ und mit dem Brechungsgesetz folgt

$$\frac{\sin\alpha}{\sin\beta} = \frac{\sin\frac{\delta_{\text{min}} + \gamma}{2}}{\sin\frac{\gamma}{2}} = n \tag{7.11}$$

Gl. (7.11) liefert eine Grundlage zur Bestimmung des Brechungsindex eines Materials, indem man bei bekanntem brechenden Winkel $\gamma$ die minimale Ablenkung $\delta_{\text{min}}$ eines Lichtstrahls durch ein aus diesem Material bestehendes Prisma misst. Die Methode eignet sich besonders für Flüssigkeiten, die man dazu in eine prismenförmige Küvette mit planparallelen Wänden füllt.

Ist das Prisma ein dünner Keil mit *kleinem brechenden Winkel* $\gamma \ll 1$ und fällt das Licht nahezu senkrecht, d. h. unter kleinem Einfallswinkel $\alpha_1$, auf die Wandung ein, lässt sich das Brechungsgesetz annähern durch $\frac{\alpha_1}{\beta_1} \approx n$ und $\frac{\alpha_2}{\beta_2} \approx n$. Ersetzt man hiermit $\alpha_1$ und $\alpha_2$ in Gl. (7.10) erhält man für den Ablenkwinkel unter diesen Umständen

$$\delta \approx \gamma(n-1) \tag{7.12}$$

unabhängig vom (kleinen) Einfallswinkel.

## 7.2.4 Linsen und Linsensysteme

Wie beim Prisma ist auch bei Linsen im Allgemeinen Luft das umgebende Medium. Daher wird auch hier der relative Brechungsindex $n = \frac{n_{\text{G}}}{n_{\text{L}}}$ benutzt.

In den meisten optischen Geräten werden *sphärische Linsen* eingesetzt, deren Oberflächen Teile von Kugelflächen sind. Kugelflächen sind, ähnlich wie beim Spiegel, zwar nicht optimal für die Abbildungseigenschaften, sind aber relativ einfach und mit großer Genauigkeit herzustellen. Eventuell auftretende Abbildungsfehler können durch Kombination mehrerer Linsen oft unterschiedlicher Glassorte und Form weitgehend korrigiert werden.

Die sphärischen Begrenzungsflächen der Linsen können *konvex* (erhaben), *konkav* (hohl) oder auch *plan* (eben) sein. Auch Kombinationen verschiedener Oberflächenformen, wie in Bild 7.21 werden verwendet. Konvexlinsen, in der Mitte dicker als am Rand, wirken als *Sammellinsen*, Konkavlinsen, in der Mitte dünner als am Rand, als *Zerstreuungslinsen*, wie die Strahlengänge in Bild 7.22 prinzipiell zeigen.

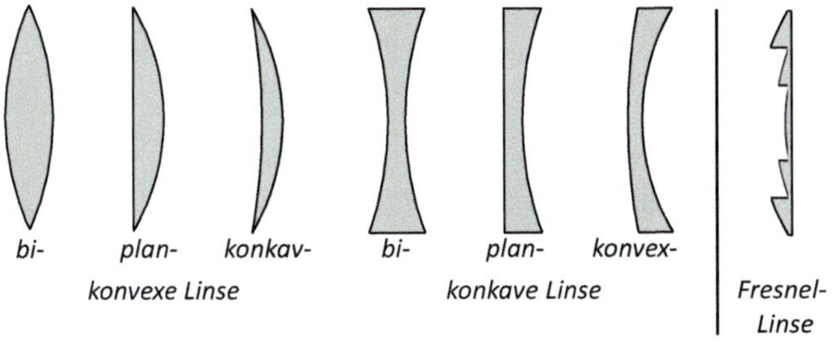


**Bild 7.21** Linsentypen, rechts als Sonderform die Fresnel-Linse (schematisch)

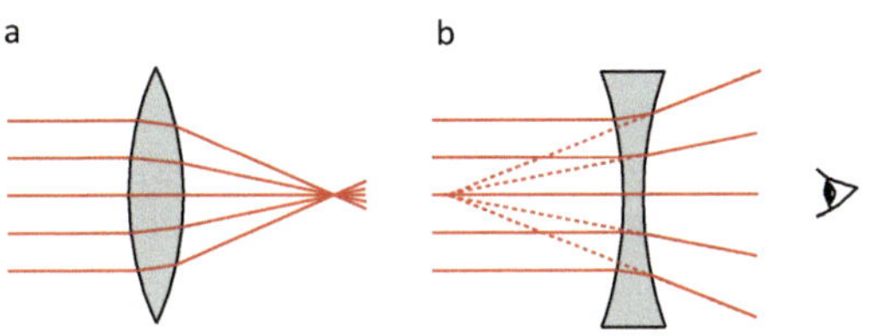


**Bild 7.22**
Strahlengang bei einer (a) Sammellinse, (b) Zerstreuungslinse (gestrichelt: Verlängerung der Strahlen zum virtuellen Brennpunkt)

Eine Sonderform stellt die *Fresnel-Linse* (A.-J. Fresnel, 1788–1827) dar (rechts in Bild 7.21), bei der in einer an sich plankonvexen Linse planparallele Ringe, die optisch kaum wirksam sind, weggelassen werden. So können große, kurzbrennweitige Linsen mit flacher und gewichtssparender Bauform hergestellt werden. Sie wurden entwickelt für Leuchtfeuer und finden heute als flache Lupen, in Overheadprojektoren usw. Verwendung.

## Dünne Linsen

Die Linsengesetze, die Gesetze der optischen Abbildung mit Linsen, werden relativ einfach für *dünne Linsen*, bei denen die Dicke der Linse viel kleiner ist als die Krümmungsradien der Oberflächen. Bei Berechnungen kann dann der Einfluss der Linsendicke auf den Strahlengang gegenüber der Brechung an den Oberflächen vernachlässigt werden. Der Strahlengang kann in dieser Näherung so dargestellt werden, als wenn die Strahlen an einer ebenen Fläche und nicht an den beiden Linsenoberflächen gebrochen werden.

Bild 7.23 zeigt eine Sammellinse mit unterschiedlich stark gekrümmten Oberflächen 1 und 2, deren Krümmungsradien $r_1$, $r_2$ also verschieden groß sind (zur Verdeutlichung ist die Dicke der Linse übertrieben dargestellt). Die Verbindungslinie der Krümmungsmittelpunkte $M_1$, $M_2$ wird als *optische Achse* bezeichnet. Strahlen, die parallel zur optischen Achse auf die Linse treffen, werden im *Brennpunkt* $F$ im Abstand der *Brennweite* $f$ von der Linse fokussiert. (Davon, dass dies bei sphärischen Linsen so wie bei sphärischen Spiegeln nur näherungsweise gilt, wird hier abgesehen.)

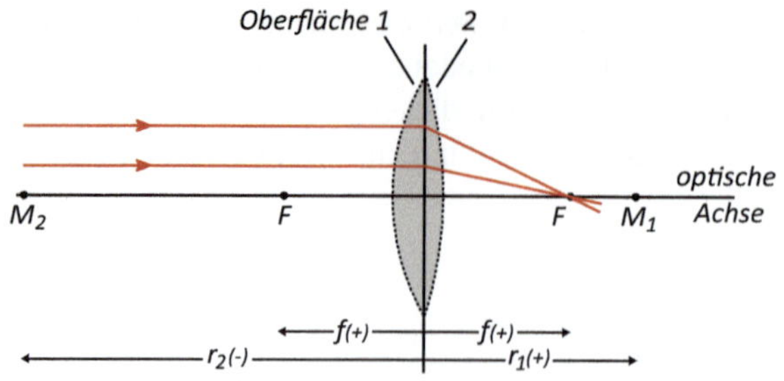


**Bild 7.23**
Dünne Sammellinse im Querschnitt, zur Verdeutlichung ist die Dicke der Linse übertrieben dargestellt, Vorzeichen in Klammern

Die Krümmungen der Linsenoberflächen geben gemäß der *Linsenmacherformel* Gl. (7.13) die Brennweite der Linse vor. Die Formel trägt diesen Namen, da sie eine Anleitung zur Herstellung einer Linse mit bestimmter Brennweite darstellt.

**Linsenmacherformel**

$$\frac{1}{f} = (n-1)\left(\frac{1}{r_1} - \frac{1}{r_2}\right) \tag{7.13}$$

Sie lässt sich herleiten, indem man sich die Linse aus zwei brechenden, sphärischen Flächen aufgebaut denkt und dabei nur den Verlauf achsnaher Strahlen betrachtet. Die jeweils eigenen Abbildungseigenschaften der Flächen führen kombiniert zu den Abbildungseigenschaften der Linse.

Die Zählrichtung für den Krümmungsradius einer Linsenoberfläche wird auf die Richtung des Lichteinfalls von der Gegenstandsseite aus bezogen (üblicherweise von links). Bei einer aus dieser Richtung gesehen

- konvexen Fläche liegt der Krümmungsmittelpunkt auf der abgewandten (rechten) Seite, und der Radius wird positiv gezählt,
- konkaven Fläche liegt der Krümmungsmittelpunkt auf der zugewandten (linken) Seite, und der Radius wird negativ gezählt.

Bei einer bikonvexen Linse wie in Bild 7.23 ist $r_1$ positiv und $r_2$ negativ, sodass hier die Brennweite positiv ist. (Die in diesem Abschnitt verwendete *Vorzeichenkonvention* für die verschiedenen Größen sind in Tabelle 7.5 am Ende des Abschnitts noch einmal zusammengestellt.)

**Merke**
Bei der Berechnung von Linsen und Abbildungen mit Linsen muss mit einer in sich konsistenten Vorzeichenkonvention für die verwendeten Größen (Oberflächen-Krümmungsradius, Brennweite, Gegenstandsweite usw.) gearbeitet werden, siehe Tabelle 7.5.

Laut der Linsenmacherformel hat eine Linse *eine*, von den Krümmungen *beider* Oberflächen gegebene Brennweite. Die Brennpunkte liegen auf beiden Seiten der Linse in demselben Abstand $f$ von der Linse. Es spielt keine Rolle, von welcher Seite das Licht einfällt.

Der Kehrwert der Brennweite einer Linse wird bezeichnet als ihre

**Brechkraft**

$$D = \frac{1}{f} \tag{7.14}$$

mit der Einheit Dioptrie: $[D] = \text{dpt} = \text{m}^{-1}$.

Je stärker die Oberflächen gekrümmt sind, je kleiner also ihre Krümmungsradien sind, desto kleiner ist nach Gl. (7.13) die Brennweite und desto größer nach Gl. (7.14) die Brechkraft einer Linse.

Mit einer Linse lässt sich, ähnlich wie mit einem Spiegel, ein Gegenstand abbilden. Bei der Konstruktion der Abbildung wird wieder davon ausgegangen, dass der Gegenstand links von der Linse steht. Wie beim Spiegel erfolgt die Konstruktion auch hier mithilfe *ausgezeichneter Strahlen*, die in Bild 7.24 gezeigt werden. Es sind dies

- Der *Parallelstrahl* 1 verläuft nach der Ablenkung durch die Linse durch den Brennpunkt, wird also zum Brennstrahl.
- Der *Mittelpunktstrahl* 2 verläuft durch den Mittelpunkt der Linse (Schnittpunkt optische Achse-Mittelebene der Linse) und wird nicht abgelenkt, da die Linse dort näherungsweise einer planparallelen Platte entspricht. Da die Dicke der Linse vernachlässigt wird, ist auch der Parallelversatz des Mittelpunktstrahls vernachlässigbar.
- Der *Brennstrahl* 3 verläuft durch den Brennpunkt und wird nach der Ablenkung durch die Linse zum Parallelstrahl.

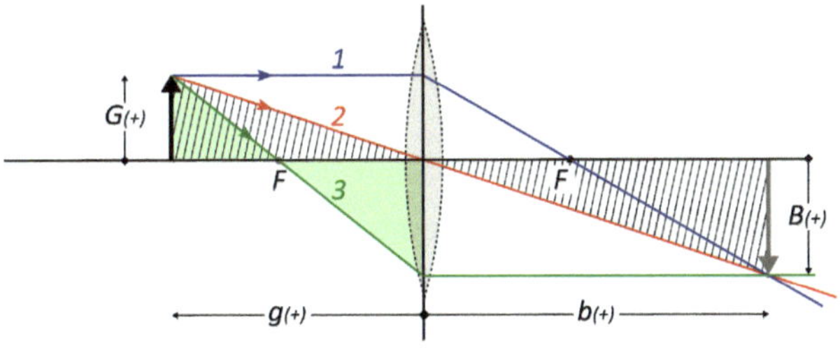


**Bild 7.24**
Ausgezeichnete Strahlen bei einer dünnen Sammellinse und Konstruktion der Abbildung für $a > f$

**Merke**

Zur Konstruktion einer Abbildung mit einer Linse können Parallel-, Brenn- oder Mittelpunktstrahl verwendet werden. Ausreichend sind zwei geeignete dieser Strahlen.

In Bild 7.24 wird das Abbild eines repräsentativen Punktes des Gegenstandes, hier der Pfeilspitze, konstruiert. Für die anderen Punkte kann genauso vorgegangen werden. Zunächst geht daraus hervor, dass das Bild umgekehrt ist. Der Abbildungsmaßstab als Verhältnis von *Bildgröße B* zu *Gegenstandsgröße G* ergibt sich aus der *Bildweite b* und der *Gegenstandsweite g* mit den beiden schraffierten ähnlichen Dreiecken, für die gilt $\frac{B}{b} = \frac{G}{g}$, so dass man erhält

**Abbildungsmaßstab**

$$\beta = \frac{B}{G} = \frac{b}{g} \tag{7.15}$$

Außerdem hat man mit den beiden grün schattierten ähnlichen Dreiecken das Verhältnis $\frac{f}{B}=\frac{g-f}{G}$ und mit Gl. (7.15) $\frac{f}{g-f}=\frac{B}{G}=\frac{b}{g}$. Umgestellt ergibt dies die

**Linsenformel** oder **Abbildungsgleichung**

$$\frac{1}{f}=\frac{1}{g}+\frac{1}{b} \tag{7.16}$$

Die beiden Gleichungen stimmen mit denen für den Spiegel, Gl. (7.8) und Gl. (7.9) überein.

Da die Strahlen sich beim Abbild tatsächlich treffen, entsteht dort ein *reelles Bild*, das mit einer Mattscheibe aufgefangen werden kann.

Ganz ähnlich lässt sich der Strahlenverlauf konstruieren, wenn sich der Gegenstand zwischen dem Brennpunkt und der Linse befindet, wenn also gilt $g<f$, wie in Bild 7.25. Als Brennstrahl wird hier aber der Strahl genommen, dessen rückwärtige Verlängerung durch den Brennpunkt links vom Gegenstand führt.

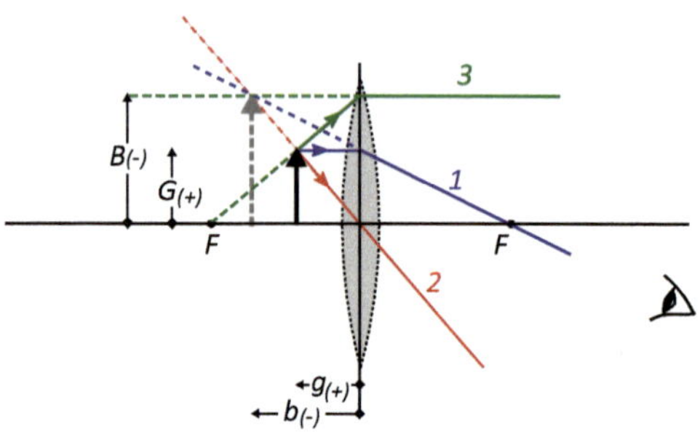


**Bild 7.25**
Konstruktion der Abbildung mit einer dünnen Sammellinse für $g<f$: aufrechtes, vergrößertes, virtuelles Bild

Die Strahlen verlaufen nach Durchgang durch die Linse divergent, es entsteht also kein reelles Bild. Dem Auge, das den Strahlen entgegensieht, erscheint jedoch ein *virtuelles Bild* an der Stelle, an der sich die Verlängerungen der Strahlen nach links treffen. Das Bild ist zudem aufrecht und vergrößert. Aus der Linsenformel folgt wegen $g<f$, dass die Bildweite des virtuellen Bildes b negativ ist, und damit ist es auch der Abbildungsmaßstab. So wie beim Spiegel stehen demnach positive Werte von Bildweite und Abbildungsmaßstab für ein reelles, umgekehrtes Bild, negative Werte für ein virtuelles, aufrechtes Bild.

Zusammengefasst treten die in Tabelle 7.4 angeführten Fälle auf (vgl. die Angaben zum Spiegel in Abschnitt 7.2.2).

**Tabelle 7.4** Abbildungen mit einer Sammellinse

| Gegenstandsweite *a* | Bildweite *b* | Art des Bildes |
|---|---|---|
| $g>2f$ | $0<b<g$ | reell, umgekehrt, verkleinert (Bild 7.24) |
| $g=2f$ | $b=g$ | reell, umgekehrt, gleich groß |
| $2f>g>f$ | $b>g$ | reell, umgekehrt, vergrößert |
| $g=f$ | $b\to\infty$ | parallele Strahlen, kein Bild |
| $g<f$ | $b<-g$ | virtuell, aufrecht, vergrößert (Bild 7.25) |

Wie die Sammellinse zum Hohlspiegel ist die *Zerstreuungslinse* das Gegenstück zum Konvexspiegel. Nach Durchgang durch eine Zerstreuungslinse, in Bild 7.22b eine bikonkave Linse, divergiert ein zuvor paralleles Strahlungsbündel. Für das Auge scheinen die Strahlen von einem Punkt auszugehen, den man als virtuellen Brennpunkt bezeichnen könnte. Bei dieser Linse ist nach der obigen Vorzeichenkonvention $r_1$ negativ und $r_2$ positiv, sodass aus der Linsenmacherformel Gl. (7.13) ein negativer Wert für die Brennweite folgt.

Mit dieser Konvention behalten Gl. (7.15) und Gl. (7.16) ihre Gültigkeit. Demnach sind $\beta$ in Gl. (7.15) und $b$ in Gl. (7.16) negativ, d. h. eine Zerstreuungslinse liefert aufrechte, virtuelle Bilder, die auf der Lichteinfallsseite der Linse liegen. Bild 7.26 zeigt dies an zwei Beispielen.

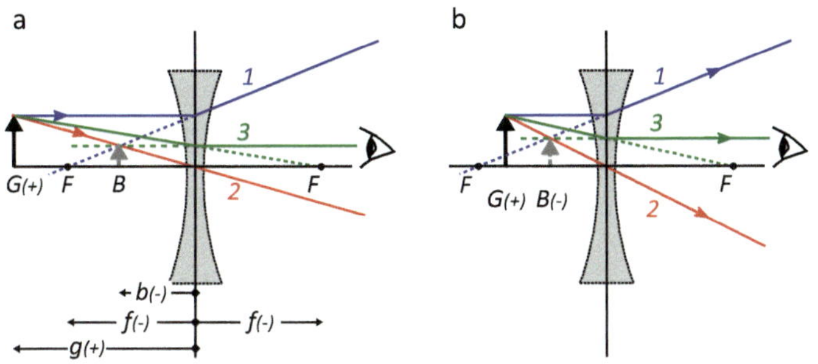


**Bild 7.26** Zerstreuungslinse: Konstruktion der Abbildungen für (a) $g > f$, (b) $g < f$

> **Merke**
> Eine Sammellinse erzeugt ein reelles (virtuelles) Bild, wenn sich der Gegenstand außerhalb (innerhalb) der Brennweite befindet. Eine Zerstreuungslinse erzeugt immer ein virtuelles Bild.

Zu bemerken ist, dass nach der Linsenmacherformel (Gl. (7.13)) für eine negative Brennweite nicht unbedingt beide Seiten der Linse negativ gekrümmt, also konkav sein müssen. Eine Linse mit der Kombination konvex-konkav (siehe Bild 7.21) kann, je nach Stärke der jeweiligen Krümmung, eine negative (Zerstreuungslinse) oder eine positive (Sammellinse) Brennweite haben.

> **Beispiel**
> Ein Brillenglas der Stärke (Brechkraft) $D = -2{,}5$ dpt soll als einseitig plane Linse aus einem Glas mit dem relativen Brechungsindex $n = 1{,}7$ gefertigt werden. Welchen Krümmungsradius hat die gewölbte Seite?
>
> Für den Krümmungsradius der planen Seite gilt $r_2 \to \infty$, damit wird aus Gl. (7.13) und Gl. (7.14) $D = \frac{1}{f} = (n-1)\frac{1}{r_1}$. Aufgelöst hat man $r_1 = \frac{(n-1)}{D} = \frac{0{,}7}{-2{,}5\,\text{m}^{-1}} = -0{,}28\,\text{m}$. Es handelt sich also, wie man ja auch schon an der negativen Brechkraft und Brennweite erkennen kann, um eine plankonkave Zerstreuungslinse, siehe Bild 7.21.

**Beispiel**

Ein $G = 1{,}8$ m großer Mensch steht in $a = 500$ m Abstand vor einer Sammellinse mit der Brennweite $f = 900$ mm. Wie weit hinter der Linse wird er auf einer Mattscheibe scharf abgebildet und wie groß ist das Abbild?

Die Linsenformel (Gl. (7.16)) nach der Bildweite b aufgelöst ergibt $b = \left(\frac{1}{f} - \frac{1}{a}\right)^{-1} = 0{,}902\,\text{m}$. Da die Gegenstandsweite so groß ist, fallen die Strahlen nahezu parallel auf die Linse ein und werden bei der relativ kleinen Brennweite nahe am Brennpunkt fokussiert. Für die Bildgröße liefert Gl. (7.15) $B = \beta G = \frac{b}{a} G = 3{,}25\,\text{mm}$.

## Linsensysteme und optische Hauptebenen

In den meisten optischen Geräten werden für spezielle Abbildungseigenschaften oder zur Korrektur von Abbildungsfehlern *Linsensysteme* aus mehreren Linsen (die in diesem Abschnitt als dünne Linsen betrachtet werden) eingesetzt. Ein einfaches Beispiel zeigt Bild 7.27. In Bild 7.27a werden die beiden Linsen noch getrennt voneinander betrachtet. Brennstrahlen aus dem Brennpunkt von L1 verlassen diese als Parallelstrahlen, treffen dann auf L2 und werden auf deren Brennpunkt fokussiert. Stehen die beiden Linsen nun dicht beieinander (Bild 7.27b), sodass $d \ll f_1, f_2$, ändern sich die Verhältnisse an sich nicht. Die Betrachtungsweise ist aber nun so, dass nicht mehr die einzelnen Linsen, sondern das Linsensystem den Punkt A auf den Punkt B abbildet. Die Brennweiten der einzelnen Linsen werden dann näherungsweise zu Gegenstands- und Bildweite des Linsensystems. Mit $f_1 = g$ und $f_2 = b$ erhält man mit der Linsenformel (Gl. (7.16)) $\frac{1}{f} = \frac{1}{g} + \frac{1}{\text{b}}$ also für die

Brennweite des Linsensystems

$$\frac{1}{f} = \frac{1}{f_1} + \frac{1}{f_2} \tag{7.17}$$

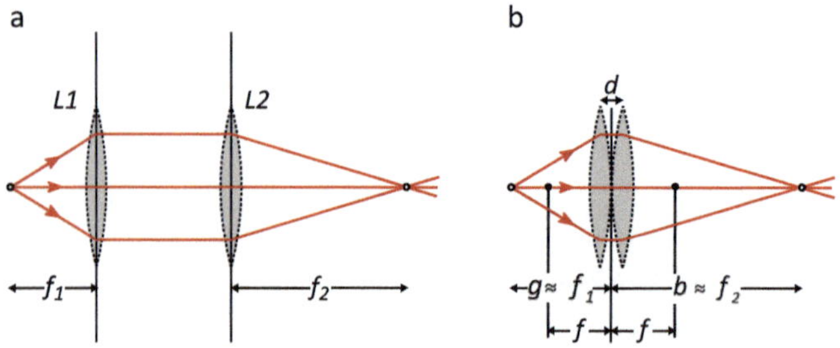


**Bild 7.27** System aus zwei Sammellinsen in (a) großem, (b) kleinem Abstand $d \ll f_1, f_2$ voneinander

Die Summe der Brechkräfte der einzelnen Linsen ist entsprechend die

Brechkraft des Linsensystems

$$D = D_1 + D_2 \tag{7.18}$$

Unabhängig von der Richtung des Lichteinfalls gibt es nach wie vor nur eine Brennweite $f$, die auf beiden Seiten dieselbe ist.

Bei kleinem Abstand der Linsen gemäß der obigen Bedingung kann die Brennweite nach rechts und nach links näherungsweise relativ zum gemeinsamen Ort der Linsen angegeben werden, wie es in Bild 7.27 dargestellt ist. Bei einem größeren Abstand ist das nicht mehr möglich. Für diesen allgemeineren Fall werden zwei *Hauptebenen* des Linsensystems definiert, die das System für die Konstruktion der Abbildung repräsentieren.

Um die *Position dieser Hauptebenen* zu bestimmen, muss man berücksichtigen, dass sich die Richtung eines einfallenden Strahls schon bei der ersten Linse ändert und dass dieser Strahl dann mit geänderter Richtung und geändertem Abstand von der optischen Achse auf die zweite Linse trifft. Dort wird er dann nochmal gebrochen.

Für die Abbildungseigenschaften eines Linsensystems ist aber der interne Strahlenverlauf im Allgemeinen nicht von Bedeutung, sondern es kommt für die Konstruktion der Abbildung auf den Strahlenverlauf außerhalb des Systems an. Die Hauptebenen werden nun so positioniert, dass die Angabe der Brennweite in Bezug auf die Hauptebenen sowie die Brechung an den Hauptebenen ausreicht, um den äußeren Strahlenverlauf zu konstruieren. Bild 7.28 zeigt den geometrischen und, zum Vergleich, den innerhalb des Linsensystems abweichenden physikalische Verlauf (gestrichelt) der ausgezeichneten Strahlen.

Daraus wird auch deutlich, welchen Regeln die *Konstruktion eines Abbildes* folgt (für den Lichteinfall von links).

- Die *Brennweite des Linsensystems* wird auf jeder Seite von der jeweiligen Hauptebene aus gemessen, von der objektseitigen Hauptebene $H$ nach links positiv, von der bildseitigen $H'$ nach rechts positiv.
- Der *Parallelstrahl* wird an der bildseitigen Hauptebene $H'$ gebrochen und wird zum Brennstrahl durch den rechten Brennpunkt.
- Der *Brennstrahl* durch den linken Brennpunkt wird an der objektseitigen Hauptebene $H$ gebrochen und wird zum Parallelstrahl.
- Der *Mittelpunktstrahl* wird an der objektseitigen Hauptebene $H$ auf die optische Achse gebrochen, verläuft zum Schnittpunkt optische Achse – bildseitige Hauptebene $H'$ und wird dort um denselben, aber entgegengesetzten Winkel gebrochen. Er erfährt also einen Parallelversatz.
- Die *Gegenstandsweite* wird von der objektseitigen Hauptebene $H$ nach links positiv gemessen, die *Bildweite* von der bildseitigen Hauptebene $H'$ nach rechts positiv.

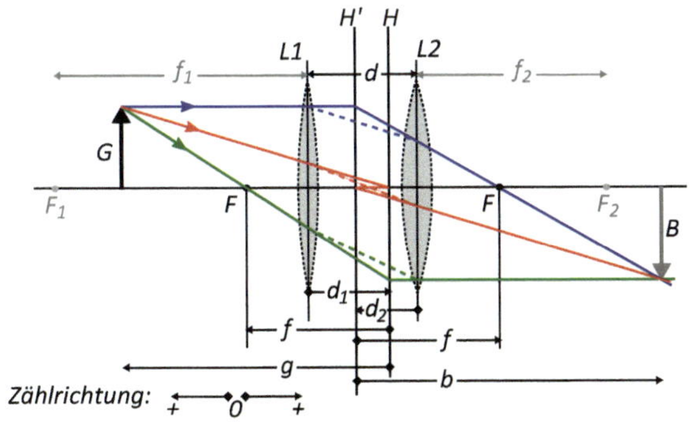


**Bild 7.28**
Linsensystem aus zwei Sammellinsen mit Hauptebenen, durchgezogen: geometrischer, gestrichelt: abweichender physikalischer Strahlengang; bei diesem speziellen Beispiel liegt die bildseitige Hauptebene $H'$ *vor* der objektseitigen Hauptebene $H$ (die positive Zählrichtung für die verschiedenen Größen zeigt jeweils von der Raute in Richtung des Pfeils)

Die Berechnung von Brennweite und Position der Hauptebenen muss natürlich den physikalischen Strahlengang zugrunde legen. Beim System aus zwei Linsen im Abstand d mit den Brennweiten $f_1$ und $f_2$ ergibt sie, ohne sie hier im Einzelnen durchzuführen, für die

**Brennweite und Brechkraft eines Systems aus zwei Linsen im Abstand *d***

$$\frac{1}{f} = \frac{1}{f_1} + \frac{1}{f_2} - \frac{d}{f_1 f_2} \tag{7.19}$$

$$D = D_1 + D_2 - d\, D_1\, D_2$$

Für kleine Abstände der Linsen $d$ geht Gl. (7.19) erwartungsgemäß in Gl. (7.17), Gl. (7.18) über.

Man erhält für den

**Abstand Hauptebene-Linse**

$$d_1 = d\,\frac{f}{f_2} \tag{7.20a}$$

$$d_2 = d\,\frac{f}{f_1} \tag{7.20b}$$

mit den Bezeichnungen aus Bild 7.28.

Dabei wird $d_1$ von Linse $L_1$ aus nach rechts, $d_2$ von Linse $L_2$ aus nach links positiv gezählt, wie es die Richtungspfeile in Bild 7.28 andeuten.

Diese Gleichungen, die hier nur am Beispiel eines Linsensystems aus zwei Sammellinsen gezeigt wurden, behalten ihre Gültigkeit auch für andere Linsenkombinationen, z. B. mit Zerstreuungslinsen. Dabei muss nur berücksichtigt werden, dass die Brennweite einer Zerstreuungslinse negativ ist.

Die für die einzelne Linse abgeleiteten *Abbildungsgleichungen* (Gl. (7.15) und Gl. (7.16)) gelten weiterhin, wenn man die dort verwendeten Größen auf die jeweiligen Hauptebenen bezieht.

Zwei Punkte sind im Zusammenhang mit diesen Gleichungen bemerkenswert. Zum einen kann nach Gl. (7.19) ein System aus zwei Sammellinsen insgesamt auch als Zerstreuungslinse wirken. Denn die Brennweite des Systems wird negativ, wenn der Linsenabstand größer ist als die Summe der einzelnen Brennweiten, $d > f_1 + f_2$. Zum anderen liegen unter Umständen eine oder beide Hauptebenen außerhalb des Systems, nämlich dann, wenn die Gesamtbrennweite $f$ größer ist als eine oder beide Einzelbrennweiten $f_1$, $f_2$.

Alle Linsensysteme, auch komplexere, die z. B. in Kameraobjektiven zehn oder mehr Linsen umfassen können, lassen sich in ihrem Abbildungsverhalten durch zwei Hauptebenen charakterisieren. Die Berechnungen von Brennweite und Lage der Hauptebenen des Systems werden dann eventuell sehr aufwendig und man nutzt experimentelle Methoden, um diese Werte zu bestimmen.

**Merke**

Für die Berechnung der Abbildungseigenschaften eines Systems aus mehreren Linsen wird es durch zwei Hauptebenen an spezifischen Positionen im Linsensystem repräsentiert. Durch Brechung an den Hauptebenen wird der effektive Strahlengang *außerhalb* des Linsensystems konstruiert.

**Beispiel**

Mit zwei Linsen soll ein Teleobjektiv mit der Brennweite $f = 400$ mm realisiert werden. Der Abstand der Linsen soll $d = 100$ mm betragen, bedingt durch die Länge des Objektivs. Eine der Linsen L 1 ist eine Sammellinse mit der Brennweite $f_1 = 150$ mm.

Welche Brennweite $f_2$ muss die andere Linse L2 haben? Wo liegen die Hauptebenen des Systems?

Umstellung von Gl. (7.19) ergibt für die Brechkraft von L2 $D_2 = \dfrac{D - D_1}{1 - d\,D_1}$ und damit für ihre Brennweite

$$f_2 = \frac{1 - \dfrac{d}{f_1}}{\dfrac{1}{f} - \dfrac{1}{f_1}} = -80\,\text{mm}$$

Es muss also eine Zerstreuungslinse eingesetzt werden.

Die Lage der Hauptebenen erhält man aus Gl. (7.20) zu $d_1 = -500$ mm und $d_2 = 267$ mm. Damit liegen beide Hauptebenen außerhalb des Linsensystems, wie es Bild 7.29 zeigt.

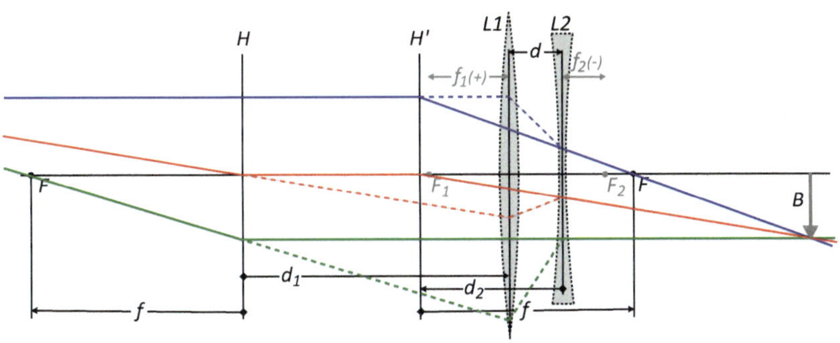


**Bild 7.29** Linsensystem des Beispiels mit Verlauf der Hauptstrahlen, gestrichelt: vom geometrischen abweichender physikalischer Verlauf (aus Gründen der Übersichtlichkeit sind Brennpunkte und Brennweiten der Linsen L 1, L2 nur einseitig eingezeichnet)

## Dicke Linsen

Reale Linsen haben natürlich, anders als die idealisierten „dünnen“ Linsen oben, eine laterale Ausdehnung in Richtung des Strahlenverlaufs. Ist die Dicke einer Linse nun nicht mehr klein gegenüber den Krümmungsradien der Oberflächen bzw. gegenüber der Brennweite, ist die Idealisierung nicht mehr möglich und die Linse wird dann als *dicke Linse* bezeichnet. Bei einer dicken Linse muss bei der Berechnung der Abbildungseigenschaften der Strahlenverlauf innerhalb der Linse berücksichtigt werden (gestrichelt in Bild 7.30), ähnlich wie bei den ausgedehnteren Linsensystemen.

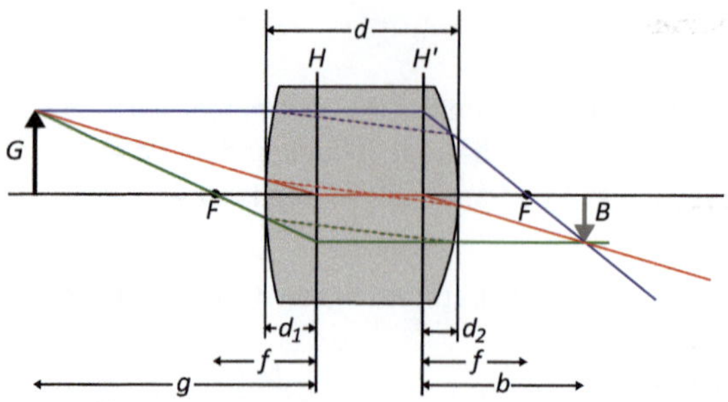


**Bild 7.30**
Strahlenverlauf in einer Bikonvex-Linse der Dicke $d$ mit Hauptebenen, gestrichelt: vom geometrischen abweichender physikalischer Verlauf

Die Dicke der Linse $d$ wirkt sich auf die Brennweite aus und geht daher in die Linsenmacherformel (vgl. Gl. (7.13)) ein:

**Linsenmacherformel für dicke Linsen**

$$\frac{1}{f} = (n-1)\left(\frac{1}{r_1} - \frac{1}{r_2} + \frac{n-1}{n}\frac{d}{r_1 r_2}\right) \tag{7.21}$$

Die Gleichung geht, wie es sein muss, für kleine $d$ in die entsprechende Gl. (7.13) für dünne Linsen über.

Die *Abbildungseigenschaften* einer dicken Linse werden wie bei den Linsensystemen durch *zwei Hauptebenen* charakterisiert, die in Bild 7.30 eingezeichnet sind. Der Strahlenverlauf außerhalb der Linse orientiert sich auch hier wieder an diesen Hauptebenen.

Deren Abstand von den Scheitelpunkten erhält man mit den Gleichungen

Abstand linker Scheitelpunkt-objektseitige Hauptebene

$$d_1 = -\frac{f}{r_2} d \frac{n-1}{n} \tag{7.22}$$

Abstand rechter Scheitelpunkt-bildseitige Hauptebene

$$d_1 = -\frac{f}{r_2} d \frac{n-1}{n} \tag{7.23}$$

Dies liefert z. B. bei einer symmetrischen Bikonvex-Linse aus Glas mit $n = 1{,}5$ und $r_1 = -r_2 \gg \frac{d}{6}$ für den Abstand der Hauptebenen von den Scheitelpunkten $d_1 = d_2 = \frac{1}{3} d$, siehe Bild 7.31. Bei einer Plankonvex-Linse aus demselben Glas liegt eine Hauptebene am Scheitelpunkt, die andere $\frac{2}{3} d$ von der planen Seite entfernt.

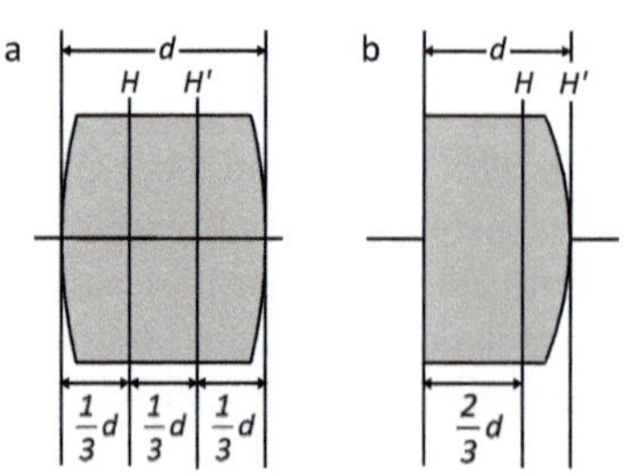


**Bild 7.31**
Positionen der Hauptebenen für eine (a) symmetrisch bikonvexe, (b) plankonvexe Linse mit $n = 1{,}5$

Für verschiedene Linsentypen sind die Positionen der Hauptebenen im Prinzip so wie in Bild 7.32 beispielhaft gezeigt, wobei deren konkrete Lage von den Krümmungsradien der Oberflächen und dem Brechungsindex abhängt. Wie man sieht, liegen sie bei einer dicken Linse u. U. beide außerhalb der Linse.

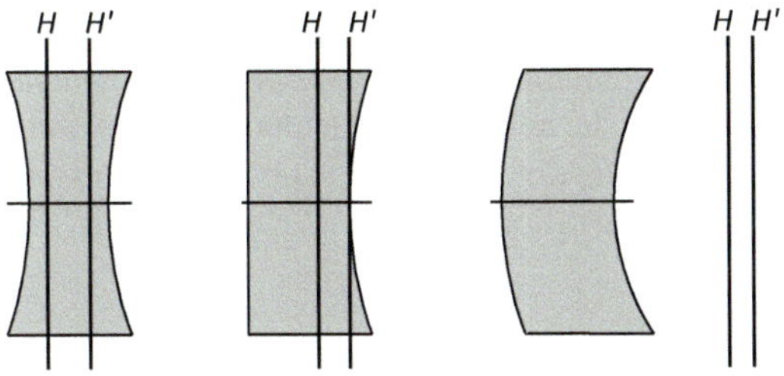


**Bild 7.32**
Positionen der Hauptebenen bei verschiedenen Typen von Linsen

Die Brennweite wird von den Hauptebenen aus gemessen. Die Regelungen für die Vorzeichen und für die Konstruktion einer Abbildung sind dieselben wie bei Linsensystemen. Unter diesen Voraussetzungen bleiben auch hier die Abbildungsgleichungen (Gl. (7.15) und Gl. (7.16)) gültig.

**Beispiel**

Ein Heliograph zur Bestimmung der Sonnenscheindauer besteht aus einer kugelförmigen Linse, die direkt einfallende Sonnenstrahlung auf einen Papierstreifen fokussiert. Aus der Länge der Brennspur lässt sich die Dauer der direkten Einstrahlung berechnen. Die Kugellinse hat einen Durchmesser von $D = 100$ mm und besteht aus einem Glas mit dem Brechungsindex $n = 1{,}5$.

In welchem Abstand vom Kugelmittelpunkt muss das Papier liegen? Wo befinden sich die Hauptebenen?

Die Strahlen von einem Punkt der Sonnenoberfläche fallen wegen der großen Entfernung der Sonne als Parallelstrahlen und werden daher im Brennpunkt der Linse fokussiert.

Die Brennweite findet man mit Gl. (7.21), in der die Krümmungsradien gleich dem Kugelradius $r_1 = -r_2 = r = \frac{D}{2}$, und die Linsendicke gleich dem Kugeldurchmesser $d = D$ sind. Damit ergibt sich $\frac{1}{f} = (n-1)\left(\frac{2}{r} - \frac{n-1}{n}\frac{D}{r^2}\right) = \frac{n-1}{n}\frac{2}{r} = \frac{2}{3r}$,

also $f = \frac{3}{2}r = 150\,\text{mm}$. Für die Hauptebenen erhält man wegen $r_1 = -r_2 = r$ aus Gl. (7.22) und Gl. (7.23) der Kugel. Davon ist der Brennpunkt und damit die optimale Lage für das Papier $f = 150$ mm entfernt.

### Abbildungsfehler

Wie schon zu Beginn dieses Abschnitts erwähnt, können mit sphärischen Linsen keine idealen Abbildungen erzeugt werden. Ähnlich wie beim sphärischen Hohlspiegel werden nämlich achsferne Strahlen eines Strahlenbündels nicht an demselben Punkt fokussiert wie achsnahe Strahlen, sondern näher an der Linse, also mit verkürzter Brennweite, siehe Bild 7.33.

Diese *sphärische Aberration* wurde bei der Herleitung der Linsenmacherformel (Gl. (7.13)) zur Berechnung der Brennweite einer Linse vernachlässigt, indem davon ausgegangen wurde, dass die Strahlen nur unter kleinen Winkeln auf die Linsenoberfläche treffen. In Bild 7.33 wird angedeutet, dass das für achsferne Strahlen nicht mehr der Fall ist. Werden die Strahlen durch eine Mattscheibe am berechneten Brennpunkt F aufgefangen, so ist dort nicht mehr ein Lichtpunkt, sondern eine Scheibe zu sehen. Das Abbild eines Objekts, das sich aus vielen Lichtpunkten zusammensetzt, erschiene dementsprechend unscharf. Die einfachste Abhilfe schafft eine Lochblende vor der Linse, die achsferne Strahlen ausblendet, wobei man allerdings Lichtverluste in Kauf nehmen muss. Spezielle Kombinationen sphärischer Linsen, sogenannte *Aplanate*, minimieren die sphärische Aberration.

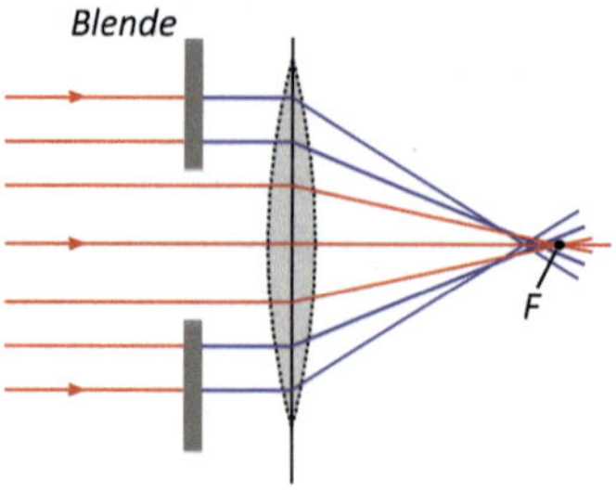


**Bild 7.33**
Sphärische Aberration und Wirkung einer Blende, blau: abgeblendete Strahlen

Als *Astigmatismus*[4] wird ein Abbildungsfehler bezeichnet, der auch bei Linsen mit idealer, nichtsphärischer Oberfläche auftritt, wenn Strahlenbündeln schräg einfallen. Für ein solches Strahlenbündel wirkt eine zur optischen Achse symmetrische Linsenoberfläche in der Ebene aus Einfallsrichtung und optischer Achse (Meridionalebene) perspektivisch verkürzt. Sie erscheint in dieser Ebene also stärker gekrümmt als in der Ebene senkrecht dazu (Sagittalebene). Demzufolge werden Strahlen der Meridionalebene mit einer kürzeren Brennweite fokussiert als solche der Sagittalebene. In Bild 7.34 ist dies für die Strahlen in den beiden Ebenen dargestellt. Von einem Objektpunkt kommende Strahlen in der Meridionalebene treffen sich in Punkt $F_M$, Strahlen der Sagittalebene sind dort noch nicht fokussiert. An dieser Stelle ist das Bild des Punktes also ein waagerechter Strich, wie in der Abbildung angedeutet. Umgekehrt treffen sich die Strahlen der Sagittalebene in Punkt $F_S$, an dem die Strahlen der Meridionalebene schon wieder auseinanderlaufen. Dort wird der Punkt in einem senkrechten Strich abgebildet. An anderen Stellen entstehen elliptische Bilder und als optimales Abbild eine Kreisscheibe zwischen $F_M$ und $F_S$. Je weiter ein Objektpunkt von der optischen Achse entfernt ist, je schräger also das Strahlenbündel einfällt, desto stärker wird dieser Effekt. Das Abbild eines senkrecht zur Achse ausgedehnten Gegenstands, das in der Bildmitte optimal fokussiert ist, wird daher zu den Bildrändern zunehmend unscharf erscheinen. Durch Korrekturlinsen und Blenden kann der Astigmatismus zwar reduziert werden. Solche Linsensysteme werden *Anastigmat* genannt. Die Abhängigkeit vom Einfallswinkel führt aber zu einer *Bildfeldwölbung*, d. h. dass die Fläche, auf der das Bild scharf erscheinen soll, gewölbt sein muss.

[4] stigma griechisch für Punkt, A-stigmatismus: ohne Punkt

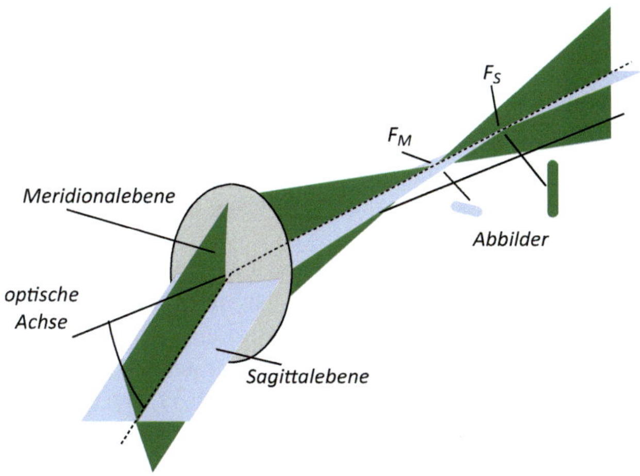


**Bild 7.34** Astigmatismus bei schrägem Lichteinfall auf die Linse (die Farben dienen nur zur Verdeutlichung der Ebenen)

Damit verwandt ist die *Koma*[5], die ebenfalls bei schräg einfallenden Strahlenbündeln auftritt, wenn Astigmatismus und sphärische Aberration zusammenkommen. Die Abbilder eines Punktes auf einer Mattscheibe durch weiter außen liegende Strahlen des Bündels sind größer und verschoben gegenüber denen durch weiter innen liegende Strahlen. Die Überlagerung ergibt das Bild eines nach außen hin verwaschenen Punktes, umso stärker, je weiter der Punkt von der optischen Achse entfernt ist.

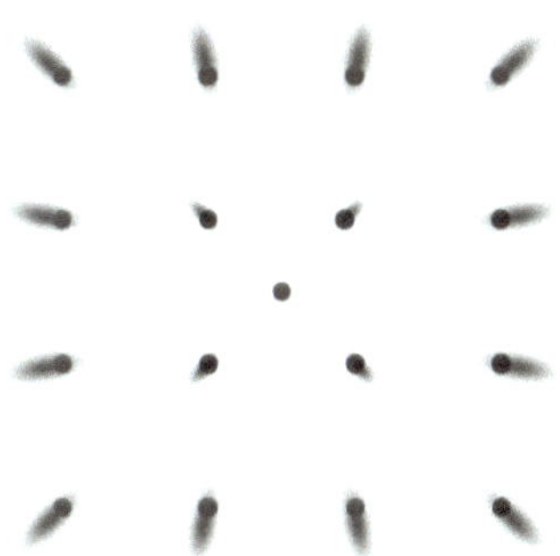

**Bild 7.35**
Koma bei der Abbildung eines Punktrasters (schematisch)

Während viele Bildfehler durch den Einsatz von Blenden minimiert werden können, können diese aber auch selber Bildfehler verursachen. Je nach Anordnung einer Blende vor oder hinter der Linse treten Tonnen- oder Kissen-förmige *Verzeichnungen* auf, die in Bild 7.36 dargestellt sind. Dies hängt zusammen mit der sphärischen Aberration, aufgrund derer bei einer Blende hinter der Linse nur achsferne Strahlen zum Bild beitragen, wodurch der Abbildungsmaßstab nach außen hin zunimmt. Umgekehrt ist es bei einer Blende vor der Linse. Solche Verzeichnungen werden vermieden, wenn man in einem Linsensystem aus zwei Linsen die Blende in der Mitte zwischen den Linsen positioniert.

[5] coma lateinisch für Schweif

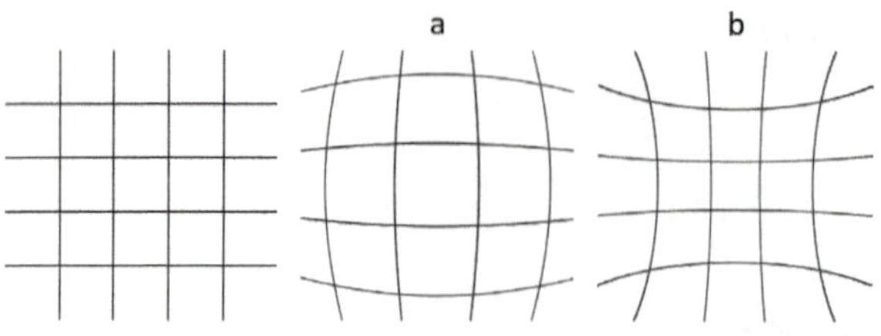


**Bild 7.36**
Verzeichnungen am Beispiel der Abbildung eines Gitters: (a) Tonnen-förmig, (b) Kissen-förmig

Ein Linsensystem, das bezüglich der oben beschriebenen Bildfehler korrigiert ist, zeigt aber bei Licht, das aus einem breiten Spektralbereich besteht, also z. B. bei weißem Licht, immer noch den Fehler der *chromatischen Aberration*. Chromatische Aberration wird verursacht durch die Dispersion, d. h. der Zunahme des Brechungsindex des Linsenmaterials mit abnehmender Wellenlänge (s. Abschnitt 7.2.1). Nach der Linsenmacherformel (Gl. (7.31)) ist daher die Brennweite einer Linse für blaues Licht kleiner als für rotes Licht, wie es in Bild 7.37a schematisch dargestellt ist. Das Bild eines Objektes im weißen Licht hat dadurch farbige Ränder und wirkt unscharf. Ein *Achromat*[6], Bild 7.37b, korrigiert diesen Fehler teilweise. Ein solches Linsensystem mit einer Sammellinse aus einem Glas mit niedriger Dispersion (z. B. Kronglas) und einer Zerstreuungslinse aus einem Glas mit hoher Dispersion (z. B. Flintglas) hat für zwei Wellenlängen des Spektrums dieselbe Brennweite und nur geringe Abweichung für andere Wellenlängen. Die Krümmungsradien der Linsenoberflächen kann man dabei so wählen, dass das System eine positive Brennweite behält, also Licht sammelt. Mit aufwendigeren Konstruktionen kann man die Brennweite auch noch für drei oder mehr Wellenlängen abstimmen und so die chromatische Aberration weiter verringern.

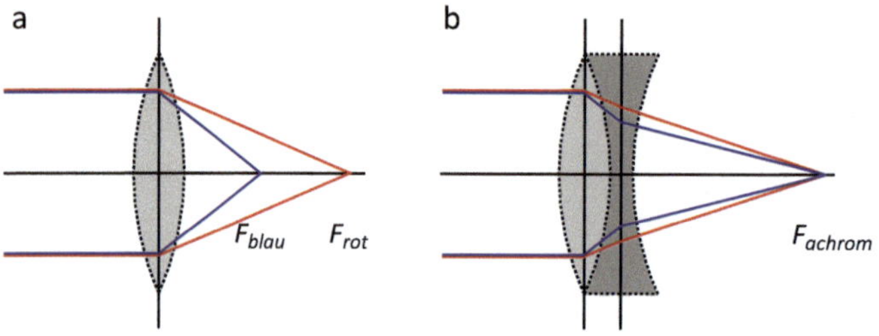


**Bild 7.37** Chromatische Aberration: (a) schematisch, (b) Korrektur durch Achromat (zur Verdeutlichung stark übertriebene Dispersion)

**Merke**

Abbildungen mit realen Linsen sind immer mit geometrischen und chromatischen Abbildungsfehlern verbunden, die durch geeignete optische Konstruktionen (Linsensysteme, Blenden) verringert werden können.

Die in diesem Abschnitt gewählten und in Tabelle 7.5 aufgeführten Vorzeichenregeln erscheinen anschaulich, sind jedoch in gewisser Weise willkürlich. Je nach Anwendungsbereich werden auch andere Vorzeichensysteme verwendet. Wichtig ist nur, dass die Regeln in sich konsistent sind.

[6] achromatos, griechisch für farblos

**Tabelle 7.5** Zusammenstellung der Vorzeichenregeln für die Berechnung von Abbildungseigenschaften von Linsen und Linsensystemen

| Größe | | positive Zählrichtung |
|---|---|---|
| Krümmungsradius einer Linsenfläche | $r$ | in Richtung des Lichteinfalls von der Objektseite aus gesehen konvexe Oberfläche: $r$ positiv |
| Brennweite | $f$ | objektseitig: von der Linse oder objektseitigen Hauptebene in Richtung Objekt<br>bildseitig: von der Linse oder bildseitigen Hauptebene entgegengesetzt dazu |
| Position objektseitige Hauptebene $H$ | $d_1$ | von der linken Linse nach rechts |
| Position bildseitige Hauptebene $H'$ | $d_2$ | von der rechten Linse nach links |
| Objektweite | $g$ | von der Linse oder objektseitigen Hauptebene in Richtung Objekt |
| Bildweite | $b$ | von der Linse oder bildseitigen Hauptebene in Gegenrichtung zu $a$ |
| Objektgröße | $G$ | von der optischen Achse nach oben |
| Bildgröße | $B$ | von der optischen Achse nach unten |

## 7.2.5 Optische Instrumente

Vor der Betrachtung verschiedener technischer Instrumente soll zunächst auf das menschliche Auge als unserem wichtigsten optischen Instrument und auf seine optischen Eigenschaften eingegangen werden.

### Das menschliche Auge

Der prinzipielle Aufbau des Auges ist in Bild 7.38 zu sehen. Seine optisch aktiven Bestandteile sind, vom Lichteinfall her gesehen, die *Hornhaut*, die mit Kammerwasser gefüllte *Augenkammer*, die *Augenlinse*, der gallertartige *Glaskörper* und schließlich die *Netzhaut*. Vor der Linse befindet sich noch die *Iris*, die als variable Eintrittsblende den Lichtstrom reguliert.

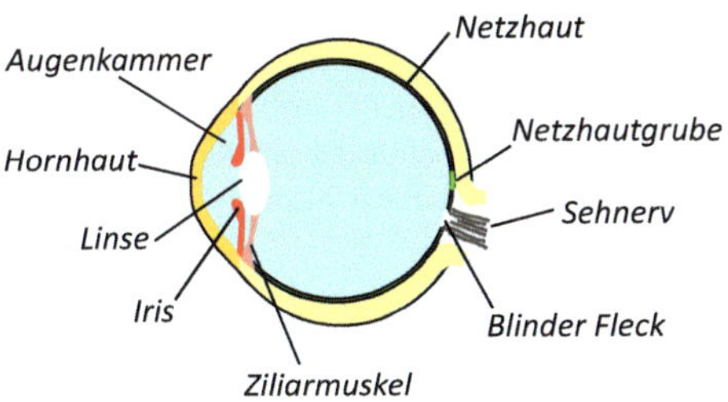


**Bild 7.38**
Das menschliche Auge (schematisch)

Das einfallende Licht wird durch lichtempfindliche Zellen in der *Netzhaut* in elektrische Signale umgewandelt, die vom Sehnerv ins Gehirn geleitet und dort als Sinneseindruck registriert werden. Diese Zellen unterscheiden sich in die ca. 6 Millionen *Zapfenzellen* und ca. 120 Millionen *Stäbchenzellen*. Die drei Typen der Zapfen, rot-, grün- und blauempfindlich, ermöglichen das Farbsehen. Die Stäbchen reagieren nicht auf die Farbe des Lichtes, sondern nur auf die Intensität, sind dafür aber wesentlich empfindlicher als die Zapfen. Farbsehen ist nur bei ausreichendem Lichteinfall möglich. Die Zellen sind in der Netzhaut nicht gleichmäßig verteilt. In der *Netzhautgrube*, direkt gegenüber der Linse, ist die Dichte mit etwa 40 000 Stäbchen/mm$^2$ am höchsten. Dort befinden sich keine Zapfen, die ihrerseits im übrigen Bereich der Netzhaut vorherrschend sind. An der Eintrittsstelle des Sehnervs liegt der *blinde Fleck*, an dem die Netzhaut lichtunempfindlich ist.

Der Brechungsindex der Linse liegt bei $n_{Li} \approx 1{,}40$, der von Hornhaut, Kammerwasser und Glaskörper bei $n_K \approx 1{,}34$. Gemäß der Linsenmachergleichung (Gl. (7.13)), in der $n$ durch $n = \frac{n_{Li}}{n_K} \approx 1{,}04$ ersetzt werden muss, ist Brechkraft der Linse daher vergleichsweise gering gegenüber der der Hornhaut. Deren vordere Fläche grenzt an Luft, sodass hier $n = n_K$ gilt. Die Linse dient im Wesentlichen zur Feineinstellung der Brennweite des optischen Systems des Auges, indem ihre Wölbung mithilfe des sie umschließenden *Ziliarmuskels* variiert wird. Dadurch können Gegenstände in unterschiedlicher Entfernung auf die Netzhaut abgebildet werden, deren Abstand durch die Abmessungen des Auges festliegt. Diesen Vorgang nennt man *Akkommodation*.

Bei einem jungen Menschen mit normalsichtigen Augen (Bild 7.39a) reicht die Akkommodation vom Fernpunkt im Unendlichen bis zum Nahpunkt bei weniger als 10 cm. Die Elastizität der Linse nimmt im Laufe des Lebens ab, sodass der Fernpunkt mit dem Altern näher heran- und der Nahpunkt weiter wegrückt. Zwischen Nah- und Fernpunkt liegt die deutliche Sehweite, auf die das Auge ohne Ermüdung akkommodieren kann. Ihr mittlerer Wert, die *deutliche Sehweite* oder *Bezugssehweite* $a_B = 25$ cm spielt bei der Berechnung optischer Instrumente eine Rolle.

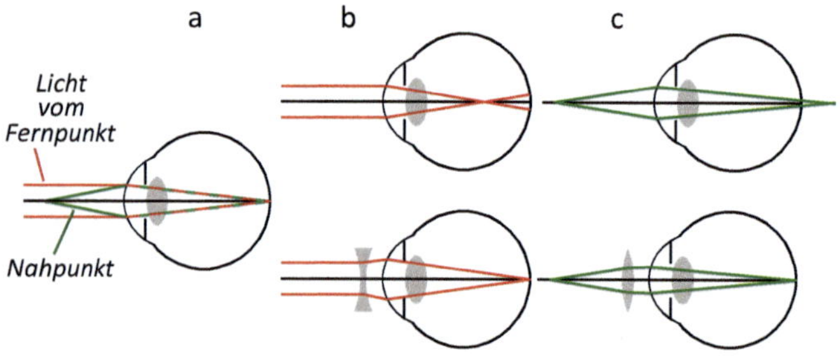


**Bild 7.39** Sehfehler: (a) normalsichtiges Auge mit Akkommodation auf Fernpunkt (rot) und Nahpunkt (grün), (b) Kurzsichtigkeit und Korrektur durch Zerstreuungslinse, (c) Weitsichtigkeit und Korrektur durch Sammellinse (die Brechung an der Augenlinse und ihre Verformung bei der Akkommodation sind nicht eingezeichnet)

*Kurzsichtigkeit* (Bild 7.39b) ist eine Form der *Fehlsichtigkeit*, die unter anderem dann vorliegt, wenn der Augapfel verlängert ist. Der Brennpunkt liegt dann bei parallel einfallenden Strahlen von weit entfernten Objekten vor der Netzhaut und diese können nicht mehr scharf abgebildet werden. Abhilfe schafft eine Brille mit einer Zerstreuungslinse vor dem Auge. Umgekehrt führt ein verkürzter Augapfel zur *Weitsichtigkeit* (Bild 7.39c), da dann die Strahlen von nahe gelegenen Objekten nicht mehr auf die Netzhaut fokussiert werden können.

In dem Fall hilft eine Brille mit Sammellinse. Auch die erwähnte mit zunehmendem Alter abnehmende Elastizität der Augenlinse führt zur Weitsichtigkeit.

Die Größe des Abbildes eines Objekts auf der Netzhaut und damit seine wahrgenommene Größe hängen vom *Sehwinkel* ab, den die Strahlen von den äußeren Begrenzungen des Objekts mit dem Knotenpunkt $K$ im Auge bilden (Bild 7.40). Dieser liegt auf der optischen Achse in etwa am inneren Scheitelpunkt der Linse, wie die Analyse des optischen Systems des Auges ergibt.

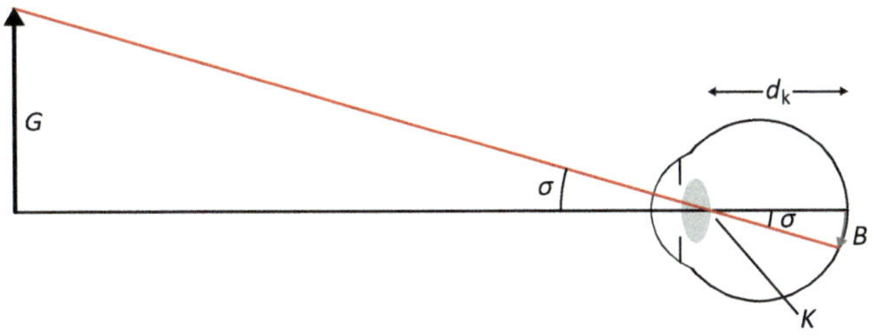


**Bild 7.40** Sehwinkel, Abstand Scheitelpunkt Linse-Netzhaut $d_k \approx 17$ mm

**Beispiel**

Unter welchem Sehwinkel erscheint der Mond (Durchmesser $d_M = 3475$ km, mittlere Entfernung $r_M \approx 384\,400$ km? Wie groß ist sein Abbild auf der Netzhaut?

Da der Winkel sehr klein ist (was natürlich eigentlich erst nach der Rechnung festgestellt werden kann, aber hier naheliegt), kann $\tan\sigma \approx \sigma$ gesetzt werden.

Der Sehwinkel ergibt sich damit zu $\sigma = \frac{d_M}{r_M} = 9{,}0 \cdot 10^{-3}\,\text{rad} = 31'$. Für die Größe des Bildes auf der Netzhaut erhält man $G = \sigma d_k = \frac{d_M}{r_M} d_k = 0{,}15\,\text{mm}$.

Das *Auflösungsvermögen* des Auges wird durch den minimalen Sehwinkel bestimmt, unter dem das Auge zwei Punkte noch als getrennt wahrnehmen kann. Physiologisch ist dieser Winkel durch den Abstand der Sehzellen auf der Netzhaut gegeben. Die Punkte müssen auf zwei nicht direkt benachbarte Sehzellen abgebildet werden (Bild 7.41a). Bei einer Abbildung auf nur einer oder auf zwei direkt benachbarten Sehzellen (Bild 7.41b) werden sie nicht als getrennte Punkte wahrgenommen. Den kleinsten Abstand voneinander haben die Sehzellen

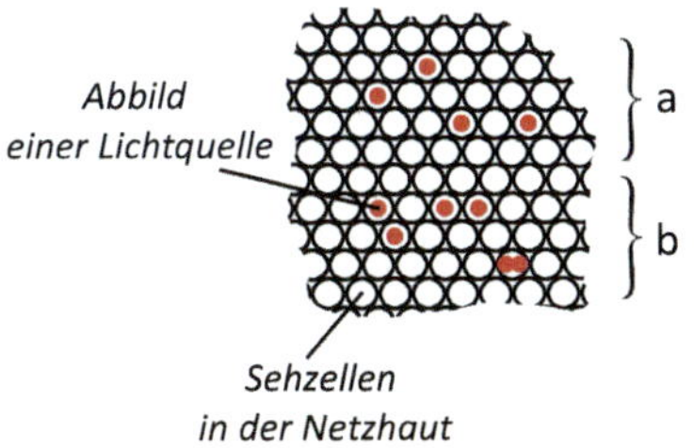


**Bild 7.41**
Physiologische Grenze für das Auflösungsvermögen des Auges, Abbildung zweier Lichtquellen auf der Netzhaut: als zwei Punkte (a) wahrnehmbar, (b) nicht wahrnehmbar

in der Netzhautgrube mit $\sqrt{\frac{1}{40\,000\ \text{mm}^{-2}}} = 5\ \mu\text{m}$. Daraus ergibt sich mit dem Abstand $d_K$ aus Bild 7.40 für den *minimal auflösbaren Sehwinkel* $\sigma_{min} = \frac{5\ \mu\text{m}}{17{,}3\ \text{mm}} = 2{,}9 \cdot 10^{-4}\ \text{rad} \approx 1'$.

Bemerkenswert ist die gute Übereinstimmung dieser physiologischen Auflösungsgrenze und der physikalischen, die aus der Beugung an der Irisöffnung aufgrund der Wellennatur des Lichtes folgt (siehe Abschnitt 7.3.4). Im Laufe der Evolution des Auges sind diese beiden Grenzen optimal aufeinander abgestimmt worden.

Das Auflösungsvermögen hängt allerdings auch noch von einigen anderen Faktoren ab, wie z. B. von dem Ort der Abbildung auf der Netzhaut, von Helligkeit, Kontrast und Form der Objekte usw.

Bei den im Folgenden besprochenen *optischen Instrumenten* geht es darum, im Auge, d. h. auf der Netzhaut, ein vergrößertes Abbild eines Objektes zu erzeugen. Die Größe des Bildes auf der Netzhaut ist proportional zum Tangens des Sehwinkels, deshalb definiert man so die

**Vergrößerung eines optischen Gerätes**

$$V = \frac{\tan\sigma}{\tan\sigma_0} \tag{7.24}$$

Dabei ist $\sigma_0$ der Sehwinkel ohne und $\sigma$ der Sehwinkel mit Instrument.

Insbesondere bei Lupe und Mikroskop ist der Bezugssehwinkel ohne Instrument $\sigma_0$ i. A. der Winkel, unter dem man den Gegenstand in der Entfernung der deutlichen Sehweite $a_B$ sieht, mit der Gegenstandsgröße $G$ also (Bild 7.42a)

$$\tan\sigma_0 = \frac{G}{a_B} \tag{7.25}$$

Oft handelt es sich bei den Winkeln um kleine Winkel, sodass in guter Näherung der Tangens durch den Winkel selber ersetzt werden kann, allgemein: für $x \ll 1$ gilt $\tan x \approx x$.

**Merke**

Lupe, Mikroskop und Fernrohr dienen dazu, den Sehwinkel, unter dem ein Gegenstand erscheint, und damit dessen Abbild auf der Netzhaut des Auges zu vergrößern.

## Lupe

Das einfachste optische Gerät ist eine Sammellinse, die als *Lupe* benutzt wird. Steht das Objekt am gegenstandsseitigen Brennpunkt oder zwischen Brennpunkt und Linse sieht das Auge vergrößerte, aufrechte Bilder. Die Vergrößerung richtet sich danach, in welchen Abständen zueinander Objekt, Lupe und Auge stehen. Wird zu einer Lupe die Vergrößerung angegeben, handelt es sich gewöhnlich um die *Normalvergrößerung* $V_L$, die vorliegt, wenn sich das Objekt in einem Brennpunkt der Lupe befindet. Aus der Linsenformel (Gl. (7.16)) mit der Gegenstandsweite $g = f$ folgt für die Bildweite $\frac{1}{b} = \frac{1}{f} - \frac{1}{f} = 0$, oder $b \to \infty$. Das Bild kann demnach mit dem auf unendlich eingestellten, also entspannten Auge betrachtet werden. Der Sehwinkel lässt sich aus Bild 7.42a ableiten: $\tan\sigma_\infty = \frac{G}{f}$. Damit ergibt sich für die

**Normalvergrößerung der Lupe**

$$V_{\mathrm{L}}=\frac{\tan\sigma_{\infty}}{\tan\sigma_{0}}=\frac{G/f}{G/a_{\mathrm{B}}}=\frac{a_{\mathrm{B}}}{f} \qquad (7.26)$$

Eine stärkere Vergrößerung $V_{\mathrm{A}}$ kann man erreichen, wenn man den Gegenstand näher an die Lupe, also zwischen Brennpunkt und Lupe rückt, d. h. für $a < f$ (Bild 7.42b). Dann sieht das Auge ein virtuelles Abbild in der (negativen) Bildweite vor der Lupe, auf das es sich akkommodieren muss. Nach Bild 7.42b erhält man in diesem Fall den Sehwinkel $\sigma_{\mathrm{A}}$ mit $\tan\sigma_{\mathrm{A}}=\frac{|B|}{|b|+l}$. (Hier interessiert nur der Betrag der Vergrößerung, deshalb sollen die Vorzeichen nicht berücksichtigt werden.) Damit folgt für die Vergrößerung $V_{\mathrm{A}}=\frac{\tan\sigma_{\mathrm{A}}}{\tan\sigma_{0}}=\frac{a_{\mathrm{B}}}{G}\frac{|B|}{|b|+l}$. Mit Gl. (7.15), und da $G$ positiv ist, gilt $\frac{|B|}{G}=\left|\frac{B}{G}\right|=\left|\frac{b}{g}\right|=\left|\frac{b-f}{f}\right|$. Im letzten Schritt wurde mit der Linsenformel (Gl. (7.16)) $\frac{1}{g}=\frac{1}{f}-\frac{1}{b}=\frac{b-f}{bf}$ eingesetzt. Damit wird $V_{\mathrm{A}}=\left|\frac{b-f}{f}\right|\frac{a_{\mathrm{B}}}{|b|+l}$. Nach der Linsenformel ist b hier negativ (das Bild ist virtuell), daher kann man $\left|\frac{b-f}{f}\right|=\frac{|b|+f}{f}$ schreiben. Insgesamt erhält man so für die Vergrößerung mit dem Gegenstand innerhalb der Brennweite

$$V_{\mathrm{A}}=\frac{|b|+f}{f}\frac{a_{\mathrm{B}}}{|b|+l} \qquad (7.27)$$

Für große Bildweiten, $|b|\to\infty$, geht Gl. (7.27) in die Gleichung für die Normalvergrößerung Gl. (7.26) über.

Wählt man die Position so, dass das Bild in deutlicher Sehweite erscheint, $|b|=a_{\mathrm{B}}$, und hält man die Linse dicht vors Auge, $l \ll |b|$, so ist die

**Vergrößerung in deutlicher Sehweite**

$$V_{\mathrm{A}}=\frac{a_{\mathrm{B}}}{f}+1 \qquad (7.28)$$

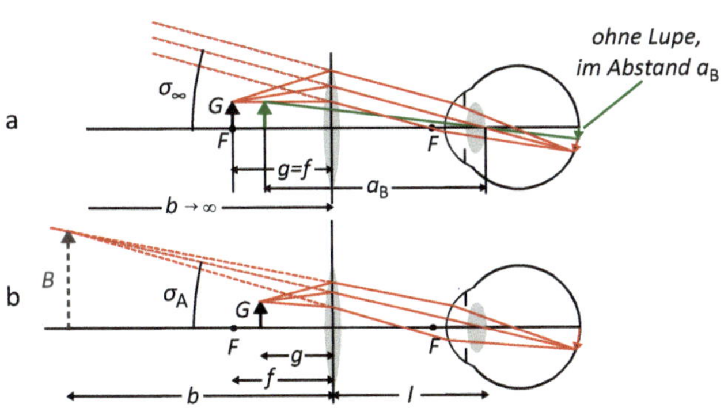


**Bild 7.42** Sehwinkel und Bildgröße: (a) Normalvergrößerung $V_{\mathrm{L}}$, (b) Vergrößerung mit Akkommodation des Auges

In beiden Fällen ist die Vergrößerung der Lupe umso stärker, je kürzer ihre Brennweite ist. Starke Vergrößerungen erfordern kurze Brennweiten. Dem sind bei der Lupe aber praktische Grenzen gesetzt, da die dazu nötigen großen Krümmungen der Linsenoberfläche immer kleinere Abmessungen der Linse zufolge haben. Die Grenze liegt bei etwa 20-facher Vergrößerung.

**Beispiel**

Welche Vergrößerung hat eine Lupe der Brennweite $f = 5$ cm?

Die Normalvergrößerung ist mit Gl. (7.16) $V_L = 5$, die Vergrößerung bei Akkommodation auf die deutliche Sehweite mit Gl. (7.28) $V_A = 6$.

## Mikroskop

Für starke Vergrößerungen bei der Betrachtung mit Licht werden *optische Mikroskope* verwendet. Das Mikroskop hat im Prinzip zwei Linsen als Abbildungssystem, das dem Objekt zugewandte *Objektiv* und das *Okular*, durch das mit Auge oder Kamera das vergrößerte Bild des Objektes betrachtet wird (Bild 7.43). Beide sind bei heutigen Mikroskopen eigentlich selber aufwendige Linsensysteme, durch die Abbildungsfehler korrigiert werden. Mikroskop-Objektive haben sehr kurze Brennweiten im Bereich von wenigen Millimetern.

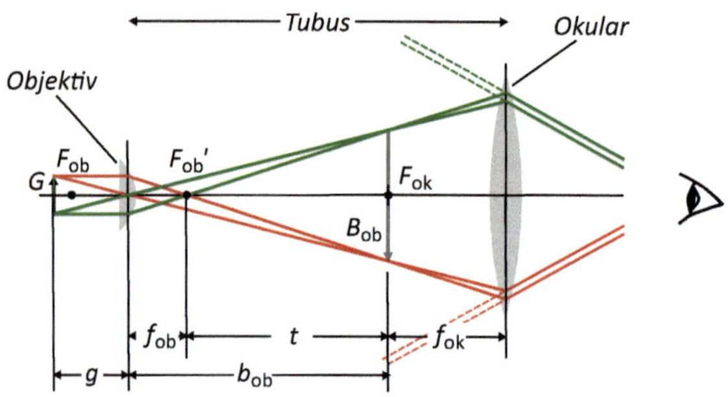


**Bild 7.43**
Optisches Mikroskop, prinzipieller Aufbau und Strahlengang

Das Objekt der Größe $G$ liegt nahezu im Brennpunkt $F_{ob}$ des Objektivs auf dem Objekttisch und ergibt im *Tubus* des Mikroskops ein vergrößertes reelles Zwischenbild der Größe $B_{ob}$. Dieses liegt im Brennpunkt $F_{ok}$ des Okulars, wird damit als Lupe betrachtet und dadurch nochmals vergrößert. Der Abstand der beiden inneren Brennpunkte $F'_{ob}$ und $F_{ok}$ wird als *optische Tubuslänge t* bezeichnet, die in der Regel viel größer ist als die Summe der Brennweiten von Objektiv und Okular. Der Abbildungsmaßstab oder die Vergrößerung des Objektivs ist nach Gl. (7.15) $\beta_{ob} = \frac{B_{ob}}{G} = \frac{b_{ob}}{g} = V_{ob}$. Näherungsweise gilt $g \approx f_{ob}$ und, wegen $t \gg f_{ob}$, $b_{ob} = f_{ob} + t \approx t$.

Damit wird $\beta_{ob} = \frac{t}{f_{ob}}$. Das Okular wirkt dann als Lupe mit der Normalvergrößerung nach Gl. (7.26) $V_{ok} = V_L = \frac{a_B}{f_{ok}}$. Zusammen erhält man also für die

**Vergrößerung des Mikroskops**

$$V_M = \beta_{ob} V_{ok} = V_{ob} V_{ok} = \frac{t a_B}{f_{ob} f_{ok}} \tag{7.29}$$

Häufig sind auf den Objektiven und Okularen die Vergrößerungen der Linsensysteme angegeben, sodass man die Gesamtvergrößerung nach Gl. (7.29) sofort berechnen kann.

**Beispiel**

Ein Mikroskop ist aufgebaut aus einem Objektiv mit der Brennweite $f_{ob} = 2{,}5$ mm, einem Okular mit $f_{ok} = 17$ mm und einem Tubus der Länge $t = 100$ mm.

Wie stark ist die Vergrößerung des Mikroskops?

Mit Gl. (7.29) ergibt sich $V_M \approx 590$.

Die Vergrößerung eines Mikroskops und das damit verbundene Auflösungsvermögen lässt sich aber nicht beliebig steigern. Für das Auge wurde oben aufgrund der Struktur der Netzhaut eine Winkelauflösung von rund 1′ festgestellt, was in deutlicher Sehweite einem Abstand von ca. $\tan 1' \cdot 250\ \text{mm} \approx 70\ \mu\text{m}$ entspricht. Mit der im obigen Beispiel berechneten Vergrößerung sollte man damit also Strukturen in der Größenordnung $\frac{70\ \mu\text{m}}{590} \approx 120\ \text{nm}$ erkennen können. Das liegt weit unterhalb der Wellenlängen des sichtbaren Lichtes. Damit ist die wesentliche Voraussetzung der geometrischen Optik (siehe Kapitelanfang), auf der die bisherigen Überlegungen beruhen, nicht mehr gegeben, dass nämlich die Abmessungen der beteiligten Komponenten wesentlich kleiner als die Lichtwellenlänge sind. Hier bestimmt also nicht der physiologische Aufbaue des Auges die Grenze, sondern die Lichtwellenlänge. Auf diesen Zusammenhang wird in Abschnitt 7.3.4 näher eingegangen.

## Fernrohre

Mit einem *Fernrohr* werden gewöhnlich sehr weit entfernte Objekte betrachtet. Die von einem Objektpunkt ausgehenden Strahlen fallen daher als parallele Strahlen in das Objektiv des Fernrohrs ein.

Das 1608 in Holland erfundene und in den folgenden Jahren von Galilei verbesserte *holländische* oder *Galilei'sche Fernrohr* (G. Galilei, 1564–1642) hat als Objektiv eine Sammel- und als Okular eine Zerstreuungslinse (Bild 7.44). Das vom Objektiv erzeugte reelle, umgekehrte Zwischenbild würde ohne Okular rechts von dessen Position liegen. Die Zerstreuungslinse bricht aber die vom Objektiv kommenden Strahlen so, dass sie sich nicht schneiden, sondern parallel weiterlaufen und für den Beobachter ein virtuelles, aufrechtes, vergrößertes Bild links vom Okular liefern. Seine Vergrößerung lässt sich mittels der Dreiecke *ABC* und *BCD* leicht aus Bild 7.44 ableiten.

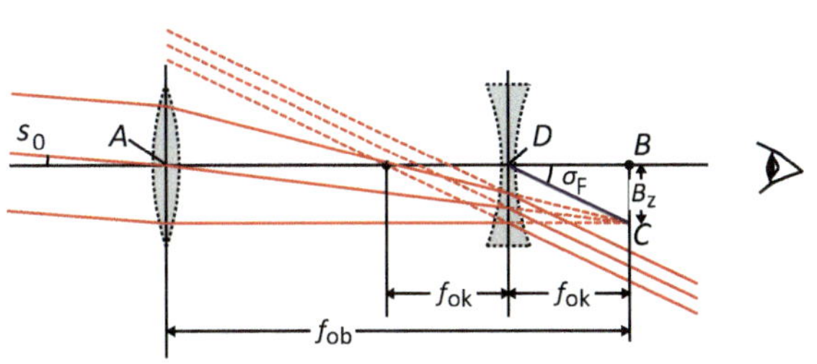


**Bild 7.44**
Holländisches oder Galilei'sches Fernrohr

**Vergrößerung beim Galilei'schen Fernrohr**

$$V_{\text{GF}} = \frac{\tan\sigma_{\text{F}}}{\tan\sigma_0} = \frac{B_{\text{z}}/|f_{\text{ok}}|}{B_{\text{z}}/f_{\text{ob}}} = \frac{f_{\text{ob}}}{|f_{\text{ok}}|} \tag{7.30}$$

$B_z$ ist die Größe des Zwischenbildes, das ohne die Zerstreuungslinse vorhanden wäre.

(Das Okular hat als Zerstreuungslinse eine negative Brennweite, das soll hier nicht berücksichtigt werden.)

Das Galilei'sche Fernrohr eignet sich wegen des aufrechten Bildes und seiner vergleichsweise kurzen Bauform für terrestrische Beobachtungen. Allerdings ist sein Gesichtsfeld relativ klein und es findet hauptsächlich z. B. als Operngias mit geringer Vergrößerung Verwendung.

Die Weiterentwicklung dieses Fernrohrs durch Kepler (J. Kepler, 1571–1630) führte 1611 zum *Kepler'schen* oder *astronomischen Fernrohr* (Bild 7.45). Bei diesem sind Objektiv und Okular beide als Sammellinsen bzw. entsprechende Linsensysteme ausgeführt. Das Objektiv erzeugt wieder ein reelles, umgekehrtes Zwischenbild, das jetzt mit dem Okular als Lupe betrachtet wird. Das Okular vergrößert also das Zwischenbild ohne es umzukehren, sodass man insgesamt durch das Fernrohr ein umgekehrtes, vergrößertes Bild sieht. Auch beim Kepler'schen Fernrohr ergibt sich die Vergrößerung unmittelbar aus den Dreiecken *ABC* und *BCD*.

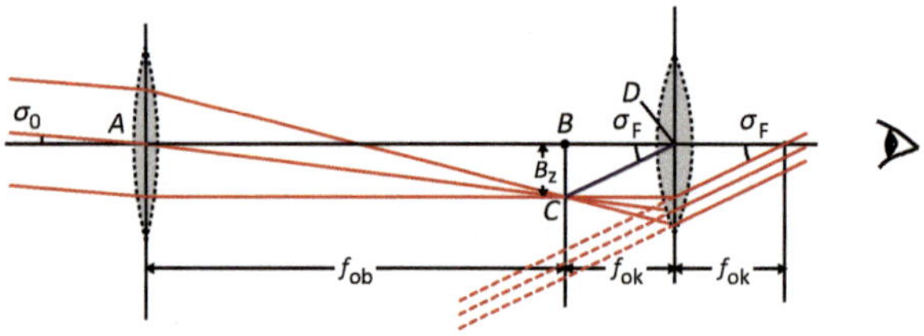


**Bild 7.45**
Kepler'sches oder astronomisches Fernrohr

**Vergrößerung beim Kepler'schen Fernrohr**

$$V_{\text{KF}} = \frac{\tan\sigma_{\text{F}}}{\tan\sigma_0} = \frac{B_z/f_{\text{ok}}}{B_z/f_{\text{ob}}} = \frac{f_{\text{ob}}}{f_{\text{ok}}} \tag{7.31}$$

Die Vergrößerung der beiden Fernrohrtypen ist also dieselbe.

Das sichtbare *Bildfeld* wird beim Kepler'schen Fernrohr begrenzt durch die Fassung des Objektivs, die das Auge, das sich unmittelbar vor dem Okular befindet, als scharfe Umrandung sieht. Demgegenüber erscheint die Fassung beim Galilei'schen Fernrohr als virtuelles Bild innerhalb des Fernrohrs. Sie kann vom Auge nur aus einiger Entfernung betrachtet werden und wird deshalb als unscharfe, engere Begrenzung gesehen.

Für astronomische Zwecke spielt es keine Rolle, dass das Kepler'sche Fernrohr ein umgekehrtes Bild liefert. Will man es aber für terrestrische Beobachtungen nutzen, muss das Bild aufgerichtet werden. In Ferngläsern geschieht dies durch Umkehrprismen, von denen eine Form in Bild 7.6b gezeigt wird. Durch vierfache Reflexion wird die Orientierung des Strahlenbündels um 180° gedreht, während die Richtung bis auf eine Parallelverschiebung beibehalten wird. Außerdem verkürzt sich durch die Faltung des Strahlengangs die Bauform des Fernglases.

Ein astronomisch genutztes Fernrohr muss, neben anderen Anforderungen, eine möglichst hohe *Lichtstärke* haben, d. h. eine möglichst große Öffnung für das einfallende Licht. Technische Probleme erschweren aber den Einsatz großer Linsen. Daher werden Fernrohre mit Öffnungsdurchmessern von mehr als einem Meter praktisch nur als *Spiegelteleskope* (Bild 7.46)

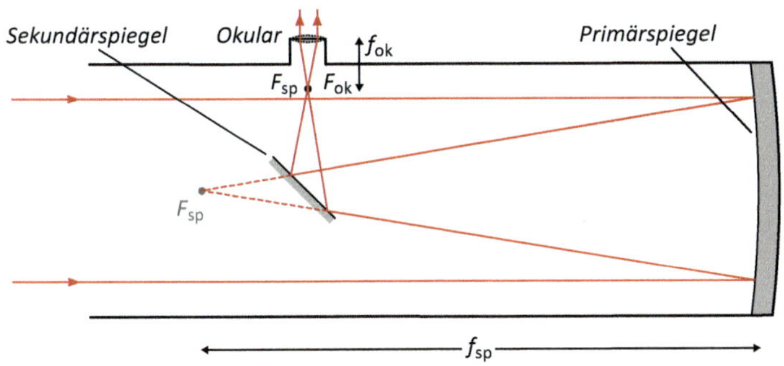


**Bild 7.46** Spiegelteleskop nach Newton

mit einem sphärischen oder parabolischen Hauptspiegel ausgeführt. Dies löst oder verringert zumindest mehrere der technischen Probleme: Im Gegensatz zu Linsen kann der Spiegel auf der Rückseite ganzflächig unterstützt werden. Da beim Spiegel das Licht reflektiert, aber nicht gebrochen wird, ist nur eine Oberfläche an der Abbildung beteiligt. Es tritt außerdem keine chromatische Aberration auf und eventuelle Inhomogenitäten innerhalb des Glases spielen keine Rolle. Bei modernen großen Teleskopen kann der Spiegel außerdem während der Beobachtung durch rückseitige Aktoren aktiv verformt werden, um Störungen durch Luftunruhe auf dem Lichtweg zu kompensieren.

Bild 7.46 zeigt als Beispiel das von Newton (I. Newton, 1642–1727) um 1670 entwickelte Spiegelteleskop, bei dem das vom *Primärspiegel* reflektierte Licht durch einen kleinen ebenen *Sekundärspiegel* seitlich aus dem Rohr geführt wird und dort durch ein Okular betrachtet werden kann. Der Hauptspiegel übernimmt hier die Rolle des Objektivs. Die Vergrößerung berechnet sich wie bei den Linsenfernrohren aus den Brennweiten:

$$V_{sp} = \frac{f_{sp}}{f_{ok}} \tag{7.32}$$

In Verwendung sind verschiedene Variationen dieses Prinzips, die aber hier nicht weiter besprochen werden sollen. Zurzeit (2022) im Bau in Chile ist das Extremely Large Telescope ELT des European Southern Observatory ESO mit einem Durchmesser des aus Segmenten zusammengesetzten Hauptspiegels von 39 m.

Eine möglichst große Öffnung ist neben der Lichtstärke auch eine entscheidende Voraussetzung für eine hohe Winkelauflösung eines Fernrohrs. Diese ist aufgrund der Wellennatur des Lichtes begrenzt und ist proportional zum Durchmesser der Öffnung des Teleskops. Zwar ist bei einem Teleskop die Öffnung groß gegenüber der Lichtwellenlänge. Das Größenverhältnis spielt aber dennoch eine Rolle, da extrem hohe Winkelauflösungen im Bereich von Millibogensekunden bzw. ca. $10^{-8}$ rad angestrebt werden. Auf dieses Thema wird in Abschnitt 7.3.4 eingegangen.

**Merke**

Für eine hohe Vergrößerung müssen die Brennweiten der verwendeten Linsen bei Lupe und Mikroskop möglichst klein sein. Beim Fernrohr muss die Brennweite des Objektivs groß gegen die des Okulars sein.

# 7.3 Wellenoptik

Wie erwähnt, wird für die Strahlenoptik die Wellennatur des Lichtes nicht beachtet. Bestimmte grundlegende Begriffe und Eigenschaften im Zusammenhang mit Licht, eigentlich generell bei elektromagnetischer Strahlung, sind aber nur vor diesem Hintergrund sinnvoll und zu verstehen.

Ein Körper sendet bei genügend hoher Temperatur neben elektromagnetischen Wellen anderer Wellenlängen auch Licht aus, wie z. B. der Glühfaden einer Glühbirne. Es wird erzeugt durch die thermische Anregung der Atome des Körpers, die ihre Energie dann in Form von Licht wieder abgeben. Da sehr viele miteinander wechselwirkende, unterschiedlich angeregte Atome daran beteiligt sind, wird ein breites Spektrum von Wellenlängen in verschiedenen Anteilen emittiert, wie bei der Behandlung der Strahlung des Schwarzen Körpers (Abschnitt 5.7.3) besprochen. Die elektrischen Feldvektoren der Lichtwellen liegen zwar, wie immer bei elektromagnetischen Wellen, in einer Ebene senkrecht zur Ausbreitungsrichtung, weisen aber in dieser Ebene in alle Richtungen. Auch haben die von verschiedenen Stellen des Körpers zu verschiedenen Zeitpunkten emittierten Wellenzüge wegen des zufälligen Charakters der Anregung und Emission keine bestimmte Phasenlage relativ zueinander.

Für viele technische Anwendungen und in vielen grundlegenden Betrachtungen im Rahmen der Wellenoptik wird dieser relativ komplexe Charakter des Lichtes in einem oder mehreren Aspekten vereinfacht und idealisiert. So arbeitet man in bestimmten Zusammenhängen mit *monochromatischem* Licht (Bild 7.47a), das aus Wellen einer definierten Wellenlänge besteht. Von *polarisiertem* Licht (Bild 7.47b) spricht man, wenn die Richtung des elektrischen Feldvektors der Welle definiert ist. Sie kann dabei festliegen oder sich in regulärer Weise ändern. Bei *kohärentem* Licht schließlich besteht eine feste Phasenbeziehung in der Lichtwelle zwischen verschiedenen Punkten auf ihrem Ausbreitungsweg (Bild 7.47c). Kohärentes Licht ist auch monochromatisch (aber nicht umgekehrt!). Der Abstand der Punkte fester Phasenbeziehung wird als Kohärenzlänge bezeichnet.

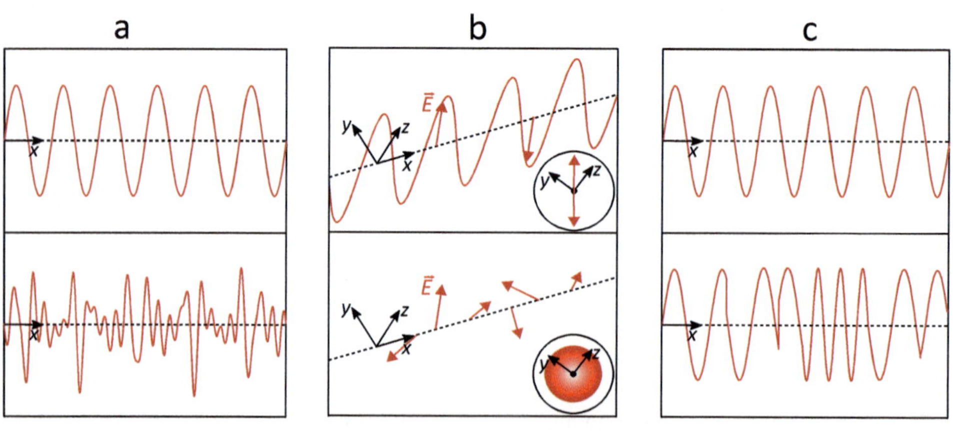


**Bild 7.47** Formen von Lichtwellen, schematische „Momentaufnahmen" des Verlaufs des elektrischen Feldes, oben: (a) monochromatisches Licht, (b) linear polarisiertes Licht, (c) kohärentes Licht, darunter jeweils ein Gegenbeispiel

Genau genommen gibt es diese Idealformen nicht. Mit verschiedenen Methoden, auf die später eingegangen wird, kann man dem, je nach Aufwand, aber mehr oder weniger nahekommen.

### 7.3.1 Intensität bei Reflexion und Transmission

Wie oben in Abschnitt 7.2.1 bereits ohne nähere Ausführung erwähnt, wird Licht an einer Grenzfläche zwischen verschiedenen Medien teilweise reflektiert, teilweise transmittiert. Wie groß die Anteile an dem einfallenden Strahlungsfluss $\Phi_i$ jeweils sind, wird durch den *Reflexionskoeffizienten R* und den *Transmissionskoeffizienten T* angegeben:

$$\Phi_r = R\Phi_i \tag{7.33a}$$

$$\Phi_t = T\Phi_i \tag{7.33b}$$

Die Indizes stehen für: i - einfallend, r - reflektiert, t - transmittiert.

Wegen der Energieerhaltung sind reflektierte und transmittierte Intensität zusammen gleich der einfallenden Intensität. Es gilt also $\Phi_r + \Phi_t = (R+T)\,\Phi_i = \Phi_i$ und damit

$$R + T = 1 \tag{7.34}$$

Wie in Abschnitt 6.7.2 gezeigt wird, dringt Licht in eine metallische Oberfläche nicht ein, sondern wird vollständig reflektiert. Hier ist also $R = 1$ und $T = 0$. An einer Grenzfläche zwischen zwei transparenten Medien 1 und 2, z. B. Glas und Wasser, hängen $R$ und $T$ von den elektromagnetischen Eigenschaften der Medien ab, die in der Optik üblicherweise durch den Brechungsindex ausgedrückt werden.

Außer den *Brechungsindizes* der beiden Medien hat auch der *Einfallswinkel*, unter dem das Licht auf die Grenzfläche trifft, sowie die *Polarisation* des Lichtes Einfluss auf die Werte von $R$ und $T$. Die *Fresnel'schen Gleichungen* beschreiben diese Zusammenhänge. Sie beruhen neben der Energieerhaltung darauf, dass das elektrische Feld der Welle beiderseits der Grenzfläche gewissen Bedingungen genügt, die sich aus den Maxwell-Gleichungen ergeben. Darauf soll allerdings hier nicht im Detail eingegangen werden.

Für den speziellen Fall, dass das Licht senkrecht auf die Grenzfläche trifft, d. h. für $\alpha_i = 0$ (siehe Bild 7.3), vereinfachen sich die Gleichungen zu

**Reflexionskoeffizient bei senkrechtem Einfall**

$$R = \left(\frac{n_1 - n_2}{n_1 + n_2}\right)^2 \tag{7.35}$$

Nach Gl. (7.34) ergibt sich daraus der

**Transmissionskoeffizient bei senkrechtem Einfall**

$$T = \frac{4n_1 n_2}{(n_1 + n_2)^2} \tag{7.36}$$

Man sieht an dieser Gleichung, dass es für $R$ und $T$ keine Rolle spielt, ob das Licht von Medium 1 oder von Medium 2 kommend auf die Grenzfläche trifft. Bei senkrechtem Einfall gelten diese Gleichungen auch für die Intensität (Strahlungsflussdichte, siehe Gl. (7.60)) der Strahlung.

Eine Aussage der Fresnel'schen Formeln geht allerdings verloren, wenn man, wie in diesem Abschnitt geschehen, nur die Strahlungsflüsse der reflektierten und transmittierten Strahlung betrachtet: Bei der Reflexion an einem optisch dichteren Medium erfährt das elektrische Feld der reflektierten Welle einen *Phasensprung* von π gegenüber der einfallenden Welle (Grenzfläche *a* in Bild 7.48). Bei der Reflexion am optisch dünneren Medium (Grenzfläche *b*) tritt kein Phasensprung auf. Im Zusammenhang mit Interferenzerscheinungen (Abschnitt 7.3.3) muss dies in einigen Fällen berücksichtigt werden.

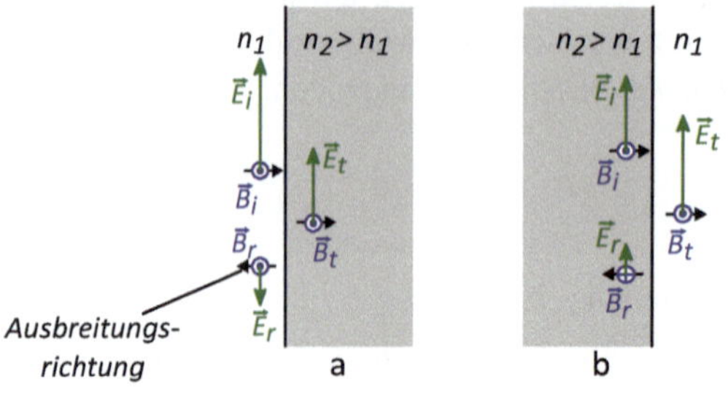


**Bild 7.48**
Feldvektoren einer Welle bei Reflexion und Transmission, bei der Reflexion (a) am optisch dichteren Medium: 180°-Phasensprung des E-Feldes, (b) am optisch dünneren Medium: kein Phasensprung

Große Bedeutung haben diese Verhältnisse z. B. bei Solarzellen aus kristallinem Silicium, die zurzeit (2022) den weitaus größten Beitrag zur photovoltaischen Erzeugung regenerativer Energie leisten. An einer unbehandelten Grenzfläche Luft-Silicium (Brechungsindex für Licht $n_{\mathrm{Si}} \approx 4$) wird ein Anteil von ca. 36 % des einfallenden Lichtes reflektiert, der daher nicht zur Energieerzeugung beitragen kann. Durch Aufbringen spezieller dünner Schichten (Antireflexschichten) auf die Oberfläche kann die Reflexion weitgehend unterdrückt werden, siehe dazu Abschnitt 7.3.3.

**Beispiel**

In einem Kameraobjektiv sind fünf Linsen aus einem Glas mit dem Brechungsindex $n_G = 1{,}62$ verbaut. Welcher Anteil des senkrecht auf die Frontlinse einfallenden Lichtes erreicht den Kamerasensor hinter dem Objektiv? Das Licht fällt hier nahezu senkrecht auf die Grenzflächen ein.

An jeder der zehn Glas-Luft-Grenzflächen wird der Anteil $T$ des jeweils einfallenden Lichtes transmittiert. Da die Richtung des Lichtes keine Rolle spielt, ist der Wert für jeden Übergang derselbe. Beträgt die Intensität des vorne einfallenden Lichtes $I_0$, so hat sie nach der ersten Grenzfläche (Luft-Glas) den Wert $I_1 = TI_0$, nach der zweiten (Glas-Luft) den Wert $I_2 = TI_1 = T^2 I_0$ usw., nach der zehnten also $I_{10} = T^{10} I_0$. Mit $T = 1 - R$ und Gl. (7.35) ergibt sich für den Anteil des am Sensor ankommenden Lichtes $\frac{I_{10}}{I_0} = T^{10} = (1-R)^{10} = \left(1 - \left(\frac{n_L - n_G}{n_L + n_G}\right)^2\right)^{10}$. Unter der Näherung $n_L = 1$ und mit dem angegebenen Wert für $n_G$ erhält man $\frac{I_{10}}{I_0} = 0{,}56$. Nur 56 % des einfallenden Lichtes erreichen also den Sensor.

(Mehrfach-Reflexionen zwischen den Grenzflächen wurden hier nicht berücksichtigt, haben wegen der relativ geringen Reflektivität aber auch keine große Auswirkung auf das Ergebnis.)

Die Reflexion kann allerdings auch genutzt werden, indem z. B. Daten oder Zeichen auf eine ansonsten transparente Glasscheibe wie Brillenglas oder Windschutzscheibe projiziert werden. Die Anzeige kann dann wahrgenommen werden, ohne den Durchblick durch die Scheibe zu stark zu beeinträchtigen.

**Merke**

**An einer Grenzfläche zwischen zwei Medien mit verschiedenen Brechungsindizes wird ein Teil des einfallenden Lichtes reflektiert.**

Auf einen weiteren Spezialfall, der ebenfalls durch die Fresnel'schen Gleichungen erfasst wird und der mit der Polarisation des einfallenden Lichtes zu tun hat, wird im Folgenden eingegangen.

### 7.3.2 Polarisation des Lichtes

Elektromagnetische Wellen sind Transversalwellen, d. h. elektrischer und magnetischer Feldvektor stehen senkrecht auf der Ausbreitungsrichtung. Bei Vorgängen wie der Dipolstrahlung liegen die Vektoren außerdem in einer festgelegten Richtung. Die ausgesandte Welle ist *linear polarisiert*, als *Polarisationsrichtung* ist die Richtung des elektrischen Feldvektors $\vec{E}$ definiert. Da Licht sich im Allgemeinen aus den Emissionen vieler solcher voneinander unabhängiger Vorgänge zusammensetzt, ist es ohne besondere Vorkehrungen unpolarisiert.

Licht kann auch *zirkular* oder *elliptisch polarisiert* sein. Dabei dreht sich die Richtung des Feldvektors wie auf einer Schraubenlinie um die Ausbreitungsrichtung (Bild 7.49). Je nach Drehrichtung wird zwischen rechts- und links-zirkular polarisiertem Licht unterschieden. Wenn die Amplitude dabei konstant bleibt, handelt es sich um zirkular, ansonsten um elliptisch polarisiertes Licht. Zirkular polarisiertes Licht kann als Überlagerung zweier senkrecht zueinander linear polarisierter Wellen betrachtet werden, die einen Gangunterschied von einer viertel Wellenlänge haben, wie in Bild 7.49 angedeutet.

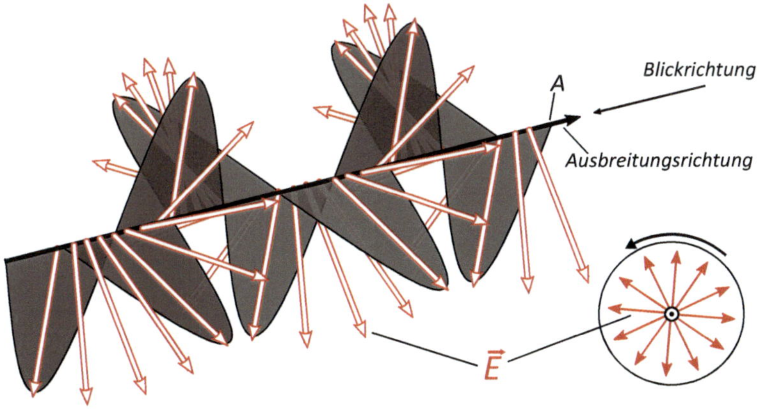


**Bild 7.49** Links-zirkulare Polarisation durch Überlagerung von linear polarisierten Wellen, rechts: Umlauf des Feldvektors $\vec{E}$ an einem Punkt A entgegen der Ausbreitungsrichtung gesehen

Eine teilweise Polarisation liegt vor, wenn die Amplitude des elektrischen Feldes für eine Schwingungsrichtung größer oder kleiner ist als in den anderen Richtungen.

Zur Untersuchung von Polarisationseffekten, wie sie im Folgenden besprochen werden, dient das *Polarimeter*, eine Anordnung aus zwei Polarisationsfiltern, die in Bild 7.50 schematisch dargestellt ist. Unpolarisiertes Licht trifft auf den ersten Filter, der als Polarisator wirkt. Nach Passieren der zu untersuchenden Probe durchläuft das Licht den zweiten Filter, als Analysator bezeichnet, der drehbar gelagert ist. Danach trifft es auf einen Schirm oder eine Sensorfläche. Wenn die Polarisationsrichtungen von Polarisator und Analysator im Winkel von 90° zueinander stehen, erreicht kein Licht den Schirm, es sei denn eine Probe im Polarimeter hat die Polarisationsrichtung geändert. Bei einem Winkel von 0° ist die Apparatur maximal durchlässig. Durch Drehen des Analysators kann so eine Drehung der Polarisationsrichtung in einer Probe gemessen werden.

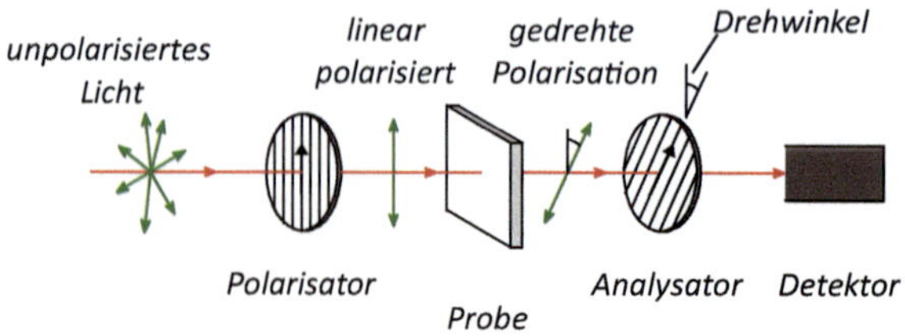


**Bild 7.50**
Polarimeter

> **Merke**
> Bei linear polarisiertem Licht liegt der elektrische Feldvektor in einer bestimmten Richtung. Bei zirkular oder elliptisch polarisiertem Licht dreht sich die Richtung des Feldvektors in regelmäßiger Weise.

## Polarisation durch Reflexion und Brechung

Fällt Licht unter einem bestimmtem, von den Brechungsindizes abhängigen Einfallswinkel auf die Grenzfläche zweier Medien ein, so schließen reflektierter und gebrochener Strahl einen Winkel von 90° ein, wie es Bild 7.51 zeigt. Bei diesem, als *Brewster-Winkel* (D. Brewster, 1781–1868) bezeichneten Einfallswinkel, wird von dem einfallenden, nicht polarisierten Licht nur der Anteil reflektiert, der senkrecht zur Einfallsebene polarisiert ist.

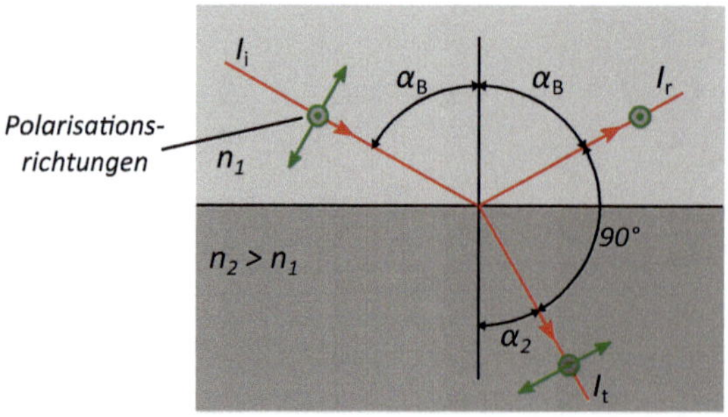


**Bild 7.51**
Polarisation von Licht bei Einfall unter dem Brewster-Winkel $\alpha_B$, eingezeichnet sind die Fälle, dass das einfallende Licht parallel bzw. senkrecht zur Einfallsebene polarisiert ist

Dieser Fall wird ebenfalls durch die Fresnel'schen Gleichungen beschrieben, man kann ihn sich aber auch anschaulich mit den Verhältnissen bei der Dipol-Strahlung erklären (Abschnitt 6.7.2). Der reflektierte Strahl stammt von Dipolen in der Oberfläche des Mediums, die vom elektrischen Feld der transmittierten Welle zu Schwingungen angeregt werden. Ist die einfallende Welle in der Einfallsebene polarisiert, so liegt das Dipolmoment der angeregten Dipole ebenfalls in dieser Ebene, beim Brewster-Winkel also in Richtung des reflektierten Strahls. In Richtung des Dipolmoments wird aber keine Strahlung emittiert, sodass es unter diesen Umständen keinen reflektierten Strahl gibt. Für senkrecht zur Einfallsebene polarisiertes Licht gibt es diese Einschränkung nicht, es wird bei allen Einfallswinkeln reflektiert.

Der Wert des Brewster-Winkels $\alpha_B$ ergibt sich aus der obigen Bedingung, die als $\alpha_B + \alpha_2 = 90°$ geschrieben werden kann. Damit ist $\alpha_2 = 90° - \alpha_B$ und $\sin\alpha_2 = \sin(90° - \alpha_B) = \cos\alpha_B$. Mit dem Snellius'schen Brechungsgesetz gilt $\sin\alpha_2 = \frac{n_1}{n_2}\sin\alpha_B$. Eingesetzt erhält man $\frac{n_1}{n_2}\sin\alpha_B = \cos\alpha_B$ und so für den

**Brewster-Winkel**

$$\tan\alpha_B = \frac{n_2}{n_1} \tag{7.37}$$

Für ein Glas mit $n_2 = n_G = 1{,}5$ an Luft mit $n_1 = n_L \approx 1$ ist $\alpha_B \approx 56°$.

Parallel und senkrecht zur Einfallsebene polarisiertes Licht wird also in unterschiedlichem Ausmaß reflektiert und dementsprechend auch transmittiert. Dies gilt für alle Einfallswinkel außer bei senkrechtem ($\alpha = 0°$) oder streifenden Einfall ($\alpha = 90°$). Demnach ist bei einfallendem unpolarisierten Licht das reflektierte bzw. transmittierte Licht immer zumindest teilweise polarisiert, beim Brewster-Winkel in der Reflexion vollständig.

**Merke**

An einem transparenten Medium reflektiertes Licht ist immer teilweise, unter dem Brewster-Winkel vollständig polarisiert.

Lässt man wie beim *Plattensatzpolarisator* (Bild 7.52a) das Licht unter dem Brewster-Winkel mehrere hintereinander angeordnete Glasplatte durchlaufen, ist es nach jedem Schritt teilweise und am Ende nahezu vollständig polarisiert. In einem Laser (Bild 7.52b) schließt man das aktive Volumen mit im Brewster-Winkel ausgerichteten Glasplatten, sogenannten

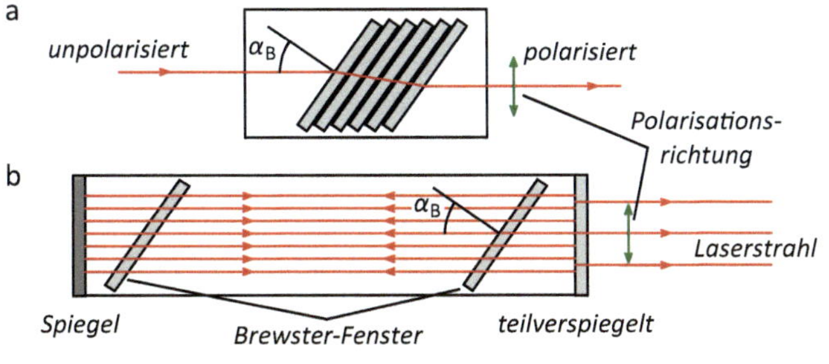


**Bild 7.52** (a) Plattensatzpolarisator, (b) Brewster-Fenster im Gas-Laser

*Brewster-Fenstern*, ab. Das Licht, das im Laufe des Verstärkungsprozesses diese Fenster viele Male durchläuft, bevor es den Laser verlässt, ist schließlich ebenfalls praktisch vollständig polarisiert.

### Polarisation durch Doppelbrechung und andere Polarisationseffekte

Als *optisch isotrop* wird ein Medium bezeichnet, bei dem die Lichtgeschwindigkeit in allen Richtungen denselben Wert hat. Dazu gehören Gase, Flüssigkeiten, Gläser und Kristalle, die keine ausgezeichneten Kristallachsen haben. Andere Kristalle, ein bekanntes Beispiel ist Kalkspat ($CaCO_3$), sind *optisch anisotrop* und zeigen *Doppelbrechung*. Sie haben die Eigenschaft, eintretendes Licht in zwei senkrecht zueinander linear polarisierte Strahlen aufzuspalten, die außerdem an der Kristalloberfläche unterschiedlich gebrochen werden, siehe Bild 7.53 Man beobachtet am Austritt einen Parallelversatz des einen Strahls gegenüber dem einfallenden Strahl. Die Strahlen werden als *ordentlicher (o)* bzw. *außerordentlicher (ao) Strahl* bezeichnet.

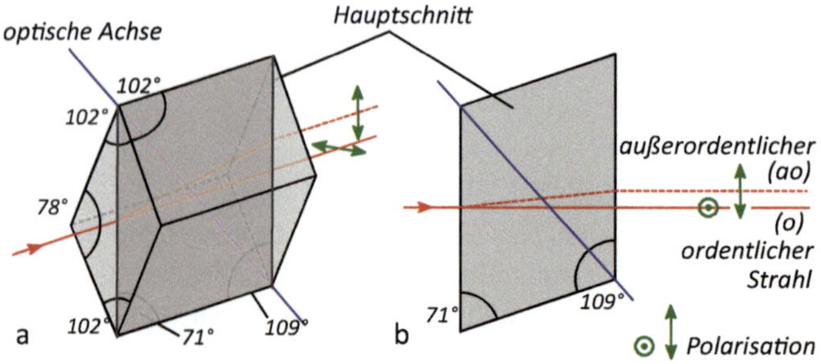


**Bild 7.53** Doppelbrechung am Kalkspat-Kristall, (a) perspektivische Ansicht des Kristalls, (b) Strahlverlauf im Hauptschnitt

Nur bei einer Einfallsrichtung, der Richtung der *optischen Achse* des Kristalls, findet keine Aufspaltung statt. Ein Schnitt durch den Kristall, der seine optische Achse sowie das Einfallslot enthält, heißt *Hauptschnitt*. Der ordentliche Strahl ist senkrecht zum Hauptschnitt polarisiert, der außerordentliche parallel dazu.

Anhand des Bildes der Huygens'schen Elementarwellen kann man sich die Erscheinung erklären (Bild 7.54). Für die Polarisation des ordentlichen Strahls gehen von der Eintrittsstelle kugelförmige Elementarwellen aus. Die Ausbreitungsgeschwindigkeit der Wellen, die Lichtgeschwindigkeit $c_0$, ist in allen Richtungen dieselbe, ebenso der Brechungsindex $n_0 = c/c_0$. Bei senkrechtem Einfall überlagern sich die Elementarwellen dementsprechend zu einem Strahl, der sich geradlinig ausbreitet. Der einfallende Strahl wird nicht gebrochen, wie es ja auch z. B. bei Glas der Fall wäre, daher die Bezeichnung „ordentlicher" Strahl. Die Lichtgeschwindigkeit für die Elementarwellen mit der Polarisation des außerordentlichen Strahls ist aber richtungsabhängig. Sie ist in Richtung der optischen Achse gleich der des ordentlichen Strahls, senkrecht dazu je nach Material aber größer (z. B. Kalkspat) oder kleiner (z. B. Quarz). Entsprechend gilt für den Brechungsindex: entlang der optischen Achse ist $n_{ao} = n_0$, senkrecht dazu $n_{ao} < n_0$ (Bezeichnung *optisch negativ*, Kalkspat) oder $n_{ao} > n_0$ (Bezeichnung *optisch positiv*, Quarz). Die Wellenfronten der Elementarwellen sind also Ellipsoide und überlagern sich daher zu einem Strahl, dessen Richtung von der Einfallsrichtung abweicht. Der Strahl wird trotz senkrechtem Einfall gebrochen und heißt deshalb „außerordentlicher" Strahl.

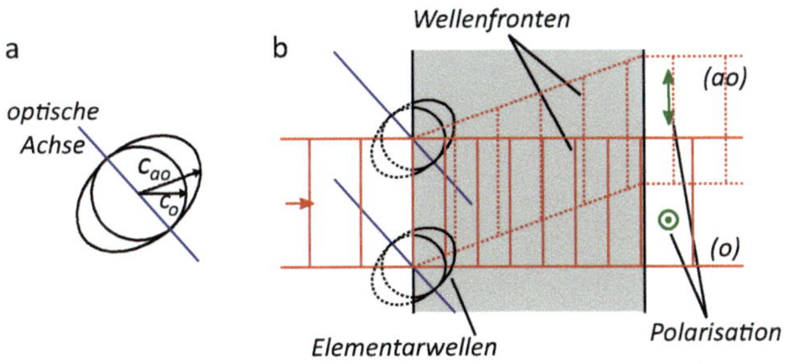


**Bild 7.54** Doppelbrechung für $n_{ao} < n_o$ (z. B. Kalkspat): (a) Richtungsabhängigkeit der Lichtgeschwindigkeit für außerordentlichen (ao) und ordentlichen (o) Strahl, (b) Konstruktion der Wellenfronten durch Huygens'sche Elementarwellen, der Brechungswinkel für den ao-Strahl ist stark übertrieben dargestellt

Neben der einachsigen Doppelbrechung wie in den obigen Beispielen gibt es auch Kristalle mit zwei optischen Achsen. Die Brechungsverhältnisse werden dadurch deutlich komplizierter und sollen hier nicht näher diskutiert werden.

Mit doppelbrechenden Kristallen lassen sich sehr effektive Filter zur Erzeugung polarisierten Lichtes aufbauen. Das *Glan-Thompson-Prisma* (P. Glan, 1846–1898, S. P. Thompson, 1851–1916) besteht aus zwei miteinander verkitteten Kalkspat-Prismen mit Stirnflächen parallel zur optischen Achse (Bild 7.55). Senkrecht auf die Stirnfläche, und damit senkrecht auf die optische Achse einfallendes Licht wird aufgespalten in ordentlichen (Polarisation $\perp$ optische Achse) und außerordentlichen (Polarisation $\|$ optische Achse) Strahl. Sie werden bei dieser Anordnung zwar beide an der Stirnfläche nicht gebrochen, für den außerordentlichen Strahl gilt aber ein kleinerer Brechungsindex als für den ordentlichen (bei Kalkspat: $n_{ao} = 1{,}49$, $n_o = 1{,}66$). Der Brechungsindex des optischen Kittes liegt zwischen denen der beiden Strahlen. Der Schnittwinkel des Prismas ist so gewählt, dass der ordentliche Strahl durch Totalreflexion aus dem Strahlengang entfernt wird. Nur der außerordentliche Strahl verlässt geradlinig das Prisma.

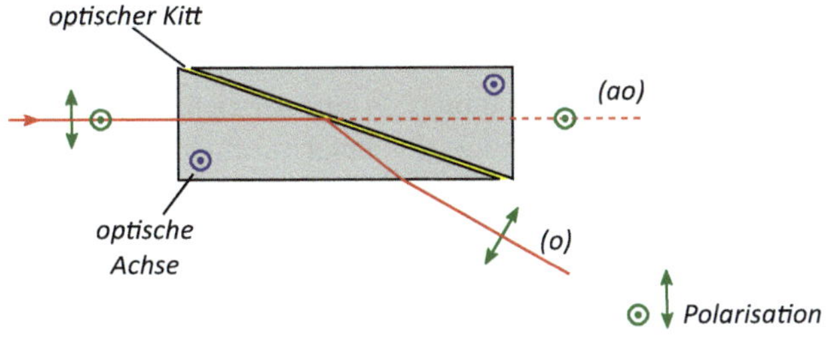


**Bild 7.55**
Glan-Thompson-Prisma (Schnitt senkrecht zur optischen Achse, zum Hauptschnitt)

Oft wird einer der bei der Doppelbrechung entstehenden polarisierten Strahlen stärker absorbiert als der andere. Dies wird zur Herstellung von einfach aufgebauten Polarisationsfiltern genutzt, mit denen man relativ hohe Polarisationsgrade erreicht (Extinktion von bis zu 99 % des Lichtes bei gekreuzten Filtern). Solche Filter werden z. B. in der Fotografie verwendet. Sie vermindern Lichtreflexe von Glas- oder Wasseroberflächen (Bild 7.56), die, wie im vorherigen Abschnitt beschrieben, teilweise polarisiert sind.

**Bild 7.56**
Fotografie (a) ohne, (b) mit Polarisationsfilter

Wichtig ist in manchen Fällen auch die *zirkulare Doppelbrechung*, durch die sich rechts- und links-zirkular polarisiertes Licht mit unterschiedlicher Geschwindigkeit ausbreitet. Die Polarisationsrichtung von linear polarisiertem Licht wird beim Durchgang durch ein Material mit zirkulärer Doppelbrechung gedreht.

Doppelbrechung kann in ansonsten optisch isotropen und normal brechenden Materialien hervorgerufen werden, wenn die Symmetrie der atomaren oder molekularen Ordnung durch äußere Einflüsse gestört wird. So können mechanische Spannungen, von außen aufgeprägt oder als innere Spannung aus dem Herstellungsprozess Gläser oder Kunststoffe doppelbrechend machen. Dies wird z. B. genutzt, um die mechanischen Spannungen in einem Bauteil zu analysieren. Dazu betrachtet man mit einem Polarimeter die Änderung der Polarisation des Lichtes beim Durchgang durch ein baugleiches Teil aus transparentem Kunststoff, wie z. B. in Bild 7.57.

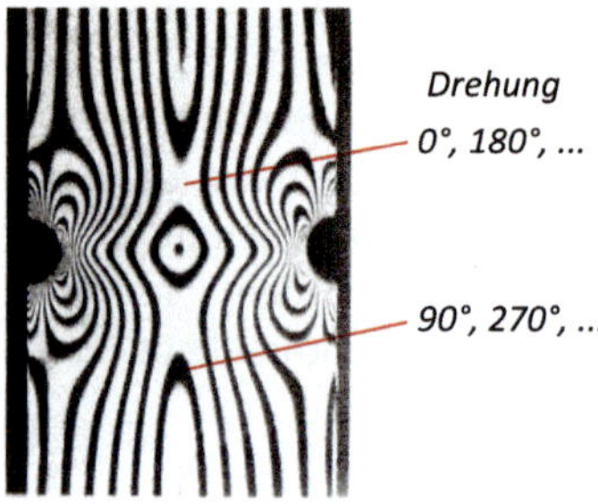


**Bild 7.57**
Plexiglas-Modell eines mechanisch beanspruchten Werkstücks im Polarimeter, die Schattierungen zeigen unterschiedliche Drehungen der Polarisationsrichtung an

Die optische Isotropie kann in einigen flüssigen oder festen Stoffen auch durch statische elektrische oder magnetische Felder aufgehoben werden, indem sie eine Ausrichtung optisch aktiver Moleküle bewirken. Man beobachtet eine Drehung der Polarisationsrichtung bei Einwirkung eines elektrischen (*Kerr- und Pockels-Effekt*) (J. Kerr, 1824–1907, F. A. Pockels, 1865–1913) oder magnetischen (*Faraday-Effekt*) Feldes auf das Material. Insbesondere der Pockels-Effekt spielt technisch eine große Rolle, da mit einer *Pockels-Zelle* (Bild 7.58a) Licht mit Frequenzen bis in den Gigahertz-Bereich hinein moduliert oder geschaltet werden kann. Dazu wird die Pockels-Zelle zwischen zwei gleichgerichtete Polarisationsfilter platziert.

Auch *LCD (Liquid Crystal Display)*-Anzeigen nutzen elektrisch beeinflussbare Doppelbrechung. Zwischen zwei transparenten Elektroden befindet sich der „flüssige Kristall“ (Bild 7.58b). Dieser wird der so bezeichnet, da seine länglich geformten Moleküle zwar keine räumliche Ordnung („flüssig“), unter bestimmten Umständen aber eine Ordnung in ihrer Orientierung („kristallin“), und zwar schraubenförmig, aufweisen. Die Polarisationsrichtung einfallenden Lichtes wird dadurch auf kurzer Strecke, im Mikrometerbereich, um 90° gedreht. Ein elektrisches Feld, erzeugt durch Anlegen einer Spannung an die Elektroden, richtet die Moleküle aus, wodurch die Wirkung auf die Polarisationsrichtung verschwindet. Eingebaut zwischen zwei gekreuzten Polarisationsfiltern lässt die Anordnung also ohne Spannung Licht passieren und sperrt, wenn eine Spannung angelegt wird.

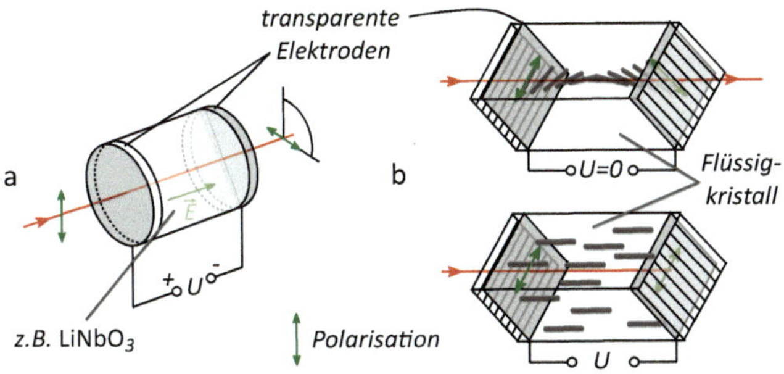


**Bild 7.58** Feld-induzierte Doppelbrechung (a) Pockels-Zelle (lineare Polarisation am Ausgang bei bestimmten Verhältnissen von $\lambda$ und $E$), (b) LCD-Element, oben: hell, unten: dunkel

Die *optische Aktivität* von bestimmten Stoffen, d. h. die Drehung der Polarisationsrichtung von Licht aufgrund ihrer Molekülstruktur, wird genutzt, um die Konzentration solcher Stoffe in einer Lösung zu bestimmen. Der Drehwinkel $\alpha$ ist abhängig von der Konzentration $k$ des Stoffes und der Wegstrecke $d$ des Lichtes in der Lösung:

$$\alpha = [\alpha]_{\lambda}^{T} \cdot k d \qquad (7.38)$$

$[\alpha]_{\lambda}^{T}$ ist der von Temperatur und Wellenlänge abhängige, für den Stoff spezifische Drehwinkel. Beispielsweise wird in der Medizin der Zuckergehalt im Harn oder in der Weinherstellung im Wein mit *Saccharimetern* nach diesem Prinzip gemessen. Der spezifische Drehwinkel für Zucker (Saccharose) beträgt $[\alpha]_{589\,\text{nm}}^{293\,\text{K}} = 6{,}65° \Big/ \left(\frac{\text{g}}{\text{cm}^3}\,\text{cm}\right)$ (in den in der Praxis üblichen nicht-SI-Einheiten).

## 7.3.3 Interferenz des Lichtes

*Interferenz* (Überlagerung) von Wellen und daraus folgende Erscheinungen wurden bereits in Abschnitt 4.3 grundsätzlich behandelt. Dort wurde festgestellt, dass die Überlagerung zweier Wellen in Abhängigkeit von ihrer *Phasendifferenz* $\Delta\varphi$ zu konstruktiver (Vergrößerung der Amplitude) oder destruktiver (Verminderung der Amplitude) Interferenz führt. Die maximale Amplitude erhält man für eine Phasendifferenz von geradzahligen Vielfachen von $\pi$, die minimale Amplitude (Amplitude 0, d. h. Auslöschung) für eine Phasendifferenz von ungeradzahligen Vielfachen von $\pi$ (Bild 7.59):

**Phasendifferenz für maximale bzw. minimale Amplitude**

$$\Delta\varphi_{\text{max}} = 2k \cdot \pi \qquad (7.39a)$$

$$\Delta\varphi_{\text{min}} = (2k+1) \cdot \pi \qquad (7.39b)$$

mit $k = 0, 1, 2, \ldots$.

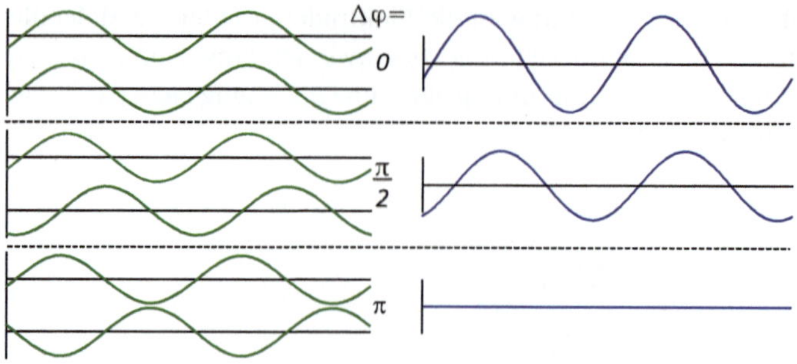


**Bild 7.59** Interferenz bei der Überlagerung zweier Wellenzüge mit verschiedenen Phasendifferenzen $\Delta\varphi$, links: einzelne Wellenzüge, rechts: Ergebnis der Überlagerung

Die Phasendifferenz kann auf unterschiedliche Weise zustande kommen, z. B. durch unterschiedliche optische Weglängen zweier zunächst phasengleicher Wellenzüge.

Die obigen Überlegungen gelten natürlich auch für die elektromagnetischen Wellen des Lichtes. Während man aber bei Wasserwellen, akustischen Wellen oder elektromagnetischen Hochfrequenzwellen Interferenz unter vielen Umständen ohne weiteres beobachten kann, war dies bei Licht zunächst nicht möglich.

## Kohärenz

Überlagerung von Licht aus zwei Lichtquellen führt ohne weitere Vorkehrungen einfach zu einer Erhöhung der Intensität. Dies liegt an der Art, wie in einer konventionellen Lichtquelle das Licht erzeugt wird, etwa durch Wärmestrahlung, Gasentladung oder elektronische Übergänge in Halbleitern. Wie zu Beginn von Abschnitt 7.3 bereits erwähnt, sind jeweils sehr viele elementare Ereignisse an der Erzeugung des Lichts beteiligt. Die von den einzelnen Atomen emittierten Lichtwellenzüge weisen zufällig verteilte Polarisationsrichtungen, Phasenlagen und eventuell auch Wellenlängen auf. Bei der Überlagerung dieser Wellenzüge können daher lediglich die davon unabhängigen Intensitäten addiert werden.

Interferenz tritt aber nur auf, wenn Wellenzüge gleicher Polarisation und konstanter gegenseitiger Phasenlage beteiligt sind, die Wellen also *kohärent* sind. Dies ist beispielsweise möglich, wenn sich jeweils Teile *desselben* Wellenzuges überlagern, nachdem sie verschieden lange optische Wege zurückgelegt haben. Dazu darf die Differenz der Weglängen aber nicht größer sein als die Länge des Wellenzuges. Dieses Maß wird als *Kohärenzlänge* bezeichnet.

Die Emission von Licht durch ein Atom beim Übergang von einem angeregten Zustand mit höherer Energie zu einem mit niedrigerer Energie muss nun an sich quantenphysikalisch beschrieben werden (siehe Abschnitt 8.2). Man erhält aber ein realistisches Maß für die Kohärenzlänge, wenn man (quasi-klassisch) annimmt, dass das Atom die Energie als Lichtwellenzug im Laufe der mittleren Lebensdauer des angeregten Zustands abgibt. Aus der Lebensdauer $\tau_K$, die hier auch als *Kohärenzzeit* bezeichnet wird, ergibt sich mit der Lichtgeschwindigkeit c dann die Kohärenzlänge.

Ein zeitlich und räumlich begrenzter Wellenzug ist außerdem immer mit einer Wellenlängen- bzw. Frequenzverteilung verbunden (siehe Abschnitt 4.3.3). Die Breite $\Delta f$ der Frequenzverteilung ist umgekehrt proportional zur zeitlichen Länge des Wellenzuges: $\Delta f \approx \frac{1}{\tau_K}$. Mit beiden Zusammenhängen hat man damit für die

**Kohärenzlänge**

$$l_K \approx \tau_K \cdot c \approx \frac{1}{\Delta f} \cdot c \tag{7.40}$$

Für isolierte Atome, z. B. in Gasen bei niedrigem Druck und tiefer Temperatur, liegen die höchsten Lebensdauern angeregter Zustände bei $\tau_K \approx 10^{-8}$ s. Die Kohärenzlänge des emittierten Lichtes beträgt damit etwa $l_K \approx 3$ m. Bei Festkörpern dagegen sind die Lebensdauern wegen der geringen Abstände und der deshalb starken Wechselwirkung der Atome miteinander erheblich kürzer. Die Kohärenzlänge liegt bei der Wärmestrahlung daher im Bereich von Mikrometern.

Anders sind die Verhältnisse beim Laser. Die Funktion eines Gas- oder Festkörper-Lasers beruht darauf, dass die Atome oder Moleküle im aktiven Volumen des Lasers ihre Energie durch stimulierte Emission abgeben (siehe Abschnitt 8.2). Dadurch stimmen alle einzelnen Wellenzüge in Polarisation, Phase, Wellenlänge und Richtung überein und können in der Überlagerung als ein Gesamtwellenzug angesehen werden. Bei einfachen kommerziellen He-Ne-Lasern hat man so Kohärenzlängen von einigen Dezimetern. Je nach Art und Aufbau eines Lasers (frequenzstabilisiert, modenrein) werden aber auch Kohärenzlängen bis zu einigen Hundert Kilometern erreicht.

Ein frühes Experiment zur Interferenz ist der 1821 von Fresnel mit natürlichem Licht durchgeführte Spiegel-Versuch (Bild 7.60). Durch zwei gegeneinander geneigte Spiegel werden zwei virtuelle Abbilder $L_1'$ und $L_2'$ *einer* Lichtquelle $L$ erzeugt, deren Licht auf einen davor aufgestellt Schirm trifft. Da es sich um Abbilder einer Lichtquelle handelt, sind die einzelnen von ihnen ausgehenden Wellenzüge kohärent. Die Mitte des Schirms (Punkt $A_0$) hat nun von beiden Lichtquellen denselben Abstand. Die Differenz der Weglängen $\Delta s$ und damit die Phasendifferenz $\Delta\varphi$ ist 0, und es kommt zur konstruktiven Interferenz. Die Amplitude und daher die Intensität sind an dieser Stelle also groß, wie es auf dem Schirm schematisch angedeutet ist. Rechts und links von $A$ sind die Wege von den Lichtquellen zum Schirm aber unterschiedlich lang. Wenn an den Punkten $B_1$ die Wegdifferenz $\Delta s = \frac{\lambda}{2}$ beträgt, führt dies zu einer Phasendifferenz von $\Delta\varphi = \pi$ und damit zur destruktiven Interferenz. Es folgen nach außen hin weitere Stellen, an denen die Weglängendifferenz $\Delta s_{max} = 2k \cdot \frac{\lambda}{2} = k \cdot \lambda$ oder

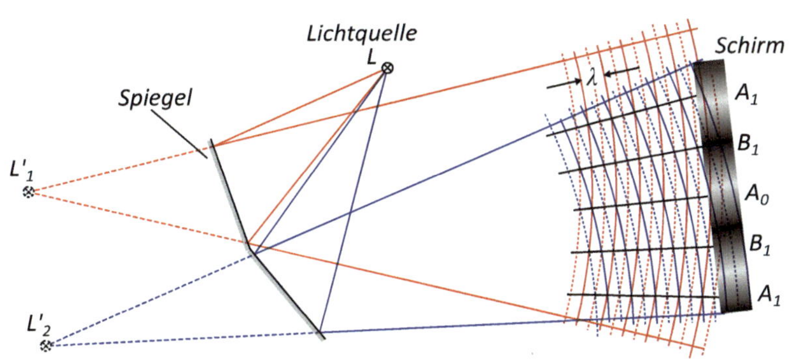


**Bild 7.60** Fresnel'scher Spiegel-Versuch, Momentaufnahme der Wellenzüge, die Wellenfronten sind im Abstand $\lambda/2$ eingezeichnet, d. h. die Phasendifferenz zwischen benachbarter gestrichelter und durchgezogener Linie ist jeweils $\pi$ (der Winkel zwischen den Spiegeln ist stark vergrößert dargestellt)

$\Delta s_{\min} = (2k+1)\cdot\frac{\lambda}{2}$ beträgt und die Phasendifferenz den Bedingungen der Gl. (7.39) genügt. Das Streifenmuster auf dem Schirm setzt sich fort bis die Weglängendifferenz größer als die Kohärenzlänge wird. In der praktischen Durchführung mit natürlichem Licht müssen die virtuellen Lichtquellen wegen der kurzen Kohärenzlänge sehr dicht nebeneinander liegen. Der Winkel zwischen den Spiegel darf daher nur wenige Bogenminuten betragen.

**Merke**

Voraussetzung für die Beobachtung von Interferenzerscheinungen ist die Kohärenz der überlagerten Wellenzüge.

## Interferenz an dünnen Schichten

Aus dem Alltag bekannte Beobachtungen sind die schillernden Farben von Seifenblasen, von Ölflecken auf einer Wasseroberfläche oder der Außenhaut mancher Insekten. Sie lassen sich, wie auch z. B. die tiefblau erscheinende Oberfläche mancher Solarzellen oder die Anlauffarben von erhitztem Metall darauf zurückführen, dass an einer dünnen transparenten Schicht Interferenzeffekte auftreten.

Bei den folgenden Überlegungen wird davon ausgegangen, dass es sich um Grenzflächen zur Luft mit dem Brechungsindex $n_{\text{Luft}} \approx 1$ handelt. Mit $n$ wird der Brechungsindex des Materials der Schicht bezeichnet.

Die sich überlagernden Lichtwellen kommen bei einer dünnen Schicht durch die Reflexion der Welle an der Vorderseite und an der Rückseite der Schicht zustande, wie es Bild 7.61 für eine Schicht der Dicke $d$ mit paralleler Vorder- und Rückseite zeigt. Die unter dem Winkel $\alpha$ aus der Luft einfallende Welle wird an der Vorderseite der Schicht unter demselben Winkel zum Teil reflektiert. Zum Teil dringt sie unter dem Brechungswinkel $\alpha'$ in die Schicht ein, wird an der Rückseite reflektiert und tritt an der Vorderseite wieder aus, nach dem Brechungsgesetz unter dem Winkel $\alpha$. Beide Teilwellen verlaufen also parallel zueinander, allerdings mit einer Phasendifferenz aufgrund ihrer unterschiedlichen Wege. Bei der Berechnung des Gangunterschieds $\Delta l$ zwischen beiden Wellen muss für die Welle 2 statt der geometrischen Weglänge $\overline{AB}+\overline{BC}$ die optische Weglänge $n\left(\overline{AB}+\overline{BC}\right)$ angesetzt werden. Zudem erfährt Welle 1 durch die Reflexion an dem optisch dichteren Medium einen Phasensprung von $\pi$, entsprechend einer Weglänge von $\frac{\lambda}{2}$. Als Gangunterschied ergibt sich also $\Delta l = n\left(\overline{AB}+\overline{BC}\right) - \left(\overline{AD}+\frac{\lambda}{2}\right)$. Mit $\overline{AB}=\overline{BC}=\frac{d}{\cos\alpha'}$, $\overline{AD}=\overline{AC}\sin\alpha = 2d\tan\alpha'\sin\alpha = 2d\frac{\sin\alpha'}{\cos\alpha'}\sin\alpha$ erhält man $\Delta l = \frac{2d}{\cos\alpha'}\left(n-\sin\alpha'\sin\alpha\right)-\frac{\lambda}{2}$.

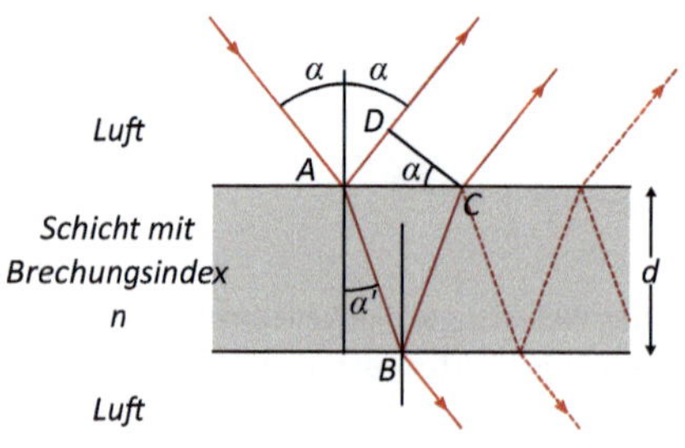


**Bild 7.61**
Interferenz an einer dünnen Schicht, gestrichelt angedeutet sind Mehrfach-Reflexionen

Mit dem Brechungsgesetz $\frac{\sin\alpha}{\sin\alpha'} = n$ und der Beziehung $\cos\alpha' = \sqrt{1-\sin^2\alpha'}$ ergibt sich schließlich der

Gangunterschied

$$\Delta l = 2d\sqrt{n^2 - \sin^2\alpha} - \frac{\lambda}{2} \tag{7.41}$$

Die für maximale bzw. minimale Amplitude erforderliche Phasendifferenz nach Gl. (7.39) ergibt sich für $\Delta l_{\text{max}} = k\cdot\lambda$ bzw. $\Delta l_{\text{min}} = (2k+1)\cdot\frac{\lambda}{2}$. Damit hat man als

**Bedingung für maximal/minimale Amplitude in der Reflexion**

$$\text{max.:}\quad \left(k+\frac{1}{2}\right)\lambda = 2d\sqrt{n^2-\sin^2\alpha} \tag{7.42a}$$

$$\text{min.:}\quad (k+1)\,\lambda = 2d\sqrt{n^2-\sin^2\alpha} \tag{7.42b}$$

mit $k = 0, 1, 2, \ldots$.

Bei vorgegebener Schichtdicke $d$, Wellenlänge $\lambda$, Brechungsindex $n$ sowie Ordnung der Interferenz $k$ sind diese Bedingungen jeweils für einen ganz bestimmten Winkel $\alpha$ erfüllt. Mit einer ausgedehnten, monochromatischen Lichtquelle sieht man also bei einem senkrechten Blick auf die Schicht kreisförmige helle und dunkle Streifen. Diese Art der Interferenz wird daher auch als Interferenz gleicher Neigung bezeichnet.

Bei den obigen Überlegungen wurden die *Mehrfach-Reflexionen* zwischen den beiden Oberflächen, in Bild 7.61 angedeutet, nicht berücksichtigt. Sie ändern das dargelegte Ergebnis nicht wesentlich, da ihre Intensität mit zunehmender Anzahl von Reflexionen sehr schnell abnimmt. Sie müssen aber in Betracht gezogen werden, wenn die Intensität der von der dünnen Schicht transmittierten bzw. reflektierten Welle exakt berechnet werden soll.

Besonders einfach werden die Bedingungen für *senkrechten Einfall* des Lichtes mit $\alpha \approx 0$:

$$\text{max.:}\quad \lambda = \frac{2dn}{\left(k+\frac{1}{2}\right)} \tag{7.43a}$$

$$\text{min.:}\quad \lambda = \frac{2dn}{(k+1)} \tag{7.43b}$$

mit $k = 0, 1, 2, \ldots$.

Eine Schicht der Dicke $d = \frac{\lambda}{4n}$ reflektiert demnach das Licht maximal, bei der Dicke $d = \frac{\lambda}{2n}$ wird kein Licht reflektiert. Daraus resultieren die oben erwähnten Farben, die man unter Beleuchtung mit weißem Licht bei der Reflexion an dünnen Schichten beobachtet. Die den Bedingungen von Gl. (7.43) genügenden Wellenlängen werden verstärkt bzw. gelöscht, sodass Mischfarben entstehen. Wenn mit zunehmender Schichtdicke die Differenz der optische Weglängen $\Delta l$ größer wird als die Kohärenzlänge der beteiligten Wellenzüge, verblassen die Farben und verschwinden schließlich. Die Kohärenzlänge bei natürlichem Licht liegt im Bereich von Millimetern (stark abhängig von dem Mechanismus der Lichterzeugung). Daher wird diese Erscheinung als *Farben dünner Schichten* bezeichnet. Bei sehr dünnen Schichten sind allerdings ebenfalls keine Farben zu sehen, wenn für keine der sichtbaren Wellenlängen ein genügender Gangunterschied vorhanden ist.

Die Auslöschung bestimmter Wellenlängen wird bei zur *Entspiegelung* oder *Antireflexbeschichtung* der Oberflächen von Linsen in Fotoobjektiven (siehe Beispiel in Abschnitt 7.3.1), Brillengläsern, Solarzellen usw. genutzt. Dazu wird auf der zu entspiegelnden Oberfläche eine dünne transparente Antireflexschicht (AR) aufgebracht, deren Brechungsindex zwischen denen der beiden angrenzenden Medien 1 und 2 liegt (Bild 7.62). Bei der Berechnung des Gangunterschiedes der reflektierten Wellen muss man nun berücksichtigen, dass bei der Reflexion sowohl an der Grenzfläche Medium 1 - AR als auch an der Grenzfläche AR - Medium 2 (Punkte $A$ in Bild 7.62) ein Phasensprung um $\pi$ stattfindet. Bei senkrechtem Einfall beträgt der Gangunterschied zwischen den Wellen 1 und 2 also $\Delta l = 2\,d_{\mathrm{AR}}\,n_{\mathrm{AR}}$. Destruktive Interferenz, sodass sich die beiden Wellen auslöschen, findet statt, wenn ihr Gangunterschied $\frac{\lambda}{2}$ beträgt. daraus ergibt sich für die

**optimale Dicke der Antireflexschicht**

$$d_{\mathrm{AR}} = \frac{\lambda}{4\,n_{\mathrm{AR}}} \tag{7.44}$$

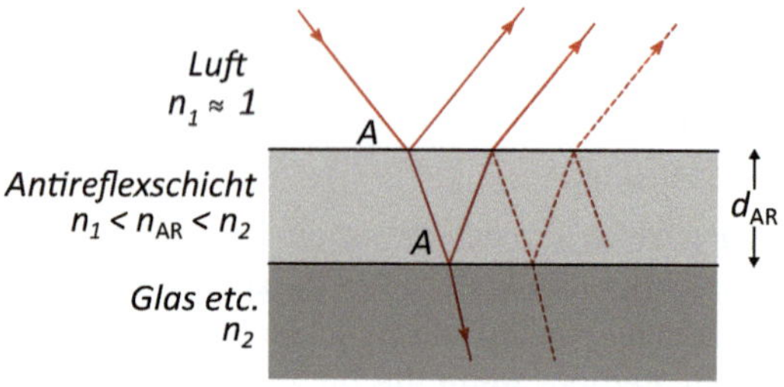


**Bild 7.62**
Entspiegelung/Antireflexbeschichtung, zur Verdeutlichung für schrägen Lichteinfall gezeichnet, gestrichelt angedeutet sind Mehrfach-Reflexionen

Eine weitere Bedingung für die vollständige Auslöschung der Wellen ist, dass sie dieselbe Amplitude haben. Dies setzt die jeweilige Reflektivität an den beiden Grenzflächen und damit die Brechungsindizes in Beziehung. Es ergibt sich:

**optimaler Brechungsindex der Antireflexschicht**

$$n_{\mathrm{AR}} = \sqrt{n_1 n_2} \tag{7.45}$$

Die für diese Berechnungen vorausgesetzten Einschränkungen von monochromatischem Licht und senkrechtem Einfall des Lichtes sind allerdings normalerweise nicht erfüllt, außer in sehr speziellen Anwendungen, z. B. bei Fenstern für Laserlicht. Wenn das Licht aus allen Richtungen einfällt sowie ein breites Spektrum aufweist, lassen sich Reflektionen nicht vollständig unterdrücken, sondern nur minimieren. Bei hohen Anforderungen werden daher mehrere Antireflexschichten mit unterschiedlichen Dicken und Brechungsindizes aufgebracht.

**Merke**

Auf Grundlage der Interferenz an dünnen Schichten lässt sich die Reflexion von Licht an Grenzflächen in Abhängigkeit von Wellenlänge und Schichtdicke verringern bzw. verstärken. Gleichzeitig wird die Transmission durch die Grenzfläche verstärkt bzw. verringert.

**Beispiel**

Die Reflexionsverluste von Silicium-Solarzellen (Brechungsindex $n_{Si} = 3{,}9$) werden minimiert, indem man auf die Oberfläche eine transparente Antireflexschicht aufbringt, die bewirkt, dass Licht der Wellenlänge 600 nm nicht reflektiert wird. Zum Schutz gegen Umwelteinflüsse sind die Solarzellen in einen transparenten Kunststoff ($n_K = 1{,}4$) eingebettet.

Welcher Brechungsindex ist für das Material der Antireflexschicht optimal?

Mit Gl. (7.45) ergibt sich für den Brechungsindex $n_{AR} = \sqrt{3{,}9 \cdot 1{,}4} = 2{,}34$.

Wie dick muss die Antireflexschicht sein?

Mit Gl. (7.44) und dem oben errechneten Wert für den Brechungsindex erhält man für die Dicke den Wert $d_{AR} = \dfrac{600\,\text{nm}}{4 \cdot 2{,}34} = 64{,}1\,\text{nm}$.

Den geeigneten Brechungsindex hat z. B. Titandioxid. Das Aufbringen derart dünner, großflächig homogener Schichten stellt hohe Anforderungen an die Prozesstechnik.

Sind die Oberflächen einer Schicht nicht parallel, sondern ist die Schicht z. B. keilförmig wie näherungsweise in Bild 7.63a, führt dies ebenfalls zu Interferenzstreifen. Verstärkung bzw. Auslöschung tritt an den Stellen auf, an denen die Dicke der Schicht gerade für die entsprechenden Phasenverschiebungen im reflektierten Licht sorgt. Da ein Interferenzstreifen Stellen gleicher Dicke anzeigt, wird dies auch als *Interferenz gleicher Dicke* bezeichnet. Bild 7.63a zeigt schematisch die von Newton 1666 zur Untersuchung der Eigenschaften von Licht verwendete Anordnung. Die zur Interferenz führende Schicht ist der Luftspalt zwischen einer planen und einer leicht gekrümmten Glasoberfläche, z. B. der konvexen Seite einer Linse. Analog zu den oben besprochenen Verhältnissen bei dünnen Schichten mit senkrechtem Lichteinfall, hier allerdings mit $n = 1$, löschen sich die Wellen 1 und 2 aus, wenn die Dicke des Luftspalts $d_{min} = k\dfrac{\lambda}{2}$ ist, und verstärken sich für $d_{max} = (2k+1)\dfrac{\lambda}{4}$, mit $k = 0, 1, 2, \ldots$. Ist die Oberfläche allseitig gekrümmt wie in Bild 7.63a im Querschnitt dargestellt, zeigen sich im monochromatischen Licht abwechselnd helle und dunkle Ringe um ein dunkles Zentrum. Bei unregelmäßiger geformten Oberflächen verlaufen auch die Interferenzstreifen unregelmäßig, wie das Foto in Bild 7.63b zeigt. Unter Beleuchtung mit weißem Licht sind die Ringe farbig, da Licht bestimmter Wellenlängen aus dem Spektrum verstärkt oder gelöscht werden und so Mischfarben entstehen, wie für die Interferenz an dünnen Schichten beschrieben.

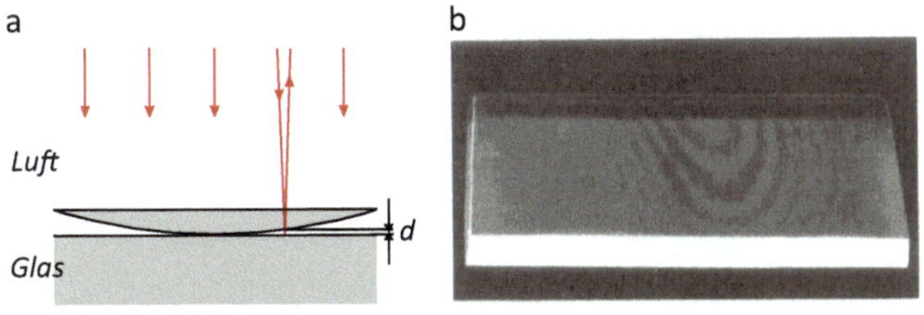


**Bild 7.63** Interferenz gleicher Dicke: Newton'sche Ringe (a) Anordnung von Newton (schematisch, ein Lichtstrahl ist zur Verdeutlichung schräg einfallend gezeichnet), (b) Interferenzstreifen bei unregelmäßig geformten Oberflächen

## Interferometrie

Die Interferenz gleicher Dicke ist Grundlage für viele Anwendungen in der Feinmesstechnik. Um z. B. eine Messfläche auf Planheit zu prüfen, legt man sie so auf eine exakt ebene Referenzplatte, dass durch einen sehr schmalen Luftkeil Interferenzstreifen entstehen (Bild 7.64). Eine Abweichung der Interferenzlinien vom geraden Verlauf zeigt Unebenheiten der zu untersuchenden Fläche an. Deren Größe kann damit auch quantitativ bestimmt werden, da der Abstand zwischen zwei hellen Interferenzstreifen einem Unterschied in der Dicke des Luftspalts von $\frac{\lambda}{2}$ entspricht.

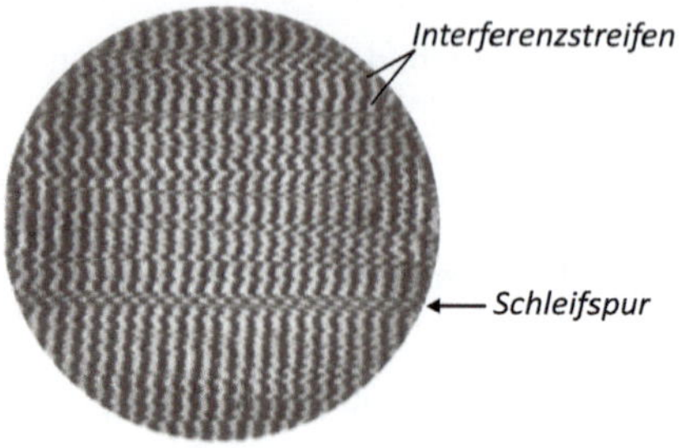


**Bild 7.64**
Interferenzstreifen bei einer Oberfläche mit Schleifspuren, Tiefe der markierten Spur: ca. $\frac{1}{2}\lambda \approx 0{,}2\,\mu m$

Ein viel verwendetes Gerät in der *Interferometrie*, d. h. der Messtechnik auf Grundlage der Interferenz, ist das *Michelson-Interferometer* (A. Michelson, 1852–1931, Nobelpreis 1907), dessen Prinzip in Bild 7.65a dargestellt ist. Der von der Lichtquelle, meistens einem Laser, kommende monochromatische Lichtstrahl wird an dem Strahlteiler *T*, einer halbdurchlässig verspiegelten Glasplatte, zum Teil um 90° zum festen Spiegel *S*1 hin reflektiert (Strahl *A*), zum Teil wird er zum beweglichen Spiegel *S*2 durchgelassen (Strahl *B*). Die an den Spiegeln in sich reflektierten Strahlen treffen nochmals auf *T* und werden dort wieder teils durchgelassen, teils reflektiert (nach unten in Bild 7.65). Die Anteile, die dann auf demselben Weg verlaufen und sich überlagern, werden mit einem Schirm, Fernrohr oder Detektor *D* beobachtet. Damit die Wege beider Strahlen äquivalent sind (Strahl *B* durchläuft die verspiegelte Glasplatte *T* dreimal, Strahl *A* nur einmal), ist im Weg von Strahl *A* als Kompensation eine nicht verspiegelte Glasplatte *K* gleicher Dicke und Neigung wie *T* angebracht.

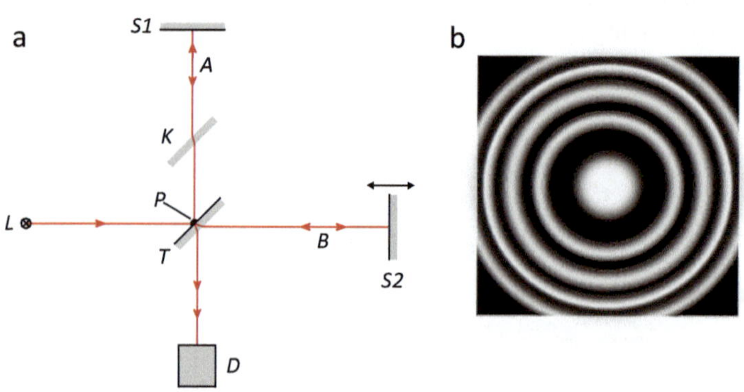


**Bild 7.65** Michelson-Interferometers, (a) schematischer Aufbau, (b) Interferenzringe mit monochromatischem Licht

Sind nun die optischen Wege zwischen Punkt *P* und den Spiegeln *S*1 bzw. *S*2 gleich lang, ist die Phasendifferenz zwischen den Strahlen null und die Strahlen interferieren konstruktiv zu Helligkeit auf dem Schirm. Eine Änderung des optischen Weges zwischen *P* und *S*2 um eine halbe Wellenlänge, z. B. durch Verschieben des Spiegels *S*2 um $\frac{\lambda}{4}$, führt zu destruktiver Interferenz und Dunkelheit am Schirm.

Die unvermeidliche Divergenz des von der Lichtquelle kommenden Lichtstrahls hat nun zur Folge, dass der Schirm nicht gleichmäßig ausgeleuchtet ist, sondern dass man auf dem Schirm ein System aus konzentrischen hellen und dunklen Ringen beobachtet (Bild 7.65b). Bei einer Änderung der Weglängendifferenz ändern sich die Radien der Ringe. Eine Änderung um 10 % des Ringabstands kann man problemlos messen. Daraus ergibt sich eine Messgenauigkeit für die Änderung der optischen Weglänge von $\frac{\lambda}{40}$.

Wegen dieser extrem hohen Messgenauigkeit eignen sich Interferometer nach diesem Prinzip für viele Zwecke: Festlegung von Längenstandards bei Verwendung von Licht bekannter Wellenlänge, umgekehrt zur Bestimmung von Lichtwellenlängen bei bekannten Abstandsmaßen, Vermessung oder Überprüfung von Oberflächenformen z. B. von astronomischen Spiegeln, Messung von Brechungsindizes, indem man die zu untersuchenden Stoffe in den Strahlengang bringt und so die optische Weglänge verändert usw. Ins Extreme getrieben wurde die Genauigkeit für die Detektion von Gravitationswellen. Hierzu wurden Michelson-Interferometer mit einer Armlänge von 4 km konstruiert, deren Änderung auf $10^{-19}$ m genau gemessen werden kann.

**Beispiel**

Bestimmung des Brechungsindex eines Gases

In den zwei Lichtwegen *A* und *B* des Interferometers (Bild 7.65), das mit Licht der Wellenlänge $\lambda = 200$ nm betrieben wird, befinden sich zwei zunächst evakuierte Küvetten der Länge $L = 1$ cm. Zur Messung des Brechungsindex wird die Küvette bei B mit Luft bei Atmosphärendruck gefüllt. Dabei verschiebt sich das Interferenzmuster um $\Delta i = 9{,}73$ Ringabstände.

Wie groß ist der Brechungsindex der Luft?

Eine Verschiebung des Interferenzmusters um $\Delta i$ zeigt eine Änderung der Weglängendifferenz zwischen *A* und *B* um $\Delta s = \Delta i \cdot \lambda$ an. Diese wird hervorgerufen durch eine Verlängerung der optischen Weglänge in Küvette B von $2L$ auf $n_{\text{Luft}} \cdot 2L$ (die Küvette wird zweimal durchlaufen), also um $\Delta s = (n_{\text{Luft}} - 1) \cdot 2L$. Gleichsetzen liefert $\Delta i \cdot \lambda = (n_{\text{Luft}} - 1) \cdot 2L$ und damit $n_{\text{Luft}} = \frac{\Delta i \cdot \lambda}{2L} + 1 = 1{,}000\,292$.

Eine Verschiebung des Interferenzmusters um $\Delta i = 0{,}01$ ist gut messbar, nach der obigen Gleichung also eine Änderung des Brechungsindex um $10^{-7}$. Die Genauigkeit des Verfahrens kann mit längeren Küvetten noch gesteigert werden. ■

Wie erwähnt wurden bei den obigen Überlegungen zur Interferenz an dünnen Schichten Mehrfach-Reflexionen an den Grenzflächen der dünnen Schicht vernachlässigt. Das ist in der Regel auch gerechtfertigt, da der Reflexionskoeffizient an einer Glas-Luft-Grenzfläche nur wenige Prozent beträgt. Es lassen sich andererseits aber sehr effektive Spektralfilter herstellen, wenn man durch Teilverspiegelung der Grenzflächen für eine hohe Reflektivität sorgt. Dies geschieht bei dem als *Fabry-Pérot-Interferometer* (Ch. Fabry, 1867–1949, A. Pérot, 1863–1925) bekannten *Interferenzfilter*, schematisch dargestellt in Bild 7.66. Eine Luftschicht der Dicke $d$ wird begrenzt von den sehr genau parallel angeordneten, teilverspiegelten Oberflächen A und B zweier Glasplatten. Ein von oben einfallender Lichtstrahl wird an B teils reflektiert (1), teils durchgelassen (1′). Der reflektierte Teil 1 wird wiederum an A reflektiert, trifft auf B und wird dort wieder teils reflektiert (2), teils durchgelassen (2′) usw. (Die an A nach oben transmittierten Teile des Strahls sind nur angedeutet, da das Gerät nur in Durchsicht betrieben wird und sie deshalb für die Funktion keine Rolle spielen.) Alle durchgelassenen Strahlen 1′, 2′, … interferieren miteinander.

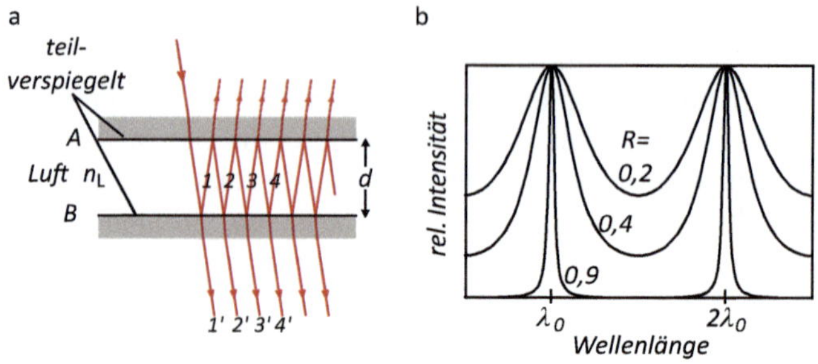


**Bild 7.66** Fabry-Pérot-Interferometer: (a) Strahlengang, (b) relative Intensität der durchgelassenen Strahlung abhängig von der Wellenlänge für verschiedene Reflexionskoeffizienten der Verspiegelung

Die Funktion wird klar, wenn man die *Vielstrahlinterferenz* mit der bisher immer betrachteten Interferenz zweier Strahlen vergleicht. Beträgt bei dieser die Phasendifferenz zwischen den zwei Strahlen $\Delta\varphi = 2\,\pi$ oder ganzzahlige Vielfache davon, so wird die Gesamtamplitude maximal. Mit zunehmender Abweichung von diesem Wert, z. B. aufgrund einer Änderung der Wellenlänge, wird die Gesamtamplitude langsam kleiner, bis sie bei $\Delta\varphi = \pi$ verschwindet. Auch bei der Vielstrahlinterferenz ist die Amplitude maximal, wenn zwischen den Strahlen 1′ und 2′ die Phasendifferenz $2\,\pi$ besteht, da dann auch zu allen weiteren Strahlen 3′, 4′ usw. ganzzahlige Vielfache davon vorliegen. Kleine Abweichungen von $2\,\pi$, z. B. aufgrund einer Änderung der Wellenlänge, addieren sich aber bei den weiteren Strahlen. Dies führt dazu, dass mit zunehmender Abweichung die Gesamtamplitude kleiner wird, und zwar umso schneller, je mehr Strahlen beteiligt sind.

Im Endeffekt kann nur noch ein schmaler Wellenlängenbereich den Filter passieren, bei dessen zentraler Wellenlänge $\lambda_0$ die Phasendifferenz $\Delta\varphi = 2\,\pi\,k$ mit $k = 1, 2, \dots$ ist. Seine spektrale Breite $\Delta\lambda$ wird mit zunehmendem Reflexionskoeffizienten $R$ der Verspiegelung der Glasplatten kleiner, da damit die Anzahl der interferierenden Strahlen größer wird. Die Phasendifferenz zweier Strahlen hängt ab vom Unterschied ihrer optischen Weglängen, $\Delta\varphi = \dfrac{2\pi}{\lambda}\cdot 2n_\mathrm{L}\,d$. Damit ist die zentrale Wellenlänge abhängig von $n_\mathrm{L}$ und $d$: $\dfrac{2\pi}{\lambda_0}\cdot 2n_\mathrm{L}\,d = 2\pi k$, also $\lambda_0 = \dfrac{2n_\mathrm{L}\,d}{k}$. Die Abstimmung der Wellenlänge kann also z. B. durch Variation des Drucks und damit des Brechungsindex der Luft zwischen den Glasplatten erfolgen.

Mit Fabry-Pérot-Interferometern werden relative Bandbreiten von $\dfrac{\Delta\lambda}{\lambda} < 10^{-6}$ erreicht. Sie werden unter anderem bei der Datenübertragung über optische Fasern genutzt, um Daten durch eine Faser parallel mit verschiedenen, eng beieinander liegenden Wellenlängen übertragen zu können (Wellenlängen-Multiplex-Verfahren). In der Astronomie werden sie als Filter z. B. zur Beobachtung der Sonnenoberfläche in einem schmalen Wellenlängenbereich verwendet.

## Holografie

Unter *Holografie*[7] versteht man ein Verfahren, mit dem das räumliche Bild eines Gegenstands in einer Ebene, z. B. auf einer ebenen Fotoplatte gespeichert werden und anschließend räumlich wieder sichtbar gemacht werden kann. Das auf der Fotoplatte gespeicherte Bild wird als *Hologramm* bezeichnet.

Holografie beruht auf dem Prinzip, dass eine Welle (hier die vom aufgenommenen Objekt ausgehende Objektwelle) vollständig rekonstruiert werden kann, wenn Amplitude und Phase der Welle auf einer definierten Fläche bekannt sind.

Bei der gewöhnlichen Fotografie gibt die Schwärzung an einer Stelle eines Films nur die dort herrschende Intensität der *Objektwelle* wieder, die proportional zum Quadrat der Amplitude ist. Um ein Hologramm aufzunehmen wird die Objektwelle mit einer *Referenzwelle* derselben Wellenlänge überlagert. Der Film wird an den Stellen maximal geschwärzt, an denen die beiden Wellen konstruktiv interferieren und an denen demzufolge hohe Intensität herrscht, und minimal geschwärzt dort, wo sie destruktiv interferieren. Der belichtete Film enthält also Information über die Amplitude und die Phase der Objektwelle. Im Gegensatz zur Fotografie ist auf dem Film allerdings unmittelbar kein Bild des Objektes zu sehen, sondern nur eine Struktur mehr oder weniger wirr verlaufender Interferenzstreifen. Erst wenn man den Film mit der *Rekonstruktionswelle*, die gleich der Referenzwelle ist, beleuchtet, entsteht durch die Beugung an der Filmstruktur eine Welle, die der ursprünglichen Objektwelle entspricht. Man sieht dann hinter dem Hologramm ein virtuelles Bild des Objekts, dessen räumlicher Eindruck so ist, als wenn man das Objekt selbst betrachtet.

Das Prinzip der Holografie wurde 1947 von Gabor (D. Gabor, 1900–1979, Nobelpreis 1971) entwickelt, konnte jedoch praktisch erst genutzt werden, nachdem mit dem Laser intensive kohärente Lichtquellen verfügbar waren. Bild 7.67 zeigt den typischen Aufbau zur Aufnahme und Wiedergabe eines Hologramms. Zur Aufnahme (Bild 7.67a) trifft das kohärente Licht eines aufgeweiteten Laserstrahls auf einen Strahlteiler *T*. Der eine Teil des Lichtes wird als Referenzwelle *RW* über einen Spiegel direkt auf die Fotoplatte *FH* gerichtet. Der andere Teil

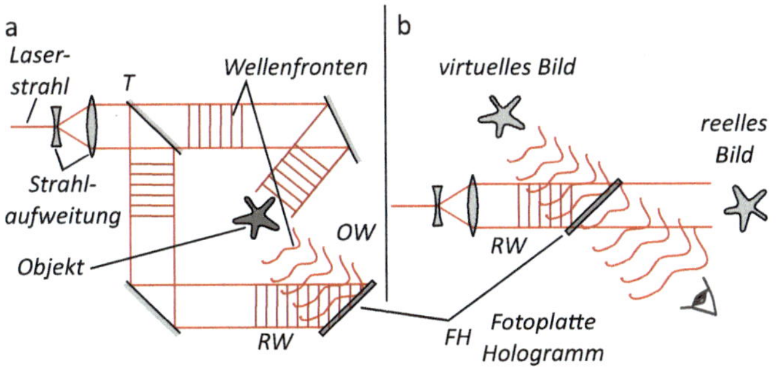


**Bild 7.67** Holografie: (a) Aufnahme, (b) Wiedergabe eines Hologramms

[7] holos, griechisch für ganz, vollständig

beleuchtet das Objekt, von dem aus dann die Objektwelle *OW* ausgeht und ebenfalls auf die Fotoplatte fällt, die entsprechend der Interferenz von Referenz- und Objektwelle geschwärzt wird. Bei der Wiedergabe (Bild 7.67b) des Hologramms beleuchtet man die Fotoplatte *FH* mit der Rekonstruktionswelle *RW*, wodurch ein virtuelles, räumliches Bild des Objekts entsteht.

Da sich die Oberfläche eines komplexeren Objekts aus einzelnen Punkten zusammensetzt, kann man das Prinzip mit der *Holografie eines einzelnen Punktes* verdeutlichen, realisiert z. B. durch eine kleine Kugel im Strahlengang der Referenzwelle (Bild 7.68a). Wenn die Referenzwelle auf den Punkt trifft, geht von diesem eine Kugelwelle aus, die mit der Referenzwelle interferiert. Auf dem Film bilden sich dadurch Interferenzstreifen in Form von konzentrischen geschwärzten und transparenten Ringen, deren Breite nach außen hin abnimmt (Bild 7.68b). Das in Bild 7.68c von links einfallende Licht der Rekonstruktionswelle wird deshalb teilweise nach außen hin in einen immer größer werdenden Winkel gebeugt (zur Beugung siehe Abschnitt 7.3.4). Von rechts betrachtet sieht man dadurch ein virtuelles Abbild des Punktes hinter dem Hologramm.

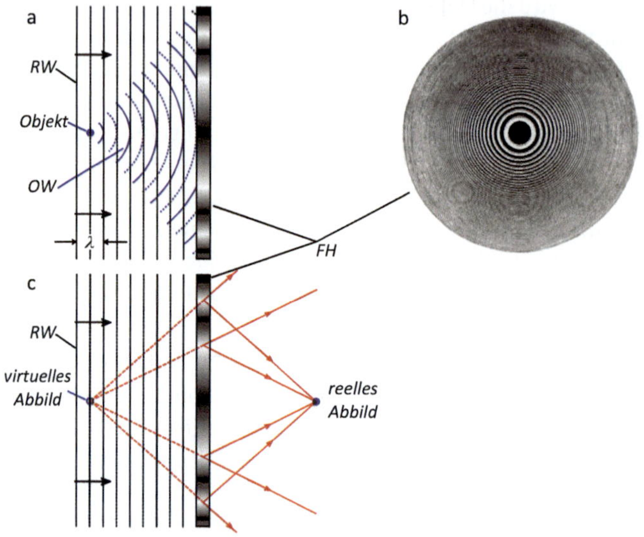


**Bild 7.68** Holografie eines Punktes: (a) Aufnahme, (b) belichteter Film (reales Beispiel, in a und c ist nur der zentrale Teil gezeichnet), (c) Wiedergabe

Gleichzeitig wird ein anderer Teil des Lichtes in einen Punkt fokussiert (Bild 7.68c), d. h. es entsteht auch ein reelles Abbild des aufgenommenen Punktes. Das Hologramm mit seiner Abfolge von geschwärzten und transparenten Ringen entspricht einer *Fresnel'schen Zonenplatte*, die aufgrund von Beugungseffekten wie eine Sammellinse wirkt. Im Gegensatz zu einer Linse, deren Wirkung vom Brechungsindex des Glases abhängt, ist eine Fresnel'sche Zonenplatte weitgehend unabhängig von ihrem Material. Sie eignet sich daher auch z. B. zur Fokussierung von Röntgenstrahlung, für die der Brechungsindex aller transparenten Materialien praktisch gleich eins ist. Wegen der kurzen Wellenlänge der Strahlung muss eine solche Zonenplatte allerdings extrem präzise gearbeitet sein.

Eine bemerkenswerte Eigenschaft der Holografie ist, dass das räumliche Bild eines Objektes auch aus Teilen oder *Bruchstücken eines Hologramms* rekonstruiert werden kann.

Das ist andererseits aber auch nicht überraschend, da ja aufgrund der begrenzten Ausdehnung der Referenzwelle und des Films von vorneherein nur von einem Teil der Objektwelle Phase und Amplitude aufgezeichnet werden können. Das ist ausreichend, da die Objektwelle Beiträge von jedem Punkt des Objektes enthält. Allerdings ist das Bild des Objektes umso detaillierter, je größer das Hologramm ist.

Verschiedene Weiterentwicklung führten dazu, dass Holografie heute in der Technik und im täglichen Leben vielfältige Anwendungen gefunden hat. Zur Fälschungssicherung von Geldscheinen oder Ausweisen werden *Reflexions- oder Volumenhologramme* eingesetzt. Die Interferenzlinien werden dort nicht flächig aufgezeichnet, sondern im Volumen einer dünnen Schicht. Das holografische Bild wird im reflektierten Licht der Referenzwelle betrachtet und erscheint virtuell hinter der Schicht liegend. Mit weißem Licht beleuchtet wird nur die Wellenlänge der Referenzwelle reflektiert. Erzeugt man das Hologramm mit roten, grünen und blauen Referenzwellen, so erhält man mit weißem Licht ein farbiges Abbild des Objekts. Mit der *Interferenzholografie* können Oberflächenverformungen von Bauteilen z. B. durch mechanische Schwingungen sichtbar gemacht und analysiert werden. Dazu werden zwei Hologramme des Objekts hintereinander auf demselben Film aufgezeichnet. Hat sich das Objekt zwischen den Aufnahmen verformt, so ist das Bild des Objektes mit Interferenzstreifen überlagert, deren Verteilung ein Maß für die Verformung ist. Der zeitliche Abstand zwischen den Aufnahmen richtet sich nach der Schnelligkeit des Vorgangs, den man beobachten will.

## 7.3.4 Beugung

Nach dem *Huygens'schen Prinzip* geht von jedem Punkt einer Welle eine elementare Kugelwelle aus. Bei einer ebenen Welle überlagern sich diese Elementarwellen zu einer ebenen Wellenfront. Ohne seitliche Begrenzung der Welle pflanzt sich diese überall senkrecht zur Wellenfront fort, wie unten in Bild 7.69 gezeigt. Ist die Welle aber seitlich begrenzt, z. B. durch eine Spaltblende, ergibt die Überlagerung der elementaren Kugelwellen, insbesondere an den Rändern der Öffnung, keine ebene Welle mehr. Die Wellen breiten sich von dort aus auch in den von der Blende eigentlich abgeschatteten Raum aus, siehe Bild 7.69 oben. Je schmaler die Öffnung ist, desto deutlicher wird dieser Randeffekt. Dies wird im Gegensatz zur Brechung als *Beugung* des Lichtes bezeichnet. Je nach Art der Blende äußern sich die Effekte der Beugung in verschiedener Weise.

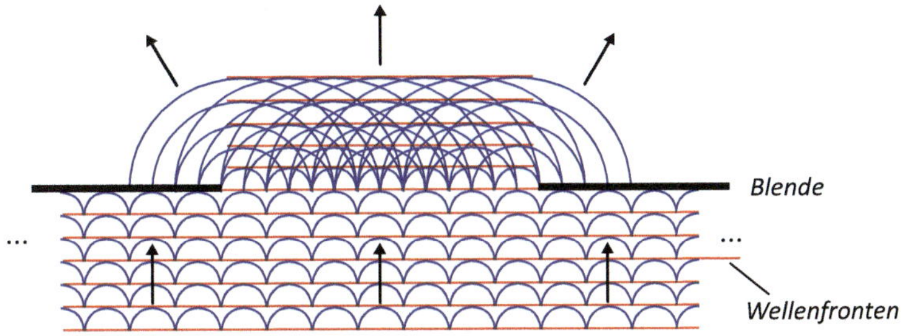


**Bild 7.69** Huygens'sche Elementarwellen bei einer ebenen Welle, unten ohne, oben mit seitlicher Begrenzung durch eine Blende (schematisch)

**Merke**

Immer wenn die Ausbreitung einer Welle durch Hindernisse begrenzt wird, kommt es zu Beugungserscheinungen, die mehr oder weniger ausgeprägt sein können.

## Beugung am Spalt

Die obige Überlegung wird durch die Beobachtung bestätigt: Beim Durchgang monochromatischen Lichtes durch einen Spalt von etwa 3 mm Spaltbreite, d. h. mit $b \gg \lambda$, entsteht auf einem hinter dem Spalt stehenden Schirm kein scharfes Spaltbild, sondern beidseitig sind mehrere Interferenzstreifen zu erkennen (Bild 7.70). Diese werden bei Verringerung der Spaltbreite immer breiter und gleichzeitig lichtschwächer, bis bei $b \approx \lambda$ keine Streifen mehr zu sehen sind. Der Schirm ist dann gleichmäßig, wenn auch schwach ausgeleuchtet.

**Bild 7.70** Interferenzstreifen hinter einer Spaltblende

Bei den weiteren Betrachtungen in diesem Abschnitt wird von dem häufig vorliegenden Umstand ausgegangen, dass die Abstände von Lichtquelle und Beobachter zu dem Licht-beugenden Objekt viel größer sind als die Größe des Objekts (z. B. $s \gg b$ in Bild 7.71). Einfallendes und gebeugtes Licht kann dann als ebene Welle angesehen werden. Dieser Fall wird als *Fraunhofer-Beugung* bezeichnet. Bei kleineren Abständen muss man mit der *Fresnel-Beugung* die unterschiedlichen Winkel von einfallendem und ausgehendem Licht berücksichtigen, was zu einer deutlich aufwendigeren Behandlung führt. Mit Zunahme des Abstands geht die Fresnel- in die Fraunhofer-Beugung über.

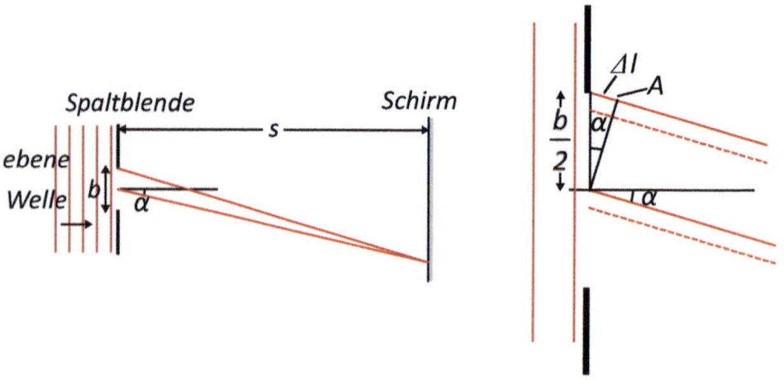


**Bild 7.71** Beugung am Spalt, rechts ist der Bereich des Spaltes vergrößert dargestellt

Zur genaueren Beschreibung betrachtet man die Elementarwellen, die von verschiedenen Stellen Spaltes ausgehen. Sie sind Teil der ebenen Welle, die auf den Spalt trifft, und sind daher auf Höhe des Spaltes in Phase. Das gilt auch an einem Schirm in gerader Richtung hinter dem Spalt ($\alpha = 0$ in Bild 7.71), da für diese Stelle die Weglänge vom Spalt zum Schirm für alle Elementarwellen annähernd dieselbe ist. Das ist gegeben, wenn sich der Schirm in großem Abstand von der Spaltblende befindet ($s \gg b$ in Bild 7.71). Die Wellen interferieren dort also konstruktiv zu maximaler Intensität, und man erhält das *Beugungsmaximum*

*0. Ordnung.* In anderen Richtungen ergeben sich unterschiedliche Weglängen für die Wellen von verschiedenen Punkten des Spaltes. Die Weglängendifferenz zwischen einer Welle vom Rand des Spaltes und einer von der Mitte des Spaltes beträgt $\Delta l = \frac{b}{2}\sin\alpha$ (wegen $s \gg b$ ist der Winkel bei Punkt $A$ ungefähr 90°). Ist die Differenz gerade $\frac{\lambda}{2}$, gilt also

$$\frac{b}{2}\sin\alpha = \frac{\lambda}{2} \tag{7.46}$$

so interferieren diese Wellen destruktiv und löschen sich aus. Dieselbe Differenz erhält man nun für alle Paare von Wellen, deren Ursprungsorte $\frac{b}{2}$ auseinander liegen (gestrichelt angedeutet in Bild 7.71). Da es für jede Welle aus der einen Hälfte des Spaltes eine Welle aus der anderen Hälfte gibt, für die das zutrifft, interferieren also alle Wellen insgesamt destruktiv, die in die durch Gl. (7.46) gegebene Richtung laufen. In dieser Richtung liegt das *Beugungsminimum 1. Ordnung.* Mit einer analogen Überlegung sieht man, dass es immer dann zu insgesamt destruktiver Interferenz kommt, wenn man den Spalt in 2, 4, 6, …, $2k$ ($k$ = 1, 2, 4, …) Teile teilt, mit der Ordnung $k$ = 1, 2, 4, … der Beugungsminima. Damit wird aus Gl. (7.46) $\frac{b}{2k}\sin\alpha = \frac{\lambda}{2}$ und man erhält die allgemeine Bedingung für die

**Richtung zum Beugungsminimum der Ordnung *k***

$$\sin\alpha_{\text{min},k} = k\frac{\lambda}{b} \tag{7.47}$$

mit $k = \pm 1, 2, \ldots$.

Zwischen den Beugungsminima gibt es Beugungsmaxima. Deren Richtung ergibt sich näherungsweise mit einer ähnlichen Betrachtung wie oben. Teilt man den Spalt in Drittel auf und haben die Wellen vom Rand zweier benachbarter Drittel in eine Richtung $\alpha_{\text{max}}$ eine Weglängendifferenz von $\frac{\lambda}{2}$, d. h. $\frac{b}{3}\sin\alpha_{\text{max}} = \frac{\lambda}{2}$, so löschen sich die Wellen aus diesen beiden Dritteln aus. Die Wellen aus dem dritten Drittel führen dann zu einem Beugungsmaximum. Bei dieser Überlegung wird allerdings vernachlässigt, dass auch diese Wellen Weglängendifferenzen untereinander haben und dementsprechend interferieren. Man erhält also nur eine

**Näherung für die Richtung zum Beugungsmaximum der Ordnung *k***

$$\sin\alpha_{\text{max},k} \approx \left(k + \frac{1}{2}\right)\frac{\lambda}{b} \tag{7.48}$$

mit $k = \pm 1, 2, \ldots$.

An Gl. (7.47) und Gl. (7.48) sieht man, dass die Minima und Maxima mit abnehmender Spaltbreite bei konstanter Wellenlänge ($\frac{\lambda}{b}$ nimmt zu) nach außen wandern.

Für die relative *Intensitätsverteilung* des Lichtes, das in eine bestimmte Richtung abgestrahlt wird, ergibt eine genaue Rechnung

$$\frac{I(\alpha)}{I(0)} = \frac{\sin^2 x}{x^2} \tag{7.49}$$

mit $x = \frac{\pi b \cdot \sin\alpha}{\lambda}$.

Bei den durch Gl. (7.47) gegebenen Winkeln $\alpha_{\text{min,k}}$ ist auch mit Gl. (7.49) die Intensität 0. Die Winkel $\alpha_{\text{max,k}}$ liegen dazwischen und lassen sich aus Gl. (7.49) mit einer Extremwertbestimmung exakt berechnen. Der Verlauf der Intensität $I(\alpha)$ ist in Bild 7.72 dargestellt. Wie man sieht, wird die Intensität der Maxima mit zunehmender Ordnung schnell kleiner.

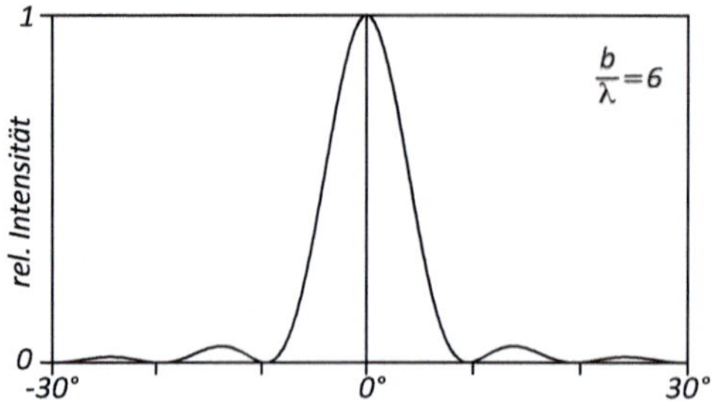


**Bild 7.72**
Intensitätsverteilung bei der Beugung am Spalt, für z. B. $\lambda$ = 500 nm, $b$ = 3 µm

Beugungserscheinungen mit fast derselben Intensitätsverteilung treten auf, wenn man die Spaltblende durch einen undurchlässigen Streifen, z. B. einen *Draht*, mit derselben Breite wie die Spaltbreite ersetzt. Lediglich das zentrale Maximum 0. Ordnung wird durch den Schatten des Drahtes ersetzt (Bild 7.73). In der Mitte des Schattens beobachtet man einen hellen Streifen, der von der konstruktiven Interferenz der am Rand des Drahtes gebeugten Wellen herrührt.

**Bild 7.73**
Interferenzstreifen am Schatten eines dünnen Drahtes

## Beugungsgitter

Für die spektrale Zerlegung von Licht im technischen und physikalischen Bereich, z. B. zur Spektrometrie, sind Beugungsgitter das zentrale Bauelement.

Ein *Beugungsgitter* besteht aus einer Blende mit vielen parallelen schmalen Spalten im Abstand einer *Gitterkonstanten g*, siehe Bild 7.74. Unter der in der Praxis meist erfüllten Voraussetzung, dass die Spaltbreite kleiner ist als die Lichtwellenlänge, kann man näherungsweise annehmen, dass jeder Spalt Quelle „einer einzigen" Elementarwelle ist. Die Weglängendifferenz $\Delta l$ für Wellen aus benachbarten Spalten, die um den Winkel $\alpha$ gebeugt sind, ergibt sich mit der Gitterkonstanten zu $\Delta l = g \sin\alpha$. (Hier wird wieder davon ausgegangen, dass der Abstand des Schirms $s$ sehr groß gegen die Gitterkonstante $g$ ist, sodass die auslaufenden Strahlen als praktisch parallel angesehen werden können, und dass daher bei Punkt A ein rechter Winkel vorliegt.) Die von den einzelnen Spalten ausgehenden Wellen interferieren konstruktiv, wenn ihre Weglängendifferenz ein Vielfaches der Wellenlänge ist, also $\Delta l = k\lambda$. Demnach ist die

Bedingung für die **Hauptmaxima der Ordnung *k* beim Beugungsgitter**

$$\sin \alpha_{\max,k} = k \frac{\lambda}{g} \tag{7.50}$$

mit $k = \pm 0, 1, 2, \ldots$.

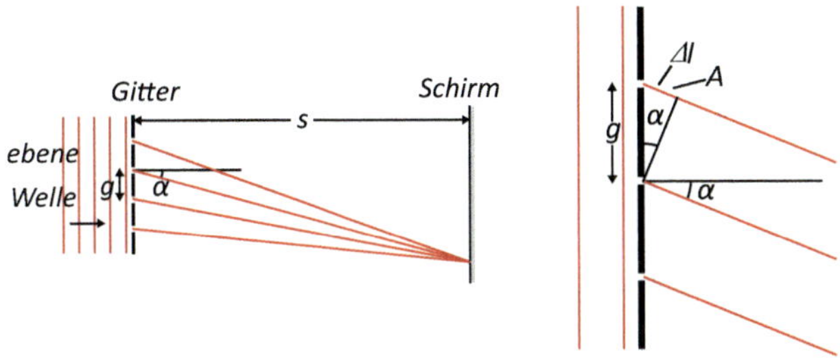


**Bild 7.74**
Beugung am Gitter, rechts ist der Bereich des Gitters vergrößert dargestellt

Bei bekannter Gitterkonstante kann man also über die Messung von $\alpha_{\max,k}$ die Wellenlänge des Lichtes bestimmen. Das ist zwar im Prinzip auch mit der Beugung am Einzelspalt möglich. Im Gegensatz dazu aber werden die Intensitätsmaxima beim Gitter mit zunehmender Anzahl der beleuchteten Spalten *N* immer schmaler, s. z. B. Bild 7.75, sodass die Winkel und damit die Wellenlängen immer genauer gemessen werden können. Außerdem ist die Intensität in den Hauptmaxima in etwa konstant.

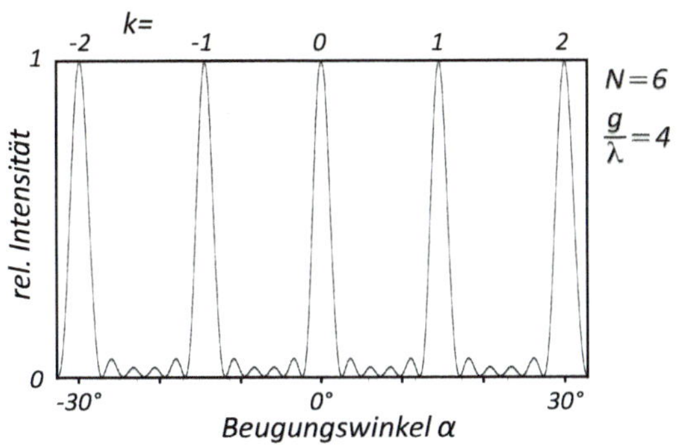


**Bild 7.75**
Relative Intensitätsverteilung bei einem Gitter mit $N = 6$ Spalten

Zwischen den Hauptmaxima sind jeweils $N - 2$ Nebenmaxima zu erkennen.

Wird auf ein Gitter Licht verschiedener Wellenlängen eingestrahlt, so werden die verschiedenen spektralen Anteile jeweils für jede Ordnung *k* zu unterschiedlichen Winkeln gebeugt (Bild 7.76). Das spektrale Auflösungsvermögen eines Gitters sagt aus, welche Wellenlängendifferenz $\Delta\lambda$ zwei Spektrallinien haben müssen, damit sie noch als getrennte Linien zu erkennen sind. Nach dem bisher gesagten ist zu vermuten, dass das Auflösungsvermögen mit der Spaltenzahl *N* und der Ordnung *k* zusammenhängt. Die Rechnung ergibt den einfachen Zusammenhang:

**Spektrales Auflösungsvermögen eines Beugungsgitters**

$$\frac{\lambda}{\Delta\lambda} = k N \tag{7.51}$$

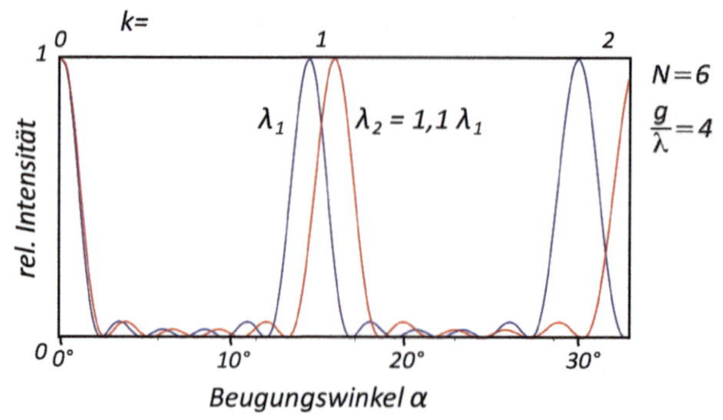


**Bild 7.76**
Relative Intensitätsverteilung am Gitter mit Licht verschiedener Wellenlängen

**Merke**

Je mehr Spalten eines Beugungsgitters an der Erzeugung des Beugungsbildes beteiligt sind, desto größer ist die spektrale Auflösung des Gitters.

**Beispiel**

Wie groß ist das spektrale Auflösungsvermögen eines Gitters mit $N = 1\,000$ Spalten bei der Beugungsordnung $k = 1$?

Nach Gl. (7.51) erhält man für das Auflösungsvermögen den Wert $\dfrac{\lambda}{\Delta\lambda} = 1\,000$.

Kann damit erkannt werden, dass das gelbe Licht einer Natrium-Dampflampe im Wesentlichen von zwei Spektrallinien mit den Wellenlängen 589,0 nm und 589,6 nm herrührt?

Nach der obigen Gleichung ergibt sich für den minimal erkennbaren Abstand der Spektrallinien $\Delta\lambda = \dfrac{\lambda}{1\,000} \approx 0{,}59\ \text{nm}$. Die Na-Doppellinie ist also gerade noch erkennbar.

Bisher wurde vorausgesetzt, dass die Spaltbreite im Gitter deutlich kleiner ist als die Lichtwellenlänge. Bei größerer, mit der Wellenlänge vergleichbarer Spaltbreite muss man zusätzlich die Beugung am Spalt miteinbeziehen. Die Intensität in den Maxima der Gitterbeugung wird dann mit der *Spaltbeugungsfunktion* Gl. (7.49) moduliert, siehe Bild 7.77.

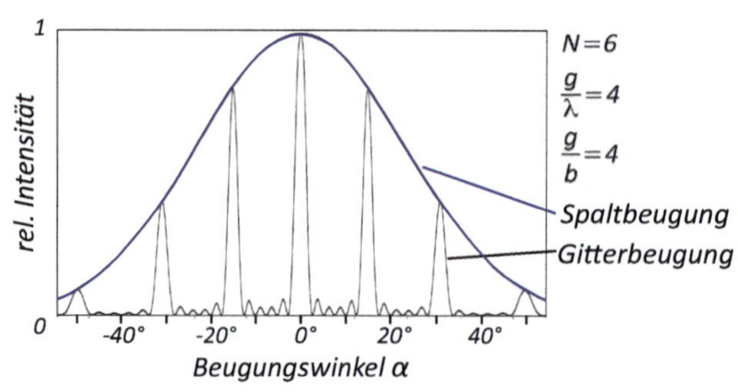


**Bild 7.77**
Beugung am Gitter mit Spaltbreite $b = \lambda$

Praktisch genutzte Gitter werden mechanisch durch Ritzen einer Glasscheibe mit einer Diamantspitze hergestellt. Bei den häufig eingesetzten Reflexionsgittern, bei denen die Spalten durch spiegelnde Streifen ersetzt sind, wird eine verspiegelte Glasoberfläche geritzt. In beiden Fällen wirken die Ritzspuren wegen der dort auftretenden Streuung als Blenden, die Flächen dazwischen als Öffnungen. Eine höhere Präzision wird mit holografisch erzeugten Gittern erreicht. Sie werden hergestellt, indem zwei kohärente, ebene Lichtwellen in einer fotoempfindlichen Schicht auf einer Glasplatte zur Interferenz gebracht werden. An den Stellen der Interferenzmaxima entstehen geschwärzte, lichtundurchlässige Streifen, die dazwischen liegenden Bereiche stellen die Spaltöffnungen dar. Mit diesen Methoden können Gitter mit bis zu einigen tausend Spalten pro Millimeter hergestellt werden.

Die spektrale Analyse von Licht mithilfe von Gitterspektrometern spielt in vielen Bereichen der Wissenschaft und Technik eine große Rolle. So wird z. B. die chemische Zusammensetzung eines Gases (eventuell verdampfter flüssiger oder fester Stoff) bestimmt, indem die Atome bzw. Moleküle elektrisch oder thermisch angeregt werden und deren Emissionsspektrum analysiert wird (siehe Abschnitt 8.2.5).

Auch die Röntgenstrukturanalyse zur Untersuchung der Struktur von Kristallen, die in Abschnitt 9.1.2 besprochen wird, beruht auf der Beugung am Gitter, nämlich am Kristallgitter. Allerdings ist dabei das Gitter dreidimensional, und die Gitterkonstante liegt im Bereich von Nanometern. Deshalb kommt zu diesem Zweck Röntgenstrahlung mit ihrer im Vergleich zu Licht viel kleineren Wellenlänge zum Tragen.

### Beugung an einer runden Lochblende

Im Prinzip genauso wie bei der Beugung am Spalt verhält es sich mit der Beugung an einer *runden Öffnung* (Bild 7.78a). Entsprechend der Symmetrie der Blende sind die Interferenzstreifen hierbei aber kreisförmige konzentrische Ringe um das zentrale Maximum 0. Ordnung (Bild 7.78b). Die Intensität der Maxima höherer Ordnung nimmt etwas schneller ab als beim Spalt. Die mathematische Behandlung der Beugung an der Lochblende ist aufgrund der Geometrie allerdings aufwendiger, darauf soll hier nicht näher eingegangen werden. Im Ergebnis ähneln die Gleichungen für die Beugungswinkel bei einer Lochblende mit dem Durchmesser $b$ denen bei der Spaltblende (Gl. (7.47), Gl. (7.48)). Es ergibt sich für die

**Richtung zu den Beugungsminima**

$$\sin\alpha_{\min,i} = y_i \frac{\lambda}{b} \tag{7.52}$$

mit $y_1 \approx 1{,}22$; $y_2 \approx 2{,}23$; $y_3 \approx 3{,}24$; ….

und für die

**Richtung zu den Beugungsmaxima**

$$\sin\alpha_{\max,i} = z_i \frac{\lambda}{b} \tag{7.53}$$

mit $z_0 = 0$; $z_1 \approx 1{,}64$; $z_2 \approx 2{,}69$; $z_3 \approx 3{,}70$; ….

Wie beim Spalt werden die Winkel und dementsprechend die Radien der Interferenzringe also umso größer, je kleiner der Durchmesser im Verhältnis zu Wellenlänge ist.

Licht, das sich in eine bestimmte Richtung ausbreitet, also ein Lichtstrahl, entspricht einer ebenen elektromagnetischen Welle. Diesen Fall gibt es in der Realität nicht. Bei einem Licht-

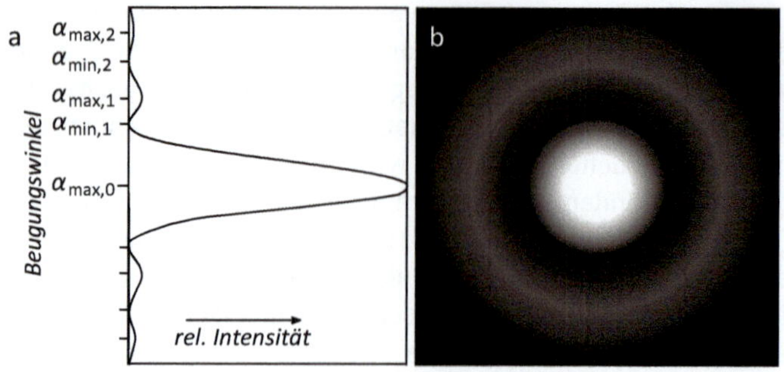


**Bild 7.78** Beugung an einer kreisförmigen Lochblende: (a) Intensitätsverteilung, (b) Beugungsringe

strahl sind die Wellenfronten seitlich begrenzt, z. B. durch eine Lochblende, die Fassung einer Linse oder durch den Rand eines Parabolspiegels. Wegen dieser Grenzen kommt es zur Beugung, mit der Folge, dass das Licht sich nicht nur in gerader Richtung, sondern auch seitlich dazu ausbreitet. Jeder Lichtstrahl zeigt also eine gewisse *Divergenz*.

Das Licht eines Lasers verlässt das aktive Volumen durch eine Öffnung, die als Lochblende mit dem Durchmesser $b$ angesehen werden kann. Das erste Beugungsminimum liegt in der Richtung $\alpha_{\text{min},1} \approx 1{,}22\frac{\lambda}{b}$ (Gl. (7.52) unter der Annahme, dass $\lambda \ll b$). Als *Divergenzwinkel* $\theta$ wird ein etwas kleinerer Winkel definiert, in dessen Richtung noch eine gewisse Intensität abgestrahlt wird. Der Divergenzwinkel hängt aber in derselben Weise vom Verhältnis Lichtwellenlänge zu Durchmesser ab:

**Divergenzwinkel**

$$\theta = \frac{2}{\pi}\frac{\lambda}{b} \tag{7.54}$$

Bei einem He-Ne-Laser mit $\lambda = 633$ nm und $b = 4$ mm beträgt der Divergenzwinkel $\theta = 1{,}0 \cdot 10^{-4}$ rad = 21″, und die Divergenz ist für viele Anwendungen vernachlässigbar.

Bei einem $CO_2$-Werkzeuglaser mit $\lambda \approx 10$ µm (Infrarot), z. B. für die Bearbeitung von Blechen, wird der Strahl oft über größere Distanzen geführt und muss anschließend zur Erreichung einer hohen Leistungsdichte fein fokussiert werden. Beides setzt eine möglichst niedrige Divergenz voraus. Der Strahl wird dazu nach dem Austritt aus der Laseröffnung durch ein Linsensystem entsprechend einem umgekehrten Linsenfernrohr (Strahleingang beim Okular, Ausgang beim Objektiv) aufgeweitet, sodass er durch eine effektiv größere Öffnung austritt und damit eine geringere Divergenz aufweist.

Bei Halbleiterlasern (siehe Abschnitt 9.3.2) trifft die Annahme $\lambda \ll b$ wegen der kleinen Austrittsöffnung von einigen Mikrometern Größe nicht mehr zu. Abschätzungen auf Grundlage von Gl. (7.52) liefern Divergenzwinkel von einigen zehn Grad. Für die meisten Anwendungen, z. B. in Verbindung mit Lichtwellenleitern für die Datenübertragung oder im Laser Pointer, müssen daher Linsensysteme vorgeschaltet werden.

**Merke**

Die Beugung an der Austrittsöffnung einer Lichtquelle setzt eine untere Grenze für die Divergenz eines Lichtstrahls.

### Auflösungsvermögen optischer Instrumente

Die Beugung an der Lochblende hat eine besondere Bedeutung, da die Öffnung fast aller optischen Instrumente kreisförmig ist. Sie begrenzt grundsätzlich das Auflösungsvermögen von z. B. eines Fernrohrs, des Auges oder eines Mikroskops. Sie setzt außerdem eine untere Grenze für die Divergenz eines Lichtstrahls z. B. von einem Laser.

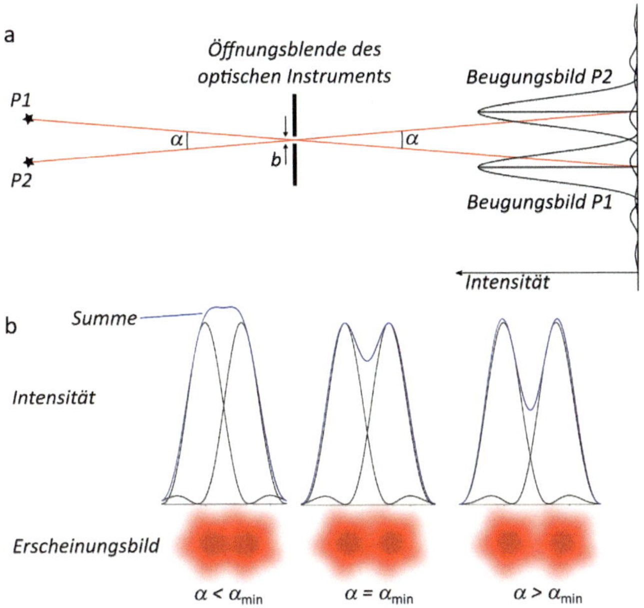


**Bild 7.79** Abbildung zweier Punkte: (a) schematisch, (b) Intensitätsverteilungen und Erscheinungsbild bei verschiedenen Winkelabständen

Für das Auflösungsvermögen eines *Fernrohrs* oder auch des *Auges* ist der *Winkelabstand* der beobachteten Objekte, d. h. der Winkel, unter dem die Objekte von der Öffnung des Instruments aus gesehen werden, die entscheidende Größe. Bei der Berechnung idealisiert man die Objekte als leuchtende Punkte. Das Licht eines weit entfernten Punktes $P1$, das als ebene Welle auf die Lochblende fällt, wird an der Lochblende gebeugt. Von einem eventuellen Linsensystem hinter der Lochblende wird daher der Punkt nicht mehr als Punkt, sondern als Beugungsbild abgebildet (Bild 7.78b und Bild 7.79). Der größte Teil der Intensität fällt in das zentrale *Beugungsscheibchen*, als dessen Winkelradius der Beugungswinkel zum 1. Minimum definiert wird, gegeben durch $\sin\alpha_{\mathrm{min},1} = 1{,}22\,\dfrac{\lambda}{b}$ (Gl. (7.52)). Ein zweiter Punkt $P2$ wird ebenso als Beugungsbild abgebildet, das mit dem von $P1$ überlappt (Bild 7.79a). Liegen die Punkte zu nahe beieinander, überlagern sich die Beugungsscheibchen so, dass die zwei Punkte in der Abbildung nicht zu erkennen sind, wie man an der Intensitätsverteilung in Bild 7.79b oben sieht. Erst mit zunehmendem Winkelabstand $\beta$ der Punkte bzw. der Beugungsscheibchen bildet sich eine Intensitätsverteilung heraus, die eine Unterscheidung der zwei Punkte ermöglicht. Etwas willkürlich wird definiert, dass eine Auflösung der zwei Punkte möglich ist, wenn das Beugungsmaximum des einen Punktes in das erste Beugungsminimum des zweiten Punktes fällt. Dementsprechend lautet das

**Rayleigh-Kriterium**: Zwei Punkte sind durch ein optisches Instrument erkennbar, wenn für ihren Winkelabstand $\alpha$ gilt

$$\alpha \geq \alpha_{\text{min},1} \tag{7.55}$$

mit $\sin\alpha_{\text{min},1} \approx 1{,}22\dfrac{\lambda}{b}$ (J. W. Strutt, Baron Rayleigh, 1842–1919, Nobelpreis 1904).
Häufig handelt es sich um kleine Winkel, da der Öffnungsdurchmesser der Blende viel größer ist als die Wellenlänge, sodass $\sin\alpha_{\text{min},1} \approx \alpha_{\text{min},1}$. Dann kann man das Rayleigh-Kriterium in guter Näherung schreiben als

$$\alpha \geq 1{,}22\frac{\lambda}{b} \tag{7.56}$$

für $b \gg \lambda$.

Zu betonen ist, dass das Rayleigh-Kriterium die Grenze des Auflösungsvermögens eines optischen Instrumentes angibt, unabhängig davon, wie aufwendig das Linsen- oder Spiegelsystem des Instrumentes ist, siehe folgendes Beispiel. Entscheidend ist, neben der Wellenlänge, allein die Größe der Öffnung des Instrumentes.

**Merke**

Das Auflösungsvermögen optischer Instrumente wird grundsätzlich durch Beugungserscheinungen begrenzt.

**Beispiel**

Das im Jahr 2021 gestartete James-Webb-Weltraumteleskop hat einen Hauptspiegel mit dem Durchmesser $b = 6{,}5$ m. Es dient u. a. zur Beobachtung von Lichtquellen bei der Wellenlänge $\lambda = 1{,}5$ µm.

Welchen Winkelabstand müssen zwei Lichtquellen mindestens haben, damit sie mit dem Teleskop noch getrennt wahrgenommen werden können?

Nach dem Rayleigh-Kriterium Gl. (7.56) erhält man für den minimalen Winkelabstand $\beta \geq 1{,}22\dfrac{1{,}5\,\mu\text{m}}{6{,}5\,\text{m}} = 2{,}82 \cdot 10^{-7}\,\text{rad} \approx 0{,}058''$.

In der Bildebene des Spiegels werden die Lichtquellen als zwei teilweise ineinander übergehende Beugungsscheibchen abgebildet wie in Bild 7.79b unten. Eine nachgeordnete Optik kann dieses Abbild insgesamt vergrößern, die Auflösung dadurch aber nicht erhöhen.

Das Rayleigh-Kriterium gilt natürlich auch für das menschliche *Auge* mit der Pupille als Öffnung. Bei einem Pupillendurchmesser bei mittlerer Beleuchtung von $b \approx 3$ mm und der Wellenlänge $\lambda = 500$ nm findet man für den auflösbaren Winkelabstand zweier Punkte nach Gl. (7.56) $\beta \geq 1{,}22\dfrac{500\,\text{nm}}{3\,\text{mm}} = 2{,}03 \cdot 10^{-4}\,\text{rad} = 42''$. In Abschnitt 7.2.5 wurde bereits darauf hingewiesen, dass der physiologische Aufbau des Auges, speziell der der Netzhaut daran angepasst ist. Der physiologisch bedingte minimale Winkelabstand beträgt ca. $60''$.

Bei der Beurteilung eines *Mikroskops* interessiert vor allem, welchen *linearen Abstand* zwei benachbarte Punkte des betrachteten Gegenstandes wenigstens haben müssen, um noch getrennt gesehen werden zu können. Für die Berechnung des Auflösungsvermögens stellt man sich nach Abbe den Gegenstand als von hinten beleuchtetes Gitter vor, mit den Gitteröffnungen als aufzulösende Strukturen. Abbe hat gezeigt, dass das vom Objektiv entworfene Bild diese Struktur umso besser wiedergibt, je mehr Beugungsmaxima in das Objektiv eintreten. Das *Abbe-Kriterium* besagt, dass die Gitterstruktur erkennbar ist, wenn neben dem Maximum 0. Ordnung mindestens noch die Hauptmaxima 1. Ordnung vom Objektiv aufgenommen werden.

Dieser Fall ist in Bild 7.80 dargestellt. Der Beugungswinkel zum Hauptmaximum 1. Ordnung bei einem Gitter mit dem Spaltabstand $g$ ist nach Gl. (7.50) gegeben durch $\sin\alpha_{\text{max},1} = \frac{\lambda}{g}$. Damit das Licht dieses Hauptmaximums noch ins Objektiv eintreten kann, darf der Beugungswinkel nicht größer sein als der halbe Öffnungswinkel $\alpha_{\text{ob}}$ des Objektivs vom Objekt, dem Gitter aus gesehen. Der Abstand Objekt-Objektiv ist i. A. wesentlich größer als die betrachteten Objektstrukturen, d. h. $s \gg g$ in Bild 7.80, und damit gilt $\alpha_{\text{max},1} \approx \alpha_{\text{ob}}$. Der auflösbare minimale Spaltabstand ist also $g = \frac{\lambda}{\sin\alpha_{\text{max},1}} = \frac{\lambda}{\sin\alpha_{\text{ob}}}$. Damit erhält man für die

**mit dem Mikroskop minimal auflösbare Strukturgröße**

$$g = \frac{\lambda}{n\sin\alpha_{\text{ob}}} = \frac{\lambda}{A_{\text{N}}} \tag{7.57}$$

mit der

**numerischen Apertur**

$$A_{\text{N}} = n\sin\alpha_{\text{ob}} \tag{7.58}$$

und dem Brechungsindex $n$.

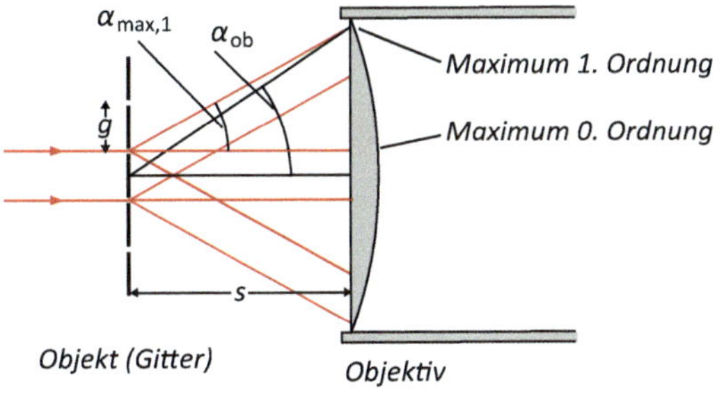


**Bild 7.80**
Auflösungsvermögen des Mikroskops nach Abbe

Je kürzer die Wellenlänge, desto kleiner ist der minimale Spaltabstand. Der Brechungsindex $n$ taucht in den obigen Gleichungen auf, da er Einfluss auf die Wellenlänge hat. Die Wellenlänge kann man unter anderem verkürzen, indem man eine Flüssigkeit mit hohem Brechungsindex zwischen Objektiv und Objekt bringt (z. B. Öl mit $n \approx 1{,}3$). Dies wird bei der *Immersionsmikroskopie* ausgenutzt.

Der Wert der numerischen Apertur lässt sich optimieren, liegt aber immer bei etwa $A_N \approx 1$. Je nach Form der beobachteten Strukturen lassen sie sich unter Umständen auch noch bei geringerer Bildqualität unterscheiden. Die liegt vor, wenn außer dem Beugungsmaximum 0. Ordnung nur eins der Hauptmaxima 1. Ordnung ins Objektiv gelangt. Die minimale auflösbare Strukturgröße ist dann etwa halb so groß wie durch Gl. (7.57) gegeben.

Insgesamt kann man festhalten, dass die Auflösungsgrenze eines Mikroskops mehr oder weniger direkt durch die Wellenlänge des verwendeten Lichtes bestimmt wird. Sie beträgt damit bei blauem Licht etwa 450 nm.

Bei einer Vergrößerung des Mikroskops von $V_M = 590$ wie im Beispiel in Abschnitt 7.2.5 könnte man, wenn man nur die physiologischen Eigenschaften des Auges zugrunde legt, Strukturen von 120 nm Größe erkennen. Wegen der Beugung sind trotz der Vergrößerung aber nur Strukturen größer als ca. 450 nm (blaues Licht) erkennbar, die vom Mikroskop auf eine Größe von 270 μm in deutlicher Sehweite vergrößert werden.

# 7.4 Strahlungsphysikalische und lichttechnische Größen

Elektromagnetische Strahlung und demzufolge auch das Licht wird durch physikalische Größen wie Frequenz, Amplitude der Felder, Energie- und Leistungstransport charakterisiert. Die Messung dieser *strahlungsphysikalischen* Größen kann mit physikalischen Strahlungsdetektoren (Thermoelemente, Fotozellen, Fotowiderstände u. a.) objektiv durchgeführt werden. Dies ist Gegenstand der *Radiometrie*. Wegen der besonderen Rolle für das menschliche Sinnesempfinden beschreibt die *Photometrie* Licht außerdem durch *strahlungsphysiologische* oder *lichttechnische* Größen, die auf den Eigenschaften des menschlichen Auges, speziell der frequenzabhängigen Lichtempfindlichkeit, beruhen.

## 7.4.1 Radiometrische (strahlungsphysikalische) Größen

Eine elektromagnetische Welle transportiert, wie jede Welle, Energie. Die Menge der transportierten Energie hängt von der räumlichen Ausdehnung (der Querschnittsfläche) der Welle und der Dauer der Strahlung ab. Diese Größen werden jedoch durch die konkreten Umstände bestimmt und eignen sich daher nicht für die Charakterisierung einer Strahlung. Eine spezifischere Größe erhält man, wenn man die transportierte Energiemenge $\Delta Q_e$ pro Zeitintervall $\Delta t$ betrachtet. (Der Index e für „Energie" unterscheidet die physikalischen von den weiter unten betrachteten physiologischen Größen mit dem Index v für „visuell".) Sie wird bezeichnet als

**Strahlungsfluss**

$$\Phi_e = \frac{\Delta Q_e}{\Delta t} \tag{7.59}$$

Dies entspricht einer Leistung mit der Einheit $[\Phi_e] = \mathrm{W}$ (Watt). Mit Strahlungsfluss ist hier nicht der momentane Wert, sondern die über die Perioden der elektromagnetischen Welle gemittelte Leistung gemeint.

Mit der Schreibweise als Differenzenquotient hier und im Folgenden wird angedeutet, dass die Größen zeitlich und räumlich variieren können. Im allgemeinen Fall muss mit dem Differentialquotienten, hier $\frac{\mathrm{d}Q_e}{\mathrm{d}t}$, gerechnet werden, bei konstanten Werten kann der Quotient selber, hier $\frac{Q_e}{t}$, verwendet werden.

Der Strahlungsfluss erfasst die gesamte von einer Quelle abgegebene oder auf einen Detektor einfallende Strahlungsleistung. Die Strahlung selber wird beschrieben, indem man den Strahlungsfluss auf eine Querschnittsfläche $\Delta A_\perp$ senkrecht zum Einfall der Strahlung bezieht, siehe Bild 7.81a. Man kommt dann zur

**Strahlungsflussdichte** oder **Intensität**

$$\varphi = \frac{\Delta \Phi_e}{\Delta A_\perp} \tag{7.60}$$

mit der Einheit $[\varphi] = \mathrm{W/m^2}$. Entsprechend der Bemerkung im Anschluss an Gl. (7.59) werden hier die beiden Bezeichnungen synonym verwendet, anders als in Abschnitt 6.7.2, Gl. (6.136).

Für die Strahlungsflussdichte oder Intensität wird oft auch das Symbol $I$ verwendet.

Bei einer *gerichteten Strahlung*, entsprechend einer ebenen Welle, ist die Intensität unabhängig von der Entfernung von der Quelle, da auf eine bestimmte Querschnittsfläche, in Bild 7.81 die Fläche $\Delta A'_\perp$, immer dieselbe Leistung einfällt.

**Bild 7.81** Ortsunabhängigkeit der Strahlungsflussdichte/Intensität bei gerichteter Strahlung

Ein *Punktstrahler* gibt seine Strahlungsleistung $\Phi_e$ in alle Richtungen ab, entsprechend einer Kugelwelle. Die Strahlungsleistung verteilt sich also auf die Oberfläche einer Kugel mit dem Punktstrahler als Mittelpunkt. Die Kugeloberfläche nimmt mit dem Radius gemäß $A = 4\,\pi\,r^2$ zu, sodass die Intensität nach

$$\varphi \sim \frac{1}{r^2} \tag{7.61}$$

umgekehrt proportional zum Quadrat des Abstandes $r$ vom Punktstrahler abnimmt. Wenn die Strahlung isotrop, d. h. in alle Richtungen gleichmäßig abgegeben wird, beträgt die Intensität an jedem Punkt im Abstand $r$ konkret

$$\varphi = \frac{\Phi_e}{4\pi r^2} \qquad (7.62)$$

Als Punktstrahler erscheint auch eine Strahlungsquelle, deren Ausdehnung klein gegenüber der Entfernung zum Betrachter ist.

Im Falle des Punktstrahlers eignet sich für die Charakterisierung der Strahlungsquelle statt der entfernungsabhängigen Intensität eher die Strahlungsleistung, die in einen bestimmten Raumwinkel, gemessen von der Strahlungsquelle aus, fällt.

Analog zum ebenen Winkel (= Bogenlänge/Radius) ist der *Raumwinkel* definiert als das Verhältnis der Fläche einer Kugelkalotte zum Quadrat des Kugelradius (Bild 7.82).

**Raumwinkel**

$$\Omega = \frac{A_k}{r^2} \qquad (7.63)$$

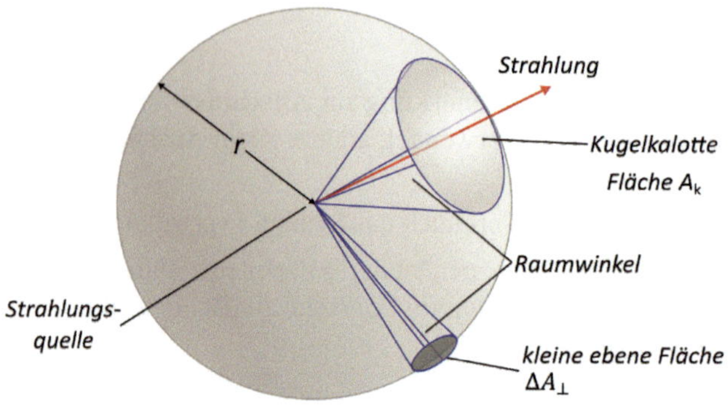


**Bild 7.82** Zur Definition des Raumwinkels

Der Raumwinkel ist also dimensionslos: $[\Omega] = 1$. Zur Kennzeichnung einer Zahl als Wert eines Raumwinkels wird häufig „sr“ (für Steradiant, entsprechend „rad“ beim ebenen Winkel) angefügt. Der volle Raumwinkel erfasst die gesamte Kugeloberfläche $4\pi r^2$ und hat damit den Wert $\Omega = 4\pi$ sr. Der Raumwinkel $\Omega = 1$ sr erfasst den Anteil $\frac{1}{4\pi}$, also etwa ein Zwölftel der Kugeloberfläche.

Für eine zum Radius senkrecht ausgerichtete ebene Fläche $\Delta A_\perp$, deren Ausdehnung klein gegenüber dem Radius ist, kann die Krümmung der Kugeloberfläche vernachlässigt werden, sodass der - ebenfalls kleine - Raumwinkel $\Delta\Omega$ dann so berechnet werden kann:

$$\Delta\Omega = \frac{\Delta A_\perp}{r^2} \qquad (7.64)$$

Der Quotient aus Strahlungsfluss $\Delta\Phi_e$ in den Raumwinkel $\Delta\Omega$ und Raumwinkel wird bezeichnet als die

**Strahlstärke**

$$I_e = \frac{\Delta\Phi_e}{\Delta\Omega} \qquad (7.65)$$

mit der Einheit $[I_e] = W/sr$. Die Strahlstärke ist unabhängig von der Entfernung von der Strahlungsquelle. Strahlstärke und Intensität sind nach Gl. (7.64) verknüpft mit

$$\varphi = \frac{I_e}{r^2} \tag{7.66}$$

Eine der Intensität verwandte (und häufig ebenfalls mit dem Formelzeichen $I$ bezeichnete) Größe ist die *Bestrahlungsstärke* $E_e$. Sie beschreibt den auf eine u. U. gegenüber der Strahlungsrichtung geneigte Empfängerfläche bezogenen Strahlungsfluss (Bild 7.83). Wenn die Strahlung um den Winkel $\alpha$ gegen die Flächennormale geneigt einfällt, ist die Empfängerfläche um den Faktor $\frac{1}{\cos\alpha}$ größer als die senkrecht ausgerichtete Bezugsfläche für die Intensität. Das ergibt mit Gl. (7.60) für die

**Bestrahlungsstärke**

$$E_e = \frac{\Delta\Phi_e}{\Delta A} = \frac{\Delta\Phi_e}{\frac{1}{\cos\alpha}\Delta A_\perp} = \varphi\cos\alpha \tag{7.67}$$

mit der Einheit $[E_e] = W/m^2$.

Mit Gl. (7.66) erhält man daraus die Bestrahlungsstärke durch einen Punktstrahler mit der Strahlstärke $I_e$ in Abhängigkeit von der Entfernung $r$ des Strahlers:

$$E_e = \frac{I_e}{r^2}\cos\alpha \tag{7.68}$$

Dabei wird angenommen, dass die Entfernung groß gegenüber den Abmessungen der bestrahlten Fläche ist, d. h. die Strahlung fällt auf der gesamten Fläche unter etwa demselben Winkel ein und alle Punkte der Fläche haben näherungsweise denselben Abstand vom Strahler.

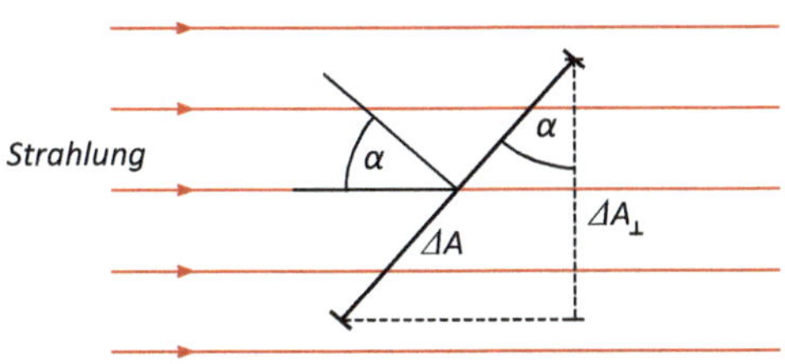


**Bild 7.83**
Bestrahlungsstärke auf einer geneigten Empfängerfläche

**Merke**
Von den radiometrischen Größen kann man den Strahlungsfluss $\Phi_e$ der Quelle, Intensität/Strahlungsflussdichte $\varphi$ und Strahlstärke $I_e$ der Strahlung selber, die Bestrahlungsstärke $E_e$ dem Empfänger der Strahlung zuordnen.

**Beispiel**

Als *Solarkonstante* $E_0 = 1\,361\ \text{W/m}^2$ wird die von der Sonne auf die Erde oberhalb der Atmosphäre einfallende Intensität der Sonnenstrahlung bezeichnet.

Wie groß ist der Strahlungsfluss der Sonne?

Die Sonne im mittleren Abstand von der Erde $r_{SE} \approx 1{,}5 \cdot 10^{11}$ m kann in diesem Zusammenhang als Punktstrahler angesehen werden. Gl. (7.61) umgestellt nach dem Strahlungsfluss und mit $\varphi = E_0$ ergibt $\Phi_e = E_0 \cdot 4\pi r_{SE}^2 = 3{,}85 \cdot 10^{26}\ \text{W}$.

An der Erdoberfläche vermindert sich die Intensität wegen Streuung und Absorption in der Atmosphäre bei klarem Himmel auf etwa $\varphi \approx 1\,000\ \text{W/m}^2$.

Wie groß ist die Bestrahlungsstärke auf eine um $\beta = 30°$ zur Horizontalen geneigten, nach Süden ausgerichteten (Solarzellen-)Fläche, wenn die Sonne im Süden $\gamma = 39°$ über dem Horizont steht (Höchststand im Frühling, Herbst)?

Der Einfallswinkel der Strahlung ergibt sich aus $\alpha = 90° - \beta - \gamma = 21°$. Mit Gl. (7.67) erhält man damit für die Bestrahlungsstärke $E_e = \varphi\ \cos\alpha = 934\ \text{W/m}^2$.

Solarzellen werden in Mitteleuropa häufig mit diesem Neigungswinkel aufgestellt, der eigentlich nur für den Sonnenhöchststand im Sommer optimal ist. Wegen der Wetterverhältnisse kommt die Strahlung hier aber zum größten Teil nicht direkt von der Sonne, sondern als gestreute, diffuse Strahlung vom gesamten Himmel. Dafür wäre ein kleinerer Neigungswinkel günstiger. Der Winkel von 30° stellt einen Kompromiss zwischen beiden Anforderungen dar.

### 7.4.2 Photometrische (lichttechnische) Größen

Das menschliche Auge ist empfindlich für elektromagnetische Strahlung im Wellenlängenbereich von etwa 380…780 nm. Strahlungsleistung außerhalb dieses Bereiches wird mit dem Auge nicht wahrgenommen und spielt daher für das Lichtempfinden keine Rolle. Auch innerhalb dieses Bereiches hängt die Empfindlichkeit von der Wellenlänge ab, und zwar in unterschiedlicher Weise für das Tagsehen mit den Zäpfchenzellen der Netzhaut (siehe Abschnitt 7.2.5) und das Nachtsehen mit den Stäbchenzellen.

Das Helligkeitsempfinden ist natürlich subjektiv und bei jedem Menschen verschieden. Wegen der großen technischen Bedeutung wurden für die praktische Verwendung aber Werte auf der Grundlage von umfangreichen Testmessungen mit vielen Personen standardisiert.

Bild 7.84a zeigt den so festgelegten Verlauf des spektralen *photometrischen Strahlungsäquivalents* $K(\lambda)$ (Tag) bzw. $K'(\lambda)$ (Nacht), d. h. des Helligkeitsempfindens bei einem bestimmten Strahlungsfluss elektromagnetischer Strahlung (s. Abschnitt 7.4.1). Für den *spektralen Hellempfindlichkeitsgrad* $V(\lambda)$ bzw. $V'(\lambda)$ (Bild 7.84b) sind die Kurven auf ihr jeweiliges Maximum normiert, sodass für das Tagsehen der Zusammenhang besteht

$$K(\lambda) = K_{max} V(\lambda) \tag{7.69}$$

mit $K_{max} = 683$ lm/W (zur Einheit lm siehe unten). Das Maximum liegt bei $\lambda = 555$ nm.

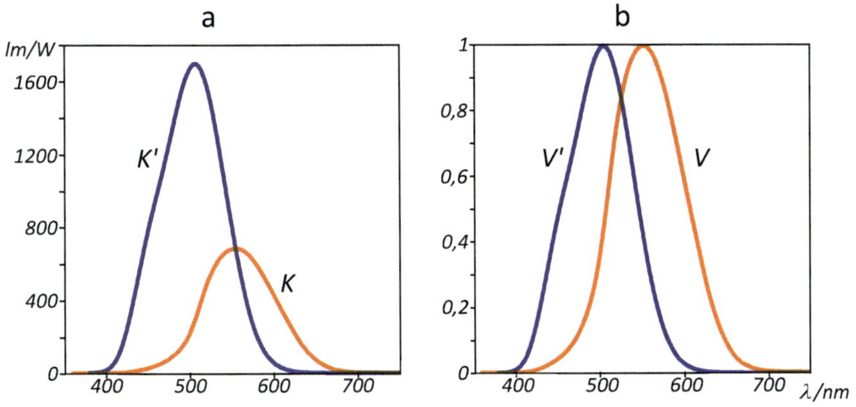


**Bild 7.84** (a) spektrales photometrisches Strahlungsäquivalent, (b) spektraler Hellempfindlichkeitsgrad, blau: Nachtsehen, orange: Tagsehen

Für das Nachtsehen gilt entsprechend

$$K'(\lambda) = K'_{\max} V'(\lambda) \tag{7.70}$$

mit $K'_{\max} = 1\,699\ \mathrm{lm/W}$. Das Maximum liegt bei $\lambda = 507$ nm.

Das spektrale photometrische Strahlungsäquivalent wird wie in Bild 7.84a in der Einheit Lumen pro Watt, abgekürzt lm/W, angegeben. Dabei steht die Einheit *Lumen*[8] für den *Lichtstrom* $\Phi_\mathrm{v}$ (Index „v" für visuell), der die Menge der für das Auge sichtbaren und mit dem Hellempfindlichkeitsgrad $V(\lambda)$ gewichteten Strahlung einer Lichtquelle darstellt. Das radiometrische Gegenstück zum Lichtstrom ist der Strahlungsfluss $\Phi_\mathrm{e}$ (siehe Gl. (7.59)). Über das photometrische Strahlungsäquivalent lautet der Zusammenhang bei *monochromatischer* Strahlung der Wellenlänge $\lambda$

**Lichtstrom**

$$\Phi_\mathrm{v} = K(\lambda)\,\Phi_\mathrm{e} = K_{\max}\,V(\lambda)\,\Phi_\mathrm{e} \tag{7.71}$$

(entsprechend für das Nachtsehen) mit der Einheit $[\Phi_\mathrm{v}] = \mathrm{lm}$.

Gibt also beispielsweise eine Strahlungsquelle monochromatische Strahlung der Wellenlänge $\lambda = 555$ nm (grün) mit einem Strahlungsfluss von $\Phi_\mathrm{e} = 1$ W ab, so entspricht dies einem Lichtstrom von $\Phi_\mathrm{v} = K(555\ \mathrm{nm})\cdot 1\ \mathrm{W} = 683\ \mathrm{lm}$. Wird der gleiche Strahlungsfluss bei $\lambda = 640$ nm (rot) ausgestrahlt, beträgt der Lichtstrom mit $V(640\ \mathrm{nm}) \approx 0{,}18$ nur 123 lm.

Wie man außerdem sieht, gibt der Verlauf des Strahlungsäquivalents den schon in Abschnitt 7.2.5 erwähnten Sachverhalt wieder, dass die für das Nachtsehen verantwortlichen Stäbchenzellen in der Netzhaut des Auges wesentlich lichtempfindlicher sind als die Zapfenzellen.

Alltäglich verwendete Lichtquellen geben in der Regel Strahlung mit einer breiten spektralen Verteilung ab, die durch einen wellenlängenabhängigen Strahlungsfluss $\Phi_{\lambda,\mathrm{e}}(\lambda)$ (Leistung pro Wellenlängenintervall) charakterisiert ist. In diesem Fall muss zur Berechnung des Lichtstroms über den Wellenlängenbereich des Spektrums integriert werden:

[8] lumen, lateinisch für Licht

$$\Phi_v = \int_{\lambda_{min}}^{\lambda_{max}} K(\lambda)\,\Phi_{\lambda,e}(\lambda)\,d\lambda = K_{max} \int_{\lambda_{min}}^{\lambda_{max}} V(\lambda)\,\Phi_{\lambda,e}(\lambda)\,d\lambda \tag{7.72}$$

Statt der Einheit Lumen wurde aus historischen Gründen die Einheit *Candela*[9], abgekürzt cd, der *Lichtstärke* $I_v$ als SI-Basiseinheit festgelegt:

**Lichtstärke**

$$I_v = \frac{\Delta\Phi_v}{\Delta\Omega} \tag{7.73}$$

mit der Einheit $[I_v] = \text{cd}$.

Zwischen den beiden Einheiten besteht demnach die Beziehung 1 cd = 1 lm/sr. Der Name leitet sich von der Lichtstärke einer typischen Haushaltskerze $I_v \approx 1$ cd ab, die also einen Lichtstrom von 1 lm in eine Raumwinkeleinheit abgibt. Unter der – nicht ganz realistischen – Annahme, dass die Kerze das Licht isotrop ausstrahlt, beträgt der gesamte Lichtstrom der Kerze $\Phi_{v,\text{Kerze}} = 4\pi \text{ lm} \approx 12 \text{ lm}$. Die photometrische Lichtstärke der Kerze entspricht einer radiometrischen Strahlstärke von etwa $\frac{1}{683}$ W/sr. Daran orientiert sich auch die in Abschnitt 1.2.1 dargelegte Festlegung der Einheit Candela.

In Tabelle 7.6 sind einige photometrische Größen mit ihren Einheiten den entsprechenden radiometrischen Größen gegenübergestellt.

**Tabelle 7.6** Radiometrische (strahlungsphysikalische) und photometrische (lichttechnische) Größen und Einheiten

| radiometrisch | | | photometrisch | | |
|---|---|---|---|---|---|
| Größe | Symbol | Einheit | Größe | Symbol | Einheit |
| Strahlungsfluss | $\Phi_e$ | W | Lichtstrom | $\Phi_v$ | lm |
| Strahlstärke | $I_e$ | W/sr | Lichtstärke | $I_v$ | cd = lm/sr |
| Bestrahlungsstärke | $E_e$ | W/m$^2$ | Beleuchtungsstärke | $E_v$ | lx = lm/m$^2$ |
| Strahlungsausbeute | $\eta_e$ | 1 | Lichtausbeute | $\eta_v$ | lm/W |

Bei der Auswahl von Lichtquellen für den praktischen Einsatz ist die *Lichtausbeute* ein wichtiges Kriterium. Sie gibt an, welche, i. A. elektrische, Leistung $P_{el}$ aufgewendet werden muss, um einen bestimmten Lichtstrom zu erzeugen. Sie ist definiert als

**Lichtausbeute**

$$\eta_v = \frac{\Phi_v}{P_{el}} \tag{7.74}$$

mit der Einheit $[\eta_v] = \text{lm/W}$.

Die entsprechende radiometrische *Strahlungsausbeute* ist der Quotient aus Strahlungsleistung zu aufgewendeter Leistung, hat also die Einheit W/W = 1.

[9] candela, lateinisch für Kerze

In Tabelle 7.7 sind einige Lichtquellen mit typischen Werten für Lichtstrom und Lichtausbeute aufgeführt.

**Tabelle 7.7** Lichtstrom und Lichtausbeute einiger Lichtquellen (typische Werte)

| Lichtquelle | Lichtstrom | Lichtausbeute |
|---|---|---|
| | $\Phi_v$/lm | $\eta_v$/(lm/W) |
| Glühlampe (230 V, 100 W) | 1500 | 15 |
| Halogenbirne (230 V, 100 W) | 1700 | 17 |
| Kompaktleuchtstofflampe (Energiespar) (230 V, 100 W) | 1150 | 58 |
| weiße LED-Leuchte (blaue LED + Leuchtstoff) | 400 | 80 |
| Natrium-Hochdrucklampe (100 W, monochromatisch) | 14000 | 140 |

Die Lichtstärke der Quellen lässt sich daraus nicht unmittelbar ableiten, da die Quellen das Licht nicht isotrop abstrahlen.

In vielen Fällen werden Lichtquellen zur Beleuchtung von Gegenständen oder Oberflächen eingesetzt. Dann ist die Stärke der Beleuchtung häufig entscheidend für Auswahl, Konstruktion und Positionierung einer Lichtquelle. Als *Beleuchtungsstärke* $E_v$ ist eine der radiometrischen Bestrahlungsstärke $E_e$ (Einheit $W/m^2$) analoge Größe definiert, die den Lichtstrom pro Flächeneinheit angibt. In derselben Weise wie $E_e$ (Gl. (7.67)) hängt die Beleuchtungsstärke auf einer Fläche davon ab, unter welchem Winkel das Licht auf die Fläche trifft:

**Beleuchtungsstärke**

$$E_v = \frac{\Delta\Phi_v}{\Delta A}\cos\alpha \tag{7.75}$$

mit der Einheit $[E_v] = \mathrm{lm/m^2} = \mathrm{lx}$ (Lux). Die eigene Bezeichnung Lux[10] hat die Einheit wegen der großen praktischen Bedeutung erhalten.

Für eine punkförmigen Lichtquelle findet man ähnlich wie zu Gl. (7.68) die Beleuchtungsstärke in Abhängigkeit von der Lichtstärke der Quelle

$$E_v = \frac{I_v}{r^2}\cos\alpha \tag{7.76}$$

**Merke**

Von den photometrischen Größen kann man den Lichtstrom $\Phi_v$ und die Lichtausbeute $\eta_v$ der Quelle, die Lichtstärke $I_v$ der Strahlung selber, die Beleuchtungsstärke $E_v$ dem Empfänger der Strahlung zuordnen. Die Lichtstärke führt zum Lichteindruck im Auge.

Unter Umständen muss man bei der Berechnung der Beleuchtungsstärke einer Fläche berücksichtigen, dass auch der Abstand $r$ vom Winkel $\alpha$ abhängen kann, siehe Bild 7.85 und folgendes Beispiel.

[10] lux, lateinisch für Helligkeit

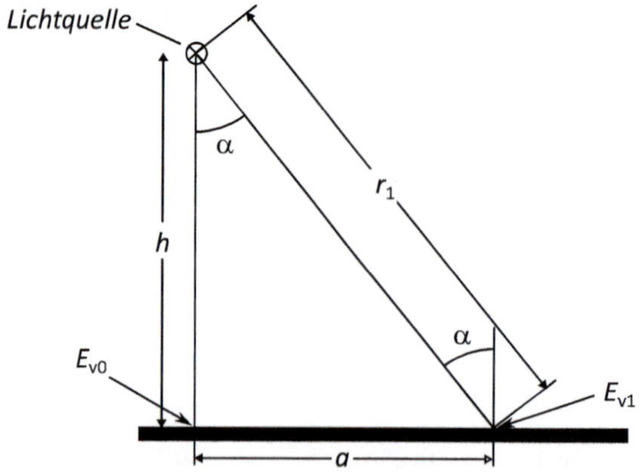


**Bild 7.85** Beleuchtungsstärke einer Fläche durch eine Punktlichtquelle

**Beispiel**

Über einer Arbeitsfläche wird in einer Höhe von $h = 2$ m eine Leuchte angebracht. Senkrecht unter der Leuchte soll die Beleuchtungsstärke $E_{v0} = 600$ lx betragen.

Wie groß muss die Lichtstärke der Leuchte sein?

Gl. (7.76) umgestellt nach $I_v$ mit $r = h$ ergibt für die benötigte Lichtstärke

$$I_v = \frac{E_{v0} h^2}{\cos 0°} = 2\,400 \text{ cd}.$$

Wie groß ist die Beleuchtungsstärke auf der Arbeitsfläche im Abstand von $a = 1$ m (Bild 7.85)?

Einfallswinkel und der Abstand in Gl. (7.76) hängen von $h$ und $a$ ab. Es ergibt sich für $r_1 = \sqrt{h^2 + a^2}$ und für $\cos\alpha = \frac{h}{r_1} = \frac{h}{\sqrt{h^2 + a^2}}$. Eingesetzt erhält man

$$E_{v1} = \frac{I_v}{h^2 + a^2} \frac{h}{\sqrt{h^2 + a^2}} = I_v \frac{h}{\left(h^2 + a^2\right)^{3/2}} = 429 \text{ lx}.$$

In Tabelle 7.8 sind einige Werte der Beleuchtungsstärke in verschiedenen Situationen bzw. unter verschiedenen Anforderungen aufgeführt.

**Tabelle 7.8** Beleuchtungsstärken, typische Werte und Beispiele

| Situation | Beleuchtungsstärke $E_v$/lx |
|---|---|
| Mittagssonne im Sommer | 70 000 |
| Tag, bedeckter Himmel | 1 500 |
| Vollmond | 0,25 |
| **nach DIN vorgeschriebene Werte:** | |
| Arbeitsplatz Feinmechanik | 1 000 |
| Unterrichtsraum | 300 |
| Straßenbeleuchtung | 10 |

# 8 Quantenphysik

Ab der Mitte des 19. Jahrhunderts gab es mehr und mehr experimentelle Befunde, die mit den damals bekannten physikalischen Gesetzen nicht vereinbar waren. Es traten nicht nur quantitative Differenzen auf, sondern es stellte sich heraus, dass in vielen Bereichen eine grundsätzlich neue Deutung und Betrachtungsweise des Naturgeschehens nötig war. Eine der herausragenden Entwicklungen, die dadurch angestoßen wurden, war die der Relativitätstheorie (siehe Kapitel 10), die zweite die der Quantenphysik. Diese beiden stellen bis heute die am besten verifizierten Theoriegebäude der Physik dar.

Die Quantenphysik ist die Basis für das Verständnis der Eigenschaften der elektromagnetischen Strahlung und der Materie, angefangen von den Elementarteilchen über den Atomkern, die Atome und deren Wechselwirkungen untereinander (und damit die Chemie) bis zu den makroskopischen Körpern, insbesondere den Festkörpern. In den Abschnitten dieses Kapitels geht es zunächst um die Grundlagen der Quantenphysik. Darauf aufbauend folgt die Behandlung der Physik der Atome und der Atomkerne und schließlich ein Überblick über die heutige Sicht der Elementarteilchenphysik.

## 8.1 Grundlagen der Quantenphysik

### 8.1.1 Hohlraumstrahlung und Planck'sches Strahlungsgesetz

Wie in Abschnitt 5.7.3 behandelt, gibt ein Körper mit einer Temperatur $T > 0$ elektromagnetische Strahlung ab. Der Energiestrom pro Oberflächen- und Wellenlängeneinheit, die spektrale Energiestromdichte $B_e(\lambda, T)$, ist außer von Wellenlänge und Temperatur abhängig von der Oberflächenbeschaffenheit des Körpers. Eine besondere Rolle spielt in diesem Zusammenhang der sogenannte *Schwarze Körper*, an dessen Oberfläche einfallende Strahlung vollständig absorbiert wird, und der nach dem Kirchhoff'schen Strahlungsgesetz (G. R. Kirchhoff, 1824–1887) demzufolge Strahlung mit der maximal möglichen Energiestromdichte $B_{eS}(\lambda, T)$ abgibt. Summiert über den gesamten Spektralbereich ergibt sich eine Energiestromdichte, der gemäß dem Stefan-Boltzmann-Gesetz (J. Stefan, 1835–1893, L. Boltzmann, 1844–1906) nur noch von der Temperatur bestimmt wird. Allerdings hängt auch die spektrale Verteilung der Strahlung, also die Wellenlängenabhängigkeit des Strahlungsflusses in charakteristischer Weise von der Temperatur ab (Bild 8.1).

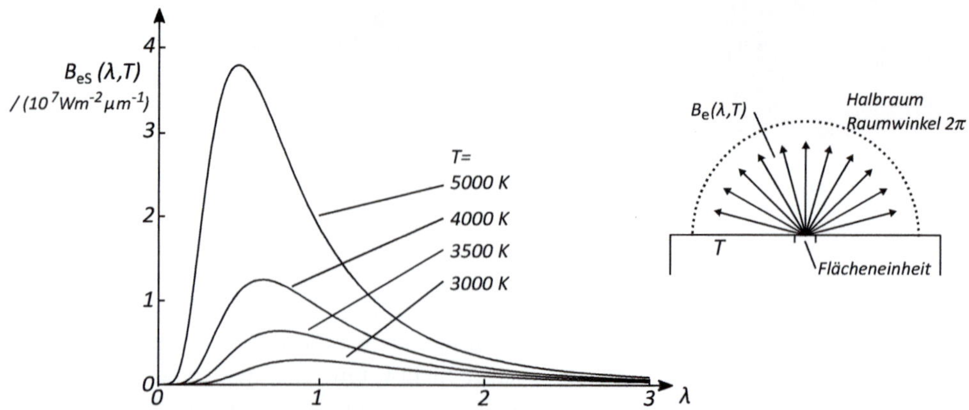


**Bild 8.1** Spektrale Strahlungskurven des schwarzen Körpers und schematische Darstellung der Geometrie

Schon vor 1900 gab es viele Bemühungen, diese experimentell festgestellte spektrale Verteilung der Temperaturstrahlung des Schwarzen Körpers theoretisch herzuleiten und durch ein Gesetz zu beschreiben. Zwar gelang es Wien (W. Wien, 1864–1928, Nobelpreis 1911), den Kurvenverlauf für kleine Wellenlängen, also für $\lambda \ll \lambda_{\text{max}}$ ($\lambda_{\text{max}}$: Wellenlänge des Maximums einer Kurve in Bild 8.1), mit einem nach ihm benannten Strahlungsgesetz zu beschreiben, jedoch verliert dieses Gesetz bei großen Wellenlängen seine Gültigkeit. Für große Wellenlängen $\lambda \gg \lambda_{\text{max}}$ gilt dafür das Rayleigh-Jeans-Gesetz (J. Jeans, 1877–1946), welches seinerseits aber bei kleinen Wellenlängen zur sogenannten „Ultraviolett-Katastrophe" führt und dort versagt.

Die Lösung fand M. Planck (1858–1947, Nobelpreis 1918). Er betrachtete die Strahlung im Inneren eines Hohlraums, die ja nach Abschnitt 5.7.3 dieselbe ist wie die eines Schwarzen Körpers. Dafür leitete er ein Gesetz ab, wozu er eine zu seiner Zeit neue Annahme über die Aussendung von Strahlung machte: Die in der Wand des Hohlraumstrahlers schwingenden Ladungen geben ihre Strahlungsenergie nicht kontinuierlich ab, sondern in Form von Energieportionen, die Energiequanten genannt werden. Die Energie $E$ dieser Energiequanten wird gemäß $E = hf$ durch die Frequenz $f$ bestimmt. Die Naturkonstante $h$ ist das nach Planck benannte Wirkungsquantum:

**Planck'sches Wirkungsquantum**

$$h = 6{,}626\,069\,57 \cdot 10^{-34}\ \text{Js}$$

In verschiedenen Zusammenhängen wird statt der Frequenz $f$ häufig die Kreisfrequenz $\omega = 2\pi f$ verwendet. Daher wird oft statt mit dem Wirkungsquantum $h$ mit dem *reduzierten Wirkungsquantum* $\hbar$ gearbeitet, das durch $\hbar = \dfrac{h}{2\pi}$ definiert ist. Damit gilt z. B. $E = hf = \hbar\omega$.

Das Planck'sche Strahlungsgesetz beschreibt die spektrale Energiestromdichte $B_{\text{eS}}(\lambda, T)$, die ein schwarzer Körper bei der Temperatur $T$ und der Wellenlänge $\lambda$ in einem Wellenlängenbereich zwischen $\lambda$ und $\lambda + \text{d}\lambda$ in den davor liegenden Halbraum mit dem Raumwinkel $\Omega = 2\pi\,\text{sr}$ ausstrahlt (Bild 8.1). Es lautet

**Planck'sches Strahlungsgesetz für die spektrale Energiestromdichte**

$$B_{\text{eS}} \cdot \text{d}\lambda = \frac{2\pi h c^2}{\lambda^5} \cdot \frac{1}{\text{e}^{\frac{hc}{\lambda k T}} - 1} \cdot \text{d}\lambda \tag{8.1}$$

mit der Vakuumlichtgeschwindigkeit $c$ und der Boltzmann-Konstanten $k$.

Die Einheit der spektralen Energiestromdichte ist $[B_{eS}] = \mathrm{W\,m^{-2}\,m^{-1}}$.

Die Abhängigkeit der Energiestromdichte von der Temperatur $T$ des Strahlers und der abgestrahlten Wellenlänge $\lambda$, die dieses von Planck gefundene Gesetz beschreibt, stimmt genau mit den experimentellen Befunden überein. Es enthält als Grenzfälle für lange Wellen das schon erwähnte Gesetz von Rayleigh-Jeans und für kurze Wellen das Wien'sche Strahlungsgesetz. Außerdem führt eine Integration von Gl. (8.1) über alle Wellenlängen (dies entspricht der Fläche unter den Strahlungskurven) zum Stefan-Boltzmann-Gesetz. Auch die Verschiebung des Maximums $\lambda_{max}$ des Strahlungsflusses mit der Temperatur, die ebenfalls von Wien in seinem Verschiebungsgesetz formuliert wurde, kann aus dem Planck'schen Strahlungsgesetz hergeleitet werden.

Damit wurde auch die Bestimmung der Temperatur eines Körpers oder eines Hohlraums durch Vermessung des Strahlungsspektrums auf eine theoretisch fundierte Basis gestellt. So ist z. B. das Universum zusätzlich zur Strahlung der Himmelskörper von einer elektromagnetischen Hintergrundstrahlung erfüllt, die einer Temperatur von 2,735 K entspricht und die wegen der Lage ihres Wellenlängenmaximums bei ca. 1 mm als *kosmischer Mikrowellen-Hintergrund* bezeichnet wird.

Die dem Planck'schen Strahlungsgesetz zugrunde liegende Annahme einer quantisierten Energie bedeutete einen entscheidenden Bruch mit der herrschenden Vorstellung kontinuierlicher Größen in der Physik, wie sie z. B. in den Maxwell-Gleichungen zum Ausdruck kommt. Sie begründete den Einstieg in die Quantenphysik, die heute neben der Relativitätstheorie als das weitreichendste und erfolgreichste Theoriesystem der Physik gilt.

## 8.1.2 Quanteneigenschaften der elektromagnetischen Strahlung

Der von W. Hallwachs (1859–1922) 1888 entdeckte äußere Photoeffekt gehört zu den Erscheinungen, die nur mit der Quantenvorstellung des Lichts zu deuten sind.

Wird eine Metalloberfläche mit Licht oder allgemeiner mit elektromagnetischer Strahlung bestrahlt, z. B. in einer Anordnung nach Bild 8.2, so ist unter bestimmten Umständen ein Strom messbar. Dies legt zunächst die Vermutung nahe, dass durch die Bestrahlung im Laufe der Zeit so viel Energie an Elektronen des Metalls übertragen wird, dass sie aus der Oberfläche austreten können. Mit genügender Lichtintensität oder Bestrahlungsdauer müsste dann also unabhängig von der Frequenz des Lichtes ein Photostrom auftreten.

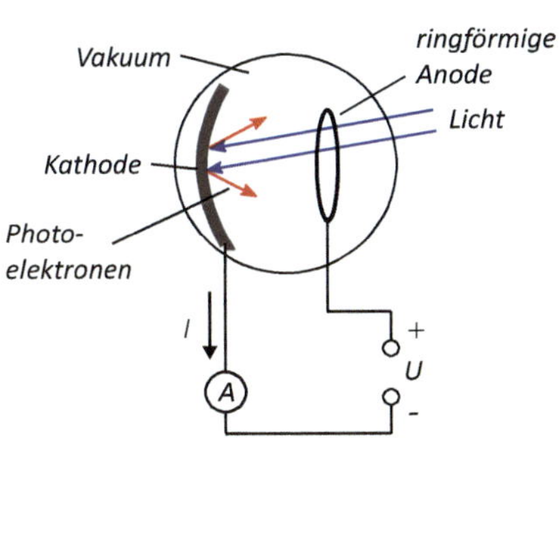


**Bild 8.2**
Versuchsaufbau zum äußeren Photoeffekt (schematisch)

Dagegen stellt man jedoch fest, dass Elektronen nur dann aus der Oberfläche austreten, wenn die Frequenz des Lichts oberhalb einer bestimmten, von der Art des Metalls abhängigen Grenzfrequenz liegt. In diesem Fall ist der Strom dann proportional zur Intensität des Lichtes. Liegt die Frequenz aber unterhalb der Grenzfrequenz, so treten keine Elektronen aus, unabhängig von Lichtintensität und Bestrahlungsdauer.

Dieses Verhalten konnte Einstein (A. Einstein, 1879–1955, Nobelpreis 1921) 1905 mit diesen beiden Annahmen, die auf der Planck'schen Strahlungshypothese aufbauen, erklären:

- Licht besteht aus einem Strom von Teilchen, die später *Photonen* (Symbol $\gamma$) genannt wurden, und von denen jedes die Energie $E_\gamma$ hat.

**Energie eines Photons**

$$E_\gamma = h\,f = \frac{h\,c}{\lambda} \tag{8.2}$$

- Ein Photon überträgt seine Energie jeweils an genau ein Elektron.

Elektronen werden erst dann freigesetzt, wenn die Energie der einzelnen eingestrahlten Photonen größer als die Austrittsarbeit $W_\mathrm{a}$. Die Austrittsarbeit entspricht der Bindungsenergie der Elektronen im Metall, d. h. dem Energiebetrag, der zugeführt werden muss, um ein Elektron aus dem „Energietopf" des Metalls freizusetzen (Bild 8.3). Dazu muss ihre Frequenz größer sein als eine Grenzfrequenz $f > f_\mathrm{min} = \frac{W_\mathrm{a}}{h}$. Erhöht man die Lichtintensität, d. h. die Flussdichte der Photonen mit $f > f_\mathrm{min}$, erhöht sich die Anzahl der freigesetzten Elektronen, also der Photostrom. Strahlung einer Frequenz $f < f_\mathrm{min}$ setzt keine Elektronen frei, unabhängig von Intensität und Dauer der Einstrahlung.

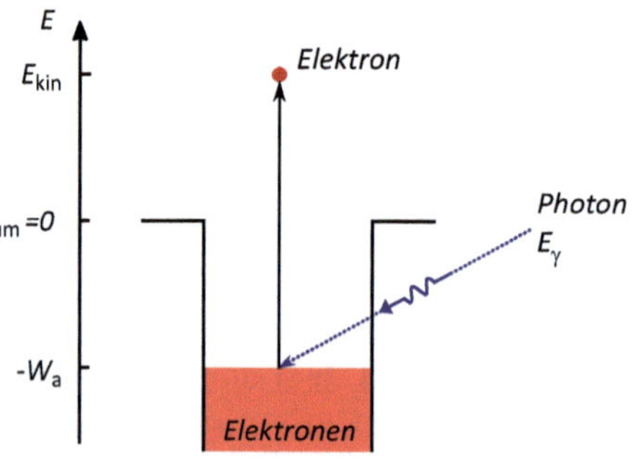


**Bild 8.3**
Energietopfmodell zum äußeren Photoeffekt, Elektronen mit $E < 0$ sind gebunden, mit $E > 0$ sind frei

Die über die Austrittsarbeit hinaus gehende Photonenenergie tragen die freigesetzten Elektronen als kinetische Energie, die Energiebilanz lautet

$$E_\gamma = W_\mathrm{a} + E_\mathrm{kin} \tag{8.3}$$

Die kinetische Energie der Elektronen kann man messen, indem man zwischen Anode und Kathode (Bild 8.2) eine Gegenspannung $U_\mathrm{G}$ anlegt (also mit zu Bild 8.2 umgekehrter Polarität, die Anode wird dadurch negativ). Der Photostrom wird null, wenn die kinetische Energie der Elektronen nicht mehr ausreicht, die Potentialdifferenz zu überwinden, wenn also gilt $E_\mathrm{kin} \le eU_\mathrm{G0}$. Im Grenzfall sieht die Energiebilanz dann so aus: $E_\gamma = h\,f = W_\mathrm{a} + eU_\mathrm{G0} = h\,f_\mathrm{min} + eU_\mathrm{G0}$. Variiert man die Frequenz der Strahlung, so erhält man für die Gegenspannung, bei der der Photostrom null wird, den linearen Zusammenhang

$$U_{G0} = \frac{h}{e}\left(f - f_{\min}\right) \tag{8.4}$$

der in Bild 8.4 dargestellt ist. Die Steigung der Geraden ist der Quotient $\frac{h}{e}$. Bei bekannter Elementarladung $e$ kann auf diese Weise also das Planck'sche Wirkungsquantum $h$ experimentell bestimmt werden.

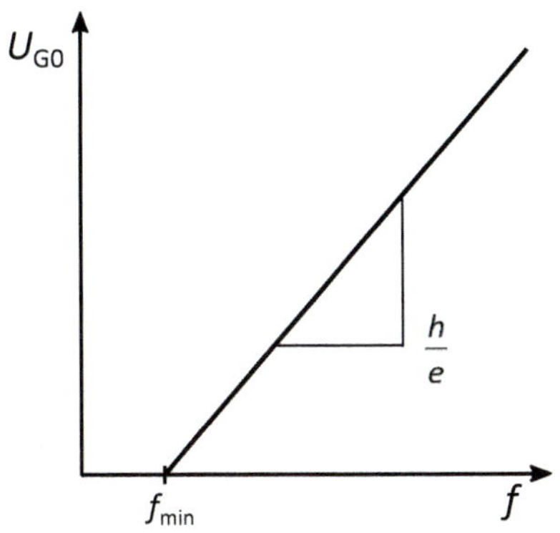


**Bild 8.4**
Zur Bestimmung des Verhältnisses $\frac{h}{e}$

Betrachtet man Licht als einen Strom von Photonen, so lässt sich auch eine Photonenstromdichte $j_\gamma$, d. h. die Anzahl Photonen pro Zeit- und Flächeneinheit mit der Einheit $\left[j_\gamma\right] = \mathrm{s}^{-1}\,\mathrm{m}^{-2}$, angeben, die mit der Intensität der Strahlung $I = \frac{P_{\text{Licht}}}{A}$ gekoppelt ist. Jedes Photon trägt die Energie $E_\gamma = h\,f$, also treffen $\frac{P_{\text{Licht}}}{E_\gamma}$ Photonen pro Zeiteinheit auf die Fläche $A$. Damit erhält man die

**Photonenstromdichte** (bei Strahlung mit der Frequenz $f$)

$$j_\gamma = \frac{P_{\text{Licht}}}{E_\gamma A} = \frac{I}{h\,f} \tag{8.5}$$

Photonen bewegen sich mit der Lichtgeschwindigkeit $c$. Die Stromdichte hängt daher mit ihrer Anzahldichte $n_\gamma$, d. h. der Anzahl Photonen pro Volumeneinheit mit der Einheit $\left[n_\gamma\right] = \mathrm{m}^{-3}$, über $j_\gamma = n_\gamma \cdot c$ zusammen. Es ergibt sich damit für die

**Energiedichte im Photonenstrom**

$$w = n_\gamma \cdot h\,f = \frac{j_\gamma}{c} \cdot h\,f \tag{8.6}$$

Einstein leitete 1917 weiter her, dass Photonen einen Impuls haben. Die Energie eines Photons ist gemäß $E = m\,c^2$ (siehe Kapitel 10 zur Relativitätstheorie) äquivalent zu einer Masse, die sich mit der Geschwindigkeit $c$ des Photons bewegt. (Zu beachten ist allerdings, dass dies *keine Ruhemasse* ist. Ein Photon bewegt sich immer mit der Lichtgeschwindigkeit $c$, was damit verknüpft ist, dass es keine Ruhemasse hat.) Für den Impuls eines Photons ergibt sich damit $p_\gamma = m\,c = \frac{E_\gamma}{c}$. Wegen $E_\gamma = \frac{h\,c}{\lambda}$ erhält man für den

**Impuls eines Photons**

$$p_\gamma = \frac{E_\gamma}{c} = \frac{h}{\lambda} \tag{8.7}$$

Der Impuls von Photonen wurde 1922 experimentell durch Compton (A. Compton, 1892–1962, Nobelpreis 1927) mit der nach ihm benannten *Compton-Streuung* nachgewiesen. Röntgenstrahlung, die aus einer bestimmten Richtung z. B. auf einen Graphitblock trifft, wird gestreut, d. h. man kann Strahlung in abweichender Richtung und mit vom Streuwinkel abhängig geänderter Wellenlänge feststellen (Bild 8.5a). Dieser Vorgang kann unter der Annahme beschrieben werden, dass ein elastischer Stoß (siehe Abschnitt 2.3) zwischen einem Photon der Röntgenstrahlung und einem quasi-freien, ruhenden Elektron stattfindet (die Bindungsenergie von Elektronen in leichten Atomen kann gegenüber der Energie der Röntgen-Photonen vernachlässigt werden). Unter Anwendung von Impuls- und Energiesatz für Photon und Elektron vor und nach dem Stoß (Bild 8.5b, c) ergibt sich eine vom Streuwinkel abhängige Impulsänderung des Photons und damit die Änderung der Wellenlänge nach Gl. (8.7) zwischen einfallender ($\lambda$) und gestreuter ($\lambda'$) Strahlung:

**Änderung der Wellenlänge bei der Compton-Streuung**

$$\Delta\lambda = \lambda' - \lambda = \frac{h}{m_e c}(1 - \cos\vartheta) \tag{8.8}$$

Die exakte Übereinstimmung mit experimentellen Messungen bestätigt die zunächst hypothetische Annahme des Photonenimpulses.

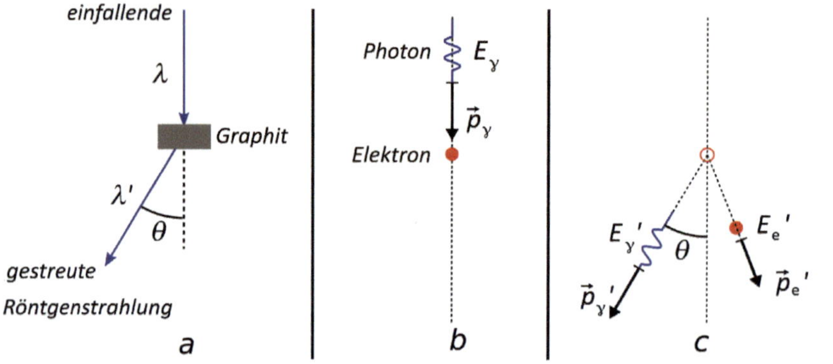


**Bild 8.5** Compton-Streuung: (a) Prinzip des Experiments, (b) Energie und Impuls vor dem Stoß, (c) nach dem Stoß

**Merke**

Licht kann beschrieben werden als ein Strom von Teilchen, den Photonen, die jeweils einen bestimmten Impuls und eine bestimmte Energie tragen.

Diese Erkenntnisse führen zu einer zweiten Modellvorstellung für elektromagnetische Strahlung. Bei der Betrachtung von Dispersion, Interferenz, Beugung und Polarisation muss diese Strahlung als kontinuierliche elektromagnetische Welle mit im Prinzip unendlicher räumlicher Ausdehnung betrachtet werden. Bei elementaren Wechselwirkungen von Strahlung mit Elektronen, Atomen usw. aber tritt die Strahlung quantisiert, d. h. in Form von diskreten, lokalisierten Teilchen auf. Das Auftreten dieser zwei gegensätzlichen Erscheinungsformen wird als *Welle-Teilchen-Dualismus* bezeichnet:

**Merke**

Elektromagnetische Strahlung verhält sich wie Wellen (Interferenz, Beugung usw.) **und** wie Teilchen (Photoeffekt, Anregung von Atomen usw.). Der Charakter hängt vom beobachteten Vorgang ab.

Mit der Vorstellung elektromagnetischer Strahlung als Strom von Teilchen, die einen Impuls tragen, lässt sich der Strahlungsdruck $P$ (Symbol $P$ zur Unterscheidung des Strahlungsdrucks $P$ vom Impuls $p_\gamma$) erklären, den elektromagnetische Strahlung ausübt, die auf eine Fläche auftrifft. Bei einem Teilchen mit dem Impuls $p_\gamma$, das auf eine Fläche trifft und dort reflektiert wird, ändert sich der Impuls durch die Richtungsumkehr um $2\,p_\gamma$. Bei einer Photonenstromdichte $j_\gamma$ treffen pro Zeiteinheit $j_\gamma\, A\, \Delta t$ Photonen auf die Fläche $A$. Damit beträgt die gesamte Impulsänderung der Photonen an der Fläche A pro Zeiteinheit $\dfrac{\Delta p_\gamma}{\Delta t} = 2\,p_\gamma \cdot j_\gamma\, A$.

Dies ist aber gerade gleich der ausgeübten Kraft $F = \dfrac{\Delta p_\gamma}{\Delta t}$. Für den Druck $P = \dfrac{F}{A}$ ergibt sich also $P = j_\gamma \cdot 2\,p_\gamma$. Mit Gl. (8.5), Gl. (8.7) und Gl. (8.2) erhält man daraus für den Strahlungsdruck in Abhängigkeit von der Intensität $I$:

**Strahlungsdruck bei vollständiger Reflexion**

$$P = 2 \cdot \frac{I}{c} \qquad (8.9)$$

Bei vollständiger Absorption der Strahlung muss der Faktor 2 durch 1 ersetzt werden, da dann die Impulsänderung jedes Photons nur noch halb so groß ist.

Verglichen z. B. mit dem mittleren Impuls eines Sauerstoff-Moleküls bei Raumtemperatur ist der Impuls eines Photons des sichtbaren Lichtes sehr klein. Dementsprechend erreicht auch der Strahlungsdruck gewöhnlich nur sehr kleine Werte. Unter Sonneneinstrahlung bei klarem Himmel mit Intensität von 1 kW/m$^2$ beträgt er bei einer reflektierenden Oberfläche $6{,}6 \cdot 10^{-6}$ Pa. Dennoch muss seine Wirkung z. B. auf Satellitenbahnen und bei vielen astronomischen Erscheinungen (Kometenschweife, Bewegung kleiner Himmelskörper usw.) berücksichtigt werden.

**Beispiel**

Die Austrittsarbeit von Natrium beträgt $W_A = 2{,}28$ eV. Welche Wellenlänge darf elektromagnetische Strahlung, die Elektronen aus einer Na-Oberfläche lösen soll, maximal haben?

Die Energie der Photonen muss mindestens gleich der Austrittsarbeit sein.

Gl. (8.2) führt zu $E_\gamma = \dfrac{hc}{\lambda} \geq W_A$ und damit zu

$\lambda \leq \dfrac{hc}{W_A} = \dfrac{6{,}63 \cdot 10^{-34}\ \mathrm{J\,s} \cdot 3{,}00 \cdot 10^{8}\ \mathrm{m\,s^{-1}}}{2{,}28 \cdot 1{,}60 \cdot 10^{-19}\ \mathrm{C} \cdot 1\ \mathrm{V}} = 545$ nm, eine Wellenlänge im grünen Bereich des sichtbaren Lichts.

**Beispiel**

In einem Experiment zur Compton-Streuung wird Röntgenstrahlung mit der Wellenlänge $\lambda = 10$ pm verwendet. Welche Wellenlänge hat die unter dem Winkel $\vartheta = 180°$ zurück gestreute Strahlung?

Umstellung von Gl. (8.8) ergibt

$$\begin{aligned}\lambda' &= \lambda + \frac{h}{m_e c}(1-\cos\vartheta)\\ &= 10\cdot 10^{-12}\,\text{m} + \frac{6{,}63\cdot 10^{-34}\,\text{J s}}{9{,}11\cdot 10^{-31}\,\text{m}\cdot 3{,}0\cdot 10^{8}\,\text{m s}^{-1}}(1-\cos 180°)\\ &= 14{,}9\,\text{pm}\end{aligned}$$

Wie groß sind Impuls und Energie des gestreuten Elektrons?

Nach dem Impulssatz gilt für den Gesamtimpuls vor und nach dem Stoß $\vec{p}_\gamma = \vec{p}\,'_\gamma + \vec{p}\,'_e$, oder in Beträgen $p_\gamma = -p'_\gamma + p'_e$ (das primäre Photon bewegt sich vor dem Stoß in +-Richtung). Mit Gl. (8.7) erhält man

$$\begin{aligned}p'_e &= p_\gamma + p'_\gamma = h\left(\frac{1}{\lambda}+\frac{1}{\lambda'}\right)\\ &= 6{,}63\cdot 10^{-34}\,\text{J s}\cdot\left(\frac{1}{10\cdot 10^{-12}\,\text{m}}+\frac{1}{14{,}9\cdot 10^{-12}\,\text{m}}\right)\\ &= 1{,}11\cdot 10^{-22}\,\text{kg}\,\frac{\text{m}}{\text{s}}\end{aligned}$$

Die Energie ergibt sich z. B. nach dem Energiesatz $E_\gamma = E'_\gamma + E'_e$. Umgestellt und mit Gl. (8.2) hat man

$$\begin{aligned}E'_e &= E_\gamma - E'_\gamma = hc\left(\frac{1}{\lambda}-\frac{1}{\lambda'}\right)\\ &= 6{,}63\cdot 10^{-34}\,\text{J s}\cdot 3\cdot 10^{8}\,\text{m s}^{-1}\cdot\left(\frac{1}{10\cdot 10^{-12}\,\text{m}}-\frac{1}{14{,}9\cdot 10^{-12}\,\text{m}}\right)\\ &= 6{,}54\cdot 10^{-15}\,\text{J} = 40{,}9\,\text{keV}\end{aligned}$$

### 8.1.3 Welleneigenschaften der Materie: Materiewellen

Einstein hat mit seiner Lichtquantenhypothese den elektromagnetischen Wellen auch Teilcheneigenschaften zugeschrieben. Die experimentellen Resultate geben ihm Recht: Photoeffekt, Compton-Effekt, die Erklärung der Atomspektren (siehe Abschnitt 8.2) und viele weitere experimentelle Befunde bestätigen seine Annahmen. Dies veranlasste den französischen Physiker L. de Broglie (1892–1987, Nobelpreis 1929) im Jahr 1924 zu der komplementären Hypothese, nämlich den bisher nur als Teilchen angesehenen Elektronen ihrerseits Welleneigenschaften zuzuschreiben.

De Broglie wandte Gl. (8.7) für den Impuls $p_\gamma$ der Photonen auf Materie-Teilchen mit der Masse $m$ und der Geschwindigkeit $v$ an. Damit ergibt sich die

**de-Broglie-Wellenlänge (Materiewellenlänge) $\lambda_{dB}$ eines Teilchens**

$$\lambda_{\mathrm{dB}} = \frac{h}{p} = \frac{h}{mv} \tag{8.10}$$

Dabei sind für den Impuls $p$ bzw. die Masse $m$ im Allgemeinen die *relativistischen* Größen einzusetzen (siehe Kapitel 10).

Zunächst wird der nicht-relativistische Fall für Teilchen mit Geschwindigkeiten, die wesentlich kleiner als die Lichtgeschwindigkeit sind: $v \ll c$, betrachtet. Mit dem Zusammenhang zwischen Impuls und kinetischer Energie $E_{\mathrm{kin}} = \frac{p^2}{2m}$ kann man die Materiewellenlänge auch in Abhängigkeit von der kinetischen Energie eines Teilchens angeben:

Materiewellenlänge (nicht-relativistisch)

$$\lambda_{\mathrm{dB}} = \frac{h}{\sqrt{2mE_{\mathrm{kin}}}} \tag{8.11}$$

Einen ersten Beweis für die Richtigkeit dieser Hypothese lieferten 1927 Versuche von C. Davisson (1881–1958, Nobelpreis 1937) und L. Germer (1896–1971) mit Elektronen. Es konnte gezeigt werden, dass Elektronen ebenso wie elektromagnetische Wellen (Röntgenstrahlung) beim Durchgang durch Kristalle am Kristallgitter gebeugt werden und so Interferenzmuster entstehen.

Beugungs- und Interferenzerscheinungen konnten später auch mit anderen bewegten Teilchen, wie Protonen, Neutronen, Atomen und Molekülen beobachtet werden. Weiter konnten auch Beugungsversuche an makroskopischen Strukturen (Spalt, Doppelspalt, Kanten) nachvollzogen werden, wie sie bisher nur im Zusammenhang mit der Wellenausbreitung, z. B. von Licht oder Röntgenstrahlung bekannt waren.

Ganz analog zur elektromagnetischen Strahlung muss also auch für Materieteilchen ein Doppelcharakter festgestellt werden. Je nach den experimentellen Bedingungen tritt der Teilchencharakter (bei elementaren Vorgängen mit Austausch von Energie und Impuls) oder der Wellencharakter (bei der Bewegung mit Interferenz- und Beugungserscheinungen) in den Vordergrund. Auch hier liegt also der *Welle-Teilchen-Dualismus* vor:

**Merke**

Materieteilchen verhalten sich wie Teilchen (Stöße, Energie-/Impulsübertrag usw.) **und** wie Wellen (Interferenz, Beugung usw.). Der Charakter hängt vom beobachteten Vorgang ab.

In der klassischen Physik sind die räumlich ausgedehnten Wellen und die räumlich lokalisierten Teilchen zwei sich gegenseitig ausschließende Erscheinungen, die anschaulich nicht zu verbinden sind. Tatsächlich aber lassen sich weder elektromagnetische Strahlung noch Materieteilchen als reine Wellen oder als reine Teilchen beschreiben. Photonen und Materieteilchen sind weder Wellen noch Teilchen, sondern physikalische Objekte, die je nach dem Vorgang, den man untersucht, als Wellen oder als Teilchen betrachtet werden müssen. Bei bestimmten Experimenten treten auch beide Eigenschaften gleichzeitig auf.

Aus der Wellenoptik (Abschnitt 7.3.4) ist bekannt, dass Beugungs- und Interferenzerscheinungen dann eine Rolle spielen, wenn die Wellenlänge in der Größenordnung des Objektes ist, auf das die Strahlung auftrifft. Die Wellenlänge $\lambda$ von Materiewellen hängt nach Gl. (8.11) mit der kinetischen Energie der Teilchen zusammen. Diese wiederum lässt sich bei einem Teilchen mit der Ladung $q$ durch die Beschleunigungsspannung $U$ einstellen: $E_{\text{kin}} = q\,u$. Für den Impuls eines Elektrons ergibt sich also $p = \sqrt{2m_e eU}$, und damit für die

**Materiewellenlänge eines Elektrons** (*nicht-relativistisch*)

$$\lambda_{\text{dBe}} = \frac{h}{\sqrt{2m_e eU}} \tag{8.12}$$

Ein Elektron, das mit einer Beschleunigungsspannung von $U = 1$ V beschleunigt wurde, hat damit die Materiewellenlänge $\lambda_{\text{dBe}} = 1{,}23$ nm, also ca. 1/300 der kürzesten Wellenlänge des sichtbaren Lichts von etwa 400 nm.

Ein Elektron dieser Energie hat eine Geschwindigkeit von ca. 0,2 % der Lichtgeschwindigkeit, was die nicht-relativistische Rechnung rechtfertigt. Bei höheren Energien muss aber allgemein, d. h. relativistisch gerechnet werden. Für den Impuls gilt dann $p = \frac{1}{c}\sqrt{E_{\text{kin}}\left(2E_0 + E_{\text{kin}}\right)}$ (siehe Kapitel 10). Ausgehend von Gl. (8.10) ist dann allgemein die

**Materiewellenlänge** (*relativistisch*)

$$\lambda_{\text{dB}} = \frac{hc}{\sqrt{E_{\text{kin}}\left(2E_0 + E_{\text{kin}}\right)}} \tag{8.13}$$

mit der Ruheenergie und Ruhemasse des Teilchens $E_0 = m_0 c^2$. Für ein Teilchen mit der Ladung $q$ gilt auch hier bei der Beschleunigungsspannung $U$: $E_{\text{kin}} = q\,U$.

Die niedrigen Werte der Materiewellenlängen und die Überlegung, dass das Auflösungsvermögen eines Mikroskops von der Wellenlänge der verwendeten Strahlung abhängt, haben zur Entwicklung des Elektronenmikroskops geführt.

Bild 8.6 zeigt schematisch den Strahlengang im optischen Mikroskop und den dazu analogen Elektronen-Strahlengang im Transmissions-Elektronenmikroskop. Als „Linsen" werden im Elektronenmikroskop inhomogene elektrische oder magnetische Felder verwendet.

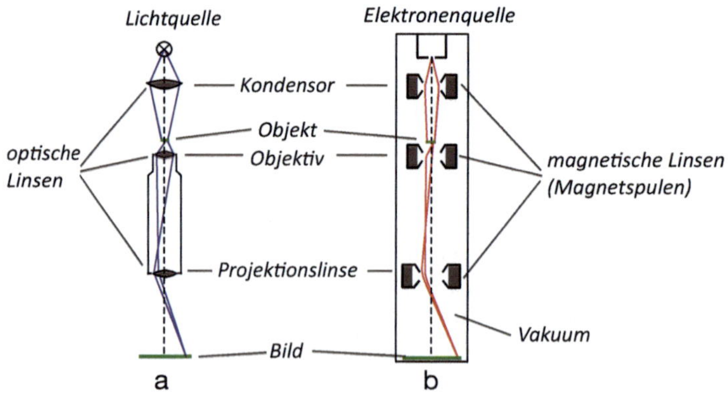


**Bild 8.6** Schematische Strahlungsgänge (a) im optischen Mikroskop, (b) im Transmissions-Elektronenmikroskop

Die in der Abbildung gezeigten magnetischen Linsen sind stromdurchflossene Spulen, deren Magnetfelder die bewegten Elektronen ablenken, ähnlich wie optische Linsen den Lichtweg beeinflussen. Das erhaltene Bild auf einem Bildschirm wird meistens optisch noch vergrößert bzw. digital mit einem Bildsensor aufgezeichnet.

Eine typische Beschleunigungsspannung für Elektronen im Elektronenmikroskop beträgt 100 kV, entsprechend einer Materiewellenlänge der Elektronen von $\lambda \approx 4$ pm. Der kleinste auflösbare Abstand $g$ zweier Punkte, d. h. die kleinste auflösbare Struktur errechnet sich nach Abschnitt 7.3.4 gemäß $g = \frac{\lambda}{2A_N}$ mit der numerischen Apertur $A_N = n \sin\alpha$ ($n$ ist der Brechungsindex, $\alpha$ der Aperturwinkel). Mit Werten für das Elektronenmikroskop [Lichtmikroskop] von $\lambda_{dBe} \approx 4$ pm [600 nm], $n \approx 1$ [1,4], $\alpha \approx 0{,}6°$ [70°] erhält man $g \approx 380$ pm [460 nm]. Das Auflösungsvermögen des Elektronenmikroskops ist also um den Faktor $460\,\text{nm}/380\,\text{pm} \approx 1\,200$ größer als das des Lichtmikroskops. Mit der weiteren technischen Entwicklung können inzwischen Strukturen von unter 0,1 nm aufgelöst werden. Das erlaubt es, die atomare Struktur von Materie sichtbar zu machen, wie es Bild 8.7 am Beispiel von Graphen, einer zweidimensionale Anordnung von Kohlenstoff-Atomen, zeigt.

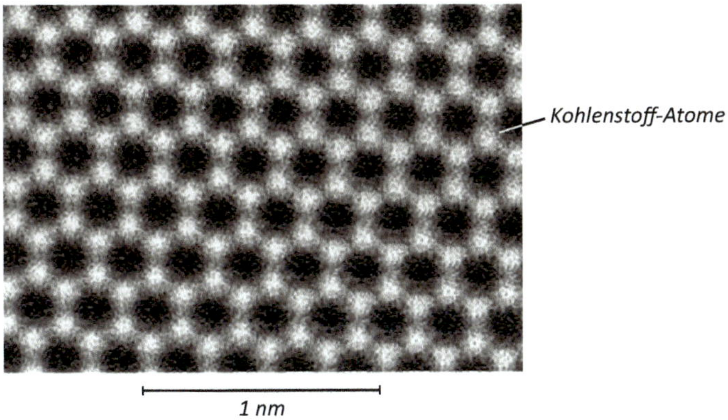


**Bild 8.7** Aufnahme der atomaren Struktur einer Graphen-Schicht mit einem Raster-Transmissions-Elektronenmikroskop[1]

Teilchen mit größerer Masse haben schon bei geringeren kinetischen Energien als das Elektron im obigen Beispiel einen vergleichbaren Impuls und damit eine vergleichbare Materiewellenlänge. Für die Untersuchung von Kristallstrukturen spielen z. B. Neutronen mit der Masse $1{,}67 \cdot 10^{-27}$ kg eine wichtige Rolle, da sie aufgrund der fehlenden Ladung nur mit den Atomkernen und nicht mit den Elektronen der Atomhülle in Wechselwirkung treten. Neutronen mit einer Wellenlänge vom 100 pm, wie sie für solche Untersuchungen genutzt werden, haben den Impuls $p \approx 6{,}6 \cdot 10^{-24}$ kg m/s und damit die kinetische Energie $E_{kin} \approx 0{,}082$ eV.

Eine noch größere Masse hat das Sauerstoff-Molekül $O_2$ mit $m \approx 2{,}66 \cdot 10^{-26}$ kg. Die mittlere kinetische Energie bei Raumtemperatur $T = 300$ K beträgt $E_{kin} \approx 0{,}039$ eV und damit die Materiewellenlänge $\lambda_{dB} \approx 36$ pm.

[1] mit freundlicher Genehmigung von Prof. Quentin Ramasse, School of Chemical and Process Engineering, University of Leeds

Dass die Welleneigenschaften von Materieteilchen erst relativ spät, zu Anfang des 20. Jahrhunderts, entdeckt wurden, liegt unter anderem daran, dass die Materiewellenlänge selbst sehr kleiner makroskopischer Körper schon bei niedrigen Geschwindigkeiten unterhalb jeder praktischen Messbarkeit liegt. Ein Körper mit einer Masse von z. B. 1 μg hat bei der Geschwindigkeit 1 m/s eine Wellenlänge von $6{,}6 \cdot 10^{-25}$ m. Zum Vergleich: Die Geschwindigkeit der oben angeführten Neutronen liegt bei 4 000 m/s, die der $O_2$-Moleküle bei 690 m/s.

**Beispiel**

Mit welcher Beschleunigungsspannung müssen Elektronen beschleunigt werden, damit ihre Materiewellenlänge $\lambda = 50$ pm beträgt?

Mit Umstellung von Gl. (8.12) erhält man

$$U = \frac{1}{e}\frac{h^2}{2m_{e0}\lambda^2} = \frac{\left(6{,}63 \cdot 10^{-34}\ \mathrm{J\,s}\right)^2}{2 \cdot 9{,}11 \cdot 10^{-31}\ \mathrm{kg} \cdot 1{,}60 \cdot 10^{-19}\ \mathrm{C} \cdot \left(50 \cdot 10^{-12}\ \mathrm{m}\right)^2} = 603\ \mathrm{V}$$

Eine relativistische Rechnung mit Umstellung von Gl. (8.13) ergibt mit $E_{kin} = eU$ und $E_0 = m_{e0}c^2$

$$U = \frac{1}{e}\left(\sqrt{\left(m_{e0}c^2\right)^2 + \left(\frac{hc}{\lambda}\right)^2} - m_{e0}c^2\right) = 598\ \mathrm{V}$$

## 8.1.4 Schrödinger-Gleichung und Wellenfunktion

Das klassische Phänomen von Wellen tritt in verschiedenen Zusammenhängen auf, durch die dann jeweils die konkrete Beschreibung der Welle bestimmt wird. So äußert sich eine Schallwelle z. B. durch die Orts- und Zeitabhängigkeit des Schallwechseldrucks $\tilde{p}$, eine elektromagnetische Welle durch die des elektrischen und des magnetischen Feldes, $\vec{E}$ und $\vec{B}$. Die Ausbreitung von Wellen wird durch eine Wellengleichung beschrieben, eine Differentialgleichung, die die zeitliche und räumliche Änderung der charakteristischen Größen zueinander in Beziehung setzt und deren Lösungsfunktionen, z. B. $\tilde{p}(\vec{r},t)$, $\vec{E}(\vec{r},t)$ oder $\vec{B}(\vec{r},t)$ das zeitliche und räumliche Verhalten dieser Größen beschreiben (siehe Abschnitt 4.3).

Die oben beschriebene Beobachtung von Materiewellen legt nahe, auch diese durch eine Wellenfunktion $\Psi(\vec{r},t)$ zu beschreiben die sich aus einer Wellengleichung ergibt. Vor diesem Hintergrund und unter Einbeziehung der klassischen Mechanik postulierte E. Schrödinger (1887-1961, Nobelpreis 1933) die später nach ihm benannte Schrödinger-Gleichung für ein Teilchen der Masse $m$ mit der potentiellen Energie $E_{pot}(\vec{r},t)$:

**Schrödinger-Gleichung für die Wellenfunktion eines Teilchens $\Psi(x,t)$**

(hier in eindimensionaler Form)

$$-\frac{\hbar^2}{2m}\frac{\partial^2\Psi(x,t)}{\partial x^2} + E_{pot}(x,t)\,\Psi(x,t) = i\hbar\frac{\partial\Psi(x,t)}{\partial t} \qquad (8.14)$$

(Mit $\frac{\partial}{\partial x}$ wird die *partielle Ableitung* nach $x$ bezeichnet, bei der nur nach $x$ abgeleitet wird und die Variable $t$ als Konstante behandelt wird, entsprechend umgekehrt bei $\frac{\partial}{\partial t}$.)

Die potentielle Energie hängt von den speziellen Umständen ab. Beispielsweise ergibt sie sich für ein Teilchen der Ladung $q$ in einem elektrischen Feld mit dem Potential $V(x,t)$ zu $E_{\text{pot}}(x,t) = qV(x,t)$.

Die Schrödinger-Gleichung, die Wellenfunktion und die damit zusammenhängenden weiteren Betrachtungen beschreiben natürlich räumliche, also dreidimensionale Vorgänge. Sie werden hier in eindimensionaler Form gebracht, um die Behandlung mathematischer Details zu vermeiden, die über den Rahmen des Buches hinausgehen. An den grundsätzlichen Aussagen ändert sich dadurch nichts.

Die Schrödinger-Gleichung lässt sich nicht aus fundamentalen Annahmen herleiten, ihre Gültigkeit wird aber durch die experimentellen Befunde bestätigt.

Bemerkenswert ist das Vorkommen der imaginären Konstante $i = \sqrt{-1}$. Die Wellenfunktion kann demnach komplex-wertig sein und ist damit, anders als eine reell-wertige Größe, nicht direkt messbar. Tatsächlich war die Bedeutung von $\Psi$ zunächst nicht klar.

Inzwischen hat sich die Interpretation durchgesetzt, dass das Betragsquadrat der Wellenfunktion als *Wahrscheinlichkeitsdichte P*, d. h. als Wahrscheinlichkeit pro Volumeneinheit (bzw. im eindimensionalen: pro Längeneinheit) für den Aufenthalt des Teilchens anzusehen ist:

**Wahrscheinlichkeitsdichte** (eindimensional)

$$P(x,t) = |\Psi(x,t)|^2 = \Psi^*(x,t) \cdot \Psi(x,t) \tag{8.15}$$

mit $[P] = m^{-1}$.

Dabei ist gemäß der mathematischen Regel zur Berechnung des Betragsquadrates $\Psi^*$ die zu $\Psi$ konjugiert komplexe Größe.

Die Wahrscheinlichkeit, das Teilchen zu einem Zeitpunkt $t$ in einem eindimensionalen Bereich der Größe d$x$ am Ort $x_1$ anzutreffen, ist damit gegeben durch $P(x_1,t) \cdot \mathrm{d}x$.

**Merke**

Das Verhalten eines Teilchens wird durch eine zeit- und ortsabhängige, komplexwertige Wellenfunktion $\Psi(\vec{r},t)$ beschrieben, die der Schrödinger-Gleichung genügt. Das Betragsquadrat $|\Psi(\vec{r},t)|$ gibt die Wahrscheinlichkeitsdichte für den Aufenthalt des Teilchens am Ort $\vec{r}$ zur Zeit $t$ an.

Eine Bedingung, die die Wellenfunktion für ein Teilchen erfüllen muss, ergibt sich aus der Überlegung, dass das Teilchen irgendwo im Raum ist, dass also die Wahrscheinlichkeit, es im gesamten Raum anzutreffen, 100 % = 1 ist. Die Wellenfunktion muss daher die *Normierungsbedingung* erfüllen, dass die Summe der Wahrscheinlichkeiten an allen Orten des Raumes gleich 1 ist, mathematisch formuliert:

**Normierungsbedingung der Wellenfunktion** (eindimensional)

$$\int_{-\infty}^{+\infty} P(x,t)\,\mathrm{d}x = \int_{-\infty}^{+\infty} |\Psi(x,t)|^2\,\mathrm{d}x = 1 \tag{8.16}$$

Mit dieser Interpretation der Wellenfunktion hängt eine der grundlegenden Eigenschaften der Quantenphysik zusammen, die sie auch prinzipiell von der klassischen Physik unterscheidet. Erst wenn man nämlich mit einer Messung von außen eingreift, kann man dem Teilchen überhaupt einen Ort zuschreiben, der eben mit der durch die Wellenfunktion gegebenen Wahrscheinlichkeit eingenommen wird. Das beruht nicht auf fehlenden Informationen über den Ort vor der Messung. Vielmehr *ist* das Teilchen nicht an einem bestimmten Ort, sondern ist „verteilt" über den zur Verfügung stehenden Raum. Dass das Teilchen bei einer Messung *zufällig* (entsprechend der Wahrscheinlichkeitsverteilung) an verschiedenen Orten angetroffen wird, kann auch mit einer beliebig genauen Messvorrichtung nicht verhindert werden, sondern ist bedingt durch die „Verteilung" des Teilchens.

**Merke**

Der Ort eines Teilchens kann grundsätzlich nie eindeutig, sondern nur mit einer gewissen Wahrscheinlichkeit angegeben werden. Erst durch eine Messung nimmt das Teilchen einen bestimmten Ort ein.

Was hier am Beispiel des Teilchenortes beschrieben wurde, gilt auch für andere Eigenschaften bzw. Messgrößen quantenphysikalischer Systeme, wie z. B. bei der Emission eines Photons durch ein Atom für die Energie und die Polarisation des Photons und für den Zeitpunkt der Emission.

**Merke**

Die für den Ort beschriebenen Verhältnisse gelten auch für andere Größen eines Teilchens oder eines Systems: Energie, Impuls, Drehimpuls usw.

### 8.1.5 Heisenberg'sche Unschärferelation

Wie oben festgestellt, müssen Materieteilchen durch Materiewellen beschrieben werden (was man unter bestimmten Bedingungen in klassischer Näherung vernachlässigen kann). Ein einzelnes Teilchen kann durch ein Wellenpaket, also einen räumlich begrenzten Wellenzug repräsentiert werden, wie es in Bild 8.8 zu einem bestimmten Zeitpunkt (in einer „Momentaufnahme") dargestellt wird.

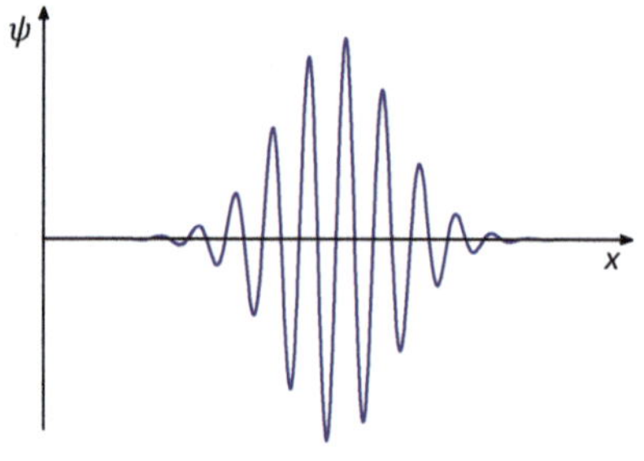


**Bild 8.8**
Teilchen als Materiewellenpaket

Bei klassischen, z. B. elektromagnetischen oder akustischen Wellen entsteht ein Wellenpaket, also ein begrenzter Wellenzug oder ein Signal, durch die Überlagerung von Wellen verschiedener Wellenlängen (siehe Abschnitt 4.3.3). Die räumliche Ausdehnung eines solchen Wellenpakets $\Delta x$ ist umso kleiner, je breiter die Verteilung der Wellenlängen bzw. des Kehrwertes der Wellenlängen $\Delta\frac{1}{\lambda}$ der überlagerten Wellen ist. Beides ist miteinander verknüpft nach

$$\Delta x \cdot \Delta\frac{1}{\lambda} \geq \frac{1}{4\pi} \tag{8.17}$$

Diese Feststellung gilt für jede Art von Wellen, insbesondere auch für die Materiewellen eines Teilchens, bei denen aber ja die Wellenlänge gemäß Gl. (8.10) mit dem Impuls des Teilchens zusammenhängt.

Indem man beide Seiten von Gl. (8.17) mit $h$ multipliziert, erhält man $\Delta x \cdot \Delta\frac{h}{\lambda} \geq \frac{h}{4\pi}$ und damit die

**Heisenberg'sche Unschärferelation für Ort und Impuls**

$$\Delta x \cdot \Delta p \geq \frac{\hbar}{2} \tag{8.18}$$

(W. Heisenberg, 1901-1976, Nobelpreis 1932)

Je genauer man also den Ort eines Teilchens festlegt, d. h. je kleiner die Ortsunschärfe $\Delta x$ ist, desto breiter ist die Impulsverteilung, d. h. desto größer ist die Impulsunschärfe und umgekehrt (Bild 8.9).

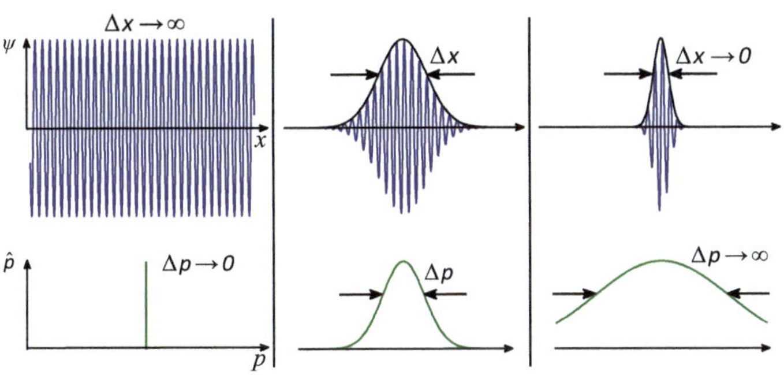


**Bild 8.9** Wellengruppen mit verschiedenen $\Delta x$ und $\Delta p = h \cdot \Delta\frac{1}{\lambda}$, $\hat{p}$ ist die Amplitude der Impuls-Wellenfunktion

Wegen des kleinen Betrages von $\hbar = 1{,}055 \cdot 10^{-34}$ J s spielt die Unschärferelation für makroskopische Verhältnisse keine Rolle. Wird z. B. die Lage eines Körpers der Masse $m$ = 1 mg auf einen Bereich der Ausdehnung $\Delta x$ = 10 µm festgelegt, so kann man seine Geschwindigkeit zwar nicht genauer als $\Delta v = \frac{\Delta p}{m} \geq 5 \cdot 10^{-24}$ m/s angeben. Dieser Wert liegt aber weit jenseits des Auflösungsvermögens jeder Messmethode.

Betrachtet man andererseits ein Elektron im Atom, dessen Bewegung also auf die Ausdehnung des Atoms von $\Delta x \approx 0{,}1$ nm beschränkt ist, so ergibt sich mit der Elektronenmasse von $m_e = 9{,}11 \cdot 10^{-31}$ kg (unter Vernachlässigung relativistischer Effekte) eine Geschwindigkeitsverteilung mit der Breite $\Delta v \geq 580$ km/s. Setzt man dies in Beziehung zur - klassisch berechneten - Geschwindigkeit eines Elektrons im Atom von ca. 2 200 km/s, so wird schon hieraus klar, dass es nicht sinnvoll ist, von Elektronen-*Bahnen* im Atom zu sprechen.

Unschärferelationen lassen sich auch für andere, sogenannte kanonisch-konjugierte Paare von Größen angeben. Das sind Größen, deren Produkt die Dimension einer Wirkung, also Energie mal Zeit (J · s), haben.

Dazu zählt auch die

**Heisenberg'sche Unschärferelation für Zeit-und Energiemessung**

$$\Delta E \cdot \Delta t \geq \frac{\hbar}{2} \tag{8.19}$$

Da die Zeit aber keine Eigenschaft eines Teilchens oder Systems ist, sondern eine unabhängige Größe, muss diese Beziehung etwas anders als Gl. (8.18) für Ort und Impuls interpretiert werden.

So kann $\Delta E$ als die Genauigkeit einer Energiemessung betrachtet werden, $\Delta t$ als die Dauer der Messung. Im Zusammenhang mit Zuständen quantenphysikalischer Systeme, z. B. Atomen, Atomkernen, Elementarteilchen usw. kann $\Delta E$ als Unschärfe der Energie des Zustands, $\Delta t$ als mittlere Lebensdauer des Zustands angesehen werden. So ist die Energie- und damit die Frequenzunschärfe der Strahlung, die ein Atom beim Übergang von einem angeregten Zustand in den Grundzustand abgibt, umso kleiner, je größer die Lebensdauer des angeregten Zustand ist.

**Merke**

Bestimmte Größen können nicht gleichzeitig mit beliebiger Genauigkeit gemessen werden. Dazu zählen Ort und Impuls eines Teilchens sowie Energie und Lebensdauer eines Zustands.

## 8.1.6 Quantenphysikalische Phänomene

Die Quantenphysik zeichnet ein grundsätzlich anderes Bild des Geschehens in der Welt als die klassische Physik, ein Bild, das dem intuitiven Verständnis in vielen Zusammenhängen widerspricht. Da aber viele Erscheinungen nur quantenphysikalisch erklärt werden können, besteht kein Zweifel an ihrer Gültigkeit, sondern sie wird als einer der grundlegenden Bausteine der Physik angesehen. Im Folgenden werden drei wichtige Beispiele besprochen, die auf den Eigenheiten der Quantenphysik beruhen.

### Teilchen in begrenztem Raum

Die Bewegung von Elektronen im Atom ist beschränkt auf den begrenzten Bereich des Atoms. Die quantenmechanische Beschreibung von Teilchen innerhalb eines begrenzten Bereichs stellt daher einen wichtigen Anwendungsfall der Schrödinger-Gleichung dar.

Aus der klassischen Mechanik ist bekannt, dass auf einen begrenzten Raum beschränkte Wellen als *stehende* Wellen existieren können (siehe Abschnitt 4.3.3), deren Form von den Bedingungen an den Grenzen des Bereichs, den Randbedingungen, abhängt. Da sich solche stehenden Wellen nicht im Raum ausbreiten, lässt sich zeitliches und räumliches Verhalten einer charakteristischen Größe der Welle separieren: $A(x,t) = A_0 \cdot \cos(kx - \omega t)$ geht über in $A(x,t) = A_0' \cdot \cos(kx) \cdot \cos(\omega t)$.

Analog gilt für die

**Stehende Materiewelle**

$$\Psi(x,t) = \psi(x) \cdot e^{-i\omega t} \tag{8.20}$$

mit dem ortsabhängigen Anteil $\psi(x)$ und dem zeitabhängigen Anteil $e^{-i\omega t} = \cos(\omega t) - i \cdot \sin(\omega t)$ mit der Frequenz $\omega$.

Setzt man diesen Ansatz in die Schrödinger-Gleichung ein, so ergibt sich:

$$-\frac{\hbar^2}{2m}\frac{\partial^2 \psi(x)}{\partial x^2} \cdot e^{-i\omega t} + E_{\text{pot}}\, \psi(x) \cdot e^{-i\omega t} = \hbar\omega \cdot \psi(x) \cdot e^{-i\omega t}$$

Nach Kürzen des Exponentialfaktors und unter der Annahme, dass die potentielle Energie nur vom Ort und nicht von der Zeit abhängt: $E_{\text{pot}} = E_{\text{pot}}(x)$, erhält man die

**Zeitunabhängige Schrödinger-Gleichung**

$$-\frac{\hbar^2}{2m}\frac{\partial^2 \psi(x)}{\partial x^2} + E_{\text{pot}}(x)\, \psi(x) = \hbar\omega \cdot \psi(x) = E \cdot \psi(x) \tag{8.21}$$

in der $E = \hbar\omega$ für die Energie des Teilchens gesetzt wurde.

Die konkrete Form der Wellenfunktion hängt also vom Verlauf der potentiellen Energie ab. Darüber hinaus muss die Wellenfunktion normiert sein unter der

**Normierungsbedingung**

$$\int_{-\infty}^{+\infty} |\psi(x)|^2 \, dx = 1 \tag{8.22}$$

Als einfaches Beispiel, das aber dennoch einige der wesentlichen Konsequenzen der durch die Schrödinger-Gleichung beschriebenen Wellennatur von Teilchen verdeutlicht, betrachten wir ein Teilchen, dessen Bewegung durch unendlich hohe Wände auf einen bestimmtem Bereich begrenzt ist (Bild 8.10).

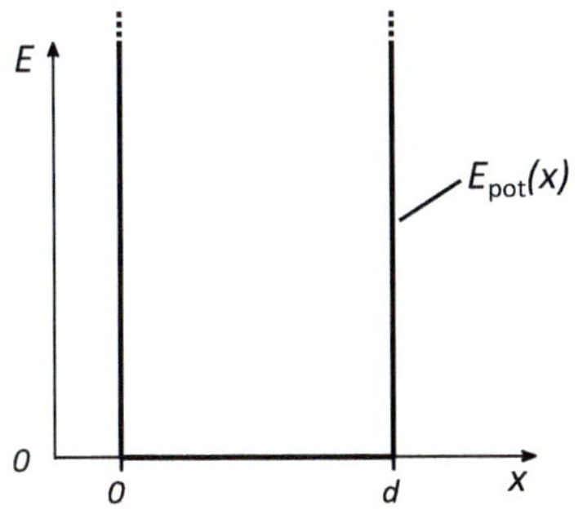


**Bild 8.10**
Potentielle Energie im Potentialtopf mit unendlich hohen Wänden

Die potentielle Energie $E_{\text{pot}}(x)$ hat im Bereich $0 \leq x \leq d$ den Wert null und außerhalb des Bereichs den Wert unendlich. Das Teilchen kann sich also nur innerhalb dieser Grenzen aufhalten, während außerhalb des Bereiches $\psi(x)=0$ gilt. Es muss also die Schrödinger-Gleichung innerhalb des Bereiches mit $E_{\text{pot}} = 0$:

**Schrödinger-Gleichung im Potentialtopf**

$$-\frac{\hbar^2}{2m}\frac{\partial^2\psi(x)}{\partial x^2} = E \cdot \psi(x) \tag{8.23}$$

gelöst werden. Die Wellenfunktion muss stetig sein, daher gelten als Randbedingungen für den Potentialtopf mit unendlich hohen Wänden

$$\psi(0) = \psi(d) = 0 \tag{8.24}$$

Lösungen dieser Gleichung sind, wie sich durch Einsetzen leicht verifizieren lässt, die

**Wellenfunktionen im Potentialtopf mit unendlich hohen Wänden**

$$\psi_n(x) = A \cdot \sin(k_n x) \tag{8.25}$$

mit $n = 1, 2, 3, \ldots$.

Die *Quantenzahl n* nummeriert die speziellen Werte der

**quantisierten Wellenzahl $k_n$**

$$k_n = n \cdot \frac{\pi}{d}, \qquad n = 1, 2, 3, \ldots \tag{8.26}$$

mit $n = 1, 2, 3, \ldots$.

mit denen die Wellenfunktionen die Randbedingungen Gl. (8.24) erfüllen.

Unter Verwendung der Normierungsbedingung Gl. (8.22): $\int_0^d \left|A \cdot \sin(k_n x)\right|^2 \mathrm{d}x = 1$ (außerhalb des Bereichs $[0, d]$ hat die Wellenfunktion den Wert 0) erhält man für die Amplitude A den Wert $A = \sqrt{\frac{2}{d}}$.

Dabei handelt es sich um den ortsabhängigen Anteil (Ortsanteil) der Wellenfunktion. Die vollständige Wellenfunktion $\Psi(x,t)$ ergibt sich daraus durch Multiplikation mit $\mathrm{e}^{-i\omega t}$ gemäß Gl. (8.20).

Einsetzen von Gl. (8.25) in Gl. (8.23) und auflösen nach $E$ ergibt mit Gl. (8.26)

**erlaubte Energiewerte (Energieniveaus)**

$$E_n = \frac{\hbar^2 k_n^2}{2m} = n^2 \cdot \frac{\hbar^2 \pi^2}{2md^2} \tag{8.27}$$

mit $n = 1, 2, 3, \ldots$.

Bild 8.11a zeigt den Potentialtopf mit den Energieniveaus $E_n$ und dem jeweiligen zeitunabhängigen Ortsanteil der Wellenfunktion $\psi_n(x)$. Die Nulldurchgänge des Ortsanteils stellen die Knoten, die maximalen Auslenkungen die Bäuche der stehenden Wellen dar.

Die jeweils zugehörige Wahrscheinlichkeitsdichte $P(x,t) = \left|\Psi(x,t)\right|^2 = \left|\psi(x)\right|^2 = \frac{2}{d}\sin^2(k_n x)$, die angibt, wo das Teilchen mit welcher Wahrscheinlichkeit anzutreffen ist und die nicht zeitabhängig ist, ist in Bild 8.11b dargestellt.

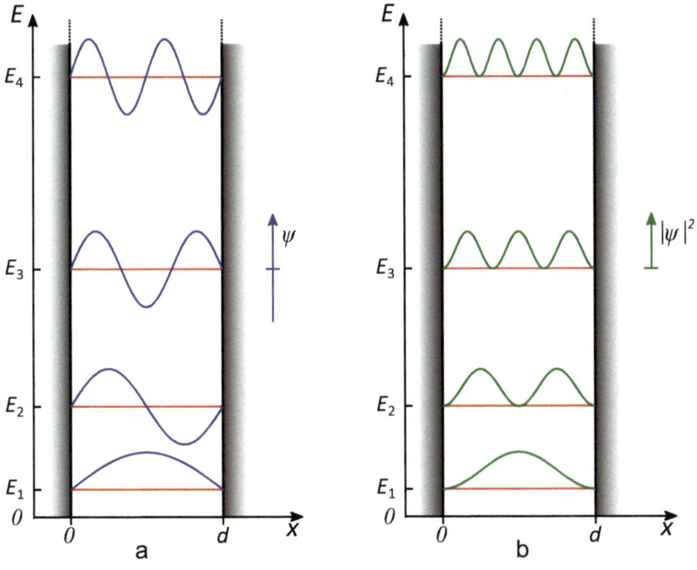


**Bild 8.11** Potentialtopf mit (a) Energieniveaus und Ortsanteil der Wellenfunktionen und (b) der Wahrscheinlichkeitsdichte für den Aufenthaltsort des Teilchens

Obwohl es sich bei dem gerade betrachteten Fall um ein einigermaßen realitätsfernes, eindimensionales und stark idealisiertes Beispiel handelt, sind daran doch einige wichtige Konsequenzen des Wellencharakters von Teilchen festzustellen:

- In einem durch Potentialwände begrenzten Raum sind nur bestimmte Wellenfunktionen $\psi_n$ eines Teilchens möglich, die als *Zustände* des Systems aus Teilchen und Potentialtopf bezeichnet werden. Die Zustände werden durch eine Quantenzahl $n$ nummeriert. Sie sind durch die Randbedingungen, d. h. durch die Form des Potentials vorgegeben.
- Dadurch bedingt kann das System nur bestimmte diskrete Energiewerte, *Energieniveaus* $E_n$ annehmen.
- Die Form der räumlichen Verteilung des Teilchens innerhalb des begrenzten Raumes hängt vom Zustand, in dem sich das Teilchen befindet, ab.
- Es gibt einen bestimmten minimalen Energiewert für das System, die *Nullpunktsenergie* im Grundzustand. Das System kann also nicht den Energiewert null annehmen.

Der letzte Punkt passt zur Aussage der Unschärferelation in Abschnitt 8.1.5. Wäre die Energie eines Teilchens exakt null, so würde das Teilchen ruhen und der Ort $x$ wäre mit $\Delta x = 0$ genau bestimmt. Das hieße nach der Unschärferelation aber, dass der Impuls $p$ wegen $\Delta p \rightarrow \infty$ beliebig hohe Werte annehmen könnte und mit $E = \frac{p^2}{2m}$ auch die kinetische Energie. Auch wegen dieses Widerspruchs ist ein solcher Zustand also nicht möglich.

**Merke**

In einem begrenzten Raum kann ein Teilchen nur bestimmte Zustände mit quantisierten Energiewerten annehmen. Die minimal mögliche Energie ist die Nullpunktsenergie.

Die an diesem einfachen Beispiel des Potentialkastens getroffenen Feststellungen gelten im Prinzip auch für real existierende Verhältnisse, allerdings mit anderen Formen des Potentialtopfs und demzufolge anderen Zuständen. Von herausragender Bedeutung ist das System aus Elektronen im Coulomb-Potentialtopf des Atomkerns (Bild 8.12a), also das Atom. Der Aufbau und die Eigenschaften der Atome können nur mit den oben im Prinzip beschriebenen Grundlagen verstanden werden (siehe Abschnitt 8.2). Das gilt genauso für die gebundenen Atome in Molekülen und Festkörpern im sogenannten harmonischen Potentialtopf der Bindungen untereinander (Bild 8.12b).

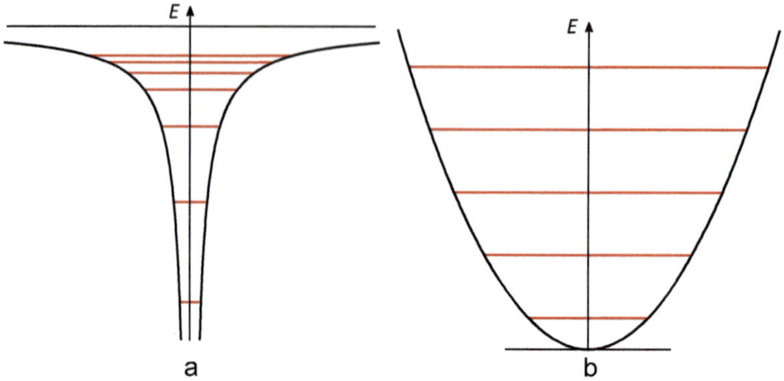


**Bild 8.12** Potentialtopf mit Energieniveaus für (a) Elektronen im Atomkern, (b) gebundene Atome in Molekülen und im Festkörper

Der alltäglichen Erfahrung, nach der ein Körper jede beliebige Energie annehmen kann, widerspricht der obige Befund scheinbar. Das liegt aber nur daran, dass die Energieniveaus unter makroskopischen Verhältnissen extrem dicht benachbart sind. Für einen Körper der Masse 1 mg in einem Kasten der Länge 1 µm beispielsweise liegt die Abstufung der Energie unmessbar klein im Bereich von $10^{-48}$ J.

## Tunneleffekt

Neben der Energiequantisierung ist der *Tunneleffekt* eine weitere Konsequenz der Wellennatur von Materie. Die meisten halbleiterelektronischen Bauteile nutzen den Tunneleffekt (siehe Abschnitt 9.3), er spielt außerdem eine wesentliche Rolle bei vielen Vorgängen in der Natur (z. B. radioaktiver $\alpha$-Zerfall, Kernfusion in der Sonne).

Aus klassischer Sicht kann ein Teilchen einen Potentialwall, der höher ist als seine kinetische Energie, nicht überwinden, sondern wird daran reflektiert (anschaulich wie ein Ball, der in 1 m Höhe gegen eine 2 m hohe Mauer fliegt, Bild 8.13).

In korrekter Weise muss man das Teilchen aber durch eine Materiewelle beschreiben, die wie oben bestimmten Randbedingungen genügen muss. Am Rand des Potentialwalls (wenn er nicht unendlich hoch ist) kann die Wellenfunktion nicht abrupt den Wert 0 annehmen. Denn die Schrödinger-Gleichung verlangt zum Ersten, dass die Wellenfunktion stetig ist, d. h., dass sie keine „Sprünge" macht, da das eine plötzliche Änderung der Aufenthaltswahrscheinlichkeit des Teilchens bedeuten würde. Zum Zweiten muss auch die erste Ableitung der Wellenfunktion stetig sein, d. h. die Wellenfunktion muss „glatt" verlaufen, da ansonsten eine plötzliche Änderung des Impulses vorläge, wozu unendlich große Kräfte erforderlich wären.

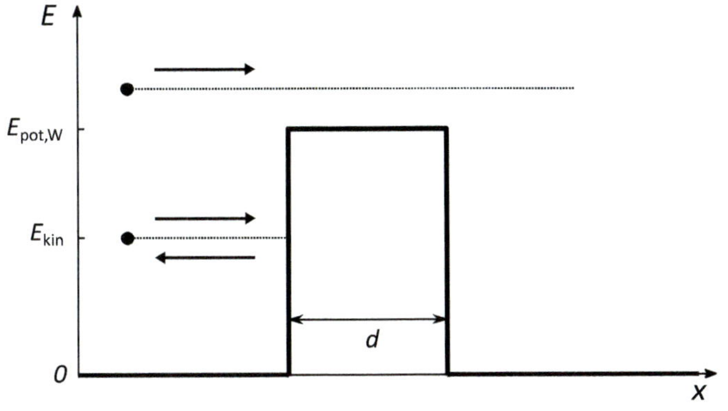


**Bild 8.13** Klassisches Bild der Bewegung von Teilchen mit kinetischer Energie kleiner bzw. größer als die Höhe eines Potentialwalls

Es resultiert ein Verlauf wie er in Bild 8.14 dargestellt ist. Die Wellenfunktion dringt in den Potentialwall ein, ihr Wert fällt dort exponentiell ab, und sie läuft auf der anderen Seite mit verringerter Amplitude weiter.

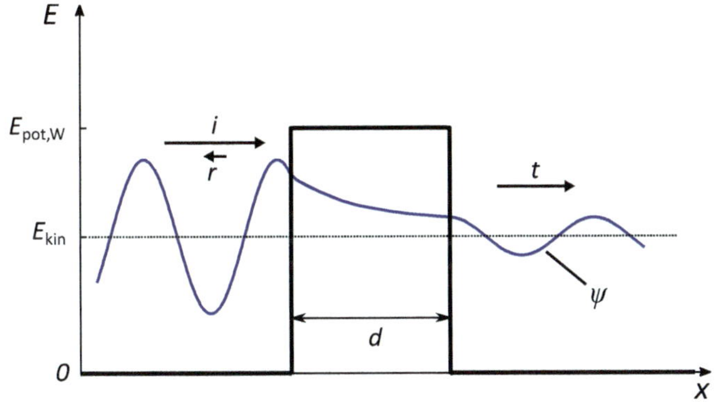


**Bild 8.14** Tunneln eines Teilchens durch einen Potentialwall, die Pfeile deuten den (i) einfallenden, (t) transmittierten und (r) reflektierten Anteil an, blau: Verlauf der Wellenfunktion (auf der linken Seite: Überlagerung von i- und r-Anteil)

Die Wellenfunktion steht für die Aufenthaltswahrscheinlichkeit des Teilchens. Es gibt also eine gewisse Wahrscheinlichkeit, das Teilchen auch auf der Rückseite des Potentialwalls anzutreffen, dass es also den Wall trotz zu niedriger Energie wie durch einen Tunnel durchdringt, sogar ohne dass seine Energie dadurch verändert wird (daher die Bezeichnung Tunneleffekt). Die Wahrscheinlichkeit $T$ für diesen Transmissions-Vorgang hängt vom Energieunterschied zwischen Potentialwall und Teilchen $\Delta E = E_{\text{pot,W}} - E$ sowie von der Breite des Walls $d$ ab. Es gilt die

**Tunnel-Wahrscheinlichkeit**

$$T \sim \mathrm{e}^{-\frac{\sqrt{8m\,\Delta E}}{\hbar}d} \tag{8.28}$$

Da das Teilchen dabei nicht verschwinden kann, ist die Wahrscheinlichkeit dafür, dass es reflektiert wird, durch $R = 1 - T$ gegeben. In ähnlicher Weise stellt man fest, dass ein Teilchen auch dann mit einer gewissen Wahrscheinlichkeit reflektiert wird, wenn seine Energie größer ist als die Höhe des Potentialwalls. Auch dieses Ergebnis widerspricht völlig der klassischen Betrachtung.

**Merke**

Tunneleffekt: Mit einer gewissen Wahrscheinlichkeit kann ein Teilchen eine Potentialbarriere ohne Energieverlust durchdringen, auch wenn seine Energie geringer ist als die Höhe der Barriere.

Dass man auch diese Verhaltensweisen nicht aus der alltäglichen Erfahrung kennt, versteht man wieder mit einem Zahlenbeispiel. Ein Elektron mit der Energie 4 eV durchtunnelt einen Potentialwall der Höhe 5 eV und der Breite 0,1 nm mit einer Wahrscheinlichkeit von ca. 70 %. Ist der Wall 0,5 nm breit, sind es 1,5 % und bei 1 nm nur noch 0,01 %. Für makroskopische Körper ist der Effekt nicht mehr nachzuweisen.

## Verschränkung, Zufall und Quantentechnologien

Das Verhalten des Atoms als quantenphysikalisches System wird in guter Näherung dadurch erfasst, dass man die Wellenfunktionen lediglich der Elektronen im Atom betrachtet, wie dies im folgenden Abschnitt 8.2 zur Atomphysik geschieht. Unter manchen Umständen reicht es sogar aus, die Wellenfunktion eines einzelnen Elektrons im mittleren elektrischen und magnetischen Feld der übrigen Elektronen und des Atomkerns zu untersuchen.

Genau genommen aber stehen alle Bestandteile des Atoms, Elektronen und der Kern mit seinen Nukleonen, in gegenseitiger Wechselwirkung miteinander. Man kann nicht von isolierten Teilchen mit jeweils eigenen Wellenfunktionen sprechen, sondern muss das Atom durch eine Gesamt-Wellenfunktion beschreiben, die eine Kombination der Wellenfunktionen der einzelnen Teilchen ist. Das Atom als Ganzes befindet sich damit in einem wohldefinierten quantenphysikalischen Zustand. Den einzelnen Bestandteilen kann man aber keinen bestimmten Zustand zuordnen.

In einem solchen Fall sprich man von *Verschränkung* oder von einem *verschränkten* System. In der klassischen Physik gibt es dieses Phänomen nicht. Jeder Bestandteil eines klassischen Systems kann zu jedem Zeitpunkt genau beschrieben werden, und das Verhalten des Gesamtsystems ergibt sich aus dem Zusammenwirken der Teilsysteme.

Verschränkung tritt außer im Atom noch in verschiedenen anderen Zusammenhängen auf. Zum Beispiel beruht die Erscheinung der Supraleitung (Abschnitt 9.2.6) darauf, dass die zu Cooper-Paaren gebundenen Elektronen in ein gemeinsames verschränktes System „kondensieren“, das sich dann als Ganzes unter der Wirkung eines elektrischen Feldes bewegt. In diesem supraleitenden Zustand wird die Bewegung einzelner Elektronen nicht mehr durch die Atome des Leiters beeinträchtigt, und der elektrische Widerstand verschwindet.

Verschränkung ist eine quantenphysikalische Gegebenheit, die in starkem Widerspruch zum klassischen Realitätsverständnis steht und bis in die jüngste Zeit für Diskussionen über die Gültigkeit der Quantenphysik gesorgt hat. Andererseits ist diese Erscheinung aber auch eine Grundlage bei der aktuell intensiv betriebenen Entwicklung von Quanten-Technologien.

Dabei wird bisher mit relativ kleinen verschränkten Systemen aus wenigen Teilchen gearbeitet, und um Verschränkung zu verdeutlichen, soll hier ein verschränktes System aus nur zwei Teilchen betrachtet werden. Ein solches System kann man z. B. erzeugen, indem in einem speziellen, nichtlinearen optischen Prozess ein einfallendes Photon in zwei verschränkte Photonen (Bild 8.15) umgewandelt wird, die in verschiedene Richtungen zu den Messstellen A und B laufen, natürlich unter Einhaltung von Energie- und Impulssatz.

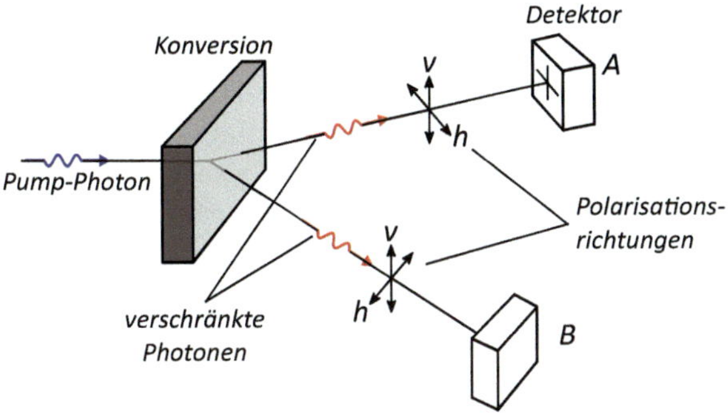


**Bild 8.15**
Erzeugung eines verschränkten Systems zweier Photonen mit horizontaler/vertikaler Polarisation (Schema)

Der Prozess kann so gestaltet werden, dass beide Photonen dieselbe Polarisationsrichtung haben, die aber zunächst unbekannt ist. Die Wellenfunktion des verschränkten Systems aus den beiden Photonen ist eine Kombination der Wellenfunktionen der Photonen mit ihren verschiedenen Polarisationsmöglichkeiten. Bis zum Zeitpunkt einer Messung ist die Polarisationsrichtung unbestimmt (siehe Abschnitt 8.1.4). Erst mit der Messung nimmt ein Photon eine bestimmte Polarisationsrichtung an, mit einer durch die Wellenfunktion gegebenen Wahrscheinlichkeit.

Zum Beispiel können die Messungen mit einer Wahrscheinlichkeit von jeweils 50 % Polarisationen in die vertikale (v-) bzw. die horizontale (h-) Richtung ergeben, bei A also in jeweils 50 % der Fälle eine Polarisation in die v- bzw. die h-Richtung, wobei die einzelnen Messergebnisse rein zufällig auftreten. Dasselbe gilt für Messungen bei B.

Diese Zufälligkeit beruht dabei nicht auf der Art und der Qualität des Messprozesses, die mit vermehrtem Aufwand vermieden werden könnte, sondern sie liegt prinzipiell in der quantenphysikalischen Natur des Systems begründet, wie schon in Abschnitt 8.1.4 erwähnt. Wellenfunktionen, die ein quantenphysikalisches System vollständig beschreiben, können nur Aussagen über Wahrscheinlichkeiten liefern.

Da die Photonen ein verschränktes System bilden, wird nun aber mit einer Messung und einem Messergebnis am Photon bei A auch das Messergebnis am anderen Photon bei B festgelegt. Wird also bei A die Polarisationsrichtung v gemessen, so wird bei einer nachfolgenden Messung bei B auch die Richtung v festgestellt. Bei umgekehrter Reihenfolge ist nach einer Messung bei B die Polarisationsrichtung bei A bekannt.

Es spielt dabei keine Rolle, in welchem räumlichen oder auch zeitlichen Abstand voneinander die Messungen bei A und B erfolgen. Die Wellenfunktion des verschränkten Systems umfasst beide Photonen, unabhängig davon, wie weit sie voneinander entfernt sind. Eine Messung bei A wirkt sich also über beliebige Entfernungen *augenblicklich* auf die Messung bei B aus.

Diese zunächst theoretische Überlegung widerspricht scheinbar der Speziellen Relativitätstheorie, nach der eine Information, hier also das Messergebnis bei A, maximal mit Lichtgeschwindigkeit nach B übertragen werden kann. Das sorgte schon früh, angefangen mit einer Arbeit von Einstein und anderen, für erhebliche Zweifel an der vollständigen Gültigkeit der Quantenphysik. Erst seit einigen Jahren gibt es experimentelle Untersuchungen, die die Quantenphysik in dieser Hinsicht eindeutig bestätigen.

Tatsächlich aber gibt es keinen Widerspruch zur Speziellen Relativitätstheorie. Denn zur überlichtschnellen Übertragung von Signalen von A nach B taugt die Verschränkung nicht. Die Messungen bei A liefern jeweils zufällig verteilte Ergebnisse, die auch nicht willkürlich manipuliert werden können. Bei einer Messung bei B, die deshalb ebenfalls zufällig verteilte Ergebnisse liefert, ist daher nicht erkennbar, ob bei A schon eine Messung stattgefunden hat. Dass die Messungen in der oben beschriebenen Art korreliert sind, also in diesem Beispiel jeweils übereinstimmen, kann erst durch einen nachträglichen Vergleich festgestellt werden. Die Daten dazu können aber nur auf einem konventionellen Weg mit maximal der Lichtgeschwindigkeit ausgetauscht werden.

Dennoch werden quantenphysikalische Prinzipien zunehmend technologisch genutzt, wofür einige Beispiele hier angeführt werden sollen.

So spielen Zufallszahlen in vielen Bereichen der Naturwissenschaften (z. B. bei Klimasimulationen), der Informationstechnologie (z. B. für die Kryptographie) oder der Ökonomie (z. B. für Prognosen der Wirtschaftsentwicklung) eine Rolle.

Ein klassischer Computer, der programmgesteuert deterministisch arbeitet, kann aber keine echten Zufallszahlen erzeugen. Mit dem oben angesprochenen quantenphysikalischen Prozess zur Erzeugung von Photonen ist dies aber möglich, indem man z. B. einer Polarisationsrichtung den Wert 0, der anderen den Wert 1 zuordnet. Mit Messung der Polarisationsrichtung der erzeugten Photonen ergibt sich dann eine tatsächlich zufällige, nicht beeinflussbare Folge von Nullen und Einsen. Darauf basierende Zufallszahlen-Generatoren sind inzwischen so weit entwickelt, dass sie in Form von IC-Chips kommerziell erhältlich sind.

Ein weiteres Anwendungsgebiet auf Grundlage der Quantenphysik ist die Kryptographie, d. h. die Verschlüsselung von Daten speziell zur Sicherung der Datenkommunikation. Als auch in absehbarer Zukunft sicher gilt die sogenannte symmetrische Verschlüsselung, bei der die Kommunikationspartner mit einem gemeinsamen, nur ihnen bekannten Schlüssel die Daten ver- bzw. entschlüsseln. Als Schlüssel dient im Prinzip eine Bitfolge, die durch eine mathematische Operation mit den Daten verknüpft wird, sodass die Daten selber nicht mehr zu erkennen sind.

Problematisch ist dabei nun der Austausch des Schlüssels, der so erfolgen muss, dass kein eventueller Mithörer vom Schlüssel Kenntnis erhalten kann. Mit einem verschränkten System wie dem oben beschriebenen (Bild 8.15) ist ein solcher Austausch möglich. Kommunikationspartner A erzeugt das verschränktes System aus zwei Photonen und sendet eins der Photonen an B. Bei der Messung der Polarisationsrichtung erhalten beide dasselbe Ergebnis. Zugeordnet zu 0 und 1 ergibt dies für A und für B dieselbe Bitfolge, die aber erst im Moment der Messung entsteht. Zum Zeitpunkt der Übertragung liegen die Bit-Werte noch nicht fest und können daher auch nicht abgehört werden. Tatsächlich gibt es zwar Methoden, die ein Abhören ermöglichen, jedoch aus prinzipiellen Gründen keine, die unbemerkt bleiben können. Denn jeder Eingriff in ein quantenphysikalisches System verändert dieses, sodass ein unberechtigtes Mithören aufgedeckt werden kann. Die Übertragung von Schlüsseln mit

Lichtwellenleitern über Distanzen von einigen hundert Kilometern wurde inzwischen auf ähnliche Weise realisiert.

Begrenzt wird die Distanz allerdings unter anderem dadurch, dass ein verschränktes System sehr empfindlich auf äußere Einflüsse reagiert. Nicht nur eine Messung, sondern jede äußere Störung beeinflusst einen Quantenzustand und mindert seine Kohärenz, d. h. den Grad der Verschränkung. Der verschränkte Quantenzustand der Photonen wird z. B. durch Streuung an Unregelmäßigkeiten im Lichtwellenleiter gestört. Da solche Störungen nicht gänzlich ausgeschlossen werden können, ist der Zeitraum, über den die Verschränkung aufrecht erhalten werden kann, und damit die Übertragungsdistanz begrenzt.

Hierin liegt auch die hauptsächliche Schwierigkeit bei der Realisierung des Quantencomputers, dessen Rechenleistung bei bestimmten Problemstellungen (Wettersimulation, Faktorisierung großer Zahlen), die eines klassischen Computers theoretisch um ein Vielfaches übertreffen kann. Die Informationseinheit eines klassischen Computers ist ein *Bit* mit den Werten 0 oder 1. Ein Quantencomputer arbeitet mit Quantenbits oder kurz *Qubits*. Ein Qubit wird im Prinzip realisiert als ein System, in dem zwei Quantenzustände überlagert sind. Das kann ein Atom mit zwei Anregungszuständen sein, ein Elektron mit Spin, der mit oder gegen ein Magnetfeld gerichtet ist, ein Photon mit zwei Polarisationszuständen usw. Im Gegensatz zu einem klassischen Bit nimmt ein Qubit *gleichzeitig* viele verschiedene Zustände an. Bei entsprechender Verschaltung von Qubits können damit viele Rechenschritte parallel ausgeführt werden.

Das Hauptproblem ist die Herstellung von Qubits, die von Umgebungseinflüssen ausreichend isoliert werden können, sodass ihre Kohärenz über eine genügend lange Zeit erhalten bleibt. Aus diesem Grunde werden die bisher im Experimentalstadium entwickelten Quantencomputer bei Temperaturen weit unter einem Kelvin betrieben und bestehen aus nur wenigen, bislang maximal 50 Qubits. Wegen ihres großen Potentials sind sie dennoch weiterhin Gegenstand intensiver Forschung.

## 8.2 Atomphysik

Eines der wesentlichen Motive zur Entwicklung der Quantenphysik Anfang des 20. Jahrhunderts war das Problem, die Existenz und das Verhalten der Atome zu erklären. So war es z. B. eine offene Frage, wie die positive Ladung, die die negative Ladung der Elektronen neutralisiert, im Atom verteilt ist. Eine andere, worauf die Emission und Absorption elektromagnetischer Strahlung durch Atome in Form von diskreten Spektrallinien, d. h. bei bestimmten Frequenzen, beruht und wodurch diese Frequenzen festgelegt sind.

Nach einer kurzen Vorstellung der Bestandteile von Atomen werden im Folgenden zunächst deren prinzipielle, quantenphysikalisch begründete Eigenschaften behandelt. Anschließend wird konkret auf das Wasserstoff-Atom und den Aufbau komplexerer Atome mit ihren chemischen Eigenschaften eingegangen. Die Wechselwirkung mit elektromagnetischer Strahlung und darauf beruhender Anwendungen wie Laser und Atomuhr sind Gegenstand der anschließenden Abschnitte.

### 8.2.1 Bestandteile der Atome

Wegen ihrer außerordentlichen Kleinheit entziehen sich die Atome der unmittelbaren Anschauung. Dennoch lassen sich wesentliche Merkmale, ihre Masse und ihr Durchmesser, bereits mit Methoden der kinetischen Gastheorie bestimmen. Weiter ins Einzelne gehende Kenntnisse vom Aufbau der Atome fußen insbesondere auf Ergebnissen der Spektroskopie (Abschnitt 8.2.5) und der Entdeckung der Radioaktivität (Abschnitt 8.3.3). Zu einem Modell für den grundsätzlichen Aufbau der Atome kam der neuseeländische Physiker E. Rutherford (1871-1937, Nobelpreis 1908) durch seine Experimente zur Streuung von α-Teilchen.

Bei diesen Experimenten wurde ein gebündelter Strahl von α-Teilchen aus dem radioaktiven Zerfall eines Radium-Isotops ($^{226}$Ra) auf eine 4 μm dicke Goldfolie gerichtet, siehe Bild 8.16. Hinter der Folie wurden die α-Teilchen mit einem Detektor, der sich um die Folie schwenken ließ, registriert. Dadurch konnte ihre Zahl in Abhängigkeit vom Winkel, um den sie durch die Gold-Atome in der Folie von der geraden Richtung abgelenkt wurden, festgestellt werden. Es wurde beobachtet, dass der größte Teil der α-Teilchen die Folie fast ohne Ablenkung passiert. Ein kleiner Teil wurde aber um größere Winkel abgelenkt, und ungefähr nur jedes zehnmillionste ($10^{-7}$) um nahezu 180°.

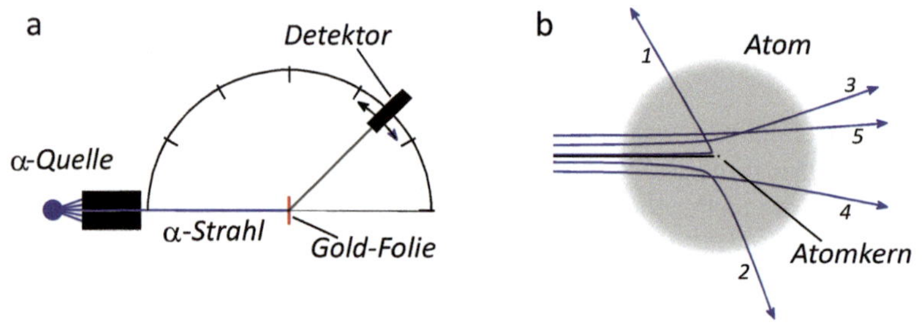


**Bild 8.16** Streuung von α-Teilchen an einer Goldfolie: (a) schematischer Versuchsaufbau, (b) einige Teilchenbahnen, der Abstand vom Kern nimmt von 1 nach 5 zu, bei den weiter außer liegenden Bahnen wird die Ladung des Kerns teilweise durch die Ladung der Elektronen abgeschirmt

Diesen Beobachtungen zufolge besteht ein Atom aus einem elektrisch positiv geladenen Kern, der von einer Anzahl negativ geladener Elektronen umgeben wird, sodass das Atom insgesamt elektrisch neutral ist. Die Größe des Atomkerns beträgt nur etwa 1/20 000 der Größe des Atoms, einen ungefähren Eindruck gibt Bild 8.17. In ihm sind aber ca. 99,95 % der Masse des Atoms konzentriert. Die restlichen ca. 0,05 % der Masse entfallen auf die Elektronen.

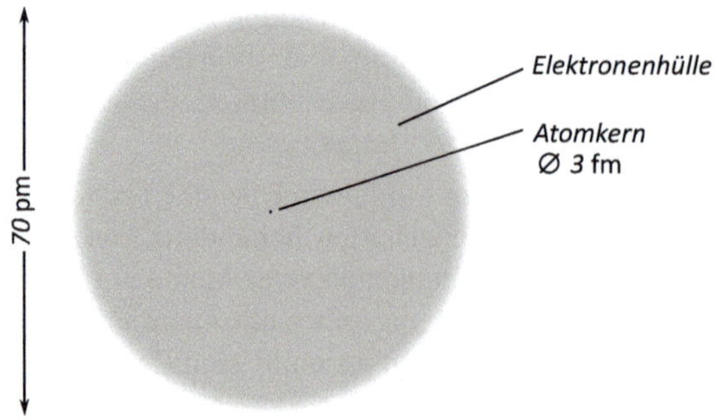


**Bild 8.17**
Schematisches Bild des Kohlenstoff-Atoms im Grundzustand, der Kern ist ca. 100-fach zu groß dargestellt

Später wurde erkannt, dass der Atomkern aus elektrisch positiv geladenen Protonen und ungeladenen Neutronen besteht, den „Nukleonen“. Diese sind ihrerseits aus den „Quarks“ genannten Elementarteilchen aufgebaut, siehe dazu Abschnitt 8.3 und Abschnitt 8.4 zur Kernphysik und zur Elementarteilchenphysik.

Die Masse eines Atoms $m_A$ wird wegen ihres niedrigen Wertes aus praktischen Gründen häufig in der *atomaren Masseneinheit u* (für *u*nified atomic mass unit) angegeben. Diese Einheit wurde als 1/12 der Masse $m_{C12}$ des Kohlenstoff-Isotops $^{12}_{6}C$ (chemisches Symbol für ein Kohlenstoff-Atom mit einem Kern aus 12 Nukleonen, davon 6 Protonen) definiert. Ihr Wert beträgt:

**Atomare Masseneinheit**

$$1\,\mathrm{u} = \frac{1}{12}\, m_{C12} = 1{,}660\,539\,040 \cdot 10^{-27}\ \mathrm{kg} \tag{8.29}$$

Darauf bezieht sich die Definition der einheitenlosen *relativen Atommasse* $A_r$, mit der die Masse des Atoms so angegeben werden kann:

**Masse des Atoms**

$$m_A = A_r \cdot 1\,\mathrm{u} \tag{8.30}$$

Die relative Atommasse entspricht in etwa der Anzahl der Nukleonen im Kern, der *Massenzahl A* (zu den Abweichungen siehe Abschnitt 8.3.1). Die Massenzahl setzt sich nach Gl. (8.31) zusammen aus der *Neutronenzahl N* und der Zahl der Protonen, die als *Kernladungszahl Z* bezeichnet wird. Die Kernladungszahl ist ein entscheidender Ordnungsparameter im Periodensystem der Elemente und wird deshalb auch als *Ordnungszahl* bezeichnet.

**Massenzahl des Atoms**

$$A = Z + N \tag{8.31}$$

Die Ladung des Elektrons ist negativ mit dem Betrag der Elementarladung (siehe Abschnitt 6.1):

**Ladung des Elektrons**

$$q_e = -1{,}602\,176\,634 \cdot 10^{-19}\ \mathrm{C} = -1\,e \tag{8.32}$$

Die Ladung des Protons ist positiv mit demselben Betrag:

**Ladung des Protons**

$$q_p = +1{,}602\,176\,634 \cdot 10^{-19}\ \mathrm{C} = +1\,e \tag{8.33}$$

Die Masse des Elektrons beträgt

**Masse des Elektrons**

$$m_e = 9{,}109\,383\,56 \cdot 10^{-31}\ \mathrm{kg} \approx 0{,}00055\ \mathrm{u} \tag{8.34}$$

Dem gegenüber stehen die Massen von Proton und Neutron mit

**Massen von Proton und Neutron**

$$m_p = 1{,}672\,621\,898 \cdot 10^{-27}\ \mathrm{kg} \approx 1{,}007\ \mathrm{u} \tag{8.35a}$$

$$m_n = 1{,}674\,927\,471 \cdot 10^{-27}\ \mathrm{kg} \approx 1{,}009\ \mathrm{u} \tag{8.35b}$$

Diese gegenüber $m_e$ viel größeren Massen erklären die oben erwähnte Massenverteilung zwischen Kern und Elektronenhülle im Atom.

Während für Protonen und Neutronen ein Durchmesser von etwa 1,8 fm festgestellt wurde, kann über das Elektron nur ausgesagt werden, dass sein Durchmesser kleiner als 0,000 1 fm sein muss und dass es vermutlich ein punktförmiges Teilchen ist.

Die Größe der Atomkerne hängt von der Anzahl der Nukleonen ab, ihr Durchmesser liegt im Bereich von 1,8 fm bis ungefähr 12 fm. Der Durchmesser der Atome variiert zwischen etwa 60 pm und 600 pm.

## 8.2.2 Quantenphysik des Atoms

Die Zusammensetzung der Atome aus positivem, schwerem Kern und negativen, leichten Elektronen legt zunächst ein Bild des Atoms nahe, bei dem die Elektronen, gebunden durch die Coulomb-Kraft, den Kern umkreisen, analog etwa dazu wie im Sonnensystem die Planeten die Sonne umkreisen. Aus mehreren Gründen ist dieses Bild aber nicht haltbar, wie auch schon zur Zeit der Experimente Rutherfords auf Grundlage der bis dahin bekannten klassischen Physik klar war. So müsste z. B. zumindest das Wasserstoff-Atom mit einem Elektron die Form einer Scheibe und nicht, wie beobachtet, die einer Kugel haben. Die Energie von Elektronen im Atom könnte kontinuierlich variieren, was mit der Beobachtung von Spektrallinien nicht vereinbar wäre. Tatsächlich wäre selbst die Existenz von Atomen nicht erklärbar: Elektronen, also Ladungen, die sich auf Kreisbahnen bewegen, geben infolge ihrer beschleunigten Bewegung elektromagnetische Strahlung und damit Energie ab und würden deshalb innerhalb kürzester Zeit in den Kern stürzen.

Um also Atome beschreiben zu können, muss mit den Methoden der Quantenphysik gearbeitet werden. Wenn nun zwar die Quantenphysik eine vollständige Beschreibung von Atomen ermöglicht, so ist dies jedoch mit einem theoretischen Aufwand verbunden, der über den Rahmen dieses Buches hinaus geht. Daher wird hier nur die Grundlage am Beispiel eines Atoms mit einem Elektron eingehender behandelt, notwendige Erweiterungen werden ohne genauere Begründungen hinzugefügt.

In Abschnitt 8.1.6 wurde auf Basis der Welleneigenschaften von Teilchen besprochen, unter welchen Umständen sich ein Teilchen in einem Potentialtopf mit senkrechten, unendlich hohen Wänden aufhalten kann und welche möglichen Zustände sich daraus ergeben. Entscheidend dafür sind die Bedingungen für die Wellenfunktion des Teilchens am Rand des möglichen Aufenthaltsbereichs sowie die Normierbarkeit der Wellenfunktion (Gl. (8.22)).

Auch im Atom ist der Bewegungsbereich des Elektrons begrenzt, eben auf die Umgebung des Atomkerns, sodass man im Prinzip auch hier annehmen kann, dass nur bestimmte Zustände für das Elektron möglich sind.

Allerdings unterscheidet sich die Form der Begrenzung natürlich von der des sehr künstlichen Falls aus Abschnitt 8.1.6. Die potentielle Energie des Elektrons im elektrischen Feld des Atomkerns ist vom Abstand $r$ abhängig (siehe Abschnitt 6.2.3) und verhält sich gemäß

**Potentielle Energie des Elektrons im Feld des Atomkerns**

$$E_{\text{pot,e}} = -\frac{1}{4\pi\varepsilon_0} \cdot \frac{Ze^2}{r} \tag{8.36}$$

mit der Kernladungszahl $Z$, die die Anzahl der Protonen im Kern angibt.

Aus seiner potentiellen und seiner kinetischen Energie ergibt sich die

**Gesamtenergie des Elektrons**

$$E_\mathrm{e} = E_\mathrm{kin,e} + E_\mathrm{pot,e} \tag{8.37}$$

Dies zeigt Bild 8.18 für ein Elektron der Gesamtenergie $E_\mathrm{e}$. (Um die Form des Potentialtopfes zu verdeutlichen, die nur vom Abstand $r$ und nicht von der Richtung abhängt, wurde die potentielle Energie symmetrisch dargestellt.)

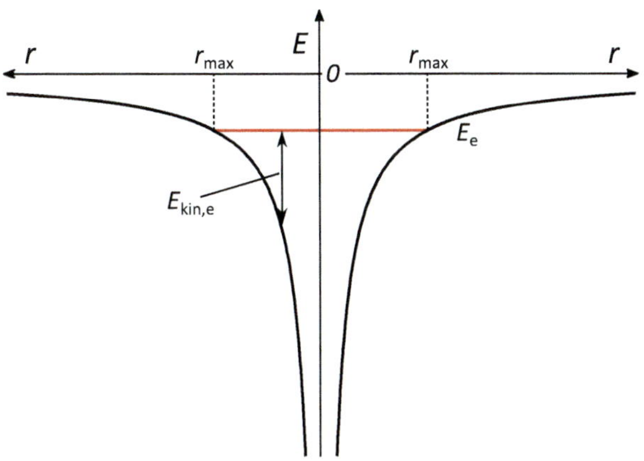


**Bild 8.18**
Energie (rot) eines Elektrons im Feld des Atomkerns

Das Elektron ist im Atom gebunden, wenn seine Gesamtenergie $E_\mathrm{e}$ negativ ist, wie in Bild 8.18 durch die rote Linie dargestellt. Da seine kinetische Energie nicht negativ werden kann, ist seine Bewegung dann begrenzt auf den Bereich $0 \le r \le r_\mathrm{max}$. Der Wert von $r_\mathrm{max}$ wächst mit zunehmender Gesamtenergie $E_\mathrm{e}$ an. Wird $E_\mathrm{e}$ positiv, fällt diese Begrenzung weg und das Elektron ist nicht mehr gebunden. Im Unterschied zum Kastenpotential von Abschnitt 8.1.6 wird die potentielle Energie bei $r_\mathrm{max}$ nicht unendlich groß, sondern hat gemäß Gl. (8.36) einen endlichen Wert.

Wie zu erwarten, resultieren aus diesen Unterschieden anders geartete mögliche Zustände für das Elektron, d. h. andere Formen der Wellenfunktion und andere Energieniveaus als im Kastenpotential. Es ergibt sich für die

**Energieniveaus im Ein-Elektron-Atom**

$$E_n = -Z^2 \cdot \frac{E_0}{n^2} \tag{8.38}$$

mit $n = 1, 2, 3, \ldots$.

Die Zahl $n$ wird bei Atomen als *Hauptquantenzahl* bezeichnet.

Die Energie-Verhältnisse sind in Bild 8.19 dargestellt.

Die Energie $E_0$ ist die nach J. Rydberg (1854–1919) sogenannte

**Rydberg-Energie**

$$E_0 = \frac{1}{(4\pi\varepsilon_0)^2}\,\frac{m_\mathrm{e}\,e^4}{2\hbar^2} = 13{,}6\,\mathrm{eV} \tag{8.39}$$

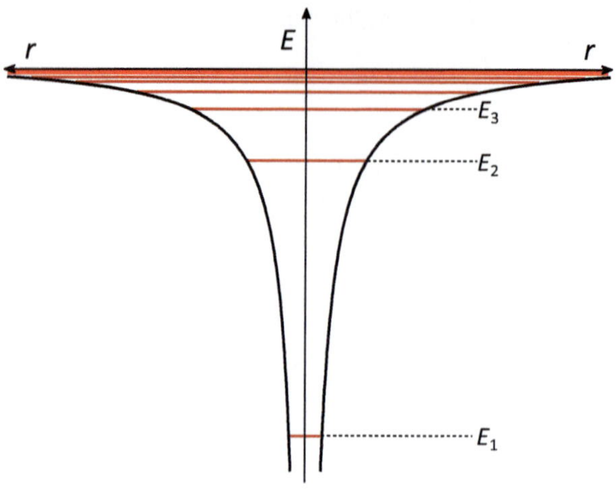


**Bild 8.19**
Energieniveaus im Ein-Elektron-Atom

Die Werte $E_n$ sind negativ, da es sich um gebundene Zustände handelt. Führt man dem Elektron ausreichend Energie zu, sodass seine Energie positiv wird, wird es freigesetzt und kann sich mit der überschüssigen Energie vom Atomkern entfernen. Damit ist das Atom ionisiert. Die erforderliche Energie für die Ionisierung aus dem Grundzustand ist vom Betrag her gleich $E_1$.

Ein weiterer wesentlicher Unterschied zu Abschnitt 8.1.6 ist, dass dort ein eindimensionaler Fall betrachtet wurde, während es sich beim Atom natürlich um ein dreidimensionales Gebilde handelt. Die Zustände können daher nicht nur vom Abstand zum Kern $r$ abhängen, sondern zudem richtungsabhängig sein.

Eine vektorielle, d. h. richtungsabhängige Größe, die bei derselben Energie unterschiedliche Werte annehmen kann, ist der Drehimpuls $\vec{L}$. So kann, in einem Beispiel aus der klassischen Mechanik, ein Satellit, der die Erde umkreist, bei demselben Wert der Energie $E_{\text{gesamt}} = E_{\text{kin}} + E_{\text{pot,G}}$ unterschiedliche Bahndrehimpulse haben. In diesem klassischen Beispiel resultieren daraus Ellipsenbahnen mit unterschiedlicher Exzentrizität.

Nun kann man, wie wir oben festgestellt haben, das Elektron im Atom nicht als einen Körper auf einer Umlaufbahn um den Kern ansehen. Sein Verhalten wird stattdessen durch seine Welleneigenschaften bestimmt und muss daher mithilfe der Schrödinger-Gleichung beschrieben werden. Statt der sehr komplexen mathematischen Herleitung zu folgen, beschränken wir uns hier jedoch auf plausible Annahmen und die Angabe der Ergebnisse.

Ähnlich wie im Fall der Energie wird auch für den Drehimpuls gelten, dass die Randbedingungen für die stationären Lösungen der nun dreidimensionalen Schrödinger-Gleichung nur Wellenfunktionen zulassen, die mit ganz bestimmten, diskreten Werten des Drehimpulses verbunden sind. Da bei einer vorgegebenen Energie der Drehimpuls im Betrag nach oben begrenzt ist, kann man erwarten, dass es zu jedem Energieniveau eine obere Grenze für den Betrag des Drehimpulses gibt. Konkret ergibt die Rechnung

**Betrag des Bahndrehimpulses im Ein-Elektron-Atom**

$$L = \sqrt{l\left(l+1\right)} \cdot \hbar \tag{8.40}$$

mit $l = 0, 1, 2, \ldots, n-1$.

Die Zahl $l$ ist die *Drehimpulsquantenzahl*. Deren Wert ist durch die Energie, ausgedrückt durch die Hauptquantenzahl, nach oben hin beschränkt. Bemerkenswert ist, dass der Drehimpuls auch null sein kann, was im klassischen Fall nicht möglich wäre.

Aus historischen Gründen werden die Werte der Drehimpulsquantenzahl häufig mit Buchstaben ausgedrückt. Für $l = 1, 2, 3, 4, 5, \ldots$ stehen die Buchstaben s, p, d, f, g, …, die auf Begriffe aus der Spektroskopie zurück gehen. Ein Zustand mit $n = 3$, $l = 2$ wird dann beispielsweise mit 3p bezeichnet.

Der Drehimpuls $\vec{L}$ ist eine vektorielle Größe, die verschiedene Richtungen im Raum haben kann. Für ein einzelnes, isoliertes Atom sind alle Raumrichtungen gleichwertig. Wird aber durch äußere Bedingungen, insbesondere z. B. durch ein Magnetfeld mit bestimmter Richtung im Raum, diese Gleichwertigkeit aufgehoben, so sind bezüglich dieser Richtung wieder nur bestimmte Ausrichtungen des Drehimpulses möglich. Üblicherweise wird für die Vorzugsrichtung die $z$-Richtung gewählt. Die möglichen Ausrichtungen des Drehimpulses werden durch seine $z$-Komponente $L_z$ gekennzeichnet. Die Rechnung ergibt für die

**$z$-Komponente des Bahndrehimpulses im Ein-Elektron-Atom**

$$L_z = m_l \cdot \hbar \tag{8.41}$$

mit $m_l = -l, \ (-l+1), \ \ldots, \ 0, \ \ldots, \ (l-1), \ l$.

Die Zahl $m_l$ wird als *magnetische Quantenzahl* bezeichnet.

Die Quantisierung der Richtung des Bahndrehimpulses ist in Bild 8.20 für das Beispiel $l = 2$ dargestellt.

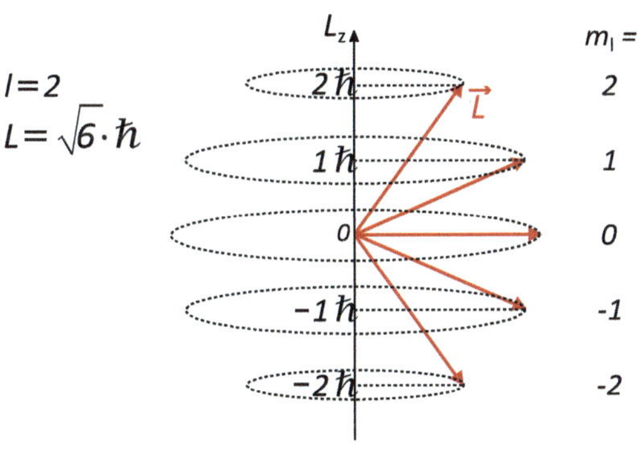


**Bild 8.20**
Mögliche Richtungen des Bahndrehimpulses für $l = 2$

Die gestrichelten Kreise in Bild 8.20 deuten an, dass es laut einer Aussage der Unschärferelation (Abschnitt 8.1.5) nicht möglich ist, gleichzeitig mehrere Komponenten des Drehimpulses, also hier zusätzlich die $x$- und $y$-Komponenten, mit beliebiger Genauigkeit anzugeben.

Zu diesen drei Quantenzahlen, die den Zustand eines Elektrons im Atom charakterisieren, kommt eine weitere, die sich auf eine Eigenschaft des Elektrons, den *Spin*, bezieht und die für den Aufbau der Atome von großer Bedeutung ist. Mit „Spin“ wird der Eigendrehimpuls $\vec{S}$ eines Teilchens, hier des Elektrons bezeichnet. Es ist eine rein quantenphysikalische Größe. Sie kann nicht auf eine klassische Erscheinung wie die Eigenrotation eines Körpers zurückgeführt werden, z. B. kann ja ein punktförmiger Körper wie das Elektron nicht rotieren. Analog zu Gl. (8.40) ergibt sich der Betrag des Spins grundsätzlich zu

**Betrag des Elektron-Spins**

$$S=\sqrt{s(s+1)}\cdot\hbar=\sqrt{\frac{3}{4}}\cdot\hbar \tag{8.42}$$

mit $s=\frac{1}{2}$.

Die Zahl $s$ kann bei anderen Teilchen halbzahlige oder ganzzahlige Werte annehmen. Zum Beispiel hat sie bei Proton und Neutron wie beim Elektron den Wert 1/2, beim Photon den Wert 1. Verkürzt gesagt haben die Ersteren den Spin 1/2, die letzteren den Spin 1. Teilchen mit ganzzahligem Spin werden als *Bosonen* bezeichnet, Teilchen mit halbzahligem Spin als *Fermionen*, nach S. Bose (1894–1974) bzw. E. Fermi (1901–1954, Nobelpreis 1938).

Der Betrag des Spins eines Teilchens ist eine feste Größe, die wie z. B. auch seine Ladung zu den grundlegenden Teilcheneigenschaften gehört. Ähnlich wie beim Bahndrehimpuls $\vec{L}$ gibt es aber für seine Richtung verschiedene Möglichkeiten, die genauso wie bei diesem durch die $z$-Komponente $S_z$ gekennzeichnet werden und die grundsätzlich derselben Regel für die möglichen Werte, nämlich $-s,\ (-s+1),\ \ldots,\ (s-1),\ s$, folgen. Für das Elektron gilt demnach

***z*-Komponente des Elektronenspins**

$$S_z=m_s\cdot\hbar \tag{8.43}$$

mit $m_s=+\frac{1}{2}, -\frac{1}{2}$, $m_s$ ist die *magnetische Spinquantenzahl.*

Bild 8.21 zeigt die Richtungsquantisierung des Elektronen-Spins.

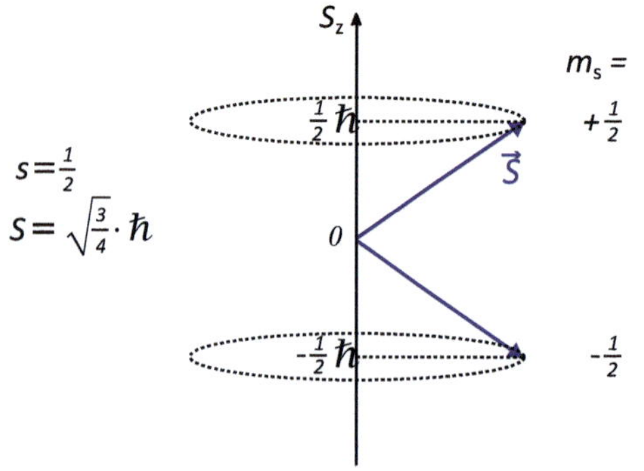


**Bild 8.21**
Mögliche Richtungen des Elektronen-Spins

In Tabelle 8.1 sind zu ersten Hauptquantenzahlen die möglichen Kombinationen der Drehimpuls-, Magnet- und Spinquantenzahlen aufgeführt.

Durch einen Satz von Werten dieser vier Quantenzahlen $n$, $l$, $m_l$, $m_s$ wird der Zustand eines Elektrons im Atom eindeutig gekennzeichnet. Außer Energie, Betrag und Richtung des Drehimpulses und Richtung des Spins wird dadurch auch die räumliche Gestalt der Wellenfunktion angegeben. Denn wie schon in der prinzipiellen Betrachtung in den Abschnitt 8.1.4 und Abschnitt 8.1.6 festgestellt, gehören zu den verschiedenen Zuständen auch verschiedene Wellenfunktionen, die mit der Aufenthaltswahrscheinlichkeit der Teilchen im Bereich des Potentials verknüpft sind.

**Tabelle 8.1** Mögliche Kombinationen von Quantenzahlen

| $n$ | $l$ | $m_l$ | $m_s$ | | Anzahl der Zustände je Schale/Wert von $n$ |
|---|---|---|---|---|---|
| | $0, \ldots, n-1$ | $-l, \ldots 0, \ldots +l$ | $-\frac{1}{2}(\downarrow)$ | $+\frac{1}{2}(\uparrow)$ | |
| 1 | 0 (1s) | 0 | ↓ | ↑ | 2 |
| 2 | 0 (2s) | 0 | ↓ | ↑ | 8 |
| | 1 (2p) | −1 | ↓ | ↑ | |
| | | 0 | ↓ | ↑ | |
| | | +1 | ↓ | ↑ | |
| 3 | 0 (3s) | 0 | ↓ | ↑ | 18 |
| | 1 (3p) | −1 | ↓ | ↑ | |
| | | 0 | ↓ | ↑ | |
| | | +1 | ↓ | ↑ | |
| | 2 (3d) | −2 | ↓ | ↑ | |
| | | … | … | … | |
| 4 | … | | | | 32 |
| 5 | … | | | | 50 |

**Merke**

Der Zustand eines Elektrons im Atom wird durch die Quantenzahlen Hauptquantenzahl für die Energie, Drehimpulsquantenzahl für den Betrag und magnetische Quantenzahl für die Richtung des Drehimpulses, Spinquantenzahl für die Richtung des Spins charakterisiert.

Bei Atomen und auch bei Molekülen werden die Zustände mit ihren Wellenfunktionen auch als Atom- bzw. Molekül-*Orbitale* bezeichnet. Orbitale für die speziellen Beispiele des Grundzustands und des ersten angeregten Zustands werden im Folgenden besprochen.

Bild 8.22 zeigt in der oberen Zeile den Radialanteil der Wellenfunktion $\psi_r(r)$, darunter eine räumliche Darstellung der Elektronenverteilung (Wahrscheinlichkeitsdichte für das Elektron). Wie man sieht, ist die Elektronenverteilung im Grundzustand mit $n = 1$ kugelsymmetrisch, hat ihr Maximum bei $r = 0$ am Ort des Kerns und nimmt dann mit dem Abstand ab. Im ersten angeregten Zustand, mit $n = 2$ und der Drehimpulsquantenzahl $l = 0$, ist sie ebenfalls kugelsymmetrisch. Vom Maximum bei $r = 0$ aus fällt ihr Wert aber dann auf 0, um dann in größerem Abstand ein weiteres Maximum anzunehmen. Ein ganz anderes Bild ergibt sich für $n = 2$, $l = 1$: Die Elektronenverteilung zeigt nun eine hantelförmige Gestalt mit einer bestimmten räumlichen Ausrichtung. Bei $l = 1$ sind drei verschiedene Ausrichtungen des Drehimpulses möglich, gekennzeichnet durch die Werte der magnetischen Quantenzahl $m_l = -1, 0, +1$. Die Verteilung der Elektronen kann dementsprechend in $x$-, $y$- oder $z$-Richtung ausgerichtet sein.

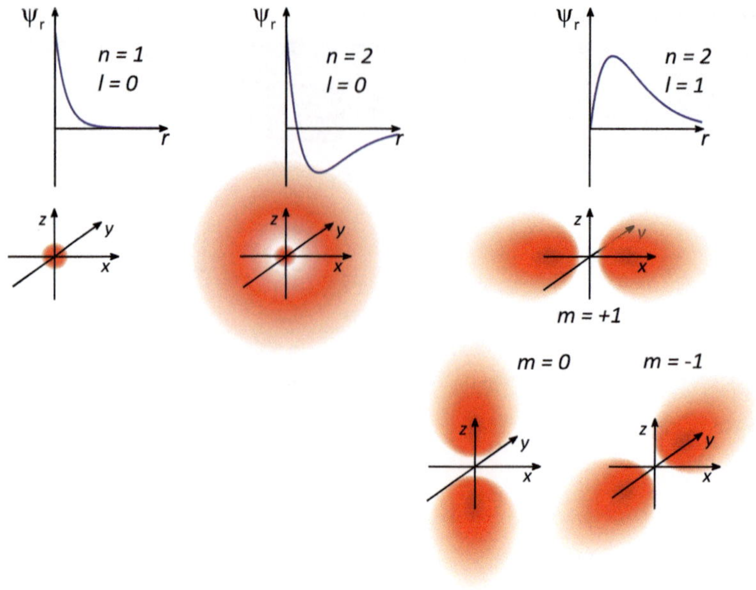


**Bild 8.22** Wellenfunktionen und Elektronenverteilungen im Ein-Elektron-Atom

Die Wahrscheinlichkeit, ein Teilchen in einem bestimmten Raumbereich mit dem Volumen d$V$ am Ort $\vec{r}$ anzutreffen, ist gegeben durch $|\psi(\vec{r})|^2 \cdot \mathrm{d}V$, vgl. Gl. (8.15). Dies führt beim Ein-Elektron-Atom zu dem in Bild 8.23 dargestellten Verlauf der radialen Wahrscheinlichkeitsdichte $P(r)$. Diese Größe ist so zu verstehen, dass $P(r) \cdot \mathrm{d}r$ die Wahrscheinlichkeit angibt, das Elektron in einer Kugelschale um den Kern mit dem Radius $r$ und der Dicke d$r$ anzutreffen (die Richtungsabhängigkeit wird hierbei nicht berücksichtigt). Das Volumen einer solchen Kugelschale ist $4\pi r^2 \cdot \mathrm{d}r$, sodass man mit $P(r) \cdot \mathrm{d}r = |\psi(\mathrm{r})|^2 \cdot \mathrm{d}V = |\psi(\mathrm{r})|^2 \cdot 4\pi r^2 \cdot \mathrm{d}r$ erhält:

Radiale Wahrscheinlichkeitsdichte

$$P(r) = |\psi(\vec{r})|^2 \cdot 4\pi r^2 \tag{8.44}$$

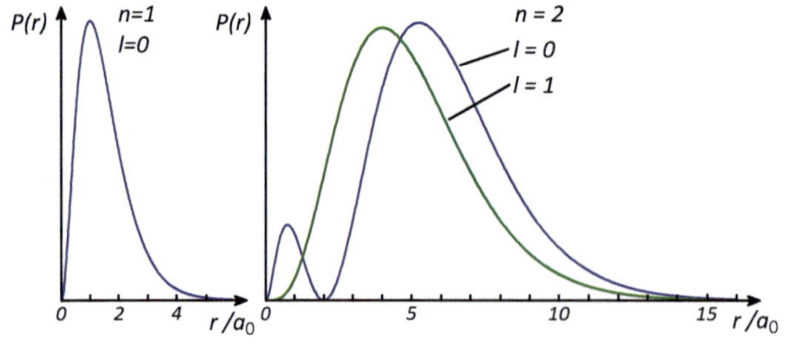


**Bild 8.23** Radiale Wahrscheinlichkeitsdichte im Ein-Elektron-Atom (für $Z = 1$)

Im Grundzustand befindet sich das Elektron demnach am wahrscheinlichsten in einem Abstand

$$r = \frac{a_0}{Z} \tag{8.45}$$

vom Kern, mit dem Bohr'schen Radius $a_0$ (N. Bohr, 1885-1962, Nobelpreis 1922) (zur Bezeichnung s. Abschnitt 8.2.3). Für diesen ergibt sich aus der Rechnung

**Bohr'scher Radius**

$$a_0 = \frac{\varepsilon_0 h^2}{\pi m_e e^2} = 5{,}291\,772\,106\,7 \cdot 10^{-11}\ \text{m} \approx 0{,}053\ \text{nm} \tag{8.46}$$

Man sieht aber, dass es mit gewissen Wahrscheinlichkeiten auch in anderen Abständen vom Kern zu finden ist. Im Zustand mit $n = 2$, $l = 0$ besteht die Verteilung aus einer inneren und einer äußeren Kugelschale, wobei die Aufenthaltswahrscheinlichkeit in der äußeren größer ist. In den „Hanteln" der Verteilungen für $n = 2$, $l = 1$ gibt es ein Maximum auf jeder Seite, im Abstand $r = 2^2 \frac{a_0}{Z}$ vom Kern. Das Elektron hält sich mit derselben Wahrscheinlichkeit in einer der beiden Seiten auf.

Auch bei größeren Werten von $n$ haben die Orbitale zu $l = 0$ die Form von Kugelschalen. Deren Radien nehmen in etwa mit $n^2$ zu. Bei den dann möglichen größeren Werten von $l$ wird aber die Form der Orbitale immer komplexer.

**Merke**

Die Wahrscheinlichkeit für den Aufenthaltsort eines Elektrons ist kontinuierlich um den Kern verteilt. Die räumliche Form der Verteilung hängt von den Quantenzahlen $n$, $l$, $m$ ab.

Es gibt keine wohldefinierten Elektronenbahnen.

Bahndrehimpuls $\vec{L}$ und Spin $\vec{S}$, speziell deren Richtung, sind nicht unabhängig voneinander. Im Zusammenhang mit den Zuständen im Wasserstoff-Atom wird im Abschnitt 8.2.3 behandelt, wie sie sich gegenseitig über Magnetfelder beeinflussen. Obwohl die Auswirkungen gegenüber dem Einfluss des elektrischen Feldes des Kerns gering sind, kann man daher, genau genommen, Bahndrehimpuls und Spin nicht als separate Größen ansehen, sondern muss den Gesamtdrehimpuls $\vec{J} = \vec{L} + \vec{S}$ betrachten. Es ergibt sich, dass der Betrag des Gesamtdrehimpulses durch eine ähnliche Regel quantisiert wird wie der Bahndrehimpuls:

Betrag des Gesamtdrehimpulses

$$J = \sqrt{j\left(j+1\right)}\,\hbar \tag{8.47}$$

Die möglichen Werte der Quantenzahl $j$ folgen daraus, dass der Spin des Elektrons mit seinen zwei Werten der magnetischen Spinquantenzahl $m_s$ in („parallel"; $m_s = +\frac{1}{2}$) oder entgegen („antiparallel"; $m_s = -\frac{1}{2}$) der Richtung des Bahndrehimpulses ausgerichtet sein kann. Sie betragen

Quantenzahl des Gesamtdrehimpulses

$$j = \frac{1}{2} \qquad (8.48a)$$

für $l = 0$.

$$j = l + \frac{1}{2} \quad \text{oder} \quad j = l - \frac{1}{2} \qquad (8.48b)$$

für $l > 0$.

Bild 8.24 zeigt als Beispiel für $l = 2$, wie sich der Gesamtdrehimpuls aus dem Bahndrehimpuls und dem Spin ergibt.

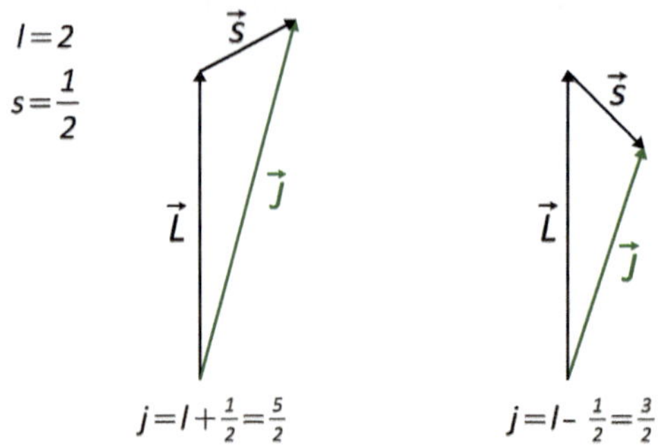


**Bild 8.24**
Mögliche Gesamtdrehimpulse für die Drehimpulsquantenzahl $l = 2$

Bei der Bezeichnung der Zustände wird der Gesamtdrehimpuls als Index am Symbol für den Bahndrehimpuls angegeben: $s_{1/2}$, $p_{1/2}$, $p_{3/2}$, $d_{3/2}$, $d_{5/2}$, …

## 8.2.3 Das Wasserstoffatom und das Bohr'sche Atommodell

Die im vorherigen Abschnitt beschriebenen Verhältnisse sind am genauesten im Wasserstoffatom, bestehend aus einem Proton und einem Elektron, realisiert. Entsprechend Gl. (8.38) mit $Z = 1$ sind die Energieniveaus gegeben durch

**Energieniveaus des Wasserstoffatoms**

$$E_n = -\frac{E_0}{n^2} \qquad (8.49)$$

mit $n = 1, 2, 3, \ldots$.

Die Rydberg-Energie $E_0$ hat nach Gl. (8.39) den Wert $E_0 = 13{,}6$ eV.

Führt man einem Wasserstoff-Atom, das sich im Grundzustand $E_1$ befindet, eine Energie von mindestens 13,6 eV zu, z. B. durch UV-Strahlung mit einer Wellenlänge von 91 nm, so wird das Elektron freigesetzt, das Atom also ionisiert.

Die Niveaus werden in Bild 8.25 gezeigt. Energieänderungen, z. B. durch Emission oder Absorption von Strahlung, sind nur zwischen diesen Niveaus möglich, so wie es in Bild 8.25 ebenfalls dargestellt ist. Die bei diesen Vorgängen emittierte bzw. absorbierte Strahlung hat also ganz bestimmte, der Energieänderung entsprechende Frequenzen, sodass das Spektrum nicht kontinuierlich ist, sondern aus Spektrallinien besteht. Für einen Übergang aus einem Zustand mit der Hauptquantenzahl $n_\mathrm{i}$ (i: initial) in einen mit der Hauptquantenzahl $n_\mathrm{f}$ (f: final) erhält man mit Gl. (8.49) die

**Energieänderung beim Übergang zwischen verschiedenen Zuständen**

$$\Delta E_\mathrm{if} = E_{n_\mathrm{f}} - E_{n_\mathrm{i}} = E_0 \cdot \left( \frac{1}{n_\mathrm{i}^2} - \frac{1}{n_\mathrm{f}^2} \right) \tag{8.50}$$

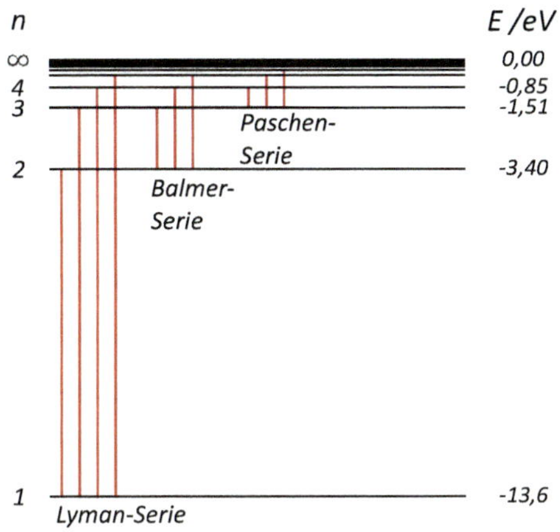


**Bild 8.25**
Energieniveaus und Übergänge im Wasserstoffatom

Bei der Absorption von Strahlung durch ein Atom, also für einen Übergang von einem Zustand niedrigerer zu einem höherer Energie, d. h. für $n_\mathrm{f} > n_\mathrm{i}$, ist $\Delta E_\mathrm{if}$ positiv. Beim umgekehrten Vorgang, der Emission, gilt $n_\mathrm{i} > n_\mathrm{f}$, und $\Delta E_\mathrm{if}$ ist negativ.

Die Frequenz der absorbierten bzw. emittierten Strahlung beim Übergang vom Zustand $n_\mathrm{i}$ in den Zustand $n_\mathrm{f}$ ergibt sich daraus mit Gl. (8.2) zu

**Frequenz von Spektrallinien** bei Absorption/Emission

$$f_\mathrm{if} = \frac{|\Delta E_\mathrm{if}|}{h} = \frac{E_0}{h} \cdot \left| \frac{1}{n_\mathrm{i}^2} - \frac{1}{n_\mathrm{f}^2} \right| \tag{8.51}$$

Beispielsweise beträgt der Energieunterschied zwischen den Zuständen $n = 1$ und $n = 2$ $\Delta E_{12} \approx 10{,}2$ eV entsprechend einer Strahlung beim Übergang zwischen beiden Zuständen mit der Frequenz $f_{12} \approx 2{,}46 \cdot 10^{15}$ Hz und der Wellenlänge $\lambda_{12} \approx 122$ nm.

Unter den speziellen Bedingungen des Wasserstoffatoms kann man die Frequenzen der Spektrallinien nach Gl. (8.51) zu Serien gruppieren wie es Bild 8.25 zeigt. Nach ihren jeweiligen Entdeckern werden diese Serien als Lyman-, Balmer-, Paschen-Serie usw. bezeichnet. Die Linien der Balmer-Serie (Bild 8.33) liegen im Bereich des sichtbaren Lichts und wurden als erstes als Emissionslinien entdeckt. J. Balmer (1825–1898) fand 1884 auch die Regel, der diese Frequenzen folgen: $f_\mathrm{2n} \sim \left| \frac{1}{2^2} - \frac{1}{n^2} \right|$ mit $n$ = 3, 4, …, ohne allerdings die Bedeutung der Zahl $n$ und der Proportionalitätskonstanten erklären zu können. Regeln dieser Form fand man auch für die Spektrallinien der anderen Serien.

**Merke**

Die Änderung der Energie eines Atoms ist nur zwischen den Zuständen, d. h. mit bestimmten Energiebeträgen möglich. Absorption und Emission von Photonen kann nur mit Photonen entsprechender Energie (Frequenz, Wellenlänge) erfolgen.

So wie für die Energie lassen sich die Überlegungen von Abschnitt 8.2.2 zur Aufenthaltswahrscheinlichkeit des Elektrons, d. h. zur Form der Orbitale auf das Wasserstoffatom übertragen. So beträgt der Radius des Orbitals im Grundzustand und damit der

**Radius des Wasserstoffatoms im Grundzustand:**

$$r_H = a_0 \approx 0{,}053\,\text{nm} \tag{8.52}$$

Die Orbitale des Wasserstoffatoms gleichen denen in Bild 8.22 und Bild 8.23 dargestellten für $Z = 1$.

Ein Detail geht bei der Darstellung von Bild 8.25 verloren, das für das Wasserstoffatom allerdings keine Rolle spielt, da hierbei die Energieniveaus nur von der Hauptquantenzahl $n$ abhängen. Jedoch muss auch bei einem atomaren Vorgang wie dem Übergang zwischen zwei Zuständen, bei dem ein Photon absorbiert oder emittiert wird, der Gesamtdrehimpuls erhalten bleiben. Photonen haben den Spin 1 mit dem dazugehörigen Drehimpuls nach Gl. (8.42). Wenn also ein Photon absorbiert oder emittiert wird, muss sich der Drehimpuls des Atoms, ausgedrückt durch die Drehimpulsquantenzahl $l$, entsprechend ändern. Daraus folgt, dass diese Vorgänge nur möglich sind, wenn sie die *Auswahlregeln* $\Delta l = -1, +1$ und $\Delta m_l = -1, 0, +1$ erfüllen. Wenn man dies berücksichtigt, ergibt sich das *Termschema* des Wasserstoffatoms, das in Bild 8.26 dargestellt ist. Dort sind die Energieniveaus bei verschiedenen $n$ und $l$ aufgetragen. (Nur beim Wasserstoffatom sind die Energieniveaus unabhängig von $l$. Bei anderen Atomen gilt dies nicht mehr, was eine große Rolle beim Aufbau der Atomhüllen spielt, siehe Abschnitt 8.2.4.) Die Auswahlregeln führen nun dazu, dass die Übergänge nicht mehr als senkrechte, sondern als schräge Linien zwischen jeweils verschiedenen Werten von $l$ erscheinen. Bemerkenswert ist, dass es aus dem Zustand $n = 2$, $l = 0$ wegen der Auswahlregeln keinen direkten Übergang zu niedrigerer Energie gibt. Dieser angeregte Zustand ist daher besonders langlebig.

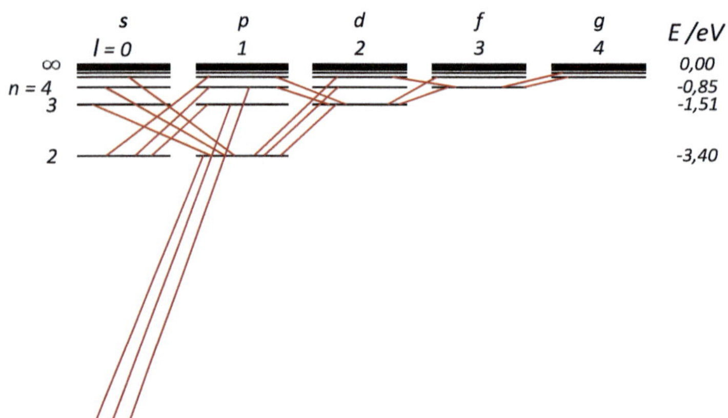


**Bild 8.26** Termschema des Wasserstoffatoms mit einigen möglichen Übergängen

**Beispiel**

Die Emissions-Spektrallinie $H_\alpha$ des Wasserstoffs liegt mit einer Wellenlänge von $\lambda_{H_\alpha} = 656$ nm im roten Bereich des sichtbaren Spektrums. Durch welchen Übergang im Wasserstoffatom wird sie erzeugt?

Die Photonenenergie der $H_\alpha$-Strahlung beträgt nach Gl. (8.2)

$E_{\gamma,H_\alpha} = \frac{hc}{\lambda_{H_\alpha}} = 3{,}03 \cdot 10^{-19}\ \mathrm{J} = 1{,}89\ \mathrm{eV}$. Der Übergang 2 - 1 der Lyman-Serie im Wasserstoff-Atom entspricht nach Gl. (8.50) dem Energiebetrag

$\left|\Delta E_{21}\right| = \left|E_1 - E_2\right| = \left|E_0 \cdot \left(\frac{1}{2^2} - \frac{1}{1^2}\right)\right| = 10{,}2\ \mathrm{eV}$. Alle weiteren Übergänge der Lyman-Serie haben höhere Energien, sodass die $H_\alpha$-Linie nicht zu dieser Serie gehören kann.

Der Übergang 3 - 2 der Balmer-Serie entspricht

$\left|\Delta E_{32}\right| = \left|E_2 - E_3\right| = \left|E_0 \cdot \left(\frac{1}{3^2} - \frac{1}{2^2}\right)\right| = 1{,}89\ \mathrm{eV}$. Die $H_\alpha$-Strahlung entsteht also bei diesem Übergang. ■

## Magnetisches Dipolmoment des Elektrons und Spin-Bahn-Wechselwirkung

Bei genauerer Betrachtung der Energieniveaus durch Analyse der Spektren der Übergangsstrahlung stellt man fest, dass die Energie auch beim Wasserstoffatom nicht allein durch die Hauptquantenzahl festgelegt ist. Dies beruht auf der Wechselwirkung der magnetischen Felder und Dipolmomente von Bahnbewegung und Spin.

Ein Elektron erzeugt mit seiner Bewegung um den Kern wie jede bewegte Ladung ein Magnetfeld, das sich durch ein magnetisches Dipolmoment charakterisieren lässt. Obwohl die Bewegung an sich quantenphysikalisch betrachtet werden muss, kann mit einer klassischen Überlegung der Zusammenhang zwischen dem Drehimpuls des Elektrons auf seiner Bahnbewegung und dem resultierenden magnetischen Moment hergestellt werden. Stellt man sich das Elektron als einen Körper der Masse $m_e$ vor, der den Kern im Abstand $r$ mit der Winkelgeschwindigkeit $\omega$ umkreist, so beträgt sein Drehimpuls $L = m_e r^2 \omega$. Wegen seiner Ladung $e$ entspricht dies einem Kreisstrom $I = \frac{e}{T} = \frac{e\omega}{2\pi}$, der mit dem magnetischen Dipolmoment $\mu = \pi r^2 I = r^2 \frac{e\omega}{2}$ verbunden ist.[2] Mit dem Drehimpuls erhält man daraus $\mu = \frac{e}{2m_e} L$.

Im Atom ist der Betrag des *Bahndrehimpulses* des Elektrons nach Gl. (8.40) mit der Quantenzahl $l$ quantisiert. Dementsprechend gilt für den Betrag des magnetischen Dipolmoments $\mu_L = \sqrt{l(l+1)} \frac{e\hbar}{2m_e}$ mit $l = 0, 1, 2, \ldots, n-1$. Seine $z$-Komponente nach Gl. (8.41) ergibt das

Magnetisches Dipolmoment der Bahnbewegung des Elektrons

$$\mu_L = m_l \frac{e\hbar}{2m_e} = m_l \mu_B \tag{8.53a}$$

[2] In diesen Zusammenhängen wird für das magnetische Dipolmoment das Symbol $\mu$ verwendet, nicht das Symbol $m$ wie in der Elektrodynamik, um Verwechslungen mit dem Symbol für die Masse zu vermeiden.

$$m_l = -l,\ (-l+1),\ \ldots,\ 0,\ \ldots,\ (l-1),\ l \tag{8.53b}$$

$\mu_B$ wird bezeichnet als

**Bohr'sches Magneton**

$$\mu_B = \frac{e\hbar}{2m_e} \approx 9{,}27\cdot 10^{-24}\ \mathrm{A\ m^2} \approx 5{,}79\cdot 10^{-5}\ \mathrm{eV\ T^{-1}} \tag{8.54}$$

Wegen der negativen Ladung des Elektrons ist das magnetische Dipolmoment dem Bahndrehimpuls entgegengesetzt gerichtet.

Das Elektron hat den Spin 1/2, d. h. einen Eigendrehimpuls mit einer *z*-Komponente $s_z = \pm\frac{1}{2}\hbar$. Es handelt sich also, klassisch betrachtet, um einen rotierenden Körper, der wegen seiner Ladung ein eigenes magnetisches Dipolmoment hat. Allerdings lässt sich dieses nicht wie oben beim Bahndrehimpuls mit einer klassischen Analogie ableiten, da man keinen Radius des Elektrons angeben kann. Dirac (P. Dirac, 1902–1984, Nobelpreis 1933) zeigte mit einer Verknüpfung der Quantenphysik und der speziellen Relativitätstheorie, dass das magnetische Moment des Elektrons gegeben ist durch

Magnetisches Dipolmoment des Elektron-Spins

$$\mu_S = \frac{1}{2}\cdot g_e \frac{e\hbar}{2m_e} = \frac{1}{2}\cdot g_e \mu_B \tag{8.55}$$

mit dem *gyromagnetischen Faktor* $g_e$, für den Dirac den Wert $g_e = 2$ herleitete. Quantenelektrodynamische Rechnungen ergeben inzwischen einen Wert von $g_e \approx 2{,}002\,319\ldots$, der bis auf beachtliche 12 Dezimalstellen (hier nicht angegeben) mit experimentellen Messungen übereinstimmt.

Wie beim Bahndrehimpuls ist auch hier die Richtung des magnetischen Dipolmoments entgegengesetzt zum Spin.

Der Einfluss der magnetischen Verhältnisse auf die Energieniveaus lässt sich nun mit einer halbklassischen Überlegung begründen. Vom Bezugssystem eines Elektrons aus betrachtet bewegt sich der Kern mit seiner Ladung auf einer Kreisbahn um das Elektron. Dies entspricht einem Kreisstrom, der am Ort des Elektrons ein Magnetfeld in Richtung des Bahndrehimpulses des Elektrons erzeugt. Die Stärke des Magnetfeldes hängt von der Ladung des Kerns und vom Bahndrehimpuls ab. Die Energie des Elektrons in diesem Magnetfeld ist kleiner, wenn sein magnetisches Dipolmoment in Richtung dieses Feldes gerichtet ist und größer im umgekehrten Fall; mit dem Gesamtdrehimpuls ausgedrückt also kleiner für $j = l - \frac{1}{2}$, größer für $j = l + \frac{1}{2}$. Dieser Umstand wird als *Spin-Bahn-Kopplung* bezeichnet. Beim Elektron im Wasserstoffatom mit $n = 2$, $l = 1$ beträgt die Energiedifferenz zwischen den Niveaus $2p_{1/2}$ und $2p_{3/2}$ ca. $4{,}5\cdot 10^{-5}$ eV, ist also viel kleiner als der Energieunterschied zwischen zwei Niveaus mit unterschiedlichen Hauptquantenzahlen. Die entsprechende Aufspaltung der Spektrallinien heißt deshalb *Feinstruktur*. Sie spaltet die Spektrallinie beim Übergang $n = 2 \rightarrow 1$ in der Frequenz der Strahlung um etwa $\pm 5\cdot 10^9$ Hz, in der Wellenlänge entsprechend um ±0,6 pm auf (zu vergleichen mit den Werten $\Delta E_{12}$, $f_{12}$, $\lambda_{12}$ im Anschluss an Gl. (8.51)). Die Aufspaltung nimmt mit zunehmender Kernladung schnell zu. Bei Natrium mit $Z = 11$ führt sie zur Na-Doppellinie mit $\Delta\lambda \approx 0{,}6$ nm (siehe Bild 8.32).

**Merke**

Die magnetische Wechselwirkung zwischen Bahndrehimpuls und Spin eines Elektrons (Spin-Bahn-Kopplung) bewirkt eine Aufspaltung der Energieniveaus. Die daraus folgende Aufspaltung der Spektrallinien wird als Feinstruktur bezeichnet.

Die Beobachtung der Spektrallinien gegen Ende des 19. und Anfang des 20. Jahrhunderts war, wie oben erwähnt, einer der Auslöser zur Entwicklung der Quantenphysik. Aber natürlich wurden auch schon Modelle dazu entwickelt, die auf der klassischen Physik fußten, bevor in den Zwanziger-Jahren des 20. Jahrhunderts das Verhalten der Atome durch die Quantenphysik erklärt werden konnte. Das erfolgreichste und bekannteste dieser Modelle wurde 1913 von Bohr vorgestellt. Das Modell basiert auf seinen zur damaligen Zeit revolutionären Postulaten und soll hier kurz dargestellt werden.

## Das Bohr'sche Atommodell

Sieht man zunächst von dem Problem der Strahlung einer beschleunigten Ladung ab, so lässt sich mit klassischer Mechanik die Energie eines Elektrons berechnen, das sich auf einer Kreisbahn mit dem Radius $r$ unter Einfluss der vom Kern ausgeübten Coulomb-Kraft bewegt:

$$E = -\frac{1}{2}\frac{1}{4\pi\varepsilon_0}\frac{Ze^2}{r} \tag{8.56}$$

Um nun die Schwierigkeiten der klassischen Physik mit der strahlungslosen Kreisbewegung der Elektronen im Atom zu umgehen, stellte Bohr das *erste Postulat* auf, nach dem sich ein Elektron auf bestimmten, stationären und stabilen Kreisbahnen mit einer bestimmten Energie bewegen kann, ohne zu strahlen.

Nach seinem *zweiten Postulat* soll Strahlung nur beim Wechsel zwischen zwei Kreisbahnen absorbiert oder emittiert werden, unter Beachtung des Energieerhaltungssatzes, sodass gilt

$$h \cdot f_{12} = E_1 - E_2 \tag{8.57}$$

$E_1$ und $E_2$ sind die Energien des Anfangs- und des Endzustandes.

Nun war das Ziel seiner Überlegungen, die damit berechneten Frequenzen den beobachteten und z. B. durch die Regel von Balmer beschriebenen anzugleichen. Dies erreichte er mit seinem *dritten Postulat*, welches aussagt, dass der Drehimpuls des Elektrons auf einer der stabilen Kreisbahnen gleich einem ganzzahligen Vielfachen von $\hbar = \frac{h}{2\pi}$ ist:

$$L_n = m_e v_n r_n = n\hbar \tag{8.58}$$

mit $n = 1, 2, 3, \ldots$.

Das ist gleichbedeutend damit, dass der Umfang einer solchen Kreisbahn gleich einem ganzzahligen Vielfachen der Länge der Materiewelle des Elektrons ist.

Auf Grundlage dieser Postulate ergibt sich für die Radien der stationären Elektronenbahnen

$$r_n = \frac{a_0}{Z} n^2 \tag{8.59}$$

mit $n = 1, 2, 3, \ldots$.

mit dem aus Gl. (8.46) bekannten Bohr'schen Radius $a_0$.

Dies entspricht für $n = 1$ genau dem oben in Gl. (8.45) angegebenen quantenphysikalisch begründeten Wert für den mittleren Abstand des Elektrons vom Kern im Grundzustand. Auch für höhere Werte von $n$, speziell bei den Orbitalen mit jeweils maximaler Drehimpulsquantenzahl, ist die Übereinstimmung gut, wenn auch nicht mehr exakt.

Die Postulate wurden mit dem Ziel aufgestellt, daraus die Regeln von Balmer und anderen für die Frequenzen der Spektrallinien ableiten zu können. Diese ergeben sich umgekehrt demnach also folgerichtig, wenn man den Radius $r_n$ aus Gl. (8.59) zur Berechnung der Energie in Gl. (8.56) verwendet und dann mit Gl. (8.57) die Frequenz aus der Energieänderung beim Übergang zwischen zwei stationären Bahnen berechnet.

Obwohl das Bohr'sche Atommodell zunächst den Eindruck macht, das Verhalten der Atome anschaulich deuten zu können, hat es doch schwerwiegende prinzipielle Schwächen: Die Existenz stationärer Elektronenbahnen und die Quantisierung des Elektronendrehimpulses wird nicht begründet, sondern lediglich im Hinblick auf das angestrebte Ergebnis postuliert. Außerdem zeigte sich, dass sich dieses Modell nicht auf Atome mit mehr als einem Elektron erweitern lässt.

Die Beschreibung der atomaren Vorgänge ist nur quantenphysikalisch möglich, so wie dies in Abschnitt 8.2.2 vorgestellt wurde, auch wenn ein unmittelbar anschauliches Bild dabei verloren geht.

### 8.2.4 Aufbau der Atomhüllen der Elemente

Die chemischen Eigenschaften der Elemente beruhen auf der Anzahl der Elektronen in den Atomhüllen, die der Anzahl der Protonen im Atomkern entspricht. Den Elektronen stehen die oben beschriebenen Zustände zur Verfügung. Die große Vielfalt der chemischen Eigenschaften der Elemente beruht nun entscheidend auf einer Regel, die wiederum nur quantenphysikalisch zu begründen ist. W. Pauli (1900–1958, Nobelpreis 1945) stellte 1925 auf der Grundlage von Überlegungen zu Symmetrieeigenschaften von Quantenzuständen das Pauli'sche Ausschließungsprinzip (kurz: Pauli-Prinzip) auf, das in der allgemeinen Form lautet:

> **Merke**
>
> **Pauli'sches Ausschließungsprinzip**
>
> Jeder Quantenzustand kann nur durch maximal ein Fermion (Teilchen mit einem halbzahligen (1/2, 3/2, ...) Spin) besetzt werden.

Speziell für das Atom bedeutet das:

> **Merke**
>
> Jeder Zustand im Atom, gekennzeichnet durch einen bestimmten Satz der Werte von $n$, $l$, $m_l$, $m_s$, kann nur durch maximal **ein** Elektron besetzt werden.

Demnach kann jeder der in Tabelle 8.1 aufgeführten Zustände von nur einem Elektron besetzt werden. In Atomen mit mehreren Elektronen müssen sich diese auf verschiedene Zustände verteilen, was letzten Endes zu den unterschiedlichen chemischen Eigenschaften der Elemente führt, die sich im Periodensystem der Elemente widerspiegeln.

D. I. Mendelejew (1834–1907) und L. Meyer (1830–1895) fanden unabhängig voneinander, dass sich die damals bekannten chemischen Elemente nach ihrer relativen Atommasse und ihren chemischen Eigenschaften in ein einheitliches System bringen lassen. 1869 stellten sie es gemeinsam als das Periodensystem der Elemente vor.

Im hinteren Einbanddeckel des Buches findet sich eine moderne, um die seitdem entdeckten bzw. künstlich erzeugten Elemente ergänzte Version. Darin ist neben dem Elementsymbol angegeben:

- die Ordnungszahl oder Kernladungszahl $Z$, die die Anzahl der Protonen im Kern und damit die der Elektronen angibt,
- die relative Atommasse $A_r$ (bei radioaktiven Elementen in Klammern die eines wichtigen Isotops), die gerundet der Massenzahl $A$ entspricht,
- die *Elektronenkonfiguration* (s. u.).

Man unterscheidet sieben Perioden (in den Zeilen) mit je acht Gruppen (in den Spalten), in denen sich nicht nur die chemischen, sondern auch die physikalischen Eigenschaften in gewisser Weise wiederholen. Dies erkennt man z. B. an den Atomradien, wenn auch der Radius eines Atoms schwer zu definieren ist und nicht für alle Atome in der gleichen Weise bestimmt werden kann (das soll aber hier nicht vertieft werden). Deren Abhängigkeit von der Ordnungszahl ist in Bild 8.27 dargestellt. Die mit Abstand größten Radien findet man bei den sehr reaktiven Alkalimetallen (Li, Na, ...), dazwischen nehmen sie innerhalb einer Periode ab bis zum nächsten Alkali-Metall. Auch in den Ionisierungsenergien (Bild 8.28) treten entsprechende Wiederholungen zutage mit den größten Werten bei den Edelgasen (He, Ne, ...) und den kleinsten bei den Alkalimetallen.

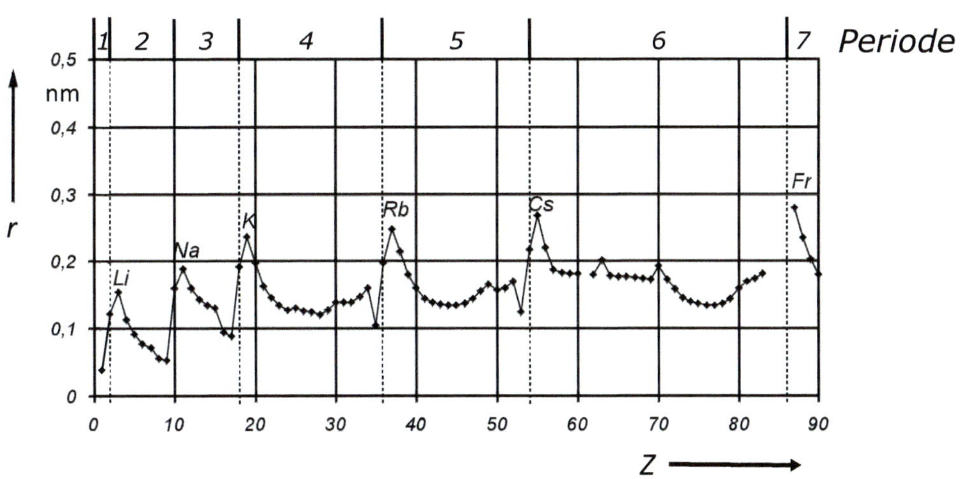


**Bild 8.27** Atomradien der Elemente

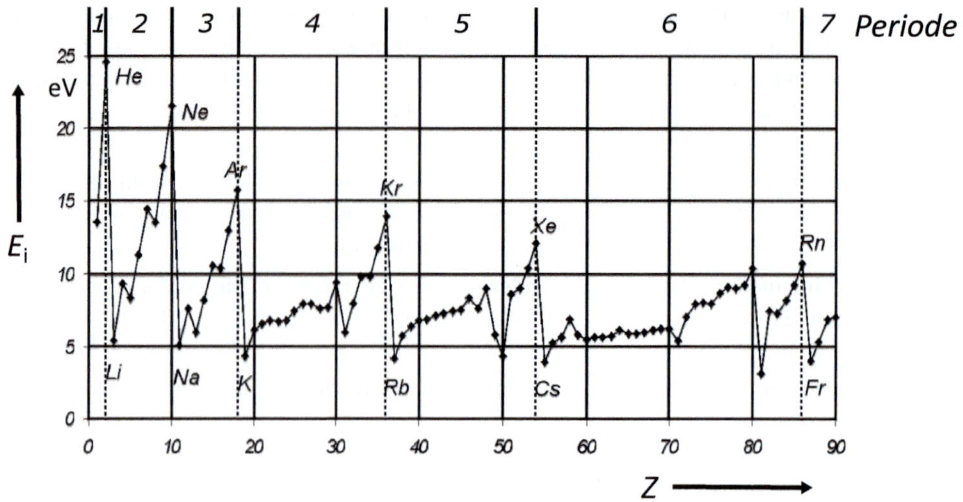


**Bild 8.28** Ionisierungsenergien der Elemente

Der Aufbau des Periodensystems spiegelt die Struktur der nach den Regeln der Quantenphysik aufgebauten Elektronenhülle wider. Diese Struktur beruht im Prinzip allerdings nicht allein auf der elektromagnetischen Wechselwirkung zwischen Elektronen und Kern, wovon man beim Ein-Elektron-Atom ausgeht, sondern auch auf der Wechselwirkung der Elektronen untereinander. Diese ist natürlich umso stärker, je mehr Elektronen vorhanden sind und je größer ihre Teilchendichte (Anzahl/Volumen) im Atom ist. Diese Teilchendichte kann erheblich variieren, wie man aus Bild 8.27 erkennen kann: Das Blei-Atom mit 82 Elektronen nimmt in etwa den gleichen Raum ein wie das Lithium-Atom mit 3 Elektronen. Trotz der Wechselwirkung zwischen den Elektronen aber können die Zustände der Elektronen auch unter diesen Umständen durch die Quantenzahlen $n$, $l$, $m_l$, $m_s$ beschrieben werden können. Das in Tabelle 8.1 dargestellte Schema gilt also für alle Elektronen im Atom.

Für die Benennung der Zustände hat sich die folgende Notation eingebürgert. Zustände mit einer der Hauptquantenzahlen $n = 1, 2, 3, 4, 5, 6, 7$ werden zusammengefasst zu einer sogenannten Schale, die häufig mit dem entsprechenden Buchstaben K, L, M, N, O, P, Q bezeichnet wird. (Der Begriff „Schale" ist dabei etwas irreführend, da sich die Elektronen, wie oben gezeigt wurde, nicht in einem bestimmten Abstand vom Kern aufhalten. Da sich aber das Maximum der Aufenthaltswahrscheinlichkeit mit zunehmender Hauptquantenzahl nach außen verschiebt, hat der Begriff eine gewisse Berechtigung.) Zu jeder Schale gehören sogenannte Unterschalen, die sich durch ihre Drehimpulsquantenzahl $l$ mit den mögliche Werte nach Gl. (8.40) unterscheiden. Wie oben schon erwähnt, werden für die Werte von $l = 0, 1, 2, 3, 4$ die Buchstaben s, p, d, f, g verwendet. Will man die Anzahl der Elektronen angeben, die sich in einer Unterschale befinden, die also denselben Drehimpuls haben, so schreibt man diese Zahl hochgestellt hinter den Buchstaben der Unterschale. Die Angabe der besetzten Zustände in einem Atom, dessen sogenannte *Elektronenkonfiguration*, sieht dann z. B. so aus: $1s^2\,2s^2\,2p^5$. Das entspricht einem Atom mit 2 Elektronen in der K-Schale mit $l = 0$ sowie in der L-Schale 2 Elektronen mit $l = 0$ und 5 Elektronen mit $l = 1$ (also einem Fluor (F)-Atom im Grundzustand). In verkürzter Schreibweise wird häufig für eine abgeschlossene Schale der Name des entsprechenden Edelgases in [ ] angegeben. Für F also: [He] $2s^2\,2p^5$.

Wie oben festgestellt, können die Zustände trotz der gegenseitigen Wechselwirkung der Elektronen durch die vier Quantenzahlen gekennzeichnet werden. Die räumliche Verteilung der Elektronen, also ihre durch die Wellenfunktion gegebene ortsabhängige Aufenthaltswahrscheinlichkeitsdichte, hat aber großen Einfluss auf die Werte der Energieniveaus. So wird für Elektronen in „äußeren" Schalen die Ladung des Kerns durch Elektronen in „inneren" Schalen teilweise abgeschirmt. Da sich die „äußeren" Elektronen aber mit einer gewissen Wahrscheinlichkeit auch innerhalb der „inneren" Schalen aufhalten, hängt die Wirkung dieser Abschirmung stark von der räumlichen Verteilung der Elektronen ab. Diese wird wesentlich durch ihren Drehimpuls, ausgedrückt durch die Quantenzahl $l$, bestimmt, wie man z. B. an Bild 8.22 und Bild 8.23 sieht. Die Werte der Energieniveaus in „äußeren" Schalen bei besetzten „inneren" Schalen sind also außer von der Hauptquantenzahl $n$ auch von der Drehimpulsquantenzahl $l$ abhängig.

Bild 8.29 zeigt die Verhältnisse qualitativ.

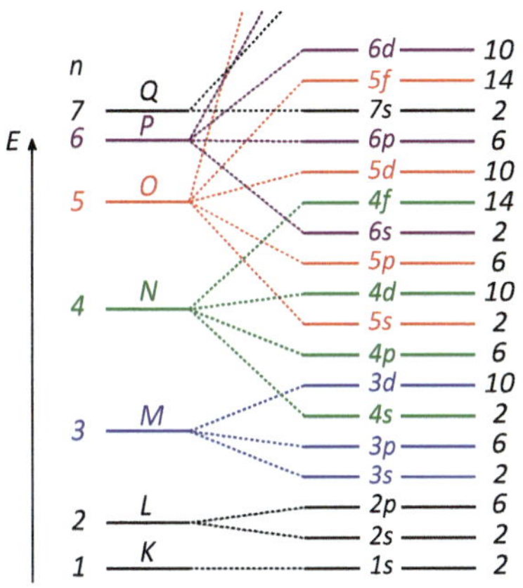


**Bild 8.29**
Abfolge der Energieniveaus in Abhängigkeit von $n$ und $l$ bei besetzten Zuständen (schematisch), schwarze Zahlen in der letzten Spalte: Anzahl der Zustände

Wenn man sich den Aufbau der Atomhülle eines Atoms vorstellt wie das schrittweise Hinzufügen von einzelnen Elektronen in die vorhandenen Zustände, so ist zunächst das Pauli-Prinzip zu berücksichtigen. Dies wird ergänzt durch die Regel, dass die Zustände in der Reihenfolge zunehmender Energie besetzt werden (wobei zu beachten ist, dass die Zustandsenergien selber auch vom Grad der Besetzung abhängen). Das wiederum hat zur Folge, dass in einer Unterschale die Zustände mit unterschiedlichen magnetischen Quantenzahlen $m$ zunächst alle mit jeweils einzelnen Elektronen mit derselben Spin-Richtung bzw. -Quantenzahl besetzt werden. Erst dann werden sie nacheinander durch ein zweites Elektron mit entgegengesetztem Spin besetzt.

Die Elektronenkonfigurationen der Elemente, die sich aus diesen Regeln ergeben, sind im Periodensystem (s. hinterer Einbanddeckel) angegeben. Auf das Wasserstoffatom mit der Konfiguration $1s^1$ folgen der Reihe nach die Atome:

Helium ($Z = 2$): Die Unterschale 1s nimmt ein zweites Elektron mit entgegengesetztem Spin auf. Es sind zwei Orbitale vorhanden, die sich gegenseitig durchdringen. Die K-Schale ist damit vollständig besetzt. Konfiguration: $1s^2$.

Lithium ($Z = 3$): Das dritte Elektron wird in die Unterschale 2s eingebaut, sie entspricht dem nächsten Energieniveau. Es befindet sich vorwiegend im äußeren Teil des Orbitals 2s (siehe Bild 8.22). Konfiguration: $1s^2\,2s^1$ bzw. [He] $2s^1$.

Beryllium ($Z = 4$): Das 4. Elektron kommt mit entgegengesetztem Spin in die Unterschale 2s, die damit gefüllt ist. Konfiguration: $1s^2\,2s^2$ bzw. [He] $2s^2$.

Bor ($Z = 5$): In der Unterschale 2p wird eine der drei Zustände mit $m_l = -1, 0, +1$ mit dem 5. Elektron besetzt. Konfiguration: $1s^2\,2s^2\,2p^1$ bzw. [He] $2s^2\,2p^1$.

Kohlenstoff ($Z = 6$): Nach dem Prinzip des parallelen Spins wird ein weiterer der 2p-Zustände mit $m_l = -1, 0, +1$ mit einem Elektron derselben Spin-Richtung belegt. Somit sind zwei rechtwinklig zueinander stehende 2p-Orbitale (z. B. mit $m_l = -1$ und $m_l = 0$) vorhanden. Konfiguration: $1s^2\,2s^2\,2p^2$ bzw. [He] $2s^2\,2p^2$.

Stickstoff ($Z = 7$): Das nächste Elektron belegt das zu den beiden anderen rechtwinklig stehende Orbital mit $m_l = +1$, die 2p-Orbitale des Stickstoffatoms in etwa die in Bild 8.30 gezeigte Form haben. Konfiguration: $1s^2\,2s^2\,2p^3$ bzw. [He] $2s^2\,2p^3$.

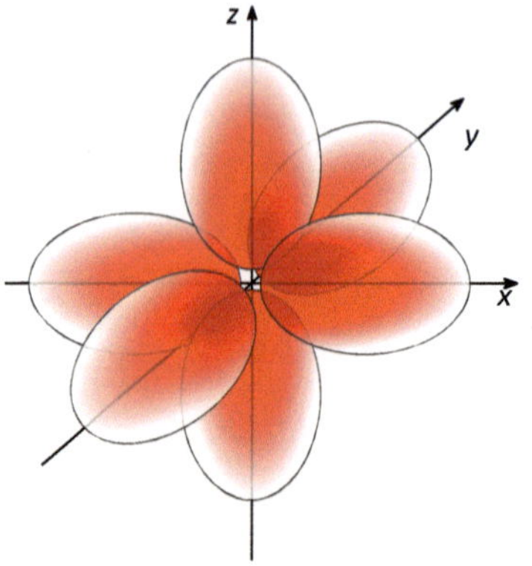


**Bild 8.30**
Räumlich Anordnung der 2p-Orbitale mit $m_l = +1, 0, -1$ im Stickstoffatom

Sauerstoff bis Neon ($Z = 8 \ldots 10$): Die drei genannten 2p-Orbitale werden mit je einem Elektron der entgegengesetzten Spin-Richtung ergänzt. Die L-Schale ist bei Ne vollständig besetzt. Konfigurationen [He] $2s^2\,2p^4 \ldots$ [He] $2s^2\,2p^6$.

Natrium ($Z = 11$): Das 11. Elektron des Natriums belegt einen Zustand in der Unterschale 3s. Das entsprechende Orbital besteht aus drei konzentrischen Kugelschalen, wobei sich das Elektron vorzugsweise in dem am weitesten außen liegenden Teil aufhält. Konfiguration: $1s^2\,2s^2\,2p^4\,3s^1$ bzw. [Ne] $3s^1$.

Bei höheren Ordnungszahlen treten zunehmend Abweichungen von diesem regelmäßigen Verlauf auf, entsprechend der Abfolge der Energieniveaus gemäß Bild 8.29, beginnend mit Kalium ($Z = 19$). Im Argon-Atom ($Z = 18$) sind die K- und die L-Schale, sowie die 3s- und die 3p-Unterschale vollständig besetzt (Konfiguration: [Ne] $3s^2\,3p^6$). Das für Kalium hinzu kommende Elektron besetzt aber nun nicht einen Zustand in der 3d-Unterschale, sondern einen in der 4s-Unterschale, da dessen Energie niedriger ist als in der 3d-Unterschale. Das führt zu der Konfiguration [Ne] $3s^2\,3p^6\,4s^1$.

Die Elektronenkonfiguration liegt den chemischen Eigenschaften der Elemente zugrunde, nach denen das Periodensystem konstruiert ist. So findet man z. B. bei den *Alkali-Metallen* (Li, Na, K, Rb, Cs), der ersten Gruppe im Periodensystem, immer ein einzelnes Elektron in einer neuen Hauptschale ($2s^1$ in Li, $3s^1$ in Na usw.). Dieses Elektron ist nur schwach gebunden, da zum einen sein Abstand zum Kern relativ groß ist und zum anderen die Kernladung durch die darunter liegenden Schalen zum großen Teil abgeschirmt wird. Daher rühren der große Atomradius (Bild 8.27), die niedrige Ionisierungsenergie (Bild 8.28) und die hohe chemische Reaktivität der Alkali-Metalle.

Die Elemente der vorletzten Gruppe im Periodensystem, die *Halogene* (F, Cl, Br, I, At), tragen ihren Namen (griechisch für „Salzbildner") danach, dass sie heftig mit Alkali-Metallen unter Bildung von Salzen reagieren, z. B. zum Kochsalz NaCl. Bei diesen Atomen ist jeweils die letzte p-Unterschale bis auf einen Platz gefüllt, sodass ein zusätzliches Elektron stark gebunden werden kann. Zusammen mit einem Alkali-Atom entsteht dann ein Paar aus einem positiven und einem negativen Ion (z. B. $Na^+Cl^-$).

Elemente der letzten Gruppe, die *Edelgase* (He, Ne, Ar, Kr, Rn) gehen praktisch keine Verbindungen mit anderen Elementen ein. Die äußerste p-Unterschale ist hier komplett gefüllt, alle Elektronen sind gleich stark gebunden und ein weiteres Elektron kann nicht aufgenommen werden. In Folge nimmt die Ionisierungsenergie maximale Werte an (Bild 8.28). Auch die Bindungen der Atome untereinander sind so schwach, dass diese Stoffe unter Normalbedingungen gasförmig vorliegen. Besonders ausgeprägt ist dies bei Helium, das mit $T = 4{,}2$ K den niedrigsten Siedepunkt aller Stoffe hat und selbst bei Annäherung an den absoluten Temperaturnullpunkt nicht fest wird, außer unter hohem Druck.

Bei den *Übergangselementen* (mit $Z = 21\ldots30$, $39\ldots48$, $72\ldots80$), zu denen Metalle wie Ti, Fe, Mo, Ag, W, Au gehören, werden nach Beginn der nächsten Hauptschale mit der Besetzung der beiden s-Zustände zunächst die noch nicht belegten Energieniveaus in der d-Unterschale der darunter liegenden Hauptschale gefüllt. Beispielsweise werden, nachdem bei Calcium die 4s-Zustände besetzt sind, zuerst die noch freien 3d-Zustände besetzt, beginnend mit Scandium. Die Eigenschaften der Elemente werden aber nun wesentlich durch die räumlich äußeren Elektronen geprägt. Demzufolge zeigen die Übergangselemente untereinander sehr ähnliche chemische Verhaltensweisen. Ähnliches gilt für die Gruppen der Lanthaniden (auch „Seltene Erden" genannt) ($Z = 57\ldots71$) und der Actiniden ($Z = 89\ldots103$).

**Merke**

Die Elektronenkonfiguration eines Atoms, d. h. die Besetzung der Zustände mit Elektronen, wird bestimmt durch die energetische Lage der Zustände und durch das Pauli-Prinzip. Auf der Elektronenkonfiguration beruhen die physikalischen und chemischen Eigenschaften des Atoms und damit die Position des Elements im Periodensystem.

### 8.2.5 Strahlungs- und Absorptionsprozesse

Bei der Wechselwirkung der Photonen elektromagnetischer Strahlung mit Atomen sind verschiedene Vorgänge möglich, die mit der Existenz der atomaren Zustände und der Energieniveaus verknüpft sind. Die oben in Abschnitt 8.2.3 erwähnte Absorption eine Photons, bei der die Energie des Photons der Energiedifferenz zweier Zustände entspricht, wird auch als *resonante Absorption* bezeichnet. Die Emission eines Photons wird *spontane Emission* genannt, wenn der Übergang des Elektrons vom höheren ins niedrigere Niveau ohne äußeres Zutun erfolgt. Die Vorgänge sind schematisch in Bild 8.31a, b dargestellt. Es kann auch geschehen, dass das Elektron bei der Absorption über mehrere Energieniveaus hinweg angehoben wird, dann seine Energie aber stufenweise, d. h. über mehrere Zwischenzustände abgibt (Bild 8.31c).

Bei dieser sogenannten *Fluoreszenz* ist die Energie der emittierten Photonen geringer ist als die der absorbierten. Damit wird z. B. in Leuchtstoffröhren oder Weißlicht-LEDs (siehe Abschnitt 9.3.2) durch Gasentladung oder Rekombination erzeugtes kurzwelliges Licht in sichtbares Licht umgewandelt. Während bei der Fluoreszenz der Emissionsvorgang in der Regel sehr schnell, innerhalb von Nanosekunden, erfolgt, gibt es langlebige angeregte, sogenannte *metastabile Zustände*, die die Energie vor der Emission über Sekunden bis Minuten speichern. Diese verzögerte Abgabe von Licht heißt dann *Phosphoreszenz*.

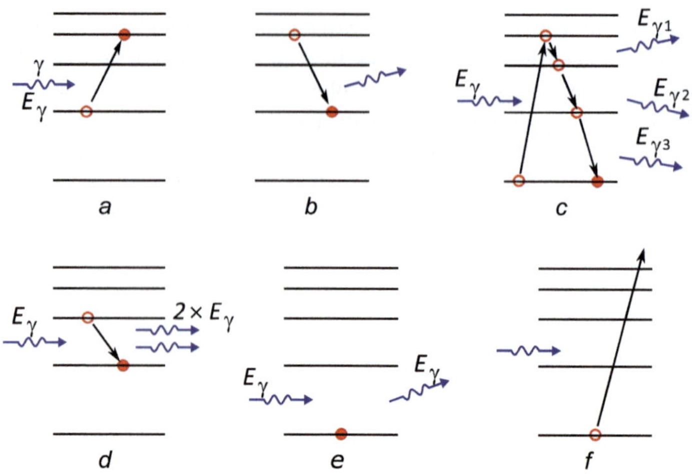


**Bild 8.31** Strahlungsprozesse: (a) Resonanzabsorption, (b) spontane Emission, (c) Fluoreszenz/ Phosphoreszenz, (d) stimulierte Emission, (e) elastische Streuung, (f) photoelektrischer Effekt

Ein ebenfalls technologisch wichtiger Vorgang ist der der *stimulierten Emission* (Bild 8.31d). Hierbei wird ein Übergang zwischen zwei Zuständen mit der Emission eines Photons durch ein einfallendes Photon derselben Energie angeregt. Beide Photonen haben danach dieselbe Richtung und sind phasengleich. Dieser Vorgang liegt der Funktion des Lasers zugrunde (siehe Abschnitt 8.2.6).

Ist die Energie des einfallenden Photons geringer als eine zulässige Übergangsenergie zwischen Zuständen, so kann das Photon nicht absorbiert werden, sondern wird *elastisch*, d. h. ohne Änderung seiner Energie *gestreut* (Bild 8.31e). Sind die Strahlungswellenlängen viel größer als das Atom, wie es z. B. beim sichtbaren Licht der Fall ist, so kann die Streuung mit klassischer Elektrodynamik berechnet werden. Ein Beispiel ist die in Abschnitt 6.7.2 behandelte Rayleigh-Streuung.

Übersteigt die Photonenenergie die Ionisationsenergie des Atoms kommt es zum *photoelektrischen Effekt*, bei dem das Atom ionisiert wird (Bild 8.31f).

Die Anregung von Atomen kann nicht nur durch Absorption von Photonen geschehen, sondern auch durch Stöße z. B. mit Elektronen. So wird in Leucht(stoff)röhren ein Gasentladungsplasma erzeugt, das Elektronen ausreichender Energie enthält, durch die die Atome des Gases angeregt werden. In Röntgenröhren trifft ein Strahl elektrisch beschleunigter Elektronen auf ein Metall, dessen Atome dadurch angeregt werden.

## Übergänge mit sichtbaren Spektrallinien

Ein oft verwendeter Typ von Leuchtröhren ist die Natriumdampf-Röhre, die gelbes Licht abgibt. Wie der Name sagt, enthält sie als Gas Natriumdampf, dessen Atome durch die Elektronen einer Gasentladung zu vielen verschiedenen Zuständen angeregt werden. Das Termschema von Natrium zeigt Bild 8.32 mit den aufgrund der Auswahlregeln erlaubten Übergängen, an denen die entsprechenden Lichtwellenlängen vermerkt sind. Das Na-Atom hat im Grundzustand die Elektronenkonfiguration $1s^2\,2s^2\,2p^6\,3s^1$ mit vollständig gefüllter K- und L-Schale sowie einem Elektron in der M-Schale. Sie hat große Ähnlichkeit mit der Konfiguration des Wasserstoffatoms, da die abgeschlossenen Schalen für ein kugelsymmetrisches Potential sorgen und ihr Spin insgesamt null ist. Es ergibt sich für das einzelne Elektron in der M-Schale daher ein ähnliches Termschema wie beim Wasserstoffatom, insbesondere auch mit der dort schon besprochenen Spin-Bahn-Kopplung in der 3p-Unterschale (s. Abschnitt 8.2.2). Der Zustand mit gleich gerichtetem Spin und Bahndrehimpuls, bezeichnet mit $p_{3/2}$ hat eine etwas höhere Energie als der Zustand $p_{1/2}$, bei dem die beiden Größen einander entgegengesetzt gerichtet sind.

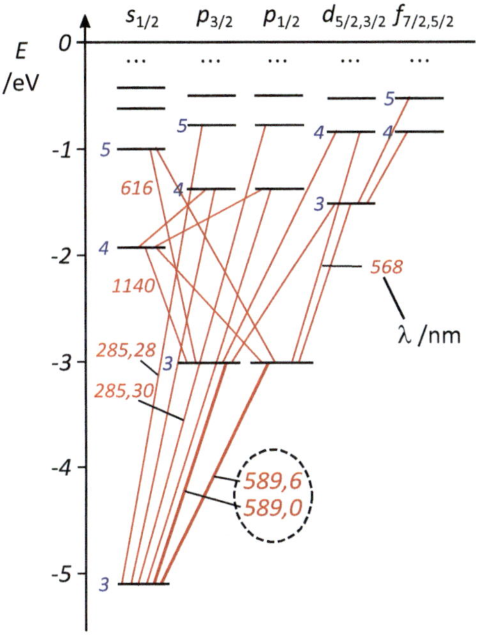


**Bild 8.32**
Termschema von Natrium, rot: Wellenlängen (nm) einiger Übergänge, markiert: gelbe Doppellinie, die Aufspaltung in der Energie der 3p-Zustände durch Spin-Bahn-Kopplung ist in diesem Maßstab nicht darstellbar, blau: Hauptquantenzahlen

Im Bereich des sichtbaren Lichtes (380…750 nm) leuchten die Übergänge von den beiden 3p-Zuständen in den Grundzustand besonders intensiv, da Elektronen aus den meisten Zuständen höherer Energie vor dem Übergang in den Grundzustand zunächst in die 3p-Zustände übergehen. Bei genauerer Betrachtung des Spektrums sieht man, dass die gelbe Spektrallinie in zwei Linien mit den Wellenlängen $\lambda_{3/2} = 589{,}0$ nm bzw. $\lambda_{1/2} = 589{,}6$ nm aufgespalten ist.

Die *Spektrometrie*, bei der das von einem Stoff emittierte Licht vermessen wird, ist eine extrem empfindliche Methode zur Materialanalyse. Bei der optischen *Emissionsspektrometrie* wird das Probenmaterial in einem Plasmabrenner oder einem Lichtbogen erhitzt und damit elektronisch angeregt, sodass bei der Rückkehr in den Grundzustand die charakteristische

Strahlung abgegeben wird, die dann gemessen werden kann. Bei der Atom-*Absorptionsspektrometrie* durchleuchtet man verdampftes Probenmaterial mit dem Licht einer Spektrallampe des gesuchten Elements. Enthält die Probe dieses Element, so wird Licht genau dieser Wellenlängen absorbiert. Aus der Schwächung lässt sich der Gehalt des Elements in der Probe bestimmen. Die Nachweisgrenze bei diesen Verfahren liegt bei einem Gehalt von unter 1 ppb (parts per billion, $1:10^9 = 10^{-9}$), ist aber abhängig vom Material. Spektrometrie ist eines der wichtigsten Werkzeuge der Astrophysik, um z. B. die Zusammensetzung von Himmelskörpern (Planeten, Sterne, Gasnebel etc.) zu bestimmen. Sie nahm ihren Anfang mit Untersuchungen von J. Fraunhofer (1787–1826), der mit von ihm entwickelten Spektrometern das Licht der Sonne untersuchte. Er fand in dem an sich kontinuierlichen Spektrum viele schmale Linien bei bestimmten Wellenlängen mit mehr oder weniger stark verringerter Lichtintensität (Bild 8.33a). Später konnten diese sogenannten *Fraunhofer-Linien* als Absorptionslinien erklärt werden, die beim Durchgang des Sonnenlichts durch die äußere Sonnenatmosphäre und die Erdatmosphäre entstehen. Durch Emission dagegen wurde das Element Helium (von griechisch helios: Sonne) entdeckt, als man 1868 bei einer Sonnenfinsternis eine Emissionslinie im Spektrum der äußeren Sonnenatmosphäre (Chromosphäre) bei 587,49 nm feststellte (Bild 8.33c), die man keinem der bis dahin bekannten Elemente zuordnen konnte.

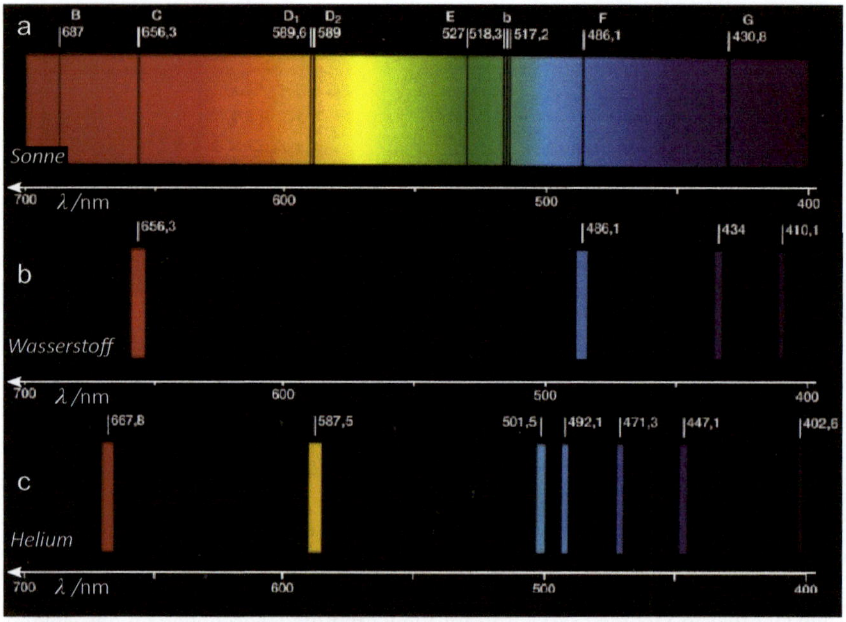


**Bild 8.33** Spektrallinien: (a) Fraunhofer-Linien im Sonnenspektrum, (b) Balmer-Serie des Wasserstoffs, (c) Helium

## Röntgenstrahlung

In einer Röntgen-Röhre treffen mithilfe einer Beschleunigungsspannung beschleunigte Elektronen auf eine Metallanode. Zwei unterschiedliche Effekte bewirken dabei die Emission von Röntgenstrahlung. Das Strahlungsspektrum besteht aus einem kontinuierlichen Teil, dem ein Linienspektrum überlagert ist (Bild 8.34).

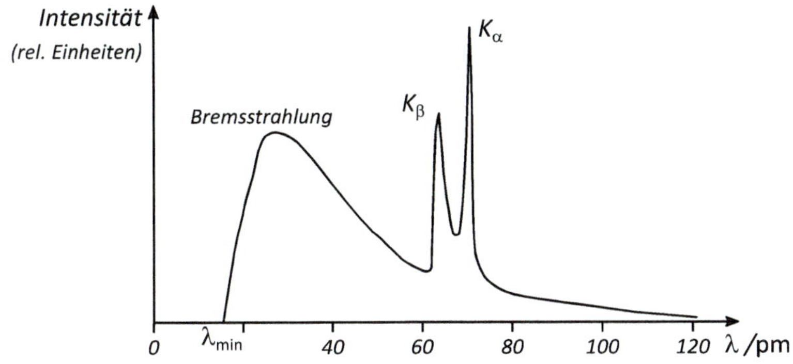


**Bild 8.34** Röntgenspektrum von Molybdän, die Aufspaltung der Linien ist in diesem Maßstab nicht erkennbar

Die Elektronen treffen mit hohen Energien im Bereich 10...100 keV auf die Metallanode und werden dort stark, d. h. mit hohen Werten der Beschleunigung abgebremst. Sie geben dabei elektromagnetische Strahlung ab, *Bremsstrahlung* genannt, die ein kontinuierliches Spektrum mit einer gewissen minimalen Wellenlänge aufweist. Diese minimale Wellenlänge entspricht einer Photonenenergie, die gleich der Energie der Elektronen ist: $\lambda_{\text{min}} = \dfrac{hc}{E_{\text{kin}}} = \dfrac{hc}{eU}$, bei $U = 70$ kV ist $\lambda_{\text{min}} = 18$ pm (Bild 8.34). Sie ist unabhängig vom Anodenmetall. Zusätzlich werden aber auch Atome des Anodenmetalls angeregt, indem Elektronen aus inneren Schalen auf hohe, unbesetzte Niveaus gehoben oder sogar freigesetzt werden. Ein unbesetzter Zustand, der auf diese Weise z. B. in der K-Schale entsteht, wird dann durch den Übergang eines Elektrons aus der L-Schale oder einer höheren Schale wieder besetzt. Die dabei emittierten Photonen erscheinen im Spektrum als diskrete Linien, die spezifisch für das Anodenmetall sind und daher als *charakteristische Röntgenstrahlung* bezeichnet werden. Es entstehen in Serien gruppierte Linien, die nach Ursprungs- und Endzustand benannt werden, wie es die schematische Darstellung in Bild 8.35 zeigt. So bezeichnet $K_\alpha$ eine Linie aus der K-Serie, die entsteht, wenn ein Elektron aus der L-Schale eine Leerstelle in der K-Schale besetzt ($n = 2 \to 1$) und dabei ein Photon emittiert, $K_\beta$ entsteht beim Übergang von der M- in die K-Schale ($n = 3 \to 1$) usw. Die Linien zeigen Aufspaltungen aufgrund leicht unterschiedlicher Energien von Zuständen in verschiedenen Unterschalen (in der Abbildung nicht erkennbar).

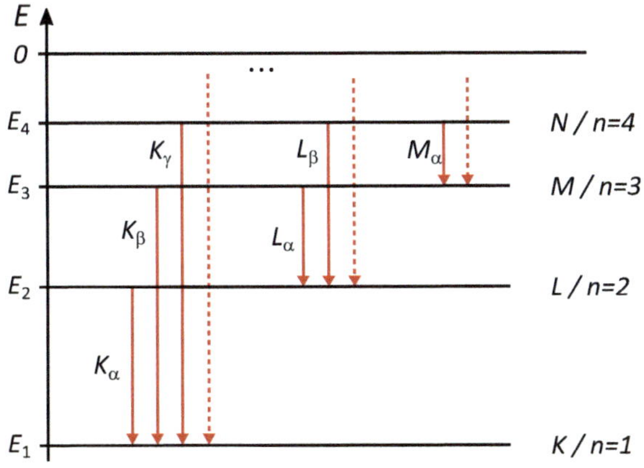


**Bild 8.35** Schematische Darstellung der Übergänge zwischen Energieniveaus der inneren Schalen mit Bezeichnung der charakteristischen Röntgen-Linien

Die Photonenenergie liegt bei diesen Übergängen im Bereich von $10^4$ eV. Bei Molybdän, einem typischen Anodenmetall, beträgt die Photonenenergie in der $K_\alpha$-Linie 17,5 keV, entsprechend einer Wellenlänge von 70,7 pm.

Eine systematische Bestimmung der Wellenlängen der $K_\alpha$-Linie bei verschiedenen Metallen in Abhängigkeit der Ordnungszahl des Atoms $Z$ führte H. Moseley (1887–1915) 1913 zu der Feststellung eines Zusammenhangs zwischen der Wellenlänge und der Ordnungszahl. Mit den heute bekannten Größen lautet das *Moseley'sche Gesetz*

**Moseley'sches Gesetz**

$$\frac{1}{\lambda_K} = \frac{E_0}{hc}(Z-1)^2\left(\frac{1}{1^2}-\frac{1}{2^2}\right) = \frac{3}{4}\cdot\frac{E_0}{hc}(Z-1)^2 \qquad (8.60)$$

Dabei ist $E_0$ die Ryberg-Energie, Gl. (8.39), aus Abschnitt 8.2.2 über das Ein-Elektron-Atom. Das Moseley'sche Gesetz erinnert nicht zufällig an Gl. (8.38) und Gl. (8.51) für die Frequenz $f = \frac{c}{\lambda}$ der Strahlung beim Übergang zwischen den Zuständen $n = 2$ und $n = 1$ im Wasserstoffatom. Denn die Elektronen der L-Schale befinden sich näherungsweise im Potential einer Kernladung, die durch das in der K-Schale verbliebene Elektron um eins vermindert ist, die also der Ordnungszahl $Z - 1$ entspricht.

Die charakteristische Röntgenstrahlung wird wegen ihrer definierten Wellenlänge, die im Bereich der Atomabstände in Festkörpern liegt, für Kristallstrukturanalysen (Laue-, Debye-Scherrer-, Drehkristallverfahren u. a.) verwendet, womit Gitterabstände im Kristallgitter und der Kristallaufbau bestimmt werden können (siehe Abschnitt 9.1.2).

**Beispiel**

Zur Strukturuntersuchung eines Kristalls wird die $K_\alpha$-Linie einer Cu-Röntgenröhre ($Z = 29$) verwendet. Es wird ein Reflex 1. Ordnung unter einem Winkel von 25° gemessen. Wie groß ist der Abstand der reflektierenden Netzebenen des Kristalls?

Die Wellenlänge der Cu-$K_\alpha$-Linie ergibt sich aus Gl. (8.60) zu

$$\lambda_K = \left(\frac{3}{4}\cdot\frac{E_0}{hc}(Z-1)^2\right)^{-1}$$
$$= \left(\frac{3}{4}\cdot\frac{2{,}18\cdot 10^{-18}\,\mathrm{J}}{6{,}63\cdot 10^{-34}\,\mathrm{J\,s}\cdot 3\cdot 10^{8}\,\mathrm{m\,s^{-1}}}(29-1)^2\right)^{-1}$$
$$= 155\,\mathrm{pm}$$

Mit Umstellung von Gl. (9.3) erhält man für die 1. Ordnung, $n = 1$, den Netzebenenabstand $d = \frac{\lambda}{2\sin\alpha} = \frac{155\cdot 10^{-10}\,\mathrm{m}}{2\sin 25°} = 183\,\mathrm{pm}$.

Wie sichtbares Licht wird auch Röntgenstrahlung zur Analyse der chemischen Bestandteile eines Materials verwendet. Bei der Röntgenfluoreszenzanalyse zur Bestimmung der elementaren Zusammensetzung einer Probe werden mit Röntgenstrahlung Elektronen aus den inneren K- oder L-Schalen der Atome der Probe entfernt. Bei der Wiederbesetzung der Leerstellen wird charakteristische Strahlung emittiert, die dann mithilfe des Bragg-Verfahrens oder mit

Energie-auflösenden Halbleiterdetektoren vermessen wird. Im Rasterelektronenmikroskop und in der Elektronenmikrosonde benutzt man einen fokussierten Elektronenstrahl zur Anregung der unbekannten Atome und erreicht damit eine Ortsauflösung der Analyse im Bereich von Mikrometern.

Für viele Anwendungen in Technik und Medizin nutzt man die unterschiedliche Absorption von Röntgenstrahlung durch die verschiedenen Materialien aus. Die Absorption der Strahlung nach Durchgang durch die Schichtdicke $d$ eines Stoffes wird nach dem Absorptionsgesetz (siehe Abschnitt 6.7.2) beschrieben durch die Gleichung

**Schwächungsgesetz für Röntgenstrahlung**

$$I(d) = I_0 e^{-\mu d} \tag{8.61}$$

Hierin ist $I(d)$ die Intensität oder Energieflussdichte nach der Schichtdicke $d$, $I_0$ die einfallende Intensität und $\mu$ der Schwächungskoeffizient des Stoffes für die auftreffende Strahlung.

Ein entsprechendes Gesetz gilt für alle Vorgänge, bei denen Strahlung beim Durchgang durch ein Medium durch Absorption oder Streuung abgeschwächt wird. Die jeweils konkret vorliegende Art der Strahlung und die der Absorptions- und Streuungsvorgänge bestimmen dabei den *Schwächungskoeffizienten* $\mu$.

Der Schwächungskoeffizient bei Röntgenstrahlung ist von vielen Faktoren abhängig und wird für praktische Verwendung in der Regel experimentell ermittelt. Für Röntgenstrahlung mit einem breiten Wellenlängenspektrum (z. B. Bremsstrahlung) kann nur ein mittlerer Wert angegeben werden, da jeder Stoff für verschiedene Wellenlängen unterschiedliche Schwächungskoeffizienten hat. Plausibel ist eine Zunahme des Schwächungskoeffizienten mit der Atomdichte ($\frac{\text{Anzahl Atome}}{\text{Volumeneinheit}} \sim \frac{\varrho}{A}$) und mit der Kernladungszahl. Theorie und Experiment ergeben den

**Schwächungskoeffizienten für Röntgenstrahlung**

$$\mu = \text{const} \cdot \frac{\varrho\, Z^x}{A\, E_\gamma^3} \tag{8.62}$$

mit der Massendichte $\varrho$, der Kernladungszahl $Z$, der Massenzahl der Atome des Stoffes $A$ und der Energie eines Photons der Röntgenstrahlung $E_\gamma$. Der Exponent $x$ liegt zwischen 3 und 4. Der Wert der Proportionalitätskonstanten ist häufig unerheblich, da es in den meisten Anwendungsfällen auf einen Vergleich der Schwächung durch verschiedene Materialien (Kontrast im Röntgenbild) ankommt.

Man sieht, dass der Schwächungskoeffizient für einen Stoff bei zunehmender Photonenenergie geringer wird. In Abhängigkeit von der Photonenenergie treten aber auch sprunghafte Änderungen von $\mu$ auf, die man mit Ionisierungsenergien von durch Photoeffekt freigesetzten Elektronen in Verbindung bringen kann.

Statt des Schwächungskoeffizienten wird auch oft die anschauliche Halbwertsdicke $d_{1/2}$ angegeben. Das ist die Schichtdicke, welche die Intensität auf die Hälfte mindert. Aus Gl. (8.61) erhält man die

**Halbwertsdicke**

$$d_{1/2} = \frac{\ln 2}{\mu} \tag{8.63}$$

Auf der starken Abhängigkeit des Schwächungskoeffizienten bzw. der Halbwertsdicke von der Ordnungszahl $Z$ beruht unter anderem die Wirksamkeit von Blei ($Z = 82$) als Abschirmungsmaterial. Bei einer Photonenenergie von 100 keV schwächt eine Bleifolie der Dicke 120 µm die Intensität um die Hälfte, so viel wie 16 mm Aluminium ($Z = 13$).

**Beispiel**

Die Halbwertsdicke von Eisen für 60 keV-Röntgenstrahlung beträgt $d_{1/2} = 0{,}8$ mm. Wie dick muss ein Eisenblech sein, um die Intensität auf 1 % abzuschwächen?

Mit Gl. (8.61), Gl. (8.63) erhält man $I(d) = I_0\, e^{-\mu d} = I_0\, e^{-\frac{\ln 2}{d_{1/2}} d} = 0{,}01 \cdot I_0$. Die letzte Gleichung nach $d$ aufgelöst ergibt $d = -\ln 0{,}01 \cdot \frac{d_{1/2}}{\ln 2} = 5{,}3\ \text{mm}$.

## 8.2.6 Moderne Anwendungen und Experimente der Atomphysik

In diesem Abschnitt werden einige neuere Entwicklungen und Techniken vorgestellt, die auf den durch die Quantenphysik bestimmten Eigenschaften der Atome beruhen. Dazu gehören als ein sehr universelles „Werkzeug" der Laser, als ein spezielles „Messgerät" die Atomuhr und die dabei verwendete Laserkühlung.

### Laser

Absorption und Emission von Strahlung hängen mit Übergängen zwischen Energieniveaus in der Elektronenhülle des Atoms zusammen (siehe Bild 8.31a, b). Im Allgemeinen sind dabei viele Atome beteiligt, bei denen die Vorgänge insbesondere bei der Emission jeweils *spontan*, d. h. ohne äußere Einflüsse und völlig unabhängig voneinander ablaufen. Dementsprechend gibt es dabei auch keine Übereinstimmung in Ausbreitungsrichtung, Polarisationsrichtung und Phasenlage der von den einzelnen Atomen emittierten Wellenzüge.

Außer der spontanen gibt es aber auch eine *stimulierte Emission*. Dabei wird ein Elektron durch den Einfall eines Photons zum Übergang auf ein niedrigeres Energieniveau und damit seinerseits zur Emission eines Photons angeregt (Bild 8.31d). Die stimulierte Emission, die die Lichtintensität beim Durchgang durch ein Medium verstärkt (Bild 8.36b), ist damit eine Art Gegenspieler zur Absorption, bei der die Intensität abnimmt (Bild 8.36a). Voraussetzung für stimulierte Emission ist, dass die Energie des einfallenden Photons genau der Energiedifferenz zwischen den beteiligten Energieniveaus des Elektrons entspricht. Daraus folgt, dass das emittierte Photon dieselbe Energie wie das einfallende hat. Es ist darüber hinaus *kohärent* (siehe Abschnitt 7.3) zum einfallenden Photon, d. h. es stimmt mit diesem in Ausbreitungsrichtung, Polarisationsrichtung und Phasenlage überein.

Ob Absorption oder stimulierte Emission überwiegt, hängt von den Besetzungsdichten (Anzahl der Atome mit besetzten Energieniveaus pro Volumeneinheit) des niedrigeren bzw. höheren Niveaus, $N_A$ bzw. $N_B$ ab. Absorption ist vorherrschend, wenn das niedrigere Niveau stärker besetzt ist als das höhere ($N_A > N_B$). Im thermischen Gleichgewicht ist das immer der Fall, denn dann gilt mit der Boltzmann-Verteilung

$$N_B = N_A \cdot e^{-\frac{E_B - E_A}{kT}}$$

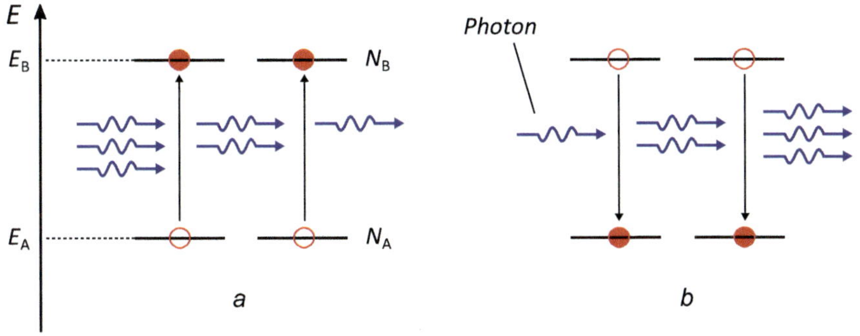


**Bild 8.36** (a) Absorption und (b) stimulierte Emission, Energie der Photonen $E_\gamma = E_B - E_A$, Besetzungsdichten der Zustände $N_A$, $N_B$

Die Funktion des Lasers[3] beruht darauf, dass stimulierte Emission überwiegt, sodass das Licht verstärkt wird. Dazu muss eine *Inversion* (Umkehrung) der Besetzungszahlen vorliegen, d. h. $N_B > N_A$ sein.

Inversion kann auf verschiedene Weise erreicht werden. Der erste funktionstüchtige Laser wurde 1960 von Th. Maiman (1927–2007) vorgestellt. Das aktive Material dieses Lasers ist ein Rubin-Stab. Der Stab ist umgeben von einer Blitzlampe, durch die er kurzzeitig mit intensivem weißen Licht beleuchtet werden kann (Bild 8.37). Rubin ist ein transparenter Korund ($Al_2O_3$)-Kristall mit einem geringen Chrom-Anteil (ca. 0,05 %), der in Form von $Cr^{3+}$-Ionen vorliegt. Diese sind wegen ihrer speziellen elektronischen Zustände, die in Bild 8.38 dargestellt sind, die eigentlich aktiven Bestandteile. Fällt weißes Licht ein, so wird daraus durch ein Chrom-Ion vornehmlich der grüne und blaue Anteil absorbiert (deshalb ist Rubin rot). Das dabei aus dem Grundzustand $E_1$ in höhere Zustände angeregte Elektron fällt danach sehr schnell, nach ca. $10^{-8}$ s, in den etwas tiefer liegenden Zustand $E_2$ zurück. Die Energiedifferenz gibt es dabei strahlungslos als Wärme an das Kristallgitter ab. Der Zustand $E_2$ ist ein sogenannter *metastabiler* Zustand. Das Elektron bleibt hier für eine relativ lange Zeit, ca. $5 \cdot 10^{-3}$ s, da ein spontaner Übergang von $E_2$ nach $E_1$ aus quantenphysikalischen Gründen „verboten" ist. Wenn das Licht der Blitzlampe und damit die Anregung intensiv genug ist, kann es so geschehen, dass es mehr Chrom-Ionen im angeregten Zustand $E_2$ als im Grundzustand $E_1$ gibt, dass also Inversion vorliegt.

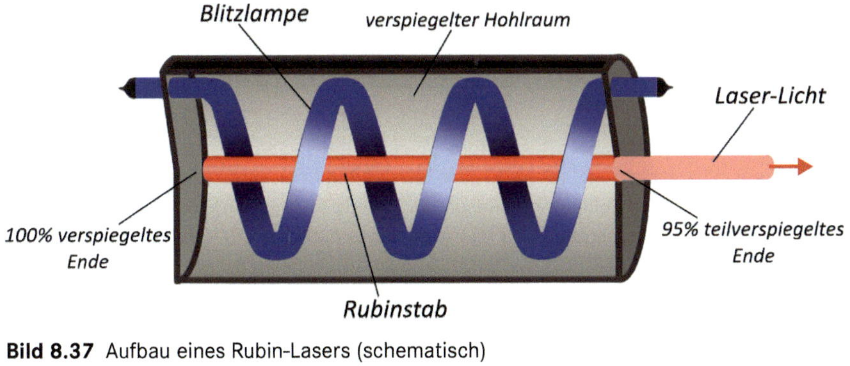


**Bild 8.37** Aufbau eines Rubin-Lasers (schematisch)

[3] Akronym für *l*ight *a*mplification by *s*timulated *e*mission of *r*adiation

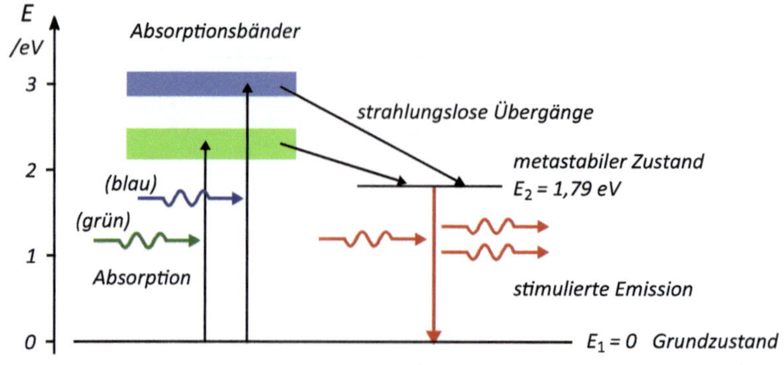


**Bild 8.38** Laser-Energieniveaus der Chrom-Ionen

Ein einzelnes Photon mit der passenden Energie, etwa aus einem der „seltenen" spontanen Übergänge, löst nun einen lawinenartigen Vorgang aus, indem es durch stimulierte Emission ein zweites Photon erzeugt, das selber zusätzlich wieder zur Emission stimulieren kann usw. Dabei verlassen Photonen, die sich nicht entlang der Längsachse des Rubin-Stabes bewegen, seitlich den Rubin-Stab und tragen nicht mehr zum weiteren Prozess bei. Wegen ihrer Kohärenz breiten sich schließlich Photonen nur noch parallel zur Längsachse aus. Damit in dem aktiven Material eine ausreichende Anzahl stimulierender Photonen erhalten bleibt und um den Auswahlprozess für die Richtung zu verstärken, werden die Stirnflächen des Stabes an einem Ende vollständig, am anderen Ende teilweise verspiegelt, wie es in Bild 8.39 dargestellt ist. Aus diesem Ende tritt ein Teil der Photonen als Laserlicht aus. Der aktive Bereich wird als *Laser-Resonator* bezeichnet.

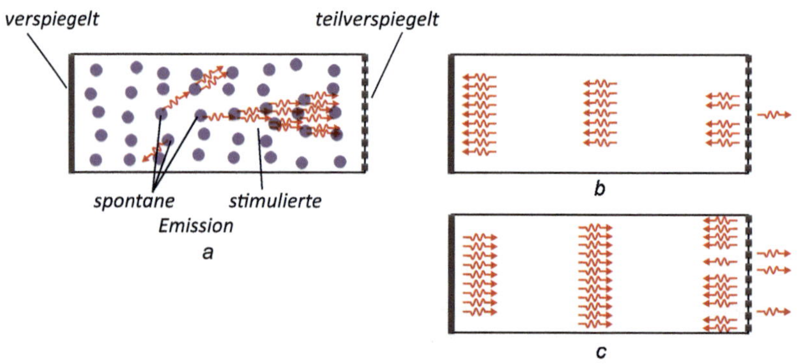


**Bild 8.39** Aufbau und Funktion eines Laser-Resonators: (a) spontane und stimulierte Emission in alle Richtungen, Verstärkung in Längsrichtung, (b) ein kleiner Teil der Photonen verlässt den Resonator an der Ausgangsseite, der andere Teil durchläuft den Resonator zum Spiegel und zurück (c) und wird dabei durch stimulierte Emission verstärkt, sodass mehr Photonen austreten

Das Laserlicht hat entsprechend der Energiedifferenz $E_2 - E_1 = 1{,}79\,\text{eV}$ die Wellenlänge $\lambda = 694{,}3$ nm, liegt also im roten Bereich des Spektrums. Da die Blitzlampe im Pulsbetrieb mit Pulsdauern von einigen Millisekunden arbeitet, entstehen auch Laser-Pulse mit entsprechender Dauer. Ihre Energie liegt im Bereich von bis zu 100 J. Der Laserstrahl ist wie der

Rubin-Stab einige Millimeter dick. Aufgrund der Kohärenz ist seine Divergenz beugungsbegrenzt, d. h. durch die Beugung an der Ausgangsöffnung vorgegeben und beträgt nur wenige Milliradiant.

Beim viel verwendeten, kontinuierlich arbeitenden Helium-Neon-Gas-Laser wird die Inversion auf eine andere Art hergestellt. In einem He(15 %)-Ne(85 %)-Gasgemisch werden die Atome über eine Gasentladung, d. h. durch Elektronenstöße angeregt. Einige He-Atome erreichen dadurch ein metastabiles Energieniveau 20,61 eV über dem Grundzustand (Bild 8.40). Beim Zusammenstoß mit nicht angeregten Ne-Atomen kann diese Energie zusammen mit der kinetischen Energie des Stoßes auf die Ne-Atome übertragen werden, die dadurch in ein Niveau mit $E_2 = 20{,}66$ eV über dem Grundzustand übergehen. Unterhalb von $E_2$ gibt es in Ne-Atomen ein Niveau $E_1 = 18{,}70$ eV, das zunächst nicht besetzt ist bzw. durch spontane Emission sehr schnell entleert wird. Zwischen $E_2$ und $E_1$ liegt also unmittelbar Inversion vor, die zur Erzeugung von hellrotem Laserlicht mit der Wellenlänge $\lambda = 632{,}8$ nm, entsprechend der Energiedifferenz $E_2 - E_1 = 1{,}96\,\text{eV}$, genutzt werden kann.

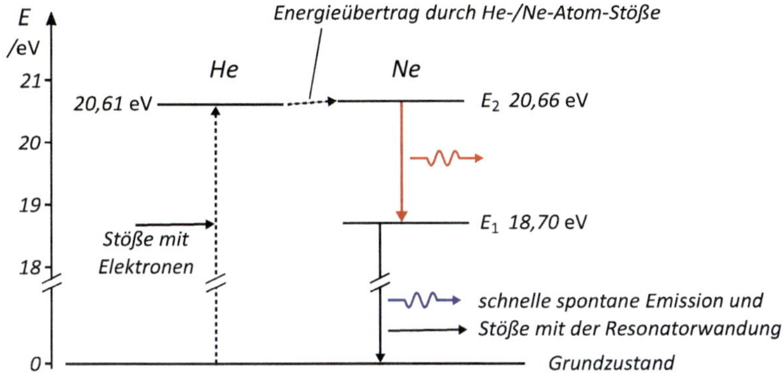


**Bild 8.40** Laser-Niveaus von Helium und Neon, rot: Laser-Übergang

Ein wesentlicher Unterschied zum Rubin-Laser liegt darin, dass Inversion erreicht wird, ohne dass dabei ein zunächst voll besetzter Zustand wie der Grundzustand massiv entleert werden muss.

Laser haben sich seit der Zeit des ersten Rubin-Lasers 1960 zu universellen Werkzeugen für Grundlagenforschung, Messtechnik, Materialbearbeitung, Medizin, Datenverarbeitung usw. entwickelt. Einige Ausführungen von Lasern mit typischen Werten und Anwendungen werden in Tabelle 8.2 aufgeführt. Der große Nutzen beruht auf einigen grundlegenden Eigenschaften des Laserlichts, für die teilweise spezielle Typen des Lasers entwickelt wurden:

- Der Erzeugungsmechanismus ermöglicht aufgrund der zeitlichen Kohärenz sehr große Kohärenzlängen (siehe Abschnitt 7.2) von bis zu einigen Kilometern. Große Kohärenzlängen werden bei der Holographie und bei Längenmessungen mit Interferometrie benötigt. Auf die Spitze getrieben wurde dies beim Gravitationswellendetektor LIGO (Laser Interferometer Gravitational-Wave Observatory), dessen Laser eine Kohärenzlänge von ca. $10^{10}$ m aufweisen und der damit eine Genauigkeit in der Längenmessung von besser als $10^{-21}$ erreicht.
- Wegen der räumlichen Kohärenz kann Laserlicht auf Flächen mit dem Durchmesser der Lichtwellenlänge fokussiert werden. Dadurch sind extrem hohe Intensitäten möglich:

z. B. kontinuierlich $10^{11}$ W/m$^2$, im Pulsbetrieb bis zu $10^{26}$ W/m$^2$. Für das präzise Schneiden von z. B. Metallblechen bis zu einigen Zentimetern Dicke wird inzwischen industriell weit verbreitet fokussiertes Laserlicht eingesetzt. Als eine Möglichkeit, Energie aus der Fusion von Wasserstoff zu gewinnen, werden kleine Wasserstoff-Kugeln mit fokussierten Laserlichtpulsen höchster Intensität beschossen. Die für die Fusion notwendige Temperatur soll durch die absorbierte Energie erreicht werden, der notwendige Druck durch die Stoßwelle, die beim schlagartigen Verdampfen der Oberfläche erzeugt wird.

- Die ab Intensitäten von etwa $10^{18}$ W/m$^2$ auftretenden elektrischen Feldstärken von $10^{10}$ V/m und mehr führen zu nichtlinearem optischen Verhalten von Materialien, da der Brechungsindex bei diesen Feldstärken nicht mehr konstant ist, sondern von der Feldstärke abhängt. Darauf beruht der Effekt der Frequenzverdopplung, durch den z. B. infrarotes Laserlicht der Wellenlänge 1 064 nm in grünes Laserlicht der Wellenlänge 532 nm konvertiert wird. Laserpointer mit grünem Strahl arbeiten auf diese Weise.
- Wie schon erwähnt kann die Divergenz eines Laserstrahls bis auf die Beugungsgrenze reduziert werden. Ein Laserstrahl der Wellenlänge 532 nm, der an der Ausgangsöffnung einen Durchmesser von 1 m hat, breitet sich dann mit einem Divergenzwinkel von 0,65 µrad aus und hat am Mond einen Durchmesser von 250 m. Diese geringe Divergenz, die allerdings durch Turbulenzen der Erdatmosphäre noch etwas vergrößert wird, ist eine Voraussetzung für die Entfernungsbestimmung des Mondes über die Laufzeit von Laserimpulsen. Die Entfernung des Mondes kann so auf einige Millimeter genau bestimmt werden.
- Laserlicht kann eine extrem schmale Bandbreite haben. Bei sichtbarem Licht mit einer Frequenz $f$ im Bereich von 400 THz kann die Bandbreite $\Delta f$ im Bereich von einigen Kilohertz oder weniger liegen ($\frac{\Delta f}{f} \approx 10^{-11}$). Solche Laser werden z. B. in Atomuhren eingesetzt, um Ansammlungen von Atomen, die als Zeitgeber dienen, auf extrem niedrige Temperaturen abzukühlen (s. unten).
- Mit speziellen Techniken können Laser-Impulse mit einer Dauer von weniger als 1 fs erzeugt werden. Auf dieser Zeitskala spielen sich chemische Reaktionen ab, die mithilfe von Laser-Impulsen untersucht werden können. Dabei wird z. B. mit einem kurzen Impuls, der auf ein Molekül einfällt, eine Reaktion ausgelöst und anschließend durch mit variabler Verzögerung nachfolgende Impulse der Zustand des Moleküls getestet. Die Verzögerung wird eingestellt durch Längenänderung des Lichtweges um Bruchteile von Mikrometern (Lichtweg in 1 fs: 0,1 µm).

Der zuletzt in Tabelle 8.2 aufgeführte Typ des Halbleiterlasers beruht auf einem gänzlich anderen Anregungsmechanismus als die übrigen Lasertypen und wird in Abschnitt 9.3.2 näher besprochen. Er ist der zurzeit am häufigsten verwendete Laser und ist auch in vielen Bereichen des täglichen Lebens anzutreffen. Gründe dafür sind unter anderem sein kompakter, flexibler Aufbau, die relativ einfachen Möglichkeiten, ihn in elektronische Schaltungen einzubinden und die große Auswahl an Wellenlängen.

Die Entwicklung in der Laserphysik und -technik schreitet sehr schnell voran. Deshalb hier nur eine kurze Aufzählung der Anwendungsgebiete, die aber keinen Anspruch auf Vollständigkeit erhebt: Werkstoffbearbeitung, Datenkommunikation, rauscharme Verstärker, Ausdehnung der Elektronik bis zu Frequenzen von $10^{15}$ Hz, Präzisionsbestimmung der Lichtgeschwindigkeit und anderer Konstanten, Längenmessungen, Energieübertragung, spezielle Operationen in der Medizin, Holografie, nichtlineare Optik, Lidar usw.

**Tabelle 8.2** Laser-Typen mit typischen Werten und Anwendungen

| Typ | aktives Material | Wellenlänge [nm] | Pump-mechanismus | Betrieb | mittlere Leistung [W] | typische Anwendung |
|---|---|---|---|---|---|---|
| Excimer | ArF | 126...351 | Gasentladung | Puls | 100 | Fotolithografie Medizin |
| Farbstoff | z. B. Rhodamin | 350...1 000 | optisch, z. B. $Ar^+$-Ionen-Laser | Puls CW | 10 | Spektroskopie Medizin Astronomie |
| Gas | $Ar^+$-Ionen | 350...1 100 | Gasentladung | CW | 10 | Pump-Laser Medizin |
| Gas | He-Ne | 633 | Gasentladung | CW | 0,005 | Justierung opt. Komp. |
| Rubin | $Cr^{3+}:Al_2O_3$ | 694 | Blitzlampe | Puls | 10 | Holografie |
| Neodym | $Nd^{3+}$:YAG | 1 064 | Blitzlampe | Puls CW | 1 000 | Materialbearbeitung Medizin |
| Gas | $CO_2$ | 10 600 | Gasentladung | Puls CW | $2 \cdot 10^4$ | Materialbearbeitung |
| Halbleiter | z. B. AlGaInP, InGaAs, | 400...3 300 | Minoritäts-ladungsträger-Injektion | Puls CW | 0,05 | Datenübertragung, -speicherung |

CW (continuous wave): kontinuierliche Strahlung

## Atomuhr und Laser-Kühlung

Wie in Abschnitt 1.2 dargelegt wurde, stellt die Einheit Sekunde die Basis des weltweit gültigen SI-Einheitensystems dar. Einer der Gründe dafür ist, dass diese Einheit unabhängig mit höherer Präzision und Reproduzierbarkeit festgelegt werden kann als es für die anderen SI-Einheiten möglich ist. Eine exakte Zeitmessung ist darüber hinaus Voraussetzung für viele technische Verfahren. Zum Beispiel werden bei der Ortsbestimmung durch das Global Positioning System (GPS) die Abstände Satellit-GPS-Empfänger mithilfe der Laufzeitmessung des Funksignals bestimmt.

Atomuhren, die solche Zeitmessungen erlauben, beruhen im Prinzip auf zwei Voraussetzungen. Zum einen hängt die Energie elektronischer Zustände eines Atoms im Wesentlichen vom naturgegebenen Aufbau des Atoms und nur wenig von äußeren Bedingungen ab. Dasselbe gilt damit für die Energiedifferenz zwischen Zuständen und für die Frequenz von beim Übergang zwischen Zuständen emittierter oder absorbierter Strahlung. Zum anderen lässt sich elektromagnetische Strahlung sehr genau einstellbarer Frequenz mit elektronischen Frequenzgeneratoren erzeugen und messen. Dies zusammen legt nahe, die Energie bzw. Frequenz eines atomaren Übergangs zur Grundlage für die Zeitmessung zu machen.

Aus mehreren Gründen haben sich Atome des Alkalimetalls Caesium, genauer des Isotops ${}^{133}_{55}\mathrm{Cs}$, bei dem ein einzelnes Elektron einen Zustand in der P-Schale besetzt, als geeignet erwiesen. Der Grundzustand des Elektrons ist aufgespalten in zwei energetisch sehr dicht beieinander liegende Zustände (die sogenannte Hyperfeinstruktur-Aufspaltung, die auf der Wechselwirkung zwischen den magnetischen Momenten des Atomkerns und des Elektrons beruht, Bild 8.41). Die Energiedifferenz zwischen diesen beiden Zuständen entspricht einer Frequenz von etwa 9,2 GHz. Im Zuge der Sekunden-Definition wurde der Wert als exakt 9 192 631 770 Hz definiert.

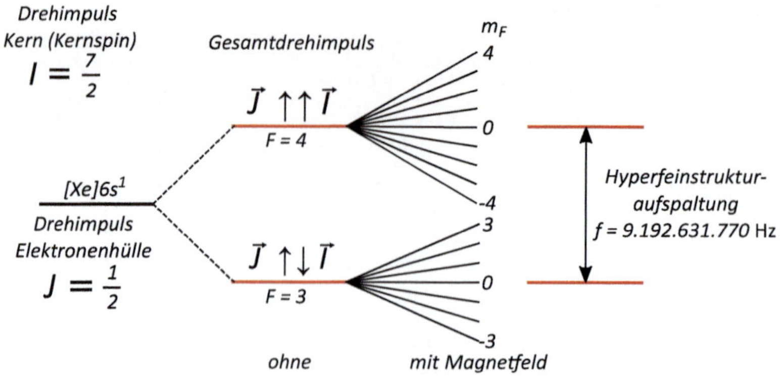


**Bild 8.41** Hyperfeinstruktur des Grundzustandes [Xe] $6s^1$ von Caesium $^{133}_{55}Cs$

Strahlung mit einer Frequenz im Mikrowellenbereich ist mit elektronischen Mitteln gut zu erfassen und zu erzeugen. Im Prinzip setzt man in einer Atomuhr die Atome mit einem definierten Anfangszustand (in Bild 8.42: selektiert mit dem Filter *SM*) einer Mikrowellenstrahlung mit variabler Frequenz aus und misst anschließend, wie viele Atome in den höheren Zustand angeregt werden (mit dem Filter *DM* und dem Detektor *D*). Die Frequenz wird durch eine Rückkopplung (über *R* und *FG*) dann so geregelt, dass die Zahl der angeregten Atome maximal wird, wodurch man die gesuchte optimale Anregungsfrequenz erhält. Der Frequenzgenerator *FG* erzeugt auf dieser Grundlage außerdem Sekundenimpulse.

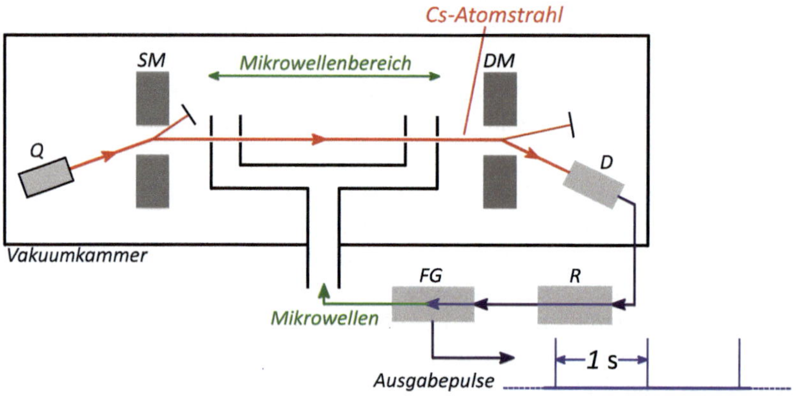


**Bild 8.42** Aufbau einer Cs-Strahl-Atomuhr (Schema), Q: Cs-Quelle, SM: Zustandsselektion-Magnete, DM: Zustandsdetektion-Magnete, D: Detektor, R: Rückkopplungsverstärker, FG: Frequenzgenerator

Das Element Caesium wurde auch deshalb gewählt, weil äußere Einflüsse wie elektrische oder magnetische Streufelder relativ wenig Einfluss auf die Energie und Energiedifferenz dieser Zustände haben. Weiterhin ist $^{133}_{55}Cs$ das einzige stabile Isotop von Caesium, sodass die Messungen nicht durch eventuelle Isotopeneffekte verfälscht werden. Der hohe Dampfdruck von Caesium erleichtert die Erzeugung eines gasförmigen Atomstrahls, in dem die Atome isoliert voneinander vorliegen, schon mit relativ niedrigen Quellentemperaturen (in der Quelle *Q*).

Die größtmögliche Genauigkeit einer Energiemessung, gekennzeichnet durch die minimal erreichbare Streuung $\Delta E$ der Messwerte, ist gemäß der Unschärferelation für die Zeit-/ Energiemessung (Abschnitt 8.1.5, Gl. (8.19)) umgekehrt proportional zur Dauer der Messung $\Delta t$. Mit $E = hf$ (Gl. (8.2)) gilt das entsprechend auch für eine Frequenzmessung. Die mittlere Geschwindigkeit $v$ der Atome im Atomstrahl bestimmt zusammen mit der Länge $L$ des Bereichs, in dem die Mikrowellenstrahlung auf die Atome einwirkt, gemäß $\Delta t = \frac{L}{v}$ die Messdauer und damit die Genauigkeit der Frequenzmessung. Außer den oben genannten Gründen spricht deshalb für die Verwendung von Cs-Atomen auch deren große Masse. Ihre mittlere Geschwindigkeit im Atomstrahl ist gemäß $\overline{E}_{\text{kin}} = \frac{1}{2} m\overline{v}^2 = \frac{3}{2} kT$ (Kapitel 5) relativ niedrig und beträgt bei der üblichen Quellentemperatur von 100 °C etwa 130 m/s (zum Vergleich: bei Li-Atomen läge der Wert bei ca. 600 m/s).

Seit der Entwicklung der ersten Atomuhren in den 1950er-Jahren wurden mit verschiedenen Maßnahmen die nutzbare Länge und die effektive Geschwindigkeit optimiert, sodass die Frequenz mit einer Genauigkeit $\frac{\Delta f}{f_0}$ von besser als $10^{-14}$ stabil gehalten werden kann. Übertragen auf die Ganggenauigkeit einer Uhr bedeutet das eine Abweichung von weniger als 1 ns pro Tag (ca. 1 s in drei Millionen Jahren).

Begrenzt wird die erreichbare Genauigkeit also durch die von der Quellentemperatur abhängige Geschwindigkeit der Atome und auch durch deren Geschwindigkeitsverteilung. Hierzu hat die Methode der *Laserkühlung* von Atomwolken einen erheblichen Fortschritt gebracht.

Trifft ein Photon auf ein Atom, so kann es absorbiert werden, wenn seine Frequenz bzw. Energie der Energiedifferenz zweier atomarer Zustände entspricht (Resonanzabsorption, Bild 8.31a). Dabei wird der Impuls des Photons auf das Atom übertragen. Bei anschließender spontaner Emission (Bild 8.31b) eines Photons wird der Impuls wieder abgegeben, allerdings in zufälliger Richtung. Die mittlere Geschwindigkeit der Atome in einer Atomwolke und damit deren Temperatur ändert sich dabei nicht. Wird dagegen ein Photon mit einer etwas abgesenkten Energie bzw. Frequenz eingestrahlt, so wird dieses zwar von einem ruhenden Atom nicht absorbiert. Bewegt sich aber das Atom in Richtung der Lichtquelle, erhöht sich die Frequenz des Photons für das Atom aufgrund des Doppler-Effekts (Abschnitt 10.2). Das Photon kann, bei passenden Werten von Frequenzabsenkung und Atomgeschwindigkeit, absorbiert werden und das Atom wird in seiner Bewegung in Richtung der Lichtquelle abgebremst. Atome in einer Atomwolke, die sich in andere Richtungen bewegen, werden nicht beeinflusst.

Zur Kühlung wird eine Atomwolke von sechs in den drei Raumrichtungen paarweise angeordneten Lasern gegenläufig bestrahlt (Bild 8.43), sodass die Atombewegung in allen Richtungen gebremst wird. Dadurch sinkt die Temperatur der Atomwolke. Für Atomuhren werden auf diese Weise ca. 1 $\text{cm}^3$ große Atomwolken mit rund $10^7$ Cs-Atomen innerhalb kurzer Zeit auf Temperaturen von wenigen Mikrokelvin abgekühlt.

Wegen der extrem niedrigen Temperatur und der entsprechend niedrigen Geschwindigkeit der Atome von ca. 1 cm/s ist die Atomwolke nach Abschalten der Laser relativ stabil und dehnt sich nur langsam aus. Darauf beruht die *Fontänen-Atomuhr*. Die Atomwolke wird nach der Abkühlung mittels einer leichten Frequenzverstimmung der vertikalen Laser senkrecht nach oben in den Mikrowellenbereich beschleunigt (wie Wasser in einer Fontäne). Unter der Wirkung der Gravitation wird sie innerhalb dieses Bereichs abgebremst und fällt dann wieder nach unten.

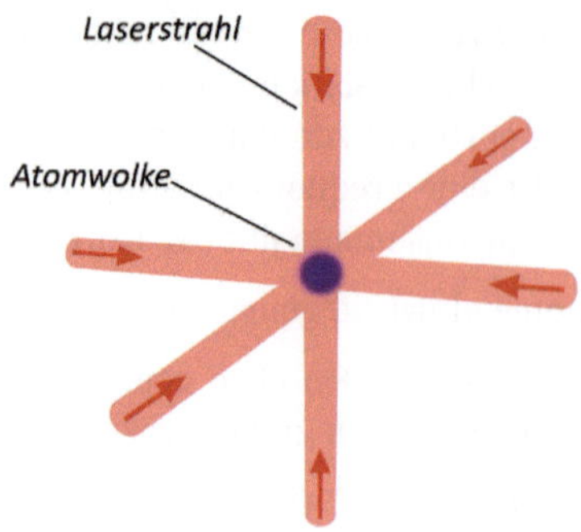


**Bild 8.43**
Zur Laserkühlung

So steigt die Atomwolke bei einer Anfangsgeschwindigkeit von 4 m/s ca. 80 cm hoch und verbleibt damit insgesamt etwa 0,8 s im Mikrowellenbereich. Die Frequenzstabilität der nach diesem Prinzip arbeitenden zwei Fontänen-Atomuhren der Physikalisch-Technischen Bundesanstalt PTB beträgt $\frac{\Delta f}{f_0} \approx 2 \cdot 10^{-16}$, entsprechend einer Ganggenauigkeit von etwa 20 ps pro Tag (ca. 1 s in 160 Millionen Jahren). Diese beiden Uhren stellen die Uhrzeitreferenz für Deutschland dar und bilden mit anderen Uhren im internationalen Verbund die Grundlage für die Coordinated Universal Time (UTC).

Je höher die Frequenz eines Übergangs ist, desto genauer lässt sich die Resonanzfrequenz feststellen. Deshalb wird mit *optischen Atomuhren* experimentiert, deren Bezeichnung daher rührt, dass sie mit Frequenzen im optischen Bereich des Spektrums arbeiten, d. h. bei einigen hundert Terahertz. Die bisher erreichte Frequenzstabilität liegt bei $10^{-18}$. Diese Genauigkeit reicht aus, die durch die Allgemeine Relativitätstheorie beschriebene gravitationsabhängige Zeitdilatation (siehe Abschnitt 10.4) bei Höhenunterschieden im Bereich 1 cm im Gravitationsfeld der Erde nachzuweisen bzw. auch zur Vermessung des Gravitationsfeldes zu nutzen. Diese Uhren befinden sich aktuell (2022) noch im Entwicklungsstadium, werden aber langfristig zur Grundlage für die Sekunden-Definition werden.

## 8.3 Kernphysik

Der Atomkern als zentraler Bestandteil des Atoms bestimmt indirekt über den Aufbau der Elektronenhülle das chemische Verhalten der Atome. Während man sich damit aber schon seit langer Zeit befasst, trat der Atomkern erst mit der Entdeckung der Radioaktivität Ende des 19. Jahrhunderts direkt in Erscheinung. Wie beim Atom gibt es Modelle für den Aufbau des Kerns. Wegen der komplexen Wechselwirkungen zwischen seinen Bestandteilen, den Nukleonen, macht es aber auch heute noch Schwierigkeiten, die Eigenschaften des Atomkerns vollständig zu erfassen. Die bei Kernreaktionen wie etwa dem radioaktiven Zerfall auftretenden Energien sind in der Regel wesentlich höher als die chemischer Reaktionen. Dies begründet eine Vielzahl technischer Anwendungen, gleichzeitig aber auch von Risiken im Umgang damit.

Konkrete Daten, die in diesem Abschnitt angeführt werden, stammen zum großen Teil aus umfangreichen, öffentlich zugänglichen Datenbanken.[4]

## 8.3.1 Der Atomkern

### Aufbau des Atomkerns

Die Masse des Atoms wird von der Masse des Atomkerns dominiert, der einige tausend Mal massereicher ist als die Elektronen des Atoms. Die Bausteine des Atomkerns sind die *Nukleonen*, die positiv geladenen Protonen $p^+$ und die elektrisch neutralen Neutronen $n^0$ (siehe Abschnitt 8.2.1). Wie das Elektron handelt es sich bei ihnen um Fermionen mit dem Spin 1/2 (siehe Abschnitt 8.2.2).

Der Kern besteht aus $Z$ Protonen und $N$ Neutronen, deren Anzahl die Massenzahl $A = Z + N$ des Atomkerns ergibt.

Als *Kernkraft* bindet ein Teil der *starken Wechselwirkung*, einer der grundlegenden Wechselwirkungen in der Natur, die Nukleonen entgegen der abstoßenden Coulomb-Kraft im Kern.

Die Protonen- oder Kernladungszahl $Z$ gibt die Anzahl der Elektronen im elektrisch neutralen Atom vor und bestimmt damit das chemische Verhalten eines Atoms bzw. Elements. Der Platz eines Elements im Periodensystem der Elemente geht also zurück auf die Protonenzahl, die deshalb auch als Ordnungszahl bezeichnet wird.

Die Zusammensetzung eines Kerns gibt man an, indem man an das Elementsymbol El links oben die Massenzahl, links unten die Protonenzahl schreibt: ${}^{A}_{Z}\mathrm{El}$. Die Neutronenzahl ergibt sich aus der Differenz $N = A - Z$. Beispielsweise schreibt man für Helium mit $A = 4, Z = 2$ also ${}^{4}_{2}\mathrm{He}$, für Eisen mit $A = 56, Z = 26$ entsprechend ${}^{56}_{26}\mathrm{Fe}$. Da mit der Angabe des Elementes die Ordnungszahl an sich schon eindeutig gegeben ist, trifft man als vereinfachte Schreibweise auch auf diese: ${}^{A}\mathrm{El}$ oder El-A, für die obigen Beispiele also ${}^{4}\mathrm{He}$ oder He-4 und ${}^{56}\mathrm{Fe}$ oder Fe-56.

Ein Kern kann nun bei derselben Protonenzahl unterschiedlich viele Neutronen enthalten. Dadurch ändert sich aber das chemische Verhalten des Atoms und somit sein Platz im Periodensystem nicht. Daher werden Atome bzw. Kerne mit einer bestimmten Protonenzahl, aber unterschiedlichen Neutronenzahlen als *Isotope*[5] bezeichnet. Isotope sind z. B. die Helium-Kerne ${}^{4}_{2}\mathrm{He}$, ${}^{3}_{2}\mathrm{He}$ oder die Uran-Kerne ${}^{234}_{92}\mathrm{U}$, ${}^{235}_{92}\mathrm{U}$, ${}^{238}_{92}\mathrm{U}$.

**Merke**

Isotope eines Elements sind Atome bzw. Kerne mit derselben Ordnungszahl Z, aber unterschiedlichen Neutronenzahlen und Massenzahlen.

[4] Term-, Zerfallsschemata: Monographie BIPM, Table of Radionuclides (*http://www.lnhb.fr/nuclear.data/nuclear.data.table/*); Kernreaktionen, -massen: Atomic Mass Data Center (*https://www.nds.iaea.org/amdc/*); Neutronen-Wirkungsquerschnitte: NIST Center for Neutron Research (*https://www.nist.gov/ncnr/neutron.scattering.lengths.list*), National Nuclear Data Center (*https://www.nndc.bnl.gov/sigma/index.jsp*); Reichweiten $\alpha$, $\beta$, $\gamma$: NIST Physical Measurement Laboratory (*https://www.nist.gov/pml/stopping.power.range.tables.electrons.protons.and.helium.ions*), (*https://www.nist.gov/pml/xcom.photon.cross.sections.database*)

[5] isos, griechisch für gleich, topos für Ort

Die meisten auf der Erde natürlich vorkommenden Elemente treten als Gemisch unterschiedlicher Isotope auf. So besteht natürliches Eisen mit unterschiedlichen Anteilen aus den Isotopen ${}^{54}_{26}\mathrm{Fe}$, ${}^{56}_{26}\mathrm{Fe}$, ${}^{57}_{26}\mathrm{Fe}$, ${}^{58}_{26}\mathrm{Fe}$. Die u. a. im Periodensystem angegebenen relativen Atommassen, z. B. $A_r = 55{,}845$ für Eisen, sind gemäß diesen Anteilen gewichtete Mittelwerte und weichen daher teils erheblich von den ganzzahligen Massenzahlen ab. Die Zusammensetzung des Isotopengemisch variiert bei vielen Elementen auch lokal. Daher kann anhand einer Isotopenanalyse die Herkunft eines Stoffes identifiziert werden. Nur wenige Elemente liegen in der Natur in *isotopenreiner* Form vor. Dazu zählen beispielsweise die Elemente Na, Al, Co, Cs, Au.

Kerne mit derselben Massenzahl, aber unterschiedlichen Protonen- und Neutronenzahlen werden *Isobare*[6] genannt. Wegen der verschiedenen Protonenzahlen sind es jeweils verschiedene Elemente, z. B. sind ${}^{56}_{25}\mathrm{Mn}$, ${}^{56}_{26}\mathrm{Fe}$, ${}^{56}_{27}\mathrm{Co}$ Isobare.

*Isotone*[7] sind Kerne mit derselben Neutronenzahl, aber unterschiedlicher Protonen- und Massenzahl. Auch dies sind jeweils verschiedene Elemente, wie etwa ${}^{55}_{25}\mathrm{Mn}$, ${}^{56}_{26}\mathrm{Fe}$, ${}^{57}_{27}\mathrm{Co}$.

Die *Isomere*[8] eines Kerns schließlich sind verschiedene Anregungszustände, in denen sich der Kern befindet. Sie unterscheiden sich also nicht durch ihre Zusammensetzung. Als Isomer werden üblicherweise Anregungszustände bezeichnet, die eine relativ lange Lebensdauer haben, d. h. in diesem Zusammenhang mehr als etwa $10^{-9}$ s im Vergleich zu den häufigeren, deutlich kürzeren Lebensdauern von weniger als $10^{-14}$ s. Isomere werden durch ein „m" im Nuklidsymbol gekennzeichnet, z. B. ${}^{99\mathrm{m}}_{43}\mathrm{Tc}$.

Eine nützliche und verbreitete grafische Darstellung der Zusammensetzung der verschiedenen Atomkerne oder *Nuklide* ist die von Segré (E. Segré, 1905–1989, Nobelpreis 1959) vorgeschlagene *Nuklidkarte*, dargestellt in Bild 8.44, zur Übersicht in verkleinerter Form. In dieser Nuklidkarte ist die Protonenzahl Z auf der Ordinate, die Neutronenzahl N auf der Abszisse aufgetragen. Alle bekannten natürlichen und künstlich erzeugten Nuklide in dieses Koordinatensystem eingetragen ergeben die in Bild 8.44 gezeigte Verteilung. Wie in der vergrößerten Detaildarstellung Bild 8.45 zu sehen, liegen isotope Nuklide waagerecht nebeneinander, isobare Nuklide auf einer diagonalen Linie und isotone Nuklide senkrecht übereinander.

## Eigenschaften des Atomkerns

Die in Bild 8.44 schwarz hervorgehobene Punkte markieren die stabilen Nuklide, die also nicht radioaktiv zerfallen. Wie man sieht, liegt die gesamte Verteilung und eben auch die Linie der stabilen Nuklide zunächst auf, mit zunehmender Massenzahl aber immer weiter unterhalb der Geraden $Z = N$. Bei den leichten Nukliden, angefangen mit ${}^{4}_{2}\mathrm{He}$, ist also die Zahl der Neutronen gleich der der Protonen. Bei den schwereren Nukliden, etwa ab ${}^{45}_{21}\mathrm{Sc}$, sind die Neutronen zunehmend in der Überzahl. Dies ist zum Teil qualitativ dadurch erklärbar, dass eine größere Anzahl von Neutronen im Kern den mittleren Abstand der Protonen voneinander vergrößert und so die Coulomb-Abstoßung zwischen den Protonen verringert.

Das Rutherford'sche Experiment (E. Rutherford, 1871–1937, Nobelpreis 1908) ergab erste Hinweise auf die *Größe des Kerns*. Die Streuung von α-Teilchen an den Atomen in einer Goldfolie zeigte, dass der Atomkern wesentlich kleiner als das Atom sein muss (siehe Abschnitt 8.2.1).

6 baros, griechisch für Gewicht

7 Isoton, Kunstwort, abgeleitet von Isotop mit „n" für Neutron statt „p"

8 meros, griechisch für Teil

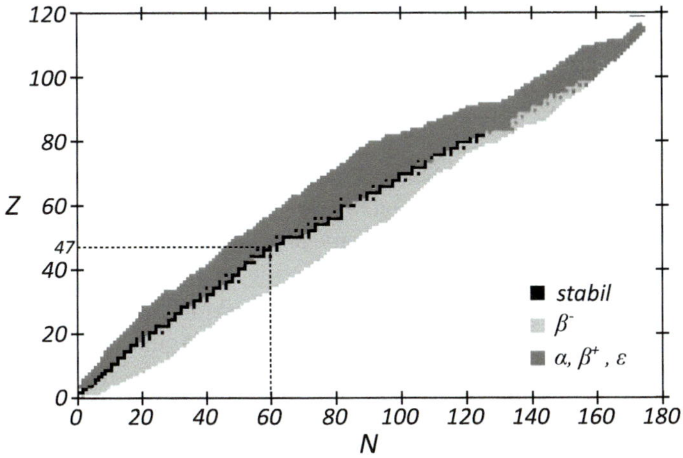


**Bild 8.44** Nuklidkarte nach Segré, Übersicht, markiert: $^{107}$Ag, mit Angabe der Stabilität bzw. der Zerfallsart eines Nuklids (ε: Elektroneneinfang)

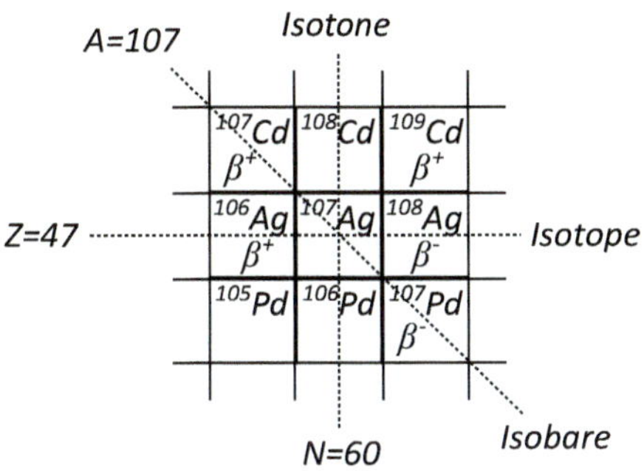


**Bild 8.45**
Isotope, isobare, isotone Nuklide in der Nuklidkarte

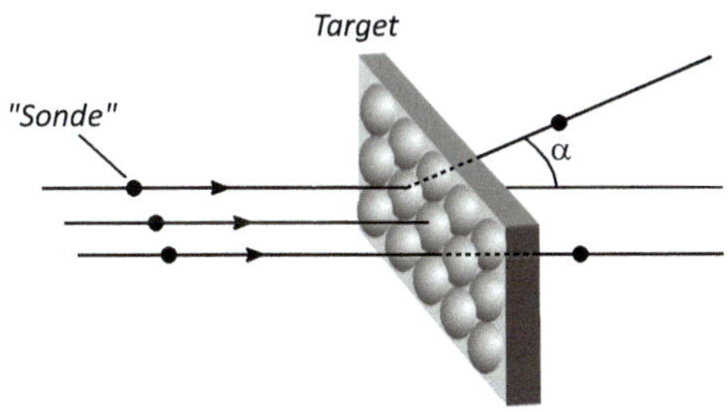


**Bild 8.46**
Prinzip von Streuexperimenten

Streuexperimente sind geeignete und viel benutzte Methoden für die Vermessung subatomarer Teilchen, wie z. B. des Atomkerns. Dabei wird ein Strahl von Teilchen, die als „Sonde“ benutzt werden, auf eine „Target“ genannte Probe, die die Messobjekte enthält, gerichtet (Bild 8.46). Die Vermessung der Ablenkung der Teilchen aus dem Strahl, auch eventuelle Änderungen der Anzahl durch Absorption lassen Rückschlüsse auf die Größe und die Struktur der Messobjekte zu. Analog zu den in der Wellenlehre (Abschnitt 4.3.4) und in der Optik (Abschnitt 7.2.4) gemachten Feststellungen über die Auflösungsgrenze optischer Instrumente ist dabei Voraussetzung, dass die de Broglie-Wellenlänge (Abschnitt 8.1.3) der als Sonde genutzten Teilchen klein gegenüber den Abmessungen der Messobjekte ist. Durch Auswahl der Art der Teilchen und deren Energie können verschiedene Aspekte untersucht werden. Methoden und Werkzeuge zur Erzeugung hochenergetischer Teilchenstrahlen werden im Abschnitt 8.4.2 vorgestellt.

Beim Rutherford'schen Experiment wurden *$\alpha$-Teilchen* der Energie 5,6 MeV benutzt. Damit ist wegen der Coulomb-Abstoßung eine Annäherung an den Kern eines Goldatoms auf minimal 40 fm möglich. Bei dieser Distanz spielen die Kernkräfte keine Rolle und durch die Streuung wird nur das elektrische Feld des Kerns vermessen.

Die elektrisch neutralen *Neutronen* dagegen unterliegen nur der Kernkraft. Neutronen mit geringer kinetischer Energie (thermische Neutronen) werden häufig inelastisch gestreut, d. h. ihre Energie ändert sich beim Streuprozess und sie können dadurch verschiedenste Kernreaktionen bis hin zur Kernspaltung auslösen. Hochenergetische Neutronen werden dagegen hauptsächlich elastisch gestreut und gelegentlich absorbiert. Mit Neutronen genügend hoher Energie von mehr als 10 MeV und entsprechend kleiner Wellenlänge, nach Gl. (8.13) also mit $\lambda < 10$ fm (die erst seit den 1950er-Jahren zur Verfügung standen), lässt sich daher der Wirkungsbereich der Kernkraft bestimmen. Da diese wegen ihrer kurzen Reichweite nur innerhalb des Kerns wirksam ist, erhält man damit ein direkteres Maß für die Größe des Kerns.

*Elektronen* wiederum reagieren nur auf die Coulomb-Kraft, die in diesem Fall aber nicht abstoßend wirkt. Bei hoher Energie im Bereich von einigen Gigaelektronvolt ist ihre Wellenlänge mit weniger als ein Femtometer so klein, dass sie als Ganzes in den Kern eindringen können. Dadurch kann die elektrische Ladungsverteilung in der direkten Umgebung und innerhalb des Kerns gemessen werden. Auch die Bestimmung der Ladungsverteilung des Protons und des Neutrons selber ist damit möglich.

Bild 8.47 zeigt das Ergebnis der Messung von *Ladungsverteilungen* in einigen Atomkernen mit Elektronenstreuung. Bei den schwereren Kernen ab etwa $^{40}_{20}\text{Ca}$ ist die Ladung gleichmäßig im Kern verteilt und die Ladungsverteilung hat einen relativ scharf definierten Rand, den man auch als Oberfläche des Kerns interpretieren kann. Abweichungen davon zeigen die leichten Kerne und insbesondere der Wasserstoffkern $^{1}_{1}\text{H}$, d. h. ein isoliertes Proton.

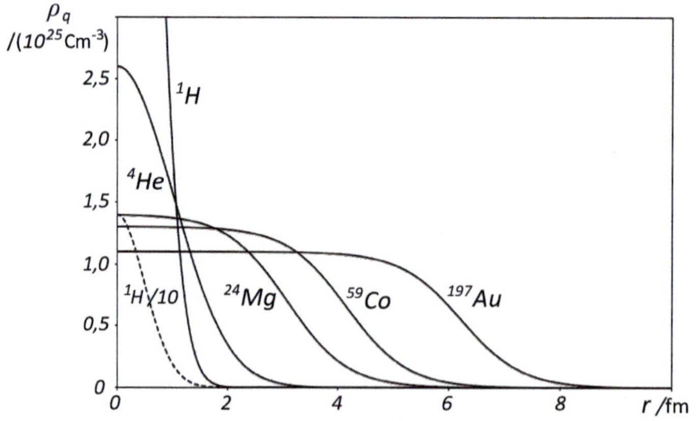


**Bild 8.47** Verteilung der Ladungsdichte in einigen Atomkernen

Die verschiedenen Messungen ergeben für den Kernradius in Abhängigkeit von der Kernmasse bzw. der Massenzahl in etwa diesen Zusammenhang

*Kernradius*

$$r_\text{k} \approx r_0\, A^{1/3} \tag{8.64}$$

mit $r_0 \approx 1{,}2$ fm.

Geht man von einer Kugelgestalt des Kerns aus, ist demnach die Massendichte der Kernmaterie konstant mit dem bemerkenswerten Wert:

*Massendichte der Kernmaterie*

$$\varrho_\text{mk} = \frac{m_\text{k}}{V_\text{k}} = \frac{A \cdot 1\,\text{u}}{\frac{4}{3}\,\pi r_\text{k}^3} = \frac{1\,\text{u}}{\frac{4}{3}\,\pi r_0^3} = 2{,}3 \cdot 10^{17}\ \text{kg/m}^3 \tag{8.65}$$

Wie bereits erwähnt, weichen die Werte der relativen Atommassen $A_\text{r}$ von den Massenzahlen $A$ ab, was sich teilweise auf die Zusammensetzung des Isotopengemischs eines Elementes zurückführen lässt. Aber auch die einzelnen Isotope eines Elementes zeigen eine solche Abweichung. Die Masse des Kerns ist immer (außer beim $^1$H-kern) kleiner als die Gesamtmasse der einzelnen Nukleonen. Bei der Berechnung dieses Massendefekts muss allerdings die Masse der Elektronen des Atoms, die in $A_\text{r}$ enthalten ist, berücksichtigt werden.

*Massendefekt*

$$\Delta m = A_\text{r} \cdot 1\,\text{u} - \left(Z \cdot \left(m_\text{p} + m_\text{e}\right) + N \cdot m_\text{n}\right) \tag{8.66}$$

Der Massendefekt beträgt z. B. bei dem (Isotopen-reinen) Element Caesium $^{133}_{55}\text{Cs}$ mit $A_\text{r} = 132{,}905$, $\Delta m = -1{,}20$ u. Ursache für den Massendefekt ist die Bindung der Nukleonen im Kern, die mit einer Verringerung der Energie gegenüber dem ungebundenen Zustand einher geht. Der Massendefekt ist entsprechend der Äquivalenz von Masse und Energie gleich einer Energiedifferenz in der Größe der (hier positiv gezählten)

*Bindungsenergie der Nukleonen im Kern*

$$E_\text{B} = \left|\Delta m\right| c^2 \tag{8.67}$$

Die wesentlich kleinere Bindungsenergie der Elektronen im Atom wird hierbei vernachlässigt.

Um dies bei den verschiedenen Kernen vergleichen zu können, wird die Bindungsenergie auf die Anzahl der Nukleonen bezogen, man hat also die

*Bindungsenergie pro Nukleon*

$$\frac{E_\text{B}}{A} = \frac{\left|\Delta m\right|}{A}\, c^2 \tag{8.68}$$

Für das obige Beispiel $^{133}_{55}\text{Cs}$ ergibt sich der Wert $\frac{E_\text{B}}{A} = 1{,}349 \cdot 10^{-12}\ \text{J} = 8{,}421\ \text{MeV}$ pro Nukleon.

**Merke**

Die Bindungsenergie der Nukleonen im Kern entspricht einem Massendefekt gegenüber den ungebundenen Nukleonen. Die Bindungsenergie pro Nukleon ist maximal für das Nuklid $^{56}_{26}\text{Fe}$.

In Bild 8.48 ist die Bindungsenergie pro Nukleon $\frac{E_B}{A}$ für die natürlich vorkommenden Nuklide gegen die Massenzahl $A$ aufgetragen. Wie man sieht, nimmt $\frac{E_B}{A}$ mit zunehmender Massenzahl zunächst schnell zu, unterhalb von $A = 30$ (in Bild 8.48 vergrößert) allerdings nicht monoton. Ausgeprägte lokale Maxima liegen bei den Nukliden mit jeweils derselben, geraden Protonen- und Neutronenzahl ${}^4_2\text{He}$, ${}^8_4\text{Be}$, ${}^{12}_6\text{C}$, ${}^{16}_8\text{O}$. Bei dazwischen liegenden Nukliden ${}^6_3\text{Li}$, ${}^{10}_5\text{B}$, ${}^{14}_7\text{N}$ findet man deutlich niedrigere Werte. Die Kurve erreicht ein Maximum bei ${}^{56}_{26}\text{Fe}$ und fällt dann langsam wieder ab.

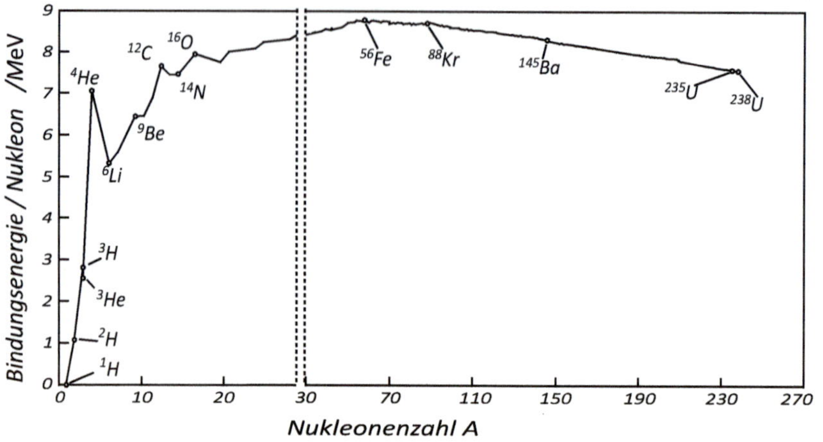


**Bild 8.48** Bindungsenergie pro Nukleon in Abhängigkeit von der Massenzahl für natürlich vorkommende Nuklide

Generell werden erhöhte Werte der Bindungsenergie bei den Nukleonenzahlen $Z$ bzw. $N = 2, 8, 20, 28, 50, 82, 126$ beobachtet, für die sich die Bezeichnung *magische Nukleonenzahlen* eingebürgert hat (in Bild 8.48 ab $A = 30$ wegen des Maßstabs nicht zu erkennen). Dass Elemente mit diesen Nukleonenzahlen besonders stabil sind, wird auch durch die hohe relative Häufigkeit dieser Elemente in der Natur belegt (eine Ausnahme stellt das Nuklid ${}^8_4\text{Be}$ dar, das in etwa $10^{-17}$ s in zwei α-Teilchen zerfällt).

Zwei auch technologisch wichtige Vorgänge, auf die später noch genauer eingegangen wird, lassen sich anhand dieser Kurve qualitativ verstehen: Wird ein Uran-Kern gespalten, so entstehen z. B. zwei Kerne mit etwa der halben Massenzahl. Deren Bindungsenergie ist etwa 1 MeV pro Nukleon größer als bei Uran, sodass bei der Spaltung ca. 230 MeV an Energie freigesetzt werden. Umgekehrt entsteht aus der Fusion von vier Wasserstoff-Kernen ein Helium-Kern mit einer Bindungsenergie von 7 MeV pro Nukleon, sodass dabei etwa 28 MeV frei werden.

Die beobachteten Eigenschaften der Atomkerne zu erklären ist Ziel verschiedener, im Laufe der Zeit entwickelter Kernmodelle, die in Abschnitt 8.3.2 vorgestellt werden.

Grundlage für die Berechnung der Bindungsenergie ist die genaue Kenntnis der Massen der isolierten Nukleonen und der Atome der Elemente und ihrer Isotope. Außer der des freien Neutrons lassen sich diese Massen mit einem *Massenspektrometer* ermitteln. Aus der Bewegung ionisierter Atome unter dem Einfluss elektrischer und magnetischer Felder kann man mit diesem Gerät deren Masse mit hoher Genauigkeit bestimmen. Die ersten Entwicklungen begannen mit Wien 1899 (W. Wien, 1864–1928). Im Laufe der Zeit wurden verschiedene Varianten entwickelt wovon hier das Massenspektrometer nach Bainbridge (K. T. Bainbridge, 1904–1996) vorgestellt werden soll. Es besteht im Prinzip aus einer Ionenquelle, einem Wien'schen *Geschwindigkeitsfilter* und einem magnetischen Spektrometer, wie in Bild 8.49 gezeigt. In der Ionenquelle wird zunächst durch Verdampfen der Probe ein Atomstrahl erzeugt. Die Atome der Masse $m$ werden anschließend z. B. mithilfe eines Elektronenstrahls durch Elektronenstoß ionisiert, sodass sie eine positive Ladung $q$ tragen, und treten dann in den Geschwindigkeitsfilter ein. Dieser beruht auf der Wirkung eines elektrischen und eines magnetischen Feldes $\vec{E}_\mathrm{F}$ und $\vec{B}_\mathrm{F}$, die senkrecht aufeinander stehen, und so gerichtet sind, dass sich elektrische Coulomb- und magnetische Lorentz-Kraft auf die Ionen kompensieren: $\vec{F}_\mathrm{C} = -\vec{F}_\mathrm{mL,F}$. Mit $\vec{F}_\mathrm{C} = q\,\vec{E}_\mathrm{F}$ und $\vec{F}_\mathrm{mL} = q\,\vec{v} \times \vec{B}_\mathrm{F}$ gilt damit für die Beträge (da $\vec{v} \perp \vec{B}_\mathrm{F}$) $q\,E_\mathrm{F} = q\,v\,B_\mathrm{F}$. Ionen mit der Geschwindigkeit

$$v = \frac{E_\mathrm{F}}{B_\mathrm{F}} \tag{8.69}$$

werden also nicht von der geradlinigen Bahn abgelenkt und passieren den Austrittsspalt am Ende des Filters. Im anschließenden *magnetischen Spektrometer* werden sie von dem dort herrschenden Magnetfeld $\vec{B}_\mathrm{S}$ mit der magnetischen Lorentz-Kraft als Zentripetalkraft auf eine (Halb-)Kreisbahn mit dem Radius $r$ gebracht. Aus der Bedingung $\vec{F}_\mathrm{mL,S} = \vec{F}_\mathrm{zp}$, bzw. in Beträgen $q\,v\,B_\mathrm{S} = \frac{m v^2}{r}$ erhält man das Verhältnis von Masse zu Ladung $\frac{m}{q} = \frac{B_\mathrm{S}\,r}{v}$. Insgesamt also, mit Gl. (8.69)

$$\frac{m}{q} = \frac{B_\mathrm{S}\,B_\mathrm{F}\,r}{E_\mathrm{F}} \tag{8.70}$$

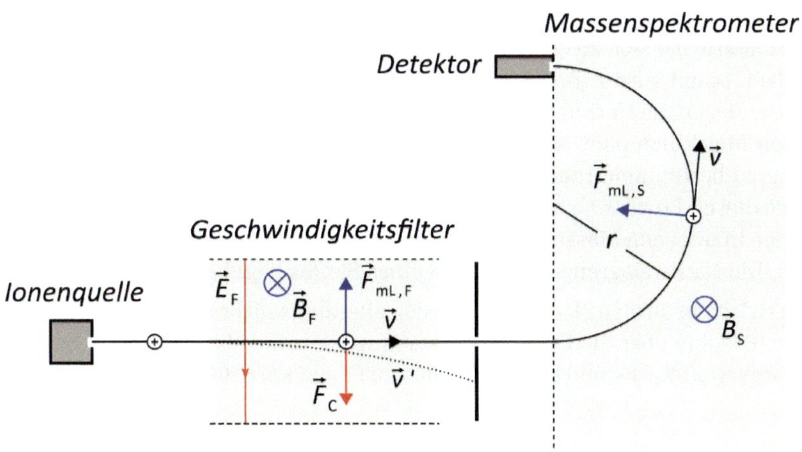


**Bild 8.49** Massenspektrometer, schematische Darstellung, gepunktete Linie: Bahn für eine Geschwindigkeit $v' < v$

Mit einem Detektor oder einem Film stellt man fest, an welcher Stelle der Ionenstrahl auf die Wandung des Spektrometers trifft, und bestimmt so den Bahnradius. Damit lässt sich dann bei bekannten elektrischen und magnetischen Feldern das Masse-Ladungs-Verhältnis berechnen.

Allerdings haben Ionen gleicher Masse, aber mit unterschiedlicher Ladung unterschiedliche Bahnradien. Da die Ladung aber in ganzzahligen Vielfachen der Elementarladung variiert, lässt sich die Bahn mit dem größten Radius, entsprechend der kleinstmöglichen Ladung $q = +e$, gut identifizieren. So kann schließlich über Gl. (8.70) auch die Masse berechnet werden.

**Beispiel**

Im Geschwindigkeitsfilter eines Massenspektrometers nach Bild 8.49 liegt ein elektrisches Feld der Stärke $E_F = 46$ kV/m an. Das Magnetfeld hat im Filter und im Spektrometer denselben Wert von $B_F = B_S = 0{,}28$ T. Die Ionenquelle liefert einfach ionisierte Ionen des zu untersuchenden Stoffes. Im Massenspektrometer bewegen sich die Ionen auf einer Bahn mit dem Radius $r_0 = 8{,}5$ cm.

Welche Geschwindigkeit haben die Ionen, die den Geschwindigkeitsfilter passieren?

Nach Gl. (8.69) beträgt die Geschwindigkeit $v = \dfrac{46 \cdot 10^3\ \text{V/m}}{0{,}28\ \text{T}} = 1{,}64 \cdot 10^3\ \text{m/s}$.

Welche Masse haben die Ionen?

Mit Gl. (8.70) erhält man für die Masse

$$m = \frac{0{,}28\ \text{T} \cdot 0{,}28\ \text{T} \cdot 0{,}085\ \text{m}}{46 \cdot 10^3\ \text{V/m}} \cdot 1{,}6 \cdot 10^{-19}\ \text{A s} = 2{,}32 \cdot 10^{-26}\ \text{kg} \approx 14\ \text{u}.$$

Es handelt sich also z. B. um das Kohlenstoff-Isotop $^{14}C$.

Auf welchen Bahnradien bewegen sich $^{12}C$-Ionen bzw. zweifach ionisierte $^{14}C$-Ionen?

Für den Radius gilt $r \sim \dfrac{m}{q}$. Bei den $^{12}C$-Ionen ist also $r_{12C} = r_0 \cdot \dfrac{12}{14} = 7{,}3\ \text{cm}$, bei den zweifach geladenen $^{14}C$-Ionen $r_2 = r_0 \cdot \dfrac{1}{2} = 4{,}25\ \text{cm}$.

Die Massenspektrometrie hat sich zu einem heute viel verwendeten, hochpräzisen Analyseverfahren entwickelt. Damit wird z. B. die Isotopenzusammensetzung eines Elementes wie U oder W gemessen, die auf die Herkunft des Stoffes schließen lässt. In Chemie und Biologie wird die Masse von Molekülen oder Molekülfragmenten festgestellt, um deren chemische Zusammensetzung zu bestimmen. Hier ist speziell der Schritt der Ionisierung kritisch, da die Moleküle durch diesen Prozess nicht zerstört werden dürfen. Mit der Weiterentwicklung der Methode können inzwischen Massen mit einer relativen Genauigkeit von besser als $10^{-6}$ gemessen werden. Die Nachweisgrenze für Spuren eines Stoffes liegt bei einigen $10^{-15}$ g.

Die Masse des elektrisch neutralen Neutrons lässt sich allerdings nicht mit Massenspektrometrie bestimmen. Es kann aber die Energie gemessen werden, die als γ-Strahlung bei der Reaktion eines Wasserstoff-Kerns und eines Neutrons zu einem Kern des schweren Wasserstoffs Deuterium

$$^1_1\text{H} + {}^1_0\text{n} \rightarrow {}^2_1\text{D} + \gamma \tag{8.71}$$

frei wird. Die Masse des Neutrons ergibt sich daraus, siehe folgendes Beispiel.

**Beispiel**

Bei der Reaktion nach Gl. (8.71) wird ein Photon der Energie $E_\gamma = 2{,}2246$ MeV emittiert. Bekannt sind die Massen $m_H = 1{,}00728$ u, $m_D = 2{,}01355$ u.

Wie groß ist die Masse des Neutrons?

Die Massen- bzw. Energiebilanz der Reaktion lautet $m_H + m_n = m_D + \frac{E_\gamma}{c^2}$.

Die Masse des Neutrons folgt daraus mit

$$m_n = m_D - m_H + \frac{E_\gamma}{c^2} = 1{,}00627\,\text{u} + \frac{2{,}2246\,\text{MeV}}{c^2} = 1{,}67487 \cdot 10^{-27}\,\text{kg} = 1{,}00865\,\text{u}.$$

## 8.3.2 Kernmodelle

Beim Atom herrscht eine gewisse „Hierarchie“ zwischen dem schweren Kern, der das zentrale elektrische Potential vorgibt, und den leichten Elektronen, die sich, wenn auch unter gegenseitiger Wechselwirkung, in diesem Potential bewegen. Im Atomkern dagegen wirkt die anziehende Kernkraft zwischen jeweils benachbarten Nukleonen und gleichzeitig die wegen der kleinen Abstände extrem große abstoßende Coulomb-Kraft zwischen allen Protonen. Es handelt sich also um ein äußerst komplexes System.

Es gibt mehrere Ansätze, die oben beschriebenen Eigenschaften der Nuklide - stabil/instabil, Bindungsenergie pro Nukleon - zu erklären. Sie beruhen auf diesen Beobachtungen:

- Die Kernkraft ist erheblich *stärker* als die Coulomb-Kraft.
- Sie ist *unabhängig von der Ladung*, wirkt also in gleicher Weise zwischen zwei Protonen, zwei Neutronen oder zwischen Neutron und Proton.
- Ihre *Reichweite ist begrenzt*, sodass sie nur zwischen jeweils zwei unmittelbar benachbarten Nukleonen wirkt. Die Coulomb-Kraft dagegen wirkt zwischen allen Protonen.
- Wie Elektronen sind Nukleonen Fermionen mit dem Spin 1/2. Die Kernkraft ist *abhängig von der Orientierung der Spins* der beteiligten Nukleonen: Die Bindung zwischen Nukleonen mit parallelen Spins ist stärker als die zwischen Nukleonen mit entgegengesetzt gerichtete Spins.
- Kerne mit *magischen Nukleonenzahlen* sind besonders stabil.

### Tröpfchenmodell

Wie bei einem Flüssigkeitströpfchen ist das Volumen des Kerns proportional zur Anzahl der enthaltenen Teilchen, in diesem Fall der Nukleonen. Dies gab Anlass zur Entwicklung des *Tröpfchenmodells* der Atomkerne, das 1935 von Gamow (G. Gamow, 1904-1968) vorgeschlagen und dann von Bethe (H. A. Bethe, 1906-2005, Nobelpreis 1967), Weizsäcker (C. F. v. Weizsäcker, 1912-2007) und anderen weiterentwickelt und präzisiert wurde. Darin ergibt sich die Bindungsenergie als die Summe mehrerer Beiträge, die teilweise analog auch bei der Bildung eines Flüssigkeitströpfchens (daher der Name des Modells) aus Gasmolekülen auftreten. Die *Kondensationsenergie* liefert einen positiven Beitrag proportional zur Anzahl der „kondensierten“ Nukleonen $A$. Die *Oberflächenenergie* ist proportional zur Oberfläche,

d. h. zu $A^{2/3}$, und ist negativ zu zählen. Ebenso die Energie aufgrund der *abstoßenden Coulomb-Kraft*, die proportional zum Quadrat der Ladung und umgekehrt proportional zum Radius des Kerns, insgesamt also zu $\frac{Z^2}{A^{1/3}}$ ist. Hinzu kommen zwei weitere Beiträge, zu denen es keine klassische Analogie gibt: Eine *Asymmetrie-Energie*, mit der erfasst wird, dass ein Neutronenüberschuss oder -mangel gegenüber der Protonenzahl eine geringere Bindungsenergie zur Folge hat, proportional zu $-\frac{((A/2)-Z)^2}{A}$. Schließlich eine *Paarungsenergie*, die für gerade $N$ und $Z$ („gg-Kerne") einen positiven, für ungerade $N$ und $Z$ („uu-Kerne") einen negativen Beitrag liefert und für ug- oder gu-Kerne verschwindet. Sie ist proportional zu $\pm A^{-1/2}$ oder gleich 0. Mithilfe der fünf Proportionalitätskonstanten dieser Beiträge lässt sich der Zusammenhang zwischen der Bindungsenergie und der Nukleonenzahl sehr gut an experimentelle Daten anpassen. So bildet das Tröpfchenmodell die Lage der stabilen Nuklide in der Nuklidkarte (Bild 8.44) gut ab. Es bleibt jedoch ein eher empirisches Modell, das die zugrunde liegenden Verhältnisse nur teilweise erklärt. Experimentelle Daten werden daher nur mit Einschränkungen wiedergegeben. Immerhin kann es für Abschätzungen der Energiebilanz von Kernreaktionen benutzt werden. Die großen Schwankungen der Bindungsenergie pro Nukleon bei $A < 20$ (Bild 8.48) und generell die Existenz der magischen Nukleonenzahlen werden aber nicht erfasst.

## Potentialtopf- und Schalenmodell

Das *Potentialtopfmodell* geht von einem grundlegenderen Ansatz aus. Danach lässt sich die paarweise wirkende Kernkraft zwischen Nukleonen zu einem Potential zusammenfassen, in dem sich alle Nukleonen bewegen. Die Form dieses Potentials gleicht näherungsweise einem Kastenpotential wie es im Prinzip in Abschnitt 8.1.6 behandelt wurde. Im Fall des Kerns ist die Tiefe des Potentialtopfs allerdings natürlich endlich. Die Reichweite der Kernkraft bestimmt die räumliche Ausdehnung des Potentialtopfs. Für die Protonen bewirkt die Coulomb-Kraft eine Anhebung des Potentials gegenüber dem der Neutronen. Da die Reichweite der Coulomb-Kraft außerdem nicht beschränkt ist, ergibt sich ein Potentialwall außerhalb des Kerns, der sich auf geladene Teilchen auswirkt (siehe Bild 8.50).

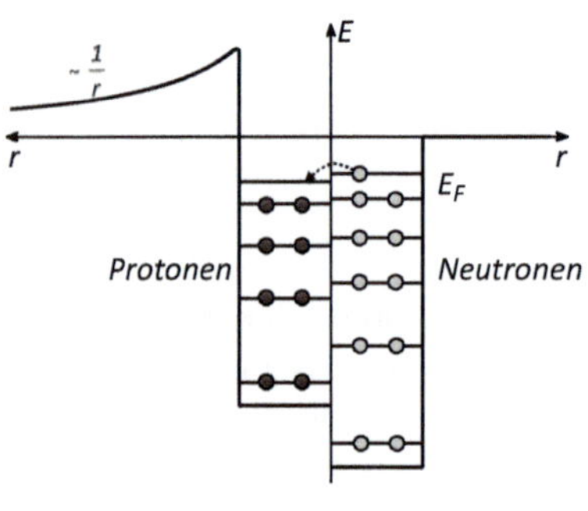


**Bild 8.50**
Potentialtopfmodell des Kerns, dargestellt ist links der Potentialverlauf für Protonen, rechts der für Neutronen, angedeutet ist der Zerfall eines Neutrons in ein Proton

Da Nukleonen mit dem Spin 1/2 Fermionen sind, kann jeder (quantenphysikalische) Zustand in diesem Potential nur mit zwei Nukleonen entgegengesetzten Spins besetzt werden, d. h. die Zustände werden mit zunehmender Nukleonenzahl von energetisch unten nach oben aufgefüllt. Die Energie des obersten besetzten Zustands wird als Fermi-Energie $E_F$ bezeichnet.

Sie ist etwa gleich hoch für Protonen und Neutronen. Andernfalls würden Umwandlungen von Teilchen für den Ausgleich sorgen, in Bild 8.50 für ein Neutron angedeutet ($\beta^-$-Zerfall zum Proton, s. Abschnitt 8.4.1).

Dieses Modell erklärt unmittelbar den *Neutronenüberschuss* stabiler Kerne, d. h. die Überzahl an Neutronen gegenüber den Protonen. Je mehr Protonen ein Kern enthält, desto mehr wird das Potential für Protonen gegenüber dem der Neutronen angehoben. Um das Gleichgewicht der Fermi-Energie zu erhalten, wird der Neutronenüberschuss in der Folge umso größer.

**Merke**

Der Neutronenüberschuss stabiler Nuklide ab $Z = 8$ kompensiert teilweise die abstoßende Wirkung der Coulomb-Kraft zwischen den Protonen.

Die Erweiterung des Potentialtopfmodells führt zum *Schalenmodell*, mit dem weitere Eigenschaften der Kerne erklärt werden können. Die Vorstellung, die Zustände für die Nukleonen im Kernpotential könnten so wie die der Elektronen im Atom in Schalen angeordnet sein, entstand aus der Beobachtung, dass Atomkerne, ähnlich wie Atome, Photonen mit bestimmten diskreten, für einen Kern spezifischen Energien absorbieren bzw. emittieren. (Die Energie dieser als $\gamma$-Strahlung (siehe Abschnitt 8.3.4) bezeichneten Photonen liegt allerdings im Bereich von Megaelektronvolt, also deutlich höher als bei der Strahlung von Atomen.) Außerdem sind diese Energiewerte bei bestimmten Kernen besonders hoch, wie es auch im Fall der Atome bei abgeschlossenen Elektronenschalen, also bei den Edelgasen der Fall ist.

Im Schalenmodell charakterisiert man die Zustände im Kern analog zu denen von Elektronen im Atom durch Haupt-, Drehimpuls- und Spinquantenzahl, wobei jeweils eigene Zustände für Protonen und Neutronen existieren. Jeder dieser Zustände kann nach dem Pauli-Prinzip jeweils durch ein Proton bzw. Neutron besetzt werden. Im Unterschied zu Atomen (siehe Abschnitt 8.2.3) spielt nun aber im Kern die *Spin-Bahn-Wechselwirkung* eine entscheidende Rolle für die Lage der Energieniveaus. Sie ist hier keine kleine Störung mehr, sondern ihr Beitrag führt zu Verschiebungen der Energieniveaus in der Größenordnung der Aufspaltung nach den Hauptquantenzahlen. Spin- und Bahndrehimpuls ergeben zusammen den Gesamtdrehimpuls $I$ des Kerns. Die Energieniveaus werden bei paralleler Orientierung der beiden Drehimpulse zueinander abgesenkt, bei antiparalleler (entgegengesetzter) Orientierung angehoben. Auf dieser Grundlage ergibt sich das in Bild 8.51 dargestellte Termschema für Nukleonen im Atomkern. Man erkennt an diesem - stark vereinfachten - Bild die „Schalen", also energetisch dicht benachbarte Gruppen von Energieniveaus, die durch größere Energieintervalle voneinander getrennt sind. Zu jedem Drehimpuls $I$ gibt es $2I+1$ Zustände mit verschiedenen Orientierungen (vgl. die magnetischen Quantenzahlen bei Atomen, Abschnitt 8.2.2). Summiert man die Anzahl der Zustände in den Schalen, ergeben sich die magischen Nukleonenzahlen. Kerne mit diesen Nukleonenzahlen, also vollständig gefüllten Schalen, sind daher besonders stabil.

**Merke**

Die Energieniveaus für Nukleonen im Kern sind zu „Schalen" gruppiert. Nuklide mit voll besetzten Schalen sind besonders stabil, die entsprechenden Elemente in der Natur relativ häufig.

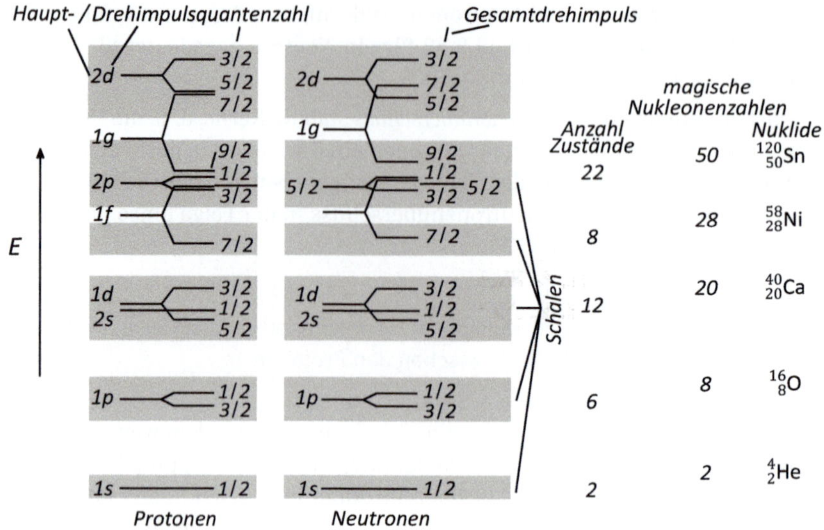


**Bild 8.51** Energieniveaus für Protonen und Neutronen im Kern mit Anzahl der Zustände in den Schalen, magischen Nukleonenzahlen, Beispielen für Nuklide, (die Drehimpulsquantenzahl wird wie bei den Atomen mit s, p, d, … für 1, 2, 3, … angegeben)

Aus der Besetzung der Zustände mit ihren jeweiligen Drehimpulsen mit Nukleonen und aus deren Spins ergibt sich der Gesamtdrehimpuls $\vec{I}$ eines Kerns, der aus historischen Gründen als *Kernspin* bezeichnet wird. Diese Bezeichnung ist insofern etwas irreführend, als sich der Drehimpuls eines Kerns durch Anregung ändern kann, anders als z. B. der Spin eines Elektrons. Die Spins der Nukleonen sind zwar ebenfalls nicht elementar, sondern beruhen auf ihren Bausteinen Quarks und Gluonen (siehe Abschnitt 8.4.1), haben aber für Neutronen und Protonen die feste Spinquantenzahl 1/2. Der Kernspin ist, wie alle Drehimpulse in der Quantenphysik, quantisiert und kann die Werte $I=\sqrt{i\left(i+1\right)}\,\hbar$ haben, wobei die Kernspin-Quantenzahl $i$ von der Zusammensetzung eines Kerns abhängt und halbzahlig oder ganzzahlig sein kann. Experimente zeigen (in der Regel), dass in Kernen mit einer geraden Anzahl $Z$ von Protonen und $N$ von Neutronen (gg-Kerne) $i=0$ ist. Offensichtlich sind die Gesamtdrehimpulse der einzelnen Nukleonen paarweise gegeneinander ausgerichtet und addieren sich zu 0. Bei Kernen mit geradem $Z$ und ungeradem $N$ oder umgekehrt (gu- oder ug-Kerne) kompensieren sich die Drehimpulse der Nukleonen auf den unteren Niveaus und $i$ hat den Wert des Drehimpulses des einzelnen Nukleons im obersten besetzten Zustand. Sind $Z$ und $N$ beide ungerade (uu-Kerne) kommen sehr unterschiedliche Werte vor, je nachdem, wie sich die Drehimpulse der beiden einzelnen Nukleonen addieren. In Tabelle 8.3 sind einige Beispiele für die verschiedenen Fälle aufgeführt.

Mit ihrem Drehimpuls hängt das *magnetische Dipolmoment* der Nuklide zusammen. Es ist in Tabelle 8.3 in Einheiten des Kernmagnetons $\mu_{\mathrm{N}}$ angegeben, das analog zum Bohr'schen Magneton $\mu_{\mathrm{B}}$ (Gl. (8.54)) definiert ist:

*Kernmagneton*

$$\mu_{\mathrm{N}}=\frac{e\hbar}{2m_{\mathrm{p}}}\approx 5{,}04\cdot 10^{-27}\ \mathrm{A\ m^2}\approx 3{,}15\cdot 10^{-8}\ \mathrm{eV\ T^{-1}} \tag{8.72}$$

mit der Masse des Protons $m_p$. $\mu_N$ ist daher um etwa den Faktor 1/1 800 kleiner als das Bohr'sche Magneton $\mu_B$.

Das Dipolmoment resultiert aus den Momenten, die mit dem Bahndrehimpuls und dem Spin der Nukleonen verknüpft sind, und kann wegen der unterschiedlichen Beiträge von Spin und Bahn nicht einfach aus dem Kernspin abgeleitet werden. Für die isolierten Nukleonen (1./2. Zeile von Tabelle 8.3) hängt es aber direkt mit deren Spin zusammen. Bemerkenswert sind dabei die Existenz und das Vorzeichen des *magnetischen Dipolmoments* des isolierten neutralen *Neutrons*. Es ist entgegen dem Spin gerichtet und weist daher auf eine Ladungsverteilung innerhalb des Neutrons hin, bei der sich die positive Ladung mehr im Zentrum, die negative mehr in den Außenbereichen befindet. Das ist ein deutliches Zeichen für eine innere Struktur des Neutrons und wurde früh als Hinweis darauf angesehen, dass es sich beim Neutron und auch beim Proton nicht um elementare Teilchen handelt. Erst mit der Erkenntnis, dass die Nukleonen nach Standardmodell der Elementarteilchen aus Quarks aufgebaut sind (s. Abschnitt 8.4.1), konnten die experimentell gefundenen Werte theoretisch erklärt werden.

**Tabelle 8.3** Kernspins und magnetische Dipolmomente einiger Nuklide

| Nuklid | Typ [ZN] | Kernspin $i$ | Magnetisches Dipolmoment $\mu_N$ |
|---|---|---|---|
| $^{1}_{0}n$ | gu | $\frac{1}{2}$ | −1,91 |
| $^{1}_{1}p\left(^{1}_{1}H\right)$ | ug | $\frac{1}{2}$ | 2,79 |
| $^{16}_{8}O$ | gg | 0 | 0 |
| $^{17}_{8}O$ | gu | $\frac{5}{2}$ | −1,89 |
| $^{63}_{29}Cu$ | ug | $\frac{3}{2}$ | 2,23 |
| $^{176}_{71}Lu$ | uu | 7 | 3,17 |

Das magnetische Dipolmoment der Kerne, insbesondere das des Protons ist die Grundlage für das Verfahren der Kernspinresonanz, das als Analysemethode z. B. in der Medizin eine große Rolle spielt.

## 8.3.3 Radioaktivität

Zurzeit sind mehrere tausend verschieden aufgebaute Atomkerne bekannt. Davon ist der größte Teil künstlich hergestellt, für technische Anwendungen oder für Zwecke der Grundlagenforschung. Nur ca. 340 Nuklide sind natürlichen Ursprungs, von denen 252 stabil sind. Instabile Kerne gehen unter Abgabe von Energie in einen energetisch günstigeren Zustand über. Bei diesem, als *radioaktiver Zerfall* bezeichneten Vorgang wird die Energie in Form von geladenen oder ungeladenen Teilchen abgegeben, wobei sich die Zusammensetzung des Kerns ändert. Der Zerfall wird meist begleitet von der Emission von $\gamma$-Strahlung, die für sich gesehen auch als Form des radioaktiven Zerfalls betrachtet wird. Die *mittlere Lebensdauer* instabiler Kerne reicht von Zeiten im Bereich von $10^{-22}$ s wie bei dem (künstlich hergestellten) Wasserstoff-Nuklid $^{5}_{1}\mathrm{H}$, bis zur bisher höchsten bekannten Lebensdauer eines instabilen Nuklids, des Tellur-Nuklids $^{128}_{52}\mathrm{Te}$, von ca. $3 \cdot 10^{24}$ Jahren.

Natürliche Radioaktivität wurde 1896 von Becquerel (H. Becquerel, 1852–1908, Nobelpreis 1903) am Element Uran entdeckt. Kurze Zeit später fand das Ehepaar Curie (Marie Curie, 1867–1934, Pierre Curie, 1859–1906, gemeinsamer Nobelpreis 1903 mit H. Becquerel), die ebenfalls radioaktiven Elemente Radium und Polonium. Sie prägten den Begriff „Radioaktivität".

*Natürlich* vorkommende Radioaktivität speist sich aus verschiedenen Quellen. *Nukleosynthese*, die Erzeugung schwerer Elemente in Sternen, ist der Ursprung der Elemente, aus denen die Erde hauptsächlich aufgebaut ist. Dabei entstanden u. a. sehr langlebige radioaktive Nuklide, die teilweise bis in die heutige Zeit existieren. Diese sogenannten *primordialen Nuklide*, im Wesentlichen $^{235}_{92}\mathrm{U}$, $^{238}_{92}\mathrm{U}$ und $^{232}_{90}\mathrm{Th}$, und die in radioaktiven Zerfallsreihen (siehe Abschnitt 8.3.4) aus ihnen hervorgehenden Nuklide machen einen Großteil der natürlich vorkommenden radioaktiven Kerne aus. Hinzu kommen, auch aus dem Prozess der Nukleosynthese, Nuklide wie $^{40}_{19}\mathrm{K}$ oder $^{87}_{37}\mathrm{Rb}$, die direkt in stabile Nuklide zerfallen. Zusätzlich werden durch die *kosmische Strahlung*, die auf die Atmosphäre trifft, kontinuierlich radioaktive Nuklide erzeugt. Dadurch enthält die Atmosphäre einen konstanten, wenn auch geringen natürlichen Anteil an relativ kurzlebigen Nukliden wie z. B. $^{3}_{1}\mathrm{H}$ (Tritium), $^{10}_{4}\mathrm{Be}$, $^{14}_{6}\mathrm{C}$. In der Atmosphäre, in lokal sehr unterschiedlichem Gehalt, finden sich außerdem Isotope des radioaktiven Edelgases Radon, die im Verlauf der oben erwähnten Zerfallsketten entstehen.

Mit dem technologischen Einsatz der Kernenergie traten *künstliche* Quellen radioaktiver Elemente auf, zunächst ab 1945 als Kernwaffen (Atombomben), dann ab den 1950er-Jahren in zunehmendem Ausmaß als Kernkraftwerke zur Erzeugung elektrischer Leistung. Beispielsweise verdoppelten die oberirdischen Kernwaffentests den $^{14}\mathrm{C}$-Gehalt der Atmosphäre innerhalb weniger Jahre bis zu deren Stopp 1963. Kernkraftwerke setzen, insbesondere natürlich bei Fehlfunktionen, weitere radioaktive Stoffe wie Iod, Caesium, Strontium, Plutonium frei. Die erhöhte Radioaktivität des Bodens durch das Nuklid $^{137}\mathrm{Cs}$ aus der Havarie des Kernkraftwerks bei Tschernobyl 1986 ist bis heute in Teilen Europas nachzuweisen.

## Zerfallsgesetze

Der Zerfall eines instabilen Kerns folgt quantenphysikalischen Regeln und ist daher rein zufallsbestimmt. Wann ein individueller Kern zerfällt, kann prinzipiell nicht vorhergesagt werden. Man kann lediglich eine Wahrscheinlichkeit angeben, mit der der Kern innerhalb eines gewissen Zeitraums zerfällt. Allerdings hat man es in der Regel mit makroskopischen Proben mit sehr vielen Kernen zu tun, sodass sich diese Wahrscheinlichkeit in der Anzahl der zerfallenden Kerne ausdrückt. Diese Anzahl $\mathrm{d}N$ ist proportional zur Anzahl der vorhandenen $N$ Kerne in der Probe des radioaktiven Materials und zum betrachteten Zeitintervall $\mathrm{d}t$: $\mathrm{d}N \sim -N\,\mathrm{d}t$ ($\mathrm{d}N$ ist negativ, da die Anzahl $N$ *ab*nimmt), also

$$\mathrm{d}N = -\lambda N\,\mathrm{d}t \tag{8.73}$$

mit der Proportionalitätskonstanten $\lambda$, der Zerfallswahrscheinlichkeit pro Sekunde mit der Einheit $[\lambda] = \mathrm{s}^{-1}$, die als *Zerfallskonstante* bezeichnet wird.

Die *Aktivität* $A$ einer Probe mit $N$ Kernen entspricht der Anzahl der pro Sekunde zerfallenden Kerne $-\frac{\mathrm{d}N}{\mathrm{d}t}$, mit Umstellung von Gl. (8.73) erhält man:

**Aktivität**

$$A = \lambda N \tag{8.74}$$

Die Aktivität wird in der nach H. Becquerel benannten SI-Einheit *Becquerel*, abgekürzt Bq, angegeben, d. h. $[A] = \text{Bq} = \text{s}^{-1}$.

Gl. (8.73) stellt außerdem die Differentialgleichung

$$\frac{\mathrm{d}N}{\mathrm{d}t} = -\lambda N \tag{8.75}$$

dar, die den zeitlichen Verlauf der Anzahl aktiver Kerne beschreibt. Ihre Lösung ist das

**Zerfallsgesetz**

$$N(t) = N_0\,\mathrm{e}^{-\lambda t} \tag{8.76}$$

Es gibt an, wie viele Kerne mit der Zerfallskonstanten $\lambda$ von einer Anfangsmenge $N_0$ bei $t = 0$ zur Zeit $t$ noch vorhanden sind. Umgekehrt ist die Anzahl $N_{ZP}$ der Kerne des Zerfallsprodukts die Differenz aus der Anfangsmenge und der noch vorhandenen Menge

$$N_{\mathrm{ZP}}(t) = N_0 - N(t) = N_0\left(1 - \mathrm{e}^{-\lambda t}\right) \tag{8.77}$$

Aus dem Zerfallsgesetz ergibt sich unmittelbar auch der zeitliche Verlauf der Aktivität

**zeitlicher Verlauf der Aktivität**

$$A(t) = -\frac{\mathrm{d}N(t)}{\mathrm{d}t} = A_0\,\mathrm{e}^{-\lambda t} \tag{8.78}$$

mit der Anfangsaktivität

$$A_0 = \lambda N_0 \tag{8.79}$$

siehe Bild 8.52.

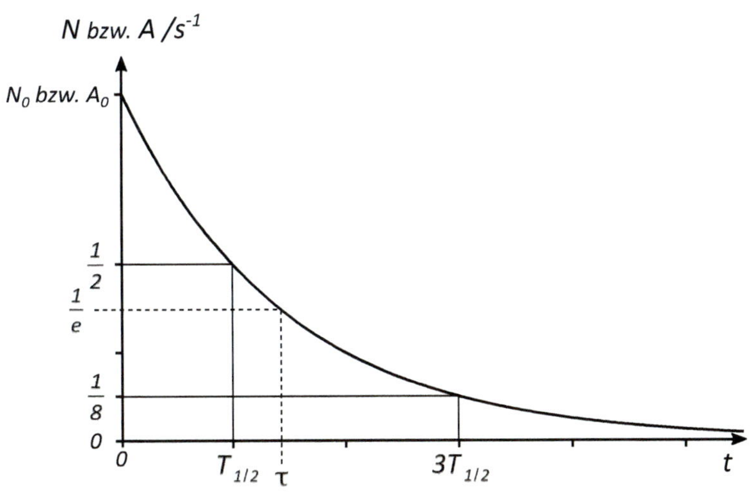


**Bild 8.52** Zeitliches Verhalten der Anzahl aktiver Nuklide *N* bzw. der Aktivität *A*

Gelegentlich werden diese Zusammenhänge mit der *mittleren Lebensdauer* $\tau$ aktiver Kerne, d. h. der mittleren Zeit bis zum Zerfall, ausgedrückt. Diese ergibt sich als mit der aktuellen Anzahl $N(t)$ gewichtetes Mittel der Lebensdauern einfach als Kehrwert der Zerfallskonstanten zu

**mittlere Lebensdauer eines instabilen Kerns**

$$\tau = \frac{1}{\lambda} \tag{8.80}$$

Statt der Zerfallskonstanten oder der mittleren Lebensdauer wird im praktischen Gebrauch meistens die anschaulichere Größe *Halbwertszeit*, Symbol $T_{1/2}$, benutzt. Sie gibt die Zeit an, nach der die Menge der aktiven Kerne auf die Hälfte der Anfangsmenge abgenommen hat. Ihr Zusammenhang mit der Zerfallskonstanten folgt mit Gl. (8.76) aus $N\left(T_{1/2}\right) = \frac{N_0}{2} = N_0\,\mathrm{e}^{-\lambda T_{1/2}}$. Man erhält für die

**Halbwertszeit**

$$T_{1/2} = \frac{\ln 2}{\lambda} \tag{8.81}$$

Mit diesen Größen ausgedrückt lautet das

Zerfallsgesetz

$$N(t) = N_0\,\mathrm{e}^{-\frac{1}{\tau}t} = N_0\,\mathrm{e}^{-\frac{\ln 2}{T_{1/2}}t} \tag{8.82}$$

Entsprechend für die Aktivität:

zeitlicher Verlauf der Aktivität

$$A(t) = A_0\,\mathrm{e}^{-\frac{1}{\tau}t} = A_0\,\mathrm{e}^{-\frac{\ln 2}{T_{1/2}}t} \tag{8.83}$$

mit

$$A_0 = \frac{1}{\tau}N_0 = \frac{\ln 2}{T_{1/2}}N_0 \tag{8.84}$$

Für die Aktivität einer bestimmten Menge aktiven Materials gilt also:

**Merke**

Bei einer bestimmten Menge aktiven Materials ist die Aktivität umso größer, je größer die Zerfallskonstante bzw. je kleiner mittlere Lebensdauer oder Halbwertszeit ist.

In der Praxis fungieren häufig nichtradioaktive Stoffe als Träger für radioaktives Material, z. B. bei radioaktiv belastetem Erdreich, bei Wasser oder Luft. In einem solchen Fall kann es sinnvoll sein, die Aktivität Massen- bzw. Volumen-spezifisch, d. h. bezogen auf eine Massen- bzw. Volumeneinheit, anzugeben. Bei der Masse einer Probe $m_{\mathrm{Pr}}$ bzw. ihrem Volumen $V_{\mathrm{Pr}}$ ist dann die

**spezifische Aktivität**

$$a_{\mathrm{m}} = \frac{A}{m_{\mathrm{Pr}}} \tag{8.85a}$$

$$a_{\mathrm{V}} = \frac{A}{V_{\mathrm{Pr}}} \tag{8.85b}$$

mit den Einheiten $[a_{\mathrm{m}}] = \mathrm{Bq/kg}$ und $[a_{\mathrm{V}}] = \mathrm{Bq/m^3}$.

Ist bekannt, welches Nuklid die Aktivität verursacht, lässt sich aus der Aktivität mit den Gl. (8.79) oder Gl. (8.84) dessen Menge, d. h. die Anzahl der aktiven Kerne $N$ bestimmen. Um den Gehalt einer Probe an dem radioaktiven Material anzugeben, wird oft dessen Masse $m_{\mathrm{rad}}$ benutzt. Diese ergibt sich aus der Anzahl mit Gl. (8.30) zu

$$m_{\mathrm{rad}} = N A_{\mathrm{r}} \cdot 1\,\mathrm{u} \tag{8.86}$$

mit der relativen Massenzahl $A_{\mathrm{r}}$ des Atoms.

Auf dem Zerfallsgesetz beruht z. B. die *$^{14}$C-Methode* zur Altersbestimmung von Stoffen organischen Ursprungs. Wie oben erwähnt, enthält die Atmosphäre in Form von $CO_2$ das radioaktive Kohlenstoff-Isotop $^{14}$C, das in einem bestimmten, konstanten Mengenverhältnis zum stabilen Kohlenstoff-Isotop steht. Durch den Stoffwechsel liegt dieses Mengenverhältnis auch im Körper eines Lebewesens vor. Nach dem Tod des Lebewesens wird kein Kohlenstoff mehr aufgenommen und der $^{14}$C-Gehalt nimmt durch den radioaktiven Zerfall ab. Durch Messung der verbliebenen $^{14}$C-Aktivität lässt sich die seit dem Tod vergangene Zeit bestimmen, siehe folgendes Beispiel.

**Beispiel**

An einer Probe von $m_{\mathrm{Pr}} = 15$ g Kohlenstoff, die aus einem Holzbalken gewonnen wurde, wird eine $^{14}$C-Aktivität von $A_{\mathrm{Pr}} = 0{,}93$ Bq gemessen. Vor welcher Zeit $t_{\mathrm{Pr}}$ wurde der Baum für den Holzbalken gefällt?

relatives Atomgewicht C: $A_{\mathrm{r,C}} = 12{,}011$, $^{14}$C: natürlicher Mengenanteil: $r_{\mathrm{C14}} = 1{,}5 \cdot 10^{-12}$, Halbwertszeit: $T_{1/2} = 5\,730$ a

Gl. (8.83) mit den angegeben Werte wird zu $A_{\mathrm{Pr}} = A(t_{\mathrm{Pr}}) = A_0\, \mathrm{e}^{-\frac{\ln 2}{T_{1/2}} t_{\mathrm{Pr}}}$.

Umstellen ergibt $t_{\mathrm{Pr}} = \frac{T_{1/2}}{\ln 2} \ln\left(\frac{A_0}{A_{\mathrm{Pr}}}\right)$.

Für die Aktivität und die Menge an $^{14}$C-Atomen zur Zeit $t = 0$ (Zeitpunkt der Fällung) erhält man $A_0 = \frac{\ln 2}{T_{1/2}} N_0$ mit $N_0 = r_{\mathrm{C14}} N_{0,\mathrm{C}} = r_{\mathrm{C14}} \frac{m_{\mathrm{Pr}}}{A_{\mathrm{r,C}} \cdot 1\mathrm{u}}$.

Eingesetzt hat man $t_{\mathrm{Pr}} = \frac{T_{1/2}}{\ln 2} \ln\left(\frac{\ln 2 \cdot r_{\mathrm{C14}}}{T_{1/2} A_{\mathrm{r,C}} \cdot 1\mathrm{u}} \cdot \frac{m_{\mathrm{Pr}}}{A_{\mathrm{Pr}}}\right) = 2{,}22 \cdot T_{1/2} = 12\,713\,\mathrm{a}$.

Ein kleiner Fehler entsteht dadurch, dass bei der Berechnung von $N_0$ der heutige Wert von $m_{\mathrm{Pr}}$ verwendet wird. Zum Zeitpunkt der Fällung war der Wert etwas größer, da die Probe mehr $^{14}$C-Atome enthalten hat. Wegen des geringen $^{14}$C-Anteils ist der Fehler aber vernachlässigbar.

Auf Grundlage des Zerfallsgesetzes Gl. (8.76) lassen sich verschiedene, häufig vorkommende Situationen beschreiben.

*Gemisch radioaktiver Isotope:*

In der Praxis besteht eine Probe radioaktiven Materials nur im Einzelfall aus nur einem Isotop eines Elementes. In der Regel liegt ein Gemisch verschiedener Isotope eines oder auch mehrerer Elemente vor, deren Aktivitäten sich summieren. Bei zwei aktiven Nukliden X und Y mit den Anfangsaktivitäten $A_{X0}$ und $A_{Y0}$ und den Zerfallskonstanten $\lambda_X$ und $\lambda_Y$ ist die Gesamtaktivität $A$

$$A = A_X + A_Y = A_{X0}\,e^{-\lambda_X t} + A_{Y0}\,e^{-\lambda_Y t} = \lambda_X N_{X0}\,e^{-\lambda_X t} + \lambda_Y N_{Y0}\,e^{-\lambda_Y t} \tag{8.87}$$

Besteht die Probe also anfangs zu gleichen Teilen aus X und Y, $N_{X0} = N_{Y0}$, und ist z. B. die Zerfallskonstante von X größer als die von Y, $\lambda_X > \lambda_Y$, so dominiert zunächst die Aktivität von X. Sie nimmt aber schneller ab als die von Y, das dann für die langfristige Aktivität verantwortlich ist. In Bild 8.53 ist die Aktivität eines solchen Isotopengemisches logarithmisch aufgetragen. Man erkennt zu Anfang, bei kurzen Zeiten, einen linearen Verlauf mit großer Steigung. Hier überwiegt die Zeitabhängigkeit der Aktivität von X. Später stellt sich ein linearer Verlauf mit geringerer Steigung ein, der durch Y geprägt ist. Ein konkretes Beispiel bietet die Strahlenbelastung aus der Havarie des Kernkraftwerks bei Tschernobyl: An $^{131}$I ($\lambda_I \approx 1{,}0 \cdot 10^{-6}\ s^{-1}$, $T_{1/2I} \approx 6{,}9 \cdot 10^5$ s) wurde ca. zwanzigmal so viel Aktivität freigesetzt wie an $^{137}$Cs ($\lambda_{Cs} \approx 7{,}3 \cdot 10^{-10}\ s^{-1}$, $T_{1/2Cs} \approx 9{,}5 \cdot 10^8$ s). Die Aktivität von $^{131}$I ist aber heute (2022) nicht mehr nachweisbar, im Gegensatz zu der von $^{137}$Cs.

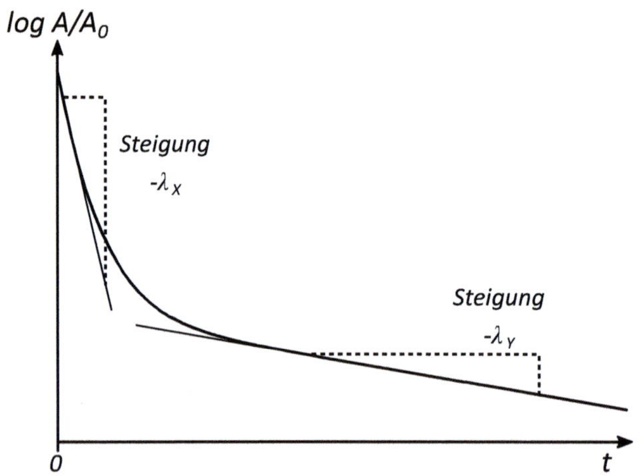


**Bild 8.53**
Aktivität eines Gemisches zweier aktiver Nuklide X und Y mit $\lambda_X > \lambda_Y$, halblogarithmische Darstellung

*Zerfall in mehrere Kanäle:*

Viele aktive Nuklide zerfallen nicht nur mit einer Zerfallsart in ein Endprodukt, sondern mit mehreren konkurrierenden Arten in verschiedene Endprodukte. So zerfällt z. B. $^{40}$K mit der Wahrscheinlichkeit, d. h. mit einem Anteil der gesamten Zerfälle von 89 % zu $^{40}$Ca (durch $\beta^-$-Zerfall) und mit 11 % zu $^{40}$Ar (durch Elektronen-Einfang-Zerfall, zu den Zerfallsarten s. Abschnitt 8.3.4). Angenommen, ein Nuklid X zerfällt mit der Wahrscheinlichkeit $P_Y$ in das Nuklid Y und mit der Wahrscheinlichkeit $P_Z$ in das Nuklid Z. Dann nimmt die Zahl der Nuklide $N_X$ mit der Zeit in dem Maße ab, wie die der Summe $N_Y + N_Z$ zunimmt. Die Änderungsraten sind durch die jeweiligen Zerfallskonstanten gegeben. Da X das Ausgangsnuklid für Y und Z ist, sind die jeweiligen Änderungsraten gleich $\lambda_Y N_X$ und $\lambda_Z N_X$. Für die Änderungsrate von X kann man also schreiben $\lambda N_X = \lambda_Y N_X + \lambda_Z N_X$. Für die kombinierte Zerfallskonstante $\lambda$, die auch ausschlaggebend für die Gesamtaktivität von X ist, gilt also

$$\lambda = \lambda_Y + \lambda_Z \tag{8.88}$$

Für die Zerfallswahrscheinlichkeiten gilt

$$P_Y = \frac{\lambda_Y}{\lambda} \tag{8.89a}$$

$$P_Z = \frac{\lambda_Z}{\lambda} \tag{8.89b}$$

*Zerfallsreihe:*

Häufig ist das Zerfallsprodukt eines instabilen Kerns selber auch instabil und zerfällt weiter. In der Regel entsteht z. B. bei einem Zerfall, der die Zusammensetzung eines Nuklids ändert, ein Nuklid in einem angeregten Zustand, das unter Emission von γ-Strahlung in den Grundzustand „zerfällt“. Wie eingangs erwähnt, sind auch viele der in der Natur vorkommenden radioaktiven Elemente Produkte von Zerfallsketten. Für eine dreigliedrige Zerfallsreihe, bei der Nuklid X in Y und Y in Z zerfällt, also X → Y → Z, lässt sich das zeitliche Verhalten übersichtlich darstellen. Die Anzahl $N_Y$ der Nuklide Y nimmt mit dem Zerfall X → Y zu gemäß $\lambda_X N_X = \lambda_X N_{X0}\, e^{-\lambda_X t}$, gleichzeitig aber mit dem Zerfall Y → Z ab gemäß $\lambda_Y N_Y$, also

$$\frac{dN_Y}{dt} = \lambda_X N_X - \lambda_Y N_Y = \lambda_X N_{X0}\, e^{-\lambda_X t} - \lambda_Y N_Y \tag{8.90}$$

Diese Differentialgleichung für $N_Y(t)$ hat die Lösung

$$N_Y(t) = \frac{\lambda_X N_{X0}}{\lambda_Y - \lambda_X}\left(e^{-\lambda_X t} - e^{-\lambda_Y t}\right) \tag{8.91}$$

Für den Fall, dass X langsamer zerfällt als Y, also $\lambda_X < \lambda_Y$, wird die Anzahl der Zerfälle von Y durch $\lambda_X$ bestimmt, da nur so viele Nuklide Y zu Z zerfallen können, wie durch den Zerfall X → Y ersetzt werden. Im umgekehrten Fall, $\lambda_X > \lambda_Y$, wird die Anzahl der Zerfälle von Y durch $\lambda_Y$ bestimmt.

Am linken Teil von Gl. (8.90) sieht man unmittelbar, dass ein *Gleichgewichtszustand*, in dem sich $N_Y$ nicht ändert, erreicht wird, wenn $\lambda_X N_X = \lambda_Y N_Y$, wenn also die Aktivitäten von Stoff X und Stoff Y gleich sind. Im Gleichgewicht gilt daher

$$\frac{N_X}{N_Y} = \frac{\lambda_Y}{\lambda_X} = \frac{T_{1/2X}}{T_{1/2Y}} \tag{8.92}$$

Im Gleichgewicht verhalten sich also die Nuklidzahlen zueinander wie die jeweiligen Halbwertszeiten (siehe Rechenbeispiel nach Tabelle 8.7).

Radioaktive Zerfälle als zufallsbestimmte, diskrete Ereignisse werden durch die *Poisson-Verteilung* (S. D. Poisson, 1781–1840) erfasst. Zerfälle können zwar einzeln gezählt werden und damit für einen bestimmten Zeitraum exakt angegeben werden. Bei mehreren Messungen in mehreren gleichlangen Zeitintervallen aber variiert die Anzahl *k* der Zerfälle, sodass eine eindeutige Angabe nicht möglich ist. Man kann lediglich einen „besten“ Schätzwert, nämlich den Mittelwert $\bar{k}$ dieser Größe angeben. Wie in Abschnitt 1.3.3 ausgeführt, ist eine solche Angabe ist nur sinnvoll im Zusammenhang mit der Angabe eines *Vertrauensbereichs*. Die Poisson-Verteilung geht ab etwa $\bar{k} > 30$ in die *Normalverteilung* über mit einer *Standardabweichung* von

$$\sigma = \sqrt{\bar{k}} \tag{8.93}$$

Bei der Zählung radioaktiver Zerfälle ist das meistens gegeben.

Bei der Normalverteilung erwartet man innerhalb des Intervalls $\left[\bar{k} - \sigma,\ \bar{k} + \sigma\right]$ ca. 68 % der Zählwerte. Erweitert man das Intervall auf $\pm 2\sigma$, sind es 95 % der Zählwerte. Darauf baut nach Abschnitt 1.3.3 die Berechnung des Vertrauensintervalls $\Delta k$ auf.

Die relative Standardabweichung

$$\sigma_{\text{rel}} = \frac{\sqrt{\bar{k}}}{\bar{k}} = \frac{1}{\sqrt{\bar{k}}} \tag{8.94}$$

wird mit zunehmendem $\bar{k}$ kleiner.

Demzufolge können auch die aus der Zerfallsrate abgeleiteten Größen wie die Aktivität, die Zerfallskonstante oder die Halbwertszeit nicht exakt ermittelt werden, sondern es können nur Mittelwerte und Vertrauensbereiche angegeben werden (siehe Abschnitt 1.3.2).

## 8.3.4 Zerfallsarten und Zerfallsreihen

Becquerel entdeckte die Radioaktivität aufgrund der β- und γ-Strahlung, die ein Uran-haltiges (hauptsächlich $^{238}U$) Präparat emittierte und die eine lichtgeschützte Fotoplatte schwärzte. Mit dem *γ-Zerfall*, bei dem die γ-Strahlung auftritt, gibt dabei ein energetisch angeregtes $^{234}Th$-Nuklid, das zuvor durch *α-Zerfall* aus einem $^{238}U$-Nuklid entstanden ist, einen Teil seiner Energie ab. Anschließend zerfällt es mit einem *β-Zerfall* zu einem $^{234}Pa$-Nuklid, welches selber auch instabil ist. Schon früh wurde festgestellt, dass die bei den Zerfällen auftretende α-, β- und γ-Strahlung in unterschiedlicher Weise durch ein Magnetfeld abgelenkt wird, siehe Bild 8.54. Danach sind die Teilchen der α-Strahlung positiv, die der β(speziell $\beta^-$)-Strahlung negativ geladen, bei einer deutlich geringeren Masse, und die der γ-Strahlung sind elektrisch neutral.

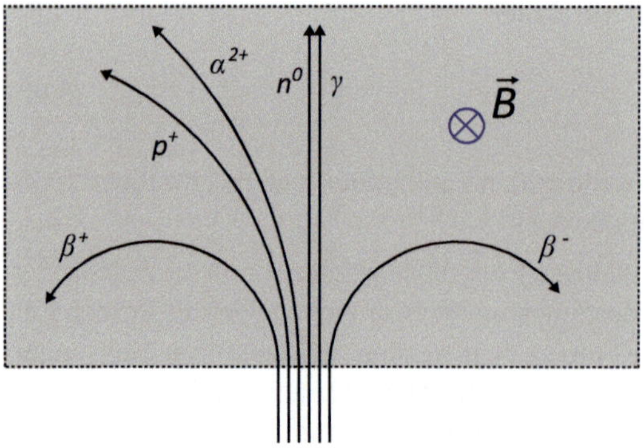


**Bild 8.54**
Ablenkung von α-, β-, γ-, Protonen($p^+$)- und Neutronen($n^0$)-Strahlung in einem Magnetfeld

$\alpha$-, $\beta^-$- und $\gamma$-Zerfälle werden an natürlich vorkommenden radioaktiven Stoffen beobachtet. Künstlich können Kerne erzeugt werden, deren Zusammensetzung stark von stabilen Z/N-Verhältnissen abweicht. Diese zerfallen i. A. sehr schnell: bei einem Überschuss an Neutronen durch $\beta^-$-Zerfall, bei einem Überschuss an Protonen durch $\beta^+$-Zerfall oder auch durch Emission der überschüssigen Nukleonen.

Sehr schwere Kerne, natürlich vorkommende, wie z. B. $^{238}$U, oder künstlich erzeugte, wie die sogenannten Transurane, können auch durch spontane Spaltung zerfallen. Dabei teilt sich der Kern in zwei etwa gleich große Bruchstücke auf. Der Anteil der spontanen Spaltung an der gesamten Zerfallsrate des Kerns liegt aber außer bei extrem schweren Kernen von Transuranen weit unter einem Prozent.

**Merke**

Natürlich vorkommende Radionuklide zerfallen mit einem $\alpha$-, $\beta^-$- oder $\gamma$-Zerfall und emittieren dabei positiv geladene, schwere $\alpha$-Teilchen, negative, leichte $\beta^-$-Teilchen oder neutrale $\gamma$-Photonen.

### $\alpha$-Zerfall

Das beim $\alpha$-Zerfall emittierte $\alpha$-Teilchen besteht aus zwei Protonen und zwei Neutronen, ist also ein $^4_2$He-Nuklid. $\alpha$-Zerfall tritt vorzugsweise bei Kernen mit Nukleonenzahlen $N > 120$ und Protonenzahlen $Z > 80$ auf. Bei einem solchen Kern ist die Protonenzahl im Verhältnis zur Neutronenzahl so hoch, dass die Coulomb-Abstoßung den Kern instabil macht. Mit der Emission des $\alpha$-Teilchens nähert sich die Zusammensetzung des Kerns einem stabileren *Z/N*-Verhältnis. Die allgemeine Reaktionsgleichung lautet

**Reaktionsgleichung für den $\alpha$-Zerfall eines Kerns $^A_Z X$**

$$^A_Z X \rightarrow {}^{A-4}_{Z-2}Y + {}^4_2\alpha + Q \qquad (8.95)$$

mit der Zerfallsenergie $Q$, die als kinetische Energie der Zerfallsprodukte und als Anregungsenergie des Tochterkerns auftauchen kann.

$\alpha$-Teilchen werden mit bestimmten diskreten kinetischen Energien emittiert. Diese sind durch die Energieniveaus im Ausgangskern und im Tochterkern gegeben und daher typisch für den speziellen Zerfall. Als Beispiel zeigt Bild 8.55 die *Zerfallsschemata* von $^{210}_{84}$Po, das zum stabilen Nuklid $^{206}_{82}$Pb zerfällt, und von $^{239}_{94}$Pu, das mit unterschiedlicher Wahrscheinlichkeit in verschiedene Zustände des $^{235}_{92}$U-Nuklids zerfällt. Der Konvention folgend sind die Übergangspfeile beim $\alpha$-Zerfall nach links gerichtet, da sich die Ordnungszahl verringert und das Tochternuklid im Periodensystem links vom Ausgangsnuklid liegt.

Für $^{239}_{94}$Pu ist in Bild 8.56 das diskrete Spektrum der $\alpha$-Strahlung von $^{239}_{94}$Pu dargestellt. Die Energie der emittierten $\alpha$-Teilchen ist etwas geringer als die Übergangsenergie, da ein Teil davon durch den Rückstoß auf den $^{235}_{92}$U-Kern übertragen wird.

Das Zerfallsprodukt von $^{239}$Pu, $^{235}$U, hat mit Gl. (8.64) einen Kernradius von $r_{\mathrm{kU}} = 7{,}4$ fm. Mit seiner Ladung $q_{\mathrm{U}} = 92$ e und der Ladung des $\alpha$-Teilchens $q_\alpha = 2e$ lässt sich die Höhe des Coulomb-Walls (siehe Abschnitt 8.3.2) abschätzen zu $E_{\mathrm{CW}} = \dfrac{1}{4\pi\varepsilon_0}\dfrac{q_{\mathrm{U}}\,q_\alpha}{r_{\mathrm{kU}}} \approx 36$ MeV, schematisch dargestellt in Bild 8.57. Man würde also erwarten, dass die $\alpha$-Teilchen im Kern

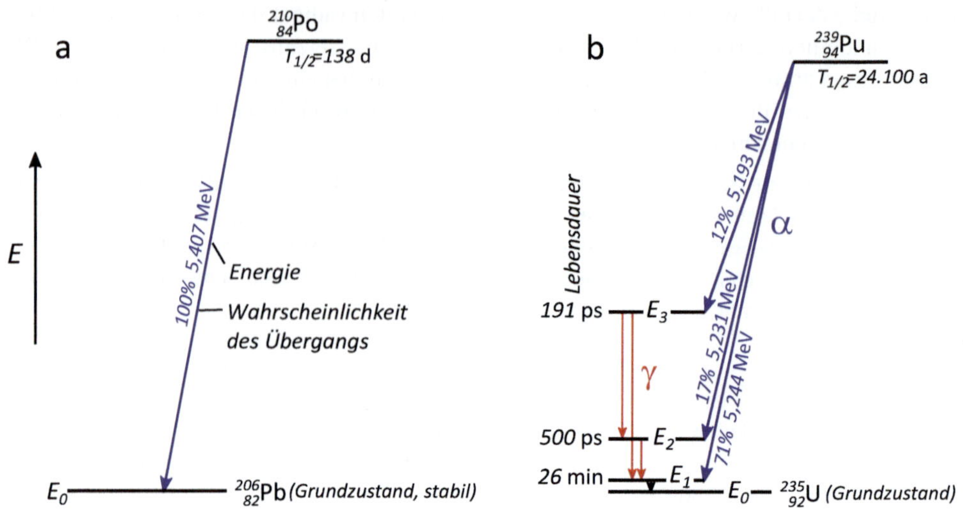


**Bild 8.55** Zerfallsschemata des α-Zerfalls der Nuklide (a) $^{210}_{84}$Po, (b) $^{239}_{94}$Pu (mit den drei wahrscheinlichsten Übergängen), mit Angabe der Wahrscheinlichkeit der Zerfallskanäle

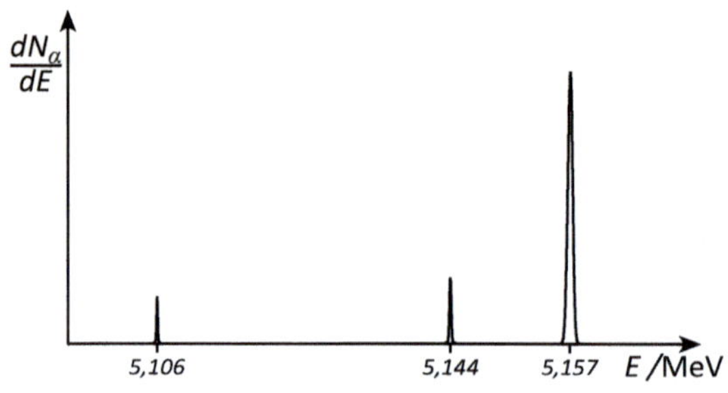


**Bild 8.56**
Energiespektrum der α-Strahlung von $^{239}_{94}$Pu (Auszug), $\frac{dN_\alpha}{dE}$ ist die Anzahl registrierter Teilchen pro Energieintervall

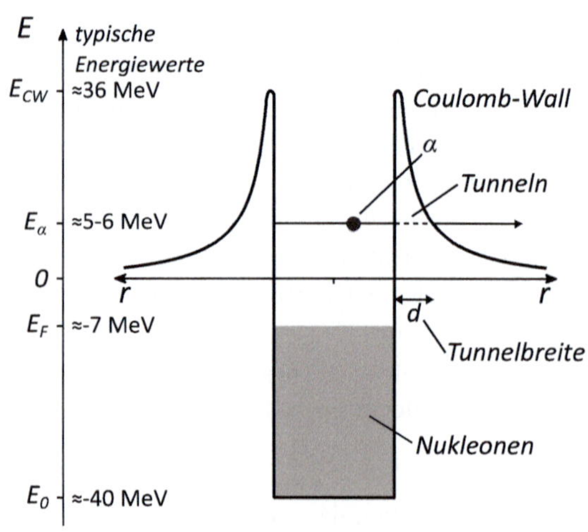


**Bild 8.57**
Tunnelprozess beim α-Zerfall

mindestens diese Energie haben müssen, um den Kern verlassen zu können, und dass sie dann außerhalb mit dieser Energie registriert werden. Die Diskrepanz zu den in Bild 8.55 angegebenen Werten beruht auf dem in Abschnitt 8.1.6 beschriebenen quantenphysikalischen Tunneleffekt. Aufgrund des Tunneleffekts besteht eine gewisse Wahrscheinlichkeit, dass α-Teilchen den Coulomb-Wall auch mit geringerer Energie passieren. Für diese Erklärung spricht, dass die Zerfallswahrscheinlichkeit mit der Energie der α-Teilchen zunimmt (Bild 8.55). Bei den Halbwertszeiten verschiedener Nuklide mit α-Zerfall beobachtet man eine drastische Abnahme mit zunehmender Energie der α-Strahlung. Darin äußert sich hauptsächlich, dass der Coulomb-Wall mit höheren Energien des α-Teilchens schmaler wird, die Tunnelwahrscheinlichkeit nach $T \sim \mathrm{e}^{-\frac{\sqrt{8m\,\Delta E}}{\hbar}d}$ (Gl. (8.28)) dementsprechend zunimmt.

**Merke**

Beim α-Zerfall tunneln die α-Teilchen durch den Coulomb-Wall. Daher nimmt die Zerfallswahrscheinlichkeit mit Zunahme der Energie der α-Teilchen zu.

Ebenso wie durch den α-Zerfall würde auch durch die Emission einzelner Protonen das Z/N-Verhältnis stabiler. Diese Art Zerfall ist aber nicht möglich, da die Gesamtenergie der Zerfallsprodukte (inklusive ihrer Masse) dabei höher liegen würde als die des ursprünglichen Kerns. Die extrem hohe Bindungsenergie der Nukleonen im α-Teilchen (und damit dessen relativ geringe Masse) dagegen senkt die Gesamtenergie der Zerfallsprodukte und ermöglicht den α-Zerfall. In diesem Fall gilt, am Beispiel des Zerfalls ${}^{238}_{92}\mathrm{U} \rightarrow {}^{234}_{90}\mathrm{Th} + {}^{4}_{2}\alpha$,

$$c^2 m_\mathrm{U} > c^2 \left(m_\mathrm{Th} + m_\alpha\right) \qquad (8.96)$$

bzw., ausgedrückt durch die beim Zerfall freiwerdende Energie

$$Q = c^2 \left(m_\mathrm{U} - m_\mathrm{Th} - m_\alpha\right) > 0 \qquad (8.97)$$

Die Energie $Q$ verteilt sich auf die kinetische Energie des α-Teilchens und des $^{234}$Th-Kerns.

Ein Zerfall, bei dem größere Nuklide wie z. B. $^{14}$C emittiert werden, ist unter diesem Gesichtspunkt im Prinzip ebenfalls möglich, wird aber durch die Massenabhängigkeit des Tunneleffekts (Gl. (8.28)) stark unterdrückt. Beispielsweise zerfällt das Nuklid $^{226}$Ra hauptsächlich durch α-Zerfall, nur mit einem Anteil von ca. $10^{-11}$ durch Emission von $^{14}$C.

Eine dem α-Zerfall verwandte Zerfallsart ist die spontane Spaltung eines Kerns in zwei in etwa gleichgroße Spaltfragmente. Spontane Spaltung tritt bei Kernen mit hohen Massenzahlen auf. Sie trägt aber bei natürlich vorkommenden Kernen nur zu einem kleinen Bruchteil zur Zerfallswahrscheinlichkeit bei, z. B. zerfällt $^{238}$U nur mit einem Anteil von ca. $5 \cdot 10^{-7}$ auf diese Weise. Bei den künstlich erzeugten schwereren Transuran-Elementen spielt spontane Spaltung jedoch eine große Rolle für den Zerfall.

### β-Zerfall

Der β-Zerfall tritt in verschiedenen Formen auf. Natürlich vorkommende Nuklide mit einem hohen Neutronenüberschuss zerfallen mit dem *$\beta^-$-Zerfall*, bei dem ein Elektron emittiert wird. Dabei entsteht das Elektron im Moment des Zerfalls und ein Neutron wird in ein Proton umgewandelt, sodass die Gesamtladung erhalten bleibt. Wie beim α-Zerfall wechselt auch hier der Kern von einem höheren zu einem niedrigeren Energieniveau. Auch isolierte Neutronen zerfallen mit dem β-Zerfall in einer Halbwertszeit von $T_{1/2} = 610$ s. In beiden Fällen würde man Elektronen mit einem diskreten Spektrum der kinetischen Energie erwarten. Stattdessen beobachtet man ein kontinuierliches Spektrum, wie es in Bild 8.58 gezeigt wird. Die Energie der Elektronen liegt im Bereich zwischen 0 und einer maximalen Energie $Q$, die der kompletten Zerfallsenergie entspricht.

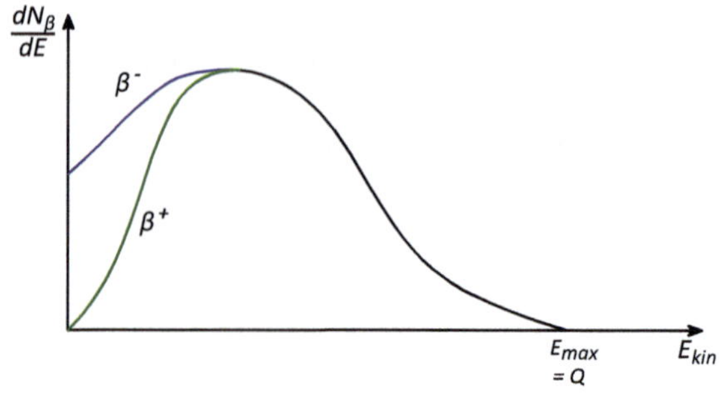


**Bild 8.58**
Energiespektrum der Elektronen beim $\beta^-$-Zerfall und $\beta^+$-Zerfall

Um diesen Widerspruch zu erklären, postulierte Pauli 1930 die Emission eines weiteren, neutralen Teilchens, das *Neutrino* genannt wurde und auf das ein Teil der Zerfallsenergie übergehen kann. Die Wechselwirkung des Neutrinos mit anderen Teilchen ist extrem schwach, und so konnte das Neutrino erst 1953 experimentell nachgewiesen werden. Das beim $\beta^-$-Zerfall emittierte Neutrino wird inzwischen genauer als Anti-Elektronneutrino bezeichnet, mit dem Symbol $\overline{\nu}_e$. Seine Masse beträgt weniger als $10^{-6}$ der Masse des Elektrons (siehe Abschnitt 8.4.1). Die allgemeine Reaktionsgleichung lautet also

**Reaktionsgleichung für den $\beta^-$-Zerfall eines Kerns $^A_ZX$**

$$^A_ZX \rightarrow {}^{A}_{Z+1}Y + e^- + \overline{\nu}^0_e + Q \qquad (8.98)$$

Die Zerfallsenergie $Q$ verteilt sich auf die kinetische Energie von Elektron und Neutrino, das deshalb ebenfalls eine kontinuierliche Energieverteilung aufweist. Der auf den Kern $Y$ übergehende Anteil der kinetische Energie ist wegen des großen Massenunterschiedes sehr klein.

Für das Neutron gilt die

*Zerfallsgleichung des Neutrons*

$$^1_0\mathrm{n} \rightarrow {}^1_1\mathrm{p} + e^- + \overline{\nu}^0_e + 0{,}78\ \mathrm{MeV} \qquad (8.99)$$

siehe folgendes Beispiel:

**Beispiel**

Die Energie-/Massenbilanz der Reaktion Gl. (8.99) lautet $m_n = m_p + m_e + m_\nu + \frac{Q_{\beta^-}}{c^2}$.

Die Masse des Neutrinos kann dabei vernachlässigt werden, sodass man für die Reaktionsenergie erhält

$$Q_{\beta^-} = (m_n - m_p - m_e)\,c^2 = (1{,}008\,66\ \mathrm{u} - 1{,}007\,28\ \mathrm{u} - 0{,}000\,55\ \mathrm{u})\,c^2$$
$$= 0{,}000\,83\ \mathrm{u} \cdot c^2 = 0{,}782\ \mathrm{MeV} > 0.$$

Energetisch ist der Zerfall möglich, da die Masse des Neutrons größer ist als die des Protons und des Elektrons zusammen, die Energiebilanz also positiv ist. Die maximale kinetische Energie des Elektrons beträgt damit etwa 0,78 MeV.

In Bild 8.59 sind als Beispiel für den $\beta^-$-Zerfall eines Nuklids die energetischen Verhältnisse beim Zerfall von $^{212}$Bi dargestellt.

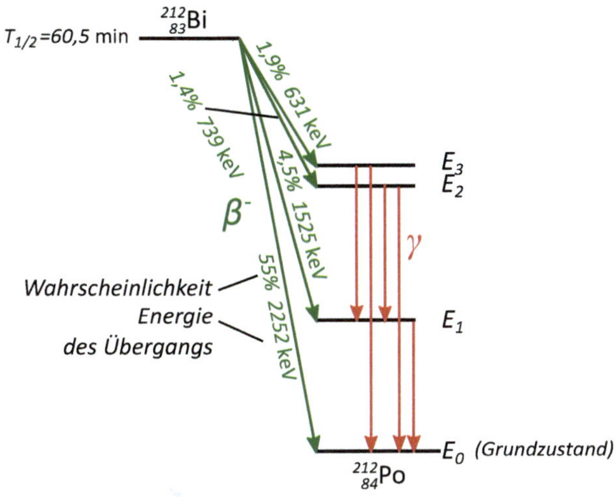


**Bild 8.59**
$\beta^-$-Zerfall von $^{212}_{83}$Bi, Zerfallsschema, $^{212}_{83}$Bi zerfällt zu 64 % mit einem $\beta^-$-Zerfall (dargestellt sind nur die vier wahrscheinlichsten davon), zu 36 % mit einem α-Zerfall (nicht dargestellt)

Die Übergangspfeile für den $\beta^-$-Zerfall zeigen nach rechts, da die Ordnungszahl zunimmt (siehe die Bemerkung im Anschluss an Bild 8.55).

Der *$\beta^+$-Zerfall* betrifft Nuklide, die sich in der Nuklidkarte oberhalb des stabilen Bereichs befinden, die also für die Stabilität zu viele Protonen enthalten. Dies sind im Wesentlichen künstlich erzeugte Nuklide. Beim $\beta^+$-Zerfall wird ein Proton in ein Neutron umgewandelt. Dabei wird ein Positron, das positiv geladene Antiteilchen zum Elektron, und ein Neutrino, in diesem Fall ein Elektron-Neutrino, emittiert. Die Reaktionsgleichung lautet

**Reaktionsgleichung für den $\beta^+$-Zerfall eines Kerns $^A_Z X$**

$$^A_Z X \rightarrow {}^{A}_{Z-1}Y + e^+ + \nu_e^0 + Q \tag{8.100}$$

Ein Beispiel ist der Zerfall von $^{15}$O nach der Reaktionsgleichung

$$^{15}_{8}\mathrm{O} \rightarrow {}^{15}_{7}\mathrm{N} + e^+ + \nu_e^0 + 1{,}74\ \mathrm{MeV} \tag{8.101}$$

Entgegen der äußerlichen Ähnlichkeit zum $\beta^-$-Zerfall liegt hier ein anderer Prozess zugrunde. Denn da die Masse des Protons kleiner ist als die des Neutrons, ist ein Zerfall eines Protons in ein Neutron energetisch nicht möglich. Ein isoliertes Proton ist daher im Gegensatz zu einem isolierten Neutron stabil. Auch experimentell konnte lediglich eine Untergrenze der Lebensdauer von $10^{34}$ Jahren bestimmt werden.

Den ersten Schritt beim $\beta^+$-Zerfall kann man sich als einen *Paarbildungsprozess* vorstellen, in dem aus Energie ein Teilchen-Antiteilchen-Paar, hier also ein Elektron-Positron ($e^-$-$e^+$)-Paar gebildet wird. Das Elektron reagiert dann mit einem Proton zu einem Neutron gemäß $^1_1\mathrm{p} + e^- \rightarrow {}^1_0\mathrm{n} + \nu_e^0$, das Positron und das Neutrino werden aus dem Kern emittiert.

Zur Erzeugung des $e^-$-$e^+$-Paares muss mindestens die Ruheenergie dieser beiden Teilchen $2m_e c^2 = 2 \cdot 0{,}511\,\text{MeV}$ aufgebracht werden. Der $\beta^+$-Zerfall ist also nur möglich, wenn die zur Verfügung stehende Energie, die der Massendifferenz zwischen Ausgangs- und Tochterkern entspricht, größer als die Ruheenergie des $e^-$-$e^+$-Paares ist, d. h. wenn $(m_X - m_Y)\,c^2 > 2m_e c^2$.

Das bei der Paarbildung entstandene Elektron verbleibt im Kern Y. Daher besteht die beim Zerfall freigesetzte Energie aus der Ruheenergie des emittierten Positrons und der kinetischen Energie $Q$ von Positron und Neutrino: $(m_X - m_Y)\,c^2 = Q + m_e c^2$ (wegen der kleinen Masse des Neutrinos kann dessen Ruheenergie vernachlässigt werden). Damit hat man die

freigesetzte Zerfallsenergie beim $\beta^+$-Zerfall

$$Q = (m_X - m_Y - m_e)\,c^2 \tag{8.102}$$

Im Zerfallsschema des $\beta^+$-Zerfalls von $^{15}O$ (Bild 8.60a) ist die Bildung des $e^-$-$e^+$-Paares als senkrechter Pfeil eingezeichnet.

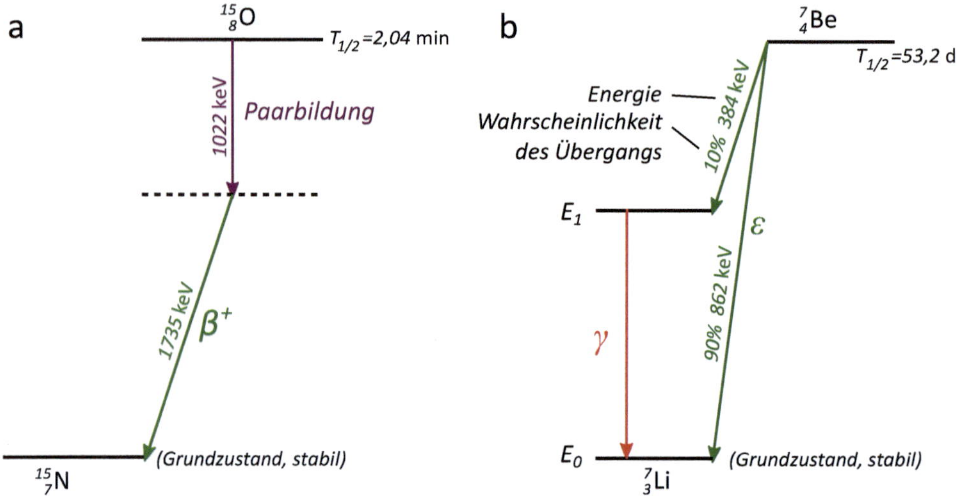


**Bild 8.60** $\beta^+$-Zerfall und Elektroneneinfang $\varepsilon$, Zerfallsschemata des (a) $\beta^+$-Zerfalls von $^{15}O$, (b) Elektronen-Einfang-Zerfalls von $^{7}Be$

Das beim $\beta^+$-Zerfall beteiligte Neutrino führt auch hier zu einem kontinuierlichen Energiespektrum der Positronen, das bei der maximalen kinetischen Energie $Q$ endet, wie es in Bild 8.58 gezeigt wird. Im Unterschied zum $\beta^-$-Spektrum aber geht die Zahl der Positronen bei kleinen Energien gegen 0. Wegen ihrer positiven Ladung nehmen sie beim Verlassen des Kerns durch die Coulomb-Abstoßung Energie auf, während die Elektronen des $\beta^-$-Zerfalls durch die Anziehung Energie verlieren.

**Merke**

Die $\beta$-Teilchen ($\beta^+/\beta^-$) aus $\beta$-Zerfällen weisen eine Energieverteilung bis zu einer Maximalenergie auf, da ein Teil der Zerfallsenergie auf die gleichzeitig emittierten Neutrinos ($\nu_e^0/\overline{\nu}_e^0$) übertragen werden kann.

Die Positronen des $\beta^+$-Zerfalls können nur schwer direkt beobachtet werden. Meist reagieren sie mit ihrem Antiteilchen Elektron schon in der Elektronenhülle des zerfallenen Kerns mit gegenseitiger *Annihilation* (Vernichtung), unter Aussendung von Energie in Form von $\gamma$-Strahlung. Ihre Masse wird dabei in Energie umgewandelt. Dies ist das Gegenstück zur oben erwähnten Paarbildung. In den meisten Fällen werden zwei Photonen emittiert:

$e^-$-$e^+$-Annihilation

$$e^+ + e^- \rightarrow 2\gamma + 2 \cdot 0{,}511\,\text{MeV} \tag{8.103}$$

Bei einer Messung deutet so eine nahezu gleichzeitige Detektion von zwei Photonen der Energie 0,511 MeV auf die $e^-$-$e^+$-Reaktion und einen eventuellen $\beta^+$-Zerfall hin.

Ebenfalls auf die Reaktionen von Elektronen im Kern beruht der *Elektronen-Einfang*, bezeichnet als $\varepsilon$-Zerfall, der deshalb auch zu den $\beta$-Zerfällen gezählt wird. Bei diesem Vorgang reagiert ein Elektron aus der Hülle des Atoms mit einem Proton des Kerns zu einem Neutron und einem Neutrino:

**Reaktionsgleichung für den Elektronen-Einfang eines Kerns $^A_Z X$**

$$^A_Z X + e^- \rightarrow {}^{A}_{Z-1}Y + \nu_e^0 + Q \tag{8.104}$$

Er findet ebenfalls bei Atomen und ihren Kernen mit einem Überschuss an Protonen statt, vorzugsweise aber bei Atomen mit schwereren Kernen.

Die Elektronen der Atome, die sich ja nicht auf klassischen Bahnen den Kern umkreisen (siehe Abschnitt 8.2), bewegen sich mit einer gewissen Wahrscheinlichkeit auch durch den Kern, insbesondere die der innersten Schale, der K-Schale. Je größer die Ladung des Kerns ist, umso enger ist die Elektronenverteilung um den Kern konzentriert. Umso größer ist deren Aufenthaltswahrscheinlichkeit im Kern und damit die Wahrscheinlichkeit für den Einfang. Der oben betrachtete Übergang $^{15}$O zu $^{15}$N findet zu 99,9 % per $\beta^+$-Zerfall und nur zu 0,1 % per Elektronen-Einfang statt, der Zerfall von $^{59}$Ni zu $^{59}$Co: $^{59}_{28}\text{Ni} + e^- \rightarrow {}^{59}_{27}\text{Co} + \nu_e^0$ dagegen zu nahezu 100 %.

Beim Elektronen-Einfang entfällt der Zwischenschritt der Paarbildung. Ist die Energiedifferenz zwischen Ausgangs- und Endzustand des Zerfalls also kleiner als $2\,m_e c^2$, kann der Zerfall immer noch über den Elektronen-Einfang erfolgen. Auch leichten Kerne zerfallen dann über diesen Weg, wie das Zerfallsschema des Zerfalls von $^7$Be: $^7_4\text{Be} + e^- \rightarrow {}^7_3\text{Li} + \nu_e^0$ zeigt (Bild 8.60b).

Da beim Elektronen-Einfang kein Elektron freigesetzt wird, geht die Zerfallsenergie nahezu vollständig auf das Neutrino über, das deshalb auch ein diskretes Energiespektrum aufweist. Lediglich ein kleiner Teil wird durch den Rückstoß auf den emittierenden Kern übertragen.

Die beim Elektronen-Einfang frei gewordenen Zustände in der K-Schale der Elektronenhülle werden durch Elektronen aus höheren Zuständen besetzt. Dabei wird *Röntgenstrahlung* emittiert, deren Spektrum für das entstandene Atom charakteristisch ist.

Durch einen $\alpha$- oder $\beta$-Zerfall ändert sich die Zusammensetzung eines Kerns und damit sein Platz in der *Nuklidkarte* in typischer Weise. Bild 8.61 zeigt, in welcher Weise sich die Änderung bei der Protonen- und Neutronenzahl in der Nuklidkarte auswirkt.

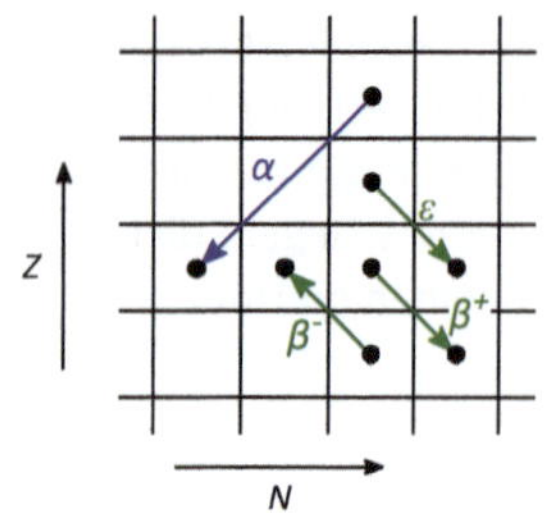


**Bild 8.61**
α- und β-Zerfall in der Nuklidkarte

## γ-Zerfall

Bei nahezu allen Zerfallsarten entsteht ein Tochterkern, der sich in einem angeregten Zustand befindet. In diesen Fällen geht der Kern anschließend durch Abgabe von Energie in Form von *γ-Strahlung*, d. h. von hochenergetischen Photonen in den Grundzustand über, eventuell über mehrere Zwischenzustände. Obwohl sich die Zusammensetzung des Kerns dabei nicht ändert, wird dieser Vorgang als *γ-Zerfall* bezeichnet. Beispiele dafür sind bei den oben angeführten Zerfällen zu finden: beim α-Zerfall von $^{239}Pu$ (Bild 8.55b), beim $\beta^-$-Zerfall von $^{212}Bi$ (Bild 8.59), beim Elektronen-Einfang bei $^7Be$ (Bild 8.60b). Die angeregten Zustände haben Energien im Bereich von 10 keV bis 10 MeV. Ihre Lebensdauern können Minuten betragen, z. B. beim Übergang $1 \rightarrow 0$ im Tochterkern $^{235}U$ in Bild 8.55b. In der Regel liegen sie aber im Bereich von $10^{-9} \dots 10^{-14}$ s und werden mit zunehmender Übergangsenergie kürzer, wie man an den Zuständen 3 und 2 sehen kann.

Die Energie der γ-Photonen ist etwas niedriger als die Übergangsenergie, weil durch den Rückstoß ein Teil der Energie auf den Kern übertragen wird, der dadurch eine erhebliche Geschwindigkeit erreichen kann, siehe folgendes Beispiel.

**Beispiel**

Bild 8.60b zeigt den ε-Zerfall von $^7Be$, aus dem ein angeregter $^7Li$-Kern hervorgeht, der mit einem γ-Zerfall $E_1 \rightarrow E_0$ in den Grundzustand übergeht. Die Energiedifferenz beträgt $\Delta E = E_1 - E_0 = 478\ \text{keV}$.

Werte: Masse des $^7Li$-Kerns $m_{7\text{Li}} = 7{,}014\ \text{u}$

Welche Geschwindigkeit hat der $^7Li$-Kern nach dem Zerfall, wenn er vorher in Ruhe war?

Nach dem Energiesatz verteilt sich die frei werdende Energie auf die kinetische Energie des $^7Li$-Kern und die Energie des γ-Photons: $\Delta E = \frac{1}{2} m_{7\text{Li}} v_{7\text{Li}}^2 + E_\gamma$ (1). Nach dem Impulssatz sind die Impulse des Kerns und des Photons (Gl. (8.7)) betragsmäßig gleich, d. h. $p_{7\text{Li}} = p_\gamma \rightarrow m_{7\text{Li}} v_{7\text{Li}} = \frac{E_\gamma}{c}$ (2). Isoliert man $E_\gamma$ aus (1) und setzt in (2) ein, so erhält man eine quadratische Gleichung für $v_{7\text{Li}}$ mit der positiven Lösung $v_{7\text{Li}} = c\left(\sqrt{1 + \frac{2\,\Delta E}{m_{7\text{Li}} c^2}} - 1\right) = 2{,}2 \cdot 10^4\ \text{m/s}$ (!).

Wie groß ist die kinetische Energie des $^7$Li-Kerns?

Sie beträgt $E_{kin,7Li} = \frac{1}{2} m_{7Li} v_{7Li}^2 = 2{,}8 \cdot 10^{-18}\ \mathrm{J} = 17{,}5\ \mathrm{eV}$. Trotz der hohen Geschwindigkeit des Kerns ist seine kinetische Energie nur ein kleiner Bruchteil der Zerfallsenergie, die demnach fast vollständig auf das γ-Photon übergeht.

Bei einer Energie eines γ-Photons von mehr als dem doppelten der Elektron-Ruheenergie, $E_\gamma > 2 \cdot 511$ keV, kann es in Wechselwirkung mit Atomkernen der umgebenden Materie zur $e^-$-$e^+$-Paarbildung nach

$$\gamma \rightarrow e^- + e^+ \tag{8.105}$$

kommen. Dabei wird die Energie des γ-Photons in die Massen von Elektron und Positron umgewandelt. Das Positron reagiert dann sehr schnell mit einem anderen Elektron gemäß Gl. (8.103), was sich durch die Vernichtungsstrahlung mit $E_\gamma = 511$ keV bemerkbar macht.

Die Anregungsenergie des Kerns kann schließlich auch noch direkt an ein Elektron der inneren Schalen der Elektronenwolke des Atoms abgegeben werden. Dieser Vorgang wird als *innere Konversion* der Energie bezeichnet. Das Elektron wird dadurch aus dem Atom entfernt und ein Elektron aus einem höher liegenden Zustand besetzt den frei gewordenen Zustand. Das Atom emittiert dabei charakteristische Röntgenstrahlung wie beim Elektronen-Einfang.

## Zerfallsreihen

Häufig gehen aus den α- oder β-Zerfällen eines Kerns wieder instabile Kerne hervor, die weiter zerfallen. Dadurch baut sich eine *Zerfallsreihe* auf. Sie endet, wenn bei einer Stufe stabile Kerne entstehen, oder baut sich ab, wenn die Anfangskerne zerfallen sind. Die Halbwertszeiten einiger der primordialen, an der Entstehung der Erde beteiligten Nuklide $^{235}_{92}$U ($T_{1/2} = 7 \cdot 10^8$ a), $^{238}_{92}$U ($5 \cdot 10^9$ a) und $^{232}_{90}$Th ($10^{10}$ a) sind so groß, dass die auf ihnen basierenden Zerfallsreihen auch heute noch auf der Erde natürlich existieren. Die natürlich vorkommenden radioaktiven Nuklide sind größtenteils Glieder dieser Zerfallsreihen. Eine vierte längere Zerfallsreihe gründet auf dem Nuklid $^{237}_{93}$Np. Dieses ist aufgrund seiner zu kurzen Halbwertszeit ($2 \cdot 10^6$ a) selber nicht mehr natürlich vorhanden. In Kernreaktoren entstehen aber Vorgänger-Nuklide wie $^{241}$Pu oder $^{237}$U (die eigentlich namensgebend sein müssten), wodurch sich diese Zerfallsreihe wieder aufbaut. Auch zu den anderen drei Zerfallsreihen gibt es inzwischen künstliche Vorgänger-Nuklide, die aber relativ kurze Halbwertszeiten haben und hier auch nicht aufgeführt werden.

Da die Nuklide in den Reihen nur durch α- oder β-Zerfälle verbunden sind, ändern sich die Massenzahlen innerhalb einer Reihe in Vierer-Schritten. Die Reihen lassen sich daher durch die Folgen von Massenzahlen $4n + k$ mit $k = 0, 1, 2, 3$ für die vier Reihen klassifizieren.

In Tabelle 8.4 bis Tabelle 8.7 sind die Zerfallsreihen aufgelistet.

Die Thorium-Reihe beginnt eigentlich mit dem auf der Erde sehr seltenen $^{244}$Pu, wie erst nachträglich bekannt wurde. Aus historischen Gründen wurde der alte Name aber beibehalten.

Das namensgebende Element $^{237}$Np der Neptunium-Reihe existiert auf der Erde nicht mehr natürlich. Mit Beginn des Betriebs von Kernreaktoren wurden jedoch die Nuklide $^{241}$Pu und $^{241}$Am erzeugt, wodurch die Reihe wieder aufgebaut wird.

**Tabelle 8.4** Thorium-Reihe (Massenzahlen 4*n*)

| Nuklid | Zerfall | Halbwertszeit | Zerfallsprodukt |
|---|---|---|---|
| Pu-244 | $\alpha$ | $82{,}6 \cdot 10^{6}$ a | U-240 |
| U-240 | $\beta^{-}$ | 14 h | Np-240 |
| Np-240 | $\beta^{-}$ | 61,9 min | Pu-240 |
| Pu-240 | $\alpha$ | 6 564 a | U-236 |
| U-236 | $\alpha$ | $2{,}3 \cdot 10^{7}$ a | Th-232 |
| Th-232 | $\alpha$ | $1{,}405 \cdot 10^{10}$ a | Ra-228 |
| Ra-228 | $\beta^{-}$ | 5,75 a | Ac-228 |
| Ac-228 | $\beta^{-}$ | 6,15 h | Th-228 |
| Th-228 | $\alpha$ | 1,913 1 a | Ra-224 |
| Ra-224 | $\alpha$ | 3,66 d | Rn-220 |
| Rn-220 | $\alpha$ | 55,6 s | Po-216 |
| Po-216 | $\alpha$ | 0,145 s | Pb-212 |
| Pb-212 | $\beta^{-}$ | 10,64 h | Bi-212 |
| Bi-212 | $\beta^{-}$ 64,06 % | 60,55 min | Po-212 |
| | $\alpha$ 35,94 % | | Tl-208 |
| Po-212 | $\alpha$ | $2{,}99 \cdot 10^{-7}$ s | Pb-208 stabil |
| Tl-208 | $\beta^{-}$ | 3,083 min | Pb-208 stabil |

**Tabelle 8.5** Neptunium-Reihe (Massenzahlen 4*n* + 1)

| Nuklid | Zerfall | Halbwertszeit | Zerfallsprodukt |
|---|---|---|---|
| Pu-241 | $\beta^{-}$ 99,997 5 % | 14,4 a | Am-241 |
| | $\alpha$ 0,002 5 % | | U-237 |
| Am-241 | $\alpha$ | 432,2 a | Np-237 |
| U-237 | $\beta^{-}$ | 6,75 d | Np-237 |
| Np-237 | $\alpha$ | $2{,}144 \cdot 10^{6}$ a | Pa-233 |
| Pa-233 | $\beta^{-}$ | 26,967 d | U-233 |
| U-233 | $\alpha$ | $1{,}592 \cdot 10^{5}$ a | Th-229 |
| Th-229 | $\alpha$ | 7 880 a | Ra-225 |
| Ra-225 | $\beta^{-}$ | 14,9 d | Ac-225 |
| Ac-225 | $\alpha$ | 10,0 d | Fr-221 |
| Fr-221 | $\alpha$ 99,9 % | 4,9 min | At-217 |
| | $\beta^{-}$ 0,1 % | | Ra-221 |
| Ra-221 | $\alpha$ | 28,0 s | Rn-217 |
| At-217 | $\alpha$ 99,99 % | 32,3 ms | Bi-213 |
| | $\beta^{-}$ 0,01 % | | Rn-217 |
| Rn-217 | $\alpha$ | 0,54 ms | Po-213 |

**Tabelle 8.5** (*Fortsetzung*) Neptunium-Reihe (Massenzahlen $4n + 1$)

| Nuklid | Zerfall | Halbwertszeit | Zerfallsprodukt |
|---|---|---|---|
| Bi-213 | $\beta^-$ 97,91 % | 45,49 min | Po-213 |
| | $\alpha$ 2,09 % | | Tl-209 |
| Po-213 | $\alpha$ | 4,2 ms | Pb-209 |
| Tl-209 | $\beta^-$ | 2,20 min | Pb-209 |
| Pb-209 | $\beta^-$ | 3,253 h | Bi-209 |
| Bi-209 | $\alpha$ | $1{,}9 \cdot 10^{19}$ a | Tl-205 stabil |

**Tabelle 8.6** Uran-Radium-Reihe (Massenzahlen $4n + 2$)

| Nuklid | Zerfall | HWZ | Zerfallsprodukt |
|---|---|---|---|
| U-238 | $\alpha$ | $4{,}468 \cdot 10^9$ a | Th-234 |
| Th-234 | $\beta^-$ | 24,10 d | Pa-234 |
| Pa-234 | $\beta^-$ | Pa-234: 6,7 h<br>Pa-234$^{m1}$: 1,17 min | U-234 |
| U-234 | $\alpha$ | 245 500 a | Th-230 |
| Th-230 | $\alpha$ | 75 380 a | Ra-226 |
| Ra-226 | $\alpha$ | 1 602 a | Rn-222 |
| Rn-222 | $\alpha$ | 3,8235 d | Po-218 |
| Po-218 | $\alpha$ 99,98 % | 3,05 min | Pb-214 |
| | $\beta^-$ 0,02 % | | At-218 |
| At-218 | $\alpha$ 99,90 % | 1,5 s | Bi-214 |
| | $\beta^-$ 0,10 % | | Rn-218 |
| Rn-218 | $\alpha$ | 35 ms | Po-214 |
| Pb-214 | $\beta^-$ | 26,8 min | Bi-214 |
| Bi-214 | $\beta^-$ 99,98 % | 19,9 min | Po-214 |
| | $\alpha$ 0,02 % | | Tl-210 |
| Po-214 | $\alpha$ | 0,164 µs | Pb-210 |
| Tl-210 | $\beta^-$ | 1,30 min | Pb-210 |
| Pb-210 | $\beta^- \approx 100$ % | 22,3 a | Bi-210 |
| | $\alpha$ $1{,}9 \cdot 10^{-6}$ % | | Hg-206 |
| Bi-210 | $\beta^-$ 99,999 87 % | 5 013 d | Po-210 |
| | $\alpha$ 0,000 13 % | | Tl-206 |
| Hg-206 | $\beta^-$ | 8,15 min | Tl-206 |
| Po-210 | $\alpha$ | 138,376 d | Pb-206 stabil |
| Tl-206 | $\beta^-$ | 4,199 min | Pb-206 stabil |

**Tabelle 8.7** Uran-Actinium-Reihe (Massenzahlen $4n+3$)

| Nuklid | Zerfall | Halbwertszeit | Zerfallsprodukt |
|---|---|---|---|
| Pu-239 | $\alpha$ | 24 110 a | U-235 |
| U-235 | $\alpha$ | $7{,}038 \cdot 10^8$ a | Th-231 |
| Th-231 | $\beta^- \approx 100\,\%$ | 25,52 h | Pa-231 |
| | $\alpha$ $1 \cdot 10^{-6}\,\%$ | | Ra-227 |
| Pa-231 | $\alpha$ | 32 760 a | Ac-227 |
| Ra-227 | $\alpha$ | 42,2 min | Rn-223 |
| Ac-227 | $\beta^-$ 98,62 % | 21,773 a | Th-227 |
| | $\alpha$ 1,38 % | | Fr-223 |
| Th-227 | $\alpha$ | 18,72 d | Ra-223 |
| Rn-223 | $\beta^-$ | 23,2 min | Fr-223 |
| Fr-223 | $\beta^-$ 99,994 % | 22,0 min | Ra-223 |
| | $\alpha$ 0,006 % | | At-219 |
| Ra-223 | $\alpha$ | 11,435 d | Rn-219 |
| At-219 | $\alpha$ 99,99 % | 56 s | Bi-215 |
| | $\beta^-$ 0,01 % | | Rn-219 |
| Rn-219 | $\alpha$ | 3,96 s | Po-215 |
| Bi-215 | $\beta^-$ | 7,6 min | Po-215 |
| Po-215 | $\alpha \approx 100\,\%$ | 1,781 ms | Pb-211 |
| | $\beta^-$ 0,000 023 % | | At-215 |
| At-215 | $\alpha$ | 0,10 ms | Bi-211 |
| Pb-211 | $\beta^-$ | 36,1 min | Bi-211 |
| Bi-211 | $\alpha$ 99,72 % | 2,14 min | Tl-207 |
| | $\beta^-$ 0,28 % | | Po-211 |
| Po-211 | $\alpha$ | 0,516 s | Pb-207 stabil |
| Tl-207 | $\beta^-$ | 4,77 min | Pb-207 stabil |

**Beispiel**

Welche Masse $m_{\text{Ra}}$ an $^{226}$Ra enthält $m_{\text{U}} = 1$ kg natürliches Uran?

Natürliches Uran enthält zu 99,3 % $^{238}$U, zu dessen Zerfallsreihe $^{226}$Ra gehört (Tabelle 8.6). Aufgrund der im Vergleich zu $^{238}$U relativ kurzen Halbwertszeiten der Zerfallsprodukte von $^{238}$U sind deren Anteile so gering, dass man ohne großen Fehler davon ausgehen kann, dass $m_{238\text{U}} \approx 0{,}993\, m_{\text{U}}$. Nach Gl. (8.92) hat man $N_{\text{Ra}} = \frac{T_{1/2\,\text{Ra}}}{T_{1/2\,\text{U}}} N_{\text{U}}$. Für die Teilchenzahlen gilt $N = \frac{m}{M} A$ mit der molaren Masse $M$ und der Avogadro-Konstanten $A$. Damit erhält man $\frac{m_{\text{Ra}}}{M_{\text{Ra}}} A = \frac{T_{1/2\,\text{Ra}}}{T_{1/2\,\text{U}}} \frac{m_{238\text{U}}}{M_{\text{U}}} A$.

Daraus ergibt sich $m_{\text{Ra}} = \frac{T_{1/2\,\text{Ra}}}{T_{1/2\,\text{U}}} \frac{M_{\text{Ra}}}{M_{\text{U}}} m_{238\text{U}}$. Mit $M_{\text{Ra}} \approx 0{,}226$ kg mol$^{-1}$, $M_{\text{U}} \approx 0{,}238$ kg mol$^{-1}$ und den Werten für $T_{1/2}$ aus Tabelle 8.6 hat man schließlich $m_{\text{Ra}} = 0{,}338$ mg.

In der Darstellung der Reihen in der Nuklidkarte wird der Zusammenhang der Nuklide und der Übergang von einem zum anderen durch α- und β-Zerfall besonders deutlich. Bild 8.62 zeigt als Beispiel die Thorium-Reihe in der Nuklidkarte.

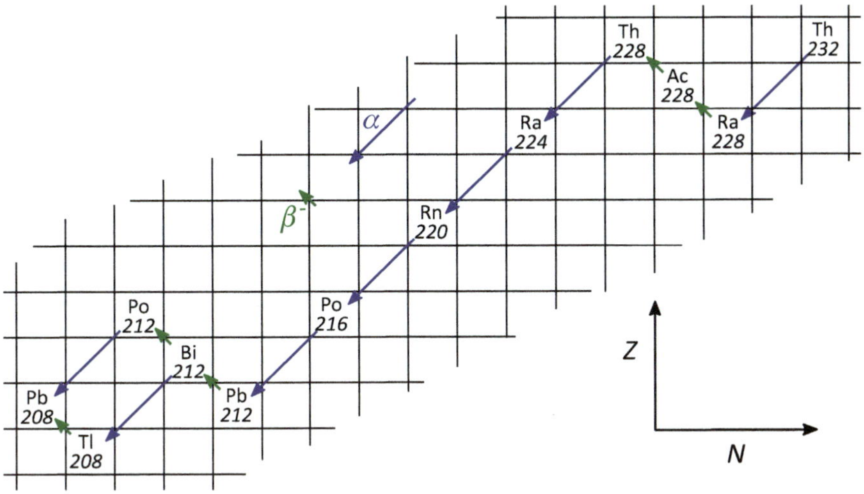


**Bild 8.62** Thorium-Zerfallsreihe in der Nuklidkarte

> **Merke**
>
> Der größte Teil der auf der Erde natürlich vorkommenden Radionuklide stammt aus den Zerfallsreihen der primordialen Nuklide $^{244}$Pu, $^{241}$Pu, $^{238}$U, $^{239}$Pu.

Vier der drei Zerfallsreihen enden mit einem Blei-Isotop. Daher finden sich viele radioaktive Elemente in Blei-Lagerstätten, insbesondere, wegen der langen Halbwertszeiten, auch noch die Anfangselemente $^{238}$U und $^{232}$Th. Mit einem kosmologisch begründeten Ansatz für die Elementhäufigkeit bei der Entstehung der Erde und dem heutigen Mengenverhältnis Blei/Uran oder Blei/Thorium lässt sich das *Alter der Erde* auf etwa $5 \cdot 10^9$ Jahre abschätzen

## 8.3.5 Kernreaktionen

Neben den natürlich vorkommenden sind mehrere tausend durch Kernreaktionen künstlich erzeugte aktive Nuklide bekannt. Teilweise werden sie mit aufwendigen Methoden hergestellt, teilweise treten sie als, meist unerwünschte, Nebenprodukte der technischen Nutzung der Kernenergie auf. Künstlich erzeugte aktive Nuklide werden in vielen Bereichen von Forschung, Technik und Medizin eingesetzt.

Eine Kernreaktion wird ausgelöst, wenn zwei (oder mehrere) Kerne oder wenn ein Kern und ein Nukleon oder Elementarteilchen kollidieren. Sie müssen sich dabei bis in den Wirkungsbereich der Kernkräfte annähern. Ansonsten wirkt gegebenenfalls nur die Coulomb-Kraft, und es kommt zu einem elastischen Stoß, ohne dass sich Struktur oder Zusammensetzung der Stoßpartner ändern. Häufig wird dazu ein durch natürlichen Zerfall oder durch technische Vorrichtungen beschleunigtes Teilchen, das *Projektil*, auf einen Kern, *Target*-Kern genannt, „geschossen". Bei einer Kernreaktion werden die individuellen Stoßpartner verändert, die Gesamtzahl der beteiligten Nukleonen bleibt aber erhalten (Erhaltung der Baryon-Zahl, siehe Abschnitt 8.4.1), ebenso die Gesamtladung. Man kann Kernreaktionen klassifizieren als Austausch- oder Einfangreaktion, die nur relativ kleine Änderungen eines Kerns bewirken, als Kernspaltung oder Spallation, bei denen der Kern grundlegend umgestaltet wird.

## Austausch- und Einfangreaktion

Eine *Austauschreaktion* ist beispielsweise die von Rutherford 1919 entdeckte, aber erst 1925 durch Blackett (P. M. S. Blackett, 1897–1974, Nobelpreis 1948) richtig interpretierte Reaktion zwischen einem α-Teilchen und einem $^{14}$N-Kern:

$$ {}^{14}_{7}\mathrm{N} + {}^{4}_{2}\alpha \rightarrow {}^{18}_{9}\mathrm{F}^{*} \rightarrow {}^{17}_{8}\mathrm{O} + {}^{1}_{1}\mathrm{p} \tag{8.106} $$

Mit dem Symbol * wird, der Konvention folgend, angezeigt, dass sich der Kern in einem angeregten Zustand befindet.

Das α-Teilchen wird gegen das Proton „ausgetauscht". Ist die kinetische Energie des Projektils nicht zu hoch, kann in einem Zwischenschritt wie in diesem Fall ein hochangeregter Compound-Kern entstehen, der alle Nukleonen enthält. Dieser zerfällt nach sehr kurzer Lebensdauer, $10^{-17}$ s oder weniger, in die Endprodukte.

Kernreaktionen werden häufig in einer Kurzschreibweise nach dem Muster *X(a,b)Y* ausgedrückt. Dabei ist X der Target-Kern, Y der Kern nach der Reaktion, a das Projektil und b das emittierte Teilchen. Für die Reaktion nach Gl. (8.106) also ${}^{14}_{7}\mathrm{N}(\alpha,\mathrm{p})\,{}^{17}_{8}\mathrm{O}$. Der oben erwähnte elastische Stoß, bei dem die Stoßpartner nicht verändert werden, wird nach dieser Schreibweise in allgemeiner Form durch $\mathrm{X}(\mathrm{a},\mathrm{a})\mathrm{X}$ ausgedrückt.

Bei einer *Einfangreaktion* verbleibt das Projektil im Target-Kern. Es entsteht ein Kern im angeregten Zustand, der durch Emission von γ-Strahlung in den Grundzustand übergeht, allgemein also $\mathrm{X}(\mathrm{a},\gamma)\mathrm{Y}$. Ein häufiger Fall ist die Aktivierung durch Neutronen, die beim Auftreffen auf einen Kern durch diesen absorbiert werden. Das als γ-Strahlungsquelle verwendete $^{60}$Co wird auf diese Weise hergestellt:

$$ {}^{59}_{27}\mathrm{Co} + {}^{1}_{0}\mathrm{n} \rightarrow {}^{60}_{27}\mathrm{Co}^{*} \rightarrow {}^{60}_{27}\mathrm{Co} + \gamma \tag{8.107} $$

in Kurzschreibweise ${}^{59}_{27}\mathrm{Co}(\mathrm{n},\gamma)\,{}^{60}_{27}\mathrm{Co}$. (Die genutzte γ-Strahlung wird dann nach dem anschließenden β$^{-}$-Zerfall von ${}^{60}_{27}\mathrm{Co}$ zu ${}^{60}_{28}\mathrm{Ni}$ emittiert.)

Auch die umgekehrte Reaktion $\mathrm{X}(\gamma,\mathrm{b})\mathrm{Y}$ ist möglich, bei der der Kern X ein γ-Photon absorbiert, ein Teilchen b emittiert und damit in den Kern Y übergeht. Dies wird auch als *Kern-Photoeffekt* bezeichnet.

Unterschiede in der Bindungsenergie oder entsprechend in den Massen von Anfangs- und Endprodukten äußern sich in der Differenz der gesamten kinetischen Energie der Teilchen vor und nach der Reaktion, die man als die *Reaktionsenergie Q* betrachten kann. Für die allgemeine Reaktion $\mathrm{X}(\mathrm{a},\mathrm{b})\mathrm{Y}$ gilt nach dem Energiesatz

$$ E_{\mathrm{kin}}(\mathrm{vor}) + m_{\mathrm{X}}c^2 + m_{\mathrm{a}}c^2 = E_{\mathrm{kin}}(\mathrm{nach}) + m_{\mathrm{Y}}c^2 + m_{\mathrm{b}}c^2 \tag{8.108} $$

und damit für die

*Reaktionsenergie*

$$\begin{aligned} Q &= E_{\text{kin}}(\text{nach}) - E_{\text{kin}}(\text{vor}) \\ &= \left(m_X c^2 + m_a c^2\right) - \left(m_Y c^2 + m_b c^2\right) \\ &= \left(m_X + m_a - m_Y - m_b\right) c^2 \end{aligned} \tag{8.109}$$

Ist dabei ein Teilchen a oder b ein γ-Photon, muss für dieses $mc^2$ durch die Energie des Photons ersetzt werden.

Wenn bei der Reaktion Energie frei wird, ist *Q positiv*, und man spricht von einer *exothermen* Reaktion. Muss Energie zugeführt werden, damit die Reaktion stattfindet, ist *Q negativ* und die Reaktion heißt *endotherm*.

**Beispiel**

Berechnung der Energie der Reaktion ${}^{14}_{7}\text{N}(\alpha,\text{p}){}^{17}_{8}\text{O}$ (Gl. (8.106))

Werte: $m_{14\text{N}} = 13{,}9992\,\text{u}$, $m_{17\text{O}} = 16{,}9947\,\text{u}$, $m_\alpha = 4{,}0015\,\text{u}$, $m_\text{p} = 1{,}0073\,\text{u}$

Nach Gl. (8.109) hat man

$$Q = \left(m_{14\text{N}} + m_\alpha - m_{17\text{O}} - m_\text{p}\right)c^2 = -0{,}0013\,\text{u}\cdot c^2 = -1{,}21\,\text{MeV}$$

Die Energie der Reaktion ${}^{14}_{7}\text{N}(\alpha,\text{p}){}^{17}_{8}\text{O}$ ist negativ. Die Reaktion ist also endotherm und die Reaktionsprodukte haben eine geringere kinetische Energie als die Ausgangsteilchen. Ruht der Target-Kern ${}^{14}_{7}\text{N}$ vor der Reaktion, muss das α-Teilchen demnach eine kinetische Energie von mindestens 1,21 MeV haben, damit die Reaktion stattfinden kann. (Wegen der konkreten energetischen Lage der Zustände des ${}^{18}_{9}\text{F}$-Nuklids beträgt allerdings die Schwellenenergie, also die Mindestenergie des α-Teilchens für diese Reaktion etwa 1,5 MeV.)

Für die Reaktionsenergie der Einfangreaktion Gl. (8.107) erhält man $Q\left({}^{59}_{27}\text{Co}(\text{n},\gamma){}^{60}_{27}\text{Co}\right)$ = 7,5 MeV. Diese Reaktion ist exotherm und also auch schon mit niederenergetischen Neutronen möglich. Der größte Teil der freiwerdenden Energie wird durch γ-Strahlung abgegeben, ein kleiner Teil gemäß Energie-/Impulserhaltung als kinetische Energie des ${}^{60}\text{Co}$-Kerns.

## Kernspaltung und nukleare Spallation

Eine *Kernspaltung*, d. h. die Spaltung eines Kerns in meist zwei Fragmente ähnlicher Masse, kann ausgelöst werden durch die kinetische Energie eines auftreffenden Teilchens oder durch freiwerdende Bindungsenergie, wenn das Teilchen in den Kern aufgenommen wird. Im zweiten Fall geht der Spaltung eine Einfangreaktion voraus. Häufig sind beide Mechanismen beteiligt. Der Vorgang der Kernspaltung wurde 1938 durch O. Hahn (1879–1968, Nobelpreis 1944) und F. W. Straßmann (1902–1980) experimentell entdeckt und zuerst durch L. Meitner (1878–1968) und O. R. Frisch (1904–1979) theoretisch erklärt.

Der wichtigste Brennstoff für Kernreaktoren ist das Uran-Isotop ${}^{235}\text{U}$, dessen Kern besonders effektiv durch niederenergetische, sogenannte *thermische Neutronen* gespalten wird. Thermische Neutronen tragen diese Bezeichnung, weil ihre kinetische Energie im Bereich der Energie der Moleküle eines Gases bei Raumtemperatur, also bei etwa 25 meV, liegt.

Trifft ein solches Neutron auf einen ${}^{235}\text{U}$-Kern, so bildet sich durch Aufnahme des Neutrons nach dem oberen Teil der Reaktionsgleichung Gl. (8.110) ein ${}^{236}_{92}\text{U}$-Kern, der aufgrund der Bindungsenergie des Neutrons von etwa 7 MeV hoch angeregt ist.

In einer Modellvorstellung führt dies zu Volumenschwingungen des Kerns, wodurch sich schließlich eine Einschnürung ausbildet (Bild 8.63). Mit dem größeren Abstand verlassen die Fragmente den Wirkungsbereich der gegenseitigen Kernkraft und werden durch die Coulomb-Abstoßung auseinandergetrieben. Gleichzeitig werden mehrere Neutronen freigesetzt.

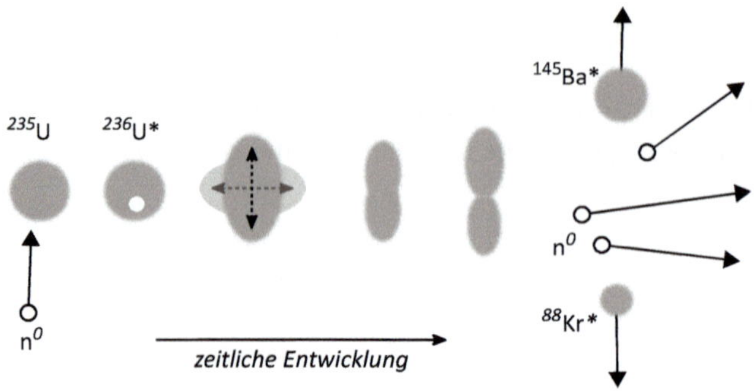


**Bild 8.63** Modell des Ablaufs bei der Kernspaltung

Kernspaltung (a, b, c: Beispiele für Spaltfragmente)

$$^{235}_{92}\mathrm{U} + ^{1}_{0}\mathrm{n} \rightarrow ^{236}_{92}\mathrm{U}^{*} \rightarrow$$

$$\rightarrow ^{94}_{38}\mathrm{Sr} + ^{140}_{54}\mathrm{Xe} + 2^{1}_{0}\mathrm{n} \qquad (8.110a)$$

$$\rightarrow ^{88}_{36}\mathrm{Kr} + ^{145}_{56}\mathrm{Ba} + 3^{1}_{0}\mathrm{n} \qquad (8.110b)$$

$$\rightarrow ^{84}_{37}\mathrm{Rb} + ^{150}_{55}\mathrm{Cs} + 2^{1}_{0}\mathrm{n} \qquad (8.110c)$$

Konkrete Beispiele für Spaltprodukte sind im unteren Teil der Reaktionsgleichung (Gl. (8.110)) angeführt. In der Regel ist die Spaltung nicht symmetrisch, wie man auch an den obigen Beispielen sieht. Am häufigsten verhalten sich die Massen der Fragmente etwa wie 2 : 3. Die symmetrische Spaltung macht nur rund ein Tausendstel der Fälle aus.

Die Spaltung schwerer Kerne ist ein exothermer Vorgang. Die direkt bei der Spaltung freigesetzte Energie $Q_{\text{fission}}$[9] ergibt sich wieder aus der Massenbilanz der Teilchen vor und nach der Reaktion. Für die in der Reaktionsgleichung Gl. (8.110)b angeführte Reaktion erhält man beispielsweise

$$\begin{aligned} Q_{\text{fission}} &= c^2\left[m_{235\mathrm{U}} + m_\mathrm{n} - \left(m_{88\mathrm{Kr}} + m_{145\mathrm{Ba}} + 3m_\mathrm{n}\right)\right] \\ &= c^2\left[234{,}99\,\mathrm{u} + 1{,}008\,7\,\mathrm{u} - \left(87{,}89\,\mathrm{u} + 144{,}90\,\mathrm{u} + 3\cdot 1{,}008\,7\,\mathrm{u}\right)\right] \\ &= c^2 \cdot 0{,}182\,6\,\mathrm{u} = 170{,}1\,\mathrm{MeV} \end{aligned} \qquad (8.111)$$

Diese Energie verteilt sich auf die kinetische Energie der Spaltfragmente und der emittierten Neutronen sowie auf die innere Anregungsenergie der Fragmente. Unter Emission von γ-Strahlung gehen diese innerhalb kurzer Zeit in ihren Grundzustand über.

[9] fissio, lateinisch für Spaltung

Mit dieser unmittelbaren Spaltungsreaktion ist allerdings noch kein stabiler Endzustand erreicht. Trotz der Emission von Neutronen haben die Fragmente immer noch einen hohen Neutronenüberschuss gegenüber einem stabilen Verhältnis zur Protonenzahl. Sie gehen daher mit dem $\beta^-$-Zerfall über mehrere Stufen in stabile Nuklide über. Die Zerfallsreihen bei dem obigen Beispiel (Gl. (8.110)b) sehen so aus:

$$^{88}_{36}\mathrm{Kr} \xrightarrow{2{,}8\,\mathrm{h}} {}^{88}_{37}\mathrm{Rb} \xrightarrow{18\,\mathrm{min}} {}^{88}_{38}\mathrm{Sr} \quad \text{(stabil)}$$

$$^{145}_{56}\mathrm{Ba} \xrightarrow{5{,}6\,\mathrm{s}} {}^{145}_{57}\mathrm{La} \xrightarrow{29\,\mathrm{s}} {}^{145}_{58}\mathrm{Ce} \xrightarrow{3\,\mathrm{min}} {}^{145}_{59}\mathrm{Pr} \xrightarrow{6{,}0\,\mathrm{h}} {}^{145}_{60}\mathrm{Nd} \quad \text{(stabil)}$$

Die in diesen Zerfallsreihen freigesetzte Energie $Q_2$ lässt sich nach demselben Muster wie oben berechnen, wobei in der Masse auch die sechs beim $\beta^-$-Zerfall emittierten Elektronen berücksichtigt werden müssen, s. folgendes Rechenbeispiel. Diese Energie wird beim Betrieb eines Kernreaktors auch als *Nachzerfallswärme* bezeichnet, da sie auch noch nach dem „Abschalten" der Kernspaltung anfällt.

**Beispiel**

Wie groß ist die nach der Spaltungsreaktion Gl. (8.110)b freigesetzte Nachzerfallswärme?

Werte: $m_{88\mathrm{Sr}} = 87{,}885\,\mathrm{u}$, $m_{145\mathrm{Nd}} = 144{,}880\,\mathrm{u}$, $m_{88\mathrm{Kr}}$, $m_{145\mathrm{Ba}}$ siehe Gl. (8.111)

Die bei der Spaltung entstandenen Kerne $^{88}_{36}\mathrm{Kr}$ bzw. $^{145}_{56}\mathrm{Ba}$ zerfallen über mehrere $\beta^-$-Zerfälle in die Endprodukte $^{88}_{38}\mathrm{Sr}$ bzw. $^{145}_{60}\mathrm{Nd}$. Dabei werden insgesamt sechs Elektronen freigesetzt. Die Nachzerfallswärme für diesen Vorgang beträgt also

$$Q_{\mathrm{nach}} = \left[m_{88\mathrm{Kr}} + m_{145\mathrm{Ba}} - \left(m_{88\mathrm{Sr}} + m_{145\mathrm{Nd}} + 6\,m_e\right)\right]c^2 = 2{,}172 \cdot 10^{-2}\,\mathrm{u} \cdot c^2 = 20{,}2\,\mathrm{MeV}.$$

Die bei dem gesamten Vorgang auftretende Energie verteilt sich im Einzelnen etwa so:

*Spaltungsenergie*

- kinetische Energie der Spaltfragmente 157 MeV
- kinetische Energie der emittierten Neutronen 6 MeV
- Energie der $\gamma$-Emission der Spaltfragmente 7 MeV

Nachzerfallswärme

- Energie der $\beta^-$/$\gamma$-Emission beim Zerfall der Spaltfragmente 11 MeV
- Energie der Antielektron-Neutrinos aus dem $\beta^-$-Zerfall 9 MeV

Trifft ein Teilchen mit einer kinetischen Energie von 100 MeV oder mehr auf einen Kern, kommt es zur *nuklearen Spallation*[10]. Dabei verliert der Kern viele Nukleonen und wird teilweise auch in größere Bruchstücke zerlegt. Die de Broglie-Wellenlänge von Teilchen so hoher Energie liegt in der Größenordnung der Nukleonen. Sie dringen daher in den Kern ein und übertragen Impuls und Energie an einzelne Nukleonen, die dies lawinenartig an andere Nukleonen weitergeben, welche daraufhin aus dem Kern emittiert werden, vorzugsweise in die Bewegungsrichtung des Projektils. Der Restkern ist meist hoch angeregt und emittiert u. U. weitere Nukleonen in alle Richtungen.

[10] Spallation, englisch für Absplitterung, in die deutsche Fachsprache übernommen

In der Natur kommen Protonen und auch leichte Nuklide so hoher Energie in der kosmischen Strahlung vor und verursachen Spallationsreaktionen in der Atmosphäre. Sogenanntes kosmogenes Beryllium beispielsweise wird durch die Spallationsreaktion $p + {}^{16}_{8}O \rightarrow {}^{10}_{4}Be + n + 4p + {}^{2}_{1}H$ erzeugt. Wegen dieser ständigen Produktion gibt es ein natürliches Vorkommen an ${}^{10}_{4}Be$ auf der Erde trotz seiner kurzen Halbwertszeit von rund $1{,}4 \cdot 10^6$ a.

Technisch werden Teilchen aus Teilchenbeschleunigern (siehe Abschnitt 8.4) als Projektile zur Erzeugung intensiver Neutronenstrahlung genutzt. Neutronenstrahlung wird in vielen Bereichen als Werkzeug eingesetzt, für die Herstellung von Radionukliden, für Kristallstruktur-Untersuchungen, für die Dotierung von Silicium durch die Umwandlung zu Phosphor usw.

Für eine *Spallationsneutronenquelle* werden Protonen in einem Teilchenbeschleuniger beschleunigt, die dann auf ein Target schwerer Nuklide treffen. Bei der im Bau befindlichen (2022) European Spallation Source treffen ca. $10^{15}$ Protonen der Energie 2 GeV in 3 ms-Pulsen auf ein Wolfram-Target. Dabei werden bei jeder Spallationsreaktion 25 bis 40 Neutronen mit jeweils rund 60 MeV Energie freigesetzt. Der gesamte Neutronenstrom während eines Pulses beträgt etwa $10^{18}\ s^{-1}$.

Auch beim Normalbetrieb eines Kernreaktors treten, resultierend aus Reaktionen wie in Gl. (8.110) und eine Voraussetzung für die Funktion, hohe Neutronenströme auf, die auch technisch genutzt werden. Eine Spallationsneutronenquelle hat demgegenüber aber mehrere Vorteile: es wird kein spaltbares Material benötigt, eine unkontrollierte Kettenreaktion ist ausgeschlossen, der Neutronenstrom kann zeitlich schnell variiert werden.

## Erzeugung und Anwendung radioaktiver Nuklide

Praktisch genutzte radioaktive Nuklide werden häufig durch *Neutronenaktivierung* gewonnen. Ein Beispiel ist die Erzeugung von $^{60}Co$ durch die Reaktion Gl. (8.107). Allgemein erfolgt die Aktivierung eines Nuklids X zum aktiven Nuklid Y durch die Einfangreaktion $X(n,\gamma)Y$. Die *Reaktionsrate* $R$ (in Anzahl der Reaktionen pro Zeit, $[R] = s^{-1}$) ist proportional der Anzahl $N_X$ der Nuklide X, die der Neutronenstrahlung ausgesetzt sind, der *Stromdichte* $j_N$ der Neutronen (in Anzahl pro Fläche und Zeit, $[j_N] = m^{-2}\ s^{-1}$) und dem *Wirkungsquerschnitt* $\sigma_{n,X}$ für Neutroneneinfang, also:

$$R = \sigma_{n,X}\, j_N\, N_X \tag{8.112}$$

(Kleinere Effekte wie z. B. die zeitliche Änderung von $N_X$ wurden hier vernachlässigt.)

Der Wirkungsquerschnitt für Neutroneneinfang ist ein Maß für die Wahrscheinlichkeit, dass ein Neutron vom Kern absorbiert wird. Er hat die Dimension einer Fläche, $[\sigma] = m^2$. Als praktische Einheit für den Wirkungsquerschnitt hat sich die nicht-SI-Einheit barn[11], abgekürzt b, etabliert, mit $1\ b = 10^{-28}\ m^2$.

Der Wirkungsquerschnitt entspricht i. A. nicht der geometrischen Querschnittsfläche eines Kerns, sondern kann speziell für thermische Neutronen je nach den internen Zuständen des Kerns um mehrere Größenordnungen größer sein. So hat das als Neutronenabsorber bekannte Nuklid ${}^{10}_{5}B$ einen Wirkungsquerschnitt von etwa 3 800 b, gegenüber einer Querschnittsfläche des Kerns von ca. $0{,}2 \cdot 10^{-28}\ m^2 = 0{,}2 b$.

[11] barn, englisch für Scheune

Parallel zur Erzeugung mit der Reaktionsrate $R$ zerfällt Y mit der Zerfallskonstanten $\lambda_Y$, sodass mit Gl. (8.75) für die Änderungsrate der Anzahl $N_Y(t)$ der vorhandenen Nuklide Y gilt

$$\frac{dN_Y(t)}{dt} = R - \lambda_Y N_Y(t) = \sigma_{n,X}\, j_N\, N_X - \lambda_Y N_Y(t) \tag{8.113}$$

Aus dieser Differentialgleichung folgt das zeitliche Verhalten der Anzahl der erzeugten Nuklide Y, d. h. der Menge des Stoffes Y:

$$N_Y(t) = \frac{\sigma_{n,X}\, j_N\, N_X}{\lambda_Y}\left(1 - e^{-\lambda_Y t}\right) \tag{8.114}$$

In der Regel ist man besonders an der *Aktivität* des erzeugten Stoffes interessiert, da diese sich leicht messen lässt und die Menge $N_Y$ daraus berechnet werden kann. Mit Gl. (8.74) ergibt sich aus Gl. (8.114) die

Aktivität des erzeugten Stoffes Y

$$A_Y(t) = \lambda_Y N_Y(t) = \sigma_{n,X}\, j_N\, N_X\left(1 - e^{-\lambda_Y t}\right) \tag{8.115}$$

Menge und Aktivität des erzeugten Stoffes streben mit der Bestrahlungszeit gegen die **Sättigungswerte**

$$N_Y(t \to \infty) \to \frac{\sigma_{n,X}\, j_N\, N_X}{\lambda_Y} \tag{8.116a}$$

$$A_Y(t \to \infty) \to \sigma_{n,X}\, j_N\, N_X \tag{8.116b}$$

bei denen sich Reaktions- und Zerfallsrate die Waage halten. Die Sättigungswerte sind durch die Stoffeigenschaften $\sigma_{n,X}$ und $\lambda_Y$ und die technologisch beeinflussbaren Größen $j_N$ und $N_X$ bestimmt. Ein hoher Grad an Aktivierung wird also insbesondere mit einem hohen Neutronenfluss erreicht.

Die Zeitabhängigkeit von Menge und Aktivität richtet sich nach der Zerfallskonstanten $\lambda_Y$ bzw. nach der Halbwertszeit $T_{1/2} = \frac{\ln 2}{\lambda_Y}$. Dies ist für die Aktivität in Bild 8.64 für Stoffe mit kleiner und großer Halbwertszeit dargestellt. Wie man an Bild 8.64a sieht, ist nach etwa fünf Halbwertszeiten der Sättigungswert nahezu erreicht, eine weitere Bestrahlung erhöht die Aktivität nicht mehr wesentlich.

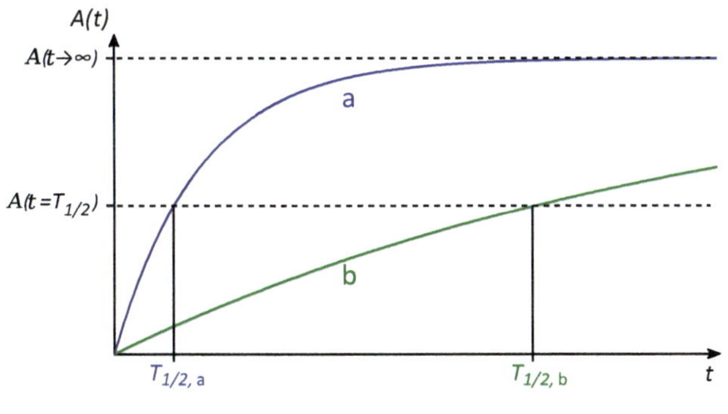


**Bild 8.64**
Zeitliche Entwicklung der Aktivität bei der Neutronenaktivierung eines Stoffes mit (a) kleiner, (b) großer Halbwertszeit

Wird die Bestrahlung nach einer Zeit $t_f$ beendet, nimmt die Aktivität von dem bis dahin erreichten Wert gemäß dem Zerfallsgesetz Gl. (8.66) wieder ab. Es gilt dann also ab diesem Zeitpunkt, d. h. für $t > t_f$

$$A_Y(t) = A_Y(t_f)\,e^{-\lambda_Y(t-t_f)} = \sigma_{n,X}\, j_N\, N_X\left(1-e^{-\lambda_Y t_f}\right)e^{-\lambda_Y(t-t_f)} \tag{8.117}$$

dargestellt in Bild 8.65.

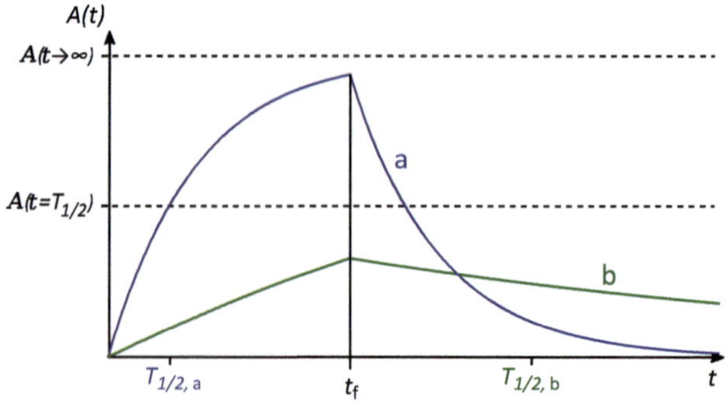


**Bild 8.65**
Zeitliche Entwicklung der Aktivität bei der Neutronenaktivierung eines Stoffes mit (a) kleiner, (b) großer Halbwertszeit, Ende der Bestrahlung zum Zeitpunkt $t_f$

Die *γ-Strahlungsquelle* $^{60}$Co wird durch Neutronenaktivierung nach der Reaktion aus Gl. (8.107) hergestellt. $^{60}$Co zerfällt mit der Halbwertszeit $T_{1/2} = 5{,}27$ a über einen $\beta^-$-Zerfall zu einem angeregten Zustand von $^{60}$Ni, der innerhalb von etwa $10^{-12}$ s unter Emission von zwei γ-Photonen der Energie 1,2 MeV und 1,3 MeV in den Grundzustand übergeht, in Summe also $^{60}_{27}\mathrm{Co} \xrightarrow{5{,}27\ \mathrm{a}} {}^{60}_{28}\mathrm{Ni} + 2\gamma$. Bild 8.66 zeigt das Zerfallsschema.

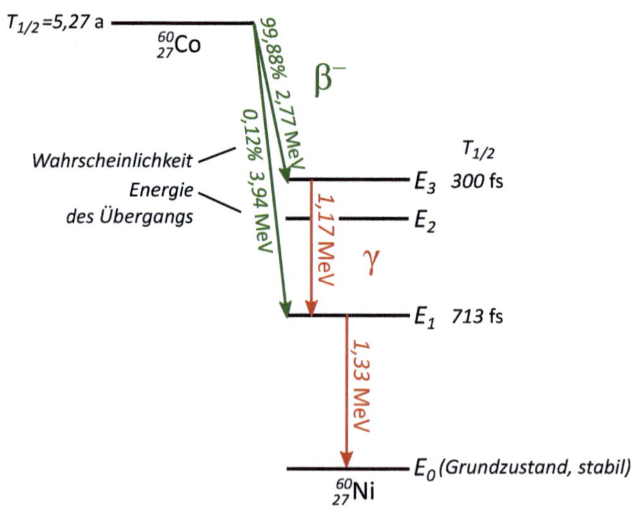


**Bild 8.66** Zerfallsschema von $^{60}$Co, Übergänge zu bzw. von dem Niveau $E_2$ passieren nur mit sehr geringen Wahrscheinlichkeiten und sind daher nicht eingezeichnet

**Beispiel**

Aus einem $^{59}$Co-Werkstück der Masse $m_{59Co} = 50$ g soll eine $^{60}$Co γ-Strahlungsquelle der Aktivität $A_{60Co} = 10^{13}$ Bq hergestellt werden.

Werte: $\sigma_{n,59Co} = 19$ b, $T_{1/2} = 5{,}27$ a

Wie lange muss das Werkstück einer homogenen thermischen Neutronenstromdichte von $j_N = 5 \cdot 10^{16}\ \mathrm{m^{-2}\,s^{-1}}$ ausgesetzt werden?

Auflösung von Gl. (8.115) nach der Zeit ergibt $t = -\frac{T_{1/2}}{\ln 2} \ln\left(1 - \frac{A_{60Co} M_{59Co}}{\sigma_{n,59Co} \Phi m_{59Co} N_A}\right)$.

Dabei wurde die Menge $N_{59Co} = \frac{m_{59Co}}{M_{59Co}} N_A$ mit der molaren Masse $M_{59Co} \approx 0{,}058\,9\ \mathrm{kg\,mol^{-1}}$ und der Avogadro-Konstanten berechnet. Einsetzen der Werte liefert $t = 641$ d.

Kann mit einer längeren Bestrahlung auch eine Aktivität von $5 \cdot 10^{13}$ Bq erreicht werden?

Das ist nicht möglich. Mit den obigen Werten für $m_{59Co}$ und $j_N$ beträgt die Sättigungsaktivität nach Gl. (8.116) $A_{60Co}(t \to \infty) = 4{,}85 \cdot 10^{13}$ Bq. (Auch die obige Formel für die Zeit liefert für diesen Fall kein Ergebnis.)

$^{60}$Co ist wegen seiner relativ langen Halbwertszeit, der hohen Energie der γ-Photonen, der einfachen Abschirmung der $\beta^-$-Begleitstrahlung und der chemischen Stabilität des Metalls Cobalt eine der wichtigsten γ-Strahlungsquellen für technische und medizinische Anwendungen. Es wird in industriellem Maßstab durch Neutronenbestrahlung von $^{59}$Co vornehmlich in Kernreaktoren hergestellt. Dazu werden z. B. Edelstahl-ummantelte $^{59}$Co-Stäbe im Reaktorkern platziert und für mehrere Jahre dem dort herrschenden Neutronenfluss ausgesetzt.

Angewendet wird die Strahlung z. B. in der *Radiografie*. Dabei wird das zu untersuchende Objekt durchstrahlt und die Intensität der Strahlung mit einem Detektor oder einem Film registriert. So können Inhomogenitäten der Dichte, Fehlstellen oder Risse auch in massiven Metallwerkstücken zerstörungsfrei festgestellt werden (Bild 8.67). In der Medizin eignet sich die Strahlung für die Strahlentherapie von Tumoren und zur schonenden Sterilisation medizinischer Geräte.

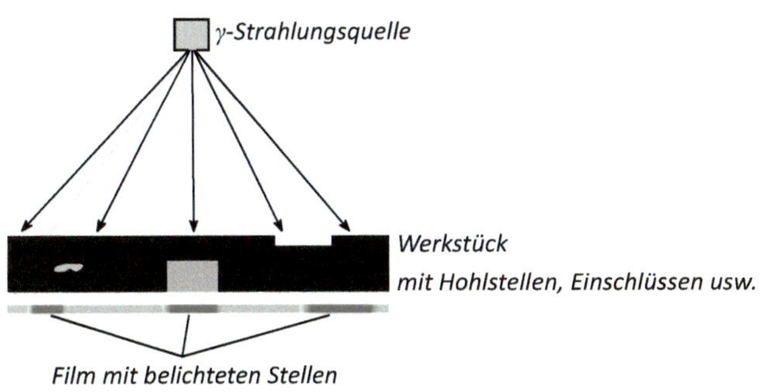


**Bild 8.67** Schema der radiografischen Materialprüfung

Eine Gefahr beim Umgang mit $^{60}$Co liegt darin, dass das nicht radioaktive $^{59}$Co ein häufiger Legierungsbestandteil für Edelstähle ist. Es sind mehrere Fälle bekannt, bei denen nicht sachgemäß als Schrott entsorgtes $^{60}$Co für die Produktion von Stahl benutzt wurde. Die Herstellung von Gebrauchsgegenständen aus diesem Stahl hatte dann teilweise schwere Strahlenunfälle zur Folge.

Als *Tracer*[12] werden Radionuklide bezeichnet, mit denen der Ablauf natürlicher Vorgänge beobachtet werden kann. Als ein solcher Tracer wird etwa das Iod-Isotop $^{131}$I benutzt. $^{131}$I wird mit dem Neutronenfluss im Kernreaktor durch Neutronenaktivierung von Tellur in der Reaktion $^{130}_{52}\mathrm{Te}(n,\gamma)^{131}_{52}\mathrm{Te}$ und dem anschließenden Zerfall $^{131}_{52}\mathrm{Te} \xrightarrow{25\,\mathrm{min}} {}^{131}_{53}\mathrm{I} + \beta^-$ hergestellt. Es zerfällt schließlich mit einem $\beta^-$-Zerfall unter Emission von zwei $\gamma$-Photonen der Energie 606 keV und 364 keV mit einer Halbwertszeit von 8 d. Als Tracer eignet es sich wegen der relativ kurzen Halbwertszeit, da deshalb eine radioaktive Belastung nur über kurze Zeit anhält. $^{131}$I wird z. B. in den Umweltwissenschaften genutzt, um etwa Grundwasserströme zu verfolgen. Dazu werden an einem Start-Brunnen kleine Mengen von $^{131}$I ins Grundwasser eingebracht. Aus der zeitlichen Entwicklung der Radioaktivität von Wasserproben aus in der Umgebung verteilten Test-Brunnen kann man auf die Verteilung und Fließgeschwindigkeit des Grundwassers schließen.

Ein extrem empfindliches Verfahren zur Untersuchung auf Spurenelemente in Materialproben ist die *Neutronenaktivierungsanalyse.* Dabei wird ausgenutzt, dass durch die Aktivierung erzeugte radioaktive Nuklide beim Zerfall $\gamma$-Photonen charakteristischer Energie emittieren, die mit hoher Effizienz detektiert und mit einem $\gamma$-Spektrometer (siehe Abschnitt 8.3.7) analysiert werden können. Unter günstigen Umständen, z. B. wenn der Wirkungsquerschnitt des Neutroneneinfangs für das Spurenelement viel größer ist als für das Trägermaterial, muss die Probe nicht chemisch oder mechanisch aufbereitet werden. Dadurch kann die Probe zerstörungsfrei untersucht werden, wichtig z. B. bei archäologischen Funden oder bei Gemälden.

Durch Wahl der Bestrahlungszeit $t_B$ der untersuchten Probe und der Abklingzeit $t_A$ zwischen Bestrahlungsende und Messung kann außerdem zwischen Nukliden mit unterschiedlich langen Halbwertszeiten differenziert werden. Für den Nachweis von Nukliden mit kurzen Halbwertszeiten bestrahlt man die Probe nur kurz und misst auch kurz nach der Bestrahlung, d. h. also mit kleinen Werten für $t_B$ und $t_A$. Die Aktivität der gesuchten Nuklide erreicht in kurzer Zeit hohe Werte, während sich die der Nuklide mit langen Halbwertszeiten dann noch wenig bemerkbar macht (siehe Bild 8.65, dort ist $t_B = t_f$). Analog geht man für den Nachweis von Nukliden mit langer Halbwertszeit vor.

Vor allem Elemente mit schweren Kernen kann die Neutronenaktivierungsanalyse mit hoher Empfindlichkeit nachweisen. Unter günstigen Bedingungen können z. B. Elemente wie Mn, V, Hg, As in Mengen von $10^{-12}$ g in Proben von 1 g Masse quantitativ bestimmt werden.

Zugeschnitten auf die jeweilige Anwendung werden auch andere Methoden der Aktivierung verfolgt, z. B. die *Aktivierung durch Protonen.* Beispielsweise wird das Radionuklid $^{18}$F nach der Reaktion $^{18}_{8}\mathrm{O}(p,n)^{18}_{9}\mathrm{F}$ hergestellt durch Bestrahlung von $^{18}$O mit Protonen einer Energie von etwa 10 MeV aus einem Zyklotron oder einem Linearbeschleuniger (siehe Abschnitt 8.4.2). $^{18}$F wird in der Medizin für die Positronen-Emissions-Tomografie (PET), einem wichtigen Werkzeug zur Erkennung und Lokalisierung krankhafter Gewebeveränderungen im Körper, genutzt. Spezielle Fluor-Verbindungen reichern sich in betroffenen Bereichen an. Bei der PET

[12] trace, englisch für Spur

werden solche Verbindungen, bei denen ein Teil des stabilen Fluors durch das radioaktive Isotop $^{18}$F als Tracer ersetzt ist, injiziert. $^{18}$F zerfällt mit einer Halbwertszeit von 1,8 h in das stabile $^{18}$O unter Emission eines Positrons: ${}^{18}_{9}\text{F}^{1,8\,\text{h}} \rightarrow {}^{18}_{8}\text{O} + \beta^{+} + \nu_{e}^{0}$. Bei der direkt folgenden Annihilation des Positrons mit einem Elektron werden zwei γ-Photonen der Energie 511 keV in entgegengesetzter Richtung abgestrahlt. Die Detektion dieser Photonenpaare erlaubt die Lokalisierung des Zerfalls und die Bestimmung der Menge des angereicherten $^{18}$F. Wegen der kurzen Halbwertszeit kann $^{18}$F nicht gelagert werden, sondern muss unmittelbar vor der Verwendung erzeugt werden.

Die oben für die Neutronenaktivierung angeführten Überlegungen, speziell Gl. (8.112) bis Gl. (8.117), lassen sich auch auf diese Art der Aktivierung anwenden. Es müssen lediglich spezifische Größen wie Wirkungsquerschnitt oder Flussdichte angepasst werden.

Hauptsächlich für die Grundlagenforschung schließlich spielt die Erzeugung von künstlichen Nukliden mithilfe schwerer Kerne eine Rolle. Das Element Oganessum mit der zurzeit (2022) höchsten Ordnungszahl wird durch den Beschuss des ebenfalls künstlichen Elementes Californium mit Calcium-Kernen in der Reaktion ${}^{249}_{98}\text{Cf} + {}^{48}_{20}\text{Ca} \rightarrow {}^{294}_{118}\text{Og} + 3\text{n}$ erzeugt. Es zerfällt mit einer Halbwertszeit von 0,89 ms. Aus den bei derartigen Experimenten festgestellten Reaktionsraten, Zerfallsarten und Halbwertszeiten werden grundsätzliche Aussagen über die Struktur der Atomkerne und die Wirkungsweise der Kernkräfte abgeleitet.

### 8.3.6 Wechselwirkung radioaktiver Strahlung mit Materie

Im Umgang mit radioaktiven Stoffen gilt ein besonderes Augenmerk der Auswirkung der sehr energiereichen Kernstrahlung auf die Umgebung und dem Schutz vor eventuellen Schäden. Dies ist, neben der grundsätzlichen Bedeutung, ein wesentliches Motiv zur Untersuchung der Wechselwirkung der Strahlung mit Materie.

Die Vorgänge beim Durchgang von Strahlung durch Materie unterscheiden sich nach der Art der Strahlung. Bei α-Strahlung handelt es sich um relativ schwere, zweifach positiv geladene α-Teilchen ${}^{4}_{2}\alpha^{2+}$, dem He-Nuklid ${}^{4}_{2}\text{He}^{2+}$. Die β-Teilchen der Strahlung des natürlich vorkommenden β-Zerfalls sind leichte, negativ geladene Elektronen $e^{-}$. Beim Durchqueren von Materie werden beide gestreut und verlieren Energie wegen der Wechselwirkung mit den Ladungen. (Die beim β-Zerfall emittierten Neutrinos spielen in diesem Zusammenhang keine Rolle, da sie nur extrem schwach mit Materie wechselwirken. Der Wirkungsquerschnitt für Reaktionen mit Neutrinos liegt im Bereich von $10^{-20}$ b.) Bei der γ-Strahlung handelt es sich um Photonen der elektromagnetischen Strahlung, die in verschiedener Weise mit den Elektronen und Kernen der Atome interagieren können. Bei einer Neutronenstrahlung schließlich sind es massive, elektrisch neutrale Teilchen, die durch die Elektronenwolke eines Atoms nicht beeinflusst werden, aber durch Stöße mit den Kernen gestreut und abgebremst werden.

**Merke**

In Materie hat α-Strahlung eine begrenzte, sehr kurze Reichweite, β-Strahlung eine auch begrenzte, aber größere Reichweite. Die Intensität von γ-Strahlung nimmt exponentiell mit der Schichtdicke ab, ihre Reichweite ist nicht begrenzt.

### α-Strahlung

In Bild 8.68 ist zu sehen, welche Spuren α-Teilchen der Energie 5,4 MeV aus dem Zerfall von $^{210}Po$ beim Durchgang durch ein Gas in einer Nebelkammer (siehe Abschnitt 8.3.7) hinterlassen. Der gerade Verlauf der Spuren zeigt zunächst, dass die relativ schweren α-Teilchen beim Durchgang durch die Elektronenhülle der Gasatome nicht merklich gestreut werden. (Die wegen seiner Kleinheit seltene elastische Kollision mit einem Atomkern, die zu einer deutlichen Ablenkung führen würde, kommt in diesem Bild nicht vor.)

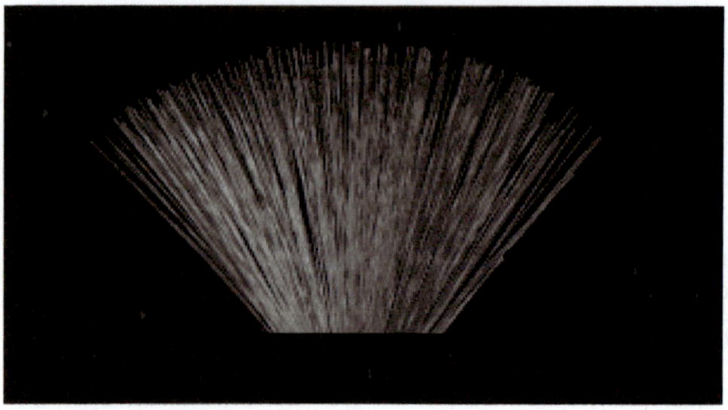

**Bild 8.68** Spuren von α-Teilchen in einer Nebelkammer

Weiterhin ist zu erkennen, dass alle Teilchen in etwa dieselbe Strecke zurücklegen. Bei jeder Wechselwirkung mit der Elektronenhülle der Atome werden Elektronen angeregt, meistens bis zur Ionisation, d. h. bis zum Verlust eines Elektrons. Die kinetische Energie der α-Teilchen wird dadurch jedes Mal um einen gewissen mittleren Betrag, der von der Art der Atome abhängt, verringert, bis sie am Ende der Strecke aufgezehrt ist. Dadurch hat die *Reichweite* von α-Strahlung einer bestimmten Energie einen definierten Wert. Der Teilchenstrom $\dot{N}_\alpha$ (Anzahl Teilchen pro Zeiteinheit, $\left[\dot{N}_\alpha\right] = \mathrm{s}^{-1}$) der α-Teilchen ist konstant bis zum Erreichen der Reichweite und fällt dann relativ abrupt auf null ab (siehe Bild 8.69). Beispielsweise beträgt der mittlere Energieverlust pro Kollision beim Durchgang durch Luft etwa 34 eV. Ein α-Teilchen der anfänglichen kinetischen Energie $E_{\text{kin}} = 5{,}4$ MeV ionisiert also etwa 160 000 Atome auf seiner Wegstrecke.

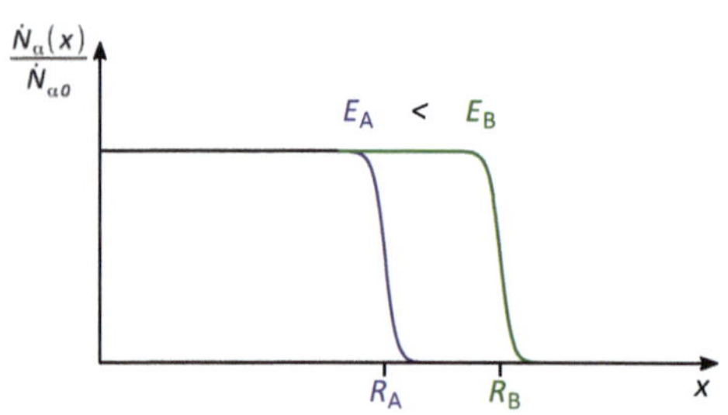


**Bild 8.69**
Relativer Teilchenstrom beim Durchgang von α-Strahlung durch Materie (schematisch)

Das *Bremsvermögen* $S(E) = -\frac{\mathrm{d}E}{\mathrm{d}x}$, d. h. der Verlust an kinetischer Energie pro Streckeneinheit variiert mit der Geschwindigkeit bzw. der Energie der Teilchen aufgrund unterschiedlicher Effekte. So nimmt z. B. die Wechselwirkung mit den Elektronenhüllen und damit das Bremsvermögen bei niedrigen abnehmenden Teilchengeschwindigkeiten proportional zu $1/v^2$ zu, da sich das Teilchen dann länger im Bereich der Elektronenhülle befindet. Die *Reichweite* ergibt sich durch Integration über das reziproke Bremsvermögen:

$$R_\alpha = \int_{E_{\alpha,0}}^{0} \frac{1}{S(E)}\,\mathrm{d}E \tag{8.118}$$

wobei $E_{\alpha,0}$ die Anfangsenergie des Teilchens ist.

Die verschiedenen Effekte theoretisch zu erfassen ist sehr aufwendig und nur näherungsweise möglich. Bild 8.70 zeigt gemessene und berechnete Reichweiten in dem für den radioaktiven Zerfall relevanten Energiebereich von 1...10 MeV. α-Teilchen mit $E_{\alpha,0} = 5{,}4$ MeV haben demnach in Luft ca. 40 mm Reichweite. Aber schon eine etwa 40 µm dicke Schicht Wasser oder Polyethylen reicht aus, um α-Strahlung dieser Energie abzuschirmen. Bei Aluminium reichen rund 24 µm, bei Kupfer 12 µm.

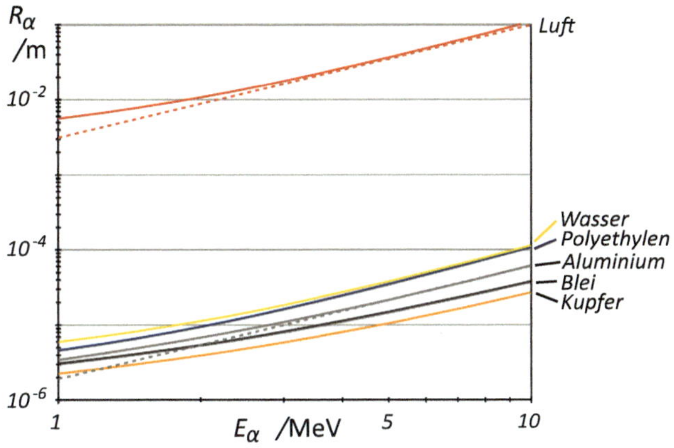


**Bild 8.70** Reichweiten von α-Teilchen in verschiedenen Stoffen (gestrichelt: nach Gl. (8.119))

Im Energiebereich ab etwa 5 MeV werden die Reichweiten $R_{\alpha,\mathrm{Luft}}$ für α-Teilchen in Luft und $R_{\alpha,\mathrm{A}}$ in Stoffen bis zur Massenzahl $A \approx 70$ gut durch *empirische Formeln* wiedergegeben:

$$R_{\alpha,\mathrm{Luft}} \approx 3{,}1 \cdot 10^{-3}\ \mathrm{m} \cdot \left(\frac{E_{\alpha,0}}{\mathrm{MeV}}\right)^{\frac{3}{2}} \tag{8.119a}$$

$$R_{\alpha,\mathrm{A}} \approx 0{,}56\ \frac{\mathrm{kg}}{\mathrm{m}^3}\ \frac{A^{\frac{1}{3}}}{\varrho} \cdot R_{\alpha,\mathrm{Luft}} \tag{8.119b}$$

mit der Massendichte des Stoffes $\varrho$. Die Energie $E_{\alpha,0}$ muss hier in der Einheit MeV eingesetzt werden.

Die Reichweite ist in der Näherung nach Gl. (8.119) umgekehrt proportional zur Dichte des durchstrahlten Materials. Häufig wird daher statt der Reichweite $R$ die *Massenreichweite* $R^\mathrm{m}$ angegeben, die sich daraus durch Multiplikation mit der Dichte ergibt:

$$R^\mathrm{m} = R \cdot \varrho \tag{8.120}$$

Sie hat die Einheit $\left[R^\mathrm{m}\right] = \mathrm{kg\ m^{-2}}$.

Die kurze Reichweite von α-Strahlung in Materie bedeutet auch, dass auf dieser kurzen Strecke sehr viel Energie deponiert wird und die Ionisationsrate sehr hoch ist. Daraus ergeben sich Konsequenzen speziell für den Umgang mit α-strahlenden Stoffen. Die Abschirmung des Körpers gegen die Strahlung von außen ist einfach, oft reichen schon die obersten abgestorbenen Hautschichten dafür aus. Gelangt aber ein α-Strahler in den Körper, wird lebendes Gewebe durch die Ionisation direkt stark geschädigt, insbesondere, wenn sich der Stoff auch noch aufgrund biologischer Vorgänge in Organen anreichert.

Die oben erwähnte Zunahme des Bremsvermögens mit abnehmender Teilchengeschwindigkeit führt zu einer Erscheinung, die besonders in der Medizin von Bedeutung ist. In Bild 8.71 ist am Beispiel von α-Teilchen in Luft zu sehen, dass das Bremsvermögen, d. h. die Energieabgabe pro Streckeneinheit kurz vor der Eindringtiefe ein deutliches, relativ schmales Maximum aufweist, das nach seinem Entdecker als *Bragg-Peak* (W. H. Bragg, 1862–1942, Nobelpreis 1915) bezeichnet wird. Ein entsprechendes Verhalten zeigt sich auch bei Protonen oder schwereren Ionen als Strahlungsteilchen und auch bei anderen Materialien. Ausprägung, Lage und Breite des Bragg-Peaks hängen von der Art und der Energie der Strahlungsteilchen ab. Bei der Strahlenbehandlung von Tumoren im Körperinneren kann man damit durch gezielte Auswahl der Strahlungsteilchen und deren Energie erreichen, dass die Energie hauptsächlich im Tumor deponiert wird, während davor liegendes Gewebe geschont wird.

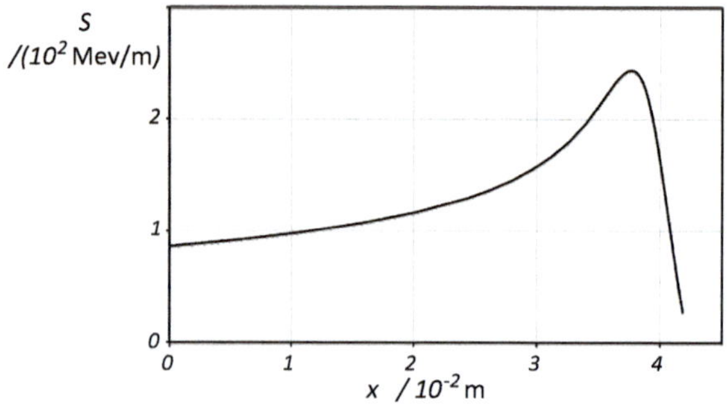


**Bild 8.71**
Bremsvermögen in Abhängigkeit von der Eindringtiefe für 5,4 MeV-α-Teilchen in Luft

## β-Strahlung

Auch β-Teilchen (Bezeichnung für Elektronen aus einem natürlichen β-Zerfall) der β-Strahlung mit Energien bis zu etwa 10 MeV geben wie α-Teilchen ihre Energie beim Durchgang durch Materie hauptsächlich in Kollisionen mit den Elektronen der Atomhüllen ab. Daher ist auch die *Reichweite* der β-Strahlung *begrenzt*. Allerdings unterscheiden sich β-Teilchen in zwei wesentlichen Punkten von α-Teilchen. Ihre Masse ist erheblich kleiner, nämlich gleich der Masse der Kollisionspartner. Sie werden daher bei den Kollisionen mit den Hüllenelektronen stark gestreut und bewegen sich auch nicht annähernd auf einer geraden Bahn. Der Teilchenstrom $\dot{N}_\beta$ in Strahlrichtung nimmt deshalb selbst bei monoenergetischen β-Teilchen kontinuierlich ab (Bild 8.72). Zum Zweiten sind β-Teilchen aus dem natürlichen β-Zerfall nicht monoenergetisch, sondern weisen eine kontinuierliche Energieverteilung bis zu einer für den Zerfall charakteristischen Maximalenergie auf (Bild 8.58).

Aufgrund dieser Eigenschaften kann die Abschwächung von β-Strahlung beim Durchgang durch Materie durch ein Exponentialgesetz angenähert werden. Bei einer Schichtdicke im Bereich der Reichweite allerdings weicht der Teilchenstrom davon ab und wird bei der maximalen Reichweite zu null (Bild 8.73).

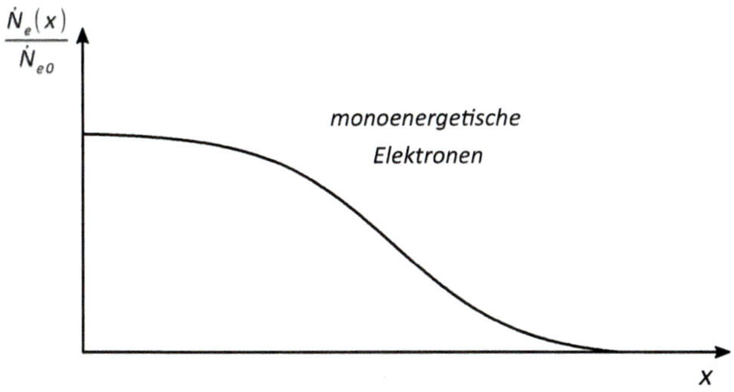


**Bild 8.72**
Relativer Teilchenstrom beim Durchgang monoenergetischer Elektronen durch Materie (schematisch)

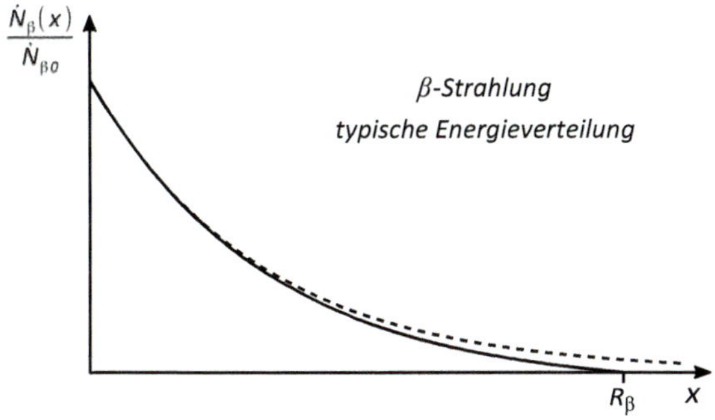


**Bild 8.73**
Relativer Teilchenstrom beim Durchgang von β-Strahlung durch Materie (schematisch), gestrichelt: exponentieller Verlauf

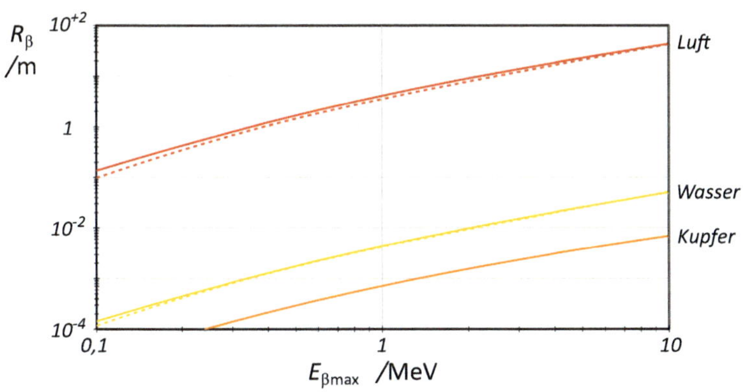


**Bild 8.74** Reichweiten von β-Teilchen in verschiedenen Stoffen in Abhängigkeit von der β-Maximalenergie (gestrichelt: nach Gl. (8.121))

Die maximale *Reichweite von β-Strahlung* ist in Bild 8.74 in Abhängigkeit von der Maximalenergie der β-Teilchen dargestellt. Sie wird durch die empirische Gl. (8.121) in guter Näherung wiedergegeben.

Reichweite von β-Strahlung

$$R_\beta \approx \frac{1}{\varrho}\left(\sqrt{1{,}21 + 27{,}1\left(\frac{E_{\beta\,\max}}{\text{MeV}}\right)^2} - 1{,}1\right)\text{kg m}^{-2} \tag{8.121}$$

mit der Massendichte des Stoffes $\varrho$. Die Energie $E_{\beta\,\max}$ muss in der Einheit MeV eingesetzt werden.

Gl. (8.121) gibt auch wieder, dass die Reichweite außer von der Energie nur noch umgekehrt proportional von der Dichte des Stoffes abhängt. Die *Massenreichweite* $R_\beta^\mathrm{m} = R_\beta \cdot \varrho$ der β-Strahlung ist demnach näherungsweise *Stoff-unabhängig*.

Wie man im Vergleich zu Bild 8.70 sieht, ist die maximale Reichweite von β-Strahlung in Materie wesentlich größer als die von α-Strahlung. Sie beträgt bei einer Energie von 1 MeV in Luft ca. 4 m, in Wasser 4,4 mm und in Kupfer 0,7 mm.

Für Schichtdicken, die kleiner als etwa die halbe maximale Reichweite sind, folgt der Teilchenstrom in guter Näherung einem Exponentialgesetz, wie oben erwähnt und in Bild 8.73 gezeigt. Seine Abhängigkeit von der Schichtdicke $d$ lässt sich darstellen durch das

*Schwächungsgesetz*

$$\dot{N}_\beta = \dot{N}_{\beta 0}\, e^{-\mu d} \tag{8.122}$$

mit dem *Schwächungskoeffizienten* $\mu$ der Einheit $[\mu] = \mathrm{m}^{-1}$. $\dot{N}_{\beta 0}$ ist der Teilchenstrom vor Eintritt in die Materie.

Ähnlich wie die Reichweite ist der Schwächungskoeffizient von der Maximalenergie und umgekehrt proportional von der Dichte $\varrho$ des Stoffes abhängig. Als Angabe findet man daher auch hier häufig den

Massenschwächungskoeffizienten

$$\mu^\mathrm{m} = \frac{\mu}{\varrho} \tag{8.123}$$

mit der Einheit $\left[\mu^\mathrm{m}\right] = \mathrm{m}^2\,\mathrm{kg}^{-1}$.

Damit lautet das Schwächungsgesetz

$$\dot{N}_\beta = \dot{N}_{\beta 0}\, e^{-\mu^\mathrm{m} \varrho d} \tag{8.124}$$

Im Energiebereich 0,1 MeV...3,5 MeV wird der Massenschwächungskoeffizient gut wiedergegeben durch die empirische Formel

$$\mu^\mathrm{m} = 1{,}7\ \mathrm{m}^2\,\mathrm{kg}^{-1} \left(\frac{E_{\beta\,\max}}{\mathrm{MeV}}\right)^{-1{,}43} \tag{8.125}$$

Die Energie $E_{\beta\,\max}$ muss in der Einheit MeV eingesetzt werden.

**Beispiel**

$^{32}P$ gibt beim Zerfall β-Strahlung mit der Maximalenergie $E_{\beta\,\max} = 1{,}71$ MeV.

Wie dick muss eine Abschirmung aus Kupfer ($\varrho_\mathrm{Cu} = 8{,}96 \cdot 10^3\ \mathrm{kg\,m^{-3}}$) sein, damit der Teilchenstrom, der von einem $^{32}P$-Präparat ausgeht, auf 10 % verringert wird?

Der Massenschwächungskoeffizient beträgt nach Gl. (8.125) $\mu^\mathrm{m} = 0{,}789\ \mathrm{m}^2\,\mathrm{kg}^{-1}$.

Mit Gl. (8.124) und $\dot{N}_\beta = 0{,}1 \cdot \dot{N}_{\beta 0}$ erhält man $d = -\dfrac{\ln 0{,}1}{\mu^\mathrm{m} \varrho_\mathrm{Cu}} = 0{,}33\ \mathrm{mm}$.

Durch welche Dicke der Abschirmung wird die Strahlung komplett absorbiert?

Gl. (8.121) liefert für die maximale Reichweite in Kupfer: $R_\beta \approx 0{,}87$ mm.

Wegen ihrer kleinen Masse erfahren Elektronen bei der Streuung im elektrischen Feld der Kerne erhebliche Beschleunigungen. Dabei emittieren sie als *Bremsstrahlung* Photonen (siehe Abschnitt 8.2.5 zur Röntgenstrahlung). Dieser Mechanismus trägt zum Energieverlust vor allen Dingen bei hohen Energien und hohen Kernladungszahlen $Z$ der Atome des Materials bei. Die Bremsstrahlung kann u. U. deutlich zur Strahlenbelastung beitragen. Das Verhältnis des Bremsvermögens durch Bremsstrahlung zu dem durch Ionisation beträgt für Elektronen im Energiebereich von etwa 1 MeV…10 MeV rund

$$\frac{S_{\text{brems}}}{S_{\text{ion}}} \approx \frac{Z}{700} \frac{E}{\text{MeV}} \tag{8.126}$$

Die Energie $E_{\beta\,\text{max}}$ muss in der Einheit MeV eingesetzt werden.

Mit $E = 1$ MeV für Blei ($Z = 82$) ist das Verhältnis also ca. 0,12, für Aluminium ($Z = 13$) ca. 0,019. Bei 10 MeV in Blei sind die Effekte durch Ionisation und Bremsstrahlung ungefähr gleich groß.

Für α-Teilchen mit ihrer großen Masse spielt der Energieverlust durch Bremsstrahlung keine Rolle.

### γ-Strahlung

Im Gegensatz zu α- und β-Teilchen lässt sich den Photonen der γ-Strahlung keine bestimmte Reichweite zuordnen.

Vielmehr folgt die Abnahme der *Intensität* der Strahlung $I$ (in der Einheit W/m$^2$) mit der Eindringtiefe $x$ dem exponentiellen Absorptionsgesetz (Gl. (8.127), siehe Abschnitt 6.7.2).

$$I(x) = I_0\, \mathrm{e}^{-\mu x} \tag{8.127}$$

Wegen $\dot{N}_\gamma = \frac{A}{E_\gamma} I$ gilt derselbe Zusammenhang analog für den *Photonenstrom* $\dot{N}_\gamma(x)$:

$$\dot{N}_\gamma(x) = \dot{N}_{\gamma 0}\, \mathrm{e}^{-\mu x} \tag{8.128}$$

Der *lineare Absorptionskoeffizient* $\mu$ bestimmt die Schnelligkeit der Abnahme.

Der Wert des Absorptionskoeffizienten beruht auf den drei Prozessen Photoeffekt, Compton-Streuung und Elektron-Positron-Paarbildung, die in Bild 8.75 schematisch dargestellt sind. Die elastische Rayleigh-Streuung (siehe Abschnitt 6.7.2) spielt im Energiebereich der γ-Strahlung praktisch keine Rolle. Beim *Photoeffekt* wird ein γ-Photon absorbiert, indem es seine Energie auf ein Elektron der Elektronenhülle eines Atoms überträgt. Das Elektron wird mit einer kinetischen Energie freigesetzt, die der Differenz aus seiner Bindungsenergie und der Energie des γ-Photons entspricht $E_{\text{kin,e}} = E_\gamma - E_{\text{B,e}}$. Die Differenz der Impulse von Elektron und Photon nimmt der Kern des Atoms auf, sodass auch der Impulssatz erfüllt ist. Der Wirkungsquerschnitt $\sigma_{\text{Ph}}$ für diesen Prozess ist in Bild 8.76 dargestellt. Er ist stark abhängig von der Elektronendichte und damit von der Ordnungszahl der Atome und nimmt mit zunehmender Energie schnell ab. Näherungsweise gilt

$$\sigma_{\text{Ph}} \sim \frac{Z^4}{E_\gamma^{3,5}} \tag{8.129}$$

Hin zu niedrigen Energien wird der Wirkungsquerschnitt abrupt kleiner, wenn $E_\gamma$ die Bindungsenergie der Elektronen in der K-, L-,…Schale unterschreitet und damit diese Elektronen nicht mehr für den Photoeffekt zur Verfügung stehen.

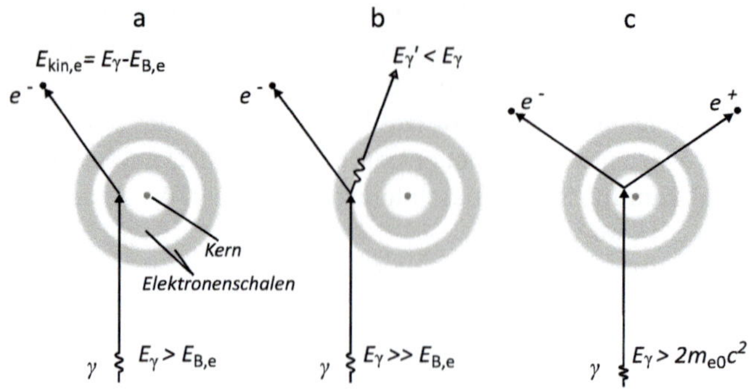


**Bild 8.75**
Prozesse der Absorption:
(a) Photoeffekt,
(b) Compton-Streuung,
(c) Paarbildung
(schematische Darstellung)

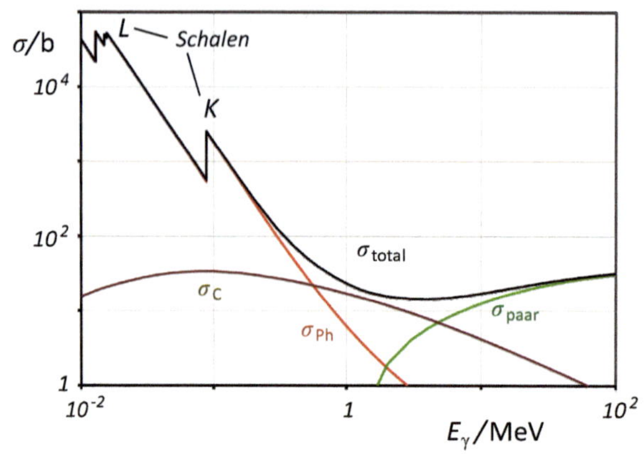


**Bild 8.76**
Wirkungsquerschnitt für die Absorption von γ-Photonen in Pb

Als Sekundäreffekt tritt beim Auffüllen der beim Photoeffekt freigewordenen Zustände durch Elektronen aus höheren Schalen charakteristische Strahlung auf, ebenso bei Ionisationsprozessen, durch die freigesetzte Elektronen ihre Energie verlieren.

Einen weiteren Beitrag zur Absorption liefert die *Compton-Streuung* (siehe Abschnitt 8.1.2). Diese wird bei mittleren Energien zum vorherrschenden Effekt, wenn die Energie der γ-Photonen viel größer ist als die Bindungsenergie der Elektronen im Atom, $E_\gamma \gg E_{\mathrm{B,e}}$, sodass die Elektronen praktisch als frei und ruhend betrachtet werden können. Bei der Kollision zwischen Photon und Elektron wird ein Teil der Energie und des Impulses des Photons auf das Elektron übertragen. Statt des ursprünglichen Photons verlässt ein Photon in geänderter Richtung und mit niedrigerer Energie die Kollision (siehe Bild 8.5). Gl. (8.8) für die Änderung der Wellenlänge bei der Compton-Streuung lässt sich mit $E_\gamma = \dfrac{hc}{\lambda}$ (Gl. (8.2)) umformen zu einer Gleichung für die Änderung der Energie. Für den maximalen Streuwinkel $\vartheta = 180°$ (Rückstreuung) erhält man

$$\Delta E_{\gamma,180°} = \frac{2E_\gamma}{2 + \dfrac{m_{\mathrm{e}0}c^2}{E_\gamma}} \tag{8.130}$$

mit der Ruhemasse des Elektrons $m_{\mathrm{e}0}$. Dass hier die Ruhemasse zu verwenden ist, ergibt sich aus der relativistischen Berechnung der Kollision.

Je größer also die Photonenenergie im Verhältnis zur Ruheenergie des Elektrons ist, desto mehr Energie wird an das Elektron übertragen. Bei $E_\gamma = 5$ MeV sind das beispielsweise rund 96 %, also 4,8 MeV, bei $E_\gamma = 1$ MeV dagegen nur 80 %, also 0,8 MeV.

Zwar wird ein Photon bei der Compton-Streuung nicht komplett absorbiert, aber für die resultierenden Photonen niedrigerer Energie wird der Photoeffekt wieder wirksamer, sodass sie im Endeffekt aus dem Photonenstrom verschwinden.

Der Absorptionswirkungsquerschnitt für den Compton-Effekt ist ebenfalls in Bild 8.76 dargestellt. Er verhält sich im Energiebereich 0,2...10 MeV etwa wie

$$\sigma_\mathrm{C} \sim \frac{Z}{\sqrt{E_\gamma}} \tag{8.131}$$

Erwartungsgemäß ist er wieder von der Anzahl der Elektronen im Atom abhängig.

Übersteigt die Photonenenergie das Doppelte der Ruheenergie von Elektronen, kann aus der Energie ein Elektron-Positron ($e^-$-$e^+$)-Paar gebildet werden. Dieser Prozess der *Paarbildung* setzt ein, wenn $E_\gamma > 2 m_{e0} c^2 \cong 2 \cdot 511\,\mathrm{keV}$ gegeben ist. Überschüssige Energie geht als kinetische Energie auf Elektron und Positron über. Der Energiesatz kann aber nur erfüllt werden, wenn die Summe der Impulse der beiden Teilchen kleiner als der Impuls des Photons. Daher kann Paarbildung nicht im freien Raum, sondern nur in der Nähe eines Atomkerns stattfinden, der einen Teil des Impulses aufnimmt. Mit zunehmender Energie wird die Paarbildung zum dominierenden Prozess der Absorption. Ihr Wirkungsquerschnitt verhält sich ab der Photonenenergie $E_\gamma > 1{,}022$ MeV näherungsweise wie

$$\sigma_\mathrm{paar} \sim Z^2 \log E_\gamma \tag{8.132}$$

und ist ebenfalls in Bild 8.76 eingezeichnet.

Elektron und Positron des Paares verlieren ihre Energie wie die Elektronen der β-Strahlung durch Ionisationsprozesse, durch die auch hier Sekundärstrahlung auftritt. Zusätzlich aber kommt es zur Annihilation des Positrons mit einem Elektron der Materie, besonders wenn die kinetische Energie des Positrons nur noch gering ist. Dabei werden zwei Photonen der charakteristischen Energie 511 keV emittiert.

Einfallende γ-Photonen lösen einen oder mehrere der oben beschriebenen Prozesse aus mit einer Wahrscheinlichkeit, die durch die jeweiligen Wirkungsquerschnitte gegeben ist. Die Wahrscheinlichkeit, dass ein Photon überhaupt absorbiert wird, wird durch den *Gesamtwirkungsquerschnitt* $\sigma_\mathrm{total}$, d. h. durch die Summe der einzelnen Wirkungsquerschnitte beschrieben:

$$\sigma_\mathrm{total} = \sigma_\mathrm{Ph} + \sigma_\mathrm{C} + \sigma_\mathrm{paar} \tag{8.133}$$

Zusammen mit der Anzahldichte der Atome des Materials $n$ (in Anzahl Atome/$m^3$) ergibt sich der in Gl. (8.128) verwendete lineare *Absorptionskoeffizient* zu

$$\mu = n \sigma_\mathrm{total} \tag{8.134}$$

In Tabelle 8.8 sind Werte des Absorptionskoeffizienten für einige Materialien und Energien der γ-Photonen aufgeführt. Mit dem Durchgang durch die Schichtdicke $x = 1/\mu$ eines Materials nimmt der Photonenstrom um den Faktor 1/e ab. Dies ist bei einer Photonenenergie von beispielsweise 1 MeV in Luft nach ca. 130 m der Fall, bei Aluminium nach ca. 6 cm.

**Tabelle 8.8** Absorptionskoeffizient und Massenabsorptionskoeffizient für γ-Strahlung

| Material | $E_\gamma$/MeV | | | |
|---|---|---|---|---|
| | 0,1 | 1 | 10 | 1 |
| | $\mu/\mathrm{m}^{-1}$ | | | $\mu^{\mathrm{m}}/(\mathrm{m}^2\,\mathrm{kg}^{-1})$ |
| Luft | $1{,}78 \cdot 10^{-2}$ | $7{,}63 \cdot 10^{-3}$ | $2{,}45 \cdot 10^{-3}$ | $6{,}36 \cdot 10^{-3}$ |
| Wasser | $1{,}65 \cdot 10^{1}$ | 7,07 | 2,22 | $7{,}07 \cdot 10^{-3}$ |
| Al | $4{,}24 \cdot 10^{1}$ | $1{,}66 \cdot 10^{1}$ | 6,26 | $6{,}13 \cdot 10^{-3}$ |
| Pb | $6{,}08 \cdot 10^{3}$ | $7{,}76 \cdot 10^{1}$ | $5{,}66 \cdot 10^{1}$ | $6{,}80 \cdot 10^{-3}$ |

Die Anzahldichte der Atome folgt aus der relativen Atommasse $A_\mathrm{r}$ und der Massendichte $\varrho$ des Materials:

$$n = \frac{\varrho}{A_\mathrm{r} \cdot 1\,\mathrm{u}} \tag{8.135}$$

Häufig wird statt des linearen Absorptionskoeffizienten der *Massenabsorptionskoeffizient* angegeben, der analog zu Gl. (8.123) berechnet wird:

$$\mu^\mathrm{m} = \frac{\mu}{\varrho} = \frac{1}{A_\mathrm{r} \cdot 1\,\mathrm{u}}\,\sigma_\mathrm{total} \tag{8.136}$$

mit der Einheit $\left[\mu^\mathrm{m}\right] = \mathrm{m}^2\,\mathrm{kg}^{-1}$.

Aus Gl. (8.127) und Gl. (8.128) wird damit

$$I(x) = I_0\,\mathrm{e}^{-\mu^\mathrm{m} \varrho x} \tag{8.137a}$$

$$\dot{N}(x) = \dot{N}_0\,\mathrm{e}^{-\mu^\mathrm{m} \varrho x} \tag{8.137b}$$

Wie die letzte Spalte in Tabelle 8.8 am Beispiel der Photonenenergie 1 MeV zeigt, hat der Massenabsorptionskoeffizient für sehr verschiedene Materialien ungefähr denselben Wert.

**Beispiel**

Nach welcher Schichtdicke von Wasser, Aluminium bzw. Blei hat die Intensität von γ-Strahlung der Energie 1 MeV auf 1 % des Ausgangswertes abgenommen?

Aus Gl. (8.127) hat man $I(x_{1\%}) = 0{,}01 I_0 = I_0\,\mathrm{e}^{-\mu x_{1\%}}$. Daraus folgt $x_{1\%} = -\frac{\ln 0{,}01}{\mu}$.

Mit den Werten aus Tabelle 8.8 ergibt sich für die Schichtdicke von Wasser: 65 cm, Aluminium: 28 cm, Blei 5,9 cm.

Die obigen Gl. (8.122) und Gl. (8.137) für die Schwächung der Strahlung durch Materie gelten streng genommen nur für eng gebündelte β- und γ-Strahlung und für die Teilchenströme in Richtung der einfallenden Strahlung. *Strahlung durch gestreute Teilchen* ist hierbei nicht mit eingerechnet. Bei größerem Strahlquerschnitt oder bei Strahlung, die aus verschiedenen Richtungen einfällt, ergeben sich in der Regel größere Werte der Teilchenströme als nach diesen Gleichungen ermittelt. Insbesondere bei der Auslegung von Strahlungsabschirmungen muss dies berücksichtigt werden.

## Neutronen-Strahlung

Im Gegensatz zu α-, β- und γ-Strahlung werden Neutronen außer in den seltenen Fällen der spontanen Kernspaltung nicht bei natürlichen Zerfällen frei. Für Untersuchungen der Kristallstruktur, speziell der magnetischen Struktur (Abschnitt 9.4), für die künstliche Herstellung von Radionukliden (Abschnitt 8.3.5) und besonders beim Betrieb von Kernreaktoren (Abschnitt 8.3.8) spielt Neutronen-Strahlung jedoch eine große Rolle und soll daher hier auch betrachtet werden.

Auch die Abschwächung von Neutronen-Strahlung kann mit einem Absorptionsgesetz analog zu Gl. (8.122) und einem Absorptionskoeffizienten, der sich aus den Wirkungsquerschnitten für verschiedene Prozesse ergibt, beschrieben werden. Anders als α- oder β-Teilchen mit ihrer elektrischen Ladung aber werden die ungeladenen Neutronen nicht durch das elektrische Feld im Atom beeinflusst, sondern treten über die Kernkräfte nur mit dem Atomkern in Wechselwirkung. Prozesse, die zum Absorptionskoeffizienten beitragen, sind z. B. der *Neutroneneinfang*, also die Absorption eines Neutrons durch einen Kern mit anschließender Emission von γ-Strahlung, und die Neutronen-induzierte *Kernspaltung*, die bereits in Abschnitt 8.3.5 behandelt wurden.

Auch die *elastische Neutronenstreuung* zählt dazu, bei der Neutron und Kern Impuls und kinetische Energie austauschen, ohne dass der Kern intern angeregt wird. Insbesondere bei leichten Kernen kann durch diese elastische Streuung ein großer Teil der kinetischen Energie vom Neutron auf den Kern übertragen werden, bei der elastischen Kollision mit einem $^{1}$H-Kern sogar nahezu die gesamte Energie. Dadurch können schnelle Neutronen auf die Temperaturabhängige mittlere kinetische Energie dieser Kerne abgebremst werden. Neutronen dieser Energie werden daher als *thermische Neutronen* bezeichnet. Ihre mittlere Energie beträgt etwa 25 meV und ihre Geschwindigkeit ca. 2 200 m/s. Dies wird z. B. im Kernreaktor zur *Moderation* der bei der Kernspaltung emittierten, zunächst hochenergetischen Neutronen genutzt, um sie auf thermische, für die Kernspaltung effektive Energien abzubremsen.

Die Wirkungsquerschnitte für diese Prozesse hängen eng mit dem Aufbau und der energetischen Struktur des Kerns zusammen. Bild 8.77 zeigt den Verlauf des Wirkungsquerschnitts für die Neutroneneinfang-Reaktion ${}^{59}_{27}\mathrm{Co}(\mathrm{n},\gamma){}^{60}_{27}\mathrm{Co}$ (Gl. (8.107)) Bei Energien bis zu ca. 10 eV, wozu auch die Energie *thermischer Neutronen* zählt, nimmt der Wirkungsquerschnitt ab wie

$$\sigma \sim \frac{1}{\sqrt{E}} \sim \frac{1}{v} \tag{8.138}$$

Diese Abhängigkeit lässt sich generell bei Neutroneneinfangsreaktionen mit kleinen Neutronenenergien bzw. -geschwindigkeiten $v$ beobachten, wie es auch Bild 8.77 am Beispiel von $^{59}$Co zeigt. Sie rührt daher, dass die Einfangswahrscheinlichkeit direkt mit der Aufenthaltsdauer des Neutrons im Bereich des Kerns zusammenhängt, die proportional zu $1/v$ ist. Zu höheren Energien hin zeigen sich ausgeprägte lokale Maxima des Wirkungsquerschnitts. Da bei diesen sogenannten *Resonanzen* mit der kinetischen Energie des Neutrons und der Bindungsenergie für das Neutron Anregungsniveaus des $^{60}$Co-Kerns erreicht werden, zeigt sich damit also die Struktur der Energieniveaus des Kerns. Der Kern geht nach der Absorption über die Emission von γ-Strahlung in den Grundzustand über. Bei der Auslegung von Abschirmungen gegen Neutronenstrahlung muss man deshalb mit intensiver Sekundärstrahlung rechnen.

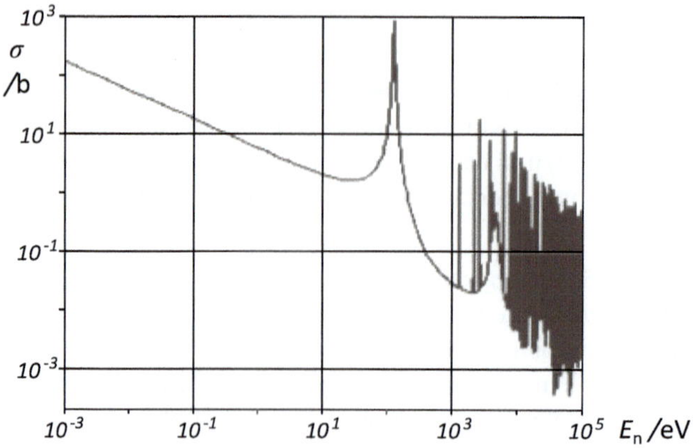


**Bild 8.77** Wirkungsquerschnitt für die Neutroneneinfang-Reaktion ${}^{59}_{27}\mathrm{Co}(\mathrm{n},\gamma)\,{}^{60}_{27}\mathrm{Co}$ in Abhängigkeit von der Neutronen-Energie

Wegen der Abhängigkeit (Gl. (8.138)) lassen sich gerade mit Neutronen geringer Geschwindigkeit besonders effektiv Kernreaktionen auslösen. Tabelle 8.9 führt für einige technisch wichtige Nuklide die Wirkungsquerschnitte an für Neutronen-Streuung ohne Kernreaktion, für Neutronen-Einfang, ohne dass dadurch eine Kernspaltung ausgelöst wird, und für die Neutronen-induzierte Spaltung. Wie man sieht, sind die Nuklide ${}^{10}\mathrm{B}$, ${}^{113}\mathrm{Cd}$ und ${}^{157}\mathrm{Gd}$ besonders effektive Neutronen-Absorber. Die Nuklide ${}^{239}\mathrm{Pu}$ und ${}^{235}\mathrm{U}$ lassen sich durch thermische Neutronen spalten, ${}^{238}\mathrm{U}$ aber nicht. Bei ${}^{235}\mathrm{U}$ führen etwa $\frac{\sigma_\mathrm{f}}{\sigma_\mathrm{f}+\sigma_\mathrm{c}} \approx 86\,\%$ der auf ein Nuklid treffenden thermischen Neutronen zur Spaltung.

**Tabelle 8.9** Wirkungsquerschnitte für Neutronen-Streuung, -Einfang und Neutronen-induzierte Spaltung einiger Nuklide für thermische Neutronen ($E_\mathrm{kin} \approx 25$ meV)

| Nuklid | Wirkungsquerschnitt/*b* | | |
|---|---|---|---|
| | *n*-Streuung $\sigma_\mathrm{s}$ | *n*-Einfang (ohne Spaltung) $\sigma_\mathrm{c}$ | Spaltung $\sigma_\mathrm{fission}$ |
| ${}^{1}\mathrm{H}$ | 82 | 0,33 | 0 |
| ${}^{2}\mathrm{H}$ (${}^{2}\mathrm{D}$) | 7,64 | $5{,}2\cdot10^{-3}$ | |
| ${}^{9}\mathrm{Be}$ | 7,6 | $7{,}6\cdot10^{-3}$ | |
| ${}^{10}\mathrm{B}$ | 3,1 | $3{,}8\cdot10^{3}$ | |
| ${}^{12}\mathrm{C}$ | 5,6 | $3{,}5\cdot10^{-3}$ | |
| ${}^{56}\mathrm{Fe}$ | 12,4 | 2,59 | |
| ${}^{113}\mathrm{Cd}$ | 12,4 | $2{,}1\cdot10^{5}$ | |
| ${}^{157}\mathrm{Gd}$ | $1{,}04\cdot10^{3}$ | $2{,}6\cdot10^{6}$ | |
| ${}^{235}\mathrm{U}$ | 14 | 98 | 590 |
| ${}^{238}\mathrm{U}$ | 8,87 | 2,68 | 0 |
| ${}^{239}\mathrm{Pu}$ | 7,7 | 273 | 745 |

### 8.3.7 Strahlungsmessung und Dosimetrie

Zur Untersuchung, zur Nutzung und nicht zuletzt, um sich wirkungsvoll vor der Einwirkung von Kernstrahlung schützen zu können, muss man verschiedene Aspekte der Strahlung messen können. Dazu gehören z. B. der schlichte Nachweis von Strahlungsteilchen, die Bestimmung ihrer Energie oder die ortsaufgelöste Vermessung ihrer Bahn. Alle Methoden beruhen im Prinzip auf durch die Strahlungsteilchen ausgelösten Ionisationsprozessen, die elektrisch oder optisch registriert werden. Aus der Vielfalt der auf dieser Grundlage entwickelten Geräte sollen hier einige Beispiele betrachtet werden.

#### Gasionisationsdetektoren

In einem *Gasionisationsdetektor* werden die durch das Strahlungsteilchen erzeugten Ionisationsprodukte, positive Ionen der Gasatome und Elektronen, durch ein von außen angelegtes elektrisches Feld getrennt, sodass ihre Ladung als Spannungs- oder Stromimpuls gemessen werden kann. Sie unterscheiden sich nach Aufbau, Art der Gasfüllung und der Höhe der für das elektrische Feld angelegten Spannung. Bild 8.78 zeigt die Abhängigkeit des Ionenstroms, d. h. der Anzahl der registrierten Ionen von der angelegten Spannung, in einem nach Bild 8.79 oder Bild 8.80 aufgebauten Ionisationsdetektor. Der beim Einfall von α-Strahlung gemessene Strom ist wegen der stärkeren Ionisationswirkung der α-Teilchen größer als der bei β-Strahlung.

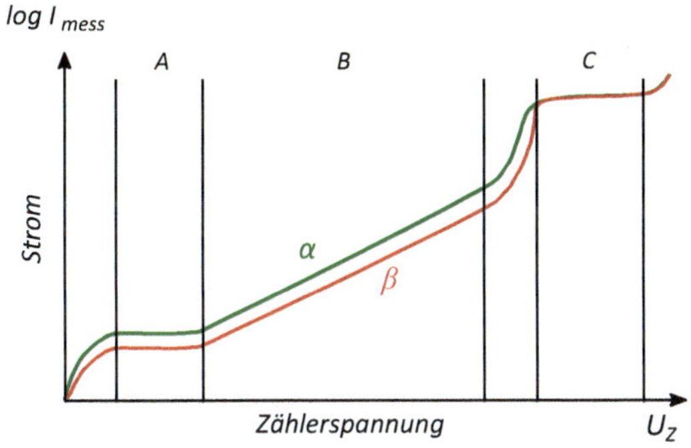


**Bild 8.78**
Strom-Spannungskennlinie eines Gasionisationsdetektors, Verlauf bei α- und bei β-Strahlung, der Strom entsprich der Ionenzahl, im Betriebsbereich A: Ionisationskammer, B: Proportionalzählrohr, C: Geiger-Müller-Zähler

Eine *Ionisationskammer*, die wie ein gasgefüllter Plattenkondensator aufgebaut ist (Bild 8.79), wird mit Spannungen im Bereich A der Kennlinie (um 100 V, konstruktionsabhängig) betrieben. Das elektrische Feld in der Kammer ist in diesem Bereich groß genug, dass die Ionen voneinander getrennt werden, bevor sie wieder rekombinieren können. Die Ionen werden an den Elektroden gesammelt, sodass eine Ladung, die direkt proportional zur Anzahl der erzeugten Ionen ist, oder ein entsprechender Strom registriert wird. Je nach verwendetem Gas wird zur Erzeugung eines Ionenpaars etwa 25…40 eV benötigt. Aus der Anzahl der Ionen lässt sich damit die in der Kammer deponierte Strahlungsenergie bestimmen. Sorgt man durch Betrieb bei erhöhtem Gasdruck bzw. durch vergrößerte Kammerabmessungen dafür, dass Teilchen der α- oder β-Strahlung ihre gesamte kinetische Energie innerhalb der Kammer abgeben, kann man so deren Energie messen.

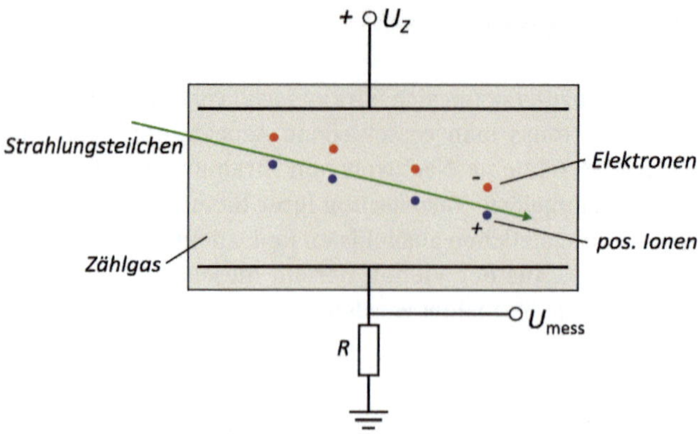


**Bild 8.79** Aufbau und Prinzip einer Ionisationskammer (schematisch), die Messspannung ist proportional zum Ionenstrom

Problematisch beim Betrieb einer Ionisationskammer sind die sehr kleinen Messsignale der Ionenladungen, die hohe Anforderungen an die nachgeschalteten elektronischen Verstärker stellen. Beim *Proportionalzählrohr* werden die Signale schon innerhalb des Gases verstärkt. Es arbeitet bei höheren Spannungen im Bereich B (einige hundert V, konstruktionsabhängig) der Kennlinie. Durch den Aufbau als Zylinderkondensator (daher die Bezeichnung „Zählrohr") mit einem dünnen zentralen Draht als Anode, wie in Bild 8.80 zu sehen, nimmt außerdem das elektrische Feld unmittelbar um den Draht hohe Werte an ($E \sim 1/r$). Die Elektronen der durch die Strahlung erzeugten Ionen werden dadurch in der Umgebung des Drahtes so stark beschleunigt, dass sie eine weitere lawinenartige Ionisierung auslösen, wodurch die Anzahl der auf den Draht treffenden Elektronen vervielfacht wird. Zur Gasfüllung werden meist Edelgase verwendet, denen einige Prozent eines organischen Gases (z. B. Alkohol, Methan) als Löschgas zugesetzt sind. Dies dient dazu, Lawinenentladungen zu begrenzen, indem Energie durch Anregung oder Dissoziation der Moleküle des Zusatzgases entzogen wird.

Wie bei der Ionisationskammer ist das Messsignal beim Proportionalzählrohr proportional zur Anzahl der erzeugten Ionen (daher der Name) und eignet sich deshalb auch zur Messung der Energie der Strahlungsteilchen.

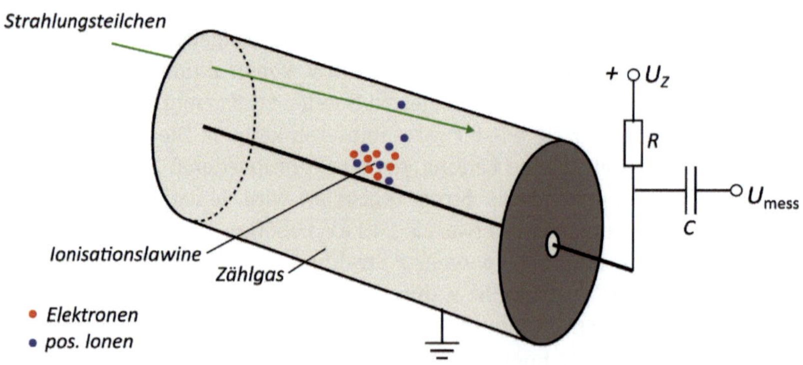


**Bild 8.80** Aufbau eines Proportionalzählrohres (schematisch) mit Ionisations-„Lawine", die Elektronen bewegen sich wesentlich schneller als die positiven Ionen

Bei noch höheren Spannungen im Bereich C der Kennlinie (Bild 8.78) (um 1 kV, konstruktionsabhängig) und bei niedrigerem Druck (um 100 mbar) arbeitet das *Geiger-Müller-Zählrohr* (H. Geiger, 1882–1945, W. Müller, 1905–1979), auch Auslösezählrohr genannt. Es ist im Prinzip aufgebaut wie das Proportionalzählrohr nach Bild 8.80. Auch hier löst ein Ionisationsvorgang durch Strahlung eine lawinenartige Entladung aus. Wegen des hohen elektrischen Felds und der dadurch bedingten starken Beschleunigung der Elektronen breitet sich diese aber in dem gesamten Zählrohr aus, unterstützt durch Photoelektronen, die durch Photonen aus Rekombinationsvorgängen in der Gefäßwandung erzeugt werden. Ein geringer Anteil eines Löschgases sorgt wieder dafür, dass die Entladung abklingt. Da schon eine einzelne Ionisation die Entladung auslöst, kann mit dem Geiger-Müller-Zählrohr die Energie der Strahlungsteilchen zwar nicht bestimmt werden, dafür aber die Anzahl bis auf einzelne Ereignisse genau. Allerdings ist mit jeder Entladung eine gewisse Totzeit verbunden, während der das Zählrohr nicht aktiv ist. Das muss bei der Messung hoher Aktivitäten berücksichtigt werden.

Für die Messung der verschiedenen Strahlungsarten mit Gasionisationsdetektoren spielt deren unterschiedlich starke Wechselwirkung mit Materie eine wichtige Rolle. Wegen der geringen Reichweite von $\alpha$-Strahlung werden Detektoren mit extrem dünnwandigen Fenstern, z. B. aus 50 µm dicker Kunststofffolie, versehen. Das zu untersuchende Material kann auch direkt im Zählrohr untergebracht sein. Bei der Spektroskopie, d. h. der Vermessung der Energie von $\beta$-Strahlung sorgt man durch Betrieb bei erhöhtem Gasdruck bzw. durch vergrößerte Abmessungen dafür, dass die $\beta$-Teilchen der Strahlung ihre gesamte kinetische Energie innerhalb des Detektors abgeben. Für $\gamma$-Strahlung werden dickwandige Detektoren verwendet, bei denen die Strahlung innerhalb der Wandung absorbiert wird. Die dabei erzeugten Sekundärelektronen werden zum Nachweis der Strahlung benutzt. Ähnlich indirekt kann man Neutronenstrahlung detektieren: Dem Zählgas wird z. B. Bortrifluorid $BF_3$ zugemischt, eventuell mit angereichertem Gehalt an $^{10}B$. Wegen des großen Wirkungsquerschnitts von Bor für die Reaktion $^{10}B(n,\alpha)^7Li$ können Neutronen durch die dabei emittierte $\alpha$-Strahlung nachgewiesen werden.

## Szintillationszähler

Die Basis von Szintillationszählern, schematisch dargestellt in Bild 8.81, sind feste, flüssige oder gasförmige, transparente Stoffe, die durch Einfall von Kernstrahlung dazu angeregt werden, Lichtimpulse zu emittieren. Häufig werden hierzu Ionenkristalle, z. B. aus Natriumjodid (NaJ), verwendet, die mit Thallium (Th) dotiert sind. Ein NaJ-Kristall weist eine ähnliche

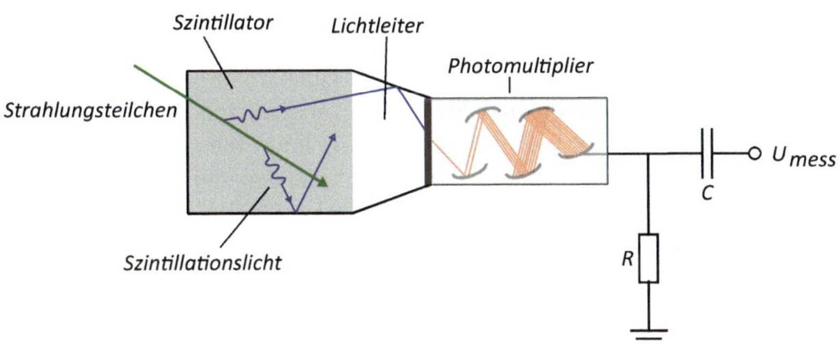


**Bild 8.81** Szintillationszähler (schematisch), zum Photomultiplier siehe Abschnitt 7.1

elektronische Struktur von Energiebändern auf, wie man sie bei Halbleitern findet (siehe Abschnitt 9.2.2). Eine Bandlücke, in diesem Fall von etwa 7 eV, trennt ein mit Elektronen voll besetztes Band von einem unbesetzten Band. Ein einfallendes Teilchen der Kernstrahlung erzeugt bei der Absorption Elektron-Loch-Paare. Sie rekombinieren über mehrere Stufen vorzugsweise an den durch die Dotierung geschaffenen Störstellen im Kristall und emittieren dabei Photonen sichtbaren oder ultravioletten Lichts. Diese - schwachen - Lichtimpulse werden mit einem Photomultiplier (siehe Abschnitt 7.1) in elektrische Signale umgewandelt.

Da die Rekombination sehr schnell auf die Absorption folgt, können Strahlungsereignisse mit einer zeitlichen Auflösung von bis zu $10^{-10}$ s registriert werden. Mit Ionisationsdetektoren erreicht man demgegenüber nur eine Auflösung von $10^{-6}$ s.

Der zeitliche Verlauf des Signals erlaubt Aussagen über die Art eines Teilchens, da etwa $\alpha$-Teilchen in kürzerer Zeit ihre Energie verlieren als $\beta$- oder $\gamma$-Teilchen. Über die zeitlich integrierte Intensität des Szintillationslichtes kann darüber hinaus die im Kristall deponierte Energie bestimmt werden.

Der Aufbau eines Szintillationszählers, speziell des aktiven Materials, ist an keine bestimmte Form gebunden. So kann man z. B. durch die Größe des aktiven Materials erreichen, dass auch Teilchen hoher Energie und schwacher Wechselwirkung, d. h. also großer Reichweite vollständig darin absorbiert werden. Damit sind Szintillationszähler ein wichtiges Werkzeug etwa für die Spektroskopie von $\gamma$-Strahlung.

### Halbleiterdetektoren

Ein Halbleiterdetektor arbeitet im Prinzip wie eine Photodiode (siehe Abschnitt 9.3.2). Durch unterschiedliche Dotierungen wird im Halbleiterkristall, meist Silicium oder Germanium, eine Raumladungszone erzeugt, die frei von beweglichen Ladungsträgern ist und in der ein elektrisches Feld herrscht (Bild 8.82). Einfallende Strahlung wird absorbiert durch die Erzeugung von Elektron-Loch-Paaren, die durch das elektrische Feld getrennt werden und als Strom- oder Spannungssignal registriert werden können. Im Detail unterscheidet sich der Aufbau für verschiedene Anwendungen. Für $\gamma$-Strahlung muss die aktive Zone möglichst breit sein. Dies erreicht man durch Anlegen einer Spannung in Sperrrichtung (siehe Abschnitt 9.3.1) wie in Bild 8.82a oder durch Einfügen einer undotierten (intrinsischen) Schicht wie beim pin-Detektor (Bild 8.82b). Für Strahlung kurzer Reichweite, speziell $\alpha$-Strahlung, muss die aktive Zone dicht an der Oberfläche des Detektors liegen. Für den Oberflächensperrschichtdetektor wird z. B. ein Metall-Halbleiter-Kontakt (Schottky-Kontakt, Abschnitt 9.3.1) hergestellt, bei dem sich die Zone direkt an der Oberfläche des Halbleiters unter einer dünnen Metallschicht befindet (Bild 8.82c).

Die Genauigkeit, mit der die Energie eines Strahlungsteilchens gemessen werden kann, hängt von der Aktivierungsenergie (zur Ionisation oder Erzeugung von Elektron-Loch-Paaren) ab. Diese ist in Halbleitern deutlich kleiner als bei Szintillations- oder Ionisationsvorgängen. Dementsprechend ist deren Energieauflösung wesentlich besser als bei den anderen Detektoren. Bild 8.83 zeigt dies am Beispiel der Messung der $\gamma$-Strahlung von $^{60}$Co mit verschiedenen Detektoren. Die Effektivität, d. h. die Nachweiswahrscheinlichkeit für ein Teilchen ist dafür bei den Szintillations- und Ionisationszählern höher.

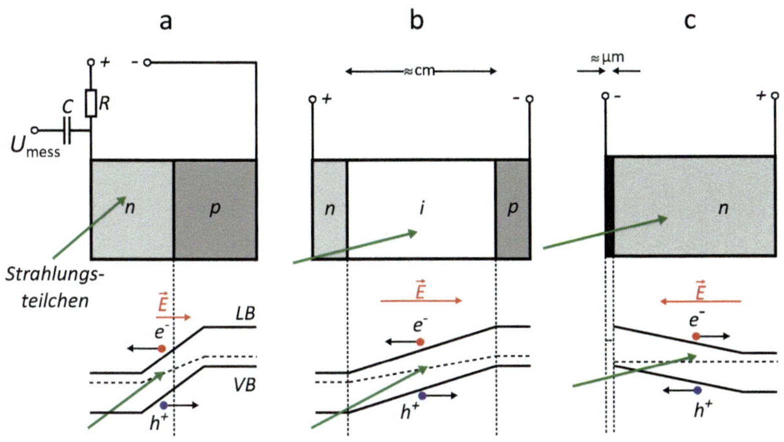


**Bild 8.82** Halbleiterdetektoren, (a) pn-Detektor, (b) pin- Detektor, (c) Oberflächensperrschichtdetektor, oben: schematischer Aufbau und Schaltung, unten: Energiebandstruktur (LB/VB: Leitungs-/Valenzband, e/h: Elektron/Loch, siehe Abschnitt 9.3.1)

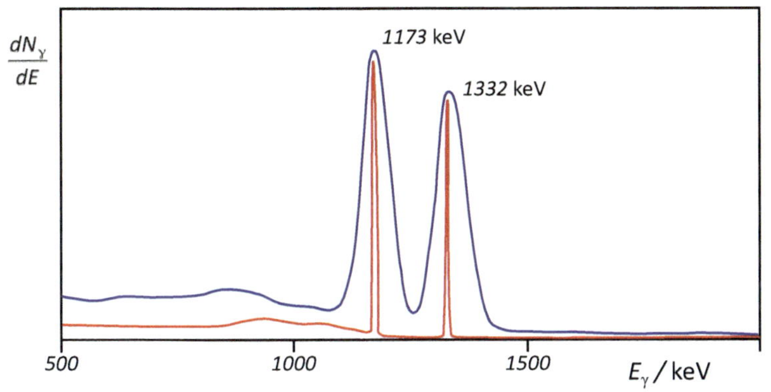


**Bild 8.83** Spektrum der γ-Strahlung von $^{60}Co$, aufgenommen mit einem NaJ-Szintillationszähler (blau), Ge-Halbleiterdetektor (rot)

## Spurdetektoren

Mit Spurdetektoren wird die Bahn geladener Strahlungsteilchen aufgezeichnet. Anhand der Bahn in einem Magnetfeld kann man Teilchen identifizieren und ihre Energie bestimmen. Auch können Reaktionen zwischen Teilchen genauer beobachtet werden.

Um die Bahn der Strahlungsteilchen darzustellen, verwendet man Kernemulsionen, Nebel- oder Blasenkammern. Eine *Kernemulsion* wird entlang der Bahn wie ein fotografischer Film „belichtet", sodass die Schwärzung der Emulsion nach der Entwicklung den Verlauf der Bahn markiert. Die empfindliche Schicht wird bei einer Kernemulsion deutlich dicker gehalten als bei einem Fotofilm, um auch dreidimensionale Bahnverläufe verfolgen zu können.

Eine *Nebelkammer* arbeitet mit übersättigtem Dampf von z. B. Wasser oder Alkohol in einem Trägergas wie Luft, Wasserstoff oder ähnlichem. Der Dampfpartialdruck dieser Stoffe im aktiven Bereich der Kammer liegt oberhalb des temperaturabhängigen Sättigungsdampfdrucks.

**Bild 8.84** Spuren von $\alpha$-Teilchen in einer Nebelkammer, die begrenzte Reichweite von $\alpha$-Teilchen verschiedener Energie ist deutlich zu erkennen, an den markierten Stellen sind $\alpha$-Teilchen mit Atomkernen des Gases kollidiert

Die von Strahlungsteilchen ionisierten Gasmoleküle stellen Kondensationskeime dar, an denen der Dampf zu Flüssigkeitströpfchen kondensiert, die die Bahn sichtbar machen, ein Beispiel zeigt Bild 8.84.

Nebelkammern unterscheiden sich in der Art, wie der übersättigte Dampf erzeugt wird. Bei der *Expansionsnebelkammer* (1912 entwickelt von C. T. R. Wilson, 1869–1959, Nobelpreis 1927) (Bild 8.85a) wird das Gas in der Kammer mit dem Dampf mithilfe eines Kolbens schnell adiabatisch expandiert. Dabei kühlt es soweit ab, dass die Übersättigung des Dampfes erreicht wird und Teilchen detektiert werden können. Das Gas erwärmt sich anschließend wieder und die Übersättigung bleibt nur für Sekundenbruchteile bestehen. Daher wird die Nebelkammer oft mit einem Zählrohr gekoppelt, das die Expansion bei der Registrierung eines Teilchens auslöst. Ein kontinuierlicher, wenn auch räumlich eingeschränkterer Betrieb ist mit der *Diffusionsnebelkammer* (Bild 8.85b) möglich. Darin wird im oberen Teil bei erhöhter Temperatur Flüssigkeit verdampft. Der Dampf diffundiert zum gekühlten Boden der Kammer, wo er wieder kondensiert. Dazwischen liegt ein Bereich, in dem der Dampf übersättigt ist und in dem Teilchenspuren beobachtet werden können.

Ähnlich ist die Funktion einer *Blasenkammer*. Darin wird ausgenutzt, dass eine über den Siedepunkt überhitzte Flüssigkeit, z. B. flüssiger Wasserstoff, nicht im ganzen Volumen gleichzeitig zu sieden beginnt. Die Blasenbildung setzt zunächst an Siedekeimen ein, hier wieder die durch Strahlungsteilchen ionisierte Moleküle der Flüssigkeit. Der überhitzte Zustand wird hergestellt, indem in einer Flüssigkeit mit einer Temperatur knapp unter dem Siedepunkt der Druck abrupt erniedrigt wird, wodurch der Siedepunkt unter die Temperatur der Flüssigkeit sinkt. Gegenüber der Nebelkammer hat die Blasenkammer den Vorteil, dass die Dicht des Mediums viel größer ist, sodass es häufiger zu Reaktionen der Teilchen kommt. Allerdings ist dadurch auch die Lebensdauer der Teilchenspuren so klein, dass damit nur zeitlich sehr genau definierte Ereignisse beobachtet werden können, wie sie z. B. bei Teilchenbeschleunigern auftreten.

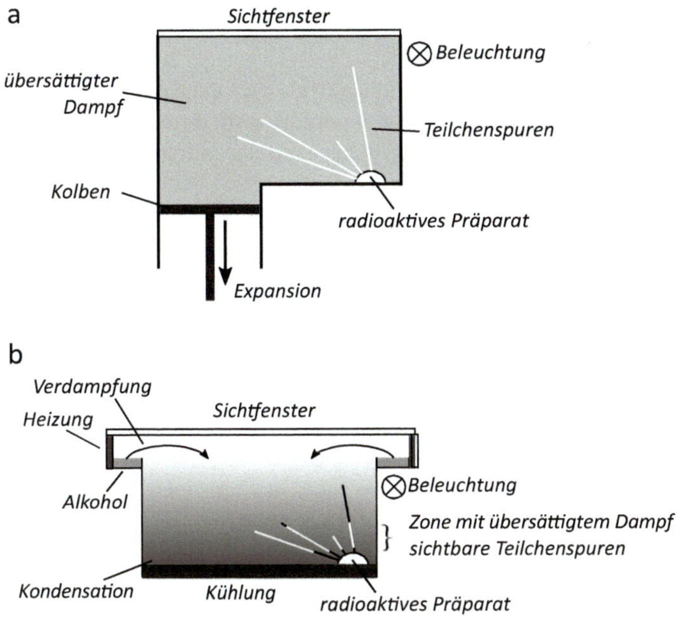


**Bild 8.85** Nebelkammern, schematische Darstellung der (a) Expansionsnebelkammer, (b) Diffusionsnebelkammer

## Dosimetrie

Mit den oben beschriebenen Detektoren werden zunächst die rein physikalischen, mikroskopischen Einzelvorgänge im Zusammenhang mit Kernstrahlung erfasst. Kernstrahlung spielt heutzutage aber in vielen Bereichen der Technik, der Medizin und sogar des täglichen Lebens eine Rolle. Gegenstand der Dosimetrie sind daher Größen und Messmethoden, die die Wirkung von Strahlung in diesem Umfeld, also mehr summarisch erfassen.

Ausgehend von der ionisierenden Wirkung der Strahlung ist die grundlegende und eigentlich aussagekräftige Größe die Anzahl an Ionisierungsvorgängen bei der Bestrahlung eines Stoffes. Bei $n$ Einzelvorgängen wird dabei die Ladung $Q = n$ e beider Vorzeichen freigesetzt. Die *Ionendosis* $J$ gibt dies als die Menge der Ladung $Q$ eines Vorzeichens pro Masseneinheit des Stoffes an.:

Ionendosis

$$J = \frac{Q}{m} \tag{8.139}$$

mit der Einheit $[J] = \mathrm{C\,kg^{-1}}$.

Auf die Bestrahlungsdauer $\Delta t$ bezogen ergibt sich die *Ionendosisleistung*

Ionendosisleistung

$$\dot{J} = \frac{J}{\Delta t} = \frac{Q}{m\,\Delta t} \tag{8.140}$$

Einheit $[\dot{J}] = \mathrm{C\,s^{-1}\,kg^{-1} = A\,kg^{-1}}$

Die Ionendosisleistung ist direkt verknüpft mit dem Entladungsstrom einer Ionisationskammer und kann deshalb darüber auch gemessen werden.

Aus dem Strom und der Energie der Strahlungsteilchen ist die Energie der Strahlung $E_D$, die auf einen Körper einfällt und absorbiert, d. h. im Körper deponiert wird, direkt berechenbar. Zur Charakterisierung der Strahlungseinwirkung wird daher statt der Ionendosis meist die *Energiedosis* $D$ bzw. die *Energiedosisleistung* $\dot{D}$ verwendet:

Energiedosis und Energiedosisleistung

$$D = \frac{E_D}{m} \tag{8.141a}$$

$$\dot{D} = \frac{E_D}{m\,\Delta t} \tag{8.141b}$$

Für die Energiedosis wurde die SI-Einheit Gray (L. H. Gray, 1905–1965), abgekürzt Gy, eingeführt, mit 1 Gy = 1 J kg$^{-1}$. Also ist $[D] = \text{Gy}$ und $[\dot{D}] = \text{Gy s}^{-1}$.

Zur Erzeugung eines Ionenpaares wird ein bestimmter, stoffabhängiger Energiebetrag $\Delta E$ benötigt. Daher ist die Energiedosis mit der Ionendosis verknüpft:

$$D = \frac{\Delta E}{e} J \tag{8.142}$$

$\Delta E$ beträgt für Luft ca. 34 eV, Wasser/biologisches Gewebe 37 eV, Knochen 150 eV, Silicium 3,8 eV.

Eine mit der Energiedosis zusammenhängende Größe ist die *Kerma*[13], die im Zusammenhang mit γ- oder Neutronenstrahlung verwendet wird. Kerma bezeichnet nur die kinetische Energie, die im ersten Schritt der Absorption direkt an Sekundärteilchen, z. B. Elektronen abgegeben wird. Bei Strahlung niedriger bis mittlerer Energie, bei der auch alle Sekundärteilchen innerhalb des Körpers absorbiert werden, ist die Kerma gleich der Energiedosis. Bei hochenergetischer Strahlung wird ein Teil der Sekundärteilchen nicht absorbiert und verlässt den Körper wieder, sodass die absorbierte Energie, also die Energiedosis geringer ist als die Kerma. Die Kerma wird ebenfalls in der Einheit Gray gemessen.

Die Auswirkung von Strahlung auf biologisches Gewebe bzw. auf einen gesamten Organismus ist sehr schwer zu erfassen. Beispielsweise ist die absorbierte Energie, also die Energiedosis alleine kein gutes Kriterium. Sie führt zwar zu einer Erwärmung des absorbierenden Körpers, aber eine für einen Menschen tödliche Strahlungsdosis von $D = 10$ Gy erwärmt Wasser nur um ca. 0,002 K. Entscheidend für Strahlenschäden in biologischem Gewebe ist also nicht die Menge an zugeführter Energie, sondern die durch Ionisation ausgelösten molekularen Veränderungen und die dadurch verursachte Zellfunktionsstörungen. Diese hängen neben der Anzahl der Ionisationsvorgänge auch von deren räumlichen Dichte ab. Daher hat Strahlung mit hoher Ionisationsdichte wie α-Strahlung bei gleicher Dosis größere Auswirkungen als die relativ schwach ionisierende γ-Strahlung. Außerdem ist eine bestimmte Dosis umso schädlicher, in je kürzerer Zeit sie aufgenommen wurde. Darüber hinaus reagieren die verschiedenen Organe eines Körpers unterschiedlich empfindlich auf Strahlung. Eine Risikoabschätzung ist deshalb selbst bei geringer Strahlenbelastung mit großen Schwierigkeiten verbunden.

[13] Akronym für „**k**inetic **e**nergy **r**eleased per unit **ma**ss" (freigesetzte kinetische Energie pro Masseneinheit)

Als grobe Maßzahl für die Strahlenbelastung hat man daher die *Äquivalentdosis* $H$ mit der *Äquivalentdosisleistung* $\dot{H}$ eingeführt, die sich mit einem dimensionslosen Strahlungswichtungsfaktor $w_R$[14] aus der Energiedosis ergibt:

Äquivalentdosis und Äquivalentdosisleistung

$$H = w_R\, D \tag{8.143a}$$

$$\dot{H} = \frac{H}{\Delta t} = w_R\, \dot{D} \tag{8.143b}$$

Die Einheit der Äquivalentdosis ist dieselbe wie die der Energiedosis. Um eine Angabe aber entsprechend zu kennzeichnen, wird sie mit der Einheit Sievert (R. M. Sievert, 1896–1966), Abkürzung Sv, versehen. Es gilt also $[H] = \text{J kg}^{-1} = \text{Gy} = \text{Sv}$, entsprechend für $\dot{H}$.

Der Strahlungswichtungsfaktor ist eine auf statistischer Basis empirisch ermittelte Größe. Er hängt von der Ionisationsdichte der Strahlung ab, die wiederum von dem Bremsvermögen (siehe Abschnitt 8.3.6) des Stoffes, hier also von Wasser bzw. biologischem Gewebe, für die Strahlungsteilchen gegeben ist. Nach den Empfehlungen der International Commission on Radiological Protection (ICRP) werden international die in Tabelle 8.10 aufgeführten Werte benutzt.

**Tabelle 8.10** Strahlungswichtungsfaktor für die Äquivalentdosisleistung

| Strahlungsart | Wichtungsfaktor $w_R$ |
|---|---|
| $\gamma$-, $\beta^-$-, $\beta^+$-Strahlung | 1 |
| Neutronen, thermisch<br>bei ca. 1 eV | 2<br>20 |
| Protonen | 2 |
| $\alpha$-Teilchen, Spaltfragmente, Schwerionen | 20 |

**Merke**

Bei gleicher Intensität ist die Schädigungswirkung von $\alpha$-Strahlung um den Faktor 20 größer als die von $\gamma$- oder $\beta$-Strahlung.

Bei dem in der Praxis häufiger vorkommenden Fall einer punktförmigen oder gegenüber dem Abstand kleinen $\gamma$-Strahlungsquelle hängt die Strahlungsintensität, die auf einen Körper im Abstand $r$ trifft, von der Aktivität $A$ der Quelle und umgekehrt proportional vom Quadrat des Abstands ab. Dies gilt damit auch für die Äquivalentdosisleistung bzw. Äquivalentdosis $\dot{H}$ bzw. $H$:

$$\dot{H} = \Gamma_H \frac{A}{r^2} \tag{8.144a}$$

$$H = \dot{H}\, \Delta t = \Gamma_H \frac{A}{r^2} \Delta t \tag{8.144b}$$

[14] radiation weighting factor, Gewichtungsfaktor für Strahlung

Bei Absorption durch Luft oder andere zwischen Quelle und Körper liegende Stoffe wird die Dosisleistung entsprechend Gl. (8.128) oder Gl. (8.137) geschwächt.

$\Gamma_H$ mit der SI-Einheit $[\Gamma_H] = \mathrm{Sv\ m^2\ s^{-1}\ Bq^{-1}}$ wird als *Dosisleistungskonstante* bezeichnet. Sie ist abhängig vom Spektrum der emittierten γ-Strahlung (mit dem Bewertungsfaktor $w_R = 1$) und ist aus praktischen Gründen in Tabellen gelistet (s. z. B. Tabelle 8.11).

**Tabelle 8.11** Dosisleistungskonstante einiger Nuklide (in der praxisüblichen nicht-SI-Einheit)

| Nuklid | $\Gamma_H$<br>$\mathrm{mSv\ m^2\ h^{-1}\ GBq^{-1}}$ |
|---|---|
| $^{22}$Na | 0,31 |
| $^{60}$Co | 0,35 |
| $^{123}$I | 0,047 |
| $^{131}$I | 0,066 |
| $^{137}$Cs | 0,093 |
| $^{226}$Ra | 0,22 |

Nicht nur beim Umgang mit radioaktiven Stoffen sind Menschen radioaktiver Strahlung ausgesetzt, wie man an den folgenden, in Deutschland vorliegenden Werten der Äquivalentdosisleistung sieht. Etwa 1,1 mSv/a kommen von Isotopen des Gases *Radon*, das als Zerfallsprodukt von $^{238}$U aus Gesteinen freigesetzt wird und Bestandteil der Atemluft ist. Regional und von den Umständen (in Gebäuden, an freier Luft usw.) abhängig gibt es allerdings große Variationen. Strahlung aus dem Erdboden und *kosmische Strahlung* tragen rund 0,7 mSv/a, die natürliche Radioaktivität in *Lebensmitteln* (speziell durch $^{40}$K) 0,3 mSv/a zur Belastung bei. Hinzu kommen im Mittel ungefähr 1,7 mSv/a hauptsächlich aus *medizinischen Anwendungen* (Röntgen, Strahlentherapie usw.). Aber auch der reguläre Betrieb von kerntechnischen Anlagen, frühere Kernwaffenversuche und Kernreaktorunfälle tragen dazu bei. Natürlich gibt es auch hier große Schwankungsbreiten. Insgesamt liegt die mittlere Belastung also bei etwa 3,8 mSv/a.

Die derzeit (2022) in Deutschland geltende *Strahlenschutzverordnung* legt Grenzwerte für die Strahlenbelastung unter verschiedenen Umständen fest. So darf für Personen der allgemeinen Bevölkerung die Belastung aus künstlichen Quellen, abgesehen von medizinischen Anwendungen, 1 mSv/a nicht überschreiten. Für beruflich exponierte Personen gilt ein Grenzwert von 20 mSv/a, wobei als maximal zulässige Gesamtdosis im Laufe des Berufslebens 400 mSv festgelegt ist. Betont wird dabei, dass diese Grenzwerte *stochastischer* Natur sind. Sie unterscheiden nicht zwischen gefährlicher und ungefährlicher Strahlung, sondern besagen, dass das Risiko für gesundheitliche Schäden bei Einhalten der Grenzwerte „annehmbar" gering ist. Einen Grenzwert für eine ungefährliche Belastung gibt es nicht. Im Gegensatz dazu treten ab einem Schwellenwert von etwa 1 Sv bei akuter Belastung Strahlenschäden mit Sicherheit, also *deterministisch* auf. Ab 4 Sv führen sie mit zunehmender Wahrscheinlichkeit zum Tod.

**Beispiel**

Ein für industrielle Messtechnik genutztes $^{137}$Cs-Präparat enthält $m_{137\mathrm{Cs}} = 0{,}1\,\mathrm{g}\ ^{137}\mathrm{Cs}$.

Wie groß ist die Äquivalentdosis innerhalb der Zeit $\Delta t = 1$ h im Abstand von $r = 1$ m?

Werte für $^{137}$Cs: $E_\gamma = 0{,}66$ MeV, $T_{1/2} = 30{,}2$ a (die ebenfalls emittierte β-Strahlung wird von der Umhüllung absorbiert und braucht hier nicht berücksichtigt zu werden)

Die Äquivalentdosis wird mit Gl. (8.144) $H = \frac{\Gamma_\mathrm{H}\,\Delta t}{r^2} A$ berechnet. Aus Gl. (8.74) ergibt sich die Aktivität zu $A = \lambda N = \frac{\ln 2}{T_{1/2}}$, (die Abnahme der $^{137}$Cs-Menge durch den Zerfall kann man wegen der langen Halbwertszeit vernachlässigen). Mit der molaren Masse $M_{137\mathrm{Cs}} \approx 0{,}136\,9\ \mathrm{kg\,mol^{-1}}$ und der Avogadro-Konstanten $N_\mathrm{A}$ erhält man $N = \frac{m_{137\mathrm{Cs}}}{M_{137\mathrm{Cs}}} N_\mathrm{A}$. Zusammen hat man $H = \frac{\Gamma_\mathrm{H}\,\Delta t}{r^2} \cdot \frac{\ln 2}{T_{1/2}} \frac{m_{137\mathrm{Cs}}}{M_{137\mathrm{Cs}}} N_\mathrm{A}$. Mit $\Gamma_\mathrm{H}$ für $^{137}$Cs aus Tabelle 8.11 ergibt sich schließlich die Äquivalentdosis zu $H = 30$ mSv.

Wie groß ist die Äquivalentdosis $H'$, wenn die Quelle durch $d = 3$ cm Blei abgeschirmt wird?

Durch die Abschirmung wird die Strahlung nach Gl. (8.128) um den Faktor $\mathrm{e}^{-\mu d}$ abgeschwächt. Der Absorptionskoeffizient von Blei bei der Energie der $^{137}$Cs-γ-Photonen ergibt sich mit Bild 8.76 aus den Gl. (8.134), Gl. (8.135) zu etwa $\mu \approx 120\ \mathrm{m^{-1}}$. Damit erhält man $H' = H\,\mathrm{e}^{-\mu d} = 0{,}82\,\mathrm{mSv}$.

Als *Dosimeter* zur Messung der empfangenen Strahlendosis können im Prinzip alle oben beschriebenen Detektoren verwendet werden. Je nach Einsatzbereich werden sie entsprechend angepasst. Zur Überwachung der personenbezogenen Dosis müssen sie klein und leicht sein. Wegen ihrer Abmessungen als Füllhalter-Dosimeter bezeichnete *Ionisationsdosimeter* arbeiten nach dem Prinzip der Ionisationskammer. Darin wird ein gasgefüllter Kondensator vor dem Einsatz des Dosimeters mit einer bestimmten Spannung aufgeladen. Mit einem angeschlossenen Fadenelektrometer kann die Ladung beobachtet werden. Bei einfallender Strahlung entlädt sich der Kondensator durch den Ionenstrom, wobei die Änderung der Ladung, und damit der Anzeige des Elektrometers proportional zur empfangenen Dosis ist. Ionisationsdosimeter eignen sich für γ-Strahlung, besonders dünnwandige auch für β-Strahlung, mit einem Messbereich von etwa $10^{-3} \ldots 10$ Sv.

Bei Ionisationsdosimetern kann die aktuell empfangene Dosis direkt abgelesen werden. Einfacher aufgebaut sind *Filmdosimetern*. Damit wird die Dosis aufgezeichnet, indem die Strahlung einen speziellen Film belichtet, der nach einem Einsatz entwickelt wird und dessen Schwärzungsgrad der Dosis entspricht. Der Film befindet sich beispielsweise in einer Plakette, die am Körper getragen wird. Mit unterschiedlichen Filtern (Kunststoffe, Metallfolien) kann die Empfindlichkeit an die Strahlungsart angepasst werden. Die so messbare Dosis liegt im Bereich $10^{-4} \ldots 1$ Sv.

Auch zur Aufzeichnung der Dosis werden *Lumineszenz-Dosimeter* verwendet, die auf der Grundlage thermisch stimulierter Lumineszenz arbeiten. Diese Art der Lumineszenz tritt z. B. in Mangan-dotierten Lithiumfluorid (LiF)-Kristallen auf. Einfallende Strahlung erzeugt im Kristall Elektronen-Loch-Paare an, die an den Störstellen gespeichert werden. Bei Erwärmung des Kristalls auf ca. 200 °C werden sie freigesetzt und rekombinieren unter Abgabe von Licht. Die in Form von Licht abgegebene Energie ist ein Maß für die empfangene Strahlungsdosis. Nach einem ähnlichen Prinzip arbeiten Detektoren mit optisch stimulierter Lumineszenz, bei denen die Lumineszenz durch Bestrahlung mit Licht ausgelöst wird. Die Detektoren, mit einem typischen Messbereich von etwa $10^{-4} \ldots 1$ Sv, sind nach dem Auslesen wiederverwendbar und können in verschiedensten Bauformen, auch sehr klein, hergestellt werden. Verwendet man mit $^{6}$Li angereichertes LiF (Gehalt im natürlichen Isotopengemisch 7 %) kann mithilfe der Reaktion $^{6}\text{Li}(\text{n},\alpha)^{3}\text{H}$ indirekt auch Neutronenstrahlung erfasst werden.

Zunehmend werden *Halbleiter-Dosimeter* eingesetzt, die im Kern wie eine Metall-Oxid-Halbleiter-Struktur (MOSFET, siehe Abschnitt 9.3.1: Metall-Isolator-Halbleiter-Strukturen) mit Siliciumoxid als Isolator aufgebaut sind. Einfallende Strahlung erzeugt geladene Störstellen im Siliciumoxid, deren elektrisches Feld die Schwellspannung des MOSFETs ändert. Die Änderung ist proportional zur Strahlungsdosis und kann als Messsignal durch eine entsprechende elektronische Schaltung angezeigt und gespeichert werden. Auch diese Detektoren können zur Wiederverwendung regeneriert werden. Sie eignen sich besonders für hohe Dosisleistungen.

## 8.3.8 Energiegewinnung

Kurz nach der Entdeckung der Neutronen-induzierten Kernspaltung von Uran (siehe Abschnitt 8.3.5, und lange vor der dort skizzierten theoretischen Erklärung) wurde experimentell festgestellt, dass bei diesem Vorgang neben einer relativ großen Energiemenge zusätzlich mehrere Neutronen freigesetzt werden. Damit eröffnete sich die Möglichkeit einer Kettenreaktion und eines sich selbst erhaltenden Prozesses zur Energiegewinnung, ähnlich wie bei den chemischen Reaktionen der konventionellen Verbrennung.

Die Freisetzung von Energie bei der Spaltung beruht auf den unterschiedlichen Bindungsenergien der Nukleonen in den beteiligten Kernen (siehe Bild 8.48). In Abschnitt 8.3.5 wurde auf dieser Grundlage mit der Massenbilanz die Energieabgabe bei der Spaltung eines $^{235}$U-Kerns zu ca. 170 MeV berechnet. Auf derselben Grundlage wird auch bei der Kernfusion, der Verschmelzung von leichten zu schwereren Kernen, Energie freigesetzt. Beispielsweise ergibt die Rechnung für die Fusion eines Deuterium ($^{2}_{1}$H)- und eines Tritium ($^{3}_{1}$H)-Kerns (ein Prozess, der für eine eventuelle technische Nutzung favorisiert wird) nach der Reaktionsgleichung

$$^{2}_{1}\text{D} + {}^{3}_{1}\text{T} \rightarrow {}^{4}_{2}\text{He} + n^{0} \tag{8.145}$$

nach Gl. (8.109) für die Energie

$$\begin{aligned} Q &= \left(m_{\text{D}} + m_{\text{T}} - m_{\text{He}} - m_{\text{n}}\right) c^2 \\ &= \left(2{,}013\,55\,\text{u} + 3{,}015\,50\,\text{u} - 4{,}001\,51\,\text{u} - 1{,}008\,66\,\text{u}\right) c^2 \\ &= 17{,}59\,\text{MeV} \end{aligned} \tag{8.146}$$

Dies erscheint zunächst viel geringer als die Reaktionsenergie bei der Kernspaltung. Vergleicht man aber die pro Masseneinheit freigesetzte Energie, kehrt sich das Verhältnis wegen der kleinen Masse der Deuterium-Kerne um, wie in Tabelle 8.12 zu sehen ist. Zum Vergleich sind in der Tabelle auch die entsprechenden Werte für die Verbrennung von Kohlenstoff und Sauerstoff zu Kohlendioxid nach der Reaktionsgleichung $\text{C} + \text{O}_2 \rightarrow \text{CO}_2$ aufgeführt.

**Tabelle 8.12** Reaktionsenergien bei Kernspaltung, Kernfusion und Verbrennung

| Reaktion | Energie /MeV | Energieausbeute (Energie pro Masse der Ausgangsstoffe) /(J kg$^{-1}$) |
|---|---|---|
| ${}^{235}_{92}U + {}^{1}_{0}n \rightarrow {}^{88}_{36}Kr + {}^{145}_{56}Ba + 3\,{}^{1}_{0}n$ | 170 | $6{,}94 \cdot 10^{13}$ |
| ${}^{2}_{1}D + {}^{3}_{1}T \rightarrow {}^{4}_{2}He + n^0$ | 17,6 | $3{,}39 \cdot 10^{14}$ |
| $C + O_2 \rightarrow CO_2$ | $4{,}09 \cdot 10^{-6}$ | $8{,}96 \cdot 10^{6}$ |

Wie man sieht, ist die Energieausbeute bei der Kernspaltung und noch mehr bei der Kernfusion um viele Größenordnungen größer als bei der chemischen Verbrennung. Es liegt daher nahe, diese Prozesse zur Erzeugung nutzbarer Energie einzusetzen.

Da es sich aber um qualitativ völlig andere Prozesse handelt als die konventionelle Verbrennung, sind mit der friedlichen Nutzung der Kernenergie erhebliche technische Probleme verbunden. Dazu gehören bei der Kernspaltung die Bereitstellung der Brennstoffe, die Beherrschung des kontinuierlichen, sicheren Betriebs eines Reaktors, die Entsorgung der radioaktiven Abfallstoffe. Während die Kernspaltung aktuell schon in großem Maßstab genutzt wird, befindet sich die Nutzung der Kernfusion noch im Versuchsstadium. Vor allem wegen der für den Betrieb erforderlichen extrem hohen Temperaturen der Brennstoffe um $1{,}5 \cdot 10^8$ K bei einem Druck von einigen Bar ist die technische Realisierung noch nicht abzusehen.

Für die ungeregelten Prozesse in nuklearen Bomben spielen die genannten Probleme nur eine untergeordnete Rolle, sodass sie im Prinzip auch einfacher zu realisieren sind.

## Kernspaltung

In Abschnitt 8.3.5 ist als Beispiel der Ablauf bei der Spaltung eines $^{235}$U-Kerns nach Einfang eines Neutrons beschrieben und in Bild 8.63 schematisch dargestellt. Zunächst muss demnach ausreichend Energie vorhanden sein, dass sich Teile des Kerns, aus denen sich die Spaltfragmente bilden, gegen die Kernkraft voneinander entfernen, bis die Coulomb-Abstoßung überwiegt und die Teile auseinandertreibt. Hierbei kommt es wegen des hohen Wirkungsquerschnitts für den Einfang hauptsächlich auf thermische Neutronen an (vgl. Bild 8.77, $^{235}$U und $^{239}$Pu zeigen ein ähnliches Verhalten). Da sie jedoch nur eine minimale kinetische Energie haben, muss die für die Spaltung erforderliche Energie von der freiwerdenden Bindungsenergie des Neutrons bereitgestellt werden. Aus diesem Grunde ist mit thermischen Neutronen die Spaltung der Nuklide $^{235}$U und $^{239}$Pu möglich, die sich daher als *Kernbrennstoff* eignen, die Spaltung der Nuklide $^{238}$U oder $^{232}$Th aber nicht.

Eine *Kettenreaktion* kann nur aufrecht erhalten werden, wenn von den zwei bis drei Neutronen, die bei der Spaltung freigesetzt werden, mindestens eins eine weitere Spaltung auslöst. Dies wird ausgedrückt durch den *Multiplikationsfaktor k*, der die mittlere Anzahl der einem Spaltvorgang folgenden Spaltungen angibt. Eine Kettenreaktion setzt $k \geq 1$ voraus. Dafür muss ein Körper aus spaltbarem Material groß genug und geeignet gestaltet sein, dass nicht zu viele Neutronen in die Umgebung austreten, ohne eine Spaltung auszulösen. Geht man von der optimalen Kugelform aus, liegt die als *kritische Masse* bezeichnete minimale Masse mit $k = 1$ von $^{235}$U bei 49 kg (eine Kugel mit ca. 17 cm Durchmesser), von $^{239}$Pu bei 10 kg (10 cm Durchmesser). In einer Kernspaltungsbombe werden mehrere unterkritische ($k < 1$) Massen des Spaltmaterials sehr schnell, meist durch eine chemische Explosion, zu einer überkritischen ($k > 1$) Masse zusammengebracht, in der dann eine ungesteuerte Kettenreaktion abläuft. Bei einem kontinuierlich arbeitenden Kernkraftwerk muss der Betrieb so geregelt werden, dass der Wert $k = 1$ genau eingehalten wird.

Die aktuell weitaus meisten Kernkraftwerke werden mit *Wasser-gekühlten Reaktoren* (schematisch dargestellt in Bild 8.86) betrieben, die mit den Brennstoffen Urandioxid ($UO_2$), Plutoniumdioxid ($PuO_2$) oder einer Mischung von beiden arbeiten. Das Wasser erfüllt im Wesentlichen zwei Funktionen. Es führt zum einen die durch die Kernspaltung erzeugte Wärme zur weiteren Nutzung in Wärmetauschern und schließlich Dampfturbinen ab. Dazu muss das Spaltmaterial so vorliegen, das ein möglichst guter Wärmeübertrag zum Wasser gewährleistet ist, meist in der Form von gebündelten *Brennstäben*, die vom Wasser umspült werden. Zum anderen dient es als *Moderator*, indem es die bei der Spaltung erzeugten schnellen Neutronen durch elastische Stöße mit den Wasserstoffkernen des Wassermoleküls ($H_2O$) auf thermische Geschwindigkeiten abbremst.

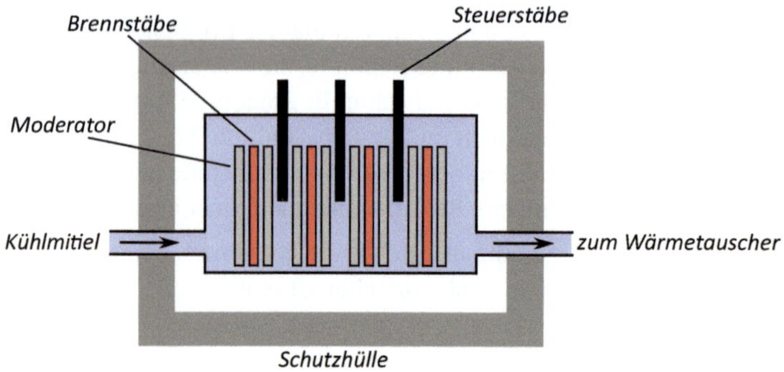


**Bild 8.86** Schematischer Aufbau eines Kernreaktors

Innerhalb gewisser Grenzen reguliert sich der Reaktor selber. Steigt die Wassertemperatur wegen zu vieler Spaltprozesse, also eines zu hohen Wertes von $k$ an, steigt auch die Geschwindigkeit der moderierten Neutronen. Dadurch sinkt der Spaltquerschnitt und damit der Wert von $k$. Die aktive Regelung des Reaktors erfolgt mit *Steuerstäben*, die einen Neutronen-absorbierenden Stoff, z. B. Bor oder Cadmium, enthalten und zwischen die Brennstäbe geschoben werden können. Mithilfe der Steuerstäbe muss auch kompensiert werden, dass sich im Reaktor im Laufe des Betriebes „Neutronengifte" ansammeln. Dabei handelt es sich um Spalt- oder Zerfallsprodukte wie $^{135}Xe$ oder $^{149}Sm$, die einen extrem hohen Einfangquerschnitt für thermische Neutronen haben und diese dadurch der Kettenreaktion entziehen.

Wasserstoff $^{1}H$ und das nicht spaltbare $^{238}U$ haben einen relativ hohen Einfangswirkungsquerschnitt für Neutronen (Tabelle 8.9). Außerdem ist die aus thermischen Gründen notwendige geometrische Anordnung der Brennstäbe für einen ausreichend großen Multiplikationsfaktor $k$ eigentlich ungünstig. Daher kann ein solcher Reaktor nicht mit natürlichem Uran betrieben werden, das zu 99,3 % aus dem Isotop $^{238}U$ und zu 0,7 % aus $^{235}U$ besteht. Für die Verwendung als *Kernbrennstoff* muss die Zusammensetzung auf etwa 4 % $^{235}U$ angereichert werden. Die Anreicherung kann allerdings nicht auf chemischem Weg erfolgen, da die beiden Isotope nahezu dieselben chemischen Eigenschaften haben. Zwar ist aufgrund des Massenunterschiedes eine Trennung über gasförmige Uranverbindungen in Gaszentrifugen möglich, wegen des kleinen Unterschiedes von nur etwa 1 % aber sehr aufwendig.

Reaktoren, die Graphit (C) oder „schweres“ Wasser ($D_2O$, mit Deuterium $^2H$ statt Wasserstoff) als Moderatoren nutzen, können dagegen auch mit natürlichem Uran arbeiten. $D_2O$ ist jedoch nur schwierig in größeren Mengen herzustellen und Graphit bringt wegen seiner Brennbarkeit erhebliche Sicherheitsprobleme mit sich. Daher beruhen aktuell nur relativ wenige Reaktoren auf dieser Technologie.

$^{239}$Pu kommt in der Natur nur in Spuren vor. Es entsteht aber im Reaktor beim Einfang schneller Neutronen durch $^{238}$U nach der Reaktion

$$^{238}_{92}\mathrm{U}(\mathrm{n},\gamma)\,^{239}_{92}\mathrm{U} \xrightarrow[25\,\mathrm{min}]{\beta^-} {}^{239}_{93}\mathrm{Np} \xrightarrow[2{,}3\,\mathrm{d}]{\beta^-} {}^{239}_{94}\mathrm{Pu} \tag{8.147}$$

Das in einem üblichen Reaktor laufend erzeugte $^{239}$Pu reicht zwar nicht aus, den Verbrauch von $^{235}$U auszugleichen, es wird aber bei der Wiederaufarbeitung verbrauchter Brennstäbe auf relativ einfachem (abgesehen von den erforderlichen Strahlenschutzmaßnahmen) chemischem Wege extrahiert und wiederverwendet. Spezielle *Brutreaktoren* sind so konstruiert, dass ein größerer Teil der schnellen Neutronen für den Prozess (Gl. (8.147)) zur Erzeugung von Plutonium genutzt wird. Die verfügbare Brennstoffmenge kann so deutlich erweitert werden. Damit sind jedoch große technische Probleme und Sicherheitsrisiken verbunden. Um die Neutronen nicht zu stark zu moderieren, wird als Kühlmittel nicht Wasser, sondern flüssiges Natrium verwendet. Bei einer Zunahme der Kühlmitteltemperatur nimmt die Spaltrate im Gegensatz zum oben beschriebenen Fall zu, sodass es zu einer positiven Rückkopplung kommen kann. Daher sind für den zivilen Bereich nur wenige Brutreaktoren tatsächlich in Betrieb gegangen. Erhebliche Bedenken gegen die verbreitete Produktion von Plutonium bestehen außerdem wegen des dadurch erleichterten Zugangs zu Kernwaffenfähigem Material (Proliferation).

Ein Kernreaktor hat eine gewisse inhärente Sicherheit, da bei Verlust des Kühlwassers die Moderation entfällt und die Kettenreaktion unterbrochen wird. Der dann aber weiter ablaufende Zerfall der Spaltprodukte, der nicht beeinflusst werden kann, sorgt für eine weitere Abgabe von großen Wärmemengen. Nach der Aufstellung in Abschnitt 8.3.5 macht diese *Nachzerfallswärme* anfangs etwa 10 % der gesamten thermischen Leistung des Reaktors aus. Zwar klingt die dadurch bedingte Wärmeleistung wegen der meist kurzen Halbwertszeiten der Spaltprodukte relativ schnell ab. Sie reicht aber beispielsweise noch mehrere Monate lang aus, einen ungekühlten Brennstab zum Schmelzen zu bringen.

Ein zurzeit (2023) noch ungeklärtes Problem ist die sichere *Endlagerung* der abgebrannten Brennstäbe und der im Reaktor verwendeten Materialien, die viele, zum Teil sehr langlebige radioaktive Spalt- und Zerfallsprodukte, Neutronen-aktivierte Werkstoffe usw. enthalten. Dazu zählen z. B. $^{90}$Sr ($T_{1/2} = 29$ a), $^{137}$Cs (30 a), $^{239}$Pu ($2{,}4 \cdot 10^4$ a), $^{99}$Tc ($2 \cdot 10^5$ a), $^{135}$Cs ($2{,}3 \cdot 10^6$ a). Diese Stoffe müssen über die Dauer mehrerer Halbwertszeiten so gelagert werden, dass der Kontakt zur Biosphäre (der von Lebewesen besiedelten Teile der Erde) ausgeschlossen ist. Dazu werden aktuell vorzugsweise unterirdische Lagerstätten in verschiedenen Wirtsgesteinen untersucht. Wegen der Komplexität der Anforderungen wird aktuell damit gerechnet, dass ein Endlager in Deutschland erst weit nach 2050 in Betrieb gehen kann.

### Kernfusion

Seit vielen Jahrzehnten wird die Nutzung der Kernfusion zur Energieerzeugung verfolgt. Gegenüber der Kernspaltung ist sie in einigen wichtigen Punkten auf den ersten Blick im Vorteil. Der Brennstoff Wasserstoff ist auf der Erde praktisch unbegrenzt verfügbar.

Es werden wesentlich weniger radioaktive Abfälle erzeugt und es besteht keine Gefahr einer unkontrollierten Reaktion mit großräumiger radioaktiver Verseuchung. Gegenüber den ursprünglichen Vorstellungen mussten zwar Abstriche gemacht werden: Für technisch mögliche Prozesse müssen die weniger verfügbaren Wasserstoffisotope Tritium ($^3H$) und Deuterium ($^2H$) eingesetzt werden und die verwendeten Werkstoffe werden durch Neutronenaktivierung teilweise radioaktiv. Trotzdem bleibt die Realisierung der Energiegewinnung durch Kernfusion ein attraktives Ziel.

Wie bei der Kernspaltung ist es auch hier wieder relativ einfach, eine ungeregelte Fusion zu erreichen, die in Kernfusions-(Wasserstoff-)bomben abläuft. Dazu wird eine Kernspaltungsbombe genutzt, die Hitze und Druck liefert, um den Fusionsprozess zündet. Die nicht-destruktive technische Nutzung stellt wesentlich höhere Anforderungen, auf die im Folgenden kurz eingegangen wird.

Die Strahlungsleistung eines *Sterns* wie unserer Sonne beruht auf der Fusion von Wasserstoff ($^1H$)-Kernen zu Helium ($^4He$)-Kernen, die im zentralen Bereich des Sterns geschieht. Der Prozess geschieht in mehreren Schritten, die zusammengefasst werden können als die Summenreaktion

$$4\,{}^1\mathrm{H}^+ + 2\,\mathrm{e}^- \rightarrow {}^4\mathrm{He}^{2+} + 2\,\nu_\mathrm{e} + 26{,}7\ \mathrm{MeV} \tag{8.148}$$

Die gesamte Reaktion läuft an sich extrem langsam ab. Trotz hoher Temperatur und Dichte, im Kern der Sonne ca. $15 \cdot 10^6$ K und $1{,}6 \cdot 10^5$ kg/m$^3$, wird nur etwa 260 W/m$^3$ an Leistung freigesetzt. Nur wegen der Größe ihres Kerns kommt die Sonne auf ihre Gesamtstrahlungsleistung von rund $4 \cdot 10^{26}$ W. Das macht deutlich, dass eine sinnvolle technische Nutzung dieser speziellen Reaktion nicht möglich ist.

Die Langsamkeit der Reaktion hat im Wesentlichen zwei Ursachen. Eine Fusion zweier Nuklide kann stattfinden, wenn ihre Anfangsenergie so groß ist, dass sie sich trotz Coulomb-Abstoßung bis auf den Wirkungsbereich der starken Kernkraft annähern können. Bei der o. g. Temperatur haben Protonen eine mittlere kinetische Energie von etwa 2 keV, zur Überwindung der Coulomb-Abstoßung wäre eine Energie von ca. 500 keV erforderlich. Außer für die wenigen Protonen mit einer Energie oberhalb dieser Grenze ermöglicht hauptsächlich der quantenphysikalische Tunnelprozess (siehe Abschnitt 8.1.6) mit einer gewissen Wahrscheinlichkeit überhaupt die ausreichende Annäherung der Protonen. Hinzu kommt als weiteres Hindernis, dass die Fusion zweier Protonen nur mit gleichzeitiger Umwandlung eines Protons in ein Neutron mit Emission eines Positrons möglich ist. Dies kann nur unter Mitwirkung der schwachen Wechselwirkung (siehe Abschnitt 8.4.1) geschehen, was die Wahrscheinlichkeit für die Fusion stark vermindert. Dass für den Gesamtprozess (Gl. (8.148)) zwei dieser Schritte erforderlich sind, verzögert die Gesamtreaktion zusätzlich.

Daraus ergeben sich Konsequenzen für die technische Nutzung der Fusion. Zum einen müssen Brennstoffe verwendet werden, deren Kerne ohne Einschränkung durch die schwache Wechselwirkung fusionieren können und möglichst in einem Reaktionsschritt die Energie abgeben. Gewöhnlich wird bei den laufenden Arbeiten zu Fusionsreaktoren eine Mischung aus den Wasserstoff-Isotopen Deuterium $^2H$ und Tritium verwendet, nach der Reaktion (D-T-Reaktion)

$${}^2_1\mathrm{H} + {}^3_1\mathrm{H} \rightarrow {}^4_2\mathrm{He} + \mathrm{n}^0 + 17{,}58\ \mathrm{MeV} \tag{8.149}$$

die zu Helium fusionieren. Zum anderen muss bei wesentlich höheren Temperaturen gearbeitet werden.

Bei diesen hohen Temperaturen liegen die kinetischen Energien der Teilchen weit über der Ionisationsenergie der Atome. Es handelt sich bei einem Stoff dann nicht mehr um ein neutrales Gas. Die Atome sind vollständig ionisiert, und der Stoff liegt als ein *Plasma* aus Ionen und Elektronen mit elektrischer Leitfähigkeit vor.

Die Anforderungen an *Dichte* und *Temperatur* für eine sich selbst tragende Fusion werden im *Lawson-Kriterium* (J. D. Lawson, 1923–2008) zusammengefasst. Es beruht auf der Überlegung, dass die durch Fusion erzeugte Leistung mindestens so groß sein muss wie die durch Strahlung (Photonen, Neutronen usw.) an die Umgebung abgegebene Nutz- und Verlustleistung. Dazu muss die Fusionsrate, die sich aus der Teilchendichte $n$ und der temperaturabhängigen Wahrscheinlichkeit, dass zwei kollidierende Teilchen fusionieren, ergibt, groß genug sein. Ein Maß für die an die Umgebung abgegebene Leistung ist die zeitlichen Dauer $\Delta t$, während der die Fusion aufrecht erhalten werden kann, auch Einschlusszeit genannt. Die Einschlusszeit ist umso größer, je größer das Volumen des Plasmas und damit das Verhältnis von Volumen zu Oberfläche ist und je kleiner deswegen die Verluste sind. Für die D-T-Reaktion ergibt sich daraus die Bedingung

$$n\,\Delta t \geq 4 \cdot 10^{20}\ \mathrm{s\,m^{-3}} \qquad (8.150)$$

bei einer Plasmatemperatur von $1 \cdot 10^8$ K. (Der minimale Wert von $1{,}5 \cdot 10^{20}\ \mathrm{s\,m^{-3}}$ wird bei $3 \cdot 10^8$ K erreicht.)

Es werden seit Langem im Wesentlichen zwei Ansätze verfolgt, dieses Kriterium zu erfüllen und durch Fusion Nutzleistung zu erzeugen. Beim *magnetischen Einschluss* im Tokamak-Reaktor[15] wird das Plasma in einer Torus-förmigen Kammer durch Magnetfelder gehalten. So wird verhindert, dass das Plasma mit den Wandungen der Kammer in Berührung kommt, die ansonsten verdampfen würden. Die elektrische Leitfähigkeit des Plasmas ist Voraussetzung für diese Methode der Halterung. Sie ermöglicht auch die Aufheizung durch im Plasma induzierte Ströme bis zur Zündung der Fusion. Bei dem Konzept des Tokamak lassen sich nur relativ niedrige Drücke und damit Teilchendichten im Plasma erreichen. Das Plasma-Volumen ist dagegen groß, beim Joint European Torus (JET)-Experiment 100 m$^3$, beim 2022 noch im Bau befindlichen International Thermonuclear Experimental Reactor (ITER) 840 m$^3$. Damit sollen Einschlusszeiten bis in den Bereich von Minuten erreicht werden, umso das Lawson-Kriterium erfüllen zu können. Der in gewissem Sinne entgegengesetzte Ansatz (hoher Druck, kleines Volumen) beruht auf dem *Trägheitseinschluss* des Plasmas. Dazu wird eine etwa Millimeter-große Kugel aus gefrorenem Deuterium und Tritium einem allseitigen Laserpuls hoher Energie ausgesetzt. Die äußeren Schichten der Kugel verdampfen schlagartig und komprimieren und erhitzen dabei durch den Rückstoß das Innere der Kugel so, dass die Fusion zündet. Für eine kontinuierliche Leistungsabgabe muss dieser Vorgang mehrmals pro Sekunde wiederholt werden. Bei dem Experiment National Ignition Facility (NIF) in den USA wurde so 2022 erstmals ein Energiegewinn aus der Fusion erzielt.

Insgesamt liegt aber der technisch (und kommerziell) nutzbare Betrieb eines Fusionsreaktors noch in weiter Zukunft. Mit dem magnetischen Einschluss wurde in Experimenten beim JET maximal 70 % der eingesetzten elektrischen Leistung als Wärmeleistung durch die Fusion gewonnen. Der Erfolg beim NIF besteht aus dem Gewinn von 3,2 MJ Fusionsenergie bei Zufuhr von 2,1 MJ Lichtenergie bei einem einzelnen Beschuss. Für diesen musste aber ca. 400 MJ elektrische Energie aufgebracht werden.

[15] Akronym aus dem Russischen für „Torus-förmige Kammer in Magnetspulen“

## 8.4 Elementarteilchenphysik

Galt zunächst das Atom[16] als unteilbares, elementares Teilchen und erhielt deshalb auch seinen Namen, traten ab dem Ende des 19. Jahrhunderts immer mehr Anzeichen für eine innere Struktur des Atoms auf. 1897 wies Thomson (J. J. Thomson, 1856–1940, Nobelpreis 1906) das *Elektron* als eines der Bestandteile des Atoms nach. Rutherford (E. Rutherford, 1871–1937, Nobelpreis 1908) belegte in seinen Experimenten 1911 die Existenz des Atomkerns und fand um 1920 das *Proton* als ein Bestandteil des Kerns. Die Masse des Kerns ließ sich allerdings alleine mit der Masse der Protonen nicht erklären. Dies war erst möglich mit der Identifikation des *Neutrons* als weiterem Kernbestandteil durch Chadwick 1932 (J. Chadwick, 1891–1974, Nobelpreis 1935).

Die Analyse des β-Zerfalls führte Pauli (W. Pauli, 1900–1958, Nobelpreis 1945) 1930 dazu, die Existenz eines weiteren subatomaren Teilchens, des *Neutrinos*, zu postulieren, dass allerdings erst 1956 experimentell nachgewiesen werden konnte. Ebenfalls aus theoretischen Überlegungen heraus erklärte Dirac (P. Dirac, 1902–1984, Nobelpreis 1933) 1930, dass es ein Antielektron (heute *Positron* genannt) geben müsse, mit positiver Ladung und ansonsten gleichen Eigenschaften wie das Elektron. Es wurde 1932 von Anderson (C. D. Anderson, 1905–1991, Nobelpreis 1936) bei der Reaktion von hochenergetischen Teilchen der kosmischen Strahlung mit Materie auch experimentell beobachtet.

Untersuchungen zu den Bestandteilen und dem inneren Aufbau der Materie erfordern Teilchen hoher Energie, bei denen die de Broglie-Materiewellenlänge in der Größenordnung der zu untersuchenden Strukturen liegt. Um also mit Protonen Strukturen von etwa $10^{-16}$ m Größe auflösen zu können, müssen diese nach Gl. (8.13) Energien von rund 10 GeV haben. In der kosmischen Strahlung kommen solche Teilchen vor, für gezielte und systematische Experimente müssen sie aber auf der Erde reproduzierbar erzeugt werden können. Dazu wurden verschiedene Typen von Teilchenbeschleunigern entwickelt, die in Abschnitt 8.4.2 kurz beschrieben werden.

Bei diesen Experimenten wurden bis in die 1960er-Jahre mehr als 300 neue Teilchen entdeckt, die sich aber dann teilweise doch nicht als elementar erwiesen, da sie zerfielen, sich ineinander umwandelten oder eine innere Struktur zeigten. Mit verschiedenen theoretischen Entwicklungen seit dieser Zeit gelang es, eine Systematik aufzustellen, in die diese Vielzahl eingeordnet und auf relativ wenige tatsächlich elementare Teilchen zurückgeführt werden konnte. Diese Systematik wird als *Standardmodell* der Elementarteilchenphysik bezeichnet.

Zu seiner theoretischen Basis gehört das von Gell-Mann und Zweig (M. Gell-Mann, 1929–2019, Nobelpreis 1969, G. Zweig, *1937) 1964 vorgeschlagene *Quark-Modell*, nach dem unter anderem Proton und Neutron aus „Quarks" genannten Elementarteilchen zusammengesetzt sind. Ein weiterer Bestandteil ist die 1967 von Glashow, Salam und Weinberg (S. Glashow, *1932, A. Salam, 1926–1996, S. Weinberg, 1933–2021, gemeinsamer Nobelpreis 1979) vorgestellte Theorie der *elektroschwachen Wechselwirkung*, die die elektromagnetische und die schwache Wechselwirkung als lediglich zwei Aspekte derselben Art von Wechselwirkung behandelt. Schließlich gehört zu dem Modell die 1973 eingeführte *Quantenchromodynamik*, die die starke Wechselwirkung zwischen den Quarks beschreibt.

[16] atomos, griechisch für unteilbar

Das Standardmodell ist inzwischen vielfach experimentell bestätigt worden und soll in Abschnitt 8.4.1 kurz vorgestellt werden. Auf eine der fundamentalen Wechselwirkungen, die Gravitation, wird dabei nicht näher eingegangen, da es bisher nicht gelungen ist, diese Wechselwirkung in das Standardmodell zu integrieren.

## 8.4.1 Das Standardmodell der Elementarteilchenphysik

**Merke**

Die Elementarteilchen sind die Materieteilchen Quarks und Leptonen und die Feldteilchen. Die Feldteilchen vermitteln die drei fundamentalen Wechselwirkungen zwischen den Teilchen: die schwache, die starke und die elektromagnetische. Die Gravitation als vierte fundamentale Wechselwirkung kann im Rahmen des Standardmodells bisher nicht erklärt werden.

### Teilchen

Laut dem Standardmodell existieren drei grundsätzliche Arten von elementaren Teilchen, die in der Übersicht Bild 8.87 zusammengestellt sind. Die Materie ist aufgebaut aus *Leptonen*[17] und *Quarks*[18], die über den Austausch von *Feldteilchen* miteinander wechselwirken.

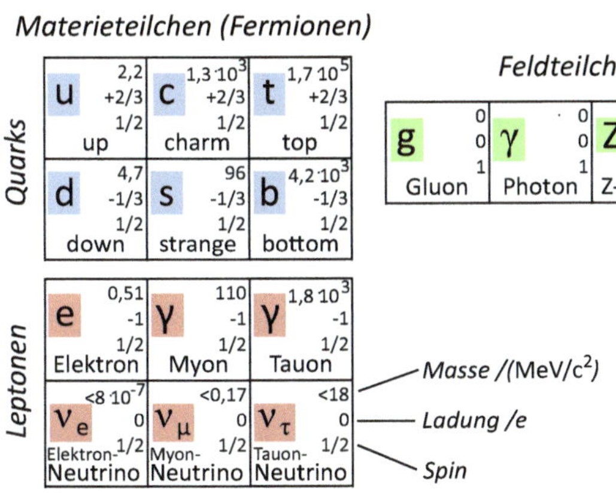


**Bild 8.87** Teilchen des Standardmodells, zu jedem Teilchen existiert ein Antiteilchen, das hier nicht aufgeführt ist

Zu den *Leptonen* zählen das Elektron $e^-$ mit der Ladung $q = -e$ und das ungeladene Elektron-Neutrino $\nu_e$. Außerdem gehören dazu weitere geladene Teilchen und Neutrinos, die von der Theorie her notwendiger Bestandteil des Standardmodells sind, die aber unter irdischen Verhältnissen kaum in Erscheinung treten. Eine zurzeit noch nicht abschließend geklärte

---

[17] lepton, griechisch für klein, wegen der relativ kleinen Masse des Elektrons, das schwere Tauon war zur Zeit der Namensgebung noch nicht bekannt

[18] quark, entlehnt aus einem Roman von James Joyce

Frage betrifft die Masse der Neutrinos. Nach dem ursprünglichen Standardmodell eigentlich masselos, gibt es inzwischen jedoch mehrere experimentelle Beobachtungen, die auf eine, wenn auch geringe, Masse hindeuten. Bisher lassen sich allerdings nur Obergrenzen für die Masse angeben, die bei ca. 0,1 $eV/c^2$ liegen, d. h. bei etwa $2 \cdot 10^{-7}$ der Elektronenmasse.

*Quarks* haben die auf den ersten Blick merkwürdige Eigenschaft, dass ihre Ladung Bruchteile der Elementarladung beträgt. Sie können aber nicht als einzelne Teilchen, sondern nur im Verbund zweier oder mehrerer Quarks beobachtet werden. Die starke Wechselwirkung, die sie aneinander bindet, nimmt mit zunehmendem Abstand nicht ab, sodass sie mit endlichem Energieaufwand nicht zu trennen sind. Die Namen der verschiedenen Quarks, up, down usw., sind willkürlich gewählt und haben keinen physikalischen Hintergrund.

Die Wechselwirkung dieser Teilchen untereinander wird durch den Austausch von *Feldteilchen* beschrieben. Das bekannteste davon ist das *Photon*, das für die elektromagnetische Wechselwirkung verantwortlich ist. *W- und Z-Boson* bilden die Grundlage der schwachen Wechselwirkung. Leptonen reagieren nur darauf, während Quarks auch der starken Wechselwirkung unterliegen, die durch das *Gluon* vermittelt wird. In einem frühen Stadium des Standardmodells gab es lange Zeit das Problem, die experimentell gefundenen Massen von Quarks, Leptonen, W- und Z-Bosonen zu erklären. Inzwischen weiß man, dass diese Massen durch Wechselwirkung mit dem sogenannten *Higgs-Feld* (P. Higgs, *1929, Nobelpreis 2013), repräsentiert durch das *Higgs-Boson*, zustande kommen.

Leptonen und Quarks haben den halbzahligen Spin 1/2. Es sind also *Fermionen*, die der Fermi-Statistik gehorchen. Für sie gilt das Pauli-Prinzip (siehe Abschnitt 8.2.4), nach dem ein quantenphysikalischer Zustand nur jeweils von einem Teilchen besetzt werden kann. Feldteilchen sind dagegen, wie ihre Bezeichnungen schon aussagen, *Bosonen* mit ganzzahligem Spin 0 oder 1.

Beim radioaktiven $\beta^+$-Zerfall wird das Positron $e^+$ mit der Ladung $q = +e$ produziert. Das Positron ist, wie in Abschnitt 8.3.4 erwähnt, das Antiteilchen zum Elektron. So wie zum Elektron existiert zu jedem der oben angeführten Teilchen ein *Antiteilchen* mit der entgegengesetzten Ladung und ansonsten gleichen Eigenschaften. Bei einer Kollision zwischen Teilchen und zugehörigem Antiteilchen werden beide vernichtet und ihre Masse wird als Strahlungsenergie freigesetzt. Antiteilchen werden häufig mit einem Querstrich über dem Teilchensymbol gekennzeichnet, z. B. $\overline{p}$ für das Antiproton oder $\overline{u}$ für das Anti-up-Quark.

## Wechselwirkungen

Quarks verbinden sich unter dem Einfluss der *starken Wechselwirkung*, vermittelt durch Gluonen, zu Mesonen[19] (meist zwei Quarks) oder Baryonen[20] (drei Quarks), die zusammen als *Hadronen*[21] bezeichnet werden. *Mesonen* sind sehr kurzlebig. Sie zerfallen nach Lebensdauern von maximal $10^{-8}$ s in andere Mesonen oder Leptonen. Zwei Arten von *Baryonen* dagegen, nämlich Protonen und Neutronen machen den weitaus größten Teil der sichtbaren Masse im Universum aus.

Um die starke Wechselwirkung zwischen Quarks zu beschreiben, wird ihnen im Standardmodell eine Art von Ladung zugeschrieben, die *Farb-Ladung* genannt wird und die Werte rot,

[19] mesos, griechisch für mittel
[20] barys, griechisch für schwer
[21] adros, griechisch für dick

grün und blau annehmen kann. (Diese Ladung hat *nichts* mit der elektrischen Ladung zu tun, genauso wenig wie die Farben mit dem alltäglichen Begriff Farbe.) Bei Anti-Quarks heißen die Werte anti-rot, anti-grün, anti-blau. Diese Farbterminologie hat auch zu der Bezeichnung Quanten*chromo*dynamik für die Theorie der Quark-Wechselwirkung geführt.

Freie Teilchen sind immer farbneutral, d. h. die Farb-Ladungen der Quarks, aus denen sie bestehen, neutralisieren sich, in der Farbanalogie: addieren sich zu weiß. Dies ist ein Ausdruck des oben erwähnten Umstands, dass sich Quarks nicht isoliert beobachten lassen, und wird als *Farb-Confinement*[22] bezeichnet. Demnach bestehen Mesonen aus einem Quark und einem Anti-Quark. Das *Pion* $\pi^0$ beispielsweise hat die Zusammensetzung $u\overline{u}$ mit einer Farbe des u-Quarks und der entsprechenden Anti-Farbe des $\overline{u}$-Quarks. Baryonen werden gebildet aus drei Quarks mit allen drei Farben, Anti-Baryonen aus drei Anti-Quarks mit allen drei Anti-Farben. So setzt sich das Proton aus zwei up- und einem down-Quark (uud), das Neutron aus einem up- und zwei down-Quarks (udd) zusammen (Bild 8.88). Dies führt auch zu den elektrischen Ladungen +e für das Proton bzw. 0 für das Neutron. Die in Bild 8.88 gezeigten Farb-Ladungen sind momentane Werte. Der Austausch von Gluonen, die eine Mischung einer Farbe und einer Anti-Farbe tragen, bewirkt schnelle Änderungen der Farb-Ladungen.

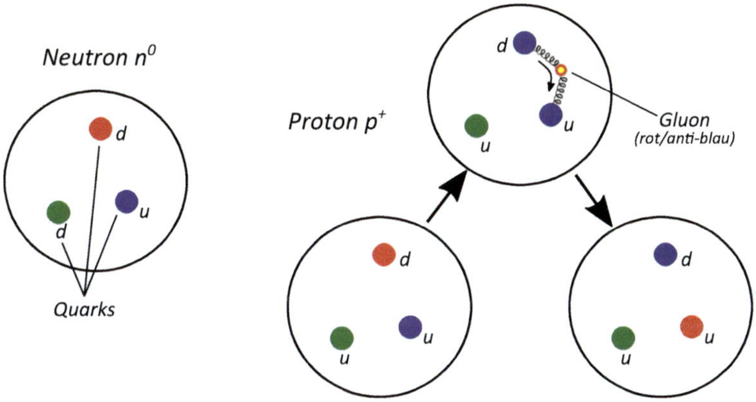


**Bild 8.88** Zusammensetzung von Neutron und Proton, beim Proton: Austausch eines Gluons zwischen Quarks und damit verbundener Wechsel der Farb-Ladungen

Wie man in Bild 8.87 sieht, sind die Massen des up- und des down-Quarks wesentlich kleiner als die der Nukleonen Proton und Neutron (vgl. Abschnitt 8.2.1). Deren große Massen beruhen hauptsächlich auf der Energie der die Quarks umgebenden Gluonen.

Zwar wirken freie Teilchen wie die Nukleonen auf Abständen größer als einige Femtometer farbneutral, d. h. die durch Gluonen vermittelte starke Wechselwirkung wirkt sich nicht unmittelbar zwischen ihnen aus. Die Farbladungen der Quarks sind innerhalb eines Nukleons aber nicht vollkommen abgesättigt. Dadurch entsteht eine Restwechselwirkung zwischen den Nukleonen, die als *Kernkraft* bezeichnet wird und über den Austausch von Pionen zu einer Bindung der Nukleonen untereinander führt. Als grobe Analogie ist dies vergleichbar mit der van der Waals-Kraft, die als „Rest" der elektromagnetischen Kräfte neutrale Atome binden kann (siehe Abschnitt 9.1.1). Die Kernkraft ist damit eine Auswirkung der starken Wechselwirkung.

[22] confinement, englisch für Einschluss

Sie nimmt mit dem Abstand schnell ab und ihre Reichweite ist begrenzt, aber bis zu einem Abstand von etwa 2,5 fm ist sie stärker als die abstoßende Coulomb-Kraft zwischen zwei Protonen.

Im Vergleich zu den Massen von up- und down-Quark fallen die Massen von Z- und W-Boson auf, die rund 100-mal größer sind als sogar die der Nukleonen. Z- und W-Bosonen sind die Träger der *schwachen Wechselwirkung*. Ihre große Masse bedingt die geringe Reichweite dieser Wechselwirkung von weniger als 0,1 fm, die kleiner ist als der Radius etwa des Protons mit 0,8 fm. Die schwache Wechselwirkung ermöglicht die Umwandlung von Quarks eines Typs in einen anderen. Darauf beruht z. B. der $\beta^-$-Zerfall des Neutrons, der in zwei Schritten erfolgt: Ein down-Quark emittiert ein $W^-$-Boson und wird zu einem up-Quark, wodurch das Neutron zum Proton wird. Das $W^-$-Boson geht in ein Elektron und ein Anti-Elektronneutrino über. Bild 8.89 zeigt diesen Vorgang in der üblichen Darstellung als Feynman-Diagramm (R. Feynman, 1918–1988, Nobelpreis 1965).

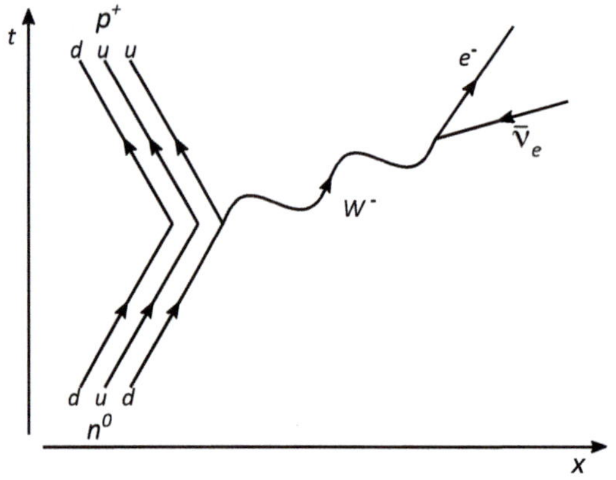


**Bild 8.89**
$\beta^-$-Zerfall des Neutrons durch Emission eines W-Bosons im Feynman-Diagramm

Ein *Feynman-Diagramm* ist eine grafische, anschauliche Darstellung des dahinter liegenden mathematischen Formalismus für die Wechselwirkung zwischen Teilchen. Die Zeit wird auf der Ordinate, der Ort (hier durch $x$ symbolisiert) auf der Abszisse aufgetragen. Der Zeit-Ort-Zusammenhang (die Weltlinie) von Teilchen wird für Materieteilchen als gerade Linie mit Richtungspfeilen gezeichnet, für Feldteilchen als Wellenlinie (wie z. B. in Bild 8.89 für das W-Boson). Antiteilchen ($\overline{\nu}_e$) werden als gegenläufig zur Zeit eingetragen.

Während die Wahrscheinlichkeit des ersten Schrittes gering ist, wodurch die lange Lebensdauer eines freien Neutrons von ca. 900 s zustande kommt, erfolgt der zweite, wieder im Zusammenhang mit der großen Masse des $W^-$-Bosons sehr schnell, innerhalb von ca. $10^{-25}$ s. Zusammengefasst handelt es sich um die Reaktionen:

$$d^{-1/3} \rightarrow u^{+2/3} + W^- \tag{8.151a}$$

$$W^- \rightarrow e^- + \overline{\nu}_e \tag{8.151b}$$

Neutrinos treten nur über die schwache Wechselwirkung mittels der Z- und W-Bosonen, d. h. äußerst selten mit Materie in Kontakt. Aus den Fusionsprozessen in der Sonne treffen Neutrinos mit einer Teilchenstromdichte von ca. $10^{14}$ m$^{-2}$ s$^{-1}$ und einer Energie von rund 1 MeV auf die Erde. Die mittlere freie Weglänge solcher Neutrinos beträgt z. B. in Blei mehr als $10^{14}$ m, sodass sie die Erde nahezu ungehindert durchqueren.

Die schwache Wechselwirkung ist, wie oben erwähnt, zusammen mit der elektromagnetischen Wechselwirkung ein Aspekt der elektroschwachen Wechselwirkung. Gemeinsam als diese treten sie allerdings nur bei extrem hohen Energien auf, wie sie im Universum Sekundenbruchteile nach dem Urknall geherrscht haben. Seitdem können sie als voneinander unabhängig betrachtet werden.

Die *elektromagnetische Wechselwirkung* wird durch Austausch von Photonen vermittelt. Ihre unbegrenzte Reichweite hängt damit zusammen, dass Photonen keine Ruhemasse haben.

In Tabelle 8.13 sind die fundamentalen Wechselwirkungen mit den sie vermittelnden Feldteilchen aufgeführt, hier inklusive der Gravitation. Die Angaben über die relative Stärke sind nur als Anhaltspunkte gedacht, da die Werte von der Art der Teilchen und ihrem Abstand voneinander abhängen. Gleiches gilt für die Reichweite. So ist z. B. die Reichweite der Kernkraft im Prinzip auch unendlich, sie geht aber exponentiell gegen null und ist etwa ab dem angegebenen Wert kleiner als die Coulomb-Kraft, die mit $1/r^2$ gegen null geht.

**Tabelle 8.13** Fundamentale Wechselwirkungen - Überblick

| Wechselwirkung | wirkt auf | Feldteilchen | relative Stärke | Reichweite |
|---|---|---|---|---|
| schwache WW | Quarks, Leptonen | Z-, W-Boson | $10^{-4}$ | < 0,1 fm |
| starke WW<br>Rest-WW/Kernkraft | Quarks, Gluonen<br>Hadronen | Gluon<br>Pion | 100 | < 1 fm<br>2 fm |
| elektromagnetische WW | elektrisch geladene Teilchen | Photon | 1 | $\infty$ |
| Gravitation | alle Teilchen | bisher nicht bekannt | $10^{-36}$ | $\infty$ |
| Die Gravitation gehört zu den fundamentalen Wechselwirkungen, konnte aber bisher nicht in das Standardmodell integriert werden. | | | | |

## Erhaltungssätze

Die Möglichkeiten für Reaktionen von Teilchen oder zwischen Teilchen werden dadurch eingeschränkt, dass gewisse Größen bei diesen Reaktionen unverändert bleiben müssen. Bekanntermaßen gelten Erhaltungssätze mit dieser Aussage für die Energie, den Impuls, den Drehimpuls und die elektrische Ladung. Wegen des *Erhaltungssatzes für die Energie* kann ein Teilchen nicht in zwei insgesamt schwerere Teilchen zerfallen. So ist z. B. der Vorgang $p^+ \to n^0 + e^+$ nicht möglich, da das Neutron alleine schon eine größere Masse und damit eine größere äquivalente Energie hat als das Proton. Der *Erhaltungssatz für den Impuls* erfordert beispielsweise, dass bei der Annihilation eines Elektrons und eines Positrons, die bei der Reaktion praktisch in Ruhe sind, zwei Photonen in entgegengesetzter Richtung emittiert werden: $e^- + e^+ \to 2\gamma$. Beim $\beta^-$-Zerfall des Neutrons (siehe Abschnitt 8.3.4) muss, abgesehen von den Gründen der Energieverteilung des Elektrons, ein weiteres Teilchen emittiert werden, da sonst der *Erhaltungssatz für den Drehimpuls* nicht erfüllt werden kann. Das Neutron hat den Spin-Drehimpuls 1/2. Die Spins der Zerfallsprodukte Proton und Elektron von jeweils 1/2 können aber nur zum Gesamtdrehimpuls 1 (parallele Spins von Proton und Elektron) oder 0 (antiparallele Spins) kombiniert werden. Es muss also ein weiteres Teilchen mit dem Spin 1/2 beteiligt sein, das sich als das Anti-Elektronneutrino herausstellte. Der *Erhaltungssatz für die elektrische Ladung* verbietet z. B. die Reaktion $e^- \to \nu_e + \gamma$, die von den anderen Erhaltungssätzen her möglich wäre.

Im Rahmen des Standardmodells gibt es zwei weitere universell gültige Erhaltungssätze. Der *Erhaltungssatz für die Baryonenzahl* sagt aus, dass die Zahl der Quarks bzw. die daraus resultierende Zahl der Hadronen bei jedem Prozess erhalten bleiben muss. Dabei wird ein Quark mit 1/3 gezählt, ein Anti-Quark mit −1/3. Ein Meson hat demzufolge die Baryonenzahl $B = 0$, ein Baryon wie das Proton hat die Baryonenzahl $B = 1$, ein Anti-Baryon $B = -1$. Die Summe über die Baryonenzahlen der an einem Prozess beteiligten Teilchen darf sich dabei nicht ändern. Zum Beispiel ist der Zerfall des Protons in ein Neutron und ein Elektron, wie oben angeführt, aus energetischen Gründen nicht möglich. Ein Proton kann aber auch nicht in leichtere Teilchen zerfallen, da es kein leichteres Baryon gibt und sich deshalb beim Zerfall die Baryonenzahl verändert würde. Daraus resultiert die Stabilität des Protons, für das auch experimentell bisher nur ausgesagt werden kann, dass seine Lebensdauer mehr als $10^{34}$ a beträgt. Eine zweite numerische Aussage betrifft die Zahl der Leptonen. Nach dem *Erhaltungssatz für die Leptonenzahl* darf sich die Zahl der Leptonen eines Typs (Elektron, Myon, Tauon), bei einem Prozess nicht ändern. Dabei werden wieder die Teilchen, also z. B. die Elektronen und Elektronenneutrinos mit $L_e = 1$, die Antiteilchen dazu mit $L_e = -1$ gezählt. Aus diesem Grunde muss das beim Neutronenzerfall auftretende Neutrino ein Anti-Neutrino sein, sodass die Leptonenzahl nach dem Zerfall denselben Wert 0 wie vor dem Zerfall hat.

Das Standardmodell kennt noch weitere Erhaltungssätze, die sich spezifisch auf Prozesse mit einer bestimmten Wechselwirkung beziehen. Darauf soll hier nicht weiter eingegangen werden.

### Grenzen und offenen Fragen des Standardmodells

Das Standardmodell ist sehr erfolgreich in der Beschreibung und Erklärung vieler Vorgänge und Eigenschaften auf der für die Physik grundlegenden Ebene der Elementarteilchen. Einige wichtige Punkte werden allerdings auch nicht erfasst. So lässt sich, wie schon erwähnt, die *Gravitation* als vierte fundamentale Wechselwirkung bisher nicht integrieren. Auf makroskopischer Skala wird die Gravitation durch die Allgemeine Relativitätstheorie genauestens beschrieben. Auf der mikroskopischen, quantenphysikalischen Skala ist diese aber nicht mehr gültig. Eine Verbindung zwischen beiden Bereichen ist bislang trotz großer theoretischer Bemühungen nicht gelungen. Während etwa die Feldteilchen der anderen Wechselwirkungen experimentell nachgewiesen werden konnten, bleibt ein „Graviton" als vermittelndes Teilchen der Gravitation immer noch hypothetisch.

Während diese Problematik von Anfang an bewusst war, sind inzwischen auch andere Beobachtungen gemacht worden, die durch das Standardmodell noch nicht erklärt werden können. Seit den 1990er-Jahren gibt es astrophysikalische Messergebnisse, nach denen die baryonische Materie, die aus den Baryonen und den übrigen bekannten Elementarteilchen besteht, nur etwa 5 % der Masse des Universums ausmacht. 23 % der Masse besteht aus sogenannter *dunkler Materie*, die sich nur durch ihre Gravitationswirkung bemerkbar macht. Weitere 72 % liegen als sogenannte *dunkle Energie* vor, die eine Beschleunigung der Ausdehnung des Universums bewirkt. Die Bezeichnung „dunkel" drückt aus, dass es im Rahmen des Standardmodells und auch sonst zurzeit keine Erklärung für diese Erscheinungen gibt.

Unabhängig davon wird außerdem weiter nach einer Erklärung für das Ungleichgewicht zwischen *Materie und Antimaterie* gesucht. Nach dem Standardmodell hätte während der anfänglichen Entwicklung des Universums zu gleichen Teilen Materie und Antimaterie entstehen sollen, die sich im Anschluss vollständig gegenseitig hätten vernichten müssen.

Stattdessen ist offensichtlich mehr von dem entstanden, was wir jetzt Materie nennen und was daher die sichtbare Masse des Universums ausmacht.

### 8.4.2 Teilchenbeschleuniger

Für technische oder medizinische Zwecke, aber insbesondere für Experimente zur Untersuchungen der Eigenschaften von Elementarteilchen werden Teilchen mit sehr hoher kinetischer Energie benötigt. Die Anforderungen gehen weit über die anfangs erwähnte erforderliche kurze de Broglie-Wellenlänge der Teilchen hinaus. Teilchen wie das W-Meson können erst bei Energien deutlich über 100 GeV beobachtet werden. Im Folgenden werden einige Konzepte zur Beschleunigung von Teilchen vorgestellt. Auf Details, wie z. B. die Fokussierung der Teilchenstrahlen in Längs- und Querrichtung, wird dabei nicht eingegangen, auch wenn sie für die Funktion der Teilchenbeschleuniger wesentlich sind.

Am einfachsten kann ein Teilchen *elektrostatisch* beschleunigt werden, indem man es einem statischen elektrischen Feld aussetzt, wie es im Prinzip zwischen den Platten eines Kondensators herrscht. Elektronenstrahlen beispielsweise in Kathodenstrahlröhren oder Röntgenröhren werden auf diese Weise erzeugt. Die erreichbare Teilchenenergie hängt dabei von der Potentialdifferenz, d. h. von der Spannung zwischen den Platten ab. Sie wird durch die Spannungsfestigkeit der Isolation auf etwa 2 MeV begrenzt bei freistehenden Beschleunigern und auf ca. 20 MeV, wenn die spannungsführenden Teile unter erhöhtem Gasdruck stehen.

Höhere Energien bei kleineren Spannungen bzw. Feldern lassen sich erreichen, wenn sich die Teilchen wiederholt durch den Feldbereich bewegen und so bei jedem Durchgang beschleunigt werden. Ein *Zyklotron* besteht im Kern aus zwei D-förmigen hohlen Metallelektroden, die sich in einer Vakuumkammer im Feld eines Elektromagneten befinden (Bild 8.90). An den Elektroden liegt eine Wechselspannung an, die ein elektrisches Feld wechselnder Richtung im Spalt zwischen den Elektroden erzeugt. Ein Teilchen aus einer Teilchenquelle im Zentrum wird durch das momentane Feld beschleunigt, bewegt sich aufgrund der Lorentz-Kraft auf einem Kreisbogen und trifft wieder auf den Spalt. Die Frequenz der Wechselspannung ist so abgestimmt, dass sich bis dahin die elektrische Feldrichtung gerade umgekehrt hat, sodass

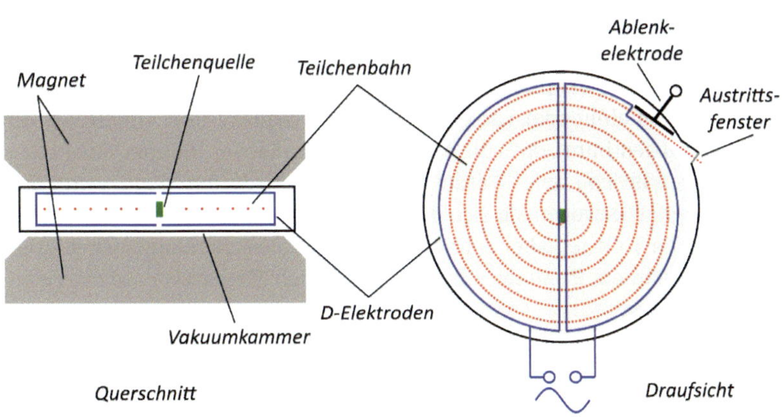


**Bild 8.90** Zyklotron, Aufbau und Funktion (schematisch), Querschnitt und Draufsicht

das Teilchen weiter beschleunigt wird. Es bewegt sich dadurch auf Kreisbögen mit zunehmend größerem Radius, also auf einer Art Spirale, bis es am Rand durch eine Ablenkelektrode nach außen geführt wird. Eine wesentliche Voraussetzung für die Funktion des Zyklotrons ist, dass die Umlauffrequenz des Teilchens nur von seiner Masse $m$ und Ladung $q$ sowie der Magnetfeldstärke $B$, nicht aber von seiner Geschwindigkeit bzw. kinetischen Energie abhängt. In Abschnitt 6.8.1 wurde diese *Zyklotronfrequenz* zu

$$f_Z = \frac{q\,B}{2\pi m} \tag{8.152}$$

berechnet. Für den Radius eines Kreisbogens gilt $r \sim v \sim \sqrt{E_{kin}}$, sodass bei einem gegebenen Radius $r_{max}$ des Zyklotrons die maximal erreichbare kinetische Energie $E_{kin,max} \sim r_{max}^2$ ist. Steigt allerdings die kinetische Energie auf Werte vergleichbar zur Ruheenergie des Teilchens, macht sich die *relativistische Massenzunahme* bemerkbar und Umlauffrequenz nimmt ab. Aus diesem Grunde werden Zyklotrons üblicherweise für die Beschleunigung von Teilchen größerer Masse wie Protonen oder Ionen genutzt, nicht aber für Elektronen mit ihrer geringen Ruheenergie von 511 keV. Um hohe Energien erreichen zu können, muss aber auch in diesem Fall die Massenzunahme berücksichtigt werde. Dies geschieht etwa mit dem *Isochronzyklotron*, bei dem die Umlauffrequenz konstant gehalten wird, indem die Magnetfeldstärke nach außen hin zunimmt. Beispielsweise werden im 15 m-Isochronzyklotron des schweizerischen PSI Protonen auf Energien von bis zu 590 MeV beschleunigt.

Wegen ihres kompakten Aufbaus werden Zyklotrons niedriger und mittlerer Energie in der Medizin für die Strahlentherapie und zur Herstellung von Radioisotopen eingesetzt.

Beim *elektrodynamischen Linearbeschleuniger* sind die Feldbereiche für die Beschleunigung, wie der Name sagt, linear angeordnet. Auch hierbei spielt die Masse der Teilchen eine Rolle. Die Geschwindigkeitszunahme bei Energiezufuhr wird immer geringer, je mehr die kinetische Energie die Ruheenergie des Teilchens übersteigt. Die Geschwindigkeit von Elektronen ist nun schon bei kinetischen Energien von ca. 1 MeV nur wenig kleiner als die Lichtgeschwindigkeit und ändert sich bei weiterer Energiezufuhr nur noch unwesentlich. Für Protonen mit der Ruheenergie 938 MeV dagegen ändert sich die Geschwindigkeit erst ab ca. 2 GeV praktisch nicht mehr. Demzufolge arbeiten Linearbeschleuniger für Elektronen und für schwere Teilchen wie Protonen oder Ionen nach unterschiedlichen Konzepten. Beide basieren auf Hohlraumoszillatoren, in denen durch Einstrahlung von Radio- oder Mikrowellen ein oszillierendes elektromagnetisches Feld mit einer axialen elektrischen Feldkomponente erzeugt wird. Im *Linearbeschleuniger für Ionen* (Bild 8.91) sind entlang der Achse Metallröhren mit zunehmender Länge angeordnet. Frequenz und Amplitude des elektrischen Feldes sind so abgestimmt, dass die Teilchen während einer Halbperiode in den Lücken zwischen den Röhren beschleunigt werden. In der anderen Halbperiode, wenn das Feld in die Gegenrichtung zeigt, bewegen sie sich durch das feldfreie Innere der Röhren. Da die Frequenz konstant ist, die Teilchen aber schneller werden, muss die Länge der Röhren entlang der Strahlachse zunehmen. Protonen werden mit solchen Strukturen auf Energien bis zu ca. 200 MeV beschleunigt.

Im *Linearbeschleuniger für Elektronen* über eine Energie von etwa 1 MeV hinaus wird im Hohlraumresonator eine Wanderwelle erzeugt, die sich mit nahezu der Lichtgeschwindigkeit entlang der Hohlraumachse bewegt. Dazu wird der Resonator durch metallische Blenden mit einer zentralen Öffnung in gekoppelte Einzelresonatoren gegliedert (Bild 8.92).

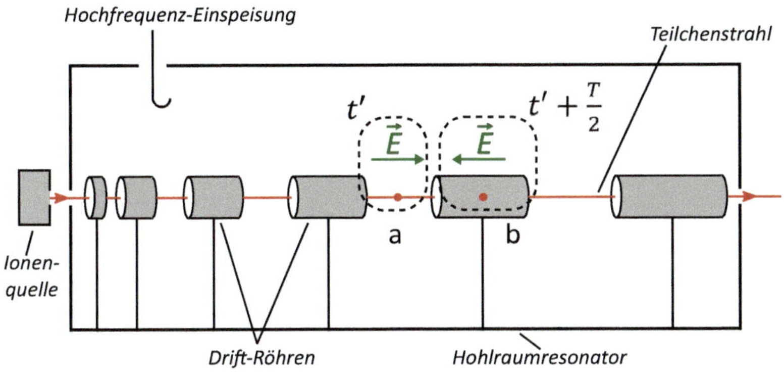


**Bild 8.91** Linearbeschleuniger für Ionen, angedeutet sind die Situationen (a) zur Zeit $t'$ mit einem Teilchen im Beschleunigungsspalt und (b) zur Zeit $t' + \frac{T}{2}$, d. h. eine halbe Periode des HF-Feldes später, mit dem Teilchen in einer Driftröhre

Diese sind durch Abstand und Öffnung so aufeinander abgestimmt, dass zwischen ihnen jeweils eine kleine Phasendifferenz besteht, die eine zentrale Wanderwelle mit der gewünschten Phasengeschwindigkeit zur Folge hat. Elektronen, die am Anfang dieser, als Runzelröhre bezeichneten Strecke in der richtigen Phasenlage eingespeist werden, bewegen sich mit dieser Welle, wie in Bild 8.92 angedeutet, sodass ihnen kontinuierlich Energie zugeführt wird. Die erreichbare Elektronenenergie hängt unter anderem von der Länge des Beschleunigers ab. Mit 3 km Länge werden im Stanford Linear Accelerator (SLAC) in den USA Elektronen mit einer Energie von ca. 50 GeV erzeugt.

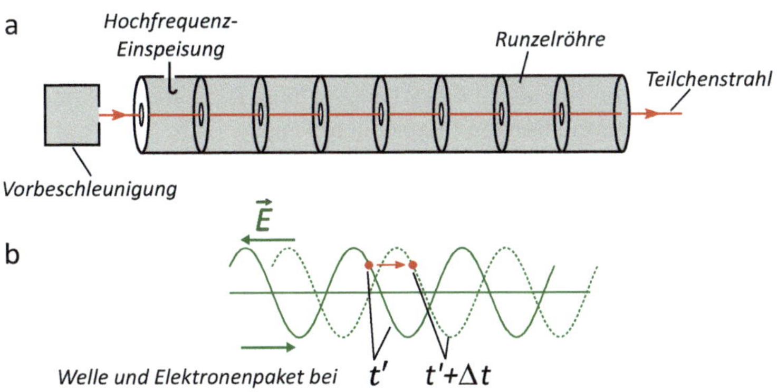


**Bild 8.92** Linearbeschleuniger für Elektronen: (a) schematischer Aufbau, (b) „Wanderwelle" des elektrischen Feldes und Bewegung eines Elektronenpakets (Feldrichtung für negative Teilchen)

Kompaktere Linearbeschleuniger werden in der Medizintechnik für Bestrahlungen mit Ionen oder Elektronen oder als Vorstufe für Röntgenquellen genutzt.

Höchste Teilchenenergien werden mit dem *Synchrotron* erreicht. Die Teilchen bewegen sich in einer in etwa kreisförmigen Strahlröhre, die aus einer Abfolge von Beschleunigungseinheiten wie beim Linearbeschleuniger und von magnetischen Ablenkeinheiten besteht (Bild 8.93).

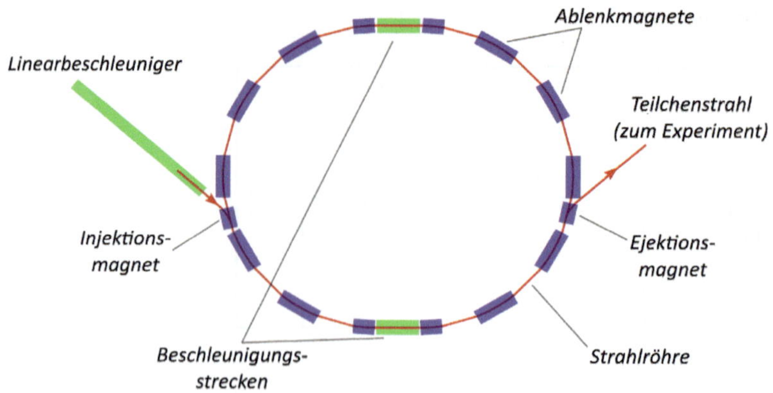


**Bild 8.93** Synchrotron (schematisch)

Wegen des festgelegten Radius der Kreisbahn muss das Magnetfeld in den Ablenkeinheiten synchron mit der Zunahme der Teilchenenergie erhöht werden, daher die Bezeichnung „Synchrotron". Gegenüber dem reinen Linearbeschleuniger hat das Synchrotron den Vorteil, dass die Beschleunigungsphasen mit jedem Umlauf des Teilchens, und damit im Prinzip beliebig oft wiederholt werden. Weiterhin muss man das Magnetfeld zur Ablenkung nur im Bereich der Strahlröhre erzeugen, nicht auf der gesamten Kreisfläche wie beim Zyklotron. Dadurch sind wesentlich größere Bahnradien der Teilchen möglich. Allerdings sind Beginn und Ende der Beschleunigungsstrecke nicht so einfach zugänglich wie beim Linearbeschleuniger. Meist werden die Teilchen in einem solchen vorbeschleunigt und über ein Magnetsystem in die Strahlröhre injiziert. Mit einem weiteren Magnetsystem werden sie nach ausreichender Beschleunigung für anschließende Experimente aus dem Kreis entnommen. Das für die Bahnkrümmung erforderliche Magnetfeld begrenzt schließlich die erreichbare Teilchenenergie. Beim Large Hadron Collider (LHC) des CERN in Genf werden in einem Ring mit dem Radius 4,2 km u. a. Protonen auf eine Energie von bis zu 7 TeV beschleunigt. Das dafür notwendige Magnetfeld von etwa 8 T wird mit supraleitenden Magneten erzeugt.

Synchrotrons werden häufig neben der Beschleunigung auch zum Speichern der beschleunigten Teilchen als *Speicherring* genutzt, in dem sich die Teilchen mit konstanter Energie und bei konstantem Magnetfeld bewegen und bei Bedarf entnommen werden können.

Die für Reaktionen verfügbare Energie erhöht sich drastisch, wenn man Teilchen aus zwei gegenläufigen Strahlen *kollidieren* lässt. Entscheidend ist nämlich die Energie im Schwerpunktsystem der beteiligten Teilchen. Trifft ein Teilchen auf ein ruhendes Target, so geht ein Teil der Energie in die kinetische Energie der Reaktionsprodukte über, die sich mit der Schwerpunktsgeschwindigkeit weiterbewegen. Bei einer Kollision zweier gleicher Teilchen dagegen ruht der Schwerpunkt und die gesamte Teilchenenergie steht für die Reaktion zur Verfügung. Gegenläufig umlaufende Teilchen in einem Speicherring mit zwei benachbarten Strahlröhren (mit einander entgegengesetzten Magnetfeldern) können an mehreren Punkten der Bahn zur Kollision gebracht werden. Da immer nur wenige der gespeicherten Teilchen tatsächlich kollidieren, kann ein Experiment mit den gespeicherten Teilchenstrahlen oft und in schneller Folge wiederholt werden, etwa umso die Aussagekraft der Messungen zu erhöhen. Auf diese Weise arbeitet der o. g. LHC, der so auf eine Kollisionsenergie von 14 TeV kommt.

Ein unvermeidlicher Energieverlust auch bei konstanter Umlaufgeschwindigkeit hängt mit der Bewegung auf der Kreisbahn und der damit verbundenen Zentripetalbeschleunigung in Richtung Kreismittelpunkt zusammen. (Die Beschleunigung zur Erhöhung der Umlaufgeschwindigkeit ist wesentlich geringer und spielt hier keine Rolle.) Beschleunigte geladene Teilchen emittieren elektromagnetische Strahlung, die in diesem Fall als *Synchrotronstrahlung* bezeichnet wird, und verlieren dadurch Energie. Bei den in diesem Zusammenhang üblichen relativistischen Teilchengeschwindigkeiten mit $v \approx c$ gilt für den Energieverlust eines Teilchens durch die abgestrahlte Leistung der Synchrotronstrahlung

$$\Delta E_{\text{synchrotron}} \sim \frac{1}{R}\left(\frac{E}{mc^2}\right)^4 \tag{8.153}$$

mit dem Radius des Ringes $R$, der Energie $E$ und der Ruhemasse $m$ des Teilchens. Bei gleichem Radius und gleicher Energie ist daher für Elektronen der Verlust durch die Strahlung um einen Faktor von mehr als $10^{13}$ größer als für Protonen. Bei dem Large Electron-Positron Collider (LEP) des CERN in Genf (in Betrieb bis 2000) mit dem Radius 4,2 km und einer maximalen Elektronen/Positronen-Energie von rund 100 GeV betrug der Verlust ca. 2,9 GeV pro Umlauf. Die erforderliche Hochfrequenzleistung zur Kompensation dieses Verlustes (ca. 30 MW) begrenzte schließlich die erreichbare Teilchenenergie. Höhere Elektronenenergien sind praktisch nur mit Linearbeschleunigern zu realisieren. Der zurzeit (2023) projektierte International Linear Collider (ILC) soll auf insgesamt mehr als 30 km Länge Elektronen und Positronen auf jeweils bis zu 500 GeV Energie beschleunigen und zur Kollision bringen.

Synchrotronstrahlung wird bei relativistischen Geschwindigkeiten in einen engen, von der Teilchenenergie abhängigen Raumwinkel tangential zur Teilchenbahn abgegeben (Bild 8.94). Sie umfasst ein weites Spektrum vom Infraroten bis in den Bereich harter Röntgenstrahlung. Während sie für das Erreichen hoher Teilchenenergien hinderlich ist, wird sie andererseits als Quelle hochintensiver Röntgenstrahlung für Strukturanalysen (siehe Abschnitt 8.2.5) genutzt. Speziell zu diesem Zweck verwendete Synchrotrons enthalten Teilstrecken, auf denen die Elektronenbahn durch zusätzliche Magnetfelder wellenförmig mehrfach gekrümmt wird („undulator"), umso die Strahlung zu richten und zu verstärken.

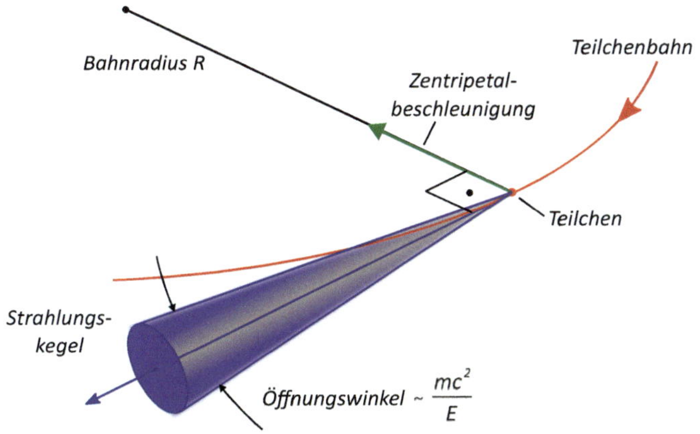


**Bild 8.94** Synchrotronstrahlung eines geladenen Teilchens auf einer Kreisbahn

# 9 Festkörperphysik

Bei abnehmender Temperatur werden am Siedepunkt alle Stoffe flüssig, bei weiter sinkender Temperatur erstarren fast alle zum Festkörper (mit Ausnahme von Helium). Direkt proportional zur Temperatur ist die mittlere kinetische Energie der Atome oder Moleküle. Kommt diese mit sinkender Temperatur in den Bereich der Energie möglicher Bindungen zwischen den Teilchen, so sorgen diese Bindungen zunächst für kurzlebige und lokal begrenzte Anordnungen der Teilchen, wie es in einer Flüssigkeit der Fall ist. Nimmt die Temperatur und damit die kinetische Energie weiter ab, kann sich eine feste Ordnung unter den Teilchen ausbilden, die sich im Idealfall auch über größere Distanzen erstreckt. Dann liegt ein Festkörper, unter Umständen in kristalliner Form vor.

Die Festkörperphysik befasst sich zum einen mit der Struktur von Festkörpern, die sich aus der Art der Bindung ergibt. Dies ist Gegenstand von Abschnitt 9.1. Zum anderen untersucht sie die mechanischen, thermischen und elektronischen Eigenschaften der Festkörper, die erst durch die Bindung der Teilchen untereinander entstehen. Während mechanische Eigenschaften schon in Abschnitt 2.5 behandelt wurden, sollen in Abschnitt 9.2 hauptsächlich die Grundlagen einiger thermischer und elektronischer Eigenschaften, mit dem Hauptgewicht auf den letzteren, behandelt werden. In Abschnitt 9.3 geht es mit den physikalischen Grundlagen der Halbleiterelektronik um ein wesentliches Anwendungsgebiet der Festkörperphysik. Die Wechselwirkung zwischen Festkörpern und Magnetfeldern sind Gegenstand von Abschnitt 9.4.

## 9.1 Aufbau von Festkörpern

### 9.1.1 Bindungen im Festkörper

Die Bindungen zwischen den Atomen oder Molekülen, aus denen ein Festkörper besteht, haben verschiedene elektrische und quantenphysikalische Ursachen, die sich erheblich auf die Eigenschaften des Festkörpers auswirken können. Die Bindungsarten werden im Folgenden behandelt.

#### Kovalente Bindung

Verringert sich der Abstand zwischen gleichartigen Atomen, denen wenige Elektronen zu einer vollständig gefüllten äußeren Schale fehlen, so können diese eine Bindung eingehen, bei der die vorhandenen äußeren Elektronen beiden Bindungspartnern gleichzeitig zugeordnet sind und so die Schalen auffüllen. Genauer beginnen ab einem gewissen Abstand die Elektronenhüllen benachbarter Atome einander zu durchdringen. Die Elektronen befinden sich dann im Feld der Kernladungen beider Atome. Die Gesamtenergie wird abgesenkt, indem die atomaren Zustände der Elektronen modifiziert werden. Bei Kohlenstoffatomen beispielsweise führt dies dazu, dass die vier Elektronen der L-Schale, die beim einzelnen Atom die s- und p-Orbitale (siehe Abschnitt 8.2.2) mit der Konfiguration $s^2p^2$ besetzen, übergehen in vier gleichartige, mit jeweils einem Elektron besetzte $sp^3$-*Hybrid-Orbitale*, wie dies in Bild 9.1 schematisch dargestellt ist. Die Hybrid-Orbitale überschneiden sich mit denen jeweils benachbarter Atome, d. h. die Elektronen in diesen Zuständen „gehören" also sozusagen zu beiden Atomen. Diese Konfiguration hat eine insgesamt niedrigere Energie im Vergleich zu der einzelner Atome, was eine Bindung zwischen den Atomen zur Folge hat. Diese Art der Bindung heißt *kovalente Bindung*, da die gebundenen Atome jeweils in gleicher Art und Weise mit ihren Valenzelektronen daran beteiligt sind. Die Bindung kommt durch den Austausch von Elektronen zustande, daher spricht man hier von *Austauschwechselwirkung*. Die räumliche Elektronenverteilung bei $sp^3$-Orbitalen ähnelt vier „Keulen", die vom Atom im Schwerpunkt eines Tetraeders in die vier Ecken gerichtet sind und die die Bindungsrichtungen vorgeben (Bild 9.2). Der Winkel zwischen ihnen beträgt jeweils 109,5°.

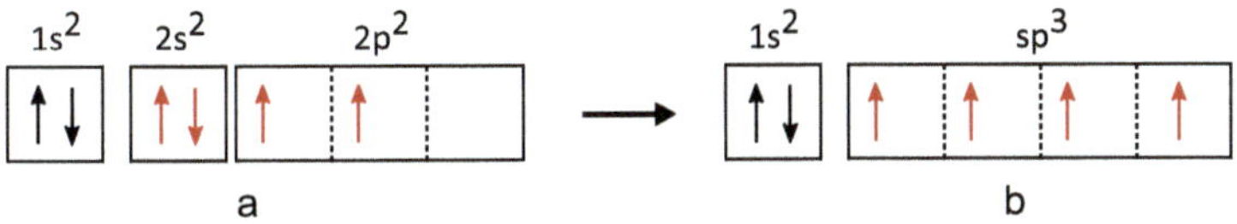


**Bild 9.1** Übergang von (a) der $s^2p^2$-Konfiguration im einzelnen C-Atom zu (b) $sp^3$-Hybrid-Orbitalen (schematisch), senkrechte Pfeile: Spin-Richtungen

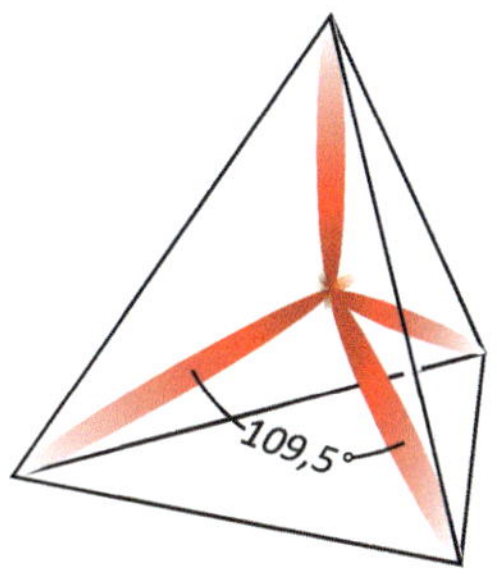


**Bild 9.2**
Räumliche Orientierung der $sp^3$-Hybrid-Orbitale, z. B. beim C-Atom im Diamant

Auch andere Atome mit einer $s^2p^2$-Konfiguration in der äußeren Schale, wie z. B. Silicium und Germanium gehen untereinander kovalente Bindungen mit $sp^3$-Hybrid-Orbitalen ein, was vergleichbare Eigenschaften im Festkörper zur Folge hat. Kovalente Bindungen können aber auch auf anderen Formen der Hybridisierung beruhen, woraus sich andere Ausrichtungen der Bindungen ergeben.

Festkörper, zwischen deren Atomen kovalente Bindungen bestehen, sind gewöhnlich harte und schwer verformbare Körper, da die Atome durch die Ausrichtung der Bindungen an ihren Positionen fixiert sind. Ein Beispiel dafür ist der aus Kohlenstoff bestehende Diamant, das härteste bekannte Material. Da außerdem die Elektronen in den Bindungen lokalisiert sind, gibt es keine frei beweglichen Ladungsträger und die Stoffe sind von sich aus Isolatoren. Erst durch äußere Anregung, z. B. thermisch oder durch Einfall von Photonen, können Elektronen freigesetzt werden. Je nach der Energie, die dazu erforderlich ist, werden die Stoffe dann als Isolator bzw. Halbleiter klassifiziert. So sind Körper aus Silicium oder Diamant bei $T = 0$ K Nichtleiter. Bei Raumtemperatur, $T \approx 300$ k, hat Silicium durch die thermisch freigesetzten Elektronen eine Leitfähigkeit von $3{,}2 \cdot 10^{-4}$ $(\Omega\ \text{m})^{-1}$ (zum Vergleich Cu: $5{,}8 \cdot 10^{7}$ $(\Omega\ \text{m})^{-1}$), die von Diamant ist auch bei dieser Temperatur nicht messbar.

## Ionenbindung

Atome unterschiedlicher Elemente haben, in Abhängigkeit von ihrer Elektronenkonfiguration, im Allgemeinen unterschiedliche Ionisierungsenergien $E_{\text{I}}$ (Bild 8.28), bzw. Elektronenaffinitäten $E_{\text{EA}}$. Unter *Elektronenaffinität* versteht man die Energie, die bei der Anlagerung eines Elektrons, d. h. bei der Bildung eines einfach negativ geladenen Ions, freigesetzt wird. Extrem sind die Unterschiede zwischen den Alkali-Metallen der ersten Gruppe des Periodensystems (Li, Na, …), die ein zusätzliches Elektron über einer abgeschlossenen Schale haben ($E_{\text{I}}$, $E_{\text{EA}}$ niedrig), und den Halogenen aus der vorletzten Gruppe (F, Cl, …), denen ein Elektron zum Abschluss einer Schale fehlt ($E_{\text{I}}$, $E_{\text{EA}}$ hoch). Daher gehen z. B. Natrium und Chlor eine Bindung zu einem Festkörper ein, indem ein Na-Atom ein Elektron abgibt, das von einem Cl-Atom aufgenommen wird. Die Bindung entsteht dann durch die elektrostatische Anziehung zwischen dem negativ geladenen Cl-Ion und dem positiv geladenen Na-Ion (Bild 9.3). Dieser Bindungstyp wird als *Ionenbindung* bezeichnet.

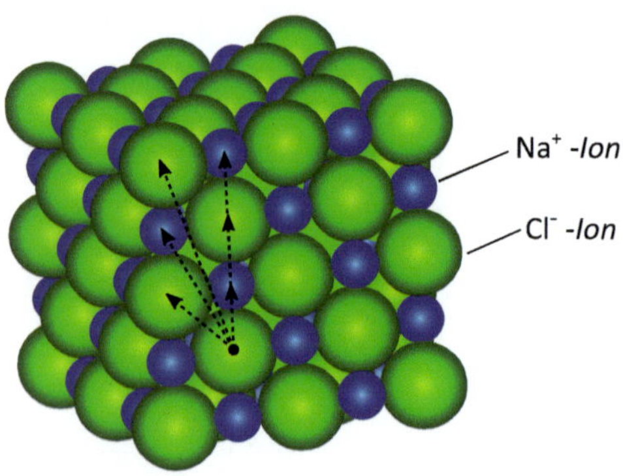


**Bild 9.3**
Ionenbindung und Beiträge zur Wechselwirkungsenergie (durch die Pfeile teilweise angedeutet) im NaCl-Ionenkristall

Die Bindungsenergie lässt sich über das Coulomb-Potential abschätzen, wenn man berücksichtigt, dass die Wechselwirkung nicht nur zwischen direkt benachbarten Ionen besteht, sondern auch die Ladungen entfernterer Ionen mit einbezieht, wie es in Bild 9.3 angedeutet ist. Die Beiträge, über die summiert werden muss, nehmen umgekehrt proportional zum Abstand ab, sodass die Summe gegen einen Grenzwert konvergiert. Die Bindungsenergie eines Ionenkristalls mit jeweils $N$ Ionen der Ladung $+q$ bzw. $-q$ beträgt dann

Bindungsenergie im Ionenkristall

$$E_{\text{B}} \approx \alpha \cdot N \cdot \frac{1}{4\pi\varepsilon_0} \cdot \frac{q^2}{R_0} \tag{9.1}$$

Dabei ist $\alpha$ die *Madelung-Konstante* (E. Madelung, 1881–1972), deren Wert sich aus der Summation ergibt. Für NaCl gilt $\alpha = 1{,}75$, und für die Ladung $q = 1e$.

$R_0$ ist der Gleichgewichtsabstand zwischen den nächsten Nachbarn, für NaCl also der Abstand zwischen einem $Na^+$- und einem $Cl^-$-Ion mit $R_0 = 0{,}28$ nm. Damit sich ein Gleichgewichtsabstand einstellen kann, muss es außer der anziehenden Wechselwirkung, hier der Coulomb-Wechselwirkung, auch noch eine abstoßende Wechselwirkung geben, die bei kleiner werdenden Abständen wirksam wird und die die anziehende schließlich überwiegt. Diese Abstoßung hat quantenphysikalische Gründe. Wenn sich bei Annäherung die Elektronenwolken zweier Atome mehr und mehr durchdringen, gehen die zunächst separaten Zustände in ein gemeinsames System von Zuständen über. Bei der Besetzung der Zustände muss das Pauli-Prinzip beachtet werden. Dieses zwingt Elektronen, bei größerer Annäherung Zustände mit immer höherer Energie zu besetzen. Die Energie, die dazu aufgebracht werden muss, steht dem Energiegewinn durch die Coulomb-Anziehung der Ionen entgegen, entspricht also einer abstoßenden Kraft, die mit weiterer Annäherung sehr schnell zunimmt. Sie wird manchmal als Folge eines *Entartungsdrucks* bezeichnet. Bild 9.4 zeigt die beiden Komponenten separat und den sich daraus ergebenden Verlauf der Gesamtenergie. Es ist zu erkennen, dass sich ein Minimum der Energie ergibt, das den Gleichgewichtsabstand $R_0$ bestimmt.

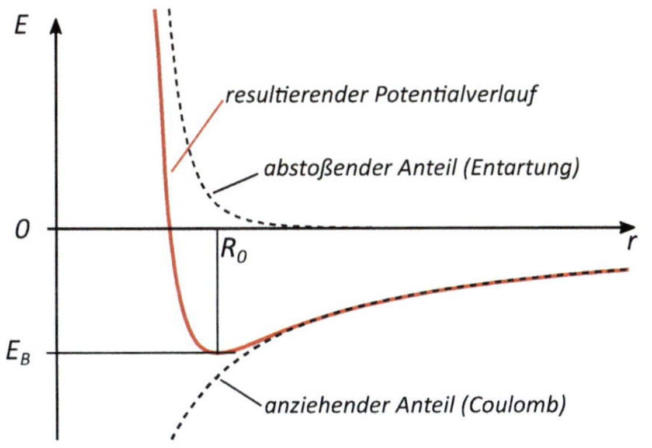


**Bild 9.4**
Energie der Ionenbindung als Funktion des Ionenabstands

Die Bindungsenergie der Ionen-Bindung ist relativ hoch, bei NaCl beträgt sie 7,9 eV bezogen auf die freien Ionen. Demzufolge sind Ionenkristalle ebenfalls hart. Da die Bindung aber nicht gerichtet ist, lassen sie sich bei ausreichender mechanischer Belastung plastisch verformen. Auch der Schmelzpunkt ist mit z. B. 800 °C bei NaCl relativ hoch. Ionenkristalle haben keine freien Leitungselektronen. Bei höheren Temperaturen allerdings werden die Ionen selber beweglich, sodass Ionenleitfähigkeit auftritt.

Bei den wenigsten Verbindungen zwischen Atomen ist der Ionencharakter so vorherrschend wie bei den Alkali-Halogeniden. Meist liegt eine Mischung aus ionischem und kovalentem Anteil vor. Je ähnlicher die Bindungspartner chemisch sind, umso größer ist der kovalente Anteil. Tabelle 9.1 zeigt, wie der ionische Anteil an der Bindungsenergie abnimmt, je dichter die Atome im Periodensystem benachbart sind, bis er bei Verbindungen zwischen gleichartigen Atomen ganz zugunsten des kovalenten Anteils verschwindet.

**Tabelle 9.1** Ionischer Anteil verschiedener Bindungen

| Bindung | Ionischer Anteil in % |
|---|---|
| RbF | 96 |
| NaCl | 94 |
| $SiO_2$ | 51 |
| GaAs | 31 |
| SiC | 18 |
| C (Diamant), Si, Ge | 0 |

### Metallische Bindung

Ein weiterer Bindungstyp, an dem ebenfalls elektrostatische Kräfte beteiligt sind, ist die *metallische Bindung.* Sie tritt zwischen gleichartigen Atomen mit relativ niedriger Ionisierungsenergie auf, deren äußere Elektronen also schwach gebunden sind. Bei der Ionen-Bindung fördern die Elektronenkonfigurationen den Übergang eines Elektrons von einem Atom zum anderen, sodass Ionen entstehen. Bei der metallischen Bindung dagegen entstehen durch die enge Nachbarschaft der Atome Zustände für Elektronen der äußeren Schale, die nicht mehr bei den einzelnen Atomen lokalisiert, sondern über den gesamten Festkörper ausgedehnt sind. Die Elektronen sind also frei beweglich und bilden eine Art negativen „Elektronen-See" vor dem Hintergrund der unbeweglichen positiven Metall-Ionen (Bild 9.5). Meist wird etwa ein Elektron pro Atom freigesetzt. Die Bindung beruht im Prinzip darauf, dass Arbeit aufgewendet werden muss, um ein positives Ion aus dem dann negativen Restkörper zu entfernen.

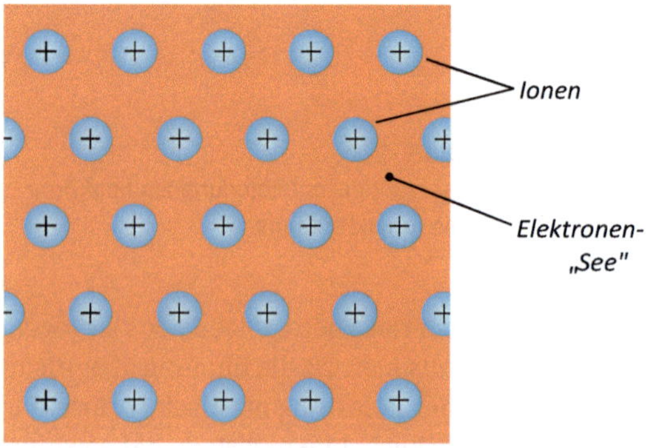


**Bild 9.5**
Ladungsverteilung bei der metallischen Bindung (schematisch)

Wie die ionische ist auch die metallische Bindung nicht gerichtet, aber deutlich schwächer als diese. Die Bindungsenergie liegt bei ca. 1 eV. Metalle, bei denen nur dieser Bindungstyp vorliegt, sind daher leicht verformbar und haben niedrige Schmelztemperaturen. Dazu zählen die Alkali-Metalle, z. B. Natrium mit der Schmelztemperatur 99 °C. Bei vielen Metallen kommen über die Elektronen innerer Schalen kovalente Bindungsanteile hinzu, wodurch Festigkeit und Schmelztemperatur steigen. Das ist der Fall z. B. bei (in aufsteigender Reihenfolge) Blei (327 °C), Gold (1 064 °C), Kupfer (1 084 °C), Eisen (1 536 °C), Wolfram (3 422 °C).

### Bindung durch Van-der-Waals-Wechselwirkung

Zwischen den sehr stabilen Atomen der Edelgase ist die Abgabe oder der Austausch von Elektronen nicht möglich. Im zeitlichen Mittel sind diese Atome kugelsymmetrisch und nach außen hin ohne elektrisches Feld. Durch Fluktuationen der Elektronenverteilung eines solchen Atoms kann aber kurzzeitig ein Dipol vorliegen, dessen elektrisches Feld in benachbarten Atomen Dipole induziert. Die gegenseitige Wechselwirkung führt zu anziehenden *Van-der-Waals-Kräften* (J. D. van der Waals, 1837–1923, Nobelpreis 1910) zwischen den Atomen, die Bindung bewirken können. Diese Wechselwirkung ist immer vorhanden, aber häufig so schwach, dass sie gegenüber den anderen Bindungsformen vernachlässigbar ist. Sie spielt im Wesentlichen nur bei Edelgasen eine Rolle. Bei Helium ist die Energie dieser Wechselwirkung sogar kleiner als die Nullpunktsenergie der Atome (siehe Abschnitt 8.1.6), sodass Helium bei $T = 4{,}2$ K durch die Van-der-Waals-Wechselwirkung zwar flüssig wird, aber auch beim absoluten Temperaturnullpunkt nicht zum Festkörper erstarrt.

### Bindung durch Dipol-Wechselwirkung

Sind in einem Stoff dagegen permanente Dipole von polaren Molekülen vorhanden, so können über deren elektrostatische Wechselwirkung kräftige Bindungen entstehen. Ein bedeutendes Beispiel dafür ist Wasser, dessen Moleküle aufgrund der Elektronenverteilung (negative Ladung beim Sauerstoff, positive beim Wasserstoff) ein großes molekulares Dipolmoment haben. Dies führt zur Wasserstoff-Brücken-Bindung zwischen den Molekülen, die entscheidend ist für die Anomalie des Wassers (Abnahme der Dichte unterhalb von 4 °C) und die Abnahme der Dichte beim Gefrieren. Dipolwechselwirkungen sind auch die Grundlage für die Stabilität vieler Kunststoffe, wie z. B. beim PVC (Polyvinylchlorid, Ketten von $C_2H_3Cl$-Molekülen) mit einem positiven Pol beim Kohlenstoff und einem negativen beim Chlor.

**Merke**

Rangfolge der Bindungen in ihrer Stärke und Richtungswirkung:
kovalent - ionisch - metallisch - van der Waals

(allgemeine Tendenz, Abweichungen und Bindungsmischformen sind häufig)

## 9.1.2 Kristallgitter und Symmetrien

Im Festkörper gebundene Atome (oder Moleküle) können auf verschiedene Weise angeordnet sein.

Üblicherweise, d. h. ohne dass man besondere Vorkehrungen trifft, sind Festkörper *polykristallin* (Bild 9.6b). Sie bestehen aus vielen kleinen Kristalliten unterschiedlicher Größen, innerhalb derer die Atome regelmäßig angeordnet sind und die an Korngrenzen aneinander stoßen. Ist in einem natürlichen oder künstlichen Prozess der Erstarrungsprozess sehr langsam oder werden einem vorhandenen Kristall nur sehr langsam Atome hinzugefügt, entsteht ein *monokristalliner* (Bild 9.6c) Festkörper, bei dem sich die Ordnung über den ganzen Körper erstreckt. Dies ist gleichzeitig auch der stabilste Fall, da mit der regelmäßigen Anordnung der Zustand minimaler Energie realisiert wird.

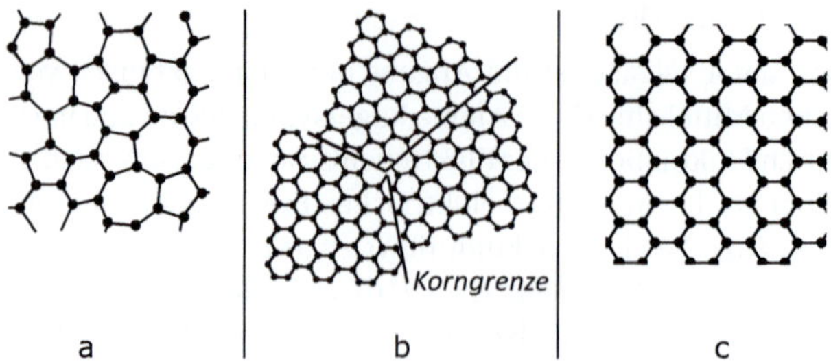


**Bild 9.6** Strukturen von Festkörpern (schematisch): (a) amorph, (b) polykristallin, (c) einkristallin

In einer Flüssigkeit gibt es zwar eine Nahordnung zwischen benachbarten Atomen, aber keine regelmäßige Ordnung über größere Abstände hinweg. Wird die Flüssigkeit sehr schnell abgekühlt, so ist eventuell nicht genügend Zeit, dass die Atome ihre energetisch günstigsten und regelmäßigen Plätze einnehmen können. Die in der Flüssigkeit vorliegende Anordnung wird „eingefroren" und es entsteht ein *amorpher* Festkörper (Bild 9.6a). Die dazu erforderliche Rate der Temperaturabnahme hängt vom Stoff ab und kann, z. B. bei Metallen, einige 1 000 K/s betragen. Quarz ($SiO_2$), der Hauptbestandteil der meisten Gläser, erstarrt in der amorphen Form schon bei Temperaturänderungen mit nur 0,02 K/s.

In Abhängigkeit von den Eigenschaften der Bindung und der Atome kristallisieren die Stoffe in unterschiedlichen Strukturen. Metalle unter Einfluss der richtungsunabhängigen metallischen Bindung bilden im einfachsten Fall dichteste Kugelpackungen, bei denen der Abstand zwischen den Atomen minimiert ist und die Raumerfüllung den mathematisch maximal möglichen Wert von 74,05 % erreicht. Das ist erfüllt bei der *hexagonal* (hexagonal closed packed-hcp) und bei der *kubisch* (cubic closed packed-ccp) *dichtesten* Packung (Bild 9.7). Andere Anordnungen treten auf, wenn unterschiedlich große Atome oder Ionen beteiligt sind, wie es z. B. bei Metalllegierungen oder Ionenkristallen der Fall sein kann, oder wenn kovalente Bindungen bestimmte Richtungen vorgeben, wie beim Kohlenstoff in der Diamantstruktur. Sind Moleküle die Bausteine, so kann auch deren Form Einfluss auf die Kristallstruktur haben.

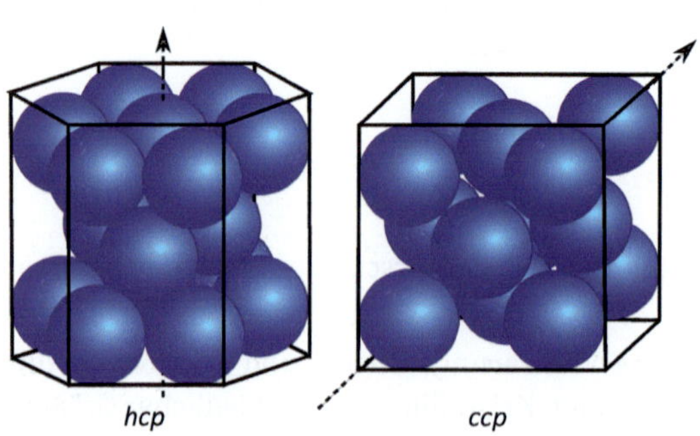


**Bild 9.7**
Hexagonal (hcp) und kubisch (ccp) dichteste Kugelpackungen, deckungsgleich sind bei hcp jede zweite Ebene, bei ccp jede dritte Ebene (in Pfeilrichtung)

Zu einer systematischen Erfassung von Kristallstrukturen kommt man mit folgender Betrachtung. Kristalle bestehen grundsätzlich aus einem *Kristallgitter*, das aus Gitterpunkten aufgebaut ist, und einer *Basis*. Dabei beschreibt die Art Kristallgitters, welcher Typ von *Elementarzelle* lückenlos und periodisch aneinander gereiht den Kristall ausmacht. Die Basis gibt an, welche Atome oder Moleküle zu einem Gitterpunkt gehören. So wie sich nun eine Fläche nur mit bestimmten Formen von Teilflächen lückenlos und periodisch füllen lässt, gilt dies auch für den dreidimensionalen Raum. A. Bravais (1811–1863) bewies mathematisch, dass es genau 14 Typen von Elementarzellen gibt, aus denen sich jeder Kristall zusammensetzen lässt. Diese *Bravais-Gitter* (Tabelle 9.2) gehören zu sieben Kristallfamilien. Sie enthalten jeweils eine *primitive* Elementarzelle, bei der nur an den Ecken Gitterpunkte sitzen. Teilweise gehören weitere Elementarzellen zu einer Familie, die Gitterpunkte in den Flächen (*flächenzentriert* oder *basiszentriert*) oder innerhalb der Zelle (*raumzentriert*) haben. Zur Beschreibung eines konkreten Kristallgitters gehören außer dem Typ des Bravais-Gitters die Werte der Gitterparameter, d. h. die Kantenlängen und die Winkel zwischen den Kanten der Elementarzelle.

**Tabelle 9.2** Kristallfamilien und Bravais-Gitter

| Kristallfamilie | primitiv | basiszentriert | raumzentriert | flächenzentriert | Beispiele |
|---|---|---|---|---|---|
| kubisch<br>$a = b = c$<br>$\alpha = \beta = \gamma = 90°$ | 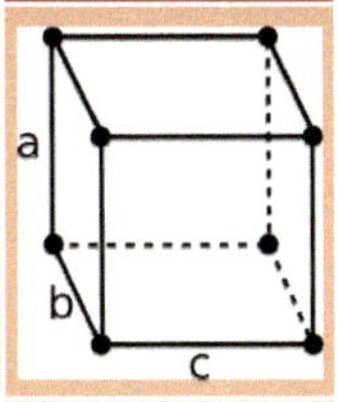 | | 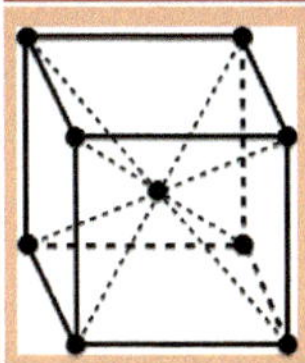 | 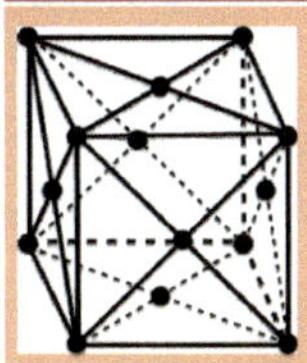 | NaCl, Cu |
| trigonal<br>$a = b = c$<br>$\alpha = \beta = \gamma \neq 90°$ | 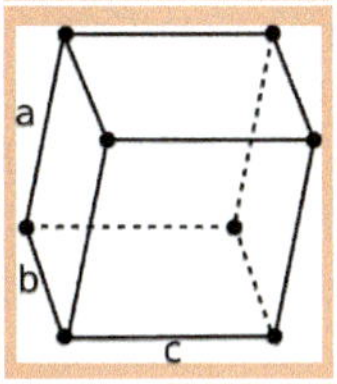 | | | | $SiO_2$ (Quarz)<br>$CaCO_3$ (Kalzit) |
| tetragonal<br>$a \neq b = c$<br>$\alpha = \beta = \gamma = 90°$ | 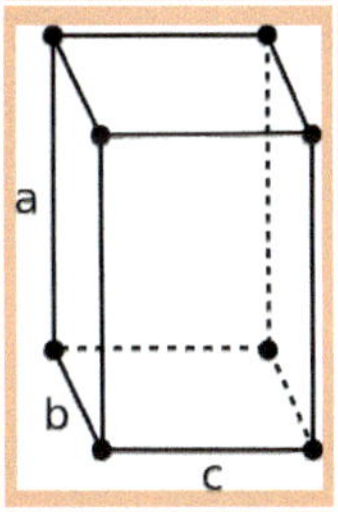 | | 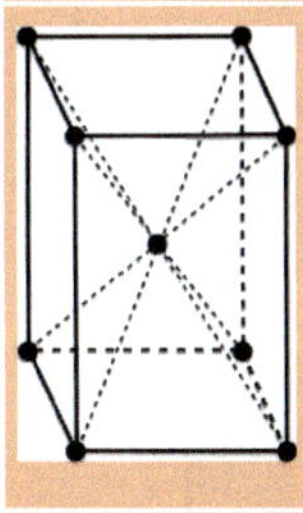 | | $TiO_2$, $CaSO_4$ |
| hexagonal<br>$a \neq b = c$<br>$\alpha = 120°, \beta = \gamma = 90°$ | 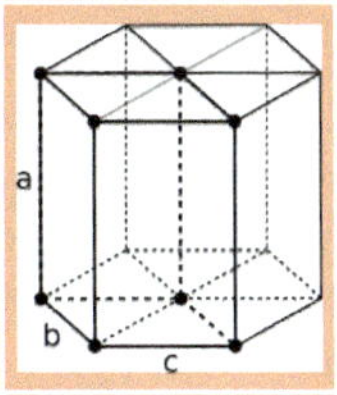 | | | | $H_2O$, C (Graphit) |
| orthorhombisch<br>$a \neq b \neq c$<br>$\alpha = \beta = \gamma = 90°$ | 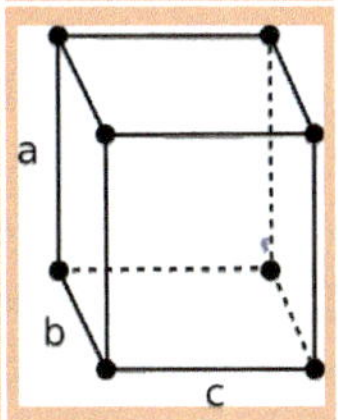 | 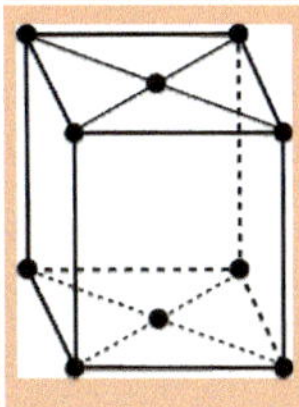 | 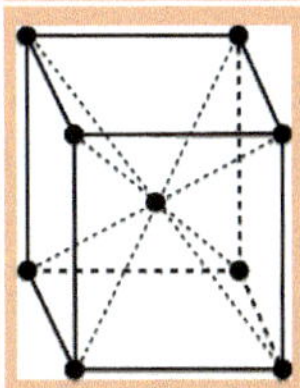 | 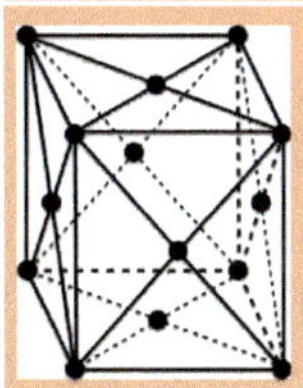 | α-S, $KNO_3$ (Salpeter) |

**Tabelle 9.2** (*Fortsetzung*) Kristallfamilien und Bravais-Gitter

| Kristallfamilie | primitiv | basiszentriert | raumzentriert | flächenzentriert | Beispiele |
|---|---|---|---|---|---|
| monoklin<br>$a \neq b \neq c$<br>$\alpha = \beta = 90° \neq \gamma$ | 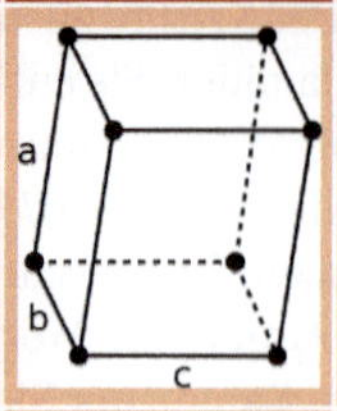 | 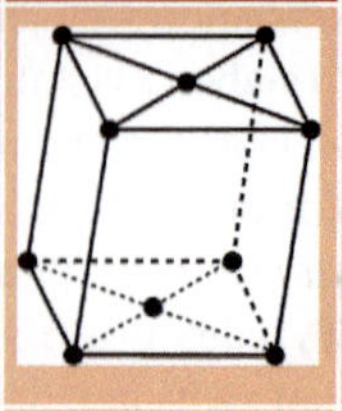 | | | $CaSO_4 \cdot 2\,H_2O$<br>(Gips) |
| triklin<br>$a \neq b \neq c$<br>$\alpha \neq \beta \neq \gamma$ | 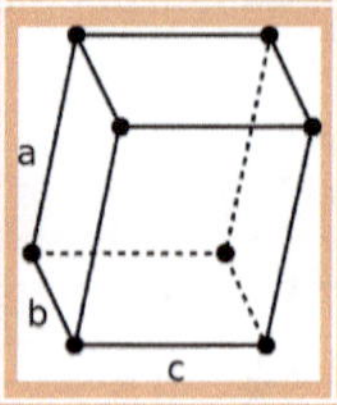 | | | | $CuSO_4 \cdot 5\,H_2O$<br>(Vitriol) |
| $\alpha = \measuredangle b,c$ $\beta = \measuredangle a,c$ $\gamma = \measuredangle a,b$ | | | | | |

Ein Beispiel für die oben genannten Metall-Kristalle ist Eisen, das unter Normalbedingungen als α-Eisen in der kubisch raumzentrierten Struktur kristallisiert. Ein NaCl-Kristall ist in Bezug auf die $Na^+$-Ionen kubisch flächenzentriert. Die Basis bilden ein $Na^+$-Ion und ein $Cl^-$-Ion. Dieses ist in Richtung der Raumdiagonalen um die Hälfte der Diagonalenlänge verschoben, befindet sich also im Zentrum des durch die $Na^+$-Ionen gebildeten Würfels. Auch das Diamant-Gitter von Kohlenstoff oder Silicium ist kubisch flächenzentriert, wobei hier die Basis aus zwei gleichartigen Atomen besteht, von denen das eine um ein Viertel der Diagonalenlänge in Richtung der Raumdiagonalen verschoben ist (Bild 9.8). Wasser bildet beim Gefrieren eine hexagonale Kristallstruktur mit einer Basis aus Sauerstoff- und Wasserstoff-Atomen.

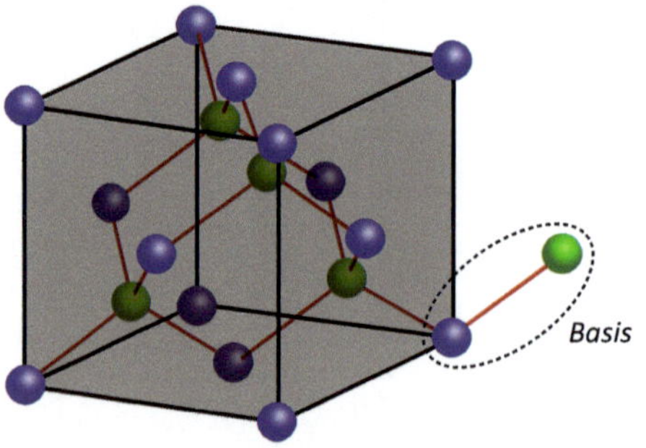


**Bild 9.8**
Elementarzelle des Diamant-Gitters, kubisch flächenzentriert mit zweiatomiger Basis aus identischen Atomen (die Farben dienen hier nur zur Verdeutlichung der Struktur)

Die Kristallstruktur der Stoffe wird häufig makroskopisch deutlich z. B. in der Würfelform von Salzkörnern oder in der hexagonalen Symmetrie von Eiskristallen.

Beim Wachstum von Kristallen, aber auch bei Eigenschaften wie Elastizität, elektrische Leitfähigkeit, optischer Brechungsindex usw. spielen Kristallrichtungen und durch Gitterpunkte definierte Gitterebenen eine Rolle.

**Merke**

Die Struktur eines Kristalls besteht aus *Gitterpunkten*, die nach einem der 14 Typen von Kristallgittern angeordnet sind, und einer *Basis*, die den inneren Aufbau eines Kristallgitterpunktes darstellt.

Zur Angabe von *Kristallrichtungen* innerhalb des Kristalls bezieht man sich auf die Elementarzelle und stellt eine Richtung durch eine ganzzahlige Linearkombination der drei elementaren Gittervektoren $\vec{a}_1, \vec{a}_2, \vec{a}_3$ dar, die die Kanten der Elementarzelle repräsentieren (in Tabelle 9.2: *a*, *b*, *c*). Bild 9.9 zeigt einige Richtungen im orthorhombischen Gitter. Die Richtungen werden gekennzeichnet durch Angabe der Koeffizienten der Linearkombination in eckigen Klammern: $[100]$ bedeutet z. B. die Richtung des Gittervektors $\vec{a}_1$, $[111]$ die Richtung der Raumdiagonalen in diesem Gitter.

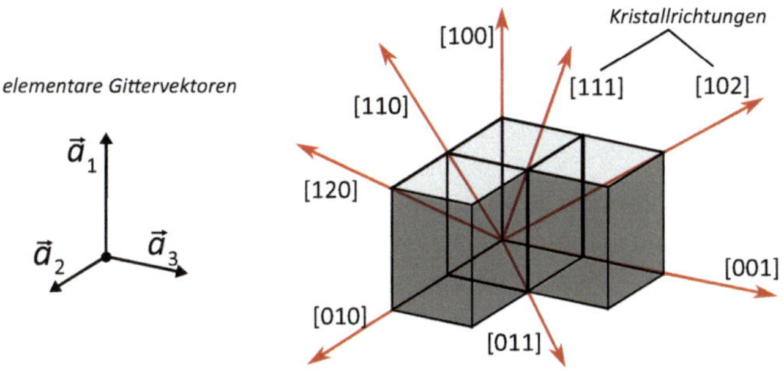


**Bild 9.9** Kristallrichtungen im orthorhombischen Gitter

Die Gitterpunkte bilden regelmäßige Anordnungen auf *Gitter- oder Netzebenen*, die man in den Kristall legen kann. Eine solche Gitterebene definiert gleichzeitig auch eine *Ebenenschar* von parallelen Gitterebenen, die in derselben Geometrie und Flächendichte mit Gitterpunkten besetzt sind. Viele mechanische, optische und elektrische Eigenschaften von Kristallen hängen mit der Orientierung der Gitterebenen zusammen.

Gitterebenen kann man im Prinzip durch die drei Schnittpunkte $n_1$, $n_2$, $n_3$ mit den Achsen, gemessen in Gitterkonstanten vom Nullpunkt aus angeben. Da sie aber für Strukturanalysen besser geeignet ist, hat sich die Darstellung durch *Miller'sche Indizes* (*hkl*) (W. H. Miller, 1801–1880) eingebürgert. Diese werden gebildet, indem man die Kehrwerte der Achsabschnitte $\frac{1}{n_1}, \frac{1}{n_2}, \frac{1}{n_3}$ mit einem gemeinsamen Faktor *p* multipliziert, sodass sich ein Tripel von ganzen Zahlen ergibt, das dann die Miller'schen Indizes $h = \frac{p}{n_1}, \frac{p}{n_2}, \frac{p}{n_3}$ darstellt. Liegt eine Ebene parallel zu einer Achse, liegt der Schnittpunkt also im Unendlichen, so hat der entsprechende Index den Wert 0. Bild 9.10 zeigt verschiedene Gitterebenen im orthorhombischen Gitter.

Der Abstand der Ebenen wird durch die Gitterparameter bestimmt.

Abstand der Gitterebenen einer Ebenenschar (*hkl*) im rechtwinkligen Gitter

$$d_{\text{hkl}} = \frac{1}{\sqrt{\left(\frac{h}{a_1}\right)^2 + \left(\frac{k}{a_2}\right)^2 + \left(\frac{l}{a_3}\right)^2}} \tag{9.2}$$

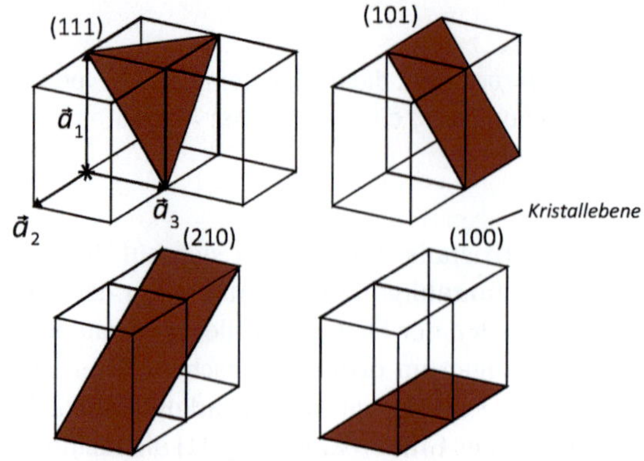


**Bild 9.10**
Gitterebenen im orthorhombischen Gitter

> **Merke**
> Im Kristall werden Richtungen durch die Gittervektoren und Gitterebenen durch Miller'sche Indizes angegeben.

Ein wichtiges Beispiel für die Abhängigkeit von der Orientierung der Gitterebenen ist das Reflexionsverhalten für Röntgen- oder Neutronenstrahlung mit definierten Wellenlängen, die im Bereich der Atomabstände im Festkörper liegen. Die Ebenen einer Schar zeigen dasselbe Reflexionsverhalten. Darauf beruht die Bestimmung von Gitterabständen im Kristallgitter und der Kristallstruktur. Grundlage für derartige Untersuchungen ist die Überlegung, dass die an den Atomen des Festkörpers gestreute Strahlung nur in bestimmten Richtungen konstruktiv interferiert und damit reflektiert wird, ähnlich wie beim optischen Gitter (siehe Abschnitt 7.3.4). Die Richtungen beziehen sich auf die Gitterebenen des Kristalls, wie in Bild 9.11a schematisch dargestellt. Für den Richtungswinkel $\alpha$ für konstruktive Interferenz gilt die

**Bragg-Gleichung**

$$n\lambda = 2d \sin\alpha \tag{9.3}$$

mit $n = 1, 2, \ldots$

(W. H. (1862–1942) & W. L. Bragg (1890–1971), Nobelpreis 1915)

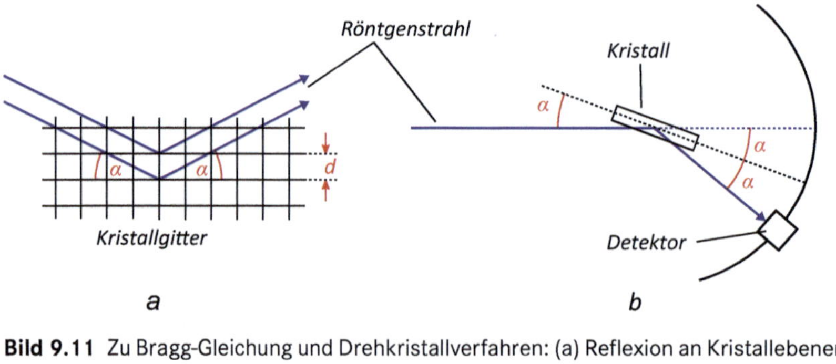


**Bild 9.11** Zu Bragg-Gleichung und Drehkristallverfahren: (a) Reflexion an Kristallebenen, (b) Messaufbau

Hierin ist $\lambda$ die Wellenlänge der Strahlung, $d$ der Abstand der Gitternetzebenen im untersuchten Kristall, $\alpha$ der Winkel zwischen auftreffendem bzw. reflektiertem Strahl und der reflektierenden Netzebene und $n$ die Ordnung der Interferenz.

Bild 9.11b zeigt schematisch das Drehkristallverfahren, bei dem ein Einkristall unter verschiedenen Winkeln bestrahlt wird, umso die Winkel maximaler Reflexion zu bestimmen. Eine Abwandlung davon ist das Debye-Scherrer-Verfahren (P. Debye, 1884–1966, Nobelpreis 1936, P. Scherrer, 1880–1969). Dafür wird statt eines größeren Einkristalls, der u. U. schwer herzustellen ist, ein Pulver aus kleinen Kristalliten benutzt. Statt Reflexionen in einzelne Richtungen entstehen dabei Strahlenkegel mit bestimmten Öffnungswinkeln. Eine weitere Methode ist das Laue-Verfahren (M. v. Laue, 1879–1960, Nobelpreis 1914), bei dem ein Einkristall mit einem breiten Strahlungsspektrum bestrahlt wird. Jede Kristallebenen-Schar erzeugt dabei mehrere Reflexe in bestimmte Richtungen. Aus diesen Verfahren ergeben sich mit mehr oder weniger Rechenaufwand die Abstände verschiedener Kristallebenen, aus denen sich die Kristallstruktur ermitteln lässt.

**Beispiel**

Beispiel: Ein kubischer Kristall zeigt den Reflex 1. Ordnung an den (111)-Gitterebenen bei der Vermessung mit Röntgenstrahlung der Wellenlänge $\lambda = 0{,}1$ nm unter dem Winkel $\alpha = 15°$. Wie groß ist die Kantenlänge $a$ der kubischen Elementarzelle?

Im kubischen Kristall ist $a_1 = a_2 = a_3 = a$. Damit und mit $h = k = l = 1$ erhält man für den Abstand der Gitterebenen aus Gl. (9.2) $d = \frac{a}{\sqrt{3}}$, umgestellt $a = \sqrt{3} \cdot d$.

Die Bragg-Bedingung (Gl. (9.3)) für die 1. Ordnung lautet $\lambda = 2d \sin\alpha$. Damit hat man $a = \sqrt{3} \cdot \frac{\lambda}{2\sin\alpha} = \sqrt{3} \cdot \frac{0{,}1 \cdot 10^{-9}\,\text{m}}{2\sin 15°} = 0{,}33\,\text{nm}$.

Ein in der Kristallphysik häufig verwendeter, allerdings etwas abstrakter Begriff ist der des *reziproken Gitters*. Das reziproke Gitter ist unter anderem nützlich für die Beschreibung und Berechnung der Streuung von Photonen, Phononen (siehe Abschnitt 9.2.1), Elektronen im Kristall. Die elementaren Vektoren des reziproken Gitters $\vec{b}_1, \vec{b}_2, \vec{b}_3$ werden aus den elementaren Vektoren des Kristallgitters nach dieser Vorschrift konstruiert:

elementare Vektoren des reziproken Gitters

$$\vec{b}_1 = \frac{2\pi}{s}\,\vec{a}_2 \times \vec{a}_3, \quad \vec{b}_2 = \frac{2\pi}{s}\,\vec{a}_3 \times \vec{a}_1, \quad \vec{b}_3 = \frac{2\pi}{s}\,\vec{a}_1 \times \vec{a}_2 \tag{9.4}$$

mit $s = \vec{a}_1 \cdot \vec{a}_2 \times \vec{a}_3$

Ähnlich wie Punkte im Kristallgitter werden Punkte im reziproken Gitter durch einen *reziproken Gittervektor* $\vec{G}$ angegeben, der sich als eine Linearkombination der elementaren Vektoren des reziproken Gitters ergibt.

reziproker Gittervektor

$$\vec{G} = v_1\vec{b}_1 + v_2\vec{b}_2 + v_3\vec{b}_3 \tag{9.5}$$

mit ganzzahligen Koeffizienten $v_1$, $v_2$, $v_3$

Beispielsweise lässt sich die Bragg-Bedingung (Gl. (9.3)) auch so ausdrücken, dass für die Vektordifferenz der Impulse des einfallenden und des reflektierten Photons $\vec{p}_{\text{Photon, refl}} - \vec{p}_{\text{Photon, ein}} = \hbar\vec{G}$ (mit $\left|\vec{p}_{\text{Photon}}\right| = \frac{h}{\lambda}$) gelten muss, wobei $\vec{G}$ ein reziproker Gittervektor ist.

### 9.1.3 Fehlordnung in Kristallen

Den in Abschnitt 9.1.2 betrachteten mathematisch idealen Kristallen entsprechen reale Festkörper nur annähernd, auch wenn häufig ein erheblicher technischer Aufwand getrieben wird, dies zu bewerkstelligen. Stoffe lassen sich nie in absoluter Reinheit herstellen, sondern enthalten immer einen, wenn auch manchmal kleinen Anteil an chemischen Verunreinigungen. Außerdem brauchen Atome oder Moleküle beim Wachstum von Kristallen Zeit, um aus dem ungeordneten Zustand in der Flüssigkeit oder im Gas die geordneten Plätze im Kristall einzunehmen. Auch bei sehr langsamem Kristallisieren gelingt dies nie vollständig. Zudem können mechanische Spannungen, von außen aufgeprägt oder durch ungleichmäßiger Abkühlung verursacht, Störungen im Kristallaufbau verursachen. *Fehlstellen* verschiedener Art können die mechanischen und elektronischen Eigenschaften von Festkörpern erheblich beeinflussen und werden zu diesem Zweck auch teilweise gezielt erzeugt.

Üblicherweise werden Fehlstellen geometrisch nach ihrer Dimensionalität klassifiziert. In Tabelle 9.3 sind danach geordnet die verschiedenen Fehlstellen mit Beispielen aufgeführt. Die jeweilige Einheit des quantitativen Maßes der Dichte von Fehlstellen in einem Festkörper ergibt sich aus der Dimension der Fehlstelle. Jeweils pro Festkörpervolumen wird bei *Punktdefekten* die Anzahl, bei *Versetzungen* die Länge, bei *Korngrenzen* die Fläche und bei *Ausscheidungen* deren Volumen angegeben.

**Tabelle 9.3** Klassifizierung von Fehlstellen

| Dimension | Bezeichnung | Fehlstellendichte typische Werte | Beispiele |
|---|---|---|---|
| 0 | Punktdefekt | $10^{22} \ldots 10^{27}\ \text{m}^{-3}$ | Leerstellen, Fremdatome (z. B. Dotierung), Zwischengitteratome |
| 1 | Versetzung | $10^{3} \ldots 10^{16}\ \text{m}^{-2}$ | Stufen-, Schraubenversetzungen bei plastischer Verformung, Kristallwachstum |
| 2 | innere Grenzflächen | $10^{2} \ldots 10^{9}\ \text{m}^{-1}$ | Korngrenzen, Phasengrenzflächen, Verbundwerkstoffe |
| 3 | Inklusionen | $10^{-8} \ldots 0{,}5$ | Ausscheidungen, Hohlräume, Legierungen |

Die jeweils niedrigsten Werte der Fehlstellendichte werden bei Halbleitern in Elektronik-Qualität erreicht.

Ein Punktdefekt in Form einer *Leerstelle*, genannt Schottky-Defekt (W. Schottky, 1886–1976), liegt vor, wenn ein Gitterpunkt in einem Kristallgitter nicht besetzt ist (Bild 9.12a). Es kann sich aber auch ein „überzähliges“, eventuell auch ein chemisch fremdes Atom auf einem *Zwischengitterplatz* (Bild 9.12b) befinden. Beides führt zu Verzerrungen des Kristallgitters, die energetisch ungünstig sind. Etwas verringert werden die Energiekosten, wenn eine Leerstelle und ein Zwischengitteratom benachbart sind und ein *Frenkel-Paar* (J. Frenkel, 1894–1952) bilden. Als typische Größenordnung liegen die Werte für Aluminium bei 0.7 eV pro Defekt für eine Leerstelle und etwa dem vierfachen Wert für ein Zwischengitteratom. Leerstellen können daher bei hohen Temperaturen thermisch erzeugt werden.

Wenn einzelne Atome eines Kristalls durch chemisch fremde Atome ersetzt werden (Bild 9.12c), wird dies als *Substitutionsdefekt* bezeichnet. Ein technologisch bedeutendes Beispiel für Substitution ist die Dotierung von Halbleitern, die in Abschnitt 9.2.4 näher betrachtet wird.

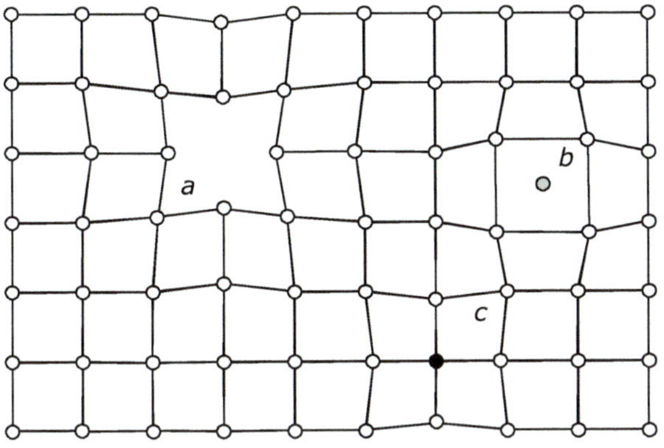


**Bild 9.12**
Punktdefekte: (a) Leerstelle, (b) Zwischengitteratom, evtl. Fremdatom, (c) Substitionsdefekt

Wird ein Festkörper mechanischer Spannung ausgesetzt, reagiert er zunächst elastisch. Bei zu großer Belastung aber wird er plastisch, d. h. dauerhaft verformt. Dazu müssen die Atome des Kristalls teilweise neue Plätze einnehmen, was in der Regel nicht gleichzeitig bei allen Atomen passiert. Dies führt zur Ausbildung von *Linienfehlern*, die die Form von *Stufenversetzungen* oder *Schraubenversetzungen* haben können (Bild 9.13). Bei einer Stufenversetzung endet eine Gitterebene innerhalb des Kristallgitters, in der Darstellung üblicherweise symbolisiert durch das Symbol $\perp$ (Bild 9.13a). Eine Schraubenversetzung entsteht durch ein teilweises Abscheren des Kristalls entlang einer Gitterebene. Ihren Namen hat sie daher, dass der Umlauf um den Ursprung der Versetzung schraubenförmig ist (rote Linie in Bild 9.13b).

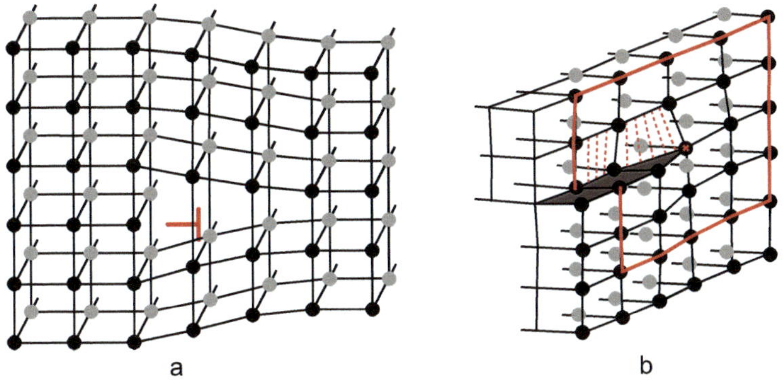


**Bild 9.13** Versetzungen: (a) Stufenversetzung, (b) Schraubenversetzung (die gestrichelten Linien deuten die Verdrehung der Ebene an)

In der Umgebung der Versetzung ist das Gitter verzerrt. Analog zum Punktdefekt ist dies mit Energieaufwand verbunden, mit dem Unterschied, dass hier sehr viele Bindungen beteiligt sind. Daraus resultiert die hohe Energie einer Versetzung von je nach Material 3...20 eV pro Gitterebene, die von der Versetzung durchstoßen wird (gezeigt sind davon zwei in Bild 9.13a und drei in Bild 9.13b). Linienversetzungen können daher, im Gegensatz zu Punktdefekten, nicht auf thermischem Wege entstehen, sondern werden bereits beim Kristallwachstum eingebaut oder durch plastische Verformung erzeugt.

Bei plastischer Verformung wandern Linienversetzungen durch den Kristall wie es schematisch in Bild 9.14 gezeigt wird.

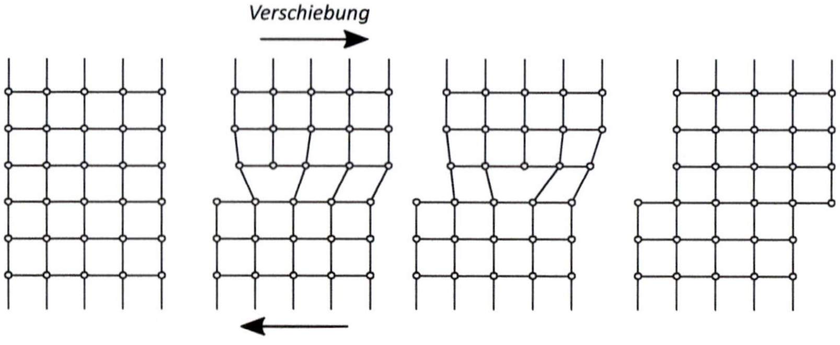


**Bild 9.14** Bewegung einer Versetzung bei plastischer Verformung

Die Beweglichkeit von Linienversetzungen hat entscheidenden Einfluss auf die plastische Verformbarkeit von Kristallen, was besonders bei Metallen von großer technischer Bedeutung ist. Metalle werden gehärtet, indem die Bewegung erschwert wird. Das kann dadurch geschehen, dass durch intensive plastische Kaltverformung eine hohe Dichte von Linienversetzungen erzeugt wird, die sich dann gegenseitig in der Bewegung behindern. Anschließendes Erhitzen macht diesen Vorgang rückgängig, da Versetzungen bei hohen Temperaturen teilweise ausheilen können. Auch Punktdefekte verringern die Beweglichkeit von Linienversetzungen wegen der damit verbundenen Gitterverzerrungen. So kann die Härte von Stahl durch Zusatz von Kohlenstoff, dessen Atome im Eisenkristall Zwischengitterplätze einnehmen, gesteigert werden.

Hauptsächlich bei zu schnellem Abkühlen und dementsprechend zu schnellem Kristallwachstum aus der Schmelze kann es vorkommen, dass die Kristallisation an verschiedenen Stellen der Schmelze ohne eine zusammenhängende Ordnung einsetzt. Es bilden sich dann Kristallite oder Kristallkörner unterschiedlicher Orientierung, die durch *Flächendefekte*, sogenannte *Korngrenzen* voneinander getrennt sind. Unterscheidet sich die Orientierung benachbarter Kristallite nur geringfügig, kann eine Korngrenze aus einer Abfolge von Linienversetzungen bestehen (Bild 9.15) und wird dann als *Kleinwinkelkorngrenze* bezeichnet. Größere Unterschiede in der Orientierung liegen bei Kipp- oder Drehkorngrenzen vor. Die Gitterstörungen beiderseits einer Korngrenze erstrecken sich nur über wenige Atomlagen, die aber unter hoher mechanischer Spannung stehen. Dies hat unter anderem zur Folge, dass Korngrenzen bevorzugte Senken für Verunreinigungen sind, die während der Kristallisation dorthin diffundieren. Außerdem sind bei Materialien mit kovalenten Bindungen wie beispielsweise Silicium diese Bindungen an Korngrenzen zum Teil nicht abgesättigt.

So haben bei dem technologisch bedeutendem Halbleiter Silicium Korngrenzen großen Einfluss auf die elektronischen Eigenschaften. Als effektive Rekombinationszentren für durch Lichteinstrahlung freigesetzte Ladungsträger (siehe Abschnitt 9.3.2) sind sie verantwortlich für deutliche Minderungen im Wirkungsgrad von Solarzellen.

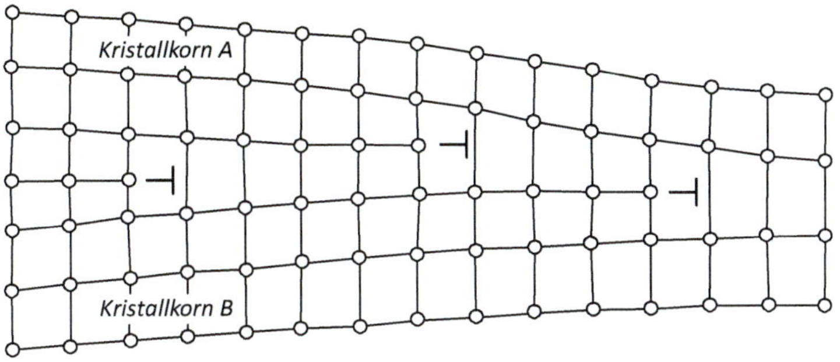


**Bild 9.15** Kleinwinkelkorngrenze

**Merke**

Auch chemisch reine Kristalle enthalten Fehlstellen, die bei der Kristallisation oder bei späterer thermischer oder mechanischer Belastung entstehen: Punktdefekte, Versetzungen oder Korngrenzen. Fehlstellen haben häufig Einfluss auf mechanische oder elektronische Eigenschaften der Kristalle.

## 9.1.4 Festkörperoberflächen

Die Oberfläche eines Festkörpers kann selber als ein Art Kristalldefekt angesehen werden, da hier die Periodizität des Kristalls, die im Volumen des Festkörpers herrscht, unterbrochen wird. Erwartungsgemäß werden dadurch die mechanischen und elektronischen Eigenschaften in den oberen Atomlagen beeinflusst.

Außerdem kommt der Festkörper an seiner Oberfläche in der Regel mit Atomen oder Molekülen anderer Stoffe in Kontakt. Diese können adsorbiert werden, indem sie ionische oder kovalente Bindungen mit den Atomen des Festkörpers eingehen oder indem sie lediglich durch Van-der-Waals-Kräfte an der Oberfläche gehalten werden. Die Festkörperoberfläche kann chemisch sehr aktiv sein, was z. B. beim Einsatz des Metalls Platin als Katalysator in der Abgasreinigung genutzt wird.

Die elektronischen Eigenschaften von Oberflächen oder Grenzflächen spielen für die Funktion von Halbleiterbauelementen eine große Rolle. Die Kombination von Materialien mit nicht passenden Oberflächen-Gitterkonstanten etwa kann sich negativ auf die Funktion auswirken. Andererseits werden aber auch Veränderungen im elektronischen Verhalten durch adsorbierte Atome in Halbleiter-Gassensoren gezielt genutzt.

An nahezu jeder Kristalloberfläche ist der Abstand zwischen den ersten beiden Atomlagen geringer als zwischen den entsprechenden Kristallebenen innerhalb des Kristalls

(Bild 9.16a). Diese als *Relaxation* bezeichnete Erscheinung ist darauf zurückzuführen, dass Oberflächenatome im Gegensatz zu Volumenatomen nicht allseitig gebunden sind. Bei den meisten kovalent gebundenen Kristallen und auch bei einigen Metallen wird außerdem eine *Rekonstruktion* der oberflächlichen Atomlage beobachtet (Bild 9.16b). Gegenüber ihrer Position in einer Oberflächen-parallelen Gitterebene ordnen sich die Oberflächenatome um und bilden zweidimensionale Strukturen, die von der der Gitterebene im Innern abweichen. Auf diese Weise können z. B. benachbarte Atome über ungesättigte kovalente Bindungen, die an der Oberfläche an sich vorliegen würden (wie in Bild 9.16a obere Reihe), Bindungen eingehen und dadurch die Energie senken.

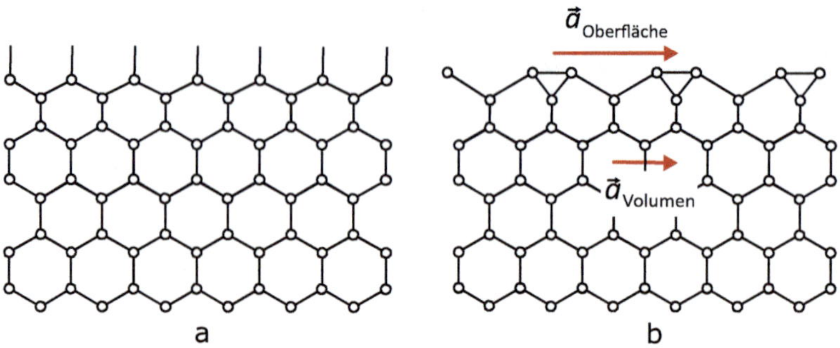


**Bild 9.16** Relaxation (a) und Rekonstruktion (b) einer Kristalloberfläche (schematisch)

Ähnlich wie im Volumen ist auch in der Fläche nur eine beschränkte Anzahl von Typen periodischer Strukturen möglich, die die Fläche lückenlos füllen und die als Oberflächen-Bravais-Gitter bezeichnet werden. Ihre Gittervektoren werden in Bezug auf die darunterliegende Gitterebene des Kristalls angegeben. In Bild 9.16b ist dies angedeutet: Der Gittervektor der rekonstruierten Oberflächen-Struktur ist doppelt so lang wie der des Kristalls im Volumen.

Die Rekonstruktion kann minimal sein und nur in einer Umorientierung der Bindungen bestehen, sodass Symmetrie und Periodizität der Kristallebene erhalten bleiben. Dies wird dann als (1×1)-Struktur bezeichnet. Es kommen aber auch sehr umfangreich Rekonstruktionen vor wie bei der (111)-Oberfläche von Silicium, bei der durch Änderung von Bindungslängen, vertikale Verschiebung von Atomen und Anlagerung von Atomen in einer zusätzlichen Ebene eine (7×7)-Struktur entsteht, deren Gittervektor das Siebenfache des Kristall-Gittervektors beträgt (Bild 9.17).

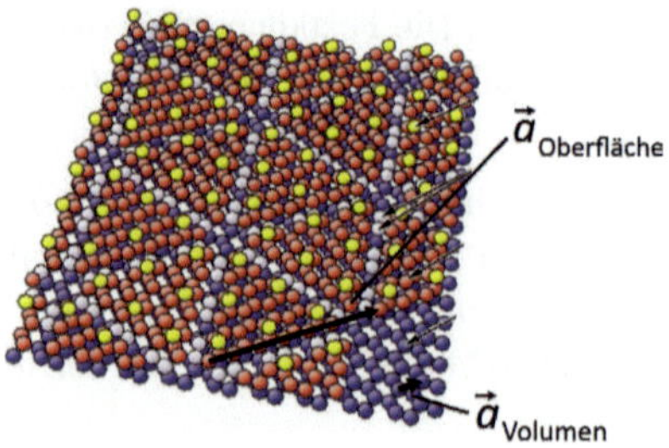


**Bild 9.17** Modell der 7×7-Struktur an einer Si (111)-Oberfläche mit den Gittervektoren der Oberflächen- und der Volumenstruktur, übereinander liegende Atomlagen von unten nach oben: blau, weiß, rot, gelb[1]

[1] Quelle: K. Hermann, Crystallography and Surface Structure, Verlag Wiley-VCH, Weinheim 2017

**Merke**

Durch Relaxation oder Rekonstruktion verändert sich die Kristallstruktur im Bereich der Oberfläche eines Kristalls gegenüber dem Volumen. Aufgrund nicht abgesättigter Bindungen sind Oberflächen chemisch oft sehr reaktiv.

Da sich Oberflächenstrukturen nur in den obersten ein bis drei Atomlagen ausprägen, müssen zu ihrer Untersuchung Verfahren eingesetzt werden, deren Empfindlichkeit sich auf diese dünne Schicht beschränkt. Röntgenstrukturanalyse, wie sie standardmäßig für Kristalluntersuchungen genutzt wird, ist z. B. nicht ohne weiteres geeignet, da Röntgenstrahlung tief in den Kristall eindringt und daher ein Signal von der Oberfläche in den intensiven Signalen aus dem Kristallvolumen untergeht. Niederenergetische Elektronen werden dagegen schon dicht an der Oberfläche absorbiert. Das *LEED (low energy electron diffraction)-Verfahren* nutzt diesen Sachverhalt und zusätzlich die Welleneigenschaften des Elektrons aus. Genutzt werden Elektronen mit Energien im Bereich 30...500 eV, deren Wellenlänge 220...55 pm im Bereich der typischen atomaren Abstände im Kristall liegt. Bei LEED wird ein Strahl solcher Elektronen auf die Kristalloberfläche gerichtet. Ähnlich wie Röntgenstrahlung an den Atomen von Gitterebenen werden Elektronenwellen an den Atomen in der Oberfläche gestreut. Abhängig von der Oberflächenstruktur interferieren die rückgestreuten Wellen in bestimmten Richtungen konstruktiv. Auf einem gegenüber der Oberfläche angeordneten Leuchtschirm wird dies als Punktmuster sichtbar, aus dessen Abmessungen und Symmetrien Rückschlüsse auf die Struktur der Oberfläche möglich sind.

Mit der *Raster-Tunnel-Mikroskopie* (G. Binnig, *1947, H. Rohrer, 1933–2013, gemeinsamer Nobelpreis 1986), auch STM (scanning tunneling microscopy), wurde um 1980 eine Methode entwickelt, die es erlaubt, die Oberflächenstruktur mit atomarer Auflösung zu untersuchen (Bild 9.18). Dabei wird eine Nadel mit einer feinen, idealerweise einatomigen Spitze bis auf einen Abstand von ca. 1 nm an die zu untersuchende Oberfläche gebracht und eine Spannung von ca. 1 V zwischen Nadel und Oberfläche angelegt. Obwohl die Lücke für Elektronen eine Potentialbarriere darstellt, kann aufgrund des quantenphysikalischen Tunneleffekts (siehe Abschnitt 8.1.6) ein Strom zwischen Oberfläche und Spitze fließen. Die Stromstärke hängt gemäß $I \sim \mathrm{e}^{-a z}$ exponentiell vom Abstand $z$ ab, sodass sie sehr empfindlich auf Änderungen des Abstands reagiert. Die Nadel wird nun über die Oberfläche geführt und dabei werden über die Stromstärke Änderungen des Abstands registriert, die auf Strukturen an der Oberfläche beruhen. Zur flächigen Untersuchung der Oberfläche geschieht dies in einem Raster, d. h. in vielen parallel verlaufenden Linien. Die erforderliche Genauigkeit in der Positionierung der Nadel wird mit piezoelektrischen Elementen erreicht (Bild 9.18a). Die so erzielte optimale Auflösung liegt bei etwa 0,01 nm. Das mit STM gewonnene Bild der Si(111)-Oberfläche mit ihrer 7×7-Rekonstruktion (Bild 9.18b) zeigt viele Details der Oberflächenstruktur und bestätigt das Modell von Bild 9.17.

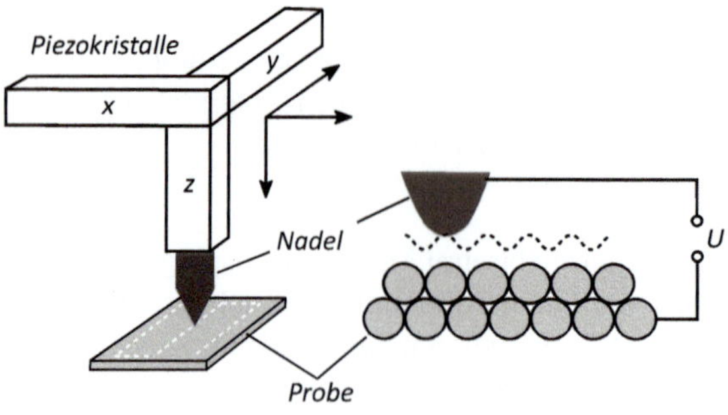


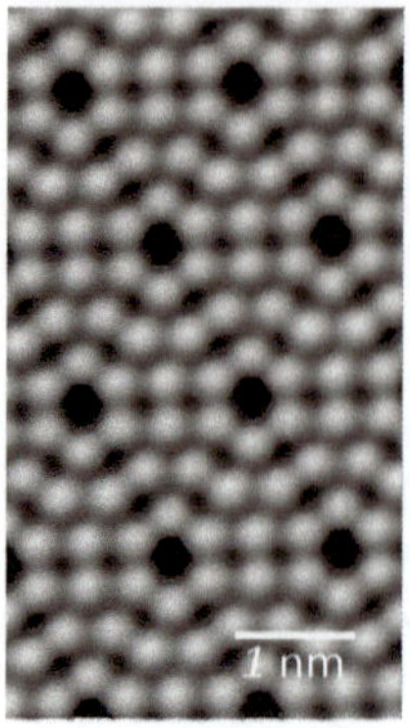


**Bild 9.18** Raster-Tunnel-Mikroskop: (a) Prinzip, (b) Bild einer Si(111)-Oberfläche mit 7×7-Rekonstruktion[2]

## 9.1.5 Kristallwachstum

Halbleiterelektronische Bauelemente basieren zum größten Teil auf kristallinen Halbleitern. Dazu und auch zu Zwecken der Festkörperforschung werden Kristalle gezielt hergestellt. Kristalle entstehen aus den ungeordneten Zuständen der geschmolzenen Phase eines Stoffes bei der Erstarrung bzw. aus der gasförmigen Phase bei der Resublimation, wenn abhängig von Druck und Temperatur der geordnete, kristalline Zustand energetisch günstiger ist als der ungeordnete flüssige oder gasförmige. Auch aus der Lösung eines Stoffes in einem Lösungsmittel können Kristalle auskristallisieren, wenn die Konzentration des Stoffes die Löslichkeit überschreitet. In all diesen Fällen beginnt die Kristallisation damit, dass sich Kristallkeime bilden. Dies sind durch die zufällige Bewegung entstandene regelmäßige Anordnungen weniger Atome oder Moleküle, die zunächst auch nur kurzlebig sind. Unter günstigen Bedingungen (ausreichend niedrige Temperatur, hoher Druck, hohe Konzentration) aber lagern sich weitere Atome an den Keim an, und zwar bevorzugt an energetisch günstigen Stellen, die dem geordneten Kristallgitter entsprechen. Sobald der Kristallkeim eine kritische Größe erreicht hat, unterliegt er nicht mehr den zufälligen Fluktuationen und die Kristallisation kann von dort aus weiter fortschreiten.

Wie schon in Abschnitt 9.1.3 erwähnt, entstehen Keime z. B. in einer Schmelze im Allgemeinen spontan an verschiedenen Orten mit zufällig ausgerichteter Kristallorientierung. Nach der vollständigen Erstarrung besteht der Festkörper dann aus Kristalliten oder Kristallkörnern mit unterschiedlicher Orientierung, die durch Korngrenzen getrennt sind, und wird als polykristallin bezeichnet.

Insbesondere die Halbleiterelektronik beruht aber auf der Verfügbarkeit möglichst idealer, d. h. monokristalliner Ausgangsmaterialien der Halbleitergrundstoffe. Dabei ist sowohl die Kristallstruktur als auch die chemische Reinheit bzw. die Möglichkeit zur gezielten Zufuhr von Fremdstoffen entscheidend. Zu diesem Zweck wurden verschiedene Verfahren entwickelt, von denen einige hier vorgestellt werden sollen.

---

[2] Quelle: Erlandsson, R. et al., 1996, Phys. Rev. B 54, R8309 (zitiert nach Giessibl, F., Rev. Mod. Physics 75 No. 3, 2003, 949–983)

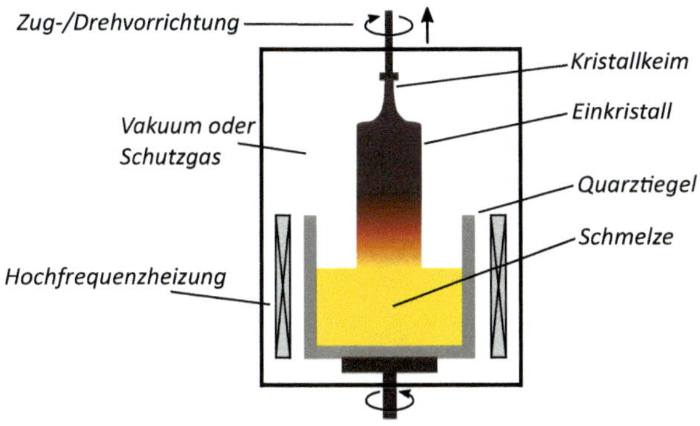


**Bild 9.19**
Czochralski-Verfahren, schematisch

Ein verbreitetes Verfahren zur Kristallherstellung ist das *Tiegelzieh- oder Czochralski (CZ)-Verfahren* (J. Czochralski, 1885–1953) (Bild 9.19). Ausgangsmaterial ist z. B. Silicium, das z. Zt. weitaus am meisten verwendete Halbleitermaterial. Dieses wird in hochreiner, mit einem Gehalt an Verunreinigungsatomen von weniger als $10^{-10}$, aber noch polykristalliner Form in einem Quarztiegel eingeschmolzen. Um daraus einen Kristall mit einer bestimmten Ausrichtung der Kristallebenen zu ziehen, wird ein kleiner Kristallkeim mit entsprechender Ausrichtung in die Schmelze eingetaucht und dann langsam und unter Drehung nach oben herausgezogen. Dabei kristallisieren Atome aus der Schmelze in der vorgegebenen Ordnung an den Kristallkeim an. Da die Kontaktstelle die Temperatur des Schmelzpunktes hat, haben selbst sehr kleine Temperaturunterschiede Auswirkungen auf die Orientierung des Kristallisationsgebietes und damit auf die Qualität der Kristallisation. Die Rotation wirkt Konvektionsströmungen und den damit verbundenen Temperaturgradienten in der Schmelze entgegen. Durch Variation der Zug- und Rotationsgeschwindigkeit gesteuert, lässt man den Kristall zunächst einige Zentimeter lang im ursprünglichen Durchmesser weiterwachsen, damit Versetzungen, die sich an der Ansatzstelle eventuell bilden, aus dem Kristall herauswandern können. Anschließend lässt man ihn auf den Solldurchmesser anwachsen und zieht ihn dann als zylindrische Säule weiter. Die Zuggeschwindigkeit beträgt dabei einige Zentimeter pro Sekunde. Es entstehen einkristalline Säulen mit Durchmessern bis zu 30 cm (größere Durchmesser sind in der Entwicklung) und etwa 2 m Länge. Für eine gezielte Grunddotierung (Verunreinigung) werden der Schmelze entsprechende Stoffe, z. B. Bor, beigemischt. Nach dem Prinzip des CZ-Verfahrens werden auch Kristalle aus anderen Halbleitern, z. B. Ge, III-V-Verbindungshalbleiter wie GaAs usw. und aus Metallen hergestellt.

Beim CZ-Verfahren hat das Ausgangsmaterial Kontakt mit dem Schmelztiegel, der eine potentielle Quelle für Verunreinigungen darstellt. Damit hergestellt Si-Kristalle haben z. B. einen erhöhten Gehalt an Sauerstoff, der aus dem Tiegelmaterial Quarz ($SiO_2$) in die Si-Schmelze diffundiert. Um dies zu vermeiden, wurde das berührungslose *Zonenschmelz- oder Float Zone (FZ)-Verfahren* entwickelt (Bild 9.20). Ein Stab des polykristallinen Ausgangsmaterials wird im Vakuum durch eine induktive Hochfrequenzheizung in einer schmalen Zone geschmolzen. Diese Zone wird langsam längs des Stabes verschoben, wobei das polykristalline Material an der vorderen Seite aufgeschmolzen wird und an der hinteren Seite monokristallin erstarrt. Gleichzeitig wird das Ausgangsmaterial dadurch weiter gereinigt, da Fremdsubstanzen in der Schmelze besser löslich sind als im Festkörper und sich daher mit der Schmelzzone zum Ende des Stabes bewegen. Zum Zweck der Reinigung kann das Verfahren auch mehrfach durchgeführt werden.

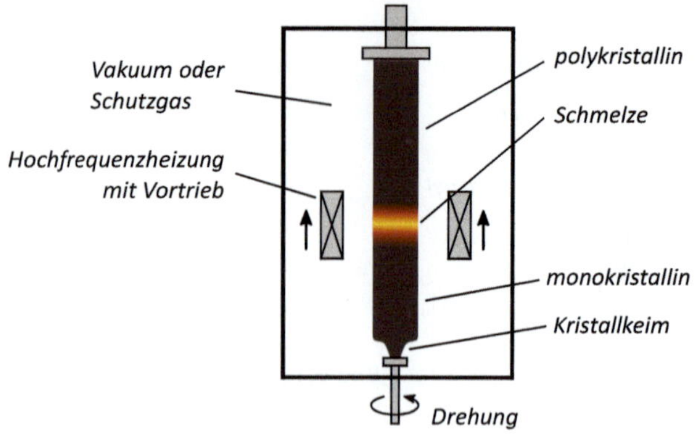


**Bild 9.20**
Float Zone-Verfahren, schematisch

# 9.2 Thermische und elektronische Eigenschaften

## 9.2.1 Gitterschwingungen und Phononen

Bei der Behandlung der Kristallstruktur wurde bisher von einer statischen Anordnung der Atome im Kristall ausgegangen. Tatsächlich aber schwingen die Atome aufgrund thermischer Anregung um ihre Gleichgewichtsposition oder sie werden durch äußere, z. B. mechanische Anregung in Schwingungen versetzt. Wegen der Kopplung der Atome untereinander ist auch das Gitter als Ganzes davon betroffen und die Schwingungen breiten sich als Wellen im Kristall aus. Gitterschwingungen sind verantwortlich für wesentliche thermische (Wärmekapazität, Wärmeleitung, thermische Ausdehnung) und elektronische (Leitfähigkeit) Eigenschaften der Festkörper und müssen daher genauer betrachtet werden.

Ein einfaches Modell ist zunächst eine lineare Kette von gleichartigen Atomen.

Für die Schwingungen der Atome in der Kette gibt es drei grundsätzliche Möglichkeiten, nämlich eine longitudinale (Bild 9.21a) und zwei senkrecht zueinander stehende transversale *Schwingungsmoden* (Bild 9.21b). Für jede ergibt sich aus der Bindungsstärke und den Atommassen ein bestimmter Zusammenhang zwischen der Wellenlänge und der Frequenz der Schwingung, die sogenannte *Dispersionsrelation.* Dabei ist zu beachten, dass es im Festkörper, im Gegensatz etwa zu elektromagnetischen Wellen, eine untere Grenze für die Wellenlänge $\lambda$ gibt, nämlich das Doppelte der Gitterkonstanten $a$ (Bild 9.22 grüne Linie), d. h. $\lambda \geq 2a$. Wie man sieht, sind Wellen mit kleinerer Wellenlänge (z. B. blaue Linie) nicht möglich, da sie nicht mehr durch Auslenkungen von Atomen gestützt sind. Die Frequenz der Gitterschwingungen ist dadurch nach oben hin begrenzt.

Die Dispersionsrelationen für die verschiedenen Moden sind schematisch in Bild 9.23 in der üblichen Darstellungsweise zu sehen. Aufgetragen wird dabei die Frequenz $\omega = 2\pi f$ gegen die Wellenzahl (Betrag des Wellenvektors $\vec{k}$) $k = \frac{2\pi}{\lambda}$. Die oben beschriebenen Moden sind durch die sogenannten akustischen Zweige erfasst. Wie man sieht, ist die Frequenz für große

Wellenlängen, d. h. kleine Wellenzahlen proportional zur Wellenzahl: $\omega = c \cdot k$, die Proportionalitätskonstante ist hier die Schallgeschwindigkeit. Dies entspricht der aus Abschnitt 4.3 bekannten Beziehung $f = \frac{c}{\lambda}$.

Außer den akustischen sind auch die sogenannten optischen Zweige dargestellt, die auftreten, wenn die Elementarzelle mehr als ein Atom enthält, die dann gegenphasig zum Nachbarn schwingen können.

Für Silicium mit $a = 0{,}54$ nm in der [100]-Richtung beträgt die minimale Wellenlänge $\lambda_{min} \approx 1{,}1$ nm bzw. die maximale Wellenzahl $k_{max} \approx 6 \cdot 10^9\ m^{-1}$, die Frequenz der optischen Moden liegt bei $10^{13}$ Hz.

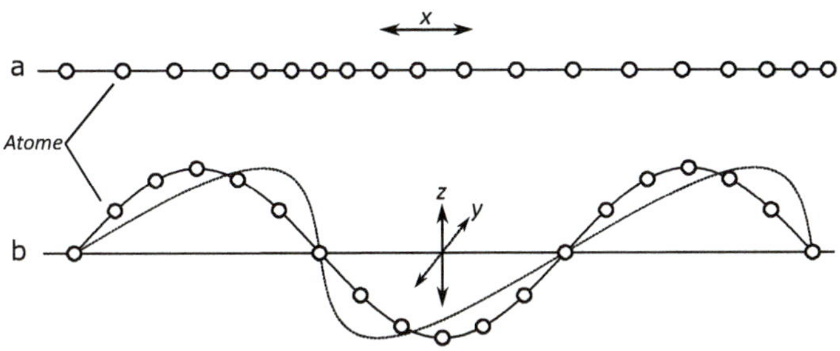


**Bild 9.21** Schwingungsmoden einer lineare Kette von Atomen, (a) longitudinal, (b) transversal (in *y*-Richtung nur angedeutet)

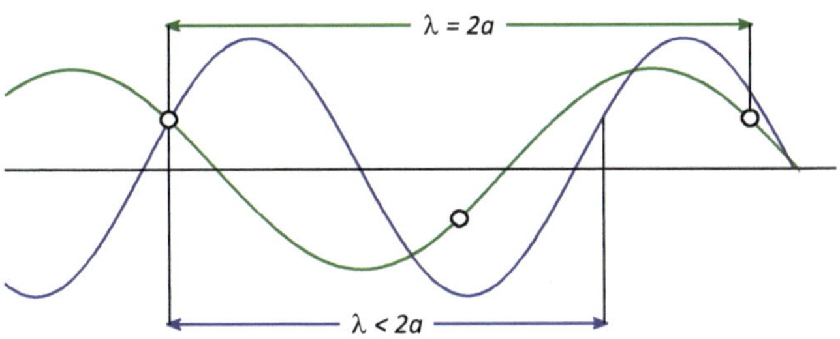


**Bild 9.22** Wellenlänge von Gitterschwingungen, minimal: grün

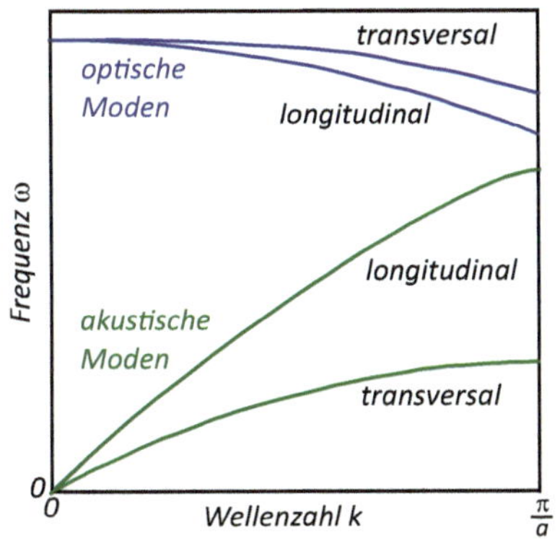


**Bild 9.23**
Dispersionsrelation für Gitterschwingungen/Phononen, die maximale Wellenzahl $k_{max}$ entspricht der minimalen Wellenlänge $\lambda_{min} = 2a$

**Merke**

Für die Atome eines Kristalls gibt es akustische (gleichsinnige Schwingung) Schwingungsmoden. Bei einer zweiatomigen Basis kommen zusätzlich optische (gegensinnige Schwingung der Atome der Basis) Schwingungsmoden hinzu. Von den verschiedenen Moden existieren jeweils eine longitudinale und zwei transversale Versionen. Aufgrund der Kristallstruktur gibt es eine minimale Wellenlänge bzw. maximale Frequenz der Schwingung.

Wie alle mikroskopischen Vorgänge werden auch Gitterschwingungen durch die Quantenphysik bestimmt. Unter anderem ist die Energie von Gitterschwingungen quantisiert. In Analogie zu der Bezeichnung *Photon* für die Energiequanten des elektromagnetischen Feldes heißen die Energiequanten der Gitterschwingungen *Phononen*. Ein Phonon einer Schwingungsmode mit der Frequenz $f$ entspricht einer Energie von $hf$. Die Energie einer Schwingungsmode, die von $n$ Phononen besetzt ist, beträgt

quantisierte Energie einer Schwingung

$$\varepsilon_n = \left(n + \frac{1}{2}\right)\hbar f \tag{9.6}$$

mit dem Planck'schen Wirkungsquantum $\hbar$. Der Term $\frac{1}{2}\hbar f$ steht für die Nullpunktsenergie der Schwingung.

Der Begriff der Phononen ist in vielen Zusammenhängen sehr nützlich. So kann die Wechselwirkung von Gitterschwingungen mit Teilchen wie Elektronen oder Photonen durch Stöße dieser Teilchen mit Phononen unter Berücksichtigung des Energie- und des Impulssatzes beschrieben werden. Dabei wird einem Phonon mit dem Wellenvektor $\vec{k}$ der Impuls $\vec{p} = \hbar\,\vec{k}$ (Betrag $p = \frac{h}{\lambda}$, wie beim Impuls des Photons) zugeschrieben. Allerdings ist zu beachten, dass Phononen interne Schwingungen des Kristalls repräsentieren und daher eigentlich keinen eigenen physikalischen Impuls tragen. Dem wird dadurch Rechnung getragen (ohne hier näher darauf einzugehen), dass in Gleichungen zur Impulserhaltung bei Stößen ein Impuls entsprechend einem reziproken Gittervektor $\vec{p}_G = \hbar\,\vec{G}$ zusätzlich auftaucht.

Im Gegensatz zu Photonen werden Phononen daher auch als *Quasiteilchen* bezeichnet.

**Merke**

Kristallschwingungen sind quantisiert. Ihre Energiequanten sind die Phononen.

Gitterschwingungen werden unter anderem thermisch angeregt, ihre Energie hängt also auch von der Temperatur ab. Auf Grundlage der Quantisierung lässt sich diese Energie berechnen. Die Rechnung für die mittlere Besetzung $\bar{n}$ von Schwingungsmoden der Frequenz $f$, d. h. die mittlere Anzahl von Phononen mit der Energie $\varepsilon_n$, bei der Temperatur $T$ ergibt die von Bose (S. Bose, 1894–1974) und Einstein (A. Einstein, 1879–1955, Nobelpreis 1921) entwickelte

**Bose-Einstein-Verteilung**

$$\bar{n}(f,T) = \frac{1}{e^{\frac{hf}{kT}} - 1} \tag{9.7}$$

Diese Verteilung wurde von Bose und Einstein zunächst für Photonen entwickelt. Sie gilt aber allgemein für Bosonen (Teilchen mit ganzzahligem Spin), zu denen auch die Phononen zählen.

Die Anzahl von Schwingungsmoden einer bestimmten Frequenz, von denen jede mit $\overline{n}(f,T)$ Phononen besetzt ist, wird durch die *Zustandsdichte* $D(f)$ angegeben. Nach einem Modell von Debye (P. Debye, 1884–1966, Nobelpreis 1936) nimmt die Zustandsdichte quadratisch mit der Frequenz zu, also $D \sim f^2$, bis zu einer maximalen Frequenz $f_D$. Die Existenz dieser sogenannten *Debye-Frequenz* folgt aus den oben ausgeführten Überlegungen zu einer minimalen Wellenlänge bzw. maximalen Frequenz in einem Kristallgitter (Bild 9.22). Sie kann, wie oben, zur Gitterkonstanten $a$ in Beziehung gesetzt werden, bzw. für einen konkreten Körper zur Teilchenzahl $N$ und zum Volumen $V$ des Körpers, da $a \sim \left(\frac{V}{N}\right)^{1/3}$. Es gibt keine Schwingungsmoden für größere Frequenzen, also ist $D(f > f_D) = 0$.

Um nun die thermische Energie zu berechnen, die in den Gitterschwingungen eines Kristalls enthalten ist, werden die Beiträge $hf$ der $\overline{n}(f,T)$ Phononen in den einzelnen Schwingungsmoden, deren Anzahl im Prinzip durch $D(f)\cdot \mathrm{d}f$ gegeben ist, summiert bzw. integriert:

**thermische Energie der Gitterschwingungen**

$$E(T) = 3\cdot \int_0^{f_D} hf \cdot \overline{n}(f,T)\cdot D(f)\cdot \mathrm{d}f \qquad (9.8)$$

Durch den Faktor 3 werden die drei Polarisationstypen (ein longitudinaler, zwei transversale) berücksichtigt, unter der Näherungsannahme, dass jeder Typ in gleicher Weise zur Energie beiträgt.

Die dargestellten Verhältnisse bei den Schwingungen des Kristallgitters sind die Grundlage für die Erklärung der thermischen Eigenschaften der Festkörper.

## Wärmekapazität

Unter der Wärmekapazität $C$ eines Festkörpers versteht man die Änderung der thermischen Energie des Körpers bei Änderung der Temperatur. (Im Gegensatz zum Fall der Gase muss man bei Festkörpern in sehr guter Näherung nicht zwischen den Wärmekapazitäten bei konstantem Druck bzw. konstantem Volumen unterscheiden.) Bild 9.24 zeigt den auf der Grundlage der oben dargestellten Verhältnisse berechneten Temperaturverlauf der Wärmekapazität bei einem Festkörper. Diese Abhängigkeit von der Temperatur findet man nähe-

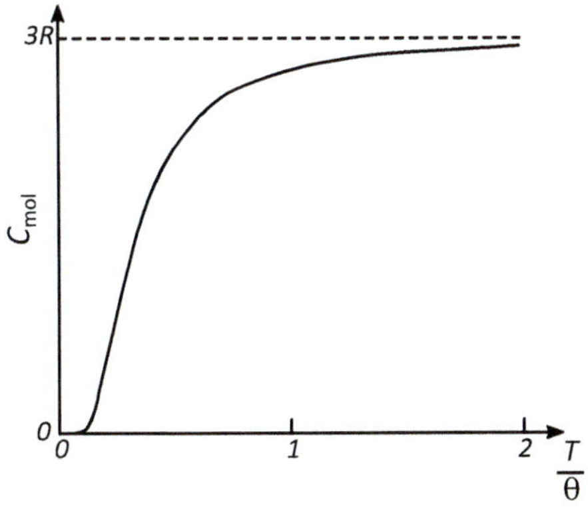


**Bild 9.24**
Wärmekapazität von Festkörpern in Abhängigkeit von der Temperatur, bezogen auf die Debye-Temperatur, R: molare Gaskonstante

rungsweise bei allen Festkörpern, wenn man die Temperatur auf die materialabhängige *Debye-Temperatur* $\Theta = \frac{h f_D}{k}$ bezieht, die sich aus der Debye-Frequenz $f_D$ ergibt. Für Silicium beispielsweise gilt $\Theta = 645$ K.

Ohne auf alle Einzelheiten einzugehen, soll auf zwei wichtige Grenzfälle hingewiesen werden. Für *hohe Temperaturen* $T \gg \Theta$ nähert sich die Wärmekapazität dem konstanten Wert $C \approx 3Nk$ bzw., auf ein Mol bezogen, die molare Wärmekapazität dem Wert $c_m \approx 3N_A k = 3R$. Dies entspricht der 1819 aufgestellten *Dulong-Petit'schen Regel* (P. L. Dulong, 1785–1838, A. Petit, 1791–1820). Sie beruht auf der klassischen Überlegung (siehe Abschnitt 5.3.1), dass ein Teilchen für jeden seiner drei Freiheitsgrade eine mittlere kinetische Energie von $\frac{1}{2}kT$ und im Festkörper zusätzlich eine mittlere potentielle Energie von $\frac{1}{2}kT$ hat, insgesamt also $3kT$.

Bei Abnahme der Temperatur dagegen nimmt die Wärmekapazität entsprechend dem Debye'schen Modell ab. Bei Annäherung an den Temperaturnullpunkt schließlich, also für $T \to 0$, strebt die Wärmekapazität gegen null, wie es im Übrigen auch der dritte Hauptsatz der Thermodynamik fordert, und zwar in der Form $C \sim T^3$.

Die experimentell beobachtete Wärmekapazität, zumindest von Isolatoren, ist also auf der Grundlage von Gitterschwingungen gut erklärt. Bei Metallen kommt noch ein im Allgemeinen relativ kleiner Beitrag der Leitungselektronen hinzu, der nur bei sehr tiefen Temperaturen den Beitrag der Phononen überwiegen kann (siehe Abschnitt 9.2.3).

## Wärmeleitung

Die Darstellung der Gitterschwingungen als Phononen bietet einen guten Ansatz, um die Wärmeleitung in elektrisch nicht oder schlecht leitenden Festkörpern zu erklären. Bei den gut leitenden Metallen leisten die Elektronen einen erheblichen Beitrag zur Wärmeleitung, der später (Abschnitt 9.2.3) betrachtet werden soll.

Wärmeleitung bedeutet Energietransport angetrieben durch ein Temperaturgefälle. Experimentell findet man, dass die Energiestromdichte $j_E$ über die Wärmeleitfähigkeit $\lambda$ proportional zum Temperaturgradienten $\frac{dT}{dx}$ ist:

Wärmeleitung

$$j_E = \lambda \frac{dT}{dx} \tag{9.9}$$

Dem liegt zugrunde, dass es sich bei der Wärmeleitung um einen zufallsgesteuerten Prozess handelt, d. h., dass die Wärme in Richtung des Temperaturgefälles diffundiert, ähnlich wie in einem Gas. Im Festkörper beruht der Energietransport auf Gitterschwingungen, die man sich als eine Art Phononen-„Gas" vorstellt. Für die Wärmeleitfähigkeit im Festkörper gilt daher analog zu der im Gas (siehe Abschnitt 5.7.2):

**Wärmeleitfähigkeit im Festkörper**

$$\lambda = \frac{1}{3} C_V v l \tag{9.10}$$

mit der Wärmekapazität pro Volumen $C_V$, der Geschwindigkeit der Phononen $v$ und ihrer mittleren freien Weglänge zwischen Kollisionen $l$.

Auf Grundlage dieser Vorstellung kann man die Temperaturabhängigkeit der Wärmeleitfähigkeit abschätzen. Für die Geschwindigkeit $v$ der Phononen kann näherungsweise eine konstante Schallgeschwindigkeit angesetzt werden. Ihre freie Weglänge $l$ wird unter anderem dadurch bestimmt, dass Phononen aneinander gestreut werden. Die Anzahldichte (Anzahl/Volumen) der Phononen ist bei hohen Temperaturen proportional zur Temperatur. Die Kollisionsfrequenz eines Phonons $\frac{1}{\tau}$, mit der mittleren Stoßzeit $\tau$, ist ihrerseits proportional zur Anzahldichte der Phononen, also ebenfalls proportional zur Temperatur: $\frac{1}{\tau} \sim T$. Für die freie Weglänge ergibt sich damit $l = v\tau \sim \frac{1}{T}$. Danach gilt bei hohen Temperaturen auch für die Wärmeleitfähigkeit $\lambda \sim \frac{1}{T}$. Bei tiefen Temperaturen dagegen nimmt die freie Weglänge der Phononen zu bis sie die Abmessungen des Festkörpers erreicht und dadurch begrenzt wird. Bei Temperaturänderung variiert jetzt nur noch die Wärmekapazität wie $T^3$, sodass sich die Wärmeleitfähigkeit hier wie $\lambda \sim T^3$ verhält.

Bei realen Festkörpern spielen allerdings die unvermeidlichen Abweichungen vom idealen Kristallgitter eine große Rolle bei der Streuung der Phononen. Dies können Strukturfehler wie zum Beispiel Korngrenzen sein, aber auch Verunreinigungen durch Fremdatome. Sogar die zufällige Verteilung verschiedener Isotope eines Elements führt zur zusätzlichen Streuung von Phononen und begrenzt so die freie Weglänge, wie Messungen der Wärmeleitfähigkeit an ansonsten reinen Stoffen zeigen. Die geringe Wärmeleitfähigkeit von Edelstahl oder Beton im Vergleich zu reinen Kristallen wie z. B. Saphir beruht auf der Streuung von Phononen an solchen Störungen der Kristallstruktur.

**Merke**

Die Wärmeleitfähigkeit eines Festkörpers beruht auf der Diffusion von Phononen aus Gebieten höherer Phononendichte/Temperatur zu Gebieten niedrigerer Dichte/Temperatur. Sie wird eingeschränkt durch Streuung der Phononen untereinander oder an Inhomogenitäten des Festkörpers (Fremdatome, Korngrenzen usw.)

## Thermische Ausdehnung

Die Kraft zwischen zwei benachbarten Atomen im Kristall wirkt bei Verringerung des Abstands von der Gleichgewichtslage aus abstoßend und steigt stark an, bei Vergrößerung des Abstandes wirkt sie anziehend und nimmt langsam ab. Das zwischenatomare Potential, das diese Kraft repräsentiert, ist also nicht symmetrisch zur Gleichgewichtslage eines Atoms, wie Bild 9.25 zeigt (vgl. Bild 9.4).

Bei den relativ kleinen Amplituden der Atomschwingungen kann es durch das Potential eines harmonischen Oszillators angenähert werden, wie in Bild 9.25 als gestrichelte Linie eingezeichnet. (Dies ist auch die Grundlage für die Angabe der Phononenenergie mit $hf$, siehe Gl. (9.6)).) Die thermische Ausdehnung aber ist eine der Erscheinungen, für deren Erklärung diese Näherung nicht ausreichend ist. Die mittlere Position eines Atoms liegt auf der Mitte zwischen den maximalen Auslenkungen, die für die verschiedenen Energieniveaus als waagerechte Linien in Bild 9.25 eingezeichnet sind. Es ist zu erkennen, dass sich die Lage des Linienmittelpunktes beim Potential des harmonischen Oszillators nicht verändern würde.

Beim realen Potential jedoch wandert die mittlere Position eines Atoms mit zunehmender Energie nach außen zu größeren Abständen von den Nachbaratomen. Da mit zunehmender Temperatur vermehrt höhere Energieniveaus besetzt werden, vergrößert sich der mittlere Atomabstand und das Material dehnt sich aus. Die thermische Ausdehnung ist also eine Folge des unsymmetrischen Potentials der Atombindungen.

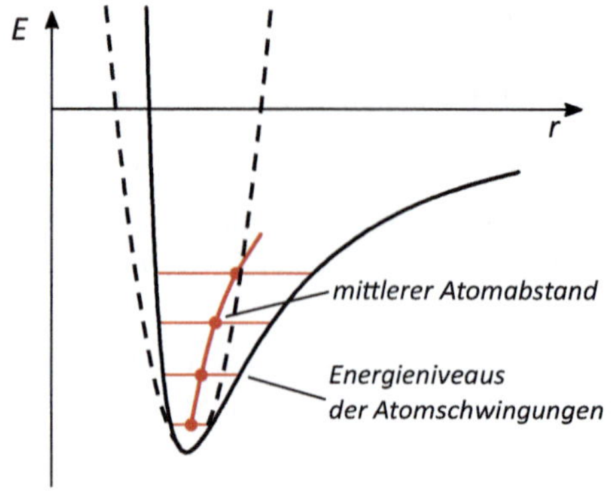


**Bild 9.25**
Wechselwirkungspotential zwischen benachbarten Atomen und Zunahme des mittleren Abstands mit der Energie (rot), gestrichelte Linie: harmonische Näherung

## 9.2.2 Bandstruktur der Elektronenenergie

Wie in Abschnitt 8.2.2 zur Atomphysik dargestellt stehen für Elektronen in Atomen bestimmte, genau definierte Energieniveaus zur Verfügung, die sich nach den Regeln der Quantenphysik aus der elektromagnetischen Wechselwirkung der Elektronen mit dem Atomkern und untereinander ergeben. Im Festkörper nun sind die Abstände der Atome voneinander so gering, dass auch die Wechselwirkung insbesondere der Elektronen in äußeren Schalen mit benachbarten Atomen berücksichtigt werden muss.

Variiert man in einem - hypothetischen - Festkörper die Abstände der Atome, so ergeben sich die in Bild 9.26 dargestellten Veränderungen der Energieniveaus.

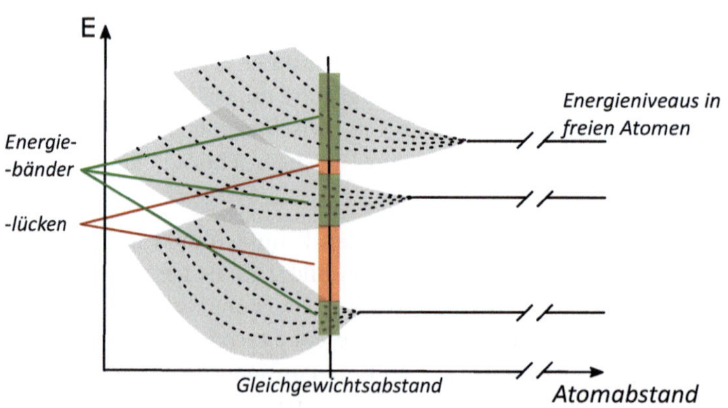


**Bild 9.26** Abhängigkeit der Energieniveaus vom Atomabstand und Ausbildung von Energiebändern und -lücken beim Gleichgewichtsabstand der Atome, schattiert: „erlaubte" Energiebereiche

Bei Annäherung der Atome verschieben sich die diskreten einzelnen Energieniveaus der Atome energetisch, zunächst die höheren, mit abnehmendem Abstand aber auch niedrigere, stärker gebundene Niveaus. Unter Umständen überlappen sie sich sogar. Beim Gleichgewichtsabstand der Atome in einem konkreten Festkörper kann es dann sein, dass für die Elektronen erlaubte Energiebereiche, die *Energiebänder*, zur Verfügung stehen, zwischen denen energetisch verbotene Bereiche, die *Energielücken* liegen. Die Energiebänder bestehen aus den sehr dicht beieinander liegenden Niveaus der Atome des Festkörpers (in Bild 9.26 angedeutet durch die gestrichelten Linien). Wegen der großen Anzahl der beteiligten Atome in der Größenordnung von $10^{23}$ kann man jedoch von praktisch kontinuierlichen Energiebändern ausgehen (graue Schattierung in Bild 9.26). Die Zahl der Zustände bleibt allerdings insgesamt erhalten, was bei der Besetzung der Niveaus mit Elektronen wichtig ist.

Ein Ansatz zur theoretischen Herleitung und quantitativen Berechnung der Bandstruktur, der zurück geht auf F. Bloch (1905–1983, Nobelpreis 1952), soll hier für ein eindimensionales Kristallgitter mit der Gitterkonstanten $d$ skizziert werden. Die Felder der regelmäßig angeordneten positiv geladenen Atomrümpfe ergeben ein periodisches Potential (Bild 9.27 unten), in dem sich quasi-freie, nicht mehr an einzelne Atome gebundene Elektronen bewegen. Die Bewegung von Elektronen mit dem Impuls $p$ bzw. der Wellenzahl $k = \frac{p}{\hbar}$ wird mit einer Wellenfunktion $\psi(x)$ (der zeitabhängige Anteil ist hier ohne Bedeutung) beschrieben. Als Materiewellen mit der Wellenlänge $\lambda = \frac{2\pi}{k}$ werden sie analog zu Röntgenwellen am Gitter reflektiert, wenn sie die Bragg-Bedingung $n\lambda = 2d \sin\alpha$ (Gl. (9.3)) erfüllen. Da sie sich parallel zum Gitter bewegen, muss $\alpha = 90°$ gesetzt werden, sodass die Bragg-Bedingung lautet $n\lambda = 2d$, für die Wellenzahl gilt also $k_n = \frac{2\pi}{\lambda} = \frac{\pi n}{d}$ mit $n = 1, 2, \ldots$. Wellen mit diesen Wellenvektoren werden am Gitter reflektiert, laufen im Kristall hin und her und überlagern sich zu stehenden Elektronenwellen. Sie stellen also keine sich bewegenden Elektronen dar, sondern statische Elektronenverteilungen. Davon gibt es für jedes $k_n$ zwei Formen (Bild 9.27 oben): Die Maxima der Aufenthaltswahrscheinlichkeit der Elektronen, also der Elektronendichte liegen entweder bei der Position der Atomrümpfe (rot) oder genau dazwischen (grün).

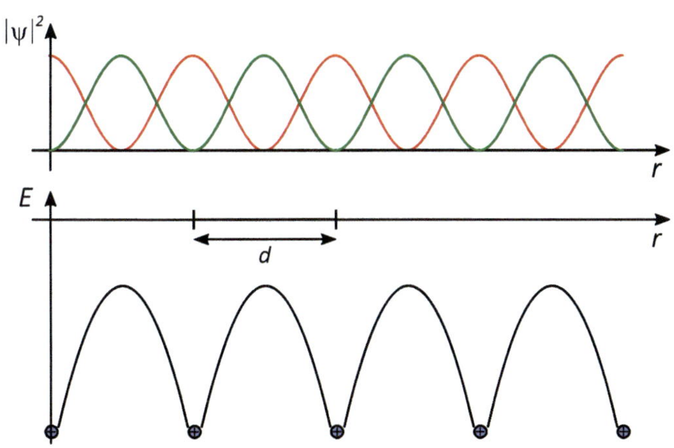


**Bild 9.27** Periodisches Potential im Kristallgitter und Aufenthaltswahrscheinlichkeit $|\psi|^2$ der Elektronen mit Wellenzahl $k_n = \frac{\pi n}{d}$

Im ersten Fall ist die Energie der Elektronen geringer, da sie sich näher bei den positiven Ladungen aufhalten, im zweiten höher.

Die Energie freier Elektronen hängt quadratisch vom Impuls und damit von der Wellenzahl ab: $E=\frac{p^2}{2m}=\frac{\hbar^2 k^2}{2m}$ (schwarz in Bild 9.28). Der Einfluss des periodischen Potentials des Gitters zeigt sich in der Umgebung der Wellenzahlen $k_n$: Zu den $k_n$ gehören jeweils zwei Energiewerte, ein niedrigerer und ein höherer mit einem energetisch verbotenen Bereich dazwischen. Es ergibt sich also eine Bandstruktur mit Energiebändern und -lücken (rot in Bild 9.28).

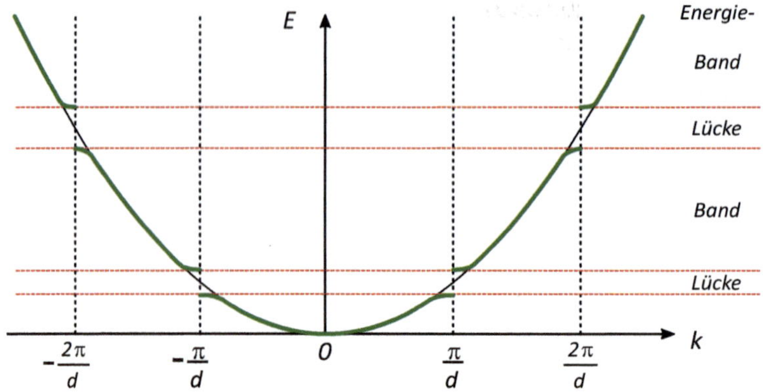


**Bild 9.28** Bandstruktur der Energie quasi-freier Elektronen im eindimensionalen Gitter

Die Bandstrukturen realer Kristalle sind komplexer, unter anderem weil die Näherung freier Elektronen nur teilweise erfüllt ist und die Periodizität in verschiedenen Kristallrichtungen unterschiedlich ist. Bild 9.29 zeigt einen Ausschnitt der *Bandstruktur* in Silicium bei Bewegung in der (100)-Richtung. Eingezeichnet sind die als *Valenzband* (VB) und als *Leitungsband* (LB) bezeichneten Energiebereiche und die Energielücke $E_G$. Als diese gilt der energetische Abstand zwischen dem Maximum des Valenzbandes und dem Minimum des Leitungsbandes. Bei Silicium liegen diese beiden Stellen bei unterschiedlichen Werten der Wellenzahl bzw. des Impulses der Elektronen. Silicium wird daher als *indirekter* Halbleiter bezeichnet, im Gegensatz zu dem *direkten* Halbleiter GaAs, bei dem Maximum des Valenzbandes und Minimum des Leitungsbandes bei demselben Wert liegen.

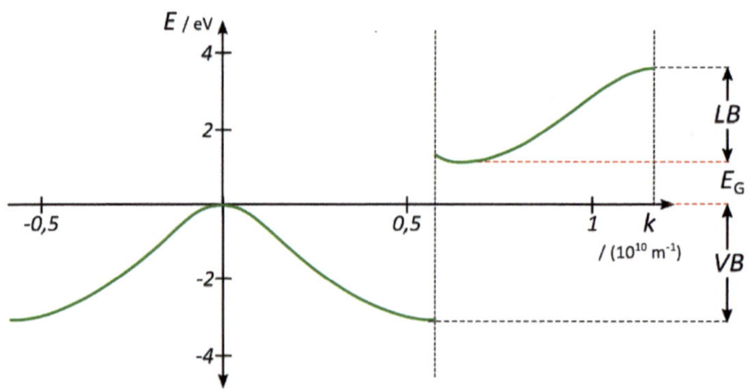


**Bild 9.29** Bandstruktur in Silicium in (100)-Richtung

Allgemein wird die Verteilung der Zustände auf die Energie durch die *Zustandsdichte* $D(E)$ mit der Dimension $\text{Anzahl}/(\text{Energie}\cdot\text{Volumen})$ beschrieben (da die räumliche Verteilung häufig eine Rolle spielt, wird die Volumendichte hier mit einbezogen). Die Größe $D(E)\cdot\mathrm{d}E$ gibt die Anzahl der Zustände pro Volumeneinheit im Intervall d$E$ bei der Energie $E$ an. Innerhalb der Bandlücken ist $D(E)=0$, innerhalb der Bänder $D(E)\neq 0$, der konkrete Verlauf ist materialabhängig.

**Merke**

Die Wechselwirkung der Atome untereinander und die periodische Kristallstruktur haben eine Verteilung der Elektronenzustände auf Energiebänder mit dazwischen liegenden Energielücken zur Folge.

Nach der Verteilung der Zustände auf die Energie muss im nächsten Schritt die *Besetzung dieser Zustände* durch Elektronen geklärt werden. Wie im Fall der Atome spielt auch hier das Pauli-Prinzip (vgl. Abschnitt 8.2.4) eine entscheidende Rolle. Es besagt, dass bei der Besetzung von Quantenzuständen durch Teilchen mit halbzahligem Spin, also hier durch Elektronen, ein Zustand nur jeweils durch ein Teilchen besetzt werden kann. Zwar liegen bei Festkörpern, wie oben festgestellt, praktisch kontinuierliche Energiebereiche vor. Da diese aber im Prinzip aus diskreten, wenn auch energetisch eng benachbarten Energieniveaus bestehen, muss auch bei deren Besetzung das Pauli-Prinzip berücksichtigt werden.

Die Verteilungsfunktion $f(E)$ der Fermi-Dirac-Statistik (E. Fermi, 1901–1954, NP 1938, P. Dirac, 1902–1984, Nobelpreis 1933), die sogenannte *Fermi-Verteilung*, beschreibt die Besetzung der Zustände durch Elektronen. $f(E)$ gibt an, mit welcher Wahrscheinlichkeit ein Zustand der Energie $E$ bei der Temperatur $T$ besetzt ist.

**Verteilungsfunktion der Fermi-Dirac-Statistik** (Fermi-Verteilung)

$$f(E,T)=\frac{1}{\mathrm{e}^{\frac{E-E_\mathrm{F}}{kT}}+1} \qquad (9.11)$$

Der Parameter $E_\mathrm{F}$ ist die sogenannte *Fermi-Energie.*

Bei der Temperatur $T = 0$ sind alle Zustände von der niedrigsten bis zu einer höchsten Energie mit Elektronen besetzt. Die Fermi-Energie entspricht der Energie des bei $T = 0$ höchsten besetzten Zustands, wie es in Bild 9.30 zu sehen ist. Bei höheren Temperaturen werden Elektronen aus den oberen besetzten Zuständen angeregt in freie Zustände höherer Energie. In der Fermi-Verteilung drückt sich dies durch eine „Abrundung“ der Stufe um $E_\mathrm{F}$ aus, die für verschiedene Temperaturen in Bild 9.30 dargestellt ist. Die Abrundung ist symmetrisch zu $E_\mathrm{F}$, da Elektronen, die höhere Zustände besetzen, in niedrigeren Zuständen fehlen. Der Zustand mit $E = E_\mathrm{F}$ ist mit der Wahrscheinlichkeit $\frac{1}{2}$ besetzt.

Zusammen mit der Zustandsdichte gibt $f(E,T)\cdot D(E)\cdot\mathrm{d}E$ an, wie viele Zustände pro Volumeneinheit im Intervall d$E$ bei der Energie $E$ bei der Temperatur $T$ besetzt sind. Integriert über die Energie ergibt sich die Anzahl der besetzten Zustände, also die Anzahl der Elektronen pro Volumeneinheit.

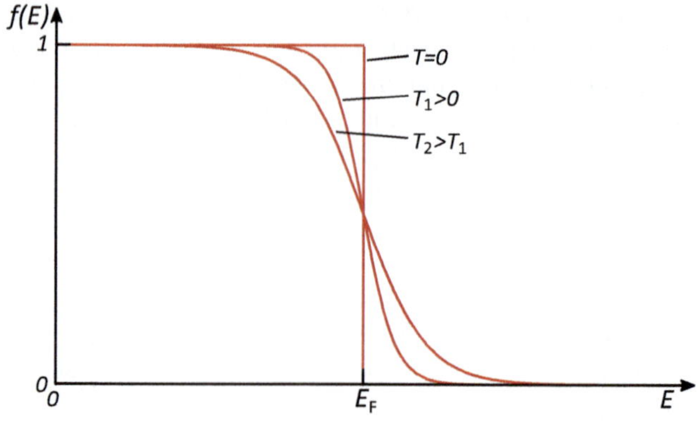


**Bild 9.30** Fermi-Verteilung

Damit lassen sich die Materialien aufgrund der elektronischen Verhältnisse klassifizieren. Bild 9.31 zeigt schematisch Bandstrukturen und Elektronenverteilungen mit der Fermi-Energie in verschiedenen Materialien. Dargestellt sind jeweils die obersten zwei Bänder, die Elektronen enthalten können. Das oberste voll besetzte Band wird *Valenzband*, das darüber liegende, teilweise besetzte oder leere Band wird *Leitungsband* genannt.

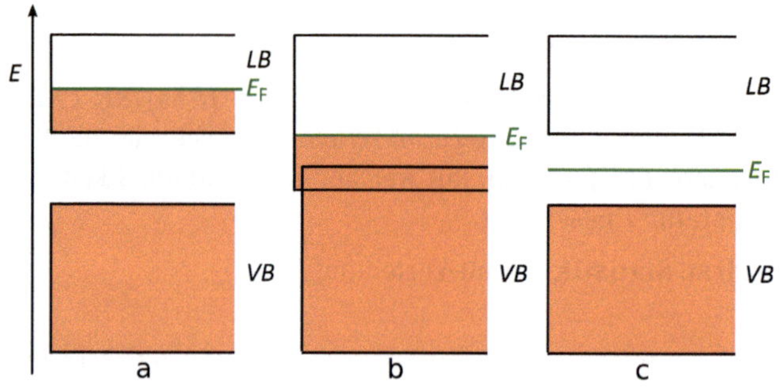


**Bild 9.31** Bandstruktur (schematisch) und Elektronenverteilung in a) Metallen, b) Halbmetallen, c) Halbleiter und Isolatoren (orange: besetzte Zustände)

Im Fall Bild 9.31a liegt die Fermi-Energie innerhalb des Leitungsbandes. Eng benachbart zu den besetzten Zuständen mit einer Energie in der Umgebung der Fermi-Energie sind leere Zustände. Elektronen können mit minimalem Energieaufwand von einem besetzten in einen leeren Zustand wechseln, können also ihren Impuls ändern und sind damit frei beweglich. Die Gesamtheit der Elektronen im Leitungsband wird daher auch als *Elektronengas* bezeichnet. Stoffe, bei denen diese Verhältnisse vorliegen, heißen *Leiter* oder *Metalle*, Beispiele sind die Edelmetalle. Eine ähnliche Situation für die Elektronen liegt in Fall Bild 9.31b vor, bei dem Valenz- und Leitungsband überlappen. Diese Stoffe, zu denen z. B. Arsen oder Antimon gehören, heißen *Halbmetalle*.

Eine gänzlich andere Situation zeigt dagegen Bild 9.31c. Bei $T = 0$ sind alle Zustände des Valenzbandes besetzt, die des Leitungsbandes sind leer. Elektronen können ihren Zustand nur unter Aufwendung der Energie der Bandlücke ändern, sodass diese Stoffe bei $T = 0$ nicht leitfähig sind. Das ändert sich bei endlichen Temperaturen $T > 0$, da dann ein Teil der Elektronen thermisch angeregt die Energielücke überwinden kann. Dadurch werden entsprechend der Fermi-Verteilung Zustände im Valenzband frei und im Leitungsband besetzt, sodass dann in beiden Bändern wieder energetisch eng benachbarte freie und besetzte Zustände vorliegen, die eine Leitfähigkeit ermöglichen. Da genauso viele Zustände im Leitungsband besetzt wie im Valenzband frei sind, liegt die Fermi-Energie in diesem Fall in der Mitte der Bandlücke. Stoffe mit kleinerer Bandlücke, bei denen eine relativ geringe Aktivierungsenergie ausreicht, z. B. Silicium oder Germanium mit $E_G \approx 1$ eV, werden als *Halbleiter* bezeichnet, solche mit größerer Bandlücke, z. B. Quarz ($SiO_2$) mit $E_G \approx 9$ eV, als *Isolatoren*.

**Merke**

Leiter und Halbleiter unterscheiden sich durch die Besetzung der Zustände in den Energiebändern mit Elektronen. Halbleiter und Isolatoren unterscheiden sich durch die Größe der Energielücke zwischen Valenz- und Leitungsband.

## 9.2.3 Elektronen in Metallen

Frei bewegliche Elektronen in Metallen sind die Grundlage ihrer elektrischen Leitfähigkeit. Sie tragen darüber hinaus erheblich zu den thermischen Eigenschaften Wärmekapazität und Wärmeleitung bei.

### Elektrische Leitfähigkeit

Die elektrische Leitfähigkeit beruht darauf, dass Elektronen im Leitungsband mit einer Energie in der Umgebung der Fermi-Energie durch die Coulomb-Kraft $\vec{F}_C$ durch ein elektrisches Feld $\vec{\mathcal{E}}$[3] gemeinsam in eine mittlere, gerichtete Bewegung versetzt werden.

Diese Bewegung ist der allseitigen, insgesamt ungerichteten Bewegung der einzelnen Elektronen entsprechend ihren Quantenzuständen überlagert. Die ungerichtete Bewegung erfolgt mit vergleichsweise sehr hohen Geschwindigkeiten. Sie liegen bei Elektronen mit der Fermi-Energie als kinetischer Energie im Bereich von $10^6$ m/s.

Anders als im Vakuum ist die Bewegung der Elektronen im Festkörper allerdings nicht ungestört. Sie werden immer wieder an Unregelmäßigkeiten des Kristallgitters gestreut und verlieren dabei ihre im elektrischen Feld gewonnene Energie. Als Streuzentren wirken Kristallfehler, im Kristall verteilte Fremdatome sowie Phononen, durch die auch in diesem Zusammenhang die Gitterschwingungen repräsentiert werden können.

Bezeichnet man die mittlere Zeit zwischen zwei Streuereignissen mit $\tau$, so erreichen die Elektronen in dieser Zeit eine überlagerte, gerichtete Driftgeschwindigkeit (siehe Abschnitt 6.8.2) $v_D = a \cdot \tau$, mit der Beschleunigung $a = \frac{F_C}{m_e}$ durch die Coulomb-Kraft $F_C = e\mathcal{E}$. Damit erhält man für die Driftgeschwindigkeit: $v_D = \frac{e\mathcal{E}}{m_e} \cdot \tau$ und mit der Elektronendichte $n$ schließlich die Stromdichte $j = e \cdot n \cdot v_D$. Daraus folgt das Ohm'sche Gesetz:

---

[3] Um Verwechslungen mit der Energie $E$ zu vermeiden, wird für das elektrische Feld das Symbol $\mathcal{E}$ verwendet.

**Ohm'sches Gesetz**

$$j = \sigma \mathcal{E} = \frac{1}{\rho} \mathcal{E} \tag{9.12}$$

mit der

**elektrischen Leitfähigkeit**

$$\sigma = \frac{ne^2\tau}{m_e} \tag{9.13}$$

bzw. mit dem

**spezifischen Widerstand**

$$\varrho = \frac{1}{\sigma} = \frac{m_e}{ne^2\tau} \tag{9.14}$$

**Beispiel**

Wie groß ist die mittlere Streuzeit für Leitungselektronen in Kupfer (Ladungsträgerdichte $n_{Cu} = 8{,}5 \cdot 10^{28}\ m^{-3}$)?

Umstellung von Gl. (9.14) ergibt

$$\tau = \frac{m_e}{n_{Cu} e^2 \varrho_{Cu}} == \frac{9{,}11 \cdot 10^{-31}\ kg}{8{,}5 \cdot 10^{28}\ m^{-3} \cdot \left(1{,}60 \cdot 10^{-19}\ C\right)^2 \cdot 1{,}678 \cdot 10^{-8}\ \Omega m} = 25\ fs$$

mit dem spezifischen Widerstand von Kupfer $\varrho_{Cu}$ aus Tabelle 6.5.

Bei Raumtemperatur und bis hinunter zu einigen zehn Kelvin ist die Streuung der Elektronen an Phononen der vorherrschende Mechanismus. Die Streuzeit ändert sich daher in diesem Bereich umgekehrt proportional zur Anzahldichte der Phononen, d. h. zur Temperatur $\tau \sim \frac{1}{T}$ (vgl. Abschnitt 9.2.1 Wärmeleitung). Ein Maß für die Anzahldichte der Phononen ist die Debye-Temperatur $\Theta$. Sie beträgt für Kupfer etwa 340 K. Daher bezieht man für eine allgemeinere Beschreibung die Temperaturangabe sinnvollerweise darauf, sodass man hat $\tau \sim \frac{\Theta}{T}$. Nach Gl. (9.14) gilt dann für den Widerstand $\varrho \sim \frac{T}{\Theta}$ (Bild 9.32, Bereich b). Erst bei niedrigen Temperaturen, für Kupfer im Bereich von einigen Kelvin, überwiegt die Streuung durch Kristallfehler und Verunreinigungen, die unabhängig von der Temperatur ist. Die Streuzeit und damit der Widerstand streben damit für $T \to 0$ gegen einen endlichen Wert, der als *Restwiderstand* bezeichnet wird (Bild 9.32, Bereich a). Je perfekter der Kristall in Bezug auf Struktur und Reinheit ist, desto kleiner ist der Wert des Restwiderstands. Er kann für hochreines Kupfer um einen Faktor $10^{-5}$ niedriger liegen als der Widerstand bei Raumtemperatur.

**Merke**

Die elektrische Leitfähigkeit von Metallen wird wesentlich von der Streuung der Leitungselektronen an Phononen bestimmt. Erst bei niedrigen Temperaturen überwiegt die Streuung an Kristallfehlern (abhängig von der Dichte der Fehler).

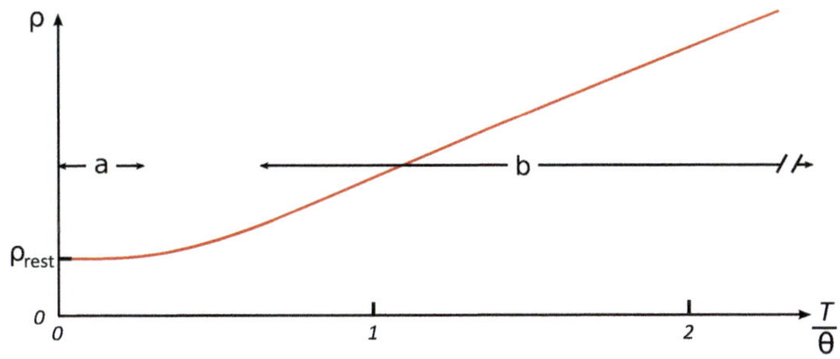


**Bild 9.32** Temperaturabhängigkeit des spezifischen Widerstands von Metallen (ohne Supraleitung), Streuung der Elektronen überwiegend an (a) Kristalldefekten, (b) Phononen, Θ ist die Debye-Temperatur

## Thermische Eigenschaften

Die *Wärmekapazität* $C = \frac{\mathrm{d}E}{\mathrm{d}T}$ eines einatomigen Gases mit $N$ Atomen ergibt sich aus der mittleren kinetischen Energie eines Atoms von $\frac{3}{2}kT$ zu $\frac{3}{2}k \cdot N$. Wendet man die gleiche Überlegung auf die frei beweglichen $N$ Elektronen im Elektronengas eines Metalls an, so erhält man einen Wert, der bei Raumtemperatur den experimentell beobachteten Wert um zwei Zehnerpotenzen übersteigt. Der Grund ist auch hier wieder in den Quanteneigenschaften der Elektronen als Fermionen zu sehen. Nur Elektronen mit einer Energie im Bereich $kT$ um die Fermi-Energie (Bild 9.30), können ihren Zustand und damit ihre Energie wechseln. Dies entspricht einem Anteil von etwa $kT/E_\mathrm{F}$ aller Elektronen, bei Kupfer mit $E_\mathrm{F} = 7{,}0$ eV beträgt der Anteil bei Raumtemperatur nur etwa $\frac{1}{270}$. Bei $N$ Elektronen kann man also eine Wärmekapazität von ca. $\frac{3}{2}k \cdot \frac{kT}{E_\mathrm{F}}N$ erwarten. Die genaue Rechnung bestätigt diese Abschätzung und ergibt die

**Wärmekapazität des Elektronengases**

$$C_\mathrm{e} = \frac{1}{2}\pi^2 \frac{k^2 T}{E_\mathrm{F}} N \tag{9.15}$$

Beispielsweise für Kupfer mit einer Dichte der freien Elektronen von $n = \frac{N}{V} = 8{,}5 \cdot 10^{28}\ \mathrm{m}^{-3}$ erhält man als volumenspezifische Wärmekapazität des Elektronengases $c_{V\mathrm{e}} = \frac{C_\mathrm{e}}{V} \approx 2{,}2 \cdot 10^2\ \mathrm{J\,K^{-1}\,m^{-3}}$. Die gesamte volumenspezifische Wärmekapazität inklusive des Gitteranteils beträgt dagegen $c_V \approx 3{,}4 \cdot 10^6\ \mathrm{J\,K^{-1}\,m^{-3}}$. Der elektronische Anteil trägt also nur minimal zur Wärmekapazität bei.

Aus Gl. (9.15) ergibt sich auch, dass die Wärmekapazität des Elektronengases proportional zur Temperatur ist: $C_\mathrm{e} \sim T$. Der Anteil des Kristallgitters an der Wärmekapazität verhält sich dagegen bei tiefen Temperaturen wie $C_\mathrm{G} \sim T^3$ (siehe Abschnitt 9.2.1). Erst bei tiefen Temperaturen überwiegt demnach der elektronische Anteil.

Da man die Elektronen im Metall - mit der oben erwähnten Einschränkung - als Gas freier Elektronen ansehen kann, erwartet man auch einen Beitrag des Elektronengases zur *Wärmeleitfähigkeit* von Metallen. Wie schon bei der Betrachtung zum Gitteranteil der Wärmeleitfähigkeit, legt man den Ausdruck für die Wärmeleitfähigkeit eines Gases (siehe Gl. (9.10)) zugrunde: $\lambda_e = \frac{1}{3} c_{Ve} v l$. Die Geschwindigkeit der beteiligten Elektronen $v$ ergibt sich aus $E_{kin} = \frac{1}{2} m_e v^2 \approx E_F$, die freie Weglänge $l$ hängt mit der Streuzeit $\tau$ über $l = v\tau$ zusammen. Damit erhält man zusammen mit Gl. (9.15) die

**Wärmeleitfähigkeit des Elektronengases in Metallen**

$$\lambda_e = \frac{1}{3} \cdot \frac{1}{2} \pi^2 \frac{k^2 T}{E_F} N \cdot \frac{1}{V} \cdot v l = \frac{\pi^2}{3} \frac{n k^2 T \tau}{m_e} \tag{9.16}$$

mit der Elektronendichte $n = \frac{N}{V}$.

Berechnet man die Wärmeleitfähigkeit von Kupfer mit den obigen Werten von $n$ und $\tau$ (aus dem Beispiel) erhält man $\lambda_e = 439\ \mathrm{W\,K^{-1}\,m^{-1}}$. Das Ergebnis stimmt relativ gut mit dem experimentellen Wert von $401\ \mathrm{W\,K^{-1}\,m^{-1}}$ und zeigt damit, dass der Wärmetransport in der Hauptsache über die Leitungselektronen erfolgt. Der berechnete Wert ist allerdings etwas zu hoch. Das deutet darauf hin, dass die Näherung für die Elektronenzahl bei der Berechnung der Wärmekapazität einen etwas zu hohen Wert liefert.

In reinen Metallen überwiegt der Anteil der Elektronen an der Wärmeleitfähigkeit den der Phononen bei allen Temperaturen. Nur bei stark gestörten Kristallgittern oder bei Metalllegierungen ist aufgrund der verkürzten Streuzeit der Elektronen der elektronische Anteil mit dem Beitrag der Phononen vergleichbar.

Streuzeit $\tau$, Elektronendichte $n$ und die Masse $m_e$ gehen nach den obigen Überlegungen in gleicher Weise in die Wärmeleitfähigkeit ein wie in die elektrische Leitfähigkeit (Gl. (9.13)). Bildet man also das Verhältnis dieser beiden Größen, erhält man einen Wert, der unabhängig von den speziellen Materialeigenschaften ist und nur noch von der Temperatur abhängt. Dies bestätigt das zunächst nur phänomenologisch begründete *Wiedemann-Franz-Gesetz* (G. Wiedemann, 1826–1899, R. Franz, 1826–1902):

**Wiedemann-Franz-Gesetz**

$$\frac{\lambda_e}{\sigma} = \frac{\pi^2}{3} \left(\frac{k}{e}\right)^2 \cdot T = \mathrm{L} \cdot T \tag{9.17}$$

mit der *Lorenz-Zahl* (L. Lorenz, 1829–1891) als Proportionalitätskonstanten, die nach der Theorie den Wert $\mathrm{L} = \frac{\pi^2}{3} \left(\frac{k}{e}\right)^2 = 2{,}45 \cdot 10^{-8}\ \mathrm{W\,\Omega\,K^{-2}}$ hat.

Das Gesetz gilt bei nicht zu niedrigen Temperaturen, solange die Wärmeleitfähigkeit durch ihren elektronischen Anteil bestimmt wird. So findet man bei 0 °C z. B. für Kupfer experimentell den Wert $\mathrm{L} = 2{,}23 \cdot 10^{-8}\ \mathrm{W\,\Omega\,K^{-2}}$, für Platin $\mathrm{L} = 2{,}51 \cdot 10^{-8}\ \mathrm{W\,\Omega\,K^{-2}}$ in guter Übereinstimmung mit dem theoretischen Wert.

**Merke**

Die Elektronen in Metallen als freies Elektronengas tragen unter Normalbedingungen nur wenig zur Wärmekapazität der Metalle bei, sind aber entscheidend für die gute Wärmeleitfähigkeit der Metalle.

### 9.2.4 Elektronen in Halbleitern

Die in Bild 9.31c gezeigte für Halbleiter (und Isolatoren) charakteristische Energiebandstruktur findet sich in verschiedenen Stoffarten. Als elementare Halbleiter werden Stoffe bezeichnet, deren Atome über vier Valenzelektronen kovalente Bindungen eingehen, wie Kohlenstoff (C, als Diamant), Silicium (Si) oder Germanium (Ge). Verbindungshalbleiter sind Stoffe aus mehreren Elementen, die im Mittel vier Bindungselektronen aufweisen, wie z. B. die Verbindung Galliumarsenid (GaAs) oder Indiumantimonid (InSb) Wegen eines dreiwertigen und eines fünfwertigen Bestandteils werden sie auch als III-V-Verbindungshalbleiter bezeichnet. Die Bindungen haben ionische und kovalente Anteile. Zunehmend an Bedeutung gewinnen organische Halbleiter, die aus organischen Kohlenstoffverbindungen bestehen.

Entscheidend für die Halbleitereigenschaft ist die Energiebandstruktur, die aus verschiedenen Gründen vorliegen kann und deren Konsequenzen im Folgenden hauptsächlich betrachtet werden soll.

#### Intrinsische Halbleiter

Zunächst soll der Fall der reinen Stoffe, der sogenannten *intrinsischen* Halbleiter betrachtet werden. In intrinsischen Halbleitern liegen, wie oben erwähnt, bei der Temperatur $T = 0$ keine freien Elektronen vor, da besetzte Zustände im Valenzband und unbesetzte im Leitungsband durch die Bandlücke energetisch voneinander getrennt sind. Bei einer Temperatur $T > 0$ aber wird Energie vom Gitter auf die Elektronen übertragen. Die Elektronen sind im thermischen Gleichgewicht mit dem Gitter und ein Teil der Elektronen hat ausreichend Energie, um Zustände jenseits der Bandlücke im Leitungsband zu besetzen. Aufgrund der dort vorliegenden hohen Zustandsdichte sind Elektronen im Leitungsband (Symbol $e^{-}$) frei beweglich.

Im Valenzband entstehen durch die thermische Anregung unbesetzte Zustände, sodass auch die dort verbliebenen Elektronen frei beweglich sind. Es hat sich als nützlich erwiesen, die Verhältnisse im Valenzband nicht durch die dort verbliebenen Elektronen zu beschreiben, sondern durch die „fehlenden“ Elektronen, genannt *Defektelektronen* oder *Löcher.* Diese muss man als Quasiteilchen verstehen, die das Verhalten der Gesamtheit der eigentlichen Teilchen im Valenzband, nämlich der Elektronen, repräsentieren. Löcher tragen eine positive Elementarladung, daher wird für sie das Symbol $h^{+}$[4] verwendet.

Die Dichte (Anzahl/Volumeneinheit) der Elektronen im Leitungsband wird mit $n$ bezeichnet, die der Löcher im Valenzband mit $p$.

Bei der Anregung eines Elektrons entsteht ein Loch. Daher wird dieser Vorgang als Erzeugung oder *Generation eines Elektron-Loch-Paares* bezeichnet. Ein Elektron im Leitungsband fällt nach einer gewissen Zeit wieder ins Valenzband zurück, sodass dort, im Vorgang der *Rekombination*, auch ein Loch verschwindet. Im Gleichgewicht ist die zeitliche Rate der Rekombination gleich der der Generation, sodass $n$ und $p$ temperaturabhängige konstante Werte erreichen.

Wie in Abschnitt 9.2.2 beschrieben wird die Anzahl bzw. Dichte der Elektronen und Löcher wesentlich durch die Fermi-Verteilung und damit durch den Wert der Fermi-Energie sowie durch die Zustandsdichte bestimmt. Elektronen- und Löcherdichte sind bei intrinsischen Halbleitern gleich groß. Daher muss die Fermi-Energie in der Mitte der Bandlücke liegen (unter der Annahme, dass die Zustandsdichte an der Valenzband- bzw. Leitungsbandkante denselben Wert hat). Deshalb ergibt die Rechnung für die Dichte der Elektronen im Leitungsband

---

[4] von hole, englisch für Loch

**Elektronendichte im intrinsischen Halbleiter**

$$n_\mathrm{i}\left(E_\mathrm{G},T\right)=n_{\mathrm{i}0}T^{3/2}\,\mathrm{e}^{\frac{-E_\mathrm{G}}{2kT}} \tag{9.18}$$

Der Wert der Konstanten $n_{\mathrm{i}0}$ (ein übliches Symbol, obwohl $n_{\mathrm{i}0}$ keine Teilchendichte darstellt!) ist materialabhängig und beträgt für die Halbleiter Silicium $4{,}66\cdot 10^{21}\ \mathrm{m}^{-3}\ \mathrm{K}^{-3/2}$ und Germanium $1{,}55\cdot 10^{21}\ \mathrm{m}^{-3}\ \mathrm{K}^{-3/2}$. Damit ergibt sich bei $T = 300$ K eine Elektronendichte in Silicium von ca. $9{,}65\cdot 10^{15}\ \mathrm{m}^{-3}$, in Germanium von $2{,}33\cdot 10^{19}\ \mathrm{m}^{-3}$.

Die Dichte der Löcher im Valenzband entspricht im intrinsischen Halbleiter der der Elektronen:

**Löcherdichte im intrinsischen Halbleiter**

$$p_\mathrm{i}\left(E_\mathrm{G},T\right)=p_{\mathrm{i}0}T^{3/2}\,\mathrm{e}^{\frac{-E_\mathrm{G}}{2k_\mathrm{B}T}}\approx n_\mathrm{i}\left(E_\mathrm{G},T\right) \tag{9.19}$$

mit $p_{\mathrm{i}0}\approx n_{\mathrm{i}0}$. Auf die Details der Unterschiede zwischen den Konstanten soll hier nicht eingegangen werden.

Die Ladungsträgerdichte insgesamt ist also sehr stark, nämlich exponentiell von der Größe der Bandlücke abhängig. Sie ist dementsprechend gering in Stoffen mit großer Bandlücke. Wegen $\sigma=e\left(n\mu_-+p\mu_+\right)$ mit den Beweglichkeiten $\mu_-$ bzw. $\mu_+$ der Elektronen bzw. Löcher (siehe Abschnitt 6.8.2), ist ein niedriger Wert für die Leitfähigkeit $\sigma$ die Folge. Dies rechtfertigt die Bezeichnung solcher Stoffe als Isolatoren.

Die Ladungsträgerdichte ist außerdem sehr stark temperaturabhängig. Zwar nimmt die Beweglichkeit mit zunehmender Temperatur aufgrund der Streuung an Phononen ab. Die exponentielle Zunahme der Ladungsträgerdichte mit $\mathrm{e}^{\frac{-E_\mathrm{G}}{2kT}}$ überdeckt diesen Effekt aber völlig, sodass auch die Leitfähigkeit exponentiell mit der Temperatur zunimmt. Die Leitfähigkeit von intrinsischem Silicium, die bei $T = 300$ K etwa $2\cdot 10^{13}\ (\Omega\ \mathrm{m})^{-1}$ beträgt, nimmt bei einer Temperaturerhöhung auf $T = 350$ K um einen Faktor von ca. 300 zu. In Tabelle 9.4 sind einige charakteristische Werte von Halbleitern zusammengestellt (Kupfer zum Vergleich).

**Tabelle 9.4** Intrinsische Materialwerte einiger Halbleiter bei $T = 300$ K, Kupfer zum Vergleich

| Stoff | Bandlücke $E_\mathrm{G}$ | Elektronendichte $n_\mathrm{i}$ | Beweglichkeit $\mu$ | | Spezif. Widerstand $\varrho$ |
|---|---|---|---|---|---|
| | | | $\mu_n$ | $\mu_p$ | |
| | eV | $\mathrm{m}^{-3}$ | $\mathrm{m}^2\ \mathrm{V}^{-1}\ \mathrm{s}^{-1}$ | $\mathrm{m}^2\ \mathrm{V}^{-1}\ \mathrm{s}^{-1}$ | $\Omega\ \mathrm{m}$ |
| Ge | 0,66 | $2{,}33\cdot 10^{19}$ | 0,390 | 0,180 | 0,47 |
| Si | 1,12 | $9{,}65\cdot 10^{15}$ | 0,135 | 0,048 | 3 500 |
| GaAs | 1,42 | $2{,}1\cdot 10^{12}$ | 0,800 | 0,045 | $3{,}5\cdot 10^{6}$ |
| Cu | - | $8{,}5\cdot 10^{28}$ | 0,004 4 | - | $1{,}7\cdot 10^{-8}$ |

Für das Produkt von Elektronendichte $n$ und Löcherdichte $p$ im thermischen Gleichgewicht folgt aus Gl. (9.18), Gl. (9.19) die auch als *Massenwirkungsgesetz der Ladungsträgerdichten* (in Anlehnung an das formal ähnliche Massenwirkungsgesetz der Chemie) bezeichnete Beziehung:

**„Massenwirkungsgesetz" der Ladungsträgerdichten**

$$n\,p = n_\mathrm{i}^2 = n_{\mathrm{i}0}^2\,T^3\,\mathrm{e}^{\frac{-E_\mathrm{G}}{kT}} \tag{9.20}$$

Die Voraussetzungen, unter denen Gl. (9.18), Gl. (9.19) abgeleitet wurden, erlauben allgemeinere Aussagen über die Ladungsträgerdichten: Gl. (9.20) gilt nicht nur für intrinsische, sondern auch für dotierte (s. u.) Halbleiter.

**Beispiel**

Welche intrinsische Elektronendichte $n$ liegt in GaAs bei der Temperatur $T_1 = 350$ K vor?

Tabelle 9.4 gibt $n$ für $T_0 = 300$ K an. Als Quotient aus Gl. (9.18) für $T_1$ bzw. für $T_0$ erhält man $\frac{n(T_1)}{n(T_0)} = \left(\frac{T_1}{T_0}\right)^{3/2} \cdot \mathrm{e}^{-\frac{E_\mathrm{G}}{2k}\left(\frac{1}{T_1}-\frac{1}{T_0}\right)}$, die unbekannte Größe $n_{\mathrm{i}0}$ wird gekürzt.

Also ergibt sich

$$\begin{aligned} n(350\,\mathrm{K}) &= n(300\,\mathrm{K}) \cdot \left(\frac{350\,\mathrm{K}}{300\,\mathrm{K}}\right)^{3/2} \cdot \mathrm{e}^{-\frac{1{,}42 \cdot 1{,}60 \cdot 10^{-19}\,\mathrm{C \cdot 1\,V}}{2 \cdot 1{,}38 \cdot 10^{-23}\,\mathrm{J K^{-1}}}\left(\frac{1}{350\,\mathrm{K}}-\frac{1}{300\,\mathrm{K}}\right)} \\ &= n(300\,\mathrm{K}) \cdot 63{,}5 \\ &= 1{,}33 \cdot 10^{14}\,\mathrm{m^{-3}} \end{aligned}$$

Wie groß ist der spezifische Widerstand $\varrho$ bei 350 K?

Für den spezifische Widerstand gilt $\varrho = \frac{1}{\sigma}$ mit der spezifischen Leitfähigkeit $\sigma = e\left(n\mu_- + p\mu_+\right)$ (siehe Abschnitt 6.8.2). Die Löcherdichte $p$ ist gleich der Elektronendichte $p = n$. Damit und mit den Werten aus Tabelle 9.4 wird

$$\begin{aligned} \varrho &= \left(e\left(n\mu_- + p\mu_+\right)\right)^{-1} \\ &= \left(en\left(\mu_- + \mu_+\right)\right)^{-1} \\ &= \left(1{,}60 \cdot 10^{-19}\,\mathrm{C} \cdot 1{,}33 \cdot 10^{14}\,\mathrm{m^{-3}} \cdot \left(0{,}8\,\mathrm{m^2\,V^{-1}\,s^{-1}} + 0{,}045\,\mathrm{m^2\,V^{-1}\,s^{-1}}\right)\right)^{-1} \\ &= 5{,}56 \cdot 10^4\,\Omega\,\mathrm{m} \end{aligned}$$

**Merke**

Freie Ladungsträger im Halbleiter sind negative Elektronen $\mathrm{e}^-$ und positive Löcher $\mathrm{h}^+$. Ihre Dichte, und damit auch die Leitfähigkeit des Halbleiters, nehmen exponentiell mit der Temperatur zu.

## Dotierte Halbleiter

Die große technologische Bedeutung der Halbleiter beruht darauf, dass sich Art und Dichte der Ladungsträger auf technischem Wege nach Bedarf variieren lassen. Dies geschieht über

*Dotierung*, d. h. die gezielte Verunreinigung des Halbleiters. Da die intrinsische Leitfähigkeit so niedrig ist, lassen sich schon durch geringfügige Dotierungen große Änderungen bewirken. Der Hintergrund soll hier am Beispiel von Silicium besprochen werden, zunächst im Kristallaufbau und anschließend mit der resultierenden Bandstruktur.

Die kovalenten Bindungen im Si-Kristall erfolgen über die vier Valenzelektronen des Si-Atoms dadurch, dass die Orbitale jeweils zweier Elektronen von benachbarten Atomen überlappen (siehe Abschnitt 9.1.1). Jedes Si-Atom ist dadurch an vier benachbarte Atome gebunden, wodurch sich die Diamant-Gitterstruktur des Siliciums ergibt (Bild 9.8), schematisch und zweidimensional dargestellt in Bild 9.33 für intrinsisches Silicium. Ebenfalls in Bild 9.33 sind durch thermische Anregung erzeugte, frei bewegliche Elektron-Loch-Paare zu sehen, deren Bewegung angedeutet ist.

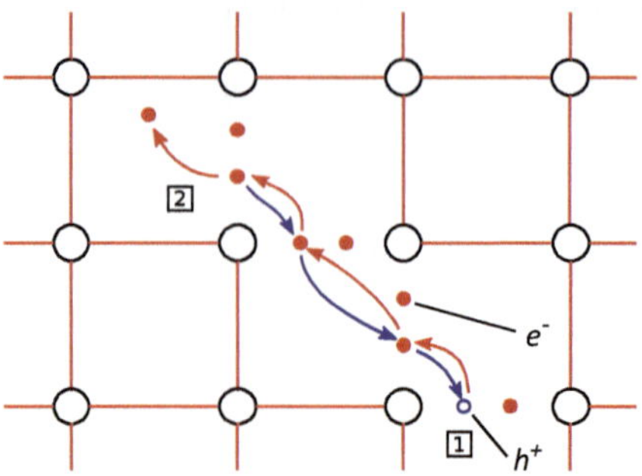


**Bild 9.33**
Schematische Darstellung des Silicium-Kristalls. Die Bindungselektronen sind durch Striche bzw. Punkte symbolisiert. Ein Elektron hat sich von 1 nach 2 bewegt (rote Pfeile), ein Loch von 2 nach 1 (blaue Pfeile)

Wird ein Si-Atom durch ein sogenanntes *Donator*-Atom mit fünf Valenzelektronen, z. B. Phosphor ersetzt, so können durch vier dieser Elektronen die Bindungen zu den benachbarten Si-Atomen gesättigt werden. Das fünfte Elektron ist dann aber nicht an einer Bindung beteiligt und ist mit einer relativ geringen Anregungsenergie frei beweglich, zurück bleibt ein positiv geladenes Donator-Atom (Bild 9.34a). Die Anregung entspricht damit einer Ionisierung des Donator-Atoms. Bei mäßigen Temperaturen sind alle Donator-Atome ionisiert, sodass die Elektronendichte im Valenzband $n$ um die Dichte der Dotierungsatome erhöht ist. Die Löcherdichte $p$ verringert sich entsprechend Gl. (9.20). Die Elektronen in diesem *n-dotierten* und *n-leitenden* Halbleiter werden als *Majoritäts*ladungsträger bezeichnet, die Löcher als *Minoritäts*ladungsträger.

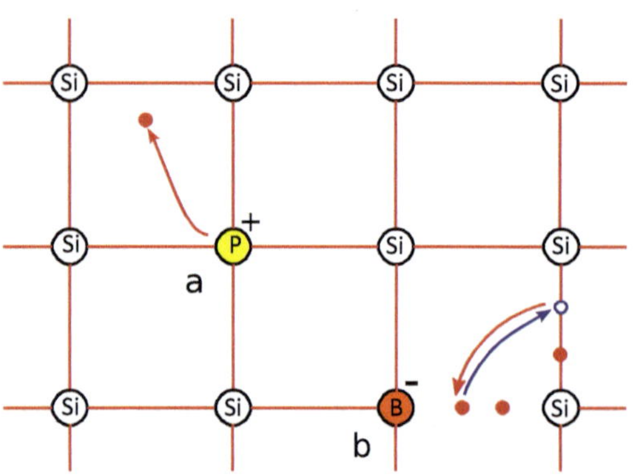


**Bild 9.34**
(a) n-Dotierung mit Phosphor,
(b) p-Dotierung mit Bor in Silicium

Dass diese Bezeichnungen gerechtfertigt sind, zeigt ein Beispiel. Eine in der Praxis übliche Dotierung mit $N_D = 10^{21}\ \mathrm{m}^{-3}$ Atomen Phosphor führt bei 300 K zu einer Elektronendichte $n \approx N_D$. Die Löcherdichte beträgt dann nach Gl. (9.20) $p = \frac{n_i^2}{n} = 10^{11}\ \mathrm{m}^{-3}$, d. h. sie ist um zehn Größenordnungen niedriger als $n$. Man erkennt daran auch, welch extreme Reinheitsanforderungen an das Grundmaterial Silicium gestellt werden müssen, um solche Dotierungen definiert einstellen zu können. Von den $5 \cdot 10^{28}\ \mathrm{m}^{-3}$ Si-Atomen im Grundmaterial ist bei dieser Dotierung nur 1 von 50 Millionen durch ein P-Atom ersetzt.

Analog verhält es sich bei der Ersetzung eines Si-Atoms durch ein sogenanntes *Akzeptor*-Atom mit drei Valenzelektronen, z. B. Bor. Eine der Bindungen zu den Nachbaratomen ist dann nicht gesättigt. Dort befindet sich ein Loch, das dann aber, wiederum mit relativ geringer Anregungsenergie, durch ein Elektron aus einer benachbarten Bindung gefüllt werden kann. Dadurch bewegt sich das Quasiteilchen Loch in die entgegengesetzte Richtung und hinterlässt ein negativ geladenes Akzeptor-Atom (Bild 9.34b). Entsprechend der Akzeptordichte ist die Löcherdichte erhöht, die Elektronendichte nach Gl. (9.20)) erniedrigt, die Rollen von Majoritäts- bzw. Minoritätsladungsträgern kehren sich um und der Halbleiter wird als *p-dotiert* und *p-leitend* bezeichnet.

Einige Dotierstoffe für Silicium und Galliumarsenid sind mit ihren Ionisierungsenergien $E_D$ bzw. $E_A$ in Tabelle 9.5 aufgeführt.

**Tabelle 9.5** Dotierstoffe für Si und GaAs

| | Donator | | Akzeptor | |
|---|---|---|---|---|
| | | $E_D$/meV | | $E_A$/meV |
| Si | P | 45 | B | 45 |
| | As | 54 | Al | 67 |
| | Sb | 39 | Ga | 72 |
| GaAs | S | 5,9 | Mg | 28 |
| | Si | 5,8 | Zn | 31 |
| | Te | 30 | Cd | 35 |

In der Bandstruktur drückt sich die geringe erforderliche Anregungsenergie dadurch aus, dass das durch die Zustände der Dotieratome hinzugekommene *Störstellenniveau* in der Bandlücke im Abstand $E_D$ dicht unterhalb der Leitungsbandkante bzw. im Abstand $E_A$ dicht oberhalb der Valenzbandkante liegt (Bild 9.35).

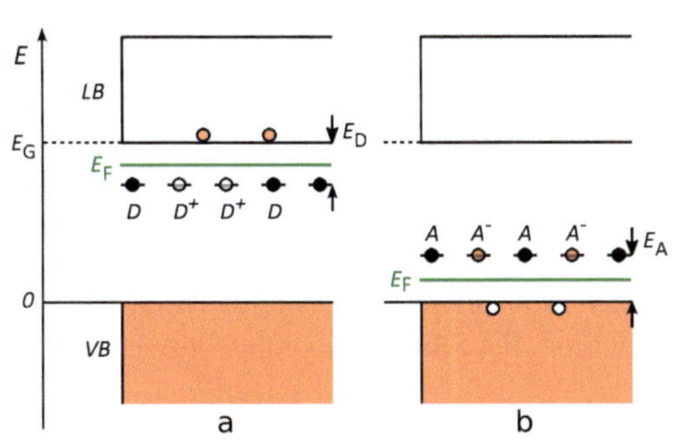


**Bild 9.35**
Bandstruktur eines (a) n- bzw. (b) p-dotierten Halbleiters mit teilweise ionisierten Donatoren D bzw. Akzeptoren A, nicht maßstabsgetreu: tatsächlich ist z. B. in Silicium $E_G$ etwa um den Faktor 20 größer als $E_A$ oder $E_D$

**Merke**

Der Leitungstyp eines Halbleiters und seine Leitfähigkeit lassen sich durch die Dotierung über Art und Konzentration der Dotieratome einstellen. Bei einem mit Donatoren p-dotierten Halbleiter sind Löcher die dominierenden Ladungsträger, bei einem mit Akzeptoren dotierten Halbleiter sind es Elektronen.

Wie beim intrinsischen Halbleiter wird auch hier die Besetzung der Zustände durch die Fermi-Verteilung mit der Fermi-Energie als wesentlichem Parameter beschrieben. Bei niedrigen Temperaturen liegt die Fermi-Energie in der Mitte zwischen dem Störstellenniveau und der Bandkante, da die Ladungsträgerdichte durch den Ionisierungsgrad der Dotieratome bestimmt ist. Wegen der im Vergleich zur Ionisierungsenergie $E_D$ bzw. $E_A$ sehr großen (bei Si etwa um den Faktor 20 größer) Bandlücke $E_G$ spielt der intrinsische Beitrag zur Ladungsträgerdichte zunächst keine Rolle. Dies wird deutlich, wenn man z. B. für den n-dotierten Halbleiter die Elektronendichte gegen die Temperatur aufträgt, zur Linearisierung als $\lg n$ gegen $\frac{1}{T}$, wie in Bild 9.36 zu sehen. Mit zunehmender Temperatur (im Graph von rechts her kommend) steigt $\lg n$ linear mit der Steigung $\frac{-E_D}{2k}$ an, entsprechend dem exponentiellen Anstieg $n \sim e^{\frac{-E_D}{2kT}}$, den man als Folge der Fermi-Verteilung erwartet. Bei weiterer Temperaturerhöhung schließt sich ein Bereich konstanter Elektronendichte an, in dem alle Donatoren ionisiert sind und der intrinsische Beitrag noch unbedeutend ist. Wird die Temperatur nun noch weiter erhöht, steigt $n$ und damit $\lg n$ steil an. Die Steigung beträgt nun $\frac{-E_G}{2k}$, wie es der exponentiellen Abhängigkeit der intrinsischen Ladungsträgerdichte nach Gl. (9.18)) entspricht.

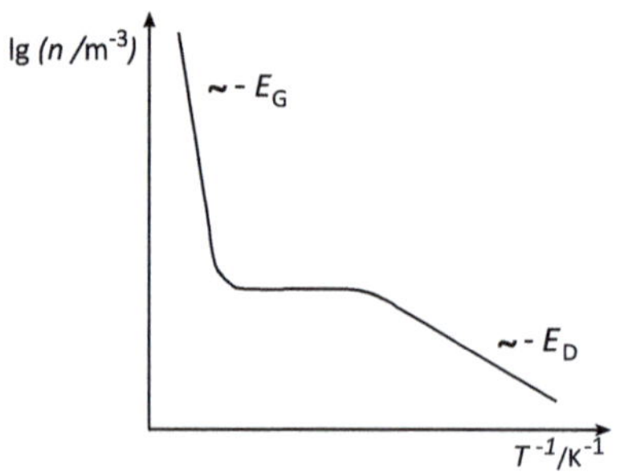


**Bild 9.36**
Temperaturabhängigkeit der Elektronendichte im n-dotierten Halbleiter

Bei Silicium mit einer Dotierung von $N_D = 10^{21}$ m$^{-3}$ liegt der Bereich der konstanten Elektronendichte bei ca. 100...500 K. Innerhalb des üblichen Arbeitsbereiches von elektronischen Bauteilen auf Silicium-Basis von etwa 220...370 K kann man also von der konstanten Elektronendichte $n \approx N_D$ ausgehen.

Für manche Zwecke, z. B. für einen Ohm'schen Kontakt oder die Laser-Diode (Abschnitt 9.3.2) muss der Halbleiter so stark dotiert werden, dass die Fermi-Energie innerhalb des Leitungs- oder Valenzbandes liegt. Von daher entspricht die Situation dann der in einem Metall, deshalb wird ein so dotierter Halbleiter als *entartet* bezeichnet. Bei Silicium ab einer Dotierung von etwa $10^{25}$ m$^{-3}$ liegt dieser Fall vor.

Der technisch meistgenutzte Halbleiter ist Silicium. In manchen, speziell den optischen Anwendungen erweisen sich bestimmte Eigenschaften von Silicium aber als ungünstig, sodass dort andere Halbleiter eingesetzt werden. Dazu zählen das schon erwähnte 4-wertige Germanium sowie Verbindungshalbleiter aus Stoffen verschiedener Wertigkeit, z. B. der III-V-Halbleiter Galliumarsenid oder der II-VI-Halbleiter Cadmiumsulfid. Die letzteren erfordern auch besondere Dotierstoffe. Für GaAs sind einige davon in Tabelle 9.5 aufgeführt.

## Hall-Effekt

Charakteristische Daten, die der elektrischen Leitung zugrunden liegen, wie die Ladungsträgerdichte, der Typ der Ladungsträger oder ihre Beweglichkeit können mithilfe des Hall-Effekts (E. H. Hall, 1855–1938) bestimmt werden.

Der experimentelle Aufbau ist schematisch in Bild 9.37 dargestellt. Ein Strom der Stromdichte $\vec{j}$ fließt in $x$-Richtung durch einen Leiter, der sich in einem Magnetfeld $\vec{B}$ in $z$-Richtung befindet. Auf die Ladungsträger wirkt die Lorentz-Kraft entsprechend ihrer Ladung und ihrer Driftgeschwindigkeit $\vec{F}_\mathrm{L} = q\vec{v}_\mathrm{D} \times \vec{B}$. Die Ladungsträger werden senkrecht zu $\vec{B}$ und $\vec{v}_\mathrm{D}$ abgelenkt, wobei die Driftgeschwindigkeit gemäß Gl. (6.160) gegeben ist durch $\vec{j} = qn\vec{v}_\mathrm{D}$ ($n$ ist hier die Ladungsträgerdichte, unabhängig davon, ob es sich um Elektronen oder Löcher handelt). Es entsteht eine Ladungsverteilung, die ein elektrisches Feld, bezeichnet als Hall-Feld $\vec{\mathcal{E}}_\mathrm{H}$, zur Folge hat. Dieses wirkt durch die Coulomb-Kraft $\vec{F}_\mathrm{C} = q\vec{\mathcal{E}}_\mathrm{H}$ ebenfalls auf die Ladungsträger. Da im Gleichgewicht $\vec{F}_\mathrm{C} = -\vec{F}_\mathrm{L}$, ergibt sich für das

**elektrische Hall-Feld**

$$\vec{\mathcal{E}}_\mathrm{H} = -\frac{1}{nq}\left(\vec{j} \times \vec{B}\right) = -A_\mathrm{H}\left(\vec{j} \times \vec{B}\right) \qquad (9.21)$$

mit der

**Hall-Konstanten**

$$A_\mathrm{H} = \frac{1}{nq} \qquad (9.22)$$

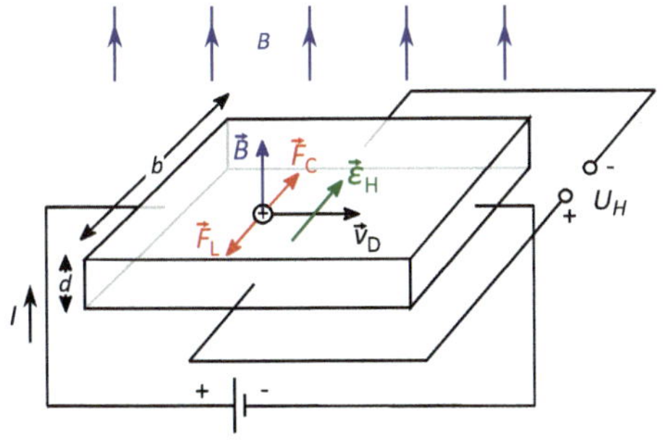


**Bild 9.37**
Zum Hall-Effekt, hier für positive Ladungsträger, für negative Ladungsträger kehren sich die Richtungen von $\vec{v}_\mathrm{D}$ und $\vec{\mathcal{E}}_\mathrm{H}$ sowie die Polarität von $U_\mathrm{H}$ um

Das Vorzeichen der Hall-Konstanten gibt also das Vorzeichen der Ladungsträger an, aus dem Betrag lässt sich unter der Annahme $q = +e$ oder $-e$ die Dichte der Löcher oder der Elektronen bestimmen.

Im Experiment wird gewöhnlich nicht das Feld $\vec{\mathcal{E}}_H$ gemessen, sondern die Hall-Spannung $U_H$, die mit dem Feld über $U_H = b\vec{\mathcal{E}}_H$ verbunden ist. Um das Vorzeichen zu erhalten, muss die Spannung in der Richtung $-(\vec{j}\times\vec{B})$ gemessen werden. Der Strom $I$ als Messgröße und die Stromdichte $j$ hängen über $I = dbI$ zusammen. Mit diesen Messgrößen berechnet man die Hall-Konstante zu

$$A_H = \frac{U_H d}{I \cdot B} \tag{9.23}$$

Mit einer Messung der Leitfähigkeit, die nach Gl. (6.161) durch $\sigma = qn\mu$ gegeben ist, und der Hall-Konstanten $A_H$ an einer Probe lassen sich so das Vorzeichen der Ladungsträger sowie deren Dichte und Beweglichkeit feststellen.

Kennt man andererseits diese Größen und die Abmessungen der Probe, kann der Hall-Effekt zur Bestimmung der Magnetfeldstärke genutzt werden. Als zwar nicht extrem empfindliche, aber einfach aufgebaute Bauteile werden Hall-Sensoren vielfältig eingesetzt, z. B. zur berührungslosen Gleichstrommessung oder in Näherungsschaltern.

Ein zunächst überraschendes Ergebnis lieferten 1980 Experimente von v. Klitzing (K. v. Klitzing, *1943, Nobelpreis 1985) zum Hall-Effekt an leitenden Systemen, bei denen die Bewegung der Ladungsträger auf eine zweidimensionale Fläche senkrecht zum Magnetfeld beschränkt war. Bei tiefen Temperaturen, $T \approx 1{,}5$ K, und hoher Magnetfeldstärke, $B > 4$ T, nimmt die Hall-Spannung nicht mehr kontinuierlich mit der Magnetfeldstärke zu, sondern zeigt einen stufenförmigen Verlauf. Trägt man statt der Hall-Spannung den sogenannten *Hall-Widerstand* $R_H = \frac{U_H}{I}$ gegen die Magnetfeldstärke auf, ergibt sich ein Verlauf wie in Bild 9.38. Die Ursache, die hier nur angedeutet werden kann, ist die Quantisierung der Elektronenbewegung in Feldrichtung, weshalb diese Erscheinung auch *Quanten-Hall-Effekt* genannt wird. Die Theorie zeigt, dass $R_H$ sprunghaft die Werte $\Delta R_H = \frac{1}{i}\left(\frac{h}{e^2}\right)$ mit $i = 1, 2, \ldots$ annimmt, deren Größe nur von den beiden Naturkonstanten $h$ und $e$ abhängen. Der Quanten-Hall-Effekt bildet daher aktuell die Grundlage für das Normal des elektrischen Widerstandes und wird zusammen mit dem Wechselstrom-Josephson-Effekt (siehe Abschnitt 9.2.6) im internationalen Einheitensystem SI für die Festlegung der Einheiten Kilogramm und Ampere vorgeschlagen (siehe Abschnitt 1.2.1).

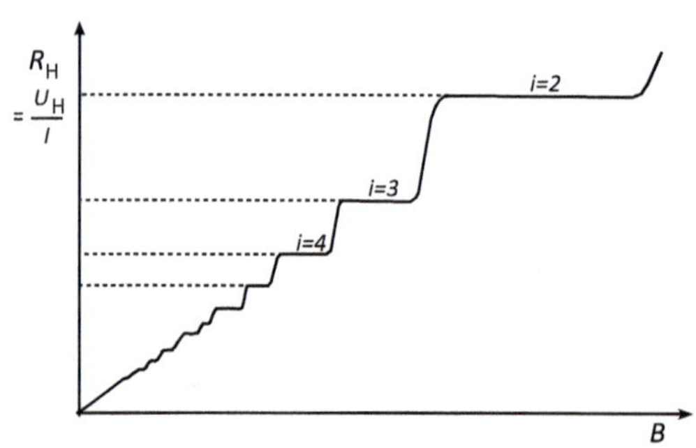


**Bild 9.38**
Hall-Widerstand beim Quanten-Hall-Effekt

**Beispiel**

An einer Probe dotierten Siliciums der Dicke $d = 0{,}5$ mm und der Leitfähigkeit $\sigma = 1{,}3 \cdot 10^3\,(\Omega\,\mathrm{m})^{-1}$ wird bei dem Strom $I = 50$ mA unter dem Magnetfeld $B = 0{,}5$ T die Hall-Spannung $U_H = 3{,}1$ mV gemessen (Anordnung wie in Bild 9.37). Wie groß sind Ladungsträgerdichte $n$ oder $p$ (je nach Dotierungstyp) und Beweglichkeit in der Probe?

Mit Gl. (9.22), Gl. (9.23) gilt $A_H = \frac{1}{ne} = \frac{U_H d}{I \cdot B}$. Auflösung der letzten Gleichung nach $n$ ergibt

$$n = \frac{I \cdot B}{e U_H d} == \frac{0{,}05\,\mathrm{A} \cdot 0{,}5\,\mathrm{T}}{1{,}60 \cdot 10^{-19}\,\mathrm{C} \cdot 3{,}1 \cdot 10^{-3}\,\mathrm{V} \cdot 5 \cdot 10^{-4}\,\mathrm{m}} = 1{,}0 \cdot 10^{23}\,\mathrm{m}^{-3}$$

Für die Beweglichkeit erhält man dann aus Gl. (6.161)

$$\mu = \frac{\sigma}{en} = \frac{1{,}3 \cdot 10^3\,(\Omega\,\mathrm{m})^{-1}}{1{,}60 \cdot 10^{-19}\,\mathrm{C} \cdot 1{,}0 \cdot 10^{23}\,\mathrm{m}^{-3}} = 8{,}1 \cdot 10^{-2}\,\mathrm{m}^2\,\mathrm{V}^{-1}\,\mathrm{s}^{-1}$$

Ist das Vorzeichen von $U_H$ wie in Bild 9.37, handelt es sich um einen p-dotierten Halbleiter. Die berechnete Ladungsträgerdichte ist also die Löcherdichte $p$.

Wie groß ist unter dieser Annahme die Elektronendichte $n$ bei der Temperatur $T = 300$ K?

Mit Gl. (9.20) ergibt sich

$$n = \frac{n_i^2}{p} = \frac{\left(9{,}65 \cdot 10^{15}\,\mathrm{m}^{-3}\right)^2}{1{,}0 \cdot 10^{23}\,\mathrm{m}^{-3}} = 9{,}3 \cdot 10^8\,\mathrm{m}^{-3}$$

## 9.2.5 Thermoelektrische Erscheinungen

Da elektrische und thermische Eigenschaften durch die freien Ladungsträger mitbestimmt werden, kann man Erscheinungen erwarten, bei denen beide Eigenschaften in Kombination auftreten.

Die Energiedifferenz zwischen der Fermi-Energie eines Metalls oder Halbleiters (wenn im Folgenden in diesem Abschnitt von Metall gesprochen wird, ist immer auch Halbleiter damit gemeint) und dem Vakuum außerhalb des Metalls wird als Austrittsarbeit $W_A$ bezeichnet, da sie dem Energieaufwand entspricht, der erforderlich ist, um ein Elektron aus dem Metall austreten zu lassen. Ihr Wert liegt in der Größenordnung von einigen Elektronvolt. Bei einer endlichen Temperatur $T > 0$ hat ein Teil der Elektronen aufgrund der Fermi-Verteilung ausreichend Energie, um das Metall zu verlassen. Der Anteil mit ausreichender Energie kann in diesem Fall näherungsweise durch $e^{-\frac{W_A}{kT}}$ ausgedrückt werden.

Bringt man nun zwei Metalle mit unterschiedlichen Austrittsarbeiten $W_{A1}$ und $W_{A2} > W_{A1}$ miteinander in Kontakt (durch Löten, Schweißen, Klemmen usw.), so gehen deshalb Elektronen von einem Metall ins andere über, hier überwiegend von 1 nach 2. Durch die dadurch entstehende Ladungsverteilung baut sich eine Kontaktspannung auf, die dem Ladungsaustausch entgegenwirkt und die im Gleichgewicht der Differenz der Austrittsarbeiten entspricht. Für das Verhältnis der Elektronendichten auf beiden Seiten des Kontakts ergibt sich $\frac{n_1}{n_2} = \mathrm{e}^{-\frac{W_{A2}-W_{A1}}{kT}} = \mathrm{e}^{-\frac{eU_k}{kT}}$ und damit für die

Kontaktspannung zwischen zwei Metallen

$$U_k = \frac{kT}{e} \ln\left(\frac{n_2}{n_1}\right) \tag{9.24}$$

Die Kontaktspannung $U_k$ ist nicht direkt messbar, da an Messkontakten ebenfalls Kontaktspannungen auftreten, die sich zusammen mit $U_k$ kompensieren. Schafft man aber eine zweite Kontaktstelle zwischen den Metallen wie in Bild 9.39, die die Temperatur $T_0$ hat, kann man die Spannung innerhalb dieses Kreises messen. Es ergibt sich die *Thermospannung* innerhalb des Kreises zu

Thermospannung

$$U_{th} = U_k(T) - U_k(T_0) = \frac{k}{e} \ln\left(\frac{n_2}{n_1}\right)(T - T_0) = S \cdot (T - T_0) \tag{9.25}$$

mit der Proportionalitätskonstanten $S = \frac{\Delta U_k}{\Delta T} = \frac{U_{th}}{\Delta T}$.

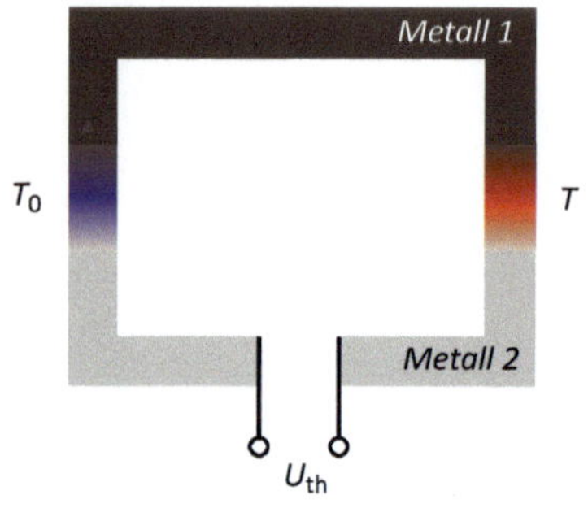


**Bild 9.39**
Thermoelement

Sofern man also die Temperatur eines Kontaktes als Referenztemperatur kennt, kann man die Temperatur des anderen Kontaktes über die Thermospannung bestimmen.

Diese seit 1821 bekannte Erscheinung heißt nach dem Entdecker *Seebeck-Effekt* (Th. J. Seebeck, 1770–1831). Die Proportionalitätskonstante $S$ heißt relativer Seebeck-Koeffizient. In der Praxis wird dieser in der Regel experimentell bestimmt. In Tabelle 9.6 sind neben den Austrittsarbeiten einiger Metalle die Seebeck-Koeffizienten gegen Kupfer als Referenz aufgelistet.

Wie man sieht, sind die Thermospannungen relativ klein. Trotzdem werden Thermoelemente wegen ihrer geringen Abmessungen und mechanischen Robustheit vielfältig eingesetzt. Die Empfindlichkeit kann durch das Zusammenschalten mehrerer Thermoelemente zu einer *Thermosäule* erhöht werden. In Tabelle 9.7 sind einige gebräuchliche *Thermopaare*, also Metallkombinationen, mit Temperaturbereich und Empfindlichkeit aufgeführt. Allerdings ist $U_{th}(T)$ nicht exakt linear in $T$, sodass für die praktische Anwendung auf genormte Tabellen zurückgegriffen werden muss.

**Tabelle 9.6** Austrittsarbeiten $W_A$ und Seebeck-Koeffizient $S = \frac{U_{th}}{\Delta T}$ in Bezug auf Kupfer

| Material | $W_A$/eV | $S$/µV K$^{-1}$ |
|---|---|---|
| Se | 5,9 | +997 |
| Fe | 4,6 | +13,4 |
| Zn | 4,33 | +0,3 |
| Cu | 4,65 | 0 |
| Ag | 4,26 | −0,2 |
| Al | 4,28 | −3,2 |
| Pt | 4,65 | −5,9 |

**Tabelle 9.7** Gebräuchliche Thermopaare

| Paar | Temperaturbereich $T$/K | Empfindlichkeit $\frac{U_{th}}{\Delta T}$/µV K$^{-1}$ |
|---|---|---|
| Cu-Konstantan (Legierung Cu55Ni44Mn1) | −200...400 | 44,5 |
| Fe-Konstantan | −200...750 | 52,8 |
| NiCr-Ni | −200...1000 | 39,3 |
| Pt10Rh90-Pt | 0...1500 | 10,4 |

Der Seebeck-Effekt wird auch zur Bereitstellung elektrischer Leistung genutzt. Beispielsweise werden in Raumsonden für das äußere Sonnensystem, wo die Sonneneinstrahlung für eine photovoltaische Nutzung mit Solarzellen nicht mehr ausreicht, Radionuklidbatterien eingesetzt. Darin wird mit radioaktiver Zerfallswärme eine Kontaktstelle eines Thermoelements geheizt, während die andere durch Strahlungs-Kühlbleche auf der Temperatur des Weltalls gehalten wird. Mithilfe der Temperaturdifferenz zwischen innen und außen wird elektrische Leistung erzeugt.

Ein alternativer Ansatzpunkt für die Erklärung der Thermospannung liegt in der Betrachtung der Temperaturabhängigkeit der Dichte des Elektronengases. In einem Metallstab, dessen Enden 1 und 2 sich auf der Temperatur $T_1$ bzw. $T_2 > T_1$ befinden, siehe Bild 9.40, hat das Elektronengas bei $T_2$ eine niedrigere Dichte als bei $T_1$. Es liegt also eine Ladungsverteilung und demzufolge eine Potentialdifferenz zwischen den Enden des Metallstabs vor, die allerdings wiederum nicht direkt messbar ist. Die Dichte des Elektronengases und damit die resultierende Potentialdifferenz ist aber unterschiedlich für verschiedene Metalle.

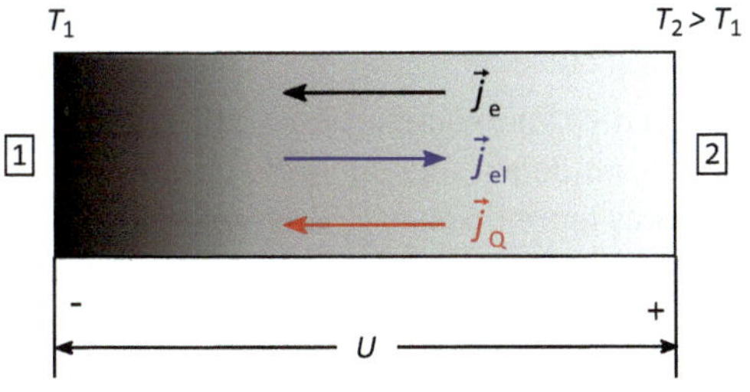


**Bild 9.40**
Elektronengas und Teilchenstrom $\vec{j}_e$, Ladungsstrom $\vec{j}_{el}$, Wärmestrom $\vec{j}_Q$ in einem Metallstab

Stellt man also z. B. bei Punkt 1 einen Kontakt mit einem anderen Metall her, das demselben Temperaturgefälle unterliegt, so kann man bei 2 eine Spannung zwischen den beiden Metallen messen, die der Thermospannung entspricht.

Damit lässt sich auch das Gegenstück zum Seebeck-Effekt, der *Peltier-Effekt* (J. C. Peltier, 1785–1845) erklären. Mit dem *Teilchen*strom der Elektronen $\vec{j}_e$ von 2 nach 1, der für die Dichteverteilung verantwortlich ist, fließt ein *elektrischer* Strom $\vec{j}_{el}$, wegen der negativen Elektronenladung in die entgegengesetzte Richtung. Gleichzeitig fließt aufgrund des Temperaturgefälles ein Wärmestrom $\vec{j}_Q$ von 2 nach 1. Der Wärmestrom wird im Wesentlichen von den Elektronen getragen, sodass die Ströme proportional zueinander sind. Die Proportionalitätskonstante ist der

Peltier-Koeffizient $\Pi$:

$$\vec{j}_Q = -\Pi \cdot \vec{j_e} \tag{9.26}$$

Prägt man also in Umkehrung zum Seebeck-Effekt dem Thermoelement einen elektrischen Strom auf, so erwärmt sich wegen des damit verbundenen Wärmetransports die eine Kontaktstelle, während sich die andere abkühlt. Praktisch werden Peltier-Elemente z. B. zur Kühlung von elektronischen Bauteilen eingesetzt, die mechanisch unkompliziert und ohne bewegte Teile möglich ist.

### 9.2.6 Supraleitung

Im Jahr 1911, kurz nachdem es ihm gelungen war, Helium zu verflüssigen und damit Temperaturen in der Nähe des Temperaturnullpunktes zu erreichen, entdeckte Kamerlingh Onnes (H. Kamerlingh Onnes, 1853–1926, Nobelpreis 1913), dass der elektrische Widerstand einer Quecksilber-Probe bei $T = 4{,}2$ K abrupt auf null fällt. Nach Kamerlingh Onnes heißt diese Erscheinung *superconductivity*, im Deutschen *Supraleitung*. Mit heutigem Stand kann für den spezifischen Widerstand des Supraleiters ausgesagt werden, dass er kleiner ist als $10^{-25}$ Ω m. Ein einmal angeworfener Strom in einem ringförmigen Supraleiter fließt praktisch unbegrenzt lange.

Inzwischen sind viele Metalle und Legierungen sowie einige Kupferoxid-Keramiken bekannt, die Supraleitung zeigen. Supraleitendes Verhalten kann bei vielen der Übergangsmetalle und der Elemente aus den Gruppe III bis VI des Periodensystems nachgewiesen werden, z. B. bei Nb, Zn, Al. Manche Elemente werden nur unter hohem Druck supraleitend, z. B. Si bei 120 kbar. Supraleitung findet man nicht bei den Edelmetallen und bei Stoffen mit einer internen magnetischen Ordnung wie beispielsweise Ferromagneten. Es gibt viele Legierungen, die Supraleitung zeigen, z. B. $Nb_3Sn$, und auch Verbindungen, z. B. $MgB_2$, deren Partner selbst nicht supraleitend werden. Tabelle 9.8 führt für einige Stoffe die *kritischen Temperatur* oder *Sprungtemperatur* $T_C$ auf, bei denen Supraleitung einsetzt.

Die Möglichkeit verlustfreier Stromleitung motiviert die Untersuchung der Stoffe auf Supraleitung erheblich. Bei den oben genannten Stoffen ist dabei aber hinderlich, dass deren Sprungtemperaturen die Kühlung der Leiter durch das teure flüssige Helium erfordern. Erst in jüngerer Zeit, 1986, fanden Bednorz und Müller (G. J. Bednorz, *1950, K. A. Müller, *1927, gemeinsamer Nobelpreis 1987) bei der Untersuchung einer ganz anderen Klasse von Stoffen deutlich höhere Sprungtemperaturen. Es handelt sich dabei um Keramiken, die meistens aus den Elementen Ba, Cu, O sowie Y oder La bestehen und auf der Perowskit-Struktur, einer speziellen komplexen Kristallstruktur, basieren. 1986 wurde daran eine Sprungtemperatur von 35 K gemessen. Seitdem ist es gelungen, mit solchen Verbindungen Sprungtemperaturen bis zu 138 K unter Normaldruck zu erreichen. Damit reicht für die Kühlung der Leiter der im Vergleich zu Helium viel kostengünstigere flüssige Stickstoff (Siedetemperatur 77 K) aus, um Supraleitung zu erhalten. Die keramischen Supraleiter, deren zugrunde liegender Mechanismus bisher nicht vollständig verstanden ist, werden zur Abgrenzung von den bis dahin bekannten Supraleitern als *Hochtemperatur-Supraleiter* bezeichnet. Auch zu diesen sind einige Werte in Tabelle 9.8 zu finden.

**Tabelle 9.8** Sprungtemperatur $T_C$ und kritisches Magnetfeld $B_C$ bzw. $B_{C2}$ einiger Stoffe*

| Material | Sprungtemperatur $T_C$ /K | Kritisches Magnetfeld $B_C$ bzw. $B_{C2}$ bei $T \to 0$ /T |
|---|---|---|
| **Supraleiter 1. Art** | | |
| Al | 1,14 | 0,0105 |
| Hg | 4,15 | 0,0412 |
| Pb | 7,19 | 0,0803 |
| **Supraleiter 2. Art** | | |
| Nb | 9,25 | 0,21 |
| $Nb_3Sn$ | 18,05 | 25 |
| $Nb_3Ge$ | 23,2 | 35 |
| **Hochtemperatur (HTC)-Supraleiter** | | |
| $YBa_2Cu_3O_7$ (YBCO) | 92 | 23 |
| $Bi_2Sr_2Ca_2Cu_3O_{10}$ (BSCCO) | 138 | > 30 |
| * für die SL 2. Art und die Hochtemperatur-SL ist $B_{C2}$ angegeben | | |

Wie erwähnt, geht der Widerstand auch bei der normalen elektrischen Leitung in allen Metallen mit $T \to 0$ gegen den Grenzwert null, vorausgesetzt allerdings, dass es sich um ideale Kristalle absolut reiner Stoffe handelt. Bei der Supraleitung aber tritt der Fall $\varrho = 0$ schon bei $T > 0$, bei Legierungen und auch ohne eine ausgeprägte Kristallstruktur auf. Daraus kann man schließen, dass es sich bei der Supraleitung um einen Zustand handelt, der auf ganz anderen Mechanismen als die normale elektrische Leitung beruht.

Eine zweite Beobachtung bestätigt diese Annahme: Innerhalb eines supraleitenden Körpers, der sich in einem Magnetfeld befindet, ist die Feldstärke null, da das Feld wie schematisch in Bild 9.41 dargestellt, aus dem Körper verdrängt wird. Man kann ein solches Experiment ausführen, indem man den supraleitenden Körper von außen in den Bereich eines Magnetfeldes hinein bewegt oder indem man das Feld um den Körper einschaltet. In diesen beiden Fällen könnte man die Verdrängung des Feldes durch Abschirmströme erklären, die durch Induktion in der Körperoberfläche angeworfen werden und wegen des verschwindenden Widerstands nicht abklingen. Aber auch in der dritten Version des Experiments, wenn der Supraleiter in normalleitenden Zustand in ein Magnetfeld gebracht wird, eventuell induzierte Abschirmströme abgeklungen sind und dann erst die Temperatur unter die Sprungtemperatur gesenkt wird, wird das Magnetfeld verdrängt. Dieser 1933 entdeckte Effekt, der nicht durch Induktion erklärt werden kann, heißt nach seinen Entdeckern *Meißner-Ochsenfeld-Effekt* (W. F. Meißner, 1882–1974, R. Ochsenfeld, 1901–1993).

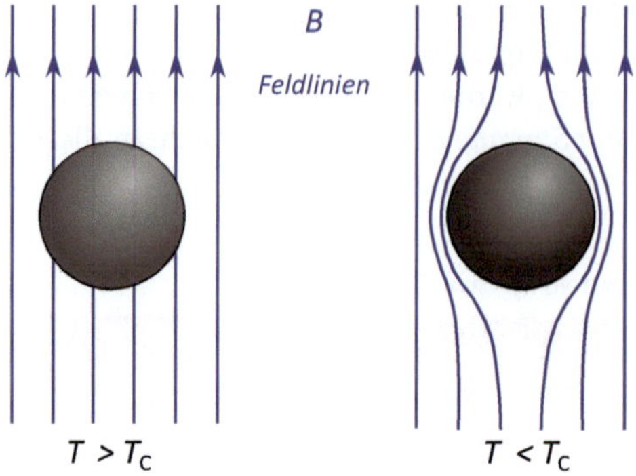


**Bild 9.41**
Verdrängung des Magnetfeldes aus einem Supraleiter

Die *BCS-Theorie der Supraleitung*, entwickelt 1956/57 durch Bardeen, Cooper und Shrieffer (J. Bardeen, 1908–1991, L. N. Cooper, *1930, J. R. Schrieffer, 1931–2019, gemeinsamer Nobelpreis 1972), erklärt die Eigenschaften des supraleitenden Zustands durch die Bindung von Leitungselektronen zu *Cooper-Paaren*. Halbklassisch kann man sich diesen Vorgang so vorstellen, dass ein freies Elektron auf seiner Bahn im Kristall das Gitter positiv geladener Atomrümpfe leicht verdichtet. Ein zweites Elektron wird durch diese Verdichtung der positiven Ladungen angezogen. Quantenphysikalisch betrachtet gehen ein Teil der Elektronen, jeweils paarweise mit entgegengesetztem Impuls und entgegengesetztem Spin, eine Bindung ein, die über Phononen des Kristallgitters vermittelt wird. Es handelt sich dabei um eine dynamische Bindung, die jeweils nur kurze Zeit anhält und sich über große Distanzen (bis zu einigen 100 Nanometern) erstreckt.

Durch die Bindung entsteht ein Cooper-Paar mit dem Spin 0. Im Gegensatz zu einzelnen Elektronen, die wegen ihres halbzahligen Spins nach dem Pauli-Prinzip (Fermionen, siehe Abschnitt 8.2.4) einen Zustand nur einfach besetzen können, befinden sich die Cooper-Paare (Bosonen) in einem gemeinsamen Zustand, der durch eine Energielücke von den Zuständen einzelner Elektronen getrennt ist. Solange nicht ausreichend Energie aufgebracht wird, um die Energielücke zu überwinden und Cooper-Paare aufzubrechen, bewegt sich die Gesamtheit der Cooper-Paare unter dem Einfluss eines elektrischen Feldes ohne Energie mit dem Kristallgitter austauschen zu können. Bis zu einer gewissen Grenze fließt ein Strom also verlustfrei, d. h. ohne elektrischen Widerstand. Darüber hinaus kann auf derselben Grundlage gezeigt werden, dass selbst ein statisches äußeres Magnetfeld supraleitende Abschirmströme in der Oberfläche hervorruft, sodass das Magnetfeld nur bis zu einer Tiefe von einigen Atomlagen in den Supraleiter eindringen kann.

**Merke**

Bei der Supraleitung binden sich Elektronen zu Paaren mit dem Spin 0. Als Bosonen können diese Paare einen gemeinsamen Quantenzustand einnehmen und sich als Kollektiv widerstandsfrei durch den Leiter bewegen.

Für die Hochtemperatur-Supraleiter wird eine ähnliche Grundlage vermutet. Die Art der Kopplung zweier Elektronen zum Cooper-Paar ist aber bisher unklar.

Werden die Abschirmströme zu groß, bricht die Supraleitung zusammen. Dementsprechend kann ein äußeres Magnetfeld auch nur bis zu einer *kritischen Magnetfeldstärke* $B_C$ abgeschirmt werden, ab der der Körper dann normal leitend wird. In Tabelle 9.8 ist die kritische Feldstärke einiger Stoffe aufgeführt. Je größer der Anteil der zu Cooper-Paaren gebundenen Elektronen ist, also je weiter die Temperatur unterhalb $T_C$ liegt, desto größer ist die kritische Feldstärke (Bild 9.42).

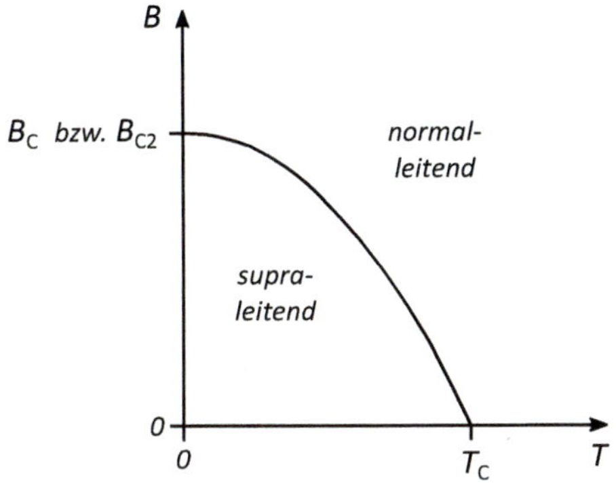


**Bild 9.42**
Temperaturabhängigkeit des kritisches Magnetfeldes $B_C$ bzw. $B_{C2}$

Ein *Supraleiter 1. Art* kann wegen seiner Eigenschaften im Magnetfeld unterhalb der Sprungtemperatur auch als idealer Diamagnet mit der Permeabilität $\mu_r = 0$ beschrieben werden. Die Magnetisierung $\vec{M}$ (siehe Abschnitt 6.3.6) des Supraleiters ist proportional zum äußeren Magnetfeld und in der Richtung entgegengesetzt. Ein Supraleiter, der auf einem Magneten liegt, wird angehoben und schwebt über dem Magneten, wenn er unter die Sprungtemperatur abgekühlt wird (diamagnetische Levitation wie in Abschnitt 6.3.6, aber hier wesentlich stärker ausgeprägt). Bei $B = B_C$ wird die Magnetisierung abrupt praktisch zu null. Bild 9.43 (rot) zeigt diesen Zusammenhang.

Wie man in Tabelle 9.8 sieht, sind die kritischen Feldstärken bei Supraleitern 1. Art mit etwa 50 mT relativ niedrig. Die großen Feldstärken von mehreren Tesla, wie sie in der Medizin bei der Magnetresonanztomographie (MRT) oder in den Teilchenbeschleunigern der Elementarteilchenphysik (z. B. beim Large Hadron Collider LHC) eingesetzt werden, lassen sich mit *Supraleitern 2. Art* erreichen. Diese verhalten sich bei niedrigen Feldstärken zunächst genauso wie die Supraleiter 1. Art (Bild 9.43 grün). Ab einem unteren kritischen Feld $B_{C1}$ aber dringt das Magnetfeld in Form von mikroskopischen magnetischen *Flussschläuchen* in den Supraleiter ein. Dabei handelt es sich um normalleitende Bereiche, die durch supraleitende Ringströme abgeschirmt sind. Ein Strom im Supraleiter wird nach wie vor ohne Widerstandsverluste durch die supraleitenden Bereiche transportiert. Die Magnetisierung nimmt ab $B_{C1}$ mit zunehmendem äußeren Feld ab. Erst ab einem Feld $B_{C2}$, das einige hundertmal größer sein kann als $B_{C1}$, verschwinden die supraleitenden Bereiche und der Körper wird normalleitend. Elektromagneten mit Wicklungen aus Supraleitern 2. Art erreichen Magnetfeldstärken von mehr als 20 T.

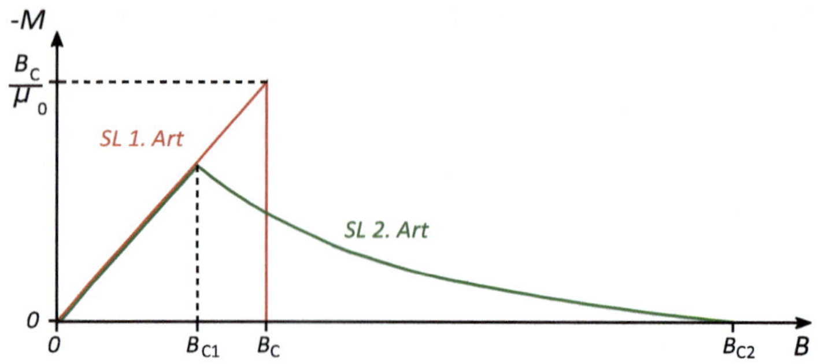


**Bild 9.43** Magnetisierung eines Supraleiters 1. Art und 2. Art

Neben der Erzeugung großer Magnetfelder basiert auf der Supraleitung auch eine Methode zur extrem empfindlichen Messung von Magnetfeldern. Grundlage ist die aus der BCS-Theorie abgeleitete und experimentell bestätigte Aussage, dass der Wert des magnetisches Flusses durch einen supraleitenden Ring gleich einem ganzzahligen Vielfachen des *Flussquants* $\Phi_0 = \frac{h}{2e} = 2{,}07 \cdot 10^{-15}\ \mathrm{T\,m^2}$ sein muss. Bei einem bestimmten äußeren Magnetfeld fließt daher in dem Ring ein Abschirmstrom, der dafür sorgt, dass diese Anforderung erfüllt ist. Gemessen wird der Strom indirekt durch den *Gleichstrom-Josephson-Effekt* (B. D. Josephson, *1940, Nobelpreis 1973) an zwei *Josephson-Kontakten*, die in den Ring eingebaut sind. Ein Josephson-Kontakt ist im Prinzip eine Unterbrechung eines Supraleiters durch eine isolierende Schicht, die so dünn ist, dass Cooper-Paare sie durchtunneln können. Zwischen beiden Seiten des Rings kann man eine Spannung messen, die mit der Flussänderung des äußeren Magnetfeldes um $\Phi_0$ periodisch ist. Mit einem darauf basierenden Sensor, genannt SQUID[5] können Magnetfelder mit einer Empfindlichkeit von $10^{-15}$ T oder besser gemessen werden. Das reicht aus, um z. B. in der Medizin ohne chirurgischen Eingriff Gehirnströme über die von ihnen erzeugten Magnetfelder zu vermessen.

Ebenfalls an Josephson-Kontakten zwischen Supraleitern tritt der *Wechselstrom-Josephson-Effekt* auf. Eine an dem Kontakt anliegende Gleichspannung $U$ ruft einen Wechselstrom mit der Frequenz $f = \frac{2e}{h} U$ hervor, die unabhängig von den konstruktiven Details des Kontaktes nur durch die beiden Naturkonstanten e und $h$ bestimmt ist. Damit kann eine Spannung mit derselben hohen Genauigkeit wie die Frequenz gemessen werden bzw. direkt auf die Definition der Einheit Sekunde zurückgeführt werden. Im internationalen Einheitensystem SI wird dieser Effekt zusammen mit dem Quanten-Hall-Effekt zur Realisierung der Einheiten Kilogramm und Ampere vorgeschlagen (siehe Abschnitt 1.2.1).

[5] Akronym für superconducting quantum interference device

# 9.3 Physikalische Grundlagen der Halbleiterelektronik

Die rasante Entwicklung in der Elektronik und der Informationstechnologie, deren Bedeutung manchmal durch die Bezeichnungen „3. Industrielle Revolution“ (nach dem Beginn der Mechanisierung um 1800 und der Massenfertigung um 1900) oder „Digitale Revolution“ betont wird, basiert zu einem großen Teil auf den als Halbleiter bekannten Stoffen. Nachdem in Abschnitt 9.2.4 die grundlegenden elektronischen Eigenschaften der Halbleiter behandelt wurden, sollen nun einige wichtige elektronische Bauelemente und Techniken besprochen werden, in denen diese genutzt werden. Dabei wird grob unterschieden zwischen Bauelementen, die im Prinzip eine elektrisch schaltende Wirkung haben (Abschnitt 9.3.1), und solchen, die eine Schnittstelle zur Optik darstellen (Abschnitt 9.3.2). In Abschnitt 9.3.3 werden einige konkrete Bauteil-Strukturen und -Prozesse vorgestellt.

## 9.3.1 Halbleiter-Kontakte und -Schalter

Hier sollen die verschiedenen Möglichkeiten elektrischer Kontakte und ihre Nutzung in Bauelementen besprochen werden.

### Kontakt Metall-Halbleiter

Der im gewissen Sinne wichtigste Kontakt ist der zwischen Metallen und Halbleitern, da ohne einen solchen Kontakt, in elektrisch möglichst passiver Form, keine Schaltung aufgebaut werden könnte. Der Metall-Halbleiter-Kontakt hat aber auch große Bedeutung als Grundlage aktiver Bauelemente.

Wesentlich für die Funktion sind die Austrittsarbeiten von Metall und Halbleiter, d. h. die Lage der jeweiligen Fermi-Energie $E_{FM}$ bzw. $E_{FH}$ in Bezug auf das Vakuum-Energieniveau. Beim Halbleiter kommt entscheidend auch noch die Art und Stärke der Dotierung hinzu. In Bild 9.44 sind die energetischen Verhältnisse bei der Kontaktierung eines Metalls mit einem Halbleiter dargestellt. (Wie üblich ist auf der Ordinate die Energie $E$ aufgetragen, auf der Abszisse der Abstand $x$ von der Ober- bzw. Grenzfläche, streng genommen also die Verhältnisse in einem lateral unendlich ausgedehnten System. Rand- oder Kanteneffekte lassen sich hiermit nicht darstellen.) In diesem Beispiel ist die Austrittsarbeit des Metalls größer als die des Halbleiters, $W_{AM} > W_{AH}$, und der Halbleiter ist n-dotiert. Isoliert voneinander wie in Bild 9.44a ist beiden gemeinsam nur das Vakuum-Energieniveau. Da die Austrittsarbeiten unterschiedliche Werte haben, liegen die Fermi-Energien $E_{FM}$ und $E_{FH}$ der beiden Materialien auf unterschiedlicher Höhe. Die Energiewerte $E_V$ und $E_L$ der Bandkanten von Valenz- und Leitungsband im Halbleiter sind als unabhängig vom Oberflächenabstand eingezeichnet.

Das ist bei einer realen freien Halbleiteroberfläche nur ausnahmsweise so. Im Allgemeinen liegen an der Oberfläche zusätzliche Zustände mit Energieniveaus innerhalb der Energielücke vor. Sie sind teilweise mit Elektronen besetzt, deren Ladungen die Energieverhältnisse ändern und die Bandkanten nahe der Oberfläche verschieben. Dichte, energetische Lage und zeitliches Verhalten dieser Oberflächenzustände hängen sehr stark von der Präparation der Oberfläche ab. Bei den grundsätzlichen Betrachtungen hier sollen sie nicht berücksichtigt werden.

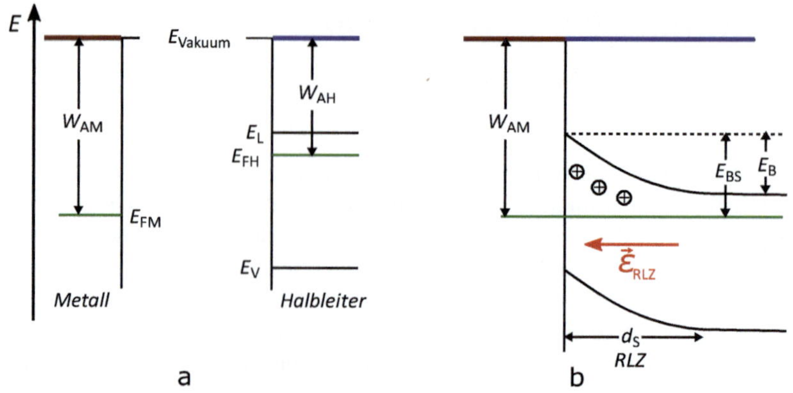


**Bild 9.44** Energie-Verhältnisse in Metall und Halbleiter (a) voneinander isoliert, (b) im Kontakt (angedeutete Ladungen in der RLZ)

Bringt man die beiden Materialien nun in Kontakt zueinander wie in Bild 9.44b, so bewegen sich Elektronen vom Halbleiter zum Metall und umgekehrt. Wegen $W_{AM} > W_{AH}$ fließt aber der Nettostrom der Elektronen vom Halbleiter zum Metall (vgl. Abschnitt 9.2.5), bis mit dem Ausgleich der Fermi-Energien beider Seiten ein dynamisches Gleichgewicht erreicht ist und der Nettostrom zu null wird. Gleichzeitig baut sich eine Potentialdifferenz $U_B = \frac{W_{AH} - W_{AM}}{e}$ (analog der Kontaktspannung in Abschnitt 9.2.5) zwischen Metall und Halbleitervolumen auf. Das Metall liegt bei seiner hohen Dichte freier Ladungsträger insgesamt auf einem Potential und ist ohne internes elektrisches Feld. Wegen der im Halbleiter aber verhältnismäßig geringen Ladungsträgerdichte $n \approx N_D$ fällt das Potential in einem Bereich des Halbleiters der Breite $d_S$ ab. Die dem Halbleiter entzogenen Elektronen hinterlassen dort ionisierte, positiv geladene Donatoren, weshalb der Bereich als *Raumladungszone* (RLZ) bezeichnet wird. In der Raumladungszone herrscht entsprechend dem Potentialgefälle ein zum Metall hin gerichtetes elektrisches Feld $\vec{\mathcal{E}}_{RLZ}$. Dies ist gleichbedeutend einer Anhebung der Leitungs- und Valenzbandkante zu einer Barriere für die Elektronen mit der Höhe $E_B = e\,U_B$ zur Grenzfläche hin, auch als *Bandverbiegung* bezeichnet. Der energetische Abstand $E_{BS} = E_B + (E_L - E_F)$ zwischen Fermi-Energie und Leitungsbandkante an der Grenzfläche ist die Höhe der sogenannten *Schottky-Barriere*. $E_L$ ist Energie der Leitungsbandkante im Volumen des Halbleiters.

Die Raumladungszone und die damit verbundene Schottky-Barriere ist umso schmaler, je mehr freie Ladungsträger im Halbleiter zur Verfügung stehen, d. h. je höher die Dotierung und demzufolge die Dichte der ionisierten Donatoren in der Raumladungszone ist. Aus der Ladungsdichte in der Raumladungszone $\varrho_{qRLZ} \approx e\,N_D$ erhält man nach Gl. (6.6) mit $\sigma = d_s\,\varrho_{qRLZ}$ die maximale Feldstärke an der Grenzfläche $\mathcal{E}_{max} = \frac{d_s\,e\,N_D}{2\varepsilon_0\,\varepsilon_r}$, die mit $U_B$ über die Beziehung $U_B = \mathcal{E}_{max}\,d_S$ zusammenhängt. Daraus errechnet man für die

**Breite der Schottky-Barriere $d_S$**

$$d_S = \sqrt{\frac{2\varepsilon_0\,\varepsilon_r}{e} \cdot \frac{U_B}{N_D}} \tag{9.27}$$

Sie beträgt beispielsweise beim Kontakt Al-Si ($\varepsilon_{\text{rSi}} = 11{,}4$) mit der mäßigen Dotierung $N_{\text{D}} = 10^{22}\ \text{m}^{-3}$ ($U_{\text{B}} \approx 0{,}5$ V) etwa 0,3 µm.

Ein ungehinderter Stromfluss ist also über diesen Kontakt hinweg nicht möglich. Erhöht man aber die Dotierung auf $10^{25}\ \text{m}^{-3}$ oder mehr, so wird die Barriere so schmal, dass Elektronen sie aufgrund des quantenphysikalischen Tunneleffekts (Abschnitt 8.1.6) passieren können, auch wenn ihre Energie geringer ist als die Barrierenhöhe. Es tritt zwar ein gewisser Kontaktwiderstand auf, der aber von der Stromrichtung unabhängig ist. Durch eine sehr hohe Dotierung des Halbleiters lässt sich also ein „passiver" *Ohm'scher Kontakt* realisieren.

**Merke**

Ein Kontakt Metall - hochdotierter Halbleiter ist ein Ohm'scher Kontakt mit stromrichtungsunabhängigem Widerstand.

Meistens ist allerdings eine solch hohe Dotierung für die Funktion eines Bauelements nicht erwünscht. In einem solchen Fall erhöht man die Dotierung nur im Bereich der Zuleitungskontakte in *Dotierungswannen* durch einen zusätzlichen Prozessschritt. Häufig lässt sich dies auch mit dem Vorgang der Kontaktierung selber verknüpfen, indem man eine geeignete Materialkombination von Halbleiter und Metall der Zuleitungen wählt. Beispielsweise wirkt Aluminium in Silicium als Akzeptor. Man bringt also durch Aufdampfen oder ähnliches den Al-Kontakt auf die Si-Oberfläche auf und bewirkt dann durch eine Temperaturbehandlung, dass Al in das Si eindiffundiert und so einen hoch p-dotierten Bereich schafft. Diese Prozessfolge bietet sich an für die Kontaktierung von p-dotiertem Si. Bei n-Si aber sind weitere Prozessschritte nötig und so ist insgesamt die Herstellung Ohm'scher Kontakte auf Halbleitern zwar von grundlegender Bedeutung, bedarf aber eben auch eines ausgefeilten Herstellungsprozesses.

Bei geringerer Dotierung des Halbleiters spielt der Tunnelstrom wegen der Breite der Barriere nur noch eine untergeordnete Rolle. In diesem Fall wird der Kontakt als *Schottky-Kontakt* bezeichnet. Hier können nun nur Elektronen, deren Energie größer ist als die Höhe der Barriere, die Barriere passieren und zur jeweils anderen Seite wechseln. Die Energieverteilung der Elektronen ist durch die Fermi-Verteilung gegeben, die sich aber auch hier wegen $kT \ll E_{\text{BS}}$ im Temperaturbereich um 300 K durch die Boltzmann-Verteilung $\text{e}^{-\frac{E_{\text{BS}}}{kT}}$ annähern lässt. Der Strom über die Barriere ist proportional zur Anzahl der Elektronen mit ausreichender Energie, also gilt im Gleichgewicht $j_{\text{HL}\to\text{M}} = j_{\text{M}\to\text{HL}} \sim \text{e}^{-\frac{E_{\text{BS}}}{kT}}$. Die Proportionalitätskonstante ist ihrerseits temperaturabhängig und ergibt sich nach genauerer Rechnung zu $AT^2$, mit der Richardson-Konstanten (O. W. Richardson, 1879–1959, Nobelpreis 1928) $A$, deren Wert dotierungsabhängig bei ca. $10^6\ \text{A m}^{-2}\ \text{K}^{-2}$ liegt.

Durch eine angelegte äußere Spannung $U$, gemessen vom Metall zum Halbleiter, wird dessen Fermi-Energie relativ zu der des Metalls verschoben, wie in Bild 9.45 dargestellt. Damit verändert sich die Höhe der Barriere für die Elektronen im Halbleiter auf $E_{\text{BS}} - eU$, wird also kleiner bei positiver und größer bei negativer Spannung. Für die Elektronen im Metall bleibt die Barriere unverändert.

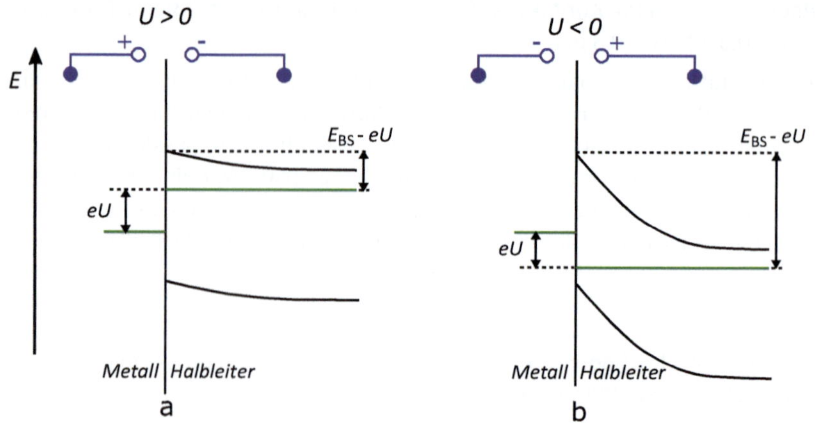


**Bild 9.45** Metall-Halbleiter-Kontakt mit äußerer Spannung in (a) Flussrichtung, (b) Sperrrichtung

Der Gesamtstrom ergibt sich aus der Differenz $j = j_{HL\to M} - j_{M\to HL}$. Für den Strom im Schottky-Kontakt erhält man also:

**Spannungsabhängigkeit des Stroms im Schottky-Kontakt**

$$j(U) = AT^2\left(e^{-\frac{E_{BS}-eU}{kT}} - e^{-\frac{E_{BS}}{kT}}\right) = AT^2 e^{-\frac{E_{BS}}{kT}} \cdot \left(e^{\frac{eU}{kT}} - 1\right) = j_S\left(e^{\frac{eU}{kT}} - 1\right) \tag{9.28}$$

mit dem

**Sperrsättigungsstrom $j_S$ des Schottky-Kontakts**

$$j_S = AT^2 e^{-\frac{E_{BS}}{kT}} \tag{9.29}$$

Den Verlauf des Stroms mit der Spannung zeigt Bild 9.46. Bei positiver Spannung steigt der Strom exponentiell, daher die Bezeichnung *Flussspannung*. Bei negativer Spannung, der *Sperrspannung*, nähert er sich dem konstanten, kleinen Wert des Sperrsättigungsstroms.

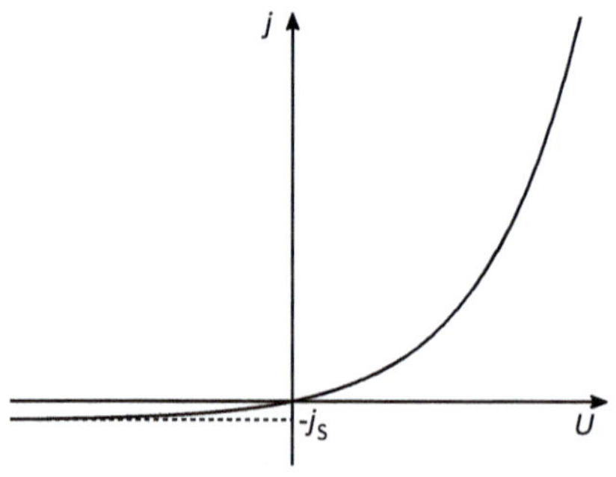


**Bild 9.46**
Strom-Spannungs-Kennlinie des Schottky-Kontakts

Das ist das typische Verhalten einer Gleichrichter-Diode, weshalb der Metall-Halbleiter-Kontakt als *Schottky-Diode* eingesetzt wird. Schottky-Dioden werden wegen ihres schnellen Schaltverhaltens in Hochfrequenzschaltungen verwendet. Dies liegt zum einen an dem niedrigen internen Serienwiderstand wegen der hohen Leitfähigkeit des Metalls. Zum zweiten fehlt die Diffusionskapazität, die bei pn-Dioden (s. u.) die Reaktion verzögert, da der Strom im Gegensatz zu pn-Dioden von Majoritätsladungsträgern (im obigen Beispiel die Elektronen) getragen wird. Aus dem niedrigen Serienwiderstand resultiert außerdem die relativ niedrige Schwellspannung von ca. 0,2 V bei Al-Si-Dioden, ab der der exponentielle Anstieg des Stroms zum Tragen kommt, gegenüber 0,6 V bei Si-pn-Dioden.

**Merke**

Ein Kontakt Metall - mäßig dotierter Halbleiter ist ein Schottky-Kontakt mit stromrichtungsabhängigem Widerstand (Schottky-Diode).

## Kontakt Halbleiter-Halbleiter

Wegen der vielfältigen Möglichkeiten, die sich beim Verbinden unterschiedlich dotierter Halbleiter bieten, beruhen auf solchen Kontakten die wichtigsten Bauelemente der Elektronik. Hinzu kommt, dass diese Kontakte im Inneren eines Halbleiters hergestellt werden können, ohne dass der Zustand der Oberfläche, die oft nur mit Schwierigkeiten definiert zu präparieren ist, Einfluss hat. Ein Beispiel für einen solchen Prozess zeigt Bild 9.47. Eine Si-Scheibe mit einer p-Grunddotierung durch Bor wird eine gewisse Zeit bei 1 000 °C einer Phosphor-haltigen Atmosphäre ausgesetzt. Phosphor-Atome diffundieren ca. 1 µm weit in die Scheibe hinein und kompensieren als Donatoren in einer dünnen Schicht an der Oberfläche die p-Dotierung. Der Kontakt zwischen p- und n-leitendem Si liegt dann in etwa 1 µm Tiefe. Anschließend wird auf eine Seite Aluminium aufgebracht. Dieses diffundiert bei einer weiteren Temperaturbehandlung bei ca. 500 °C ebenfalls in die Scheibe, kompensiert die n-Dotierung und erzeugt eine hohe p-Dotierung ($p^+$), die sich für einen Ohm'schen Kontakt eignet.

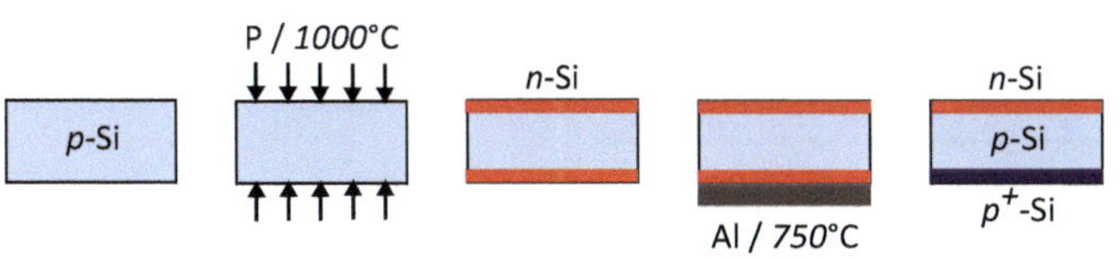


**Bild 9.47** Herstellung einer $npp^+$-Dotierungsstruktur, z. B. für Solarzellen

Bei einem symmetrischen *pn-Kontakt* sind die Dotierungskonzentrationen im p- und im n-Gebiet dieselben, also $N_A = N_D$ (die folgenden Betrachtungen gelten aber auch für unsymmetrische Dotierung). Bei vollständiger Ionisierung der Dotieratome, die bei 300 K annähernd vorliegt, gilt dann auch für die Majoritätsladungsträgerdichten in beiden Gebieten $p_p = n_n$ (der Index kennzeichnet das Gebiet). Die jeweiligen Minoritätsladungsträgerdichten ergeben sich durch die im Gleichgewicht immer geltende Gl. (9.20), also $n_p p_p = p_n n_n = n_i^2$.

Bringt man nun die beiden Gebiete in Kontakt, wie in Bild 9.48 gezeigt, so fließen aufgrund des Konzentrationsgefälles, d. h. als Diffusionsströme $j_D$, Löcher in Richtung n-Gebiet und Elektronen in Richtung p-Gebiet (Bild 9.48a) und rekombinieren dort mit den jeweiligen Majoritätsladungsträgern. Die abgeflossenen Ladungsträger hinterlassen ionisierte geladene Dotieratome, daher bildet sich im Bereich des pn-Kontaktes eine Raumladungszone aus mit einem elektrischen Feld in Richtung p-Gebiet (Bild 9.48b). Dieses hat nun seinerseits Teilchenströme, als Feldströme $j_F$ bezeichnet, entgegengesetzt zu den Diffusionsströmen zur Folge. Schließlich kommt es zu einem Gleichgewicht mit bestimmten Werten für die Breite der Raumladungszone und für das elektrische Feld.

Die Struktur bleibt bei diesem Vorgang insgesamt elektrisch neutral. Die negative und die positive Ladung in der Raumladungszone müssen also gleich groß sein. Hat der Kontakt den Querschnitt $A$, gilt $A\,d_n N_D = A\,d_p N_A$, oder

Relative Breiten der Raumladungszone auf der n- bzw. p-Seite

$$\frac{d_n}{d_p} = \frac{N_A}{N_D} \tag{9.30}$$

Im Falle unsymmetrischer Dotierung ist demnach die Raumladungszone auf der höher dotierten Seite schmaler.

Mit dem elektrischen Feld ist eine Potentialdifferenz zwischen beiden Seiten verbunden, die sich in einer Verschiebung der Bandkanten gegeneinander äußert (Bild 9.48c). Da die Fermi-Energie beim Kontakt im Gleichgewicht im ganzen System denselben Wert hat, ergibt sich die als Diffusionsspannung $U_d$ bezeichnete Potentialdifferenz aus der Differenz der Fermi-Energien der Bereiche vor dem Kontakt $E_{Fn0}$ und $E_{Fp0}$:

$$U_d = \frac{1}{e}\left(E_{Fn0} - E_{Fp0}\right) \tag{9.31}$$

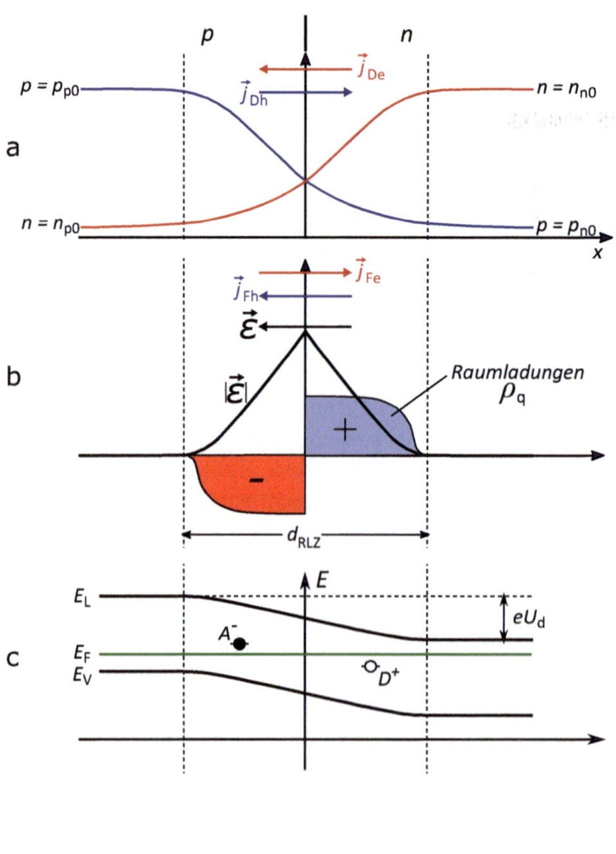


**Bild 9.48**
pn-Kontakt: (a) Ladungsträgerkonzentration, (b) elektrisches Feld und Raumladungen, (c) Bandstruktur am pn-Kontakt (Die Ströme $j$ sind *Teilchen*ströme, nicht elektrische Ströme.)

Die Überlegungen in Abschnitt 9.2.5 zur Kontaktspannung zwischen Metallen kann man übertragen, um die Diffusionsspannung anzugeben. Setzt man für die Elektronendichten $n_n = N_D$ bzw. $n_p = \frac{n_i^2}{p_p} = \frac{n_i^2}{N_A}$ an, so ergibt sich mit Gl. (9.24) die Diffusionsspannung

$$U_d = \frac{kT}{e} \ln\left(\frac{N_D N_A}{n_i^2}\right) \tag{9.32}$$

Die Breite der Raumladungszone $d_{RLZ}$ lässt sich mit einer ähnlichen Überlegung wie zum Schottky-Kontakt (siehe Gl. (9.27)) berechnen. Hier müssen allerdings die Beiträge beider Ladungsdichten $N_D$ und $N_A$ zum elektrischen Feld und die Ausdehnungen der Raumladungszone im n- und im p-Gebiet mit $d_{RLZ} = d_n + d_p$ berücksichtigt werden. Es ergibt sich die Breite der Raumladungszone

$$d_{RLZ} = \sqrt{\frac{2\varepsilon}{e} \cdot \frac{N_D + N_A}{N_D N_A} U_d} \tag{9.33}$$

Für einen pn-Kontakt in Silicium mit symmetrischer Dotierung $N_D = N_A = 10^{22}\ \text{m}^{-3}$ bei 300 K beispielsweise erhält man die Diffusionsspannung $U_d \approx 0{,}72$ V und die Breite der Raumladungszone $d_{RLZ} \approx 0{,}42\ \mu\text{m}$.

Durch Anlegen einer äußeren Spannung $U > 0$ (Bild 9.49 links) (von der p-Seite zur n-Seite gemessen), wird das Gleichgewicht gestört. Die Raumladungszone wird schmaler entsprechend Gl. (9.33), in der $U_d$ durch $(U_d - U)$ ersetzt wird (Bild 9.49a). Die Dichte der jeweiligen Majoritätsladungsträger am Rand der Raumladungszone wird erhöht.

Wir betrachten zunächst die Verhältnisse auf der n-Seite, das Ergebnis lässt sich auf die p-Seite übertragen. Durch Löcher, die in die RLZ injiziert werden, erhöht sich am Rand der RLZ auf der n-Seite die Dichte der Löcher, die dort Minoritätsladungsträger sind, deutlich (Bild 9.49b), vom Gleichgewichtswert $p_{n0}$ auf den Wert $p_{n0}\, \mathrm{e}^{\frac{eU}{kT}}$. Aufgrund des Dichteverlaufs diffundieren die Löcher weiter in das n-Gebiet hinein und rekombinieren mit den dort reichlich vorhandenen Elektronen. Dieser durch Diffusion und Rekombination getragene Teilchenstrom $j_h$ ist proportional zum Dichteunterschied: $j_h \sim p_{n0}\, \mathrm{e}^{\frac{eU}{kT}} - p_{n0} = p_{n0}\left(\mathrm{e}^{\frac{eU}{kT}} - 1\right)$ und hängt außerdem von der Diffusionsgeschwindigkeit und der Rekombinationsrate ab (Bild 9.49c). Er ist verknüpft mit dem elektrischen Strom $j_p$ gemäß $j_p = e j_h$, sodass man dafür erhält

$$j_p(U) = j_{p0}\left(\mathrm{e}^{\frac{eU}{kT}} - 1\right) \tag{9.34}$$

Die Proportionalitätskonstante $j_{p0}$ enthält außer $e$ und $p_{n0}$ weitere materialabhängige Parameter, die Einfluss auf Diffusionsgeschwindigkeit und Rekombinationsrate haben.

**Merke**

Der Strom in einer pn-Diode basiert auf Diffusion und Rekombination der Ladungsträger beiderseits des pn-Kontakts.

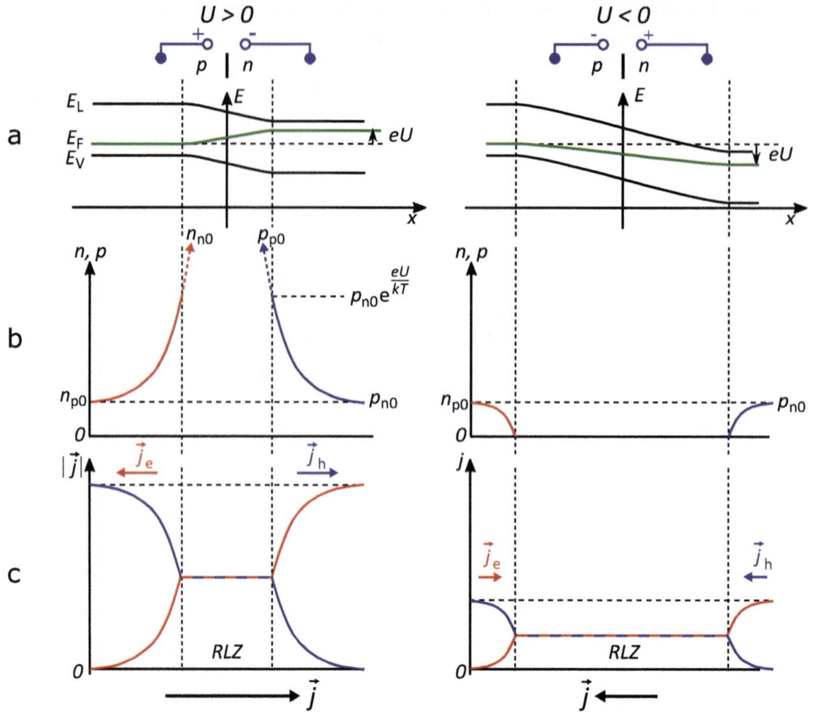


**Bild 9.49** pn-Kontakt unter ($U > 0$) Flussspannung, ($U < 0$) Sperrspannung (a) Bandstruktur, (b) Ladungsträgerdichten und (c) Ströme ($j_e$ und $j_h$ sind *Teilchen*ströme, $j$ (ohne Index) ist der *elektrische* Strom.)

Bei $U < 0$ nehmen die Dichten in gleicher Weise ab, sodass Gl. (9.34) auch diesen Fall beschreibt (Bild 9.49 rechts).

Für den Elektronenstrom auf der p-Seite gilt entsprechend

$$j_n(U) = j_{n0}\left(e^{\frac{eU}{kT}} - 1\right) \tag{9.35}$$

Dabei ist zu beachten, dass bei Elektronen der elektrische Strom $\vec{j}_n$ entgegengesetzt zum Teilchenstrom $\vec{j}_e$ gerichtet ist: $\vec{j}_n = -e\,\vec{j}_e$.

Beide Ströme zusammen ergeben den gesamten im pn-Kontakt fließenden Strom $j = j_p + j_n$, der durch die ideale Dioden-Gleichung oder Shockley-Gleichung (W. B. Shockley, 1910–1989, Nobelpreis 1956) beschrieben wird, deren Verlauf in Bild 9.50 gezeigt wird.

**Ideale Dioden-Gleichung oder Shockley-Gleichung**

$$j(U) = j_S\left(e^{\frac{eU}{kT}} - 1\right) \tag{9.36}$$

mit dem Sperrsättigungsstrom $j_S = j_{p0} + j_{n0}$

Wie bei der Schottky-Diode steigt der Strom mit zunehmender positiver Spannung (Flussspannung) exponentiell an bzw. nähert sich für zunehmende negative Spannung (Sperrspannung) dem konstanten kleinen Wert $j_S$.

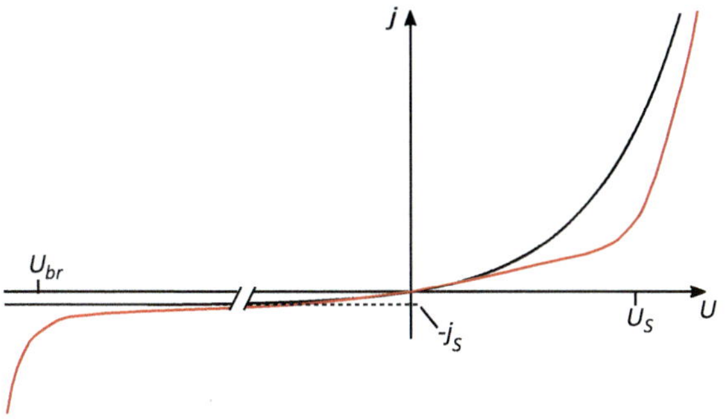


**Bild 9.50**
Dioden-Kennlinie (schwarz) ideal, (rot) real

Die exponentielle Temperaturabhängigkeit der Minoritätsladungsträgerdichten überträgt sich auf den Sperrsättigungsstrom, siehe Gl. (9.34), Gl. (9.20): $j_{\mathrm{p0}} \sim p_{\mathrm{n0}} = \frac{n_{\mathrm{i}}^2}{N_{\mathrm{D}}} \sim T^3\,\mathrm{e}^{-\frac{E_{\mathrm{G}}}{kT}}$, analog für $j_{\mathrm{n0}}$, und daher gilt für die

Temperaturabhängigkeit des Sperrsättigungsstroms

$$j_{\mathrm{S}} \sim T^3\,\mathrm{e}^{-\frac{E_{\mathrm{G}}}{kT}} \tag{9.37}$$

Hinzu kommen schwächere Temperaturabhängigkeiten durch die Diffusionsgeschwindigkeit und die Rekombinationsrate. Diese Größen sind darüber hinaus von der Dotierung abhängig, dadurch nimmt $j_{\mathrm{S}}$ mit zunehmender Dotierung ab.

In Bild 9.50 ist rot die Kennlinie einer realen pn-Diode eingezeichnet, die an mehreren Stellen von der idealen Kennlinie abweicht. Der Strom steigt in Flussrichtung zunächst nicht exponentiell an. Ursache ist der relativ hohe Bahnwiderstand in Serie zum pn-Kontakt aufgrund der mäßigen Leitfähigkeit des Halbleitermaterials. Dadurch liegt am pn-Übergang selber eine geringere als die äußere Spannung $U$ an. Erst ab einer Schwellspannung $U_{\mathrm{s}}$, bei Si-Dioden etwa 0,6 V, wird der weitere Verlauf exponentiell.

In Sperrrichtung tritt eine drastischere Abweichung auf. Bei der negativen Durchbruchspannung $U_{\mathrm{br}}$ steigt der Strom in Sperrrichtung plötzlich stark an. Ursache ist die mit der Sperrspannung zunehmende Breite der RLZ und das dort zunehmende elektrische Feld. Durch das Feld werden Elektronen in der RLZ beschleunigt, unter Umständen so stark, dass ihre kinetische Energie ausreicht, zusätzliche Elektron-Loch-Paare zu erzeugen. Das führt zum *Lawinendurchbruch*, einem lawinenartigen Anwachsen der Ladungsträgerdichte und damit des Stroms. Durch den plötzlich anwachsenden Strom und die damit verbundenen Ohm'schen Verluste besteht die Gefahr der Überhitzung und Zerstörung der Diode. Wird der Strom aber begrenzt und die Wärme kontrolliert abgeführt, ist der Lawinendurchbruch reversibel. Er wird beispielsweise mit *Avalanche-Dioden* zum Überspannungsschutz in Schaltungen eingesetzt.

$U_{\mathrm{br}}$ ist abhängig von der Dotierung und der Temperatur. Mit zunehmender Temperatur nimmt die Streuung der Elektronen zu, sie erreichen erst bei höheren Feldern die nötige kinetische Energie und $U_{\mathrm{br}}$ wird größer. $U_{\mathrm{br}}$ sinkt dagegen mit zunehmender Dotierung, da dann mehr Elektronen zur Auslösung der Lawine zur Verfügung stehen.

Der quantenphysikalische Tunneleffekt sorgt für eine weitere Möglichkeit des Durchbruchs: Bei hoher Dotierung ist die RLZ schmal. Bei ausreichend hoher Sperrspannung können Elektronen den Potentialwall, den die Energielücke mit der Breite $w$ und der Höhe $E_{\mathrm{G}}$ darstellt, aufgrund des Tunneleffekts durchqueren und ohne Energieaufwand vom Valenzband ins Leitungsband gelangen (Bild 9.51). Dieser *Tunneldurchbruch* wird als Zener-Effekt (C. M. Zener, 1905–1993) bezeichnet. Der Tunnelstrom, der stark von der Breite des Potentialwalls und damit von der Sperrspannung abhängt, dominiert dann den Sperrstrom. Mit zunehmender Temperatur wird die RLZ schmaler und damit sinkt die Durchbruchspannung für den Tunneldurchbruch im Gegensatz zum Lawinendurchbruch. In *Z-Dioden* werden durch geeignete Dotierung Tunnel- und Lawinendurchbruch kombiniert, um zu erreichen, dass die Durchbruchspannung temperaturunabhängig wird.

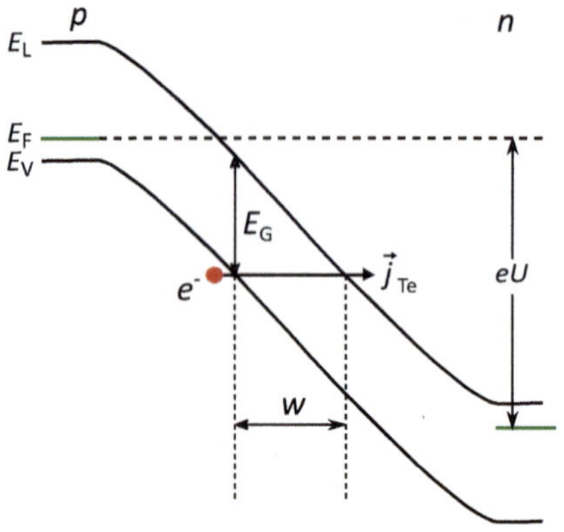


**Bild 9.51**
Tunnel-Durchbruch, $\vec{j}_{Te}$ ist der *Teilchen*strom

Wenn sich bei Anlegen einer Spannung die Breite der RLZ verändert, ändern sich auch die Ladungsmengen beiderseits des Kontakts und ihr mittlerer Abstand. Daher kann man der RLZ eine Kapazität zuordnen, die sogenannte *Sperrschichtkapazität.* Sie ist besonders bei Sperrspannung stark abhängig von der Spannung. Das nutzt man in der *Kapazitätsdiode* als Kondensator mit elektrisch einstellbarer Kapazität. Mit der Spannung in Flussrichtung dagegen ändern sich die Ladungsmengen der Minoritätsladungsträger beiderseits der RLZ. Die damit einhergehende Kapazität ist die *Diffusionskapazität,* die als parasitäre Kapazität das Hochfrequenzverhalten der pn-Diode beeinflusst, wie im Zusammenhang mit der Schottky-Diode erwähnt.

Bei einem *bipolaren Transistor* wie in Bild 9.52 sind im Prinzip zwei Dioden gegeneinander geschaltet. Der Transistor wurde 1947 von Bardeen, Shockley und Brattain (W. H. Brattain, 1902–1987) erfunden und ist heute wesentliches Bestandteil nahezu aller elektronischer Schaltungen. Er heißt bipolar, weil beide Ladungsträgertypen an der Funktion beteiligt sind, im Gegensatz zum unipolaren Transistor (siehe weiter unten). Im Bild handelt es sich um einen npn-Transistor. Die Schichtfolge pnp ist genauso möglich, wird aber seltener eingesetzt, daher bezieht sich die folgende Darstellung auf npn. Wie in Bild 9.52 zu sehen, ist eine der n-Schichten hoch dotiert ($n^{++}$). Diese wird aus Gründen, die unten deutlich werden, als *Emitter* (E) bezeichnet. Die dünne $p^+$-Schicht wird *Basis* (B) und die zweite n-Schicht mit einer $n^{++}$-Schicht als Ohm'schem Kontakt wird *Kollektor* (C) genannt.

Der Transistor kann in drei Schaltungsarten betrieben werden. Ihre Bezeichnung richtet sich nach dem Teil des Transistors, der auf dem gemeinsamen Potential für Eingang und Ausgang der Schaltung liegt. Hier soll als Beispiel die Funktion der *Basisschaltung* (Bild 9.53) beschrieben werden.

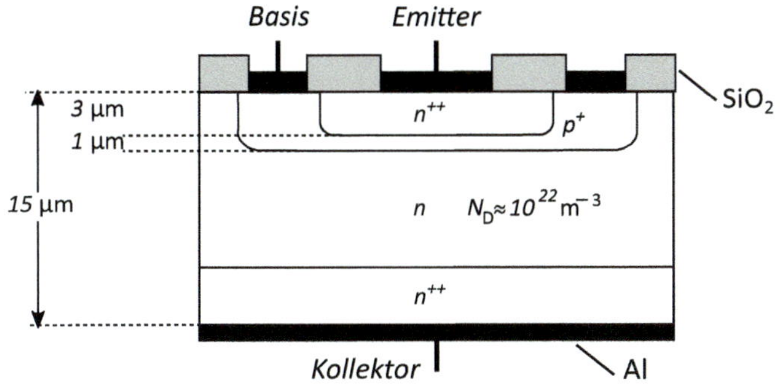


**Bild 9.52** Aufbau eines npn-Flächentransistors mit einigen typischen Werten

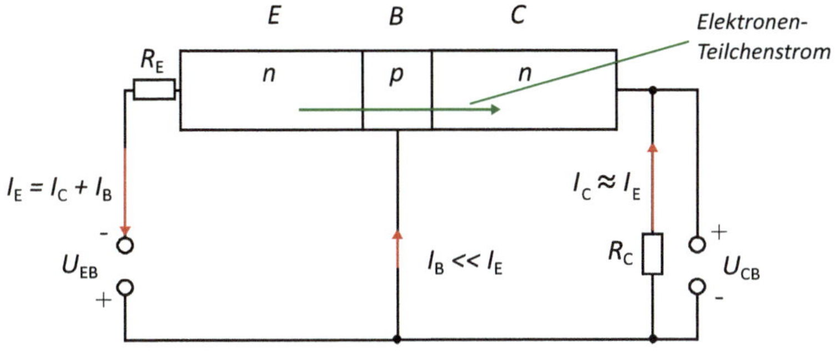


**Bild 9.53** npn-Transistor in der Basisschaltung

Legt man zwischen Emitter und Basis eine Eingangsspannung $U_{EB}$ in Flussrichtung an, so fließt ein großer Strom von Elektronen vom Emitter in die Basis, elektrisch als Emitterstrom $I_E$. Entscheidend für die Funktion des Transistors ist nun, dass die Basis sehr dünn ist. So dünn, dass die meisten Elektronen des Emitterstroms zum Basis-Kollektor-Übergang diffundieren können. Sobald die Elektronen in den Bereich der RLZ des Basis-Kollektor-Übergangs gekommen sind, werden sie von dem dort herrschenden elektrischen Feld in den Kollektor transportiert und bilden so den Kollektorstrom $I_C$. Ein wegen der unsymmetrischen Dotierung nur kleiner Teil rekombiniert mit den Löchern in der Basis und bildet den kleinen Basisstrom $I_B$. Für den Kollektorstrom gilt daher $I_C = I_E - I_B \approx I_E$. Eine Änderung $\Delta I_E$ des Emitterstroms bewirkt daher eine etwa gleichgroße Änderung $\Delta I_C$ des Kollektorstroms. Für die Stromverstärkung bei der Basisschaltung ergibt sich daher $\dfrac{\Delta I_C}{\Delta I_E} \approx 1$. Für die Spannungsverstärkung findet man dagegen: Eine kleine Änderung $\Delta U_{EB}$ der Eingangsspannung bewirkt wegen des kleinen Eingangswiderstands $R_E$ eine große Änderung des Emitter- und damit auch des Kollektorstroms $\Delta I_C \approx \Delta I_E$. Am Arbeitswiderstand $R_C$ führt dies zu einer Änderung der Ausgangsspannung $\Delta U_{CB} = R_C \, \Delta I_C$. Damit hat man eine

**Spannungsverstärkung bei Basisschaltung**

$$\frac{\Delta U_{CB}}{\Delta U_{EB}} = \frac{R_C \, \Delta I_C}{R_E \, \Delta I_E} \approx \frac{R_C}{R_E} \tag{9.38}$$

Die Spannungsverstärkung kann bei entsprechender Bemessung von $R_C$ Werte von einigen hundert erreichen.

Bipolare Transistoren werden zu vielen verschiedenen Zwecken eingesetzt. Wie oben in Verstärkerschaltungen, als Leistungstransistoren oder auch in Hochfrequenzschaltungen für Signalfrequenzen bis zu einigen hundert Gigahertz. Für hochintegrierte Schaltungen wie z. B. Datenspeicher ist ihre Eignung allerdings begrenzt. Mit dem zwar geringen, aber dauernd fließenden Basisstrom fallen Widerstandsverluste in Form von Wärme an, die bei zu hoher Bauelementdichte nicht mehr ausreichend abgeführt werden kann. Hierfür sind Bauelemente nötig, die ihren Schaltzustand auch ohne Dauerstrom halten.

## Metall-Isolator-Halbleiter-Strukturen

Der in hochintegrierten Schaltungen bevorzugt eingesetzte Transistortyp, der die obige Anforderung erfüllt, ist der Feldeffekt-Transistor FET mit dem in Bild 9.54 dargestellten prinzipiellen Aufbau.

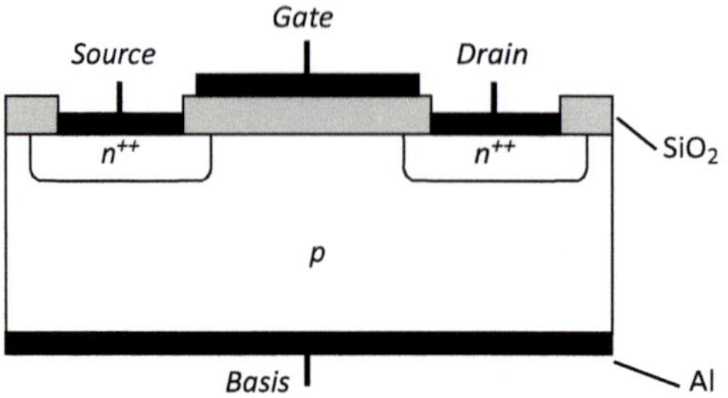


**Bild 9.54**
MOS-Feldeffekt-Transistor, n-Kanal-Typ

Eine flächige metallische *Gate*-Elektrode ist vom p-dotierten Halbleiter durch einen dünnen Isolator getrennt, daher die Bezeichnung MIS (metal insulator semiconductor)-FET. In der vorherrschenden Silicium-Technologie bietet sich als Isolator Si-Oxid an, weshalb oft nur von MOS(… oxide …)-FET gesprochen wird. Beiderseits vom Gate befinden sich hoch n-dotierte Bereiche für die Ohm'schen *Source*- und *Drain*-Kontakte.

Auch hier sind wieder zwei Dioden gegeneinander geschaltet, sodass zwischen Source und Drain zunächst kein nennenswerter Strom fließen kann. Eine positive Spannung $U_G$ vom Gate zur Basis nun erzeugt ein elektrisches Feld in Richtung Silicium, das Elektronen zur Grenzfläche zieht und Löcher abstößt. Übersteigt die Spannung einen gewissen Schwellwert $U_T$, wird die Elektronendichte an der Grenzfläche größer als die der Löcher, der Ladungsträgertyp des Halbleiters wird also invertiert. In der Bandstruktur wird dies durch eine Bandverbiegung dargestellt, die so stark ist, dass das Leitungsband dichter an der Fermi-Energie liegt als das Valenzband (Bild 9.55). Es entsteht eine *Inversionsschicht*, die einen n-leitende Kanal zwischen Source und Drain darstellt. Der Kanal ist gegenüber der p-leitenden Basis durch die RLZ bzw. Verarmungsschicht isoliert.

Eine Drain-Source-Spannung $U_{DS}$ lässt einen Strom zwischen Drain und Source fließen. Solange $U_{DS} \ll U_G$ wird der n-Kanal dadurch nicht beeinflusst, sodass der Strom zunächst linear mit $U_{DS}$ zunimmt (Bild 9.56a). Bei größeren Spannungen wird die Inversion im Bereich des Drain schwächer und verschwindet schließlich ganz, da dort die Potentialdifferenz zwischen Drain-Bereich und Gate nicht mehr ausreicht (Bild 9.56b). Der Strom zwischen Drain und dem Ende des n-Kanals wird dann durch Injektion von Elektronen in die RLZ getragen. Er wird in diesem Sättigungsbereich durch das Potentialgefälle innerhalb des Kanals begrenzt, welches sich nicht ändert, und bleibt daher konstant trotz zunehmender Spannung $U_{DS}$.

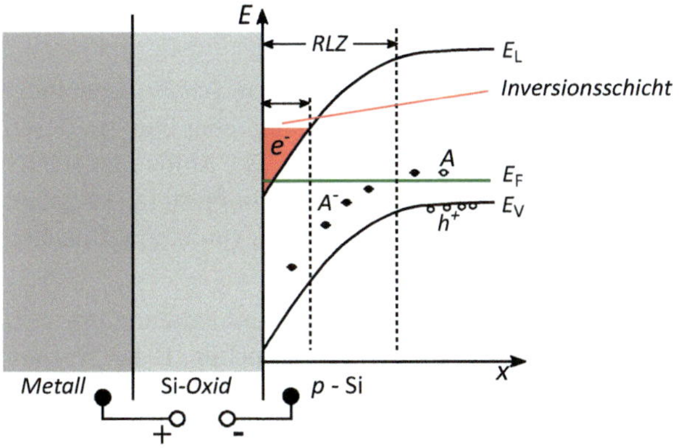


**Bild 9.55**
Bandstruktur im p-Si an der Si/Si-Oxid-Grenzfläche

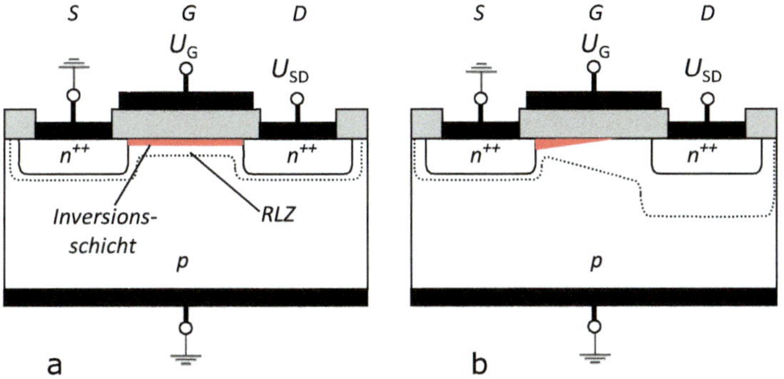


**Bild 9.56** MOSFET mit $U_{SD}$ (a) im linearen und (b) im Sättigungsbereich (die Spannungen werden zum gemeinsamen Potential von Source und Basis gemessen)

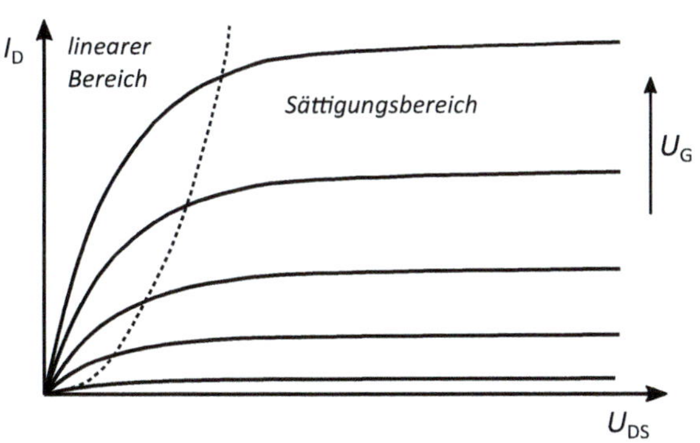


**Bild 9.57**
Kennlinienfeld eines MOSFETs für $U_G > U_T$

Im Kennlinienfeld zeigt sich dieses Verhalten für verschiedene $U_G$ wie in Bild 9.57 zu sehen. Im Sättigungsbereich kann der MOSFET also als ein lastunabhängiger Schalter betrieben werden.

Der Feldeffekttransistor wird als *unipolarer* Transistor bezeichnet, da der Strom nur durch einen Ladungsträgertyp getragen wird. Im obigen *n-Kanal-MOSFET* sind dies die Elektronen. *p-Kanal-MOSFETs*, bei denen der Inversionskanal durch Löcher gebildet wird, werden wegen der geringeren Beweglichkeit der Löcher seltener als diskrete Bauelemente eingesetzt.

Eine Kombination aus beiden Typen ist als CMOS-Schaltung aber wesentlicher Bestandteil integrierter Schaltungen (siehe Abschnitt 9.3.3).

Mehrere Eigenschaften machen den MOSFET attraktiv für hochintegrierte Schaltungen: Beim Schalten fließt zwar ein Schaltstrom zum Gate, der Schaltzustand kann aber ohne weiteren Strom gehalten werden, d. h. auch ohne dass Verlustwärme auftritt. Der Aufbau ist relativ einfach und wird inzwischen mit Abmessungen von kleiner als 100 nm hergestellt. Aufgrund der Materialien lässt er sich außerdem gut in den Herstellungsprozess von monolithischen Schaltungen integrieren.

Bei der Behandlung des Hall-Effekts in Abschnitt 9.2.4 wurde im Zusammenhang mit dem Quanten-Hall-Effekt von *zweidimensionalen Elektronensystemen* gesprochen. Diese wurden als Inversionsschichten in MOS-Strukturen realisiert. Im Potential wie es die Leitungsbandkante (Bild 9.55) vorgibt, können sich die Elektronen parallel zur Grenzfläche frei bewegen. Senkrecht dazu ist ihre Bewegung durch den Potentialverlauf aber so eingeschränkt, dass sie ein zweidimensionales System bilden.

## 9.3.2 Optoelektronische Bauelemente

Optoelektronische Bauelemente wandeln Licht in elektrische Signale und umgekehrt. Der zugrunde liegende Vorgang ist auf der einen Seite der *innere Photoeffekt*, bei dem ein Elektron durch ein Photon aus dem Valenzband ins Leitungsband angeregt wird und ein Elektron-Loch-Paar erzeugt wird, was auch als *fundamentale Absorption* bezeichnet wird. Auf der anderen Seite kann die frei werdende Energie bei der Rekombination eines Elektron-Loch-Paares in Form eines Photons emittiert werden. Dies wird als *Strahlungsrekombination* bezeichnet.

### Absorption von Licht

Photonen können im Halbleiter absorbiert werden, wenn ihre Energie mindestens gleich der Bandlücke ist, sodass ein Elektron vom Valenz- ins Leitungsband gelangen kann.

Die Absorption wird entsprechend dem Absorptionsgesetz (siehe Abschnitt 6.7.2) quantitativ durch den Absorptionskoeffizienten $\alpha$ erfasst, der ein Maß für die Schwächung der Lichtintensität gemäß $I(x) = I_0\, e^{-\alpha x}$ beim Eindringen in den Halbleiter ist (Bild 9.58). In einer Eindringtiefe von $1/\alpha$ hat die Intensität um den Faktor $1/e$ abgenommen.

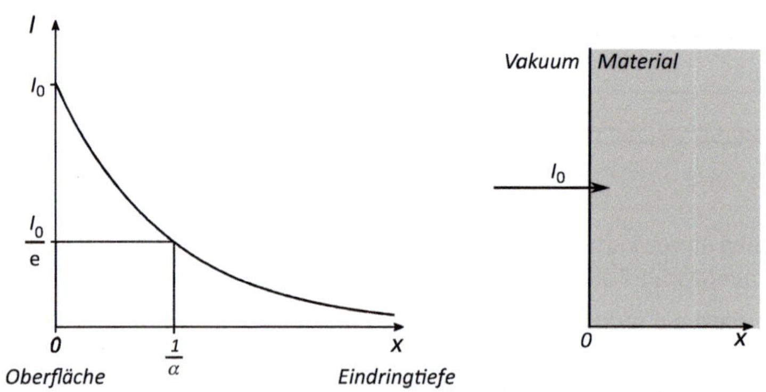


**Bild 9.58** Abnahme der Lichtintensität in einem absorbierenden Medium

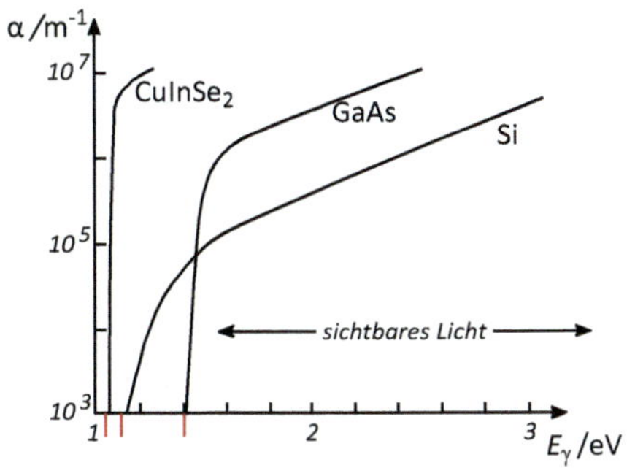


**Bild 9.59**
Absorptionskoeffizienten von Si, GaAs, $CuInSe_2$ in Abhängigkeit von der Photonenenergie, rote Markierung: Energie der jeweiligen Bandlücke

In Bild 9.59 sind die Absorptionskoeffizienten in Abhängigkeit von der Photonenenergie $E_\gamma$ für einige Halbleiter aufgetragen. Wie erwartet steigt der Absorptionskoeffizient stark an, wenn die Photonenenergie die jeweilige Energie der Bandlücke (rot markiert) übersteigt. So beträgt nach Bild 9.59 die Eindringtiefe z. B. für GaAs bei einer Photonenenergie von 1,4 eV mehr als 1 mm, bei 1,6 eV weniger als 1 μm.

Ein einfaches Bauelement, welches den inneren Photoeffekt nutzt, ist der *Photowiderstand*. Er besteht im Prinzip aus einer dünnen Halbleiterschicht mit zwei Ohm'schen Kontakten. Fällt Licht mit dem passenden Spektrum auf den Halbleiter, verringert sich dessen Widerstand wegen der zusätzlich erzeugten Ladungsträger je nach Lichtintensität, bei handelsüblichen Photowiderständen typisch von etwa 1 MΩ bei Dunkelheit auf 100 Ω bei einer Beleuchtung mit 1 000 lx. Häufig wird der Verbindungshalbleiter CdS verwendet, der mit seiner Bandlücke von 2,42 eV auf Licht der Wellenlänge $\lambda < 512$ nm, also nur auf den kurzwelligen Bereich ab etwa der Farbe Grün des sichtbaren Spektrums reagiert. PbS (Bandlücke 0,37 eV) wird in Detektoren für infrarote Strahlung bis etwa 3,5 μm eingesetzt.

Um die Empfindlichkeit besser an das sichtbare Spektrum anzupassen, werden die Halbleiter mit Stoffen dotiert, die Energieniveaus tief innerhalb der Bandlücke erzeugen. Elektronen können dann mehrstufig auf dem Umweg über die zusätzlichen Niveaus ins Leitungsband angeregt werden. Dadurch wird die Reaktion allerdings stark verzögert, teilweise bis in den Millisekunden-Bereich, sodass sich Photowiderstände zwar als Sensoren für Beleuchtungsmessgeräte eignen, nicht aber für schnelle Vorgänge wie bei der optischen Nachrichtentechnik.

In der *Photodiode* herrscht in der RLZ am pn-Übergang ein starkes elektrisches Feld, das durch Photonen erzeugte Elektron-Loch-Paare trennt. Je nach Verwendungszweck gibt es widersprüchliche Anforderungen: Für eine schnelle Reaktion sollte die RLZ möglichst schmal sein, um die Laufzeit der Ladungsträger zu minimieren. Damit auf der anderen Seite ein möglichst großer Anteil der einfallenden Photonen in der RLZ absorbiert wird, beschrieben durch die *Quanteneffizienz*, sollte die RLZ breit sein. Gleichzeitig ist eine kleine Querschnittsfläche und damit kleine Kapazität wünschenswert. Photodioden zur optoelektronischen Signalwandlung werden daraufhin und außerdem häufig für eine bestimmte Lichtwellenlänge optimiert. Eine Sonderform ist die pin-Diode, bei der die RLZ und damit der Feldbereich durch eine zwischen p- und n-Schicht liegende intrinsische Schicht verbreitert wird. Dadurch wird eine hohe Quanteneffizienz bei gleichzeitig kurzer Reaktionszeit erreicht.

*Solarzellen*, die die eingestrahlte Lichtleistung in elektrische Leistung wandeln, arbeiten nach demselben Prinzip wie Photodioden, unterliegen aber speziellen Anforderungen. Die Schnelligkeit spielt keine Rolle. Physikalisch gesehen werden sie an ihrer Effektivität, d. h. an dem Verhältnis von elektrischer Leistung zu Lichtleistung gemessen. Praktisch müssen für ihren Aufbau auch ökonomische Gesichtspunkte beachtet werden. Es sind großflächige Bauelemente, die das eingestrahlte, breite Spektrum des Sonnenlichts effektiv ausnutzen sollen.

Der mit großem Abstand am weitesten verbreitete Solarzellentyp basiert auf kristallinem Silicium (cSi). Den Aufbau zeigt schematisch Bild 9.60 An der dem Licht zugewandten Seite befindet sich eine ca. 1 μm dicke hochdotierte n-Schicht, als Emitter bezeichnet, auf einer schwächer dotierten p-Schicht mit einer Dicke von ca. 150 μm, der Basis. Die Rückseite bildet eine meistens ganzflächige, dünne hochdotierte p-Schicht mit einem Ohm'schen Kontakt.

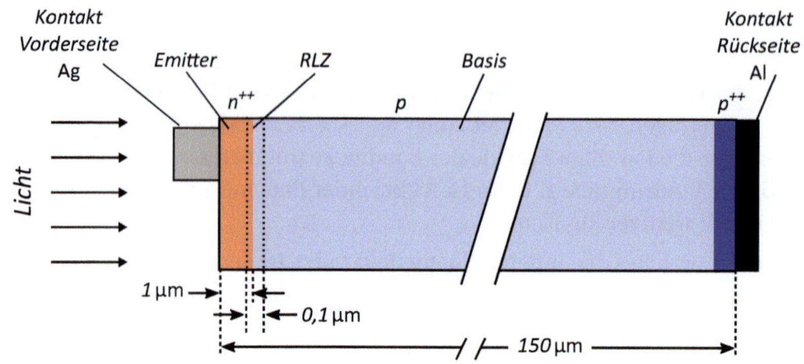


**Bild 9.60** Aufbau einer Solarzelle auf der Basis kristallinen Siliciums (Schema, mit typischen Abmessungen)

Die $I(U)$-Kennlinie einer unbeleuchteten Solarzelle ist die einer Diode (Bild 9.61, schwarze Kurve). Bei Beleuchtung erzeugen die einfallenden Photonen mit ausreichender Energie $E_\gamma \geq E_G$ Elektron-Loch-Paare, die durch das elektrische Feld der RLZ getrennt werden. Der dadurch erzeugte Strom $I_L$ fließt entsprechend der Richtung des elektrischen Feldes (Bild 9.48b) in Sperrrichtung. Da $I_L$ im Betriebsbereich der Solarzelle nahezu unabhängig von der Spannung ist, ergibt sich die

**Kennliniengleichung der beleuchteten Solarzelle**

$$I(U) = I_S\left(e^{\frac{eU}{kT}} - 1\right) - I_L \tag{9.39}$$

Sie ist in Bild 9.61 (rote Kurve) dargestellt.

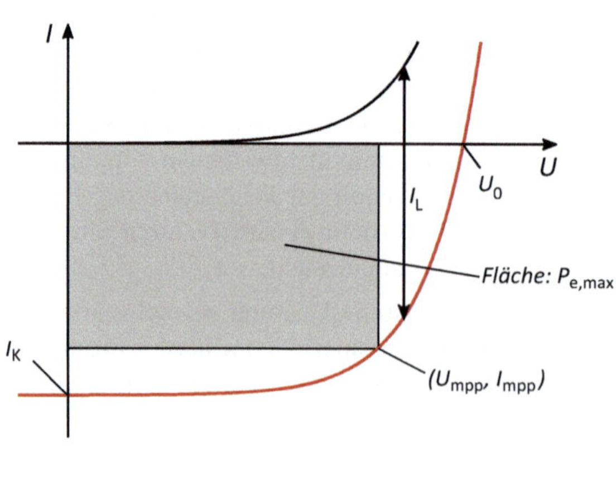


**Bild 9.61**
Solarzellen-Kennlinie: unbeleuchtet (schwarz), beleuchtet (rot)

Bei offenen Kontakten sammeln sich Elektronen im Emitter, der dadurch negativ geladen wird. Es baut sich eine Spannung und damit ein Strom in Flussrichtung der Diode auf bis im Gleichgewicht bei der *Leerlaufspannung* $U_0$ der Diodenstrom $I(U_0)$ gleich dem durch Licht erzeugten Strom $I_L$ ist, der Gesamtstrom nach Gl. (9.39) also null ist. Daraus lässt sich die Leerlaufspannung berechnen:

**Leerlaufspannung einer beleuchteten Solarzelle**

$$U_0 = \frac{kT}{e} \ln\left(\frac{I_L}{I_S} + 1\right) \tag{9.40}$$

Bei kurzgeschlossenen Kontakten fließt der

**Kurzschlussstrom**

$$I_K = -I_L \tag{9.41}$$

Belastet man die Solarzelle mit einem Verbraucher, so stellt sich ein Arbeitspunkt $(U', I')$ ein und die elektrische Leistung $P' = U'I'$ wird abgegeben. Der optimale Arbeitspunkt $(U_{mpp}, I_{mpp})$ (mpp: maximum power point), bei dem die maximale Leistung $P_{e,max} = U_{mpp} I_{mpp}$ abgegeben wird, ist unter anderem abhängig von Beleuchtungsstärke und Temperatur. Um bei variierenden Umweltparametern die maximale Leistungsabgabe zu halten, wird der Arbeitspunkt meistens elektronisch eingestellt. Der *Wirkungsgrad* der Solarzelle $\eta$ ist als das Verhältnis von maximaler elektrischer Leistung zur einfallenden Lichtleistung bei einem Standard-Spektrum definiert:

**Wirkungsgrad der Solarzelle**

$$\eta = \frac{P_{e,max}}{P_L} \tag{9.42}$$

Die maximale Leistung hängt mit den charakteristischen Größen Leerlaufspannung und Kurzschlussstrom so zusammen:

**Maximale Leistung**

$$P_{e,max} = FF \cdot U_0 \cdot I_K \tag{9.43}$$

mit dem sogenannten *Füllfaktor FF*, der durch Leitungs- und Kontaktverluste bestimmt ist und bei Werten von Lichtintensität und Temperatur im üblichen Arbeitsbereich in etwa konstant ist. Daher lassen sich Auswirkungen auf den Wirkungsgrad von Eigenschaften des Halbleitermaterials, von Temperatur, Intensität und spektraler Zusammensetzung des Lichtes usw. in erster Näherung auf Änderungen der Größen $U_0$ und $I_K$ zurückführen. Daraus können Forderungen im Hinblick auf die Optimierung von Solarzellen und deren Betrieb abgeleitet werden.

So hat nach Gl. (9.40) die Temperatur direkt und nach Gl. (9.37) auch indirekt über den Sperrsättigungsstrom Einfluss auf die Leerlaufspannung. Zusammengenommen ergibt sich, dass $U_0$ mit zunehmender Temperatur abnimmt.

Weiterhin folgt aus der exponentiellen Abhängigkeit des Sperrsättigungsstroms von der Bandlückenenergie $E_G$ (Gl. (9.37)) die Proportionalität der Leerlaufspannung zu $E_G$. Hieraus resultieren widersprüchliche Forderungen: Eine große Bandlücke führt zu einem großen Wert von $U_0$, verringert andererseits aber den durch Licht erzeugten Strom $I_L$, da es umso weniger Photonen mit ausreichender Energie für die Erzeugung von Elektron-Loch-Paaren gibt je größer die Bandlücke ist. Den Einfluss der Bandlücke auf den Wirkungsgrad einer idealen Solarzelle unter Sonneneinstrahlung über diese beiden Zusammenhänge zeigt Bild 9.62. Demnach wäre ein Halbleiter mit der Bandlücke 1,35 eV optimal für Solarzellen. Bei dieser Betrachtung muss die spektrale Zusammensetzung des eingestrahlten Lichtes berücksichtigt werden, die z. B. durch den Durchgang des Sonnenlichtes durch die Atmosphäre beeinflusst wird. Die Daten von Bild 9.62 gelten für die Strahlung der Sonne, die bei klarem Himmel in einer Höhe von 45° über dem Horizont steht.

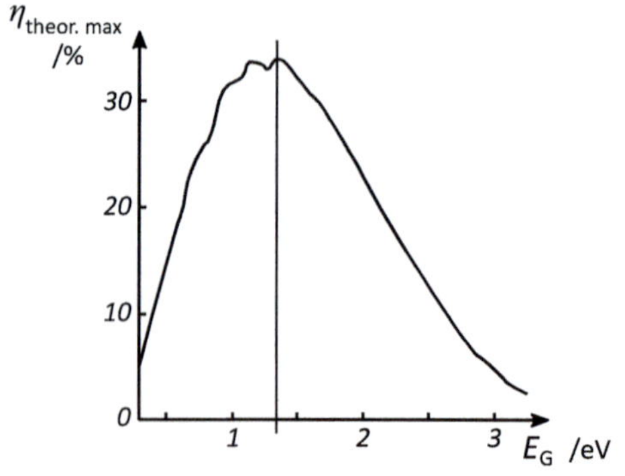


**Bild 9.62**
Abhängigkeit des Wirkungsgrades einer idealen Solarzelle (theoretisch maximal erreichbarer Wirkungsgrad) von der Bandlücke des Halbleiters

Als dritte Einflussgröße führt eine höhere Intensität des einfallenden Lichtes, zu der der Strom $I_L$ proportional ist, zu einer Zunahme der Leerlaufspannung. Besonders hohe Wirkungsgrade erzielt man deshalb mit Solarzellen, die mit durch Linsen fokussiertem Licht arbeiten. Von Nachteil ist dabei der zur Kühlung notwendige Aufwand und die Einschränkung, dass nur direkt eingestrahltes Licht fokussiert werden kann und daher der durch Bewölkung verursachte diffuse Anteil des Sonnenlichts verloren geht.

In Abschnitt 9.2.2 mit Bild 9.29 wurde Silicium als Halbleiter mit indirekter Bandlücke klassifiziert, da der Übergang eines Elektrons von der Valenz- zur Leitungsbandkante mit einer Impulsänderung des Elektrons verbunden ist. Zu dieser Impulsänderung kann ein Photon aus dem sichtbaren Lichtspektrum nicht beitragen, da sein Impuls viel kleiner ist als der Betrag der erforderlichen Impulsänderung. Impulserhaltung ist hier nur möglich, wenn ein weiteres Teilchen, nämlich ein Phonon die Impulsdifferenz beisteuert. Da an der Absorption eines Photons durch Silicium also drei Teilchen, Photon, Elektron und Phonon beteiligt sind, sinkt die Wahrscheinlichkeit dieses Vorgangs. Dies äußert sich im Verlauf des Absorptionskoeffizienten (Bild 9.59), der bei Silicium ab der Bandlückenenergie nur relativ langsam zunimmt. Ein Großteil der Photonen des Sonnenlichts dringt daher 100 μm und weiter in Silicium ein bevor die Photonen absorbiert werden. Si-Solarzellen müssen also eine entsprechende Dicke haben, um das Lichtspektrum vollständig auszunutzen.

Das führt außerdem dazu, dass nur ein geringer Bruchteil der Elektron-Loch-Paare innerhalb des elektrischen Feldes der RLZ, der größte Teil aber im feldfreien Bereich der p-leitenden Basis erzeugt wird. Die im feldfreien Bereich erzeugten Elektronen können nur durch den relativ langsamen Prozess der Diffusion zur RLZ gelangen. Dazu muss ihre mittlere Lebensdauer, d. h. die Zeit zwischen Erzeugung und Rekombination lang genug sein. Die mittlere Lebensdauer wird durch Verunreinigungen und Kristallfehler des Grundmaterials beeinträchtigt. Deshalb kann nur hochreines Si mit großen einkristallinen Bereichen verwendet werden, bei dem die Trägerlebensdauer im Bereich einiger Mikrosekunden liegt.

Diese Komplikationen können mit Halbleitern mit direkter Bandlücke vermieden werden, bei denen ein Elektron ohne Impulsänderung vom Valenz- ins Leitungsband wechseln kann, d. h. ohne Beteiligung eines Phonons. Dazu zählt z. B. GaAs, wie man am steilen Anstieg des Absorptionskoeffizienten mit der Photonenenergie (Bild 9.59) sieht. Eine Solarzellendicke von wenigen Mikrometern reicht hier für die vollständige Absorption und maximale Ausnutzung des Lichtes aus. Trotz der erheblichen Materialersparnis verhindert allerdings der Kostenaufwand für den Rohstoff und die Giftigkeit von Arsen den Einsatz von GaAs-Solarzellen in großem Maßstab. In der Raumfahrt aber, wo diese Aspekte eine untergeordnete Rolle spielen, sind GaAs-Solarzellen verbreitet. Andere Halbleiter mit direkter Bandlücke sind amorph abgeschiedenes Si (aSi), CdTe, Kupfer-Indium-Gallium-Selenid (CIGS). Die daraus hergestellten *Dünnschicht-Solarzellen* erreichen Wirkungsgrade, die mit denen von cSi-Solarzellen vergleichbar sind. Problematisch sind aber noch die großflächige Herstellung sowie die chemisch-physikalische Stabilität im Dauerbetrieb.

An Bild 9.62 fällt auf, dass selbst bei der optimalen Bandlücke der ideale, d. h. theoretisch erreichbare Wirkungsgrad weit unter 100 % liegt. Diese erhebliche Einschränkung für den Wirkungsgrad beruht auf der spektralen Zusammensetzung des Sonnenlichts. So kann der Anteil der Strahlungsleistung mit einer Photonenenergie von weniger als der Bandlücke ($E_\gamma < E_G$) für die Leistungswandlung nicht genutzt werden, da diese Photonen keine Elektronen freisetzen können, wie schematisch in Bild 9.63 dargestellt. Ist die Photonenenergie aber größer als die Bandlücke ($E_\gamma > E_G$), werden Elektronen über die Bandkante hinaus ins Leitungsband angeregt, fallen aber sehr schnell zurück auf die Leitungsbandkante und geben die überschüssige Energie als Wärme ab. Je höher die Photonenenergie, desto geringer ist so der Anteil, der elektrisch genutzt werden kann. Die mit diesen beiden Effekten verbundenen Verluste alleine setzen dem Wirkungsgrad z. B. einer Si-Solarzelle eine obere Grenze von 44 %. Weitere prinzipiell nicht vermeidbare thermodynamische Verluste und Rekombinationsverluste begrenzen den Wirkungsgrad auf nur etwas über 33 %.

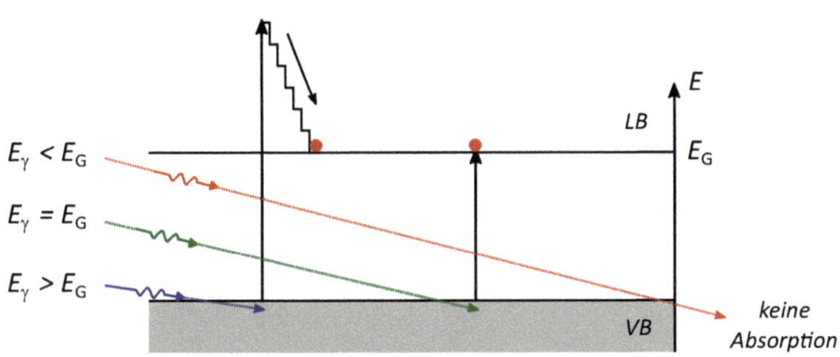


**Bild 9.63** Spektrale Verluste in Solarzellen

Mit sogenannten Tandem-Solarzellen können die spektralen Verluste verringert werden. Dazu werden Solarzellen in einer Schichtfolge mit von oben nach unten abnehmender Bandlücke untereinander aufgebaut, sodass Photonen, die wegen zu geringer Energie in einer oberen Schicht nicht absorbiert wurden, in einer darunter liegenden Teil-Solarzelle genutzt werden können. Mit dieser, allerdings sehr aufwendigen Konstruktion wurden Solarzellen mit Wirkungsgraden von bis zu knapp 50 % unter konzentriertem Sonnenlicht realisiert.

Für den Vergleich und die Einschätzung verschiedener Solarzellen-Technologien muss man zwischen Solarzellen, die im Labor, und solchen, die im großen Maßstab unter kommerziellen

Bedingungen hergestellt wurden, differenzieren. Die Herstellung im Labor, bei der Höchstwerte des Wirkungsgrades erreicht werden, ist geeignet, die prinzipiellen Möglichkeiten aufzuzeigen. Viele Details, die bei der Produktion und beim Einsatz für die Gewinnung regenerativer Energie zu beachten sind, führen aber zu Verlusten im Wirkungsgrad. Etwa 95 % der weltweit eingesetzten Solarzellen basieren auf Silicium. Im Labor wurde auf dieser Basis ein Wirkungsgrad von ca. 27 % erreicht. Beim praktisch genutzten Solarmodul, einem Solarzellenverbund, der vor Umwelteinflüssen geschützt ist und in einem Solarkraftwerk eingesetzt werden kann, liegt der Wirkungsgrad bei 18…20 %. Bei Dünnschicht-Solarzellen gibt es Laborwerte von ca. 22 % und Modulwerte bis 18 %.[6]

Eine wichtige Rolle bei der Beurteilung von Photovoltaik-Systemen spielt die nötige Betriebsdauer bis zur Rückgewinnung der zur Herstellung des gesamten Systems benötigten Energie. Diese beträgt ca. 2 Jahre bei Anlagen unter einer Sonneneinstrahlung, wie sie für einen Standort in Mitteleuropa typisch ist.

**Beispiel**

Eine Silicium-Solarzelle hat bei der Testtemperatur $T_t = 293$ K die Sperrsättigungsstromdichte $j_s(T_t) = 2{,}16 \cdot 10^{-8}$ A/m$^2$ und unter der Standardeinstrahlung $I_0 = 1$ kW/m$^2$ die Leerlaufspannung $U_0 = 620$ mV und die Kurzschlussstromdichte $j_k = j_L = 3{,}6 \cdot 10^2$ A/m$^2$.

Welchen Wirkungsgrad hat die Solarzelle bei einem Füllfaktor von $FF = 0{,}8$?

Mit Gl. (9.42), Gl. (9.43) ist der Wirkungsgrad

$$\eta = \frac{P_{e,\max}}{P_L} = \frac{FF \cdot U_0 \cdot I_K}{A \cdot I_0} = \frac{FF \cdot U_0 \cdot j_K}{I_0}$$
$$= \frac{0{,}8 \cdot 0{,}62\ \text{V} \cdot 3{,}6 \cdot 10^2\ \text{A m}^{-2}}{1 \cdot 10^3\ \text{W m}^{-2}} = 17{,}9\ \%$$

($A$: Fläche der Solarzelle).

Welche Leerlaufspannung und welchen Wirkungsgrad hat die Solarzelle bei der Arbeitstemperatur $T_a = 340$ K unter der Annahme, dass sich $FF$ und $j_k$ nicht ändern?

Gemäß Gl. (9.40) hängt $U_0$ direkt und außerdem über den Sperrsättigungsstrom $j_S$ von $T$ ab, für den nach Gl. (9.37) $j_S \sim T^3\, e^{-\frac{E_G}{kT}}$ gilt. Im Verhältnis der Ströme $\frac{j_S(T_a)}{j_S(T_t)}$ fällt die Proportionalitätskonstante heraus, sodass man nach Umstellung erhält:

$$j_S(T_a) = j_S(T_t) \cdot \left(\frac{T_a}{T_t}\right)^3 \cdot e^{\frac{E_G}{k}\left(\frac{1}{T_t} - \frac{1}{T_a}\right)}$$
$$= 2{,}17 \cdot 10^{-8}\ \text{A m}^{-2} \cdot \left(\frac{340\ \text{K}}{293\ \text{K}}\right)^3 \cdot e^{\frac{1{,}12 \cdot 1{,}60 \cdot 10^{-19}\ \text{C} \cdot 1\ \text{V}}{1{,}38 \cdot 10^{-23}\ \text{J K}^{-1}}\left(\frac{1}{293\ \text{K}} - \frac{1}{340\ \text{K}}\right)}$$
$$= 1{,}55 \cdot 10^{-5}\ \text{A m}^{-2}$$

[6] Photovoltaics Report, FhG-ISE, 2019

Bei 340 K ist der Sperrsättigungsstrom also etwa um den Faktor 700 größer als bei 293 K. Damit ergibt sich nach Gl. (9.40) die Leerlaufspannung zu

$$\begin{aligned} U_0(T_a) &= \frac{kT_a}{e}\ln\left(\frac{j_L}{j_S(T_a)}+1\right) \\ &= \frac{1{,}38\cdot 10^{-23}\,\mathrm{J\,K^{-1}}\cdot 340\,\mathrm{K}}{1{,}60\cdot 10^{-19}\,\mathrm{C}}\ln\left(\frac{3{,}6\cdot 10^{2}\,\mathrm{A\,m^{-2}}}{1{,}55\cdot 10^{-5}\,\mathrm{A\,m^{-2}}}+1\right) \\ &= 0{,}497\,\mathrm{V} \end{aligned}$$

Nach derselben Rechnung wie oben fällt der Wirkungsgrad ab auf den Wert

$$\eta(T_a) = \frac{0{,}8\cdot 0{,}497\,\mathrm{V}\cdot 3{,}6\cdot 10^{2}\,\mathrm{A\,m^{-2}}}{1\cdot 10^{3}\,\mathrm{W\,m^{-2}}} = 14{,}3\,\%.$$

### Erzeugung von Licht

Der in Flussrichtung fließende Strom einer pn-Diode wird von Elektronen und Löchern getragen, die in die RLZ injiziert werden (Abschnitt 9.3.1), sodass dort erhöhte Konzentrationen beider Ladungsträger vorliegen, die dort auch rekombinieren können (Bild 9.64). Bei einem Halbleiter mit indirekter Bandlücke wie z. B. Silicium kann Rekombination unter Aussendung eines Photons (Strahlungsrekombination) innerhalb der RLZ näherungsweise vernachlässigt werden, nicht aber bei einem Halbleiter mit direkter Bandlücke wie beispielsweise GaAs.

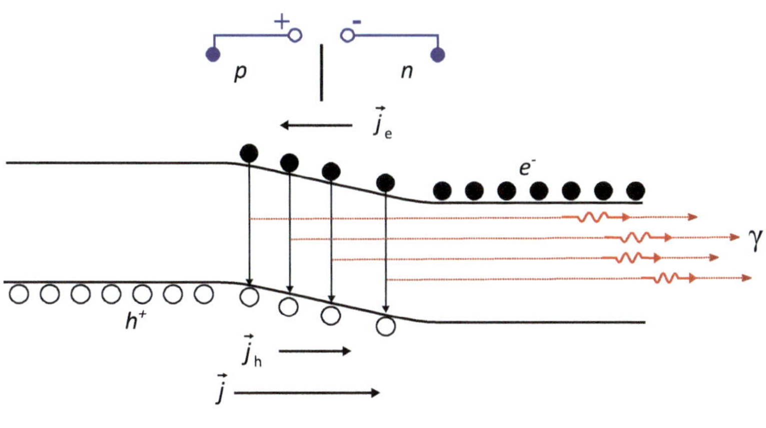


**Bild 9.64** Strahlungsrekombination in der RLZ ($j_h$, $j_e$ sind *Teilchen*ströme, $j$ ist der *elektrische* Strom)

Anders als ein Temperaturstrahler, der ein kontinuierliches, breites Spektrum an Strahlung abgibt (wovon bei Lichtquellen der größte Teil nicht als Licht anfällt, sondern als Verlustleistung betrachtet werden muss, z. B. bei einer Glühbirne etwa 95 %) erzeugt eine solche Licht emittierende Diode, kurz *LED*, Licht in einem schmalen, typisch 30 nm breiten Wellenlängenbereich, der durch die Bandlücke des Halbleiters bestimmt ist. Der Bereich kann durch die Wahl des Halbleiters an den Bedarf angepasst werden. Dabei erlauben es III-V-Verbindungshalbleiter aus dreiwertigem Ga, Al oder In und fünfwertigem As, P, N durch Variation der jeweiligen Anteile die Bandlücke in einem Bereich von ca. 0,5…3,5 eV einzustellen, entsprechend dem Wellenlängenbereich 2,5…0,35 µm. Infrarot strahlende LEDs werden in der optischen Nachrichtentechnik verwendet, im sichtbaren strahlende für Anzeigenelemente und Beleuchtung. Mit blau oder ultraviolett strahlenden LEDs wird über Fluoreszenzfarbstoffe im LED-Gehäuse weißes Licht erzeugt.

Auf strahlender Rekombination beruht auch die *Laser-Diode*. Die für die Lichtverstärkung durch stimulierte Emission notwendige Besetzungsinversion (siehe Abschnitt 8.2.6) wird erreicht, indem ein hoher Strom in Flussrichtung durch einen pn-Kontakt zwischen entartet dotierten Halbleitern (Bild 9.65a) geschickt wird. Es kommt dann in der RLZ zur Besetzungsinversion (Bild 9.65b), bei der mehr Zustände im Leitungsband besetzt und im Valenzband unbesetzt sind als es der thermischen Verteilung entspricht. Der optische Resonator, neben der Inversion die zweite Bedingung für die Funktion eines Lasers, wird durch das Halbleitermaterial selber gebildet. Bei einer der vielen verschiedenen Ausführungen (Bild 9.66) werden die seitlichen Begrenzungen nach Art eines Wellenleiters durch Totalreflexion an Stufen des Brechungsindex gebildet. Dazu werden verschiedene Halbleiter zu *Heterostrukturen* zusammengesetzt, was außerdem bezweckt, durch eine geeignete Führung des Stroms die Verlustwärme zu begrenzen. Die Grenzflächen zur Luft an Vorder- und Rückseite der Struktur wirken als die semitransparenten Spiegel des Resonators, deren Wirkung teilweise durch Aufdampfen von Metallschichten verstärkt wird. Wegen der geringen Länge des Resonators im Bereich von Zehntel Millimetern und der Beugung, die mit den kleinen Abmessungen der Austrittsöffnung im Bereich von Mikrometern verbunden ist, kann die Divergenz des Laser-Lichts bei einigen zehn Grad liegen. Für die Nutzung muss das Licht häufig durch Linsen kollimiert werden.

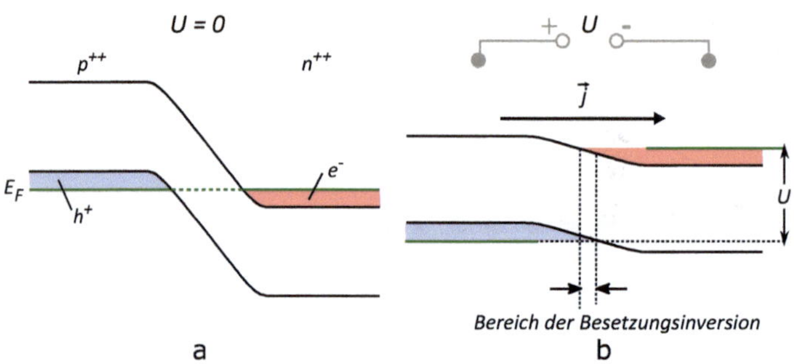


**Bild 9.65** Laser-Diode: (a) pn-Kontakt mit entartet dotierten Halbleitern, (b) Besetzungsinversion bei Spannung in Flussrichtung

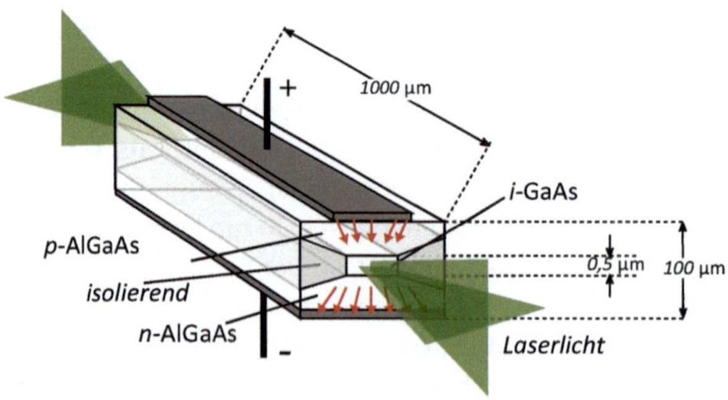


**Bild 9.66**
Schematischer Aufbau einer Heterostruktur-Laser-Diode mit einigen typischen Abmessungen. Der Brechungsindex des GaAs-Kerns ist größer als der der umgebenden Materialien. Die Divergenz des Laserlichtes in horizontaler und vertikaler Richtung ist angedeutet

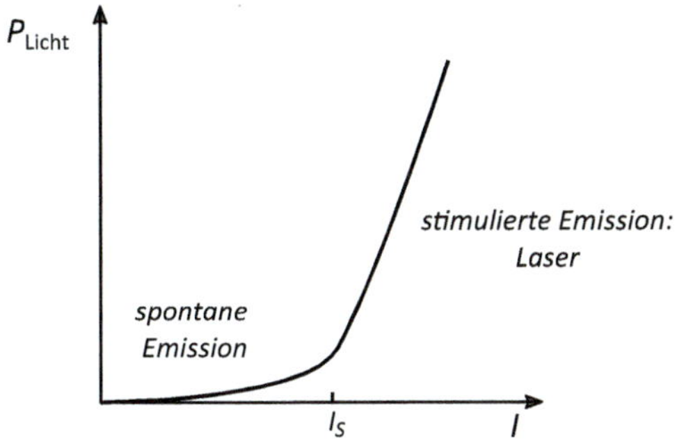


**Bild 9.67**
Laser-Diode: Lichtleistung als Funktion des Diodenstroms

Wie bei der LED kann die Wellenlänge des Lichts durch die Wahl des Halbleitermaterials in weiten Grenzen variiert werden. Ein Unterschied zeigt sich bei der elektrischen Ansteuerung, wie der Zusammenhang zwischen Lichtleistung und Diodenstrom in Bild 9.67 zeigt. Zum Erreichen der Inversion muss erst ein gewisser Schwellstrom $I_S$ überschritten werden, ab dem die Laser-Funktion einsetzt. Bei kleineren Stromwerten wird Licht durch spontane Emission wie in der LED abgegeben.

Ein wesentlicher Unterschied zur LED ist die geringe Linienbreite des Lichtspektrums von typisch 0,2 nm. Dies spielt z. B. bei der optischen Datenübertragung durch Lichtwellenleiter eine Rolle. Die Lichtausbreitung in Materie, speziell auch in einem Lichtwellenleiter unterliegt der chromatischen Dispersion, d. h. der Abhängigkeit der Ausbreitungsgeschwindigkeit von der Wellenlänge. Ein Lichtpuls (als Darstellung eines Datenbits), der mit einer bestimmten spektralen Linienbreite in den Lichtwellenleiter eingespeist wird, verlängert sich räumlich bzw. zeitlich im Laufe des Weges wegen der unterschiedlichen Geschwindigkeiten seiner spektralen Komponenten. Je kürzer (zeitlich, und demzufolge auch räumlich) aber ein Lichtpuls ist, umso größer ist die mögliche Puls-Wiederholungsfrequenz, ohne dass die Lichtpulse ineinander übergehen. Eine geringere spektrale Linienbreite führt zu einem geringeren Effekt der Dispersion und damit also zu einer größeren möglichen Puls-Wiederholungsfrequenz und Datenübertragungsrate.

Wegen ihrer geringen Größe und ihrer hohen, elektrisch steuerbaren Lichtleistung bis zu 10 W werden Laserdioden in vielen Bereichen, z. B. bei DVD-Geräten, Laserdruckern, Rauchmeldern usw. eingesetzt.

### 9.3.3 Integrierte Schaltungen

Halbleiter-Bauelemente werden in großem Umfang in integrierten Schaltungen (IC: integrated circuit) eingesetzt, deren Komplexität, gemessen an der Anzahl der Bauelemente, sich in den letzten Jahrzehnten etwa alle zwei Jahre verdoppelt hat, wie es die sogenannte Moore'sche Regel (G. E. Moore, *1929) beschreibt. Die gleichzeitige Miniaturisierung der Bauelemente auf Abmessungen von unter 10 nm führte zu Bauelement-Dichten von mehr als $10^8$ mm$^{-2}$. Einige der damit verbundenen technologischen und physikalischen Aspekte sollen hier angesprochen werden.

Das Bestreben, die Größe von Schaltungen zu minimieren hat zum einen kommerzielle und praktische Gründe: Der Materialverbrauch und damit die Kosten je Schaltung werden gesenkt und die Schaltungen können besser mobil genutzt werden (z. B. Smart Phone). Zum anderen werden mit der Miniaturisierung technische Ziele verfolgt. Je kleiner die Schaltungskomponenten, speziell ihre Kapazitäten, und je kürzer die Verbindungen dazwischen sind, desto höhere Schaltgeschwindigkeiten lassen sich erreichen. Zusätzlich verringert sich dadurch die Ladungsmenge, die je Schaltvorgang transportiert werden muss, und der damit verbundene Leistungsbedarf.

## Strukturen

Grundelemente nahezu aller ICs sind Kondensatoren als Ladungsspeicher sowie die in Abschnitt 9.3.1 besprochenen MOSFETs als Schalter. Bild 9.68a zeigt die Schaltung der Speicherzelle eines dynamischen Speichers (DRAM). Die Ladung des Kondensators gibt den Bitwert 0 oder 1 der Zelle an. Der Wert kann über die Bitleitung gelesen (gemessen) bzw. geändert werden, wenn der MOSFET-Schalter über die Wortleitung geöffnet wird. Bei der physikalischen Realisierung dieser Schaltung müssen Punkte beachtet werden, die einer Miniaturisierung Grenzen setzen und von denen einige im Folgenden betrachtet werden sollen.

Um die Bitwerte eindeutig differenzieren zu können, darf die Ladung auf dem Kondensator, d. h. bei einer festgelegten Betriebsspannung dessen Kapazität nicht zu klein sein. Als unterer Wert werden ca. 10 fF angesehen. Für einen möglichst geringen Flächenbedarf $A$ muss daher nach Gl. (6.37) $C = \varepsilon_0 \varepsilon_r \dfrac{A}{d}$ die Dicke des Dielektrikums $d$ klein und seine Permittivitätszahl $\varepsilon_r$ groß sein. Die Dicke darf allerdings ca. 2 nm (das entspricht etwa vier Molekülagen $SiO_2$) nicht wesentlich unterschreiten, da ansonsten die dielektrische Stabilität nicht ausreichend ist bzw. der Kondensator durch Tunnelströme entladen wird (zum quantenphysikalischen Tunneleffekt siehe Abschnitt 8.1.6). Statt $SiO_2$ mit $\varepsilon_r = 3{,}9$, das sich bei der vorherrschenden Silicium-Technologie eigentlich anbietet, werden daher Dielektrika mit höheren Permittivitätszahlen, z. B. Hafniumdioxid $HfO_2$ mit $\varepsilon_r = 25$, verwendet. Dies erlaubt ausreichend große Kapazitäten auch bei größeren Dicken.

Eine weitere wesentliche Verringerung des effektiven Flächenbedarfs der Kondensatoren erreicht man dadurch, dass man die Kondensatoren statt wie ursprünglich planar, d. h. in der Ebene, senkrecht in Gräben (trench) in dem Substrat oder in Ebenen oberhalb des MOSFETs (stack) (Bild 9.68b, c) anordnet.

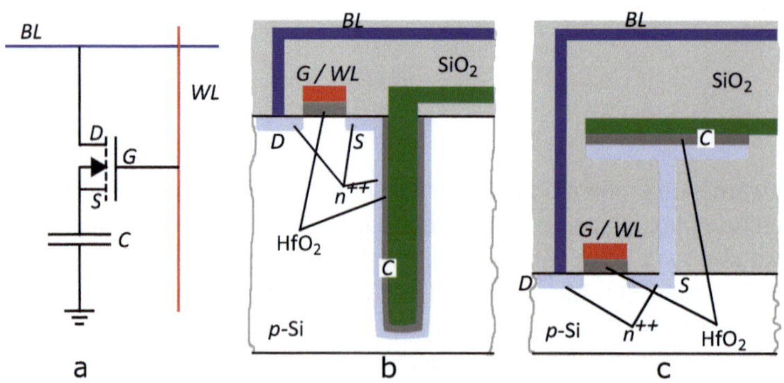


**Bild 9.68** DRAM-Speicherzelle: (a) Schaltbild, (b) Trench-Ausführung, (c) Stack-Ausführung, BL: Bitleitung, WL: Wortleitung (die Verbindung ist in b, c nicht dargestellt), C: Kondensator, statt $HfO_2$ werden auch andere Isolatoren hoher Permittivität verwendet

Auch im MOSFET muss das Dielektrikum dünn sein, um eine hohe Ladungsdichte und damit Leitfähigkeit in der Inversionsschicht zu erreichen. Aus ähnlichen Gründen wie beim Kondensator werden daher auch hier Dielektrika mit hoher Permittivitätszahl eingesetzt. Dennoch sind die Isolatoren sehr empfindlich. In Verbindung mit der kleinen Gate-Kapazität reicht oft schon eine Ladung von einigen tausend Elementarladungen aus, um die Durchbruchfeldstärke des Dielektrikums zu erreichen und den Transistor zu zerstören.

Der Flächenbedarf eines konventionellen MOSFETs ist ebenfalls nach unten begrenzt. Wird die Länge des Gates, d. h. der Abstand Source-Drain vergleichbar mit der Ausdehnung der Verarmungsschicht zwischen Inversionskanal und Halbleitervolumen, so ist der Zustand des Inversionskanals nicht mehr allein von der Gate-Spannung abhängig, sondern das elektrische Feld im Halbleiter wird zunehmend von der Source-Drain-Spannung mitbestimmt. Dies führt zu einer Abnahme der Schwellspannung, sodass sich der MOSFET im Grenzfall nicht mehr durch die Gate-Spannung schalten lässt. Die Gate-Länge ist dadurch auf minimal 10...20 nm beschränkt. Außerdem ist die Leitfähigkeit der Inversionsschicht im aktivierten Zustand in etwa proportional zu ihrer Breite und reicht unterhalb einer Breite von ca. 20 nm für einen definierten Schaltzustand nicht mehr aus.

So wie beim Kondensator weicht man daher vom planaren Aufbau in die dritte Dimension aus. Der sogenannte FinFET (benannt nach der Rückenflosse, engl. fin, eines Fisches) besteht aus einem oder mehreren senkrecht stehenden, etwa 30 nm hohen und 15 nm breiten Silicium-Stegen (Bild 9.69), die seitlich und oben von der Gate-Elektrode umschlossen werden. Höhe und Breite dieser Struktur bestimmen die Breite der Inversionsschicht (im Beispiel $2 \times 30\ \text{nm} + 15\ \text{nm} = 75\ \text{nm}$) und damit deren Leitfähigkeit. Hochintegrierte Schaltungen werden seit einigen Jahren auf Grundlage dieser Technologie aufgebaut.

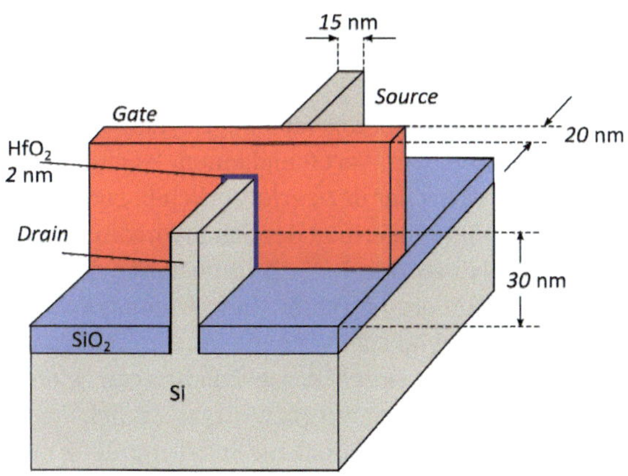


**Bild 9.69**
FinFET (schematisch) mit einigen typischen Abmessungen, statt $HfO_2$ werden auch andere Isolatoren hoher Permittivität verwendet

Wie erwähnt ist der Leistungsbedarf beim Betrieb einer Schaltung ein wichtiges Kriterium bei der Schaltungsentwicklung. Die aufgenommene elektrische Leistung wird durch Ohm'sche Verluste fast vollständig in Wärmeleistung umgesetzt. Mit zunehmender Dichte der Schaltelemente wird die Wärmeabfuhr ein immer größeres Problem. Ein entscheidender Schritt im Hinblick darauf war die Entwicklung der CMOS (Complementary MOS)-Technik, durch die der aktuelle hohe Grad an Integration erst ermöglicht wurde. Eine CMOS-Schaltung besteht aus einem n-Kanal- und einem p-Kanal-MOSFET, die parallel angesteuert werden. Bild 9.70a zeigt schematisch die physikalische CMOS-Struktur.

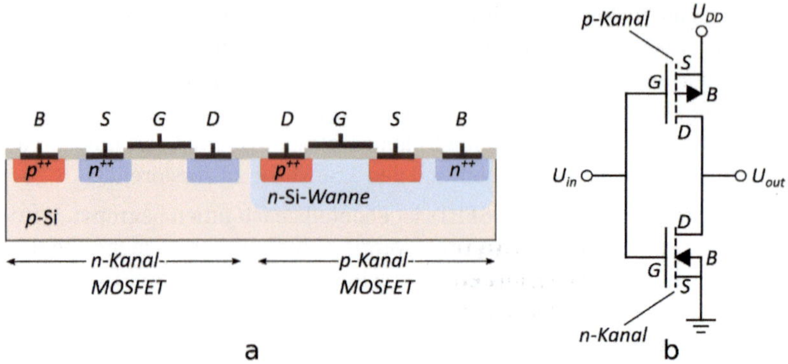


**Bild 9.70** (a) CMOS-Struktur (schematisch), (b) Schaltbild eines logischen Inverters, B: Basiskontakt, $U_{DD}$: Versorgungsspannung

In Bild 9.70b ist als Beispiel das Schaltbild eines damit aufgebauten logischen Inverters zu sehen. Bei positiver Spannung $U_{in} = U_{DD}$ (logisch „1") am Eingang sperrt der p-Kanal-MOSFET und der n-Kanal-MOSFET öffnet. Damit wird der Ausgang auf das Grundpotential (logisch „0") gelegt. Umgekehrt entsprechend bei $U_{in} = 0$ („0") am Eingang öffnet der p-Kanal-MOSFET und der n-Kanal-MOSFET sperrt, wodurch $U_{out} = U_{DD}$ („1") am Ausgang erscheint.

Der wesentliche Vorteil der CMOS-Schaltung liegt darin, dass idealerweise im statischen Zustand kein Strom fließt, da immer einer der beiden MOSFETs sperrt. Der Ausgangswert wird nicht durch den Spannungsabfall an einem Ohm'schen Widerstand definiert. In der realen Schaltung kommt es allerdings zu geringfügigen Verlusten, unter anderem durch Tunnelströme bei dünnen ($d < 20$ nm) Gate-Oxiden und durch Sperrsättigungsströme an den pn-Übergängen. Zudem hat ein MOSFET auch unterhalb der Schwellspannung eine gewisse, wenn auch geringe Leitfähigkeit.

Eine größere Rolle als diese statischen spielen aber die dynamischen oder Schalt-Verluste. Zum Schalten wird die Spannung $U_G$ am Gate zwischen dem Wert 0 und einem Wert $U_G > U_T$ oberhalb der Schwellspannung geändert. Beim Transport der dazu erforderlichen Ladungen treten in den Zuleitungen Ohm'sche Verluste auf. Außerdem erfolgt der Schaltvorgang selber mit einer gewissen Verzögerung, unter anderem bedingt durch die Zeitkonstante, die sich aus dem Zuleitungswiderstand und der Gate-Kapazität ergibt. Daher sind für einen kurzen Zeitraum beide MOSFETs der CMOS-Schaltung leitend und schließen die Versorgungsspannung kurz. Die Verluste durch beide Effekte lassen sich durch kurze Zuleitungen, kleine Gate-Kapazitäten, niedrige Schwellspannungen usw. minimieren (bzw. unter Berücksichtigung anderer Effekte optimieren). Sie sind aber direkt proportional zur Schaltfrequenz und beschränken die Taktfrequenz hochintegrierter Schaltungen auf einige Gigahertz.

Von den vielen weiteren Aspekten, die bei der Entwicklung hochintegrierter Schaltungen zu beachten sind, soll hier noch der Effekt der Elektromigration genannt werden. Unter Elektromigration versteht man die Formänderung von Leitern bei hoher Stromdichte. Trotz der Bindung der Metallionen im Festkörper können häufige Stöße mit den Leitungselektronen bewirken, dass Metallionen verschoben werden. Dies geht einher mit einer Änderung der äußeren Form des Leiters, die dann zu Kurzschlüssen oder Leitungsunterbrechungen führen kann. Wegen der kleinen Leiterquerschnitte der Verbindungen zwischen den Bauelementen einer hochintegrierten Schaltung in der Größenordnung von 20 nm × 40 nm = 800 nm$^2$

(Breite × Höhe) entspricht die an sich geringe Stromstärke in der Schaltung von typisch 10 µA einer Stromdichte von 12,5 GA/m$^2$. Das ursprünglich verwendete, aus praktischen und physikalischen Gründen für die Verbindungen gut geeignete Aluminium zeigt bei dieser Stromdichte so starke Auswirkungen der Elektromigration, dass es durch weniger anfällige Werkstoffe wie Wolfram oder Kupfer ersetzt werden muss. Zwar hat Kupfer gegenüber Aluminium außerdem den Vorteil der höheren Leitfähigkeit, muss aber durch zusätzliche Passivierungsschichten an der Diffusion in die Bereiche der Schaltelemente gehindert werden, da es deren Funktion beeinträchtigen würde.

### Prozesse

Die teilweise speziell für die IC-Produktion entwickelten Prozesse lassen sich grob in die Kategorien Strukturierung, Dotierung, Material-Abscheidung und -Abtragung einteilen.

Die **Strukturierung** einer Oberfläche des Substrats, z. B. eine Silicium-Scheibe (Si-Wafer), die vorher mit einer Oxidschicht versehen wurde, erfolgt durch *Photolithografie*. Dazu wird die Oberfläche mit einem lichtempfindlichen Lack (Photolack) beschichtet. Anschließend wird die gewünschte Struktur durch eine Maske auf die Oberfläche projiziert. Beim chemischen Entwickeln des Photolacks bleiben die nicht belichteten Flächen geschützt, während die belichteten freigelegt werden und in dann folgenden Prozessschritten bearbeitet werden können. Die minimale Größe von Strukturen *CD* (critical dimension), die auf diese Weise hergestellt werden können, hängt über die numerische Apertur (siehe Abschnitt 7.3.4) der Abbildungsoptik von der Lichtwellenlänge und dem Brechungsindex des Mediums zwischen der Optik und der Abbildung ab: $CD \sim \frac{\lambda}{n}$. Als Lichtquellen dienen *Excimer-Laser* mit Wellenlängen von 193 nm und weniger (extremes Ultraviolett). In *Immersionsoptiken* wird z. B. Wasser mit $n = 1{,}4$ als Medium benutzt. Damit können im Photolack Strukturen der Größenordnung 10 nm erzeugt werden.

Die Oxidschicht kann dann an den nach der Entwicklung des Photolacks freigelegten Stellen durch ein Ätzverfahren entfernt werden und als Maske für einen Prozessschritt der *thermischen* **Dotierung** dienen. Dabei wird der Wafer bei hoher Temperatur (im Bereich 1 000 °C) einer z. B. Phosphor-haltigen Atmosphäre ausgesetzt, Phosphor als Donator diffundiert dann an den Oxid-freien Stellen in die Silicium-Oberfläche. Vom Tiefenprofil her definierter kann mit *Ionenimplantation* dotiert werden. Bei diesem Verfahren werden Ionen der Dotierstoffe mit Energien von typisch 10…500 keV in die Silicium-Oberfläche geschossen. Die Tiefe des Dotierungsbereichs, ca. 10…1 000 nm, lässt sich durch die Ionenenergie steuern, die Bestrahlungsdosis bestimmt die Dotierungskonzentration. Gegenüber der thermischen Dotierung kann Ionenimplantation auch erfolgen, wenn bereits Temperatur-empfindliche Strukturen wie z. B. metallische Verbindungen vorhanden sind.

Eine photolithografisch strukturierte Abdeckung wird ebenfalls benutzt, um auf der Oberfläche gezielt Leiterbahnen, Gate-Elektroden usw. durch **Abscheiden** geeigneter Materialien herzustellen. Metalle wie Aluminium oder Kupfer können *aufgedampft* werden, indem sie in einer Vakuumkammer bei hoher Temperatur, meist oberhalb der Schmelztemperatur verdampft werden und sich dann auf dem kühleren Substrat niederschlagen. Mit *Sputtering* wird ein Verfahren bezeichnet, bei dem das abzuscheidende Material durch energiereiche Argon-Ionen einer Gasentladung oder eines Ionen-Beschleunigers aus der Quelle freigesetzt wird und sich dann auf dem Substrat niederschlägt. Der Vorgang hängt nicht vom Dampfdruck des Materials ab, sodass auch hochschmelzende Stoffe wie z. B. Wolfram auf diese

Weise abgeschieden werden können. Da sich die Zusammensetzung des Stoffes dabei nicht ändert, können auch Beschichtungen mit z. B. Siliciumdioxid $SiO_2$ auf diese Weise erfolgen. Im häufig genutzten *CVD (chemical vapour deposition)*-Verfahren entstehen Beschichtungen durch die Reaktion von Gasen an der heißen Substratoberfläche. So entsteht z. B. Siliciumdioxid aus einer Reaktion von Sauerstoff und der Silicium-Verbindung Tetraethylorthosilikat (TEOS). Unter anderem für Gate-Elektroden wird häufig statt Metall dotiertes *Polysilicium* (polykristallines Si) verwendet. Es wird abgeschieden aus Silan-Gas ($SiH_4$), dem zur Dotierung Phosphin $PH_3$ oder Diboran $B_2H_6$ zugesetzt werden kann.

Ein ähnlich grundlegender Prozess wie das Abscheiden ist das definierte **Abtragen** von Material. In vielen Prozessschritten, wie z. B. oben bei der Dotierung schon erwähnt, muss die Siliciumoxidschicht entfernt werden. Dies geschieht *nasschemisch* mit Flusssäure, häufig aber auch im Trockenätzverfahren in einem $CF_4$-Gasentladungsplasma. *Trockenätzverfahren*, speziell wenn die reaktiven Ionen beim *Ionenstrahlätzen* als Ionenstrahl auf das Substrat treffen, sind im Gegensatz zum nasschemischen Ätzen stark anisotrop in ihrer Ätzwirkung, tragen also Material nur in Richtung des Ionenstrahls ab. Sie eignen damit dazu, tiefe Gräben oder Löcher mit gut definierten Kanten im Substrat zu erzeugen, z. B. für den oben erwähnten Graben-Kondensator der dynamischen Speicherzelle (typisch 30 μm Tiefe bei 1 μm Breite).

Ein aktueller IC-Chip erfordert eine Abfolge von vielen der obengenannten Prozessschritte, typischer Weise einige hundert Schritte in einer nahezu vollautomatischen Fertigung, die sich von der blanken Silicium-Scheibe bis zum fertigen Chip über mehrere Monate hinziehen.

Zurzeit (2022) werden industriell Chips mit mehr als $1{,}5 \cdot 10^8$ Transistoren/mm$^2$ hergestellt. Nach der Gate-Länge eines Transistors wird diese Technologiestufe als 5 nm-Knoten bezeichnet. Seit einigen Jahren wird allerdings beobachtet, dass die Zuwachsrate in der Transistordichte und in der Transistoranzahl eines ICs geringer ist als durch die Moore'sche Regel beschrieben. Die Miniaturisierung der herkömmlichen Baudelemente stößt an physikalische Grenzen. Bei Bauelementen, die nur noch aus wenigen Atomen bestehen (auf 5 nm Gate-Länge liegen z. B. nur noch ca. 10 Si-Atome) treten zunehmend quantenphysikalische Erscheinungen auf (Tunneleffekt, Energiequantisierung usw.), die die Funktion beeinträchtigen.

## 9.4 Magnetismus in Festkörpern

In Abschnitt 6.3.6 wurde die Reaktion von Materie auf magnetische Felder behandelt, ohne dabei genauer auf die Ursachen dieses Verhaltens einzugehen. Das soll nun Gegenstand dieses Abschnitts sein.

Atome und Moleküle werden durch magnetische Felder beeinflusst. Bei Festkörpern zeigen sich die Auswirkungen wegen ihrer hohen Dichte besonders deutlich. So können die diamagnetischen und paramagnetischen Eigenschaften von Festkörpern im Wesentlichen auf die Reaktionen einzelner Teilchen zurückgeführt werden, die durch die große Anzahl und Dichte der Teilchen verstärkt werden (Abschnitt 9.4.1). Bei Stoffen aber, deren Atome ein eigenes magnetisches Moment haben, kann es aufgrund der geringen Teilchenabstände zu Kopplungen der magnetischen Momente kommen, die festkörperspezifische und im Allgemeinen erheblich stärkere Auswirkungen zur Folge haben. Sie äußern sich in den verschiedenen Formen des Ferromagnetismus. Dies ist Gegenstand von Abschnitt 9.4.2. Abschnitt 9.4.3 befasst sich mit der Verbindung zwischen der elementaren Eigenschaft des Elektronen-Spins, die für viele magnetische Erscheinungen grundlegend ist, und der elektrischen Leitfähigkeit. Die *Spinelektronik* ist Ausgangspunkt einiger wichtiger technologischer Entwicklungen.

### 9.4.1 Dia- und Paramagnetismus

*Diamagnetismus* kann nach P. Langevin (1872–1946) mit einer anschaulichen, quasiklassischen Betrachtung erklärt werden. Man stellt sich die Bewegung der einzelnen Elektronen im Atom als Kreisströme mit magnetischen Momenten nach Gl. (6.62) vor, die sich je nach Elektronenkonfiguration insgesamt auch zu null addieren können. Bringt man das Atom nun in ein Magnetfeld $\vec{B}$, so werden Änderungen der Kreisströme induziert. Damit ändern sich auch deren magnetische Momente um ein induziertes Moment, das gemäß der Lenz'schen Regel entgegengesetzt zu $\vec{B}$ gerichtet ist, unabhängig von der Richtung des ursprünglichen Moments. Der Stoff als die Gesamtheit der Atome erfährt also eine Magnetisierung $\vec{M}$ und damit eine magnetische Polarisierung $\vec{J}$ entgegen der Richtung von $\vec{B}$ (griechisch „dia“: entgegen). Entsprechend Gl. (6.66) bis Gl. (6.68) führt dies zu einer Suszeptibilität $\chi_m < 0$ bzw. einer Permeabilitätszahl $\mu_r < 1$. Die Magnetisierung ist nach der obigen Vorstellung umso stärker, je mehr Elektronen das Atom hat und je größer deren mittlerer Bahnradius ist. Messungen z. B. an Edelgasen bestätigen dieses direkt: Die Suszeptibilität nimmt von Helium (2 Elektronen) mit $-9{,}9 \cdot 10^{-10}$ bis zu Xenon (54 Elektronen) mit $-2{,}4 \cdot 10^{-8}$ betragsmäßig zu. In Festkörpern lässt sich der Beitrag der gebundenen Elektronen auf dieser Grundlage berechnen. Im Ergebnis stimmt die Betrachtung von Langevin mit der exakten quantenphysikalischen Ableitung überein.

Diamagnetismus ist also eine Eigenschaft aller Stoffe, die aber gewöhnlich nur sehr schwach ausgeprägt ist, siehe Tabelle 6.3. Sie kann in der Regel nur beobachtet werden, wenn die Atome an sich kein eigenes magnetisches Moment haben, d. h., wenn sich die Bahn- und Spin-Momente ihrer Elektronen kompensieren. Das ist der Fall bei Atomen mit abgeschlossenen Schalen wie den Edelgasen. Viele Metalle zeigen Diamagnetismus, der von den abgeschlossenen Schalen der lokalisierten Atomrümpfe herrührt, während die Leitungselektronen nur einen schwachen paramagnetischen Beitrag bewirken (s. u.). Auch die meisten nichtleitenden kristallinen Festkörper sind diamagnetisch, da die Bindungen darauf beruhen, dass die Spins der Valenzelektronen einander entgegengesetzt sind und sich kompensieren (kovalente Bindung) bzw. dass durch Elektronenaustausch geschlossene Schalen gebildet werden (Ionenbindung). Wegen des zugrunde liegenden Mechanismus ist die diamagnetische Suszeptibilität unabhängig von der Temperatur (Bild 9.71).

*Paramagnetismus* tritt auf, wenn Atome z. B. aufgrund ungepaarter Elektronen ein eigenes magnetisches Moment haben, dies wird auch als *Langevin-Paramagnetismus* bezeichnet. Die Richtungen der atomaren magnetischen Momente sind an sich aufgrund der thermischen Bewegung der Atome regellos verteilt, sodass sie sich insgesamt kompensieren. In einem Magnetfeld $\vec{B}$ richten sich diese Momente graduell in Richtung von $\vec{B}$ aus (vgl. Bild 6.26 für die Ausrichtung elektrischer Dipole im elektrischen Feld). Der Stoff erfährt also eine Magnetisierung $\vec{M}$ und damit magnetische Polarisierung $\vec{J}$ in Richtung von $\vec{B}$ (griechisch „para“: entlang). Entsprechend Gl. (6.66) bis Gl. (6.68)) führt dies zu $\chi_m > 0$ bzw. $\mu_r > 1$.

Dieser Effekt ist zwar nur klein, aber in den meisten Fällen deutlich stärker ausgeprägt als der gleichzeitig auftretende Diamagnetismus, den er dann überwiegt.

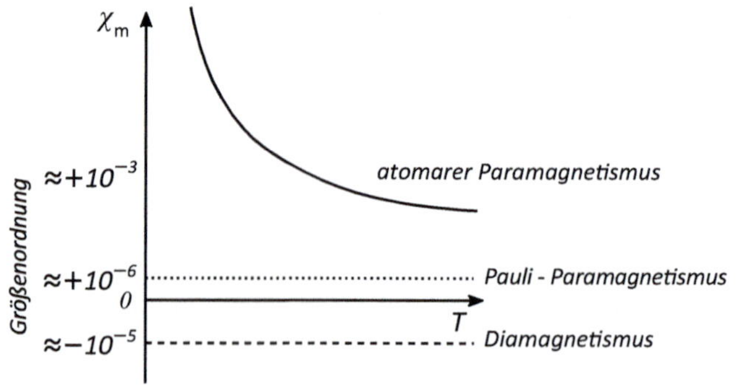


**Bild 9.71** Verschiedene Beiträge zur Suszeptibilität und deren Temperaturabhängigkeit (schematisch)

Die thermische Bewegung wirkt der Ausrichtung entgegen, sodass die magnetische Suszeptibilität und damit auch die Permeabilitätszahl mit zunehmender Temperatur abnehmen. Für nicht zu große Magnetfelder und nicht zu tiefe Temperaturen gilt das *Curie-Gesetz*, zu sehen in Bild 9.71 (obere Kurve):

**Curie-Gesetz**

$$\chi_m = \frac{C}{T} \tag{9.44}$$

Mit der *Curie-Konstanten C*, die von der Anzahldichte der Atome und von deren magnetischem Dipolmoment abhängt.

**Merke**

Diamagnetismus ist Temperatur-unabhängig, Paramagnetismus nimmt mit zunehmender Temperatur ab.

Bei Metallen tragen die Leitungselektronen mit ihren magnetischen Momenten zum Paramagnetismus bei, ein als *Pauli-Paramagnetismus* bezeichneter Effekt. Die magnetischen Momente der Elektronen hängen mit den Elektronenspins zusammen und sind entgegengesetzt zu diesen gerichtet. Die Richtungen der Spins sind an sich ungeordnet. In einem Magnetfeld können sich die Spins wegen der Richtungsquantisierung (vgl. Abschnitt 8.2.2) parallel oder antiparallel zur Richtung des Magnetfeldes einstellen, wobei sie in der parallelen Orientierung (magnetisches Moment antiparallel zum Magnetfeld) eine höhere Energie haben als in der antiparallelen. Im thermischen Gleichgewicht wird also die Anzahl der Elektronen mit zum Magnetfeld antiparallelem Spin bzw. parallelem magnetischen Moment überwiegen. Die Leitungselektronen insgesamt verhalten sich demnach paramagnetisch. Dieser Beitrag zur Suszeptibilität hängt nicht von der Temperatur ab und ist mit ca. $+10^{-6}$ sehr klein (Bild 9.71). Ein weiterer noch kleinerer Beitrag der Leitungselektronen ist der Landau-Diamagnetismus (L. D. Landau, 1908–1968, Nobelpreis 1962), der mit der Änderung der Elektronenbewegung im Magnetfeld zusammenhängt.

> **Merke**
> Alle Stoffe habe schwache diamagnetische Eigenschaften (Magnetisierung entgegen dem äußeren Magnetfeld). Tritt aber gleichzeitig paramagnetisches Verhalten (Magnetisierung in Richtung des äußeren Magnetfelds) auf, so überdeckt der Paramagnetismus den Diamagnetismus.

## 9.4.2 Gekoppelte magnetische Momente

Manche Stoffe zeigen eine spontane Magnetisierung, die auch ohne ein äußeres Magnetfeld auftritt. Diese Erscheinung wird als *Ferromagnetismus* bezeichnet, Varianten dazu sind unter anderem der *Antiferromagnetismus* und der *Ferrimagnetismus*.

Die Eigenschaften ferromagnetischer Stoffe beruhen wie die der paramagnetischen auf ihrem Aufbau aus Atomen, die aufgrund ihrer Elektronenkonfiguration ein permanentes magnetisches Dipolmoment haben. Hinzu kommt aber eine Wechselwirkung zwischen den Atomen, die eine großräumige gegenseitige Ausrichtung der Dipolmomente bewirkt (Bild 9.72). Erst bei relativ hohen Temperaturen, in Eisen z. B. bei 1 041 K, wird diese Ausrichtung durch die thermische Bewegung zerstört. Daraus kann man schließen, dass diese Wechselwirkung nicht auf den Magnetfeldern der atomaren Dipole beruht, die dazu um einen Faktor von etwa $10^4$ zu schwach sind. Sie wird vielmehr verursacht durch die quantenphysikalisch begründete Austauschwechselwirkung zwischen den Elektronenwolken benachbarter Atome.

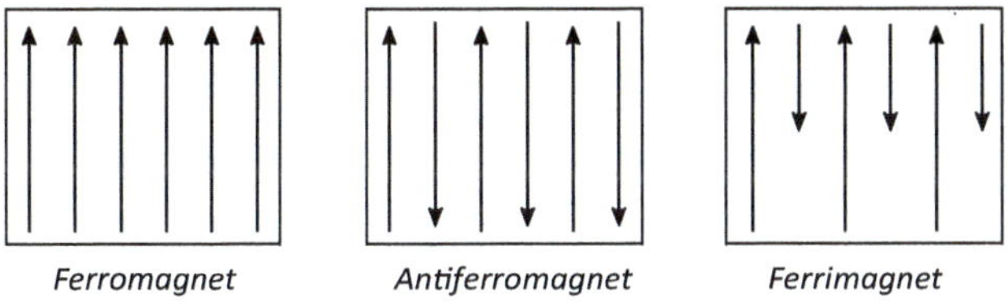


**Bild 9.72** Orientierung und relative Stärke der Elementarmagnete in ferro-, antiferro- und ferrimagnetischen Stoffen (schematisch)

Austauschwechselwirkung kann auftreten, wenn lokalisierte, an Atome gebundene Elektronen sich gleichzeitig in so großem Abstand vom Atom bewegen können, dass die Elektronenwolken benachbarter Atome überlappen. Das ist z. B. bei der kovalenten Bindung zwischen Atomen der Fall (siehe Abschnitt 9.1.1). Hierbei ist es energetisch günstiger, wenn sich die Valenzelektronen beider Atome räumlich mehr zwischen den Atomen aufhalten, als bei jeweils einem der Atome. Das ist damit verbunden, dass sich die Elektronenspins gegeneinander ausrichten. Ist die Überlappung der Elektronenwolken geringer, ist u. U. eine parallele Ausrichtung der Elektronenspins günstiger.

> **Merke**
> In ferromagnetischen Stoffen (Ferro- Antiferro-, Ferrimagneten) bewirkt die Austauschwechselwirkung zwischen benachbarten Atomen die Ausrichtung der Elektronenspins und damit der atomaren magnetischen Momente.

Bei Ferromagneten wie den Übergangsmetallen mit teilweise gefüllten atomaren *d*-Zuständen (z. B. Cr, Mn, Fe, Co, Ni) und Seltenen Erden mit teilweise gefüllten *f*-Zuständen (z. B. Nd, Gd) bevorzugt die Austauschwechselwirkung parallel ausgerichtete Spins und damit parallele atomare Dipolmomente. Die Wechselwirkung ist so stark, dass sich die Spins in kleinen Bereichen der Größenordnung 100 µm spontan parallel ausrichten. Derartige kristalline Bereiche heißen *Weiss'sche Bezirke oder magnetische Domänen* (P.-E. Weiss, 1865–1940). Sie sind getrennt durch *Bloch-Wände* (nach F. Bloch), in denen die Dipol-Orientierung über einige 100 Gitterkonstanten schrittweise von der einen auf die andere Richtung umschwenkt (Bild 9.73).

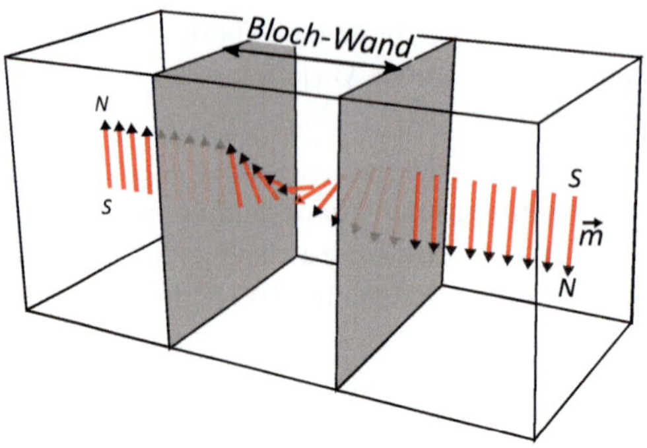


**Bild 9.73**
Bloch-Wand (schematisch)

Die magnetischen Domänen stellen selbst kleine Magnete dar, deren Größe und Ausrichtung auf die Minimierung der Gesamtenergie hin ausgelegt ist. Die im Magnetfeld enthaltene Energie wird verringert durch eine günstige magnetische Ausrichtung der Domänen sowie durch eine Vergrößerung der Domänenzahl (Bild 9.74). Andererseits wird dadurch die in den Bloch-Wänden enthaltene flächenproportionale Energie vergrößert. Für eine minimale Gesamtenergie ergeben sich Anordnungen wie sie typisch in Bild 9.75 dargestellt sind.

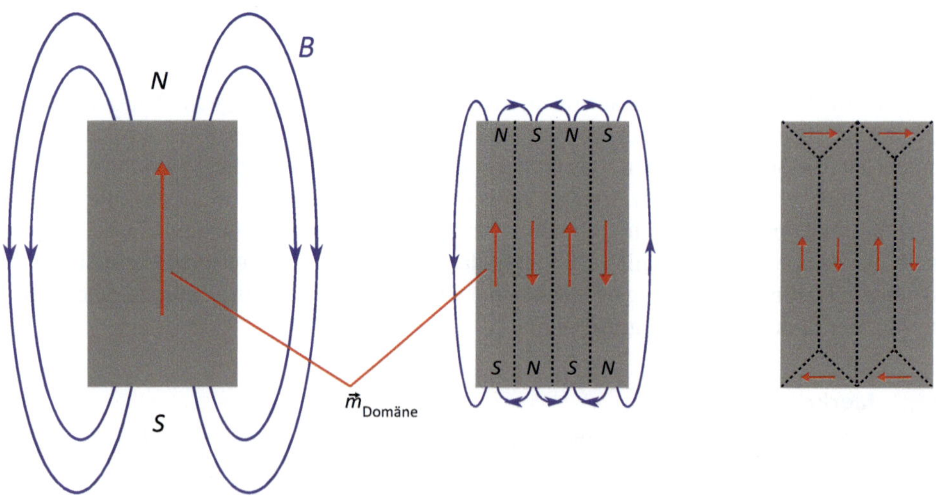


**Bild 9.74** Ausbildung von Domänen zur Minimierung der Energie des Magnetfeldes

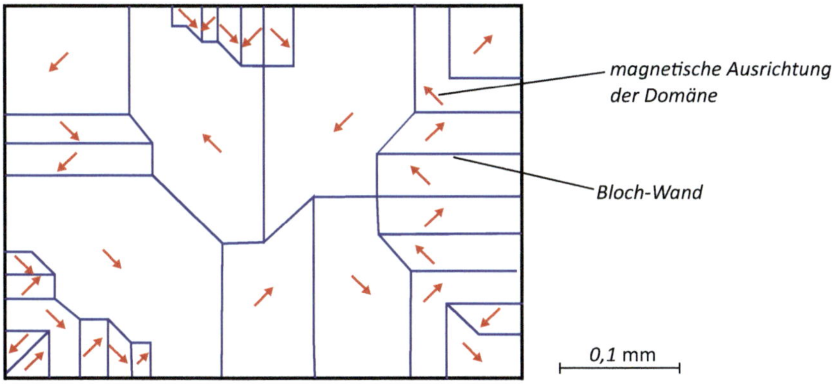


**Bild 9.75** Weiss'sche Bezirke/Domänen (schematisch)

In einem zunehmenden äußeren Magnetfeld $\vec{H}$ verschieben sich die Grenzen zwischen den Domänen so, dass Domänen, deren magnetisches Moment in Richtung von $\vec{H}$ zeigt, anwachsen auf Kosten von Domänen, die andere Ausrichtungen haben. Dies erklärt die hohen Werte der Suszeptibilität der ferromagnetischen Stoffe.

Besteht schließlich nur noch eine große ausgerichtete Domäne, so ist die Sättigungspolarisation $J_s$ bzw. Sättigungsflussdichte $B_s$ erreicht, die sich bei weiterer Erhöhung von $H$ nur noch relativ schwach proportional zu $H$ ändern. Wird das äußere Magnetfeld wieder verringert und ist schließlich gleich null, bleibt die Verteilung der Domänen erhalten, sodass der Stoff eine permanente magnetische Remanenzpolarisation $J_R$ bzw. Remanenzflussdichte $B_R$ aufweist. Erst durch eine bestimmte entgegengesetzt wirkende materialspezifische Koerzitivfeldstärke $H_K$ wird die großräumige Orientierung wieder aufgebrochen. Die Hystereseschleife, die dadurch entsteht, wird in Abschnitt 6.3.6 genauer beschrieben.

Da es bei diesen Vorgängen um die Ordnung der magnetischen Elementarmomente geht, die durch die thermische Bewegung der Teilchen gestört werden kann, ist zu erwarten, dass die Temperatur auch hier eine Rolle spielt. Oberhalb einer kritischen Temperatur, der *Curie-Temperatur* $T_C$, wird die thermische Energie größer als die der Austauschwechselwirkung. Die magnetische Ordnung wird aufgebrochen und der Stoff verhält sich für Temperaturen $T > T_C$ paramagnetisch. Die Suszeptibilität wird oberhalb von $T_C$ durch ein modifiziertes Curie-Gesetz, das *Curie-Weiss-Gesetz* beschrieben (siehe Bild 9.77).

**Curie-Weiss-Gesetz für $T > T_C$**

$$\chi_m = \frac{C}{T - T_C} \tag{9.45}$$

Die Curie-Temperatur $T_C$ liegt normalerweise deutlich unter der Schmelztemperatur eines Stoffes, bei der auch die kristalline Ordnung verloren geht. Sie beträgt z. B. für Eisen 1 041 K, für Nickel 633 K.

Für $T \to T_C$ geht die Suszeptibilität gegen unendlich, da dann eine Magnetisierung ohne äußeres Magnetfeld vorliegt. Unterhalb von $T_C$ hängt der konkrete Wert der Magnetisierung von der Vorgeschichte ab, der der Stoff ausgesetzt war, daher kann in diesem Temperaturbereich kein allgemein gültiger Wert für die Suszeptibilität angegeben werden. Die Sättigungsmagnetisierung $M_S$, bei der alle atomaren Dipole ausgerichtet sind, hängt allerdings von der Temperatur ab. Sie geht für $T \to 0$ nach dem Bloch'schen $T^{\frac{3}{2}}$-Gesetz (nach F. Bloch) gegen einen Maximalwert:

**Bloch'sches $T^{\frac{3}{2}}$-Gesetz**

$$1 - \frac{M_S(T)}{M_S(0)} \sim T^{\frac{3}{2}} \tag{9.46}$$

Dieser Zusammenhang lässt sich auf der Grundlage von quantisierten sogenannten *Spin-Wellen* oder *Magnonen* erklären, worauf hier nicht näher eingegangen werden kann.

Aus Atomen oder Molekülen mit magnetischen Momenten bestehen auch die *antiferromagnetischen* Stoffe wie z. B. Mn, Cr, MnO, verschiedene Nickel- und Eisen-Verbindungen. Bei diesen Stoffen sind die atomaren magnetischen Momente paarweise gegeneinander orientiert, da die Austauschwechselwirkung in diesem Fall die Spins der Elektronen benachbarter Atome antiparallel ausrichtet (Bild 9.72). Als Beispiel zeigt Bild 9.76 den kristallinen Aufbau von MnO und die Anordnung der Spins der $Mn^{2+}$-Ionen. Die chemische Elementarzelle ist kubisch flächenzentriert (siehe Abschnitt 9.1.2). Dem überlagert ist eine ebenfalls kubisch flächenzentrierte magnetische Elementarzelle mit einer doppelt so großen Gitterkonstanten in der Weise, dass benachbarte (111)-Ebenen jeweils entgegengesetzte Spins haben.

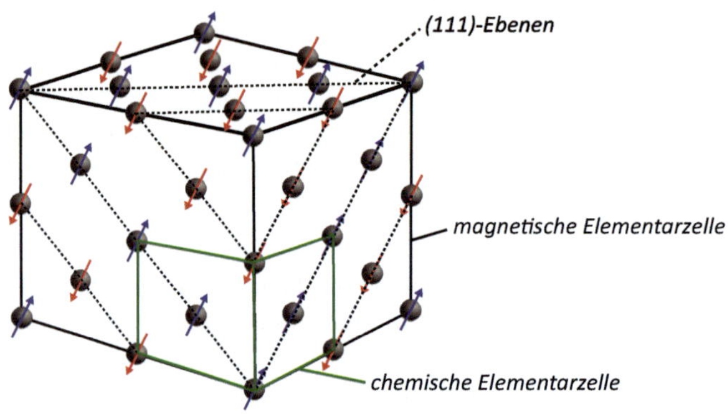


**Bild 9.76** Anordnung der Spins der $Mn^{2+}$-Ionen im MnO-Kristall (O-Ionen und $Mn^{2+}$-Ionen innerhalb der Zelle sind ausgeblendet)

Die magnetische Struktur von Stoffen kann mithilfe von Neutronenbeugung mit thermischen Neutronen untersucht werden. Da Neutronen keine Ladung tragen, reagieren sie nicht auf die Ladungsverteilungen im Atom. Wegen ihres magnetischen Dipolmoments werden sie aber in unterschiedlicher Weise durch die verschiedenen atomaren magnetischen Momente der Kristallatome gestreut. Die Wellenlänge thermischer Neutronen (siehe Abschnitt 8.3.6) liegt bei etwa 0,1 nm, d. h. im Bereich des Atomabstands. Ähnlich wie bei der Kristallstrukturanalyse mithilfe der Röntgenstreuung (s. Abschnitt 9.1.2) können daher die Abmessungen und Orientierungen der magnetischen Struktur innerhalb eines Kristalls vermessen werden.

Wie beim Ferromagneten bricht die magnetische Ordnung oberhalb einer kritischen Temperatur, hier *Néel-Temperatur* $T_N$ genannt (L. E. F. Néel, 1904–2000, Nobelpreis 1970), zusammen, der Stoff wird paramagnetisch und verhält sich nach Gl. (9.47). Die Suszeptibilität bleibt aber endlich, da keine spontane Magnetisierung auftritt, und nimmt unterhalb von $T_N$ wieder leicht ab. Für MnO beträgt die Néel-Temperatur $T_N = 116$ K, die (symbolische) Temperatur, bei der die Suszeptibilität theoretisch divergiert, $\Theta = -610$ K.

Bild 9.77 zeigt einen Vergleich der Temperaturabhängigkeiten der der Suszeptibilität bei Para-, Ferro- und Antiferromagneten.

**Temperaturabhängigkeit der Suszeptibilität bei Antiferromagneten für $T > T_N$**

$$\chi_m = \frac{C}{T + \Theta} \tag{9.47}$$

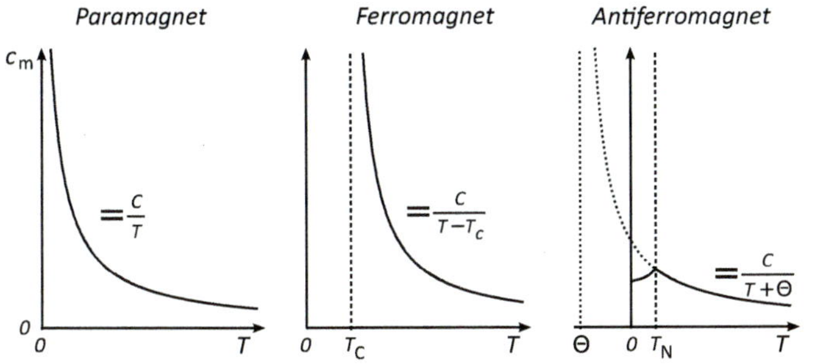


**Bild 9.77** Temperaturabhängigkeit der Suszeptibilität bei para-, ferro-, antiferromagnetischen Stoffen

> **Merke**
> Oberhalb der Curie- bzw. Néel-Temperatur verhalten sich Ferro- bzw. Antiferromagneten paramagnetisch.

Den kristallinen Aufbau aus mehreren Elementarzellen mit unterschiedlichen Spins findet man auch bei *ferrimagnetischen* Stoffen, allerdings unterscheiden sich die Beträge der Spins hierbei (Bild 9.72). Der seit dem Altertum bekannte Magnetit hat die Zusammensetzung $Fe_3O_4$ mit einem $Fe^{2+}$-Ion und zwei $Fe^{3+}$-Ionen, also $Fe^{2+}O \cdot (Fe^{3+})_2O_3$. Die chemische Elementarzelle enthält acht dieser Einheiten. Darin sind die Spins von jeweils zweimal acht $Fe^{3+}$-Ionen einander entgegengesetzt und kompensieren sich daher magnetisch. Übrig bleibt das magnetische Moment der ausgerichteten Spins der acht $Fe^{2+}$-Ionen.

Magnetit gehört zu den *Ferriten*, bei denen unterschiedliche Metallionen das $Fe^{2+}$-Ion ersetzen können. Ferrite zeigen eine ähnliche Domänenstruktur wie Ferromagneten und dementsprechend auch eine Hysterese bei der Magnetisierung.

### 9.4.3 Spin und elektrische Leitung

Elektronen als frei bewegliche Ladungsträger besitzen zusätzlich zu ihrer Ladung ein magnetisches Moment, das an ihren Spin gekoppelt ist. Deshalb ist es zu erwarten, dass ein Magnetfeld einen Einfluss auf die Bewegung der Elektronen hat, der über die Auswirkung der Lorentz-Kraft hinausgeht. Einige der Erscheinungen, die mit der Wechselwirkung zwischen einem externen oder internen Magnetfeld und dem magnetischen Moment der Elektronen zu tun haben, sollen hier besprochen werden.

Rein auf der Elektronenladung beruht die Wirkung der Lorentz-Kraft (Abschnitt 6.3.5). Elektronen bewegen sich in einem Magnetfeld unter dem Einfluss der Lorentz-Kraft nicht mehr geradlinig, sondern auf Kreisbögen. Da die mittlere Streuzeit dabei konstant bleibt, wird die effektive Driftgeschwindigkeit gegenüber dem für Gl. (9.14) abgeleiteten Wert verringert und damit der elektrische Widerstand erhöht. Dies wird deshalb als *positiver Magnetowiderstand* bezeichnet. Der Effekt ist aber klein, kann hauptsächlich bei tiefen Temperaturen beobachtet werden und hat keine praktische Bedeutung.

Mit dem Spin verbundene Leitungsphänomene findet man in ferromagnetischen Materialien. Eine dieser Erscheinungen ist der *anisotrope magnetoresistive Effekt* (*AMR*). Man beobachtet, dass der spezifische Widerstand eines ferromagnetischen Materials vom Winkel zwischen der Richtung des Magnetfeldes und der Richtung des Stroms abhängt. Er ist minimal, wenn beide senkrecht aufeinander stehen, und maximal, wenn sie parallel sind.

Am AMR ist der Spin der Leitungselektronen mittelbar beteiligt. Ursache ist die unsymmetrische Verteilung der bei den Rumpf-Ionen lokalisierten Elektronen. Die räumliche Orientierung dieser Verteilung und die Spin-Richtung der lokalisierten Elektronen sind aneinander gekoppelt (Bild 9.78). Bei zum Strom paralleler Orientierung der Spins werden die Leitungselektronen effektiver an den lokalisierten Ladungsverteilungen gestreut als bei senkrechter Orientierung. Ausmaß und Richtung der Ausrichtung der Spins der lokalisierten Elektronen wird durch die Magnetisierung und die wiederum durch das externe Magnetfeld $\vec{B}_{ext}$ vorgegeben. Der Widerstand bei zum Strom parallelen Magnetfeld $\vec{j} \parallel \vec{B}_{ext}$ ist also größer als bei senkrechtem Magnetfeld $\vec{j} \perp \vec{B}_{ext}$. Die Differenz wird maximal, wenn Sättigungsmagnetisierung erreicht ist.

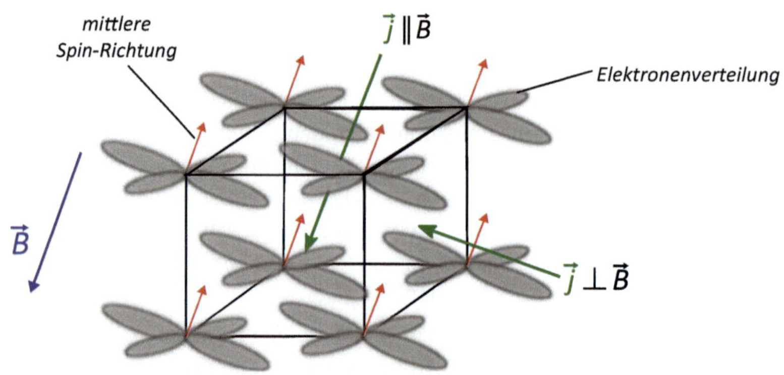


**Bild 9.78** Asymmetrische Ladungsverteilung und Ausrichtung im Magnetfeld, Stromrichtungen $\vec{j} \parallel \vec{B}$ und $\vec{j} \perp \vec{B}$ (schematisch)

Der AMR wird für Winkelsensoren genutzt. Dabei werden dünne Filme eines weichmagnetischen Materials, z. B. Permalloy (Ni80Fe20), verwendet, die schon bei schwachen Feldern $H_{ext}$ bis zur Sättigung magnetisiert werden. Die relative Widerstandsamplitude liegt bei einigen Prozent.

Aber auch die Ausrichtung der Spins der Leitungselektronen selbst kann Einfluss auf die Leitfähigkeit haben. Für das Verständnis solcher Erscheinungen kann man nach N. F. Mott (1905–1996, Nobelpreis 1977) annehmen, dass das System der Elektronen in einem Ferromagneten in zwei Teilsysteme aufspaltet. Das ↑-System umfasst die Elektronen, deren Spin parallel zur Magnetisierung (magnetisches Moment antiparallel zur Magnetisierung) ist, das ↓-System die mit antiparalleler Spin-Richtung (magnetisches Moment parallel). Eine zusätzliche - näherungsweise - Annahme ist, dass sich der Spin eines Elektrons bei einem Streuprozess nicht ändert. Bei der Streuung an Phononen, die bei nicht zu tiefen Temperaturen vorherrscht, ist das gegeben, da diese Streuung durch das elektrische Feld bedingt ist, welches auf den Spin keinen Einfluss hat.

Damit kann erklärt werden, dass der Widerstand ferromagnetischer Übergangsmetalle (z. B. Fe, Co, Ni) unterhalb der Curie-Temperatur $T_C$ schneller mit der Temperatur abnimmt als der nichtferromagnetischer Übergangsmetalle (z. B. Pd), während das Verhalten oberhalb von $T_C$ sehr ähnlich ist.

Im paramagnetische Zustand oberhalb von $T_C$ gibt es in beiden Stoffen keine magnetische Ordnung. Daher sind in beiden Stoffen die zwei Elektronenspin-Systeme nicht unterschieden und im Mittel in derselben Weise von Streuprozessen betroffen. Unterhalb von $T_C$ aber nimmt die Streuung im ↓-System stark ab, während sie sich im ↑-System nicht ändert. Dies beruht darauf, dass sich die Lage der Energiebänder der beiden Systeme infolge der Magnetisierung und des daraus resultierenden magnetischen Feldes gegeneinander verschieben, wodurch die Streuwahrscheinlichkeiten für die Elektronen der beiden Systeme unterschiedlich beeinflusst werden. Der Widerstand wird insgesamt also reduziert, sodass hier ein *negativer Magnetowiderstand* vorliegt.

Ein besonders ausgeprägter negativer Magnetowiderstand, der 1988 von P. Grünberg (1939-2018, Nobelpreis 2007) entdeckte *Riesenmagnetowiderstand* oder *GMR* (giant magnetic resistance), beruht auf einer speziellen Anordnung verschiedener Materialien. In einer Folge von dünnen Schichten aus Fe (ca. 3 nm) und nicht magnetischem Cr (ca. 1 nm) orientieren sich die Magnetisierungen benachbarter Fe-Schichten spontan zunächst antiparallel. Der elektrische Widerstand einer solchen Schichtstruktur sinkt drastisch, wenn man durch ein äußeres Magnetfeld die Magnetisierung der Schichten parallel ausrichtet. Bei tiefen Temperaturen kann die relative Widerstandsänderung 200 % betragen, bei Raumtemperatur erhält man Werte bis zu 80 %, daher die Bezeichnung „giant …“. Die Widerstandsänderung ist unabhängig von der relativen Orientierung von Strom und Magnetfeld.

Der GMR lässt sich auf der Grundlage des Modells der zwei Elektronensysteme erklären. Sind die Schichten einander entgegengesetzt magnetisiert, so werden die Elektronen des ↓-Systems der ersten Schicht mit geringer Streuung durch die dünne Zwischenschicht in die zweite Schicht transferiert, gehören dort aber zum ↑-System mit großer Streuung und umgekehrt. Bei gleichgerichteter Magnetisierung der Schichten aber ist die Streuung in beiden Schichten zwar groß für die Elektronen des ↑-Systems, aber gering für die Elektronen des ↓-Systems. Dies ist schematisch in Bild 9.79a dargestellt. Mit den elektrischen Widerständen, die sich nach der Stärke der Streuung richten, ergeben sich die in Bild 9.79b gezeigten Ersatzschaltbilder für beide Situationen. Daraus ist ersichtlich, dass der Gesamtwiderstand der Schichtfolge bei paralleler Magnetisierung der beiden Schichten niedriger ist als bei antiparalleler. Die obige Deutung erklärt auch, warum die Widerstandsänderung nicht von der relativen Orientierung von Strom und Magnetfeld abhängt, sondern lediglich die unterschiedlichen Magnetisierungsrichtungen der beiden Schichten von Bedeutung sind. Bild 9.80 zeigt den typischen Verlauf des GMR-Widerstands in Abhängigkeit vom äußeren Magnetfeld. Es ist zu erkennen, dass der Effekt mit zunehmender Magnetisierung der ferromagnetischen Schichten anwächst bis die Sättigungsmagnetisierung erreicht ist.

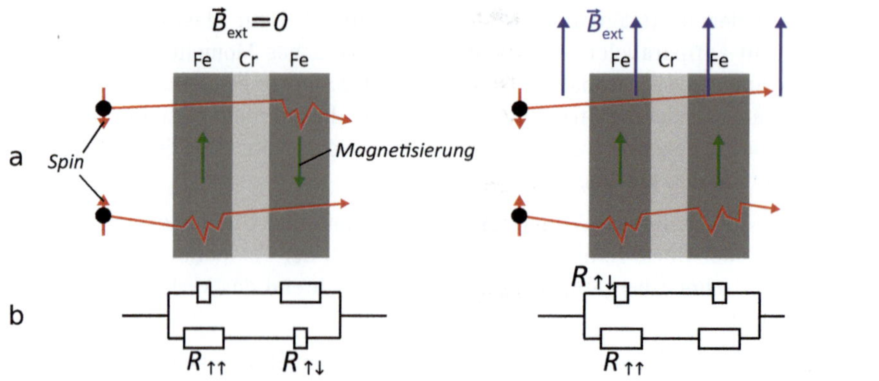


**Bild 9.79** Widerstand ferromagnetischer Doppelschichten (a) Elektronenbahnen mit Streuung, (b) Ersatzschaltbild mit Widerständen (schematisch)

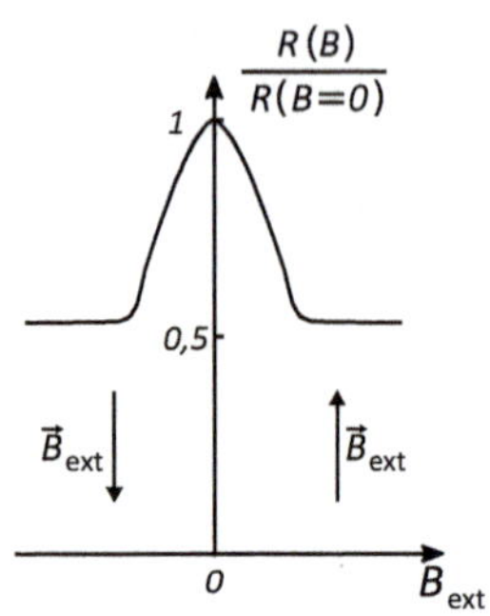


**Bild 9.80**
GMR/Magnetwiderstand von Fe/Cr-Schichtstrukturen

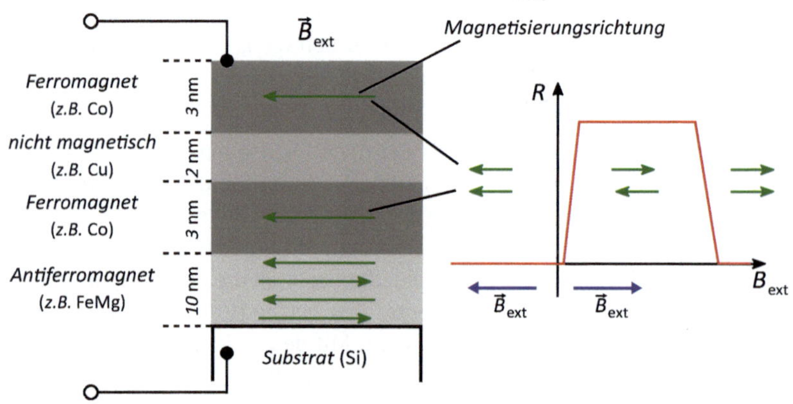


**Bild 9.81** Spin-Valve, schematische Struktur mit typischen Werten und Funktion

Zum Einsatz als Magnetfeldsensor kommt dieses Prinzip in Form von sogenannten *Spin-Valves* (Spin-Ventil), deren Funktion und schematische Struktur mit einigen typischen Werten in Bild 9.81 zu sehen ist. Ein Spin-Valve besteht aus einer ferromagnetischen Schicht, der nicht magnetischen Zwischenschicht und einer weiteren ferromagnetischen Schicht, deren Magnetisierungsrichtung fixiert ist. Die Fixierung geschieht durch Kopplung an eine antiferromagnetische Schicht mittels einer Austausch-Wechselwirkung, die die Magnetisierung des Ferromagneten an die Oberflächenmagnetisierung des Antiferromagneten bindet. Ausgehend vom Zustand paralleler Magnetisierung, angedeutet durch die Pfeile, ist der Widerstand der Struktur zunächst klein. Ein äußeres Magnetfeld dreht die Magnetisierung der nicht magnetisch fixierten Schicht, sodass der Widerstand der Struktur steil ansteigt. Bei großem äußeren Feld wird eventuell die Kopplung der fixierten Schicht aufgebrochen. Dann dreht sich auch deren Magnetisierung und der Widerstand wird wieder klein.

Solche Strukturen reagieren mit messbaren Widerstandsänderungen schon auf schwache Magnetfelder, wie sie z. B. bei magnetischen Datenspeichermedien auftreten. Spin-Valves sind daher als zentrale Bauteile im Lesekopf von magnetischen Speicherplatten aktuell von erheblicher technologischer Bedeutung.

# 10 Relativitätstheorie

Neben der Quantenphysik (Kapitel 8) ist die Relativitätstheorie einer der Grundlagen der modernen Physik, deren Anfang zeitlich im Bereich der Jahrhundertwende vom 19. zum 20. Jahrhundert liegt. Innerhalb der modernen Physik werden wesentliche Konzepte der klassischen Physik, wozu die klassische Mechanik (Kapitel 2) einschließlich der klassischen statistischen Mechanik und der Kontinuums- und Strömungsmechanik (Kapitel 3), die Thermodynamik (Kapitel 5), die Elektrodynamik (Kapitel 6) sowie die klassische Optik (Kapitel 7) zählen, durch neue Modelle und Konzepte ersetzt. Unter dem Begriff Relativitätstheorie werden zwei von Albert Einstein (1879–1955, Nobelpreis 1921) begründete und maßgeblich entwickelte physikalische Theorien zusammengefasst. Zum einen ist dies die im Jahre 1905 mit der Arbeit „Zur Elektrodynamik bewegter Körper" (Annalen der Physik, Band 322, Nr. 10, 891–921, 1905) von A. Einstein veröffentlichte *spezielle Relativitätstheorie* (Abschnitt 10.1), die insbesondere auf Arbeiten von H. A. Lorentz (1853–1928, Nobelpreis 1902) und J. H. Poincaré (1854–1912) basiert. Zum anderen die *allgemeine Relativitätstheorie* (Abschnitt 10.2), deren Grundlagen von A. Einstein hauptsächlich in den Jahren 1911 bis 1915 ausgearbeitet und im November 1915 der Öffentlichkeit vorgestellt worden sind. Die spezielle Relativitätstheorie beschreibt die Bewegung von Körpern und Feldern in Raum und Zeit aus der Sicht von Beobachtern, die sich relativ zueinander bewegen, und die damit verbundenen Phänomene. Darauf aufbauend wird bei der allgemeinen Relativitätstheorie die Gravitation und deren Einfluss auf Raum und Zeit in die Beschreibung einbezogen.

Die spezielle und die allgemeine Relativitätstheorie enthalten die klassische (Newton'sche) Mechanik und die klassische Elektrodynamik als Grenzfall bei kleinen Geschwindigkeiten (kleiner als 10 % der Vakuum-Lichtgeschwindigkeit $c_0 = 299\,792\,458$ m/s) bzw. für hinreichend kleine Raumgebiete und erfüllen dementsprechend das *Korrespondenzprinzip* (N. H. D. Bohr, 1885–1962, Nobelpreis 1922). Das Standardmodell der Teilchenphysik, als ein wesentlicher Bestandteil der modernen Physik, beruht auf der Vereinigung der speziellen Relativitätstheorie mit der Quantenphysik zu einer relativistischen Quantenfeldtheorie. Die Vereinigung der allgemeinen Relativitätstheorie mit der Quantenphysik zur Quantengravitation bzw. zu einer *Theory of Everything* (*Theorie von allem*) sollte prinzipiell möglich sein, jedoch ist dies bisher nicht gelungen und daher Gegenstand der gegenwärtigen physikalischen Grundlagenforschung. Hauptproblem bei der Formulierung einer Theorie der Quantengravitation ist, dass etablierte und von anderen Quantenfeldtheorien bekannte Methoden, nicht unmittelbar auf die allgemeine Relativitätstheorie übertragbar sind. Insbesondere gilt dies für die Quantisierung und die Renormierung (Festlegung einer Energieskala zur Vermeidung von divergenten Ausdrücken) der Gravitation. Beschränkt man sich jedoch auf Gravitationseffekte bei kleinen Energien, ist die Quantisierung der Gravitation (z. B. im Rahmen der Beschreibung langwelliger Gravitationswellen) bereits gegenwärtig möglich. Als Maß für die Größenskala bei der sowohl Effekte der Quantenphysik als auch Effekte der allgemeinen Relativitätstheorie gleichsam zu berücksichtigen sind, wird die *Planck-Länge* $l_\mathrm{P} = \sqrt{hG/\left(2\pi c_0^3\right)} = \sqrt{\hbar G/c_0^3} = 1{,}616\,255 \cdot 10^{-35}$ m verwendet (M. K. E. L. Planck, 1858–1947, Nobelpreis 1918). Dabei bezeichnen $h = 6{,}626\,068\,56 \cdot 10^{-34}$ J s das *Planck'sche Wirkungsquantum* (auch *Planck-Konstante*) bzw. $\hbar = h/(2\pi)$ die *reduzierte Planck-Konstante* und $G = 6{,}674\,30 \cdot 10^{11}$ m$^3$/(kg·s$^2$) die Gravitationskonstante. Der Quotient aus Planck-Länge und Vakuum-Lichtgeschwindigkeit ist die *Planck-Zeit* $t_\mathrm{P} = l_\mathrm{P}/c_0 = \sqrt{hG/\left(2\pi c_0^5\right)} = 5{,}391\,247 \cdot 10^{-44}$ s. Für die *Planck-Masse* gilt: $m_\mathrm{P} = \sqrt{hc/(2\pi G)} = 2{,}176\,434 \cdot 10^{-8}$ kg und für die *Planck-Ladung* gilt: $q_\mathrm{P} = \sqrt{2\pi\varepsilon_0 hc} = \sqrt{4\pi\varepsilon_0 \hbar c} = 1{,}875\,546 \cdot 10^{-18}$ A s. Dementsprechend erfüllen die Planck-Masse $m_\mathrm{P}$ und die Planck-Ladung $q_\mathrm{P}$ die Kräftebilanz $\left|\vec{F}_\mathrm{G}\right| = \left|\vec{F}_\mathrm{C}\right|$, wonach der Betrag der Gravitationskraft $\left|\vec{F}_\mathrm{G}\right|$ zwischen zwei Planck-Massen den gleichen Wert hat wie der Betrag der Coulomb-Kraft $\left|\vec{F}_\mathrm{C}\right|$ zwischen zwei Planck-Ladungen. Zusammen mit der *Planck-Temperatur* $T_\mathrm{P} = m_\mathrm{P} c_0^2/k_\mathrm{B} = 1{,}416\,784 \cdot 10^{32}$ K ($k_\mathrm{B} = 1{,}380\,649 \cdot 10^{-23}$ J/K ist die nach L. E. Boltzmann (1844–1906) benannte Boltzmann-Konstante) bilden $l_\mathrm{P}$, $t_\mathrm{P}$, $m_\mathrm{P}$ und $q_\mathrm{P}$ die fünf Basisgrößen der *Planck-Einheiten*. Deren Bedeutung liegt zum einen darin, dass sie minimale Grenzen für die Längen- und Zeitmessung darstellen, bis zu denen die Ursache und die Wirkung von Wechselwirkungen zu unterscheiden sind. Jenseits dieser Grenzen sind die bisher bekannten physikalischen Gesetze nicht mehr anwendbar (*Planck-Skala*). Zum anderen sind die Naturkonstanten im System der Planck-Einheiten einheitenlos wodurch viele Berechnungen numerisch einfacher sind. So ergibt sich beispielsweise die Planck-Einheit für den Drehimpuls aus dem Produkt von Planck-Länge und Planck-Impuls mit dem Wert $\hbar = h/(2\pi)$, was gleich der aus der Quantenmechanik bekannten Einheit der Quantisierung des Drehimpulses ist (Abschnitt 8.1).

## 10.1 Grundlagen der speziellen Relativitätstheorie

Die spezielle Relativitätstheorie (SRT) beschreibt die Bewegung von Körpern und Feldern in Raum und Zeit. Grundlage dafür ist die Erweiterung des *Galilei'schen Relativitätsprinzips* (G. Galilei, 1564–1642) zum speziellen Relativitätsprinzip. In der klassischen Mechanik postulierte I. Newton (1643–1727) im Jahre 1687 in seinem wissenschaftlichen Hauptwerk „Philosophiae Naturalis Principia Mathematica“ die Existenz eines absoluten Raums und einer absoluten Zeit auf der Grundlage eines Gedankenexperiments, das als *Eimer-Experiment* bekannt ist. Demnach könne immer nachgewiesen werden, ob das Wasser in einem Eimer sich um seine Rotationsachse relativ zu einem absoluten Raum dreht, da im Rotationsfall die Oberfläche des Wassers aufgrund der Zentrifugalkraft einen Rotationsparaboloiden bildet, unabhängig davon ob sich der Eimer selbst dreht oder nicht. Das dazu in Analogie stehende Galilei'sche Relativitätsprinzip besagt, dass in jedem gleichförmig bewegten Inertialsystem die gleichen Gesetze der Mechanik gelten wie im absoluten Raum, und dass es prinzipiell unmöglich ist zu unterscheiden, welches System tatsächlich ruht oder sich gleichförmig bewegt.

Dementsprechend gelten dieselben Formeln der klassischen Mechanik, wenn auf ein relativ zum absoluten Raum bewegtes System die Galilei-Transformation (Abschnitt 10.1.1) angewendet wird. Anders formuliert bedeutet dies, dass die Gesetze der klassischen Mechanik *forminvariant* (*kovariant*) bei der Galilei-Transformation von einem zum anderen Inertialsystem sind. Im Bereich des Elektromagnetismus ist die Galilei-Transformation nicht anwendbar, sondern ist durch die Lorentz-Transformation zu ersetzen (Abschnitt 10.1.3). Gemäß dem damit verbundenen speziellen Relativitätsprinzip haben nicht nur die Gesetze der Mechanik, sondern alle Gesetze der Physik, also beispielsweise auch die Maxwell-Gleichungen (J. C. Maxwell, 1831–1879), in allen Inertialsystemen dieselbe Form.

## 10.1.1 Galilei-Transformation

Die Galilei-Transformation, ist eine Koordinatentransformation zwischen zwei Inertialsystemen $\Sigma$ und $\Sigma'$, die sich zueinander geradlinig-gleichförmig bewegen, drehen und/oder durch eine Verschiebung in Raum oder Zeit unterscheiden. Alle in den beiden Inertialsystemen jeweils gemessenen Strecken, Winkeln und Zeitdifferenzen stimmen überein. Die Geschwindigkeiten in den beiden Inertialsystemen unterscheiden sich nur um die konstante Relativgeschwindigkeit. Die Galilei-Transformation besteht aus den folgenden Einzeltransformationen, die auch miteinander kombiniert werden können:

- räumliche Translation (Verschiebung) um einen Verschiebungsvektor $\vec{a}$: $\vec{r}' = \vec{r} + \vec{a}$,
- zeitliche Verschiebung (des zeitlichen Nullpunktes): $t' = t + t_0$,
- Drehung um eine konstante Drehachse mit einer Drehmatrix $\hat{A}$: $\vec{r}' = \hat{A}\vec{r}$,
- Transformation von einem Inertialsystem $\Sigma$ in ein dazu geradlinig-gleichförmig bewegtes nichtrotierendes Inertialsystem $\Sigma'$ mit der Relativgeschwindigkeit $\vec{u}$ (spezielle Galilei-Transformation, Bild 10.1): $\vec{r}' = \vec{r} + \vec{u}t$ mit $t = t'$.

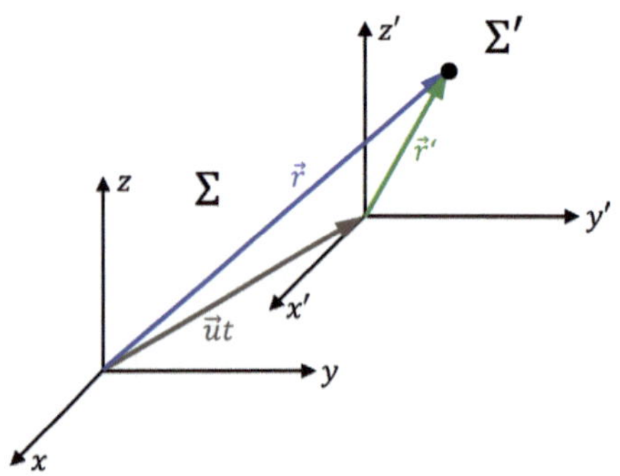


**Bild 10.1**
Galilei-Transformation von einem Inertialsystem $\Sigma$ in ein dazu geradlinig-gleichförmig bewegtes nichtrotierendes Inertialsystem $\Sigma'$ mit der Relativgeschwindigkeit $\vec{u}$

Diese vier Einzeltransformationen führen zu insgesamt 10 Parametern: 1 Parameter für die zeitliche Verschiebung und jeweils 3 Parameter für die räumliche Translation, für die Drehung um eine konstante Drehachse und für die Transformation zwischen zwei Inertialsystemen. Mathematisch betrachtet bilden die Galilei-Transformationen die *Galilei-Gruppe*, zu der auch noch die Spiegelungen des Raumes und der Zeit dazugehören. Für den Spezialfall $t_0 = 0$ und $\vec{u} = 0$ stellt der räumliche Teil der Galilei-Transformation mit 6 Parametern die sogenannte *eigentliche euklidische Gruppe* $E^+(3, \mathbb{R})$ dar.

Galilei-Transformationen zwischen zwei ruhenden Beobachtern sind ein Spezialfall, die nur die Konstantheit der Abstände zweier beliebiger Punkte bei der Transformation fordert und mit der in der klassischen Mechanik invariante Größen definiert werden. Aus der Invarianz unter der Galilei-Transformation ergeben sich die drei Erhaltungssätze der klassischen Mechanik (Abschnitt 2.2.6):

- aus der Invarianz unter einer räumlichen Translation folgt der Impulserhaltungssatz,
- aus der Invarianz unter einer Drehung um eine konstante Drehachse folgt der Drehimpulserhaltungssatz und
- aus der Invarianz unter einer zeitlichen Verschiebung folgt der Energieerhaltungssatz.

Allgemein gilt das 1918 formulierte *Noether-Theorem* (A. E. Noether, 1882–1935), wonach mit jeder Invarianz bzw. Symmetrie des Raumes bzw. der Zeit eine Erhaltungsgröße verknüpft ist. Die Invarianz unter einer räumlichen Translation entspricht dabei der Homogenität des Raums, die Invarianz unter einer Drehung entspricht der Isotropie des Raums und die Invarianz unter einer zeitlichen Verschiebung entspricht der Homogenität der Zeit, d. h., dass beispielsweise der Startzeitpunkt frei gewählt werden kann.

Die erste bedeutende Anwendung des Galilei'schen Relativitätsprinzip und der damit verbundenen Galilei-Transformation ist die Herleitung der Gesetze des elastischen Stoßes durch C. Huygens (1629–1695) im Jahre 1650, der damit die von R. Descartes (1596–1650) zuvor formulierten Stoßgesetze entscheidend korrigierte. Fehlerhaft in der Descartes'schen Darstellung von Stößen war, dass zum einen nicht zwischen elastischen und unelastischen Stößen unterschieden und zum anderen der Vektorcharakter von Impuls bzw. Geschwindigkeit nicht berücksichtigt wurde. Hingegen ging C. Huygens für seine Herleitung der Stoßgesetze von folgenden Annahmen aus:

- Jeder beliebige sich bewegende Körper ist bestrebt, seine Bewegung geradlinig und mit konstanter Geschwindigkeit so lange beizubehalten, bis er auf ein Hindernis trifft bzw. stößt (entspricht dem Ersten Newton'schen Gesetz).
- Stoßen zwei gleichartige Kugeln (gleicher Radius, gleiche Masse und gleiche Oberflächenbeschaffenheit) mit gleichen, aber entgegengesetzt gerichteten Geschwindigkeiten zusammen, so kehrt sich nach dem Stoß ihre Bewegungsrichtung um, ohne dass sich der Betrag ihrer Geschwindigkeiten ändert.
- Die Stoßgesetze sind die gleichen für einen Beobachter auf einem Schiff, das sich mit einer beliebigen konstanten Geschwindigkeit geradlinig-gleichförmig bewegt, wie die für einen ruhenden, nicht-bewegten Beobachter am Ufer (Galilei'sches Relativitätsprinzip).

Durch die Einbeziehung des Galilei'schen Relativitätsprinzips konnte C. Huygens nicht nur den Stoß zwischen zwei gleichartigen Kugeln richtig beschreiben, sondern auch andere Stoßprozesse durch geeignete Wahl der Relativgeschwindigkeit zwischen dem Beobachter auf dem bewegten Schiff und dem ruhenden Beobachter am Ufer. Aus heutiger Sicht hat C. Huygens das Gesetz der Erhaltung des Impulses beim elastischen Stoß bewiesen, wobei er im Gegensatz zu R. Descartes den Impuls als eine vektorielle bzw. im eindimensionalen Fall als eine vorzeichenbehaftete Größe behandelte und die Erhaltung der kinetischen Energie benutzte.

Der von I. Newton Ende des 17. Jahrhunderts postulierte absolute Raum bildet die Grundlage des Galilei'schen Relativitätsprinzips, wonach die Gesetze der klassischen Mechanik ihre Gültigkeit behalten, wenn auf ein relativ zum absoluten Raum bewegtes System die Galilei-Transformation angewendet wird. Im 19. Jahrhundert wurde die klassische Physik durch die

Elektrodynamik erweitert. Als Übertragungsmedium für die Ausbreitung von Licht wurde bereits Ende des 17. Jahrhunderts der *Äther* postuliert. Die Äther-Theorie wurde auch auf die Elektrodynamik und die Gravitation übertragen, um vor allem Annahmen bezüglich einer Fernwirkung zu vermeiden. Somit wurde der Äther als Übertragungsmedium für sämtliche physikalischen Vorgänge aufgefasst.

Die Äthertheorie konnte jedoch nie experimentell bestätigt werden und es konnte auch keine vollständige Übereinstimmung der Maxwell-Gleichungen (J. C. Maxwell, 1831-1879) mit der Äthertheorie erzielt werden. Ein weiteres grundlegendes Problem der Äthertheorie war, dass der Äther einem bewegten Körper einen Widerstand in Bewegungsrichtung entgegensetzen müsste. Um dieses Problem zu lösen, schlug G. G. Stokes (1819-1903) im Jahre 1845 vor, dass der Äther elastisch ist und sich mit dem bewegten Körper mitbewegt, und zwar sowohl innerhalb als auch außerhalb der Körpers. Die experimentell beobachtete Aberration (Ablenkung) des Lichtes bei der Beobachtung von Sternen widersprach jedoch der Äthermitführung durch die Materie und war eher mit der Annahme eines im absoluten Raums ruhenden bzw. von der Materie unbeeinflussten Äthers im Einklang (T. Young, 1773-1829 und A. J. Fresnel, 1788-1827). Sowohl zur Klärung dieses Widerspruchs als auch als Nachweisversuch der Ätherexistenz wurden im 19. Jahrhundert und zu Beginn des 20. Jahrhunderts eine Reihe von überwiegend optischen Experimenten durchgeführt. So überprüfte F. J. D. Arago (1786-1853) bereits im Jahre 1810 experimentell die Möglichkeit eines Einflusses der Bewegung eines Prismas auf die Brechung des Lichtes, was im Rahmen der Äthertheorie zu einem veränderten Aberrationswinkel hätte führen sollen. Im Bereich der Elektrodynamik untersuchte W. C. Röntgen (1845-1923, Nobelpreis 1901) im Jahre 1888, ob ein elektrisch geladener Plattenkondensator aufgrund der Erdrotation ein magnetisches Feld erzeugt. Das wichtigste und bekannteste Experiment zur Widerlegung der Ätherexistenz und zur Vorbereitung der speziellen Relativitätstheorie ist das *Michelson-Morley-Experiment*. Dies wurde zuerst von A. A. Michelson (1852-1931, Nobelpreis 1907) im Jahre 1881 und als verbesserte Variante von A. A. Michelson und E. W. Morley (1838-1923) im Jahre 1887 durchgeführt.

### 10.1.2 Michelson-Morley-Experiment

Ziel des Michelson-Morley-Experiments war der Nachweis des Äthers durch Messung der Relativgeschwindigkeit zwischen Erde und dem ruhend angenommenen Äther. Die Grundidee war dabei, dass die Bewegung der Erde um die Sonne in dem ruhenden Äther als *Ätherwind* messbar sein müsste. Folglich sollte sich die Lichtgeschwindigkeit in Richtung des Ätherwindes zwar geringfügig jedoch messbar von der Lichtgeschwindigkeit senkrecht zum Ätherwind unterscheiden. Dazu wurde ein Lichtstrahl einer kohärenten Lichtquelle über einen halbdurchlässigen Spiegel, der im folgenden Strahlteiler genannt wird, auf zwei zueinander senkrecht angeordnete Wege aufgeteilt, an den Enden der Teilwege vollständig reflektiert und an dem halbdurchlässigen Spiegel wieder zusammengeführt. Es ergibt sich für den Beobachter ein Interferenzmuster der überlagerten Teilwellen (*Michelson-Interferometer*, Bild 10.2), das sehr empfindlich auf Änderungen in der Differenz der optischen Wege der reagiert. Man erwartete, dass die beiden optischen Wege durch den Ätherwind bzw. durch die Bewegung der Erde im Äther beeinflusst würden, sodass sich das Interferenzmuster bei Drehung der Apparatur (im Original auf einer massiven Steinplatte aufgebaut) verändern sollte.

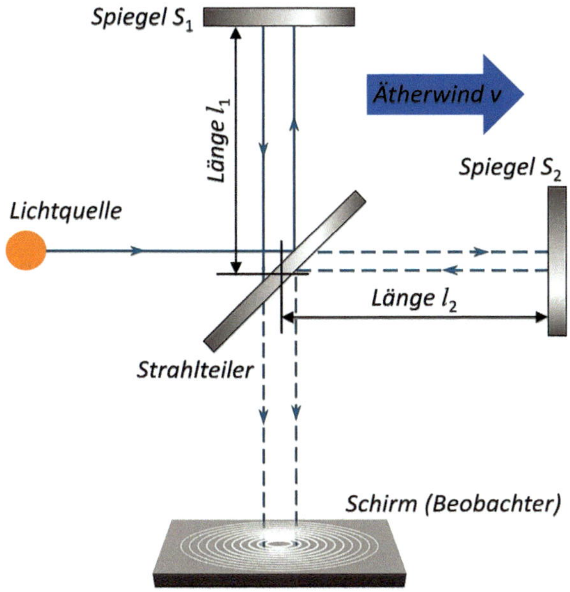


**Bild 10.2**
Prinzipieller Aufbau des Michelson-Morley-Experiments

Für die konstruktive bzw. destruktive Interferenz muss der Gangunterschied der beiden überlagerten Teilwellen kleiner als die Kohärenzlänge der Lichtquelle sein. Bei der Verwendung einer Lichtquelle mit breitem Wellenlängenspektrum wird eine Korrekturplatte auf der teilenden Seite des Strahlteilers so angebracht, dass der Gangunterschied der beiden Teilstrahlen ausgeglichen wird. Die Korrekturplatte besteht aus dem gleichen Material wie der Strahlteiler und hat dieselbe Dicke, ist jedoch vollständig lichtdurchlässig. Aufgrund der Erdrotation im Äther ergäbe sich, dass einer der beiden Lichtstrahlen in der Bewegungsrichtung der Erde länger benötigt als der zweite dazu senkrechte Lichtstrahl. Da sich das Michelson-Interferometer als Teil der Drehung der Erde um die Sonne relativ zum vermuteten Äther bewegt, wurde bei einer Drehung des experimentellen Aufbaus eine Verschiebung der Interferenzstreifen erwartet, da bereits kleinste Veränderungen des Gangunterschieds eine Veränderung des Interferenzmusters bewirken.

Bei Berücksichtigung des Ätherwinds mit der Geschwindigkeit $v$ ergeben sich bei dem experimentellen Aufbau des Michelson-Morley-Experiments, wie er beispielhaft in Bild 10.2 schematisch dargestellt ist, folgende Zusammenhänge: Die Teilwelle, die sich hinter dem Strahlteiler parallel zur Richtung des Ätherwindes ausbreitet, hat auf dem Hinweg zum Spiegel S2 eine Geschwindigkeit von $c+v$ und auf dem Rückweg vom Spiegel S2 zum Strahlteiler eine Geschwindigkeit von $c-v$. Für die Laufzeit $t_2$ vom Strahlteiler zum Spiegel S2 und wieder zurück gilt somit: $t_2 = l_2/(c+v) + l_2/(c-v) = 2l_2\gamma^2/c$ mit dem *Lorentz-Faktor* (auch *relativistischer Faktor*) $\gamma = \left[1 - v^2/c^2\right]^{-1/2} \geq 1$ (H. A. Lorentz, 1853–1928, Nobelpreis 1902). Die Näherung $t_2 \approx 2\,(l_2/c)\left(1 + v^2/c^2\right)$ ergibt sich aus der Taylor-Entwicklung des Quadrats des Lorentz-Faktors $\gamma^2 \approx 1 + v^2/c^2 + \ldots$ für $v^2/c^2 \ll 1$. Für die andere Teilwelle, die sich hinter dem Strahlteiler stets senkrecht zur Richtung des Ätherwindes ausbreitet, gilt für die Laufzeit $t_1$ vom Strahlteiler zum Spiegel S1 und wieder zurück: $t_1 = 2l_1\sqrt{c^2 - v^2} = 2l_1\gamma/c$ und mit der Taylor-Entwicklung des Lorentz-Faktors (für $v^2/c^2 \ll 1$) folgt: $t_1 \approx 2\,(l_1/c)\left(1 + v^2/\left(2c^2\right)\right)$.

Für die Laufzeitdifferenz $\Delta t$ zwischen den beiden Teilwellen gilt somit für den Fall $l_1 = l_2 = l$:

$$\Delta t = t_2 - t_1 = \frac{2l}{c}\left(\frac{1}{1-\frac{v^2}{c^2}} - \frac{1}{\sqrt{1-\frac{v^2}{c^2}}}\right) = \frac{2l}{c}\left(\gamma^2 - \gamma\right) \approx \frac{lv^2}{c^3} \qquad (10.1)$$

Dementsprechend wird die Laufzeitdifferenz größer, wenn die Länge $l$ (d. h. der Abstand zwischen dem Strahlteiler und dem Spiegel S1 bzw. S2) größer wird. Für einen Wert von $l = 1$ m (beim ersten Experiment im Jahre 1881), einer Geschwindigkeit der Erde relativ zum Äther von $v = 29{,}78$ km/s $\approx 30$ km/s (gleich der mittleren Bahngeschwindigkeit der Erde um die Sonne) und einer Lichtgeschwindigkeit von $c \approx 3 \cdot 10^5$ km/s ergibt sich eine Laufzeitdifferenz von $\Delta t = 3{,}\overline{3} \cdot 10^{-17}$ s. Bei einer Schwingungsperiodendauer des Lichts in dem für Menschen optisch sichtbaren Bereich von $T \approx 10^{-15}$ s gilt für das Verhältnis $\Delta t / T \approx 0{,}03 = 3\,\%$. Bei einer Drehung des experimentellen Aufbaus um 90° ergibt sich für die Laufzeitdifferenz der gleiche Betrag, jedoch mit anderem Vorzeichen. Bezüglich der Ausgangsposition ergibt sich somit ein Laufzeitunterschied von $2\Delta t$, der bei einer Länge von $l = 11$ m im originalen Michelson-Morley-Experiment aus dem Jahre 1887 einen Weglängenunterschied von $\Delta l = c\,2\Delta t = 2lv^2/c^2 = 2{,}2 \cdot 10^{-7}$ m entspricht. Bei einer Wellenlänge von beispielsweise $\lambda = 550$ nm $= 5{,}5 \cdot 10^{-7}$ m gilt für die relative Verschiebung der Interferenzmuster: $\Delta l / \lambda = 2{,}2/5{,}5 = 0{,}4 = 40\,\%$. Bei mehreren Messreihen, die im Juli 1887 durchgeführt worden sind, ergab sich jedoch ein Mittelwert für die relative Verschiebung von weniger als 0,01. Dies entspricht einem Faktor von mehr als 40 zwischen dem Mittelwert der Messungen und dem von Theorieseite erwarteten Wert. Bei Berücksichtigung der Ende des 19. Jahrhunderts noch unbekannten Rotationsgeschwindigkeit des Sonnensystems um das Zentrum der Milchstraße von ca. 220 km/s wären noch größere Werte zu erwarten gewesen.

Obgleich der experimentell bestimmte Mittelwert der relativen Verschiebung der Interferenzmuster nicht null war, wurde jedoch das Ergebnis des Michelson-Morley-Experiments als Nullresultat gewertet, da es eine Ätherwindgeschwindigkeit bzw. einer Relativgeschwindigkeit zwischen Erde und Äther von maximal 5 km/s bedeuten würde. Dennoch wurde die Äther-Theorie nicht gleich verworfen. Allerdings widerlegte das Ergebnis des Michelson-Morley-Experiments die favorisierte Theorie eines ruhenden bzw. nur teilweise mitgeführten Äthers, die insbesondere von A. J. Fresnel (1788–1827) und H. A. Lorentz vertreten wurde und im Einklang mit der beobachteten Aberration des Sternenlichts war. Vielmehr schien das Ergebnis des Michelson-Morley-Experiments die zunächst von G. G. Stokes (1819–1903) und später von H. R. Hertz (1857–1894) vertretene Vorstellung der vollständigen Mitführung des Äthers durch die Materie zu bestätigen. Da diese Vorstellung jedoch nicht mit der beobachteten Aberration des Sternenlichts im Einklang war, wurde die Theorie des vollständig mitgeführten Äthers als widerlegt angesehen.

Einen ersten Erklärungsansatz für das Ergebnis des Michelson-Morley-Experiments, mit dem Ziel die Theorie des ruhenden Äthers beizubehalten, schlugen G. F. Fitzgerald (1851–1901) im Jahre 1889 in qualitativer Form und H. A. Lorentz im Jahre 1892 in quantitativer Form mit der *Fitzgerald-Lorentz'schen Kontraktionshypothese* bzw. durch Einführung der *Lorentz-Kontraktion* vor. Motiviert wurde dies von der Weiterentwicklung der Maxwell'schen Elektrodynamik durch O. Heaviside (1850–1925), der im Jahre 1888 zeigte, dass das elektrostatische Feld um einen bewegten, kugelförmigen Körper in Bewegungsrichtung um den Faktor $\sqrt{1-v^2/c^2}$ verkürzt ist (der sogenannte *Heaviside-Ellipsoid*). Zur Erklärung der gleichen Laufzeiten nahmen G. F. Fitzgerald und H. A. Lorentz an, dass auch die Länge des experimentellen Aufbaus in Bewegungsrichtung der Erde relativ zum ruhenden Äther um den Faktor $\sqrt{1-v^2/c^2}$ verkürzt wird. Dementsprechend wird auch die Laufzeit des Lichtes in dieser Richtung verkürzt und ist dadurch genauso lang wie die Laufzeit des Lichtes senkrecht zur Bewegungsrichtung der Erde. Wie die molekularen Kräfte während der Bewegung durch den Äther beeinflusst werden, konnten G. F. Fitzgerald und H. A. Lorentz jedoch nicht erklären. Wird der Faktor $\sqrt{1-v^2/c^2}$ in die vorangegangene Betrachtung eingesetzt, gilt für die beiden Laufzeiten $t_1$ und $t_2$:

$$t_1 = \frac{2l\gamma^2}{c\gamma} = \frac{2l\sqrt{1-\frac{v^2}{c^2}}}{c} \cdot \frac{1}{1-\frac{v^2}{c^2}} = \frac{2l}{c} \cdot \frac{1}{\sqrt{1-\frac{v^2}{c^2}}} = \frac{2l\gamma}{c} = t_2 \tag{10.2}$$

In der Folgezeit wurde die Fitzgerald-Lorentz'sche Kontraktionshypothese bis zum Jahre 1905 von J. Larmor (1857–1942), H. A. Lorentz und J. H. Poincaré (1854–1912) zur *Lorentz'schen Äthertheorie* weiterentwickelt. Damit sollten auch die Ergebnisse weiterer Äther-Experimente wie dem *Trouton-Noble-Experiment* (F. T. Trouton, 1863–1922, und H. R. Noble), den *Rayleigh-Brace-Experimenten* (J. W. S., 3. Baron Rayleigh, 1842–1919, Nobelpreis 1904, und D. B. Brace, 1859–1905) sowie den *Kaufmann-Bucherer-Experimenten* (W. Kaufmann, 1871–1947, und A. H. Bucherer, 1863–1927) erklärt werden. In modernen Experimenten vom Michelson-Morley-Typ werden Laser als Lichtquellen und kryogenische optische Resonatoren eingesetzt. Motiviert sind diese Experimente durch vermutete Abweichungen im Bereich der Quantengravitation. Obgleich die Lorentz'sche Äthertheorie mathematisch korrekt ist, wird sie nicht mehr benutzt, da die ihr zugrundliegende Annahme der Existenz des Äthers experimentell nicht bestätigt werden konnte. Die Lösung dieser bereits damals unbefriedigenden Situation lieferte A. Einstein im Jahre 1905 mit der speziellen Relativitätstheorie.

### 10.1.3 Spezielles Relativitätsprinzip und Lorentz-Transformation

Die axiomatische Grundlage der speziellen Relativitätstheorie bilden die beiden folgenden von Einstein formulierten Postulate:

> **Merke**
>
> **Erstes Postulat (spezielles Relativitätsprinzip):** Alle Inertialsysteme sind bezüglich aller physikalischen Gesetze gleichberechtigt, wodurch kein ausgezeichnetes Inertialsystem existiert.
>
> **Zweites Postulat (Konstanz der Lichtgeschwindigkeit):** Die Vakuumlichtgeschwindigkeit $c_0$ ist in allen Inertialsystemen gleich groß und somit unabhängig vom Bewegungszustand der Lichtquelle bzw. des Beobachters.

Das erste Postulat ist eine Erweiterung des Galilei'schen Relativitätsprinzips, das nur für mechanische System gilt. So betrachtete Einstein in seiner für die spezielle Relativitätstheorie grundlegenden Arbeit „Zur Elektrodynamik bewegter Körper" elektrodynamische Systeme. Eine alternative Formulierung des ersten Postulats besagt, dass es mit keinem physikalischen Experiment prinzipiell möglich ist, zwischen dem Zustand der Ruhe und dem Zustand der gleichförmigen geradlinigen Bewegung zu unterscheiden.

Neben den beiden Einstein'schen Postulaten liegt der speziellen Relativitätstheorie auch die Annahme zugrunde, dass der Raum homogen, isotrop und euklidisch ist. Die letztere Eigenschaft bedeutet, dass die Gesetze der euklidischen Geometrie gelten. Insbesondere gilt für den Abstand $|\vec{r}_2 - \vec{r}_1|$ zwischen zwei Punkten mit den kartesischen Koordinaten $(x_1, y_1, z_1)$ und $(x_2, y_2, z_2)$: $|\vec{r}_2 - \vec{r}_1| = \sqrt{(x_2 - x_1)^2 + (y_2 - y_1)^2 + (z_2 - z_1)^2}$. Die Homogenität bedeutet, dass der Raum überall die gleichen Eigenschaften hat und Isotropie bedeutet, dass im (leeren) Raum keine bevorzugte Richtung existiert, sondern alle Richtungen gleichberechtigt sind.

Als Folge der im ersten Postulat formulierten Gleichberechtigung aller Inertialsysteme kann die Annahme der Existenz eines absoluten Raumes im Rahmen der klassischen Physik nicht aufrechterhalten werden. Mit dem zweiten Postulat wird die Vakuumlichtgeschwindigkeit als oberste Grenzgeschwindigkeit beliebiger Wirkungen und damit auch der Signalübertragung festgelegt. Aus der Konstanz der Vakuumlichtgeschwindigkeit folgt unmittelbar die Relativität der Gleichzeitigkeit von Ereignissen, wodurch die Newton'sche Vorstellung einer globalen, von räumlichen Koordinaten (Ortskoordinaten) unabhängigen Weltzeit ebenfalls nicht aufrechterhalten werden kann. Aufgrund dessen kann die Galilei-Transformation nicht beibehalten werden, sondern muss durch die allgemeinere Lorentz-Transformation ersetzt werden. Die Lorentz-Transformation enthält die Galilei-Transformation als Grenzfall bei sehr kleinen Geschwindigkeiten ($v \ll c_0$). Entsprechend wird auch die Galilei-Invarianz, d. h. die Invarianz bei der Galilei-Transformation, durch die Lorentz-Invarianz, d. h. die Invarianz bei der Lorentz-Transformation, ersetzt.

## Lorentz-Transformation

Bewegen sich zwei Inertialsysteme geradlinig gleichförmig gegeneinander, so kann die Lage eines Körpers und dessen Geschwindigkeit oder ein Ereignis von dem einen oder auch von dem anderen Inertialsystem aus beschreiben werden. Damit verbunden ist die Transformation der für das eine Inertialsystem $\Sigma$ gültigen Angaben in die für das andere Inertialsystem $\Sigma'$ gültigen Angaben. Als Beispiel ist in Bild 10.3 der Fall dargestellt, bei dem sich parallel zur $x$-Achse des Inertialsystems $\Sigma$ ein zweites Inertialsystem $\Sigma'$ mit der Geschwindigkeit $v$ bewegt (die $z$-Achse bzw. die $z'$-Achse sind senkrecht zur Zeichenebene orientiert).

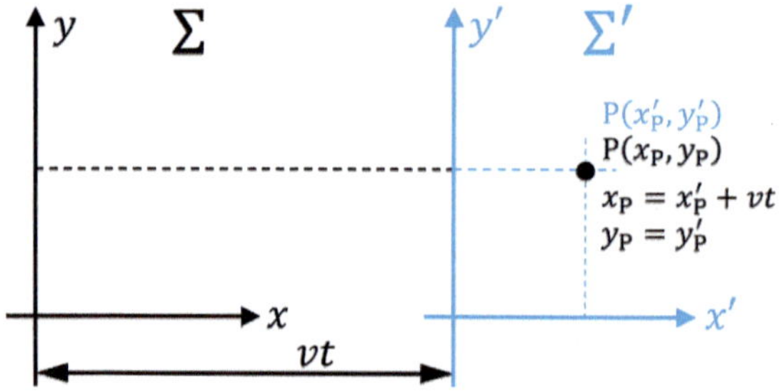


**Bild 10.3**
Lorentz-Transformation zwischen zwei Inertialsystemen

Fest mit dem Inertialsystem $\Sigma'$ sei ein Punkt $P$ mit den Koordinaten $x'$ und $y'$ verbunden. Wenn sich zur Zeit $t = 0$ beide Inertialsysteme am gleichen Ort befanden, hat der Punkt $P$ zur Zeit $t \neq 0$, vom Inertialsystem $\Sigma$ aus gemessen, die Koordinaten $x$, $y$ und $z$. Für einen mit dem Inertialsystem $\Sigma'$ mitbewegten Beobachter hat der Punkt $P$ zur Zeit $t \neq 0$ die Koordinaten $x'$, $y'$ und $z'$. Im Rahmen der Galilei-Transformation ist die Zeit $t$ in beiden Inertialsystemen gleich und es würde gelten: $x = x' + vt$; $y = y'$; $z = z'$ bzw. $x' = x - vt$; $y' = y'$; $z' = z$. Da sich die $y$- und die $z$-Koordinate nicht ändern, werden sie bei den folgenden Betrachtungen nicht weiter berücksichtigt. Die Galilei-Transformation ist jedoch, wie zuvor erläutert, unvereinbar mit dem speziellen Relativitätsprinzip, wonach der zeitliche Verlauf von physikalischen Vorgängen für Beobachter in verschiedenen Inertialsystemen unterschiedlich ist und es somit keine absolute Zeit (keine globale Weltzeit) gibt. Im Rahmen der Lorentz-Transformation gilt für den in Bild 10.3 dargestellten Fall:

$$x = \gamma\left(x' + vt'\right) \tag{10.3a}$$

$$x' = \gamma\left(x - vt\right) \tag{10.3b}$$

$\gamma$ bezeichnet den im Abschnitt 10.1.2 eingeführten *Lorentz-Faktor*. Gemäß dem Zweiten Einstein'schen Postulat (Konstanz der Vakuumlichtgeschwindigkeit in allen Inertialsystemen) gilt: $c_0 = x/t = x'/t'$, womit die Zeiten $t$ und $t'$, im Gegensatz zur Galilei-Transformation, unterschiedlich sind. Daraus ergibt sich folgende Gleichung:

$$xx' = \gamma^2 xx'\left(1 - \frac{v^2}{c_0^2}\right) \quad \Rightarrow \quad \gamma^2 = \left(1 - \frac{v^2}{c_0^2}\right)^{-1} \tag{10.4}$$

Somit gilt für den Lorentz-Faktor:

$$\gamma = \frac{1}{\sqrt{1 - v^2/c_0^2}} = \frac{1}{\sqrt{1 - \beta^2}} \geq 1 \tag{10.5}$$

mit $\beta = \dfrac{v}{c_0}$.

Für kleine Geschwindigkeiten $v \ll c_0$ gilt für den Lorentz-Faktor die Taylor-Entwicklung:

$$\gamma = \frac{1}{\sqrt{1 - v^2/c_0^2}} = 1 + \frac{v^2}{2c_0^2} + \frac{3v^4}{8c_0^4} + \frac{5v^6}{16c_0^6} + \frac{35v^8}{128c_0^8} + \frac{63v^{10}}{256c_0^{10}} + \ldots \tag{10.6}$$

Bei vielen Betrachtungen genügen die ersten beiden bzw. die ersten drei Terme dieser Taylor-Entwicklung, da für höhere Potenzen $n > 4$ das Verhältnis $\left(v/c_0\right)^n$ sehr klein ist. Im *nicht-relativistischen Grenzfall* sehr kleiner Geschwindigkeiten ($v^2/c_0^2 \to 0$) ist der Lorentz-Faktor $\gamma \cong 1$ und die Lorentz-Transformation (Gl. (10.3)) geht in die Galilei-Transformation (Abschnitt 10.1.1) über.

Wird der Lorentz-Faktor $\gamma = 1/\sqrt{1 - \beta^2}$ in die Gleichungen Gl. (10.3a) und Gl. (10.3b) eingesetzt, ergibt sich für die Transformation der räumlichen Koordinate $x$ bzw. $x'$ ($y = y'$ und $z = z'$) und der zeitlichen Koordinate $t$ bzw. $t'$:

$$x=\gamma\left(x'+vt'\right)=\frac{x'+vt'}{\sqrt{1-\beta^2}} \quad \text{und} \quad x'=\gamma\left(x-vt\right)=\frac{x-vt}{\sqrt{1-\beta^2}} \tag{10.7a}$$

$$t=\gamma\left(t'+\frac{\beta x'}{c_0}\right)=\frac{t'+\frac{\beta x'}{c_0}}{\sqrt{1-\beta^2}} \quad \text{und} \quad t'=\gamma\left(t-\frac{\beta x}{c_0}\right)=\frac{t-\frac{\beta x}{c_0}}{\sqrt{1-\beta^2}} \tag{10.7b}$$

Erfolgt die Bewegung des Inertialsystems $\Sigma'$ entlang einer beliebigen Achse, die keine Koordinatenachse des Inertialsystems $\Sigma$ ist, lässt sich der Koordinatenvektor $\vec{r}$ in zwei Komponenten zerlegen: $\vec{r}=\vec{r}_{\parallel}+\vec{r}_{\perp}$. Dabei bezeichnen $\vec{r}_{\parallel}$ und $\vec{r}_{\perp}$ die parallele bzw. die orthogonale Richtung bezüglich des Geschwindigkeitsvektors $\vec{v}$ mit $\vec{r}_{\parallel}=\left(\vec{v}\cdot\vec{r}\right)\vec{v}/v^2$. Für die transformierten Koordinaten gilt dann:

$$\vec{r}_{\parallel}'=\gamma\left(\vec{r}_{\parallel}-\vec{v}t\right) \quad \text{und} \quad \vec{r}_{\perp}'=\vec{r}_{\perp} \quad \text{und} \quad t'=\gamma\left(t-\frac{\vec{v}\cdot\vec{r}}{c_0^2}\right) \tag{10.8a}$$

$$\vec{r}'=\vec{r}+\left(\gamma-1\right)\frac{\left(\vec{v}\cdot\vec{r}\right)\vec{v}}{v^2}-\gamma\vec{v}t \tag{10.8b}$$

bzw. in Matrixschreibweise mit den Vierervektoren, die sowohl die zeitliche als auch die drei räumlichen Koordinaten enthalten:

$$\begin{pmatrix} c_0 t' \\ x' \\ y' \\ z' \end{pmatrix}=\begin{pmatrix} \gamma & -\frac{\gamma v_x}{c_0} & -\frac{\gamma v_y}{c_0} & -\frac{\gamma v_z}{c_0} \\ -\frac{\gamma v_x}{c_0} & 1+\left(\gamma-1\right)\frac{v_x^2}{v^2} & \left(\gamma-1\right)\frac{v_x v_y}{v^2} & \left(\gamma-1\right)\frac{v_x v_z}{v^2} \\ -\frac{\gamma v_y}{c_0} & \left(\gamma-1\right)\frac{v_y v_x}{v^2} & 1+\left(\gamma-1\right)\frac{v_y^2}{v^2} & \left(\gamma-1\right)\frac{v_y v_z}{v^2} \\ -\frac{\gamma v_z}{c_0} & \left(\gamma-1\right)\frac{v_z v_x}{v^2} & \left(\gamma-1\right)\frac{v_z v_y}{v^2} & 1+\left(\gamma-1\right)\frac{v_z^2}{v^2} \end{pmatrix}\begin{pmatrix} c_0 t \\ x \\ y \\ z \end{pmatrix} \tag{10.9}$$

Es gilt $v^2=v_x^2+v_y^2+v_z^2$. Die 4×4-Matrix heißt *Lorentz-Matrix* $\Lambda$ und ist eine Darstellung der *speziellen Lorentz-Transformationen* (auch *Lorentz-Boost* genannt). Die Lorentz-Matrix $\Lambda$ ist konstant und ortsunabhängig, was aus der zugrunde gelegten Homogenität des Raumes folgt. In verkürzter Matrixschreibweise lautet (10.9):

$$\begin{pmatrix} c_0 t' \\ \vec{r}' \end{pmatrix}=\Lambda\begin{pmatrix} c_0 t \\ \vec{r} \end{pmatrix}=\begin{pmatrix} \gamma & -\gamma\vec{\beta}^{\mathrm{T}} \\ -\gamma\vec{\beta} & \mathbb{1}_3+\left(\gamma-1\right)\vec{v}\otimes\vec{v}/v^2 \end{pmatrix}\begin{pmatrix} c_0 t \\ \vec{r} \end{pmatrix} \tag{10.10}$$

Dabei bezeichnet $\vec{\beta}=\vec{v}/c_0$ den auf die Vakuumlichtgeschwindigkeit $c_0$ bezogenen Geschwindigkeitsvektor $\vec{v}$ als Spaltenvektor und $\vec{\beta}^{\mathrm{T}}$ den dazugehörigen Zeilenvektor (transponierter Spaltenvektor). $\mathbb{1}_3$ ist die 3×3-Einheitsmatrix und $\vec{v}\otimes\vec{v}$ ist das Dyadische Produkt und es gilt:

$$\mathbb{1}_3=\begin{pmatrix} 1 & 0 & 0 \\ 0 & 1 & 0 \\ 0 & 0 & 1 \end{pmatrix} \tag{10.11a}$$

und

$$\vec{v} \otimes \vec{v} = \begin{pmatrix} v_x^2 & v_x v_y & v_x v_z \\ v_y v_x & v_y^2 & v_y v_z \\ v_z v_x & v_z v_y & v_z^2 \end{pmatrix} \tag{10.11b}$$

Für die inverse Lorentz-Matrix $\Lambda^{-1}$ gilt:

$$\begin{pmatrix} c_0 t \\ \vec{r} \end{pmatrix} = \Lambda^{-1} \begin{pmatrix} c_0 t' \\ \vec{r}' \end{pmatrix} = \begin{pmatrix} \gamma & +\gamma \vec{\beta}^{\mathrm{T}} \\ +\gamma \vec{\beta} & \mathbb{1}_3 + (\gamma - 1)\, \vec{v} \otimes \vec{v} / v^2 \end{pmatrix} \begin{pmatrix} c_0 t' \\ \vec{r}' \end{pmatrix} \tag{10.12}$$

Neben $\beta = v/c_0$ bzw. $\vec{\beta} = \vec{v}/c_0$ ist die von A. A. Robb (1873–1936) im Jahre 1911 eingeführte *Rapidität* $\xi$ ein weiteres (skalares) Geschwindigkeitsmaß der speziellen Relativitätstheorie, für das gilt:

$$\xi = \operatorname{artanh}(\beta) = \operatorname{artanh}\left(\frac{v}{c_0}\right) = \frac{1}{2} \ln\left(\frac{c_0 + v}{c_0 - v}\right) = \frac{1}{2} \ln\left(\frac{1+\beta}{1-\beta}\right) \tag{10.13}$$

Die Rapidität ist additiv und hat damit den Vorteil, dass bei der Nacheinander-Ausführung von zwei speziellen Lorentz-Transformationen die beiden zugehörigen Rapiditäten addiert werden können, während bei den Geschwindigkeiten das relativistische Additionstheorem (Abschnitt 10.1.4) anzuwenden ist. Im Fall von nicht-relativistischen Geschwindigkeiten $v \ll c_0$ gilt für die Rapidität die Näherung: $\xi \approx v/c_0$. Für die in Bild 10.3 dargestellte spezielle Lorentz-Transformation mit $y = y'$ und $z = z'$ gilt somit:

$$\begin{pmatrix} c_0 t' \\ x' \\ y' \\ z' \end{pmatrix} = \begin{pmatrix} \gamma & -\gamma\beta & 0 & 0 \\ -\gamma\beta & \gamma & 0 & 0 \\ 0 & 0 & 1 & 0 \\ 0 & 0 & 0 & 1 \end{pmatrix} \begin{pmatrix} c_0 t \\ x \\ y \\ z \end{pmatrix} \tag{10.14a}$$

bzw.

$$\begin{pmatrix} c_0 t' \\ x' \\ y' \\ z' \end{pmatrix} = \begin{pmatrix} \cosh(\xi) & -\sinh(\xi) & 0 & 0 \\ -\sinh(\xi) & \cosh(\xi) & 0 & 0 \\ 0 & 0 & 1 & 0 \\ 0 & 0 & 0 & 1 \end{pmatrix} \begin{pmatrix} c_0 t \\ x \\ y \\ z \end{pmatrix} \tag{10.14b}$$

Im nicht-relativistischen Grenzfall $\gamma \cong 1$ hat die Lorentz-Matrix die Form:

$$\Lambda(\gamma \cong 1) = \begin{pmatrix} 1 & -\vec{\beta}^{\mathrm{T}} \\ -\vec{\beta} & \mathbb{1}_3 \end{pmatrix} = \begin{pmatrix} 1 & -\beta_x & -\beta_y & -\beta_z \\ -\beta_x & 1 & 0 & 0 \\ -\beta_y & 0 & 1 & 0 \\ -\beta_z & 0 & 0 & 1 \end{pmatrix} \tag{10.15}$$

sodass sich mit $\vec{\beta} \cong 0 \Leftrightarrow \xi \cong 0$ die Galilei-Transformation ergibt:

$$\begin{pmatrix} c_0 t' \\ \vec{r} \end{pmatrix} = \Lambda(\gamma \cong 1) \begin{pmatrix} c_0 t \\ \vec{r} \end{pmatrix} = \begin{pmatrix} c_0 t - \beta_x x - \beta_y y - \beta_z z \\ \vec{r} - \vec{v}\, c_0 t / c_0 \end{pmatrix} \cong \begin{pmatrix} c_0 t \\ \vec{r} - \vec{v}\, t \end{pmatrix} \tag{10.16}$$

Wie die Galilei-Transformationen bilden auch die Lorentz-Transformationen eine Gruppe, die sogenannte *Lorentz-Gruppe* $O(1,3)$. Dazu gehören:

- die Nacheinander-Ausführung mehrerer Lorentz-Transformationen, das als eine einzige Lorentz-Transformation dargestellt werden kann,
- die Transformation von einem Inertialsystem in dasselbe ist ebenfalls eine Lorentz-Transformation und stellt den Trivial-Fall dar,
- zu jeder Lorentz-Transformation existiert eine inverse Transformation, die wieder in das ursprüngliche Inertialsystem zurücktransformiert und die ebenfalls eine Lorentz-Transformation darstellt,
- die Drehung nur der räumlichen Koordinaten,
- die Inversion aller räumlichen Koordinaten (Rauminversion bzw. Raumspiegelung),
- die Inversion der Zeit (Zeitumkehr). Lorentz-Transformationen, die die Zeit nicht umkehren, heißen *orthochrone Lorentz-Transformationen*, und Lorentz-Transformationen, bei denen keine Raumspiegelung auftritt, werden *eigentliche Lorentz-Transformationen* genannt. Dementsprechend werden Lorentz-Transformationen, bei denen sowohl die Raumspiegelung als auch die Zeitumkehr ausgeschlossen sind, als *eigentliche, orthochrone Lorentz-Transformationen* bezeichnet.
- Die *speziellen Lorentz-Transformationen* (auch *Lorentz-Boost* genannt) transformieren zwischen zwei Inertialsystemen, deren Koordinatenachsen parallel liegen und die sich mit einer konstanten Geschwindigkeit relativ zueinander bewegen (Gl. (10.7), Gl. (10.9), Gl. (10.10) und Bild 10.3). Die speziellen Lorentz-Transformationen entsprechen einer Drehung im Raum-Zeit-Sektor. Für kleine Geschwindigkeiten $v \ll c_0$ gehen die speziellen Lorentz-Transformationen in die Galilei-Transformationen (Abschnitt 10.1.1) über.

Die Lorentz-Matrizen der Raumspiegelung $\Lambda_{\mathcal{P}}$ und der Zeitumkehr $\Lambda_{\mathcal{T}}$ sind:

$$\Lambda_{\mathcal{P}} = \begin{pmatrix} 1 & 0 & 0 & 0 \\ 0 & -1 & 0 & 0 \\ 0 & 0 & -1 & 0 \\ 0 & 0 & 0 & -1 \end{pmatrix} \tag{10.17a}$$

$$\Lambda_{\mathcal{T}} = \begin{pmatrix} -1 & 0 & 0 & 0 \\ 0 & 1 & 0 & 0 \\ 0 & 0 & 1 & 0 \\ 0 & 0 & 0 & 1 \end{pmatrix} \tag{10.17b}$$

und es gilt $\Lambda_{\mathcal{P}}\,\Lambda_{\mathcal{T}} = \Lambda_{\mathcal{T}}\,\Lambda_{\mathcal{P}} = -\mathbb{1}_4$ ($\mathbb{1}_4$ ist die 4×4-Einheitsmatrix).

Kontinuierliche Drehbewegungen der Koordinatensysteme sind keine Lorentz-Transformationen. Während die Galilei-Transformationen im dreidimensionalen euklidischen Vektorraum $\mathbb{R}^3$ sowohl Abstände als auch Winkel nicht verändern, werden bei Lorentz-Transformationen in der nicht-euklidischen vierdimensionalen *Raum-Zeit* (auch als *Raum-Zeit-Kontinuum* bezeichnet), die dem im Jahre 1907 von H. Minkowski (1864–1909) eingeführten *Minkowski-Vektorraum* $\mathbb{M}^4$ zugeordnet ist, nur Abstände nicht verändert. Winkel werden hingegen im Minkowski-Vektorraum nicht erhalten, da in diesem Vektorraum nur ein Pseudo-Skalarprodukt definiert ist und somit der Minkowski-Vektorraum kein normierter Vektorraum ist.

Eine Größe, die sich bei einer Lorentz-Transformation nicht ändert, heißt *Lorentz-Invariante* (*Lorentz-Skalar*). Dementsprechend ist die Lorentz-Invariante eine Eigenschaft (wie z. B. die Vakuumlichtgeschwindigkeit $c_0$, die Ruhemasse oder die elektrische Ladung eines Körpers oder eines Teilchens), die von allen Inertialsystemen aus mit dem gleichen Wert beobachtet bzw. gemessen wird. Bei einer speziellen Lorentz-Transformation beispielsweise in $x$-Richtung gilt:

$$c_0^2 t'^2 - x'^2 = c_0^2 \left( \frac{t - \beta x / c_0}{\sqrt{1-\beta^2}} \right)^2 - \left( \frac{x - vt}{\sqrt{1-\beta^2}} \right)^2 = c_0^2 t^2 - x^2 \tag{10.18}$$

Dementsprechend ist der Ausdruck $c_0^2 t^2 - x^2$ bei einer räumlichen Koordinate bzw. der Ausdruck $c_0^2 t^2 - \left( x^2 + y^2 + z^2 \right)$ bei drei räumlichen Koordinaten in beiden Inertialsystemen der gleiche und somit eine Lorentz-Invariante. Für das Quadrat des differentiellen Abstands, das als *Linienelement* bezeichnet wird und ebenfalls eine Lorentz-Invariante ist, gilt:

$$\mathrm{d}s^2 = c_0^2\, \mathrm{d}t^2 - \mathrm{d}x^2 - \mathrm{d}y^2 - \mathrm{d}z^2 \tag{10.19}$$

und für den *Minkowski-Abstand* gilt:

$$\Delta s^2 = c_0^2\, \Delta t^2 - \Delta x^2 - \Delta y^2 - \Delta z^2 \tag{10.20}$$

In der allgemeinen Relativitätstheorie wird hauptsächlich eine andere Vorzeichenkonvention benutzt (die sogenannte *Ostküsten-Konvention*): $\mathrm{d}s^2 = -c_0^2\, \mathrm{d}t^2 + \mathrm{d}x^2 + \mathrm{d}y^2 + \mathrm{d}z^2$. Die in diesem Buch benutzte Vorzeichenkonvention (auch als *Westküsten-Konvention* bezeichnet) wird hauptsächlich in der Elementarteilchenphysik benutzt. Da in beiden Konventionen $\mathrm{d}s^2$ bzw. $\Delta s^2$ auch negativ sein können, ist das Quadrat eher symbolisch zu interpretieren.

Im Gegensatz zum Minkowski-Vektorraum gilt für das Linienelement im euklidischen Vektorraum $\mathbb{R}^3$ in kartesischen Koordinaten $(x, y, z)$, in Zylinderkoordinaten $(\rho, \varphi, z)$ bzw. in Kugelkoordinaten $(r, \vartheta, \varphi)$:

$$\mathrm{d}s^2 = \mathrm{d}x^2 + \mathrm{d}y^2 + \mathrm{d}z^2 \tag{10.21a}$$

$$\mathrm{d}s^2 = \mathrm{d}\rho^2 + \rho^2\, \mathrm{d}\varphi^2 + \mathrm{d}z^2 \tag{10.21b}$$

$$\mathrm{d}s^2 = \mathrm{d}r^2 + r^2\, \mathrm{d}\vartheta^2 + r^2 \sin^2(\vartheta)\, \mathrm{d}\varphi^2 \tag{10.21c}$$

## Minkowski-Diagramm

Zur grafischen Veranschaulichung der Eigenschaften von Raum und Zeit wird in der speziellen Relativitätstheorie das von H. Minkowski im Jahre 1908 eingeführte *Minkowski-Diagramm* verwendet. Das Minkowski-Diagramm ist ein Raum-Zeit-Diagramm mit nur einer Raum-Dimension bzw. mit nur einer räumlichen Koordinate und stellt die Überlagerung der Koordinatensysteme für zwei gegeneinander mit konstanter Geschwindigkeit bewegte Beobachter dar. Die Form des Minkowski-Diagramms folgt unmittelbar aus den beiden Einstein'schen Postulaten der speziellen Relativitätstheorie. Im Gegensatz zu den Weg-Zeit-Diagrammen der klassischen Mechanik wird auf der Abszissenachse die räumliche Koordinate $x$ und auf der Ordinatenachse die Zeit $t$ aufgetragen. Ein Weg verläuft von unten nach oben durch das

Minkowski-Diagramm. Jedes Objekt auf diesem Weg beschreibt eine Linie im Minkowski-Diagramm, die als *Weltlinie* bezeichnet wird. Jeder Punkt im Minkowski-Diagramm stellt formal ein Ereignis dar, unabhängig davon, ob zu dieser Zeit und an diesem Ort ein wirkliches Ereignis stattfindet. In der Regel wird auf der Ordinatenachse nicht die Zeit, sondern die zugeordnete Größe $c_0 t$ aufgetragen, wodurch einem Zeitabschnitt von einer Sekunde ein Abschnitt von 299 792,458 km auf der Ordinatenachse entspricht. Ein Photon, dass den Koordinatenursprung des Minkowski-Diagramms passiert, hat als Weltlinie eine um 45° geneigte Gerade im Minkowski-Diagramm (Winkelhalbierende), falls für beide Koordinatenachsen der gleiche Maßstab gilt. Die Weltlinie eines Körpers der sich mit einer Geschwindigkeit, die kleiner als die Vakuumlichtgeschwindigkeit ist, gleichförmig geradlinig bewegt, ist in diesem Fall eine Gerade, wobei der Betrag der Steigung größer als 45° ist.

Bild 10.4 zeigt beispielhaft das Minkowski-Diagramm für zwei Beobachter in zwei unterschiedlichen Inertialsystemen, die sich mit der Relativgeschwindigkeit $v$ gegeneinander bewegen. Aufgrund der Relativität der Gleichzeitigkeit wird für jeden der beiden Beobachter eine eigene $x$-Achse (Wegachse) in das Minkowski-Diagramm eingezeichnet. Jeder der beiden Beobachter nimmt alle Ereignisse, die auf einer Geraden parallel zu seiner Wegachse liegen, als gleichzeitig wahr. Der Winkel $\alpha$ zwischen den beiden Wegachsen ist identisch mit dem Winkel zwischen der $c_0 t$-Achse und der $c_0 t'$-Achse und es gilt $\alpha = \arctan(\beta) = \arctan(v/c_0)$. Die Umrechnung der Koordinaten $x$ und $t$ in $x'$ und $t'$ erfolgt mittels der Lorentz-Transformation. Wenn $S$ den Skalierungsfaktor der $x$- und der $c_0 t$-Achse beschreibt, gilt für den Skalierungsfaktor $S'$ der $x'$- und der $c_0 t'$-Achse:

$$S' = S\sqrt{\frac{1+\tan^2(\alpha)}{1-\tan^2(\alpha)}} \qquad (10.22)$$

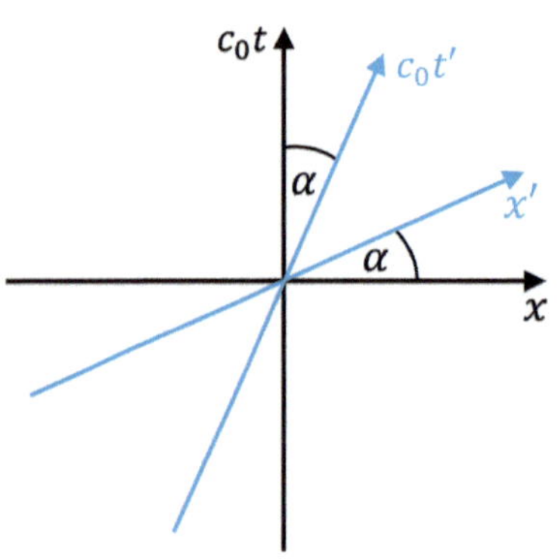


**Bild 10.4**
Minkowski-Diagramm: Ein Ereignis wird in zwei unterschiedlichen Inertialsystemen verschiedenen Zeiten zugeordnet

Sofern nur zwei Inertialsysteme $\Sigma$ und $\Sigma'$ betrachtet werden, ist bei gleicher Skalierung aller Achsen eine symmetrische Darstellung des Minkowski-Diagramms möglich. Zwischen den zwei relativ zueinander bewegten Inertialsystemen $\Sigma$ und $\Sigma'$ existiert gemäß D. Mirimanoff (1861-1945) ein drittes Inertialsystem $\Sigma_0$, in dem sich die beiden anderen mit gleicher Geschwindigkeit in entgegengesetzte Richtung bewegen. Wenn für die Lorentz-Transformation zwischen $\Sigma$ und $\Sigma'$ gilt: $\gamma = 1/\sqrt{1-\beta^2}$ mit $\beta = v/c_0$, folgt für die Lorentz-Transformation bezüglich des Inertialsystems $\Sigma_0$:

$$\beta = \frac{2\beta_0}{1+\beta_0^2} \tag{10.23a}$$

$$\beta_0 = \frac{\gamma - 1}{\beta\gamma} \tag{10.23b}$$

Für den Winkel $\alpha$ zwischen der $x$- bzw. der $x'$-Achse und der $x_0$-Achse des Inertialsystems $\Sigma_0$, der gleich ist dem Winkel zwischen der $c_0\,t$- bzw. der $c_0\,t'$-Achse und der $c_0\,t_0$-Achse des Inertialsystems $\Sigma_0$ gilt: $\alpha = \arctan(\beta_0)$.

Die Erstellung eines symmetrischen Minkowski-Diagramms ist auch ohne die Einführung eines dritten Inertialsystems nur mit der Definition zweier Winkel möglich (Bild 10.5). Wenn $\varphi$ den Winkel zwischen der $x$- bzw. der $x'$-Achse bezeichnet, der gleich dem Winkel zwischen der $c_0\,t$- bzw. der $c_0\,t'$-Achse ist, und wenn $\theta$ den Winkel zwischen der $x'$- und der $c_0\,t'$-Achse bezeichnet, gelten folgende Beziehungen:

$$\sin(\varphi) = \cos(\theta) = \beta = \frac{v}{c_0} \tag{10.24a}$$

$$\cos(\varphi) = \sin(\theta) = \frac{1}{\gamma} = \sqrt{1-\beta^2} = \sqrt{1 - v^2/c_0^2} \tag{10.24b}$$

$$\tan(\varphi) = \frac{\sin(\varphi)}{\cos(\varphi)} = \frac{\cos(\theta)}{\sin(\theta)} = \cot(\theta) = \beta\gamma = \frac{v}{c_0\sqrt{1 - v^2/c_0^2}} \tag{10.24c}$$

Für den Winkel $\delta$ zwischen der $x$- und der $c_0\,t$-Achse gilt dann: $\delta = 2\varphi + \theta$.

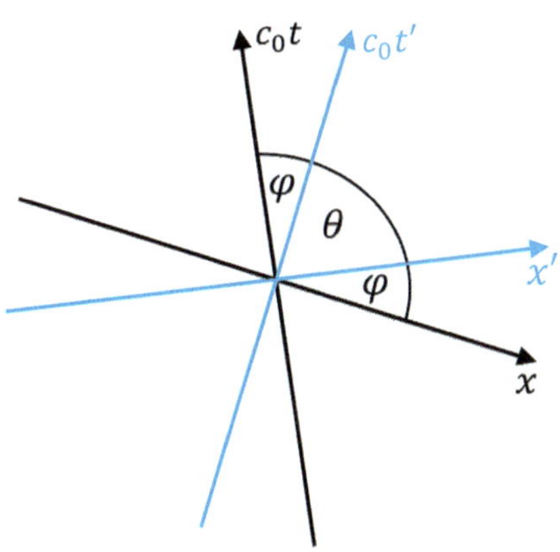


**Bild 10.5**
Symmetrisches Minkowski-Diagramm

Zur Visualisierung der Kausalzusammenhänge zwischen Vergangenheit, Gegenwart und Zukunft wird auch der (Minkowski-)*Lichtkegel* verwendet (Bild 10.6). Dabei werden zwei Raumdimensionen und darauf senkrecht stehend die Zeitachse dargestellt. Die beiden räumlichen Koordinatenachsen spannen die *Gegenwartshyperfläche* auf.

Wie auch bei den bisherigen Betrachtungen wird beim Lichtkegel im Rahmen der speziellen Relativitätstheorie der Einfluss der Gravitation auf die Raum-Zeit nicht berücksichtigt. Der zu einem Ereignis $E$ zugehörige Lichtkegel ist ein Doppelkegel, der aus dem *Vergangenheits-* und dem *Zukunfts-Lichtkegel* besteht. Der Vergangenheits-Lichtkegel enthält alle Ereignisse $E'$,

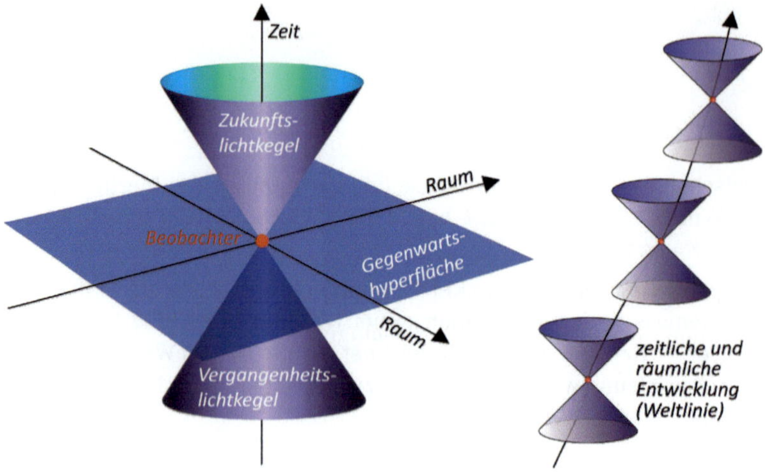


**Bild 10.6** Lichtkegel mit zwei Raumdimensionen

die vor dem Ereignis $E$ stattgefunden haben ($t' < t$) und $E$ maximal mit der Vakuumlichtgeschwindigkeit verursacht oder beeinflusst haben können. Der Zukunfts-Lichtkegel enthält alle Ereignisse $E''$, die nach dem Ereignis $E$ stattfinden werden ($t'' > t$) und von $E$ maximal mit der Vakuumlichtgeschwindigkeit verursacht oder beeinflusst werden. Ein Beobachter des Ereignisses $E$ befindet sich im Schnittpunkt des Vergangenheits- und Zukunfts-Lichtkegels. Bezogen auf den Wert des Linienelements $\Delta s^2$ sind folgende drei Fälle zu unterscheiden:

- **Lichtartig**:
  $0 = \Delta s^2 = c_0^2\,\Delta t^2 - \Delta x^2 - \Delta y^2 - \Delta z^2$, d. h. $\left(\Delta x/\Delta t\right)^2 + \left(\Delta y/\Delta t\right)^2 + \left(\Delta z/\Delta t\right)^2 = v_x^2 + v_y^2 + v_z^2 = c_0^2$.
  In diesem Fall liegen $E'$ und $E''$ auf dem Kegelmantel des Vergangenheits- bzw. Zukunfts-Lichtkegels und sind für einen Beobachter des Ereignisses $E$ sichtbar. Ursache und Auswirkung des Ereignisses $E$ entwickeln sich mit der Vakuumlichtgeschwindigkeit.
- **Zeitartig**:
  $0 < \Delta s^2 = c_0^2\,\Delta t^2 - \Delta x^2 - \Delta y^2 - \Delta z^2$, d. h. $\left(\Delta x/\Delta t\right)^2 + \left(\Delta y/\Delta t\right)^2 + \left(\Delta z/\Delta t\right)^2 = v_x^2 + v_y^2 + v_z^2 < c_0^2$.
  In diesem Fall liegen $E'$ und $E''$ im innerhalb des Vergangenheits- bzw. Zukunfts-Lichtkegels. Ein Ereignis $E'$ kann die Ursache und ein Ereignis $E''$ kann die Auswirkung des Ereignisses $E$ sein, wobei Ursache und Auswirkung langsamer als das Licht propagieren. Ereignisse innerhalb des Vergangenheits-Lichtkegels waren früher für einen Beobachter des Ereignisses $E$ sichtbar, und Ereignisse innerhalb des Zukunfts-Lichtkegels werden für einen Beobachter des Ereignisses $E$ zukünftig sichtbar sein.
- **Raumartig**:
  $0 > \Delta s^2 = c_0^2\,\Delta t^2 - \Delta x^2 - \Delta y^2 - \Delta z^2$, d. h. $\left(\Delta x/\Delta t\right)^2 + \left(\Delta y/\Delta t\right)^2 + \left(\Delta z/\Delta t\right)^2 = v_x^2 + v_y^2 + v_z^2 > c_0^2$.
  In diesem Fall liegen $E'$ und $E''$ außerhalb des Vergangenheits- bzw. Zukunfts-Lichtkegels (in Anlehnung an die Umgangssprache wird dieser Bereich auch als „anderswo“ bezeichnet). Bei den Ereignissen $E'$ und $E''$ kann es sich gemäß dem Zweiten Einstein'schen Postulat nicht um Ursache bzw. Auswirkung des Ereignisses $E$ handeln, denn sonst müssten Ursache und Auswirkung mit Überlichtgeschwindigkeit propagieren. Ereignisse außerhalb des Vergangenheits- bzw. Zukunfts-Lichtkegels sind für einen Beobachter des Ereignisses $E$ nicht sichtbar und liegen hinter dem *Ereignishorizont*.

Die Raum-Zeit lässt sich somit in drei Bereiche aufteilen. Aus Sicht eines Beobachters gibt es eine Zukunft, die von ihm beeinflussbar ist, eine Vergangenheit, deren Auswirkungen er wahrnimmt und einen Bereich außerhalb des Doppelkegels (Vergangenheits- und Zukunfts-Lichtkegels), mit dem der Beobachter in keiner kausalen Beziehung steht. Aufgrund der Konstanz der Vakuumlichtgeschwindigkeit, ist die Zuordnung von Ereignissen zu einem der drei Bereiche für alle Beobachter gleich. Das bedeutet, dass verschiedene Beobachter die Gleichzeitigkeit und die Reihenfolge von Ereignissen unterschiedlich wahrnehmen bzw. bewerten können; beispielsweise, wenn sich ein Ereignis für einen Beobachter außerhalb seines Doppelkegels (Vergangenheits- und Zukunfts-Lichtkegels) befindet. Die Kausalität wird dadurch jedoch nicht verletzt. Ob ein Ereignis die Ursache für ein anderes Ereignis sein kann, ist nicht vom Inertialsystem des Beobachters abhängig.

## 10.1.4 Relativistische Effekte

Im Rahmen der speziellen Relativitätstheorie ergeben sich einige relativistischen Effekte, die im Rahmen der klassischen Physik unverständlich sind. Diese relativistischen Effekte werden im vorliegenden Abschnitt anhand des Beispiels von zwei Inertialsystemen $\Sigma$ und $\Sigma'$, die sich relativ zueinander mit der konstanten Geschwindigkeit $\vec{v}$ bewegen, erläutert. Die zeitlichen und räumlichen Koordinaten $(t, \vec{r})$ und $(t', \vec{r}')$ in beiden Inertialsystemen sind über eine spezielle Lorentz-Transformation (Lorentz-Boost) miteinander verknüpft, wobei gelten soll: $\vec{r}' = \vec{r} = 0$ bei $t' = t = 0$.

### Längenkontraktion

Gegeben sei ein Längenmaßstab, der in dem Inertialsystem $\Sigma'$ entlang der $x'$-Koordinatenachse ruhend ausgerichtet ist. Die Enden des Längenmaßstabs liegen bei $x'_\mathrm{a}$ und $x'_\mathrm{b} > x'_\mathrm{a}$. Ein in dem Inertialsystem $\Sigma'$ ruhender Beobachter kann beide Werte zeitgleich ($t'_\mathrm{b} = t'_\mathrm{a}$) messen und somit die Länge $l' = x'_\mathrm{b} - x'_\mathrm{a}$ ermitteln. Da sich der Längenmaßstab bezüglich des Inertialsystems $\Sigma'$ nicht bewegt ist $l' = l_0$ seine *Eigenlänge* in dem Inertialsystem $\Sigma'$. Die beiden Inertialsysteme sollen sich nun entlang der $x$- bzw. $x'$-Koordinatenachsen relativ zueinander bewegen. Ein in dem Inertialsystem $\Sigma$ ruhender Beobachter misst zur gleichen Zeit $t_\mathrm{a} = t_\mathrm{b}$ die Endpunkte $x_\mathrm{a}$ und $x_\mathrm{b} > x_\mathrm{a}$ des für ihn bewegten Längenmaßstabs, und folgert daraus eine Länge von $l = x_\mathrm{b} - x_\mathrm{a}$. Gemäß der speziellen Lorentz-Transformation (Gl. (10.7a) und Gl. (10.7b)) gilt: $x'_\mathrm{b} - x'_\mathrm{a} = \gamma \left( x_\mathrm{b} - x_\mathrm{a} \right)$ und daraus folgt für die in den beiden Inertialsystemen $\Sigma$ und $\Sigma'$ bestimmten Längen:

$$l = \frac{l_0}{\gamma} = l_0 \sqrt{1 - \beta^2} = l_0 \sqrt{1 - \frac{\vec{v}^2}{c_0^2}} \tag{10.25}$$

Im Vergleich zu seiner Ruhelänge $l_0$ ist die Länge des bewegten Längenmaßstabs um den Lorentz-Faktor $\gamma \geq 1$ verkürzt, was als *Längenkontraktion* (oder *Lorentz-Kontraktion* bzw. *Lorentz-Fitzgerald-Kontraktion*) bezeichnet wird und die nur entlang der Bewegungsrichtung eine Veränderung bewirkt. Erfolgt die Bewegung der Inertialsysteme $\Sigma$ und $\Sigma'$ senkrecht zur Orientierungsrichtung des Längenmaßstabs bleibt dessen Länge unverändert bei einem Wechsel von einem in das andere Inertialsystem. Infolge der Längenkontraktion wird auch das Volumen kontrahiert, jedoch auch nur entlang der Bewegungsrichtung und es gilt:

$$V = \frac{V_0}{\gamma} = V_0\sqrt{1-\beta^2} = V_0\sqrt{1-\frac{\vec{v}^2}{c_0^2}} \tag{10.26}$$

$V_0$ bezeichnet das Volumen (*Eigenvolumen*) eines Körpers in dessen Ruhesystem, d. h. in dem Inertialsystem in dem der Körper ruht. Im nicht-relativistischen Grenzfall $\gamma \cong 1$ gilt $l = l_0$ und $V = V_0$, was im Rahmen der klassischen Physik erwartet wird.

## Zeitdilatation

Beispielhaft werden zwei Ereignisse betrachtet, die im Koordinatenursprung ($\vec{r} = 0$) des Inertialsystems $\Sigma$ zu den Zeiten $t_1$ und $t_2 = t_1 + \Delta t > t_1$ nacheinander stattfinden. Die Zeiten $t_1$ und $t_2$ werden von einem in $\Sigma$ ruhenden Beobachter mit einer ebenfalls in $\Sigma$ ruhenden Uhr bestimmt. Für einen Beobachter, der im Inertialsystem $\Sigma'$ ruht, dass sich wiederrum gegenüber dem Inertialsystem $\Sigma$ mit der konstanten Geschwindigkeit $\vec{v}$ bewegt, finden die Ereignisse an unterschiedlichen Raumpunkten statt. Für die Zeiten, die mit einer im Inertialsystem $\Sigma'$ ruhenden Uhr bestimmt werden, gilt gemäß der speziellen Lorentz-Transformation:

$$t_1' = \gamma t_1 \tag{10.27a}$$

$$t_2' = \gamma t_2 = \gamma\left(t_1 + \Delta t\right) = t_1' + \gamma \Delta t \tag{10.27b}$$

Somit ist das im Inertialsystem $\Sigma'$ gemessene Zeitintervall zwischen den beiden Ereignissen größer (da $\gamma > 1$) als das im Inertialsystem $\Sigma$ gemessene Zeitintervall:

$$\Delta t' = \gamma \Delta t = \frac{\Delta t}{\sqrt{1-\beta^2}} = \frac{\Delta t}{\sqrt{1-\vec{v}^2/c_0^2}} \tag{10.28}$$

Die mit dem Inertialsystem $\Sigma'$ mitbewegte Uhr geht langsamer als die im Inertialsystem $\Sigma$ ruhende Uhr. Dieser relativistische Effekt wird als *Zeitdilatation* („Zeitdehnung“) bezeichnet. Unter anderem ist dieser Effekt mit modernen Atomuhren Effekt trotz der relativ kleinen Geschwindigkeiten von Raumstationen messbar. Im nicht-relativistischen Grenzfall $\gamma \cong 1$ gilt $\Delta t' = \Delta t$, was im Rahmen der klassischen Physik erwartet wird.

Gemäß Gl. (10.19) gilt für das Linienelement $\mathrm{d}s^2 = c_0^2\,\mathrm{d}t^2 - \mathrm{d}x^2 - \mathrm{d}y^2 - \mathrm{d}z^2$. Der Quotient (mit $\mathrm{d}s^2 > 0$)

$$\sqrt{\frac{\mathrm{d}s^2}{c_0^2}} = \frac{\mathrm{d}t}{c_0}\sqrt{c_0^2 - \left(\frac{\mathrm{d}x}{\mathrm{d}t}\right)^2 - \left(\frac{\mathrm{d}y}{\mathrm{d}t}\right)^2 - \left(\frac{\mathrm{d}z}{\mathrm{d}t}\right)^2} = \mathrm{d}t\sqrt{1-\frac{\vec{v}^2}{c_0^2}} = \frac{\mathrm{d}t}{\gamma} = \mathrm{d}\tau \tag{10.29}$$

wird als *Eigenzeitelement* $\mathrm{d}\tau = \mathrm{d}t/\gamma$ bezeichnet. Für ein mit dem betrachteten Massepunkt oder Körper mitbewegtes Inertialsystem sind beide Differentiale gleich, d. h. $\mathrm{d}t = \mathrm{d}\tau$. Die *Eigenzeit* $\tau$ ergibt sich durch Integration über das Eigenzeitelement $\mathrm{d}\tau$:

$$\tau = \int_0^t \sqrt{1-\frac{\vec{v}^2}{c_0^2}}\,\mathrm{d}t' \tag{10.30a}$$

$$\Delta\tau = \tau_2 - \tau_1 = \int_{t_1}^{t_2} \sqrt{1-\frac{\vec{v}^2}{c_0^2}}\,\mathrm{d}t' \tag{10.30b}$$

Die Eigenzeit einer Uhr ist diejenige Zeit, die sich direkt an der Uhr ablesen lässt. Somit sind mit dieser Uhr nur exakte Aussagen über Zeitintervalle von Ereignissen möglich, die direkt am Ort der Uhr ablaufen. Unter allen möglichen Weltlinien zwischen zwei Ereignissen, entspricht diejenige Weltlinie einer kräftefreien Bewegung, für die die Eigenzeit maximal ist. Eine solche Weltlinie wird als *Geodäte* (*geodätische Linie* oder *geodätischer Weg*) der Raum-Zeit bezeichnet. Im Rahmen der speziellen Relativitätstheorie ist eine kräftefreie Bewegung bereits durch ihre Geradlinigkeit und Gleichförmigkeit vollständig charakterisiert. Der Begriff der Geodäte ist jedoch in der allgemeinen Relativitätstheorie von besonderer Bedeutung, da dort aufgrund der Krümmung der Raum-Zeit die Begriffe Geradlinigkeit und Gleichförmigkeit nicht mehr anwendbar sind. In euklidischen Vektorräumen $\mathbb{R}^n$ sind Geodäten die lokal kürzeste Verbindung zwischen zwei Punkten in Form einer geraden Strecke.

Im Unterschied zur Eigenzeit kann mit der Zeitkoordinate jedem Ereignis ein Zeitpunkt bzw. jedem zeitlich begrenzten Vorgang eine Zeitdauer zugeordnet werden, unabhängig davon ob das Ereignis bzw. der Vorgang am Ort der Uhr oder an einem anderen Ort stattfinden. Die Eigenzeiten von zwei Uhren sind unterschiedlich, wenn sich die beiden Uhren relativ zueinander bewegen.

Das Konzept der Eigenzeit lässt sich unter anderem zur Bestimmung der innerhalb einer mittleren Lebensdauer zurückgelegten mittleren Laufstrecke von sich schnell bewegenden instabilen Elementarteilchen anwenden. Die mittlere Lebensdauer eines instabilen Elementarteilchens ist statistisch betrachtet eine Uhr für die in dem Ruhesystem des Elementarteilchens gemessene Zeit und somit gleich seiner Eigenzeit. Ein hochenergetisches Elementarteilchen, dass sich gegenüber einem auf der Erde ruhenden Beobachter mit einer relativistischen Geschwindigkeit $|\vec{v}| \lesssim c_0$ bewegt, hat im Inertialsystem des Beobachters gemäß der Zeitdilatation eine erheblich verlängerte Lebensdauer und damit auch eine längere Laufstrecke bis es zerfällt bzw. sich umwandelt.

Werden die Konzepte der speziellen Relativitätstheorie und der Lorentz-Transformationen nicht konsequent beachtet ergeben sich Paradoxa. Das bekannteste Paradoxon diesbezüglich ist das Zwillingsparadoxon.

### Zwillingsparadoxon

Gemäß der Bezeichnung wird beim Zwillingsparadoxon ein Zwillingspaar betrachtet, das sich zunächst gleichaltrig in Ruhe auf der Erde als Inertialsystem befindet. Zu einem bestimmten Zeitpunkt sind beide Zwillinge auf der Erde ruhend am selben Ort und können so ihre beiden Uhren synchronisieren. Anschließend unternimmt einer der beiden Zwillinge eine Reise mit einem Raumschiff. Dabei fliegt er zunächst mit einer konstanten Geschwindigkeit $v$ geradlinig gleichförmig von der Erde weg und fliegt anschließend mit der gleichen konstanten Geschwindigkeit $v$ geradlinig gleichförmig zur Erde zurück. Dementsprechend stellt die Weltlinie des Zwillings in dem Raumschiff in einem Minkowski-Diagramm ein gleichschenkliges Dreieck dar, während die Weltlinie des auf der Erde zurückgebliebenen Zwillings eine vertikale Linie in dem Minkowski-Diagramm ist (Bild 10.7). Nach der Rückkehr vergleichen die Zwillinge ihre Uhren und stellen einen Gangunterschied fest. Im Extremfall einer langen Reise mit einer sehr hohen bzw. relativistischen Reisegeschwindigkeit $v$ sind für den auf der Erde gebliebenen Zwilling Jahrzehnte vergangen, während der Zwilling in dem Raumschiff nach seiner Uhr nur einige Wochen unterwegs war.

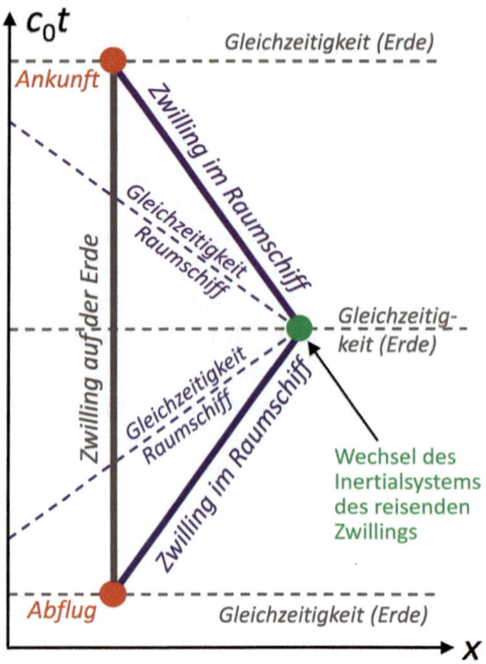


**Bild 10.7**
Zum Zwillingsparadoxon: Der Zwilling im Raumschiff wechselt am Umkehrpunkt das Inertialsystem um zur Erde zurückzukehren

Für den auf der Erde gebliebenen Zwilling ist zwischen Abflug und Ankunft des Raumschiffs auf der Erde nach seiner Uhr die Zeit $T$ vergangen. Die Zeit, die für den Zwilling im Raumschiff von Abflug bis Ankunft nach dessen Uhr vergangen ist, sei mit $T'$ bezeichnet. Aufgrund der Symmetrie der Reise (Bild 10.7) ist zwischen dem Abflug und dem Umkehrpunkt die Zeit $T'/2$ und entsprechend zwischen dem Umkehrpunkt und der Ankunft auf der Erde die Zeit $T'/2$ vergangen. Die Anwendung der Gleichung für die Zeitdilation (Gl. (10.28)) ergibt folgende Beziehung zwischen $T$ und $T'$:

$$\frac{T}{2} = \frac{T'}{2}\gamma = \frac{T'}{2} \cdot \frac{1}{\sqrt{1 - v^2/c_0^2}} \quad \Rightarrow \quad T = \frac{T'}{\sqrt{1 - v^2/c_0^2}} > T' \tag{10.31}$$

Damit ergibt sich beispielsweise im Falle von $T' = 6$ Jahre und $v = 0{,}8\,c_0$ ein Wert von $T = 10$ Jahre und für $v = 0{,}99\,c_0$ ein Wert von $T \approx 42{,}5$ Jahre. Dieses Ergebnis ist zwar ungewohnt, jedoch noch nicht paradox. Das Paradoxon entsteht erst durch den Wechsel der Betrachtung, bei dem sich nun der Zwilling im Raumschiff (bis auf eine sehr kurze Phase am Umkehrpunkt) in einem Inertialsystem befindet. Aus dessen Sicht entfernt sich die Erde mit dem darauf befindlichen Zwilling und kehrt zurück, sodass der Zwilling auf der Erde jünger sein sollte. Die Auflösung des Paradoxons wurde zuerst von P. Langevin (1872–1946) im Jahre 1911 und wenige Zeit später von M. von Laue (1879–1960, Nobelpreis 1914) geliefert. Die Lösung besteht darin, dass die Situation nicht symmetrisch ist und somit der zuvor beschriebene Wechsel der Betrachtung nicht mit den Prinzipien der speziellen Relativitätstheorie vereinbar ist. Der Grund ist, dass sich zwar der Zwilling auf der Erde stets in demselben Inertialsystem befindet, der Zwilling im Raumschiff muss jedoch am Umkehrpunkt das Inertialsystem wechseln. Erkennbar ist dies auch daran, dass seine Weltlinie keine Gerade ist, sondern am Umkehrpunkt einen Knick aufweist.

Gl. (10.31) für den Zeitunterschied lässt sich auf den Fall der nicht-konstanten Geschwindigkeit $v(t)$, also der beschleunigten Bewegung, verallgemeinern. Einzige Bedingung dabei ist, dass die Reise des Raumschiffs zu einem Zeitpunkt $t_0$ auf der Erde beginnt und zu einem Zeitpunkt $t_1$ auf der Erde endet. Dann gilt für die Eigenzeit des Zwillings $T'$ in dem Raumschiff, die stets kleiner als die Eigenzeit des auf der Erde verbleibenden Zwillings ist:

$$T' = \int_{t_0}^{t_1} \sqrt{1 - \left(\frac{v(t)}{c_0}\right)^2} \, \mathrm{d}t < T = (t_1 - t_0) \tag{10.32}$$

Dies lässt sich verallgemeinern: Für zwei Ereignisse A und B, die in einem Inertialsystem am selben Ort zu verschiedenen Zeiten stattfinden, ist unter allen Beobachtern, die sich beim Ereignis A voneinander trennen und beim Ereignis B wieder zusammen kommen, für denjenigen Beobachter die längste Eigenzeit $T$ vergangen, der die gesamte Zeitdauer (zwischen den beiden Ereignissen) in Ruhe geblieben ist. Er ist damit der einzige Beobachter, der sich zu jedem Zeitpunkt geradlinig gleichförmig und damit kräftefrei bewegt hat. In diesem Sinne ist eine Geodäte der Raum-Zeit die zeitlich langandauerndste Verbindung zwischen zwei Ereignissen.

### Maßstabsparadoxon

Ähnlich wie die Zeitdilatation hat auch die Längenkontraktion einige (vermeintliche) Paradoxien hervorgebracht. Eines der bekanntesten ist das Maßstabsparadoxon. Analoga des Maßstabsparadoxon sind das *Garagen-* bzw. *Scheunenparadoxon*, das von W. Rindler (1924–2019) vorgeschlagene *Panzerparadoxon* und das *Bell'sche Raumschiffparadoxon* (J. S. Bell, 1928–1990). Ein Paradoxon der Längenkontraktion entsteht immer dann, wenn die wechselseitige Längenkontraktion zwischen zwei Inertialsystemen ohne Berücksichtigung der Relativität der Gleichzeitigkeit betrachtet wird. Ein weiteres Paradoxon ist das *Ehrenfest'sche Paradoxon* (P. Ehrenfest, 1880–1933) das besagt, dass keine starren Körper existieren können und für einen mitrotierenden Beobachter der Raum eine nicht-euklidische Geometrie aufweist.

Beim Maßstabsparadoxon wird ein Stab der Länge $l$ betrachtet, der sich mit einer konstanten relativistischen Geschwindigkeit $v_{\|}$ parallel zu einer ruhenden Platte, die einen Schlitz mit derselben Länge $l$ hat, entlang der $x$-Koordinatenachse bewegt. Gleichzeitig bewegt sich der Stab mit einer kleinen, vertikalen konstanten Geschwindigkeit $v_{\perp} \ll v_{\|}$ auf den Schlitz in der Platte zu (Bild 10.8). Vom Inertialsystem der ruhenden Platte aus betrachtet erscheint der sich mit hoher Geschwindigkeit bewegende Stab durch die Längenkontraktion verkürzt auf die Länge $l'_{\text{Stab}} < l_{\text{Schlitz}}$ und würde dementsprechend durch den Schlitz passen (Fall A).

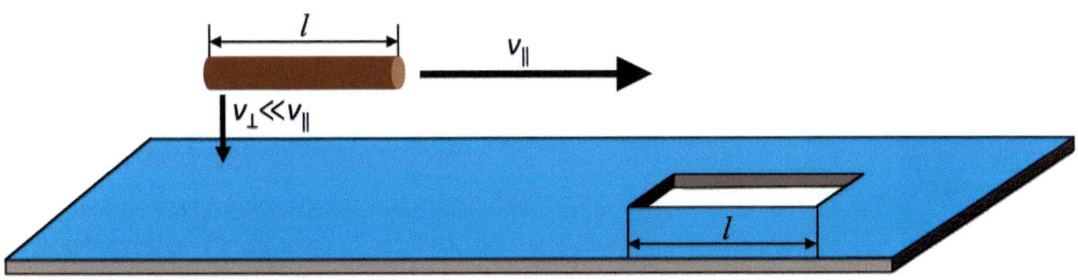


**Bild 10.8** Maßstabsparadoxon

Vom mitbewegten Inertialsystem des Stabes aus betrachtet (Fall B), ruht der Stab und die Platte mit dem Schlitz bewegt sich mit der relativistischen Geschwindigkeit $v_{\|}$ auf den Stab zu. Vom Stab aus betrachtet bewirkt die Längenkontraktion, dass der bewegte Schlitz nur noch die Länge $l'_{\text{Schlitz}} < l_{\text{Stab}}$ hat, sodass der Stab nicht mehr durch den Schlitz passt. Dies ist jedoch ein Widerspruch, da es nicht von der Wahl des Inertialsystems abhängen kann, ob der Stab durch den Schlitz passt oder nicht. Denn gemäß dem Ersten Einstein'schen Postulat sind alle Inertialsysteme gleichwertig.

Während der Fall A im Rahmen der speziellen Relativitätstheorie richtig beschrieben ist, wurde jedoch beim Fall B die Lorentz-Transformation nicht vollständig angewendet. Dadurch entsteht das scheinbare Maßstabsparadoxon, das tatsächlich gar nicht existiert. Denn korrekterweise muss im Fall B berücksichtigt werden, dass sich nicht nur die Ortskoordinaten entsprechend der Lorentz-Transformation ändern und somit zur Längenkontraktion führen, sondern dass auch die Zeit Lorentz-transformiert werden muss. Als Folge dessen ändert sich bei der Betrachtung, welche Ereignisse tatsächlich als gleichzeitig erscheinen. Im Fall A des ruhenden Schlitzes durchquert der Stab den Schlitz parallel. Das bedeutet, dass sich das vordere und das hintere Ende des Stabes gleichzeitig zu einem bestimmten Zeitpunkt durch den Schlitz bewegen, das hintere Ende des Stabes am Ort $x_0 = 0$ und das vordere Ende des Stabes am Ort $x_1 = l$. Im Fall B ist jedoch die Gleichzeitigkeit des Hindurchtretens durch den Schlitz nicht gegeben. Für die Zeit $t'$ im Ruhesystem des Stabs gilt gemäß spezieller Lorentz-Transformation:

$$t' = \gamma\left(t - \frac{v_{\|}}{c_0^2}x\right) = \left(\sqrt{1 - \frac{v_{\|}^2}{c_0^2}}\right)^{-1} \cdot \left(t - \frac{v_{\|}}{c_0^2}x\right) \tag{10.33}$$

Wenn das hintere Ende des Stabes zum Zeitpunkt $t = 0$ am Ort $x_0 = 0$ den Schlitz durchquert, geschieht dies gemäß der Zeittransformation (Gl. (10.33)) zur Zeit $t' = 0$ im Ruhesystem des Stabes. Für das vordere Ende des Stabes, dass sich zum Zeitpunkt $t = 0$ am Ort $x_1 = l$ befindet, ereignet sich dies im Ruhesystem des Stabes zur Zeit $t' < 0$. Dies bedeutet, dass im Ruhesystem des Stabes dessen vordere Ende den Schlitz früher erreicht als das hintere Ende des Stabes. Anschaulich bedeutet, dass sich der Schlitz nicht parallel sondern verkippt zum Stab bewegt (Bild 10.9). Daraus folgt zum einen, dass gleichzeitige Ereignisse in einem Inertialsystem in einem zweiten, relativ dazu bewegten Inertialsystem nicht gleichzeitig ablaufen. Des Weiteren sind Geraden, die in einem Inertialsystem parallel verlaufen, in einem zweiten, relativ dazu bewegten Inertialsystem nicht parallel. Daraus folgt, dass Winkel zwischen Geraden von zwei sich relativ zueinander bewegenden Beobachtern unterschiedlich gemessen werden.

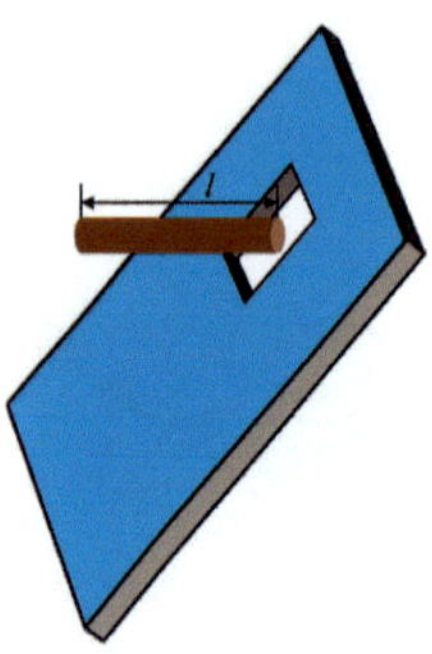


**Bild 10.9**
Zum Maßstabsparadoxon: Wird die Lorentz-transformierte Zeit berücksichtigt, bewegen sich Stab und Schlitz nicht mehr parallel aufeinander zu; die beiden Enden des Stabes durchqueren den Schlitz zu unterschiedlichen Zeitpunkten, sodass der Stab durch den Schlitz passt

### Relativistisches Additionstheorem für Geschwindigkeiten

Da gemäß dem Zweiten Einstein'schen Postulat die Vakuumlichtgeschwindigkeit in allen Inertialsystemen gleich ist, können Geschwindigkeiten im Rahmen der relativistischen Betrachtung nicht wie bei der Galilei-Transformation einfach vektoriell addiert werden. Vielmehr ist auch bei der Addition von Geschwindigkeiten die Lorentz-Transformation zu berücksichtigen. Beispielhaft sei ein Massepunkt oder ein Körper betrachtet, der sich in dem Inertialsystem $\Sigma'$ mit der Geschwindigkeit $\vec{u}' = \mathrm{d}\vec{r}'/\mathrm{d}t'$ bewegt. Gesucht ist die Geschwindigkeit $\vec{u} = \mathrm{d}\vec{r}/\mathrm{d}t$ des Massepunktes oder Körpers bezüglich des Inertialsystems $\Sigma$. Ausgehend von den Gl. (10.8a) und Gl. (10.8b) folgt durch Austauschen von $(t,\vec{r})$ und $(t',\vec{r}')$ sowie der Ersetzung von $\vec{v}$ durch $-\vec{v}$:

$$t = \gamma\left(t' + \frac{\vec{v}\cdot\vec{r}'}{c_0^2}\right) \tag{10.34a}$$

$$\vec{r} = \vec{r}' + (\gamma - 1)\frac{(\vec{v}\cdot\vec{r}')\,\vec{v}}{v^2} + \gamma\vec{v}\,t' \tag{10.34b}$$

In differentieller Form gilt somit ($\vec{v} = \text{konstant}$):

$$\mathrm{d}t = \gamma\left(\mathrm{d}t' + \frac{\vec{v}\cdot\mathrm{d}\vec{r}'}{c_0^2}\right) = \gamma\left(1 + \frac{\vec{v}\cdot\vec{u}'}{c_0^2}\right)\mathrm{d}t' \tag{10.35a}$$

$$\mathrm{d}\vec{r} = \mathrm{d}\vec{r}' + (\gamma - 1)\frac{(\vec{v}\cdot\mathrm{d}\vec{r}')\,\vec{v}}{v^2} + \gamma\vec{v}\,\mathrm{d}t' \tag{10.35b}$$

Durch Bildung des Differentialquotienten ergibt sich aus Gl. (10.35a) und Gl. (10.35b):

$$\frac{\mathrm{d}\vec{r}}{\mathrm{d}t} = \frac{1}{1 + \frac{\vec{v}\cdot\vec{u}'}{c_0^2}}\left(\frac{1}{\gamma}\frac{\mathrm{d}\vec{r}'}{\mathrm{d}t'} + \left(1 - \frac{1}{\gamma}\right)\frac{\vec{v}}{v^2}\cdot\frac{\mathrm{d}\vec{r}'}{\mathrm{d}t'}\vec{v} + \vec{v}\right) \tag{10.36}$$

Dies ergibt die gesuchte Gleichung für die Geschwindigkeit $\vec{u} = \mathrm{d}\vec{r}/\mathrm{d}t$ bezüglich des Inertialsystems $\Sigma$, das *relativistische Additionstheorem für Geschwindigkeiten*:

$$\frac{\mathrm{d}\vec{r}}{\mathrm{d}t} = \vec{u} = \frac{1}{1 + \frac{\vec{v}\cdot\vec{u}'}{c_0^2}}\left(\sqrt{1 - \frac{v^2}{c_0^2}}\,\vec{u}' + \left[\left(1 - \sqrt{1 - \frac{v^2}{c_0^2}}\right)\frac{\vec{v}\cdot\vec{u}'}{v^2} + 1\right]\vec{v}\right) \tag{10.37}$$

Für den Fall, dass sich der Massepunkt bzw. Körper im Inertialsystem $\Sigma'$ entlang der Verschiebungsrichtung beider Inertialsysteme bewegt (d. h. $\vec{u}' \uparrow\uparrow \vec{v}$), gilt für den Betrag der Geschwindigkeit im Inertialsystem $\Sigma$ (mit $\vec{u} \uparrow\uparrow \vec{v}$):

$$u = \frac{u' + v}{1 + \frac{u'v}{c_0^2}} \tag{10.38}$$

Im relativistischen Grenzfall ergibt sich für $u' = c_0$, dass auch $u = c_0$ unabhängig von $v$ gelten muss. Im nicht-relativistischen Grenzfall $\vec{v}\cdot\vec{u}' \ll c_0^2$ bzw. $\gamma \cong 1$ folgt die Beziehung $u = u' + v$, was der vektoriellen Addition bzw. der Addition von Beträgen von Geschwindigkeiten im

Rahmen der Galilei'schen Transformation entspricht. Das relativistische Additionstheorem für Geschwindigkeiten (Gl. (10.37)) ist mehrfach experimentell bestätigt worden. Wie die Längenmessung wird auch die Zeitmessung in verschiedenen Inertialsystemen durch deren Relativgeschwindigkeit beeinflusst.

## Relativistische Energie-Masse-Beziehung

In der speziellen Relativitätstheorie ist der Zusammenhang zwischen dem Impuls und der Geschwindigkeit eines Teilchens oder eines Körpers anders als in der klassischen Physik, bei der die Masse eines Teilchens oder eines Körpers unabhängig von seiner Geschwindigkeit ist. Im Rahmen der speziellen Relativitätstheorie wird die Masse so definiert, dass sie eine Lorentz-Invariante ist. Ausgangspunkt dafür ist die *relativistische Energie-Impuls-Relation*:

$$m = \frac{1}{c_0}\sqrt{\frac{E^2}{c_0^2} - \vec{p}^2} \quad \Leftrightarrow \quad m^2 c_0^4 = E^2 - \vec{p}^2 c_0^2 \tag{10.39}$$

Damit ist die so definierte Masse $m$ der durch die Vakuumlichtgeschwindigkeit $c_0$ dividierte Betrag des *Viererimpulses* $p^\mu = m u^\mu = (\gamma m c_0,\ \gamma m \vec{v}) = (E/c_0,\ \vec{p})$. Bei der Viererschreibweise wird zwischen der *kontravarianten* $x^\mu$ und der *kovarianten Darstellung* $x_\mu$ unterschieden. Für den Orts-Vierervektor gilt:

$$x^\mu = (ct, x, y, z) \tag{10.40a}$$

$$x_\mu = (x_0, x_1, x_2, x_3) = (ct, -x, -y, -z) \tag{10.40b}$$

Die erste Komponente des Orts-Vierervektors enthält die Zeitkoordinate und die drei weiteren Komponenten die drei Raumkoordinaten. Die Komponenten jedes kontravarianten Vierervektors $a^\mu$ werden mit der Lorentz-Transformation transformiert, während die Komponenten jedes kovarianten Vierervektors mit der kontragredienten (entgegengesetzten) Lorentz-Transformation transformiert werden.

Gemäß der Lorentz-Invarianz gilt für den Impuls $\vec{p}$ aus der klassischen Mechanik:

$$\vec{p} = \frac{m\vec{v}}{\sqrt{1 - \vec{v}^2/c_0^2}} = \gamma m \vec{v} \tag{10.41}$$

Durch die zeitliche Ableitung der *Vierergeschwindigkeit* $u^\mu = (\gamma c_0,\ \gamma \vec{v})$ nach der Eigenzeit $\tau$ ergibt sich die *Viererbeschleunigung* $\mathrm{d}u^\mu/\mathrm{d}\tau$:

$$\frac{\mathrm{d}u^\mu}{\mathrm{d}\tau} = \left(\frac{\gamma^4}{c_0}\vec{v}\cdot\vec{a}\ ,\ \gamma^4\vec{a} + \frac{\gamma^4}{c_0^2}\left[\vec{v}\times(\vec{v}\times\vec{a})\right]\right) \tag{10.42}$$

mit dem Ausdruck für die Beschleunigung in der klassischen Mechanik $\vec{a} = \mathrm{d}\vec{v}/\mathrm{d}t$. Für die *Viererkraft* (auch *Minkowski-Kraft* genannt) $K^\mu$ gilt die *Bewegungsgleichung der speziellen Relativitätstheorie*:

$$K^\mu = \frac{\mathrm{d}p^\mu}{\mathrm{d}\tau} = \gamma\frac{\mathrm{d}p^\mu}{\mathrm{d}t} = \left(\frac{\gamma}{c_0}\vec{v}\cdot\vec{F},\ \left[\vec{F} + (\gamma - 1)(\vec{v}\cdot\vec{F})\,\vec{v}\right]\right) \tag{10.43}$$

Dementsprechend ist der räumliche Anteil der Viererkraft $K^\mu$ im nicht-relativistischen Grenzfall $\gamma \cong 1$ gleich der Newton'schen Kraft $\vec{F}$ in der klassischen Mechanik.

Für die *relativistische Masse* gilt:

$$m_{\text{rel}}(v) = \frac{m}{\sqrt{1 - \vec{v}^2/c_0^2}} = \gamma m \tag{10.44}$$

Für $\vec{v} = 0$ bzw. im nicht-relativistischen Grenzfall $\gamma \cong 1$ gilt: $m_{\text{rel}}(v = 0) = m = m_0$. Die Größe $m_0$ heißt *Ruhemasse* und ist gleich der Masse eines Teilchens oder Körpers im Rahmen der klassischen Physik. In Bild 10.10 ist die Zunahme der relativistischen Masse in Abhängigkeit vom Verhältnis $v/c_0$ dargestellt. Beispielsweise hat die relativistische Massenzunahme einen Wert von 10 %, wenn $v/c_0 = 0{,}42$ gilt. Solch hohe und noch höhere Geschwindigkeiten sind jedoch bisher nur bei Elementarteilchen möglich.

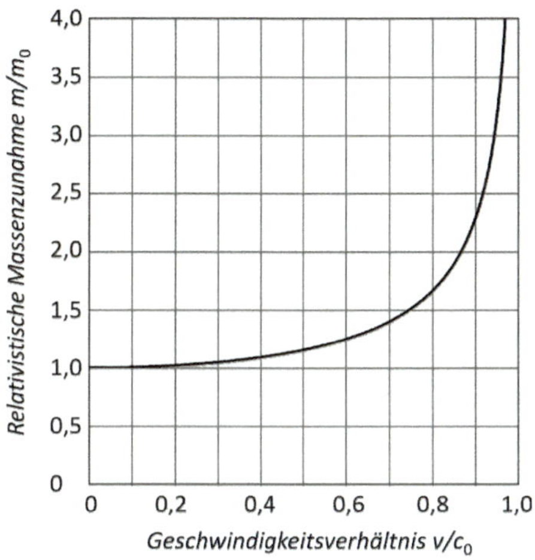


**Bild 10.10**
Relativistische Massenzunahme

Elektronen, die in einem elektrischen Feld beschleunigt werden, haben bei einer Beschleunigungsspannung $U$ von ca. 10 MV bereits fast die Vakuumlichtgeschwindigkeit erreicht ($v/c_0 \approx 0{,}999$). Bei einer weiteren Erhöhung der Beschleunigungsspannung $U$ wird die Energiezunahme $\Delta E$ allein durch den relativistische Massenzunahme verursacht. Somit gilt folgender Zusammenhang zwischen der vom Elektron aufgenommenen elektrischen Energie $eU$ und der relativistischen Massenzunahme $\Delta m_{\text{e}}$:

$$eU = \Delta m_e c_0^2 = \left(m_{\text{e}}(v) - m_{\text{e}0}\right) c_0^2 = \left(\frac{1}{\sqrt{1 - v^2/c_0^2}} - 1\right) m_{\text{e}0}\, c_0^2 \tag{10.45}$$

$m_{\text{e}0} = 9{,}109\,383\,701\,5 \cdot 10^{-31}$ kg ist die Ruhemasse und $e = 1{,}602\,176\,634 \cdot 10^{-19}$ A s ist der Betrag der Ladung des Elektrons (Elementarladung). Die Ruhemasse entspricht einer Ruheenergie des Elektrons von $m_{\text{e}0}\, c_0^2 \approx 0{,}511\,\text{MeV}$. Im Vergleich dazu ist die Ruhemasse bzw. die Ruheenergie des Protons um einen Faktor 1 836 größer. Aus Gl. (10.45) folgt für den Betrag der Elektronengeschwindigkeit:

$$v = c_0 \sqrt{1 - \frac{1}{\left(1 + \dfrac{eU}{m_{\text{e}0}\, c_0^2}\right)^2}} = c_0 \sqrt{1 - \frac{1}{\left(1 + 1{,}957\, U/\text{MV}\right)^2}} \tag{10.46}$$

Bei der zweiten Formel ist die Beschleunigungsspannung in der Einheit MV (Megavolt) einzusetzen. Für eine Beschleunigungsspannung von $U = 100$ kV ergibt sich bei nichtrelativistischer Betrachtung ein Geschwindigkeitswert von $1{,}88 \cdot 10^5$ km/s; während sich bei Berücksichtigung der relativistischen Massenzunahme gemäß Gl. (10.46) ein Geschwindigkeitswert von $1{,}65 \cdot 10^5$ km/s ergibt. In Tabelle 10.1 sind die relativistische Geschwindigkeit $v$, das relativistische Geschwindigkeitsverhältnis $v/c_0$, die relativistische Masse $m_e$ sowie das relativistische Massenverhältnis $m_e/m_{e0}$ von Elektronen für verschiedene Beschleunigungsspannungen $U$ angegeben.

**Tabelle 10.1** Relativistische Größen von Elektronen für verschiedene Beschleunigungsspannungen

| Beschleunigungsspannung $U$ in V | rel. Geschwindigkeit $v$ in $10^8$ m/s | rel. Geschwindigkeitsverhältnis $v/c_0$ | rel. Masse $m_e$ in $10^{-31}$ kg | rel. Massenverhältnis $m_e/m_{e0}$ |
|---|---|---|---|---|
| $10^1$ | 0,01876 | 0,006256 | 9,1096 | 1,0000 |
| $10^2$ | 0,05930 | 0,019781 | 9,1112 | 1,0002 |
| $10^3$ | 0,18728 | 0,062470 | 9,1272 | 1,0020 |
| $10^4$ | 0,58455 | 0,194986 | 9,2876 | 1,0196 |
| $10^5$ | 1,64353 | 0,548221 | 10,892 | 1,1957 |
| $10^6$ | 2,82129 | 0,941079 | 26,936 | 2,9570 |
| $10^7$ | 2,99438 | 0,998818 | 187,38 | 20,5695 |
| $10^8$ | 2,99789 | 0,999987 | 1791,8 | 196,695 |
| $10^9$ | 2,99792 | 1,000000 | 17835,7 | 1957,951 |

Für die relativistische Gesamtenergie $E(v)$ eines Teilchens bzw. eines Körpers gilt:

$$E(v) = \gamma\, m_0\, c_0^2 = \frac{m_0\, c_0^2}{\sqrt{1 - \vec{v}^2/c_0^2}} \tag{10.47}$$

Der Fall $E(v = 0) = E_0$ wird als *Ruheenergie* bezeichnet, für die die *Einstein'sche Masse-Energie-Beziehung* (auch als *Masse-Energie-Äquivalenz* bezeichnet) gilt:

$$E_0 = m_0\, c_0^2 \tag{10.48}$$

Dementsprechend bedeutet eine Änderung der inneren Energie bzw. der Ruheenergie $E_0$ eines Systems auch stets eine Änderung seiner Ruhemasse $m_0$. Aufgrund des großen Werts des Proportionalitätsfaktors in Form des Quadrats der Vakuumlichtgeschwindigkeit sind bei typischen Energieumsätzen des Alltags die Massenänderungen sehr klein und kaum messbar. In der Atom-, Kern- und Teilchenphysik ist die Einstein'sche Masse-Energie-Beziehung jedoch nicht mehr vernachlässigbar und ist wesentlich für die Energiebilanz von Prozessen wie der *Kernspaltung* und *Kernfusion* (Abschnitt 8.3.8).

Für die relativistische kinetische Energie gilt:

$$E_{\text{kin,rel}} = E(v) - E_0 = \left( \frac{1}{\sqrt{1 - \vec{v}^2/c_0^2}} - 1 \right) m_0\, c_0^2 = (\gamma - 1)\, m_0\, c_0^2 \tag{10.49}$$

Bei Anwendung der Taylor-Entwicklung (Gl. (10.6)) des Lorentz-Faktors $\gamma$ für kleine, nicht-relativistische Geschwindigkeiten $v \ll c_0$ ergibt sich für die relativistische kinetische Energie der aus der klassischen Mechanik ($m_0 = m$) bekannte Ausdruck:

$$E_{\text{kin,rel}} \approx \left(1 + \frac{\vec{v}^2}{2c_0^2} - 1\right) m_0\, c_0^2 = \frac{1}{2}\, m_0\, \vec{v}^2 = E_{\text{kin,klassisch}} \tag{10.50}$$

### Relativistischer Doppler-Effekt

Der relativistische Doppler-Effekt, der bei der Ausbreitung und insbesondere beim Senden und Empfangen von Licht bzw. elektromagnetischen Wellen relevant ist, ergibt sich aus dem klassischen (akustischen) Doppler-Effekt (C. A. Doppler, 1803–1853) für Schallwellen (Abschnitt 4.4.3) unter Beachtung des relativistischen Effekts der Zeitdilatation.

Beispielhaft sei ein punktförmiger Sender betrachtet, der in einem Inertialsystem $\Sigma$ an dessen Koordinatenursprung ruht und elektromagnetische Wellen in alle Raumrichtungen emittiert. Die Periodendauer $T$ der elektromagnetischen Wellen wird mit der Eigenzeit des Senders gleichgesetzt und für die Schwingungsfrequenz gilt $f = 1/T$. Eingetragen in ein Minkowski-Diagramm liegt die Weltlinie des ruhenden Senders auf der vertikalen Zeitachse, die durch die Periodendauer $T$ in äquidistante Abschnitte unterteilt wird (Bild 10.11). An jedem der durch einen Punkt auf der Zeitachse dargestellten Ereignis wird vom Sender ein Signal mit Vakuumlichtgeschwindigkeit emittiert, das von einem mit der Geschwindigkeit $v$ gleichförmig bewegten Empfänger registriert wird. Die Empfangs-Ereignisse werden ebenfalls durch Punkte auf der Weltlinie des Empfängers, der sich im hier betrachteten Beispiel vom Sender entfernt, dargestellt. In der Eigenzeit des Empfängers ist die Zeit zwischen zwei Empfangsereignissen $T'$, was einer Schwingungsfrequenz von $f' = 1/T'$ entspricht. Zur Berechnung von $T'$ bzw. $f'$ wird die Weltlinie des Empfängers verschoben, sodass sie durch den Koordinatenursprung des Inertialsystems $\Sigma$ (Ruhesystem des Senders) verläuft und das erste Sende-Ereignis mit dem ersten Empfangs-Ereignis zeitgleich stattfindet. Durch die Verschiebung der Weltlinie des Empfängers ändert sich jedoch nicht deren Winkel zur Ortsachse des Minkowski-Diagramms.

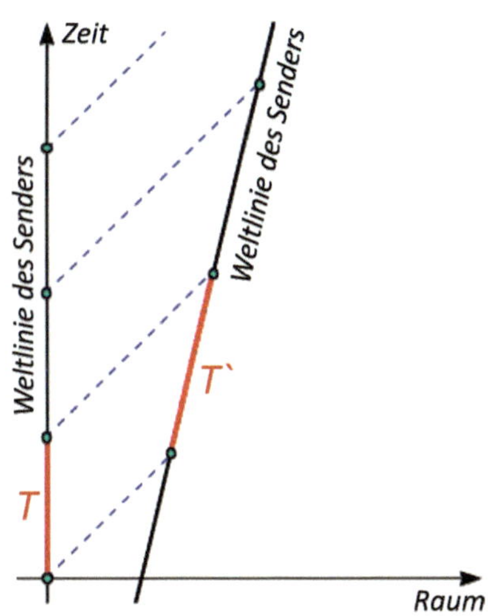


**Bild 10.11**
Minkowski-Diagramm beim relativistischen Doppler-Effekt

Die Gerade die durch das zweite Sende- und das davon zeitlich und räumlich getrennte zweite Empfangsereignis verläuft, wird beschrieben durch die Gleichung $x = c_0(t - T) = vt$. Daraus folgt: $t = c_0 T/(c_0 - v)$. Durch Anwendung der Gleichung für die Zeitdilation (Gl. (10.28)) folgt für den Zusammenhang zwischen $T'$ und $T$:

$$T' = t\sqrt{1-\frac{v^2}{c_0^2}} = \frac{c_0 T}{(c_0 - v)}\sqrt{1-\frac{v^2}{c_0^2}} = \sqrt{\frac{1+v/c_0}{1-v/c_0}}\,T \tag{10.51}$$

und für die Schwingungsfrequenzen $f = 1/T$ und $f' = 1/T'$ folgt der relativistische Doppler-Effekt:

$$f' = \sqrt{\frac{1-v/c_0}{1+v/c_0}}\,f = \sqrt{\frac{1-\beta}{1+\beta}}\,f < f \tag{10.52}$$

mit $v > 0$.

Gl. (10.52) gilt auch für den Fall, dass sich Sender und Empfänger aufeinander zubewegen. In diesem Fall ist jedoch $v < 0$, sodass dann gilt: $f' > f$. Gemäß dieser Betrachtung ist die Veränderung der Periodendauer bzw. der Schwingungsfrequenz eines Prozesses, dessen zeitliche Information durch Lichtsignale bzw. elektromagnetische Wellen übermittelt wird, eine Eigenschaft von Raum und Zeit. Im nicht-relativistischen Grenzfall ($v \ll c_0$) einer sehr kleinen Relativgeschwindigkeit zwischen Sender und Empfänger gilt: $f' \approx f$.

**Beispiele**

1. Bestimmen Sie, um wieviel sich die Länge eines Körpers $l = 9$ m verkürzt, wenn er sich mit einer Geschwindigkeit von $v = (3/4)\,c_0$ bewegt. $l' = l/\gamma = l\sqrt{1-v^2/c_0^2} = 5{,}95$ m. Die Länge des Körpers verkürzt sich somit um $\Delta l = l - l' = 3{,}05\text{ m} \approx l/3$.
2. Berechnen Sie die Zeitdehnung bei einer Geschwindigkeit von $v = (3/4)\,c_0$, wenn $\Delta t = 1$ s und $x_1 = x_2$ ist. Es gilt: $\Delta t' = \dfrac{\Delta t}{\sqrt{1-v^2/c_0^2}} = 1{,}51\text{ s}$. Die Zeitdehnung beträgt somit 0,51 s.
3. Einsteins Zwillings-Paradoxon: Ein Astronaut ist mit einem hypothetischen Raumschiff $\Delta t = 5$ Jahre nach seiner Uhr unterwegs. Bei seiner Rückkehr ist sein Zwillingsbruder auf der Erde inzwischen $\Delta t' = 25$ Jahre älter geworden. Das Zeitintervall $\Delta t$ des Inertialsystems $\Sigma$ (Raumschiff) erscheint im System $\Sigma'$ (Erde) größer. Berechnen Sie die Geschwindigkeit $v$ mit der das Raumschiff fliegen müsste, um diese Zeitdifferenz zu erreichen.
   Es gilt: $\dfrac{\Delta t'}{\Delta t} = \left(\sqrt{1-\dfrac{v^2}{c_0^2}}\right)^{-1} = 5$; daraus folgt $\beta^2 = \dfrac{v^2}{c_0^2} = \dfrac{24}{25}$ und damit $v = 0{,}98\,c_0$.
4. Ein Elektron bewegt sich mit 90 % der Vakuumlichtgeschwindigkeit. Berechnen Sie die relativistische Masse des Elektrons. Es gilt:
   $m_e = m_{e0}\left(\sqrt{1-\dfrac{v^2}{c_0^2}}\right)^{-1} = 2{,}29\,m_{e0}$.

5. Im Inertialsystem $\Sigma$ bewegt sich ein Teilchen parallel zur $x$-Achse mit der Geschwindigkeit $v_{x1} = 0{,}6\,c_0$, ein anderes, zweites Teilchen bewegt sich im selben Inertialsystem entgegengesetzt mit der Geschwindigkeit $v_{x2} = -0{,}5c_0$. Bestimmen Sie die Relativgeschwindigkeit des ersten Teilchens gegenüber dem zweiten Teilchen.

   Es muss die relativistische Addition der Geschwindigkeiten angewendet werden. Dazu wird angenommen, dass das Teilchen 2 im Inertialsystem $\Sigma$ ruht (also $v'_{x2} = 0$) und sich jedoch mit dem Inertialsystem $\Sigma'$ mit $v = v_{x2} = -0{,}5c_0$ parallel zur $x$-Achse bewegt. Dann ist $v'_{x1}$ die Geschwindigkeit des Teilchens 1 im Inertialsystem $\Sigma'$ und damit auch gesuchte die Relativgeschwindigkeit $v_{\text{rel}}$ der beiden Teilchen zueinander. Es gilt:

   $$v_{\text{rel}} = v'_{x1} = \frac{v_{x1} - v}{1 - v_{x1} v / c_0^2} = \frac{0{,}6c_0 - (-0{,}5c_0)}{1 - \left[0{,}6c_0(-0{,}5c_0)\right]/c_0^2} = 0{,}85c_0 .$$

6. Berechnen Sie die kinetische Energie eines Protons, welches sich mit einer Geschwindigkeit von 1 000 km/s bewegt.

   Mit $m_{\text{p0}} = 1{,}673 \cdot 10^{-27}$ kg und ergibt $m_{\text{p}} = m_{\text{p0}}\left(\sqrt{1 - \frac{v^2}{c_0^2}}\right)^{-1}$ sich

   $$E_{\text{kin}} = m_{\text{p}}\, c_0^2 - m_{\text{p0}}\, c_0^2 \left(\left(\sqrt{1 - \frac{v^2}{c^2}}\right)^{-1} - 1\right) = 5{,}22 \text{ keV} .$$

   Da die Geschwindigkeit des Protons nur 1/300 der Vakuumlichtgeschwindigkeit beträgt, liefert die Berechnung der kinetischen Energie im Rahmen der klassischen Physik den gleichen Wert: $E_{\text{kin}} = \frac{1}{2} m_{\text{p0}} v^2 = 5{,}22 \text{ keV}$.

7. Der Sender einer Rakete arbeitet mit einer Schwingungsfrequenz von $f =$ 10 GHz. Berechnen Sie die Änderung der Schwingungsfrequenz, wenn sich die Rakete mit der Geschwindigkeit von $v =$ 5 km/s auf einen Empfänger zu bewegt. Der Empfänger registriert die Schwingungsfrequenz

   $f' = f\sqrt{\frac{c_0 + v}{c_0 - v}} = 10{,}000\,17 \text{ GHz}$. Die Schwingungsfrequenz ändert sich somit um $\Delta f = f' - f = 170 \text{ kHz}$.

8. Ein Elektron wird auf die Energie von $E =$ 1 GeV beschleunigt. Berechnen Sie die relativistische Masse $m$ und die Geschwindigkeit $v$ des Elektrons. Aus $E = eU$ ergibt sich für die Beschleunigungsspannung ein Wert von $U =$ 1 GV. Daraus folgt für den Betrag der Geschwindigkeit des Elektrons $v = 0{,}9997\,c_0 \approx c_0$. Für die relativistische Masse gilt die Näherung:

   $$m \approx \frac{E}{c_0^2} 1{,}78 \cdot 10^{-27} \text{ kg} \approx 2\,000\, m_{\text{e0}} .$$

## 10.2 Grundlagen der allgemeinen Relativitätstheorie

Im Rahmen der speziellen Relativitätstheorie werden physikalische Prozesse aus der Sicht von inertialen, d. h. ruhenden oder sich mit konstanter Geschwindigkeit bewegenden Beobachtern beschrieben. Gemäß dem Ersten Einstein'schen Postulat (spezielles Relativitätsprinzip) ist dabei kein Inertialsystem ausgezeichnet, sodass der Verlauf und das Ergebnis jedes physikalischen Experimentes für alle Inertialsysteme und somit für alle inertialen Beobachter gleich sind. Die Bemühungen von A. Einstein den besonderen Status der Inertialsysteme aus der speziellen Relativitätstheorie zu eliminieren, führten zur Entwicklung der allgemeinen Relativitätstheorie (ART). Darin werden alle, insbesondere auch beliebig beschleunigte oder rotierende Bezugssysteme als gleichwertig betrachtet.

Entscheidend bei der Formulierung der allgemeinen Relativitätstheorie war Einsteins Erkenntnis, dass das Äquivalenzprinzip der klassischen Mechanik, wonach die schwere und die träge Masse eines Körpers zwei äquivalente Größen sind, ein Grundprinzip einer verallgemeinerten Theorie der Gravitation ist. Die träge Masse eines Körpers ist proportional zu der Kraft, die auf einen Körper wirken muss, um ihn zu beschleunigen. Die schwere Masse ist wiederum ein Maß für die gravitative Wirkung eines Körpers. Als Folge der Äquivalenz von schwerer und träger Masse werden beim freien Fall (d. h. im Vakuum ohne Reibungskräfte) alle Körper gleich beschleunigt und fallen damit gleich schnell zur Erde, was bereits G. Galilei (1564-1642) im Jahre 1636 erkannte. Erste experimentelle Überprüfungen der (klassischen) Äquivalenz von schwerer und träger Masse machten I. Newton (1643-1712) und F. W. Bessel (1784-1846) in Form von Pendelversuchen. Weitere Untersuchungen wurden Ende des 19. Jahrhunderts von L. Á. B. Eötvös (1848-1919) mit dem nach ihm benannten *Eötvös-Experiment* (einem Torsionspendelexperiment) durchgeführt. Quantitativ werden Experimente zum Nachweis der Äquivalenz von schwerer und träger Masse durch das *Eötvös-Verhältnis* $\eta$ beschrieben, dass ein Maß für den Unterschied zwischen schwerer und träger Masse ist. Definiert ist das Eötvös-Verhältnis als $\eta \equiv 2\left|a_1 - a_2\right| / \left|a_1 + a_2\right|$, wobei $a_1$ und $a_2$ die experimentell bestimmten Beschleunigungen zweier unterschiedlicher Testkörper sind. In dem Eötvös-Experiment aus dem Jahre 1909, bei dem das Verhältnis der Gewichtskraft, die proportional zur schweren Masse ist, und der Zentrifugalkraft, die proportional zur trägen Masse ist und durch die Erdrotation entsteht, für verschiedene Festkörper untersucht wurde, konnte eine Grenze von $\eta < 10^{-9}$ ermittelt werden. In modernen satellitengestützten Experimenten wie beispielsweise der STEP-Mission (Satellite Test of the Equivalence Principle) konnte die Grenze auf einen Wert von $\eta < 10^{-18}$ im Verhältnis zu dem Ergebnis von Eötvös deutlich gesenkt werden.

In der allgemeinen Relativitätstheorie wird das Äquivalenzprinzip in Form eines schwachen und eines starken Äquivalenzprinzips formuliert. Dies ergibt sich aus der Unterscheidung zwischen der *aktiven schweren Masse* (felderzeugende Masse), die ein Maß für die Stärke des von einem Körper erzeugten Gravitationsfeldes ist und der *passiven schweren Masse*, die ein dafür Maß ist, wie stark ein Körper auf die Wirkung eines ihn umgebenden Gravitationsfeldes reagiert. Die Äquivalenz von passiver schwerer und träger Masse wird als schwaches Äquivalenzprinzip formuliert, während die Äquivalenz von aktiver und passiver schwerer Masse als starkes Äquivalenzprinzip formuliert ist:

**Merke**

**Starkes Äquivalenzprinzip:** Gravitations- und Trägheitskräfte sind auf infinitesimal kleinen Abstands- und Zeitskalen in dem Sinn äquivalent, dass sie anhand ihren Wirkungen nicht unterschieden werden können.

*Eine alternative Formulierung des starken Äquivalenzprinzips lautet:* In einer infinitesimal kleinen Raum-Zeitregion sind die Gesetze der Physik, formuliert in einem frei fallenden Bezugssystem, die gleichen wie in Abwesenheit der Gravitation.

**Schwaches Äquivalenzprinzip:** Von allen Eigenschaften eines Körpers bestimmt allein seine Masse, welche Schwerkraft in einem gegebenen homogenen Gravitationsfeld auf den Körper.

*Eine alternative Formulierung des schwachen Äquivalenzprinzips lautet:* Für alle nicht-gravitativen Kraftfelder gilt lokal die spezielle Relativitätstheorie.

In dem starken Äquivalenzprinzip kommt Einsteins Erkenntnis zum Ausdruck, wonach ein Beobachter prinzipiell durch kein Experiment feststellen kann, ob er sich in einem frei fallenden Bezugssystem im Gravitationsfeld oder in einem Inertialsystem im Sinne der speziellen Relativitätstheorie befindet. Folglich entsprechen Trägheitskräfte, die in Nicht-Inertialsystemen auftreten, lokalen Gravitationskräften. Die Lokalität resultiert aus der Inhomogenität der Gravitationsfelder.

Ein weiterer, ebenfalls wesentlicher Ausgangspunkt bei der Entwicklung der allgemeinen Relativitätstheorie war das *Mach'sche Prinzip*, dass von E. Mach (1838–1916) erstmals im Jahre 1883 formuliert und zuerst von A. Einstein im Jahre 1918 so benannt wurde. Gemäß dem Mach'schen Prinzip kann die Bewegung eines Körpers nicht in Beziehung zum absoluten Raum, wie er von Newton postuliert und mit seinem Eimerexperiment motiviert wurde, betrachtet werden. Vielmehr sind die Relativbewegungen in Bezug zu allen anderen Körpern des Universums zu berücksichtigen. Dies hat insbesondere Konsequenzen bei der Definition von Inertialsystemen und die Wirkung von Trägheitskräften. Einstein ging von der dem Mach'schen Prinzip äquivalenten Annahme aus, dass die Trägheitskräfte eines Körpers nicht von dessen Bewegung relativ zu einem absoluten Raum, sondern von dessen Bewegung relativ zu den anderen Massen im Universum abhängen. Dementsprechend resultieren Trägheitskräfte aus der Wechselwirkung der Massen untereinander, und ein unabhängig von diesen Massen absoluter Raum existiert nicht. Als Folge dessen sollten beispielsweise bei rotierenden Körpern keine Zentrifugalkräfte auftreten, wenn das restliche Universum mitrotiert.

### 10.2.1 Einstein'sche Feldgleichungen

Die mathematischen Grundlagen der allgemeinen Relativitätstheorie und damit auch der Einstein'schen Feldgleichungen basieren aus den Arbeiten von J. C. F. Gauß (1777–1855), G. F. B. Riemann (1826–1866), E. B. Christoffel (1829–1900), G. Ricci-Curbastro (1853–1925) und T. Levi-Civita (1873–1941) auf dem Gebiet der Differentialgeometrie, in der unter anderem die Eigenschaften gekrümmter Flächen analysiert werden. Neben dem starken und dem schwachen Äquivalenzprinzip sowie dem Mach'schen Prinzip ist das Konzept der Raum-Zeit-Krümmung eine wesentliche Grundlage der allgemeinen Relativitätstheorie. Dieses Konzept ist dabei jedoch nicht unabhängig, sondern vielmehr eine Folgerung aus dem Äquivalenzprinzip und kann damit auch anschaulich erklärt werden. Grundlegend dafür ist der aus der Differentialgeometrie stammende Begriff des *Paralleltransports* (Parallelverschiebung), bei dem ein geometrisches Objekt entlang einer glatten (differenzierbaren) Kurve verschoben wird. Physikalisch bedeutet dies, dass die Ausrichtung des zu verschiebenden Körpers beibehalten wird bzw. dass beim Paralleltransport ein lokales Koordinatensystem mit dem Körper mitgeführt wird. Gemäß der speziellen Relativitätstheorie ist die Definition der Zeit von der Bewegung des Koordinatensystems abhängig. Eine konstante Zeitrichtung ist dabei nur für unbeschleunigte Koordinatensysteme gegeben. Dementsprechend bedeutet eine Verschiebung in Zeitrichtung in einer massenlosen Raum-Zeit, dass ein Körper relativ zum Koordinatensystem ruht und sich dann entlang der Zeitachse dieses Koordinatensystems bewegt.

Gemäß dem Äquivalenzprinzip entspricht ein Paralleltransport in einem Gravitationsfeld einer Verschiebung entlang der Zeitachse um ein Zeitintervall $\delta t$ einem freien Fall mit derselben Zeitdauer $\delta t$. Somit hat ein Paralleltransport in der Zeit eine Bewegung im Raum zur Folge. Da jedoch die Richtung des freien Falls vom Ort abhängig ist, ist es nicht dasselbe, ob ein Beobachter zuerst im Raum und dann in der Zeit parallel verschoben wird oder umgekehrt. Basierend auf dieser nicht-lokalen Betrachtung lässt sich mittels von Ableitungen auch ein infinitesimal kleiner Paralleltransport an einem einzelnen Punkt beschreiben. Das Maß für die Abweichung der Endpunkte bei Vertauschung der Reihenfolge von räumlicher und zeitlicher Verschiebung bei zwei Paralleltransporten ist der *Riemann'sche Krümmungstensor* (G. F. B. Riemann, 1826–1866), der ein Tensor 4. Stufe ist und die Krümmung von Räumen beliebiger Dimension beschreibt.

Die *Einstein'schen Feldgleichungen*, die auch als *Gravitationsgleichungen der allgemeinen Relativitätstheorie* bezeichnet werden, stellen einen Zusammenhang zwischen den Krümmungseigenschaften und der Energie-Impulsverteilung der Raum-Zeit her (Zitat von J. A. Wheeler, 1911–2008: „Die Raum-Zeit sagt der Materie, wie sie sich bewegen soll; die Materie sagt der Raum-Zeit, wie sie sich verzerren soll“). Die Einstein'schen Feldgleichungen lauten:

$$G_{\mu\nu} + \Lambda g_{\mu\nu} = R_{\mu\nu} - \frac{R}{2} g_{\mu\nu} + \Lambda g_{\mu\nu} = \frac{8\pi G}{c_0^4} T_{\mu\nu} = \kappa T_{\mu\nu} \tag{10.53}$$

Hierbei ist $G_{\mu\nu} = R_{\mu\nu} - R\, g_{\mu\nu}/2$ der Einstein-Tensor, $R_{\mu\nu}$ der *Ricci-Krümmungstensor*, der sich aus dem Riemann'schen Krümmungstensor durch Tensorverjüngung ergibt, $R$ ist der *Ricci-Krümmungsskalar* und $g_{\mu\nu}$ ist der *Metriktensor*, der einem verallgemeinerten Skalarprodukt für Vektoren der Raum-Zeit entspricht und mit dem Abstände und Winkel bestimmt werden können. Der Metriktensor ist ortsabhängig und bildet daher ein Tensorfeld, da die Krümmung der Raum-Zeit an verschiedenen Punkten meist verschieden ist. Die zweiten partiellen Ableitungen des Metriktensors sind im Riemann'schen Krümmungstensor enthalten. $\Lambda$ ist die *kosmologische Konstante*, die zur Beschreibung eines statischen Universums von A. Einstein im Jahre 1917 in die Einstein'schen Feldgleichungen einfügt wurde. Bei einem von Einstein damals angenommenen positiven Vorzeichen würde der Term $\Lambda g_{\mu\nu}$ mit der kosmologischen Konstante wie eine der gravitativen Anziehung entgegengesetzte Expansionskraft wirken. Nachdem jedoch E. P. Hubble (1889–1953) im Jahre 1924 die Expansion des Universums anhand der Galaxienflucht experimentell nachwies und A. A. Friedmann (1888–1925) sowie G. E. Lemaître (1894–1966) fast zur selben Zeit Lösungen der Einstein'schen Feldgleichungen in Form eines expandierenden Universums vorschlugen, verwarf A. Einstein Anfang der 1930er-Jahre die Idee der kosmologischen Konstante. Im Rahmen von aktuellen kosmologischen Modellen mit einem expandierenden Universum wird die kosmologische Konstante wieder berücksichtigt und es gilt: $\Lambda = 8\pi G \rho_{\text{vac}} / c_0^2 \approx \rho_{\text{vac}} 1{,}9 \cdot 10^{-26}$ m/kg ($\rho_{\text{vac}}$ ist die zeitlich konstante Energiedichte des Vakuums). Der Tensor $T_{\mu\nu}$ ist der *Energie-Impuls-Tensor*, der die lokale Massen-, Energiestrom-, Impuls- sowie die lokale Impulsstromdichte beschreibt und $\kappa = 8\pi G / c_0^4 = 2{,}076\,12 \cdot 10^{-43}\ \text{s}^2/(\text{m} \cdot \text{kg})$ ist die *Einstein'sche Gravitationskonstante* (*Einstein-Konstante*). Der Wert des Verhältnisses $\kappa / G = 8\pi / c_0^4$ zwischen der Einstein'schen und der (klassischen) Gravitationskonstanten $G = 6{,}674\,30 \cdot 10^{-11}\ \text{m}^3/(\text{kg} \cdot \text{s}^2)$ folgt aus dem Korrespondenzprinzip, wonach sich im nicht-relativistischen Grenzfall aus den Einstein'schen Feldgleichungen (Gl. (10.53)) das Newton'sche Gravitationsgesetz (Gl. (2.55) im Abschnitt 2.2.3) ergeben muss.

Die Einstein'schen Feldgleichungen (Gl. (10.53)) bilden ein System von 16 gekoppelten, nicht-linearen partiellen Differentialgleichungen 2. Ordnung. Alle in diesen Gleichungen auftretenden Tensorgrößen sind symmetrische Tensoren 2. Stufe (Matrizen) mit der Eigenschaft $G_{\mu\nu} = G_{\nu\mu}$, $g_{\mu\nu} = g_{\nu\mu}$, $R_{\mu\nu} = R_{\nu\mu}$ und $T_{\mu\nu} = T_{\nu\mu}$. Aufgrund dessen können die Einstein'schen Feldgleichungen zu einem System von 10 gekoppelten, nicht-linearen partiellen Differentialgleichungen 2. Ordnung für die Komponenten des Metriktensors $g_{\mu\nu}$ reduziert werden können. Trotz dieser Reduzierung sind die Einstein'schen Feldgleichungen bislang nur durch numerische Verfahren oder für hochsymmetrische Geometrien lösbar.

Allgemein werden die Lösungen der Einstein'schen Feldgleichungen als *Metriken* bezeichnet, die jeweils ein Feld metrischer Tensoren mit einer definierten Geometrie der Raum-Zeit darstellen. Die Minkowski-Metrik ist die einfachste Lösung und entspricht dem Fall einer flachen Raum-Zeit mit ausschließlich kleinen Massen, die die Raum-Zeit nicht krümmen. Der einfachste Fall einer Metrik mit einer großen kompakten Masse und einem kugelsymmetrischen Gravitationsfeld ist ein *schwarzes Loch*. Dabei wird zwischen den folgenden vier Metriken für schwarze Löcher unterschieden:

- **Schwarzschild-Metrik** wurde von K. Schwarzschild (1873–1916) im Jahre 1916 vorgeschlagen und beschreibt ein ungeladenes, nicht-rotierendes, punktförmiges schwarzes Loch. Die Schwarzschild-Metrik ist die zuerst vorgestellte und einfachste theoretische Beschreibung eines schwarzen Lochs.
- **Reissner-Nordstrom-Metrik** wurde von H. J. Reissner (1874–1967) und G. Nordström (1881–1923) im Jahre 1918 vorgeschlagen und beschreibt ein elektrisch geladenes, nicht-rotierendes, punktförmiges schwarzes Loch.
- **Kerr-Metrik** wurde von R. P. Kerr (*1934) im Jahre 1963 vorgeschlagen und beschreibt ein ungeladenes, rotierendes (nicht-punktförmiges) schwarzes Loch. Im Gegensatz zur Schwarzschild-Metrik ist bei der Kerr-Metrik die Singularität bei $r = 0$ ringförmig.
- **Kerr-Newman-Metrik** wurde R. P. Kerr und E. T. Newman (1929–2021) im Jahre 1965 vorgeschlagen und beschreibt ein elektrisch geladenes, rotierende (nicht-punktförmiges) schwarzes Loch. Für die Kosmologie sind jedoch nur die Fälle von ungeladenen schwarzen Löchern und damit nur die Schwarzschild- und die Kerr-Metrik relevant.

Obwohl die Einstein'schen Feldgleichungen auch sämtliche Informationen über die Auswirkungen der Raum-Zeit-Krümmung auf die Dynamik von Teilchen und Feldern enthält, werden sie nicht zu deren Berechnung verwendet. Dafür werden aus den Einstein'schen Feldgleichungen entsprechende Bewegungsgleichungen mittels der Parametrisierung einer frei gewählten Weltlinie eines Teilchens oder Körpers abgeleitet. Die sich ergebenden Bewegungsgleichungen sind eine Verallgemeinerung des Zweiten Newton'schen Gesetzes (Abschnitt 2.2.1) auf vier

Dimensionen der gekrümmten Raum-Zeit und lassen sich erst lösen, wenn der Metriktensor bekannt ist. Andererseits ist der Metriktensor erst bekannt, wenn die Bewegungsgleichungen vollständig gelöst sind. Für den Fall, dass auf das Teilchen bzw. den Körper keine Kraft wirkt, wird seine Weltlinie durch die *Geodätengleichungen* der gekrümmten Raum-Zeit beschrieben.

## 10.2.2 Experimentelle Tests

Als die allgemeine Relativitätstheorie zu Beginn des 20. Jahrhunderts von A. Einstein ausgearbeitet wurde, gab es dafür keine experimentellen Grundlagen. Sie wurde zunächst nur deshalb akzeptiert, da sie das Äquivalenzprinzip erfüllte und das Newton'sche Gravitationsgesetz sowie die spezielle Relativitätstheorie als Grenzfälle enthielt. Im Jahre 1916 schlug A. Einstein selbst drei Tests vor, die inzwischen als klassische Tests der allgemeinen Relativitätstheorie bezeichnet werden. Dies sind:

- die *Periheldrehung* der ellipsenförmigen Umlaufbahn des Merkurs um die Sonne,
- die gravitative Lichtablenkung und
- die gravitative Rotverschiebung des Lichts.

### Periheldrehung

Wie im Abschnitt 2.2.3 erläutert, gibt es bei einem klassischen Zwei-Körper-System mit Gravitationswechselwirkung oder mit anziehender Coulomb-Wechselwirkung, also mit einem Zentralpotential der Form $V(r) \propto -1/r$, neben der Gesamtenergie und dem Drehimpuls eine weitere, dritte Erhaltungsgröße. Dies ist der *Laplace-Runge-Lenz-Vektor* $\vec{A}$ (auch *Runge-Lenz-Vektor* oder *Lenz'scher Vektor* genannt nach P.-S. Laplace, 1749-1827, C. D. T. Runge, 1856-1927, und W. Lenz, 1888-1957). Bei Abweichungen vom anziehenden Zentralpotential der Form $V(r) \propto -1/r$, beispielsweise durch Berücksichtigung weiterer Planeten des Sonnensystems, Abweichungen des Zentralgestirns von der Kugelform sowie die Krümmung der Raum-Zeit, kommt es zu einer Drehung des Laplace-Runge-Lenz-Vektors, was als Periheldrehung bezeichnet wird. Der Planet bewegt sich als Folge dessen nicht mehr auf einer im Raum fixierten ellipsenförmigen Umlaufbahn, sondern auf einer rosettenartigen Umlaufbahn (Bild 2.21). Die Periheldrehung erfolgt dabei in gleicher Richtung wie der Planet das Zentralgestirn umläuft. Gemäß der Newton'schen Gravitationstheorie erwartet man beim Merkur eine Periheldrehung von ca. 531″ (Bogensekunden) pro Jahrhundert. Im Jahre 1859 stellte jedoch U. J. J. Le Verrier (1811-1877) bei seiner Analyse des Merkur-Umlaufs um die Sonne für den Zeitraum von 1697 bis 1848 eine Abweichung von 43″ pro Jahrhundert im Vergleich zur Vorhersage der Newton'schen Gravitationstheorie fest. Dies war im Rahmen der klassischen Physik nicht erklärbar. Erst A. Einstein konnte im Jahre 1915 in dem berühmten Vortrag mit dem Titel „Erklärung der Perihelbewegung des Merkurs aus der allgemeinen Relativitätstheorie" (vor der Königlich Preußischen Akademie der Wissenschaften in Berlin) zeigen, dass die Veränderung der Ausrichtung der Umlaufbahn durch die Raumkrümmung verursacht wird und somit die Abweichung von der Beobachtung sehr genau aufklären.

### Gravitative Lichtablenkung

Ende des 18. bzw. Anfang des 19. Jahrhunderts sagten H. Cavendish (1731-1810) und J. G. Soldner (1776-1833) voraus, dass das Licht entfernter Sterne durch Himmelskörper abgelenkt wird, wenn das Licht im Rahmen der Newton'schen Gravitationstheorie nicht als Welle sondern als Teilchen mit einer Masse aufgefasst wird. A. Einstein zeigte im Jahre 1911 mit seiner Arbeit „Über den Einfluss der Schwerkraft auf die Ausbreitung des Lichtes" (Annalen der Physik, Band 340, Nr. 10, 898–908, 1911), dass die gravitative Lichtablenkung direkt aus dem der allgemeinen Relativitätstheorie zugrundeliegenden Äquivalenzprinzip folgt. Dazu machte er folgendes Gedankenexperiment: In einem frei fallenden Labor wird von einer Seite ein Lichtstrahl ausgesandt, der sich für einen in dem Labor ruhenden Beobachter geradlinig mit der Lichtgeschwindigkeit ausbreitet und auf die gegenüberliegende Wand des Labors trifft. Für einen ruhenden Beobachter außerhalb des Labors, fällt dieses aufgrund der Schwerkraft in Richtung Erdboden. Somit wird für diesen Beobachter das Licht in dem frei fallenden Labor ebenfalls nach unten beschleunigt, sodass es sich für diesen Beobachter entlang einer gekrümmten Bahn ausbreitet. Demnach erscheinen Sterne, die sich, von der Erde aus gesehen, scheinbar in der Nähe der Sonne befinden, ein wenig verschoben, weil die Lichtstrahlen durch das Gravitationsfeld der Sonne gekrümmt werden (Bild 10.12). Im Jahre 1915 korrigierte A. Einstein seine Aussage aus dem Jahre 1911 durch Berücksichtigung der Raum-Zeit-Krümmung. Dabei wird der Raum radial gedehnt, wodurch Objekte in radialer Richtung kontrahiert erscheinen. Ein Beobachter, der sich selbst nahe der lichtablenkenden Masse befindet, wird dementsprechend die Vakuumlichtgeschwindigkeit als Geschwindigkeit des Lichtstrahls messen. Der entfernte Beobachter nimmt jedoch eine verringerte Geschwindigkeit wahr, die er als ortsabhängigen Brechungsindex beschreiben kann. Dementsprechend kann die Lichtablenkung auch als eine Art Brechung des Lichts interpretiert werden. Den im Verhältnis zur Raumkrümmung größeren Beitrag liefert jedoch die Zeitdilatation, da sie über die gesamte Wegstrecke wirksam ist. Einerseits wird dadurch die Wellenlänge des Lichtes verkürzt, wodurch sich die Wegzeit verlängert, und andererseits läuft diese Zeit auch noch langsamer ab.

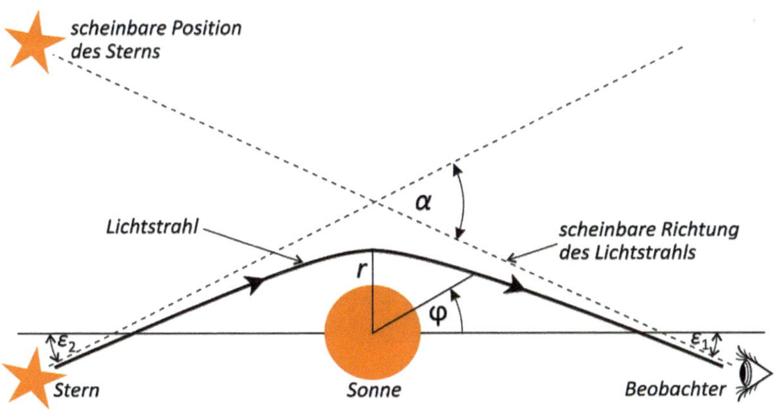


**Bild 10.12** Ablenkung des Lichts eines entfernten Sterns im Gravitationsfeld der Sonne

Gemäß der allgemeinen Relativitätstheorie ist der Winkel der Lichtablenkung $\delta$ im Gravitationsfeld der Sonne abhängig von deren Masse $m_{\text{Sonne}} = 1{,}988\,92 \cdot 10^{-30}$ kg und dem Abstand $r$ vom sonnennächsten Punkt der Bahn zum Mittelpunkt (Massenschwerpunkt) der Sonne. Für den Ablenkwinkel $\alpha$ gilt:

$$\alpha = \frac{4\,G\,m_{\text{Sonne}}}{r\,c_0} \tag{10.54}$$

$G = 6{,}674\,30 \cdot 10^{-11}\ \mathrm{m^3/(kg \cdot s^2)}$ ist die Gravitationskonstante und $c_0 = 299\,792\,458$ m/s ist die Vakuumlichtgeschwindigkeit. Unter der Annahme $r = R_{\mathrm{Sonne}} = 695\,300$ km (Sonnenradius) ergibt sich ein theoretischer Wert für den Ablenkwinkel von $\alpha = 1{,}75''$ (Bogensekunden).

Die erste Beobachtung der Ablenkung des Lichts entfernter Sterne im Gravitationsfeld der Sonne erfolgte durch A. S. Eddington (1882–1944) und F. W. Dyson (1868–1939) während der totalen Sonnenfinsternis vom 29. Mai 1919. Das Resultat war der Durchbruch der allgemeinen Relativitätstheorie und machte A. Einstein berühmt. Eine Erhöhung der Präzision der Messungen war mithilfe der Radioastronomie ab den 1960er-Jahren möglich. Die dabei bisher gemessenen Werte für den Ablenkwinkel $\delta$ liegen in einem Bereich von $1{,}57''$ bis $1{,}82''$ und sind somit in sehr guter Übereinstimmung mit dem im Rahmen der allgemeinen Relativitätstheorie bestimmten Wert. Der *Gravitationslinseneffekt* ist ebenfalls eine Folge der gravitativen Lichtablenkung.

## Gravitative Rotverschiebung des Lichts

Wie bei der gravitativen Lichtablenkung sagte A. Einstein auch die gravitative Rotverschiebung des Lichtes (auch als *Gravitations-Rotverschiebung* bezeichnet) bereits im Jahre 1907 mit dem der allgemeinen Relativitätstheorie zugrundeliegenden Äquivalenzprinzip voraus. Bei der Rotverschiebung ist die Wellenlänge des Lichts $\lambda$ gegenüber der ursprünglich ausgesandten Wellenlänge vergrößert. Als Folge dessen sind Spektral- oder Absorptionslinien innerhalb des Spektrums zum roten Wellenlängenbereich verschoben (Bild 10.13). Bei einer Verkürzung der Wellenlänge gegenüber der ursprünglich ausgesandten Wellenlänge sind die Spektral- oder Absorptionslinien zum blauen Wellenlängenbereich des Spektrums verschoben (*Blauverschiebung*). Für die Rot- bzw. Blauverschiebung sind mehrere Ursachen möglich:

- eine Relativbewegung zwischen Lichtquelle und Beobachter (relativistischer Doppler-Effekt in der speziellen Relativitätstheorie, Abschnitt 10.1.4),
- unterschiedliche Gravitationspotentiale von Lichtquelle und Beobachter (gravitative Rotverschiebung) und/oder
- ein expandierendes Universum zwischen Lichtquelle und Beobachter (Kosmologie).

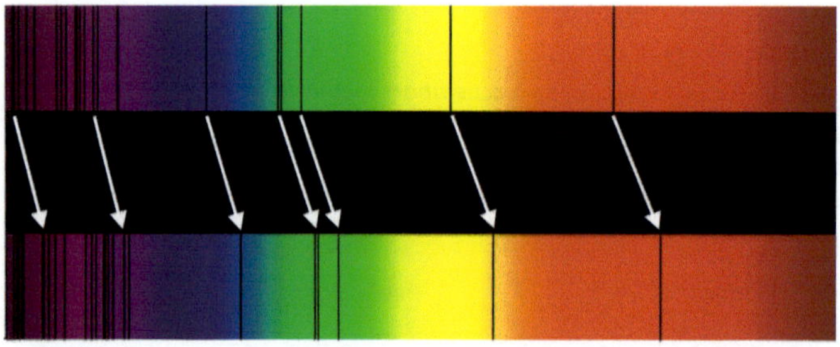

**Bild 10.13** Rotverschiebung der Absorptionslinien im Spektrum der weit entfernten (Entfernung 1 Milliarde Lichtjahre) Galaxie BAS11 (unten) im Vergleich den Absorptionslinien im Spektrum der Sonne (oben)

Die gravitative Rotverschiebung ist eine direkte Folge der *gravitativen Zeitdilatation* und ergibt sich damit bereits aus der speziellen Relativitätstheorie und dem Äquivalenzprinzip der allgemeinen Relativitätstheorie. Die gravitative Zeitdilatation beschreibt den relativen bzw. unterschiedlichen Zeitablauf von Systemen, die sich in verschiedenen Abständen zu einem Gravitationszentrum relativ zu diesem in Ruhe befinden. Aufgrund der Krümmung der Raumzeit misst jeder relativ zum Gravitationszentrum ruhende Beobachter für identische, jedoch in unterschiedlichen Entfernungen vom Gravitationszentrum ablaufende Prozesse unterschiedliche Zeitintervalle, bezogen auf seine Eigenzeit.

Der erste experimentelle Nachweis der gravitativen Rotverschiebung erfolgte durch W. S. Adams (1876–1956) im Jahre 1925 anhand des von dem Weißen Zwergstern Sirius B emittierten Lichtes. Eine wesentliche Steigerung der Genauigkeit erzielten R. V. Pound (1919–2010) und G. A. Rebka, Jr. (1931–2015) im Jahre 1960 mit dem nach ihnen benannten *Pound-Rebka-Experiment*. Dabei wurde mittels des *Mößbauer-Effektes* (R. L. Mößbauer, 1929–2011, Nobelpreis 1961) die gravitative Rotverschiebung der Gamma-Strahlung eines Co-57-Präparats im Gravitationsfeld der Erde für einen Höhenunterschied von 22,56 m (im Jefferson Turms der Harvard University, USA) gemessen. Mittels Raumsonden wurde Ende des 20. Jahrhunderts die gravitative Rotverschiebung auch für die Sonne und den Saturn experimentell nachgewiesen.

Die gravitative Rotverschiebung $\delta$ ergibt sich aus dem folgenden Verhältnis:

$$\frac{\lambda_{\text{Quelle}}}{\lambda_{\text{Empf}}} = \sqrt{\frac{1 - r_S/r_1}{1 - r_S/r_2}} = \frac{1}{1+\delta} \quad \Leftrightarrow \quad \delta = \frac{\lambda_{\text{Empf}}}{\lambda_{\text{Quelle}}} - 1 = \frac{\Delta\lambda}{\lambda_{\text{Quelle}}} \tag{10.55}$$

Dabei bezeichnen $\lambda_{\text{Quelle}}$ und $\lambda_{\text{Empf}}$ die Wellenlänge des von der Quelle emittierten Lichts bzw. die Wellenlänge, die der Empfänger wahrnimmt. $r_1$ ist der radiale Abstand der Quelle und $r_2$ der radiale Abstand des Empfängers bezüglich des Massenschwerpunktes einer nicht-rotierenden Masse $m$ mit dem *Schwarzschild-Radius* (K. Schwarzschild, 1873–1916) $r_S = 2Gm/c_0^2$. Der Schwarzschild-Radius $r_S$ ist bei statischen (nicht-rotierenden) schwarzen Löchern der Radius der Kugeloberfläche, die den *Ereignishorizont* darstellt. Dieser ist eine Grenzfläche in der Raum-Zeit, in dem Sinne, dass Ereignisse jenseits dieser Grenzfläche prinzipiell nicht sichtbar für Beobachter sind, die sich diesseits der Grenzfläche befinden. Bei großen Massen bzw. starken Gravitationsfeldern gilt für die gravitative Rotverschiebung $\delta$:

$$\delta = \left(\sqrt{1 - \frac{r_S}{r_0}}\right)^{-1} - 1 = \left(\sqrt{1 - \frac{2Gm}{r_0\, c_0^2}}\right)^{-1} - 1 \tag{10.56a}$$

$$\delta \cong \frac{Gm}{r_0\, c_0^2} + \frac{3}{2}\left(\frac{Gm}{r_0\, c_0^2}\right)^2 + \frac{5}{2}\left(\frac{Gm}{r_0\, c_0^2}\right)^3 + \frac{35}{8}\left(\frac{Gm}{r_0\, c_0^2}\right)^4 + \frac{63}{8}\left(\frac{Gm}{r_0\, c_0^2}\right)^5 + \ldots \tag{10.56b}$$

$r_0$ ist der Abstand zum Massenschwerpunkt des Himmelskörpers mit der Masse $m$, der die gravitative Rotverschiebung bewirkt. Aus der Taylor-Entwicklung (Gl. 10.56b) folgt die Näherung für kleine Massen bzw. schwache Gravitationsfelder: $\delta \approx Gm/\left(r_0\, c_0^2\right) = 2r_S/r_0$. Bei der Erde beträgt die gravitative Rotverschiebung $\delta = 7 \cdot 10^{-10}$, wenn für $r_0$ der Radius der Erde angenommen wird: $r_0 = R_{\text{Erde}} = 6\,370$ km. Bei der Sonne beträgt die gravitative Rotverschiebung hingegen $\delta = 2 \cdot 10^{-6}$ mit $r_0 = R_{\text{Sonne}} = 695\,300$ km. Bei einem Neutronenstern mit einer Masse von $m = 1{,}4 \cdot m_{\text{Sonne}}$ und einem Radius von $r_0 = R_{\text{Stern}} = 12$ km ergibt sich ein Wert für die gravitative Rotverschiebung von $\delta = 0{,}24$. Bei einem schwarzen Loch ist $r_0 = r_S = 2Gm/c_0^2$, sodass gemäß Gl. (10.56a) die gravitative Rotverschiebung gegen unendlich geht.

Die im Kapitel 10 dargestellten Aspekte sind die Grundlagen der speziellen und allgemeinen Relativitätstheorie. Für ein weiteres, vertiefendes Studium sollte der geneigte Leser auf Lehrbücher auf dem Gebiet der speziellen und allgemeinen Relativitätstheorie zurückgreifen.

# Fundamentale Konstanten

Folgende Tabelle zeigt die in diesem Buch vorkommenden fundamentalen Konstanten (Naturkonstanten). Die Tabelle beruht auf den vom Comitee on Data of Science and Technology (CODATA) veröffentlichten Werten.[1]

Ein * kennzeichnet die im SI exakt definierten Konstanten (siehe Abschnitt 1.2.1, Tabelle 1.2). Davon rechnerisch abgeleitete Konstanten sind mit der entsprechenden Gleichung angegeben. Sie sind ebenfalls exakt, werden in der Tabelle aber nur mit zehn Dezimalstellen angeführt. In der Spalte $\Delta x/\overline{x}$ wird die relative Unsicherheit angegeben, mit der die experimentell bestimmten Werte zurzeit bekannt sind.

| Bezeichnung | Symbol | Zahlenwert | Einheit | $\Delta x/\overline{x}$ |
|---|---|---|---|---|
| Newton'sche Gravitationskonstante | $G$ | $6{,}674\,30 \cdot 10^{-34}$ | $\frac{\mathrm{m}^3}{\mathrm{kg\,s}^2}$ | $2{,}2 \cdot 10^{-5}$ |
| * Frequenz des Hyperfeinstruktur-Übergangs in $^{133}$Cs | $\Delta f_{\mathrm{Cs}}$ | $9\,912\,631\,770$ | $\frac{1}{\mathrm{s}} = \mathrm{Hz}$ | exakt |
| * Lichtgeschwindigkeit im Vakuum | $c_0$ | $299\,792\,458$ | $\frac{\mathrm{m}}{\mathrm{s}}$ | exakt |
| * Planck'sches Wirkungsquantum | $h$ | $6{,}626\,070\,15 \cdot 10^{-34}$ | $\frac{\mathrm{kg\,m}^2}{\mathrm{s}} = \mathrm{J\,s}$ | exakt |
| reduziertes Planck'sches Wirkungsquantum | $\hbar = \frac{h}{2\pi}$ | $1{,}054\,571\,817 \cdot 10^{-34}$ | $\frac{\mathrm{kg\,m}^2}{\mathrm{s}} = \mathrm{J\,s}$ | exakt |
| * Elementarladung | $e$ | $1{,}602\,176\,634 \cdot 10^{-19}$ | A s | exakt |
| * Boltzmann-Konstante | $k_{\mathrm{B}}$ | $1{,}380\,649 \cdot 10^{-23}$ | $\frac{\mathrm{kg\,m}^2}{\mathrm{s}^2\,\mathrm{K}} = \frac{\mathrm{J}}{\mathrm{K}}$ | exakt |
| Vakuum-Permittivität | $\varepsilon_0$ | $8{,}854\,187\,812\,8 \cdot 10^{-12}$ | $\frac{\mathrm{A}^2\,\mathrm{s}^4}{\mathrm{kg\,m}^3} = \frac{\mathrm{F}}{\mathrm{m}}$ | $1{,}5 \cdot 10^{-10}$ |
| Vakuum-Permeabilität | $\mu_0$ | $1{,}256\,637\,062\,12 \cdot 10^{-6}$ | $\frac{\mathrm{kg\,m}}{\mathrm{A}^2\,\mathrm{s}^2}$ | $1{,}5 \cdot 10^{-10}$ |

[1] E. Tiesinga, P. J. Mohr, D. B. Newell, B. N. Taylor (2019): The 2018 CODATA Recommended Values of the Fundamental Physical Constants. Verfügbar unter: *http://physics.nist.gov/constants*

| Bezeichnung | Symbol | Zahlenwert | Einheit | $\Delta x/\overline{x}$ |
|---|---|---|---|---|
| Wellenwiderstand des Vakuums | $Z_0 = \sqrt{\frac{\mu_0}{\varepsilon_0}}$ | 376,730 313 667 | $\Omega = \frac{\mathrm{kg\,m^2}}{\mathrm{s^3\,A^2}}$ | $5{,}7 \cdot 10^{-10}$ |
| Masse des Elektrons | $m_e$ | $9{,}109\,383\,701\,5 \cdot 10^{-31}$ | kg | $3{,}0 \cdot 10^{-10}$ |
| Energieäquivalent | $m_e c_0^2$ | 0,510 998 950 00 | MeV | |
| Masse des Protons | $m_p$ | $1{,}672\,621\,923\,69 \cdot 10^{-27}$ | kg | $3{,}1 \cdot 10^{-10}$ |
| Energieäquivalent | $m_p c_0^2$ | 938,272 088 16 | MeV | |
| Masse des Neutrons | $m_n$ | $1{,}674\,927\,498\,04 \cdot 10^{-27}$ | kg | $5{,}7 \cdot 10^{-10}$ |
| Energieäquivalent | $m_n c_0^2$ | 939,565 420 52 | MeV | |
| atomare Masseneinheit | $u$ | $1{,}660\,539\,066\,60 \cdot 10^{-27}$ | kg | $3{,}0 \cdot 10^{-10}$ |
| Rydberg-Energie | $R_y$, $E_0$ | $2{,}179\,872\,361\,103 \cdot 10^{-18}$ | $\mathrm{J} = \frac{\mathrm{kg\,m^2}}{\mathrm{s^2}}$ | $1{,}9 \cdot 10^{-12}$ |
| | | 13,605 693 122 994 | eV | |
| Sommerfeld'sche Feinstruktur-konstante | $\alpha = \frac{e^2}{4\pi\varepsilon_0 \hbar c_0}$ | $7{,}297\,352\,569\,3 \cdot 10^{-3}$ | 1 | $1{,}1 \cdot 10^{-11}$ |
| Bohr'scher Radius | $a_0 = \frac{4\pi\varepsilon_0 \hbar^2}{e^2 m_e}$ | $5{,}291\,772\,109\,03 \cdot 10^{-11}$ | m | $1{,}5 \cdot 10^{-10}$ |
| Bohr'sches Magneton | $\mu_B = \frac{e\hbar}{2m_e}$ | $9{,}274\,010\,078\,3 \cdot 10^{-24}$ | $\mathrm{A\,m^2}$ | $3{,}0 \cdot 10^{-10}$ |
| | | $5{,}788\,381\,806\,0 \cdot 10^{-5}$ | $\frac{\mathrm{eV}}{\mathrm{T}}$ | |
| klassischer Elektronenradius | $r_e = \alpha^2 a_0 = \frac{e^2}{4\pi\varepsilon_0 m_e c_0^2}$ | $2{,}817\,940\,326\,2 \cdot 10^{-15}$ | m | $1{,}3 \cdot 10^{-11}$ |
| Compton-Wellenlänge des Elektrons | $\lambda_C = \frac{h}{m_e c_0}$ | $2{,}426\,310\,238\,67 \cdot 10^{-12}$ | m | $7{,}3 \cdot 10^{-12}$ |
| Kernmagneton | $\mu_N$ | $5{,}050\,783\,746\,1 \cdot 10^{-27}$ | $\mathrm{A\,m^2}$ | $3{,}1 \cdot 10^{-10}$ |
| | | $3{,}152\,451\,258\,44 \cdot 10^{-8}$ | $\frac{\mathrm{eV}}{\mathrm{T}}$ | |
| gyromagnetischer Faktor des Elektrons | $g_e$ | −2,002 319 304 362 56 | 1 | $1{,}7 \cdot 10^{-13}$ |
| magnetisches Dipolmoment des Elektrons | $\mu_e$ | $-9{,}284\,764\,704\,3 \cdot 10^{-24}$ | $\mathrm{A\,m^2}$ | $3{,}0 \cdot 10^{-10}$ |
| | $\mu_e/\mu_B$ | −1,001 159 652 181 28 | 1 | $1{,}7 \cdot 10^{-13}$ |
| magnetisches Dipolmoment des Protons | $\mu_p$ | $1{,}410\,606\,797\,36 \cdot 10^{-26}$ | $\mathrm{A\,m^2}$ | $4{,}2 \cdot 10^{-10}$ |
| magnetisches Dipolmoment des Neutrons | $\mu_n$ | $-9{,}662\,365\,1 \cdot 10^{-27}$ | $\mathrm{A\,m^2}$ | $2{,}4 \cdot 10^{-7}$ |

| Bezeichnung | Symbol | Zahlenwert | Einheit | $\Delta x/\overline{x}$ |
|---|---|---|---|---|
| magnetisches Flussquant | $\Phi_0 = \frac{h}{2e}$ | $2{,}067\,833\,848 \cdot 10^{-15}$ | $\text{Wb} = \text{V s} = \frac{\text{kg m}^2}{\text{s}^2\ \text{A}}$ | exakt |
| Josephson-Konstante | $K_J = \frac{2e}{h}$ | $4{,}835\,978\,484 \cdot 10^{-14}$ | $\text{Wb}^{-1} = \frac{\text{s}^2\ \text{A}}{\text{kg}^{\ 2}}$ | exakt |
| Von-Klitzing-Konstante | $R_K = \frac{h}{e^2}$ | 25 812,807 45 | $\Omega = \frac{\text{kg m}^2}{\text{s}^3\ \text{A}^2}$ | exakt |
| * Avogadro-Konstante | $N_A$ | $6{,}022\,140\,76 \cdot 10^{23}$ | $\frac{1}{\text{mol}}$ | exakt |
| Faraday-Konstante | $F = e N_A$ | 96 485,332 12 | $\frac{\text{As}}{\text{mol}}$ | exakt |
| * Photometrisches Strahlungsäquivalent | $K_{cd}$ | 683 | $\frac{\text{cd sr s}^3}{\text{kg m}^2} = \frac{\text{lm}}{\text{W}}$ | exakt |
| Stefan-Boltzmann-Konstante | $\sigma = \frac{\pi^2}{60} \frac{k^4}{\hbar^3 c_0^2}$ | $5{,}670\,374\,419 \cdot 10^{-8}$ | $\frac{\text{kg}}{\text{s}^3\ \text{K}^4} = \frac{\text{W}}{\text{m}^2\ \text{K}^4}$ | exakt |
| Wien-Konstante | $b = \frac{h c_0}{k_B}$ | $2{,}897\,771\,955 \cdot 10^{-3}$ | m K | exakt |
| universelle Gaskonstante | $R = N_A k_B$ | 8,314 462 618 153 24 | $\frac{\text{kg m}^2}{\text{s}^2\ \text{K mol}} = \frac{\text{J}}{\text{K mol}}$ | exakt |

# Einheiten

Die Angaben über die SI-Einheiten beruhen auf der aktuellen offiziellen SI-Broschüre des BIPM.[1]

## Basisgrößen und -einheiten des SI

| Basisgröße | Einheit | Zeichen |
|---|---|---|
| Zeit | Sekunde | s |
| Länge | Meter | m |
| Masse | Kilogramm | kg |
| Stromstärke | Ampere | A |
| Temperatur | Kelvin | K |
| Stoffmenge | Mol | mol |
| Lichtstärke | Candela | cd |

[1] The International System of Units 9th edition, BIPM (2019): V.2.01 (2022). Abrufbar unter: *https://www.bipm.org/en/publications/si-brochure*

# Abgeleitete Einheiten

Einige abgeleitete Einheiten des SI haben aus praktischen oder historischen Gründen eigene Namen. Sie beruhen als kohärente, abgeleitete Einheiten auf den SI-Basiseinheiten.

| Größe | Einheit | Zeichen | SI-Basiseinheit | häufige Schreibweise |
|---|---|---|---|---|
| ebener Winkel | Radiant | rad | 1 | 1 |
| Raumwinkel | Steradiant | sr | 1 | 1 |
| Frequenz | Hertz | Hz[a] | $\frac{1}{s}$ | Hz |
| Kraft | Newton | N | $\frac{kg\,m}{s^2}$ | N |
| Druck | Pascal | Pa | $\frac{kg}{m\,s^2}$ | $\frac{N}{m^2}$, Pa |
| Energie, Arbeit, Wärmemenge | Joule | J | $\frac{kg\,m^2}{s^2}$ | N m, W s |
| Leistung | Watt | W | $\frac{kg\,m^2}{s^3}$ | $\frac{J}{s}$, VA, var |
| elektrische Ladung | Coulomb | C | A s | C |
| elektrische Spannung | Volt | V | $\frac{kg\,m^2}{A\,s^3}$ | V, $\frac{W}{A}$ |
| elektrische Kapazität | Farad | F | $\frac{A^2\,s^4}{kg\,m^2}$ | F, $\frac{C}{V}$ |
| elektrischer Widerstand | Ohm | Ω | $\frac{kg\,m^2}{A^2\,s^3}$ | Ω, $\frac{V}{A}$ |
| elektrischer Leitwert | Siemens | S | $\frac{A^2\,s^3}{kg\,m^2}$ | S, $\frac{A}{V}$ |
| magnetischer Fluss | Weber | Wb | $\frac{kg\,m^2}{A\,s^2}$ | Wb, V s |
| magnetische Flussdichte | Tesla | T | $\frac{kg}{A\,s^2}$ | T, $\frac{Wb}{m^2}$ |
| Induktivität | Henry | H | $\frac{kg\,m^2}{A^2\,s^2}$ | H, $\frac{Wb}{A}$ |
| Celsius-Temperatur | Grad Celsius | °C[b] | K | K |
| Lichtstrom | Lumen | lm | cd sr | cd sr |
| Beleuchtungsstärke | Lux | lx | $\frac{cd\,sr}{m^2}$ | $\frac{lm}{m^2}$ |
| (Radio-)Aktivität | Becquerel | Bq[a] | $\frac{1}{s}$ | $\frac{1}{s}$ |

| Größe | Einheit | Zeichen | SI-Basiseinheit | häufige Schreibweise |
|---|---|---|---|---|
| Energiedosis | Gray | Gy | $\frac{m^2}{s^2}$ | $\frac{J}{kg}$ |
| Äquivalentdosis | Sievert | Sv | $\frac{m^2}{s^2}$ | $\frac{J}{kg}$ |

[a] Die Einheit Hz wird nur für periodische Vorgänge, die Einheit Bq nur für die stochastische Aktivität von Radionukliden benutzt.
[b] Nur für Temperaturdifferenzen ist der Wert in °C und in K derselbe.

# Größen und ihre Einheiten

In den folgenden Tabellen sind zu den Kapiteln 2 bis 9 die wichtigsten Größen mit Symbol, SI-Basis-Einheit und gegebenenfalls gebräuchlicher Einheit aufgelistet. Größen, die in Abschnitt 2.2 schon genannt wurden, sind hier nicht noch einmal aufgeführt.

## Zu Kapitel 2 – Mechanik

| Bezeichnung | Symbol | SI-Basiseinheit | gebräuchliche Einheit |
|---|---|---|---|
| Beschleunigung | $\vec{a}$ | $\frac{\text{m}}{\text{s}^2}$ | $\frac{\text{m}}{\text{s}^2}$ |
| Drehimpuls | $\vec{\ell}, \vec{L}$ | $\frac{\text{kg m}^2}{\text{s}}$ | J s |
| Drehmoment | $\vec{M}$ | $\frac{\text{kg m}^2}{\text{s}^2}$ | N m |
| Elastizitätsmodul | $E$ | $\frac{\text{kg}}{\text{m s}^2}$ | $\frac{\text{N}}{\text{m}^2}$ |
| Energie, kinetische | $E_{\text{kin}}$ | $\frac{\text{kg m}^2}{\text{s}^2}$ | J |
| Energie, potentielle | $E_{\text{pot}}$ | $\frac{\text{kg m}^2}{\text{s}^2}$ | J |
| Geschwindigkeit | $\vec{v}$ | $\frac{\text{m}}{\text{s}}$ | $\frac{\text{m}}{\text{s}}$ |
| Impuls | $\vec{p}$ | $\frac{\text{kg m}}{\text{s}}$ | $\frac{\text{kg m}}{\text{s}}$ |
| Rotationsenergie | $E_{\text{rot}}$ | $\frac{\text{kg m}^2}{\text{s}^2}$ | J |
| Trägheitsmoment, Trägheitstensor | $J, \hat{J}$ | kg $\text{m}^2$ | kg $\text{m}^2$ |
| Translationsenergie | $E_{\text{trans}}$ | $\frac{\text{kg m}^2}{\text{s}^2}$ | J |
| Winkelbeschleunigung | $\alpha$ | $\frac{1}{\text{s}^2}$ | $\frac{\text{rad}}{\text{s}^2}$ |
| Winkelgeschwindigkeit | $\omega$ | $\frac{1}{\text{s}}$ | $\frac{\text{rad}}{\text{s}}$ |

## Zu Kapitel 3 – Strömungsmechanik

| Bezeichnung | Symbol | SI-Basiseinheit | gebräuchliche Einheit |
|---|---|---|---|
| Auftriebsbeiwert | $c_A$ | 1 | 1 |
| Auftriebskraft | $F_A$ | $\frac{\text{kg m}}{\text{s}^2}$ | N |
| Druck, dynamischer | $p_{dyn}$ | $\frac{\text{kg}}{\text{m s}^2}$ | Pa |
| Druck, geodätischer | $p_{geo}$ | $\frac{\text{kg}}{\text{m s}^2}$ | Pa |
| Druck, statischer | $p_{sta}$ | $\frac{\text{kg}}{\text{m s}^2}$ | Pa |
| dynamische Viskosität | $\eta$ | $\frac{\text{kg}}{\text{m s}}$ | $\frac{\text{N s}}{\text{m}^2}$ |
| kinematische Viskosität | $\nu$ | $\frac{\text{m}^2}{\text{s}}$ | $\frac{\text{m}^2}{\text{s}}$ |
| Kompressibilität | $\kappa$ | $\frac{\text{m s}^2}{\text{kg}}$ | $\frac{\text{m}^2}{\text{N}}$ |
| Kompressionsmodul | $K$ | $\frac{\text{kg}}{\text{m s}^2}$ | $\frac{\text{N}}{\text{m}^2}$ |
| Oberflächenspannung | $\sigma$ | $\frac{\text{kg}}{\text{s}^2}$ | $\frac{\text{N}}{\text{m}} = \frac{\text{J}}{\text{m}^2}$ |
| Schubspannung, Scherspannung | $\tau$ | $\frac{\text{kg}}{\text{m s}^2}$ | $\frac{\text{N}}{\text{m}^2}$ |
| Strömungswiderstand | $F_W$ | $\frac{\text{kg m}}{\text{s}^2}$ | N |
| Strömungswiderstandsbeiwert | $c_W$ | 1 | 1 |
| Volumenstrom | $\dot{V}$ | $\frac{\text{m}^3}{\text{s}}$ | $\frac{\text{m}^3}{\text{s}}$ |
| Volumenviskosität | $\zeta$ | $\frac{\text{kg}}{\text{m s}}$ | $\frac{\text{N s}}{\text{m}^2}$ |

## Zu Kapitel 4 – Schwingungen und Wellen

| Bezeichnung | Symbol | SI-Basiseinheit | gebräuchliche Einheit |
|---|---|---|---|
| Abklingkonstante | $\delta$ | $\frac{1}{s}$ | $\frac{1}{s}$ |
| Auslenkung, Amplitude | $y, \hat{y}$ | m | m |
| Dämpfungskonstante | $\beta$ | $\frac{kg}{s}$ | $\frac{kg}{s}$ |
| Gruppengeschwindigkeit | $c_G$ | $\frac{m}{s}$ | $\frac{m}{s}$ |
| Gütefaktor | $Q$ | 1 | 1 |
| Kreisfrequenz | $\omega$ | $\frac{1}{s}$ | Hz |
| Periodendauer | $T$ | s | s |
| Phasengeschwindigkeit | $c_P$ | $\frac{m}{s}$ | $\frac{m}{s}$ |
| Schallgeschwindigkeit (in Luft) | $c_{Luft}$ | $\frac{m}{s}$ | $\frac{m}{s}$ |
| Schallkennimpedanz | $Z_F$ | $\frac{kg}{m^2\,s}$ | $\frac{kg}{m^2\,s}$ |
| Schwingungsfrequenz | $f, \nu$ | $\frac{1}{s}$ | Hz |
| Wellenlänge | $\lambda$ | m | m |
| Wellenvektor | $\vec{k}$ | $\frac{1}{m}$ | $\frac{1}{m}$ |
| Wellenzahl | $k = \lvert\vec{k}\rvert$ | $\frac{1}{m}$ | $\frac{1}{m}$ |

## Zu Kapitel 5 – Thermodynamik

| Bezeichnung | Symbol | SI-Basiseinheit | gebräuchliche Einheit |
|---|---|---|---|
| Energie, freie | $F$ | $\frac{\text{kg m}^2}{\text{s}^2}$ | J |
| Energie, innere | $U$ | $\frac{\text{kg m}^2}{\text{s}^2}$ | J |
| Enthalpie | $H$ | $\frac{\text{kg m}^2}{\text{s}^2}$ | J |
| Entropie | $S$ | $\frac{\text{kg m}^2}{\text{s}^2\text{ K}}$ | $\frac{\text{J}}{\text{K}}$ |
| Gibbs-Energie (freie Enthalpie) | $G$ | $\frac{\text{kg m}^2}{\text{s}^2}$ | J |
| Isentropenexponent (Adiabatenexponent) | $\kappa$ | 1 | 1 |
| Kompressibilitätsfaktor | $Z$ | 1 | 1 |
| molare Masse | $M$ | $\frac{\text{kg}}{\text{mol}}$ | $\frac{\text{kg}}{\text{mol}}$ |
| molare Wärmekapazität | $c_{\text{mol}}$ | $\frac{\text{kg m}^2}{\text{s}^2\text{ K mol}}$ | $\frac{\text{J}}{\text{K mol}}$ |
| molares Volumen | $V_{\text{mol}}$ | $\frac{\text{l}}{\text{mol}}$ | $\frac{\text{l}}{\text{mol}}$ |
| spezifische Ausstrahlung in der Frequenzdarstellung | $\phi_\nu(\nu,T)$ | $\frac{\text{kg}}{\text{s}^2}$ | $\frac{\text{J}}{\text{m}^2}$ |
| spezifische Ausstrahlung in der Wellenlängendarstellung | $\phi_\lambda(\lambda,T)$ | $\frac{\text{kg}}{\text{s}^3\text{ m}}$ | $\frac{\text{W}}{\text{m}^3}$ |
| spezifische Schmelzwärme | $q_{\text{S}}$ | $\frac{\text{m}^2}{\text{s}^2}$ | $\frac{\text{J}}{\text{kg}}$ |
| spezifische Verdampfungswärme | $q_{\text{V}}$ | $\frac{\text{m}^2}{\text{s}^2}$ | $\frac{\text{J}}{\text{kg}}$ |
| spezifische Wärmekapazität | $c_{\text{p}}$, $c_{\text{V}}$ | $\frac{\text{m}^2}{\text{s}^2\text{ K}}$ | $\frac{\text{J}}{\text{K kg}}$ |
| Strahlungsfluss | $\Phi_{\text{eS}}$ | $\frac{\text{kg m}^2}{\text{s}^3}$ | W |
| Teilchenzahl | $N$ | 1 | 1 |
| thermischer Wirkungsgrad | $\eta$ | 1 | 1 |
| Wärme | $Q$ | $\frac{\text{kg m}^2}{\text{s}^2}$ | J |
| Wärmekapazität | $C$ | $\frac{\text{kg m}^2}{\text{s}^2\text{ K}}$ | $\frac{\text{J}}{\text{K}}$ |

| Bezeichnung | Symbol | SI-Basiseinheit | gebräuchliche Einheit |
|---|---|---|---|
| Wärmeleitfähigkeit | $\lambda$ | $\frac{\text{kg m}}{\text{s}^3\text{ K}}$ | $\frac{\text{W}}{\text{m K}}$ |
| Wärmestrom | $\Phi$ | $\frac{\text{kg Wm}^2}{\text{s}^3}$ | W |
| Wärmewiderstand | $R_{\text{th}}$ | $\frac{\text{K s}^3}{\text{kg m}^2}$ | $\frac{\text{K}}{\text{W}}$ |

## Zu Kapitel 6 – Elektrodynamik

| Bezeichnung | Symbol | SI-Basiseinheit | gebräuchliche Einheit |
|---|---|---|---|
| Beweglichkeit | $\mu$ | $\frac{\text{A s}^2}{\text{kg}}$ | $\frac{\text{m}^2}{\text{V s}}$ |
| Blindleistung | $Q$ | $\frac{\text{kg m}^2}{\text{s}^3}$ | var |
| Blindwiderstand, induktiver/kapazitiver | $X_L, X_C$ | $\frac{\text{kg m}^2}{\text{A}^2\text{ s}^3}$ | $\Omega$ |
| elektrische Flussdichte | $\vec{D}$ | $\frac{\text{A s}}{\text{m}^2}$ | $\frac{\text{A s}}{\text{m}^2}$ |
| elektrische Leitfähigkeit, spezifische | $\sigma$ | $\frac{\text{A}^2\text{ s}^3}{\text{kg m}^3}$ | $\frac{\text{S}}{\text{m}}$ |
| elektrische Polarisation | $\vec{P}$ | $\frac{\text{A s}}{\text{m}^2}$ | $\frac{\text{A s}}{\text{m}^2}$ |
| elektrische Stromdichte | $\vec{j}$ | $\frac{\text{A}}{\text{m}^2}$ | $\frac{\text{A}}{\text{m}^2}$ |
| elektrischer Widerstand, spezifischer | $\varrho$ | $\frac{\text{kg m}^3}{\text{A}^2\text{ s}^3}$ | $\Omega$ m |
| elektrisches Dipolmoment | $\vec{p}$ | A s m | C m |
| elektrisches Feld | $\vec{E}$ | $\frac{\text{kg m}}{\text{A s}^3}$ | $\frac{\text{V}}{\text{m}}$ |
| elektrisches Potential | $\varphi$ | $\frac{\text{kg m}^2}{\text{A s}^3}$ | V |
| Ladungsdichte, Fläche/Volumen | $\sigma$, $\varrho_{\text{q}}$ | $\frac{\text{A s}}{\text{m}^2}, \frac{\text{A s}}{\text{m}^3}$ | $\frac{\text{A s}}{\text{m}^2}, \frac{\text{A s}}{\text{m}^3}$ |
| magnetische Feldstärke, Erregung | $\vec{H}$ | $\frac{\text{A}}{\text{m}}$ | $\frac{\text{A}}{\text{m}}$ |
| magnetische Induktion, Flussdichte | $\vec{B}$ | $\frac{\text{kg}}{\text{A s}^2}$ | T |
| magnetische Polarisation | $\vec{J}$ | $\frac{\text{kg}}{\text{A s}^2}$ | T |

| Bezeichnung | Symbol | SI-Basiseinheit | gebräuchliche Einheit |
|---|---|---|---|
| magnetisches Dipolmoment, Ampere | $\vec{m}_A, \vec{\mu}_L, \vec{\mu}_S$ | $A\,m^2$ | $A\,m^2$ |
| magnetisches Dipolmoment, Coulomb | $\vec{\mu}_C$ | $\frac{kg\,m^3}{A\,s^2}$ | $\frac{kg\,m^3}{A\,s^2}$ |
| Magnetisierung | $\vec{M}$ | $\frac{A}{m}$ | $\frac{A}{m}$ |
| Poynting-Vektor | $\vec{S}$ | $\frac{kg}{s^3}$ | $\frac{W}{m^2}$ |
| Scheinleistung | $S$ | $\frac{kg\,m^2}{s^3}$ | VA |
| Scheinleitwert | $Y$ | $\frac{A^2\,s^3}{kg\,m^2}$ | $\frac{1}{\Omega}$ |
| Strahlungsflussdichte | $\Phi$ | $\frac{kg}{s^3}$ | $\frac{W}{m^2}$ |
| Wellenwiderstand | $Z$ | $\frac{kg\,m^2}{A^2\,s^3}$ | $\Omega$ |
| Wirkleistung | $P$ | $\frac{kg\,m^2}{s^3}$ | W |

## Zu Kapitel 7 – Optik

| Bezeichnung | Symbol | SI-Basiseinheit | gebräuchliche Einheit |
|---|---|---|---|
| Abbe-Zahl | $\nu_e$ | 1 | 1 |
| Bestrahlungsstärke | $E_e$ | $\frac{kg}{s^3}$ | $\frac{W}{m^2}$ |
| brechender Winkel | $\gamma$ | rad | rad |
| Brechkraft | $D$ | $\frac{1}{m}$ | dpt (Dioptrie) |
| Lichtstrom | $\Phi_v$ | lm | lm |
| numerische Apertur | $A_N$ | 1 | 1 |
| Strahlstärke | $I_e$ | $\frac{kg\,m^2}{s^3}$ | $\frac{W}{sr}$ |
| Strahlungsfluss | $\Phi_e$ | $\frac{kg\,m^2}{s^3}$ | W |

## Zu Kapitel 8 – Quantenphysik

| Bezeichnung | Symbol | SI-Basiseinheit | gebräuchliche Einheit |
|---|---|---|---|
| Äquivalentdosisleistung | $\dot{H}$ | $\frac{m^2}{s^3}$ | $\frac{Sv}{s}$ |
| Bremsvermögen | $S$ | $\frac{kg\,m}{s^2}$ | $\frac{eV}{m}$ |
| Energiedosisleistung | $\dot{D}$ | $\frac{m^2}{s^3}$ | $\frac{Gy}{s}$ |
| Ionendosis, -Leistung | $J, \dot{J}$ | $\frac{A\,s}{kg}, \frac{A}{kg}$ | $\frac{A\,s}{kg}, \frac{A}{kg}$ |
| Lebensdauer, mittlere | $\tau$ | s | s |
| Reaktionsrate | $R$ | $\frac{1}{s}$ | $\frac{1}{s}$ |
| Reichweite, Massenreichweite | $R, R^m$ | m, $\frac{kg}{m^2}$ | m, $\frac{kg}{m^2}$ |
| Massenschwächungskoeffizient | $\mu^m$ | $\frac{m^2}{kg}$ | $\frac{m^2}{kg}$ |
| spektrale Energiestromdichte | $B_{eS}$ | $\frac{kg}{m\,s^3}$ | $\frac{W}{m^3}$ |
| Teilchenstrom | $\dot{N}$ | $\frac{1}{s}$ | $\frac{1}{s}$ |
| Teilchenstromdichte | $j_\gamma, j_n$ | $\frac{1}{m^2\,s}$ | $\frac{1}{m^2\,s}$ |
| Wahrscheinlichkeitsdichte | $P$ | 1d: $\frac{1}{m}$, 3d: $\frac{1}{m^3}$ | 1d: $\frac{1}{m}$, 3d: $\frac{1}{m^3}$ |
| Wahrscheinlichkeitsamplitude (Wellenfunktion) | $\Psi$ | 1d: $\frac{1}{\sqrt{m}}$, 3d: $\frac{1}{\sqrt{m^3}}$ | 1d: $\frac{1}{\sqrt{m}}$, 3d: $\frac{1}{\sqrt{m^3}}$ |
| Zerfallswahrscheinlichkeit | $\lambda$ | $\frac{1}{s}$ | $\frac{1}{s}$ |

## Zu Kapitel 9 – Festkörperphysik

| Bezeichnung | Symbol | SI-Basiseinheit | gebräuchliche Einheit |
|---|---|---|---|
| Austrittsarbeit | $W_A$ | $\frac{kg\,m^2}{s^2}$ | eV |
| Curie-Konstante | $C$ | K | K |
| Dotierung, n-, p- | $N_D$, $N_A$ | $\frac{1}{m^3}$ | $\frac{1}{m^3}$ |
| Peltier-Koeffizient | $\Pi$ | $\frac{kg\,m^2}{A\,s^3}$ | $\frac{J}{A\,s}$ |
| reziproker Gittervektor | $\vec{G}$ | $\frac{1}{m}$ | $\frac{1}{m}$ |
| Seebeck-Koeffizient | $S$ | $\frac{kg\,m^2}{A\,s^3\,K}$ | $\frac{V}{K}$ |
| Teilchendichte | $n, p$ | $\frac{1}{m^3}$ | $\frac{1}{m^3}$ |
| Volumen-Zustandsdichte | $D(E)$ | $\frac{s^2}{kg\,m^5}$ | $\frac{1}{eV\,m^3}$ |
| Wärmekapazität | $C$ | $\frac{kg\,m^2}{s^2\,K}$ | $\frac{J}{K}$ |
| Wärmekapazität, spezifische Volumen | $c_V$ | $\frac{kg}{s^2\,m\,K}$ | $\frac{J}{m^3\,K}$ |
| Wärmeleitfähigkeit, spezifische | $\lambda$ | $\frac{kg\,m}{s^3\,K}$ | $\frac{W}{m\,K}$ |

# Stichwortverzeichnis

## C

J



K

L

## S

## U



## V

W

Ordnungszahl
[]: radioaktiv

weiß: chemisch-physikalische Eigenschaften unbekannt

| 11 22.990 **Na** Natrium $[Ne]3s^1$ | |
|---|---|
| | Relative Atommasse |
| | Elementsymbol<br>grau: künstlich erzeugt |
| | Elementname |
| | Elektronenkonfiguration<br>[ ] Edelgaskonfiguration |

Alkali-Metalle (außer H) · Erdalkali-Metalle · ← Übergangsmetalle —

| Periode | 1 | 2 | 3 | 4 | 5 | 6 | 7 | 8 | 9 |
|---|---|---|---|---|---|---|---|---|---|
| 1 | 1 1.0079 **H** Wasserstoff $1s^1$ | | | | | | | | |
| 2 | 3 6.941 **Li** Lithium $[He]2s^1$ | 4 9.0122 **Be** Beryllium $[He]2s^2$ | | | | | | | |
| 3 | 11 22.990 **Na** Natrium $[Ne]3s^1$ | 12 24.305 **Mg** Magnesium $[Ne]3s^2$ | | | | | | | |
| 4 | 19 39.098 **K** Kalium $[Ar]4s^1$ | 20 40.078 **Ca** Calcium $[Ar]4s^2$ | 21 44.956 **Sc** Scandium $[Ar]3d^1 4s^2$ | 22 47.88 **Ti** Titan $[Ar]3d^2 4s^2$ | 23 50.94 **V** Vanadium $[Ar]3d^3 4s^2$ | 24 51.996 **Cr** Chrom $[Ar]3d^5 4s^1$ | 25 54.938 **Mn** Mangan $[Ar]3d^5 4s^2$ | 26 55.845 **Fe** Eisen $[Ar]3d^6 4s^2$ | 27 58.9 **Co** Kobalt $[Ar]3d^7 4s^2$ |
| 5 | 37 85.468 **Rb** Rubidium $[Kr]5s^1$ | 38 87.62 **Sr** Strontium $[Kr]5s^2$ | 39 88.906 **Y** Yttrium $[Kr]4d^1 5s^2$ | 40 91.224 **Zr** Zirconium $[Kr]4d^2 5s^2$ | 41 92.906 **Nb** Niob $[Kr]4d^4 5s^1$ | 42 95.94 **Mo** Molybdän $[Kr]4d^5 5s^1$ | [43] 98.906 **Tc** Technetium $[Kr]4d^6 5s^1$ | 44 101.07 **Ru** Ruthenium $[Kr]4d^7 5s^1$ | 45 102. **Rh** Rhodium $[Kr]4d^8 5s^1$ |
| 6 | 55 132.91 **Cs** Cäsium $[Xe]6s^1$ | 56 137.33 **Ba** Barium $[Xe]6s^2$ | • | 72 178.49 **Hf** Hafnium $[Xe]4f^{14} 5d^2 6s^2$ | 73 180.95 **Ta** Tantal $[Xe]4f^{14} 5d^3 6s^2$ | 74 183.84 **W** Wolfram $[Xe]4f^{14} 5d^4 6s^2$ | 75 186.21 **Re** Rhenium $[Xe]4f^{14} 5d^5 6s^2$ | 76 190.23 **Os** Osmium $[Xe]4f^{14} 5d^6 6s^2$ | 77 192. **Ir** Iridium $[Xe]4f^{14} 5d^7$ |
| 7 | [87] 223.02 **Fr** Francium $[Rn]7s^1$ | [88] 226.03 **Ra** Radium $[Rn]7s^2$ | • | [104] 261.11 **Rf** Rutherfordium $[Rn]5f^{14} 6d^2 7s^2$ | [105] 262.11 **Db** Dubnium $[Rn]5f^{14} 6d^3 7s^2$ | [106] 266.12 **Sg** Seaborgium $[Rn]5f^{14} 6d^4 7s^2$ | [107] 264.12 **Bh** Bohrium $[Rn]5f^{14} 6d^5 7s^2$ | [108] 269.13 **Hs** Hassium $[Rn]5f^{14} 6d^6 7s^2$ | [109] 268 **Mt** Meitnerium $[Rn]5f^{14} 6d^7$ |
| Gruppe | 1 | 2 | 3 | 4 | 5 | 6 | 7 | 8 | 9 |

| | | | | | | |
|---|---|---|---|---|---|---|
| Lanthanoide (Seltene Erden) | 57 138.91 **La** Lanthan $[Xe]4f^0 5d^1 6s^2$ | 58 140.12 **Ce** Cer $[Xe]4f^1 5d^1 6s^2$ | 59 140.91 **Pr** Praseodym $[Xe]4f^3 5d^0 6s^2$ | 60 144.24 **Nd** Neodym $[Xe]4f^4 5d^0 6s^2$ | [61] 146.92 **Pm** Promethium $[Xe]4f^5 5d^0 6s^2$ | 62 146 **Sm** Samarium $[Xe]4f^6 5d^0$ |
| Actinoide | [89] 227.03 **Ac** Actinium $[Rn]5f^0 6d^1 7s^2$ | [90] 232.04 **Th** Thorium $[Rn]5f^0 6d^2 7s^2$ | [91] 231.04 **Pa** Protoactinium $[Rn]5f^2 6d^1 7s^2$ | [92] 238.03 **U** Uran $[Rn]5f^3 6d^1 7s^2$ | [93] 237.05 **Np** Neptunium $[Rn]5f^4 6d^1 7s^2$ | [94] 244 **Pu** Plutonium $[Rn]5f^6 6d^0$ |